Chemie
der
menschlichen Nahrungs- und Genussmittel.

Von

Dr. J. König,

Geh. Reg.-Rath, o. Prof. an der Kgl. Universität und Vorsteher
der agric.-chem. Versuchsstation Münster i. W.

Erster Band.

Chemische Zusammensetzung der menschlichen
Nahrungs- und Genussmittel.

Vierte verbesserte Auflage.

Mit in den Text gedruckten Abbildungen.

Springer-Verlag Berlin Heidelberg GmbH
1903

Chemische Zusammensetzung

der

menschlichen Nahrungs- und Genussmittel.

Nach

vorhandenen Analysen mit Angabe der Quellen zusammengestellt

von

Dr. J. König,

Geh. Reg.-Rath, o. Prof. an der Kgl. Universität und Vorsteher der agric.-chem. Versuchsstation Münster i. W.

Vierte verbesserte Auflage

bearbeitet von

Dr. A. Bömer,

Privatdocent an der Kgl. Universität und Abtheilungs-Vorsteher der agric.-chem. Versuchsstation Münster i. W.

Mit in den Text gedruckten Abbildungen.

Springer-Verlag Berlin Heidelberg GmbH
1903

ISBN 978-3-642-89969-0 ISBN 978-3-642-91826-1 (eBook)
DOI 10.1007/978-3-642-91826-1

Softcover reprint of the hardcover 1st edition 1903

Vorrede zur ersten Auflage.

Die Ernährung des Menschen hat bislang seitens der Physiologie nicht die Berücksichtigung gefunden wie andere Zweige dieser Wissenschaft. Während wir über die Beschaffenheit, Art und Menge des Futters, welches zur Ernährung der landwirthschaftlichen Nutzthiere nothwendig ist, schon recht gut informirt sind, besitzen wir über die Zusammensetzung und Menge der für den Menschen nothwendigen und zweckmässigen Nahrung nur sehr mangelhafte Kenntnisse. Es hat dieses verschiedene Gründe. Zunächst ist die Nahrung des Menschen eine sehr vielseitige und komplicirte, sowohl in Rücksicht der einzelnen Arten und der Zubereitung der Nahrungsmittel, als auch nach den Berufsklassen und den örtlichen Verhältnissen. In diesem Labyrinth einen leitenden Faden zu finden, ist gewiss nicht leicht und mag dieses manchen Forscher von dem Gebiet fern gehalten haben. Auch erscheint die Erforschung desselben wenig dankbar; denn der grösste Theil der menschlichen Gesellschaft wird sich derartigen Forschungen gegenüber indolent verhalten, indem er entsprechend seinen Mitteln die Nahrung nicht nach wissenschaftlichen Grundsätzen, sondern nach seinem Geschmack auswählt. So mag es auch gekommen sein, dass die Regierungen dieser Frage bis jetzt gleichgültig gegenüber gestanden haben, insofern sie keine hinreichenden Mittel zur Erforschung dieses Gebietes zur Verfügung stellten.

Den grossartigen unermüdlichen Forschungen besonders der Münchener physiologischen Schule über die Ernährungsvorgänge des Menschen in den letzten 20 Jahren jedoch konnte man sich nicht länger verschliessen. Diese Forschungen haben nicht nur Licht in das verworrene Dunkel gebracht, sie haben auch in den weitesten Kreisen das lebhafteste Interesse hervorgerufen. So sehen wir denn, dass in den letzten Jahren von den Aerzten und Regierungsbehörden der Ernährung des Menschen, besonders in den öffentlichen Anstalten, in der Volksküche, in den Gefängnissen etc. mehr Aufmerksamkeit zugewendet wird.

Um in dieser Hinsicht zu richtigen Regeln zu gelangen, ist vorzugsweise dreierlei zu wissen nothwendig:

1. Die chemische Zusammensetzung der einzelnen menschlichen Nahrungs- und Genussmittel, ihr Gehalt an einzelnen Nährstoffen,

2. die Grösse ihrer Verdaulichkeit,
3. die Art und Menge der täglich für den Menschen verschiedenen Alters und Berufes erforderlichen Nährstoffe, ihr Schicksal und ihre Funktion im menschlichen Organismus.

Um einen Beitrag zu diesen Fragen zu liefern, habe ich seit einigen Jahren eine Reihe menschlicher Nahrungs- und Genussmittel einer chemischen Untersuchung unterworfen, deren erste Reihe durch die Zeitschrift für Biologie 1876, S. 497 mitgetheilt wurde. In Fortsetzung dieser Untersuchung habe ich den Entschluss gefasst, eine „Chemie der menschlichen Nahrungs- und Genussmittel“ zu schreiben, welche nicht nur den mittleren, Maximal- und Minimal-Gehalt der Nahrungs- und Genussmittel, sondern auch die chemische Konstitution der einzelnen Bestandtheile derselben, ferner die Veränderungen, welche dieselben durch Fabrikation und Zubereitung erleiden, enthalten soll. Ich habe mich dazu entschlossen, weil alle bis jetzt über diesen Gegenstand vorliegenden Werke, entweder wie z. B. die seiner Zeit hochgeschätzte „Physiologie der Nahrungsmittel“ von Jac. Moleschott veraltet, oder wie die meisten neuesten Werke ungemein lückenhaft sind.

Man begegnet in den physiologischen Lehrbüchern durchweg nur einzelnen und meistens älteren Analysen, die zum Theil in Folge veränderter und verbesserter Methoden ganz unbrauchbar geworden sind. Diese übertragen sich von einem Buch in das andere, ohne dass man neueres Untersuchungs-Material berücksichtigt. Eine möglichst vollständige Zusammenstellung von Nahrungs- und Genussmittel-Analysen unter besonderer Berücksichtigung der neueren Analysen dürfte daher sehr an der Zeit sein, und nicht bloss von dem eben angeführten Gesichtspunkt aus, sondern auch noch aus einem ebenso wichtigen anderen Grunde.

Die Nahrungs- und Genussmittel werden nämlich wie alle Handelsartikel, nach denen die Nachfrage gross ist, in der gewissenlosesten und gröblichsten Weise verfälscht. Dieser Unfug hat in den letzten Jahren einen solchen Umfang angenommen, dass die deutsche Reichsregierung sogar Veranlassung genommen hat, demselben durch besondere Gesetze Schranken zu setzen. Das Schicksal dieser Gesetzesvorlage im Reichstage ist allerdings noch nicht abzusehen. Inzwischen aber haben schon viele grössere Städte und Vereine Untersuchungsämter eingerichtet, denen die chemische Untersuchung der Lebenswaaren des Handels obliegt. Für derartige Untersuchungen ist aber in sehr vielen Fällen wichtig, die mittlere chemische Zusammensetzung der reinen, unverfälschten Nahrungs- und Genussmittel und deren Schwankung zu kennen, um event. aus dem Vergleich mit dem Untersuchungsobjekt auf eine Verfälschung erkennen zu können.

Man muss nach meinen Erfahrungen zur Zeit in den verschiedensten Werken und Zeitschriften suchen, um über die chemische Zusammensetzung dieser oder jener Nahrungs- und Genussmittel im reinen, unverfälschten Zustande einige Aufklärung zu finden.

Ich glaube daher auch dem analytischen Handelschemiker für viele Fälle dadurch einen Dienst zu erweisen, dass ich die brauchbaren Analysen der Nahrungs- und Genussmittel in übersichtlichen Tabellen zusammenstelle und Mittelwerthe herausziehe.

Anfangs beabsichtigte ich, diese Tabellen mit einem erläuternden Text zu versehen, um sie auch dem Laien zugänglich zu machen. Da dieselben aber zum Theil einen grossen Umfang angenommen haben, so habe ich hiervon Abstand genommen; denn für den Laien haben diese grossen Zahlenreihen keinen Werth, für ihn genügt es, die mittlere chemische Zusammensetzung und deren Schwankungen zu kennen. Der Fachmann aber bedarf des erläuternden Textes nicht, für ihn genügen die einfachen Zahlen.

Ich habe mich daher entschlossen, die „Chemie der menschlichen Nahrungs- und Genussmittel" in zwei von einander unabhängigen Theilen herauszugeben, von denen der erste Theil eine Zusammenstellung aller bisherigen brauchbaren Analysen, der zweite Theil nur die Mittelzahlen und den erläuternden Text unter den oben angedeuteten Erweiterungen enthält.

Den ersten Theil übergebe ich hiermit der Oeffentlichkeit. Ich bin mir wohl bewusst, dass die entworfene Zusammenstellung noch manche Mängel und Lücken besitzt. Wenngleich ich mir alle Mühe gegeben habe, das brauchbare Material in der Literatur seit 1848 zusammenzulesen, so kann es doch sein, dass mir hier und da Analysen entgangen sind. Für jeden Wink in dieser Hinsicht werde ich den Herren Fachgenossen sehr dankbar sein, noch mehr aber, wenn sie die, etwa selbst ausgeführten, bis jetzt noch nicht veröffentlichten Analysen an mich gelangen lassen wollen, um sie den Tabellen zuzufügen.

Ich bitte daher die nachstehende Zusammenstellung in dem Sinne aufzufassen, dass sie das Gute anstrebt, nicht aber bereits erreicht hat.

Nichtsdestoweniger wollte ich mit der Veröffentlichung derselben nicht länger zögern; denn über zahlreiche Nahrungs- und Genussmittel liegt ein umfangreiches Untersuchungs-Material vor, so dass es kaum einer Erweiterung bedarf. Aus dieser Zusammenstellung ersieht man daher am ersten, wo weitere Untersuchungen am nothwendigsten sind.

Ich muss an dieser Stelle dankbar hervorheben, dass mich mein erster Assistent Dr. C. Krauch sowohl durch Ausführung sehr vieler Analysen, als auch durch Zusammenstellung von Tabellen und Berechnung der Mittelwerthe aufs eifrigste unterstützt hat.

Münster i. W., im Juli 1878.

Der Verfasser.

Vorrede zur vierten Auflage.

Die Ausführungen in der ersten Vorrede zu diesem Werk haben, was den Zweck desselben anbelangt, auch noch heute, für die vierte Auflage, ihre Gültigkeit. Dasselbe soll eine Fundgrube bilden für die Zusammensetzung und Beschaffenheit alles dessen, was der Mensch isst und trinkt, einerseits um darnach die Ernährung des Menschen, andererseits um die Verfälschungen der Nahrungs- und Genussmittel richtig beurtheilen zu können. Anders aber haben sich die Verhältnisse bezüglich der Erreichung dieser Ziele gestaltet. Während vor 25 Jahren beim Erscheinen der ersten Auflage (1878) die vorliegenden Untersuchungen noch als äusserst mangel- und lückenhaft bezeichnet werden mussten, ist seit der Zeit auf diesem Gebiete so emsig und allseitig gearbeitet worden, dass man heute in der That von einer Chemie der Nahrungs- und Genussmittel als vollberechtigtem Nebenzweig der allgemeinen Chemie reden kann. Dieser Umstand hat die Neubearbeitung der dritten Auflage, die schon seit Jahren vergriffen ist, sehr erschwert und verzögert. Auch würde es dem bisherigen Verfasser des Werkes bei seinen sonstigen Obliegenheiten nicht möglich gewesen sein, schon jetzt mit der neuen Auflage des I. Bandes hervorzutreten, wenn er nicht in seinem bewährten Mitarbeiter, Herrn Dr. A. Bömer, eine hervorragende Unterstützung gefunden hätte.

Mit Rücksicht auf die ursprünglich gestellte Aufgabe und die Fülle des vorliegenden Stoffes haben wir uns entschlossen, das Werk jetzt statt in zwei in drei Bänden herauszugeben, von denen umfassen soll:

I. Band: Die procentige Zusammensetzung der Nahrungs- und Genussmittel nach vorhandenen Analysen mit Angabe der Quellen, bearbeitet von Dr. A. Bömer.

II. Band: Die Herstellung, Zusammensetzung und Beschaffenheit der Nahrungs- und Genussmittel nebst einer Einleitung über die in denselben vorkommenden chemischen Verbindungen und über die Ernährungslehre, bearbeitet von Dr. J. König.

III. Band: Die Untersuchung der Nahrungs- und Genussmittel, Nachweis der Verfälschungen nebst einem Anhange über die Untersuchung von Gebrauchsgegenständen, bearbeitet von Dr. J. König und Dr. A. Bömer.

Auf diese Weise glauben wir den umfangreichen Stoff einigermassen gleichmässig vertheilen und gleichzeitig ein Werk liefern zu können, welches den verschiedensten Anforderungen entsprechen dürfte.

Dem vorliegenden I. Bande, als wesentlicher Grundlage für die Bearbeitung des II. und III. Bandes, bezw. für die Beurtheilung der natürlichen Zusammensetzung der Nahrungs- und Genussmittel sowie deren Schwankungen, wird der II. Band schon Ende dieses Jahres folgen, und soll der III. Band ebenfalls nicht gar zu lange auf sich warten lassen.

Münster i. W., im April 1903.

Die Verfasser.

Inhalts-Uebersicht.

Druckfehler-Berichtigungen S. XIV.
Vorbemerkungen zu den Tabellen S. XVI.

Thierische Nahrungs- und Genussmittel.

Pflanzliche Nahrungs- und Genussmittel.

Druckfehler-Berichtigungen.

S. 110 lies **3,15** statt 1,78% für den Niedrigst-Gehalt an Milchzucker.

S. 152 lies bei der Analyse No. 453: **4,38** statt 3,78% Stickstoff in der Trocken-Substanz.

S. 313 sind bei Ziegenbutter als Mittelzahlen zu setzen:

In der natürlichen Substanz					In der Trocken-Substanz		
Wasser	Fett	Kaseïn	Milchzucker	Asche	Kaseïn	Fett	Stickstoff
13,94	82,11	1,33	0,68	1,94	1,54	95,41	0,25%.

S. 624 lies bei der Wegerich-Analyse No. 2: **3,05** statt 2,05% Stickstoff in der Trocken-Substanz.

S. 641 beziehen sich die Zahlen unter b) „Nudeln des Handels" (ausser der Zahl für den Wassergehalt) auf Trocken-Substanz. Ferner sind in der letzten Kolumne für den Aschengehalt irrthümlich die Zahlen für den Wassergehalt wiederholt. Statt dieser Zahlen sind folgende Aschengehalte einzusetzen:

No.	1	2	3	4	5	6	7	8	9	10	11	12	Mittel
	0,697	0,751	0,987	1,345	0,673	0,636	0,601	0,907	1,645	2,134	0,835	0,625	0,986

S. 693 unter Hungersnothbrot No. 12 lies in der ursprünglichen Substanz **64,24** statt 27,55% Stickstofffreie Extraktstoffe und **7,88** statt 44,12% Rohfaser und in der Trocken-Substanz **68,24** statt 29,26% Stickstofffreie Extraktstoffe.

S. 817 Anmerkung *) muss die erste Zahlenreihe gestrichen werden und gehören die vier Vordrucke (Polyporus sulfureus etc.) zu den je eine Zeile tieferstehenden Zahlen.

S. 1068 sind in den beiden letzten Zeilen die Worte „Höchster Werth" und „Niedrigster Werth" umzustellen.

S. 1101 gehören die in der Kolumne „Dextrin" stehenden Zahlen in die Kolumne „Maltose".

S. 1199 lies bei Rheinhessischen Weissweinen die Mittelzahl **0,018** statt 0,008 für Schwefelsäure. In dem zu dieser Zahl gehörigen Kopfe lies SO_3 statt S_3O.

S. 1209 ist bei den Analysen No. 1 und 2 die in der Kolumne „Weinsäure" stehende Zahl 0,008 zu streichen.

S. 1212 ist bei der Analyse No. 99 die in der Kolumne „Weinsäure" stehende Zahl 0,019 zu streichen.

S. 1212 sind die Zahlen bei der No. 112 das Mittel von **2** Analysen.

S. 1344, Zeile 4 von oben lies **mg** statt g in 100 ccm.

S. 1355 bedeuten die Zahlen der letzten Tabelle, ausgenommen die für den Extrakt-, Säure- und Zucker-Gehalt des Mostes, g in **1 l** statt in 100 ccm.

S. 1371 bedeuten in der letzten Tabelle die Zahlen für Glycerin g in **1 l** statt in 100 ccm.

S. 1402 Anmerkung °) muss es bei Himbeerwein No. 4 unter „Weinsäure" heissen „vorhanden" statt 0,636.

Bei den Mittel- und Schwankungszahlen liegen ausserdem folgende Druckfehler vor:

Seite	Bezeichnung des Nahrungsmittels	In der natürlichen Substanz: Stickstoff-Substanz	Fett	Milchzucker	Asche	In der Trocken-Substanz: Stickstofffreie Extraktstoffe
338	Margarine-Käse { Mittel, lies (statt)	**26,14** (21,59)	—	**4,51** (8,60)	—	—
	Margarine-Käse { Höchst, lies (statt)	—	—	**9,55** (6,22)	—	—
484	Württembergische Gerste, Mittel, lies (statt)	—	—	—	**2,79** (3,14)	—
				Stickstofffreie Extraktstoffe		
576	Erbsen, Mittel, lies (statt)	—	—	—	—	**61,08** (66,67)
616	Kürbissamen, Mittel, lies (statt)	—	—	—	—	**6,15** (6,49)
626	Weizenmehl, Mittel { feinstes, lies (statt)	—	—	**74,74** (74,69)	—	—
627	Weizenmehl, Mittel { gröberes, lies (statt)	—	—	**72,29** (73,39)	—	**82,69** (86,24)
639	Eichelmehl, lies (statt)	**5,23** (7,28)	—	**62,59** (62,10)	—	**72,59** (72,45)
			Wasser			
644	Gerstenmehl, Mittel, lies (statt)	**9,09** (8,87)	**11,63** (14,13)	**75,32** (73,02)	**1,52** (1,54)	—
648	Erdnussmehl, Mittel, lies (statt)	**47,89** (48,92)	—	**22,01** (22,99)	—	**23,58** (24,57)

Seite	Bezeichnung des Nahrungsmittels	In der natürlichen Substanz: Stickstoff-Substanz	In der natürlichen Substanz: Fett	In der natürlichen Substanz: Stickstofffreie Extraktstoffe	In der natürlichen Substanz: Rohfaser	In der Trocken-Substanz: Stiekstofffreie Extraktstoffe
652	Tofu { No. 5, lies (statt) . . .	—	—	—	—	**27,93** (17,77)
	Tofu { Mittel, frisch, lies (statt) .	—	—	—	—	**34,59** (8,23)
	Tofu { Mittel, gefroren, lies (statt)	—	—	**8,02** (7,99)	—	**31,42** (9,06)
654	Weizenstärke, Mittel, lies (statt) .	—	—	**84,11** (74,11)	**1,45** (1,48)	**97,71** (86,11)
672	Weizenbrot, Mittel { feineres, lies (statt)	—	—	—	—	**87,12** (84,10)
	Weizenbrot, Mittel { gröberes, lies (statt)	—	—	—	—	**81,28** (76,20)
677	Soldatenbrot, Mittel, lies (statt) .	—	—	**48,51** (48,85)	—	**84,36** (84,91)
680	Haferbrot, Mittel, lies (statt) . .	—	—	—	—	**74,01** (73,41)
742	Runkelrübe { No. 46, lies (statt)	—	**0,10** (1,10)	—	—	—
748	Runkelrübe { No. 193, lies (statt)	—	**13,90** (7,90)		—	—
749	Runkelrübe { No. 223, lies (statt)	—	—	**10,51** (19,51)	—	**75,07** (139,29)
761	Zuckerrübe, Mittel, lies (statt) . .	—	Zucker **13,25** (12,25)	Sonstige stickstofffreie Extraktstoffe **1,92** (2,92)	—	—
774	Wasserrübe, Mittel, lies (statt) . .	—	**6,10** (6,06)		—	**65,38** (64,88)
777	Rothrübe, Mittel, lies (statt) . .	—	—	**7,78** (7,88)	—	**65,10** (65,94)
790	Spinat, Mittel, lies (statt) . . .	—	—		—	**33,55** (31,63)
794	Mohrrübe, Mittel, lies (statt) . .	—	**61,40** (71,40)		—	**71,79** (84,83)
814	Speisemorchel, frisch, Mittel, lies (statt)	—	**4,50** (4,30)		—	—
827	Birnen, Mittel, lies (statt) . . .	—	Dextrin —	—	Pektinsäure —	Zucker **56,34** (56,96)
920	Honig { No. 128, lies (statt) . .	**0,83** (5,16)	—	—	—	—
924	Honig { Mittel, lies (statt) . . .	—	**1,30** (5,88)	—	—	—
1019	Thee, Mittel, lies (statt)	—	Koffeïn —	+ Rohfaser **65,22** (70,80)	—	—
1041	Kolanuss, Mittel, lies (statt) . .	—	**2,03** (1,66)	—	—	—
1047	Tabak, Mittel, lies (statt) . . .	—	—	—	**9,49** (12,79)	—

Vorbemerkungen zu den Tabellen.

Bei der nachstehenden Zusammenstellung der Analysen haben wir die älteren Analysen besonders bei den Nahrungs- und Genussmitteln, bei denen genügend neuere und vollkommenere Analysen vorliegen, nicht mehr aufgenommen, sondern uns auf die Angabe der Quellen beschränkt.

Sind ausser den in den allgemeinen Tabellen aufgeführten Bestandtheilen noch andere bestimmt, so haben wir diese in den Anmerkungen oder im Anhang zu dem Nahrungs- oder Genussmittel angegeben.

Im Uebrigen sei Folgendes bemerkt:

1. Was die wichtigste Rubrik „Stickstoff-Substanz" anbelangt, so sind alle nicht eingeklammerten Zahlen, wo nichts anderes angegeben ist, in der Weise gewonnen, dass in der Stickstoff-Substanz 16 % Stickstoff angenommen, der Stickstoff-Gehalt also mit 6,25 % multiplicirt worden ist. Diese Zahl beruht gleichsam auf einem internationalen Abkommen. In den älteren Analysen hat man durchweg 15,75 % Stickstoff in der Stickstoff-Substanz angenommen. Wir haben jedoch alle Zahlen, welche auf diese Weise gewonnen wurden, unter der Annahme obigen Stickstoff-Gehaltes umgerechnet. Bei manchen älteren Analysen war jedoch weder der Stickstoff-Gehalt angegeben, noch auch, wie der Gehalt an Stickstoff-Substanz berechnet war. Solche Zahlen sind alsdann von uns eingeklammert und bei der Mittelwerthsberechnung nicht mit berücksichtigt.

Eine Ausnahme hiervon bilden nur einige Fleisch-Analysen. Zwar haben wir bei den an hiesiger Station ausgeführten Fleisch-Analysen ebenfalls für die Stickstoff-Substanz einen Stickstoff-Gehalt von 16 % zu Grunde gelegt und als stickstofffreie Extraktivstoffe bezeichnet, was nach Abzug von Wasser + Stickstoff-Substanz + Fett + Asche von 100 übrig bleibt. Diese Menge ist aber in den meisten Fällen sehr gering, so dass man das Fleisch als ein Nahrungsmittel bezeichnen kann, welches ausser Wasser nur aus Stickstoff-Substanz, Fett und Salzen besteht. Wir haben daher bei manchen Analysen, bei denen nur Wasser, Fett und Salze bestimmt waren, den Rest als Stickstoff-Substanz angenommen. Wo dieses geschehen, ist es in den Anmerkungen angegeben.

Bei einigen Obst-Analysen haben wir ebenfalls über den Stickstoff-Gehalt oder die Berechnung der Stickstoff-Substanz in den uns zu Gebote stehenden Quellen keine näheren Angaben finden können. Wir haben daher hier die Angaben über den Gehalt an Eiweiss, bezw. Stickstoff-Substanz einstweilen als richtig angenommen und glaubten dieses um so mehr thun zu dürfen, weil hier die letztere gegenüber den anderen Nährstoffen eine untergeordnete Rolle spielt.

Bei Milch und Milcherzeugnissen haben wir dort, wo nur der Stickstoff-Gehalt angegeben war, die Stickstoff-Substanz durchweg durch Multiplikation des Stickstoffs mit 6,37 an Stelle von 6,25 berechnet, weil für diese Proteïnstoffe mit genügender Sicherheit der Sticktoff-Gehalt zu 15,7 % angenommen werden kann.

Dass bei anderen Nahrungsmitteln diese Zahl noch erheblicher von 16 % abweicht, wird im II. und III. Bande dargelegt werden. Aus dem Grunde können die Werthe für „Stickstoff-Substanz" in den Tabellen nur als Annäherungswerthe angesehen werden und haben wir aus dem Grunde in den Tabellen neben der „Stickstoff-Substanz" in der Trockensubstanz meistens auch den Gehalt an „Stickstoff" als massgebendere Grundlage für die Beurtheilung mit aufgeführt.

Denn eine Reihe von Nahrungs- und Genussmitteln wie Wurzelgewächse, Gemüse etc. enthalten neben den eigentlichen Proteïnstoffen noch andere Stickstoff-Verbindungen in nicht unerheblicher Menge z. B. Amide, Alkaloïde, Ammoniak, Salpetersäure, die einen von 16 % noch bei Weitem mehr abweichenden Stickstoff-Gehalt aufweisen und bei denen daher der Werth von Stickstoff-Substanz, berechnet mit 6,25, noch mehr von der Wirklichkeit abweicht.

Wir haben uns bemüht, die Vertheilung des Stickstoffs auf die einzelnen Stickstoffverbindungen, so weit wie die bisherigen Untersuchungen reichen, thunlichst eingehend mit aufzuführen.

Statt des vielfach üblichen Ausdruckes „Reineiweiss" haben wir „Reinproteïn" eingeführt, weil der Name „Proteïn" die ganze Gruppe der Proteïnstoffe, der Name „Eiweiss" dagegen eine besondere Klasse derselben bedeutet.

2. Unter der Rubrik „Fett" ist allgemein der Aetherextrakt zu verstehen. Auch diese Zahlen bringen den wirklichen Fettgehalt nicht genau zum Ausdruck; denn sie schliessen ausser Fett noch andere, in Aether lösliche Stoffe mit ein. Diese Menge ist aber durchweg (ausser bei chlorophyll- und wachshaltigen Nahrungsmitteln) nicht sehr gross, so dass die Bezeichnung „Fett" für diese Gruppe recht wohl zulässig ist.

3. Die Rubrik „Stickstofffreie Extraktstoffe" bezeichnet überall diejenigen Nährstoffe, welche nach Abzug der anderen summirten Bestandtheile von 100 übrig bleiben. Diese Gruppe Nährstoffe besteht in den menschlichen Nahrungs- und Genussmitteln vorzugsweise aus Zucker, Dextrin, Gummi, Stärke, Pentosanen, Säuren, Alkohol etc.; hierzu kommt häufig ein Rest anderer Bestandtheile, deren Konstitution uns zur Zeit noch völlig unbekannt ist.

4. Mit „Roh- oder Holzfaser" bezeichnen wir die Cellulose einschliesslich der diese umhüllenden, inkrustirenden Kutikularsubstanz oder auch Lignin genannt. Die Menge der Rohfaser wird dadurch bestimmt, dass man auf die Stoffe entweder Diastase einwirken lässt, welche alle stärkemehlhaltigen Stoffe in Lösung bringt, oder dadurch, dass man dieselben der Reihe nach mit verdünnter Säure und Alkalien behandelt. In manchen Fällen ist unter Rohfaser einfach die in Wasser unlösliche Substanz aufgeführt. Dieses wie das erste Verfahren sind aber unrichtig, weil sie nicht alle Stoffe ausser Cellulose und inkrustirender Substanz in Lösung bringen. Deshalb wendet man jetzt allgemein zur Bestimmung der Rohfaser verdünnte Schwefelsäure und Kalilauge an und zwar nach dem allgemein üblichen Weender Verfahren $1\frac{1}{4}$-procentige Schwefelsäure und $1\frac{1}{4}$-procentige Kalilauge.

Nur die auf diese Weise (durch verdünnte Säure und Alkalien) ermittelten Zahlen für Rohfaser haben wir zur Mittelwerthsberechnung herangezogen; alle nach anderen Verfahren erhaltenen und solche Zahlen, für welche wir die Bestimmungs-Verfahren aus der Quelle nicht ersehen konnten, sind eingeklammert. Dass auch diese Zahlen, weil sie gleichzeitig Pentosane und ligninartige Stoffe einschliessen, nur Annäherungswerthe für den Gehalt an Cellulose bedeuten und ein ganz unrichtiges Bild von der Zusammensetzung eines Nahrungsmittels geben, wenn gleichzeitig die Pentosane bestimmt werden, wird im III. Bande gezeigt und dort gleichzeitig ein Verfahren angegeben werden, welches einen besseren Ausdruck für den Gehalt an wahrer Cellulose zu gewähren im Stande ist.

5. Unter „Asche" ist durchweg sand- und kohlefreier Verbrennungs-Rückstand zu verstehen, ob in allen Fällen auch kohlensäurefreier Rückstand, müssen wir dahin gestellt sein lassen. Die näheren Bestandtheile der Asche haben wir nicht immer mit aufgenommen, weil wir in den „Aschen-Analysen von landwirthschaftlichen Produkten etc." von E. Wolff, Berlin, I. Theil 1871 und II. Theil 1880 eine ausgezeichnete und ausführliche übersichtliche Zusammenstellung besitzen, auf welche hier verwiesen sei. Nur wo neue und wichtige Aschen-Analysen vorliegen, sind sie mit aufgenommen.

6. Zur Mittelwerthsberechnung bemerken wir, das zunächst der mittlere Wassergehalt festgestellt wurde; dieser wurde alsdann bei den Analysen, welche sich auf die Trockensubstanz beziehen, für die Umrechnung auf wasserhaltige Substanz zu Grunde gelegt. In einigen Fällen liegen von diesem oder jenem Bestandtheil der Nahrungsmittel nur eine oder einige Bestimmungen vor, während beim Wasser und einem hervorragenden anderen Bestandtheil mehrere Bestimmungen vorhanden sind. Alsdann ist häufig der mittlere Wassergehalt der Gesammt-Analysen anders als der Wassergehalt für die Analyse oder Analysen, welche den Gehalt besonderer Bestandtheile aufführen. Man kann alsdann aus letzteren nicht einfach das Mittel nehmen, sondern muss dieses ebenfalls auf den berechneten mittleren Wassergehalt zurückführen.

Die Niedrigst- und Höchst-Zahlen sind auf den mittleren Wassergehalt zurückgeführt, so dass sie sich direkt mit den Mittel-Zahlen vergleichen lassen.

Von einer Uebersichtstabelle am Schlusse des Werkes haben wir abgesehen, weil die Mittelwerthe und Schwankungen durchweg bei den einzelnen Nahrungs- und Genussmitteln aufgeführt sind und dort ohne grosse Mühe nachgesehen werden können.

Die wichtigeren, während des Druckes erschienenen Analysen sind als Nachträge zu den einzelnen Kapiteln am Schlusse des Werkes angefügt worden.

Bei der Fülle der Zahlen und der technischen Schwierigkeit einer einheitlichen Anordnung der Tabellen sind trotz sorgfältiger Vergleichung manche Druck- und Rechenfehler unvermeidlich gewesen; einige derselben haben wir selbst bei nochmaliger Durchsicht bezw. bei Benutzung der Tabellen schon gefunden und auf S. XIV und XV berichtigt, worauf wir hier besonders verweisen. Andere etwa vorhandene Fehler wird der Leser schon beim Vergleich der Zahlen unter sich meist leicht auffinden und richtig deuten können. Wir werden aber sehr dankbar sein, wenn uns solche Versehen freundlichst mitgetheilt werden.

I.

Thierische Nahrungs- und Genussmittel.

Procentige Zusammensetzung des gesammten Thierkörpers

von Lawes u. Gilbert.[1])

1. Schlachtergebniss:

	Fettes Kalb	Halbfetter Ochs	Fetter Ochs	Fettes Lamm	Mageres Schaf	Halbfettes Schaf	Fettes Schaf	Sehr fettes Schaf	Mageres Schwein	Fettes Schwein
Alter des Thieres	$^1/_5$	4	4	$^1/_2$	1	$3^1/_4$	$1^1/_4$	$1^3/_4$	?	? Jahre
Lebendgewicht	258	1232	1419	84	97	105	127	252	93	185 Pfd.
Letzteres ergab in Procenten:										
Knochen	12,4	11,4	10,4	8,1	9,5	7,7	7,0	} 35,0	8,3	5,6 %
Muskelfleisch	45,5	47,9	40,2	36,9	37,5	38,4	29,8		47,6	37,3 %
Fett	11,0	12,7	25,8	23,7	14,8	18,1	32,4	40,8	20,0	39,4 %
Eingeweide, Fell etc.	31,1	28,0	23,6	31,3	38,2	35,8	30,8	24,2	24,1	17,7 %
Also:	100	100	100	100	100	100	100	100	100	100
Gesammtschlachtabfälle	37,9	35,2	33,8	40,2	46,7	46,4	42,5	36,9	26,3	17,2 %
Reines Schlachtgewicht*)	62,1	64,8	66,2	59,8	55,3	53,6	57,5	63,1	73,7	82,8 %

2. Procentige Zusammensetzung des ganzen Thieres:

	Fettes Kalb	Halbfetter Ochs	Fetter Ochs	Fettes Lamm	Mageres Schaf	Halbfettes Schaf	Fettes Schaf	Sehr fettes Schaf	Mageres Schwein	Fettes Schwein
Wasser	63,0	51,5	45,5	47,8	57,3	50,2	43,4	35,2	55,1	41,3 %
Eiweissstoffe	15,2	16,6	14,5	12,3	18,4	14,0	12,2	10,9	13,7	10,9 %
Fett	14,8	19,1	30,1	28,5	18,7	23,5	35,6	45,8	23,3	42,2 %
Salze	3,80	4,66	3,92	2,94	3,16	3,17	2,81	2,90	2,67	1,65 %
Magen- und Darm-Inhalt (excl. Dünndarm)	3,2	8,2	6,0	8,5	6,0	9,1	6,0	5,2	5,2	4,0 %

3. Procentige Zusammensetzung des ausgeschlachteten Rumpfes nach Abzug der Knochen:

	Fettes Kalb	Halbfetter Ochs	Fetter Ochs	Fettes Lamm	Mageres Schaf	Halbfettes Schaf	Fettes Schaf	Sehr fettes Schaf	Mageres Schwein	Fettes Schwein
Wasser	67,0	60,7	51,5	53,9	62,0	57,2	45,1	—	57,6	38,5 %
Eiweissstoffe	15,8	16,5	13,1	9,7	11,1	12,3	9,9	—	11,1	8,6 %
Fett	16,3	22,0	34,7	35,8	25,4	29,8	44,5	—	30,7	52,6 %
Salze	0,94	0,82	0,69	0,57	1,49	0,70	0,54	—	0,62	0,27 %

[1]) Philos. Transactions 1859, **2**, 494 u. s. f., vergl. auch Grouven's Vorträge über Agric.-Chem. 3. Aufl., 1872, S. 344—346. Die Zahlen für die procent. Zusammensetzung des ausgeschlachteten Rumpfes konnten für die Gewinnung der Mittelzahlen für die chemische Zusammensetzung des Fleisches nicht mitbenutzt werden, da sie sich nicht bloss auf die Zusammensetzung das Fleisches beziehen, sondern auch das Fettzellgewebe etc. mit einschliessen.

*) Im Mittel mehrerer Thiere fanden Verff. das Schlachtgewicht wie folgt:

	Fette Kälber	Fette Rinder	Fette Ochsen	Magere Schafe	Halbfette Schafe	Sehr fette Schafe	Fette Schweine
Anzahl der geschlachteten Thiere	2	2	14	5	100	45	59 Stück
Lebendgewicht (Mittel)	**250,7**	**853,9**	**1182**	**93,0**	**145,4**	**192,0**	**212,7 Pfd.**
Schlachtgewicht (Mittel)	**63,1**	**55,6**	**59,8**	**53,4**	**58,9**	**64,0**	**82,6 %**

Fleisch.

Die ausführlichen Fleischuntersuchungen von W. O. Atwater und seinen Mitarbeitern sind nicht in die allgemeinen Tabellen aufgenommen, sondern folgen diesen unter der Bezeichnung: Amerikanische Analysen nach W. O. Atwater und Chas. D. Woods.

Rindfleisch.

Aeltere Analysen: Breunlin: Landw. Presse 1878, S. 406 (2 Analysen von Ochsenfleisch).

No.	Nähere Bezeichnung	Zeit der Untersuchung	In der natürlichen Substanz: Wasser %	Stick-stoff-Substanz %	Fett %	Stickstoff-freie Extraktstoffe %	Asche %	In der Trocken-Substanz: Stick-stoff-Substanz %	Fett %	Stickstoff in der Trocken-Substanz %	Analytiker
	I. Ochsenfleisch.										
	a) Sehr fettes Ochsenfleisch:										
1	Halsstück	In den 60-ger Jahren	73,5	19,5	5,8	—	1,2	73,58	21,89	11,77	Siegert[1])
2	Lendenstück		63,4	18,8	16,7	—	1,1	51,30	45,63	8,22	
3	Schulterstück		50,5	14,5	34,0	—	1,0	29,29	68,69	4,68	
4	Vom Hinterviertel . . .	1876	55,01	20,81	23,32	—	0,86	46,25	51,83	7,40	J. König und B. Farwick[2])
5	desgl. durchwachsen . .	"	47,99	15,93	35,33	—	0,75	30,63	67,93	4,90	
6	Backhast, mag. Vordertheil	"	65,05	19,94	13,97	—	1,14	57,05	39,97	9,13	
7	desgl. durchwachs. Vorderth.	"	32,49	10,87	55,11	—	1,53	16,10	80,63	2,58	
8	Fettes Ochsenfleisch . . .	1874	50,13	15,13	29,72	—	(5,02)	30,34	59,59	4,85	F. Buckland[3])
		Mittel	**54,76**	**18,92**	**23,65**	—	**1,08***)	**41,82**	**54,52**	**6,69**	
	b) Mittelfettes Ochsenfleisch.										
1**)	Halsstück	1874	70,35	21,38***)	6,86	—	1,41	72,11	23,14	11,54	Cn. Mène[4])
2**)	Seitenstück	"	68,50	24,14	6,35	—	1,01	76,64	20,16	12,26	
3**)	Schenkel (Hinterviertel) .	"	70,90	24,21	4,11	—	0,78	83,19	14,12	13,31	
4**)	Lendenstück	"	71,20	18,19	9,86	—	0,75	63,16	34,24	10,11	
5**)	Nierenstück	"	69,89	17,61	11,28	—	1,22	58,48	37,46	9,35	
6**)	Bugstück	"	70,83	24,62	3,08	—	1,45	84,40	10,54	13,50	
7**)	Rückenstück	"	74,60	19,05	5,42	—	0,93	75,00	21,34	12,00	
8**)	Seitenstück (entre côte) .	"	72,10	20,54	6,41	—	0,95	73,62	23,00	11,78	
9**)	Vorderbug	"	75,29	17,33	6,25	—	1,13	70,13	25,29	11,22	
10**)	Wangenstück	"	75,28	20,17	3,51	—	1,04	81,59	14,20	13,05	

[1]) Grouven's Vorträge über Agric.-Chem., 3. Aufl., 1872, S. 374.
[2]) Zeitschrift f. Biologie 1876, **12**, 497.
[3]) Archiv f. Pharm. 1874, **203**, 178.
[4]) Compt. rend. 1874, **79**, 396 u. 529.

*) Mittel aus No. 1 bis 7.
**) In der Stickstoff-Substanz:

	Albumin %	Faser etc. %	Leim + Verlust %
1.	2,07	13,52	5,79
2.	3,17	13,21	7,76
3.	3,05	15,22	5,94
4.	2,01	11,46	4,72
5.	3,06	18,11	6,44
6.	3,09	15,22	6,33
7.	2,51	13,54	3,00
8.	4,73	10,10	5,71
9.	3,01	10,28	4,14
10.	2,59	15,61	1,97
11.	4,05	13,53	8,45
12.	5,11	12,35	6,42
13.	3,65	10,49	7,19
14.	4,11	10,60	4,94
15.	3,70	12,41	8,08
16.	2,72	8,18	6,09
17.	6,99	9,64	5,84

***) Die Stickstoff-Substanz der Analysen von Cn. Mène ist von mir aus der Differenz berechnet. Mène hat auch die Elementarzusammensetzung für die einzelnen Fleischsorten angegeben. Jul. Bertram u. M. Schäfer zeigen aber (Zeitschr. f. Biolog. 1876, S. 558), dass diese Zahlen durchaus unrichtig sind. Ob hiernach die Zahlen für die chem. Zusammensetzung der Fleischsorten ebenfalls mit Vorsicht aufgefasst werden müssen, lasse ich dahingestellt.

No.	Nähere Bezeichnung	Zeit der Untersuchung	In der natürlichen Substanz: Wasser %	Stickstoff-Substanz %	Fett %	Stickstofffreie Extraktstoffe %	Asche %	In der Trocken-Substanz: Stickstoff-Substanz %	Fett %	Stickstoff in der Trocken-Substanz %	Analytiker
11 *)	Stück vom Gelenkkopf. .	1874	69,91	25,03	4,16	—	0,90	83,18	13,83	13,31	Cn. Mêne[1])
12 *)	Oberlendenstück	„	70,25	23,88	3,85	—	2,02	80,27	12,94	12,84	
13 *)	Schwanzstück	„	72,50	21,33	5,16	—	1,01	77,56	18,76	12,41	
14 *)	Bruststück	„	72,10	19,65	7,46	—	0,79	70,43	26,74	11,27	
15 *)	(Tranche)	„	71,20	24,19	3,10	—	1,51	83,98	10,80	13,44	
16 *)	(Faut filet)	„	71,40	16,99	9,60	—	2,01	59,40	33,57	9,50	
17 *)	(Faut gite)	„	70,52	22,47	5,30	—	1,71	76,21	17,98	12,19	
18	Vom Hals	„	78,0	20,1 **)	1,0	—	1,0 ***)	91,36	4,54	14,62	J. Leyder und J. Pyro[2])
19	Vom Bein	„	75,0	20,0 **)	4,0	—	1,0	80,00	16,00	12,80	
20	Vom Bauch	„	76,8	17,9 **)	4,3	—	1,0	77,15	18,53	12,34	
21	Von den Lenden	„	70,6	20,4 **)	8,0	—	1,0	69,39	27,21	11,10	
	No. 22—33: Breitgezahnter (sägeförmiger) Muskel von Mastochsen °):										
22	Shorthorn-Vollblut . . .	1882	74,99	20,06 °°)	3,35	0,51	1,09	80,21	13,39	12,84	J. Moser, Meissl und Strohmer[3])
23	Shorthorn-Holländer . .	„	72,79	19,87	5,35	0,97	1,02	73,02	19,29	11,68	
24	Bergschecken	„	67,10	18,68	12,99	0,26	0,97	56,78	39,47	9,08	
25	Egerländer	„	71,39	18,68	7,71	1,24	0,98	65,29	26,95	10,45	
26	Pusterthaler	„	69,00	23,37	6,70	—	1,23	75,40	21,61	12,06	
27	Mürzthaler	„	71,48	20,18	6,92	0,34	1,08	70,76	24,26	11,32	
28	Allgäuer	„	59,15	21,56	18,07	0,33	1,09	52,78	44,24	8,44	
29	Mariahofer	„	72,64	19,19	6,32	0,74	1,11	70,29	23,10	11,24	
30	Murbodener	„	73,32	17,87	7,00	0,84	0,97	66,98	26,23	10,72	
31	Ungarisch (podol.) . . .	„	75,32	18,56	4,79	0,24	1,09	75,20	19,41	12,03	
32	desgl. . . .	„	73,74	18,43	5,92	0,97	0,94	70,18	22,54	11,23	
33	desgl. . . .	„	71,37	19,31	7,60	0,78	0,94	67,45	26,55	10,79	
34	Weide-mastochse ††) — Fleisch vom Rücken	1885	76,71	21,31 °°°)	1,76		0,22 †)	91,50	7,56	14,64	Petersen[4])
35	Weide-mastochse ††) — Fleisch vom Rücken	„	75,71	20,56	2,54		1,19	84,64	10,46	13,54	
36	Stall-mastochse ††) — (Schulterstück)	„	72,95	19,00	6,44		1,61	70,24	23,81	11,24	
37	Stall-mastochse ††) — (Schulterstück)	„	76,00	19,56	2,77		1,67	81,50	11,54	13,04	

[1]) Compt. rend. 1874, **79**, 396 u. 529. [2]) Journ. de Médic. de Bruxelles 1874, S. 497.
[3]) Kurzer Bericht der landw. Versuchsstation Wien in den Jahren 1882/83, S. 4.
[4]) Landw. Blatt f. d. Herzogthum Oldenburg 1886, S. 205.

*) Vergl. Anmerkung **) S. 2.
) Gleich Muskelsubstanz. *) Von den Verfassern willkürlich angenommen.

°) Die Ochsen waren auf der II. Mastvieh-Ausstellung in Wien zur Schau gebracht; das bei allen Ochsen von dem breitgezahnten (sägeförmigen) Muskel entnommene Fleisch stellte Fleisch II. Güte dar. Ueber Alter, Lebendgewicht der Ochsen etc. sind noch folgende Angaben gemacht:

No.	22	23	24	25	26	27	28	29	30	31	32	33	
Alter in Monaten	38	25	84	72	55	66	48	56	60	60	84	77	Monate
Lebendgewicht am Schlachttage in kg	620	597	720	671	688	790	825	890	800	777	900	960	kg

°°)

	%	%	%	%	%	%	%	%	%	%	%	%
Stickstoff im frischen Fleisch . .	3,21	3,18	2,99	2,99	3,72	3,23	3,45	3,07	2,86	2,97	2,95	3,09

Aus diesem Stickstoffgehalt ist der an Stickstoffsubstanz durch Multiplikation mit 6,25 berechnet, während die sog. N-freien Extraktstoffe aus der Differenz zwischen der Summe der anderen Bestandtheile und 100 erhalten wurden.

°°°) Wahrscheinlich durch Multiplikation des gefundenen Stickstoffs mit 6,25 berechnet.

†) Ueber den Gehalt an Asche sind im Original keine Angaben gemacht; obige Zahlen sind von mir aus der Differenz zwischen der Summe der drei übrigen Bestandtheile berechnet.

††) Die Ochsen wurden geschlachtet:

No. 34	35	36	37	38	39	40	41
26. Oct.	30. Oct.	9. Mai	11. Mai	26. Oct.	30. Oct.	9. Mai	11. Mai 1885.

Für das fettfreie Fleisch berechnet sich Stickstoff-Substanz:

21,69 %	21,10 %	20,30 %	20,12 %	21,22 %	21,29 %	20,00 %	20,52 %

Hiernach scheint das Fleisch der Weidemastochsen etwas reicher an Stickstoff-Substanz zu sein, als das der Stallmastochsen; ob dieses aber stets zutrifft, dürfte schwerlich aus diesen zwei Fällen zu folgern zulässig sein.

No.	Nähere Bezeichnung	Zeit der Untersuchung	In der natürlichen Substanz: Wasser %	Stick-stoff-Substanz %	Fett %	Stickstoff-freie Extraktstoffe %	Asche %	In der Trocken-Substanz: Stick-stoff-Substanz %	Fett %	Stickstoff in der Trocken-Substanz %	Analytiker
38	Weide-mastochse*) Fleisch von Lende (Maus)	1885	74,58	20,25	4,55	0,62		79,67	17,90	12,75	*Petersen*[1])
39	Weide-mastochse*) Fleisch von Lende (Maus)	„	76,68	21,00	1,38	0,94		90,05	5,92	14,41	*Petersen*[1])
40	Stall-mastochse*) Fleisch von Lende (Maus)	„	75,36	19,44	2,58	2,62		78,89	10,47	12,62	*Petersen*[1])
41	Stall-mastochse*) Fleisch von Lende (Maus)	„	75,92	20,19	1,62	2,27		83,85	6,73	13,42	*Petersen*[1])
		Mittel	**72,52**	**20,59**	**5,53**	**0,66**	**1,12**	**74,93**	**20,14**	**11,99**	

c) Mageres Ochsenfleisch:

No.	Nähere Bezeichnung	Zeit der Untersuchung	Wasser %	Stick-stoff-Substanz %	Fett %	Stickstoff-freie Extraktstoffe %	Asche %	Stick-stoff-Substanz %	Fett %	Stickstoff in der Trocken-Substanz %	Analytiker
1	Halsstück	In den 60-ger Jahren	77,5	20,4**)	0,9	—	1,2	90,67	4,00	14,51	*Siegert*[2])
2	Lendenstück	In den 60-ger Jahren	77,4	20,3**)	1,1	—	1,2	89,82	4,87	14,37	*Siegert*[2])
3	Schulterstück	In den 60-ger Jahren	76,5	21,0**)	1,3	—	1,2	89,36	5,53	14,30	*Siegert*[2])
4	Muskelfleisch	In den 60-ger Jahren	75,98	22,17	0,61	—	1,14	92,29	2,54	14,77	*H. Grouven*[3])
5	Ochs A, Vom Vordertheil	1871	77,22	21,0***)	0,76	—	—	92,34	3,14	14,74	*P. Petersen*[4])
6	Ochs A, Vom Hintertheil	„	75,75	20,25	3,01	—	—	83,51	12,41	13,36	*P. Petersen*[4])
7	Ochs B, Vom Vordertheil	„	78,16	20,18	0,86	—	—	92,40	3,94	14,78	*P. Petersen*[4])
8	Ochs B, Vom Hintertheil	„	75,21	20,93	3,46	—	—	84,43	14,45	13,51	*P. Petersen*[4])
9	Von Sehnen und Fett befreites Fleisch	1877	76,76	17,88°)	2,28	1,95°°)	1,13	76,94	9,81	12,31	*A. Almen*[5])
10	Lendenstück°°°)	1882	74,26	21,12†)	3,45	—	1,17 ††)	82,05	13,40	(15,19) †)	*A. Stutzer*[6])
		Mittel	**76,47**	**20,56**	**1,74**	—	**1,17**	**87,38**	**7,41**	**13,98**	

II. Kuhfleisch.

a) Fettes Kuhfleisch:

No.	Nähere Bezeichnung	Zeit der Untersuchung	Wasser %	Stick-stoff-Substanz %	Fett %	Stickstoff-freie Extraktstoffe %	Asche %	Stick-stoff-Substanz %	Fett %	Stickstoff in der Trocken-Substanz %	Analytiker
1	Vom Hals	1874	76,2	20,0†††)	2,8	—	1,0†††)	84,03	11,76	13,44	*J. Leyder u. J. Pyro*[7])
2	Vom Bein	„	73,3	20,0†††)	5,8	—	1,0†††)	74,91	21,72	12,13	*J. Leyder u. J. Pyro*[7])
3	Vom Bauch	„	67,8	22,4†††)	8,8	—	1,0†††)	69,57	27,33	11,25	*J. Leyder u. J. Pyro*[7])
4	Von den Lenden	„	67,4	18,8†††)	12,9	—	1,0†††)	57,98	39,57	9,23	*J. Leyder u. J. Pyro*[7])

1) Landw. Blatt f. d. Herzogthum Oldenburg 1886, S. 205.
2) Grouven's Vorträge über Agricultur-Chemie, 3. Aufl., 1872, S. 347.
3) Daselbst S. 342.
4) Zeitschr. f. Biologie 1871, **7**, 166.
5) Analysen des Fleisches einiger Fische, Upsala, 1877.
6) Repertorium f. analyt. Chem. 1882, S. 167.
7) Journ. de Médic. de Bruxelles 1874, S. 493.

*) Vergl. Anmerkung ††) S. 3.
**) Die Fleischfaser enthielt:

	Hals	Lende	Schulter
Muskelfibrin	13,6 %	14,4 %	14,8 %
Leimgebende Gewebe	2,6 „	1,1 „	1,8 „
Albumin	2,4 „	2,2 „	2,5 „
Wasserextrakt	2,6 „	1,8 „	2,3 „

***) Aus dem Stickstoff-Gehalt durch Multiplikation mit 6,25 von mir berechnet.

°) Die Stickstoff-Substanz bestand aus 2,13 % Albumin, 14,29 % unlöslichen Proteinstoffen und 1,46 % Leimbildner. Ueber die Bestimmungsmethode dieser Bestandtheile siehe unter „Fleisch von Fischen" von demselben Verf.
°°) Extraktivstoffe, d. h. die in Wasser löslichen organischen Stoffe nach Abzug des gefällten Albumins.
°°°) Beim Kochen des Lendenstücks während 4 Stunden unter Beigabe von Kochsalz:

	Gesammt-Stickstoff %	Protein-Stickstoff %	Nuclein-Stickstoff %	Verdauliches Eiweiss %	Fett %	Sog. Extraktstoffe %	Mineralstoffe %	Phosphorsäure %
1. Verblieben im Fleisch	3,25	3,20	0,045	17,02	2,93	0,30	0,35	0,187
2. Gingen in die Suppe über	0,66	0,28	—	1,51	0,52	2,29	0,82	0,318

†) Mit 3,91 % Stickstoff; durch Multiplikation des letzteren mit 6,25 würden 24,43 % Stickstoff-Substanz, 3,31 % über 100 herausgekommen. Von dem Gesammt-Stickstoff (3,91 %) waren 3,48 % Protein-Stickst. und 0,045 % Nuclein-Stickst.
††) Mit 0,505 % Phosphorsäure.
†††) Unter Stickstoffsubstanz ist fettfreie Muskelsubstanz zu verstehen, die Asche zu 1 % angenommen.

No.	Nähere Bezeichnung	Zeit der Untersuchung	In der natürlichen Substanz: Wasser %	Stick-stoff-Substanz %	Fett %	Stickstoff-freie Extraktstoffe %	Asche %	In der Trocken-Substanz: Stick-stoff-Substanz %	Fett %	Stickstoff in der Trocken-Substanz %	Analytiker
5	Muskelfleisch	In den 60g. J.	72,94	19,83	5,92	—	1,08	73,28	21,88	11,72	*H. Grouven*[1])
6	Lendenstück I. Sorte . .	1876	73,48	19,17	5,86	0,11	1,38	72,29	22,10	11,57	*J. König* und *B. Farwick*[2])
7	Backhast v. Vorderth. II. S.	„	65,11	17,94	15,55	0,62	0,78	51,13	44,57	8,23	
8	„ „ „ III. S.	„	71,66	18,14	7,18	—	1,20	64,01	25,34	10,24	
9	Rostbeaf einer fetten Kuh .	1878	70,88	22,51	4,52	0,85	1,24	77,30	15,52	12,37	*J. König* und *C. Krauch*[3])
		Mittel	**70,96**	**19,86**	**7,70**	**0,41**	**1,07**	**69,56**	**25,53**	**11,13**	

b) Mageres Kuhfleisch:

No.	Nähere Bezeichnung	Zeit der Untersuchung	Wasser %	Stick-stoff-Substanz %	Fett %	Stickstoff-freie Extraktstoffe %	Asche %	Stick-stoff-Substanz %	Fett %	Stickstoff in der Trocken-Substanz %	Analytiker
1	Vom Hals	1874	76,5	21,2*)	1,3	—	1,0*)	90,21	5,53	14,47	*J. Leyder* und *J. Pyro*[4])
2	Vom Bein	„	77,1	21,0*)	0,9	—	1,0*)	91,70	3,93	14,67	
3	Vom Bauch	„	77,5	20,7*)	0,8	—	1,0*)	92,00	3,56	14,72	
4	Von den Lenden	„	76,6	19,8*)	2,6	—	1,0*)	84,61	11,11	13,54	
5	Muskelfleisch einer halbfetten Kuh	In den 60-ger Jahren	74,48	21,79	4,09	—	0,98	85,38	16,03	13,66	*H. Grouven*[1])
6	Muskelfleisch		75,90	18,75	1,01	2,09	2,95	77,80	4,19	12,45	*Girardin*[5])
		Mittel	**76,35**	**20,54**	**1,78**	**0,01**	**1,32**	**86,95**	**7,25**	**13,92**	

Amerikanisches Rindfleisch

nach W. O. Atwater u. Chas. D. Woods: The chemical composition of american food materials. Washington 1896.

Bei diesen Fleischanalysen ist die Stickstoffsubstanz aus der Differenz 100 — (Wasser + Fett + Asche) berechnet. Die Zahlen der letzten Colonne (Stickstoff in der Trockensubstanz) sind von uns durch Division der Zahlen der drittletzten Colonne durch 6,25 berechnet. Der Abfall besteht aus den in der Marktwaare vorhandenen Knochen, Sehnen u. dergl.

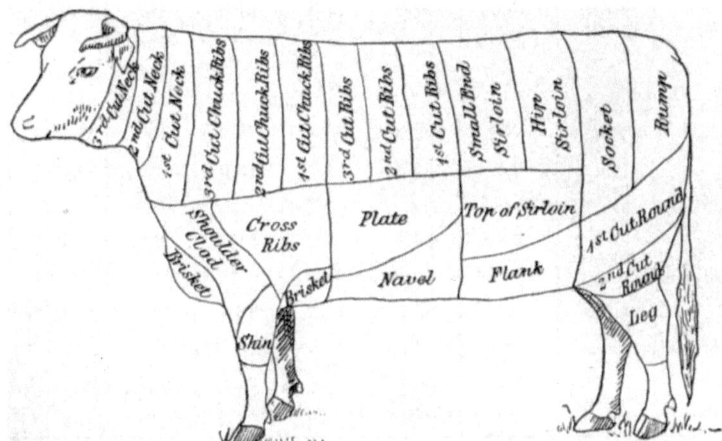

Fig. 1. Bezeichnung der einzelnen Fleischstücke des **Rindes** nach W. O. Atwater u. Chas. D. Woods.

[1]) Dessen Vorträge über Agric.-Chem., 3. Aufl., 1872, S. 342.
[2]) Zeitschr. f. Biologie 1876, **12**, 497.
[3]) Original-Mittheilung.
[4]) Journ. de Médic. de Bruxelles 1874, S. 493.
[5]) Compt. rend., **41**, 746.

*) Unter Stickstoffsubstanz ist fettfreie Muskelsubstanz zu verstehen, die Asche zu 1 % angenommen.

No.	Nähere Bezeichnung		Abfall	Zusammensetzung des essbaren Theiles				In der Trocken-Substanz		Stickstoff in der Trocken-Substanz
				Wasser	Stickstoff-Substanz	Fett	Asche	Stickstoff-Substanz	Fett	
			%	%	%	%	%	%	%	%
	Brisket (Brust).									
1	1 Analyse		14,3	47,4	14,6	37,2	0,8	27,76	70,72	4,44
	Chuck including shoulder (Hals einschliesslich Schulter).									
1	Sehr mager (2 Analysen)	Mittel	17,9	72,8	20,4	5,8	1,0	75,00	21,32	12,00
		Schwankungen	17,4—18,4	71,7—73,8	19,6—21,3	3,9—7,7	1,0—1,0	—	—	—
2	Mager (9 Analysen)	Mittel	23,7	71,2	19,9	7,8	1,1	69,10	27,08	11,06
		Schwankungen	18,1—33,1	69,8—73,4	19,4—20,5	5,8—9,0	0,9—1,1	—	—	—
3	Mittelfett (7 Analysen)	Mittel	17,0	67,8	19,0	12,3	0,9	59,01	38,20	9,44
		Schwankungen	10,5—28,1	64,3—69,7	18,0—19,8	9,5—15,2	0,9—1,0	—	—	—
4	Fett (4 Analysen)	Mittel	14,7 *)	62,3	18,0	18,8	0,9	47,75	49,87	7,64
		Schwankungen	12,0—19,2*)	59,9—64,2	17,7—18,2	17,1—21,1	0,8—1,0	—	—	—
5	Sehr fett (2 Analysen)	Mittel	22,8	53,2	16,9	29,0	0,9	36,11	61,96	5,78
		Schwankungen	11,2—34,5	50,7—55,7	16,6—17,3	26,1—31,9	0,8—0,9	—	—	—
	Alle 24 Analysen	Mittel	**19,9**	**67,3**	**19,1**	**12,6**	**1,0**	**58,41**	**38,53**	**9,35**
		Schwankungen	10,5—34,5	50,7—73,8	16,6—21,3	3,9—31,9	0,8—1,1	—	—	—
	Chuck ribs (Backenrippen).									
1	Mager (1 Analyse) . . .		9,8	66,2	18,0	14,8	1,0	53,25	43,80	8,52
2	Mittelfett (4 Analysen)	Mittel	13,8	57,3	17,4	24,4	0,9	40,75	57,17	6,52
		Schwankungen	5,4—19,7	52,8—61,4	16,1—19,0	20,1—30,3	0,8—1,1	—	—	—
3	Fett (1 Analyse) . . .		15,0	51,3	16,0	32,0	0,7	32,85	65,70	5,26
	Alle 6 Analysen	Mittel	**13,3**	**57,8**	**17,3**	**24,0**	**0,9**	**41,00**	**56,87**	**6,56**
		Schwankungen	5,4—19,7	51,3—66,2	16,0—19,0	14,8—32,0	0,7—1,0	—	—	—
	Flank (Flanke).									
1	Sehr mager (1 Analyse)		0,7	69,6	21,2	8,3	0,9	69,74	27,30	11,16
2	Mager (2 Analysen)	Mittel	2,1	66,3	19,7	13,0	1,0	58,46	38,58	9,35
		Schwankungen	2,0—2,3	66,0—67,0	19,4—20,0	12,4—13,7	0,9—1,0	—	—	—
3	Mittelfett (4 Analysen)	Mittel	3,8	59,8	17,9	21,5	0,8	44,53	53,48	7,12
		Schwankungen	1,1—11,8	57,4—62,2	17,4—18,2	18,7—24,3	0,8—0,9	—	—	—
4	Fett (3 Analysen)	Mittel	5,0	54,2	16,6	28,4	0,8	36,24	62,01	5,80
		Schwankungen	1,7—8,3	53,5—54,9	15,4—17,4	27,2—30,3	0,8—0,8	—	—	—
5	Sehr fett (2 Analysen)	Mittel	3,8	34,7	12,8	51,8	0,7	19,91	79,33	3,19
		Schwankungen	0,4—17,8	27,4—41,9	12,0—13,6	43,8—59,9	0,7—0,7	—	—	—
	Alle 12 Analysen	Mittel	**3,8**	**56,1**	**17,3**	**25,8**	**0,8**	**39,41**	**58,77**	**6,31**
		Schwankungen	0,4—17,8	27,4—69,6	12,0—21,2	8,3—59,9	0,7—1,0	—	—	—

*) Minimaler, maximaler und mittlerer Gehalt an Abfall sind aus 3 Analysen berechnet.

No.	Nähere Bezeichnung		Abfall %	Zusammensetzung des essbaren Theiles Wasser %	Stickstoff-Substanz %	Fett %	Asche %	In der Trocken-Substanz Stick-stoff-Sub-stanz %	Fett %	Stickstoff in der Trocken-Substanz %
	Loin (Lende).									
1	Sehr mager (1 Analyse) .		20,4	71,3	18,7	9,0	1,0	65,16	31,36	10,43
2	Mager (12 Analysen)	Mittel	13,1	67,0	19,3	12,7	1,0	58,48	38,48	9,36
		Schwankungen	6,7—21,0	63,1—74,7	13,1—23,1	11,5—15,0	0,7—1,2	—	—	—
3	Mittelfett (28 Analysen)	Mittel	13,0	60,5	18,3	20,2	1,0	46,33	51,14	7,41
		Schwankungen	4,1—22,1	56,5—68,3	10,6—20,2	16,1—23,7	0,5—2,2	—	—	—
4	Fett (6 Analysen)	Mittel	10,2	54,7	16,8	27,6	0,9	37,09	60,93	5,93
		Schwankungen	5,9—15,0	52,1—56,9	15,8—17,8	25,1—29,6	0,8—0,9	—	—	—
5	Sehr fett (2 Analysen)	Mittel	7,8	51,2	16,4	31,5	0,9	33,61	64,55	5,38
		Schwankungen	3,6—11,9	51,1—51,3	16,3—16,5	31,5—31,6	0,8—0,9	—	—	—
	Alle 49 Analysen	Mittel	**12,6**	**61,2**	**18,3**	**19,5**	**1,0**	**47,16**	**50,26**	**7,55**
		Schwankungen	3,6—22,1	51,1—74,7	10,6—23,1	9,6—31,3	0,5—2,2	—	—	—
	Loin boneless strip (Lende, knochenfrei).									
1	Sehr mager (1 Analyse) .		0	77,2	18,0	4,0	0,8	78,94	17,55	12,36
2	Mager (1 Analyse) . . .		0	66,3	20,5	12,2	1,0	60,83	36,20	9,73
3	Mittelfett (2 Analysen)	Mittel	0	58,1	21,0	19,8	1,1	50,12	47,26	8,02
		Schwankungen	0	55,6—60,5	19,3—22,7	19,2—20,5	1,0—1,2	—	—	—
4	Fett (1 Analyse) . . .		0	53,6	16,8	28,8	0,8	36,21	62,07	5,79
5	Sehr fett (1 Analyse) . .		0	50,9	16,0	32,4	0,7	32,58	65,99	4,21
	Alle 6 Analysen)	Mittel	0	**60,7**	**18,9**	**19,5**	**0,9**	**48,09**	**49,62**	**7,69**
		Schwankungen	0	50,9—77,2	18,0—22,7	4,0—32,4	0,7—1,2	—	—	—
	Loin, sirloin butt (Lende).									
1	Sehr mager (1 Analyse) .		0	72,1	20,5	6,4	1,0	73,88	22,93	11,82
2	Mager (1 Analyse) . . .		0	68,5	19,8	10,7	1,0	62,86	33,97	10,06
3	Mittelfett (2 Analysen)	Mittel	0	62,1	19,7	17,2	1,0	51,98	45,38	8,32
		Schwankungen	0	60,4—63,7	18,9—20,5	14,7—19,8	0,9—1,1	—	—	—
4	Fett (1 Analyse) . . .		0	58,6	17,1	23,5	0,8	41,30	56,77	6,61
5	Sehr fett (1 Analyse) . .		0	51,6	16,6	31,0	0,8	34,30	64,05	5,49
	Alle 6 Analysen)	Mittel	0	**62,5**	**18,9**	**17,7**	**0,9**	**50,40**	**47,20**	**8,07**
		Schwankungen	0	51,6—72,1	16,6—20,5	6,4—31,0	0,8—1,1	—	—	—
	Loin, tenderloin.									
1	Mager (2 Analysen)	Mittel	0	63,4	17,2	18,5	0,9	46,99	50,55	7,52
		Schwankungen	0	62,6—64,2	16,7—17,6	17,2—19,8	0,9—1,0	—	—	—
2	Mittelfett (4 Analysen)	Mittel	0	57,1	14,8	27,3	0,8	34,50	63,64	5,52
		Schwankungen	0	53,5—66,5	11,3—16,9	21,6—29,9	0,6—0,8	—	—	—
	Alle 6 Analysen	Mittel	0	**59,2**	**15,6**	**24,4**	**0,8**	**38,24**	**59,80**	**6,12**
		Schwankungen	0	53,5—66,5	11,3—17,6	17,2—29,9	0,6—1,0	—	—	—

No.	Nähere Bezeichnung		Abfall %	Zusammensetzung des essbaren Theiles: Wasser %	Stickstoff-Substanz %	Fett %	Asche %	In der Trocken-Substanz: Stickstoff-Substanz %	Fett %	Stickstoff in der Trocken-Substanz %
	Loin, top of sirloin (Oberlendenstück?).									
1	Mittelfett (1 Analyse) . .		3,2	42,2	13,3	43,7	0,8	23,01	75,61	3,69
	Loin, trimmings (Lendenrand?).									
1	Mager (2 Analysen)	Mittel	57,6	66,0	18,8	14,3	0,9	55,30	42,06	8,85
		Schwankungen	31,9—83,2	65,3—66,7	18,8—18,8	13,6—15,0	0,9—0,9	—	—	—
2	Mittelfett (1 Analyse) . .		38,0	54,5	15,9	28,7	0,9	34,94	63,08	5,59
3	Fett (3 Analysen)	Mittel	46,6	47,7	14,6	36,9	0,8	27,92	70,55	4,47
		Schwankungen	31,6—73,3	45,8—48,9	14,4—14,8	36,0—38,6	0,7—0,8	—	—	—
	Alle 6 Analysen	Mittel	**48,8**	**55,0**	**16,2**	**28,0**	**0,8**	**36,00**	**62,22**	**5,76**
		Schwankungen	31,6—83,2	45,8—66,7	14,4—18,8	13,6—36,9	0,7—0,9	—	—	—
	Navel (Nabelstück).									
1	(1 Analyse)		11,4	47,6	15,1	36,5	0,8	28,82	69,70	4,61
	Neck (Nacken).									
1	Sehr mager (1 Analyse) .		35,2	71,8	22,3	4,9	1,0	82,62	17,37	13,22
2	Mager (1 Analyse) . . .		29,0	71,0	20,0	8,0	1,0	68,96	27,61	11,03
3	Mittelfett (10 Analysen)	Mittel	27,6	63,4	19,2	16,5	0,9	52,45	45,08	8,39
		Schwankungen	19,5—37,5	60,5—67,9	18,4—20,4	11,5—19,8	0,8—1,1	—	—	—
	Alle 12 Analysen	Mittel	**28,4**	**64,8**	**19,5**	**14,8**	**0,9**	**55,39**	**42,04**	**8,86**
		Schwankungen	19,5—37,5	60,5—71,8	18,4—22,3	4,9—19,8	0,8—1,1	—	—	—
	Plate (Platte).									
1	Sehr mager (2 Analysen)	Mittel	24,0	67,9	19,9	11,2	1,0	61,93	34,88	9,91
		Schwankungen	18,3—29,7	67,0—68,7	19,8—20,0	10,6—11,9	0,9—1,1	—	—	—
2	Mager (3 Analysen)	Mittel	17,3	65,9	14,6	18,8	0,7	42,81	55,13	6,85
		Schwankungen	15,7—19,8	60,8—74,5	8,6—17,8	16,5—20,8	0,4—0,9	—	—	—
3	Mittelfett (6 Analysen)	Mittel	15,2	53,5	15,6	30,1	0,8	33,54	64,73	5,37
		Schwankungen	13,1—18,3	48,7—57,5	14,7—16,7	25,0—35,6	0,7—0,9	—	—	—
4	Fett (2 Analysen)	Mittel	16,5	44,7	13,9	40,7	0,7	25,13	73,59	4,02
		Schwankungen	15,9—17,9	44,4—45,0	12,4—15,4	39,4—41,9	0,7—0,8	—	—	—
5	Sehr fett (1 Analyse) . .		9,0	34,6	9,8	55,1	0,5	13,45	84,25	2,15
	Alle 14 Analysen	Mittel	**16,7**	**55,6**	**15,4**	**28,2**	**0,8**	**34,68**	**63,51**	**5,55**
		Schwankungen	9,0—29,7	34,6—68,7	8,6—20,0	10,6—55,1	0,4—1,1	—	—	—

No.	Nähere Bezeichnung		Abfall %	Zusammensetzung des essbaren Theiles: Wasser %	Stickstoff-Substanz %	Fett %	Asche %	In der Trocken-Substanz: Stickstoff-Substanz %	Fett %	Stickstoff in der Trocken-Substanz %
	Ribs (Rippen).									
1	Sehr mager (1 Analyse) .		26,7	72,6	21,1	5,6	0,7	77,00	20,43	12,32
2	Mager (6 Analysen)	Mittel	22,6	67,9	19,1	12,0	1,0	59,50	37,38	9,52
		Schwankungen	12,8—32,6	66,0—69,5	16,9—20,8	9,8—14,0	0,8—1,0	—	—	—
3	Mittelfett (14 Analysen)	Mittel	20,8	55,4	16,9	26,8	0,9	37,89	60,08	6,06
		Schwankungen	15,3—28,7	49,9—63,0	15,9—18,0	18,0—32,9	0,8—1,1	—	—	—
4	Fett (8 Analysen)	Mittel	16,1	48,1	15,4	35,8	0,7	29,67	68,97	5,15
		Schwankungen	0,6—24,4	47,4—50,2	14,8—16,5	33,9—36,8	0,6—0,8	—	—	—
	Alle 29 Analysen	Mittel	**20,2**	**56,6**	**17,1**	**25,5**	**0,8**	**39,40**	**58,75**	**6,30**
		Schwankungen	0,6—32,6	47,4—72,6	14,8—20,8	5,6—36,8	0,6—1,1	—	—	—
	Rib rolls (Rippenrundstück).									
1	Sehr mager (2 Analysen)	Mittel	0	73,7	20,3	5,0	1,0	77,18	19,01	12,35
		Schwankungen	0	73,3—74,0	19,6—21,1	4,6—5,4	1,0—1,0	—	—	—
2	Mager (3 Analysen)	Mittel	0	69,0	19,5	10,5	1,0	62,71	33,90	10,03
		Schwankungen	0	67,3—70,5	18,5—20,1	8,4—13,3	0,9—1,0	—	—	—
3	Mittelfett (4 Analysen)	Mittel	0	63,9	18,5	16,7	0,9	54,09	48,83	8,65
		Schwankungen	0	60,7—65,6	18,0—19,1	15,3—20,4	0,9—0,9	—	—	—
4	Fett (2 Analysen)	Mittel	0	51,5	16,4	31,3	0,8	33,82	64,54	5,41
		Schwankungen	0	50,5—52,4	16,3—16,6	30,5—32,1	0,8—0,8	—	—	—
	Alle 11 Analysen	Mittel	0	**64,8**	**18,7**	**15,6**	**0,9**	**53,12**	**44,32**	**8,50**
		Schwankungen	0	50,5—74,0	16,3—21,1	4,6—32,1	0,8—1,0	—	—	—
	Rib trimmings (Rippenrand?).									
1	Sehr mager (1 Analyse) .		42,6	71,6	20,9	6,5	1,0	73,94	23,24	11,83
2	Mittelfett (7 Analysen)	Mittel	34,8	57,4	16,8	25,0	0,8	39,44	58,70	6,31
		Schwankungen	31,0—44,8	49,3—62,9	14,3—18,3	17,9—35,7	0,8—0,9	—	—	—
3	Fett (2 Analysen)	Mittel	34,0	47,6	14,1	37,6	0,7	26,91	71,76	4,31
		Schwankungen	30,1—37,9	45,9—49,2	13,6—14,7	35,4—39,8	0,7—0,7	—	—	—
4	Sehr fett (1 Analyse) . .		20,9	33,9	10,7	54,9	0,4	16,19	83,06	2,59
	Alle 11 Analysen	Mittel	**34,10**	**54,7**	**16,1**	**28,4**	**0,8**	**35,54**	**62,70**	**5,69**
		Schwankungen	20,9—44,8	33,9—71,6	10,7—20,9	6,5—54,9	0,5—1,0	—	—	—
	Ribs, cross (Rippenkreuz).									
1	Sehr mager (1 Analyse) .		12,8	65,8	18,4	14,9	0,9	53,80	43,57	8,61
2	Mittelfett (1 Analyse) . .		12,2	43,9	13,7	41,6	0,8	24,42	74,15	3,91
	Mittel von 1 u. 2 . . .		**12,5**	**54,9**	**16,0**	**28,3**	**0,8**	**39,11**	**58,86**	**6,26**

No.	Nähere Bezeichnung		Abfall %	Zusammensetzung des essbaren Theiles: Wasser %	Stickstoff-Substanz %	Fett %	Asche %	In der Trocken-Substanz: Stickstoff-Substanz %	Fett %	Stickstoff in der Trocken-Substanz %
	Round (Schinken).									
1	Sehr mager (4 Analysen)	Mittel	10,2	73,6	22,1	3,2	1,1	84,02	12,12	13,44
		Schwankungen	9,1—17,4	72,2—75,4	22,0—22,2	1,3—4,5	1,0—1,2	—	—	—
2	Mager (25 Analysen*)	Mittel	10,2	70,3	20,9	7,7	1,1	70,37	25,93	11,26
		Schwankungen	4,8—17,4	68,6—73,6	19,0—22,1	5,1—10,0	0,3—1,3	—	—	—
3	Mittelfett (16 Analysen)	Mittel	7,7	65,8	19,7	13,5	1,0	57,60	39,47	9,62
		Schwankungen	3,7—11,2	62,6—68,4	18,6—21,6	10,6—17,8	0,9—1,2	—	—	—
4	Fett (1 Analyse) . . .		—	57,8	18,9	22,3	1,0	44,79	52,84	6,17
5	Sehr fett (1 Analyse) . .		6,4	56,8	17,6	24,7	0,9	40,74	57,17	6,52
	Alle 47 Analysen	Mittel	**8,5**	**68,5**	**20,4**	**10,0**	**1,1**	**64,76**	**31,74**	**10,36**
		Schwankungen	3,7—17,4	56,8—75,4	17,6—22,2	1,3—24,7	0,3—1,3	—	—	—
	Round steak, second cut (zweites Schinkenstück).									
1	Mittelfett (1 Analyse) . .		32,1	69,5	20,6	8,6	1,3	67,54	28,20	10,81
	Rump (Schwanzstück).									
1	Sehr mager (4 Analysen)	Mittel	7,5	70,0	21,4	7,4	1,2	71,33	24,67	11,41
		Schwankungen	9,9—17,3	67,4—74,2	21,2—21,5	3,2—10,0	1,1—1,2	—	—	—
2	Mager (2 Analysen)	Mittel	20,2	65,2	19,7	14,1	1,0	56,61	40,52	9,06
		Schwankungen	9,0—31,5	62,1—68,3	19,2—20,2	10,5—17,7	1,0—1,0	—	—	—
3	Mittelfett (8 Analysen)	Mittel	21,4	56,7	16,8	25,6	0,9	38,80	59,12	6,21
		Schwankungen	6,6—27,8	53,8—60,9	15,8—17,9	20,3—29,6	0,8—0,9	—	—	—
4	Fett (4 Analysen)	Mittel	23,2	48,1	14,9	36,3	0,7	28,71	69,94	4,59
		Schwankungen	17,9—31,3	45,2—49,9	14,5—15,7	33,6—39,4	0,7—0,8	—	—	—
5	Sehr fett (1 Analyse) . .		16,2	40,2	14,7	44,3	0,8	29,43	39,80	4,71
	Alle 19 Analysen	Mittel	**18,5**	**57,7**	**17,6**	**23,8**	**0,9**	**41,61**	**56,27**	**6,66**
		Schwankungen	6,6—31,5	40,2—74,2	14,5—21,5	3,2—36,3	0,7—1,2	—	—	—
	Shank, fore (Vorderschenkel).									
1	Sehr mager (2 Analysen)	Mittel	38,1	74,2	21,8	2,9	1,1	84,49	11,24	13,52
		Schwankungen	35,9—40,2	73,8—74,6	20,8—22,7	2,3—3,6	1,0—1,2	—	—	—
2	Mager (5 Analysen)	Mittel	36,5	71,5	21,4	6,1	1,0	75,09	21,40	12,01
		Schwankungen	25,6—48,0	69,9—73,2	20,1—23,3	5,3—7,9	0,9—1,1	—	—	—
3	Mittelfett (5 Analysen)	Mittel	36,9	67,9	19,6	11,6	0,9	61,06	36,14	9,77
		Schwankungen	33,0—40,0	65,5—70,0	19,2—20,2	9,9—14,2	0,9—0,9	—	—	—
4	Sehr fett (1 Analyse) . .		30,9	59,0	18,6	21,6	0,8	45,34	52,68	7,25
	Alle 13 Analysen	Mittel	**36,5**	**69,6**	**20,5**	**9,0**	**0,9**	**67,43**	**29,65**	**10,79**
		Schwankungen	25,6—40,2	59,0—74,6	18,6—23,3	2,3—21,6	0,8—1,2	—	—	—

*) Minimum, Maximum und Mittel des Abfalls beziehen sich nur auf 23 Bestimmungen.

No.	Nähere Bezeichnung		Abfall	Zusammensetzung des essbaren Theiles				In der Trocken-Substanz		Stickstoff in der Trocken-Substanz
				Wasser	Stickstoff-Substanz	Fett	Asche	Stickstoff-Substanz	Fett	
			%	%	%	%	%	%	%	%
	Shank, hind (Hinterschenkel).									
1	Mager (5 Analysen)	Mittel	56,6	72,6	21,1	5,3	1,0	77,01	19,35	12,32
		Schwankungen	50,0—62,2	71,3—73,6	20,4—21,6	4,3—7,3	0,9—1,2	—	—	—
2	Mittelfett (6 Analysen)	Mittel	53,9	67,8	19,8	11,5	0,9	61,49	35,71	11,04
		Schwankungen	52,0—56,0	65,3—69,5	18,5—20,6	9,6—15,4	0,8—1,0	—	—	—
3	Fett (1 Analyse) . . .		51,6	61,4	18,9	18,8	0,9	48,96	48,70	7,83
	Alle 12 Analysen	Mittel	**54,8**	**69,2**	**20,3**	**9,5**	**1,0**	**65,90**	**30,84**	**10,54**
		Schwankungen	50,0—62,2	61,4—73,6	18,5—21,6	4,3—18,8	0,8—1,2	—	—	—
	Shoulder Clod, meistens einschliesslich einiger Knochen. (Schulterlappen.)									
1	Sehr mager (2 Analysen)	Mittel	14,8	75,2	22,3	1,4	1,1	89,92	6,85	15,39
		Schwankungen	12,5—17,1	75,1—75,2	22,3—22,4	1,3—1,4	1,1—1,2	—	—	—
2	Mager (3 Analysen)*)	Mittel	8,1	72,5	20,9	5,5	1,1	76,00	20,00	12,16
		Schwankungen	7,3—8,8	71,4—74,2	20,0—21,9	4,7—6,7	1,1—1,1	—	—	—
3	Mittelfett (14 Analysen**)	Mittel	16,4	68,3	19,3	11,3	1,1	61,07	35,65	9,77
		Schwankungen	7,0—27,7	64,0—74,5	17,3—20,7	7,1—16,4	0,8—1,4	—	—	—
4	Fett (4 Analysen***)	Mittel	11,9	60,5	18,8	19,7	1,0	47,60	49,87	7,62
		Schwankungen	11,0—13,3	56,2—62,1	17,1—21,0	18,5—21,6	0,9—1,2	—	—	—
	Alle 23 Analysen	Mittel	**14,6**	**68,1**	**19,7**	**11,1**	**1,1**	**61,77**	**34,80**	**9,88**
		Schwankungen	7,3—27,7	66,2—75,2	17,1—22,4	1,3—21,6	0,8—1,4	—	—	—
	Socket (Pfanne).									
1	1 Analyse		35,8	57,1	16,7	25,2	1,0	38,93	58,74	6,23
	Fore quarter (Vorderviertel).									
1	Sehr mager (1 Analyse) .		23,2	72,3	20,8	6,0	0,9	75,09	21,66	12,01
2	Mager (3 Analysen)	Mittel	21,8	68,8	18,0	12,4	0,8	57,69	39,74	9,23
		Schwankungen	19,7—24,9	67,5—71,1	16,1—19,1	12,1—12,7	0,7—0,9	—	—	—
3	Mittelfett (6 Analysen)	Mittel	19,3	60,2	17,5	21,4	0,9	43,97	53,77	7,04
		Schwankungen	16,8—23,9	57,8—63,6	17,3—18,4	17,1—27,6	0,8—1,0	—	—	—
4	Fett (1 Analyse) . . .		21,7	53,5	15,8	30,0	0,7	33,98	64,52	5,44
5	Sehr fett (1 Analyse) . .		12,6	44,6	14,0	40,7	0,7	25,27	73,46	4,04
	Alle 12 Analysen	Mittel	**19,8**	**61,5**	**17,5**	**20,2**	**0,8**	**45,45**	**52,47**	**6,27**
		Schwankungen	12,6—24,9	44,6—72,3	14,0—20,8	6,0—40,7	0,7—0,9	—	—	—

*) Abfall aus 2 Analysen berechnet.

**) „ „ 12 „ „

***) „ „ 3 „ „

No.	Nähere Bezeichnung		Abfall %	Zusammensetzung des essbaren Theiles: Wasser %	Stickstoff-Substanz %	Fett %	Asche %	In der Trocken-Substanz: Stickstoff-Substanz %	Fett %	Stickstoff in der Trocken-Substanz %
	Hind quarter (Hinterviertel).									
1	Sehr mager (1 Analyse)		18,8	72,4	20,8	5,8	1,0	75,36	21,01	12,06
2	Mager (3 Analysen)	Mittel	16,5	66,9	19,2	12,9	1,0	57,70	38,97	9,23
		Schwankungen	16,2—17,0	65,9—67,5	18,8—19,5	12,2—14,3	1,0—1,0	—	—	—
3	Mittelfett (7 Analysen)	Mittel	16,4	60,2	17,9	21,0	0,9	44,89	52,76	7,18
		Schwankungen	14,1—20,2	55,7—63,9	17,1—18,7	16,8—26,3	0,8—1,0	—	—	—
4	Fett (1 Analyse) . . .		14,1	52,1	16,4	30,7	0,8	34,24	64,92	5,48
	Alle 12 Analysen	Mittel	**16,3**	**62,2**	**18,4**	**18,5**	**0,9**	**48,68**	**48,94**	**7,49**
		Schwankungen	14,1—20,2	52,1—72,4	16,4—20,8	5,8—30,7	0,8—1,0	—	—	—
	Side native, not including tallow. Seite, einheimisch (ohne Talg).									
1	6 Analysen	Mittel	17,0	57,1	17,2	24,9	0,8	40,09	58,04	6,41
		Schwankungen	13,2—19,2	47,8—67,5	15,1—19,1	12,5—36,4	0,7—0,9	—	—	—
	Side, Colorado. Seite von Colorado (ohne Talg).									
2	3 Analysen	Mittel	19,2	63,4	18,0	17,7	0,9	49,80	48,36	7,97
		Schwankungen	16,8—21,8	62,0—64,9	17,6—18,6	15,7—19,5	0,8—0,9	—	—	—
	Side, Texas. Seite von Texas (ohne Talg).									
3	3 Analysen	Mittel	20,0	69,0	19,1	11,0	0,9	61,61	35,48	9,86
		Schwankungen	18,0—21,2	67,3—72,4	17,1—20,8	5,9—14,8	0,8—1,0	—	—	—
	Alle 12 Analysen Side (Seite).	Mittel	**18,3**	**61,7**	**17,8**	**19,6**	**0,9**	**46,48**	**51,17**	**7,44**
		Schwankungen	13,2—21,8	47,8—72,4	15,1—20,8	5,9—36,4	0,7—1,0	—	—	—

III. Innere Theile vom Rinde.

No.	Nähere Bezeichnung	Zeit der Umrechnung	In der natürlichen Substanz: Wasser %	Stick-stoff-Substanz %	Fett %	Stickstoff-freie Extraktstoffe %	Asche %	In der Trocken-Substanz: Stick-stoff-Substanz %	Fett %	Stickstoff in der Trocken-Substanz %	Analytiker
	Zunge (essbarer Theil) .	—	63,50	17,40	18,0	—	1,10	47,67	49,31	7,63	*W. O. Atwater u. Chas. D. Woods*[1]
1	Herz	1874	68,76	28,37*)	2,30	—	0,57	90,81	7,38	14,53	*Cn. Mène*[2]
2	desgl. (fetter Ochs) . . .	1876	71,41	14,65	12,64	—	0,98	51,24	44,21	8,20	*J. König*[3]
3	desgl. (essbarer Theil) .	—	68,7	15,8	14,6	—	0,9	50,48	46,64	8,08	*W. O. Atwater u. Chas. D. Woods*[1]
4	desgl. „ „ . .	—	56,5	16,3	26,2	—	1,0	37,47	60,23	6,00	
	Herz: Mittel	—	**66,34**	**19,35**	**13,34**	—	**0,86**	**57,50**	**39,62**	**9,20**	

[1]) The Chemical Composition of american food materials by W. O. Atwater and Chas. D. Woods. U. S. Departement of Agriculture. Bulletin No. 28. Washington 1896. Bei den Analysen von Atwater u. Woods ist die Stickstoffsubstanz in der Regel aus der Differenz 100 — (Wasser + Fett + Asche) berechnet.

[2]) Compt. rend. 1874, **79**, 396 u. 529.

[3]) Zeitschr. f. Biologie 1876, **12**, 497.

*) Aus der Differenz von mir berechnet.

No.	Nähere Bezeichnung	Zeit der Untersuchung	In der natürlichen Substanz: Wasser %	Stickstoff-Substanz %	Fett %	Stickstofffreie Extraktstoffe %	Asche %	In der Trocken-Substanz: Stickstoff-Substanz %	Fett %	Stickstoff in der Trocken-Substanz %	Analytiker
1	Lunge (fetter Ochs) . .	1876	78,97	17,37	2,19	0,40	1,07	82,60	10,41	13,21	*J. König*[1])
2	desgl.	„	79,70	16,10	3,20	—	1,00	79,31	15,76	12,69	*W. O. Atwater u. Chas. D. Woods*[2])
	Lunge: Mittel	—	**79,34**	**16,73**	**2,70**	—	**1,04**	**80,96**	**13,09**	**12,95**	
	Sonstige Analyse von Lunge vergl. Cn. Mène, Compt. rend. 1874, **79**, 396 u. 529.										
1	Leber	1874	72,96	19,94*)	5,15	—	1,95	73,74	19,05	11,80	*Cn. Mène*[3])
2	desgl. (fetter Ochs) . . .	„	71,92	20,89**)	3,28	2,81	1,10	74,39	11,68	11,90	*v. Bibra*[4])
3	desgl.	1876	71,17	17,94	8,38	0,47	2,04	62,23	29,07	9,96	*J. König*[1])
4	desgl. Mittel von 3 Lebern	—	69,8	21,6	5,4	1,8	1,4	71,52	17,88	11,44	*W. O. Atwater u. Chas. D. Woods*[2])
	Leber: Mittel	—	**71,46**	**20,11**	**5,52**	**1,69**	**1,62**	**70,47**	**19,42**	**11,33**	
1	Nieren	—	75,70	16,10	7,10	—	1,10	66,25	29,22	10,60	*dieselben*[2])
2	desgl.	—	78,70	17,60	2,40	—	1,30	82,63	11,27	13,22	*dieselben*[2])
3	desgl. einer fetten Kuh .	1876	76,93	15,23	6,66	0,08	1,10	65,73	28,90	10,58	*J. König und B. Farwick*[1])
	Nieren: Mittel	—	**77,11**	**16,38**	**5,29**	—	**1,17**	**71,54**	**23,13**	**11,45**	
	Milz (fetter Ochs) . .	1876	75,71	19,87	2,55	0,17	1,70	81,30	10,49	13,09	*J. König*[1])
	Rindsmagen***) (Blättermagen, Psalter oder Omasus), frisch . . .	1887	85,17	10,39	1,08	—	—	70,06	7,38	11,21	*Edwin Johanson*[5])
1	Knochenmark . . .	1874	3,49	1,30*)	92,53	—	2,78	1,35	95,89	0,22	*Cn. Mène*[3])
2	desgl.	—	3,30	2,60	92,80	—	1,30	2,69	95,97	0,43	*W. O. Atwater u. Chas. D. Woods*[2])
	Knochenmark: Mittel	—	**3,40**	**1,95**	**92,66**	—	**2,04**	**2,02**	**95,93**	**0,33**	
	Nierenfett (7 Analysen) Mittel	—	15,00	4,80	79,90	—	0,3	5,65	94,00	0,90	*dieselben*[2])
	Nierenfett (7 Analysen) Schwankungen	—	8,20-21,90	1,60-7,20	70,70-88,90	—	0,2-0,4	—	—	—	*dieselben*[2])

1) Zeitschr. f. Biologie 1876, **12**, 497.

2) The Chemical Composition of American food materials by W. O. Atwater and Chas. D. Woods. U. S. Departement of Agriculture. Bulletin No. 28 Washington 1896. Bei den Analysen von Atwater und Woods ist die Stickstoffsubstanz in der Regel aus der Differenz 100 — (Wasser + Fett + Asche) berechnet.

3) Compt. rend. 1874, **79**, 396 u. 529.

4) Moleschott, Physiologie der Nahrungsmittel, 1859, **2**, 79.

5) Viertelj. Chem. Nahrungsm. Genussm. 1887, **2**, 348, nach Pharm. Ztg., Russland 1887, **26**, 33.

*) Aus der Differenz von mir berechnet.

**) Dieselbe zerfällt nach Verf. in:
2,35 % Eiweiss (löslich) 11,29 % Eiweiss-Substanz (unlöslich) 6,25 % Leimbildner

***) Ein Nahrungsmittel der Esthen und Letten, die aus dem zerschnittenen Rindermagen mit Kartoffeln und Hülsenfrüchten eine kräftige Suppe bereiten.

Gehalt des Rindfleisches und des Liebig'schen Fleischfuttermehles an Leim, Extraktivstoffen etc.

Die landwirthschaftliche Versuchsstation in Münster i. W. untersuchte im Jahre 1896 frisches Rindfleisch und 8 Proben Liebig's Fleischfuttermehl auf Gehalt an Leim, Extraktivstoffen etc. (Original-Mittheilung).

A. In der natürlichen Substanz.

Nähere Bezeichnung	Wasser	Stickstoff-Substanz (Stickstoff × 6,25)	Fett	Reinasche	Phosphorsäure	Kali	In kaltem Wasser löslich: Extraktivstoffe	Gesammt-Stickstoff	Albumosenstickstoff (fällbar durch Zinksulfat)	Fleischbasenstickstoff (fällbar durch Phosphorwolframsäure)	Mineralstoffe	Phosphorsäure	Kali	Vom Rückstand des Kaltwasserauszuges in kochendem Wasser löslich: Extraktivstoffe	Gesammt-Stickstoff	Leim (Stickstoff × 5,55)	Mineralstoffe
	%	%	%	%	%	%	%	%	%	%	%	%	%	%	%	%	%
1. Frisches Rindfleisch:																	
Filet . . .	69,95	20,85	8,06	1,14	0,38	0,41	5,89	0,84	0,23	0,61	1,03	0,33	0,36	1,39	0,24	1,33	0,05
Billigere Sorte	69,22	20,20	9,54	1,04	0,31	0,33	4,65	0,63	0,30	0,33	0,85	0,26	0,28	2,44	0,43	2,38	0,03
2. Liebig's Fleischfuttermehl aus Uruguay: Probe I	9,15	71,57	17,65	1,63	0,74	0,41	8,83	1,18	0,67	0,51	1,16	0,39	0,41	9,17	1,62	8,99	0,17
„ II	8,44	69,23	20,82	1,51	0,67	0,39	5,63	0,61	0,22	0,39	1,12	0,47	0,40	6,58	1,12	6,22	0,08
„ III	10,34	66,37	20,77	2,52	0,82	0,42	6,25	0,72	0,17	0,55	1,37	0,48	0,40	4,50	0,74	4,11	0,12
„ IV	14,56	73,33	8,75	3,36	0,75	0,40	12,52	1,63	0,15	1,24	1,35	0,41	0,31	8,46	1,32	7,32	0,26
„ V	10,86	66,99	20,52	1,63	0,78	0,48	5,68	0,67	0,16	0,51	1,23	0,45	0,45	5,01	0,86	4,77	0,09
„ VI	9,82	69,00	19,40	1,78	0,61	0,41	4,55	0,53	0,16	0,37	1,13	0,45	0,39	4,86	0,86	4,77	0,10
„ VII	12,97	67,08	16,72	3,23	1,15	1,17	9,95	1,10	0,16	0,94	2,91	0,92	1,12	4,36	0,74	4,11	0,10
„ VIII	7,66	69,74	20,59	2,01	0,81	0,38	6,12	0,64	0,29	0,35	1,34	0,49	0,38	7,39	1,26	6,99	0,14

B. In der fettfreien Trocken-Substanz.

Nähere Bezeichnung		Stickstoff-Substanz (Stickstoff × 6,25)	Mineralstoffe	Phosphorsäure	Kali	In kaltem Wasser löslich: Extraktivstoffe (im Ganzen)	Eiweissstoffe (Albumin und Albumosen, Stickst. × 6,25)	Sonstige Extraktivstoffe mit Fleischbasen etc.	Mineralstoffe	Phosphorsäure	Kali	Vom Rückstand des Kaltwasserauszuges in kochendem Wasser löslich: Extraktivstoffe (im Ganzen)	Leim (Stickstoff × 5,55)	Mineralstoffe
		%	%	%	%	%	%	%	%	%	%	%	%	%
1. Frisches Rindfleisch:	Filet . . .	94,82	5,18	1,73	1,87	26,79	6,73	15,28	4,78	1,50	1,64	6,42	6,05	0,23
	Billigere Sorte	95,10	4,90	1,46	1,55	21,89	8,85	9,03	4,01	1,22	1,32	11,49	11,21	0,14
2. Liebig's Fleichfuttermehl aus Uruguay:	Probe I	97,70	2,23	1,01	0,56	12,06	5,69	4,79	1,58	0,53	0,56	12,53	12,27	0,22
	„ II	97,82	2,13	0,94	0,55	8,05	1,94	4,53	1,58	0,66	0,55	9,29	8,79	0,11
	„ III	96,36	3,64	1,19	0,61	9,07	1,59	5,49	1,99	0,69	0,58	6,53	5,97	0,17
	„ IV	95,62	4,38	0,98	0,52	16,32	1,23	13,47	1,62	0,53	0,40	11,03	9,54	0,34
	„ V	97,62	2,38	1,13	0,70	8,27	1,46	5,01	1,79	0,65	0,65	7,30	6,95	0,14
	„ VI	97,49	2,51	0,86	0,58	6,43	1,41	3,42	1,60	0,63	0,55	6,87	6,64	0,14
	„ VII	95,41	4,59	1,64	1,66	14,15	1,42	8,59	4,14	1,31	1,59	6,20	5,84	0,14
	„ VIII	97,20	2,80	1,13	0,50	8,53	2,75	3,89	1,87	0,68	0,53	10,30	9,74	0,20

Die Untersuchung erfolgte nach der von W. Henneberg, E. Kern und H. Wattenberg angewendeten Methode. Vergl. unten Anhang zu Hammelfleisch S. 25.

Anmerkung. Die Stickstoff-Substanz ist aus der Differenz berechnet. Durch Multiplikation des gefundenen Stickstoffs mit 6,25 ergeben sich für die natürliche Substanz folgende Zahlen:

	Frisches Fleisch: Filet	Billigere Sorte	Liebig's Fleischfuttermehle: I	II	III	IV	V	VI	VII	VIII
	%	%	%	%	%	%	%	%	%	%
	21,52	20,84	69,75	68,21	68,91	77,61	68,87	69,66	69,82	67,97
Ferner wurde gefunden: Ammoniak-Stickstoff	—		—	—	0,09	0,14	0,05	0,03	0,08	—

Die Probe IV hatte einen ausgesprochen fauligen Geruch; aus der begonnenen Zersetzung erklärt sich jedenfalls der hohe Gehalt an Extraktivstoffen.

Einfluss des Ernährungszustandes, des Alters und der Rasse auf die Zusammensetzung der Muskeln des Rindes.

L. Adametz (Preuss. Landw. Jahrb. 1888, S. 577) untersuchte den „Einfluss des Ernährungszustandes, des Alters und der Rasse auf die Zusammensetzung der Muskeln des Rindes“ und fand:

Anzahl der untersuchten Thiere	Rasse	Gemästete Thiere: Trocken-Substanz (Stickstoff-Substanz + Mineralstoffe) %	Gemästete Thiere: Fett %	Nicht gemästete Thiere: Trocken-Substanz (Stickstoff-Substanz + Mineralstoffe) %	Nicht gemästete Thiere: Fett %
14	Ungarisches Steppenvieh .	24,85	0,71	23,72	0,57
5	Niederungsrassen . . . (4 Holländer, 1 Shorthorn)	25,96 Halbmast	1,32	24,73	0,99
6	Oberinnthaler	24,85	0,73	24,19	0,65
6	Mürzthaler	24,98 Vollmast	0,76	24,16	0,62
7	Lavanthaler	24,56	0,81	23,90	0,68
5	Waldviertler	25,06	1,08	24,48	0,81
8	Pinzgauer	24,62	0,84	24,16	0,69

Derselbe fand bei verschiedenem Alter der Thiere folgenden mittleren Trockensubstanzgehalt:

	Ungarisches Steppenvieh		Oberinnthaler		Mürzthaler		Lavanthaler	
Alter . . . . . . Jahre	4—6	8—9	2—4	8	3—4	7—9	3	6—8
Mittlerer Trockensubstanzgehalt	23,14	24,66	24,10	24,71	23,87	24,46	23,82	24,45

Kalbfleisch.

I. Fettes Kalbfleisch.

No.	Nähere Bezeichnung	Zeit der Untersuchung	In der natürlichen Substanz: Wasser %	Stickstoff-Substanz %	Fett %	Stickstoff-freie Extraktstoffe %	Asche %	In der Trocken-Substanz: Stickstoff-Substanz %	Fett %	Stickstoff in der Trocken-Substanz %	Analytiker
1*)	Bruststück	1874	69,66	21,15**)	7,42	—	1,77	69,71	24,46	11,15	Cn. *Mène*[1])
2*)	Halsstück	„	75,22	17,53	6,18	—	1,07	70,74	24,94	11,31	
3*)	Nierenstück	„	76,25	15,12	7,12	—	1,51	63,66	29,98	10,14	
4*)	Rippenstück (cotelette) . .	„	72,66	20,57	5,12	—	1,65	75,25	18,73	12,04	
5*)	Bugstück	„	76,57	18,10	3,62	—	1,71	77,25	15,45	12,36	
6	Hals-Carbonade	1876	73,91	19,51	5,57	—	1,01	74,78	21,31	11,96	*J. König* u. *C. Brimmer*[2])
7	Kalbsbrust	„	64,66	18,81	16,05	—	0,92	53,23	45,41	8,52	
8	Kalbskeule	„	70,30	18,87	9,25	0,44	1,14	63,54	31,57	10,30	
9	Rippenstück (cotelette) . .	1878	71,55	20,28	6,40	0,61	1,16	71,32	22,50	11,41	*C. Krauch*[3])
	Mittel		**72,31**	**18,88**	**7,41**	**0,07**	**1,33**	**68,87**	**26,04**	**11,02**	

1) Compt. rend. 1874, 396 u. 529.
2) Zeitschr. f. Biologie 1876, **12**, 497.
3) Original-Mittheilung.

*) In der Stickstoff-Substanz:

		No. 1	2	3	4	5
Albumin	%	1,53	1,49	1,55	1,33	2,01
Faser etc.	%	6,49	2,20	1,82	6,72	3,09
Leim + Verlust . .	%	14,12	12,83	12,02	12,52	13,00

) Vergl. die Anmerkung *) S. 2 zu den Analysen des Verfassers von Ochsenfleisch.

II. Mageres Kalbfleisch.

No.	Nähere Bezeichnung		Zeit der Untersuchung	In der natürlichen Substanz: Wasser %	Stick-stoff-Substanz %	Fett %	Stickstoff-freie Extraktstoffe %	Asche %	In der Trocken-Substanz: Stick-stoff-Substanz %	Fett %	Stickstoff in der Trocken-Substanz %	Analytiker
1	Kalb A	Vom Vorderschenkel	1871	79,29	19,25*)	0,92	—	—	92,95	4,44	14,87	P. Petersen[1])
2		Vom Hinterschenkel	„	77,85	20,61	0,81	—	—	93,95	3,66	15,03	
3	Kalb B	Vom Vorderschenkel	„	79,19	19,56	0,78	—	—	93,99	3,75	15,02	
4		Vom Hinterschenkel	„	79,05	19,81	0,76	—	—	94,56	3,63	15,12	
			Mittel	**78,84**	**19,86**	**0,82**	—	**(0,50)**	**93,86**	**3,87**	**15,01**	

Amerikanisches Kalbfleisch

nach W. O. Atwater u. Chas. D. Woods: The chemical composition of american food materials. Washington 1896.

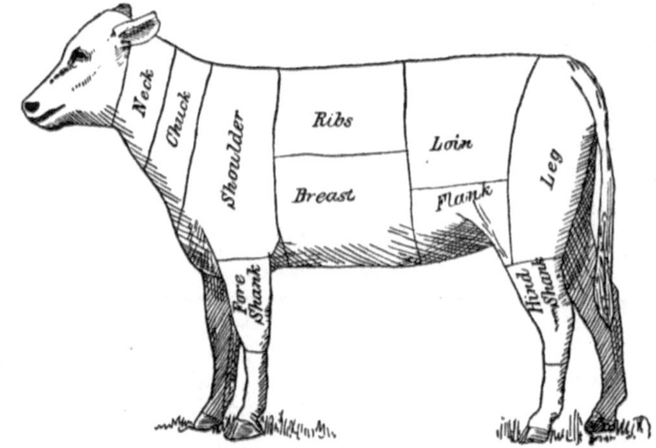

Fig. 2. Bezeichnung der einzelnen Fleischstücke des **Kalbes** nach W. O. Atwater u. Chas. D. Woods.

No.	Nähere Bezeichnung		Abfall %	Zusammensetzung des essbaren Theiles: Wasser %	Stickstoff-Substanz %	Fett %	Asche %	In der Trocken-Substanz: Stick-stoff-Substanz %	Fett %	Stickstoff in der Trocken-Substanz %
	Breast (Brust).									
1	Mager (2 Analysen)	Mittel	23,4	70,3	20,7	8,0	1,0	69,70	26,93	11,15
		Schwankungen	15,1—31,6	68,4—72,2	18,8—22,5	8,0—8,0	1,0—1,1	—	—	—
2	Mittelfett (5 Analysen)	Mittel	20,6	66,4	18,8	13,8	1,0	55,95	41,07	8,95
		Schwankungen	15,7—25,4	65,1—68,1	18,2—19,4	12,0—15,4	1,0—1,0	—	—	—
	Alle 7 Analysen	Mittel	**21,4**	**67,5**	**19,3**	**12,2**	**1,0**	**59,38**	**37,54**	**9,50**
		Schwankungen	15,1—31,6	65,1—72,2	18,2—22,5	8,0—15,4	1,0—1,1	—	—	—

[1]) Zeitschr. f. Biologie 1871, **7**, 166.

*) Die Stickstoff-Substanz ist von mir durch Multiplikation des Stickstoffs mit 6,25 berechnet.

No.	Nähere Bezeichnung		Abfall %	Zusammensetzung des essbaren Theiles: Wasser %	Stickstoff-Substanz %	Fett %	Asche %	In der Trocken-Substanz: Stickstoff-Substanz %	Fett %	Stickstoff in der Trocken-Substanz %
	Chuck.									
1	Mittelfett	Mittel	18,9	73,3	19,2	6,5	1,0	71,91	24,34	11,51
	(6 Analysen)	Schwankungen	17,6—20,0	71,5—75,4	18,2—20,6	5,1—8,5	1,0—1,1	—	—	—
	Flank (Flanke).									
1	Mittelfett	Mittel	—	68,9	19,7	10,4	1,0	63,34	33,44	10,13
	(5 Analysen)	Schwankungen	—	64,4—72,7	18,5—21,0	7,8—15,8	0,9—1,1	—	—	—
2	Fett (1 Analyse) . . .		—	57,0	18,0	24,1	0,9	41,86	56,05	6,70
	Alle 6 Analysen	Mittel	—	**66,9**	**19,4**	**12,7**	**1,0**	**58,61**	**38,37**	**9,78**
		Schwankungen	—	57,0—72,7	18,0—21,0	7,8—24,1	0,9—1,1	—	—	—
	Leg (Keule).									
1	Mager	Mittel	6,6	74,2	21,0	3,6	1,2	81,40	13,85	13,02
	(8 Analysen)	Schwankungen	2,1—14,9	71,8—75,6	19,3—22,5	1,1—6,0	1,1—1,3	—	—	—
2	Mittelfett	Mittel	15,6	70,4	20,1	8,4	1,1	67,91	28,38	10,87
	(7 Analysen)	Schwankungen	13,0—19,3	67,8—72,1	19,4—20,7	6,7—11,6	1,0—1,2	—	—	—
	Alle 15 Analysen	Mittel	**10,5**	**72,4**	**20,6**	**5,9**	**1,1**	**74,64**	**21,38**	**11,94**
		Schwankungen	2,1—19,3	67,8—75,6	19,3—22,5	1,1—11,6	1,0—1,3	—	—	—
	Leg, Cutlets (Keule, Coteletts).									
1	2 Analysen	Mittel	4,0	68,3	20,8	9,9	1,0	65,62	31,23	10,50
		Schwankungen	3,6—4,5	67,3—69,3	20,4—21,1	9,2—10,6	1,0—1,1	—	—	—
	Loin (Lende, Nierenbraten).									
1	Mager	Mittel	20,3	72,9	20,2	5,8	1,1	74,54	21,40	11,93
	(4 Analysen)	Schwankungen	17,4—23,0	71,3—75,4	18,6—21,0	4,8—6,7	1,0—1,2	—	—	—
2	Mittelfett	Mittel	17,3	69,2	19,4	10,4	1,0	62,99	33,77	10,08
	(5 Analysen)	Schwankungen	13,6—20,3	68,5—69,7	18,8—20,0	10,1—10,8	1,0—1,1	—	—	—
3	Fett	Mittel	18,3	61,6	18,5	18,9	1,0	48,18	49,22	7,71
	(2 Analysen)	Schwankungen	16,3—20,2	61,3—61,9	18,3—18,7	18,3—19,4	1,0—1,1	—	—	—
	Alle 11 Analysen	Mittel	**18,6**	**69,2**	**19,5**	**10,2**	**1,1**	**63,31**	**33,12**	**10,13**
		Schwankungen	13,6—23,0	61,3—75,4	18,3—21,0	4,8—19,4	1,0—1,2	—	—	—
	Loin, with kidney (Nierenbraten mit Nieren).									
1	1 Analyse		9,1	73,3	14,1	11,8	0,8	52,89	44,19	8,46
	Neck (Nacken).									
1	Mittelfett	Mittel	31,5	72,6	19,5	6,9	1,0	71,43	25,27	11,43
	(6 Analysen)	Schwankungen	23,5—50,0	69,8—75,8	18,7—20,0	4,3—9,2	0,9—1,1	—	—	—

No.	Nähere Bezeichnung		Abfall %	Zusammensetzung des essbaren Theiles: Wasser %	Stickstoff-Substanz %	Fett %	Asche %	In der Trocken-Substanz: Stickstoff-Substanz %	Fett %	Stickstoff in der Trocken-Substanz %
	Rib (Rippe).									
1	Mittelfett (8 Analysen)	Mittel	26,9	72,5	20,2	6,2	1,1	73,45	22,55	11,75
		Schwankungen	22,7—41,3	70,8—75,5	19,2—21,2	3,4—8,6	1,0—1,1	—	—	—
2	Fett (1 Analyse) . . .		22,4	67,8	20,0	11,1	1,1	62,11	34,47	9,94
	Alle 9 Analysen	Mittel	**26,4**	**72,0**	**20,1**	**6,8**	**1,1**	**71,80**	**24,29**	**11,49**
		Schwankungen	22,4—41,3	67,8—75,5	19,2—21,2	3,4—11,1	1,0—1,1	—	—	—
	Rump (Schwanzstück).									
1	1 Analyse		30,2	62,6	20,1	16,2	1,1	53,74	43,32	8,60
	Shank, fore (Vorderschenkel).									
1	6 Analysen	Mittel	40,4	74,0	19,8	5,2	1,0	76,15	20,00	12,19
		Schwankungen	20,4—52,4	72,5—75,8	18,9—20,6	4,1—6,4	1,0—1,0	—	—	—
	Shank, hind (Hinterschenkel).									
1	Mittelfett (6 Analysen)	Mittel	62,7	74,5	19,9	4,6	1,0	78,04	18,04	12,49
		Schwankungen	61,1—64,7	73,4—76,2	17,9—20,5	3,0—6,7	0,9—1,1	—	—	—
2	Fett (1 Analyse) . . .		51,4	68,1	20,0	10,7	1,2	62,70	33,54	10,03
	Alle 7 Analysen	Mittel	**61,1**	**73,6**	**19,9**	**5,5**	**1,0**	**75,38**	**28,33**	**12,06**
		Schwankungen	51,4—64,7	68,1—76,2	17,9—20,5	3,0—10,7	0,9—1,2	—	—	—
	Shoulder and flank (Schulter und Flanke).									
1	1 Analyse		24,3	65,6	19,7	13,5	1,2	57,27	39,25	9,26
	Shoulder (Schulter).									
1	2 Analysen	Mittel	16,6	68,3	19,9	10,7	1,1	62,78	33,75	10,04
		Schwankungen	11,5—21,8	64,7—71,9	19,0—20,7	6,2—15,2	1,1—1,2	—	—	—
	Fore quarter (Vorderviertel).									
1	6 Analysen	Mittel	24,5	71,7	19,4	8,0	0,9	68,55	28,27	10,97
		Schwankungen	19,3—26,0	69,9—74,8	18,6—20,5	5,5—10,6	0,8—1,1	—	—	—
	Hind quarter (Hinterviertel).									
1	6 Analysen	Mittel	20,7	70,9	19,8	8,3	1,0	68,04	28,52	10,89
		Schwankungen	19,0—24,0	68,4—73,8	19,4—20,4	5,6—11,2	0,8—1,2	—	—	—
	Side (Seite).									
1	6 Analysen	Mittel	22,6	71,3	19,6	8,1	1,0	68,29	28,22	4,52
		Schwankungen	18,6—24,9	69,2—74,3	19,2—20,4	5,5—10,3	0,9—1,1	—	—	—

III. Innere Theile vom Kalbe.

No.	Nähere Bezeichnung	Zeit der Untersuchung	In der natürlichen Substanz: Wasser %	Stick-stoff-Substanz %	Fett %	Stickstoff-freie Extraktstoffe %	Asche %	In der Trocken-Substanz: Stick-stoff-Substanz %	Fett %	Stickstoff in der Trocken-Substanz %	Analytiker
1	Herz (fettes Kalb) . . .	1876	72,48	15,39	10,89	0,18	1,06	55,92	39,57	8,95	*J. König und Hammerbacher*[1])
2	desgl.	—	73,20	16,20	9,60	—	1,00	60,45	35,82	9,67	*W. O. Atwater und Chas. D. Woods*[2])
	Mittel		**72,84**	**15,80**	**10,25**	—	**1,03**	**58,19**	**37,70**	**9,31**	
1	Lunge (fettes Kalb) . .	1876	78,34	16,33	2,32	1,69	1,32	75,39	10,71	12,06	*J. König und Hammerbacher*[1])
2	desgl.	—	76,80	17,10	5,00	—	1,10	73,71	21,55	11,79	*W. O. Atwater und Chas. D. Woods*[2]
	Mittel		**77,57**	**16,72**	**3,66**	—	**1,21**	**74,55**	**16,13**	**11,93**	
1	Niere	1874	72,85	22,13*)	2,77	—	1,25	81,51	13,89	13,04	*Cn. Mène*[3])
2	desgl.	—	74,70	16,60	7,40	—	1,30	65,61	29,33	10,50	*W. O. Atwater und Chas. D. Woods*[2])
	Mittel		**73,78**	**19,37**	**5,09**	—	**1,28**	**73,56**	**21,61**	**11,77**	
1	Leber	1874	72,80	17,66**)	2,39	5,47	1,68	64,93	8,82	10,39	*v. Bibra*[4])
2	desgl.	—	72,40	19,80	4,00	—	1,20	71,74	14,50	11,49	*W. O. Atwater und Chas. D. Woods*[2])
3	desgl.	—	73,70	21,00	6,60	—	1,30	79,85	25,10	12,79	
	Mittel		**72,93**	**19,49**	**4,33**	—	**1,39**	**72,17**	**16,14**	**11,56**	
	Kalbshirn	1895	80,96	9,02***)	8,64	—	1,38	40,37	45,47	7,58	*Versuchs-Station Münster*[5])

Hammelfleisch.

I. Sehr fettes Hammelfleisch.

No.	Nähere Bezeichnung	Zeit der Untersuchung	In der natürlichen Substanz: Wasser %	Stick-stoff-Substanz %	Fett %	Stickstoff-freie Extraktstoffe %	Asche %	In der Trocken-Substanz: Stick-stoff-Substanz %	Fett %	Stickstoff in der Trocken-Substanz %	Analytiker
1	Vom Hintertheil	1878	41,97	14,39	43,47	—	0,66	24,80	74,91	3,97	*J. König u. L. Mutschler*[6])
2	Von der Brust	„	41,39	15,45	42,07	—	1,03	26,36	71,78	4,22	
3	Von den Schultern . . .	„	60,38	14,57	23,62	0,58	0,85	36,77	59,62	5,88	
4	Durchschnitt des Fleisches von der linken Körperhälfte[0])	1883	52,89	17,43[00])	27,13	1,40[00])	1,06	37,00	57,59	5,95	*J. Moser u. Meissl*[7])
5		„	59,72	20,18	15,70	3,16	1,24	50,09	38,47	8,01	
	Mittel		**51,27**	**17,05**	**29,47**	—	**0,97**	**35,00**	**60,47**	**5,61**	

[1]) Zeitschr. f. Biologie 1876, **12**, 497.
[2]) Vergl. oben Anmerkung [1]) S. 12.
[3]) Compt. rend. 1874, **79**, 396 u. 529.
[4]) Moleschott, Physiologie der Nahrungsmittel 1859, **2**, 79.
[5]) Originalmittheilung.
[6]) Chem. u. techn. Untersuchungen d. landw. Versuchsstation Münster von J. König 1878, S. 104.
[7]) Kurzer Bericht d. Versuchsstation Wien in den Jahren 1882/83, S. 8.

*) Vergl. die Anmerkung zu den Analysen des Verfassers vom Ochsenfleisch.
**) Dieselbe zerfällt nach Verf. in:
1,90 % lösliches Eiweiss 11,94 % unlösliche Eiweissstoffe 4,72 % Leimbildner
***) Von der Stickstoffsubstanz waren 4,66 % in Wasser löslich, von denen 2,77 % aus Eiweiss bestanden.

[0]) Durchschnittsprobe des Fleisches von der linken Hälfte des Körpers nach Abtrennung der Fetthaut (Panniculus adiposus). Die Hammel waren mit Heu und Sojabohnen gemästet.
[00]) Die Stickstoff-Substanz ist von mir aus dem angegebenen Stickstoff (2,79 % bei No. 4 und 3,23 % bei No. 5) berechnet; die stickstofffreien Extraktstoffe ergeben sich aus der Differenz.

II. Halbfettes Hammelfleisch.

No.	Nähere Bezeichnung	Zeit der Untersuchung	In der natürlichen Substanz: Wasser %	Stickstoff-Substanz %	Fett %	Stickstoff-freie Extraktstoffe %	Asche %	In der Trocken-Substanz: Stickstoff-Substanz %	Fett %	Stickstoff in der Trocken-Substanz %	Analytiker
1*)	Hammelskeule	1874	75,50	14,26**)	8,77	—	1,47	58,20	35,80	9,31	Cn. Mène[1])
2*)	Bugstück	"	75,70	14,02	9,03	—	1,25	57,70	37,16	9,23	
3*)	Rippenstück (cotelette)	"	75,50	14,33	8,55	—	1,62	58,49	34,90	9,36	
4*)	Halsstück	"	74,53	15,63	8,52	—	1,32	61,37	33,45	9,82	
5	Hammel A Vorderschenkel	1871	76,22	20,06	3,03	—	—	84,44	12,74	13,50	P. Petersen[2])
6	Hammel A Hinterschenkel	"	76,68	20,12	2,57	—	—	86,28	11,02	13,80	
7	Hammel B Vordersckenkel	"	76,78	19,00	3,02	—	—	81,83	13,01	13,08	
8	Hammel B Hinterschenkel	"	76,98	19,50	2,67	—	—	84,71	11,55	13,55	
		Mittel	**75,99**	**17,11**	**5,77**	—	**1,33**	**71,33**	**23,70**	**11,43**	

Amerikanisches Hammelfleisch

nach W. O. Atwater u. Chas. D. Woods: The chemical composition of american food materials. Washington 1896.

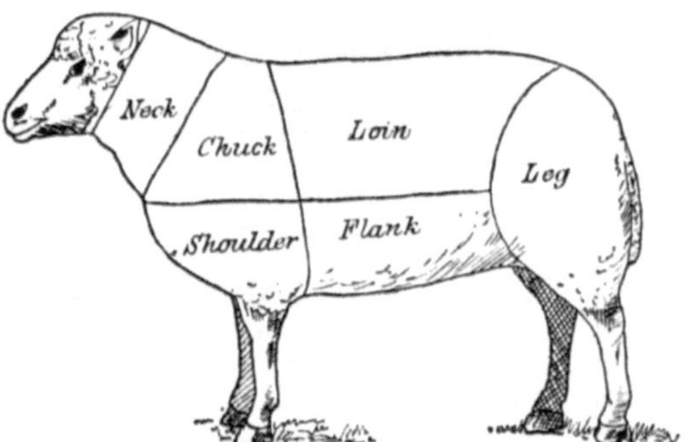

Fig. 3. Bezeichnung der einzelnen Fleischstücke des **Schafes** nach W. O. Atwater u. Chas. D. Woods.

[1]) Compt. rend. 1874, **79**, 396 u. 529.
[2]) Zeitschr. f. Biologie, 1871, **7**, 166.

*) In der Stickstoff-Substanz:

	Albumin	Faser etc.	Leim + Verlust
1.	3,83 %	10,20 %	0,15 %
2.	4,14 "	9,75 "	0,13 "
3.	3,54 "	10,50 "	0,28 "
4.	3,25 "	11,54 "	0,28 "

**) Vergl. meine Anmerk. zu den Analysen des Verf's. vom Ochsenfleisch.

A. Lammfleisch.

No.	Nähere Bezeichnung		Abfall %	Zusammensetzung des essbaren Theiles: Wasser %	Stickstoff-Substanz %	Fett %	Asche %	In der Trocken-Substanz: Stickstoff-Substanz %	Fett %	Stickstoff in der Trocken-Substanz %
	Breast (Brust).									
1	1 Analyse		19,1	56,2	19,2	23,6	1,0	43,84	53,88	7,01
	Leg, hind (Keule).									
1	Mittelfett (2 Analysen)	Mittel	17,4	63,9	18,5	16,5	1,1	51,25	45,71	8,20
		Schwankungen	17,0—17,7	63,1—64,7	18,1—18,9	15,3—17,6	1,1—1,2	—	—	—
2	Fett (1 Analyse)		13,4	54,6	17,1	27,4	0,9	37,67	60,35	6,03
3	Sehr fett (1 Analyse)		7,0	51,8	17,2	30,1	0,9	35,68	62,45	5,71
	Alle 4 Analysen	Mittel	**13,8**	**58,6**	**17,8**	**22,6**	—	**43,00**	**54,59**	**6,88**
		Schwankungen	7,0—17,7	51,8—64,7	17,1—18,9	15,3—30,1	0,9—1,2	—	—	—
	Loin (Lende, ohne Nieren und Talg).									
1	Mittelfett (4 Analysen)	Mittel	14,8	53,1	17,6	28,3	1,0	37,53	60,34	6,00
		Schwankungen	12,2—17,4	48,6—54,8	15,5—19,0	25,1—35,1	0,8—1,1	—	—	—
	Neck (Hals).									
1	1 Analyse		17,7	56,7	17,5	24,8	1,0	40,42	57,29	6,47
	Shoulder (Schulter).									
1	1 Analyse		20,3	51,8	17,5	29,7	1,0	36,37	61,62	5,82
	Fore quarter (Vorderviertel).									
1	1 Analyse		18,8	55,1	18,1	25,8	1,0	40,31	57,46	6,45
	Hind quarter (Hinterviertel).									
1	1 Analyse		15,7	60,9	19,0	19,1	1,0	48,59	48,85	7,77
	Side (Seite, ohne Nieren und Talg).									
1	(3 Analysen)	Mittel	19,3	58,2	17,6	23,2	1,0	42,10	55,50	6,74
		Schwankungen	17,3—21,6	56,8—60,0	16,5—18,5	21,2—25,7	1,0—1,1	—	—	—

B. Hammelfleisch.

No.	Nähere Bezeichnung		Abfall %	Wasser %	Stickstoff-Substanz %	Fett %	Asche %	Stickstoff-Substanz %	Fett %	Stickstoff in der Trocken-Substanz %
	Chuck.									
1	Mittelfett (6 Analysen)	Mittel	21,3	50,9	14,6	33,6	0,9	29,74	68,43	5,16
		Schwankungen	14,4—25,2	47,9—56,7	13,6—16,4	26,0—37,4	0,7—1,2	—	—	—
2	Fett (2 Analysen)	Mittel	16,5	40,6	13,7	44,9	0,8	23,13	75,72	3,70
		Schwankungen	14,9—18,1	37,6—43,5	13,3—14,2	42,5—47,2	0,7—1,0	—	—	—
3	Sehr fett (1 Analyse)		13,8	29,9	9,4	60,1	0,6	13,41	85,02	2,15
	Alle 9 Analysen	Mittel	**19,4**	**46,3**	**13,8**	**39,1**	**0,8**	**25,70**	**72,81**	**4,11**
		Schwankungen	13,8—25,2	29,9—56,7	9,4—16,4	26,0—60,1	0,6—1,2	—	—	—

No.	Nähere Bezeichnung		Abfall %	Zusammensetzung des essbaren Theiles: Wasser %	Stickstoff-Substanz %	Fett %	Asche %	In der Trocken-Substanz: Stickstoff-Substanz %	Fett %	Stickstoff in der Trocken-Substanz %
	Flank (Flanke).									
1	Mittelfett (7 Analysen)	Mittel	—	45,8	14,8	38,7	0,7	27,31	71,40	4,37
		Schwankungen	—	38,7—51,2	11,9—16,0	32,1—45,0	0,5—0,8	—	—	—
2	Sehr fett (2 Analysen)	Mittel	—	28,9	10,7	59,8	0,6	15,05	84,11	2,41
		Schwankungen	—	25,0—32,7	9,5—12,0	54,7—64,9	0,6—0,6	—	—	—
	Alle 9 Analysen	Mittel	—	**42,0**	**13,9**	**43,4**	**0,7**	**23,97**	**75,34**	**3,84**
		Schwankungen	—	25,0—51,2	9,5—16,0	32,1—64,9	0,5—0,8	—	—	—
	Leg, hind (Keule).									
1	Mager (3 Analysen)	Mittel	16,8	67,4	19,1	12,4	1,1	58,59	38,03	9,37
		Schwankungen	3,4—23,7	66,6—68,3	18,5—19,6	11,9—13,0	1,0—1,2	—	—	—
2	Mittelfett (10 Analysen)	Mittel	18,0	62,8	18,2	18,0	1,0	48,93	48,39	7,83
		Schwankungen	9,8—26,0	58,4—67,2	17,3—19,0	14,6—22,6	0,9—1,0	—	—	—
3	Fett (1 Analyse) . . .		12,4	55,0	17,0	17,1	0,9	37,78	60,22	6,04
	Alle 14 Analysen	Mittel	**17,4**	**63,2**	**18,3**	**17,5**	**1,0**	**49,73**	**47,55**	**7,96**
		Schwankungen	3,4—26,0	55,0—68,3	17,0—19,6	11,9—27,1	0,9—1,2	—	—	—
	Loin (Lende, ohne Nieren und Talg).									
1	Mittelfett (12 Analysen)	Mittel	15,3*)	50,1	15,9	33,2	0,8	31,86	66,53	5,10
		Schwankungen	11,7—19,3	44,9—55,9	13,8—19,5	26,8—37,6	0,7—0,9	—	—	—
2	Fett (3 Analysen)	Mittel	11,7	43,3	14,2	41,7	0,8	25,04	73,54	3,81
		Schwankungen	11,3—12,0	42,0—44,3	13,9—14,6	40,9—43,3	0,7—0,8	—	—	—
3	Sehr fett (1 Analyse) . .		9,0	30,8	10,0	58,7	0,5	14,47	84,83	2,32
	Alle 16 Analysen	Mittel	**14,2****)	**47,6**	**15,2**	**36,4**	**0,8**	**29,01**	**69,47**	**4,64**
		Schwankungen	9,0—19,3	30,8—55,9	10,0—19,5	26,8—58,7	0,5—0,9	—	—	—
	Neck (Hals).									
1	Mittelfett (9 Analysen)	Mittel	28,4	58,2	16,3	24,5	1,0	39,00	58,61	6,24
		Schwankungen	17,2—34,9	54,7—61,9	12,4—19,2	17,8—29,5	0,8—1,8	—	—	—
2	Sehr fett (1 Analyse) . .		16,1	42,1	13,6	43,5	0,8	23,49	75,13	3,76
	Alle 10 Analysen	Mittel	**27,2**	**56,6**	**16,0**	**26,4**	**1,0**	**36,87**	**60,83**	**5,90**
		Schwankungen	16,1—34,9	42,1—61,9	12,4—19,2	17,8—29,5	0,8—1,8	—	—	—
	Shoulder (Schulter).									
1	Mager (1 Analyse) . . .		25,3	67,2	18,9	12,9	1,0	57,62	39,33	9,22
2	Mittelfett (6 Analysen)	Mittel	21,7	61,9	17,3	19,9	0,9	45,41	52,23	7,27
		Schwankungen	14,6—26,4	58,6—65,2	15,8—18,2	15,6—24,3	0,9—1,0	—	—	—
3	Fett (1 Analyse) . . .		19,5	53,0	15,9	30,3	0,8	33,83	64,47	5,41
4	Sehr fett (1 Analyse) . .		18,7	48,4	15,2	35,6	0,8	29,46	69,00	5,31
	Alle 9 Analysen	Mittel	**21,5**	**60,0**	**17,1**	**22,0**	**0,9**	**42,75**	**55,00**	**6,84**
		Schwankungen	14,6—26,4	48,4—67,2	15,2—18,9	12,9—35,6	0,8—1,0	—	—	—

*) Mittel und Schwankungen von 11 Analysen. **) Mittel und Schwankungen von 15 Analysen.

No.	Nähere Bezeichnung		Abfall %	Zusammensetzung des essbaren Theiles: Wasser %	Stickstoff-Substanz %	Fett %	Asche %	In der Trocken-Substanz: Stickstoff-Substanz %	Fett %	Stickstoff in der Trocken-Substanz %
	Fore quarter (Vorderviertel).									
1	9 Analysen	Mittel	21,1	51,7	15,0	32,4	0,9	31,06	67,08	4,97
		Schwankungen	15,7—24,9	37,2—57,1	11,7—17,0	25,6—50,4	0,7—1,1	—	—	—
	Hind quarter (Hinterviertel, ohne Talg und Nieren).									
1	9 Analysen	Mittel	16,7	54,8	16,2	28,2	0,8	35,84	62,40	5,73
		Schwankungen	9,8—20,2	40,4—60,4	12,9—17,4	21,4—46,1	0,6—1,0	—	—	—
	Side (Seite, mit Talg).									
1	25 Analysen	Mittel	18,1	54,2	16,0	28,9	0,9	34,93	63,10	5,59
		Schwankungen	13,0—22,8	46,9—65,9	14,0—18,4	14,7—37,8	0,7—1,0	—	—	—
	Side (Seite, ohne Talg).									
1	9 Analysen	Mittel	19,0	53,1	15,6	30,5	0,8	33,26	65,03	5,32
		Schwankungen	12,9—22,7	38,8—58,8	12,3—16,9	23,4—48,2	0,7—0,9	—	—	—

III. Innere Theile vom Hammel.

No.	Nähere Bezeichnung	Zeit der Untersuchung	In der natürlichen Substanz: Wasser %	Stickstoff-Substanz %	Fett %	Stickstofffreie Extraktstoffe %	Asche %	In der Trocken-Substanz: Stickstoff-Substanz %	Fett %	Stickstoff in der Trocken-Substanz %	Analytiker
1	Zunge (sehr fett) . . .	1878	66,57	13,15	18,37	1,03	0,88	39,34	54,98	6,29	J. König, C. Brimmer und L. Mutschler[1])
2	desgl. (mittelfett) . . .	„	68,31	15,44	15,99	—	1,12	48,72	50,46	7,80	
	Zunge (Mittel)		**67,44**	**14,29**	**17,18**	**0,51**	**1,00**	**44,03**	**52,72**	**7,05**	
1	Herz	—	71,60	15,60	11,90	—	0,90	54,93	41,90	8,79	W. O. Atwater und Chas. D. Woods[2])
2	desgl.	—	67,40	18,30	13,40	—	0,90	56,13	41,10	8,98	
	Herz (Mittel)		**69,50**	**17,00**	**12,60**	—	**0,90**	**55,53**	**41,50**	**8,89**	
	Herz und Lunge (sehr fett)	1878	70,57	16,29	10,57	1,58	0,99	55,35	35,92	8,86	J. König, C. Brimmer und L. Mutschler[1])
1	Lunge	—	77,10	18,80	2,9	—	1,20	82,09	12,66	13,13	W. O. Atwater und Chas. D. Woods[2])
2	desgl.	—	74,60	21,50	2,6	—	1,30	84,64	10,24	13,86	
	Lunge (Mittel)		**75,90**	**20,1**	**2,8**	—	**1,20**	**83,37**	**11,45**	**13,50**	
1	Niere (mittelfett) . . .	1878	78,61	16,56	3,33	0,21	1,30	77,38	15,56	12,66	J. König, C. Brimmer und L. Mutschler[1])
2	desgl.	—	78,70	16,80	3,20	—	1,30	78,87	15,02	12,62	W. O. Atwater und Chas. D. Woods[2])
	Niere (Mittel)		**78,66**	**16,68**	**3,27**	—	**1,30**	**78,13**	**15,29**	**12,64**	
	Niere mit Nierenfett .	—	18,80	4,30	76,5	—	0,4	5,30	94,21	0,85	dieselben[2])

[1]) Chem. u. techn. Untersuchungen d. Versuchsstation Münster 1878, S. 105.
[2]) Vergl. Anmerkung [1]), S. 12.

No.	Nähere Bezeichnung	Zeit der Untersuchung	In der natürlichen Substanz: Wasser %	Stickstoff-Substanz %	Fett %	Stickstofffreie Extraktstoffe %	Asche %	In der Trocken-Substanz: Stickstoff-Substanz %	Fett %	Stickstoff in der Trocken-Substanz %	Analytiker
1	Leber (mittelfett) . . .	—	69,25	18,18*)	5,24	6,20	1,13	59,09	17,04	9,45	*v. Bibra*[1])
2	desgl.	1878	68,10	23,23	5,08	1,68	1,84	72,97	15,93	11,68	*J. König, C. Brimmer und L. Mutschler*[2])
3	desgl.	„	70,28	23,51	4,62	1,52	1,07	79,10	15,55	12,66	
4	desgl.	—	69,80	22,00	4,70	2,10	1,40	72,85	15,56	11,65	*W. O. Atwater und Chas. D. Woods*[3])
5	desgl.	—	52,70	24,20	13,20	7,90	2,00	51,16	27,91	8,19	
	Leber (Mittel)		**66,04**	**22,22**	**6,69**	**3,88**	**1,49**	**67,03**	**18,40**	**10,72**	
1	Nierenfett	—	3,90	1,10	94,90	—	0,10	1,14	98,75	0,18	*dieselben*[3])
2	desgl.	—	2,90	1,20	95,80	—	0,10	1,24	98,66	0,20	
	Nierenfett (Mittel)		**3,40**	**1,15**	**95,35**	—	**0,10**	**1,19**	**98,71**	**0,19**	

Procentige Zusammensetzung der verschiedenen Fleischstücke (aus Fleisch, Fett, Knochen und Sehnen)

von W. Henneberg, E. Kern und H. Wattenberg.[4])

	Bezeichnung der Fleischstücke: Hals %	Brust %	Lappen %	Blatt %	Karbonade %	Karré excl. Nieren u. Nierenfett %	Karré incl. Nieren u. Nierenfett %	Keule %
1. Nicht gemästeter Hammel (Leineschaf):								
Fleisch ohne Fettgewebe . .	56,8	48,8	54,3	57,0	63,3	53,0	46,2	61,0
Fettgewebe mit Fett . . .	14,7	31,2	25,2	12,5	15,0	25,7	35,1	15,3
Knochen	14,2	11,9	3,2	15,5	15,8	11,5	10,1	11,7
Sehnen	14,3	8,1	17,3	15,0	5,9	9,8	8,6	12,0
2. Fetter Hammel:								
Fleisch ohne Fettgewebe . .	40,2	43,9	35,6	46,0	51,1	35,8	26,3	45,7
Fettgewebe mit Fett . . .	35,8	44,2	51,9	33,7	31,0	52,0	64,7	37,6
Knochen	14,1	7,8	1,9	12,0	11,8	8,8	6,5	9,4
Sehnen	9,9	4,1	10,6	8,3	6,1	3,8	2,5	7,3
3. Hochfetter Hammel:								
Fleisch ohne Fettgewebe . .	47,5	32,7	24,9	49,1	47,9	31,3	20,7	44,4
Fettgewebe mit Fett . . .	29,1	53,9	64,0	28,9	37,8	54,3	69,6	39,2
Knochen	12,6	7,6	1,4	13,5	10,4	8,7	5,8	10,4
Sehnen	10,8	4,8	9,7	8,5	3,9	5,9	3,9	6,0

[1]) Moleschott, Physiologie der Nahrungsmittel 1859, **2**, 79.
[2]) Chem. u. techn. Untersuchungen d. Versuchsstation Münster 1878, S. 105.
[3]) Vergl. Anmerkung [1]), S. 12.
[4]) Journ. f. Landw. 1878, **26**, 549 u. 597.

*) Die Stickstoff-Substanz zerfällt nach Verf. in:
2,75 % lösliches Eiweiss 10,13 % unlösliche Eiweissstoffe 3,12 % Leimbildner

Procentige Zusammensetzung des frischen, fettfreien Hammelfleisches
von W. Henneberg, E. Kern und H. Wattenberg.[1])

	Wasser %	Extraktivstoffe*) Gesammt-Trocken-Substanz %	Eiweiss %	Nicht-Eiweiss (eig. Extraktivstoffe) %	Asche %	Muskelfaser (unlösliches Eiweiss) %
1. Nicht gemästeter Hammel (Leineschaf):						
Hals	80,48	4,25	1,07	1,97	1,21	15,27
Brust	78,50	4,76	1,14	2,33	1,29	16,65
Lappen	79,67	4,64	1,27	2,02	1,35	15,66
Blatt	80,18	4,79	1,25	2,38	1,16	15,03
Karbonade	79,97	3,86	1,00	1,65	1,21	16,17
Karré	77,69	5,29	1,74	2,12	1,43	17,02
Keule	79,28	5,58	1,54	2,81	1,23	15,14
Mittel	**79,41**	**4,74**	**1,29**	**2,18**	**1,27**	**15,85**
2. Hochfetter Hammel:						
Hals	80,49	4,66	1,52	2,08	1,06	14,85
Brust	78,66	5,24	1,94	2,11	1,19	16,10
Lappen	79,48	4,95	1,93	1,86	1,16	15,57
Blatt	79,78	5,05	1,79	2,15	1,11	15,17
Karbonade	78,80	4,69	1,77	1,78	1,14	16,51
Karré	77,67	5,99	2,34	2,46	1,19	16,34
Keule	78,21	6,21	2,26	2,76	1,19	15,58
Mittel	**79,02**	**5,25**	**1,93**	**2,17**	**1,15**	**15,73**

Einfluss des Futters auf die chemische Zusammensetzung des Schaffleisches.

Chas. D. Woods u. C. S. Phleps (6. [1893] und 7. [1894] Jahresbericht der Landw. Vers.-Station zu Storrs Conn. 1894, S. 28—42 und 1895, S. 92—106) stellten Untersuchungen an über den Einfluss eines weiten und engen Nährstoffverhältnisses im Futter auf die chemische Zusammensetzung des Schaffleisches.

Von den ausgesuchten gleichmässigen Schafen (Lämmern) wurden 5 bei Beginn des Versuches geschlachtet und je 4 andere, bei der zweiten Versuchsreihe 133 Tage mit einem Futter von weitem (B) und engem (D) Nährstoffverhältniss gefüttert.

Es frass jedes Thier pro 75 pound (à 453,6 g) und Tag in der

Bezeichnung der Gruppen	Gesammtnährstoffe Protein Lbs.	Fett Lbs.	Stickstofffreie Extraktstoffe Lbs.	Rohfaser Lbs.	Verdauliche Nährstoffe Protein Lbs.	Fett Lbs.	Stickstofffreie Extraktstoffe Lbs.
Gruppe mit weitem Nährstoffverhältniss	0,23	0,08	1,04	0,34	0,13	0,06	0,98
„ „ engem „	0,36	0,08	0,92	0,39	0,26	0,05	0,93

[1]) Journal f. Landw. 1878, **26**, 549 u. 610.

*) Die Extraktivstoffe wurden durch wiederholtes Ausziehen des fettfreien zerkleinerten Fleisches (50 g) mit kaltem Wasser bestimmt. Das Filtrat wurde auf ein bestimmtes Volumen (1000 ccm) gebracht und hiervon aliquote Theile genommen: a) zur Bestimmung der gesammten Trocken-Substanz, b) des gesammten gelösten Stickstoffs, c) des noch vorhandenen Stickstoffs nach Abscheidung des Eiweisses durch Kochen der wässrigen Lösung (zur Kontrole wurde das ausgeschiedene Eiweiss filtrirt, getrocknet und gewogen), d) zur Bestimmung der Asche. Der Stickstoff wurde durch Verbrennen mit Natronkalk unter Zusatz von Oxalsäure bestimmt.

Das Futter bestand in der
Gruppe B aus Maismehl, Weizenkleie und gemischtem Heu;
„ C „ Maismehl, Leinmehl, Weizenkleie, Erbsen, Hafermehl und gemischtem Heu.

Für die chemische Untersuchung des Fleisches wurde das gesammte Fleisch der rechten Seite sorgfältig von den Knochen getrennt und durch eine Wurstmaschine zerkleinert. Eine Durchschnittsprobe dieser Masse wurde analysirt.

Die Zusammensetzung des Fleisches war folgende:

Nähere Bezeichnung der Thiere		In der natürlichen Substanz				In der Trocken-Substanz		
		Wasser %	Stickstoff-Substanz %	Fett %	Mineralstoffe %	Stickstoff-Substanz %	Fett %	Mineralstoffe %
5 Thiere am Anfange des Versuches. Gruppe A	1893	58,4	17,2	23,4	1,0	41,4	56,1	2,5
	1894	55,17	16,33	27,62	0,88	36,60	61,43	1,97
4 Thiere der Gruppe B (weites Nährstoffverhältniss)	1893	57,3	14,9	27,0	0,8	34,9	63,2	1,9
	1894	52,02	15,62	31,52	0,84	32,60	65,64	1,76
4 Thiere der Gruppe C (enges Nährstoffverhältniss)	1893	58,8	15,0	25,4	0,8	36,5	61,5	2,0
	1894	54,09	16,13	28,88	0,91	35,84	62,15	2,01

Es betrug bei den Versuchen von 1894:

	Gruppe A Lbs.	Gruppe B Lbs.	Gruppe C Lbs.
Lebend-Gewicht Am Anfange	60,8	61,1	60,5
Lebend-Gewicht „ Ende	60,8	84,4	86,9
Schlachtgewicht (ohne Nieren und Füsse)	23,97	33,99	35,98
Knochen	5,10	6,11	5,89
Fleisch (essbarer Theil)	18,87	27,88	30,09
Wasser	10,43	15,11	16,27
Stickstoff-Substanz	3,09	4,09	4,85
Fett	5,18	8,75	8,69
Mineralstoffe	0,166	0,245	0,272

Schweinefleisch.

I. Fettes Schweinefleisch.

No.	Nähere Bezeichnung	Zeit der Untersuchung	In der natürlichen Substanz					In der Trocken-Substanz		Stickstoff in der Trocken-Substanz	Analytiker
			Wasser %	Stick-stoff-Substanz %	Fett %	Stickstoff-freie Extraktstoffe %	Asche %	Stick-stoff-Substanz %	Fett %	%	
1*)	Schinken	1876	48,71	15,98	34,62	—	0,69	31,16	67,50	4,95	*J. König u. Fr. Hammerbacher*[1]
2*)	Vom Hals (Hals-Karbonade)	„	54,63	16,58	28,03	—	0,76	36,54	61,78	5,85	
3*)	Von den Rippen	„	43,44	13,37	42,59	—	0,60	23,64	75,30	3,78	
4*)	Von den Schultern	„	40,27	12,55	46,71	—	0,47	21,01	78,20	3,36	
5*)	Vom Kopf	„	40,96	14,23	34,74	—	1,07	28,44	69,42	4,55	
		Mittel	**47,40**	**14,54**	**37,34**	—	**0,72**	**28,16**	**70,44**	**4,50**	

[1]) Zeitschr. f. Biologie 1876, **12**, 497.

*) Das Fleisch stammte von einem 133 kg schweren Schweine.

II. Mageres Schweinefleisch.

No.	Nähere Bezeichnung	Zeit der Untersuchung	In der natürlichen Substanz: Wasser %	Stick-stoff-Substanz %	Fett %	Stickstoff-freie Extraktstoffe %	Asche %	In der Trocken-Substanz: Stick-stoff-Substanz %	Fett %	Stickstoff in der Trocken-Substanz %	Analytiker
1*)	Lendenstück	1874	73,15	17,32**)	8,43	—	1,10	64,51	31,40	10,32	Cn. Mène[1])
2*)	Rippenstück (cotelette)	„	73,00	17,40	8,65	—	0,95	64,45	32,04	10,31	
3*)	Schinken	„	69,60	20,97	8,29	—	1,14	69,21	27,27	11,04	
4*)	Kleiner Schinken	„	69,32	24,47	5,12	—	1,09	79,36	16,69	12,76	
5*)	Seitenstück	„	74,11	17,75	7,16	—	0,98	68,56	27,66	10,97	
6	Schwein A v. Vorderschenkel	1871	74,89	20,81***)	3,78	—	—	82,88	15,05	13,26	P. Petersen[2])
7	Schwein A v. Hinterschenkel	„	73,99	19,94***)	4,65	—	—	76,66	17,88	12,27	
8	Schwein B v. Vorderschenkel	„	76,14	19,56***)	3,73	—	—	81,98	15,63	13,12	
9	Schwein B v. Hinterschenkel	„	71,93	20,93***)	6,65	—	—	74,56	23,33	11,93	
10	Speck eines mag. Schweines	„	69,55	23,31***)	11,77	—	1,64	76,55	38,65	12,25	Girardin[3])
		Mittel	**72,57**	**20,25**	**6,81**	—	**1,10**	**73,87**	**24,56**	**11,82**	

Amerikanisches Schweinefleisch

nach W. O. Atwater u. Chas. D. Woods: The chemical composition of american food materials. Washington 1896.

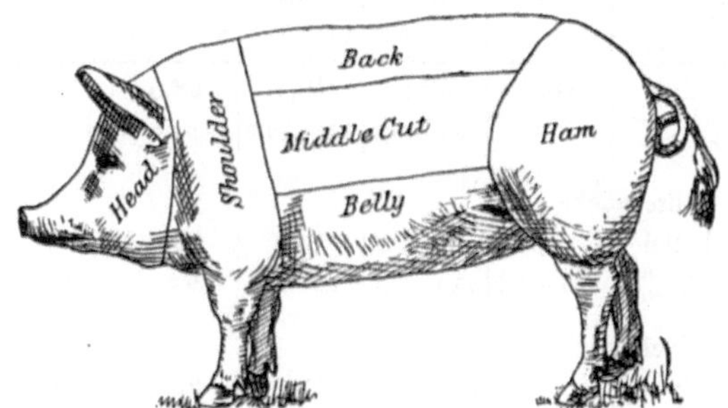

Fig. 4. Bezeichnung der einzelnen Fleischstücke des **Schweines** nach W. O. Atwater u. Chas. D. Woods.

¹) Compt. rend. 1874, **79**, 396 u. 529.

²) Zeitschr. f. Biologie 1871, **7**, 166.

³) Compt. rend. **41**, 746.

*) Verf. fand in der Stickstoff-Substanz:

	No. 1	2	3	4	5
Albumin	2,02 %	2,08 %	3,80 %	3,77 %	3,01 %
Faser etc.	6,00 „	10,46 „	7,10 „	7,15 „	12,80 „
Leim + Verlust	9,20 „	4,86 „	13,07 „	13,56 „	12,93 „

**) Die Stickstoff-Substanz ist von mir aus der Differenz berechnet; vergl. meine Anmerkung zu den Analysen des Verf's. vom Ochsenfleisch.

***) Die Stickstoff-Substanz ist von mir aus dem Stickstoffgehalt durch Multiplikation mit 6,25 berechnet.

No.	Nähere Bezeichnung		Abfall %	Zusammensetzung des essbaren Theiles: Wasser %	Stickstoff-Substanz %	Fett %	Asche %	In der Trocken-Substanz: Stickstoff-Substanz %	Fett %	Stickstoff in der Trocken-Substanz %
	Chuck ribs and shoulder.									
1	Mittelfett (2 Analysen)	Mittel	18,1	51,1	16 9	31,1	0,9	34,56	63,60	5,53
		Schwankungen	15,9—20,3	50,3—51,9	16,8—16,9	30,4—31,9	0,9—0,9	—	—	—
	Flank cut (Flankenstück).									
1	(3 Analysen)	Mittel	71,2	59,0	17,8	22,2	1,0	43,41	54,15	6,95
		Schwankungen	68,6—75,5	56,0—60,7	16,2—18,9	19,4—26.9	0,9—1,0	—	—	—
	Head (Kopf).									
1	(3 Analysen)	Mittel	68,4	45,3	12,7	41,3	0,7	23,21	75,50	3,71
		Schwankungen	51,7—77,2	38,4—50.5	10,5—14,2	34,5—50,5	0,6—0,8	—	—	—
	Head cheese.									
1	(2 Analysen)	Mittel	12,1 (1 Probe)	46,0	20,2	30,4	3,4	37,40	56,29	5,98
		Schwankungen	—	43,8—48,1	19,4—21,1	27,4—33,4	3,4—3,4	—	—	—
	Loin (Lende).									
1	Mager (1 Analyse) . . .		23,5	60,3	19,7	19,0	1,0	49,62	47,86	7,94
2	Mittelfett (11 Analysen)	Mittel	15,8	52,0	16,8	30,0	0,9	35,00	63,13	5,60
		Schwankungen	11,5—19,3	49,3—55,2	14,9—19,5	25,0—35,2	0,8—1,0	—	—	—
3	Fett (3 Analysen)	Mittel	14,6	42,1	12,2	45,0	0,7	21,07	77,72	3,38
		Schwankungen	10,1—21,8	39,7—46,7	12,0—13,7	38,8—48,6	0,6—0,8	—	—	—
	Alle 15 Analysen	Mittel	**16,0**	**50,5**	**16,1**	**32,5**	**0,9**	**32,53**	**65,66**	**5,20**
		Schwankungen	—	39,7—60,3	12,0—19,7	19,0—48,6	0,6—1,0	—	—	—
	Middle cuts (Mittelstücke).									
1	3 Analysen	Mittel	71,2	48,2	14,8	36,3	0,7	28,57	70,08	4,57
		Schwankungen	70,0—76,4	46,0—49,4	14,5—15,2	34,9—38.8	0,7—0,8	—	—	—
	Shoulder cut (Schulterstück).									
1	3 Analysen	Mittel	59,6	47,4	13.2	38,7	0,7	25,10	73,57	4,02
		Schwankungen	56,8—63,4	44,0—51,7	12,0—14,5	33,0—42,1	0,6—0,8	—	—	—
	Tenderloin.									
1	3 Analysen	Mittel	0	65,1	19,5	14,4	1,0	55,87	41,27	8,94
		Schwankungen	0	62,4—66,4	18,8—20,3	12,3—17,1	1,0—1,0	—	—	—
	Ham (Schinken).									
1	4 Analysen	Mittel	42.4	62,8	18,5	17,7	1,0	49,73	47,58	7,96
		Schwankungen	11,6—58,5	57,7—67,6	17,7—19,3	12,1—22,4	0,9—1,1	—	—	—
	Shoulder cut (Schulter).									
1	5 Analysen	Mittel	32,5	54,3	15,5	29,4	0,8	12,04	87,39	5,43
		Schwankungen	7,1—55,4	45,8—63,6	14,0—17,0	18,5—37,7	0,7—0,9	—	—	—
	Side (ganze Seite einschl. Schmalz und anderer Fette).									
1	3 Analysen	Mittel	11,2	29,4	8,5	61,7	0,4	33,92	64,33	1,93
		Schwankungen	7,9—13,5	26,2—31,8	7,8—8,9	59.1—65,6	0,4—0,5	—	—	—

III. Innere Theile eines Schweines.

No.	Nähere Bezeichnung	Zeit der Untersuchung	In der natürlichen Substanz: Wasser %	Stick-stoff-Substanz %	Fett %	Stickstoff-freie Ex-traktstoffe %	Asche %	In der Trocken-Substanz: Stick-stoff-Substanz %	Fett %	Stickstoff in der Trocken-Substanz %	Analytiker
1	Herz (fett)	1876	75,07	17,65	5,73	0,64	0,91	70,80	22,98	11,33	*J. König und Fr. Hammerbacher*[1])
2	desgl.	—	75,60	17,10	6,30	—	1,00	70,08	25,82	11,21	*W. O. Atwater und Chas. D. Woods*[2])
	Herz: Mittel	—	**75,34**	**17,38**	**6,02**	—	**0,96**	**70,44**	**24,39**	**11,27**	
1	Lunge (fett)	1876	81,61	13,96	2,92	0,54	0,97	75,91	15,88	12,15	*J. König und Fr. Hammerbacher*[1])
2	desgl.	—	83,30	11,80	4,00	—	0,90	70,66	23,95	11,31	*W. O. Atwater und Chas. D. Woods*[2])
	Lunge: Mittel	—	**82,46**	**12,88**	**3,46**	—	**0,94**	**73,29**	**19,92**	**11,73**	
1	Milz (fett)	1876	75,24	15,67	5,83	2,84	1,42	63,28	23,55	10,13	*J. König und Fr. Hammerbacher*[1])
1	Niere (fett)	1874	74,20	18,14*)	6,69	—	0,97	70,31	25,93	11,25	*Ch. Mène*[3])
2	desgl.	—	79,50	15,20	4,10	—	1,20	74,15	20,00	11,86	*W. O. Atwater und Chas. D. Woods*[2])
	Niere: Mittel	—	**76,85**	**16,67**	**5,40**	—	**1,09**	**72,23**	**22,97**	**11,56**	
1	Leber (fett)	1876	71,16	18,61	8,32	—	1,91	64,53	28,35	10,32	*J. König*[1])
2	desgl. „	—	73,58	18,69**)	3,00	3,61	1,12	70,74	11,36	11,32	*v. Bibra*[4])
3	desgl.	—	71,40	21,30	4,50	1,40	1,40	74,48	15,73	11,92	*W. O. Atwater und Chas. D. Woods*[2])
	Leber: Mittel	—	**72,05**	**19,53**	**5,27**	**2,51**	**1,48**	**69,92**	**16,65**	**11,19**	

Pferdefleisch.

No.	Nähere Bezeichnung		Zeit der Untersuchung	Wasser %	Stick-stoff-Substanz %	Fett %	Stickstoff-freie Ex-traktstoffe %	Asche %	Trocken: Stick-stoff-Substanz %	Fett %	Stickstoff in der Trocken-Substanz %	Analytiker
1	Pferd A mager	Vom Hals . .	1874	75,0	22,9***)	1,1	—	1,0⁰⁰)	91,60	4,40	14,66	*J. Leyder und J. Pyro*[5])
2		Von den Lenden	„	76,0	21,8	1,2	—	1,0	90,83	5,00	14,53	
3		Vom Schenkel .	„	75,2	23,3	0,5	—	1,0	93,95	2,02	15,03	
4	Pferd B mager	Vom Hals . .	„	75,1	22,2	1,7	—	1,0	89,16	7,39	14,26	
5		Von den Lenden	„	77,3	20,6	1,1	—	1,0	90,75	4,85	14,54	
6		Vom Schenkel .	„	79,3	18,9	0,9	—	1,0	91,30	4,35	14,61	
7	Pferd A	Vorderschenkel .	1871	73,55	22,18⁰)	1,73	—	—	83,86	6,54	13,42	*P. Petersen*[6])
8		Hinterschenkel .	„	73,21	22,68⁰)	1,96	—	—	84,66	7,32	13,55	
9	Pferd B	Vorderschenkel .	„	76,03	21,62⁰)	0,76	—	—	90,20	3,17	14,43	
10		Hinterschenkel .	„	75,98	20,50⁰)	1,09	—	—	85,35	4,54	13,66	
	Wohlgenährtes Pferd:											
11	Vom Hinterviertel . . .		1878	73,16	21,61	3,06	1,05	1,12	80,51	11,40	12,88	*J. König und L. Mutschler*[7])
12	Von der Brust		„	61,39	21,26	15,64	0,74	0,97	56,10	40,51	8,98	
		Mittel		**74,27**	**21,71**	**2,55**	**0,46**	**1,01**	**85,69**	**8,46**	**13,71**	

[1]) Zeitschr. f. Biologie 1876, **12**, 497.
[2]) Vergl. Anmerkung [1]) S. 12.
[3]) Compt. rend. 1874, **79**, 396 u. 529.
[4]) Moleschott, Physiologie d. Nahrungsm. 1859, **2**, 79.
[5]) Journ. de Médic. de Bruxelles 1874, S. 463.
[6]) Zeitschr. f. Biologie 1871, **7**, 166.
[7]) Chem. u. techn. Untersuchungen d. Versuchsstation Münster 1877, S. 106.

*) Aus der Differenz von mir berechnet.
**) Die Stickstoff-Substanz zerfällt nach Verf. in:
5,24 % lösliches Eiweiss 10,33 % unlösliche Eiweissstoffe 4,85 % Leimbildner.
***) Als Muskelsubstanz von Verfassern bezeichnet.
⁰) Die Stickstoff-Substanz ist von mir aus dem Stickstoffgehalt durch Multiplikation mit 6,25 berechnet.
⁰⁰) Willkürlich von Verfassern zu 1 % angenommen.

Sonstige Fleischanalysen.

Buchholtz und Proskauer (Chem. Centr.-Bl. 1892, I, 596 nach Festschrift z. 25jähr. Jubiläum der Berliner Volksküchen 1891, 82—83, Berlin) untersuchten verschiedene gekochte Fleischsorten und Gemüse aus den Berliner Volksküchen.

Edward B. Voorhess. A. M.: Food and Nutrition investigations in New Yersey in 1895 and 1896. U. S. Dep. of Agric. Washington 1896, S. 31. (Rindfleisch, Hammelfleisch, Schweinefleisch.)

Anhang zu Fleisch.

I. Elementare Zusammensetzung des fettfreien Ochsenfleisches.

Chem. Centr.-Bl. 1894, I, 56; nach Pflüger's Archiv 1893, **55**, 345—365.

		I. Vom Filet nach P. Argutinsky		II. nach Stohmann und Langbein		III. nach Rubner	
		aschehaltig	aschefrei	aschehaltig	aschefrei	aschehaltig	aschefrei
Kohlenstoff	%	49,59	52,33	49,25	52,02	50,46	53,40
Stickstoff	%	15,31	16,15	15,49	16,36	15,40	16,30
Wasserstoff	%	6,91	7,30	6,91	7,30	7,60	8,04
Asche	%	5,24	—	5,32	—	5,50	—
Sauerstoff + Schwefel . . .		22,95	24,22	23,03	24,32	20,97	22,19
Kohlenstoff : Stickstoff = . .		3,242 : 1		3,18 : 1		3,28 : 1	

II. Ueber den Glykogengehalt des Fleisches

und über den Nachweis von Pferdefleisch hat W. Niebel (Zeitschr. f. Fleisch- u. Milchhygiene 1891) umfangreiche Untersuchungen nach folgendem von ihm ausgearbeiteten Verfahren angestellt: 50 g Fleisch werden mit 3—4 % Kalihydrat und dem vierfachen Gewicht Wasser auf dem Wasserbade vollständig zerkocht, die stickstoffhaltigen Substanzen durch mehrfach wiederholten abwechselnden Zusatz von Salzsäure und Kaliumquecksilberjodid ausgefällt und aus dem Filtrat das Glykogen mit Alkohol ausgefällt; nach dem Auswaschen mit Alkohol und Aether wird letzteres bei 110 ° C. getrocknet und gewogen.

Es wurde gefunden in

	Glykogen		Glykogen
Pferdefleisch nach 3 Stdn.	0,700 %	Rindfleisch nach 4 Stdn.	0,204 %
„ „ 3 „	1,026 „	„ „ 1 Tag	0
„ „ 1 Tag	0,373 „	„ „ 2 Tagen	0
„ „ 2 Tagen	0,603 „	„ „ ½ Stde.	Spuren
„ „ 3 „	0,523 „	„ „ 5 Tagen	0,076 %
„ „ 4 „	0,524 „	Schweinefleisch nach 4 Stdn.	0
„ „ 5 „	1,072 „	„ „ 2 Tagen . . .	0
„ „ 5 „	0,460 „	Hammelfleisch „ — „ . . .	0

W. Niebel fand ferner folgende Zusammensetzung der Fleischsorten und Wurstwaaren:

No.	Art des Fleisches	Alter des Fleisches	In der natürlichen Substanz				In der fettfreien Trocken-Substanz		
			Wasser %	**Fett** %	**Trauben-zucker** %	**Glykogen** %	**Glykogen** %	**Trauben-zucker** %	**Gesammt-Kohlenhydrate** als Zucker berechnet %
1	Pferdefleisch	8 Tage	75,2	3,5	0,417	0,812	3,810	1,957	6,190
2	desgl.	—	75,2	2,6	0,263	0,532	2,396	1,139	3,801
3	desgl.	—	75,3	2,6	0,142	0,744	3,397	0,648	4,421
4	desgl.	—	71,7	6,6	0,180	0,940	4,792	0,828	6,151
5	desgl.	8 Tage	71,9	7,1	0,222	0,606	2,886	1,057	4,387

No.	Art des Fleisches	Alter des Fleisches	In der natürlichen Substanz				In der fettfreien Trocken-Substanz		
			Wasser %	Fett %	Traubenzucker %	Glykogen %	Glykogen %	Traubenzucker %	Gesammt-Kohlenhydrate aus Zucker berechnet %
6	Rindfleisch	—	75,3*)	3,6	0,066	Spuren	Spuren	0,314	0,314
7	desgl.	1 Tag	75,3	3,6	0,190	„	„	0,900	0,900
8	desgl.	—	75,3	3,6	0,036	0,164	0,777	0,177	1,033
9	desgl.	—	75,3	3,6	0,071	0	0	0,336	0,336
10	desgl.	—	75,3	3,6	0,070	0	0	0,331	0,331
11	Kalbfleisch	1 Tag	78,8*)	0,9	0,210	0	0	1,034	1,034
12	desgl.	1 Tag	78,8	0,9	0,250	0	0	1,231	1,231
13	Schweinefleisch	—	73,8*)	5,1	0,156	0	0	0,739	0,739
14	desgl.	2 Tage	73,8	5,1	0,100	0	0	0,479	0,479
15	desgl.	—	73,8	5,1	0,208	0	0	0,985	0,985
16	Hammelfleisch	—	66,4	14,4	0,005	0	0	0,052	0,052
17	desgl.	—	70,0	8,0	0,171	Spuren	Spuren	0,777	0,777
1	Rauchfleisch v. Pferdefleisch	—	56,2	1,8	0,132	2,052	4,886	0,314	5,730
2	Gebratene Pferdeboulette	—	66,2	2,3	0,300	0,500	1,587	0,952	2,652
3	Gepökelte und geräucherte Pferdeschinken	—	62,9	6,4	0,700	Spuren	Spuren	2,280	2,280
4	Gebratenes Beefsteak von Rindfleisch	—	63,9	6,1	0,124	0	0	0,413	0,413
5	Mit Zuckerzusatz gepökeltes Rindfleisch	—	55,4	5,8	0,250	0	0	0,644	0,644
	mit Pferdefleisch								
6	Mettwurst	—	27,0	32,3	0,517	vorhanden	vorhanden	1,270	?
7	Schlackwurst	—	15,0	27,2	1,580	1,515	2,621	2,733	5,608
8	Salamiwurst	—	40,0	25,5	0,687	0	0	1,991	1,991
9	Mettwurst	—	41,5	25,5	0,702	0	0	2,127	2,127
10	Schlackwurst	—	50,5	28,8	0,980	0	0	4,734	4,734
11	Mettwurst	—	44,0	27,1	0,522	0,600	2 076	1,806	4,112
12	Schlackwurst	—	45,7	23,5	0,641	0,160	0,519	2,081	2,657
13	Mettwurst	—	42,0	26,0	0,522	0	0	1,631	1,631
14	Schlackwurst	—	35,8	24,6	1,458	0,116	0,295	3,707	4,034
15	Mettwurst	—	46,0	26,0	0,333	0,088	0,314	1,189	1,537
	aus Rind- und Schweinefleisch								
16	Schlackwurst	—	16,0	51,6	0,227	0	0	0,700	0,700
17	Mettwurst	—	32,0	38,6	0,065	0	0	0,221	0,221
18	Schlackwurst	—	37,4	43,8	0,014	0	0	0,072	0,072
19	Mettwurst	—	35,7	43,4	0,087	0	0	0,416	0,416
20	Schlackwurst	—	15,4	48,9	0,070	0	0	0,196	0,196
21	Mettwurst	—	21,6	42,1	0,035	0	0	0,096	0,096
22	Schinkenwurst	—	69,4	14,8	0,078	0	0	0,493	0,493
23	Wiener Wurst (Hefter)	—	65,9	18,0	0,071	0	0	0,445	0,445
24	Blutwurst	—	45,9	25,1	0,023	0	0	0,080	0,080
25	Salamiwurst	—	36,6	37,5	0,006	0	0	0,025	0,025

*) Durchschnittlicher Wassergehalt aus mehreren Untersuchungen.

III. Einfluss des Pökelns auf das Fleisch.

Ueber den Verlust, den Rindfleisch beim Pökeln erleidet, hat Ed. Polenske Versuche angestellt. Arbeiten aus dem Kaiserl. Gesundheitsamte 1891, 7, 471.

Verf. beschickte drei Gefässe mit Rindfleisch und einer Pökellake, welche nach dem Verhältnisse: 6 kg Wasser, 1,5 kg Kochsalz, 15 g Kalisalpeter und 120 g Zucker hergestellt war. Es enthielt:

	Rohes Rindfleisch g	Lake g	Chlornatriumgehalt des von Fett und Knochen befreiten Fleisches %	Aus den Laken war abgeschieden an koagulirtem Eiweiss g	Die filtrirten Laken enthielten Eiweiss g	Phosphorsäure g
Gefäss I	965	1941	nach 3 wöchentl. Pökeln . . 11,6	0,643	13,04	0,73
„ II	1035	1659	nach 3 Monate langem Pökeln 12,3	1,624	18,80	1,34
„ III	1050	1643	nach 6 Monate langem „ 12,5	1,770	21,08	1,05

Dem Rindfleisch waren durch die Lake entzogen:

im Gefäss I nach 3 Wochen 7,8 % Eiweiss und 34,7 % Phosphorsäure
„ „ II „ 3 Monaten 10,1 „ „ „ 54,5 „ „
„ „ III „ 6 „ 13,8 „ „ „ 54,6 „ „

Polenske fand in Laken und Pökelfleischproben:

	Salpetrige Säure %	Ammoniak %
1. Lake, seit 3 Tagen mit der ersten Fleischbeschickung in Berührung . .	—	0,005
2. „ desgl. mit 2. Fleischbeschickung	—	0,007
3. „ desgl. „ letzter „	0,051	0,031
4. „ a) 5 Monate auf einem Schinken lagernd	Spuren	0,017
b) Muskelfleisch } dieses Schinkens	0,017	0,027
c) Fett } dieses Schinkens	0,043	0,025
5. Amerikanisches Corned beef, Lion Brand, Chicago (noch 0,26 % Salpeter enthaltend) . . . . . . , ...	0	0,044

Ueber den Salpetergehalt verschiedener Fleischwaaren und Pökelversuche berichtet Fr. Rothwang, Archiv f. Hygiene 1892, 16, 122. Verf. fand in gesalzenen Fleischwaaren folgenden Gehalt an Salpeter und Kochsalz:

	Gekochter Schinken 1	2	3	4	Schlackwurst	Casseler Rippespeer	Roher Schinken	Mecklenburger Landschinken	Corned beef
Wasser % . .	60,69	65,56	52,29	64,61	49,69	52,58	61,89	59,70	57,32
Kalisalpeter % .	0,142	Spur	0,062	Spur	Spur	Spur	0,197	0,328	0,082
Chlornatrium %	3,23	1,85	5,35	2,24	2,77	8,70	5,86	4,15	2,04

Im Anschlusse hieran stellte Verfasser Pökelversuche an mit 2 Laken, von denen

Lake I im Liter 86,27 g Chlornatrium und 2,07 g Salpeter enthielt
„ II „ „ 193,1 g „ „ 0,57 g „ „

Ferner bestreute er Fleisch mit einem Gemisch von 100 g Kochsalz und 2 g Salpeter.

Es wurden jedesmal 4 möglichst gleichmässige, fettfreie Stücke Rindfleisch in die Lake bezw. in das Salzgemisch eingelegt und in letzteres auch 4 gleichmässige Stücke Speck.

Der Gehalt des Fleisches und Speckes an Salz und Salpeter war folgender:

Dauer des Pökelns	Fleisch in						Speck in dem festen Salzgemisch	
	Lake I		Lake II		dem festen Salzgemisch			
	Salpeter %	Kochsalz %	Salpeter %	Kochsalz %	Salpeter %	Kochsalz %	Salpeter %	Kochsalz %
1 Woche .	0,105	2,99	0,039	6,07	0,257	8,41	Spur	0,72
2 Wochen .	0,084	3,99	0,176	6,98	0,113	9,02	Spur	1,37
3 „ .	0,076	4,79	0,220	8,12	0,272	9,30	0,109	1,81
4 „ .	0,049	5,22	0,220	8,66	0,297	10,76	0,061	1,57

In drei Laken konnte Verf. eine Abnahme der Salpetersäure nicht nachweisen; die Laken reagirten auch nach 4 Wochen noch sauer und gaben keine Reaktion auf salpetrige Säure.

Durch das Pökeln erlitt das Fleisch folgende Verluste an Eiweiss und Phosphorsäure:

Dauer des Pökelns	Pökelfleisch in der Lake		Pökelfleisch in dem trocknen Salzgemisch	
	Verlust an Eiweiss %	Verlust an Phosphorsäure %	Verlust an Eiweiss %	Verlust an Phosphorsäure %
1 Woche . .	1,53	35,5	0,99	31,7
2 Wochen .	1,86	44,9	1,43	27,0
3 „ .	2,08	48,5	1,32	31,2
4 „ .	2,14	50,1	1,23	32,8

Diese Ergebnisse stehen z. Th. nicht mit den von E. Polenske erhaltenen im Einklang.

Weitere Versuche hat Verf. angestellt „Ueber die Veränderungen, welche frisches Fleisch und Pökelfleisch beim Kochen und Dunsten erleiden.“ Archiv für Hygiene 1893, 18, 80.

Chemische Zusammensetzung gefrorenen Fleisches bei verschiedener Zeit der Lagerung.

Grassmann (Preuss. landw. Jahrbücher, 1892, 21, 503) theilt in einer Arbeit über Lagerungsversuche mit gefrorenem Rind-, Schweine- und Hammelfleisch von L. Schwab ausgeführte Untersuchungen über die chemische Zusammensetzung des Fleisches bei verschieden langer Dauer der Lagerung mit.

1. Rindfleisch.

Zeit der Untersuchung		Wasser %	In der Trocken-Substanz			Eiweiss-Stickstoff in Procenten des Gesammt-Stickstoffs %
			Gesammt-Stickstoff %	Eiweiss-Stickstoff %	Fett %	
Normal	November 1889	73,24	14,28	12,77	4,24	89,43
Nach 1 Monat	Dezember „	71,56	14,56	12,74	3,33	87,50
„ 2 Monaten	Januar 1890	74,20	14,08	12,95	4,46	91,95
„ 3 „	Februar „	74,02	14,20	12,63	4,93	88,94
„ 4 „	März „	72,47	14,06	12,49	3,23	88,83
„ 5 „	April „	71,73	14,33	12,84	4,21	89,60
„ 6 „	Mai „	72,80	14,35	12,99	2,77	90,51
„ 7 „	Juni „	74,19	14,57	12,82	3,06	88,03
„ 8 „	Juli „	74,83	14,40	12,71	3,00	88,15
„ 9 „	August „	75,00	14,48	12,64	3,52	87,29
	Mittel	**73,42**	**14,34**	**12,76**	**3,50**	**88,98**

2. Schweinefleisch.

Zeit der Untersuchung		Wasser	In der Trocken-Substanz			Eiweiss-Stickstoff in Procenten des Gesammt-Stickstoffs
			Gesammt-Stickstoff	Eiweiss-Stickstoff	Fett	
		%	%	%	%	%
Normal	November 1889	74,76	14,09	12,57	9,73	89,21
Nach 1 Monat	Dezember „	75,48	13,70	12,85	5,47	93,79
„ 2 Monaten	Januar 1890	75,19	14,63	12,82	5,20	87,63
„ 3 „	Februar „	73,61	13,94	12,05	10,42	86,44
„ 4 „	März „	72,25	14,17	12,47	7,46	88,00
„ 5 „	April „	76,69	16,35	14,71	12,48	89,97
„ 6 „	Mai „	73,85	11,97	10,75	22,15	89,78
„ 7 „	Juni „	72,02	12,19	10,25	22,02	84,46
„ 8 „	Juli „	73,19	12,53	11,00	17,72	87,80
„ 9 „	August „	68,44	13,24	11,50	12,42	86,86
	Mittel	**73,41**	**13,64**	**12,07**	**12,82**	**88,49**

3. Hammelfleisch.

Zeit der Untersuchung		Wasser	Gesammt-Stickstoff	Eiweiss-Stickstoff	Fett	Eiweiss-Stickstoff in Procenten des Gesammt-Stickstoffs
Normal	November 1889	72,73	12,85	11,16	14,03	86,85
Nach 1 Monat	Dezember „	72,67	13,03	11,16	12,33	85,66
„ 2 Monaten	Januar 1890	71,44	12,54	10,96	16,14	87,40
„ 3 „	Februar „	74,07	12,99	11,34	13,61	87,53
„ 4 „	März „	71,71	12,93	11,21	14,03	86,69
„ 5 „	April „	72,86	13.52	11,54	18,42	85,35
„ 6 „	Mai „	70,46	12,56	10,93	17,05	87,06
„ 7 „	Juni „	71,99	13,46	11,28	11,53	83,82
„ 8 „	Juli „	70,22	13,36	11,42	10,71	85,43
„ 9 „	August „	71,99	13,35	11,28	11,03	84,49
	Mittel	**71,93**	**13,08**	**11,24**	**13,87**	**85,93**

Ueber die Zusammensetzung des gefrorenen australischen Fleisches nach dem Aufthauen nach Untersuchungen des hygienischen Institutes in Hamburg siehe unter Nachträge.

Blut.

No.	Blut von	Wasser %	Blut-körper-chen %	Albumin %	Fibrin %	Fett %	Extraktiv-stoffe %	Asche %	Analytiker
	Mensch*) ohne Kochsalz-beigabe	77,99	13,01	7,74	0,21	0,11	—	0,93	*Poggiale*[1])
	desgl. mit 10 g Kochsalz-beigabe	76,76	14,30	7,40	0,23	0,13	0,10	1,17	*Poggiale*[1])
	desgl.	79,84	11,65	7,42	0,22	0,19	—	0,80	*H. Nasse*[2])
1	Ochs	79,61	12,32	6,55	0,54	0,22	—	0,87	*Poggiale*[1])
2	Kuh	78,82	12,62	6,72	0,63	0,22	0,20	0,98	*Poggiale*[1])
3	Rind	79,96	12,19	6,69	0,36	0,20	—	0,69	*H. Nasse*[2])

[1]) Compt. rend. **25**, 110 u. 196. [2]) Journ. f. pract. Chem. 1883, **28**, 147.

*) Das Menschenblut dient zwar nicht als Nahrungsmittel, jedoch mögen obige drei Analysen des Vergleiches wegen mit aufgeführt werden; sie sind bei der Mittelwerths-Berechnung nicht berücksichtigt.

No.	Blut von	Wasser %	Blut-körperchen %	Albumin %	Fibrin %	Fett %	Extraktiv-stoffe %	Asche %	Analytiker
4	Kalb	83,56	9,25	5,53	0,41	0,13	0,30	1,09	*Poggiale*[1])
5	desgl.	82,67	10,25	5,64	0,58	0,16	—	0,79	*H. Nasse*[2])
6	Schaf (Hammel)	79,80	10,20	8,50	0,32	0,18	0,20	0,98	*Poggiale*[1])
7	desgl.	82,78	9,24	6,88	0,30	0,12	—	0,78	*H. Nasse*[2])
8	Pferd	80,47	11,71	6,76	0,24	0,13	—	0,79	
9	desgl., venöses Blut*) . .	81,51	9,87	(8,12)**)	0,50	—	—	—	*Clément*[3])
10	desgl., arterielles*) . . .	81,98	9,67	(7,80)**)	0,53	—	—	—	
11	desgl., schlagaderliches*) .	78,09	17,78	2,99	0,35	—	(0,41)[0])	(0,37)[0])	*C. G. Lehmann*[4])
12	desgl., aderliches*) . . .	82,43	11,15	4,45	0,51	—	(4,43)[0])	(0,51)[0])	
13	desgl.	81,00	9,28	8,00	0,28	0,16	0,52	0,76	*Nasse u. Simon*[4])
14	Ziege	83,94	8,60	6,27	0,39	0,09	—	0,79	*H. Nasse*[2])
15	Kaninchen	81,73	17,07		0,38	0,19	—	—	
16	desgl.	83,10	9,15	6,38	0,32	0,16	0,10	0,88	*Poggiale*[1])
17	Schwein	76,89	14,55	7,29	0,39	0,19	—	0,79	*H. Nasse*[2])
18	Huhn	79,34	14,56	4,85	0,46	0,20	—	0,87	
19	desgl.	78,50	15,03	4,72	0,51	0,23	0,10	0,90	*Poggiale*[1])
20	Taube	79,50	14,32	4,81	0,51	0,17	0,10	0,88	
21	Gans	81,49	12,14	5,08	0,35	0,26	—	0,80	
	Mittel	**80,82**	**11,69**	**6,01**	**0,42**	**0,18**	**0,03**	**0,85**	
	Schwankungen	76,89—83,94	9,88—15,56	2,62—8,07	0,23—0,57	0,11—0,27	0,00—0,35	0,76—1,27	

Blut von Mastochsen.

No.	Nähere Bezeichnung	Zeit der Untersuchung	In der natürlichen Substanz: Wasser %	Stick-stoff-Substanz %	Fett %	Stickstoff-freie Extraktstoffe %	Asche %	In der Trocken-Substanz: Stick-stoff-Substanz %	Fett %	Stickstoff in der Trocken-Substanz %	Analytiker
	Mastochse[00]):										
1	Shorthorn-Vollblut . . .	1882	75,76	23,25[000])	0,29		0,70	95,87	—	15,34	*J. Moser, Meissl und Strohmer*[5])
2	Shorthorn-Holländer . .	„	76,88	19,94	2,47		0,71	86,12	—	13,78	
3	Bergschecken	„	78,70	19,81	0,64		0,85	92,87	—	14,86	
4	Egerländer	„	76,61	22,56	—		0,95	96,43	—	15,43	
5	Pusterthaler	„	79,21	19,62	0,30		0,87	94,31	—	15,09	
6	Mürzthaler	„	76,45	21,93	0,73		0,89	94,00	—	15,04	
7	Allgäuer	„	76,27	21,50	1,47		0,76	90,56	—	14,49	
8	Mariahofer	„	78,32	19,12	1,47		0,79	88,18	—	14,11	
9	Murbodener	„	78,94	19,69	0,63		0,74	93,31	—	14,93	
10	Ungarisch (podol.) . . .	„	77,67	21,19	0,23		0,91	95,06	—	15,21	
11	desgl.	„	77,67	20,44	1,01		0,88	91,62	—	14,66	
12	desgl.	„	76,33	21,50	1,34		0,83	90,94	—	14,55	
	Mittel		**77,34**	**20,87**	**0,97**		**0,82**	**92,43**	—	**14,79**	

[1]) Compt. rend. **25**, 110 u. 196. [2]) Journ. f. prakt. Chem. 1883, **28**, 147. [3]) Compt. rend. **31**, 298.
[4]) Moleschott, Physiologie der Nahrungsmittel 1859, **2**, 9—16.
[5]) Kurzer Bericht der Versuchsstation Wien in den Jahren 1882/83.

*) Mittel mehrerer Analysen.
**) Incl. Salze.

[0]) Im Serum.
[00]) Die Ochsen waren auf der II. Mastviehausstellung in Wien 1882 zur Schau gebracht; über das Alter und Lebendgewicht derselben vergl. Anmerkung ***) S. 3.
[000]) Der Stickstoffgehalt des frischen Blutes betrug:

No. 1	2	3	4	5	6	7	8	9	10	11	12
3,72 %	3,19 %	3,17 %	3,61 %	3,14 %	3,51 %	3,44 %	3,06 %	3,15 %	3,39 %	3,27 %	3,44 %

Hieraus ist die Stickstoff-Substanz durch Multiplikation mit 6,25 von uns berechnet, während sich Fett und stickstofffreie Extraktstoffe aus der Summe der 3 anderen Bestandtheile von 100 ergeben.

Blut, Blutkörperchen und Serum desselben Thieres.

No.	Defibrinirtes Blut		Wasser %	Hämoglobin %	Eiweiss %	Fett %	Fettsäuren*) %	Zucker %	Cholesterin %	Lecithin %	Phosphorsäure im Nuclein %	Salze %	Eisenoxyd %	Kalk %	Magnesia %	Kali %	Natron %	Gesammt-Phosphorsäure %	Anorganische Phosphorsäure %	Chlor %	Analytiker
	Schweineblut:																				
1	. . . .	a) Körperchen (43,68 %)	63,21	26,10	8,61	—	—	—	—	—	—	0,89	—	—	0,0158	0,5543	—	0,2067	—	0,1504	*G. Bunge* [1])
		b) Serum (56,32 %)	91,96	—	6,77	—	—	—	—	—	—	0,77	—	0,0136	0,0038	0,0273	0,4272	0,0188	—	0,3611	
		c) Blut . . .	79,40	18,90		—	—	—	—	—	—	—	0,0706	0,0072	0,0090	0,2575	0,2406	0,1009	—	0,2691	
2	Blut von 2 männlichen Thieren, 1—3 Jahre alt, nicht gemästet	a) Körperchen (43,51 %)	62,56	32,68	1,92	—	0,006	—	0,049	0,346	0,0105	—	0,1599	—	0,0150	0,4957	—	0,2058	0,1653	0,1475	*E. Abderhalden* [3])
		b) Serum (56,49 %)	91,76	—	6,77	0,196	0,079	0,121	0,041	0,143	0,002	—	—	0,0122	0,0041	0,0270	0,4251	0,0197	0,0052	0,3627	
		c) Blut . . .	79,06	14,22	4,66	0,110	0,048	0,069	0,044	0,231	0,006	—	0,0696	0,0068	0,0089	0,2309	0,2406	0,1007	0,0749	0,2690	
	Pferdeblut:																				
3	. . . .	a) Körperchen (53,15 %)	60,89	—	—	—	—	—	—	—	—	—	—	—	—	—	—	—	—	—	*G. Bunge* [1])
		b) Serum (46,85 %)	89,66	—	—	—	—	—	—	—	—	—	—	—	—	0,0268	0,443	—	—	0,375	
		c) Blut . . .	74,37	23,98		—	—	—	—	—	—	—	—	—	—	0,2741	0,2076	—	—	0,278	
4	Wallach, 10—11 Jahre alt, kräftig gebaut, normal	a) Körperchen (52,97 %)	61,32	31,508	5,68	—	—	—	0,0388	0,397	0,001	—	0,1563	—	0,008	0,4935	—	0,190	0,1458	0,195	*E. Abderhalden* [2])
		b) Serum (47,03 %)	90,21	—	8,42	0,1300	—	0,118	0,030	0,172	0,002	—	—	0,011	0,005	0,026	0,443	0,024	0,007	0,373	
		c) Blut . . .	74,90	25,098	6,97	0,611	—	0,053	0,035	0,291	0,006	—	0,083	0,005	0,006	0,274	0,209	0,112	0,081	0,279	
5	Wallach, ca. 20 Jahre alt, grobknochiges, schweres Thier; des hohen Alters wegen geschlachtet	a. Körperchen (39,77 %)	61,32	31,63	5,04	—	0,006	—	0,066	0,486	0,013	—	0,149	0,010	—	0,333	—	0,247	0,192	0,046	*derselbe* [3])
		b. Serum (60,23 %)	91,51	—	7,08	0,083	0,060	0,149	0,052	0,175	0,002	—	—	0,011	0,005	0,025	0,436	0,024	0,008	0,366	
		c) Blut . . .	79,50	12,58	6,27	0,053	0,0387	0,090	0,058	0,298	0,006	—	0,059	0,007	0,005	0,148	0,263	0,113	0,081	0,238	
	Rinderblut:																				
6	. . . .	a) Körperchen (31,87 %)	59,99	28,05	10,73	—	—	—	—	—	—	0,48	—	—	0,002	0,075	0,209	—	—	0,164	*G. Bunge* [1])
		b) Serum (68,13 %)	91,33	—	7,32	—	—	—	—	—	—	0,79	0,001	0,013	0,005	0,025	0,435	—	—	0,372	
		c) Blut . . .	81,34	17,30	—	—	—	—	—	—	—	—	0,056	0,007	0,004	0,041	0,363	—	—	0,305	
7	Rind, männlich, verschnitten, 3 Jahre alt, mittelgross, kräftig gebaut, nicht gemästet	a) Körperchen (32,55 %)	59,18	31,67	6,42	—	—	—	0,338	0,375	0,005	—	0,167	—	0,002	0,072	0,223	0,075	0,035	0,181	*E. Abderhalden* [2])
		b) Serum (67,45 %)	91,36	—	7,25	0,093	—	0,105	0,124	0,168	0,001	—	—	0,012	0,004	0,025	0,431	0,024	0,011	0,369	
		c) Blut . . .	80,89	10,31	6,98	0,057	—	0,07	0,194	0,235	0,003	—	0,054	0,007	0,004	0,041	0,364	0,040	0,017	—	
8	Stier, 2 Jahre alt, kräftig gebaut, nicht gemästet	a) Körperchen (33,43 %)	61,86	31,83	4,60	—	—	—	0,182	0,285	0,006	—	0,168	—	0,003	0,070	0,251	0,071	0,040	0,188	*derselbe* [3])
		b) Serum (66,57 %)	91,34	—	6,97	0,354	0,074	0,102	0,090	0,187	0,001	—	—	0,011	0,004	0,026	0,432	0,024	0,006	0,369	
		c) Blut . . .	81,48	10,64	6,18	0,236	0,050	0,068	0,121	0,220	0,003	—	0,056	0,006	0,004	0,041	0,371	0,039	0,017	0,308	

	Schafblut.																				
9	Hammel, 3 Jahre alt, sehr stark gemästet	a) Körperchen (30,63 %)	60,48	30,33	7,85	—	—	—	0,236	0,338	0,007	—	0,161	—	0,002	0,074	0,214	0,082	0,046	0,165	
		b) Serum (69,37 %)	91,74	—	6,75	0,135	0,071	0,106	0,088	0,171	0,001	—	—	0,012	0,004	0,026	0,430	0,023	0,007	0,371	
		c) Blut . . .	82,17	9,29	7,09	0,094	0,049	0,073	0,133	0,222	0,003	—	0,049	0,007	0,003	0,041	0,364	0,041	0,019	0,308	
10	Hammel, 3½ Jahre alt, kräftig gebaut	a) Körperchen (31,92 %)	62,78	32,21	3,79	—	—	—	0,359	0,416	0,008	—	0,171	—	0,002	0,074	0,238	0,071	0,028	0,180	
		b) Serum (68,08 %)	91,68	—	6,84	0,126	0,072	0,104	0,131	0,160	0,002	—	—	0,013	0,004	0,025	0,429	0,024	0,009	0,370	
		c) Blut . . .	82,46	10,28	5,87	0,086	0,049	0,071	0,204	0,242	0,003	—	0,055	0,007	0,003	0,041	0,368	0,039	0,015	0,309	
	Ziegenblut.																				
11	Ziege, 1—1½ Jahre alt, nicht gemästet	a) Körperchen (34,72 %)	60,87	32,40	5,40	—	—	—	0,173	0,386	0,008	—	0,158	—	0,004	0,068	0,217	0,070	0,028	0,148	
		b) Serum (65,28 %)	90,77	—	7,81	0,062	0,061	0,126	0,107	0,173	0,002	—	—	0,012	0,004	0,025	0,433	0,024	0,007	0,369	
		c) Blut . . .	80,39	11,25	6,97	0,054	0,040	0,083	0,130	0,247	0,004	—	0,055	0,007	0,004	0,040	0,358	0,040	0,014	0,292	
	Kaninchenblut.																				
12	Blut von 10 Kaninchen und 2 Albinos gemischt, 1—3 Jahre alt, 4 Männchen, 8 Weibchen	a) Körperchen (37,21 %)	63,35	33,19	1,22	—	—	—	0,072	0,463	0,011	—	0,165	—	0,008	0,523	—	0,224	0,173	0,124	E. Abderhalden[3])
		b) Serum (62,79 %)	92,56	—	5,36	0,119	0,081	0,165	0,055	0,176	0,003	—	—	0,012	0,005	0,026	0,444	0,024	0,006	0,388	
		c) Blut . . .	81,69	12,35	3,82	0,073	0,051	0,103	0,061	0,283	0,006	—	0,062	0,007	0,006	0,211	0,279	0,099	0,069	0,290	
	Hundeblut.																				
13	Männlicher Pudel, 6—7 Jahre alt, ca. 20 kg schwer, sehr kräftig, Blut durch Kanüle der Carotis entzogen	a) Körperchen (40,73 %)	64,43	32,75	0,99	—	0,009	—	0,216	0,257	0,011	—	0,157	—	0,007	0,029	0,282	0,164	0,130	0,135	
		b) Serum (59,27 %)	92,40	—	6,01	0,105	0,122	0,183	0,071	0,170	0,002	—	—	0,011	0,004	0,023	0,426	0,024	0,008	0,402	
		c) Blut . . .	81,01	13,34	3,97	0,063	0,076	0,109	0,130	0,205	0,005	—	0,064	0,006	0,005	0,025	0,368	0,081	0,058	0,294	
14	Männlicher Hund, 1½ Jahre alt, sehr gut genährt	a) Körperchen (44,28 %)	62,72	32,88	0,53	—	—	—	0,126	0,230	0,010	—	0,159	—	0,007	0,026	0,286	0,152	0,121	0,136	
		b) Serum (55,72 %)	92,30	—	6,11	0,164	0,125	0,132	0,066	0,176	0,002	—	—	0,011	0,005	0,026	0,429	0,025	0,008	0,414	
		c) Blut . . .	79,20	14,56	3,64	0,091	0,068	0,072	0,092	0,199	0,005	—	0,071	0,005	0,005	0,026	0,366	0,081	0,058	0,291	
	Katzenblut.																				
15	Blut von 3 Katzen gemischt, 1 weiblich. Thier (1—2 Jahre alt, mittelgross), 2 männl. Thiere (2—3 Jahre alt, sehr gross)	a) Körperchen (43,40 %)	62,42	33,00	2,68	—	—	—	0,128	0,312	0,015	—	0,160	—	0,008	0,026	0,271	0,161	0,119	0,105	
		b) Serum (56,60 %)	92,69	—	5,86	0,079	0,050	0,152	0,060	0,172	0,002	—	—	0,011	0,004	0,026	0,444	0,024	0,007	0,417	
		c) Blut . . .	79,55	14,32	4,48	0,037	0,028	0,085	0,090	0,233	0,007	—	0,069	0,005	0,006	0,026	0,369	0,083	0,056	0,282	

[1]) Zeitschrift f. Biologie 1876, **12**, 192.
[2]) Zeitschrift f. physiol. Chemie 1897, **23**, 521.
[3]) Zeitschrift f. physiol. Chemie 1898, **25**, 65.

*) Die Bestimmungen wurden nach G. Bunge's Vorschrift, Zeitschr. f. Biologie 1876, **12**, 192, und Hoppe-Seyler, Handbuch der physiol. u. pathologisch-chemischen Analyse ausgeführt. — Zur Bestimmung der Fettsäuren wurde der alkoholische und ätherische Auszug, welche bei der Auswaschung des Eiweissniederschlages (bezw. des Eiweiss- und Hämoglobinniederschlages) erhalten wurden, verseift und zur Trockne eingedampft, der Rückstand wiederholt mit Aether ausgezogen; der in Aether unlösliche Theil wurde mit Wasser versetzt und die Lösung mit Salzsäure schwach sauer gemacht. Darauf wurden die Fettsäuren mit Petroläther ausgeschüttelt und im Scheidetrichter von der wässerigen Lösung getrennt.

Rindstalg.

Nähere Bezeichnung	In der natürlichen Substanz				In der Trocken-Substanz		Stickstoff in der Trocken-Substanz	Analytiker
	Wasser %	Stick-stoff-Substanz %	Fett %	Asche %	Stick-stoff-Subsanz %	Fett %	%	
Guter Rindstalg	0,71	0,12	99,10	0,07	0,12	99,81	0,02	*Versuchsstat. Wien*[1])
Schlechter „	1,96	0,76	97,20	0,08	0,77	99,14	0,12	
Mittel	**1,33**	**0,44**	**98,15**	**0,08**	**0,44**	**99,48**	**0,07**	

Fettgewebe.

Nähere Bezeichnung	Wasser %	Stickstoff-Substanz %	Fett %	Asche %	Stickstoff-Substanz %	Fett %	Stickstoff %	Analytiker
Magerer Bulle	21,95	4,19	73,86	1,00	5,30	93,44	0,85	*H. Grouven*[2])
Halbfette Kuh	9,41	1,66	88,68	0,25	1,83	97,89	0 29	
Fette Kuh	5,29	0,97	93,74	?	1,02	98,98	0,16	
Mittel	**11,88**	**2,27**	**85,43**	**0,42**	**2,72**	**96,84**	**0,43**	

Schweineschmalz.

Nähere Bezeichnung	Wasser %	Stickstoff-Substanz %	Fett %	Asche %	Stickstoff-Substanz %	Fett %	Stickstoff %	Analytiker
Schweineschmalz I. Sorte . .	0,14	0,11	99,75	Spuren	0,11	99,88	0,02	*J. König*[3])
„ II. „ . .	1,26	0,41	98,33	Spuren	0,43	99,58	0,07	
Mittel	**0,70**	**0,26**	**99,04**	—	**0,27**	**99,73**	**0,04**	

Sonstige Schlachtabfälle.

Nähere Bezeichnung	Wasser %	Stickstoff-Substanz %	Fett %	Asche %	Stickstoff-Substanz %	Fett %	Stickstoff %	Analytiker
1. Kalbsbröschen	70,0	28,0*)	0,4	1,6	93,33	1,33	14,93	*Cn. Mène*[4])
2. Kalbsfüsse (Sehnenknorpel + anhaftendes Fett) . . .	63,84	23,00	11,32	0,84	63,64	31,32	10,18	*J. König*[5])
3. Schweineschwarte	51,75	35,32	3,75	9,18	73,20	7,77	11,71	

Zusammensetzung thierischer Fette

von E. Schulze u. A. Reinecke.[6])

Körperstelle	Zusammensetzung des Fettgewebes			Mittlere Zusammensetzung des Fettes			Schmelzpunkt	Erstarrungspunkt
	Wasser %	Membran %	Fett %	Kohlenstoff C %	Wasserstoff H %	Sauerstoff O %	C°	C°
I. Hammelfette.								
1. Mittelmässig gemästeter Hammel (Landschaf):								
Von den Nieren	6,35	0,84	92,81	76,62	12,16	11,22	50	37
Vom Netz	5,00	0,77	94,23	76,65	12,05	11,30	51	39
Vom Panniculus adiposus	12,54	3,18	84,28	76,52	11,93	11,55	44	31

[1]) Centr.-Bl. f. Agrik.-Chemie 1873, **3**, 253.
[2]) Dessen Vorträge über Agrik.-Chemie, 3. Aufl., 1872, S. 342.
[3]) Zeitschr. f. Biologie 1876, **12**, 497. — [4]) Compt. rend. 1874, **79**, 396 u. 529. — [5]) Original-Mittheilung.
[6]) Landw. Versuchsstationen **9**, 97. Verf. bemerken in ihrer Mittheilung, dass die früher von Chevreul, Bidder und Schmidt mitgetheilten Analysen thierischer Fette für den Kohlenstoff zu hoch, die von Grouven zu niedrig ausgefallen sind. Diese sollen daher nicht mit aufgeführt werden.

*) Dieselbe zerfällt in: Lösliche Eiweissstoffe 14,0 %, Unlösliche Eiweissstoffe 8,0 %, Leimbildner 6,0 %

Körperstelle	Zusammensetzung des Fettgewebes			Mittlere Zusammensetzung des Fettes			Schmelzpunkt	Erstarrungspunkt
	Wasser %	Membran %	Fett %	C %	H %	O %	C°	C°
2. Gut gemästet. Hammel (Southdown-Merino):								
Von den Nieren	7,38	1,03	91,14	76,65	12,02	11,33	52	40
Vom Hodensack	11,24	1,40	87,36	76,69	11,91	11,40	49	38
Vom Netz	7,48	0,80	91,72	76,58	12,02	11,40	51,5	39
Vom Panniculus adiposus (Brust)	16,81	4,03	79,16	76,57	11,87	11,56	43,5	27
3. Southdown-Merino:								
Von den Nieren	4,54	0,95	94,51	76,50	12,07	11,43	51,5	39
Vom Netz	4,91	0,92	94,17	76,85	12,15	11,00	49	34
Vom Gekröse	10,12	1,92	87,96	76,70	12,05	11,25	48,5	37
Vom Panniculus adiposus	20,84	—	—	76,80	12,03	11,17	44,5	31
4. Magerer Southdown-Merino:								
Von den Nieren	18,20	2,24	79,56	76,56	12,10	11,34	52	43
5. Reiner Southdown:								
Von den Nieren	—	—	—	76,62	12,16	11,22	52,5	39
6. Fett aus magerem Hammelfleisch	—	—	—	76,27	11,88	11.85	41	24
Mittel	**10,48**	**1,64**	**87,88**	**76,61**	**12,03**	**11,36**	—	—

Für die Membranen*) fanden Verff. 50,44 % C, 7,19 % H, 15,39 % N, 26,09 % O, 0,89 % Asche.

II. Ochsenfette.

Körperstelle	Wasser %	Membran %	Fett %	C %	H %	O %	Schmelzpunkt C°	Erstarrungspunkt C°
1. Gut gemästeter Ochs, Göttinger Landschlag:								
Von den Nieren	5,00	0,85	94,15	76,73	11,89	11,38	50	36
Vom Netz	4,89	0,80	94,31	76,27	11,87	11,86	48	34
Vom Hodensack	8,34	1,63	90,03	76,33	11,85	11,82	43,5	29
Vom Panniculus adiposus (Brust)	30,85	4,88	64,27	76,50	11,76	11,74	41	gewöhnl. Temp.
2. Mittelfetter Ochs:								
Von den Nieren	7,69	1,19	91,12	76,74	12,11	11,15	49,5	36
Vom Netz	7,06	1,02	91,92	76,38	11,85	11,77	47,5	34
Vom Herzbeutel	7,78	1,32	90,90	76,31	11,96	11,73	48,5	34
Vom Panniculus adiposus (Brust)	8.12	1,62	90,26	76,71	11,95	11,34	42,5	26
3. Fettstreifen aus dem Muskelfleisch	—	—	—	76,65	11,99	11,36	42	} gew. Temp.
4. Fett aus magerem Fleisch	—	—	—	76,34	11,91	11,75	41	
Mittel	**9,96**	**1,16**	**88,88**	**76,50**	**11,91**	**11,59**	—	—

Für die Membranen fanden Verff. 50,84 % C, 7,57 % H, 15,85 % N, 25,19 % O, 0,55 % Asche.

III. Schweinefette.

Körperstelle	Wasser %	Membran %	Fett %	C %	H %	O %	Schmelzpunkt C°	Erstarrungspunkt C°
1. Halbenglisches $^3/_4$jähriges Schwein:								
Von den Nieren	4,81	0,93	94,26	76,53	11,95	11,52	47	26
Vom Panniculus adiposus (am Becken)	5,19	1,05	93,76	76,50	11,94	11,56	46,5	26
Vom Darme	9,33	2,08	88,59	76,78	12,07	11,15	48	28
2. Englisches Schwein:								
Vom Panniculus adiposus (Brust)	9,88	2,12	87,99	76,29	11,88	11,83	42,5	} gew. Temp.
Desgl. (vom Bauch)	6,84	1,56	91,60	76,49	11,86	11,65	43	
Von d. sog. Pflaumen (an d. inner. Bauchwand)	2.61	0,39	97,00	76,64	11,92	11,44	48	27
Mittel	**6,44**	**1,35**	**92,21**	**76,54**	**11,94**	**11,52**	—	—

Für die Membranen fanden Verff. 51,27 % C, 7,25 % H, 15,87 % N, 24,88 % O und 0,73 % Asche.

*) Dieselben waren zur Entfernung der Asche vorher mit Wasser und Salzsäure extrahirt.

Sonstige Fette.	C %	H %	O %
1. Hundefett, vom Panniculus adiposus eines sehr fetten Hundes . .	76,66	12,01	11,33
2. desgl. Fett aus dem Gewebe eines mageren Hundes	76,60	12,09	11,31
3. Katzenfett, Fett aus dem Gewebe einer mageren Katze	76,56	11,90	11,44
4. Pferdefett, sogen. Kammfett	77,07	11,69	11,24
5. Menschenfett, von den Nieren	76,44	11,94	11,62
6. desgl. vom Panniculus adiposus	76,80	11,94	11,26
7. Butterfett	75,63	11,87	12,50
Pferdefett nach L. Lenz[1])	76,72	12,17	11,17

Fleisch von Wild und Geflügel.

Nähere Bezeichnung	Zeit der Untersuchung	In der natürlichen Substanz					In der Trocken-Substanz		Stickstoff in der Trocken-Substanz	Analytiker
		Wasser %	Stick-stoff-Substanz %	Fett %	Stickstoff-freie Ex-traktstoffe %	Asche %	Stick-stoff-Substanz %	Fett %	%	
I. **Hase** (1980 g schwer).										
a) Fleisch:										
1. Von den Lenden	1876	73,73	23,54	1,19	0,47	1,07	89,61	4,53	14,34	*J. König u.*
2. Vom Vorder- und Hintertheil	„	74,59	23,14	1,07	—	1,29	91,07	4,21	14,57	*B. Farwick*[2])
Mittel	—	**74,16**	**23,34**	**1,13**	**0,19**	**1,18**	**90,34**	**4,37**	**14,46**	
b) Innere Theile des Hasen:										
1. Lunge	1876	78,56	18,17	2,18	—	1,16	84,85	10,17	13,56	*dieselben*[2])
2. Herz	„	77,57	18,82	1,62	0,86	1,13	83,91	7,29	13,43	
3. Niere	„	75,17	20,11	1,82	1,53	1,36	80,99	7,33	12,96	
4. Leber	„	73,81	21,84	1,58	1,09	1,68	83,39	6,03	13,34	
II. **Kaninchen***) (französische sog. Lapins, fett).										
a) Fleisch:										
1. Von der einen Hälfte des Körpers	1878	66,85	21,47	9,76	0,75	1,17	64,77	29,74	10,84	*J. König u. C. Krauch*[3])
b) Innere Theile:										
1. Leber	„	68,73	22,04	2,21	5,32	1,70	70,48	7,07	11,28	
2. Niere	„	72,99	—	2,76	—	—	—	10,22	—	
III. **Reh.**										
1. Fleisch	„	76,90	20,30	—	—	—	87,88	—	14,07	*Schlossberger*[4])
2. desgl.	„	74,63	19,24	—	—	—	75,84	—	12.13	*v. Bibra*[4])
3. desgl.	„	—	—	1,92	—	1,13	—	7,92	—	
Mittel	—	**75,76**	**19,77**	**1,92**	**1,42**	**1,13**	**81,86**	**7,92**	**13,10**	

[1]) Zeitschr. f. anal. Chem. 1889, **28**, 441.
[2]) Zeitschr. f. Biologie 1876, **12**, 497.
[3]) Original-Mittheilung.
[4]) Moleschott, Physiologie der Nahrungsmittel 1859, **2**, 64 u. 69.
*) Das Kaninchen wog ohne Kopf und Extremitäten 1270 g; darin 152 g Knochen; Leber = 71,0 g; Nieren = 12,7 g; Herz und Leber = 28,0 g.

Nähere Bezeichnung	Zeit der Untersuchung	In der natürlichen Substanz					In der Trocken-Substanz		Stickstoff in der Trocken-Substanz	Analytiker
		Wasser %	Stick-stoff-Substanz %	Fett %	Stickstoff-freie Ex-traktstoffe %	Asche %	Stick-stoff-Substanz %	Fett %	%	
IV. Haushuhn.										
a) Fleisch:										
1. Mager, Fleisch einer Körperhälfte	1878	76,22	19,72	1,42	1,27	1,37	82,93	5,97	11,25	*Moleschott*[1])
2. Fettes Huhn*)	—	70,06	18,49	9,34	1,20	0,91	61,76	31,19	9,88	*J. König, C. Krauch und Aldendorff*[2])
3. Junger Hahn, mager*)	—	70,03	23,32	3,15	2,49	1,01	77,81	10,51	12,44	
4. Junges Brustfleisch	1882	76,51	19,36**)	2,85	—	1,28°)	82,42	12,13	(15,19) ?	*A. Stutzer*[3])
5. Junges Huhn°°)	—	76,30	21,10	1,60	—	1,00	89,03	6,75	14,24	*W. O. Atwater und Chas. D. Woods*[4])
6. desgl.°°)	—	72,20	24,50	1,90	—	1,40	88,13	6,83	14,10	
7. Huhn, Mittel von 5 Analysen	—	65,20	19,30	14,40	—	1,10	55,46	41,38	8,87	
Hühnerfleisch, Mittel	—	**72,22**	**21,33**	**4,55** ***)	**0,75**	**1,15**	**76,79**	**16,39**	**12,29**	
b) Innere Theile.										
1. Innere essbare Theile eines fetten Huhnes (zu a. 2. oben)	—	59,70	17,63	19,30	2,26	1,16	43,75	47,89	7,06	*J. König, C. Krauch und Aldendorff*[2])
2. desgl. eines mageren jungen Hahnes (zu a. 3. oben)	—	74,52	18,79	2,41	3,00	1,28	73,44	9,45	11,80	
3. Herz (vom jungen Huhn)	—	72,00	21,10	5,50	—	1,40	75,36	19,65	12,06	*W. O. Atwater und Chas. D. Woods*[4])
4. Magen (vom jungen Huhn)	—	72,50	24,70	1,40	—	1,40	89,82	5,09	14,37	
5. Leber (vom jungen Huhn)	—	69,30	22,40	4,20	2,40	1,70	72,96	13,68	11,67	
6. desgl. (vom jungen Huhn)	—	73,58	18,33°°°)	2,87	3,90	1,32	69,38	10,86	11,09	*v. Bibra*[5])
V. Truthahn.										
a) Fleisch†):										
3 Analysen, Mittel	—	55,50	20,60	22,90	—	1,00	46,30	51,46	7,41	*W. O. Atwater und Chas. D. Woods*[4])
3 Analysen, Schwankungen	—	49,50-66,10	18,90—23,90	8,70-30,70	—	0,90-1,30	—	—	—	

[1]) Moleschott, Physiologie der Nahrungsmittel 1859, **2**, 64 u. 69.
[2]) Original-Mittheilung.
[3]) Repertorium f. analyt. Chemie 1882, S. 168.
[4]) Vergl. Anmerkung [1]) S. 14.
[5]) Moleschott, Physiologie der Nahrungsmittel 1859, **2**, 70 u. 79.

*)

	Gewicht ohne Federn, Kopf und Extremitäten	Gewicht mit Knochen	Innere essbare Theile
No. 3. Fettes Huhn	720 g	101 g	81,4 g (ohne Eierstock)
No. 4. Magerer junger Hahn	611 g	111 g	64,3 g.

**) Mit 3,56 % Stickstoff; durch Multiplikation des Stickstoffs mit 6,25 würde 22,25 % Stickstoff-Substanz gefunden worden sein, also 2,89 % über 100. Von dem Gesammt-Stickstoff (3,56 %) waren 3,05 % Protein-Stickstoff und 0,041 % Nuclein-Stickstoff; das verdauliche Eiweiss wurde nach der Methode von Stutzer zu 16,56 % gefunden.

***) Aus der Differenz berechnet.

°) Mit 0,435 % Phosphorsäure.

°°) Der Abfall (Knochen etc.) betrug bei den jungen Hühnern 31,4 und 38,2 %, bei den älteren Hühnern 18,0—42,7 %, im Mittel 30 %.

°°°) Dieselbe zerfällt in: 2,86 % lösliches Eiweiss, 13,22 % unlösliches Eiweiss und 3,25 % Leimbildner.

†) Atwater u. Woods fanden:
bei dem Truthahn 17,1—32,4 %, im Mittel 22,7 % Abfall (Knochen etc.) und
bei der Gans (vergl. S. 42) 17,6—26,7 % „ „ 22,2 % „ „ „

Nähere Bezeichnung	Zeit der Untersuchung	In der natürlichen Substanz: Wasser %	Stick-stoff-Substanz %	Fett %	Stickstoff-freie Ex-traktstoffe %	Asche %	In der Trocken-Substanz: Stick-stoff-Substanz %	Fett %	Stickstoff in der Trocken-Substanz %	Analytiker
b) Innere Theile:										
1. Herz	—	68,60	17,20	13,20	—	1,00	54,78	42,04	8,76	W. O. Atwater und Chas. D. Woods[1])
2. Leber	—	69,60	22,90	5,20	0,60	1,70	75,33	17,11	12,05	
3. Magen	—	62,70	20,50	14,50	1,20	1,10	54,96	38,87	8,79	
VI. **Ente***) (wilde):										
1. Fleisch (von Brust, Flügel und Fuss)	1878	69,89	23,80	3,69	1,68	0,93	79,04	12,28	12,65	J. König und C. Krauch[2])
2. Fleisch	„	71,76	21,50	2,53	2,95	1,26	76,13	8,96	12,18	v. Bibra[3])
Fleisch der Ente, Mittel	—	**70,82**	**22,65**	**3,11**	**2,33**	**1,09**	**77,59**	**10,62**	**12,42**	
VII. **Gans.**										
1. Fleisch (von der einen Hälfte des Körpers)	1882	38,02	15,91	45,59	—	0,49	25,67	73,55	4,11	J. König[2])
2. Fleisch**)	—	37,90	9,80	51,60	—	0,70	15,78	83,09	2,52	W. O. Atwater und Chas. D. Woods[1])
3. desgl.	—	46,70	16,30	36,20	—	0,80	30,58	67,92	4,89	
Fleisch der Gans, Mittel	—	**40,87**	**14,21**	**44,26**	—	**0,66**	**24,03**	**74,85**	**3,84**	
3. Herz	—	62,60	16,60	15,90	3,70	1,20	44,39	42,51	7,10	dieselben[1])
4. Magen	—	73,80	19,40	5,80	—	1,00	74,46	22,14	11,91	
VIII. **Feldhuhn.**										
1. Fleisch	1876	71,96	25,26	1,43	—	1,39	90,09	5,10	14,14	J. König und B. Farwick[4])
2. Leber	—	70,06	21,92***)	2,30	4,14	1,58	73,11	7,68	11,71	v. Bibra[3])
IX. **Taube.**										
1. Fleisch	—	76,00	21,50	1,00	1,50		89,58	4,17	14,33	Schlossberger[3])
2. desgl.	—	74,20	22,78		3,07		88,29	—	14,13	v. Bibra[3])
Fleisch der Taube, Mittel	—	**75,10**	**22,14**	**1,00°)**	**0,76**	**1,00°)**	**88,94**	**4,17**	**14,23**	
3. Leber	—	71,97	17,50***)	5,36	3,71	1,46	62,43	19,12	9,99	v. Bibra[3])
X. **Krammetsvögel**	1876	73,13	22,19	1,77	1,39	1,52	82,58	6,58	13,15	J. König und B. Farwick[4])
XI. **Bärenschinken**°°)	1884	65,14	28,01	5,41	—	1,44	80,35	15,52	12,86	F. Strohmer[2])

[1]) Vergl. Anmerkung [1]) S. 14.
[2]) Original-Mittheilung.
[3]) Moleschott, Physiologie der Nahrungsmittel 1859, **2**, 70 u. 79.
[4]) Zeitschr. f. Biologie 1876, **12**, 497.

*) Die Ente wog ohne Kopf und Flügel 840 g; darin 88,0 g Knochen; Magen = 37 g; Herz = 12,4 g; Lunge = 35,0 g.

**) Vergl. Anmerkung †) S. 41.

***) Dieselbe zerfällt in:

	Eiweiss	Unlösliches Eiweiss	Leimbildner
Feldhuhn	2,71 %	15,55 %	3,66 %
Taube	1,77 „	11,40 „	4,33 „

°) Willkürlich von mir angenommen.

°°) Im gebratenen Zustande; von der Stickstoff-Substanz waren nach Stutzer's Methode 98,73 % verdaulich; 1 g des abgetrennten und ausgeschmolzenen Fettes erforderte 209,8 mg KHO zur Verseifung.

Fleisch von Fischen.

Frische Fische.

No.	Nähere Bezeichnung	Zeit der Untersuchung	In der natürlichen Substanz: Wasser %	Stickstoff-Substanz %	Fett %	Stickstofffreie Extraktstoffe %	Asche %	In der Trocken-Substanz: Stickstoff-Substanz %	Fett %	Stickstoff in der Trocken-Substanz %	Analytiker
	a) Fettreiche Fische:										
1	Lachs oder Salm (Salmo salar L.)	1865	75,70	13,09**)	4,85	(5,08)	1,28	53,87	19,96	8,62	*A. Payen*[1])
	desgl.	1874	77,06	13,11	4,30	—	(5,53)	57,15	18,74	9,23	*F. Buckland*[2])
	desgl.	1877	70,33	18,82***)	10,12	—	1,49	63,44	31 11	10,15	*Aug. Almen*[3])
	desgl.	1883	62,02	21,86°)	14,82	—	1,30	57,56	39,02	9,21	*Kostytscheff*[4])
	Salm*)	„	66,90	19,47°°)	12,43	—	1,20	58,82	37,55	9,41	*W. O. Atwater und Chas. D. Woods*[5])
	„ weiblich	„	61,07	24,60	12,98	—	1,35	63,14	33,35	10,10	
	„ männlich	„	60,83	24,70	13,03	—	1,44	63,06	33,29	10,09	
	„ weiblich	1887	63,41	21,66	14,99	—	1,56	59,19	40,97	9,47	
	„ „	„	65,80	21,19	13,31	—	1,46	61,99	38,93	9,91	
	Salm, Mittel	—	**67,01**	**19,73**	**10,74**	—	**1,39**	**59,80**	**32,55**	**9,57**	
2	Salmo trutta L., Lachsforelle	1883	75,35	20,83°)	2,47	—	1,33	84,50	10,02	13,52	*Kostytscheff*[4])
3	Kalifornischer Salm (Oncorhynchus chonicha Walb.)	—	62,65	16,96	19,25	—	1,11	45,41	51,54	7,25	*W. O. Atwater und Chas. D. Woods*[5])
	desgl.	1883	64,14	18,45	16,40	—	1,01	51,45	45,73	8,23	
	Kaliforn. Salm, Mittel	—	**63,39**	**17,72**	**17,83**	—	**1,06**	**48,43**	**48,63**	**7,73**	
4	Salm (Salvelinus namaycush Walb.)	1883	68,59	17,57	12,52	—	1,33	55,92	39,85	8,81	*dieselben*[5])
	desgl.	„	69,29	19,36	10,18	—	1,17	63,04	33,16	10,09	
	Salm, Mittel	—	**68,94**	**18,46**	**11,35**	—	**1,25**	**59,48**	**36,51**	**9,45**	

[1]) Compt. rend. **39**, 318, u. Précis théorique et pratique des Substances alimentaires par A. Payen. Paris 1865, 488.

[2]) Archiv f. Pharm. 1874, **203**, 178.

[3]) Analyse des Fleisches einiger Fische von Aug. Almen, Upsala 1877.

[4]) Kostytscheff, Ueber die Zusammensetzung einiger Fischprodukte und ihre Bedeutung als Nahrungsmittel (russ.) Sseljskoje Chosajstwo u ljessowdstwo 1883, **144**, 47, mitgetheilt von P. O. Smolenski, Hygien. Rundschau 1897, **7**, 1105.

[5]) Berichte der deutschen chem. Gesellschaft in Berlin 1883, **16**, 1839 und American Chem. Journ. 1887, IX.; ferner: Contributions to the knowledge of the chem. Composition and nutritive values etc., Washington 1885.

*) Für die gelaichten Fische fanden Atwater und Woods:

	Wasser	Stickstoff-Substanz	Fett	Asche
1. Salmo salar, männlich	75,34 %	19,17 %	4,37 %	1,12 %
„ „ weiblich	78,34 „	17,66 „	2,83 „	1,17 „
2. Salmo salar subsp. sebago, männlich	78,40 „	16,29 „	4,03 „	1,28 „
„ „ „ „ weiblich	79,52 „	17,31 „	1,96 „	1,21 „

**) Bei dieser und den anderen Fischanalysen desselben Analytikers ist die Stickstoff-Substanz aus dem Stickstoff-Gehalt durch Multiplikation mit 6,25 berechnet.

***) Ebenfalls durch Multiplikation des Stickstoffs mit 6,25 von uns berechnet, während Almen den Faktor 5,34 für richtig hält.

°) Kostytscheff berechnete die Stickstoff-Substanz aus der Differenz von 100 — (Wasser + Fett + Asche).

°°) Die Stickstoff-Substanz in den Fischanalyen von W. O. Atwater und C. D. Woods ist durch Multiplikation des gefundenen Stickstoffes mit 6,25 berechnet. Der Stickstoff wurde durch Verbrennen mit Natronkalk bestimmt, Fett durch Extraktion mit Aether, Wasser durch Trocknen im Wasserstoffstrome während 24—48 Stunden. Bei Berechnung der Resultate sind die gefundenen Zahlen in ersterer Quelle für Wasser, Stickstoff-Substanz, Fett und Asche auf 100 abgerundet und entsprechend reducirt, wobei sich die Hauptkorrektion auf das Wasser bezieht. Die Differenzen der gefundenen Werthe von 100 betragen aber in den bei weitem meisten Fällen nur einige Zehntel Procent, so dass die berechneten Werthe nicht wesentlich von den gefundenen abweichen.

No.	Nähere Bezeichnung	Zeit der Untersuchung	In der natürlichen Substanz: Wasser %	Stick-stoff-Substanz %	Fett %	Stickstoff-freie Ex-traktstoffe %	Asche %	In der Trocken-Substanz: Stick-stoff-Substanz %	Fett %	Stickstoff in der Trocken-Substanz %	Analytiker
5	Flussaal (Anguilla fluviatilis oder Muraena anguilla L.)	?	62,07	12,50	23,86	0,80	0,77	32,96	62,91	5,27	*A. Payen*[1])
	desgl.	1877	52,78	13,15	32,88	—	0,92	27,85	69,63	4,46	*A. Almen*[2])
	Flussaal, Mittel	—	**57,42**	**12,83**	**28,37**	**0,53**	**0,85**	**30,41**	**66,27**	**4,87**	
6	Meeraal (Anguilla rostrata Le Sueur)	1883	69,59	19,20*)	10,31	—	0,90	63,14	33,90	10,10	*W. O. Atwater und Chas. D. Woods*[3])
	desgl.	"	73,30	17,72	7,87	—	1,11	66,37	29,48	10,62	
	Meeraal, Mittel	—	**71,45**	**18,46**	**9,09**	—	**1,00**	**64,76**	**31,69**	**10,36**	
7	Meeraal (Muraena Conger L. oder Conger vulgaris C.)	?	79,91	13,57	5,02	0,39	1,11	67,55	24,99	10,81	*W. O. Atwater und Chas. D. Woods*[3])
8	Seeneunauge (Petromyzon marinus L.)	1883	71,07	14,98	13,29	—	0,66	51,78	45,54	8,28	*W. O. Atwater und Chas. D. Woods*[3])
9	Häring, frisch (Clupea harengus L.)	1874	80,71	10,11	7,11	—	2,07	52,41	36,86	8,39	*F. Buckland*[4])
	desgl.	1883	68,57	18,99	10,95	—	1,49	60,42	34,84	9,67	*W. O. Atwater und Chas. D. Woods*[3])
	desgl.	—	76,00	19,20	3,20	—	1,60	80,00	13,33	12,80	
	Häring (frisch), Mittel	—	**75,09**	**16,11**	**8,47**	—	**1,72**	**64,28**	**28,34**	**10,28**	
	Häring (Clupea latulus)	—	76,11	17,29**)	4,89	—	1,71	72,37	20,46	11,58	*Kostytscheff*[5])
10	Strömling (Clupea harengus L., var. membras)	1877	73,25	18,82	5,87	0,41	1,65	70,36	21,94	11,26	*A. Almen*[2])
11	Clupea vernalis Mitch.	1883	75,92	19,00	3,82	—	1,46	78,87	15,85	12,62	*W. O. Atwater und Chas. D. Woods*[3])
		"	72,69	19,72	6,02	—	1,48	72,21	22,04	11,55	
	Clupea vernalis, Mittel	—	**74,44**	**19,36**	**4,92**	—	**1,47**	**75,54**	**18,95**	**12,09**	
12	Weissfisch (Uklei), Leuciscus alburnus	?	72,80	16,81	8,13	3,25		61,80	29,89	9,89	*W. O. Atwater und Chas. D. Woods*[3])
	Plötze (Leuciscus rutilus L.)	?	67,03	14,56	13,25	5,06		44,10	40,19	7,06	
13	Makrele (Scomber scombrus L.)	?	68,27	23,42	6,71	—	1,85	73,81	21,30	11,81	*A. Payen*[1])
	desgl.	1877	64,40	20,15	16,41	—	1,70	56,60	46,13	9,06	*A. Almen*[2])
	desgl.	1883	78,55	18,26	2,19	—	1,00	85,13	10,21	13,62	*W. O. Atwater und Chas. D. Woods*[3])
	desgl.	"	74,24	17,50	7,02	—	1,24	67,93	27,25	10,87	
	desgl.	"	73,69	18,07	6,95	—	1,29	68,64	26,43	10,98	
	desgl.	"	63,44	18,91	16,18	—	1,47	51,72	44,26	8,28	
	desgl.	"	73,52	19,42	5,85	—	1,21	73,34	22,09	11,74	
	desgl.	"	75,12	19,37	4,20	—	1,28	77,85	16,88	12,46	
	Makrele, Mittel	—	**71,20**	**19,36**	**8,08**	—	**1,36**	**67,22**	**28,06**	**10,75**	

[1]) Vergl. Anmerkung 1 und **) unter No. 1, S. 43.
[2]) Vergl. Anmerkung 3 und ***) unter No. 1, S. 43.
[3]) Vergl. Anmerkung 5 unter No. 1, S. 43.
[4]) Archiv f. Pharmacie 1874, S. 203.
[5]) Vergl. Anmerkung 4 und °) unter No. 1, S. 43.
*) Vergl. Anmerkung °°) unter No. 1, S. 43.
**) " " °) " " 1, " 43.

No.	Nähere Bezeichnung	Zeit der Untersuchung	In der natürlichen Substanz: Wasser %	Stick-stoff-Substanz %	Fett %	Stickstoff-freie Extraktstoffe %	Asche %	In der Trocken-Substanz: Stick-stoff-Substanz %	Fett %	Stickstoff in der Trocken-Substanz %	Analytiker
14	Spanische Makrele (Cybium maculatum)	1883	67,77	21,35	9,39	—	1,49	66,24	29,13	10,60	
15	Buttenfisch (Stromateus oder Poronetus triacanthus Gill.)	1883	69,89	17,96	11,01	—	1,14	56,33	36,57	9,01	
16	Heilbutte, amerikan. Pferdezunge (Hippoglossus americanus Gill. od. H. vulgaris)	1883	79,12	17,52	2,21	—	1,15	83,91	10,58	13,43	
	desgl.	„	69,86	18,47	10,53	—	1,14	61,28	34,94	9,80	
	desgl.	„	76,77	19,61	2,74	—	0,88	84,42	11,80	13,51	
	Pferdezunge, Mittel	—	**75,24**	**18,53**	**5,16**	—	**1,06**	**76,54**	**19,11**	**12,25**	
	Hippoglossus groenlandicus Günther	1883	71,39	14,75	14,41	—	1,28	51,55	50,37	8,25	
17	Meeräsche (Mugil albula L.)	1883	74,74	19,45	4,64	—	1,17	77,00	18,37	12,32	
18	Trachynotus carolinus L. .	1883	67,25	18,31	13,48	—	0,96	55,91	41,16	8,95	
	desgl.	„	78,05	19,28	1,64	—	1,03	87,84	7,47	14,05	
	Trachynotus, Mittel	—	**72,65**	**18,79**	**7,56**	—	**1,00**	**71,88**	**24,32**	**11,50**	
19	Morone americana . . .	1883	75,39	17,90	5,60	—	1,11	72,73	22,75	11,64	
	desgl.	„	75,64	20,56	2,52	—	1,28	84,40	10,34	13,50	
	Morone, Mittel	—	**75,52**	**19,23**	**4,06**	—	**1,19**	**78,57**	**16,55**	**12,57**	
20	Stenotomus oder Diplodus argyrops	1883	79,69	17,45	1,46	—	1,40	85,74	7,19	13,72	*W. O. Atwater und Chas. D. Woods*[1])
	desgl.	„	71,94	18,85	7,86	—	1,35	67,18	28,01	10,75	
	desgl.	„	73,19	19,41	6,01	—	1,39	72,40	22,41	11,58	
	Stenotomus, Mittel	—	**74,94**	**18,57**	**5,11**	—	**1,38**	**75,11**	**19,20**	**12,02**	
21	Schafbrassen (Diplodus oder Argosargus probatocephalus Walb.)	1883	71,54	20,69	6,68	—	1,09	72,70	23,47	11,63	
	desgl.	„	78,73	19,29	0,66	—	1,32	90,69	3,10	14,51	
	Diplodus, Mittel	—	**75,14**	**19,99**	**3,67**	—	**1,20**	**81,70**	**13,28**	**13,07**	
22	Alse (Alosa oder Clupea sapidissima Wilson) . .	1883	69,37	18,57	10,76	—	1,30	60,63	35,13	9,70	
	desgl.	„	65,12	19,83	13,57	—	1,48	56,85	38,90	9,10	
	desgl.	„	70,57	18,03	10,06	—	1,34	61,26	33,84	9,80	
	desgl.	„	70,78	18,12	10,20	—	0,90	62,01	34,91	9,92	
	desgl.	„	71,89	20,08	6,50	—	1,53	71,43	23,12	11,43	
	desgl.	„	72,01	18,37	8,08	—	1,54	65,63	28,87	10,50	
	desgl	„	73,83	18,31	7,01	—	1,35	69,97	26,56	11,20	
	Alse (Alosa), Mittel	—	**70,44**	**18,76**	**9,45**	—	**1,35**	**63,97**	**31,62**	**10,24**	
23	Coregonus clupeiformis Mitch.	1883	69,22	22,73	6,45	—	1,60	73,85	20,96	11,82	
24	Clupea vernalis Mitch. . .	„	72,82	19,69	6,01	—	1,48	72,44	22,11	11,59	

[1]) Vergl. Anmerkung 5 zu No. 1, S. 43.

No.	Nähere Bezeichnung	Zeit der Untersuchung	In der natürlichen Substanz: Wasser %	Stickstoff-Substanz %	Fett %	Stickstofffreie Extraktstoffe %	Asche %	In der Trocken-Substanz: Stickstoff-Substanz %	Fett %	Stickstoff in der Trocken-Substanz %	Analytiker
	b) Fettarme Fische:										
25	Hecht (Esox lucius L.)	?	77,53	20,36	0,60	0,22	1,29	90,61	2,67	14,50	*A. Payen*[1])
	desgl.	1878	77,37	19,86	0,79	1,60	0,38	87,76	3,49	14,04	*C. Krauch*[2])
	desgl.	1877	83,89	14,81	0,15	0,02	1,13	91,93	0,93	14,71	*A. Almen*[3])
	desgl.	1883	79,73	18,66	0,58	—	1,03	92,06	2,81	14,73	*W. O. Atwater und Chas. D. Woods*[4])
	desgl.	„	80,70	17,79	0,33	—	1,18	92,17	1,71	14,75	*Kostytscheff*[5])
	Hecht, Mittel	—	**79,84**	**18,33**	**0,47**	—	**1,00**	**90,90**	**2,32**	**14,54**	
26	Esox nobilior Thompson	1883	76,26	20,15	2,54	—	1,57	84,66	10,67	13,54	*W. O. Atwater u. Chas. D. Woods*[4])
27	Hecht (Esox reticulatus Le Sueur)	1883	79,81	18,43	0,52	—	1,24	91,28	2,58	14,59	
	desgl.	„	79,40	19,00	0,49	—	1,13	92,23	2,38	14,76	
	No. 27, Mittel	—	**79,60**	**18,71**	**0,51**	—	**1,18**	**91,76**	**2,48**	**14,68**	
28	Gemeiner Schellfisch (Gadus aeglefinus L.)	1874	80,97	17,09	0,34	—	1,64	89,91	1,79	14,39	*J. König und B. Farwick*[6])
	desgl.	?	82,95	15,06	0,38	—	1,61	88,33	2,23	14,13	*A. Payen*[1])
	desgl.	1883	80,14	18,54	0,17	—	1,15	93,35	0,70	14,94	*W. O. Atwater u. Chas. D. Woods*[4])
	desgl.	„	81,79	16,50	0,14	—	1,57	90,61	0,71	14,50	
	desgl.	„	82,24	16,26	0,32	—	1,18	91,55	1,80	14,65	
	desgl.	„	81,42	17,21	0,35	—	1,02	92,63	1,88	14,88	
	desgl.	1887	81,91	17,06	0,11	—	1,15	94,31	0,61	15,09	*W. O. Atwater*
	desgl.	1883	80,58	18,63	0,36	—	1,19	95,92	1,85	15,33	
	Schellfisch, Mittel	—	**81,50**	**16,93**	**0,26**	—	**1,31**	**91,51**	**1,40**	**14,64**	
29	Kabliau oder Dorsch (Gadus morrhua bezw. Gadus calarias L.)	1877	82,98	15,38	0,20	—	1,44	90,36	1,17	(15,72)	*A. Almen*[3])
	desgl.	1883	83,06	15,41	0,28	—	1,25	90,97	1,65	14,56	*W. O. Atwater u. Chas. D. Woods*[4])
	desgl.	„	82,45	15,90	0,40	—	1,25	90,60	2,28	14,50	
	desgl.	„	80,12	18,18	0,30	—	1,40	91,45	1,51	14,62	
	desgl.	„	82,96	15,74	0,31	—	0,99	92,37	1,82	14,78	
	desgl.	„	81,62	16,68	0,50	—	1,20	90,75	2,73	14,52	
	desgl.	1888	80,61	18,75	0,37	—	1,57	96,70	1,91	15,47	*C. Weigelt*[8])
	desgl.	1883	81,02	17,80	0,07	—	1,11	93,78	0,37	15,00	*Kostytscheff*[5])
	Kabliau, Mittel	—	**81,85**	**16,72**	**0,30**	—	**1,28**	**92,12**	**1,68**	**14,74**	
30	Gadus navaga	—	81,35	16,48	0,59	—	1,58	88,37	3,16	14,14	*derselbe*[5])
31	Gadus tom-cod	1883	81,55	17,24	0,38	—	0,99	93,44	2,06	14,95	*W. O. Atwater u. Chas. D. Woods*[4])
32	Gadus virens	„	76,02	21,60	0,78	—	1,55	90,08	3,25	14,41	
33	Flussbarsch (Perca fluviatilis L.)	1877	80,06	18,11	0,44	0,01	1,38	90,82	2,21	14,53	*A Almen*[3])
	desgl.	—	80,49	17,82	0,55	—	1,14	91,34	2,82	14,61	*W. O. Atwater u Chas. D. Woods*[4])
	desgl.	—	77,90	19,64	1,12	—	1,34	88,87	5,07	14,22	
	Flussbarsch, Mittel	—	**79,48**	**18,53**	**0,70**	—	**1,29**	**90,34**	**3,37**	**14,48**	

[1]) Vergl. Anmerkung 1 zu No. 1, S. 43.
[2]) Original-Mittheilung.
[3]) Vergl. Anmerkung 3 zu No. 1, S. 43.
[4]) Vergl. Anmerkung 5 zu No. 1, S. 43.
[5]) Vergl. Anmerkung 4 zu No. 1, S. 43.
[6]) Zeitschr. f. Biologie 1874, **10**, 497.
[7]) Zeitschr. f. Biologie 1888, **23**, 16.
[8]) C. Weigelt, Die Abfälle der Seefischerei, Berlin 1891, S. 22.

No.	Nähere Bezeichnung	Zeit der Untersuchung	In der natürlichen Substanz: Wasser %	Stickstoff-Substanz %	Fett %	Stickstofffreie Extraktstoffe %	Asche %	In der Trocken-Substanz: Stickstoff-Substanz %	Fett %	Stickstoff in der Trocken-Substanz %	Analytiker
34	Scholle oder Kliesche (Pleuronectes platessa L. bezw. limanda)	?	79,41	18,06	2,05	—	(0,48)	87,71	9,96	14,03	*A. Payen*[1])
	desgl.	1877	77,39	19,35	1,80	—	1,46	85,58	7,92	13,69	*A. Almen*[2])
	Scholle, Mittel	—	**78,35**	**18,71**	**1,93**	—	**1,01**	**88,86**	**5,60**	**14,22**	
35	Seezunge (Pleuronectes solea)	?	86,14	11,94	0,25	0,45	1,22	86,15	1,80	13,78	*A. Payen*[1])
36	Karpfen (Cyprinus carpio L.)	?	76,97	21,86	1,09	—	1,33	94,92	4,73	15,19	*A. Payen*[1])
37	Rochen (Raja sp.) . . .	1883	79,85	17,69	1,35	—	1,11	87,79	6,70	14,05	*W. O. Atwater u. Chas. D. Woods*[3])
	desgl.	—	82,20	15,30	1,40	—	1,10	85,96	7,86	13,75	*W. O. Atwater u. Chas. D. Woods*[3])
	desgl.	?	75,49	(24,03)	0,47	—	(1,71)	98,04	1,92	(15,69)	*A. Payen*[1])
	Rochen, Mittel	—	**80,13**	**18,00**	**0,91**	—	**1,19**	**90,57**	**4,60**	**14,49**	*A. Payen*[1])
38	Gründling (Gobio) . . .	?	76,89	17,37	2,68	—	3,44	75,16	11,60	12,02	*A. Payen*[1])
39	Flunder (Paralichtys dentatus L.)	1883	83,22	14,88	0,62	—	1,28	88,68	3,69	14,19	*W. O. Atwater und Chas. D. Woods*[3])
	desgl.	„	84,77	13,18	0,77	—	1,28	86,54	5,06	13,85	
	Flunder, Mittel	—	**84,00**	**14,03**	**0,69**	—	**1,28**	**87,61**	**4,38**	**14,02**	
40	Saibling oder Forelle (Salmo salvelinus bezw. Salvelinus fontinalis Mitch.) . . .	1883	77,40	18,57	2,61	—	1,42	82,17	11,55	13,15	
	desgl.	„	79,56	18,73	0,75	—	0,96	91,63	3,67	14,66	
	desgl.	„	75,57	20.24	2,94	—	1,25	82,85	11,63	13,26	
	Saibling, Mittel	—	**77,51**	**19,18**	**2,10**	—	**1,21**	**85,55**	**8,95**	**13,69**	
41	Micropterus pallidus . . .	1883	78,45	19,40	0,96	—	1,19	90,02	4,45	14,40	
	desgl.	„	74,67	21,67	2,43	—	1,23	85,55	9,60	13,69	
	Micropterus pallidus, Mittel	—	**76,56**	**20,54**	**1,69**	—	**1,21**	**87,79**	**7,03**	**14,05**	
42	Scinops ocellatus	1883	81,40	16,84	0,53	—	1,23	90,54	2,85	14,49	
43	Centropristis atrarius . .	„	78,48	19,61	0,49	—	1,42	91,12	2,27	14,58	
	4 Analysen: Mittel	—	79,10	18,50	1,30	—	1,10	88,52	6,22	14,16	
	4 Analysen: Schwankungen	—	77,0—81,0	17,4-19,0	0,6-2,8	—	0,7-1,4	—	—	—	
44	Roccus lineatus Bloch. . .	1883	78,68	18,62	1,55	—	1,15	87,34	7,27	13,97	
	desgl.	„	79,53	16,94	2,17	—	1,36	82,66	10,11	13,23	
	desgl.	„	77,13	18,95	2,81	—	1,11	82,86	12,29	13,24	
	desgl.	„	75,60	19,50	3,63	—	1,27	79,92	14,88	12,78	
	desgl.	„	77,74	18,94	2,20	—	1,12	85,09	9,88	13,61	
	desgl.	„	76,52	17,95	4,61	—	0,92	76,45	19,63	12,23	
	Roccus lineatus, Mittel	—	**77,53**	**18,49**	**2,83**	—	**1,15**	**82,29**	**12,34**	**13,17**	
45	Roccus americanus Gmel.	1883	75,64	17,95	5,62	—	1,11	73,68	23,07	11,79	
	desgl.	„	75,77	20,58	2,52	—	1,28	84,93	14,00	13,59	
	Roccus americanus, Mittel	—	**75,71**	**19,27**	**4,07**	—	**1,19**	**79,31**	**18,54**	**12,69**	

1) Vergl. Anmerkung 1 zu No. 1, S. 43.
2) Vergl. Anmerkung 3 zu No. 1, S. 43.
3) Vergl. Anmerkung 5 zu No. 1, S. 43.

No.	Nähere Bezeichnung	Zeit der Untersuchung	In der natürlichen Substanz: Wasser %	Stickstoff-Substanz %	Fett %	Stickstoff-freie Extraktstoffe %	Asche %	In der Trocken-Substanz: Stickstoff-Substanz %	Fett %	Stickstoff in der Trocken-Substanz %	Analytiker
46	Tautoga onitis	1883	76,66	19,26	2,80	—	1,28	82,52	12,00	13,20	W. O. Atwater und Chas. D. Woods[1])
	desgl.	„	81,22	17,58	0,55	—	0,65	93,61	2,93	14,98	
	desgl.	„	79,48	18,87	0,62	—	1,03	91,96	3,02	14,71	
	desgl.	„	78,28	18,92	1,44	—	1,36	87,11	6,63	13,94	
	Tautoga onitis, Mittel	—	**78,91**	**18,66**	**1,35**	—	**1,08**	**88,80**	**6,15**	**14,21**	
47	Pomatomus saltatrix L. .	1883	78,16	19,34	1,24	—	1,26	88,55	5,68	14,17	
48	Myxostoma velata . . .	„	78,49	17,97	2,45	—	1,19	83,54	10,93	13,37	
49	Argyrosomus tulliber . .	„	76,04	19,23	3,48	—	1,25	80,26	14,52	12,83	
50	Brosmius brosme, american.	„	81,95	16,98	0,17	—	0,90	94,07	0,94	15,05	
51	Pleuronectes americanus Walb.	„	83,92	14,45	0,44	—	1,19	89,86	2,74	14,38	
52	Epinephelus morio Cuv. .	„	79,73	18,63	0,48	—	1,16	91,91	2,37	14,71	
	desgl.	„	78,47	19,69	0,71	—	1,13	91,50	3,30	14,64	
	Epinephelus morio, Mittel	—	**79,10**	**19,16**	**0,59**	—	**1,15**	**91,71**	**2,84**	**14,67**	
53	Phycis chuss	1883	83,01	15,34	0,67	—	0,98	90,34	3,95	14,45	
54	Menticirrus nebulosus . .	„	78,99	18,88	0,95	—	1,18	94,35	4,75	15,10	
55	Stizostedium canadense . .	„	80,34	17,78	0,76	—	1,12	90,44	3,87	14,47	
56	Stizostedium vitreum Mitch.	„	79,61	18,55	0,47	—	1,37	90,98	2,31	14,56	
57	Pollachius carbonarius . .	„	76,06	21,61	0,78	—	1,55	90,27	3,26	14,44	
58	Lutjanus blackfordii . .	„	77,07	19,68	1,93	—	1,32	85,83	8,42	13,73	
	desgl.	„	79,06	19,08	0,54	—	1,33	91,12	2,58	14,58	
	Lutjanus blackfordii, Mittel	—	**78,06**	**19,38**	**1,23**	—	**1,32**	**88,48**	**5,50**	**14,16**	
59	Stint, Osmerus eperlanus L.	1882	72,45	16,14	6,78	—	3,51	58,58	24,61	9,47	*Popoff*[2])
	desgl.	1883	78,38	16,97	3,08	—	1,57	78,49	14,25	12,56	*Kostytscheff*[3])
	desgl. var. spirinchus . .	1882	79,01	13,86	4,31	—	2,96	66,03	20,53	10,56	*Popoff*[2])
	Osmerus mordax Mitch. .	1883	79,66	16,42	1,93	—	1,99	80,73	9,49	12,92	*W. O. Atwater und Chas. D. Woods*[1])
	desgl.	„	78,30	18,69	1,65	—	1,36	86,13	7,60	13,78	
	Osmerus mordax, Mittel	—	**78,98**	**17,55**	**1.79**	—	**1,68**	**73,99**	**8,55**	**13,35**	
60	Acipenser sturio L. (Stöhr)	1883	78,59	18,08	1,90	—	1,43	84,45	8,87	13,51	
61	Acipenser Güldenstaedtii Bdt. et Rtz.	„	76,02	17,67	5,15	—	1,16	73,69	21,47	11,79	*Kostytscheff*[3])
62	Cynosion regale	„	78,70	17,74	2,38	—	1,18	83,29	11,17	13,33	*W. O. Atwater und Chas. D. Woods*[1])
63	Acipenser ruthenus L. . .	„	76,81	16,64	5,59	—	0,96	71,76	24,11	11,48	*Kostytscheff*[3])
64	Coregonus baerii	„	79,13	18,12	1,53	—	1,22	86,82	7,33	13,89	
65	Lucioperca sandra . . .	„	79,87	18,93	0,20	—	1,00	94,03	0,99	15,04	
66	Carpinus carpio L. . . .	„	79,89	17,55	1,42	—	1,14	87,27	7,06	13,96	
67	Carassius vulgaris . . .	„	80,82	17,63	0,48	—	1,07	91,91	2,50	14,71	
68	„Wobla", Leucisens rutilis	1882	75,76	17,29	5,88	—	1,60	71,33	24,25	11,38	*Popoff*[2])

[1]) Vergl. Anmerkung 5 zu No. 1, S. 43.

[2]) Popoff, Bestimmung der Quantität der Nährstoffe in den gebräuchlichsten Fischarten. Dissertation (russisch), St. Petersburg, nach P. O. Smolenski, Hyg. Rundschau 1897, **7**, 1105.

[3]) Vergl. Anmerkung 4 zu No. 1, S. 43.

Konservirte Fische.

No.	Nähere Bezeichnung	Zeit der Untersuchung	In der natürlichen Substanz: Wasser %	Stickstoff-Substanz %	Fett %	Stickstofffreie Extraktstoffe %	Asche %	Chlornatrium %	In der Trocken-Substanz: Stickstoff-Substanz %	Fett %	Stickstoff in der Trocken-Substanz %	Analytiker
	a) Getrocknete Fische:											
69	Stockfisch (getrockneter Schellfisch, Gadus morrhua L., bezw. aeglefinus virens) . .	1877	13,71	79,93	1,20	—	6,89	0,19	92,63	1,39	14,82	A. Almen[1])
	desgl.	1878	18,60	77,90	0,36	1,62	1,52	—	95,70	0,44	15,31	J. König und Krauch[2])
	desgl. gleichzeitig gesalzen	1883	14,75	75,41	1,84	—	8,00	2,88	88,46	2,16	14,15	W. O. Atwater und Chas. D. Woods[3])
		„	11,65	72,02	4,89	—	11,84	6,60	81,52	5,54	13,04	
	desgl.	„	25,23	68,88	0,69	—	5,20	1,20	92,26	0,92	14,76	Kostytscheff[4])
	Stockfisch, Mittel ungesalzen	—	**16,16**	**81,54**	**0,74**	—	**1,56**	—	**97,26**	**0,88**	**15,56**	
	Stockfisch, Mittel gesalzen .	—	**17,21**	**72,37**	**2,47**	—	**8,35**	**3,56**	**87,41**	**2,87**	**13,99**	
70	Leng (Gadus molao) .	1877	28,53	59,11	0,57	—	11,82	9,08	82,71	0,80	13,23	A. Almen[1])
	Von anderen Gadus-Arten	„	17,02	76,06	0,70	—	8,73*)	0,60	91,66	0,84	14,67	
71	Dorsch (getrocknet, roh)	1887	17,89	74,32	1,25	—	4,53	1,15	90,51	1,52	14,48	N. J. Kianizyn[5])
	desgl. „ gekocht)	„	72,83	23,38	0,17	—	3,60	2,06	86,05	0,63	13,77	
72	Zander, getrocknet und gesalzen	1882	20,55	60,33	1,92	—	17,62	—	75,93	2,42	12,14	W. W. Popoff[6])
73	Leuciscus rutilis L. var. caspica	1883	27,96	47,85	9,88	—	14,31	8,92	66,42	13,73	10,63	Kostytscheff[4])
74	Osmerus eperlanus L. var. spirinchus, Stint . .	„	47,12	26,38	8,03	—	18,47	13,14	49,89	15,19	7,98	
75	Coregonus leucichthys, Balyk	„	57,55	23,50	13,17	—	5,78	4,13	55,36	31,02	8,86	
76	Acipenser sturio L., Stör, sehr trocken . . .	„	36,67	42,05	14,35	—	6,93	3,53	66,40	22,66	10,62	
	b) Gesalzene und geräucherte Fische:											
77	Laberdan (gesalzener Kabeljau, Gadus morrhua L.)	?	47,03	31,39	0,38	—	21,32	19,55	59,26	0,72	9,48	A. Payen[7])
	desgl.	1877	52,42	28,50	0,40	—	19,75	18,00	59,90	0,84	9,61	A. Almen[1])
	desgl.	1883	51,74	23,97	0,24	—	24,05	20,95	49,67	0,50	7,95	W. O. Atwater und Chas. D. Woods[3])
	desgl.	„	51,40	24,82	0,44	—	23,34	20,22	51,07	0,91	8,17	
	Laberdan, Mittel	—	**50,54**	**27,07**	**0,36**	—	**22,10**	**19,68**	**55,00**	**0,74**	**8,80**	
78	Schellfisch (Gadus aeglefinus L.) geräuchert .	1883	72,85	23,38	0,17	—	3,60	2,06	86,11	0,63	13,78	
	desgl. gesalzen und eingemacht in Büchsen .	„	68,39	22,18	2,21	—	7,22	5,59	70,17	6,99	11,23	

1) Vergl. Anmerkung 3 zu No. 1, S. 43.
2) Zeitschr. f. Biologie 1874, **10**, 497.
3) Vergl. Anmerkung 5 zu No. 1, S. 43.
4) Vergl. Anmerkung 4 zu No. 1, S. 43.

*) Ohne Zweifel incl. Asche von Gräten etc.

5) Nährwerth des Dorsches, Dissertation (russ.), St. Petersburg 1887. Mitgetheilt von P. O. Smolenski. Hyg. Rundschau 1897, **7**, 1105.
6) Vergl. oben Anmerkung 2, S. 48.
7) Vergl. Anmerkung 1 zu No. 1, S. 43.

No.	Nähere Bezeichnung	Zeit der Untersuchung	In der natürlichen Substanz						In der Trocken-Substanz		Stickstoff in der Trocken-Substanz	Analytiker
			Wasser %	Stick-stoff-Substanz %	Fett %	Stickstoff-freie Extraktstoffe %	Asche %	Chlor-natrium %	Stick-stoff-Substanz %	Fett %	%	
79	Pferdezunge (amerikan. Schellfisch, Hippoglossus americanus), geräuchert und gesalzen	1883	50,89	18,43	15,55	—	15,13	13,05	37,53	31,66	6,00	*W. O. Atwater und Chas. D. Woods*[1])
	desgl.	„	47,69	23,01	14,44	—	14,86	12,87	43,99	27,60	7,02	
	Pferdezunge, Mittel	—	**49,29**	**20,72**	**15,00**	—	**14,99**	**12,97**	**40,76**	**29,63**	**6,51**	
80	Butte (Hippoglossus maximus), gesalzen	1883	54,65	23,49	6,82	—	15,04	13,77	51,80	15,04	8,29	*Kostytscheff*[2])
81	„Stint" (Osmerus eperlanus var. spirinchus), gesalzen	1882	42,58	29,98	8,28	—	18,93	—	52,21	14,42	8,35	*W. W. Popoff*[3])
82	Makreele (Scomber scombrus L.), gesalzen	1877	48,43	20,82	14,10	0,38	16,27	14,50	40,37	27,34	6,46	*A. Almen*[4])
	desgl.	1883	42,57	21,34	22,80	—	13,29	10,60	37,16	39,70	5,95	*W. O. Atwater und Chas. D. Woods*[1])
	desgl.	„	43,34	16,64	28,02	—	12,00	9,44	29,37	49,45	4,70	
	desgl.	„	43,48	17,89	24,81	—	13,72	11,16	31,65	43,90	5,06	
	Makreele (gesalz.), Mittel	—	**44,45**	**19,17**	**22,43**	**0,13**	**13,82**	**11,42**	**34,64**	**40,10**	**5,54**	
83	Häring (Clupea harengus L., gesalzen, Pökelhäring)	?	48,99	19,45	12,72	2,51	16,33	14,62	38,13	24,98	6,10	*A. Payen*[5])
	desgl.	1874	47,12	18,97	16,67	—	17,24	15,14	35,87	31,52	5,74	*J. König und Farwick*[6])
	desgl.	1877	42,52	18,28	21,30	2,19	15,66	13,65	31,80	37,09	5,09	*A. Almen*[4])
	Pökelhäring, Mittel	—	**46,23**	**18,90**	**16,89**	**1,57**	**16,41**	**14,47**	**35,27**	**31,20**	**5,64**	
84	Häring, gesalzen und geräuchert	1883	34,38	36,76	15,74	—	13,12	11,66	56,02	23,99	8,96	*W. O. Atwater und Chas. D. Woods*[1])
85	Strömling (Clupea harengus, var. membras), gesalzen	1877	55,62	19,37	7,05	0,03	17,93	16,24	43,65	15,89	6,98	*A. Almen*[4])
86	Sardelle (Clupea sardina C.), gesalzen	1874	51,77	22,30	2,21	—	23,27	20,59	44,16	4,59	7,40	*J. König und Farwick*[6])
87	Sprotte (Clupea meletta oder Meletta vulgaris), marinirt u. geräuchert, der ganze Fisch	1883	60,72	10,58	17,14	—	11,56	9,90	26,92	43,64	4,31	*Kostytscheff*[2])
88	Astrachanscher Häring (Clupea caspica oder Alosa caspica), gesalzen und geräuchert	„	59,56	22,06	8,86	—	9,52	8,98	54,55	21,91	8,73	
89	Lachs, Salm (Salmo salar L.), gesalz. u. geräuch.	„	51,89	26,00	11,72	1,00	9,39	7,94	54,04	24,36	8,65	*J. König und Farwick*[6])
	desgl.	1877	51,04	22,38	12,00	—	14,70	13,81	45,71	24,51	7,31	*A. Almen*[4])
	Lachs, geräuchert, Mittel	—	**51,46**	**24,19**	**11,86**	**0,45**	**12,04**	**10,87**	**49,88**	**24,44**	**7,98**	
	desgl. gesalzen	1883	53,48	22,68	12,19	—	11,65	11,21	48,75	26,20	7,80	*Kostytscheff*[2])

[1]) Vergl. Anmerkung 5 zu No. 1, S. 43.
[2]) Vergl. Anmerkung 4 zu No. 1, S. 43.
[3]) Vergl. oben Anmerkung 2, S. 48.
[4]) Vergl. Anmerkung 3 zu No. 1, S. 43.
[5]) Vergl. Anmerkung 1 zu No. 1, S. 43.
[6]) Zeitschr. f. Biologie 1874, **10**, 497 u. Chem. u. techn. Untersuchungen d. Versuchsstation Münster 1878, S. 106.

No.	Nähere Bezeichnung	Zeit der Untersuchung	In der natürlichen Substanz: Wasser %	Stickstoff-Substanz %	Fett %	Stickstofffreie Extraktstoffe %	Asche %	Chlornatrium %	In der Trocken-Substanz: Stickstoff-Substanz %	Fett %	Stickstoff in der Trocken-Substanz %	Analytiker
90	Hausen (Acipenser huso L.), gesalzen . . .	1883	61,85	18,70	8,93	—	10,52	10,03	49,02	23,41	7,84	*Kostytscheff* [1]
91	Neunaugen (Petromyzon fluviatilis L.) marinirt, der ganze Fisch, ohne Kopf und Schwanz .	„	44,62	34,32	16,57	—	4,49	3,33	65,97	29,92	10,56	*Kostytscheff* [1]
92	Stichling (Pelectus vulgaris), gesalzen und geräuchert	„	54,89	30,04	5,87	—	9,20	7,99	66,59	13,01	10,65	*Kostytscheff* [1]
93	Alburnus chalcoides, gesalzen und geräuchert .	„	43,53	28,83	16,21	—	11,43	9,86	51,05	28,88	8,17	*Kostytscheff* [1]
94	Dorsch, gesalzen, roh .	1887	65,68	20,25	0,31	—	13,61	12,25	59,00	0,90	9,44	*N. J. Kianizyn* [2]
	desgl. „ gekocht	„	67,45	29,46	0,56	—	2,35	1,23	90,51	1,72	14,48	*N. J. Kianizyn* [2]
95	Taranj, gesalzen und geräuchert	1882	37,25	36,92	15,22	—	10,82	—	58,84	24,25	9,41	*W. W. Popoff* [3]
	c) Geräucherte und eingelegte Fische:											
96	Kalifornischer Salm (Oncorhynchus chonicha), in Büchsen eingemacht	1883	66,02	21,11	11,08	—	1,79	0,53	62,12	32,61	9,94	*W. O. Atwater und Chas. D. Woods* [4]
	desgl.	„	62,03	19,95	14,50	—	3,52	2,19	52,54	38,19	8,41	*W. O. Atwater und Chas. D. Woods* [4]
	desgl.	„	57,36	19,44	21,44	—	1,76	0,41	45,59	50,28	7,29	*W. O. Atwater und Chas. D. Woods* [4]
	Kaliforn. Salm, Mittel	—	**61,78**	**20,16**	**15,68**	—	**2,38**	**1,33**	**53,42**	**40,36**	**8,55**	
97	Bücklinge (geräucherter Häring, Clupea hareng.)	1874	69,49	21,12	8,51	—	1,24	—	69,22	27,89	11,07	*J. König, Farwick und C. Krauch* [5]
98	Kieler Sprotten (Clupea sprattus C.), geräuchert	„	59,89	22,73	15,94	0,98	0,46	—	56,67	39,74	9,07	*J. König, Farwick und C. Krauch* [5]
99	Neunauge (Petromyzon fluviatilis), geräuchert .	„	51,21	20,18	25,59	1,61	1,41	—	41,36	52,45	6,62	*J. König, Farwick und C. Krauch* [5]
100	Anchovis oder Sardines à l'huile (Clupea encras), in Oel eingelegt . .	?	46,04	37,50	9,36	—	7,10	—	69,50	17,35	11,12	*A. Payen* [6]
	desgl.	1883	56,62	24,98	12,76	—	5,64	—	57,58	29,41	9,21	*W. O. Atwater und Chas. D. Woods* [4]
	desgl.	1884	58,26	15,23	11,69*)	0,55	14,27	—	36,49	28,01	5,84	*J. König* [7]
	Anchovis od. Sard., Mittel	—	**53,64**	**25,90**	**11,27**	**0,19**	**9,00**	—	**54,52**	**24,92**	**8,72**	
101	Sardinen, ohne Oel in Weissblechdosen eingelegt	1894	57,50	28,40	8,07	—	6,03	0,12	66,82	19,06	10,69	*Maljean* [8]

[1]) Vergl. Anmerkung 4 zu No. 1, S. 43.
[2]) Vergl. oben Anmerkung 5, S. 49.
[3]) Vergl. oben Anmerkung 2, S. 48.
[4]) Vergl. Anmerkung 5 zu No. 1, S. 43.
[5]) Vergl. oben Anmerkung 6, S. 50.
[6]) Vergl. Anmerkung 1 zu No. 1, S. 43.
[7]) Original-Mittheilung.
[8]) Zeitschr. Nahrungsm.-Unters. Hyg.-Waar. 1894, **7**, 175 nach Rev. intern. fals. 1894, S. 133.

*) Für die Analyse wurde das äusserlich anhaftende Oel mit Fliesspapier thunlichst entfernt.

No.	Nähere Bezeichnung	Zeit der Untersuchung	In der natürlichen Substanz						In der Trocken-Substanz		Stickstoff in der Trocken-Substanz	Analytiker
			Wasser %	Stick-stoff-Substanz %	Fett %	Stickstoff-freie Extraktstoffe %	Asche %	Chlor-natrium %	Stick-stoff-Substanz %	Fett %	%	
102	Thunfisch (Scomber thynnus L.), eingemacht in Büchsen . .	1887	72,20	21,50	4,10	—	1,70	—	77,34	14,75	12,37	*W. O. Atwater und Chas. D. Woods*[1])
	desgl. russischer, in Oel . .	—	51,30	23,80	20,00	0,60	4,30	—	48,87	41,07	7,81	
	Thunfisch, gesalzen und in Oel eingelegt, von Sicilien, mager*)	1895	50,16	**) 29,45	12,68	—	7,51	6,22	59,91	25,44	9,39	*Domenico Marelli*[2])
	desgl. von Tunis, mager*) .	"	50,36	**) 28,72	13,07	—	7,85	6,72	57,85	26,33	9,26	
	desgl. von Sardinien, fett*) .	"	40,66	**) 26,61	23,75	—	8,98	7,80	44,84	40,02	7,17	

Anhang zu Fleisch von Fischen.

Zusammensetzung ganzer Seethiere

nach C. Weigelt, Die Abfälle der Seefischerei. Berlin 1891.

No.	Nähere Bezeichnung	Zeit des Fanges	In der natürlichen Substanz							In d. Trocken-Substanz		Stickstoff in der Trocken-Substanz	Bemerkungen
			Wasser %	Stick-stoff-Substanz %	Fett %	Asche %	Phosphor-säure (P_2O_5) %	Kali (K_2O) %	Kalk (CaO) %	Stick-stoff-Substanz %	Fett %	%	
1	**Schellfisch** (Gadus aeglefinus L.). Zahl der untersuchten Thiere u. Gesammtgewicht g												
	1. Ganzes Thier . 2 = 256	1888, 5.	78,90	17,25	1,14	3,59	1,22	0,40	1,16	81,63	5,42	13,06	Hochseefischerei-Dampfer
	2. desgl. . . . 2 = 800	1889, 6.	78,30	15,56	2,90	3,99	1,19	0,43	1,18	71,69	13,36	11,47	desgl., berechnet aus 3 und 4
	3. Körper . . . = 708	"	79,70	16,44	0,53	3,32	1,29	0,44	1,10	81,06	2,61	12,97	
	4. Eingeweide . . = 92	"	67,77	8,94	12,94	9,18	0,47	0,31	1,79	27,63	38,75	4,42	
	5. desgl.	1888, 12.	75,47	7,75	11,07	1,17	0,20	0,25	—	31,50	45,12	5,04	Markthalle
2	**Kabeljau** (Gadus morrhua L.).												Hochseefischerei-Dampfer
	1. Ganzes Thier 2 = 1811	1889, 6.	79,42	15,75	0,91	3,75	1,30	0,47	1,31	76,50	4,42	12,24	berechnet aus 2 und 3
	2. Körper . . = 1555	"	79,29	16,75	0,53	3,50	1,39	0,49	1,19	81,00	2,55	12,96	
	3. Eingeweide . = 256	"	80,09	9,63	3,16	5,21	0,80	0,34	2,03	48,50	15,91	7,76	
	4. Kopf und Gräten . . .	1888, 5.	78,25	14,31	0,67	7,42	2,91	0,43	3,65	65,69	3,07	10,51	

[1]) Vergl. Anmerkung 5 zu No. 1, S. 43.

[2]) Staz. sperim. agrarie Ital. 1895, **28**, 225.

*) D. Marelli fand ferner

im Thunfisch von	Gesammt-Stickstoff %	Gesammt-Stickstoff-Substanz, (Stickst. × 6,25) %	Eiweiss-Stickstoff nach Stutzer %	Gesammt-Eiweiss, (Eiweiss-Stickstoff × 6,25) %	Ammoniak-Stickstoff %	Phosphorsäure %	Schwefelsäure %	Kalk %	Magnesia %
Sicilien . . .	4,98	31,11	4,30	26,89	0,17	0,61	0,03	0,09	0,19
Tunis . . .	5,21	32,55	4,08	25,47	0,19	0,58	0,02	0,14	0,21
Sardinien . .	4,72	29,49	3,84	23,98	0,25	0,53	0,01	0,07	0,20

**) Aus der Differenz von uns berechnet. Vergl. Anmerkung *). Wasser wurde bei 100—105° C., Stickstoff nach Kjeldahl, Fett im Soxhlet-Apparat, Asche durch Verbrennen und Auslaugen bestimmt.

No.	Nähere Bezeichnung	Zeit des Fanges	In der natürlichen Substanz							In d. Trocken-Substanz		Stickstoff in der Trocken-Substanz	Bemerkungen
			Wasser %	Stick-stoff-Substanz %	Fett %	Asche %	Phosphor-säure (P_2O_5) %	Kali (K_2O) %	Kalk (CaO) %	Stick-stoff-Substanz %	Fett %	%	
3	**Wittling** (Gadus merlangus L.). Zahl der untersuchten Thiere u. Gesammtgewicht g												
	1. Ganzes Thier 3 = 670	1888, 8.	80,60	15,93	1,49	3,24	1,20	0,33	0,60	82,19	7,70	13,15	Hochseefischerei-Dampfer
	2. desgl. . . . 4 = 1075	1889, 9.	86,41	10,63	1,34	2,13	0,70	0,15	0,71	78,19	9,86	12,51	Berechnet aus 3 und 4
	3. Körper . . = 985	"	87,18	10,81	0,59	2,03	0,73	0,14	0,75	84,44	4,62	13,51	
	4. Eingeweide . = 90	"	78,94	8,69	8,73	3,12	0,39	0,24	0,28	41,38	41,45	6,62	
4	**Meerhecht** (Merlucius vulgaris).												
	1. Ganzes Thier 1 = 2880	1888, 7.	77,95	16,13	4,22	2,93	1,15	0,29	0,49	73,19	19,15	11,71	
	2. desgl. . . . 1 = 3285	1889, 9.	85,49	11,81	1,37	2,18	0,70	0,28	0,45	81,44	9,44	13,03	Berechnet aus 3, 4 und 5
	3. Körper . . = 2318	"	85,33	12,88	0,86	1,85	0,68	0,32	0,47	87,63	5,84	14,02	
	4. Kopf . . . = 734	"	88,49	8,75	0,29	3,12	0,90	0,16	0,53	76,13	2,51	12,18	
	5. Eingeweide . = 233	"	77,66	11,06	9,81	2,58	0,25	0,32	0,05	49,44	43,91	7,91	
5	**Scholle** (Pleuronectes platessa L.).												
	1. Ganzes Thier . 2 = 416	1888, 6.	79,12	17,06	1,39	3,58	1,24	0,63	0,62	81,94	6,65	13,11	
	2. Eingeweide . . 2 = 40	1888, 12.	67,25	19,13	2,50	3,60	0,88	0,57	—	58,44	7,62	9,35	Markthalle
6	**Kliesche** (Pleuronectes limanda L.).												
	Ganzes Thier	1888, 5.	78,32	17,44	1,75	3,45	1,25	0,47	1,25	80,44	8,07	12,87	Hochseefischerei-Dampfer
7	**Häring** (Clupea harengus L.).												
	Ganzes Thier	1890, 2.	76,41	14,31	5,69	3,62	0,83	0,13	0,50	60,63	24,10	9,70	Markthalle
8	**Sprotte** (Clupea sprattus C.).												
	Ganzes Thier	1889, 12,	74,82	15,50	9,65	2,37	0,91	0,21	0,43	61,44	38,29	9,83	Elbmündung
9	**Knurrhahn** (Trigla gurnardus L.).												
	1. Ganzes Thier . 1 = ?	1888, 6.	74,59	16,88	5,31	4,47	1,78	0,70	0,97	66,13	20,90	10,58	Hochseefischerei-Dampfer
	2. desgl. . . . 4 = 481	1889, 6.	73,99	17,19	5,19	4,08	1,06	0,41	1,46	66,06	19,95	10,57	Berechnet aus 3 und 4
	3. Körper . . . = 412	"	73,05	17,81	5,19	4,52	1,16	0,41	1,67	65,75	19,16	10,52	
	4. Eingeweide . . = 69	"	79,64	13,38	5,20	1,43	0,52	0,38	0,18	67,44	26,05	10,75	
10	**Seeteufel** (Lophius piscatorius L.).												
	Ganzes Thier . 1 = 9510	1887	85,28	6,50	1,16	3,19	0,98	0,31	0,41	76,38	7,88	12,22	Hochseefischerei-Dampfer

No.	Nähere Bezeichnung	Zeit des Fanges	In der natürlichen Substanz: Wasser %	Stick-stoff-Substanz %	Fett %	Asche %	Phosphor-säure (P_2O_5) %	Kali (K_2O) %	Kalk (CaO) %	In d. Trocken-Substanz: Stick-stoff-Substanz %	Fett %	Stickstoff in der Trocken-Substanz %	Bemerkungen
11	Rochen (Raja clavata L.). Zahl der untersuchten Thiere u. Gesammtgewicht g												
	1. Ganzes Thier 1 = 806	1888, 5.	80,67	16,75	1,79	2,61	0,92	0,34	0,61	86,56	9,24	13,85	Hochseefischerei-Dampfer
	2. desgl. . . . 1 = 1172	1889, 6.	73,48	23,38	1,55	2,31	0,90	0,47	0,33	88,19	5,85	14,11	Berechnet aus 3 und 4
	3. Körper . . 1 = 1029	"	73,59	24,81	0,79	3,03	0,97	0,50	0,38	93,88	2,99	15,02	
	4. Eingeweide . 1 = 143	"	72,65	12,56	12,17	1,89	0,43	0,26	0,15	45,63	44,36	7,30	
	5. desgl. . . . 2 = 185	1889, 1.	70,07	—	11,35	1,99	0,43	0,27	—	—	37,92	—	
	6. Abfall . . . 2 = 790	"	83,08	8,69	0,34	2,92	0,39	0,20	—	88,44	1,98	14,15	
12	Dornhai (Acanthias vulgaris).												
	1. Ganzes Thier 1 = 753	1888, 5.	59,08	—	10,45	2,75	0,98	0,52	—	—	25,54	—	
	2. desgl. . . . 1 = 2490	1889, 6.	71,56	17,75	11,78	2,01	0,75	0,25	0,66	62,44	41,42	9,99	Berechnet aus 3 und 4
	3. Körper . . 1 = 1660	"	73,96	17,69	8,54	2,33	0,88	0,24	0,94	68,00	32,77	10,88	
	4. Eingeweide . 1 = 830	"	65,38	18,00	18,01	1,38	0,51	0,25	0,12	50,00	50,10	8,00	
13	Stichling (Gasterosteus aculeatus L.) 392 = 760	1888, 12.	72,54	13,94	7,26	3,15	2,43	0,31	1,21	50,81	26,45	8,13	Pillauer Tief
14	Steinpicker (Agonus cataphractus). Ganzes Thier . 108 = 1165	1890, 1.	83,77	9,56	0,86	4,70	1,83	0,25	1,91	56,50	5,27	9,04	Carolinensiel, Osterbalje
15	Garneele (Crangon vulgaris F.). Ganzes Thier . . = 1125	1889, 10.	83,06	10,63	1,18	4,07	0,49	0,26	1,62	62,88	6,99	10,06	desgl.
16	Einsiedlerkrebs (Pagurus Bernardus L.). Ganzes Thier (ohne Wohnung . . . = 605	1889, 10.	80,51	8,31	1,32	7,28	0,59	0,25	2,98	42,69	6,78	6,83	Wangeroog
17	Taschenkrebs (Cancer pagurus L.). Ganzes Thier . . 2 = 923	1888, 6.	62,64	12,00	2,99	16,45	1,16	0,51	5,26	32,06	8,00	5,13	Hochseefischerei-Dampfer
18	Strandkrabbe (Carcinus maenas L.). Ganzes Thier . . = 1096	1889, 10.	79,77	7,31	0,50	10,02	0,59	0,22	3,06	36,06	2,49	5,77	Carolinensiel, Osterbalje
19	Seepocke (Balanus balanoides). Ganzes Thier . . = 62	1890, 7.	30,39	2,88	1,34	64,04	1,09	Spur	33,52	41,25	1,93	0,66	Norderney-Buhne
20	Fischersandwurm (Arenicola piscatorum Lam.). Ganzes Thier . . = 1805	1889, 10.	97,02	0,94	0,13	1,50	0,05	0,07	0,08	32,38	4,27	5,18	Carolinensiel, Watt
21	Quapp (Echiurus Pallasii). Ganzes Thier . . = 1480	1889, 10.	76,41	6,63	0,98	13,64	0,20	0,39	0,28	28,19	4,16	4,51	desgl.

No.	Nähere Bezeichnung	Zeit des Fanges	In der natürlichen Substanz: Wasser %	Stick-stoff-Substanz %	Fett %	Asche %	Phosphor-säure (P_2O_5) %	Kali (K_2O) %	Kalk (CaO) %	In d. Trocken-Substanz: Stick-stoff-Substanz %	Fett %	Stickstoff in der Trocken-Substanz %	Bemerkungen
22	**Moosthiere.** Zahl der untersuchten Thiere u. Gesammtgewicht g												
	Alcyonidium gelatinosum . . = 127	1890, 6.	97,63	0,63	0,08	0,92	0,04	Spur	0,04	49,38	3,54	7,90	Norderney, Strand
	Flustra foliacea L. = 11	"	68,93	7,00	Spur	22,05	0,28	"	6,55	22,63	Spur	3,62	desgl.
23	**Kalmar** (Loligo vulgaris Lam.), ganzes Thier (Tintenfisch) . . 1 = 343	1890, 8.	87,22	9,00	1,46	1,32	0,19	0,16	0,06	70,56	11,48	11,29	Hochsee, engl. Dampfer
24	**Wellhornschnecke** (Buccinum undatum L.).												Hochseefischerei-Dampfer
	1. Ganzes Thier . 2 = 182	1890, 3.	41,28	4,19	Spur	53,21	0,94	0,08	47,11	7,13	Spur	1,14	Berechnet aus 2 und 3
	2. Körper . . . = 84	"	88,06	8,38	0,79	1,26	0,17	0,18	0,06	70,13	6,61	11,22	
	3. Gehäuse . . = 98	"	1,17	0,56	Spur	97,76	1,61	Spur	53,60	0,56	Spur	0,09	
	4. Gelbe Eier . . = 129	1888, 7.	84,90	9,75	1,57	3,51	0,07	0,09	0,20	64,25	10,33	10,28	Mit jungen Thieren
	5. Weisse Eier . = 690	"	86,96	5,13	0,10	7,31	0,05	0,26	0,66	39,19	0,79	6,27	Alte Eier, daher verblichen
25	**Auster** (Ostrea edulis L.).												
	1. Fleisch . } 4 = 1549	1888, 6.	80,89	9,88	1,90	2,08	0,37	0,29	0,11	51,69	9,93	8,27	Hochseefischerei-Dampfer
	2. Schale . . }	"	15,83	2,44	Spur	80,24	—	0,45	35,14	2,88	Spur	0,46	
26	**Miesmuschel** (Mytilus edulis L.).												
	1. Ganzes Thier . = 1500	1889, 10.	55,54	3,38	0,17	39,59	0,15	0,15	20,65	7,63	0,38	1,22	Vom Aussentief, Carolinensiel, Schlick
	2. Schale . . . . 6 = 31	1890, 6.	4,07	2,94	0,00	93,00	1,77	Spur	52,59	2,94	Spur	0,47	Norderney, Strand
27	**Seescheiden** (Phallusia virginea) 36	1890, 3.	96,95	0,50	0,04	2,17	0,04	0,05	0,17	15,90	1,30	2,56	Hochseefischerei-Dampfer
28	**Seesterne** (Asteracanthion rubens L.)	1888, 7.	67,36	13,94	3,46	14,84	0,29	0,48	7,07	42,56	10,59	6,81	desgl.
	desgl. 1235	1890, 1.	81,09	7,56	1,60	10,75	0,26	0,31	3,69	39,81	8,46	6,37	Carolinensiel, Osterbalje
	desgl. 1070	1889, 10.	79,96	5,75	1,06	12,03	0,13	0,18	5,36	28,94	5,27	4,63	Wangeroog
29	**Schlangensterne** (Ophiotrix fragilis) = 29	1890, 3.	68,87	2,56	0,48	25,73	0,10	0,17	11,64	8,13	1,54	1,30	Hochseefischerei-Dampfer
30	**Tubularien** (Tubularia larynx) . . 6	1890, 6.	39,05	13,88	—	39,65	0,56	Spur	2,36	22,88	—	3,66	Norderney, Strand
31	**Sertularien** (Sertularia cupressina)	1889, 10.	91,26	4,56	0,16	3,09	0,10	0,07	0,72	52,56	1,81	8,41	Wangeroog
	desgl. mit Bryozoen . . .	"	88,79	4,38	0,14	8,14	0,14	0,08	1,86	33,19	1,05	5,31	desgl.
	desgl.	1890, 6.	95,14	1,93	—	2,23	—	—	0,11	40,06	—	6,41	Norderney, Strand
32	**Quallen** (Aurelia aurita L.) 24 = 608	1890, 6.	97,20	0,38	0,02	2,28	0,01	Spur	0,05	13,31	0,57	2,13	desgl.
	desgl. . . . . . = 1338	1890, 7.	97,25	0,38	0,02	2,18	0,01	"	0,05	12,50	0,75	2,00	desgl.

No.	Nähere Bezeichnung	Zeit des Fanges	In der natürlichen Substanz: Wasser %	Stickstoff-Substanz %	Fett %	Asche %	Phosphorsäure (P_2O_5) %	Kali (K_2O) %	Kalk (CaO) %	In d. Trocken-Substanz: Stickstoff-Substanz %	Fett %	Stickstoff in der Trocken-Substanz %	Bemerkungen
	Zahl der untersuchten Thiere u. Gesammtgewicht g												
33	Seerosen												
	(Heliactis bellis) 3 = 710	1888, 7.	83,80	10,44	2,27	2,43	0,39	0,31	0,02	64,25	14,08	10,28	Hochseefischerei, Dampfer
	desgl. . . . . . . = 570	1889, 10.	82,18	10,63	2,51	2,88	0,43	0,40	0,06	59,63	14,06	9,54	20—30 kleine, Wangeroog
34	Meerhand (Alcyonium												
	digitatum) . . 2 = 609	1888, 7.	82,23	7,69	0,72	8,47	0,28	0,32	2,21	42,38	4,03	6,78	Hochseefischerei, Dampfer

Analytische Methoden: Die an den landwirthschaftlichen Versuchsstationen gebräuchlichen fanden Anwendung.

Untersuchung von Seethieren (die ganzen Thiere)

von L. Sempolowski, Landw. Vers.-Stat. 1889, 36, 61; Zeitschr. angew. Chem. 1889, 116.

Die mitgetheilten Zahlen sind diejenigen des vorigen Referates.

Gepulvertes Fischfleisch von Gadus morrhua, auf den Lofoden bereitet, enthält nach Larsen (Viertelj. Nahrungs- u. Genussm. 1887, 2, 8) 15,58 % Wasser, 12,27 % Stickstoff, 4,93 % Phosphorsäure.

Fleischgehalt der wichtigsten Marktfische.

C. Weigelt[1]) bestimmte den Fleischgehalt der wichtigsten Marktfische, sowie den Gehalt derselben an Trocken-Substanz, Eiweiss und Fett mit folgendem Ergebniss:

No.	Bezeichnung der Fische	100 g Marktwaare enthalten g: Fleisch	Trocken-Substanz	Eiweiss (Portein)	Fett	Mittleres Gewicht der untersuchten Fische g
1	Junger Lachs	60,55	13,24	12,02	0,17	715
2	Bachforelle	50,38	11,06	9,27	1,19	170
3	Karpfen	34,45	6,62	5,92	0,28	1485
4	Schleie	34,20	6,70	6,06	0,23	320
5	Plötze	43,20	9,56	13,02	0,64	200
6	Hecht	48,10	9,25	8,49	0,23	1170
7	Scholle, ausgenommen	47,60	10,41	—	—	645
8	Kabeljau, desgl.	44,71	9,84	9,32	0,12	1500
9	Schellfisch, desgl.	40,29	9,09	8,46	0,15	825
10	Häring, grün	53,03	10,89	9,36	0,98	85
11	Bückling	59,77	13,10	10,99	1,44	85
12	Stockfisch, gewässert (1000 g gewässert = 396,6 g trocken) . .	65,44	14,26	13,42	0,07	1050

Die Fische wurden gewaschen, sorgsam abgetrocknet und bis auf 0,5 g genau gewogen; darauf küchengerecht vorbereitet, geschuppt, ausgenommen, gewaschen, wieder gewogen, in heisses Salzwasser von bekanntem Gehalt gelegt und gekocht. Nach dem erforderlichen „Ziehen" aus dem Fischkessel gehoben und zum Abtropfen und Abkühlen bis auf etwa 40° C. hingestellt, wurden sie dann wieder gewogen. Gewöhnlich kamen 2 Fische, wenn möglich beide Geschlechter, zur Verarbeitung. An einem der Thiere wurde das Flossengewicht durch Abschneiden mit der Scheere ermittelt und ferner festgestellt, das Gewicht der Kiemen, des Rogens bezw. der Milch und der Leber. Der gewogene Fisch wurde dann mit Fischmesser und Fischgabel seines Fleisches beraubt, dieses gewogen und untersucht.

[1]) Allgemeine Fischereiztg. 1896, 21, 135.

Gehalt der amerikanischen Fische an essbarem Antheil
nach W. O. Atwater[1]).

No.	Nähere Bezeichnung	Zahl der Untersuchungen	Gewicht eines Fisches			Essbarer Antheil*)		
			Mittel	Schwankungen		Mittel	Schwankungen	
				Min.	Max.		Min.	Max.
			g	g	g	%	%	%
	I. Frische Fische:							
1	Acipenser sturio L., Stör, Sturgeon . . .	1	753,0	—	—	85,6	—	—
2	Myxostema velatum, Buffala fish (Eingeweide entfernt)	1	1500,0	—	—	47,5	—	—
3	Clupea harengus L., Häring, Herring . . .	1	1080,8	—	—	54,0	—	—
4	Clupea vernalis Mitch., Alewise	2	869,1	859,0	879,2	50,5	50,5	50,6
5	Clupea oder Alosa sapidissima, Alse, Common Shad	7	1615,6	1196,0	1925,0	49,9	41,2	55,6
6	Osmerus mordax Mitch., Smelt whole . .	2	710,5	398,0	1023,0	58,1	51,0	65,2
7	Coregonus clupeiformis, White fish . . .	1	1313,0	—	—	46,5	—	—
8	Coregonus sp. (tulliber od. artedi?), Cisco .	1	1256,0	—	—	57,3	—	—
9	Oncorhyncus chonicha Walb., Californ. Salm, California Salmon	1	870,5	—	—	94,8	89,7	100
10	Salmo salar L., Lachs (Salm), Common Atlantic salmon	4	5515,7	5082,0	5948,0	64,7	60,5	69,2
	desgl. nach Entfernung der Eingeweide .	1	4764,3	—	—	76,2	—	—
11	Salvelinus od. Christivomer nomaycush Walb., Salm, Lake trout	1	3600,4	—	—	43,7	—	—
	desgl. nach Entfernung der Eingeweide . .	1	2477,0	—	—	63,8	—	—
12	Salvelinus fontinalis Mitch., Saibling oder Forelle, Brook trout	3	664,7	346,0	1295,0	51,9	49,9	54,8
13	Esox reticulatus Le Sueur, Hecht, Common eastern pickerel	2	780,3	600,0	960,6	52,9	51,3	54,6
14	Esox lucius L., Hecht, Pike, Pickerel . .	1	1617,0	—	—	57,3	—	—
15	Esox nobilior Thompson, Hecht, Mascalonge	1	4118,0	—	—	50,8	—	—
16	Anguillula rostrata Le Sueur, Meeraal, Eel, (nach Entfernung von Kopf, Haut und Eingeweiden)	2	902,0	436,0	1368,0	79,8	78,6	81,0
17	Mugil albula L., Striped mullet	1	707,5	—	—	42,1	—	—
18	Scomber scombrus L., Makreele, Common mackerel	5	1034,5	522,1	2594,0	55,4	48,2	66,2
	desgl. nach Entfernung der Eingeweide . .	1	640,0	—	—	59,3	—	—
19	Cybium maculatum, Spanish Mackerel . .	1	1512,4	—	—	65,4	—	—
20	Trachynotus carolinus L., Common pompano	2	816,3	640,0	1512,4	54,5	51,4	65,4
21	Pomatomus saltator L., Blue fish (Eingeweide entfernt)	1	1400,0	—	—	51,4	—	—

[1]) American. Chem. Journ. 1887, No. IX.

*) Wo nichts weiter bemerkt ist, wurden die Abfälle vom ganzen Fisch bestimmt.

No.	Nähere Bezeichnung	Zahl der Untersuchungen	Gewicht eines Fisches			Essbarer Antheil		
			Mittel	Schwankungen		Mittel	Schwankungen	
				Min.	Max.		Min.	Max.
			g	g	g	%	%	%
22	Stromateus triacanthus Gill., Butterfish	1	724,0	—	—	57,2	—	—
23	Micropterus salmoides, Black bass (large mouthed)	1	1676,5	—	—	44,0	—	—
	desgl. (small mouthed)	1	772,8	—	—	46,4	—	—
24	Perca fluviatilis L., Flussbarsch, Yellow perch	1	1152,0	—	—	37,3	—	—
	desgl., Kopf, Flossen, Schwanz und Eingeweide entfernt	1	302,0	—	—	64,9	—	—
25	Stizostedium canadense, Gray pike	1	349,5	—	—	36,8	—	—
26	Roccus lineatus Bloch., Striped bass, Rock	5	1292,3	906,0	2055,0	45,1	42,9	51,4
	desgl. nach Entfernung der Eingeweide	1	969,5	—	—	48,8	—	—
27	Roccus americanus, White perch	2	853,0	770,1	935,9	37,5	36,8	48,8
28	Centropristis atrarius, Sea bass	1	2985,0	—	—	43,9	—	—
29	Epinephelus morio, Red grouper, nach Entfernung der Eingeweide	2	3451,5	1559,0	5344,0	44,1	44,1	44,2
30	Lutjanus blackfordii, Red snapper, ganz	1	3507,5	—	—	60,0	—	—
	desgl., Eingeweide entfernt	1	5498,7	—	—	47,5	—	—
	desgl. Eingeweide und Kiemen entfernt	1	1848,0	—	—	54,7	—	—
31	Diplodus argyrops, Porgy	3	1647,8	896,0	2857,0	40,0	34,9	42,7
32	Diplodus probatocephalus Walb., Sheepshead, Eingeweide entfernt	1	1974,2	—	—	43,5	—	—
	desgl., ganz	1	886,5	—	—	34,0	—	—
33	Sciana ocellata, Red bass	1	3033,0	—	—	36,5	—	—
34	Menticirrus nebulosus, Barb, Kingfish	1	685,5	—	—	43,4	—	—
35	Cynoscion regale, Weakfish	1	909,4	—	—	48,1	—	—
36	Tautoya onitis, Blackfish, ganz	2	1753,3	1446,0	2060,0	39,9	35,9	43,8
	desgl., Eingeweide entfernt	2	1168,0	1147,0	1189,0	44,3	42,2	46,4
37	Phycis chuss, Hake, Eingeweide entfernt	1	6534,0	—	—	47,5	—	—
38	Brosmius brosne, Cusk	1	1436,5	—	—	59,7	—	—
39	Gadus aeglefinus L., Schellfisch, Haddok, Eingeweide entfernt	4	2254,2	1480,0	3235,0	49,0	47,1	52,0
40	Gadus morrhua L., Kabeljau, Cod, Kopf und Eingeweide entfernt	3	2899,7	2532,0	3387,0	70,1	66,3	74,5
	desgl., ganz	2	2181,0	1881,0	2481,0	47,5	43,5	51,5
41	Gadus tomcodus, Tomcod	1	1131,6	—	—	40,1	—	—
42	Gadus virens, Köhler, Pollock, Kopf und Eingeweide entfernt	1	2638,0	—	—	71,5	—	—
43	Hippoglossus vulgaris, Heilbutte, Halibut, Hintertheil entfernt	1	1894,0	—	—	76,9	—	—
	desgl., Theile des Körpers, fetter als erste Probe	1	1075,0	—	—	88,8	—	—
	desgl., Theile von verschiedenen Stellen des Körpers	1	3705,0	—	—	81,3	—	—

No.	Nähere Bezeichnung	Zahl der Untersuchungen	Gewicht eines Fisches Mittel g	Schwankungen Min. g	Schwankungen Max. g	Essbarer Antheil Mittel %	Schwankungen Min. %	Schwankungen Max. %
44	Hippoglossus groenlandicus G., Turbot . .	1	2496,5	—	—	52,3	—	—
45	Paralichthys dentatus L., Flunder, Common Flounder, Eingeweide entfernt	1	2308,0	—	—	43,0	—	—
	desgl., ganz	1	1257,5	—	—	33,2	—	—
46	Pleuronectes americanus, Winterflounder . .	1	751,0	—	—	43,8	—	—
47	Petromyzon marinus L., Seeneunauge, Lamprey eel	1	1295,0	—	—	54,2	—	—
48	Raja, sp. Skate, letzter Lappen vom Körper	1	2150,0	—	—	49,0	—	—
	II. Gelaichte Fische:							
49	Salmo salar L., Salm, männlich, ganz . . .	1	—	—	—	56,2	—	—
	desgl. weiblich, ganz	1	—	—	—	56,5	—	—
	Salmo salar L., land-locked, männlich . . .	1	—	—	—	51,6	—	—
	desgl. weiblich	1	—	—	—	53,8	—	—
	III. Fischrogen.							
50	Rogen von Alosa sapidissima, Alse Shad . .	1	257,0	—	—	100	—	—
			Salzgehalt Mittel %	Min. %	Max. %	**Essbarer Antheil*)** Mittel %	Min. %	Max. %
	IV. Konservirte Fische:							
51	Gadus morrhua, Stockfisch (getrockneter Kabliau)	1	—	—	—	97,1	—	—
52	Scomber scombrus L., Makreele, gesalzen . .	1	7,1	—	—	66,7	—	—
53	Gadus morrhua, Laberdan (gesalzener Kabeljau),	2	17,2	17,2	17,3	57,9	57,2	58,5
	desgl., grätenfrei	1	19,1	—	—	80,9	—	—
	desgl., gesalzen und getrocknet	1	6,6	—	—	93,4	—	—
54	Clupea harengus L., Häring, gesalzen u. geräuchert	1	6,5	—	—	49,1	—	—
55	Gadus aeglefinus L., Schellfisch, Haddok, gesalzen und geräuchert	1	1,4	—	—	66,4	—	—
56	Hippoglossus vulgaris, Heilbutte, Haddok, gesalzen und geräuchert	2	12,1	12,0	12,1	81,0	80,0	82,0
57	Clupea encras, Sardinen, eingemacht in Büchsen	1	—	—	—	95,0	—	—
58	Oncorhynchus chonicha, Californischer Salm, Salmon, eingemacht in Büchsen	3	1,0	0,4	2,2	95,1	87,9	99,6
59	Scomber scombrus L., Makreele, eingemacht in Büchsen	1	1,9	—	—	98,1	—	—
	desgl., gesalzen und eingemacht in Büchsen .	2	8,3	7,9	8,7	72,0	68,9	75,1
60	Scomber thynnus L., Thunfisch, eingemacht in Büchsen	1	—	—	—	100	—	—
61	Gadus aeglefinus L., Schellfisch, Haddok, geräuchert und eingemacht in Büchsen . .	1	—	—	—	94,4	—	—

*) Ausschliesslich des Salzgehaltes.

Gehalt des Fischfleisches an Extraktivstoffen, Albumin, Leim (Gelatine, in heissem Wasser löslich) etc. nach W. O. Atwater.[1])

No.	Nähere Bezeichnung	**Wasser** %	**Extraktivstoffe,** Kaltwasserextrakt, nicht koagulirbar %	**Albumin,** vom Kaltwasserextrakt koagulirbar %	**Leim,** Heisswasserextrakt %	**Unlösliches Protein** %	**Fett** (Aetherextrakt) %	**Asche** %	In der Trocken-Substanz: **Extraktivstoffe,** Kaltwasserextrakt, nicht koagulirbar %	**Albumin,** vom Kaltwasserextrakt koagulirbar %	**Leim,** Heisswasserextrakt %	**Unlösliches Protein** %	**Fett** (Aetherextrakt) %
	Frische Fische:												
1	Micropterus salmoides, Black bass	78,61	2,24*)	2,04	3,10*)	—	0,96	1,19	10,49*)	9,54	14,48*)	—	4,47
2	Tautoga onitis, Blackfish	76,95	1,72*)	2,61	3,64*)	11,76*)	2,81	1,28	7,46*)	11,32	15,79*)	51,00*)	12,20
3	Gadus aeglefinus, Schellfisch, Haddock	82,03	1,11	1,42	2,94	11,70	0,14	1,57	6,18	7,89	16,36	65,06	0,78
4	Paralichtys dentatus, Common Flounder	85,04	1,92	0,98	3,60	—	0,77	1,29	12,77	6,51	24,07	—	5,18
5	Clupea harengus, Häring	69,03	1,40*)	1,62	2,93*)	—	11,01	1,50	4,51*)	5,23	9,46*)	—	35,55
6	Esox nobilior, Mascalonge	76,26	2,27*)	1,65	2,40*)	13,46*)	2,54	1,57	9,55*)	6,95	10,20*)	56,71*)	10,70
7	Scomber scombrus, Makreele	74,14	2,22*)	1,88	1,48*)	12,25	6,99	1,30	8,61*)	7,27	5,74*)	47,37	27,04
8	Cybium maculatum, Spanisch Mackerel	68,10	2,22*)	1,25	2,94*)	—	9,43	1,50	6,96*)	3,92	9,22*)	—	29,56
9	Morone americana, White perch	75,64	1,65*)	1,79	3,27*)	—	5,62	1,11	6,76*)	7,35	13,39*)	—	23,07
	desgl.	75,77	2,22*)	2,37	2,68*)	12,47*)	2,52	1,28	8,88*)	9,78	11,04*)	51,47*)	10,42
	No. 9, Mittel	**75,71**	**1,94***)	**2,08**	**2,98***)	—	**4,10**	**1,20**	**7,82***)	**8,57**	**12,22***)	—	**16,75**
10	Perca fluviatilis, Flussbarsch, Pike perch	79,74	2,66*)	1,19	3,44*)	10,57*)	0,47	1,37	13,14*)	5,87	16,98*)	52,15*)	2,31
11	Diplodus argyrops, Porgy	71,98	1,78*)	2,98	2,07*)	12,44	7,86	1,35	6,35*)	10,64	7,41*)	44,40	28,04
12	Lutjanus blackfordii, Red snapper	78,22	1,81	1,59	3,65	13,25	0,62	1,27	8,38	7,30	16,83	60,84	2,85
	desgl.	77,34	1,85	1,84	2,89	12,71	1,94	1,33	8,16	8,12	12,72	56,09	8,58
	No. 12, Mittel	**77,78**	**1,83**	**1,72**	**3,27**	**12,98**	**1,28**	**1,30**	**8,27**	**7,71**	**14,79**	**58,46**	**5,72**

[1]) American chem. Journ. 1887, No. IX.

*) Die mit *) versehenen Zahlen bedeuten asche- und fettfreie Substanz; Zahlen, die in den entsprechenden Kolumnen nicht mit *) versehen sind, beziehen sich nur auf aschefreie Substanz. Zur Bestimmung der wässerigen Extrakte wurden erst je 33,5 g des frisch zerhackten Fleisches 18—24 Stunden mit 500 ccm kalten Wassers digerirt und filtrirt; das Filtrat wurde zur Abscheidung des koagulirbaren Eiweisses gekocht, letzteres durch ein Asbestfilter filtrirt, mit Aether ausgewaschen, getrocknet und gewogen. Das Filtrat von dem koagulirbaren Eiweiss diente nach dem Eindunsten, Trocknen und Wägen zur Bestimmung der Gesammt-Menge der in Wasser löslichen Stoffe; ein Theil des Eindampfrückstandes wurde eingeäschert, ein anderer mit Aether ausgezogen, um Asche und Fett in dem Abdampfrückstand zu erhalten und von dem ganzen abzuziehen (die mit *) versehenen Zahlen). Der Fleischrückstand vom Kaltwasserauszug wurde 18—24 Stunden mit kochendem destillirtem Wasser (100°) behandelt und dann durch ein gewogenes Asbestfilter filtrirt. Das Filtrat wurde zur Trockne verdampft und gewogen; nachdem in dem Rückstand Asche und Aetherauszug bestimmt und abgezogen waren, erhielt man die reine Menge „Leim" („gelatin"). Der Fleischrückstand vom Heisswasserauszug wurde mit Alkohol und Aether ausgewaschen, dann getrocknet und gewogen; in dem gewogenen Rückstand wurde dann noch die Asche bestimmt und durch Abzug dieser von dem letzten Gewicht erhielt man das, was in der Tabelle als „unlösliches Protein" bezeichnet ist.

No.	Nähere Bezeichnung	**Wasser** %	**Extraktivstoffe,** Kaltwasserextrakt, nicht koagulirbar %	**Albumin,** vom Kaltwasserextrakt koagulirbar %	**Leim,** Heisswasserextrakt %	**Unlösliches Protein** %	**Fett** (Aetherextrakt) %	**Asche** %	In der Trocken-Substanz: **Extraktivstoffe,** Kaltwasserextrakt, nicht koagulirbar %	**Albumin,** vom Kaltwasserextrakt koagulirbar %	**Leim,** Heisswasserextrakt %	**Unlösliches Protein** %	**Fett** (Aetherextrakt) %
13	Oncorhynchus chonicha, Californ. Salm	62,68	1,81	1,57	1,77	11,95	19,25	1,11	4,85	4,21	4,74	32,02	51,59
14	Alosa sapidissima, Alse Shad	70,25	1,92*)	1,92	1,93*)	12,74	10,08	1,34	6,68*)	6,57	6,31*)	43,60	34,50
15	Diplodus probatocephalus, Sheepshead	72,01	1,44*)	1,99	3,36*)	—	6,72	1,10	5,11*)	7,11	11,98*)	—	24,02
16	Osmerus mordax, Smelt	80,16	3,22	0,60	4,97	7,44	1,94	2,00	16,23	3,02	25,07	37,50	9,76
17	Salvelinus fontinalis, Saibling, Brook trout	77,54	2,57	1,80	2,22	12,52	2,61	1,42	11,44	8,01	9,88	55,74	11,61
18	Hippoglossus groenlandicus, Turbot	71,39	2,01*)	0,12	3,69*)	8,05*)	14,41	1,28	7,04*)	0,42	12,89*)	28,14*)	50,36
	Gelaichte Fische:												
19	Salmo salar, Salm, Salmon, männlich	75,27	2,27*)	1,16	2,89*)	13,13*)	4,37	1,12	9,18*)	4,69	9,66*)	53,09*)	17,66
	desgl., weiblich	78,20	1,37*)	1,00	3,03*)	—	2,83	1,17	6,27*)	4,57	13,92*)	—	12,98
	No. 19, Mittel	**76,74**	**1,77**	**1,08**	**2,71**	—	**3,60**	**1,15**	**7,73***)	**4,64**	**11,79**	—	**15,32**
20	Salmo salar, subsp. sabago, männlich	77,88	2,03	0,65	1,97*)	—	4,01	1,27	9,18	2,94	8,88*)	—	18,12
	desgl., weiblich	79,20	2,20	1,07	2,20*)	—	1,95	1,20	10,56	5,14	10,58*)	—	9,36
	No. 20, Mittel	**78,54**	**2,11**	**0,86**	**2,09***)	—	**2,98**	**1,24**	**9,87**	**4,04**	**9,37***)	—	**13,74**
	Praeservirte Fische:												
21	Scomber scombrus, Makreele, gesalzen	42,19	3,57*)	0,29	1,68*)	15,49*)	22,59	13,16	6,17*)	0,50	2,91*)	26,81*)	39,08
22	Gadus morrhua, Kabliau, Cod, gesalzen (Laberdan)	53,62	1,51*)	0,50	4,79*)	15,15*)	0,25	24,96	3,26*)	1,07	10,38*)	33,67*)	0,53
	desgl.	53,54	1,16*)	0,96	3,38*)	17,17*)	0,44	24,35	2,50*)	2,07	7,28*)	36,92*)	0,54
	No. 22, Mittel	**54,58**	**1,34**	**0,73**	**4,08**	**16,16**	**0,35**	**24,65**	**2,88**	**1,57**	**8,83**	**34,80**	**0,73**
	desgl. grätenlos	54,35	3,20	0,84	3,02	14,98	0,32	23,15	7,01	1,84	6,62	32,81	0,71
23	Hippoglossus vulgaris, Heilbutte, Hallibut, geräuchert	57,06	2,74	0,74	1,58*)	13,01	15,61	15,18	5,60	1,51	3,25*)	26,57	31,90
24	Clupea harengus, Häring, geräuchert	34,55	8,53*)	0,32	5,13*)	21,69	15,82	13,19	13,04*)	0,48	7,84*)	33,14	24,18
25	Oncorhynchus chonicha, Calif. Salm, eingemacht	65,86	4,85	—	1,80	14,49	11,06	1,79	14,21	—	5,27	42,44	32,40

*) Siehe Anmerkung *) auf Seite 60.

In ähnlicher Weise*) wie Atwater bestimmte auch A. Almèn in den von ihm untersuchten Fischen**) den Gehalt an Albumin, Extraktivstoffen, Leimbildnern und Fleischfaser mit folgendem Ergebniss:

	Albumin %	Extraktivstoffe %	Leimbildner %	Fleischfaser %	Chlor %
No. 1. Lachs oder Salm	3,39	2,15	1,50	11,72	0,043
„ 5. Flussaal	1,46	1,78	2,04	7,87	0,013
„ 10. Strömling	2,64	2,30	2,53	11,35	0,079
„ 13. Makreele	2,74	1,87	1,01	14,53	0,173
„ 25. Hecht	2,52	1,85	2,82	7,62	0,186
„ 29. Dorsch	1,78	1,58	2,69	10,66	0,097
„ 33. Barsch (Fluss-)	3,61	1,76	3,74	9,00	0,061
„ 38. Scholle	1,72	2,15	3,17	12,99	0,140
„ 82. Häring (eingemacht) . . .	1,71	5,52	1,93	9,12	—
„ 88. Lachs (geräuchert und desgl.)	2,73	3,02	1,41	15,22	—
„ 76. Laberdan	0,60	3,70	7,06	17,23	—
„ 84. Strömling	1,00	2,82	1,76	14,79	—
„ 81. Makreele	1,28	2,74	1,50	15,30	—
„ 68. Stockfisch	5,36	6,48	12,35	55,74	—
„ 69. Fleischmehl von Gadusarten .	3,38	9,14	10,47	52,17	—
„ 69. Leng	1,86	4,90	13,12	38,63	—

Gehalt des Fischfleisches an Phosphorsäure, Schwefelsäure und Chlor***)

nach W. O. Atwater.[1])

No.	Nähere Bezeichnung	In der Trocken-Substanz: Phosphorsäure P_2O_5 %	Schwefelsäure SO_3 %	Chlor %
1	Clupea vernalis, Alewise .	2,06	—	—
2	Micropterus pallidus, Black bass	2,04	4,14	—
3	Roccus lineatus, Striped bass	2,51	—	—
	desgl.	2,16	2,28	—
	No. 3, Mittel	**2,34**	—	—
4	Tautoga onitis, Blackfish	2,24	1,97	1,03
5	Pomatomus saltatrix, Bluefish	2,93	—	—
6	Gadus morrhua, Kabliau Cod	2,19	—	—
	desgl.	3,18	—	—
	No. 6, Mittel	**2,69**	—	—
7	Anguillula rostrata, Meeraal, Eel, salt water . .	1,70	—	—
8	Paralichtys dentatus, Flounder	1,86	2,23	—
		2,70	3,10	—
	No. 8, Mittel	**2,28**	**2,67**	—

[1]) American. chim. Journ. 1887, No. IX.

*) A. Almèn bezeichnet mit „Fleischfaser" den nach Ausziehen mit kaltem Wasser und dann 12-stündigem Auskochen mit Wasser verbleibenden unlöslichen Rückstand unter Abrechnung des Fettes und der unlöslichen Salze; unter „Albumin" ist die Substanz zu verstehen, welche in dem kalten wässerigen Auszug durch Kochen, auf Zusatz von einigen Tropfen Essigsäure ausfällt; „Leimbildner" sind diejenigen Stoffe, welche nach Ausziehen mit kaltem Wasser durch 12-stündiges Kochen in die wässerige Lösung übergehen; diese wurde verdampft und der Rückstand nach dem Trocknen als Leimbildner bezeichnet; das aus der wässerigen Lösung ausgeschiedene „Albumin" wurde filtrirt, getrocknet und als solches gewogen. Unter „Extraktivstoffe" ist der im Filtrat vom Albumin verbleibende trockne Rückstand nach Abzug der mitgelösten Salze zu verstehen (das Filtrat wird eingedampft, getrocknet, gewogen, dann eingeäschert und wieder gewogen.

**) Die angegebenen Nummern stimmen mit denen der Almèn'schen Untersuchungen in der Haupttabelle überein.

***) Zur Bestimmung der Phosphorsäure, der Schwefelsäure und des Chlors wurde eine bestimmte Menge der Trocken-Substanz des Fleisches mit gleichen Theilen Soda und Salpeter verascht; die Asche wurde zur Bestimmung der Phosphorsäure mit Salpetersäure aufgenommen und letztere nach der Molybdänmethode bestimmt; zur Bestimmung der Schwefelsäure wurde die Asche mit Salzsäure aufgenommen und mit Chlorbarium gefällt. Die Bestimmung des Chlors erfolgte nach der Methode von Vollhard.

No.	Nähere Bezeichnung	In der Trocken-Substanz		
		Phosphorsäure P_2O_5 %	Schwefelsäure SO_3 %	Chlor %
9	Gadus aeglefinus, Schellfisch, Haddock	2,43	—	—
	desgl.	2,54	2,26	—
	No. 9, Mittel	**2,49**	—	—
10	Hippoglossus vulgaris, Heilbutte, Hallibut	2,11	2,11	—
	desgl.	1,51	—	—
	No. 10, Mittel	**1,81**	—	—
11	Clupea harengus, Häring, Herring	1,77	1,77	—
12	Esox nobilior, Moscalonge	2,21	1,55	—
13	Scomber scombrus, Makreele, Mackerel	2,26	—	—
	desgl.	2,43	—	—
	desgl.	2,16	1,68	—
	desgl.	1,60	1,42	0,68
	No. 13, Mittel	**2,11**	**1,55**	—
14	Cybium maculatum, Spanish mackerel	1,88	1,81	—
15	Morone americana, White perch	1,46	2,54	—
	desgl.	2,13	2,80	—
	No. 15, Mittel	**1,79**	**2,67**	—
16	Stizostedium vitreum, Pike perch	2,24	4,43	—
17	Diplodus argyrops, Porgy	3,04	—	—
	desgl.	1,98	1,84	—
	No. 17, Mittel	**2,51**	—	—
18	Lutjanus blackfordii, Redsnapper	2,15	2,19	—
	desgl.	2,10	2,06	—
	No. 18, Mittel	**2,13**	**2,13**	—
19	Salmo salar, Salm, Salmon	1,79	—	—
20	Oncorhynchus chonicha, Californ. Salm	1,86	1,14	—
21	Salmo salar, gelaicht, männlich	1,89	1,58	0,74
	desgl. weiblich	2,20	1,45	0,85
	No. 21, Mittel	**2,05**	**1,52**	**0,80**
22	Salmo salar, subsp. sebago, Landlocked Salmon, gelaicht, männlich	2,31	1,77	0,95
	desgl. weiblich	2,43	1,98	0,93
	No. 22, Mittel	**2,37**	**1,88**	**0,94**
23	Alosa oder Clupea sapidissima, Alse, Shad	1,94	—	—
	desgl.	1,76	1,78	0,74
	No. 23, Mittel	**1,85**	—	—
24	Diplodus probatocephalus, Sheephead	1,62	1,71	—
25	Osmerus mordax, Smelt	4,10	2,79	—
26	Hippoglossus groenlandicus, Turbot	1,66	1,12	—
27	Salvelinus nomaycush, Lake trout	1,80	1,94	—
28	Salvelinus fontinalis, Saibling, Brook trout	2,72	2,13	—
29	Coregonus clupeiformis, Withe fish	2,35	1,36	—
	Präservirte Fische:			
30	Scomber scombrus, Mackreele, gesalzen	0,61	1,06	—
31	Gadus morrhua, Laberdan (gesalzen. Kabliau)	0,61	1,56	25,66
	desgl.	0,48	1,61	25,71
	No. 31, Mittel	**0,55**	**1,59**	**25,69**
32	Gadus morrhua, Laberdan grätenlos	0,79	1,48	24,51
33	Hippoglossus vulgaris, Heilbutte, Hallibut, geräuchert	0,95	0,89	17,69
34	Clupea harengus, Häring, geräuchert	1,28	1,89	11,01
35	Oncorhynchus conicha, Californischer Salm, eingemacht	1,77	1,27	—

Gehalt von frischen und konservirten Fischen an Extraktivstoffen, Leimbildnern und Eiweissstoffen

nach Kostytscheff.

Kostytscheff (Ueber die Zusammensetzung einiger Fischprodukte und ihre Bedeutung als Nahrungsmittel (russ.) Sseljskoje Chosajstwo u ljessowdstwo 1883, 144, 47; mitgetheilt von P. O. Smolenski, Hygienische Rundschau 1897, 7, 1105.) bestimmt in derselben Weise wie Almèn den Gehalt an Extraktivstoffen, Leimbildnern und Eiweissstoffen mit folgendem Ergebniss:

No.	Nähere Bezeichnung	Extraktivstoffe %	Leimbildner %	Eiweissstoffe %	No.	Nähere Bezeichnung	Extraktivstoffe %	Leimbildner %	Eiweissstoffe %
	Frische Fische.								
1	Renken (Coregonus Baeri)	2,93	3,70	11,69	8	Stint, (Osmerus eperlanus)	4,14	2,83	10,00
2	Zander	3,28	3,55	12,10	9	Lachs (Salmo salar L.) .	2,70	5,08	12,98
3	Dorsch (gewöhnlicher) .	3,45	4,24	10,11	10	Forelle (Salmo trutta) .	3,11	1,71	16,01
4	Karpfen (Carpinus carpio	3,92	2,84	10,79	11	Stör (Acipenser sturio) .	3,05	1,58	13,04
5	Hecht (Esox lucius L.) .	3,14	3,32	11,23	12	Sterlett (Acipenser ruthenus)	1,69	1,74	13,21
6	Karausche (Carassius vulgaris)	4,56	3,63	9,44	13	Quappe (Leber)	2,55	1,01	5,36
7	Navaga (Gadus navaga) .	4,99	2,46	9,03	14	Clupea lasulus	2,54	1,29	13,46
	Konservirte Fische.								
1	Stockfisch, getrocknet und gesalzen	5,21	13,23	50,44	8	Astrachanscher Häring, geräuchert	3,78	4,87	13,41
2	„Wobla“ (Leuciscus rutilis var. caspica), getrocknet	9,44	8,23	30,18	9	Lachs (Salmo salar) . .	3,96	5,08	13,64
3	„Stint“ (Osmerus eperlanus var. spirinchus), ganzer Fisch	3,56	2,27	20,55	10	Hausen (Acipenser huso), gesalzen	1,83	2,05	14,82
4	Balyk aus Coregonus leucichthys	3,99	4,59	14,91	11	Neunaugen (Petromyzon fluviatilis), marinirt, der ganze Fisch, ohne Kopf und Schwanz	2,70	4,05	27,57
5	Balyk aus Stör, sehr trocken	8,34	2,63	31,08	12	Sichling (Pelectus vulgaris), marinirt und geräuchert	5,42	6,14	18,48
6	Butte (Hippoglossus maximus), gesalzen . . .	5,57	1,09	16,83	13	Alburnus clupeoides . .	6,37	3,47	18,99
7	Sprotten (Clupea meletta), geräuchert, der ganze Fisch mit Gräten . .	3,73	3,06	3,79	14	Wjasiga	5,21	40,04	0,18
					15	Renkenkaviar	2,16	1,19	14,37
					16	Frischer Störkaviar . .	1,62	0,78	25,47

Abfälle von Fischen.

No.	Nähere Bezeichnung	Zeit der Untersuchung	In der natürlichen Substanz: Wasser %	Stick-stoff-Substanz %	Fett %	Stickstoff-freie Extraktstoffe %	Asche %	Chlor-natrium %	In der Trocken-Substanz: Stick-stoff-Substanz %	Fett %	Stickstoff in der Trocken-Substanz %	Analytiker
1	**Kaviar**	—	37,50	28,04	16,26	(7,82)	9,28	—	44,86	26,02	7,18	*A. Payen*[1])
	desgl.	1876	45,04	31,90	14,14	—	8,91	6,38	58,04	25,73	9,29	*J. König und Brimmer*[2])
	desgl. frischer, körniger	1880	53,84	25,18	13,12	—	7,86	—	69,11	28,42	8,73	*A. Lidow*[3])
	desgl. Paionsnaja*) . .	„	30,89	40,33	18,90	—	9,88	—	58,36	27,35	9,36	*A. Lidow*[3])
	desgl. Russischer . . .	1882	52,16	28,50**)	15,45	—	4,53°)	—	59,53	32,99	9,52	*A. Stutzer*[4])
	desgl. vom Stör, frisch .	1883	56,97	27,87°°)	12,85	—	2,31	0,35	64,77	29,86	9,36	*Kostytscheff*[5])
	Renkenkaviar von Coregonus species, gesalzen	„	66,05	17,73°°)	8,97	—	7,25	6,16	52,22	26,42	8,36	*Kostytscheff*[5])
	Alaska-Kaviar . . .	1890-92	50,32	24,75	13,37	—	9,57	7,61	49,64	26,82	7,94	*L. Janke*[6])
	Astrachan-Kaviar . .	„	44,29	26,68	17,80	—	8,47	6,61	47,89	31,95	7,66	*L. Janke*[6])
	Holländischer Kaviar .	„	47,97	24,87	14,60	—	11,29	9,17	47,80	28,06	7,65	*L. Janke*[6])
	Ural-Kaviar	„	48,44	24,62	12,82	—	13,11	11,03	47,75	24,86	7,64	*L. Janke*[6])
	Gepresster Kaviar, Saljaner	1890	39,15	37,10	15,22	—	6,72	4,84	60,97	25,01	9,76	*Jegoroff*[7])
	Gepresster Kaviar, Astrachaner	„	43,04	36,60	12,44	—	6,21	5,22	64,26	21,84	10,28	*Jegoroff*[7])
	Körniger Kaviar . . .	„	46,41	33,25	14,99	—	4,79	4,40	62,05	27,97	9,93	*W. W. Popoff*[8])
	Kaviar aus frischer Wobla	1882	72,17	19,78	6,85	—	0,91	—	71,03	24,05	11,36	*W. W. Popoff*[8])
	Kaviar aus geräucherter Taranj	„	33,17	42,80	16,30	—	7,58	—	42,80	24,39	10,25	*W. W. Popoff*[8])
	Kaviar Mittel	—	**47,96**	**29,34**	**13,98**	—	**7,42**	**6,18**	**56,38**	**26,86**	**9,02**	
2	**Rogen**	1883	73,19	21,34	3,89	—	1,58	—	79,59	14,74	12,74	*W. O. Atwater*[9])
3	**Fischrogenkäse**°°°) . .	1865	19,38	34,81	28,87	(6,33)	10,61	—	43,18	35,81	6,91	*v. Kletzinski*[10])
4	**Leber** vom Hecht . .	In den 50-ger Jahren	79,34	6,66	4,75	7,61	1,64	—	32,34	23,04	5,16	*v. Bibra*[11])
	desgl. von der Forelle .	„	78,64	16,05	3,00	0,42	1,89	—	75,14	14,06	12,03	*v. Bibra*[11])
	desgl. vom Karpfen . .	„	68,06	14,37	2,93	13,49	1,15	—	44,99	9,17	7,20	*v. Bibra*[11])

[1]) Compt. rend. **39**, 318.
[2]) Chem. u. techn. Untersuchungen der Versuchsstation Münster, 1878, S. 106.
[3]) Chem.-Ztg. 1880, **4**, 818.
[4]) Repertorium f. analyt. Chemie 1882, S. 161.
[5]) Vergl. Anmerkung 4 zu No. 1, S. 43.
[6]) Zeitschr. Nahrungsmittel-Untersuchung, Hyg. Waarenk. 1894, **7**, 40.
[7]) Jegoroff, Die chem. Zusammensetzung u. Ausnutzung des Astrachanschen u. Saljanschen gepressten Kaviars. Dissertation (russ.) St. Petersburg 1890. Mitgetheilt von P. O. Smolenski. Hygienische Rundschau 1897, **7**, 1105.
[8]) Mitgetheilt von P. O. Smolenski. Vergl. Anmerkung 2, S. 48.
[9]) Berichte der deutschen chem. Gesellsch. in Berlin 1883, **16**, 1839.
[10]) Mittheilungen auf dem Gebiet der reinen und angewandten Chemie Wien 1865, S. 33.
[11]) Moleschott, Physiologie der Nahrungsmittel 1859, S. 80.

*) Unter „Paionsnaja" versteht man stark gesalzenen und ausgepressten Kaviar.
**) Von der Stickstoff-Substanz waren 25,81 % leicht verdauliches Eiweiss; von dem Gesammt-Stickstoff waren 4,34 % in Form von Protein-Stickstoff und 0,21 % als Nuclein-Stickstoff vorhanden.

°) Mit 1,129 % Phosphorsäure.
°°) Kostytscheff bestimmte auch den Gehalt an Extraktivstoffen, Leimbildnern und Eiweissstoffen. Vergl. oben S. 64.
°°°) Derselbe wird von Fischern der Dardanellen durch Lufttrocknung und Pressung aus dem Rogen einiger Fische hergestellt.

5. Fett von Fischen, Leberthran.

No.	Nähere Bezeichnung	Olein	Margarin	Schwefel	Phosphor	Jod	Brom	Chlor	Schwefelsäure	Phosphorsäure	Analytiker
		%	%	%	%	%	%	%	%	%	
1	Heller Leberthran . . .	98,87	0,81	0,320	0,020	0,033	0,004	0,112	—	—	*Unbekannt* [1])
2	„ „ . . .	98,87	0.81	0,020	0,020	0,033	0,004	0,112	0,044		
3	Weissgelb. „ . . .	98,87	0,81	0,019	0,020	0,032	0,004	0,112	0,089		
4	Brauner „ . . .	98,80	0,93	0,016	0,019	0,031	0,003	0,102	0,092		
5	Schwarzer „ . . .	98,89	0,83	0,014	0,008	0,020	0,002	0,101	0,084		
6	Vom Kabliau	98,87	0,81	0,020	0,020	0,033	0,004	0,112	—		*Delattré* [1])
7	Vom Rochen	98.69	1,11	0,016	0,029	0,018	0,004	0,113	—		
8	Vom Haifisch	98,72	1,10	0,016	0,021	0,034	0,003	0,102	—		
9	Hellblanker	—	—	0,020	0,021	0,033	0,005	0,112	0,064	0,071	*Bügel* [2])
10	Braunblanker	—	—	0,018	0,014	0,041	0,005	0,113	0,069	0,075	
11	Brauner vom Kabliau .	—	—	0,016	0,009	0,035	0,004	0,102	0,048	0,063	
12	Vom Rochen	—	—	0,017	0,018	0,039	0,004	0,113	0,062	0,072	
13	desgl.	—	—	0,018	0,019	0,039	0.004	0,112	0,061	0,073	
	Mittel	**98,81**	**0,89**	**0,041**	**0,018**	**0,030**	**0,004**	**0,102**	**0,061**	**0,071**	

6. Elementarzusammensetzung des Leberthrans.

Bestandtheile	Döglingsthran *) 1	Döglingsthran *) 2	Döglingsthran *) 3	Ceporkakthran 1	Ceporkakthran 2	Tunoliktthran	Mittel	Analytiker
	%	%	%	%	%	%	%	
Kohlenstoff	79,89	79,65	80,01	77,03	77,07	75,91	78,26	*E. A. Scharling* [3])
Wasserstoff	13,89	13,18	13,21	12,63	11,46	12,22	12,78	
Sauerstoff	6,13	7,17	6,78	10,34	11,47	11,87	8,96	

[1]) Dictionaire des altérations et falsifications des substances alimentaires par Chevallier et Baudrimont. Par 1878, S. 564 u. 565.

[2]) Archiv f. Pharm. (2) **70**, 18.

[3]) Journ. f. prakt. Chemie **43**, 257.

*) In dem Döglingsthran konnte kein Glycerin nachgewiesen werden.

Fleisch von Muschel- und Krustenthieren etc.

No.	Nähere Bezeichnung	Zeit der Untersuchung	In der natürlichen Substanz: Wasser %	Stickstoff-Substanz %	Fett %	Stickstoff-freie Extraktstoffe %	Asche %	In der Trocken-Substanz: Stickstoff-Substanz %	Fett %	Stickstoff in der Trocken-Substanz %	Analytiker
1	Austern (Ostrea edulis L.):										
	Fleisch	?	80,38	13,31	1,51	4,80		67,83	7,70	10,85	A. Payen[1])
	Flüssiger Inhalt	?	95,75	0,54	—	3,72		12,71	—	2,03	A. Payen[1])
	Gesammt-Inhalt	1878	89,69	4,95	0,37	2,62	2,37	48,01	3,59	7,68	König und Krauch[2])
	Von Ostende. Fleisch*)	1882	82,03	8,25**)	1,77	6,16	1,79***)	45,91	9,84	7,34	A. Stutzer[3])
2	Miesmuschel (Mytilus edulis L.), gekochte Substanz	?	75,74	15,62	2,42	6,22		64,39	9,98	10,30	A. Payen[1])
3	Strandmuschel (Mactra solida L.)°)	?	70,76	15,56	1,90	11,78		53,22	6,50	8,52	A. Payen[1])
4	Schnirkelschnecke (Helix L.), gekochte fleischige Substanz	?	76,17	15,62	0,95	7,26		65,55	3,99	14,88	A. Payen[1])
5	Hummer (Homarus vulgaris Edw.):										
	Rohes Fleisch	—	76,61	18,31	1,17	3,91		78,28	5,00	12,52	A. Payen[1])
	Innere, weiche Masse	—	84,31	11,69	1,44	2,56		74,51	9,18	11,92	A. Payen[1])
	Hummereier	—	62,98	21,06	8,23	7,73		56,89	22,23	9,10	A. Payen[1])
	Schwanzmuskel°°)	1889	79,27	—	0,58	—	1,67	—	2,80	—	R. Hemala[4])
	desgl. zweites Exemplar	„	75,34	—	0,69	—	1,76	—	2,80	—	R. Hemala[4])
	Scheerenmuskel	„	82,55	—	0,62	—	1,55	—	3,55	—	R. Hemala[4])
	desgl. zweites Exemplar	„	77,98	—	0,58	—	1,66	—	2,63	—	R. Hemala[4])
	Gallertgewebe	„	92,45	—	0,59	—	2,71	—	7,81	—	R. Hemala[4])
	desgl. zweites Exemplar	„	80,33	—	0,35	—	1,74	—	1,80	—	R. Hemala[4])
	Hummerfleisch, eingemacht in Salzwasser°°°)	1885	77,49	19,09	0,97	0,50	1,95	84,81	4,31	13,57	J. König[2])
6	Flusskrebs (Astacus fluviatilis F.), Fleisch in Kochsalz eingemacht	1878	72,74	13,63	0,36	0,21	13,06†)	50,00	1,32	8,00	König u. Krauch[2])
7	Froschschenkel, in Salzwasser eingemacht	1885	63,64	24,17	0,91	2,92	8,46	66,47	2,53	10,64	J. König[2])

[1]) Précis théorique et pratique des Substances alimentaires par Payen. Paris 1865, 488.
[2]) Original-Mittheilung.
[3]) Repertorium f. analyt. Chem. 1882, 161.
[4]) Chem. Centr.-Bl. 1889, I., 544, nach Centr.-Bl. f. Physiologie 1889, 705.

*) Der Inhalt von 12 Austern wog 86 g und enthielt 4,95 g verdauliches Eiweiss und 1,52 g Fett; Stutzer berechnet hiernach, dass in 14 Austern so viel verdauliches Eiweiss enthalten ist, wie in einem Hühnerei, und in 223 Austern so viel wie in einem Pfund magerem Rindfleisch.

**) Von der Stickstoff-Substanz waren 5,78 % leicht verdaulich; von dem Gesammt-Stickstoff 1,319 % waren 0,97 % Protein-Stickstoff und 0,044 % Nuclein-Stickstoff.

***) Mit 0,286 % Phosphorsäure.

°) Nach dem Aufwerfen im Meerwasser.
°°) Glykogen konnte R. Hemala in den Hummermuskeln nicht auffinden.
°°°) Das anhaftende Salzwasser wurde durch Fliesspapier thunlichst von dem Fleisch entfernt.

†) Darin 11,98 % Kochsalz.

Zusammensetzung des essbaren Theiles (Fleisch mit Flüssigkeit) amerikanischer Invertebraten

nach W. O. Atwater[1]).

No.	Nähere Bezeichnung	Zeit des Fanges	In der ganzen Probe: Gesammter essbarer Theil %	In der ganzen Probe: Gesammte wasserfreie, nährende Substanz %	Im essbaren Theil (Fleisch + Flüssigkeit): Wasser %	Trocken-Substanz %	Protein (Stickstoff × 6,25) %	Fett (Aether-extrakt) %	Roh-asche %	Extraktiv-stoffe %	Stick-stoff %
	I. Auster, Ostrea virginiana (in Muscheln):										
1	Buzzard's Bay, Massachusetts	Mai 1881	20,01	2,22	88,80	11,20	5,30	0,99	1,54	3,37	0,85
2	Providence River, Rhode Island	Mai 1881	17,00	2,59	84,79	15,21	7,12	1,65	2,23	4,21	1,14
3	Clinton, Connecticut . . .	Novbr. 1881	24,87	2,76	88,91	11,09	5,13	0,88	2,24	2,84	0,82
4	Stony Creak, Connecticut .	April 1881	18,90	1,89	90,11	9,89	4,64	0,64	2,73	1,95	0,74
5	desgl.	Mai 1881	19,15	1,75	90,89	9,11	4,19	0,60	2,59	1,73	0,67
6	desgl.	Novbr. 1881	18,23	2,76	84,83	15,17	6,94	1,39	2,44	4,40	1,11
7	desgl.	März 1882	20,50	2,62	87,19	12,81	6,31	1,02	2,34	3,14	1,01
	Mittel von No. 4—7	—	**19,20**	**2,26**	**88,24**	**11,76**	**5,52**	**0,91**	**2,52**	**2,80**	**0,88**
8	Fair Haven, Connecticut . .	April 1881	18,06	2,69	85,12	14,88	7,53	1,44	2,50	3,41	1,20
9	desgl.	Novbr. 1881	24,31	3,59	85,25	14,75	6,24	1,26	2,22	5,03	1,00
10	desgl.	März 1882	16,59	2,55	84,64	15,36	7,75	1,28	2,92	3,81	1,24
	Mittel von No. 8—10	—	**19,65**	**2,95**	**85,00**	**15,00**	**7,17**	**1,33**	**2,54**	**4,08**	**1,12**
11	Norwalk, Connecticut . . .	Decbr. 1881	17,85	1,78	90,04	9,90	4,50	0,65	2,23	2,52	0,72
12	desgl.	Febr. 1882	17,05	1,77	89,60	10,40	4,69	0,82	2,35	2,54	0,75
	Mittel von No. 11 u 12	—	**17,45**	**1,78**	**89,82**	**10,18**	**4,59**	**0,73**	**2,29**	**2,51**	**0,73**
13	Blye Point, New York . .	April 1884	18,62	3,41	81,70	18,30	8,22	1,72	1,92	6,46	1,31
14	desgl.	Novbr. 1881	16,17	1,95	88,30	11,70	5,81	0,82	2,17	2,90	0,93
15	desgl.	Febr. 1882	15,42	1,52	90,15	9,85	5,00	0,85	1,64	2,36	0,80
	Mittel von No. 13—15	—	**16,74**	**2,33**	**86,75**	**13,28**	**6,34**	**1,13**	**1,91**	**3,91**	**1,01**
16	Rockaway, New York . . .	April 1881	18,40	2,40	87,06	12,92	6,00	1,25	1,92	3,85	0,96
17	desgl.	Novbr. 1881	19,84	3,13	84,31	15,69	7,06	1,66	2,23	4,74	1,13
	Mittel von No. 16 u. 17	—	**19,12**	**2,75**	**85,65**	**14,35**	**6,53**	**1,46**	**2,07**	**4,29**	**1,01**
18	Long Island Sound, New York	April 1881	16,23	1,69	89,67	10,33	5,24	0,98	1,17	3,03	0,84
19	desgl.	Novbr. 1881	14,62	2,39	83,64	16,36	8,50	1,23	2,73	3,90	1,36
20	desgl.	Novbr. 1881	17,59	1,73	90,15	9,85	4,56	0,82	1,79	2,68	0,73
	Mittel von No. 18—20	—	**16,15**	**1,97**	**87,79**	**12,21**	**6,10**	**1,01**	**1,89**	**3,20**	**0,98**
21	Auster Bay, New York . .	Febr. 1882	17,27	2,70	84,34	15,66	7,19	1,48	2,26	4,73	1,15
22	East River, New York . .	April 1881	20,28	2,52	87,57	12,43	6,31	1,10	1,87	3,15	1,01
23	desgl.	Novbr. 1881	20,31	3,38	83,53	16,65	6,39	1,72	2,06	6,48	1.02
	Mittel von No. 22 u. 23	—	**20,30**	**2,87**	**85,46**	**14,54**	**6,35**	**1,41**	**1,97**	**4,82**	**1,02**

*) Contributions to the knowledge of the chem. Composition etc. Washington 1885, 486. — W. O. Atwater giebt ausser obigen Zahlen auch die Zusammensetzung des Fleisches und der Flüssigkeit getrennt an. Wir haben auf die Aufführung dieser Zahlen, zumal eine Trennung beider Theile in der Praxis vollständig wohl kaum durchführbar sein dürfte, verzichtet und verweisen betreffs dieser Zahlen auf das Original oder die 3. Auflage dieses Buches, S. 220—225.

No.	Nähere Bezeichnung	Zeit des Fanges	In der ganzen Probe: Gesammter essbarer Theil %	Gesammte wasserfreie, nährende Substanz %	Im essbaren Theil (Fleisch + Flüssigkeit): Wasser %	Trocken-Substanz %	Protein (Stickstoff × 6,25) %	Fett (Aether-extrakt) %	Roh-asche %	Extraktiv-stoffe %	Stick-stoff %
24	Shrewsbury, New York . .	April 1881	17,52	2,56	85,37	14,63	6,48	1,60	1,47	5,08	1,04
25	desgl.	Mai 1881	19,67	2,93	85,17	14,83	6,24	1,54	1,91	5,14	1,00
26	desgl.	Novbr. 1882	19,23	2,08	89,16	10,84	4,87	1,00	1,70	3,27	0,78
	Mittel von No. 24—26	—	**18,81**	**2,53**	**86,57**	**13,43**	**5,88**	**1,38**	**1,69**	**4,49**	**0,94**
27	Norfolk, Va	April 1881	11,18	0,95	91,45	8,55	4,50	0,61	1,71	1,73	0,72
28	Potomac River, Va . . .	Mai 1881	12,15	1,63	86,60	13,40	5,92	1,22	2,51	3,75	0,95
29	desgl.	Novbr. 1881	16,66	2,11	87,36	12,64	6,25	1,18	1,43	3,78	1,00
30	desgl.	Novbr. 1881	16,13	2,33	86,14	13,86	6,19	1,21	2,31	4,15	0,99
	Mittel von No. 28—30	—	**14,98**	**2,00**	**86,70**	**13,30**	**6,12**	**1,20**	**2,08**	**3,89**	**0,98**
31	Rappahannock River, Virginia	Mai 1881	15,17	1,53	89,77	10,23	4,88	0,99	1,52	2,73	0,78
32	James River, Va	Mai 1881	13,79	1,41	90,05	9,95	4,63	0,84	2,16	2,48	0,74
33	desgl.	Novbr. 1881	15,00	2,38	84,15	15,85	7,00	1,67	2,33	4,85	1,12
34	desgl.	Novbr. 1881	17,17	2,19	86 95	13,05	8,00	1,31	1,51	2,23	1,28
	Mittel von No. 32—34	—	**15,32**	**1,98**	**87,05**	**12,95**	**6,54**	**1,27**	**2,00**	**3,19**	**1,05**
	Auster, Gesammtmittel von No. 1—34	—	**17,70**	**2,32**	**87,30**	**12,70**	**5,95**	**1,15**	**2,03**	**3,55**	**0,95**
	II. Auster, „solids?“ (ausser Muschel):										
35	Fair Haven, Connecticut . .	Novbr. 1881	100,00	14,79	85,21	14,79	6,60	1,77	0,83	5,50	1,05
36	desgl.	März 1882	100,00	11,56	88,44	11,56	5,91	1,54	0,89	3,22	0,95
37	Virginia	Novbr. 1881	100,00	12,77	87,23	12,77	6,38	1,54	1,06	3,79	1,02
38	desgl.	März 1882	100,00	12,10	87,90	12,10	6,44	1,57	0,77	3,63	1,03
	Mittel von No. 35—38	—	**100,00**	**12,81**	**87,19**	**12,81**	**6,33**	**1,60**	**0,89**	**4,07**	**1,01**
	III. Auster, „cove“ (eingelegt):										
39	Chesapeake Bay	Mai 1881	100,00	13,99	86,01	13,99	7,89	2,04	1,42	2,51	1,26
40	desgl.	Novbr. 1881	100,00	14,96	85,14	14,96	7,25	2,19	1,27	4,25	1,16
41	desgl.	Novbr. 1881	100,00	15,40	84,60	15,40	7,00	1,96	1,26	5,18	1,12
	Mittel von No. 39—41	—	**100,00**	**14,78**	**85,25**	**14,78**	**7,38**	**2,06**	**1,32**	**3,98**	**1,18**
	IV. Kammmuschel, Pecten irradians:										
42	Shelter Island, New York .	März 1881	100,00	22,21	77,79	22,21	15,05	0,03	1,48	5,65	2,41
43	desgl.	April 1881	100,00	17,16	82,84	17,16	14,44	0,30	1,29	1,13	2,31
	Mittel von No. 42 u. 43	—	**100,00**	**19 68**	**80,32**	**19,68**	**14,75**	**0,17**	**1,38**	**3,38**	**2,36**
	V. Klaffmuschel, Mya arenaria L.:										
44	Boston, Massachusetts . .	Mai 1881	53,90	7,50	86,11	13,80	8,13	0,98	3,00	1,78	1,30
45	Clinton, Connecticut . . .	Novbr. 1881	57,92	8,05	86,11	13,89	8,69	1,01	2,63	1,56	1,39
46	desgl.	März 1881	56,30	8,45	85,00	15,00	7,60	1,18	2,79	3,43	1,22
47	Long Island, New York . .	April 1881	57,64	8,04	86,05	13.95	8,40	0.97	2,06	2,52	1,34
	Mittel von No. 44—47	—	**56,44**	**8,17**	**85,91**	**14,09**	**8,23**	**1,01**	**2,59**	**2,29**	**1,31**

No.	Nähere Bezeichnung	Zeit des Fanges	In der ganzen Probe: Gesammter essbarer Theil %	Gesammte wasserfreie, nährende Substanz %	Im essbaren Theil (Fleisch + Flüssigkeit): Wasser %	Trocken-Substanz %	Protein (Stickstoff × 6,25) %	Fett (Aether-extrakt) %	Roh-asche %	Extraktiv-stoffe %	Stick-stoff %
48	Penobscot Bay, Maine, eingelegt (canned)	Novbr. 1881	100,00	15,46	84,54	15,46	9,06	1,27	2,34	2,79	1,45
	VI. Geldmuschel, Venus mercenaria L.:										
49	Little Neck, New York (in Muschel)	April 1881	31,71	4,38	86,20	13,80	6,56	0,40	2,67	4,17	1,05
50	Islip, Long Island N. Y (eingelegt (canned)	Novbr. 1881	100,00	17,09	82,91	17,59	9,54	0,68	3,74	3,13	1,53
	VII. Miesmuschel, Mytilus edulis L.:										
51	Stony Creek, Connecticut (in Muschel)	Decbr. 1881	50,66	3,02	34,16	15,84	8,69	1,12	1,91	4,12	1,39
	VIII. Hummer, Homarus americanus:										
52	Maine, frisch	März 1881	52,52	8,24	84,30	15,70	11,63	1,82	1,63	0,62	1,86
53	desgl. „	April 1881	36,24	6,66	81,77	18,23	14,00	1,55	1,71	0,92	2,34
54	desgl. „	April 1882	—	—	79,17	20,83	17,24	1,45	1,62	0,52	2,76
55	desgl. „	Mai 1881	30,56	5,47	82,11	17,89	15,03	2,54	1,87	—	2,41
	Mittel von No. 52—55	—	**39,77**	**6,80**	**81,84**	**18,16**	**14,49**	**1,84**	**1,71**	—	**2,32**
56	Maine, eingelegt	Mai 1881	100,00	20,64	79,36	20,64	16,75	0,46	2,78	0,65	2,68
57	desgl.	Novbr. 1881	100,00	23,85	76,15	23,85	19,52	1,68	2,15	0,50	3,12
	Mittel von No. 56 u. 57	—	**100,00**	**22,25**	**77,75**	**22,25**	**18,13**	**1,07**	**2,47**	**0,58**	**2,90**
	IX. Krebs (Crayfish?) in Schalen:										
58	Potomac River, Virginia . .	April 1881	12,30	2,31	81,22	18,78	16,00	0,46	1,31	1,01	2,56
	X. Krabbe, Ballinectes hastatus:										
59	Newjersey (in Schalen) . .	Novbr. 1881	44,16	10,12	77,07	22,93	16,64	1,96	3,13	1,20	2,66
60	Hampton, Va, eingelegt . .	Novbr. 1881	100,00	19,02	80,98	10,02	15,62	0,79	1,78	0,38	2,50
61	desgl. „ . .	April 1882	100,00	21,05	78,95	21,05	15,98	2,30	2,10	0,67	2,56
	Mittel von No. 60—61	—	**100,00**	**20,04**	**79,97**	**20,03**	**15,80**	**1,54**	**1,94**	**0,75**	**2,53**
	XI. Graneele (Schrimp):										
62	Gulf of Mexiko, eingelegt .	Novbr. 1881	100,00	29,20	70,80	29,20	25,38	1,00	2,58	0,24	4,06
63	XII. Terrapin (in Muschel), Lavannah Ga.	April 1882	20,97	5,36	74,47	25,53	21,23	3,47	1,02	—	3,40
64	XIII. Riesenschildkröte, Chelonia Mydas L. (in Muschel), Key West, Fla.	Mai 1882	24,03	4,86	79,78	20,22	19,84	0,53	1,20	—	3,17

Julius Katz (Arch. ges. Physiol. 1896, 13, 1; Viertelj. Nahrungs- u. Genussm. 1896, 11, 161—162) bestimmte die Menge der **mineralischen Bestandtheile des Muskelfleisches** verschiedener Thiere und fand:

No.	Nähere Bezeichnung des Fleisches	Wasser %	Eisenoxyd (Fe_2O_3) %	Kalk (CaO) %	Magnesia (MgO) %	Kali (K_2O) %	Natron (Na_2O) %	Phosphorsäure im Ganzen %	im wässerigen Auszug %	im alkoholischen Auszug %	im Rückstande %	Chlor %	Schwefel %
1	Schweinefleisch . .	72,89	0,008	0,011	0,046	0,306	0,210	0,487	0,350	0,085	0,053	0,048	0,204
2	Rindfleisch . . .	75,80	0,035	0,003	0,040	0,441	0,088	0,389	0,279	0,065	0,046	0,057	0,187
3	Kalbfleisch . . .	75,39	0,013	0,020	0,050	0,458	0,116	0,503	0,334	0,097	0,072	0,067	0,226
4	Hirschfleisch . .	75,27	0,015	0,013	0,048	0,405	0,095	0,569	0,411	0,096	0,062	0,040	0,211
5	Kaninchenfleisch .	76,83	0,008	0,026	0,048	0,479	0,067	0,579	0,469	0,068	0,043	0,051	0,199
6	Hundefleisch . . .	76,42	0,006	0,010	0,039	0,392	0,127	0,512	0,347	0,110	0,055	0,081	0,227
7	Katzenfleisch . .	75,14	0,013	0,012	0,047	0,456	0,097	0,461	0,352	0,066	0,043	0,057	0,219
8	Hühnerfleisch . .	68,38	0,013	0,015	0,061	0,560	0,128	0,580	0,456	0,057	0,067	0,060	0,292
9	Froschfleisch . .	81,62	0,009	0,027	0,039	0,371	0,074	0,426	0,349	0,047	0,030	0,040	0,163
10	Schellfischfleisch .	80,64	0,008	0,031	0,044	0,403	0,133	0,313	0,263	0,029	0,021	0,241	0,223
11	Aalfleisch . . .	63,10	0,008	0,055	0,030	0,290	0,043	0,405	0,336	0,046	0,023	0,034	0,135
12	Hechtfleisch . . .	79,83	0,006	0,056	0,051	0,501	0,040	0,485	0,392	0,036	0,058	0,032	0,218

Fleischdauerwaaren.

Getrocknete, geräucherte, eingemachte und gesalzene Fleischwaaren.

No.	Nähere Bezeichnung	Zeit der Untersuchung	In der natürlichen Substanz: Wasser %	Stickstoff-Substanz %	Fett %	Stickstofffreie Extraktstoffe %	Asche %	In der Trockensubstanz: Stickstoff-Substanz %	Fett %	Stickstoff in der Trockensubstanz %	Analytiker
	I. Getrocknetes Fleisch:										
1	Getrocknetes Fleisch, sog. Patent-Fleischpulver oder sog. Carne pura (aus amerikanischem Fleisch)*)	1881	15,43	64,50*)	5,24	2,18	12,55*)	76,27	6,20	12,20	J. König [1])
2		1882	9,06	72,19	6,90	—	11,85	79,38	7,59	12,70	
3		„	9,10	70,12	6,07	0,16	14,55	77,14	6,68	12,35	
4		„	10,04	71,60	6,52	—	11,94	79,59	7,25	12,73	
5		1883	13,19	67,06	5,99	—	14,24	77,25	6,90	12,36	
6		„	14,28	66,18	6,47	0,20	12,87	77,20	7,55	12,35	
7		1884	8,39	73,94	7,14	2,35	8,18	80,71	7,79	12,91	
8		1882	8,52	72,23**)	5,07	—	14,18***)	78,95	5,54	12,63	A. Stutzer [2])

[1]) Original-Mittheilung.
[2]) Bericht über die erste allgem. deutsche Hygiene-Ausstellung 1885/83, 216.

*) Das in Stücken geschnittene Fleisch wird nach einem besonderen, patentirten Verfahren getrocknet, gepulvert und entweder im gepresstem Zustande oder in Pulverform in Büchsen in den Handel gebracht. Augenblicklich ist die Fabrikation eingestellt. Die Stickstoff-Substanz ist durch Multiplikation des gefundenen Stickstoffs mit 6,25 berechnet. Für die Asche etc. wurde gefunden:

	Asche	Phosphorsäure	Kali	Kalk	Magnesia	Chlor	oder Chlornatrium	In Wasser lösliche Stoffe	In Alkohol lösliche Stoffe
No. 1 . . .	12,55 %	1,48 %	1,95 %	0,08 %	0,16 %	5,37 %	8,85 %	20,46 %	19,18 %
„ 2 . . .	11,85 „	1,62 „	1,69 „	—	—	—	—	25,23 „	—
„ 3 . . .	14,55 „	1,43 „	1,67 „	—	—	—	—	24,28 „	—
„ 4 . . .	11,94 „	1,71 „	1,78 „	—	—	—	—	23,45 „	—

**) Davon 65,72 % Eiweissstoffe, 5,39 % lösliche Nichteiweissstoffe und 1,12 % unlösliche Stickstoff-Substanz.
***) Mit 1,57 % Phosphorsäure.

No.	Nähere Bezeichnung	Zeit der Untersuchung	In der natürlichen Substanz: Wasser %	Stickstoff-Substanz %	Fett %	Stickstofffreie Extraktstoffe %	Asche %	In der Trocken-Substanz: Stickstoff-Substanz %	Fett %	Stickstoff in der Trocken-Substanz %	Analytiker
9	Getrocknetes Fleisch, sog. Patent-Fleischpulver oder sog. Carne pura (aus deutschem Fleisch)	1881	10,54	71,05	4,34	—	14,08	79,42	4,85	12,71	*J. König*[1])
10		„	11,33	66,12	4,65	—	18,07	74,57	5,24	11,93	
	Carne pura, getrocknetes Fleischpulver, Mittel	—	**10,99**	**69,50**	**5,84**	**0,42**	**13,25**	**78,04**	**6,46**	**12,49**	
11	„Carne secca“, zur Bereitung von Suppen	1894	22,51	41,44	23,09	—	9,65	53,48	29,67	8,56	*Versuchsstation Münster*[1])
12	Russisches Armee-Fleischpulver*)	?	12,75	57,18	19,98	1,93	8,16	65,54	22,90	10,49	*G. Heppe*[2])
13	Hassal's Fleischpulver**) .	1864	12,70	57,00	11,00	15,50	3,80	65,29	12,60	10,45	*J. Parkes*[2])
14	Charque***), fette . . .	1880	40,2	48,4	3,1	—	8,3***)	80,94	5,17	12,94	*Fr. Hofmann*[3])
	desgl., magere	„	36,1	46,0	2,7	—	15,2	71,99	4,22	11,52	
15	Fleischpulver aus Paris (mit Stärkezusatz	1893	5,69	61,96	3,89	21,46	4,23	65,70	41,25	10,51	*Versuchsstation Münster*[1])
	II. Geräucherte und gesalzene Fleischwaaren:										
1	Rauchfleisch vom Ochsen .	1878	47,68	27,10	15,35	—	10,59	51,80	29,34	8,29	*J. König und C. Krauch*[4])
	desgl. vom Pferde . . .	„	49,15	31,84	6,49	—	12,53	62,61	12,76	10,02	
2	Zunge vom Ochsen . . .	1876	35,74	24,31	31,61	—	8,51	37,83	49,19	6,05	*J. König und C. Brimmer*[5])
3	Schinken, westfälischer . .	1876	27,98	23,97	36,48	1,50	10,07	33,28	50,65	5,32	
	desgl. „ . . .	1882	28,25	25,50°)	36,41	—	11,02	35,54	50,75	5,69	*A. Stutzer*[6])
	Schinken, westfäl., Mittel	—	**28,11**	**24,74**	**36,45**	**0,16**	**10,54**	**34,41**	**50,69**	**5,50**	
	Schinken, gesalzen . . .	1874	62,58	22,32°°)	8,68	—	6,42	59,65	23,20	9,54	*Cn. Méne*[7])
	desgl., gesalz. u. geräuchert	„	59,73	25,08°°)	8,11	—	7,08	62,28	20,14	9,96	
	desgl., geräuchert°°°) (amerikanischer)	„	41,50	24,00	30,60	—	3,90	41,02	52,31	6,56	*W. O. Atwater*[8])
4	Speck (amerikan.), gesalzen	?	44,01	20,00†)	7,01	(6,16)?	22,82††)	35,72	12,52	5,72	*Girardin*[9])
	desgl., gesalzen	1874	9,15	9,72°°)	75,75	—	5,38	10,70	83,38	1,71	*Cn. Méne*[7])

[1]) Original-Mittheilung.
[2]) C. A. Meinert, Armee- und Volksernährung. 1880, **1**, 470.
[3]) Fr. Hofmann, Bedeutung der Fleischnahrung. Leipzig 1880, 162.
[4]) Chem. u. techn. Untersuchungen d. Versuchsstation Münster. 1878, 106.
[5]) Zeitschr. f. Biologie 1876, **12**, 497.
[6]) Repertorium f. analyt. Chemie 1882, 168.
[7]) Compt. rend. 1874, **79**, 396 u. 529.
[8]) Contributions to the knowledge of the chem. Compos. etc. of the americ. Food-Fishes. Washington 1883, 491.
[9]) Compt. rend. **41**, 746.

*) Dasselbe ist nach Meinert wahrscheinlich erst gekocht, dann getrocknet und pulverisirt.
**) Durch Zusatz von 8 % Arrowroot, 8,5 % Zucker und 3 % Gewürz (Salz und Pfeffer) hergestellt.
***) Die dünnen Fleischschnitte werden erst in Fässern eingesalzen und dann an der Luft getrocknet; die fette Charque enthielt 6,3, die magere 14,1 % Kochsalz. Für die Analyse wurde das Fleisch von dem äusserlich anhaftenden Fett befreit.

°) Von dem Gesammt-Stickstoff (4,08 %) waren 3,24 % als Protein-Stickstoff und 0,065 % als Nuclein-Stickstoff vorhanden; die Menge des verdaulichen Eiweisses ist zu 18,92 % angegeben.
°°) Aus der Differenz berechnet.
°°°) Der Schinken enthielt 12,40 % Abfälle und 87,6 % essbare Theile. Die Analyse bezieht sich auf den essbaren Theil.

†) Aus dem Stickstoff-Gehalt (3,20 %) durch Multiplikation mit 6,25 berechnet, wie bei den anderen Analysen.
††) Darin 11,61 % Chlornatrium.

No.	Nähere Bezeichnung	Zeit der Untersuchung	In der natürlichen Substanz: Wasser %	Stickstoff-Substanz %	Fett %	Stickstofffreie Extraktstoffe %	Asche %	In der Trocken-Substanz: Stickstoff-Substanz %	Fett %	Stickstoff in der Trocken-Substanz %	Analytiker
	Speck, gesalzen	1874	10,70	2,60	77,80	—	6,60	2,91	87,12	0,47	*Kr.-San.-Ordg.*[1])
	desgl., amerikanischer	1891	9,00	9,00	71,50	—	10,5	9,89	78,57	1,58	*Lutz*[2])
	desgl., holländischer	„	12,00	14,50	63,50	—	10,0	16,48	72,16	2,54	*Lutz*[2])
5	Gänsebrust, pommersche	1878	41,35	21,45	31,49	1,15	4,56	36,57	53,69	5,85	*J. König und C. Krauch*[3])

III. In Büchsen eingelegtes Fleisch:

No.	Nähere Bezeichnung	Zeit der Untersuchung	Wasser %	Stickstoff-Substanz %	Fett %	Stickstofffreie Extraktstoffe %	Asche %	Trocken: Stickstoff-Substanz %	Fett %	Stickstoff in der Trocken-Substanz %	Analytiker
	a) Ueberseelsches Büchsenfleisch:										
1	Amerikanisches Fleisch, gegesalzen	—	49,11	28,87	0,18	0,77	21,07*)	56,73	0,35	9,08	*Girardin*[4])
	(Gewicht einer Büchse)										
2**)	Export-Gesellschaft Wilson . . 745 g	1880	57,3	28,9	10,2	—	3,6 **)	67,68	23,75	10,83	*A. Mayer*[5])
3**)	Export-Gesellschaft Canning & Co. . . 822 „	„	49,2	25,7	21,6	—	3,5	50,59	42,52	8,09	*A. Mayer*[5])
4**)	Export-Gesellschaft Brougham . 780 „	„	48,9	27,7	19,0	—	4,4	54,21	37,18	8,67	*A. Mayer*[5])
5	Aus Australien	1878	54,03	29,31	12,11	—	4,55	63,76	26,34	10,20	*J. König und C. Krauch*[3])
6	Pressed Corned Beef aus Chicago (1 Büchse = 770 g)	1879	56,9	33,8	6,4	—	2,9	78,42	14,85	12,55	*Ulex*[6])
7	2 Pfd.-Büchsen, 1020 g	„	57,7	31,5	7,3	—	3,5	74,47	17,62	11,91	*Fr. Hofmann*[7])
8	4 Pfd.-Büchsen, 1844 g	„	58,8	25,9	11,8	—	3,5	62,86	28,64	10,05	*Fr. Hofmann*[7])
9	Texas-Beef (gekocht. Ochsenfleisch ohne Knochen; 1 Pfd.-Büchse = 452 g	—	63,6	29,6	3,9	—	2,9	81,32	10,71	12,98	*C. Voit*[6])
10	Corned-Beef***)	1883	58,10	21,40	17,90	—	3,10	51,07	42,72	8,17	*W. O. Atwater*[8])
11 °)	Sidney Meat Preserving Co., Hammel	1890	54,70	27,50	15,03	—	1,53	60,71	33,18	9,71	*C. J. H. Warden und C. L. Bose*[9])
12 °)	New Zealand Packing Co. Ochse	„	57,35	29,06	10,34	—	0,67	68,14	24,24	10,90	*C. J. H. Warden und C. L. Bose*[9])
13 °)	New Zealand Packing Co. Hammel	„	55,00	26,28	14,00	—	0,19	58,40	31,11	9,34	*C. J. H. Warden und C. L. Bose*[9])
14 °)	Fairbank Canning Co., Ochse	„	56,04	24,56	15,83	—	1,78	55,87	36,01	8,94	*C. J. H. Warden und C. L. Bose*[9])

[1]) C. A. Meinert, Armee- und Volksernährung. Berlin 1880, I, 184.
[2]) Viertelj. Nahrungs.- u. Genussm. 1891, 6, 295, nach Arch. anim. Nahrungsm. 1891, 6, 87.
[3]) Original-Mittheilung.
[4]) Compt. rendus. 1874, 41, 746.
[5]) Fühling's landw. Ztg. 1880, 31.
[6]) C. A. Meinert, Armee- und Volksernährung. Berlin 1880, 189.
[7]) Fr. Hofmann, Bedeutung von Fleischnahrung und Fleischkonserven. Leipzig 1880, 99.
[8]) Contributions to the knowledge of the chem. Compos. etc. of the americ. Food-Fishes. Washington 1885, 491.
[9]) Viertelj. Nahrungs- u. Genussm. 1890, 5, 257, nach Chem. News 1890, 61, 291.

*) Darin 11,52 % Chlornatrium.
**) In der Asche bezw. auf den oberen Theilen des Fleisches lies sich Löthmetall für die Büchse nachweisen bei: Wilson 0,099 g, Canning & Co. 0,026 g Brougham 0,027 g
***) In dieser Probe waren 6,2 % Abfälle (Sehnen etc.) und 93,8 % essbare Theile. Die Analyse bezieht sich auf den essbaren Theil.
°) Warden u. Bose fanden ferner in dem Fleische, das in Zinnbüchsen konservirt war:

	Wasserextrakt im Ganzen	Eiweiss in Wasserextrakt	Wasserl. Asche	Kali	Natron	Phosphorsäure	Chlor
No. 11	7,25	5,66	0,23	0,36	0,42	0,35	0,54
„ 12	6,95	6,25	0,33	0,22	0,12	0,36	0,15
„ 13	5,35	—	0,43	0,14	0,07	0,39	0,11
„ 14	7,16	5,49	0,17	0,26	0,81	0,31	1,11
„ 15	10,41	6,17	0,19	0,43	0,96	0,32	2,65
„ 16	7,95	6,31	0,24	0,23	0,61	0,40	1,00
„ 17	9,46	6,88	0,36	0,24	0,46	0,33	0,85

No.	Nähere Bezeichnung	Zeit der Untersuchung	In der natürlichen Substanz: Wasser %	Stickstoff-Substanz %	Fett %	Stickstoff-freie Extraktstoffe %	Asche %	Phosphorsäure %	In der Trocken-Substanz: Stickstoff-Substanz %	Fett %	Stickstoff in der Trocken-Substanz %	Analytiker
15*)	Armour Packing Co., Ochse	1890	50,65	24,94	18,66	—	4,18	—	50,54	37,61	8,09	C. J. H. Warden und C. L. Bose [1])
16*)	Central Queensland Export Co. Ochse	„	49,05	26,25	22,08	—	1,47	—	51,54	43,33	8,25	
17*)	Central Queensland Export Co. Hammel	„	52,60	28,19	14,39	—	1,24	—	59,47	30,36	9,52	
	Corned Beef aus Russland:											
18	3 Monate alt	1887	67,54	16,65	2,72	—	12,84	—	51,29	8,38	8,21	Smetzki [2])
19	12 „ „ roh	„	58,56	16,61	—	—	18,69	—	40,82	—	6,53	
20	desgl. gekocht	„	46,92	37,20	—	—	6,31	—	70,08	—	11,21	
21	14 Monate alt	„	54,53	21,45	5,07	—	18,47	—	47,17	11,15	7,55	
22	2 Jahre alt I	„	55,18	20,21	6,02	—	18,00	—	45,09	13,43	7,21	
23	desgl. II	„	54,68	18,76	4,06	—	17,46	—	41,39	8,95	6,62	
24	Corned Beef aus Amerika	„	49,11	25,52	0,18	—	21,07	—	50,15	0,35	8,02	
25	Corned Beef aus Cronstadt	„	53,50	18,27	10,47	—	17,75	—	39,29	22,52	6,29	
	Corned Beef, Mittel von No. 18—25	—	**55,00**	**21,68**	**4,86**	—	**16,32**	—	**48,18**	**10,80**	**7,71**	
	b) Inländisches Büchsenfleisch:											
1	Nach dem System Gierling: Bestes deutsches Rindfleisch in Fleischbrühe (Gewicht einer Büchse) 410 g**)	1883	60,63	26,38	8,61	2,37	2,61	—	66,00	21,54	10,59	J. König und C. Söllscher [3])
2	Nach dem System Gierling: Deutscher Rindsbraten 515 g**)	„	52,52	34,56	4,09	3,69	5,1	—	72,79	8,61	11,67	
3	Nach dem System Gierling: Deutscher Rinds-Goulasch . 655 g**)	„	71,90	19,63	3,92	2,03	2,52	—	69,86	13,95	11,17	
4	Von L. Léjeune in Berlin: Rindfleisch in Büchsen 283 g	—	64,76	19,41	13,07	—	2,76	—	55,24	37,19	8,84	
5	Von L. Léjeune in Berlin: Zunge . . 245 g	—	64,86	15,35	15,14	2,01	2,64	—	43,68	43,08	6,99	
6	Hamburger Corned Beef	1887	53,99	21,56	5,37	—	18,84	—	—	—	—	Smetzki [2])
7	Fleischdauerwaaren v. Dr. Naumann in Dresden-Plauen: Gedünstetes Rindfleisch (1894er)	1895	63,80	14,00	17,91	2,44	1,85	0,36	38,67	49,48	6,19	Rudolf Hefelmann [4])
8	Bouillonfleisch (1894er)	„	65,30	15,63	15,06	2,34	1,67	0,39	45,04	43,40	7,21	
9	desgl. (1895er)	„	69,49	21,25	7,12	0,17	1,97	0,41	69,32	23,34	11,09	
10	desgl.	„	66,77	18,72	12,61	0,04	1,86	0,29	56,33	37,95	9,01	
11	desgl.	„	71,83	19,25	6,49	2,43		—	68,33	23,04	8,89	
12	Goulasch (1894er)	„	65,15	17,06	15,40	0,49	1,90	0,28	48,95	44,19	7,83	
13	desgl.	„	55,16	14,38	20,65	8,33	1,48	0,35	32,70	46,05	5,23	
14	desgl.	„	64,08	14,63	17,42	2,20	1,67	0,35	40,73	48,50	6,52	
15	desgl. (1895er)	„	64,04	20,14	10,73	3,04	2,05	0,39	56,01	29,84	8,96	
16	desgl.	„	60,66	21,22	16,42	—	2,04	0,35	53,94	41,74	8,63	

[1]) Viertelj. Nahrungs- u. Genussm. 1890, **5**, 257, nach Chem. News 1890, **61**, 291.
[2]) Viertelj. Nahrungs- u. Genussm. 1887, **2**, 507, nach Indbltt. 1887, **24**, 279.
[3]) Original-Mittheilung.
[4]) Viertelj. Nahrungs.- u. Genussm. 1895, **10**, 485, nach Pharm. Centrh. 1895, **36**, 652.
*) Vergl. Anmerkung [*]) S. 73.
**) Durch Einkochen von je 720 g Fleisch erhalten.

No.	Nähere Bezeichnung	Zeit der Untersuchung	In der natürlichen Substanz: Wasser %	Stickstoff-Substanz %	Fett %	Stickstofffreie Extraktstoffe %	Asche %	Phosphorsäure %	In der Trocken-Substanz: Stickstoff-Substanz %	Fett %	Stickstoff in der Trocken-Substanz %	Analytiker
17	Fleischdauerwaaren v. Dr. Naumann in Dresden-Plauen: Goulasch (1895er)	1895	62,74	22,91	9,76	2,70	1,89	0,37	61,49	26,19	9,84	Rudolf Hefelmann [1]
18	desgl.	„	68,70	19,28	7,44	2,73	1,85	0,35	61,60	23,77	9,86	
19	desgl.	„	66,41	18,63	9,93	3,55	2,08	0,42	55,46	29,57	8,87	
20	desgl.	„	67,26	19,43	8,97	2,56	1,78	0,34	59,35	27,40	9,50	
21	desgl.	„	68,42	20,53	7,22	2,16	1,67	0,37	65,01	22,86	10,40	
22	desgl.	„	63,85	19,06	14,41	0,71	1,97	0,34	52,72	39,86	8,44	
23	desgl.	„	65,70	21,37	9,28	1,79	1,86	0,37	62,30	27,06	9,97	
24	desgl.	„	67,21	19,81	10,46	2,52		—	60,41	31,93	9,67	
25	desgl.	„	69,64	17,81	9,08	3,47		—	58,66	29,87	9,39	
26	desgl.	„	66,84	19,75	10,01	3,40		—	59,56	30,19	9,53	
27	desgl.	„	70,94	18,81	7,35	2,90		—	64,73	25,28	10,36	
28	desgl.	„	66,79	17,41	13,02	2,78		—	52,42	39,21	8,39	
	Goulasch, Mittel von No. 12—28	—	**65,51**	**19,19**	**11,43**	**2,75**	**1,85**	**0,36**	**56,65**	**33,15**	**8,90**	

(Bei No. 24—28 sind stickstofffreie Extraktstoffe und Asche zusammengefasst.)

Sonstige Analysen von Fleischdauerwaaren.

R. Thal (Pharm. Ztg. für Russland 1887, No. 45—52. Vergl. III. Aufl. d. Buches S. 230 und Chem. Centrbl. 1889, II, 804.) untersuchte eine grosse Anzahl verschiedener russischer Fleisch- und Fleischgemüsedauerwaaren, Wurstdauerwaaren, koncr. Nährdauerwaaren etc. der Firma Heinr. Gögginger in Riga.

C. Amthor untersuchte amerikanisches Trockenpökelfleisch. (Zeitschr. f. Nahrungsm.-Untersuch. Hyg., Waarenk. 1896, 10, 212.) Dasselbe enthielt 70,37 % Wasser und 7,61 % Mineralbestandtheile. Die letzteren bestanden aus 12 % Fleischsalzen, 68,5 % Chlornatrium und 19,5 % Borax; letzterer lässt sich auch durch 18-stündiges Auswässern nur bis zur Hälfte entfernen. Das Fleisch dient zur Wurstfabrikation.

Würste.

No.	Nähere Bezeichnung	Zeit der Untersuchung	In der natürlichen Substanz: Wasser %	Stickstoff-Substanz %	Fett %	Stickstofffreie Extraktstoffe %	Asche %	Chlornatrium %	In der Trocken-Substanz: Stickstoff-Substanz %	Fett %	Stickstoff in der Trocken-Substanz %	Analytiker
1	Schinkenwurst	1884	46,87	12,87	24,43	12,52*)	3,31	—	24,22	45,98	3,88	J. König und C. Söllscher [2]
2	Cervelatwurst	1876	37,37	17,64	38,76	0,79	5,44	—	28,17	63,47	4,35	J. König, B. Farwick u. C. Krauch [2] u. [3]
3**)	Gothaer Cervelatwurst	1891	16,77	—	52,98	—	6,26	5,01	—	63,17	—	Al. Serafini [4]
4**)	Gothaer Cervelatwurst	„	14,75	—	38,34	—	6,90	5,90	—	44,97	—	
5	Frankfurter Würstchen	1876	42,79	11,69	39,61	2,25	3,66	—	20,43	69,24	3,27	J. König, B. Farwick u. C. Krauch [2] u. [3]

[1] Viertelj. Nahrungs- u. Genussm. 1895, 10, 485, nach Pharm. Centralh. 1895, 36, 652.
[2] Original-Mittheilung.
[3] Zeitschr. f. Biologie 1876, 12, 497.
[4] Archiv f. Hygiene 1891, 13, 173.
*) Die stickstofffreien Extraktstoffe bei den Wurstsorten stammen aus pflanzlichen Nahrungsmitteln (Mehl).
**) Al. Serafini fand ferner:

	No. 3	4	6	11	12	19	20	21	22
Salpeter	0,41 %	0,35 %	0,42 %	0,56 %	0,43 %	0,05 %	0,05 %	0,06 %	0,27 %

Alle übrigen Proben waren frei von Salpeter. Alle Proben waren frei von Salicylsäure; No. 14 enthielt 1,10 % Borsäure.

No.	Nähere Bezeichnung	Zeit der Untersuchung	In der natürlichen Substanz: Wasser %	Stick-stoff-Substanz %	Fett %	Stickstoff-freie Extraktstoffe %	Asche %	Chlor-natrium %	In der Trocken-Substanz: Stick-stoff-Substanz %	Fett %	Stickstoff in der Trocken-Substanz %	Analytiker
6	Frankfurt. Würstchen**)	1891	13,24	—	70,62	—	3,99	2,04	—	81,31	—	*Al. Serafini*[1])
	desgl., frisch*) 1	1897	50,05	11,22	34,08	0,17	3,02	2,52	22,46	68,23	3,59	*G. Popp und C. Fresenius*[2])
	desgl., frisch*) 2	„	47,00	12,21	35,75	0,38	2 35	1,62	23,04	67,45	3,69	*G. Popp und C. Fresenius*[2])
	desgl., frisch*) 3	„	49,24	9,92	34,43	0,15	2,58	2,06	19,54	67,83	3,13	*G. Popp und C. Fresenius*[2])
	desgl., frisch*) 4	„	51,84	10,93	32,30	0,29	2,66	2,62	22,70	67,07	3,63	*G. Popp und C. Fresenius*[2])
	desgl., frisch*) 5	„	38,47	12,77	35,91	0,27	3,40	2,34	20,75	58,36	3,32	*G. Popp und C. Fresenius*[2])
	Frankf. Würstchen, Mittel von No. 5 u. 6		**41,80**	**12,51**	**39,11**	**0,56**	**3,09**	**2,20**	**21,49**	**67,50**	**3,44**	
7	Ital. Salami**) . . .	1891	41,64	—	33,36	—	5,98	4,81	—	57,16	—	*Al. Serafini*[3])
8	Mailänder Salami**)	„	22,98	—	39,29	—	8,48	7,42	—	51,01	—	*Al. Serafini*[3])
9	Mailänder Salami**)	„	23,12	—	38,60	—	9,16	7,75	—	50,21	—	*Al. Serafini*[3])
10	Mailänder Salami**)	„	24,01	—	33,05	—	9,92	8,16	—	43,49	—	*Al. Serafini*[3])
11	Gothaer Salami**)	„	17,33	—	49,71	—	7,42	5,72	—	60,13	—	*Al. Serafini*[3])
12	Gothaer Salami**)	„	16,93	—	49,51	—	6,73	5,27	—	59 60	—	*Al. Serafini*[3])
13	Ungarische Salami**)	„	21,60	—	36,73	—	6,77	5,44	—	46,85	—	*Al. Serafini*[3])
14	Ungarische Salami**)	„	20,89	—	44,71	—	5,72**)	4,62	—	56,52	—	*Al. Serafini*[3])
15	Ungarische Salami**)	„	21,26	—	39,11	—	5,93	4,58	—	49,67	—	*Al. Serafini*[3])
16	Schweizer Landjäger**)	„	30,51	—	33,52	—	7,05	5,62	—	48,24	—	*Al. Serafini*[3])
17	Schweizer Landjäger**)	„	26,17	—	34,76	—	8,53	6,69	—	47,08	—	*Al. Serafini*[3])
18	Schweizer Landjäger**)	„	21,67	—	36,74	—	8,77	7,17	—	43,68	—	*Al. Serafini*[3])
19	Regensburger Wurst**)	„	54,41	—	29,92	—	3,11	2,23	—	65,62	—	*Al. Serafini*[3])
20	Regensburger Wurst**)	„	61,44	—	20,93	—	3 78	3,25	—	54,24	—	*Al. Serafini*[3])
21	Regensburger Wurst**)	„	59,01	—	24,46	—	3,56	2,86	—	59,67	—	*Al. Serafini*[3])
22	Gewöhnliche Münchener Wurst**)	„	50,62	—	21,57	4,75 (Stärke)	4,42	3,44	—	43,68	—	*Al. Serafini*[3])
23	Münchener Bratwurst**)	„	66,95	—	18,11	—	4,01	3,31	—	54,82	—	*Al. Serafini*[3])
24	Westfälische Mettwurst	1878	20,76	27,31	39,88	5,10	6,95	—	34,59	50,33	5,51	*J. König und C. Krauch*[3])
25	Knackwurst	1879 (?)	58,60	22,80	11,40	—	7,20	—	55,07	27,53	8,81	*Fr. Hoffmann*[5])
26	Sülzenwurst	„	41,50	23,10	22,80	—	2,60	—	39,49	38,96	6,31	*Fr. Hoffmann*[5])
27	Trüffelwurst I. Qual.***)	„	43,29	13,06	41,27	—	2,41	—	23,03	25,16	3,68	*J. König und C. Söllscher*[3])
28	„ II. „ †)	„	34,31	11,50	51,39	—	3,36	—	17,51	78,27	2,80	*J. König und C. Söllscher*[3])
29	Leberwurst I. Sorte .	1876	48,70	15,93	26,33	6,38	2,66	—	31,05	51,33	4,97	*J. König, B. Farwick u. C. Krauch*[3]) u. [4])
30	„ II. „ .	„	47,80	12,89	25,10	12,22	2,21	—	24,70	48,08	3,97	*J. König, B. Farwick u. C. Krauch*[3]) u. [4])
31	„ III. „ .	„	47,58	10,87	14,43	20,71	2,87	—	20,74	27,52	3,32	*J. König, B. Farwick u. C. Krauch*[3]) u. [4])
32	desgl. †)	1880	55,73	9,09	14,76	19,33	1,09	—	20,53	33,34	3,29	*J. König, B. Farwick u. C. Krauch*[3]) u. [4])
33	desgl.**)	1891	27,71	—	42,78	—	3,97	2,96	—	59,18	—	*Al. Serafini*[1]) **)
34	Blutwurst	„	49,93	11,81	11,48	25,09	1,69	—	23,59	22,90	3,77	*J. König, B. Farwick u. C. Krauch*[3]) u. [4])
35	desgl. †)	1880	63,61	9,93	8,87	15,83	1,76	—	27,29	24,37	4,37	*J. König, B. Farwick u. C. Krauch*[3]) u. [4])

[1]) Archiv f. Hygiene 1891, **13**, 173.
[2]) Zeitschr. f. öffentl. Chem. 1897, **3**, 155. Viertelj. Nahrungs- u. Genussm. 1897, **12**, 155.
[3]) Original-Mittheilung.
[4]) Zeitschr. f. Biologie 1876, **12**, 497.
[5]) Siehe C. A. Meinert, Armee- und Volksernährung. Berlin 1880, **I**, 184, 189 u. 470.

*) Die Proben 1, 2 u. 4 enthielten Borsäure und Salpeter. Die stickstofffreien Extraktstoffe (Stärke) wurden nach der Methode von Mayrhofer bestimmt.
**) Vergl. Anmerkung **) S. 75.
***) Die I. Qual. Trüffelwurst kostete 6,00 M., die II. Qual. 2,80 M. pro 1 kg.
†) Gewöhnliche Handelsqualität.

G. Popp und C. Fresenius (vergl. oben S. 76) untersuchten **Frankfurter Würste** in Büchsen, und zwar Würste und Flüssigkeit getrennt, sie fanden:

A. Flüssigkeit.

	Probe 1	Probe 2	Probe 3	Probe 4	Probe 5
Gesammtmenge in einer Büchse ccm	180	180	200	180	150
Trockenrückstand . . g in 100 ccm	7,05	4,93	7,09	6,52	5,16
Stickstoff-Substanz . . „	1,53	1,25	1,08	3,39	1,38
Mineralbestandtheile . „	5,16	3,59	6,01	2,91	3,96
Kochsalz . . . . . „	3,93	2,74	4,77	2,03	3,17
Borsäure . . . . . „	0,65	0,39	0,84	0,18	0,42
Salpeter . . . . . „	0,46	0,30	0	0	0

B. Würste.

	Probe 1	Probe 2	Probe 3	Probe 4	Probe 5
Stückzahl in einer Büchse . .	6	6	6	6	6
Gesammtgewicht . . . . . . g	395	306	380	420	450
Wasser . . . . %	49,98	45,85	49,41	53,20	53,95
Stickstoff-Substanz . . . . . %	10,61	10,93	10,18	9,34	10,00
Borsäure . . . . %	0,48	0,48	0,87	0,30	0,33

Pasteten.

(Mit Fett und Gewürzen eingemachte, zerkleinerte Fleischmassen.)

No.	Nähere Bezeichnung	Zeit der Untersuchung	In der natürlichen Substanz: Wasser %	Stick-stoff-Substanz %	Fett %	Stickstoff-freie Extraktstoffe %	Asche %	Chlor-natrium %	In der Trocken-Substanz: Stick-stoff-Substanz %	Fett %	Stickstoff in der Trocken-Substanz %	Analytiker
1*)	Gänseleberpastete (von J. Fischer-Strassburg)	1884	46,04	14,59	33,59	2,67	3,11*)	2,22	27,04	62,25	4,33	J. König und C. Söllscher[1]
2*)	Von Grosse & Brackwell in London: Rindfleischpastete (Potted beef) .	„	32,81	17,17	44,63	3,36	2,03*)	—	25,57	66,42	4,09	
3*)	Schinkenpastete (Potted Ham) .	„	25,57	16,88	50,88	—	6,78*)	5,72	22,68	68,36	3,63	
4*)	Zungenpastete (Potted Tongue)	„	41,52	18,46	32,85	0,46	6,71*)	5,98	31,57	56,17	5,05	
5*)	Salmpastete (Potted Salmon)	„	37,64	18,48	36,51	0,70	6,67*)	5,65	29,63	58,55	4,74	
6*)	Hummerpastete (Potted Lobster)	„	51,33	14,87	24,86	4,04	4,90*)	2,38	30,55	51,08	4,89	
7*)	Anchovispastete (Anchovy-Paste)	„	36,81	12,33	1,59	5,18	44,09*)	40,10	19,51	2,52	3,12	

[1]) Original-Mittheilung.

*) Für Gewicht des Inhaltes einer Büchse, für Preis und Asche-Bestandtheile ergaben sich folgende Zahlen:

	Inhalt der Büchse	Preis	Phosphorsäure	Kali
1. Gänseleberpastete	206,5 g	3,25 M.	—	—
2. Rindfleischpastete	154,0 „	1,75 „	0,33 %	0,75 %
3. Schinkenpastete	176,4 „	1,75 „	—	—
4. Zungenpastete	177,8 „	1,75 „	—	—
5. Salmpastete	170,6 „	1,75 „	—	—
6. Hummerpastete	181,3 „	1,75 „	0,37 „	0,52 „
7. Anchovispastete	187,8 „	1,75 „	0,85 „	0,91 „

Gemischte Fleischdauerwaaren, Suppendauerwaaren.

(Gemische von Fleisch, Fleischextrakt und Fett mit Mehl und Kochsalz.)

A. Gemische von Fleisch bezw. trockenem Fleischpulver, Fett und Mehl.

No.	Nähere Bezeichnung	Zeit der Untersuchung	In der natürlichen Substanz: Wasser %	Stickstoff-Substanz %	Fett %	Kohlehydrate %	Holzfaser %	Asche %	In der Trocken-Substanz: Stickstoff-Substanz %	Fett %	Stickstoff in der Trocken-Substanz %	Analytiker
I. 1	Bohnen-Fleischsuppe*) (Bohnen-Fleischtafel oder Bohnen-Fleischgemüse genannt) der Carne pura-Gesellschaft in Berlin	1881	9,33	29,31	23,04	23,36	0,73	14,23	32,33	25,41	5,17	*J. König* und *Th. Breyer*[1])
2		„	11,07	27,12	16,16	29,72	2,26	13,67	30,50	18,17	4,88	
3		1882	12,54	27,31	15,61	31,29	0,90	12,35	31,23	17,85	5,00	
4		„	7,45	32,37	23,57	24,15	2,07	10,39 **)	34,98	25,47	5,60	
5		1883	5,98	28,62	18,02	30,75	2,32	14,31	30,44	19,17	4,87	
	I. Mittel	.	**9,27**	**28,95**	**19,28**	**27,86**	**1,65**	**12,99**	**31,89**	**21,21**	**5,10**	
6	Bohnen-Fleischtafel von Ad. Brandt in Altona***)	1879	10,98	28,12	2,59	52,79	1,96	3,56	31,59	2,91	5,05	*J. König*[1])
II. 1	Erbsen-Fleischsuppe oder Erbsen-Fleischtafel der Carne pura-Gesellschaft in Berlin	1881	8,31	31,31	22,01	25,06	2,23	11,08°)	34,15	24,00	5,46	*J. König* und *H. Weigmann*[1])
2		„	9,29	29,43	24,16	19,42	2,08	15,62	32,45	26,63	5,19	
3		„	9,55	28,21	14,77	32,40	1,51	13,56	31,19	16,33	4,99	
4		„	8,31	28,63	15,34	31,95	2,29	13,48	31,22	16,74	5,00	
5		1882	12,99	25,06	20,04	30,41	0,60	10,90	28,80	23,03	4,61	
6		1883	13,26	28,48	16,57	28,63	2,15	10,91	32,83	19,10	5,25	
7		„	11,51	27,27	17,98	30,18	2,08	10,98°°)	30,82	20,32	4,92	
8	desgl. von L. Léjeune in Berlin	1884	17,01	21,87	17,98	32,60	1,47	9,07°°°)	26,35	21,67	4,22	
	II. Mittel	.	**11,28**	**27,53**	**18,61**	**28,83**	**1,80**	**11,95**	**31,03**	**20,98**	**4,96**	
III. 1	Linsen-Fleischsuppe oder Linsen-Fleischtafel der Carne pura-Gesellschaft in Berlin	1881	7,52	31,62	22,85	24,57	2,37	11,07 †)	34,16	24,71	5,47	*J. König* und *J. Cosack*[1])
2		„	12,24	27,18	18,89	27,97	1,82	11,90	30,97	21,52	4,79	
3		1882	13,26	25,13	18,04	30,93	0,57	12,07	28,97	20,80	4,64	
4		1883	10,82	28,35	17,10	31,19	1,92	10,62 ††)	31,79	19,17	5,09	
	III. Mittel	.	**10,96**	**28,07**	**19,22**	**28,67**	**1,67**	**11,41**	**31,47**	**16,55**	**5,00**	
IV. 1	Bohnen in Fleisch der Carne pura-Gesellschaft in Berlin	1881	12,88	23,43	2,19	51,59	2,07	7,84	26,89	2,51	4,30	
2		1882	10,98	28,12	2,59	52,79	1,96	3,56	31,59	2,91	5,05	
	IV. Mittel	.	**11,94**	**25,78**	**2,39**	**52,18**	**2,01**	**5,70**	**29,24**	**2,71**	**4,68**	
V. 1	Linsen in Fleisch von desgl.	1881	13,64	29,31	1,81	48,92	3,75	12,57	33,94	2,09	5,43	
2	Linsen mit Fleisch (Armeekonserven) . .	1888	—	33,25	1,74	42,80	—	14,90	—	—	—	*O. Schweissinger*[2])

[1]) Original-Mittheilung.
[2]) Chem. Centrbl. 1888, I, 478, nach Pharm. Centrh. 1888, **29**, 61 u. 77.

*) Die Leguminosen etc., Fleischsuppen der früheren Gesellschaft Carne pura, bestehen aus besonders präparirtem Leguminosenmehl, trockenem Fleischpulver (Carne pura), Fett (Talg und Speckfett) neben Gewürzen und Kochsalz.
**) Mit 0,81 % Phosphorsäure und 1,26 % Kali.
***) Die Fleischleguminose von Ad. Brandt in Altona enthält ca. 84 Theile Leguminosenmehl und 14 Theile trockenes Fleischpulver.
°) Mit 0,80 % Phosphorsäure und 1,14 % Kali.
°°) „ 0,81 „ „ „ 1,64 „ „ und 8,18 % Chlornatrium.
°°°) „ 0,68 „ „ „ 1,05 „ „
†) „ 0,87 „ „ „ 1,29 „ „
††) „ 0,81 „ „ „ 1,57 „ „ „ 8,00 „ „

No.	Nähere Bezeichnung	Zeit der Untersuchung	In der natürlichen Substanz: Wasser %	Stickstoff-Substanz %	Fett %	Kohlehydrate %	Holzfaser %	Asche %	In der Trocken-Substanz: Stickstoff-Substanz %	Fett %	Stickstoff in der Trocken-Substanz %	Analytiker
V.	Bouillon-Tafeln aus Fleisch und Hülsenfrüchten *)	1895	8,20	67,80	4,20	10,50	—	9,30	73,86	4,57	11,82	*Barillé*[1])
VI.	Roggen mit Fleisch (Armeekonserve) . .	1888	—	18,73	1,94	57,29	—	14,50	—	—	—	*O. Schweissinger*[2])
VII. 1	Fleischbrotsuppe der	1881	10,87	16,37	12,43	47,39	1,45	11,53	18,37	13,95	2,94	
2	Carne pura-Gesell-	1882	11,55	16,49	14,59	51,69	2,33	3,35	18,64	14,05	2,98	
3	schaft in Berlin	1883	8,14	20,66	12,23	45,97	2,54	10,46**)	22,49	13,31	3,60	
	VII. Mittel	—	**10,19**	**17,84**	**13,08**	**48,33**	**2,11**	**8,45**	**19,83**	**13,44**	**3,17**	*J. König* *und* *J. Cosack*[3])
VIII.	Gemischte Fleischsuppe von desgl. ***) . . .	1881	14,84	19,81	1.58	60,54	0,90	2,33	23,26	18,55	3,72	
IX.	Fleischsuppenpulver von desgl.	„	9,07	25,02	19,17	32,99	2,11	11,64	27,52	21,08	4,40	
X 1	Suppenpulver (German-Army food)	1879	10,83	18,72	1,85	49,47	1,58	17,55	20,99	2,07	3,35	*P. Wittelshöfer*[4])
2	von Dennerlein & Co. in Berlin[°])	1878	11,71	20,31	2,43	46,61	1,84	17,10	23,00	2,75	3,68	*E. Wildt*[5])
	X. Mittel	—	**11,27**	**19,51**	**2,14**	**78,07**	**1,71**	**17,33**	**22,00**	**2,41**	**3,52**	
XI.	Rumfordsuppe[°°]) . .	1879	11,73	16,18	1,87	56,33	1,15	12,74	18,33	2,12	2,93	*J. König*[6])
XII.	Suppe militaire[°°°]) . .	1884	7,21	23,41	1,40	43.06	6.80	18,32	25,23	1,51	4,04	*C. Söllscher*[3])

B. Fleisch-Teigwaaren und Fleisch-Zwieback.

(Gemische von Mehl mit trockenem Fleischpulver.)

No.	Nähere Bezeichnung	Zeit der Untersuchung	Wasser %	Stickstoff-Substanz %	Fett %	Kohlehydrate %	Holzfaser %	Asche %	Trocken: Stickstoff-Substanz %	Fett %	Stickstoff in der Trocken-Substanz %	Analytiker
I. 1	Fleisch- (Carne pura-)	1881	10,23	18,56	1,36	66,58	0,52	2,75	20,68	1,51	3,31	
2	Graupen von C. A.	„	11,46	19,19	1,08	65,66	0,31	2,30	21,67	1,22	3,47	
3	Guillaume & Söhne in	1882	10,63	18,50	(10,95)	57,12	0,43	2,37	20,70	12,25	3,31	
4	Raden bei Köln a. Rh.	„	13,29	17,94	1,28	64,20	0,82	2,47	20,69	1,48	3,31	
	I. Mittel	—	**11,40**	**18,55**	**1,24**	**65,82**	**0,52**	**2,47**	**20,93**	**1,40**	**3,35**	*J. König, J. Cosack und Th. Breyer*[3])
II.	Fleisch-Gries von desgl.	1881	15,06	23,00	2,19	56,34	0,53	2 88	27,05	2,58	4,33	
III.	Fleisch-Maccaroni von desgl.	„	13,81	19,06	1,14	63,87	0,13	1,99	22,11	1,32	3,54	

[1]) Viertelj. Nahrungs- u. Genussm. 1895, **10**, 492, nach Journ. Pharm. Chim. 1895, [6] **2**, 193.
[2]) Chem. Centr.-Bl. 1888, I, 478, nach Pharm. Centrh. 1888, **29**, 61 u. 77.
[3]) Original-Mittheilung.
[4]) Centr.-Bl. f. Agrik.-Chemie 1879, 797.
[5]) Landw. Centr.-Bl. f. d. Prov. Posen 1878, **9**.
[6]) C. A. Meinert: Armee- und Volksernährung. Berlin 1880, **I**, 449.

*) Die Bouillontafeln waren 2 Jahre lang in luftdicht verschlossenen Blechbüchsen aufbewahrt. Die Untersuchung ergab die Gegenwart von Bakterien und Schimmelpilzen. Sie enthielten 20,1 % in Wasser lösliche Stoffe mit 7,6 % Stickstoff-Substanz, 4,80 % stickstofffreie Extraktstoffe und 7,7 % Salze mit 1,02 % Phosphorsäure (unlösliche Phosphorsäure 0,604 %).

**) Mit 0,63 % Phosphorsäure und 1,65 % Kali.

***) Die gemischte Suppe besteht aus einem Gemisch von Maccaroni, Gries und Graupen mit trockenem Fleischpulver, Gewürzen und Grünem.

°) Das German Army food besteht aus Getreidemehl, Erbsenmehl, Fleischfasern, Gemüsetheilchen und Kochsalz.

°°) Die Rumfordsuppe besteht aus 13,5 % groben Fleischstücken, 31,8 % Graupen, 44,7 % feinem Mehl und 10 % Kochsalz.

°°°) Die französische Conserve Suppe militaire besteht aus etwas Fleisch, Leguminosenmehl, Griesmehl (Reis), Gewürz und grobstengeligen Gemüsetheilchen.

No.	Nähere Bezeichnung	Zeit der Untersuchung	In der natürlichen Substanz: Wasser %	Stickstoff-Substanz %	Fett %	Kohlehydrate %	Holzfaser %	Asche %	In der Trocken-Substanz: Stickstoff-Substanz %	Fett %	Stickstoff in der Trocken-Substanz %	Analytiker
IV.	Fleisch-Nudeln von C. A. Guillaume & Söhne in Raden bei Köln a. Rh.	1881	14,53	17,56	1,44	63,73	0,45	2,29	20,55	1,69	3,29	J. König, J. Cosak und Th. Breyer [1])
V.	Patent-Fleischzwieback von F. Krietsch in Wurzen	„	5,07	16,31	15,91	59,09	1,29	2,33	17,18	16,76	2,75	
VI. 1	Armee-Fleischzwieback von demselben	„	8,85	12,94	1,80	74,52	0,58	1,31	14,20	1,97	2,27	
2		„	9,42	12,00	0,85	75,87	0,61	1,25	13,25	0,94	2,12	
3		1882	9,52	12,25	0,58	75,79	0,61	1,25	13,54	0,64	2,17	
4		„	10,82	11,81	1,78	73,41	0,96	1,22	13,24	2,00	2,12	
	VI. Mittel	—	**9,65**	**12,25**	**1,25**	**74,90**	**0,69**	**1,26**	**13,56**	**1,39**	**2,17**	
VII. 1	Schiffs-Fleischzwieback von demselben	1881	12,10	15,06	5,83	63,20	1,05	2,76	17,13	6,63	2,74	J. König, J. Cosack und H. Weigmann [1])
2		„	10,02	17,37	8,97	59,61	0,78	3,25	19,30	9,97	3,09	
	VII. Mittel	—	**11,06**	**16,22**	**7,40**	**61,40**	**0,91**	**3,01**	**18,22**	**8,30**	**2,92**	
VIII. 1	Fleisch-Weizenzwieback von demselben	1881	10,77	13,31	4,33	60,87	1,57	9,15	14,91	4,85	2,39	
2		„	11,48	13,69	5,99	60,21	2,07	6,56	15,47	6,77	2,48	
3		1882	11,59	13,18	4,22	67,04	2,15	1,82	14,91	4,77	2,39	
4		„	12,23	13,06	4,47	66,90	1,50	1,84	14 88	5,09	2,38	
	VIII. Mittel	—	**11,52**	**13,31**	**4,75**	**63,76**	**1,82**	**4,84**	**15,04**	**5,37**	**2,41**	
IX. 1	Fleisch-Roggenzwieback von demselben	1881	10,28	11,93	4,26	59,52	0,87	13,14	13,30	4,75	2,13	
2		„	11,65	12,06	5,05	59,30	2,27	9,67	13,65	5,72	2,18	
	IX. Mittel	—	**10,97**	**12,00**	**4,66**	**59,40**	**1,57**	**11,40**	**13,48**	**5,23**	**2,16**	
X. 1	Fleisch-Bisquits von F. Krietsch in Wurzen .	1881	5,93	15,56	1,09	74,26	1,00	2,16	16,54	1,16	2,65	
2	desgl. von L. Léjeune in Berlin	1884	7,32	13,81	1,05	74,21	0,48	3,13	14,90	1,13	2,38	
	X. Mittel	—	**6,62**	**14,69**	**1,07**	**74,23**	**0,74**	**2,65**	**15,72**	**1,15**	**2,51**	
	Oesterreichische Armee-Konserven.											
XI. 1	Suppen-Fleischzwieback*)	1891	6,83	20,19	10,22	60,05	0,72	1,99	21,67	10,97	3,47	M. Mansfeld [2])
2	Fleischzwieback *) . .	„	7,87	24,06	8,83	56,41	0,56	2,27	26,12	9,58	4,18	
	Fleischzwieback . . .	1892	4,94	36,41	29,09	24,63**)	0,12	4,81	38,30	30,60	6,13	M. Mansfeld [3])

[1]) Original-Mittheilung. [2]) Zeitschr. allgem. Oesterr. Apoth.-Verein 1891, **45**, 255. Chem. Centrbl. 1891, II, 73.
[3]) Zeitschr. allgem. Oesterr. Apoth.-Verein 1897, **51**, 637; Viertelj. Nahrungs- u. Genussm. 1897, **12**, 348.

*) Die Zusammensetzung dieser Fleischzwiebacke, die durch österr.-ung. Reichskriegsministerium hergestellt werden, ist folgende:

1. Fleischzwieback: 43,18 kg Weizenmehl, 47,32 kg rohes Fleisch, 2,96 kg Speckfett, 0,60 kg Salz, 0,06 kg Kümmel, 1,18 kg Bierhefe und 4,70 kg Wasser. Diese 100 kg liefern 56,63 kg Zwieback.
2. Suppenfleischzwieback: 51,42 kg Weizenmehl, 26,72 kg gekochtes Fleisch, 3,82 kg Schweinefett, 0,71 kg Salz, 0,31 kg Fleischextrakt, 4,77 kg Zwiebeln, gelbe Rüben, Sellerie, Petersilie, 0,02 kg Majoran, 0,04 kg Pfeffer, 12,19 kg Bierhefe, Wasser und Fleischsuppe. Diese 100 kg liefern 50,25 kg Suppenfleischzwieback.

M. Mansfeld fand ferner:

	Stärke	Chlornatrium	Ranziditätsgrade des Fettes	von der Stickstoff-Substanz verdaulich	unverdaulich	löslich
1. . . .	49,54 %	0,77 %	0,76 °	88,62 %	2,67 %	8,71 %
2. . . .	52,06 „	0,60 „	0,75 °	83,87 „	9,23 „	6,90 „

Die Stärke wurde in der entfetteten Substanz nach dem Vorkleistern mit Diastase behandelt und mit $^1/_{10}$ Vol. koncr. Salzsäure im Wasserbade gekocht.

**) Mit 5,28 % löslichen Kohlenhydraten (Zucker).

C. Gemische von Fleisch mit Gemüse und Kartoffeln.

No.	Nähere Bezeichnung	Zeit der Untersuchung	In der natürlichen Substanz: Wasser %	Stick-stoff-Substanz %	Fett %	Stickstoff-freie Extraktstoffe %	Rohfaser %	Asche %	In der Trocken-Substanz: Stick-stoff-Substanz %	Fett %	Stickstoff in der Trocken-Substanz %	Analytiker
I.	Fleischgemüse:											
1	400 g Fleisch + Gewürz + 100 g Gemüse-Konserve von Ferd. Flörken in Mayen	1888	37,74	12,50	7,97	31,40	2,00	8,39	20,07	12,80	3,19	E. Fricke und W. Kisch[1])
II.	Gulasch (roh) mit Kartoffelwürfeln:											
1	Von demselben . . .	1888	57,25	17,62	5,36	15,10	0,81	3,86	42,75	12,54	6,63	E. Fricke und W. Kisch[1])
III.	Feldbeefsteaks mit Kartoffel-Frittes:											
1	Von demselben . . .	1888	50,34	16,68	21,31	5,58	1,20	4,89	33,59	42,91	5,37	E. Fricke und W. Kisch[1])
IV.	Trockne deutsche Feldmenage (in Pergamentpapier, Wurstform):											
1	Fleisch-Erbsen-Kartoffeln vom 1. März 1885 von demselben	1888	13,22	31,25	28,59	15,74	3,80	7,40	36,01	32,94	5,76	E. Fricke und W. Kisch[1])
2	Fleisch-Erbsen-Möhren vom 1. Okt. 1884 von demselben	"	15,93	32,56	27,06	13,82	1,90	8,73	38,73	32,18	6,19	E. Fricke und W. Kisch[1])

D. Fleisch-Kakaopulver und Fleisch-Chokolade.

(Gemische von Kakao und Chokolade mit trockenem Fleischpulver.)

No.	Nähere Bezeichnung	Zeit der Untersuchung	Wasser %	Stick-stoff-Substanz %	Fett %	Stickstoff-freie Extraktstoffe %	Rohfaser %	Asche %	Trocken: Stick-stoff-Substanz %	Fett %	Stickstoff in der Trocken-Substanz %	Analytiker
I. 1	Fleisch-Kakaopulver von J. & C. Blooker in Amsterdam	1881	5,05	25,12*)	19,43	34,32	9,06	7,02	26,46	20,46	4,23	J. König und C. Krauch[1])
2		"	6,98	23,81**)	20,17	34,18	8,21	6,65	25,60	21,68	4,10	
3		1882	5,65	24,81	22,91	34,61	5,64	6,38	26,30	24,29	4,21	
4		"	5,64	23,63***)	23,61	32,87	7,36	6,89	25,04	25,02	4,01	
	I. Mittel	—	**5,83**	**24,34**	**21,53**	**34,00**	**7,57**	**6,74**	**25,85**	**22,86**	**4,14**	
II. 1	Fleisch-Chokolade von demselben	1881	2,16	11,13°)	27,34	54,64 °°)	2,36	2,37	11,38	27,94	1,82	
2		"	2,27	11,81	24,60	57,72	1,42	2,38	12,08	25,16	1,93	
	II. Mittel	—	**2,21**	**11,47**	**25,97**	**56,09**	**1,89**	**2,37**	**11,73**	**26,55**	**1,88**	

E. Fleischpepton-Puder-Kakao.°°°)

No.	Nähere Bezeichnung	Zeit der Untersuchung	Wasser %	Gesammt-Stickstoff-Substanz %	Albumosen °°°) %	Pepton °°°) %	Theobromin %	Fett %	Zucker %	Sonstige Stickstoff-freie Stoffe %	Rohfaser %	Asche %	Kali %	Kalk %	Phosphorsäure %
1	Fleischpepton-Puder-Kakao	1888	6,92	21,12	5,64	4,25	0,41	10,86	47,50	7,08	3,15	3,37	1,18	0,11	1,34
2	Fleischpepton-Kakao-Pastillen . . .	"	13,76	19,06	6,37	4,06	—	9,85	41,80	—	—	—	—	—	—

[1]) Original-Mittheilung.

*) Mit 1,62 % Theobromin. **) Mit 1,54 % Theobromin. ***) Mit 0,47 % Theobromin.

°) Mit 0,22 % „ °°) Mit 40,82 % Zucker.

°°°) Dieses von F. W. Altgelt in Crefeld in den Handel gebrachte Präparat wurde im Laboratorium des Verfassers von C. Stood untersucht; als Fleischpepton ist das von Kochs benutzt. Die Albumosen wurden durch Fällen mit Ammoniumsulfat bestimmt. Wendet man wie früher Ferriacetat und darauf phosphorwolframsaures Natrium an, so erhält man weniger Albumosen (oder Propepton) und mehr Pepton; es wurden nämlich nach letzterer Methode 3,56 % Albumosen und 5,99 % Pepton gefunden. (Vergl. unter „Peptone".) Bei Verdauungsversuchen mit künstlichem Magen- und Pankreassaft wurden von der Stickstoff-Substanz 15,62 % (oder in Procenten derselben 73,96 %) verdaut, während nach gleichzeitigen Versuchen mit einfachen Kakaopulvern von der Stickstoff-Substanz in Procenten derselben nur 47 bis 59 % verdaut wurden.

F. Fleischextrakt-Dauerwaaren, sog. kondensirte Suppen.

(Gemische von Fleischextrakt mit Mehl und Fett etc.)

No.	Nähere Bezeichnung	Zeit der Untersuchung	In der natürlichen Substanz: Wasser %	Stickstoff-Substanz %	Fett %	Stickstofffreie Extraktstoffe %	Rohfaser %	Asche %	In der Trocken-Substanz: Stickstoff-Substanz %	Fett %	Stickstoff in der Trocken-Substanz %	Analytiker
I. Kondensirte Bohnensuppe mit Fleischextrakt:												
1	Von L. Léjeune in Berlin*)	1881	11,12	17,56	16,67	40,15	1,73	12,77	19,76	18,76	3,16	*J. König, J. Cosack, H. Weigmann und W. Kisch* [1])
2**)	desgl.	1884	10,12	19,75	19,22	37,71	2,15	11,05	21,97	21,38	3,52	
3	desgl.	"	10,11	18,19	19,66	38,83	1,24	11,97	20,24	21,87	3,24	
4	Von Alex. Schnörke & Co. in Görlitz	1887	12,56	20,22	20,54	33,40	1,32	11,96	23,12	23,49	3,69	
5**)	Von C. H. Knorr in Heilbronn	1888	9,89	18,87	16,83	38,75	2,01	13,65	20,94	18,67	3,35	
	I. Mittel	—	**10,76**	**18,92**	**18,58**	**37,77**	**1,69**	**12,28**	**21,19**	**20,81**	**3,39**	
II. Kondensirte Erbsensuppe mit Fleischextrakt:												
1	Von L. Léjeune in Berlin*)	1881	10,93	17,13	17,88	40,20	1,62	12,24	19,23	20,07	3,08	
2**)	Von L. Léjeune in Berlin*)	1884	10,83	20,00	17,15	38,55	1,64	11,83	22,43	19,23	3,59	
3	Von L. Léjeune in Berlin*)	"	10,52	19,44	16,23	39,88	1,29	12,64	21,73	18,14	3,48	
4**)	Von der Carne pura-Gesellschaft in Berlin	"	8,93	22,22	16,19	40,70	1,97	9,99	24,40	17,78	3,90	
5	Von der Carne pura-Gesellschaft in Berlin	"	8,04	19,81	20,20	38,28	1,41	12,26	21,54	21,96	3,45	
6**)	Von C. H. Knorr in Heilbronn	1888	7,21	19,06	19,68	39,32	1,24	13,49	20,54	21,21	3,28	
7	desgl.***)	1890	7,30	19,63	17,98	40,79	0,95	13,35	21,18	19,40	3,39	*A. Stift* [2])
	II. Mittel	—	**9,11**	**19,61**	**17,89**	**39,68**	**1,45**	**12,26**	**21,58**	**19,68**	**3,45**	
III. Kondensirte Erbsensuppe mit Fleischextrakt und Kemmerich's Albuminatmehl:												
1**)	Von L. Léjeune in Berlin	1884	9,25	29,63	17,93	31,68	1,27	10,24	32,65	19,76	5,22	*J. König, J. Cosack, H. Weigmann und W. Kisch* [1])
2	Von der Carne pura-Gesellschaft in Berlin	"	8,92	30,63	17,84	31,00	1,31	10,30	33,63	19,59	5,38	
	III. Mittel	—	**9,09**	**30,13**	**17,89**	**31,33**	**1,29**	**10,27**	**33,14**	**19,68**	**5,30**	
IV. Kondensirte Linsensuppe mit Fleischextrakt:												
1	Von L. Léjeune in Berlin	1883	12,95	17,94	15,53	39,68	1,44	12,46	20,61	17,83	3,30	*J. König* [1]) *und W. Kisch*
2	Von L. Léjeune in Berlin	1881	10,40	19,56	18,51	37,56	1,40	12,57	21,83	20,66	3,49	
3**)	Von C. H. Knorr in Heilbronn	—	9,38	22,12	18,79	38,95	0,86	9,90	24,41	20,73	3,90	
	IV. Mittel	—	**10,91**	**19,87**	**17,61**	**38,74**	**1,23**	**11,64**	**22,30**	**19,76**	**3,57**	

[1]) Original-Mittheilung.
[2]) Chem. Centrbl. 1890, II, 962, nach Zeitschr. Nahrungsm.-Unters., Hyg., Waarenk. 1890, **4**, 217.

*) Eine Portion von 125 g kostete 20 Pfg.
**) Es enthalten Kali und Phosphorsäure:

	I. Kond. Bohnensuppe No. 2	I. Kond. Bohnensuppe No. 5	II. Kond. Erbsensuppe No. 2	II. Kond. Erbsensuppe No. 4	II. Kond. Erbsensuppe No. 6	III. Kond. Erbsensuppe mit Albumin No. 1	IV. Kond. Linsensuppe No. 3
Phosphorsäure	1,18 %	0,94 %	1,04 %	0,87 %	0,80 %	0,74 %	0,97 %
Kali	2,42 "	1,54 "	2,23 "	2,25 "	1,25 "	0,97 "	1,07 "

***) A. Stift fand ferner: 15,25 % Eiweiss, 40 % Stärke, 12,59 % Chlornatrium und von der Stickstoff-Substanz 91,08 % verdaulich.

No.	Nähere Bezeichnung	Zeit der Untersuchung	In der natürlichen Substanz: Wasser %	Stick-stoff-Substanz %	Fett %	Stickstoff-freie Extraktstoffe %	Rohfaser %	Asche %	In der Trocken-Substanz: Stick-stoff-Substanz %	Fett %	Stickstoff in der Trocken-Substanz %	Analytiker
V. Hafergrützsuppe mit Fleischextrakt:												
1*)	Von der Carne pura-Gesellschaft in Berlin	1884	6,69	15,31	14,61	54,09	1,55	7,75	16,41	15,66	2,63	*J. König*[1]
2**)	Aus Russland	1880	9,73	17,75	5,68	52,06		14,81	19.66	6,69	3,14	*G. Heppe*[2]
	V. Mittel	—	**8,21**	**16,53**	**10,14**	**52,32**	**1,52**	**11,28**	**18,04**	**11,18**	**2,89**	
VI. Kartoffelsuppe mit Fleischextrakt:												
1*)	Von der Carne pura-Gesellschaft in Berlin	1884	9,48	8,69	14,08	53,13	1,88	12,74	9,60	15,55	1,54	*J. König*[1]
2**)	Aus Russland	1880	9,94	12,18	0,84	72,27		4,77	13,52	0,93	2,16	*G. Heppe*[2]
3	Von C. H. Knorr in Heilbronn***)	1890	10,87	8,56	11,53	53,91	0,73	14,40	9,59	12,92	1,53	*A. Stift*[3]
VII. Brotsuppe mit Fleischextrakt:												
1*)	Von der Carne pura-Gesellschaft in Berlin	1884	7,11	15,50	13,26	51,70	1,68	10,77	16,69	14,28	2,67	*J. König*[1]
VIII. Griessuppe mit Fleischextrakt:												
1*)	Von C. H. Knorr in Heilbronn	1888	10,67	10,81	10,99	52,68	0,92	13,93	12,10	12,30	1,93	*W. Kisch*[1]
IX. Gerstensuppe mit Fleischextrakt:												
1*)	Von demselben	1888	8,31	10,56	11,23	54,43	0,76	14,71	11,51	12,24	1,84	*W. Kisch*[1]
X. Reissuppe mit Fleischextrakt:												
1*)	Von demselben	1888	9,80	9,00	10,09	56,46	0,79	13,86	9,98	11,18	1,59	*W. Kisch*[1]
XI. Tapioka mit Knorr'schem Bouillon-Extrakt:												
1	Von demselben***)	1890	12,68	7,00	7,43	54,96	0,07	17,86	8,02	8,51	1,28	*A. Stift*[3]
XII. Tapioka-Julienne-Suppe mit Liebig's Fleischextrakt:												
1	Von demselben***)	1890	9,87	4,94	13,69	59,46	0,61	12,23	5,48	15,19	0,88	*A. Stift*[3]
XIII. Tapioka-Julienne-Suppe°) mit Bouillon-Extrakt:												
1	Von demselben	1887	10,69	4,25	10,61	59,44	1,82	13,19	4,76	12,44	0,76	*v. Peter, Stood und Kisch*[1]
XIV. Grünkern-Suppe°°) mit Bouillon-Extrakt:												
1	Von demselben	1887	6,54	10,44	12,04	53,07	1,43	16,48	11,17	12,88	1,76	*v. Peter, Stood und Kisch*[1]
2	desgl. mit Liebig's Fleischextrakt***)	1890	7,80	9,00	16,40	49,47	0,55	16,78	9,76	17,79	1,56	*A. Stift*[3]

[1]) Original-Mittheilung.
[2]) C. A. Meinert: Armee- und Volksernährung. Berlin 1880, **I**, 468 u. 469.
[3]) Chem. Centrbl. 1890, II, 962, nach Zeitschr. Nahrungsm.-Unters., Hyg., Waarenk. 1890, **4**, 217.

*) Es enthielten Phosphorsäure und Kali:

	V. Hafergrützsuppe No. 1	VI. Kartoffelsuppe No. 1	VII. Brotsuppe No. 1	VIII. Griessuppe No. 1	IX. Gerstensuppe No. 1	X. Reissuppe No. 1
Phosphorsäure	0,95 %	0,57 %	0,68 %	0,61 %	0,76 %	0,51 %
Kali	0,87 „	1,87 „	1,19 „	0,98 „	1,09 „	0,84 „

**) Für die russische Armee von der Aktien-Gesellschaft „Volksernährung" (Narodnoc Prodowolstwo) fabricirt.

***) A. Stift fand ferner in der:

	Rein-Eiweiss	Stärke	Chlornatrium	Von der Stickstoff-Substanz verdaulich
VI. 3. Kartoffelsuppe	5,00 %	53,14 %	12,21 %	83,21 %
XI. Tapioka-Suppe	1,56 „	54,05 „	14,93 „	79,46 „
XII. Tapioka-Julienne-Suppe	2,19 „	61,67 „	10,01 „	78,48 „
XIV. 2. Grünkern-Suppe	6,57 „	48,63 „	15,48 „	88,19 „

°) Unter Tapioka-Julienne ist ein Gemisch von Reis mit Suppenkräutern zu verstehen.
°°) Grünkern ist unreifer Spelz.

No.	Nähere Bezeichnung	Zeit der Untersuchung	In der natürlichen Substanz: Wasser %	Stickstoff-Substanz %	Fett %	Stickstofffreie Extraktstoffe %	Rohfaser %	Asche %	In der Trocken-Substanz: Stickstoff-Substanz %	Fett %	Stickstoff in der Trocken-Substanz %	Analytiker
XV.	Kurry-Suppe*) mit Bouillon-Extrakt:											
1	Von C. H. Knorr in Heilbronn	1887	6,59	17,81	20,84	39,54	2,15	13,07	19,07	22,31	3,05	*v. Peter, Stood und Kisch*[1])
XVI.	Mock-Turtle-Suppe, sog. Schildkrötsuppe:											
1	Von demselben . . .	1886	4,97	18,37	17,31	40,27	3,23	15,85	19,31	18,21	3,09	*v. Peter, Stood und Kisch*[1])
	G. Kondensirte Suppentafeln. (Gemische von Mehl mit nur Fett, Gewürzen und Salz.)											
	A. Suppentafeln von Rud. Scheller in Hildburghausen:											
I. 1	Sog. kondensirte braune Griessuppe	1877	7,92	7,56	(7,56)	60,53	1,87	11,47	8,21	(8,21)	1,31	*J. König und C. Krauch*[1])
2	Sog. kondensirte braune Griessuppe	1878	9.48	7,64	14,47	55,78	1,23	11,40	8,44	15,99	1,35	*J. König und C. Krauch*[1])
3	Sog. kondensirte braune Griessuppe	1882	10,49	5,94	15,61	55,39	1,10	11,48	6,64	17,44	1,06	*J. König und C. Krauch*[1])
	I. Mittel	—	**9,30**	**7,05**	**15,04**	**55,76**	**1,40**	**11,45**	**7,76**	**16,72**	**1,21**	
II.	Sog. kond. Gerstensuppe	1883	10,99	6,07	15,87	51,19	1,23	14,65	6,82	17,83	1,11	*J. König*[1])
III. 1	Sog. kond. Erbsensuppe (Erbsenpuree etc.)	1877	4,94	20,32	23,79	42,55		8,40	21,38	25,02	3,42	*A. v. Loesecke*[1])
2	Sog. kond. Erbsensuppe (Erbsenpuree etc.)	1878	8,08	15,81	24,41	36,78	1,69	13,23	17,20	26,56	2,75	*C. Söllscher*[1])
3	Sog. kond. Erbsensuppe (Erbsenpuree etc.)	1883	12,49	17,25	25,16	30,32	1,50	13,28	19,71	28,75	3,15	*C. Söllscher*[1])
	III. Mittel	—	**8,50**	**17,79**	**24,45**	**35,99**	**1,63**	**11,64**	**19,43**	**26,78**	**3,11**	
	B. Suppentafeln von Alex Schörke & Co. in Görlitz:											
I. 1	Erbsentafeln, kond. Erbsensuppe	1879	7,25	18,44	19,55	41,95		12,81	19,88	21,08	3,18	*H. Fleck*[3])
2	Erbsentafeln, kond. Erbsensuppe	„	6,30	19,03	20,20	41,93		12,54	20,31	21,56	3,24	*H. Fleck*[3])
3	Erbsentafeln, kond. Erbsensuppe	1883	7,68	15,31	20,40	42,38	2,00	12,23	16,58	22,10	2,65	*J. König und C. Söllscher*[1])
4	desgl. mit Speck .	„	8,16	16,19	22,61	40,57	1,72	10,75	17,63	24,62	2,82	*J. König und C. Söllscher*[1])
5	desgl. mit Speck .	1884	10,77	18,75	21,08	37,64	1,28	10,48	21,01	23,62	3,36	*J. König und C. Söllscher*[1])
	I. Mittel	—	**8,03**	**17,54**	**20,77**	**40,25**	**1,65**	**11,76**	**19,08**	**22,59**	**3,05**	
II. 1	Bohnentafeln . . .	1879	3,70	16,69	20,70	44,84		14,07	16,91	21,49	2,71	*H. Fleck*[3])
2	Bohnentafeln . . .	1887	10,38	18,81	20,64	36,60	1,54	12,03	20,99	23,03	3,35	*W. Kisch*[1])
	II. Mittel	—	**7,04**	**17,75**	**20,67**	**39,90**	**1,59**	**13,05**	**18,95**	**22,26**	**3,03**	
III. 1	Linsentafeln . . .	1879	4,50	21,50	21,50	39,97		12,53	22,51	22,51	3,60	*H. Fleck*[3])
2	Linsentafeln . . .	1887	9,34	20,00	19,77	37,21	1,76	11,91	22,06	21,81	3,53	*W. Kisch*[1])
	III. Mittel	—	**6,92**	**20,75**	**20,64**	**37,66**	**1,81**	**12,22**	**22,28**	**22,16**	**3,57**	

[1]) Original-Mittheilung.

[2]) Archiv f. Pharm. 1887, **225**, 415.

[3]) C. A. Meinert, Armee- und Volksernährung. Berlin 1880, I, 453.

*) Kurry ist ein indisches Gewürz.

Nähere Bezeichnung	Zeit der Untersuchung	In der natürlichen Substanz						In der Trocken-Substanz		Stickstoff in der Trocken-Substanz	Analytiker
		Wasser %	Stick-stoff-Substanz %	Fett %	Stickstoff-freie Ex-traktstoffe %	Rohfaser %	Asche %	Stick-stoff-Substanz %	Fett %	%	
Erbswurst	1879	5,36	19,60	34,59	29,75	—	10,70	20,71	36,55	3,31	*G. Heppe* [1])
desgl. 542 g	„	6,91	11,80	47,58	25,31	—	8,40	12,68	51,12	2,03	*Fr. Hofmann* [2])
desgl. 492 g	„	5,68	16,45	36,17	33,20	—	8,50	17,44	38,35	2,77	*Fr. Hofmann* [2])
desgl. . . . von L. Léjeune in Berlin*)	1884	6,67	15,44	38,65	32,27	1,01	6,93	16,54	41,41	2,65	*J. König* [3])
desgl. I. Qual. von L. Léjeune in Berlin*)	„	9,13	13,55	40,52	29,30	0,73	7,50	14,91	44,59	2,39	*J. König* [3])
desgl. II. „ von L. Léjeune in Berlin*)	„	8,89	11,87	38,87	32,43	0,90	7,94	13,07	42,66	2,09	*J. König* [3])
desgl. mit Speck von A. Schörke u. Co. in Görlitz	„	3,68	16,94	34,85	33,97	1,08	10,56	17,59	36,18	2,81	*J. König* [3])
desgl. „ „ u. Schinken von A. Schörke u. Co. in Görlitz	„	6,44	16,19	35,83	33,24	1,00	8,30	17,30	38,32	2,77	*J. König* [3])
desgl. von Dennerlein & Co. in Berlin*)	1883	6,05	17,29	34,42	32,92	0,88	9,32	18,40	36,64	2,94	*J. König* [3])
desgl. der deutschen Armee**)	1887	11,90	19,03	16,18	39,98	Spur	12,91	21,60	18,37	3,46	*A. Gawalowski* [4])
Erbswurst von C. H. Knorr in Heilbronn***) . . .	1890	7,09	19,81	16,97	43,14	0,78	12,21	21,32	18,28	3,41	*A. Stift* [5])
Deutsche Erbswurst, Mittel	—	**7,07**	**16,36**	**34,00**	**32,29**	**0,80**	**9,48**	**17,60**	**36,59**	**2,82**	
Französische Erbswurst⁰) .	1884	11,00	19,65	15,52	41,05	4,32	11,88	22,08	17,44	3,53	*J. König* [3])

Sonstige Analysen:

M. Mansfeld: Suppenkonserven. (Zeitschr. angew. Chemie **1895**, **215** und Zeitschr. Nahrungsmittel-Untersuchung, Hyg., Waarenk. **1896**, **11**, **335**.) Unvollständige Analysen, bei denen nur Fett und Stickstoffsubstanz und zum Theil auch Asche und Ranzigkeit des Fettes bestimmt wurden und von deren Wiedergabe daher hier abgesehen werden kann.

[1]) Nach C. A. Meinert, Armee- und Volksernährung. Berlin 1880, **I**, 184, 189 u. 470.

[2]) Fr. Hofmann, Bedeutung von Fleischnahrung und Fleischkonserven. Leipzig 1880, 99, 103 u. 116.

[3]) Original-Mittheilung.

[4]) Viertelj. Nahrungs- u. Genussm. 1887, **2**, 346, nach Zeitschr. Nahrungsmittel-Unters. Hyg., Waarenk. 1887, **I**, 47.

[5]) Chem. Centr.-Bl. 1890, II, 961, nach Zeitschr. Nahrungsmittel-Unters. Hyg., Waarenk. 1890, **4**, 217.

*) Die Erbswurst von L. Léjeune in Berlin kostete für die I. Qual. 1,20 M., für die II. Qual. 1,00 M. pro 1 kg, die von Dennerlein & Co. 1,60 M. pro 1 kg.

**) A. Gawalowski fand ausserdem: 18,05 % wasserunlösliches und 0,98 % wasserlösliches Eiweiss, Spuren Glukose, 4,40 % Rohrzucker, 4,70 % sonstige wasserlösliche Kohlenhydrate, 31,87 % ungelöste Stärke, 11,70 % Chlornatrium. — Mikroskopischer Befund: Viel Leguminosenstärke, ferner Salzkrystalle, einzelne theils unverletzte, theils in Fragmente vorhandene Kümmelsamen, Trümmer von Paprikaschote und Pfeffer, sowie zerschnittene Zwiebelknollenblätter.

***) A. Stift fand ferner: 17,06 % Reineiweiss, 50,13 % Stärke, 10,06 % Chlornatrium und von der Stickstoff-Substanz 93,06 % verdaulich.

⁰) Der hohe Gehalt an Rohfaser in der französischen Erbswurst rührt ohne Zweifel von der Verwendung eines groben Mehles und grobstengeliger resp. grobschaliger Gewürze her.

Peptone.

A. Aeltere Analysen.

Bei diesen Analysen sind die Albumosen (Propepton) mit Ferriacetat und die Peptone durch Fällung mit phosphorwolframsaurem Natrium im Filtrat der Ferriacetat-Fällung und Multiplikation des gefundenen Stickstoffs mit 6,25 bestimmt worden. Bei den übrigen mit *) versehenen Analysen ist der Gehalt an Albumosen und Peptonen in derselben Weise bestimmt, jedoch ist der durch Phosphorwolframsäure gefällte Stickstoff bei der Berechnung der Peptone mit 6,41 multiplicirt worden.

Nähere Bezeichnung	Zeit der Untersuchung	Wasser	Organische Stoffe	In den organischen Stoffen						Mineralstoffe	Kali	Phosphorsäure	Chlornatrium **)	Analytiker
				Gesammt-Stickstoff	Unlösliche u. koagulirbare Eiweissstoffe (Stickst. × 6,35)	Albumosen *)	Peptone *)	Aetherextrakt	Sonstige organische Stoffe					
		%	%	%	%	%	%	%	%	%	%	%	%	
I. E. Merck's Pepton.*)**														
No. 1. Syrupform . .	1885	32,42	63,75	9,01	Spur	10,75	27,94*)	0,39	24,67	3,83	1,78	1,46	—	J. König [1])
No. 2. Pulverform . .	1885	6,91	86,76	13,26	0,63	23,00	32,49*)	0,61	30,03	6,33	2,42	2,42	—	J. König [1])
No. 3. Caseïn-(Milch-)Pepton . . .	1886	3,87	83,44	12,59	Spur	Spur	68,44	15,00		12,69	—	—	—	Th. Weyl [2])
II. Carnick's beef peptonids.														
No. 1 . . .	1885	6,75	87,75	10,49	1,37	56,62	7,11*)	22,65		5,50	1,33	1,27	2,33	A. Stutzer [3])
III. Kemmerich's Fleischpepton; a. In Pulverform.														
No. 1 . . .	—	10,30	79,97	13,94	0,93	34,43	36,31	0,63	7,67	9,73	3,87	3,22	—	J. König [4])
IV. desgl. [0]); b. festes.														
No. 1 . . .	1885	34,17	59,14	9,93	—	7,75	37,11*)	15,26		6,69 [0])	2,85	2,34	1,06	R. Fresenius [5])
„ 2 . . .	—	33,41	59,26	10,29	—	10,29	37,24*)	11,73		7,33	—	—	—	A. Stutzer [6])
„ 3 . . .	—	35,90	54,50	9.16	1,43	6,13	23,13*)	23,81		9,60	—	—	—	A. Stutzer [6])
„ 4 . . .	1885	32,36	60,20	9,42	1,48	29,87	26,21	0,18	2,37	7,44 [0])	3,77	2,54	1,14	R. Schmidt [7])
„ 5 . . .	1885	30,62	61,69	10,12	0,49	18,75	39,16	0,44	2,85	7,69 [0])	3,34	2,61	1,09	J. König [8])
Mittel	—	**33,49**	**58,96**	**9,78**	**1,13**	**14,56**	**32,57**	**0,31**	**2,61**	**7,75**	**3,32**	**2,50**	**1,10**	
V. desgl.; c. flüssiges, oder Fleischbouillon genannt.														
No. 6 . . .	—	61,59	17,48	2,78	Spur	5,68	9,30	0,53	1,97	20,93	—	1,88	14,88	J. König [4])
„ 7 . . .	—	61,68	20,43	3,05	—	2,69	5,51	1,41	10,82	17,89	1,65	1,56	14,07	J. König [4])
„ 8 . . .	—	63,31	22,50	3,69	0,21	6,89	12,51	0,97	1,92	14,19	1,99	1,44	9,02	J. König [4])
Mittel	—	**62,19**	**20,14**	**3,17**	**0,18**	**5,09**	**9,11**	**0,97**	**4,79**	**17,67**	**1,82**	**1,63**	**12,66**	

[1]) Archiv für Hygiene 1885, **3**, 476.
[2]) Berl. klinische Wochenschrift 1886, No. 15.
[3]) Berl. klinische Wochenschrift 1885, No. 15.
[4]) Original-Mittheilung.
[5]) Brendel, Kemmerich's Fleischpepton. Berlin 1885.
[6]) Repertorium für analytische Chemie **5**, 121.
[7]) Chem.-Ztg. 1885, **9**, 1670.
[8]) Archiv für Hygiene 1885, **3**, 486.

*) Der Peptongehalt ist durch Multiplikation des Stickstoffs mit 6,41 berechnet.
**) Das Chlornatrium ist aus dem Chlorgehalt der Asche berechnet.
***) Die Merck'schen Peptone sind durch Pankreasferment hergestellt und als Pankreatin-Peptone zu bezeichnen. No. 1 ergab 0,192 %, No. 2 = 0,338 % Schwefel.
[0]) Kemmerich's Pepton enthielt:

	Schwefel in Form von		In den Mineralstoffen						In 80 procentigem Alkohol lösliche Theile
	Sulfaten	Eiweiss	Na_2O	CaO	MgO	Fe_2O_3	SO_3	SiO_2 etc.	
	%	%	%	%	%	%	%	%	%
No. 1 . . .	—	—	0,76	0,03	0,18	0,01	0,008	0,018	—
„ 3 . . .	0,030	0,351	—	—	—	—	—	—	—
„ 4 . . .	—	0,219	0,75	0,05	0,24	—	0,130	0,05	—
„ 5 . . .	—	0,154	0,73	0,05	0,21	0,02	0,230	—	27,69

Nähere Bezeichnung	Zeit der Untersuchung	Wasser %	Organische Stoffe %	In den organischen Stoffen: Gesammt-Stickstoff %	Unlösliche u. koagulirbare Eiweissstoffe (Stickst. × 6,25) %	Albumosen*) %	Peptone*) %	Aetherextrakt %	Sonstige organische Stoffe %	Mineralstoffe %	Kali %	Phosphorsäure %	Chlornatrium**) %	Analytiker
VI. Kochs' Fleischpepton; a. festes.														
No. 1***)	—	43,24	50,55	7,34	2,18	3,53	15,89	—	28,95	6,21	—	—	—	*A. Stutzer*[1])
„ 2***)	1885	33,51	59,14	8,62	1,25	29,25	22,81	0,36	5,37	6,98 ***)	2,38	2,85	0,43	*R. Schmidt*[2])
„ 3***)	—	43,04	49,65	7,44	1,02	16,25	24,04	1,28	7,06	7,31	3,39	2,92	1,17	*J. König*[3])
„ 4***)	1884	40,44	52,47	—	1,21	14,77 ***)	12,59 ***)	—	—	7,09	—	—	—	*Bodländer*[4])
Mittel	—	**40,16**	**52,95**	**7,80**	**1,42**	**15,95**	**18,83**	**0,79**	**15,96**	**6,89**	**2,88**	**2,88**	**0,80**	
VII. desgl.; b. flüssiges, sog. Kochs' Pepton-Bouillon.														
No. 1	1885	61,87	21,71	3,05	0,38	7,16*)	6,09*)	1,05	7,03	16,42	2,35	1,69	12,57	*J. König*[3])
VIII. Leube-Rosenthal'sche Fleischsolution.[9])														
No. 1	1884	72,81	23,97		21,88		—	0,72	—	3,22	—	—	1,86	*E. Salkowski*[5])
„ 2	„	80,36	18,36	2,30	—	9,00	1,79	2,00	5,57	1,28	—	0,34	0,49	*Fr. Strohmer*[5])
„ 3	„	67,21	31,99	3,42	—	11,00	6,51	1,80	7,55	1,80	—	0,58	0,46	*Fr. Strohmer*[5])
Mittel	—	**73,44**	**24,47**	**2,86**	—	**10,00**	**4,15**	**1,51**	**6,56**	**2,10**	—	**0,46**	**1,20**	
IX. Fluid meat von Darby.														
No. 1	1879	20,79	64,43	8,21	—	—	23,80	—	—	14,78	—	0,57	9,99	*M. Rubner*[6])
„ 2	1880	30,62	57,16	7,92	—	—	37,40	—	—	12,22	—	—	—	*M. Rubner*[6])
Mittel	—	**25,71**	**60,79**	**8,06**	—	—	**30,60**	—	—	**13,50**	—	**0,53**	**9,51**	
X. Johnston's Fluid beef.														
No. 1	1880	39,37	50,29	7,20	—	—	—	—	—	10,37	3,58	2,97	—	*C. Gilbert*[7])
„ 2	„	42,46	47,98	6,56		46,25		1,73		9,56	3,10	2,28	—	*L. Marquardt*[7])
„ 3	„	44,60	45,73	5,84		44,19		1,54		9,67	2,89	1,89	—	*B. C. Niederstadt*[7])
„ 4	—	44,80	45,90	5,10		43,60		2,30		9,30	—	2,10	—	*A. Oberdörfer*[7])
„ 5	—	44,50	46,05	6,13		42,44		2,01		9,43	2,93	1,22	—	*Pieper*[7])
„ 6	—	44,40	—	—		—		—	—	—	—	—	—	*Ulex*[7])
„ 7	—	44,55	45,67	5,33		43,07		2,60	—	9,78	2,51	1,90	—	*Th. Wimmel*[7])
„ 8	—	49,49	45,32	7,20	—	17,75	18,18*)	9,41		5,19	1,72	1,91	—	*A. Stutzer*[8])
Mittel	—	**44,27**	**46,69**	**6,19**	—	**18,14**	**18,57**	**2,04**	**7,94**	**9,04**	**2,97**	**2,04**	—	
XI. Mardock's Liquid food.[00])														
No. 1	1885	83,61	15,83	2,39	—	12,91	0,24*)	2,68		0,56	0,17	0,10	0,08	*A. Stutzer*[8])

[1]) Repertorium für analytische Chemie **5**, 121.
[2]) Chem.-Ztg. 1885, **9**, 1670.
[3]) Archiv für Hygien 1885, **3**, 486.
[4]) „Ein neues Fleischpepton" von W. Kochs 1884, 11.
[5]) Wiener medic. Wochenschr. 1884, No. 9.
[6]) Zeitschr. f. Biol. 1879, **15**, 485 u. 1880, **16**, 209 u. 212.
[7]) Pharm. Centrhl. 1880, **21**, 190.
[8]) Berl. klinische Wochenschrift 1885, No. 15.

*) Vergl. Anmerkung *) S. 86.
**) Vergl. Anmerkung **) S. 86.
***) Bodländer fällte das Propepton durch Natriumsulfat, das eigentliche Pepton oder Pepton 2 durch Ammoniumsulfat, indem das Gewicht der ersteren Fällung von dem der letzteren abgezogen wurde. No. 1 enthielt: 0,305 %, No. 2: 0,251 %, No. 3: 0,169 % und No. 4: 0,229 % Schwefel in Form von Eiweiss. No. 2 enthielt ferner in der Asche 1,22 % Na_2O, Spuren CaO, 0,19 % MgO, 0,11 % SO_3 und 0,03 % SiO_2 etc.

[9]) Die Leube-Rosenthal'sche Fleischsolution wird durch Behandeln des zerhackten Fleisches mit Salzsäure in Papin'schen Töpfen dargestellt.

[00]) Diese Präparate sind wahrscheinlich alle durch Behandeln des Fleisches mit Wasserdampf unter Druck gewonnen.

Nähere Bezeichnung	Zeit der Untersuchung	Wasser	Organische Stoffe	In den organischen Stoffen: Gesammt-Stickstoff	Unlösliche u. koagulirbare Eiweissstoffe (Stickst. × 6,25)	Albumosen*)	Peptone*)	Aetherextrakt	Sonstige organische Stoffe	Mineralstoffe	Kali	Phosphorsäure	Chlornatrium*)	Analytiker
		%	%	%	%	%	%	%	%	%	%	%	%	
XII. Valentine's Meat juice.)**														
No. 1 . . .	1885	59,07	29,41	2,50	—	1,81	4,87*)		22,73	11,52	5,11	3,76	0,08	A. Stutzer [1]
XIII. Savory und Moore's fluid beef.)**														
No. 1 . . .	1885	27,01	60,89	8,77	—	5,42	2,74*)		52,73	12,10	4,20	1,49	4,41	
XIV. Brand & Co.'s fluid beef.)**														
No. 1 . . .	1885	89,19	9,50	1,48	—	2,25	6,21*)		1,04	1,31	0,20	0,19	0,10	
XV. Bengers peptonised beef jelly.														
No. 1 . . .	1885	89,68	9,43	1,55	—	2,41	4,75		2,27	0,89	0,30	0,53	0,16	

B. Neuere Analysen.

Bei diesen Analysen sind die Albumosen durch Fällen mit Ammonsulfat (Zinksulfat) und die Peptone durch Fällen mit Phosphorwolframsäure bestimmt.

Nähere Bezeichnung	Zeit der Untersuchung	Wasser	Organische Stoffe	Gesammt-Stickstoff	Unlösliche u. koagulirbare Eiweissstoffe	Albumosen	Peptone	Aetherextrakt	Sonstige organische Stoffe	Mineralstoffe	Kali	Phosphorsäure	Chlornatrium	Analytiker
I. Somatose der Farbenfabriken Friedr. Bayer & Co. Elberfeld.														
No. 1 . . .	1893	10,04	83,24	12,89	0	78,09 ***)	3,40	—	—	6,72	—	—	—	F. Goldmann [2])
„ 2 . . .	„	9,20	84,02	12,84	0	77,85	2,20°)	—	—	6,78	—	—	—	
„ 3 . . .	1894	15,25	80,55	12,34	0	73,85	2,76	—	—	4,20	—	0,10	—	M. Mansfeld [3])
„ 4 . . .	1896	9,16	84,20	13,67	0	—	—	—	—	6,64	—	—	—	Alex. Ellinger [4])
Mittel	—	**10,91**	**83,00**	**12,94**	**0**	**76,59**	**2,79**	—	—	**6,09**	—	—	—	
II. Antweiler's Pepton;°°) pulverförmig.														
No. 1 . . .	—	7,92	75,07	12,00	1,37	48,66	23,46	0,31	1,27	17,01	0,70	0,38	13,41	J. König, H. Weigmann u. W. Kisch [5])
„ 2 . . .	—	5,91	84,48	13,79	5,06	46,82	30,74	0,76	1,10	9,61	0,65	0,62	5,85	
III. Pepton von H. Finzelberg's Nachfolger; pulverförmig.														
No. 1 . . .	—	6,44	76,54	11,81	0,53	50,57	20,24	0,14	5,06	17,02	0,54	0,31	15,13	J. König und C. Stood [6])
IV. Liebig's Fleischpepton.														
No. 1 . . .	1895	31,36	59,61	10,08	3,04	29,74	26,83			9,03	—	—	—	Vers.-Station Münster [5])
„ 2 . . .	„	31,90	58,20	9,87	0,92	°°°)				9,90	4,66	2,74	1,32	A. Stutzer [7])

[1]) Berl. klinische Wochenschr. 1885, No. 15.
[2]) Viertelj. Nahrungs- u. Genussm. 1893, **8**, 356, nach Pharm. Ztg. 1893, **38**, 667.
[3]) Viertelj. Nahrungs- u. Genussm. 1894, **9**, 321.
[4]) Zeitschr. für Biologie 1896, **33**, 190.
[5]) Original-Mittheilung.
[6]) Zeitschr. für analyt. Chemie 1889, **28**, 191.
[7]) Zeitschr. f. angew. Chem. 1895, 529.

*) Vergl. Anmerkung *) und **) S. 86.
**) Vergl. Anmerkung °°) S. 87.
***) Verf. fand nach Kühne 48,20 % Deutero- und 51,8 % Heteroalbumose, dagegen keine Protero- und Dysalbumosen.
°) Polarimetrisch bestimmt in der eingedickten Lösung.
°°) Diese Peptone sind wegen des geringen Gehaltes an Kali und Phosphorsäure wahrscheinlich aus mit Wasser extrahirtem Fleisch hergestellt. Die Präparate von Antweiler, Kemmerich, Kochs, Darby, Mardock, Valentine, Johnstone sind wahrscheinlich alle durch Behandeln des Fleisches mit Wasserdampf unter Druck gewonnen.
°°°) A. Stutzer trennte die Stickstoffverbindungen nach seinem (Zeitschr. analyt. Chem. 1895, **34**, 372, beschriebenen) Verfahren durch Anwendung von Alkohol und fand, dass vom Stickstoff vorhanden war:

Stickstoff als Albumosepepton	1,49 %	entsprechend 9,31 %	Albumosepeptons
„ „ Pankreaspepton	3,74 „	„ 23,12 „	Pankreaspepton
„ in Form von Fleischbasen und Fleischzersetzungsprodukten in Alkohol löslich	2,15 „		
„ „ „ „ „ „ „ unlöslich	0,93 „		
„ als Leim	1,13 %	entsprechend 6,95 „	Leim
„ „ Ammoniaksalze	0,34 „		

Nähere Bezeichnung	Zeit der Untersuchung	Wasser %	Organische Stoffe %	In den organischen Stoffen: Gesammt-Stickstoff %	Unlösliche u. koagulirbare Eiweissstoffe (Stickst. × 6,25) %	Albumosen %	Peptone %	Aetherextrakt %	Sonstige organische Stoffe %	Mineralstoffe %	Kali %	Phosphorsäure %	Chlornatrium %	Analytiker
V. Kemmerich's Fleischpepton.														
No. 1 . . .	1895	32,35	—	10,08	0,38	25,94	0*)	—	—	—	—	—	—	*J. König und A. Bömer* [1])
VI. Cibil's Papaya-Fleischpepton.														
No. 1 . . .	1888	31,69	56,10	9,04	0,33	13,71	28,29	—	13,77	12,21	3,10	2,50	2,88	*J. König und W. Kisch* [2])
„ 2 . . .	1889	31,50	56,20	—	—	12,45	38,60	—	—	12,20	—	—	—	*C. Rüger* [3])
VII. Fleischpepton von Jean Jolten in Antwerpen.														
No. 1 . . .	1891	56,65	41,00	6,46	0	4,88	28,30	7,76	0,06	2,35	0,78	0,51	—	*Versuchs-Station Münster* [4])
VIII. Pepton von Dr. C. Aschmann in Ettelbrück.														
No. 1 . . .	1892	53,69	43,18	6,25	0	3,15	22,45	—	—	3,13	—	—	—	*Versuchs-Station Münster* [4])
IX. Maggi's Pepton. Kranken-Nahrung; fest.														
No. 1 . . .	1887	8,03	85,77	6,60	—	31,11 (Albumosen und Peptone)		—	Zucker 37,80 **)	6,20	—	—	3,33	*C. Schumacher-Kopp* [5])
„ 2 . . .	1888	5,15	85,44	—	0,27	19,64	12,17	0	15,42 **)	9,41	1,05	0,22	6,55	*C. Stood und W. Kisch* [4])
X. Fleischsaft „Puro" von H. Scholl in Thalkirchen bei München.														
No. 1 . . .	1896	44,28	46,42	7,46	Albumin 11,94	12,58	17,06	***)	—	9,30	2,87	3,27	—	*Vers.-Station Münster* [4])
„ 2 . . .	1897	36,60	53,88	°)	23,51	0	6,82	1,16	—	9,52	3,92	3,13	—	*W. und R. Fresenius* [6])
XI. Denaeyer's flüssiges Fleischpepton.														
No. 1 (No. 1–8: Aus Apotheken Deutschlands, Belgiens und der Schweiz. °°))	1891	87,95	9,85	1,59	7,26 (Unlösl. Eiweissstoffe und Albumosen)		0	2,59 (Aetherextrakt und sonstige org. Stoffe)		2,20	—	—	—	*Emil Niederhäuser* [7])
„ 2	„	85,06	13,02	2,11	9,88		0	3,14		1,92	—	—	—	
„ 3	„	87,58	9,97	1,68	7,16		0	2,81		2,45	—	—	—	
„ 4	„	81,95	15,79	2,55	11,91		0	3,88		2,26	—	—	—	
„ 5	„	86,53	10,76	1,82	8,38		0	2,38		2,71	—	—	—	
„ 6	„	86,43	10,96	1,77	7,66		0	3,30		2,61	—	—	—	
„ 7	„	83,37	14,64	2,29	10,00		0	4,64		1,99	—	—	—	
„ 8	„	83,88	14,02	2,28	10,68		0	3,34		2,10	—	—	—	
„ 9 . . .	1892	78,45	19,01	3,06	—	10,58	1,33°°°)	—	—	2,54	—	—	—	*A. Stutzer* [8])
„ 10 . . .	„	80,80	18.14	2,78	—	—	—	—	—	1,66	—	—	—	*O. Deiters* [9])
Mittel	—	**84,20**	**13,56**	**2,19**	**9,12**		—	**3,26**		**2,24**	—	—	—	

[1]) Zeitschr. für analyt. Chemie 1895, **34**, 548.
[2]) Zeitschr. für analyt. Chemie 1889, **28**, 191.
[3]) Archiv für Hygiene 1889, **9**, 317.
[4]) Original-Mittheilung.
[5]) Chem.-Ztg. 1887, **11**, 1395.
[6]) Viertelj. Nahrungs- u. Genussm. 1897, **12**, 159, nach Pharm. Centrh. 1897, **38**, 254.
[7]) Viertelj. Nahrungs- u. Genussm. 1891, **6**, 293, nach Pharm. Centrh. 1891, **32**, 321.
[8]) Pharm. Centrh. 1892, **33**, 253.
[9]) Hygienische Rundschau 1892, **2**, 638.

*) Im Filtrate der Zinksulfatfällung trat keine Biuret-Reaktion ein, Peptone sind demnach nicht vorhanden. Durch Phosphorwolframsaures Natrium fällbar wurden 3,97 % Stickstoff, an Ammoniakstickstoff 0,29 % gefunden.

**) Ausserdem enthielt No. 1 noch 6,60 % und No. 2 32,33 % sonstige lösliche Kohlenhydrate. Von dem durch Inversion mit 2 ccm Salzsäure auf 100 ccm Lösung erhaltenen Zucker reducirten 7,88 % schon vor der Inversion.

***) Das Präparat enthält ferner 0,57 % Ammoniak-Stickstoff.

°) Der Fleischsaft enthielt:

Unlösliche Eiweissstoffe	Koagulirbare Eiweissstoffe	Leim	Ammoniak	Fleischbasen und stickstofffreie Extraktstoffe
2,28 %	21,23 %	2,96 %	0,27 %	19,16 %

°°) Die Präparate hatten bei 20° dickflüssige bis gelatinöse Konsistenz und enthielten daher wahrscheinlich Gelatine. Alle Präparate enthielten Borsäure.

°°°) Ausserdem fand A. Stutzer 0,75 % Leim, 1,98 % Leimpepton und 0,14—0,27 % Borsäure.

Nähere Bezeichnung	Zeit der Untersuchung	Wasser %	Organische Stoffe %	In den organischen Stoffen: Gesammt-Stickstoff %	Kasein %	Albumosen %	Peptone %	Aetherextrakt %	Milchzucker %	Mineralstoffe %	Kali %	Phosphorsäure %	Chlornatrium %	Analytiker
XII. Milchpepton.														
No. 1 . . .	1893	21,09	74,58	2,93	4,13	12,40	0,81*)	27,86	25,71	4,33	—	1,20	1,06	*M. Mansfeld*[1])
XIII. Aleuronatpepton von R. Hundhausen in Hamm. Versuchspräparate.					Unlösl. u.koagulirbare Eiweissstoffe									
No. 1 . . .	1894	25,13	74,12	13,13	0	60,49	23,44	10,22	—	0,75	—	—	—	*Versuchs-Station Münster*[2])
„ 2 . . .	„	38,23	60,65	10,47	0	49,10	—	—	—	1,12	—	—	—	
„ 3 . . .	1895	30,76	—	11,92	0	54,27	13,83	—	—	1,11	—	—	—	
„ 4 . . .	1896	34,90	—	—	0	50,23	5,91	**)	—	2,92	—	—	—	
XIV. Disqué's Pflanzenpepton aus Albumin durch Papaïn hergestellt.									Stärke etc.					
No. 1 . . .	1893	9,47	86,36	11,48	10,35	49,78	2,09	9,55	14,69	4,17	—	—	—	
XV. Malto-Fleischpepton von A. Brunn in Wiesbaden.													CaO	
No. 1 . . .	1889	51,64	43,32	2,85	0,47	10,11	0,46	0,26	25,25 ***)	5,04	2,18	0,46	1,95	*E. Fricke u. W. Kisch*[2])
XVI. Malto-Pepton von demselben.[0])														
No. 1 . . .	1889	44,51	50,41	2,68	0,56	8,89	2,29	Dextrin 17,20	16,46 ***)	5,08	1,53	0,71	—	

Procentige Zusammensetzung der Asche von einigen vorstehenden Fleischpeptonen:[00])

Nähere Bezeichnung	In Procenten der Asche: Kali %	Natron %	Kalk %	Magnesia %	Eisenoxyd %	Phosphorsäure %	Schwefelsäure %	Chlor %	Kieselsäure etc. %
IV. Kemmerich's Fleischpepton No. 1 . .	42,59	11,41	0,51	2,68	0,15	34,96	(0,12)	9,54	0,27
„ „ „ 4 . .	42,70	10,08	0,77	3,23	—	34,26	1,78	9,23	0,66
„ „ „ 5 . .	43,50	9,43	0,65	2,78	0,21	33,96	2,93	8,56	—
VI. Kochs' Fleischpepton No. 2	34'13	17,43	Spur	2,71	—	40,81	1,62	3,75	0,37
„ „ „ 4 . . .	35,59	9,91	0,45	2,34	0,11	31,95	12,23	9,48	—

[1]) Zeitschr. f. Nahrungsmittel-Untersuchungen, Hygiene und Waarenkunde 1893, **7**, 376.

[2]) Original-Mittheilung.

*) Nach der Methode von A. Stutzer (Zeitschr. f. analyt. Chemie 1892, **31**, 500) analysirt. Im Alkohol lösliche Stickstoff-Substanz 3,64 %.

**) Das Präparat enthielt 0,13 % Ammoniak-Stickstoff.

***) Davon bestanden beim Maltofleischpepton 7,57 %, beim Maltopepton 5,39 % aus Dextrose.

[0]) Mit Hülfe der bei der Teiggährung entstehenden Fermente dargestellt.

[00]) Vergl. hierzu die zugehörigen Analysen auf S. 86 und 87.

Fleischextrakte.

Aeltere Analysen.

1. Enders, Jahresbericht f. Chemie 1869, S. 1100.
2. P. Wagner,
3. E. Reichardt } Jahresbericht für Agrikulturchemie 1873/74, 2, 21.
4. A. Völker,
5. Die Versuchsstationen Insterburg, Proskau, Kuschen, Poppelsdorf, Dahme, Bonn, Regenwalde, Ida Marienhütte und Waldau (Jahresbericht für Agrikulturchemie 1867, S. 382) untersuchten Fleischextrakt aus Fray-Bentos. Von den Untersuchungsresultaten geben wir nur die Aschenanalysen unten im Zusammenhange mit anderen wieder.
6. E. Wildt, Analysen des Fleischextraktes von Dr. Papilsky und Brühl in Jersitz bei Posen. Originalmittheilung in der 3. Auflage dieses Buches S. 235. — Dieser Fleischextrakt wird zur Zeit nicht mehr hergestellt.
7. Staats-Gesundheitsamt in New-York. Aus dem Jahresbericht desselben in Pharmac. Rundschau 1883, S. 23.

No.	Nähere Bezeichnung	Zeit der Untersuchung	Wasser %	Organische Stoffe %	Gesammt-Stickstoff %	Mineralstoffe %	Kali %	Phosphorsäure %	Chlornatrium %	In 80%igem Alkohol löslich %	Analytiker
1	Liebig's Fleischextrakt aus Fray-Bentos . . .	1881	28,70	51,10	8,55	20,20	—	—	—	65,14	E. Wildt [1])
2	desgl.	„	19,80	55,84	8,46	24,36	—	—	—	65,29	
3	desgl.	1885	19,33	57,52	8,91	23,15	10,18	7,83	1,39	—	A. Stutzer [2])
4	desgl., Mittel von 170 Analysen*)	1887	18,79	58,19	8,00	23,02	—	—	3,80	61,85	R. Sendtner [3])
5	desgl.	1889	18,13	58,57	8,52**)	23,30	—	—	—	72,66	Fr. Strohmer [4])
6	desgl.	1892	18,24	59,88***)	9,01°)	21,88	—	—	—	66,04°)	Th. Dietrich [5])
	Mittel	—	**20,50**	**56,85**	**8,58**	**22,65**	**10,18**	**7,83**	**2,60**	**66,20**	
7	Kemmerich's Fleischextrakt aus St. Elena in Argentinien	1882	17,88	61,13	9,55	20,99	—	—	—	74,44	R. Fresenius [6])
8	desgl.	„	16,89	62,42	8,30	20,60	—	—	—	75,10	Bischof [6])
9	desgl.	„	13,85	66,07	9,02	20,08	—	—	—	76,69	Niederstadt [6])
10	desgl.	1885	20,95	60,81	9,73	18,24	8,30	6,56	1,40	—	A. Stutzer [2])
11	desgl.	1887	18,88	61,66	—	19,46	—	—	—	59,06	R. Sendtner [3])
	Mittel	—	**17,69**	**62,44**	**9,15**	**19,87**	**8,30**	**6,56**	**1,40**	**71,32**	

[1]) Original-Mittheilung.
[2]) Berl. klinische Wochenschrift 1885, No. 15.
[3]) Archiv f. Hygiene 1887, **6**, 253.
[4]) Chem. Centr.-Bl. 1889, **2**, 98.
[5]) Zeitschr. f. Nahrungsmittel-Untersuchungen, Hygiene und Waarenkunde 1894, **8**, 77.
[6]) Chem. Centrbl. 1882, 734.

*) Cibil's und Pastoril's Fleischextrakt haben nach Ansicht von R. Sendtner wahrscheinlich einen Zusatz von Kochsalz erhalten, während der niedrige Gehalt an Salzen bei dem Fleischextrakt Soladero Concordia sich dadurch erklärt, dass das Fleisch vermuthlich nicht so lange ausgezogen wird als bei der Herstellung von Liebig's Extrakt. Liebig's Extrakt ergab 2,84 % , Soladero Concordia nur 1,51 % Milchsäure.

**) Mit 0,19 % unlöslichem Stickstoff.

***) Mit 0,35 % Aetherextrakt.

°) Von den in Alkohol löslichen Stoffen bestanden 14,41 % aus Mineralstoffen und 51,63 % aus organischen Stoffen mit 7,96 % Stickstoff.

No.	Nähere Bezeichnung	Zeit der Untersuchung	Wasser %	Organische Stoffe %	Gesammt-Stickstoff %	Mineralstoffe %	Kali %	Phosphorsäure %	Chlornatrium %	In 80 %igem Alkohol löslich %	Analytiker
12	Whale-Extrakt	1889	23,23	59,07	8,78**)	17,70	—	—	10,80	—	O. Schweisinger[1])
13	Pastoril's Fleischextrakt*) .	1887	15,50	58,27	—	26,32	—	5,30	—	61,74	R. Sendtner[2])
14	Pisonis Extract of meat .	„	17,74	62,58	—	19,68	—	—	—	64,68	R. Sendtner[2])
15	Soladero Concordia*) . .	„	21,88	62,27	9,64	15,85	—	—	—	58,29	R. Sendtner[2])
16	Jonstons Fluid Beef . .	1894	36,09	51,51	6,57 ***)	12,40	—	—	8,58	17,00	Janke[3])
17	Bovril°)	„	35,27	54,02	8,64	10,71	—	—	—	34,04 †)	Th. Dietrich[4])
18	Cibils Extractum carnis .	1887	19,41	54,15	—	26,44	—	—	9,31	62,86	R. Sendtner[2])
19	„Cibils" flüssiger Fleischextrakt	1883	64,96	16,00°°)	2,10	19,44	—	—	15,44	—	A. Hilger[5])
20	desgl.	„	64,79	16,16	2,54	19,05	—	—	15,00	—	Frühling und Schulz[5])
21	desgl., Hermanos . . .	1887	64,13	17,58	2,10	18,29	—	—	13,41	34,28	Frühling und Schulz[5])
	Mittel (No. 19—21	—	**64,63**	**16,44**	**2,25**	**18,93**	—	—	**14,62**	**34,28**	
22	Bouillon conc. Morris, Canning & Co. . . .	1887	64,24	22,36	—	13,40	—	—	—	29,87	R. Sendtner[2])
23	Natürlicher Fleischsaft°°°) .	1879	92,84	6,12	—	1,04	—	—	—	—	J. Martenson[6])
24	Wyets Rindfleischsaft†) . .	1894	44,87	38,01	4,57	17,12	—	—	—	—	? [7])

[1]) Viertelj. Nahrungs- u. Genussm. 1889, **4**, 2, nach Pharm. Centrh. 1889, **30**, 96.

[2]) Archiv f. Hygiene 1887, **6**, 253.

[3]) Zeitschr. f. Nahrungsmittel-Untersuchungen, Hygiene und Waarenkunde 1894, **8**, 10.

[4]) Daselbst S. 77.

[5]) Chem. Centrbl. 1884, 47.

[6]) Archiv d. Pharm. 1879, **217**, 248.

[7]) Viertelj. Nahrungs- u. Genussm. 1894, **9**, 5.

*) Vergl. Anmerkung *) S. 91.

**) Durch Division der 54,85 % Stickstoff-Substanz durch 6,25 von uns berechnet.

***) Das Präparat enthielt in der Trocken-Substanz 30,71 % in Wasser unlösliche Bestandtheile.

°) Bovril enthielt 3,30 % in Alkohol löslichen, 3,30 % in Wasser löslichen und 2,04 % unlöslichen Stickstoff sowie 0,56 % Aetherextrakt.

°°) Mit 0,37 % Aetherextrakt.

°°°) Dieser Fleischsaft wird in St. Petersburg durch Auspressen von zerkleinertem und von Fett befreitem Muskelfleisch unter Anwendung von hydraulischem Druck gewonnen; derselbe hält sich nicht länger wie 1—2 Tage und wird nur frisch abgegeben. Die organische Substanz zerfällt in:

Albumin	Leim und Fleischbasen etc.	Zucker
3,86 %	1,96 %	0,30 %

†) Dunkelröthlich braune, mit dest. Wasser in jedem Verhältniss mischbare Flüssigkeit vom spec. Gew. 1,24 und von rindfleischartigem Geschmack; der Rindfleischsaft gerinnt beim Erhitzen zu einer blutrothen Masse.

No.	Nähere Bezeichnung	Zeit der Untersuchung	Wasser	Organische Stoffe	Gesammt-Stickstoff	Stickstoff in Form von: unlöslichen u. gerinnbaren Eiweissstoffen	Stickstoff in Form von: Albumosen	Stickstoff in Form von: Pepton + Fleischbasen	Stickstoff in Form von: Ammoniak	Stickstoff in Form von: sonstigen Stickstoff-verbindungen	Unlösliche und gerinnbare Eiweissstoffe	Albumosen	Pepton + Fleischbasen	Aetherextrakt	Stickstofffreie Extraktstoffe	Mineralstoffe	Kali	Phosphorsäure	Chlornatrium	Analytiker
			%	%	%	%	%	%	%	%	%	%	%	%	%	%	%	%	%	
25	Liebig's Fleischextrakt aus Fray Bentos . . .	1895	17,57	—	9,32	Spur	1,17	6,81 *)	0,47	0,83	Spur	7,32	*)	—	—	—	—	—	—	J. König und A. Bömer [1])
26	desgl.	„	17,72	59,54	9,31**)	0,12	0,56	—	0,48	—	0,75	3,50	**)	—	—	22,74	—	—	3,11	A. Stutzer [2])
27	desgl.	1897	16,75	62,06	9,30 ***)	0	—	—	0,60	—	0	—	***)	—	—	21,19	—	—	2,95	J. Bruylants [3])
28	desgl.	„	17,38	63,64	8,99	[6])					0	[6])		0,21	—	18,98	—	0,28	—	A. Denaeyer [4])
29	Kemmerich's Fleischextrakt aus St. Eldena in Argentinien	1895	20,95	—	8,94	0,08	1,55	5,97 *)	0,41	1,14	0,50	9,71	*)	—	—	—	—	—	—	J. König und A. Bömer [1])
30	desgl.	„	16,54	61,35	9,16**)	0,09	0,56	—	0,46	—	0,56	3,50	**)	—	—	22,11	—	—	4,15	A. Stutzer [2])
	Mittel (No. 25—30)	—	**17,70**	**61,04**	**9,17**	**0,06**	0,96**)	**6,39**	**0,48**	**0,99**	**0,36**	**6,01**	—	**0,21**	—	**21,26**	—	**0,28**	**3,40**	
31	Cibil's feste Fleischlösung	1888	23,75	49,22	8,45	0,07	1,16	4,84	2,38		4,43	7,26	—	—	—	26,98	7,93	6,11	8,80	J. König und W. Kisch [5])
32	Cibil's flüssiger Fleischextrakt . . .	„	62,33	18,36	3,16	0,14	1,04	1,54	0,44		0,88	6,51	—	—	—	19,31	2,28	1,72	14,68	J. König und W. Kisch [5])
33	desgl.	1895	67,76	—	2,77	Spur	0,97	1,56	0,09	0,17	Spur	5,97	*)	—	—	—	—	—	—	J. König und A. Bömer [1])
34	desgl.	1897	67,32	17,33	3,19	Spur	1,18	1,68	0,17	0,16	Spur	7,38	*)	—	—	15,35	—	1,49	12,39	Versuchsstation Münster [6])
	Mittel (No. 32—34)	—	**65,80**	**16,87**	**3,03**	**0,05**	**1,06**	**1,59**	**0,13**	**0,17**	**0 29**	**6,62**	*)	—	—	**17,33**	**2,28**	**1,61**	**13,54**	

[1]) Zeitschr. für analytische Chemie 1895, **34**, 548.
[2]) Zeitschr. für angewandte Chemie 1895, 157.
[3]) Journ. Pharm. Chim. 1897 [6], **5**, 515—521; Chem. Centrbl. 1897, II, 140.
[4]) Journ. Pharm. Chim. 1897 [6], **5**, 357—359. Chem. Centrbl. 1897, II, 1034—1035.
[5]) Zeitschr. für analytische Chemie 1889, **28**, 191.
[6]) Original-Mittheilung.

*) Durch die Biuret-Reaktion waren im Filtrate der Ammonsulfat- bezw. Zinksulfatfällung Peptone nicht nachweisbar.

) A. Stutzer trennte die Stickstoff-Verbindungen nach seinem (Zeitschr. f. analyt. Chemie 1895, **34, 372 beschriebenen) Verfahren durch Anwendung von Alkohol und fand, dass an Stickstoff vorhanden war in Form von

	Liebig's Fleischextrakt	Kemmerich's Fleischextrakt	Bovril fluid beef	Bovril fluid beef gewürzt	Bovril for invalids	Bovril beef jelly	Bovril Lozenges
	%	%	%	%	%	%	%
Pankreaspepton	2,72	2,38	3,36	1,39	3,36	0,48	6,06
Leim	0,04	0,05	0,90	0,90	0,15	0,29	0,70
in Alkohol löslichen Fleischbasen und Zersetzungsprodukten des Fleisches	4,05	3,69	1,06	1,16	1,78	0,21	0,55
in Alkohol unlöslichen Fleischbasen und Zersetzungsprodukten des Fleisches	1,34	1,25	1,16	0,89	0,82	0,29	1,16

***) Die Stickstoff-Verbindungen trennte J. Bruylants nach den Verfahren von Kemmerich und Gautier bezw. Stutzer und fand

							festes Extrakt
Gelatine-Stickstoff	0,19	—	0,05	—	0,12	—	0,25
Albumosen-Stickstoff	0,80	—	0,45	—	0,75	—	0,95
Pepton-Stickstoff	2,94	—	1,33	—	2,70	—	2,58

[6]) A. Denaeyer fand ferner, dass in den Extrakten von Liebig und Bovril keine Albumosen enthalten waren, sondern, dass die löslichen Eiweissstoffe nur aus Gelatine bestehen. Der Gehalt an Gelatine (im Alkohol unlöslich) betrug bei Liebig's Fleischextrakt 20,26 %, bei Bovril-Extrakt 11,52 %.

No.	Nähere Bezeichnung	Zeit der Untersuchung	Wasser %	Organische Stoffe %	Gesammt-Stickstoff %	Stickstoff in Form von: unlöslichen u. gerinnbaren Eiweissstoffen %	Albumosen %	Pepton + Fleischbasen %	Ammoniak %	sonstigen Stickstoff-verbindungen %	Unlösliche und gerinnbare Eiweissstoffe %	Albumosen %	Pepton + Fleischbasen %	Aetherextrakt %	Stickstofffreie Extraktstoffe %	Mineralstoffe %	Kali %	Phosphorsäure %	Chlornatrium %	Analytiker
35	Gewürzbouillon der deutschen Armee-Konservenfabrik Ansbach	1894	53,29	24,95	3,95	0	0,82	—	0,23	—	0	5,13	—	2,79	—	21,76	2,98	1,64	16,10	
36	„Heros“, feinster Fleischextrakt der mexikanischen Import Co. Santa Fe	1895	67,35	17,32	2,87	0,03	0,98	0,89 *)	0,13	0,84	0,19	6,10	*)	—	—	15,33	—	—	11,54	Versuchsstation Münster [1])
37	Valentin's Meat juice	1891	64,16	26,16	3,08	0	0,34	1,93	0,81		0	2,15	12,10	5,79	—	9,68	—	—	—	
38	Sterilisirter Fleischsaft von Dr. Chr. Brunnengräber	1896	89,29	8,76	1,35	0	0,95	0,23	0,03	0,14	0	5,94	1,26	—	—	1,95	0,29	0,28	1,10	
39	Brand's Essence of Beef	1897	89,14	9,49	1,51	—	—	—	—	—	—	—	—	0,06	—	1,37	—	—	—	M. Manfeld [2])
40	Bovril fluid beef	1895	29,14	53,36	8,25**)	1,04	1,23	—	0,31	—	6,50	7,69	**)	—	—	17,50	—	—	14,12	
41	desgl., gewürzt	„	44,42	37,26	5,12**)	0,98	0,34	—	0,27	—	6,13	2,13	**)	—	—	18,32	—	—	10,72	
42	Bovril for invalids	„	28,13	55,80	8,69**)	0,94	1,26	—	0,38	—	5,88	8,88	**)	—	—	16,07	—	—	4,57	A. Stutzer [3])
43	Bovril beef jelly	„	89,15	9,55	1,46**)	0	0,16	—	0,12	—	0	1,00	**)	—	—	1,30	—	—	0,26	
44	Bovril Lozenges	„	9,47	83,19	11,94 **)	0,99	2,06	—	1,12	—	6,19	12,88	**)	—	—	7,34	—	—	1,63	
45	Bovril-Bouillon	1895	46,33	34,94	5,37	1,02	0,81	3,37	0,17		6,38	5,34	—	2,67	—	18,73	—	—	9,14	Versuchsstation Münster [1])
46	desgl., festes Extrakt	1897	19,20	60,10	8,85	0	***)		0,50	—	0	***)		—	—	16,70	—	—	4,50	
47	desgl. für Kranke	„	22,35	54,50	9,12	1,09	***)		0,45	—	6,81	***)		—	—	21,05	—	—	4,00	J. Bruylants [4])
48	desgl., flüssiges Extrakt	„	43,25	32,06	4,95	1,19	***)		0,30	—	7,43	***)		—	—	16,00	—	—	9,75	
49	desgl. desgl.	„	43,08	44,16	5,55	°)					9,04	°)		0,27	—	12,77	—	0,11	—	A. Denaeyer [5])
	Maggi's Suppenwürzen von der Fabrik von Maggi's Nahrungsmitteln in Keurpthal:																			
50	Extractum purum	1888	60,23	17,65	1,67	0	0,32	0,06	1,13		0	2,00	0,35	0,82	0	22,12	1,26	0,49	20,24	
51	Suppen- und Speisewürze (Concentré de truffes)	„	72,16	12,55	1,65	0,005	0,19	0,09	1,37		0,03	1,21	0,55	1,59	0	15,29	0,72	0,34	12,53	C. Stood und W. Kisch [1])
52	desgl. (Aux fines herbes)	„	68,64	8,97	1,26	0	0,17	0,15	0,94		0	1,07	0,88	1,08	0	22,39	0,81	0,36	20,83	

No.		Jahr																		
53	Maggi's Suppenwürze . .	1893	56,25	21,38	2,94	—	0,08	0,52	2,42		—	0,49	3,71	—	0	21,37	1,09	0,72	18,76	Versuchsstation Münster[1]) (No. 53—63)
54	desgl.	1896	56,24	22,32	3,99	0	0,13	0,57	0,85	2,44	0	0,81	3,56	—	—	21,44	—	—	18,10	
55	desgl.	„	56,85	21,77	3,94	0	0,21	0,41	0,85	2,47	0	1,41	2,56	—	—	21,38	—	—	18,68	
56	Aux fines herbes . . .	„	58,95	19,90	3,22	0	0,09	1,47	0,70	0,96	0	0,57	9,18	—	—	21,14	—	0,75	18,71	
57	Extractum purum . . .	„	57,52	21,73	3,39	0	0,08	1,65	0,71	0,95	0	0,50	10,31	—	—	20,75	—	0,73	17,74	
58	Suppenwürze	1897	58,70	20,92	3,31	0	0,08	1,71	0,71	0,80	0	0,50	10,69	—	—	20,38	0,39	0,81	17,52	
59	Aux fines herbes . . .	„	57,68	20,47	3,42	0	0,13	1,35	0,71	1,24	0	0,81	8,44	—	—	21,85	0,41	0,74	18,45	
60	Extractum purum . . .	„	57,06	21,77	3,26	0	0,05	1,39	0,72	1,10	0	0,31	8,69	—	—	21,17	0,39	0,69	18,66	
61	Suppenwürze	„	54,80	24,16	3,36	Spur	0,04	1,50	0,77	1,05	Spur	0,25	9,38	—	—	21,04	—	0,58	19,20	
62	Extractum purum . . .	„	58,02	20,96	3,36	Spur	0,05	0,96	0,68	1,67	Spur	0,31	6,00	—	—	21,02	—	0,66	18,96	
63	desgl.	„	58,18	21,98	3,23	0	0,11	0,81	0,71	1,60	0	0.69	5.06	—	—	19,84	—	0,69	16,22	
	Mittel (No. 53—63)	—	**57,30**	**21,66**	**3,40**	**0**	**0,10**	**1,13**	**0,71**	**1,23**	**0**	**0,63**	**7,05**	—	—	**21,04**	**0,57**	**0,71**	**18,27**	
64	Maggi's Kranken-Bouillon-extrakt	1887	37,40	50,80	3,27	—	1,85		1,42		—	11,60		—	20,20	11,80	—	—	9,77	*E. Schumacher-Kopp*[6])
65	desgl.	1888	43,93	44,70	3,16	0,07	0,73	1,11	1,25		0,42	4,57	6,92	0,69	18,82 °°)	11,37	1,24	0,76	8,96	*C. Stood und W. Kisch*[1])
66	Maggi's Bouillonextrakt .	1887	68,64	7,56	1,29	—	—	—	—	—	—	—	—	—	—	23,80	—	—	22,46 °°°)	*R. Sendtner*[7])
67	desgl., flüssiges Fleischextrakt	1889	68,28	10,19	1,47	—	—	—	—	—	—	—	—	—	—	21,53	—	—	—	*Fr. Strohmer*[8])
68	Maggi's Bouillonkapseln .	1895	12,48	27,00	3,49	—	0,98	—	—	—	—	6,14	—	2,19	—	60,52	—	—	47,29	Versuchsstation Münster[1]) (No. 68—74)
69	Suppenwürze von Gebr. Ibbertz, Bendix u. Lutz in Köln a./Rh. u. Osterat .	1893	67,51	11,93	1,05	0	Spur	0,32	0,73		0	Spur	2,03	1,74	Dextrose 6,29	20,56	1,06	0,76	17,51	
70	Kietz' Kraftwürze . . .	1896	70,42	14,26	1,00	0	0,37	0,17	0,05	0,41	0	2,31	1,06	—	6,05	15,32	—	0,73	13,31	
71	desgl.	1897	74,65	11,07	0,78	0	0,37	0,26	0,05	0,10	0	2,31	1,63	—	—	14,28	0,28	0,30	13,19	
72	desgl., Naturel	„	79,96	5,68	0,77	0,04	0,15	0,52	0,03	0,03	0,25	0,94	3,25	—	—	14,36	—	0,29	13,43	
	Mittel (No. 70—72)	—	**74,68**	**10,37**	—	—	**0,30**	**0,32**	**0,04**	**0,18**	—	**1,85**	**1,98**	—	—	**14,65**	—	**0,44**	**13,31**	
73	Speisewürze, Herz's Nervin	1897	76,67	9,32	1,22	0,08	0,22	0,88 †)	0,07	—	0,50	1,38	†)	—	—	14,01	—	0,70	9,48	
74	Bouillonextrakt „Gusto" .	„	65,73	9,68	1,28	0	0,14	0,86 †)	0,09	0,19	0	0,88	†)	—	—	24,59	—	0,74	19,64	

[1]) Original-Mittheilung.
[2]) Zeitschr. allgem. österreich. Apotheker-Vereins 1897, **51**, 637; Viertelj. Nahrungs- u. Genussm. 1897, **12**, 348.
[3]) Zeitschr. für angewandte Chemie 1895, 157.
[4]) Journ. Pharm. Chim. 1897 [6], **5**, 515—521. Chem. Centrbl. 1897, II, 140.
[5]) Journ. Pharm. Chim. 1897 [6], **5**, 357—359. Chem. Centrbl. 1897, II, 1034—1035.
[6]) Chem.-Ztg. 1897, **21**, 1395.
[7]) Archiv für Hygiene 1887, **6**, 253.
[8]) Chem. Centrbl. 1889, II, 98.

*) **) ***) °) vergl. die gleichen Anmerkungen S. 93.
°°) Die in Zucker überführbaren Kohlenhydrate wurden durch Inversion von einer 1-procentigen Lösung mittels Salzsäure (2 ccm pro 100 ccm Lösung) und Berechnung auf Rohrzucker bestimmt. Direkt reducirende Zuckerarten waren nicht vorhanden.
°°°) Von uns aus dem von R. Sendtner angegebenen Chlorgehalte berechnet.
†) Biuret-Reaktion auf Peptone im Filtrate der Zinksulfatfällung war negativ.

Procentige Zusammensetzung der Asche des Fleischextraktes.*)

Bestandtheile	Liebig's Fleischextrakt aus Fray-Bentos										Kemmerich's Fleischextrakt aus St. Elena			Cibil's Extractum carnis
	1	2	3	4	5	6	7	8	9	10	11	12	13	14
Kali	43,20	43,71	41,86	32,23	38,50	46,53	39,44	44,49	44,98	44,59	44,26	41,97	44,04	35,89
Natron	12,12	9,53	13,00	13,62	18,35	14,81	14,55	10,37	13,69	11,08	11,63	11,51	11,32	18,00
Kalk	Spur	0,52	0,38	0,95	1,07	0,34	1,06	0,41	0,34	0,32	0,43	0,52	1,76	Spur
Magnesia	2,89	2,22	3,65	4,64	3,03	2,34	2,99	3,46	3,31	2,87	2,86	3,89	2,03	2,17
Eisenoxyd	0,12	0,22	0,18	0,77	0,45	0,19	0,46	0,06	0,25	0,09	Spur	0,22	0,32	—
Phosphorsäure	28,12	34,88	26,67	38,08	27,44	23,32	34,06	28,47	28,35	31,27	32,35	32,55	32,12	25,59
Schwefelsäure	2,93	1,95	3,04	0,46	2,75	3,83	0,12	3,02	0,33	2,06	1,77	1,54	1,62	1,03
Kieselerde + Sand	0,60	0,89	0,42	—	2,97	0,67	1,04	0,93	0,79	0,75	0,24	0,82	0,31	Spur
Chlor	12,50	7,56	14,16	11,93	7,01	10,29	7,64	8,79	10,27	9,00	8,34	9,46	8,36	21,32
	102,48	101,48	103,36	102,68	101,57	102,32	101,86	100,00	102,32	102,03	101,88	102,30	101,88	104,00
O für Cl ab	2,82	1,69	3,19	2,68	1,57	2,32	1,86	1,98	2,32	2,03	1,88	2,13	1,88	4,88
	99,66	99,79	100,17	100	100	100	100	98,02	100	100	100	100,15	100	99,12

Sonstige Analysen:

F. Goldmann: Procentgehalt der Albumosen und Peptone verschiedener Fleischpräparate berechnet auf Trockensubstanz. Viertelj. Nahrungs- u. Genussm. 1894, 9, 4 nach Pharm. Post 1894, 27, 1.

Fabian: Cibil's Fleischextrakt. Viertelj. Nahrungs- u. Genussm. 1888. 3, 4, nach Deutsche Chem. Ztg. 1888, 3, 2, 9.

Belland: Liebig's Fleischextrakt. 10 Jahre lang in Zinkblechbüchsen aufbewahrt. Rev. intern. fals. 1891, 5, 139.

M. J. Magure: Suppenpulver, Bouillon Morris und Bouillon in Kapseln. Zeitschr. Nahrungsm. Untersuchung u. Hygiene 1892, 6, 382.

G. Kottmayer: Dr. Dahmen's „Haemalbumin". Viertelj. Nahrungs- u. Genussm. 1895, 10, 6, nach Pharm. Post 1895, 28, 101.

H. A. Weber: Beef, Wine and Iron. Angeblich eine Lösung von Fleischextrakt und Eisensalzen in Wein. Viertelj. Nahrungs- u. Genussm. 1895, 10, 3.

G. van der Velde: Analysen von Pepton Cornelis, Kemmerich und Denaeyer. Rev. intern. fals. 1892, 5, 125.

A. Denaeyer: Analysen von Pepton aus gereinigtem Fleisch, aus Eiweiss und von „direktem Fleischpepton". Viertelj. Nahrungs- u. Genussm. 1890, 5, 259, nach Rev. intern. fals. 1890, 3, 168 u. 169.

J. Martensen, Eine Analyse von „Peptone Cornelis pepsino tartarique" ergab 3,0% Wasser, 6,2% Asche, 0,19% Fett und 90,61% organische stickstoffhaltige Substanz. Viertelj. Nahrungs- u. Genussm. 1891, 6, 153.

Alex. Ellinger fand in Witte's Pepton 9,12% Wasser, 12,93% Stickstoff und 12,95% Mineralstoffe. Zeitschr. f. Biologie 1896, 33, 204.

E. Kemmerich berichtet „Ueber den Glykogengehalt des südamerikanischen Fleischextraktes", in dem er 5—6 g aus 1 kg erhielt. Chem. Centralbl. 1893, I, 897.

E. Kemmerich: Studien über den südamerikanischen Fleischextrakt. Die vom Vf. für die Zusammenstellung dieses Fleischextraktes gefundenen Zahlen sind von anderer Seite wiederlegt worden. Zeitschr. f. physiol. Chem. 1894, 18, 409.

*) Von den Aschenanalysen wurden ausgeführt die von Liebig's Fleischextrakt aus Fray-Bentos von verschiedenen Versuchsstationen und zwar: 1—3) in Insterburg, 4) in Proskau, 5) in Kuschen, 6) in Poppelsdorf, 7) in Dahme, 8) in Bonn, 9) in Regenwalde, 10) in Ida-Marienhütte. Vergl. oben S. 91 unter 5). — Kemmerich's Fleischextrakt aus St. Elena in Argentinien. Die Aschenanalysen gehören zu den mit den betreffenden Nummern versehenen Analysen auf S. 92. — Die Aschenanalyse von Cibil's Extractum carnis ist von R. Sendtner ausgeführt. Vergl. oben S. 92.

Käufliche Saucen und Speisewürzen.*)

Nähere Bezeichnung	Inhalt einer Flasche	Preis einer Flasche	Wasser	Gesammt-Stickstoff	Gesammt-Stickstoff-Substanz (Stickst. × 6,25)	Lösliche**) Eiweissstoffe	Pepton**)	Sonstige Stickstoff-Verbindungen	Aetherextrakt (Fett u. ätherisches Oel)	Zucker	Sonstige stickstofffreie Extraktstoffe	Mineralstoffe	Chlornatrium	Kali	Phosphorsäure
	g	Mk.	%	%	%	%	%	%	%	%	%	%	%	%	%
1. Essence of Anchovis	215,9	1,65	66,09	1,13	7,06	2,07	2,44	2,55	0,94	11,69		24,22	21,72	2,15	0,39
2. Essence of Schrimps	218,7	1,60	67,48	1,12	6,97	1,06	2,31	3,60	0,53	12,34		22,68	19,01	1,37	0,14
3. Harvey-Sauce	214,4	1,50	82,65	0,18	1,13	0,15	0,98		0,84	5,33***)	0,49	9,56	6,85	0,64	0,16
4. Japanisch Soya	550,4	2,75	73,60	0,74	4,63	0,68	1,79	2,16	0,49	4,25		17,03	12,47	1,92	0,34
5. India-Soya	272,2	1,25	25,68	0,15	0,94	0,58		0,36	0,48	3,36	57,07	12,57	9,84	2,17	0,61
6. Beefsteak-Sauce	219,6	1,50	78,55	0,19	1,19	0,17	1,02		1,18	10,58°)	1,17	7,43	3,94	0,68	0,22
7. Trüffel-Sauce	195,0	2,00	80,52	0,42	2,63	0,66	1,97		0,57	2,54°°)	3,98	9,76	5,31	0,75	0,21

Ueber die

Zusammensetzung der Japanischen Shoya

liegen noch folgende Untersuchungen vor:

1.	Spec. Gewicht	Wasser	Stickstoff-Substanz	Zucker	Dextrin	Alkohol	Flüchtige Säure	Nichtflüchtige Säure = SO_3	Mineralstoffe
		%	%	%	%	%	%	%	%
a) „Soya" aus der Tokio Shoy und Kwaisha zu Tokio°°°)	—	67,33	5,87			9,68			17,12
b) „Kikkoman Shoya" aus Noda, Prov. Shimosa°°°)	1,199	64,83	8,93	4,44	4,56	0,14	0,16	1,08	14,67

In der Asche von a wurden gefunden: 10,20 % Chlornatrium, 4,50 % Chlorkalium, 0,59 % Kaliumsulfat, 0,45 % Calciumsulfat, 0,08 % Magnesiumsulfat und 0,92 % Calciumphosphat. In der Probe konnte Alkohol nicht nachgewiesen werden.

Die „Soya" dient in Japan als Würze für fast alle Speisen und bildet ein weit verbreitetes Volksnahrungsmittel, welches zum Theil das Fleisch ersetzen muss.

2. J. Tahara und M. Kitao[1]) untersuchten mehrere Sorten der Japanischen Shoya; von derselben werden in Japan jährlich 540—720 Millionen Liter hergestellt; jeder Japaner geniesst täglich 60—100 ccm. Das spec. Gewicht schwankt zwischen 1,15—1,23. Die Untersuchung von 13 Proben lieferte folgende Ergebnisse für 100 ccm.:

---

[1]) Revue Internationale scient. et popul. des falsifications 1889, **2**, 159.

*) Im Laboratorium des Verfassers von C. Söllscher untersucht; Original-Mittheilung. Die käuflichen Saucen bestehen im allgemeinen aus Gewürz- und Pflanzenextrakten, denen man in einigen Fällen noch Extrakte von Fischen und Fleisch, sowie auch Zucker (oder Mehl) zusetzt; durch einen gleichzeitigen Zusatz von Kochsalz soll sowohl die Haltbarkeit wie der pikante Geschmack erhöht werden.

**) Die löslichen Eiweissstoffe wurden nach der Methode von Schmidt durch Fällen mit Ferriacetat bestimmt (Stickstoff × 6,25), Pepton im Filtrat von der Fällung mit Ferriacetat durch Koncentration und Fällen in schwefelsaurer Lösung mit phosphorwolframsaurem Natrium (Stickstoff × 6,41 = Pepton).

***) Hiervon 4,59 % Trauben- und 0,74 % Rohrzucker.

°) Hiervon 8,39 % Trauben- und 2,19 % Rohrzucker.

°°) Traubenzucker.

°°°) a) Nach „Officielle Ztg. d. allg. Ausstellung f. Kochkunst u. Volksernährung in Düsseldorf, 1887, No. 4" und b) nach „Japan. International Health Exhibitation A. Descriptive Catalogue etc., London 1884, 21" von K. Nagai und J. Murai untersucht.

	Trocken-rückstand	Gesammt-Stickstoff	Zucker	Dextrin	Freie Säure = Essigsäure	Asche	Chlornatrium	Phosphor-säure
	g	g	g	g	g	g	g	g
Minimum . .	29,24	0,86	1,28	0,69	0,30	14,88	7,64	0,15
Maximum .	39,93	1,47	9,31	4,14	0,92	25,25	23,01	0,74
Mittel . . .	36,71	1,33	3,80	1,30	0,72	19,45	15,86	0,48

In einer Sorte Shoya (von der Firma G. Yamogecki, Prov. Shimosa) bestimmten die Verf. auch Alkohol, flüchtige Säure und die Aschenbestandtheile mit folgendem Ergebnisse für 100 ccm in g:

Trocken-rückstand	Gesammt-Stickstoff	Zucker	Dextrin	Alkohol	Flücht. Säure = Essigsäure	Nichtflücht. Säure = Milchsäure	Asche	Spec. Gewicht bei 21° C.
32,58 g	1,18 g	2,76 g	1,30 g	0,43 g	0,16 g	0,83 g	17,47 g	1,216 g

100 g Asche ergaben:

Chlornatrium	Schwefelsäure	Phosphorsäure	Magnesia	Kalk	Kali
87,26 g	2,84 g	2,65 g	3,90 g	Spur	Spur

Sie fanden in dieser Shoya eine eigenthümliche, krystallisirende, wohlriechende Stickstoffverbindung (mit 49,84% C, 9,66% H, 11,84% N und 28,68% O), dieselbe ist unlöslich in Wasser, Aether, Chloroform, Schwefelkohlenstoff, schwer löslich in absolutem, dagegen leicht löslich in 90-grädigem Alkohol; beim Erwärmen mit Kalihydrat liefert die neue Stickstoffverbindung ein alkalisch reagirendes Gas mit dem Geruch von Trimethylamin.

Der Gehalt der letzten Shoya an dieser Stickstoffverbindung, an Ammoniak und Aminen wie an Protein erhellt aus folgenden Verhältnisszahlen:

Gesammt-Stickstoff	Stickstoff in Form von		
	Eiweiss	Ammoniak + Aminen	Wohlriechende Stickstoffverbindung
1,18 g	0,55 g	0,17 g	0,46 g

Die **Zusammensetzung des Chinesischen Soja** ist nach H. C. Prinsen-Geerligs (Chem.-Ztg. 1896, **20**, 67—69) folgende:

Spec. Gew.	Wasser	Stickstoff-Substanz, in Alkohol unlöslich	Stickstoff-Substanz, in Alkohol löslich	Zucker und Glukose	Stickstofffreie Substanz, in Alkohol unlöslich	Stickstofffreie Substanz, in Alkohol löslich	Gesammt-Asche	Chlor-natrium
1,254	57,12%	2,62%	4,87%	15,00%	0,78%	0,25%	18,76%	17,11%

Eier.

Nähere Bezeichnung			Zeit der Untersuchung	In der natürlichen Substanz: Wasser %	Stickstoff-Substanz %	Fett %	Stickstoff-freie Extraktstoffe %	Asche %	In der Trocken-Substanz: Stickstoff-Substanz %	Fett %	Stickstoff in der Trocken-Substanz %	Analytiker
	Mittleres Gewicht des Eies g	Mittleres Gewicht des Inhalts g										
Hühner-Eier	60,4*)	53,2*)	1876	72,46	11,36	13,40	1,73	1,05	41,25	48,66	6,60	*J. König und B. Farwick* [1])
	—	—	1873	73,99	13,71	11,27	—	1,03	52,71	43,33	8,43	*Commaille* [2])
	—	—	1863	74,64	13,63	10,43	—	1,34	53,75	41,13	8,59	*A. Payen* [3])
	49,2*)	39,3*)	1878	73,61	11,49	13,36	0,46	1,08	43,54	50,62	7,01	*J. König und C. Krauch* [4])
		Mittel	—	**73,67**	**12,55**	**12,11**	**0,55**	**1,12**	**47,81**	**45,99**	**7,66**	

[1]) Zeitschr. f. Biologie 1876, **12**, 497.
[2]) Centrbl. f. Agrik.-Chem. 1873, **4**, 419.
[3]) Journ. d. Pharm. **16**, 279.
[4]) Original-Mittheilung.
*) Durchschnitt von 5 Eiern.

Nähere Bezeichnung	Zeit der Untersuchung	In der natürlichen Substanz: Wasser %	Stickstoff-Substanz %	Fett %	Stickstoff-freie Extraktstoffe %	Asche %	In der Trocken-Substanz: Stickstoff-Substanz %	Fett %	Stickstoff in der Trocken-Substanz %	Analytiker
Hühner-Eiweiss	1878	86,36	12,71	0,24	—	0,69	93,18	1,76	14,88	*J. König* und *C. Krauch* [1]
desgl.	?	85,90	13,30	—	—	0,80	94,33	—	15,08	*E. Wolff* [2]
desgl.	1855 (?)	85,00	12,00	0,27	—	0,30	80,00	1,80	12,80	*Bostock* [3]
desgl.	1882	84,76	13,48 *)	0,26	0,87	0,63 **)	88,51	1,71	14,16	*A. Stutzer* [4]
Mittel	—	**85,50**	**12,87**	**0,25**	**0,77**	**0,61**	**88,79**	**1,76**	**14,21**	
Hühner-Eigelb ***)	1847	51,48	15,76	31,43	—	1,33	32,48	64,82	5,19	*Gobley* [5]
desgl. ***)	1868	47,19	15,63	36,21	—	0,97	29,60	68,57	4,73	*J. Parkes* [6]
desgl.	1878	50,84	16,12	30,54	0,94	1,55	32,79	62,13	5,25	*J. König* und *C. Krauch* [1]
desgl.	?	53,78	17,48	28,75	—	0,53	37,80	62,20	6,03	*Prout* [3]
desgl.	1882	51,85	15,62 [0]	30,00	0,88	1,65	32,44	62,31	5,19	*A. Stutzer* [4]
Mittel	—	**51,03**	**16,12**	**31,39**	**0,48**	**1,01**	**33,12**	**64,10**	**5,30**	
Mittleres Gewicht d. Eies / d. Inhalts										
Enten-Eier [00] 59,8 g / 52,1 g	1873	71,11	12,24	15,49	—	1,16	42,37	53,62	6,78	*Commaille* [7]
Kibitz-Eier [00] 24,9 g / 22,5 g	1878	74,43	10,75	11,66	2,19	0,98	42,04	45,78	6,73	*J. König* und *C. Krauch* [1]
Eier-Dauerwaaren.										
Berg's krystallisirtes Eiweiss	1888	13,40	73,60	0,30	8,60	4,10	84,99	0,35	13,60	*C. E. Helbig* [8]
Tataeiweisspulver nach Tarchanoff dargestellt [000]	„	9,90	72,80	0,30	8,70	8,30	80,00	0,33	12,80	*C. E. Helbig* [8]

Van Hamel-Roos (Rev. intern. fals. 1890, 3, 214) fand folgende Beziehungen zwischen Gesammt-Gewicht, Schale, Wasser und Trocken-Substanz (bei 120°) bei Hühnereiern:

Herkunft	Mittleres Gewicht g	Schale %	Wasser %	Trocken-Substanz %
Polen	43,6	10,34	66,21	23,45
„	56,3	9,75	67,75	22,50
Holland (Zwolle)	43,8	9,21	68,09	22,70
„ (Tiel)	62,6	9,70	67,41	22,89

Die Landw. Versuchsstation Münster i./W. (Originalmittheilung) fand bei 3 Enteneiern im Mittel:

Gesammt-Gewicht	Schale	Eiweiss	Eigelb
56,88 g	5,52 g	28,14 g	23,22 g

1) Original-Mittheilung.
2) Mentzel und v. Lengerke's landw. Kalender 1878, 2, 74.
3) Moleschott, Physiologie der Nahrungsmittel 1859, 2, 84 u. 85.
4) Repertorium f. analyt. Chemie 1882, 166.
5) Pharm. Centrbl. 1874, 584.
6) Zeitschr. f. Chem. 1868, 157.
7) Centrbl. f. Agrik.-Chem. 1873, 4, 419.
8) Arch. f. Hygiene 1888, 8, 475.

*) Der Gesammt-Stickstoff 2,157 % war als Protein-Stickstoff bezw. in Form von leicht verdaulichem Eiweiss vorhanden.

**) Mit 0,035 % Phosphorsäure.

***) Für das Eigelb giebt Gobley folgende nähere Zusammensetzung: 51,486 % Wasser, 15,760 % Vitellin, 21,304 % Margarin und Olein, 0,438 % Cholesterin, 8,426 % phosphorhaltige Substanz (mit 1,200 % Phosphorglycerinsäure), 0,300 % Cerebrin-Substanz, 0,034 % Chlorammonium, 0,277 % Chlornatrium und Chlorkalium, 1,022 % Kalk- und Magnesiaphosphat, 0,400 % Alkoholextrakt, 0,553 % Farbstoff und sonstige Stoffe.

J. L. Parkes findet weiter für frische Eidotter: 1,750 % Cholesterin, 25,953 % fette Säuren, 17,422 % Protagon = 31,391 % Aether-Extrakt, 2,949 % fette Säure, 10,031 % Protagon = 4,826 % Alkohol-Extrakt, 15,626 % Albuminstoffe, 0,970 % Salze und 47,192 % Wasser.

0) Von dem Gesammt-Stickstoff (2,50 %) waren 2,324 % als Protein-Stickstoff und 0,242 % als Nuclein-Stickstoff vorhanden; die Menge des verdaulichen Eiweisses wurde nach der Methode von Stutzer zu 13,01 % gefunden. In der Asche waren 1,21 % Phosphorsäure vorhanden.

00) Durchschnitt von 5 Eiern.

000) Das Tataeiweiss wird nach dem D. R. P. 42462 des Russen Tarchanoff aus Hühnereiweiss oder Hühnereiweisspulver durch Behandeln mit warmer verdünnter Alkalilauge hergestellt und stellt eine glasige, vollkommen durchsichtige Masse dar, die in Wasser bedeutend aufquillt.

G. Drechsler (Viertelj. Nahrungs- u. Genussm. 1896, 11, 317 nach Zeitschr. Fleisch- u. Milchhyg. 1896, 6, 163 u. 183) fand:

	Gewicht der Eierschale g	Das Ei besteht aus: Eierschale %	Eiweiss %	Eigelb %
22 Hühnereier . . .	4,41—5,88	—	—	—
Mittelgrosses Hühnerei	—	9,39	57,50	28,01—33,12
4 Markteier	5,45—6,69	9,58—11,44	56,21—62,41	
Enteneier	—	10,38	58,28	31,34

Ausserdem bestimmte G. Drechsler noch das spec. Gewicht der Eier verschiedenen Alters.

Milch und Molkerei-Erzeugnisse.

Frauenmilch.

Aeltere Analysen:

1. Jul. Reiset in Martiny: Die Milch I. 378 (Ann. de Chim. et de Phys. 1849, 25, 89). Die Milch stammte von einer 27 Jahre alten Amme, welche ihr fünftes Kind nährte und zum letzten Male vor 11 Monaten entbunden war. (1843.)
2. Bouchardat und Quevenne, ebendaselbst, nach Du Lait II. 77, untersuchten die Milch dreier Frauen 4 Stunden nach der letzten Milchabgabe (1849); ferner Mittelzahlen mehrerer Analysen nach Du Lait, Paris 1857, 2, 143—153 (1857).
3. Vernois und Becquerel: Mittlere Zusammensetzung von 89 Analysen der Milch weisser Frauen. Compt. rend. 36, 187,
4. Tolmatscheff: Zeitschrift für Chemie 1868, 254.

Frauenmilch-Colostrum.

No.	Nähere Bezeichnung	Zeit der Untersuchung	In der natürlichen Milch: Wasser %	Stickstoff-Substanz %	Fett %	Milchzucker %	Asche %	In der Trocken-Substanz: Stickstoff-Substanz %	Fett %	Stickstoff in der Trocken-Substanz %	Analytiker
1	Colostrum, Mittel von 3 Analysen	1869	84,08	3,23	5,78	6,51	0,35	20,29	36,31	3,25	*Meymot Tidy* [1])
	37jährige Beamtenfrau, 9. Kind:										
2	Frühcolostrum 26—51 Stdn. nach der Geburt (130 ccm Colostrum)	1896	83,96	5,80	4,08	4,09	0,48	36,16	25,44	5,79	*Camerer und Söldner* [2])
3	Spätcolostrum 56—61 Stdn. nach der Geburt (128 ccm Colostrum)	„	85,88	3,17	3,92	5,48	0,41	22,45	27,76	3,59	
	30-jährige sehr kleine Arbeitersfrau, 3. Kind:*)										
4	1. Portion, 46—48 Stunden nach der Geburt	„	89,68	2,10	1,67	5,20	0,36	20,35	16,18	3,26	
5	2. Portion, 62—68 Stunden nach der Geburt	„	89,88	1,66	2,02	5,08	0,40	16,36	19,96	2,62	
	Frauenmilch-Colostrum, Mittel	—	**86,70**	**3,07**	**3,34**	**5,27**	**0,40**	**23,12**	**22,51**	**3,70**	

[1]) Zeitschr. f. rationelle Medizin 1869, 35, 269.

[2]) Zeitschr. für Biologie 1896, 33, 43—71 u. 535—568. Ueber die Untersuchungsmethoden vergl. unten unter Frauenmilchanalysen derselben Verfasser.

*) Kind sehr klein.

Frauenmilch.

No.	Nähere Bezeichnung	Zeit der Untersuchung	In der natürlichen Milch: Wasser %	Kasein %	Albumin %	Fett %	Milchzucker %	Asche %	In der Trocken-Substanz: Stickstoff-Substanz %	Fett %	Stickstoff in der Trocken-Substanz %	Analytiker
1	Aermliche Nahrung	1871	88,01	0,24	2,20	3,10	6,25	0,20	20,35	25,85	3,25	E. Decaisne[1]
2	Reichliche „	„	86,22	1,05	1,15	4,16	7,12	0,30	15,96	30,19	2,55	
3	Aermliche „	„	88,76	0,18	1,95	2,90	6,05	0,16	18,95	25,80	3,03	
4	Reichliche „	„	85,48	1,15	0,95	5,12	7,05	0,25	14,46	35,26	2,31	
5	Aermliche „	„	88,24	0,31	2,35	2,95	5,90	0,25	22,62	25,08	3,62	
6	Reichliche „	„	85,99	1,90	1,75	4,10	5,95	0,31	26,05	29,26	4,17	
7	Mittel von 16—20 Analysen *)	1873	90,90	0,63		1,73	6,23	0,51	6,92	19,01	1,18	Th. Brunner[2]
8	Mittel von 14 Analysen von Milch weisser Frauen**). .	1876	88,36	3,43		2,53	4,82	0,23	29,47	21,74	4,72	Christenn[3]
9	30-jährige Frau	?	89,40	3,40		3,88	4,05	0,18	32,08	36,60	5,13	Simon[4]
10	20-jährige Frau	1876	89,40	3,20		2,88	—	—	30,19	27,17	4,83	
11	3 Monate nach der Geburt 48 J.	1852	84,32	0,43	1,10	7,07	6,90	0,18	9,76	45,09	1,56	Doyère[5]
12	alte Frau aus Burgund	„	85,70	—	1,65	5,70	6,85	0,20	11,55	39,86	1,85	
13	Amme***) 17 Mon. nach d. Ent-	„	83,68	0,85	0,40	7,60	7,31	0,15	7,66	46,60	1,23	
14	bindung, Milch vom Dienstag	„	83,72	0,42	0,75	7,45	7,50	0,16	7,19	45,76	1,15	
15	Dieselbe vom Sonnabend . .	„	86,17	0,41	1,10	5,09	7,05	0,18	10,92	36,80	1,75	
16	„ nach reichl. Essen .	„	87,23	0,28	0,29	4,10	8,00		—	—	—	
17	Mittel aus mehreren Analysen	1857	88,99	1,43		2,07	7,50		12,99	18,80	2,08	Buchardat und Quevenne[6]
18	Am 4. Tage nach der Geburt	?	87,98	3,53		4,29	4,11	0,21	29,37	35,69	4,71	Clemm[7]
19	„ 9. „ „ „ „	?	88,58	3,69		3,53	4,29	0,17	32,31	30,91	5,17	
20	„ 12. „ „ „ „	?	90,58	2,91		3,34	3,15	0,19	30,89	35,46	4,94	
21	14 Tage nach der Geburt .	1848	88,45	1,27		2,56	6,18	1,55	11,00	22,16	1,76	Griffith[8]
22	1 Monat „ „ „ .	„	88,49	1,33		3,43	5,24	1,51	11,56	29,80	1,85	
23	9 Mon. 6 Tage n. d. Geburt .	„	88,24	0,64		1,69	7,66	1,77	5,44	14,37	0,87	

[1] Compt. rend. 1871, **73**, 119.
[2] Archiv f. Physiologie 1873, **7**, 140. Die Richtigkeit dieser Zahlen ist von mehreren Seiten angezweifelt.
[3] Vergleichende Untersuch. üb. d. gegenw. Methoden d. Milch-Analyse. Dissertation. Erlangen 1876.
[4] Die Milch von Benno Martiny 1871, **I**, 197.
[5] Ann. de l'Inst. Agr. 1852, 251.
[6] Du Lait. Paris 1857, **2**, 143—153.
[7] Wagner's Handwörterbuch der Physiol. **2**, 450.
[8] The chem. Gazette 1848, 192.

*) Brunner bestimmte (Pflüger's Archiv f. Physiol. **7**, 442—445) den Gehalt an Wasser (bezw. Trocken-Substanz) in Liebig'schen Trockenröhren (in kochendem Wasser), durch welche trocknes Wasserstoffgas geleitet wurde.

Die Gesammt-Eiweisssubstanzen + Fett erhält er in der Weise, dass er die Milch bis zum Verschwinden der alkalischen Reaktion mit Essigsäure versetzt, zum Kochen erhitzt und bis zur Sättigung ein Mittelsalz (Natriumsulfat) einträgt; die während des Kochens wieder hervortretende alkalische Reaktion muss durch Zusatz von Essigsäure zum Verschwinden gebracht werden. Den Krystallbrei bringt man auf ein gewogenes Filter und wäscht ihn bis zum Verschwinden der Schwefelsäure-Reaktion mit kaltem Wasser aus.

Das Fett bestimmt Brunner nach der Methode von Trommer durch Eintrocknen der Milch auf Marmorpulver und Ausziehen der eingetrockneten, fein gepulverten Masse mit Aether im Verdrängungsapparat.

Im Filtrat vom Gesammt-Eiweissniederschlag bestimmt man den Milchzucker durch Titration mit Fehling'scher Lösung.

**) G. Christenn (dessen Dissertation, Erlangen 1876) verfährt in der Weise, dass er 10 g Frauenmilch mit einem Gemisch von 10 ccm Aether und 20 ccm Alkohol versetzt, die abgeschiedenen Eiweissstoffe + unlösliche Salze auf einem gewogenen Filter sammelt, trocknet und wägt; durch Einäschern ergeben sich die unlöslichen Salze. Die ätherisch-alkoholische Lösung wird vorsichtig zur Trockne verdampft, der Rückstand mit Aether vom Fett befreit, letzteres nach Verdunsten des Aethers für sich gewogen, ebenso der Rückstand (Milchzucker + lösliche Salze) nach dem Trocknen. Indem letzterer in Wasser gelöst und die Lösung in einer Platinschale zur Trockne verdampft und eingeäschert wird, erfährt man die Menge der löslichen Salze. Die Summe aller Bestandtheile giebt die Trocken-Substanz.

***) Die Amme erhielt an den 3 ersten Tagen der Woche eine reichliche Nahrung, an den 4 anderen Tagen nur Brot und Gemüse.

No.	Nähere Bezeichnung	Zeit der Untersuchung	In der natürlichen Milch: Wasser %	Kasein %	Albumin %	Fett %	Milchzucker %	Asche löslich %	Asche unlöslich %	In d. Trocken-Substanz: Stickstoff-Substanz %	Fett %	Stickstoff in der Trocken-Substanz %	Analytiker
24	Mittel mehrerer Analysen . .	1852	87,38	0,34	1,30	3,80	7,00	0,18		13,00	26,86	2,08	*Doyère*[1])
25	Mittel von 13 Analysen von Milch weisser Frauen . .	1869	87,81	3,52		4,02	4,27	0,28		28,88	32,93	4,62	*Meymot Tidy*[2])
26	Sehr gut genährte Amme . .	1857	87,65	3,71		4,35	4,16	1,33		30,04	35,22	4,81	*Vernois und Becquerel*[3])
27	Sehr schlecht genährte Amme	„	89,57	3,87		1,88	4,57	1,02		37,10	18,02	5,94	
28	Brünette, 22 Jahre alt . .	1842	89,20	1,00		3,55	5,85	0,40		9,26	32,87	1,48	*L'Hertier*[4])
29		„	88,15	0,95		4,05	6,40	0,45		8,02	34,18	1,28	
30	Blonde, 22 Jahre alt . . .	„	85,33	1,62		5,48	7,12	0,45		11,04	37,35	1,77	
31		„	85,30	1,70		5,63	7,00	0,45		11,56	38,30	1,85	
32	40 Stunden n. d. Entwöhnung	„	90,11	(0,19)		3,40	5,85	0,45		(1,92)	34,38	(0,31)	
33	Während des Stillens . . .	„	85,80	1,30		3,65	7,80	0,45		9,15	25,70	1,46	
34	Sehr schwarze, 16 Jahre alte Frau, Milch neutral . . .	1876	84,99	3,59		5,12	5,89	0,41		23,92	34,11	3,83	Spec.Gew. 1,0200
35	desgl.	„	84,89	3,66		5,15	5,88	0,42		24,22	34,08	3,77	1,0200
36	Mittelmässig schwarze, 18 Jahre alte Frau, Milch alkalisch .	„	84,46	3,15		4,05	5,65	0,69		20,28	26,06	3,24	1,0249
37	Sehr schwarze, 30 Jahre alte Frau, Milch alkalisch . .	„	88,25	2,79		2,54	6,11	0,31		23,74	21,62	3,80	1,0214
38	Nicht sehr dunkle, 23 Jahre alte Frau — Rechte Brust	„	86,25	3,35		4,02	5,78	0,60		24,36	29,24	3,90	1,0200
39	Nicht sehr dunkle, 23 Jahre alte Frau — Linke Brust	„	87,90	3,29		2,67	5,54	0,60		27,19	22,07	4,35	1,0250
40	Schwarze, 22 J. alte Frau — Rechte Brust	„	84,52	4,20		5,51	4,92	0,85		27,13	35,59	4,34	1,0212
41	Schwarze, 22 J. alte Frau — Linke Brust	„	85,44	4,11		4,59	5,10	0,85		28,23	31,52	4,52	1,0200 *A. Molt*[5])
42	Mässig dunkle, 18 Jahre alte Frau, 35 Stunden nach der Geburt	„	85,01	4,10		4,31	6,05	0,53		27,35	28,75	4,38	1,0200
43	Sehr schwarze, 30 Jahre alte Frau, 36 Stunden nach der Geburt	„	87,45	4,30		3,26	4,51	0,48		34,26	25,98	5,48	1,0220
44	Dunkle, 26 Jahre alte Frau, 6 Tage nach der Geburt .	„	86,18	4,13		3,98	5,09	0,62		29,88	28,80	4,78	1,0258
45	Mässig dunkle, 18 Jahre alte Frau, 9 Tage nach der Geburt	„	86,45	3,02		4,07	5,78	0,68		22,29	30,04	3,64	1,0221
46	Desgl., 16 Tage n. d. Geburt .	„	86,46	3,15		4,05	5,65	0,69		23,26	29,91	3,72	1,0222
47	Von 6 gesunden russischen Bauersfrauen	1874	88,75	2,43		2,63	5,82	0,15	0,16	21,60	23,38	3,45	*J. Biel*[6])
48		„	88,79	1,68		2,59	6,61	0,07	0,25	15,00	23,10	2,50	
49		„	86,57	1,83		5,39	5,86	0,18	0,16	13,62	40,13	2,18	
50		„	86,32	3,15		4,49	5,79	0,07	0,18	23,02	32,82	3,68	
51		„	87,98	1,69		3,73	6,36	0,03	0,21	14,06	31,02	2,25	
52		„	87,18	2,49		4,03	6,07	0,03	0,21	19,42	31,43	3,11	

[1]) Ann. phys. nat. **22**, 239.
[2]) Zeitschr. f. ration. Medicin 1869, **35**, 269.
[3]) Du Lait. Paris 1857, **2**, 143—153.
[4]) Traité de chim. pathologique. Paris 1842.
[5]) The american Chemist. 1876, April, 366.
[6]) J. Biel, Untersuchungen über den Kumys und den Stoffwechsel während der Kumyskur. Wien 1874.

No.	Nähere Bezeichnung	Zeit der Untersuchung	In der natürlichen Milch: Wasser %	Kasein %	Albumin %	Fett %	Milchzucker %	Asche %	In der Trocken-Substanz: Stickstoff-Substanz %	Fett %	Stickstoff in der Trocken-Substanz %	Analytiker
53	Gemischte Milch*)	1879	88,73	3,56		3,24	4,20	0,29	31,59	28,75	5,05	*N. Gerber und P. Radenhausen*[1])
54	Erstgebärende am 9. Tage*) .	"	86,51	4,82**)		3,74	4,58	0,35	35,73	27,72	5,72	
55	Ammenmilch***), morg. 3. März	1881	87,73	1,40°)		3,68	6,99	0,20	11,41	39,99	1,83	*J. König und C. Krauch*[2])
56	desgl., nachmittags 5. "	"	84,87	1,38°)		6,22	7,29	0,24	9,12	41,11	1,46	
57	Erstgebärende, 6 Wochen nach der Geburt	—	88,21	1,00°)		2,78	7,76	0,25	8,48	23,58	1,36	
	Spec. Gew.											
58	Ammenmilch°°) . . 1,0278	1887	85,18	0,93		6,14	7,59	0,16	6,27	41,43	1,00	*H. Focke*[3])
	Datum 1880 / Tage nach der Entbindung / Portion / Menge g											
59	24./6. 17 — 1 — 33,1	1881	90,24	1,13°)		1,71	5,50	0,46	11,58	17,52	1,85	*J. Forster*[4])
	2 — 33,3	"	89,68	0,94		2,77	5,70	0,32	9,11	26,84	1,46	
	3 — 37,3	"	87,50	0,71		4,51	5,10	0,28	5,68	36,08	0,91	
	Mittel	—	**89,14**	**0,93**		**3,00**	**5,43**	**0,35**	**8,79**	**26,81**	**1,41**	
60	25./10. 67 — 1 — 48,3	1881	89,92	0,88°)		1,94	6,82	0,22	8,73	19,25	1,40	
	2 — 30,3	"	88,86	0,88		3,07	6,92	0,23	7,90	27,56	1,26	
	3 — 40,1	"	86,70	1,06		4,58	5,87	0,21	7,97	34,44	1,27	
	Mittel	—	**88,49**	**0,93**		**3,20**	**6,20**	**0,22**	**8,20**	**27,08**	**1,31**	
61	18./11. 93 — 1 — 39,6	1881	90,91	2,06°)		1,23	5,97	0,16	22,66	11,28	3,63	
	2 — 37,9	"	89,74	0,88		2,50	6,03	0,24	8,58	24,37	1,35	
	3 — 41,9	"	87,52	0,88		4,61	6,43	0,24	7,08	36,94	1,13	
	Mittel	—	**89,39**	**0,93**		**2,78**	**6,14**	**0,21**	**12,77**	**24,20**	**2,04**	
62	13./12. 113 — 1 — 30,0	1881	89,96	1,06°)		2,54	5,17	0,23	10,55	25,30	1,69	
	2 — 22,5	"	87,69	1,00		3,99	5,17	0,25	8,12	32,41	1,30	
	3 — 31,8	"	86,65	1,06		7,20	5,17	0,25	7,94	53,93	1,29	
	Mittel	—	**87,77**	**1,04°)**		**4,58**	**5,17**	**0,24**	**8,87**	**37,21**	**1,43**	
63	5./2. 1881 6 — 1 — 29,0	1881	85,41	—		6,11	4,82	—	—	41,19	—	
	2 — 25,0	"	84,26	—		7,15	—	—	—	45,49	—	
	3 — 32,8	"	81,01	—		9,94	4,82	—	—	52,34	—	
	Mittel	—	**83,56**	—		**7,73**	**4,82**	—	—	**46,34**	—	

[1]) Forschungen auf dem Gebiet der Viehhaltung etc. (Beilage zur Milchzeitung), 1879.
[2]) Original-Mittheilung.
[3]) Repertorium f. analyt. Chemie 1887, 342.
[4]) Berichte der deutsch. chem. Gesellsch. 1881, **14**, 591.

*) Spec. Gewicht: No. 53: 1,0290. No. 54: 1,0295.
) Die Albuminate wurden nach Ritthausen (Journ. f. prakt. Chemie. II. Folge, **15, 329 und **16**, 237) mit Kupfersulfat gefällt; die Kupferlösung enthält pro Liter 63,5 g Kupfervitriol (10 ccm = 0,2 g CuO); die verwendete Alkali-Lösung wird durch Auflösen von 50 g Aetzkali in 1 Liter destill. Wassers (Kalilösung = 1,048 spec. Gew.) hergestellt. 5 ccm Frauenmilch werden mit 100 ccm destillirten Wassers vermischt, dann 3 ccm Kupferlösung zugegeben und mit 2,5 ccm Kalilösung versetzt. Nachdem der Kupferkasein-Niederschlag sich abgesetzt hat, wird er auf ein gewogenes Filter gebracht, so lange mit Wasser ausgewaschen, bis das Filtrat etwa 240 ccm beträgt. Den Niederschlag entwässert man erst durch absoluten Alkohol oder im Exsikkator, wäscht ihn dann zur Entfernung des Fettes aus, trocknet, wägt ihn, äschert denselben sammt Filter und erfährt nach Abzug der Asche vom Filterinhalt die Menge „Stikstoff-Substanz".

***) Starke, kräftige Amme; der Säugling zeigte bei dieser Ammenmilch fast gar kein Wachsthum und Gedeihen, vermuthlich in Folge des geringen Gehaltes der Milch an Stickstoff-Substanz und Salzen gegenüber Fett und Milchzucker.

°) Durch Multiplikation des gefundenen Stickstoffs mit 6,25 berechnet.
°°) Die Milch gelangte einige Tage nach dem Tode des Kindes zur Untersuchung; es wurde vermuthet, dass das Kind in Folge der mangelhaften Zusammensetzung der Milch gestorben war.

No.	Nähere Bezeichnung	Zeit der Untersuchung	In der natürlichen Milch: Wasser %	Kasein %	Albumin %	Fett %	Milchzucker %	Asche %	In der Trocken-Substanz: Stickstoff-Substanz %	Fett %	Stickstoff in der Trocken-Substanz %	Analytiker
64	Amme im 11. Monat d. Laktation, fettarme Nahrung	1881	89,56	0,72		2,25	7,31	0,16	6,87	21,55	1,10	C. Krauch [1])
65	Amme im 11. Monat d. Laktation, fettreiche Nahrung	„	90,05	0,75		1,95	7,07	0,18	7,54	19,69	1,21	C. Krauch [1])
66	Frauenmilch	1883	91,40	0,60 *)	1,35 *)	2,76	3,68	0,21	22,67	32,09	3,63	H. Struwe [2])
	Von derselben Frau: (Spec. Gew.)											
67	28. Sept., alkalisch 1,0350	„	—	0,64	0,64 **)	2,25	—	—	—	—	—	E. Pfeiffer [3]) **)
68	29. „ stark alkal. 1,0352	„	—	0,84	0,49 **)	1,42	—	—	—	—	—	
69	30. „ desgl. 1,0352	„	—	0,74	0,44 **)	1,55	—	—	—	—	—	
70	1. Okt. schwach alkalisch 1,0362	„	—	0,69	0,59 **)	1,09	—	—	—	—	—	
71	6. „ alkalisch 1,0345	„	—	0,71	0,56 **)	1,55	—	—	—	—	—	
72	Bei mangelhafter Nahrung .	„	90,13	1,60		2,83	5,27	0,17	16,21	28,67	2,59	
73	Bei reichlicher Nahrung . .	„	88,56	2,09		4,69	4,51	0,15	18,27	41,00	2,92	
74	Mangelhafte Nahrung (Mittel von je 3 Analysen)	1872	—	—	—	2,56	—	—	—	—	—	Adr. Schukowsky [4])
75	Genügende Nahrung (Mittel von je 3 Analysen)	„	—	—	—	3,65	—	—	—	—	—	
76	Erstgebärende, 35 Jahre alt, 6 Tage nach der Geburt. Spec. Gew. 1,0300 . . .	1873	—	—	—	3,24	—	—	—	—	—	
77	21 Jahre alt, 7 Tage nach der Geburt. Spec. Gew. 1,0310	„	—	—	—	3,85	—	—	—	—	—	
78	Fastennahrung . (Mittel von je 8 Analysen)	1887	88,34	1,86		3,41	5,72	—	15,95	29,94	2,55	W. Koselinsky [5])
79	Gewöhnliche Nahrung . . (Mittel von je 8 Analysen)	„	85,80	2,29		5,17	5,60	—	16,13	36,41	2,58	
80	Mittel von 20 Analysen. Spec. Gew. 1,0276—1,0332 . .	„	87,81	2,36		4,06	5,26	—	19,36	33,31	3,10	R. Palm [6])
81	Gewöhnliche, genügende u. gute Kost***) Reaktion: alkalisch, Spec. Gew. 1,0291	1888	87,96	1,68	0,80	3,98	5,46	0,28 ***)	20,59	33,00	3,30	St. Szcz. Zaleski [7]) ***)
82	Sehr reichliche Eiweiss- und Fettkost***) „ 1,0270	„	86,55	1,90	0,76	6,29	4,40	0,20	19,70	46,98	3,15	

[1]) Original-Mittheilung. — [2]) Journ. f. prakt. Chem. 1883, N. F., **27**, 249.
[3]) Zeitschr. f. analyt. Chem. 1883, **22**, 14 und Berliner klin. Wochenschr. 1888, No. 4.
[4]) Zeitschr. f. Biologie 1873, **9**, 432 und Berliner klin. Wochenschr. 1888, No. 4.
[5]) Nach einer Dissertation des Verfassers. St. Petersburg 1887 (russisch) in Berliner klin. Wochenschr. 1887, No. 4.
[6]) Chem. Centr.-Bl. 1887, I, 865, nach Zeitschr. anal. Chem. 1887, **26**, 319.
[7]) Berliner klin. Wochenschr. 1888, No. 4.

*) Die 0,60 % Kasein zerfallen in 0,46 % unlösliches und 0,14 % lösliches (d. h. dialysirbares Kasein; die 1,35 % Albumin schliessen 0,41 % Pepton ein.

**) Das Kasein wurde nach einem besonderen Verfahren durch Salzsäure ausgefällt, das Albumin durch Kochen des Filtrats von der Kasein-Fällung. Im Filtrat nach dem Kochen verbleibt aber nach E. Pfeiffer in der Frauenmilch — auch Kuhmilch — ein Eiweisskörper, welcher durch Tannin gefällt wird, sich nach einigem Stehen in Flocken absetzt und den Pfeiffer als „Pepton" ansieht. Obige Zahlen für Albumin schliessen diesen Eiweisskörper (Eiweissrest) mit ein. Die Analyse ergab im Mittel je zweier Bestimmungen:

	No. 67	68	69	70	71
Albumin	0,11 %	0,10 %	0,14 %	0,13 %	0,10 %
Eiweissrest . . .	0,52 „	0,39 „	0,30 „	0,46 „	0,46 „

***) Die Milch No. 81 u. 82 stammte von einer 25 Jahre alten, erstgebärenden Amme (dunkelblonden Esthin), welche vor 8 Monaten geboren hatte und während der Stillungsperiode niemals menstruirte. Früher an eine einfache Lebensweise gewöhnt, erhielt sie als Amme anfänglich eine überaus reichliche, fast nur aus Fleisch, Eiern, Kaffee, Sahne, Butter und Bier bestehende Nahrung; da das Kind bei dieser Ernährungsweise — wahrscheinlich in Folge des zu grossen Fettgehaltes — nicht gedeihen wollte, so wurde zu einer einfachen, mehr Pflanzennahrung enthaltenden Kost mit Ausschluss des Bieres übergegangen. Nach Einführung dieser Kost erholte sich das Kind bald. Was die Untersuchungsmethoden anbelangt, so wurde das Kasein sowohl mit Salzsäure und Essigsäure nach Pfeiffer als auch mit Magnesiumsulfat nach Tolmatscheff gefällt und bestimmt; Fett nach der Methode von Hoppe-Seyler und Adams; Milchzucker durch Titration. Zaleski konnte in der von ihm untersuchten Frauenmilch **kein** Pepton nachweisen. Der Gehalt an Eisen betrug:

No. 81: Eisen 0,0007 %. No. 82: Eisen 0,0008 %.

No.	Nähere Bezeichnung	Zeit der Untersuchung	In der natürlichen Milch: Wasser %	Kasein %	Albumin %	Fett %	Milchzucker %	Asche %	In der Trocken-Substanz: Stickstoff-Substanz %	Fett %	Stickstoff in der Trocken-Substanz %	Analytiker
83	Frauenmilch, Rahm 4,0% . .	1889	87,56	4,41		2,35	5,50	0,13	35,45	18,89	5,67	*E. de Vevey* [1])
84	desgl.	1879	87,30	1,70		3,68	7,11	0,20	13,38	28,98	2,13	
85	desgl.	„	86,01	1,69		4,52	7,58	0,20	12,08	32,31	1,93	*Marchand* [2]) (No. 84—86)
86	desgl.	„	85,39	1,84		4,54	8,02	0,20	12,59	31,07	2,01	
87	8 Tage nach der Entbindung	1882	90,47	3,85		2,19	4,47	0,28	40,40	22,98	6,46	
88	17 „ „ „ „	„	88,84	1,90		3,28	5,35	0,60	17,03	29,39	2,72	
89	60 „ „ „ „	„	85,05	—		7,31	—	—	—	48,90	—	
90	67 „ „ „ „	„	88,56	1,65		3,12	6,54	0,21	14,42	27,27	2,30	
91	72 „ „ „ „	„	89,79	1,74		2,28	6,02	0,32	17,04	22,33	2,73	*Mendes de Leon* [3]) (No. 87—95)
92	93 „ „ „ „	„	89,35	1,46		2,82	6,15	0,21	13,71	26,48	2,19	
93	107 „ „ „ „	„	87,43	1,05		4,99	6,29	0,24	8,34	39,70	1,33	
94	118 „ „ „ „	„	88,10	1,78		4,69	5,17	0,25	14,96	39,41	2,39	
95	6 „ „ „ „	„	83,80	3,22		7,85	4,82	0,30	19,88	48,46	3,48	
	Mittel (No. 87—95)	—	**87,79**	**2,53**		**3,89**	**5,54**	**0 25**	**20,72**	**31,86**	**3,32**	
	Spec. Gew.											
96	Galibi-Frauen . . . 1,0294	1882	87,99	0,95		3,47	7,48	0,19	7,91	28,19	1,27	*M. Brès* [4]) (No. 96—97)
97	Galibi-Frauen . . . 1,0278	„	85,52	1,31		5,20	7,77	0,16	9,05	35,91	1,45	
98	Durchschnitt der Milch von 25 Frauen im Alter von 18—40 Jahren 1,0328	1891	87,61	1,80		3,35	7,00	0,20	14,53	27,04	2,32	*Wartha* [5])
	Gesunde, etwas dürftig genährte, 25-jährige Arbeitersfrau											
99	vor dem 63. Tage n. d. G.	1897	89,80	1,19		1,93	7,14	0,20	11,67	18,92	1,87	
100	vom 63.—65. „ „ „ „	„	88,50	1,03		—	—	0,24	8,96	—	1,43	*M. Rubner und O. Heubner* [6]) (No. 99—102)
101	„ 67.—69. „ „ „ „	„	88,80	1,04		2,76	6,93	0,19	9,29	24,64	1,48	
102	„ 70.—71. „ „ „ „	„	88,50	1,15		2,77	7,34	0,20	10,00	24,09	1,60	
103	Frauenmilch, Durchschnittsgehalt	1895	88,50	1,20	0,50	3,80	6,00	0,20	14,78	33,04	2,16	*J. Lehmann u. W. Hempel* [7])
104	Milch einer 28-jährigen, sehr kräftig entwickelten, brünetten Amme, Laktation: 9 Monat .	1894	83,88	1,25		8,03	6,59	0,25	7,75	49,88	1,24	*A. Stift* [8]) (No. 104—105)
105	Dieselbe Milch später . . .	„	88,76	1,81		4,81	4,31	0,31	16,10	42,79	2,58	
106	Milch derselben Frau: 2. Woche n. d. Geburt	1891	88,59	2,08		2,58	6,53	0,22	18,23	22,61	2,92	
107	4. „ „ „ „	„	90,44	2,05		2,61	4,69	0,21	21,44	27,30	3,43	*Hähner und E. Pfeiffer* [9]) (No. 106—109)
108	7. „ „ „ „	„	88,66	2,34		2,68	6,11	0,21	20,63	23,63	3,30	
109	23. „ „ „ „	„	86,89	1,17		4,75	7,00	0,19	8,92	36,23	1,43	

[1]) Bericht der milchwirthschaftlichen Versuchsstation Freiburg in der Schweiz. Milchzeitung 1890, **19**, 610.

[2]—[5]) Nach F. Stohmann: Die Milch- und Molkereiprodukte. Braunschweig. Vieweg u. Sohn, 1898, 110—111. Daselbst nach Jahresbericht der Thierchemie und zwar: No. 2) 1879, 133; 3) 1882, 153; 4) 1882, 155 und 5) 1891, 105.

[6]) Max Rubner und Otto Heubner, Die natürliche Ernährung des Säuglings. Zeitschr. f. Biologie 1898 [N. F.], **18**, 1. — Verf. bestimmt die Trocken-Substanz im Soxhlet'schen Trockenapparat. Fett durch Eintrocknen mit Quarzsand und Ausziehen. Stickstoff nach Kjeldahl, Zucker nach Allihn unter Benutzung der Wein'schen Tabelle.

[7]) Pflüger's Archiv 56; Chem. Centrbl. 1894, II, 120; Centr.-Bl. Agrik.-Chem. 1895, **24**, 300—301.

[8]) Forschungsberichte über Lebensmittel etc. 1894, **I**, 173—175.
Die erste Probe hatte bei 17,5° ein spec. Gew. von 1,02224 und reagirte neutral, die zweite Probe hatte ein spec. Gew. von 1,02705 und reagirte schwach alkalisch.

[9]) Hyg. Rundschau 1891, **I**, 70—72; Chem. Centrbl. 1891, I, 340.

No.	Nähere Bezeichnung	Zeit der Untersuchung	In der natürlichen Milch: Wasser %	Kasein %	Albumin %	Fett %	Milch-zucker %	Asche %	In der Trocken-Substanz: Stick-stoff-Substanz %	Fett %	Stickstoff in der Trocken-Substanz %	Analytiker
110	Mittel von 100 Analysen*) .	1894	88,22	1,94		3,11	6,30	0,19	16,47	26,40	2,64	*Pfeiffer*[1])
111	Mittel von ca. 140 Analysen**)	"	—	1,10		3,21	4,67	—	—	—	—	*Johannessen*[2])

Frauenmilch-Analysen von Camerer und Söldner[3]) 1895 u. 1896.

No.	Nähere Bezeichnung	Tage nach der Geburt	In der natürlichen Milch: Wasser %	Stick-stoff-Substanz[c]) %	Fett %	Milch-zucker %	Asche %	In der Trocken-Substanz: Stick-stoff-Substanz %	Fett %	Stickstoff in der Trocken-Substanz %
112	Dürftig genährte Arbeitersfrau, 35 Jahre alt, 7 Kinder . .	74—75	89,03	0,95	2,53	7,33	0,20	8,66	23,06	1,39
113	Besser genährte Arbeitersfrau, 28 Jahre alt, vor 2 Jahren Zwillinge	8—9	87,79	1,54	2,75	6,75	0,24	12,61	22,52	2,02
114		29—30	88,41	1,13	2,66	7,31	0,18	9,75	22,95	1,56
115		113—114	89,28	0,95	1,98	7,56	0,19	8,86	18,47	1,42
116		229	89,32	0,88	3,35	7,28	0,18	8,24	31,37	1,32
117	Sehr kräftige Bäckersfrau, 32 Jahre alt, erstgebärend	5—6	88,31	2,04	2,89	5,75	0,34	17,45	24,72	2,79
118		20—21	87,96	1,36	3,49	6,67	0,22	11,30	28,99	1,81
119		40—41	87,94	1,12	3,73	6,27[00])	0,20	9,29	30,93	1,49
120	Zweitgebärende, 32-jährig . .	9	87,34	1,47	3,42	6,73	0,26	11,61	28,59	1,86

[1]) Verhandlungen d. Naturforscher-Versammlung. Wien 1894. Mitgetheilt von Backhaus. Journ. f. Landw. 1896, **44**, 279—309.

[2]) Jahrbuch für Kinderheilkunde 1895, 380. Mitgetheilt von Backhaus, vergl. vorige Anmerkung.

[3]) Camerer u. Söldner. Zeitschr. f. Biologie 1896, **33**, 43—71 u. 535—568.
Zu den Analysen wurde immer die ganze in den zwölf Tagesstunden producirte Milch gesammelt, soweit sie durch Saugen und Streichen irgend zu erhalten war. Es liessen sich jedoch die Brüste, namentlich die straff gefüllten, in den ersten Wochen nach der Geburt nicht so vollkommen auf diese Weise entleeren, als es dem Säugling möglich ist. Es wurden beide Brüste meist Vormittags gegen 9 Uhr, Nachmittags gegen 2 Uhr und Abends gegen 7 Uhr, in anderen Fällen auch während des Tags entleert. Das Kind trank nur nachts, gegen 10 Uhr Abends und 5 Uhr Morgens, in einigen Fällen auch gegen 1 Uhr an der Brust. Die Milch wurde fast immer zwei Tage hintereinander gesammelt und für die Analyse gemischt. Die angewendeten analytischen Methoden waren folgende: a) Stickstoff nach Kjeldahl mit der Abänderung von Ulsch. b) Zur Trocken-Substanz-Bestimmung wurden 5—10 g Milch in einem weiten Wägegläschen mit aufgeschliffenem Deckel auf dem Wasserbade unter öfterem Umschwenken abgedampft und im Vakuumtrockenschrank bei 98° C. bis zur Gewichtskonstanz getrocknet. c) Das Fett wurde anfangs nach der Gipsmethode und der Dietrich-schen Methode, später nur nach der Adams'schen Methode bestimmt. d) Milchzucker wurde gewichtsanalytisch nach Soxhlet bestimmt. e) Die Asche wurde aus ca. 20 g Milch bestimmt.

		Wasser	Gesammt-Eiweiss	Fett	Milchzucker	Asche
*)	Minimum	84,30 %	1,09 %	0,76 %	2,94 %	0,10 %
	Maximum	91,77 "	9,76 "	9,05 "	7,65 "	0,41 "
**)	Minimum	—	0,60 "	0,63 "	3,68 "	—
	Maximum	—	2,60 "	6,65 "	8,34 "	—

[c]) Die angeführten Zahlen für die Stickstoff-Substanz sind aus dem Stickstoff durch Multiplikation mit 6,25 gefunden.

Verf. haben auch die Stickstoff-Substanz nach den Angaben von J. Munk berechnet, indem sie — soweit nicht der Stickstoff im Filtrate direkt bestimmt wurde — 9 % vom Gesammt-Stickstoff subtrahirten und den Rest mit 6,34 multiplicirten. Die so erhaltenen Werthe für Stickstoff-Substanz sind, mit den obigen verglichen, folgende:

No.	112	113	114	115	116	117	118	120	121	122	123
Stickstoff-Substanz (Stickstoff × 6,25)	0,95	1,54	1,13	0,95	0,88	2,04	1,36	1,47	1,69	1,74	1,74
desgl. nach Munk	0,88	1,42	1,04	0,88	0,81	1,81	1,11	1,40	1,56	1,61	1,61

[00]) Hier und bei den Nummern 124 und folgenden ist der Milchzucker auf Laktoseanhydrid berechnet.

No.	Nähere Bezeichnung	Tage nach der Geburt	In der natürlichen Milch: Wasser %	Stickstoff-Substanz*) %	Fett %	Milchzucker (anhydr.)**) %	Asche %	In der Trocken-Substanz: Stickstoff-Substanz %	Fett %	Stickstoff in der Trocken-Substanz %
121	Mischmilch von zwei Frauen, die eine 27-jährig, zweitgebärend	4—5 u. 11	88,92	1,69	2,33	6,07	0,36	15,25	21,03	2,44
122	Mischmilch zweier Frauen, beide zweitgebärend, 24-jährig	9, 10, 11 u. 10 u. 11	86,96	1,74	4,10	6,62	0,27	13,34	31,44	2,13
123		11	87,00	1,74	3,80	6,35	0,25	13,38	29,23	2,14
124	Erstgebärende, 23 Jahre alt, wohlhabend	23, 25, 26	88,56	1,01	3,25	6,55	0,23	8,83	28,49	1,41
125	Mischmilch von 2 Frauen .	8—11	87,06	1,86	3,76	6,42	0,28	14,38	29,05	2,30
126	26-jährige, erstgebärende Beamtenfrau	24—25	87,06	1,40	4,48	6,34	0,22	18,20	44,85	2,92
127		38—40	87,39	1,38	4,40	6,27	0,19	10,95	34,90	1,75
128		60—70	87,84	1,21	3,54	6,71	0,18	9,95	29,11	1,59
129		117—119	88,60	1,03	3,07	6,85	0,15	9,04	26,93	1,45
130	35 Jahre alte, kleine, gut genährte Arbeitersfrau, 8. Kind, künstl. Frühgeburt in der 36. Woche wegen Beckenenge	23—24	87,68	1,59	3,59	6,21	0,25	12,96	29,14	2,07
131		40 - 41	86,17	1,24	5,33	6,55	0,25	8,96	38,54	1,43
132		70—71	87,83	1,15	3,82	6,39	0,21	9,49	31,39	1,52
133		111—113	88,56	1,20	2,95	6,65	0,21	10,49	25,79	1,68
134	30 Jahre alte, kräftige Frau, 3. Kind	175	90,59	0,93	1,27	6,64	0,24	9,88	13,49	1,58
135	Erstgebärende junge, kräftige Arbeitersfrau	108—110	88,80	0,81	3,06	6,71	0,14	7,23	27,32	1,16
136	Mischmilch von 6 Frauen .	8—11	88,42	1,78	2,57	6,13	0,25	15,37	22,19	2,46
137	desgl. „ 2 „ .	8—9	88,48	0,61	2,42	6,63	0,27	13,98	21,01	2,14
138	31 Jahre alte, schlecht genährte magere Frau, 10. Kind (nur aus der linken Brust)	234	89,02	0,85	2,85	7,01	0,19	7,74	25,96	1,24
139		240	88,32	0,83	3,72	6,73	0,17	7,11	31,85	1,14
140	28 Jahre alte, kräftige, aber mässig genährte, arme Frau 4. Kind	193	89,48	0,83	2,03	7,10	0,17	7,89	19,30	1,26

*) Die angeführten Zahlen sind aus dem Gesammt-Stickstoff durch Multiplikation mit 6,25 von uns berechnet. Im Filtrat der Gerbsäurefüllung wurden folgende Stickstoffmengen gefunden:

Stickstoff im Filtrate der Gerbsäurefällung nach Almen	No. 124	125	126	127	128	129	130	131	132
	0,034	0,047	0,039	0,043	0,031	0,029	0,040	0,042	0,023 %
	No. 133	134	135	136	137	138	139	140	
	0,027	0,029	0,025	0,034	0,043	0,022	0,026	0,026 %	

**) Der Milchzucker ist von No. 124 an auf Laktoseanhydrid berechnet, da er als solcher in dem Trockenrückstand vorhanden ist.

Frauenmilch-Analysen von J. Szilasi.

Chem.-Ztg. 1890, **14**, 1202—1203.

No.	Tag der Probenahme	Alter der Mutter	Zahl der Kinder	Konstitution der Mutter	Milchmenge der Mutter	Alter des Kindes	Durchschnittliche Gewichtszunahme des Kindes pro Tag	Specifisches Gewicht	In der natürlichen Milch					In der Trocken-Substanz		Stickstoff in der Trocken-Substanz
									Wasser	Stick-stoff-Substanz	Fett	Milch-zucker	Asche	Stick-stoff-Substanz	Fett	
		Jahre				Tage	g		%	%	%	%	%	%	%	%
141	17./5.	21	1	stark	viel	63	35	1,0308	88,74	1,55	3,00	6,52	0,19	13,77	26,64	2,20
142	17./5.	21	1	„	„	12	25	1,0302	86,35	1,97	4,89	6,59	0,20	14,43	35,83	2,31
143	17./5.	28	2	„	„	35	40	1,0301	86,22	1,73	4,75	7,10	0,20	12,55	34,47	2,01
144	18./5.	36	2	schwach	wenig	17	20	1,0325	87,86	1,85	3,24	6,89	0,16	15,24	26,69	2,44
145	18./5.	21	1	stark	„	14	10 Frühgeburt	1,0339	87,31	2,05	3,86	6,59	0,19	16,15	30,42	2,58
146	18./5.	22	1	„	„	14	23	1,0335	88,41	1,90	2,72	6,74	0,23	16,39	23,47	2,62
147	31./5.	26	1	„	viel	14	23	1,0290	87,45	1,85	4,13	6,48	0,19	14,74	32,91	2,36
148	31./5.	22	1	„	„	14	35	1,0295	86,93	1,73	4,76	6,32	0,19	13,24	35,65	2,12
149	5./6.	26	1	„	„	16	36	1,0349	88,04	1,77	2,65	7,34	0,20	14,80	22,16	2,37
150	5./6.	28	1	„	„	24	30	1,0351	88,34	2,10	2,30	6,81	0,23	18,01	19,72	2,88
151	5./6.	23	1	schwach	wenig	14	10 Frühgeburt	—	87,87	1,97	3,06	6,96	0,14	16,24	25,23	2,60
152	2./7.	40	9	stark	viel	14	20	1,0336	87,79	2,06	3,06	6,90	0,19	16,87	25,06	2,70
153	2./7.	32	2	„	„	15	35	1,0348	88,14	1,55	2,58	7,56	0,17	13,07	21,75	2,09
154	9./7.	24	1	„	„	12	30	1,0336	88,09	1,76	2,41	7,57	0,17	14,78	20,23	2,36
155	9./7.	22	1	„	„	12	40	1,0338	88,01	1,85	2,67	7,27	0,20	15,43	22,27	2,47
156	9./7.	22	2	schwach	wenig	13	20	1,0318	86,75	1,66	4,40	7,22	0,15	12,53	33,28	2,00
157	13./7.	24	1	stark	viel	14	40	1,0333	86,96	2,23	3,56	7,03	0,22	17,10	27,30	2,74
158	13./7.	28	2	„	„	14	25	1,0364	87,23	2,23	3,28	7,03	0,23	17,47	25,69	2,80
159	16./7.	22	1	„	wenig	14	20	1,0343	87,45	1,85	3,67	6,78	0,25	14,74	29,24	2,36
160	16 /7.	33	2	schwach	viel	14	40	1,0351	88,49	1,57	2,49	7,25	0,20	11,51	21,45	1,84
161	24./7.	30	4	stark	„	8 Monat	50	1,0329	90,19	1,26	1,00	7,35	0,20	12,84	10,19	2,05
162	24./7.	18	1	schwach	„	63 Tage	25	1,0310	89,56	1,37	1,92	6,95	0,20	13,22	18,39	2,12
163	24 /7.	34	2	stark	„	50 „	20	—	86,79	1,84	3,66	7,46	0,25	13,93	27,71	2,23
164	27./7.	22	1	„	wenig	14 „	30	1,0328	86,45	2,05	4,15	7,17	0,28	15,13	30,63	2,42
165	27./7.	25	1	schwach	viel	20 „	20	1,0318	86,55	1,99	4,13	7,14	0,19	14,72	30,71	2,36
166	27./7.	30	3	stark	wenig	16 „	35	1,0315	85,96	1,96	4,78	7,10	0,20	13,96	34,05	2,23
Mittel (No. 141—166)		**26,2**	**2**	—	—	**29,1**	**28,4**	**1,0328**	**87,24**	**2,20**	**3,38**	**6,97**	**0,20**	**17,24**	**26,50**	**2,76**

Frauenmilch-Analysen von Backhaus.

Journ. f. Landw. 1896, **44**, 279—309.

No.	Tag der Analyse	Alter der Mutter	Zahl der Kinder	Tage nach der Geburt	Stunden seit der letzten Entleerung	Reaktion	Spec. Gewicht	In der natürlichen Milch					In der Trocken- Trocken-		Stickstoff in der Trocken-Substanz
								Wasser	Stick-stoff-Substanz	Fett	Milch-zucker	Asche	Stick-stoff Substanz	Fett	
		Jahre						%	%	%	%	%	%	%	%
167	17./2. 1893	25	4	8	4	neutral	1,0286	87,75	3,26	4,04	4,57	0,38	26,61	32,98	4,26
168	20./2. „	24	2	8	3	—	1,0287	86.79	1,35	4,78	6,86	0,22	10,22	36,18	1,64
169	25./2 „	18	1	8	3	alkalisch	1,0292	87,47	1,73	3,74	6,79	0,27	13,81	29,85	2,21
170	8./3. „	25	4	19	4	„	1,0291	84,71	1,24	5,08	8,71	0,24	8,11	33,29	1,30
171	16./3. „	22	—	18	½	—	1,0272	88,24	1,14	3,97	6,45	0,20	9,69	33,76	1.55
172	17./3. „	24	1	8	2	—	1,0303	89,38	1,48	2,57	6,35	0,22	13.94	24,20	2,23
173	21./3. „	25	4	32	4	alkalisch	1,0327	87,52	1,12	3,94	7,21	0,21	8,97	31,57	1,44
Mittel (No. 167-173)		**23**	**3**	**14,4**	**3**	—	**1,0294**	**87,41**	**1,617**	**4,017**	**6,706**	**0,25**	**12,84**	**31,91**	**2,05**

Frauenmilch nach der Laktation.

No.	Nähere Bezeichnung: Zeit der Laktation	Zahl der Analysen	Zeit der Untersuchung	In der natürlichen Milch: Wasser %	Stickstoff-Substanz %	Fett %	Milchzucker %	Asche %	In der Trocken-Substanz: Stickstoff-Substanz %	Fett %	Stickstoff in der Trocken-Substanz %	Analytiker
1	8.—11. Tag	3	—	87,99	2,38*)	2,92	6,39	0,27	19,82	24,30	3,17*)	*Camerer und Söldner*[1])
2	20.—40. „	4	—	87,54	1,79*)	4,04	6,36	0,22	14,37	32,42	2,30*)	
3	70.—120. „	5	—	88,33	1,49*)	3,29	6,66	0,18	12,77	28,19	2,04*)	
4	170. u. später	4	—	89,35	1,07*)	2,47	6,87	0,18	10,05	23,19	1,61*)	

Schwankungen in der Zusammensetzung der Frauenmilch von einem Tage zum anderen.

No.	Nähere Bezeichnung	Tag	Zeit der Untersuchung	Wasser %	Stickstoff-Substanz %	Fett %	Milchzucker %	Asche %	Trocken-Substanz: Stickstoff-Substanz %	Fett %	Stickstoff in der Trocken-Substanz %	Analytiker
1	Malene B., 28½ J. alt, 2. Kind	129. Tag	30./6. 1897	—	1,00	2,80	6,20	—	—	—	—	*Axel Johannessen und Eyvin Wang*[2])
		130. „	1./7. „	—	1,00	2,70	6,20	—	—	—	—	
		131. „	2./7. „	—	1,00	2,95	6,30	—	—	—	—	
		132. „	3./7. „	—	1,20	3,30	6,20	—	—	—	—	
		133. „	4./7. „	—	0,90	3,00	5,90	—	—	—	—	
		134. „	5./7. „	—	1,00	3,25	5,90	—	—	—	—	
2	Laurenze N., 22 J. alt, 1. Kind	108. Tag	14./7. 1898	—	1,20	4,10	6,20	—	—	—	—	
		109. „	15./7. „	—	1,20	3,80	6,00	—	—	—	—	
		110. „	16./7. „	—	1,20	4,40	6,30	—	—	—	—	
		111. „	17./7. „	—	1,30	4,20	6,00	—	—	—	—	
		112. „	18./7. „	—	1,20	4,40	6,10	—	—	—	—	
		113. „	19./7. „	—	1,30	4,60	6,00	—	—	—	—	
3	Klara K., 30 Jahre alt, 1. Kind	99. Tag	29./7. 1897	—	1,20	4,20	6,10	—	—	—	—	
		100. „	30./7. „	—	1,25	4,10	6,20	—	—	—	—	
		101. „	31./7. „	—	1,20	3,60	6,00	—	—	—	—	
		102. „	1./8. „	—	1,25	3,00	6,10	—	—	—	—	
		103. „	2./8. „	—	1,20	3,45	6,10	—	—	—	—	
		104. „	3./8. „	—	1,30	3,20	6,10	—	—	—	—	
4	Mathilde S., 30 J. alt, 1. Kind	103. Tag	9./8. 1897	—	1,25	4,05	6,50	—	—	—	—	
		104. „	10./8. „	—	1,20	4,20	7,50	—	—	—	—	
		105. „	11./8. „	—	1,25	4,50	7,30	—	—	—	—	
		106. „	12./8. „	—	1,30	4,00	7,80	—	—	—	—	
		107. „	13./8. „	—	1,30	3,90	7,55	—	—	—	—	
		108. „	14./8. „	—	1,25	4,00	7,00	—	—	—	—	

[1]) Die Analysen von Camerer u. Söldner sind aus den Analysen 119 und 124—140 S. 106 u. 107 berechnet.

[2]) Zeitschr. physiol. Chem. 1898, **24**, 482. Die Stickstoff-Substanz wurde durch Multiplikation des Stickstoffs (nach Kjeldahl bestimmt) mit 6,37 berechnet. Das Fett wurde nach Gerber, der Milchzucker nach Ritthausen bestimmt.

Die Durchschnittsprobe der Tagesmilch wurde in der Weise gewonnen, dass beim jedesmaligen Anlegen des Kindes an die Brust vor, während und nach dem Anlegen eine Probe entnommen wurde. Je 5 ccm dieser Proben wurden gemischt und sämmtliche Proben der Mahlzeiten eines Tages gemischt.

*) Die Stickstoff-Substanz ist von den Verfassern aus der Differenz, der Stickstoffgehalt der Trocken-Substanz durch Division der „Stickstoff-Substanz“ durch 6,25 von uns berechnet.

Aus sämmtlichen (173) in den vorstehenden Tabellen auf S. 101—108 enthaltenen Analysen berechnen sich für Frauenmilch folgende **Mittel- und Schwankungszahlen:**

	Spec. Gew.	In der natürlichen Milch: Wasser %	Kasein %	Albumin %	Fett %	Milchzucker %	Asche %	In der Trocken-Substanz: Stickstoff-Substanz %	Fett %	Stickstoff in der Trocken-Substanz %
Mittel	**1,0298**	**87,58**	**0,80**	**1,21**	**3,74**	**6,37**	**0,30**	**16,22**	**30,11**	**2,60**
			2,01 (Kasein + Albumin)							
Schwankungen	1,0200—1,0364	83,88—91,40	0,20-1,85	0,28-2,48	1,27—6,20	1,78—8,76	0,13—1,87	5,44—40,40	10,19—49,88	0,87—6,46
			0,68—5,02 (Kasein + Albumin)							

Die vorstehenden Zahlen für den mittleren Gehalt an Milchzucker und Albumin sind aus der Differenz von der Trocken-Substanz bezw. von der Stickstoff-Substanz berechnet.

Einfluss der Nahrung auf die Zusammensetzung der Frauenmilch*)

nach Zaleski (Berliner Klin. Wochenschr. 1888, No. 4).

Nahrung der Stillenden:	In der natürlichen Milch: Wasser %	Kasein %	Albumin %	Fett %	Milchzucker %	Asche %	In der Trocken-Substanz: Stickstoff-Substanz %	Fett %	Stickstoff in der Trocken-Substanz %	Analytiker
1. Mangelhafte Nahrung . .	91,40	3,55		0,80	3,95	—	41,28	9,30	6,60	*Simon*
2. Reichliche, aus Fleisch bestehende	88,06	3,75		3,40	4,54	—	31,41	28,47	5,06	*Simon*
1. Ungenügende	87,36	0,41	0,011	5,09	7,05	0,08	3,32	40,27	0,53	*Doyère*
2. Gute und genügende . .	84,09	0,85	0,004	7,60	7,31	0,15	5,37	47,77	0,86	*Doyère*
1. Spärliche (Mittel von je 3 Analysen)	88,00	0,24	2,16	2,98	6,40	0,20	20,00	24,83	3,20	*Decaisne*
2. Genügende (Mittel von je 3 Analysen)	85,90	1,36	1,28	4,46	6,70	0,29	18,72	31,63	3,00	*Decaisne*
1. Mangelhafte	90,13	1,60		2,83	5,270	0,17	16,21	28,67	2,59	*Pfeiffer*
2. Reichliche	88,56	2,09		4,69	4,51	0,15	18,27	41,00	2,92	*Pfeiffer*
1. Mangelhafte (Mittel von je 3 Analysen)	—	—		2,56	—	—	—	—	—	*Schukowsky*
2. Genügende (Mittel von je 3 Analysen)	—	—		3,65	—	—	—	—	—	*Schukowsky*
1. Fastennahrung (Mittel von je 5 Analysen)	88,36	1,86		3,41	5,72	—	15,95	29,24	2 55	*Kolesinsky*
2. Gewöhnliche Nahrung . . (Mittel von je 5 Analysen)	85,80	2,29		5,17	5,60	—	16,13	36,41	2,58	*Kolesinsky*
1. Gewöhnliche, genügende und gute Kost + Wasser	87,95	1,68	0,80	3,97	5,46	0,28	20,58	33,00	3,29	*Zaleski*
2. Sehr reichliche Eiweiss- und Fettkost + Bier . .	86,55	1,90	0,76	6,29	4,40	0,20	19,70	46,77	3,15	*Zaleski*
1. Fettarme Nahrung . . .	89,56	0,72		2,25	7,31	0,16	6,87	21,55	1,10	*C. Krauch*
2. Fettreiche „ . . .	90,56	0,75		1,95	7,07	0,18	7,54	19,69	1,21	*C. Krauch*

*) Um den Einfluss der Nahrung auf die Zusammensetzung der Frauenmilch zu zeigen, gebe ich nach Zaleski noch diese besondere Uebersichtstabelle. Man hat nach den Untersuchungen von L'Hertier, Vernois und Becquerel wohl angenommen, dass zwischen der Milch von Brünetten und Blondinen ein Unterschied bestehe; dieses wird aber von Tolmatscheff und anderen Analytikern in Abrede gestellt. Auch ist noch nicht entschieden, ob mit dem Eintritt der Menstruation bei den Stillenden die Zusammensetzung der Milch eine andere wird.

Anhang zu Frauenmilch.

Die Elementarzusammensetzung von Frauenmilch und Fett aus Frauenmilch ermittelten Camerer und Söldner (Zeitschr. f. Biologie 1896, 33, 566. Vergl. auch die Analysen oben S. 106 u. 107) und fanden:

	Trocken-Substanz	C	H	O	N	Asche
	%	%	%	%	%	%
		Frauenmilch				
No. 119 . . .	12,06	6,07	0,93	4,68	0,18	0,20
„ 124 . . .	11,44	5,68	0,88	4,49	0,16	0,23
„ 125 . . .	12,94	6,68	1,01	4,67	0,30	0,28
„ 126 . . .	12,94	6,83	1,05	4,62	0,22	0,22
		Frauenmilchfett				
No. 124 . . .	—	71,7	10,8	17,5	—	—
„ 127 . . .	—	71,4	11,1	17,5	—	—
„ 130 . . .	—	70,3	11,1	17,6	—	—
Mittel für Frauenmilchfett	—	**71,1**	**11,0**	**17,9**	—	—

Kuhmilch.

Colostrum der Kuh.

No.	Nähere Bezeichnung	Zeit der Untersuchung	In der natürlichen Milch: Wasser	Kasein	Albumin	Fett	Milchzucker	Asche	In der Trocken-Substanz: Kasein	Albumin	Fett	Stickstoff in der Trocken-Substanz	Analytiker
			%	%	%	%	%	%	%	%	%	%	
1		1848	75,80	2,6	15,00	2,6	3,6	3,0	61,98		10,74	9,92	*Boussingault*[1])
2		?	80,30	15,1		2,6	—	2,0	76,65		13,20	12,26	*Henry*[2])
3	Schlechte Milchkuh, unmittelbar v. d. Kalben .	1855	61,60	—	15,5	8,4	—	—	40,36		21,87	—	*F. Crusius*[3])
4	desgl. desgl.	„	77,50	—	8,5	4,1	1,7	—	—	37,77	18,22	—	
5	Kuh, unmittelbar vor dem Kalben	„	84,10	—	5,3	3,1	0,5	—	—	34,33	19,50	—	
6	desgl. desgl.	„	79,00	—	6,8	2,9	1,5	—	—	32,38	13,81	—	
7	Gute Milchkuh, unmittelbar v. d. Kalben	„	83,30	—	4,1	3,7	2,3	—	—	34,55	22,16	—	
8	desgl. desgl.	„	85,80	—	4,7	2,5	2,9	—	—	33,10	17,61	—	
9	Kurz nach dem Kalben .	1862	80,21	13,64		2,23	3,00	0,92	68,92		11,27	11,03	*Müller und Eisenstuck*[4])
10	Am Morgen nach d. Kalben	„	85,55	7,31		2,79	3,38	0,97	50,59		19,31	8,09	
11	Mittel des Colostrums beider Kühe in den ersten 4 Tagen	„	86,58	4,71		3,77	4,08	0,86	35,10		28,09	5,62	
12	5 Stunden nach dem Kalben	1859	79,25	14,35		2,78	2,77	0,85	69,08		13,39	11,05	*Boussingault*[5])

[1]) J. B. Boussingault, Die Landwirthschaft etc., deutsch von Graeger, 1854, III, 229. Die Stickstoff-Substanz ist als „eiweissartiger Käsestoff" bezeichnet.

[2]) Journ. Pharm. **25**, 333.

[3]) Journ. f. prakt. Chemie **68**, 1. Gesammtprotein wurde nicht, Albumin für sich bestimmt. Vergl. Uebergang des Colostrums in die Milch No. 1—69.

[4]) Landw. Vers. Stat. 1864, **6**, 376. Das untersuchte Colostrum stammte von 2 Kühen der Landrasse von Westeraas. Der Gehalt an Protein ist aus dem gefundenen Stickstoff-Gehalt berechnet, der an Milchzucker an der Differenz zur Trocken-Substanz. Vergl. Uebergang des Colostrums in die Milch No. 70—83.

[5]) Weende'r Jahresber. f. Agrik.-Chem. 1866/67, 446. Vergl. Uebergang des Colostrums in die Milch No. 84—86.

No.	Nähere Bezeichnung	Zeit der Untersuchung	In der natürlichen Milch: Wasser %	Kasein %	Albumin %	Fett %	Milchzucker %	Asche %	In der Trocken-Substanz: Kasein %	Albumin %	Fett %	Stickstoff in der Trocken-Substanz %	Analytiker
13	Kuh 1	1858	71,15	—	—	7,71	—	1,23	—	—	26,72	—	*Vrolyk und Baumhauer*[1]
14	„ 2	„	79,41	—	—	2,26	—	—	—	—	10,98	—	
15	„ 3	„	71,01	—	—	5,85	—	0,98	—	—	20,18	—	
16	„ 4	„	76,30	—	—	3,30	—	1,00	—	—	13,92	—	
17	„ 5	„	72,02	—	—	2,80	—	1,06	—	—	10,01	—	
18	Alderney-Kuh, am ersten Tage n. d. Kalben . .	1876	80,30	6,40	4,70	2,70	4,85	1,05	—	—	13,57	—	*Smee*[2]
19	Montavoner, alte K., 6. Kalb. Spec. Gew. 1,068 . .	„	73,07	2,65	16,56	3,54	3,00	1,18	9,84	61,53	13,14	11,42	*W. Eugling*[3]
20	desgl., junge Kuh, 1. Kalb. Spec. Gew. 1,071 . .	„	72,30	5,20	15,50	3,11	1,85	2,04	18,77	55,96	11,23	11,96	
	Montavoner: Alter Jahre, Spec. Gew.												
21	Lisele 11. Kalb 13 1,063	18 76/77	69,55	6,30	16,18	3,86	2,43	1,64	20,69	53,14	12,68	11,81	
22	Sarle 7. „ 11 1,072	„	68,71	4,52	18,44	4,24	2,51	1,58	14,45	58,93	13,55	11,74	
23	Victoria I 6. „ 9 1,058	„	76,60	3,47	12,31	3,52	2,88	1,22	14,83	52,61	15,04	10,79	
24	Sara 6. „ 9 1,066	„	73,95	2,64	16,47	3,14	2,62	1,18	10,13	63,23	12,05	11,75	
25	Sila I 6. „ 8 1,065	„	73,77	3,55	15,06	4,06	3,08	1,48	13,53	57,41	15,48	11,35	
26	Paula 6. „ 8 1,068	„	73,07	2,65	16,56	3,54	3,00	1,18	9,84	61,49	13,14	11,41	
27	Evele 4. „ 7 1,068	„	70,66	4,28	15,31	4,68	2,12	1,97	14,59	52,18	15,95	10,84	
28	Victoria II 3. „ 6 1,063	„	69,15	7,14	17,42	2,64	1,34	2,31	23,14	56,46	8,56	12,74	
29	Fides 4. „ 6 1,067	„	70,69	4,24	17,99	2,36	2,84	1,88	14,47	61,38	7,99	12,30	
30	Fausta 4. „ 6 1,067	„	70,02	4,43	17,80	3,14	2,66	1,95	14,78	59,38	10,48	11,87	
31	Cleta 4. „ 6 1,068	„	69,63	5,75	15,76	3,23	3,48	2,15	18,93	51,90	10,64	11,33	
32	Preiss 3. „ 6 1,065	„	70,99	6,46	14,22	4,15	2,10	2,08	22,27	49,02	14,31	11,41	
33	Roma I 4. „ 6 1,068	„	73,42	4,75	15,68	2,88	1,85	1,42	15,87	58,72	10,83	11,93	
34	Rosa 2. „ 5 1,072	„	69,82	6,41	14,43	3,33	3,83	2,18	21,24	47,81	11,03	11,05	
35	Sila II 2. „ 4 1,079	„	67,43	6,00	19,31	3,04	2,25	1,97	18,42	59,28	9,33	12,59	
36	Roma II 2. „ 4 1,070	„	75,66	5,21	13,75	1,88	1,43	2,07	21,40	56,49	7,72	12,46	
37	Lisele I 2. „ 4 1,067	„	74,37	5,23	11,18	4,07	3,50	1,65	20,41	43,61	15,98	10,24	
38	Venus II 2. „ 3 1,071	„	74,76	4,42	14,50	2,55	2,02	1,75	17,51	57,45	10,10	11,99	
39	Schwyzer Kuh 6. „ 8 1,065	„	72,10	3,42	16,81	3,15	2,62	1,90	12,26	60,25	11,29	11,60	
40	desgl. 1. „ 2 1,079	„	69,45	3,44	20,21	3,21	1,84	1,85	11,26	66,15	10,51	12,37	
41	Allgäuer Kuh 3. „ 5 1,069	„	69,93	6,62	15,68	3,42	2,25	2,10	22,01	52,14	11,37	11,86	
42	Oberinnthaler 2. „ 4 1,066	„	73,67	5,25	13,53	4,02	1,85	1,68	19,94	51,39	15,27	11,41	

[1]) B. Martiny, Die Milch 1871, I, 236. Vergl. Uebergang des Colostrums in die Milch No. 87—119.

[2]) Milchztg. 1876, **5**, 1699. Vergl. Uebergang des Colostrums in die Milch No. 120—124.

[3]) Forschungen auf dem Gebiete der Viehhaltung 1878, **2**, 101 u. 102. Sämmtliche Kühe standen in der landesüblichen, ausschliesslichen Heufütterung oder genossen den Weidegang. Der gefundene Zucker ist kein Milchzucker, sondern Traubenzucker oder Laktose. Das Fett des Colostrums unterscheidet sich von dem der Milch durch einen höheren Schmelzpunkt und lässt sich durch Buttern nicht abscheiden. Autor fand ferner in Colostrum: im Fette desselben in ziemlich reichlicher Menge Lecithin, ferner Cholesterin, Globulin, Nuclein, Laktoprotein, Harnstoff. 100 Theile Colostrum-Asche enthielten:

Kali	Natron	Kalk	Magnesia	Eisenoxyd	Phosphorsäure	Schwefelsäure	Chlor
7,23	5,72	34,85	2,06	0,52	41,43	0,16	11,25 %

(Vergl. Uebergang des Colostrums in die Milch No. 125—135.)

No.	Nähere Bezeichnung	Zeit der Untersuchung	In der natürlichen Milch: Wasser %	Kasein %	Albumin %	Fett %	Milchzucker %	Asche %	In der Trocken-Substanz: Kasein %	Albumin %	Fett %	Stickstoff in der Trocken-Substanz %	Analytiker
	Spec. Gew.												
43	Zweite Melkung 1,0400	1888	79,60	7,60		7,22	3,45	0,73	37,25		35,39	5,96	John Sebelien[1])
44	Erste „ über 1,0460	„	74,53	15,66		6,98	—	1,00	61,48		27,40	9,84	
45	Zweite „ —	„	71,73	15,97		7,19	3,67	1,11	56,49		25,43	9,04	
46	Erste „ —	„	73,81	13,88		9,19	—	—	53,00		35,09	8,48	
47	„ „ 1,0446	„	81,44	6,88		5,86	2,41	—	37,07		31,57	5,93	
48	Colostrum*) . . 1,0591	1889	72,20	4,67	11,99	5,02	4,18	1,94	16,80	43,13	18,06	9,59	C. Kornauth[2])
	Zusammensetzung mehrerer Colostrummilchproben der Kleinhof-Tapiauer Herde bei Weidegang:												
49	Minimum, spec. Gew. 1,053	1892	71,52	5,52	9,32	3,27	0,52	0,88	—	—	—	—	Krüger[3])
50	Maximum, „ „ 1,081	„	78,31	8,92	12,51	4,97	1,99	1,21	—	—	—	—	
51	Fehlerhaftes Colostrum .	1849	70,76	2,20	15,00	1,75	5,14	—	7,52	51,30	5,99	9,41	Marchand[4])
	Mittel (ausser No. 49—51)	—	**75,07**	**4,16**	**12,99**	**3,97**	**2,28**	**1,53**	**16,70**	**52,10**	**15,94**	**11,01**	

Anhang zu Kuhcolostrum. Eiweisskörper des Kuhcolostrums.

A. Emmerling, Centralbl. Agrik. Chem. 1888, **17**, 861—864, bestimmte die Eiweisskörper im Colostrum ein und derselben Kuh und fand:

Zeit der Milchentnahme		Trocken-Substanz %	Kasein %	Globulin %	Albumin %
7./2.	Morgens	23,86	4,705	8,320	0,580
	Abends	12,80	2,865	0,930	0,440
8./2.	Morgens	14,64	2,840	0,695	0,510
	Abends	12,73	2,965	0,275	0,475
9./2.	Morgens	12,69	3,010	0,180	0,375
	Abends	12,94	3,255	0,180	0,380
10./2.	Morgens	13,09	3,145	0,150	0,210
11./2.	„	15,09	3,160	0,105	0,370
13./2.	„	12,88	2,290	0,040	0,200

Das Kasein wurde aus dem fünffach verdünnten Colostrum vorsichtig mit Essigsäure gefällt und nach dem Entfetten getrocknet und gewogen. Aus dem Filtrat wurde Globulin durch Magnesiumsulfat gefällt. Die Bestimmung geschah durch Wiederlösen des Niederschlages und Koagulation bei Siedhitze unter Zusatz von etwas Essigsäure, Trocknen und Wägen des abfiltrirten Koagulums. Albumin wurde in dem schwach angesäuerten Filtrat durch Koaguliren im Wasserbade bestimmt.

---

[1]) Tidskrift for Landoekonom 1888, [5], **7**, 399—404; Centr.-Bl. Agrik.-Chem. 1889, **18**, 108.
Der relative Säuerungsgrad, d. h. diejenige Anzahl ccm $^1/_{10}$ N. Natron-Lauge, welche erforderlich ist, bis 50 ccm Milch bei Zusatz von Phenolphthalein Rothfärbung zeigen, betrug bei No. 43: 15,5, bei No. 44: 21,0 und bei No. 47: 19,0 ccm, während normale Milch 8—12 ccm erfordert.

[2]) Zeitschr. für Nahrungsmittel-Untersuchung, Hygiene u. Waarenkunde 1889, **3**, 5.

[3]) Molkerei-Ztg. 1892, 16. Viertelj. Nahrungs- u. Genussm. 1892, **7**, 126—127.
Im Aetherauszuge fanden sich 12,9 % Cholesterin und 8,1 % Lecithin. Die Zusammensetzung von 4 Aschen von Colostrum-Milch war folgende:

	Kalk	Magnesia	Phosphorsäure	Schwefelsäure
No. 1 . . .	26,21	6,24	43,73	0,79 %
„ 2 . . .	27,05	6,55	45,21	0,89 „
„ 3 . . .	26,95	6,49	45,00	0,84 „
„ 4 . . .	27,12	6,54	45,35	0,90 „

[4]) Journ. f. prakt. Chem. 1849, **47**, 129. Das untersuchte Colostrum zeichnete sich durch braune Farbe und dicke Konsistenz aus; es stammte von einer Kuh her, welche schon wiederholt nach früheren Geburten eine ähnliche Erscheinung dargeboten hatte. Die Milch des ersten Tages nach dem Kalben war von schwarzbrauner Farbe, setzte keinen Rahm ab und war so zähe, dass sie kaum floss. Dieselbe enthielt zahlreiche Faserstoffbündel, aber keine Spur von Blutkörperchen, dagegen Blutroth. Als weitere Bestandtheile des Colostrums sind aufgeführt: Haematin und andere Stoffe 4,95 %, Faserstoff 0,20 %.

*) Die Milch hatte eine schleimige Konsistenz, reagirte sauer, hatte gelbliche Farbe und einen eigenthümlichen, nicht unangenehmen Geschmack.

Uebergang des Colostrums in die Milch.

No.	Nähere Bezeichnung	Zeit der Untersuchung	In der natürlichen Milch: Wasser %	Kasein %	Albumin %	Fett %	Milchzucker %	Asche %	In der Trocken-Substanz: Kasein %	Albumin %	Fett %	Stickstoff in der Trocken-Substanz %	Analytiker
1	Schlechte Milchkuh, unmittelbar nach dem Kalben . .	1855	61,6	—	15,5	8,4	—	—	—	40,36	21,87	—	F. Crusius[1]
2	Farbe des Kolostrums dunkelgelb bis braungelb. Consistenz so zähe, dass es kaum floss: 1 Tag n. d. Kalben	„	69,6	—	13,7	5,9	0,2	—	—	45,51	19,60	—	
3	2 „ „ „ „	„	76,9	—	10,9	6,2	0,9	—	—	47,19	26,84	—	
4	3 „ „ „ „	„	84,7	—	8,6	4,0	2,5	—	—	56,20	26,14	—	
5	4 „ „ „ „	„	85,1	—	5,1	4,5	3,6	—	—	34,23	30,20	—	
6	5 „ „ „ „	„	86,3	—	3,4	3,7	3,9	—	—	24,82	27,01	—	
7	6 „ „ „ „	„	87,1	—	2,0	3,0	4,3	—	—	15,50	23,26	—	
8	7 „ „ „ „	„	87,5	—	2,1	2,5	4,2	—	—	16,80	20,00	—	
9	8 „ „ „ „	„	87,3	—	1,7	3,1	4,5	—	—	11,39	24,41	—	
10	14 „ „ „ „	„	87,4	—	1,6	2,5	4,3	—	—	12,70	19,84	—	
11	21 „ „ „ „	„	87,9	—	0,9	2,3	4,6	—	—	7,44	19,01	—	
12	28 „ „ „ „	„	87,6	—	0,7	2,6	4,4	—	—	5,65	20,97	—	
13	Schlechte Milchkuh, unmittelbar nach dem Kalben . .	„	77,5	—	8,5	4,1	1,7	—	—	37,77	18,22	—	
14	desgl. 1 Tag, Abends . .	„	81,1	—	6,3	4,0	2,2	—	—	33,33	21,16	—	
15	desgl. 2 „ früh . . .	„	83,7	—	5,0	3,7	3,5	—	—	30,68	22,70	—	
16	desgl. 2 „ Abends . .	„	84,2	—	4,4	3,5	3,5	—	—	27,67	22,01	—	
17	desgl. 3 „ früh . . .	„	85,0	—	3,8	3,0	3,9	—	—	25,33	20,00	—	
18	desgl. 3 „ Abends . .	„	85,5	—	3,0	3,3	4,3	—	—	20,69	22,16	—	
19	desgl. 4 „ früh . . .	„	87,1	—	2,8	2,8	4,3	—	—	21,71	21,71	—	
20	desgl. 4 „ Abends . .	„	87,3	—	2,2	2,5	4,5	—	—	17,37	19,74	—	
21	desgl. 5 „ früh . . .	„	87,9	—	1,8	1,9	4,8	—	—	14,88	15,70	—	
22	desgl. 5 „ Abends . .	„	87,4	—	1,9	1,7	4,7	—	—	15,08	13,50	—	
23	desgl. 6 „	„	87,5	—	2,0	2,3	4,7	—	—	16,00	18,40	—	
24	desgl. 7 „	„	87,0	—	1,9	2,8	4,6	—	—	14,61	21,54	—	
25	desgl. 14 „	„	87,4	—	1,3	3,0	4,5	—	—	10,32	23,81	—	
26	desgl. 21 „	„	87,5	—	0,6	2,7	4,8	—	—	4,80	21,60	—	
27	desgl. 28 „	„	87,4	—	0,6	2,5	4,5	—	—	4,76	19,84	—	
28	desgl. 35 „	„	87,1	—	0,6	2,8	4,5	—	—	4,65	21,71	—	
29	desgl. unmittelbar n. d. Kalben	„	84,1	-	5,3	3,1	0,5	—	—	33,33	19,50	—	
30	desgl. 1 Tag nach dem Kalben	„	86,4	—	4,9	2,5	2,1	—	—	36,09	18,38	—	
31	desgl. 2 „	„	86,9	—	2,7	2,2	3,4	—	—	20,61	16,79	—	
32	desgl. 3 „	„	87,6	—	2,8	1,9	3,8	—	—	22,58	15,32	—	
33	desgl. 4 „	„	88,5	—	2,3	0,9	3,9	—	—	20,06	7,93	—	
34	desgl. 5 „	„	88,4	—	1,9	1,0	4,5	—	—	16,38	8,62	—	
35	desgl. 6 „	„	88,7	—	1,2	1,7	4,4	—	—	10,62	15,05	—	
36	desgl. 7 „	„	88,5	—	0,9	2,4	4,8	—	—	7,83	20,87	—	
37	desgl. 8 „	„	88,0	—	0,8	2,9	4,7	—	—	6,67	24,17	—	
38	desgl. 16 „	„	88,5	—	0,5	2,6	4,8	—	—	4,35	22,61	—	

[1]) Journ. f. prakt. Chem. **68**, 1. Gesammtprotein wurde nicht, Albumin besonders bestimmt.

No.	Nähere Bezeichnung	Zeit der Untersuchung	In der natürlichen Milch: Wasser %	Kasein %	Albumin %	Fett %	Milchzucker %	Asche %	In der Trocken-Substanz: Kasein %	Albumin %	Fett %	Stickstoff in der Trocken-Substanz %	Analytiker
39	Schlechte Milchkuh, 21 Tage nach dem Kalben . . .	1855	88,3	—	0,3	2,5	4,6	—	—	2,56	21,37	—	F. Crusius[1]
40	desgl. 30 Tage nach d. Kalben	„	88,8	—	0,3	2,3	4,8	—	—	2,68	20,54	—	
41	desgl. unmittelbar n. d. Kalben	„	79,0	—	6,8	2,9	1,5	—	—	32,38	13,81	—	
42	Farbe des Colostrums gelb; es war fadenziehend: 1 Tag n. d. Kalben	„	84,1	—	4,3	2,1	3,0	—	—	27,04	13,21	—	
43	2 „ „ „ „	„	85 5	—	4,5	1,2	3,7	—	—	31,04	8,28	—	
44	3 „ „ „ „	„	86,9	—	4,0	1,2	3,9	—	—	30,53	9,16	—	
45	4 „ „ „ „	„	87,6	—	2,6	1,5	4,2	—	—	20,97	12,10	—	
46	5 „ „ „ „	„	88,5	—	2,2	2,1	4,1	—	—	19,13	18,26	—	
47	6 „ „ „ „	„	88,3	—	1,7	2,5	4,3	—	—	14,53	21,37	—	
48	13 „ „ „ „	„	88,6	—	0,8	2,1	4,1	—	—	7,02	18,42	—	
49	26 „ „ „ „	„	88,2	—	0,5	2,3	4,1	—	—	4,24	19,49	—	
50	Gute Milchkuh, unmittelbar nach dem Kalben . . .	„	83,3	—	4,1	3,7	2,3	—	—	24,55	22,16	—	
51	desgl. 1 Tag nach dem Kalben	„	85,5	—	3,6	3,6	2,9	—	—	24,83	24,63	—	
52	desgl. 2 „ „ „ „	„	85,9	—	2,4	3,1	3,5	—	—	17,02	21,99	—	
53	desgl. 3 „ „ „ „	„	86,8	—	1,7	3,2	4,1	—	—	12,88	24,24	—	
54	desgl. 4 „ „ „ „	„	88,1	—	1,7	3,0	4,5	—	—	14,29	25,21	—	
55	desgl. 5 „ „ „ „	„	88,3	—	1,1	3,1	4,0	—	—	9,40	26,50	—	
56	desgl. 6 „ „ „ „	„	88,2	—	0,6	2,9	4,1	—	—	5,09	24,58	—	
57	desgl. 20 „ „ „ „	„	88,3	—	0,4	3,0	4,0	—	—	3,42	25,64	—	
58	Gute Milchkuh, unmittelbar nach dem Kalben . . .	„	85,8	—	4,7	2,5	2,9	—	—	33,10	17,61	—	
59	Im Aeussern fast gleich mit normaler Milch und auch beinahe vom Geschmack normaler Milch: 1 Tag n. d. Kalben	„	86,9	—	2,9	2,5	3,5	—	—	22,14	17,08	—	
60	2 „ „ „ „	„	87,6	—	2,0	2,1	4,1	—	—	16,00	16,80	—	
61	3 „ „ „ „	„	88,4	—	2,0	2,7	4,5	—	—	17,24	23,28	—	
62	4 „ „ „ „	„	88,3	—	1,7	3,1	4,5	—	—	14,53	26,50	—	
63	5 „ „ „ „	„	88,6	—	1,9	2,8	4,2	—	—	15,79	24,56	—	
64	6 „ „ „ „	„	88,6	—	1,0	3,2	4,1	—	—	8,77	28,07	—	
65	8 „ „ „ „	„	88,8	—	0,8	2,4	4,3	—	—	7,14	21,43	—	
66	15 „ „ „ „	„	88,7	—	0,5	2,6	4,6	—	—	4,43	23,01	—	
67	21 „ „ „ „	„	88,3	—	0,4	2,3	4,3	—	—	3,42	19,66	—	
68	29 „ „ „ „	„	88,5	—	0,3	2,9	4,3	—	—	2,61	25,22	—	
69	35 „ „ „ „	„	88,7	—	0,4	2,7	4,5	—	—	3,55	23,90	—	
	Kuh Trana, kurz nach d. Kalben												
70	24/3 Abend	1862	80,21	13,64		2,23	3,00	0,92	68,92		11,27	11,03	Müller und Eisenstuck[2]
71	25/3 Morgen	„	84,90	6,83		4,17	3,27	0,83	45,23		21,61	7,24	
72	„ Abend	„	87,18	4,31		3,68	3,86	0,97	33,62		28,70	5,38	
73	26/3 Morgen	„	86,47	4,12		3,50	3,98	0,93	30,45		26,87	4,87	
74	„ Abend	„	87,13	4,07		3,84	4,13	0,83	31,62		29,83	5,06	

[1]) Vergl. Anmerkung [1]) S. 114.

[2]) Landw. Vers.-Stat. 1864, **6**, 376. Die untersuchte Milch stammte von Trana und Stora, Kühen der Landrasse von Westeraas, welche beide den 24./3. Nachmittags kalbten. Der Gehalt an Protein ist nach dem gefundenen Stickstoff-Gehalt berechnet worden, der an Milchzucker aus der Differenz zur Trocken-Substanz.

No.	Nähere Bezeichnung	Zeit der Untersuchung	In der natürlichen Milch: Wasser %	Kasein %	Albumin %	Fett %	Milchzucker %	Asche %	In der Trocken-Substanz: Kasein %	Albumin %	Fett %	Stickstoff in der Trocken-Substanz %	Analytiker
	Kuh Trana:												
75	27/3 Morgen	1862	86,89	4,12		3,83	4,38	0,78	31,43		29,22	5,03	Müller und Eisenstuck[1]
76	„ Abend	„	86,62	3,84		4,05	4,67	0,82	28,70		30,27	4,59	
77	Kuh Stora, am Morgen n. d. Kalben 25/3 Morgen	„	85,55	7,31		2,79	3,38	0,97	50,59		19,31	8,09	
78	„ Abend	„	86,91	4,88		3,55	3,76	0,92	37,28		26,77	5,96	
79	26/3 Morgen	„	87,47	4,39		4,14	4,08	0,92	35,04		33,04	5,61	
80	„ Abend	„	86,89	4,19		3,90	4,22	0,80	31,96		29,74	5,11	
81	27/3 Morgen	„	86,54	4,32		3,72	4,67	0,75	32,09		27,64	5,13	
82	„ Abend	„	86,37	4,12		4,14	4,56	0,81	30,23		30,38	4,84	
83	Mittlere Zus. d. M. beider Kühe in den ersten 4 Tagen . .	„	86,58	4,71		3,77	4,08	0,86	35,10		28,09	5,62	
84	Kuh, Freiburger Rasse: Spec. Gewicht 5 Stdn. n. d. Kalben 1,0518	1859	79,25	14,35		2,78	2,77	0,85	69,15		13,40	11,06	Boussingault[2]
85	29 „ „ „ „ 1,0340	„	85,77	5,49		3,60	4,34	0,80	38,58		25,30	6,17	
86	53 „ „ „ „ 1,0339	„	86,45	5,06		3,38	4,34	0,77	37,34		24,94	5,97	
87	Kuh I 10. Dec. 1858 in 100 ccm	1858	71,15	—		7,71	—	1,23	—		26,72	—	Vrolyk und Baumhauer[3]
88	desgl. „	„	81,90	—		5,80	—	1,17	—		32,04	—	
89	desgl. „	„	86,02	—		3,02	—	1,03	—		21,60	—	
90	11. Dec. „	„	83,94	—		5,64	—	0,96	—		35,12	—	
91	„ „	„	84,99	—		4,35	—	0,87	—		28,98	—	
92	„ „	„	84,82	—		5,07	—	0,89	—		33,40	—	
93	12. Dec. „	„	85,28	—		4,97	—	0,90	—		33,87	—	
94	12. „ „	„	85,09	—		4,86	—	0,89	—		32,60	—	
95	13. „ „	„	86,13	—		4,51	—	0,82	—		32,50	—	
96	Kuh II 8. Januar 1859 „	1859	79,41	—		2,26	—	—	—		10,93	—	
97	„ „	„	85,39	—		1,32	—	1,04	—		9,04	—	
98	„ „	„	86,05	—		1,85	—	0,90	—		13,26	—	
99	9. „ „	„	86,90	—		1,27	—	0,90	—		9,70	—	
100	Kuh III 14. „ „	„	71,01	—		5,85	—	0,98	—		20,18	—	
101	„ „	„	78,22	—		4,22	—	1,00	—		19,37	—	
102	„ „	„	83,70	—		3,69	—	0,90	—		22,64	—	
103	15. „ „	„	87,38	—		3,04	—	0,89	—		24,02	—	
104	„ „	„	87,02	—		3,52	—	0,85	—		27,12	—	
105	„ „	„	86,32	—		3,43	—	0,84	—		25,07	—	

[1]) Vergl. Anmerkung [2]) S. 115.

[2]) Weende'r Jahresb. 1866/67, 446. (Ann. chim. phys. 1866, [4] **9**, 132.) Die Colostrum-Milch war von einer Kuh, welche am 14. Juni um Mitternacht kalbte. Die erste Portion wurde um 5 Uhr Morgens gemolken, war gelblich weiss und koagulirte im Wasserbad. Die zweite Probe, 24 Stunden später entnommen, war noch colostrumartig, während die dritte Probe, abermals 24 Stunden später entnommen, fast normales Aussehen hatte und im Wasserbade nur noch schwach koagulirte.

[3]) Martiny, Die Milch 1871, I, 236. (Journ. f. prakt. Chem. 1861, 84. Tabelle z. S. 167.)

No.	Nähere Bezeichnung	Zeit der Untersuchung	In der natürlichen Milch: Wasser %	Kasein %	Albumin %	Fett %	Milchzucker %	Asche %	In der Trocken-Substanz: Kasein %	Albumin %	Fett %	Stickstoff in der Trocken-Substanz %	Analytiker
106	Kuh III 16. Jan. 1859 in 100 ccm	1859	87,41	—	—	2,99	—	0,84	—	—	23,75	—	Vrolyk und Baumhauer[1])
107	„ „	„	87,82	—	—	2,57	—	0,83	—	—	21,10	—	
108	17. „ „	„	87,72	—	—	2,59	—	0,80	—	—	21,09	—	
109	„ „	„	87,68	—	—	2,49	—	0,80	—	—	20,21	—	
110	Kuh V 11. März „	„	76,30	—	—	3,30	—	1,00	—	—	13,92	—	
111	12. „ „	„	85,72	—	—	2,68	—	0,87	—	—	18,77	—	
112	„ „	„	85,28	—	—	2,94	—	0,80	—	—	19,97	—	
113	13. „ „	„	87,84	—	—	3,08	—	0,80	—	—	25,33	—	
114	14. „ „	„	87,91	—	—	3,29	—	0,76	—	—	27,21	—	
115	Kuh V 17. April „	„	72,02	—	—	2,80	—	1,06	—	—	10,01	—	
116	18. „ „	„	80,41	—	—	2,85	—	0,92	—	—	14,55	—	
117	„ „	„	81,82	—	—	3,12	—	0,84	—	—	17,18	—	
118	19. „ „	„	85,32	—	—	4,44	—	0,80	—	—	30,25	—	
119	„ „	„	86,11	—	—	4,61	—	0,76	—	—	33,19	—	
	Alderney-Kuh:												
120	am 1. Tage n. d. Kalben	1876	80,30	6,40	4,70	2,70	4,85	1,05	32,49	23,86	13,71	9,02	Smee[2])
121	„ 2. „ „ „ „	„	85,80	4,01	0,80	4,10	4,49	0,80	30,65	6,11	31,32	5,88	
122	„ 3. „ „ „ „	„	86,10	5,04	0,60	2,80	4,56	0,90	36,26	4,32	20,14	6,49	
123	„ 4. „ „ „ „	„	86,92	4,20	0,90	3,60	4,08	0,90	32,10	6,88	27,52	6,24	
124	„ 5. „ „ „ „	„	85,60	3,60	0,70	3,80	5,40	0,90	25,00	4,86	26,39	4,78	
125	Montavoner Kuh, 8 Jahr alt, 6. Kalb: unmittelbar nach dem Kalben, Spec. Gewicht 1,068	„	73,07	2,65	16,56	3,54	3,00	1,18	10,04	62,75	13,42	11,65	W. Eugling[3])
126	nach 10 Stunden 1,046	„	„	4,28	9,32	4,66	1,42	1,55	16,22	35,31	17,56	8,24	
127	„ 24 „ 1,043	„	„	4,50	6,25	4,75	2,85	1,02	17,05	23,68	18,00	6,52	
128	„ 48 „ 1,042	„	„	3,25	2,31	4,21	3,46	0,96	12,32	8,75	15,95	3,37	
129	„ 3 Tagen 1,035	„	„	3,33	1,03	4,08	4,10	0,82	12,62	3,90	15,46	2,64	
130	Montavoner Rind, 2 Jahr alt, 1. Kalb: unmittelbar nach dem Kalben 1,071	„	72,30	5,20	15,50	3,11	1,85	2,04	18,77	55,96	11,23	11,96	
131	nach 1 Tage 1,053	„	„	5,84	9,22	4,03	2,42	1,22	21,08	33,28	14,55	8,70	
132	„ 2 „ 1,045	„	„	4,31	6,75	3,75	3,20	0,94	15,56	24,37	13,54	6,39	
133	„ 3 „ 1,041	„	„	4,16	4,61	3,82	3,56	0,85	15,02	15,74	13,79	4,92	
134	„ 4 „ 1,038	„	„	3,00	2,05	3,63	4,14	0,79	10,83	7,40	13,10	2,92	
135	„ 5 » 1,033	„	„	2,86	1,12	3,94	4,55	0,68	10,32	4,04	14,22	2,30	

[1]) Vergl. Anmerkung [3]) S. 116.

[2]) Mitgetheilt von C. Petersen, Milchztg. 1876, **5**, 1699.

[3]) Forschungen a. d. Gebiete der Viehhaltung 1878, **2**, 101. Der gefundene Zucker ist kein Milchzucker, sondern Traubenzucker oder Laktose. Das Colostrum schied an dem letzten Tage keine Albuminflocken mehr aus. (Vergl. Colostrum No. 19—42.)

No.	Nähere Bezeichnung	Zeit der Untersuchung	In der natürlichen Milch: Wasser %	Kasein %	Albumin %	Fett %	Milchzucker %	Asche %	In der Trocken-Substanz: Kasein %	Albumin %	Fett %	Stickstoff in der Trocken-Substanz %	Analytiker
136	Am Abend vor dem Kalben*)	1894	72,38	23,71		1,30	1,52	1,09	85,84		4,71	13,73	L. Vaudin [1])
137	Am Tage nach dem Kalben, Probe 1*)	„	75,51	14,91		6,32	2,17	1,09	60,88		25,81	9,74	
138	Am Tage nach dem Kalben, „ 2*)	„	72,63	20,10		3,84	2,37	1,05	73,44		14,03	11,75	
139	Am Tage nach dem Kalben, „ 3*)	„	77,53	19,03		1,36	1,02	1,06	84,69		6,05	13,55	
140	Am Tage nach dem Kalben, „ 4*)	„	75,83	17,68		2,42	2,86	1,21	73,15		10,01	11,70	
141	Am 5. Tage nach dem Kalben*)	„	85,63	4,35		5,18	4,07	0,77	30,27		36,04	4,84	
													Spec.Gew.
142	Erstes Gemelk, Jersey-Kuh	1893	80,63	11,44		3,86	2,40	1,67	59,62		19,92	9,54	1,0533 J. L. Hills [2])
143	Zweites „	„	85,67	6,49		2,92	3,60	1,33	45,22		20,37	7,23	1,0415
144	Drittes „	„	87,02	5,01		2,58	4,16	1,23	38,60		19,88	6,18	1,0380
145	Viertes „	„	86,08	4.71		3,71	4,28	1,24	33,83		26,65	5,41	1,0364
146	3 Wochen nach dem Kalben .	„	86,48	3,34		4,60	5,00	0,58	24,72		34,02	3,96	1,0330
				in 100 ccm Milch g:									
147	Colostrum einer normannisch. Kuh, 6 Tage vor dem Kalben	1894	78,45	17,90**)		0,50	2,35	0,36	—	—	—	—	Houdet [3])
148	Colostrum einer normannisch. Kuh, 4 „ vor dem Kalben	„	80,45	12,53**)		3,01	3,14	0,40 **)	—	—	—	—	
149	Colostrum einer normannisch. Kuh, unmittelbar nach dem Kalben	„	78,50	14,78**)		3,14	2,70	0,42 **)	—	—	—	—	

Kuhmilch, allgemeine Tabelle A.

Milch von Kühen, deren Rassenabstammung nicht genannt oder nicht bestimmt angegeben ist, oder von gemischten Herden.

Aeltere Analysen.

1. Bell und Boussingault. Die Landwirthschaft etc., deutsch von Graeger. 1851, **2**, 322; 1856, **4**, 50; Weende'r Jahresber. 1866/67, 432.
2. Girardin, Compt. rend. 1847, **36**, 753.
3. Doyère, Ann. phys. nat. **22**, 239.
4. F. Crusius, Wilda's Landw. Centr.-Bl. 1856, **2**, 48.
5. F. Hoppe, Archiv für pathol. Anatomie **17**, 440; Chem. Centr.-Bl. 1860, I, 67.
6. O. Henry und A. Chevalier, Journ. Pharm. **35**, 333.
7. Playfair, Journ. R. Agric. Soc. England 1852, **33**, 356.
8. H. Scheven, Landw. Versuchsstation Grosskmehlen. Preisschr. des landw. Centr.-Bl. d. Prov. Sachsen 156, 256.

---

[1]) Journ. Pharm. Chim. 1894 [5], **30**, 337. Viertelj. Nahrungs- u. Genussm. 1894, **9**, 495.
[2]) Exper. Stat. Record; Centr.-Bl. Agrik.-Chem. 1894, **23**, 139.
[3]) Milchztg. 1895, **24**, 404, nach Annales Inst. Pasteur 1894, No. 8.

*) L. Vaudin fand ausserdem:

	No. 136	137	138	139	140	141
Lösliche Asche	0,278 %	0,250 %	0,22 %	0,271 %	0,190 %	0,260 %
Unlösliche Asche	0,809 „	0,839 „	0,83 „	0,791 „	1,020 „	0,51 „
Calciumphosphat	0,622 „	0,630 „	0,66 „	0,605 „	0,87 „	0,38 „
Säure (P_2O_5) pro 1 Liter . .	3,48 „	2,72 „	3,36 „	2,64 „	2,80 „	1,60 „

**) Houdet fand in

No.147: 17,43 g suspendirte u. 0,47 g gelöste Eiweissstoffe, ferner 0,33 g suspendirten u. 0,11 g gelösten phosporsauren Kalk.
„ 148: 12,08 „ „ „ 0,45 „ „ „ „ 0,37 „ „ „ 0,10 „ „ „ „
„ 149: 14,53 „ „ „ 0,25 „ „ „ „ 0,35 „ „ „ 0,11 „ „ „ „

9. F. Crusius, Journ. f. praktische Chemie 1856, **68**, 1.
10. Nast, mitgetheilt von Hoppe-Seyler in Tübinger med. chem. Untersuchungen 1867, II, 278, auch Weende'r Jahresber. 1867/68.
11. F. Hoppe-Seyler, Chem. Centrbl. 1860, 49 und 65.
12. Tolmatscheff, Zeitschr. f. Chemie 1868, 254.
13. C. Karmrodt, Neue Landw. Ztg. 1868, 46.
14. W. L. Scott, Landw. Centrbl. 1871, **1**, 3.
15. Sam. Percy, Milchztg. 1872, **1**, 179 (Milk J. 1871, 9).
16. Barral's Journ. d'agricult. prat. 1856, **1**, 123.
17. A. Voelcker in B. Martiny: Die Milch II, 242.
18. Chandler, Milchztg. 1872, **1**, 93.
19. E. Marchand, Weende'r Jahresber. 1866/67, 306.
20. J. Moser, Arenstein's Allgem. Land- u. Forstw. Ztg. 1857, 778.
21. A. Voelcker, Journ. R. Agric. Soc. England 1862, **23**, 170.
22. Dieulafait, Journ. d'agric. prat. 1864, **1**, 519.
23. Schnutz und Gaard, Veröffentl. d. K. D. Gesundheitsamtes vom 9. Januar 1882. Milchztg. 1882, **11**, 103.

I. Milch von einzelnen Kühen.

No.	Nähere Bezeichnung	Zeit der Untersuchung	In der natürlichen Milch: Wasser %	Kasein %	Albumin %	Fett %	Milchzucker %	Asche %	In der Trocken-Substanz: Kasein %	Albumin %	Fett %	Stickstoff in der Trocken-Substanz %	Analytiker
1	Kuh Stora, Landrasse von Westeraas, Schweden, Mittel	1862	87,76	3,32		3,44	4,72	0,76	27,21		28,10	4,35	Müller u. Eisenstuck [1])
2	Kuh Trana, Landrasse von Westeraas, Mittel	„	88,08	3,23		3,12	4,81	0,76	27,10		26,17	4,34	
	Milch beider Kühe:												
3	Durchschn. v. 28/3—11/6 1862	„	88,00	3,32		3,18	4,73	0,77	27,67		26,50	4,43	
4	„ „ 15/6—30/7 „	„	87,72	3,02		3,51	4,99	0,76	24,59		28,58	3,93	
5	„ „ 26/10 . . .	„	88,00	3,18		3,42	4,67	0,73	26,50		28,50	4,24	
6	Mittel v. 28/3—21/10 1862 . .	„	87,91	3,17		3,37	4,80	0,75	26,22		27,88	4,20	
7	desgl.	„	87,92	3,22		3,28	4,77	0,76	26,66		27,15	4,27	
8	Gekalbt den 10. Dec. 1885: Wintermilch v. 17/12 58 M.	18 58/59	87.66	—		4,30	—	0,93	—		32,50	—	Vrolyk [2])
9	Wintermilch v. 17/12 58 A.	„	87,59	—		2,28	—	0,90	—		23,15	—	
10	Wintermilch v. 30/4 59, Ende der Winterfütterung M.	„	88,25	—		2,50	—	0,69	—		21,28	—	
11	Wintermilch v. 30/4 59, Ende der Winterfütterung A.	„	87,95	—		2,87	—	0,80	—		23,82	—	
12	Wintermilch, Mittel v. 10 Analys. innerhalb der Winterfütterung M.	„	88,26	—		2,81	—	0,75	—		23,94	—	
13	Wintermilch, Mittel v. 10 Analys. innerhalb der Winterfütterung A.	„	88,37	—		2,66	—	0,74	—		22,87	—	

[1]) Landw. Versuchs-Stat. 1864, **6**, 378. Die Mittel unter 1 u. 2 beziehen sich auf eine grössere Anzahl Einzelanalysen, die von während 8 Monaten entnommenen Milchproben ausgeführt worden waren. Die Zahlen unter No. 3 bis 5 geben die mittlere Zusammensetzung der Milch derselben beiden Kühe während gewisser Perioden. Die Mittel unter No. 6 u. 7 sind von den Autoren berechnet.

[2]) Nach B. Martiny: Die Milch I. 341. Die Milch ist von denselben 5 Kühen, deren Colostrum der Autor untersuchte (siehe Colostrum No. 13—17). Unter No. 8—19 Milch von Kuh I, unter No. 20—23 Milch der 5 Kühe bezw. nur der 4 ersten.

No.	Nähere Bezeichnung	Zeit der Untersuchung	In der natürlichen Milch: Wasser %	Kasein %	Albumin %	Fett %	Milchzucker %	Asche %	In der Trocken-Substanz: Kasein %	Albumin %	Fett %	Stickstoff in der Trocken-Substanz %	Analytiker
	Gekalbt den 10. Dec. 1858. Sommermilch (Weide):												
14	Anfang 12/5 M.	1858/59	88,13	—		2,49	—	0,71	—		20,98	—	Vrolyk [1])
15	Anfang 12/5 A.	„	88,24	—		2,41	—	0,76	—		20,49	—	
16	Ende 1/10 M.	„	87,24	—		3,05	—	—	—		23,90	—	
17	Ende 1/10 A.	„	87,12	—		3,11	—	—	—		24,15	—	
18	Mittel von 10 Analysen innerhalb der Sommerfütterung M.	„	88,20	—		2,67	—	0,70	—		22,63	—	
19	Mittel von 10 Analysen innerhalb der Sommerfütterung A.	„	88,14	—		2,59	—	0,74	—		21,76	—	
20	Wintermilch . . . . M.	„	88,25	—		2,76	—	0,71	—		23,49	—	
21	Wintermilch . . . . A.	„	88,21	—		2,84	—	0,71	—		24,09	—	
22	Sommermilch, Weide . M.	„	88,09	—		3,08	—	0,70	—		25,86	—	
23	Sommermilch, Weide . A.	„	88,01	—		3,16	—	0,71	—		26,35	—	
24	Von einer Kuh in Italien .	—	86,85	4,33		4,40	3,95	0,47	32,93		33,46	5,27	Lassaigne [2])
25	Milch von einer mit Biertrebern genährten, herunter gekommenen Kuh; vor 6 Monaten gekalbt, 6.—24. Juli	1875	87,16	—		2,96	—	0,63	—		23,05	—	W. Morgen [3])
26		„	86,84	—		3,78	—	0,73	—		28,72	—	
27		„	85,69	—		4,54	—	0,70	—		31,73	—	
28		„	84,77	—		5,89	—	0,72	—		38,67	—	
29		„	83,44	—		7,00	—	0,67	—		42,27	—	
30		„	83,00	—		8,00	—	0,65	—		47,06	—	

Zusammensetzung der Milch einzelner Kühe aus Amerika von C. A. Goessmann.[4])

No.	Alter d. Kühe	milchend seit	Nähere Bezeichnung	In der natürlichen Milch: Wasser %	Fett %	Asche %	Fett in der Trocken-Substanz %
	Jahre						
31	—	—	2 quts Maismehl, 4 quts Kleie (shorts), 2 quts Baumwollesaatmehl, 1 bushel Ensilage und gutes Heu v. Raygras	86,99	3,20	—	24,60
32	—	—		85,64	4,95	—	34,47
33	—	—		85,04	5,90	—	39,52
34	7	—		85,31	5,53	0,63	37,64
	Mon.	Wch.					
35	19	5		88,02	2,91	0,68	24,29
	Jahre						
36	6	—		87,14	3,35	0,66	26,05
37	6	—		85,76	5,22	0,74	36,65

No.	Alter d. Kühe	milchend seit	Nähere Bezeichnung	In der natürlichen Milch: Wasser %	Fett %	Asche %	Fett in der Trocken-Substanz %
	Jahre	Wch.					
38	4	—	2 quts Maismehl, 4 quts Kleie (shorts), 2 quts Baumwollesaatmehl, 1 bushel Ensilage und gutes Heu v. Raygras	85,48	4,49	0,72	30,92
39	3	—		85,29	4,67	0,69	31,43
40	4	—		85,50	4,32	0,67	29,77
41	9	—		86,76	4,19	0,66	31,65
42	10	—		85,90	4,09	0,76	28,98
43	10	—		87,16	3,63	0,63	28,27
44	5	—		87,73	3,03	0,66	24,69
45	5	—		85,37	6,06	0,54	41,42
46	12	—		85,55	4,25	0,67	29,41
47	5	—		84,74	4,64	0,78	30,41

[1]) Vergl. Anmerkung [3]) S. 119.

[2]) Mitgetheilt von Ableitner. Milchztg. 1877, **6**, 559. Das spec. Gew. der Milch ist zu 1,019 angegeben, eine Zahl, die wohl kaum den obigen Gehaltszahlen entsprechen dürfte.

[3]) Centrbl. f. Agrik.-Chemie 1876, nach Chem. News 1875, **32**, 80.

[4]) C. A. Goessmann, Charl. Harrington. Massachusetts Sixth Ann. Rep. State Board of Healths, Boston 1885 u. Results of inquiries, rel. to the quality of milk etc. in Massachusetts. Mitgetheilt von Sam. W. Abott. Boston, Febr. 1886. Die Analysen 31—55 und 66—83 sind im Jahre 1884, die Analysen 56—65 und 84—90 sind im Jahre 1885 und No. 91 ist im Jahre 1886 ausgeführt. Die Milchproben sind als solche von bekannter Reinheit bezeichnet. Ueber die Milchproben mehrerer Kühe vergl. unten S. 126.

No.	Nähere Bezeichnung	Alter d. Kühe Jahre	milchend seit	Futter	In der natürlichen Milch Wasser %	Fett %	Asche %	Fett in der Trocken-Substanz %
48	Landkuh native	9	6 Wch.	Ensilage u. Heu	87,10	4,37	0,69	33,88
49	Landkuh native	—	Mon. 6	Heu, Häcksel, Maismehl u. Kleie	87,94	3,08	0,65	25,54
50	Landkuh native	—	—	Heu, Häcksel, Maismehl u. Kleie	86,23	3,81	0,71	27,57
51	Kreuzung	7	6	Heu und Kleie	85,20	4,67	0,74	31,56
52	Kreuzung	6	5	Heu und Kleie	87,12	3,65	0,69	28,34
53	Kreuzung	6	4	Heu und Kleie	87,31	3,45	0,67	27,19
54	Kreuzung	7	4		86,24	4,24	0,65	30,81
55	Kreuzung	8	8		85,27	4,05	0,74	27,50
56	Landkuh	10	6	Weide u. Mehl 4^{00} Uhr	85,57	3,83	0,70	26,54
57	Landkuh	12	4	Weide u. Mehl 4^{00} Uhr	85,61	3,87	0,70	26,89
58	Landkuh	6	3	Weide u. Mehl 4^{00} Uhr	86,76	3,10	0,65	23,41
59	Landkuh	7	3	Weide u. Mehl 4^{00} Uhr	87,54	2,21	0,65	17,74
60	Landkuh	4	3	Heu und Mehl 5^{00} Uhr	87,95	3,30	0,56	27,39
61	Landkuh	4	Wch. 3	Heu und Mehl 5^{00} Uhr	87,23	3,58	0,56	28,03
62	Landkuh	4	3	Heu und Mehl 5^{00} Uhr	87,71	3,14	0,50	24,17
63	Landkuh	5	2	Heu und Mehl 5^{00} Uhr	87,31	3,23	0,58	25,45
64	Landkuh	6	3	Heu und Mehl 5^{00} Uhr	89,05	1,92	0,58	17,53
65	Landkuh	—	6	Heu und Mehl 5^{00} Uhr	86,69	4,07	0,61	30,58
66	Landkuh	—	Mon. 8	Malzkeime	86,59	3,84	0,68	28,63
67	Landkuh	—	Wch. 3	Malzkeime	87,58	3,27	0,75	26,33
68	Landkuh	—	Mon. 21	Malzkeime	86,62	3,35	0,76	24,93

No.	Nähere Bezeichnung	Alter Jahre	milchend seit Mon.	Futter	In der natürlichen Milch Wasser %	Fett %	Asche %	Fett in der Trocken-Substanz %
69	Landkuh	7		1 qut Roggenmehl, 2 quts Cottonmehl in 3 quts shorts und Kohlblätter	86,30	4,10	0,62	29,93
70	„	9		1 qut Roggenmehl, 2 quts Cottonmehl in 3 quts shorts und Kohlblätter	87,67	3,24	0,60	26,28
71	„	7		1 qut Roggenmehl, 2 quts Cottonmehl in 3 quts shorts und Kohlblätter	86,23	2,73	0,70	19,83
72	„	5		1 qut Roggenmehl, 2 quts Cottonmehl in 3 quts shorts und Kohlblätter	86,55	3,76	0,69	27,96
73	„	7		1 qut Roggenmehl, 2 quts Cottonmehl in 3 quts shorts und Kohlblätter	86,06	3,90	0,66	27,97
74	„	7		1 qut Roggenmehl, 2 quts Cottonmehl in 3 quts shorts und Kohlblätter	86,11	4,64	0,68	33,40
75					86,41	3,17	—	23,33
76	Von der besten Kuh . . .			Malzkeime, Tomatenschalen, Blumenkohlstrünke, ein wenig Mehl und Salzheu	86,53	3,15	—	23,39
77	Von einer sehr mageren Kuh			Malzkeime, Tomatenschalen, Blumenkohlstrünke, ein wenig Mehl und Salzheu	87,01	3,31	—	25,48
78	Von einer 20 J. alten Kuh (ohne Zähne)			Malzkeime, Tomatenschalen, Blumenkohlstrünke, ein wenig Mehl und Salzheu	87,03	2,79	—	21,51
79	Landkuh	3	6	5^{00} Uhr	85,09	3,98	0,72	26,69
80	Landkuh	8	8	„	85,54	4,24	0,66	29,32
81	Landkuh	7	7	„	85,08	4,21	0,71	28,22
82	Kreuz.	8	6	Heu und Stoppelweide, Mehl etc. 5 h p. M.	88,29	1,88	0,58	16,06
83	Kreuz.	7	4	Heu und Stoppelweide, Mehl etc. 5 h p. M.	86,28	3,84	0,69	27,99
84	Landkuh	5	12	Heu, Haferstroh, Malzkeime, Maismehl Ab.	83,65	5,79	0,67	35,41
85	Landkuh	7	3	„	86,04	4,03	0,60	29,13
86	Landkuh	7	10	„	85,69	4,32	0,53	30,19
87	Landkuh	6	12	„	84,15	5,19	0,64	32,74
88	Landkuh	5	3	„	86,26	3,92	0,59	28,53
89	Landkuh	5	7	„	84,28	6,03	0,63	38,26
90	Landkuh	12	3	„	85,28	4,42	0,54	31,17
91	Landkuh	7	3	M.	86,26	4,34	—	31,59

II. Milch von Herden.

No.	Nähere Bezeichnung	Zeit der Untersuchung	In der natürlichen Milch Wasser %	Kasein %	Albumin %	Fett %	Milchzucker %	Asche %	In der Trocken-Substanz Kasein %	Albumin %	Fett %	Stickstoff in der Trocken-Substanz %	Analytiker
1	Milch vom Gute Enskede b. Stockholm	1860	87,67	—	—	3,32	—	—	—		26,92	—	Michaelsen[1])
2	desgl einige Tage später . .	„	87,84	—	—	3,32	—	—	—		27,30	—	Michaelsen[1])
3	Frisch gemolkene Milch aus Stockholm	„	87,74	—	—	3,30	—	—	—		26,92	—	Michaelsen[1])

[1]) Weende'r Jahresber. 1857/61, 160 (Polyt. J. **149**, 59).

No.	Nähere Bezeichnung	Zeit der Untersuchung	In der natürlichen Milch: Wasser %	Kasein %	Albumin %	Fett %	Milchzucker %	Asche %	In der Trocken-Substanz: Kasein %	Albumin %	Fett %	Stickstoff in der Trocken-Substanz %	Analytiker
4	Akadem. Gut b. Stockholm: Lichtarme, kalte Winterszeit Novbr. 61—März 62	18 61/62	87,15	3,42		4,04	4,67	0,72	26,61		31,44	4,76	Müller u. Eisenstuck[1])
5	Hellere Frühjahrszeit bis Mitte Juni (Winterfutter)	1862	87,39	3,32		3,82	4,74	0,73	26,25		30,40	4,20	
6	Sommerzeit, Weidegang b. Mitte August . . .	„	87,20	3,16		4,22	4,67	0,75	24,69		32,97	3,95	
7	Herbstzeit b. Nov. (theilw. Grün- u. Wurzelfutter)	„	87,00	4,42		4,09	4,75	0,74	26,31		31,46	4,21	
8	Jahresmittel 12/11 61—25/11 62	„	87,18	3,33		4,05	4,71	0,73	25,97		31,59	4,16	
9	Von der Domäne Tullgarn Morgen- u. Abendmilch .	„	87,22	3,44		4,14	4,44	0,76	26,92		32,40	4,31	
10	Milch v. akad. Gute b. Stockolm	„	87,07	3,61		3,83	4,72	0,77	27,92		29,62	4,47	dieselben[2])
11	„ „	„	87,58	3,24		3,49	4,96	0,73	26,09		28,10	4,17	
12		„	86,29	—		4,44	—	0,67	—		32,39	—	
13	29/1 Abendmilch	„	86,95	3,19		4,49	4,68	0,69	24,44		33,81	3,91	
14	Von der Domäne Tullgarn: 28/11 Abendmilch	„	86,89	—		4,43	—	0,70	—		33,28	—	dieselben[1])
15	29/11 Morgenmilch	„	87,14	—		4,05	—	0,83	—		31,49	—	
16	3/11 „	„	87,34	3,43		3,79	4,52	0,74	27,07		31,33	4,33	
17	4/11 „	„	87,66	—		3,79	—	0,80	—		32,18	—	
18	5/11 „	„	86,95	—		4,36	—	0,77	—		33,41	—	
19	3/11 Abendmilch	„	87,15	3,44		4,31	4,37	0,73	26,77		33,54	4,28	
20	4/11 „	„	87,38	—		3,51	—	0,75	—		27,81	—	
21	Von Kühen in Cirencester, über Tag Weidegang, Abends Futter im Stall: Juli	1863	88,25	2,87		2,92	5,24	0,72	24,43		25,16	3,91	A. Völker[3])
22	Septemb.	„	90,30	2,88		1,89	4,26	0,65	29,69		19,44	4,27	
23	Oktober	„	88,95	2,62		3,44	4,30	0,69	23,71		31,13	3,76	
24	Milch von anderen Kühen, September	„	87,13	3,36		3,60	5,18	0,73	26,11		27,99	4,18	
25		„	87,60	3,41		3,34	4,88	0,77	27,50		26,94	4,40	
26	Milch von Kühen der Lombardei . . . (Spec. Gew.) 1,0326	1875	88,70	3,44		2,03	5,09	0,74	30,44		18,34	4,97	Manetti und Musso[4])
27	desgl.	„	89,25	3,51		1,76	4,71	0,77	31,96		16,03	5,11	
28	Altmilchende Kühe des Gutes Ourup, Dänemark	1880	87,58	3,77		3,68	4,20	0,77	30,25		26,63	4,84	Storch[5])
29	Frischmilch. Kühe des Gutes Ourup, Dänemark	„	87,23	3,80		3,86	4,33	0,78	29,76		30,23	4,76	
30	Aus einer Wirthschaft zu Aunsbarg (Dänemark) . .	1877	87,44	3,18		3,52	4,18	0,77	25,32		28,03	4,05	Storch[6])

[1]) Landw. Versuchs-Stat. 1863, **5**, 161 und 1864, **6**, 373. Die Milch stammte von je 5 Kühen der Ayrshire-Pembrokshire- (Wales) und schwedischen Landrasse. Die Analysen sind Mittel von Morgen- und Abendmilch, berechnet aus längeren Reihen von Analysen. Bei diesen Analysen sowohl als bei allen folgenden derselben Autoren wurde der Proteingehalt aus dem Stickstoffgehalt (× 6,25), der Milchzuckergehalt aus der Differenz berechnet.

Milch unter No. 9 ist das Mittel von Morgen- und Abendmilch eines Tages und stammte von Kühen der Ayrshire-Rasse und des schwedischen (Mischling) Strömholmer-Stammes.

[2]) Landw. Versuchs-Stat. 1866, **8**, 70 u. 403, 1867, **9**, 139, 140.

[3]) Journ. R. Agric. Soc. England 1863, **24**, 302.

[4]) Milchztg. 1876, **5**, 1959. (Nach Il Caseificio 1876.) Statt Kasein ist der Stickstoffgehalt der Milch und zwar für Milch No. 26 = 0,551 %, für No. 27 = 0,561 % angegeben. Diesen Gehalt auf Protein (× 6,25) berechnet, ergeben sich Zahlen, die mit den übrigen Komponenten 100,23 bezw. 99,80 zusammen betragen.

[5]) Mitgetheilt von H. Cordes. Milchztg. 1881, **10**, 606.

[6]) Forschungen auf dem Gebiete der Milchviehhaltung II, 178. Der Kaseingehalt ist aus dem Stickstoffgehalte der Milch (0,508 × 6,25) berechnet.

No.	Nähere Bezeichnung	Spec. Gew.	Zeit der Untersuchung	In der natürlichen Milch: Wasser %	Kasein %	Albumin %	Fett %	Milchzucker %	Asche %	In der Trocken-Substanz: Kasein %	Albumin %	Fett %	Stickstoff in der Trocken-Substanz %	Analytiker
31	Aus Gjedsergaard: Morgenmilch	1,0321	1876	88,31	2,50	0,46	3,59	4,36	0,72	21,39	3,93	30,71	4,05	W. Fleischmann[1]
	Radener Herde, bei Weidegang:													
32	Morgenm.	1,0314	"	87,08	2,90	0,41	4,23	4,51	0,69	22,45	3,17	32,74	4,10	
33	" 2/10	1,0310	"	87,14	2,77	0,45	3,98	4,56	0,69	21,54	3,50	30,95	4,01	
34	Abendm. 5/10	1,0308	"	87,59	2,78	0,39	3,98	4,57	0,68	22,40	3,14	32,07	4,12	
35	Morgenm. 9/10	1,0320	"	87,67	3,02	0,39	3,51	4,52	0,70	24,49	3,56	28,47	4,42	
36	Abendm. 11/10	1,0308	"	87,97	2,61	0,57	3,92	4,39	0,69	21,70	4,74	32,59	4,23	
37	" 16/10	1,0310	"	87,87	2,73	0,51	3,98	4,29	0,73	22,51	4,20	32,81	4,27	
38	24/10	1,0315	"	87,37	2,56	0,65	4,03	4,47	0,72	20,27	5,15	31,91	4,07	
39	Morgenm. 3/4	1,0324	1877	88,06	2,64	0,55	3,82	4,24	0,69	22,11	4,61	31,99	4,28	
40	" 9/4	1,0327	"	87,89	2,59	0,48	3,59	4,69	0,69	21,39	3,96	29,75	4,06	
41	" 13/4	1,0325	"	87,80	2,81	0,40	3,62	4,45	0,67	23,03	3,28	29,67	4,21	
42	" 27/4	1,0322	"	87,70	2,72	0,68	3,64	4,69	0,70	22,11	5,53	29,59	4,42	
43	23/3	1,0319	"	87,45	2,49	0,77	3,91	4,56	0,73	19,68	6,09	29,91	4,12	
	Von 128 Kühen:													
44	Morgenm. 12/6	1,0314	"	88,18	3,19	0,48	3,26	3,94	0,71	26,99	4,06	27,58	4,97	
45	Abendm. 17/6	1,0330	"	88,26	3,31	0,60	3,05	4,36	0,72	27,34	5,11	25,96	5,19	
	Von 127 Kühen:													
46	Morgenm. 25/6	1,0321	"	87,84	2,81	0,41	3,40	4,85	0,68	23,11	3,37	27,96	4,19	
47	Abendm. 1/7	1,0316	"	88,31	2,94	0,48	3,04	4,47	0,71	25,15	4,11	26,00	4,68	
48	Morgenm. 26/3	—	"	87,94	2,63	0,69	3,67	4,57	0,72	21,81	5,72	30,43	4,40	
49	Mischmilch aus Raden u. Mamerow 15/1 84	1,0310	1884	88,04	3,14	0,33	3,32	4,30	0,72	27,91	2,76	27,76	4,91	W. Fleischmann[2]
50	Aus einer Sammel-Molkerei: Morgenm. 29/1	1,0314	1878	88,05	3,61	0,35	3,35	3,93	0,71	30,21	2,93	28,03	5,30	Kirchner[3]
51	" 5/2	1,0320	"	87,95	3,67	0,39	3,33	3,90	0,77	30,46	3,24	29,64	5,39	
52	" 11/2	1,0317	"	88,05	3,38	0,39	3,37	4,01	0,80	28,27	3,26	27,20	5,04	
53	" 18/2	1,0313	"	88,21	3,13	0,40	3,13	4,33	0,80	26,55	3,39	26,55	4,79	
54	Milch von 18 Kühen, Trockenfutter		"	88,23	3,22		2,39	5,45	0,71	27,36		20,31	4,38	Frühling[4]

[1]) Milchztg. 1876, **5**, 2205, 2240, 2251; 1877, **6**, 204, 293, 415. Die Milch war stets von amphoterer Reaktion. Die Herde war ca. 90—120 Kopf stark. Die Milch unter No. 31 stammte von einem Gute in Dänemark; sie zeigte die Eigenthümlichkeit, dass sie bei dem Eisverfahren nicht ausrahmte, während sie nach holsteinischem Verfahren eine befriedigende Ausbeute von Rahm ergab. Die untersuchte Milch war Morgenmilch, hatte 24 Stunden in Eiswasser gestanden und kam am 1. 10. zur Untersuchung; sie zeigte zu dieser Zeit schwach sauere Reaktion. Nach mikroskopischer Untersuchung enthielt sie zahlreiche rothbraune Sporen und Fragmente von Pilzen. Die Erscheinung zeigte sich, als die dortige Herde von Kleeweide auf Grasweide gekommen war. Milch unter No. 35 zeigte ein ähnliches Verhalten; sie stammte von 87 Kühen, welche den Tag über im Freien weideten, die Nacht aber im Stalle standen und Weizen- und Roggenkaff vorgesetzt erhielten. Vom 9. 10. an erhielten die Thiere statt Kaff Häcksel aus Haferstroh.

[2]) Bericht der Milchw. Versuchs-Station Raden 1884, 20. Es betrug die Summe des Proteins nach Ritthausen 3,474 %, des Kaseins nach Lehmann 3,14 %.

[3]) Milchztg. 1878, **7**, 257.

[4]) Milchztg. 1878, **7**, 457. Aus der Kindermilchanstalt in Braunschweig.

No.		Nähere Bezeichnung	Zeit der Untersuchung	In der natürlichen Milch: Wasser %	Kasein %	Albumin %	Fett %	Milchzucker %	Asche %	In der Trocken-Substanz: Kasein %	Albumin %	Fett %	Stickstoff in der Trocken-Substanz %	Analytiker
55	Vermuthlich Bremer Niederungs-Vieh	Trockenfutter Morgm. .	1879	88,50	—	—	3,03	—	—	—	—	26,35	—	L. Janke[1])
56		Trockenfutter Spec.Gew. Mittagsmilch 1,0312	"	88,60	—	—	3,51	—	—	—	—	30,79	—	
57		Schlempe (Mastfutter) Abdm. 1,0322	"	87,78	—	—	2,98	—	—	—	—	24,39	—	
58		Grünfutter a. d. Weide Mrgm. 1,0315	"	88,48	—	—	2,97	—	—	—	—	25,78	—	
59	Oldenburger und Bremer Niederungsvieh	Trockenfutter 1,0310	"	87,51	—	—	3,18	—	—	—	—	25,46	—	
60		" 1,0325	"	87,25	—	—	3,71	—	—	—	—	29,10	—	
61		Weidegang 1,0329	"	87,95	—	—	3,51	—	—	—	—	29,13	—	
62		von 10 Kühen, Grünfutter im Stall	1878	89,68	—	—	1,92	—	—	—	—	18,60	—	L. Janke[2])
63		von 8 Kühen, Weide .	"	88,60	—	—	2,91	—	—	—	—	26,01	—	
64		Grünfutter u. Weidegang	"	87,37	—	—	4,21	—	—	—	—	33,34	—	
65		" "	"	87,59	—	—	3,96	—	—	—	—	31,91	—	
66		Marktmilch, Mittel von 15 Analysen	"	88,76	—	—	2,72	—	—	—	—	24,20	—	
67		Weidegang bei Bremen (Mittel von 15 Proben)	"	87,64	—	—	2,91	—	—	—	—	23,54	—	
68		Weidegang b. Oldenburg .	"	89,35	—	—	2,55	—	—	—	—	23,94	—	
69		" "	"	89,94	—	—	2,80	—	—	—	—	27,83	—	
70		" "	"	86,69	—	—	5,00	—	—	—	—	37,57	—	
71		" "	"	88,04	—	—	3,06	—	—	—	—	25,58	—	
72		" "	"	89,87	—	—	2,87	—	—	—	—	28,32	—	
73		" "	"	87,78	—	—	3,71	—	—	—	—	30,36	—	
74		" " Gemenge von 29 Proben .	"	87,66	—	—	3,33	—	—	—	—	26,99	—	
75		Weideg. b. Oldenb., Gem. v. 18 Prob. Spec. Gew. 1,0310	"	87,09	—	—	4,12	—	—	—	—	31,92	—	
76		Morgenm., Weidegang b. Bremen, Gemenge von 5 Proben . . . 1,0315	"	87,91	—	—	3,92	—	—	—	—	32,43	—	

[1]) Chem. Laborat. d. Sanitätsbehörde in Bremen. Milchztg. 1880, **9**, 56. Die Milch stammte aus Wirthschaften der Umgebung Bremens. Die Zahlen unter 55 sind das (von uns berechnete) Mittel von 7 verschiedenen Analysen, die unter 56 beziehen sich auf ein Gemenge gleicher Volume von 11 Proben, die unter 57 sind das Mittel von 4 Proben, die unter 58 Gemenge gleicher Volume von 4 Proben, unter 59 von 11 Proben, unter 60 von 15 Proben, unter 61 von 15 Proben.

Die Fütterung bestand bei 55 aus: Reismehl, Runkeln, Heu und Haferstroh,
" 56 " geringem Heu, Linsenmehl, Gerstenmehl, Reismehl, Palmkernkuchen und Weizenkleie,
" 57 " Heu, Schlempe, Trebern, Gerstenschrot,
" 59 " Heu, Malzkeimen, Linsenschrot, Roggenschrot und Weizenkleie,
" 60 " " " " "

[2]) Milchztg. 1879, **8**, 9 u. 279. Die Milch unter No. 62, 63, 67, 75 u. 81 stammte von Kühen des Bremer milchwirthschaftlichen Vereins (welche vermuthlich der Niederungs-Rasse der dortigen Gegend angehören); die Milchproben unter No. 64 u. 65 und 76—80 stammen ebendaher, sind aber Einzelanalysen-Milch, No. 66 u. 81 sind als Marktmilch bezeichnet, stammen aber aus gleicher Quelle. Bei den folgenden Nummern wurde gefunden:

	No. 62	63	66	74	75	77
Fett, Maximum	2,56	3,57	3,61	5,15	5,09	5,21 %
" Minimum	1,42	2,29	1,97	2,15	2,00	2,28 "
Trocken-Substanz, Maximum . . .	11,03	12,02	12,84	14,79	15,48	15,07 "
" Minimum . . .	9,41	9,94	10,02	9,93	10,04	11,11 "

No.	Nähere Bezeichnung	Spec. Gew.	Zeit der Untersuchung	In der natürlichen Milch: Wasser %	Kasein %	Albumin %	Fett %	Milchzucker %	Asche %	In der Trocken-Substanz: Kasein %	Albumin %	Fett %	Stickstoff in der Trocken-Substanz %	Analytiker
77	Oldenburger und Bremer Niederungsvieh: Oldenburger Gebiet, Gemenge von 10 Proben Morgmilch .	1,0320	1878	87,15	—	—	3,84	—	—	—	—	29,88	—	L. Janke[1])
78	Stallfütterung	1,0300	„	88.66	—	—	3,50	—	—	—	—	29,81	—	
79	„	1,0320	„	88,59	—	—	2,95	—	—	—	—	25.85	—	
80	„	1,0305	„	89,46	—	—	2,60	—	—	—	—	24,69	—	
81	Marktmilch, Mittel v. 17 Analysen	1,0318	„	88,79	—	—	3,40	—	—	—	—	30,33	—	
82	Stallproben, polizeilich entnommen . .	1,0306	„	88,25	—	—	3,21	—	—	—	—	27,32	—	
83	Jahresdurchschnitt	1,0322	1885	86,94	—	—	3,93	—	—	—	—	30,09	—	P. Vieth[2])
84	Milch v. 60 Kühen (Heu, Rüben, Malztreber)	1,0335	1886	86,38	—	—	4,42	—	—	—	—	32,46	—	Klinger[3])
85	Milch von 2 frischmilchenden Kühen	1,0333	„	87,89	—	—	2,70	—	—	—	—	22,30	—	
86	Milch von 3 frischmilchenden Kühen	1,0312	„	87,63	—	—	4,43	—	—	—	—	27,73	—	
87	Ab.-Milch v. 18 Kühen, frischmilchend, Trockenfutter . .	1,0325	„	87,89	3,96		3,00	4,43	0,72	32,60		24,67	5,22	Frühling und Schultz[4])
88	Morgenmilch von 18 Kühen, frischmilch., Trockenfutter . .	1,0307	„	88,13	3,92		2,84	4,39	0,72	32,93		23,93	5,27	
89	Mittel von 87 u. 88 . . .			88,01	3,94		2,92	4,41	0,72	32,86		24,35	5,26	
90	Morgenmilch von 9 Kühen, Stallfütterung		$18\frac{85}{86}$	88,45	—	—	3,02	—	—	—	—	26,15	—	M. Schrodt[5])
91	Morgenmilch vom $^{20}/_{5}$—$^{1}/_{10}$ 86, Weidegang		1886	88,47	—	—	3,08	—	—	—	—	26,71	—	
92	Abendmilch, Stallfütterung .		$18\frac{85}{86}$	88,13	—	—	3,22	—	—	—	—	27,13	—	
93	„ Weidegang . .		1886	87,48	—	—	3,93	—	—	—	—	31,39	—	
94	Jahresdurchschnitt		$18\frac{85}{86}$	88,18	—	—	3,25	—	—	—	—	27,50	—	

[1]) Vergl. Anmerkung [2]) S. 124.

[2]) Laborat. d. Aylesbury-Dairy-Compagnie in London. Milchztg. 1886, **15**, 131. Der Jahresdurchschnitt ist das Mittel der Prüfung von 3879 Proben. Vergl. unten S. 134.

[3]) Repertor. d. analyt. Chem. 1886, 550.

[4]) Repertor. d. analyt. Chem. 1887, 519. Die Milch wurde nur bei Trockenfütterung erhalten. Die Methode der Untersuchung war kurz folgende: Die mit geglühtem Quarzsande in Porcellanschalen eingedampfte, im Luftbade bei 100° C, getrocknete Milch wird mit Petroleumäther übergossen, nach 15 Minuten die Lösung abgegossen, der Petroleumäther 8 mal erneuert. Der Milchrückstand (nach Extraktion mit ca. 100 ccm Aether) wird bei 100° eine Stunde getrocknet und dann gewogen. Der Gewichtsverlust = Fett; Milchzucker wurde durch Polarisation bestimmt; Protein ist Stickstoff × 6,25. (Vergleiche „Morgen- und Abendmilch" der einzelnen Monate.)

[5]) Jahresber. der Milchw. Versuchs-Stat. Kiel 1885/86, 21. Die Kühe, denen die untersuchte Milch entnommen wurde, gehören zu fünf der Angler Rasse an, die andern dem Landschlage. Nach Monaten geordnet, war der Ertrag und der Gehalt an Milch (Tagesmilch) folgender (vergl. Milch von Morgen und Abend):

	Jan.	Febr.	März	April	Mai	Juni	Juli	August	Septbr.	Oktbr.	Novbr.	Decbr.
Ertrag in kg .	2805,6	2766,0	3676,9	3744,9	3669,9	3295,2	2419,1	2271,9	1253,5	823,3	2082,3	2832,7
Fett % . . .	2,94	2,96	3,07	2,97	3,14	3,18	3,47	3,60	3,77	3,44	3,34	3,12
Trockensubst. %	11,36	11,39	11,58	11,35	11,57	11,59	11,79	12,27	12,44	12,47	12,15	11,83

No.	Nähere Bezeichnung	Zeit der Untersuchung	In der natürlichen Milch: Wasser %	Kasein %	Albumin %	Fett %	Milchzucker %	Asche %	In der Trocken-Substanz: Kasein %	Albumin %	Fett %	Stickstoff in der Trocken-Substanz %	Analytiker
95	Herde v. 5 K., Mittel v. 3 Anal. (aus Wirthschaften staatlicher Institute)	1884. 5	87,32	—	—	3,72	—	0,68	—	—	29,34	—	C. A. Goessmann[1])
96	„ „ 15 „ (aus Wirthschaften staatlicher Institute)	1884. 11	86,26	—	—	4,37	—	0,65	—	—	31,80	—	
97	„ „ 11 „ (aus Wirthschaften staatlicher Institute)	1884. 10	87,44	—	—	2,76	—	0,75	—	—	21,98	—	
98	„ „ 4 „ (aus Wirthschaften staatlicher Institute)	„	86,90	—	—	2,88	—	0,65	—	—	21,99	—	
99	Von 2 Kühen (aus Wirthschaften staatlicher Institute)	1885. 9	85,83	—	—	3,86	—	0,67	—	—	27,24	—	
100	„ 4—8 „ Mittel von 2 Analysen (aus Wirthschaften staatlicher Institute)	1884. 8	87,75	—	—	2,70	—	—	—	—	22,04	—	
101	Von 5 Landkühen a. Lawronce, Mittel v. 3 Analysen (Heu, Mehl, Malzkeime) . . .	„	87,44	—	—	2,61	—	0,67	—	—	20,78	—	
102	Von 6 Landkühen aus Andover, Mittel von 4 Analysen (Heu, Mehl und Gras)	„	87,57	—	—	2,62	—	0,65	—	—	21,08	—	
103	Von 17 Landkühen v. Lowell	1884. 11	87,02	—	—	3,58	—	0,60	—	—	27,58	—	
104	Von 17 Kühen gem. Rassen von Trunton	„	85,06	—	—	4,79	—	0,64	—	—	32,06	—	
105	Von 6 Kühen aus Littleton, Weide u. Grobmehl, Morgm.	1885. 9	85,50	—	—	4,06	—	0,62	—	—	27,97	—	
106	Von 6 Landkühen aus Woburn (Cottonmehl, Kleie, Heu), 5^{00} Uhr	1885. 10	85,45	—	—	4,18	—	0,71	—	—	28,93	—	
107	Von 20 K. a. Burlington (Heu, Stoppel und Mehl), Abendm.	1885	86,69	—	—	3,35	—	0,60	—	—	25,17	—	
108	Von 30 Kühen, meist Landvieh, ebendort, Morgenmilch . .	„	86,94	—	—	3,13	—	0,56	—	—	23,97	—	
109	V. 3 K., Lincoln (Malzkeime u. Mehl) 4^{00} Uhr	„	86,93	—	—	3,42	—	0,59	—	—	26,17	—	
110	„ 3 „ „ (Malzkeime u. Mehl) 4^{00} „	„	86,77	—	—	3,33	—	0,61	—	—	25,16	—	
111	Von 3 K., Lincoln (Kleie und Mehl) 5^{00} Uhr	„	85,82	—	—	3,62	—	0,72	—	—	25,53	—	
112	„ 2 „ „ (Kleie und Mehl) 5^{15} „	„	84,86	—	—	4,57	—	0,62	—	—	30,18	—	
113	„ 10 „ „ (Kleie und Mehl) 5^{30} „	„	86,50	—	—	3,11	—	0,64	—	—	23,04	—	
114	„ 5 „ „ (Kleie und Mehl) „ „	„	86,58	—	—	3,38	—	0,61	—	—	25,18	—	
115	„ 5 „ „ (Kleie und Mehl) „ „	„	85,87	—	—	4,48	—	0,67	—	—	31,55	—	
116	„ 28 „ „ (Kleie und Mehl) 6^{00} „	„	86,24	—	—	3,39	—	0,61	—	—	24,64	—	
117	„ 9 „ „ (Kleie und Mehl) 6^{00} „	„	85,74	—	—	4,10	—	0,68	—	—	28,75	—	
118	„ 4 „ Amherst 7^{00} „	1886	84,55	—	—	5,76	—	—	—	—	37,28	—	
119	Milch gesunder Kühe von Lancashire und Cheshire	1875	88,90	—	—	2,16	—	—	—	—	19,46	—	Cambell-Broom[2])
120	Milch gesunder Kühe von Lancashire und Cheshire	„	88,66	—	—	2,41	—	—	—	—	21,25	—	
121	Milch gesunder Kühe von Lancashire und Cheshire	„	88,45	—	—	2,74	—	—	—	—	23,72	—	

[1]) Massachusetts 6. Ann. Rep. State Board of Healths, Boston 1885 und Results of inquires, rel. to the quality of milk etc. Massachusetts. Mitgetheilt von Sam. W. Abott. Boston, Februar 1886. Alle Proben sind bezeichnet als Milch von bekannter Reinheit. Sie beziehen sich auf Milch mehrerer Kühe. Ueber die Milch einzelner Kühe vergl. oben S. 120 u. 121.

[2]) Centrbl. f. Agrik.-Chem. 1876, **5**, 147. Chem. News 1875, **31**, 266.

No.	Nähere Bezeichnung	Zeit der Untersuchung	In der natürlichen Milch: Wasser %	Kasein %	Albumin %	Fett %	Milchzucker %	Asche %	In der Trocken-Substanz: Kasein %	Albumin %	Fett %	Stickstoff in der Trocken-Substanz %	Analytiker
122	Mittel von 40 Analysen . .	1875	87,00	4,10		4,00	4,28	0,62	32,64		31,85	5,22	*Cameron* [1])
	(Versuche aus März, April, Mai 1882.) Morgenmilch — Stck. Rasse: Futter: Rahm Vol. %	Spec. Gew.											
123	3 Holländische, 20 Normännische — Treber, Gras, Stroh — 10	1,033	87,25	3,42		3,92	4,81	0,60	26,82		30,74	4,29	*Ch. Girard* [2])
124	15 Holländ., Rüben, Kleie, Stroh, Heu — 10	1,030	87,42	3,40		3,82	4,76	0,60	27,03		30,37	4,32	
125	2 „ Rüben, Treber, Stroh, Heu — 12	1,028	87,42	3,28		4,18	4,52	0,60	26,07		33,23	4,17	
126	2 Flamännische, Treber, Stroh, Kleie — 11	1,030	85,93	3,68		4,32	5,32	0,75	26,15		30,70	4,18	
127	9 Holländ., Treber, Stroh und Heu — 10	1,030	87,40	3,23		4,04	4,73	0,60	25,64		32,07	4,10	
128	11 Holländ., 2 Flamänn. — Treber, Rüben, Stroh u. Heu — 9	1,029	87,15	3,38		4,06	4,81	0,60	26,33		31,63	4,21	
129	26 Holländ., Flamänn. u. Pikard. — desgl. — 10	1,031	86,89	3,34		4,16	4,95	0,66	25,48		31,73	4,08	
130	26 desgl. — desgl. — 10	1,031	87,15	3,35		3,92	4,90	0,68	26,06		30,61	4,17	
131	4 Flamänn. und Holländ. — Rüben, Stroh, Heu — 10	1,031	87,43	3,28		3,92	4,77	0,60	26,09		31,18	4,17	
132	2 Holländ., 1 Pikard., 1 Flam. — Treber, Heu, Kleie, Bohnen — 9	1,030	88,11	3,12		3,46	4,72	0,59	26,24		29,10	4,20	
133	12 Normand., Holländ. u. Flamänn. — Bohnen, Griesmehl, Heu, Stroh — 12	1,032	86,50	3,49		4,40	5,01	0,60	25,85		32,59	4,14	
134	2 Holländ., 1 Normänn. — Treber, Kleie, Rüben, Heu — 10	1,030	87,59	3,26		3,69	4,86	0,60	26,27		29,73	4,20	
135	8 Holländ., 3 Flamänn. — Kleie, Möhren, Luzerne, Bohnen, Heu — 10	1,031	87,43	3,28		3,81	4,88	0,60	26,09		30,31	4,17	

[1]) Jahresber. d. Agrik.-Chem. 1875/76, 276. Arch. d. Pharmacie 1875, 472

[2]) Von Ch. Girard: Documents sur les falsifications des matieres alimentaires etc. deuxieme rapport. Paris 1885, 338.

Die Versuche sind unter Aufsicht des Inspektors des städtischen Laboratoriums in Paris im März, April und Mai 1882 ausgeführt worden.

Das spec. Gewicht ist mit dem Bouchardat-Quevenne'schen Laktodensimeter bestimmt; Rahm (Vol. %) mit dem Cremometer von Chevallier; Trocken-Substanz durch Eindampfen von 10 ccm Milch und Trocknen des Rückstandes bei einer konstanten Temperatur von 95° C.; Fett nach der Methode von Marchand; Kasein durch Koagulation mit Essigsäure etc.; Albumin durch Kochen des von Kasein befreiten Filtrats; Zucker in dem Albumin freien Filtrat durch Titration mit der von Neubauer & Vogel vorgeschriebenen alkalischen Kupferlosung; Salze durch direktes Einäschern des Trocken-Rückstandes.

No.	Nähere Bezeichnung: Morgenmilch, Stck. Rasse:	Futter:	Rahm Vol. %	Spec. Gewicht	In der natürlichen Milch: Wasser %	Kasein %	Albumin %	Fett %	Milchzucker %	Asche %	In der Trocken-Substanz: Kasein %	Albumin %	Fett %	Stickstoff in der Trocken-Substanz %	Analytiker
136	19 Holländ., 2 Flamänn.	Treber, Bohnenkleie, Stroh, Heu	9	1,030	87,56	3,29		3,69	4,86	0,60	26,45		29,66	4,23	Ch. Girard[1]
137	18 Holländ., 8 Flamänn.	Treber, Rüben Stroh, Kleie	9	1,031	88,00	3,21		3,49	4,70	0,60	27,50		29,08	4,40	
138	desgl.	desgl.	8	1,030	89,79	2,63		3,34	3,65	0,59	25,76		32,71	4,12	
139	6 Holländ., 6 Pikard., 8 Flamänn.	Schlempe, Kleie, Heu, Stroh	8	1,030	88,13	3,13		3,46	4,75	0,53	26,37		29,15	4,22	
140	desgl.	desgl.	12	1,031	86,14	3,81		4,05	5,41	0,60	27,49		29,15	4,40	
141	desgl.	desgl.	10	1,031	85,80	3,58		4,74	5,18	0,70	24,96		33,05	3,99	
142	desgl.	desgl.	10	1,031	87,37	3,25		3,92	4,86	0,60	25,73		31,04	4,12	
143	desgl.	desgl.	9	1,030	87,58	3,26		3,69	4,87	0,60	26,25		29,71	4,20	
144	22 Holländ.,	Bohnenschrot, Kleie, Stroh, Heu	10	1,030	87,40	3,40		3,81	4,79	0,60	26,99		30,24	5,84	
145	15 Holländ., 10 Flamänn.	Rüben, Heu, Luzerne, Grieskleie	9	1,030	87,48	3,31		3,69	4,92	0,60	26,44		29,37	4,23	
146	18 Holländ., 10 Flamänn.	Treber, Bohnen, Rüben, Kleie, Stroh	10	1,030	86,59	3,52		4,16	5,13	0,60	26,25		32,02	4,20	
147	desgl.	desgl.	10	1,031	86,76	3,33		4,27	5,04	0,60	25,15		32,25	4,02	
148	14 Flamänn., 8 Holländ.	Rüben, Kleie, Kartoffeln	10	1,030	87,43	3,26		3,84	4,90	0,60	25,93		30,55	4,15	
149	8 Holländ., 3 Pikard., 7 Flamänn.	Schlempe, Kleie, Heu, Stroh	12	1,030	86,69	3,30		4,51	4,90	0,60	24,79		33,88	3,97	
150	12 Holländ., 6 Pikard., 6 Norm.	Treber, (Hausabfälle, Pülpe), Kleie, Heu, Stroh	9	1,030	87,15	3,42		3,81	5,02	0,60	26,61		29,65	4,26	
151	6 Flamänn., 9 Norm.	Kleie, Rüben, Heu, Stroh	10	1,032	86,48	3,19		4,89	4,79	0,65	23,60		36,17	3,78	
152	19 Holländ., 3 Norm.	—	9	1,030	87,43	3,33		3,69	4,95	0,60	26,49		29,35	4,24	
153	7 Holländ., 3 Schweizer, 7 Flamänn.	Treber, Pülpe, Heu, Stroh, Bohnenhülsen	7	1,031	87,96	3,31		3,22	4,92	0,59	27,49		26,75	4,40	
154	1 Flamänn., 4 Schweiz., 8 Norm.	Rüben, Heu, Stroh, Roggen, Afterkleie	10	1,030	86,34	3,69		4,04	5,28	0,65	27,01		29,58	4,32	
155	2 Holländ., 8 Pikard.	Rüben, Kleie, Stroh	8	1,032	88,24	3,12		3,69	4,35	0,60	26,53		31,38	4,24	

[1]) Vergl. Anmerkung [2]) S. 127.

No.	Nähere Bezeichnung	Rahm Vol. %	Spec. Gewicht	In der natürlichen Milch: Wasser %	Kasein %	Albumin %	Fett %	Milchzucker %	Asche %	In der Trocken-Substanz: Kasein %	Albumin %	Fett %	Stickstoff in der Trocken-Substanz %	Analytiker
	Morgenmilch Stck. Rasse: . Futter:													
156	8 Norm., 3 Schweiz., 4 Holländ., 7 Flamänn. — Treber, Rüben, Kleie, Stroh	8	1,033	87,54	3,53		3,69	4,65	0,59	28,33		29,62	4,53	Ch. Girard[1])
157	6 Holländ., 4 Flamänn., 2 Pikard., 4 Norm. — Rüben, Mais, Kleie, Stroh	10	1,032	86,64	3,53		4,04	5,14	0,60	26,42		30,24	4,23	Ch. Girard[1])
158	desgl. desgl.	10	1,033	86,71	3,50		4,04	5,10	0,65	26,33		30,40	4,21	Ch. Girard[1])
	Abendmilch:													
159	13 Holländ., Rüben, Gries-kleie, Stroh	9	1,032	88,11	3,20		3,46	4,63	0,60	26,91		29,10	4,31	Ch. Girard[1])
160	7 „ Rüben, Kleie, Grummet		1,031	88,05	3,06		3,58	4,71	0,60	25,61		29,96	4,10	Ch. Girard[1])
	Verkaufsmilch in verschlossenen und versiegelten Gefässen 1881/83.													
161	Von der Domäne Coullèr b. Versteg.	9	1,029	86,69	3,31		4,49	5,00	0,51	24,87		33,72	3,98	Ch. Girard[2])
	Von dem Gut:													
162	d'Arcy in Crie . . .	11	1,031	85,88	2,88		4,83	5,77	0,64	20,40		34,21	3,26	Ch. Girard[2])
163	Bézu-Saint Eloi (Eure)	12	1,029	86,70	3,50		4,04	5,11	0,65	26,32		30,38	4,21	Ch. Girard[2])
164	Brie-comte-Robert . .	8	1,035	86,79	3,60		3,74	5,21	0,66	27,25		28,31	4,36	Ch. Girard[2])
165	Combaut	11	1,029	86,79	3,41		4,06	5,04	0,70	25,81		30,51	4,13	Ch. Girard[2])
166	Gannes	10	1,031	86,64	3,61		3,92	5,23	0,60	27,02		29,34	4,32	Ch. Girard[2])
167	Grignon	11	1,030	87,62	3,16		3,74	4,90	0,58	25,53		30,21	4,08	Ch. Girard[2])
168	Hamnau	11	1.029	86,88	3,15		4,25	5,10	0,62	24,01		32,39	3,84	Ch. Girard[2])
169	Gournay	6	1,027	87,16	3,30		4,04	4,90	0,60	25,70		31,48	4,11	Ch. Girard[2])
170	Putrus in Nangis . .	12	1,030	86,44	3,58		4,17	5,11	0,70	26,40		30,75	4,22	Ch. Girard[2])
	Molkerei:													
171	de l'enfant Jésus . .	11	1,030	87,18	3,30		4,04	4,85	0,63	25,74		31,51	4,12	Ch. Girard[2])
172	du champ de courses d'Auteuil	14	1,032	86,21	3,76		4,05	5,28	0,70	27,27		28,37	4,36	Ch. Girard[2])
173	du Jardin d'Acclimatation	11	1,031	86,60	3,49		4,08	5,15	0,68	26,05		30,45	4,17	Ch. Girard[2])
174	Normale de l'enfance .	10	1,031	87,55	3,17		3,92	4,76	0,60	25,46		31,49	4,07	Ch. Girard[2])
175	du Pré Catelan . .	14	1,033	85,43	3,58		4,87	5,37	0,75	24,45		33,26	3,91	Ch. Girard[2])
176	Société des Herbages de Saint Denis . . .	12	1,030	86,93	3,25		4,07	5,10	0,65	24,87		31,14	3,98	Ch. Girard[2])
177	Vacherié suisse, rue de Londres . . .	10	1,031	87,05	2,76		3,81	5,71	0,67	21,31		29,42	3,41	Ch. Girard[2])
178	Vacherié suisse, Boulogne	11	1,030	86,67	3,51		4,04	5,08	0,70	26,33		30,30	4,21	Ch. Girard[2])

[1]) Vergl. Anmerkung [2]) S. 127.
[2]) Ch. Girard (Laboratoire Municipal-Paris). Documents sur les falsifications des matières alimentaires etc. Deuxième rapport. Paris 1885, 340. Vergl. Anm. S. 127.

III. Untersuchungen von Stallprobenmilch aus verschiedenen Gegenden.

Umgebung von Cannstadt nach J. N. Zeitler[1]).

No.	Zeit der Stallprobe	Spec. Gewicht bei 15°	Trocken-Substanz %	Fett %	Fettfreie Trocken-Substanz %	Fett in der Trocken-Substanz %	No.	Zeit der Stallprobe	Spec. Gewicht bei 15°	Trocken-Substanz %	Fett %	Fettfreie Trocken-Substanz %	Fett in der Trocken-Substanz %
1	9/3 1888 Morgens	1,0311	11,93	3,34	8,59	28,00	31	16/6 1888 Abends	1,0309	11,63	3,20	8,43	27,52
2	10/3 „ „	1,0303	11,43	3,20	8,23	28,00	32	„ „ „	1,0330	13,06	4,00	9,06	30,63
3	23/3 „ „	1,0275	10,52	2,91	7,61	27,66	33	„ „ „	1,0299	13,97	4,98	8,99	35,65
4	„ „ „	1,0278	10,56	2,96	7,60	28,03	34	„ „ „	1,0293	13,50	4,60	8,90	34,00
5	„ „ „	1,0309	11,43	3,10	8,33	27,12	35	„ „ „	1,0299	13,39	4,63	8,76	34,57
6	„ „ „	1,0317	12,85	3,91	8,94	30,43	36	„ „ „	1,0316	12,40	3,71	8,69	29,92
7	„ „ „	1,0306	11,77	3,24	8,53	27,52	37	„ „ „	1,0320	12,43	3,60	8,83	28,96
8	„ „ „	1,0319	12,39	3,58	8,81	28,96	38	„ „ „	1,0299	11,66	2,50	9,16	21,44
9	„ „ „	1,0294	12,04	3,50	8,54	29,07	39	„ „ „	1,0302	11,00	2,84	8,16	25,82
10	„ „ „	1,0309	12,43	3,76	8,67	30,25	40	„ „ „	1,0306	12,60	3,48	9,12	27,62
11	„ „ „	1,0300	11,55	3,12	8,43	27,01	41	„ „ „	1,0289	12,92	4,60	8,32	35,60
12	„ „ „	1,0302	12,44	3,83	8,61	30,79	42	„ „ „	1,0309	12,16	3,50	8,66	28,78
13	„ „ „	1,0288	13,00	4,66	8,34	35,85	43	„ „ „	1,0289	11,40	3,50	8,90	30,70
14	„ „ „	1,0312	13,42	4,52	8,90	33,68	44	28/7 1888 Abends	1,0291	12,27	4,00	8,27	32,60
15	7/4 1888 Abends	1,0333	13,98	4,60	9,38	32,19	45	„ „ „	1,0299	12,33	3,90	8,43	31,63
16	„ „ „	1,0316	12,10	3,66	8,44	30,24	46	„ „ „	1,0299	12,74	4,00	8,74	31,40
17	„ „ „	1,0306	11,22	3,01	8,21	26,83	47	11/8 1888 Abends	1,0312	13,49	4,63	8,86	34,32
18	„ „ „	1,0321	11,55	3,00	8,55	25,93	48	„ „ „	1,0312	13,31	4,20	9,11	31,56
19	„ „ „	1,0318	12,05	3,13	8,92	25,98	49	„ „ „	1,0314	12,61	4,23	8,38	33,54
20	„ „ „	1,0335	11,47	2,52	8,95	21,97	50	„ „ „	1,0331	11,52	2,52	9,00	21,87
21	„ „ „	1,0316	12,34	3,70	8,64	29,98	51	„ „ „	1,0317	12,64	3,65	8,99	28,88
22	„ „ „	1,0310	12,34	3,61	8,73	29,25	52	„ „ „	1,0313	10,95	3,10	7,85	28,31
23	„ „ „	1,0340	13,89	4,43	9,46	31,90	53	„ „ „	1,031	11,66	3,30	8,36	28,30
24	2/5 1888 Morgens	1,0310	11,92	3,60	8,32	30,19	54	„ „ „	1,031	13,43	4,35	9,08	32,39
25	„ „ „	1,0322	13,40	4,06	9,34	30,30	55	„ „ „	1,030	13,53	4,81	8,72	35,55
26	„ „ „	1,0317	11,89	3,00	8,89	25,23	56	„ „ „	1,0333	11,68	2,90	8,78	24,83
27	„ „ „	1,0314	11,31	2,55	8,75	22,55	57	„ „ „	1,0325	13,07	4,01	9,06	30,68
28	„ „ „	1,0306	12,59	3,61	8,92	27,31							
29	„ „ „	1,0286	11,54	3,12	8,42	27,04		Mittel	**1,0309**	**12,11**	**3,65**	**8,46**	**30,14**
30	„ „ „	1,0296	11,80	3,02	8,78	25,59		Schwankungen	1,034—1,0275	10,52-13,98	2,50-4,98	7,60—9,46	21,44-35,85

[1]) Zeitschr. angew. Chem. 1889, 13. Die Stallproben stammten von 1—3 Kühen. No. 3 u. 4 stammt von derselben Kuh und beide Proben sind innerhalb 48 Stunden entnommen. Die Kuh wurde mit Heu und Stroh zu gleichen Theilen gefüttert, hatte vor 11 Wochen gekalbt und inzwischen zweimal gerindert, ohne wieder aufgenommen zu haben. Sie hatte 9 mal gekalbt und lieferte täglich bei dreimaligem Melken etwa 8 l Milch. Sie stammte aus verschiedenen Kreuzungen. Ihr Aussehen war schlecht, doch war sie vollkommen gesund und leistete zur kritischen Zeit keine Arbeit.

Untersuchungs-Methoden: Specifisches Gewicht wurde mittelst eines durch ein Pyknometer kontrollirten Quevenne-Müller'schen Laktodensimeters nach 12-stündigem Stehen der Milch bestimmt. Die Trocken-Substanz wurde durch Eindampfen von 10 ccm gewogener Milch in mit Bimstein gefüllten Schälchen bis zur Gewichtskonstanz und das Fett nach Soxhlet ermittelt. Die Asche wurde durch Eindampfen und Einäschern über dem Bunsen-Brenner, die Phosphorsäure nach dem Molybdän-Verfahren mit Uran titrirt.

J. N. Zeitler fand ferner in No. 3: 2,05 % Kasein und 0,17 % Albumin,
„ „ 4: 2,08 „ „ „ 0,20 „ „

sowie an Mineralstoffen und Phosphorsäure in 100 ccm Milch:

	No. 1	2	3	4	5	6	7	8	9	10	11	12	13	14	15	16
Mineralstoffe	0,710	0,715	0,700	0,701	0,698	0,705	0,725	0,685	0,567	0,680	0,745	0,730	0,715	0,690	0,760	0,754
Phosphorsäure	0,180	0,175	0,182	0,182	0,173	0,183	0,209	0,193	0,152	0,197	0,193	0,200	0,186	0,192	0,245	0,215

	No. 17	18	19	20	21	22	23	Minimum	Maximum	Mittel
Mineralstoffe	0,695	0,680	0,715	0,702	0,726	0,723	0,745	0,567	0,760	0,668 %
Phosphorsäure . .	0,226	0,194	0,204	0,193	0,236	0,238	0,185	0,152	0,245	0,197 %

Stallprobenmilch aus dem Allgäu nach Fr. J. Herz[1]).

No.	Nähere Bezeichnung		Zeit der Untersuchung	Spec. Gewicht bei 15°	Trocken-Substanz %	Fett %	Fettfreie Trocken-Substanz %	Fett in der Trocken-Substanz %
1	Oberes Allgäu:							
	13 Proben 1892	Mittel	1892	1,0325	12,82	3,70	9,12	28,70
		Schwankungen	„	30,4—35,0	—	2,93—4,78	8,53—9,77	24,51—34,33
	31 Proben 1893	Mittel	1893	1,0316	12,71	3,85	8,86	30,01
		Schwankungen	„	29,8—33,4	—	3,10—4,88	8,40—9,41	25,71—34,72
2	Unteres Allgäu:							
	54 Proben 1892	Mittel	1892	1,0320	12,66	3,67	8,99	28,95
		Schwankungen	„	28,7—34,2	—	3,00—5,22	8,18—9,78	24,80—35,81
	37 Proben 1893	Mittel	1893	1,0326	13,26	4,04	9,22	31,13
		Schwankungen	„	29,6—34,9	—	3,30—6,68	8,37—9,83	27,22—41,73
3	Unterland:							
	41 Proben 1892	Mittel	1892	1,0322	12,94	3,85	9,09	29,47
		Schwankungen	„	28,4—36,0	—	2,45—6,05	8,10—10,26	23,34—37,75
	44 Proben 1893	Mittel	1893	1,0314	12,77	3,88	8,89	30,22
		Schwankungen	„	28,2—35,7	—	2,95—5,10	8,18—10,16	25,45—37,98
	Im ganzen Gebiet:							
	108 Proben 1892	Mittel	1892	**1,0321**	**12,81**	**3,73**	**9,04**	**29,04**
		Schwankungen	„	28,4—36,0	—	2,45—6,05	8,10—10,26	23,34—37,75
	112 Proben 1893	Mittel	1893	1,0318	12,82	3,92	8,90	30,46
		Schwankungen	„	28,2—35,7	—	2,95—6,68	8,18—10,16	25,45—41,73

Tägliche Untersuchungen der Milch eines Stalles von 7 Kühen in Memmingen im September 1893.

No.	Nähere Bezeichnung		Zeit der Untersuchung	Spec. Gewicht bei 15°	Trocken-Substanz %	Fett %	Fettfreie Trocken-Substanz %	Fett in der Trocken-Substanz %
1	Morgenmilch	Mittel	1893/99	1,0319	12,94	3,96	8,98	30,60
		Schwankungen	„	30,9—32,9	12,27—13,57	3,40—4,42	8,81—9,30	27,72—32,78
2	Abendmilch	Mittel	„	1,0317	12,73	3,79	8,94	29,76
		Schwankungen	„	30,6—33,0	12,20—13,31	3,35—4,35	8,70—9,28	27,37—32,69

Vergl. ferner Fr. J. Herz, Stallprobenmilch im Allgäu. Mittheilungen des Milchw. Vereins im Allgäu 1895, 3, 51—54; Viertelj. Nahrungs- u. Genussm. 1895, 10, 12—13.

[1]) Mittheilungen des milchwirthschaftlichen Vereins im Allgäu 1894, **2**, 39. Die Milch wurde während des ganzen Monats September hindurch Morgens und Abends untersucht, ohne dass im Stalle auf eine genaue Einhaltung der zur Erlangung gleichmässiger Resultate sonst üblichen Bedingungen Rücksicht genommen wurde. Die Resultate der unter diesen Bedingungen ausgeführten 60 Untersuchungen bestätigen nicht die von anderer Seite bezügl. der Stallproben beobachteten Schwankungen.

Das specifische Gewicht des Serums betrug bei 15°:

	Morgenmilch	Abendmilch
Mittel	1,0286	1,0286
Schwankungen	1,0277—1,0295	1,0272—1,0295.

Sonstige Stallprobenmilch.

No.	Nähere Bezeichnung	Zeit der Untersuchung	Spec. Gewicht bei 15° der Milch	Spec. Gewicht bei 15° des Serums	Trocken-Substanz %	Fett %	Asche %	Fettfreie Trocken-Substanz %	Fett in der Trocken-Substanz %	Analytiker
	Aus der Umgebung von Breslau:									
1	Probe I	1889/90	1,0324	1,0276	12,43	3,41	0,73	9,02	27,43	B. Fischer [1])
2	„ II	„	1,0310	1,0270	12,18	3,74	0,71	8,44	30,71	
3	„ III	„	1,0309	1,0272	11,68	3,20	0,73	8,48	27,40	
1	Abendmilch I (Reaktion: schwach alkalisch)	7/6 1890	1,0323	1,0279	12,35	3,73	0,70	8,62	30,20	
2	„ II	7/6 „	1,0320	1,0281	13,15	4,50	0,71	8,65	34,22	
3	Mittagsmilch III	8/6 „	1,0323	1,0284	11,87	3,28	0,73	8,59	27,63	
4	„ IV	8/6 „	1,0323	1,0285	12,59	3,91	0,71	8,68	31,06	
	Stallprobenmilch von Kopenhagen:									
1	21 Proben . . . Mittel	1890	—	—	12,22	3,19	—	9,03	26,11	[2])
	Schwankungen	„	—	—	11,36—13,12	2,37—3,95	—	—	—	
	Stallprobenmilch aus der Schweiz:									
1	Probe I	1890	1,0355	—	15,10	4,60	—	10,50	30,46	Schaffer [3])
2	„ II	„	1,0340	—	14,30	4,40	—	9,90	30,77	
	Stallprobenmilch aus der Umgebung von Bremen:									
1	Mittel von 6 Proben	1887	1,0316	—	11,08	2,53	—	8,55	21,93	L. Janke [4])
2	„ „ 23 „	1888	1,0310	—	11,48	2,98	—	8,50	25,96	
3	„ „ 18 „	1889	1,0312	—	10,80	2,36	—	8,44	21,85	derselbe [5])
		1890	1,0295	—	11,61	2,74	—	8,87	23,60	
		1891	1,0299	—	11,55	2,78	—	8,77	24,07	
		1892	1,0298	—	11,47	2,71	—	8,76	23,63	
	Stallprobenmilch aus der Umgebung von Nürnberg:									
1	1893, Mittel zahlreicher Proben	1892	1,0324	—	12,81	4,19	—	8,62	32,70	H. Kämmerer [6])
2	1893, 79 Proben Mittel	1893	1,0320	—	12,89	3,88	—	9,06	30,10	
	Schwankungen	„	1,0287-1,0435	—	10,87—17,10	2,40—6,70	—	8,14—11,10	—	

[1]) Jahresbericht des chemischen Untersuchungsamtes der Stadt Breslau für 1889/90, 20 und für 1890/91, 32.
[2]) Vierteljahrsschrift Chem. Nahrungs- u. Genussm. 1890, **5**, 418.
[3]) Alpen- u. Jura-Chronik, 15. Oktober 1890, nach Milchztg. 1890, **19**, 895, auch Vierteljahrsschrift Chem. Nahrungs- u. Genussm. 1890, **5**, 418.
[4]) Milchztg. 1891, **20**, 218.
[5]) Chem. Centrbl. 1894, I, 645.
[6]) Bericht der städt. Untersuchungs-Anstalt für Nahrungs- u. Genussm. 1893, 20. Specifisches Gewicht und Fettgehalt, sowie fettfreie Trocken-Substanz der untersuchten 79 Stallproben schwankten innerhalb folgender Grenzen:

Specifisches Gewicht:

I.	8 Proben:	1,0287—1,0296,	im Mittel 1,0291 %
II.	51 „	1,0300—1,0330,	„ „ 1,0316 „
III.	13 „	1,0331—1,0340,	„ „ 1,0333 „
IV.	7 „	1,0340—1,0435,	„ „ 1,0363 „

Fett:

I.	22 Proben:	2,40—3,35,	im Mittel 2,98 %
II.	44 „	3,36—4,50,	„ „ 3,86 „
III.	13 „	4,51—6,70,	„ „ 5,45 „

Fettfreie Trocken-Substanz:

8 Proben:	8,14— 8,44,	im Mittel 8,27 %
71 „	8,53—11,10,	„ „ 9,15 „

Aus den 253 Analysen der Tabelle A (mit Ausschluss von Seite 131) ergiebt sich für die **Milch von Herden:**

	Spec. Gewicht	In der natürlichen Milch						In der Trocken-Substanz			Stickstoff in der Trocken-Substanz
		Wasser %	Kasein %	Albumin %	Fett %	Milchzucker %	Asche %	Kasein %	Albumin %	Fett %	%
Mittel	**1,0312**	**87,52**	**3,00**	**0,36**	**3,49**	**4,96**	**0,67**	**24,04**	**2,86**	**28,00**	**4,30**
			3,36					**26,90**			
Schwankungen	1,0270—1,0355	84,55—90,30	2,49-3,67	0,33-0,77	1,76-5,76	3,65-5,77	0,51-0,83	19,68-30,46	2,76-6,09	16,03—37,57	3,41—5,39
			2,62—4,42					21,31—33,70			

Ueber die Berechnung der Mittelzahlen für Albumin und Milchzucker vergl. oben S. 110.

Sonstige Milchanalysen ohne nähere Angaben.

a) Stallprobenmilch.

A. Lam: Analysen von Stallprobenmilch in Holland (Chem. Centr.-Bl. 1896, I, 937).

Carlo Piccardi: Analysen von Stallproben in Sassari (Chem. Centr.-Bl. 1895, II, 421).

b) Marktmilch.

Rostock: Fettgehalt der Milch der Rostocker Molkerei-Genossenschaft. Milchztg. 1891, 20, 914, 1893, 22, 726.

Güstrow: Fettgehalt der Milch der Lieferanten der Molkerei im Jahre 1892/93. Michztg. 1893, 22, 591.

Hamburg: Zusammensetzung der Milch aus den Kindermilchanstalten Hamburgs von B. C. Niederstadt. Milchztg. 1891, 20, 624.

Saarbrücken: Die Milchkontrolle in Saarbrücken von Isbert und Venator. Zeitschr. angew. Chemie 1890, 2; Milchztg. 1890, 19, 225. Die angeführten abnormen specifischen Gewichte der Milch weichen so sehr von den aus dem Gehalt der Milch an Trockensubstanz und Fett nach der Fleischmann'schen Formel sich ergebenden ab, dass bei denselben unbedingt ein Versehen anzunehmen ist.

Braunschweig: Untersuchung der Molkerei- und Marktmilch von H. Beckurts, Milchztg. 1891, 20, 805 und H. Beckurts und R. Blasius, Milchztg. 1893, 22, 142; andere Analysen von der Kindermilchstation siehe Viertelj. Chem. Nahrungs- u. Genussm. 1889, 2, 517.

Oldenburg: Ueber die Steigerung des Gehaltes der Milch in der Milchkuranstalt in Oldenburg durch entsprechende Auswahl, Fütterung und Haltung der Milchkühe. Viertelj. Chem. Nahrungs- u. Genussm. 1887, 2, 517.

Arnheim: Die Zusammensetzung der Milch holländischer Kühe von allen Lieferanten der Molkerei Arnheim untersuchte G. H. Beer, Milchztg. 1890, 19, 440 u. 1893, 22, 460.

Zürich: N. Gerber, Milchztg. 1889, 18, 174, untersuchte die eingelieferte Milch sowie die „Kinder und Krankenmilch“ seiner Molkereien.

Basel: Analysen der Marktmilch. Milchztg. 1893, 22, 443.

Paris: Ueber die Zusammensetzung der Marktmilch von Paris berichtet Ch. Girard. Documents sur les falsifications des matières alimentaires etc., Laboratoire Municipal. Paris 1885, 349. Vergl. oben S. 127—129.

London: Die Milch des Londoner Marktes (11633 Proben) hatte im Jahre 1896 nach H. Droop Richmond, Analyst. 1897, 22, 93—95; Chem. Centr.-Bl. 1897, I, 1033—4, folgende durchschnittliche Zusammensetzung:

	Spec. Gew. 15°	Trockensubstanz %	Fett %
Morgenmilch	1,0325	12,60	3,63
Abendmilch	1,0321	12,95	3,99

Schwankungen in der Zusammensetzung der Milch des Londoner Marktes während der einzelnen Monate des Jahres. Nach P. Vieth.

	1885[1]) *)			1886[2]) **)			1887[3])			1888[4]) ***)		
	Spec. Gewicht	Trocken-Substanz %	Fett %	Spec. Gewicht	Trocken-Substanz %	Fett %	Spec. Gewicht	Trocken-Substanz %	Fett %	Spec. Gewicht	Trocken-Substanz %	Fett %
Januar . . .	1,0324	13,22	3,98	1,0322	12,87	3,77	1,0324	12,91	3,77	1,0325	12,97	3,79
Februar . . .	1,0323	13,02	3,84	1,0322	12,83	3,73	1,0324	12,90	3,75	1,0325	13,00	3,81
März	1,0325	12,68	3,68	1,0323	12,78	3,69	1,0325	12,86	3,69	1,0325	13,10	3,73
April	1,0323	12,74	3,63	1,0321	12,75	3,70	1,0323	12,71	3,62	1,0324	12,81	3,68
Mai	1,0324	12,90	3,77	1,0323	12,80	3,71	1,0324	12,88	3,75	1,0324	12,82	3,69
Juni	1,0323	12,88	3,76	1,0322	12,78	3,70	1,0323	12,82	3,71	1,0324	12,83	3,69
Juli	1,0319	12,94	3,89	1,0318	12,67	3,69	1,0318	12,64	3,66	1,0320	12,82	3,76
August . . .	1,0315	13,07	4,11	1,0319	12,77	3,74	1,0315	12,82	3,87	1,0319	12,84	3,80
September . .	1,0317	13,25	4,18	1,0321	12,98	3,89	1,0318	13,19	4,12	1,0322	13,06	3,94
Oktober . . .	1,0323	13,41	4,21	1,0321	13,56	4,11	1,0324	13,21	4,01	1,0325	13,09	3,89
November . .	1,0322	13,31	4,14	1,0322	13,32	4,14	1,0325	13,24	4,01	1,0322	13,18	4,03
December . .	1,0322	13,12	3,99	1,0324	13,27	4,06	1,0325	13,10	3,89	1,0321	13,01	3,91
Jahresdurchschnitt	**1,0322**	**13,06**	**3,93**	**1,0322**	**12,92**	**3,83**	**1,0322**	**12,94**	**3,82**	**1,0323**	**12,94**	**3,81**

	1889[5]) °)			1890[6])			1891[7])			1894[8])			
	Spec. Gewicht	Trocken-Substanz %	Fett %	Spec. Gewicht	Trocken-Substanz %	Fett %	Spec. Gewicht	Trocken-Substanz %	Fett %	Spec. Gewicht	Trocken-Substanz %	Fett %	Fettgehalt der Trocken-Substanz %
Januar . . .	1,0320	12,79	3,73	1,0323	12,95	3,80	1,0321	12,86	3,77	1,0322	12,84	3,98	31,00
Februar . . .	1,0321	12,76	3,70	1,0324	12,84	3,70	1,0322	12,54	3,48	1,0322	12,66	3,82	30,17
März	1,0319	12,73	3,70	1,0323	12,76	3,63	1,0323	12,62	3,53	1,0322	12,57	3,74	29,75
April	1,0319	12,68	3,66	1,0322	12,66	3,57	1,0323	12,56	3,49	1,0320	12,52	3,75	29,95
Mai	1,0322	12,67	3,60	1,0324	12,63	3,53	1,0324	12,58	3,49	1,0323	12,47	3,66	29,35
Juni	1,0322	12,55	3,49	1,0323	12,64	3,55	1,0325	12,42	3,55	1,0323	12,48	3,68	29,49
Juli	1,0319	12,65	3,65	1,0320	12,81	3,75	1,0321	12,55	3,74	1,0319	12,44	3,74	30,06
August . . .	1,0320	12,77	3,72	1,0319	12,86	3,81	1,0320	12,70	3,90	1,0320	12,50	3,75	30,00
September . .	1,0321	12,91	3,80	1,0319	12,81	3,77	1,0322	12,93	4,05	1,0322	12,62	3,81	30,19
Oktober . . .	1,0323	13,21	4,03	1,0322	13,04	3,89	1,0323	13,17	4,22	1,0321	12,74	3,93	31,63
November . .	1,0321	13,19	4,04	1,0321	13,07	3,94	1,0321	13,21	4,30	1,0322	13,14	4,24	32,27
December . .	1,0322	13,02	3,88	1,0322	13,02	3,89	1,0321	13,02	4,15	1,0323	13,07	4,18	31,98
Jahresdurchschnitt	**1,0321**	**12,83**	**3,75**	**1,0322**	**12,84**	**3,74**	**1,0322**	**12,76**	**3,80**	**1,0322**	**12,67**	**3,86**	**30,47**

[1]) u. [2]) P. Vieth: Nach dem Bericht der Aylesbury-Dairy-Kompagnie in London (eines den deutschen städtischen Molkereien entsprechenden Milchgeschäfts) in Milchztg. 1887, **16**, 106; [3]) 1888, **17**, 127; [4]) 1889, **18**, 142; [5]) 1890, **19**, 185; [6]) 1891, **20**, 69 und [7]) 1892, **21**, 173. [8]) Analyst 1895, **20**, 54—56. Chem. Centrbl. 1895, I, 796—7.

Das specifische Gewicht der Milch fiel während des Jahres nie unter 1,030 und überstieg mitunter — allerdings selten — 1,034; letzteres wurde alsdann nicht durch niedrigen Fettgehalt, sondern durch einen verhältnissmässig hohen Gehalt an fettfreier Trocken-Substanz bedingt.

Das Fett ist bei den gewöhnlichen Kontrolproben auf Grund der für spec. Gewicht und Trocken-Substanz gefundenen Zahlen mit Hülfe der Fleischmann'schen Formel ($f = \text{Fett} = 0{,}833\,t - 2{,}22\,\frac{100\,s - 100}{s}$, wobei s = spec. Gewicht und t = Trocken-Substanz der Milch) berechnet; in anderen Fällen wurde das Fett durch Eintrocknen der Milch mit Gips und Extrahiren mit Aether bestimmt.

*) Der Jahresdurchschnitt ist das Mittel der Prüfung von 3879 Proben.

**) Im Mittel von im Ganzen 17269 untersuchten Milchproben des Londoner Marktes, von denen 12181 mit der Eisenbahn ankamen, bei deren Ankunft im Geschäft entnommen.

***) Der Jahresdurchschnitt ist das Mittel von 12663 Proben.

°) Der Jahresdurchschnitt ist das Mittel von 12682 Proben.

Boston: Untersuchungen der Marktmilch in Boston. City of Boston, 26. Annual report of the Milk Inspector. Boston 1885, 31. März. Unter den 1203 Analysen finden sich auch einige von augenscheinlich abgerahmter Milch, andere anscheinend von Rahm. Vergl. die 3. Aufl. dieses Buches S. 296.

Dorpat: S. A. Ginzberg, Untersuchung der käuflichen Milch in der Stadt Dorpat. Viertelj. Nahrungs- u. Genussm. 1897, 12, 503.

Petersburg: S. A. Przibytek, Zusammensetzung der Petersburger Marktmilch. Viertelj. Nahrungs- u. Genussm. 1897, 12, 503.

Stockholm: a) Analysen der Kindermilch und der gewöhnlichen unabgerahmten Milch. Milchztg. 1890, 19, 913. b) Analysen der Milch der Stockholmer Milchverkaufs-Aktiengesellschaft von Lud. Stahre. Milchztg. 1892, 21, 713 nach Mejeri-Tiding. 1892, No. 41. Vergl. ferner Milchztg. 1893, 22, 771 nach Mejeri-Tiding 1893 vom 15. September.

Kopenhagen: Analysen von gewöhnlicher und Kindermich aus der Umgegend von Kopenhagen. Viertelj. Chem. Nahrungs- u. Genussm. 1890, 5, 421 nach Molkerei-Ztg. 1890, 44.

Kuhmilch, allgemeine Tabelle B.

Milch von Kühen, deren Rasse genannt ist.

Aeltere Analysen.

1. Em. Wolff u. Keyser. Versuchsstation Möckern, nach Martiny: Die Milch I, 262 und Agrikulturchem. Untersuchungen I, 1 und III, 39.
2. H. Ritthausen: Agrikulturchem. Untersuchungen IV, 1 und V, 1 und Weende'r Jahresbericht (Zeitschr. f. deutsche Landwirthe 1856, 221, ferner Amtsbl. f. d. Landw. Ver. Kgr. Sachsen 1856, 87 u. 96.
3. W. Knop u. R. Arendt: Agrikulturchem. Untersuchungen V, 74.
4. Körte: Schlesische landw. Ztg. 1886, 114.

No.	Nähere Bezeichnung	Zeit der Untersuchung	In der natürlichen Milch						In der Trocken-Substanz			Stickstoff in der Trocken-Substanz	Analytiker
			Wasser %	Kasein %	Albumin %	Fett %	Milchzucker %	Asche %	Kasein %	Albumin %	Fett %	%	
1	Normandie, Abendmilch	1859	85,64	2,16	1,10	5,44	4,88	0,78	15,04	7,66	37,88	3,63	Marchand[1])
2	„ -Durham-Kreuzung, Abendmilch	„	86,31	1,91	0,92	5,13	4,95	0,78	13,95	6,72	37,47	3,21	Marchand[1])
3	Mährischer Landschlag	1862	87,75	—	—	3,65	4,25	—	—	—	29,80	—	v. Gohren[2])
4	Landrasse von Westeraas	„	87,92	3,22		3,28	4,77	0,76	26,66		27,15	4,27	A. Müller[3])
5	Shorthorn, Mittel von 7 Proben	$18\frac{66}{67}$	86,46	3,70		4,25	4,83	0,76	27,33		31,39	4,37	Lehmann[4])
6	Holländer, „ „ 7 „	„	88,23	2,99		3,37	4,71	0,70	25,40		28,63	4,06	Lehmann[4])

[1]) Compt. rend. 48, 112. Die Milch stammte von je 30 Kühen. Das durchschnittliche Alter der Kühe war ad 1 über 5 Jahr, ad 2 etwas unter 5 Jahr. Die Menge der ermolkenen Abendmilch betrug bei der reinen Rasse täglich 9,38 Liter, bei den Kreuzungsprodukten täglich 8,5 Liter. Die Dichte der Milch war 1,0338 und 1,03263. Die auf Liter gegebene Zusammensetzung rechneten wir hiernach auf Gewichtsprocente um.

[2]) Landw. Versuchsstation 1863, 5. Mittel von 32 Analysen Morgen-, Mittag- und Abendmilch.

[3]) Ebendaselbst 1864, 6, 380. Mittel von 56 Einzelanalysen von Milch, die 2 Kühen in dem Zeitraum vom $^{28}/_{3}$—$^{31}/_{10}$ 1862 entnommen wurde.

[4]) Versuchsstation Pommritz. Der Landwirth 1869, I.

No.	Nähere Bezeichnung	Spec. Gew.	Zeit der Untersuchung	In der natürlichen Milch: Wasser %	Kasein %	Albumin %	Fett %	Milchzucker %	Asche %	In der Trocken-Substanz: Kasein %	Albumin %	Fett %	Stickstoff in der Trocken-Substanz %	Analytiker
7	Shorthorn, reinblütige (Pedigree)		1860	86,73	3,24		4,11	5,18	0,74	24,42		30,97	3,91	Völcker[1]
8	Shorthorn-Kreuzung (Crossbred)		„	86,89	3,30		4,08	4,97	0,76	25,17		31,12	4,03	
9	Arabische Rasse, 8 Tage nach dem Kalben		1866	85,61	3,39	1,61	3,79	4,78	0,78	23,56	11,19	26,34	5,56	Commaille[2]
10	Arabische Rasse, 10 Monate nach dem Kalben		„	85,21	3,57	0,94	5,34	4,38	0,61	24,12	6,36	36,10	4,88	
11	Bretannische Kuh		„	86,09	3,68	1,26	3,93	4,18	0,69	26,48	9,07	28,28	5,69	
12	Schweizer (12–22: von der landwirthschaftlichen Ausstellung in Paris 1856)		1856	85,20	2,26	0,34	7,09	4,59	0,56	14,27	2,30	47,93	2,65	Vernois und Becquerel[3]
13	Tiroler		„	81,74	4,19	0,76	7,96	4,84	0,50	22,94	4,16	43,59	4,34	
14	Voigtländer		„	84,99	3,67	0,80	5,14	4,63	0,68	24,43	5,33	34,22	4,76	
15	Steiermark		„	85,31	2,26	0,88	6,28	4,62	0,64	15,40	5,99	42,78	3,42	
16	Normandie		„	87,18	4,21	0,55	3,24	4,21	0,60	32,83	4,29	25,27	5,94	
17	Bretagne		„	83,75	4,65	0,72	5,70	4,55	0,62	28,56	4,42	35,01	5,28	
18	Angus		„	80,32	4,56	0,79	(9,88)	3,23	0,72	23,17	4,01	(50,20)	4,35	
19	Durham		„	84,56	3,25	1,11	6,41	3,97	0,68	21,05	7,19	41,53	4,52	
20	Holland		„	83,97	3,49	0,73	6,85	4,35	0,61	21,67	4,54	42,73	4,19	
21	Belgien		„	85,77	3,15	0,91	6,22	3,29	0,68	22,14	6,39	43,71	4,56	
22	Böhmen		„	84,18	2,85	1,02	6,34	4,97	0,64	18,01	6,45	40,08	3,91	
23	Shorthorn, Jahresmittel		1868	87,02	3,47		3,85	4,91	0,75	26,73		29,66	4,28	Lehmann[4]
24	Holländer, „		„	88,17	3,27		3,21	4,62	0,73	27,64		27,13	4,42	
25	Mariahofer	1,0337	1873	87,56	2,58	0,32	4,19	4,86	0,74	20,74	2,57	33,68	3,73	J. Moser[5]
26	Lavanthaler	1,0322	„	86,62	3,25	0,39	4,13	4,30	0,81	24,28	2,91	30,87	4,35	
27	Stockerauer	1,0322	„	87,43	2,89	0,42	3,88	4,59	0,75	22,99	3,25	30,87	4,20	
28	Oberinnthaler	1,0305	„	88,18	2,44	0,34	3,79	4,44	0,70	20,64	3,88	32,06	3,92	
29	Märzthaler	1,0338	„	86,67	3,08	0,47	4,18	4,38	0,80	23,11	3,53	31,26	4,26	
30	Opocner	1,0340	„	87,83	3,08	0,33	3,92	4,46	0,62	25,31	2,71	32,21	4,48	
31	Montavoner	1,0347	„	86,63	3,06	0,33	4,43	4,79	0,76	22,89	2,47	33,13	4,06	
32	Kuhländer	1,0347	„	86,58	3,21	0,26	4,50	4,47	0,78	23,92	1,94	33,53	4,14	

[1]) Journ. R. Agr. Soc. England 1863, 309. Die untersuchte Milch ist das Mittel von je 3 Analysen, welche zu verschiedenen Zeiten ausgeführt wurden mit Milch, die den Kühen während des Weidegangs entnommen worden war.

[2]) Journ. Pharm. **10**, 41, 96 u. 151.

[3]) von Gohren, Die Naturgesetze der Fütterung, 1872, 466.

[4]) Jahresber. d. Agrikultur-Chemie 1868/69, 576; Neue landw. Ztg. 1869, 195. Von jeder der beiden Rassen wurden 9 Kühe aufgestellt und in gleicher Weise gefüttert, des Winters für den Kopf und Tag mit 40 kg Runkeln, 2 kg Rapskuchen, 2 kg Roggenkleie, 5 kg Wiesenheu und 9 kg Häcksel und Spreu; des Sommers mit Grünklee und 2 kg Roggenkleie. Die Milch wurde ein Jahr lang untersucht. Die Milcherträge waren in Durchschnitt für den Kopf und Jahr:

	Höchster	Niedrigster	Durchschnittlicher
Shorthorn	6949	5262	6172 Pfund
Holländer	8556	5972	7308 „

Jahresertrag an:	Fett	Kasein	Milchzucker	Trocken-Substanz
Shorthorn	240	222	303	812 Pfund
Holländer	235	230	343	860 „

[5]) Milchztg. 1874, **3**, 915. Die Kühe, von denen die untersuchte Milch stammte, waren gelegentlich der Weltausstellung in Wien dort nebeneinander ausgestellt und erhielten das gleiche aus Kleehäcksel, Wiesenheu, Schwarzmehl, Kleie und Biertreber bestehende Futter. (Vergl. Milch zu verschiedenen Melkzeiten.)

No.	25	26	27	28	29	30	31	32	33	34	35	36	37	38	39
Milchertrag am Tage der Probenahme in kg	11,4	6,5	9,4	9,7	7,1	8,1	10,0	10,7	11,5	11,5	7,7	7,2	6,1	7,9	7,2

Milchzucker wurde aus der Differenz berechnet, alle anderen Bestandtheile wurden direkt bestimmt.

No.	Nähere Bezeichnung	Spec. Gew.	Zeit der Untersuchung	In der natürlichen Milch: Wasser %	Kasein %	Albumin %	Fett %	Milchzucker %	Asche %	In der Trocken-Substanz: Kasein %	Albumin %	Fett %	Stickstoff in der Trocken-Substanz %	Analytiker
33	Pinzgauer	1,0321	1873	87,88	2,48	0,38	3,59	4,65	0,74	20,46	3,14	29,62	3,78	J. Moser[1]
34	Möllthaler	1,0339	„	87,34	3,08	0,44	3,62	4,52	0,80	24,33	3,48	28,59	4,45	
35	Pusterthaler	1,0317	„	87,62	2,86	0,41	4,36	4,31	0,77	23,10	3,31	35,22	4,23	
36	Zillerthaler-Duxer	1,0338	„	87,21	3,05	0,45	4,34	4,36	0,76	24,85	3,52	33,93	4,54	
37	Melser Schecken	1,0318	„	87,86	2,72	0,36	3,59	4,19	0,80	22,41	2,97	29,57	4,06	
38	Egerländer	1,0350	„	87,22	2,66	0,28	4,40	4,58	0,73	20,81	2,19	34,43	3,68	
39	Gföhler	1,0341	„	87,45	2,73	0,36	3,88	4,80	0,74	21,75	2,87	30,69	3,94	
40	Dessauer 1		1870	88,11	3,12		3,47	4,56	(0,74)	26,24		29,18	4,20	G. Kühn[2]
41	„ 2		„	87,75	3,15		3,56	4,88	(0,66)	25,71		30,06	4,11	
42	„ 3		„	88,62	2,83		2,92	4,94	(0,69)	22,04		22,74	3,53	
43	„ 4		„	88,05	2,84		3,43	5,08	(0,60)	23,77		37,07	3,80	
44	„ frischmilchend . .		1872/73	87,85	3,03		3,64	4,68	—	24,94		29,96	3,99	
45	„ „ . .		1870	88,27	2,67		3,22	5,09	—	22,76		27,45	3,64	
46	Holländ., frischmilch. (bei gleichem Futter)		„	88,59	2,29	0,26	3,15	4,87	—	20,07	2,28	27,61	3,58	
47	„ „ (bei gleichem Futter)		„	89,18	2,43	0,35	2,75	4,47	—	22,46	3,23	25,42	4,11	
48	Allgäuer, „ . . .		„	87,87	2,64	0,55	3,35	4,53	—	21,76	4,53	27,62	4,21	
49	Voigtländer, „ . . .		„	88,46	2,54	0,36	3,12	4,44	—	22,01	3,12	27,03	4,02	
50	Holländer, „ . . .		„	88,79	2,17	0,23	3,34	4,71	—	19,36	2,05	29,80	3,43	
51	„ „ . . .		„	89,44	2,11	0,28	2,93	4,38	—	19,98	2,65	27,75	3,62	
52	Voigtländer, „ . . .		„	86,33	3,51		4,33	5,02	—	25,68		31,67	4,11	
53	„ „ . . .		„	86,95	3,28		3,92	4,95	—	25,13		30,15	4,02	
54	Simmenthaler „ . . .		„	88,00	2,80		3,40	—	0,68	23,33		28,33	3,73	M. Fleischer[3]
55	„ „ . . .		„	87,45	2,48		3,56	—	0,72	19,76		28,37	3,16	
56	Ostfriesen, 4 Kühe, 4—5jähr., frischmilchend		1858/59	89,00	3,45		2,43	4,27	0,79	31,36		22,09	5,02	Pincus[4]
57	Holländer, 3 Kühe		1868	88,00	—		3,07	4,16	—	—		25,58	—	Wolff[5]
58	Ostfriese, junge Kuh, 14 Tage nach dem Kalben, Februar		1855	88,99	2,42	0,53	3,03	4,25	0,78	21,98	4,81	27,52	4,29	Struckmann[6]
59	Ostfriese, 6 Jahre alt, 14 Tage nach dem Kalben, April		„	88,59	2,45	0,35	3,41	4,43	0,78	21,37	3,07	29,89	3,91	
60	Oldenburger, 4 K., 3—$6^1/_2$ Jahr alt		1872	88,66	3,23		2,71	4,62	0,77	28,48		23,90	4,56	Heiden[7]

[1]) Vergl. Anmerkung [5]) S. 136.

[2]) Sächs. Landw. Ztg. 1875, 153. Der Ertrag an Milch pro Tag war bei Kuh

1	2	3	4	
7,23	7,39	9,86	7,33	kg.

(Vergl. Milch u. d. Einfl. d. Futters.) No. 44, 45, 53. Journ. f. Landw. 1874 u. s. f.

[3]) Journ. f. Landw. 1871, 371. (Vergl. Milch u. d. Einfl. d. Futters.)

[4]) B. Martiny: I, 319. Im Mittel mehrerer während eines längeren Zeitraumes ausgeführter Analysen. Der mittlere tägliche Milchertrag der 4 Kühe war ca. 73 Liter.

[5]) Em. Wolff. Die Versuchsstation Hohenheim, ein Programm, 1870. Die Zusammensetzung der Milch ist mit 12 % Trocken-Substanz berechnet.

[6]) Weende'r Jahresber. 1855/56, **8**. No. 58 Mittel von Morgen- und Abendmilch, No. 59 Mittel von Morgen-, Mittag- und Abendmilch.

[7]) Centrbl. für Agrikultur-Chemie 1874, **3**, 110. Milch bei Kartoffel-Fütterung erhalten.

No.	Nähere Bezeichnung	Zeit der Untersuchung	In der natürlichen Milch: Wasser %	Kasein %	Albumin %	Fett %	Milchzucker %	Asche %	In der Trocken-Substanz: Kasein %	Albumin %	Fett %	Stickstoff in der Trocken-Substanz %	Analytiker
61	Shorthorn-Vollblut, 5 K., Mittagsmilch, Trockenfutter .	1876	88,00	2,58		3,48	—	—	21,50		29,00	3,44	C. u. P. Petersen[1]
62	desgl. 3 K., Abendm., Weidef.	„	88,13	3,04		3,36	—	—	25,61		28,31	4,10	
63	Oldenburger, 3 K., Mittagsm., Trockenfutter	„	87,82	2,48		3,65	—	—	20,36		29,97	3,26	
64	desgl. 3 K., Mittagsm., Trockenfutter	„	87,65	2,77		4,02	—	—	22,43		32,55	3,59	
65	desgl. 3 K., Abendm., Weidef.	„	88,68	2,91		2,88	—	—	25,71		25,44	4,11	
66	Salers, Sommermilch, Morgens	„	87,49	5,38		2,70	3,60	0,81	43,08		21,58	6,89	P. Truchot[2]
67	„ „ „	„	87,35	5,26		2,71	3,84	0,79	41,59		21,42	6,65	
68	„ „ Abends	„	87,68	5,45		2,60	3,41	0,90	44,24		21,10	7,08	
69	„ „ „	„	87,77	5,57		2,75	3,62	0,90	45,55		22,49	7,29	
70	„ Wintermilch „	„	85,60	4,45		5,37	4,06	0,80	30,82		37,26	4,93	
71	„ „ . . .	„	86,50	3,70		4,77	4,33	0,70	27,41		35,33	4,39	
72	Charollaise, Sommermilch .	„	86,34	4,77		4,00	4,12	0,74	24,92		29,28	3,99	
73	„ Wintermilch . .	„	85,90	5,12		4,96	3,35	0,80	36,31		35,18	5,81	
74	Normandie, Sommermilch . .	„	83,11	4,45		7,40	4,35	0,60	26,35		43,82	4,22	
75	„ Wintermilch . .	„	83,40	4,00		7,69	4,25	0,70	24,10		46,32	3,86	
76	Ferrandaise, Sommerm., Morg.	„	86,55	4,87		3,70	4,16	0,72	36,21		27,51	5,79	
77	„ „ Abds.	„	86,29	5,20		3,50	4,10	0,90	37,93		25,58	6,07	
	Vorarlberg, Alpmilch: Spec.Gew.												W. Eugling und von Klenze[3]
78	24/7 Morgenm., 16 K. 1,0310	1877	87,07	2,35	0,56	4,05	5,14	0,83	18,18	4,33	31,32	3,60	
79	3/8 „ 16 „ 1,0300	„	87,08	2,27	0,65	4,03	5,18	0,79	17,57	5,04	31,19	3,62	
80	I 1,0294	„	87,44	2,65		3,94	5,19	0,77	21,10		31,37	3,38	
81	II 1,0298	„	87,31	2,70		5,05	5,21	0,73	21,28		39,79	3,40	
82	III 1,0297	„	86,55	2,83		4,65	5,13	0,84	21,04		34,57	3,37	
83	IV 1,0317	„	87,16	2,72		3,73	5,65	0,75	21,18		29,06	3,39	

[1]) Milchztg. 1876, **5**, 2192. Zu bemerken ist hierzu:

Zu Milch unter No. 61. 4 der Kühe hatten im December, eine Mitte März gekalbt. Probenahme am 8. April. Gemolken wurde dreimal täglich. Der Futterzustand war ein guter; die Kühe waren den ganzen Winter hindurch ernährt mit 3/4 Heu von Oldenburger Wesermarsch und 1/4 Stroh, dazu 3/4 kg Bohnenschrot.

Zu Milch unter No. 62. Gekalbt hatten die Kühe bezw. Mitte November, Mitte Januar und Ende März. Probenahme der Milch 11. Juni, der Futterzustand war ein guter, die Kühe waren seit 16 Tagen auf Marschweiden, wurden täglich zweimal gemolken und gaben zusammen täglich 26 Liter Milch.

Zu Milch unter No. 63. Die Kühe hatten Januar und Februar gekalbt, wurden täglich dreimal gemolken, Probenahme am 8. April. Futter wie bei Kühen No. 61.

Zu Milch unter No. 64. 2 der Kühe hatten Anfang November und eine Anfang März gekalbt. Probenahme am 26. März; es wurde dreimal täglich gemolken. Futterzustand gut. Die Kühe waren den Winter hindurch ernährt mit 3/4 Heu (von leichter Flussmarsch), 1/4 Stroh, 1 kg Roggenschrot und 2 kg Biertreber.

Zu Milch unter No. 65. Gekalbt hatten die Kühe bezw. Anfang Oktober, Anfang November und Ende März. Probenahme der Milch am 11. Juni; sonst wie unter No. 62.

[2]) Milchztg. 1877, **6**, 370. (L'industrie laitière v. 3/6 1877.) Nähere Angaben fehlen namentlich auch darüber, ob die Milch von einzelnen Individuen, von mehreren oder von einer grösseren Anzahl von Kühen entnommen wurde. Der gefundene, sehr von einander abweichende Gehalt der Milch, insbesondere an Fett und Kasein, lässt vermuthen, dass noch andere Verhältnisse wie nur die der Rassen-Eigenthümlichkeit auf das Resultat eingewirkt haben.

[3]) Milchztg. 1878, **7**, 140. Die Milch stammte von Kühen, die auf einer 1290 m über dem Mittelmeere gelegenen Alp in der Nähe von Feldkirch, Vorarlberg, weideten. Die Zahlen für Albumin schliessen auf Lactoprotein ein, für welches letztere im Original angegeben sind, für Milch No. 78 = 0,218 %, für No. 79 0,216 %. Kasein und Albumin wurden nach Hoppe-Seyler, Lactoprotein durch Fällen mit Gerbsäure (nach Liebermann) bestimmt. Die Herde bestand aus 16 Kühen. Die Albuminate der Milch wurden ausserdem noch in zwei Fällen getrennt bestimmt und ergaben sich:

	Kasein	Albumin	Lactoprotein etc.	in Summa	dagegen Stickstoff × 6,25
Milch VI	2,346 %	0,347 %	0,218 %	2,911 %	2,861 %
„ X	2,267 „	0,433 „	0,216 „	2,916 „	2,808 „

No.	Nähere Bezeichnung	Spec. Gew.	Zeit der Untersuchung	In der natürlichen Milch: Wasser %	Kasein %	Albumin %	Fett %	Milchzucker %	Asche %	In der Trocken-Substanz: Kasein %	Albumin %	Fett %	Stickstoff in der Trocken-Substanz %	Analytiker
	Vorarlberg, Alpmilch:													
84	V	1,0312	1877	86,94	2,63		3,93	5,68	0,82	20,14		30,09	3,22	W. Fugling und von Klenze[1])
85	VI	1,0315	„	87,16	2,86		4,05	5,10	0,83	22,27		31,54	3,56	
86	VII	1,0306	„	87,73	2,74		4,71	5,08	0,75	22,33		43,39	3,57	
87	VIII	1,0299	„	86,95	2,97		4,02	5,17	0,89	23,06		31,21	3,69	
88	IX	1,0319	„	87,41	2,67		4,09	5,07	0,76	21,21		32,08	3,39	
89	X	1,0301	„	87,27	2,81		4,03	5,24	0,76	22,16		31,78	3,55	
90	Im Durchschnitt der Analysen 80—89	1,0304	„	87,19	2,76		4,02	5,24	0,79	21,64		31,38	3,46	
91	D'Aubrac		1878	88,35	2,30		3,43	5,20	0,72	19,74		29,44	3,16	E. Marchand[2])
92	D'Ayr		„	88,24	2,31		3,48	5,24	0,73	19,64		29,59	3,14	
93	Comtoise		„	88,08	2,53		3,32	5,30	0,77	21,22		27,85	3,40	
94	Durham		„	88,22	2,49		3,43	5,11	0,75	21,14		29,12	3,38	
95	Femeline		„	87,85	2,59		3,49	5,29	0,78	21,32		28,72	3,41	
96	Flamande		„	88,46	2,27		3,31	5,20	0,76	19,67		28,68	3,15	
97	Fribourgeoise		„	87,92	2,43		3,59	5,29	0,77	20,12		29,72	3,22	
98	Hollandaise von der		„	88,12	2,14		3,77	5,22	0,75	18,01		31,73	2,88	
99	De Kerry Ausstellung		„	88,23	2,44		3,56	5,05	0,72	20,73		30,25	3,32	
100	Limousine in Paris 1878		„	87,58	2,68		3,84	5,17	0,73	21,58		30,92	3,45	
101	Du Mézene		„	87,69	2,48		3,95	5,09	0,79	20,23		31,99	3,24	
102	Normande		„	87,78	2,59		3,76	5,09	0,78	21,19		30,77	3,39	
103	Parthenaise		„	87,58	2,43		3,99	5,22	0,78	19,57		32,13	3,13	
104	Des Polders		„	87,33	2,30		4,27	5,33	0,77	18,15		33,70	2,90	
105	De Salens		„	87,29	2,50		4,18	5,26	0,77	19,67		32,88	3,15	
106	De Schwitz		„	87,35	2,32		3,65	5,41	0,77	19,09		30,04	3,06	
107	Suédoise		„	88,54	1,84		3,49	5,37	0,76	16,06		30,45	2,57	
108	Tarentaise		„	87,54	2,51		3,96	5,24	0,75	20,15		31,78	3,22	
109	Kreuzung Holländer Bulle und Schweizer Kuh 1, fettarmes Futter		1862	86,68	—		4,42	—	0,96	—		33,19	—	E. Peters[3])
110	desgl. Kuh 2, fettreiches Futter		„	86,38	—		4,78	—	0,96	—		35,09	—	
111	desgl. „ 3, fettarmes „		„	88,63	—		2,59	—	0,84	—		22,78	—	
112	desgl. „ 3, fettreiches „		„	87,38	—		2,90	—	0,91	—		22,98	—	
113	desgl. „ 4, fettarmes „		„	88,17	—		3,62	—	0,93	—		30,60	—	
114	desgl. „ 4, fettreiches „		„	88,33	—		3,15	—	0,89	—		25,97	—	

[1]) Vergl. Anmerkung [3]) S. 138.

[2]) L'industrie laitière 1878, No. 46. Der Autor fand in der frischen Milch freie Milchsäure und nimmt diese als stets vorhanden an; er fand für 62 verschiedene Proben:

	Minimum	Maximum	Mittel
Milchsäure	0,079 %	0,282 %	0,078 %

Wir rechneten die Milchsäure dem Milchzucker zu. Die Proben wurden in der Weise entnommen, dass erst annähernd die Hälfte der Milch, welche ein Thier in einer Melkung lieferte, ermolken, dann eine Probe zur Analyse zurückbehalten, die letztere Hälfte wieder in den Milcheimer gemolken wurde. Die Zahlen sind im Original in g pro Liter angegeben; wir berechneten die Zusammensetzung auf Gewichtsprocente.

[3]) Annal. d. Landw. i. Preussen 1862, **42**, 275.

No.	Nähere Bezeichnung	Spec. Gew.	Zeit der Untersuchung	In der natürlichen Milch: Wasser %	Kasein %	Albumin %	Fett %	Milchzucker %	Asche %	In der Trocken-Substanz: Kasein %	Albumin %	Fett %	Stickstoff in der Trocken-Substanz %	Analytiker
115	Holländer Kuh 1		1875	88,59	3,50		2,85	4,87	—	30,67		24,98	4,91	A. Zanelli[1])
116	Schweizer „ 1		„	86,90	3,17		4,27	5,02	—	24,20		32,59	3,87	A. Zanelli[1])
117	Italiener „ 1		„	86,95	3,22		4,55	4,72	—	24,67		34,87	3,95	A. Zanelli[1])
118	Allgäuer Kühe 35—40 . .		1886	86,28	3,69		4,43	4,59	0,65	30,56		32,25	4,89	St. v. Cselkó[2])
119	Simmenthaler, 3 Kühe . .		18 80/81	86,89	—		4,08	—	—	—		31,12	—	O. Kellner[3])
120	Parmesaner	1,0290	1883	85,20	5,79		3,85	4,44	0,72	39,12		26,01	6,26	[4])
121	Schweizer	1,0283	„	88,00	3,58		3,10	4,61	0,71	29,83		25,83	4,77	[4])
122	Holländer	1,0284	„	87,90	3,97		3,25	4,16	0,72	32,81		26,86	5,25	[4])
	Guernsey-Kühe: Gloriana, gekalbt 8/3 82:													
123	Morgenm. v. 15/11	1,0326	1882	85,02	4,22		5,00	4,47	1,29	28,21		33,38	4,51	E. H. Jenkins[5])
124	„ „ 8/12	1,0354	„	84,98	4,13		5,47	4,42	0,79	29,50		36,42	4,72	E. H. Jenkins[5])
125	„ „ 16/5	—	„	86,38	—		4,39	—	—	—		32,18	—	E. H. Jenkins[5])
	Princess, gekalbt 21/4 82:													
126	Morgenm. v. 15/11	1,0334	„	86,63	4,16		4,00	4,18	1,03	31,11		29,92	4,98	E. H. Jenkins[5])
127	„ „ 8/12	1,0354	„	85,90	3,69		4,77	4,39	1,25	26,13		33,78	4,18	E. H. Jenkins[5])
128	„ „ 16/5	—	„	87,19	—		4,05	—	—	—		31,61	—	E. H. Jenkins[5])
	Ceres, gekalbt 23/3 82:													
129	Morgenm. v. 15/11	1,0340	„	82,85	4,51		6,62	4,57	1,45	26,30		38,60	4,21	E. H. Jenkins[5])
130	„ „ 8/12	1,0368	„	82,94	4,60		6,74	4,52	1,20	24,27		35,55	3,88	E. H. Jenkins[5])
131	„ „ 16/5	—	„	84,86	—		6,04	—	—	—		39,89	—	E. H. Jenkins[5])
	Fawn, Fehlgeb. im letzten Frühjahr:													
132	Morgenm. v. 15/11	1,0340	„	84,96	4,14		5,23	4,62	1,05	27,53		34,77	4,40	E. H. Jenkins[5])
133	„ „ 8/12	1,0340	„	86,05	3,77		4,73	4,35	1,10	27,02		33,90	4,32	E. H. Jenkins[5])
	Lemon, gekalbt 26/4 82:													
134	Morgenm. v. 15/11	1,0353	„	84,82	4,00		5,06	4,69	1,43	26,35		33,34	4,22	E. H. Jenkins[5])
135	„ „ 8/12	1,0368	„	85,52	3,55		5,06	4,76	1,11	24,52		34,94	3,92	E. H. Jenkins[5])
	Amy, gekalbt Novbr. 81:													
136	Morgenm. v. 16/5 82	—	„	84,66	—		6,22	—	—	—		40,55	—	E. H. Jenkins[5])
137	6 K., Mittel der vorigen		1880	85,20	4,08		5,23	4,50	1,17	27,57		35,34	4,41	E. H. Jenkins[5])
138	Jersey, 6 K., milchend durchschnittlich seit 52 Tagen .		„	85,28	3,67		5,21	4,93	0,91	24,93		35,39	3,99	ders.[6])
139	Ayrshire, 5 Kühe		1882	87,15	3,20		4,33	4,60	0,72	24,90		33,70	3,98	ders.[6])
140	Landkühe, 6 Kühe		„	86,43	3,34		4,49	4,82	0,92	24,61		33,20	3,94	ders.[6])

[1]) Jahresber. der Agrikultur-Chemie 1875/76, 78.
[2]) Milchztg, 1886, **15**, 204. (Wiener landw. Ztg. 1886.)
[3]) Deutsche Landw. Presse 1881, No. 32.
[4]) Milchztg. 1883, **12**, 824. Caseificio italiano 1883. Nähere Angaben fehlen.
[5]) An. Rep. Connect. Agric. Exp. Stat. 1882, 82 aus New-Jersey, Station Report, für 1880, 59. Derselbe Autor untersuchte Milch grösserer Herden, so von 12 Herden mit ca. 180 Köpfen, auf ihren Gehalt an Trocken-Substanz und Fett mit folgendem Ergebniss:

		Mittel Trockensbst. %	Mittel Fett %	Maximum Trockensbst. %	Maximum Fett %	Minimum Trockensbst. %	Minimum Fett %
Von denselben 12 Herden	30 Analysen Oktober 1881 . .	12,89	4,02	14,28	5,14	12,00	2,68
Von denselben 12 Herden	27 „ Juli—August 1882	12,21	4,23	13,32	5,63	11,02	3,47
Von 60 Herden	77 „ Mai 1882	12,81	4,05	14,44	5,23	10,93	3,24

[6]) Mitgetheilt von E. H. Jenkins in An. Rep. Connect. Agric. Exp. Stat. 1882, 82 aus New-Jersey, Station Report für 1880, 59. Der Ertrag an Milch für den Tag und den Kopf war bei den Kühen unter No. 138 = 9,71 kg, No. 139 = 9,74 kg, No. 126 = 10,34 kg.

No.	Nähere Bezeichnung	Spec. Gew.	Zeit der Untersuchung	In der natürlichen Milch: Wasser %	Kasein %	Albumin %	Fett %	Milchzucker %	Asche %	In der Trocken-Substanz: Kasein %	Albumin %	Fett %	Stickstoff in der Trocken-Substanz %	Analytiker
141	Kleine bengalische Kuh, frischmilchend		1877	84,88	5,50		4,98	3,98	0,76	36,38		32,94	5,82	F. N. Macnamara [1])
142	desgl., altmilchend		„	88,08	4,20		3,00	4,37	0,68	35,23		25,17	5,64	F. N. Macnamara [1])
143	Schweizer Kühe, Marktmilch	1,0301	„	87,65	3,37		4,75	3,82	0,65	27,29		38,46	4,37	N. Gerber u. P. Radenhausen [2])
144	Schweizer Kühe, Marktmilch	1,0332	„	88,58	3,99		3,01	3,46	0,70	34,94		26,36	5,59	N. Gerber u. P. Radenhausen [2])
145	Schweizer Kühe, Marktmilch	1,0356	„	87,95	3,93		2,92	3,99	0,76	32,62		24,23	5,22	N. Gerber u. P. Radenhausen [2])
146	Schweizer Kühe, Marktmilch	1,0330	„	87,91	4,05		3,33	3,80	0,66	33,50		27,54	5,36	N. Gerber u. P. Radenhausen [2])
147	Schweizer Kühe, Marktmilch	1,0330	„	87,86	3,96		3,35	3,95	0,67	32,62		27,59	5,22	N. Gerber u. P. Radenhausen [2])
148	Schweizer Kühe, Marktmilch	1,0320	„	87,90	4,41		3,32	3,85	0,66	36,44		27,44	5,83	N. Gerber u. P. Radenhausen [2])
149	Schweizer Kühe, Marktmilch	1,0325	„	87,83	4,25		3,21	3,95	0,70	34,92		26,38	5,59	N. Gerber u. P. Radenhausen [2])
150	Holsteiner Kühe	1,0314	„	88,05	3,61	0,35	3,35	3,39	0,71	30,31	2,93	28,03	5,30	W. Kirchner [3])
151	Holsteiner Kühe	1,0320	„	87,95	3,67	0,39	3,33	3,89	0,77	30,46	3,24	27,64	5,39	W. Kirchner [3])
152	Holsteiner Kühe	1,0317	„	88,05	3,38	0,39	3,37	4,01	0,80	28,48	4,26	28,20	5,24	W. Kirchner [3])
153	Holsteiner Kühe	1,0313	„	88,21	3,13	0,40	3,13	4,33	0,80	26,55	3,39	26,55	4,79	W. Kirchner [3])
	Bei gewöhnlichem Futter: Oberinnthaler, 1 Kuh:													
154	Morgenmilch	1,0316	1880	87,43	2,61	0,43	3,74	4,62	0,72	20,77	3,42	29,76	3,87	K. Portele [4])
155	Abendmilch	1,0322	„	86,79	2,73	0,55	4,03	5,26	0,72	20,67	4,16	30,51	3,97	K. Portele [4])
156	Mittel mehrerer Kühe, M.	1,0314	„	87,23	2,52	0,53	3,97	4,73	0,75	19,73	4,15	31,09	3,82	K. Portele [4])
157	Rendena, 1 K., M.	1,0315	„	88,87	2,19	0,59	3,29	4,63	0,70	19,68	5,30	29,56	4,00	K. Portele [4])
158	„ 1 „ A.	1,0316	„	88,19	2,16	0,56	3,36	4,68	0,72	18,29	4,74	28,45	3,68	K. Portele [4])
159	„ Mittel mehrerer K., M.	1,0321	„	87,11	2,36	0,36	3,32	4,95	0,66	18,31	2,79	25,76	3,38	K. Portele [4])
160	Sulzthaler, 1 K., M.	1,0323	„	88,37	2,21	0,33	3,38	4,86	0,54	19,00	2,84	29,05	3,49	K. Portele [4])
161	„ 1 „ A.	1,0322	„	88,13	2,28	0,31	3,02	4,81	0,59	19,21	2,62	25,44	3,49	K. Portele [4])
162	Mittel mehrerer Tiroler Kühe, M.	1,0322	„	87,07	2,61	0,38	3,80	5,15	—	20,19	2,17	24,39	3,58	K. Portele [4])
163	Durchschnitt mehrerer Tiroler Rassen, M.	1,0314	„	87,94	2,22	0,56	3,51	4,93	0,62	18,41	4,64	29,10	3,69	K. Portele [4])
	Bei reiner Heufütterung: Oberinnthaler, 1 Kuh:													
164	Morgenmilch	1,0314	„	87,32	2,76	0,46	3,62	5,21	0,62	21,77	3,63	28,54	4,06	K. Portele [4])
165	Abendmilch	1,0320	„	86,15	2,82	0,47	4,82	4,53	0,77	20,36	3,39	34,80	3,80	K. Portele [4])
166	Mittel mehrerer Kühe, Morgm.	1,0324	„	87,02	3,00	0,40	4,08	4,28	0,72	23,11	3,08	31,43	4,19	K. Portele [4])
167	Rendena, 1 K., M.	1,0317	„	87,96	2,63	0,42	3,06	4,83	0,72	21,84	3,49	25,42	4,05	K. Portele [4])
168	„ 1 „ A.	1,0326	„	87,77	2,67	0,44	3,24	4,53	0,64	21,83	3,60	26,40	4,07	K. Portele [4])
169	Mittel mehrerer Kühe, Morgm.	1,0334	„	88,25	2,43	0,51	3,11	4,84	0,65	20,68	4,34	26,46	4,00	K. Portele [4])

[1]) Chem. News 1877, **27**, 507.

[2]) Forschungen a. d. Gebiete d. Viehhaltung 1879, **7**. Die Albuminate sind nach der Methode von Ritthausen mit Kupfersulfat gefällt. (Siehe unter „Frauenmilch" Anmerkung **) S. 103.)

[3]) Milchztg. 1878, **7**, 257.

[4]) Landw. Versuchs-Station 1881, **27**, 133. Die Winterfütterung bestand für den Kopf (400 kg Leb. Gew.) und Tag aus 1 kg Malzkeime, 16 kg Runkelrüben, 1 kg Luzerneheu, 2 kg Haferstroh, 6 kg Wiesenheu.

No.	Nähere Bezeichnung	Spec. Gew.	Zeit der Untersuchung	In der natürlichen Milch: Wasser %	Kasein %	Albumin %	Fett %	Milchzucker %	Asche %	In der Trocken-Substanz: Kasein %	Albumin %	Fett %	Stickstoff in der Trocken-Substanz %	Analytiker
170	Bei reiner Heufütt.: Sulzthaler, 1 K., M.	1,0321	1880	87,66	2,48	0,37	3,25	—	0,60	24,15	2,37	27,15	4,24	K. Portele [1]
171	„ 1 „ A.	1,0323	„	87,79	2,45	0,33	3,39	4,92	0,73	20,07	2,70	27,76	3,64	
172	„ Mittel mehrerer K., M.	1,0324	„	87,37	2,78	0,44	3,30	5,24	0,72	22,01	3,48	26,12	4,08	
173	Durchschnitt mehrerer Tirol. Rass.	1,0325	„	87,33	2,24	0,44	3,72	5,10	0,74	17,68	3,47	29,36	3,38	
174	Schweizer (vermuthlich Mittelzahlen)		1878	87,50	3,40		3,50	4,80	0,70	27,20		28,00	4,35	Schatzmann [2]
175	(angeblich) Holländer 1 Kuh, frische Abendmilch in 100 ccm		1867	85,02	5,54		4,75	4,44		36,99		31,71	5,92	Winthrop [3]
176	2 „		„	87,93	3,82		3,39	4,48		31,65		28,42	5,06	
177	3 „		„	87,44	4,80		3,25	4,20		38,22		25,88	6,12	
178	4 „		„	86,96	4,97		4,02	3,68		38,11		30,83	6,10	
	Ayrshire-Voll- u. Halbblut:													
179	Abendmilch		1861	86,69	—		4,43	—	0,70	—		33,28	—	Alex. Müller [4]
180	Morgenmilch		„	87,14	—		4,05	—	0,83	—		31,49	—	
181	„		1862	87,34	3,43		3,97	4,52	0,74	27,09		31,36	4,33	
182	Abendmilch		„	87,15	3,44		4,31	4,37	0,73	26,77		33,54	4,28	
	Oldenburger Kühe: Sammelmilch:													
183	von 30 Kühen	1,0329	1880	87,91	—		2,88	—	—	—		23,82	—	P. Petersen [5]
184	„ 15—18 K.	1,0290	„	89,30	—		2,81	—	—	—		26,26	—	
185	„ 17—18 „	1,0306	„	88,53	—		3,00	—	—	—		26,15	—	
186	„ 3 „	1,0280	„	89,29	—		3,04	—	—	—		28,38	—	
187	„ 15 „	1,0293	„	89,67	—		2,45	—	—	—		23,72	—	
	Stallfütterung:													
188	von 4—5 K.	1,0305	„	89,05	—		2,56	—	—	—		23,38	—	
189	„ 2 „	1,0271	„	90,20	—		2,48	—	—	—		25,31	—	
190	v. 3 K. Morgenm.	1,0291	„	89,55	—		2,64	—	—	—		25,26	—	
191	von 14 K.	1,0314	„	88,80	—		2,81	—	—	—		25,09	—	
192	„ 5 „	1,0316	„	88,92	—		2,54	—	—	—		22,92	—	
193	„ 5 „	1,0318	„	88,28	—		3,00	—	—	—		25,60	—	
194	„ 3 „	1,0312	„	89,05	—		2,64	—	—	—		24,13	—	
195	„ 3 „	1,0319	„	89,05	—		2,39	—	—	—		21,83	—	
196	v. 18—20 K. Mg.	1,0303	„	88,65	—		3,03	—	—	—		26,69	—	
	seit 8 Tag. auf der (Marsch) Weide:													
197	v. 20—24 K. Ab.	1,0315	„	88,15	—		3,09	—	—	—		26,08	—	
	seit 14 Tag. auf der Weide (Ostfriesl.):													
198	6 K., Morg., 14 W.	1,0281	„	89,79	—		2,56	—	—	—		25,07	—	

[1] Vergl. Anmerkung [4] S. 141.
[2] Milchztg. 1878, **7**, 126.
[3] Annal. d. Landw. i. Preussen. Wochenbl. 1866, 333.
[4] Landw. Versuchs-Station 1867, **9**, 145.
[5] Milchztg. 1880, **9**, 556.

No.	Nähere Bezeichnung		Zeit der Untersuchung	In der natürlichen Milch: Wasser %	Kasein %	Albumin %	Fett %	Milchzucker %	Asche %	In der Trocken-Substanz: Kasein %	Albumin %	Fett %	Stickstoff in der Trocken-Substanz %	Analytiker
		Spec. Gew.												
199	Oldenburger Kühe: 5 K., Morg., 8 W.	1,0301	1880	89,55	—	—	2,38	—	—	—	—	22,77	—	P. Petersen[1]
200	4 „ 8 „	1,0272	„	89,18	—	—	3,27	—	—	—	—	30,22	—	
201	4 „ 8 „	1,0288	„	89,30	—	—	2,83	—	—	—	—	26,45	—	
202	6 „	1,0310	„	88,80	—	—	2,80	—	—	—	—	25,00	—	
203	6—7 K.	1,0320	„	88,28	—	—	2,96	—	—	—	—	25,25	—	
	Weidegang:													
204	5—6 K., Marsch	1,0320	„	88,03	—	—	3,18	—	—	—	—	26,57	—	
205	5 K., Morgenm.	1,0320	„	89,17	—	—	2,29	—	—	—	—	21,15	—	
206	7 „ „	1,0302	„	88 91	—	—	2,85	—	—	—	—	25,70	—	
207	2 „ „	1,0314	„	88,03	—	—	3,40	—	—	—	—	28,40	—	
208	7 „ „	1,0303	„	89,05	—	—	2,80	—	—	—	—	25,57	—	
209	3 „ Abendm.	1,0318	„	87,78	—	—	3,35	—	—	—	—	27,41	—	
210	8 „	1,0316	„	88,41	—	—	2,94	—	—	—	—	25,37	—	
211	3—4 K., Mittagm.	1,0293	„	87,67	—	—	4,05	—	—	—	—	32,85	—	
212	7 „ „	1,0310	„	89,17	—	—	2,47	—	—	—	—	22,81	—	
213	7—8 „	1,0320	„	88,92	—	—	2,51	—	—	—	—	22,65	—	
214	4 „	1,0264	„	90,69	—	—	2,32	—	—	—	—	24,92	—	
215	5 „	1,0314	„	89,05	—	—	2,62	—	—	—	—	23,93	—	
216	6—7 „ Mittagm.	1,0299	„	87,03	—	—	4,42	—	—	—	—	34,08	—	
217	Mittel bei Stallfütt.	1,0298	„	89,15	—	—	2,74	—	—	—	—	25,55	—	
218	„ b. Weidegang	1,0306	„	88,76	—	—	2,91	—	—	—	—	25,89	—	
219	5 Kühe, Angler-Rasse . . .		„	88,68	—	—	2,95	—	—	—	—	26,06	—	M. Schrodt[2]
220	5 „ „ „ . . .		„	88,28	—	—	3,32	—	—	—	—	28,33	—	Kirchner[3]
221	2 „ „ „ frischm.		„	87,91	—	—	3,20	—	—	—	—	26,47	—	M. Schrodt[4]
222	3 „ Holsteiner Landschlag, frischmilchend		1881	87,79	—	—	3,69	—	—	—	—	30,22	—	derselbe[5]
223	3 Kühe, Angler		„	87,62	—	—	3,56	—	—	—	—	28,76	—	derselbe[6]
	Holländer, 45 Kühe:	Spec. Gew.												
224	Morgenmilch: 15/10 1878 bis 29/3 1879	1,0317	18 78/79	88,71	—	—	2,81	—	—	—	—	24,89	—	Schmoeger[7]
225	30/3 1879 „ 11/10 1879	1,0327	1879	88,64	—	—	2,89	—	—	—	—	25,42	—	
226	12/10 1879 „ 31/3 1880	1,0321	18 79/80	88,62	—	—	2,80	—	—	—	—	21,81	—	
227	1/4 1880 „ 2/10 1880	1,0317	1880	88,81	—	—	2,80	—	—	—	—	25,02	—	
228	3/10 1880 „ 31/3 1881	1,0319	18 80/81	88,67	—	—	2,67	—	—	—	—	23,57	—	

[1]) Vergl. Anmerkung [5]) S. 142.
[2]) Milchztg. 1880, **9**, 471.
[3]) Milchztg. 1879, **8**, 541.
[4]) Milchztg. 1880, **9**, 641.
[5]) Milchztg. 1881, **10**, 637.
[6]) Milchztg. 1882, **11**, 427.
[7]) (Milchw. Versuchs-Station Proskau.) Milchztg. 1881, **10**. Die oben mitgetheilte Zusammensetzung bezieht sich auf Milch der Proskauer, aus durchschnittlich 45 Kühen Holländer Rasse bestehenden Herde, welche in zahlreichen, zu verschiedener Zeit genommenen Proben untersucht wurde. Gemolken wurde um 4 Uhr und 11 Uhr Morgens und 6 Uhr Abends. Das Futter bestand für den Kopf und Tag:

Winter 1878/79 aus 1,5 kg Heu, 6 kg Futterstroh, 2,5 kg Schlempe und 5 kg Biertreber;
Sommer 1879 aus 50 kg Grünfutter (Klee, Wicken), 3 kg Futterstroh und 1—1½ kg Biertreber;
Winter 1879/80 aus 5 kg Heu, 4,5 kg Futterstroh, 2 kg Spreu, 30 kg Schlempe und 5 kg Treber;
Sommer 1880 aus 50 kg Grünfutter (Wickhafer, Kleegras, Mais und Stoppelklee), 2 kg Futterstroh und 1—1½ kg Biertreber;
Winter 1880/81 aus 4 kg Heu, 6 kg Futterstroh, 2 kg Spreu, 48 kg Schlempe, 1 kg Biertreber. Ausserdem erhielten die Thiere regelmässig Salz.

No.	Nähere Bezeichnung	Spec. Gew.	Zeit der Untersuchung	In der natürlichen Milch: Wasser %	Kasein %	Albumin %	Fett %	Milchzucker %	Asche %	In der Trocken-Substanz: Kasein %	Albumin %	Fett %	Stickstoff in der Trocken-Substanz %	Analytiker
229	Mittagmilch: Winter 1878/79	1,0309	18$\frac{80}{81}$	88,25	—	—	3,39	—	—	—	—	28,85	—	Schmoeger[1]
230	Mittagmilch: Sommer 1879	1,0320	„	88,17	—	—	3,44	—	—	—	—	29,08	—	
231	Mittagmilch: Winter 1879/80	1,0311	„	88,04	—	—	3,52	—	—	—	—	29,43	—	
232	Mittagmilch: Sommer 1880	1,0308	„	88,21	—	—	3,41	—	—	—	—	28,92	—	
233	Mittagmilch: Winter 1880/81	1,0310	„	88,09	—	—	3,29	—	—	—	—	27,92	—	
234	Abendmilch: Winter 1878/79	1,0322	„	88,25	—	—	3,20	—	—	—	—	27,24	—	
235	Abendmilch: Sommer 1879	1,0325	„	88,29	—	—	3,27	—	—	—	—	27,93	—	
236	Abendmilch: Winter 1879/80	1,0317	„	88,11	—	—	3,33	—	—	—	—	28,01	—	
237	Abendmilch: Sommer 1880	1,0312	„	88,26	—	—	3,36	—	—	—	—	28,62	—	
238	Abendmilch: Winter 1880/81	1,0318	„	88,26	—	—	3,16	—	—	—	—	26,92	—	
239	Im Durchschn. Morgenm.	1,0320	„	88,69	—	—	2,79	—	—	—	—	24,67	—	
240	„ „ Mittagm.	1,0312	„	88,15	—	—	3,41	—	—	—	—	28,78	—	
241	„ „ Abendm.	1,0319	„	88,23	—	—	3,26	—	—	—	—	27,70	—	
242	Radener Herde, bestehend aus ca. 100 Kühen des rothbunten mecklenburgischen Landschlags. Theils Kreuzungsprodukte dieses Schlages mit Angler- und Wilstermarschvieh: Morgenmilch	1,0316	1878	—	—	—	3,37	—	—	—	—	—	—	W. Fleischmann[2]
243	Abendmilch	1,0318	„	—	—	—	3,42	—	—	—	—	—	—	
244	Tagesmilch	1,0317	„	—	—	—	3,40	—	—	—	—	—	—	
245	Morgenmilch	1,0319	1879	(87,82)	—	—	3,29	—	—	—	—	27,01	—	
246	Abendmilch	1,0319	„	(87,73)	—	—	3,32	—	—	—	—	27,07	—	
247	Morgenmilch	1,0315	1880	88,16	—	—	3,26	—	—	—	—	27,37	—	
248	Abendmilch	1,0316	„	88,07	—	—	3,27	—	—	—	—	27,41	—	
249	Morgenmilch	1,0310	1881	88,07	—	—	3,24	—	—	—	—	27,16	—	
250	Abendmilch	1,0311	„	88,02	—	—	3,25	—	—	—	—	27,13	—	
251	Morgenmilch	1,0312	1882	87,97	—	—	3,21	—	—	—	—	26,68	—	
252	Abendmilch	1,0315	„	87,94	—	—	3,19	—	—	—	—	26,45	—	
253	Morgenmilch	1,0310	1883	88,08	—	—	3,27	—	—	—	—	27,43	—	
254	Abendmilch	1,0310	„	88,05	—	—	3,26	—	—	—	—	27,28	—	
255	Morgenmilch	1,0311	1884	87,95	—	—	3,29	—	—	—	—	27,30	—	
256	Abendmilch	1,0310	„	87,89	—	—	3,32	—	—	—	—	27,42	—	
257	Morgenmilch	1,0303	1883	87,27	3,15	0,44	4,09	4,29	0,76	24,74	3,46	32,13	4,51	
258	„ 22/1 84	1,0326	1884	87,57	3,13	0,29	3,34	4,91	0,76	25,18	2,33	27,59	4,40	
259	„ 10/12 84	1,0313	„	88,04	3,71		3,26	4,26	0,73	31,02		27,26	4,96	
260	„ 16/1 83	1,0311	„	88,30	3,06		3,02	—	—	26,15		25,81	4,18	
261	Abendmilch 13/2 83	1,0320	„	87,98	3,10		2,95	—	—	25,79		24,94	4,13	
262	Angler Kuh		1883	88,16	—		2,55	—	—	—		21,54	—	Schrodt u. Wibel[3]
263	„ „		„	87,90	—		3,08	—	—	—		25,45	—	
264	„ „		„	87,92	—		3,05	—	—	—		25,25	—	

[1]) Vergl. Anmerkung [7]) S. 143.

[2]) Landw. Versuchs-Station 1879, **24**, 81 und Berichte d. Milchw. Versuchs-Station Raden 1880—1884.
Zu Milch unter No. 257. Bericht 1883, 21. Die Milch wurde am Schlusse des Weidegangs genommen. Die Kaseinbestimmung nach J. Lehmann ergab 3,147 % und die Bestimmung der Proteinstoffe nach Ritthausen 3,589 %. Die Differenz dieser beiden Zahlen wurde als Eiweiss in Rechnung gestellt.
Zu Milch unter No. 258. Summe des Proteins nach Ritthausen 3,474 %. Kasein nach Lehmann 3,14 %.
„ „ „ „ 259. „ „ „ „ 3,423 „ „ „ „ 3,13 „
„ „ „ „ 260 u. 261. Summe des Proteins nach Ritthausen bestimmt.

[3]) Vergl. Anmerkung [1]) S. 145.

No.	Nähere Bezeichnung	Zeit der Untersuchung	In der natürlichen Milch: Wasser %	Kasein %	Albumin %	Fett %	Milchzucker %	Asche %	In der Trocken-Substanz: Kasein %	Albumin %	Fett %	Stickstoff in der Trocken-Substanz %	Analytiker
265	Nord-Holländer	1883	88,07	—		3,56	—	—	—		29,84	—	Schrodt und Wibel[1])
266	Schwyzer	„	87,74	—		3,25	—	—	—		26,51	—	
267	Scotsch-Polled	„	87,84	—		3,42	—	—	—		28,10	—	
268	„ „	„	87,11	—		3,43	—	—	—		26,61	—	
269	Ditmarschen	„	87,74	—		2,30	—	—	—		18,76	—	
270	Shorthorn	„	87,04	—		3,85	—	—	—		29,71	—	?[2])
271	„	„	85,80	—		4,71	—	—	—		33,17	—	
272	„	„	86,89	—		4,01	—	—	—		30,59	—	
273	„	„	86,23	—		5,30	—	—	—		38,49	—	
274	Jersey	„	86,79	—		4,20	—	—	—		31,79	—	
275	„	„	86,71	—		4,11	—	—	—		30,92	—	
276	„	„	85,79	—		5,14	—	—	—		36,17	—	
277	Guernsey	„	85,34	—		5,08	—	—	—		34,65	—	
278	„	„	85,75	—		5,54	—	—	—		38,88	—	
279	Ayrshire	„	85,82	—		5,12	—	—	—		36,11	—	
280	„	„	86,26	—		4,92	—	—	—		35,81	—	
281	Shorthorn-Holländer	„	87,88	—		2,86	—	—	—		23,60	—	
282	„ „	„	88,52	—		2,40	—	—	—		20,91	—	
283	Devon	„	85,25	—		5,28	—	—	—		35,80	—	
284	Parmesaner Kühe	„	85,20	5,79		3,85	4,44	0,72	39,12		26,01	6,26	?[3])
285	Schweizer	„	88,00	3,58		3,10	4,61	0,71	29,83		25,82	4,77	
286	Holländer	„	87,90	3,97		3,25	4,16	0,72	32,39		26,86	5,18	
287	Danziger, 7 Kühe (?) . . .	1885	87,67	—		3,33	—	—	—		27,01	—	M. Schmoeger[4])
288	Danziger Kuh + Shorthorn-Bulle, 5 Kühe (?)	„	87,35	—		3,38	—	—	—		26,79	—	
289	Simmenthaler, 7 Kühe (?) . .	„	86,57	—		3,98	—	—	—		29,64	—	
290	Holländer („melke"), 11 Kühe (?)	„	87,94	—		3,31	—	—	—		27,45	—	

[1]) Milchztg. 1883, **12**, 489. Die Probenahme und Untersuchung (Wibel) der Milch geschah gelegentlich der Hamburger Thierausstellung im Jahre 1883. Die tägliche Milchmenge betrug für den Kopf:

No. 262	263	264	265	266	267	268	269
14,13	15,57	15,03	14,53	16,20	10,44	9,04	15,00 kg

[2]) Milchztg. 1883, **12**, 774. (The Farmer and the Chamber etc. v. 9/11 83.) Die Analysen und Erhebungen wurden gelegentlich der milchwirthschaftlichen Ausstellung in London, Oktober 1883, ausgeführt. Die in Pfunden und Unzen angegebenen Milcherträge wurden von uns auf kg berechnet (1 Pfd. 16 Unzen = 0,45 kg). Die Erhebungen bezogen sich auf und ergaben:

No.	270	271	272	273	274	275	276	277	278	279	280	281	282	283
Alter der Kühe in Jahren	$7\frac{3}{4}$	$5\frac{1}{2}$	$5\frac{1}{6}$	5	$7\frac{1}{2}$	$7\frac{1}{6}$	$5\frac{1}{2}$	4	$7\frac{1}{6}$	$4\frac{1}{2}$	4	7	$5\frac{1}{2}$	$4\frac{1}{2}$
Zuletzt gekalbt	12/5	27/9	17/8	29/10	1/9	28/7	5/8	28/6	8/4	3/10	8/8	10/7	27/9	4/7
Täglicher Milchertrag in kg . . .	23	21	12,5	15,6	14,6	10,4	11,8	9,5	8,3	13,6	15,2	27,1	23,2	11,9

[3]) Milchztg. 1883, **12**, 824. (Il Caseificio italiano 1883.) Nähere Angaben fehlen. Milchertrag No. 284 = 13,0, No. 285 und 286 je 15,05 kg.

[4]) Bericht der Milchw. Versuchs-Station Proskau 1885/86. Die Kühe, deren Milch untersucht wurde, standen gemeinschaftlich in einem Stalle (zu Zuzella) und erhielten zur Zeit der bezüglichen Untersuchung (Januar 1885) für den Kopf und Tag: 60 Liter Kartoffelschlempe, 9 kg gutes Kleeheu, 6—7 kg gutes Gerstenstroh, 6 kg geschnittenes Kleestroh oder Getreidekaff und 6 kg Spreu. Die drei Gemelke je eines Tages wurden zu einer Durchschnittsprobe zusammengemischt. Die gegebenen Zahlen sind das Mittel von den Resultaten von je 3 Tagen. Die Zahl der z. Z. der Untersuchung dort vorhandenen Kühe und des Milchertrags pro Kopf in Liter wird wie folgt angegeben:

7 Simmenthaler	Holländer („melke")	Danziger	Kreuzung
9,8	13,0	11,7	7,4

Aus der Mittheilung geht jedoch nicht hervor, ob die sämmtlichen Kühe jeder Rasse zum Versuche benutzt wurde.

No.	Nähere Bezeichnung	Spec. Gew.	Zeit der Untersuchung	In der natürlichen Milch: Wasser %	Kasein %	Albumin %	Fett %	Milchzucker %	Asche %	In der Trocken-Substanz: Kasein %	Albumin %	Fett %	Stickstoff in der Trocken-Substanz %	Analytiker
291	Mecklenburger (Morgenm.)	1,0320	1880	88,33	—	—	3,12	—	—	—	—	26,74	—	W. Fleischmann und P. Vieth[1]
292	Breitenburger (Morgenm.)	1,0310	„	88,11	—	—	3,39	—	—	—	—	28,51	—	
293	Angler (Morgenm.)	1,0318	„	88,03	—	—	3,42	—	—	—	—	28,57	—	
294	Ostfriesen (Morgenm.)	1,0304	„	88,59	—	—	3,19	—	—	—	—	27,96	—	
295	Mecklenburger (Abendmilch)	1,0323	„	88,24	—	—	3,01	—	—	—	—	25,59	—	
296	Breitenburger (Abendmilch)	1,0318	„	87,82	—	—	3,43	—	—	—	—	28,16	—	
297	Angler (Abendmilch)	1,0322	„	88,03	—	—	3,27	—	—	—	—	27,32	—	
298	Ostfriesen (Abendmilch)	1,0309	„	88,60	—	—	3,03	—	—	—	—	26,58	—	
299	Mecklenburger (Tagesmilch)	1,0322	„	88,28	—	—	3,06	—	—	—	—	26,11	—	
300	Breitenburger (Tagesmilch)	1,0314	„	87,97	—	—	3,41	—	—	—	—	28,35	—	
301	Angler (Tagesmilch)	1,0320	„	88,03	—	—	3,34	—	—	—	—	27,90	—	
302	Ostfriesen (Tagesmilch)	1,0306	„	88,60	—	—	3,11	—	—	—	—	27,28	—	
303	Oldenb. Geestschlag, 1 K.	1,0281	„	87,42	—	—	4,52	—	—	—	—	35,93	—	E. von Borries[2]
304	„ „ 1 K.	1,0289	„	88,75	—	—	3,42	—	—	—	—	30,40	—	
	Mittel von:													
305	Holländer Kühe: Mai 10 Prüfung.	1,0313	18$\frac{79}{80}$	87,84	—	—	2,82	—	—	—	—	23,19	—	?[3]
306	Juni 5 „	1,0312	„	87,90	—	—	2,71	—	—	—	—	22,40	—	
307	Juli 6 „	1,0308	18$\frac{79}{81}$	88,12	—	—	2,57	—	—	—	—	21,63	—	
308	August 6 „	1,0306	„	88,05	—	—	2,55	—	—	—	—	21,34	—	
309	Septbr. 4 „	1,0316	18$\frac{80}{81}$	87,75	—	—	2,90	—	—	—	—	23,67	—	
310	Oktober 3 „	1,0306	1881	87,80	—	—	2,75	—	—	—	—	22,54	—	
311	Novbr. 5 „	1,0310	18$\frac{79}{81}$	87,96	—	—	2,60	—	—	—	—	21,60	—	
312	Decbr. 4 „	1,0313	1881	87,90	—	—	2,70	—	—	—	—	22,31	—	
313	Januar 3 „	1,0316	18$\frac{80}{83}$	88,33	—	—	2,60	—	—	—	—	22,28	—	
314	Februar 4 „	1,0306	1880	87,80	—	—	2,88	—	—	—	—	23,61	—	
315	März 4 „	1,0316	„	87,70	—	—	2,83	—	—	—	—	23,01	—	
316	Schwyz. Braunvieh, Jahresdschn.		18$\frac{84}{85}$	—	—	—	3,39	—	—	—	—	—	—	?[4]
317	desgl. desgl.		18$\frac{85}{86}$	—	—	—	3,32	—	—	—	—	—	—	

[1]) Jahresber. d. Agrikultur-Chemie 1880, 487. (Landw. Annal. des mecklenburg-patriot. Vereins 1880, 105.) Die Beobachtungen beziehen sich auf 4 Kühe des mecklenburgischen Landschlags, 6 Kühe der Ostfriesischen, 4 Kühe der Angler und 3 Kühe der Breitenburger Rasse. Die Auswahl dieser Thiere geschah in der Weise, das dieselben in annähernd gleicher Periode der Laktation standen, wogegen Alter und Gewicht nicht zugleich berücksichtigt werden konnten. Morgen- und Abendmilch wurden jede dritte Woche und zwar bei drei der genannten Rassen während eines ganzen Jahres also 17 mal, dagegen bei den Breitenburgern nur 11 mal untersucht. Bei letzteren war das Ergebniss weniger zuverlässig, da nur eine Kuh derselben frischmilchend war, alle aber schon nach 8 Monaten trocken standen. Nach dreijährigen Ermittelungen war der mittlere jährliche Milchertrag:

Mecklenburger	Breitenburger	Angler	Ostfriesen
2578,6 kg	2645,3 kg	2394,0 kg	2688,0 kg

[2]) Milchztg. 1880, **9**, 462. Mittel aus 13 bezw. 9 Einzelanalysen.

[3]) Mitgetheilt von D. Gäbel in der Milchztg. 1884, **13**, 56 aus Landbouw-Courant. 1883, No. 90 u. 92. Die Milchproben stammten aus der Molkerei Gravenhagen, unter deren Aufsicht die Milch ermolken wurde. Die Prüfungen erstreckten sich auf Sommer und Winter mehrerer Jahre. Der Trocken-Substanzgehalt wurde nach Behrend-Morgen's Formel aus dem specifischen Gewicht und dem Fettgehalt berechnet.

[4]) Milchztg. 1885, **14**, 534 und Milchztg. 1887, **16**, 122. (Schweizer'sche Milchztg. v. 18. Juli 1885.) Die Erhebungen über den Milchertrag von 40 Schwyzer Braunviehkühen aus dem Viehstande des Gutes Langrüthi ergaben:

	Anzahl der Melktage	Gesammtmilchertrag im Jahr	Durchschn. Ertrag für den Melktag
1884/85	288	3745,2 kg	13,0 kg
1885/86	283	3626 „	12,8 „

Der Fettgehalt nach monatlichen Proben der Milch jeder Kuh betrug:

	Maxim.	Minim.		Maxim.	Minim.
1884/85	3,91 %	3,01 %	1885/86	4,00 %	3,00 %

No.	Nähere Bezeichnung	Spec. Gew.	Zeit der Untersuchung	In der natürlichen Milch: Wasser %	Kasein %	Albumin %	Fett %	Milchzucker %	Asche %	In der Trocken-Substanz: Kasein %	Albumin %	Fett %	Stickstoff in der Trocken-Substanz %	Analytiker
318	Ayrshire	1,0325	1884	87,38	3,19		3,96	4,66	0,70	25,28		31,38	4,04	V. Dircks[1]
319	Telemark	1,0320	„	87,97	3,04		3,62	4,61	0,73	25,27		30,09	4,04	
320	Kreuzung von vor. beid.	1,0325	„	87,11	3,31		4,10	4,63	0,71	25,68		31,81	4,11	
321	Gudbrandsdal . . .	1,0330	„	87,62	3,11		3,77	4,72	0,71	25,12		30,45	4,02	
322	Gemisch (318—321)	1,0325	„	87,50	3,17		3,89	4,64	0,71	25,36		31,12	4,06	
	Shorthorns:													
332	55 K. in 7 Jahren, Morgenm.		18$\frac{79}{85}$	87,31	—		3,62	—	—	—		28,53	—	Fred. Jas. Bloyd[2]
324	18 „ 1886, Mrg.- u. Abendm.		1886	86,84	—		3,91	—	—	—		29,71	—	
325	73 „ in 8 Jahren . . .		18$\frac{79}{86}$	87,20	—		3,69	—	—	—		28,83	—	
	Jerseys:													
326	42 K. in 7 Jahren, Morgenm.		18$\frac{79}{85}$	86,30	—		4,17	—	—	—		31,44	—	
327	14 „ 1886, Mrg. u. Abendm.		1886	85,65	—		4,75	—	—	—		33,07	—	
328	56 „ in 8 Jahren . . .		18$\frac{79}{86}$	86,14	—		4,31	—	—	—		31,04	—	
329	Guernseys: 23 K. in 7 Jahren		18$\frac{79}{85}$	86,13	—		4,52	—	—	—		32,59	—	
330	„ 6 „ 1886 . .		1886	85,79	—		5,10	—	—	—		35,89	—	
331	„ 29 „ in 8 Jahren		18$\frac{79}{86}$	86,02	—		4,64	—	—	—		33,19	—	
	Andere Rassen:													
332	9 K. in 7 Jahren, Morgenm.		18$\frac{79}{85}$	87,29	—		3,57	—	—	—		28,09	—	
333	6 „ 1886, Morg.- u. Abendm.		1886	86,91	—		3,59	—	—	—		26,42	—	
334	15 „ in 8 Jahren		18$\frac{79}{86}$	87,14	—		3,58	—	—	—		24,84	—	
	Simmenthaler:													
335	gekalbt 20. 12. 1886, Juni		1887	86,95	—		3,81	—	—	—		29,20	—	W. Kirchner[3]
336	„ 12. 1. 1887 . . .		„	87,71	—		3,58	—	—	—		29,23	—	
337	Schwyzer, Ende April 1887		„	87,97	—		3,20	—	—	—		26,60	—	

[1]) Milchztg. 1887, **16**, 85. (Beretning om den höiere Landbrugsskole i Aas $^1/_7$ 1884 bis $^{30}/_6$ 1885. Christiania 1886.) Die Kühe hatten im Sommer (etwa 4 Monate) Weidegang mit Beifütterung im Stalle; die Trockenfütterung im Winter bestand aus Heu, Stroh, Getreideschrot, Oelkuchen, Malzkeimen, Kartoffeln und Turnips. Gemolken wurde zweimal täglich. Die Zusammensetzung der gemischten Milch aller Kühe jeder Rasse wurde monatlich zweimal (December nur einmal) ermittelt, Morgenmilch und Abendmilch nach Verhältniss der ermolkenen Mengen gemischt. Das Fett wurde theils aräometrisch nach Soxhlet, theils gewichtsanalytisch, der Gehalt an Protein aus dem Stickstoff nach Kjeldahl, der Milchzucker mittelst Kupferprobe (jedoch nur an 8—10 Tagen, titrimetrisch oder gewichtsanalytisch?) bestimmt. Bei den drei erstgenannten Rassen bezw. Kreuzungen standen durchschnittlich je 20, bei den Gudbrandsdalen durchschnittlich 5 Kühe zur Verfügung. Das durchschnittliche Laktationsalter betrug 165, 163, 182 und bezw. 163 Tage; der durchschnittliche Milchertrag für Tag und Kopf betrug 6,6, 6,1, 6,2 und bezw. 5,8 Liter. Unter No. 322 ist die durchschnittliche Zusammensetzung der Milch sämmtlicher Kühe aller Rassen (56—70 Kühe) angegeben, wie sie vom Autor berechnet wurde. Die Grenzzahlen in der Zusammensetzung der Milch waren folgende:

	No. 318	No. 319	No. 320	No. 321
Wasser	86,92—87,68 %	87,31—88,47 %	86,73—87,64 %	83,42—88,67 %
Fett	3,67—4,44 „	3,38—4,12 „	3,74—4,39 „	3,04—5,99 „
Protein	3,05—3,44 „	2,72—3,22 „	3,05—3,75 „	2,61—4,40 „
Milchzucker . .	4,56—4,72 „	4,48—4,67 „	4,44—4,79 „	4,65—4,83 „
Asche	0,69—0,72 „	0,71—0,74 „	0,70—0,74 „	0,69—0,82 „

[2]) Milchztg. 1887, **16**, 630. Die Milchuntersuchungen beziehen sich auf Kühe, die bei den britischen Dairy-Schauen zur Ausstellung gelangten, und die angegebenen Zahlen sind Durchschnittsergebnisse.

[3]) Deutsche Landw. Presse 1887, 447. Die Zahlen sind das Ergebniss der Milchfett-Ergiebigkeits-Konkurrenz auf der Frankfurter Ausstellung der Deutschen Landwirthschafts-Gesellschaft. Die Erhebungen erstreckten sich auf 3 aufeinanderfolgende Tage und wurde zweimal täglich, früh 5 und nachmittags 5 Uhr, gemolken. Der Fettgehalt wurde nach Soxhlet's Methode ermittelt, der Trocken-Substanzgehalt nach Fleischmann's Verfahren berechnet. Die Milch- und Fettmenge betrug:

	Simmenthaler 1	do. 2	Schwyzer	Wilstermarsch	Shorthorn-Dithmarschen
Milch für den Tag .	19,42	19,68	22,95	22,25	22,52 kg
Fett „ „ „ .	0,739	0,705	0,734	0,759	0,840 „

No.	Nähere Bezeichnung	Zeit der Untersuchung	In der natürlichen Milch: Wasser %	Kasein %	Albumin %	Fett %	Milchzucker %	Asche %	In der Trocken-Substanz: Kasein %	Albumin %	Fett %	Stickstoff in der Trocken-Substanz %	Analytiker
338	Wilstermarsch, 1. 4. 1887 . .	1887	88,41	—	—	3,41	—	—	—	—	29,42	—	W. Kirchner [1])
339	Shorthorn-Dithmarsch, Mitte Mai	„	87,79	—	—	3,73	—	—	—	—	30,65	—	
340	Jersey, Durchschn. von 28 Kühen	1886	85,23	3,64		5,40	—	—	24,64		36,56	3,93	H. P. Armsby [2])
341	Guernsey, „ „ 7 „	„	85,26	4,08		5,20	—	—	27,68		32,28	4,43	
342	Devon, „ 14—20 „	„	87,10	—		4,65	—	—	—		35,96	—	
343	Ayrshire, „ von 13 „	„	86,98	3,34		4,13	—	—	25,65		31,72	4,10	
344	Holstein-Friesen „ 6 „	„	88,19	3,26		3,17	—	—	27,61		26,85	4,42	
345	Jersey, von 2 Kühen, im Durchschnitt 44 Tage milchend .	—	85,82	—		4,90	—	—	—		34,55	—	
346	desgl., von 2 Kühen, im Durchschnitt 131 Tage milchend .	—	83,92	3,56		6,18	—	—	22,14		38,43	3,54	
347	Ayrshire, von 5 Kühen, im Durchschnitt 4 Monate milchend .	—	87,24	3,10		3,89	—	—	34,29		30,49	5,49	
348	desgl., von 3 Kühen, im Durchschnitt 2 Monate milchend, Juni	—	87,19	3,84		3,55	—	—	29,98		27,71	4,80	
349	dieselben 6 Monate milchend, Oktober	—	86,06	3,49		4,75	—	—	25,04		34,08	4,01	
350	Guernseys, von 1 Kuh, im Durchschnitt 118 Tage milchend .	—	85,59	—		4,99	—	—	—		34,60	—	
351	Holstein-Friesen, von 3 Kühen, im Durchschnitt 3 Monate milchend, Juni	—	88,39	3,31		2,93	—	—	28,51		25,24	4,56	

[1]) Vergl. Anmerkung [3]) S. 147.

[2]) 4 Rep. Agric. Exper. Stat. Wisconsin 1886, 159. Die Analysen von 345 ab sind daselbst mitgetheilt, stammen jedoch aus älterer Zeit und zum Theil aus anderer Quelle; so No. 345 u. No. 353 aus Bull. No. 10; No. 346 aus 3 Rep. dieser Station; No. 347, 348, 349, 350 u. 351 aus Connect. Agric. St. Rep. 1882, 82; 1883, 108 und 1886, 169. Milchztg. 1888, 17, No. 1.

Die Fütterung der Jersey-Kühe, deren Milch zur Untersuchung gelangte und deren Gehalt nachstehend zusammengestellt wird, war folgende für den Tag und für eine Kuh:

Januar und Februar: Kleeheu, Maisstengel und 7 Pfd. Mehl (aus $^1/_4$ Mais, $^1/_4$ Hafer und $^1/_2$ Weizenkleie);
März und April: Kleeheu und Timotheeheu, sonst wie vorher;
Mai: Etwas Weidegang, sonst Timotheeheu und Mehl wie vorher;
Juni: Bei Tage Weidegang in Wäldern und auf niedrigen Wiesen, während der Nacht Weide mit reichem Graswuchs;
Juli: Weidegang und 3 kg Kleie bei Tage;
August: Sehr schwache Weide, täglich eine Fütterung mit Heu und 8 kg Weizenkleie;
September: Weide und täglich 4 kg Weizenkleie;
Oktober: Weide und 6 kg Weizenkleie;
November: Weide, schwache und 6 kg Weizenkleie;
December: Moorheu, Timotheeheu und Maisstengel und 12 kg Weizenkleie.

Morgenmilch von 14—20 Jerseys	1. Jan.	1. Febr.	1. März	31. März	3. Mai	7. Juni	5. Juli	3. Aug.	6. Sept.	4. Okt.	1. Novbr.	7. Decb.	Mittel
Durchschnittszeit nach dem Kalben in Tagen	150	133	140	150	168	194	166	152	165	174	197	199	—
Ertrag an Milch für d. Kuh in Pfd.	5,62	6,67	6,70	6,15	7,24	7,85	8,31	7,67	8,80	9,36	6,32	7,57	7,36
Trockensubstanz %	14,76	15,13	13,40	15,00	13,24	14,95	—	15,31	—	15,32	15,16	—	14,70
Fett %	4,61	5,47	5,32	5,92	5,11	5,50	—	6,19	—	5,34	5,46	—	5,44

Die Fütterung der Devon-Kühe bestand im Januar: aus Kleeheu und 6 Quart Weizenkleie; Februar: Kleeheu und 6 Quart einer Mischung von $^2/_3$ Hafer und $^1/_3$ Mais; März: Klee und Timotheeheu und 6 Quart Hafer und Kleie; April: Heu wie vorher, ein wenig Gras und 4 Quart der Schrotmischung; Mai: Weissklee und Blaugras-Weide und 4 Quart Weizenkleie; Juli: knappe Weide und 4 Quart Weizenkleie.

No.	Nähere Bezeichnung	Zeit der Untersuchung	In der natürlichen Milch: Wasser %	Kasein %	Albumin %	Fett %	Milchzucker %	Asche %	In der Trocken-Substanz: Kasein %	Albumin %	Fett %	Stickstoff in der Trocken-Substanz %	Analytiker
352	Holstein-Friesen, von 3 Kühen, im Durchschn. 7 Monate milchend, Oktober	1886	87,84	3,20		3,49	—	—	25,32		28,70	4,05	H. P. Armsby[1]
353	dieselben, von 2 Kühen, im Durchschnitt 73 Tage milchend	„	88,34	—		3,03	—	—	—		25,99	—	H. P. Armsby[1]
354	Harzvieh, Stammherde Molkenhaus, Abendmilch	1887	86,68	—		3,55	—	—	—		26,65	—	H. Schultze[2]
355	desgl. desgl. Morgenmilch	„	86,36	—		4,70	—	—	—		34,46	—	H. Schultze[2]
	Probenahme 10. u. 11. Juni:												
356	Holstein: Keiser, gekalbt März, Abd.	1886	88,60	3,50		2,89	—	—	30,70		25,35	4,91	E. H. Jenkins[3]
357	Holstein: Friese, „ „ „	„	86,68	4,00		3,78	—	—	30,03		28,38	4,80	E. H. Jenkins[3]
358	Holstein: Sneeker, „ „ „	„	88,70	2,88		3,56	—	—	25,49		31,51	4,08	E. H. Jenkins[3]
359	Holstein: desgl., „ „ Mrg.	„	89,58	2,86		1,48	—	—	27,45		14,20	4,39	E. H. Jenkins[3]
360	Ayrshire: Bessie, „ April Abd.	„	87,45	—		3,60	—	—	—		28,68	—	E. H. Jenkins[3]
361	Ayrshire: Shortlegged A. „ „	„	87,29	3,63		3,47	—	—	28,56		27,30	4,57	E. H. Jenkins[3]
362	Ayrshire: desgl. „ Mrg.	„	86,96	3,58		3,64	—	—	27,46		27,92	4,39	E. H. Jenkins[3]
363	Ayrshire: Belle of Cream Hill, Dec. Abd.	„	87,08	4,32		3,48	—	—	33,44		26,94	5,32	E. H. Jenkins[3]
	gekalbt												
364	Grade Ayrshire: Black — Abd.	„	87,19	—		4,01	—	—	—		31,30	—	E. H. Jenkins[3]
365	Grade Ayrshire: Lillie Jan. „	„	86,44	—		3,97	—	—	—		29,28	—	E. H. Jenkins[3]
366	Grade Ayrshire: Cherry April „	„	87,47	3,19		3,85	—	—	25,46		30,73	4,07	E. H. Jenkins[3]
367	Grade Ayrshire: Pride of Amerika „ „	„	86,12	3,50		5,04	—	—	25,22		36,31	4,04	E. H. Jenkins[3]
368	Grade Ayrshire: — 10 Tage vorher „	„	86,22	4,29		4,21	—	—	31,13		30,55	4,98	E. H. Jenkins[3]
369	Grade Ayrshire: Louisa Febr. „	„	87,13	3,87		3,82	—	—	30,07		29,68	4,81	E. H. Jenkins[3]
370	Grade Ayrshire: Bobtail Sept. 85 „	„	85,43	2,76		4,79	—	—	18,94		32,87	3,03	E. H. Jenkins[3]
371	Grade Ayrshire: Rubberteat März „	„	86,47	3,38		4,48	—	—	24,98		33,11	4,00	E. H. Jenkins[3]
372	Grade Ayrshire: desgl. „ Mrg.	„	86,47	3,72		4,52	—	—	27,49		33,41	4,40	E. H. Jenkins[3]
373	Grade Ayrshire: Bug Horn Febr. Abd.	„	87,56	3,25		3,47	—	—	26,13		27,90	4,18	E. H. Jenkins[3]
374	Grade Ayrshire: Excelsior März „	„	86,93	3,61		4,18	—	—	27,62		31,98	4,42	E. H. Jenkins[3]
375	Grade Ayrshire: desgl. „ Mrg.	„	86,61	3,38		4,55	—	—	25,24		33,98	4,04	E. H. Jenkins[3]
376	Grade Ayrshire: Curly Head „ Abd.	„	86,89	3,91		4,13	—	—	29,83		31,51	4,79	E. H. Jenkins[3]
377	Grade Ayrshire: Mattie Sept. 85 „	„	86,09	4,28		4,36	—	—	30,80		31,37	4,93	E. H. Jenkins[3]

[1]) Vergl. Anmerkung [2]) S. 148.

[2]) Milchztg. 1888, **17**, 105.

[3]) Ann. Rep. Connect. Agric. Exper. Stat. for 1886, 119. Zur Zeit, als die Proben der Milch genommen wurden, waren die Kühe auf der Weide und erhielten kein anderes Futter. Gemolken wurde 6 Uhr abends und 5 Uhr morgens. Ueber das Alter der Kühe und den Ertrag derselben an Milch (je Abend- oder Morgenmilch) ist noch Folgendes zu bemerken. Die Angaben des Milchertrages sind von uns aus Pfund und Unzen in kg übertragen:

No.	356	357	358	359	360	361	362	363	364	365	366	367	368	369	370
Alter der Kühe, Jahre	3	3	3	3	9	4	4	14	8—9	6	10	8	3	6	6
Milchertrag in kg	6,05	6,74	5,85	5,45	7,42	5,33	5,38	4,63	4,82	4,77	6,18	7,65	7,08	5,87	4,05

No.	371	372	373	374	375	376	377	378	379	380	381	382	383	384
Alter der Kühe, Jahre	10	10	10	10	10	5	4	12	12	4	9	7	7	10
Milchertrag in kg	8,12	7,70	6,43	6,78	7,15	7,55	3,06	8,42	5,43	3,37	3,77	2,70	2,39	6,23

No.	387	388	389	390	391	392	393	394	395	396	397	398	399	400
Alter der Kühe, Jahre	3	3	3	3	3	3	9	4	14	8—9	10	10	10	10
Milchertrag in kg	3,71	3,71	—	3,82	2,88	3,63	3,71	2,98	2,84	2,81	4,30	3,91	4,81	3,24

No.	401	402	403	404	405	406	407	408	409	410	411	412	413	414
Alter der Kühe, Jahre	10	5	4	12	12	9	9	10	10	2	8	8	4	4
Milchertrag in kg	4,81	3,46	2,20	4,36	5,23	3,18	3,83	4,05	4,73	3,74	4,05	4,72	4,08	5,85

No.	Nähere Bezeichnung			Zeit der Untersuchung	In der natürlichen Milch: Wasser %	Kasein %	Albumin %	Fett %	Milchzucker %	Asche %	In der Trocken-Substanz: Kasein %	Albumin %	Fett %	Stickstoff in der Trocken-Substanz %	Analytiker
		gekalbt													
378	Grade Ayrshire: Dolly-Varder	Mai	Ab.	1886	87,30	3,88		4,62	—	—	34,43		41,00	5,51	E. H. Jenkins[1]
379	desgl.	„	Mrg.	„	88,05	3,75		3,42	—	—	31,38		28,62	5,02	
380	Josie	Aug. 85	Ab.	„	85,63	4,69		4,37	—	—	32,64		30,41	5,22	
381	Beauly	Febr.	„	„	86,37	3,72		4,21	—	—	27,29		30,89	4,37	
382	Three teat	April 85	„	„	85,48	3,81		4,85	—	—	26,24		33,40	4,20	
383	desgl.	„	Mrg.	„	85,51	4,13		4,51	—	—	28,50		31,12	4,56	
384	Brindle	März	„	„	87,36	3,57		3,47	—	—	28,24		27,45	4,52	
385	Gemischte Abendmilch von 40 Kühen		Ab.	„	86,77	3,68		4,15	—	—	27,81		30,37	4,45	
386	Gemischte Morgenmilch von 40 Kühen		Mrg.	„	86,95	3,81		3,91	—	—	29,20		29,96	4,67	
	Probenahme 7. u. 8. Oktober:	gekalbt													
387	Holstein: Keiser	März	Ab.	„	88,82	2,97		3,28	—	—	26,57		28,34	4,25	
388	desgl.	„	Mrg.	„	89,36	2,84		1,37	—	—	26,69		12,88	4,27	
389	Truie	„	Ab.	„	85,47	3,56		5,12	—	—	24,50		35,24	3,92	
390	desgl.	„	Mrg.	„	85,97	3,69		4,71	—	—	26,30		33,57	4,21	
391	Sneeker	„	Ab.	„	88,38	3,15		3,57	—	—	27,11		30,62	4,34	
392	desgl.	„	Mrg.	„	89,03	3,00		2,88	—	—	27,35		26,36	4,38	
393	Ayrshire: Bessie	April	Ab.	„	86,12	3,44		4,97	—	—	24,79		35,81	3,57	
394	Shortlegged A.	„	„	„	86,40	3,28		4,44	—	—	24,12		32,65	3,86	
395	Belle of cream Hill,	Dec.	„	„	85,67	3,75		4,85	—	—	29,92		38,69	4,79	
396	Black	Mai	„	„	86,53	3,47		4,59	—	—	25,76		34,08	4,12	
397	Cherry	April	„	„	87,52	3,06		3,99	—	—	24,52		31,97	3,92	
398	Rubberteat	März	„	„	86,13	3,37		5,28	—	—	24,30		38,07	3,89	
399	desgl.	„	Mrg.	„	87,14	3,47		3,93	—	—	26,98		30,56	4,32	
400	Excelsior	„	Ab.	„	85,56	3,50		5,08	—	—	24,24		35,18	3,88	
401	desgl.	„	Mrg.	„	86,82	3,32		4,05	—	—	25,19		30,73	4,03	
402	Curly-Head	„	Ab.	„	85,88	3,44		4,51	—	—	24,36		31,94	3,90	
403	Mattie	Septbr.	„	„	86,81	3,37		4,18	—	—	25,55		31,69	4,09	
404	Dolly-Varden	Mai	„	„	87,10	3,25		4,56	—	—	25,19		35,35	4,03	
405	desgl.	„	Mrg.	„	87,62	3,34		3,75	—	—	26,98		32,29	4,32	
406	Beauty	Febr.	Ab.	„	85,06	3.72		5,51	—	—	24,85		36,81	3,98	
407	desgl.	„	Mrg.	„	86,36	3,56		4,15	—	—	26,10		30,12	4,18	
408	Brindle	März	Ab.	„	86,64	3,53		4,00	—	—	26,42		29,94	4,23	
409	desgl.	„	Mrg.	„	87,18	3,41		3,50	—	—	26,60		27,30	4,26	
410	Arny	3 Wch. vorher	Ab.	„	85,92	3,31		4,87	—	—	23,51		34,59	3,76	
411	Strawberry	Mai	„	„	86,37	3,41		4,64	—	—	24,93		33,70	3,99	
412	desgl.	„	Mrg.	„	85,98	3,53		4,60	—	—	25,18		32,81	4,03	
413	Ayrshire: Ewkahn	Oktbr. 4	Ab.	„	83,68	4,37		6,03	—	—	26,78		36,95	4,28	
414	„	„	Mrg.	„	84,97	4,63		4,64	—	—	30,80		30,67	4,93	

[1]) Vergl. Anmerkung [3]) S. 149.

No.	Nähere Bezeichnung	Zeit der Untersuchung	In der natürlichen Milch: Wasser %	Kasein %	Albumin %	Fett %	Milchzucker %	Asche %	In der Trocken-Substanz: Kasein %	Albumin %	Fett %	Stickstoff in der Trocken-Substanz %	Analytiker
415	Gemischte Milch von 40 K., Ab.	1886	86,16	—	—	4,61	—	—	—	—	33,31	—	*Jenkins* [1])
416	„ „ „ 40 „ Mrg.	„	86,69	—	—	4,01	—	—	—	—	30,13	—	
417	„ „ „ 20 „ . .	„	87,14	—	—	3,60	—	—	—	—	27,99	—	*A. Klinger* [2])
418	Holländer von 8 „ . .	„	86,30	—	—	4,31	—	—	—	—	31,47	—	
419	„ „ 60 „ . .	„	87,33	—	—	3,46	—	—	—	—	27,31	—	
420	Allgäuer, bei sehr kräftiger Winterfütterung, Morgenm.	1864	88,10	—	—	2,66	—	—	—	—	22,35	—	*A. Stöckhardt und R. Handtke* [3])
421	desgl., bei Grünfutter, „	„	88,30	—	—	2,72	—	—	—	—	23,25	—	
422	Oldenburger, bei kräftiger Winterfütterung, Morgenm.	„	88,20	—	—	2,93	—	—	—	—	24,83	—	
423	desgl., bei Grünfutter, „	„	88,10	—	—	2,85	—	—	—	—	23,95	—	
424	Breitenburger, bei kräftiger Winterfütterung, Morgenm.	„	88,70	—	—	2,56	—	—	—	—	22,66	—	
425	desgl., bei Grünfutter, „	„	88,70	—	—	2,47	—	—	—	—	21,92	—	
	Gemischte Herde von 40 Kühen:												
426	bei kräft. Winterfütter., Mrg.	„	87,80	—	—	3,20	—	—	—	—	26,33	—	
427	„ Grünfutter, „	„	87,90	—	—	3,15	—	—	—	—	26,03	—	
	Kühe der Herrschaft Wonsowo in Posen: Spec. Gew.												
428	Beste Holländer Kuh 1,0300	1889	87,83	2,97		3,80	—	0,61	24,40		31,22	3,90	? [4])
429	Beste Oldenburger Kuh 1,0343	„	87,86	3,33		2,80	—	0,64	27,43		23,06	4,39	
430	Beste Simmenthaler Kühe 1,0352	„	87,89	4,23		4,99	—	0,78	34,93		41,26	5,59	
431	1,0347	„	86,77	3,57		3,54	—	0,70	26,98		26,76	4,32	
432	Braunvieh, Mittel	1892	87,97	3,12		3,24	—	—	25,93		26,93	4,15	*Anderegg* [5])
433	a) Schwyzer	„	88,20	3,36		3,01	—	—	28,48		25,51	4,56	
434	b) Bündner	„	87,90	3,25		3,50	—	—	26,86		28,93	4,30	
435	Fleckvieh, Mittel	„	87,85	3,26		3,60	—	—	26,83		29,63	4,29	
436	a) Berner (Saanen-Simmenthal-Frutiger)	„	87,74	3,47		3,79	—	—	28,30		30,91	4,53	
437	b) Freiburger	„	87,78	3,31		3,61	—	—	27,09		29,54	4,33	
438	Simmenthaler	„	87,32	3,47		3,73	4,70	0,78	26,98		29,00	4,32	
439	Holländer	„	87,83	2,97		3,80	4,79	0,61	24,40		31,22	3,90	
440	Oldenburger	„	87,86	3,33		2,80	5,44	0,61	27,43		23,06	4,39	
441	Ostfriesen	„	88,79	2,88		3,04	5,29		25,69		27,12	4,11	
442	Jersey	„	84,16	3,78		5,99	6,07		23,86		37,82	3,82	

[1]) Vergl. Anmerkung [3]) S. 149.

[2]) Repertorium der analytischen Chemie 1886, 549.

[3]) Chem. Ackerm. 1864, 54. Die Milch stammte von einer grösseren Anzahl Kühen der einzelnen Rassen. Die gegebenen Zahlen sind die aus Einzelbestimmungen berechneten Mittelwerthe.

Der Durchnittsertrag für den Tag und für das Stück war in Litern:

	Allgäuer	Oldenburger	Breitenburger	Gemischte Rasse
Winterfutter	13,8	13,2	11,8	11,0
Grünfutter	10,6	12,4	9,6	10,7

[4]) Analytiker ?. Mitgetheilt von Administrator Schmidt in Wonsowo. Viertelj. Chem. Nahrungs- u. Genussm. 1889, **4**, 413, daselbst nach Molkerei-Ztg. 1889, No. 40.

[5]) Milchztg. 1892, **21**, 349 u. 365. Die Analysen der Milch des Braun- und Fleckviehes beziehen sich auf Schweizer Exportvieh.

No.	Nähere Bezeichnung			Zeit der Untersuchung	In der natürlichen Milch: Wasser %	Kasein %	Albumin %	Fett %	Milchzucker %	Asche %	In der Trocken-Substanz: Kasein %	Albumin %	Fett %	Stickstoff in der Trocken-Substanz %	Analytiker
		Zahl der Untersuchungen	Ermolk. Milch pro Tag kg												
443	Holländer . .	132	10,2	1893 (?)	87,61	3,39		3,46	4,84	0,74	27,37		27,93	4,38	P. Collier [1)]
444	Ayrshire . .	252	8,3	„	86,94	3,43		3,57	5,33	0,70	26,26		27,33	4,20	
445	Jersey . . .	238	6,3	„	84,60	3,91		5,61	5,15	0,74	25,39		36,43	4,06	
446	American Holderness .	124	6,0	„	87,37	3,39		3,55	5,01	0,70	26,84		28,11	4,29	
447	Guernsey . .	112	7,2	„	85,40	3,61		5,12	5,11	0,75	24,73		35,07	3,96	
448	Devon . . .	72	5,7	„	86,23	3,76		4,15	5,07	0,76	27,31		30,14	4,37	
449	Reinblütige Jerseykuh	Mittel		1888	84,68	3,86		5,51	5,17	0,78	25,19		35,96	4,03	Julius Kühn [2)]
		Schwankungen		„	83,48-86,18	3,01—4,80		4,60-6,18	4,68-5,98	0,65-0,85	—		—	—	
450	Gayal-Budjadinger Bastardkuh*)	Mittel		„	83,27	4,67		5,81	5,43	0,82	27,91		34,73	4,47	
		Schwankungen		„	79,21-84,94	4,29—5,20		4,29-9,22	4,74-5,76	0,75-0,94	—		—	—	
451	Budjadinger Kuh, Mutter der vorigen im Mittel			„	—	—		3,41	—		—		—	—	
452	Gayal-Simmenthaler Bastardkuh, Mittel			„	—	—		6,47	—		—		—	—	
			Lebendgewicht kg												
453	Badische Simmenthaler		640	1890	87,32	3,47		3,73	5,48		27,37		29,42	3,78	Kirchner [3)]
454	Ostfriesische Kuh . .		500	„	88,79	2,88		3,04	5,29		25,69		27,12	4,11	
455	Jerseykuh		350	„	84,16	3,78		5,99	6,07		23,86		37,82	3,82	
			Spec. Gew.												
456	Murbodener		1,0330	1890	86,76	—		4,05	—		—		30,59	—	Joh. Siedel [4)]
457	Mürzthaler		1,0318	„	87,52	—		3,58	—		—		28,68	—	
458	Pinzgauer		1,0338	„	87,92	—		3,78	—		—		31,29	—	
459	Angler, 4 Kühe		1,0317	1887/88	88,18	—		3,06	—		—		25,89	—	Milchw. Versuchsstation Kiel [5)]
460			1,0332	1888/89	88,20	—		3,14	—		—		26,61	—	
461			1,0331	1889/90	88,10	—		3,29	—		—		27,65	—	
462			1,0323	1890/91	87,88	—		3,43	—		—		28,30	—	

[1)] Experiment Station Record. **6**, 263. Centrbl. Agrikultur-Chemie 1893, **22**, 768. Die Milch der Holsteiner und Ayrshire-Rasse unterscheidet sich von derjenigen der Jersey- und Guernsey-Rasse auffallend durch die grössere Zahl der kleinen Fettkügelchen.

[2)] Festschr. z. Feier des 25-jähr. Bestehens des landw. Inst. Halle 1888, 124—130; Chem. Centrbl. 1892, II, 623—624.

[3)] Milchztg. 1890, **19**, 761.

[4)] Wiener landw. Zeitung vom 14./3. 1891; Milchztg. 1891, **20**, 323. Das Fett wurde nach Soxhlet bestimmt, die Trocken-Substanz nach Fleischmann berechnet. Die tägliche Futterration bestand für den Kopf und Tag aus 1,8 kg Malzkeimen, 1,8 kg Weizenkleie, 3,5 kg Kleeheu, 10 kg Wiesenheu und 25 g Salz.
Im Uebrigen ist noch folgendes angegeben:

	No. 456. Murbodener	No. 457. Mürzthaler	No. 458. Pinzgauer
Zahl der Einzel-Untersuchungen . .	7	4	9
Zahl der Kühe	4	5	5
Zeit der Untersuchung	1/9—4/10 90	2/8—30/8 90	1/8—4/10 90

[5)] Jahresbericht der Milchw. Versuchsstation u. Lehranstalt Kiel pro 1888/89; Milchztg. 1889, **18**, 521 und 1891, **20**, 486 und Jahresbericht pro 1890/91. Milchztg. 1892, **21**, 524. Die Zahlen sind die Jahresmittel. Das Futter bestand in den drei ersten Jahren 1887/90 bei den Angler Kühen aus 6 kg Wiesenheu, 2 kg Haferstroh, 5 kg Runkelrüben, 3 kg Weizenkleie, 1 kg Baumwollsamenkuchen und 20 g Salz. Die Breitenburger Kühe erhielten 7,5 kg Wiesenheu und 3,5 kg Weizenkleie und im übrigen dasselbe Futter wie die Angler. Es betrug im Jahre 1889/90
das durchschnittl. Lebendgewicht der Angler 439,2 kg, der Breitenburger 575,0 kg, und der Shorthorn-Ditmarscher 649,6 kg
der „ Jahresmilchertrag „ „ 3248,2 „ „ „ 4043,3 „ „ „ „ 3591,3 „

*) Bastard von dem in Indien lebenden Gayal (Bos frontalis) und einer Budjadinger-Kuh.

No.	Nähere Bezeichnung	Spec. Gew.	Zeit der Untersuchung	In der natürlichen Milch: Wasser %	Kasein %	Albumin %	Fett %	Milchzucker %	Asche %	In der Trocken-Substanz: Kasein %	Albumin %	Fett %	Stickstoff in der Trocken-Substanz %	Analytiker
463	Breitenburger 3 Kühe	1,0324	1887/88	87,84	—	—	3,26	—	—	—	—	26,82	—	Milchw. Versuchsstation Kiel [1])
464		1,0334	1888/89	87,87	—	—	3,39	—	—	—	—	27,95	—	
465		1,0332	1889/90	88,08	—	—	3,27	—	—	—	—	27,43	—	
466		1,0327	1890/91	87,92	—	—	3,37	—	—	—	—	27,90	—	
467	Shorthorn-Ditmarscher, 3 Kühe	1,0315	1887/88	88,06	—	—	3,21	—	—	—	—	26,05	—	
468		1,0332	1888/89	88,13	—	—	3,24	—	—	—	—	27,30	—	
469		1,0326	1889/90	88,28	—	—	3,15	—	—	—	—	26,88	—	
470		1,0319	1890/91	88,42	—	—	3,17	—	—	—	—	27,37	—	
	Mittel	**1,0314**	—	**87,13**	**2,81**	**0,60**	**3,79** *)	**4,90**	**0,77**	**21,87**	**4,60**	**29,45**	**4,24**	
					3,41 (Kasein + Albumin)					**26,47** (Kasein + Albumin)				
	Schwankungen	1,0246—1,0368	—	80,32-90,22	1,91-4,65	0,23-1,61	1,48-(9,88)	3,23-5,68	0,50-1,45	13,95-32,83	1,94-11,19	14,20-50,20	2,57-7,29	
					1,84-5,79 (Kasein + Albumin)					16,06-45,55 (Kasein + Albumin)				
	Mittel von Tabelle A. u. B. (705 Analysen)	**1,0313**	—	**87,27**	**2,88**	**0,51**	**3,68**	**4,94**	**0,72**	**22,60**	**4,00**	**28,94**	**4,26**	
					3,39 (Kasein + Albumin)					**26,60** (Kasein + Albumin)				

Ueber die Berechnung der Mittelzahlen für Albumin und Milchzucker vergl. oben S. 110.

Höchste Milchergiebigkeit der besten Kühe verschiedener Rassen

auf den milchwirthschaftlichen Ausstellungen in England.[2])

I. Shorthorns.

No.	Ausstellungsjahr	Milchend seit Wochen	Tagesmilchertrag kg	Spec. Gewicht	Trocken-Substanz %	Fett %	Fett in der Trocken-Substanz %	No.	Ausstellungsjahr	Milchend seit Wochen	Tagesmilchertrag kg	Spec. Gewicht	Trocken-Substanz %	Fett %	Fett in der Trocken-Substanz %
1	1881/84	?	19,73	1,0310	12,50	3,50	28,00	11	1881/84	3	20,07	1,0280	15,10	6,60	43,71
2	„	?	21,97	1,0310	13,00	3,90	30,00	12	„	4	20,21	1,0320	10,90	2,30	21,10
3	„	1	16,78	1,0290	12,30	3,50	28,45	13	„	4	23,52	1,0320	11,60	2,80	24,14
4	„	1	21,32	1,0336	14,20	4,70	33,10	14	„	4	20,45	1,0310	11,50	3,50	30,43
5	„	1	19,85	1,0320	12,70	3,60	28,36	15	„	4	22,80	1,0310	13,70	4,40	32,12
6	„	2	20,60	1,0360	13,70	3,50	25,55	16	„	4	19,51	1,0330	11,90	2,80	23,54
7	„	2	24,01	1,0330	11,50	2,40	20,87	17	„	5	25,47	1,0320	12,80	3,20	25,00
8	„	2	24,38	1,0320	11,60	2,90	25,00	18	„	5	15,76	1,0300	13,80	4,60	33,33
9	„	3	23,35	1,0320	11,90	3,00	25,21	19	„	6	20,87	1,0300	11,50	3,50	30,43
10	„	3	24,61	1,0300	11,90	3,40	28,57	20	„	6	22,11	1,0310	13,40	4,40	32,84

[1]) Vergl. Anmerkung [3]) S. 152.

[2]) Nach Berichten der Milchzeitung, und zwar: Ausstellungen 1881/84. Vierteljahresschrift Nahrungs- u. Genussm. 1887, **2**, 509, über die Ausstellung vom Oktbr. 1887. Mitgetheilt von P. Vieth. Milchztg. 1885, **14**, 450. (Journ. of the British Dairy Farmer's Association.) Die Untersuchungen wurden während der 1881—1884 alljährlich in Islington-London abgehaltenen milchwirthschaftlichen Ausstellungen gemacht. Die am Vorabend rein ausgemolkenen Thiere wurden an den Prüfungstagen zweimal gemolken, die ermolkenen Milchmengen durch Wägen genau festgestellt und von der Milch jedes einzelnen Thieres entsprechende Proben entnommen, zusammengemischt und untersucht. Analysen von E. W. Völcker. Ferner: Vierteljahresschrift Nahrungs- u. Genussm. 1887, **2**, 509. Milchztg. 1888, **17**, 830; 1889, **18**, 866; 1890, **19**, 884; 1891, **20**, 737; 1892, **21**, 741; 1893, **22**, 724; 1894, **23**, 687; 1895, **24**, 767; 1896, **25**, 733.
Die Milchergiebigkeits-Konkurrenz erstreckte sich auf 2 Tage. Die meisten Analysen beziehen sich auf prämiirte Thiere.

*) Der höhere mittlere Fettgehalt der Milchproben der allgemeinen Tabelle B erklärt sich aus der grösseren Zahl von Milchproben englischer Rassen sowie von besonders gut gefütterten Thieren auf Ausstellungen.

No.	Ausstellungs-jahr	Milchend seit Wochen	Tagesmilch-ertrag kg	Spec. Gewicht	Trocken-Substanz %	Fett %	Fett in der Trocken-Substanz %	No.	Ausstellungs-jahr	Milchend seit Wochen	Tagesmilch-ertrag kg	Spec. Gewicht	Trocken-Substanz %	Fett %	Fett in der Trocken-Substanz %
21	1881/84	7	12,59	1,0336	13,10	4,00	30,53	31	1881/84	17	7,03	1,0310	12,10	2,90	23,97
22	„	7	13,61	1,0310	11,70	3,10	26,50	32	„	20	23,13	1,0338	13,00	3,90	30,00
23	„	8	17,96	1,0330	13,50	5,10	37,78	33	„	21	6,24	1,0330	13,00	3,50	26,92
24	„	8	20,51	1,0350	12,50	3,30	26,40	34	„	21	11,68	1,0300	11,70	3,50	29,92
25	„	8	24,04	1,0320	12,40	3,40	27,42	35	„	22	5,90	1,0280	12,50	3,60	28,80
26	„	9	15,65	1,0300	11,30	3,20	28,32	36	„	22	23,47	1,0330	12,30	3,30	26,83
27	„	10	15,31	1,0310	11,40	2,30	20,18	37	„	27	7,83	1,0310	13,40	4,10	30,60
28	„	11	9,64	1,0330	11,60	2,50	21,55	38	„	31	6,58	1,0330	14,90	4,80	32,21
29	„	12	24,74	1,0280	11,80	4,00	33,90	39	„	31	4,99	1,0340	14,40	4,00	27,78
30	„	12	10,55	1,0270	14,40	6,20	43,06	Mittel		—	**17,66**	—	**12,60**	**3,70**	**29,37**

No.	Nähere Bezeichnung	Ausstellungs-jahr	Alter der Kuh Jahre	Alter der Kuh Mon.	Milchend seit Tagen	Morgenmilch Milch-ertrag kg	Morgenmilch Trocken-Substanz %	Morgenmilch Fett %	Morgenmilch Fett in der Trocken-Substanz %	Abendmilch Milch-ertrag kg	Abendmilch Trocken-Substanz %	Abendmilch Fett %	Abendmilch Fett in der Trocken-Substanz %
40		1887	10	6	15	14,07	12,30	2,60	21,14	12,03	15,50	4,40	28,39
41		„	12	$6^1/_2$	21	9,72	14,00	4,40	31,43	8,17	14,90	5,00	33,56
42		1888	11	—	22	15,42	12,44	2,63	21,14	14,24	13,12	4,34	33,08
43	Groninger Shorthorn	„	2	10	31	10,61	12,60	3,22	25,56	9,53	12,42	3,17	25,52
44		„	8	6	99	12,70	12,74	3,35	26,30	11,76	13,02	4,07	30,80
45		1889	—	—	—	13,02	11,48	2,47	21,52	13,74	12,78	3,70	28,95
46	Kühe	„	—	—	—	13,97	11,70	2,76	23,59	12,72	12,14	3,36	27,76
47		„	—	—	—	10,70	12,56	3,77	30,02	9,87	12,76	3,92	30,72
48		„	—	—	—	9,05	12,46	3,61	28,94	8,32	12,46	3,75	30,02
49	Fersen	„	—	—	—	8,48	12,12	3,13	25,84	7,74	12,52	3,76	30,03
50		„	—	—	—	9,07	12,14	2,90	23,90	8,87	13,20	3,92	29,70
51		1890	—	—	—	13,07	13,76	4,31	31,32	11,99	13,36	3,89	29,12
52	Kühe	„	—	—	66	13,89	11,86	3,21	27,07	11,85	11,86	3,42	28,84
53		„	—	—	98	11,12	10,80	2,18	20,19	15,53	12,82	4,36	34,01
54	Ferse	„	—	—	—	6,36	13,34	3,98	29,83	6,90	14,24	5,02	35,25
	Lebendgewicht der Kuh												
55	580 kg	1891	—	—	—	14,60	12,12	3,29	27,15	12,10	12,77	3,78	29,60
56	637 „	„	—	—	—	15,90	11,77	3,14	26,68	13,50	12,88	3,81	29,58
57	555 „	„	—	—	—	14,60	12,86	3,17	24,65	11,80	13,23	3,67	27,74
58		1892	5	6	15	13,21	13,12	4,16	31,71	13,80	13,70	4,45	32,49
59		„	8	—	27	13,21	13,18	4,42	33,54	14,30	12,56	3,45	27,47
60		„	7	—	31	12,26	12,94	2,83	21,87	14,16	11,90	3,00	25,21
						Tagesmilch							
61		1893	5	6	30	24,61	14,79	5,72	38,38	—	—	—	—
62		„	6	6	20	27,57	12,79	3,56	27,83	—	—	—	—
63		„	6	—	24	29,60	11,66	3,29	28,22	—	—	—	—

No.	Nähere Bezeichnung	Ausstellungsjahr	Alter der Kuh Jahre	Alter der Kuh Mon.	Milchend seit Tagen	Morgenmilch Milchertrag kg	Morgenmilch Trocken-Substanz %	Morgenmilch Fett %	Morgenmilch Fett in der Trocken-Substanz %	Abendmilch Milchertrag kg	Abendmilch Trocken-Substanz %	Abendmilch Fett %	Abendmilch Fett in der Trocken-Substanz %
64		1894	—	—	—	14,12	14,18	5,08	35,83	12,85	14,18	4,83	34,06
65		"	—	—	—	12,85	14,78	5,39	36,47	12,67	13,04	3,92	30,06
66		"	—	—	—	15,66	11,26	2,71	24,07	13,62	11,82	3,13	26,48
67		1895	7	—	57	17,48	11,98	2,93	24,46	14,98	12,50	3,47	27,76
68		"	5	—	13	12,35	14,70	5,03	34,22	10,62	15,28	5,60	36,65
69		"	6	—	139	12,30	12,54	3,16	25,20	10,40	13,78	4,64	33,67
70		"	6	—	29	13,03	11,90	2,51	21,09	13,62	13,58	4,58	33,73
71		1896	7	—	22	11,50	13,50	4,00	29,63	16,00	15,60	6,40	41,03
72		"	6	—	29	15,00	13,00	4,30	33,07	13,60	12,90	4,00	31,01
73		"	6	—	25	13,00	12,70	3,80	29,92	12,40	14,10	5,20	36,88
74	Shorthorns	"	9 J. 4 Mon. 2 Woch.		37	12,80	12,30	3,10	25,20	11,10	12,80	3,20	25,00
75	(Coates' Herd Book)	"	5 J. 10 Mon. 1 Woche		32	11,60	12,50	3,80	30,40	9,70	12,30	3,20	26,02
	Mittel (No. 40—60 und 64—75)					**12,6**	**12,66**	**3,49**	**27,57**	**12,0**	**13,21**	**4,07**	**30,81**

II. Jerseys.

No.	Ausstellungsjahr	Milchend seit Wochen	Tagesmilchertrag kg	Spec. Gewicht	Trocken-Substanz %	Fett %	Fett in der Trocken-Substanz %	No.	Ausstellungsjahr	Milchend seit Wochen	Tagesmilchertrag kg	Spec. Gewicht	Trocken-Substanz %	Fett %	Fett in der Trocken-Substanz %
1	1881/84	—	16,22	1,0336	13,10	3,70	28,24	12	1881/84	7	14,97	1,0320	12,40	3,40	27,42
2	"	1	14,52	1,0326	13,20	4,20	31,82	13	"	7	16,57	1,0330	13,50	3,80	28,15
3	"	2	14,63	1,0360	13,20	3,20	24,24	14	"	8	17,12	1,0326	12,30	3,20	26,02
4	"	3	16,56	1,0337	12,40	3,10	25,00	15	"	10	10,43	1,0336	13,30	4,10	30,83
5	"	4	17,46	1,0318	14,20	4,80	33,80	16	"	10	15,42	1,0310	13,70	4,80	35,04
6	"	4	15,20	1,0320	14,70	5,60	38,07	17	"	12	12,36	1,0330	13,20	3,60	27,27
7	"	5	18,38	1,0325	13,50	3,40	25,19	18	"	13	11,91	1,0316	14,20	5,10	35,92
8	"	5	13,82	1,0320	14,40	5,10	35,42	19	"	17	8,05	1,0350	12,60	3,00	23,81
9	"	5	11,79	1,0320	14,80	4,90	33,11	20	"	18	9,09	1,0320	12,70	3,20	25,20
10	"	6	9,75	1,0316	13,70	4,60	33,58	21	"	23	13,15	1,0300	14,50	5,20	35,86
11	"	6	13,50	1,0330	14,70	4,50	30,61	Mittel		**8**	**13,85**	—	**13,50**	**4,10**	**30,37**

No.	Nähere Bezeichnung	Ausstellungsjahr	Alter der Kuh Jahre	Alter der Kuh Mon.	Milchend seit Tagen	Morgenmilch Milchertrag kg	Morgenmilch Trocken-Substanz %	Morgenmilch Fett %	Morgenmilch Fett in der Trocken-Substanz %	Abendmilch Milchertrag kg	Abendmilch Trocken-Substanz %	Abendmilch Fett %	Abendmilch Fett in der Trocken-Substanz %
22		1887	10	7	136	8,81	14,70	5,20	35,37	5,95	14,90	5,50	36,91
23		"	7	6	170	9,26	14,40	4,20	29,17	5,45	13,90	3,90	28,06
24		1888	2	11	29	9,66	12,72	3,56	27,99	8,26	15,56	5,97	38,37
25		"	8	4	219	6,80	16,46	6,66	40,46	6,62	15,94	6,27	39,96
26		1889	—	—	—	9,25	17,22	7,94	46,19	7,10	17,70	8,55	48,31
27	Kühe	"	—	—	—	7,80	15,86	6,00	37,83	7,26	15,62	6,17	39,50
28		"	—	—	—	8,88	16,02	5,50	34,33	7,03	16,48	6,66	40,41

No.	Nähere Bezeichnung	Ausstellungsjahr	Alter der Kuh Jahre	Alter der Kuh Mon.	Milchend seit Tagen	Morgenmilch Milchertrag kg	Morgenmilch Trocken-Substanz %	Morgenmilch Fett %	Morgenmilch Fett in der Trocken-Substanz %	Abendmilch Milchertrag kg	Abendmilch Trocken-Substanz %	Abendmilch Fett %	Abendmilch Fett in der Trocken-Substanz %
29	Fersen	1889	—	—	—	7,37	13,66	4,86	35,58	6,19	13,58	4,95	36,45
30	Fersen	„	—	—	—	5,17	14,78	5,16	34,91	4,74	15,94	6,61	41,47
31	Fersen	„	—	—	—	5,08	14,18	4,20	29,62	5,19	15,68	6,29	40,01
32	Kühe	1890	—	—	110	7,49	14,82	5,10	34,41	6,99	16,36	6,84	41,81
33	Kühe	„	—	—	160	6,72	16,50	6,90	41,82	5,90	14,74	5,88	39,89
34	Kühe	„	—	—	—	8,63	14,58	4,66	31,96	7,81	15,12	5,48	36,24
35	Fersen	„	—	—	—	7,32	15,48	5,59	36,11	6,45	16,00	6,16	38,50
36	Fersen	„	—	—	91	7,22	14,38	4,93	34,28	5,99	14,64	5,21	35,59
37	Fersen	„	—	—	—	6,99	13,08	3,84	29,36	6,40	13,50	4,65	34,44
	Gewicht der Kuh												
38	387 kg	1891	—	—	—	9,40	14,12	4,94	34,99	7,50	14,35	5,05	35,19
39	403 „	„	—	—	—	6,90	15,19	5,32	35,02	5,40	15,88	5,95	37,47
40	352 „	„	—	—	—	5,80	14,16	4,59	32,42	4,90	15,02	5,72	38,08
41	384 „	„	—	—	—	11,20	13,81	4,34	31,43	9,90	14,65	5,17	35,29
42		1892	5	5	119	5,90	18,18	8,59	47,25	7,13	16,36	6,79	41,50
43		„	5	4	173	6,36	15,52	6,49	41,82	7,13	13,96	4,79	34,31
44		„	5	5	120	6,40	14,66	5,46	37,24	7,40	14,26	4,94	34,64
						Tagesmilch							
45		1893	6	$6^1/_4$	132	7,54	17,25	7,29	42,26	—	—	—	—
46		„	8	$7^2/_3$	127	8,58	13,65	4,10	30,04	—	—	—	—
47		„	3	$8^2/_3$	—	7,63	16,28	6,51	39,99	—	—	—	—
48		1894	—	—	—	8,67	14,50	5,24	36,14	7,13	15,02	5,50	36,62
49		„	—	—	—	9,13	14,40	4,67	32,43	8,63	15,75	6,00	38,10
50		1895	9	$6^3/_4$	191	9,94	13,62	4,44	32,60	8,85	13,50	4,56	33,78
51		„	7	4	171	8,67	15,18	4,93	32,48	9,03	15,56	5,52	35,48
52		„	8	$8^1/_4$	93	7,58	13,90	4,24	30,50	8,76	14,24	4,62	32,44
53		„	7	$4^1/_2$	70	9,99	12,74	3,50	27,47	7,63	13,78	4,37	30,98
54		1896	—	—	35	11,10	14,20	4,50	31,69	10,10	15,10	5,70	37,79
55		„	5	$7^1/_4$	34	9,40	14,80	5,30	35,81	9,10	15,20	5,70	37,51
56		„	10	$6^3/_4$	219	8,60	13,40	4,30	32,09	7,40	13,40	4,60	34,33
Mittel No. 22—44 und No. 48—56)						**8,05**	**14,73**	**5,16**	**35,03**	**7,17**	**14,99**	**5,63**	**37,56**

III. Guernseys.

No.	Ausstellungsjahr	Milchend seit Wochen	Tagesmilchertrag kg	Spec. Gewicht	Trocken-Substanz %	Fett %	Fett in der Trocken-Substanz %	No.	Ausstellungsjahr	Milchend seit Wochen	Tagesmilchertrag kg	Spec. Gewicht	Trocken-Substanz %	Fett %	Fett in der Trocken-Substanz %
1	1881/84	2	11,79	1,0320	14,10	4,50	31,91	8	1881/84	17	10,21	1,0310	14,20	5,30	37,32
2	„	2	14,63	1,0340	12,10	2,50	20,66	9	„	20	13,15	1,0320	14,00	4,60	32,86
3	„	3	16,10	1,0340	13,30	3,90	29,33	10	„	21	9,07	1,0310	15,20	5,60	36,84
4	„	8	11,23	1,0310	12,60	4,00	31,75	11	„	25	8,51	1,0300	14,50	4,50	31,03
5	„	10	9,19	1,0330	13,30	3,60	27,07	12	„	28	8,35	1,0316	14,20	5,50	38,73
6	„	14	14,18	1,0320	13,20	4,00	30,30	13	„	30	10,21	1,0310	15,00	6,30	42,00
7	„	14	9,53	1,0324	14,70	5,40	36,73	Mittel		**15**	**11,24**	—	**13,90**	**4,60**	**33,09**

No.	Nähere Bezeichnung	Ausstellungsjahr	Alter der Kuh		Milchend seit Tagen	Morgenmilch				Abendmilch			
			Jahre	Mon.		Milchertrag kg	Trocken-Substanz %	Fett %	Fett in der Trocken-Substanz %	Milchertrag kg	Trocken-Substanz %	Fett %	Fett in der Trocken-Substanz %
14		1887	6	1	64	8,66	14,60	4,50	30,82	6,68	13,80	4,00	28,99
15		"	6	3	30	8,22	14,10	4,00	28,37	6,04	15,20	5,50	36,18
16		1888	9	4	75	10,07	13,90	4,67	33,60	8,44	14,60	5,43	37,19
17		"	2	9	181	4,58	15,00	5,20	34,67	3,99	15,22	5,53	36,33
18	Kühe	1889	—	—	—	9,75	14,78	5,24	35,45	8,46	15,10	5,64	37,35
19		"	—	—	—	7,46	16,62	6,56	39,47	6,42	16,42	6,44	39,24
20	Ferse	"	—	—	—	8,05	13,56	4,33	31,93	7,03	13,82	4,69	33,94
21		1890	—	—	—	11,45	11,94	2,93	26,30	10,90	14,26	5,35	37,52
22		"	—	—	121	8,76	14,44	4,34	30,05	7,49	15,52	5,95	38,34
23		"	—	—	121	6,58	13,22	4,15	31,39	5,40	14,02	5,13	38,16
24	Gewicht der Kuh 514 kg	1891	—	—	—	9,20	12,85	3,35	26,07	8,10	13,30	3,99	30,00
25		1892	7	7	54	11,03	14,00	5,30	37,86	12,30	13,78	4,77	34,62
26		"	13	2	135	5,90	14,02	5,55	39,59	5,58	14,84	6,04	40,75
						Tagesmilch							
27		1893	8	3	60	21,66	13,15	4,20	31,94	—	—	—	—
						Morgenmilch							
28		1894	—	—	—	6,54	13,40	4,24	31,72	6,04	13,36	4,56	34,14
29		1895	—	—	207	7,85	13,54	4,27	31,54	6,54	15,74	6,32	40,14
30		"	—	—	60	9,62	12,10	3,26	26,94	9,22	13,20	4,42	33,49
31		1896	6	—	38	10,50	12,80	3,60	28,12	9,17	12,90	3,90	30,23
	Mittel (No. 14—26 u. 28—31)					**8,48**	**13,76**	**4,44**	**32,27**	**8,11**	**14,42**	**5,16**	**35,79**

IV. Ayrshires.

No.	Ausstellungsjahr	Milchend seit Wochen	Tagesmilchertrag kg	Spec. Gewicht	Trocken-Substanz %	Fett %	Fett in der Trocken-Substanz %	No.	Ausstellungsjahr	Milchend seit Wochen	Tagesmilchertrag kg	Spec. Gewicht	Trocken-Substanz %	Fett %	Fett in der Trocken-Substanz %
1	1881/84	—	19,39	1,0314	13,80	5,60	40,60	7	1881/85	2	12,82	1,0330	13,20	3,70	28,18
2	"	1	19,28	1,0360	14,90	4,60	30,87	8	"	5	21,89	1,0320	11,60	2,60	22,41
3	"	1	11,34	1,0288	14,40	4,30	29,90	9	"	50	13,72	1,0326	14,20	5,10	25,91
4	"	1	16,67	1,0330	13,00	3,60	27,69	10	"	74	15,31	1,0312	13,70	4,90	35,77
5	"	1	18,60	1,0340	13,50	3,90	28,89		Mittel	**14**	**16,18**	—	**13,50**	**4,20**	**31,11**
6	"	1	12,82	—	12,40	3,50	28,23								

No.	Nähere Bezeichnung	Ausstellungsjahr	Alter der Kuh		Milchend seit Tagen	Morgenmilch				Abendmilch			
			Jahre	Mon.		Milchertrag kg	Trocken-Substanz %	Fett %	Fett in der Trocken-Substanz %	Milchertrag kg	Trocken-Substanz %	Fett %	Fett in der Trocken-Substanz %
11		1889	—	—	—	9,00	13,06	4,02	30,78	8,16	13,50	4,53	33,56
12		1890	—	—	21	10,67	12,92	3,99	30,88	9,90	13,00	4,33	33,31
13		1892	5	—	10	10,12	13,24	4,26	32,18	10,44	13,02	3,86	29,63
14		"	4	—	11	7,72	13,94	4,42	31,70	8,13	14,36	4,35	30,29
						Tagesmilch							
15		1893	5	—	—	24,06	—	4,31	—	—	—	—	—

No.	Nähere Bezeichnung	Ausstellungs-jahr	Alter der Kuh Jahre	Alter der Kuh Mon.	Milchend seit Tagen	Morgenmilch Milch-ertrag kg	Morgenmilch Trocken-Substanz %	Morgenmilch Fett %	Morgenmilch Fett in der Trocken-Substanz %	Abendmilch Milch-ertrag kg	Abendmilch Trocken-Substanz %	Abendmilch Fett %	Abendmilch Fett in der Trocken-Substanz %
16		1894	—	—	—	12,08	14,44	4,57	31,65	11,08	14,74	5,40	36,64
17		1895	6	—	21	12,26	12,50	3,32	28,91	10,94	13,32	4,27	32,06
18		1896	5	—	32	13,53	13,10	3,90	29,77	11,08	13,50	4,50	33,33
	Mittel (No. 11—14 u. 16—18)					**10,77**	**13,30**	**4,07**	**30,60**	**9,96**	**13,63**	**4,46**	**32,72**

V. Holländer.

No.	Spec. Gew.	Ausstellungs-jahr	Jahre	Mon.	Milchend seit Tagen	Milch-ertrag kg	Trocken-Substanz %	Fett %	Fett in der Trocken-Substanz %	Milch-ertrag kg	Trocken-Substanz %	Fett %	Fett in der Trocken-Substanz %
						Tagesmilch							
1	1,0360	1881/84	—	—	14	16,56	14,20	3,80	26,76	—	—	—	—
2	1,0316	„	—	—	21	21,65	10,20	2,30	22,55	—	—	—	—
3	1,0320	„	—	—	35	19,62	13,30	4,40	33,08	—	—	—	—
4	1,0320	„	—	—	63	23,81	9,90	1,90	19,11	—	—	—	—
5	1,0334	„	—	—	84	27,33	12,10	2,90	23,97	—	—	—	—
						Morgenmilch							
6		1889	—	—	—	8,41	12,96	4,08	31,49	5,96	13,88	4,79	33,79
7		1890	—	—	251	10,85	13,08	4,34	33,18	9,58	12,42	3,90	31,40
8		1892	6	—	22	13,21	13,40	4,51	33,66	14,85	12,30	3,21	26,10

VI. Polls.

No.	Nähere Bezeichnung	Ausstellungs-jahr	Jahre	Mon.	Milchend seit Tagen	Milch-ertrag kg	Trocken-Substanz %	Fett %	Fett in der Trocken-Substanz %	Milch-ertrag kg	Trocken-Substanz %	Fett %	Fett in der Trocken-Substanz %
1	Norfolk Polls . . .	1889	—	—	—	12,32	12,60	3,84	30,48	9,56	13,42	4,45	33,16
2	desgl.	1890	—	—	89	7,31	12,70	3,81	30,00	5,90	13,02	4,15	31,87
3	Polled Aberdeen . .	1892	6	—	22	12,85	14,36	5,60	39,01	14,53	13,10	4,32	32,98
						Tagesmilch							
4	Red Polls	1893	13	$6^2/_3$	84	23,15	12,85	4,01	31,13	—	—	—	—
						Morgenmilch							
5	desgl.	1894	—	—	—	11,44	12,02	2,92	24,29	9,67	12,23	3,22	26,17
6	desgl.	1895	7	$7^1/_4$	31	12,26	12,30	3,00	24,39	12,84	12,72	3,54	27,83
7	desgl.	„	4	$8^3/_4$	43	11,21	12,74	3,71	29,12	9,49	12,40	3,49	28,15
8	desgl.	„	5	—	26	12,08	12,38	2,93	23,67	10,44	12,66	3,30	26,07
9		1896	7	$3^1/_4$	43	11,21	12,70	3,50	27,56	10,17	14,00	4,40	31,43
10		„	10	—	27	10,58	12,30	3,20	26,00	9,53	12,90	4,10	31,78
	Mittel (No. 1—3 u. 5—10)					**11,25**	**12,67**	**3,61**	**28,50**	**10,23**	**12,94**	**3,89**	**30,07**

VII. Sonstige Rassen.

No.	Nähere Bezeichnung	Spec. Gew.	Ausstellungs-jahr	Jahre	Mon.	Milchend seit Tagen	Milch-ertrag kg	Trocken-Substanz %	Fett %	Fett in der Trocken-Substanz %	Milch-ertrag kg	Trocken-Substanz %	Fett %	Fett in der Trocken-Substanz %
							Tagesmilch							
1	Devons . .	1,0336	1881/84	—	—	91	12,02	14,70	5,30	36,03	—	—	—	—
2	desgl. . . .	1,0330	„	—	—	56	15,31	13,90	4,50	32,37	—	—	—	—
3	Wälsch . .	1,0310	„	—	—	35	20,87	12,70	4,20	33,07	—	—	—	—
							Morgenmilch							
4	Kerry		1890	—	—	75	6,17	13,88	4,89	35,23	5,90	13,98	5,09	36,41
5	Kerries und Dexters .		1892	8	—	53	8,44	12,60	3,92	31,11	10,08	12,04	3,48	28,90
6	desgl.		„	5	9	142	7,22	13,44	4,37	32,59	7,04	13,44	4,42	32,89
7	desgl.		„	—	—	72	3,86	14,32	5,11	35,03	4,68	14,50	5,10	35,17
							Tagesmilch							
8	desgl.		1893	8	—	45	18,39	12,20	3,29	26,97	—	—	—	—
							Morgenmilch							
9	desgl.		1896	10	—	145	8,90	12,90	3,70	28,70	7,81	13,00	3,80	29,23
10	desgl.		„	10	—	50	7,63	15,60	6,50	41,18	6,76	15,60	6,40	41,03
11	desgl.		„	8	—	89	7,90	13,30	4,20	31,13	6,67	13,20	4,60	34,85
	Mittel (No. 4—7 u. 9—11)						**7,16**	**13,72**	**4,67**	**34,04**	**6,99**	**13,67**	**4,70**	**34,38**

VIII. Kreuzungen.

No.	Nähere Bezeichnung	Ausstellungs-jahr	Alter der Kuh Jahre	Alter der Kuh Mon.	Milchend seit Tagen	Tagesmilch: Milch-ertrag kg	Tagesmilch: Trocken-Substanz %	Tagesmilch: Fett %	Tagesmilch: Fett in der Trocken-Substanz %	Abendmilch: Milch-ertrag kg	Abendmilch: Trocken-Substanz %	Abendmilch: Fett %	Abendmilch: Fett in der Trocken-Substanz %
	Spec. Gew.												
1	Shorthorn-Langhorn . 1,0318	1881/84	—	—	136	11,91	12,20	3,4	29,03	—	—	—	—
2	Holländer-Shorthorn . 1,0336 (Mittel von 2 Kühen)	„	—	—	—	23,36	11,50	2,7	23,48	—	—	—	—
3	Shorthorn-Ayrshire .	„	—	—	—	17,32	14,10	5,1	33,62	—	—	—	—
4		1893	9	—	11	35,05	14,00	4,27	35,00	—	—	—	—
						Morgenmilch							
5		1891	—	—	—	17,70	11,71	2,69	22,98	15,20	12,38	3,52	28,43
6		1895	7	—	32	15,98	11,80	3,00	25,42	14,98	12,64	3,80	30,06
7	Kreuzungs-Rassen	„	8	7	15	13,76	13,20	3,78	28,63	12,71	15,64	6,24	39,89
8	nicht genannt	„	6	—	25	15,48	11,20	2,05	18,30	14,38	13,96	4,60	32,95
9		„	5	2	90	12,35	13,54	3,78	27,92	10,71	13,54	4,19	30,95
10		1896	5	$9^3/_4$	46	14,43	12,60	3,10	24,60	14,57	12,90	4,20	32,56
11		„	7	—	34	17,89	11,90	2,60	21,89	14,49	12,40	3,20	25,81
12		„	7	—	37	11,17	14,80	5,10	35,13	10,22	15,50	5,90	38,06

Melkresultate von Jersey- und Guernsey-Kühen in der Akademischen Gutswirthschaft zu Bonn-Poppelsdorf. Laktation 1896/97.

Von E. Ramm. Milchzeitung 1897, 26, 487—489.

Nähere Bezeichnung	Milchertrag pro Tag kg	Spec. Gewicht	Trocken-Substanz %	Fett %
Jersey-Kuh 1	3,190—11,515	1,0314—1,0345	13,22—15,55	4,16—5,65
„ 2	2,475—10,305	1,0310—1,0334	13,92—15,81	4,65—6,00
„ 3	3,450— 7,510	1,0310—1,0342	14,26—17,10	5,00—7,10
„ 4	2,155—10,575	1,0310—1,0341	13,12—16,69	4,05—6,60
„ 5	4,605— 8,915	1,0319—1,0368	13,36—16,90	4,25—6,40
„ 6	3,960— 8,100	1,0315—1,0355	13,68—16,83	4,52—6,70
Guernsey-Kuh 1 . . .	1,450—12,130	1,0270—1,0326	12,16—14,73	3,25—5,35
„ 2 . . .	2,090— 9,940	1,0292—1,0330	12,82—15,12	3,80—5,60
„ 3 . . .	5,250— 9,450	1,0314—1,0336	12,45—14,42	3,47—5,00
„ 4 . . .	2,900—10,150	1,0284—1,0340	13,03—16,23	3,67—7,10
„ 5 . . .	2,950—15,900	1,0315—1,0330	12,47—19,66	3,40—9,50

Es betrug der durchschnittliche Fettgehalt der Jersey-Herde 5,33 %, der Guernsey-Herde 4,54 %. Das Futter bestand das ganze Jahr hindurch aus Heu und Kraftfutter. Die Milch wurde wöchentlich einmal untersucht. Die Proben der verschiedenen Melkzeiten wurden im Verhältniss ihrer Menge gemischt und untersucht. Die obigen Zahlen beziehen sich auf die Tagesmilch.

Die Ergebnisse der Einzeluntersuchungen der Jersey-Kuh No. 4 und der Guernsey-Kuh No. 2 theilt E. Ramm (Milchztg. 1897, 26, 539—541) ausführlich mit.

Lychow (Milchztg. 1892, 21, 338) berichtet über Probemelkungen von **Jersey**-Kühen in Torreby am 23. 3. 1892:

Kuh No.	1	2	3	4	5	6	7	8	9	10	12
Gekalbt 1891	20/7	16/9	8/10	9/10	25/9	1/11	29/8	8/11	19/9	7/11	19/1 92
Milchertrag für den Tag kg	1,3	3,8	6,1	1,1	4,5	5,3	4,7	5,8	6,6	6,9	9,5
Fettgehalt . . . . %	6,8	6,8	7,6	8,4	4,7	4,3	6,6	5,6	8,4	6,1	4,8

Kuh No.	13	15	16	18	20	21	25	26	28	29	30
Gekalbt 1891	15/10	23/10	19/1 92	13/7	16/9	5/10	13/7	27/10	1/3 92	30/11	9/6
Milchertrag für den Tag kg	8,5	5,5	10,0	2,8	6,3	5,6	5,8	10,6	14,9	9,5	3,6
Fettgehalt . . . . %	4,7	6,7	5,7	7,3	5,4	7,0	7,0	3,8	4,2	5,2	7,0

Der durchschnittliche Jahresmilchertrag von **Jersey-Kühen** vom Gute Muhrau, Kreis Striegau, war folgender (Milchztg. 1891, 20, 345 u. 371):

	1886	1887	1888	1889	1890
Durchschnittlicher Milchertrag . . . l	5,8	5,3	5,8	5,2	5,8
„ Fettgehalt . . . %	5,37	5,38	5,21	5,23	5,11

Durchschnittlicher Fettgehalt der Milch von **Holländischen Stammbuchthieren** vom 18. 3. bis 18. 12. 1891 nach „Medelingen en Berichten“ (Organ der Vereinigung für das Friesische Rindviehstammbuch) vom 15. 12. 1892 (Milchztg. 1893, 22, 36):

Kuh No.	1	2	3	4	5	6	7	8	9	10
Alter der Kuh . . Jahre	5	4	6	5	5	6	2	4	2	2
Gekalbt im Jahre 1891 am	2/3	13/3	8/3	7/3	9/3	6/4	8/4	30/3	26/2	15/3
Tagesmilchertrag . . . l	17,8	19,9	18,9	17,9	16,4	14,5	12,7	14,5	11,5	13,5
Fettgehalt der Milch . . %	3,47	2,63	3,04	2,90	3,11	3,72	3,12	2,96	3,36	3,09

Heinrich Ritter von Mauner (Milchztg. 1893, 22, 421) berichtet über den durchschnittlichen Milchertrag der 10 besten Kühe der **Allgäuer Herde** zu Pottenbruna im Jahre 1892:

Kuh No.	23	36	2	50	7	95	40	61	1	106	Mittel
Geboren am	18/4 86	19/4 87	18/2 86	6/10 88	13/11 89	3/7 88	7/2 81	7/9 85	27/3 89	3/7 89	—
Lebendgewicht der Kuh am 1/1 92 kg	405	460	565	360	500	560	640	560	460	490	510
Lebendgewicht der Kuh am 1/1 93 „	590	580	620	430	500	550	660	610	540	510	559
Durchschnittlicher Milchertrag für den Tag . kg	11,64	11,48	11,38	11,24	10,10	9,95	9,53	9,33	9,00	8,87	10,25
Spec. Gew., Jahresdurchschn.	1,032	1,031	1,031	1,032	1,033	1,031	1,031	1,032	1,034	1,033	1,0320
Fett, „ %	3,57	3,61	4,01	3,87	2,32	3,71	3,26	4,12	3.65	4,02	3,62

Der Gesammtfutteraufwand betrug für Jahr und Kuh:

28 kg	Rapskuchen	440 kg	Wiesenheu
142 „	Roggenkleie	790 „	Klee und Mischlingsheu
25 „	Malzkeime	4520 „	Grünmais
130 „	Trockentreber	1560 „	ca. Stroh
1560 „	frische Treber	20 „	Salz
5700 „	Süsspressfutter		

Probemelkungen von **Allgäuer Kühen** der Allgäuer Herdbuchgesellschaft ergaben nach den Untersuchungen des milchw. Instituts Memmingen (Mittheilung des milchw. Vereins von Allgäu 1896, 7, 5, Milchzeitung 1896, 25, 539):

	Spec. Gewicht bei 16° C.	Fett	Fettfreie Trocken-Substanz	Fett in der Trocken-Substanz
		%	%	%
Mittel	1,03260	3,59	9,125	28,33
Schwankungen	1,03035—1,03500	2,82—4,17	8,491—9,732	23,83—31,43

Die Milch wurde seit December 1893 monatlich je einmal von einem angestellten Probenehmer untersucht.

Die Resultate stammen von 69 Kühen aus je einer, von 38 Kühen aus je zwei Laktationsperioden; im Ganzen also aus 105 Laktationsperioden. Es wurden nicht besondere Kühe ausgewählt, sondern es handelte sich um Feststellung schlechter Leistungen.

E. H. Farrington (Bull. 24 der Landw. Versuchsstation des Staates Illinois 1893; Milchztg. 1893, 22, 590) fand bei Durchschnittsthieren der betreffenden Rassen folgende Milcherträge:

Rasse:		Jersey	Holländer		Shorthorn		
			1	2	1	2	3
Zahl der Untersuchungstage		307	278	327	428	332	342
Alter der Kühe	Jahre	3	8	8	3	8	7
Durchschnittliches Lebendgewicht	kg	391	464	503	533	618	479
Milchertrag während der Laktationsperiode	„	2290	2812	1707	1393	2739	3226
Trocken-Substanz im Mittel	%	14,4	12,8	13,3	13,1	11,9	12,4
Fett im Mittel	%	5,0	3,7	3,9	3,7	3,3	3,7

Die Fütterung der Kühe war folgende: Vom 1. Mai bis 1. November 1891 Weidegang (blaues Prairiegras mit etwas Timothee und weissem Klee. Infolge der Dürre wurde vom 28. Juli 30 Pfd. Grünmais und etwas Heu pro Kopf zugegeben, vom 1. Oktober an erhielt jede Kuh 1 Pfd. Oelkuchen. Vom 11. November wurde mit Silo-Futter gefüttert, welches von der Jersey-Kuh ungern genommen wurde. Kuh 1, 3 und 5 erhielten vom 25. December 1891 an anderes Futter (vergl. unter Milch unter dem Einflusse des Futters). Die übrigen erhielten das Silo-Futter bis 1. Januar 1892.

Ch. Harrington und C. A. Goessmann (Milchztg. 1887, 16, 62) fanden für die Kühe verschiedener Rassen folgenden Durchschnittsgehalt der Milch:

		Jerseys	Amerikanische	Ayrshires	Durham (Shorthorn)	Holsteiner
Zahl der Kühe		11	93	30	5	47
Trocken-Substanz	%	14,02	13,09	12,97	12,73	12,51
Fett	%	4,34	3,31	3,35	3,28	3,29

Sonstige Untersuchungen.

1. S. M. Babcock (7. Jahresber. der Agric. Exp. Station of the University of Wisconsin, Madison 1890, 114—119) berichtet über den Trockensubstanz- und Fettgehalt der Milch von Holsteiner, Jersey-, Guernsey- und Red Polled-Kühen.
2. H. Masson (Milchztg. 1893, 22, 329) fand den durchschnittlichen Fettgehalt der Milch von 25 englischen Red Polls in der Zeit vom 1. 4. 92 bis 31. 3. 92 zu 4,03%.
3. Farrington (Versuchsstation Illinois) untersuchte die Milch von Jerseys, Guernseys und Shorthorns bei der Milchertragskonkurrenz auf der Weltausstellung in Chicago (Milchztg. 1893, 22, 409.
4. Neumann (Milchztg. 1897, 26, 359—361) berichtet über Milch- und Buttererträge von 10 Kühen der Breitenburger Rasse.
5. Hoxic (Milchztg. 1897, 26, 447—448), Hohe Milchleistung des schwarzbunten Niederungsviehes in Amerika.
6. Die Siegerinnen Ostpreussens, Oldenburgs und Schleswig-Holsteins in der Milchergiebigkeits-Konkurrenz, Ausstellung Hamburg 1897 (Milchztg. 1897, 26, 633—636).

Mittlere Zusammensetzung der Kuhmilch, nach Rassen geordnet.*)

No.	Nähere Bezeichnung der Rassen	Anzahl der Analysen	In der natürlichen Milch						In der Trocken-Substanz			Stickstoff in der Trocken-Substanz
			Wasser %	Kasein %	Albumin %	Fett %	Milch-zucker %	Asche %	Kasein %	Albumin %	Fett %	%
1	Romanische Rasse	2	86,08	4,40		4,02	4,61	0,68	31,90		30,44	5,10
2	Mürzthaler Stamm od. d. Steierische Rasse	12	87,04	2.76	0,48	4,16	4,83	0,73	21 33	3,67	32,11	3,98
3	Freiburger Rasse, buntes Vieh . . .	3	87,78	2,85		3,66	4,98	0,73	23,36		29,99	3,74
4	Simmenthal-Saanen-Rasse, buntes Vieh	11	87,33	3,15		3,83	4,98	0,71	24,89		30,21	3,98
5	Schwyzer Rasse, Braunvieh	8	88,17	—		3,05	5,03	—	—		25,80	—
6	Zillerthaler Vieh, gewöhnliche Tyroler Rasse (Pinzgauer, Duxerthaler) . .	23	87,45	2,64	0,43	3,71	5,09	0,70	21,00	3,42	29,53	3,91
7	Vorarlberger Vieh, einfarbig	19	87,38	2,32	0,59	3,54	5,40	0,77	18,36	4,64	28,08	3,68
8	Allgäuer Vieh (Baiern), einfarbig . .	5	87,76	3,26		3,28	5,13	0,57	26,60		26,78	4,26
9	Miesbacher, oberbairisches Gebirgsvieh, Voigt- oder Egerländer Schlag, bunt	5	86,79	2,87	0,53	4,16	4,97	0,68	21,70	4,04	31,48	4,12
10	Böhmisches Vieh	2	86,00	3,03	0,64	5,06	4,63	0,64	21,66	4,58	36,15	4,20
11	Mittel- u. norddeutsch. Vieh, bunte Thiere	11	87,71	3,12		4,51	4,89	0,77	25,37		28,23	4,06
12	Holländisches und Oldenburger Vieh .	53	88,00	3,02		3,18	5,19	0,61	25,18		26,52	4,03
13	Ostfriesisches Vieh (Oldenburg-Bremen)	19	87,99	2,62	0,48	3,36	4,83	0,76	21,73	3,95	27,97	4,11
14	Holstein'sches und schleswig'sches, Breitenburger Vieh	24	88,08	3,01	0,39	3,17	4,58	0,77	25,29	3,25	26,60	4,57
15	Jütisches, Tondern'sches u. Angler Vieh	12	88,15	—	—	3,14	—	—	—	—	26,52	—
16	Englisches Vieh, Durham- oder Shorthorn-Rasse (Kurzhorn-Rasse). . .	86	87,06	3,26		3,58	5,40	0,70	25,18		27,70	4,03
17	desgl., Devon- (Mittelhorn-) Rasse . .	16	86,38	3,72		4,37	4,88	0,65	27,31		32,05	4,37
18	desgl., Ayrshire- (Mittelhorn-) Rasse .	43	86,96	3,41		3,57	5,42	0,64	26,15		27,37	4,18
19	desgl., Jersey- oder Aldernay-Rasse .	31	85,76	3,42		4,43	5,65	0,74	24,00		31,12	3,84
20	desgl., Guernsey-Rasse	24	85,39	3,96		5,11	4,42	1,12	27,13		34,96	4,34
21	American Holderness	1	87,37	3,39		3,55	5,01	0,70	26.84		28,11	4,29
22	Französisches Vieh, Normänner Rasse	5	85,42	2,88	0,95	5,37	4,67	0,71	19,78	6,53	36,81	4,21
23	desgl., Flamännische Rasse	1	88,46	2,27		3,31	5,20	0,76	19,67		28,68	3,15
24	desgl., Charolais- oder Nivernais-Rasse	2	86,12	4,95		4,47	3,74	0,72	35,65		32,23	5,70
25	desgl., Auvergne- und Salers-Rasse .	6	87,07	5,01		3,43	3,67	0,82	38,78		26,53	6,20
26	desgl., Bretonne-Rasse	1	86,09	3,68	1.26	3,93	4,18	0,69	26,46	9,06	28,29	5,68
27	Sonstige französische Rassen . . .	12	87,21	3,07		3,90	5,05	0,77	23,98		30,52	3,84
28	Rassen aus Norwegen und Schweden .	4	88,01	2,76		3,51	4,96	0,76	23,03		29,28	3,68
29	Arabische Kühe	2	85,41	3,40	1,28	4,53	4,68	0,70	23,31	8,78	31,06	5,13
30	Kleine bengalische Kuh	2	86,48	4,94		3,93	3,93	0,72	35,81		29,06	5,73

*) Die aufgeführte mittlere Zusammensetzung der Milch verschiedener Kuhrassen ergiebt sich aus vorstehenden Analysen in Tabelle B und einigen sonstigen Analysen, besonders von Harrington etc. 6. Ann. Report State Board of Health etc. Boston 1885 etc. Selbstverständlich sind diese Mittelzahlen für die einzelnen Rassen nicht direkt miteinander vergleichbar; denn zu dem Zweck hätte die Milch der einzelnen Rassen nicht nur für eine gleiche Anzahl, sondern auch in derselben Laktationsperiode, bei demselben Futter und unter sonst gleichen Verhältnissen untersucht werden müssen. Derartige gleiche Bedingungen lassen sich aber für eine grosse Anzahl Rassen selbst mit sehr grossen Opfern kaum schaffen.

Die Analysen der Milch der Kühe der verschiedenen Rassen, welche auf den englischen Ausstellungen prämiirt sind (S. 153—159), sind in obiger Tabelle nicht berücksichtigt.

Immerhin werden die obigen Zahlen einiges Interesse bieten und dürften in den Fällen, wo eine grössere Anzahl von Analysen vorliegt, einen Vergleich zulassen.

Kuhmilch unter dem Einflusse der Zeit nach dem Kalben.

No.	Nähere Bezeichnung	Tage nach dem Kalben	Tagesmilchertrag kg	Zeit der Untersuchung	In der natürlichen Milch: Wasser %	Kasein %	Albumin %	Fett %	Milchzucker %	Asche %	In der Trocken-Substanz: Kasein %	Albumin %	Fett %	Stickstoff in der Trocken-Substanz %	Analytiker
1	Von 2 Kühen schwedisch. Landrasse I, Colostrumzeit 27/11			—	86,61	4,10		3,93	4,57	0,79	30,61		29,35	4,90	Al. Müller u. M. Eisenstuck[1]
2	desgl. II, Colostrumzeit 28/3—11/6			—	88,00	3,32		3,18	4,73	0,77	27,67		26,49	4,43	
3	desgl. III, „ 15/6—30/6			—	87,91	3,18		3,11	5,06	0,74	26,30		25,72	4,21	
4	desgl. IV, „ 26/8—31/10			—	88,39	3,08		3,15	4,66	0,72	26,53		27,13	4,21	
5	Von Kühen der kleinen bengalischen Rasse: 1 Monat nach d. Kalben			1873	84,88	5,50		4,98	3,98	0,76	36,38		32,94	5,82	T. N. Macnamara[2]
6	2 „ „ „ „			„	87,18	4,30		3,60	4,40	0,70	33,54		28,08	5,37	
7	2½ „ „ „ „			„	84,72	5,76		4,10	4,10	0,84	37,69		26,83	6,03	
8	5 „ „ „ „			„	88,10	4,30		2,52	4,37	0,78	36,13		21,18	5,78	
9	6 „ „ „ „			„	87,96	4,30		3,20	4,10	0,70	36,14		26,90	5,78	
10	7 „ „ „ „			„	88,35	5,40		1,90	3,86	0,82	46,35		16,31	7,42	
11	10 „ „ „ „			„	88,08	4,20		3,00	4,37	0,68	35,23		25,17	5,64	
12	2 „ vor „ „			„	84,10	7,76		4,10	3,40	0,90	48,80		25,78	7,81	
13	Holländer Kuh I	29*)	24,1*)	1889 16/3	87,05*)	—		3,49*)	—	—	—		26,95	—	S. M. Babcock[3]
14		54	23,2	7/4	87,38	—		3,75	—	—	—		29,71	—	
15		91*)	23,2*)	17/5	88,75*)	—		3,23*)	—	—	—		28,71	—	
16		114	27,7	6/6	88,76	—		3,89	—	—	—		34,61	—	
17		133	26,3	25/6	86,95	—		4,68	—		—		35,86	—	
18		170	—	1/8	87,96	—		4,24	—	—	—		35,22	—	
19		200	18,6	31/8	—	—		—	—	—	—		—	—	
20		218	14,1	18/9	87,83	—		4,38	—	—	—		35,99	—	
21		261	—	31/10	86,67	—		5,03	—	—	—		37,73	—	
22		268	11,1	7/11	87,22	—		4,14	—	—	—		32,39	—	
23		337	8,2	1890 14/1	86,10	—		4,83	—	—	—		34,75	—	
24	Holländer Kuh II	22*)	24,1*)	1889 16/3	87,05*)	—		3,49*)	—	—	—		26,95	—	
25		47	25,9	7/4	87,63	—		3,74	—	—	—		29,99	—	
26		84*)	23,2*)	17/5	88,75*)	—		3,23*)	—	—	—		28,71	—	
27		107	27,7	6/6	89,32	—		3,41	—	—	—		31,93	—	
28		126	27,0	25/6	88,75	—		3,00	—	-	—		26,67	—	
29		163	—	1/8	89,10	—		3,31	—	—	—		30,37	—	
30		193	19,1	31/8	88,81	—		3,15	—	—	—		28,14	—	
31		211	12,7	18/9	89,33	—		4,05	—	—	—		37,96	—	
32		261	7,3	7/11	86,40	—		4,37	—	—	—		32,13	—	
33		303	—	19/12	87,00	—		4,36	—	—	—		33,54	—	

¹) Landw. Versuchsstationen 1861, **3**, 161 u. 1864, **6**, 373. Mittelwerthe aus den Analysen zweier Kühe für gewisse längere Perioden berechnet, korrigirt mit Rücksicht auf die Veränderungen, denen die Milch eines gesammten Viehstandes in Folge veränderter Fütterung etc. in der betreffenden Zeit unterworfen war.

²) Jahresber. der Agrikultur-Chemie 1873/74. (Chem. News. **27**, 507.) Die Ernährung dieser in der Umgebung von Calcutta heimischen Kühe war eine sehr ärmliche, nämlich arme Grasweide, 6 kg Reisstroh, ½ kg Reiskleie und ¼ kg Oelkuchen. Die Milch stammte von 8 verschiedenen Kühen.

³) Jahresber. der landw. Versuchsstation Madison in Wisconsin pro 1890. Milchztg. 1891, **20**, 218.

*) An diesen Tagen wurde die Milch beider Kühe vereinigt und untersucht. Die Mengenangaben sowie Trocken-Substanz- und Fettgehalt sind dementsprechend nicht direkt für jede Kuh geltend.

Zusammensetzung der Milch frisch- und altmelkender Holländer Kühe. Von M. Kühn[1]) 1889.

No.	Kuh No.	Alter der Kuh Jahre	Alter der Kuh Mon.	Stadium der Laktation: milchend seit Monaten	Milchertrag Morgens l	Milchertrag Mittags l	Milchertrag Abends l	Milchertrag Im Ganzen l	Spec. Gewicht der Milch	In der natürlichen Milch: Wasser %	Stickst.-Substanz %	Kasein %	Albumin %	Fett %	Milchzucker %	Asche %	In d. Trocken-Substanz: Stickstoff-Substanz %	Fett %	Stickstoff in d. Trock.-Substz. %
34	1	4	7	$^{9}/_{10}$	4,00	3,00	2,75	9,75	1,0332	87,56	3,21	2,93	0,20	3,41	5,03	0,81	25,80	27,33	4,13
35	2	7	2	2	4,00	2,50	3,00	9,50	1,0280	90,07	2,18	1,68	0,32	2,55	4,39	0,76	21,95	25,68	3,51
36	3	5	4	1	4,25	3,75	3,25	11,25	1,0282	89,31	2,59	2,10	0,25	3,17	4,08	0,78	23,76	28,66	3,80
37	4	8	5	$1^{1}/_{4}$	3,25	2,25	2,25	7,75	1,0328	87,73	2,90	2,52	0,35	3,54	4,83	0,81	23,63	28,85	3,78
38	5	9	8	1	5,30	2,85	4,25	12,40	1,0303	89,08	2,68	2,11	0,30	2,86	4,57	0,72	24,54	26,19	3,93
39	6	6	4	$1^{1}/_{3}$	6,00	4,30	5,50	14,80	1,0294	88,87	2,51	1,92	0,39	3,22	4,66	0,72	22,55	28,93	3,29
40	7	5	9	1	6,10	4,25	4,65	15,00	1,0302	88,59	2,64	2,19	0,24	3,25	4,90	0,69	23,14	28,48	3,70
41	8	4	11	$^{2}/_{3}$	6,00	4,15	4,40	14.55	1,0303	88,73	2,58	2,11	0,31	3,38	4,57	0,80	22,89	29,99	3,66
42	9	3	8	$1^{1}/_{6}$	3.90	3.20	3,05	10,15	1,0316	88,69	2,71	2,23	0,36	2,90	4,99	0,74	23,96	25,64	3,83
43	10	4	6	$1^{1}/_{3}$	3,95	2,55	2,90	9,40	1,0285	89,27	2,64	2,05	0,34	3,17	4,20	0,83	24,60	29,54	3,94
44	11	6	4	$^{1}/_{2}$	8,50	4,80	5,50	18,80	1,0313	87,81	2,82	2,31	0,24	3,64	4,94	0,79	23,22	29,86	3,72
	Mittel	**6**	**$^{8}/_{11}$**	**1 M. 3 Tg.**	**5,02**	**3,42**	**3,77**	**12,12**	1,03035	**88,70**	**2,68**	**2,20**	**0,30**	**3,19**	**4,65**	**0,77**	**23,72**	**28,23**	**3,80**
	Schwankungen	3 J. 8 M. bis 9 J. 8 Mon.		$^{1}/_{2}$—2	3,25-8,50	2,25-4,80	2,25-5,50	7,75—18,80	1,0280—1,0332	87,56-90,07	2,18-3,21	1,68-2,93	0,20-0,39	2,55-3,64	4,08-5,03	0,69-0,83	21,95-25,80	25,64-29,99	3,51-4,13
45	12	6	7	9	2,75	2,00	2,50	7,25	1,0329	87,86	3,08	2,61	0,37	3,16	4,88	0,78	24,55	26,03	4,93
46	13	5	6	6	3,75	2,50	2,50	8,75	1,0316	88,87	2,80	2,29	0,38	2,69	4,87	0,73	25,16	24,17	4,03
47	14	6	6	$7^{2}/_{3}$	2,75	1,80	1,50	6,05	1,0288	87,31	3,06	2,60	0,28	4,55	4,43	0,88	24,11	35,86	3,86
48	15	6	3	8	3,90	2,30	2,70	8,90	1,0319	87,48	2,88	2,47	0,30	3,94	4,95	0,76	23,00	31,47	3,68
49	16	6	4	7	3,50	2,30	2,90	8,70	1,0291	89,63	2,67	2,06	0,30	2,65	4,51	0,72	25,75	25,55	4,12
50	17	6	5	9	2,75	2,20	2,35	7,30	1,0302	88,92	3,03	2,36	0,41	2,94	4,45	0,75	27,35	26,53	4,38
51	18	10	4	$8^{1}/_{3}$	2,50	2,00	1.80	6,30	1,0272	89,78	2,56	1,97	0,42	2,87	4,02	0,73	25,05	28,08	4,01
52	19	6	5	$7^{2}/_{3}$	2,30	1,70	1,60	5,60	1,0326	86,87	2,89	2,37	0,40	4,33	5,30	0,72	22,01	32,98	3,52
53	20	6	5	8	2,20	1,50	1,50	5,20	1,0300	87.18	3,10	2,62	0,37	4,50	4,56	0,72	24,18	35,10	3,87
54	21	6	6	$7^{3}/_{5}$	4,00	2,35	2,85	9,20	1,0289	89,70	2,47	2,11	0,28	2,65	4,47	0,73	23,98	25,73	3,84
55	22	7	—	$9^{1}/_{6}$	3,60	2,70	2,90	9,20	1,0300	87,17	2,93	2,29	0,37	2,61	4,47	0,73	22,84	20,34	3.65
	Mittel	**6**	**9**	**7 M. 29 Tg.**	**3,09**	**2,12**	**2,28**	**7,50**	1,03029	**88,43**	**2,86**	**2,43**	**0,35**	**3,35**	**4,63**	**0,75**	**24,72**	**28,95**	**3,96**
	Schwankungen	5 J. 6 M. bis 10 J. 4 Mon.		6—$9^{1}/_{6}$	2,20-4,00	1,50-2,70	1,50-2,90	5,20—9,20	1,0270—1,0329	86,87-89,78	2,47-3,10	1,97-2,62	0,28-0,42	2,61-4,55	4,02-5,30	0,72-0,88	22,01-27,35	20,34-35,86	3,52-4,38

[1]) Milchztg. 1889, **18**, 922. Das Futter bestand bei den Kühen:
No. 1 u. 12 aus 6 Pfd. Treber, 4 Pfd. Spreu, 4 Pfd. Häcksel, 45 Liter Schlempe, Gersten- und Haferstroh, Salz;
„ 2 u. 13 aus demselben Futter wie bei No. 1 und 6 Pfd. Kartoffeln;
„ 3 u. 14 aus 6 Pfd. Trebern, 6 Pfd. Kartoffeln, 40 Liter Schlempe. Stroh, Raps und Salz;
„ 4 u. 15 aus Klee und Gras;
„ 5 u. 16 aus Klee, Gemenge von grünem Hafer, Wicken und Bohnen;
„ 6 u. 17 aus Gras, Gemenge von grünem Hafer etc. wie 5;
„ 7 u. 18 aus Gemenge von grünem Hafer, Wicken und Lupinen;
„ 8 u. 19 aus Klee, Stroh, 5 Pfd. Weizenkleie, 1 Pfd. Rapskuchen, Salz;
„ 9 u. 20 wie 8 jedoch ohne Rapskuchen;
„ 10 u. 21 aus Gemenge von grünem Hafer, Bohnen, Wicken, Klee, Luzerne;
„ 11 u. 22 wie No. 1.

Die Kühe wurden unter Aufsicht des Verfassers rein ausgemolken; die Analysen sind Durchschnittsbestimmungen aus 2 Proben. Es wurde bestimmt:

a) Spec. Gewicht mittelst eines auf seine Richtigkeit geprüften Soxhlet'schen Laktodensimeters von Joh. Greiner in München.
b) Trocken-Substanz durch Eindampfen von 10 ccm abgemessener und abgewogener Milch im Hofmeister'schen Schälchen mit ca. 25—30 g ausgewaschenem und ausgeglühtem Seesand.
c) Fett durch 4-stündige Extraktion des zerriebenen Schälchens sammt Rückstand mit im Soxhlet'schen Extraktions-Apparat.
d) Milchzucker nach der Soxhlet'schen Vorschrift (vergl. Fresenius, quant. Analyse 6. Aufl., II., 601).
e) Proteinstoffe durch Verbrennen von 10 g mit 1 g Gips im Hofmeister'schen Schälchen eingedampfter Milch mit Natronkalk (Stickstoff × 6,25 = Stickstoff-Substanz).
f) Kasein und Albumin nach Hoppe-Seyler.
g) Asche durch Veraschen von 10 ccm abgemessener und abgewogener Milch in einer Platinschale.

Zusammensetzung der Milch einer Holländer Kuh während der Dauer einer Laktation.

Von Werner.[1])

No.	Nähere Bezeichnung	Tag der Untersuchung	Lebendgewicht der Kuh	Milchertrag				Zusammensetzung der Milch								
								Morgens			Mittags			Abends		
				Morgens	Mittags	Abends	Im Ganzen	Trocken-Substanz	Fett	Fett in der Trocken-Substanz	Trocken-Substanz	Fett	Fett in der Trocken-Substanz	Trocken-Substanz	Fett	Fett in der Trocken-Substanz
			kg	l	l	l	l	%	%	%	%	%	%	%	%	%
	1. Laktationsperiode:															
56	Gewicht des Kalbes 40 kg;	1886 9/4	710	—	—	—	—	—	—	—	—	—	—	—	—	—
57	Futter:	16/4	600	10	8	7	25½	—	—	—	—	—	—	—	—	—
58	Rüben und Heu, Gras, Klee, Weide,	16/5	520	9½	8	7	24½	11,41	2,78	24,34	11,51	3,00	26,06	13,22	4,82	36,46
59	Grünfutter und	16/6	495	9	8	7	24	9,41	1,24	13,18	11,65	3,52	32,15	11,78	3,30	19,53
60	0,75 kg Erdnusskuchen; (am 10.7. gerindert)	16/7	475	8½	7	7	22½	10,78	2,10	19,48	10,69	2,39	22,36	11,40	3,08	27,02
	2. Laktationsperiode:															
61	Grünfutter,	16/8	500	8	6½	5½	20	10,80	2,33	21,58	10,29	2,27	22,06	11,05	2,68	24,25
62	Gras, weisser Senf;	16/9	493	6½	5½	5	17	11,29	2,66	23,57	10,70	2,30	21,50	11,16	2,70	24,19
63	Beginn der	16/10	520	8½	6	5½	20	10,69	2,36	22,08	11,37	3,05	26,82	12,15	3,18	26,17
64	Winterfütterung	16/11	550	7½	5½	4	17	11,19	2,20	19,66	12,63	3,34	26,44	13,50	3,27	24,22
65	3. Laktations-	16/12	585	5	2½	2½	10	12,05	2,47	20,50	12,81	2,80	21,86	13,62	3,12	22,11
66	periode	16/1 87	620	½	½	½	1½	13,34	2,46	18,44	14,07	2,79	19,83	14,58	3,18	21,81
67		16/2	670	—	—	—	—	—	—	—	—	—	—	—	—	—
68		16/3	705	—	—	—	—	—	—	—	—	—	—	—	—	—
69	Tag des Kalbens (Gew. d. Kalbes 46,5 kg)	17/4	725	—	—	—	—	—	—	—	—	—	—	—	—	—
70		24/4	610	8	7	5½	20½	—	—	—	—	—	—	—	—	—
	Mittel	—	—	—	—	—	—	**11,22**	**2,29**	**20,41**	**11,75**	**2,83**	**24,09**	**12,49**	**3,25**	**26,02**

W. Mader (Forschungsberichte über Lebensmittel etc. 1895, 2, 191—202) berichtet über Untersuchungen über die Zusammensetzung der Kuhmilch im Verlaufe der Laktationsperiode. Die Untersuchungen beziehen sich auf in der Molkerei Bolsward in Holland zu Käsereizwecken verwendete (z. Th. abgerahmte!) Milch und verfolgen in der Hauptsache analytische Zwecke.

L. Vaudin (Journ. de Pharm. et Chimie 1893, 27, 385; Zeitschr. Nahrungsm. Unters. Hyg. Waarenk. 1893, 7, 153) berichtet über Untersuchungen über die Zusammensetzung und namentlich den Säuregehalt der Milch beim Fortschreiten der Trächtigkeit.

Die Analysen Vaudins weichen so sehr von den sonstigen Analysen ab (V. findet z. B. bei einer Milch nach den Angaben der uns vorliegenden Quelle überhaupt keinen Milchzucker), dass wir uns mit einem Hinweis auf dieselben begnügen müssen.

NB. Weitere Analysen über die Zusammensetzung der Kuhmilch mit fortschreitender Laktation nach dem Kalben finden sich in dem folgenden Kapitel „Kuhmilch unter dem Einfluss des Futters“.

---

[1]) Milchztg. 1888, 17, 807.
Die Zwischenzeit zwischen der Morgen- und Mittagmelkzeit betrug 6½ Stunden; die zwischen Mittag- und Abendmelkzeit 5½ Stunden und die zwischen Abend- und Morgenmelkzeit 12 Stunden.

Einfluss des Alters der Kühe (Zahl der Kälber) auf die Zusammensetzung und den Ertrag an Milch.

Nach Untersuchungen der Milch der Allgäuer Herde ausgeführt von der Milchwirthschaftlichen Untersuchungsanstalt Memmingen (Mitth. d. milchw. Vereins in Allgäu. 1897, 8, Heft 8. Milchztg. 1897, 26, 618—619).

Zahl der Kälber	Zahl der Kühe	Tage der Melkzeit	Milchertrag in 365 Tagen kg	Spec. Gewicht bei 15°	Trocken-Substanz %	Fett %	Fettfreie Trocken-Substanz %	Fettgehalt der Trocken-Substanz %
			1895/96.	100 Kühe.				
1	14	312	2745	1,0329	12,787	3,591	9,196	28,08
2	14	308	3009	1,0326	12,717	3,587	9,131	28,21
3	24	285	2919	1,0323	12,595	3,542	9,053	28,10
4	15	289	3227	1,0326	12,719	3,592	9,127	28,24
5	13	292	3658	1,0321	12,541	3,542	8,999	28,24
mehr	20	302	3332	1,0324	12,585	3.514	9,071	27,92
Mittel	—	**297**	**3132**	**1,0325**	**12,648**	**3,557**	**9,091**	**28,12**
			1894/96.	205 Kühe.				
1	34	308	2753	1,0331	12,841	3,592	9,249	27,97
2	36	293	3077	1,0325	12,645	3,557	9,088	28,13
3	42	287	3165	1,0325	12,690	3,578	9,112	28,19
4	30	284	3320	1,0326	12,717	3,586	9,131	28,18
5	27	300	3579	1,0325	12,598	3,540	9,058	28,10
mehr	36	286	3263	1,0321	12,600	3,586	9,014	28,46
Mittel	—	**293**	**3176**	**1,03255**	**12,682**	**3,574**	**9,108**	**28,18**

Die Kühe wurden gefüttert mit Heu und Grummet, z. Th. bekamen sie auch etwas Gerstenmehl, im Winter wurden in vielen Stallungen Biertreber gefüttert; von Frühjahr bis Herbst war fast überall Weidegang. Unter den schlechten Witterungsverhältnissen von 1896 litt das Vieh auf der Weide und durch das erzielte geringwerthigere Futter wurde der Milchertrag auch noch im Winter störend beinflusst.

Kuhmilch unter dem Einflusse des Futters.

No.		Nähere Bezeichnung	Zeit der Untersuchung	In der natürlichen Milch: Wasser %	Kasein %	Albumin %	Fett %	Milchzucker %	Asche %	In der Trocken-Substanz: Kasein %	Albumin %	Fett %	Stickstoff in der Trocken-Substanz %	Analytiker
1	I	Nur mit Heu gefüttert .	1840er	87,7	3,0		4,5	4,7	0,1	24,14		36,20	3,86	Bell und J. B. Boussingault[1]
2	I	Stoppelrüben u. Häcksel	„	87,6	3,0		4,2	5,0	0,2	24,20		33,87	3,87	
3	I	Runkelrüben „ „	„	87.1	3,4		4,0	5,3	0,2	26,36		31,01	4,22	
4	I	Kartoffeln „ „	„	86,5	3,4		4,0	5,9	0,2	25,18		29,63	4,03	
5	I	Topinambur „ „	„	87,5	3,3		3,5	5,5	0,2	26,40		28,00	4,22	

[1]) Aus J. B. Boussingault, Die Landwirthschaft etc. 1851, **2**, 322. Die untersuchte Milch stammte immer von je einer Kuh. Die Milch, deren Zusammensetzung unter I (No. 1—5) steht, stammte von einer Kuh, die beim Beginn der Versuche vor 200 Tagen gekalbt hatte und von neuem trächtig war; die Milch, deren Analysen unter II (6 u. 7) stehen, stammte von einer Kuh, die vor 24 Tagen gekalbt und bereits seit einiger Zeit Heu und grünen Klee als Futter erhalten hatte; die Milch unter III stammte von einer Kuh, die bei Beginn des Versuchs vor 176 Tagen gekalbt hatte, An Milch wurde täglich gewonnen:

	Kuh I					Kuh II		Kuh III		
Die Fütterung unter No.	1	2	3	4	5	6	7	8	9	10
Milchmenge . . .	5,6	6,0	5,58	4,96	3,5	10,6	12,0	9,3	9,7	9,8 Liter

Das gereichte Futter sollte in jedem Falle 15 kg Heu äquivalent sein. B. bemerkt, dass die Veränderungen im Fettgehalte der Milch von verschiedenen anderen Einflüssen, nicht von der Art des gereichten Futters herkommen.

No.	Nähere Bezeichnung	Zeit der Untersuchung	In der natürlichen Milch: Wasser %	Kasein %	Albumin %	Fett %	Milchzucker %	Asche %	In der Trocken-Substanz: Kasein %	Albumin %	Fett %	Stickstoff in der Trocken-Substanz %	Analytiker
6	II Heu u. grüner Klee . .	1840 er	88,8	3,0		3,5	4,5	0,2	26,78		31,25	4,28	Bell und J. B. Boussingault[1]
7	II Grüner Klee	„	86,8	3,1		5,6	4,2	0,3	23,49		42,43	3,76	
8	III Heu u. Kartoffeln . . .	„	86,5	3,3		4,8	5,1	0,3	24,44		35,55	3,91	
9	III Grüner Klee	„	88,7	4,0		2,2	4,8	0,3	35,40		19,47	5,66	
10	III „ „	„	87,4	3,7		3,5	5,2	0,2	29,39		27,78	4,70	
	Kuh No. 5:												
11	Ausschliesslich Runkelrüben	1850 er	87,73	3,67		4,56	3,39	0,65	29,91		37,16	4,79	J. B. Boussingault[2]
12	„ Wiesenheu .	„	86,26	3,63		5,92	3,47	0,72	26,44		43,11	4,23	
13	„ Kartoffeln .	„	87,75	4,37		3,97	3,09	0,82	35,67		32,41	5,71	
	Kuh No. 8:												
14	Ausschliesslich Runkelrüben	„	88,23	3,81		3.42	3,74	0,80	32,37		29,06	5,18	
15	„ Wiesenheu .	„	87,39	3,56		4,39	3,94	0,72	28,23		34,81	4,52	
16	„ Kartoffeln .	„	86,57	3,99		4,63	3,99	0,82	28,71		34,47	4,59	
	Kuh I (vache blanche): Spec. Gew.												
17	1 Heu 13,07 kg 1,0315	1858	87,10	3,59		3,51	5,18	0,62	27,73		27,21	4,44	derselbe[3]
18	2 „ 43,37 „ + Rapskuch. 1,56 kg 1,0310	„	87,61	3,51		3,34	4,92	0,62	28,33		29,16	4,53	
19	3 Heu 14,07 kg + Bohnen 2,01 kg 1,0317	„	87,90	2,99		3,39	5,10	0,62	24,71		28,01	3,95	
20	4 Heu 14,09 kg 1,0312	„	87,18	3,40		3,66	5,11	0,65	26,56		28,60	4,58	
21	5 Grünklee 46,0 kg —	„	—	—		—	—	—	—		—	—	
22	6 Heu 15,0 kg 1,0310	„	87,25	3,26		3,72	5,12	0,65	25,57		29,18	4,09	
23	7 „ 12,46 „ + Mehl 2,86 kg 1,0326	„	87,07	3,94		3,30	5,11	0,58	30,47		25,52	4,88	

[1]) Vergl. Anmerkung [1]) S. 166.

[2]) Ebendaselbst 1856, **4**, 50. Von den zu dem Versuche benutzten Kühen hatte No. 5 „Galathee", 7 Jahre alt, vor 96 Tagen, No. 8 „Waldeburg" vor 40 Tagen gekalbt; letzterer war das Kalb bei Beginn des Versuchs genommen worden. Das bis dahin den Kühen gereichte Futter bestand pro Kopf und Tag aus: 12 kg Heu, 8,5 kg Kartoffeln, 12 kg Runkeln, 1 kg Rapskuchen und Häcksel unbeschränkt. Was wir unter „Salze" zusammengefasst haben, bestand nach dem Autor aus:

bei No.	11	12	13	14	15	16	
Chlorkalium + Chlornatrium . . .	0,43	0,45	0,55	0,54	0,52	0,55 %	
Calcium- und Magnesiumphosphat . .	0,22	0,50	0,26	0,27	0,27	0,27 „	der frischen Milch

Bei den verschiedenen Fütterungsperioden

	wurden verzehrt: No. 5	8	wurden Milch gewonnen: 5	8	pro Tag 5	8
Runkeln in 17 Tagen . .	1055 kg	1126 kg	99,0 l	104,0 l	5,8 l	6,1 l
Heu „ 15 „ . .	232,5 „	239,5 „	66,5 „	89,0 „	4,4 „	5,9 „
Kartoffeln „ 14 „ . .	544 „	533 „	47,0 „	75,6 „	3,4 „	5,4 „

[3]) Weende'r Jahresber. 1866/67, 432. (Ann. chim. phys. 1866. IV S. Ag. 132.) Zu Beginn des Versuchs (4/7 58) wog Kuh I = 565 kg, Kuh II = 538 kg. Erstere hatte am 21. Februar das vierte Kalb geworfen, letztere am 14. Juni. Heu und Grünfutter wurde in reichlicher Menge vorgelegt, das nicht verzehrte Futter zurückgewogen, der Futterverzehr war deshalb kein regelmässiger; Rapskuchen gemahlen, Leinsamen gequetscht, Bohnenmehl, Weizenmehl, Gerstenmehl und Melasse wurden mit lauem Wasser, bei Rapskuchen und Bohnenmehl auch mit Salz, als Tränke gegeben. Zur Untersuchung gelangte in jeder Periode einmal die Morgenmilch; nur bei 2 der Fütterungsperioden (1 u. 3) wurden mehr als eine Probe in Untersuchung genommen und nur einmal (bei 1) neben der Morgenmilch auch Abendmilch untersucht. Des leichteren Vergleichs halber haben wir unter No. 17—34 zunächst nur die Analysen der Morgenmilch zusammengestellt und diesen dann unter No. 35—38 die anderen Analysen angefügt. Die Milchproben wurden in den einzelnen Perioden z. Th. nach wenigen Tagen der Fütterung, nicht gegen Ende derselben genommen, so dass die etwaige Wirkung des Futters schwerlich zum Ausdruck gelangt. Zu bemerken ist noch: Die Kuh hatte zur Zeit der Periode

	1	2	3	4	5	6	7	8	9	10	
Tage nach dem Kalben (Kuh I) . . .	135	142	151	160	170	180	189	195	200	206	
Producirte tägliche Milch	8,22	9,35	9,97	8,74	8,98	7,63	8,38	7,73	6,84	6,26	kg

	11	12	13	14	15	16	17	18	
Tage nach dem Kalben (Kuh II) . . .	43	47	55	63	72	78	85	95	
Producirte tägliche Milch	14,12	13,88	13,83	12,38	11,67	11,40	9,97	9,13	kg

No.		Nähere Bezeichnung	Spec. Gew.	Zeit der Untersuchung	In der natürlichen Milch Wasser %	Kasein %	Albumin %	Fett %	Milch-zucker %	Asche %	In der Trocken-Substanz Kasein %	Albumin %	Fett %	Stickstoff in der Trocken-Substanz %	Analytiker
24	8	Heu 13,42 kg	1,0300	1858	86,85	3,13		3,96	5,46	0,60	29,96		30,12	4,79	*J. B. Boussingault*[1])
25	9	„ 11,0 „ + Leinsamen 1,83 kg	1,0316	„	86,67	3,45		4,01	5,25	0,62	25,88		30,08	4,14	
26	10	„ 12,5 kg	1,0310	„	86,92	3,89		3,80	4,74	0,65	29,74		29,05	4,76	
		Kuh II (vache noire der Freiburger Rasse):													
27	11	Heu 15,0 kg	1,0322	„	88,02	3,02		3,42	4,85	0,69	25,21		28,55	4,03	
28	12	„ 14,25 „ + Gerstenmehl 1,83 kg	1,0297	„	86,70	2,74		4,90	4,86	0,80	20,60		36,84	3,30	
29	13	Grünklee 53,67 „	1,0295	„	86,31	2,71		5,06	5,22	0,70	19,80		36,96	3,17	
30	14	Heu 15,0 kg	1,0300	„	87,96	2,48		3,74	5,12	0,70	20,60		31,06	3,30	
31	15	„ 13,65 „ + Melasse 2,13 kg	—	„	88,73	3,01		2,55	5,08	0,63	26,71		22,63	4,27	
32	16	Heu 14,0 kg	1,0310	„	87,92	2,91		3,08	5,45	0,64	24,09		25,50	3,85	
33	17	„ 11,48 „ + Leinsamen 1,83 kg	1,0295	„	87,63	2,98		3,84	4,86	0,69	24,09		31,04	3,85	
34	18	„ 12,5 kg	1,0310	„	87,80	2,80		3,74	4,97	0,69	22,95		30,66	3,67	
		Kuh I:													
35	1	wie oben, Abendm.	1,0315	„	87,13	3,49		3,69	5,01	0,68	27,27		28,83	4,36	
36	1	desgl. Mittel v. Morgen- u. Abendm.	1,0315	„	87,11	3,54		3,60	5,10	0,65	27,46		29,93	4,39	
37	3	desgl. Morgenmilch 20. Juli	1,0325	„	87,65	3,14		3,29	5,30	0,62	25,42		26,64	4,07	
38	3	desgl. desgl. 21. Juli	1,0310	„	88,12	2,84		3,49	4,93	0,62	23,91		29,37	3,83	
39		Weide auf Nachgras, Abendm.	1,0340	1852	86,5	5,4		3,7	3,8	0,6	40,00		27,41	6,40	*Playfair*[2])
40		Weide auf Nachgras, Morgenm.	1,032	„	87,0	3,9		5,6	3,0	0,5	30,00		43,07	4,50	
41		Heu + Hafermehl, Abendm.	1,031	„	85,7	4,9		5,1	3,8	0,5	34,27		35,66	5,48	
42		desgl. + Bohnenmehl, Abdm.	1,034	„	85,4	5,4		3,9	4,8	0,5	36,98		26,71	5,92	
43		desgl. + Bohnenmehl, Morgm.	1,032	„	86,3	3,9		4,6	4,5	0,7	28,47		33,58	4,56	
44		Kartoffeln, Heu + Bohnenmehl, Abdm.	1,033	„	84,2	3,9		6,7	4,6	0,6	24,68		42,40	3,95	
45		Kartoffeln, Heu + Bohnenmehl, Morgm.	1,032	„	86,9	2,7		4,9	5,0	0,5	20,61		37,41	3,30	
46		Kartoffeln + Heu, Abendm.	1,030	„	87,1	3,9		4,6	3,9	0,5	30,23		35,66	4,84	
47		Kartoffeln + Heu, Morgenm.	1,030	„	87,3	3,5		4,9	3,8	0,5	27,56		38,58	4,41	

[1]) Vergl. Anmerkung [3]) S. 167.

[2]) B. Martiny, Die Milch 1871, I, 249. (Journ. R. Agric. Soc. England 13. 1852, I, 25.) Die verschiedenen Fütterungen währten jedesmal nur 1 Tag; die am Abend desselben und am Morgen des nächsten Tages erhaltene Milch wurde als zu der Fütterung des betr. Tages gehörig angesehen. Die Fütterung und die Milchmenge für den Tag waren folgende:

1 Tag	Weide auf Nachgras	$9^1/_2$ Quart
2 „	28 kg gutes Heu + $2^1/_2$ Pfd. Hafermehl	10 „
3 „	28 „ „ „ + $2^1/_2$ „ „ + 8 kg Bohnenmehl	$9^1/_2$ „
4 „	14 „ „ „ + 24 „ ged. Kartoffeln + 8 kg Bohnenmehl	9 „
5 „	14 „ „ „ + 30 „ „ „	$9^1/_4$ „

No.	Nähere Bezeichnung	Zeit der Untersuchung	In der natürlichen Milch: Wasser %	Kasein %	Albumin %	Fett %	Milchzucker %	Asche %	In der Trocken-Substanz: Kasein %	Albumin %	Fett %	Stickstoff in der Trocken-Substanz %	Analytiker
48	Fütterung mit Salz	1855	88,62	—		3,82	2,74	—	—		33,59	—	Richter [1])
49	„ ohne „	„	88,20	—		3,74	2,90	—	—		31,70	—	
50	Grummet, Runkelrübenblätter, Montafuner Kuh 1	„	87,53	—		3,13	—	—	—		25,10	—	E. Wolff und Keyser [2])
51	Grummet, Runkelrübenblätter, Montafuner Kuh 1	„	88,70	—		2,60	—	—	—		23,01	—	
52	Grummet, Rübenblätter, Montafuner Kuh 2	„	87,51	—		3,39	—	—	—		27,03	—	
53	Grummet, Rübenblätter, Montafuner Kuh 2	„	87,92	—		2,88	—	—	—		23,84	—	
54	Grummet, Rübenblätter, Holländer Kuh	„	88,62	—		2,53	—	—	—		22,23	—	
55	Grummet, Rübenblätter, Holländer Kuh	„	88,96	—		2,20	—	—	—		19,93	—	
56	Heu + Runkelrübenblätter 11. bis 16. November . . .	„	86,50	—		4,20	—	—	—		31,11	—	Rohde [3])
57	Heu + Möhrenblätter 17. bis 22. November	„	87,10	—		4,60	—	—	—		35,66	—	
58	Heu 37 kg	„	88,10	4,20		3,10	—	—	35,29		26,05	5,65	Rohde und Trommer [4])
59	„ $18^1/_2$ „ + Kartoffeln 37 Pfd.	„	88,20	4,10		3,60	—	—	34,75		30,51	5,56	
60	„ „ + Kartoffelschlempe 49 Quart	„	87,60	5,00		3,10	—	—	40,33		—	6,45	
61	a. Heu $18^1/_2$ kg + Zuckerrübenschlempe 49 Quart .	„	87,80	3,80		—	—	—	26,15		—	4,18	
62	b. Heu $18^1/_2$ kg + Zuckerrübenschlempe 98 Quart .	„	87,80	3,80		—	—	—	31,15		—	4,98	
63	Heu $18^1/_2$ kg + Zuckerrüben 55,4 Pfd	„	87,30	3,90		—	—	—	30,71		—	4,91	
64	Heu $18^1/_2$ kg + Futterrunkeln 55,4 Pfd.	„	87,30	3,90		—	—	—	30,71		—	4,91	
65	Heu $18^1/_2$ kg + Mohrrüben 55,4 Pfd.	„	87,58	4,10		—	—	—	32,80		—	5,25	
66	Heu $18^1/_2$ kg + Roggenschlempe 49 Quart	„	86,80	4,20		—	—	—	31,82		—	5,09	

[1]) Weende'r Jahresber. 1855/56, 92. (Böhm. Centrlbl. 1855, Beil. No. 20.) Die untersuchte Milch stammte von 2 Kühen.

[2]) B. Martiny, Die Milch 1871, I, 262.

[3]) Eldena'er Archiv f. landwirthsch. Erfahrungen u. Versuche. Berlin 1855, 277. Die mit obengenannten Futtermitteln ernährten 2 Kühe waren seit Mai frischmelkend und ergaben beim Probemelken am 1. November, dreimal gemolken, $5^1/_4$ bezw. 5 Quart (6 bezw. 5, 7 l) Milch. Zur Vorbereitung des Versuchs erhielten die Kühe von Runkelblättern soviel als sie davon fressen wollten, 4 kg Heu und Wasser nach Belieben. Nachdem so festgestellt worden, wieviel Blätter die Kühe zu verzehren vermochten, erhielten dieselben vom 11.—16. November täglich 350 kg Blätter und 4 kg Heu in 2 Mahlzeiten vorgelegt; darnach die Kühe 6 Tage lang 350 kg frisch geschnittene Möhrenblätter. Während bei Runkelblätterfütterung die Heumenge vollständig verzehrt wurde, frassen die Kühe bei Möhrenblätterfütterung nur 3 kg Heu pro Tag. Die Milchmenge blieb sich in beiden Perioden gleich, in 6 Tagen wurden je $74^1/_4$ Quart (= 85 l) gemolken; die Probenahme behufs Untersuchung der Milch geschah je am 6. Tage der Fütterung.

[4]) Eldena'er Arch. 1855, 240. Die untersuchte Milch stammte von 4 Kühen, von denen 3 einer Kreuzung von Ayrshire mit Landvieh, die vierte der Breitenburger Rasse angehörte; alle 4 Kühe hatten im letzten Drittel des Decembers 1854 gekalbt. Der Fütterungsversuch begann Anfang Februar. Gemolken wurde dreimal täglich und die Milch jeder Periode wiederholt (wann und in welcher Weise ist nicht angegeben) untersucht. Für den Tag und Kopf wurden an Milch erhalten:

No.	58	59	60	61	62	63	64	65	66	
	7,77	8,36	9,27	7,79	7,56	6,41	6,10	6,23	7,33	Liter

No.	Nähere Bezeichnung	Zeit der Untersuchung	In der natürlichen Milch: Wasser %	Kasein %	Albumin %	Fett %	Milchzucker %	Asche %	In der Trocken-Substanz: Kasein %	Albumin %	Fett %	Stickstoff in der Trocken-Substanz %	Analytiker
	Im Futter für jede Kuh und Tag Nährstoffe in Pfd.:												
67	Nh 1,47 Nfr. 9,07 Fett —	18 58/59	87,57	3,95		2,19	5,48	0,81	31,79		17,62	5,09	Pinkus[1])
68	„ 1,81 „ 9,42 „ 0,085	„	88,94	3,50		2,54	4,20	0,82	31,54		22,96	5,06	
69	„ 2,15 „ 9,77 „ 0,170	„	89,01	3,79		2,21	4,20	0,79	34,49		20,11	5,52	
70	„ 2.27 „ 10,42 „ 0 170	„	89,02	3,56		2,69	3,95	0,78	23,31		24,50	3,73	
71	„ 1,84 „ 10,19 „ 0,204	„	88,96	3,85		2,68	3,76	0,75	34,87		24,28	5,58	
72	„ 2,09 „ 10,66 „ 0,408 „ 1,42 „ 8,61 „ 0,204	„	—	—		3,24	4,26	—	—		—	—	
73	„ 1,67 „ 9,08 „ 0,408	„	89,78	3,04		2,18	4,22	0,78	29,75		21,33	4,76	
74	„ 1,92 „ 9,55 „ 0,612	„	89,37	2,94		2,55	4,36	0,78	27,65		23,99	4,42	
75	„ 1,67 „ 9,08 „ 0,408 „ 1,42 „ 8,61 „ 0,204	„	88,93	3,32		2,62	4,33	0,80	29,89		23,67	4,78	
76	„ 1,51 „ 8,49 „ 0,085	„	89,36	3,10		2,41	4,38	—	29,14		22,65	4,66	
77	Weide 18/9 (3 Kühe, reinblütige Shorthorns (Pedigree))	1860	87,20	3,28		3,86	4,89	0,77	25,62		30,15	4,10	Aug. Völcker[2])
78	„ + 1 Pfd. Leinkuchen 24/9	„	86,50	3,25		4,28	5,30	0,67	24,07		31,70	3,85	
79	„ + 2 Pfd. Leinkuchen 2/10	„	86,50	3,19		4,19	5,34	0,78	23,63		31,04	3,78	
80	„ 18/9 (3 Kühe, Shorthorns-Kreuzung (Crossbred))	„	86,65	3,47		3,99	5,11	0,78	25,99		29,89	4,16	
81	„ + 1 Pfd. Leinkuchen 24/9	„	87,10	3,06		4,28	4,81	0,72	23,72		33,18	3,79	
82	„ + 2 Pfd. Leinkuchen 2/10	„	86,90	3,37		3,96	4,98	0,79	25,73		30,23	4,12	
83	„ Juli	„	88,25	2,87		2,92	5,24	0,72	24,42		24,85	3,91	derselbe[3])
84	„ arm u. überfüllt, Septbr.	„	90,30	2,88		1,89	4,26	0,65	19,69		19,48	3,15	
85	„ mit Beifutter, Oktober .	„	88,95	2,62		3,44	4,30	0,69	23,71		31,13	3,79	
	Shorthorn-Kühe:												
86	Reichliche Winterfütterung, Milch von 9 Kühen . .	18 66/67	87,36	3,33		3,54	5,02	0,75	26,34		28,06	4,21	J. Lehmann[4])
87	desgl., Milch von 7 Kühen .	„	86,66	3,61		4,17	4,80	0,76	27,06		31,26	4,33	

[1]) B. Martiny, Die Milch I, 319. Vier ostfriesische Kühe, 4—5-jährig, vor 4—5 Wochen gekalbt und von konstanter Milchergiebigkeit, erhielten das nachstehende Futter. Die Kühe waren 800—950 Pfd. schwer, wurden zweimal täglich gemolken. Die tägliche Futtermenge für die Kuh und den Tag bestand bis zur 6. Periode aus 26 kg Stoppelrüben oder Runkelrüben, 12 kg Heu und 6 kg Roggenstroh, von da ab aus 42 Pfd. Runkeln, 6 kg Heu und 6 kg Stroh und von der 2. Periode an als Beigabe aus wechselnden Mengen Rübkuchen, deren Menge (1—3 Pfd.) aus oben angegebenem Oelgehalt des Futters, der sich nur auf die Rübkuchen, nicht auf das Gesammt-Futter, bezieht, erkennbar ist. Die durchschnittliche tägliche Milchmenge der Kühe betrug in Pfunden:

zu No.	67	68	69	70	71	72	73	74	75	76
	72,91	78,39	78,03	76,21	76,76	79,61	77,03	80,24	78,84	76,23

Die Fütterungsperioden wechselten ohne Uebergang; Milchmenge und Milchzusammensetzung wurden ermittelt, ohne den störenden Einfluss des Futterwechsels zu berücksichtigen.

[2]) Journ. R. Agric. Soc. England 1863, 309. Die untersuchte Milch war das Gemenge von Morgen- und Abendmilch, in deren Zusammensetzung kein wesentlicher Unterschied bemerkbar war. Der Ertrag an Milch für den Tag und 3 Stück Kühe waren:

reine Shorthorns			Shorthorn-Kreuzung		
18/9	24/9	2/10	18/9	24/9	2/10
27,9	27,5	27,0	29,5	26,4	27,9 l

[3]) Ebendaselbst 1861, 33; 1863, 302. Die Kühe wurden von Mai bis Ende Oktober geweidet und erhielten während des Oktobers ein Beifutter von Rüben, Schrot und Heu, im September dagegen war die Weide arm und übersetzt, so dass die Kühe ärmlich ernährt wurden. Die Zusammensetzung bezieht sich auf Morgen- und Abendmilch.

[4]) Vergl. Anmerkung [1]) S. 171.

No.	Nähere Bezeichnung	Zeit der Untersuchung	In der natürlichen Milch: Wasser %	Kasein %	Albumin %	Fett %	Milchzucker %	Asche %	In der Trocken-Substanz: Kasein %	Albumin %	Fett %	Stickstoff in der Trocken-Substanz %	Analytiker
88	Grünklee + 2 kg Kleie, Milch von 7 Kühen	18 66/67	86,48	3,84		4,01	4,93	0,74	28,40		30,66	4,54	J. Lehmann [1])
89	Grünklee ohne Beifutter, Milch von 2 Kühen	„	86,94	3,55		4,07	4,65	0,79	27,18		31,16	4,35	
90	desgl., Milch von 2 Kühen	„	86,20	3,42		4,54	5,13	0,71	24,78		32,90	3,96	
91	Grünklee + 3 kg Kleie, Milch von 2 Kühen	„	85,83	4,20		4,61	4,56	0,80	29,64		32,53	4,74	
92	desgl., Milch von 2 Kühen	„	85,75	3,99		4,78	4,70	0,78	28,00		33,55	4,48	
	Holländer Kühe:												
93	Reichliche Winterfütterung, Milch von 9 Kühen	„	88,36	3,27		3,11	4,49	0,77	28,09		26,72	4,49	
94	desgl., Milch von 7 Kühen	„	87,98	3,28		3,29	4,75	0,70	26,74		26,82	4,28	
95	Grünklee + 2 kg Kleie, Milch von 7 Kühen	„	88,30	2,95		3,24	4,83	0,68	25,21		27,69	4,03	
96	Grünklee ohne Beifutter, Milch von 2 Kühen	„	88,00	2,89		3,40	5,04	0,67	24,28		28,33	3,38	
97	desgl., Milch von 2 Kühen	„	88,56	2,78		3,34	4,62	0,70	24,30		29,19	3,89	
98	Grünklee + 3 kg Kleie, Milch von 2 Kühen	„	87,60	2,93		3,68	5,11	0,68	23,63		29,68	3,78	
99	desgl., Milch von 2 Kühen	„	88,81	2,79		3,55	4,14	0,71	24,93		31,83	3,99	
	Shorthorn-Kühe:												
100	Bei beregnetem Grünklee	„	87,03	3,59		3,72	4,91	0,75	27,68		28,68	4,43	derselbe [2])
101	„ trockenem „	„	86,57	3,48		4,31	4,89	0,75	25,88		32,09	4,14	
	Holländer Kühe:												
102	„ beregnetem Grünklee	„	88,65	2,83		2,98	4,85	0,69	25,14		26,62	4,02	
103	„ trockenem „	„	88,29	2,83		3,37	4,83	0,68	24,17		28,78	3,87	
	Drei Kühe der Holländer Rasse, Einfluss steigender Menge von Protein im Futter: Protein i. Futter — Nährstoffverhältniss = 1:			Milchzucker			Protein + Salze		Milchzucker				
104	2,20 kg — 5,00	1868	88,00	4,42		3,07	4,42		36,83		25,58	—	E. Wolff, Funke und Kreuzhage [3])
105	2,29 „ — 5,43	„	88,00	4,42		3,00	4,42		36,83		25,00	—	
106	2,89 „ — 4,22	„	88,00	4,52		3,12	4,36		37,67		26,00	—	
107	3,51 „ — 3,39	„	88,00	4,01		3,07	4,92		33,42		25,58	—	
108	3,79 „ — 3,27	„	88,00	4,37		3,08	4,55		36,42		25,67	—	
109	3,04 „ — 3,75	„	88,00	3,84		3,10	5,06		32,08		25,83	—	
110	3,77 „ — 3,36	„	88,00	3,93		3,04	5,03		32,75		25,33	—	
111	4,09 „ — 3,20	„	88,00	3,89		3,06	5,05		32,42		25,50	—	
112	2,68 „ — 4,78	„	88,00	4,03		3,13	4,84		35,82		26,08	—	

[1]) Der „Landwirth“ 1869, 1. Die Winterfütterung bestand für den Kopf und Tag aus 40 kg Runkeln, 2 Rapskuchen, 2 kg Roggenkleie, 5 kg Wiesenheu und 9 kg Häcksel und Spreu nebst Salz. Die untersuchten Milchproben repräsentirten stets die Gesammtmilch eines Tages.

[2]) Wilda's landwirthsch. Centrbl. 1869, **2**, 285.

[3]) „Die Versuchsstation Hohenheim“, Berlin 1870, auch „Württembergisches Wochenblatt für Land- und Forstwirthschaft“ 1869, No. 29. Nach üblicher Vorfütterung erhielten 3 Kühe der Holländer Rasse vom

	Wiesenheu	Kleeheu	Runkeln	Bohnenschrot	u. ergaben täglich Milch	u. darin Trockensbstz.
18/2—28/2	18,8	—	53,5	— Pfd.	18,0 Pfd.	11,38 %
2/3—10/3	9,3	9,5	53,5	— „	18,1 „	11,43 „
11/3—20/3	—	19,1	53,4	— „	18,2 „	11,46 „
21/3—28/3	—	21,1	52,2	— „	17,9 „	11,61 „
29/3—8/4	—	18,1	52,7	— „	16,8 „	11,71 „
9/4—14/4	—	17,4	52,7	1,57 „	16,6 „	— „
15/4—24/4	—	17,6	51,7	2,77 „	16,6 „	11,50 „
25/4—2/5	—	16,3	51,8	4,62 „	16,5 „	11,88 „
3/5—22/5	17,6	—	51,6	1,83 „	15,5 „	11,84 „

Die Milch wurde in jeder Periode 3 bis 6 mal an aufeinanderfolgenden Tagen, Abend- und Morgenmilch gemischt, untersucht. Die Ergebnisse der Untersuchung sind auf Milch von 12 % Trocken-Substanz berechnet.

No.	Nähere Bezeichnung	Zeit der Untersuchung	In der natürlichen Milch: Wasser %	Kasein %	Albumin %	Fett %	Milchzucker %	Asche %	In der Trocken-Substanz: Kasein %	Albumin %	Fett %	Stickstoff in der Trocken-Substanz %	Analytiker
	Kuh I:												
113	Reiche Fütterung	1870	88,00	2,73		3,37	—	—	22,75		28,09	3,64	M. Fleischer[1]
114	Arme „	„	88,00	2,60		3,50	—	—	21,67		29,17	3,47	
115	„ „ + Oel . .	„	88,00	2,54		3,44	—	—	21,17		28,67	3,39	
116	„ „ + Bohnenschrot	„	88,00	2,63		3,17	—	—	21,92		26,42	3,51	
117	Reiche (Grün-) Fütterung. .	„	88,00	2,74		3,15	—	—	22,83		26,23	3,65	
	Kuh II:												
118	Reiche Fütterung	„	88,00	2,94		3,55	—	—	24,50		29,58	3,92	
119	Arme „	„	88,00	2,70		3,61	—	—	22,50		30,08	3,60	
120	„ „ + Oel . .	„	88,00	2,59		3,50	—	—	21,58		29,17	3,55	
121	„ „ + Leinsamen	„	88,00	2,63		3,33	—	—	21,92		27,75	3,51	
122	Reiche (Grün-) Fütterung. .	„	88,00	2,87		3,50	—	—	23,92		29,17	3,83	
	Kuh I:												
123	Grüner Rothklee Morgenm.	1867	88,00	2,19	0,44	2,61	4,58	—	18,25	3,67	21,75	3,51	G. Kühn[2]
124	Grüner Rothklee Mittagm.	„	88,00	2,33	0,46	4,49	4,55	—	19,42	3,83	37,42	3,70	
125	Grüner Rothklee Abendm.	„	88,00	2,35	0,45	4,13	4,70	—	19,58	3,74	34,09	3,73	
	Kuh II:												
126	Grüner Rothklee Morgenm.	„	88,00	2,41	0,31	3,67	4,62	—	20,08	2,58	30,59	3,63	
127	Grüner Rothklee Abendm.	„	88,00	2,59	0,38	3,79	4,77	—	21,58	3,17	31,59	3,96	

[1]) Journ. f. Landwirthsch. 1871, 371 und 1872, 395. Zu dem Versuche über die Frage, ob bei sehr verschiedener Fütterungsweise und bei wesentlicher Aenderung im Ernährungszustande der Thiere die mittlere Zusammensetzung der Milch konstant bleibt oder in irgend einer Richtung bestimmte Differenzen zeigt, dienten 2 Kühe der Simmenthaler Rasse, von denen Kuh I 10¼ Jahr alt, am 24/12 69, die Kuh II 3¾ Jahr alt, am 1/1 70 gekalbt hatte. Nach üblicher Vorfütterung erhielten die Kühe an Futter:

	Milchertrag Kuh I	Milchertrag Kuh II	in der Milch Trocken-Substanz Kuh I	in der Milch Trocken-Substanz Kuh II
1) als reiches Futter 21 kg Kleeheu, 35 kg Runkeln und 3 kg Gerstenschrot . .	26,7	23,5 Pfd.	12,31	13,26 %
2) „ armes „ 8 „ „ 40 „ „ „ 10,5 kg „ . .	18,1	16,6 „	12,00	12,62 „
3) kam hinzu 1 Pfd. Oel, anfänglich Rüböl, später Leinöl	17,7	16,1 „	11,84	12,16 „
4) „ „ anstatt Oel 2 kg Bohnenschrot, Kuh II jedoch Leinsamen	18,3	17,7 „	11,38	12,15 „
5) wurde sehr reichlich und intensiv gefüttert mit grünem Klee neben etwas Kleeheu, ausserdem 8 kg Gersteschrot und 2 kg Bohnenschrot	20,2	18,8 „	12,28	12,51 „

Die Abend- und Morgenmilch wurde gemischt untersucht. Trocken-Substanz: Milch mit Sand gemischt im Wasserstoff-Strom getrocknet.

[2]) Versuchsstation Möckern. Amtsbl. f. d. landw. Verein Königr. Sachsen 1868, 68. Zwei Kühe erhielten geschnittenen, im Beginn der Blüthe befindlichen Rothklee, soviel sie davon fressen wollten.

Die Thiere frassen in der Zeit vom 10. bis 22. Juli:

am Tage	Grünklee Kuh I	Grünklee Kuh II	Klee-Trocken-Substanz Kuh I	Klee-Trocken-Substanz Kuh II	und producirten Milch Kuh I	und producirten Milch Kuh II
als Maximum	149,4 Pfd.	113,0 Pfd.	31,3 Pfd.	24,8 Pfd.	27,16 Pfd.	17,72 Pfd.
als Minimum	112,4 „	82,0 „	24,1 „	18,0 „	24,89 „	15,90 „
im Mittel	130,3 „	93,5 „	27,43 „	19,65 „	26,33 „	16,53 „

Die Milch wurde am 17., 19. und 22. Juli untersucht.

Bei der zweiten Periode wurde von den Thieren in den 7 Versuchstagen

im Mittel verzehrt	Kuh I	Kuh II	an Milch producirt	Kuh I	Kuh II
Klee-Trocken-Substanz . .	19,71 Pfd.	12,96 Pfd.	pro Tag	22,58 Pfd.	13,47 Pfd.
Stroh- „ . .	4,83 „	3,00 „			
	24,54 Pfd.	15,96 Pfd.			

Bei den Untersuchungen von G. Kühn wurde die Trocken-Substanz in Liebig'schen Trockenröhren im Wasserbade unter Durchleiten von Wasserstoff bestimmt. Zur Bestimmung des Fettes wurden 20 ccm Milch auf feingepulvertem Marmor unter stetem Umrühren im Wasserbade zur Trockne gebracht, der Rückstand fein zerrieben und bis zur Erschöpfung mit Aether ausgezogen. Die Bestimmung des Kaseins und Albumins erfolgte nach der Methode von Hoppe-Seyler nur mit dem Unterschiede, dass nicht mit dem 19- sondern nur dem 11-fachen Wasser verdünnt wurde. Zur Bestimmung des Milchzuckers wurden 25 ccm Milch koagulirt, auf 500 ccm gebracht und in einem aliquoten Theil des Filtrats der Milchzucker mit Fehling'scher Lösung titrirt.

No.	Nähere Bezeichnung		Spec. Gewicht	Zeit der Untersuchung	In der natürlichen Milch: Wasser %	Kasein %	Albumin %	Fett %	Milchzucker %	Asche %	In der Trocken-Substanz: Kasein %	Albumin %	Fett %	Stickstoff in der Trocken-Substanz %	Analytiker
	Kuh I:														
128	desgl. + Strohhäcksel	Morgenm.		1867	88,00	2,31	0,44	2,59	4,96	—	19,25	3,67	21,59	3,67	G. Kühn [1]
129		Mittagm.		„	88,00	2,42	0,40	4,53	5,33	—	20,17	3,33	37,70	3,76	
130		Abendm.		„	88,00	2,40	0,34	3,75	5,37	—	20,00	2,83	31,25	3,65	
	Kuh II:														
131		Morgenm.		„	88,00	2,39	0,33	3,53	4,30	—	19,92	2,75	29,42	3,63	
132		Abendm.		„	88,00	2,35	0,39	2,84	—	—	19,58	3,25	23,67	3,65	
133	Grüner Klee mit Gerstenstroh, 1/4 der Trockensubstanz bestand aus Stroh (Abth. I, Periode I)	12. Juni	1,0297	1868	87,02	2,67	0,37	4,18	—	—	20,59	2,85	32,20	3,75	G. Kühn, M. Fleischer und A. Striedter [2]
134		16. „	1,0297	„	86,97	2,75	0,37	4,05	—	—	21,10	2,77	31,08	3,82	
135		21. „	1,0292	„	86,82	2,79	0,33	4,08	4 55	—	21,17	2,50	30,95	3,79	
136		1. Juli	1,0307	„	86,69	2,76	0,36	3,95	4,59	—	20,74	2,70	29,67	3,75	
137		2. „	1,0301	„	87,40	2,75	0,34	3,82	4,51	—	21,83	2,70	30,32	3,93	
138		Mittel		„	86,67	2,74	0,39	4,02	4,55	—	21,03	2,99	30,85	3,84	
139	Grünklee nach Belieben (Abth. I, Periode II)	15. Juli	1,0295	„	86,47	2,79	0,36	4,41	4,40	—	20,62	2,66	32,59	3,73	
140		17. „	1,0313	„	86,66	2,64	—	4,25	4,42	—	19,79	—	31,86	—	
141		23. „	1,0305	„	—	2,64	0,28	—	—	—	—	—	—	—	
142		27. „	1,0300	„	86,73	2,95	0,30	4,06	4,49	—	22,23	2,26	30,60	3,92	
143		28. „	1,0297	„	86,49	2,86	—	4,33	—	—	21,17	—	32,05	—	
144		Mittel		„	86,59	2,77	0,31	4,26	4,44	—	20,66	2,31	31,77	3,68	
145	Grüner Klee mit Gerstenstroh, 1/3 der Trockensubstanz bestand aus Stroh (Abth. II. Periode I)	12. Juni	1,0309	„	87,45	2,52	—	3,55	—	—	20,08	3,03	28,29	3,70	
146		17. „	1,0303	„	87,41	2,62	—	3,66	—	—	20,81	2,62	29,07	3,75	
147		21. „	1,0292	„	87,24	2,44	4,63	3,79	4,63	—	19,12	2,82	29,70	3,51	
148		1. Juli	1,0307	„	87,43	2,49	4,80	3,62	4,80	—	19,81	2,71	28,80	3,60	
149		2. „	1,0287	„	87,50	2,52	4,77	3,62	4,77	—	20,16	2,56	28,96	3,64	
150		Mittel		„	87,41	2,52	4,73	3,65	4,73	—	20,02	2,70	28,99	3,64	
151	Grünklee nach Belieben (Abth. II, Periode II)	15. Juli	1,0300	„	87,05	2,60	4,55	3,98	4,55	—	20,08	2,47	30,73	3,61	
152		17. „	1,0303	„	87,18	2,46	4,71	3,91	4,71	—	19,19	2,73	30,50	3,51	
153		18. „	1,0298	„	—	—	—	3,99	—	—	—	—	—	—	
154		23. „	1,0305	„	—	2,50	—	—	—	—	—	—	—	—	
155		27. „	1,0301	„	87,22	2,38	4,61	3,84	4,61	—	18,62	2,50	30,06	—	
156		28: „	1,0301	„	87,22	2,67	—	3,68	—	—	20,89	2,97	28,80	—	
157		Mittel		„	87,17	2,52	4,62	3,88	4,62	—	19,64	2,65	32,24	—	

[1]) Vergl. Anmerkung [2]) S. 172.

[2]) Journ. f. Landwirthsch. 1869, 16. Vier Kühe wurden in 2 Abtheilungen von nahezu gleichem Gewicht (Abth. I 1800 Pfd., Abth. II 1600 Pfd.) gebracht. Es wurde immer die Abendmilch mit der Milch vom folgenden Morgen vereinigt untersucht, so dass die Milch, welche als Milch am 12. Juni aufgeführt ist, z. B. vom Abend des 12. und vom Morgen des 13. Juni herrührt. Auf Milch von 12 % Trocken-Substanz berechnet ergiebt sich nachstehende mittlere Zusammensetzung der Milch:

	Fett	Kasein	Albumin	Zucker
Abth. I Periode I . . .	3,70 %	2,53 %	0,32 %	4,19 %
„ I „ II . . .	3,81 „	2,52 „	0,30 „	3,98 „
„ II „ I . . .	3,48 „	2,40 „	0,33 „	4,50 „
„ II „ II . . .	3,61 „	2,36 „	0,32 „	4,32 „

Es konnte das Mittel aus den Summen sämmtlicher Analysen einer Periode ohne vorherige Berechnung der an den einzelnen Untersuchungstagen ausgeschiedenen absoluten Menge eines jeden Bestandtheiles abgeleitet werden, weil die Menge der Milch, welche an den Untersuchungstagen im Mittel ausgeschieden wurde, mit dem Gesammtmittel der Perioden genau übereinstimmt.

No.	Nähere Bezeichnung	Nährstoffverhältniss 1: roh	verdaut	Zeit der Untersuchung	In der natürlichen Milch: Wasser %	Kasein %	Albumin %	Fett %	Milchzucker %	Asche %	In der Trocken-Substanz: Kasein %	Albumin %	Fett %	Stickstoff in der Trocken-Substanz %	Analytiker
	Kuh I:														
158	Wiesenheu	6,4	12,3	1868	88,00	2,20	0,39	4,09	4,58	(0,74)	18,33	3,25	34,08	3,43	G. Kühn und M. Fleischer[1]
159	„ +Rapsmehl	4,6	7,4	„	88,00	2,36	0,47	3,78	4,50	(0,89)	19,57	3,92	31,50	3,76	
160	„ +Stärke	8,0	16,3	„	88,00	2,43	0,41	3,88	4,24	(1,04)	20,25	3,42	32,33	3,79	
161	„ + Oel	8,0	—	„	88,00	2,46	0,39	3,82	4,61	(0,72)	20,50	3,25	31,83	3,80	
162	„	6,4	—	„	88,00	2,45	0,35	3,98	4,35	(0,87)	20,42	2,92	33,17	3,73	
	Kuh II:														
163	„	6,4	11,4	„	88,00	2,54	0,34	4,27	4,52	(0,33)	21,17	2,83	35,58	3,84	
164	„ + Oel	8,1	13,5	„	88,00	2,41	0,34	3,92	4,41	(0,92)	20,08	2,83	32,67	3,67	
165	„ +Stärke	7,9	14,3	„	88,00	2,59	0,33	3,87	4,56	(0,65)	21,58	2,75	32,65	3,89	
166	„ +Bohnenschrot	5,0	7,7	„	88,00	2,64	0,36	4,11	4,32	(0,57)	22,00	3,00	34,25	4,00	
167	„	6,4	11,1	„	88,00	2,61	0,30	4,10	4,25	(0,74)	21,75	2,50	34,17	3,88	
168	Abth. I bei schwachem Futter			„	88,00	2,55	0,41	3,25	4,86	—	21,25	3,42	27,08	3,95	G. Kühn u. R. Biedermann[2]
169	„ „ starkem „			„	88,00	2,58	0,40	3,14	4,99	—	21,50	3,33	26,17	3,97	
170	„ II „ schwachem „			„	88,00	2,59	0,38	3,28	4,91	—	21,58	3,17	27,33	3,96	
171	„ „ starkem „			„	88,00	2,59	0,37	3,42	4,48	—	21,58	3,08	28,50	3,95	
172	Wiesenheufutter			1874	88,00	2,87		3,43	4,85	—	23,92		28,58	3,83	G. Kühn, Gerver etc.[3]
173	Kleiefutter			„	88,00	3,00		3,44	4,81	—	25,00		28,67	4,00	
174	Rapsmehlfutter			„	88,00	3,09		3,31	5,00	—	25,75		27,58	4,12	
175	Wiesenheufutter			„	88,00	3,11		3,35	5,07	—	25,93		27,92	4,15	

[1]) Amtsbl. f. d. Landw. Ver. in Sachsen 1869. 55 Versuche über den Einfluss wechselnder Ernährung auf die Milchproduktion. 2 Kühe (Rasse nicht benannt) erhielten je 20 Pfd. Wiesenheu als Normalfutter und darnach Zusätze wie oben angegeben. Der wirkliche Verzehr an Futter-Trocken-Substanz war folgender:

	Wiesenheu	Wiesenheu	+ Rapsmehl	Wiesenheu	+ Stärke	Wiesenheu	+ Oel	Wiesenheu
Kuh I	16,26	16,10	1,71	15,36	2,34	15,64	0,94	16,29
			Bohnen					
„ II	16,25	16,27	2,49	15,40	2,23	15,75	1,00	

Im verdauten Antheil des Futters war das Nährstoffverhältniss: 1 : 11,1. Der Ertrag an Milch war:

	Kuh I 1.	2.	3.	4.	5.	Kuh II 1.	2.	3.	4.	5.
Brutto-Ertrag	15,26	15,30	13,00	13,59	11,83	14,03	15,10	13,45	13,76	11,76
Milch von 12 % Trockensbstz.	16,30	15,62	14,30	14,09	12,16	15,99	16,75	15,08	16,17	13,87

Die Zusammensetzung der Milch ist auf 12 % Trocken-Substanz berechnet und ist das Mittel der Milch von mindestens 5, höchstens 12 Tagen genommen.

[2]) Ebendaselbst 137. Vier Kühe erhielten, in 2 Abtheilungen gebracht, ein aus Wiesenheu, Gerstenstroh, Runkelrüben und Rapskuchen zusammengesetztes Futter in wechselnden Mengen des Gesammtfutters (ohne Erhöhung der Strohration), so dass also die Menge des Futters, nicht aber das Nährstoffverhältniss des Futters (1 : 5 wesentlich) geändert wurde.

	Abth. I schwach F.	stark F.	Abth. II schwach F.	stark F.
Der Milchertrag war folgender, brutto	38,0	38,0	33,0	35,0 Pfd.
auf Milch von 12 % Trocken-Substanz	38,0	39,6	34,8	35,0 „

Die Zusammensetzung der Milch ist auf Milch von 12 % Trocken-Substanz berechnet. Der Nährstoffverzehr auf 1000 Pfd. Lebendgewicht war folgender:

Abth. I.	Nh.	Nfr.	Fett	Holzfaser	Abth. II.	Nh.	Nfr.	Fett	Holzfaser
schwach F.	2,49	10,90	0,73	6,43	stark	2,73	11,53	0,77	6,23
stark F.	2,94	12,27	0,83	6,99	schwach	2,22	9,78	0,63	5,50

[3]) G. Kühn, F. Gerver, E. Wackwarth und E. Kisielinski. Sächs. Landw. Zeitschr. 1875, 153. Zu den Versuchen über den Einfluss der Ernährung auf die Milchproduktion dienten 4 „Dessauer" Kühe, welche zwischen Mitte Juli und Mitte August gekalbt hatten (wann aber der Versuch begann, ist nicht ersichtlich). Dieselben erhielten in der 1. und 4. Periode eine „Normalration", bestehend pro 500 kg Lebendgewicht aus 4 kg Wiesenheu, 2 kg Kleeheu, 20 kg Kartoffeln, 5,5 kg Spreu und Stroh und 0,5 kg Erbsenschrot. In den dazwischen liegenden Perioden 2 und 3 wurde das Wiesenheu aus der Ration weggelassen und einmal durch Roggenkleie (2. Periode), das andere Mal durch entöltes Rapsmehl in Verbindung mit so viel Roggenstroh ersetzt, als zur Sättigung nothwendig war. (Roggenkleie 1,63, Rapsmehl 0,64 kg.) An Milch wurde erhalten (auf 12 % Trocken-Substanz bezogen) im Durchschnitt der 4 Thiere

Periode	1	2	3	4
	8,46 kg	7,99 kg	7,41 kg	7,67 kg.

No.	Nähere Bezeichnung	Zeit der Untersuchung	In der natürlichen Milch: Wasser %	Kasein %	Albumin %	Fett %	Milch-zucker %	Asche %	In der Trocken-Substanz: Kasein %	Albumin %	Fett %	Stickstoff in der Trocken-Substanz %	Analytiker
	I. Reihe:												
176	Holländer Kuh 1: 33 Tage knappe Normalration	1870	88,00	2,44	0,31	3,21	5,24	—	20,00	2,58	26,75	3,61	G. Kühn, A. Haase und H. Bäsecke[1])
177	21 Tage dieselbe + 1,5 kg Bohnenschrot	„	88,00	2,39	0,26	3,32	5,21	—	19,92	2,17	27,66	3,53	
178	20 Tage dieselbe + 3,0 kg Bohnenschrot	„	88,00	2,49	0,25	3,40	4,97	—	20,75	2,08	28,33	3,65	
179	41 Tage dieselbe	„	88,00	2,45	0,26	3,28	5,03	—	20,42	2,17	27,33	3,61	
180	Holländer K. 2: 33 Tage knappe Normalration	„	88,00	2,68	0,42	3,04	5,20	—	22,33	3,50	25,33	4,13	
181	34 Tage dieselbe + 3,0 kg Bohnenschrot	„	88,00	2,73	0,39	3,08	4,86	—	22,75	3,25	25,67	4,16	
182	48 Tage dieselbe	„	88,00	2,67	0,37	3,01	4,83	—	22,24	3,08	25,08	4,05	
183	Allgäuer Kuh: 33 Tage knappe Normalration	„	88,00	2,57	0,57	3,23	4,54	—	21,42	4,75	26,72	4,19	
184	21 Tage dieselbe + 3 kg Bohnenschrot	„	88,00	2,61	0,51	3,36	4,52	—	21,75	4,25	28,00	4,16	
185	20 Tage dieselbe + 3 kg Bohnenschrot + 0,5 kg Rüböl	„	88,00	2,66	0,48	3,31	4,41	—	22,17	4,00	27,58	4,19	
186	41 Tage dieselbe	„	88,00	2,62	0,45	3,34	4,49	—	21,83	3,75	27,83	4,09	
187	Voigtländer Kuh: 33 Tage knappe Normalration	„	88,00	2,59	0,41	3,21	4,99	—	21,58	4,42	26,75	4,00	
188	21 Tage dieselbe + 1,5 kg Bohnenschrot	„	88,00	2,62	0,37	3,24	4,64	—	21,83	3,08	27,00	3,99	
189	20 Tage dieselbe + 30 kg Bohnenschrot	„	88,00	2,71	0,38	3,24	4,48	—	22,58	3,17	27,00	4,12	
190	41 Tage dieselbe	„	88,00	2,67	0,38	3,27	4,46	—	22,24	3,17	27,25	4,07	
	II. Reihe:												
191	Kuh 1: Normalfutter	1871	88,00	2,25	0,25	3,33	5,08	—	18,75	2,08	27,75	3,33	G. Kühn, G. Aarland, Dietzell etc.[2])
192	„ + Palmkernmehl 3 kg	„	88,00	2,26	0,24	3,81	4,76	—	18,83	2,00	31,75	3,33	
193	„ + Bohnenmehl 3 kg	„	88,00	2,38	0,26	3,51	5,03	—	19,83	2,17	29,25	3,52	
194	12,5 kg Wiesenheu	„	88,00	2,36	0,23	3,46	5,27	—	19,57	1,92	28,84	3,44	
195	desgl. + 3,0 kg Palmkernmehl	„	88,00	2,38	0,24	3,76	5,08	—	19,83	2,00	31,33	3,49	

[1]) Journ. f. Landw. 1874, 175 u. 191. Die knappe Normalration enthielt pro Tag und Kopf der annähernd 500 kg schweren Thiere 10,5 kg Trocken-Substanz, 0,9 kg Nh. Stoffe, 6,0 kg Nfr. Extraktstoffe, 0,25 kg Fett, 2,8 kg Rohfaser, und bestand aus 8,5 kg Wiesenheu, 1,5 kg Gerstenstroh und 17,5 kg Runkelrüben nebst etwas Salz. Der Versuch begann am 17./1. 70 und hatte Kuh 1 am 17./12. 69, Kuh 2 am 7./12. 69, Kuh 3 am 15./11. 69 und Kuh 4 am 19./12. 69 gekalbt, waren demnach frischmilchend.

[2]) G. Kühn, G. Aarland, H. Bäsecke, B. Dietzell, A. Haase und A. Schmidt. Zum Versuche dienten die beiden Holländer Kühe des vorigen Versuchs, welche am 23./1. 71 und 20./1. 70 gekalbt hatten und am 7. Februar eingestellt wurden. Die Normalration bestand in 8,5 kg Wiesenheu, etwas später nur noch 7,5 kg Wiesenheu, 1,5 kg Gerstenstroh und 17,5 kg Rüben.

No.		Nähere Bezeichnung	Zeit der Untersuchung	In der natürlichen Milch: Wasser %	Kasein %	Albumin %	Fett %	Milchzucker %	Asche %	In der Trocken-Substanz: Kasein %	Albumin %	Fett %	Stickstoff in der Trocken-Substanz %	Analytiker
196	Kuh 2	Normalfutter	1871	88,00	2,24	0,30	3,44	4,98	—	18,67	2,50	28,67	3,39	G. Kühn, Aarland, Dietzell etc.[1]
197	Kuh 2	desgl. + 3 kg Palmkernmehl	„	88,00	2,40	0,31	3,44	4,69	—	20,00	2,58	28,67	3,61	G. Kühn, Aarland, Dietzell etc.[1]
198	Kuh 2	desgl. + 3 kg Bohnenschrot	„	88,00	2,47	0,35	3,15	5,10	—	20,58	2,92	26,25	3,76	G. Kühn, Aarland, Dietzell etc.[1]
199	Kuh 2	12,5 kg Wiesenheu . .	„	88,00	2,48	0,31	3,30	5,16	—	20,67	2,58	27,50	3,72	G. Kühn, Aarland, Dietzell etc.[1]
		III. Reihe:												
200	K. 5 „Dessauer“	Normalfutter	18 72/73	88,00	3,01		3,29	4,97	—	25,08		27,42	4,01	dieselben[2]
201	K. 5 „Dessauer“	„ + 1,5 kg Palmkernmehl . .	„	88,00	3,00		3,65	4,70	—	25,00		30,42	4,00	dieselben[2]
202	K. 5 „Dessauer“	„ + 3,0 kg Palmkernmehl . .	„	88,00	3,07		3,81	4,37	—	25,58		31,75	4,09	dieselben[2]
203	Kuh 6 „Dessauer“	„	„	88,00	2,71		3,26	5,26	—	22,58		27,17	3,61	dieselben[2]
204	Kuh 6 „Dessauer“	„ + 1,5 kg Palmkernmehl . .	„	88,00	2,72		3,35	5,21	—	22,67		27,90	3,63	dieselben[2]
205	Kuh 6 „Dessauer“	„ + 1,0 kg Malzkeime . . .	„	88,00	2,78		3,23	5,19	—	23,17		26,92	3,71	dieselben[2]
206	Kuh 6 „Dessauer“	Normalration	„	88,00	2,64		3,31	5,37	—	22,00		27,58	3,52	dieselben[2]
207	Kuh 6 „Dessauer“	„ + 2 kg Malzkeime . . .	„	88,00	2,77		3,32	4,98	—	23,08		27,66	3,69	dieselben[2]
208	Kuh 7 „Voigtländer“	„	„	88,00	3,00		3,65	4,62	—	25,00		30,42	4,00	dieselben[2]
209	Kuh 7 „Voigtländer“	„ + 1,5 kg Palmkernmehl . .	„	88,00	3,05		3,79	4,46	—	25,42		31,58	4,07	dieselben[2]
210	Kuh 7 „Voigtländer“	„ + 1,0 kg Malzkeime . . .	„	88,00	3,19		3,72	4,58	—	26,58		31,00	4,25	dieselben[2]
211	Kuh 7 „Voigtländer“	„	„	88,00	3,07		3,75	4,44	—	25,58		31,25	4,09	dieselben[2]
212	Kuh 7 „Voigtländer“	„ + 3,0 kg Palmkernmehl . .	„	88,00	3,13		4,07	4,02	—	26,09		33,92	4,17	dieselben[2]
213	Kuh 8 „Voigtländer“	„	„	88,00	2,87		3,54	4,71	—	23,92		29,50	3,83	dieselben[2]
214	Kuh 8 „Voigtländer“	„ + 1,5 kg Palmkernmehl . .	„	88,00	3,08		3,65	4,59	—	25,67		30,42	4,11	dieselben[2]
215	Kuh 8 „Voigtländer“	„ + 1,0 kg Malzkeime . . .	„	88,00	3,11		3,55	4,47	—	25,92		29,58	4,15	dieselben[2]
216	Kuh 8 „Voigtländer“	„	„	88,00	2,93		3,61	4,56	—	24,42		30,08	3,91	dieselben[2]
217	Kuh 8 „Voigtländer“	„ + 2,0 kg Malzkeime . . .	„	88,00	3,04		3,67	4,34	—	25,33		30,57	4,05	dieselben[2]
218		Bei übermässiger Fütterung mit Oelkuchen	1876	79,8	5,80		6,20	7,10	—	28,71		30,69	4,59	A. H. Smee[3]
219		Mit Wiesengras gefüttert 22/10	1873	86,20	3,20		3,00	—	0,70	23,19		21,74	3,71	derselbe[4]

[1]) Vergl. Anmerkung [2]) S. 175.

[2]) Vergl. Anmerkung [3]) S. 175. Einrichtung des Versuchs wie vorher. Kühe No. 7 und 8 gehörten der Voigtländer Rasse an. No. 6 und 5 sind als sog. „Dessauer“ bezeichnet. No. 7 und 8 hatten 3—4 Wochen vor ihrer Einstellung gekalbt; No. 6 hatte am 9. Oktober gekalbt und wurde am 30./11. eingestellt. Die Kühe waren demnach sämmtlich frischmilchend. Das Normalfutter bestand aus Wiesenheu, Gerstenstroh, Runkelrüben und Gerstenschrot.

[3]) Mitgetheilt von C. Petersen; Milchztg. 1876, **5**, 1699. Die Kuh (Aldernay-Brittany) war mit so grosser Menge von Oelkuchen gefüttert worden, dass die Milch unbrauchbar für den Tischgebrauch geworden. Nach dem Kochen der Milch flossen grosse Quantitäten von ranzigem Oel auf der Oberfläche.

[4]) Vergl. Anmerkung [1]) S. 177.

No.	Nähere Bezeichnung	Zeit der Untersuchung	In der natürlichen Milch: Wasser %	Kasein %	Albumin %	Fett %	Milchzucker %	Asche %	In der Trocken-Substanz: Kasein %	Albumin %	Fett %	Stickstoff in der Trocken-Substanz %	Analytiker
220	Mit Sewage gedüngtes Gras gefüttert 22/10	1873	86,30	2,50		2,50	8,00	0,70	18,25		18,25	2,92	A. H. Smee[1])
221	„ Wiesengras gef. 23/10 . .	„	86,00	3,10		3,20	7,07	0,63	22,14		22,26	3,54	A. H. Smee[1])
222	„ Sewage gedüngtes Gras gefüttert 23/10	„	88,80	2,50		2,50	5,60	0,60	22,32		22,32	3,57	A. H. Smee[1])
223	Abth. 1: Vor dem Versuch . . .	1872	88,00	3,61		2,96	4,65	0,78	30,08		24,67	4,81	E. Heiden, O. v. Gruber u. L. Brunner[2])
224	Abth. 1: Mit gedämpften Kartoffeln	„	88,00	3,38		3,02	4,85	0,75	28,17		25,17	4,51	E. Heiden, O. v. Gruber u. L. Brunner[2])
225	Abth. 1: „ rohen „	„	88,00	3,22		2,99	4,95	0,84	26,83		24,92	4,29	E. Heiden, O. v. Gruber u. L. Brunner[2])
226	Abth. 2: Vor dem Versuch . . .	„	88,00	3,18		2,89	5,16	0,77	26,47		24,08	4,24	E. Heiden, O. v. Gruber u. L. Brunner[2])
227	Abth. 2: Mit rohen Kartoffeln . .	„	88,00	3,78		2,83	4,52	0,82	31,08		23,58	4,97	E. Heiden, O. v. Gruber u. L. Brunner[2])
228	Abth. 2: „ gedämpften Kartoffeln	„	88 00	3,53		2,69	4,80	0,93	29,83		22,42	4,77	E. Heiden, O. v. Gruber u. L. Brunner[2])
	Kuh A: (Rübenblätter-Fütterung) — Spec. Gew.												
229	Nov. 6. Abends — 1,0321	1877	85,50	3,84		4,50	5,56	0,60	26,48		31,04	4,24	A. Leclerc-Mettray[3])
230	„ 7. „ — 1,0337	„	84,10	3,43		5,70	5,97	0,80	21,57		35,85	3,45	A. Leclerc-Mettray[3])
231	„ 8. Morgens — 1,0331	„	87,56	2,90		3,20	5,74	0,60	23,31		19,32	3,73	A. Leclerc-Mettray[3])
232	„ 8. Abends — 1,0340	„	85,50	3,23		4,50	6,17	0,60	22,42		31,04	3,59	A. Leclerc-Mettray[3])
233	„ 9. Morgens — 1,0350	„	86,20	3,53		3,60	6,17	0,50	25,58		26,09	4,09	A. Leclerc-Mettray[3])
234	„ 9. Abends — 1,0331	„	86,60	3,23		4,00	5,77	0,40	25,10		29,85	4,02	A. Leclerc-Mettray[3])
235	„ 10. Morgens — 1,0359	„	85,70	3,83		4,00	6,17	0,30	26,78		27,97	4,28	A. Leclerc-Mettray[3])
236	Mittel	„	85,88	3,43		4,21	5,94	0,54	24,46		28,74	3,91	A. Leclerc-Mettray[3])
	Kuh B: (Rübenblätter-Fütterung)												
237	Nov. 6. Abends — 1,0302	„	84,88	4,42		4,92	5,18	0,60	29,23		32,54	4,68	A. Leclerc-Mettray[3])
238	„ 7. „ — 1,0310	„	85,92	4,49		3,68	5,27	0,64	31,89		26,14	5,10	A. Leclerc-Mettray[3])
239	„ 8. Morgens — 1,0316	„	88,60	2.52		2,80	5,38	0,70	22,11		24,56	3,54	A. Leclerc-Mettray[3])
240	„ 8. Abends — 1,0312	„	87,30	3,84		2,80	5,46	0,60	30,24		22,07	4,84	A. Leclerc-Mettray[3])
241	„ 9. Morgens — 1,0338	„	88,80	3,64		1,20	5,96	0,40	32,50		10,71	5,20	A. Leclerc-Mettray[3])
242	„ 9. Abends — 1,0321	„	89,10	2,43		2,80	5,27	0,40	22,29		25,69	3,57	A. Leclerc-Mettray[3])
243	„ 10. Morgens — 1,0326	„	88,18	4,84		1,30	5,46	0,30	40,95		11,00	6,55	A. Leclerc-Mettray[3])
244	Mittel	„	87,54	3,74		2,79	5,43	0,54	29,89		21,82	4,78	A. Leclerc-Mettray[3])
245	Die Kühe weideten auf gedüngt. Alpweide, Mittel von 5 Tagen	„	87,08	2,70		4,06	5,37	0,87	20,90		31,42	3,34	W. Eugling u. v. Klenze[4])
246	desgl. auf ungedüngter Alpweide, Mittel von 5 Tagen	„	87,30	2,80		3,97	5,10	0,80	21,95		31,31	3,51	W. Eugling u. v. Klenze[4])

[1]) Mitgetheilt von C. Petersen: Milchztg. 1876, **5**, 1699. Zwei Shorthorn-Kühe, die in der Beschaffenheit ihrer Milch ziemlich gleich waren, wurden gefüttert, die eine mit gewöhnlichem Wiesengras, die andere mit Gras von der Beddington-Sewage-Farm.

[2]) Jahresbericht 1873/74, 92. Vier Kühe Oldenburger Rasse von durchschnittlich 560 kg Lebendgewicht erhielten neben 1 kg Rapskuchen 1,5 kg Roggenkleie, 2,5 kg Wiesenheu, 20 kg Haferstroh und 4 kg Weizenspreu, 12,5 kg Kartoffeln. Die Milch wurde an 6—7 Tagen jeder Versuchsperiode untersucht; im natürlichen Zustande hatte dieselbe nachstehenden Gehalt an Trocken-Substanz:

	Abtheil. 1			Abtheil. 2		
Periode	1	2	3	1	2	3
	11,50 %	11,55 %	11,52 %	11,33 %	10,90 %	11,00 %

[3]) Milchztg. 1877, **6**, 311. (L'industrie laitière vom 13. Mai 1877.) Aus einer grösseren Anzahl von Kühen, die bereits seit 15 Tagen nur Runkelblätter erhalten hatten, wählte der Autor zwei aus und untersuchte die Milch zweimal täglich. Methode nicht angegeben; die grossen Schwankungen im Fettgehalte der Milch B sind vielleicht auf mangelhafte Untersuchungsmethode, vielleicht auf Verdauungsstörungen zurückzuführen.

[4]) Milchztg. 1878, **7**, 160. Die Milch stammte von einer Herde von 16 Kühen. Nachdem dieselben bereits mehrere Tage ausschliesslich auf gedüngter Weide geweidet hatten, wurde die Milch derselben an 5 aufeinanderfolgenden

No.	Nähere Bezeichnung	Nährstoff-verhältniss	Zeit der Untersuchung	In der natürlichen Milch: Wasser %	Kasein %	Albumin %	Fett %	Milch-zucker %	Asche %	In der Trocken-Substanz: Kasein %	Albumin %	Fett %	Stickstoff in der Trocken-Substanz %	Analytiker
247	I. Normalfutter	1 : 4,8	1877	88,30	—	—	3,25	—	—	—	—	27,88	—	W. Kirchner[1])
248	II. desgl. u. Rüben	1 : 4,3	„	88,14	—	—	3,33	—	—	—	—	28,09	—	
249	III. desgl. + 0,25 kg Erdnusskuchen	1 : 4,5	„	87,93	—	—	3,43	—	—	—	—	28,42	—	
250	IV. desgl. + 0,5 kg Erdnusskuch. + 0,5 kg Stärke	1 : 4,5	„	88,07	—	—	3,34	—	—	—	—	28,00	—	
251	V. Normalfutter	1 : 4,3	„	88,00	—	—	3,33	—	—	—	—	27,75	—	
252	Weidegang, Milch von 4 Tagen		1878	86,71	—	—	4,19	—	—	—	—	23,15	—	derselbe[2])
253	Stallfütterung m. Rübenblättern, desgl.		„	87,00	—	—	3,92	—	—	—	—	22,46	—	
254	Normalfutter	1 : 5,3	1879	88,25	—	—	3,53	—	—	—	—	29,04	—	W. Kirchner, M. Schrodt und Ph. du Roi[3])
255	0,5 kg Erdnusskuchen (+ Stärke)	1 : 4,9	„	88,30	—	—	3,26	—	—	—	—	27,86	—	
256	1,0 kg Erdnusskuchen (+ Stärke)	1 : 4,8	„	88,28	—	—	3,32	—	—	—	—	28,33	—	
257	Normalfutter	1 : 5,3	„	88,31	—	—	3,19	—	—	—	—	27,29	—	
258	„	1 : 5,1	1880	88,56	—	—	3,16	—	—	—	—	27,62	—	M. Schrodt[4]) u. a.
259	„ + Reismehl 1,5 kg	1 : 5,3	„	88,57	—	—	2,89	—	—	—	—	24,58	—	

Tagen untersucht. Dann wurde auf ungedüngte Weide übergegangen und 5 Tage ebenso verfahren. Die Schwankungen an Wasser- und Fettgehalt waren an den 5 Tagen

	Wasser Max.	Wasser Min.	Fett Max.	Fett Min.
beim Weiden auf gedüngter Weide . . .	87,44 %	86,55 %	4,65 %	3,73 %
„ „ „ ungedüngter „ . . .	87,72 „	86,95 „	4,08 „	3,70 „

[1]) Milchztg. 1878, **7**, 465. Die Fütterung bestand durchgehends aus Kleeheu, Haferstroh, Weizenkleie, Bohnenschrot und von der zweiten Periode an auch aus Rüben. In der dritten Periode kamen noch 0,25 kg Erdnusskuchen und in der vierten 0,5 kg Erdnusskuchen und 0,5 kg Stärke für Tag und Stück hinzu. Der Versuch wurde mit 5 Kühen ausgeführt; an Milch wurde täglich erhalten in der Periode

I	II	III	IV	V
59,2 kg	53,2 kg	50,7 kg	50,1 kg	46,5 kg

Die Milch wurde in jeder Woche an 3 Tagen (Morgenmilch und Abendmilch getrennt) untersucht. Aus den einzelnen Analysen berechneten wir obige Mittelzahlen.

[2]) Milchztg. 1878, **7**, 653. Vier Kühe, die längere Zeit zur Weide gegangen, erhielten, nachdem sie am 27. September in den Stall gebracht waren, ein aus 25 kg Rübenblättern, 0,5 kg Erdnusskuchen und ca. 10 kg Rauhfutter bestehendes Futter. Die angegebene Zusammensetzung der Milch ist das aus grösseren Analysenreihen berechnete Mittel. An Milch wurde erzielt: bei Weidegang für den Tag 16,3 kg Milch, mit 2,16 kg Trockensbstz. und 0,68 kg Fett,
„ „ „ „ „ 19,85 „ „ „ 2,58 „ „ „ 0,77 „ „

[3]) W. Kirchner, M. Schrodt und Ph. du Roi. Ebendaselbst 1879, **8**, 541. Die untersuchte Milch wurde gelegentlich von Fütterungsversuchen gewonnen, die eine Fortsetzung der zur Milch unter No. 247—251 erwähnten Versuche bilden. Die benutzten 5 Kühe waren Angler Rasse. Die angegebene Zusammensetzung der Milch bezieht sich auf Morgen- und Abendmilch und ist je das Mittel täglicher Untersuchungen während jeder Periode. Das Futter war dasselbe wie bei dem früheren Versuche.

[4]) M. Schrodt, Ph. du Roi und H. von Peter. Milchw. Versuchsstation Kiel. Milchztg. 1880, **9**, 471. Zu dem Versuche dienten 5 Kühe der Angler Rasse im Alter von 8—12 Jahren, welche theils im November, theils im December gekalbt hatten. Der Versuch begann am 31. December 1879. Das Hauptfutter bestand aus 5 kg Heu, 2 kg Haferstroh und 5 kg Rüben pro Tag und Stück. Das Beifutter wechselte in folgender Weise:

	Kleie	Rapskuchen	Reismehl
1. Periode	3,0	1,0	— kg
2. „	1,5	1,0	1,5 „
3. „ a)	—	1,0	3,0 „
b)	1,5	—	2,5 „
4. „	3,0	1,0	— „

Der Milchertrag war in den 4 Perioden für alle 5 Kühe 69,57 kg, 65,14 kg, 53,25 kg, 49,50 kg im Tage.

No.	Nähere Bezeichnung	Zeit der Untersuchung	In der natürlichen Milch: Wasser %	Kasein %	Albumin %	Fett %	Milchzucker %	Asche %	In der Trocken-Substanz: Kasein %	Albumin %	Fett %	Stickstoff in der Trocken-Substanz %	Analytiker
	Nährstoffverhältniss												
260	Normalfutter + 3,0 kg Reismehl 1 : 6,4	1880	88,83	—		2,85	—	—	—		20,51	—	M. Schrodt[1])
261	1 : 5,1	„	88,74	—		2,91	—	—	—		25,84	—	M. Schrodt[1])
262	Holländer Kuh: Grüner Klee und grünes Gras, gleiche Theile	1875	88,59	2,77		3,55	4,38	—	33,04		31,11	4,36	A. Zanelli[2])
263	Holländer Kuh: Heu + Rüben	„	88,62	3,42		2,27	5,17	—	26,63		17,68	3,84	A. Zanelli[2])
264	Holländer Kuh: „ + Kleie	„	88,32	3,29		2,96	4,97	—	28,17		25,34	3,65	A. Zanelli[2])
265	Holländer Kuh: „ + Leinkuchen	„	88,83	2,91		2,61	4,94	—	26,05		23,37	4,24	A. Zanelli[2])
266	Schweizer K.: Grüner Klee + Gras	„	87,16	3,24		4,45	4,44	—	25,23		34,66	4,27	A. Zanelli[2])
267	Schweizer K.: Weidegang u. Klee im Mai	„	85,98	2,95		5,09	5,31	—	21,04		36,31	4,29	A. Zanelli[2])
268	Schweizer K.: Heu + Rüben	„	87,47	3,49		3,47	5,06	—	27,85		27,69	4,25	A. Zanelli[2])
269	Schweizer K.: „ + Klee	„	86,98	2,99		4,05	5,29	—	22,96		31,16	4,40	A. Zanelli[2])
270	Italiener K.: Gras in der Blüthe	„	86,92	3,56		4,30	4,63	—	27,22		32,87	4,31	A. Zanelli[2])
271	Italiener K.: „ nach der Blüthe	„	87,00	3,12		4,55	4,71	—	24,00		35,00	4,37	A. Zanelli[2])
272	Italiener K.: zur Hälfte Klee, zur Hälfte Gras	„	86,94	2,98		4,79	4,82	—	22,82		36,68	4,21	A. Zanelli[2])
	Dauer der Fütterung												
273	Trocknes Winterfutter 79 T.	1886	85,92	3,73		4,53	5,08	0,74	26,49		32,17	4,24	Stef. v. Czelkó[3])
274	desgl. 34 „	„	86,12	3,70		4,43	5,01	0,73	26,66		31,92	4,27	Stef. v. Czelkó[3])
275	Heu, Malzkeime u. grüne Luzerne 14 „	„	86,73	3,56		4,17	4,89	0,65	26,83		31,43	4,29	Stef. v. Czelkó[3])
276	Heu, grüne Luzerne u. Esparsette 13 „	„	85,93	3,74		4,57	5,20	0,56	26,58		32,48	4,25	Stef. v. Czelkó[3])
277	desgl. w. vorh., Roggenkleie, Malzkeime 7 „	„	85,79	3,91		4,65	5,22	0,43	27,51		32,72	4,40	Stef. v. Czelkó[3])
278	Luzerne, Roggenkleie, Malzkeime 9 „	„	85,94	3,79		4,59	5,03	0,65	26,95		32,64	4,31	Stef. v. Czelkó[3])
279	Luzerne u. Wickhafer, Roggenkleie, Malzkeime 12 „	„	86,20	3,77		4,41	4,99	0,63	27,32		31,96	4,37	Stef. v. Czelkó[3])
280	Wickhafer, Roggenkleie, Malzkeime 6 „	„	86,08	3,66		4,55	5,05	0,66	26,29		32,69	4,21	Stef. v. Czelkó[3])
281	Mais und Wickhafer, Roggenkleie, Malzkeime, Moharheu 4 „	„	86,15	3,72		4,48	4,99	0,66	26,86		32,35	4,30	Stef. v. Czelkó[3])

[1]) Vergl. Anmerkung [4]) S. 178.

[2]) Jahresber. d. Agrikultur-Chemie 1875/76, 78. Zu dem Versuche diente immer eine Kuh der betr. Rasse.

[3]) Milchztg. 1886, **15**, 204 (Wiener Landw. Ztg. 1886). Die Beobachtungen und Erhebungen über den Einfluss des Futters auf die Beschaffenheit der Milch beziehen sich auf die Kühe der Ungarisch-Altenburger Institutsschweizerei, 35 bis 40 Allgäuer Kühe und fanden vom 1. Januar bis 27. September 1886 statt. Die Kühe (Durchschnittsgewicht 475 kg) wurden den ganzen Sommer über im Stall gehalten und in vorgemerkter Weise gefüttert. Das „Winterfutter" bestand aus Wiesenheu, Gerstenstroh, Spreu, Rüben, Rapskuchen, Roggenkleie und Malzkeimen; in der 2. Periode war das Stroh durch Moharheu ersetzt. Die Analysen der Milch wurden in geringer Zahl, in mehreren Perioden nur einmal vorgenommen; es wurde stets nur Mittagmilch untersucht. Auf die Kuh und für den Tag wurde Milch gewonnen:

No.	273	274	275	276	277	278	279	280	281	282	283	284	285	286	287	288	
	7,13	7,73	8,17	8,48	7,75	8,19	8,26	8,16	8,40	8,52	8,16	7,80	7,89	8,18	7,60	8,14	Liter.

No.	Nähere Bezeichnung	Dauer der Fütterung	Zeit der Untersuchung	In der natürlichen Milch: Wasser %	Kasein %	Albumin %	Fett %	Milchzucker %	Asche %	In d. Trocken-Substanz: Kasein %	Albumin %	Fett %	Stickstoff in der Trocken-Substanz %	Analytiker
282	Mais, Rapskuchen, Roggenkleie, Malzkeime, Moharheu	10 „	1886	86,45	3,64		4,31	4,94	0,66	26,86		31,81	4,30	Stef. v. Czelkó[1])
283	Sorghum, Rapskuchen, Roggenkleie, Malzkeime, Moharheu	5 „	„	86,00	3,69		4,74	4,90	0,67	26,36		33,86	4,22	
284	Mais, Wickhaferheu, Rapskuch., Roggenkleie, Malzkeime	6 „	„	86,64	3,62		4,27	4,82	0,65	27,10		31,96	4,34	
285	desgl.	6 „	„	86,12	3,65		4,70	4,86	0,67	26,30		33,86	4,21	
286	Mais, Luzerneheu, Rapskuchen, Roggenkleie, Malzkeime	17 „	„	86,54	3,58		4,26	4,93	0,69	26,60		31,65	4,26	
287	Mais, Luzerne, Rapskuchen, Roggenkleie, Malzkeime	26 „	„	86,76	3,61		4,08	4,85	0,70	27,27		30,82	4,36	
288	wie vorher	14 „	„	86,56	3,65		4,11	5,01	0,67	27,16		30,58	4,35	

Fütterungsversuche mit steigender Körnerfütterung.

Von E. H. Farrington[2]).

Fütterungs-Periode	Futter für den Tag und Kopf kg: Maismehl	Weizenkleie	Oelkuchenmehl	Timotheeheu	Maissilofutter	Jersey-Kuh gekalbt im Novbr. 1891: Milchertrag kg	Trocken-Substanz %	Fett %	Fett in der Trocken-Substanz %	Shorthorn-Kuh gekalbt im Juni 1891: Milchertrag kg	Trocken-Substanz %	Fett %	Fett in der Trocken-Substanz %	Holländer Kuh gekalbt im Nov. 1891: Milchertrag kg	Trocken-Substanz %	Fett %	Fett in der Trocken-Substanz %
I. 1/12—25/12 1891	—	—	2	10	20	7,58	13,89	4,64	33,41	5,22	12,73	3,81	29,93	11,39	12,32	3,58	29,06
II. 25/12—6/1 1892	6	4	2	6	20	8,35	13,89	4,64	33,41	6,72	13,44	3,76	27,98	13,17	12,43	3,88	31,21
III. 6/1—2/2 „	8	4	4	12	—	9,03	14,25	4,91	34,46	7,40	13,10	3,57	27,25	14,12	12,30	3,71	30,16
IV. 2/2—17/2 „	10	5	5	12	—	8,85	14,18	4,48	31,59	7,54	13,21	3,54	26,80	13,94	12,47	3,55	28,47
V. 17/2—8/4 „	12	6	6	12	—	7,99	14,50	4,81	33,17	6,68	13,36	3,79	28,37	12,61	12,43	3,54	28,48
VI. 8/4—14/4 „	12	—	6	12	—	8,44	14,45	5,00	34,60	6,90	13,12	3,70	28,20	11,89	12,10	3,39	28,01
VII. 14/4—30/4 „	—	—	6	12	—	6,17	15,60	5,97	38,27	5,68	13,71	4,27	31,14	8,81	13,14	4,02	30,59
VIII. 30/4—1/6	Weidegang				—	7,26	15,10	5,20	34,44	6,58	13,79	3,66	26,54	10,22	12,60	3,40	26,98

1) Vergl. Anmerkung 3) S. 179.
2) Bull. 24 der Landw. Versuchsstation des Staates Illinois in Champaign 1893. Milchztg. 1893, **22**, 606.

Periode	Tage	Das Futter enthielt verdauliche Stoffe in Pfd.: Trocken-Substanz	Organische Stoffe	Protein	Kohlenhydrate	Fett	Kraftkalorium	Verhältniss der stickstoffhaltigen zu den stickstofffreien Stoffen
I	25	18,58	11,18	1,13	9,54	0,51	22 001	1 : 9,4
II	12	23,72	15,34	1,94	12,63	0,77	30 348	1 : 7,4
III	27	24,91	16,07	2,45	12,70	0,92	32 071	1 : 6
IV	15	28,41	18,65	2,98	14,51	1,16	37 211	1 : 5,7
V	51	31,90	21,13	3,50	16,34	1,29	42 393	1 : 5,5
VI	6	26,50	17,89	2,73	14,08	1,08	35 825	1 : 6
VII	16	25,25	14,88	2,21	11,80	0,87	29 729	1 : 6
VIII	31	Ueppige Weide						1 : 4

Fütterungsversuche mit Mengkorn, Weizen und Melassefutter.

39. Bericht des landw. Versuchslaboratoriums der Kgl. Veterinär- und Landbau-Hochschule zu Kopenhagen. (Milchzeitung 1897, 26, 746—749).

Vergleichende Versuche über den Futterwerth von Mengkorn (gleiche Theile Gerste und Hafer mit etwas Erbsen und z. Th. auch Wicken neben Erbsen) und Weizen, sowie von Mengkorn und Melassefutter mit je 10 Kühen in jeder Gruppe, in Dänemark 1894/96.

No.	Nähere Bezeichnung der Gruppen	Versuchsperioden	In der natürlichen Milch					In der Trocken-Substanz		Stickstoff in der Trocken-Substanz
			Wasser %	Stick-stoff-Substanz %	Fett %	Milch-zucker %	Asche %	Stick-stoff-Substanz %	Fett %	%
	I. Mengkorn und Weizen 1894/95 auf 6 Höfen.									
1	Gruppe A. In der Versuchszeit 2 × a Pfd. Mengkorn, 0 Pfd. Weizen, Vorbereitungszeit und Nachzeit wie Gruppe B	Vorbereitungszeit	88,24	2,97	3,08	4,94	0,77	26,11	26,19	4,18
2		Versuchszeit	88,20	3,03	3,09	4,90	0,78	25,68	26,19	4,11
3		Nachzeit	87,99	3,10	3,24	4,77	0,78	25,81	26,98	4,13
4	Gruppe B. a Pfd. Mengkorn und a Pfd. Weizen neben gleichviel Kleie, Oelkuchen, Rüben, Heu und Stroh nach Bedarf	Vorbereitungszeit	88,21	2,99	3,11	4,94	0,76	25,36	26,38	4,06
5		Versuchszeit	88,11	3,07	3,10	4,93	0,78	25,82	26,07	4,13
6		Nachzeit	87,88	3,11	3,25	4,85	0,78	25,66	26,82	4,11
7	Gruppe C. In der Versuchszeit 0 Pfd. Mengkorn und 2 × a Pfd. Weizen, sonst wie Gruppe B	Vorbereitungszeit	88,22	2,94	3,11	4,98	0,76	24,96	26,40	3,99
8		Versuchszeit	88,10	3,05	3,12	4,95	0,78	27,31	26,22	4,37
9		Nachzeit	87,86	3,09	3,29	4,88	0,78	25,45	27,10	4,07

Es ist mithin eine bemerkenswerthe Veränderung der chemischen Zusammensetzung der Milch durch den Futterwechsel im Allgemeinen nicht verursacht worden.

II. Mengkorn und Melassefutter ($^1/_8$ Palmmehl, $^3/_8$ Weizenkleie, $^4/_8$ Melasse) 1895/96 auf 5 Höfen.

No.	Nähere Bezeichnung der Gruppen	Versuchsperioden	Wasser %	Stickstoff-Substanz %	Fett %	Milchzucker %	Asche %	Stickstoff-Substanz (Trocken-Substanz) %	Fett (Trocken-Substanz) %	Stickstoff in der Trocken-Substanz %
10	Gruppe A. In der Versuchszeit 2 × a Pfd. Mengkorn und 0 Pfd. Melassefutter, sonst wie Gruppe B	Vorbereitungszeit	88,16	2,91	3,25	4,92	0,76	24,58	27,45	3,93
11		Versuchszeit	88,22	2,98	3,16	4,90	0,76	25,30	26,82	4,05
12		Nachzeit	87,91	3,12	3,27	4,85	0,76	25,81	27,05	4,13
13	Gruppe B. a Pfd. Mengkorn und a Pfd. Melassefutter neben Oelkuchen, Rüben, Heu, in gleichen Mengen und Stroh nach Bedarf	Vorbereitungszeit	88,19	2,87	3,23	4,95	0,75	24,30	27,35	3,89
14		Versuchszeit	88,31	2,94	3,12	4,91	0,75	25,15	26,69	4,02
15		Nachzeit	88,04	3,05	3,21	4,86	0,75	25,50	26,84	4,08
16	Gruppe C. In der Versuchszeit 0 Pfd. Mengkorn, 2 × a Pfd. Melassefutter, sonst wie Gruppe B	Vorbereitungszeit	88,11	2,92	3,26	4,96	0,76	24,56	27,42	3,93
17		Versuchszeit	88,21	3,01	3,15	4,91	0,75	25,53	26,77	4,08
18		Nachzeit	87,91	3,12	3,27	4,85	0,76	25,81	27,05	4,13

Es hat sich bei diesen Versuchen, wie bei sämmtlichen, die seit neun Jahren nach denselben Grundsätzen mit ca. 2500 Kühen in 218 Abtheilungen auf 12 Höfen in den verschiedenen Landestheilen Dänemarks angestellt wurden, herausgestellt, dass Veränderungen im Futter der einzelnen Abtheilungen, sofern die nach denselben sich ergebenden Futterrationen als normale angesprochen werden können, so gut wie garnicht den Fettgehalt und überhaupt nicht die chemische Zusammensetzung der Milch beeinflussen.

Fütterungsversuche mit Häringspresskuchen bei 2 Reihen mit je 4 Ostfriesischen Kühen.
Von Winberg und Engström.[1])

Reihe A. Ohne Häringskuchen					Reihe B. Mit Häringskuchen			
Futter	Zeit der Untersuchung	Tägl. Milchertrag der 4 Kühe kg	Spec. Gewicht	Fett %	Futter	Tägl. Milchertrag der 4 Kühe kg	Spec. Gewicht	Fett %
I. Periode mit 1/2 kg Palmkuchen, 1/2 kg Baumwollsamenkuchen	1891 20/5—29/5	47,5	1,0297	3,09	Grundfutter wie in Reihe A. I. Periode mit 0 kg Häringskuchen . . .	47,7	1,0309	3,24
II. Periode mit 1 kg Rapskuchen, 1 kg Weizenkleie	30/5—7/6	47,5	1,0292	2,99	II. „ mit 1/8—1/2 kg Häringskuchen .	46,2	1,0308	3,25
III. Periode mit 1 1/2 kg Mengkornschrot	8/6—17/6	47,6	1,0294	2,99	III. „ mit 1/2—1 kg Häringskuchen unter Entziehung von 1/2 kg Rapskuchen	45,8	1,0310	3,07
IV. Periode mit 4 kg Heu, 15 kg Futterrüben	18/6—26/6	46,5	1,0292	2,91	IV. „ mit 1/2—1 kg Häringskuchen unter Entziehung von 1/2 kg Rapskuchen	45,5	1,0311	3,01
V. Periode mit 4—6 kg Sommerstroh	27/6—4/7	47,0	1,0288	2,81	V. „ Allmähliche Rückkehr zur Fütterung der Periode I . .	46,8	1,0307	2,97

Fütterungsversuche mit Häringspresskuchen. Von L. F. Nilson. (Tidskrift für Landmäns 1890, 17—22 u. 41—49. Centrbl. Agrik. Chem. 1890, 19, 97—200.)

Kuh A. Versuche mit 10 Jahre altem Häringskuchen, bestehend aus 75 Theilen frischem, fein zertheiltem Häring und 25 Th. Haferschrot. Der Häringskuchen enthielt 9,68% Wasser, 25,80% Rohprotein, 6,39% Aetherextrakt, 44,98% Kohlenhydrate, 7,53% Rohfaser und 5,62% Asche.

Kuh B. Versuche mit Häringskuchen der Aktiengesellschaft Delphin, bestehend aus 100 Theilen frischem Häring und 15 kg Weizenkleie. Dieser Häringskuchen hatte folgende Zusammensetzung: 12,32% Wasser, 36,54% Rohprotein, 14,64 Aetherextrakt, 20,57% Kohlenhydrate, 11,27% Rohfaser und 6,66% Asche.

Nähere Bezeichnung	Zeit der Untersuchung	Milchertrag im Tage	In der natürlichen Milch					In der Trocken-Substanz		Stickstoff in der Trocken-Substanz
			Wasser	Stickstoff-Substanz	Fett	Milchzucker (Differenz)	Asche	Stickstoff-Substanz	Fett	
		kg	%	%	%	%	%	%	%	%
Kuh A.										
I. Periode 1/8—7/8: 0,5 kg Leinsamenkuchen, 2,5 kg Haferschrot, 12 kg Heu . .	1889	13,481	88,04	2,89	3,22	5,12	0,73	24,17	26,92	3,87
II. Periode 15/8—28/8: 2,1 kg Häringskuchen, 12,5 kg Heu	„	12,432	87,89	2,90	3,36	5,15	0,70	23,95	27,74	3,83
III. Periode 5/9—11/9: wie I. Periode . . .	„	11,615	87,59	3,01	3,48	5,21	0,71	24,25	28,04	3,87
Kuh B.										
I. Periode 22/7—7/8: 1,5 kg Leinsamenkuch., 2,5 kg Haferschrot, 12 kg Heu . .	„	13,893	87,22	3,06	3,64	5,35	0,73	23,94	28,48	3,81
II. Periode 8/8—29/8: 2,1 kg Häringskuchen, 12,5 kg Heu	„	13,922	87,35	3,10	3,51	5,32	0,72	24,51	27,74	3,92
III. Periode 30/8—11/9: wie I. Periode . . .	„	13,884	87,17	3,10	3,56	5,45	0,72	24,16	27,83	3,87

[1]) Winberg und Engström in Alnarp bei Malmö. Tidskrift for Landhmän vom 25. 7. 1891. Referat von Alexander Müller in Milchztg. 1891, **20**, 827. — Die Zusammensetzung der Futterkuchen war folgende:

	Wasser	Protein	Fett	Kohlenhydrate	Asche
Häringskuchen	6,9 %	40,6 %	16,7 %	28,4 %	7,4 %
Baumwollsamenkuchen .	10,2 „	44,6 „	9,1 „	28,7 „	7,4 „
Rapskuchen	9,2 „	32,0 „	10,3 „	39,8 „	7,9 „

Auch bei der Fütterung von 1 kg Häringskuchen für den Tag konnte bei der Milch nicht der geringste Fischgeruch und Geschmack nachgewiesen werden; ebenso war die Butter von guter Beschaffenheit.

Verf. glaubt aus diesen Zahlen annehmen zu dürfen, dass das Fett und die Proteinsubstanzen des Häringspresskuchens vollständig gleichwerthig mit denen der gewöhnlichen pflanzlichen Kraftfuttermittel sind und ebenso vortheilhaft auf die Milchsekretion und Zusammensetzung der Milch wirken, wie jene.

Fütterungsversuche mit Häringspresskuchen bei Milchkühen.

Von R. T. Hennings.

Kgl. landbruks akademiens handlingar 1890, 49—55; Centrbl. Agrik. Chem. 1890, 19, 458—459.

Die Versuche wurden mit 2 Gruppen von je 6 Kühen angestellt. Das Futter war für jede Kuh täglich 12 Pfd. (1 Pfd. schwedisch = 425,1 g) Kleeheu, 5 Pfd. Haferstroh, 15 Pfd. Spreu, Weizenstroh nach Belieben. Als Kraftfutter erhielten beide Gruppen:

Die erste Woche:		4 Pfd. Schrot und 4 Pfd. Kleie				
„ zweite „	Gruppe A.	3,5 Pfd. Schrot,	3,5 Pfd. Kleie,	1 Pfd.	Rapskuchen
	„ B.	3,5 „ „	3,5 „ „	1 „	Häringspresskuchen
„ dritte „	Gruppe A.	3 „ „	3 „ „	2 „	Rapskuchen
	„ B.	3 „ „	3 „ „	2 „	Häringspresskuchen
„ vierte „	„ A. u. B.	4 „ „	4 „ „	—	—

	Gruppe A: Rapskuchen-Fütterung					Gruppe B: Häringskuchen-Fütterung				
	Milchmenge im Tage Kannen*)	Specifisches Gewicht	Trocken-Substanz %	Fett %	Fett in der Trocken-Substanz %	Milchmenge im Tage Kannen	Specifisches Gewicht	Trocken-Substanz %	Fett %	Fett in der Trocken-Substanz %
Erste Woche . .	22,10	1,029	12,12	3,34	27,65	20,22	1,030	12,47	3,65	29,27
Zweite „ . .	22,57	1,030	11,91	3,12	26,20	20,33	1,032	12,44	3,54	28,46
Dritte „ . .	23,18	1,031	12,06	3,16	26,20	20,75	1,032	12,42	3,61	29,07
Vierte „ . .	22,45	1,031	12,04	3,12	25,91	21,02	1,031	12,67	3,70	29,20

Verf. schliesst aus seinen Zahlen, dass ein Ersatz von 1—2 Pfd. Schrot und Kleie durch das gleiche Gewicht Rapskuchen eine kleine Steigerung der Milchmenge bewirkt hat, wobei aber der procentige Fettgehalt von 3,34 auf 3,12% herunterging. Ein Ersatz durch die gleiche Menge Häringskuchen hat ebenfalls die Milchmenge etwas erhöht, den procentigen Fettgehalt aber nicht verändert. Die Milch war während des ganzen Versuches von bester Beschaffenheit.

Ueber die Wirkung des **Walfischfleischmehles** und des **Häringsmehles** stellte John Sebelien in 2 Gruppen Versuche an (Landw. Versuchsstation 1896, 46, 259), in denen er bezüglich des Fettgehaltes zu dem Schlusse kommt, dass der procentige Fettgehalt in der ersten Periode der Walfischfleischmehl-Fütterung von demselben beinflusst zu sein scheint und dass bei fortgesetztem Ersatz von pflanzlichem Kraftfutter durch Walfischfleischmehl der procentige Fettgehalt der mit diesem Futterstoffe gefütterten Gruppe unter den Fettgehalt der Milch der nicht mit Walfischfleisch gefütterten Gruppe sinkt, während in der gemeinsamen Vorbereitungszeit beider Gruppen der Fettgehalt der Milch der letzteren Gruppe höher war als der der ersteren.

Bei den Versuchen mit Walfischfleischmehl wie mit Häringsmehl ergab sich, dass von einem merkbaren Einfluss der beiden Futtermittel auf die Beschaffenheit der Molkereierzeugnisse nicht die Rede sein konnte.

*) 1 schwedische Kanne = 2,6 l.

Fütterungsversuche mit Erdnuss- und Kokoskuchen.

Von R. Heinrich.[1])

Der Milchertrag und der Fettgehalt der Milch der beiden Kühe der Breitenburger Rasse, die im Februar 1889 gekalbt hatten und beide über 500 kg schwer waren, betrugen:

Bezeichnung der Kühe	Zeit der Untersuchung	Tagesmilchertrag		Procentiger Fettgehalt					
		Erdnusskuchen kg	Kokoskuchen kg	Morgenmilch		Mittagmilch		Abendmilch	
				Erdnusskuchen	Kokoskuchen	Erdnusskuchen	Kokoskuchen	Erdnusskuchen	Kokoskuchen
Breitenburger Kuh I	1889	11,10	10,36	3,1	3,4	4,0	4,2	3,3	3,4
Breitenburger Kuh II	„	12,12	12,61	3,0	3,0	4,3	4,7	3,5	3,5

Im Jahre 1890 wurden die Versuche mit denselben Kühen und einer ostfriesischen Kuh angestellt. Der Tagesmilchertrag und der Fettgehalt der Milch waren folgende:

Bezeichnung der Kühe und der Fütterung		Zeit der Untersuchung	Morgenmilch		Mittagmilch		Abendmilch	
			Milchertrag kg	Fett %	Milchertrag kg	Fett %	Milchertrag kg	Fett %
Breitenburger Kuh I	Erdnusskuchenfütterung	1890 11/6—30/8	6,40	2,47	3,11	3,28	3,34	2,71
	Kokoskuchenfütterung	„	5,42	3,28	2,85	4,25	3,19	3,63
desgl. II	Erdnusskuchenfütterung	„	6,03	3,06	3,00	4,12	3,53	3,45
	Kokoskuchenfütterung	„	6,85	3,49	3,24	5,39	4,15	4,32
Ostfriesische Kuh	Erdnusskuchenfütterung	„	3,54	2,81	1,96	3,71	2,09	3,48
	Kokoskuchenfütterung	„	3,50	3,41	1,87	5,02	1,92	4,21

Im Jahre 1889 bestand die Erdnusskuchenmischung aus: 1,0 kg Erdnusskuchen, 2,3 kg Roggenschrot, 5,0 kg Wiesenheu, 6,0 kg Haferstroh mit insgesammt 12,45 kg Trockensubstanz, 1,135 kg Eiweiss, 6,38 kg stickstofffreien Extraktstoffen und Holzfaser, 0,215 kg Fett. — Vom 15. 9. bis 27. 10. aus: 1 kg Erdnusskuchen, 0,5 kg Roggenschrot, 5,0 kg Wiesenheu, 14,0 kg Rübenblätter, 7,0 kg Haferstroh mit insgesammt 12,9 kg Trockensubstanz, 0,97 kg Eiweiss, 6,03 kg stickstofffreien Extraktstoffen und Holzfaser, 0,23 kg Fett. — Vom 27. 10. bis Ende December aus: 1,0 kg Erdnusskuchen, 0,5 kg Roggenschrot, 15,0 kg Rüben, 5,0 kg Wiesenheu, 5,0 kg Haferstroh mit insgesammt 13,2 kg Trockensubstanz, 1,08 kg Eiweiss, 6,18 kg stickstofffreien Extraktstoffen und Holzfaser, 0,25 kg Fett.

Im Jahre 1889 bestand die Kokoskuchenmischung aus: 1,5 kg Kokoskuchen, 3,5 kg Roggenschrot, 5,0 kg Wiesenheu, 4,5 kg Haferstroh mit insgesammt 12,45 kg Trockensubstanz, 1,59 kg Eiweiss, 6,785 kg stickstofffreien Extraktstoffen und Holzfaser, 0,25 kg Fett. — Vom 15. 9. bis 27. 10. aus: 1,5 kg Kokoskuchen, 1,5 kg Roggenschrot, 5,0 kg Wiesenheu, 14 kg Rübenblätter, 6,0 kg Haferstroh mit insgesammt 13,4 kg Trockensubstanz, 0,80 kg Eiweiss, 6,62 kg stickstofffreien Extraktstoffen und Holzfaser, 0,28 kg Fett. — Vom 27. 10. bis Ende December aus: 1,5 kg Kokoskuchen, 1,5 kg Roggenschrot, 15 kg Rüben, 5,0 kg Wiesenheu, 4,0 kg Haferstroh mit insgesammt 13,6 kg Trockensubstanz, 0,92 kg Eiweiss, 6,16 kg stickstofffreien Extraktstoffen und Holzfaser, 0,26 kg Fett.

Im Jahre 1890 bestand die Erdnusskuchenfütterung aus: 2 kg Erdnusskuchen und 12,5 kg Haferstroh mit 13 kg Trockensubstanz, 1,065 kg Eiweiss, 0,305 kg Fett und 6,01 kg stickstofffreien Extraktstoffen und Rohfaser. Die Kokoskuchenfütterung aus 5 kg Kokoskuchen und 10 kg Haferstroh mit 13,1 kg Trockensubstanz, 1,05 kg Eiweiss, 0,66 kg Fett und 6,015 kg stickstofffreien Extraktstoffen und Rohfaser.

[1]) R. Heinrich. Landw. Annalen des Mecklenburgischen Patriotischen Vereins 1891, No. 9; Milchztg. 1891, **20**, 252.

Fütterungsversuche mit Erdnussmehl und Kokosnussmehl in 2 Reihen mit je 4 Holländer Kühen.

Von Stutzer und Werner.[1])

Nähere Bezeichnung der Fütterungsperioden	Zeit der Untersuchung	Morgenmilch				Mittagmilch				Abendmilch			
		Milchertrag in 14 Tagen	Trocken-Substanz	Fett	Fett in der Trocken-Substanz	Milchertrag in 14 Tagen	Trocken-Substanz	Fett	Fett in der Trocken-Substanz	Milchertrag in 14 Tagen	Trocken-Substanz	Fett	Fett in der Trocken-Substanz
		l	%	%	%	l	%	%	%	l	%	%	%
	1887												
Reihe I. Erdnussfütterung	19/2—4/3	374,5	11,81	2,92	24,73	247,0	12,67	4,03	31,91	222,5	12,95	4,39	33,90
„ II. Kokosnussfütterung	„	422,5	11,14	2,49	22,35	241,5	12,34	4,29	34,77	221,5	12,63	4,10	32,46
„ I. Kokosnussfütterung	12/3—25/3	346,5	12,26	3,33	27,16	234,0	14,26	4,48	31,42	207,0	13,79	4,73	34,30
„ II. Erdnussfütterung	„	429,5	10,95	2,48	22,65	234,0	12,56	3,87	30,81	222,0	12,50	3,76	30,08
Nachreihe zur Kokosnussfütterung. 7 Tage. 5,5 kg Kokosnussmehl und 4 kg Malzkeime mehr . . .	„	in 7 Tg. 162,5	12,35	3,64	29,47	in 7 Tg. 106,5	13,40	4,25	31,72	in 7 Tg. 102,0	13,41	4,61	34,38

Fütterungsversuche mit Erdnusskuchen, Palmkernkuchen und Baumwollsamenkuchen mit 5 Kühen (2 Angler und 3 Landschlag).

Von M. Schrodt.[2])

Nähere Bezeichnung der Fütterungsperioden		Dauer und Zeit der Untersuchung		Milchertrag der 5 Kühe im Tage	Trocken-Substanz	Fett	Fett in der Trocken-Substanz
				kg	%	%	%
		Tage	1886				
I. Periode mit 1 kg Baumwollsamenkuchen*)		25	21/1—14/2	64,268	11,21	2,89	25,78
II. Periode mit 1 kg Erdnusskuchen	Uebergangsfütterung	5	15/2—19/2	60,380	11,33	2,98	26,31
	Hauptfütterung	20	20/2—11/3	58,660	11,60	2,97	25,60
III. Periode mit 1 kg Palmkernkuchen	Uebergangsfütterung	5	12/3—16/3	54,760	11,54	3,02	26,77
	Hauptfütterung	20	17/3—5/4	52,920	11,53	3,11	26,97
IV. Periode mit 1 kg Baumwollsamenkuchen	Uebergangsfütterung	5	6/4—10/4	53,080	11,48	3,14	27,35
	Hauptfütterung	20	11/4—30/4	51,715	11,54	3,10	26,86

[1]) Preuss. landw. Jahrbücher 1887, **16**, 819.
Das Lebendgewicht der 4 Kühe jeder Reihe betrug im Ganzen ca. 2000 kg und änderte sich während der Versuche nur wenig. Das Futter bestand für den Tag und 2000 kg Lebendgewicht aus

	Erdnussreihe	Kokosnussreihe	Kokosnussnachreihe
Runkelrüben	160 kg	160 kg	160 kg
Kleegrasheu	16 „	16 „	16 „
Malzkeimen	8 „	8 „	12 „
Haferstroh	6 „	6 „	6 „
Haferspreu	8 „	8 „	8 „
Erdnusskuchen	4,4 „	Kokosnusskuchen: 9,5 „	5,5 „

Das Fett in der Milch wurde täglich, die Trocken-Substanz in den beiden Hauptperioden zweimal, in der Nachperiode einmal bestimmt.

[2]) Landw. Wochenblatt für Schleswig-Holstein 1887, No. 7 u. 8. Milchztg. 1887, **16**, 266.

*) Das Grundfutter bestand in allen 4 Perioden aus: 7,5 kg Wiesenheu, 1 kg Mengstroh, 5 kg Futterrüben, 2,5 kg Weizenkleie und 20 g Salz. — Nach der festgestellten Zusammensetzung und der Verdaulichkeit der Futtermittel war die Menge der verdaulichen Nährstoffe in der

	Stickstoff-Substanz	Fett	Stickstofffreie Extraktstoffe	Rohfaser	Nährstoff-Verhältniss
I. u. IV. Periode	0,992 kg	0,286 kg	3,637 kg	1,396	1 : 5,79
II. „	1,079 „	0,242 „	3,621 „	1,390	1 : 5,20
III. „	0,783 „	0,220 „	3,315 „	1,448	1 : 7,29

Fütterungsversuche mit Sonnenblumenkuchen in 4 Versuchsreihen mit je 4 Milchkühen.

Von J. Klein.[1])

Das Grundfutter bestand in allen vier Reihen aus: 17 l Schlempe (mit 83,07% Wasser, 2,15% Protein, 0,55% Fett, 2,63% Kohlenhydraten, 0,82% Rohfaser und 0,78% Asche), 1,5 kg getrockneten Biertrebern, 0,5 kg Leinkuchen, 2,5 kg Wiesenheu, 1,5 kg Getreidespreu, 5 kg Siede und 2,0—2,5 kg Sommerstroh. — Das Grundfutter enthält 12,60 kg Trockensubstanz mit 0,96 kg verdaulichem Protein, 0,29 kg verdaulichem Fett und 5,67 kg verdaulichen Kohlenhydraten.

Versuchswochen	I. Reihe. Grundfutter			II. Reihe. Grundfutter + 0,5 kg Sonnenblumenkuchen			III. Reihe. Grundfutter + 1 kg Sonnenblumenkuchen			IV. Reihe. Grundfutter + 0,5 kg Sonnenblumenkuchen und 0,5 kg Leinkuchen		
	Durchschnittlich sind seit dem Kalben beim Beginn des Versuches verflossen: 84½ Tage			79 Tage			90 Tage			82 Tage		
	Tagesmilchertrag der 4 Kühe kg	**Fettgehalt** %	**Täglicher Mehr-** bezw. **Minderertrag**, aus der Depression berechnet kg	**Tagesmilchertrag** der 4 Kühe kg	**Fettgehalt** %	**Täglicher Mehr-** bezw. **Minderertrag**, aus der Depression berechnet kg	**Tagesmilchertrag** der 4 Kühe kg	**Fettgehalt** %	**Täglicher Mehr-** bezw. **Minderertrag**, aus der Depression berechnet kg	**Tagesmilchertrag** der 4 Kühe kg	**Fettgehalt** %	**Täglicher Mehr-** bezw. **Minderertrag**, aus der Depression berechnet kg
1. Woche	37,9	2,90	—	41,8	2,76	—	36,6	2,81	—	43,9	2,68	—
2. „	38,1	2,90	+ 0,15	42,7	2,80	+ 0,36	36,0	2,85	+ 0,4	40,1	2,71	— 0,6
3. „	38,8	2,86	+ 0,4	44,5	2,84	+ 0,95	35,4	2,84	+ 0,8	42,7	2,77	+ 0,4
4. „	37,0	2,85	+ 0,075	42,7	2,73	+ 0,14	34,8	2,59	+ 0,9	42,4	2,67	+ 0,7
5. „	36,6	2,81	+ 0,1	40,8	2,69	+ 0,30	34,2	2,64	+ 0,7	35,5	2,46	— 0,65*)
6. „	35,9	2,79	+ 0,025	40,4	2,92	+ 0,34	33,6	2,76	+ 0,2	35,7	2,67	— 0,24
7. „	35,4	2,89	—	38,5	2,71	—	33,0	2,83	—	35,2	2,75	—

Fütterungsversuche mit Leinkuchen und Maiskuchen.

Von Girard.[2])

No.	Nähere Bezeichnung			**Zeit der Untersuchung**	In der natürlichen Milch					In der Trocken-Substanz		**Stickstoff** in der Trocken-Substanz
					Wasser %	**Stickstoff-Substanz** %	**Fett** %	**Milchzucker** %	**Asche** %	**Stickstoff-Substanz** %	**Fett** %	%
	Dauer des Versuches:	Futter:	Spec. Gew.									
1	8 Tage	2 kg Leinkuchen	1,0338	1892(?)	86,06	3,11**)	5,09	5,13	0,61	25,18	36,51	4,03
2	15 „	4 „ „	1,0320	„	85,00	3,84**)	5,38	5,13	0,65	25,60	35,87	4,10
3	10 „	2 „ Maiskuchen	1,0349	„	86,57	3,70**)	3,51	5,58	0,64	27,55	26,13	4,41
4	15 „	4 „ „	1,0336	„	86,16	3,88**)	3,88	5,39	0,69	28,03	28,03	4,48

[1]) Milchztg. 1892, **21**, 673. Die Zusammensetzung der Sonnenblumenkuchen und Leinkuchen war folgende:

	Wasser	Rohprotein	Rohfett	Kohlenhydrate	Rohfaser	Rohasche
Sonnenblumenkuchen	8,68	36,73	13,94	20,60	15,68	4,37
Leinkuchen	10,48	30,79	11,27	31,93	8,61	6,92

[2]) Milchztg. 1892, **21**, 677. Das Butterfett zeigte folgende Eigenschaften:

Fütterung	Oleorefractometergrade	Reichert-Meissl'sche Zahl
2 kg Leinkuchen	20°	23,6
4 „ „	17°	21,6
2 „ Maiskuchen	27°	27,6
4 „ „	28,5°	23,6

*) In dieser Woche erkrankte eine Kuh.

**) Die Stickstoff-Substanz ist von uns aus der Differenz berechnet.

Versuche über die Wirkung verschiedener Kraftfuttermittel auf die Milchergiebigkeit der Kühe.

Von E. Ramm.

Landw. Jahrbücher 1897, 26, 693—731. Zeit der Untersuchung Winter 1894/95.

Ramm prüfte 18 verschiedene Kraftfuttermittel bezüglich ihrer Wirkung auf die Milchsekretion. Bei Beginn der Versuche, die mit 10 Kühen (6 Holländer, 3 Landrasse, 1 Angler) angestellt wurden, am 15. 11. 94, standen die Kühe theils am Anfange, theils in der Mitte ihrer Laktation. Bei der Prüfung sollte bei allen Futtermitteln möglichst die gleiche Menge verdaulichen Proteins gereicht werden und das Kraftfutter einen grossen Theil der Gesammtration ausmachen. Die als Norm gewählte Proteinmenge bestimmte sich nach dem Maximum, das in Form von sehr stickstoffarmem Getreideschrot gereicht werden konnte, nämlich 1,28 kg verdauliches Protein für 1000 kg Lebendgewicht.

Von den ausgewählten Versuchsthieren wurden zwei Abtheilungen von je 5 Stück gebildet. Bei der ersten Abtheilung wurden die stickstoffreichen Oelkuchenarten zuerst und die stickstoffarmen Mehlarten zuletzt gefüttert, während bei der 2. Abtheilung die umgekehrte Reihenfolge gewählt wurde. Die Kraftfuttermittel wurden je 10 Tage verabreicht und die Menge derselben für je 1000 kg Lebendgewicht (bei Beginn der Versuches) für jede Kuh berechnet. Das Grundfutter bestand aus Heu, Stroh und Runkelrüben.

Das Lebendgewicht wurde jeden 2. Tag, die Milchmenge sowie das spec. Gewicht und der Fettgehalt der Milch jeden Tag bestimmt. Die Trocken-Substanz der Milch wurde nach der Fleischmann-schen Formel berechnet.

Von einer Wiedergabe der grossen Zahl der Einzel-Untersuchungen bei den einzelnen Kühen müssen wir des Raumes wegen absehen. Aus denselben geht hervor, dass die einzelnen Kraftfutterarten in ihrer Wirkung auf die Milchsekretion ein recht abweichendes Verhalten an den Tag legten, dass aber nicht in allen Fällen die zu erwartende Uebereinstimmung der verschiedenen Versuchsthiere unter sich vorliegt. **Ein und dasselbe Futtermittel hat bei der einen Kuh eine günstige, bei der anderen eine ungünstige Wirkung geäussert.**

In nachfolgender Tabelle sind die für die einzelnen Futtermittel gewonnenen Durchschnittszahlen (dieselben sind aus den 5 letzten Tagen eines jeden Versuches, als den am meisten zuverlässigen berechnet) für alle 10 Kühe zusammengestellt. Ueber die in derselben enthaltenen Zahlen ist zu bemerken, dass bei den Zahlen für das Körpergewicht jedesmal das Gewicht in der vorhergehenden Fütterungsperiode = 1000 gesetzt und die Zu- bezw. Abnahme hieraus berechnet ist. Die absoluten Zahlen für die Milch, Trocken-Substanz und Fettmengen sind auf 1000 kg Lebendgewicht berechnet.

No.	Verabreichtes Kraftfutter	Körpergewicht (nicht das wirkliche Gewicht, sondern die Werthzahl)	Zusammensetzung der Milch: Spec. Gewicht	Zusammensetzung der Milch: Trocken-Substanz %	Zusammensetzung der Milch: Fett %	Zusammensetzung der Milch: Fett in der Trocken-Substanz %	Milchertrag (für 1000 kg Lebendgewicht und Tag berechnet) kg	Trocken-Substanz (für 1000 kg Lebendgewicht und Tag berechnet) kg	Fett (für 1000 kg Lebendgewicht und Tag berechnet) kg
1	4,37 kg Rübsenkuchen . . .	1020	1,03054	11,407	2,93	25,69	28,196	3,217	0,82573
2	6,40 „ Leinmehl	1025	1,03056	11,478	2,98	25,96	29,986	3,441	0,89295
3	3,00 „ Erdnusskuchen . .	998	1,03058	11,478	2,75	23,96	27,204	3,050	0,74868
4	3,58 „ Baumwollsaatmehl .	1004	1,03062	11,206	2,82	25,16	26,498	2,993	0,74575
5	3,03 „ Sonnenblumenmehl .	997	1,03069	11,462	2,94	25,65	25,200	2,888	0,74060
6	4,71 „ Mohnkuchen . . .	1006	1,03097	11,114	2,59	23,30	24,818	2,759	0,64362
7	4,30 (statt 8,59) kg Kokoskuchen*)	993	1,02990	11,138	2,84	25,50	25,269	2,814	0,71619
8	7,91 kg Palmkernkuchen . .	1014	1,02988	11,597	3,22	27,77	24,340	2,822	0,78357

*) Bei diesen Kraftfuttermitteln verweigerten die Kühe die Aufnahme der nach dem Proteingehalte berechneten Gesammtmenge des Futtermittels.

No.	Verabreichtes Kraftfutter	Körpergewicht (nicht das wirkliche Gewicht, sondern die Werthzahl)	Zusammensetzung der Milch				Milchertrag	Trocken-Substanz	Fett
			Spec. Gewicht	Trocken-Substanz	Fett	Fett in der Trocken-Substanz	für 1000 kg Lebendgewicht und Tag berechnet		
				%	%	%	kg	kg	kg
9	9,70 „ Trockentreber . . .	1023	1,03184	11,762	2,95	25,08	26,381	3,103	0,77807
10	14,44 „ Weizenschrot . . .	1003	1,03151	11,742	3,00	25,54	27,488	3,220	0,82093
11	12,40 „ Haferschrot . . .	1007	1,03103	11,595	2,98	25,70	20,492	3,302	0,84852
12	12,73 bezw. 12,00 kg statt 19,10 kg. Roggenschrot*) .	985	1,03185	11,826	3,00	25,37	26,411	3,123	0,79225
13	15,20 kg Maisschrot	1006	1,03107	11,565	2,95	25,51	29,235	3,383	0,86122
14	14,50 „ Gerstenschrot . . .	1002	1,03195	11,851	3,00	25,31	30,906	3,663	0,92738
15	10,56 „ Weizenkleie . . .	1005	1,03160	11,793	3,03	25,69	27,649	3,259	0,83595
16	8,73 (statt 13,09) kg Roggenkleie*)	1000	1,03181	11,913	3,08	25,85	23,498	2,800	0,72491
17	18,50 kg Melasse-Palmkernkuchen 1 : 1 . . .	998	1,03160	12,171	3,34	27,44	28,763	3,508	0,96067
18	9,29 „ Malzkeime	1021	1,03200	12,055	3,16	26,21	27,071	3,256	0,85530
	Durchschnittszahl	**1006**	**1,03111**	**11,610**	**2,98**	**25,67**	**27,078**	**3,145**	**0,80583**

Giebt man in den einzelnen Kolonnen den einzelnen Futtermitteln die Ordnungszahlen 1—18, also den mit den höchsten Werthen 1, den mit den niedrigsten 18, so ergeben sich folgende Werthe:

No.	Verabreichtes Kraftfutter	I. Körpergewicht	II. Absoluter Ertrag an Milch	III. Absoluter Ertrag an Trocken-Substanz	IV. Absoluter Ertrag an Fett	V. Gehalt der Milch an Trocken-Substanz	VI. Gehalt der Milch an Fett	Summe der Ordnungszahlen der Kolonnen I—VI
1	Rübsenkuchen	4	6	9	8	14	14	45
2	Leinmehl	1	2	3	3	12	9,5	30,5
3	Erdnusskuchen	14,5	9	12	13	16	17	81,5
4	Baumwollsaatmehl	10	11	13	14	15	16	79
5	Sonnenblumenmehl . . .	16	15	14	15	13	13	86
6	Mohnkuchen	7,5	16	18	18	18	18	95,5
7	Kokoskuchen	18	14	16	17	17	15	97
8	Palmkernkuchen	5	17	15	11	9	2	59
9	Trockentreber	2	13	11	12	7	11,5	56,5
10	Weizenschrot	11	8	8	9	8	7	51
11	Haferschrot	6	5	5	6	10	9,5	41,5
12	Roggenschrot	17	12	10	10	5	7	61
13	Maisschrot	7,5	13	4	4	11	11,5	41
14	Gerstenschrot	12	1	1	2	4	7	27
15	Weizenkleie	9	7	7	7	6	5	41
16	Roggenkleie	13	18	17	16	3	4	71
17	Melasse-Palmkernkuchen . .	14,5	4	2	1	1	1	23,5
18	Malzkeime	3	10	6	5	2	3	29

*) Vergl. Anmerkung *) S. 187.

Aus diesen Versuchen von Ramm ergiebt sich:

1. Dass unter den obigen Versuchsbedingungen jedes Futtermittel eine eigenartige Wirkung auf die Milchsekretion auszuüben vermag, dass aber diese Wirkung sehr von der individuellen Anlage der Thiere abhängig ist. Es kommt häufig vor, dass ein und dasselbe Futtermittel bei dem einen Thiere grade die entgegengesetzte Wirkung hervorbringt, wie bei dem anderen.
2. Wenn die Beobachtung auf eine grössere Anzahl ausgedehnt wird, so zeigt sich, dass dort, wo die grössten Differenzen in der Wirkung auftreten, auch die grösste Uebereinstimmung unter den Versuchsthieren herrscht.
3. Demzufolge haben sich einzelne Futtermittel in ihrer Wirkung als absolut günstig, andere als absolut ungünstig auf die Milchsekretion erwiesen, während eine dritte Kategorie von Futtermitteln in dieser Beziehung sich mehr oder weniger indifferent verhielt.

Es haben sich erwiesen:

4. als entschieden günstig: a) Melasse-Palmkernkuchen (1 : 1), b) Gerstenschrot, c) Malzkeime, d) Leinmehl, e) Maisschrot, f) Weizenkleie, g) Haferschrot;
5. als entschieden ungünstig: a) Kokoskuchen, b) Mohnkuchen, c) Sonnenblumenmehl, d) Erdnussmehl, e) Baumwollsaatmehl, f) Roggenkleie.
6. als indifferent: a) Rübsenkuchen, b) Weizenschrot, c) Roggenschrot, d) Palmkernkuchen, e) Trockentreber.

Ueber die Beeinflussung des Fettgehaltes der Milch durch verschiedene Kraftfuttermittel stellte Backhaus (Journ. f. Landw. 1893, 41, 328—332) Versuche bei Holländer Kühen mit fettarmer Milch an. Gefüttert wurden nacheinander 1 kg Erdnusskuchen, $1^1/_2$ kg Palmkernkuchen, 1 kg Baumwollsaatkuchen, $1^1/_2$ kg Palmkernkuchen. Das Ergebniss der Versuche war, dass, um Veränderungen in dem Fettgehalte der Milch zu erzielen, überhaupt wenig durch die Art der Fütterung zu erreichen ist, und wenn durch derartige Kraftfuttermittel, von denen Versuche eine fetterhöhende Wirkung ergeben haben, eingewirkt werden soll, dies mit grösseren Mengen geschehen muss.

Versuche über die Wirkung verschiedener Melassepräparate auf die Milchsekretion.

Von E. Ramm.

Landwirthschaftliche Jahrbücher 1897, 26, 732—765. Zeit der Versuche: Winter 1895/96.

Die Versuche wurden in der Zeit vom 4./12. 1895 bis 24./4. 1896 mit 12 Kühen (7 Holländer, 4 Landrasse, 1 Angler) angestellt, von denen 8 frischmelkend waren. Die Kühe erhielten am Anfange und zu Ende des Versuches je eine Vergleichsration, in welcher die stickstofffreien Stoffe in Form von Gerstenfuttermehl (Graupenfutter) gegeben wurden. Die dazwischen liegenden Rationen enthielten dem gefütterten Gerstenfuttermehl entsprechende Mengen Torfmelasse (80 Theile Melasse und 20 Theile Torfmull), flüssige Melasse, Palmkernmelasse (1 : 1), Melasseschnitzel, Melassepülpe (Abfälle der Stärkefabrikation mit Melasse gemischt). Zwei weitere etwa in der Mitte ihrer Laktation stehende Kühe (9 u. 10) erhielten ausser den Vergleichsrationen abwechselungsweise Melasse und Rohrzucker. Die Zuckerrationen wurden theils mit, theils ohne gleichzeitige Verabreichung verschiedener Salze gegeben. Zwei weitere Kühe (No. 11 u. 12) waren tragend. Ihnen wurde bis zum Abkalben und einige Zeit nach dem Kalben grössere Mengen von Melasse verabreicht, um festzustellen, ob die letztere in den späteren Stadien der Trächtigkeit irgendwelche gesundheitsschädliche Wirkungen äusserte. — 7 von den Versuchskühen fanden schon bei den früheren Versuchen Verwendung (vergl. S. 187—189). Ausser den Melassefuttermitteln erhielten die Versuchsthiere für 1000 kg Lebendgewicht 10 kg Heu, 3 kg Spreu und 50 kg Runkelrüben, und zwar in allen Rationen gleichmässig. Ebenso wurde in allen Rationen ausser der, in welcher 10 kg Palmkernmelasse gefüttert wurde, 4 kg Palmkernmehl verabreicht. Die Futterperioden dauerten bis auf die 2. Periode (24) 20 Tage.

Aus der grossen Zahl der Einzeluntersuchungen können hier nur die Mittelzahlen Aufnahme finden:

No.	Fütterung für 1000 kg Lebendgewicht	Körpergewicht. Verhältnisszahl, das Gewicht der je vorhergehen-Periode=1000 kg gesetzt	Zusammensetzung der Milch: Trocken-Substanz %	Zusammensetzung der Milch: Fett %	Zusammensetzung der Milch: Fett in der Trocken-Substanz %	Milch-menge kg	Trocken-Substanz-menge kg	Fett-menge kg
						für 1000 kg Lebendgewicht und Tag berechnet		
1	8 kg Gerstenfuttermehl	1016	11,780	3,109	26,39	32,866	3,87403	1,02189
2	8 „ Torfmelasse	979	11,782	3,156	26,79	27,233	3,19690	0,85382
3	8 „ frische Melasse . . .	990	12,273	3,456	28,16	26,338	3,22616	0,90416
4	10 „ Palmkernmelasse	989	12,242	3,379	27,62	24,478	2,98558	0,81830
5	7 „ Melasseschnitzel	1028	12,528	3,621	28,90	24,811	3,08987	0,88446
6	3,81 kg Melassepülpe	983	12,476	3,760	30,14	23,268	2,88314	0,85962
7	8 kg Gerstenfuttermehl	1014	12,592	3,689	29,30	26,654	3,33099	0,96296

Von der Annahme ausgehend, dass die Wirkung der beiden vollkommen gleichen Rationen am Anfang und am Ende des Versuches eine gleichmässige hätte sein müssen, hat Ramm versucht, die durch die fallende Tendenz der Laktation bedingten Differenzen auszuscheiden, indem er den auf jede Periode fallenden Theil, der sich aus den Unterschieden der ersten und letzten Periode berechnet, hinzuaddirt. Die Ergebnisse der Versuche sind, soweit sie sich auf die Zusammensetzung etc. der Milch beziehen, folgende:

1. Die Melasse bewirkte eine entschiedene Erhöhung des procentigen Fettgehaltes der Milch gegenüber dem Gerstenfuttermehl.
2. Die Melasserationen haben durchschnittlich bezw. 85, 87 u. 86 % der von dem Gerstenfuttermehl erzeugten Milch-, Fett- und Trocken-Substanz-Menge erzeugt.
3. Von den Melassepräparaten standen bezüglich der Wirkung auf die Milcherzeugnisse die Melasseschnitzel an erster Stelle; fast ebensoviel leistete die flüssige Melasse, während die drei übrigen Melassepräparate bezüglich ihrer Wirkung unter sich fast gleich, aber mit der ersteren verglichen, nicht unerheblich niedriger standen.
4. Eine gegebene Menge von Zucker vermochte in Form von Rohzucker nicht dieselbe Wirkung auszuüben, wie in Form von Melasse. Die hohe Wirkung der Melasse in Bezug auf die Milchproduktion scheint also z. Th. auf dem Salzgehalt derselben zu beruhen. Indessen haben die zum Ersatz gewählten Salzlösungen die Melassesalze in dieser Beziehung nicht zu ersetzen vermocht.
5. Der procentige Zuckergehalt der Milch wurde durch die Melassefütterung nicht berührt. Der durchschnittliche Zuckergehalt der Milch einzelner Kühe zeigte Differenzen, die im Maximum 0,44 % betrugen.
6. Die bei der Melassefütterung gewonnenen Molkereierzeugnisse zeigten sich in jeder Beziehung vollwerthig. Dies gilt namentlich bezügl. des Geschmackes von Milch und Butter und bezügl. des Schmelz- und Erstarrungspunktes des Butterfettes.
7. Eine schädliche Wirkung der Melassefütterung auf hochtragende Kühe ist nicht beobachtet worden.

Fütterungsversuche mit einigen neuen Futterstoffen unter besonderer Berücksichtigung des Fettgehaltes der Rationen.

Von E. Ramm und W. Mintrop. (Milchztg. 1898, 27, 513—519).

Es wurden an neuen Futtermitteln zu den Versuchen verwendet: Kakaomelasse (43 % Kakao, 57 % Melasse) mit 84,31 % Trocken-Substanz, 13,31 % Rohprotein, 7,25 % verdaul. Protein, 3,72 % Fett, 47,61 % stickstofffreien Extraktstoffen, 10,12 % Rohfaser und 9,55 % Asche; Melasseschlempe mit 68,96 % Trocken-Substanz, 16,31 % Rohprotein, 13,13 % verdaul. Protein, 0,93 % Fett, 26,29 % stickstofffreien Extraktstoffen, 4,11 % Rohfaser und 21,32 % Asche; Blutmelasse (ein Gemisch von Blut, Melasse und Getreideabfällen) mit 86,30 % Trocken-Substanz, 13,69 % Rohprotein, 11,19 % Reinprotein, 1,24 % Fett, 44,54 % stickstofffreien Extraktstoffen, 18,21 % Rohfaser und 8,72 % Asche; Maiskleie mit 87,95 % Trocken-Substanz, 12,84 % Rohprotein, 11,08 % Fett, 54,43 % stickstofffreien Extraktstoffen, 6,50 % Rohfaser (nach J. König bestimmt) und 3,10 % Asche.

Die 3 Kühe, welche der Niederungsrasse angehörten, waren frischmelkend. Die Versuche dauerten vom 27./11. 1897 bis zum 8./5. 1898. Das Grundfutter bestand aus Heu, Strohhäcksel und Runkelrüben.

Die Ergebnisse der Versuche sind folgende:

Periode	Art und Menge des Kraftfutters	Spec. Gewicht der Milch	Zusammensetzung der Milch: Trocken-Substanz %	Fett %	Fettfreie Trocken-Substanz %	Fett in der Trocken-Substanz %	Milchmenge kg	Trocken-Substanz-Menge kg	Fettmenge kg
							für 1000 kg Lebendgewicht und Tag berechnet		
I.	12 kg Malzkeime	1,0309	11,53	2,96	8,57	25,68	27,403	3,170	0,818
II.	12 kg Kakaomelasse	1,0288	12,10	3,87	8,23	31,99	19,994	2,373	0,746
III.	8 kg Kakaomelasse und 3 kg Erdnusskuchen	1,0289	11,58	3,44	8,14	29,71	25,486	2,912	0,852
IV.	8 kg Leinkuchen	1,0300	11,45	2,99	8,46	26,11	27,257	3,077	0,805
V.	8 kg Malzkeime und 3 kg Leinkuchen	1,0314	11,57	2,88	8,69	24,88	27,901	3,167	0,796
VI.	8 kg Malzkeime, 3 kg Leinkuchen und 2 kg Melasseschlempe	1,0316	11,49	2,79	8,70	24,28	26,784	3,008	0,742
VII.	12 kg Maiskleie	1,0334	11,42	2,33	9,09	20,40	27,938	3,108	0,671
VIII.	8 kg Maiskleie und 3 kg Leinkuchen	1,0335	11,98	2,74	9,24	22,87	28,898	3,322	0,791
IX.	8 kg Maiskleie und 7 kg Blutmelasse	1,0338	12,31	2,99	9,32	24,29	30,897	3,637	0,903
X.	12 kg Malzkeime	1,0328	12,18	3,11	9,07	25,53	27,403	3,170	0,818
	Mittel	**1,0315**	**11,76**	**3,01**	**8,75**	**25,60**	**26,996**	**3,094**	**0,794**

Ein höherer Fettgehalt der Futterration hat keineswegs einen höheren procentigen Fettgehalt der Milch hervorgebracht. Kakaomelasse und Blutmelasse haben den Fettgehalt der Milch günstig beinflusst; Maiskleie wirkte günstig auf die Milchmenge, nicht dagegen auf den Fettgehalt der Milch.

Versuche über den Einfluss von Runkelrüben, getrockneten und gesäuerten Schnitzeln auf die Milchproduktion.

Von O. Kellner und G. Andrä. (Landw. Versuchsstation 1898, 49, 401—418.)

Die Versuche wurden angestellt mit 24 Kühen (13 Simmenthaler, 5 Allgäuer, 1 Schwyzer, 1 Holländer und 4 Landrasse). Das Grundfutter bestand für 1000 kg Lebendgewicht aus 5,5 kg Grummet, 10 kg Haferstroh, 1 kg Leinmehl, 1 kg Baumwollsamenmehl, 2 kg Erdnussmehl und 3 kg Weizenkleie. Die Zulagen bestanden in der I. und IV. Periode aus 50 kg Runkelrüben, in der II. aus 8 kg Trockenschnitzel und in der III. aus 76 kg gesäuerten Schnitzeln. Die Milch wurde jeden Tag, Morgens $2^1/_2$ Uhr, Mittags 11 Uhr und Abends $4^1/_2$ Uhr, gemessen bezw. gewogen und analysirt.

Die Resultate sind folgende:

Nähere Bezeichnung der Perioden	Morgenmilch: Spec. Gew.	Trocken-Substanz %	Fett %	Fett in der Trocken-Substanz %	Mittagmilch: Spec. Gew.	Trocken-Substanz %	Fett %	Fett in der Trocken-Substanz %	Abendmilch: Spec. Gew.	Trocken-Substanz %	Fett %	Fett in der Trocken-Substanz %
I. Periode 15./1.—26./1. 97 Rüben	1,0333	12,42	3,19	25,68	1,0331	13,13	3,83	29,17	1,0337	13,07	3,65	27,93
II. Periode 4./2.—15./2. 97 Trockenschnitzel	1,0334	12,44	3,19	25,00	1,0328	13,26	4,00	30,17	1,0333	13,10	3,76	28,70
III. Periode 24./2.—3./3. 97 gesäuerte Schnitzel	1,0335	12,33	3,08	24,98	1,0331	13,06	3,78	28,94	1,0333	12,94	3,63	28,05
IV. Periode 12./3.—23./3. 97 Rüben	1,0328	12,23	3,14	25,63	1,0327	12,94	3,76	29,06	1,0333	12,85	3,55	27,63

Nähere Bezeichnung der Perioden	Milchertrag für Kuh und Tag kg	Zusammensetzung der Tagesmilch		
		Trocken-Substanz %	Fett %	Fett in der Trocken-Substanz %
I. Periode: Rüben	13,755	12,87	3,51	27,27
II. „ Trockenschnitzel . . .	14,101	12,88	3,60	27,95
III. „ gesäuerte Schnitzel . .	14,348	12,72	3,45	27,12
IV. „ Rüben	12,107	12,92	3,45	26,70

Ein wesentlicher Einfluss der verschiedenen Formen des Rübenfutters auf die Zusammensetzung der Milch ist aus den Versuchen nicht zu erkennen, dagegen haben die getrockneten und mehr noch die gesäuerten Schnitzel günstiger auf die Milchabsonderung gewirkt als die Runkelrüben. Infolge des Ersatzes von 27,5 kg Runkelrüben durch 4,4 kg getrocknete Diffusionsschnitzel ist der Milchertrag um 0,953 kg und infolge des Ersatzes der gleichen Rübenmenge durch 41,8 kg gesäuerte Diffusionsschnitzel um 1,721 kg für die Kuh (von 550 kg Lebendgewicht) gesteigert worden, ohne dass die Beschaffenheit der Milch eine wesentliche Aenderung erfahren hat.

F. Günther (Milchztg. 1897, 26, 340) stellte Futterungsversuche mit 6 Milchkühen an, um festzustellen, in welcher Weise die Fütterung von Kühen, einmal mit Runkelrüben unter Beigabe von Kraftfutter, das andere Mal lediglich mit Runkelrüben, die Beschaffenheit der erzeugten Milch beeinflusst. Die Versuche lieferten das Ergebniss, dass die obige Veränderung im Futter nicht im Stande war, die Beschaffenheit der Milch innerhalb 9 Tage zu verändern.

Fütterungsversuche mit Maisensilage und Maisheu.

No.	Nähere Bezeichnung	Spec. Gew.	Zeit der Untersuchung	In der natürlichen Milch					In der Trocken-Substanz		Stickstoff in der Trocken-Substanz	Analytiker
				Wasser %	Stickstoff-Substanz %	Fett %	Milchzucker %	Asche %	Stickstoff-Substanz %	Fett %	%	
	Holländer Kuh „Topsy", 6 Jahre alt, Gewicht beim Beginn 518 kg, gekalbt am 8/9 87:		1887 18/11—9/12									
1	I. Periode: 9 kg Maisstroh, 5,25 kg Kleie, 1 kg Maismehl	1,0331	1. Woche	86,66	3,18	4,29	—	—	23,84	32,16	3,81	F. W. A. Woll[1])
2		1,0323	2. „	86,93	3,23	3,70	—	—	24,71	29,07	3,95	
3		1,0317	3. „	86,60	3,09	3,94	5,58	0,78	23,06	29,40	3,69	
			10/12—30/12									
4	II. Periode: 24 kg Ensilage, Körnerfutter wie I	1,0313	1. Woche	86,66	3,08	4,12	—	—	23,09	30,89	3,69	
5		1,0330	2. „	86,61	3,12	4,33	—	—	23,30	32,34	3,73	
6		1,0319	3. „	86,57	3,06	4,34	5,28	0,75	22,78	32,32	3,64	
			vom 30/12 an									
7	III. Periode: Futter wie in Periode I	1,0320	1. Woche	86,08	3,15	4 59	—	—	22,63	32,97	3,62	
8		1,0316	2. „	86,66	3,25	4,38	—	—	24,24	32,83	3,88	
9		1,0320	3. „	86,8[illegible]	3,01	4,38	5,64	0,79	22,84	33,99	3,65	

[1]) Vergl. Anmerkung [1]) S. 193.

No.	Nähere Bezeichnung	Spec. Gew.	Zeit der Untersuchung	In der natürlichen Milch: Wasser %	Stick-stoff-Substanz %	Fett %	Milch-zucker %	Asche %	In der Trocken-Substanz: Stick-stoff-Substanz %	Fett %	Stickstoff in der Trocken-Substanz %	Analytiker
	Vollblut-Shorthornkuh „Palmer“, 8 Jahre alt, Gewicht beim Beginn 420 kg, gekalbt am $^{28}/_{9}$ 87:		1887 $^{18}/_{11}$—$^{9}/_{12}$									
10	I. Periode: 8 kg Maisstroh, 5 kg Kleie, 1 kg Maismehl	1,0319	1. Woche	86,12	2,98	4,79	—	—	21,47	34,51	3,44	*F. W. A. Woll*[1]
11		1,0330	2. „	85,81	3,12	4,68	—	—	22,69	32,98	3,63	
12		1,0326	3. „	85,54	3,18	4,76	5,73	0,79	21,99	33,61	3,52	
			$^{10}/_{12}$—$^{30}/_{12}$									
13	II. Periode: 21 kg Ensilage, Körnerfutter wie I	1,0326	1. Woche	85,69	3,13	4,82	—	—	21,87	33,68	3,50	
14		1,0341	2. „	86,00	3,16	4,78	—	—	22,57	34,14	3,61	
15		1,0331	3. „	85,61	3,17	4,91	5,52	0,79	22,03	34,12	3,52	
			vom $^{30}/_{12}$ an									
16	III. Periode: Futter wie in Periode I	1,0337	1. Woche	85,06	3,36	4,89	—	—	22,49	32,73	3,60	
17		1,0326	2. „	85,12	3,39	5,24	—	—	22,78	35,22	3,64	
18		1,0330	3. „	85,15	3,30	5,18	5,59	0,78	22,22	34,88	3,56	

Einfluss der Fütterung des eingesäuerten Maises auf die Milchproduktion.

No.	Nähere Bezeichnung	Tagesmilchertrag kg	Zeit der Untersuchung	Wasser %	Stick-stoff-Substanz %	Fett %	Milch-zucker %	Asche %	Stick-stoff-Substanz (Trocken-Substanz) %	Fett (Trocken-Substanz) %	Stickstoff in der Trocken-Substanz %	Analytiker
	Angler Kuh I (gekalbt am $^{16}/_{2}$ 1884):		1884									
1	Rüben: Vorfütterung	15,352	—	88,61	3,17	3,25	4,27	0,70	27,90	28,58	4,46	*Kirchner*[2]
2	Rüben: 1. Hauptperiode	14,568	$^{20}/_{3}$—$^{29}/_{3}$	88,85	2,65	3,11	4,77	0,62	23,76	27,89	3,80	
3	Mais: Uebergangsperiode	13,463	$^{30}/_{3}$—$^{18}/_{4}$	88,72	2,61	3,15	4,87	0,65	23,14	27,92	3,70	
4	Mais: 2. Hauptperiode	13,939	$^{19}/_{4}$—$^{3}/_{5}$	88,86	2,70	2,88	4,91	0,65	24,24	25,85	3,88	
5	Rüben: Uebergangsperiode	13,226	$^{4}/_{5}$—$^{13}/_{5}$	88,91	2,78	2,78	4,78	0,65	25,07	25,07	4,01	
6	Rüben: 3. Hauptperiode	13,084	$^{14}/_{5}$—$^{27}/_{5}$	88,68	2,70	2,90	5,08	0,64	23,88	25,64	3,82	
7	Rüben: Uebergangsperiode	12,045	$^{28}/_{5}$—$^{13}/_{6}$	88,59	2,52	2,86	5,42	0,61	22,09	25,07	3,53	
8	Rüben: 4. Hauptperiode	12,524		88,59	2,55	2,84	5,18	0,64	22,35	24,89	3,58	

[1]) 15. Bulletin der Landw. Versuchsstation des Staates Wisconsin in Madison. Mai 1888. Milchztg. 1888, **17**, 564—565, 585—586. Woll bestimmte ferner:

für den Tag	Holländer Kuh „Topsy“ 1. Periode	2. Periode	3. Periode	Shorthorn-Kuh „Palmer“ 1. Periode	2. Periode	3. Periode
die Menge des Tränkwassers . . .	44,50 kg	22,00 kg	39,00 kg	38,00 kg	23,00 kg	36,00 kg
den durchschnittlichen Milchertrag .	(1. Woche) 9,88 „	— „	(1. Woche) 9,03 „	(1. Woche) 10,99 „	— „	(1. Woche) 9,43 „
die Gesammtmilch-Trocken-Substanz	(3. Woche) 1,45 „	(3. Woche) 1,19 „	— „	(3. Woche) 1,58 „	(3. Woche) 1,39 „	— „

Die durchschnittliche Verbutterungsfähigkeit des Fettes beider Kühe betrug in Periode I: 91,54 %, II: 93,19 %, III: 77,23 %.

Während des Ensilage-Futters fand eine Zunahme des Lebendgewichtes beider Kühe statt, wohl in Folge des hohen Wassergehaltes. Dementsprechend ist das Schlachtgewicht bei mit Ensilage gefütterten Thieren kleiner, als bei mit Heu gefütterten.

[2]) Vergl. Anmerkung [1]) S. 194.

No.	Nähere Bezeichnung	Tagesmilchertrag kg	Zeit der Untersuchung	In der natürlichen Milch: Wasser %	Stickstoff-Substanz %	Fett %	Milchzucker %	Asche %	In der Trocken-Substanz: Stickstoff-Substanz %	Fett %	Stickstoff in der Trocken-Substanz %	Analytiker
	Angler Kuh II (gekalbt am 2/1 1884):		1884									
9	Rüben: Vorfütterung	10,941	—	88,21	3,32	3,39	4,28	0,70	28,16	28,75	4,51	*Kirchner*[1]
10	Rüben: 1. Hauptperiode	10,777	20/3—29/3	88,14	3,11	3,21	4,87	0,67	26,27	27,07	4,20	
11	Mais: Uebergangsperiode	10,441	30/3—18/4	88,26	3,18	3,26	4,62	0,68	27,09	27,76	4,33	
12	Mais: 2. Hauptperiode	10,937	19/4—3/5	88,40	3,21	3,10	4,62	0,67	27,67	26,72	4,43	
13	Rüben: Uebergangsperiode	10,666	4/5—13/5	88,39	3,13	2,94	4,86	0,68	26,96	25,32	4,31	
14	Rüben: 3. Hauptperiode	10,586	11/5—27/5	88,23	3,09	3,13	4,86	0,69	26,25	26,59	4,20	
15	Rüben: Uebergangsperiode	10,707	28/5—13/6	88,32	2,87	2,96	5,19	0,66	25,57	25,34	3,93	
16	Rüben: 4. Hauptperiode	11,046		88,07	3,18	3,02	5,08	0,65	26,66	25,32	4,27	

Fütterungsversuche mit verschiedenem Grünfutter bei 7 Kühen.

Periode	Futter	Zeit	Wasser %	Stickstoff-Substanz %	Fett %	Milchzucker %	Asche %	TS: Stickstoff-Substanz %	TS: Fett %	Stickstoff in der TS %	Analytiker
I. Periode:	Roggengrünfutter	1889	86,99	3,14	4,32	—	—	24,13	33,20	3,86	*Armsby*[2]
II. „	Kleegrünfutter	„	86,99	2,92	4,32	—	—	22,44	33,20	3,59	
III. „	Maisgrünfutter	„	87,29	3,08	4,54	—	—	24,23	35,72	3,88	

[1]) 6. Heft der „Berichte aus dem physiologischen Laboratorium und der Versuchsanstalt des landw. Instituts der Universität Halle a. S.“ Herausgegeben von Julius Kühn. Milchztg. 1888, **17**, 125—127 u. 144—147.

Der Futterverzehr war bei Kuh I folgender:

	1. Hauptperiode 20/3—29/3	Uebergangsperiode 30/3—6/4	2. Hauptperiode 7/4—18/4	Uebergangsperiode 19/4—3/5	3. Hauptperiode 4/5—13/5	Uebergangsperiode 14/5—27/5	4. Periode 28/5—13/6
Luzernheu A . .	5	5	5	5	—	—	—
„ B . .	—	—	—	—	5	—	—
„ C . .	—	—	—	—	—	5	5
Gerstenstroh . . .	4	3	1	1	4	4	4
Rapskuchen A . .	1,5	1,5	1,5	1,5	1,5	—	—
„ B . .	—	—	—	—	—	1,5	1,75
Weizenkleie . . .	0,5	0,5	0,5	0,5	0,5	0,5	0,5
Rüben	20	—	—	—	20	20	20
Sauermais	—	2,775	13,21	16,00	—	—	—

Der Futterverzehr der Kuh II war derselbe wie bei I bis auf

Sauermais	—	7,987	14,78	19,00	—	—	—

	Wasser	Protein	Reineiweiss	Fett	Stickstofffr. Extraktstoffe	Rohfaser	Asche
Der Sauermais enthielt	82,97 %	1,32 %	0,58 %	1,20 %	7,22 %	4,58 %	1,71 %
Die Rüben enthielten	87,20 „	0,96 „	0,54 „	0,33 „	9,75 „	0,83 „	0,94 „

Das Gewicht der Kühe blieb während der ganzen Versuchsdauer dasselbe. Die Gesammtmenge der für den Tag erzeugten Trocken-Substanz und des Fettes in der Milch war folgende:

		Vorfütterung	1. Hauptperiode	Uebergangsperiode	2. Hauptperiode	Uebergangsperiode	3. Hauptperiode	Uebergangsperiode	4. Hauptperiode
Kuh I: Trocken-Substanz .	g	1748	1624	1519	1553	1467	1480	1373	1429
Kuh I: Fett	g	498	453	425	402	368	379	344	356
Kuh II: Trocken-Substanz .	g	1289	1278	1226	1269	1238	1246	1251	1317
Kuh II: Fett	g	371	345	340	339	314	331	317	334

Das Butterfett hatte folgende Schmelzpunkte

am	21/3	19/4	23/4	2/5	14/5	25/5
	Rüben	Mais	Mais	Mais	Rüben	Rüben
	38,25	31,60	31,80	29,0	31,6	36,25 ° C.

[2]) Jahresbericht des Pennsylvania State College 1889. Milchztg. 1890, **19**, 362.

Der Milchertrag für Kuh und Tag war bei Fütterung mit grünem Roggen 6,72 kg, mit grünem Klee 6,59 kg und bei grünem Mais 5,96 kg.

Versuche über den Einfluss einer Beigabe von Kalkphosphat zum Futter auf die Milch.

Von J. Neumann.

Milchzeitung 1893, 22, 701.

No.	Nähere Bezeichnung	Milchmenge kg	Zeit der Untersuchung	In der natürlichen Milch: Wasser %	Stickstoff-Substanz %	Fett %	Milchzucker %	Mineralstoffe %	Kalk %	Phosphorsäure %	In der Trocken-Substanz: Stickstoff-Substanz %	Fett %	Stickstoff in der Trocken-Substanz %
1	Ohne Kalkphosphatbeigabe	27,16	22./8. 93	88,35	3,09	2,81	4,98	0,77	0,150	0,193	26,52	24,12	4,24
2	Ohne Kalkphosphatbeigabe	27,40	23./8. „	88,32	3,07	3,01	4,83	0,77	0,148	0,196	26,28	25,77	4,20
3	Ohne Kalkphosphatbeigabe	28,20	24./8. „	88,48	3,04	2,80	4,91	0,77	0,146	0,199	26,39	24,31	4,22
4	Mit Kalkphosphatbeigabe	24,85	27./8. „	88,10	3,04	3,05	5,06	0,75	0,144	0,189	25,55	25,63	4,09
5	Mit Kalkphosphatbeigabe	25,79	31./8. „	88,34	2,98	3,02	4,91	0,75	0,144	0,193	25,56	25,90	4,09
6	Mit Kalkphosphatbeigabe	25,67	3./9. „	88,05	3,05	3,36	4,76	0,78	0,156	0,199	25,52	28,12	4,08
7	Mit Kalkphosphatbeigabe	25,00	7./9. „	88,32	3,06	3,03	4,81	0,78	0,150	0,199	26,20	25,94	4,19
8	Mit Kalkphosphatbeigabe	25,50	13./9. „	—	3,19	—	—	—	0,153	0,197	—	—	—
9	Mit Kalkphosphatbeigabe	24,30	20./9. „	87,95	3,24	3,30	4,74	0,77	0,159	0,203	26,90	27,39	4,30
10	Mit Kalkphosphatbeigabe	24,12	28./9. „	88,00	3,24	3,04	4,95	0,77	0,155	0,213	27,00	25,33	4,32

Die Versuche wurden auf dem Gute von Schlote-Göttingen angestellt. Die 3 Kühe, welche zu den Versuchen dienten, gehörten der niederländisch-norddeutschen Niederungsrasse an. Sie hatten am 27./4., 7./7. und 18./7. gekalbt und erhielten als Futter für den Tag und Kopf: 22,5 kg frische Biertreber, 4 kg Heu, 2 kg Haferstroh und 20 g Futtersalz. An phosphorsaurem Kalk wurde am 24./8. Abends 25 g, am 25./8. 50 g und am 26./8. und an den folgenden Tagen 100 g gereicht.

Ein anderer Versuch wurde auf dem Klostergut Weende bei Göttingen (mit Kühen der niederländisch-norddeutschen Niederungsrasse) bei einer Fütterung von 70 kg Wickfutter, 2,5 kg Haferstroh, 1,5 kg getrockneten Biertrebern für den Tag und Kopf angestellt. Hierzu wurden gegeben am 30. Juli 50 g, am 31. Juli 75 g, vom 1. August an 100 g und vom 6. August an 200 g eines Präparates mit 40,18 % CaO und 33,33 % P_2O_5.

Die Ergebnisse waren:

	Datum	Milchmenge No. I	Milchmenge II	Phosphorsäure I	Phosphorsäure II	Durch die Milch abgeschiedene Phosphorsäure im Tage I	II
Ohne Phosphatfütterung	28. Juli	13,50 kg	21,75 kg	0,194 %	0,187 %	26,32 g	40,67 g
	29. „	13,25 „	22,25 „	0,199 „	0,187 „	26,34 „	41,60 „
Mit Phosphatfütterung	5. August	12,00 „	20,00 „	0,195 „	0,181 „	25,41 „	36,14 „
	9. „	13,00 „	21,00 „	0,204 „	0,194 „	26,46 „	40,73 „

Das Futter enthielt nach den Wolff'schen Mittelzahlen 118 g Phosphorsäure, welche bis zur Hälfte als assimilationsfähig angesehen werden kann.

Demnach hat die Phosphatfütterung keinen Einfluss auf den Phosphorsäure-Gehalt der Milch, im Gegentheil wurde die Milchmenge und der Phosphorsäure-Gehalt im Anfange heruntergedrückt.

Versuche über die Wirkung automatischer Tränken auf dem Klostergute Weende bei Göttingen.

Von Backhaus.[1])

No.	Nähere Bezeichnung	Spec. Gew.	Zeit der Untersuchung	In der natürlichen Milch: Wasser %	Stick-stoff-Substanz %	Fett %	Milch-zucker %	Asche %	In der Trocken-Substanz: Stick-stoff-Substanz %	Fett %	Stickstoff in der Trocken-Substanz %
	I. Mit Selbsttränke. Durchschnittszahlen der Mischmilch:		1892								
1	Reihe A	1,0309	15/4—1/5	88,13	2,98	3,24	—	0,75	25,11	27,46	4,03
2	„ B	1,03116	2/5—18/5	88,25	3,12	3,08	—	0,73	26,55	26,21	4,26
3	„ C	1,0312	19/5—30/5	88,04	3,09	3,24	—	0,77	25,85	27,09	4,13
	Mittel:	**1,03109**	—	**88,14**	**3,06**	**3,19**	—	**0,75**	**25,76**	**26,90**	**4,14**
	II. Ohne Selbsttränke.										
4	Reihe A	1,0310	6/4—11/4 u. 2/5—10/5	88,21	3,12	3,15	—	0,76	26,46	26,72	4,26
5	„ B	1,03107	23/4—1/5 u. 19/5—27/5	88,19	2,79	3,15	—	0,73	23,62	26,67	3,79
6	„ C	1,03105	14/5—18/5 u. 31/5—4/6	88,05	3,12	3,27	—	0,76	26,11	27,42	4,20
	Mittel:	**1,03104**	—	**88,15**	**3,01**	**3,19**	—	**0,75**	**25,40**	**26,92**	**4,08**

Es betrug ferner:

No.	Nähere Bezeichnung	Die Gesammtproduktion an: Milch kg	Trocken-Substanz kg	Fett kg	Tägliche Körpergewichts-Zunahme (+) bezw. Abnahme (—): im Ganzen kg	pro Kopf kg	Die Wasseraufnahme für den Kopf kg
	I. Mit Selbsttränke.						
7	Reihe A	2090,5	248,2	67,628	— 240,0	— 1,71	—
8	„ B	2379,0	279,5	73,290	+ 140,5	+ 1,00	35,3
9	„ C	1372,0	164,0	44,510	+ 101,5	+ 1,02	39,3
	Mittel	**1947,2**	**230,6**	**61,809**	**+ 0,67**	**+ 0,10**	**37,45**
	II. Ohne Selbsttränke.						
10	Reihe A	2065,5	243,6	65,042	— 110,0	— 0,79	—
11	„ B	2279,25	269,1	71,729	+ 47,0	+ 0,37	40
12	„ C	1303,0	155,7	42,600	— 102,5	— 1,03	40
	Mittel	**1882,6**	**222,8**	**59,790**	**— 55,2**	**— 0,49**	**40**

Zu den Versuchen dienten 2 × 10 Kühe der Holländer Rasse, die sich in der 6.—12. Woche nach dem Kalben befanden. Jede Abtheilung stand 5—7 Tage an einem gewöhnlichen Futtertisch, dann die doppelte Zeit an dem mit automatischer Selbsttränke, dann wieder 5 bezw. 7 Tage an dem gewöhnlichen Tisch, deshalb sind die Resultate direkt vergleichbar.

Das Futter bestand bei Reihe A und C aus 2,5 kg Haferstroh, 0,75 kg Haferspreu, 0,75 kg Weizenspreu, 2,00 kg Grummet, 1,00 kg Luzerne, 25,00 kg eingesäuerten Schnitzeln, 5,00 kg frischen Biertrebern, 1,00 kg Malzkeimen, 2,00 kg Erdnusskuchen. Bei Versuchsreihe B wurde noch 1 kg Weizenkleie hinzugefügt.

Nährstoffmenge bei A und C: 12,23 kg Trocken-Substanz, 1,70 kg verdaul. Protein, 0,37 kg verdaul. Fett, 6,12 kg verdaul. Kohlenhydrate.

Vom 27./5. an wurde 1 kg Malzkeime durch 0,75 kg trockene Biertreber und 0,25 kg Erdnusskuchen ersetzt.

---

[1]) Backhaus. Milchztg. 1892, **21**, 509.

Ueber den Einfluss der Futternoth auf die Beschaffenheit der Milch

berichten H. Kämmerer und H. Schlegel.

(Forschungsberichte über Lebensmittel etc. 1895, 2, 9—11).

Infolge der schlechten Fütterungsverhältnisse im Jahre 1893 ergaben die Untersuchungen einer beträchtlichen Zahl von Stallproben, dass die Milch dieses Jahres im Durchschnitt niedrigere Fettgehalte als die der Vorjahre aufwies und zwar solche, welche häufig unter 3% lagen, während die in den Vorjahren gesammelten Erfahrungen zeigten, dass der durchschnittliche Fettgehalt der in Nürnberg zu Markte kommenden unverfälschten Milch 3,5% betrug.

Von 79 richtig entnommenen Stallproben besassen:

	Proben	specifische Gewichte von	im Mittel
I.	8	1,0287—1,0296	1,0291
II.	51	1,0300—1,0330	1,0316
III.	13	1,0331—1,0340	1,0333
IV.	7	1,0340—1,0435	1,0363

Die Fettgehalte dieser Stallproben bewegten sich bei:

I. 22 Proben zwischen 2,40 und 3,35%, Mittelwerth 2,98%
II. 44 „ „ 3,36 „ 4,50 „ „ 3,86 „
III. 13 „ „ 4,51 „ 6,70 „ „ 5,45 „

Die Gehalte an fettfreier Trocken-Substanz lagen bei:

8 Proben (10,12%) zwischen 8,14 und 8,44, Mittelwerth 8,27%,
71 „ (89,88 „) „ 8,53 „ 11,10, „ 9,15 „.

Die Trockenrückstände ergaben sich zu 10,87—17,10% und zeigten einen mittleren Werth von 12,89%. Für sämmtliche 79 Stallproben berechnen sich:

das mittlere spec. Gewicht zu . . . . 1,0320 (im Jahre 1892 1,0324),
der „ Fettgehalt zu . . . . 3,88% („ „ „ 4,19%),
„ „ Gehalt an Trocken-Substanz zu . . . 12,89 „ („ „ „ 12,81 „),
„ „ „ „ fettfreier Trocken-Substanz zu 9,06 „ („ „ „ 8,62 „).

Versuche über den Einfluss des Futters auf die Beschaffenheit des Butterfettes in der Milch bezw. der Butter.

Von Adolf Mayer in Wageningen.

(Landw. Versuchsstationen 1888, 35, und 1892, 41; Milchzeitung 1888, 17, 804 und 1892, 21, 725).

Versuche aus dem Jahre 1888.

No.	Nähere Bezeichnung des Futters	Täglicher Milchertrag l	Zeit der Untersuchung	Milch: Spec. Gewicht	Milch: Trocken-Substanz %	Milch: Fett %	Milch: Fett in der Trocken-Substanz %	Butter: Spec. Gewicht bei 100° C.	Butter: Schmelzpunkt °C.	Butter: Erstarrungspunkt °C.	Butter: Reichert-Meissl'sche Zahl
			1888								
1	I. Periode 21/1—4/2: 15 kg gutes Wiesenheu, 2 kg Leinkuchen	19,5	31/1	1,0272	11,2	3,4	30,36	0,8629	38,8	24,0	29,6
2			3/2	1,0298	11,7	3,2	27,34	0,8634	36,8	23,0	29,3
3	II. Periode 4/2—18/2: Eingesäuertes Gras und 2 kg Leinkuchen; die ersten drei Tage des Uebergangs wegen noch etwas Heu	15,5	14/2	1,0296	11,3	3,0	26,55	0,8616	39,7	27,3	25,9
4			17/2	1,0315	12,0	3,2	26,67	0,8625	40,0	25,7	26,9
5	III. Periode 18/2—3/3: 20 kg Runkelrüben, 8 kg Heu, 2 kg Leinkuchen	18	26/2	1,0307	11,5	2,7	23,48	0,8639	35,2	23,0	33,5
6			1/3	1,0294	11,7	3,4	29,07	0,8641	33,9	23,3	31,2

No.	Nähere Bezeichnung des Futters	Täglicher Milchertrag l	Zeit der Untersuchung	Milch: Spec. Gewicht	Milch: Trocken-Substanz %	Milch: Fett %	Milch: Fett in der Trocken-Substanz %	Butter: Spec. Gewicht bei 100° C.	Butter: Schmelzpunkt °C.	Butter: Erstarrungspunkt °C.	Butter: Reichert-Meissl'sche Zahl
			1888								
7	IV. Periode 19/3—28/3:	11,5	25/3	1,0283	11,5	3,4	29,57	0,8623	40,5	27,5	25,9
8	Futter wie in Periode I		28/3	1,0293	11,4	3,1	27,19	0,8631	38,8	25,0	29,0
9	V. Periode 28/3—13/4:	11,8	9/4	1,0281	11,4	3,4	29,82	0,8622	38,0	26,5	20,0
10	Futter wie in Periode II		12/4	1.0281	11,0	3,1	29,18	0,8617	39,3	26,0	20,2
11	VI. Periode 13/4—2/5:	10,8	21/4	1,0274	11,2	3,4	30,36	0,8628	36,2	22,9	28,3
12	Futter wie in Periode III		25/4	1,0283	11,3	3,3	29,20	0,8629	37,2	22,2	28,0
13	VII. Periode 3/5—22/6:	19,0	10/5	1,0285	11,5	3,4	29,57	0,8638	34,3	22,1	29,2
14	Weidegras nach Belieben	19,5	17/5	1,0295	12,1	3,7	30,58	0,8632	34,0	23,9	27,2
15		19,0	24/5	1,0304	11,6	3,1	26,72	0,8632	32,9	22,3	29,3
16		21,0	31/5	1,0317	11,8	3,0	25,42	0,8631	33,0	23,3	27,3
17	VIII. Periode 21/6—21/7:	15,5	29/6	1,0305	11,9	3,3	27,73	0,8631	33,3	22,9	27,6
18	Geschnittener Klee mit nur 3%	13,5	6/7	1,0292	11,6	3,3	28,45	0,8632	34,5	23,0	28,5
19	Gräsern nach Belieben	12,0	13/7	1,0290	11,2	3,0	26,79	0,8629	32,5	22,2	26,4
20		11,5	20/7	—	—	—	—	0,8630	33,5	25,3	27,2

Die Untersuchung der Milch beschränkte sich auf Feststellung des spec. Gewichts und Fettbestimmung nach Soxhlet, aus welchen beiden Angaben dann nach der Fleischmann-Morgen'schen Formel der Gehalt der Milch an Trocken-Substanz berechnet wurde.

In der Butter wurde das spec. Gewicht nach der aräometrischen Methode bei 100° und die flüchtigen Fettsäuren nach der Reichert'schen Methode festgestellt.

Versuche aus dem Jahre 1891/92.

No.	Nähere Bezeichnung des Futters	Täglicher Milchertrag l	Zeit der Untersuchung	Milch: Spec. Gewicht	Milch: Trocken-Substanz %	Milch: Fett %	Milch: Fett in der Trocken-Substanz %	Butter: Schmelzpunkt °C.	Butter: Erstarrungspunkt °C.	Butter: Reichert-Meissl'sche Zahl
	A. Versuche mit einer Nordholländer Kuh, 9½ Jahr alt, am 14/7 gedeckt:		1891							
1	I. Periode 25/8—6/9:	17,5	3/9	1,0310	10,6	2,3	21,70	38,0	23,5	24,8
2	Vorzügliches Weidegras nach Belieben		5/9	1,0298	10,5	2,2	20,95	39,0	25,0	24,4
3	II. Periode 7/9—19/9:	15,75	17/9	1,0308	12,0	3,3	27,50	38,5	24,5	23,4
4	Anderes, weniger gedüngtes Weidegras		19/9	1,0305	11,4	2,9	25,44	38,5	24,5	23,6
5	III. Periode 20/9—4/10:	14,0	2/10	1,0289	10,6	2,5	23,58	38,8	26,2	23,3
6	15 kg Heu und 2 kg Leinkuchen		4/10	1,0295	10,9	2,7	24,77	39,3	24,8	22,6
7	IV. Periode 5/10—17/10: Wie in Periode III, aber mit Zusatz von	11,5	14/10	1,0278	10,3	2,6	25,24	37,5	23,5	24,3
8	50 ccm konzentrirter Milchsäure		16/10	1,0284	10,6	2,7	25,47	37,5	23,0	23,3
9	V. Periode 18/10—29/10: Wie in Periode III, aber mit Zusatz von	9,25	26/10	1,0286	10,5	2,6	24,76	36,5	23,0	24,6
10	100 ccm flüssigen Fettsäuren*)		28/10	1,0283	10,4	2,5	24,04	37,0	23,0	24,2

*) Die Fettsäuren wirken nachtheilig auf die Fresslust. Von den 15 kg Heu nahm die Kuh nur etwa 13,5 kg auf

No.	Nähere Bezeichnung des Futters	Täglicher Milchertrag	Zeit der Untersuchung	Milch				Butter		
				Spec. Gewicht	Trocken-Substanz	Fett	Fett in der Trocken-Substanz	Schmelzpunkt	Erstarrungspunkt	Reichert-Meissl'sche Zahl
		l			%	%	%	°C.	°C.	
11	VI. Periode $^{29}/_{10}$—$^{9}/_{11}$: Wie in Periode III	9,25	1891 $^{6}/_{11}$	1,0290	10,2	2,2	21,57	37,7	25,2	25,2
12			$^{8}/_{11}$	1,0300	10,8	2,5	23,15	37,5	24,2	23,5
13	VII. Periode $^{10}/_{11}$—$^{17}/_{11}$: 10 kg Heu, 2 kg Leinkuchen	10,0	$^{15}/_{11}$	1,0297	10,7	2,5	23,36	37,7	25,5	24,2
14			$^{17}/_{11}$	1,0278	10,3	2,6	25,24	38,3	26,3	23,7
15	VIII. Periode $^{18}/_{11}$—$^{28}/_{11}$: 5 kg Roggenstroh, 1 kg Sesamkuchen	10,0	$^{26}/_{11}$	1,0324	11,0	2,1	19,09	40,0	28,0	18,0
16			$^{28}/_{11}$	1,0328	11,6	2,6	22,41	40,0	28,5	17,2
17	IX. Periode $^{29}/_{11}$—$^{8}/_{12}$: 5 kg Roggenstroh, 1 kg Leinkuchen	9,75	$^{6}/_{12}$	1,0319	11,6	2,7	23,28	40,0	28,5	16,5
18			$^{8}/_{12}$	1,0319	11,7	2,8	23,93	39,8	29,0	16,0
19	X. Periode $^{9}/_{12}$—$^{20}/_{12}$: 5 kg Erbsenstroh, 10 kg Roggenstroh, 3 kg Erdnusskuchen	9,25	$^{18}/_{12}$	1,0304	11,5	3,0	26,09	39,0	28,0	20,4
20			$^{20}/_{12}$	1,0307	11,4	2,9	25,44	37,7	27,2	19,2
21	XI. Periode $^{21}/_{12}$—$^{31}/_{12}$: 15 kg Erbsenstroh, 4 kg Roggen (angebrüht)	10,0	$^{29}/_{12}$	1,0307	11,1	2,6	23,42	37,6	27,7	24,9
22			$^{30}/_{12}$	1,0299	11,1	2,8	25,23	36,8	27,5	24,6
23	XII. Periode $^{1}/_{1}$—$^{12}/_{1}$ 1892: Wie in Periode III	10,0	1892 $^{10}/_{1}$	1,0302	11,4	3,0	26,32	37,0	25,5	24,6
24			$^{12}/_{1}$	1,0311	11,7	3,0	25,64	37,1	24,7	24,3
25	XIII. Periode $^{13}/_{1}$—$^{22}/_{1}$: 40 kg Diffusionsschnitzeln, 5 kg Roggenstroh, 4 kg Leinkuchen	10,5	$^{20}/_{1}$	1,0307	11,9	3,3	27,73	36,3	22,9	21,3
26			$^{22}/_{1}$	1,0317	11,5	2,8	24,35	36,4	22,9	21,0
27	XIV. Periode $^{23}/_{1}$—$^{4}/_{2}$: 10 kg Sauermais, 8 kg Roggenstroh, 4 kg Mohnkuchen	7,5	$^{2}/_{2}$	1,0298	11,4	3,0	26,32	37,6	28,5	19,4
28			$^{4}/_{2}$	1,0303	11,4	2,9	25,44	38,1	29,6	19,3
29	XV. Periode $^{13}/_{2}$—$^{25}/_{2}$: 11 kg Erbsenstroh, 5 kg Roggenstroh, 4 kg Mohnkuchen	3,5	$^{23}/_{2}$	1,0304	12,4	3,7	29,84	43,2	31,6	13,4
30			$^{25}/_{2}$	1,0301	12,5	3,9	31,20	42,8	28,9	13,5
	B. Versuche mit einer Angler Kuh, 7 Jahre alt, 500 kg schwer, hat am $^{27}/_{2}$ gekalbt:									
31	I. Periode $^{9}/_{3}$—$^{17}/_{3}$: 40 kg eingesäuertes Gras, 2 kg Leinkuchen	14,5	$^{15}/_{3}$	1,0314	11,2	3,3	29,46	43,7	28,9	20,1
32			$^{17}/_{3}$	1,0323	12,0	3,0	25,00	44,5	29,7	22,2
33	II. Periode $^{18}/_{3}$—$^{31}/_{3}$: 13 kg Heu, 2 kg Leinkuchen	15,5	$^{30}/_{3}$	1,0295	12,7	4,1	32,28	43,8	30,3	25,1
34			$^{31}/_{3}$	1,0312	12,4	3,6	29,03	43,9	30,7	26,4
35	III. Periode $^{1}/_{4}$—$^{12}/_{4}$: 9 kg Roggenstroh, 4 kg Erbsenstroh, 3 kg Baumwollsamenkuchen*)	14,5	$^{10}/_{4}$	1,0305	12,4	3,7	29,84	44,2	32,4	24,0
36			$^{12}/_{4}$	1,0323	12,2	3,1	25,82	44,1	32,7	23,7
37	IV. Periode $^{13}/_{4}$—$^{24}/_{4}$: Wie in Periode II	14,5	$^{21}/_{4}$	1,0306	11,8	3,2	27,12	43,5	31,4	23,1
38			$^{24}/_{4}$	1,0302	10,9	2,6	23,95	43,5	30,5	23,3
39	V. Periode $^{2}/_{5}$—$^{12}/_{5}$: 9 kg Heu, 4 kg Maiskeimkuchen	16,5	$^{10}/_{5}$	1,0305	11,8	3,2	27,12	38,2	26,6	29,6
40			$^{12}/_{5}$	1,0313	11,4	2,7	23,68	38,4	26,2	29,4

*) Die Milch dieser Periode war schwer zu verbuttern.

No.	Nähere Bezeichnung	Täglicher Milchertrag l	Zeit der Untersuchung	Milch				Butter		
				Spec. Gewicht	Trocken-Substanz %	Fett %	Fett in der Trocken-Substanz %	Schmelz-punkt °C.	Erstarr-ungs-punkt °C.	Reichert-Meissl'sche Zahl
41	VI. Periode 13/5—21/5: Weidegang nach starker Salpeterdüngung	14,5	22/5	1,0329	11,7	2,6	22,22	38,6	26,7	29,3
42			21/5	1,0321	12,0	3,1	25,83	38,9	26,9	29,8
43	VII. Periode 25/5—8/6: Weidegang nach starker Phosphorsäure- und Kalidüngung	15,0	6/6	—	—	—	—	38,7	27,5	32,4
44			8/6	—	—	—	—	38,5	26,8	31,9
45	VIII. Periode 9/6—12/6: Wie in Periode VI	13,0	17/6	—	—	—	—	39,0	26,7	30,5
46			19/6	—	—	—	—	39,0	27,0	29,6
47	IX. Periode 20/6—3/7: Wie in Periode VII	10,5	1/7	—	—	—	—	39,4	26,9	29,7
48			3/7	1,0304	11,8	3,2	27,12	39,5	27,1	27,9

Aehnliche Versuche über den Einfluss des Futters auf das Butterfett stellte Girard (Milchzeitung 1892, 21, 677) an. Vergl. auch oben: Milch unter dem Einflusse des Futters S. 186.

Anm. Bezüglich weiterer Untersuchungen über den Einfluss des Futters auf die Zusammensetzung der Milch verweise ich auf das Werk von Th. Dietrich u. Verf.: Zusammensetzung und Verdaulichkeit der Futtermittel, wo sich noch Analysen finden:

1. Von E. Wolff: Agrik. chem. Untersuchungen **2**, 1 u. **3**, 39.
2. „ H. Ritthausen: Ebendort **4**, 1 u. **5**, 1.
3. „ demselben: Amts- u. Anzeigeblatt f. d. Königr. Sachsen 1856, 87 u. 96.
4. „ W. Knop u. R Arendt: Agrik. chem. Untersuchungen **5**, 74

(Zu 1.–4.: Vergl. auch unter „Kuhmilch" zu verschiedenen Melkzeiten.)

5. „ Aug. Völcker: Journ. Royal Agric. Society of England 1861, 33; 1863, 302 u. 309.
6. „ Ed. Peters: Ann. d. Landw. in Preussen 1862, 275.
7. „ Th. v. Gohren: Landw. Versuchsstation 1863, **5**, 5. Vergl. unter „Kuhmilch" zu verschiedenen Melkzeiten No. 27—32, S. 204.
8. „ M. Schrodt u. H. v. Peter: Milchztg. 1880, **9**, 641; 1881, **10**, 558 u. 637; 1882, **11**, 427; 1883, **12**, 22, 721 u. 737; 1884, **13**, 494.
9. „ W. Fleischmann: Bericht d. Milchw. Versuchsstation Raden 1880—1884, vergl. unter „Kuhmilch" zu verschiedenen Melkzeiten No. 39—50, S. 205.
10. „ K. Portele: Landw. Versuchsstationen 1882, **27**, 133.
11. „ M. Schmoeger u. O. Neubert: Milchztg. 1883, **12**, 129.

Vergleiche ferner noch:

12. Von Wirth: Milchztg. 1891, **20**, 285. Fütterungsversuche mit steigenden Mengen Erdnusskuchen bei zwei einzelnen Kühen.
13. „ F. Friis: Centrbl. f. Agrikultur-Chemie 1895, **24**, 382—387. Derselbe berichtet über Fütterungsversuche über den Ersatz von Getreide (Weizen) durch Kleie (Weizenkleie). Aus den Versuchen ergiebt sich, dass das Getreide ohne merkbare Veränderungen in der Zusammensetzung der Milch durch Kleie ersetzt werden kann. Im Ganzen ist jetzt in 7 aufeinanderfolgenden Jahren bei vergleichenden Versuchen mit insgesammt 1639 Kühen, die auf 161 Gruppen auf 10 verschiedenen Gütern in allen Gegenden Dänemarks vertheilt waren, festgestellt worden, dass die Veränderungen in der Fütterung so gut wie keine Veränderung in der chemischen Zusammensetzung der Milch bewirkt haben, wohl dagegen einen Einfluss auf die Milchmenge ausüben.

14. J. P. Roberts u. Henry H. Wing (Bull. landw. Versuchsstation der Cornell Universität. Ithaca. N. Y. XII. Novbr. 1890, 91—100; Centrbl. Agrik.-Chem. 1891, 20) stellten Fütterungsversuche über die Wirkung einer Beigabe von Körnerfutter beim Weidegang für Kühe an. Sie fanden, dass eine Beifütterung von Körnerfutter auf einer guten Weide sich nicht bezahlt macht, da der Mehrertrag an Milch und Butterfett die dadurch entstandenen Mehrkosten nicht ausgleicht.

15. N. J. Fjord (Ber. aus den landw. Vers. Labor. zu Kopenhagen 1888, 32—103 u. 1890, 1—166; Centrbl. Agrik.-Chem. 1889, 18, 517—525; 1891, 20, 97—106) fand bei den in 3 Versuchsjahren auf 8 Höfen angestellten Fütterungsversuchen, dass eine Zugabe von 20—25 kg Wurzelfrüchten täglich zu dem Futter der Milchkühe keinen nachweisbaren Einfluss auf den Fettgehalt der Milch während der Hauptversuchszeit hat, wenn die Menge des Kraftfutters und Heues unverändert bleibt.

16. Fütterungsversuche mit Maisschrot und Fleischmehl bei 4 Kühen stellten J. Wilson, D. A. Kent, C. F. Curtiss und G. E. Patrick an. (Experim. Stat. Record 1891, 3, 219—221; Centrbl. Agrik.-Chem. 1892, 21, 510—512.)

Bei der Verabreichung des protein- und fettreichen Fleischmehles fand bei jeder Kuh eine absolute und relative Steigerung der Milch an Trocken-Substanz und Fett ein. Die Nährstoffmengen (Protein und Fett) sind in der Fleischmehlperiode 2—3 mal so hoch als in der Maisschrotperiode, wodurch diese Beobachtungen wohl selbstverständlich sind, während die Mengen der Kohlenhydrate sich in der Fleischperiode zu der der Maisschrotperiode ungefähr wie 11 : 17 verhalten.

17. Ch. Cornevin (Journ. d'agric. practique 1891, 223—226; Centrbl. Agrik.-Chem. 1891, 20, 835 bis 837) fand, dass eine Einspritzung von je 0,25 g Philocarpin an 5 Tagen keine Einwirkung auf die abgesonderte Milchmenge dagegen eine vermehrte Erzeugung von Milchzucker stattfindet.

Holländer Kuh:

	g in 100 ccm Milch				
	Wasser	Kasein (Differenz)	Fett	Milchzucker	Asche
Vor der Einspritzung	90,25	6,067	3,15	3,275	0,608
$1^1/_2$ Tage nach der ersten Einspritzung	91,18	5,070	3,10	3,340	0,610
Nach der dritten Einspritzung . . .	89,90	5,805	3,20	3,735	0,550

18. E. F. Ladd: Einfluss des Futters auf die Zusammensetzung der Milch und Butter. Agriculturae science 1888, 2, 251—256; Centrbl. Agrik.-Chem. 1889, 18, 476—480. Verf. fand bei den Fütterungsversuchen mit Roggenschrot, Weizenkleie und Leinkuchen, dass das meiste Fett für den Tag bei Zugabe von Leinkuchen, während der höchste Milchertrag bei Kleiefütterung erzielt wurde. In der Beschaffenheit des Butterfettes zeigte sich bei Roggenschrot- und Weizenkleiefütterung kein wesentlicher Unterschied, während bei Leinkuchenfütterung die Jodzahl des Fettes wesentlich stieg.

19. Oscar Hagemann giebt in seinen unter Mitwirkung von Seyfert u. Ephraim in Poppelsdorf ausgeführten „Beiträgen zur rationellen Ernährung der Kühe“ (Landw. Jahrb. 1895, 24, 283—308) auch einige auf die Milch bezügliche Werthe, auf die hier verwiesen sei.

20. Ueber die Ernährung sehr milchreicher Kühe stellte Werner Versuche mit einer Holländer Kuh an. (Zeitschr. landwirthsch. Vereins für Rheinpr. 1888, No. 38 vom 22./9.; Centrbl. Agrik.-Chem. 1889, 18, 472—475.)

Einfluss der Kalbezeit auf die Milchleistung der Allgäuer Kühe.

Nach Untersuchungen der milchwirthschaftlichen Untersuchungsanstalt Memmingen (Mitth. d. milchw. Vereins im Allgäu 1897, 8, Heft 8; Milchztg. 1897, 26, 618—619).

Kalbezeit	Zahl der Kühe	Milchertrag in 365 Tagen für die Kuh kg	Spec. Gewicht bei 15° C.	Trocken-Substanz %	Fett %	Fettfreie Trocken-Substanz %	Fettgehalt der Trocken-Substanz %
1895/96. 100 Kühe.							
November	14	3094	1,0327	12,619	3,485	9,134	27,62
December	8	3057	1,0325	12,830	3,706	9,124	28,89
Januar	14	2851	1,0325	12,551	3,542	9,109	28,00
Februar	8	3446	1,0325	12,802	3,684	9,118	28,78
März	13	3413	1,0323	12,674	3,603	9,071	28,43
April	15	3217	1,0323	12,529	3,492	9,037	27,87
Mai	7	2765	1,0320	12,460	3,491	8,969	28,02
Juni — Oktober	21	3142	1,0325	12,676	3,563	9,113	28,11
November — Februar	44	3074	1,0326	12,701	3,580	9,121	28,19
März — Oktober	56	3178	1,0324	12,609	3,544	9,065	28,11
Gesammtmittel	**100**	**3132**	**1,0325**	**12,648**	**3,557**	**9,091**	**28,12**
1894/96. 205 Kühe.							
November	34	3206	1,0327	12,603	3,467	9,136	27,51
December	20	3336	1,03268	12,855	3,687	9,168	28,68
Januar	28	3122	1,0325	12,703	3,587	9,116	28,24
Februar	20	3373	1,03226	12,618	3,576	9,042	28,33
März	30	3261	1,03241	12,698	3,600	9,098	28,35
April	26	3152	1,03243	12,632	3,548	9,084	28,08
Mai	14	2883	1,03245	12,689	3,602	9,096	28,36
Juni — Oktober	33	3036	1,0325	12,702	3,591	9,111	28,27
Oktober — Februar	102	3242	1,0326	12,683	3,565	9,118	28,10
März — Oktober	103	3110	1,0325	12,684	3,585	9,099	28,27
Gesammtmittel	**205**	**3176**	**1,03255**	**12,682**	**3,574**	**9,108**	**28,18**

Die Kühe wurden gefüttert mit Heu und Grummet, zum Theil bekamen sie auch etwas Gerstenmehl, im Winter wurden in vielen Stallungen Biertreber gefüttert; von Frühjahr bis Herbst war fast überall Weidegang. Unter den schlechten Witterungsverhältnissen von 1896 litt das Vieh auf der Weide, und durch das erzielte, geringwerthige Futter wurde der Milchertrag auch noch im Winter störend beeinflusst.

Beziehungen zwischen der Milchmenge und dem Durchschnittsgehalte der Milch der Allgäuer Kühe.

Nach Untersuchungen der milchwirthschaftlichen Untersuchungsanstalt Memmingen (Mitth. d. milchw. Vereins im Allgäu 1897, 8, Heft 8; Milchztg. 1897, 26, 618—619).

Milchleistung in 365 Tagen für die Kuh kg	**Zahl der Kühe**	**Spec. Gewicht** bei 15° C.	**Trocken-Substanz** %	**Fett** %	**Fettfreie Trocken-Substanz** %	**Fettgehalt der Trocken-Substanz** %
		1895/96.	100 Kühe.			
bis 2500	21	1,0327	12,831	3,676	9,155	28,65
2500—3000	27	1,0325	12,579	3,491	9,088	27,75
3000—3500	27	1,0326	12,720	3,598	9,122	28,29
3500—4000	12	1,0324	12,580	3,519	9,061	27,97
über 4000	13	1,0321	12,483	3,521	8,962	28,21
Mittel	**100**	**1,0325**	**12,648**	**3,557**	**9,091**	**28,12**
		1894/96.	205 Kühe.			
bis 2500	38	1,0328	12,836	3,649	9,187	28,43
2500—3000	49	1,0327	12,720	3,570	9,150	28,07
3000—3500	61	1,0325	12,716	3,617	9,099	28,44
3500—4000	31	1,0326	12,593	3,488	9,105	27,70
über 4000	26	1,0321	12,488	3,505	8,983	28,07
Mittel	**205**	**1,03255**	**12,682**	**3,574**	**9,108**	**28,18**

Die Kühe wurden gefüttert mit Heu und Grummet, zum Theil bekamen sie auch etwas Gerstenmehl, im Winter wurden in vielen Stallungen Biertreber gefüttert; von Frühjahr bis Herbst war fast überall Weidegang. Unter den schlechten Witterungsverhältnissen von 1896 litt das Vieh auf der Weide, und durch das erzielte, geringwerthige Futter wurde der Milchertrag auch noch im Winter störend beeinflusst.

Kuhmilch zu verschiedenen Melkzeiten.

No.	Nähere Bezeichnung	Zeit der Untersuchung	Morgenmilch			Mittagmilch			Abendmilch			Analytiker
			Wasser %	Fett %	Fett in der Trocken-Substanz %	Wasser %	Fett %	Fett in der Trocken-Substanz %	Wasser %	Fett %	Fett in der Trocken-Substanz %	
1	Gewohntes Winterfutter*) . . .	1853	87,51	3,23	25,76	—	—	—	87,29	3,21	25,26	*E. Wolff* [1])
2	desgl. + 2 Pfd. Rapskuchen . .	„	88,15	3,04	25,65	—	—	—	87,77	3,09	22,27	
3	desgl. + 4 „ „ . .	„	87,55	3,20	25,70	—	—	—	87,23	3,38	26,47	
4	desgl. + 6 „ „ . .	„	87,80	3,07	25,16	—	—	—	87,25	3,46	27,14	
5	Mittel von je 18 Analysen**) . .	„	87,64	3,12	25,24	—	—	—	87,50	3,24	25,92	
6	„ „ 8 Analysen	„	87,30	3,46	27,24	—	—	—	87,02	3,71	28,59	

[1]) Agrik. chem. Untersuchungen II, 1 und III, 39.

*) Zu den Versuchen No. 1—6 dienten 2 Kühe der Montafuner Rasse von mittlerer Milchergiebigkeit, welche mit verschiedenen Mengen Rapskuchen und Grünfutter gefüttert wurden.

**) Für Kasein + Albumin und Zucker wurden in diesen 18 Analysen im Mittel gefunden:

	In der natürlichen Milch		In der Trocken-Substanz	
	Kasein + Albumin	Zucker	Kasein + Albumin	Zucker
Morgenmilch . . .	4,08 %	5,16 %	33,01 %	41,74 %
Abendmilch . . .	4,16 „	5,10 „	33,28 „	40,80 „

No.	Nähere Bezeichnung		Kuh[0])	Zeit der Untersuchung	Morgenmilch Wasser %	Morgenmilch Fett %	Morgenmilch Fett in der Trocken-Substanz %	Mittagmilch Wasser %	Mittagmilch Fett %	Mittagmilch Fett in der Trocken-Substanz %	Abendmilch Wasser %	Abendmilch Fett %	Abendmilch Fett in der Trocken-Substanz %	Analytiker
7	9 Pfd. Heu + 10 Pfd. Gerstenstroh + 4 Pfd. Rapskuchen + 4 Pfd. Kleie für den Kopf und Tag*)	+ 40—60 Pfd. Kartoffeln		1856	89,10	2,57	23,58	88,40	2,88	24,83	88,20	2,49	21,10	H. Ritthausen[1])
8		+ Maische		„	88,40	2,45	21,12	87,70	3,26	26,50	87,80	3,09	25,33	
9		+ Schlempe		„	88,50	2,72	23,65	88,30	2,93	25,04	88,30	3,09	26,41	
10		+ 15 Pfd. Runkelrüben		„	88,50	2,79	24,26	87,90	3,21	26,53	88,10	3,12	26,22	
11	9 Pfd. Heu + 10 Pfd. Gerstenstroh + 20 Pfd. Runkelrüben*)	+ 6 Pfd. Schrot		„	88,38	2,98	25,66	87,59	3,55	28,79	88,01	3,35	27,94	
12		+ desgl. . .		„	87,91	3,20	26,47	87,65	3,57	28,91	87,70	3,37	27,40	
13		+ gekochtes Schrot . .		„	88,21	3,00	25,45	87,68	3,62	29,38	87,98	3,05	25,37	
		Nährstoff-Verhältniss												
14	10—14 Pfd. Heu + 4 Pfd. Gerstenstroh + 28—36 Pfd. Kartoffeln, 60—62 Pfd. Runkelrüben, 2—4 Pfd. Rapskuchen + 1 Pfd. Malz**)	1 : 5,07		1857	88,46	2,84	24,61	88,09	3,30	27,71	87,50	3,60	28,81	W. Knop und R. Arendt[2])
15		1 : 5,07		„	88,18	2,76	23,25	87,33	3,35	26,44	87,19	3,44	26,85	
16		1 : 5,02		„	87,99	3,10	25,81	86,58	3,20	23,85	86,77	3,63	27,44	
17		1 : 5,50		„	88,76	2,99	26,60	87,57	3,06	24,62	87,80	3,60	27,80	
18		1 : 5,60		„	88,21	3,07	25,43	87,55	3,41	27,39	87,60	3,16	25,49	
19		1 : 5,50		„	87,85	3,22	26,50	87,04	3,54	27,31	87,25	3,48	27,29	
20		1 : 5,60		„	88,14	2,98	25,12	87,72	3,27	26,63	87,68	3,09	25,08	
21		1 : 5,40		„	88,40	2,95	25,43	87,79	3,26	26,70	87,95	2,94	24,40	
22		1 : 5,40		„	88,54	2,81	24,52	87,08	3,17	26,59	88,07	3,06	25,65	
23		1 : 5,20		„	88,17	2,87	24,26	87,71	3,18	25,87	87,80	3,01	24,67	
24		1 : 5,20		„	88,06	2,93	24,54	87,55	3,26	31,18	87,50	3,32	26,56	
25		1 : 5,00		„	88,14	2,79	23,52	87,75	3,20	26,12	87,68	3,27	26,54	
26		1 : 5,40		„	87,98	2,98	24,79	87,16	3,60	28,03	87,20	3,44	26,88	
		Nährstoffverhältn. 1:												
27	12 Pfd. Kleeheu + 6 Pfd. Futterstroh + 2 Loth Viehsalz + 0	3,98	A	1862	90,00	2,20	22,00	88,40	5,80	50,00	87,20	3,20	25,00	Th. v. Gohren[3])
28	+ 0	3,98	B	„	87,80	2,40	19,67	86,40	4,40	32,35	86,40	3,50	25,74	
29	+ 0,3 Pfd. Rüböl	4,39	A	„	88,70	2,60	23,01	88,00	3,90	32,50	88,90	4,00	36,04	
30	+ 1,8 Pfd. Wasser	4,03	B	„	88,20	3,20	28,12	86,70	3,60	27,07	86,70	4,20	31,60	
31	+ 1,3 Pfd. Wasser	4,03	A	„	88,80	2,80	24,97	88,10	4,60	38,65	87,80	3,90	31,97	
32	+ 0,3 Pfd. Rüböl	4,39	B	„	87,90	3,20	26,44	86,90	4,10	31,30	86,80	4,00	30,30	

[1]) Amts- und Anzeigeblatt f. d. Königreich Sachsen 1856, 87 u. 96.
[2]) Agrik. chem. Untersuchungen **5**, 74.
[3]) Landw. Versuchsstation 1863, **5**, 5.

*) Zu den Versuchen No. 7—13 dienten 2 Kühe der Schwyzer Rasse, welche in der 2. Periode statt der 60 Pfd. Kartoffeln die Maische bezw. Schlempe von 60 Pfd. Kartoffeln erhielten; das Schrot bestand aus $^2/_3$ Wicken und $^1/_3$ Hafer + Gerste.

**) Zu den Versuchen dienten wie bei No. 1—6 2 Kühe der Montafuner Rasse, 7 Jahre alt, 8 Wochen nach dem Kalben, welche nicht viel, aber lange Zeit hindurch ein und dieselbe konstante Menge Milch gaben.

[0]) Beide Kühe (A u. B = mährischer Landschlag) hatten zweimal gekalbt, waren 390 kg schwer; A = 14 Wochen nach dem Kalben, B = 16 Wochen. Der Milchertrag war folgender:

	Rauhfutter allein	Rauhfutter + Oel	Rauhfutter + Melasse
Kuh A	4,84 kg	5,31 kg	5,31 kg
„ B	4,58 „	4,24 „	5,36 „

No.	Nähere Bezeichnung	Zeit der Untersuchung	Morgenmilch Wasser %	Morgenmilch Fett %	Morgenmilch Fett in der Trocken-Substanz %	Mittagmilch Wasser %	Mittagmilch Fett %	Mittagmilch Fett in der Trocken-Substanz %	Abendmilch Wasser %	Abendmilch Fett %	Abendmilch Fett in der Trocken-Substanz %	Analytiker
	Altmilchende Kühe: *)											
33	Unzureichende Fütterung	1878	87,84	3,62	29,77	—	—	—	87,57	3,69	29,69	W. Fleischmann [1] *)
34	Reichlichere Fütterung, 1. Woche	„	87,58	3,62	29,11	—	—	—	87,42	3,69	29,33	
35	„ „ 2. „	„	87,73	3,49	28,44	—	—	—	87,45	3,61	32,37	
	Frischmilchende Kühe:											
36	Unzureichende Fütterung	„	88,46	3,26	28,25	—	—	—	88,43	3,20	27,66	
37	Reichlichere Fütterung, 1. Woche	„	88,46	3,06	26,51	—	—	—	88,11	3,23	29,16	
38	„ „ 2. „	„	88,56	2,97	25,96	—	—	—	88,34	3,08	26,41	
39	Kleeweide, 17/7 – 14/10	1879	87,71	3,41	27,70	—	—	—	87,60	3,48	29,68	derselbe [2])
40	Stallfütterung, 14/10–31/12	„	87,91	3,50	28,95	—	—	—	87,83	3,50	28,76	
41	desgl., 1/1–27/5	1880	88,34	3,24	28,79	—	—	—	88,39	3,16	27,22	
42	Koppelweide, 27/5–20/7	„	88,31	3,23	27,63	—	—	—	88,31	3,09	26,43	
43	Kleeweide, 20/7–5/10	„	88,03	3,22	26,90	—	—	—	87,62	3,40	27,46	
44	Stallfütterung, 5/10–31/12	„	87,88	3,36	27,72	—	—	—	87,76	3,46	28,27	
45	Jahresmittel 1880	„	88,16	3,26	27,53	—	—	—	88,07	3,27	27,41	
46	desgl. 1881	1881	88,07	3,24	27,16	—	—	—	88,02	3,25	27,13	
47	desgl. 1882	1882	87,97	3,19	26,68	—	—	—	87,94	3,19	26,45	
48	desgl. 1883	1883	88,08	3,27	27,43	—	—	—	88,05	3,26	27,28	
49	desgl. 1884	1884	87,95	3,29	27,34	—	—	—	87,89	3,32	27,42	
50	desgl. 1885 **)	1885	88,04	3,26	27,26	—	—	—	88,08	3,22	27,01	
51	Schlempefütterung ***)	1880/81	88,71	2,81	24,89	88,22	3,38	28,69	88,19	3,23	27,35	Friedländer, Schrodt u. Schmoeger [3])
52	Grünfütterung	„	88,61	2,95	22,95	88,20	3,49	29,58	88,42	3,27	28,34	
53	Von einer Kuh [0])	1859	90,22	2,67	27,03	87,40	4,35	34,53	88,05	4,34	36,32	Hellriegel [4])

[1]) Milchztg. 1880, **9**, 247.

[2]) Berichte d. Milchw. Versuchsstation Raden 1880—1885. Die Milch der Kühe der Radener Herde (Mecklenburgischer Landschlag, z. Th. Kreuzungsprodukte dieses Schlages mit Angler- und Wilstermarschvieh) wurde allwöchentlich einmal morgens und abends untersucht und bilden die obigen Zahlen das Mittel dieser einzelnen Bestimmungen. Bei der Stallfütterung 1879 erhielten die Kühe für den Tag und Kopf (490 kg schwer) 10 Pfd. Kleeheu, 4 Pfd. Wiesenheu, 10 Pfd. Haferstroh, 2 Pfd. Kleie, 1 Pfd. Erdnusskuchen und 1 Pfd. Kokosnusskuchen. Das spec. Gew. der Milch betrug im Mittel:

Jahr	1879	1880	1881	1882	1883	1884	1885
Morgenmilch	1,0319	1,0315	1,0310	1,0312	1,0311	1,0311	1,0312
Abendmilch	1,0319	1,0316	1,0311	1,0315	1,0310	1,0310	1,0311

[3]) Forschungen auf dem Gebiet der Viehhaltung 1880, **8**, 368.

[4]) Preuss. Ann. der Landw. 1859, 33.

*) Die Anzahl der alt- wie frischmilchenden Kühe betrug je 18 Stück. Bei der unzureichenden Fütterung wurden 4,16 kg Kleeheu, 1,76 kg Wiesenheu (z. Th. verregnet), 5,98 kg Haferstroh, 0,5 kg Kokosnusskuchen und 0,5 kg Roggenschrot (Nährstoffverhältniss 1 : 7,4) verabreicht. Bei der reichlicheren Fütterung ausserdem noch 2 bezw. 3 kg Weizenkleie.

**) Es schwankte der Gehalt an

	Morgenmilch	Abendmilch
Wasser	88,67—87,35 %	88,83—87,40 %
Fett	2,63— 3,91 „	2,71— 3,88 „

***) Die Kühe (43—47 Stück der Proskauer Herde von Holländer Rasse und 558 kg durchschnittl. Lebendgewicht) wurden 4 Uhr morgens, 11 Uhr mittags und 6 Uhr abends gemolken; bei der Schlempefütterung im Winter erhielten die Thiere: 45 kg Schlempe, 5 kg Biertreber, 2,5 kg Spreu, 1,5 kg Heu + 33 g Salz; bei der Grünfütterung im Sommer 50 kg Grünfutter (Klee + Wicken), 3 kg Stroh, 1—1½ kg Biertreber und 33 g Salz. Der Milchertrag betrug für den Kopf und Jahr = 2709,6 l.

[0]) Die Kuh war 6 Jahre alt und hatte vor 6 Monaten gekalbt; sie erhielt als Futter Kartoffelschlempe und ein Häckselgemenge von Grummet, Gersten- und Weizenstroh.

No.	Nähere Bezeichnung	Zeit der Untersuchung	Morgenmilch Wasser %	Morgenmilch Fett %	Morgenmilch Fett in der Trocken-Substanz %	Mittagmilch Wasser %	Mittagmilch Fett %	Mittagmilch Fett in der Trocken-Substanz %	Abendmilch Wasser %	Abendmilch Fett %	Abendmilch Fett in der Trocken-Substanz %	Analytiker
54	Milch verschiedener Kühe von der milchwirthschaftlichen Ausstellung; Futter = 7,5 kg Heu, 1 kg Stroh, 5,0 kg Rüben, 2,5 kg Kleie oder Baumwollesaatmehl und 20 g Salz	1855	86,82	3,48	26,43	—	—	—	86,17	3,56	26,74	F. J. Lloyd[1])
55		"	84,22	5,12	32,45	—	—	—	84,20	4,94	31,27	
56		"	86,18	4,92	35,59	—	—	—	89,78	2,85	27,89	
57		"	86,90	3,60	27,48	—	—	—	87,49	3,30	26,38	
58		"	88,32	2,42	20,72	—	—	—	87,18	3,29	25,66	
59		"	85,34	5,02	34,24	—	—	—	85,11	5,26	35,33	
60		"	87,18	5,20	40,56	—	—	—	86,46	5,94	43,87	
61		"	84,22	5,58	35,36	—	—	—	84,48	5,58	35,95	
62		"	87,48	3,96	23,64	—	—	—	86,21	4,63	33,58	

No.	Nähere Bezeichnung	Nach Stdn. im Euter	Zeit der Untersuchung	In der natürlichen Milch: Wasser %	Kasein %	Albumin %	Fett %	Milchzucker %	Asche %	In der Trocken-Substanz: Kasein %	Albumin %	Fett %	Stickstoff in der Trocken-Substanz %	Analytiker
63	Junge ostfriesische Kuh, Februar, Morgenmilch	10	1855	89,75	2,53	0,44	2,43	4,10	0,75	24,68	4,29	23,71	4,64	Struckmann[2])
64	desgl., Mittagmilch . .	8	"	88,22	2,30	0,62	3,64	4,41	0,81	19,52	5,26	30,90	3,97	
65	6jähr. ostfriesische Kuh, April, Morgenmilch .	9	"	89,97	2,24	0,44	2,17	4,35	0,83	22,33	4,39	21,63	4,28	
66	desgl., Mittagmilch . .	8	"	89,20	2,36	0,31	2,63	4,77	0,72	22,20	2,92	24,74	4,02	
67	desgl., Abendmilch . .	7	"	86,60	2,70	0,31	5,42	4,19	0,78	20,15	2,31	40,45	3,59	
68	Lichtarme u. kalte Winterzeit vom November 1861 bis März 1862	Morgenm.	$18\frac{61}{62}$	87,43	3,40		3,77	4,67	0,73	27,05		29,99	4,33	Alex. Müller und Eisenstuck[3])
69		Abendm.	"	86,87	3,44		4,32	4,66	0,71	36,20		32,90	5,79	
70	Hellere Frühjahrszeit bis Mitte Juni mit Beibehaltung der Winterfütterung	Morgenm.	1862	87,86	3,28		3,55	4,57	0,74	27,02		29,24	4,32	
71		Abendm.	"	86,92	3,36		4,08	4,91	0,73	25,69		31,19	4,11	
72	Sommerzeit mit Weidegang bis Mitte August	Morgenm.	"	87,35	3,12		3,98	4,80	0,75	24,66		31,46	3,95	
73		Abendm.	"	87,06	3,19		4,45	4,55	0,75	24,65		34,39	3,95	

(Bei No. 68–73 sind Kasein und Albumin zusammen angegeben.)

[1]) Milchztg. 1887, **16**, 630.

[2]) Weende'r Jahresber. 1855/56, II, 8. (Journ. f. Landwirthsch. 1855, 415.) Beide Kühe, von denen die untersuchte Milch stammte, hatten 14 Tage vor Entnahme der Proben gekalbt und wurden täglich dreimal gemolken. Die Milch unter No. 65 u. 66 enthielt je 0,05 % Milchsäure (wir rechneten sie dem Milchzucker hinzu). Das spec. Gew. der untersuchten Proben wird zu

No.	63	64	65	66	67
	1,039	1,038	1,038	1,040	1,036 (jedenfalls zu hoch) angegeben.

[3]) Landw. Versuchsstationen 1863, **5**, 161. Die Milch war bei No. 68—77 ein Gemisch von je 5 Kühen der Ayrshire (Wales) und schwedischen Landrasse, welche sehr reichlich gefüttert und täglich zweimal gemolken wurden; die Analysen No. 78—81 sind Einzel-Analysen.

No.	Nähere Bezeichnung		Zeit der Untersuchung	In der natürlichen Milch: Wasser %	Kasein %	Albumin %	Fett %	Milchzucker %	Asche %	In der Trocken-Substanz: Kasein %	Albumin %	Fett %	Stickstoff in der Trocken-Substanz %	Analytiker
74	Herbstzeit bis November mit theilweiser Grün- und Wurzelfütterung	Morgenm.	1862	87,16	3,41		3,93	4,76	0,74	25,56		30,47	4,25	Alex. Müller und Eisenstuck[1]
75		Abendm.	„	86,85	3,43		4,25	4,74	0,73	26,09		32,32	4,17	
76	Gesammt-Jahr vom 12. November 1861 bis 24. November 1862	Morgenm.	„	87,45	3,30		3,81	4,70	0,74	26,29		30,36	4,21	
77		Abendm.	„	86,92	3,35		4,28	4,71	0,73	25,61		32,72	4,10	
78	Vom 29. Novbr. 1861	Morgenm.	1861	87,14	—		4,05	—	0,83	—		31,49	—	
79	„ 28. „ „	Abendm.	„	86,69	—		4,43	—	0,70	—		33,28	—	
80	„ 3. „ 1862	Morgenm.	1862	87,28	3,43		3,97	4,52	0,80	26,97		31,21	4,32	
81	„ 3. „ „	Abendm.	„	87,15	3,44		4,31	4,37	0,73	26,77		33,54	4,28	
82	Es waren seit dem letzten Melken verflossen	10 Stunden	„	86,95	—		4,36	—	—	—		33,41	—	
83		11 „	„	87,15	—		4,31	—	—	—		33,54	—	
84		12 „	„	87,66	—		3,97	—	—	—		32,17	—	
85		13 „	„	87,28	—		3,97	—	—	—		31,21	—	
86		14 „	„	87,38	—		3,51	—	—	—		27,81	—	
		Nach Stdn.												
87	Allgäuer, Mittel mehrerer Analysen 12/2—24/6	Morg. 12	1859	88,46	3,15		2,69	4,87	0,83	26,30		23,31	4,21	Scheven[2]
88		Mittg. 5	„	88,16	3,27		2,94	4,90	0,73	27,62		24,83	4,42	
89		Abd. 7	„	88,30	3,21		2,82	4,87	0,80	27,44		24,10	4,39	
90	Mariahofer, von 3 Kühen	Morgenm.	1873	87,77	2,56	0,31	3,97	4,73	0,72	20,93	2,53	32,46	3,75	I. Moser[3]
91		Mittagm.	„	86,86	2,69	0,34	4,96	4,89	0,82	20,47	2,59	37,75	3,69	
92		Abendm.	„	87,86	2,53	0,33	3,85	5,00	0,70	20,84	2,72	31,71	3,77	
93	Lavonthaler, von 3 Kühen	Morgenm.	„	86,73	3,15	0,39	3,92	4,24	0,79	23,74	2,94	29,54	3,77	
94		Mittagm.	„	86,50	3,69	0,41	4,11	4,30	0,81	27,34	3,04	30,45	4,86	
95		Abendm.	„	86,56	3,99	0,40	4,52	4,40	0,84	29,69	2,98	33,63	5,23	
96	Stockerauer, von 3 Kühen	Morgenm.	„	87,92	2,83	0,45	3,56	4,65	0,76	23,43	3,73	29,48	4,35	
97		Mittagm.	„	86,32	2,97	0,27	4,96	4,65	0,75	21,71	1,97	36,26	3,79	
98		Abendm.	„	87,34	2,94	0,39	3,64	4,41	0,75	23,22	3,08	28,75	4,05	
99	Oberinnthaler, von 3 Kühen	Morgenm.	„	88,86	2,43	0,34	3,27	4,46	0,69	21,81	3,05	29,35	3,98	
100		Mittagm.	„	87,24	2,46	0,35	4,61	4,41	0,73	19,30	2,75	36,17	3,53	
101		Abendm.	„	88,12	2,43	0,34	3,71	4,44	0,59	20,46	2,86	31,23	5,33	

[1]) Vergl. Anmerkung [3]) S. 206.

[2]) Martiny, Die Milch I, 313. Die Fütterung bestand aus Runkeln, Kleie, Rapskuchen, Heu, Stroh und zeitweise Kartoffeln.

[3]) Vergl. Anmerkung [1]) S. 208.

No.	Nähere Bezeichnung		Zeit der Untersuchung	In der natürlichen Milch: Wasser %	Kasein %	Albumin %	Fett %	Milchzucker %	Asche %	In der Trocken-Substanz: Kasein %	Albumin %	Fett %	Stickstoff in der Trocken-Substanz %	Analytiker
102	Mürzthaler, von 3 Kühen	Morgenm.	1873	87,33	3,06	0,49	3,69	4,47	0,81	24,15	3,87	29,13	4,48	I. Moser[1]
103		Mittagm.	"	86,09	3,02	0,44	4,30	4,23	0,79	21,71	3,82	23,81	4,08	
104		Abendm.	"	86 40	3,15	0,49	4,65	4,41	0,79	23,17	3,60	34,20	4,44	
105	Opocner, von 3 Kühen	Morgenm.	"	87,45	3,11	0,33	3,49	4,40	0,51	24,78	2,63	27,81	4,39	
106		Mittagm.	"	86,66	3,12	0,34	4,82	4,60	0,72	23,39	2,55	26,13	4,15	
107		Abendm.	"	87,76	3,00	0,30	3,88	4,44	0,74	24,51	2,45	31,70	4,31	
108	Montavoner, von 3 Kühen	Morgenm.	"	86,58	3,04	0,35	4,13	4,85	0,77	22,65	2,61	30,78	4,04	
109		Mittagm.	"	86,11	3,08	0,29	5,32	4,87	0,77	22,17	2,09	38,30	3,88	
110		Abendm.	"	87,18	3,07	0,32	4,20	4,60	0,72	23,95	2,50	32,76	4,23	
111	Kuhländer, von 3 Kühen	Morgenm.	"	87,21	3,22	0,23	4,22	4,43	0,77	25,18	1,80	33,00	4,32	
112		Mittagm.	"	85,68	3,16	0,36	5,27	4,41	0,78	22,07	2,51	36,80	3,93	
113		Abendm.	"	86,07	3,24	0,24	4,47	4,60	0,80	23,26	1,72	22,09	3,99	
114	Pinzgauer, von 3 Kühen	Morgenm.	"	88,64	2,44	0,38	3,05	4,67	0,74	21,48	3,35	26,85	3,97	
115		Mittagm.	"	86,82	2,50	0,43	4,37	4,60	0,74	18,97	3,26	33,16	3,56	
116		Abendm.	"	87,69	2,53	0,35	3,70	4,65	0,75	20,55	2,84	30,06	3,74	
117	Möllthaler, von 3 Kühen	Morgenm.	"	87,77	3,14	0,41	3,08	4,64	0,81	25,68	3,35	25,18	4,64	
118		Mittagm.	"	87,07	3,21	0,43	4,08	4,46	0,79	24,83	3,33	31,55	4,51	
119		Abendm.	"	86,94	2,89	0,51	4,00	4,41	0,79	22,14	3,91	30,63	4,17	
120	Pusterthaler, von 3 Kühen	Morgenm.	"	88,05	2,90	0,43	4,09	4,31	0,78	24,27	3,60	34,23	4,46	
121		Mittagm.	"	87,08	2,87	0,40	4,87	4,19	0,78	18,98	3,10	37,69	3,53	
122		Abendm.	"	87,47	2,80	0,39	4,31	4,41	0,76	22,35	3,11	34,40	4,07	
123	Zillerthaler-Duxer, von 1 Kuh	Morgenm	"	87,35	3,07	0,49	4,01	4,36	0,75	25,45	4,06	33,24	4,72	
124		Mittagm.	"	86,63	3,07	0,50	5,00	4,18	0,78	22,96	3,74	37,40	4,27	
125		Abendm.	"	87,26	3,02	0,39	4,45	4,41	0,76	23,70	3,06	34,93	4,28	
126	Welser Schecken, von 2 Kühen	Morgenm.	"	88,09	2,87	0,37	3,07	4,27	0,84	24,10	3,11	25,78	4,35	
127		Mittagm.	"	88,05	2,67	0,35	3,95	4,09	0,82	22,34	2,93	33,05	4,04	
128		Abendm.	"	87,43	2,57	0,36	3,99	4,19	0,75	20,45	2,86	31,74	3,73	
129	Egerländer, von 3 Kühen	Morgenm.	"	88,01	2,73	0,33	3,53	4,52	0,73	22,77	2,75	29,44	4,08	
130		Mittagm.	"	86,08	2,60	0,26	3,68	4,74	0,68	18,68	1,87	40,81	3,29	
131		Abendm.	"	87,23	2,62	0,21	4,35	4,52	0,78	20,32	1,64	34,06	3,51	
132	Gföhler, von 2 Kühen	Morgenm.	"	87,90	3,73	0,40	3,45	4,78	0,75	30,83	3,31	28,51	5,46	
133		Mittagm.	"	86,89	3,82	0,30	4,50	4,77	0,76	29,16	2,29	34,35	5,03	
134		Abendm.	"	87,35	2,64	0,36	3,93	4,87	0,69	20,87	2,85	31,07	3,79	

[1]) Milchztg. 1874, **3**, 915. Die Kühe, von denen die untersuchte Milch stammte, waren gelegentlich der Weltausstellung in Wien dort nebeneinander aufgestellt und erhielten das gleiche, aus Kleehäcksel, Wiesenheu, Schwarzmehl, Kleie und Biertrebern bestehende Futter. Proben der Durchschnittsmilch wurden von der Versuchsstation untersucht. Die Durchschnittsproben wurden in der Art gewonnen, dass zunächst das Gewicht der ermolkenen Milch eines jeden Individuums der Gruppe festgestellt, dann eine diesem Gewicht proportionale Menge von jeder einzelnen Milch entnommen wurde. Durch Mengung dieser proportionalen Antheile ergab sich der für die Analyse verwendete Durchschnitt. Dieses Verfahren wurde bei der Morgen-, Mittag- und Abendmilch befolgt. Die durchschnittliche Zusammensetzung der Milch, wie sich dieselbe aus dem Gehalte der Morgen-, Mittag- und Abendmilch unter Berücksichtigung der zu den 3 Melkzeiten gewonnenen Mengen berechnet, ist bereits oben S. 136 und 137 in der Allgemeinen Tabelle B mitgetheilt worden. Sämmtliche Bestandtheile der Milch sind direkt bestimmt worden, die des Milchzuckers auf optischem Wege.

No.	Nähere Bezeichnung	Spec. Gewicht	Zeit der Untersuchung	In der natürlichen Milch: Wasser %	Kasein %	Albumin %	Fett %	Milchzucker %	Asche %	In der Trocken-Substanz: Kasein %	Albumin %	Fett %	Stickstoff in der Trocken-Substanz %	Analytiker
135	Abendmilch, Januar 27, bei 17,5 l	1,0325	1886	87,63	3,37		3,43	4,87	0,70	27,25		27,73	4,36	*Frühling und Schulz*[1])
136	Morgenmilch, Januar 28	1,0330	„	87,85	3,57		3,03	4,87	0,68	28,95		24,91	4,63	
137	Abendmilch, Februar 26	1,0325	„	87,51	4,18		3,36	4,25	0,70	33,47		31,71	5,36	
138	Morgenmilch, „ 27	1,0325	„	87,67	4,05		3,35	4,24	0,69	32,85		27,17	5,26	
139	Abendmilch, März 25	1,0325	„	87,73	4,31		2,92	4,27	0,77	35,13		23,80	5,62	
140	Morgenmilch, „ 26	1,0320	„	87,82	4,14		3,07	4,18	0,79	33,99		25,20	5,44	
141	Abendmilch, April 5	1,0330	„	87,94	4,18		3,02	4,17	0,69	34,66		25,04	5,55	
142	Morgenmilch, „ 6	1,0310	„	88,16	4,11		2,79	4,25	0,69	34,71		23,56	5,55	
143	Abendmilch, Mai 25	1,0315	„	88,42	4,09		2,61	4,19	0,69	35,32		22,54	5,65	
144	Morgenmilch, „ 26	1,0305	„	88,15	4,29		2,67	4,19	0,70	36,20		22,53	5,79	
145	Abendmilch, Juni 21	1,0330	„	87,97	3,80		3,01	4,51	0,71	31,59		25,02	5,05	
146	Morgenmilch, „ 22	1,0315	„	88,47	3,64		2,81	4,37	0,71	31,57		24,37	5,05	
147	Abendmilch, Juli 28	1,0325	„	88,36	3,71		2,70	4,50	0,73	31,87		23,20	5,10	
148	Morgenmilch, „ 29	1,0315	„	88,80	3,36		2,62	4,50	0,72	29,91		23,33	4,79	
149	Abendmilch, August 6	1,0315	„	87,86	3,50		3,30	4,62	0,72	28,83		27,18	4,61	
150	Morgenmilch, „ 7	1,0310	„	88,28	3,42		2,90	4,69	0,71	29,03		24,62	4,64	
151	Abendmilch, Septbr. 29	1,0325	„	88,46	3,59		2,53	4,68	0,74	31,11		21,92	4,98	
152	Morgenmilch, „ 30	1,0310	„	88,42	3,63		2,60	4,62	0,73	30,72		22,01	4,92	
153	Abendmilch, Oktober 29	1,0330	„	87,82	3,73		2,98	4,74	0,73	30,62		24,47	4,90	
154	Morgenmilch, „ 30	1,0320	„	87,90	3,73		3,00	4,64	0,73	30,83		24,80	4,94	
155	Abendmilch, Novbr. 29	1,0325	„	87,29	4,36		3,33	4,30	0,72	34,30		26,20	5,49	
156	Morgenmilch, „ 30	1,0315	„	88,09	4,34		2,70	4,14	0,73	36,44		22,67	5,83	
157	Abendmilch, Decbr. 28	1,0325	„	87,77	4,70		2,76	4,06	0,71	38,43		22,57	6,15	
158	Morgenmilch, „ 29	1,0330	„	87,92	4,80		2,57	4,00	0,71	39,73		21,27	6,36	
Mittel von No. 135 bis No. 158	Abendmilch	**1,0325**	—	**87,89**	**3,96**		**3,00**	**4,43**	**0,72**	**32,70**		**24,77**	**5,23**	
	Morgenmilch	**1,0307**	—	**88,13**	**3,92**		**2,84**	**4,39**	**0,72**	**33,03**		**23,93**	**4,28**	

[1]) Repertorium für analytische Chemie 1887, 517, Milch aus der Kindermilch-Station in Braunschweig. Die untersuchte Milch war die Sammelmilch von 16—18 Stück Kühen, welche frischmilchend aufgestellt, im Durchschnitt je 5 Monate lang in Braunschweig bleiben. Die Kühe wurden nur trocken gefüttert und zwar auf 1000 Pfd. Lebendgewicht und für den Tag 4 Pfd. Haferschrot, 5 Pfd. Roggenkleie, 6 Pfd. Weizenkleie, 15 Pfd. Kleeheu und dazu Haferstroh nach Belieben. Durchschnittsertrag 12,5 l. Untersuchungs-Methode: 5—6 ccm Milch wurden gewogen und mit Sand eingedampft, dieser Rückstand in der Schale mit Petroleumäther ausgezogen; Gewichtsverlust = Fett. Stickstoff-Bestimmung nach Kjeldahl, Milchzucker durch Polarisation.

Schwankungen in der Zusammensetzung der Kuhmilch von einer und derselben Kuh zu verschiedenen Melkzeiten.

No.	Nähere Bezeichnung	Spec. Gew.	Wasser %	Fett %	Fett in der Trocken-Substanz %	No.	Nähere Bezeichnung	Spec. Gew.	Wasser %	Fett %	Fett in der Trocken-Substanz %	Analytiker
	Altmilchende Angler-Kühe, Weidegang: Datum 1879, Milchertrag kg						Frischmilchende Angler-Kühe, Stallfütterung: Datum 1879, Milchertrag kg					
1	Kuh I Mrg. 2,0	1,0343	85,69	4,50	31,45	33	Kuh V Mrg. 7,0	1,0340	87,67	3,01	24,41	Ph. du Roi und W. Kirchner[1]
2	5/9 Ab. 1,9	1,0346	85,48	4,74	32,64	34	4/11 Ab. 6,9	1,0340	87,77	2,83	23,14	
3	9/9 Mrg. 1,7	1,0343	85,85	5,55	39,22	35	5/11 Mrg. 6,9	1,0330	87,97	3,19	26,52	
4	Ab. 2,0	1,0340	85,09	5,79	38,94	36	12/11 Mrg. 8,0	1,0316	88,60	3,02	26,49	
5	Kuh II Mrg. 2,5	1,0343	85,81	4,45	31,36	37	Ab. 8,4	1,0338	88,30	2,89	24,70	
6	5/9 Ab. 2,5	1,0336	85,88	4,76	33,71	38	13/11 Mrg. 8,0	1,0320	88,40	3,66	31,55	
7	9/9 Mrg. 2,4	1,0333	84,94	5,10	33,86	39	18/11 Ab. 7,9	1,0333	88,23	3,03	25,74	
8	Ab. 1,9	1,0327	84,82	5,60	36,89	40	19/11 Mrg. 8,2	1,0318	89,05	2,80	25,57	
9	Kuh III Mrg. 3,5	1,0323	89,92	2,29	22,72	41	2/12 Ab. 7,6	1,0327	88,65	2,93	25,30	
10	5/9 Ab. 4,2	1,0304	86,61	5,14	38,38	42	3/12 Mrg. 8,4	1,0315	88,81	3,09	27,62	
11	9/9 Mrg. 3,7	1,0320	89,02	2,83	25,78	43	17/12 Ab. 7,3	1,0312	88,78	2,77	24,69	
12	Ab. 3,6	1,0309	86,95	4,25	32,64	44	18/12 Mrg. 7,5	1,0315	89,36	2,64	24,81	
13	Kuh IV Mrg. 0,6	1,0343	85,92	4,26	30,25	45	Kuh IX Mrg. 7,5	1,0335	86,42	4,34	32,01	
14	5/9 Ab. 0,7	1,0325	85,47	5,12	35,22	46	12/11 Ab. 7,3	1,0350	86,05	4,50	32,26	
15	9/9 Mrg. 0,4	1,0333	86,07	4,47	32,09	47	13/11 Mrg. 8,0	1,0330	86,68	4,08	30,63	
16	Ab. 0,6	1,0330	85,25	5,62	38,10	48	18/11 Ab. 7,2	1,0333	86,67	4,32	32,41	
17	Kuh V Mrg. 0,9	1,0312	86,56	4,96	36,91	49	19/11 Mrg. 7,6	1,0335	87,34	3,92	30,96	
18	5/9 Ab. 1,1	1,0304	85,18	5,62	37,92	50	2/12 Ab. 7,3	1,0327	87,28	3,94	30,98	
19	9/9 Mrg 0,5	1,0271	85,82	5,92	41,75	51	3/12 Mrg. 7,9	1,0310	87,79	3,82	31,28	
20	Ab. 0,6	1,0330	85,67	4,47	31,19	52	17/12 Ab. 7,4	1,0325	88,06	3,95	33,07	
21	Kuh VI Mrg. 0,8	1,0333	87,78	3,32	27,17	53	18/12 Mrg. 7,4	1,0310	88,19	3,42	28,96	
22	5/9 Ab. 1,4	1,0314	86,26	5,31	38,65	54	Kuh IV, 18/11 A. 7,0	1,0360	86,04	4,14	29,65	
23	9/9 Mrg. 0,8	1,0323	88,05	2,99	25,02	55	19/11 Mrg. 7,3	1,0346	86,54	3,97	29,49	
24	Ab. 1,2	1,0334	87,48	3,50	27,95	56	2/12 Ab. 6,6	1,0322	86,83	4,51	34,24	
25	K. VII Mrg. 1,1	1,0353	85,94	4,22	30,01	57	3/12 Mrg. 6,0	1,0323	88,48	2,98	25,87	
26	5/9 Ab. 1,1	1,0346	85,45	4,64	31,88	58	17/12 Ab. 6,2	1,0327	88,23	3,16	26,85	
27	9/9 Mrg. 0,9	1,0333	83,79	5,72	35,29	59	18/12 Mrg. 6,8	1,0320	85,56	2,46	17,04	
28	Ab. 0,7	1,0330	85,01	4,63	30,89	60	Kuh I, 2/12 A. 7,2	1,0363	86,88	3,20	24,39	
29	K. VIII Mrg. 3,2	1,0323	87,34	3,73	29,46	61	3/12 Mrg. 8,2	1,0340	86,92	3,51	26,83	
30	5/9 Ab. 4,3	1,0314	86,84	4,67	35,49	62	17/12 Ab. 7,1	1,0336	87,32	3,61	28,47	
31	9/9 Mrg. 5,2	1,0323	86,84	3,40	25,84	63	18/12 Mrg. 7,6	1,0334	87,92	3,06	25,33	
32	Ab. 4,4	1,0320	86,83	3,34	32,95	64	Kuh VI, 17/12 A. 6,8	1,0333	88,69	2,35	20,78	
						65	18/12 Mrg. 7,2	1,0318	88,38	3,11	26,76	
Mittel, Morgenmilch		**1,0327**	**87,22**	**3,74**	**29,23**		Abendmilch	**1,0330**	**86,71**	**4,17**	**31,39**	

[1]) Milchztg. 1879, 8, 630. Die ausgeführten Untersuchungen sollten zeigen, welchen Schwankungen die Milch einzelner Kühe von einer Melkung zur anderen hinsichtlich ihres spec. Gew. und des Gehaltes an Trocken-Substanz und Fett unterworfen ist.

Kuhmilch, bei zwei- und mehrmaligem Melken.

No.	Nähere Bezeichnung		Zeit der Untersuchung	In der natürlichen Milch: Wasser %	Kasein %	Albumin %	Fett %	Milchzucker %	Asche %	In der Trocken-Substanz: Kasein %	Albumin %	Fett %	Stickstoff in der Trocken-Substanz %	Analytiker
1	Bei dreimaligem Melken 15,35 l im Tage	Morg.	1855	87,50	4,60		4,20	3,70		36,80		33,60	5,89	Rohde u. Trommer[1])
2		Mittg.	„	86,80	5,00		4,20	4,00		37,88		31,82	6,06	
3		Abd.	„	88,30	4,00		3,90	3,80		32,48		33,33	5,20	
4		Mittel	„	87,60	4,50		4,10	3,80		36,29		33,07	5,81	
5	Bei zweimaligem Melken 13,23 l im Tage	Morg.	„	88,00	4,30		3,50	4,20		35,83		29,17	5,73	
6		Abd.	„	87,80	4,50		3,50	4,20		36,89		28,69	5,90	
7		Mittel	„	87,90	4,40		3,50	4,20		36,37		28,92	5,82	
8	Kuh I bei dreimaligem Melken		1860	—	4,50		4,42	4,79	—	—		—	—	G. May u. Frank[2])
9	„ I „ zweimaligem „		„	—	5,30		3,23	4,80	—	—		—	—	
10	Kuh II bei dreimaligem Melken		„	—	4,30		4,00	4,60	—	—		—	—	
11	„ II „ zweimaligem „		„	—	5,30		3,23	4,80	—	—		—	—	
12	Kuh I bei dreimaligem Melken	Morg.	1866	89,18	—		2,26	—	0,62	—		20,70	—	R. Jones[3])
13		Mittg.	„	88,56	—		2,56	—	0,61	—		22,38	—	
14		Abd.	„	89,08	—		2,42	—	0,56	—		22,16	—	
15		Mittel	„	88,94	—		2,42	—	0,60	—		21,88	—	

[1]) Weende'r Jahresber. 1855/56, **2**, 9. (Eldena'er Archiv 1856, **I**, 65.) Die Milch stammte von 2 Kühen, welche zuerst 12 Tage lang wie gewöhnlich täglich dreimal, nämlich Morgens zwischen 4 und 5 Uhr, Mittags zwischen 11 und 12 Uhr und Abends zwischen 7 und 8 Uhr, dann zweimal, nämlich Morgens und Abends 6 Uhr, gemolken wurden. Am sechsten Tage jeder Periode wurde eine Probe der Milch untersucht.

[2]) G. May, Die Rassen, Züchtung, Ernährung und Benutzung des Rindes. München 1863, **2**, 433. Zwei Kühe erhielten das gleiche Futter, lediglich gutes Heu, und wurden 8 Tage lang täglich zweimal und 8 weitere Tage hindurch dreimal gemolken. Am Schlusse eines jeden Abschnittes wurde die Milch eines Tages zusammengeschüttet und der Bestimmung von Kasein, Fett und Milchzucker unterworfen. Methode der Untersuchung ist nicht mitgetheilt. Die Kühe scheinen dem Milchertrag nach am Schlusse einer Laktationsperiode gestanden zu haben, derselbe betrug bei

	Kuh I	Kuh II
dreimaligem Melken	1,42 kg	2,17 kg p. Tag
zwei „ „	0,72 „	1,10 „ „ „

[3]) (Versuchsstation Kuschen.) Ann. der Landwirthschaft. Wochenbl. 1866, 411. Die Milch stammte von 2 Holländer Kühen, von denen Kuh I Anfangs November, Kuh II Mitte December gekalbt hatte. Das Futter bestand aus Runkeln, Kartoffelschlempe, Gerstenstroh und Rapskuchen. Die Kühe waren bis dahin dreimal gemolken worden, Morgens 5 Uhr, Mittags 12 Uhr und Abends 6 Uhr. Zu den Analysen dienten Milchproben vom 15. Februar (dreimaliges Melken) und vom 19. Februar, nachdem 4 Tage hindurch nur zweimal täglich gemolken worden war. Die absoluten Mengen von Trocken-Substanz und Fett, welche bei diesen Versuchen von den Kühen geliefert wurden, betrugen:

		Kuh I: Morg.	Mitt.	Abd.	Summe	Kuh II: Morg.	Mitt.	Abd.	Summe	
bei dreimaligem Melken	Trocken-Substanz .	32,98	23,33	21,29	77,60	42,97	30,16	31,81	104,94	Loth
	Fett	6,90	5,22	4,73	16,85	9,32	7,01	8,14	24,48	„
bei zweimaligem Melken	Trocken-Substanz .	23,60	—	43,03	76,63	45,00	—	56,85	101,85	„
	Fett	7,39	—	8,39	15,78	9,57	—	10,41	19,98	„

Von der gut gemischten Milch wurden 2—3 g in einer flachen Platinschale über einer kleinen Spiritusflamme fast trocken gemacht, dann im Luftbade bei 100° völlig ausgetrocknet. Der gewogene Rückstand wurde zweimal in der Wärme mit Benzin ausgezogen und die letzten Spuren von Fett durch Aether entfernt. In der Regel genügte dazu ein zweimaliges Auswaschen, auch war, da das Milchhäutchen sehr fest an den Wandungen der Platinschale haftete, das Filtriren der Auszüge meistens unnöthig. Der entfettete Rückstand wurde wieder getrocknet, gewogen und schliesslich eingeäschert. Jede Bestimmung ist doppelt ausgeführt worden.

Nach den Veröffentlichungen des landw. Departements in Washington 1894, Bd. V, Heft 6, war der Einfluss des zwei- und dreimaligen Melkens folgender:

	Kuh No. 13: Gesammtmilchertrag in 2 Wochen	Durchschnittlicher Fettgehalt	Kuh „Artis“: Gesammtmilchertrag in 2 Wochen	Durchschnittlicher Fettgehalt
1. Periode: zweimaliges Melken . . (5 Uhr Morg. u. 11 Uhr Abds.)	531 kg	3,50 %	819 kg	2,93 %
2. Periode: dreimaliges Melken . .	549 „	3,87 „	710 „	3,03 „
3. Periode: zweimaliges Melken . .	489 „	3,55 „	607 „	2,76 „

Beim Weidegang erhielt jede Kuh ausserdem noch 1 kg Baumwollsamenmehl, Erbsenschrot und Kleie.

No.	Nähere Bezeichnung	Zeit der Untersuchung	In der natürlichen Milch: Wasser %	Kasein %	Albumin %	Fett %	Milchzucker %	Asche %	In der Trocken-Substanz: Kasein %	Albumin %	Fett %	Stickstoff in der Trocken-Substanz %	Analytiker
16	Kuh I bei zweimaligem Melken, Morg.	1866	88,72	—		2,48	—	0,74	—		21,99	—	R. Jones[1]
17	Kuh I bei zweimaligem Melken, Abd.	„	89,10	—		2,12	—	0,67	—		19,45	—	
18	Kuh I bei zweimaligem Melken, Mittel	„	88,91	—		2,30	—	0,71	—		20,74	—	
19	Kuh II bei dreimaligem Melken, Morg.	„	89,52	—		2,27	—	0,61	—		21,66	—	
20	Kuh II bei dreimaligem Melken, Mittg.	„	88,49	—		2,68	—	0,58	—		23,28	—	
21	Kuh II bei dreimaligem Melken, Abd.	„	88,84	—		2,86	—	0,74	—		25,63	—	
22	Kuh II bei dreimaligem Melken, Mittel	„	88,95	—		2,60	—	0,65	—		23,53	—	
23	bei zweimaligem Melken, Morg.	„	89,23	—		2,29	—	0,64	—		21,26	—	
24	bei zweimaligem Melken, Abd.	„	89,27	—		1,97	—	0,69	—		18,36	—	
25	bei zweimaligem Melken, Mittel	„	89,25	—		2,13	—	0,66	—		19,81	—	
26	Bei zweimaligem Melken*)	1897	88,11	—		3,23	—	—	—		27,17	—	Backhaus[2]
27	Bei viermaligem Melken*) . .	„	88,29	—		3,11	—	—	—		26,56	—	
28	Schwyzer Kuh bei zweimaligem Melken	?	86,14	3,93		4,28	4,96	(0,69)	28,35		30,88	4,55	Lami[3]
29	Schwyzer Kuh „ dreimaligem „	?	86,04	2,76		5,37	5,10	(0,73)	19,76		38,47	3,16	
30	Schwyzer Kuh „ zweimaligem „	?	87,78	2,48		4,22	5,26	(0,26)	20,29		34,52	3,25	
31	Holländer Kuh „ zweimaligem „	?	86,21	4,20		4,10	4,90	(0,59)	30,46		29,73	4,87	
32	Holländer Kuh „ dreimaligem „	?	86,59	3,07		4,47	5,27	(0,60)	22,89		33,33	3,66	
33	Holländer Kuh „ zweimaligem „	?	85,88	4,00		4,38	5,03	(0,71)	28,33		31,02	4,53	
	Spec. Gew.												
34	Kuh I dreimal gemolken 1,0297	1883	89,09	—		2,91	—	—	—		26,67	—	Schmoeger[4]
35	Kuh I zweimal „ 1,0293	„	89,04	—		3,04	—	—	—		27,74	—	
36	Kuh I dreimal „ 1,0301	„	88,86	—		3,17	—	—	—		27,56	—	
37	Kuh II dreimal „ 1,0309	„	88,80	—		2,87	—	—	—		25,63	—	
38	Kuh II zweimal „ 1,0297	„	88,86	—		3,07	—	—	—		27,56	—	
39	Kuh II dreimal „ 1,0307	„	88,71	—		3,14	—	—	—		27,81	—	

[1]) Vergl. Anmerkung [3]) S. 111.

[2]) Königsberger Land- u. Forstw. Ztg.; Milchztg. 1897, **26**, 654.

[3]) Milchztg. 1879, **8**, 666. Aus den Angaben des absoluten Ertrages an Milch in Litern, an Trocken-Substanz, Fett, Milchzucker und stickstoffhaltige Substanzen, in kg, berechneten wir die procentige Zusammensetzung, die Menge der Salze aus der Differenz. Die Liter-Anzahl wurde unter Annahme eines specifischen Gewichts von 1,03 auf kg berechnet. Der Ertrag an Milch betrug:

	zweimal gemolken	dreimal gemolken	zweimal gemolken
Schwyzer Kuh	70,90	84,10	88,20 Liter in 10 Tagen.
Holländer Kuh	111,41	102,28	87,26 „ „ 10 „

[4]) Bericht des milchwirthschaftl. Instituts Proskau 1883/84, 10. Zum Versuche dienten 2 Kühe Holländer Rasse; Kuh I ca. 7 Jahre alt, hatte am 20. Juni 1883 gekalbt; Kuh II ca. 7 Jahre alt, hatte am 26. September gekalbt. Nach vorausgegangener Fütterung mit Schlempe, Trebern und Stroh erhielten die Thiere vom 9. November ab täglich und für das Stück 24 Pfd. Heu und 3 Pfd. Roggenkleie; letztere in dem nach Belieben gegebenen Tränkwasser. Bis zum 30. November wurde täglich Morgens 4 Uhr, Mittags 11 Uhr und Abends 6 Uhr gemolken. Vom 1.—14. December wurde zweimal gemolken, Morgens und Abends 6 Uhr; vom 15. December an wieder dreimal. Die Untersuchung der Milch geschah mit der gesammten Tagesmilch. Der Ertrag an Milch war folgender:

	dreimal gem.	zweimal gem.	dreimal gem.
Kuh I	9,30	8,47	9,32 kg täglich
Kuh II	10,93	8,70	9,49 „ „

*) Die Zahlen beziehen sich auf den Durchschnitt für Kuh und Tag. Der Milchertrag war bei
zweimaligem Melken, 21.—24. Juli . . . . . . 16,39 kg,
viermaligem Melken, 28.—31. Juli . . . . . . 18,02 „
Bei genauem Einhalten gleicher Zwischenmelkzeiten war die Zusammensetzung der Milch durchaus nicht gleich, sondern bei Ruhe (Nachts) wurde eine fettärmere Milch erzeugt.

Milch zu verschiedenen Melkzeiten während der einzelnen Monate des Jahres.

Untersuchung der Milch von 16 Kühen des in Ostpreussen reingezüchteten holländischen Schlages während der Dauer einer Laktation in der Versuchsmolkerei Kleinhof-Tapiau von W. Fleischmann und K. Hittcher Landw. Jahrb. 1891, 20, Ergänzungsband II.

Nähere Angaben über Alter, Gewicht etc. der Kühe siehe S. 218.

Bezeichnung der Monate	Morgenmilch					Abendmilch					Tagesmilch				
	Täglicher Milchertrag kg	Spec. Gewicht	Trocken-Substanz %	Fett %	Fett in der Trocken-Substanz %	Täglicher Milchertrag kg	Spec. Gewicht	Trocken-Substanz %	Fett %	Fett in der Trocken-Substanz %	Täglicher Milchertrag kg	Spec. Gewicht	Trocken-Substanz %	Fett %	Fett in der Trocken-Substanz %
Kuh I „Quarze" milchend seit 28/1 1889.															
April 1889	5,41	1,0290	11,29	3,14	27,85	6,14	1,0291	11,06	2,94	26,54	11,55	1,0291	11,17	3,03	27,15
Mai „	5,40	1,0287	11,58	3,46	29,85	6,55	1,0293	11,31	3,11	27,46	11,95	1,0290	11,43	3,26	28,56
Juni „	4,52	1,0285	11,96	3,82	31,96	5,93	1,0289	11,19	3,09	27,59	10,45	1,0287	11,52	3,41	29,56
Juli „	3,85	1,0281	11,81	3,77	31,88	4,97	1,0285	11,24	3,22	28,64	8,82	1,0283	11,49	3,46	30,11
August „	4,37	1,0284	11,92	3,80	31,89	5,29	1,0288	11,55	3,41	29,50	9,66	1,0287	11,74	3,59	30,57
September „	3,89	1,0287	12,05	3,85	31,91	5,18	1,0292	11,75	3,50	29,82	9,07	1,0290	11,88	3,65	30,72
Oktober „	3,56	1,0288	11,51	3,37	29,28	4,11	1,0296	11,88	3,52	29,59	7,67	1,0292	11,68	3,43	29,39
November „	3,09	1,0297	12,22	3,76	30,81	3,54	1,0301	12,44	3,87	31,15	6,63	1,0299	12,32	3,82	31,01
December „	2,25	1,0301	12,79	4,17	32,58	2,88	1,0300	12,98	4,35	33,47	5,11	1,0300	12,88	4,27	33,11
Jan.(1-18) 1890	morgens nicht mehr gemolken					2,23	1,0309	14,93	5,78	38,72	—	—	—	—	—
Kuh II „Fee" milchend seit 25/3 1889.															
April 1889	9,17	1,0304	10,89	2,52	23,17	4,02	1,0290	11,41	3,25	28,45	19,84*)	1,0298	11,06	2,79	25,25
Mai „	7,21	1,0289	10,52	2,53	24,00	8,78	1,0288	10,58	2,60	24,55	15,99	1,0288	10,55	2,56	24,29
Juni „	4,31	1,0285	10,58	2,66	25,16	5,73	1,0282	10,28	2,49	24,22	10,04	1,0283	10,41	2,56	24,62
Juli „	2,53	1,0282	10,52	2,69	25,53	3,60	1,0276	10,60	2,88	27,12	6,13	1,0278	10,57	2,80	26,50
August „	3,08	1,0277	10,20	2,51	24,63	3,57	1,0271	10,45	2,85	27,23	6,65	1,0274	10,34	2,69	26,03
September „	2,62	1,0274	10,80	3,08	28,50	3,95	1,0275	10,62	2,91	27,37	6,57	1,0275	10,70	2,98	27,80
Oktober „	2,86	1,0277	9,99	2,34	23,42	3,21	1,0280	10,63	2,81	26,46	6,06	1,0279	10,35	2,59	25,82
November „	3,63	1,0286	10,26	2,38	23,16	3,82	1,0289	10,76	2,73	25,33	7,45	1,0288	10,53	2,56	24,27
December „	3,75	1,0289	10,39	2,42	23,29	3,96	1,0290	10,64	2,61	24,88	7,71	1,0290	10,53	2,52	23,88
Kuh IV „Kiepe" milchend seit 10/3 1889.															
April 1889	7,72	1,0294	10,66	2,54	23,86	**) 3,32	1,0285	11,39	3,34	29,29	**) 17,04	1,0291	10,84	2,76	25,41
Mai „	7,06	1,0286	11,15	3,12	27,99	9,34	1,0288	10,47	2,51	23,94	16,40	1,0287	10,75	2,77	25,73
Juni „	6,43	1,0284	10,92	2,97	27,19	8,52	1,0289	10,38	2,41	23,26	14,95	1,0287	10,62	2,65	24,98
Juli „	5,77	1,0282	10,93	3,01	27,52	7,52	1,0281	10,43	2,63	25,22	13,29	1,0281	10,63	2,78	26,17
August „	6,06	1,0285	11,16	3,15	28,18	7,46	1,0287	10,70	2,72	25,42	13,52	1,0286	10,88	2,90	26,63
September „	5,14	1,0281	11,34	3,38	29,82	6,91	1,0286	10,79	2,82	26,14	12,05	1,0284	11,01	3,05	27,69
Oktober „	4,48	1,0282	10,90	3,00	27,47	4,88	1,0287	10,95	2,93	26,77	9,36	1,0285	10,94	2,96	27,08
November „	2,72	1,0298	11,78	3,39	28,78	3,11	1,0300	11,93	3,47	29,10	5,83	1,0299	11,86	3,43	28,96
December „	1,73	1,0293	11,92	3,61	30,29	1,82	1,0287	11,74	3,59	30,59	3,56	1,0290	11,84	3,60	30,44
Jan. (1-11) „	morgens nicht mehr gemolken					1,30	1,0267	11,27	3,61	32,06	—	—	—	—	—

	Milchertrag	Spec. Gew.	Trocken-Substanz	Fett	Fett in der Trocken-Substanz
*) Mittagmilch:	6,65 kg	1,0295	11,10 %	2,89 %	26,04 %
**) „	6,00 „	1,0289	10,73 „	2,71 „	25,23 „

Bezeichnung der Monate	Morgenmilch					Abendmilch					Tagesmilch				
	Täglicher Milchertrag kg	Spec. Gewicht	Trocken-Substanz %	Fett %	Fett in der Trocken-Substanz %	Täglicher Milchertrag kg	Spec. Gewicht	Trocken-Substanz %	Fett %	Fett in der Trocken-Substanz %	Täglicher Milchertrag kg	Spec. Gewicht	Trocken-Substanz %	Fett %	Fett in der Trocken-Substanz %
Kuh V „Kalypso“ milchend seit 3/2 1889.															
Juli 1889	5,52	1,0281	11,34	3,39	29,86	7,35	1,0285	10,97	2,99	27,21	12,87	1,0283	11,12	3,16	28,39
August „	5,52	1,0281	11,04	3,13	28,34	6,87	1,0286	11,08	3,06	27,61	12,39	1,0284	11,07	3,09	27,91
September „	4,82	1,0289	11,29	3,17	28,09	6,34	1,0292	11,23	3,06	27,24	11,15	1,0291	11,26	3,11	27,59
Oktober „	4,09	1,0286	10,85	2,87	26,44	4,32	1,0288	11,42	3,30	28,88	8,41	1,0287	11,14	3,09	27,73
November „	3,82	1,0291	11,32	3,16	27,90	3,82	1,0292	11,53	3,32	28,78	7,64	1,0291	11,48	3,24	28,34
December „	3,60	1,0291	11,32	3,16	27,87	3,71	1,0292	11,47	3,26	28,42	7,31	1,0292	11,41	3,21	28,11
Januar 1890	3,18	1,0288	11,37	3,26	28,63	3,44	1,0290	11,61	3,42	29,41	6,62	1,0289	11,49	3,34	29,05
Februar „	2,93	1,0294	11,61	3,33	28,71	3,20	1,0294	11,72	3,43	29,22	6,13	1,0294	11,67	3,39	29,05
Kuh VI „Lotte“ milchend seit 27/3 1889.															
April 1889	7,81	1,0330	11,21	2,46	21,92	3,66*)	1,0299	11,86	3,44	28,98	18,01	1,0309	11,35	2,80	24,62
Mai „	6,50	1,0300	11,07	2,76	24,96	8,39	1,0300	10,79	2,52	23,36	14,89	1,0300	10,91	2,63	24,07
Juni „	5,30	1,0294	10,99	2,82	25,64	7,60	1,0301	10,63	2,37	22,31	13,00	1,0298	10,75	2,53	23,56
Juli „	4,37	1,0292	10,89	2,77	25,47	5,76	1,0295	10,64	2,50	23,51	10,13	1,0294	10,75	2,62	24,33
August „	4 42	1,0291	10,94	2,84	25,95	5,43	1,0295	10,80	2,94	24,43	9,84	1,0294	10,89	2,73	25,09
September „	4,08	1,0291	10,93	2.83	25,89	5,67	1,0294	10,75	2,64	24,46	9,75	1,0293	10,88	2,75	25,23
Oktober „	3,56	1,0291	10,57	2,53	23,95	4,04	1,0294	10,97	2,80	25,54	7,60	1,0293	10,80	2,68	24,77
November „	3,11	1,0293	10,80	2,68	24,77	3,27	1,0296	11,11	2,88	25,89	6,38	1,0295	10,97	2,78	25,32
December „	2,57	1,0298	11,13	2,85	25,60	2,78	1,0298	11,33	3,01	26,60	5,29	1,0298	11,23	2,94	26,12
Januar 1890	Morgens nicht mehr gemolken					2,27	1,0285	10,99	3,00	27,32	—	—	—	—	—
Kuh VII „Minerva“ milchend seit 6/3 1889.															
April 1889	8,55	1,0316	10,99	2,35	21,41	3,92**)	1,0302	11,35	2,95	25,97	18,89	1,0311	11,11	2,56	23,02
Mai „	7,90	1,0312	11,60	2,95	25,40	10,28	1,0309	11,02	2,53	22,94	18,18	1,0310	11,27	2,71	24,06
Juni „	7,76	1,0308	11,63	3,06	26,28	9,88	1,0314	10,93	2,35	21,50	17,64	1,0311	11,28	2,70	23,91
Juli „	4,77	1,0300	11,39	3,02	26,52	6,10	1,0301	10,97	2,66	24,21	10,87	1,0301	11,16	2,82	25,23
August „	4,91	1,0300	11,35	2,99	26,31	5,73	1,0296	11,11	2,88	25,90	10,64	1,0297	11,20	2,93	26,13
September „	4,13	1,0299	11,78	3,37	28,62	5,35	1,0300	11,29	2,94	26,05	9,48	1,0300	11,48	3,10	26,98
Oktober „	4,20	1,0306	11,51	3,00	26,01	4,59	1,0307	11,72	3,15	26,89	8,79	1,0307	11,62	3,07	26,39
November „	3,48	1,0312	12,00	3,30	27,42	3,72	1,0311	11,95	3,26	27,26	7,20	1,0311	11,97	3,28	27,37
December „	3,27	1,0310	12,11	3,41	28,17	3,57	1,0311	12,08	3,36	27,83	6,78	1,0311	12,11	3,39	27,99
Jan. (1-18) 1890	Morgens nicht mehr gemolken					3,44	1,0302	12,50	3,90	31,23	—	—	—	—	—

	Milchertrag	Spec. Gew.	Trocken-Substanz	Fett	Fett in der Trocken-Substanz
*) Mittagmilch:	6,54 kg	1,0302	11,28 %	2,84 %	25,32 %
**)	6,42 „	1,0309	11,10 „	2,59 „	23,34 „

Bezeichnung der Monate	Morgenmilch					Abendmilch					Tagesmilch				
	Täglicher Milchertrag kg	Spec. Gewicht	Trocken-Substanz %	Fett %	Fett in der Trocken-Substanz %	Täglicher Milchertrag kg	Spec. Gewicht	Trocken-Substanz %	Fett %	Fett in der Trocken-Substanz %	Täglicher Milchertrag kg	Spec. Gewicht	Trocken-Substanz %	Fett %	Fett in der Trocken-Substanz %
Kuh VIII „Marie“ milchend seit 30/4 1889.															
Mai 1889	9,01	1,0303	11,95	3,43	28,70	11,53	1,0303	11,31	2,89	25,57	20,52	1,0303	11,59	3,13	26,98
Juni „	8,50	1,0299	11,99	3,55	29,56	11,20	1,0297	10,88	2,66	24,47	19,70	1,0298	11,36	3,04	26,77
Juli „	6,46	1,0291	11,69	3,47	29,66	8,42	1,0292	11,18	3,02	26,97	14,88	1,0292	11,41	3,21	28,14
August „	6,84	1,0292	11,62	3,39	29,15	8,32	1,0294	11,39	3,15	27,62	15,16	1,0293	11,49	3,26	28,33
September „	5,75	1,0293	11,84	3,54	29,94	7,07	1,0299	11,66	3,27	28,06	12,82	1,0296	11,73	3,39	28,91
Oktober „	5,44	1,0289	11,16	3,07	27,44	5,64	1,0310	12,04	3,35	27,82	11,08	1,0300	11,62	3,21	27,65
November „	4,84	1,0294	11,31	3,08	27,22	4,87	1,0296	11,73	3,40	28,95	9,70	1,0295	11,52	3,24	28,13
December „	4,66	1,0295	11,33	3,08	27,19	4,77	1,0296	11,62	3,30	28,41	9,43	1,0296	11,49	3,19	27,79
Januar 1890	4,42	1,0294	11,19	2,99	26,68	4,80	1,0294	11,74	3,44	29,33	9,22	1,0294	11,48	3,22	28,08
Februar „	3,84	1,0297	11,69	3,34	28,53	4,34	1,0294	11,80	3,49	29,58	8,18	1,0295	11,74	3,42	29,14
März (1-15) „	3,06	1,0295	12,25	3,85	31,39	3,65	1,0292	12,36	4,00	32,38	6,71	1,0293	12,30	3,93	31,96
Kuh IX „Marquise“ milchend seit 3/4 1889.															
April 1889	8,24	1,0330	12,51	3,33	26,64	9,58	1,0318	12,12	3,26	26,87	17,82	1,0323	12,30	3,30	26,76
Mai „	7,45	1,0314	12,11	3,34	27,60	9,26	1,0311	11,79	3,12	26,50	16,71	1,0312	11,94	3,22	27,01
Juni „	6,33	1,0308	12,61	3,88	30,72	8,29	1,0315	11,52	2,82	24,46	14,62	1,0312	12,02	3,30	27,43
Juli „	5.17	1,0301	12,07	3,57	29,55	6,44	1,0303	11,44	3,00	26,26	11,61	1,0302	11,72	3,26	27,77
August „	5,03	1,0301	12,10	3,60	29,71	6,16	1,0303	11,73	3,25	27,68	11,19	1,0302	11,90	3,40	28,59
September „	4,43	1,0305	12,17	3,57	29,31	6,15	1,0306	11,86	3,29	27,75	10,58	1,0306	12,00	3,41	28,39
Oktober „	2,74	1,0327	12,35	3,26	26,38	3,22	1,0332	12,60	3,37	26,70	5,96	1,0330	12,49	3,32	26,55
November „	1,67	1,0344	13,13	3,56	26,87	1.87	1,0349	13,49	3,75	27,82	3,54	1,0347	13,33	3,66	27,46
December „	1,67	1,0335	13,61	4,15	30,43	1,66	1,0335	13,92	4,04	31,63	3,30	1,0335	13,77	4,28	31,04
Jan. (1-11) 1890	Morgens nicht mehr gemolken					1,55	1,0343	15,52	5,57	35,87	—	—	—	—	—
Kuh X „Marianne“ milchend seit 11/3 1889.															
April 1889	7,32	1,0303	10,99	2,63	23,94	3,21*)	1,0288	11,93	3,72	31,20	16,55*)	1,0297	11,33	3,04	26,81
Mai „	6,89	1,0293	11,64	3,38	29,01	8,55	1,0297	11,09	2,84	25,61	15,44	1,0295	11,34	3,08	27,15
Juni „	6,90	1,0291	11,79	3,55	30,09	9,04	1,0299	11,43	3,07	26,88	15,94	1,0295	11,57	3,28	28,34
Juli „	5,18	1,0284	11,47	3,41	29,91	6,95	1,0287	11,30	3,22	28,51	12,13	1,0286	11,37	3,30	29,04
August „	3,72	1,0281	11,64	3,64	31,22	4,46	1,0281	11,60	3,60	31,04	8,18	1,0281	11,62	3,62	31,12
September „	3,75	1,0281	11,79	3,75	31,85	5,10	1,0286	11,53	3,44	29,79	8,85	1,0284	11,63	3,57	30,70
Oktober „	3,47	1,0286	11,32	3,27	28,81	4,02	1,0289	11,70	3,51	29,99	7,49	1,0288	11,54	3,39	29,41
November „	2,99	1,0297	11,47	3,15	27,47	3,46	1,0297	12,17	3,74	30,71	6,45	1,0297	11,85	3,47	29,26
December „	1,94	1,0310	12,38	3,64	29,40	2,23	1,0307	12,87	4,11	31,94	4,16	1,0308	12,63	3,89	30,80
Jan. (1-11) 1890	Morgens nicht mehr gemolken					1,42	1,0289	12,17	3,91	32,08	—	—	—	—	—

	Milchertrag	Spec. Gew.	Trocken-Substanz	Fett	Fett in der Trocken-Substanz
*) Mittagmilch:	6,03 kg	1,0294	11,41 %	3,16 %	27,72 %

Bezeichnung der Monate	Morgenmilch: Täglicher Milchertrag kg	Spec. Gewicht	Trocken-Substanz %	Fett %	Fett in der Trocken-Substanz %	Abendmilch: Täglicher Milchertrag kg	Spec. Gewicht	Trocken-Substanz %	Fett %	Fett in der Trocken-Substanz %	Tagesmilch: Täglicher Milchertrag kg	Spec. Gewicht	Trocken-Substanz %	Fett %	Fett in der Trocken-Substanz %
Kuh XI „Nettchen“ milchend seit [20]/3 1889.															
April 1889	7,16	1,0317	11,56	2,82	24,36	3,85*)	1,0297	12,45	3,97	31,88	16,73	1,0308	11,95	3,32	27,76
Mai „	7,11	1,0304	12,26	3,67	29,93	8,85	1,0310	11,62	3,01	25,91	15,96	1,0307	11,90	3,30	27,76
Juni „	6,94	1,0306	12,85	4,12	32,05	8,76	1,0319	11,95	3,10	25,91	15,70	1,0313	12,35	3,55	28,73
Juli „	6,20	1,0303	12,60	3,96	31,44	7,54	1,0310	12,07	3,39	28,09	13,74	1,0308	12,33	3,65	29,59
August „	5,91	1,0300	12,59	4,02	31,95	7,28	1,0308	12,30	3,62	29,39	13,19	1,0304	12,42	3,80	30,58
September „	4,79	1,0304	12,82	4,13	32,21	6,58	1,0310	12,47	3,71	29,75	11,37	1,0307	12,60	3,89	30,85
Oktober „	4,23	1,0298	12,45	3,95	31,70	4,64	1,0303	12,31	3,72	30,64	8,87	1,0301	12,38	3,83	30,92
November „	3,67	1,0310	12,76	3,95	30,97	3,99	1,0311	12,84	4,00	31,14	7,66	1,0311	12,79	3,98	31,10
December „	3,06	1,0314	13,12	4,17	31,78	3,41	1,0317	13,38	4,33	32,35	6,51	1,0316	13,27	4,25	32,06
Januar 1890	Morgens nicht mehr gemolken					2,50	1,0315	15,48	6,12	39,54	—	—	—	—	—
Kuh XII „Ortrud“ milchend seit [31]/3 1889.															
April 1889	6,18	1,0330	12,48	3,30	26,47	7,13	1,0326	11,92	2,93	24,55	13,31	1,0328	12,18	3,10	25,44
Mai „	5,95	1,0319	12,68	3,70	29,16	7,35	1,0321	12,01	3,10	25,84	13,30	1,0320	12,28	3,35	27,25
Juni „	5,54	1,0310	12,98	4,13	31,86	7,22	1,0321	11,83	2,95	24,95	12,76	1,0316	12,29	3,44	27,97
Juli „	4,55	1,0308	13,03	4,23	32,48	5,71	1,0314	12,19	3,40	27,89	10,26	1,0312	12,59	3,77	29,93
August „	4,34	1,0310	13,30	4,41	33,12	5,21	1,0314	12,83	3,93	30,62	9,55	1,0312	13,04	4,15	31,79
September „	3,86	1,0314	13,94	4,86	34,85	4,90	1,0323	13,27	4,11	30,99	8,76	1,0319	13,57	4,44	32,73
Oktober „	3,85	1,0320	13,09	3,94	30,38	4,24	1,0323	13,21	4,06	30,71	8,09	1,0322	13,12	4,01	30,54
November „	3,63	1,0326	13,33	4,10	30,74	3,78	1,0329	13,29	4,00	30,11	7,41	1,0328	13,32	4,05	30,38
December „	3,22	1,0327	13,00	3,80	29,24	3,78	1,0324	13,50	4,28	31,70	7,00	1,0326	13,29	4,06	30,56
Januar 1890	2,98	1,0325	12,70	3,59	28,35	3,67	1,0322	13,17	4,02	30,59	6,65	1,0323	12,94	3,83	29,57
Februar „	2,95	1,0327	13,37	4,11	30,73	3,30	1,0324	13,36	4,16	31,15	6,25	1,0325	13,35	4,14	30,98
März (1-15) „	2,31	1,0324	13,87	4,59	33,09	2,84	1,0319	13,65	4,51	33,03	5,15	1,0321	13,74	4,54	33,07
Kuh XIII „Olga“ milchend seit 8/4 1889.															
April 1889	6,72	1,0332	12,68	3,43	27,07	7,65	1,0330	12,67	4,46	27,33	14,37	1,0331	12,67	3,45	27,22
Mai „	7,39	1,0313	12,18	3,41	26,39	8,52	1,0316	11,75	3,00	25,51	15,91	1,0314	11,90	3,14	26,00
Juni „	7,32	1,0315	12,23	3,41	27,88	9,28	1,0323	11,55	2,67	23,14	16,60	1,0319	11,84	3,00	25,31
Juli „	5,67	1,0305	12,00	3,43	28,54	7,09	1,0306	11,54	3,03	26,21	12,76	1,0306	11,76	3,20	27,23
August „	5,86	1,0306	12,10	3,49	28,82	7,06	1,0312	11,73	3,06	26,04	12,92	1,0309	11,89	3,25	27,34
September „	4,70	1,0309	12,61	3,85	30,52	5,78	1,0317	12,16	3,32	27,25	10,49	1,0313	12,36	3,56	28,78
Oktober „	3,89	1,0306	11,84	3,27	27,65	4,58	1,0311	12,16	3,43	28,23	8,47	1,0309	12,02	3,36	27,95
November „	3,11	1,0309	12,24	3,63	29,39	3,61	1,0309	12,10	3,42	28,28	6,72	1,0309	12,21	3,52	28,80
December „	2,64	1,0305	12,30	3,67	29,87	3,01	1,0306	12,68	3,97	31,31	5,62	1,0306	12,51	3,83	30,62
Jan. (1-18) 1890	Morgens nicht mehr gemolken					2,76	1,0290	13,26	4,79	36,11	—	—	—	—	—

	Milchertrag	Spec. Gew.	Trocken-Substanz	Fett	Fett in der Trocken-Substanz
*) Mittagmilch:	6,06 kg	1,0305	12,07 %	3,48 %	28,86 %

Bezeichnung der Monate	Morgenmilch					Abendmilch					Tagesmilch				
	Täglicher Milchertrag kg	Spec. Gewicht	Trocken-Substanz %	Fett %	Fett in der Trocken-Substanz %	Täglicher Milchertrag kg	Spec. Gewicht	Trocken-Substanz %	Fett %	Fett in der Trocken-Substanz %	Täglicher Milchertrag kg	Spec. Gewicht	Trocken-Substanz %	Fett %	Fett in der Trocken-Substanz %
Kuh XIV „Orchis“ milchend seit 1/4 1889.															
April 1889	7,32	1,0317	12,05	3,22	26,74	8,57	1,0314	11,10	2,49	22,43	15,89	1,0315	11,53	2,83	24,52
Mai „	7,10	1,0308	11,80	3,20	27,09	8,95	1,0309	10,98	2,49	22,70	16,05	1,0309	11,35	2,81	24,78
Juni „	7,53	1,0310	12,14	3,44	28,34	9,57	1,0319	11,10	2,38	21,48	17,10	1,0315	11,56	2,85	24,64
Juli „	5,90	1,0305	11,91	3,35	28,14	7,45	1,0307	11,35	2,84	25,04	13,35	1,0306	11,59	3,07	26,46
August „	5,87	1,0305	12,11	3,52	29,04	7,07	1,0307	11,53	2,99	25,92	12,94	1,0306	11,79	3,23	27,39
September „	5,02	1,0306	12,69	3,98	31,36	6,28	1,0313	12,07	3,32	27,51	11,30	1,0310	12,36	3,62	29,27
Oktober „	4,42	1,0308	11,90	3,29	27,59	5,11	1,0311	12,14	3,42	28,15	9,53	1,0310	12,04	3,36	27,87
November „	4,03	1,0312	12,16	3,42	28,08	4,67	1,0312	12,34	3,56	28,86	8,70	1,0312	12,26	3,49	28,49
December „	3,32	1,0318	12,42	3,50	28,20	4,10	1,0315	12,79	3,88	30,32	7,35	1,0316	12,62	3,71	29,41
Januar 1890	Morgens nicht mehr gemolken					3,19	1,0317	14,17	4,99	35,18	—	—	—	—	—
Kuh XV „Oberin“ milchend seit 15/2 1889.															
April 1889	7,06	1,0322	12,01	3,08	25,66	8,30	1,0314	11,66	2,95	25,34	15,36	1,0318	11,82	3,01	25,51
Mai „	6,99	1,0313	12,10	3,34	27,60	8,79	1,0312	11,65	3,00	25,74	15,78	1,0312	11,84	3,15	26,61
Juni „	6,72	1,0309	12,06	3,40	28,15	8,66	1,0318	11,41	2,67	23,36	15,38	1,0314	11,69	2,98	25,53
Juli „	5,38	1,0301	11,94	3,46	28,99	6,71	1,0301	11,48	3,08	26,84	12,09	1,0301	11,69	3,25	27,81
August „	5,72	1,0305	11,91	3,34	28,04	6,87	1,0307	11,51	2,98	25,86	12,59	1,0306	11,67	3,13	26,81
September „	5,20	1,0303	12,05	3,51	29,14	6,56	1,0306	11,52	3,01	26,12	11,76	1,0305	11,74	3,22	27,43
Oktober „	4,11	1,0306	11,54	3,02	26,19	4,75	1,0308	11,87	3,26	27,43	8,86	1,0307	11,72	3,15	26,85
November „	3,63	1,0312	11,90	3,20	26,88	4,37	1,0310	12,31	3,58	29,07	8,00	1,0311	12,72	3,41	28,09
December „	3,41	1,0315	12,41	3,56	28,67	3,91	1,0314	12,36	3,54	28,62	7,27	1,0314	12,37	3,55	28,67
Januar 1890	Morgens nicht mehr gemolken					3,38	1,0297	13,23	4,62	34,92	—	—	—	—	—
Febr. (1-8) „						2,45	1,0285	13,94	5,47	39,21	—	—	—	—	—
Kuh XVI „Ordnung“ milchend seit 9/3 1889.															
April 1889	6,93	1,0311	11,43	2,82	24,70	8,41	1,0305	11,49	3,00	26,14	15,34	1,0308	11,47	2,92	25,47
Mai „	6,49	1,0306	11,56	3,04	26,32	8,26	1,0306	11,22	2,76	24,56	14,75	1,0306	11,37	2,88	25,35
Juni „	6,60	1,0305	11,62	3,13	26,78	8,40	1,0311	10,88	2,37	21,74	15,00	1,0308	11,70	2,70	24,07
Juli „	5,27	1,0300	11,59	3,19	27,54	6,76	1,0303	11,03	2,66	24,11	12,03	1,0302	11,28	2,89	25,64
August „	5,35	1,0302	11,58	3,14	27,10	6,54	1,0304	11,27	2,85	25,27	11,89	1,0303	11,41	2,98	26,09
September „	4,85	1,0303	11,77	3,28	27,85	6,10	1,0309	11,36	2,81	24,73	10,95	1,0306	11,43	3,02	26,15
Oktober „	4,24	1,0310	11,76	3,12	26,53	4,75	1,0313	11,90	3,18	26,71	8,99	1,0312	11,84	3,15	26,59
November „	3,55	1,0319	12,57	3,61	28,70	3,69	1,0319	12,62	3,65	28,94	7,24	1,0319	12,60	3,63	28,83
December „	2,94	1,0321	12,82	3,78	29,46	3,25	1,0322	12,92	3,84	29,72	6,17	1,0322	12,89	3,81	29,58
Jan. (1-18) 1890	Morgens nicht mehr gemolken					2,68	1,0319	14,18	4,95	34,92	—	—	—	—	—
Kuh XVII „Pirzel“ milchend seit 28/3 1889.															
April 1889	5,56	1,0315	11,80	3,05	25,85	6,27	1,0317	11,54	2,79	24,19	11,88	1,0316	11,66	2,91	24,98
Mai „	5,16	1,0305	11,51	3,02	26,22	6,88	1,0306	11,33	2,85	25,15	12,04	1,0306	11,41	2,92	25,60
Juni „	5,02	1,0301	11,73	3,29	28,03	6,70	1,0305	11,08	2,66	24,00	11,72	1,0303	11,36	2,93	25,81
Juli „	3,66	1,0293	11,85	3,55	29,96	4,73	1,0295	11,24	3,00	26,69	8,39	1,0294	11,50	3,24	28,17
August „	3,97	1,0295	11,81	3,48	29,46	4,83	1,0297	11,45	3,14	27,38	8,80	1,0296	11,61	3,29	28,34
September „	3,59	1,0299	12,15	3,68	30,26	4,57	1,0304	11,64	3,15	27,06	8,16	1,0302	11,87	3,38	28,49
Oktober „	2,86	1,0298	11,89	3,48	29,26	3,16	1,0304	12,05	3,49	28,95	6,02	1,0301	11,97	3,48	29,10
November „	2,29	1,0299	12,30	3,80	30,93	2,56	1,0301	12,46	3,90	31,27	4,85	1,0300	12,39	3,85	31,10
December „	2,11	1,0304	12,86	4,15	32,29	2,31	1,0305	12,77	4,07	31,88	4,60	1,0305	12,81	4,11	32,03

Nähere Angaben über die vorstehenden 16 Kühe.

Kuh No.	April 1889 bis Januar 1890	Im Ganzen*) Milchmenge kg	Im Ganzen*) Fettmenge kg	Spec. Gewicht	Milch aller Melkzeiten Trocken-Substanz %	Milch aller Melkzeiten Fett %	Milch aller Melkzeiten Fett in der Trocken-Substanz %	Milchend vom	Milchend bis	Milchend Tage	Beginn der Untersuchung	Geburtstag der Kuh	In der ganzen Laktation Fett*) kg
I	Kuh „Quarze“	2416,36	85,00	1,0291	11,76	3,52	29,93	28/1 89	30/12 89	337	8/4 89	20/5 86	119,02
	Schwankungen	(3382,36)		1,0274—1,0312	10,01—15,26	2,10—6,00	21,00—39,31						
II	„ „Fee“	2630,90	70,18	1,0284	10,56	2,67	25,26	30/3 89	31/1 90	307	8/4 89	15/12 76	74,44
	Schwankungen	(2790,90)		1,0257—1,0325	9,29—12,16	1,55—4,00	15,74—34,32						
IV	„ „Kiepe“	3124,65	90,24	1,0287	10,90	2,89	26,49	10/3 89	30/12 89	296	8/4 89	1/10 80	103,60
	Schwankungen	(3586,65)		1,0257—1,0319	9,65—12,90	1,51—4,45	15,64—35,11						
V	„ „Kalypso“	2146,59	68,18	1,0289	11,30	3,18	28,11	3/2 89	28/2 90	390	6/7 89—28/2 90	12/11 80	149,35
	Schwankungen	(4701,59)		1,0263—1,0309	10,09—13,17	2,19—4,63	21,07—36,94						
VI	„ „Lotte“	2826,13	74,25	1,0297	10,84	2,63	24,23	27/3 89	31/1 90	310	8/4 89	26/11 81	79,18
	Schwankungen	(3013,13)		1,0273—1,0337	9,22—12,61	1,30—4,28	14,11—34,50						
VII	„ „Minerva“	3218,86	92,77	1,0306	11,37	2,88	25,35	6/3 89	30/12 89	300	8/4 89	12/2 82	109,09
	Schwankungen	(3772,86)		1,0284—1,0325	10,08—14,24	1,79—5,06	17,28—35,54						
VIII	„ „Marie“	4085,75	131,82	1,0296	11,53	3,23	27,98	30/4 89	15/3 90	320	1/5 89	11/3 82	131,82
	Schwankungen	(4085,75)		1,0272—1,0329	10,34—12,76	1,94—4,32	20,19—34,73						
IX	„ „Marquise“	2792,25	93,78	1,0319	12,27	3,36	27,37	3/4 89	30/12 89	275	8/4 89	16/4 82	96,15
	Schwankungen	(2862,25)		1,0288—1,0364	10,92—14,91	2,19—5,15	19,84—37,68						
X	„ „Marianne“	2800,80	93,13	1,0292	11,55	3,33	28,79	11/3 89	30/12 89	295	8/4 89	16/12 82	109,94
	Schwankungen	(3304,80)		1,0265—1,0327	8,59—14,79	0,71—6,00	15,34—41,94						
XI	„ „Nettchen“	3294,00	122,17	1,0308	12,41	3,71	29,89	20/3 89	30/12 89	286	8/4 89	16/10 83	132,19
	Schwankungen	(3564,00)		1,0264—1,0336	9,84—14,94	0,98—5,40	9,96—40,51						
XII	„ „Ortrud“	3100,01	118,14	1,0321	12,86	3,81	29,64	31/3 89	15/3 90	350	11/4 89-15/3 90	17/3 84	123,11
	Schwankungen	(3230,01)		1,0277—1,0349	10,93—14,83	1,80—5,50	16,48—39,60						
XIII	„ „Olga“	3076,56	101,98	1,0313	12,07	3,32	27,46	8/4 89	18/1 90	285	11/4 89-18/1 90	3/5 84	101,98
	Schwankungen	(3076,56)		1,0287—1,0354	10,85—14,39	2,16—5,16	19,09—36,58						
XIV	„ „Orchis“	3344,90	106,62	1,0312	11,89	3,19	26,81	1/4 89	25/1 90	301	10/4 89-25/1 90	4/10 84	111,09
	Schwankungen	(3484,90)		1,0290—1,0336	9,94—13,52	1,24—4,86	12,29—35,94						
XV	„ „Oberin“	3267,69	105,42	1,0310	11,89	3,23	27,14	15/2 89	8/2 90	359	8/4 89	10/10 84	133,93
	Schwankungen	(4151,69)		1,0266—1,0336	10,63—13,98	1,74—5,02	16,39—38,83						
XVI	„ „Ordnung“	3042,37	92,71	1,0309	11,65	3,05	26,16	9/3 89	30/12 89	297	9/4 89	31/12 84	109,54
	Schwankungen	(3593,37)		1,0291—1,0340	10,27—14,45	1,77—5,05	17,13—34,95						
XVII	„ „Pirzel“	2176,29	70,02	1,0303	11,69	3,22	27,52	28/3 89	31/12 89	270	11/4 89	13/5 85	74,99
	Schwankungen	(2330,29)		1,0282—1,0336	10,48—13,19	2,01—4,67	19,18—35,23						

Bemerkungen zu vorstehenden Zahlen.

Sämmtliche Kühe waren schwarzbunt und gehörten den „Herdbuchthieren“ der ostpreussischen „Herdbuchgesellschaft“ an. Die männlichen Vorfahren bis mindestens in die 4. Generation aufwärts, sowie auch die Urgrossmutter aller Versuchskühe wurden aus Holland eingeführt. Die Kühe No. 1, 14, 15, dann 7, 8, 10, 11, ferner 9 u. 13, endlich 16 u. 18 sind väterlicherseits, No. 5 u. 8 mütterlicherseits verschwistert.

Vom 18/5 89 bis 30/9 89 dauerte der Weidegang, bei welchem noch eine Zugabe von Malzkeimen und Weizenkleie erfolgte. Am 30/9 wurden die Kühe aufgestallt. In Betreff des verabreichten Futters muss auf das Original S. 32 verwiesen werden.

Die Kühe wurden in der Regel täglich zweimal gemolken, nur während der ersten Wochen der Laktation musste mitRücksicht auf die Kälber täglich dreimal gemolken werden. Die Feststellung der Menge der Milch, die Probenahme, die Untersuchung des specifischen Gewichts mittelst eines Araeometers, die Fettbestimmung mit dem Laktokrit, der durch das Soxhlet'sche Verfahren vielfach kontrollirt wurde, geschah durch Dr. Hittcher. Die Trocken-Substanz wurde nach der Fleischmann'schen Formel berechnet.

In Betreff des zahlreichen Materials der täglichen Zusammensetzung und Schwankung während des Monats bei jeder Kuh, sowie des Einflusses der Laktation bei jeder Kuh muss auf das Original verwiesen werden.

---

*) Die Hauptzahlen der Kolonnen 3 und 4 bedeuten die während der Untersuchungszeit gelieferte Milch- bezw. Fettmenge, während die eingeklammerte Zahl in der Kolonne 3 sowie die Zahl der letzten Kolonne die während der ganzen Laktation gelieferte Milch- bezw. Fettmenge darstellen.

Zusammensetzung der Morgen- und Abendmilch der Kühe der milchwirthschaftlichen Versuchsstation Kiel.
M. Schrodt, Berichte der milchwirthschaftl. Versuchsstation Kiel 1885/6, 1886/87 S. 17, 1887/88 S. 20 und 1888/89 S. 20.

Bezeichnung der Monate	Morgenmilch				Abendmilch				Tagesmilch			
	Spec. Gewicht	Trocken-Substanz %	Fett %	Fett in der Trocken-Substanz %	Spec. Gewicht	Trocken-Substanz %	Fett %	Fett in der Trocken-Substanz %	Spec. Gewicht	Trocken-Substanz %	Fett %	Fett in der Trocken-Substanz %
1885/86.												
November 1885	—	11,95	3,19	26,69	—	12,35	3,50	28,34	—	—	—	—
December „	—	11,72	3,06	26,11	—	11,94	3,19	26,72	—	—	—	—
Januar 1886	—	11,21	2,83	25,25	—	11,52	3,04	26,39	—	—	—	—
Februar „	—	11,28	2,89	25,62	—	11,50	3,02	26,26	—	—	—	—
März „	—	11,41	2,99	26,20	—	11,75	3,14	26,72	—	—	—	—
April „	—	11,21	2,89	25,78	—	11,48	3,05	25,99	—	—	—	—
Mai „	—	11,38	2,97	26,10	—	11,76	3,31	28,15	—	—	—	—
Juni „	—	11,31	2,89	24,76	—	11,87	3,48	29,32	—	—	—	—
Juli „	—	11,27	3,01	24,30	—	12,32	3,92	31,82	—	—	—	—
August „	—	11,61	3,03	26,10	—	12,93	4,16	32,17	—	—	—	—
September „	—	11,94	3,37	28,22	—	12,95	4,17	30,12	—	—	—	—
Oktober „	—	12,27	3,37	27,47	—	12,67	3,51	27,70	—	—	—	—
1886/87.	Schwankg.				Schwankg.							
November 1886	1,0323—342	12,46	3,50	28,25	1,0319—349	12,82	3,69	28,78	1,0329	12,64	3,60	28,48
December „	1,0292—330	11,80	3,12	26,44	1,0287—339	12,07	3,33	27,59	1,0311	11,94	3,22	26,97
Januar 1887	1,0314—330	11,88	3,14	26,43	1,0302—336	12,13	3,28	27,04	1,0321	12,00	3,21	26,95
Februar „	1,0290—330	11,95	3,20	26,78	1,0296—338	12,07	3,34	27,67	1,0310	12,01	3,27	27,23
März „	1,0309—328	11,95	3,10	25,94	1,0311—343	12,02	3,27	27,20	1,0320	11,98	3,19	26,63
April „	1,0304—337	11,62	3,10	26,68	1,0302—333	11,80	3,07	26,02	1,0313	11,71	3,09	26,39
Mai „	1,0308—327	11,53	2,90	25,15	1,0311—335	11,69	2,93	25,06	1,0315	11,61	2,91	25,07
Juni „	1,0312—332	12,08	3,13	25,91	1,0310—327	12,20	3,29	26,15	1,0320	12,14	3,21	26,44
Juli „	1,0290—321	11,93	3,33	27,91	1,0284—323	12,00	3,41	28,42	1,0308	11,96	3,37	28,33
August „	1,0295—319	11,63	3,05	26,23	1,0292—323	12,34	3,58	29,01	1,0308	11,98	3,32	27,71
September „	1,0311—325	12,15	3,28	26,83	1,0307—326	12,94	4,07	31,45	1,0316	12,54	3,67	29,27
Oktober „	1,0297—327	12,79	3,69	28,35	1,0299—333	13,18	3,96	30,05	1,0323	12,99	3,82	29,41
1886/87 Mittel	**1,0315**	**11,98**	**3,21**	**26,61**	**1,0317**	**12,27**	**3,43**	**27,95**	**1,0316**	**12,13**	**3,32**	**27,37**
1887/88.	Mittel				Mittel							
November 1887	1,0311	12,10	3,47	28,64	1,0319	12,54	3,53	28,07	1,0315	12,31	3,50	29,24
December „	1,0312	12,05	3,28	27,22	1,0315	12,52	3,54	28,27	1,0314	12,28	3,41	27,77
Januar 1888	1,0321	11,86	3,08	25,97	1,0318	12,25	3,32	27,10	1,0320	12,05	3,19	26,47
Februar „	1,0320	11,47	2,91	25,37	1,0328	11,99	3,20	26,77	1,0324	11,72	3,05	26,02
März „	1,0328	11,65	2,96	25,41	1,0334	12,10	3,19	26,36	1,0331	11,88	3,08	25,92
April „	1,0330	11,46	2,85	24,87	1,0328	11,84	3,14	26,52	1,0329	11,64	2,99	25,69
Mai „	1,0331	11,45	2,76	24,10	1,0324	11,74	3,00	25,55	1,0327	11,59	2,88	24,85
Juni „	1,0333	12,10	3,03	25,04	1,0331	12,33	3,47	28,14	1,0332	12,21	3,24	26,54
Juli „	1,0327	11,82	2,96	25,04	1,0318	12,48	3,63	29,09	1,0323	12,14	3,28	27,02
August „	1,0331	11,93	2,94	24,64	1,0325	12,63	3,91	30,96	1,0328	12,25	3,38	27,59
September „	1,0333	12,04	3,07	25,50	1,0320	12,59	3,66	29,07	1,0326	12,30	3,36	27,32
Oktober „	1,0323	12,42	3,29	26,57	1,0320	12,92	3,97	30,73	1,0322	12,66	3,62	28,60
1887/88 Mittel	**1,0325**	**11,87**	**3,05**	**25,69**	**1,0323**	**12,23**	**3,46**	**28,29**	**1,0324**	**12,09**	**3,25**	**26,88**
1887/88 Schwankungen	1,0302—1,0344	11,01-13,64	2,44—3,77	—	1,0300—1,0343	11,42-13,96	2,68—5,00	—	1,0308—1,0342	11,27-13,78	2,62—4,36	—

Bezeichnung der Monate	Morgenmilch Spec. Gewicht	Morgenmilch Trocken-Substanz %	Morgenmilch Fett %	Morgenmilch Fett in der Trocken-Substanz %	Abendmilch Spec. Gewicht	Abendmilch Trocken-Substanz %	Abendmilch Fett %	Abendmilch Fett in der Trocken-Substanz %	Tagesmilch Spec. Gewicht	Tagesmilch Trocken-Substanz %	Tagesmilch Fett %	Tagesmilch Fett in der Trocken-Substanz %
1888/89.												
November 1888	1,0328	11,55	3,36	29,10	1,0328	12,66	4,08	32,23	1,0328	12,10	3,72	30,74
December „	1,0329	11,90	3,18	26,72	1,0328	11,71	3,38	28,86	1,0328	11,81	3,28	27,77
Januar 1889	1,0330	11,43	3,07	26,86	1,0331	11,74	3,14	26,75	1,0330	11,59	3,11	26,83
Februar „	1,0323	11,50	2,99	26,00	1,0326	11,71	3,03	25,88	1,0324	11,61	3,01	25,93
März „	1,0324	11,11	3,13	28,17	1,0304	11,70	3,14	26,84	1,0314	11,40	3,13	27,46
April „	1,0311	11,35	3,01	26,52	1,0337	12,07	3,32	27,51	1,0324	11,71	3,16	26,99
Mai „	1,0341	11,74	3,15	26,83	1,0332	12,21	2,29	18,67	1,0336	11,98	3,22	26,88
Juni „	1,0336	11,76	2,86	24,32	1,0328	12,02	3,30	27,45	1,0332	11,89	3,08	25,90
Juli „	1,0335	11,82	3,15	26,65	1,0321	12,34	3,57	28,93	1,0328	12,08	3,36	27,82
August „	1,0333	11,78	3,14	26,66	1,0307	12,39	3,77	30,43	1,0320	12,09	3,45	28,94
September „	1,0333	11,90	3,24	27,23	1,0320	12,15	3,74	30,78	1,0326	13,03	3,49	29,01
Oktober „	1,0342	12,09	3,60	29,78	1,0335	13,02	4,04	31,03	1,0338	12,55	3,82	30,44
1888/89 Mittel	**1,0330**	**11,60**	**3,16**	**27,24**	**1,0325**	**12,14**	**3,48**	**28,67**	**1,0328**	**11,90**	**3,32**	**27,90**

Mittlere Zusammensetzung und Schwankungen der Morgen- und Abendmilch bei Stallfütterung und Weidegang der Kühe der milchwirthschaftlichen Versuchsstation Kiel.[1])

Nähere Bezeichnung		Zeit der Untersuchung	Morgenmilch Ertrag der Kuh für den Tag kg	Morgenmilch Spec. Gewicht	Morgenmilch Trocken-Substanz %	Morgenmilch Fett %	Morgenmilch Fett in der Trocken-Substanz %	Abendmilch Ertrag der Kuh für den Tag kg	Abendmilch Spec. Gewicht	Abendmilch Trocken-Substanz %	Abendmilch Fett %	Abendmilch Fett in der Trocken-Substanz %
5 Angler und 5 Holsteiner Kühe, 5—10 Jahre alt, 392—534 kg schwer:												
Stallfütterung	Mittel	1885/86	—	—	11,55	3,02	26,15	—	—	11,87	3,22	27,13
	Schwankungen	„	—	1,0294—1,0359	10,72—13,22	2,45—4,38	—	—	1,0293—1,0353	10,85—13,93	2,54—4,24	—
Weidegang $^{20}/_{5}$—$^{1}/_{10}$	Mittel	„	—	—	11,58	3,08	26,71	—	—	12,52	3,93	31,39
	Schwankungen	„	—	1,0302—1,0335	10,68—12,99	2,51—4,03	—	—	1,0285—1,0330	11,08—13,61	3,03—4,83	—
5—10 Kühe:												
Stallfütterung $^{1}/_{11}$ 86—$^{25}/_{5}$ 87 u. $^{12}/_{10}$—$^{31}/_{10}$ 87	Mittel	1886/87	6,483	—	11,90	3,18	26,72	5,955	—	12,09	3,25	26,88
	Schwankungen	„	—	1,0290—1,0342	10,87—15,27	3,20—5,96	—	—	1,0287—1,0349	11,09—14,07	2,40—4,57	—
Weidegang $^{26}/_{5}$—$^{11}/_{10}$ 87	Mittel	„	4,695	—	12,06	3,25	26,95	4,311	—	12,45	3,62	29,08
	Schwankungen	„	—	1,0290—1,0332	11,03—13,66	2,55—4,24	—	—	1,0284—1,0327	11,07—14,86	2,67—5,50	—
4 Angler, 3 Breitenburger, 3 Shorthorn-Ditmarscher Kühe:												
Stallfütterung $^{1}/_{11}$ 87—$^{28}/_{5}$ 88 u. $^{13}/_{10}$—$^{31}/_{10}$ 88	Mittel	1887/88	6,667	1,0322	11,85	3,10	26,16	6,354	1,0324	12,13	3,37	27,78
	Schwankungen	„	—	—	—	—	—	—	—	—	—	—
Weidegang $^{29}/_{5}$—$^{12}/_{10}$ 88	Mittel	1888	5,238	1,0329	11,98	3,01	25,13	4,878	1,0320	12,52	3,70	29,55
	Schwankungen	„	—	—	—	—	—	—	—	—	—	—
Stallfütterung $^{1}/_{11}$ 88—$^{15}/_{5}$ 89 u. $^{4}/_{10}$—$^{31}/_{10}$ 89	Mittel	1888/89	6,526	1,0327	11,56	3,19	27,60	5,544	1,0327	12,09	3,45	28,94
	Schwankungen	„	—	—	—	—	—	—	—	—	—	—
Weidegang $^{16}/_{5}$—$^{3}/_{10}$ 89	Mittel	„	4,961	1,0335	11,80	3,11	26,36	5,013	1,0322	12,22	3,53	28,89
	Schwankungen	„	—	—	—	—	—	—	—	—	—	—

[1]) Berichte der milchwirthschaftlichen Versuchsstation Kiel 1885/86, 1886/87, 1887/88 u. 1888/89.

In den Jahren 1887—89 betrug das durchschnittliche Gewicht der 4 Angler Kühe 407,4 kg, das der 3 Breitenburger 596,1 kg und das der 3 Shorthorn-Ditmarscher 648,5 kg. Nach dem Kalben erhielten die Kühe je nach ihrem Gewicht 6—7,5 kg Wiesenheu, 2—2,5 kg Haferstroh, 5 kg Runkelrüben, 3—3,75 kg Weizenkleie, 1 kg Baumwollsamenmehl und 20 g Salz.

Im Jahre 1888/89 schwankte die Zusammensetzung der Milch in folgenden Grenzen:

	Spec. Gewicht	Trocken-Substanz	Fett
Morgenmilch . .	1,0311—1,0352	10,04—13,09 %	2,57—4,88 %
Abendmilch . .	1,0304—1,0348	11,25—14,49 „	2,69—4,47 „

Fortlaufende Untersuchungen der Milch der Kühe der Königl. Domaine Kleinhof-Tapiau.

Nähere Bezeichnung		Zeit der Untersuchung	Tagesmilchertrag für den Kopf kg	Spec. Gewicht bei 15° C.	Trocken-Substanz %	Fett %	Fett in der Trocken-Substanz %	Analytiker
Wintermilch von 123 Kühen vom $^1/_{10}$ 87 — $^1/_4$ 88.								
a) Morgenmilch, 4^{00} Uhr	Mittel	1887/88	3,88	1,0316	11,51	2,79	24,24	W. Fleischmann [1])*)
	Schwankungen	„	—	30.9—32.3	11,19—11,98	2,59—3,08	—	
b) Mittagmilch, 12^{30} Uhr	Mittel	„	3,04	1,0315	11,79	3,05	25,87	
	Schwankungen	„	—	29.9—32.3	11,26—12,18	2,81—3,30	—	
c) Abendmilch, 7^{00} Uhr	Mittel	„	2,33	1,0307	12,44	3,76	30,23	
	Schwankungen	„	—	30.1—31.5	11,86—12,88	3,30—4,20	—	
Tagesmilch (Mittel)		„	9,25	1,0313	11,84	3,12	26,33	
Sommermilch von 125 Kühen vom $^1/_4$ — $^1/_{10}$ 88.								
a) Morgenmilch . . .	Mittel	1888	4,54	1,0309	12,17	3,48	28,59	
	Schwankungen	„	—	29.1—32.3	11,52—13,28	2,80—4,50	—	
b) Abendmilch . . .	Mittel	„	5,40	1,0309	11,83	3,21	27,13	
	Schwankungen	„	—	29.5—31.9	11,09—12,50	2,87—3,69	—	
Tagesmilch, Mittel		„	9,71	1,0311	11,91	3,23	27,08	
Wintermilch von 121 Kühen vom $^1/_{10}$ 88) — $^4/_4$ 89.**								
a) Morgenmilch . . .	Mittel	1888/89	4,28	1,0308	11,63	3,06	26,30	W. Fleischmann [2])
	Schwankungen	„	—	30.0—31.4	11,13—12,39	2,72—3,77	—	
b) Abendmilch . . .	Mittel	„	4,45	1,0306	11,71	3,16	27,00	
	Schwankungen	„	—	29.2—31.3	11,31—12,32	2,89—3,88	—	
Tagesmilch	Mittel	„	8,73	1,0307	11,67	3,11	26,64	
	Schwankungen	„	7,43—10,75	29.6—31.12	11,32—12,32	2,87—3,74	25,09—30,42	

¹) Nach dem Jahresbericht der Versuchsmolkerei Kleinhof-Tapiau 1887/88. Die Kühe der Kleinhof-Tapiauer Herde gehören der niederländisch-norddeutschen Niederungsrasse an, und zwar dem Holländischen Schlage, der aus Holland nach Ostpreussen eingeführt und dort unter Kontrolle der ostpreussischen Herdbuch-Gesellschaft rein fortgezüchtet wird.

²) Preuss. landw. Jahrb. 1891, **20**, Ergänzungsband II.

*) Die Bezeichnungen Winter und Sommer fassen je die beiden Quartale zusammen. Diese Benennung ist streng genommen nicht genau, weil die Stallfütterung von Mitte Oktober bis Mitte Mai dauerte. Die Milch wurde wöchentlich dreimal untersucht. Die Fütterung war im Winter für Tag und Kuh: 5—6 kg Heu, 0,75 kg Rapskuchen, $^1/_8$ kg Palmkernkuchen, $^1/_8$ kg Erdnusskuchen, 1,5 kg Weizenkleie, 1 kg Roggen-, Gersten- und Haferschrot und Strohhäcksel und Kaff im Werthe von 5 kg gutem Winterroggenstroh.

**) Vom 1/10 1888 kamen sämmtliche Kühe über Nacht in den Stall, während sie tagsüber noch weideten. Allen Kühen wurde über Nacht Johanniroggen und als dieser ausging, Stroh vorgelegt und die 90 bestmilchenden Kühe erhielten ausserdem noch Abends 1,74 kg Kraftfutter, bestehend aus je 0,58 kg Weizenkleie, Schrot von Sommerroggen, Hafer und Erbsen und Oelkuchen (Raps-, Palm- oder Erdnusskuchen). Am 18/10 begann für alle Kühe die winterliche Stallhaltung.

Nähere Bezeichnung		Zeit der Untersuchung	Tagesmilchertrag für den Kopf kg	Spec. Gewicht bei 15° C.	Trocken-Substanz %	Fett %	Fett in der Trocken-Substanz %	Analytiker
Sommermilch von 137 Kühen vom 1/4 89—1/10 89.								
a) Morgenmilch . . .	Mittel	1889	4,005	1,0305	12,03	3,46	28,73	W. Fleischmann [1]
	Schwankungen	"	—	29.7—31.5	11,25—12,68	2,91—4,00	—	
b) Abendmilch . . .	Mittel	"	4,785	1,0303	11,68	3,20	27,41	
	Schwankungen	"	—	25.2—31.3	9,45—12,46	2,42—3,80	—	
Tagesmilch	Mittel	"	8,79	1,0304	11,84	3,32	28,02	
	Schwankungen	"	6,46—12,07	27.5—31.1	10,86—12,38	2,83—3,75	25,06—30,26	
Jahresmittel 1888/89 von 129 Kühen vom 1/10 88—1/10 89.								
a) Morgenmilch . . .	Mittel	1888/89	4,143	1,0306	11,83	3,26	27,51	
	Schwankungen	"	—	29.7—31.5	11,13—12,68	2,72—4,00	—	
b) Abendmilch . . .	Mittel	"	4,616	1,0305	11,70	3,18	27,20	
	Schwankungen	"	—	25.2—31.3	9,45—12,46	2,42—3,88	—	
Tagesmilch (Mittel)		"	8,76	1,0305	11,76	3,21	27,33	

Nähere Bezeichnung			Zeit der Untersuchung	Tagesmilchertrag für den Kopf kg	Spec. Gewicht bei 15° C.	Trocken-Substanz %	Fett %	Fettfreie Trocken-Substanz %	Fett in der Trocken-Substanz %	Analytiker
1. Quartal: 17/10—31/12 1887	Morgenmilch, 4⁰⁰ Uhr	Mittel	1887	3,40	1,0315	11,48	2,77	8,71	24,12	W. Fleischmann [2]) *)
		Schwankungen	"	—	30.9—32.0	11,19—11,89	2,59-3,07	—	—	
	Mittagmilch, 12³⁰ Uhr	Mittel	"	2,62	1,0312	11,69	3,02	8,67	25,83	
		Schwankungen	"	—	29.9—31.9	11,26—11,91	2,81-3,14	—	—	
	Abendmilch, 7⁰⁰ Uhr	Mittel	"	2,16	1,0305	12,33	3,69	8,74	29,93	
		Schwankungen	"	—	30.1—31.0	11,86—12,76	3,33-3,95	—	—	
	Tagesmilch	Mittel	"	8,18	1,0312	11,78	3,09	8,69	26,27	
		Schwankungen	"	—	30.7—3.15	11,47—11,99	2,90-3,29	—	—	

[1]) Vergl. Anmerkung [2]) S. 221.

[2]) W. Fleischmann: Bericht über die Wirksamkeit der Versuchsmolkerei Kleinhof-Tapiau von Oktbr. 1887/88. Danzig bei A. W. Kafemann. 1889.

*) Der Fettgehalt wurde in Tapiau doppelt nach Soxhlet, in Königsberg doppelt gewichtsanalytisch durch Eintrocknen mit Seesand nnd Ausziehen mit Aether bestimmt. Die Trocken-Substanz wurde berechnet.

Die Milch wurde dreimal wöchentlich untersucht und zwar des Montags in Tapiau und Königsberg, Mittwochs nur in Königsberg und Freitags nur in Tapiau.

Die Kühe der Herde in Kleinhof-Tapiau gehören der niederländisch-norddeutschen Niederungsrasse an, und zwar dem Holländischen Schlage, der aus Holland nach Ostpreussen eingeführt und dort unter Kontrolle der „Ostpreussischen Herdbuch-Gesellschaft“ rein fortgezüchtet wird.

Es waren im Mittel täglich 143 Stück aufgestellt, von denen 18 trocken standen.

Bis 7/4 1888 wurde täglich dreimal, von da an nur zweimal gemolken.

Am 10/10 1887 wurde die Herde in den Stall gebracht und im Laufe des Oktobers nur noch ab und zu bei freundlicher warmer Witterung ausgetrieben.

Am 20/5 1888 begann der Weidegang und blieben alle Thiere von da ab Tag und Nacht im Freien bis zum 13/8, von welchem Zeitpunkt ab täglich die am besten milchenden Kühe, etwa 56 Stück, die Nacht über in den Stall gebracht wurden, wo sie anfangs nur Stroh, später Gras von einer Rieselwiese vorgelegt erhielten. Der schlechte Sommer 1888 war dem Weidegange des Milchviehes sehr wenig günstig.

Im Winter 1887/88 erhielten die Kühe für Haupt und Tag: 5—6 kg Heu, 0,75 kg Rapskuchen, 0,125 kg Palmkernkuchen, 0,125 kg Erdnusskuchen, 1,5 kg Weizenkleie und 1,0 kg Schrot, ein Gemenge aus Roggen-, Gersten- und Haferschrot und nebenzu noch Strohhäcksel und Kaff im Werthe von etwa 5 kg gutem Winterroggenstroh. Nährstoff vorhanden 1 : 6,07.

Nähere Bezeichnung			Zeit der Untersuchung	Tagesmilchertrag für den Kopf kg	Spec. Gewicht bei 15° C.	Trocken-Substanz %	Fett %	Fettfreie Trocken-Substanz %	Fett in der Trocken-Substanz %	Analytiker
2. Quartal: Januar, Februar, März 1888	Morgenmilch, 4 00 Uhr	Mittel	1888	4,36	1,0317	11,55	2,80	8,75	24,24	W. Fleischmann[1]
		Schwankungen	"	—	31.1—32.3	11,26—11,98	2,67-3,08	—	—	
	Mittagmilch, 12 30 Uhr	Mittel	"	3,46	1,0318	11,88	3,08	8,80	25,92	
		Schwankungen	"	—	30.8—32.3	11,58—12,18	2,82-3,30	—	—	
	Abendmilch, 7 00 Uhr	Mittel	"	2,50	1,0308	12,55	3,83	8,72	30,92	
		Schwankungen	"	—	30.2—31.5	12,26—12,88	3,61-4,20	—	—	
	Tagesmilch	Mittel	"	10,32	1,0315	11,91	3,14	8,77	26,40	
		Schwankungen	"	—	30.7—32.1	11,59—12,13	3,02-3,31	—	—	
3. Quartal: April, Mai, Juni 1888	Morgenmilch, 4 00 Uhr	Mittel	"	5,19	1,0311	11,97	3,28	8,69	27,40	
		Schwankungen	"	—	30.5—31.6	11,52—12,71	2,80-3,91	—	—	
	Abendmilch, 7 00 Uhr	Mittel	"	5,76	1,0312	11,86	3,16	8,70	26,64	
		Schwankungen	"	—	30.7—31.9	11,45—12,50	2,87-3,69	—	—	
	Tagesmilch	Mittel	"	11,41	1,0312	11,92	3,22	8,70	27,00	
		Schwankungen	"	—	30.8—31.9	11,59—12,51	2,97-3,71	—	—	
4. Quartal: Juli, August, Sept. 1888	Morgenmilch, 4 00 Uhr	Mittel	"	3,89	1,0307	12,37	3,69	8,68	28,21	
		Schwankungen	"	—	29.9—31.7	11,80—13,28	3,22-4,51	—	—	
	Abendmilch, 7 00 Uhr	Mittel	"	5,04	1,0305	11,80	3,26	8,54	27,63	
		Schwankungen	"	—	29.5—31.1	11,09—12,19	2,88-3,52	—	—	
	Tagesmilch	Mittel	"	8,93	1,0306	12.04	3,45	8,59	28,65	
		Schwankungen	"	—	30.0—31.1	11,65—12,33	3,19-3,64	—	—	
Tagesmilch im ganzen Jahre 17/10 87—1/10 88		Mittel	1887/88	9,71	1,0311	11,91	3.23	8,68	27,08	
		Schwankungen	"	—	30.0—32.1	11,47—12,51	2,90-3,71	—	—	
1. Quartal: Oktober, Novbr., Decbr. 1889 (119—133, im Mittel 124,3 Kühe)	Morgenm.	Mittel	1889	3,583	1,0309	12,02	3,36	8,66	27,91	Karl Hittcher[2]
		Schwankungen	"	2,87-4,19	30.4—31.6	11,71—12,38	3,11-3,62	8,54-8,85	26,47—29,39	
	Abendm.	Mittel	"	3,682	1,0308	12,06	3,41	8,65	28,27	
		Schwankungen	"	3,22-4,29	30.3—31.5	11,80—12,48	3,20-3,69	8,55-8,81	26,99—29,93	
	Tagesm.	Mittel	"	7,265	1,0309	12,04	3,39	8,66	28,11	
		Schwankungen	"	6,56-8,35	30.5—31.4	11,81—12,37	3,22-3,61	8,56-8,79	27,22—29,21	
2. Quartal: Januar, Februar, März 1890 (99—125, im Mittel 114 Kühe)	Morgenm.	Mittel	1890	4,525	1,0312	11,92	3,22	8,70	27,01	
		Schwankungen	"	3,58-5,50	30.7—31.6	11,49—12,20	2,94-3,48	8,55-8,79	25,59—28,55	
	Abendm.	Mittel	"	4,735	1,0311	12,03	3,33	8,70	27,69	
		Schwankungen	"	4,02-5,50	30.5—31.5	11,82—12,31	3,11-3,64	8,59-8,77	26,22—29,53	
	Tagesm.	Mittel	"	9,260	1,0311	11,98	3,28	8,70	27,36	
		Schwankungen	"	7,73-10,99	30.7—31.5	11,70—12,24	3,09-3,56	8,59-8,77	26,43—29,08	
3. Quartal: April, Mai, Juni 1890 (127—137, im Mittel 132,3 Kühe)	Morgenm.	Mittel	"	4,797	1,0307	11,77	3,19	8,58	27,07	
		Schwankungen	"	4,07-5,63	30.4—31.1	11,58—11,95	3,02-3,34	8,48-8,64	25,60—27,96	
	Abendm.	Mittel	"	5,461	1,0309	11,83	3,19	8,63	26,98	
		Schwankungen	"	4,08-6,63	30.4—31.5	11,63—12,09	3,00-3,40	8,50-8,69	25,75—28,60	
	Tagesm.	Mittel	"	10,258	1,0308	11,80	3,19	8,61	27,02	
		Schwankungen	"	8,27-12,24	30.5—31.1	11,60—11,97	3,02-3,36	8,53-8,65	26,06—28,11	

[1]) Vergl. Anmerkung [2]) u. *) S. 222. [2]) Vergl. Anmerkung [1]) u. *) S. 224.

Nähere Bezeichnung			Zeit der Untersuchung	Tagesmilchertrag für den Kopf kg	Spec. Gewicht bei 15° C.	Trocken-Substanz %	Fett %	Fettfreie Trocken-Substanz %	Fett in der Trocken-Substanz %	Analytiker
4. Quartal: Juli, August, Sept. 1890 (125—132, im Mittel 127,8 Kühe)	Morgenm.	Mittel	1890	3,899	1,0303	12,20	3,62	8,57	29,70	*Karl Hittcher*[1] *)
		Schwankungen	„	3,43-4,49	29.8—30.9	11,96—12,36	3,42-3,78	8,42-8,70	28,36—31,29	
	Abendm.	Mittel	„	4,559	1,0309	11,81	3,20	8,62	27,06	
		Schwankungen	„	3,75-5,49	30.4—31.2	11,61—12,11	2,98-3,40	8,47-8,72	25,61—28,09	
	Tagesm.	Mittel	„	8,458	1,0306	11,99	3,39	8,60	28,29	
		Schwankungen	„	7,37-9,57	30.2—31.0	11,87—12,10	3,28-3,51	8,49-8,68	27,56—29,14	

Aus den vorstehenden Analysen auf S. 203—224 und einigen anderen der vorhergehenden Tabellen ergeben sich für Morgen- und Abendmilch bezw. Morgen-, Mittag- und Abendmilch folgende Mittelzahlen):**

Nähere Bezeichnung		Zahl der Analysen	In der natürlichen Milch: Wasser %	Kasein %	Albumin %	Fett %	Milchzucker %	Asche %	In der Trocken-Substanz: Kasein %	Albumin %	Fett %	Stickstoff in der Trocken-Substanz %
a) Bei zweimaligem Melken	Morgenmilch	139	87,70	3,61		3,38	4,64	0,67	29,33		27,44	4,69
	Abendmilch	139	87,29	3,64		3,58	4,81	0,69	28,69		28,15	4,59
b) Bei dreimaligem Melken	Morgenmilch	52	88,28	2,81	0,43	3,05	4,69	0,74	23,97	3,68	26,00	4,42
				3,24					27,65			
	Mittagmilch	52	87,43	2,80	0,46	3,81	4,75	0,75	22,27	3,65	30,03	4,15
				3,26					25,92			
	Abendmilch	52	87,60	2,79	0,41	3,59	4,87	0,74	22,48	3,30	28,97	4,12
				3,20					25,78			

[1]) Preuss. landw. Jahrbücher 1894, **23**, 873—967.

*) Die Milch (Morgen- wie Abendmilch) wurde dreimal in der Woche untersucht. Rasse wie früher. Im Mittel waren 144 Milchkühe aufgestellt, von denen im Durchschnitt des ganzen Jahres 124 Stück gemolken wurden. Die durchschnittliche Laktationsdauer betrug 314 Tage. Im Mittel lieferte die Kuh während des ganzen Jahres 2786 kg Milch. Die meisten Kühe wurden während des ganzen Jahres täglich zweimal, Morgens und Abends, gemolken. Nur wenige Kühe wurden während der ersten Wochen nach dem Kalben mit Rücksicht auf die Ernährung der Kälber und ihre grosse Milchergiebigkeit auch Mittags gemolken. Mit dem Melken wurde Morgens im Sommer und Winter um 4 Uhr und Abends an den kürzesten Wintertagen um $4^1/_2$, an den längsten Sommertagen um $5^1/_2$ und im Frühjahr und Herbst um 5 Uhr begonnen. — Am 30/9 1889, am Tage vor Beginn des Beobachtungsjahres erfolgte der ungünstigen Witterung wegen die Einstallung der 40 besten Milchkühe, die übrigen waren noch bis zum 20/10 tagsüber auf der Weide, während sie des Nachts in den Stall kamen, wo sie Johanniroggen bekamen.

Es fand eine Scheidung der Herde statt, und zwar enthielt Gruppe A = alle Kühe, welche das letzte Viertel der Laktation noch nicht erreicht hatten und Gruppe B die altmilchenden Kühen und die trockenstehenden und zur Mast aufzustellenden Kühe.

Gruppe A, im Mittel 100 Haupt, erhielt für den Tag 4,25 kg Kraftfutter, bestehend aus 1 kg Schrot von Menggetreide (Sommerroggen, Hafer, Gerste und Erbsen), 1 kg grobe Weizenkleie, 1 kg Malzkeime, 0,75 kg Sonnenblumenkuchen, 0,25 kg Erdnussmehl und 0,25 kg Palmkernkuchen, ausserdem Johanniroggen und geringe Gaben von Heu und Stroh, und vom 4/10 1889 dazu 25 kg Kartoffelschlempe für Haupt und Tag. — Vom 21/10 ab erhielten sie statt Johanniroggen 5 kg mittelgutes Wiesenheu, ca. 2 kg Stroh und eine Zulage von 0,50 kg Weizenkleie. Ausserdem wurden für die Kuh täglich 39 g Salz und 30 g phosphorsaurer Kalk gegeben. — Am 10/12 erhielten die Kühe eine Zulage von 2,5 kg nicht sonderlich guten Pressfutters aus Gras und Seradella, welche am 12/11 1889 auf 3,5 kg und am 17/3 1890 auf 5 kg erhöht wurde. Am 4/5 hörte die Schlempefütterung auf.

Gruppe B erhielt während des ganzen Winters 5 kg Wiesenheu, 2 kg Stroh, 1,25 kg Weizenkleie und 0,75 kg Sonnenblumenkuchen.

Am 14/5 1890 begann für die ganze Herde der Weidegang.

Seit dem 15/9 waren die Kühe während der Nacht im Stall und erhielten von da ab bis zum 23/9 als Beifutter Gras der Rieselwiesen, welches am 24/9 durch Seradella ersetzt wurde.

**) Bei der Mittelwerthsberechnung für die Zusammensetzung der Morgen- und Abendmilch bezw. Morgen-, Mittag- und Abendmilch sind nur solche Analysen berücksichtigt, bei welchen die Milch von einem und demselben Tage entweder durch 2 maliges (Morgen und Abend) oder durch 3 maliges Melken (Morgen, Mittag und Abend) gewonnen wurde.

Bei den Analysen auf S. 213—224 sind Jahres-, Halbjahres- bezw. Quartalsmittel nur als eine Analyse in Rechnung gezogen.

Schwankungen in der Zusammensetzung der Milch derselben Kuh von einem Tage zum anderen.

No.	Nähere Bezeichnung		Spec. Gew.	Trocken-Substanz %	Fett %	Fett in der Trocken-Substanz %	No.	Nähere Bezeichnung		Spec. Gew.	Trocken-Substanz %	Fett %	Fett in der Trocken-Substanz %	Analytiker
	Kuh I*), Oldenburger:	1879 Nov.						Kuh II*)	1879 Nov.					
1	Fütterung unregelmässig, Marschheu + 1 Pfd. Commisbrod und zuweilen Buttermilch	6	1,0269	12,18	4,43	36,37	14	Futter: Marschheu + 1 Pfd. Commisbrod	26	1,0276	11,58	3,70	31,95	E. v. Borries[1])
2		7	1,0263	12,68	4,96	39,12	15		27	1,0292	11,45	3,35	29,26	
3		8	1,0274	12,68	4,85	38,25	16		28	1,0289	11,58	3,45	29,79	
4		10	1,0284	11,95	4,03	33,72	17		29	1,0284	10,96	3,19	29,11	
5		11	1,0283	12,33	4,27	34,63			Dec.					
6		13	1,0276	12,33	4,31	34,95	18		1	1,0283	11,45	3,58	31,27	
7		14	1,0284	11,83	3,94	33,30	19		2	1,0293	11,58	3,45	29,79	
8		17	1,0278	12,95	4,83	37,30	20		3	1,0289	11,45	3,40	29,70	
9		18	1,0287	12,58	4,34	34,50	21		4	1,0311	11,34	2,90	25,57	
10		19	1,0284	12,08	4,10	33,94	22		5	1,0285	11,83	3,73	31,53	
11		20	1,0297	14,25	5,44	38,09								
12		21	1,0281	13,20	4,96	37,58								
13		22	1,0292	12,58	4,26	33,86								

Mittlere Zusammensetzung der Milch derselben Kuh während der einzelnen Monate des Jahres.

Fortlaufende Untersuchungen der Milch einzelner Kühe zu Kleinhof-Tapiau im Jahre 1890/91.

Von C. Hittcher. (Landw. Jahrb. 1894, **23**, 895.)

Im Nachfolgenden werden nur die Monatsmittel derjenigen Kühe nebst Schwankungen mitgetheilt, die bereits im vorhergehenden Jahre untersucht waren. Im Uebrigen wird auf das Original verwiesen.

Zusammensetzung der Tagesmilch.

Kuh VI des vorigen Jahres: „Lotte" (neue No. 413) wurde am 11/3 1890 milchend. Vergl. S. 214.

Bezeichnung der Monate	Mittel der Milchmenge im Tage kg	Spec. Gew. Laktodensimeter-Grade	Trocken-Substanz %	Fett %	Fettfreie Trocken-Substanz %	Fett in der Trocken-Substanz %	Bezeichnung der Monate	Mittel der Milchmenge im Tage kg	Spec. Gew. Laktodensimeter-Grade	Trocken-Substanz %	Fett %	Fettfreie Trocken-Substanz %	Fett in der Trocken-Substanz %
März 1890	18,74	31,30	12,07	3,31	8,75	27,47	November 1890	8,14	30,09	10,66	2,40	8,26	22,50
April „	14,48	29,40	12,73	2,60	8,13	24,25	December „	6,89	30,30	10,73	2,41	8,32	22,46
Mai „	12,46	29,48	10,89	2,72	8,17	24,95	Januar 1891	6,40	30,14	10,68	2,40	8,28	22,49
Juni „	13,16	29,90	10,84	2,59	8,25	23,88	Februar „	6,08	30,34	10,86	2,59	8,35	23,10
Juli „	10,34	29,56	10,75	2,59	8,17	24,05	Mittel		**29,91**	**10,92**	**2,65**	**8,27**	**24,28**
August „	11,56	29,47	10,83	2,67	8,16	24,63	Schwankungen der Milch aller Tageszeiten während des Jahres		27,1—33,8	—	1,59—5,10	—	—
September „	10,28	29,42	10,87	2,71	8,16	24,94							
Oktober „	8,81	29,52	10,62	2,48	8,14	23,36							

[1]) Milchztg. 1880, **9**, 285.

*) Die Kühe, von welchen die untersuchte Milch stammte, gehörten dem Oldenburger Geest-Schlage an; Kuh I war 6 Jahre alt, hatte 4 Kälber gehabt und am 20. September zuletzt gekalbt; Kuh II war etwa 4 Jahre alt, hatte 2 Kälber gehabt und zuletzt Mitte Oktober gekalbt. Zur Untersuchung wurde stets die vollständig ermolkene Mittagmilch verwendet. Zur Fettbestimmung wurden je 2 Proben von 10 ccm mit 20 g Gips eingedampft, von denen die eine Probe nach Szombathy, die andere nach W. Fleischmann (dessen Molkereiwesen 1875, 197) extrahirt wurde; der Trocken-Substanz-Gehalt wurde mittelst der Behrend-Morgen'schen Tabelle berechnet. v. Borries glaubt die grösseren Schwankungen im Gehalte der Milch von Kuh I mit der unregelmässigen Fütterung mit Buttermilch in Zusammenhang bringen zu sollen.

Kuh XI: „Nettchen“ (neue No. 451) wurde am $^{9}/_{3}$ 1890 milchend. Vergl. S. 216.

Bezeichnung der Monate	Mittel der Milchmenge im Tage kg	Spec. Gew. Laktodensimeter-Grade	Trocken-Substanz %	Fett %	Fettfreie Trocken-Substanz %	Fett in der Trocken-Substanz %
März 1890	16,18	32,61	12,82	3,67	9,15	28,64
April „	14,34	30,64	11,74	3,18	8,56	27,10
Mai „	14,32	31,00	11,89	3,23	8,66	27,18
Juni „	14,70	31,72	12,28	3,40	8,87	27,72
Juli „	12,77	31,15	12,35	3,58	8,77	29,00
August „	12,20	31,34	12,40	3,58	8,82	28,90
September „	10,53	30,76	12,51	3,80	8,71	30,37
Oktober „	7,99	31,47	12,40	3,55	8,84	28,67
November „	7,25	32,21	12,48	3,47	9,01	27,84
December „	6,40	32,59	12,94	3,78	9,16	29,18
Januar 1891	6,40	32,61	12,81	3,66	9,15	28,58
Februar „	6,29	32,35	13,04	3,91	9,13	29,95
Mittel	—	**31,70**	**12,41**	**3,52**	**8,89**	**28,37**
Schwankungen*)	—	28,5—36,2	—	0,88—6,82	—	—

Kuh XIV: „Orchis“ (neue No. 469) wurde am $^{2}/_{3}$ 1890 milchend. Vergl. S. 217.

Bezeichnung der Monate	Mittel der Milchmenge im Tage kg	Spec. Gew. Laktodensimeter-Grade	Trocken-Substanz %	Fett %	Fettfreie Trocken-Substanz %	Fett in der Trocken-Substanz %
März 1890	14,44	31,47	11,92	3,15	8,76	26,47
April „	14,14	30,70	11,19	2 72	8,48	24,28
Mai „	13,67	30,80	11,51	2,96	8,55	25,74
Juni „	14,82	31,50	11,69	2,95	8,74	25,25
Juli „	12,28	31,00	11,67	3,06	8,61	26,22
August „	13,11	31,00	11,87	3,22	8,66	27,08
September „	11,08	31,00	12,27	3,55	8,72	28,92
Oktober „	8,13	31,60	12,33	3,47	8,86	28,13
November „	6,64	32,20	12,29	3,31	8,97	26,95
Mittel	—	**31,30**	**11,84**	**3,14**	**8,70**	**26,51**
Schwankungen*)	—	28,9—34,3	—	1,27—4,57	—	—

Kuh XV: „Oberin“ (neue No. 470) wurde am $^{1}/_{4}$ 1890 milchend. Vergl. S. 217.

Bezeichnung der Monate	Mittel der Milchmenge im Tage kg	Spec. Gew. Laktodensimeter-Grade	Trocken-Substanz %	Fett %	Fettfreie Trocken-Substanz %	Fett in der Trocken-Substanz %
April 1890	16,99	32,45	12,42	3,37	9,05	27,15
Mai „	17,29	31,10	11,81	3,14	8,67	26,58
Juni „	17,58	31,50	11,68	2,94	8.73	25,22
Juli „	14,85	31,00	11,48	2,89	8,59	25,15
August „	14,69	31,00	11,63	3,01	8,62	25,88
September „	13,01	30,70	11,83	3,24	8,59	27,40
Oktober „	9,54	30,60	11,80	3,24	8,55	27,47
November „	9,79	31,10	11,66	3,01	8,66	25,84
December „	8,16	31,30	12,17	3,40	8,76	27,98
Mittel	—	**31,20**	**11,84**	**3,15**	**8,69**	**26,62**
Schwankungen*)	—	29,1—34,7	10,51-12,96	1,75—4,74	8,16—9,09	—

Kuh XVI: „Ordnung“ (neue No. 480) wurde am $^{11}/_{3}$ 1890 milchend. Vergl. S. 217.

Bezeichnung der Monate	Mittel der Milchmenge im Tage kg	Spec. Gew. Laktodensimeter-Grade	Trocken-Substanz %	Fett %	Fettfreie Trocken-Substanz %	Fett in der Trocken-Substanz %
März 1890	16,98	31,50	12,63	3,75	8,80	29,69
April „	13,82	30,10	11,21	2,84	8,37	25,37
Mai „	14,09	30,60	11,42	2,92	8,50	25,55
Juni „	15,41	31,00	11,48	2,88	8,60	25,10
Juli „	11,94	30,20	11,17	2,79	8,38	24,98
August „	13,41	30,80	11,32	2,80	8,52	24,71
September „	10,98	31,10	11,79	3,13	8,66	26,52
Oktober „	6,74	32,60	12,43	3,35	9,08	26,94
November „	5,62	32,60	12,43	3,35	9,09	26,90
Mittel	—	**31,20**	**11,72**	**3,05**	**8,67**	**26,01**
Schwankungen*)	—	28,1—34,3	—	2,09—4,72	—	—

Im Allgemeinen zeigt die Milch aus dem Jahre 1890 grosse Uebereinstimmungen mit der derselben Kühe aus 1889.

Mittelwerthe für sämmtliche 16 Kühe während der ganzen Laktationsperiode.

Stallnummer	Dauer der Laktation bezw. Beobachtungstage	Gesammtmenge der Milch kg	Gesammtmenge des Fettes kg	Mittelwerthe: Spec. Gew. Laktodensimeter-Grade	Mittelwerthe: Trocken-Substanz %	Mittelwerthe: Fett %	Mittelwerthe: Fettfreie Trocken-Substanz %	Mittelwerthe: Fett in der Trocken-Substanz %	Colostrum beim ersten Melken: Milchmenge kg	Colostrum: Spec. Gew. Laktodensimeter-Grade	Colostrum: Fett %
31	270	2031,86	64,22	32,27	12,12	3,16	8,96	26,07	3,0	67,0	5,85
345	330	3155,12	99,47	31,06	11,81	3,15	8,66	26,66	2,0	39,1	5,12
373	315	3984,58	118,73	31,32	11,67	2,98	8,69	25,52	1,0	—	3,36
403	408	4899,70	132,46	31,35	11,34	2,70	8,64	23,83	—	85,0	3,76
407	289	3281,16	110,09	30,98	12,04	3,36	8,68	27,88	—	—	4,42
413	354	3677,10	97,44	29,91	10,92	2,65	8,27	24,28	—	—	1,73
419	399	4263,63	117,83	28,72	10,75	2,76	7,99	25,69	7,9	48,7	3,12
429	370	4797,77	151,66	30,29	11,63	3,16	8,47	27,19	2,9	61,0	4,23

*) Die Schwankungen beziehen sich auf die Milch aller Tageszeiten.

Stallnummer	Dauer der Laktation bezw. Beobachtungstage	Gesammtmenge der Milch kg	Gesammtmenge des Fettes kg	Mittelwerthe: Spec. Gew. Lakto-densimeter-Grade	Mittelwerthe: Trocken-Substanz %	Mittelwerthe: Fett %	Mittelwerthe: Fettfreie Trocken-Substanz %	Mittelwerthe: Fett in der Trocken-Substanz %	Colostrum beim ersten Melken: Milchmenge kg	Colostrum: Spec. Gew. Lakto-densimeter-Grade	Colostrum: Fett %
446	294	3974,94	124,06	31,08	11,78	3,12	8,66	26,50	3,5	82,8	7,20
451	356	3799,16	133,83	31,70	12,41	3,52	8,89	28,37	—	74,0	—
465	353	3933,09	119,81	30,42	11,52	3,05	8,48	26,44	—	—	—
469	301	3391,91	106,48	31,25	11,84	3,14	8,70	26,51	5,1	62,0	4,86
470	293	3792,45	119,59	31,20	11,85	3,15	8,69	26,62	3,0	77,2	5,75
480	287	3205,30	97,70	31,18	11,72	3,04	8,67	26,01	5,0	65,0	7,75
483	461	4061,08	110,96	29,65	10,96	2,73	8,22	24,98	—	—	—
490	303	3761,24	130,78	30,50	12,06	3,48	8,58	28,94	6,0	70,5	5,96

Schwankungen in der Zusammensetzung der Kuhmilch ganzer Herden.

No.	Nähere Bezeichnung	Datum 1878 Okt.	Morgenmilch: Spec. Gew.	Morgenmilch: Wasser %	Morgenmilch: Fett %	Morgenmilch: Fett in der Trocken-Substanz %	Abendmilch: Spec. Gew.	Abendmilch: Wasser %	Abendmilch: Fett %	Abendmilch: Fett in der Trocken-Substanz %	Analytiker
1	Proskauer Herde, 45 Kühe der Holländer Rasse	21	1,0311	89,59	2,09	20,08	1,0317	88,50	2,96	25,74	*Friedländer, Schrodt u. Schmoeger* [1])
2		22	1,0305	89,54	2,50	23,90	1,0306	87,67	3,68	29,84	
3		23	1,0307	89,56	2,36	22,61	1,0304	88,82	3,35	29,96	
4		24	1,0313	89,62	2,19	21,09	1,0310	88,62	3,19	28,03	
5		25	1,0315	89,04	2,59	23,63	1,0304	88,48	3,38	29,34	
6		26	1,0308	89,74	2,24	21,83	1,0302	88,80	2,90	25,89	

No.	Nähere Bezeichnung	Datum 1880 Mai	Morgenmilch: Menge für den Kopf kg	Morgenmilch: Fett %	Abendmilch: Menge für den Kopf kg	Abendmilch: Fett %	No.	Nähere Bezeichnung	Datum 1880 Mai	Morgenmilch: Menge für den Kopf kg	Morgenmilch: Fett %	Abendmilch: Menge für den Kopf kg	Abendmilch: Fett %	Analytiker
	Radener Herde:													
7	Stallfütterung	1	3,58	3,13	3,83	2,92	15	Weidegang	30	3,79	3,63	4,33	3,23	*W. Fleischmann* [2])
8		10	3,93	3,08	4,01	2,98	16		31	4,17	3,63	4,58	3,22	
9		20	3,74	3,12	3,91	2,96			Juni					
10		24	3,95	3,05	4,08	2,97	17		1	4,39	3,33	4,76	3,29	
11		26	3,87	2,98	4,10	2,92	18		2	4,60	3,53	4,67	3,09	
							19		7	4,67	3,39	4,54	3,17	
12	Weidegang	27	3,83	—	2,77	2,48	20		15	4,45	3,28	4,44	3,33	
13		28	3,12	3,66	3,52	3,89	21		21	4,35	3,05	4,59	3,01	
14		29	3,45	4,00	3,78	3,23	22		28	4,23	3,00	4,33	2,93	

(Vergl. hierzu weiter unter „Milch zu verschiedenen Melkzeiten“ Seite 203—206.)

[1]) Forschungen auf dem Gebiete der Viehhaltung 1880, **8**, 372.
[2]) Bericht der milchw. Versuchsstation Raden über das Jahr 1880, S. 26.

Schwankungen in der Zusammensetzung der Kuhmilch ganzer Herden in den einzelnen Wochen und Monaten des Jahres.

No.	Nähere Bezeichnung	Woche des Jahres 1885	Milchmenge von allen Kühen kg	Milchmenge von einer Kuh kg	Spec. Gew.	Wasser %	Fett %	No.	Woche des Jahres 1885	Milchmenge von allen Kühen kg	Milchmenge von einer Kuh kg	Spec. Gew.	Wasser %	Fett %	Analytiker
1	Milch der Radener Herde von 103 Stück Milchvieh (Kreuzungsprodukt des Mecklenburger Landschlages mit Angler und Wilstermarschvieh); das mittlere Lebendgewicht der Kühe betrug 478,8 kg, die Milchmenge für das Haupt und Jahr 2065,8 kg, also das Vierfache des lebenden Gewichtes. Während der Stallfütterung zu Anfang des Jahres, 1.—6. Jan., erhielten die Kühe 20 Pfd. Runkelrüben, von da bis zum 30. März 20 Pfd. Zuckerrüben, dazu 6 Pfd. Kleeheu, 2 Pfd. Erdnusskuchen und Haferstroh nach Bedarf; nach dem 30. März statt der Rüben 2 Pfd. Roggenschrot. Vom 27. Mai bis 7. Okt. gingen die Kühe auf die Weide; vom 7. Okt. bis 31. Decbr. bestand die Fütterung aus 9 Pfd. Kleeheu, 6 Pfd. Wiesenheu, 20 Pfd. Runkelrüben, 2 Pfd. Erdnusskuchen und Haferstroh nach Bedarf.	1	553,5	7,095	1,0311	88,29	3,02	27	27	664,5	6,389	1,0312	88,05	3,20	W. Fleischmann[1]
2		2	629,0	8,064	1,0309	88,39	3,06	28	28	606,5	5,832	1,0310	88,25	3,12	
3		3	659,0	7,845	1,0314	88,07	3,32	29	29	575,0	5,529	1,0307	88,19	3,23	
4		4	652,0	7.762	1,0308	88,07	3,15	30	30	668,0	6,614	1,0314	87,66	3,43	
5		5	643,5	6,919	1,0312	88,22	3,18	31	31	709,0	7,020	1,0311	88,12	3,18	
6		6	653.0	6,802	1,0315	88,11	3,14	32	32	666,0	6,594	1,0311	88,12	3,16	
7		7	673,0	7,315	1,0312	88,11	3,15	33	33	648,0	6,416	1,0314	88,16	3,19	
8		8	697,5	7,266	1,0309	88,25	3,12	34	34	620,0	6,139	1,0310	88,08	3,22	
9		9	704,0	7,333	1,0315	88,18	3,14	35	35	456,0	4,560	1,0307	87,75	3,61	
10		10	680,5	6,944	1,0318	88,08	3,07	36	36	393,5	4,015	1,0306	87,86	3,56	
11		11	690,5	7,046	1,0312	88,22	3,09	37	37	372,5	3,801	1,0309	87,76	3,52	
12		12	702,5	6,820	1,0314	88,55	2,82	38	38	389,5	3,923	1,0314	87,51	3,73	
13		13	710,5	6,966	1,0307	88,30	3,12	39	39	353,5	3,607	1,0307	87,78	3,56	
14		14	697,5	6,838	1,0306	88,35	3,09	40	40	329,5	3,362	1,0308	87,61	3,65	
15		15	708,0	6,617	1,0311	88,23	3,14	41	41	254,0	2,919	1,0309	87,41	3,89	
16		16	769,5	7,259	1,0308	88,30	3,11	42	42	225,5	2,592	1,0313	87,58	3,61	
17		17	792,5	7,476	1,0310	88,20	3,19	43	43	228,0	3,257	1,0313	87,86	3,32	
18		18	746,5	7,042	1,0304	88,24	3,25	44	44	196,0	2,970	1,0312	87,69	3,45	
19		19	747,0	7,047	1,0305	88,30	3,20	45	45	281,5	3,704	1,0323	87,52	3,47	
20		20	703,5	6,637	1,0307	88,57	2,99	46	46	378,0	4,725	1,0324	87,58	3,36	
21		21	614,5	5,852	1,0308	88,57	2,91	47	47	428,5	5,638	1,0323	87,90	3,19	
22		22	537,5	5,119	1,0310	88,63	3,59	48	48	457,5	5,865	1,0318	88,06	3,15	
23		23	834,0	8,019	1,0316	88,02	3,25	49	49	466,5	6,664	1,0317	88,19	3,14	
24		24	778,5	7,485	1,0310	88,11	3,15	50	50	489,0	8,016	1,0316	88,02	3,04	
25		25	758,5	7,293	1,0313	88,13	3,21	51	51	520,0	8,525	1,0315	88,32	3,03	
26		26	721,0	6,932	1,0312	88,21	3,18	52	52	527,0	8,108	1,0318	88,27	3,01	

	Milchmenge von einer Kuh kg	Spec. Gew.	Wasser %	Fett %
Mittel bei Stallfütterung vom 1. Januar bis 27. Mai	**7,093**	**1,0310**	**88,27**	**3,11**
„ „ Weidegang „ 27. Mai „ 7. Oktober . . .	**5,579**	**1,0311**	**87,92**	**3,38**
„ „ Stallfütterung „ 7. Oktober „ 31. December . .	**5,460**	**1,0317**	**87,93**	**3,25**
„ vom ganzen Jahre	**6,165**	**1,0312**	**88,07**	**3,24**

[1]) Bericht der milchw. Versuchsstation Raden 1885, 13.

Monatsdurchschnitte der Milch der Herden des milchwirthschaftlichen Instituts Proskau.

Nach wöchentlichen Untersuchungen von J. Klein.[1])

Bezeichnung der Monate	Institutsmilch			Dominialmilch		
	Spec. Gew. bei 15°	Trocken-Substanz %	Fett %	Spec. Gew. bei 15°	Trocken-Substanz %	Fett %
1889.						
Oktober	1,0306	12,75	3,65	1,0307	11,93	3,33
November	1,0306	11,69	3,15	1,0310	11,74	3,10
December	1,0306	11,83	3,27	1,0307	11,54	3,00
1890.						
Januar	1,0310	11,82	3,17	1,0305	11,38	2,91
Februar	1,0309	11,54	2,97	1,0305	11,21	2,75
März	1,0306	11,31	2,85	1,0306	11,23	2,78
April	1,0311	11,41	2,81	1,0308	11,21	2,72
Mai	1,0308	11,35	2,83	1,0309	11,35	2,81
Juni	1,0309	11,49	2,93	1,0308	11,50	2,97
Juli	1,0303	11,64	3,17	1,0305	11,46	2,99
August	1,0310	11,67	3,06	1,0308	11,57	3,01
September	1,0314	11,94	3,20	1,0306	11,60	3,09
Oktober	1,0312	11,80	3,11	1,0309	11,71	3,15
November	1,0310	11,84	3,18	1,0305	11,59	3,08
December	1,0313	11,88	3,16	1,0305	11,60	3,11
1891.						
Januar	1,0311	11,63	3,01	1,0307	11,63	3,07
Februar	1,0314	11,67	2,97	1,0306	11,31	2,83
März	1,0316	11,69	2,95	1,0310	11,51	2,92
April	1,0313	11,70	3,02	1,0306	11,35	2,87
Mai	1,0312	11,58	2,93	1,0307	11,35	2,85
Juni	1,0317	11,71	2,94	1,0311	11,43	2,83
Juli	1,0309	11,76	3,14	1,0306	11,35	2,87
August	1,0312	11,84	3,16	1,0307	11,84	3,25
September	1,0311	11,59	2,97	1,0309	11,72	3,12
Oktober	1,0316	11,84	3,07	1,0312	11,82	3,14
November	1,0309	11,85	3,22	1,0310	11,86	3,21
December	1,0304	11,57	3,10	1,0309	11,81	3,19
1892.						
Januar	1,0304	11,56	3,08	1,0308	11,81	3,20
Februar	1,0309	11,57	2,98	1,0310	11,73	3,11
März	1,0311	11,61	2,98	1,0313	11,67	2,98

Bezeichnung der Monate	Institutsmilch			Dominialmilch		
	Spec. Gew. bei 15°	Trocken-Substanz %	Fett %	Spec. Gew. bei 15°	Trocken-Substanz %	Fett %
April 1892	1,0310	11,64	3,03	1,0311	11,72	3,08
Mai	1,0308	11,62	2,94	1,0308	11,52	2,96
Juni	1,0313	11,50	2,84	1,0310	11,44	2,86
Juli	1,0314	11,74	3,03	1,0312	11,66	2,99
August	1,0317	12,03	3,21	1,0309	11,67	3,07
September	1,0315	11,77	3,02	1,0310	11,60	2,99
Oktober	1,0316	11,76	3,00	1,0311	11,65	3,01
November	1,0312	11,60	2,95	1,0307	11,73	3,14
December	1,0311	11,89	3,22	1,0308	11,54	2,98
1893.						
Januar	1,0311	11,62	2,99	1,0307	11,33	2,85
Februar	1,0308	11,53	2,98	1,0307	11,35	2,85
März	1,0309	11,34	2,80	1,0308	11,26	2,74
April	1,0306	11,21	2,79	1,0307	11,32	2,81
Mai	1,0303	11,15	2,76	1,0304	11,02	2,63
Juni	1,0312	11,49	2,86	1,0311	11,27	2,70
Juli	1,0309	11,66	3,13	1,0307	11,27	2,78
August	1,0310	11,78	3,12	1,0306	11,50	2,99
September	1,0316	11,86	3,10	1,0315	11,72	2,99
Oktober	1,0311	11,66	3,03	1,0311	11,63	2,99
November	1,0308	11,50	2,94	1,0313	11,74	3,05
December	1,0311	11,35	2,77	1,0316	11,70	2,94
1894.						
Januar	1,0309	11,32	2,79	1,0314	11,44	2,78
Februar	1,0306	11,32	2,83	1,0311	11,39	2,80
März	1,0304	11,21	2,78	1,0315	11,45	2,76
April	1,0309	11,31	2,80	1,0313	11,26	2,65
Mai	1,0311	11,33	2,75	1,0312	11,37	2,71
Juni	1,0314	11,57	2,89	1,0314	11,49	2,82
Juli	1,0308	11,84	3,15	1,0310	11,58	2,97
August	1,0311	11,71	3,05	1,0311	11,56	2,93
September	1,0309	11,83	3,19	1,0309	11,69	3,08
Oktober	1,0304	11,57	3,09	1,0309	11,73	3,12
November	1,0305	11,46	2,98	1,0313	11,65	2,98
December	1,0305	11,38	2,91	1,0311	11,52	2,90

[1]) J. Klein: Jahresberichte des milchw. Institutes zu Proskau, und zwar 1889/90, 10; 1890/91, 12; 1891/92, 10; 1892/93, 10; 1893/94, 10; 1894/95, 12; 1895/96, 12; 1896/97, 12.

Bezeichnung der Monate	Institutsmilch Spec. Gew. bei 15°	Institutsmilch Trocken-Substanz %	Institutsmilch Fett %	Dominialmilch Spec. Gew. bei 15°	Dominialmilch Trocken-Substanz %	Dominialmilch Fett %
1895.						
Januar	1,0303	11,28	2.87	1,0308	11,38	2,84
Februar	1,0305	11,45	2 97	1,0312	11,57	2.93
März	1,0305	11,44	2,96	1,0312	11,32	2,72
April	1,0308	11,63	3,05	1,0311	11,23	2,66
Mai	1,0306	11,39	2,90	1,0313	11,39	2,75
Juni	1,0308	11.48	2,93	1,0315	11,47	2,78
Juli	1,0306	11,60	3,08	1,0308	11.36	2,84
August	1,0306	11,87	3,29	1,0311	11,68	3,04
September	1,0305	11,69	3.16	1,0309	11,52	2,95
Oktober	1,0307	11,75	3,17	1,0306	11,70	3,15
November	1,0308	11,68	3 09	1,0312	11,85	3,16
December	1,0312	11,70	3,04	1,0318	11,93	3,08
1896.						
Januar	1,0311	11,59	2,99	1,0318	11,78	2,98
Februar	1,0309	11,49	2,92	1,0313	11,55	2,89

Bezeichnung der Monate	Institutsmilch Spec. Gew. bei 15°	Institutsmilch Trocken-Substanz %	Institutsmilch Fett %	Dominialmilch Spec. Gew. bei 15°	Dominialmilch Trocken-Substanz %	Dominialmilch Fett %
März 1896	1,0308	11,55	3,00	1,0312	11,47	2,83
April	1,0308	11,76	3,16	1,0315	11,72	2,98
Mai	1,0310	11,68	3,05	1,0312	11,61	2,95
Juni	1,0311	11,64	3,01	1,0313	11,68	2,99
Juli	1,0308	12,07	3,42	1,0308	11,57	3,02
August	1,0306	11,82	3,26	1,0308	11,75	3,16
September	1,0308	11,97	3,35	1,0304	11,70	3,21
Oktober	1,0312	12,10	3,36	1,0309	11,80	3,18
November	1,0314	12,27	3,47	1,0310	11,91	3,24
December	1,0310	12,10	4,41	1,0313	11,75	3,06
1897.						
Januar	1,0312	11,82	3,14	*) 1,0329	*) 12,21	*) 3,09
Februar	1,0312	12,08	3,34	1,0317	11,94	3,14
März	1,0309	11,91	3,25	1,0307	11,43	2,92

Mittel und Schwankungen in der Zusammensetzung der Milch ganzer Herden während verschiedener Jahre.

Jahresdurchschnitte und Schwankungen in der Zusammensetzung der Milch der Herde des milchwirthschaftlichen Instituts und des Dominiums zu Proskau.

Nähere Bezeichnung		Zeit der Untersuchung	Spec. Gewicht bei 15°	Trocken-Substanz %	Fett %	Fettfreie Trocken-Substanz %	Fett in der Trocken-Substanz %	Analytiker
Herde des milchwirthschaftlichen Instituts:								
Jahr 1889/90 April bis April	Mittel	1889/90	1,0307	11,74	3,17	8,57	27,00	J. Klein[1]
	Schwankungen	„	30.2—31.2	11,22—12,40	2,73—3,82	—	—	
1890/91 desgl.	Mittel	1890/91	1,0311	11,69	3,04	8,65	26,01	
	Schwankungen	„	29.6—31.9	11,07—12,09	2,63—3,31	—	—	
1891/92 desgl.	Mittel	1891/92	1,0310	11,68	3,05	8,63	26,11	
	Schwankungen	„	30.1—32.4	11,28—12,14	2,77—3,38	—	—	
1892/93 desgl.	Mittel	1892/93	1,0312	11,66	3,00	8,66	25,56	
	Schwankungen	„	30.4—32.4	11,24—12,14	2,72—3,38	—	—	
1893/94 desgl.	Mittel	1893/94	1,0309	11,46	2,90	8,53	25,22	
	Schwankungen	„	30.2—31.8	—	2,57—3,21	8,34—8,83	—	

[1]) J. Klein: Jahresberichte des milchw. Instituts Proskau, und zwar 1889/90, 10; 1890/91, 12; 1891/92, 10; 1892/93, 10; 1893/94, 10; 1894/95, 12; 1895/96, 12; 1896/97, 10.

*) Die grossen Abweichungen in der Zusammensetzung der Milch im Januar 1897 erklären sich dadurch, dass in diesem Monate wegen des Ausbruches der Maul- und Klauenseuche die Milch des zur Domäne gehörigen Dominium Schimnitz nicht mit eingeliefert wurde.

Nähere Bezeichnung		Zeit der Untersuchung	Spec. Gewicht bei 15°	Trocken-Substanz %	Fett %	Fettfreie Trocken-Substanz %	Fett in der Trocken-Substanz %	Analytiker
Jahr 1894/95 April bis April	Mittel	1894/95	1,0308	11,51	2,97	8,54	25,80	J. Klein[1])
	Schwankungen	"	30.1—31.9	—	2,63—3,41	8,41—8,87	—	
1895/96 desgl.	Mittel	1895/96	1,0308	11,61	3,05	8,56	26,27	
	Schwankungen	"	30.1—31.6	—	2,80—3,53	8,38—8,76	—	
1896/97 desgl.	Mittel	1896/97	1,0310	11,92	3,26	8,66	27,35	
	Schwankungen	"	30.0—32.4	—	2,90—3,74	8,49—9,02	—	
Herde des Dominiums:								
Jahr 1889/90 April bis April	Mittel	1889/90	1,0307	11,49	2,97	8,52	25,85	
	Schwankungen	"	30.3—31.1	11,10—12,00	2,71—3,34	—	—	
1890/91 desgl.	Mittel	1890/91	1,0307	11,53	2,99	8,54	25,93	
	Schwankungen	"	30.0—31.2	11,16—11,95	2,68—3,37	—	—	
1891/92 desgl.	Mittel	1891/92	1,0309	11,66	3,06	8,60	26,22	
	Schwankungen	"	30.1—32.4	11,13—12,16	2,62—3,41	—	—	
1892/93 desgl.	Mittel	1892/93	1,0308	11,51	2,96	8,55	25,72	
	Schwankungen	"	30.3—31.5	11,13—11,90	2,68—3,31	—	—	
1893/94 desgl.	Mittel	1893/94	1,0311	11,45	2,85	8,60	24,89	
	Schwankungen	"	30.0—31.8	—	2,44—3,18	8,29—8,80	—	
1894/95 desgl.	Mittel	1894/95	1,0311	11,51	2,89	8,62	25,11	
	Schwankungen	"	30.4—31.6	—	2,47—3,23	8,46—8,75	—	
1895/96 desgl.	Mittel	1895/96	1,0312	11,57	2,92	8,65	25,24	
	Schwankungen	"	30.4—32.2	—	2,17—3,29	8,43—8,92	—	
1896/97 desgl.	Mittel	1896/97	1,0312	11,76	3,08	8,68	26,19	
	Schwankungen	"	30.0—33.4	—	2,64—3,55	8,39—9,22	—	

Mittlere Zusammensetzung der Milch der Radener Kuhherde während der Jahre 1878—1885.

Nähere Bezeichnung	Tagesmilchertrag der Kuh kg	Spec. Gewicht bei 15°	Trocken-Substanz %	Fett %	Fettfreie Trocken-Substanz %	Fett in der Trocken-Substanz %	Analytiker
Jahresmittel 1878 . . .	7,09	1,0317	12,26	3,40	8,86	27,69	W. Fleischmann[2])
desgl. 1879 . . .	6,91	1,0319	12,20	3,30	8,90	27,07	
desgl. 1880 . . .	6,48	1,0315	12,06	3,27	8,79	27,07	
desgl. 1881 . . .	5,80	1,0310	11,93	3,24	8,69	27,18	
desgl. 1882 . . .	6,52	1,0313	11,93	3,20	8,73	26,82	
desgl. 1883 . . .	6,56	1,0310	11,93	3,26	8,67	27,33	
desgl. 1884 . . .	7,00	1,0310	11,98	3,30	8 68	27,58	
desgl. 1885 . . .	6,16	1,0311	11,93	3,24	8,69	27,18	
Jahresmittel 1878—1885	**6,56**	**1,0313**	**12,03**	**3,28**	**8,75**	**27,24**	

[1]) Vergl. Anmerkung [1]) S. 230.

[2]) Bericht über die Wirksamkeit der Versuchsmolkerei zu Kleinhof-Tapiau, Oktober 1887/88. Danzig 1889 bei A. W. Kafemann. Die Radener Kuhherde ist ein Kreuzungsprodukt des rothbunten, sogen. Mecklenburgischen Landschlages mit Angler und Wilstermarsch-Vieh.

Mittlere Zusammensetzung der Milch von 10 Kühen der Angler Rasse und des Landschlages der Milchwirthschaftlichen Versuchsstation Kiel.

Nähere Bezeichnung	Gesammt-Milchertrag der 10 Kühe kg	Trocken-Substanz %	Fett %	Fettfreie Trocken-Substanz %	Fett in der Trocken-Substanz %	Analytiker
November 1877 bis November 1878 .	28135,8	12,43	3,70	8,73	29,77	*M. Schrodt*[1])
„ 1878 „ „ 1879 .	31803,8	12,12	3,42	8,70	28,22	
„ 1879 „ „ 1880 .	30614,4	12,10	3,27	8,83	27,02	
„ 1880 „ „ 1881 .	25649,6	11,93	3,40	8,53	28,50	
„ 1881 „ „ 1882 .	23958,0	12,30	3,52	8,78	28,62	
„ 1882 „ „ 1883 .	27037,7	12,19	3,39	8,80	27,81	
„ 1883 „ „ 1884 .	28521,8	11,75	3,24	8,51	27,57	
„ 1884 „ „ 1885 .	30128,3	12,03	3,38	8,65	28,10	
„ 1885 „ „ 1886 .	31641,3	11,82	3,25	8,57	27,50	
„ 1886 „ „ 1887 .	35969,6	12,13	3,32	8,81	27,37	
Mittel	**29346,0**	**12,08**	**3,39**	**8,69**	**28,06**	

Jahresmelkergebnisse der Weender Kuhherde.

Backhaus-Göttingen berichtet (Journ. f. Landw. 1893, 41, 305—320 u. 1894, 42, 243—281) über Milchuntersuchung der 59 Kühe der Holländer Rasse auf dem Klostergute Weende bei Göttingen von Anfang März 1892 bis Ende März 1893.

1. Jahresgehalt der Milch der einzelnen Kühe:

	Jahresertrag kg	Spec. Gewicht	Trocken-Substanz %	Fett %	Fettfreie Trocken-Substanz %	Fettgehalt der Trocken-Substanz %
Mittel	3759,98	1,0313	12,00	3,27	8,73	27,23
Minimum	2172,45	1,0284	10,80	2,73	7,97	24,13
Maximum	5570,88	1,0337	13,52	4,34	9,43	32,09

2. Tagesgehalt der Milch der einzelnen Kühe:

Trocken-Substanz		Fett	
Minimum	Maximum	Minimum	Maximum
10,01 %	15,91 %	1,73 %	5,94 %

In der zweiten Abhandlung berichtet Backhaus über die Einzelresultate der vorher mitgetheilten Versuche. Die Milch wurde alle 3 Wochen untersucht und zwar die Durchschnittstagesmilch.

[1]) Milchztg. 1888, 17, 601.

Kuhmilch, gebrochenes Melken.

No.	Nähere Bezeichnung		Seit dem letzten Melken verflossene Stunden	Gewicht der Gesammtmilchmenge g		Zeit der Untersuchung	In der natürlichen Milch: Wasser %	Kasein %	Albumin %	Fett %	Milchzucker %	Asche %	In der Trocken-Substanz: Kasein %	Albumin %	Fett %	Stickstoff in der Trocken-Substanz %	Analytiker
	I. Weisse Kuh.																
1	27/10 Abd.	7 h.	12	4840	Anf.	1843	90,10	—		1,80	—	—	—		18,18	—	*Jules Reiset*[1]
2					Ende	„	84,15	—		6,60	—	—	—		41,64	—	
3	31/10 Morg.	7 h.	12	4200	Anf.	„	90,10	—		0,80	—	—	—		8,08	—	
4					Ende	„	82,18	—		9,60	—	—	—		53,88	—	
5	29/10 Abd.	6½ h.	11½	4570	Anf.	„	89,59	—		1,07	—	0,71	—		10,28	—	
6					Ende	„	78,70	—		13,20	—	0,80	—		61,97	—	
7	31/10 „	6½ h.	11½	4100	Anf.	„	90,38	—		1,22	—	0,75	—		12,68	—	
8					Ende	„	80,93	—		11,20	—	0,74	—		59,73	—	
9	27/10 Mitt.	12 h.	5	2695	Anf.	„	88,00	—		3,30	—	0,75	—		27,48	—	
10					Ende	„	78,80	—		13,10	—	0,84	—		61,92	—	
11	1/11 Mitt.	12 h.	5	2355	Anf.	„	86,40	—		5,23	—	—	—		38,46	—	
12					Ende	„	81,50	—		10,70	—	—	—		57,83	—	
13	30/10 Abd.	4 h.	4	1320	Anf.	„	82,81	—		9,70	—	—	—		56,99	—	
14					Ende	„	83,07	—		8,60	—	—	—		50,80	—	
15	1/11 Abd.	4 h.	4	1240	Anf.	„	84,72	—		4,90	—	—	—		32,07	—	
16					Ende	„	85,27	—		5,10	—	—	—		34,62	—	
17	30/10 Abd.	6½ h.	2½	425	Anf.	„	85,40	—		7,20	—	—	—		49,32	—	
18					Ende	„	86,67	—		7,10	—	—	—		53,26	—	
19	1/11 Abd.	6½ h.	2½	430	Anf.	„	87,16	—		4,90	—	—	—		38,16	—	
20					Ende	„	86,92	—		4,30	—	—	—		32,87	—	
	II. Rothe Kuh.																
21	3/11 Morg.	7 h.	12½	4465	Anf.	„	88,99	—		2,20	—	—	—		19,98	7,73	
22					Ende	„	82,37	—		9,70	—	—	—		55,02	5,68	
23	2/11 Abd.	6½ h.	6½	2210	Anf.	„	86,85	—		4,30	—	—	—		32,70	—	
24					Ende	„	82,71	—		8,80	—	—	—		50,90	—	
25	3/11 Mitt.	12 h.	5	2110	Anf.	„	85,63	—		5,90	—	0,77	—		41,06	6,59	
26					Ende	„	81,07	—		10,50	—	0,77	—		55,47	5,07	
27	3/11 Abd.	6½ h.	5	2040	Anf.	„	86,80	—		4,40	—	0,63	—		33,33	7,80	
28					Ende	„	82,50	—		9,10	—	0,70	—		52,00	5,21	

[1]) B. Martiny, Die Milch I, 370. Die Kühe weideten am Tage, Abends kamen sie auf den Stall, ohne Futter zu erhalten. Die zu untersuchende Milch wurde in Mengen von je etwa 20 g unmittelbar in die Abdampfschale gemolken, bei 100° C. getrocknet und mit Aether ausgezogen. Die Kühe wurden gewöhnlich Morgens um 6, Mittags um 12 und Abends um 6 Uhr gemolken.

No.	Nähere Bezeichnung		Spec. Gewicht	Zeit der Untersuchung	In der natürlichen Milch: Wasser %	Kasein %	Albumin %	Fett %	Milchzucker %	Asche %	In der Trocken-Substanz: Kasein %	Albumin %	Fett %	Stickstoff in der Trocken-Substanz %	Analytiker
29	Grünfütterung, Kuh milchend seit 6 Wch.	Erstes Liter	1,0343	1847	89,55	3,87		1,40	5,18		37,03		13,40	5,92	Bouchardat und Quevenne[1])
30		Letztes Liter	1,0264	„	83,82	4,09		7,37	4,72		25,28		45,55	4,04	
31	Grünfütterung, Kuh milchend seit 5 Mon.	Erste Hälfte	1,0340	„	88,47	4,12		1,79	5,62		35,73		15,52	5,72	
32		Letzte Hälfte	1,0310	„	86,61	3,96		4,36	5,07		29,57		32,56	4,73	
33	Grünfütterung, Kuh milchend seit 6 Wch.	Erstes Liter	1,0310	1849	89,81	3,64		0,85	5,70		35,72		8,34	5,72	
34		Letztes Liter	1,0270	„	84,95	3,35		6,39	5,31		22,26		42,46	3,56	
35	Waldseethaler Rasse, Winterfütterung, Morgenmilch	Erste Milch	1,0345	1850	91,13	—		1,00	—		—		11,26	—	Knoblock[2])
36		Zweite „	1,0335	„	90,96	—		1,11	—		—		12,28	—	
37		Drittte „	1,0326	„	90,29	—		1,73	—		—		17,76	—	
38		Vierte „	1,0321	„	89,53	—		2,06	—		—		19,68	—	
39		Fünfte „	1,0259	„	84,20	—		5,20	—		—		32,91	—	
40		Daraus berechn. Mittel	1,0317	„	89,21	—		2,62	—		—		29,28	—	
41		In der übrigen Gesammtmilch	1,0317	„	89,13	—		2,60	—		—		23,92	—	
42		Gesammtmittel v. 20 Kühen	1,0307	„	87,67	—		3,00	—		—		24,33	—	
43	Waldseethaler Rasse, Sommer- (Stall-) Fütterung, Morgenmilch	Erste Probe	1,0364	„	89,80	—		0,80	—		—		7,84	—	
44		Zweite „	1,0354	„	89,10	—		1,50	—		—		13,76	—	
45		Dritte „	1,0326	„	87,46	—		3,00	—		—		23,93	—	
46		Vierte „	1,0306	„	86,20	—		4,14	—		—		30,00	—	
47		Fünfte „	1,0291	„	84,73	—		5,60	—		—		36,64	—	
48		Daraus berechn. Mittel	1,0327	„	87,46	—		3,00	—		—		23,93	—	
49		In der übrigen Gesammtmilch	1,0326	„	87,43	—		3,06	—		—		24,32	—	
50		Gesammtmittel v. 20 Kühen	1,0322	„	87,00	—		3,24	—		—		24,92	—	

[1]) B. Martiny, Die Milch I, 373 (der Autoren: Du Lait II, 75). Die für 1 Liter Milch angegebenen Gehalte wurden von uns auf Gewichtsprocente umgerechnet. Die Kühe gaben zur Zeit der Untersuchung täglich Milch: Kuh 1 20 Liter, Kuh 2 14 Liter und Kuh 3 20 Liter.

[2]) B. Martiny, Die Milch I, 370 (Centrbl. des landwirthschaftl. Vereins in Bayern 1850, **40**, 354). Die Kuh, welcher die untersuchte Milch entnommen war, gehörte der Walseethaler (Waldseethaler?) Rasse an, war 10 Jahre alt und hatte zur Zeit der ersten Untersuchung, bei Winterfütterung, vor 42 Tagen gekalbt. Die zweite Untersuchung fand 15 Tage später und zwar 14 Tage nach Einführung der Sommer- (Stall) Fütterung statt. Die Winterfütterung bestand aus 8 Pfd. eines Gemisches zu gleichen Theilen von Klee-, Esparsette- und Moorheu, aus 8 Pfd. Haferstroh, 30 Maass Branntweinschlempe (gewonnen aus $^1/_{12}$ Scheffel Kartoffeln), den Trebern von $^1/_{100}$ Scheffel Malz, aus $1^1/_2$ Pfd. Kartoffeln und 2 Loth Salz. Die Sommerfütterung bestand aus $104^1/_2$ Pfd. grünem Klee und 2 Loth Salz. Zur Zeit der ersten Untersuchung gab die Kuh täglich 6 Maass, zur Zeit der zweiten nahezu 8 Maass Milch. Zur Untersuchung wurde in beiden Fällen die Morgenmilch verwendet und dabei in möglichst genau abgemessenen Zeitabschnitten während des Melkens die zur Untersuchung erforderliche Menge Milch in fünf besonderen Gefässen aufgefangen; das Uebrige wurde zusammengemolken und ebenfalls untersucht. Das analytische Verfahren ist nicht angegeben; jedenfalls wurde der Kaseingehalt zu hoch (7—8 %), der Milchzuckergehalt (0,8—1,36 %) zu niedrig gefunden. Wir haben deshalb von der Aufnahme dieser Zahlen Abstand genommen.

No.	Nähere Bezeichnung	Milchmenge g	Spec. Gewicht	Zeit der Untersuchung	In der natürlichen Milch: Wasser %	Kasein %	Albumin %	Fett %	Milchzucker %	Asche %	In der Trocken-Substanz: Kasein %	Albumin %	Fett %	Stickstoff in der Trocken-Substanz %	Analytiker
51	Freiburger Kuh, Erste Probe	398	1,0339	1858	89,53	2,94		1,70	5,13	0,70	28,11		16,25	4,50	J. B. Boussingault[1])
52	„ Zweite „	628	1,0329	„	89,25	3,32		1,76	5,14	0,53	30,89		16,37	4,94	
53	„ Dritte „	1295	1,0325	„	89,15	3,00		2,10	5,11	0,64	27,65		19,36	4,42	
54	„ Vierte „	1390	1,0320	„	88,77	2,99		2,54	5,15	0,55	26,63		22,62	3,62	
55	„ Fünfte „	1565	1,0312	„	88,37	2,81		3,14	4,98	0,70	24,16		27,00	3,87	
56	„ Sechste „	315	1,0301	„	87,33	2,91		4,08	4,98	0,70	22,97		32,20	3,68	
57	„ Mittel	5591	—	„	88,73	3,01		2,55	5,08	0,63	26,71		22,63	4,27	
58	Morgenmilch, das 1. Quart			1859	91,50	2,14		1,49	4,10	0,71	25,35		17,65	4,06	H. Hellriegel[2])
59	„ „ 2. „			„	90,11	2,26		2,37	4,50	0,76	22,85		23,96	3,66	
60	„ „ 3. „			„	88,96	2,06		4,16	4,06	0,76	18,68		37,71	2,99	
61	„ Durchschnitt			„	90,22	2,15		2,67	4,22	0,74	21,98		27,30	3,52	
62	Mittagsmilch, das 1. Quart			„	89,45	3,37		2,19	4,24	0,75	31,94		20,76	5,11	
63	„ „ 2. „			„	85,35	3,36		6,50	4,06	0,73	22,94		44,37	3,67	
64	„ Durchschnitt			„	87,40	4,36		4,35	4,15	0,74	34,61		43,53	5,54	
65	Abendmilch, das erste $^3/_4$ Quart			„	89,18	2,64		3,40	4,03	0,75	24,40		31,42	3,90	
66	„ „ zweite $^3/_4$ „			„	86,93	3,10		5,28	3,97	0,72	33,72		40,40	5,40	
67	„ Durchschnitt			„	88,05	2,87		4,34	4,00	0,74	24,02		36,32	3,84	
68	Von einer ungarischen Kuh, Erste Milch		1,0341	1862	89,46	—	—	2,56	—	—	—	—	24,29	—	J. Moser[3])
69	„ Dritte „		1,0299	„	86,23	—	—	4,94	—	—	—	—	35,87	—	
70	Von 10 Kühen, Erste „		—	„	88,85	—	—	2,11	—	—	—	—	18,92	—	
71	„ Zweite „		—	„	87,46	—	—	3,70	—	—	—	—	29,51	—	
72	a.		1,0346	1886	89,77	—	—	0,94	—	—	—	—	9,19	—	A. Klinger[4])
73	b.		1,0338	„	88,69	—	—	2,17	—	—	—	—	19,19	—	
74	c.		1,0307	„	86,29	—	—	4,33	—	—	—	—	31,58	—	
75	Von 1 Jersey-Kuh, „Fore milk“			1885	86,66	—	—	3,88	—	0,85	—	—	29,08	—	Ch. Harrington[5])
76	„ „Middle“			„	84,60	—	—	6,74	—	0,81	—	—	43,77	—	
77	„ „Strippings“			„	82,87	—	—	8,12	—	0,82	—	—	47,40	—	

[1]) Weende'r Jahresber. 1866/67, 446. (Ann. chim. phys. 1866, IV. St. g. 132.) Morgenmilch wurde in 6 verschiedenen Portionen aufgefangen. Die Kuh war mit Heu und Melasse gefüttert worden. (Vergl. Milch unter dem Einflusse des Futters.)

[2]) Annal. der Landwirthsch. in Preussen 1859, **33**, 356. Die untersuchte Milch wurde von einer Kuh gewonnen, die als Futter nur Kartoffelschlempe mit einem Häckselgemenge von Grummet, Gerstenstroh und Weizenstroh erhielt. Das Thier war 6 Jahre alt und hatte vor 3 Monaten gekalbt.

[3]) B. Martiny, Die Milch I, 376 (Arenstein's allgem. Land- u. Forstw.-Ztg. 1862, 873). Die beiden ersten Proben stammten von einer Kuh ungarischer Rasse, die am 25./2. gekalbt hatte und am 10. Mai wieder belegt worden war; am 7. Juli Abends wurde die Milch in drei Abschnitten ausgemolken und die des ersten und dritten untersucht; gefüttert war die Kuh schon seit längerer Zeit mit Grünmais. Die Proben des zweiten Versuchs stammten von 10 Kühen einer Meierei, die in zwei Abschnitten gemolken wurden. Die Menge der ermolkenen Milch betrug:

	1. Abschn.	2. Abschn.	3. Abschn.	im Ganzen
bei 1 Kuh	1 Pfd. 8 Loth	3 Pfd. 11 Loth	2 Pfd. 4 Loth	6 Pfd. 23 Loth
„ 10 Kühen	53,75 Pfd.	40,34 Pfd.	—	94,09 Pfd.

[4]) Repert. d. analyt. Chem. 1886, 551. Die Milch war aus einer Milchkuranstalt.

[5]) 6 Ann. Rep. State Board of Health of Massachusetts. Boston 1885, 189.

No.	Nähere Bezeichnung	Zeit der Untersuchung	In der natürlichen Milch: Wasser %	Kasein %	Albumin %	Fett %	Milchzucker %	Asche %	In der Trocken-Substanz: Kasein %	Albumin %	Fett %	Stickstoff in der Trocken-Substanz %	Analytiker
78	Morgenmilch der beiden hinteren Zitzen einer Kuh, 1. Hälfte	1887	90,80	2,24	0,31	0,76	5,08	0,69	24,46	3,37	8,26	4,45	Schmidt[1])
	2. „	„	86,36	2,11	0,29	5,60	4,92	0,66	15,47	2,13	41,06	2,82	
	Holländer Kuh: Zeit seit der letzten Melkung												Spec. Gew.
79	12 Stunden, 1. Probe 0,14 kg	1893	90,45	3,11		0,79	5,15	0,73	32,56		8,27	5,22	1,0327
	2. „ 3,54 „	„	88,58	2,94		2,68	4,94	0,72	25,74		23,47	4,12	1,0303
	3. „ 0,13 „	„	83,15	2,75		9,01	4,72	0,67	16,32		53,47	2,61	1,0238
80	50 Minuten 0,07 kg . . .	„	84,29	2,71		7,91	4,86	0,67	17,24		50,35	2,76	1,0257
81	65 Minuten, 1. Probe 0,17 kg	„	88,37*)	3,21		2,53	5,11	0,78	27,60		21,75	4,42	1,0301
	2. „ 0,41 „	„	88,49	3,01		3,08	4,89	0,78	26,15		26,77	4,18	1,0302
	3. „ 0,08 „	„	86,73	2,94		5,07	4,83	0,72	22,15		38,21	3,54	1,0280
82	35 Minuten 0,04 kg . . .	„	87,64	2,78		4,23	4,76	0,94	22,49		34,22	3,60	1,0298 Hugo Kaull[2])
83	2 Stunden, 1. Probe 0,14 kg	„	88,79*)	3,19		1,98	5,26	0,78	28,45		17,66	4,55	1,0321
	2. „ 0,84 „	„	88,55	3,07		2,52	5,19	0,77	26,81		22,01	4,29	1,0320
	3. „ 0,13 „	„	86,35	2,74		5,27	4,81	0,79	20,07		38,61	3,21	1,0282
84	50 Minuten, 1 Probe . . .	„	87,69	2,86		4,04	—	0,79	23,23		32,82	4,12	1,0297
85	4 Stunden, 1. Probe 0,15 kg	„	89,79	2,77		1,75	4,81	0,78	27,13		17,13	4,34	1,0307
	2. „ 1,75 „	„	87,96	3,05		3,57	4,89	0,76	25,33		29,65	4,05	1,0305
	3. „ 0,16 „	„	85,85	2,78		6,02	4,73	0,76	19,64		42,54	3,14	1,0269
86	6 Stunden, 1. Probe 0,15 kg	„	90,83	2,70		0,55	5,09	0,77	29,44		6,00	4,71	1,0327
	2. „ 2,20 „	„	89,10	2,74		2,52	4,99	0,74	25,14		23,12	4,02	1,0304
	4. „ 0,11 „	„	85,86*)	3,28		5,13	4,95	0,78	23,19		36,28	3,71	1,0273

Cotta und Clark (Vierteljahresschrift Chemie d. Nahrungs- u. Genussmittel 1889, 4, 135. Daselbst nach Molkerei-Ztg. 1889, 4, 217) haben von zwei Abendgemelken derselben Kuh die Milch gebrochen, in Mengen von je 1 Pint (0,568 l) gesammelt und bei der Untersuchung folgende Resultate erhalten:

Reihenfolge der Milchproben:	1	2	3	4	5	6	7	8	9	10	11	12	13
Erstes Gemelk: Fett: . . %	1,76	2,30	2,70	2,95	3,75	—	5,16	5,03	5,65	6,35	6,80	8,45	—
Zweites Gemelk: Fett . . . . %	1,33	1,73	2,46	2,90	3,36	3,86	4,86	5,83	6,13	7,26	8,10	9,70	11,50
Rahm . . . . %	7,7	8,7	7,7	9,5	10,6	12,2	15,2	13,3	18,1	20,9	21,6	25,9	32,60
Rahmvielfaches vom Fett. . . . %	5,8	5,0	3,1	3,3	3,2	3,2	3,1	2,3	3,0	2,9	2,7	2,7	2,8

Yngve Melander (Nordisk Mijerie Tidning 1892, No. 48 und 49; Vierteljahresschrift Chemie d. Nahrungs u. Genussmittel 1893, 8, 5) fand beim gebrochenen Melken bei 6 Kühen;

	Kuh 1	2	3	4	5	6	
Im zuerst gemolkenen Theile . .	0,90	0,85	—	0,55	0,80	0,70 %	Fett
„ zuletzt „ „ . .	10,00	6,80	8,80	10,00	9,00	8,60	„ „
oder Im ersten Drittel	0,45	0,45	0,75	—	—	—	„ „
„ letzten „	7,00	6,60	6,30	—	—	—	„ „

[1]) Milchztg. 1887, 16, 1891.
[2]) Centrbl. Agrik.-Chem. 1893, 22, 301—305; nach Berichte aus dem physiol. Labor. und der Versuchsanstalt des landw. Instituts der Universität Halle a. S. von Prof. Dr. Julius Kühn. Dresden 1891. G. Schönfelds Verlagsbuchhandlung, Heft 8, S. 1—20.
*) Aus der Differenz berechnet.

Kuhmilch aus verschiedenen Zitzen derselben Kuh.

No.	Nähere Bezeichnung	Ertrag Pfd.	Spec. Gew.	Zeit der Untersuchung	In der natürlichen Milch: Wasser %	Kasein %	Albumin %	Fett %	Milchzucker %	Asche %	In der Trocken-Substanz: Kasein %	Albumin %	Fett %	Stickstoff in der Trocken-Substanz %	Analytiker
	Ayrshire-Kuh, 11 Jahr alt:														
1	Rechte vordere Zitze (Abendmilch)	2	1,025	1876	85,16	5,59		4,48	4,09	0,68	37,67		30,19	—	S. P. Scharpless[1]
2	Linke vordere Zitze (Abendmilch)	$1^1/_4$	1,024	„	86,20	4,43		6,58	2,18	0,61	32,10		47,76	—	S. P. Scharpless[1]
3	Rechte hintere Zitze (Abendmilch)	$1^1/_2$	1,026	„	86,51	4,39		5,00	3,44	0,66	32,54		37,06	—	S. P. Scharpless[1]
4	Linke hintere Zitze (Abendmilch)	$1^1/_4$	1,028	„	85,70	3,84		5,59	4,20	0,67	26,85		39,09	—	S. P. Scharpless[1]
	Ayrshire-Ferse, $2^1/_2$ Jahr alt:														
5	Rechte vordere Zitze (Abendmilch)	$1^3/_8$	1,032	„	88,66	2,32		3,53	4,90	0,59	20,46		31,13	—	S. P. Scharpless[1]
6	Linke vordere Zitze (Abendmilch)	$1^3/_8$	1,031	„	88,01	3,00		3,42	5,00	0,57	25,02		28,52	—	S. P. Scharpless[1]
7	Rechte hintere Zitze (Abendmilch)	$1^1/_2$	1,0306	„	88,33	2,73		3,61	4,72	0,61	23,39		30,93	—	S. P. Scharpless[1]
8	Linke hintere Zitze (Abendmilch)	$1^5/_8$	1,0315	„	88,87	2,13		3,48	4,88	0,64	19,14		31,27	—	S. P. Scharpless[1]
9	Vordere rechte Zitze . . .			1890	88,35	—		2,54	—	—	—		21,98	—	H. Lajoux und Sturtevant[2]
10	Hintere rechte Zitze . . .			„	87,40	—		3,27	—	—	—		25,95	—	H. Lajoux und Sturtevant[2]

Babcock (Jahresber. landw. Versuchsstation Wisconsin. Centrbl. Agric. Chemie 1891, **20**, 126—127) liess an vier nach einander folgenden Tagen die Zitzen in derselben Reihenfolge, aber jedes Mal mit einer anderen Zitze beginnend ausmelken. Die Resultate waren folgende:

Nähere Bezeichnung	A. Rechte vordere Zitze: Milchertrag Pfd.	Fettgehalt %	B. Rechte hintere Zitze: Milchertrag Pfd.	Fettgehalt %	C. Linke hintere Zitze: Milchertrag Pfd.	Fettgehalt %	D. Linke vordere Zitze: Milchertrag Pfd.	Fettgehalt %
1. Tag, Reihenfolge A, B, C, D . .	2,5	3,56	2,3	3,50	2,7	2,37	1,7	1,95
2. „ „ B, C, D, A . .	1,5	3,63	2,1	4,92	3,1	6,03	2,0	4,51
3. „ „ C, D, A, B . .	2,3	3,90	1,7	3,16	3,0	4,47	2,3	4,42
4. „ „ D, A, B, C . .	2,4	3,60	2,5	4,01	3,0	3,93	2,2	3,53

[1]) Milchztg. 1877, **6**, 215. (National Live-Stock-Journ., März 1877.) Die Kuh erhielt auf der Weide als Beifutter Mais und 6 Quart Kleie. Der Ertrag der Abendmelkung vom 6. August betrug 6 Pfund. Die Ferse wurde auf dem Stalle mit Mais, Heu und Futtermehl gefüttert. Der Ertrag der Abendmelkung vom 19. November betrug $5^5/_8$ Pfund.

[2]) Vierteljahresschrift, Chemie d. Nahrungs- u. Genussm. 1890, **5**, 410; daselbst nach Molkereiztg. 1890, 50.

Kuhmilch, gebrochenes Melken und aus verschiedenen Zitzen.

No.	Nähere Bezeichnung		Zeit der Untersuchung	In der natürlichen Milch: Wasser %	Kasein %	Albumin %	Fett %	Milchzucker %	Asche %	In der Trocken-Substanz: Kasein %	Albumin %	Fett %	Stickstoff in der Trocken-Substanz %	Analytiker
		Milchmenge												
1	Vordere Zitzen	575 ccm	1881	92,14	3,20		1,63	5,49	0,73	28,93		14,74	4,55	*Fr. Hofmann*[1]
2	„ „	1090 „	„	90,29	3,10		3,70	5,32	0,69	24,20		28,88	3,87	
3	„ „	1060 „	„	89,31	2,88		4,92	5,11	0,68	21,19		36,21	3,39	
4	Hintere „	890 „	„	91,18	3,13		2,77	5,36	0,66	26,26		23,24	4,20	
5	„ „	980 „	„	89,95	2,98		4,29	5,00	0,68	23,07		33,20	3,69	
6	„ „	890 „	„	87,95	2,96		5,63	5,19	0,67	20,48		38,96	3,28	
7	Kreuzweise	1100 „	„	87,95	3,01		5,66	5,00	0,69	20,98		39,44	3,36	
8	„	320 „	„	83,91	2,76		10,00	4,68	0,64	16,08		52,25	2,57	

Kuhmilch unter dem Einflusse der Melkart.

Einfluss des gleichseitigen und kreuzweisen Melkens.

No.	Nähere Bezeichnung	Art des Melkens	Zeit der Untersuchung	Dauer des Versuches Tage	Tagesmilchertrag kg	Trocken-Substanz %	Fett %	Mehrausbeute beim kreuzweisen Melken an Trocken-Substanz g	Fett g	Analytiker
1	Harzkuh No. 345	gleichseitig	1892	6	13,630	12,11*)	3,155	144	97	*Friedr. Albert*[2]
2		kreuzweise	„	5	14,054	12,77*)	3,751			
3	Friesenkuh No. 247	gleichseitig	„	6	13,83	10,73*)	2,396	75	38	
4		kreuzweise	„	5	14,33	10,88*)	2,575			
5	Prättigauer Kuh	gleichseitig	„	4	19,22	12,15*)	3,220	5	24	
6		kreuzweise	„	5	18,98	12,83*)	3,385			
7	Wilstermarschkuh No. 264	gleichseitig	„	4	9,817	10,88	2,835	87	77	
8		kreuzweise	„	4	10,375	11,42	3,417			

Stefan Richter (Wiener landw. Ztg. 1887, No 47; Centrbl. Agric. Chem. 1887, **16**, 863) fand, dass durch kreuzweises Melken nicht nur eine grössere Milchmenge, sondern auch ein höherer Fettgehalt erzeugt wird, als bei einseitigem.

Sonstige Einflüsse der Melkart.

Babcock (Jahresber. Landw. Versuchsstation Wisconsin; Centrbl. Agric. Chem. 1891, **20**, 126—129) stellte Versuche an über den Einfluss des Melkverfahrens auf die Menge und Güte der Milch.

1. Ueber die Resultate der Versuche beim Ausmelken der einzelnen Zitzen in verschiedener Reihenfolge vergl. oben S. 237.

---

[1]) Jahresber. für Thier-Chemie 1882, 177 (Akad. Gedächtnissschrift, Leipzig 1881). Nach Elimination des Fettes ergiebt sich eine fast übereinstimmende Zusammensetzung der fettfreien Milch.

[2]) Milchztg. 1894, **23**, 231.

*) Unter Abrechnung der Tagesdepression.

2. Schnelles und Langsames Melken. 9 Kühe wurden einmal schnell (3—4 Minuten) und ein zweites Mal langsam in der doppelten Zeit gemolken. Ein Einfluss zeigte sich fast bei jedem Thiere. Der Gesammtertrag von den 9 Kühen betrug am ersten Tage

bei schnellem Melken . . . . 169 Pfd. Milch mit 4,63 % Fett
„ langsamem „ . . . . 165,4 „ „ „ 4,23 % „

Wurden aber die Versuche durch Perioden von mehreren Tagen fortgesetzt, so verschwand der Unterschied in der Quantität der Milch fast vollständig, dagegen war beim schnellen Melken die Qualität der Milch eine anhaltend bessere und zwar um so besser, je grössere Mengen Milch ein Thier lieferte und je weniger weit es in der Lactation vorgeschritten war.

3. Wechsel des Melkpersonals. Von jedem von 3 geschickten Melkern wurden abwechselnd 8 Kühe je eine Woche gemolken. Bei 16-maligem Wechsel des Melkens unter diesen 3 Melkern ergab sich bei dem einen jedesmal eine Steigerung des Fettgehaltes um 0,107 Pfd. Auf einer andern Versuchsstation ergab sich in 2 Wochen bei 5 Kühen eine Differenz von 244 Pfd. Milch zu Gunsten eines geschickten Melkers.

4. Wechsel des Melkortes. 2 Kühe der Stationsherde wurden versuchshalber nach einem benachbarten Stalle gebracht, alle anderen Verhältnisse blieben genau dieselben. Der Einfluss erhellt aus folgenden Zahlen:

	Kuh I		Kuh II	
	Michertrag Pfd.	Fettgehalt %	Milchertrag Pfd.	Fettgehalt %
Vor dem Ortswechsel:				
Erstes Gemelke	7,7	4,4	5,6	4,1
Zweites „	7,7	4,2	6,1	4,5
Nach dem Ortswechsel:				
Erstes Gemelke	5,6	3,2	5,4	3,0
Zweites „	10,4	4,8	7,5	4,8

5. Ueber den Einfluss der Körperpflege (Putzen) bei Milchvieh stellte Backhaus-Göttingen Versuche an (Journ. f. Landw. 1893, 41, 332—342). Durch eine gute Körperpflege bei Milchvieh findet eine bei einzelnen Thieren sehr verschiedene, im Allgemeinen aber ziemlich beträchtliche Mehrproduktion an Milch statt, die namentlich bei mittleren Preisen und Löhnen die Kosten dieser Pflegearbeit reichlich aufwiegt. Auf sehr bedeutende Mehrerträge an Milch durch eine sorgfältige Körperpflege wird man allerdings nicht rechnen dürfen.

Einfluss anstrengender Bewegung auf die Milchproduktion.

Theodor Henkel stellte Versuche über den Einfluss anstrengender Bewegung auf die Milchproduktion an (Landw. Versuchsstation 1896, 46, 329—355).

No.	Nähere Bezeichnung	Spec. Gewicht	In der natürlichen Milch					In der Trocken-Substanz		Stickstoff in der Trocken-Substanz	Milchmenge
			Wasser %	Stick-stoff-Substanz %	Fett %	Milch-zucker %	Asche %	Stick-stoff-Substanz %	Fett %	%	kg
	I. Versuch 1884. Kühe der herzogl. Gutsverwaltung Kaltenbrunn bei Tegernsee.										
1	Gemelke nach Ankunft auf der Alm 5. Juni Abends . . .	1,0335	86,44	3,49	4,36	4,65	0,85	25,74	32,15	4,12	130
2	Gemelke am 6. Juni Morgens	1,0318	84,72	3,23	6,01	4,74	0,78	21,38	39,33	3,82	60

Die Milchmenge betrug am $^{3}/_{6}$ Morgens 145, Abends 140; am $^{4}/_{6}$ Morgens 140, Abends 140; am $^{4}/_{5}$ Nachts 160; am $^{5}/_{6}$ Abends 130; am $^{6}/_{6}$ Morgens 60, Abends 110; am $^{7}/_{6}$ Morgens 170, Abends 135 und am $^{8}/_{6}$ Morgens 140 kg.

II. Versuch 1884. Die umfangreicheren Untersuchungen der Milch von 42 Simmenthaler Kühen vor und nach dem Auftrieb auf die Königsalm, welcher 6½ Stunden dauerte, ergaben folgende Resultate:

No.	Nähere Bezeichnung	Spec. Gewicht	In der natürlichen Milch: Wasser %	Stickstoff-Substanz %	Fett %	Milchzucker %	Asche %	In der Trocken-Substanz: Stickstoff-Substanz %	Fett %	Stickstoff in der Trocken-Substanz %	Milchmenge kg
3	Vor dem Auftrieb: 3/6 Morgens 6 Uhr	1,0320	87,66	3,43	3,57	4,75	0,82	27,80	28,85	4,45	130
4	Vor dem Auftrieb: 3/6 Abends 6½ „	1,0324	87,08	3,37	3,99	4,91	0,75	26,08	30,88	4,17	120
5	Vor dem Auftrieb: 4/6 Morgens 6 „	1,0320	87,49	3,28	3,80	4,79	0,81	30,21	30,38	4,83	130
6	Vor dem Auftrieb: 4/6 Abends 6 „	1,0316	87,11	3,34	4,05	4,77	0,73	25,91	31,42	4,15	120
7	Vor dem Auftrieb: 4—5/6 Nachts 12—1 Uhr	1,0318	87,03	3,22	4,37	4,91	0,77	24,32	33,46	3,89	170
8	Tag des Auftriebs 5/6 Abends 4—5 Uhr	1,0324	86,40	3,60	4,70	4,66	0,93	26,90	34,56	4,30	145
9	Nach dem Auftrieb: 6/6 Morgens 6½—7½ Uhr	1,0318	85,93	3,33	5,34	4,97	0,79	23,88	37,95	3,82	145
10	Nach dem Auftrieb: 6/6 Abends do. „	1,0308	86,46	3,32	5,11	4,85	0,76	24,41	37,74	3,91	140
11	Nach dem Auftrieb: 7/6 Morgens	1,0320	86,37	3,36	4,88	4,97	0,64	24,65	35,80	3,94	145
12	Nach dem Auftrieb: 7/6 Abends	1,0310	86,22	3,48	5,05	4,95	0,77	25,25	36,64	4,04	140
13	Nach dem Auftrieb: 8/6 Morgens	1,0323	86,98	3,40	4,11	4,91	0,74	26,11	31,56	4,18	140
14	Nach dem Auftrieb: 8/6 Abends	1,0313	86,43	3,31	4,66	4,92	0,81	24,39	34.34	3,90	135
15	Nach dem Auftrieb: 9/6 Morgens	1,0340	85,89	3,66	4,75	5,30	0,81	25,94	33,66	4,15	130
16	Nach dem Auftrieb: 9/6 Abends	1,0325	86,40	3,33	4,06	4,77	0,73	24,48	30,00	3,92	135

Wegen niedriger Aussentemperatur fand auf der Alm theils Stallfütterung, theils Weidegang statt.

III. Versuch vom 16.—17. Mai 1890. Zur Untersuchung kam die Milch von zwei Kühen, welche durchgetrieben wurden (durch Schüttendobel, Bayr. Allgäu) und denen daselbst eine eintägige Rast gestattet wurde.

No.	Nähere Bezeichnung	Spec. Gewicht	Wasser %	Stickstoff-Substanz %	Fett %	Milchzucker %	Asche %	Stickstoff-Substanz % (Trocken-Substanz)	Fett % (Trocken-Substanz)	Stickstoff in der Trocken-Substanz %	Milchmenge kg
17	16/5 Abends, Marschtag . . .	1,0315	87,45	—	3,73	—	—	—	29,72	—	—
18	17/5 Morgens, Ruhetag . . .	1,0300	86,14	—	5,20	—	—	—	37,57	—	—
19	17/5 Abends, „	1,0305	87,33	—	4,03	—	—	—	31,80	—	—

IV. Versuch vom 17.—21. Mai 1892. Die Kuh machte am 17/5 92 von des Morgens 5 Uhr bis Abend 7 Uhr bei 2½ Stunden Rast in 8½ Stunden einen Marsch „von 7 Wegstunden“. Der Weg war bergig aber gut; die Witterung trüb und schwül.

No.	Nähere Bezeichnung	Spec. Gewicht	Wasser %	Stickstoff-Substanz %	Fett %	Milchzucker %	Asche %	Stickstoff-Substanz % (Trocken-Substanz)	Fett % (Trocken-Substanz)	Stickstoff in der Trocken-Substanz %	Milchmenge kg
20	17/5 Abends	1,0333	85,13	—	5,49	—	—	—	36,92	—	5,5
21	18/5 Morgens	1,0318	82,94	—	7,95	—	—	—	46,60	—	3,0
22	18/5 Abends	1,0326	85,54	—	5,44	—	—	—	37,62	—	4,5
23	19/5 Morgens	1,0326	84,97	—	5,80	—	—	—	38,58	—	5,5
24	21/5 Morgens	1,0319	86,02	—	5,00	—	—	—	35,98	—	6,0

V. Versuch vom 18.—21. Mai 1893. Zum Transport kamen 7 Kühe der Allgäuer Rasse. Die Kühe wurden am 18/9 früh 6½—7 Uhr gemolken, dann bis 11¾ Uhr zur Bahnstation getrieben, von wo sie bis 1½ Uhr per Bahn transportirt wurden, um dann noch 1 Stunde getrieben zu werden. Die Witterung war klar und warm, Fütterung war vor und nach dem Marsche Heu, sonst Weidegang.

No.	Nähere Bezeichnung	Spec. Gewicht	In der natürlichen Milch					In der Trocken-Substanz		Stickstoff in der Trocken-Substanz	Milchmenge	Acidität nach Soxhlet-Henkel
			Wasser %	Stick-stoff-Substanz %	Fett %	Milch-zucker %	Asche %	Stick-stoff-Substanz %	Fett %	%	kg	
25	18/9 Morgens 6½—7 Uhr .	1,0315	86,68	3,32	4,58	4,75	0,67	24,92	34,38	3,99	20	—
26	18/9 Abends „ „ .	1,0307	86,42	3,53	4,92	4,36	0,80	26,06	36,23	4,17	16	8,0
27	19/9 Morgens	1,0320	85,82	3,40	5,27	4,70	0,74	24,08	37,32	3,85	13,5	7,0
28	19/9 Abends	1,0317	86,32	3,33	5,01	4,71	0,73	24,34	36,62	3,89	22	8,5
29	20/9 Morgens	1,0318	86,79	3,36	4,52	4,89	0,74	25,43	34,21	4,07	21	—
30	20/9 Abends	1,0327	86,95	3,33	4,26	4,69	0,74	25,51	32,64	4,08	24	—
31	21/9 Morgens	1,0300	87,19	3,35	4,44	4,55	0,72	26,15	34,66	4,18	24	—
	VI. Versuch vom 16.—19. Oktober 1893. Der Versuch wurde mit zwei Kühen angestellt. Dieselben wurden am Tage des Marsches 17/10 93 früh 6—6½ Uhr gemolken. Der Marsch begann um 7½ Uhr. Nach 3 Stunden Marsch wurde 1½ Stunden Rast gemacht, dann folgten 3½ Stunden Marsch, ½ Stunde Rast, 1 Stunde Marsch. Also im Ganzen 7½ Stunden Marsch und 2 Stunden Rast. Die Witterung war kühl.											
32	16/10 Abends	1,0295	87,86	2,92	3,78	4,06	0,77	24,05	31,13	3,85	4,75	6,0
33	17/10 Morgens 6—6½ Uhr	1,0299	87,05	3,17	4,58	4,46	0,80	24,48	35,36	3,92	4,25	6,0
34	17/10 Abends	1,0283	88,20	2,90	4,47	3,83	—	24,57	37,90	3,93	2,75	5,0
35	18/10 Morgens	1,0279	86,54	3,11	6,23	4,05	—	23,10	46,28	3,70	0,75	5,0
36	18/10 Abends	1,0298	87,61	2,97	3,89	4,35	—	23,97	31,39	3,84	3,50	6,5
37	19/10 Morgens	1,0302	87,58	2,91	3,84	4,54	—	23,43	30,92	3,95	3,25	6,0
	VII. Versuch vom 25.—27. September 1895. Die betr. Kuh hatte am 26/9 94 vom Markte bei kühler und regnerischer Witterung einen Weg von ca. 5 Stunden zurückgelegt.											
38	25/9 Abends	1,0330	86,71	3,73	4,03	4,93	0,79	28,06	30,32	4,49	3,00	7,0
39	26/9 Morgens	1,0326	85,63	3,79	4,89	5,05	0,74	26,37	34,03	4,22	2,35	7,5
40	26/9 Abends	1,0335	86,45	3,71	4,11	4,98	0,74	27,38	30,33	4,38	2,85	—
41	27/9 Morgens	1,0327	86,67	3,51	4,36	4,87	0,70	26,33	32,70	4,21	3,00	—

Aus den Versuchen zieht Henkel bezüglich des Einflusses anstrengender Bewegung auf die Milcherzeugung folgende Schlüsse:

1. Die Menge der Milch verringert sich, ebenso die Menge der producirten Trocken-Substanz Dieser Rückgang ist beim I. Gemelke je nach dem Grade der Anstrengung in mehr oder minder hohem Grade unverkennbar und beim II. Gemelke noch viel beträchtlicher.
2. Die Beschaffenheit der Milch wird durch die anstrengende Bewegung rücksichtlich aller Bestandtheile verändert.
   a) der Wassergehalt nimmt ab im I., noch mehr im II. Gemelke und steigt allmählich wieder zur Konstanz.
   b) die Eiweissstoffe nehmen beim I. Gemelke zu, mitunter auch noch etwas beim II. Gemelke und sinken dann zum normalen Gehalte.
   c) das Fett ist je nach dem Grade der Anstrengung beträchtlich vermehrt im I. Gemelke, noch mehr im II. und sinkt allmählich zur Konstanz.
   d) der Milchzuckergehalt weist beim I. Gemelke eine Verminderung auf (welche mitunter auch beim II. anhält) und steigt im II. und den folgenden Gemelken zur normalen Höhe an.
   e) die Aschenmenge ist im I. Gemelke ausgesprochen höher und sinkt dann wieder zum normalen Gehalt.
   f) die Acidität ist gegenüber anderen häufigen Angaben eher etwas niedriger als vorher. Die Milch liess sich auch immer kochen, ehe Gerinnung eintrat.

Ueber ähnliche Versuche bei Ziegen vergl. unter Ziegenmilch weiter unten S. 264.

Einfluss der Arbeit der Kühe auf die Milch. Nach P. Dornic.[1])

No.	Nähere Bezeichnung	Zeit der Untersuchung	Milchmenge kg	Spec. Gewicht	In der natürlichen Milch: Wasser %	Stickstoff-Substanz %	Fett %	Milchzucker %	Asche %	In der Trocken-Substanz: Stickstoff-Substanz %	Fett %	Stickstoff in der Trocken-Substanz %	Säuregrade des Acidimeters Dornic °
	Kuh A.												
1	Abendmilch vom dritten Tage vor der Arbeit, $^{14}/_{9}$ . . .	1896	5,2	1,0304	86,57	3,87	4,25	4,58	0,70	28,82	31,64	5,01	20
2	Abendmilch des zweiten Arbeitstages, $^{18}/_{9}$ . .	„	4,6	1,0309	85,55	4,10	5,00	4,64	0,71	28,37	34,60	4,54	20
3	Abendmilch des vierten Arbeitstages, $^{20}/_{9}$ . .	„	4,2	1,0306	86,91	3,575	4,05	4,76	0,705	27,31	30,94	4,37	21,5
4	Morgenmilch vom $^{21}/_{9}$ . .	„	4,6	1,0304	86,78	3,52	4,25	4,76	0,69	26,63	32,15	4,26	20,5
5	Abendmilch, 3½ Tage nach der letzten Arbeit, $^{28}/_{9}$ . .	„	4,4	1,0295	86,94	3,67	4,00	4,70	0,69	28,10	30,63	4,50	20,5
6	Morgenmilch, 4 Tage nach der letzten Arbeit, $^{29}/_{9}$ . .	„	4,6	1,0305	86,14	3,68	3,80	4,70	0,68	26,55	27,42	4,25	19,5
	Kuh B.												
1	Abendmilch vom dritten Tage vor der Arbeit, $^{11}/_{9}$ . . .	„	5,0	1,0306	86,40	3,725	4,40	4,78	0,695	27,39	32,35	4,38	21
2	Abendmilch des zweiten Arbeitstages, $^{18}/_{9}$ . .	„	4,2	1,0322	85,28	4,38	4,90	4,70	0,74	22,96	33,28	3,67	22
3	Abendmilch des vierten Arbeitstages, $^{20}/_{9}$ . .	„	4,4	1,0303	86,50	3,60	4,50	4,70	0,70	26,67	33,33	4,27	22
4	Morgenmilch vom $^{22}/_{9}$ . .	„	4,4	1,0327	85,35	4,02	5,03	4,85	0,75	27,44	34,33	4,39	21,5
5	Abendmilch, 3½ Tage nach der letzten Arbeit, $^{28}/_{9}$ . .	„	4,8	1,0298	87,00	3,36	4,10	4,83	0,71	25,84	31,46	4,13	20
6	Morgenmilch, 4 Tage nach der letzten Arbeit, $^{29}/_{9}$ . .	„	4,4	1,0315	86,64	3,75	4,00	4,89	0,72	28,07	29,94	4,49	20

Kuhmilch unter dem Einfluss geschlechtlicher Erregung.

No.	Nähere Bezeichnung	Spec. Gew.	Zeit der Untersuchung	In der natürlichen Milch: Wasser %	Kasein %	Albumin %	Fett %	Milchzucker %	Asche %	In der Trocken-Substanz: Kasein %	Albumin %	Fett %	Stickstoff in der Trocken-Substanz %	Analytiker
	Von rindrigen Kühen:													
1	Morgenmilch, $^{2}/_{11}$	1,0335	1873	—	—		5,33	5,44	—	—		—	—	G. Schröder[2])
2	desgl. von derselben, $^{5}/_{11}$	1,0346	„	—	—		5,33	5,68	—	—		—	—	
3	desgl. von einer anderen, $^{6}/_{12}$	1,0321	„	—	—		4,67	—	—	—		—	—	
4	desgl. von einer anderen, $^{8}/_{1}$	1,0332	1874	—	—		5,67	5,95	—	—		—	—	
5	desgl. von derselben, $^{9}/_{1}$	1,0331	„	—	—		5,13	5,88	—	—		—	—	
6	desgl. „ „ $^{10}/_{1}$	1,0329	„	—	—		5,75	5,92	—	—		—	—	
7	desgl. „ „ $^{11}/_{1}$	1,0333	„	—	—		5,13	—	—	—		—	—	

[1]) Milchztg. 1896, **25**, 831. Daselbst nach L'Industrien laitière vom 12./4. 1896.
Die Kühe A u. B waren von ungefähr gleicher Stärke, demselben Alter und Gewicht. A wurde nur selten angespannt, während B von dem früheren Besitzer zur Arbeit verwendet wurde. Vor der Arbeit erhielt jede Kuh 3 kg Heu und 43 kg Gras. So lange die Kühe arbeiten mussten, erhielten sie dazu noch 1 kg Roggen. Die Arbeit bestand im Pflügen eines Ackers. Die Dauer der täglichen Arbeit betrug höchstens 5 Stunden. Die Säure der Milch während der Arbeitszeit war etwas grösser und die Milch gerann etwas früher, namentlich bei Kuh A, als gewöhnlich bei Ruhe.

[2]) Milchztg. 1874, **3**, 1128. (Fett vermuthlich galactoskopisch bestimmt.)

No.	Nähere Bezeichnung	Zeit der Untersuchung	In der natürlichen Milch: Wasser %	Kasein %	Albumin %	Fett %	Milchzucker %	Asche %	In der Trocken-Substanz: Kasein %	Albumin %	Fett %	Stickstoff in der Trocken-Substanz %	Analytiker
	Spec.Gew.												
8	Milch von Kühen in regelmässig wiederkehrender Brunstzeit 1 1,0341	1884	85,30	—		4,45	—	—	—		30,27	—	F. Schaffer[1]
9	Milch von Kühen in regelmässig wiederkehrender Brunstzeit 2 1,0333	„	—	—		4,15	—	—	—	—	—	—	F. Schaffer[1]
10	Milch v. einer Kuh mit fortdauernd. Brunst (Nymphomanie) 1,0383	„	85,22	5,72		3,80	4,50	0,78	38,70		25,71	6,19	F. Schaffer[1]

Kuhmilch unter dem Einfluss der Kastration.

No.	Nähere Bezeichnung	Zeit der Untersuchung	Wasser %	Kasein %	Albumin %	Fett %	Milchzucker %	Asche %	Kasein (Tr.) %	Albumin (Tr.) %	Fett (Tr.) %	Stickstoff %	Analytiker
1	Vor der Kastration . . .	1864	87,58	3,12	1,26	3,13	4,20	0,71	25,12	9,85	25,20	5,60	Dieulafait[2]
2	3 Monate nach der Kastration	„	86,26	2,79	0,98	4,13	5,03	0,81	20,31	7,13	30,06	4,39	Dieulafait[2]
3	Vor der Kastration . . .	„	87,64	3,21	0,97	3,11	4,22	0,85	25,97	7,85	25,16	5,41	Dieulafait[2]
4	6 Wochen nach der Kastration	„	86,58	3,41	1,04	4,03	4,14	0,80	25,41	7,75	30,03	5,31	Dieulafait[2]
5	Vor der Kastration . . .	„	87,65	3,10	1,30	3,15	4,20	0,60	25,10	10,53	25,49	5,70	Dieulafait[2]
6	4 Monate nach der Kastration	„	86,94	3,06	1,11	3,98	4,30	0,61	23,43	7,66	30,47	4,98	Dieulafait[2]
	Kuh Ketthly:												
7	Juli bis Ende Dec. 1853 (nicht kastrirt)	1853	—	2,51		2,82	—	—	—	—	—	—	Londet[3]
8	Januar bis Juli 1854 (nicht kastrirt)	1854	—	3,10		3,32	—	—	—	—	—	—	Londet[3]
9	August bis Dec. 1854 (nicht kastrirt)	„	—	3,23		3,86	—	—	—	—	—	—	Londet[3]
	Kuh Vesta:												
10	Juli bis Ende December 1853 (Vor der Kastration)	1853	—	2,77		2,95	—	—	—	—	—	—	Londet[3]
11	Januar bis Juli 1854 (Vor der Kastration)	1854	—	3,42		3,85	—	—	—	—	—	—	Londet[3]
12	August bis Dec. 1854 nach derselben	„	—	3,70		4,94	—	—	—	—	—	—	Londet[3]
13	Nicht kastrirte K. (derselben Gegend)	1857	87,10	—		3,60	5,30	—	27,91	—	—	—	Marchand[4]
14	Kastrirte Kühe (derselben Gegend)	„	83,20	—		6,10	5,00	—	36,31	—	—	—	Marchand[4]
15	Nicht kastrirte Kühe . .	1889	86,54	1,70	0,80	4,45	5,79	0,72	12,63	5,94	33,06	2,97	M. Gouin[5]
16	Kastrirte Kühe	„	84,01	1,93	1,47	5,56	6,21	0,82	12,07	9,19	34,77	3,59	M. Gouin[5]
17	Trächtige „	„	84,18	1,98	1,35	5,90	5,81	0,78	12,52	8,83	37,29	3,37	M. Gouin[5]
18	Durchschnittlicher Gehalt der Milch von Turin	1889	87,00	3,50		4,00	4,75	0,75	26,92		30,77	4,31	Musso[6]
19	Milch v. kastrirten Kühen	„	83,76	4,02		6,27	5,15	0,80	24,75		38,61	3,96	Musso[6]
20	Milch von kastrirten Kühen	1891	83,91	3,40		5,56	6,21	0,82	21,13		34,56	3,38	Musso[6]

[1]) Milchztg. 1885, **14**, 151. (Mitthl. der naturforschend. Gesellschaft in Bern 1884.) Die Milch unter No. 10 zeigte die Eigenschaft, dass sie auch nach mehrtägigem Stehen bei 10—15° C. nicht aufrahmte.

[2]) Journ. d'agric. prat. 28, 1864, I, 520. Milch dreier Kühe.

[3]) B. Martiny, Die Milch I, 243 (Ann. d'agricult. franc. 1885, II, 543).

[4]) „ „ „ I, 325 „ „ „ 1857, I, 325).

[5]) Milchztg. 1889, **18**, 154.

[6]) Molkereiztg. 1890, 7; Vierteljahresschrift d. Chemie f. Nahrungs- u. Genussm. 1890, **5**, 3, mitgetheilt von A. Venuta, und Milchztg. 1891, **20**, 745.

Die Kühe, welche vor der Verschneidung 8—10 l gaben, gewannen schon 2 oder 3 Tage darnach diesen Milchertrag wieder und schienen mehr geneigt diesen Ertrag zu steigern, als darin nachzulassen.

Fehlerhafte Kuhmilch.

No.	Nähere Bezeichnung	Zeit der Untersuchung	In der natürlichen Milch: Wasser %	Kasein %	Albumin %	Fett %	Milchzucker %	Asche %	In der Trocken-Substanz: Kasein %	Albumin %	Fett %	Stickstoff in der Trocken-Substanz %	Analytiker
1	Gesunde Milch dess. Stalles. Mittel von 3 Proben . .	1847	86,42	4,79	0,39	4,46	4,46		35,26	2,87	32,83	6,10	Girardin[1])
	Zähe fadenziehende Milch bei Fütterung von Hopfenklee und blühendem Weissklee:												
2	Kuh A, Milch dick geronn., gelbl. mit obenaufschwimm. Serum	„	90,35	0,48	8,90	0,07	0,20		4,97	92,23	0,73	15,55	
3	Kuh B 6/7 47 nicht geronnen, aber klebrig und spinnend, etwas gelblich	„	88,53	0,24	10,68	0,05	0,50		2,90	93,12	0,45	16,04	
4	„ „ 16/7 „	„	87,88	0,45	11,02	0,16	0,49		3,70	90,55	1,31	15,08	
5	„ „ 30/7 „	„	90,00	2,50	5,00	0,78	1,72		25,00	50,00	7,80	12,00	
6	„ C 6/7 „ geronnen, in ihrer Masse gelbliche Punkte zeigend	„	89,14	1,76	6,80	0,58	1,72		16,21	62,41	5,34	12,58	
7	„ „ 16/7 „	„	86,58	2,51	8,22	0,99	1,70		18,70	61,26	7,38	12,79	
8	„ „ 30/7 „	„	88,12	2,95	6,45	0,89	1,59		24,83	54,30	7,49	12,66	
9	„ D 6/7 „ ganz gestreckt (?)	„	89,27	0,43	9,76	0,10	0,44		4,01	90,96	0,93	15,19	
10	„ „ 16/7 „	„	87,22	1,86	8,36	0,62	1,94		14,55	65,42	4,85	12,79	
11	„ „ 30/7 „	„	84,90	2,65	8,35	1,35	2,75		17,55	55,30	8,94	11,66	
12	„ E 6/7 „ desgl.	„	91,57	0,44	7,42	0,10	0,47		5,22	88,02	1,19	14,92	
13	„ „ 16/7 „	„	89,67	3,23	4,79	0,09	2,19		31,27	46,37	0,87	12,42	
14	„ „ 30/7 „	„	88,20	2,62	5,06	1,44	2,68		22,20	42,88	12,20	12,01	
15	Milch derselben Kühe nach deren Genesung . . .	„	85,41	6,58	0,44	3,26	4,31		45,10	3,02	22,34	7,70	
	Spec. Gew.												
16	Salzige Milch 1,0346	1880	—	1,53	—	—	—	—	—	—	—	—	W. Eugling[4])
17	Bittere „ 1,0280	„	—	2,16	—	—	—	—	—	—	—	—	
18	Schleimige Milch 1,0200	„	—	1,35	—	—	—	—	—	—	—	—	
19	Röthlich-gelbe Milch 1,0208	1886	91,58	1,17	4,02	1,14	1,02	1,07	13,89	47,74	13,54	9,86	M. Schrodt[2])
20	Gelbe Milch	1891	84,80	5,98	—	2,90	3,45	—	39,34	—	19,08	—	F. J. Herz[3])
21	Salzige „	„	90,39	1,53	1,45	2,76	2,54	1,32	15,92	15,09	28,72	4,96	
22	desgl.	1880	—	1,53	—	—	—	—	—	—	—	—	W. Eugling[4])
23	Bittere Milch	1891	89,32	2,16	0,79	3,25	3,58	0,90	20,41	7,39	30,43	4,45	F. J. Herz[3])
24	desgl.	1880	—	1,35	—	—	—	—	—	—	—	—	W. Eugling[4])

[1]) Martiny, Die Milch I, 380. (Compt. rend. 1853, **36**, 453.) Die untersuchte Milch zeigte, frisch aus dem Euter kommend, weder für das Auge noch für die Zunge etwas Absonderliches. Beim Erkalten und beim Säuern dagegen coagulirte sie schlecht, wurde schleimig und fadenziehend. Seit 12 Jahren war dieselbe Erscheinung wiederholt auf dem betreffenden Gute beobachtet worden. Milch unter No. 1 war von einer Kuh desselben Stalles und bei gleicher Fütterung. Das analytische Verfahren war folgendes: „Freiwilliges Coaguliren der Milch, Trennung der Butter vom ausgeschiedenen Kasein mittelst Aether, Ausfällen des Albumins aus dem Milchserum mittelst Quecksilberchlorid, Bestimmung des Milchzuckers und der Salze durch Ausfällen des Quecksilbers aus der Flüssigkeit mit Schwefelwasserstoff und Eindampfen und Trocknen.“

[2]) Jahresber. d. Milchw. Versuchsstation Kiel für 1886/87, 9. Die Milch stammte aus dem einen, allmählich versiegenden Strich einer anscheinend kranken Kuh während des Weideganges; dieselbe enthielt vereinzelte Blutzellen und war von flockiger, schleimiger Beschaffenheit. Die Asche enthielt in Procenten:

Kali (K_2O)	Natron (Na_2O)	Kalk (CaO)	Magnesia (MgO)	Eisenoxyd (Fe_2O_3)	Phosphorsäure (P_2O_5)	Chlor (Cl)	Schwefelsäure (SO_3)
8,52 %	45,85 %	8,04 %	1,82 %	0,97 %	9,70 %	24,35 %	5,68 %

[3]) Milchztg. 1891, **20**, 745.

[4]) Jahresber. f. Agrikultur-Chemie 1880, **19**, 493. Die „salzige Milch“ liess sich kochen, coagulirte schwer mit Lab, leicht mit Säuren; Reaktion alkalisch. Unter dem Mikroskop zeigte sich, dass die grossen Milchkügelchen fast vollständig fehlten. Die Milch war untauglich zur Käsebereitung; die daraus hergestellten Käse trieben unter kräftiger Gasentwickelung auf und machten eine faulige Gährung durch. „Bittere Milch“ coagulirte schwer mit Lab und mit Säuren; Geschmack ausgesprochen bitter, theilte sich dem Käse mit. „Schleimige Milch“ hatte das Aussehen wie abgerahmte Milch und wurde beim Schütteln noch stärker schleimig. Sie reagirte schwach sauer und schmeckte käsig, coagulirte nicht vollständig mit Lab.

No.	Nähere Bezeichnung	Zeit der Untersuchung	In der natürlichen Milch: Wasser %	Kasein %	Albumin %	Fett %	Milchzucker %	Asche %	In der Trocken-Substanz: Kasein %	Albumin %	Fett %	Stickstoff in der Trocken-Substanz %	Analytiker
25	Schleimige Milch	1891	90,50	1,35	2,05	2,14	3,33	0,83	14,21	21,58	22,53	5,76	F. J. Herz[1])
26	desgl.	1880	—	2,16	—	—	—	—	—	—	—	—	W. Eugling[2])
27	Schleimige Milch bei Euter-Erkrankung. aus den zwei gesunden Strichen	1890	89,49	3,36		1,49	4,85	0,81	31,97		14,18	5,12	[3])
28	Schleimige Milch bei Euter-Erkrankung. aus den zwei kranken Strichen	„	88,35	3,82		3,25	1,73	0,85	32,79		19,23	5,25	[3])
	Milch von kranken Kühen.												
	An Lungenseuche erkrankte Kühe:												
1	Im höchsten Stadium derselben	1854	69,44	3,89	4,85	15,23	6,52		12,73	15,87	49,83	4,58	A. Fraas[4])
2	Im höchsten Stadium derselben	„	71,35	9,10		19,23	0,31		31,76		67,11	5,08	A. Fraas[4])
3	Hochgradig kranke Kuh (Spec. Gew. 1,0372)	1886	88,80	—		1,64	3,35	—	—		14,64	—	A. Klinger[5])
	An Maul- und Klauenseuche erkrankte Kühe:												
4	Kranke Aldernay-Kuh . .	1873	88,10	3,40		2,90	—	0,68	28,57		24,37	4,57	A. H. Smee[6])
5	desgl. stärkerer Fall . . .	„	87,54	—		3,50	—	0,60	—		28,09	—	A. H. Smee[6])
6	Im akuten Stadium der Klauenseuche . . .	—	87,70	3,90		3,90	3,81	0,69	31,71		31,71	5,07	Lassaigne[7])
7	In der Abnahme der Klauenseuche . . .	—	90,60	2,85		2,30	3,02	1,23	30,32		24,47	4,85	Lassaigne[7])
8	Maul- und Klauenseuche am 1. Krankheitstage	1875	91,24	2,90		0,39	4,84	0,66	33,10		4,45	5,30	A. Winter-Blyth[8])
9	„ 2. „	„	79,90	—	14,38	5,01	—	0,71	59,54		24,92	9,53	A. Winter-Blyth[8])
10	„ 2. „	„	86,32	—	9,14	3,84	—	0,71	66,81		28,07	10,69	A. Winter-Blyth[8])
11	„ 3. „	„	87,68	3,95		0,89	7,15	0,33	32,06		7,22	5,13	A. Winter-Blyth[8])
12	„ 4. „	„	83,85	3,47		7,80	4,67	0,21	21,49		50,30	3,44	A. Winter-Blyth[8])
13	„ 5. „	„	87,90	—	10,38	1,06	—	0,66	85,79		8,76	13,73	A. Winter-Blyth[8])
14	„ 7. „	„	86,07	—	10,85	1,59	—	0,51	77,89		11,41	12,46	A. Winter-Blyth[8])
15	„ 14. „	„	83,88	—	11,48	3,96	—	0,68	71,22		24,57	11,39	A. Winter-Blyth[8])

[1]) Vergl. Anmerkung [3]) S. 244. [2]) Vergl. Anmerkung [4]) S. 244.

[3]) Analytiker (?). Vierteljahresschrift d. Chem. f. Nahrungs- u. Genussm. 1890, **5**, 415, nach Molkereiztg. 1890, 52. Daselbst nach Landw. Jahrb. d. Schweiz 1890, IV.

Der Geschmack der Milch war normal, die Farbe wässerig, bläulich und das Sekret mit vielen kleinen, feinen, weissen Gerinnseln vermischt.

Aschen-Zusammensetzung der Milch einer Kuh mit schleimigem Euterkatarrh:

Kali (K_2O)	Natron (Na_2O)	Kalk (CaO)	Magnesia (MgO)	Phosphorsäure (P_2O_5)	Schwefelsäure (SO_3)	Chlor (Cl)	Kohlensäure (CO_2)
10,56 %	24,92 %	16,77 %	2,70 %	24,56 %	1,56 %	24,52 %	Spur.

[4]) B. Martiny, Die Milch I, 398. (Centrbl. d. landwirthschaftl. Vereins Bayern 1854, **44**, 456.) Die Milch hatte sich fast ganz verloren, mit Mühe wurde noch etwas Milch erhalten; dieselbe war dick, fadenziehend, mit farblosen Eiweissstreifen durchzogen.

[5]) Milchztg. 1887, **16**, 857. Unter dem Mikroskop bot die Milch das Bild völlig entrahmter Milch dar. Die Zahl der Milchkügelchen war bedeutend vermindert, die mittleren und grösseren fehlten gänzlich, dagegen waren viele Schleimkörperchen und Epithelialzellen vorhanden.

[6]) Mitgetheilt von C. Petersen. Milchztg. 1876, **5**, 1700.

[7]) Mitgetheilt von Ableitner Milchztg. 1877, **6**, 559. Das specifische Gewicht der untersuchten Milch wird zu 1,015—1,018 angegeben, das von gesunder Milch zu 1,019. Weder Schleim noch Eiter waren nachzuweisen.

[8]) Jahresber. der Agrikultur-Chemie 1875/76. (Chem. News. 1875, 224.) Während am ersten Tage der Krankheit sich keine fremden Elemente in der Milch nachweisen liessen, zeigten sich am dritten Tage „länglichflache“ Körper, die perlschnurartig eingeschnürt waren, aber nicht aus Zellen bestanden. Später wurden nicht selten Eiterzellen, Vibrionen und Bakterien beobachtet.

No.	Nähere Bezeichnung	Zeit der Untersuchung	In der natürlichen Milch: Wasser %	Kasein %	Albumin %	Fett %	Milchzucker %	Asche %	In der Trocken-Substanz: Kasein %	Albumin %	Fett %	Stickstoff in der Trocken-Substanz %	Analytiker
	An Rinderpest erkrankte Kühe: Spec. Gew.												
16	Kranke Kuh, 4 Std. nach dem letzten Melken 1,057	1877	82,80	8,47	0,75	3,55	3,23	1,19	49,24	4,36	20,64	8,58	Monin[1]
17	desgl. 4 Std. nach dem letzten Melken 1,052	„	82,45	10,12	0,51	2,14	3,66	1,12	57,66	2,91	12,19	9,63	Monin[1]
18	desgl. 2½ Std. nach d. letzten Melken 1,002	„	87,46	8,20	0,85	1,77	0,46	1,26	65,40	6,78	14,12	11,55	Monin[1]
19	desgl. 13 Std. nach dem letzten Melken 0,985	„	86,33	9,37	0,49	2,25	—	1,56	68,55	3,58	16,46	11,54	Monin[1]
20	Bei Euterentzündung in später Zeit d. Laktation (Hyperämie des interstitiellen Bindegeweb.) I	—	92,64	5,78		0,19	0,46	0,93	78,53		2,55	12,56	Fürstenberg[2]
21	II	—	81,79	8,89		5,21	3,07	1,04	48,82		28,61	7,81	Fürstenberg[2]
22	III	—	88,58	3,22	—	3,41	4,09	0,70	28,20	—	29,86	—	Fürstenberg[2]
23	Bei akuter Euterentzündung (Mastitis)	—	92,98	0,60	5,30	0,42	0,29	0,41	8,47	74,86	5,93	13,33	derselbe[3]
24	Milch aus missgebildetem Euter einer Kuh a) aus den Zitzen rechts . . .	—	80,27	6,12		6,70	3,48	—	31,01		33,96	4,96	Filhol u. Joly[4]
25	b) aus den Zitzen links . . .	—	79,99	6,25		6,80	3,48	3,48	31,24		33,93	5,00	Filhol u. Joly[4]
26	c) aus einem monströsen milchgebenden Organe .	—	91,83	4,83		1,18	2,16	—	59,12		14,44	9,46	Filhol u. Joly[4]
	Tuberkulöse Kühe:												
27	Im letzten Stadium der Krankheit	1860	88,93	2,70		2,93	4,77	0,67	24,39		26,47	3,90	Lehmann[5]
28	Von der kranken Drüse 7. Mai, stark alkalisch .	1884	87,58	4,71		5,30	1,41	1,00	37,92		42,68	6,07	V. Storch[6]
29	desgl. 6. Juni, stark alkalisch	„	91,75	6,15		1,07	0,14	0,89	74,54		12,97	11,93	V. Storch[6]
30	Von der gesunden Drüse derselben Kuh 7. Juni, alkalisch	„	83,21	5,89		6,50	3,39	1,01	35,08		38,71	5,61	V. Storch[6]

[1]) Centrbl. für Agrikultur-Chemie 1877, 236. Von uns auf Gewichtsprocente berechnet. (Unverständlich ist, dass eine Milch mit 13,67 % Trocken-Substanz und nur 2,26 % Fett eine geringere Dichte haben soll als Wasser; nur ein Gehalt an Gasen, der unberücksichtigt blieb, könnte die niedrige Dichte erklären.)

[2]) B. Martiny, Die Milch I, 399. (Fürstenberg, Die Milchdrüsen der Kuh 128 u. 144.) Die vordere Hälfte der einen erkrankten Drüse lieferte 4 Stunden nach der Milchentleerung 2 Unzen Secret, das durch Käsestoff-Gerinnsel etwas getrübt war, nach Absetzung dessen sich klärte und eine dem Blutserum ähnliche gelbröthliche Farbe hatte (I). In den folgenden Tagen näherte sich die Beschaffenheit der Milch dem Colostrum, sie wurde gelblich weiss, schleimig zähe, gerann beim Erhitzen und liess Colostrumkörperchen in zunehmender Zahl erkennen; die Milch wurde daher vier Tage später zum zweiten Male untersucht (II), gleichzeitig dabei auch Milch aus dem hinteren gesunden Theil der Drüse (III).

[3]) Ebendaselbst. Die Milch war dem am meisten erkrankten hinteren Theile der rechten Milchdrüse entnommen; es wurden nur 2—3 Unzen Milch von opalisirendem Aussehen erhalten.

[4]) Ebendaselbst 401. Das monströse milchgebende Organ (dessen Secret unter c. untersucht) befand sich zwischen den linken und rechten Zitzen.

[5]) Landw. Versuchsstation **3**, 193. Die untersuchte Milch war ein gleichmässiges Gemisch einer perlsüchtigen Kuh, die sich im letzten Stadium der Krankheit befand, aber noch 2½—3 l Milch täglich gab.

[6]) Jahresber. d. Thier-Chemie 1884, 170. (Aus einer Abhandlung von M. Bang: Ueber Tuberkulose im Kuheuter und über tuberkulöse Milch.) Das Serum der Milch war bei 1) gelblich, bei 2) gelbbraun, fast durchsichtig, bei 3) milchweiss, aber etwas schmutzig gelb. Die procentige Zusammensetzung der Milchasche war folgende:

	Kalk (CaO)	Magnesia (MgO)	Kali (K_2O)	Natron (Na_2O)	Phosphorsäure (P_2O_5)	Schwefelsäure (SO_3)	Chlor (Cl)	Kieselsäure (SiO_2)
28)	10,91 %	— %	— %	— %	15,67 %	— %	— %	— %
29)	4,34 „	1,27 „	10,87 „	40,60 „	7,10 „	5,08 „	0,27 „	0,44 „
30)	24,67 „	3,43 „	13,27 „	22,39 „	25,42 „	9,21 „	0,19 „	0,15 „

No.	Nähere Bezeichnung	Zeit der Untersuchung	In der natürlichen Milch: Wasser %	Kasein %	Albumin %	Fett %	Milchzucker %	Asche %	In der Trocken-Substanz: Kasein %	Albumin %	Fett %	Stickstoff in der Trocken-Substanz %	Analytiker
31	Kranke Drüse } derselben	2/11 1884	93,02	5,86		0,15	—	0,83	83,95		2,15	13,43	V. Storch[1])
32	Gesunde „ } Kuh II	„	72,93	11,09		13,75	0,61	1,07	41,00		50,79	6,56	
33	Kranke Drüse } einer andern	29/7 1885	93,94	4,02	1,20	0,12	—	1,02	64,78	18,87	1,89	13,38	
34	Gesunde „ } Kuh III	„	74,30	9,20	2,39	11,79	0,40	1,01	36,18	9,30	45,88	7,28	
35	Kranke Drüse } der Kuh IV	31/5 1886	—	2,59	1,67	—	—	—	—	—	—	—	
36	Gesunde „ } der Kuh IV	„	—	3,00	0,55	—	—	—	—	—	—	—	
37	An „gelber Galt“ erkrankte Kuh	1887	89,34	6,00		1,99	1,84	0,83	56,28		18,67	9,00	Schaffer[2])
38	Aphthenfieber	1890	88,44	2,39		3,65	4,88	0,63	20,67		31,57	3,31	Henri Lajoux[3])
39	desgl.	„	85,16	3,34		5,05	5,69	0,76	22,51		34,03	3,60	
40	Peripneumonie . . .	„	90,13	4,30		2,42	2,27	0,88	43,57		24,52	6,97	
41	Einfache Mammitis { Kranke Zitze	„	90,10	3,24		0,95	5,06	0,73	32,73		9,60	5,24	
42	Einfache Mammitis { Gesunde „	„	84,12	2,21		5,89	6,17	0,61	14,58		39,58	2,34	
43	Doppelte Mammitis bei Kühen verschiedener Rassen	„	88,62	3,07		1,71	6,00	0,60	26,98		15,04	4,32	
44		„	88,44	3,35		1,59	5,95	0,67	28,98		13,75	4,64	
45		„	88,84	3,09		1,36	6,15	0,56	27,69		12,19	4,43	
46		„	88,52	3,65		1,31	5,81	0,71	31,79		11,41	5,09	
47	Mammitis; mehr oder minder erkrankte Zitze derselben Kuh	„	84,41	7,26		4,61	3,05	0,67	46,57		29,57	7,45	
48		„	87,68	4,04		2,50	5,13	0,65	32,79		20,29	5,25	
49		„	86,60	5,31		2,55	1,89	0,66	39,63		19,03	6,34	
50		„	88,10	3,02		2,92	5,22	0,64	25,38		24,54	4,06	
51	Kalbefieber (Colostrum): 2 Tage nach dem Kalben .	„	83,39	13,21		0,34	0,34	0,82	79,53		2,05	12,72	
52	Andere Kuh 8 Tage nach dem Kalben	„	87,78	2,74		3,65	5,23	0,60	22,42		29,87	3,59	
53	An Pocken erkrankt gewesene Kuh mit krankem Euter, Abendmilch	3/6 1892	86,69	—		5,36	—	0,72	—		40,27	—	F. J. Herz[4])
54		15/6 1892	88,18	—		4,02	—	0,72	—		33,72	—	
55		12/7 1892	87,74	—		5,54	—	0,80	—		45,19	—	

[1]) Tidsskrift for Landökonomi 1889 [5], **8**, 535—576; Centrbl. Agrik.-Chem. 1890, **19**, 105—109. Storch macht ferner folgende Angaben. Die Reaktion der Milch der kranken Drüsen, die nach und nach fast wasserklar von gelbbrauner Farbe wurde, war alkalisch, während die Milch aus den gesunden Drüsen amphoter reagirte. Die Zusammensetzung der Asche war folgende:

	Kalk (CaO)	Magn. u. Eisenoxyd ($MgO + Fe_2O_3$)	Kali (K_2O)	Natron (Na_2O)	Phosphorsäure (P_2O_5)	Chlor (Cl)
Kuh III, kranke Drüse	7,52 %	0,79 %	5,08 %	42,37 %	8,76 %	44,64 %
„ III, gesunde Drüse	19,24 „	2.10 „	12,64 „	21,79 „	22,22 „	27,99 „
Normale Milch (Mittel von 7 Analysen) . .	21,93 „	2,87 „	25,31 „	9,94 „	28,69 „	13,73 „

Die Zusammensetzung der Asche der Milch aus den kranken Drüsen kommt der des Rinderblutserums sehr nahe.

[2]) Milchztg. 1888, **17**, 28, nach Schweizerische Milchztg. vom 31./12. 1887, auch Vierteljahresschrift d. Chem. f. Nahrungs- u. Genussm. 1887, **2**, 512.

Unter „gelber Galt“ versteht man in der Schweiz eine infectiöse Euterkrankheit, die in ihrer spec. Eigenartigkeit bisher noch nicht festgestellt ist. Die Milch hatte eine tiefgelbe Farbe und bildet nach einigem Stehen einen starken, flockigen Bodensatz. Sie konnte mit Lab nicht zum Gerinnen gebracht werden und ihr mikroskopisches Bild zeigte nebst Milchkügelchen und unvollständig degenerirten Zellmassen einen Streptococcus in grosser Menge. Die Eiweissstoffe bildeten eine flockige Masse und es waren nur Spuren derselben in Lösung.

[3]) Milchztg. 1890, **19**, 464; nach Rev. intern. falsific. 1890, **3**, 4.—8. Lieferung.

[4]) Milchztg. 1893, **22**, 55—56. Ferner fand Herz:

	Spec. Gew.: der Milch	des Serums	Acidität für 100 ccm Milch n/4 Alkalilauge	In der Milch Phosphorsäure	Im Milchserum: Wasser	Asche	Phosphorsäure
Probe vom 3./6. . . .	1,0265	1,0245	5,3 %	0,195 %	94,63 %	0,831 %	0,163 %
„ „ 15./6. . . .	1,0270	1,0235	6,6 „	0,174 „	— „	0,781 „	— „
„ „ 12./7. . . .	1,0215	1,0205	4,1 „	0,152 „	95,37 „	0,873 „	0,125 „

Die Milch schmeckte eigenthümlich unangenehm. Auf der Oberfläche sammelten sich in der Rahmschicht gelbröthliche Tröpfchen. Bei den Proben vom 3/6 u. 12/7 war die Gährung von einer heftigen Gasentwickelung begleitet, dagegen fand bei der Probe vom 15/6 keine Gasentwickelung statt. Bei der Probe vom 3/6 fand schon ohne Lab Käsebildung statt, bei der vom 15/6 bildeten sich mit Lab feste Käschen und bei der Probe vom 12/7 endlich fand gar keine Labwirkung statt.

Einfluss des Gefrierens auf die Zusammensetzung der Kuhmilch.

No.	Nähere Bezeichnung	Spec. Gew.	Zeit der Untersuchung	In der natürlichen Milch: Wasser %	Kasein %	Albumin %	Fett %	Milchzucker %	Asche %	In der Trocken-Substanz: Kasein %	Albumin %	Fett %	Stickstoff in der Trocken-Substanz %	Analytiker
1	Flüssiger Theil	1,0320	1886	86,72	3,56		4,11	4,87	0,74	26,81		30,95	4,29	*P. Vieth*[1]
2	Geschmolzenes Eis (1,2 % der Gesammtmilch)	1,0245	„	91,63	2,40		2,40	3,05	0,52	28,68		28,68	4,59	*P. Vieth*[1]
3	Flüssiger Theil	—	„	86,86	3,46		4,08	4,90	0,70	26,33		31,05	4,21	*P. Vieth*[1]
4	Geschmolzenes Eis	—	„	90,46	2,67		3,18	3,19	0,50	27,99		43,33	4,48	*P. Vieth*[1]
5	Milch I: Flüssiger Theil . .		„	87,10	3,21		3,87	5,08	0,74	24,88		30,00	3,98	*P. Vieth*[2]
6	Milch I: Geschmolzenes Eis (2 %) . . .		„	91,83	2,28		2,56	2,89	0,44	27,91		31,33	4,47	*P. Vieth*[2]
7	Milch II: Flüssiger Theil . .		„	87,21	3,50		3,57	4,98	0,74	27,37		27,91	4,38	*P. Vieth*[2]
8	Milch II: Geschmolzenes Eis ($2^1/_4$ %) . .		„	92,46	1,96		2,46	2,72	0,40	25,99		32,63	4,16	*P. Vieth*[2]
9	Ursprüngliche Milch (Aufrahmen nicht möglich)	1,0313	„	88,63	—		2,89	—	—	—		25,42	—	*C. Henzold*[3]
10	Gefrorener Theil (von 1 Liter) (Aufrahmen nicht möglich)	1,0297	„	80,32	—		2,37	—	—	—		24,48	—	*C. Henzold*[3]
11	Flüssig gebliebener Theil (Aufrahmen nicht möglich)	1,0337	„	87,28	—		3,39	—	—	—		26,65	—	*C. Henzold*[3]
12	Ursprüngl. Milch (Aufrahmen nicht möglich)	1,0302	„	88,83	—		2,92	—	—	—		26,14	—	*C. Henzold*[3]
13	Gefrorener Theil (von 1 Liter) (Aufrahmen nicht möglich)	1,0234	„	93,57	—		0,54	—	—	—		8,40	—	*C. Henzold*[3]
14	Ursprüngl. Milch (Aufrahmen möglich)	1,0318	„	88,51	—		3,03	—	—	—		26,27	—	*C. Henzold*[3]
15	Gefrorener Theil (von 20 Liter) (Aufrahmen möglich)	1,0202	„	88,38	—		5,39	—	—	—		46,39	—	*C. Henzold*[3]
16	Flüssiger Theil (Aufrahmen möglich)	1,0338	„	88,63	—		2,41	—	—	—		21,20	—	*C. Henzold*[3]
17	Ursprüngl. Milch (Aufrahmen möglich)	1,0302	„	88,56	—		3,03	—	—	—		26,49	—	*C. Henzold*[3]
18	Gefrorener Theil vom Boden (Aufrahmen möglich)	1,0296	„	89,57	—		2,51	—	—	—		24,07	—	*C. Henzold*[3]
19	desgl. von den Wandungen (Aufrahmen möglich)	1,0171	„	90,13	—		5,18	—	—	—		52,48	—	*C. Henzold*[3]

[1]) Milchztg. 1886, **15**, 131.

[2]) Milchztg. 1887, **16**, 108.

[3]) Milchztg. 1886, **15**, 461. Bei den bezüglichen Versuchen wurde in verschiedener Weise verfahren:
Zu No. 9—11. Gefrieren von 1 Liter Milch bei — 20° C., schnell gefroren, Aufrahmen nicht möglich;
„ „ 12 u. 13. „ „ 1 „ „ unter zeitweisem Aufrühren der Milch, Aufrahmen nicht möglich;
„ „ 14—16. „ „ 20 „ „ im Freien, bei —2° C. gefroren, Aufrahmen möglich;
„ „ 17—19. „ „ 20 „ „ „ „ „ —7° „ „ „ „

No.	Nähere Bezeichnung	Spec. Gew.	Zeit der Untersuchung	In der natürlichen Milch: Wasser %	Kasein %	Albumin %	Fett %	Milchzucker %	Asche %	In der Trocken-Substanz: Kasein %	Albumin %	Fett %	Stickstoff in der Trocken-Substanz %	Analytiker
20	Verwendete, mit Rahm versetzte Milch, sauer	1,029	1887	84,93	3,18		7,40	3,90	0,59	19,20		44,69	3,07	Kaiser u. Schmieder[1]
21	Nach dem Gefrieren: flüssiger Theil, stark sauer	1,040	„	84,55	4,42		4,11	5,95	0,97	28,61		26,60	4,58	Kaiser u. Schmieder[1]
22	Nach dem Gefrieren: gefrorener Theil, schw. sauer	1,015	„	84,69	2,57		10,10	2,14	0,50	16,80		66,03	2,69	Kaiser u. Schmieder[1]
23	Verwendete Milch, sauer	1,032	„	89,24	3,44		2,40	4,26	0,66	21,98		22,31	3,52	Kaiser u. Schmieder[1]
24	Zur Hälfte gefroren gewesen: flüssiger Theil, stark sauer	1,048	„	86,40	4,72		1,68	6,15	1,04	34,71		12,35	5,55	Kaiser u. Schmieder[1]
25	Zur Hälfte gefroren gewesen: Eis, schwach sauer	1,016	„	92,07	1,92		3,06	2,52	0,43	24,21		38,59	3,87	Kaiser u. Schmieder[1]
26	Total gefroren gewesen: flüssiger Theil, stark sauer	1,061	„	81,48	5,27		2,63	9,32	1,30	28,46		14,20	4,55	Kaiser u. Schmieder[1]
27	Total gefroren gewesen: Eis, schwach sauer	1,006	„	95,72	1,24		2,02	0,85	0,17	28,97		47,20	4,64	Kaiser u. Schmieder[1]
28	1. Versuch*): Rahmeis . . .		1890	74,70	—		18,94	—	0,53	—		74,90	—	P. Vieth[2]
29	1. Versuch*): Magermilcheis .		„	92,14	—		0,68	—	0,62	—		8,65	—	P. Vieth[2]
30	1. Versuch*): flüssiger Theil .		„	80,42	—		5,44	—	1,11	—		27,80	—	P. Vieth[2]
31	2. Versuch*): Rahmeis 8,8 %	1,0100**)	„	74,44	2,64		19,23	3,17	0,52	10,33		75,59	1,65	P. Vieth[2]
32	2. Versuch*): Magermilcheis 64,7 %	1,0275**)	„	92,10	2,80		0,68	4,82	0,60	35,44		8,61	5,67	P. Vieth[2]
33	2. Versuch*): flüss. Theil 26,5 %	1,0525	„	80,54	5,38		5,17	7,73	1,18	27,65		26,57	4,42	P. Vieth[2]

[1]) Milchztg. 1887, 16, 198. Zu No. 20—22 liess man mit Rahm versetzte Milch zur Hälfte gefrieren, so dass die Menge der vom Eis gesonderten Flüssigkeit der des geschmolzenen Eises ungefähr gleichkam. In einem zweiten Versuche liess man Milch theils zur Hälfte gefrieren, theils ganz gefrieren, und dann bis zur Hälfte wieder aufthauen. Der Säuregrad der Milch, d. h. = ccm Normalalkali auf 100 ccm Milch, war bei den untersuchten Proben folgender:

No.	20	21	22	23	24	25	26	27
	2	3	1	1,5	2,5	1,0	3,0	0,5 ccm Normal-Alkali.

[2]) Milchztg. 1890, 19, 563.

*) Die Versuchsanordnung war folgende: In ein Gefäss von starkem Weissblech, welches 25 cm hoch, 30 cm lang und 15 cm tief war, wurden 10 l Milch gegeben, der einfallende, sehr gut schliessende Deckel mit 4 Schrauben befestigt und das Gefäss in eine auf —10 ° C. abgekühlte und auf dieser Temperatur erhaltene Salzlösung eingehängt. Nach etwa 3 Stunden nach dem ersten Auftreten der Eiskrystalle trat anscheinend eine Vermehrung des Eises nicht mehr auf. Ein nicht unbedeutender Theil der Milch verblieb im flüssigem Zustande. Bei näherer Besichtigung fand sich, dass ein aus feinen Krystallblättchen gebildeter Eisblock entstanden war, der in seiner Mitte eine trichterförmige Höhlung besass, die mit dem flüssig gebliebenen Theile ausgefüllt war. Der obere Theil des Blockes bestand aus einer scharf abgegrenzten Rahmschicht, welche nach den Wandungen des Gefässes zu 4 cm mass, nach dem Inneren zu dagegen an Mächtigkeit abnahm, so zwar, dass das Magermilcheis nach dem Inneren zu höher hinaufreichte.

**) Im geschmolzenen Zustande bestimmt.

Einfluss des Erwärmens und der Filtration auf die Zusammensetzung der Kuhmilch.

No.	Nähere Bezeichnung	Spec. Gewicht	Rahm Vol. %	Zeit der Untersuchung	In der natürlichen Milch: Wasser %	Kasein %	Albumin %	Fett %	Milchzucker %	Asche %	In der Trocken-Substanz: Kasein %	Albumin %	Fett %	Stickstoff in der Trocken-Substanz %	Analytiker
1 A	Gemisch kalter Milch	1,0320	9	1885	87,33	3,25		4,03	4,82	0,57	25,65		31,81	4,10	*Ch. Girard*[1]
1 B	Milch A nach 5 Minuten Aufwallens	1,0350	5	"	84,88	4,08		4,62	5,70	0,72	26,99		30,56	4,32	
1 C	Milch B durch Leinwand filtrirt	1,0356	5	"	85,00	4,10		4,50	5,70	0,70	27,33		30,00	4,37	
1 D	Milch C nach 2. Aufkochen während 5 Min. u. nach Ruhe von 17 Stunden	1,0370	5	"	82,51	5,10		4,85	6,70	0,84	29,16		27,73	4,67	
1 E	Milch D zum 2. Male d. Leinwand filtrirt	1,0370	5	"	82,68	5,08		4,73	6,70	0,81	29,33		27,31	4,69	
2 A	Gemisch kalter Milch	1,0298	9	1885	87,99	2,90		4,03	4,47	0,61	24,15		33,55	3,86	
2 B	Milch A nach 10 Minuten Aufkochens	1,0360	6	"	83,77	4,52		4,73	6,15	0,83	28,13		29,43	4,50	
2 C	Milch B durch Leinwand filtrirt	1,0360	6	"	83,98	4,54		4,50	6,15	0,83	28,34		28,09	4,53	
2 D	Milch C nach 2. Aufkochen während 10 Min. u. nach Ruhe von 17 Stunden	1,0490	6	"	80,00	6,04		5,20	7,67	1,09	30,20		26,00	4,83	
2 E	Milch D zum 2. Male d. Leinwand filtrirt	1,0490	6	"	80,22	6,06		4,97	7,67	1,08	36,70		25,13	5,87	
3 A	Gemisch kalter Milch	1,0320	10	1885	86,88	3,36		4,15	5,00	0,61	25,61		31,63	4,10	
3 B	Milch A nach 5 Minuten Aufkochens	1,0355	6	"	84,58	4,18		4,62	5,80	0,82	27,11		29,96	4,34	
3 C	Milch B durch Leinwand filtrirt	1,0360	6	"	84,77	4,08		4,55	5,78	0,82	26,79		29,88	4,29	
3 D	Milch A nach 10 Minuten Aufkochens	1,0410	6	"	82,41	5,12		4,85	6,76	0,86	29,11		27,57	4,66	
3 E	Milch D durch Leinwand filtrirt	1,0410	6	"	82,63	5,03		4,73	6,76	0,85	28,99		27,26	4,64	
3 F	Milch A nach 15 Minuten Aufkochens	1,0490	5	"	79,54	6,24		5,20	7,90	1,12	30,50		25,42	4,88	
3 G	Milch F durch Leinwand filtrirt	1,0490	5	"	79,74	6,17		5,08	7,90	1,11	30,46		25,07	4,87	

[1]) Documents sur les falsifications des matières alimentaires etc. Laboratoire municipal Paris 1885, II, Rapport 351. Ueber die Untersuchungsmethoden vergl. S. 127 Anmerkung 2.

Die Erwärmung der Milch bedingt daher in Folge der Wasserverdunstung eine Vermehrung an allen festen Substanzen, besonders an Milchzucker und Salzen; das spec. Gewicht der Milch steigt, während die Rahmbildung abnimmt. Die Filtration der gekochten Milch durch Leinwand äussert nur einen unbedeutenden Einfluss auf die Verminderung an festen Bestandtheilen.

No.	Nähere Bezeichnung	Zeit der Untersuchung	Specifisches Gewicht der Milch	Specifisches Gewicht des Serums	Wasser %	Fett %	Milchzucker %	Fett in der Trocken-Substanz %	Analytiker
	Milch I:								
1	Ungekocht	1894	1,0324	1,0303	86,97	3,80	5,10	29,16	E. Späth[1]
2	5—10 Minuten gekocht und zum ursprünglichen Gewicht aufgefüllt	„	1,0320	1,0297	87,03	3,74	4,94	28,84	
3	desgl. aber nicht aufgefüllt . .	„	1,0348	1,0320	86,35	3,98	5,21	29,16	
	Milch II:								
4	Ungekocht	„	1,0336	1,0306	87,29	3,38	5,16	26,60	
5	5—10 Minuten gekocht und zum ursprünglichen Gewicht aufgefüllt	„	1,0327	1,0296	87,63	3,27	5,09	26,47	
6	desgl. aber nicht aufgefüllt . .	„	1,0353	1,0321	86,67	3,54	5,58	26,56	

Kuhmilch unter dem Einflusse des Versandes.

Versuche mit **Rahmvertheilern** von A. Bergmann, Milchztg. 1893, 22, 4.

Von den Versuchskannen (à 40 l) wurde eine Durchschnittsprobe entnommen. Der Wagen fuhr um 7 Uhr ab; die Kannen wurden um 11 Uhr angezapft.

Von den Proben wurden entnommen:

1. zu Anfang; 2. beim 18.—20. Liter; 3. vor den letzten 2 Litern.

Nähere Bezeichnung	Ohne Rahmvertheiler (einmaliger Versuch)		Rahmvertheiler von Koch & Co. (Mittel von 2 Versuchen)		Rahmvertheiler von C. Bolle (Mittel von 4 Versuchen)		Rahmvertheiler von C. Thiel u. Sohn	
	Spec. Gewicht	Fett %	Spec. Gewicht	Fett %	Spec. Gewicht	Fett %	Spec. Gewicht	Fett %
I. Versuchsreihe.								
a) Durchschnittsprobe vor dem Versand . . .	1,0307	3,01	1,0306	2,99	1,0304	3,27	1,0306	3,34
b) Erster Abzug . . .	1,0319	1,97	1,0308	2,91	1,0304	3,29	1,0309	3,28
c) Zweiter „ . . .	1,0305	3,29	1,0307	2,91	1,0306	3,25	1,0310	3,28
d) Dritter „ . . .	1,0304	3,33	1,0307	2,97	1,0306	3,25	1,0308	3,30
II. Versuchsreihe.			Mittel von 3 Versuchen		Mittel von 5 Versuchen		Mittel von 7 Versuchen	
a) Durchschnittsprobe vor dem Versand . . .	—	—	1,0308	3,04	1,0308	3,06	1,0310	3,18
b) Erster Abzug . . .	—	—	1,0307	3,04	1,0308	3,05	1,0312	3,16
c) Zweiter „ . . .	—	—	1,0308	3,06	1,0308	3,05	1,0311	3,15
d) Dritter „ . . .	—	—	1,0308	3,08	1,0308	3,03	1,0311	3,15

[1]) Forschungsberichte über Lebensmittel etc. 1894, I, 343.

Abnorm zusammengesetzte Kuhmilch.

No.	Nähere Bezeichnung	Zeit der Untersuchung	In der natürlichen Milch: Wasser %	Kasein %	Albumin %	Fett %	Milchzucker %	Asche %	In der Trocken-Substanz: Stickstoff-Substanz %	Fett %	Stickstoff in der Trocken-Substanz %	Analytiker
1	Abendmilch einer Kuh der schwedischen Landrasse, Spec. Gew. anfangs 1,0378	1887	85,18	4,03		4,49	5,52	0,78	27,20	30,30	4,35	J. E. Alén[1])
2	desgl., später 1,0340	„	83,37	—		6,40	—	1,00	—	32,47	—	J. E. Alén[1])
3	Londoner Milch während der Wintermonate 1,0363	1891	86,14	4,66		3,62	4,58	0,82	33,62	26,12	5,38	P. Vieth[2])
4	Milch einer Jersey-Kuh beim letzten Melken vor dem Trockenstehen	„	71,59	9,98		14,67	2,33	1,44	35,13	51,64	5,62	M. W. Cook u. J. L. Hills[3])
5	Jersey-Kuh, 4 Jahr alt, 10 Monate nach dem Kalben	1888/89	84,41	—		5,97	—	0,60	—	38,29	—	Samuel W. Abbotts[4])
6	Vollblut-Jersey-Kuh, $7^1/_3$ J. alt, 4 Mon. n. d. Kalben	„	83,27	—		6,46	—	0,67	—	39,81	—	Samuel W. Abbotts[4])
7	Vollbl. Guernsey-Kuh, 9 J. alt, 5 Mon. n. d. Kalben	„	84,93	—		4,93	—	—	—	32,71	—	Samuel W. Abbotts[4])
8	Durham- (Shorthorn-) Kuh, 5 Jahr alt, 5 Mon. nach dem Kalben . . .	„	85,41	—		4,59	—	0,59	—	31,46	—	Samuel W. Abbotts[4])
9	Jersey-Kuh, 11 Jahr alt, 5 Mon. nach dem Kalben	„	85,33	—		4,64	—	0,67	—	31,63	—	Samuel W. Abbotts[4])
10	Kuh, die beim Melken Unruhe zeigte und Milch zurückhielt	1892	89,15	—		1,85	—	0,77	—	17,05	—	B. Dyer[5])
11	Dieselbe Kuh, einige Stunden später	„	—	—		3,64	—	—	—	—	—	B. Dyer[5])
12	Gelegentlich einer Thierschau von 2 Kühen entnommen, Spec. Gew. 1,0266	„	69,44	—		11,06	—	0,53	—	32,92	—	A. Smetham[5])
13	desgl. 1,0278	„	76,57	—		7,37	—	0,72	—	31,03	—	A. Smetham[5])
14	9jährige Kuh, $7^1/_2$ Mon. nach dem Kalben . . .	„	91,16	—		2,78	—	—	—	31,45	—	W. F. Lowe[5])
15	Abnorme Milch 1,0265	„	89,73	—		2,80	—	—	—	27,26	—	A. J. de Hailes[5])
16	Einzelne Kuh: Marktmilch 1,0285	1894	90,84	—		1,55	3,82	—	—	16,92	—	Ed. v. Raumer[6])
17	Einzelne Kuh: Stallprobe durch die Polizei 1,0310	„	91,42	—		0,48	4,10	—	—	5,60	—	Ed. v. Raumer[6])
18	Einzelne Kuh: desgl. durch den Thierarzt entn. 1,0310	„	91,69	—		0,25	4,00	—	—	3,01	—	Ed. v. Raumer[6])

[1]) Chemiker-Ztg. 1887, **11**, 509. Die Kuh gab anfangs täglich 2 l, später $^2/_3$ l.
[2]) Milchztg. 1892, **21**, 174.
[3]) Jahresbericht der Versuchsstation in Vermont U. S. A. 1891. Milchztg. 1893, **22**, 206.
[4]) Milch- und Butteruntersuchungen im Staate Massachusetts. Milchztg. 1891, **20**, 335. Das Futtter der Thiere war folgendes für Tag und Kuh:

Kuh 5	Kuh 6	Kuh 7	Kuh 8	Kuh 9
Maisstengel, Kürbis und 1 Quart (1,13 l) Kleie.	Maisfutter, 2 Quart Kleie, 2 „ Maismehl.	Maisstengel, 1 Quart Leinmehl, 6 „ Kleie.	Weidegang.	Gras und 1 Quart Maismehl, 2 „ Kleie.

[5]) Analyst 1893, **18**, 1—12. Chem. Centrbl. 1893, II, 396.
[6]) Forschungsberichte über Lebensmittel 1894, **1**, 22. Die Kuh war nach dem Befunde des Thierarztes gesund.

No.	Nähere Bezeichnung	Zeit der Untersuchung	In der natürlichen Milch: Wasser %	Kasein %	Albumin %	Fett %	Milchzucker %	Asche %	In der Trocken-Substanz: Stickstoff-Substanz %	Fett %	Stickstoff in der Trocken-Substanz %	Analytiker
	Spec. Gew.											
19	Abnorme Milch 1,0292	1896	88,43	3,84		3,51	3,41	0,81	33,19	30,34	5,31	H. Droop Richmond[1])
20	Abnorme Milch 1,0303	„	87,58	3,89		4,00	3,71	0,82	31,32	32,21	5,01	H. Droop Richmond[1])
	Kuh der Odenwälder Kreuzung.*)											Spec. Gewicht der abgerahmten Milch
21	Marktmilch 19/12 96 1,0293	„	90,36	—		1,71	—	—	—	17,95	—	1,0314
22	Stallprobe der Abendmilch 19/12 96 1,0324	„	85,63	—		5,00	—	—	—	34,79	—	1,0381
23	desgl. der Morgenmilch 20/12 96 1,0308	„	89,41	—		2,19	—	—	—	20,68	—	1,0343
24	desgl. der Abendmilch 20/12 96 1,0347	„	86,47	—		3,83	—	—	—	28,31	—	1,0379 (H. Weller[2]))
25	desgl. Morgenmilch 21/12 96 1,0322	„	90,12	—		1,39	—	—	—	14,07	—	1,0345
26	desgl. Morgenmilch 17/1 97 1,0348	1897	84,56	—		5,40	—	—	—	34,97	—	1,0409
27	desgl. Morgenmilch 12/2 97 1,0294	„	86,15	—		5,20	—	—	—	37,54	—	1,0348
	Stallproben von Milch von 4 nach thierärztl. Befunde gesunden und gut genährten Kühen: Spec. Gew.											
28	Abendmilch 24 l 1,0308	1895	85,54	—		5,40	—	—	—	37,24	—	G. Ambühl[3])
29	Morgenmilch 29 l 1,0334	„	88,13	—		2,45	—	—	—	20,64	—	G. Ambühl[3])

Ueber Milch zweier Shorthorn-Kühe (Cross-bred-shorthorns) von abnormer Zusammensetzung berichtet F. J. Lloyd, Chem. News **61** No. 58; Chem. Centrbl. 1890, I, 491; Centrbl. Agrik. Chem. 1890, **19**, 349—350. Er fand:

Melktag	Kuh I: Morgenmilch: Trocken-Substanz %	Kuh I: Morgenmilch: Fett %	Kuh I: Abendmilch: Trocken-Substanz %	Kuh I: Abendmilch: Fett %	Kuh II: Morgenmilch: Trocken-Substanz %	Kuh II: Morgenmilch: Fett %	Kuh II: Abendmilch: Trocken-Substanz %	Kuh II: Abendmilch: Fett %
13/11 1889	11,88	3,41	14,34	5,71	—	—	—	—
19/11 „	—	—	—	—	12,04	3,80	12,64	4,54
22/11 „	11,78	3,39	12,88	4,50	12,18	3,80	13,02	4,61
5/12 „	11,72	3,44	13,60	5,12	11,28	3,07	13,02	4,50
10/12 „	10,04	2,17	12,98	4,68	11,32	3,13	13,38	5,13
17/12 „	10,56	2,98	12,00	3,86	11,54	3,27	12,52	4,26
7/1 1890	10,21	2,70	11,32	3,64	12,06	3,93	13,14	4,95

Sowohl Eiweiss als Zucker, nicht dagegen die Asche waren an der Abnahme betheiligt. Die Kühe waren völlig gesund und mit gutem und genügendem Futter ernährt.

---

[1]) Analyst 1897, **22**, 93—95. Chem. Centrbl. 1897, I, 1033—1034.

[2]) Forschungsberichte über Lebensmittel etc. 1897, **4**, 155—156.

[3]) Bericht des Kantonchemikers Dr. Ambühl für das Jahr 1895, 9.

*) Die Kuh bekam normales Futter und war, soweit sich dies beurtheilen liess, gesund. Die Stallproben wurden von H. Weller selbst genommen und für vollständiges Ausmelken Sorge getragen.

R. Bodmer (Chem. Centrbl. 1896, I, 168) beobachtete eine abnorme Zusammensetzung bei der Milch zweier einzelner Kühe. Er fand:

	Specifisches Gewicht	Trocken-Substanz %	Kasein %	Fett %	Milchzucker %	Salze %
Kuh I . . .	1,0248 (?)	10,38	3,77	3,14	2,59	0,88
„ II . . .	1,0289	11,68	—	3,48	—	0,84

Milch von Rindern.

No.	Nähere Bezeichnung	Spec. Gew.	Zeit der Untersuchung	In der natürlichen Milch: Wasser %	Kasein %	Albumin %	Fett %	Milchzucker %	Asche %	In der Trocken-Substanz: Kasein %	Albumin %	Fett %	Stickstoff in der Trocken-Substanz %	Analytiker
1	Sekret von einem Rind, 5—6 Wch. vor dem ersten Kalben	1,0719	1872	72,10	24,84		0,93	—	—	89,03		3,33	14,24	*Th. Dietrich*[1]
2	desgl., angeblich nicht tragend	1,0228	„	92,70	2,90		1,41	—	—	39,73		19,32	6,36	*Th. Dietrich*[1]
3	desgl., von einer $^5/_4$jährigen Kalbin	1,0310	1880	86,59	3,25		4,26	4,50	0,74	24,24		31,77	3,88	*W. Fleischmann*[2]

Ziegenmilch.

Colostrum und Uebergang desselben in die Milch.

No.	Nähere Bezeichnung	Spec. Gew.	Zeit der Untersuchung	Wasser %	Kasein %	Albumin %	Fett %	Milchzucker %	Asche %	TS Kasein %	TS Albumin %	TS Fett %	Stickstoff %	Analytiker
1	Colostrum		1840 (?)	64,10	5,20	3,20	24,50	—	3,00	14,49	8,89	68,26	3,75	*Henry*[3]
	Erstlingsziege, am $^4/_4$ geworfen:													
2	$^5/_4$ Morgenmilch	1,0321	1898	88,38	—		2,80	2,60	0,71	—		24,09	—	*R. Steinegger*[4]
3	$^5/_4$ Abendmilch	1,0317	„	87,90	2,67		3,30	2,40	0,58	22,07		27,27	3,53	*R. Steinegger*[4]
4	$^6/_4$ Morgenmilch	1,0314	„	87,21	2,97		3,90	2,54	0,61	23,22		30,50	3,72	*R. Steinegger*[4]
5	$^8/_4$ „	1,0281	„	90,44	—		1,90	—	0,64	—		19,92	—	*R. Steinegger*[4]
6	$^9/_4$ „	1,0276	„	89,92	3,19		2,45	3,13	0,68	31,65		24,30	5,06	*R. Steinegger*[4]
	Aeltere Ziege, am $^{16}/_4$ geworfen:													
7	Morgenmilch am $^{18}/_4$, 5. Milch n. d. Wurf	1,0276	„	85,95	2,30		6,10	3,15	0,78	16,37		43,42	2,62	*R. Steinegger*[4]
	Aeltere Ziege, am $^{28}/_4$ Morgens geworfen:													
8	$^{28}/_4$ Morgenmilch	1,0538	„	77,23	12,02		5,20	2,84	1,00	52,79		22,84	8,45	*R. Steinegger*[4]
9	$^{28}/_4$ Abendmilch	1,0360	„	—	9,60		16,85	2,24	0,97	—		—	—	*R. Steinegger*[4]
10	$^2/_5$ Abendmilch	1,0300	„	87,20	—		4,20	—	0,70	—		30,43	—	*R. Steinegger*[4]

[1]) Mitthl. des landwirthschaftl. Centralvereins für den Reg.-Bez. Cassel 1872, 53. No. 1 verhielt sich wie ein koncentrirtes Colostrum, reagirte stark alkalisch und zeigte Colostrumkörperchen; No. 2 verhielt sich wie dünne Milch, reagirte sehr schwach alkalisch. Beide Sekrete stammen aus einer unter Leitung von C. Petersen stehenden Wirthschaft (Windhausen). Stickstoff in dem frischen Sekret bei No. 1 = 3,975 %, No. 2 = 0,470 %.

[2]) Bericht der milchwirthschaftl. Versuchsstation Raden 1880, 32. Das betreffende Kalb stammte aus einer sehr milchreichen Familie und ist ein Kreuzungsprodukt einer Holländer Kuh und eines Breitenberger Bullen. $^5/_4$ Jahr alt gab dasselbe bereits täglich ca. 600 g Milch von ganz normalem Aussehen, Geruch und Geschmack und amphoterer Reaktion. Unter dem Mikroskope liessen sich Colostrumkörperchen in ziemlicher Anzahl, Rudimente desselben und Epithelzellen erkennen. In der Analyse ist ein „Verlust" von 0,66 % aufgeführt.

[3]) Journ. Pharm. **25**, 333.

[4]) Milchztg. 1898, **27**, 356—358. Bei den obigen von R. Steinegger angegebenen Zahlen weicht die Summe des Gehaltes der Einzelbestandtheile z. Th. nicht unwesentlich von dem Gehalte an Trocken-Substanz ab.

Ziegenmilch, allgemeine Tabelle.

No.	Nähere Bezeichnung	Zeit der Untersuchung	In der natürlichen Milch: Wasser %	Kasein %	Albumin %	Fett %	Milchzucker %	Asche %	In d. Trocken-Substanz: Kasein %	Albumin %	Fett %	Stickstoff in der Trocken-Substanz %	Analytiker
1		1844	86,52	6,03		4,25	3,20		44,73		31,53	7,16	*Clemm*[1]
2	Mittel von 4 Analysen . .	18 47/51	85,98	4,42		4,21	4,86	0,53	31,53		30,03	5,04	*Bouchardat*[2]
3		1852	87,28	3,89		3,45	4,62	0,76	30,58		27,12	4,89	*Filhol*[3]
4	Mittel mehrerer Analysen .	„	87,30	3,50	1,35	4,40	3,10	0,35	27,56	10,63	34,65	6,11	*Doyère*[4]
5	4 Wochen vor dem Lammen	„	84,80	—		4,91	4,42	0,48	—		32,30	—	*W. Wicke*[5]
6	Mittel mehrerer Analysen .	18 67/68	84,58	6,59		3,35	4,92	0,56	42,74		21,72	6,84	*M. Tidy*[6]
7	Morgenmilch	—	87,24	4,62		3,76	3,49	0,89	36,21		29,77	5,79	*v. Gorup-Besanez*[7]
8	Abendmilch	—	82,25	4,31		9,38	3,27	0,82	24,28		52,85	3,88	
9	g in 100 ccm	1868	—	2,88	(0,10)	5,88	4,25	—	—		—	—	*Nast*[8]
10		„	—	3,15	(0,15)	5,85	4,28	—	—		—	—	
11	35 Tage nach dem Kalben	—	86,75	2,98	0,94	3,94	4,65	0,74	22,49	7,09	29,74	4,73	*Commaille*[9]
12	1 Jahr „ „ „	—	83,59	3,65	0,93	6,15	4,98	0,70	22,24	5,67	37,48	4,47	
13	1 Monat „ „ „	—	85,61	3,00	0,79	4,11	5,72	0,77	20,85	5,49	28,56	4,21	
14	Mittel zahlreicher Analysen	1868	88,16	3,54		3,17	—	—	29,90		26,77	4,78	*Stohmann*[10]
15	desgl.	1870	87,81	3,07		3,76	4,51	0,85	25,18		30,84	4,03	
16	„ (Heu und Leinmehl)	1873	85,98	4,03		4,31	4,74	0,94	28,75		30,74	4,60	
17	Aus Ober-Aegypten . . .	1856	87,99	2,44	0,99	4,24	3,74	0,60	19,44	8,24	35,30	4,43	*A. Völker*[11]
18	„ Paris und Umgegend (Mittel von 7 Analysen) .	„	84,49	5,52		5,69	3,68	0,62	35,59		36,68	5,69	
19	Aus Saanen (Bern) . . .	„	85,95	2,66	1,18	5,38	4,21	0,62	18,93	8,40	38,29	4,37	
20	„ „ „ . . .	„	89,22	2,41	1,52	3,01	3,19	0,65	22,36	14,10	27,92	5,83	
21	„ Schwyz	—	87,81	2,45	1,60	3,84	3,70	0,60	20,10	13,12	31,50	5,32	
22	Thibet-Rasse (Paris) . . .	—	85,65	2,45	1,32	5,55	4,33	0,70	17,07	9,20	38,68	4,20	

[1]) B. Martiny, Die Milch I, 182. (Wagner's Handwörterbuch der Physiologie II, 466.)

[2]) Bouchardat u. Quevenne. Ebendaselbst (aus Du Lait von B. u. Qu. II, 175). Die 4 Einzelanalysen lieferten nachstehende Zahlen:

	Sp. Gew.	Im Liter g: Rohes Kasein	Butterfett	Roher Milchzucker	Feste Stoffe zusammen
1/10 1847 . .	1,0348	48,5	35,8	52,5	136,8
19/10 1847 . .	1,0319	47,2	44,8	48,0	140,0
22/10 1849 . .	1,0346	50,5	40,5	52,7	143,7
12/9 1851 . .	1,0345	55,8	53,1	51,7	160,6

[3]) E. Filhol u. N. Joly. Journ. f. Pharm. (3) **21**, 343.

[4]) Arch. phys. nat. **22**, 239. Die Schwankungen waren folgende:

	Kasein	Albumin	Fett	Zucker	Salze
Maximum	4,00 %	3,35 %	5,10 %	3,90 %	0,40 %
Minimum	2,00 „	0,50 „	3,15 „	2,70 „	0,30 „

[5]) Journ. f. Landwirthschaft 1856, 121. Die Ziege wurde mit Heu, Rauhstroh und Küchenabfällen gefüttert. Vergl. Ziegenmilch zu verschiedenen Melkzeiten.

[6]) Zeitschr. f. rationelle Medic. 1869, **35**, 271. (C. M. Tidy, On human milk.) Mittel mehrerer sehr gleichmässig zusammengesetzter Proben.

[7]) Griesinger's Arch. f. physiolog. Heilkunde **8**, 717.

[8]) Zeitschr. f. Chemie 1868, 255. Nach der Methode von Hoppe-Seyler untersucht.

[9]) Journ. f. Pharm. (4) **10**, 96.

[10]) No. 14. F. Stohmann, O. Baeber, R. Lehde (Versuchsstation Halle). Journ. f. Landwirthschaft 1868, 135 u. f., 1869, 129 u. 340.

No. 15. F. Stohmann, R. Frühling u. A. Rost (Versuchsstation Halle). Zeitschr. f. Biologie 1870, 204.

No. 16. F. Stohmann, R. Frühling, O. Claus, P. Petersen und v. Seebach (Versuchsstation Halle). Biologische Studien von F. Stohmann. Braunschweig 1873.

[11]) A. Völcker, Journ. Roy. Agric. Soc. England 1880, **16**, 32. Die Untersuchung wurde gelegentlich der milchwirthschaftlichen Ausstellung in London im Oktober 1879 ausgeführt. Die Ziegen waren alt:

No. 23	24	25		No. 23	24	25
über 3 Jahre	57,7 Mon.	5 Jahre	und hatten gelammt	15/6	April	2/7

No.	Nähere Bezeichnung	Spec. Gew.	Zeit der Untersuchung	In der natürlichen Milch: Wasser %	Kasein %	Albumin %	Fett %	Milchzucker %	Asche %	In der Trocken-Substanz: Kasein %	Albumin %	Fett %	Stickstoff in der Trocken-Substanz %	Analytiker
23	Kurzhaarige Ziege	1,0357	1879	82,02	4,87		7,02	5,08	1,01	27,09		39,05	4,33	A. Völcker[1]
24	Langhaarige Pyrenäen-Ziege	1,0302	„	84,48	3,94		6,11	4,68	0,79	25,39		39,37	4,06	A. Völcker[1]
25	Ziege ohne Hörner	1,0302	„	83,51	3,19		7,34	5,19	0,77	19,34		44,51	3,09	A. Völcker[1]
26	Vierjährig; 3. Wurf	1,0290	—	90,16	2,95		2,29	3,87	0,73	29,98		23,27	4,80	Gerber[2]
27	. . . .	1,0326	1894	86,75	3,64		5,35	3,60	0,66	27,45		40,34	4,39	Aug. Pizzi[3]
	Milchend seit — Tagesertrag kg													
28	Kurzhaarig 16 Wch. 1,928	1,0304	18$\frac{81}{84}$	84,40	—		6,7	—	—	—		42,95	—	E. W. Völcker[4]
29	Kurzhaarig 15 „ 1,290	1,0358	„	84,00	—		6,7	—	—	—		41,88	—	E. W. Völcker[4]
30	Kurzhaarig 23 „ 1,247	1,0362	„	86,00	—		4,5	—	—	—		32,14	—	E. W. Völcker[4]
31	Kurzhaarig 4 „ 1,268	1,0328	„	86,10	—		3,6	—	—	—		25,90	—	E. W. Völcker[4]
32	Kurzhaarig 27 „ 1,588	1,0316	„	85,70	—		4,3	—	—	—		30,07	—	E. W. Völcker[4]
33	Langhaarig 18 „ 1,616	1,0316	„	83,80	—		7,5	—	—	—		46,30	—	E. W. Völcker[4]
34	Langhaarig 13 „ 1,276	1,0324	„	89,10	—		2,5	—	—	—		22,93	—	E. W. Völcker[4]
35	Langhaarig 13 „ 1,985	1,0320	„	87,60	—		3,2	—	—	—		25,80	—	E. W. Völcker[4]
36	Langhaarig 26 „ 1,361	—	„	86,10	—		5,1	—	—	—		36,69	—	E. W. Völcker[4]
37	Fremd, milchend seit 4 Wochen 3,671	1,0340	„	86,70	—		4,3	—	—	—		32,33	—	E. W. Völcker[4]
38	Kreuz., Nubisch-Britisch, milch. seit 12 Wochen 1,247	1,0320	„	85,30	—		5,9	—	—	—		40,14	—	E. W. Völcker[4]
39	desgl. fremd, milchend s. 18 W. 1,729	—	—	85,70	—		4,4	—	—	—		30,77	—	E. W. Völcker[4]
40	Ohne nähere Angabe	1,0323	—	87,60	3,70		4,20	4,00	0,56	29,82		33,85	4,77	Gautier[5]
41	„ „ „	1,0339	—	86,95	4,43		6,00	4,86	0,93	33,93		45,96	5,43	Fery[5]
42	Mittel mehrerer Analysen .		1895	86,76	4,10		3,78	4,49	0,87	30,96		28,53	4,95	H. Droop Richmond[6]
43	Mittelwerthe mehrerer Stallproben aus der Umgegend von Sassari (Italien)	1,0380	1895	82,46	5,56	1,01	6,10	3,95	0,93	31,69	5,76	34,77	5,99	Carlo Picardi[7]
44	Aus der Umgegend von Rütti (Schweiz)		1898	88,42	3,92		3,25	2,80	0,63	33,85		28,07	5,40	R. Steinegger[8]
	Ziegenmilch*) Mittel		—	**86,88**	**3,76**		**4,07**	**4,44**	**0,85**	**28,66**		**31,05**	**4,59**	
	Ziegenmilch*) Schwankungen		—	82,02-90,16	2,34—6,59		2,29-9,38	2,80-5,72	0,35-1,36	19,88—46,30		17,89-52,85	3,18-7,41	

[1]) Vergl. Anmerkung [11]) S. 253.

[2]) N. Gerber u. P. Radenhausen. Forschungen auf dem Gebiete der Viehhaltung 1879, **7**, 318.

[3]) Staz. sperim. agr. 1894, **26**, 615; Chem. Centrbl. 1894, II, 848.

[4]) Mitgetheilt von P. Vieth. Milchztg. 1885, **14**, 451 und Journ. of the Britisch Dairy Farmers Association. Die Untersuchungen wurden gelegentlich der in den Jahren 1881 bis 1884 stattgehabten milchwirthschaftlichen Ausstellungen zu Islington, London, ausgeführt.

[5]) Mitgetheilt von Ox, L'industrie laitière vom 27./9. 1896. Milchztg. 1896, **25**, 716—717.

[6]) Analyst 1896, **21**, 88—92; Chem. Centrbl. 1896, I, 1110.

[7]) Staz. sperim. agr. 1894, **28**, 406—412; Chem. Centrbl. 1895, II, 421.

[8]) Milchztg. 1898, **27**, 356.

*) Mittelzahlen und Schwankungen sind aus den Analysen der vorstehenden Tabelle und aus den Analysen No. 1—67 auf S. 260—263 berechnet worden.

Schaffer (Landw. Jahrbuch d. Schweiz 1892; Milchztg. 1893, 22, 222) fand für die Zusammensetzung der Ziegenmilch folgende Schwankungen:

	Wasser %	Stickstoff-Substanz %	Fett %	Milchzucker %	Asche %
Minimum	86,74	3,30	2,14	2,07	0,51
Maximum	90,46	4,38	4,38	4,77	0,93

Ziegenmilch zu verschiedenen Melk- (Tages-) Zeiten.

No.	Nähere Bezeichnung	Menge g	Zeit der Untersuchung	In der natürlichen Milch: Wasser %	Kasein %	Albumin %	Fett %	Milchzucker %	Asche %	In der Trocken-Substanz: Kasein %	Albumin %	Fett %	Stickstoff in der Trocken-Substanz %	Analytiker
1	Januar 7, Morgenm. . . .		1856	87,01	—	—	3,44	—	—	—	—	26,48	—	W. Wicke[1])
2	desgl. Mittagm. . . .		„	—	—	—	5,59	—	—	—	—	—	—	
3	desgl. Abendm. . . .		„	84,45	—	—	5,62	—	—	—	—	35,04	—	
4	Januar 8, Morgenm. . . .		„	—	—	—	3,74	—	—	—	—	—	—	
5	desgl. Mittagm. . . .		„	84,15	—	—	5,51	—	—	—	—	34,16	—	
6	desgl. Abendm. . . .		„	85,56	—	—	4,51	—	—	—	—	31,23	—	
7	Januar 9, Morgenm. . . .		„	86,43	—	—	3,48	—	—	—	—	25,64	—	
8	desgl. Mittagm. . . .		„	87,01	—	—	3,47	—	—	—	—	26,71	—	
9	desgl. Abendm. . . .		„	85,85	—	—	4,56	—	—	—	—	32,23	—	
10	Januar 11, Mittagm. . . .		„	85,05	—	—	4,76	—	—	—	—	31,84	—	
11	desgl. Abendm. . . .		„	82,41	—	—	6,74	—	—	—	—	38,32	—	
12	Januar 12, Morgenm. . . .		„	82,95	—	—	6,76	—	—	—	—	39,69	—	
13	desgl. Mittagm. . . .		„	83,87	—	—	5,66	—	—	—	—	35,09	—	
14	desgl. Abendm. . . .		„	84,52	—	—	5,29	—	—	—	—	34,17	—	
15	Januar 13, Morgenm. . . .		„	85,33	—	—	4,54	—	—	—	—	30,95	—	
16	desgl. Mittagm. . . .		„	85,16	—	—	4,68	—	—	—	—	31,54	—	
17	desgl. Abendm. . . .		„	84,81	—	—	4,63	—	—	—	—	30,48	—	
18	Januar 14, Morgenm. . . .		„	83,75	—	—	5,21	—	—	—	—	32,06	—	
19	desgl. Mittagm. . . .		„	85,18	—	—	4,51	—	—	—	—	30,43	—	
20	desgl. Abendm. . . .		„	83,46	—	—	5,22	—	—	—	—	31,56	—	
21	Januar 15, Morgenm. . . .		„	83,89	—	—	5,09	—	—	—	—	31,35	—	
22	desgl. Mittagm. . . .		„	82,32	—	—	5,40	—	—	—	—	30,54	—	
23	3 Std. nach d. letzt. Melk.	117	1849	75,88	5,77		13,64	4,71	—	23,92		56,55	3,83	Bouchardat u. Quevenne[2])
24	6 „ „ „ „ „	238	„	80,48	5,59		8,96	4,98	—	28,64		45,90	4,58	
25	12 „ „ „ „ „	368	„	81,32	6,14		7,43	5,11	—	32,87		39,77	5,26	
26	24 „ „ „ „ „	815	„	82,52	5,64		6,60	5,24	—	32,27		37,76	5,16	
27	Morgenmilch } bei Kartoffel- und		1878	89,10	—		2,89	—	—	—		26,51	—	H. Weiske[3])
28	Abendmilch } Strohfütterung		„	88,18	—		3,69	—	—	—		31,22	—	
29	Morgenmilch } desgl. unt. Zusatz		„	89,41	—		3,08	—	—	—		29,08	—	
30	Abendmilch } von Fleischmehl		„	88,85	—		3,63	—	—	—		32,26	—	

[1]) Weende'r Jahresber. 1855/56, 10.

[2]) B. Martiny, Die Milch I. 351 (May, Das Rind II. 431).

[3]) H. Weiske, M. Schrodt u. B. Dehmel. Journ. f. Landwirthsch. 1878, **26**, 447. Vergl. auch Ziegenmilch unter dem Einfluss des Futters No. 56—62 S. 263. Milch von einer Ziege, deren Alter nicht angegeben ist.

No.	Nähere Bezeichnung			Zeit der Untersuchung	In der natürlichen Milch						In der Trocken-Substanz			Stickstoff in der Trocken-Substanz	Analytiker
					Wasser %	Kasein %	Albumin %	Fett %	Milchzucker %	Asche %	Kasein %	Albumin %	Fett %	%	
	Im Mittel von je 6 Ziegen: Milchmenge f. d. Melkung v. 6 Stück in g	f. d. Tag	Spec. Gew.												
	20. Juli:														
31	6 h. Mrg. 2612,6	2malig. Melken 4607,6	1,0298	1872	88,49	4,22	0,30	3,74	2,48	0,77	36,66	2,61	32,49	6,28	*J. Moser und Soxhlet* [1]
32	6 „ Abd. 1995,6		1,0278	„	88,45	3,26	0,18	3,97	3,38	0,76	28,23	1,56	34,37	4,77	
	22. Juli:														
33	6 h. Mrg. 2067,1	3malig. Melken 4355,2	1,0289	„	89,27	2,95	0,28	3,32	3,42	0,76	27,49	2,61	30,94	4,82	
34	12 „ Mtg. 1304,0		1,0281	„	88,15	4,99	0,51	4,17	1,44	0,74	42,11	4,30	35,19	7,43	
35	6 „ Abd. 984,1		1,0289	„	88,47	4,68	0,20	3,75	2,14	0,76	40,59	1,73	32,52	6,77	
	24. Juli:														
36	6 h. Mrg. 2431,5	4malig. Melken 4891,4	1,0299	„	89,60	2,26	0,19	2,98	4,16	0,81	21,73	1,83	38,27	3,77	
37	10 „ „ 930,1		1,0284	„	88,36	2,45	0,47	4,10	3,83	0,79	21,05	4,04	35,22	4,01	
38	2 „ Mittg. 672,3		1,0286	„	88,01	2,64	0,43	4,22	3,95	0,75	22,02	3,59	35,19	4,10	
39	6 „ Abd. 807,5		1,0276	„	88,88	3,10	0,13	3,52	3,66	0,71	27,88	1,17	31,66	4,65	
	26. Juli:														
40	6 h. Mrg. 2415,5	5malig. Melken 4922,0	1,0291	„	89,35	2,98	0,13	3,05	3,72	0,77	27,98	1,22	28,64	4,67	
41	9 „ „ 657,1		1,0277	„	87,89	3,67	0,16	4,40	3,13	0,75	30,31	1,32	36,34	5,06	
42	12 „ Mittg. 673,0		1,0276	„	87,92	2,79	0,32	4,43	3,82	0,72	23,10	2,65	36,67	4,12	
43	3 „ Nachmittg. 647,0		1,0284	„	88,19	3,14	0,15	4,09	3,68	0,75	26,59	1,27	34,63	4,46	
44	6 „ Abd. 529,4		1,0279	„	88,43	3,00	0,16	3,98	3,70	0,73	25,93	1,38	34,40	4,37	
				Anzahl der Analys.											
	Mittel,*) Morgenmilch . . .			4	**89,30**	**4,02**		**3,24**	**2,51**	**0,78**	**37,57**		**30,28**	**6,01**	
	„ Abendmilch . . .			„	**88,49**	**3,05**		**3,76**	**4,08**	**0,62**	**26,49**		**32,66**	**4,24**	
	„ Morgenmilch . . .			9	**86,99**	**3,26**	**0,29**	**4,09**	**4,46**	**0,91**	**25,05**	**2,23**	**31,44**	**4,36**	
	„ Mittagmilch . . .			„	**86,18**	**3,47**	**0,42**	**4,69**	**4,50**	**0,74**	**25,11**	**3,04**	**33,94**	**4,50**	
	„ Abendmilch . . .			„	**86,26**	**3,58**	**0,18**	**4,52**	**4,72**	**0,74**	**26,06**	**1,31**	**33,90**	**4,38**	

H. Hucho (Milchztg. 1897, 26, 695—697) stellte bei einer Ziege Versuche über den Einfluss des ein-, zwei- und dreimaligen Melkens an. Der Milchertrag war bei zweimaligem Melken 20 % höher als bei einmaligem, und bei dreimaligem 15 % höher als bei zweimaligem Melken. Der Fettgehalt betrug bei einmaligem Melken 4,15 %, bei zweimaligem 4,25 %, während er bei dem anderen Versuche 3,03 % bei zweimaligem und 3,35 % bei dreimaligem Melken betrug.

Kohlschmidt (Landw. Jahrbücher 1897, 26, 783) stellte Untersuchungen an über die Milchergiebigkeit der Ziegen in der sächsischen Schweiz. Er fand für die einzelnen Zeitabschnitte folgende Mittelwerthe:

---

[1]) 1. Ber. d. Versuchsstation Wien 1878, 72. Die Thiere waren von der k. k. Landwirthschafts-Gesellschaft auf der Wiener Weltausstellung 1872 mehrere Monate hindurch aufgestallt. Das Futter der Thiere bestand aus Heu und Weizenkleie.

*) Bei den Mittelwerthsberechnungen sind nur die sich für je einen Tag entsprechenden Analysen einerseits für Morgen- und Abendmilch, andererseits für Morgen-, Mittag- und Abendmilch berücksichtigt.

A. Bei den Schweizer (Saanen-) Ziegen.

Zeitabschnitt	Zahl der untersuchten Thiere	Milchertrag in l				Fettgehalt der Milch in %			
		Morgens	Mittags	Abends	Im Ganzen	Morgens	Mittags	Abends	Mittel
Im Mai	12	1,15	0,76	0,78	2,68	2,68	3,48	3,09	3,01
„ Juli	16	1,08	0,72	0,72	2,52	2,40	3,16	2,75	2,70
„ August	16	0,85	0,55	0,60	2,00	2,84	3,48	3,10	3,10
„ Oktober . . .	16	0,78	0,45	0,52	1,67	2,90	3,60	3,24	3,20
„ December . . .	13	0,60	0,38	0,42	1,23	3,45	4,10	3,51	3,60
Beim Trockenstellen .	—	—	—	—	0,37	—	—	—	—
B. Bei den Landziegen aus der Umgegend von Sebnitz.									
Im Mai	10	1,57	1,00	0,93	3,50	2,79	3,85	3,34	3,21
„ Juli	11	1,32	0,92	0,93	3,27	2,54	3,35	2,92	2,87
„ August	11	1,30	0,60	0,80	2,70	2,70	3,60	3,10	3,00
„ Oktober . . .	11	1,03	0,56	0,66	2,20	2,90	3,70	3,30	3,10
„ December . . .	9	0,60	0,55	0,40	1,34	3,40	—	3,90	3,71
Beim Trockenstellen .	—	—	—	—	0,52	—	—	—	—

Die Milch der einzelnen Schweizerziegen zeigte im Durchschnitt der ganzen Laktationsperiode bei den 3—4jährigen Ziegen einen Fettgehalt von 2,20—3,75 %, im Mittel von 3,06 %, bei den Erstlingsthieren der Nachzucht von 2,60 — 2,79 %, im Mittel von 2,79 %.

Die Milch der Landziegen hatte im Durchschnitt der ganzen Laktation einen Fettgehalt von 2,49 — 3,76 %, im Mittel von 3,07 %. Bezüglich der Fettbestimmungen bei den einzelnen Thieren muss auf das Original verwiesen werden.

Ramm theilt Versuche über die Leistungsfähigkeit einer Ziege der rehbraunen Toggenburger Rasse aus Wildhaus im Kanton St. Gallen mit (Landw. Jahrb. 1895, 24, 937—957); er fand:

	Laktation 1892			Laktation 1893		
	Gesammtmilchmenge kg	Spec. Gewicht	Fett %	Gesammtmilchmenge kg	Spec. Gewicht	Fett %
Mittel	224,700	1,0327	3,72	347,032	1,0314	4,41
Schwankungen .	—	1,0306—1,0339	3,10—4,80	—	1,0276—1,0375	3,45—4,88

Vergl. auch die gleichzeitig bei Milchschafen gewonnenen Zahlen S. 271. Das Futter war reichlich bemessen.

Ziegenmilch nach der Zeit nach dem Lammen.

No.	Nähere Bezeichnung		Tägl. Milchm.	Zeit der Untersuchung	In der natürlichen Milch: Wasser %	Kasein %	Albumin %	Fett %	Milchzucker %	Asche %	In der Trocken-Substanz: Kasein %	Albumin %	Fett %	Stickstoff in der Trocken-Substanz %	Analytiker
1	1000 g Wiesenheu + 100 g Leinmehl	14. April	1002 g	1869	87,63	3,25		3,67	4,61	0,84	26,27		29,67	4,20	Fr. Stohmann[1]
2		15. „	901 „	„	86,93	3,38		4,05	4,80	0,84	25,86		30,99	4,14	
3		16. „	870 „	„	86,83	3,38		3,70	5,25	0,84	25,66		28,09	4,11	
4		18. „	637 „	„	86,76	3,50		4,40	4,79	0,95	25,66		32,26	4,11	
5		19. „	500 „	„	86,39	3,81		4,04	4,81	0,95	28,00		29,69	4,48	
6		20. „	363 „	„	85,61	4,00		4,69	4,75	0,95	27,80		32,59	4,45	
7		21. „	365 „	„	86,49	3,94		3,73	4,89	0,95	29,16		27,61	4,67	
8		22. „	338 „	„	86,91	4,19		3,30	4,65	0,95	32,01		25,20	5,12	
9		23. „	261 „	„	84,02	4,81		5,73	4,49	0,95	30,10		35,86	4,82	

[1]) Fr. Stohmann etc. Versuchsstation Halle. Biologische Studien von F. Stohmann, Braunschweig 1873. (Vergl. Ziegenmilch unter dem Einflusse des Futters No. 31—55.)

No.	Nähere Bezeichnung		Zeit der Untersuchung	In der natürlichen Milch: Wasser %	Kasein %	Albumin %	Fett %	Milchzucker %	Asche %	In der Trocken-Substanz: Kasein %	Albumin %	Fett %	Stickstoff in der Trocken-Substanz %	Analytiker
		Tägliche Milchmenge												
10	1250 g Heu + 150 g Leinmehl: 30. April	232 g	1869	85,33	4,31		4,43	4,93	1,00	29,38		30,20	4,70	Fr. Stohmann[1])
11	2. Mai	213 „	„	84,59	4,56		5,13	4,72	1,00	29,55		33,29	4,73	
12	3. „	230 „	„	84,95	4,63		4,96	4,96	1,00	30,77		32,96	4,92	
13	4. „	217 „	„	85,63	4,63		4,23	4,51	1,00	32,22		29,44	5,16	
	Zeit nach dem Lammen	Spec. Gewicht												
14	Zum ersten Male tragend, Ziege I: 8 Tage	1,027	1879	86,40	3,30		4,40	5,10	0,80	24,26		32,25	3,88	Siedamgrotzky u. Hofmeister[2])
15	16 „	1,030	„	88,20	3,40		2,80	4,75	0,85	28,82		23,73	4,61	
16	22 „	1,031	„	89,16	2,79		2,57	4,55	0,93	25,74		23,71	4,12	
17	31 „	1,030	„	89,90	2,67		2,20	4,46	0,77	26,44		21,78	4,23	
18	38 „	1,032	„	90,04	2,76		2,00	4,40	0,80	27,71		20,08	4,43	
19	64 „	1,026	„	90,52	2,71		2,11	3,88	0,78	28,59		22,26	4,57	
20	Ziege II: 8 „	1,030	„	85,80	3,23		5,77	4,40	0,80	22,75		40,63	3,64	
21	16 „	1,028	„	87,40	3,18		3,96	4,60	0,86	25,14		31,43	4,02	
22	22 „	1,031	„	88,60	2,79		3,07	4,75	0,79	24,47		26,93	3,92	
23	31 „	1,031	„	89,03	2,87		2,57	4,63	0,90	26,16		23,44	4,19	
24	38 „	1,032	„	89,60	2,66		2,18	4,65	0,91	25,58		20,96	4,09	
25	64 „	1,031	„	90,15	2,56		1,63	4,81	0,85	25,99		16,54	4,16	

Ziegenmilch unter dem Einflusse der Fütterung.

No.	Ziege I:	Spec. Gew.	Zeit der Untersuchung	Wasser %	Kasein %	Albumin %	Fett %	Milchzucker %	Asche %	Kasein %	Albumin %	Fett %	Stickstoff %	Analytiker
1	Heu + Leinkuchenmehl	1,028	1866	87,84	2,95		3,87	5,34		24,26		31,83	3,88	Fr. Stohmann, Lehde u. Baeber[3])
2	desgl.	1,028	„	88,39	2,75		3,57	5,79		23,68		30,75	3,79	
3	desgl.	1,0265	„	88,45	2,76		3,36	4,56	0,87	23,90		29,09	3,82	
4	Heu + Oel (Mohnöl)	1,0274	„	88,01	2,87		3,71	4,52	0,89	23,96		30,96	3,83	

[1]) Vergl. Anmerkung [1]) S. 259.

[2]) Mitthl. v. d. chem. physiol. Versuchsstation der Thierarzneischule in Dresden 1879, 7. Das Futter der Ziegen bestand aus Wiesenheu (Roggenkleie und Schwarzmehl); Ziege I erhielt ausserdem nach dem achten Tage 6 bezw. 12 g Milchsäure im Futter (um den Einfluss der so erzeugten Milch auf die Knochenbildung bei dem Lammen zu erforschen). Während der Milchsäure-Fütterung hatte die Milch eine schwach saure Reaktion, während sie in der anderen Zeit neutral reagirte. Der Ertrag an Milch schwankte bei Ziege I zwischen 1000—1380 g, bei Ziege II zwischen 1210—2340 g für den Tag.

[3]) Journ. f. Landw. 1868, 135 u. f., 1869, 129 u. 340. Die Ziegen, von welchen die untersuchte Milch stammte, hatten am 23. bezw. 28. März gelammt. Nachdem die Lämmer nach etwa 14 Tagen abgesetzt waren, wurden die Ziegen täglich regelmässig dreimal gemolken; untersucht wurde stets ein Gemisch von Mittag- und Abendmilch und der Morgenmilch des nächsten Tages. Zur Milchuntersuchung wurden je 5 ccm Milch abgemessen, diese im Platinschiffchen auf staubfreien, gekörnten Bimstein gebracht, gewogen und im Wasserbad und Wasserstoffstrom getrocknet, das Schiffchen mit der Milch-Trocken-Substanz in einem Rohre mit Aether ausgezogen. Stickstoff und Asche wurden in besonderen Theilen der Milch direkt bestimmt. Die oben angegebene Zusammensetzung der Milch ist jedesmal das Mittel von Analysen von vier oder mehr an vier oder mehr aufeinander folgenden Tagen genommenen Milchproben. Von den Ziegen wurde verzehrt bezw. Milch gemolken für den Tag in Grammen:

Ziege I	Wiesenheu	Leinkuchen	Milch	Ziege II	Wiesenheu	Leinkuchen	Milch
1. 14./5. bis 3./6.	1044	375	1228	10.	1160	375	1450
2. 11./6. „ 17./6.	1058	375	1244	11.	1177	475	1596
3. 25./6. „ 1./7.	1057	375	1159	12.	1061	475 (Oel 50)	1593
4. 16./7. „ 22./7.	917	375 (Oel 50)	1220	13.	1114	475 —	1415
5. 13./8. „ 19./8.	929	entfettete 338	798	14.	1134	475	1064
6. 27./8. „ 2./9.	558	676	775	15.	1112	entfettete 428	894
7. 10./9. „ 16./9.	856	gewöhnl. 375	578	16.	658	856	831
8. 24./9. „ 30./9.	772	338 (Stärke 90)	502	17.	947	gewöhnl. 426	576
9. 8./10. „ 14./10.	509	338 („ 215)	438	18.	597	428 (Stärke 232)	528

Ausser dem angegebenen Futter bekamen die Thiere täglich je 10 g Salz.

No.	Nähere Bezeichnung	Spec. Gew.	Zeit der Untersuchung	In der natürlichen Milch: Wasser %	Kasein %	Albumin %	Fett %	Milchzucker %	Asche %	In der Trocken-Substanz: Kasein %	Albumin %	Fett %	Stickstoff in der Trocken-Substanz %	Analytiker
5	Fettarm (entfettete Leinkuchen)	1,028	1866	89,01	2,93		2,87	4,19	1,10	26,68		26,14	4,43	Fr. Stohmann, Lehde u. Baeber[1])
6	Vermehrung v. Eiweiss	1,028	„	89,11	3,34		2,52	3,82	1,21	30,67		23,14	4,91	
7	Heu + Leinkuchen	1,0288	„	87,75	3,51		3,48	4,19	1,07	28,65		28,41	4,58	
8	Zusatz v. wenig Stärke	1,0285	„	87,65	3,78		3,44	3,77	1,36	27,41		27,85	4,39	
9	„ „ viel Stärke	1,030	„	87,42	4,12		3,43	3,97	1,06	32,75		27,27	5,24	
	Ziege II:													
10	Heu + Leinkuchen	1,0296	„	87,65	3,07		3,76	5,52		24,86		30,44	3,98	
11	desgl.	1,0284	„	87,81	2,86		3,67	5,66		23,46		30,11	3,75	
12	Zusatz von Oel	1,028	„	87,62	3,03		3,74	4,77	0,84	24,48		30,21	3,90	
13	Heu + Leinkuchen	1,0286	„	88,13	3,06		3,39	4,55	0,87	25,78		28,36	4,12	
14	desgl.	1,0288	„	87,85	2,87		3,47	4,91	0,90	23,62		28,56	3,78	
15	Fettarm	1,029	„	88,98	3,28		2,48	4,29	0,97	29,76		22,50	4,76	
16	Zusatz von Eiweiss	1,030	„	87,55	3,85		3,03	4,33	1,24	30,92		24,34	4,95	
17	Heu + Leinkuchen	1,030	„	87,22	4,09		3,28	4,25	1,16	32,00		25,67	5,12	
18	Zusatz von viel Stärke	1,031	„	87,00	4,34		3,29	4,41	0,96	33,38		25,31	5,34	
	Ziege III:													
19	Wiesenheu 1500 g		1868	88,53	2,38		3,77	4,56	0,76	19,88		32,87	3,18	Fr. Stohmann, Frühling u. Rost[2])
20	„ 1300 g + Stärkemehl 200 g . .		„	88,71	2,47		3,36	4,71	0,75	21,88		28,87	3,50	
21	„ 1450 g + Mohnöl 20 g		„	87,97	2,75		3,96	4,51	0,81	22,86		32,92	3,66	
22	„ 1500 g		„	86,24	3,08		5,23	4,58	0,87	22,22		37,73	3,56	
23	„ 1300 g + Zucker 200 g		„	86,66	3,27		4,60	4,55	0,92	24,51		34,48	3,92	
24	„ 1500 g		„	85,35	3,65		5,61	4,48	0,91	24,91		38,29	3,99	
	Ziege IV:													
25	Wiesenheu 1500 g		„	88,97	2,79		3,00	4,39	0,85	25,29		27,20	4,05	
26	„ 1300 g + Stärkemehl 200 g . .		„	89,36	2,96		2,46	4,41	0,81	27,82		23,12	4,45	
27	„ 1450 g + Mohnöl 50 g.		„	88,57	3,10		3,18	4,25	0,90	27,12		27,82	4,34	

[1]) Vergl. Anmerkung [2]) S. 260.

[2]) Zeitschr. f. Biologie 1880, 204. Die procentige Zusammensetzung der Milch schwankte in den einzelnen Perioden und bei den beiden Ziegen in nachstehenden Grenzen:

		Ziege III: Trocksbst.	Fett	Kasein	Zucker	Ziege IV: Trocksbst.	Fett	Kasein	Zucker
Wiesenheu	Maximum . .	11,24	3,57	2,31	4,39	10,55	2,61	2,75	4,26
	Minimum . .	11,67	3,99	2,44	4,73	11,28	3,31	2,88	4,53
„ + Stärkemehl	Maximum . .	11,26	3,21	2,44	4,65	10,33	2,26	2,88	4,37
	Minimum . .	11,43	3,53	2,56	4,76	10,94	2,59	3,00	4,50
„ + Oel . . .	Maximum . .	11,73	3,73	2,63	4,47	11,27	3,10	3,06	4,10
	Minimum . .	12,44	4,11	3,00	4,57	11,76	3,33	3,13	4,30
„	Maximum . .	13,50	4,97	3,00	4,37	11,94	3,29	3,06	4,23
	Minimum . .	13,91	5,75	3,13	4,86	12,42	3,84	3,44	4,81
„ + Zucker . .	Maximum . .	13,08	4,08	3,06	4,36	11,12	2,23	3,38	4,44
	Minimum . .	14,10	5,17	3,38	4,81	11,56	2,70	3,56	4,86
„	Maximum . .	14,28	5,20	3,44	3,90	12,69	3,39	3,63	4,08
	Minimum . .	14,80	6,43	3,75	4,81	13,39	4,37	3,81	4,78

No.	Nähere Bezeichnung	Zeit der Untersuchung	In der natürlichen Milch: Wasser %	Kasein %	Albumin %	Fett %	Milchzucker %	Asche %	In der Trocken-Substanz: Kasein %	Albumin %	Fett %	Stickstoff in der Trocken-Substanz %	Analytiker
28	Wiesenheu 1500 g	1868	87,76	3,27		3,61	4,49	0,87	26,72		29,49	4,28	Fr. Stohmann, Frühling u. Rost[1])
29	„ 1300 g + Zucker 200 g	„	88,61	3,46		2,47	4,60	6,86	30,38		21,69	4,86	
30	„ 1500 g	„	87,04	3,71		3,84	4,52	0,89	28,63		29,63	4,58	
	Ziege I: Wiesenheu g + Leinmehl g, Milchmenge g												
31	1500 100 1258 11/5—14/5	1869	83,20	3,91		7,14	4,81	0,94	23,27		42,50	3,72	Fr. Stohmann, Frühling, Claus, Petersen u. v. Seebach[2])
32	1500 100 1003 23/5—29/5	„	83,82	4,25		5,86	5,13	0,94	26,27		36,21	4,20	
33	1450 150 786 6/6—12/6	„	84,09	4,60		5,49	4,79	1,03	28,63		34,16	4,58	
34	1450 200 625 20/6—26/6	„	83,20	4,90		6,23	4,71	0,96	29,16		37,08	4,67	
35	1350 250 890 4/7—10/7	„	85,04	4,30		5,11	4,46	1,09	28,74		34,16	4,60	
36	1250 350 1203 25/7—31/7	„	86,23	4,19		4,17	4,54	0,87	30,43		30,28	4,87	
37	1100 500 1252 8/8—14/8	„	85,95	3,85		4,48	4,82	0,90	27,40		31,88	4,38	
38	950 650 1228 22/8—28/8	„	86,41	3,91		3,93	4,88	0,87	28,77		28,92	4,60	
39	800 800 1427 5/9—11/9	„	86,36	3,93		4,22	4,57	0,92	28,81		30,94	4,61	
40	A 1600 — 1057 19/9—25/9	„	86,21	3,86		4,31	4,72	0,90	27,99		31,26	4,48	
41	B 1600 — 643 3/10—9/10	„	85,96	4,01		4,37	4,73	0,93	28,56		31,13	4,57	
	Ziege II:												
42	700 800 1742 14/4—16/4	„	86,75	3,44		4,11	4,84	0,86	25,96		31,02	4,15	
43	700 800 1493 18/4—24/4	„	86,61	3,63		3,88	5,04	0,84	27,11		28,98	4,34	
44	700 800 1386 30/4—4/5	„	87,34	3,64		3,33	4,83	0,86	28,75		26,30	4,60	
45	700 800 1574 11/5—14/5	„	87,81	3,71		3,13	4,50	0,85	30,43		25,68	4,87	
46	700 800 1481 23/5—29/5	„	88,09	3,44		2,94	4,69	0,84	28,88		24,68	4,62	
47	700 800 1492 6/6—12/6	„	88,02	3,67		2,98	4,50	0,85	30,63		24,87	4,90	
48	700 800 1395 20/6—26/6	„	87,70	3,72		3,16	4,57	0,85	30,24		25,69	4,84	
49	700 800 1294 4/7 — 10/7	„	87,79	3,63		3,11	4,64	0,83	29,73		25,47	4,76	
50	{900 400 + 200 g Stärkemehl} 1273 25/7—31/7	„	88,33	3,77		2,66	4,39	0,85	32,31		22,79	5,17	
51	{900 400 + 200 g Gummi} 1089 8/8—14/8	„	87,39	3,65		3,25	4,83	0,88	28,94		25,77	4,63	
52	900 400 976 22/8—28/8	„	87,85	3,87		2,68	4,68	0,92	31,85		22,06	5,10	
53	Wiesenheu A 627 19/9—25/9	„	86,37	4,26		4,07	4,37	0,93	31,26		29,86	5,00	
54	„ B 519 3/10—9/10	„	85,89	4,34		4,23	4,61	0,93	31,76		29,98	5,08	
55	{Stärkemehl 200 g + Gummi 200 g} 358 17/10—23/10	„	87,20	4,46		2,29	5,09	0,96	34,84		17,89	5,41	
56	I 750 g Wiesenheu . . .	1878	89,16	—		2,81	—	—	—		25,92	—	H. Weiske, Schrodt u. Dehmel[3])
57	II 500 g Wiesenheu + 500 g Erbsenschrot	„	89,47	—		3,32	—	—	—		31,53	—	
58	III 1500 g frische Kartoffeln + 375 g Strohhäcksel . .	„	89,44	—		2,70	—	—	—		25,57	—	

[1]) Vergl. Anmerkung [2]) S. 261.
[2]) Biologische Studien von F. Stohmann. Braunschweig 1873.
[3]) Vergl. Anmerkung [1]) S. 263.

No.	Nähere Bezeichnung	Spec. Gew.	Zeit der Untersuchung	In der natürlichen Milch: Wasser %	Kasein %	Albumin %	Fett %	Milchzucker %	Asche %	In der Trocken-Substanz: Kasein %	Albumin %	Fett %	Stickstoff in der Trocken-Substanz %	Analytiker
59	IV 1500 g frische Kartoff. + 375 g Strohhäcksel + 250 g Fleischm.		1878	89,31	—		3,14	—	—	—		29,37	—	H. Weiske, Schrodt u. Dehmel [1])
60	V desgl. (ohne Fleischmehl) + 250 g Kleie + 125 g Olivenöl . . .		„	87,12	—		5,09	—	—	—		39,51	—	
61	VI wie V, statt Olivenöl 85 g Stearinsäure		„	87,72	—		4,46	—	—	—		36,32	—	
62	VII wie I		„	88,67	—		3,46	—	—	—		30,53	—	
	Ziege I:													
63	11. Laktationswoche, eiweissreiches Futter, 24/6—2/7, milchend 11 Wochen; Tagesertrag 505,8 ccm	—	1881	88,27	—		3,57	4,58	—	—		30,43	—	J. Munk [2])
64	Eiweissärmeres Futter, 2/7—13/7, milchend 12 Wochen; Tagesertrag 413,4 ccm	1,0303	„	88,09	3,10		3,72	4,20	—	26,03		31,23	4,16	
65	Salzreiches*) Futter 19/7—30/7, milchend 13—14 Woch.; Tagesertrag 295,0 ccm	1,0322	„	87,80	—		—	—	0,81	—		—	—	
	Ziege II:													
66	11. Laktationswoche, eiweissärmeres Futter 2/7—14/7, milchend 11 Woch.; Tagesertrag 313,5 ccm	—	„	87,69	—		3,89	—	—	—		31,60	—	
67	Weidegrasfütterung u. Schrot 15/7—30/7, milchend 13 bis 14 Wochen; Tagesertrag 339,5 ccm	1,0293	„	86,61	—		5,25	4,15	—	—		39,21	—	

[1]) Journ. f. Landwirthschaft 1878, **26**, 447. Als Versuchsthier diente eine Ziege von normaler Beschaffenheit. Fütterungsperioden III u. V dauerten je 3 Wochen, die übrigen je 2 Wochen. In jeder Periode bestimmte man mindestens an den letzten 12 Versuchstagen die täglich erzeugte Milchmenge durch dreimaliges Melken und an den letzten 4 bezw. 5 Tagen den Fett- und Trocken-Substanz-Gehalt der Milch. Ebenso wurde, wie unten ersichtlich, eine weitere Untersuchung des Milchfettes vorgenommen.

	Tägliche Milchmenge	darin Trocken-Substanz	Fett	Milchfett: Schmelzpunkt	Milchfett: Erstarrungspunkt	Fettsäuren: des Milchfettes	Fettsäuren: Schmelzpunkt	Fettsäuren: Erstarrungspunkt
	g	g	g	°C.	°C.	%	°C.	°C.
I.	730,8	79,29	20,50	35,3	—	87,41	37,9	29,0
II.	782,1	82,34	25,96	37,5	10,3	85,14	45,4	32,0
III.	739,0	78,02	19,96	34,5	10,8	85,41	48,0	37,6
IV.	1054,0	112,66	33,21	37,5	11,8	84,94	48,6	37,6
V.	588,3	77,85	79,74	38,8	11,5	88,34	39,4	30,3
VI.	506,2	62,24	22,30	39,5	12,5	87,26	47,4	36,1
VII.	358,0	38,19	11,65	32,9	9,4	87,85	40,9	30,6
Rahm	—	—	—	37,0	10,5	85,47	48,0	34,0
Abgerahmte Milch	—	—	—	39,0	10,5	82,70	48,0	35,0

[2]) Archiv für wissensch. und prakt. Thierheilkunde 1881, 91. Das eiweissreiche Futter bestand aus 500 g Heu, 300 g Weizenkleie, 150 g Maisschrot und 3 l Wasser; das eiweissärmere Futter aus 500 g Heu, 250 g Weizenkleie, 150 g Maisschrot und 3 l Wasser für den Tag. Bei No. 67 wurden neben 3 kg Weidegras noch 150 g Schrot gefüttert. Die Ziegen befanden sich zu Anfang der Versuche in der 11. Laktationswoche und wurden Morgens 7 Uhr und Abends 8 Uhr gemolken. An gesammten Bestandtheilen wurden für den Tag in der Milch abgegeben:

	Feste Stoffe	Eiweiss	Fett	Milchzucker
Ziege I, eiweissreiches Futter, 24. Juni bis 2. Juli . . .	61,3 g	15,51 g	17,81 g	23,16 g
„ I, eiweissärmeres „ 2. bis 13. Juli	44,45 „	14,85 „	15,15 „	17,82 „
„ II, „ „ 2. „ 14. „	37,26 „	— „	12,03 „	13,60 „
„ II, Weidegras + Schrot, 15. „ 30. „	45,56 „	— „	17,90 „	14,09 „

*) Das Futter der salzreichen Periode bestand aus 300 g Weizenkleie, 2 kg Kartoffeln mit 1½ l Wasser und 20,6 g Salzen. Während in einer Vorfütterungsperiode 1,96 g Salze für den Tag oder 0,76 % der Milch ausgeschieden wurden, betrug diese Menge in der Salzperiode 2,24 g für den Tag oder 0,81 % der Milch.

Ziegenmilch, Einfluss anstrengender Bewegung auf die Milch.

Nach Theodor Henkel. (Landw. Versuchsstation 1897, 46, 329—355.)

Die Versuchsziege hatte in der Zeit vom 5.—20. Oktober 1894 drei anstrengende Märsche zu machen und zwar am 8., 11. und 18. Oktober. Die Milch wurde auch in der Zwischenzeit untersucht und zwar zum Mindesten bei zwei Melkzeiten vor und zwei nach dem Marsche. Das Futter der Ziege bestand aus Heu und Grummet nach Belieben. Marsch und Ruhe gestalteten sich an den drei Marschtagen folgendermassen:

I. Marsch. $^{8}/_{10}$ 94. Anfang 7 Uhr. 3 Stunden Marsch, $^{1}/_{2}$ Stunde Ruhe und Heufütterung; $1^{1}/_{4}$ Stunde schnellerer Marsch (an ein Lastfuhrwerk gebunden), dann $1^{1}/_{4}$ Stunde Rückmarsch im gewöhnlichen Schritt; $1^{1}/_{2}$ Stunde Ruhe und Fütterung. Dann von $2^{1}/_{4}$ bis 7 Uhr Marsch mit $^{1}/_{2}$ Stunde Ruhepause. Also Marschzeit im Ganzen $8^{1}/_{2}$ Stunde.

II. Marsch. Derselbe begann nach 2 Ruhetagen am $^{11}/_{10}$ früh 8 Uhr und dauerte auf steilen Wegen bis 12 Uhr, dann 1-stündige Rast und Fütterung. Darauf folgte $1^{1}/_{4}$ Stunde schnellerer Schritt, wie vorher beschrieben. Hierauf folgte $^{1}/_{4}$ Stunde Ruhe und $4^{1}/_{4}$ Stunde Marsch. Im Ganzen $8^{3}/_{4}$ Stunden Marsch.

III. Marsch. $^{18}/_{10}$ 94. Von $6^{3}/_{4}$—9 Uhr Marsch, $^{1}/_{2}$ Stunde Rast und Fütterung, dann 1 Stunde Marsch, $^{1}/_{2}$ Stunde Rast, $1^{1}/_{2}$ Stunde Marsch, 1 Stunde Rast und Fütterung, $4^{1}/_{2}$ Stunden Rückmarsch. Im Ganzen $9^{1}/_{4}$ Stunden Marsch.

No.	Nähere Bezeichnung		Spec. Gewicht	In der natürlichen Milch: Wasser %	Stickstoff-Substanz %	Fett %	Milchzucker %	Asche %	In der Trocken-Substanz: Stickstoff-Substanz %	Fett %	Stickstoff in der Trocken-Substanz %	Milchertrag kg
I.	$^{5}/_{10}$	Abends	—	88,31	—	2,98	—	—	—	25,49	—	1,010
	$^{6}/_{10}$	Morgens	1,0313	88,54	—	2,90	—	—	—	25,30	—	1,285
		Abends	1,0327	87,14	—	3,91	—	0,87	—	30,40	—	1,001
	$^{7}/_{10}$	Morgens	1,0315	87,52	—	3,55	—	0,85	—	28,44	—	0,940
		Abends	1,0328	86,79	3,66	4,09	4,54	0,91	27,70	30,96	4,43	—
	$^{8}/_{10}$	Morgens	1,0318	87,33	3,57	3,63	4,68	0,87	28,18	28,65	4,51	0,949
		Abends	1,0263	87,90	3,86	4,24	2,91	1,02	31,19	35,04	4,99	0,730
	$^{9}/_{10}$	Morgens	**1,0290**	**88,70**	**4,10**	**3,28**	**3,98**	—	**36,28**	**29,03**	**5,80**	**0,804**
		Abends	1,0312	86,53	4,06	4,29	3,79	1,00	30,14	31,85	4,82	0,642
	$^{10}/_{10}$	Morgens	1,0314	87,12	—	3,75	—	0,98	—	29,11	—	0,687
		Abends	1,0318	86,74	4,12	4,09	3,91	0,98	31,07	30,84	4,97	0,712
II.	$^{11}/_{10}$	Morgens	1,0318	88,15	3,67	3,06	3,98	1,00	30,97	25,83	4,95	0,792
		Abends	1,0300	84,06	5,31	6,80	2,90	1,16	33,29	42,66	5,33	0,367
	$^{12}/_{10}$	Morgens	**1,0343**	**86,32**	**4,84**	**3,86**	**4,07**	**1,07**	**35,38**	**28,27**	**5,66**	**0,507**
		Abends	1,0337	87,58	3,78	3,26	4,32	0,99	30,44	26,25	4,87	0,747
	$^{13}/_{10}$	Morgens	1,0319	88,14	3,32	3,20	4,43	0,95	28,00	26,98	4,48	0,842
III.	$^{16}/_{10}$	Abends	1,0337	86,92	—	3,47	—	1,03	—	26,52	—	0,522
	$^{17}/_{10}$	Morgens	1,0333	86,79	3,87	3,72	3,87	1,01	29,30	28,16	4,69	0,527
		Abends	1,0355	86,27	4,43	3,80	4,07	1,05	32,26	27,68	5,16	0,522
	$^{18}/_{10}$	Morgens	1,0327	87,40	4,03	3,37	3,95	1,03	32,00	26,90	5,12	0,569
		Abends	1,0282	88,00	4,47	3,90	2,33	1,13	37,25	32,50	5,96	0,542
	$^{19}/_{10}$	Morgens	**1,0317**	**88,45**	**4,18**	**2,70**	**3,39**	**1,07**	**36,19**	**23,38**	**5,79**	**0,617**
		Abends	1,0322	87,25	4,31	3,51	3,58	1,01	33,80	27,53	5,48	0,486
	$^{20}/_{10}$	Morgens	1,0332	86,80	4,39	3,61	3,89	1,04	33,25	27,34	5,32	0,505

Ziegenmilch aus verschiedenen Zitzen.

No.	Nähere Bezeichnung		Zeit der Untersuchung	In der natürlichen Milch: Wasser %	Kasein %	Albumin %	Fett %	Milchzucker %	Asche %	In der Trocken-Substanz: Stickstoff-Substanz %	Fett %	Stickstoff in der Trocken-Substanz %	Analytiker
1	Heufütterung	Rechte Zitze	1878	89,20	—		2,81	—	—	—	26,02	—	*H. Weiske, Schrodt u. Dehmel*[1])
2		Linke „	„	88,84	—		3,06	—	—	—	27,44	—	
3	Kartoffeln u. Stroh	Rechte „	„	89,54	—		3,14	—	—	—	30,02	—	
4		Linke „	„	89,30	—		2,74	—	—	—	25,61	—	
5	desgl. und Fleischmehl	Rechte „	„	89,24	—		3,16	—	—	—	29,37	—	
6		Linke „	„	88,88	—		3,47	—	—	—	31,21	—	

Ziegenmilch, gebrochenes Melken.

No.	Nähere Bezeichnung	Zeit der Untersuchung	Wasser %	Kasein %	Albumin %	Fett %	Milchzucker %	Asche %	Stickstoff-Substanz %	Fett %	Stickstoff %	Analytiker
1	Erste Milch einer Ziege . .	1878	90,16	—		2,30	—	—	—	23,37	—	*dieselben*[2])
2	Letzte „ „ „ . .	„	88,04	—		4,46	—	—	—	37,29	—	

Milch kranker Ziegen.

No.	Nähere Bezeichnung	Spec. Gew.	Zeit der Untersuchung	Wasser %	Kasein %	Albumin %	Fett %	Milchzucker %	Asche %	Stickstoff-Substanz %	Fett %	Stickstoff %	Analytiker
1	An Agalaktie erkrankte Ziegen	1,0322	1893	88,16	4,89		2,94	3,03	0,98	41,30	24,83	6,61	*Schaffer*[3])
2		1,0317	„	86,84	5,74		3,51	2,50	1,41	43,62	26,67	6,98	

Schafmilch.

I. Colostrum und Uebergang zur Milch.

No.	Nähere Bezeichnung	Zeit der Untersuchung	Wasser %	Kasein %	Albumin %	Fett %	Milchzucker %	Asche %	Stickstoff-Substanz %	Fett %	Stickstoff %	Analytiker
1	Colostrum; spec. Gew. 1,063	1879	69,74	17,37**)		2,75	8,85	1,29	57,40	9,09	9,18	*A. Völker*[4])
2	3 Tage nach dem Lammen .	1865	76,70	13,37**)		1,20	7,10	1,63	58,38	5,15	9,18	

Von einem Mutterschaf der Southdown-Merino-Kreuzung:*)

No.	Zeit nach dem Lammen	Milchmenge g	Spec. Gew.	Zeit der Untersuchung	In 100 ccm Milch: Wasser	Kasein	Albumin	Fett	Milchzucker	Asche	Stickstoff-Substanz	Fett	Stickstoff	Analytiker
3	1/2 Stunde	64,6	1,0604	1881	47,03	4,96 ***)	18,56 ***)	25,02	1,54	1,19	47,61	48,14	7,62	*H. Weiske u. G. Kennepohl*[5])
4	7 Stund.	170,0	1,0520	„	61,93	7,48	9,61	16,14	3,53	0,96	45,81	42,40	7,33	
5	19 „	288,0	1,0449	„	76,53	5,27	2,93	8,87	5,24	0,86	36,17	37,79	5,79	
6	2 Tage	620,0	1,0359	„	82,79	4,28	0,82	5,93	5,19	0,87	30,33	34,46	4,85	
7	3 „	736,0	1,0350	„	82,93	4,54	0,92	6,19	4,37	0,95	32,57	36,26	5,21	
8	4 „	768,0	1,0343	„	83,48	4,64	0,85	5,69	4,31	0,96	33,64	34,44	5,38	
9	5 „	840,0	1,0335	„	83,90	4,18	0,60	5,72	4,27	0,92	32,23	35,53	5,16	

[1]) Journ. f. Landwirthschaft 1878, **26**, 447. Milch von einer und derselben Ziege.

[2]) Journ. f. Landwirthschaft 1878, **26**, 447.

[3]) Landw. Jahrb. der Schweiz 1893. Viertelj. Nahrungs- u. Genussm. 1884, **9**, 191. Die Probe 1 enthielt ferner 0,1574 % Milchsäure. Die Zusammensetzung der Asche war folgende:

	Eisenoxyd	Kalk	Magnesia	Kali	Natron	Schwefelsäure	Chlor	Phosphorsäure
No. 1 . . .	— %	23,87 %	— %	2,16 %	— %	— %	10,49 %	31,80 %
No. 2 . . .	0,23 „	19,97 „	3,45 „	12,74 „	20,36 „	0,36 „	20,45 „	25,82 „

Die Abweichungen in der Milchzusammensetzung sind ähnlich wie bei Euterentzündungen. Die Milch nimmt an Fett, Zucker, Phosphorsäure, Kalk, Magnesia und Kali ab, dagegen an Kochsalz zu. Der Milchertrag fiel bei der Agalaktie auf 1/80 der früheren Leistung.

[4]) Journ. of the Roy. agric. of England 1865, **23**, 412 u. 1880, **16**, No. 32.

[5]) Journ. f. Landw. 1881, **29**, 451.

*) Das Versuchsschaf hatte zum 1. Male gelammt; es erhielt in der ersten Zeit (No. 3—23 der Analysen) als Futter 0,5 kg Heu, 0,5 kg Gerstenschrot und 1,0 kg Rüben für den Tag.

**) Durch Multiplikation des gefundenen Stickstoffs mit 6,25 erhalten.

***) An Gesammt-Protein (Stickstoff × 6,25) und an nichteiweissartigem Stickstoff wurde gefunden:

	No. 3	4	5	6	7	8	9	10	11	12	13
Gesammt-Protein	25,22 %	17,44 %	8,50 %	5,22 %	5,56 %	5,56 %	5,19 %	4,88 %	5,00 %	4,93 %	4,59 %
Nicht eiweissartiger Stickst.	0,28 „	0,11 „	0,12 „	0,11 „	0,10 „	0,10 „	0,09 „	0,08 „	0,07 „	0,10 „	0,08 „

No.	Nähere Bezeichnung	Zeit der Untersuchung	In der natürlichen Milch: Wasser %	Kasein %	Albumin %	Fett %	Milchzucker %	Asche %	In der Trocken-Substanz: Stickstoff-Substanz %	Fett %	Stickstoff in der Trocken-Substanz %	Analytiker
	Von einem Mutterschaf der Southdown-Merino-Kreuzung: Zeit nach dem Lammen — Milchmenge g — Spec. Gew.		In 100 ccm Milch									
10	6 Tage — 910,0 — 1,0335	1881	85,22	3,88	0,70	4,47	4,55	0,88	33,02	30,24	5,28	H. Weiske u. G. Kennepohl[1])
11	7 „ — 924,0 — 1,0352	„	84,40	4,04	0,86	4,61	5,09	0,90	32,05	29,55	5,13	
12	8 „ — 992,0 — 1,0365	„	84,26	3,97	0,73	4,62	5,31	0,88	31,32	29,35	5,01	
13	9 „ — 987,0 — 1,0358	„	84,39	4,49	0,60	4,71	5,41	0,90	29,40	30,17	4,70	
	10 Tage nach dem Lammen: Zeit — Milchmenge g — Spec. Gew.											
14	5. Mai, Morgen — 524 — 1,0334	„	85,77	—	—	4,29	—	—	—	30,15	—	
15	5. Mai, Mittag — 254 — 1,0319	„	84,64	—	—	5,54	—	—	—	36,07	—	
16	5. Mai, Abend — 240 — 1,0309	„	83,92	—	—	6,56	—	—	—	40,80	—	
17	6. Mai, Morgen — 358 — 1,0324	„	85,11	—	—	5,22	—	—	—	35,06	—	
18	6. Mai, Mittag — 220 — 1,0298	„	84,59	—	—	6,04	—	—	—	39,20	—	
19	6. Mai, Abend — 232 — 1,0317	„	85,33	—	—	5,18	—	—	—	35,31	—	
20	7. Mai, Morgen — 444 — 1,0340	„	86,41	—	—	4,26	—	—	—	31,35	—	
21	7. Mai, Abend — 493 — 1,0330	„	85,68	—	—	4,79	—	—	—	33,45	—	
22	8. Mai, Morgen — 467 — 1,0339	„	85,65	—	—	4,91	—	—	—	34,22	—	
23	8. Mai, Abend — 487 — 1,0334	„	85,87	—	—	4,41	—	—	—	31,21	—	
24	1. bis 25. Juni bei Grünfutter 0,5 kg Gerstenschrot + 0,25 kg Leinkuchen*) . .	„	83,50	5,18		6,38	4,29	0,80	31,39	38,67	5,02	
25	3. bis 18. Juli 1,5 kg Wiesenheu für den Tag**) . . .	„	81,43	—		7,15	—	—	—	38,50	—	
26	19. Juli bis 1. August 1,5 kg Wiesenheu + 150 g Oel***)	„	80,36	—		8,68	—	—	—	44,20	—	
27	Merino-Schaf, 4 Tage nach dem Lammen, spec. Gew. = 1,0338	1880	% 80,72	% 3,61	% 0,83	% 8,90	% 3,24	% 0,33	% 23,03	% 46,17	% 3,68	F. Strohmer[2])

II. Normale Schafmilch.

No.	Nähere Bezeichnung	Zeit der Untersuchung	Wasser %	Kasein %	Albumin %	Fett %	Milchzucker %	Asche %	Stickstoff-Substanz %	Fett %	Stickstoff in der Trocken-Substanz %	Analytiker
28	Dishley-Schaf	In den 50er Jahren	81,60	4,00	1,70	7,50	4,30	0,90	29,08	40,76	4,09	Doyère[3])
29	Dishley-Schaf		81,00	7,70		5,00	5,80	0,70	40,53	26,32	6,32	Filhol u. Joly[4])
30	Dishley-Schaf		82,50	7,90		3,70	5,35	0,55	45,14	21,14	7,22	
31	Southdown		84,20	6,50		4,00	4,61	0,69	41,14	25,32	6,58	
32	Merino		78,40	9,02		7,60	4,37	0,61	41,76	35,19	6,68	
33	Lauragais		76,98	8,30		10,40	4,16	(0,16)	63,75	45,13	5,77	
34	Tarascon		77,23	8,05		10,40	4,16	(0,16)	35,35	45,67	5,69	

[1]) Vergl. Anmerkung [5]) S. 265.

[2]) Original-Mittheilung. Fett ist nach Fr. Soxhlet, die übrigen Bestandtheile nach den Angaben in Fleischmann's „Molkereiwesen“ bestimmt. Durch Verbrennen der Milch mit Natronkalk wurden 0,76 % Stickstoff oder mit 6,25 multiplicirt = 4,75 % Stickstoff-Substanz gefunden.

[3]) Arch. phys. nat. **22**, 239.

[4]) Compt. rendus **47**, 1013.

*) Milchmenge zuweilen bis etwas über 1000 g für den Tag.

**) „ am 3. Juli 753 g, am 18. Juli 591 g, durchschnittlich 600 g.

***) „ durchschnittlich 596 g.

No.	Nähere Bezeichnung	Milchmenge g	Spec. Gew.	Zeit der Untersuchung	In der natürlichen Milch: Wasser %	Kasein %	Albumin %	Fett %	Milchzucker %	Asche %	In der Trocken-Substanz: Stickstoff-Substanz %	Fett %	Stickstoff in der Trocken-Substanz %	Analytiker
35	Schafe aus der Gegend von Paris			In den 50 er Jahr.	83,23	6,98		5,13	3,94	0,72	41,62	30,59	6,66	*Vernois u. Becquerel*[1]
36	Merino-Rasse (Oesterreich) .				82,40	4,50		8,29	3,31	0,64	25,57	47,10	4,09	
37					83,12	4,18	1,13	5,37	4,49	0,92	31,46	31,81	5,03	*Commaille*[2]
38	Bergamasker-Schaf			1875	82,41	5,97		6,89	4,21	0,52	33,94	39,17	5,42	*Rossel*[3]
39				1857	84,01	5,67		4,74	4,83	0,75	35,46	29,64	5,67	*Bouchardat u. Quevenne*[4]
40			1,0416	1861	87,02	4,83		2,36	5,41	0,89	37,21	18,18	5,95	*H. Grouven*[5]
41			1,0390	„	82,24	5,88		6,34	5,05	0,91	33,11	35,70	5,30	
42				1865	83,10	5,76		4,45	5,73	0,96	34,08	26,33	5,44	*A. Völcker*[6]
43	Im Mittel der ganzen Radener Schafherde von ca. 250 bis 300 Stück*)	—	1,0375	1877	75,43	7,19	1,46	11,91	3,26	1,07	33,83	48,48	5,64	*W. Fleischmann u. P. Vieth*[7]
44		67,5	1,0361	„	77,15	6,08	1,59	10,64	3,64	1,03	33,53	46,56	5,46	
45		80,0	1,0372	1879	75,43	6,17	1,62	11,73	4,03	1,02	31,71	47,74	5,07	
46		63,7	1,0371	1880	74,59	6,59	1,85	11,95	3,94	1,08	33,22	47,03	5,31	
47 **)		60,3	1,0385	1881	74,48	6,65	1,88	12,01	3,41	1,12 **)	33,43	47,06	5,35	
48 **)		73,3	1,0350	1882	75,54	5,83	1,33	11,90	3,43	1,05 **)	29,27	48,65	4,68	
49 **)		82,2	1,0369	1884	77,55	6,67	1,02	9,66	3,71	1,11 **)	38,71	43,07	6,20	
50		82,7	1,0369	1885	72,51	8,90		12,87	4,73	1,08	32,41	46,82	5,19	
51	Gewöhnliche Schafmilch von englischen Schafen		—	1879	83,70	5,16***)		4,45	5,73	0,96	31,64	27,30	5,07	*A. Völker*[8]
52			—	„	75,00	6,58		12,78	4,66	0,98	26,32	51,12	4,21	
53			—	„	86,70	4,44		3,67	4,00	1,19	33,38	27,60	5,34	
54			—	„	86,12	5,59		2,16	4,93	1,20	40,27	15,56	6,44	
55			1,042	„	84,15	5,91		2,32	6,57	1,05	37,29	14,64	5,96	
56			1,031	„	79,02	4,56		10,24	5,19	0,99	21,73	48,81	3,48	
57			1,036	„	84,24	4,31		4,78	5,80	0,87	27,35	30,33	4,38	
58			1,041	„	84,73	5,37		3,65	5,46	0,79	35,17	23,90	5,63	
59	Gemisch v. 2700 Stck. aus der Provinz Rom	2. April Morg.-M.	1,0374	1887	79,04	6,16		8,90	5,04	0,99	29,39	42,46	4,70	*G. Sartori*[9]
60		1. April Abd.-M.	1,0381	„	78,37	6,55		8,99	5,08	1,04	30,28	41,56	4,84	

[1]) v. Gohren, Die Naturgesetze der Fütterung 1872, 467.
[2]) Journ. de Pharm. (4) **10**, 96.
[3]) Centrbl. für Agrik.-Chem. 1875, **2**, 140.
[4]) Quevenne: Du lait. Paris 1857, II, 174.
[5]) Zeitschr. d. landw. Centr.-Vereins d. Prov. Sachsen 1861, 120.
[6]) Journ. of the Roy. agric. Soc. of England 1862, **23**, 412.
[7]) Bericht über die Thätigkeit der milchwirthsch. Versuchsstation Raden. Rostock 1881, 33; desgl. 1882, 36, 1883, 40, 1885, 23 u. 1886, 34.
[8]) Journ. of the Royal agric. Soc. of England 1880, **16**, No. 32.
[9]) Annali di chim. e di farmacol. Lodi, R. Stazione sperimentale di caseificio 1887, 203. Milchztg. 1888, **17**, 387.

*) Die Mutterschafe wurden im Juli, nachdem die Lämmer abgesetzt waren, noch einige Tage gemolken und deren Milch zur Darstellung von Käse verwendet. Aus der Milch wurden erhalten: 27—36 % Käse, 64—71 % Käsemilch und 1,3—4,2 % Verlust.

**) Es ergaben:

No.	47	48	49
Lactoprotein	—	0,49 %	0,45 %
Verlust	0,45 %	0,43 „	— „

***) Die Stickstoff-Substanz bei den Völcker'schen Analysen ist durch Multiplikation des gefundenen Stickstoffs mit 6,25 berechnet.

No.	Nähere Bezeichnung	Zeit der Untersuchung	In der natürlichen Milch: Wasser %	Kasein %	Albumin %	Fett %	Milchzucker %	Asche %	In der Trocken-Substanz: Kasein %	Albumin %	Fett %	Stickstoff in der Trocken-Substanz %	Analytiker
	Gemisch von 2700 Schafen aus der Provinz Rom: Spec. Gew.												
61	Morgenmilch vom 31/1 1,0379	1890	77,92	6,22		10,04	—	—	28,17		45,47	4,51	G. Sartori[1])
62	Abendmilch vom 30/1 1,0381	„	77,24	6,28		10,38	—	—	27,55		45,61	4,41	G. Sartori[1])
63	desgl. 2500 Schafe 1,0380	„	77,55	6,25		10,31	4,94	0,94	27,84		45,92	4,45	derselbe[2])
	Ostfriesisches Milchschaf:												
64	3 Woch. nach dem Lammen	1896	85,30	6,60		5,03	3,07		44,90		34,22	7,18	N. Auerbach[3])
65	10 Woch. nach dem Lammen: Morgenm.	„	79,66	5,35		6,12	8,78		26,30		30,09	3,68	N. Auerbach[3])
66	10 Woch. nach dem Lammen: Abendm.	„	83,50	5,70		8,69	2,11		34,55		52,67	5,53	N. Auerbach[3])
67	Ostfriesisches Schaf, 3 Jahre alt	1892	80,22	4,05 *)	0,98 *)	6,99	6,62 **)	0,99	20,48	4,45	34,83	3,99	A. Stift[4])
68	Mittlere Zusammensetzung aus 6 Analysen der Milch der Sopravissana-Rasse .	1892	78,23	6,26		9,50	5,00	1,01	29,43		44,66	4,71	C. Besana[5])
69	Schafmilch . . . (Spec. Gew.) 1,0413	1894	80,43	4,44		9,66	4,37	1,10	22,69		49,36	3,63	Aug. Pizzi[6])
	Ostfriesisches Milchschaf***):												
70	Morgenmilch . . 1,0287	8/6 96	84,12	—		6,05	—	—	—		38,09	—	P. Vieth[7])
71	Abendmilch . . 1,0358	„	80,40	—		7,45	—	—	—		38,01	—	P. Vieth[7])
72	Morgenmilch . . —	6/7 96	82,52	—		7,15	—	0,85	—		40,90	—	P. Vieth[7])
73	Abendmilch . . —	„	81,91	—		7,80	—	—	—		43,12	—	P. Vieth[7])
	Mittel[0]) Spec. Gew.	**1,0355**	**83,57**	**4,17**	**0,98**	**6,18**	**4,17**	**0,93**	**25,39**	**5,67**	**37,60**	**4,97**	
				5,15 (Kasein + Albumin)					**31,33** (Kasein + Albumin)				
	Schwankungen[0])	1,0287—1,0443	72,51-87,72	4,13—9,02		2,16—12,78	3,26-6,62	0,52-1,20	21,73—63,75		14,64-52,67	3,48-8,43	

[1]) Milchztg. 1890, **19**, 1001.
[2]) Staz. sperim. agrar. 1890. Milchztg. 1890, **19**, 629.
[3]) Milchztg. 1896, **25**, 174.
[4]) Chem.-Ztg. Rep. 1892, 32; Zeitschr. Nahrungsm.-Untersuchung, Hyg. Waarenk. 1892, **6**, 454.
[5]) Viertelj. Nahrungs- u. Genussm. 1894, **9**, 400.
[6]) Staz. sperim. agr. 1894, **26**, 615. Chem. Centrbl. 1894, II, 848.
[7]) Ber. des milchw. Instituts in Hameln 1896, 26.

*) Nach Hoppe-Seyler bestimmt. Es ergab sich ferner: Stickstoff-Substanz nach Kjeldahl 5,00 %; Kasein + Albumin nach Ritthausen 5,18 %.

**) Aus der Differenz. Die direkte Bestimmung ergab 6,50 % Milchzucker.

***) Die tägliche Milchmenge betrug etwa 2 l.

0) Mittelwerth und Schwankungen sind aus den vorstehenden Analysen No. 28—73 und den Analysen No. 1—21 auf S. 269 berechnet.

Schafmilch, Zusammensetzung der Milch von Nichtmilchschafen.*)

No.	Nähere Bezeichnung	Tag der Untersuchung	Milchertrag kg	Specifisches Gewicht	In der natürlichen Milch: Wasser %	Stickstoff-Substanz %	Fett %	Asche %	In der Trocken-Substanz: Stickstoff-Substanz %	Fett %	Stickstoff in der Trocken-Substanz %	Analytiker
1	Merino I, gelammt am 3/3 1896, 2 Lämmer	9/3 96	0,545	1,0432	84,62	5,40	3,15	0,88	35,11	24,16	5,62	
2		16/3	0,690	1,0434	84,23	5,19	2,95	0,88	32,91	18,71	5,27	
3		25/3	0,545	1,0437	86,13	5,37	2,28	0,89	38,71	16,44	6,19	
4		23/4	0,377	1,0435	84,33	5,74	3,80	0,88	36,63	24,25	5,86	
5		8/5	0,371	1,0405	84,20	5,84	4,50	0,89	36,96	28,61	5,91	
6	Merino II, gelammt am 17/3 1896, 2 Lämmer	24/3 96	1,109	1,0394	85,82	4,44	3,80	0,94	31,31	27,50	5,01	
7		1/4	0,825	1,0369	86,39	4,33	3,50	0,93	31,81	25,27	5,09	
8		16/4	0,595	1,0386	85,68	4,88	3,68	0,90	34,08	25,68	5,45	
9		2/5	0,622	1,0366	85,26	4,46	4,50	0,91	30,26	30,53	4,84	
10		18/5	0,527	1,0344	85,37	4,58	4,80	0,92	31,31	32,81	5,01	
11		19/6	0,476	1,0356	83,97	5,28	7,22	0,90	32,94	45,04	5,27	
12	Hampshire, gelammt am 29/2 1896, 2 Lämmer (1 todt)	9/3 96	0,437	1,0444	86,60	5,45	1,40	0,99	40,67	10,45	6,51	
13		16/3	0,610	1,0437	85,71	4,80	2,23	0,99	33,59	15,61	5,37	
14		25/3	0,430	1,0439	86,65	4,32	1,80	0,98	32,36	13,48	5,18	*Hucho* [1]
15		15/4	0,625	1,0408	85,90	4,90	3,05	0,98	34,75	21,63	5,56	
16		8/5	0,463	1,0390	86,00	5,00	3,25	0,98	35,71	23,21	5,71	
17	Rhönschaf, gelammt am 7/3 1896, 1 Lamm	13/3 96	0,567	1,0423	84,03	5,71	3,75	1,00	35,76	23,48	5,72	
18		24/3	0,545	1,0427	86,80	4,78	2,53	0,99	36,21	19,17	5,79	
19		1/4	1,014	1,0402	85,25	5,06	3,80	0,99	34,31	25,76	5,49	
20		23/4	0,695	1,0416	85,30	5,21	3,33	0,98	35,44	22,65	5,67	
21		2/5	0,700	1,0409	85,39	5,33	3,45	0,98	36,48	23,61	5,84	
22		18/5	0,555	1,0418	85,11	5,35	3,50	0,98	35,93	23,51	5,75	
23		5/6	0,621	1,0403	84,16	5,45	4,60	0,98	34,41	29,04	5,51	
24		17/6	0,520	1,0423	81,62	6,21	6,33	0,98	33,79	34,44	5,41	
25	Heidschnucke, 25/8 1895 gelammt. Morgenmilch	21/9 95	0,110	1,0387	87,25	—	2 35	1,06	—	18,43	—	
26		7/10	0,177	1,0274	88,20	—	4,15	1,04	—	38,14	—	
27		15/10	0,118	1,0305	86,95	—	4,30	0,98	—	32,95	—	
		Mittel	**0,551**	**1,0399**	**85,44**	**5,13**	**3,74**	**0,96**	**35,23**	**25,69**	**5,64**	

Die angeführten Zahlen sind die Mittelzahlen aus Morgen- und Abendmilch, ausgenommen bei der Heidschnucke. Bei der letzteren konnten die Versuche nicht so regelmässig und andauernd angestellt werden, weil die Milchentnahme infolge des unruhigen Stehens schwieriger war und sich sehr bald eine Euterentzündung einstellte.

[1]) Milchztg. 1896, **25**, 521.

*) Die Fütterung betrug für 100 kg Lebendgewicht 1 kg Biertreber, 1 kg Weizenkleie, 1,5 kg Sandwickenheu, 0,5 kg Stroh. Haltung: im Stalle. Alle Proben hatten schwach saure Reaktion. Farbe: weisslich bis gelblich, im Ganzen etwas heller als Kuhmilch, besonders bei der Heidschnucke. Die Fettkügelchen waren bei den Merinos relativ am grössten, aber weniger zahlreich; bei der Heidschnucke am zahlreichsten, aber am kleinsten.

Versuche mit ein- und zweimaligem Melken bei 3 Milchschafen, die von H. Hucho (Milchztg. 1897, 26, 695—697) an denselben Thieren hintereinander ausgeführt wurden und nur höchstens 14-tägige Versuchsperioden zu verschiedenen Malen umfassten, führten zu keinen gleichmässigen Ergebnissen. Die zweimalige tägliche Milchentnahme ergab gegenüber der einmaligen bald mehr Milch und geringeren Fettgehalt, bald weniger Milch und grösseren Fettgehalt, bald auch, wenn man die Uebergangsperiode fortliess, weniger Milch und weniger Fett, und solche Ungleichheiten wurden selbst bei ein und demselben Thiere nach der einen oder anderen Richtung beobachtet.

Schafmilch; Einfluss des Scherens auf Menge und Zusammensetzung.

No.	Nähere Bezeichnung	Milchmenge für den Tag kg	Spec. Gew.	Zeit der Untersuchung	In der natürlichen Milch: Wasser %	Kasein %	Albumin %	Fett %	Milchzucker %	Asche %	In der Trocken-Substanz: Kasein %	Albumin %	Fett %	Stickstoff in der Trocken-Substanz %	Analytiker
	Milchschaf I:														
1	6 Tage vor der Schur	1,228	1,0341	1896	85,18	4,13		5,53	4,37	0,79	27,87		37,31	4,46	Hucho[1]
2	6 Tage nach der Schur	1,012	1,0341	„	84,03	4,14		6,00	5,00	0,83	25,92		37,57	4,15	
3	12 Tage nach der Schur	1,179	1,0329	„	84,62	4,14		5,75	4,66	0,83	26,92		37,39	4,31	
	Milchschaf II:														
4	6 Tage vor der Schur	0,406	1,0345	„	85,17	4,38		4,95	4,77	0,83	29,53		33,58	4,72	
5	Tag der Schur (Mittags)	0,350	1,0354	„	87,72	4,21		4,30	3,77		34,28		35,02	5,48	
6	1 Tage nach der Schur	0,331	1,0348	„	84,07	4,36		5,80	5,77		27,37		36,41	4,38	
7	2 Tage nach der Schur	0,281	1,0348	„	83,75	4,47		6,08	4,70		27,25		37,42	4,40	
8	3 Tage nach der Schur	0,312	1,0342	„	84,02	5,84		5,98	4,16		36,55		37,42	5,85	
9	4 Tage nach der Schur	0,322	1,0334	„	82,69	4,85		7,25	5,17		28,25		41,89	4,52	
10	5 Tage nach der Schur	0,326	1,0346	„	82,38	4,82		7,25	4,54		27,36		41,15	4,38	
11	6 Tage nach der Schur	0,321	—	„	83,77	4,77		6,11	4,50	0,85	29,39		37,65	4,70	
12	12 Tage nach der Schur	0,333	—	„	84,37	4,96		5,65	4,17	0,85	31,73		36,15	5,08	
	Milchschaf III:														
13	6 Tage vor der Schur	1,252	1,0358	„	85,24	4,23		4,63	5,05	0,85	28,66		31,37	4,59	
14	Tag der Schur (Mittags)	1,434	1,0362	„	85,20	4,17		4,58	6,05		28,18		30,95	4,51	
15	1 Tage nach der Schur	1,019	1,0361	„	84,99	4,33		4,78	5,90		27,78		30,51	4,44	
16	2 Tage nach der Schur	1,087	1,0349	„	84,09	4,50		5,78	5,63		28,28		36,33	4,52	
17	3 Tage nach der Schur	1,307	1,0443	„	84,49	4,53		5,58	5,40		29,21		35,98	4,67	
18	4 Tage nach der Schur	1,094	1,0343	„	84,27	4,35		5,75	5,63		27,65		36,55	4,42	
19	5 Tage nach der Schur	1,124	1,0347	„	84,61	4,33		5,38	5,68		28,14		34,96	4,50	
20	6 Tage nach der Schur	1,178	1,0351	„	84,61	4,37		5,30	4,89	0,83	28,39		34,44	4,54	
21	12 Tage nach der Schur	1,133	1,0349	„	84,36	4,37		5,55	4,91	0,81	27,94		35,49	4,47	

[1]) Milchztg. 1896, **25**, 360. Wo nicht anders bemerkt, sind die Proben Mittel aus Morgen- und Abendmilch.

Ueber die Leistungsfähigkeit des ostfriesischen Milchschafes stellte Ramm in Poppelsdorf Versuche an (Landw. Jahrb. 1895, 24, 937—957). Er fand:

Laktation		Schaf 1			Schaf 2			Schaf 3			Schaf 4		
		Gesammt-Milch-menge kg	Spec. Gewicht	Fett %	Gesammt-Milch-menge kg	Spec. Gewicht	Fett %	Gesammt-Milch-menge kg	Spec. Gewicht	Fett %	Gesammt-Milch-menge kg	Spec. Gewicht	Fett %
1892	Mittel	90,03	1,0412	6,96	178,28	1,0406	6,27	—	—	—	—	—	—
	Schwankungen	—	38.3—46.7	5,88—8,12	—	37.3—43.4	5,47—7,16	—	—	—	—	—	—
1893	Mittel	—	—	—	221,61	1,0375	6,08	98,48	1,0380	5,78	—	—	—
	Schwankungen	—	—	—	—	34.0—43.0	4,63—8,24	—	33.8—43.0	4,40—7,94	—	—	—
1894	Mittel	92,88	1,0397	6,28	—	1,0385	6,07	—	1,0400	5,90	86,70	1,0394	6,45
	Schwankungen	—	38.0—42.0	4,92—7,02	—	36.0—41.0	5,24—6,80	—	38.0—43.0	5,04—6,66	—	34.0—43.0	5,84—7,26

Das Futter wurde recht reichlich bemessen, weil die grösstmögliche Leistung der Thiere festgestellt werden sollte.

G. Dangers (Milchztg. 1888, 17, 387 und 1890, 19, 1001) theilt die Zusammensetzung der Schafmilch nach verschiedenen Autoren ohne Angabe der Quellen mit. Einige derselben finden sich in den vorstehenden Tabellen.

Büffelmilch.

No.	Nähere Bezeichnung	Zeit der Untersuchung	In der natürlichen Milch: Wasser %	Kasein %	Albumin %	Fett %	Milch-zucker %	Asche %	In der Trocken-Substanz: Stick-stoff-Substanz %	Fett %	Stickstoff in der Trocken-Substanz %	Analytiker
1	Aus Földvar in Siebenbürgen im geronnenen Zustande .	1884	84,23	—	—	6,69	—	0,86	—	42,42	—	*W. Fleischmann*[1])
2	Morgens vor dem Austreiben zur Weide	1883	79,97	7,86	0,25	6,12	4,76	1,04	40,48	30,55	6,25	*Bovesco*[2])
3	Abends nach der Rückkehr von der Weide	„	79,78	7,06	0,37	8,04	3,93	0,82	36,64	39,76	5,87	*Bovesco*[2])
4	Aus Ungarn, frisch; spec. Gew. 1,0319	1888	81,67	3,99	—	9,02	4,50	0,77	21,77	49,21	3,48	*F. Strohmer*[3])
5	Morgenmilch von 4 Büffelkühen aus dem Eisenberger Komitat in Ungarn, spec. Gewicht 1,0330	18 87/88	83,75	3,65		7,22	4,57	0,74 *)	22,46	44,43	3,59	*M. Schrodt*[4])
6	Durchschnittsbüffelmilch aus Ungarn	—	80,64	5,55		8,45	4,52	0,85	28,67	43,65	4,59	*M. Schrodt*[4])

[1]) Bericht d. Milchw. Versuchsstation Raden für 1884. Rostock 1885, 23.

[2]) Ann. de Chim. et Pharm. [5], **6**, 396.

[3]) Zeitschr. f. Nahrungsmittel-Untersuchungen etc. 1880. Die Milch hatte amphotere Reaktion und einen moschusartigen Geruch. Das Kasein wurde nach Ritthausen, Milchzucker und Fett wurden gewichtsanalytisch nach Soxhlet bestimmt.

[4]) Jahresbericht des milchwirthschaftlichen Instituts Kiel 1887/88, 8. Zwei der Kühe standen im 5. Monate, je eine im 3. u. 2. Monate der Laktation.

*) Die Asche enthielt:

Eisenoxyd (Fe_2O_3)	Kalk (CaO)	Magnesia (MgO)	Kali (K_2O)	Natron (Na_2O)	Phosphorsäure (P_2O_5)	Schwefelsäure (SO_3)	Chlor (Cl)
0,177	33,766	3,238	14,160	6,120	34,037	2,932	7,396 %

No.	Nähere Bezeichnung	Zeit der Untersuchung	In der natürlichen Milch: Wasser %	Kasein %	Albumin %	Fett %	Milchzucker %	Asche %	In der Trocken-Substanz: Kasein %	Albumin %	Fett %	Stickstoff in der Trocken-Substanz %	Analytiker
	Spec. Gew.												
7	Von 43 Kühen {Morgenm. 1,0330	—	82,35	4,72		7,50	4,66	0,76	26,74		42,49	4,28	Ofner[1])
8	Von 43 Kühen {Abendm. 1,0310	—	82,11	4,63		7,62	4,83	0,75	25,88		42,59	4,14	Ofner[1])
9	Durchschnitt v. 21 Analysen	—	82,52	4,89		7,45	4,19	0,76	27,95		42,62	4,47	Ofner[1])
10	Milch des ägyptischen Büffels (Bos bubalus) Durchschnitt zahlreicher Analysen*) Spec. Gew. 1,0354	1890	84,10	3,26	0,60	5,56	5,36	1,00 **)	20,50	3,77	34,97	3,88	Pappel u. Drop-Richmond[2])
11	Rumänische Büffelmilch 1,0336	1886	81,75	4,29	0,62	8,23	4,48	0,76	23,51	3,40	45,10	4,15	W. Fleischmann[3])
12	Büffelmilch . . . 1,0332	1894	82,20	4,13		7,95	4,75	0,97	23,20		44,91	3,71	Aug. Pizzi[4])
13	Schwarze indische Büffelkuh	1896	82,05	4,00		7,98	5,18	0,79	22,28		44,45	3,56	D'Abzac[5])
	Mittel **1,0333**	—	**82,16**	**4,72**		**7,51**	**4,77**	**0,84**	**26,44**		**42,09**	**4,23**	

Zebumilch.

No.	Nähere Bezeichnung	Zeit	Wasser	Kasein	Albumin	Fett	Milchzucker	Asche	Kasein	Albumin	Fett	Stickstoff	Analytiker
1	Zeburind (Bos indicus) . .	1896	86,13	3,03		4,80	5,34	0,70	21,85		34,61	3,50	D'Abzac[5])

Rennthiermilch.

No.	Nähere Bezeichnung	Zeit	Wasser	Kasein	Albumin	Fett	Milchzucker	Asche	Kasein	Albumin	Fett	Stickstoff	Analytiker
	Spec. Gew.												
1	Rennthiermilch I —	1895	70,15	8,06	1,36 ***)	14,46	3,02	1,54	27,00	4,56	48,44	5,05	Fr. Werenskiöld[6])
2	„ II 1,0477	„	64,25	8,69	1,66 ***)	19,73	2,61	1,43	24,31	4,64	55,19	4,63	Fr. Werenskiöld[6])

Lamamilch.

No.	Nähere Bezeichnung	Zeit	Wasser	Kasein	Albumin	Fett	Milchzucker	Asche	Kasein	Albumin	Fett	Stickstoff	Analytiker
1	Mittel aus 3 Analysen . .	—	86,55	3,00	0,90	3,15	5,60	0,80	29,00		23,42	4,64	Doyère[7])

[1]) Mitgetheilt von A. v. Szentkiralyi. Oesterr. landw. Wochenbl. 1889, 83. Centrbl. Agrik.-Chem. 1889, **18**, 348.
[2]) Journal of the Chemical Society; Milchztg. 1890, **19**, 667.
[3]) Bericht der milchwirthsch. Versuchsstation Raden für 1886. Rostock 1886, 63.
[4]) Staz. sperim. agr. 1894, **26**, 615. Chem. Centrbl. 1894, II, 848.
[5]) L'industrie laitière 1896, No. 1. Milchztg. 1896, **25**, 119.
[6]) Tidsskrift for det norske Landbrug 1895, 372. Chem.-Ztg. Rep. 1895, **19**, 372. Die Eiweisskörper wurden z. Th. nach den von Hoppe-Seyler, Ritthausen und Sebelien angegebenen Methoden, die Amidsubstanz als Differenz zwischen Rohprotein und Gesammteiweiss bestimmt.
[7]) Ann. de l'Inst. agron. 1852, 251.

*) Die Milch hatte eine rein weisse Farbe und eigenthümlich moschusartigen Geruch. Der Fettgehalt schwankte von 5,15—7,35 %. Das durch das Ausbuttern gewonnene Fett zeigte sich verschieden vom Butterfett aus Kuhmilch, besonders durch seinen Gehalt an Schwefel 0,05 %, Phosphor 0,01 %. Die Konstanten des Fettes waren folgende:

Reichert-Meissl'sche Zahl nach Wollny	25,4 %	Unlösliche Fettsäuren nach Hehner	87,5 %
Verseifungs-Aequivalent	254,6 „	(Schwankungen 87,2—88,8 %)	
Jodzahl	35,0 „	Glycerin	12,0 „

Der Milchzucker war nicht identisch mit dem der Kuhmilch. Verf. nennen ihn Tjufiköse.

**) Die aus dem Kasein beim Veraschen gebildete Phosphorsäure ist nicht mit eingeschlossen, dagegen schliessen die Salze die Citronsäure ein, deren Menge 0,30 % beträgt.

***) Verf. fand ferner:

	Globulin	Amid-Substanz	Andere Bestandtheile
Milch I	0,35 %	0,56 %	0,50 %
„ II	0,56 „	0,56 „	0,51 „

Kameelmilch.

No.	Nähere Bezeichnung	Zeit der Untersuchung	In der natürlichen Milch: Wasser %	Kasein %	Albumin %	Fett %	Milchzucker %	Asche %	In der Trocken-Substanz: Stickstoff-Substanz %	Fett %	Stickstoff in der Trocken-Substanz %	Analytiker
1			86,94	3,67		2,90	5,87	0,66	28,10	22,21	4,50	*Dragendorff*[1])
2			—	4,00		—	5,80	—	—	—	—	*Chatin*[2])
3	62 Tage nach dem Werfen .	1877	86,21	3,96	0,38	3,23	5,31	0,91	31,47	23,42	5,04	*Marchetti*[3])
4		1896	88,25*)	3,60		2,50	5,00	0,65	30 64	21,28	4,90	*Dinkler*[4])
	Mittel	—	**87,13**	**3,87**		**2,87**	**5,39**	**0,74**	**30,07**	**22,30**	**4,81**	

Elefantenmilch.

No.	Nähere Bezeichnung	Zeit der Untersuchung	Wasser %	Kasein %	Albumin %	Fett %	Milchzucker %	Asche %	Stickstoff-Substanz %	Fett %	Stickstoff in der Trocken-Substanz %	Analytiker
1**)	Bald nach dem Kalben: 5. April Morg.	1880	67,57	14,24		17,55	14,24	0,65	43,91	54,11	7,02	*C. A. d'Oremus*[5])
2**)	9. „ Mittags	„	69,29	3,69		19,09	7,27	0,66	12,01	62,16	1,91	
3**)	10. „ Morg.	„	66,99	3,21		22,07	7,40	0,63	9,62	66,26	1,54	
	Mittel von No. 2 und 3	—	**68,14**	**3,45**		**20,58**	**7,18**	**0,65**	**10,83**	**64,59**	**1,73**	

Stutenmilch.

No.	Nähere Bezeichnung	Zeit der Untersuchung	Wasser %	Kasein %	Albumin %	Fett %	Milchzucker %	Asche %	Stickstoff-Substanz %	Fett %	Stickstoff in der Trocken-Substanz %	Analytiker
1	Steppenstute } Kirgisen	1871	—	—		2,12	7,26	—	—	23,55	—	*Stahlberg*[6])
2	Arbeitsstute } Kirgisen	„	—	—		2,45	5,95	—	—	27,22	—	
3	Mittel aus 14 Analysen. .	1875	90,31	1,95		1,06	6,26	0,39	20,12	10,94	3,22	*Cameron*[7])
4		1872	91,47	0,70	1,40	0,55	5,50	0,40	24,62	6,45	4,09	*Doyère*[8])
5		?	92,20	1,99		0,50	4,20	1,20	25,21	6,41	3,90	*Hering*[9])
6	Von tatarischen Stuten, spec. Gew. 1,0353 . .	1871	92,48	1,33	0,36	0,65	4,72	0,29	22,47	8,66	3,60	*J. Moser*[10])
7	Steppenstuten	1874	90,26	1,82	1,03	1,26	5,34	0,29	29,26	12,94	3,04	*Biel*[11])
8	Steppenstuten	„	90,62	1,82	0,96	1,11	5,21	0,28	29,64	11,83	4,74	
9	Steppenstuten	„	90,38	1,31	0,71	1,56	5,73	0,31	21,00	16,22	3,36	
10	Stutenmilch	„	89,29	1,59	0,28	1,16	7,16	0,36	17,46	10,83	2,79	*Landowsky*[11])
11	Engl. Vollblut, spec. Gew. 1,0345	1879	91,49	0,87	0,46	0,12	6,41	0,33	15,63	1,41	2,50	*P. Vieth*[12])
12	Engl. Vollblut, „ „ 1,0276	„	92,53	0,75	0,83	0,36	4,69	0,49	21,15	4,82	3,38	
13	Stute, 5 Jahre alt . . .	„	91,15	1,50***)		1,27	5,75	0,37	16,15	14,35	2,71	*M. Schrodt*[13])

[1]) Zeitschr. f. Chemie 1865, 735.
[2]) Daselbst 1865, 538.
[3]) Repertoire de Pharm. 1877 [2], **5**, 618.
[4]) Milchztg. 1896, **25**, 461.
[5]) Nach American. chem. Society in Milchztg. 1881, **10**, 486.
[6]) Neue landw. Ztg. 1871, 638.
[7]) Arch. f. Pharm. 1875, 472.
[8]) Ann. de l'Inst. agron. 1852, 251.
[9]) Die Milch von Benno Martiny 1871, I, 187 u. 88.
[10]) Jahresber. f. Agrik.-Chem. 1873/74, **2**, 287.
[11]) v. Tymowsky, Zur physiol. und therap. Bedeutung des Kumys. München 1877, 12. Auch Jahresbericht für Thierchemie 1874, 171. Vergl. Stohmann, Milch- und Molkereiprodukte 1898, 119.
[12]) Das Molkereiwesen von W. Fleischmannn 1879, 1058.
[13]) Landw. Versuchsstation 1879, **23**, 311.

*) Aus der Differenz von uns berechnet.
**) Die 3 Proben „Elefantenmilch" reagirten und lieferten:

	No. 1	2	3
Reaktion = ...	Neutral	Schwach alkalisch	Schwach sauer
Rahm = ...	52,4 Vol. %	58,0 Vol. %	62,0 Vol. %

***) Die Stickstoff-Substanz wurde durch Multiplikation des gefundenen Stickstoffs mit 6,25 berechnet. Schrodt bestimmte auch gleichzeitig Kasein und Albumin nach der Methode von Hoppe-Seyler und nach Ritthausen er fand nach ersterer 1,09 %, nach letzterer 2,48 % Stickstoff-Substanz, welche Zahlen er beide für fehlerhaft hält.

No.	Nähere Bezeichnung	Zeit der Untersuchung	In der natürlichen Milch: Wasser %	Stickstoff-Substanz %	Fett %	Milchzucker %	Asche: löslich %	Asche: unlöslich %	In der Trocken-Substanz: Stickstoff-Substanz %	Fett %	Stickstoff in der Trocken-Substanz %	Analytiker
14	Stutenmilch	$18\frac{56}{58}$	89,05	3,00	2,15	5,20	0,60		27,40	19,63	4,38	*Filhol u. Joly*[1])
15	12jähr. braune Stute, 5. Fohl., 45 Tage nach der Geburt, spec. Gew. 1,036 . . .	1878	91,76	2,45*)	0,39	5,99	0,31		29,73	4,73	4,75	*N. Gerber u. Radenhausen*[2])
16	Ohne nähere Bezeichnung	1883	89,29	1,87	1,16	7,32	0,36		17,46	10,83	2,79	*Tymowsky*[3])
17	Ohne nähere Bezeichnung	„	90,26	2,85	1,26	5,34	0,29		28,23	12,94	4,58	*Tymowsky*[3])
18	Ohne nähere Bezeichnung	„	90,62	2,78	1,11	5,21	0,28		29,64	11,83	4,74	*Tymowsky*[3])
19	Ohne nähere Bezeichnung	„	90,38	2,02	1,56	5,73	0,31		21,00	16,21	3,36	*Tymowsky*[3])
20	Ohne nähere Bezeichnung	„	91,15	1,50	1,27	5,75	0,37		16,95	14,35	2,71	*Tymowsky*[3])
	Mischmilch von 15 Stuten**) 4—5 Mon. nach dem Fohlen: Zeit 1884 — Spec. Gew.											
21	10/9 4 Uhr Nachm. 1,0350	1884	90,41	2,11	0,87	6,30	0,08	0,23	22,00	9,07	3,52	*P. Vieth*[4])
22	16/9 10 „ Vorm. 1,0353	„	90,30	1,88	0,87	6,64	0,07	0,24	19,38	8,97	3,10	
23	„ 12 „ Mittags 1,0352	„	90,05	1,85	0,94	6,82	0,11	0,23	18,59	9,45	2,97	
24	„ 2 „ Nachm. 1,0360	„	90,09	1,89	1,13	6,59	0,09	0,21	19,07	11,40	3,05	
25	„ 4 „ „ 1,0348	„	90,25	1,93	0,91	6,59	0,08	0,24	19,79	9,34	3,17	
26	„ 6 „ „ 1,0351	„	89,83	2,03	1,19	6,62	0,10	0,23	19,96	11,70	3,19	
27	22/9 10 „ Vorm. 1,0350	„	90,08	1,79	1,09	6,75	0,09	0,20	18,04	10,99	2,89	
28	„ 12 „ Mittags 1,0349	„	89,74	1,89	1,44	6,64	0,06	0,23	18,42	14,04	2,95	
29	„ 2 „ Nachm. 1,0335	„	89,89	1,86	1,21	6,74	0,30		18,40	11,97	2,94	
30	„ 4 „ „ 1,0343	„	90,22	1,71	1,14	6,63	0,08	0,22	17,47	11,66	2,79	
31	„ 6 „ „ 1,0349	„	89,76	1,86	1,25	6,82	0,06	0,25	18,16	12,21	2,91	
	Mittel d. Mischmilch 1,0349	—	**90,06**	**1,89**	**1,09**	**6,65**	**0,31**		**19,01**	**10,96**	**3,04**	
	Milch einzelner Stuten:											
32	29/9 10 Uhr Vorm. 1,0345	1884	90,06	1,72	1,12	6,80	0,07	0,23	17,30	11,27	2,77	
33	„ 10 „ „ 1,0358	„	90,15	1,76	0,78	6,99	0,08	0,24	17,87	7,92	2,86	
34	„ 10 „ „ 1,0356	„	90,46	1,65	0,83	6,70	0,09	0,27	17,40	8,71	2,78	
35	„ 10 „ „ 1,0353	„	90,04	1,83	1,00	6.80	0,07	0,26	18,37	10,04	2,94	
36	„ 10 „ „ 1,0352	„	90,07	1,62	0,95	7,10	0,04	0,22	16,41	9,57	2,63	
37	1/10 10 „ „ 1,0356	„	90,07	1,65	0,94	7,07	0,05	0,22	16,62	9,47	2,66	
38	„ 10 „ „ 1,0350	„	90,42	1,62	0,62	7,08	0,04	0,22	16,91	6,47	2,71	
39	„ 10 „ „ 1,0345	„	90,17	1,58	0,96	6,99	0,07	0,23	16,07	9,77	2,57	
40	„ 10 „ „ 1,0351	„	89,92	1,62	0,97	7,21	0,06	0,22	16,07	9,62	2,57	
41	„ 10 „ „ 1,0354	„	90,27	1,76	0,67	7,03	0,04	0,23	18,09	6,89	2,89	

[1]) Landw. Versuchsstation 1879, **23**, 311.
[2]) Forschungen auf dem Gebiet der Viehhaltung. Beilage zur Milchztg. 1879, Heft VII.
[3]) Milchztg. 1883, **12**, 329. Stohmann, Milch- und Molkereiprodukte, Braunschweig, Vieweg u. Sohn, 1898, 119.
[4]) Landw. Versuchsstation 1885, **31**, 353.

*) Die Stickstoff-Substanz ist nach der Methode von Ritthausen bestimmt.

**) Die Stuten waren im Alter von 5—6 Jahren; die Fohlen waren während der Zeit von Mitte April bis Mitte Mai gefallen. Das Futter bestand aus Grünfutter, Heu, Hafer, Kleie und Futterbrod (einem geheim gehaltenen Futtermittel „Good-Food"). Die Fohlen blieben Nachts bei den Müttern, Morgens 8 Uhr wurden sie abgesperrt und den Tag über, von 10 Uhr anfangend, die Stuten 5 mal gemolken. Gute Stuten gaben in der besten Zeit bei 5 maligem Melken einen Tagesertrag von 4—5 l Milch. Die frisch ermolkene Milch reagirte in wenigen Fällen neutral, in den meisten Fällen alkalisch. Während warmer Tage trat innerhalb der ersten 24 Stunden nach dem Melken spontane Alkohol- und Milchsäure-Gährung ein.

No.	Nähere Bezeichnung		Zeit der Untersuchung	In der natürlichen Milch						In der Trocken-Substanz		Stickstoff in der Trocken-Substanz	Analytiker
				Wasser	Stick-stoff-Substanz	Fett	Milch-zucker	Asche löslich	Asche unlöslich	Stick-stoff-Substanz	Fett		
				%	%	%	%	%	%	%	%	%	
	Zeit 1884	Spec.Gew.											
42	3/10 10 Uhr Vorm.	1,0347	1884	90,28	1,54	0,86	7,04	0,06	0,22	15,84	8,85	2,53	P. Vieth[1])
43	„ 10 „ „	1,0353	„	90,17	1,71	0,88	6,95	0,08	0,21	17,40	8,95	2,78	
44	„ 10 „ „	1,0346	„	89,88	1,57	1,17	7,07	0,10	0,21	15,51	11,56	2,48	
45	„ 10 „ „	1,0346	„	90,11	1,50	1,18	6,91	0,06	0,24	15,18	11,93	2,43	
46	„ 10 „ „	1,0344	„	89,92	1,55	1,18	7,05	0,10	0,20	15,38	11,71	2,46	
	Mittel No. 32—46	**1,0350**	—	**90,13**	**1,65**	**0,94**	**6,98**	**0,30**		**16,72**	**9,52**	**2,67**	
	Milch einzelner Stuten, besonders gefüttert.*)												
47	16/9 11 Uhr Vorm	1,0355	1884	89,55	2,07	1,23	6,86	0,08	0,21	19,81	11,77	2,17	
48	22/9 4 „ Nachm.	1,0339	„	89,88	1,80	1,40	6,67	0,07	0,18	17,79	13,83	2,85	
49	24/9 12 „ Mittags	1,0339	„	89,18	2,20	1,28	7,10	0,05	0,19	20,33	11,83	3,25	
50	„ 12 „ „	1,0347	„	88,82	1,70	1,18	7,02	0,06	0,22	16,70	11,59	2,67	
51	26/9 12 „ „	1,0361	„	88,66	2,12	1,67	7,23	0,08	0,24	18,69	14,73	2,99	
52	„ 12 „ „	1,0353	„	88,24	2,05	2,14	7,28	0,07	0,22	17,43	18,20	2,79	

No.	Nähere Bezeichnung		Zeit der Untersuchung	In der natürlichen Milch						In der Trocken-Substanz			Stickstoff in der Trocken-Substanz	Analytiker
				Wasser	Kasein	Albumin	Fett	Milch-zucker	Asche	Kasein	Albumin	Fett		
				%	%	%	%	%	%	%	%	%	%	
53	Stutenmilch**)		1892	91,42	2,94		1,82	3,62	0,22	34,27		21,21	5,48	Seeland[2])
54	desgl.		1893	91,00	1,99		1,18	5,31	0,43	22,11		13,11	3,54	A. B. Aubert u. D. M. Colby[3])
	Zuchtstuten des Oldenburger Schlages:	Spec.Gew.												
55	Stute Manuela***) gefohlt am 10/4 97	1,0382	12/5 97	89,88	2,38		0,51	6,80	0,43	23,52		5,04	3,76	P. Petersen u. H. Höfker[4])
56		1,0358	30/7 97	90,22	2,56		0,59	6,34	0,29	26,17		6,03	4,19	
57		1,0337	3/9 97	90,49	1,56		0,53	7,12	0,30	16,40		5,57	2,62	
58	Stute Liliput***) gefohlt am 3/4 97	1,0371	13/5 97	90,38	2,33		0,37	6,56	0,36	24,22		3,84	3,88	
59		1,0355	30/7 97	89,79	2,38		1,07	6,48	0,28	23,31		10,48	3,73	
60		1,0334	3/9 97	90,60	1,75		0,55	6,81	0,29	18,61		5,85	2,98	
61	Stute Lotte***) geboren 1886, gefohlt am 24—25/4 1897	1,0366	11/6 97	90,26	2,00		0,56	6,78	0,40	20,53		5,75	3,28	
62		1,0364	27/5 97	89,57	2,63		0,88	6,44	0,48	25,22		8,44	4,04	
63		1,0405	16/7 97	90,26	2,00		0,43	6,95	0,36	20,53		4,41	3,28	
64		1,0362	10/8 97	90,32	1,81		0,56	7,04	0,27	18,70		5,79	2,99	
65	Milch eines 4 Monate alten Fohlens (Milchmenge 1/2 Pegel)		1886	94,02	1,92		1,30	2,05	0,73	32,11		21,74	5,14	B. Boeggild[5])

[1]) Landw. Versuchsstation 1885, **31**, 353.
[2]) Mitgetheilt in einer Abhandlung von R. Koch. Molkereiztg. 1892, 38.
[3]) Journ. anal. and appl. Chem. 1893, **7**, 314. Chem.-Ztg. 1893, **17**, Rep. 251.
[4]) Milchztg. 1897, **26**, 647—648.
[5]) Milchztg. 1886, **15**, 801. Centrbl. Agrik.-Chem. 1887, **16**, 139.

*) Zwei Stuten erhielten statt des obigen Futters (Anmerkung **) S. 274) nur Heu und das erwähnte Futterbrot (Good-Food).

**) In heisser Jahreszeit ist der Fettgehalt niedriger, dagegen steigt der Milchzuckergehalt bis auf 7,02 %.

***) Die Stuten „Manuela" und „Liliput" gehörten demselben Besitzer. Sie gingen zur Zeit der Milchgewinnung die Hälfte des Tages auf der Weide. Die Stute „Lotte" war 1886 geboren und warf 1890, 91 u. 92 Fohlen. Im Jahre 1893 blieb sie güst. Die Stute ging auf der Weide und erhielt daneben bis Mitte Juli Mais- und Gerstenmehl und Roggen.

No.	Nähere Bezeichnung	Tage nach dem Fohlen	Zeit der Untersuchung	In der natürlichen Milch: Wasser %	Stick-stoff-Substanz %	Fett %	Milch-zucker %	Asche %	In der Trocken-Substanz: Stick-stoff-Substanz %	Fett %	Stickstoff in der Trocken-Substanz %	Analytiker
	Stuten aus dem Königl. Württembergischen Landgestüt Marbach:											
66	Stute Sünder	Colostrum	1896	90,23	7,67	2,64	4,39	0,63	78,51	27,02	12,56	*Camerer u. Söldner*[1]) *)
67	Stute Sünder	31	„	90,23	2,18	0,82	6,05	0,45	22,31	8,39	3,57	
68	Stute Sünder	48	„	89,99	1,95	1,15	6,11	0,42	19,48	11,49	3,12	
69	Stute Lucinde	Colostrum	„	84,61	8,21	1,77	4,24	0,67	53,35	9,75	8,54	
70	Stute Lucinde	13	„	89,29	2,29	1,50	5,92	0,52	21,38	14,01	3,42	
71	Stute Lucinde	64	„	89,80	1,67	1,20	6,52	0,40	16,37	11,76	2,61	
72	Stute Lucinde	124	„	90,07	2,03	1,04	6,27	0,39	20,44	10,47	3,27	
73	Stute Lotterie	Colostrum	„	86,11	6,14	2,33	4,49	0,64	44,20	16,78	7,07	
74	Stute Lotterie	18	„	89,94	2,29	0,92	6,00	0,49	22,76	9,15	3,64	
75	Stute Lotterie	46	„	89,63	2,11	1,00	6,33	0,45	20,34	9,64	3,25	
76	Stute Clelia	72	„	90,69	1,64	0,74	9,19	0,41	17,62	7,95	2,82	
	Stutenmilch (ausser No 65, 66, 69 u. 73)	Mittel	Spec. Gew. **1,0347**	**90,58**	**2,05**	**1,14**	**5,87**	**0,36**	**21,72**	**12,11**	**3,38**	
		Schwankungen	1,0276–1,0361	88,24–92,53	1,33–3,00	0,12–2,45	3,62–9,19	0,22–1,20	15,18–34,27	1,41–27,22	2,33–5,48	

Camerer und Söldner (Zeitschr. f. Biologie, 1896, 33, 566) fanden für Stutenmilch folgende Elementarzusammensetzung:

	Trocken-Subst.	Kohlenstoff	Wasserstoff	Sauerstoff	Stickstoff	Asche
Colostrum (No. 69) . .	15,39 %	7,32 %	1,09 %	5,00 %	1,31 %	0,67 %
Milch am 31. Tage (No. 67)	9,77 „	4,29 „	0,65 „	4,07 „	0,35 „	0,45 „

Maulthiermilch.

No.	Nähere Bezeichnung	Zeit der Untersuchung	In der natürlichen Milch: Wasser %	Stick-stoff-Substanz %	Fett %	Milch-zucker %	Asche %	In der Trocken-Substanz: Stick-stoff-Substanz %	Fett %	Stickstoff in der Trocken-Substanz %	Analytiker
1	6 Jahre lang gemolken, ohne je ein Füllen gehabt zu haben: Milchmenge ¼ l Maulthiermilch: **)	1887	91,59	1,64	1,59	4,80	0,38	19,29	18,71	3,08	*E. F. Leed*[2])
2	6 Wochen nach dem Fohlen	1893	89,35	2,94	1,86	—	—	27,61	17,46	4,72	*A. B. Aubert u. D. M. Colby*[3])
3	9 „ „ „ „	„	89,11	2,32	1,98	6,02	0,53	21,30	18,26	3,41	
	Mittel von No. 2 u. 3	—	**89,23**	**2,63**	**1,92**	**5,69**	**0,53**	**24,46**	**17,86**	**3,91**	

[1]) Zeitschr. für Biologie 1896, **33**, 535.
[2]) Agric. Science 1887, I, 108. Vierteljahresschrift Chem. Nahrungs- u. Genussm. 1887, **2**, 508.
[3]) The chemical News 1893, **68**, 168—169. Centrbl. Agrikultur-Chem. 1895, **24**, 343.

*) Ueber die Analysenmethoden vergl. oben S. 106 Anmerkung. Der Milchzucker ist als Laktoseanhydrid (95 % des Hydrates) berechnet, da er als solches im Trockenrückstande vorhanden ist. Die Zahlen für den Gehalt an Stickstoff-Substanz sind von uns aus dem Stickstoffgehalte durch Multiplikation mit 6,25 berechnet. Der Gehalt an Gesammt-Stickstoff im Filtrate der Gerbsäure-Fällung nach Almen war folgender:

	No. 66	67	68	69	70	71	72	73	74	75	76
Gesammt-Stickstoff	1,227	0,348	0,312	1,314	0,367	0,267	0,324	0,974	0,367	0,338	0,262
Stickstoff im Filtrate der Gerbsäurefällung	—	0,033	0,034	0,033	0,033	0,033	0,035	0,040	0,030	0,031	0,026

**) Das Maulthier war 11 Jahre alt, wog 1100 Pfd. (engl.) und erhielt ein gutes aus Heu und Hafer bestehendes Futter. Das spec. Gew. der Milch betrug bei 15 ° C. bei Probe 2 1,032, bei 3 1,033.

Die Maulthiermilch war beim Empfange weiss ohne einen Stich ins Gelbliche, von alkalischer Reaktion, die beim Stehen im Kühlen erst nach 8 Tagen einer sauren Reaktion Platz machte. Das Coagulum schied sich feinflockig ab.

Eselmilch.

No.	Nähere Bezeichnung	Zeit der Untersuchung	In der natürlichen Milch: Wasser %	Kasein %	Albumin %	Fett %	Milchzucker %	Asche %	In der Trocken-Substanz: Stickstoff-Substanz %	Fett %	Stickstoff in der Trocken-Substanz %	Analytiker
1	Eselin unter gewöhnlichen Verhältnissen	?	91,65	1,82		(0,11)	6,08	0,34	21,79	(1,32)	3,49	*Chevalier u. Henry*[1]
2	desgl. übermässig angestrengt	?	92,24	1,12		(0,13)	5,90	0,61	14,43	(1,67)	2,31	
3	Ohne Bezeichnung . . .	1846	89,63	0,60	1,55	1,50	6,40	0,32	20,73	14,46	3,32	*Doyère*[2]
4	Durchschnitt v. 16 Analysen	„	90,47	1,95		1,29	6,29		20,46	13,54	3,27	*Péligot*[3]
5	Nahrung 18 kg Wurzeln .	„	91,11	1,62		1,25	6,02		18,22	15,63	2,92	
6	„ 21 „ rothe Rüben	„	89,77	2,33		1,39	6,51		22,78	13,59	3,64	
7	„ 7 g Hafer und 3 kg Luzernheu . .	„	90,63	1,55		1,40	6,42		16,54	14,94	2,65	
8	„ Kartoffeln . . .	„	90,71	1,20		1,39	6,70		12,92	14,96	2,07	
9	1 1/2 Std. n. d. letzten Säugen	„	88,34	3,46		1,55	6,65		29,68	13,29	4,75	
10	6 Std. nach d. letzten Säugen	„	90,63	1,55		1,40	6,40		16,54	14,94	2,65	
11	24 „ „ „ „ „	„	91,43	1,01		1,23	6,33		11,77	14,35	1,88	
12	6 „ „ „ „ „	„	90,02	1,25		1,73	7,00		12,52	17,33	2,00	
13	12 „ „ „ „ „	„	90,69	1,10		1,51	6,70		11,81	16,22	1,89	
14	Erstes Drittel des Gemelkes	„	90,78	1,76		0,96	6,50		19,09	10,41	3,05	
15	Zweites „ des Gemelkes	„	89,55	1,95		1,02	6,48		18,66	9,76	2,99	
16	Drittes „ des Gemelkes	„	89,66	2,95		1,52	6,45		28,53	14,70	4,56	
17	Ohne Bezeichnung . . .	?	90,70	1,67		1,21	6,23		17,96	13,01	2,87	*Simon*[4]
18	Mittel mehrerer Analysen .	1857	89,36	2,26		1,37	7,04		21,24	12,88	3,40	*Bouchardat u. Quevenne*[5]
19	Milch von 5 Eselinnen . .	1878	88,03	3,08		2,82	5,29	0,78	25,73	23,56	4,12	*Frühling u. Schultz*[6]
20	Eselmilch	1893	89,64	2,22		1,64	5,99	0,51	21,33	15,83	3,41	*A. B. Aubert u. D. M. Colby*[7]
21	desgl.	?	—	0,70	1,60	1,60	6,00	0,50	—	—	—	*Munk*[8]
22	desgl. I	?	—	1,01	0,37	0,45	6,61	0,42	—	—	—	*Seeliger*[9]
23	desgl. II	?	—	0,65	0,25	0,94	4,85	0,42	—	—	—	
24	desgl. Spec. Gew. 1,033 .	1897	88,85	0,98	0,33	0,36	4,94	0,31	11,75	3,23	1,88	*A. Schlossmann*[10]
25	Mittel mehrerer Analysen .	1895	89,77	1,74		1,18	6,86	0,45	17,01	11,53	2.72	*H. Droop Richmond*[11]
	Mittel (ausser No. 14—16)	—	**90,12**	**0,79**	**1,06**	**1,37**	**6,19**	**0,47**	**18,70**	**13,91**	**2,99**	
				1,85								

Anhang zu Eselmilch.

A. Schlossmann [10]) untersuchte vom 1/2 97—4/3 97 täglich die Eselmilch der Eselmilchgewinnungsgenossenschaft Hellerhof auf Stickstoff und Fett (nach Gerber) und fand:

		1/2	2/2	3/2	4/2	5/2	6/2	7/2	8/2	9/2	10/2	11/2
Stickstoff	%	0,2604	0,2548	0,2632	0,2688	0,2604	0,2604	0,2520	0,2604	0,2660	0,2590	0,2590
Fett	%	0,2	0,3	0,3	0,2	0,3	0,4	0,6	0,6	0,3	0,4	0,3
		12/2	13/2	14/2	15/2	16/2	17/2	18/2	19/2	20/2	21/2	22/2
Stickstoff	%	0,2534	0,2268	0,2422	0,2366	0,2254	0,2324	0,2338	0,2310	0,2268	0,2268	0,2170
Fett	%	0,5	0,4	0,4	0,3	0,3	0,4	0,4	0,3	0,2	0,4	0,15
		23/2	24/2	25/2	26/2	27/2	28/2	1/3	2/3	3/3	4/3	
Stickstoff	%	0,2198	0,2478	0,2464	0,2534	0,2576	0,2576	0,2436	0,2464	0,2352	0,2562	
Fett	%	0,4	0,3	0,5	0,6	0,3	0,3	0,4	0,2	0,6	0,4	

1) Bouchardat und Quevenne: Du Lait II, 96. Die Milch der übermässig angestrengten Eselin gerann beim Erwärmen.

2) Annal. phys. nat. **12**, 239.

3) Compt. rendus 1846, **3**, 414.

4) Die Milch von Benno Martiny 1891, I, 187 u. 188.

5) Du Lait, Paris 1857, II, 167—171.

6) Milchztg. 1878, **7**, 457.

7) Journ. anal. and appl. Chem. 1893, **7**, 314. Chem.-Ztg. Rep. 1893, 251.

8) Munk u. Uffelmann, Die Ernährung d. gesunden und kranken Menschen. Wien u. Leipzig, 2. Aufl., 1891, 121. Mitgetheilt von A. Schlossmann. Vergl. Anmerkung 10).

9) Veröffentlicht bei Klemm, Jahrbuch für Kinderheilkunde **43**, 381. Mitgetheilt von A. Schlossmann. Vergl. nachstehende Anmerkung 10). Seeliger fand ferner in:

No. I . . . . 0,09 % Laktoprotein,
„ II . . . . 0,072 „ „

10) Zeitschr. f. physiol. Chemie 1897, **23**, 258—264. Schlossmann fand ferner: Gesammt-Stickstoff im Mittel 0,2431 %, Schwankungen 0,2170—0,2688 %, Phosphorfleischsäure 0,1205 %.

Die Eselmilch hat eine weisse Farbe mit einem Stich ins Bläuliche; ihr Geschmack ist fade süsslich, wie der gewässerter Kuhmilch. Zur Neutralisation mit Phenolphthalin sind 6 ccm n/10 Natronlauge erforderlich.

11) Analyst 1895, **21**, 88—92; Chem. Centrbl. 1896, I, 110.

Schweinemilch.

No.	Nähere Bezeichnung	Zeit der Untersuchung	In der natürlichen Milch: Wasser %	Kasein %	Albumin %	Fett %	Milchzucker %	Asche %	In der Trocken-Substanz: Stickstoff-Substanz %	Fett %	Stickstoff in der Trocken-Substanz %	Analytiker
1	Colostrum von Yorkshire-Sau nach dem fünften Werfen .	1865	70,13	15,56		9,53	3,84	0,85	52,09	31,90	8,33	*Th. v. Gohren* [1]
2	Yorkshire-Rasse, 6 Tage nach dem Werfen	„	80,43	12,89		3,14	2,79	0,71	65,87	16,00	10,54	
3	desgl., 19 Tage n. d. Werfen	„	89,26	5,68		2,82	1,59	0,87	52,89	26,26	8,46	
4	Landschwein (Nach 5 wöch. Säugen)	1856	85,49	8,45		1,93	3,03	1,09	58,24	13,30	9,32	*Scheven* [2]
5	Essexschwein (Nach 5 wöch. Säugen)	„	88,17	7,36		1,03	2,26	1,18	62,21	8,71	9,97	
6	Bair. Landschw., 5 Wochen nach dem Werfen . . .	1866	82,93	6,89		6,88	2,01	1,29	40,36	40,30	6,46	*Lintner* [3]
7		?	81,80	5,30		6,00	6,07	0,83	29,01	32,97	4,66	*Cameron* [4]
8	Mittel aus 2 Analysen . .	?	81,76	6,18		5,38	5,34	0,89	33,88	29,50	5,42	*derselbe* [5]
9		?	82,46	5,09		9.23	1,68	1.53	29,02	52,62	4,64	*Jvon* [5]
	Mittel (No. 2—9)	—	**84,09**	**7,23**		**4,55**	**3,13**	**1,05**	**46,44**	**27,68**	**7,33**	

Anhang.

Fettgehalt der Schweinemilch nach Petersen: Milchzeitung 1896, 25, 665.*)

No.	Nähere Bezeichnung	Alter des Schweines	Zeit nach dem Ferkeln	Fett %	Bemerkungen: Fütterung etc.
	Aus Oldenburg und Umgegend:				
1	Ammerländer Sauen, Rasse: Sau 1	3 Jahre	5 Wochen	6,78	Hatte zum 5. Male geferkelt.
2	„ 2	3 „	2 „	5,97	—
3	„ 2	3 „	3 „	6,40	Trocken-Substanz: 18,09 % Stickstoff-Substanz: 3,79 „
4	„ 2	3 „	6 „	5,80	—
5	„ 3	2 „	6 „	7,47	—
6	„ 4	11 Monate	8 Tage	7,88	Futter: Saure Milch, etwas Kartoffeln, Schrot und rohe Steckrüben.
7	„ 5	$11^1/_2$ „	8 „	4,60	Futter: Runkelrüben, Kartoffeln, etwas Roggen, Gerste und Maismehl, grüner Spörgel und Magermilch.
8	„ 5	$11^1/_2$ „	19 „	7,28	
9	„ 6	$2^5/_{12}$ Jahre	9 „	7,89	—
10	Oldenburger Landschlag, Sau 1	1 Jahr	3—4 „	7,32	Specifisches Gewicht: 1,128 Trocken-Substanz: 18,74 %
11	„ 2	1 „	6 Wochen	6,67	Stickstoff-Substanz: 5,31 %
12	Münsterländer Schlag (veredelt, weiss), Sau 1	$1^1/_2$ „	$4^1/_2$ „	8,44	Futter: Magermilch, Roggenmehl, Kartoffeln, junger Klee. No. 13 war in einem besseren Ernährungszustande als No. 12.
13	„ 2	10 Monate	$3^1/_2$ „	12,09	
14	Minden-Ravensberger weisse westfälische Rasse . . .	1 Jahr	8 Tage	9,14	Geschnittener Rothklee, 6 Pfd. Haferschrot, Centrifugenmilch, Runkelrüben.

[1]) Landw. Versuchsstation **7**, 352.
[2]) Journ. f. prakt. Chemie **68**, 188.
[3]) Chem. Centrbl. 1866, 447.
[4]) Chem. News **19**, 217.
[5]) Archiy f. Pharm. 1875, 472.

*) No. 18—30 wurden von der Landwirthschaftlichen Versuchsstation für Mittelfranken untersucht. Das Fett wurde gewichtsanalytisch bestimmt, die Trocken-Substanz durch Eintrocknen mit Sand, das specifische Gewicht mittelst des Pyknometers.

No.	Nähere Bezeichnung	Alter des Schweines	Zeit nach dem Ferkeln	Fett %	Bemerkungen: Fütterung etc.
	Rasse:				
15	Berkshire-Sau	$1\frac{1}{2}$ Jahre	12 Tage	8,64	—
16			25 „	7,67	—
17			55 „	8,55	—
	Aus Bayern:				Trocken-Substanz
18	Sau aus Schwäbisch Hall .	$2\frac{3}{4}$ „	1 Tag	9,15	21,75 % } Futter: Magermilch, gedämpfte Kartoffeln u. 2—3 Pfd. Gerstenschrot.
19	Sau, Landrasse		5 Tage	4,70	16,98 „
20	Weisse Yorkshire aus Ebersberg in Bayern Sau 1	2 „	5 Wochen	9,80	Grünfutter, Heublumen, Magermilch und Roggenkleie.
21	„ 2	$1\frac{3}{4}$ „	2 „	8,60	
22	Yorkshire aus Offenbach .	19 Monate	3 „	2,95	Maisschrot und Getreideabfälle. Die Milch hatte 15,36 % Trocken-Substanz.
23	Meissener Kreuzung aus Offenbach	25 „	15 Tage	5,06	Geschrotener Pferdezahnmais mit Weizenkleie.
24		11 „	13 „	8,00	Vor dem Ferkeln: Gerstenschrot und Maisschrot, je 6 Pfd., Kartoffeln, phosphorsaurer Kalk und etwas Salz.
25	Landrasse aus Sondernheim	19 „	3 Wochen	6,71	Kartoffeln, seit einiger Zeit Getreideschlempe.
26	Meissener aus Langmeil .	18 „	2 Tage	3,58	Roggenschrot, Kartoffeln, Milch.
27	Norddeutsche aus Lingenfeld	18 „	3 Wochen	2,37	Kartoffeln und Kleie.
28	Westfälische aus Klein-Niedesheim	26 „	24 Tage	7,32	Kartoffeln, grobe Weizenkleie, Sauermilch und Molken.
29	Deutsche aus Bobenheim .	24 „	30 „	3,74	Kartoffeln mit Roggenkleie.
30	Yorkshire-Landrasse aus Dudenhofen	18 „	1 Tag	5,55	Möhren mit Mais.

Sonstige Analysen von Schweinemilch vergl. Petersen und Fr. Oetken, Milchzeitung 1897, 26, 356—357.

Milch von Hippopotamus.

No.	Nähere Bezeichnung	Zeit der Untersuchung	In der natürlichen Milch: Wasser %	Kasein %	Albumin %	Fett %	Milchzucker %	Salze %	In der Trocken-Substanz: Stickstoff-Substanz %	Fett %	Stickstoff in der Trocken-Substanz %	Analytiker
1	Schwach sauer	1871	90,43	—	—	4,51	4,51		—	47,13	—	*F. W. Gunning*[1])

Hundemilch.

No.	Nähere Bezeichnung	Zeit der Untersuchung	Wasser %	Kasein %	Albumin %	Fett %	Milchzucker %	Salze %	Stickstoff-Substanz %	Fett %	Stickstoff in der Trocken-Substanz %	Analytiker
1		1868	—	5,52	2,99	10,77	3,05	—	—	—	—	*Tolmatscheff*[2])
2		„	—	3,94	3,97	12,84	3,37	—	—	—	—	
3	10 Tage nach dem Werfen	1838	65,74	17,40		16,20	2,90	1,50	50,79	47,29	8,13	*Simon*[3])
4	Später nach „ „	„	68,20	14,60		13,30	3,00	1,48	45,91	41,82	7,40	
5	Nahrung: Brot, Fleisch und Knochen	1845	69,80	13,60		12,40	2,50	0,77	45,03	41,06	7,21	*Dumas*[4])
6	Nahrung: Pferdefleisch . .	„	77,14	11,15		7,32	3,39	0,57	48,78	32,02	7,80	

[1]) Chem. Centrbl. 1871, 149. Die Milch wurde durch Ausdrücken des Euters und Auftunken mit Schwämmchen von dem vorher gereinigten Boden gewonnen.

[2]) Zeitschr. f. Chemie 1868, 254. Die Analysen sind nach der Methode von Hoppe-Seyler ausgeführt.

[3]) Simon, Die Frauenmilch nach ihrem chem. u. physiol. Verhalten. Berlin 1838.

[4]) Compt. rendus 1845, **21**, 707.

No.	Nähere Bezeichnung		Zeit der Untersuchung	In der natürlichen Milch: Wasser %	Kasein %	Albumin %	Fett %	Milchzucker %	Asche %	In der Trocken-Substanz: Kasein %	Albumin %	Fett %	Stickstoff in der Trocken-Substanz %	Analytiker
7	Grosse Hündin bei Fleisch- und Brotnahrung .		1855	73,41	13,04		8,18	2,89	2,08	49,04		30,76	7,85	Poggiale [1]
8	Grosse Hündin bei reiner Fleischnahrung, 3 Wch. später		„	71,21	12,89		12,04	1,82 *)	1,63	44,77		41,82	7,16	Poggiale [1]
	34 kg schwere Hündin bei verschiedener Nahrung:													
	Nahrung g	Milchmenge g												
9	2000 Fleisch	—	1869	76,09	6,28	7,90	7,76	0,98	0,99	26,26	33,04	32,45	9,49	C. von Voit [2]
10	desgl.	—	„	73,95	5,85	7,39	9,93	1,81	1,07	22,45	28,37	38,12	8,29	
11	1000 Fleisch, 300 Stärkemehl	—	„	83,13	3,67	3,94	5,79	2,46	1,01	21,75	23,35	34,32	7,22	
12	Gemischt	152	„	82,65	2,77	3,52	7,17	2,85	1,04	15,96	20,29	41,33	5,80	
13	1000 Fleisch, 300 Stärkemehl	115	„	82,58	2,43	3,54	7,70	2,71	1,04	13,95	20,32	44,20	5,48	
14	1000 Fleisch, 200 Fett	144	„	81,94	3,20	3,66	7,50	2,67	1,03	17,72	20,27	41,53	6,08	
15	desgl. desgl.	135	„	82,23	2,97	3,25	8,39	2,15	1,01	16,71	18,29	47,23	5,60	
16	Gemischt	151	„	81,08	3,00	3,37	9,22	2,24	1,09	15,86	17,81	48,73	5,39	
17	500 Fleisch, 400 Stärkemehl	138	„	82,22	2,26	3,57	8,19	2,78	0,98	12,71	20,08	46,06	5,25	
18	500 Fleisch, 300 Fett	168	„	80,60	2,47	3,59	9,83	2,52	0,99	12,73	18,51	50,67	5,00	
19	Hunger	149	„	80,76	3,29	3,07	9,24	2,65	0,99	17,10	15,96	48,03	5,29	
20	desgl.	118	„	80,49	2,77	2,85	10,32	2,58	0,99	14,20	14,61	52,84	4,61	
21	500 Stärkemehl	137	„	83,08	2,75	2,66	7,39	3,11	1,01	16,12	16,25	43,68	5,18	
22	2000 Fleisch	158	„	79,30	3,54	3,14	10,17	2,82	1,03	17,10	15,17	49,13	5,16	
23	desgl.	161	„	80,15	3,32	3,46	9,11	2,91	1,05	16,72	17,43	45,84	5,46	
24	Nahrung: Pferdefleisch . .		1845	74,74	—		5,15	—		—		20,39	—	Dumas [3]
25	„ Brot + Fleischbrühe		„	81,10	—		3,09	—		—		16,35	—	
26	„ desgl.		„	75,90	—		6,84	—		—		28,28	—	
27	„ Brot (ausschliessl.)		„	73,40	14,50		7,90	4,20		54,51		29,70	8,72	
28	Grosser Hofhund, 8 Tage mit Fleisch gefüttert . .		1847	75,54	—		10,75	—		—		43,95	—	Bensch [4]
29	Mittelgross. Hofhund, 5 Tage mit Fleisch gefüttert . .		„	77,52	—		10,95	—		—		48,71	—	

[1]) Gazette medicale de Paris **10**, 258; Stohmann, Milch- u. Molkereiprodukte. Braunschweig 1898, 113.
[2]) Zeitschr. f. Biologie 1869, **5**, 136.
[3]) Compt. rendus 1845, **21**, 707.
[4]) Annal. d. Chem. u. Pharm. 1837, **61**, 221, Nach Haidlen's Methode untersucht.

*) Nach Fütterung mit reiner Fleischnahrung war der Milchzucker-Gehalt am 3. Tage 2,13 %, am 5. Tage 1,97 %, am 6. Tage 1,89 % und schwankte vom 8.—21. Tage zwischen 1,73 und 1,92 %.

No.	Nähere Bezeichnung	Zeit der Untersuchung	In der natürlichen Milch						In der Trocken-Substanz		Stickstoff in der Trocken-Substanz	Analytiker
			Wasser %	Kasein %	Albumin %	Fett %	Milchzucker %	Asche %	Stickstoff-Substanz %	Fett %	%	
30	I. 1. Grosse gesunde Hühnerhündin, gemischte Kost vor dem Versuch . .	1866	82,63	5,14	3,90	5,05	2,77	0,51	52,04	29,07	8,33	Scubotin[1])
31	desgl. fettfreies Fleisch	„	77,79	4,04	3,21	12,00	2,53	0,43	32,64	54,03	5,22	
32	2. desgl. Kartoffeln und Stärkemehl	„	84,25	3,50	3,28	5,23	3,31	0,44	43,00	33,21	6,88	
33	3. desgl. desgl.	„	84,38	3,56	3,37	4,38	3,85	0,45	44,36	31,88	7,09	
34	4. desgl. Fleisch . . .	„	78,82	4,98	3,70	9,61	2,57	0,32	40,93	45,35	6,57	
35	5. desgl. Speck u. Fleisch	„	78,90	5,68	4,00	9,22	2,20	—	45,88	46,38	7,34	
36	II. 1. Grosse Hündin, Fleisch	„	75,00	7,14	6,13	8,97	2,23	0,52	53,08	35,88	8,49	
37	2. desgl. Kartoffeln und Stärke	„	80,55	4,80	5,14	5,27	3,73	0,51	47,66	21,95	7,62	
38	3. desgl. Fleisch . . .	„	71,66	4,78	4,23	17,05	1,81	0,47	31,79	60,16	5,09	
39	III. 1. Grosse Pudelhündin, Fleisch	„	81,04	5,44	3,40	7,08	5,23	0,51	46,62	37,34	7,46	
40	2. desgl. Speck	„	75,85	6,15	4,51	11,01	2,09	0,39	44,14	45,58	7,06	
41	3. desgl. Fleisch . . .	„	79,25	4,82	3,12	9,12	3,29	0,40	38,26	43,95	6,12	
42	4. desgl. Hunger . . .	„	79,45	4,28	3,97	9,82	2,06	0,42	40,15	47,79	6,42	
43	a. Mittel bei Fleischnahrung, stickstoffreich	„	77,26	5,20	3,97	10,64	2,49	0,44	40,28	46,79	6,44	
44	b. Mittel bei Stärkenahrung, stickstoffarm	„	82,95	4,25	3,92	4,98	3,42	0,48	42,89	29,21	3,67	
45	c. Mittel bei Fettnahrung, stickstoffarm	„	77,37	5,92	4,26	10,11	2,15	0,39	44,94	44,68	7,19	
46	Leonberger Hündin	„	71,85	—	—	9,40	—	—	—	33,40	—	P. Vieth[2])
	Hundemilch, Mittel		**77,00**	**4,15**	**5,57**	**9,26**	**3,11** *)	**0,91**	**42,26**	**40,25**	**6,76**	
				9,72								
	Schwankungen		65,74–83,13	2,26–7,14	5,41–17,40	3,09—17,05	0,98–5,23	0,32–2,08	28,81—59,30	16,35—60,16	4,61—9,49	

[1]) Virchow's Archiv f. pathol. Anatomie u. Physiologie 1866, **36**, 561. Die Thiere, welchen die untersuchte Milch entnommen wurde, wurden immer zu derselben Stunde gefüttert; die Abzapfung der Milch geschah früh 11 Uhr und waren die Jungen einige Stunden vorher weggenommen. Die Milch war in allen Proben sauer.

Hündin I, 3 Wochen nach dem Werfen eines Hundes, vor dem Versuche vermuthlich mit gemischter Kost gefüttert.

1. 8 Tage lang mit täglich 3—4 Pfd. möglichst fettfreiem Pferdefleisch gefüttert. Die Milchdrüsen schwollen an und secernirten reichlich, so dass 60 ccm Milch entnommen werden konnten, während früher kaum 15 ccm zu erlangen waren.
2. 4 Tage lang mit einem gern von ihr verzehrten Gemische von Kartoffeln und Stärkemehl nach Belieben gefüttert; nach diesen 4 Tagen waren die Drüsen zusammengeschrumpft und gaben weniger Milch.
3. Nach weiteren 2 Tagen gleicher Fütterung war die Milch fast ganz verschwunden, so dass 18 Stunden nach dem letzten Säugen nur mit Mühe 16 g zu erlangen waren.
4. Nach dreitägiger Fleischfütterung war die Milchsekretion wieder bedeutend vermehrt.
5. Jetzt erhielt die Hündin täglich 2½ Pfd. Speck, den sie nur ungern frass; die Milch verschwand fast vollständig. Nach dreitägiger Dauer dieser Fütterung war 18 Stunden nach dem letzten Säugen nicht genug Milch zur Analyse zu erlangen; erst nachdem wieder 2 Tage mit Fleisch gefüttert worden war, hob sich die Milchabsonderung.

Hündin II hatte in der ersten Woche nach dem Werfen eines Hundes wenig schleimige Milch. Bei der nun folgenden Versuchs-Fütterung traten dieselben Erscheinungen wie bei Hündin I auf.

Hündin III in der dritten Woche nach dem Werfen von drei Jungen. Die Drüsen waren sehr gross und lieferten viel Milch. Die Milch wurde entnommen, nachdem die Jungen vor 3 Stunden weggenommen waren. Der Erfolg der Fütterung war derselbe wie bei der Hündin I.

Die Mittel beziehen sich bei a) auf No. I. 1 und 4, II. 1 und 3 und III. 1 und 3.
„ „ „ „ „ b) „ „ I. 2 „ 3, II. 2.
„ „ „ „ „ c) „ „ I. 5 „ III. 2.

[2]) Ber. milchw. Inst. Hameln 1896, 27.

*) Aus der Differenz berechnet.

Katzenmilch.

No.	Nähere Bezeichnung	Zeit der Untersuchung	In der natürlichen Milch: Wasser %	Kasein %	Albumin %	Fett %	Milchzucker %	Asche %	In der Trocken-Substanz: Stickstoff-Substanz %	Fett %	Stickstoff in der Trocken-Substanz %	Analytiker
1	Colostrum, 24 Stunden nach dem Werfen; in 100 ccm g	1862	81,63	3,12	5,96	3,33	4,91	0,58	—	—	—	*A. Cammaille*[1])

Kaninchenmilch.

No.	Nähere Bezeichnung	Zeit der Untersuchung	Wasser %	Stickstoff-Substanz %		Fett %	Milchzucker %	Asche %	Stickstoff-Substanz %	Fett %	Stickstoff %	Analytiker
1	Specifisches Gewicht 1,0493	1894	69,50	15,54		10,45	1,95	2,56	50,95	34,26	8,15	*Pizzi*[2])

Delphinmilch

vom Grind oder Rundkopf (Globicephalus melas).

No.	Nähere Bezeichnung	Zeit der Untersuchung	Wasser %	Kasein und Albumin %		Fett %	Milchzucker %	Asche %	Stickstoff-Substanz %	Fett %	Stickstoff %	Analytiker
1	Von zu Kirkwall auf den Orkney-Inseln gefangenen Thieren	1890	48,67	—		43,76	—	0,46	—	85,25	—	*Frankland*[3])

Meerschweinmilch

vom Braunfisch oder Meerschwein (Delphinus Phocaena).

No.	Nähere Bezeichnung	Zeit der Untersuchung	Wasser %	Kasein und Albumin %		Fett %	Milchzucker %	Asche %	Stickstoff-Substanz %	Fett %	Stickstoff %	Analytiker
1	Gelblich dick von fischigem Geruch	1884	41,11	11,19		45,80	1,33	0,57	19,00	77,77	3,04	*Purdie*[4])

Molkerei-Erzeugnisse und Molkerei-Abfälle.

Praeservirte Milch.*)

No.	Nähere Bezeichnung	Spec. Gew.	Zeit der Untersuchung	Wasser %	Kasein und Albumin %		Fett %	Milchzucker %	Asche %	Stickstoff-Substanz %	Fett %	Stickstoff %	Analytiker
1	Scherff'sche praeservirte Milch	1,0305	1881	88,15	3,60		3,18	4,32	0,75	30,38	26,84	4,86	*W. Fleischmann*[5])
2	Scherff'sche praeservirte Milch	1,0311	1885	89,22	2,75		2,57	4,69	0,77 **)	25,44	23,75	4,07	*R. Fresenius*[6])
3 ***)	Aus Romannshorn . . .		1881	87,98	3,26		3,01	5,01	0,79	27,12	25,04	4,34	*W. Fleischmann*[5])
4	desgl.	1,0323	„	86,52	3,77		4,06	4,93	0,72	29,97	30,12	4,47	*F. Strohmer*[7])
		Mittel	.	**87,97**	**3,34**		**3,21**	**4,74**	**0,74**	**27,76**	**26,68**	**4,44**	

[1]) Compt. rend. **63**, 692.
[2]) Staz. sperm. agr. 1894, **26**, 615. Chem. Centrbl. 1894, II, 848.
[3]) Chemical News 1890, **61**, 63. Milchztg. 1890, **19**, 185. Die Milch war von dicker, rahmartiger Beschaffenheit und hatte einen stark fischigen Geruch.
[4]) Chemical News 1884, **52**, 170. Milchztg. 1885, **14**, 698.
[5]) Jahresbericht d. Milchw. Versuchsstation Raden 1881. Rostock 1882, 44 und 1883, 58.
[6]) Milchztg. 1885, **16**, 545.
[7]) Wiener „Neue freie Presse" 1881.

*) Die Praeservirung der Milch nach Scherff etc. hat Aehnlichkeit mit dem Pasteurisiren des Bieres und Weines, indem man die Milch in Flaschen einer höheren Temperatur aussetzt. Obige Proben No. 1 und 2 hatten eine bräunlich röthliche Färbung und besass Probe 1 nach Fleischmann den Geschmack von gekochter, Probe 2 nach Fresenius den von frischer Kuhmilch. Wenngleich die von Fresenius untersuchte Probe sich auch 2—3 Monate unverändert hielt, so giebt Fleischmann doch als Uebelstände dieses Verfahrens an, dass sich das Fett an der Oberfläche abgeschieden hatte und sich nicht mehr gleichmässig vertheilen liess. Auch verhielt sich die Probe No. 1 gegen verdünnte Salzsäure und Lab anders, als frische Kuhmilch.

**) In Procenten der Asche waren vorhanden:

Kali	Natron	Kalk	Magnesia	Eisenoxyd	Phosphorsäure	Schwefelsäure	Chlor	Kieselsäure
K_2O	Na_2O	CaO	MgO	Fe_2O_3	P_2O_5	SO_3	Cl	SiO_2
24,53 %	10,73 %	23,67 %	2,37 %	Spur	26,03 %	1,13 %	14,17 %	0,56 %

***) Mit 0,60 % Verlust bei der Analyse.

Praeservirte Magermilch.

No.	Nähere Bezeichnung	Zeit der Untersuchung	In der natürlichen Milch: Wasser %	Stickstoff-Substanz %	Fett %	Milchzucker %	Asche %	In der Trocken-Substanz: Stickstoff-Substanz %	Fett %	Stickstoff in der Trocken-Substanz %	Analytiker
1*)	Conserved Milk	1882	90,52	3,52	0,56	4,32	0,79	37,13	5,91	5,94	*W. Fleischmann*[1])
	Peptonisirte Milch.										
1	Aus England?	1886	89,20	2,93 **)	3,41	3,80	0,68	27,13	31,58	4,34	*P. Vieth*[2])
	Peptonisirte und kondensirte Milch.										
1	Kindermilch von Löfflund in Stuttgart	1891	20,58	***) 9,83	12,22	Milchzucker, Maltose, Dextrin 55,10	2,24	12,76	15,40	2,04	*Soxhlet*[3])
	Milchpepton.										
1	Milchpepton	1893	0) 21,09	18,31	27,86	Milchzucker 25,71	0) 4,33	23,20	35,31	3,71	*Mansfeld*[4])

Kondensirte (praeservirte) Milch.

Die kondensirte Milch wird durch Eindampfen von ganzer Kuhmilch bis zur Honigkonsistenz im Vakuum mit oder ohne Zusatz von Rohrzucker dargestellt.

I. Ohne Zusatz von Rohrzucker kondensirte Milch.

No.	Nähere Bezeichnung	Zeit der Untersuchung	Wasser %	Stickstoff-Substanz %	Fett %	Milchzucker %	Asche %	Trocken-Substanz: Stickstoff-Substanz %	Fett %	Stickstoff in der Trocken-Substanz %	Analytiker
1	Aus Purdy (Amerika) . .	1871 ?	53,54	14,44	13,12	16,30	2,60	31,08	28,24	4,95	*C. F. Chandler und Schweitzer*[5])
2	desgl.	"	51,50	13,61	14,51	17,47	2,91	28,06	29,92	4,49	
3	desgl.	"	49,23	15,48	14,58	17,75	2,96	30,49	28,72	4,88	
4	Aus Amerika	1871	50,40	17,80	14,20	15,60	2,00	35,89	28,63	5,74	*S. Percy*[6])
5	desgl.	"	61,00	10,60	11,20	15,70	1,50	27,18	28,72	4,35	
6	desgl.	"	46,40	19,10	19,80	12,50	2,20	35,63	36,94	5,70	
7	desgl. (verdächtig) 00) . . .	"	36,20	30,30	20,50	10,80	2,20	47,49	32,13	7,60	
8	desgl. desgl. . . .	"	41,20	28,20	13,60	14,00	3,00	47,96	23,13	7,67	
9	desgl. desgl. . . .	"	40,50	26,50	17,70	12,80	2,50	44,54	29,75	7,13	

[1]) Jahresbericht d. Milchw. Versuchsstation Raden 1881. Rostock 1882, 44 und 1883, 58.
[2]) Milchztg. 1887, **16**, 121.
[3]) Mitgetheilt von B. C. Niederstadt (Milchztg. 1891, **20**, 695). Die peptonisirte und kondensirte Kindermilch von Löfflund besteht aus Alpenmilch mit aufgelöstem Weizenextrakt, die ohne weitere Zusätze eingedickt ist. Sie stellt eine gelbliche, süssschmeckende Konserve dar, die vor dem Gebrauch verdünnt wird.
[4]) Zeitschr. Nahrungsm.-Unters., Hyg., Waarenk. 1893, **7**, 376.
[5]) Americ. Chemist. **2**, 25.
[6]) Milchztg. 1872, **I**, 93 u. 179.

*) Mit 0,29 % Verlust bei der Analyse.
**) Die Stickstoff-Substanz zerfällt in: Kasein 0,96 %, Albumin 0,07 %, Lactoprotein und Pepton 1,88 %.
***) Die Stickstoff-Substanz besteht aus 5,65 % Kasein und 4,18 % Albumin und Pepton.
0) Das Milchpepton wurde nach der Methode von A. Stutzer (Zeitschr. anal. Chem. 1892, **31**, 500) untersucht und gefunden von dem Stickstoff:

Fällbar durch Essigsäure	Alkohollösliche Zersetzungsprodukte	In Wasser unlöslich (Albumose)	In Wasser löslich: fällbar durch Ammonsulfat	fällbar durch Phosphorwolframsäure	demnach als Pepton
0,641 %	0,577 %	0,259 %	1,725 %	1,855 %	0,130 %

Demnach besteht die Stickstoff-Substanz aus

unverändertem Kasein	Albumosen	Pepton	in Alkohol löslichen Stoffen
4,13 %	12,40 %	0,81 %	3,64 %

Die Asche enthielt 1,20 % Phosphorsäure und 1,06 % Chlornatrium.

00) Wegen des verhältnissmässig geringen Fettgehaltes gegenüber der Stickstoff-Substanz wahrscheinlich aus abgerahmter Milch hergestellt.

No.	Nähere Bezeichnung	Zeit der Untersuchung	In der natürlichen Milch: Wasser %	Stickstoff-Substanz %	Fett %	Milchzucker %	Asche %	In der Trocken-Substanz: Stickstoff-Substanz %	Fett %	Stickstoff in der Trocken-Substanz %	Analytiker
10	Romanshörner kondensirte Alpenmilch	1881	62,84	11,39	11,11	12,03	2,24	30,65	29,89	4,90	*F. Strohmer* [1])
11*)	Romanshörner, April	„	62,38	9.96	10,16	13,69	2,32	26,47	26,74	4,24	*W. Fleischmann* [2])
12*)	desgl. Juli	„	61,21	11,22	10,16	13,48	2,33	28,92	26,19	4,63	
13	desgl. „	1882	62,40	12,26	11,63	11,69	2,02	32,61	30,93	5,22	*N. Gerber* [3])
14	desgl. „	„	64,53	9,38	11,63	16,34	2,23	26,44	32,79	4,23	*Ch. Girard* [3])
15	desgl. „	„	63,55	14,07	10,57	14,01	2,02	38,60	29,00	6,18	*Castellucci* [3])
16*)	Aus Casonay (Schweiz)	1881	52,32	12,13	13,09	17,43	2,79	25,44	29,15	4,07	*W. Fleischmann* [2])
17*)	Aus England	„	56,52	11,03	13,24	15,83	2,34	25,37	30,45	4,06	
18	Amerika	1882	53,04	17,26	16,29	10,64	2,71	36,75	34,69	5,88	*Waller* [3])
19	Eagle	„	56,83	15,07	14,36	11,64	2,10	34,91	33,26	5,59	
20	New-York	„	55,86	13,96	14,28	13,90	2,00	31,63	32,35	5,06	
21	National	„	59,24	14,02	13,97	10,44	2,33	34,40	34,27	5,50	
22		1885	65,97	8,36	8,46	15,07	1,17	24,57	24,86	3,93	*M. Schrodt* [4])
23	Von Ad. Schreiber in Bremen	1883	63,81	10,32	9,77	13,68	2,29	28,51	27,00	4,56	*W. Fleischmann* [2])
24	Von Walcker u. Co. „	1884	55,83	13,25	10,52	17,66	2,80	30,00	23,82	4,80	
25	Herkunft nicht angegeben	„	64,00	11,00	10,50	12,50	2,00	30,56	29,17	4,89	*Th. Mabeu* [5])
26		„	65,00	9,00	8,25	15,75	2,00	25,71	23,57	4,11	
27		„	68,90	8,20	8,30	13,00	1,60	26,37	26,69	4,22	
28	Von Gossau (St. Gallen)	1880	65,25 **)	10,33	10,82	11,59	2,01	29,73	31,14	4,76	*W. Eugling* [6]) **)
29	Romanshorn (Thurgau)	„	63,42	11,00	11,25	12,12	2,21	30,07	30,75	4,81	
30	Freiburg	„	61,50	11,40	12,30	12,60	2,20	29,61	31,95	4,75	
31	Montreux	„	58,30 **)	11,80	13,10	14,50	2,30	28,30	31,41	4,53	
32	Aus England?	1881	56,96	8,50 ***)	16,02	16,32	2,20	19,75	37,22	3,16	*A. Völcker* [7]) ***)
33		„	56,92	7,62	17,09	16,22	2,15	13,05	39,67	2,09	
34		„	51,72	11,69 ***)	14,33	19,51	2,75	24,21	29,68	3,87	
35	Schweizer	18 82/83	60,50	10,20	11,82	15,43	2,05	25,82	29,92	4,15	*Ch. Girard* [8])
36	Enthielt Borax und Natriumbicarbonat	„	57,30	—	13,70	—	1,50	—	32,08	—	
37	Alpenmilch; enthielt Calciumcarbonat	„	59,36	12,09	12,24	14,15	2,16	29,75	30,12	4,76	
38		„	68,80	8,56	9,26	12,17	1,21	27,44	29,68	4,39	
39	Enthielt Natriumbicarbonat	„	57,62	11,37	11,57	17,20	2,24	26,83	27,30	4,29	

[1]) Wiener „Neue freie Presse“ 1881. Spec. Gew. 1,0997.
[2]) Bericht der Milchw. Versuchsstation Raden für 1881, 1882, 1883, 1884.
[3]) Repertorium f. analyt. Chem. 1882, 68.
[4]) Jahresbericht d. Milchw. Versuchsstation Kiel 1885/88, 11.
[5]) Nach The Pharm. Journ. and Trans. in Chem.-Ztg. 1884, **8**, 1874.
[6]) Jahresbericht d. landw. Versuchsstation Vorarlberg in Tisis 1880.
[7]) Analyst 1881.
[8]) Girard, Documents sur les falsifications etc. Laboratoire Municipal. Deuxième Rapport. Paris 1885, 656.

*) Es ergaben:

	No. 11	12	16	17
Verlust	1,49 %	1,59 %	0,50 %	1,05 %

No. 16 ergab ferner 1,74 % Benzoësäure.

**) Der Wassergehalt ist bei No. 28, 29, 30 u. 31 aus der Differenz berechnet.

***) Die Stickstoff-Substanz ist aus dem gefundenen Stickstoff-Gehalt (bei No. 37 1,36 %, bei No. 38 1,22 % und bei No. 39 1,87 %) durch Multiplikation mit 6,25 berechnet.

No.	Nähere Bezeichnung	Zeit der Untersuchung	In der natürlichen Milch: Wasser %	Stickstoff-Substanz %	Fett %	Milchzucker %	Asche %	In der Trocken-Substanz: Stickstoff-Substanz %	Fett %	Stickstoff in der Trocken-Substanz %	Analytiker
40	Scherff'sche praeservirte und kondensirte Milch von Drenkhan in Stendorf	1883	76,15	7,28	6,12	9,26	1,46	30,52	25,66	4,88	W. Fleischmann[1])
41	"	"	66,21	10,96	8,46	12,31	2,19	32,45	25,04	5,19	"
42	"	"	75,53	7,08	6,05	10,02	1,39	28,93	24,72	4,63	"
43	" auf $^1/_3$ eingedickt	"	70,94	8,28	6,41	12,57	1,80	28,49	22,06	4,56	J. Cosack[2])
44	" " $^1/_2$ "	"	75,54	7,43	6,05	9,42	1,56	30,38	24,73	4,86	"
45	desgl.	$18\frac{85}{86}$	65,97	8,36	8,46	15,07	2,14	24,57	24,86	3,95	[3])
46	Aus Russland	1891	66,75	10,32	10,01	11,19	1,76	31,04	30,11	4,97	Alex. Jürgens[4])
47	Allgäuer Rahmmilch auf $^1/_4$ eingedickt und sterilisirt	1888	66,02	9,25	9,09	12,88	1,95	27,23	37,91	4,35	M. Wesener[2])
48	"	1891	62,87	10,27	10,85	13,78	2,23	27,66	29,22	4,43	B.C. Niederstadt[5])
49	"	1896	68,14	7,32	11,58	11,54	1,79 *)	22,98	36,34	3,68	M. Blauberg[6])
50	Kondensirte Milch in Blechdosen, Asche etwas zinnhaltig	1896	63,31	12,24	9,03	12,93	2,49	33,36	24,61	5,34	[7])
51	Ungesüsste kondensirte Milch	1893	63,47	9,30**)	10,72	13,94	2,07	28,20	29,35	4,51	H. Droop-Richmond und L. K. Boseley[8])
52	Von der Norwegian Milk Condensing company	1897	59,26	—	9,30	—	2,11	—	22,83	—	E. Bergstrand[9])
53	"	"	61,92	—	11,87	14,45	2,12	—	31,17	—	"
54	Unter Rahmzusatz kondensirt	1895	68,97	8,70	10,05	10,39	1,89	28,04	32,39	4,49	G. Ambühl[10])
	Kondensirte Milch (ausser No. 7—9) Mittel	—	**61,46**	**11,17**	**11,42**	**13,96**	**1,99**	**28,99**	**29,64**	**4,64**	
	Kondensirte Milch (ausser No. 7—9) Schwankungen	—	46,40-56,15	5,03—14,87	8,50-15,29	5,09-17,34	1,32-2,62	13,05-38,60	22,06-39,67	2,09—5,88	

[1]) Bericht d. Milchw. Versuchsstation Raden für 1881, 1882, 1883, 1884.

[2]) Original-Mittheilung.

[3]) Jahresbericht der Milchw. Versuchsstation Kiel für 1885/86, 12. Viertelj. Nahrungs- u. Genussm. 1887, **2**, 363.

[4]) Pharm. Zeitschr. für Russland 1891, **30**, 199. Viertelj. Chemie, Nahrungs- u. Genussm. 1891, **6**, 256.

[5]) Milchztg. 1891, **20**, 695. Die Milch hatte eine gelbliche Farbe, war dicklich wie Rahm und keimfrei; sie enthielt 0,65 % Phosphorsäure (P_2O_5).

[6]) Archiv für Hygiene 1896, **27**, 119.

[7]) Pharm. Centrh. 1896, **37**, 117. Viertelj. Nahrungs- u. Genussm. 1896, **II**. 126.

[8]) Analyst 1893, **18**, 170—174. Chem. Centrbl. 1893, II, 598.

[9]) Viertelj. Nahrungs- u. Genussm. 1897, **12**, 362.

[10]) Bericht des Kantonchemikers für St. Gallen für das Jahr 1895, 9.

*) Mit 0,387 % Kalk, 0,033 % Magnesia, 0,429 % Kali, 0,113 % Natron, 0,031 % Schwefelsäure, 0,488 % Phosphorsäure und 0,228 % Chlor.

**) Mit 9,81 % Kasein.

2. Unter Zusatz von Rohrzucker kondensirte Milch.

No.	Nähere Bezeichnung	Zeit der Untersuchung	In der natürlichen Milch: Wasser %	Stickstoff-Substanz %	Fett %	Milchzucker %	Rohrzucker %	Asche %	In der Trocken-Substanz: Stickstoff-Substanz %	Fett %	Stickstoff in der Trocken-Substanz %	Analytiker
1	Aus Cham*) in der Schweiz	1868	24,13	13,67	8,67	10,82	40,48	2,23	18,02	11,43	2,88	*C. Karmrodt*[1])
2	desgl.	1873	26,23	9,43	8,34	53,89		2,01	12,78	11,31	2,05	*J. Moser und F. Soxhlet*[2])
3	desgl.	„	23,90	10,16	9,35	54,59		2,00	13,35	12,29	2,14	
4	desgl.**)	„	24,70	9,77	6,02	57,40		2,11	12,97	8,00	2,08	
5	desgl.	„	26,95	10,56	9,13	51,13		2,23	14,46	12,50	2,31	*J. Forster*[2])
6	desgl.	1872	27,80	8,00	9,26	52,69		2,25	10,99	12,83	1,77	*P. Wagner*[2])
7	desgl.	1875	25,95	13,11	10,46	48,32		2,15	17,70	14,13	2,83	*N. Gerber*[3])
8	desgl.	1876	28,24	9,41	8,64	51,56		2,13	13,11	12,04	2,10	
9	desgl.	„	26,86	10,85	9,99	49,58		1,71	14,83	13,66	2,37	
10	desgl.	1877	23,51	11,00	10,62	52,96		2,11	14,38	13,88	2,30	
11	desgl. (engl. Filialen) . .	1876	25,40	18,10	10,00	50,80		1,70	24,30	13,42	3,89	*A. Hutschison-Smee*[4])
12	desgl. „ „ . .	„	22,50	12,30	10,50	52,90		1,80	15,87	13,55	2,54	
13	desgl. „ „ . .	„	20,50	12,70	10,80	54,10		1,90	15,97	13,58	2,56	
14	desgl.	1879	23,48	11,35	9,70	11,95	41,41	2,11	14,83	12,68	2,50	*N. Gerber*[5])
15	desgl. Anglo-Swiss Condensed Milk-Company. Spec. Gew. 1,306 . .	1891	25,75	10,40	11,79	11,12	39,02	1,92	14,01	15,88	2,24	*B. C. Niederstadt*[6])
16	desgl.	1894	17,44	—	7,10	—	52,74	1,42	—	8,60	—	*E. Bergstrand*[7])
17	desgl.***)	1896	24,70	9,45	10,80	14,13	39,27	1,65	12,55	14,49	2,01	*Ch. P. Worcester*[8])
18	desgl.***)	„	24,57	7,92	10,52	14,44	40,90	2,65	10,50	13,95	1,68	
	Mittel (1—18)	—	**24,65**	**11,10**	**9,55**	**11,48**	**41,22**	**2,00**	**14,74**	**12,68**	**2,36**	
19	Aus Vivis-Kempen*) . .	1872	23,40	10,00	13,83	50,74		2,03	13,05	18,05	2,09	*P. Wagner*[2])
20	desgl.	1877	22,07	18,00	11,93	45,26		2,74	23,10	15,31	3,70	*Wendler*[9])
	Mittel (19—20)	—	**22,74**	**14,00**	**12,88**	**48,00**		**2,38**	**18,08**	**16,68**	**2,89**	
21	Aus Luxburg-Alpina . .	1873	28,38	8,81	12,61	46,55		2,23	12,30	17,61	1,97	*E. Schulze*[2])
22	desgl.	„	29,09	7,79	10,43	51,33		2,07	10,99	14,71	1,76	*E. Kopp*[2])
23	desgl.	1872	24,70	8,81	12,45	51,87		2,17	11,70	16,53	1,87	*P. Wagner*[2])
24	desgl.	1875	20,93	9,62	18,78	49,69		1,36	12,17	23,75	1,95	*N. Gerber*[3])
25	desgl. (Filiale Sonthofen) .	1876	24,12	10,88	10,27	52,84		1,94	14,34	13,53	2,29	
	Mittel (21—25)	—	**25,44**	**9,98**	**12,91**	**50,40**		**2,07**	**12,30**	**17,23**	**1,97**	

[1]) Arch. f. Pharm. 1868, **135**, 218.
[2]) Jahresber. für Agrik.-Chem. 1873/74, 280. Desgl. 1879, 356 und Erster Bericht über Arbeiten der landw. Versuchsstation Wien 1878, 70.
[3]) Milchztg. 1875 u. 1876 und Alpwirthsch. Monatsbl. 1878, No. 65.
[4]) Daselbst 1876, No. 167, 1700.
[5]) Forschungen auf dem Gebiet der Viehhaltung. Beilage zur Milchztg. 1879, Heft VII.
[6]) Milchztg. 1891, **20**, 695.
[7]) Viertelj. Nahrungs- u. Genussm. 1897, **12**, 362.
[8]) 27. Jahresbericht des Gesundheitsrathes von Massachusetts. Boston 1896, 664.
[9]) Milchztg. 1877, **6**, 220.

*) L. Kofler hat (Dingler's polytechn. Journ. **198**, 161) ebenfalls Analysen von condensirter Milch aus Cham, Sassin und Vivis ausgeführt; diese weichen aber — sie enthalten nur halb so viel Fett als Stickstoff-Substanz — so weit von denen anderer Chemiker ab, dass ich dieselben hier nicht mit aufführe.
**) Diese Probe wird von F. Soxhlet wegen des geringen Fettgehaltes als verdächtig, d. h. als aus theilweise entrahmter Milch hergestellt, bezeichnet.
***) Die Untersuchungsmethoden siehe unten S. 289, Anmerkung.

No.	Nähere Bezeichnung	Zeit der Untersuchung	In der natürlichen Milch: Wasser %	Stickstoff-Substanz %	Fett %	Milchzucker %	Rohrzucker %	Asche %	In der Trocken-Substanz: Stickstoff-Substanz %	Fett %	Stickstoff in der Trocken-Substanz %	Analytiker
26	Vevey-Schweiz	1872	23,40	10,00	13,83	50,74		2,03	13,05	18,05	2,09	*P. Wagner*[1])
27	desgl. (Nestlé)	1879	25,28	10,25	8,62	53,82		2,03	13,72	11,54	2,19	*F. Soxhlet*[2])
28	desgl.	„	24,75	12,67	11,53	11,19	37,69	2,17	16,64	15,32	2,69	*N. Gerber*[3])
29	desgl. Nestlé's Condensed Milk-Company, spec. Gew. 1,298	1891	25,83	9,12	12,35	9,50	41,12	2,08	12,30	16,65	1,97	*B. C. Niederstadt*[4])
30	desgl.	1896	23,85	8,51	10,70	14,25	41,02	1,67	11,18	13,99	1,79	*Ch. P. Worcester*[5])
	Mittel (26—30)	—	**24,62**	**10,09**	**11,39**	**11,70**	**40,20**	**2,00**	**13,38**	**15,11**	**2,14**	
31	Genf (Nestlé)	1880	25,35	11,26	9,37	9,47	42,47	2,08	15,08	12,42	2,41	*L. Janke*[6])
32	Thun-Schweiz, Gerber u. Co.	1877	35,66	16,35	14,68	30,18		3,12	25,41	22,81	4,07	*N. Gerber* [7]) *u.* [8])
33	desgl.	1870	26,05	12,46	10,42	11,04	38,19	1,89	16,85	14,09	2,70	
	Mittel (31—33)	—	**30,86**	**14,41**	**12,55**	**10,31**	**29,76**	**2,51**	**19,11**	**18,45**	**3,06**	
34	Gruyères in der Schweiz .	1873	29,80	8,81	12,61	46,55		2,23	12,55	17,99	2,01	*E. Schulze*[1])
35	Sassie	1868	12,43	17,59	18,31	48,14		3,53	20,09	20,91	3,21	*v. Gohren*[9])
36	Weichnitz	„	28,63	10,85	12,18	—		—	15,20	17,07	2,43	*K. Eichhorn*[9])
37	desgl.	1867	21,50	10,20	12,90	52,90		2,50	12,99	15,52	2,08	*E. Peters*[10])
38	Innsbruck (J. Gfall) . .	1873	24,53	10,97	11,17	50,06		3,27	14,54	14,80	2,35	*J. Moser und F. Soxhlet* [1]) *u.* [2])
39	desgl.	„	27,38	9,24	9,61	17,25	34,40	2,12	12,72	13,23	2,04	
40	Wien (Hernals)	1879	24,26	10,82	9,63	53,13		2,16	14,29	12,71	2,29	
41	Mailand	„	26,88	11,07	8,67	51,12		2,26	15,14	11,86	2,42	*F. Soxhlet*[2])
42	desgl.	1878	25,21	14,65	9,21	13,42	35,48	2,03	19,59	12,31	2,13	*N. Gerber*[3])
43	desgl.	1880	26,75	9,95	8,81	15,13	37,16	2,05	13,58	12,03	2,17	*J. Martenson*[11])
44	Waterloo (Dairy Co.)*) .	1878	21,67	15,86	9,15	13,48	36,23	2,61	20,25	11,68	3,24	*N. Gerber*[3])
45	Hamburg (Albers)*) . .	1871	15,45	19,76	11,52	16,17	34,65	2,45	23,37	13,63	3,74	*Schaedler*[12])
46	Norwegen (Honnar)*) . .	1875	32,80	13,13	9,80	41,25		3,01	19,54	14,58	3,13	*N. Gerber*[7])
47	desgl.	1876	35,66	16,35	14,68	30,18		3,12	25,41	22,82	4,07	
48	desgl.	1879	30,08	9,02	7,54	51,35		2,01	12,90	10,79	2,06	*F. Soxhlet*[2])
49	London Hooker's Cream. Milk Co.	„	25,56	12,39	9,90	10,18	40,10	1,87	16,64	13,16	2,66	*C. Gerber*[3])
50	Wilts (Swindon) . . .	„	24,89	13,08	10,64	13,31	35,47	2,61	17,41	14,17	2,79	
51	Herkunft nicht näher angegeben*) (England?)	1876?	24,30	18,52	10,80	16,50	27,11	2,77	21,82	14,27	3,91	*Arth. Hill Hassal*[13])
52		„	27,00	17,20	11,30	12,00	29,59	2,91	23,56	15,48	3,77	
53		„	26,50	16,39	9,50	17,54	27,06	3,09	22,30	12,93	3,55	
54		„	24,94	15,36	9,50	15,36	32,14	2,43	20,46	12,66	2,27	

[1]) Jahresbericht für Agrik.-Chem. 1873/74, 280. Desgl. 1879, 356 und Erster Bericht über Arbeiten der landw. Versuchsstation Wien 1878, 70.
[2]) Das Molkereiwesen von W. Fleischmann 1879, 1052—1053.
[3]) Forschungen auf dem Gebiet der Viehhaltung. Beilage zur Milchztg. 1879, Heft VII.
[4]) Milchztg. 1891, **20**, 695.
[5]) 27. Jahresbericht des Gesundheitsrathes von Massachusetts. Boston 1896, 664.
[6]) Hannov. Monatsschr. wider die Nahrungsfälscher 1880, 62.
[7]) Milchztg. 1875 u. 1876 und Alpwirthsch. Monatsbl. 1878, No. 65.
[8]) Daselbst 1876. No. 167, 1700.
[9]) Jahresber. f. Agrik.-Chem. 1868/69, 708 u. 709.
[10]) Daselbst 1867, 338.
[11]) Chem.-Ztg. 1881, **5**, 269.
[12]) Pharm. Centrbl. 1871, No. 35.
[13]) Food, Its adulteration and the methods for their detection. London 1876, 395.
*) Diese Proben erscheinen ebenfalls sämmtlich verdächtig, d. h. aus theilweise entrahmter Milch hergestellt.

No.	Nähere Bezeichnung	Zeit der Untersuchung	In der natürlichen Milch: Wasser %	Stickstoff-Substanz %	Fett %	Milchzucker %	Rohrzucker %	Asche %	In der Trocken-Substanz: Stickstoff-Substanz %	Fett %	Stickstoff in der Trocken-Substanz %	Analytiker
55	New-York, Gail Borden	1875	27,72	9,92	8,61	51,84		1,81	13,72	11,91	2,20	N. Gerber[1]
56	desgl. (Aldernay)	1876	28,38	10,22	9,23	51,57		1,56	14,27	12,89	2,28	N. Gerber[1]
57	desgl. (Amer. cond. Milk Co.*)	1878	25,43	11,35	7,01	10,11	44,22	1,89	15,22	9,40	2,44	*derselbe*[2]
58	Herkunft nicht näher unterschieden (aus der Schweiz, England, Irland, Norwegen und Canadien)	1884	27,50	11,50	10,50	14,40	34,50	1,60	15,86	14,48	2,54	*Th. Maben*[3]
59	"	"	28,30	11,80	9,60	14,70	33,80	1,80	16,46	13,39	2,63	"
60	"	"	27,25	12,12	9,00	15,20	34,40	2,03	16,66	12,37	2,67	"
61	"	"	30,20	12,00	8,00	15,00	32,40	1,90	17,19	11,46	2,75	"
62	"	"	28,50	11,30	8,60	14,00	36,00	1,60	15,80	12,03	2,53	"
63	"	"	29,50	11,50	8,20	14,40	35,00	1,40	16,31	11,63	2,61	"
64	"	"	28,80	12,00	6,70	15,00	36,00	1,50	16,85	9,41	2,70	"
65	Aus Vevey und Montreux	1882/83	26,33	8,54**)	9,78	13,85	39,80	1,70	11,59	13,28	1,85	*Ch. Girard*[4]
66	Aus England?	1881	21,68	9,19**)	9,92	56,98		2,23	11,73	12,67	1,88	*Völcker*[4]
67	"	"	23,49	9,27	6,47	58,66		2,11	12,12	8,46	1,94	"
68	"	"	22,15	8,82	10,69	55,96		2,17	11,37	13,67	1,82	"
69	"	"	24,53	9,44	6,22	57,72		2,09	12,51	8,24	2,00	"
70	"	"	23,49	7,43**)	9,53	57,34		2,21	9,71	12,46	1,55	"
71	Eingedickte Milch der Fabrik Hollandia in Vlaardingen	1890	29,39	8,58	7,11	12,33	39,65	2,94	12,15	10,07	1,94	?[5]
72	Italian condensed Milk Company. Spec. Gew. 1,299	1891	27,07	9,12	10,18	10,92	40,12	2,59	12,51	13,96	2,00	*B. C. Niederstadt*[6]
73	Schmidt's kondens. Milch (Holstein). Spec. Gew. 1,267	"	34,70	11,50	13,89	10,50	26,62	2,79	17,61	21,27	2,82	"
74	Kondensirte Vollmilch (aus England?)	1888	26,40	12,60	11,50	14,40	29,95	2,05	17,12	15,63	2,74	*J. C. Shenstone*[7]
75	"	"	25,60	10,67	10,40	14,52	33,59	1,90	14,34	13,98	2,29	"
76	"	"	26,80	11,07	10,65	14,20	32,15	1,90	15,12	14,55	2,42	"
77	„Reindeer Brand" der Condensed Milk u. Canning Co., Truro, No. 5	1892	25,67	8,44	7,29	13,49	43,16	1,95	11,36	9,81	1,82	*Frank T. Schutt*[8]
78	„Fluid Brand" von Gebr. Cleever, London u. Liverpool	"	27,70	9,31	5,13	14,30	41,50	2,06	12,88	7,10	2,06	"

[1]) Jahresber. f. Agrik.-Chem. 1867, **338**.
[2]) Forschungen auf dem Gebiet der Viehhaltung. Beilage zur Milchztg. 1879, Heft VII.
[3]) Nach Pharm. Journ. and Trans. 1884 in Chem.-Ztg. 1884, **8**, 1874.
[4]) Girard, Documents sur les falsifications. Laboratoire municipal. Deuxième rapport. Paris 1885, 635 u. 656.
[5]) Analytiker ? Mandbl. teggen de Verfälsch. v. Lebensmidd. 1890, No. 12. Molkerei-Ztg. 1890, 46. Viertelj. Nahrungs- u. Genussmittel 1890, **5**, 419.
[6]) Milchztg. 1891, **20**, 695.
[7]) Analyst 1888, **13**, 222 und Viertelj. Nahrungs- u. Genussmittel 1888, **3**, 356. Auf die Untersuchungsmethoden des Verf. kann hier nur verwiesen werden.
[8]) Commercial Bulletin No. 6. Ottawa Canada 29/12 1892, 11—14. Centrbl. Agrikultur-Chemie 1893, **22**, 858. Die Probe „Reindeer Brand" war von schwach gelblicher Farbe und vorzüglicher Beschaffenheit, vollständig homogen und gleichmässig löslich in Wasser. Auch die Probe „Fluid Brand" war von guter Beschaffenheit und leicht löslich.

*) Diese Proben erscheinen ebenfalls sämmtlich verdächtig, d. h. aus theilweise entrahmter Milch hergestellt.
**) Aus dem gefundenen Stickstoff durch Multiplikation mit 6,25 berechnet.

No.	Nähere Bezeichnung	Preis pro can	Zeit der Untersuchung	In der natürlichen Milch: Wasser %	Stick-stoff-Substanz %	Fett %	Milch-zucker %	Rohr-zucker %	Asche %	In der Trocken-Substanz: Stick-stoff-Substanz %	Fett %	Stickstoff in der Trocken-Substanz %	Analytiker
	Kondensirte Milch aus Amerika.												
79	Standart	0,18	1896	27,63	7,40	9,63	16,75	36,59	2,00	10,23	13,31	1,64	
80	desgl.	0,10	„	30,51	9,09	8,25	10,09	40,54	1,52	13,09	11,90	2,09	
81	Baby	0,10	„	24,48	7,27	11,95	12,18	42,46	1,86	9,63	15,82	1,54	
82	Rose	0,13	„	27,95	8,33	10,88	11,51	39,63	1,70	11,56	15,10	1,85	
83	desgl.	0,10	„	24,70	7,52	10,23	20,06	35,54	1,95	9,99	13,59	1,60	
84	desgl.	0,12	„	26,65	7,50	10,82	11,55	41,98	1,50	10,22	14,75	1,64	
85	Bell	0,09	„	29,68	7,55	9,44	13,96	37,55	1,82	10,74	13,42	1,72	
86	Street Clover	0,10	„	27,18	5,95	9,68	12,18	43,50	1,51	8,17	13,29	1,31	
87	desgl.	0,10	„	28,30	7,00	9,52	9,71	44,18	1,29	9,76	13,28	1,56	
88	J. B. Smith	—	„	30,85	7,84	9,25	13,84	36,50	1,72	11,34	13,38	1,94	
89	Tip Top	0,09	„	29,60	9,39	10,54	12,73	36,05	1,69	13,34	14,47	2,33	
90	desgl.	0,10	„	24,75	7,39	7,80	18,93	39,53	1,60	9,82	10,37	1,57	
91	desgl.	0,10	„	28,18	9,06	10,47	13,34	37,38	1,57	12,61	14,58	2,02	
92	Challenge	0,10	„	29,50	8,32	10,80	11,43	38,28	1,67	11,80	15,32	1,89	
93	Gail Borden Eagle	0,18	„	28,04	8,78	8,25	11,55	41,96	1,42	12,20	11,46	1,95	*Charles P. Worcester* [1]) **)
94	desgl.	0,18	„	27,27	8,39	10,35	13,84	38,37	1,78	11,54	14,23	1,85	
95	Sachem	0,08	„	29,56	8,37	9,28	15,43	35,79	1,57	11,88	13,17	1,90	
96	Leader	0,09	„	25,44	5,96	9,72	12,69	44,62	1,57	7,99	13,04	1,28	
97	Magnolia	0,10	„	29,11	7,58	10,43	11,75	39,45	1,68	10,70	14,73	1,71	
98	desgl.	—	„	27,90	8,51	7,45	16,58	38,04	1,52	11,80	10,33	1,89	
99	Rival	0,10	„	25,96	6,42	8,42	14,69	43,19	1,32	8,67	11,37	1,39	
100	Buttercup	—	„	34,10	9,25	9,18	7,09	38,92	1,50	14,04	13,93	2,25	
101	desgl.	—	„	31,00	6,90	9,13	11,92	39,64	1,41	10,00	13,23	1,60	
102	Russel	—	„	25,41	8,31	8,05	10,53	46,26	1,44	11,14	10,79	1,78	
103	Ten Cent	0,10	„	24,59	9,83	10,61	13,40	39,99	1,58	13,04	14,07	2,09	
104	Pine Tree	0,10	„	29,50	7,67	9,91	13,13	38,30	1,49	10,87	14,06	1,74	
105	Dime	0,08	„	28,88	9,42	8,22	13,45	38,63	1,40	13,25	11,56	2,12	
106	Daisy	0,10	„	27,50	8,92	9,05	14,25	38,96	1,32	12,30	12,48	1,97	
107	Milk Maid	0,15	„	27,58	8,90	12,34	7,05	42,77	1,36	12,29	17,04	1,97	
108	Thistle	—	„	28,68	8,47	8,03	10,94	42,55	1,33	11,88	11,26	1,90	
	Kondens. Milch aus Amerika No. 79—108, Mittel		—	**28,02**	**8,06**	**9,58**	**12,89**	**39,92**	**1,53**	**11,20**	**13,31**	**1,89**	
Mit Rohrzucker kondens. Milch	Gesammtmittel			**26,44**	**10,47**	**10,07**	**14,16**	**36,86**	**2,00**	**14,24**	**13,69**	**2,28**	
	Schwankungen*)			12,43-35,66	5,88—18,69	5,22—17,47	7,16—18,60	26,24-46,99	1,28-3,20	7,99—25,41	7,10—23,75	1,28-4,07	

[1]) 27. Jahresbericht des Gesundheitsrathes von Massachusetts. Boston 1896, 664.

*) Die Schwankungszahlen ausschliesslich derer für Wasser sind auf den mittleren Wassergehalt (26,44 %) bezogen.

**) Untersuchungsmethoden: 40 g der gut durchgemischten Substanz wurden mit Wasser auf 100 ccm aufgefüllt. Von dieser Lösung wurde ein Theil noch mit der gleichen Menge Wasser verdünnt und 5 ccm der so erhaltenen Lösung = 1 g Substanz zur Bestimmung der Trocken-Substanz und der Asche verwandt.

2 g der 40-prozentigen Lösung wurden in einer Filtrirpapierhülse bei 100° getrocknet und im Soxhlet'schen Apparate extrahirt. Die Eiweissstoffe wurden in 5 ccm mit Kupfersulfat gefällt, entfettet und verascht. Im Filtrat wurde

Kondensirte Halbmilch und Magermilch.

No.	Nähere Bezeichnung	Zeit der Untersuchung	In der natürlichen Milch: Wasser %	Stickstoff-Substanz %	Fett %	Milchzucker %	Rohrzucker %	Asche %	In der Trocken-Substanz: Stickstoff-Substanz %	Fett %	Stickstoff in der Trocken-Substanz %	Analytiker
1	Von Heckmann in Berlin	1882	68,96	12,43	0,26	15,73	—	2,96	40,05	0,84	6,41	*W. Fleischmann*[1])
2	Aus England?	1888	30,30	12,60	4,70	15,28	35,15	2,10	18,08	6,74	2,89	*J. C. Shenstone*[2])
3	Aus England?	„	24,80	12,40	4,70	15,72	38,70	2,42	16,49	6,25	2,64	*J. C. Shenstone*[2])
4	Aus England?	„	26,80	12,37	4,70	14,60	39,90	2,27	16,90	6,42	2,70	*J. C. Shenstone*[2])
5	Aus England?	„	28,00	12,10	4,00	14,90	38,70	2,37	16,81	5,56	2,69	*J. C. Shenstone*[2])
6	Von van den Bergh in Cleve	1896	35,80	10,09	0,27	12,87	38,84	2,13	15,72	0,42	2,52	*Versuchsstation Münster*[3])
7	„Shamrock Brand“ von Gebr. Cleever, London und Liverpool	1892	30,22	10,44	0,35	10,80	46,06	2,13	14,98	0,50	2,40	*Frank T. Schutt*[4])
8	Aus Deutschland . . .	1898	26,67	11,63	Spur	13,77	45,28	2,23	15,86	Spur	2,54	*R. Hefelmann*[5])
	Mittel (No. 2—8)	—	**28,94**	**12,71**	**2,63**	**13,99**	**39,49**	**2,24**	**17,83**	**3,70**	**2,85**	

Kondensirte Molken.

No.	Nähere Bezeichnung	Zeit der Untersuchung	Wasser %	Stickstoff-Substanz %	Fett %	Milchzucker %	Rohrzucker %	Asche %	Stickstoff-Substanz %	Fett %	Stickstoff in der Trocken-Substanz %	Analytiker
1	Von Heckmann in Berlin	1882	20,64	11,06	0,38	61,06	—	6,86	13,94	0,48	2,23	*W. Fleischmann*[1])

Kondensirte Ziegenmilch.

No.	Nähere Bezeichnung	Zeit der Untersuchung	Wasser %	Stickstoff-Substanz %	Fett %	Milchzucker %	Rohrzucker %	Asche %	Stickstoff-Substanz %	Fett %	Stickstoff in der Trocken-Substanz %	Analytiker
1	Von Gebr. Sigmond in Klausenburg	1880	20,98	17,00	16,95	15,72	26,75	2,60	21,51	21,45	3,44	*V. Goddefroy*[6])

Kondensirte Stutenmilch.

No.	Nähere Bezeichnung	Zeit der Untersuchung	Wasser %	Stickstoff-Substanz %	Fett %	Milchzucker + Rohrzucker %	Asche %	Stickstoff-Substanz %	Fett %	Stickstoff in der Trocken-Substanz %	Analytiker
1*)	Von Dr. Carrick's Fabrik in Orenburg dargestellt, Sommer	1882	17,90	13,50	12,07	54,88	1,65	16,44	14,70	2,63	*P. Vieth*[7]
2*)	„	„	18,80	15,23	10,08	54,09	1,80	18,76	12,41	3,00	*P. Vieth*[7]
3*)	„	1883	26,73	13,69	4,77	53,07	1,74	18,68	6,51	2,99	*P. Vieth*[7]
4*)	„	„	24,04	12,17	6,20	55,81	1,78	16,15	8,16	2,58	*P. Vieth*[7]
	Mittel (No. 2—4)	—	**21,87**	**13,65**	**8,28**	**54,46**	**1,74**	**17,50**	**10,49**	**2,80**	

---

der Milchzucker volumetrisch nach Fehling und der Rohrzucker aus der Differenz bestimmt. — Nach obigen Analysen sind alle eingedickten Milchproben aus Vollmilch hergestellt. Zur Berechnung des Fettgehalts der verwendeten Milch wurde ein fettfreier Troken-Substanzgehalt von 9,3 % in der Milch angenommen.

Bei 13 von demselben Verfasser früher untersuchten Proben kondensirter Milch schwankte der Wassergehalt von 23,32—31,68 %, der Fettgehalt von 3,15—7,83 %. Nach 26. Jahresbericht des Gesundheitsrathes von Massachusetts, Boston 1895; Viertelj. Nahrungs- u. Genussm. 1895, **10**, 615.

[1]) Bericht der Milchw. Versuchsstation Raden 1882. Rostock 1883. S. 22.

[2]) Analyst 1888, **13**, 222. Vierteljahresschr. Chemie Nahrungs- u. Genussm. 1888, **3**, 356. Auf die Untersuchungsmethoden des Verfassers kann hier nur verwiesen werden.

[3]) Original-Mittheilung.

[4]) Commercial Bulletin No. 6. Ottawa Canada 29/12 1892, 11—14. Centrbl. Agrikultur-Chemie 1893, **22**, 858. Die Milch ist etwas bläulich gefärbt, von guter Beschaffenheit und leicht löslich in Wasser.

[5]) Zeitschr. öffentl. Chem. 1898, **4**, 451. Die Milch enthielt 0,47 % Milchsäure.

[6]) Milchztg. 1880, **9**, 362.

[7]) Milchztg. 1883, **12**, 329 und 1884, **13**, 164.

*) No. 1 u. 2 waren durch Zusatz von 2,33 % Zucker und Eindampfen auf ca. $^1/_7$ ihres Gewichtes, No. 3 u. 4 durch Zusatz von 3 % Zucker und Eindampfen auf ca. $^1/_6$ ihres Gewichtes dargestellt. Die kondensirte Stutenmilch soll wie kondensirte Kuhmilch als Ersatz der Muttermilch für Säuglinge dienen.

Milchpulver.

No.	Nähere Bezeichnung	Zeit der Untersuchung	In der natürlichen Substanz: Wasser %	Stickstoff-Substanz %	Fett %	Milchzucker %	Asche %	In der Trocken-Substanz: Stickstoff-Substanz %	Fett %	Stickstoff in der Trocken-Substanz %	Analytiker
	I. Aus Vollmilch.										
1	Pure compressed cream Milk von der „Fabrik kondensirter Milch" in Gossau in der Schweiz	1888	3,92	24,38	26,04	38,51	7,24	25,37	27,10	4,06	*Ambühl*[1])
2	Von A. Rosam in Pilsen	1896	8,77	23,10	22,10	26,26 *)	3,53	25,32	24,22	4,05	*Ladislaus Baudis*[2])
3	Von C. Drenkhan in Stentorf	1895	5,55	21,76 **)	21,35	46,21	5,13	23,04	22,61	3,69	*Versuchsstation Münster*[3])
	Mittel	.	**6,08**	**23,09**	**23,14**	**42,39**	**5,30**	**24,58**	**24,64**	**3,93**	
	II. Aus Magermilch.										
1	Pure compressed Milk-extract von der „Fabrik kondensirter Milch" in Gossau in der Schweiz	1888	4,17	35,56	1,65	52,37	7,51	37,11	1,72	5,94	*Ambühl*[1])
2	Milchpulver von C. Drenkhan in Stentorf . . .	1892	6,71	29,42	0,80	57,25	5,82	31,54	0,86	5,05	*J. König*[4])
3	Milchpulver (aus der Schweiz?)	1890	5,80	29,90	2,40	56,10	5,80	31,74	2,55	5,08	*P. Vieth*[5])
4	Milchpulver von C. Knoch in Melle	1893	13,51	28,48	2,03	49,21	6,77	32,93	2,35	4,27	*Versuchsstation Münster*[3])
	Mittel	.	**7,55**	**30,81**	**1,73**	**53,43**	**6,48**	**33,33**	**1,87**	**5,33**	

Rahm.

No.	Nähere Bezeichnung	Zeit der Untersuchung	Wasser %	Stickstoff-Substanz %	Fett %	Milchzucker %	Asche %	Trocken-Substanz: Stickstoff-Substanz %	Fett %	Stickstoff in der Trocken-Substanz %	Analytiker
1	Ohne nähere Bezeichnung	1860	83,23	4,24	8,17	3,02	—	25,28	48,72	4,05	*F. Hoppe-Seyler*[6])
2		„	80,42	4,29	10,84	3,74	—	21,91	55,36	3,51	
3		„	82,36	4,16	9,76	—	—	23,58	55,33	3,77	
4		1863	59,25	2,20	35,00	3,05	0,50	5,40	85,89	0,86	*Alex. Müller*[7])
5		„	52,51	2,69	41,16	3,19	0,45	5,66	86,67	0,91	*derselbe*[8])
6		„	70,41	—	23,05	—	0,59	—	77,89	—	
7		„	59,92	2,60	33,55	3,30	0,63	6,48	83,71	1,00	
8		„	60,10	2,73	33,56	2,99	0,62	6,84	84,11	1,09	
9		1867	66,73	3,18	25,04	4,34	0,71	9,56	75,26	1,53	
10		„	71,80	2,75	20,94	3,96	0,55	9,75	74,26	1,56	
11		„	74,20	2,66	17,93	4,57	0,65	10,31	69,50	1,65	

[1]) Jahresbericht des Kantonchemikers von St. Gallen für 1888. Milchztg. 1889, **18**, 653.

[2]) Vierteljahresschr. Nahrungs- u. Genussm. 1896, **II**, 326. Die Milchsahne wird durch einen Zerstäubungsapparat auf 50° warme Platten gebracht.

[3]) Original-Mittheilung.

[4]) Bericht über die Dauerwaaren für Ausfuhr und Schiffsbedarf auf der 5. Wanderausstellung der Deutschen Landwirthschafts-Gesellschaft zu Bremen 1892, 221. Molkereiztg. 1892, 16.

[5]) Milchztg. 1891, **20**, 69.

[6]) Chem. Centrbl. 1860, 49 u. 65.

[7]) Landw. Versuchsstationen **5**, 161.

[8]) Daselbst **9**, 276, 285 u. 294.

*) Das Milchpulver enthielt ferner 20,45 % Rohrzucker.

**) Mit 14,94 % Kasein + unlösl. Albumin, 1,09 % gelöstem Albumin, 5,73 % Laktoprotein.

No.	Nähere Bezeichnung	Zeit der Untersuchung	In der natürlichen Substanz: Wasser %	Stickstoff-Substanz %	Fett %	Milchzucker %	Asche %	In der Trocken-Substanz: Stickstoff-Substanz %	Fett %	Stickstoff in der Trocken-Substanz %	Analytiker
12	Ohne nähere Bezeichnung	1849	56,04	6,02	34,38	2,67	0,88	13,69	78,21	2,19	*Orthmann*[1])
13		1859	63,28	4,22	29,46	2,08	0,40	11,49	81,88	1,86	*Hamberg*[2])
14		1863	74,46	2,69	18,18	4,08	0,59	10,53	71,18	1,69	*A. Völcker*[3])
15		„	64,80	—	25,40	—	(2,19)	—	72,16	—	
16		„	56,50	—	31,57	—	(3,49)	—	72,57	—	
17		„	61,67	2,62	33,43	1,56	0,72	6,84	87,22	1,09	
18		?	79,52	—	15,56	—	0,63	—	75,98	—	*Gérard*[4])
19	Bei 6°C. 16 St. Aufrahmung	1875	77,45	2,86	14,31	5,38		12,68	63,46	2,03	*U. Kreusler*[5])
20	„ 28 „ „	„	77,37	3,17	15,07	5,39		14,01	66,55	2,24	
21	„ 40 „ „	„	75,59	3,01	17,41	3,99		12,33	71,32	1,97	
22	Bei 8°C. 16 „ „	„	77,46	3,58	13,24	5,72		15,88	58,74	2,54	
23	„ 28 „ „	„	75,73	4,20	16,27	3,80		17,31	67,04	2,77	
24	„ 40 „ „	„	74,93	2,75	17,07	5,25		10,97	68,09	1,76	
25	Bei 10°C. 16 „ „	„	75,89	3,47	15,25	5,39		13,98	63,25	2,30	
26	„ 28 „ „	„	74,82	2,54	17,61	5,03		10,08	69,94	1,61	
27	„ 40 „ „	„	72,75	2,48	18,65	6,12		9,10	68,44	1,46	
28	Bei 15°C. 16 „ „	„	73,46	3,48	17,31	5,75		13,11	65,60	2,10	
29	„ 28 „ „	„	71,77	3,10	20,45	4,68		10,98	72,44	1,76	
30	Ohne nähere Bezeichnung	1876	62,12	5,83	30,64	1,27	0,14	15,39	80,89	2,46	*Arth. Hill Hassall*[6])
31		„	61,50	5,14	32,22	0,74	0,40	13,35	83,69	2,14	
32		„	63,24	2,70	31,42	2,36	0,28	7,34	85,47	1,18	
33		„	49,10	5,20	42,82	2,46	0,42	10,22	84,13	1,63	
34		„	43,04	7,40	44,76	4,45	0,35	12,99	78,23	2,08	
35		„	45,82	6,38	44,33	2,92	0,50	11,78	81,82	1,88	
36	Mit Lehfeldt's Centrifuge*) .	1878	29,55	1,42	67,63	2,25	0,12	2,02	96,00	0,32	*W. Fleischmann*[7])
37	Mit de Laval's Separator .	1880	66,12	2,69	27,69	3,03	0,47	7,94	81,73	1,27	*A. Völcker*[8])
38	Nach Swartz'schem Verfahr.**)	1878	68,40	—	22,08	—	—	—	69,87	—	*J. König*[9])
39	Aus Milch altmilchender, dänischer Kühe	1877	77,26	3,89	14,64	3,52	0,69	17,10	64,38	2,73	*Storch*[10])
40		„	77,34	3,73	14,73	3,52	0,68	16,46	65,00	2,63	
41	desgl. frischmilchender Kühe	„	79,96	3,31	12,28	3,77	0,68	16,51	61,27	2,64	
42	Mittel von 7 Proben***) . .	1881	65,26	—	28,31	—	—	—	81,49	—	*Schnutz*[11])

1) Landw. Erfahrungen von Hohenheim 1849, 131.
2) Landw. Versuchsstationen 1859, **1**, 98.
3) Journ. of the Roy. agric. Soc. of England 1863, **24**, 298.
4) Die Milch, von Benno Martiny 1871, **2**, 67 u. 110.
5) Landw. Jahrbücher 1875, **4**, 249 u. s. f.
6) Hassall, Food: Its adulteration and the methods for their detection. London 1876, 395.
7) W. Fleischmann, Das Molkereiwesen 1878, 704.
8) Journ. of the Roy. Agric. Soc. of England 1880, **2**, 160.
9) Original-Mittheilung.
10) Von H. Cordes mitgetheilt in Milchztg. 1881, **10**, 606.
11) Milchztg. 1882, **11**, 103.
*) Rahmstücke.
**) Mittel von 4 Analysen.
***) Die Rahmproben stammten aus der Genossenschafts-Molkerei in Itzehoe; sie enthielten:

Maximum	80,29 % Wasser	50,98 % Fett
Minimum	43,21 „ „	13,07 „ „

No.	Nähere Bezeichnung	Zeit der Untersuchung	In der natürlichen Substanz: Wasser %	Stick-stoff-Substanz %	Fett %	Milch-zucker %	Asche %	In der Trocken-Substanz: Stick-stoff-Substanz %	Fett %	Stickstoff in der Trocken-Substanz %	Analytiker
43	Nach Swartz'schem Verfahren und mit Centrifuge . . .	1882	78,93	2,76	13,88	3,75	0,68	13,10	65,88	2,10	*W. Fleischmann*[1]
44	Mit de Laval's Separator. Spec. Gew. 1,0200 . . .	1884	76,64	3,07	15,15	4,50	0,64	13,14	64,85	2,10	*W. Fleischmann*[1]
45	Centrifugenrahm*). Spec. Gew. 1,015	1890	71,02	3,02	21,95	3,32	0,58	10,42	75,74	1,67	*Fred. D'Hont*[2]
46	Gewöhnlicher Rahm, keimfrei	1897	68,48	—	28,80	—	0,64	—	91,37	—	*E. Bergstrand*[3]
47	Besonders dicker Rahm, „	„	47,23	—	49,19	—	0,26	—	93,22	—	*E. Bergstrand*[3]
	Mittel (ohne No. 36)	—	**67,61**	**4,12**	**23,80**	**3,92** **)	**0,55**	**12,72**	**73,47**	**2,04**	
	Schwankungen**)	—	43,04-83,23	1,75—8,19	15,78-30,19	0,62—6,23	0,11—1,10	5,40—25,28	48,72—93.22	0,86—4,04	

Devonshire-Rahm (Clotted cream).

Nach P. Vieth[4]).

Der Clotted cream wird folgendermassen bereitet: Die Milch wird in flachen Blechsatten zum Aufrahmen hingestellt. Nach 12 Stunden werden die Satten in ein kochendes Wasserbad, das in einem gewöhnlichen Küchenherd eingestellt ist, eingehängt, bis der Rahm durch das Abdampfen von Wasser und die Bildung einer Haut eine eigenthümliche Beschaffenheit angenommen hat. Sodann werden die Satten herausgenommen, nochmals 10 Stunden stehen gelassen und dann der Rahm abgenommen. Der durch gelindes Rühren gemischte Rahm erhält eine salbenartige Beschaffenheit, der Geschmack ist der von gekochter Milch, er wird als Delikatesse mit Früchten genossen.

No.	Nähere Bezeichnung		Zeit der Untersuchung	In der natürlichen Substanz: Wasser %	Fett %	Stickstoff-Substanz + Milchzucker %	Asche %	Fett in der Trocken-Substanz %
1	19 Proben . .	Mittel	1886	36,11	57,36	6,01	0,51	89,78
		Schwankungen	„	32,59—42,13	50,36—61,43	4,61—8,93	0,42—0,77	—
2	Wöchentlich 1mal untersucht	Mittel	1887	36,94	55,51	6,97	0,58	88,03
		Schwankungen	„	31,16—44,16	46,92—62,00	4,80—10,73	0,46—0,85	—
3	55 Proben . .	Mittel	1888	35,54	57,09	6,80	0,57	88,56
		Schwankungen	„	31,57—44,11	45,78—61,49	5,32—9,36	0,44—0,80	—
4	51 Proben . .	Mittel	1889	36,69	56,69	6,09	0,53	89,54
		Schwankungen	„	30,95—45,01	47,72—62,83	4,93—7,82	0,44—0,65	—

[1]) Bericht d. Milchw. Versuchsstation Raden für 1882, 24 und für 1884, 26.

[2]) Fred. D' Hont, Contribution à l' ètude du lait courtrai. Typolithographie de Jules Vermaut 1890. Milchztg. 1890, **19**, 706.

[3]) Vierteljahresschr. Nahrungs- u. Genussm. 1897, **12**, 362.

[4]) Milchztg. 1887, **16**, 120; 1888, **17**, 129; 1889, **18**, 141; 1890, **19**, 185; 1891, **20**, 60; 1892, **21**, 191.

*) 15 l Vollmilch gaben beim Centrifugiren 3,5 l Rahm und 12 l Magermilch. Die Zusammensetzung von Vollmilch und Magermilch war folgende:

	Spec. Gew.	Wasser	Stickstoff-Substanz	Fett	Milchzucker	Asche	Kalk (Ca O)	Phosphorsäure (P_2O_5)
Vollmilch	1,032	85,90	3,50	5,05	4,70	0,79	0,22	0,23 %
Magermilch . . .	1,034	90,40	3,62	0,025	5,05	0,79	0,21	0,22 „
Rahm	—	—	—	—	—	—	0,155	0,17 „

Das spec. Gew. wurde mit der Westphal'schen Waage, das Kasein nach Kjeldahl, das Fett durch Ausziehen im Soxhlet'schen Apparat mit Aether und der Milchzucker gewichtsanalytisch mit Fehling'scher Lösung bestimmt.

**) Das Mittel für Milchzucker ist aus der Differenz berechnet. — Die Schwankungszahlen für die natürliche Substanz sind auf den mittleren Wassergehalt von 67,61 % bezogen.

No.	Nähere Bezeichnung		Zeit der Unter-suchung	In der natürlichen Substanz				Fett in der Trocken-Substanz
				Wasser	Fett	Stickstoff-Substanz + Milchzucker	Asche	
				%	%	%	%	%
5	51 Proben . .	Mittel	1890	35,16	58,35	5,97	0,52	89,99
		Schwankungen	—	29,18—41,80	51,19—64,66	5,17—6,59	0,45—0,60	—
6	51 Proben . .	Mittel	1891	33,95	59,30	6,21	0,54	89,78
		Schwankungen	—	25,16—45,55	46,34—68,59	4,96—8,80	0,42—0,77	—
		Mittel	—	**35,69**	**57,37**	**6,39**	**0,55**	**89,21**
		Schwankungen	—	25,16—45,55	45,78—68,59	4,61—10,73	0,42—0,85	—

Die Magermilch von der Herstellung des Devonshire-Rahms hatte folgende Zusammenstellung:

		Spec. Gew.	Trocken-Substanz	Fett
1890	Mittel	1,0350	11,03	1,60
	Schwankungen	1,0385—1,0360	10,52—11,66	1,24—2,26
1891	Mittel	—	—	1,79
	Schwankungen	—	—	1,28—2,60

Saurer Rahm der Londoner Aylesbury Dairy Company hatte nach H. Droop-Richmond (Analyst 1897, 22, 93—95; Chem. Centrbl. 1897, I, 1033—1034) folgende Zusammensetzung:

	Trocken-Substanz	Fett	Asche
Minimum	56,42 %	46,66 %	0,52 %
Maximum	75,18 „	68,23 „	0,90 „
Mittel	67,64 „	59,16 „	0,68 „

Gärtner'sche Fettmilch.

Die Gärtner'sche Fettmilch wird in der Weise hergestellt, dass Kuhmilch mit soviel Wasser versetzt wird, dass der Kaseingehalt dem der Frauenmilch gleich ist; darauf wird diese verdünnte Milch centrifugirt, wobei als fettreicher Theil die Gärtner'sche Fettmilch erhalten wird.

No.	Fettmilch vom	Spec. Gewicht	In der natürlichen Substanz						In der Trocken-Substanz			Stickstoff in der Trocken-Substanz	Säuregrade, 1/10 Normal-Alkali	Analytiker
			Wasser	Kasein	Albumin	Fett	Milchzucker	Asche	Kasein	Albumin	Fett			
			%	%	%	%	%	%	%	%	%	%	ccm	
1	25/5 1897 . . .	1,0257	90,85	1,47		2,75	4,57	0,36	16,07		30,05	2,57	7,5	P. Vieth[1])
2	7/7 „ . . .	1,0252	90,91	1,36	0,15	2,92	4,29	0,37	14,96	1,65	32,12	2,66	7,0	
3	27/7 „ . . .	1,0263	90,12	1,22	0,38	3,05	4,90	0,33	12,35	3,85	30,87	2,59	8,0	
4	27/8 „ . . .	1,0254	91,62	1,48		2,38	4,15	0,37	17,66		28,40	2,83	7,2	
5	11/9 „ . . .	1,0275	90,96	1,03	0,62	2,13	4,89	0,37	11,39	6,86	23,56	2,92	8,5	
6	30/9 „ . . .	1,0255	91,32	1,45	0,15	2,40	4,28	0,40	16,71	1,73	27,65	2,95	10,6	
7	11/10 „ . . .	1,0260	91,27	1,39	0,63	1,96	4,40	0,35	15,92	7,22	22,45	3,70	8,7	
8	18/10 „ . . .	1,0260	91,33	1,30	0,35	2,03	4,54	0,45	14,99	4,04	23,18	3,04	8,4	
9	12/11 „ . . .	1,0260	91,15	1,43	0,16	2,24	4,57	0,45	16,16	1,81	25,31	2,96	8,8	

G. Rupp (Forschungsberichte über Lebensmittel etc. 1896, 3, 130—132) untersuchte vom 25/9 1895 bis 6/2 1896 24 Proben Gärtner'sche Fettmilch aus der Milchkuranstalt von Dr. Jansen in Karlsruhe und fand in 100 ccm g:

[1]) Bericht über die Thätigkeit des milchwirthschaftlichen Instituts zu Hameln für 1897. Milchztg. 1898, **27**, 354.

	In der natürlichen Substanz					In der Trocken-Substanz	
	Wasser	**Kasein**	**Fett**	**Milchzucker**	**Asche**	**Kasein**	**Fett**
Minimum	88,60	1,20	2,70	4,50	0,31	10,53	23,68
Maximum	90,40	1,68	3,90	6,00	0,41	17,50	40,63
Mittel	**89,60**	**1,46**	**3,20**	**5,15**	**0,33**	**14,02**	**32,16**

Nach Niederstadt (Milchztg. 1897, 26, 88) hatten 17 Proben Gärtner'sche Fettmilch aus Hamburg

im Mittel	3,16 % Fett	1,70 % Kasein	5,55 % Milchzucker
„ Minimum	2,70 „ „	1,24 „ „	4,90 „ „
„ Maximum	3,60 „ „	2,34 „ „	5,80 „ „

Nähere Bezeichnung	Spec. Gewicht	In der natürlichen Substanz					In der Trocken-Substanz		Stickstoff in der Trocken-Substanz %
		Wasser %	Stick-stoff-Substanz %	Fett %	Milch-zucker %	Asche %	Stick-stoff-Substanz %	Fett %	
Gärtner'sche Fettmilch: Gesammtmittel (50 Proben)	**1,0260**	**90,00**	**1,62**	**3,11**	**4,93**	**0,34**	**16,18**	**31,05**	**2,59**
Schwankungen	1,0252—1,0275	88,60—91,62	1,20—2,34	1,96—3,90	4,15—6,00	0,31—0,45	10,53—23,14	22,45—40,63	1,68—3,70

Rahm aus Büffelmilch.

Rahm aus rumänischer Büffelmilch enthielt nach W. Fleischmann (Bericht Raden 1886 Rostock 86, 63): 37,00 % Wasser, 56,79 % Fett, 5,75 % Protein + Milchzucker, 0,46 % Asche.

Schlamm aus Centrifugen

(der in den Trommeln zurückbleibt, etwa 0,10 % der Milch).

No.	Nähere Bezeichnung		Zeit der Untersuchung	In der natürlichen Substanz					In der Trocken-Substanz		Stickstoff in der Trocken-Substanz %	Analytiker
				Wasser %	Stick-stoff-Substanz %	Fett %	Milch-zucker %	Asche %	Stick-stoff-Substanz %	Fett %		
1	Aus De Laval's Separator bei 6900 Touren der Trommel in der Minute	6. Februar	1880	67,33	28,99 *)	0,19	—	3,49 **)	88,74	0,58	14,20	*W. Fleischmann*[1])
2		30. Juni	„	68,73	25,79	2,02	0,44	3,01	82,48	6,46	13,20	
3		28. Oktober	1882	67,31	27,42 *)	1,16	—	4,11	83,88	3,55	13,42	
4		7. Mai	1883	65,90	26,00	—	3,26	3,73	76,25	—	12,20	
5	bei 6300 Umgängen	15. Januar	1884	65,88	25,93	1,37	3,20	3,54	76,06	4,02	12,16	
		Mittel	—	**67,03**	**26,86**	**1,20**	**1,34**	**3,57**	**81,47**	**3,65**	**13,03**	

[1]) Bericht der Milchw. Versuchsstation Raden für 1883, 25 und für 1884, 27.

*) Einschl. Milchzucker.

**) Die Asche hatte im Mittel von 2 Analysen folgende proc. Zusammensetzung:

Kali (K_2O)	Natron (Na_2O)	Kalk (CaO)	Magnesia (MgO)	Eisenoxyd (Fe_2O_3)	Phosphorsäure (P_2O_5)	Chlor (Cl)	Sonstige Bestandtheile
2,39 %	1,01 %	33,87 %	2,53 %	1,39 %	33,09 %	1,28 %	24,73 %

Butter.

I. Kuhbutter.

No.	Nähere Bezeichnung	Zeit der Untersuchung	In der natürlichen Substanz: Wasser %	Fett %	Kasein %	Milchzucker %	Sonstige stickst.-freie Stoffe %	Asche %	In der Trocken-Substanz: Fett %	Stickstoff-Substanz %	Stickstoff in der Trocken-Substanz %	Analytiker
1		1864	13,67	85,00	0,51	0,70	—	0,12	98,46	0,59	0,09	Alex. Müller und Eisenstuck [1]
2		„	14,02	82,03	2,58		—	1,37	95,41	—	—	
3		„	13,16	82,01	2,01		—	2,82	93,36	—	—	
4		„	11,42	85,35	1,92		—	1,31	96,35	—	—	
5		„	11,71	84,39	2,58		—	1,32	95,58	—	—	
6		„	11,29	85,75	1,30		—	1,70	96,66	—	—	
7		„	6,10	90,18	1,87		—	1,85	96,04	—	—	
8		„	10,07	87,05	1,37		—	1,51	97,78	—	—	
9		„	12,69	83,95	1,81		—	1,55	95,01	—	—	
10		„	16,13	81,86	1,85		—	0,16	97,60	—	—	
11		„	20,20	77,33	2,28		—	0,19	96,78	—	—	
12		„	13,46	83,34	0,99		—	2,21	96,30	—	—	
13		„	10,08	86,57	1,20		—	2,15	96,27	—	—	
14		„	14,84	83,51	1,59		—	0,06	98,06	—	—	
15	Schwedische Butter	„	18,29	79,61	1,93		—	0,17	97,43	—	—	
16	aus verschiedenen Orten	„	21,10	74,29	4,35		—	0,26	94,16	—	—	
17	Schwedens	„	8,87	88,89	0,91		—	1,33	97,53	—	—	
18	und nach verschiedenen	„	18,59	80,52	0,80		—	0,09	98,91	—	—	
19	Methoden dargestelt	„	17,03	81,55	1,33		—	0,09	98,29	—	—	
20		„	23,47	74,60	1,80		—	0,13	97,48	—	—	
21		„	14,96	83,35	1,59		—	0,10	97,99	—	—	
22		„	15,25	83,03	1,57		—	0,15	97,97	—	—	
23		„	9,24	83,52	0,64	0,60	—	6,00	92,02	0,71	0,11	
24		„	13,82	84,78	1,27		—	0,13	98,38	—	—	
25		„	7,66	88,83	0,29		—	2,59	96,20	—	—	
26		„	9,93	88,13	0,44	0,46	—	1,04	97,44	0,49	0,08	
27		„	12,56	83,57	0,78	0,43	—	2,66	95,57	0,89	0,13	
28		„	15,91	83,22	0,45	0,35	—	0,07	98,97	0,54	0,09	
29		„	15,30	82,89	0,75	0,88	—	0,18	97,86	0,89	0,14	
30		„	18,18	79,45	1,08	1,11	—	0,18	97,10	1,32	0,21	
31		„	13,00	85,69	0,62		0,69		98,49	0,71	0,01	
32		„	14,00	84,90	0,54		0,56		98,72	0,63	0,10	
33		„	11,44	86,08	0,54	0,70	—	1,24	97,20	0,61	0,10	
34		1867	13,82	84,78	1,27		—	0,13	98,38	—	—	Alex. Müller [2]
35		„	12,56	83,57	0,78	0,43	—	2,66	95,57	0,89	0,14	
36		„	15,91	83,22	0,45	0,35	—	0,07	98,97	0,54	0,09	
37	Septemberbutter, Holstein .	„	10,25	86,88	0,52	0,49	—	1,86	96,80	0,58	0,09	
38	Frühjahrsbutter, Schweden .	„	11,45	83,32	1,63		—	3,60	94,09	—	—	
39	Sommerbutter, desgl. . .	„	9,48	87,00	3,60		—	3,13	96,11	—	—	

[1] Landw. Versuchsstationen 1864, **6**, 3.
[2] Daselbst **9**, 276.

No.	Nähere Bezeichnung	Zeit der Untersuchung	In der natürlichen Substanz: Wasser %	Fett %	Kaseïn %	Milchzucker %	Sonstige stickst.-freie Stoffe %	Asche %	In der Trocken-Substanz: Fett %	Stickstoff-Substanz %	Stickstoff in der Trocken-Substanz %	Analytiker
40	Rahmbutter	1868	13,11	85,97	0,84		—	0,08	98,94	—	—	O. Lindt[1])
41	Vorbruchbutter	„	19,96	78,54	1,25		—	0,25	98,13	—	—	
	Holsteiner Butter:											
42	Sehr fein	1872	11,68	86,95	0,19	0,85	—	1,43	98,45	0,22	0,04	A. Emmerling[2])
43	Mittelfein	„	12,09	84,76	0,39	0,81	—	1,95	95,28	0,44	0,07	
44	Recht fein	„	10,35	86,96	0,26	0,82	—	4,83	97,00	0,29	0,05	
45	Mittelmässig	„	10,09	85,50	0,28	0,69	—	2,24	95,10	0,31	0,05	
46	—	„	12,64	84,10	0,58	0,86	—	2,09	96,27	0,66	0,11	
47	—	„	14,42	82,91	0,50	1,07	—	1,78	96,88	0,58	0,09	
48	Oelig	„	10,81	86,43	0,32	0,75	—	1,85	96,91	0,36	0,06	
49	Normal und gut	„	12,29	85,50	0,57	0,59	—	0,93	97,48	0,65	0,10	
50	Gesalzene Butter	1873	5,50	90,96	0,50	—	—	3,02	96,25	0,53	0,08	R. Alberti[3])
51		„	10,60	86,62	0,63	—	—	2,03	95,77	0,70	0,11	
52	Theebutter	„	14,20	85,55	1,25	—	—	0,11	99,68	0,29	0,05	J. Moser[3])
53	Gute Marktbutter	„	13,70	86,06	1,42	—	—	0,12	99,70	0,49	0,08	
54	Schlechte „	„	17,08	82,60	1,72	—	—	0,20	98,43	0,87	0,14	
55	Aus süsser Sahne	„	12,06	84,00	0,75	0,64	—	2,45	95,52	0,84	0,13	F. Dahl[3])
56		„	12,05	84,43	0,51	0,47	—	1,98	96,00	0,58	0,09	
57	Aus saurer Sahne	„	11,88	83,21	0,92	0,74	—	3,17	94,43	1,04	0,17	
58		„	12,49	82,75	0,90	0,61	—	3,11	94,56	1,03	0,17	
59	I. Preis 1,10 Mk. . . .	„	28,75	63,95	3,25	—	—	4,05	89,75	4,56	0,73	N. Gräger[3])
60	II. „ 1,20 „ . . .	„	15,05	76,55	4,70	—	—	3,70	90,11	5,53	0,88	
61	III. „ 1,30 „ . . .	„	12,72	83,60	2,60	—	—	1,12	95,78	2,98	0,48	
	Schweizer Butter:											
62	Speisebutter (frische Butter)	„	8,16	85,54			6,30		93,14	—	—	E. Schulze[3])
63	Vorbruchbutter (frische Butter)	„	10,02	85,34			4,57		94,84	—	—	
64	Gemischte Butter (frische Butter)	„	11,68	83,09			5,23		94,08	—	—	
65	Speisebutter (Butterschmalz)	„	(0,07)	99,00			0,93		(99,07)	—	—	
66	Vorbruchbutter (Butterschmalz)	„	(0,04)	99,63			0,33		(99,66)	—	—	
67	Gemischte Butter (Butterschmalz)	„	(0,06)	97,61			2,33		(97,67)	—	—	
68	Gewöhnliche Butter vom Markte Münster's	1876	35,12	61,09	1,22		—	2,57	94,16	—	—	J. König u. C. Brimmer[4])
69		„	25,27	71,99	1,37		—	1,37	96,33	—	—	
70		„	27,55	69,82	1,07		—	1,56	96,37	—	—	
71		„	34,12	63,97	1,37		—	0,54	97,10	—	—	
72		„	30,42	66,68	1,15		—	1,75	95,83	—	—	
73		„	17,45	80,60	0,82		—	1,13	97,64	—	—	
74		„	27,53	67,65	2,33		—	2,49	93,35	—	—	
75		„	25,53	70,15	1,81		—	1,51	95,48	—	—	

[1]) Jahresbericht f. Agrik.-Chem. 1868/69, 711.
[2]) Landw. Wochenbl. f. Schleswig-Holstein 1872, 499.
[3]) Jahresbericht f. Agrik.-Chem. 1873/74, 2, 289 u. 290.
[4]) Landw. Ztg. f. Westf. u. Lippe 1876, 3.

No.	Nähere Bezeichnung	Zeit der Untersuchung	In der natürlichen Substanz: Wasser %	Fett %	Kasein %	Milchzucker %	Sonstige stickst.-freie Stoffe %	Asche %	In der Trocken-Substanz: Fett %	Stickstoff-Substanz %	Stickstoff in der Trocken-Substanz %	Analytiker
												Kochsalz
76	Süsse Butter (Aus süssem Rahm)	1876	13,12	83,92	0,62	—	0,63	0,14	96,59	0,71	0,11	1,23 (V. Storch[1])
77	desgl. (Aus süssem Rahm)	„	13,41	83,82	0,61	0,46	0,74	0,12	96,80	0,70	0,11	1,30
78	desgl. (Aus süssem Rahm)	„	10,45	85,40	0,54	0,32	0,53	0,16	95,37	0,60	0,10	2,92
79	Saure Butter (Aus saurem Rahm)	„	17,09	80,01	0,87	0,13	0,71	0,15	96,50	1,05	0,17	1,17
80	desgl. (Aus saurem Rahm)	„	11,57	85,43	0,62	0,17	0,39	0,12	96,61	0,70	0,11	1,87
81	Seeländer Höckerb. (Aus saurem Rahm)	„	9,60	86,77	0,71	0,25	0,62	0,15	95,98	0,67	0,11	2,25
82	Schlechte Butter (Aus saurem Rahm)	„	9,80	83,36	1,00	—	0,80	0,25	92,42	1,11	0,18	4,97
	Spec. Gew. — Schmelzpunkt											
83	0,927 — 22,5 C.	1859	18,11	80,22	1,59	—	—	0,08	97,96	1,94	0,31	Spuren (C. Karmrodt[2])
84	0,921 — 19,9 „	„	16,59	81,07	1,24	—	—	0,10	97,19	1,49	0,24	1,00
85	0,925 — 19,3 „	„	17,74	80,99	1,15	—	—	0,08	98,45	1,40	0,22	0,04
86	0,920 — 19,2 „	„	10,58	86,34	1,19	—	—	0,14	96,56	1,33	0,21	0,14
87	0,927 — 21,9 „	„	15,94	81,88	2,02	—	—	0,10	97,41	2,40	0,38	0,10
88	Alpenbutter 31,7 „	1877	10,81	86,14	1,86		—	0,20	96,58	—	—	W. Eugling[3])
89	Alpenbutter 37,8 „	„	14,97	83,33	1,46		—	0,24	98,00	—	—	
90	Proben durch Milchbuttern erhalten*)	1879	17,97	76,95	4,77		—	0,31	93,81	—	—	M. Schrodt und Ph. du Roi[4])
91	Proben durch Milchbuttern erhalten*)	„	16,03	81,17	2,69		—	0,11	96,67	—	—	
92	Proben durch Milchbuttern erhalten*)	„	15,33	81,87	2,65		—	0,15	96,69	—	—	
93	Proben durch Rahmbuttern erhalten*)	„	14,65	82,76	2,51		—	0,08	96,97	—	—	
94	Proben durch Rahmbuttern erhalten*)	„	13,78	83,80	2,28		—	0,14	97,19	—	—	
95	Proben durch Rahmbuttern erhalten*)	„	13,79	84,32	1,75		—	0,14	97,81	—	—	
	Italienische Butter:						Milchsäure					
96	Lodi	1878	13,66	84,95 **)	0,36	0,60	—	0,43	98,39	0,42	0,07	A. Menozzi[5])
97	„	„	19,78	77,18	1,89	0,47	0,12	0,56	96,21	2,36	0,38	
98	Mailand***)	„	14,78	83,87	0,60	0,44	0,10	0,20	98,42	0,70	0,11	
99	Codogno	„	15,08	83,38	0,65	0,57	0,09	0,23	98,19	0,77	0,12	
100	Lodi	„	15,47	83,34	0,58	0,31	0,14	0,16	98,59	0,69	0,10	
101	Meierei Malco	„	15,35	82,45	1,45	0,38	0,17	0,19	97,40	1,71	0,27	
102	Lodi	„	14,53	83,98	0,53	0,71	0,14	0,11	98,26	0,62	0,10	
103	„	„	15,25	83,25	0,79	0,36	0,15	0,19	98,26	0,93	0,15	
104	„	„	14,82	83,08	0,91	0,53	—	0,13	97,53	1,07	0,17	
105	„	„	15,59	83,57	0,99	0,59	0,10	0,16	99,00	1,07	0,17	
106	„	„	15,72	82,44	0,93	0,56	0,22	0,14	97,82	1,10	0,18	
107	„	„	15,03	83,56	0,67	0,45	0,14	0,15	98,34	0,79	0,13	
108	„	„	16,12	82,01	0,83	0,72	0,14	0,17	97,77	0,99	0,16	

[1]) Milchztg. 1876, **5**, 1722.

[2]) Zeitschr. d. landw. Vereins f. Rheinpreussen 1859, 103.

[3]) Nach einem Separatabdruck aus Milchztg. 1877.

[4]) Milchztg. 1879, **8**, 558.

[5]) Nach Rendiconti del R. Instituto Lombardo [2], **5**, Heft IV, in Forschungen auf dem Gebiete der Viehhaltung (Beilage zur Milchztg.) 1879, **8**, 294—296.

*) Die durch Verbuttern des Rahmes gewonnene Butter enthät 2—5 % Fett mehr als die durch Milchbuttern erhaltene Butter; letztere Methode lieferte zwar mehr Butter aus der gleichen Menge Milch; dieses Mehr vertheilt sich aber auf einen höheren Gehalt an Wasser und Kasein.

**) Das Fett der einzelnen Buttersorten lieferte 85,5—87,8 % unlösliche Fettsäuren.

***) Der Rahm zu dieser Butter wurde durch die Lehfeldt'sche Centrifuge erhalten.

No.	Nähere Bezeichnung	Zeit der Untersuchung	In der natürlichen Substanz: Wasser %	Fett %	Kasein %	Milchzucker %	Milchsäure %	Asche %	In der Trocken-Substanz: Fett %	Stick-stoff-Substanz %	Stickstoff in der Trocken-Substanz %	Analytiker
109	Lodi	1878	15,56	83,02	0,56	0,69	0,04	0,14	98,32	0,66	0,11	A. Menozzi[1])
110	„	„	14,18	84,57	0,66	0,33	0,12	0,14	98,54	0,77	0,12	
111	„	„	14,43	83,94 *)	0,88	0,47	0,19	0,15	98,10	1,03	0,16	
112	Westfälische Butter, Rahm nach Swartz'schem Verfahren gewonnen	„	13,42	85,57	0,92		—	0,09	98,83	—	—	J. König und C. Krauch[2])
113		„	13,09	85,71	0,92		—	0,28	98,62	—	—	
114		„	12,92	85,71	0,95		—	0,42	98,43	—	—	
115	Desgl. nach Holst. Verfahren	„	15,42	81,94	1,74		—	0,90	96,88	—	—	
116	Aus Lehfeldt'schem Rahm .	„	14,88	83,85	0,60	0,44	0,04	0,20	98,52	0,70	0,11	G. Cantoni[3])
117	Beste Sorten Butter von Lodesan (Lombardei)	„	15,08	83,37	0,65	0,57	0,09	0,23	98,17	0,77	0,12	
118		„	15,35	82,45	1,45	0,38	0,17	0,19	97,40	1,71	0,27	
119		„	14,53	83,98	0,53	0,71	0,14	0,11	98,26	0,62	0,10	
120		„	15,25	83,25	0,79	0,36	0,15	0,19	98,23	0,93	0,15	
121	Gemisch niedererButtersorten	„	19,78	77,48	1,09	0,47	0,12	0,56	96,58	1,36	0,22	
122	Aus süssem Rahm } Mittel von je 5 Anal.	1880	13,65	83,62	0,61	0,56	0,04	1,52	96,84	0,71	0,11	M. Schmoeger[4])
123	Aus saurem Rahm	„	14,23	82,83	0,80	0,54	0,05	1,55	96,57	0,93	0,15	

No.	Nähere Bezeichnung	Zeit der Untersuchung	In der natürlichen Substanz: Wasser %	Fett %	Kasein u. Zucker %	Salz %	Fett in der Trocken-Substanz %	Butterfett: Spec. Gew. bei 37,8° C.	Schmelz-punkt ° C.	Unlösliche Fettsäuren %	Analytiker
124	Juli 1875, Surrey . . .	1875	4,15	—	—	—	—	0,9135	30,0	—	J. Bell[5])
125	„ „ . . .	„	6,80	89,13	0,80	3,27	95,64	0,9131	31,1	—	
126	„ „ . . .	„	15,50	80,70	1,70	2,10	95,47	0,9131	31,1	—	
127	„ „ . . .	„	11,40	87,07	0,77	0,76	98,20	0,9123	32,2	—	
128	„ „ . . .	„	7,55	90,27	1,15	1,03	97,67	0,9139	29,4	—	
129	„ „ . . .	„	12,70	85,64	0,86	0,80	98,06	0,9128	30,0	—	
130	„ Irische gesalz. Butter	„	11,67	85,27	0,86	2,20	96,53	0,9123	30,8	87,20	
131	Sept. 1875, County Galway	„	11,79	84,14	0,68	3,39	95,41	0,9131	31,3	—	
132	„ „	„	14,04	82,82	1,51	1,63	96,32	0,9116	31,3	—	
133	„ „	„	10,12	86,56	0,70	2,62	96,34	0,9130	31,2	—	
134	„ „	„	4,91	93,12	0,43	1,54	97,96	0,9121	31,7	87,42	
135	„ „	„	11,73	85,69	0,47	2,11	97,09	0,9130	31,7	—	
136	„ „	„	11,83	86,23	0,80	1,14	97,78	0,9127	31,7	86,60	
137	„ Devonshire . .	„	13,22	84,76	0,68	1,34	97,64	0,9127	31,0	—	
138	„ Cornwall . .	„	16,99	79,00	1,36	2,65	94,40	0,9124	31,5	—	
139	„ Cumberland .	„	12,26	82,28	0,94	4,52	93,72	0,9129	30,8	—	
140	„ „	„	11,92	82,34	1,52	4,22	93,46	0,9124	30,8	—	

[1]) Vergl. Anmerkung [5]) S. 298.
[2]) Chem. u. techn. Untersuchungen der landwirthschaftl. Versuchsstation Münster. 2. Bericht 1878—1880 47.
[3]) L'industrie laitière 1878, No. 44.
[4]) Milchztg. 1880, **9**, 273.
[5]) Milchztg. 1877. (Journ. Roy. Agric. Soc. Engl. 1877?)
*) Vergl. Anmerkung ***) S. 298.

No.	Nähere Bezeichnung	Zeit der Untersuchung	In der natürlichen Substanz: Wasser %	Fett %	Kasein u. Zucker %	Salz %	Fett in der Trocken-Substanz %	Butterfett: Spec. Gew. bei 37,8 ° C.	Schmelzpunkt ° C.	Unlösliche Fettsäuren %	Analytiker
141	Sept. 1875, Cumberland	1875	12,96	82,88	0,36	3,80	95,23	0,9130	31,1	—	
142	„ „	„	9,72	87,18	0,28	2,82	96,60	0,9120	31,1	—	
143	„ „	„	8,18	87,76	0,92	3,14	95,57	0,9127	30,6	—	
144	„ „	„	12,84	83,40	0,98	2,78	95,66	0,9127	30,8	—	
145	„ Dorsetshire	„	16,85	80,27	0,11	2,77	99,49	0,9119	31,0	—	
146	„ „	„	16,37	79,85	0,56	3,22	95,50	0,9119	30,8	—	
147	„ „	„	17,06	79,93	0,88	2,13	96,40	0,9120	30,7	—	
148	„ „	„	17,03	79,86	0,86	2,25	96,23	0,9123	31,0	—	
149	„ „	„	18,37	79,64	0,39	1,63	97,52	0,9121	30,7	—	
150	„ „	„	13,24	85,11	0,40	1,25	98,13	0,9122	30,8	—	
151	Okt. 1875, Cumberland	„	12,22	86,83	0,34	0,61	98,90	0,9114	31,8	—	
152	„ „	„	13,02	85,65	0,61	0,72	98,50	0,9113	32,3	—	
153	„ „	„	11,74	86,52	0,42	1,32	98,03	0,9117	32,2	—	
154	„ „	„	8,72	90,00	0,70	0,58	98,64	0,9122	31,4	—	
155	„ „	„	9,55	86,04	0,24	4,17	95,16	0,9120	31,5	—	
156	Novbr. 1875, Suffolk	„	14,41	81,85	0,64	3,10	95,68	0,9124	31,7	86,87	
157	„ „	„	12,75	74,82	0,61	3,82	94,42	0,9116	33,3	87,80	
158	„ „	„	14,26	81,70	0,22	3,82	95,26	0,9129	31,4	86,45	
159	„ „	„	9,11	82,21	0,40	8,28	91,43	0,9128	31,4	86,00	
160	„ „	„	11,52	84,15	0,41	3,92	95,09	0,9139	30,8	85,50	
161	„ „	„	9,60	83,13	0,82	6,45	91,94	0,9123	31,7	—	
162	„ Devonshire	„	14,36	81,52	1,46	2,66	95,22	0,9130	31,4	—	J. Bell [1]
163	„ „	„	15,52	78,86	1,54	4,08	93,29	0,9118	31,7	87,40	
164	„ „	„	17,56	78,32	1,14	2,98	95,01	0,9124	31,7	—	
165	„ „	„	17,18	78,58	1,24	3,00	94,85	0,9130	31,4	—	
166	„ „	„	16,28	78,84	1,56	3,32	94,13	0,9128	31,4	—	
167	„ „	„	18,72	77,68	1,36	2,24	95,55	0,9124	31,7	—	
168	„ „	„	16,42	79,18	1,60	2,80	94,78	0,9122	31,1	86,87	
169	„ „	„	13,62	82,78	0,60	3,00	95,86	0,9108	32,2	88,00	
170	„ Suffolk	„	13,14	78,16	2,96	5,74	89,96	0,9140	31,1	—	
171	Dec. 1875, County Londonderry	„	19,40	76,34	0,56	3,70	94,74	0,9130	31,7	—	
172	„ „	„	13,70	82,14	1,86	2,30	92,90	0,9123	32,2	—	
173	„ „	„	15,94	78,98	2,68	2,40	93,99	0,9111	33,1	—	
174	„ „	„	18,52	74,48	2,16	4,84	91,39	0,9120	32,5	—	
175	„ „	„	14,90	77,56	1,50	6,04	90,03	0,9119	32,5	—	
176	„ „	„	14,98	80,14	1,14	3,74	94,24	0,9110	33,1	—	
177	Jan. 1876, Kent	1876	11,71	84,49	0,76	3,04	95,73	0,9131	31,4	—	
178	„ „	„	13,51	82,89	0,70	2,90	95,82	0,9131	31,4	—	
179	„ „	„	18,64	77,89	0,79	2,68	95,73	0,9105	33,9	88,60	
180	„ „	„	17,60	78,82	0,98	2,60	95,69	0,9106	33,9	—	
181	„ Surrey . . .	„	13,55	83,16	0,80	2,49	96,22	0,9109	33,3	88,35	
182	„ „ . . .	„	14,60	—	—	—	—	0,9122	31,7	—	
183	„ County Cork .	„	13,63	85,31	0,62	0,44	98,79	0,9111	31,9	87,72	

[1]) Vergl. Anmerkung [8]) S. 299.

No.	Nähere Bezeichnung	Zeit der Untersuchung	In der natürlichen Substanz: Wasser %	Fett %	Kasein u. Zucker %	Salz %	Fett in der Trocken-Substanz %	Butterfett: Spec. Gew. bei 37,8 °C.	Schmelzpunkt °C.	Unlösliche Fettsäuren %	Analytiker
184	Jan. 1876, County Cork	1876	16,46	81,29	1,12	1,13	97,30	0,9102	33,6	88,75	
185	„ „	„	13,57	84,94	0,84	0,65	98,28	0,9114	31,7	87,50	
186	„ „	„	14,98	83,66	0,68	0,68	98,39	0,9099	33,6	89,15	
187	„ „	„	15,34	83,57	0,69	0,40	98,70	0,9106	32,8	—	
188	„ „	„	14,64	84,08	0,82	0,46	98,46	0,9104	33,1	—	
189	Febr. 1876, Carnarvonshire	„	11,41	84,86	0,70	3,03	95,81	0,9124	33,3	87,01	
190	„ „	„	10,43	86,54	0,57	2,46	96,58	0,9115	31,7	—	
191	„ „	„	13,79	81,99	1,26	2,96	95,11	0,9106	33,9	88,22	
192	„ „	„	11,05	80,80	0,44	7,71	90,82	0,9107	33,9	—	
193	„ „	„	11,36	82,63	1,04	4,97	93,19	0,9111	33,9	88,42	
194	„ „	„	16,24	74,16	0,40	9,20	88,55	0,9113	33,9	88,12	
195	„ Normandy . .	„	11,71	83,74	0,95	3,60	94,88	0,9115	32,2	—	
196	März 1876, Irische gesalz. Butter	„	16,89	73,32	1,23	8,56	88,20	0,9115	31,9	—	
197	„ Wiltshire . . .	„	11,59	86,48	0,44	1,49	97,81	0,9121	32,5	86,96	
198	„ „	„	13,21	84,49	0,56	1,74	97,33	0,9118	32,5	—	
199	„ „	„	12,52	84,57	0,79	2,12	96,66	0,9115	32,5	87,35	
200	„ „	„	11,99	84,79	0,99	2,23	96,32	0,9118	31,7	—	
201	„ „	„	12,57	84,96	0,89	1,58	97,19	0,9115	32,5	87,65	
202	„ Cumberland . .	„	11,81	76,75	3,06	8,38	87,03	0,9125	31,7	86,90	
203	„ „ . .	„	12,08	81,79	3,74	2,39	93,00	0,9116	33,3	87,74	
204	„ „ . .	„	12,89	80,27	3,15	3,69	92,15	0,9121	32,2	86,92	
205	„ „ . .	„	13,08	81,87	2,72	2,33	94,15	0,9106	33,3	88,29	*J. Bell*[1]
206	„ „ . .	„	11,18	81,71	5,32	1,79	92,01	0,9117	33,1	87,60	
207	„ „ . .	„	19,12	72,93	4,02	3,93	90,14	0,9109	33,6	88,40	
208	„ County Monayhan	„	13,39	78,31	1,62	6,68	90,45	0,9104	33,6	—	
209	„ „	„	15,60	77,35	0,54	6,51	91,66	0,9101	33,3	88,90	
210	„ „	„	13,59	69,97	1,36	15,08	80,96	0,9095	34,2	—	
211	„ „	„	13,50	83,37	0,55	2,58	96,38	0,9110	33,1	—	
212	„ „	„	14,55	78,28	1,31	5,86	90,73	0,9103	33,9	—	
213	„ „	„	12,43	83,47	0,55	3,55	95,32	0,9107	33,3	—	
214	„ County Londonderry	„	11,81	84,64	0,70	2,85	95,98	0,9109	33,3	88,62	
215	„ „	„	13,88	82,22	0,75	3,15	95,46	0,9115	32,2	87,66	
216	„ „	„	14,34	81,57	0,78	3,31	95,19	0,9119	32,5	—	
217	„ „	„	12,57	82,60	0,51	4,32	94,49	0,9107	33,3	88,74	
218	„ „	„	13,56	83,40	0,75	2,29	96,49	0,9120	32,5	87,42	
219	„ „	„	11,56	85,15	0,47	2,82	96,30	0,9118	32,5	88,05	
220	„ Dorsetshire . .	„	13,92	83,43	0,52	2,13	96,86	0,9106	34,4	88,65	
221	„ „ . .	„	8,88	86,12	0,50	4,50	94,47	0,9109	33,6	88,46	
222	„ „ . .	„	12,55	83,88	1,35	2,22	95,96	0,9122	33,1	—	
223	„ „ . .	„	12,81	84,67	0,74	1,78	97,12	0,9108	33,6	88,07	
224	„ Staffordshire . .	„	10,61	87,65	0,63	1,11	98,08	0,9109	33,1	88,21	
225	„ „ . .	„	12,87	84,81	0,76	1,56	97,36	0,9124	31,9	87,14	
226	„ „ . .	„	12,84	84,93	0,56	1,67	97,41	0,9113	32,2	87,90	

[1]) Vergl. Anmerkung [5]) S. 299.

No.	Nähere Bezeichnung	Zeit der Untersuchung	In der natürlichen Substanz: Wasser %	Fett %	Kasein u. Zucker %	Salz %	Fett in der Trocken-Substanz %	Butterfett: Spec. Gew. bei 37,8° C.	Schmelzpunkt °C.	Unlösliche Fettsäuren %	Analytiker
227	März 1876, Staffordshire	1876	13,11	84,77	0,46	1,66	97,57	0,9118	33,1	—	*J. Bell*[1])
228	" "	"	10,93	87,20	0,62	1,25	97,93	0,9119	31,7	87,30	
229	" "	"	12,79	85,52	0,66	1,03	98,09	0,9101	33,9	—	
230	April 1877, County Sligo	"	12,36	83,53	0,87	3,24	95,31	0,9101	33,9	—	
231	" "	"	11,02	86,22	0,87	1,89	96,91	0,9118	32,8	—	
232	" "	"	14,61	80,68	0,85	3,86	94,48	0.9109	32,5	88,46	
233	" "	"	14,12	82,54	1,06	2,28	96,08	0,9128	32,2	—	
234	" County Galway	"	13,78	84,47	0,85	0,90	97,99	0,9124	33,1	86,79	
235	" "	"	10.24	84,55	1,22	3,99	94,19	9,9114	33,6	87,79	
236	" "	"	11,75	82,99	1,93	3,33	94,03	0,9115	33,9	87,51	
237	" "	"	15,17	80,88	1,99	1,96	95,36	0,9113	33,6	87,66	
238	" "	"	14,37	80,53	1,89	3,21	94,06	0,9094	34,7	87,66	
239	" "	"	14,50	82,45	1,61	1,44	96,47	0,9094	35,0	89,90	
240	Mai 1876, Cornwall . . .	"	15,70	81,27	1,49	1,54	96,39	0,9118	33,3	—	

No.	Nähere Bezeichnung	Zeit der Untersuchung	In der natürlichen Substanz: Wasser %	Fett %	Kasein %	Milchzucker %	Milchsäure %	Asche %	In der Trocken-Substanz: Stickstoff-Substanz %	Fett %	Stickstoff in der Trocken-Substanz %	Analytiker
241	Aus gekühltem Rahm } Milch von altmilchenden Kühen	1878	13,90	84,73	0,84	0,42	—	0,12	0,98	98,37	0,16	*V. Storch*[2])
242	Aus ungekühltem Rahm } Milch von altmilchenden Kühen	"	14,04	84,56	0,79	0,49	—	0,12	0,92	98,60	0,15	
243	Aus gekühltem Rahm } Milch von frischmilchenden Kühen	"	13,61	84,93	1,02	0,33	—	0,12	1,18	98,18	0,19	
244	Aus ungekühltem Rahm } Milch von frischmilchenden Kühen	"	14,22	84,26	1,07	0,22	—	0,12	1,25	98,25	0,20	
245	Durch Verkneten von Rahm gewonnen, 20 Tage alt, gesalzen	1881	10,87	84,68	0,64	0,51	—	3,30	0,72	95.01	0,12	*W. Fleischmann*[3])
246	Durch 2maliges Centrifugiren des Rahms gewonnen, talgiger Geschmack . . .	"	16,43	83,04	0,22	0,05	—	0,26	0,26	99,37	0,04	
247	Durch Verkneten aus süssem Rahm, 26 Tage alt, schwach ranzig	"	12,46	86,09	0,79	0,16	—	0,49	0,90	98,34	0,14	
248	desgl. schwach gesalzen .	"	11,06	86,71	0,79	0,45	—	0,99	0,89	97,49	0,14	
249	Aus Centrifugenrahm durch 2mal. Centrifugiren im Handbutterfass gewonnen } ungesalzen	"	12,76	86,33	0,48	0,22	—	0,21	0,55	98,96	0,09	
250	Aus Centrifugenrahm durch 2mal. Centrifugiren im Handbutterfass gewonnen } gesalzen .	"	10,36	88,08	0,36	0,33	—	0,88	0,40	98,26	0,06	

[1]) Vergl. Anmerkung [5]) S. 299.

[2]) Von H. Cordes mitgetheilt in Milchztg. 1881, **10**, 606.

[3]) Bericht d. Milchw. Versuchsstation Raden für 1881, 29—32, für 1882, 24 u. 44, für 1883, 29 u. 31.

No.	Nähere Bezeichnung	Zeit der Untersuchung	In der natürlichen Substanz: Wasser %	Fett %	Kasein %	Milchzucker %	Milchsäure %	Asche %	In der Trocken-Substanz: Stickstoff-Substanz %	Fett %	Stickstoff in der Trocken-Substanz %	Analytiker
251	Aus mässig gesäuert. Rahm unter Zusatz von 4 % Salz gewonnen	1881	13,80	83,35	0,68	0,22	—	1,95	0,79	96,69	0,13	*W. Fleischmann*[1]
252	Käsemilchbutter (bei Fabrikation von Tilsiter Fettkäse gewonnen) . . .	„	14,73	83,92	0,62	0,43	—	0,29	0,73	98,42	0,12	*W. Fleischmann*[1]
253	Aus gesäuertem Rahm im Holsteinischen Butterfass	1882	13,99	83,69	1,03		—	1,28	—	97,30	—	*W. Fleischmann*[1]
254	Ueberarbeitete, schlechte, krümelige Butter . . .	1883	11,46	84,59	2,04		—	1,91	—	95,54	—	*W. Fleischmann*[1]
255	Dänische Centrifugenbutter*)	1886	8,53	89,40 *)	0,42	0,46	—	1,19	0,46	97,74	0,07	*H. Fresenius*[2]
256	Schlechte Butter aus Oberbayern	„	(29,28	68,42	1,02	1,03	—	0,20)	1,44	96,75	0,23	*R. Sendtner*[3]
257	Aus Osigny**)	1884	9,80	86,25	2,23	1,63	—	0,10	2,47	95,62	0,40	*E. Schmidt*[4]
258	Aus Flandern**)	„	10,54	86,50	1,42	0,69	—	0,85	1,59	96,69	0,25	*E. Schmidt*[4]
								Asche (+ Kasein)				
259	Aus der Normandie, nach der Klassifizirung der Jury bei der Ausstellung im Palais de l'Industrie folgend ***)	1886	12,40	86,71	—	0,16	—	0,73	—	98,98	—	*E. Duclaux*[5]
260	„	„	13,36	85,48	—	0,20	—	0,96	—	98,67	—	*E. Duclaux*[5]
261	„	„	12,28	86,76	—	0,17	—	0,79	—	98,91	—	*E. Duclaux*[5]
262	„	„	10,72	88,30	—	0,13	—	0,85	—	98,90	—	*E. Duclaux*[5]
263	„	„	13,34	86,01	—	0,20	—	0,45	—	99,24	—	*E. Duclaux*[5]
264	„	„	11,62	86,52	—	0,30	—	1,56	—	97,90	—	*E. Duclaux*[5]
265	„	„	14,00	85,31	—	0,20	—	0,49	—	99,20	—	*E. Duclaux*[5]
266	„	„	13,03	86,33	—	0,11	—	0,53	—	99,26	—	*E. Duclaux*[5]

[1]) Vergl. Anmerkung [3]) S. 302.
[2]) Centrbl. f. Agrik.-Chem. 1886, **15**, 287.
[3]) 3. u. 4. Jahresber. d. Untersuchungsstation d. hyg. Instituts in München 1885, 10—16.
[4]) Ann. agron. 1884, **10**, 496.
[5]) Comptes rend. 1886, **102**, 1022.

*) Das Butterfett ergab nach Hehner's Methode 87,47 % unlösliche Fettsäuren; 5 g desselben erforderten nach Reichert-Meissl 29,70 ccm 1/10 Normal-Natronlauge.

**) Es ergab das Butterfett:

	No. 257	No. 258
Unlösliche Fettsäure nach Hehner	88,57 %	89,15 %
Schmelzpunkt derselben	+ 39,08 „	+ 40,00 „
Lösliche, flüchtige Säuren	4,45 „	4,45 „

Das Fett von No. 257 ergab 5 % Butyrin, 60 % Olein und 35 % Margarin.

***) Das Butterfett lieferte ferner an flüchtigen Säuren:

No.	259	260	261	262	263	264	265	266
Capronsäure	2,10 %	2,18 %	2,17 %	2,23 %	2,26 %	2,00 %	2,08 %	2,19 %
Buttersäure	3,55 „	3,52 „	3,53 „	3,60 „	3,65 „	3,38 „	3,52 „	3,46 „
Verhältniss beider Säuren in Aequivalenten	2,1	2,0	2,0	2,0	2,0	2,1	2,1	2,0

No.	Nähere Bezeichnung	Zeit der Untersuchung	In der natürlichen Substanz						In der Trocken-Substanz		Stickstoff in der Trocken-Substanz	Analytiker
			Wasser %	Fett %	Kasein %	Milch-zucker %	Milch-säure %	Asche %	Stick-stoff-Substanz %	Fett %	%	
267	I. Versuch {Gewöhnlich geknetet*) . . .	1885	14,78	83,35	1,77			0,09	—	97,81	—	W. Fleischmann [1])
268	I. Versuch {Centrifugirt*) . .	„	14,49	84,09	1,29			0,12	—	98,34	—	
269	II. Versuch {Gewöhnl. geknetet	„	14,83	83,95	1,14			0,08	—	98,57	—	
270	II. Versuch {Centrifugirt . . .	„	12,81	85,51	1,52			0,16	—	98,22	—	
271	III. Versuch {Gewöhnl. geknetet	„	14,94	83,64	1,33			0,10	—	98,33	—	
272	III. Versuch {Centrifugirt . . .	„	14,33	84,14	1,41			0,12	—	98,21	—	
273	IV. Versuch {Gewöhnl. geknetet	„	15,19	83,49	1,23			0,09	—	98,33	—	
274	IV. Versuch {Centrifugirt . . .	„	15,06	83,29	1,49			0,15	—	98,06	—	
	Praeservirte Butter der deutschen Marine:											
275	Aus Deutschland, wahrscheinlich Stallbutter . .	1882	12,19	84,34	0,69	0,78	—	2,00	0,79	96,05	0,13	W. Fleischmann [2])
276	desgl., Grasbutter	„	10,88	86,11	0,69	0,51	—	1,81	0,77	96,62	0,12	
277	desgl., „	„	10,79	85,79	0,69	0,87	—	1,86	0,77	96,17	0,12	
278	Aus Dänemark, Grasbutter	„	9,49	84,62	0,69	0,81	—	4,39	0,76	93,49	0,12	
279	„ „ „	„	8,34	86,14	0,70	0,61	—	4,21	0,76	93,98	0,12	
280	Aus Deutschland, Stallbutter	„	10,14	87,11	0,65	0,46	—	1,64	0,72	96,94	0,12	
281	Aus Dänemark, Grasbutter	„	9,36	84,95	0,70	0,49	—	4,60	0,77	93,72	0,12	
282	„ „ „	„	9,58	82,91	(0,79)	(0,59)	—	6,13	0,87	91,69	0,14	
283	„ „ alte Butter	„	8,57	86,16	0,61	0,49	—	4,17	0,67	94,24	0,11	
284	Aus Deutschland, Grasbutter	„	11,12	85,28	0,44	0,62	—	2,54	0,50	95,95	0,08	
285	„ „ „	„	11,03	85,43	0,44	0,64	—	2,46	0,49	96,02	0,08	
286	„ „ „	„	11,43	84,99	0,44	0,57	—	2,57	0,50	95,85	0,08	
287	„ „ „	„	11,08	85,25	0,44	0,66	—	2,57	0,49	95,87	0,08	
288	„ „ „	„	13,32	84,38	0,63	0,59	—	1,08	0,73	97,35	0,12	
289	„ „ „	„	13,71	83,83	0,62	0,73	—	1,11	0,72	97,15	0,12	
290	„ „ „	„	11,35	85,86	0,70	0,36	—	1,73	0,79	96,85	0,13	
291	Ohne nähere Bezeichnung	1883	13,04	83,01	1,31		—	2,64	—	95,46	—	
292	Ohne nähere Bezeichnung	„	9,89	87,00	1,03		—	2,08	—	96,55	—	
293	Alte Butter	„	8,88	85,47	1,09		—	4,56	—	93,80	—	
294	Frische „	„	8,63	83,50	1,31		—	6,56	—	91,39	—	
295	Schwach ranzig	1885	8,26	89,54	0,65	0,13	—	1,42	0,71	97,60	0,11	M. Schrodt [3])
296	In Geschmack und Geruch gute Butter	„	9,30	85,06	1,13	0,43	—	4,08	1,25	93,78	0,20	
297	desgl.	„	11,52	84,06	1,42	0,35	—	2,65	1,60	95,00	0,26	
298	Ranzig	„	10,34	86,64	1,04	0,82	—	1,16	1,16	96,64	0,19	
299	desgl.	„	13,26	82,56	1,44	0,34	—	2,40	1,66	95,18	0,27	

[1]) Bericht d. Milchw. Versuchsstation Raden für 1885. Rostock 1886, 28.
[2]) Bericht d. Milchw. Versuchsstation Raden für 1882, 44, für 1883, 29.
[3]) Jahresbericht der Milchw. Versuchsstation Kiel für 1885/86, 9.
*) Mittelst der von Baquet konstruirten „mechanischen Buttercentrifuge" behandelt, welche bezweckt, die aus dem Butterfass genommene rohe Butter durch Centrifugalkraft von der Buttermilch zu befreien, im Mittel der obigen vier vergleichenden Versuche enthielt die centrifugirte Butter 0,76 % Wasser weniger als die mit der Hand geknetete Butter, dagegen mehr Fett und etwas mehr an Protein, Milchzucker und Asche.

No.	Nähere Bezeichnung	Zeit der Untersuchung	In der natürlichen Substanz: Wasser %	Fett %	Kasein %	Milchzucker %	Milchsäure %	Asche %	In der Trocken-Substanz: Stickstoff-Substanz %	Fett %	Stickstoff in der Trocken-Substanz %	Analytiker
	Butter aus Rahm, der separirt wurde:											
300	a) bei 65°*)	1890	12,10	84,39	1,36	—	—	2,25	1,55	96,01	0,25	? [1])
301	b) bei 28°*)	„	13,46	82,14	1,20	—	—	3,30	1,39	94,92	0,22	? [1])
302	Butter nach dem Centrifugenverfahren gewonnen . .	1889	13,15	83,74	3,11				—	96,42	—	Klinger [2])
303	Butter nach dem Kothe'schen Temperirverfahren gewonnen (Milchbuttern) .	„	14,33	82,82	2,85				—	96,67	—	Klinger [2])
304	Butter aus Abendmilch	8/9 1890	15,72	80,87	1,12	0,71	—	1,59	1,32	95,95	0,21	Hittcher und Krüger [3])
305	Butter aus Abendmilch	8/9 „	16,22	79,92	1,21	0,75	—	1,90	1,44	95,39	0,23	Hittcher und Krüger [3])
306	Butter aus Morgenmilch. Rahm pasteurisirt	20/10 „	14,46	81,68	1,24	0,89	—	1,72	1,45	95,49	0,23	Hittcher und Krüger [3])
307	Butter aus Morgenmilch. Rahm pasteurisirt	21/10 „	13,11	83,52	1,00	0,72	—	1,65	1,15	96,12	0,18	Hittcher und Krüger [3])
308	Mit dem Butterseparator von de Laval hergestellt	16/6 1890	15,33	81,03	1,92		—	1,73	—	95,70	—	W. Fleischmann [4])
309	Mit dem Butterseparator von de Laval hergestellt	30/6 „	15,53	81,44	1,02	0,86	—	1,16	1,21	96,41	0,19	W. Fleischmann [4])
310	Butter mit der Baquet'schen Butter-Centrifuge hergestellt	1885	14,34	84,09	1,57				—	98,17	—	derselbe [5])
311	In der gewöhnlichen Weise mit der Hand geknetet .	„	15,11	83,49	1,40				—	98,35	—	derselbe [5])
312	Schweizer Butter 67 Proben — Mittel	1894	13,41	85,41	0,90			0,11	—	98,64	—	Fr. Seiler und Robert Heuss [6])
	Minimum	„	11,24	82,93	—			0,06	—	93,43	—	
	Maximum	„	15,64	88,25	—			0,17	—	—	—	

Dauerbutter für Schiffsbedarf auf den Ausstellungen der deutschen Landwirthschafts-Gesellschaft in Bremen und Hamburg.

Prämiirt Bremen 1891.)**

No.	Nähere Bezeichnung	In der natürlichen Substanz: Wasser %	Fett %	Kasein %	Milchzucker %	Asche %	Chlornatrium %	In der Trocken-Substanz: Stickstoff-Substanz %	Fett %	Stickstoff in der Trocken-Substanz %	Reichert-Meissl'sche Zahl	Analytiker
313	Ohne nähere Bezeichnung	7,08	89,33	0,62	0,60	2,37	—	0,67	96,13	0,11	30,3	J. König [7])
314	Ohne nähere Bezeichnung	8,58	88,37	0,58	0,53	1,94	—	0,63	96,66	0,10	29,2	J. König [7])
315	Ohne nähere Bezeichnung	7,48	89,55	0,70	0,57	1,70	—	0,76	96,79	0,12	23,6	J. König [7])
316	Ohne nähere Bezeichnung	9,26	88,46	0,81	0,53	1,94	—	0,89	97,49	0,14	28,9	J. König [7])
317	Ohne nähere Bezeichnung	9,76	89,04	0,56	0,40	2,24	—	0,62	98,67	0,10	24,9	J. König [7])

[1]) Analytiker nicht angegeben. Mejeri Tidning 1890, No. 50; Milchztg. 1890, **19**, 45.
[2]) Württembergisches Wochenblatt vom 4/5 1879. Milchztg. 1890, **19**, 394.
[3]) Milchztg. 1891, **20**, 731.
[4]) Milchztg. 1890, **19**, 601.
[5]) Bericht der Molkerei Raden für 1885. Rostock 1886.
[6]) Chem. Centrbl. 1894, II, 459—60.
[7]) Bericht über Dauerwaaren für Ausfuhr und Schiffsbedarf. Jahrbuch der Deutschen Landwirthschafts-Gesellschaft 1891, **6**, 223.

*) Die Haltbarkeit der aus pasteurisirtem Rahm hergestellten Butter war grösser, indem sie nach 4 Wochen sich noch als völlig gut erwies, während die andere sich bereits bedeutend verändert hatte. Die verwendete Vollmilch hatte 3,85% Fett und wurde beim Erwärmen auf 65° C. bis auf 0,15% und bei 28° C. auf 0,25% Fett entrahmt.

**) Die Butterproben hatten sämmtlich eine Reise nach Australien mitgemacht.

Prämiirt Hamburg 1897.*)

No.	Art der Zubereitung	Ertheilter Preis	Wasser %	Fett %	Kasein %	Milchzucker %	Mineralstoffe: im Ganzen %	Mineralstoffe: Kochsalz %	In der Trocken-Substanz: Stickstoff-Substanz %	In der Trocken-Substanz: Fett %	Stickstoff in der Trocken-Substanz %	Reichert-Meissl'sche Zahl	Säuregrade: der Butter	Säuregrade: des Butterfettes	Analytiker
318	Pasteurisirte Vollmilch, bezw. Rahm, gesalzen	1. Pr.	11,36	85,12	0,44	0,28	2,80	2,20	0,50	96,03	0,08	30,15	2,8	2,3	A. Bömer[1]
319	Nicht angegeben; gesalzen	2. „	12,64	83,40	0,48	0,41	3,07	2,97	0,55	95,47	0,09	33,28	9,2	8,9	
320	desgl.	2. „	15,13	81,73	0,48	0,26	2,40	2,31	0,57	96,30	0,09	32,10	6,7	7,2	
321	Pasteurisirte Milch, Reinkulturen; gesalzen	3. Preis	12,14	82,85	0,68	0,52	3,81	3,64	0,77	94.29	0,12	31,05	6,3	4,0	
322	Milch u. Rahm stark gekühlt, bei 9° verbuttert; gesalzen		11,48	84,28	0,69	0,40	3,15	3,15	0,78	95,21	0,12	31,35	6,6	4,6	
323	desgl., aber ungesalzen		13,50	84,95	0,67	0,53	0,35	0,25	0,77	98,21	0,12	31,50	7,3	5,2	
324	Pasteurisirte Sahne; Reinkulturen; gesalzen	3. Pr.	11,63	85,13	0,27	0,17	2,80	2,70	0,31	98,59	0,05	30,80	2,9	3,0	
325	Mittelst Centrifuge u. holst. Butterfasses; Rahm theilweise pasteurisirt; gesalzen	Anerkennung	12,02	85,74	0,66	0,35	1,23	1,15	0,75	97,45	0,12	31,01	8,1	4,7	
326	Mittelst Separators und holstein. Butterfasses hergestellt; gesalzen	desgl.	13,78	83,97	0,53	0,26	1,46	1,38	0,61	97,39	0,10	32,65	7,0	2,7	

Zusammensetzung der Butter des Londoner Marktes. Nach Untersuchungen von P. Vieth. Mittheilungen des Laboratoriums der Aylesbury-Dairy-Company London.**)

No.	Nähere Bezeichnung		Zeit der Untersuchung	Wasser %	Fett %	Fettfreie organische Substanz %	Asche %	Kochsalz %	Unlösliche Fettsäuren nach Hehner %	Reichert'sche Zahl (für 2,5 g Fett)
	A. In London von der Aylesbury-Dairy-Company hergestellte Butter.***)									
327	. . . .	Mittel	1887	12,93	85,15	0,90	1,03	—	88,08	—
		Schwankungen	„	9,54-14,39	82,57-88,34	0,44-1,26	0,09-3,15	—	87,40-88,86	—
328	. . . .	Mittel	1888	11,72	86,53	0,41	1,34	1,20	88,32	13,1
		Schwankungen	„	10,94-12,62	85,66-87,59	0,14-0,73	0,79-2,51	0,68—2,30	88,27-88,39	12,9—13,3
						ohne Na Cl				Reichert-Wollny'sche Zahl (5 g Fett)
329	. . . .	Mittel	1889	11,55	87,13	1,32		0,96	—	26,9
		Schwankungen	„	8,03-13,48	85,62-90,49	0,63—2,83		0,38—2,44	—	25,8—29,2
330	24 Proben	Mittel	1890	11,21	86,80	0,54		1,45	—	27,6
		Schwankungen	„	7,85-14,11	82,97-89,62	0,26—1,30		0,41—2,36	—	25,3—30,0
331	. . . .	Mittel	1890/92	11,12	86,86	0,57		1,45	—	—
		Schwankungen	„	7,26-15,79	81,59-90,92	0,22—1,59		0,21—2,36	—	—
	Mittel aus den Jahresmitteln		—	**11,71**	**86,49**	**0,81**		**1,27**	**88,20**	**27,3**

¹) Bericht über Dauerwaaren für Ausfuhr und Schiffsbedarf. Jahrbuch der Deutschen Landwirthschafts-Gesellschaft 1897, **12**, 282.

*) Die Butterproben hatten sämmtlich eine Reise nach Australien mitgemacht. Konservirungsmittel waren in denselben nicht nachweisbar.

) Milchztg. 1888, **17, 128; 1889, **18**, 141; 1890, **19**, 187; 1891, **20**, 69; 1892, **21**, 330. Vergl. ferner Milchztg. 1890, **19**, 381; 1891, **20**, 1149 und 1892, **21**, 191.

***) Neuere Untersuchungen der Butter des Londoner Marktes siehe H. Droop-Richmond, Analyst 1895, **20**, 54—56, Chem. Centrbl. 1895, I, 796—797, und unten S. 312.

No.	Nähere Bezeichnung		Zeit der Untersuchung	Wasser %	Fett %	Fettfreie organische Substanz %	Asche %	Kochsalz %	Unlösliche Fettsäuren nach Hehner %	Reichert-Wollny'sche Zahl (5 g Fett)
	B. Französische Butter.*)									
332	. . . .	Mittel	1888	13,79	84,86	1,16	0,19	0,08	87,38	26,9
		Schwankungen	„	13,40-14,41	83,98-85,58	0,98-1,56	0,14-0,25	0,05—0,12	87,15-87,55	26,1—27,6
						ohne Na Cl				
333	. . . .	Mittel	1889	13,80	84,78	1,42		0,08	—	28,9
		Schwankungen	„	13,22-14,44	83,74-85,62	1,00—2,00		0,05—0,17	—	26,7—30,5
334	45 Proben	Mittel	1890	13,86	84,54	1,51		0,09	—	28,7
		Schwankungen	„	11,63-15,57	82,83-86,50	1,05—2,17		0,02—0,16	—	25,6—30,8
335	Ungesalzen	Mittel	1890/92	13,93	84,57	1,40		0,10	—	—
		Schwankungen	„	13,05-15,98	82,77-85,65	0,93—2,00		0,02—0,21	—	—
336	Gesalzen	Mittel	„	12,50	83,70	1,78		2,02	—	—
		Schwankungen	„	11,13-13,52	82,34-85,46	1,65—1,97		1,62—2,64	—	—
	Mittel aus den Jahresmitteln		—	**13,58**	**84,49**	**1,53**		**0,47**	**87,38**	**28,2**
	C. Dänische und Schwedische Butter.									
337	. . . .	Mittel	1888	13,72	83,11	1,09	2,08	1,85	87,78	28,3
		Schwankungen	„	11,78-15,65	81,72-85,49	0,71-1,71	1,32-2,71	1,12—2,44	87,30-88'43	27,6—29,3
						ohne Na Cl.				
338	. . . .	Mittel	1889	13,75	82,84	3,41		2,07	—	28,2
		Schwankungen	„	11,86-16,96	78,91-85,64	2,21—4,70		1,06—3,00	—	27,2—29,8
339	Dänische Butter, 5 Proben	Mittel	1890	13,59	83,44	1,08		1,89	—	28,8
		Schwankungen	„	12,03-15,62	80,66-85,63	0,94—1,18		1,16—2,55	—	27,3—29,9
340	desgl., 26 Proben	Mittel	1890/92	13,24	83,83	1,03		1,90	—	—
		Schwankungen	„	8,98-15,62	80,66-87,51	0,71—1,28		1,16—2,80	—	—
	Mittel aus den Jahresmitteln		—	**13,58**	**83 31**	**1,84**		**1,93**	**87,78**	**28,4**
	D. Schleswig-Holsteinische (Kieler) Butter.									
						ohne Na Cl.				
341	. . . .	Mittel	1889	11,59	86,04	2,40		1,29	—	26,5**)
		Schwankungen	„	8,39-15,23	82,00-89,45	1,70—2,89		0,84—1,81	—	21,9—29,8
342	. . . .	Mittel	1890	12,99	84,33	1,23		1,45	—	27,7
		Schwankungen	„	10,49-16,26	80,38-87,63	0,86—2,82		0,73—2,16	—	21,3—30,7
343	23 Proben	Mittel	1890/92	12,69	84,70	1,13		1,48	—	—
		Schwankungen	„	10,23-17,71	78,83-87,78	0,86—1,46		0,99—2,23	—	—
	Mittel aus den Jahresmitteln		—	**12,42**	**85,02**	**1,59**		**1,41**	—	**27,1**
	E. Australische Butter.									
344	5 Proben	Mittel	1890/92	11,55	86,00	1,20		1,25	—	—
		Schwankungen	„	9,23-13,66	83,87-88,58	0,85—1,78		0,08—2,31	—	—
345	Die Butter enthielt Borsäure, jedoch nicht über ½%		1891	12,22	84,14	1,00	2,64	2,56	—	—
346	Australische Butter***) .		1889/90	13,42	80,97	0,50	0,78	4,33	—	28,9
347	desgl.°)		1895	9,36	89,30	0,97°°)	0,47	—	—	26,85
	Mittel aus den Jahresmitteln		—	**11,64**	**85,10**	**0,82**	**1,30**	**2,71**	—	**27,9**
	F. Finnische Butter.									
						ohne Na Cl.				
348			1890/92	13,01	84,26	1,47		1,26	—	—

*) Vergl. Anmerkung ***) S. 306.

**) Bei 6 Proben betrug die Reichert-Wollny'sche Zahl unter 25,0. Die Butter hatte einen normalen Geschmack und gutes Aussehen.

***) Diese Probe ist nicht von P. Vieth sondern von M. Schrodt ausgeführt. Jahresbericht des milchw. Instituts Kiel für 1888/89, 9. Vierteljahresschrift Nahrungs- u. Genussm. 1890, **5**, 289.

°) Untersucht von Sabatino Marucci. Vierteljahresschr. Nahrungs- u. Genussm. 1895, **10**, 349.

°°) Mit 0,63 % Kasein und 0,34 % Milchzucker.

Butter- und Buttermilchanalysen.

Von V. Storch.

Ausgeführt in den Jahren 1896/97. Milchzeitung 1897, 26, 223.

No.	Bezeichnung des Rahmes	Beschaffenheit des Rahmes	Das Buttern: begann bei °C.	Das Buttern: dauerte Minuten	Butter, in der natürlichen Substanz: Wasser %	Fett %	Stickstoff-Substanz %	Milchzucker %	Salze %	Butter, in der Trocken-Substanz: Stickstoff-Substanz %	Fett %	Butter: Stickstoff in der Trocken-Substanz %	Buttermilch, in der natürlichen Substanz: Wasser %	Stickstoff-Substanz %	Fett %	Milchzucker %	Salze %	Buttermilch, in der Trocken-Substanz: Stickstoff-Substanz %	Fett %	Buttermilch: Stickstoff in der Trocken-Substanz %
349	Rahm I	frisch	12,3	24	12,46	84,20	0,64	0,35	2,22	0,73	96,18	0,12	90,45	3,31	0,70	4,72	0,82	34,66	7,33	5,55
350	Rahm I	gesäuert	12,2	27	13,41	83,23	0,83	0,40	1,97	0,96	96,13	0,15	90,79	3,44	0,30	4,66	0,81	37,35	3,26	5,98
351	Rahm I	frisch	30,1	4,5	13,52	83,78	0,90	0,48	1,14	1,04	96,88	0,17	84,96	3,24	6,40	4,62	0,78	21,54	42,55	3,45
352	Rahm I	gesäuert	30,0	4	13,87	83,19	0,89	0,50	1,39	1,03	96,59	0,16	90,06	3,38	1,07	4,66	0,83	34,00	10,76	5,44
353	Rahm II	frisch	9,3	52	13,06	83,57	0,66	0,33	2,22	0,76	96,12	0,12	90,27	3,40	0,48	5,05	0,80	34,94	4,93	5,59
354	Rahm II	gesäuert	9,3	49	13,62	83,27	0,85	0,40	1,67	0,98	96,40	0,16	90,89	3,45	0,28	4,55	0,83	35,68	3,07	5,71
355	Rahm II	frisch	15,4	17	12,61	83,98	0,60	0,39	2,31	0,69	96,10	0,11	89,51	3,35	0,90	5,42	0,82	32,02	8,58	5,12
356	Rahm II	gesäuert	15,8	16,5	14,88	81,66	0,89	0,42	1,98	1,05	95,93	0,17	90,83	3,40	0,32	4,63	0,82	37,08	3,49	5,93
357	Rahm II	frisch	21,0	7	13,88	83,23	0,66	0,37	1,73	0,77	96,64	0,12	87,57	3,26	3,42	4,98	0,77	26,26	35,56	4,20
358	Rahm II	gesäuert	21,2	6,5	13,50	83,58	0,86	0,34	1,58	0,99	96,62	0,16	90,81	3,42	0,35	4,58	0,84	37,21	3,81	5,95
359	Rahm III	frisch	8,8	54	12,72	84,35	0,57	0,33	1,85	0,65	96,64	0,10	90,66	3,06	0,47	5,04	0,77	32,76	5,03	5,24
360	Rahm III	frisch	12,3	29	13,12	83,77	0,66	0,32	1,97	0,76	96,42	0,12	90,89	3,10	0,53	4,72	0,76	34,03	5,82	5,44
361	Rahm III	gesäuert	12,6	28	13,47	83,11	0,78	0,37	2,12	0,90	96,05	0,14	91,33	3,13	0,28	4,49	0,77	36,10	3,23	5,78
362	Rahm III	frisch	16,3	13	12,89	84,08	0,61	0,36	1,91	0,70	96,52	0,11	90,54	3,15	0,82	4,72	0,77	33,30	8,67	5,33
Mittel ausschl. 351, 352, 359 u. 362:																				
Für frischen Rahm			**14,1**	**25,8**	**13,03**	**83,75**	**0,64**	**0,35**	**2,09**	**0,74**	**96,18**	**0,12**	**89,74**	**3,28**	**1,21**	**4,98**	**0,79**	**31,97**	**11,79**	**5,12**
Für gesäuerten Rahm			**14,2**	**25,4**	**13,78**	**82,97**	**0,84**	**0,39**	**1,86**	**0,97**	**96,23**	**0,16**	**90,93**	**3,37**	**0,31**	**4,58**	**0,81**	**37,16**	**3,42**	**5,95**

Mittlere Zusammensetzung der Butter.

Nähere Bezeichnung	Zahl der Analysen	In der natürlichen Substanz					In der Trocken-Substanz		Stickstoff in der Trocken-Substanz
		Wasser %	Fett %	Kasein %	Milchzucker %	Asche %	Stickstoff-Substanz %	Fett %	%
Gesammt-Mittel	351	**13,45**	**83,70**	**0,76**	**0,50**	**1,59**	**0,88**	**96,71**	**0,14**
Minimum	—	4,15	69,96	0,19	0,05	0,02	0,22	80,96	0,04
Maximum	—	35,12	90,92	4,78	1,63	15,08	5,53	99,70	0,88

Aus den vorstehenden Tabellen ergeben sich ferner, je nach der Herkunft der Butter und der Herstellungsart geordnet, folgende Mittelzahlen:

Nähere Bezeichnung	Zahl der Analysen	Wasser %	Fett %	Kasein %	Milchzucker %	Asche %	Stickstoff-Substanz %	Fett %	Stickstoff %
Schwedische Butter, No. 1—41 ausschliesslich 37	40	**13,84**	**83,81**	**0,63**	**0,60**	**1,12**	**0,73**	**97,27**	**0,12**
Holsteinsche Butter, No. 37, 42—61 und 341—343	24	**12,83**	**83,30**	**0,99**	**0,78**	**2,10**	**1,14**	**95,56**	**0,18**
Englische Butter, No. 124—240 und 327—331	121	**13,26**	**84,51**	**1,06**		**1,19**	—	**97,32**	—
Französische Butter, No. 259—266	13	**12,97**	**88,55**	—	**0,18**	—	—	**98,30**	—
Italienische Butter, No. 96—111	16	**15,33**	**83,00**	**0,83**	**0,51**	**0,20**	**0,98**	**98,02**	**0,16**
Australische Butter, No. 344—347	?	**11,64**	**85,10**	**0,55**		**2,71**	—	**96,31**	—
Präservirte Butter der deutschen Marine No. 275—299	25	**12,22**	**83,52**	**0,78**	**0,48**	**3,00**	**0,89**	**95,15**	**0,14**
Dauerbutter für Schiffsbedarf, No. 313 bis 326	14	**11,13**	**86,33**	**0,59**	**0,42**	**2,23**	**0,66**	**97,14**	**0,11**
Butter aus süssem Rahm	15	**12,96**	**84,32**	**0,62**	**0,57**	**1,53**	**0,70**	**96,88**	**0,11**
Butter aus saurem Rahm	15	**13,27**	**83,95**	**0,82**	**0,59**	**1,37**	**0,94**	**96,80**	**0,15**
Butter durch Milchbuttern gewonnen	3	**16,44**	**80,00**	**3,37**		**0,19**	—	**95,27**	—
Butter durch Rahmbuttern gewonnen	3	**14,07**	**83,63**	**2,18**		**0,12**	—	**97,32**	—
Butter durch Centrifugiren des Rahms gewonnen	6	**13,30**	**85,25**	**0,42**	**0,76**	**0,27**	**0,48**	**98,69**	**0,07**
Butter durch Verkneten des Butterrahms gewonnen	6	**13,86**	**84,55**	**0,79**	**0,49**	**0,31**	**0,91**	**98,06**	**0,14**

Bemerkungen zu den vorstehenden Mittelzahlen.

Bei der Berechnung der Mittelzahlen ist in der Regel das Fett aus der Differenz berechnet worden. Nur bei denjenigen Mittelzahlen, bei denen in der Mehrzahl der Analysen eine Bestimmung des Kaseins und Milchzuckers nicht ausgeführt wurde, ist der Michzucker bezw. das Kasein aus der Differenz berechnet. Der Milchsäuregehalt der Butter betrug im Mittel 0,12 %.

Untersuchungen über den Wassergehalt der Butter.

I. Schleswig-Holsteinsche Butter.

1. Nach M. Schrodt (Landw. Wochenbl. für Schleswig-Holstein 1890, 779; Centrbl. Agrik.-Chem. 1891, **20**, 143—144) hatten die aus allen Theilen der Provinz stammenden Butterproben folgenden Wassergehalt:

	unter 10 % Wasser	10—15 % Wasser	über 15 % Wasser
Von 43 Proben Gutsbutter	3 Proben: 7,0 %	32 Proben: 74,4 %	8 Proben: 18,6 %
Von 42 Proben Butter aus Genossenschafts- und Sammelmolkereien . . .	2 „ 4,8 „	34 „ 80,9 „	6 „ 14,3 „

Der Wassergehalt der Gutsbutter schwankte von 7,91—17,80 % und betrug im Mittel 13,29 %, während der Wassergehalt der Genossenschafts- und Sammelmolkereibutter von 8,89—18,85 % schwankte und im Mittel 13,35 % betrug.

2. Nach Henzold (Milchztg. 1894, **23**, 642 u. 484):

	Minimum	Maximum	Mittel
23 Proben aus Gutsmeiereien	7,82 %	19,26 %	12,77 %
26 „ aus Genossenschaftsmeiereien	11,07 „	17,57 „	13,66 „
37 „ der Meierei der Versuchsstation Kiel	5,90 „	16,81 „	11,70 „

II. Ostpreussische Butter.

Nach Rob. Eichloff in Kleinhof-Tapiau (Milchztg. 1894, **23**, 733).

Der gefundene Wassergehalt war folgender:

Wasser	36 Proben Butter aus der Molkerei Kleinhof-Tapiau (nicht über 3 Tage alt)		6 Proben Butter aus auswärtigen Molkereien (ca. 1 Monat alt)		24 Proben Bauernbutter, gekauft auf dem Wochenmarkte in Kleinhof-Tapiau	
%	Zahl der Proben	= % der Gesammtmenge	Zahl der Proben	= % der Gesammtmenge	Zahl der Proben	= % der Gesammtmenge
8—10	1	2,78	—	—	—	—
10—11	—	—	1	16,67	1	4,17
11—12	4	11,11	2	33,33	1	4,17
12—13	13	36,12	2	33,33	3	12,50
13—14	7	19,44	1	16,67	2	8,33
14—15	9	25,00	—	—	4	16,68
15—16	2	5,55	—	—	3	12,50
16—17	—	—	—	—	2	8,33
17—20	—	—	—	—	2	8,33
20—23	—	—	—	—	2	8,33
23—26	—	—	—	—	3	12,50
über 26	—	—	—	—	1	4,16
Niedrigster Wassergehalt . .	11,07 %		10,66 %		10,95 %	
Höchster „ . .	15,34 „		13,37 „		26,19 „	
Mittlerer „ . .	13,29 „		11,95 „		14,49 „ *)	

III. Hessische Butter.

Nach Untersuchungen der Versuchsstation Marburg (Milchztg. 1895, **24**, 22).

Es betrug der Wassergehalt bei den Untersuchungen von Oktober 1893 bis Ende Juli 1894:

	Minimum	Maximum	Mittel
111 Proben Molkereibutter	9,1 %	21,4 %	13,4 %
21 „ Hofbutter (von grösseren Gütern)	11,5 „	23,6 „	13,0 „
113 „ Marktbutter	7,65 „	25,1 „	13,8 „

IV. Westfälische Butter.

Nach Untersuchungen der Versuchsstation Münster (4. Bericht der landw. Versuchsstation Münster 1896, 224).

Bei 38 Proben Molkereibutter schwankte der Wassergehalt von 10,06—17,91 % und betrug im Mittel 13,55 %. Einen Wassergehalt von

	10—11 %	11—12 %	12—13 %	13—14 %	14—15 %	15—16 %	16—17 %	17—18 %
hatten	7	2	9	7	5	5	2	1 Proben.

Der Aschengehalt der Proben betrug im Mittel 1,04 % und schwankte von 0,23—2,15 %.

*) Bei der Berechnung dieser Mittelzahl sind die Proben mit mehr als 20 % Wasser ausgeschlossen.

V. Hannoversche Butter. (Milchztg. 1894, **23**, 575.)

Nach Untersuchungen der landw. Versuchsstation Hildesheim und des milchw. Instituts Hameln von Oktbr. 1893 bis Ende Juni 1894 bei 74 Proben Molkereibutter, 39 Proben Bauernbutter, 32 Proben ostfriesischer Tonnenbutter:

unter 8 % Wasser	2 Proben	=	1,38 %
8—10 ausschl. „ „	9 „	=	6,21 „
10—12 „ „ „	16 „	=	11,03 „
12—14 „ „ „	50 „	=	34,48 „
14—16 „ „ „	44 „	=	30,34 „
16—18 „ „ „	21 „	=	14,48 „
18—20 „ „ „	2 „	=	1,38 „
über 20 „ „ „	1 „	=	0,70 „

Die geringsten Schwankungen zeigten sich bei Molkerei- und Gutsbutter, die grössten bei Tonnenbutter.

Mittel aller Proben (145) = 14,06 % Wasser.
Minimum = 7,2 „ „
Maximum = 21,4 „ „

VI. Schlesische Butter. (Milchztg. 1894, **23**, 561.)

Wasser	In Proskau untersucht						In Breslau von der landw. Versuchsstation untersucht					
	44 Proben aus dem Institut			236 Proben Bauernbutter			140 Proben Molkereibutter			42 Proben Bauernbutter		
%	Anzahl	%		Anzahl	%		Anzahl	%		Anzahl	%	
7—8	—	—		1	0,4		2	1,4		—	—	
8—9	—	—		1	0,4		10	7,2		—	—	
9—10	—	—		6	2,3		14	10,0		1	2,4	
10—11	—	—		5	2,1		26	18,6		1	2,4	
11—12	3	6,8	56,8 %	5	2,1	60,8 %	31	22,1	97,9 %	2	4,8	35,8 %
12—13	7	15,9		24	10,2		30	21,4		1	2,4	
13—14	9	20,5		53	22,5		14	10,0		7	16,7	
14—15	6	13,6		49	20,8		10	7,2		3	7,1	
15—16	10	22,7		34	14,4		1	0,7		2	4,8	
16—17	5	11,4		22	9,3		1	0,7		2	4,8	
17—20	4	9,1		27	11,4		—	—		5	11,9	
20—30	—	—	43,2 %	7	2,9	38,8 %	—	—	2,1 %	4	9,5	64,2 %
30—40	—	—		2	0,8		1	0,7		6	14,2	
über 40	—	—		—	—		—	—		8	19,0	
	44			236			140			42		

		Minimum	Maximum	
Juli 1893 bis Juni 1894	Molkereibutter:			Jahresmittel aus 462 Einzeluntersuchungen 14,72 %
	Proskau (Institutsbutter)	11,08 %	18,96 %	
	Breslau	7,28 „	33,41 „	
	Bauernbutter:			
	Proskau	7,17 „	39,19 „	
	Breslau	9,65 „	48,38 „	

In dem Original (Landwirth vom 24/8 1894, auch in der Milchzeitung) sind Minimum und Maximum, sowie Mittel der einzelnen Monate angegeben.

VII. Dänische Butter.

1. Nach P. V. F. Petersen (Milchztg. 1893, **22**, 721) hatten 1288 Butterproben einen mittleren Wassergehalt von 14,58 %. Der Wassergehalt schwankte von 10,51—19,05 %.

Es enthielten an Wasser:	10,51—13,00 %	13,00—16,00 %	16,00—19,05 %
	14 %	69 %	17 % der Proben.

Der Einfluss des ein- oder mehrmaligen Knetens nach dem Einsalzen auf den Wassergehalt erhellt aus folgenden Zahlen:

	Sommer	Winter	Mittel
einmaliges Kneten	14,47 % Wasser	15,37 % Wasser	14,98 % Wasser
mehrmaliges Kneten	13,97 „ „	14,80 „ „	14,41 „ „

Den Einfluss der Zeit, welche zwischen dem Einsalzen und dem letzten Kneten liegt, auf den Wassergehalt zeigen folgende Versuche:

bis 6 Stunden	14,72 % Wasser	15,11 % Wasser	14,98 % Wasser
6—12 „	13,84 „ „	13,95 „ „	13,86 „ „
12—24 „	13,30 „ „	13,53 „ „	(13,75) *) % Wasser.

*) Druckfehler!

2. Nach F. Frijs. (Mittheilungen vom Versuchslaboratorium der Kgl. Veterinär- u. Landbauhochschule zu Kopenhagen. Centrbl. Agrikultur-Chemie 1894, **23**, 424.) Die nachfolgende Zusammenstellung umfasst sämmtliche, seit dem Jahre 1890 bei den Ausstellungen des Dänischen Versuchslaboratoriums vorgeführten Butterproben. Die untersuchte Butter entspricht der normalen Butterproduktion dänischer Meiereien. Dieselbe stammte von 468 verschiedenen Meiereien und zwar 107 Gutsmeiereien und 361 Genossenschaftsmeiereien in allen Gegenden Dänemarks. Es wurden im Ganzen 2091 „Dritteln", durchschnittlich 4—5 Dritteln von jeder Meierei, untersucht. Der durchschnittliche Wassergehalt sämmtlicher Proben war 14,59 %. Es enthielten:

9,00— 9,99 % Wasser:	1 Probe	entsprechend	0,1 %	sämmtlicher	Proben
10,00—10,99 „ „	4 Proben	„	0,2 „	„	„
11,00—11,99 „ „	57 „	„	2,7 „	„	„
12,00—12,99 „ „	235 „	„	11,2 „	„	„
13,00—13,99 „ „	464 „	„	22,2 „	„	„
14,00—14,99 „ „	583 „	„	27,9 „	„	„
15,00—15,99 „ „	418 „	„	20,0 „	„	„
16,00—16,99 „ „	218 „	„	10,4 „	„	„
17,00—17,99 „ „	88 „	„	4,2 „	„	„
18,00—18,99 „ „	21 „	„	1,0 „	„	„
19,00—19,99 „ „	2 „	„	0,1 „	„	„

Berechnet man dagegen für jede einzelne der 468 Meiereien den durchschnittlichen Wassergehalt ihrer Butter, so findet man

11,00—11,99 % Wasser bei	2 Meiereien,	entsprechend	0,4 %	von allen Meiereien
12,00—12,99 „ „ „	23 „	„	4,9 „	„ „ „
13,00—13,99 „ „ „	105 „	„	22,4 „	„ „ „
14,00—14,99 „ „ „	207 „	„	44,2 „	„ „ „
15,00—15,99 „ „ „	85 „	„	18,2 „	„ „ „
16,00—16,99 „ „ „	41 „	„	8,8 „	„ „ „
17,00—17,99 „ „ „	5 „	„	1,1 „	„ „ „

H. Droop-Richmond (Analyst 1894, **19**; Chem. Centrbl. 1894, I, 357) untersuchte 560 Proben englischer und kontinentaler Butter auf Wassergehalt. Es enthielten:

7—8	8—9	9—10	10—11	11—12	12—13	13—14	14—15	15—16	16—17	17—18 % Wasser
2	8	18	37	76	95	210	88	21	3	2 Proben.

VIII. Schwedische Butter nach N. Engström.

(Tidskrift för landtmän 1894, **15**, 73—75; Centrbl. Agrikultur-Chemie 1894, **23**, 789—790.)

Bei den permanenten Butterausstellungen in Malmö und Göteborg wurden im Jahre 1893 im Ganzen 743 Proben Butter von 219 Molkereien, aus 19 verschiedenen Landestheilen herrührend, untersucht und dabei als mittlerer Wassergehalt 13,86 % gefunden. Der Wassergehalt der einzelnen Proben war folgender:

Wassergehalt . . %	10,70—10,99	11,00—11,99	12,00—12,99	13,00—13,99	14,00—14,99	15,00—15,99	16,00—16,99
Zahl der Proben . .	4	39	110	250	222	98	20
entsprechend Procent sämmtlicher Proben	0,5	5,3	14,8	33,6	29,9	13,2	2,7

Gruppirt man die Molkereien nach dem gefundenen mittleren Wassergehalt ihrer Butter, so ergeben sich folgende Zahlen:

Wassergehalt . . . . %	11,43—11,99	12,00—12,99	13,00—13,99	14,00—14,99	15,00—15,99	16,42
Zahl der Molkereien . . .	8	30	80	79	21	1
entsprechend Procent sämmtlicher Molkereien	3,6	13,7	36,5	36,1	9,6	0,5

IX. Englische Butter des Londoner Marktes

hatte nach H. Droop-Richmond (Analyst 1897, **22**, 93—95; Chem. Centrbl. 1897, I, 1033—1034) folgenden Wassergehalt im Jahre 1896:

	Minimum	Maximum	Mittel
frische Butter	12,40 %	15,18 %	13,82 %
gesalzene Butter	10,46 „	17,92 „	13,94 „

X. Französische Butter des Londoner Marktes

hatte nach H. Droop-Richmond (Analyst 1897, **22**, 93—95; Chem. Centrbl. 1897, I, 1033—1034) folgenden Wassergehalt:

	Minimum	Maximum	Mittel
frische Butter	11,76 %	15,94 %	14,40 %
gesalzene Butter	9,35 „	14,35 „	12 21 „

Kuhbutter aus Colostrummilch.

No.	Nähere Bezeichnung	Zeit der Untersuchung	In der natürlichen Substanz: Wasser %	Fett %	Kasein %	Milchzucker %	Asche %	In der Trocken-Substanz: Stickstoff-Substanz %	Fett %	Stickstoff in der Trocken-Substanz %	Analytiker
1	Zweimal geknetet und ausgewaschen	1897	16,51	81,57	*) 1,71	0,16	0,05	10,48	97,70	1,64	*R. Eichloff*[1])

2. Ziegenbutter.

No.	Nähere Bezeichnung	Zeit der Untersuchung	Wasser %	Fett %	Kasein %	Milchzucker %	Asche %	Stickstoff-Substanz %	Fett %	Stickstoff in der Trocken-Substanz %	Analytiker
1	Ziegenbutter**)	1884	22,40	75,00	1,75	0,67	0,18	2,26	96,65	0,30	*E. Schmidt*[2])
2	desgl. aus der Schweiz (?)***)	1892	11,23	87,38		1,39		—	97,31	—	*Schaffer*[3])
3	desgl. °)	1893	8,20	86,50	0,90	0,70	3,70	0,98	94,23	0,16	*E. Gutzeit*[4])
	Mittel	—	—	—	—	—	—	—	—	—	

3. Büffelbutter.

No.	Nähere Bezeichnung	Zeit der Untersuchung	Wasser %	Fett %	Kasein %	Milchzucker %	Asche %	Stickstoff-Substanz %	Fett %	Stickstoff in der Trocken-Substanz %	Analytiker
1	Aus Marienburg in Siebenbürgen	1884	15,50	82,31	2,01		0,17	—	97,41	—	*W. Fleischmann*[5])
2	Aus Ungarn	1888	17,67	80,98 °°)	1,19		0,16	—	96,38	—	*F. Strohmer*[6])
	Mittel	—	**16,59**	**81,64**	**1,60**		**0,17**	—	**96,89**	—	

[1]) Milchztg. 1897, **26**, 67—68.
[2]) Ann. agronom. 1884, **10**, 496.
[3]) Landw. Jahrbuch der Schweiz 1892. Milchztg. 1892, **22**, 222.
[4]) Milchztg. 1893, **22**, 756.
[5]) Bericht der Milchw. Versuchsstation Raden für 2884, 27.
[6]) Zeitschr. f. Nahrungsmittel-Untersuchung u. Hygiene 1880, **2**, 19.

*) Stickstoff × 6,39.

**) E. Schmidt ermittelte auch das Verhalten des Butterfettes aus Ziegen- und Schafmilch gegenüber dem aus Kuhmilch und findet:

		Kuhbutterfett	Ziegenbutterfett	Schafbutterfett
Unlösliche Fettsäuren nach Hehner .		88,57—89,15 %	84,40 %	85,25 %
Schmelzpunkt derselben		39,08—40,00 „	38,08 „	40,50 „
Lösliche, flüchtige Fettsäuren		4,45 „	4,51 „	4,77 „
Das Fett bestand aus	Butyrin . . .	5,00 %	5,50 %	6,00 %
	Oleïn . . .	60,00 „	64,00 „	58,00 „
	Margarin . .	35,00 „	30,50 „	36,00 „

***) Schaffer fand für das Fett: Spec. Gew. bei 100° C. = 0,8668, Schmelzpunkt 30° C., Köttstorfer'sche Zahl 226,0, Reichert-Meissl'sche Zahl 24,0, Refraktion (nach Jean) 31,5°.

°) Die Butter hatte eine weissgelbe Farbe, die Konsistenz war fest, der Geschmack ranzig. Das ausgelassene Butterfett, das sehr fest war, hatte: Spec. Gew. 0,8652, Schmelzpunkt 35,4° C., Hehner'sche Zahl 86,2, Reichert-Meissl'sche Zahl 25,2, Jodzahl 26,7.

°°) Für das Fett der Büffelmilch fand F. Strohmer im Vergleich zum Kuhbutterfett:

	Schmelzpunkt	Erstarrungspunkt	Erstarrungspunkt der Fettsäuren	Koettstorfer'sche Zahl	Reichert-Meissl'sche Zahl
Büffelbutterfett . .	31,3° C	19,8° C	37,9° C	222,4 mg	30,4 ccm $^1/_{10}$ Normal-Natronlauge
Kuhbutterfett . .	31,0—31,5 „	19,0—20,0 „	37,5—38,0 „	227,7 „	24,0—32,8 „ „ „

Margarine (Kunstbutter).

No.	Nähere Bezeichnung	Zeit der Untersuchung	In der natürlichen Substanz: Wasser %	Fett %	Kasein %	Milchzucker %	Asche %	Chlornatrium %	In der Trocken-Substanz: Fett %	Stickstoff-Substanz %	Stickstoff in der Trocken-Substanz %	Analytiker
1	Ohne nähere Bezeichnung	1877	12,01	82,03	0,74		5,22	—	93,23	—	—	*A. Mott*
2	Ohne nähere Bezeichnung	„	11,25	87,15	0,57		1,03	—	98,20	—	—	*T. Brown*
3	Ohne nähere Bezeichnung	„	10,01	87,91	0,23		1,85	—	97,69	—	—	*J. König* [1]
4	Ohne nähere Bezeichnung	1878	7,77	91,56	0,40		0,27	—	99,27	—	—	*J. Moser* [2]
5	Aus Hamburg	1884	9,33	85,78	2,89		2,00	—	94,61	—	—	*W. Fleischmann* [3]
6	„ „	„	9,00	87,46	1,02		2,52	—	96,11	—	—	*W. Fleischmann* [3]
7	Ohne nähere Bezeichnung	1886	11,26	83,64	1,67		3,58	—	94,25	—	—	*R. Sendtner* [4]
8	Ohne nähere Bezeichnung	„	10,94	84,11	1,83		3,12	—	94,44	—	—	*R. Sendtner* [4]
9	Ohne nähere Bezeichnung	„	10,18	85,52	0,72		3,47	—	95,21	—	—	*R. Sendtner* [4]
10	Ohne nähere Bezeichnung	„	13,57	83,83	1,23		1,25	—	96,74	—	—	*R. Sendtner* [4]
11	Aus England?	„	10,93	84,99	1,14		2,94	—	95,42	—	—	*P. Vieth* [5]
12	Holländische Margarine .	1886	8,78	87,44	1,34		2,44	—	95,86	—	—	*W. Fleischmann* [6]
13	Deutsche Margarine, hergestellt mit süsser Vollmilch*) .	1896	6,60	89,78	0,27	—	2,74	2,71	96,12	0,29	0,05	*K. Windisch* [7]
14	Deutsche Margarine, hergestellt mit saurer Vollmilch*) .	„	7,31	89,75	0,89	—	1,88	1,87	96,83	0,96	0,15	*K. Windisch* [7]
15	Deutsche Margarine, hergestellt mit saurer Magermilch*)	„	6,59	89,80	0,40	—	2,84	2,82	96,14	0,43	0,07	*K. Windisch* [7]
16	Deutsche Margarine, hergestellt mit Buttermilch*) . .	„	6,76	90,58	0,45	—	2,05	2,04	97,15	0,46	0,08	*K. Windisch* [7]
17	Deutsche Margarine, hergestellt mit saurem Rahm*) . .	„	6,72	90,24	0,23	—	2,62	2,60	97,13	0,25	0,04	*K. Windisch* [7]
18	Deutsche Margarine, hergestellt mit Wasser*)	„	5,50	91,60	Spur	—	2,54	2,50	96,93	Spur	Spur	*K. Windisch* [7]
19	Margarine „F"	1897	8,80	88,78	2,33		1,58	1,53	97,35	—	—	*A. Partheil* [8]
20	desgl. „FF"	„	8,50	88,81	2,69		1,76	1,74	97,06	—	—	*A. Partheil* [8]
21	desgl. „Brillant" . . .	„	8,60	88,90	2,40		1,60	1,50	97,27	—	—	*A. Partheil* [8]
	Mittel	—	**9,07**	**87,59**	**0,99**		**2,35**	**2,15**	**96,33**	**0,39**	**0,06**	

[1]) Original-Mittheilung.

[2]) Erster Bericht der Versuchsstation Wien 1878, Tabellen XXIX.

[3]) Bericht der Milchw. Versuchsstation Raden für 1884, 28.

[4]) 3. u. 4. Jahresber. d. Untersuchungsstation d. hygien. Instituts in München 1885, 10.

[5]) Milchztg. 1886, **15**, 131.

[6]) Bericht der Molkerei Raden für 1886. Rostock 1886, 66.

[7]) Technische Erläuterungen zum Entwurfe eines Gesetzes, betreffend den Verkehr mit Butter etc. (Sonderabdruck aus den „Arbeiten aus dem Kaiserl. Gesundheitsamte, Bd. XII). Julius Springer, Berlin 1896, 9.

[8]) Apoth.-Ztg. 1897, **12**, 220—221. Chem. Centrbl. 1897, I, 948. Verf. fand ferner in

	Margarine F	FF	Brillant
Hehner'sche Zahl	94,5	94,0	94,7
Reichert-Meissl'sche Zahl	0,33	0,44	1,43
Ranzigkeit	2,27°	1,6°	2,2°

*) Die Fettmischung bestand aus Oleomargarin, Neutrallard, Baumwollsamenöl, Sesamöl und Erdnussöl. Von den Milchsorten wurden auf 500 Pfd. der Fettmischung je 210 l Milch angewendet, von dem sauren Rahm 50 Pfd. Die Margarineproben wurden nach dem Salzen noch mehrmals durchgeknetet. Die Margarineproben hatten sämmtlich das Aussehen guter Butter; sie waren äusserlich weder unter sich noch von Naturbutter zu unterscheiden. Die aus saurer Vollmilch hergestellte Margarine war die beste; auch die mit Buttermilch und saurer Magermilch hergestellten Sorten wurden als sehr gut bezeichnet. Die Rahm-Margarine war zu fest, aber sonst von guter Beschaffenheit. Die mit süsser Vollmilch hergestellte Margarine hatte nur schwaches Aroma und wurde als minderwerthig bezeichnet. Die Wasser-Margarine hatte gar keinen butterähnlichen Geruch, sondern nur den der angewandten Fette.

Anhang zu Butter.

Versuche über Rahmsäuerung.

Versuche über das Verbuttern von Rahm, welcher mit Salzsäure angesäuert wurde.

Von Hittcher in Kleinhof-Tapiau (Milchztg. 1894, **23**, 425).

Nach dem Rahmsäuerungsverfahren von C. Fr. Müller-Königsfeld b. Nordenham (Beschreibung des Verfahrens: Milchztg. 1894, **23**, 306).

No.	Datum	Rahmmenge	Alter des Rahms	Wärme des Rahms bei Austritt aus der Centrifuge	Menge der zugesetzten Salzsäure	Vom Zusatz der Säure bis zum Beginn des Butterns verstrichen	Verlauf des Butterns: Wärmegrade zu Anfang	Verlauf des Butterns: Wärmegrade zu Ende	Verlauf des Butterns: Undrehungen der Welle in der Minute	Verlauf des Butterns: Dauer des Butterns	Procentige Ausbeute an einmal gekneteter, ungesalzener Butter	Procentige Ausbeute an Buttermilch	Procentige Ausbeute an Verlust	Procentiger Fettgehalt von Rahm	Procentiger Fettgehalt von Buttermilch	Ausbutterungsgrad	Beschaffenheit der Butter beim Herausnehmen der Butter aus dem Fasse
		Pfd.		°C.	ccm	Minut.	°C.	°C.		Min.							
1	21/3 94	328,0	frisch	70	800	30	10,0	12,0	137	21	23,17	72,87	3,96*)	20,08	0,72	97,26	normal
2	22/3 „	325,0	„	70	800	35	10,3	12,5	140	26	24,74	73,66	1,60	21,20	0,65	97,69	„
3	24/3 „	262,5	„	70	650	30	10,8	12,5	139	25	25,26	74,66	0,08	21,88	0,51	98,28	„
4	28/3 „	326,0	„	70	950	30	10,0	12,5	141	26	25,16	73,46	1,38	21,78	0,45	98,45	„
5	30/3 „	284,0	„	60	800	30	11,0	13,4	142	25	33,10	65,53	1,37	27,49	0,33	99,21	schmierig**)
6	31/3 „	289,0	„	60	800	30	11,0	12,0	139	14,5	34,08	65,30	0,62	27,63	0,41	99,04	normal
7	13/4 „	326,2	„	65	900	30	11,6	13,4	136	23,0	23,43	75,47	1,10	20,14	0,50	98,10	„
8	14/4 „	313,7	„	70	900	36,5	10,8	13,0	141	27,3	19,74	79,05	1,21	17,00	0,47	97,76	„
9	18/4 „	290,7	„	65	800	32	11,5	13,5	140	19,0	24,49	75,03	0,48	20,42	0,35	98,72	schmierig
10	19/4 „	324,0	„	65	900	7	10,7	12,8	139	19,3	20,71	78,49	0,80	17,60	0,44	98,01	noch sehr feinkörnig***)
11	20/4 „	298,0	„	70	900	10	11,3	14,0	132	31,3	14,77	84,63	0,60	11,96	0,41	97,07	normal
12	21/4 „	290,6	„	65	800	9	11,5	14,0	140	18	25,81	73,54	0,65	20,40	0,63	97,65	schmierig
13	26/4 „	292,2	„	70	895	20	9,0	12,2	140	30,3	19,37	79,88	0,75	16,14	0,43	97,82	normal
14	28/4 „	310,2	24 Std.	65	820	11,5	8,2	11,6	140	36,7	25,53	73,21	1,26	22,20	0,23	99,23	„
15	11/5 „	284,2	frisch	60	800	35	10,9	12,8	139	22	22,17	77,83	0,00	19,30	0,525	97,10	„
16	12/5 „	267,6	24 Std.	60	710	32,5	10,3	13,0	139	24	26,53	73,47	0,00	23,62	0,39	98,78	grobkörnig u. etwas schmier.
17	16/5 „	288,7	frisch	21	850	35	11,2	13,6	139	25	21,06	78,28	0,66	18,28	0,61	97,37	normal
18	17/5 5	294,2	„	50	890	47	11,8	13,8	126	25	22,26	77,46	0,28	19,68	0,96	96,18	weich u. etwas schmierig
19	18/5 „	323,4	„	55	795	24	10,4	12,7	126	28,5	22,14	77,33	0,53	19,49	0,60	97,59	sehr feinkörnig
20	19/5 „	279,6	„	70	730	36	9,8	12,0	135	26	25,18	74,17	0,65	22,23	0,54	98,16	normal
21	21/5 „	287,2	„	30	730	41	10,2	12,6	135	27	24,44	75,04	0,52	21,04	0,60	97,91	„
22	22/5 „	306,6	„	30	820	28	10,1	12,8	125	35	20,74	79,10	0,16	17,89	0,54	97,60	„
23	23/5 „	298,7	„	30	910	18	10,0	12,7	138	28	20,29	78,81	0,90	17,36	0,60	97,23	„
24	24/5 „	279,9	„	30	800	36	9,3	11,8	133	33,5	21,29	78,03	0,68	18,60	0,44	98,11	„
25	25/5 „	289,7	„	70	850	22	9,4	11,8	139	24	22,92	76,98	0,10	20,04	0,65	97,50	„
26	26/5 „	309,2	24 Std.	70	908	11	9,8	12,2	139	31,3	26,72	73,28	0,00	23,80	0,32	99,04	„
Im Ganzen		7769,1	—	—	—	706,5	270,9	331,2	3559	671,7	—	—	—	—	—	—	
Im Mittel		298,8	—	—	—	27,2	10,4	12,7	137	25,8	23,63	75,57	0,80	20,28	0,51	98,07	

Bemerkungen. Der Wasser- und Fettgehalt der erzielten fertigen Butter im Mittel von 4—6 Proben waren normal, 11,87 u. 84,86 % im Mittel, Kasein (Stickstoff × 6,39 =) 0,64 %. Der Geschmack der Butter war ausgezeichnet rein. Es fehlte vollständig das sonst für Sauerrahmbutter charakteristische Aroma. Die Buttermilch schmeckte nicht so gut wie die gewöhnliche. Die angewendete Salzsäure enthielt 27,6 Gew. % HCl.

*) Etwas Buttermilch wurde vergossen.

**) Der Rahm war sehr fettreich.

***) Die Butterung wurde absichtlich beendigt, ehe die Butterklümpchen die gewünschte Grösse hatten.

Versuche über das Verbuttern des nach dem Müller'schen Verfahren mit Salzsäure angesäuerten Rahms.

Von H. Tiemann in Kiel (Milchztg. 1894, **23**, 701).

21 Versuche mit frischem Rahm	Zu 100 kg Rahm wurde zugesetzt Chlorwasserstoff	Nach Zusatz der Säure bis zum Anfang des Butterns verstrichen	Wärme während des Butterns		Dauer des Butterns	Umdrehungen der Welle in der Minute	Ausbeute		Fettgehalt		Ausbutterungsgrad
			zu Anfang	zu Ende			an fertiger Butter	an Buttermilch	des Rahms	der Buttermilch	
	g	Minuten	°C.	°C.	Minuten		%	%	%	%	%
Mittel	147,0	13,7	10,8	14,2	37	166	27,1	69,9	24,2	0,76	97,81
Minimum	95,0	6	8	13,0	25	140	—	—	19,32	0,45	96,92
Maximum	287,8	20	12,5	16,0	56	180	—	—	26,40	1,02	98,69

Die Butter hatte meist beim Herausnehmen aus dem Fasse eine normale Beschaffenheit. Bei den Versuchen, wo etwas viel Salzsäure zugesetzt war (153,5—287,8 g HCl auf 100 kg Rahm), zeigte die Butter beim Herausnehmen aus der Trommel einen an Schwefelwasserstoff erinnernden Geruch.

Bei allen Kostproben machte sich das Fehlen des Aromas deutlich bemerkbar, im Uebrigen konnte der Geschmack mit Ausnahme einiger weniger Fälle, bei deren Verbuttern der unangenehme Geruch sich bemerkbar machte, als ziemlich gut bis gut bezeichnet werden. Doch zeigten fast alle Proben einen geringen oder stärkeren eigenthümlichen Beigeschmack und waren dieselben mehr oder weniger ölig.

Fernere Literatur über obigen Gegenstand: Tamm-Flensburg, Versuche über das Ausbuttern von Rahm, der mit Salzsäure angesäuert wurde. Milchztg. 1894, **23**, 750.

Versuche über das Verbuttern von Rahm, der mit Milchsäure angesäuert wurde.

Von H. Tiemann (Milchztg. 1895, **24**, 383).

(Verfahren von C. Bolle in Berlin.)

Gebrauchsanweisung von C. Bolle-Berlin:

Der Rahm wird gleich nach dem Verlassen der Centrifuge auf 8—9° R. abgekühlt und mit der entsprechenden Menge Milchsäure versetzt. Ist das geschehen, so lässt man ihn unter öfterem Umrühren 1—1½ Stunden stehen und verbuttert ihn dann sofort in gewohnter Weise.

Die Milchsäure sollte, bevor sie dem Rahm zugesetzt wird (um eine gründliche Vermischung damit zu erleichtern), in einem hölzernen Eimer mit der etwa vier- bis fünffachen Menge kalten Wassers verdünnt werden. Für eine gehörige Vermischung des Rahmes mit der verdünnten Säure ist Sorge zu tragen.

Der Säurezusatz richtet sich nach dem Geschmack und den Bedürfnissen der Kundschaft. In keinem Falle sollte derselbe weniger als 250 Gramm unverdünnter Milchsäure für 100 Liter Rahm betragen. Beobachtet wurde, dass bei Verwendung von ca. 500—625 Gramm Säure auf 100 Liter Rahm eine sehr gute Ausbutterung bei entsprechend geringem Fettgehalt der Buttermilch (0,35—0,38 %), welche in diesem Falle ziemlich sauer ist, erzielt wurde. Der Zusatz an Säure macht sich reichlich durch die höhere Butterausbeute und die bessere Beschaffenheit derselben bezahlt.

Beim Abmessen der Säure sind Gefässe von Glas, Porzellan, gebranntem Thon oder Holz zu wählen; Metallgefässe sind zu vermeiden, da sie von der unverdünnten Säure angegriffen werden.

Dieselbe ergänzend, bemerkt die betreffende Firma, dass nach den Versuchen, die dortselbst gemacht worden sind, die Butterungstemperatur mit 8—8½° R. beginnen sollte. Der Fettgehalt der Buttermilch betrug in diesen Fällen 0,4—0,6 %. Der Zusatz an Milchsäure betrug bei 100 Litern Rahm 400 Gramm Säure. Bei Erhöhung dieses Zusatzes wurde stets ein entsprechender Rückgang im Fettgehalt der Buttermilch beobachtet.

Rahm mit Milchsäure (mit 53,55 % freier Milchsäure ($C_3H_6O_3$) angesäuert.

14 Versuche; bei 5 Versuchen wurde der stets frische Rahm pasteurisirt	Zu 100 kg Rahm wurde zugesetzt Milchsäure	Minuten vom Zusatz der Säure bis zum Beginn des Butterns	Wärme beim			Umdrehungen der Welle in der Minute	Dauer des Butterns	Ausbeute		Fettgehalt		Ausbutterungsgrad
			Zusatz der Säure	Anfang des Butterns	Ende des Butterns			an fertiger Butter	an Buttermilch	des Rahms	der Buttermilch	
	g		°C.	°C.	°C.		Min.	%	%	%	%	%
Mittel	849,3	71	11,3	11,7	13,21	159,2	35,7	28,39	69,63	23,75	0,42	98,7
Minimum	465,0	60	9,5	10,0	12,0	130	18	20,92	64,36	18,00	0,20	96,6
Maximum	1000,0	90	13,0	15,0	15,5	180	40	34,36	77,01	28,00	0,97	99,4

Rahm mit (4—5 %) gewöhnlichem Rahmsauer angesäuert.

10 Versuche mit 22 Stunden altem Rahm; 5 mal pasteurisirt, 5 mal nicht pasteurisirt	Zu 100 kg Rahm wurde zugesetzt Milchsäure	Minuten vom Zusatz der Säure bis zum Beginn des Butterns	Wärme beim			Umdrehungen der Welle in der Minute	Dauer des Butterns	Ausbeute		Fettgehalt		Ausbutterungsgrad
			Zusatz der Säure	Anfang des Butterns	Ende des Butterns			an fertiger Butter	an Buttermilch	des Rahms	der Buttermilch	
	g		°C.	°C.	°C.		Min.	%	%	%	%	%
Mittel	—	—	—	14,2	14,5	149	25	29,97	67,90	25,72		98,97
Minimum	—	—	—	13,5	13,5	135	20	26,00	63,30	22,40		98,5
Maximum	—	—	—	16,0	16,5	160	30	34,17	72,14	29,64		99,3

Anmerkungen zum Milchsäureverfahren: Die Verbutterung wurde in einem kleinen Holsteinschen Butterfasse vorgenommen.

Der Butterungsverlauf war bis auf 1 Fall, bei welchem die Butterungstemperatur (15 °) zu hoch war, ein normaler. Die Konsistenz und Körnigkeit war nach beendeter Butterung in den meisten Fällen eine normale.

Der Fettgehalt der Milch war 3,35 % im Mittel; es wurden 26,5—28,0 kg, im Mittel 26,8 kg, Milch zu 1 kg Butter gebraucht.

Der Geschmack der Buttermilch war ein sehr angenehmer. Der Wassergehalt der fertigen Butter schwankte zwischen 10,92 und 12,09 %.

Der Geschmack der Butter war in den meisten Fällen ziemlich gut bis gut, aber ohne jeglichen Ausdruck nur in ganz wenigen Fällen war derselbe weniger gut, was vielleicht auf das Butterungsmaterial z. Th. zurückzuführen sein mag. Es gelangte nämlich mehr oder weniger Rahm von altmilchenden Kühen zur Verarbeitung.

Ganz besonders machte sich aber das Fehlen jeglichen Aromas bemerkbar, was ausserordentlich bei den vergleichenden Geschmacksprüfungen zwischen Sauerrahmbutter und Milchsäurebutter hervortrat.

Durch das Pasteurisiren des Rahms wird der Ausbutterungsgrad durchaus nicht ungünstig beeinflusst.

Versuche über den Einfluss der Koncentration des Butterungmaterials auf die in der Buttermilch zurückbleibende Fettmenge.

Von John Sebelien.

Bezeichnung des Rahmes	Versuch	Koncentrirter Rahm			Verdünnter Rahm			
		Fettgehalt		Vom Rahmfett sind in der Buttermilch zurückgeblieben	Fettgehalt		Vom Rahmfett sind in der Buttermilch zurückgeblieben	
		des Rahms	der Buttermilch		des Rahms	der Buttermilch		
		%	%	%	%	%	%	
Gesäuerter Rahm	I	18,55	0,42	1,82	12,09	0,33	2,42	Landwirthschaftliche Versuchsstationen 1888, **35**, 321; Milchzeitung 1888, **17**, 1007.
	VI	19,51	0,32	1,33	12,82	0,36	2,38	
	II	19,69	0,70	2,86	13,26	0,43	2,85	
	V	20,29	0,51	2,08	13,70	0,44	2,86	
	III	22,34	0,55	1,95	10,90	0,34	2,83	
	IV	22,3	0,37	1,28	11,00	0,30	2,47	
	Mittel	**20,48**	**0,48**	**1,89**	**12,29**	**0,37**	**2,64**	
Süsser Rahm	IX	23,04	1,41	4,55	7,64	0,80	9,51	
	X	23,15	1,15	3,67	7,71	0,80	9,47	
	XI	22,80	1,82	5,91	7,60	0,84	10,42	
	VII	19,40	1,42	5,78	10,00	0,95	8,49	
	VIII	24,28	1,97	6,18	12,35	0,75	6,34	
	XII	21,41	1,68	5,84	10,62	1,01	8,32	
	Mittel	**22,01**	**1,57**	**5,21**	**9,32**	**0,87**	**8,76**	
	III	36,82	1,92	2,97	8,65	0,46	4,80	Landwirthschaftliche Versuchsstationen 1889, **36**, 119; Milchzeitung 1889, **18**, 335.
	IV	36,26	1,56	2,54	8,62	0,53	5,53	
	I	30,53	1,12	2,44	8,17	0,63	7,00	
	II	28,52	0,77	1,81	7,36	0,55	6,84	
	V	33,80	0,97	1,72	9,63	0,49	4,59	
	Mittel	**33,07**	**1,27**	**2,30**	**8,47**	**0,53**	**5,75**	

Versuche mit dem Butterseparator.

Von Hittcher (Milchztg. 1891, **20**, 731).

Verarbeitete Milchmenge und Zahl der Versuche	Verarbeitete Milchmenge in d. Stunde kg	Tourenzahl	Temperatur der Milch °C.	Temperatur der Butter °C.	Ausbeute in % Butter	Ausbeute in % Magermilch	Ausbeute in % Buttermilch II	Ausbeute in % Verlust	Fettgehalt in % der Milch	Fettgehalt in % der Magermilch	Fettgehalt in % der Buttermilch II	Fettgehalt in % des Rahms	Zu 1 Pfd. Butter gebrauchte Milch Pfd.	Ausbutterungsgrad %
I. Temperatur der austretenden Butter 14, 14½ u. 15° C.														
Morgenmilch bis auf 1 Probe, stündl. verarbeitete Milchmenge 402—462 kg, Mittel von 9 Vers.	429	7169	27,8	14,4	3,67	93,11	2,02	1,20	3,406	0,421	3,711	29,96	27,5	85,06
Abendmilch bis auf 1 Probe, stündl. verarbeitet 324—363 kg, 5 Versuche	332	7378	28,3	14,6	3,97	92,24	2,37	1,42	nur 1mal untersucht 3,575	0,324	4,060	30,019	25,3	90,38
II. Temperatur der austretenden Butter 16 u. 16½° C.														
Morgenmilch, stündl. verarbeitet 412—480 kg, 5 Versuche . .	443	7160	28,6	16,2	3,25	92,22	3,58	0,95	3,347	0,435	3,951	25,879	30,9	77,30
Gekühlte Abendmilch, stündl. verarbeitet 337—346 kg, 2 Versuche	342	7300	26,8	16,5	3,92	92,16	2,10	1,85	—	—	—	—	25,5	—
III. Temperatur der austretenden Butter 17—18° C.														
Morgenmilch, stündl. verarbeitet 400—440 kg, 9 Versuche . .	425	7158	28,9	17,1	3,24	93,13	2,53	1,11	3,133	0,356	3,059	1mal untersucht 21,298	31,22	82,06
desgl., stündl. verarbeitet 375 bis 395 kg, 5 Versuche	386	7200	29,6	17,0	3,36	91,79	3,73	1,00	3,220	0,350	—	—	30,00	80,41
IV. Temperatur der austretenden Butter 17—18° C.														
Stündl. verarbeitet 401—436 kg, 5 Versuche	421	7195	29,7	17,1	3,80	92,185	2,01	1,805	3,225	0,438	—	25,47	26,3	94,40
Stündl. verarbeitet 374—377 kg, 3 Versuche	379	7170	28,0	17,7	3,77	92,33	2,41	1,49	3,456	0,444	3,207	22,942	26,6	86,92
Stündl. verarbeitet 350—359 kg, 7 Versuche	355	7279	27.9	17,5	3,80	92,68	2,20	1,33	3,419	0,395	3,060	—	26,5	88,39
Stündl. verarbeitet 331—348 kg, 8 Versuche	341	7200	27,8	17,4	3,90	92,85	2,32	0,88	3,416	0,358	3,023	—	25,7	88,37

NB. Der Butterseparator besteht aus 2 Haupttheilen, der eine besorgt die Trennung der Milch in Rahm und Magermilch, der andere scheidet aus dem Rahm die Butter aus. Der Hergang der Verarbeitung ist folgender: Zunächst wird die Milch in der rotirenden Separatortrommel in Rahm und Magermilch zerlegt. Da der mit 25—27° C. austretende Rahm noch nicht verbuttert werden kann, wird er zuvor über einen Kühler geführt und gelangt im abgekühlten Zustande in das Butterfass, woselbst er etwa eine Minute lang verweilt und während dieser Zeit in Butter und Buttermilch zerlegt wird, welche beide gemeinschaftlich in die auf das Ende des Butterfasses aufgestreifte Blechkappe eintreten und in einen untergestellten hölzernen Eimer hineinfallen. Aus diesem Gefäss wird die Buttermilch durch einen unmittelbar an dem Boden des Eimers befindlichen Hahn abgezapft. Da nun diese Buttermilch (I) sehr fettreich ist — sie enthält häufig mehr als 5% Fett —, lässt man sie noch einmal die Trommel passiren. Die davon erhaltene Buttermilch ist als Buttermilch II bezeichnet.

Versuche mit Johannson's Butterextraktor.

Von Chevron (L'industrie laitière 1892, No. 27 u. 29; Milchztg. 1892, **21**, 548).

Nähere Bezeichnung	Wasser %	Fett %	Kasein %	Milchzucker %	Asche %	Bemerkungen
Butter nach dem alten Verfahren (7 Proben)	15,92	82,69		1,39		—
Extraktorbutter aus derselben Milch (4 Proben)	20,03	78,05		1,92		Die Butter ist nur einmal geknetet.
Gewöhnliche Süssrahmbutter	15,83	83,03		1,14		—
desgl. mit 5% gesalzen und nochmals geknetet .	14,80	80,11	0,61	0,28	4,11	—
Extraktorbutter	21,20	77,10		1,70		—
desgl. mit 5% gesalzen und nochmals geknetet .	13,12	85,12	1,21	0,12	2,02	—

Die Leistungsfähigkeit des Extraktors erhellt aus folgenden Zahlen:

Versuch	Das Gesammtfett vertheilt sich nach % auf Butter	Magermilch + Buttermilch	Verlust	Stündliche Leistung kg	Bemerkungen
I	80	—	—	—	5000 Touren, weshalb die Milch zweimal durchgelassen wurde.
II	78	11,5	10,5	530	6000 Touren; die Milch wurde nur einmal entrahmt.
III	84	11,0	5,0	416	desgl.
IV	89.27	10,0	0,73	800	Für Separatoren-Entrahmung berechnet.

Erträge an Rahm, Butter und Magermilch an der Versuchsmolkerei Kleinhof-Tapiau.

(Milchztg. 1892, **21**, 426.)

Die Entrahmung der Milch ergab:

im Jahre	Rahm	Magermilch	Verlust
1888/89	17,24 %	82,05 %	0,71 %
1889/90	17,03 „	82,51 „	0,46 „
1890/91	16,36 „	82,98 „	0,66 „
Mittel 1888/91:	16,88 %	82,52 %	0,60 %

Beim Verbuttern der Milch mittelst des Butterseparators waren zur Herstellung von 1 kg Butter erforderlich im Jahre 1889/90: 27,310 kg und im Jahre 1890/91: 29,530 kg Milch.

Butterausbeute nach den verschiedenen Butterungsverfahren in Proskau.

Nach M. Schmoeger und J. Klein.

(Berichte von Proskau 1883/84, 30; 1884/85, 18; 1885/86, 13; 1889/90, 28; 1890/91, 24; 1891/92, 18; 1892/93, 15.)

Zu 1 kg Butter waren erforderlich kg Milch:

im Jahre	Swartz'sches Verfahren	Holsteinsches Verfahren	Centrifugal-Verfahren
1883/84	33,82 kg	32,39 kg	31,53 kg
1884/85	34,18 „	34,56 „	29,38 „
1885/86	34,73 „	36,54 „	30,13 „
1888/89	33,97 „	34,30 „	29,67 „
1889/90	33,71 „	34,12 „	29,65 „
1890/91	35,56 „	37,82 „	29,15 „
1891/92	30,33 „	31,93 „	27,63 „
1892/93	31,66 „	34,13 „	27,86 „

Vergleichende Butterungsversuche.

Von Wüthrich und Streit (Mitth. d. Milchw. Vereins im Allgäu 1894, 219; nach den Berner Bl. f. Landwirthsch. 1894).

Versuchs-No.	Butterungsmaterial *) Gewicht kg	Butterungsmaterial *) darin Fett kg	Temperatur °C.	Zeitdauer Min.	Buttermilch Gewicht kg	Buttermilch darin Fett kg	Fett in der Butter kg	Ausbutterungsgrad einzeln	Ausbutterungsgrad Durchschnitt
	I. Mühlsteinbutterfass (Inhalt 270 Liter).								
1	120	11,040	15	60	106,0	0,795	10,245	92,8	
2	160	10,944	15	70	148,5	1,128	9,816	89,9	88,5
3	130	8,840	17	50	120,5	1,530	7,310	82,8	
	II. Victoriabutterfass (Inhalt 175 Liter).								
4	62	4,414	15	135	56,5	0,197	4,217	95,4	
5	44	2,697	16	120	40,5	0,336	2,361	87,5	89,8
6	55	6,116	17	75	47,5	0,812	5,304	86,7	
	III. Holsteinbutterfass (Inhalt 360 Liter).								
7	136	12,920	13	40	118,0	1,003	11,917	92,2	
8	118	10,171	12	35	104,5	0,783	9,388	92,3	92,8
9	110	11,088	12	35	97,5	0,663	10,425	94,1	
	IV. Lefeldtbutterfass (Inhalt 280 Liter).								
10	100	6,250	14	45	91,5	0,997	5,253	84,2	
11	100	8,030	13	45	92,0	0,607	7,423	92,4	88,9
12	108	7,020	12	60	97,5	0,683	6,337	90,2	

Das Holsteinsche Butterfass erheischt am meisten Betriebskraft, dann kommt das Lefeldt'sche, dann das Mühlstein- und zuletzt das Victoriafass, welches am wenigsten Betriebskraft erfordert.

Am leichtesten zu reinigen sind das Holsteinsche und das Victoriafass, am schwierigsten das Mühlsteinfass.

Die beste Butter lieferte das Holsteinfass, am wenigsten befriedigten in dieser Beziehung das Mühlstein- und Victoriafass, da bei diesen Fässern bei einer bedeutend höheren Temperatur gebuttert werden musste.

---

*) Als Butterungsmaterial wurde Vorbruch mit Zusatz von Rahm verwendet.

Prüfung des Triumpfbutterfasses von E. Ahlborn-Hildesheim.

Von Backhaus-Göttingen (Milchztg. 1892, **21**, 370).

Mittel aus 6 Versuchen	Rahmmenge kg	Dauer des Butterns Min.	Temperatur des Rahms: Anfang (des Butterns °C.)	während	Ende	Buttermilch: Menge kg	Fett %	Butter beim 1. Wiegen kg	2. Wiegen kg
Butterfass von Lehfeldt	31,993	32,67	18,83	18,65	18,17	22,15	1,795	6,149	5,838
Triumpfbutterfass	31,993	32,33	18,75	18,50	18,04	22,074	1,517	6,349	5,951

Versuche mit dem Radiator.

1. Versuche auf der Molkereischule zu Poligny in Frankreich. (Milchztg. 1897, **26**, 823—824.)

Die 4 angestellten Versuche ergaben folgende Resultate:

Bezeichnung der Versuche	Stündliche Leistung kg	Wärme der aus dem Erhitzer kommenden Vollmilch °C.	Wärme des vorgebutterten Rahmes °C.	Wärme des Kühlwassers für die Rahmschleuder °C.	Gewicht der Butter in % der Milch: roh	geknetet
1. Versuch: 30/3 1896 . .	661	58	17	6	9,95	3,95
2. „ 10/4 1896 . .	660	65	17,5	4	9,83	4,04
3. „ 25/4 1896 . .	643	49	18	5	10,00	4,00
4. „ 6/5 1896 . .	646	67	17	4	9,68	3,91

Die Zusammensetzung von Vollmilch, Magermilch und Butter war folgende:

Bezeichnung der Versuche	In der natürlichen Substanz: Wasser %	Stickstoff-Substanz %	Fett %	Milchzucker %	Asche %	In der Trocken-Substanz: Stickstoff-Substanz %	Fett %	Stickstoff in der Trocken-Substanz %
I. Vollmilch:								
1. Versuch	86,67	3,89	3,72	4,94	0,78	29,18	27,98	4,67
2. „	86,41	4,10	3,71	5,03	0,75	30,17	27,30	4,83
3. „	86,35	4,05	3,92	4,96	0,70	29,67	28,72	4,75
4. „	86,66	3,95	3,75	4,92	0,72	29,61	28,11	4,74
II. Magermilch:								
1. Versuch	89,92	3,76	0,16	5,40	0,76	37,30	1,59	5,97
2. „	89,92	4,03	0,22	5,16	0,67	39,98	2,18	6,40
3. „	90,00	4,03	0,20	5,12	0,66	40,30	2,00	6,45
4. „	90,23	3,82	0,22	5,08	0,65	39,09	2,25	6,25
III. Butter:								
1. Versuch	17,05	1,02	81,40	0,37	0,16	1,23	98,13	0,20
2. „	19,40	1,34	77,80	1,17	0,21	1,66	96,52	0,27
3. „	16,60	0,67	81,08	1,52	0,13	0,80	97,22	0,13
4. „	17,30	0,80	80,60	1,13	0,17	0,97	97,46	0,16

2. Versuche mit dem Radiator im Vergleich mit Separator und Butterfass. Von L. Nilson und Kl. Sondén (Centrbl. Agrik.-Chem. 1896, **25**, 50—53).

Bezeichnung der Versuche		Stündliche Leistung kg	Durchschnittstemperatur beim Pasteurisiren °C.	Umdrehungen der Centrifuge in der Minute	Fettgehalt der verarbeiteten Milch %	Aus 750 kg Milch fertige Butter kg	In der Butter: Wasser %	Fett %	Zu 1 kg Butter erforderlich Milch kg	Vom Milchfett gehen in die Butter über %
Radiator	Mittel aus 5 Versuchen	670	55—65	6000	3,250	27,67	17,80	79,20	27,15	89,8
Separator u. Butterfass		1120	58—64	5600	3,256	26,92	11,61	85,37	27,91	94,1
Radiator	Mittel aus 3 Versuchen	635	60—65	6000	3,20	27,46	15,63	81,04	27,31	92,7
Separator u. Butterfass		1035	60—65	5600	3,20	26,45	12,86	85,21	28,35	93,9

Käse.

I. Rahmkäse oder überfetter Käse.

Unter „Rahmkäse“ sind die aus Rahm oder aus ganzer Milch unter Zusatz von Rahm gewonnenen Käse zu verstehen, bei denen der prozentige Fettgehalt den des Kaseins bedeutend übersteigt.

No.	Nähere Bezeichnung	Zeit der Untersuchung	In der natürlichen Substanz: Wasser %	Stickstoff-Substanz %	Fett %	Milchzucker %	Asche %	In der Trocken-Substanz: Stickstoff-Substanz %	Fett %	Stickstoff in der Trocken-Substanz %	Analytiker
1	Eigentlicher Rahmkäse*)	1875	30,34	2,02	67,32	—	0,32	2,90	96,66	0,46	*Hassall*[1])
2	Gervais-Käse	1881	52,94	11,80	29,75	2,58**)	2,93	25,08	63,22	4,01	*J. König*[2])
3		1896	44,84	12,00***)	36,73	—	2,95	21,76	66,59	3,48	*A. Stutzer*[3])
4	Neufchâtel, alt	?	34,50	20,69°)	41,90	—	3,60	31,59	63,97	5,05	*A. Payen*[4])
5	desgl., frisch		36,60	14,18	40,70	(9,02)	0,50	22,37	64,20	3,58	*A. Payen*[4])
						Milchsäure					
6	Französische Rahmkäse, (Fromage Gervais)	1886	47,94	—	43,76	0,29	0,52	—	84,06	—	*P. Vieth*[5])
7	Französische Rahmkäse, (Fromage Gervais)	„	45,69	—	45,96	0,31	0,44	—	84,63	—	*P. Vieth*[5])
8	Französische Rahmkäse, (Fromage Gervais)	„	42,07	—	48,41	0,22	0,53	—	83,57	—	*P. Vieth*[5])
9	Französische Rahmkäse, (Fromage Gervais)	„	33,57	—	58,58	0,25	0,46	—	88,18	—	*P. Vieth*[5])
10	Neufchâtel	1885	51,72	20,73	23,99	—	3,56	42,94	49,69	6,87	*v. Klenze*[6])
						Milchzucker					
11	desgl. aus Amerika	1895	44,47	14,06	33,70	4,24	2,99	25,32	60,69	4,05	[7])
	Mittel (1—11)	—	**42,15**	**14,20**	**42,33**	**0,20**†)	**1,10**	**24,56**	**73,17**	**3,93**	
12	Stilton-Käse, ziemlich frisch	1861	32,18	24,31	37,36	2,22	3,93	35,84	55,09	5,74	*A. Völcker*[8])
13	„ alt	„	20,27	(33,55)°°)	43,98	—	2,20	—	55,16	—	*A. Völcker*[8])
14	„ nicht mehr frisch	„	38,28	23,93	30,89	3,70	3,20	38,77	50,05	6,20	*A. Völcker*[8])
15	„ nicht mehr frisch	„	38,23	24,38	29,12	2,76	5,51	39,47	47,14	6,32	*A. Völcker*[8])
16	„	1876	31,37	27,66	31,37	—	4,39	40,30	45,71	6,45	*Hassall*[1])
17	„ aus England°°°)	1893	31,22	24,28	37,24	—	3,86	35,30	54,14	5,65	*Griffiths*[9])
18	„ „ Amerika	1895	30,35	28,85	35,39	1,59	3,82	41,42	50,81	6,63	[7])
19		1894	19,40	21,10	42,20	—	2,60	26,18	52,36	4,19	*Wm. Chattaway, T. H. Pearmain u. C. G. Moore*[10])
20		„	21,20	26,30	45,80	—	2,90	33,38	58,12	5,34	*Wm. Chattaway, T. H. Pearmain u. C. G. Moore*[10])
	Mittel (12—20)	—	**29,17**	**25,73**	**36,87**	**4,63**†)	**3,60**	**36,33**	**52,06**	**5,81**	

[1]) Hassall, Food: Its adulteration and the methods for their detection. London 1876, 450.
[2]) Original-Mittheilung.
[3]) Zeitschr. anal. Chem. 1896, **35**, 493.
[4]) Journ. de Pharm. **16**, 279 und Bull. soc. chim. [2], **3**, 232.
[5]) Milchztg. 1887, **16**, 120.
[6]) Milchztg. 1885, **14**, 369.
[7]) Nach den Untersuchungen des chemischen Bureaus des Ackerbaudepartements vom Jahre 1895 aus dem Jahresbericht des Ackerbausekretairs in Washington. Milchztg. 1896, **25**, 541.
[8]) Journal of the Royal agric. Soc. of England 1861, **22**, 37.
[9]) Molkereiztg. 1893, 50. Viertelj. Nahrungs- u. Genussm. 1893, **8**, 367.
[10]) Analyst 1894, **19**, 145—147. Chem. Centrbl. 1894, II, 387.
*) Ein aus süsser Sahne bereiteter Weichquark.
**) Darin 0,33 % Milchsäure.
***) A. Stutzer fand ferner:

	Stickstoff in Form von: Ammoniak	Amid	Albumose, Pepton	unverdaulicher Substanz	Kasein, Albumin	Kalk	Phosphorsäure	Chlornatrium
Gervais	0,031	0,099	0,298	0,166	1,329	0,14	0,23	0,76 %
Camembert	0,386	1,117	0,885	0,115	0,397	0,03	0,76	2,21 „
Schweizer	0,188	0,459	0,435	0,119	3,871	1,56	0,82	1,56 „

°) Bei den Käse-Analysen von A. Payen ist die Stickstoff-Substanz aus dem Stickstoff-Gehalt durch Multiplikation mit 6,25 berechnet.
°°) Bedeutet Stickstoff-Substanz + Milchzucker.
°°°) In siedendem Wasser waren löslich 3,4 %.
†) Aus der Differenz berechnet.

No.	Nähere Bezeichnung	Zeit der Untersuchung	In der natürlichen Substanz: Wasser %	Stickstoff-Substanz %	Fett %	Milchzucker %	Asche %	Darin Kochsalz %	In der Trocken-Substanz: Stickstoff-Substanz %	Fett %	Stickstoff in der Trocken-Substanz %	Analytiker
21	Englische Rahmkäse*)	1886	30,24	—	62,80	—	1,48	—	—	91,31	—	*P. Vieth*[1])
22	"	"	32,40	4,16	60,48	1,74	1,08	—	6,15	89,47	0,98	"
23	"	"	27,69	2,00	66,80	2,20	1,01	—	2,76	92,38	0,44	"
24	"	"	32,30	2,35	61,88	2.16	1,03	—	3,47	91.40	0,56	"
	Mittel (21—24)	—	**30,66**	**2,84**	**62,99**	**2,03**	**1,14**	—	**4,13**	**91,14**	**0,66**	
25	Double Cream	1894	57,60	19,00	39,30	—	3,40	—	44,81	92,69	7,17	*Wm. Chattaway, T. H. Plarmain u. C. G. Moore*[2])
26	Stracchino-Käse**) . . .	1873	52,57	17,01	26,73	—	3,69	--	35,72	56,68	5,74	*F. Soxhlet*[3])
27	Stracchino-K. fast reifer Stracchino, frisch	1877	42,42	24,81***)	29,60	0,04	3,13	—	43,09	51,41	6,89	*G. Musso u. A. Menozzi*[4])
28	"	"	40,27	23,01	34,62	—	3,13	—	38,52	57,96	6,16	"
29	" . .	"	47,09	20,00	29,00	0,06	3,85	—	37,80	54,81	6,05	"
30	" 1 Jahr alt	"	34,21	25,56	36,92	—	3,95	—	38,85	56,27	6,22	"
31	"	"	31,16	26,77	39,32	—	3,76	—	38,89	57,12	6,24	"
32	"	"	36,15	24,42***)	34,15	1,02	4,26	—	38,25	53,48	6,12	"
33	"	"	29,82	—	39,04	—	4,63	—	—	55,63	—	"
34	desgl., überreif I	1892	34,41	26,75°)	37,52	—	4,07	1,33	40,78	57,20	6,52	*A. Maggiora*[5])
35	" " II	"	32,43	25,94°)	34,08	—	6,76 °°)	0,99	38,37	50,43	6,14	"
36	" " III	"	37,63	26,94°)	36,19	—	10,45 °°)	0,91	43,19	58,12	6,91	"
	Mittel (26—36)	—	**38,01**	**23,39**	**34,04**	—	**4,70**	**1,08**	**39,35**	**54,92**	**6,30**	
37	Hohenburger Rahmkäse .	—	38,67	26,90	29,13	—	5,30	—	43,48	47,49	7,01	*v. Klenze*[6])
38	Imperialkäse von R. Markert in Fulneck (Mähren) „Fromage-Austrofrancaise" .	1892	31,20	8,38	53,40	3,92	3,10	—	12,18	77,62	1,95	*A. Stift*[7])
39	Kronenkäse aus Amerika .	"	31,40	5,25	57,98	2,20	3,17	2,72	7,65	84,52	1,22	*Johnston*[8])
	Rahmkäse (Gesammtmittel)	—	**36,56**	**18,85**	**41,39**	—	**3,26**	—	**29,72**	**65,24**	**4,76**	

[1]) Milchzeitung 1887, **16**, 120.

[2]) Analyst 1894, **19**, 145-147; Chem. Centrbl. 1894, II, 387.

[3]) Erster Bericht über Arbeiten der landwirthschaftlichen Versuchsstation Wien. 1878. Tabelle XXIX.

[4]) Le Stazioni sperimentali agrarie Italiane 1877, **6**, 4. Heft, und Forschungen auf dem Gebiet der Viehhaltung 1878, 43.

[5]) Archiv f. Hygiene 1892, **14**, 216.

[6]) Milchztg. 1885, **14**, 369.

[7]) Zeitschr. Nahrungsmittel-Untersuchungen, Hygiene, Waarenk. 1892, **6**, 454.

[8]) Connecticut Experiment-Station Report. 1892, 156. Centrbl. Agrikultur-Chemie 1894, **23**, 203.

*) In denselben wurde gefunden:

	No. 21	No. 22	No. 23	No. 24
Milchsäure:	0,31 %	0,14 %	0,30 %	0,28 %
Kochsalz:	1,15 „	0,70 „	0,70 „	0,86 „

**) Der Stracchino-Käse wird theils aus ganzer, süsser Milch, theils aus dieser unter Zusatz von Rahm dargestellt, wobei eine niedrige Temperatur beim Laben und eine hohe nach dem Käsen beim Trocknen massgebend sind. Ob alle hier aufgeführten Sorten aus ganzer Milch unter Zusatz von Rahm gewonnen sind, lässt sich aus der Zusammensetzung nicht mit Sicherheit schliessen. Musso, Menozzi und Bignamini (vergl. Giov. Musso: Il Cacio, Tecnologia Chimica etc. Roma 1887, 53) bestimmten in 2 Sorten Stracchino-Käse die einzelnen Stickstoffverbindungen mit folgendem Ergebnisse:

Stracchino:	Wasser	Kasein	Albumin	Pepton	Amide	Ammoniak	Fett	Asche
Frisch	55,02 %	14,26 %	1,28 %	0,74 %	1,54 %	0,05 %	24,51 %	2,43 %
Reif	40,37 „	14,93 „	0,71 „	0,86 „	8,15 „	0,42 „	30,83 „	3,75 „

***) Aus dem Stickstoff-Gehalt nach Abzug des Ammoniaks durch Multiplikation mit 6,25 berechnet. Die Käse enthielten:

	No. 6	7	8	9	28	29	30	31	32	33
Ammoniak	—	—	—	—	0,064	0,067	0,281	0,349	0,552	2,041 %
Milchsäure	0,29	0,31	0,22	0,25	—	1,470	0,907	—	2,001	2,079 „

°) A. Maggiora fand ferner:

	Gesammt-Stickstoff	Rohprotein	Reinprotein	Amid-Stickstoff	Ammoniak-Stickstoff	Säuregrade des Fettes (ccm Normal-Alkali für 100 g Fett)
I.	4,28 %	26,75 %	16,25 %	1,01 %	0,68 %	29,01
II.	4,15 „	25,93 „	7,95 „	1,49 „	1,26 „	37,00
III.	4,31 „	26,94 „	3,62 „	1,88 „	1,85 „	49,53

Aus dem Parakasein bildeten sich nicht unbedeutende Mengen ammoniakalische Salze, Tyrosin und Leucin.

Die mikroskopische Untersuchung zeigte die bekannten Käsemikroorganismen: Micrococcus candidus, Microc. albus fluidificans, Microc. citreus und rosaceus, Sarcina alba sowie Spirillen, Saccharomycesarten und Schimmelpilze.

°°) Der hohe Aschengehalt rührt davon her, dass die Käse mit einer Gypskruste zur Erhaltung ihrer Form umgeben waren.

Anhang zu Rahmkäse.

Kajmak.

Nach A. Zega (Chem.-Ztg. 1897, **21**, 41).

Ueber den Kajmak berichtet A. Zega Folgendes: Unter den Milchprodukten, die in Serbien erzeugt werden, nimmt der sog. Kajmak einen der ersten Plätze ein. Das Wort Kajmak ist türkisch und bedeutet Milchrahm, Sahne, Oberst. In den hiesigen deutschen Marktberichten wird der Kajmak als „serbische Butter“ aufgeführt. Seine Gewinnung ist eine äusserst primitive. Milch wird aufgekocht, dann in grosse flache Gefässe (in der Regel Holzmulden) gegossen und sich selbst überlassen. Nach 12 Stunden wird die gebildete Haut von der Milch abgehoben, in Holzfässchen gebracht, gesalzen und so aufbewahrt. Im Uzizer und Rudniker Kreise, wo der meiste und der Beschaffenheit nach auch der beste Kajmak erzeugt wird, kommt er auch frisch und ungesalzen im Handel vor. Die Art der Gewinnung des Kajmaks bedingt schon grosse Schwankungen in seiner Zusammensetzung.

Wie aus seiner Zusammensetzung ersichtlich ist, fällt der Kajmak eher in die Klasse der Rahmkäse; ihn als gesalzene Butter aufzufassen, ist nicht richtig. Sein Geschmack hat denn auch sehr wenig mit dem der Butter gemein und ist je nach seinem Alter sehr verschieden. In der Regel etwas säuerlich, schwankt er von dem Geschmack eines Thuner Käses oder Gaiskäses bis zu einem Roquefort-ähnlichen Geschmack. Der Preis stellt sich im Kleinhandel auf Fr. 2, im Grossen auf Fr. 1,20 für 1 kg.

No.	Nähere Bezeichnung	In der natürlichen Substanz						In der Trocken-Substanz		Stickstoff in der Trocken-Substanz
		Wasser %	Stick-stoff-Substanz %	Fett %	Milch-zucker %	Asche %	Kochsalz %	Stick-stoff-Substanz %	Fett %	%
1	Kajmak aus Uzire	29,12	6,35	55,65	2,28	6,60	3,17	8,96	78,51	1,43
2	„ „ „	33,88	6,12	53,91	1,90	4,15	2,64	9,26	81,53	1,48
3	„ „ Rudnik	36,03	8,73	50,16	0,92	4,34	2,85	13,65	78,41	2,18
4	„ „ „	29,01	5,74	56,21	2,42	5,64	2,40	8,09	79,18	1,29
5	„ „ Uzize	23,97	8,13	63,82	1,97	2,98	1,10	10,69	83,94	1,71
6	„ „ „	32,11	5,29	55,33	3,20	3,98	3,50	7,79	81,50	1,25
7	„ Ursprung unbekannt	34,53	4,94	56,69	1,19	2,61	2,41	7,54	86,59	1,21
8	„ aus Rudnik	33,18	6,94	54,09	3,18	2,64	2,21	13,86	80,95	2,22
9	„ „ Uzize	30,43	5,08	53,43	2,68	8,38	7,36	7,30	76,80	1,17
10	„ „ „	33,28	5,18	58,71	0,42	3,74	3,04	7,76	87,99	1,24
	Mittel	**31,55**	**6,25**	**55,79**	**2,01**	**4,50**	**3,07**	**9,13**	**81,50**	**1,46**
11	Frischer Kajmak	41,51	9,56	47,20	1,03	1,45	0,96	16,40	80,73	2,62

Serbischer Käse.

Nach A. Zega und L. Panics (Chem.-Ztg. 1898, **22**, 158).

Unter der Bezeichnung „serbischer Käse“ wird in Serbien auf folgende Weise ein Käse fabricirt, der ein beliebtes Volksnahrungsmittel ist. Die Milch wird in Kesseln vorgewärmt oder in Bottichen durch Hineinwerfen heisser Steine auf die gewünschte Temperatur gebracht und dann das Lab zugefügt, durchgerührt und eine Stunde stehen gelassen. Nun wird die Käsemasse herausgenommen, in Tücher gelegt, um die Molken ablaufen zu lassen, und in Stücke geschnitten, in Holzständer gelegt und gesalzen. Alle 2—4 Tage wird die Molke auf die Käse gegossen und alle 8—14 Tage frische Milch. Der Geschmack des „serbischen Käses“ hängt von seinem Alter ab, und man hat neben ganz wohlschmeckender Waare auch viele versäuerte, scharfe, versalzene und sonst unangenehm schmeckende.

Das zum Dicklegen der Milch verwendete Lab wird selbst hergestellt; die Bereitungsweise desselben schwankt in den verschiedenen Gegenden.

Diese Käse gehören zwar meist zu den Fett- bezw. Halbfettkäsen; sie haben indess hier Aufnahme gefunden im Anschluss an den serbischen Kajmak. Bei einzelnen dieser Analysen beträgt die Summe der Einzelbestandtheile weit über 100!

No.	Herkunft der Käse	In der natürlichen Substanz							In der Trocken-Substanz		Stickstoff in der Trocken-Substanz
		Wasser %	Stick-stoff-Substanz %	Fett %	Milch-zucker %	Milch-säure %	Asche %	Kochsalz %	Stick-stoff-Substanz %	Fett %	%
1	Umgebung Belgrads	45,93	20,62	28,85	1,27	0,73	3,21	1,72	38,14	53,36	6,10
2	Lipe bei Semendria	42,62	14,66	32,20	0,96	1,03	3,50	2,02	25,55	56,12	3,89
3	Žarkowo bei Belgrad	68,84	16,01	12,51	0,85	0,09	2,73	1,72	51,38	40,15	8,22
4	Umgebung Belgrads	60,50	14,72	14,89	4,46	1,37	4,06	2,04	37,27	37,70	6,06
5	desgl.	47,89	26.93	13,63	5,12	0,165	3,70	2,31	51,68	26,16	8,29

No.	Herkunft der Käse	In der natürlichen Substanz: Wasser %	Stickstoff-Substanz %	Fett %	Milchzucker %	Milchsäure %	Asche %	Kochsalz %	In der Trocken-Substanz: Stickstoff-Substanz %	Fett %	Stickstoff in der Trocken-Substanz %
6	Leschtane bei Belgrad	58,94	25,32	19,35	2,48	0,198	3,85	3,13	—	—	—
7	Mokrilug „ „	43,93	32,37	18,11	2,62	0,177	2,70	0,94	57,73	32,30	9,24
8	Kreis Uzize	50,77	28,92	7,77	—	1,02	4,81	2,23	58,74	15,78	9,40
9	Umgebung Belgrads	62,22	—	19,45	—	0,391	2,66	1,19	—	51,50	—
10	Japuze bei Belgrad	66,12	—	14,35	—	0,191	2,56	1,27	—	51,56	—
11	desgl.	42,10	—	22,82	—	0,52	2,43	0,93	—	57,96	—
12	Umgebung Belgrads	56,20	18,25	20,32	2,41	1,07	3,82	2,61	41,21	46,40	6,59
13	desgl.	60,72	15,41	17,34	3,51	1,14	3,02	1,95	39,23	44,14	6,28
14	Mokrilug bei Belgrad	49,05	—	28,58	—	1,44	3,12	2,01	—	56,10	—

2. Fettkäse.

Unter „Fettkäse" ist der aus ganzer Milch dargestellte Käse zu verstehen, dessen Fettgehalt mehr oder weniger gleich dem des Kaseins ist.

No.	Nähere Bezeichnung	Zeit der Untersuchung	In der natürlichen Substanz: Wasser %	Stickstoff-Substanz %	Fett %	Milchzucker %	Asche %	Darin Kochsalz %	In der Trocken-Substanz: Stickstoff-Substanz %	Fett %	Stickstoff in der Trocken-Substanz %	Analytiker
1	Backstein-Käse aus Baiern	1867	45,24	23,14	28,16	—	3,46	—	42,26	51,42	6,76	*O. Lindt und C. Müller*[1])
2	desgl. aus Bern	„	35,80	24,44	37,40	—	2,36	—	38,07	58,26	6,09	
	Mittel (1—2)	—	**40,52**	**23,29**	**32,78**	—	**2,91**	—	**40,16**	**54,84**	**6,42**	
3	Bellelay-Käse (Weich-) .	1867	37,59	28,88*)	30,05	—	3,48	—	46,27	48,15	7,40	*dieselben*[1])
4	„ „ .	1887	39,62	25,70	30,10	—	4,72	3,35	42,48	49,85	6,70	*E. Schulze*[2])
	Mittel (3—4)	—	**38,61**	**27,29**	**30,08**	—	**4,10**	**2,91**	**44,37**	**49,00**	**7,10**	
5	Von Brie	1865	53,99	14,94**)	24,83	0,61	5,63	—	32,47	53,96	5,20	*A. Payen*[3])
6	„ „	„	45,20	18,31	25,70	5,19	5,60	—	33,79	46,90	5,36	
7	„ „ unreif. . . .	1885	55,69	17,29	21,42	—	5,60	—	39,02	48,34	6,24	*v. Klenze*[4])
8	Brie {Von den Pariser Ausstellungen 1884/85}	1887	53,84	17,40***)	24,60	—	4,16	3,26	37,69	53,29	6,03	*Duclaux*[5])
9		„	49,73	17,16	28,74	—	4,37	3,42	34,13	57,17	5,46	
10		„	50,51	17,87	27,61	—	4,01	3,04	36,11	55,79	5,78	
11		„	50,05	19,34	27,04	—	3,57	2,67	39,92	54,13	6,39	
12	Alter aus Marcy . . .	„	46,06	19,94	29,50	—	4,50	3,70	36,97	54,69	5,92	
13	Nach Art d. Brie-Käses dargestellt {Camembert	1862	51,90	18,75	21,00	3,65	4,70	—	38,98	43,66	6,24	*A. Payen*[3])
14	„	1887	45,24	19,75***)	30,31	—	4,70	3,69	36,07	55,35	5,77	*Duclaux*[6])
15	Port-du-Salut	„	47,51	22,56	25,93	—	4,00	1,90	42,98	49,40	6,88	
16	„}	„	48,02	24,29	24,00	—	3,69	1,56	46,71	46,13	7,47	
	Mittel (5—16)	—	**49,79**	**18,97**	**25,87**	**0,83**	**4,54**	**3,05**	**37,91**	**51,55**	**6,07**	

[1]) Jahresber. f. Agrik.-Chem. 1867, 354 u. 355.
[2]) Landw. Jahrbücher 1887, **16**, 317.
[3]) Journ. de Pharm. **16**, 279 und Bull. soc. chim. [2], 3, 232.
[4]) Milchztg. 1885, **14**, 369.
[5]) Duclaux, Le Lait 1887, 282, 296, 300.
[6]) Duclaux, Le Lait 1887, 282, 296, 300. Ueber weitere Bestimmungen in diesen Käsen siehe unten.

*) Die Stickstoff-Substanz zerfiel in: Eiweissstoffe 24,33 %, Eiweisszersetzungsprodukte 1,37 %, Nucleïn (unverdaulich) 0,22 %.
**) Bei den Käseanalysen von Payen ist die Stickstoff-Substanz aus dem Stickstoff-Gehalt durch Multiplikation mit 6,25 berechnet.
***) Vergl. Anmerkung **) S. 325.

No.	Nähere Bezeichnung	Zeit der Untersuchung	In der natürlichen Substanz: Wasser %	Stickstoff-Substanz %	Fett %	Milchzucker etc. %	Asche %	Darin Kochsalz %	In der Trocken-Substanz: Stickstoff-Substanz %	Fett %	Stickstoff in der Trocken-Substanz %	Analytiker
17	Camembert 1	1894	47,90	21,80	21,90	—	4,70	—	41,84	42,03	6,69	W. Chattaway, T. H. Plarmain u. C. G. Moore[1]
18	Camembert 2	„	43,40	24,40	22,60	—	3,80	—	43,11	39,93	6,90	
19	desgl.	1896	50,90	18,13*)	27,30	—	3,14	2,21	36,92	55,60	5,91	A. Stutzer[2])
20	Cantal	1887	36,26	24,59**)	34,70	—	4,45	2,23	38,59	54,44	6,17	Duclaux[3])
21	Crescenza	„	56,75	18,91**)	21,34	—	2,90	1,34	43,72	49,34	7,00	
22	Cheddar-Käse, englisch	1862	37,85	25,00***)	28,91	4,91	3,33	0,52	40,23	46,59	6,44	A. Völcker[4])
23	„ „	„	31,70	27,19	36,18	1,95	2,98	0,34	39,81	52,97	6,37	
24	„ „	„	32,88	29,87	29,25	4,92	3,08	0,29	44,50	43,55	7,12	
25	„ „	„	38,43	32,37	23,28	2,10	3,82	0,65	52,57	37,81	8,41	
26	„ „	„	39,43	30,37	27,08	0,22	2,90	0,23	50,14	44,71	8,02	
27	„ „	„	38,39	28,37	23,21	6,80	3,23	—	46,05	37,67	7,37	
28	„ „	„	30,53	23,38	41,58	2,45	2,06	0,09	33,65	59,85	5,38	
29	„ 3 Monate alt	1861	36,17	24,93	31,83	3,21	3,86	1,18	39,06	49,87	6,25	derselbe[5])
30	„ 6 „ „	„	31,17	26,31	33,68	4,91	3,93	1,15	38,22	48,92	6,12	
31	„ 6 „ „	„	33,92	28,12	33,15	0,96	3,85	1,23	42,60	50,17	6,81	
32	„ 11 „ „	„	30,32	28,18	35,53	1,66	4,31	1,55	40,44	50,99	6,47	
33	„	„	37,85	25,00	28,91	4,91	3,33	0,52	40,22	46,52	6,44	
34	„	„	38,43	32,37	23,28	2,10	3,82	0,65	52,57	37,81	8,41	
35	„ 2 Jahre alt	1858	36,04	28,98	30,40	—	4,58	—	45,31	47,53	7,25	Jones[6])
36	„ (amerikanischer)	1861	27,29	25,87	55,41	6,21	5,22	1,97	35,58	48,70	5,69	A. Völcker[5])
37	„ „	„	33,01	27,37	33,38	2,82	3,39	0,47	40,86	49,83	6,54	
38	„ „	„	31,01	26,25	30,90	7,43	4,41	1,59	38,05	44,79	6,09	
39	„ „	„	38,24	26,81	26,05	3,64	5,26	1,94	43,41	42,18	6,94	
40	„ „	1877	31,41	27,18	37,88	—	3,53	—	39,63	55,23	6,34	Cladwell[7])
41	„ „	„	35,68	25,57	35,15	—	3,60	—	39,75	54,65	6,36	
42	„ „	„	35,24	25,85	35,68	—	3,23	—	39,92	55,10	6,39	
43	„ „	„	33,73	26,65	35,57	—	4,05	—	40,21	53,67	6,43	
44	„ Faktorei-Käse a. Massachusets	„	34,18	28,88	33,92	—	3,02	—	43,88	51,53	7,02	
45	„ Faktorei-Käse a. Massachusets	„	38,50	26,58	31,19	—	3,73	—	43,22	50,72	6,92	
46	„ Maine und Wisconsin	„	28,11	28,15	41,03	—	2,71	—	39,16	57,07	5,26	
47	„ Maine und Wisconsin	„	35,49	26,12	34,05	—	3,34	—	40,49	52,78	6,48	

[1]) Analyst 1894, **19**, 145—147. Chem. Centrbl. 1894, II, 387.
[2]) Zeitschr. anal. Chem. 1896, **35**, 493—502.
[3]) Duclaux, Le Lait 1887, 282, 296, 300.
[4]) Journ. of Roy. agric. Soc. of England 1862, **23**, 170.
[5]) Daselbst 1861, **22**, 39.
[6]) Daselbst 1858, **19**, 420.
[7]) Siehe Schatzmann: Alpenwirthsch. Monatsblätter 1877, 158.

*) Vergl. Anmerkung ***) auf S. 321 bei Gervais-Käse.
**) Duclaux bestimmte in den Käsen noch ferner:

		No. 8	9	10	11	12	Camembert No. 14	15	16	Cantal No. 20	Crescenza No. 21
		%	%	%	%	%	%	%	%	%	%
Unlösliches Kasein		11,75	11,97	—	—	—	13,96	18,96	20,88	11,09	15,63
Lösliches „		5,65	5,19	—	—	—	5,79	3,60	3,41	13,50	3,28
Kasein-Pepton		3,71	6,57	3,18	6,51	8,61	7,98	4,92	3,61	—	6,65
		‰	‰	‰	‰	‰	‰	‰	‰	‰	‰
Ammoniak, freies,	für 1 kg	0,89 g	0,36	—	1,6	0,5	0,67	0,05	0,00	9,00	0,00
„ gebundenes,	„ 1 „	0,56 „	2,95	—	3,3	2,0	1,42	5,30	5,40		0,00
Buttersäure	„ 1 „	2,00 „	1,10	0,7	0,5	0,4	0,70	2,10	2,60	1,40	0,02

***) Die Zahlen für die Stickstoff-Substanz sind bei den Völcker'schen Analysen aus dem Stickstoff-Gehalt durch Multiplikation mit 6,25 berechnet.

No.	Nähere Bezeichnung	Zeit der Untersuchung	In der natürlichen Substanz: Wasser %	Stick-stoff-Substanz %	Fett %	Milch-zucker etc. %	Asche %	Darin Kochsalz %	In der Trocken-Substanz: Stick-stoff-Substanz %	Fett %	Stickstoff in der Trocken-Substanz %	Analytiker
48	Cheddar-Käse, genussreif.	1885	35,22	33,47	27,91	—	3,40	—	51,67	43,08	8,27	*v. Klenze*[1])
49	"	1882	30,32	28,18	35,53	1,66	4,31	1,55	40,44	50,99	6,47	*A. Völcker*[2])
50	" Loail-Cheese	"	22,09	26,00	37,22	10,01	4,68	1,86	33,39	47,77	5,39	*A. Völcker*[2])
51	" englisch*) .	1893	36,34	22,98	34,36	—	4,22	—	36,10	53,98	5,78	*Griffiths*[3])
52	" " .	1895	35,41	27,61	31,03	2,00	3,95	—	42,75	48,04	6,84	[4])
53	" amerikanisch	"	38,00	25,47	30,25	1,43	4,97	—	41,08	48,79	6,57	[4])
54	" consumreif .	1893	31,50	26,25	37,00	5,25		—	38,32	54,01	6,13	*L. L. van Slyke*[5])
55	Cheddar, englisch . . .	1894	33,00	27,40	29,50	—	4,30	—	40,90	44,03	6,54	*Wm. Chattaway, T. H. Plarmain u. C. G. Moore*[6])
56	" " . . .	"	35,50	27,80	25,60	—	4,20	—	43,10	39,69	6,90	*Wm. Chattaway, T. H. Plarmain u. C. G. Moore*[6])
57	" " . . .	"	33,80	26,70	30,50	—	4,10	—	40,33	46,07	5,45	*Wm. Chattaway, T. H. Plarmain u. C. G. Moore*[6])
58	" Canada . . .	"	33,30	27,60	30,60	—	3,60	—	41,38	45,88	6,62	*Wm. Chattaway, T. H. Plarmain u. C. G. Moore*[6])
	Mittel (22—58)	—	**34,06**	**27,26**	**31,75**	**3,36**	**3,75**	**1,01**	**41,33**	**47,87**	**6,61**	
59	Chester-Käse	1865	30,39	34,75	21,68	6,09	7,09	—	49,92	31,14	7,99	*A. Payen*[7])
60	"	"	35,90	25,81	26,30	7,79	4,20	—	40,27	41,03	6,44	*A. Payen*[7])
61	" junger . . .	1861	35,96	24,08	29,34	5,17	4,45	1,91	38,20	46,54	6,11	*A. Völcker*[8])
62	" alter	"	32,59	26,06	32,51	4,53	4,31	1,59	38,66	47,37	6,19	*A. Völcker*[8])
	Mittel (59—62)	—	**33,96**	**27,68**	**27,46**	**5,89**	**5,01**	**1,75**	**41,91**	**41,77**	**6,70**	
63	Cheshire-Käse	1894	37,80	25,70	31,30	—	4,20	—	41,32	50,32	6,61	*Wm. Chattaway, T. H. Plarmain u. C. G. Moore*[6])
64	"	"	31,60	26,50	35,30	—	4,40	—	38,74	51,61	6,20	*Wm. Chattaway, T. H. Plarmain u. C. G. Moore*[6])
65	Derby-Käse	1876	31,68	24,50	35,20	4,38	4,24	—	35,86	51,52	5,79	*Sheldon*[9])
66	Dunlop-Käse, 1 Jahr alt, 1845 bereitet	1846	38,46	25,87	31,86	—	3,81	—	42,04	51,77	6,74	*Jones*[10])
67	Edamer Käse, 1. Preis .	1872	32,57	23,97	32,19	6,35	4,67	—	35,55	47,74	5,68	*Dahl*[11])
68	" 2. " .	"	33,62	23,48	33,99	6,34	2,42	—	35,38	51,21	5,66	*Dahl*[11])
69	" 3. " .	"	42,85	19,39	27,33	5,15	5,62	—	33,93	47,82	5,43	*Dahl*[11])
70	" .	1873	36,10	29,43	27,54	—	6,93	—	46,06	43,10	7,37	*J. Moser*[12])
71	" handelsreif	1885	41,88	29,47	24,05	—	4,60	—	50,71	41,38	8,11	*v. Klenze*[13])
72	"	1887	33,20	29,60	28,00	2,60	6,60	3,30	44,31	41,92	7,09	*A. Mayer*[14])
73	" amerikanische	1895	36,28	24,06	30,26	4,50	4,90	—	37,76	47,49	6,04	[4])
	Mittel (67—73)	—	**36,64**	**25,68**	**29,03**	**3,54**	**5,11**	—	**40,53**	**45,81**	**6,48**	

[1]) Milchztg. 1885, **14**, 369.
[2]) Milchztg. 1882, **11**, 439.
[3]) Molkereiztg. 1893, 50. Viertelj. Nahrungs- u. Genussm. 1893, **8**, 367.
[4]) Nach Untersuchungen des chemischen Bureaus des Ackerbaudepartements vom Jahre 1895 aus Jahresbericht des Ackerbausekretairs in Washington. Milchztg. 1896, **25**, 541.
[5]) Journ. amer. chem. Soc. 1893, **15**, 605—610. Chem. Centrbl. 1894 I, 295.
[6]) Analyst 1894, **19**, 145—147. Chem. Centrbl. 1894, II, 387.
[7]) Journ. de Pharm. **16**, 279 und Bull. soc. chim. (2) III, 232.
[8]) Journ. of Roy. agric. Soc. of England 1862, **22**, 39.
[9]) Prize Essay on cheesemaking etc. Newcastle under-Lyme 1876, 7.
[10]) Journ. of the Royal agric. Society of England 1858, **19**, 420.
[11]) Milchztg. 1872, **1**, 210.
[12]) Jahresber. f. Agrik.-Chem. 1873/74, **2**, 291. Diese Analyse rührt vermuthlich von A. Payen her.
[13]) Milchztg. 1885, **14**, 369.
[14]) Ebendort 1887, **16**, 87.

*) In Wasser löslich 2,10 %.

No.	Nähere Bezeichnung	Zeit der Untersuchung	In der natürlichen Substanz: Wasser %	Stickstoff-Substanz %	Fett %	Milchzucker etc. %	Asche %	Darin Kochsalz %	In der Trocken-Substanz: Stickstoff-Substanz %	Fett %	Stickstoff in der Trocken-Substanz %	Analytiker
74	Cacio cavallo aus frischer Kuhmilch	1892	19,76	37,83*)	36,71	—	5,60	3,26	47,15	45,74	7,54	*G. Sartori*[1])
75	desgl. aus einem Gemisch von centrifugirter Kuhmilch u. frischer Schafmilch	„	22,09	36,06*)	35,90	—	5,80	3,16	46,28	46,08	7,40	*G. Sartori*[1])
				Eiweiss		Milchsäure						
76	Cacio cavallo**) (der Edamer Siciliens) . . .	1893	23,68	23,63***)	29,25	1,73	7,63	3,39	30,96	38,33	4,95	*Spica und Blasi*[2])
77	Incanestrato**)	„	29,07	23,71***)	30,09	1,55	9,46	5,04	33,43	42,43	5,35	*Spica und Blasi*[2])
				Stickst.-Substanz		Milchzucker						
78	Emmenthaler,⁰) 1. Preis	1867	37,44	30,64	28,54	—	3,38	—	48,98	45,62	7,83	*O. Lindt und C. Müller*[3])
79	„ 2. „	„	36,70	30,44	28,98	—	3,88	—	48,09	45,78	7,69	*O. Lindt und C. Müller*[3])
80	„ 3. „	„	34,92	31,26	29,88	—	3,94	—	48,03	45,91	7,69	*O. Lindt und C. Müller*[3])
81	„ nicht prämiirt .	1866	31,78	31,84	31,74	—	4,70	—	46,67	46,53	7,47	*O. Lindt und C. Müller*[3])
82	„ 1873? 1. Preis	—	24,17	37,51	33,37	—	4,95	—	49,47	44,01	7,91	*O. Lindt und C. Müller*[3])
83	„ I.	1873	35,14	30,86	31,00	—	4,00	—	47,58	47,80	7,61	*J. Moser*[4])
84	„ II.	—	35,20	36,81	23,59	—	4,40	—	56,81	36,40	9,09	*J. Moser*[4])
85	„	1869	33,53	29,99	30,29	0,31	5,88	—	45,12	45,57	7,22	*Hornig*[5])
86	„ echt, genussreif .	1885	35,18	32,23	27,99	—	4,60	—	49,72	43,18	7,96	*v. Klenze*[6])
87	„ Allgäuer E. desgl.	„	37,46	32,33	25,41	—	4,80	—	51,69	40,63	8,27	*v. Klenze*[6])

[1]) Staz. sperim. agrar. Ital. 1892, **22**, 337. Milchztg. 1892, **21**, 823.
[2]) Staz. sperim. agrar. Ital. **23**, 133—153.
[3]) Jahresber. f. Agrik.-Chem. 1867, 354 u. 355.
[4]) Jahresber. f. Agrik.-Chem. 1873/74, **2**, 291. Diese Analyse rührt vermuthlich von A. Payen her.
[5]) Beiträge zur Geschichte, Technik und Statistik der Käserei. Wien 1869, 40.
[6]) Milchztg. 1885, **14**, 369.

*) Das Rohprotein bestand aus:

	Protein	Ammoniak-Stickstoff	Amid-Stickstoff
I. Cacio cavallo aus Kuhmilch	34,13 %	0,062 %	0,665 %
II. „ aus Kuh- und Schafmilch .	32,57 „	0,050 „	0,609 „

Die Reichert-Meissl'sche Zahl betrug bei I. 25,30, bei II. 28,71.

**) Zur Herstellung des Incanestrato werden Morgen- und Abendmilch von gleicher Temperatur in ein hölzernes oder kupfernes Gefäss filtrirt; auf je 1 l Milch wird 1 g Lab (Ziegen- oder Schaflab) zugefügt, wodurch nach ³/₄ Stunde die Gerinnung eintreten soll. Zu der durchgerührten Masse wird etwa 2 % der Milchmenge an Wasser zugegeben. Nach 5 Minuten langem Absetzen wird der Käsestoff in cylindrischen Körben gesammelt, durch diese die Molken filtrirt und der Käsestoff mit den Händen zusammengedrückt; zuweilen wird er dann noch in einem Holzgefäss 2—3 Tage aufbewahrt, wodurch er einen bestimmten Säuerungsgrad erlangt; sodann wird er in Molken ½ Stunde lang gekocht, im geflochtenen Korbe gepresst und gesalzen. Der so hergestellte Incanestrato ist der sog. gekochte. Eine andere Art ist der nur in der Gegend von Messina vorkommende „Majocchino", der aus Kuh-, Ziegen- und Schafmilch bereitet und nach dem Kochen noch 4 Wochen lang mit Salz behandelt und mit Olivenöl stets feucht gehalten wird. Die Käse erhalten aromatische Zusätze: Safran, Pfeffer oder Gewürznelken. Der Cacio cavallo, der „Edamer Italiens", wird aus Kuhmilch allein oder unter Zusatz von Ziegen- und Schafmilch zunächst wie der Incanestrato hergestellt, nur wird derselbe statt in einem Korb in einem Holzgefäss mit den Händen gepresst und 2 Tage lang der Ruhe überlassen, hierauf wird er in warme Molken getaucht, in 1 cm breite Streifen geschnitten und diese wieder zusammengeknetet. Diese Procedur wird am 2. u. 3. Tage wiederholt. Der Käse wird dann in Stücke gepresst, die 1—2 oder 5 kg schwer sind und in Salzlacke getaucht bleiben, bis sie genügend hart geworden sind. Die obigen Analysen sind Mittel aus 23 sicilianischen Käsesorten.

***) Verf. fanden ferner:

	Gesammt-Stickstoff	Eiweiss-Stickstoff	Amid-Stickstoff	Ammoniak-Stickstoff	Phosphorsäure
Cacio cavallo	4,87 %	3,78 %	0,99 %	0,10 %	1,28 %
Incanestrato	5,06 „	3,71 „	1,17 „	0,09 „	1,20 „

⁰) Musso, Menozzi und Bignamini (vergl. Giov. Musso: Il Cacio, Tecnologia, Chimica etc. Roma 1887, 53) bestimmten in 2 Sorten Emmenthal-Käse die einzelnen Stickstoffverbindungen mit folgendem Resultat:

	Wasser %	Kasein %	Albumin %	Pepton %	Amide %	Ammoniak %	Fett %	Asche %
No. 1	37,59	20,38	0,63	0,75	4,20	0,11	31,47	4,15
„ 2	41,22	21,90	0,35	0,74	3,79	0,11	26,53	4.58

No.	Nähere Bezeichnung	Zeit der Untersuchung	In der natürlichen Substanz: Wasser %	Stick-stoff-Substanz %	Fett %	Milch-zucker etc. %	Asche %	Darin Kochsalz %	In der Trocken-Substanz: Stick-stoff-Substanz %	Fett %	Stickstoff in der Trocken-Substanz %	Analytiker
88	Emmenthaler, völlig reif	1886	35,22	23,25*)	32,95	2,90	5,68	3,08	35,89	50,86	5,74	
89	„ fast völlig reif	„	30,49	25,31*)	34,70	4,06	5,44	2,16	36,41	49,92	5,83	
90	„ nicht völlig	„	35,93	24,37*)	29,71	3,17	6,82	4,22	37,72	46,37	6,04	
91	„ ausgereift	„	36,54	27,75*)	27,56	3,55	4,60	1,19	43,73	43,43	7,00	E. Schulze u F. Beneke[1])
92	„ gebläht reif	„	35,30	27,75*)	29,38	2,86	4,71	1,65	44,44	45,41	7,11	
93	„ frischer Käse	„	40,92	25,00	28,14	3,03	2,91	0,01	42,32	47,63	6,77	
94	„ reifer Käse Inneres	„	35,93	24,37	29,71	3,17	6,82	4,22	38,04	46,37	6,09	
95	„ reifer Käse Rinde	„	27,06	29,12	32,56	4,23	7,03	2,90	39,91	44,64	6,39	
	Mittel (78—95)	—	**34,38**	**29,49**	**29,75**	**1,46**	**4,92**	**2 43**	**45,03**	**45,35**	**7,20**	
96	Schweizerkäse	1896	33,01	31,70 **)	30,28	—	5,30	1,56	37,32	45,20	7,57	A. Stutzer[2])
97	Gloucester-Käse, 7—8 W. alt	1861	37,20	24,50	27,30	7,44	3,56	0,85	39,01	43,47	6,24	
98	„ 5.5 Mon. „	„	31,96	29,37	31,37	2,85	4,45	1,35	43,17	46,11	6,91	
99	„ 7 Mon. „	„	27,68	35,12	30,80	1,46	4,95	1,27	48,56	42,59	7,76	
100	„ Doppelt-	„	32,44	32,00	30,17	0,97	4,42	1,41	47,37	44,66	7,58	
101	„ „	„	38,83	26,25	26,77	3,18	4,97	2,04	42,91	43,76	6,87	
102	„ „	„	38,14	26,56	24,16	6,40	4,74	1,28	42,94	39,06	6,87	
103	„ „	„	33,41	27,75	32,69	2,23	3,92	1,01	41,67	49,09	6,68	
104	„ „	„	32,80	—	27,22	—	5,22	1,27	—	40,51	—	A. Völcker[3])
105	„ „	„	40,88	—	22,81	—	4,43	1,45	—	38,58	—	
106	„ Einfach-	„	28,10	30,31	33,68	3,72	4,19	1,12	42,02	46,86	6,74	
107	„ „	„	31,96	29,37	31,37	2,85	4,45	1,35	43,17	46,11	6,91	
108	„ „	„	37,20	24,50	27,30	7,44	3,56	0,85	39,01	43,47	6,24	
109	„ „	„	31,81	26,12	29,26	8,63	4,18	1,50	38,30	42,91	6,13	
110	„ „	„	37,91	31,25	22,70	3,30	4,84	1,23	50,33	36,57	8,05	
111	„ „	„	36,50	25,75	28,75	4,68	4,32	1,38	40,55	45,28	6,49	
112	„ Doppelt-	1845	35,81	37,96	21,97	—	4,25	—	59,14	34,23	9,46	Jones[4])
113	„ Einfach-	1875	32,42	34,46	27,42	—	5,70	1,46	51,00	40,57	8,16	
114	„	1876	23,52	31,70	29,94	—	5,48	—	41,45	44,37	7,52	Hassal[5])
115	„ englisch***)	1893	34,10	21,68	37,93	—	4,32	—	32,90	57,56	5,26	Griffiths[6])
116	Double Gloucester	1894	33,10	31,80	23,50	—	5,00	—	47,53	35,11	7,60	Wm. Chattaway, Plarmain u. Moore[7])
117	„ „	„	37,40	28.30	28.10	—	4,60	—	45,21	44,89	7,23	
	Mittel (97—117)	—	**34,39**	**28,90**	**28,30**	**3,86**	**4,55**	**1,30**	**44,05**	**43,13**	**7,05**	

[1]) Preuss. Landw. Jahrbücher 1887, **16**, 317.
[2]) Zeitschr. analyt. Chem. 1896, **35**, 493—502.
[3]) Journ. of the Royal agric. Society of England, **22**, 50.
[4]) Daselbst 1858, **19**, 420.
[5]) Hassal, Food: Its adulteration and the methods for their detection. London 1876, 450.
[6]) Molkereiztg. 1893, 50. Viertelj. Nahrungs- u. Genussm. 1893, **8**, 367.
[7]) Analyst 1894, **19**, 145—147. Chem. Centrbl. 1894, II, 387.

*) Die Stickstoff-Substanz zerfällt in:

	No. 88 %	89 %	90 %	91 %	92 %
Eiweissstoffe	18,60	21,73	21,85	24,91	23,76
Mit Stickstoff	2,90	3,25	3,41	3,71	3,59
Eiweisszersetzungsprodukte	6,91	6,64	5,46	5,78	6,57
Mit Stickstoff	0,82	0,80	0,58	0,73	0,85
Nucleïn (unverdaulich)	0,15	0,16	—	0,23	0,12

) Vergl. oben Anmerkung *) auf S. 321 unter Gervais.
***) In Wasser löslich 1,98 %.

No.	Nähere Bezeichnung	Zeit der Untersuchung	In der natürlichen Substanz						In der Trocken-Substanz		Stickstoff in der Trocken-Substanz	Analytiker
			Wasser %	Stick-stoff-Substanz %	Fett %	Milch-zucker etc. %	Asche %	Darin Kochsalz %	Stick-stoff-Substanz %	Fett %	%	
118	Gorgonzola-Käse . . .	1873	43,56	24,17	27,95	—	3,32	—	42,82	49,52	6,85	*J. Moser* [1])
119	„ . . .	1869	36,72	25,67	33,69	0,21	3,71	—	40,57	53,24	6,49	*Hornig* [2])
120	„ . . .	1885	26,81	33,80	35,29	—	4,10	—	44,81	48,22	7,01	*v. Klenze* [3])
121	„ . . .	1887	42,80	23,14 *)	29,70	—	4,36	2,21	40,45	51,92	6,47	*Duclaux* [4])
122	„ (nicht ganz reif)	„	38,69	22,78 *)	34,07	—	4,46	2,64	37,15	55,56	5,94	
123		1894	40,30	27,70	26,10	—	5,30	—	46,40	43,72	7,42	*Wm. Chattaway, T. H. Plarmain u. C. G. Moore* [5])
124		„	33,90	25,80	26,70	—	4,60	—	39,03	40,39	6,24	
	Mittel (118—124)	—	**37,54**	**25,98**	**30,57**	**1,65**	**4,26**	**2,34**	**41,60**	**48,95**	**6,66**	
125	Holländer Käse**) . .	1865	36,10	30,00	27,50	5,60	0,80	—	46,95	43,04	7,51	*A. Payen* [6])
126	„ . . .	„	41,41	25,63	25,06	1,69	6,21	—	43,74	42,67	7,00	
127	„ . . .	1876	30,10	32,81	27,57	—	6,84	—	46,94	36,58	7,51	*Hassall* [7])
128	„ (Goudascher)	1887	38,80	24,40	31,20	—	5,60	2,80	39,87	50,98	6,38	*A. Meyer* [8])
129	„	1894	37,60	29,10	22,50	—	6,50	—	46,63	36,06	7,46	*Wm. Chattaway, T. H. Plarmain u. C. G. Moore* [5])
	Mittel (125—129)	—	**36,80**	**28,33**	**26,46**	**3,22**	**5,19**	**2,60**	**44,83**	**41,87**	**7,17**	
130	Marelles-Käse	1876	40,07	23,31	28,73	1,96	5,93	—	38,90	47,94	6,22	
131	Romadur-Käse oder	1866	56,60	18,76	17,05	0,81	6,78	—	43,23	39,26	6,92	*Hornig* [2])
132	Romadour- „ . . .	1869	(51,21	33,60	9,16	0,02	6,01	—	66,82	18,77	11,02)	
133	„ „ . . .	1878	42,70	26,80	24,29	—	6,24	—	46,77	42,34	7,48	*J. Moser* [9])
134	„ „ genussreif	1885	(43,21	40,13	10,56	—	6,10	—	70,66	18,55	11,31)	*v. Klenze* [3])
	Mittel (131, 133)	—	**49,65**	**22,78**	**20,66**	**0,40**	**6,51**	—	**45,24**	**41,30**	**7,24**	
135	Fromage de Seeburg***) .	1892	36,68	24,38	30,68	—	5,27	—	39,13	48,45	6,26	*A. Stift* [10])
136	Rottenburger Schlosskäse	1885	45,92	22,01	27,17	—	4,90	—	40,70	50,24	6,53	*v. Klenze* [3])

[1]) Jahresber. f. Agrik.-Chem. 1873/74, **2**, 291. Diese Analyse rührt vermuthlich von A. Payen her.
[2]) Beiträge zur Geschichte, Technik und Statistik der Käserei. Wien 1869, 40.
[3]) Milchztg. 1885, **14**, 389.
[4]) Duclaux, Le Lait 1887, 304.
[5]) Analyst 1894, **19**, 145—147; Chem. Centrbl. 1894, II, 387.
[6]) Journ. de Pharm. **16**, 279 und Bull. soc. chim. [2] **3**, 232.
[7]) Hassal, Food: Its adulteration and the methods for their detection. London 1876, 450.
[8]) Milchztg. 1885, **14**, 87.
[9]) Erster Bericht der Versuchsstation Wien. 1878, Tab. XXXIX.
[10]) Zeitschr. Nahrungsmittel-Untersuchung, Hygiene, Waarenkunde 1892, **6**, 454.

*) Duclaux bestimmte in den beiden Sorten Gorgonzola-Käse ferner:

	No. 121	122
	%	%
Unlösliches Kasein	10,77	13,22
Lösliches „	12,37	9,56
Kasein-Pepton	11,72	8,50
	‰	‰
Ammoniak, freies, für 1 kg . .	2,00	4,00
„ gebundenes, „ 1 „ . .	5,10	
Buttersäure „ 1 „ . .	1,80	0,70

Musso, Menozzi und Bignamini (vergl. Giov. Musso: Il Cacio, Tecnologia, Chimica etc. Roma 1877, 53) bestimmten die einzelnen Stickstoffverbindungen in einem Gorgonzola-Käse mit folgendem Ergebnisse:

Wasser	Kasein	Albumin	Pepton	Amide	Ammoniak	Fett	Asche
%	%	%	%	%	%	%	%
33,37	5,66	0,87	1,74	17,52	0,79	37,47	3,38

**) Vermuthlich identisch mit „Edamer“ Käse.

***) Hergestellt auf den R. v. Klein'schen Gütern.

No.	Nähere Bezeichnung	Zeit der Untersuchung	In der natürlichen Substanz: Wasser %	Stick-stoff-Substanz %	Fett %	Milch-zucker etc. %	Asche %	Darin Kochsalz %	In der Trocken-Substanz: Stick-stoff-Substanz %	Fett %	Stickstoff in der Trocken-Substanz %	Analytiker
	Russischer Käse:											
137	Nach Schweizer Art bereitet	1882	29,80	20,57	37,20	6,74	5,96	2,41	29,30	52,99	4,69	*A. Kalantarow*[1])
138	"	"	32,51	26,16	29,68	4,21	7,44	4,78	38,76	43,83	6,20	
139	"	"	35,44	28,81	28,97	0,57	6,21	3,09	44,63	46,42	7,14	
140	"	"	34,68	24,15	32,53	3,72	4,92	1,63	36,96	49,80	5,91	
141	"	"	31,26	24,54	32,94	6,90	4,36	1,45	35,70	47,92	5,71	
	Mittel (137—141)	—	**32,74**	**24,85**	**32,26**	**4,43**	**5,78**	**2,67**	**37,07**	**48,19**	**5,93**	
	Englischer Käse:											
142	Leicester*)	1893	34,77	27,86	28,00	—	4,16	—	42,71	42,93	6,83	*Griffiths*[2])
143	Chefir*)	"	27,55	31,00	36,00	—	3,24	—	42,79	49,69	6,85	
144	Cotherstone*)	"	38,20	23,82	30,25	—	3,92	—	38,54	48,79	6,07	
145	Doset*)	"	41,44	22,25	27,56	—	4,51	—	38,00	47,06	6,08	
	Mittel (142—145)	—	**35,49**	**26,13**	**30,40**	**4,02**	**3,96**	—	**40,51**	**47,12**	**6,48**	
146	Schwarzenberger Käse .	1873	47,20	17,77	29,04	—	5,99	—	33,66	55,00	5,38	*J. Moser*[3])
147	" " **).	1869	(59,28	24,09	10,44	0,02	6,17	—	59,16	25,64	9,46)	*Hornig*[4])
	Schwedischer Käse:											
148	Chester v. Rieseberga***)	1872	26,80	29,20	37,9	1,70	3,7	—	39,88	51,78	6,38	*Alex. Müller*[5])
149	Gudhemer.	"	31,90	(31,60°))	31,2	—	5,3	—	—	45,82	—	
150	Von Flieshut in Smaaland	"	36,00	(29,80)	31,9	—	2,3	—	—	49,84	—	
151	Von Färlöse bei Calmar .	"	23,10	(32,2)	39,7	—	5,0	—	—	51,63	—	
152	Von Bergquara	"	33,40	(33,9)	28,2	—	3,5	—	—	42,34	—	
153	Nahe an der Rinde 1863	"	31,90	(31,6)	31,2	—	5,3	—	—	45,81	—	
154	desgl. 1864	"	30,90	(31,2)	32,7	—	5,2	—	—	47,32	—	
155	Käse frisch	"	40,42	24,80	28,00	1,65	5,43	—	41,62	46,99	6,66	
156	desgl. reif, 1 Jahr alt .	"	33,12	27,35	31,70	2,96	4,87	—	40,89	47,40	6,54	
157	Schweizer Käse, 1. Preis	1867	29,34	23,20	36,44	6,11	4,78	—	32,83	51,57	5,25	*Dahl*[6])
158	" " 2. "	"	38,64	23 21	29,13	4,36	4,39	—	37,83	47,46	6,08	
159	" " 3. "	"	36,02	24,76	32,05	4,59	2,39	—	38,70	50,10	6,19	
	Mittel (148—159)	—	**32,54**	**26,05**	**32,50**	**5,06**	**3,85**	—	**38,62**	**48,17**	**6,19**	
160	Bosnischer Trapistenkäse.	1892	45,90	20,90°°)	26,10	—	4,00	—	38,63	48,24	6,18	*L. Adametz*[7])
161	Spalen-Käse°)	1887	28,14	28,24°°°)	33,69	2,55	7,38	4,46	39,30	46,88	6,29	*E. Schulze u. Benecke*[8])
162	Vacherin-Käse°)	"	54,02	17,12°°°)	23,74	2,04	3,08	1,77	37,23	51,63	5,96	

[1]) Nach Journ. d. russ. chem. Gesellsch 1882, **1**, 155; in Berichte d. deutschen chem. Gesellsch. in Berlin 1882, 1220.
[2]) Molkereiztg. 1893, 50. Viertelj. Nahrungs- u. Genussm. 1893, **8**, 367.
[3]) Jahresber. f. Agrik.-Chem. 1873/74, **2**, 291. Diese Analyse rührt vermuthlich von A. Payen her.
[4]) Beiträge zur Geschichte, Technik und Statistik der Käserei. Wien 1869, 40.
[5]) Landw. Jahrbücher 1872, **1**, 85.
[6]) Milchztg. 1872, **1**, 210.
[7]) Milchztg. 1892, **21**, 313.
[8]) Preuss. landw. Jahrbücher 1887, **16**, 317.
*) In siedendem Wasser waren löslich: Leicester 5,21 %, Chefir 2,21 %, Cotherstone 3,81 %, Doset 4,24 %.
**) Diese Probe ist wohl aus entrahmter Milch gewonnen.
***) Dieser Käse enthielt 0,7 % Ammoniak.
°) Die eingeklammerten Zahlen bedeuten Stickstoff-Substanz + Milchzucker.
°°) Der Käse enthielt 2,4 % stickstoffhaltige Zersetzungsprodukte (als gleiche Theile Leucin u. Tyrosin berechnet).
°°°) Die Stickstoff-Substanz zerfällt in:

	Eiweissstoffe	Eiweisszersetzungsprodukte	Nucleïn
No. 161 . . .	26,14 % (4,04 % Stickstoff)	4,64 % (mit 0,48 % Stickstoff)	0,28 %
" 162 . . .	16,18 " (2,40 " ")	2,80 " (" 0,34 " ")	0,47 "

No.	Nähere Bezeichnung	Zeit der Untersuchung	In der natürlichen Substanz: Wasser %	Stick-stoff-Substanz %	Fett %	Milch-zucker etc. %	Asche %	Darin Kochsalz %	In der Trocken-Substanz: Stick-stoff-Substanz %	Fett %	Stickstoff in der Trocken-Substanz %	Analytiker
163	Vacherin-Käse	1867	45,87	25,29	27,21	—	1,63	—	46,72	50,27	7,50	*O. Lindt und C. Müller*[1])
164	Vorarlberger Käse	1876	32,92	25,65	31,99	2,55	6,89	—	38,24	47,69	6,12	*W. Eugling u. v. Klenze*[2])
165	„ „	„	34,28	28,58	29,49	1,81	5,38	—	43,49	44,87	6,96	
166	„ „	„	35,79	30,32	26,06	2,21	5,62	—	47,22	40,59	7,56	
167	„ „	1880	34,48	27,80	31,45	1,95	4,32	—	42,43	48,00	6,79	
	Mittel (164—167)	—	**34,37**	**28,09**	**29,76**	**2,13**	**5,55**	—	**42,84**	**45,39**	**6,85**	
	Amerikanische Käse:											Reichert'sche Zahl für 2,5 g Fett (*Johnson*[3]))
168	Rahmvollkäse	1892	34,88	23,06	35,10	3,00	3,96	1,32	35,41	53,90	5,67	—
169	desgl.	„	35,67	24,00	34,74	1,77	3,82	1,19	37,31	54,03	5,97	15,1
170	desgl. alt	„	29,87	28,31	35,62	2,41	3,79	0,99	40,37	50,79	6,46	—
171	Pineapple*) gelb, 4 Mon. alt	„	30,95	27,00	33,26	2,16	5,63	2,34	39,12	48,17	6,26	13,4
172	desgl. weiss, 8 Monate alt	„	28,01	27,12	37,25	2,52	5,10	2,14	37,67	51,74	6,03	14,6
173	desgl. gelb, 16 Monate alt	„	25,69	28,81	36,76	2,56	6,18	2,61	38,77	49,47	6,20	12,6
174	desgl. gelb, 5 Jahre alt	„	11,62	34,45	45,20	2,75	5,88	1,86	38,98	51,14	6,24	13,8
175	Neufchateler	„	57,25	15,03	22,30	2,94	2,48	1,42	35,16	46,69	5,63	13,4
176	Brie	„	60,20	15,94	20,96	1,37	1,53	0,40	40,05	52,66	6,41	16,2
177	Alter englischer, imitirt	„	20,74	30,12	42,72	1,27	5,15	1,47	38,00	53,90	6,08	15,8
178	Schweizer	„	33,79	26,12	33,25	1,77	5,07	1,85	39,45	50,22	6,31	—
179	Limburger	„	42,12	23,00	29,40	0,38	5,10	3,51	39,74	50,79	6,36	14,6
180	Käse ähnlich in der Textur wie Pineapple	„	18,66	32,16	41,80	2.24	5,14	1,38	39,54	51.39	6,33	—
	Mittel (168—180)	—	**33,03**	**25,74**	**34,26**	**2,44**	**4,53**	**1,73**	**38,43**	**51,15**	**7,26**	
	Fettkäse, 178 Analysen: Mittel	—	**36,31**	**26,21**	**29,53**	**3,39**	**4,56**	**1,80**	**41,28**	**46,37**	**6,60**	
	Fettkäse, 178 Analysen: Schwankungen	—	11,62-56,75	18,66-37,67	19,83-37,66	0,21—8,18	0,81-8,50	0,01-4,53	29,30—59,14	31,14—59,85	4,69—9,46	

Die Schwankungszahlen für die festen Bestandtheile sind auf den mittleren Wassergehalt von 36,31 % bezogen.

3. Halbfetter Käse.

Unter „halbfetter Käse" ist der aus theilweise entrahmter Milch (meistens zwölfstündiger Abendrahmmilch) bezw. aus einem Gemisch von Magermilch und Vollmilch (meistens Morgenmilch) dargestellte Käse zu verstehen.

No.	Nähere Bezeichnung	Zeit der Untersuchung	Wasser %	Stickstoff-Substanz %	Fett %	Milchzucker etc. %	Asche %	Darin Kochsalz %	Stickstoff-Substanz (Trocken) %	Fett (Trocken) %	Stickstoff in der Trockensubstanz %	Analytiker
1	Greyerzer,	1865	40,00	31,25	24 00	1,75	3,00	—	52,08	40,00	8,33	*A. Payen*[4])
2	Greyer,	„	32,05	34,25	28,40	0,51	4,79	—	50,40	41,73	8,06	
3	Gruyère oder Grivera**) 1. Preis frisch	1867	34,57	32,51	29,12	—	3,80	—	49,67	46,04	7,75	*v. Lindt u. C. Müller*[5])
4	Gruyère oder Grivera**) 2. „ „	„	35,74	29,95	30,64	—	3,67	—	46,61	47,68	7,46	

[1]) Jahresber. f. Agrik.-Chem. 1867, 354 u. 355.
[2]) Bericht d. landw. Versuchsstation Tisigro 1875—76, Bregenz 1887, 12 und Milchztg. 1880, **9**, 597.
[3]) Connecticut Experiment Station. Report 1892, 156. Centrbl. Agrik.-Chemie 1894, **23**, 203.
[4]) Journ. de Pharm. **16**, 279 und Bull. soc. Chim. [2] **3**, 232.
[5]) Jahresber. f. Agrik.-Chem. 1867, 254.
*) Der Pineapple (Fichtenzapfen) ist eine der ältesten Käsearten in den Vereinigten Staaten und hat grossen Ruf.
**) Musso, Menozzi und Bignamini (vergl. Giov. Musso: Il Cacio, Tecnologia, Chimica e Microbiologia Generale del Caseificio. Roma 1887, 53) bestimmten in 4 Sorten Gruyère-Käse (Cacio grivera) die einzelnen Stickstoffverbindungen mit folgendem Resultat:

	Wasser %	Kasein %	Albumin %	Pepton %	Amide %	Ammoniak %	Fett %	Asche %
No. 1	20,11	27,79	0,61	0,45	8,02	0,17	37,70	5,32
„ 2	29,02	21,95	0,62	0,88	8,68	0,26	33,43	5,88
„ 3	20,43	24,41	0,70	1,13	7,04	0,40	39,75	5,84
„ 4	35,66	18,13	0,60	1,10	6,47	0,22	31,48	5,95
Mittel	26,31	20,57	0,63	0,89	7,80	0,26	35,59	5,77

No.	Nähere Bezeichnung	Zeit der Untersuchung	In der natürlichen Substanz: Wasser %	Stickstoff-Substanz %	Fett %	Milchzuck. etc. %	Asche %	Darin Kochsalz %	In der Trocken-Substanz: Stickstoff-Substanz %	Fett %	Stickstoff in der Trocken-Substanz %	Analytiker
5	Greyerzer*)	1887	40,61	26,1	26,59	1,94	4,68	2,10	44,08	44,75	7,05	*E. Schulze*[1])
6	Gruyère	„	36,00	30,84 *)	29,29	—	3,87	0,57	48,19	45,77	7,71	*Duclaux*[2])
7	desgl. amerikanisch . .	1895	34,87	25,87	29,91	5,51	3,84	—	39,70	45,89	6,35	***)
8		1894	38,20	28,60	31,30	—	4,70	—	46,25	50,65	7,40	*Wm. Chattaway, T. H. Plarmain u. C. G. Moore*[3])
9		„	35,70	31,80	28,70	—	3,70	—	49,46	44,63	7,92	
	Mittel (1—9\)	--	**36,41**	**30,14**	**28,72**	**0,74**	**3,99**	**1,23**	**47,39**	**45,17**	**7,58**	
10	Grana aus Reggio[0]) Hartkäse	1887	32,56	32,27**)	21,75	8,35	5,07	1,65	47,85	32,25	7,66	*Duclaux*[2])
11	„ „ Lombardia Hartkäse	„	30,09	38,42**)	26,04	—	5,45	1,76	54,26	37,25	8,79	
12	Grana, 16 Stunden alt .	1894	48,37	31,88[00])	13,24	1,50	3,71	—	61,75	25,59	9,88	*Nicola Bochicchio*[4])
	Mittel (10—12)	—	**37,01**	**34,41**	**19,97**	**3,87**	**4,74**	**1,71**	**54,62**	**31,70**	**8,74**	
13	Holländer, bezw. nach Holländer Art dargestellt, aus Frankreich	1887	35,37	34,12**)	24,72	—	5,79	2,89	52,79	38 25	8,45	*Duclaux*[2])
14		„	32,74	36,04	24,63	—	6,69	3,61	53,58	36,62	8,57	
15		„	44,43	25,59	23,75	—	6,13	3,84	46,05	42,74	7,37	
16	Holländer, bezw. nach Holländer Art dargestellt, aus Holland	„	38,94	31,66	24,03	—	5,37	2,30	51,85	39,35	8,30	
17		„	35,08	34.64	25,90	—	4,38	1,58	53,36	39,90	8,54	
	Mittel (13—17)	—	**37,35**	**32,40**	**24,61**	—	**5,65**	**2,84**	**51,75**	**39,32**	**8,28**	
18	Vorarlberger Battelmattkäse	1876	44,24	21,22	29,42	2,25	2,86	—	38,06	52,96	6,04	*W. Eugling u. v. Klenze*[5])
19		„	47,98	22,75	24,11	2,45	2,71	—	43,73	46,85	7,00	
20		„	49,27	23,20	22,04	2,35	3,14	—	45,73	43,45	7,32	
21		„	47,67	24,48	23,58	3,35	2,92	—	46,78	45,06	7,48	
22		„	50,53	23,11	20,52	3,08	2,76	—	46,71	41,48	7,45	
23		„	46,54	23,48	24,84	2,28	2,86	—	43,91	46,46	7,03	
24		„	47,73	22,70	24,08	2,62	2,87	—	43,43	46,07	6,95	
	Mittel (18—24)	—	**47,71**	**22,99**	**24,08**	**2,35**	**2,87**	—	**43,88**	**45,97**	**7,02**	
25	Aus Westfalen	1879	46,08	26,77	19,02	1,02	6,45	—	49,65	35,27	7,94	*J. König*[6])
	Halbfetter Käse, Gesammt-Mittel	—	**40,22**	**29,07**	**24,41**	**2,06**	**4,24**	**1,81**	**48,63**	**40,84**	**7,78**	

[1]) Preuss. landw. Jahrbücher 1887, **16**, 314.
[2]) Duclaux, Le Lait 1887, 307 u. 310.
[3]) Analyst 1894, **19**, 145—147. Chem. Centrbl. 1894, II, 387.
[4]) Centrbl. Bakter. Par. 1894, **15**, No. 17. Milchztg. 1894, **23**, 363.
[5]) Milchztg. 1877 u. 1878, No. 11 u. 12.
[6]) Original-Mittheilung.

*) Die Stickstoff-Substanz zerfällt in: 22,61 % Eiweissstoffe (3,55 % Stickstoff), 5,34 % Eiweissersetzungsprodukte (mit 0,64 % Stickstoff), 0,18 % Nucleïn.

**) Duclaux bestimmte in den Käsesorten ferner:

	Gruyère No. 6	Grana No. 10	No. 11	Holländer No. 13	No. 14	No. 15	No. 16	No. 17
	%	%	%	%	%	%	%	%
Unlösliches Kasein	24,54	25,56	23,70	22,38	25,87	—	—	24,40
Lösliches „	6,30	16,71	14,72	11,74	10,17	—	—	10,24
Kasein-Pepton (filtrirbares Kasein)	4,33	18,50	15,80	8,43	9,78	6,07	7,67	10,24
	‰	‰	‰	‰	‰	‰	‰	‰
Ammoniak, freies, für 1 kg	0,29	0,02	0,03	0	0	0	0	0,03
„ gebundenes, „ 1 „	0,58	1,50	2,50	0,95	0,61	0,43	5,70	6,30
Buttersäure	2,50	2,00	1,80	1,50	1,50	1,20	1,20	5,10

***) Vergl. Anmerkung [4]) S. 326 unter Cheddarkäse.

[0]) Giov. Musso, Menozzi und Bignamini (vergl. Giov. Musso: Il Cacio, Tecnologia, Chimica e Microbiologia Generale del Caseificio. Roma 1887, 53) bestimmten in dem Grana-Käse die einzelnen Stickstoffverbindungen mit folgendem Ergebnisse:

	Wasser	Kasein	Albumin	Pepton	Amide	Ammoniak	Fett	Asche
	%	%	%	%	%	%	%	%
Grana No. 1	27,96	27,84	1,20	0,64	17,38	0,30	18,67	5,75
„ „ 2	40,78	19,04	0,50	0,46	18,00	0,33	16,88	4,36

[00]) Der Käse enthielt ausserdem 1,02 % Amide und 0,31 % Milchsäure.

4. Magerkäse.

Aus ganz oder theilweise entrahmter Milch dargestellter Käse, bei welchem der Fettgehalt bedeutend niedriger als der Kaseingehalt ist.

No.	Nähere Bezeichnung	Zeit der Untersuchung	In der natürlichen Substanz: Wasser %	Stickstoff-Substanz %	Fett %	Milchzucker etc. %	Asche %	Darin Kochsalz %	In der Trocken-Substanz: Stickstoff-Substanz %	Fett %	Stickstoff in der Trocken-Substanz %	Analytiker
	Dänischer Exportkäse, Alter, Monate											
1	7 —	1878	43,87	34,00	10,74	5,73	3,96	1,70	60,57	19,13	9,69	V. Storch[1])
2	5 1. Prämie	„	38,78	30,31	23,70	2,65	3,45	1,11	49,51	38,71	7,92	
3	4 1. „	„	46,05	30,25	13,46	5,36	3,58	1,30	56,07	24,95	8,97	
4	4 2. „	„	47,76	30,32	9,34	5,90	4,17	2,51	58,04	17,88	9,29	
5	4 1. „	„	46,33	30,56	12,55	5,15	3,33	2,08	56,94	23,38	9,11	
6	3½ talgig	„	46,66	27,69	15,04	5,48	3,44	1,69	51,91	28,20	9,11	
7	3½ 2. Prämie	„	48,10	29,06	11,88	5,03	3,60	2,33	55,99	22,90	8,96	
8	3½ 1. „	„	46,47	27,75	14,27	5,51	3,45	2,55	51,84	26,66	8,29	
9	3 schlechte Beschaffenheit	„	49,88	30,19	9,73	5,32	3,65	1,33	60,24	19,41	9,64	
	Mittel (1—9)	—	**45,99**	**30,01**	**13,41**	**5,10**	**3,63**	**1,86**	**55,55**	**24,58**	**8,88**	
10	Engadiner (Ober-)*)	1867	47,30	36,34	11,40	—	4,96	—	68,96	21,44	11,03	O. Lindt und C. Müller[2])
11	Simmenthaler*)	„	41,02	48,37	8,43	—	2,18	—	82,01	14,29	13,12	
12	desgl.	„	43,67	49,16	3,40	—	3,77	—	87,27	6,04	13,96	
	Mittel (10—12)	—	**43,99**	**44,62**	**7,74**	—	**3,64**	—	**79,66**	**13,92**	**12,74**	
13	Kümmelkäse, 2. Preis	1866	47,12	31,61	7,36	10,43	3,42	—	59,77	13,92	9,56	Dahl[3])
14	„ 3. „	„	40,54	31,61	16,87	8,13	3,17	—	52,62	28,36	8,42	
	Mittel (13—14)	—	**43,83**	**31,45**	**12,11**	**9,32**	**3,29**	—	**56,00**	**21,14**	**8,96**	
15	Nögelkäse oder Nögelost	1866	48,51	32,72	6,13	8,59	3,79	—	63,55	11,91	10,17	derselbe[3])
16	desgl. aus Schweden	Aus früherer Zeit	43,87	28,93	15,89	6,47	4,84	—	51,54	28,31	8,25	A. Völcker[4])
17	desgl. aus Schweden	Aus früherer Zeit	45,39	33,12	9,97	6,39	5,13	—	60,65	18,25	9,70	
18	desgl. aus Schweden	1870	42,44	42,12	3,36	9,85	2,22	—	73,18	5,84	11,78	
	Mittel (15—18)	—	**45,05**	**34,17**	**8,84**	**7,95**	**3,99**	—	**62,19**	**16,08**	**9,95**	
19	Blauer Dorsetkäse**)	1892	41,55	—	8,76	—	5,60	2,93	—	14,99	—	P. Vieth[5])
20	Magerkäse aus Amerika 1	„	52,15	26,31	15,35 ***)	2,04	4,15	1,70	54,98	32,12	8,80	Johnson[6])
21	Magerkäse aus Amerika 2	„	53,08	26,81	13,80 ***)	2,00	4,31	1,22	57,10	29,41	9,14	

[1]) Forschungen auf dem Gebiete der Viehhaltung 1879, 166—232. Aus dem Stickstoff-Gehalt durch Multiplikation mit 6,25 berechnet.
[2]) Jahresber. f. Agrik.-Chem. 1867, 354.
[3]) Milchztg. 1872, **I**, 310.
[4]) Journ. of the Roy. Agric. Soc. of England 1870, **2**, 333.
[5]) Milchztg. 1892, **21**, 191.
[6]) Connecticut Experiment Station Report 1892, 156. Centrbl. Agrik.-Chem. 1894, **23**, 203.

*) Diese Käsesorten sind als „halbfette" in den Originalen aufgeführt; wegen des sehr niedrigen Fettgehaltes gegenüber dem Kasein rechne ich sie zu den Magerkäsen.

**) Die Bezeichnung „blau" bezieht sich auf die von Schimmelpilzen gebildeten Adern, welche eine charakteristische Eigenschaft dieses Käses bilden. Der Käse war bröckelig und von recht angenehmem, pikantem Geschmack.

***) Die Reichert'sche Zahl (für 2,5 g Fett) betrug bei 1: 16,5, bei 2: 14,7.

No.	Nähere Bezeichnung	Zeit der Untersuchung	In der natürlichen Substanz: Wasser %	Stickstoff-Substanz %	Fett %	Milchzucker etc. %	Asche %	Darin Kochsalz %	In der Trocken-Substanz: Stickstoff-Substanz %	Fett %	Stickstoff in der Trocken-Substanz %	Analytiker
22	Parmesankäse	1865	27,60	43,75	16,00	6,95	5,70	—	60,43	22,10	9,81	A. Payen[1])
23	„	„	30,31	34,25	21,68	6,87	7,09	—	49,15	31,11	7,86	
24	„	1873	34,57	35,15	24,05	—	6,23	—	53,72	36,76	8,60	J. Moser[2])
25	„	1878	31,16	48,25 *)	12,58	—	6,99	—	70,09	18,27	11,21	L. Manetti u. G. Musso[3])
26	„	„	33,27	41,00	17,17	2.25	6,31	—	61,44	25,73	9,83	
27	„	„	30,20	44,56	18,65	0,10	6,49	—	63,96	26,72	12,21	
28	„	„	32,01	41,44	19,97	0,84	5,74	—	60,95	29,37	9,75	
29	„	„	33,90	41,50	21,28	—	7,18	—	62,78	32,19	10,05	
30	„	„	30,43	37,62	23,42	3,33	5,20	—	54,07	33,66	8,65	
31	„	„	36,11	42,00	17,12	—	6,39	—	65,74	26,79	10,52	
32	„	„	30,24	43,56 *)	22,83	—	6,05	—	62,44	32,73	9,99	
33	„ amerikanischer	1895	31,34	41,99	19,22	1,20	6,25	—	61,16	27,99	9,79	[4])
34	„	1894	32,50	43,60	17,10	—	6,20	—	64,59	25,33	10,33	Wm. Chattaway, T. H. Plarmain u. C. G. Moor[5])
	Mittel (22—34)	—	**31,82**	**40,56**	**19,34**	**1,99**	**6,29**	—	**60,96**	**28,36**	**9,75**	
35	Vorarlberger aus Feldkirch . .	1877	48,75	34,48	5,28	7,21	4,28	—	67,28	10,30	10,76	W. Eugling u. v. Klenze[6])
36	Vorarlberger aus Dornbirn . . .	„	56,85	29,10	3,84	5,25	4,96	—	67,44	8,90	10,79	
37	Vorarlberger desgl.	„	44,65	40,11	2,82	7,02	5,42	—	72,47	5,13	11,59	
38	Vorarlberger —	„	49,03	33,63	10,08	3,43	3,82	—	66,00	19,77	10,56	
39	Vorarlberger Mittel v. 4 Analysen	„	50,20	31,08	12,17	2,76	3,79	—	62,41	24,44	9,99	
	Mittel (35—39)	—	**49,89**	**33,68**	**6,84**	**5,14**	**4,45**	—	**67,21**	**13,71**	**10,76**	
40	Aus Westfalen	1877	46,56	29,85	11,16	7,98	3,45	—	55,86	20,88	8,94	J. König u. C. Krauch[7])
41	Schweizer Magerkäse . .	1885	50,41	41,90	3,99	—	3,70	—	84,49	8,05	13,52	v. Klenze[8])
42	Aus England aus weniger abgerahmter, .	1882	38,39	28,37	23,21	6,80	3,23	1,33	46,02	37,67	7,36	A. Völcker[9])
43	Aus England aus mehr abgerahmter Milch	„	43,87	28,93	15,89	6,47	4,84	1,66	51,54	28,31	8,25	
44	Leydener Magerkäse . .	1887	46,90	35,90	11,00	1,00	5,20	1,40	67,61	20,72	10,82	A. Mayer[10])
45	Aus Separator-Magermilch (Backsteinkäse) . . .	1884	73,12	19,84	2,76	2,17	2,11	—	73,81	10,27	10,27	W. Fleischmann[11])
46	Magerer Backsteinkäse .	1880	61,04	23,85	6,80	3,48	4,83	—	61,22	17,48	9,79	

[1]) Journ. de Pharm. **16**, 279 und Bull. soc. chim. [2] **3**, 232.
[2]) Jahresber. f. Agrik.-Chem. 1873/74, **2**, 291.
[3]) Landw. Versuchsstationen 1878, **21**, 211.
[4]) Vergl. oben unter Cheddarkäse, Anmerkung [4]) S. 326.
[5]) Analyst 1894, **19**, 145—147. Chem. Centrbl. 1894, II, 387.
[6]) Milchztg. 1877 und Jahresber. f. Agrik.-Chem. 1878, 509.
[7]) Chem. u. techn. Untersuchungen d. Versuchsstation Münster 1878, 107.
[8]) Milchztg. 1885, **14**, 369.
[9]) Ebendort 1882, **11**, 439.
[10]) Ebendort 1887, **16**, 87.
[11]) Bericht d. Milchw. Versuchsstation Raden für 1880, 34 und 1884, 30.

*) Aus dem Stickstoff-Gehalt nach Abzug des Ammoniak-Stickstoffs durch Multiplikation mit 6,25 von uns berechnet. Die Proben enthielten:

No.	25	26	27	28	29	30	31
Ammoniak	0,142	0,388	0,146	0,286	0,316	0,134	0,248 %

No.	Nähere Bezeichnung	Zeit der Untersuchung	In der natürlichen Substanz: Wasser %	Stickstoff-Substanz %	Fett %	Milchzuck. etc. %	Milchsäure %	Asche %	Darin Kochsalz %	In der Trocken-Substanz: Stickstoff-Substanz %	Fett %	Stickstoff in der Trocken-Substanz %	Analytiker
47	Sog. „Schwedischer Käse" aus Italien*) (aus centrifugirter Milch) . .	1893	41,63	43,95 *)	5,87	—	—	8,55	8,10	75,30	16,91	12,05 *)	*L. Carcano* [1])
48	Gislev-Käse**) (von Gislev bei Kvändrup in Dänemark)	1890	49,22	41,53	2,96	—	—	—	—	81,78	5,83	13,08	*B. Böggild* [2])
	Magerkäse Mittel	—	**43,06**	**35,59**	**12,45**	**4,22**	—	**4,68**	**2,39**	**62,51**	**21,86**	**10,00**	
	Magerkäse Schwankungen	—	30,24-73,12	27,20-51,69	2,92—21,45	0,08-11,22	—	2,11-7,34	—	46,02—87,27	5,13—37,67	7,36—13,96	

Die Schwankungszahlen für die festen Bestandtheile sind auf den mittleren Wassergehalt von 43,06 % bezogen.

5. Sauermilchkäse.

(Auch Quargel, Quark, Käsematte oder Topfen oder Ziger genannt.)

Aus sauerer abgerahmter Milch für sich allein oder auch unter Zusatz von sauerer Buttermilch durch Erwärmen hergestellt. Zur Bereitung des Zigers verwendet man auch süsse Molken.

No.	Nähere Bezeichnung	Zeit der Untersuchung	Wasser %	Stickstoff-Substanz %	Fett %	Milchzuck. etc. %	Milchsäure %	Asche %	Darin Kochsalz %	Trocken: Stickstoff-Substanz %	Trocken: Fett %	Stickstoff in der Trocken-Substanz %	Analytiker
1	Quargeln aus Olmütz	1869	44,54	41,04	3,37	0,16	—	10,89	—	74,00	6,08	11,84	*Hornig* [3])
2	Quargeln aus Olmütz	1873	52,49	38,02	7,70	—	—	1,79	—	80,03	16,21	12,80	*Soxhlet* [4])
	Mittel (1—2)	—	**48,51**	**39,53**	**5,53**	**0,09**	—	**6,34**	—	**77,01**	**11,14**	**12,32**	
3	Sauermilchquarg aus Sachsen, frisch . . .	1879	76,39	17,17	3,07	2,33	—	1,04	—	72,72	13,00	11,64	*J. König* [5])
4	Topfenkäse	1896	72,44	16,91	6,22	1,99	1,08	1,36	—	61,36	22,57	9,82	*Vers.-Stat. Münster* [5])
5	Quarg oder Topfen aus München***)	1879	60,27	24,84	7,33	3,54	—	4,02	—	62,52	18,45	10,00	*M. Rubner* [6])
6	Vorarlberger Ziger	1877	68,51	22,13	3,15	3,90	—	2,31	—	70,28	10,00	11,24	*W. Eugling und v. Klenze* [7])
7	Vorarlberger Ziger	„	74,74	14,99	4,33	3,93	—	2,02	—	59,34	17,14	9,49	
8	Vorarlberger Ziger	1880	68,47	18,72	5,22	3,97	—	3,62	—	59,37	16,56	9,50	
9	Vorarlberger Sauerkäse aussen .	1885	56,61	36,42	4,48	—	—	2,49	—	83,94	10,32	13,43	*v. Klenze* [8])
10	Vorarlberger Sauerkäse innen .	„	50,58	42,37	4,56	—	—	2,49	—	85,73	9,23	13,71	
	Mittel (6—10)	—	**63,78**	**25,98**	**4,58**	**3,07**	—	**2,59**	—	**71,73**	**12,65**	**11,47**	
11	Ziger	1885	31,00	64,62	3,48	—	—	0,90	—	93,65	5,04	14,98	
12	Schabziger	„	38,17	45,73	12,27	—	—	3,83	—	73,96	19,84	11,82	*E. Schulze u. Benecke* [9])
13	desgl. Glarner⁰) (grüner Kräuterkäse)	„	47,02	37,06 ⁰⁰)	6,60	—	—	10,10	7,53	69,95	12,46	11,19	

1) Staz. sperim. agrar. Ital. 1893, **24**, 5—8. Centrbl. Agrik.-Chem. 1894, **23**, 208.
2) Ugeskrift for Landmän 1890, **2**, No. 20. 14/11 90. Centrbl. Agrik.-Chem. 1891, **20**, 287.
3) Beiträge zur Geschichte, Technik und Statistik der Käserei 1869, 40.
4) Erster Bericht der Versuchsstation Wien von 1870—78. Wien 1878. XXIX.
5) Original-Mittheilung.
6) Zeitschr. f. Biologie 1879, 496.
7) Milchztg. 1877 u. 1880, **9**, 597; siehe auch Jahresber. f. Agrik.-Chem. 1878, **7**, 508.
8) Milchztg. 1885, **14**, 369.
9) Preuss. landw. Jahrbücher 1887, **16**, 317.

*) Der Käse hatte einen etwas pikanten Geschmack und körnige Beschaffenheit; er enthielt: 34,29 % albuminoide Substanzen, 6,47 % Zersetzungsprodukte der Albuminoide, 0,20 % Nucleïn, 0,21 % Ammoniak bei 6,12 % Gesammt-Stickstoff, 5,22 % Eiweiss-Stickstoff, 0,98 % Zersetzungsprodukte des Stickstoffs, 0,17 % Ammoniak-Stickstoff. Der Käse enthielt ferner 0,48 % freie Fettsäuren.

**) Der Gislevkäse ist aus sehr stark entrahmter Magermilch mit nur 0,15 % Fett hergestellt.

***) Die Laibchen wogen 26—28 g.

⁰) Aus entrahmter Milch unter Zusatz von Buttermilch hergestellt.

⁰⁰) Die Stickstoff-Substanz zerfällt in: 31,76 % Eiweissstoffe (mit 5,08 % Stickstoff), 7,55 % Eiweisszersetzungsprodukte (mit 0,85 % Stickstoff), 0,85 % Nucleïn + Rohfaser des Zigerklees.

No.	Nähere Bezeichnung	Zeit der Untersuchung	In der natürlichen Substanz: Wasser %	Stickstoff-Substanz %	Fett %	Milchzucker etc. %	Sonstige stickst.-freie Stoffe %	Asche %	Darin Kochsalz %	In der Trocken-Substanz: Stickstoff-Substanz %	Fett %	Stickstoff in der Trocken-Substanz %	Analytiker
14	Mainzer sauerer Handkäse	1885	53,74	37,33	5,55	—	—	3,38	—	80,70	12,00	12,91	*v. Klenze*[1])
15	Kirgisischer	„	8,59	78,68	1,31	1,93	—	9,46	8,01	83,89	1,43	13,42	*W. Leutner*[2])
16	Sauerkäse, Krutt*)	„	10,14	69,74	1,45	0,81	—	17,84	13,34	77,61	1,63	12,42	
	Gesammtmittel (ausschl. 15 und 16)	—	**52,36**	**36,64**	**6,03**	**0,90**		**4,07**	**3,03**	**76,91**	**12,66**	**12,30**	

6. Molkenkäse. (Mysost.)

Durch vorsichtiges Eindampfen der durchgeseihten Molken (vorwiegend) in Skandinavien gewonnen.

No.	Nähere Bezeichnung	Zeit der Untersuchung	Wasser %	Stickstoff-Substanz %	Fett %	Milchzucker etc. %	Sonstige stickst.-freie Stoffe %	Asche %	Darin Kochsalz %	Trocken-Substanz: Stickstoff-Substanz %	Fett %	Stickstoff in der Trocken-Substanz %	Analytiker
1	Schwedischer Molkenkäse aus Kuhmilch	1866	23,98	8,88	9,63	43,31	8,82	5,28	—	11,67	12,67	1,87	*Dahl*[3])
2	„	„	18,58	7,17	15,64	41,73	11,30	5,58	—	8,77	19,33	1,41	
3	„	„	26,03	6,77	16,21	33,98	10,92	6,09	—	9,15	21,91	1,46	
4	Schwedischer Molkenkäse aus Ziegenmilch	„	21,07	10,57	20,36	39,03	5,69	3,28	—	13,39	25,79	2,14	
5	„	„	25,29	9,10	20,98	29,21	1,54	3,88	—	12,18	28,08	1,95	
6	„	„	26,49	10,78	14,76	36,38	7,14	4,45	—	14,66	20,08	2,35	
7	„	1870	24,21	9,06	20,80	41,01	—	4,92	—	11,95	27,44	1,91	*A. Völcker*[4])
	Mittel	—	**23,66**	8,90	**16,91**	**37,81**	**7,94**	**4,78**	—	**11,68**	**22,19**	**1,87**	
						Milchsäure **)							
8	Schwedisch. Molkenkäse aus centrifugirter Kuhmilch (bei No. 6 ist auf 6 Theil. Magermilch 1 Theil Buttermilch zugesetzt) 1	1885	24,37	8,51	0,11	0,16	60,96	5,89	—	11,25	0,15	1,80	*Fr. Werenskiold*[5])
9	2	„	28,98	8,26	0,07	0,11	56,27	6,31	—	11,63	0,10	1,86	
10	3	„	33,60	7,69	1,53	0,14	51,16	5,88	—	11,58	2,30	1,85	
11	4	„	29,80	9,03	1,79	0,13	53,34	5,91	—	12,86	2,55	2,06	
12	5	„	30,32	7,76	0,42	0,02	55,00	6,38	—	11,14	0,60	1,78	
13	6	„	38,80	8,94	1,59	0,03	45,98	5,48	—	14,44	2,57	2,31	
	Mittel	—	**30,85**	**8,37**	**0,92**	**0,10**	**53,79**	**5,98**	—	**12,25**	**1,33**	**1,96**	
14	Schwedischer Molkenkäse aus vor dem Stand abgerahmter Milch 1	1885	32,35	9,19	2,28	0,11	49,79	6,29	—	13,58	3,37	2,17	
15	2	„	31,88	8,57	1,09	0,42	52,15	5,89	—	12,58	1,60	2,01	
16	3	„	31,46	8,98	1,37	0,10	52,31	5,78	—	13,10	2,00	2,10	
17	4	„	28,29	7,31	0,24		58,50	5,66	—	10,18	—	1,63	
18	5	„	30,62	8,56	3,50	0,10	51,77	5,45	—	12,34	5,05	1,97	
19	6	„	31,96	7,72	2,61	0,10	51,76	5,85	—	11,35	3,84	1,82	
20	7	„	31,85	7,81	1,37	0,08	53,06	5,83	—	11,46	2,00	1,83	
21	8	„	24,62	6,95	2,57	0,02	59,70	6,14	—	9,22	3,41	1,48	
	Mittel	—	**30,38**	**8,14**	**2,11**	**0,13**	**53,63**	**5,86**	—	**11,69**	**3,03**	**1,87**	

[1]) Milchztg. 1885, **14**, 369.
[2]) Chem.-Ztg. 1885, **9**, 254.
[3]) Milchztg. 1872, **1**, 210. Für die nicht bestimmten Bestandtheile der Käse und für angegebene Verluste sind hier Rubriken nicht aufgeführt.
[4]) Journ. of the Roy. agric. Soc. of England 1870, **2**, 333.
[5]) Aarsberetning om de offentlige Foranstaltninger til Landbrugets Freneme Christiania 1885, 78—83. Centrbl. Agrik.-Chem. 1890, **19**, 420—421.

*) Der Krutt wird aus sauer gewordener, abgerahmter Kuh-, Ziegen-, Schaf- und Kameelmilch gewonnen, indem man dieselbe mit Kochsalz versetzt, in Säcken unter Beschweren mit Steinen auspresst, die Käsemasse in kleine Kugeln formt und auf Matten in der Sonne trocknet.

**) Die Milchsäure wurde durch Titration des Aetherauszuges ermittelt.

No.	Nähere Bezeichnung		Zeit der Untersuchung	In der natürlichen Substanz: Wasser %	Stick-stoff-Substanz %	Fett %	Milch-zucker etc. %	Milch-säure %	Asche %	Darin Kochsalz %	In der Trocken-Substanz: Stick-stoff-Substanz %	Fett %	Stickstoff in der Trocken-Substanz %	Analytiker
22	Schwedischer Molkenkäse aus Vollmilch	1	1885	29,56	6,77	6,68	51,50	0,02	5,57	—	9,61	9,34	1,54	Fr. Werenskiold[1])
23		2	„	27,59	6,95	8,50	51,27	0,03	5,66	—	9,60	11,74	1,54	
24		3	„	26,50	7,08	6,20	54,56	0,02	5,67	—	9,63	8,44	1,54	
25		4	„	26,76	6,69	10,09	51,37	0,03	5,06	—	9,12	13,78	1,46	
26		5	„	28,90	6,43	7,45	51,73	0,02	5,49	—	9,04	10,48	1,45	
27		6	„	24,99	6,67	7,78	55,02	0,03	5,54	—	8,89	10,39	1,42	
28		7	„	27,22	6,43	8,29	52,55	0,04	5,51	—	8,84	11,39	1,41	
29		8	„	27,79	6,34	10,54	49,95	0,03	5,37	—	8,78	14,60	1,40	
	Mittel (No. 22—29)		—	**27,41**	**6,42**	**8,19**	**52,24**	**0,03**	**5,48**	—	**8,84**	**11,14**	**1,41**	
30	Ziegenmolkenkäse, auf der Molkerei-Ausstellung in Stavanger ausgestellt		1893	15,53	10,63	32,68	46,02		5,14	—	12,58	38,69	2,01	Fr. Werenskiold[2])
31			„	20,16	10,50	24,40	39,04		5,90	—	13,15	30,56	2,10	
32			„	17,60	6,31	22,00	47,78		6,31	—	7,66	26,70	1,23	
33			„	26,53	9,44	14,93	42,69		6,41	—	12,85	20,32	2,06	
34			„	17,66	8,94	20,94	46,68		5,78	—	10,86	25,43	1,74	
35	desgl., vom öffentlichen Molkereifunktionär Berner eingesandt		„	24,51	5,39	16,75	46,78		6,57	—	7,14	21,88	1,14	
36			„	20,67	4,43	10,98	58,07		5,91	—	5,58	13,84	0,89	
37			„	24,56	5,34	16,23	47,41		6,46	—	7,08	21,78	1,13	
	Mittel (No. 30—37)		—	**20,90**	**7,60**	**19,70**	**45,74**		**6,06**	—	**9,61**	**24,90**	**1,54**	

Margarinekäse (Kunstkäse).

No.	Nähere Bezeichnung	Zeit der Untersuchung	Wasser %	Stickstoff-Substanz %	Fett %	Milchzucker etc. %	Milchsäure %	Asche %	Darin Kochsalz %	Stickstoff-Substanz (Trocken) %	Fett (Trocken) %	Stickstoff in der Trocken-Substanz %	Analytiker
1	Schmalzkäse (amerikanischer)	1882	38,26	27,37*)	21,70	8,29	—	4,38	1,25	44,33	35,15	7,09	A. Völcker[3])
2		„	38,26	(36,55) **)	21,07 ***)	—	—	5,12	—	57,58	34,11	9,21	F. Vieth[4])
3	Oleomargarinkäse (amerikanischer)	„	37,65	24,87*)	25,95	8,17	—	3,36	0,62	39,89	41,62	6,38	A. Völcker[3])
4		„	37,99	(34,65) **)	23,70 ***)	—	—	3,66	—	55,88	38,22	8,94	F. Vieth[4])
5	Amerikan. Kunstkäse aus Magermilch unter Zusatz von thierischem und pflanzlichem Fett	1883	23,49	36,21	34,92	0,11	—	5,24	—	47,33	45,64	7,57	Willard u. Griffiths[5])
6		„	28,20	37,01	30,18	0,10	—	4,51	—	51,55	42,03	8,25	
7		„	26,55	35,58	33,85	0,12	—	3,90	—	48,44	46,09	7.75	
8		„	31,81	36,10	28,68	0,01	—	3,20	—	52,94	42,06	8,47	
9	Cheddar-Kunstkäse . . .	1888	38,31	29,47	29,13[6])	—	—	3,09	0,61	47,78	47,22	7,64	P. Vieth[6])

[1]) Vergl. Anmerkung [5]) S. 336.
[2]) Aarsberetning om de offentlige Foranstaltninger til Landbrugets Freneme in Norge. 1893. Centrbl. Agrik.-Chem. 1894, **23**, 843—846.
[3]) Milchztg. 1882, **11**, 438.
[4]) Ebendort 1882. **11**, 519.
[5]) Nach Chem. News **47**, 85; in Wiener landw. Ztg. 1883, 75.
[6]) Milchztg. 1888, **17**, 128.

*) Stickstoff × 6,25.
**) Aus der Differenz berechnet, als „Kasein" etc. bezeichnet.
***) P. Vieth verseifte das Käsefett nach Hehner's Methode und fand:

	No. 2	No. 4
Unlösliche Fettsäuren	90,46 %	91,82 %
Daraus berechnet sich:		
Butterfett	63 „	46 „
Fremdes Fett	37 „	54 „

Hiernach muss die verwendete abgerahmte Milch 1,25 % und 1,00 % Fett enthalten haben.

[6]) Das Fett enthielt 92,76 % unlösliche Fettsäuren; die Reichert'sche Zahl betrug 0,9 $\frac{n}{10}$ KOH.

No.	Nähere Bezeichnung	Zeit der Untersuchung	In der natürlichen Substanz						In der Trocken-Substanz		Stickstoff in der Trocken-Substanz	Analytiker
			Wasser %	Stick-stoff-Substanz %	Fett %	Milch-zucker etc. %	Asche %	Darin Kochsalz %	Stick-stoff-Substanz %	Fett %	%	
10	Fromage de Hollande. Holl. Edamer Kunstkäse . .	1890	29,80	—	22,80 *)	—	7,06	—	—	32,47	—	*J. Coster u. J. Mazure*[1])
11	Holländischer Kunstkäse .	1888	33,62	34,25	25,45 **)	1,18	5,50	—	51,60	38,34	8,26	*C. J. Lookeren-Campagne*[2])
12	Amerikan. Margarine-Käse	1894	30,60	30,80	27,70	7,30	3,60	—	44,38	39,91	7,10	*W. Chattaway, T. H. Plarmain u. C. G. Moore*[3])
13	Deutscher Margarine-Käse	1895	55,25	16,48	22,32	6,68	4,90	—	37,05	49,88	5,93	*M. Kühn*[4]) (13–15)
14	Deutscher Margarine-Käse	„	46,59	21,67	23,11	8,63	6,51	—	40,58	43,27	6,49	
15	desgl. mit Olivenöl hergest.	„	53,09	22,89	16,29	2,19	5,54	—	38,35	34,73	6,14	
16	Marg.-Holländer Käse (16–31: Von A. L. Mohr in Bahrenfeld)	?	40,32	24,89	23,96	5,59	5,24	2,69	41,71	40,15	6,67	*C. Bischoff*[5]) (16–19)
17	„ Edamer „	1895	42,00	25,35	24,24	3,01	5,40	2,69	43,71	41,79	6,99	
18	„ Limburger „	„	52,58	25,35	14,14	2,73	5,20	2,81	53,46	29,82	8,55	
19	„ Romadour- „	„	45,24	23,10	26,14	0,62	4,90	2,92	42,18	47,74	6,75	
20	„ Edamer „	1896	34,77	27,83	26,97	—	—	—	42,66	41,35	6,83	*Karl Windisch*[5]) (20–31)
21	„ Gouda- „	„	36,65	25,49	28,25	—	—	—	40,24	44,60	6,44	
22	„ Limburger „	„	46,92	21,39	27,04	—	—	—	40,30	50,94	6,45	
23	„ „ „	1898	47,41	22,37	20,64	4,42	5,16	2,41	42,54	39,25	6,81	
24	„ „ „	„	49,73	22,89	18,57	3,90	4,91	2,16	45,53	36,94	7,28	
25	„ Romadour- „	1896	37,75	21,81	34,46	—	—	—	33,43	55,36	5,35	
26	„ „ „	1898	44,61	23,77	23,13	2,86	5,63	3,01	42,91	41,76	6,87	
27	„ „ „	„	45,88	23,04	21,60	3,92	5,56	2,74	42,57	39,91	6,81	
28	„ „ „	„	46,24	22,35	24,08	2,06	5,27	2,33	41,57	44,79	6,65	
29	„ Münster- „	1896	48,70	22,00	25,17	—	—	—	42,88	49,06	6,86	
30	„ „ „	1898	47,07	23,41	21,49	2,82	5,21	2,55	44,23	40,60	7,06	
31	„ „ „	„	44,93	24,22	23,28	1,79	5,78	2,84	43,98	42 27	7,04	
	Mittel	—	**40,85**	**21,59**	**24,00**	**8,60**	**4,96**	**2,44**	**36,50**	**40,57**	**5,84**	
	Schwankungen***)	—	23,49-55,25	19,77-34,06	17,66-32,75	0,01—6,22	2,77-12,19	0,59-3,50	33,43—57,58	29,82—55,36	5,35—9,21	
32	Kunstkokoskäse („Fromage artifice de coco)[6]) . .	1892	47,00	—	1,72	—	6,20	—	—	3,24	—	? [6])

[1]) Milchztg. 1891, **20**, 973.

[2]) Hollandsche Maatschappy van Landbouw. 1888, Dezember. Milchztg. 1888, **17**, 1034.

[3]) Analyst 1894, **19**, 145. Mitgetheilt von K. Windisch, vergl. Anmerkung [5]).

[4]) Chem.-Ztg. 1895, **19**, 554, 601 u. 648.

[5]) Mitgetheilt von Karl Windisch in den technischen Erläuterungen zu dem Entwurfe eines Gesetzes, betr. den Verkehr mit Butter, Käse etc. (Sonderabdruck aus den Arbeiten des Kaiserl. Gesundheitsamtes 1896, **12**, 56 und „Ueber Margarinekäse" Sonderabdruck aus den Arbeiten des Kaiserl. Gesundheitsamtes 1898, **14**, 92.)

[6]) ? Rev. intern. des fals. vom 15/9 1892. Milchztg. 1892, **21**, 662.

*) „Neutralisationsziffer" der Fettsäuren 1,5 ccm.

**) Von der Asche sind löslich 2,48 % (Kochsalz). Das Fett hatte 94,5 % unlösliche Fettsäuren.

***) Die Schwankungszahlen für die festen Bestandtheile sind auf den mittleren Wassergehalt von 40,85 % bezogen.

[6]) Der Kunstkokoskäse bestand aus einer elastischen Substanz zwischen zwei ziemlich harten Rinden.

Amerikanischer Käse.

Zusammensetzung und Verdaulichkeit,[1]) ermittelt von L. B. Arnold[2]).

No.	Nähere Bezeichnung	Wasser %	Fett und Extrakt %	Kasein %	Salze %	Zeit der Verdauung St. Min.	Bemerkungen
1	Camembert, kleiner französischer Käse, halbflüssig, gleicht dem französischem Brie, scharf	50,41	20,55	25,49	3,52	2,00	Die Veränderung hörte nach 1 Stunde und 45 Minuten auf.
2	Gute amerikanische Nachahmung des Brie	41,50	36,15	17,63	4,70	2,00	Wie No. 1.
3	Amerikanische Nachahmung des Neufchateler Käses	37,45	34,60	24,04	3,90	1,00	Schnelle aber unvollkommene Verdauung.
4	Amerikanische Nachahmung von Pont l'Evêque	26,02	50,80	20,64	2,54	0,45	Fast vollkommen verdaut.
5	Pont l'Evêque, echt, wie oben	44,57	21,80	30,36	3,97	4,00	Verdauung in 4 Stdn. nicht vollendet. Riecht nach Milchsäure.
6	Ganzer Rahmkäse, scharf und mager, Amerikanische Faktorei	36,72	29,18	30,95	3,34	4,00	Schwerer Schaum von Fett und Kasein. Nicht völlig in 4 Stdn. verdaut.
7	Philadelphia Handkäse	33,14	1,86	58,66	6,03	4,00	Bedeutender käsiger Bodensatz, in 4 Stdn. nicht völlig verdaut.
8	Käse von abgerahmter Milch, sehr porös und mager	35,31	20,63	39,26	4,79	3,45	Quark bleibt fast unaufgelöst.
9	Amerikanische Nachahmung englischen Molkereikäses	27,92	36,04	36,76	5,24	3,45	Ziemlich gut verdaut.
10	Amerikanischer Cheddar	30,92	34,10	30,60	4,36	1,00	Gut verdaut.
11	Jung. Amerika, mit Säure fabricirt	32,97	31,13	31,78	4,13	3,45	
12	Salbeikäse, sehr porös und weich	33,32	28,62	33,11	4,23	1,15	Sehr vollständige Verdauung.
13	Gauda, Holland, alt und schön	21,90	24,81	46,95	6,32	2,00	Unvollkommen verdaut.
14	Amerikanischer Limburger	23,26	34,98	35,05	6,69	2,15	Gute Verdauung, aber schrecklicher Geruch.
15	Amerikan. Limburger, 2. Sorte	35,65	30,85	27,57	5,91	1,30	Gut verdaut.
16	Edamer aus Holland	29,23	28,71	33,89	8,14	1,15	Gut verdaut.
17	desgl.	29,56	27,43	32,31	8,49	3,45	Nicht so gut verdaut.
18	Käse von ¼ abgerahmter Milch aus Illinois	26,72	32,65	36,16	4,46	3,45	Schmutzig aussehender und trüber Chymus.
19	Sapsago, Kräuter-Käse	13,30	15,52	57,59	13,57	3,45	Verdauung unvollkommen.
20	Leydener oder Comyn-Käse, aus Holland	25,44	6,48	58,45	9,60	3,30	Verdauung unvollkommen.
21	Englischer Chester, alt und reif	24,69	37,08	33,36	4,85	1,15	Fast vollständig verdaut. Gut.
22	Holländischer Käse	27,54	19,02	44,67	8,70	3,00	Bedeutend viel ungelöste Substanz auf der Oberfläche u. am Boden.
23	Magerer Käse aus abgerahmter Milch, Faktoreifabrikat	33,15	2,68	58,94	5,14	4,50	

[1]) Zu den Verdauungsversuchen wurden stets 6 g Käse mit 0,6 g Pepsin aus Schweinemägen, 120 g Wasser und 24 Tropfen Salzsäure bei Blutwärme digerirt und unter öfterem Umschütteln von ¼ zu ¼ Stunde so lange beobachtet, bis keine Veränderung mehr wahrzunehmen war.

[2]) Milchztg. 1879, **8**, 468 u. s. w.

No.	Nähere Bezeichnung	Wasser %	Fett und Extrakt %	Kasein %	Salze %	Zeit der Verdauung St. Min.	Bemerkungen
24	Faktoreikäse	32,86	33,94	30,09	3,14	3,30	Verdauung sehr vollständig.
25	„	37,29	23,09	34,75	4,97	3,45	Nicht ganz so gut wie der vorige.
26	Amerikanische Nachahmung des Münsterkäses, ein. deutsch. Käses	29,22	29,85	33,66	7,26	2,00	Quark völlig aufgelöst.
27	Schöner amerikan. Molkereikäse	21,05	28,34	44,23	6,36	1,00	Quark in 20 Minuten fast ganz aufgelöst.
28	Nachahmung des englischen Molkereikäses	25,44	34,45	35,35	4,50	2,00	Vollkommen verdaut.
29	Hell, abgerahmter Faktoreikäse .	32,37	20,13	43,36	4,15	3,00	Molken ganz aufgelöst.
30	Parmesan-, italienisch, abgerahmt	23,01	12,49	55,85	8,41	2,00	Chymus wolkig. Unvollk. verdaut.
31	Roquefort, alter, französ. Wernert	28,35	29,98	32,84	8,82	2,00	Vollkommen verdaut. Fett verdaut.
32	Roquefort, neuer	28,87	33,70	28,82	8,66	2,15	Fast vollk. verdaut. Fett verdaut.
33	Faktoreikäse	21,02	39,46	33,61	5,62	1,30	Fast vollkommen verdaut.
34	Cheddar, aus vollem Rahm . .	35,84	22,74	37,87	3,53	3,00	60 % des Käses aufgelöst.
35	Aus vollem Rahm	38,11	22,45	35,74	3,69	3,30	20—30 % des Käses aufgelöst. Geringe Einwirkung auf das Fett.
36	Cheddared Käse	33,72	29,70	32,19	4,78	1,15	Ganz aufgelöst.
37	2 Jahre alter Idamkäse . . .	20,19	36,72	35,52	7,57	2,00	
38	Stiltonkäse	16,26	38,69	41,48	3,56	2,30	
39	9 Monate alter Faktoreikäse . .	26,10	30,52	39,63	3,74	4,00	
40	Nachgeahmter Schweizerkäse. Syrakus	38,51	24,84	32,02	4,57	2,40	$^4/_5$ verdaut. Chymus klar.
41	Echter Schweizerkäse od. Gruyère. Syrakus	—	—	—	—	2,30	Gleich dem vorigen. $^5/_6$ aufgelöst.
42	Nachgemacht. Limburger. Syrakus	48,60	21,29	23,58	6,52	3,10	$^4/_5$ aufgelöst.
43	Nachgeahmter Limburger, ein anderer Käse	35,05	32,18	27,93	4,82	2,20	Sehr geringer Bodensatz.
44	Echter Schweizerkäse, eingeführt, alt. Syrakus	28,35	29,16	36,60	5,89	1,30	Sehr klarer Chymus.
45	Molkereikäse aus vollem Rahm. Syrakus	35,93	27,18	32,85	4,03	2,10	Dicke Schicht Oel auf der Oberfläche. Chymus schön, wenig Bodensatz.
46	Sapsago od. Kräuterkäse, kleiner, grüner Käse. 6 Unzen. Syrakus	27,51	6,17	53,63	12,92	3,30	Schlecht verdaut. Bedeutender Bodensatz.
47	Neuer Faktoreikäse, 4 Wochen alt	36,93	21,97	37,48	3,60	3,00	
48	Echter Roquefortkäse	22,47	34,02	34,99	8,24	1,45	
49	3 Jahre alter Cheddarkäse . .	13,48	34,56	45,13	6,82	2.30	
50	Amerikanische Nachahmung englischen Molkereikäses . . .	16,44	40,24	37,41	5,90	2,45	
51	Amerikanischer Käse	37,10	22,13	37,38	3,39	—	von E. E. Brugg analysirt[1] (1879).
52	„ „	49,18	28,63	18,35	4,64	—	
53	„ „	37,90	25,94	31,66	4,50	—	

[1]) Journal of the american chemical Society 1879, I, 64.

Verdaulichkeit von Schweizerkäse.

M. Rubner (Molkereiztg. 1889, 41) fand, dass der Käse die Ausnutzung anderer Nahrungsmittel, z. B. der Milch, nicht unwesentlich erhöhen kann. Es gehen als unverdaulich verloren bei einer Einnahme von:

	2291 g Milch und 220 „ Käse	2050 g Milch 218 „ Käse	2209 g Milch 517 „ Käse	Milch bei kleineren Mengen
Trocken-Substanz . . .	6,0 %	6,8 %	11,3 %	8,4 %
Eiweiss	3,7 „	2,9 „	4,9 „	7,0 „
Fett	2,7 „	7,7 „	11,5 „	7,11 „

Sonstige Käseanalysen.

Coster, Hoorn und Mazurn: 8 Analysen von holländischen Käsen (Wasser, Fett und Asche). Rev. intern. fals. 1889, vom 15/8.

Schafkäse.

No.	Nähere Bezeichnung	Zeit der Untersuchung	In der natürlichen Substanz: Wasser %	Stickstoff-Substanz %	Fett %	Milchzucker etc. %	Asche %	Darin Kochsalz %	In der Trocken-Substanz: Stickstoff-Substanz %	Fett %	Stickstoff in der Trocken-Substanz %	Analytiker
1	Roquefort-Käse, genussreif	1885	38,94	21,92	34,14	—	5,00	—	35,90	55,91	5,74	v. Klenze[1])
2	„	1865	34,50	26,31	30,10	3,19	5,90	—	40,17	45,95	6,43	A. Payen[2])
3	„	„	26,53	31,68	32,31	5,03	4,45	—	43,12	43,98	6,90	
4	Roquefort, 1 Monat alt .	1880	36,93	25,79	31,23	—	4,78	—	40,89	49,52	6,54	Hornig[3])
5	desgl., ganz alt	„	23,54	27,00	40,13	—	6,27	—	35,44	52,48	5,65	N. Sieber[4])
6	Briesen-Käse aus Ungarn	1869	43,08	23,28	28,04	0,02	5,58	—	40,90	49,26	6,54	
7	Tesselscher Schafkäse .	1887	54,40	30,10	18,30	1,40	5,80	3,40	44,08	40,13	7,05	A. Mayer[5])
8	Roquefort (amerikanischer)	1895	31,20	27,63	33,16	2,00	6,01	—	40,16	48,20	6,43	[6])
9	desgl.	1894	29,60	28,30	30,30	—	6,70	—	40,20	43,04	6,43	Wm. Chattaway, T. H. Pearmain u. C. G. Moore[7])
10	Briesen-Käse aus Siebenbürgen, 3 Wch. alt	1887	49,20	23,10	23,10	1,00	4,40	—	45,47	45,47	7,28	Georg Maior[8])
11	Briesen-Käse aus Siebenbürgen, 1 Jahr alt	„	37,70	25,20	25,20	2,70	5,80	—	40,45	40,45	6,47	
12	Urde (Ziegenkäse) aus Siebenbürgen, 1 Jahr alt	„	28,00	5,70	57,50	2,70	6,10	—	7,92	79,86	1,27	
	Roquefort-Käse (No. 1—5, 8 und 9) Mittel . . .	—	**31,61**	**26,47**	**33,13**	**3,20** *)	**5,59**	—	**38,70**	**48,44**	**6,19**	

Vergl. auch oben Cacio cavallo unter Fettkäse aus Kuhmilch S. 327.

[1]) Milchztg. 1885, **14**, 389.
[2]) Journ. de Pharm. **16**, 279 und Bull. soc. chim. [2] **3**, 232.
[3]) Beiträge zur Geschichte, Technik und Statistik der Käserei. Wien 1869, 40.
[4]) Journ. f. prakt. Chem. 1880, N. F., **21**, 203 etc.
[5]) Milchztg. 1897, **16**, 87.
[6]) Vergl. oben unter „Cheddar-Käse" Anmerkung [4]), S. 326.
[7]) Analyst 1894, **19**, 145—147. Chem. Centrbl. 1894, II, 387.
[8]) Mitgetheilt von Paul Thiele. Milchztg. 1897, **26**, 727—729.

*) Aus der Differenz berechnet.

Katschkawalj (Serbischer Schafkäse).

No.	Nähere Bezeichnung	Zeit der Untersuchung	In der natürlichen Substanz: Wasser %	Stickstoff-Substanz %	Fett %	Milchzucker etc. %	Asche %	Darin Kochsalz %	In der Trocken-Substanz: Stickstoff-Substanz %	Fett %	Stickstoff in der Trocken-Substanz %	Analytiker
13	Bessere Sorte von Pirot	1895	31,21	26,63	32,24	2,15	7,77	4,96	38,71	46,87	6,19	*A. Zega* *und* *M. Bajic*[1])
14	desgl.	„	32,06	24,40	33,96	4,10	5,48	3,12	35,91	49,98	5,75	
15	Geringere Sorte von Pirot	„	37,23	23,50	29,51	3,93	5,83	2,67	37,43	47,00	5,99	
16	desgl.	„	37,01	21,66	29,64	5,18	6,51	3,58	34,39	47,05	5,50	
	Mittel (No. 13—16)	—	**34,61**	**24,42**	**31,71**	**2,86**	**6,40**	**3,83**	**37,35**	**48,49**	**5,98**	
17	Aus Vranja	1895	32,69	24,75	33,85	1,59	7,12	4,82	36,77	50,29	5,88	
18	Aus Kopannik	„	36,62	24,68	30,58	0,81	7,21	4,03	38,94	48,25	6,23	
19	Mittel von 10 Analysen verschiedener Sorten	—	35,72	24,24	31,00	2,74	6,28	4,01	37,42	47,85	5,99	
20	Kaskaval*) aus Siebenbürgen, 3 Woch. alt	1887	50,50	28,10	14,10	2,50	4,80	—	56,77	28,49	9,08	*Georg Maior*[2])
21	Kaskaval*) aus Siebenbürgen, 1 Jahr alt	„	39,10	28,00	25,50	1,40	6,00	—	45,97	41,87	7,36	
	Schafkäse, Gesammtmittel	—	**36,42**	**24,73**	**30,33**	**2,67**	**5,85**	**3,31**	**38,91**	**47,70**	**6,23**	

Untersuchungen von Schaf-Ricotta (Quarg) und Schafkäse.

Nach Giuseppe Sartori. (Staz. sperim. agrar. Ital. 1890, 18, 434; Milchztg. 1890, 19, 629 u. 1001.)

No.	Nähere Bezeichnung	Zeit der Untersuchung	In der natürlichen Substanz: Wasser %	Stickstoff-Substanz %	Fett %	Milchzucker %	Milchsäure %	Asche %	In der Trocken-Substanz: Stickstoff-Substanz %	Fett %	Stickstoff in der Trocken-Substanz %
1	Schaf-Ricotta von S. Maria di Galeria I	1890	43,80	8,66	36,46	9,77	0,59	0,72	15,41	64,38	2,47
2	Schaf-Ricotta von S. Maria di Galeria II	„	42,48	13,61	31,64	11,16	0,33	0,78	23,66	55,01	3,79
3	Schaf-Ricotta von S. Maria di Galeria III	„	43,29	12,94	31,90	10.36	0,49	1,02	22,82	56,25	3,65
	Mittel	—	**43,27**	**11,73**	**33,31**	**10,42**	**0,43**	**0,84**	**20,66**	**58,76**	**3,31**
	Käse aus Schafmilch:**)										
	Cacio Viterbo.	Zeit der Herstellung					Chloralkalien	Asche ohne Kochsalz			
1	Milch, durch die Waldartischocke (Cinaria scolymus) geronnen; Farbe gelblich, Geruch penetrant, Geschmack kräftig salzig, aromatisch	1888	28,50	34,19	30,93	—	5,03	1,35	47,82	43,26	7,65
2	Mit flüssigem Lab von Sordi und Lodi hergestellt; Farbe normal gelb; Geschmack nach Schafen; wenig entwickelt; Geruch angenehm	1888	27,47	35,59	30,50	—	5,39	1,05	49,07	42,05	7,85
3	—	—	29,70	33,69	31,30	—	4,34	0,97	47,92	44,52	7,67
4	Gewöhnlicher Käse mit normaler gelber Farbe und pikantem Geschmack	1889	29,13	34,00	30,30	—	5,51	1,33	47,98	42,75	7,68
5	Auf der Versuchsstation Lodi fabricirt; Farbe blassgelb; Masse etwas löcherig; Geruch schafartig; Geschmack fade	1890	32,90	30,74	32,90	—	4,58	1,82	45,81	49,03	7,33

[1]) Chem.-Ztg. 1895, **19**, 1920. Katschkawalj ist ein Schafkäse, der als Exportartikel eine ziemliche Rolle spielt und im gerösteten Zustande genossen wird. In Betreff der Herstellung muss auf das Original verwiesen werden.

[2]) Mitgetheilt von Paul Thiele. Milchztg. 1897, **26**, 727—729.

*) Durch das Verrühren des Käses mit heissem Wasser geht bei der Fabrikation des Kaskaval eine grössere Menge Fett in die Molken über.

**) Von diesen Käsen wurden No. 1, 4 u. 5 mittelst des Rundstockes bearbeitet, während bei der Bearbeitung von No. 2 u. 3 eine sog. englische Käsepresse mit doppeltem Hebel verwendet wurde.

Die Zusammensetzung der Stickstoff-Substanzen war folgende:

	Käse No. 1	No. 2	No. 3	No. 4	No. 5
Gesammt-Stickstoff	4,83 %	5,26 %	4,72 %	4,70 %	4,30 %
Albuminoid-Stickstoff	4,27 „	4,84 „	4,28 „	4,40 „	3,76 „
Stickstoff der Produkte der Zersetzung . .	0,54 „	0,42 „	0,41 „	0,25 „	0,54 „
Ammoniak-Stickstoff	0,157 „	0,150 „	0,138 „	0,125 „	0,117 „
Diesen Stickstoffmengen entsprechen:					
Albuminoide	27,95 %	31,57 %	28,12 %	28,93 %	24,63 %
Produkte der Zersetzung der Albuminoide .	5,94 „	4,00 „	5,27 „	4,86 „	6,08 „
Nuclein	0,261 „	0,183 „	0,162 „	0,256 „	0,201 „
Ammoniak	0,191 „	0,162 „	0,169 „	0,152 „	0,143 „
Freie Fettsäuren	0,95 „	1,00 „	0,85 „	0,73 „	0,84 „

Die Untersuchungsmethoden waren folgende:

In der Ricotta wurde die stickstoffhaltige Substanz durch Multiplikation des Stickstoffs × 6,25 bestimmt. — Milchzucker nach der Tabelle von Soxhlet berechnet. — Wasser: 2 g wurden in destillirtem Wasser gelöst, mit Sand gemischt und bei 100° C. getrocknet.

Von den Käsen wurden keilförmige Ausschnitte entnommen. Die einzelnen Bestimmungen wurden in folgender Weise ausgeführt:

Wasser: 2 g Käse mit 20 g Sand gemischt und in eine Porzellanschale im Gay-Lussac'schen Ofen behandelt.

Fett: aus dem Rückstand von der Wasserbestimmung durch wasser- und säurefreien Aether ausgezogen.

Asche: 5 g verkohlt, bei mässiger Hitze ausgewaschen, Rückstand verbrannt, Lösung eingedunstet und schwach geglüht.

Gesammt-Stickstoff-Substanz aus der Differenz der übrigen Bestandtheile.

Die Chloralkalien wurden aus den Käseproben in einer Pozellanschale gewonnen, indem 2 g der entfetteten Trockenmasse mit Barytwasser behandelt wurden. Darauf wurde die Flüssigkeit verdampft und der Rückstand verkohlt, der dann mit destillirtem Wasser ausgelaugt wurde.

Albuminoide nach Benecke u. Schulze. 20 g entfettete Masse wurden mit 400 g Wasser in eine Porzellanschale behandelt. Nach 12-stündigem Stehen wurde Wasser bis zum Gewicht 500 g zugesetzt. Die Albuminoide wurde aus 100 g der Lösung durch Ansäuern mit Essigsäure und Fällen mit Tannin erhalten, der Niederschlag wurde mit tanninhaltigem Wasser gewaschen und im Filtrat Stickstoff nach Kjeldahl bestimmt (?).

Zur Bestimmung der Zersetzungsprodukte wurden 100 ccm der obigen Lösung eingedampft, vom Gewichte des Trockenrückstandes dasjenige der Asche der Albuminoide abgezogen und auf diese Weise die Menge der Zersetzungsprodukte gefunden. Die Flüssigkeit, aus der die Albuminoide entfernt waren, diente zur Bestimmung des Stickstoffgehaltes der Zersetzungsprodukte, zu welchem Zwecke dieselbe im Trockenbade nach Zusatz von etwas Schwefelsäure verdunstet wurde. Stickstoff-Bestimmung nach Kjeldahl. Zur Ammoniak-Bestimmung wurden 100 ccm Lösung mit Magnesia destillirt. Nucleïn = unverdauliches Eiweiss nach Stutzer. Flüchtige Fettsäuren wurden durch Titration des mit Alkohol-Aether gelösten Fettes mit $\frac{n}{10}$ Kalilauge berechnet.

Ziegenkäse.

Nähere Bezeichnung	Zeit der Untersuchung	In der natürlichen Substanz: Wasser %	Stick-stoff-Substanz %	Fett %	Milch-zucker etc. %	Asche %	Darin Kochsalz %	In der Trocken-Substanz: Stick-stoff-Substanz %	Fett %	Stickstoff in der Trocken-Substanz %	Analytiker
Schweizer Ziegenkäse I	1890	40,00	—	14,00	—	11,90	—	—	23,33	—	J. Coster und J. Mazure[1])
Schweizer Ziegenkäse II	„	33,00	—	7,40	—	—	sehr viel	—	11,21	—	

Rennthiermilchkäse.

Nähere Bezeichnung	Zeit der Untersuchung	Wasser %	Stick-stoff-Substanz %	Fett %	Milch-zucker etc. %	Asche %	Darin Kochsalz %	Stick-stoff-Substanz %	Fett %	Stickstoff in der Trocken-Substanz %	Analytiker
Aus Vefsen im nördlichen Norwegen	1893	27,70	23,79	43,11	2,97	2,43	—	32,90	59,63	5,26	Werenskiold[2])

[1]) Milchztg. 1891, **20**, 973. Die „Neutralisationsziffer" der Fettsäuren betrug bei I: 10,63 ccm, bei II: 2,9 ccm.

[2]) Bericht über die Wirksamkeit der agrikultur-chemischen Kontrollstation in Christiania im Jahre 1893. Centrbl. Agrik.-Chem. 1894, **23**, 843—846. Der Rennthiermilchkäse hatte einen Durchmesser von ca. 25 cm bei 10—12 cm Höhe, eine bräunliche Rinde ungefähr wie halbgegerbtes Leder, einen durchdringenden Geruch und ein nur wenig appetitliches Aussehen. Der Geschmack war bei der Ankunft ungefähr wie derjenige von frischem Magerkäse. Nach 6-wöchentlichem Liegen im Keller hatte der Geschmack sich sehr verbessert und erinnerte sehr an den des Roquefortkäses.

Stutenkäse.

No.	Nähere Bezeichnung	Zeit der Untersuchung	In der natürlichen Substanz: Wasser %	Stickstoff-Substanz %	Fett %	Milchzucker etc. %	Asche %	Darin Kochsalz %	In der Trocken-Substanz: Stickstoff-Substanz %	Fett %	Stickstoff in der Trocken-Substanz %	Analytiker
1	Ohne nähere Bezeichnung	1892	19,76	37,83	36,71	—	5,60	3,26	47,15	45,75	7,54	*Giuseppe Sartori*[1])
2		„	22,09	36,03	35,90	—	5,80	3,16	46,25	46,08	7,40	

Pflanzenkäse.

Die Pflanzenkäse aus Sojabohnen sind in dem später folgenden Kapitel „Sojabohne" behandelt.

Anhang zu Käse.

I. Untersuchungen über Käsereifung.

1. E. von Freudenreich (Landw. Jahrb. der Schweiz 1892; Milchztg 1893, **22**, 290) stellte Versuche darüber an, ob der **Reifungsvorgang beim Emmenthaler Käse** von aussen oder von innen vor sich geht. Er überzog drei Käseproben mit Paraffin und fand dabei folgende Verhältnisse:

	I. Käse mit einer Paraffinschicht überzogen	II. Wie I, aber unter Quecksilberverschluss	III. Wie I, nach dreitägigem Salzbade
Aussehen	ziemlich stark gebläht, mit grossen, feuchten Löchern	etwas gebläht, sehr weich, mit grossen, glänzenden Löchern	wie frischer Käse, im Innern gelocht
Geruch	säuerlich	—	—
Geschmack	etwas bitterlich, aber gereift	etwas bitterlich, aber gereift	wie etwas junger Käse, salzig, nicht bitter
Farbe des Teiges	gelblich	—	weiss
Wasser	40,89 %	41,55 %	43,38 %
Fett	59,11 „ (Fett + Fettfreie Trocken-Substanz)	25,93 „	25,71 „
Fettfreie Trocken-Substanz		32,52 „	30,91 „
Eiweiss-Substanz	—	24,97 „	23,92 „
Eiweisszersetzungs-Produkte	4,80 „	4,70 „	3,19 „
Salze	2,85 „	2,85 „	4,20 „
Keime von Mikroorganismen im Gramm	25 Millionen	7—8 Millionen	18¾ Millionen

Der etwas höhere Wassergehalt dieser Käseproben im Vergleich zu den von Benecke und Schulze gefundenen Zahlen für gleichaltrige Käse erklärt sich durch den Luftabschluss, der die Verdunstung hemmen musste.

Nach den vorliegenden Versuchen schreiten die Reifungsvorgänge im Emmenthaler Käse in der ganzen Käsemasse zugleich fort und hängen dieselben nicht bloss von der Wirkung der auf der Oberfläche sich vermehrenden Bakterien ab. Die Bakterien, welche die Reifung hervorbringen, sind also nicht so sehr in der Rinde, als im Innern des Käses zu suchen.

[1]) Staz. sperim. agr. ital. 1892, **22**, 337—339. Chem. Centrbl. 1892, II, 369.

2. **Untersuchungen über den Reifungsprocess des Backsteinkäses** stellte J. Klein an. Bericht über die Thätigkeit des Milchw. Instituts Proskau 1886/88, 17. J. Klein hat den selbst hergestellten Backsteinkäse in verschiedenen Reifestadien untersucht und dessen Veränderungen festgestellt; bei Probe I war der Käse 8 Tage alt, bei Probe II 3 Wochen und bei den anderen Proben je 14 Tage älter. Die Untersuchung ergab:

	I	II	III	IV	V	VI
	%	%	%	%	%	%
Wasser	57,42	56,41	56,02	55,20	55,48	54,70
In der kochsalzfreien Trocken-Substanz:						
Reinfett	17,81	19,38	20,44	19,33	19,56	20,99
Stickstoff in Form von Ammoniak	0,0	0,18	0,259	0,598	0,867	0,856
Gesammt-Stickstoff	10,44	10,66	10,92	11,07	11,16	11,22
Rohprotein	65,30	65,50	66,69	65,49	64,36	64,80
Reinprotein	62,24	58,63	53,97	60,80	54,04	61,10
Kasein	55,57	44,85	38,67	43,70	48,55	55,81
Cholesterin	0,74	0,86	0,55	0,44	0,76	0,65
Löslicher Stickstoff	—	4,72	4,27	8,72	8,00	9,04
Lösliches Rohprotein	—	26,71	29,80	54,45	50,01	56,54
Löslicher Eiweiss-Stickstoff	—	3,01	1,52	2,67	2,37	3,13
Lösliches Reinprotein	—	18,81	9,44	16,73	14,81	19,34
Milchsäure	3,26	2,84	2,82	3,09	3,30	2,99
Reinasche	6,34	5,75	5,84	5,34	5,97	5,46
Phosphorsäure	2,72	2,42	2,51	2,50	2,46	2,54
Kalk	2,31	1,83	1,84	1,73	1,73	1,85
Magnesia	0,134	0,116	0,133	0,119	0,116	0,131

3. **Untersuchungen über den Einfluss des sogenannten Nachwärmens bei der Käsefabrikation auf die Reifungsprodukte der Käse** von F. Schaffer. Landw. Jahrb. d. Schweiz 1895, 9, 93. Chem.-Ztg 1895, 19, Rep. 307.

Die Versuchskäse, nach Emmenthaler Art hergestellt, wurden bei 48, 52, 56 und 60° nachgewärmt. Die Resultate waren folgende:

Bestandtheile	In der frischen Käsemasse:				Auf die fettfreie Trocken-Substanz berechnet:			
	nachgewärmt auf				nachgewärmt auf			
	48°	52°	56°	60°	48°	52°	56°	60°
	%	%	%	%	%	%	%	%
Wasser	29,99	28,44	25,44	25,41	—	—	—	—
Fett	29,56	29,89	33,10	31,19	—	—	—	—
Fettfreie Trocken-Substanz	40,45	41,67	41,46	43,40	40,45	41,67	41,46	43,40
Gesammt-Stickstoff	5,03	5,70	5,25	4,49	12,47	13,68	12,66	10,35
Gesammt-Extrakt	15,80	15,01	12,27	12,37	39,06	36,02	29,59	28,50
Lösliche Asche	5,33	4,33	4,42	3,96	13,18	10,39	10,66	9,12
Gesammt-Stickstoff des Extraktes	1,54	1,49	1,08	1,13	3,81	3,58	2,60	2,60
Lösliche Eiweisskörper	7,93	7,66	5,63	6,03	19,60	18,38	13,58	13,89
Eiweiss-Zersetzungsprodukte	2,54	3,02	2,22	2,38	6,28	7,25	5,35	5,48
Stickstoff derselben	0,33	0,32	0,22	0,21	0,81	0,77	0,54	0,48

4. St. Bondzynski (Landw. Jahrb. der Schweiz 1895, 8, 189; Vierteljahresschrift Chemie der Nahrungs- u. Genussmittel 1895, 10, 170—175) studirte die **Stickstoffverbindungen des Käses bei der Reifung**; er fand:

Bestandtheile	I. Emmenthaler Käse, vollkommen ausgereift, 16 Monate alt (Gläsler) %	II. Emmenthaler Käse, 14—16 Monate alt, guter Geschmack, unregelmässig und gross gelocht %	III. Emmenthaler Magerkäse, 3 Monate alt, Reifung wenig vorgeschritten %	IV. Allgäuer Alpenkäse, nach Limburger Art, Reifung weit vorgeschritten, verkaufsfähig, weisse Centralschicht vorhanden %	V. Romadourkäse, nach Limburger Art, vollkommen verkaufsfähig %	VI. Roquefortkäse, französischer Herkunft, scharf im Geschmack %	VII. Camembertkäse, französischer Herkunft, vollkommen ausgereift, von sehr fein. Geschmack %	VIII. Spalenkäse, nicht vollkommen ausgereift, von untergeordneter Qualität %
Wasser	32,25	30,45	47,46	54,45	55,50	36,05	52,00	29,10
Fett	31,54	32,62	2,54	21,95	15,50	34,33	25,40	30,23
Fettfreie Trocken-Substanz	36,21	36,95	50,00	23,60	29,00	29,62	22,60	40,67
Gesammtasche	5,26	4,71	8,91	5,11	5,00	6,88	4,79	—
Stickstoffhalt. Substanzen*)	30,95	32,24	41,09	18,49	24,00	22,74	17,81	—
Proteinstoffe**)	24,17	25,46	36,33	17,29	22,81	16,94	13,83	—
Gesammt-Stickstoff	4,51	4,63	6,26	2,86	3,77	3,39	2,61	—
Lösliche Bestandtheile. a) In dem natürlichen Käse:								
Gesammt-Extrakt	13,56	14,01	21,50	18,90	24,71	17,75	15,18	13,15
Asche	3,22	2,71	6,53	4,56	4,17	6,02	4,57	4,26
Gesammt-Stickstoff	1,44	1,51	2,18	2,17	3,06	1,64	1,52	1,12
Gesammt-Eiweisskörper***)	3,35	4,52	10,16	13,15	19,35	5,93	6,93	—
Stickstoff derselben	0,51	0,69	1,54	1,99	2,93	0,90	1,00	—
Eiweisskörper, fällbar durch Ammoniumsulfat	2,06	3,52	9,40	13,20	—	5,43	5,46	—
Eiweisszersetzungsprodukte°)	6,99	6,78	4,76	1,20	1,19	5,80	3,98	—
Stickstoff derselben	0,93	0,82	0,64	0,17	0,13	0,74	0,53	—
b) In der fettfreien Trocken-Substanz:								
Gesammt-Extrakt	37,45	37,91	43,00	80,08	85,21	59,92	67,12	—
Asche	8,89	7,33	13,06	19,32	14,38	20,32	20,22	—
Gesammt-Stickstoff	3,98	4,08	4,36	9,19	10,55	5,54	6,77	—
Gesammt-Eiweisskörper	9,25	12,23	20,32	55,72	66,72	20,02	29,33	—
Stickstoff derselben	1,40	1,86	3,08	8,44	10,10	3,04	4,42	—
Eiweissstoffe, fällbar durch Ammoniumsulfat	5,69	9,52	18,80	55,92	—	18,33	24,16	—
Eiweisszersetzungsprodukte	19,05	18,35	9,52	5,04	4,10	19,58	17,61	—
Stickstoff derselben	2,56	2,22	1,28	0,75	0,45	2,50	2,35	—
c) Von 100 Theilen des Gesammtstickstoffs sind in Lösung gegangen:								
Im Ganzen	31,93	32,61	34,82	75,87	81,16	48,37	58,61	—
In Form von Eiweissstoffen	11,30	14,90	24,60	69,58	77,71	26,50	38,31	—
In Form von Eiweisszersetzungsprodukten	20,63	17,71	10,22	6,29	3,45	21,87	20,30	—
d) 100 Theile der Eiweisszersetzungsprodukte enthalten:								
Stickstoff	13,30	12,09	13,44	14,16	12,76	13,31	10,91	—

*) Die stickstoffhaltigen Substanzen sind durch Abzug der Gesammtasche von der Trocken-Substanz berechnet.

**) Die Proteinstoffe sind durch Abzug der Eiweisszersetzungsprodukte von den stickstoffhaltigen Substanzen ermittelt worden.

***) Die Eiweisskörper sind durch Multiplikation des durch Phosphorwolframsäure gefällten Stickstoffs mit 6,25 berechnet.

°) Die Eiweisserzetzungsprodukte sind aus der Differenz zwischen dem gesammten „löslichen Stickstoff" und demjenigen der löslichen Eiweissstoffe genommen.

Die Weichkäse (Limburger und Camembert) sind, wenn man als Maass zur Beurtheilung des Reifegrades die Menge der löslich gewordenen Substanz annimmt, als am weitesten gereift zu bezeichnen. Die „Tiefe" der Reifungsvorgänge findet ihren Ausdruck in der Menge der gebildeten Eiweisszersetzungsprodukte.

Alle Bestandtheile ausser Wasser und Fett wurden in der fettfreien Substanz bestimmt. Der wässrige Auszug wurde bei 50° hergestellt, nur bei den nach Limburger Art hergestellten Käsen IV und V würde Zimmertemperatur angewendet, weil bei höherer Temperatur Auszüge erhalten wurden, die beim Filtriren Emulsionen bildeten, wodurch der Gehalt an „löslichem Stickstoff" bedeutend erhöht wurde.

In dem wässrigen Auszuge wurde bestimmt:

a) Extrakt durch Trocknen in einer Platinschale während 30—40 Stunden bis zum annähernd gleichbleibenden Gewicht;

b) Asche durch Verkohlen und Weissbrennen des Trockenrückstandes;

c) Gesammtstickstoff nach Kjedahl;

d) Die löslichen Eiweissstoffe durch Fällung mit Phosphorwolframsäure;

e) Die Albumosen nach J. König und W. Kisch durch Aussalzen mit neutralem Ammoniumsulfat.

5. R. Krüger (Molkereiztg. 1892, No. 20, 21, 22, untersuchte die **Veränderungen in der Zusammensetzung camembertartiger Weichkäse während der Reifung.**

Bezeichnung der Käse	Gewicht	Wasser	Alkohol-extrakt	Äther-extrakt	Freie Säure (Milchsäure)	Asche	Chlor-natrium
	g	%	%	%	%	%	%
Käse I, 3 Tage nach dem ersten Salzen .	278,425	54,67	5,27 neutral	18,39 sauer	0,61	3,33	1,70
Käse II, 14 Tage später	247,590	48,93	5,55 sauer	21,17 sauer	entsprechend 23 ccm $\frac{N}{10}$-Alkali	4,83	2,69
Käse III, 6 Wochen alt	206,427	37,70	6,11 schwach alkalisch	26,20 neutral	0	4,20	1,98

Die Zusammensetzung des frischen Käses und der Molken aus derselben Milch war folgende:

	Vollmilch	Käse	Molken
Wasser	87,75 %	59,42 %	94,00 %
Eiweiss (nach Ritthausen) .	3,51 „	17,13 „	0,51 „
Fett	3,49 „	17,24 „	0,49 „
Milchzucker	4,51 „	4,70 „	3,91 „
Asche	0,72 „	1,56 „	0,56 „

6. B. A. van Ketel und A. C. Antusch (Nederl. Tijdschr. Pharm. 1897, 9, 82. Chem. Centrbl. 1897, I, 770) bestimmten den Gehalt verschiedener Käsesorten an Stickstoffverbindungen nach der Methode von A. Stutzer (Zeitschr. anal. Chemie 1896, 35, 493) und fanden:

No.	Käsesorte	Wasser	Gesammt-Stickstoff	Stickstoff in Form von Ammoniak			
				Ammoniak	Amid-Verbindungen	Albumosen u. Peptonen	Kasein u. Albumin
		%	%	%	%	%	%
1	Edamer	43,3	3,29	0,08	0,37	0,22	2,62
2	desgl.	25,5	4,97	0,20	0,49	0,17	4,11
3	Gouda	39,6	3,64	0,12	0,33	0,35	2,84
4	desgl.	30,4	3,39	0,26	0,87	0,44	1,82
5	Leidenscher	38,7	6,35	0,22	0,82	0,26	5,05
6	desgl.	35,0	4,67	0,21	1,10	0,17	3,28
7	Friesischer	29,2	4,28	0,12	0,10	0,09	3,97
8	desgl.	29,0	4,37	0,13	0,13	0,11	4,00

Der Gehalt von unverdaulichem Stickstoff betrug nur 0,03—0,04 %.

II. Fr. J. Herz (Chem. Ztg. 1895, 19, 1787—1788) stellte Versuche an über die **Beziehungen zwischen dem Fettgehalt in der Milch und in den daraus bereiteten Limburger Käsen** und fand:

Bestandtheile	Vollmilch 18/1 95	1/2 Vollmilch, 1/2 12-stündig entrahmte Milch 15/1 95	12-stündig entrahmte Milch 14/1 95	1/2 12-stündig, 1/2 24-stündig entrahmte Milch 11/1 95	24-stündig entrahmte Milch 10/1 95
A. Milch.					
Spec. Gewicht	1,0321	1,0338	1,0339	1,0352	1,0358
Trocken-Substanz . . %	13,69	12,73	12,19	11,37	11,09
Fett . . . . . . %	4,50	3,35	2,88	1,93	1,56
Fettfreie Trocken-Subst. %	9,19	9,38	9,31	9,44	9,53
Fettgehalt der Trocken-Substanz . . . . %	32,87	26,31	23,59	16,92	14,09
B. Daraus bereiteter Käse (unreif).					
Trocken-Substanz . . %	53,61	52,38	53,49	47,62	45,41
Fett . . . . . . %	27,80	24,49	21,00	14,95	12,35
Fettfreie Trocken-Subst. %	25,81	27,89	32,49	32,67	33,06
Fettgehalt der Trocken-Substanz . . . . %	51,86	46,74	39,26	31,39	27,19

III. A. Devarda (Zeitschr. analyt. Chem. 1897, 36, 751—766) hat eine Anzahl Käsesorten des Wiener Marktes auf ihren Gehalt an **Wasser und Fett**, sowie das Fett derselben auf **Reinheit** geprüft. Er fand:

No.	Käsesorte	Wasser %	Fett %	Fett in der Trocken-Substanz %	Reichert-Meissl'sche Zahl des Fettes	Zeiss' Refraktometergrade des Fettes bei 40° C.	Köttstorfer'sche Verseifungszahl des Fettes
1	Imperial (Rampach)	35,18	55,93	86,28	27,8	43,1	
2	„ (Varasdin)	27,41	41,51	57,18	27,0	43,6	
3	Gervais	49,25	40,33	79,46	31,8	42,1	
4	Hagenberger	44,18	32,29	57,84	26,8	42,7	
5	Mährischer Schwarzenberger	34,95	35,96	55,28	27,6	44,9	
6	Tiroler Schwarzenberger	44,22	22,81	40,89	24,8	46,4	
7	desgl.	42,5	23,75	41,30	27,0	42,4	230,4
8	Limburger, jung	34,53	35,44	54,13	27,9	45,0	•
9	desgl.	35,4	30,19	46,73	20,1	47,0	216,0
10	desgl.	—	—	—	27,2	45,6	225,9
11	Limburger, alt	35,21	27,35	42,21	30,9	42,8	
12	Gorgonzola, jung	36,68	33,59	53,04	23,4	—	
13	„ grün, alt	34,37	33,99	51,79	26,7	43,8	
14	„ weiss, jung	44,28	27,78	49,84	28,6	43,8	
15	„ grün, jung	37,20	30,80	49,04	24,8	43,8	
16	„ grün, alt	40,89	30,02	50,78	23,4	—	
17	Neufchateller	55,28	23,63	52,83	25,0	44,9	
18	Roquefort, jung	30,04	36,71	52,47	31,3	—	
19	Camembert, S. Bessard du Parc & Co., Calvados	52,70	24,89	52,62	30,1	43,4	
20	„ , imit.	52,12	24,52	51,21	29,8	43,3	

No.	Käsesorte	Wasser %	Fett %	Fett in der Trocken-Substanz %	Reichert-Meissl'sche Zahl des Fettes	Zeiss' Refraktometergrade des Fettes bei 40° C.	Köttstorfer'sche Verseifungszahl des Fettes
21	Camembert, M. F. David, Paris	53,77	21,80	47,15	28,7	43,4	
22	Briekäse	55,75	22,51	50,87	31,6	41,4	
23	Trappistenkäse aus Bosnien	43,15	28,68	50,44	26,1	43,5	
24	Liptauer Schafkäse	43,90	27,95	49,82	29,5	45,0	
25	desgl.	39,20	29,62	48,71	29,0	44,6	
26	desgl.	—	—	—	30,9	44,9	234,4
27	Stilton, mit Wein getränkt	30,39	34,16	49,07	31,7	43,1	
28	Romadour	51,59	23,74	49,03	26,9	43,5	227,0
29	Romadour-Kunstkäse	47,80	26,62	50,99	2,0	50,2	
30	Chester	33,83	32,34	48,87	31,3	42,8	
31	Stracchino	62,28	17,49	46,36	26,3	43,0	
32	Holländer Rahmkäse	40,40	27,02	45,33	32,8	—	
33	„ Kunstkäse	40,28	26,71	44,72	3,1	50,0	
34	Groger Sommerkäse	34,03	29,75	45,09	28,4	—	
35	„ Winterkäse	36,52	28,01	44,12	32,2	—	225,0
36	Schlosskäse, Engelstein	30,86	31,16	45,06	26,2	—	226,0
37	Ellischauer Käse	58,66	17,80	43,05	23,6	43,1	
38	Burgkäse aus Deutschland	—	—	—	28,1	43,1	
39	Parmesan	27,33	28,26	38,88	30,0	43,7	
40	Parmesankäsefett, vor 20 Jahren gewonnen	—	—	—	27,8	43,6	230,6
41	Emmenthaler Sommerkäse	30,33	30,04	43,11	28,4	—	232,6
42	„ Käse	—	—	—	23,9	42,5	
43	„ Käsefett, vor 20 Jahren gewonnen	—	—	—	31,0	43,6	235,0
44	Edamer	40,61	21,41	36,04	32,4	44,0	
45	„	—	—	—	23,1	—	
46	„	33,01	17,95	26,79	31,3	—	
47	„	36,28	—	—	30,5	44,3	
48	Edamer Kunstkäse	37,80	27,33	43,93	1,7	49,4	
49	desgl.	34,78	25,08	38,45	2,5	50,3	
50	Glarner-Schabziger (Kräuterkäse)	39,35	6,36	10,48	15,4[1])	41,8	216,6
51	Olmützer Quargel	50,90	2,68	5,45	26,0[1])	44,1	

Zur Wasserbestimmung liess Devarda etwa 10 g des in kleine Stücke zerschnittenen Käses in einer Glasschale bei gewöhnlicher Temperatur im Vakuum über Schwefelsäure 24—36 Stunden stehen und trocknete darauf 2—6 Stunden bis zur Gewichtskonstanz bei 100°. Zur Fettbestimmung wird die so getrocknete Masse verrieben und ohne weiteres mit Aether ausgezogen.

IV. Giuseppe Sartori (Staz. sperim. agr. Ital. 1894, 26, 339; mitgetheilt von Nic. Bochicchio) untersuchte eine **Kuhmilch und den aus derselben gewonnenen Käse,** nachdem aus 380 l Milch 20 l Rahm, welche 7,5 kg Butter lieferten, gewonnen waren; er fand für die Milch von 44 Schweizerkühen:

Spec. Gew., 15°	Wasser	Fett	Eiweissstoffe	Milchzucker	Asche
1,0306	87,50 %	3,45 %	3,50 %	4,73 %	0,77 %

Der Käse (Labkäse) hatte 16 Stunden nach der Herstellung folgende Zusammensetzung:

Wasser	Fett	Eiweissstoffe	Amide	Milchzucker	Milchsäure	Asche
48,37 %	13,24 %	31,88 %	1,02 %	1,50 %	0,31 %	3,71 %

V. Aschen italienischer Käse-Sorten nach Mariani und Tasselli. (Milchztg. 1896, 25, 118; nach Stazione sperim. agr. Ital. 1895, 28.)

Bezeichnung der Käse	Trocken-Substanz %	Reinasche %	Chlor %	Kalk %	Phosphorsäure %	Kalk : Phosphorsäure = 1 : %
Weichkäse.						
Aus frischer ganzer Milch . . .	47,81	3,33	1,08	0,64	0,82	1,28
Lombardischer Käse	71,37	2,70	0,69	0,60	0,72	1,19
Stracchino.						
a) Quadratkäse	58,63	4,33	1,45	0,71	0,85	1,21
b) reif, mässig scharf, gut . . .	76,73	4,61	1,41	0,66	1,04	1,56
c) reif, sehr scharf, vorzüglich . .	71,67	4,35	2,72	0,68	1,07	1,56
Hartkäse.						
Lombardischer Grana } aus saurer Milch	75,65	5,59	0,47	2,08	2,25	1,08
desgl. von Reggio } aus saurer Milch	77,98	4,65	0,58	1,58	1,70	1,07
Cacio cavallo, aus Vollmilch . .	78,22	6,33	2,12	1,13	1,40	1,24
desgl. von Adria	70,66	5,70	1,49	1,03	1,46	1,42
Schafkäse von Pisa	75,66	6,77	1,86	1,37	1,71	1,25
Käse aus Schaf- und Ziegenmilch aus den toskanischen Maremmen	71,92	6,68	1,46	1,61	1,88	1,17
Schafkäse derselben Herkunft . .	72,10	8,22	2,60	1,58	1,83	1,16
Käse von Aosta	75,21	4,28	0,91	1,01	1,29	1,27
Edamer	77,98	5,80	1,59	0,79	1,38	1,75
Käse von centrifugirter Milch . .	55,24	7,47	2,15	1,10	1,85	1,67

Abgerahmte Milch, Magermilch.

No.	Nähere Bezeichnung	Zeit der Untersuchung	In der natürlichen Substanz: Wasser %	Stickstoff-Substanz %	Fett %	Milchzucker %	Salze %	In der Trocken-Substanz: Stickstoff-Substanz %	Fett %	Stickstoff in der Trocken-Substanz %	Analytiker
1	Süsse Milch	1856	90,05	3,11	1,25	4,87	0,72	31,26	12,56	5,00	H. Scheven[1])
2	" "	"	89,90	3,47	1,64	4,48	0,61	34,36	16,24	5,50	
3	Schlicker-Milch . . .	"	90,47	3,60	0,56	4,61	0,76	37,77	5,88	6,04	
4	" " . . .	"	90,35	3,51	0,47	4,79	0,88	36,37	4,87	5,82	
5	Morgenmilch bei 5—9° in 48 Stunden aufgerahmt .	"	90,24	—	0,62	—	—	—	6,35	—	Ign. Moser[2])
6	Abendmilch bei 5—9° in 48 Stunden aufgerahmt .	1858	89,36	—	1,37	—	—	—	12,98	—	
7	Fettarme Milch, bei 16° in 7¾ Stunden aufgerahmt	"	90,06	—	1,27	—	—	—	12,78	—	

[1]) Zeitschr. d. landw. Centralvereins f. Prov. Sachsen 1856, 248. Angaben über die Art der Aufrahmung liegen nicht vor.

[2]) Arenstein's Allgem. Land- und Forstw.-Ztg. 1858, 612. Die ursprüngliche Milch enthielt:

	Wasser	Fett	Trocken-Substanz
No. 5. Morgenmilch	86,80 %	4,62 %	13,20 %
" 6. Abendmilch	85,31 "	5,34 "	14,69 "
" 7. Milch von Kühen ungar. Rasse	88,26 "	3,04 "	11,74 "
" 8. Gekaufte Milch	86,65 "	4,16 "	13,35 "

Milch unter No. 5 u. 6 war alsbald durch Einstellen in ein Kühlbad auf 15° C. abgekühlt worden.

No.	Nähere Bezeichnung	Zeit der Untersuchung	In der natürlichen Substanz: Wasser %	Stickstoff-Substanz %	Fett %	Milchzucker %	Salze %	In der Trocken-Substanz: Stickstoff-Substanz %	Fett %	Stickstoff in der Trocken-Substanz %	Analytiker
8	Fettreiche Milch, bei 16° in 7³/₄ Stunden aufgerahmt	1858	86,49	—	0,95	—	—	—	9,04	—	*Ign. Moser*[1])
9	Von dem Gute Ensked bei Stockholm	1857	90,18	—	0,84	—	—	—	8,55	—	*Michaelsen*[2])
	Spec. Gew.										
10	I. bei 62° F. 1,0370	1863	89,65	3,01	0,79	5,72	0,83	29,08	7,63	4,65	*A. Völcker*[3]) (No. 10–12)
11	II. „ „ „ 1,0337	„	89,40	2,94	0,76	6,05	0,85	27,74	7,17	4,44	
12	III.	„	89,00	3,01	1,93	5,28	0,78	27,36	17,54	4,38	
13	—	1865	90,41	3,68	0,32	4,80	0,79	38,38	3,35	6,14	*J. Lehmann*[4])
14	Saure Schlickermilch . .	1868	90,91	3,19	0,97	4,10	0,83	35,09	10,67	5,61	*E. Heiden*[5])
15	„ „ Sept.	1873/75	91,75	3,05	0,64	3,86	0,70	36,97	7,76	5,92	*E. Heiden u. Gans*[6]) (No. 15–23)
16	„ „ 26. Jan.	„	90,70	2,65	0,80	5,28	0,57	28,50	8,60	4,56	
17	„ „ 29. „	„	90,97	2,93	0,78	4,71	0,61	29,52	7,86	4,72	
18	„ „ Novbr.	„	91,73	3,13	0,91	3,53	0,70	37,85	11,00	6,06	
19	„ „ 1. Decbr.	„	92,45	2,57	0,78	3,63	0,57	34,04	10,33	5,45	
20	„ „ 4. „	„	92,57	2,81	0,68	3,38	0,56	37,82	9,15	6,05	
21	23. Novbr.	„	90,92	2,88	0,68	4,78	0,74	31,72	7,49	5,08	
22	25. „	„	91,07	2,89	0,59	4,71	0,74	32,36	6,61	5,18	
23	27. „	„	90,86	2,79	0,55	5,04	0,76	30,53	6,02	4,88	
24	2. Febr.	—	90,86	2,79	0,52	5,12	0,71	30,53	5,69	4,88	*Al. Müller*[7]) (No. 24–35)
25	4. „	—	90,74	3,03	0,66	4,79	0,80	35,64	7,13	5,70	
26	Saure Milch 7. Decbr.	1874	91,07	3,02	0,69	4,48	0,74	33,82	7,73	4,93	
27	„ „ 10. „	„	90,68	3,22	0,58	4,71	0,81	34,55	6,22	5,53	
28	„ „ 16. Novbr	„	91,03	2,94	0,53	4,72	0,78	32,78	5,91	5,24	
29	„ „ 18. „	„	91,31	3,01	0,52	4,44	0,72	34,64	5,98	5,54	
30	„ „ 6. u. 9. Dec.	„	91,23	2,77	0,34	4,95	0,71	31,59	3,88	5,05	
31	„ „ 10. u. 12. Dec.	„	91,29	2,77	0,34	4,85	0,75	31,60	3,90	5,09	
32	„ „	„	92,20	3,06	0,89	3,09	0,76	39,25	11,41	6,25	
33	„ „	„	92,42	3,02	0,67	3,22	0,67	39,84	8,84	6,37	
34	„ „	„	91,74	3,27	0,90	3,26	0,83	27,48	10,90	4,40	
35	Saure blaue Milch, bei 0° nach 20 Stunden abgerahmt	1862	89,96	—	1,02	—	0,61	—	10,16	—	

[1]) Vergl. Anmerkung [2]) S. 350.

[2]) Weende'r Jahresber. 1857/61, 160. (Polyt. Journ. **149**, 59.) Die volle Milch enthielt 12,16 % Trocken-Substanz und 3,32 % Fett.

[3]) Journ. Roy. agric. Soc. of England 1863, **24**, 298.

[4]) Amtsblatt für die Landw. Ver. Sachsens 1865, 55.

[5]) O. v. Gruber und Fritzsche. Bericht der Versuchsstation Pommritz 1868/69, 27.

[6]) Versuchsstation Pommritz. Beiträge zur Ernährung des Schweins. 1. Heft, 11, 20, 29, 41, 43.

[7]) Landw. Versuchsstationen 1867, **9**, 138, 276, 364. Die ursprüngliche Milch enthielt:

	Trocken-Substanz	Fett	Protein	Milchzucker	Salze
Zu No. 35—37 . . .	13,05	4,49	3,19	4,68	0,69
„ „ 38 . . .	13,19	3,97	—	—	—
„ „ 39 . . .	12,66	3,97	3,43	4,52	0,74

Von der Domaine Tullgarn. Magermilch ebendaher enthielt nach einer Aufrahmungszeit von 36 Stunden: Abendmilch 1,09, Morgenmilch 0,97, Abendmilch 1,00 % Fett.

No. 38 stammte von Abendmilch von 1,0315 spec. Gew. bei 25° C., die in einer Glasschale mit stark konvexem Boden ausrahmte.

No. 41 u. 42. Die untersuchten Proben kamen vom Rittergute Riseberga (Ayreshire-Halb- und Vollblutkühe). Die Aufrahmung erfolgte in 90—100 mm tiefen kupfernen Milchsatten in einem holsteinschen Keller.

No. 43. Von Morgen- und Abendmilch von 3,59 % Fettgehalt.

No.	Nähere Bezeichnung	Zeit der Untersuchung	In der natürlichen Substanz: Wasser %	Stickstoff-Substanz %	Fett %	Milchzucker %	Salze %	In der Trocken-Substanz: Stickstoff-Substanz %	Fett %	Stickstoff in der Trocken-Substanz %	Analytiker
36	Saure blaue Milch, bei 15° nach 20 Stdn. abgerahmt	1862	88,96	3,25	2,27	4,89	0,63	29,44	20,56	4,71	Al. Müller [1] (No. 36–43)
37	Saure blaue Milch, bei 30° nach 20 Stdn. abgerahmt	„	88,91	—	3,02	—	0,58	—	25,83	—	
38	Nach 24 Stunden bei 20°	1861	89,60	—	1,19	—	0,80	—	11,44	—	
39	Morgenmilch nach 36-stünd. Aufrahmen	1862	89,76	3,51	1,16	4,81	0,76	34,28	11,33	5,48	
40	—	1863	90,64	3,77	0,55	4,66	0,78	40,28	5,88	6,44	
41	Nach 24-stünd. Aufrahmung, Februar	„	89,80	—	1,30	—	—	—	12,75	—	
42	Nach 36-stünd. Aufrahmung, Februar	„	90,04	3,41	1,06	5,09	0,74	34,24	10,64	5,48	
43	Nach 24-stünd. Aufrahmung, Juni	1864	—	—	0,82	—	—	—	—	—	
	Spec. Gew.										
44	Marktmilch 1,0362	1879	89,05	—	0,60	—	—	—	5,48	—	[2] (No. 44–49)
45	„ 1,0368	„	90,00	—	0,90	—	—	—	9,00	—	
46	„ 1,0365	„	89,16	—	1,37	—	—	—	12,64	—	
47	„ 1,0370	„	89,50	—	0,97	—	—	—	9,24	—	
48	„ 1,0372	„	89,29	—	1,25	—	—	—	11,67	—	
49	„ 1,0340	„	90,78	—	0,165	—	—	—	1,89	—	
50	Von Milch altmilchender dänischer Kühe	1878	90,23	3,76	0,84	4,38	0,79	38,49	8,60	6,16	Storch [3] (No. 50–51)
51	Von Milch frischmilchender dänischer Kühe . . .	„	90,20	3,93	0,59	4,47	0,80	40,10	6,02	6,42	
52	Magermilch	1882	90,48	3,45	0,79	4,50	0,78	36,24	8,30	5,80	H. Struve [4]
	Spec. Gew.										
53	Im Mittel v. 20 Prob. 1,0350	1881	90,24	—	0,66	—	—	—	6,76	—	Schnutz [5] (No. 53–55)
54	„ „ „ 12 „ 1,0350	„	90,41	—	0,77	—	—	—	8,03	—	
55	„ „ „ 14 „ 1,0351	„	90,16	—	0,81	—	—	—	8,23	—	
56	Mittel n. W. Fleischmann 1,0345	„	89,85	4,03	0,75	4,60	0,77	39,70	7,39	6,35	W. Fleischmann [6]
	Mittel 1,0357	—	**90,43**	**3,26**	**0,87**	**4,74**	**0,70**	**34,09**	**9,09**	**5,45**	
	Schwankungen 1,0337-1,0372	—	88,31-92,57	2,62—3,85	0,18—2,47	3,79—5,46	0,47—0,96	27,36—40,28	1,89—25,83	4,38—6,44	

[1]) Vergl. Anmerkung [7]) S. 351.

[2]) Chem. Laboratorium der Sanitätsbehörde in Bremen. Milchztg. 1880, **9**, 55.

[3]) Mitgetheilt von H. Cordes. Milchztg. 1881, **10**, 606.

[4]) Jahresber. d. Agrik.-Chem. 1883, 396. (Journ. f. prakt. Chem. N. F. **27**, 249.) Die stickstoffhaltigen Substanzen bestanden aus unlöslichem Kasein 2,61 %, löslichem Kasein 0,09 %, Albumin 0,39 %, Pepton 0,36 %.

[5]) Milchztg. 1882, **11**, 104. (Veröffentlichungen d. K. d. Gesundheitsamtes vom 9. Jan. 1882.) Die Magermilchproben enthielten:

	Trocken-Substanz Max.	Trocken-Substanz Min.	Fett Max.	Fett Min.	das spec. Gew. betrug Max.	das spec. Gew. betrug Min.
No. 53. Genossenschafts-Molkerei Kiel . . .	10,71 %	9,16 %	1,38 %	0,24 %	1,0362	1,0330
„ 54. „ Itzehoe . .	10,08 „	8,95 „	1,34 „	0,32 „	1,0355	1,0345
„ 55. Aus anderen Molkereien	10,44 „	9,13 „	0,57 „	0,26 „	1,0370	1,0330

[6]) W. Fleischmann, Das Molkereiwesen, Braunschweig 1875, 363.

Nach Gussander'schem Verfahren, flache Satten.

No.	Nähere Bezeichnung	Zeit der Untersuchung	In der natürlichen Substanz: Wasser %	Stickstoff-Substanz %	Fett %	Milchzucker %	Salze %	In der Trocken-Substanz: Stickstoff-Substanz %	Fett %	Stickstoff in der Trocken-Substanz %	Analytiker
1	Bei 16° C. nach 23 Stunden	1855	90,32	—	0,74	—	—	—	7,64	—	*A. Stöckhardt*[1]
2	„ 15° „ „ 20 „	1862	89,67	3,25	1,24	5,22	0,62	31,43	12,02	5,05	*Al. Müller*[2]
3	„ 15° „ „ 33 „	„	89,76	3,51	1,16	4,81	0,76	34,28	11,33	5,48	*Al. Müller*[2]
4	Vom Gute Oerby, Ende März	1865	90,05	—	0,40	—	—	—	4,02	—	*Al. Müller*[2]
5	Schlickermilch, 1. Februar .	1875	91,26	2,78	0,25	4,88	0,83	31,81	2,86	5,09	*E. Heiden*[3]
	Mittel	—	**90,21**	**3,18**	**0,74**	**5,12**	**0,75**	**32,53**	**7,57**	**5,20**	

Nach Swartz'schem Verfahren. Eis- und Kaltwasser-Verfahren.

No.	Nähere Bezeichnung	Zeit der Untersuchung	Wasser %	Stickstoff-Substanz %	Fett %	Milchzucker %	Salze %	Stickstoff-Substanz %	Fett %	Stickstoff in der Trocken-Substanz %	Analytiker
1	Sauermilch, 4. Februar . .	1874	90,95	2,92	0,61	4,77	0,75	32,27	6,74	5,16	*E. Heiden*[4]
2	„ 17 „ . .	1876	90,98	2,95	0,34	4,98	0,75	32,70	3,77	5,23	*E. Heiden*[4]
3	„ 20. „ . .	„	91,03	2,88	0,43	4,92	0,74	32,11	4,79	5,14	*E. Heiden*[4]
4	In Eiswasser gekühlt, Spec. Gew. nach 24 Stunden, 1,0356	„	90,32	3,04	1,05	4,93	0,71	31,62	10,85	5,06	*W. Fleischmann*[5]
5	In Eiswasser gekühlt, nach 12 Stunden	„	90,38	3,22	0,84	—	0,78	33,47	8,73	5,36	*V. Storch*[6]
6	desgl. nach 36 Stunden . .	„	90,89	3,19	0,40	—	0,76	35,02	4,39	5,60	*V. Storch*[6]
7	desgl. „ 12 „ . .	„	90,34	3,09	1,31	—	0,74	31,99	13,56	5,12	*V. Storch*[6]
8	desgl. „ 24 „ . .	„	89,73	3,19	0,96	4,17	0,85	31,06	9,34	4,97	*V. Storch*[6]
9	Mittel von 7 Analysen . .	1878	91,50	—	0,50	—	—	—	5,88	—	*J. König*[7]
	Spec. Gew.										
10	Nach 36 Stunden 1,0343	1880	—	—	1,06	—	—	—	—	—	*P. Petersen*[8]
11	„ 24 „ 1,0311	„	—	—	0,45	—	—	—	—	—	*P. Petersen*[8]
12	„ 12 „ 1,0341	1882	—	—	0,71	—	—	—	—	—	*W. Fleischmann*[9]
13	„ 24 „ 1,0336	„	—	—	0,58	—	—	—	—	—	*W. Fleischmann*[9]
	Mittel **1,0337**	—	**90,68**	**3,03**	**0,70**	**4,84**	**0,75**	**32,53**	**7,56**	**5,20**	

[1]) Neue schwedische Milchwirthschaft ohne Keller 1856, 19. Die Vollmilch enthielt 12,88 % Trocken-Substanz, 4,26 % Fett.

[2]) Landw. Versuchsstationen 1867, **9**, 138 u. f. Die Vollmilch zu 2) enthielt 87,34 % Wasser, 3,97 % Fett.
„ „ „ 4) „ 3,00 „ Fett.

[3]) Versuchsstation Pommritz. Bericht derselben über Ernährung der Schweine. Hannover u. Leipzig 1876.

[4]) Ebendaselbst.

[5]) Milchztg. 1876, **5**, 2205. Die Vollmilch enthielt 4,23 % Fett, 2,90 % Kasein, 0,41 % Eiweiss, 4,51 % Zucker, 0,69 % Salze. Reaktion amphoter.

[6]) Forschungen auf dem Gebiete der Viehhaltung **4**, 180. Stickstoffhaltige Substanz von uns aus dem angegebenen Stickstoff-Gehalt durch Multiplikation mit 6,25 berechnet.

[7]) Original-Mittheilung.

[8]) Milchztg. 1880, **9**, 557.

[9]) Ber. d. Milchw. Versuchsstation Raden 1882, 21.

Entrahmung durch Centrifuge.

No.	Nähere Bezeichnung	Spec. Gew.	Zeit der Untersuchung	In der natürlichen Substanz: Wasser %	Stickstoff-Substanz %	Fett %	Milchzucker %	Salze %	In der Trocken-Substanz: Stickstoff-Substanz %	Fett %	Stickstoff in der Trocken-Substanz %	Analytiker
1	Lefeld'sche Centrifuge	1,0353	1876	90,73	3,38	0,46	5,34	0,72	36,46	4,96	5,83	*W. Fleischmann* [1]
2	De Levals Separator	1,0348	1884	91,16	4,03	0,29	3,77	0,75	45,59	3,28	7,29	*W. Fleischmann* [1]
3	„ „	—	1880	90,71	3,31	0,22	5,12	0,64	35,63	2,37	5,70	*Aug. Völcker* [2]
4	Centrifugal-Milch	1,0350	1879	90,52	3,84	0,29	5,54	0,77	40,51	3,06	6,48	*N. Gerber* und *P. Radenhausen* [3]
5	Mittel verschied. Analysen .		—	90,68	3,49	0,29	4,76	0,78	37,45	3,11	5,99	*P. Vieth* [4]
6	Mittel verschied. Analysen der Amherster Molkerei .		1884/85	89,78	3,53	0,33	5,56	0,80	34,54	3,23	5,53	*C. A. Goessmann* [5]
7	Handseparator	1,0340	1890	90,40	3,62	0,03	5,05	0,79	37,71	0,31	6,04	*D'Hont* [6]
	Mittel		—	**90,57**	**3,61**	**0,27**	**4,80**	**0,75**	**38,27**	**2,91**	**6,12**	

Nach Holstein'schem Verfahren.

No.	Nähere Bezeichnung		Zeit der Untersuchung	Wasser %	Stickstoff-Substanz %	Fett %	Milchzucker %	Salze %	Stickstoff-Substanz % (Trocken)	Fett % (Trocken)	Stickstoff in der Trocken-Substanz %	Analytiker
1	Holsteinsche Keller-Milch in 90—100 mm hohen kupfernen Satten	nach 24 Stdn.	1863	89,80	—	1,30	—	—	—	12,75	—	*Al. Müller* [7]
2		„ 36 „	„	90,04	3,07	1,06	5,09	0,74	30,82	10,64	4,93	*Al. Müller* [7]
	Mittel		—	**89,92**	**3,11**	**1,18**	**5,24**	**0,75**	**30,82**	**11,70**	**4,93**	

Magermilch unter dem Einflusse des Stehens und Gefrierens.

Nach Versuchen des Hygienischen Institutes in Hamburg (Milchztg. 1897, **26**, 638).

30 l Milch waren durch 72-stündiges Stehen in einem Kühlraum in einer Blechkanne vollkommen gefroren und dann langsam ohne Durchmischung des Inhalts aufgethaut. Es ergaben sich folgende Resultate:

	Spec. Gew.	Trocken-Substanz	Fett
Magermilch aus dem oberen Theile des Gefässes	1,0061	1,70 %	Spuren
Magermilch aus dem unteren Theile des Gefässes nach Entfernung der Mittelschicht	1,0375	9,84 „	0,20 %
Magermilch nach völligem Durchmischen des ganzen Menge .	1,0355	9,40 „	0,15 „

[1] W. Fleischmann: Das Molkereiwesen 1878, 704. 2. Ber. der Milchw. Versuchsstation Raden 1884, 26. Die Magermilch wurde im allgemeinen Betriebe der Radener Molkerei bei Durchlauf von 292,2 kg Vollmilch durch die Trommel bei 30,7° C. und bei 6500 Umgängen in der Minute gewonnen. Der Gehalt an Milchzucker betrug bei direkter Bestimmung 3,645 %; der oben angegebene Gehalt wurde aus der Differenz berechnet.

[2] Journ. Roy. agr. Soc. England 1880, **I**, 160.

[3] Forschungen auf dem Gebiete der Viehhaltung 1879, **7**, 316.

[4] Milchztg. 1880, **16**, 121.

[5] Jahresber. der Agrik.-Chem. 1885, 623. (Massach. Agr. Exp. St. Bull. 17.) Durchschnitt der Analysen vom 6. November 1884 bis 5. Februar 1885.

[6] Milchztg. 1890, **19**, 706. Die Zusammensetzung von Vollmilch, Magermilch und Rahm war folgende:

	Spec. Gew.	Wasser	Kasein	Fett	Milchzucker	Asche	Kalk	Phosphorsäure
Vollmilch . . .	1,0320	85,90	3,50	5,05	4,70	0,79	0,22	0,226 %
Magermilch . .	1,0340	90,40	3,62	0,025	5,05	0,708	0,214	0,22 „
Rahm	1,0150	71,02	3,02	21,95	3,32	0,59	0,155	0,17 „

[7] Landw. Versuchsstationen 1866, **9**, 147. Milch von Voll- und Halbblut-Ayreshire-Kühen.

Anhang zu Magermilch.

I. Magermilch bei Aufrahmung unter verschiedenartigen Einflüssen.

Nach Höhe der Milchschicht und Temperatur.

A. Stöckhard u. J. Nyberg.[1]) Milch mit 12,48 % Trocken-Substanz und 3,33 % Fett.

			Wasser	Fett	Trocken-Substanz	Grad der Ausrahmung
			%	%	%	%
I. Bei 22° C.	a. bei 23,6 cm hoher Schicht	Nach 24 Stunden	90,61	0,590	9,39	85
	b. „ 4,7 „ „ „		90,39	0,301	9,61	92
II. „ 10° „	a. „ 23,6 „ „ „		90,93	0,305	9,07	92
	b. „ 4,7 „ „ „		91,32	0,225	8,68	94
Milch mit 11,93 % Trocken-Substanz; 14,1 cm hohe Schicht.						
I. Bei 20° C.	a. nach 22 Stunden		91,32	—	8,68	—
	b. „ 30 „		91,52	—	8,48	—
II. „ 9,5° „	a. „ 22 „		—	—	—	—
	b. „ 30 „		91,75	—	8,25	—

A. Rosing u. Aul.[2]) Morgenmilch vom 13/4 1864 in je 8 Blechsatten, und vom 19/4 in 6 Satten.

Die Vollmilch enthielt:

13/4 12,08 % Trocken-Substanz, 3,166 % Fett.
19/4 12,15 „ „ 3,331 „ „

	Procent. Fettgehalt der Magermilch: Milch vom 13/4 bei 4½° C.	Milch vom 13/4 bei 14° C.	vom 19/4 bei 23½° C.
Nach 6 Stunden	—	—	1,648
„ 7 „	1,099	1,377	1,412
„ 12 „	0,444	0,868	0,761
„ 18 „	0,425	0,602	0,526
„ 24 „	0,296	0,517	0,483
„ 30 „	0,285	0,516	sauer
„ 36 „	0,280	0,401	—
„ 60 6	0,240	—	—

Morgenmilch. 30/1 1865 in Gussander'schen Blechsatten, nach 26 Stunden:
Meierei, aufgestellt bei 10—12° C. . . . . . . 0,506 %
Keller, „ „ ca. 1° „ . . . . 0,318 „

Milch vom 21/3 1865 mit 3,138 % Fett in Gussander'schen Blechsatten:
Meierei, aufgestellt bei ca. 12—13° C. . . . . 0,302 %
Keller, „ „ „ 2—3° „ . . . . 0,261 „

J. Moser.[3]) Ungleich fette Milch bei verschiedener Temperatur. (1858.)

		Wassergehalt	Trocken-Subst.	Fett
		%	%	%
Auf 15° R. gekühlt, 48 Stunden lang im Kühlbad von 5—9° R.	Morgenmilch, frisch	86,80	13,20	4,62
	„ abgerahmt	90,24	9,76	0,62
	Abendmilch, frisch	85,31	14,69	5,34
	„ abgerahmt	89,36	10,64	1,37
Ca. 23° R. warme Milch in einem Raume von 16° R. während 7¾ Stunden.	Fettärmere Milch, frisch	88,26	11,74	3,04
	„ „ abgerahmt	90,06	9,94	1,28
	Fettreichere Milch, frisch	86,65	13,35	4,16
	„ „ abgerahmt	89,49	10,51	0,95

1) Chem. Ackersmann 1856, 56.
2) B. Martini, Die Milch. (Asbjörnsen, Norsk Landmandsbog f. 1868, 103.)
3) Arenstein's Allgem. Land- u. Forstw.-Ztg. 1858, 612.

Al. Müller.[1]) Magermilch von 3,49 % Fettgehalt.

		Höhe der Milchschicht mm	Fettgehalt in 100 ccm nach 12	23	24	72	96	120 Stund.
a. bei 8,5—11° C.	1.	0	0,92 g	0,63 g	0,29 g	0,25 g	0,31 g	0,32 g
	2.	95	1,95 „	1,62 „	1,23 „	1,11 „	1,05 „	0,88 „
	3.	190	2,08 „	1,81 „	1,46 „	1,32 „	1,17 „	1,01 „
	4.	285	2,22 „	— „	— „	— „	— „	— „
b. bei 20—24° C.	1.	0	0,66 „	0,43 „	— „	— „	— „	— „
	2.	95	2,05 „	1,58 „	— „	— „	— „	— „
	3.	190	2,32 „	1,87 „	— „	— „	— „	— „
	4.	285	2,41 „	— „	— „	— „	— „	— „

Al. Müller.[2]) Milch von 3,85 % Fettgehalt, gab nach der Aufrahmung in Magermilch:

	Milchmenge ccm	Höhe der Milchschicht mm	Fettgehalt nach 24	nach 36 Stund.
1. Verschlossene Glasflasche	580	120	0,42 %	0,20 %
2. Offenes Cylinderglas	1500	255	1,36 „	1,42 „
3. „ „	712	202	1,25 „	0,78 „
4. „ „	760	100	0,13 „	0,18 „
5. Gussander'sche Blechsatte	2000	28	0,13 „	0,14 „

Al. Müller.[3]) Frische Morgenmilch von 3,99 % Fettgehalt lieferte bei 15° C. Magermilch von:

	Höhe der Milchschicht	Fettgehalt (bei Proben vom Boden) nach 12 Stdn.	nach 24 Stdn.
1.	25 mm	0,25 %	0,29 %
2.	100 „	0,30 „	0,34 „
3.	200 „	0,39 „	0,43 „

Al. Müller.[4]) Milch bei 20° C.:

		Bezeichnung der Milchschicht	Fett in 100 ccm Magermilch nach 12 Stunden
I. Hoher Cylinder bei 335 mm Höhe der Milchschicht	1.	am Boden	0,66 g
	2.	95 mm	2,05 „
	3.	100 „	3,32 „
	4.	285 „	2,41 „
II. Flacher Cylinder, 6,85 mm Höhe	1.	am Boden	0,56 „
	2.	75 mm	1,90 „

Al. Müller.[5]) Frische Abendmilch vom 29/1 1862 in tubulirten Glasglocken bei 170 mm hoher Schichtung (1—3).

Nach 20 Stunden	Trocken-Subst.	Wasser	Fett	Zucker	Protein	Salze
1. Auf nahe 0° C. gekühlt . .	10,04	89,96	1,02	8,41		0,61 %
2. Bei ca. 15° C.	11,04	88,96	2,27	4,89	3,25	0,63 „
3. „ „ 30° C.	11,69	88,31	3,02	8,09		0,58 „
4. Gussander'sche Satte bei ca. 15° bei ca. 5 cm hoher Milchschicht	10,33	89,67	1,24	5,22	3,25	0,62 „
Ursprüngliche Milch	13,05	86,95	4,19	4,48	3,19	0,69 „

[1]) Landw. Versuchsstationen 1866, **8**, 72. Im Mai 1863 wurden 2 gleiche Cylinder zu je 335 mm Höhe mit 2370 g frischer Morgenmilch von 3,49 % Fettgehalt gefüllt, mit Deckel versehen, worin 4 Röhre zur Probenahme aus verschiedener Höhe befestigt waren.

[2]) Landw. Versuchsstationen 1867, **9**, 129.

[3]) Ebendaselbst 1865, **7**, 137.

[4]) Ebendaselbst 1866, **8**, 398.

[5]) Ebendaselbst 1867, **9**, 139. Der Autor bemerkt, dass die Proben der abgerahmten Milch nicht so genommen werden konnten, dass auf ihren Fettgehalt sichere Schlüsse zu gründen wären.

Al. Müller.[1]) Abendmilch vom 11/2 1862 in cylindrischen Glasglocken, mit Glasplatte bedeckt, gesammte abgerahmte Milch nach 20 Stunden:

	Trocken-Subst.	Wasser	Fett	
1. ungefähr 20°	11,55	88,45	2,48 %	(nach 23 Stdn. sauer)
2. „ 35°	12,73	87,27	3,79 „	(„ 14 „ „ und geronnen)
3. „ 50°	—	—	— „	(„ 17 „ noch süss, aber in Gährung) („ 20 „ sauer)
Ursprüngliche Milch	13,71	86,29	4,44 „	

Frische Morgenmilch vom 3/12 1862, von 3,35 % Fettgehalt, in Glasflaschen von ca. 1200 ccm Inhalt zu 110 mm Höhe geschichtet.

	Nach 18 Stdn. Fettgehalt d. Magermilch a) nahe am Boden	b) nahe unt. d. Rahmdecke	
1. Bei 28°, verkorkt (ruhig gehalten)	0,92 %	?	(gesäuert u. geronnen)
2. „ 18°, offen (ruhig gehalten)	0,53 „	1,70 %	noch süss.
3. „ 18°, verkorkt (ruhig gehalten)	0,47 „	1,68 „	noch süss.
4. Abwechselnd (8-mal) auf 32½° erwärmt u. auf 6° gekühlt, verkorkt, unbewegt	0,60 „	1,26 „	noch süss.
5. Bei 1°, verkorkt in eiskaltem Wasser	0,53 „	1,25 „	noch süss.

Dahl.[2]) Morgenmilch von 3,217 % Fettgehalt (Swartz'sches Verfahren).

		Fettgehalt der Magermilch bei 4°	bei 8—10°
	nach 24 Stunden	0,61 %	1,19 %
	„ 36 „	0,52 „	1,11 „
	„ 48 „	**0,48** „	**1,04** „
Abendmilch von 3,31 % Fettgehalt.		bei 3°	bei 6,5°
	„ 24 „	0,52 %	0,73 %
	„ 36 „	0,48 „	0,60 „

U. Kreusler, Kern u. Dahlen.[3]) Milch von 2,95 % Fett wurde in cylindrischen Glasgefässen von etwa 6 cm Durchmesser etwa 18,6 cm hoch aufgefüllt, in Wasserbädern genau gleichbleibenden Temperaturen ausgesetzt.

Temperatur	Procentiger Fettgehalt der Magermilch. Dauer der Aufrahmung in Stunden:									
°C	8	16	28	40	52	64	76	88	112	136
2	—	1,895	1,708	1,429	1,377	1,201	1,118	—	0,802	0,633
4	2,229	1,909	1,632	1,557	1,265	1,084	0,945	—	0,728	0,546
6	2,279	1,822	1,626	1,213	1,214	1,078	0,889	0,837	0,699	0,588
8	2,050	1,871	1,508	1,358	1,137	0,981	0,824	—	0,658	0,550
10	1,994	1,742	1,398	1,171	1,080	0,899	0,797	0,692	0,602	—
15	1,824	1,467	1,096	0,917	—	—	—	—	—	—
20	1,460	1,264	—	—	—	—	—	—	—	—
25	1,502	—	—	—	—	—	—	—	—	—
30	1,481	—	—	—	—	—	—	—	—	—

Milch von 2,95 % Fettgehalt.

	Procentiger Fettgehalt der Magermilch bei Temperatur: 6°	2°	4°	8°	10°	15°
Höhe der Milchschicht 35 mm	0,979	0,831	0,603	0,436	0,559	—
„ „ „ 186 „	1,708	1,632	1,626	1,508	1,398	1,096

[1]) Landw. Versuchsstationen 1867, **9**, 140, 141.
[2]) B. Martiny, Die Milch II, 76.
[3]) Landw. Jahrb. 1875, **4**, 280.

G. Naser.[1])

		Temperatur	Gehalt der Magermilch nach 15 Stunden an Trocken-Subst.	an Fett
1. Milch von 13,64 % Trocken-Subst. u. 3,79 % Fett, 5 cm hoch	a. in Eis gekühlt	bei 5° C.	12,28 %	1,30 %
	b. nicht gekühlt	„ 19° „	12,64 „	1.45 „
2. Milch von 12,68 % Trocken-Subst. u. 3,22 % Fett, 5,5 cm hoch geschüttet	a. in Eis gekühlt	„ 3,5° „	10,34 „	0,50 „
	b. nicht gekühlt	„ 20° „	11,24 „	1,43 „

Einfluss der atmosphärischen Luft auf die Absonderung des Rahms und den Gehalt der Magermilch.

Al. Müller.[2]) Frische Abendmilch von 4,0 % Fettgehalt, bei 16° C. Anfangstemperatur.

			Fettgehalt nach 24 Stdn. vom Boden genomm. Proben
11/3 1861	Verschlossenes Gefäss	sauer und geronnen . . .	—
	Cylindrisches „	offen, säuerlich, nicht geronnen .	0,6 %
	Flaches „	„ vollkommen süss	0,4 „

Einfluss des Luftdruckes.

Dahl.[3]) Milch von guter Beschaffenheit in Cylindergläsern mit einem Durchmesser von 4,9 cm und bis zur Höhe von 34 cm über dem Boden mit Milch gefüllt.

1873 Datum	Fettgehalt der ursprüngl. Milch	Dauer in Stunden	Temperatur °C	Fettgehalt der Magermilch bei Luft-verdünnung	bei gewöhnl. Druck
24/1	3,64	24	1—6	1,28 %	1,08 %
25/1	3,20	47	2—9	0,97 „	0,79 „
27/1	3,20	47	10—16,5	1,74 „	1,62 „
27/1	3,35	22	2—6	1,21 „	1,15 „
28/1	3,36	23	3—7	1,44 „	1,36 „

Einfluss des Kochens der Milch.

Al. Müller.[4]) Milch von 3,49 % Fettgehalt, 1. Mai 1863 wurde in Gefässen 81—85 mm hoch geschichtet.

		Fettgehalt der Magermilch in 100 ccm nach 12 Stdn.	nach 23 Stdn.
I. Milch frisch gekocht, bei 9,0° C. aufgestellt	am Boden entnommen	0,79 g	0,64 g
	unter der Rahmdecke	?	2,97 „
II. Erst nach 12 Stunden in Wasser auf ca. 95° erhitzt, bei 9° aufgestellt (Devonshire-Verfahren)	am Boden entnommen	?	0,41 „
	unter der Rahmdecke	?	1,65 „
III. Ohne Erwärmen, aufgestellt bei 20—22° C.	am Boden entnommen	0,56 g	0,31 „
	unter der Rahmdecke	1,90 „	1,56 „

Verschiedene Art der Abrahmgefässe.

Al. Müller.[5]) Morgenmilch 29/6 1861.

	Milchmenge ccm	Höhe mm	Fettgehalt der Magermilch nach 9½ Stdn.	nach 24 Stdn.	nach 36 Stdn.
1. Verschlossene Glasflasche .	580	120	—	0,42 %	0,20 %
2. Offenes Cylinderglas . .	1500	255	—	1,36 „	1,42 „
3. „ „ . .	712	202	—	1,25 „	0,78 „
4. „ „ . .	760	100	—	0,13 „	0,18 „
5. Gussander'sche Blechsatte	2000	28	0,43 %	0,13 „	0,14 „

---

1) W. Fleischmann, Das Molkereiwesen 1878.
2) Landw. Versuchsstationen 1867, **9**, 122.
3) Milchztg. 1873, **2**, 708. W. Fleischmann, Das Molkereiwesen. Braunschweig 1875, 258.
4) Landw. Versuchsstationen 1866, **8**, 612.
5) Ebendaselbst 1867, **9**, 129. Der Fettgehalt der zur Abrahmung aufgestellten Milch betrug 3,85 %; dieselbe wurde noch 31° warm in einem Zimmer bei 22—23° aufgestellt.

Nähere Bezeichnung der Milch	Vollmilch Trocken-Substanz %	Vollmilch Fett %	Zimmer-Wärme °C.	Dauer der Aufrahmung Std.	Magermilch Trocken-Substanz %	Fett %	Ausrahmungsgrad %	Trocken-Substanz %	Fett %	Ausrahmungsgrad %	Trocken-Substanz %	Fett %	Ausrahmungsgrad %
					Holzbütten			Emaillirt. Gusseisen			Verzinnt. Eisenblech		
Kirchner.[1]					Gleiches Gewicht, Milchhöhe der Schüttung verschieden								
1. Abendmilch, 8/12 1877	12,00	3,265	ca. 13	38	9,30	0,645	82,55	—	—	—	9,59	0,490	86,78
2. „ 10/12 „	11,85	3,35	„	38	9,58	0,48	87,91	—	—	—	9,59	0,41	89,76
3. „ 13/12 „	11,41	3,03	„	38	9,19	0,435	87,49	—	—	—	9,27	0,437	87,30
4. „ 15/12 „	11,85	3,18	12	38	9,62	0,588	84,17	9,39	0,49	86,66	9,29	0,33	90,86
5. „ 22/12 „	11,87	3,18	9	38	9,81	0,817	78,60	9,77	0,760	78,30	9,75	0,800	78,11
6. „ 3/1 1878	12,02	3,46	11,5	38	9,69	0,86	78,89	9,46	0,66	83,23	9,40	0,50	87,41
7. „ 7/1 „	11,86	3,44	11	38	9,19	0,345	91,85	9,12	0,325	91,85	9,18	0,300	92,58
					Gleiche Höhe der Schüttung (45 mm), ungleiches Gewicht								
8. „ 8/1 „	12,00	3,50	12	38	9,39	0,41	90,77	9,29	0,255	94,05	9,32	0,24	94,37
9. „ 12/1 „	11,71	3,21	12	38	9,25	0,39	89,74	9,27	0,26	93,26	9,15	0,303	92,24
10. „ 15/1 „	11,85	3,29	11	38	9,40	0,425	89,47	9,23	0,20	94,99	9,24	0,18	95,40
11. „ 19/1 „	11,92	3,27	10,5	38	9,59	0,515	86,16	9,07	0,26	93,52	9,17	0,155	96,00
12. „ 26/1 „	11,78	3,06	12	38	9,44	0,49	86,21	9,31	0,235	93,65	9,20	0,165	95,48
13. „ 28/1 „	11,98	3,52	11	38	9,32	0,35	92,10	9,29	0,335	92,17	9,18	0,28	93,44
14. Mittel von 1—7 (Höhe der Schüttung: Holz 41 mm, Emaille 65 mm, Blech 56 mm) . . .	—	—	—	—	—	—	84,49	—	—	85,01	—	—	87,54
15. Mittel v. 8—13 (Höhe der Schüttung gleichmässig 45 mm) . .	—	—	—	—	—	—	89,07	—	—	93,61	—	—	94,49
					Holzbütten			Thonbütten			Blechsatten		
Schrodt u. von Peter.[2]					Gleiche Höhe der Schüttung (60 mm), nahezu gleiches Gewicht								
1. Morgenmilch, 13/4 1880	—	3,12	10,5	24	—	0,755	79,15	—	0,600	84,18	—	0,539	85,10
2. „ 14/4 „	—	3,155	11	24	—	0,83	78,48	—	0,70	80,72	—	0,69	81,15
3. „ 15/4 „	—	3,096	11,5	24	—	0,77	78,95	—	0,56	87,74	—	0,53	85,31
4. „ 16/4 „	—	3,06	11,5	24	—	0,835	77,37	—	0,62	82,32	—	0,485	86,42
5. „ 17/4 „	—	3,10	11,5	24	—	0,875	79,42	—	0,755	79,13	—	0,695	81,82
6. „ 19/4 „	—	2,985	11	24	—	0,60	83,09	—	0,49	87,12	—	0,42	88,88
7. „ 20/4 „	—	3,095	13	24	—	0,84	76,78	—	0,775	79,64	—	0,60	83,44
8. „ 22/4 „	—	2,95	12,5	24	—	0,63	81,72	—	0,51	85,83	—	0,48	85,90
9. „ 23/4 „	—	2,73	12,5	24	—	0,60	80,96	—	0,585	81,06	—	0,57	81,32
10. „ 28/4 „	—	2,88	10	36	—	0,42	87,60	—	0,22	93,65	—	0,27	92,04
11. „ 30/4 „	—	2,82	10	36	—	0,57	82,44	—	0,49	85,18	—	0,525	83,59
12. „ 30/4 „	—	2,935	11	36	—	0,65	81,81	—	0,38	88,98	—	0,42	87,91
13. „ 1/5 „	—	3,022	11	36	—	0,634	82,06	—	0,506	85,92	—	0,447	87,41
14. „ 2/5 „	—	3,049	10	36	—	0,738	79,32	—	0,695	80,51	—	0,586	83,47
15. Mittel von 1—9 . .	—	—	—	24	—	—	79,55	—	—	82,75	—	—	84,37
16. „ „ 10—14 . .	—	—	—	36	—	—	82,65	—	—	86,85	—	—	86,88

[1]) Milchztg. 1878, **7**, 185. Die Milch stammte jedesmal von 5 Kühen und war stets von amphoterer Reaktion; sie gelangte unmittelbar nach dem Melken in die Gefässe.

[2]) Milchztg. 1880, **9**, 373. Die Holzbütten waren innen und aussen mit Oelanstrich versehen.

Vergleichende Aufrahmungsversuche zwischen dem Swartz'schen und anderen Verfahren:

Nr.	Nähere Bezeichnung des Aufrahmverfahrens		Dauer der Aufrahmung Stdn.	Temperatur des Eiswassers °C.	Fettgehalt der Vollmilch %	Magermilch Fett %	Magermilch Spec. Gew.
1)	Swartz'sches (Eis-) Verfahren, verschiedene Aufrahmdauer:[1])						
1.	Morgenmilch von 93 Kühen der Radener Herde, Tag u. Nacht Koppelweide, 2/10 1876		12	0,5—1,5	3,98	0,901	1,0338
2.			24		3,98	0,605	1,0359
3.	Abendmilch von 92 Kühen 5/10 „		12	0,5—2,0	3,98	1,095	1,0346
4.			24		3,98	0,877	1,0350
5.	Morgenmilch von 87 Kühen, Tags Weide, Nachts im Stall Weizen- u. Roggenkaff, 9/10 1876		12	0,5—4,0	3,51	2,86	1,033
6.			24		3,51	2,42	1,034
7.	Abendmilch von 86 Kühen, wie vorher 11/10 1886		12	1,5—4,0	3,92	1,734	1,0335
8.			24		3,92	1,401	1,0335
	Swartz'sche Gefässe im Vergleich zu Glassatten:						
9.	Swartz'sche Gefässe, Eiskühlung, ca. 42 cm hohe Schichtung, auf 1 Pfd. Milch 1,08 Pfd. Eis	Abendmilch der Radener Herde von 87 Kühen, 16/10 Tags Weide, Nachts im Stall Häcksel von Haferstroh	12	3,5—0,5	3,98	2,252	1,0330
10.			24		3,98	2,000	1,0336
11.			36		3,98	1,740	1,0340
12.	Holstein'sche Glassatten, ca. 5,2 cm hohe Schichtung		12	ca. 15,5	3,98	1,251	1,0340
13			24		3,98	0,999	1,0340
14.			36		3,98	0,505	1,0340
15.	Swartz'sche Gefässe, Eiskühlung, auf 1 Pfd. Milch 1 Pfd. Eis	Morgenmilch von 84 Kühen, Fütterung und Haltung wie vorher	12	0,5—1,0	4,03	2,021	1,033
16.			24		4,03	1,633	1,034
17.			36		4,03	1,608	1,0343
18.	Holstein'sche Glassatten		12	ca. 14,0	4,03	1,761	1,0335
19.			24		4,03	1,117	1,0345
20.			36		4,03	0,984	1,0355
2)	Eis- oder Wasserkühlung:[2])						
21.	Eiskühlung	Versuche in Ourupgaard 10/8 1876	10	—	—	0,59	—
22.	Wasserkühlung 10° C.		10	10	—	1,30	—
23.	Eiskühlung	desgl. 7/9 1876	34	—	—	0,41	—
24.	Wasserkühlung 8° C.		34	8	—	0,71	—
25.	Eiskühlung	Gjeddesdal	34	—	—	1,01	—
26.	Wasserkühlung 8,5° C.		34	8,5	—	1,33	—
27.	Eis, Ourupgaard 24/8		10	—	3,78	0,46	—
28.	„ Saedingegaard 2/10		34	—	3,63	0,99	—
29.	„ Ourupgaard 7/9		34	—	3,56	0,41	—
30.	Schneekühlung	Saedingegaard 20/6	12	—	3,12	0,52	—
31.	„		22	—		0,40	—
32.	Bütten		34	—		0,44	—
33.	Schnee	10/8	10	—	3,40	0,74	—
34.	Wasser		10	12,5		1,61	—
35.	Gleich in Eis	24/8	10	—	3,78	0,58	—
36.	2 Stunden gefahren, Eis		10	—		0,90	—
37.	Bütten gleich in Eis		34	—		0,45	—

[1]) W. Fleischmann. Milchztg. 1876, **5**, 2239, 2251 u. 2263.

[2]) N. J. Fjord u. Storch. Milchztg. 1877, **6**, 629. Forschungen auf dem Gebiete der Viehhaltung **2**, 70, 81.

	Nähere Bezeichnung des Aufrahmverfahrens	Dauer der Aufrahmung Stdn.	Temperatur des Eiswassers °C	Fettgehalt der Vollmilch %	Fettgehalt der Magermilch %	Entrahmungsgrad %
	38. Eis	34			0,52	—
	39. Wasser } 7/9	34	10	3,46	0,89	—
	40. Bütten	34			0,51	—
	41. Kis	34			1,28	—
	42. Wasser } 24/9	34	10	3,89	1,67	—
	43. „	34			1,69	—
	44. Eis, stark	34	—		1,24	—
	45. Wasser in Holzbassin	34	9,7	3,63	1,38	—
	46. „ „ gemauertem Bassin } 2/10	34	11,9		1,43	—
	47. „ „ Holzbassin	34	14,4		1,43	—
3)	Swartz'sches und Holstein'sches Verfahren: [1]					
	48. Swartz'sche Gefässe m. Eiskühl. } Milch von 10 Angler Kühen (12,07 % Trocken-Substanz) Winterfutter	36	5—8	3,35	0,73	—
	49. Holstein'sche Satten	36	ca. 14		0,49	—
	50. Swartz'sche „ } Milch v. 10 Angler Kühen b. Weidegang (12,53 % Trocken-Substanz)	36	5—8	3,65	0,54	—
	51. Holstein'sche „	36	14		0,37	—
4)	52. Eiskühlung [2]	—	—	—	0,19	—
	53. „	—	—	3,78	0,20	—
	54. „	—	—	—	0,29	—
	Tremser- (auch Oberkühlung) und Swartz'sches (Boden- und Seitenkühlung) Verfahren: [3]		Temperatur der Milch beim Abrahmen			
5)	55. Tremser Verfahren mit Wasser gekühlt 4 Stunden . .	24	7,5	3,27	1,233	67,6
	56. „ „ „ „ „ 5 „ . .	24	8,5	3,28	1,215	68,0
	57. „ „ „ „ „ 6 „ . .	24	8,0	3,41	1,122	72,0
	58. „ „ „ „ „ 12 „ . .	36	8,5	3,76	0,923	79,0
	59. Tr. m. Wasser gekühlt 5 Stunden } 28/5	24	9,5	3,115	1,05	70,6
	60. Sw. „ „ „ 24 „	24	12,0		1,04	70,7
	61. Tr. „ „ „ 12 „ } 29/5	24	11,0	3,350	1,335	65,1
	62. Sw. „ „ „ 24 „	24	11,5		1,22	67,9
	63. Tr. „ „ „ 2½ „ } 31/5	24	9,5	2,85	1,085	66,2
	64. Sw. „ „ „ 2½ „	24	11,8		0,640	80,8
	65. Tr. } Milch vorher durch Lawrence'schen Kühler	24	9,5	3,31	1,130	70,2
	66. Sw. gegangen 1/6	24	12,0		1,011	73,8
	67. Tr. mit Wasser gekühlt 4 Stunden } 3/6	24	10,8	3,15	0,990	72,6
	68. Sw. „ „ „ 4 „	24	9,5		0,360	90,4
	69. Tr. „ „ „ 2½ „ } 4/6	24	11,0	2,755	1,020	68,0
	70. Sw. „ „ „ 2½ „	24	9,0		0,510	84,3
	71. Tr. nach 2½ stünd. Kühlung mit Wasser, Eis wie oben . . . . Eisverbrauch 4,1 kg	24	10,0	2,90	1,050	70,0
	72. Sw. Eis . . . . 18,0 „	24	9,5		0,645	81,0
	73. Tr. } wie vorher . . . . 4,2 „	24	10,2	3,08	1,21	65,8
	74. Sw. 24,0 „	24	11,2		0,63	83,0

[1] M. Schrodt und Ph. du Roi. Milchztg, 1879, **8**, 585. Im Mittel von je 5 Aufrahmversuchen.
[2] N. Engström. Milchztg. 1879, **8**, 661.
[3] M. Schrodt. Milchztg. 1880, **9**, 625.

Nähere Bezeichnung des Aufrahmverfahrens		Dauer der Aufrahmung Std.	Temperatur der Milch beim Abrahmen °C.	Fettgehalt der Vollmilch %	Fettgehalt der Magermilch %	Entrahmungsgrad %
	Eisverbrauch					
75. Tr. } wie vorher	4,4 kg	24	10,0	3,035	1,07	69,0
76. Sw. }	24,0 „	24	10,0		0,75	87,5
77. Tr. } wie vorher	4,8 „	24	10,0	2,90	1,215	63,0
78. Sw. }	6,0 „	24	13,0		0,520	84,4
79. Tr. } wie vorher	5,0 „	24	10,5	2,98	1,19	65,4
80. Sw. }	6,0 „	24	13,2		0,89	74,6
81. Tr. } wie vorher	4,6 „	24	10,5	2,705	0,95	70,3
82. Sw. }	6,0 „	24	13,0		0,62	80,1
83. Tr. } wie vorher	6,0 „	24	11,5	2,84	1,05	67,1
84. Sw. }	6,0 „	24	15,2		0,645	79,8
85. Tr. } wie vorher	6,0 „	30	12,0	2,74	0,79	74,8
86. Sw. }	30,0 „	30	14,0		0,435	86,0
87. Tr.		24	—	3,24	1,54	—
88. Sw. Kaltwasser		24	—		1,05	—
89. Tr.		24	—	1,05	1,39	—
90. Kaltwasser		24	—		0,73	—
6) Aufrahmung in Blechsatten ohne Kühlung[1]) bei 10—12° C. des Lokales. Schüttung in der Höhe von 45—50 mm:						
91. Milch von Angler Kühen; im Mittel von 10 Versuchen		—	—	3,28	0,425	—
	Maxim.	—	—	—	0,528	—
	Minim.	—	—	—	0,299	—
						Sp. Gew.
7) 92. Swartz'sches Verf. mit Eiskühlung[2])		—	ca. 2	3,313	0,698	1,0342
93. desgl.		—	„	3,269	0,799	1,0342
94. desgl.		—	„	3,020	0,673	1,0342
95. desgl.		—	„	3,366	0,467	1,0340
96. desgl.		—	„	3,272	0,519	1,0339
97. Aufrahm. bei einer mittleren Temperatur von 15° C.		—	—	3,313	1,350	1,0333
98. desgl.		—	—	3,269	1,035	1,0332
99. desgl.		—	—	3,020	1,024	1,0330
100. desgl.		—	—	3,366	0,931	1,0332
101. desgl.		—	—	3,272	0,357	1,0340
						Aufrahmungsgrad
8) 102. Swartz'sches Verf.,[3]) Abendmilch		24	ca. 3	2,97	0,63	82,47
103. Amerikanische Massenaufrahmung, Reimer's Milchwanne, m. Destinorisch. Rahmrechen		24	„	3,035	0,68	80,86
104. desgl.		24	„	2,405	0,505	81,86
105. desgl.		24	5	2,80	0,78	76,12
106. desgl.		24	7	3,12	0,83	77,63
107. desgl.		36	7	2,885	0,285	91,53
108. desgl.		36	7	2,72	0,46	85,56

[1]) M. Schrodt und du Roi. Milchztg. 1879, **8**, 558.
[2]) P. Vieth. Forschungen auf dem Gebiete der Viehhaltung **8**, 349.
[3]) M. Schrodt. Milchztg. 1880, **9**, 405.

Nähere Bezeichnung des Aufrahmverfahrens	Dauer der Aufrahmung Std.	Temperatur der Milch beim Abrahmen °C.	Fettgehalt der Vollmilch %	Fett der Magermilch %	Entrahmungsgrad %
109. wie 108	36	7	2,96	0,345	90,09
110. desgl.	24	6,5	3,005	0,605	83,03
9) Amerikanische Massenaufrahmung,[1]) System Reimer's, Rahmrechen u. Ahlborn'sche Abflusseinrichtung f. Rahm:					
111. Höhe der Schüttung 12,3 cm bei ca. 14° C.	24	—	3,147	0,828	78,07
112. Höhe der Schüttung 12,3 cm bei ca. 14° C.	34	—	3 274	0,753	81,96
113. Höhe der Schüttung 12,3 cm bei ca. 14° C.	36	—	3,153	0,744	79,71

Verschiedene Aufrahmverfahren.

Kaltwasser- und Cooley'sches Verfahren.

M. Schrodt u. H. Hansen.[2])

		Vollmilch Fettgehalt %	Temp. d. Milch beim Abrahmen °C.	Magermilch Fettgehalt %	Entrahmungsgrad %
12-stündige Aufrahmdauer.					
1. a) Ungekühlte Milch, Mittel von je 5 Versuchen	Cooley	3,14	11,4	1,223	66,7
2.	Kaltwasser	3,14	11,4	1,453	58,8
3. b) Gekühlte Milch, ca. 14° C., Mittel von je 5 Versuchen	Cooley	3,08	11,8	1,316	62,3
4.	Kaltwasser	3,08	11,8	1,487	56,5
24-stündige Aufrahmdauer.					
5. Ungekühlte Milch, Mittel von je 12 Versuchen	Cooley	3,27	8,04	0,417	89,2
6.	Kaltwasser	3,27	8,04	0,500	87,0
36-stündige Aufrahmdauer.					
7. a) Ungekühlte Milch, Mittel von je 5 Versuchen	Cooley	3,12	12,0	0,489	86,5
8.	Kaltwasser	3,12	12,0	0,609	83,0
9. b) Gekühlte Milch, 13—15° C., Mittel von je 5 Versuchen	Cooley	3,40	11,0	0,929	76,5
10.	Kaltwasser	3,40	11,0	1,008	72,4
36-stündige Aufrahmdauer.					
11. Ungekühlte Milch, Mittel von je 5 Versuchen	Cooley	3,01	12,0	0,788	77,6
12.	Kaltwasser	3,01	12,0	0,918	73,1

Cooley'sches Verfahren.

H. P. Armsby, A. F. Hilbert u. T. G. Short.[3])

Mittel ganzer Perioden:			Wassertemperatur °C.		
Periode I	Kuh No. 1, Jersey-Kreuzung	4,51	0,66	0,69	92,0
„ II		4,24	1,38	0,46	94,0
„ III		4,04	1,32	0,52	93,8
„ IV		3,80	1,36	0,42	94,6

[1]) W. Fleischmann. Bericht der Milchw. Versuchsstation Raden 1888, 47.

[2]) Forschungen auf dem Gebiete der Viehhaltung **16**, 368. Das Cooley'sche Verfahren unterscheidet sich von dem Kaltwasserverfahren nur dadurch, dass bei ersterem gleichzeitig auch Luftabschluss stattfindet und dass geschlossene Gefässe unter Wasser zu stehen kommen. Bei allen vorstehenden Versuchen wurde bei dem „Kaltwasser-Verfahren" fast noch einmal so viel Milch verwendet als bei dem Cooley'schen. Der hohe Fettgehalt der Magermilch bezw. die schlechte Entrahmung der Milch bei den Versuchen unter 9—12 wird auf die Beschaffenheit der Milch, welche man als „träge" bezeichnet, und welche bei Uebergang von Trocken- zu Grünfütterung aufzutreten pflegt, zurückgeführt.

[3]) Vergl. Anmerkung [1]) S. 364.

			Vollmilch Fettgehalt %	Wasser-temperatur °C.	Magermilch Fettgehalt %	Entrahmungs-grad %
H. P. Armsby[1]) *etc.*	Periode I	Kuh No. 2, reine Jersey	6,06	1,38	0,24	97,5
	„ II		5,90	2,55	0,10	97,9
	„ III		5,80	2,72	0,19	97,9
	„ IV		5,73	2,74	0,25	97,5
	„ I	Kuh No. 3, Jersey-Kreuzung	6,17	1,27	0,31	96,9
	„ II		6,05	2,43	0,43	95,3
	„ III		5,95	2,72	0,26	97,6
	„ IV		6,06	2,71	0,27	97,2

Procentiger Fettgehalt der Voll- und Magermilch nach sofortigem und verzögertem Einguss in die Cooley-Kannen (Kaltwasser-Aufrahmverfahren). Nach Babcock, Milchztg. 1892, 21, 332.

Anzahl der Versuche, Zeit zwischen Melken und Eingiessen	Fettgehalt der Milch	Bei sofortigem Eingiessen — Fettgehalt der Magermilch Max. %	Min. %	Mittel %	Bei verzögertem Eingiessen in die Kannen — Fettgehalt der Magermilch Max. %	Min. %	Mittel %
27 Versuche und Verzögerung 15 Minuten	4,31	0,51	0,22	0,33	0,60	0,26	0,40
26 „ „ „ 20—40 „	4,62	0,56	0,32	0,39	0,71	0,38	0,51
38 „ „ „ über 40 „	4,51	0,48	0,23	0,30	0,71	0,30	0,47

Aufrahmung in der Forsaga'schen Milchsatte, verglichen mit den Swartz'schen Milchbehältern (Centrbl. Agrik.-Chem. 1890, 19, 787—788).

Die Forsaga'sche Milchsatte lieferte folgende Resultate:

Milchmenge, l	65	65	100	100
Zeit der Aufrahmung, Stunden	5	5	5	10
Fett in der Magermilch, %	0,55	0,43	0,50	0,28

Die gewöhnlichen hohen Swartz'schen Eimer ergaben folgende Resultate:

Milchmenge, l	—	35			35	35		
Zeit der Aufrahmung, Stunden	12	24	48	72	24	24	48	72
Fett in der Magermilch, %	0,69	0,83	0,57	0,42	0,58	0,62	0,56	0,37

Henry H. Wing u. Clinton D. Smith (Bull. landw. Versuchsstation an der Cornell Universität Ithaka N. Y. XX. Septbr. 1890, S. 60—67; Centrbl. Agrik. Chem. 1891, 20, 698—703 machen Angaben über den Fettgehalt der Magermilch bei verschiedenen Abrahmmethoden in Satten, mit und ohne Wasserzusatz.

[1]) Forschungen auf dem Gebiete der Viehhaltung 17, 1. Bei jeder der drei Kühe wurden vier Fütterungsperioden von je 2—4 Wochen eingehalten, nämlich:

Fütterung für den Tag:

Periode I. Kuh No. 1. Maismehl 4,5 kg, Kleeheu 6,9 kg. 1884. 1.—18. März.
Kuh No. 2 u. 3. Weizenkleie 2,3 kg, Maismehl 3,2 kg, Sauerheu von Klee 4 kg und Wiesenheu nach Belieben. 1885. 2.—28. Februar.

Periode II. Kuh No. 1. Maismehl 3,5 kg, Baumwollsamenmehl 0,9 kg, Kleeheu 6,9 kg. 1888. 19. März bis 8. April.
Kuh No. 2 u. 3. Weizenkleie 2,3 kg, Maismehl 1,8 kg, entöltes Leinmehl 1,4 kg, eingesäuerter Rothklee 4 kg, Wiesenheu nach Belieben. Kuh No. 2 vom 1.—18. März. Kuh No. 3 vom 1.—21. März.

Periode III. Kuh No. 1. Maismehl 2 kg, Malzkeime 2,2 kg, Kleeheu 6,9 kg. 1884. 9.—22. April.
Kuh No. 2 u. 3. Weizenkleie 2,3 kg, Maismehl 3,2 kg, entöltes Leinmehl 1 kg, Sauerheu und Klee 4 kg, Wiesenheu nach Belieben. 1885. 22. März bis 11. April.

Periode IV. Wie Periode I. Kuh No. 1. 1884. 23. April bis 13. Mai. Kuh No. 2 u. 3. 12. April bis 2. Mai. Die Kühe waren sämmtlich frischmilchend.

Nähere Bezeichnung der Milch	Fettgehalt der Vollmilch		Fettgehalt der Magermilch			
			Eisverfahren		Bütten	
			nach 34-stündiger Aufrahmung			
	%	%	%	%	%	%
N. J. Fjord u. Storch.[1])	Angler	Jüten	Angler	Jüten	Angler	Jüten
1879. Rosvang.						
1. September 8., Abendmilch	3,28	3,22	0,73	1,11	0,63	0,64
2. „ 9., Morgenmilch	3,25	3,17	0,73	1,27	—	—
3. November 2., Morgenmilch	—	—	1,34	1,90	1,26	1,42
4. „ 2., Abendmilch	—	—	1,54	2,48	1,54	2,04
5. „ 22., Morgenmilch	—	—	1,66	2,38	0,96	1,24
6. „ 22., Abendmilch	—	—	2,05	2,59	1,10	1,36
1880. Rosvang.						
7. September 2., Abendmilch	—	—	0,53	0,94	0,66	0,50
8. „ 3., Morgenmilch	—	—	0,51	1,08	0,65	0,44
9. Oktober 5., Abendmilch	—	—	0,81	1,45	0,74	0,92
10. „ 6., Morgenmilch	—	—	0,79	1,34	0,68	0,82
11. November 23., Abendmilch	—	—	1,42	2,44	1,04	1,11
12. „ 24., Morgenmilch	—	—	2,12	2,57	1,08	1,12
Alte Kühe.						
13. April 21., Abendmilch	—	—	0,20	0,42	0,43	0,43
14. „ 22., Morgenmilch	—	—	0,17	0,44	0,23	0,45
	Fettgehalt der Magermilch: Centrifugen von Nielsen u. Petersen					
1881. Rosvang, Egebaksunde und Marselisborg.						
15. Rosvang, Mai 4., Morgenmilch	0,24	0,27	0,89	1,08	0,59	0,82
16. „ „ 4., Abendmilch	0,15	0,17	0,66	0,98	0,48	0,76
17. „ Juni 14., Morgenmilch	0,15	0,14	0,58	0,95	0,52	0,79
18. „ „ 14., Abendmilch	0,13	0,17	0,52	0,17	0,49	0,74
19. „ August 23., Morgenmilch . . .	0,24	0,17	0,67	1,77	0,57	0,60
20. „ „ 23., Abendmilch . . .	0,11	0,05	0,66	1,33	0,49	0,73
21. „ September 3., Abendmilch . .	0,13	0,07	0,80	1,36	0,54	0,63
22. „ „ 4., Morgenmilch . .	0,13	0,05	0,81	1,43	0,54	0,66
23. Egebaksunde, August 27., Morgenmilch .	0,05	0,04	0,51	1,25	0,50	0,48
24. „ „ 27., Abendmilch .	0,10	0,09	0,48	1,09	0,60	0,53
25. Marselisborg, Septemb. 12., Morgenmilch .	0,09	0,12	0,49	0,79	0,42	0,45
26. „ „ 12., Abendmilch .	0,09	0,12	0,47	0,61	0,45	0,53
27. „ „ 19., Morgenmilch .	0,13	0,10	0,90	1,07	0,63	0,65
28. „ „ 19., Abendmilch .	0,09	0,14	0,47	0,58	0,47	0,72
	Centrifuge von de Laval					
	Shorthorn	Jüten	Shorthorn	Jüten	Shorthorn	Jüten
29. 1880. Juli 12—23. (verschiedene Ställe) .	—	—	0,23	1,45	0,40	0,57
30. „ 9., Morgenmilch	0,14	0,19	0,31	1,37	0,43	0,55
31. „ 9., Abendmilch	0,14	0,16	0,23	0,89	0,37	0,47
32. „ 12., Morgenmilch	0,16	0,20	0,28	1,15	0,35	0,59
33. „ 12., Abendmilch	0,16	0,16	0,36	1,15	0,43	0,70
34. September 12., Abendmilch . . .	0,19	0,30	0,29	1,10	0,45	0,47
35. „ 13., Morgenmilch . . .	0,19	0,22	0,38	1,62	0,45	0,63

[1]) Forschungen auf dem Gebiete der Viehhaltung 1881, II, 98.

Nähere Bezeichnung der Milch	Fettgehalt der Centrifugen-Magermilch		Fettgehalt der Magermilch: Eisverfahren (nach 34-stündiger Aufrahmung)		Fettgehalt der Magermilch: Bütten (nach 34-stündiger Aufrahmung)	
	%	%	%	%	%	%
1881. Mai bis Sept. Durchschnitt d. Analysen.	Shorthorn	Jüten	Shorthorn	Jüten	Shorthorn	Jüten
36. Vestervigkloster und Vejlegaard . . .	0,17	0,22	0,30	1,25	} 0,41	0,57
37. desgl. und verschiedene Höfe	0,16	0,18	0,32	1,15		
	Centrifugen von Nielsen u. Petersen					
	Angler	Jüten	Angler	Jüten	Angler	Jüten
38. Rosvang	0,76	0,14	0,71	1,13	0,53	0,72
39. Egebaksunde	0,08	0,07	0,50	1,17	} 0,51	0,56
40. Marselisborg	0,10	0,12	0,57	0,76		

II. Entrahmung durch Centrifugen verschiedener Systeme.

Heinr. Petersen's Schäl-Centrifuge.

Nähere Bezeichnung der Milch		Vollmilch Spec. Gew.	Vollmilch Fett %	Magermilch Spec. Gew.	Magermilch Fett %	Reaktion
W. Fleischmann.[1]						
1. Aus Oldesloe	8/2 1882	—	—	1,0332	0,369	} schwach säuerlich
2. „ „	30/3 „	—	—	1,0349	0,361	
3. „ Woldegk	17/12 1883	1,0315	2,946	—	0,418	
4. „ „ (700 l Milch in d. Stunde)	6/5 1884	—	—	—	0,359	sauer
5. „ Stavenhagen	7/8 „	—	—	1,0348	0,505	—
6. „ Hamburg	11/11 „	—	—	1,0307	0,491	gewässert
7. „ „	29/11 „	—	—	1,0347	0,483	—
8. „ „	12/12 „	—	—	1,0324	0,678	gewässert

Nähere Bezeichnung der Milch	Milch in der Stunde kg	Trommelumläufe in der Min.	t °C.	Vollmilch Spec. Gew.	Vollmilch Fett %	Magermilch Spec. Gew.	Magermilch Fett %	Ausrahmungsgrad %
W. Fleischmann u. R. Sachtleben.[2]								
Frische Morgenmilch der Radener Herde:								
9. Mittel von 5 Versuchen	370,4	1677	5	—	3,237	—	0,827	78,5
10. „ „ 6 „	374,1	1664	10	—	3,117	—	0,601	84,0
11. „ „ 5 „	378,4	1644	15	—	3,136	—	0,438	88,4
12. „ „ 5 „	381,0	1661	20	—	3,149	—	0,403	89,1
13. „ „ 5 „	394,9	1671	25	—	3,126	—	0,331	90,9
14. „ „ 6 „	383,1	1661	30	—	3,059	—	0,284	92,1
15. „ „ 6 „	377,0	1669	35	—	3,040	—	0,254	92,9
16. „ „ 9 „	383,0	1663	40	—	3,520	—	0,224	94,4
17. Transportirte Milch aus Mamerow, frische Morgenmilch, Mittel von 6 Versuchen . .	400,9	1681	25	—	3,137	—	0,307	91,9
18. 12 Stunden alte Abendmilch der Radener Herde, Mittel von 6 Versuchen	378,1	1632	25,4	—	3,156	—	0,354	90,7

[1] Ber. d. Milchw. Versuchsstation Raden 1888, 21; 1883, 46; 1884, 75 u. ff.

[2] Milchztg. 1882, II, 593 u. 610.

Centrifugen von Burmeister und Wains.

Kleine dänische Centrifuge.

W. Fleischmann.[1]	Magermilch Spec. Gew.	Magermilch Fett %	Magermilch Reaktion
1. Aus Woldegk (500 l Milch in der Stunde) . . .	1,0340	0,434	sauer

M. Schmoeger.[2]	Milch in der Stunde kg	Temperatur der Vollmilch °C.	Vollmilch Fett %	Magermilch Fett %
2. 30. Januar	190,0	33,1	3,37	0,27
3. 31. „	193,0	35,0	3,39	0,26
4. 28. „	285,0	33,7	—	0,41
5. 29. „	305,0	34,4	3,36	0,41
6. 4. Februar	188,7	27,5	3,49	0,30
7. 26. „	196,2	27,5	3,12	0,29
8. 1. März	305,3	27,5	3,35	0,44
9. 2. „	294,8	27,5	—	0,40
10. 4. März	189,5	20,0	—	0,45
11. 5. „	165,0	20,0	—	0,45
12. 6. „	279,2	20,0	2,95	0,74
13. 28. Februar	290,4	20,0	—	0,50
14. 3. März	279,2	20,5	3,22	0,59
15. 7. März	171,1	13,1	3,21	0,50
16. 10. „	181,5	13,7	—	0,55
17. 12. „	266,7	13,1	—	0,86

M. Schmoeger.[3] Einfluss des während des Centrifugirens innegehaltenen Verhältnisses zwischen ablaufender Magermilch und Rahm; Mittel von je 2 Versuchen. Temperatur und Milchmenge in den angegebenen Grössen annähernd.

	Milch in der Stunde	Temperatur der Vollmilch	Vollmilch Fett %	Magermilch Fett %
18. Rahm : Magermilch = 1 : 9	150 Liter	35 °C.	3,85	0,175
19. „ : „ = 1 : 10	150 „	35 „	3,75	0,180
20. „ : „ = 1 : 4	300 „	35 „	3,67	0,27
21. „ : „ = 1 : 10	300 „	35 „	3,40	0,52
22. „ : „ = 1 : 4	150 „	12,5 °C.	3,38	0,255
23. „ : „ = 1 : 10	150 „	12,5 „	3,58	0,405
24. „ : „ = 1 : 4	300 „	12,5 „	3,60	0,67
25. „ : „ = 1 : 10	300 „	12,5 „	3,58	1,065

Einfluss des Fettgehaltes der Vollmilch auf die Entrahmung.

	Milch in der Stunde	Temperatur der Vollmilch	Vollmilch Fett %	Magermilch Fett %
26. Rahm : Magermilch = 1 : 5	150 Liter	35 °C.	fettarm 2,60	0,21
27. „ : „ = 1 : 8	150 „	35 „	fettarm 2,63	0,18
28. „ : „ = 1 : 5	150 „	35 „	3,50	0,19
29. „ : „ = 1 : 5	300 „	35 „	fettarm 2,81	0,385
30. „ : „ = 1 : 8	300 „	35 „	fettarm 2,72	0,455
31. „ : „ = 1 : 5	300 „	35 „	3,45	0,39
32. „ : „ = 1 : 5	150 „	7,5 „	fettarm 1,95	0,44
33. „ : „ = 1 : 8	150 „	7,5 „	fettarm 1,96	0,345
34. „ : „ = 1 : 5	150 „	7,5 „	3,07	0,40
35. „ : „ = 1 : 5	250 „	7,5 „	fettarm 2,17	1,07
36. „ : „ = 1 : 8	250 „	7,5 „	fettarm 2,04	0,795
37. „ : „ = 1 : 5	250 „	7,5 „	2,97	1,07

[1] Ber. d. Milchwirthsch. Versuchsstation Raden 1888, 21; 1883, 46; 1884, 75 u. ff.
[2] Ber. d. Milchw. Instituts Proskau 1883/84, 8.
[3] Ebendaselbst 1884/88, 11 u. ff. und 1885/86, 11.

Frisch gemolkene Morgenmilch im Mittel von 4 Versuchen.

	Milch in der Stunde	Temperatur der Vollmilch	Vollmilch Fett %	Magermilch Fett %
38. Rahm : Magermilch 1 : 5	ca. 190 Liter	29° C.	2,64	0,175

In Eiswasser gestellte und wieder angewärmte Mittag- und Abendmilch.

39. Rahm : Magermilch 1 : 5	190 Liter	29° C.	2,91	0,19

Morgenmilch 12 Stunden in Eiswasser gestellt, dann centrifugirt ohne Anwärmen.

40.	Zulauf ca. 200 Liter	12,5° C.	1,50	0,25
41. Kuhwarme Abendmilch	„ „ 200 „	31,2 „	3,66	0,22
42. „ „	„ „ 300 „	31,2 „	3,66	0,48

Burmeister's kleine Centrifuge.

N. J. Fjord u. Storch.[1]) a. Der Gesammt-Magermilch entnommen:

Temperatur der Vollmilch °C.	Zuströmung in der Stunde Pfd.	Umdrehungen in 1 Stunde	Magermilch Fettgehalt %
24,8	298	1946	0,21
24,7	434	2385	0,22
24,2	701	2931	0,28

b. Magermilch abzüglich des ersten und letzten Antheils.

°C.	Pfd.		%
27,8	278	1970	0,23
27,7	444	2395	0,23
27,9	694	3018	0,22

April bis September 1882:	Pfd.		Mittel	Min.	Max.
Im Mittel von 9 Versuchen (Analysen)	1290	2410	0,12	0,09	0,15
„ „ „ 28 „ „	2435	2410	0,22	0,15	0,39
„ „ „ 8 „ „	1290	2410	0,12	0,11	0,12
„ „ „ 4 „ „	2435	2410	0,25	0,22	0,28
„ „ „ 4 „ „	3580	2410	0,41	0,38	0,47
„ „ „ 4 „ „	4720	2410	0,71	0,64	0,79

Einfluss des Stehens der Milch auf den Erfolg des nachfolgenden Entrahmens.

	alsbald entrahmt	am nächsten Morgen kalt	am nächsten Morgen erwärmt
Abendmilch: bei	29,3° C.	11° C.	40° C.
a. 450 Pfd. Milch in der Stunde durchschnittlich	0,20	0,49	0,20
b. 300 „ „ „ „ „ „	0,09	0,23	0,10

	alsbald entrahmt	am nächsten Morgen allein centrifugirt	am nächsten Morgen mit der Hand entrahmt und centrifugirt
bei	30° C.	12° C.	12° C.
c. 450 Pfd. Milch, im Durchschnitt v. 4 Versuchen	0,25%	0,25%	0,23%

P. Vieth.[2]) (1886.) Im Mittel von 110 Proben zwischen 0,2 und 0,5 % Fett.*)
(1887.) „ „ „ 71 „ „ 0,14 „ 0,43 „ „ **)

[1]) Milchztg. 1883, **12**, 55 u. 68.
[2]) Milchztg. 1886, **15**, 131 und 1887, 120.
*) Mit ganz wenigen Ausnahmen.
**) Der Fettgehalt von 3 anderen Proben lag über 0,5 % und betrug 0,55, 0,62 und 0,63 %.

Nr.	Nähere Bezeichnung der Versuche	Rahmausbeute in %	Milch in der Stunde kg	Umdrehungen in der Minute	Wärme der Milch °C.	Vollmilch Spec. Gew.	Vollmilch Fett %	Magermilch Spec. Gew.	Magermilch Fett %	Entrahmungsgrad %
	W. Fleischmann u. J. Berendes.[1]									
1.	Im Mittel von je 6 Versuchen		305	3396	**40**	1,0306	3,766	1,0354	0,303	93,36
2.	Im Mittel von je 6 Versuchen		297	3291	**30**	1,0307	3,685	1,0349	0,358	92,11
3.	Im Mittel von je 6 Versuchen		295,8	3357	**20**	1,0309	3,902	1,0352	0,399	91,83
4.	Im Mittel von je 6 Versuchen		302,5	3397	**10**	1,0311	3,798	1,0346	0,735	84,80
5.			ca. **200**	3380	30	1,0314	3,304	1,0348	0,250	93,92
6.			„ **250**	3380	30	1,0314	3,329	1,0348	0,266	93,59
7.			„ **350**	3376	30	1,0320	3,559	1,0356	0,392	91,12
8.			„ **400**	3334	30	1,0322	3,410	1,0357	0,392	90,55
9.	Versch. Rahmmenge bei 40° C.	17,6	308	3389	**40**	1,0322	3,295	1,0354	0,292	92,69
10.	„ „ „ 40 „	10,4	309	3342	**40**	1,0322	3,299	1,0355	0,357	90,31
11.	„ „ „ 30 „	20,7	293	3298	**30**	1,0319	3,266	1,0352	0,302	92,66
12.	„ „ „ 30 „	11,5	300	3399	**30**	1,0319	3,305	1,0351	0,373	90,02
13.	„ „ „ 20 „	20,5	298	3436	**20**	1,0318	3,271	1,0349	0,333	91,89
14.	„ „ „ 20 „	11,0	300	3422	**20**	1,0318	3,272	1,0349	0,486	86,78
15.			352	3365	**30**	1,0319	3,177	1,0350	0,322	51,95
16.			400	3409	**30**	1,0319	3,156	1,0349	0,363	90,42

Verbesserte dänische Centrifuge — Type B — von Burmeister und Wain.

Nr.	Nähere Bezeichnung der Versuche	Milch in der Stunde kg	Umdrehungen in der Minute	Wärme der Milch °C.	Vollmilch Spec. Gew.	Vollmilch Fett %	Magermilch Spec. Gew.	Magermilch Fett %	Entrahmungsgrad %
	C. Pepper-Louisenhof.[2])								
1.	Warme, eben ermolkene Milch	450	3391	ca. 30	—	—	—	0,411	—
2.	Warme, eben ermolkene Milch	400	3400	„	—	—	—	0,302	—
3.	Warme, eben ermolkene Milch	300	3395	„	—	—	—	0,254	—
4.	Warme, eben ermolkene Milch	250	3398	„	—	—	—	0,179	—
5.	Kalte, die Nacht über in Kühlwasser gestellte Milch	250	3356	12,5	—	—	—	0,310	—
6.	Kalte, die Nacht über in Kühlwasser gestellte Milch	200	3390	„	—	—	—	0,226	—
7.	desgleichen, schwach entrahmt	300	3392	„	—	—	—	0,301	—
8.	desgleichen, schwach entrahmt	250	3387	„	—	—	—	0,284	—
9.	desgleichen, schwach entrahmt	200	3398	„	—	—	—	0,129	—
10.	Warme und kalte, transportirte Milch	350	3398	ca. 20	—	—	—	0,379	—
11.	Warme und kalte, transportirte Milch	300	3395	„	—	—	—	0,299	—
12.	Warme und kalte, transportirte Milch	300	3400	ca. 10	—	—	—	0,320	—
13.	Warme und kalte, transportirte Milch	250	3389	„	—	—	—	0,221	—

[1]) Milchztg. 1886, **15**, 589, 609 u. 629. Die 1885 in Raden aufgeführten Versuche währten von Anfang September bis Anfang December. Die verwendete Milch zeigte gleich anfänglich und bis Anfang November die Erscheinung der „Trägheit" der Milch, welche sich ganz erst Mitte November verlor. Die unter 15 u. 16 verzeichneten Proben beziehen sich auf nicht träge Milch; nach der Autoren Berechnung beziffert sich bei den vorstehenden Versuchen und bei Berücksichtigung aller Verhältnisse der Einfluss der Trägheit auf die Entrahmung der Milch derart, dass Magermilch von träger Milch 0,065 % Fett mehr enthält als solche von nicht träger. Die Erscheinung der Trägheit der Milch im Ausrahmen zeigte sich in Raden nach 10-jähriger Beobachtung regelmässig zweimal im Jahre.

[2]) Milchztg. 1885, **14**, 697.

Verbesserte dänische Centrifugen von Burmeister u. Wain. Modell 1889.

Zahl der Versuche		Stündliche Leistung kg	Trommelumdrehungen in der Stunde	Temperatur der Milch °C.	Ausbeute an Rahm %	Ausbeute an Magermilch %	Fettgehalt der Vollmilch %	Fettgehalt der Magermilch %	Entrahmungsgrad %
	Handcentrifuge. Versuche von M. Schrodt und H. Tiemann. Milchztg. 1890, 19, 823.								
10	Mittel	175,0	7246	30,62	21,21	77,89	3,174	0,369	90,84
	Minimum der Leistung	164,8	7360	30,7	21,69	77,28	3,15	0,33	91,82
	Maximum der Leistung	187,3	7104	32,0	18,89	80,44	3,47	0,40	90,62
	Centrifuge für Kraftbetrieb. Versuche von M. Schrodt und H. Tiemann. Milchztg. 1889, 18, 821.								
6	Mittel	**500,1**	4025	28,47	15,30	84,24	2,885	0,248	92,50
6	„	**553,1**	4028	28,01	17,50	81,98	3,137	0,323	91,51
6	„	**597,4**	3969	27,85	16,87	82,48	3,297	0,397	90,03
	Mittel sämmtl. 18 Versuche bei 25—30° C.	550,2	4007	**28,11**	16,56	82,90	3,106	0,323	91,35
6	Mittel	**397,4**	4052	**14,57**	16,28	83,15	3,292	0,323	91,77
6	„	**490,7**	3908	**14,33**	16,31	83,27	3,295	0,412	89,53
	B-Centrifuge. Versuche von J. Klein. Bericht über die Thätigkeit des milchw. Institutes Proskau. 1889/90, S. 19.								
					Rahm zu Magermilch wie				
6	Mittel	**507,4**	4250	**34,4**	1 : 5,14		3,43	0,167	95,75
5	„	**619,0**	4188	**34,9**	1 : 5,02		3,27	0,214	94,53
5	„	**679,2**	4170	**34,8**	1 : 4,99		3,27	0,212	94,64
9	Mittel	**556,4**	4278	**26,5**	1 : 4,96		3,43	0,206	95,01
8	„	**679,4**	4238	**25,8**	1 : 5,10		3,46	0,265	93,56

Fesca'sche Centrifuge.

Nähere Bezeichnung der Versuche	Ringe No.	Milch in der Stunde kg	Umdrehungen in der Minute	Wärme der Milch °C.	Vollmilch Spec. Gew.	Vollmilch Fett %	Magermilch Spec. Gew.	Magermilch Fett %	Entrahmungsgrad %
W. Fleischmann u. R. Sachtleben.[1])									
I. Reihe. Bei annähernd gleichen Milchmengen:									
1. Im Mittel von 3 Versuchen . . .	13/16	177,9	3907	35	—	3,269	—	1,632	51,0
2. „ „ „ 2 „ . . .	12/16	178,6	3793	35	—	3,335	—	1,521	55,9
3. „ „ „ 3 „ . . .	11/16	182,9	3969	35	—	3,175	—	0,503	85,4
4. „ „ „ 3 „ . . .	10/16	186,8	3969	35	—	3,105	—	0,383	89,3
5. „ „ „ 3 „ . . .	9/16	184,5	3896	35	—	3,141	—	0,360	90,5
6. „ „ „ 3 „ . . .	8/16	187,5	4139	35	—	3,129	—	0,352	91,1

[1]) Milchztg. 1883, 12, 369 und 385. Die Zahlen der dritten Reihe sind zum Theil der ersten und zweiten Reihe entnommen.

Nähere Bezeichnung der Versuche	Ringe No.	Milch in der Stunde kg	Umdrehungen in der Minute	Wärme der Milch °C.	Vollmilch Spec. Gew.	Vollmilch Fett %	Magermilch Spec. Gew.	Magermilch Fett %	Entrahmungsgrad %
II. Reihe. Bei mittleren Rahmmengen (11,5—15,6 %):									
7. Im Mittel von 4 Versuchen . . .	13/16	261,0	4099	35	—	3,237	—	0,578	85,2
8. „ „ „ 4 „ . . .	12/16	217,4	4063	35	—	3,254	—	0,539	85,5
9. „ „ „ 4 „ . . .	11/17	210,6	4077	35	—	3,465	—	0,536	86,7
10. „ „ „ 4 „ . . .	10/16	184,6	4023	35	—	3,604	—	0,479	88,4
11. „ „ „ 4 „ . . .	9/16	163,8	4004	35	—	3,463	—	0,443	88,8
12. „ „ „ 4 „ . . .	8/16	146,1	4064	35	—	3,286	—	0,274	90,1
III. Reihe. Leistung der einzelnen Ringe bei verschieden starkem Zulaufe der Milch:									
13. Im Mittel von 3 Versuchen . . .	13/16	177,9	3907	35	—	3,269	—	1,632	51,0
14. —		220,6	4212	35	—	3,163	—	0,532	84,5
15. —		238,1	4104	35	—	3,165	—	0,498	86,6
16. Im Mittel von 4 Versuchen		261,0	4099	35	—	3,237	—	0,578	85,2
17. Im Mittel von 2 Versuchen . . .	12/16	178,6	3793	35	—	3,335	—	1,521	55,9
18. —		208,3	3942	35	—	3,050	—	0,758	77,3
19. Im Mittel von 4 Versuchen		217,4	3063	35	—	3,254	—	0,539	85,5
20. —		250,0	3996	35	—	3,109	—	0,400	89,1
21. —		258,6	3942	35	—	3,056	—	0,405	89,8
22. Im Mittel von 3 Versuchen . . .	11/16	182,9	3969	35	—	3,175	—	0,503	85,4
23. —		189,9	3834	35	—	3,092	—	0,492	85,5
24. —		189,9	3996	35	—	3,103	—	0,466	86,6
25. Im Mittel von 4 Versuchen		210,6	4077	35	—	3,465	—	0,536	86,6
26. —		250,0	4104	35	—	3,322	—	0,393	91,1
27. —	10/16	164,8	3996	35	—	3,208	—	0,380	89,0
28. —		180,7	3996	35	—	3,190	—	0,283	92,2
29. Im Mittel von 4 Versuchen . . . . . ,		184,6	4023	35	—	3,604	—	0,479	88,4
30. —		186,8	3969	35	—	3,105	—	0,383	89,3
31. —		202,7	3996	35	—	3,090	—	0,344	90,9
32. —		250,0	3969	35	—	3,151	—	0,310	93,3
33. —	9/16	150,0	4050	35	—	3,382	—	0,381	89,9
34. Im Mittel von 4 Versuchen		163,8	4004	35	—	3,463	—	0,443	88,8
35. —		176,5	3996	35	—	3,166	—	0,287	92,6
36. Im Mittel von 3 Versuchen		184,5	3896	35	—	3,141	—	0,360	90,5
37. —		223,9	3996	35	—	3,119	—	0,300	93,1
38. —	8/16	127,1	3942	35	—	3,106	—	0,300	91,1
39. Im Mittel von 4 Versuchen		146,1	4064	35	—	3,286	—	0,374	90,1
40. —		161,3	3942	35	—	3,056	—	0,271	92,5
41. Im Mittel von 3 Versuchen		187,5	4139	35	—	3,129	—	0,352	91,1
42. —		192,3	3942	35	—	3,123	—	0,230	94,6

Lefeldt'sche Centrifugen.

Nähere Bezeichnung der Versuche	Milch in der Stunde kg	Umdrehungen in der Minute	Wärme der Milch °C.	Vollmilch Spec. Gew.	Vollmilch Fett %	Magermilch Spec. Gew.	Magermilch Fett %	Entrahmungsgrad %
Modell No. 0 (1883).								
W. Fleischmann u. J. Berendes.[1])								
Molkerei Raden:								
1. Mittel von 9 Versuchen	246	5851	**35**	1,0312	3,277	1,0347	0,353	90,63
2. „ „ 10 „	245	6011	**30**	1,0314	3,375	1,0352	0,355	91,01
3. „ „ 10 „	250	6046	**25**	1,0317	3,298	1,0353	0,385	90,36
4. „ „ 9 „	251	6034	**20**	1,0309	3,227	1,0346	0,418	88,83
5. „ „ 3 „	**149**	5934	25	1,0308	3,218	1,0341	0,252	93,27
6. „ „ 3 „	**319**	6000	25	1,0311	3,317	1,0341	0,617	83,76
7. „ „ 6 „	**367**	5988	25	1,0306	3,258	1,0338	0,666	82,17
Modell 1885.								
W. Fleischmann u. J. Berendes.[2])								
8. Mittel von 4 Versuchen	323,7	6174	35	1,0310	3,073	1,0341	0,348	90,49
9. „ „ 4 „	318,6	6013	30	1,0310	3,231	1,0343	0,385	90,12
10. „ „ 4 „	275,9	6367	35	1,0317	3,286	1,0356	0,257	93,35
11. „ „ 4 „	250,4	6128	30	1,0310	3,437	1,0351	0,283	92,61
12. „ „ 4 „	268,7	6048	25	1,0316	3,553	1,0358	0,296	92,70
13. Im Mittel der Versuche von No. 10—12	265	6181	30	1,0314	3,425	1,0355	0,279	92,89
14. Mittel von 4 Versuchen	225,3	6100	35	1,0320	3,303	1,0360	0,202	94,73
15. „ „ 4 „	226,4	6234	30	1,0318	3,430	1,0358	0,197	95,09
16. „ „ 4 „	225,3	6380	25	1,0318	3,348	1,0357	0,266	93,21
17. Im Mittel der Versuche von No. 14—16	225,7	6238	30	1,0319	3,360	1,0358	0,222	94,34

Arnold'sche Handcentrifuge No. 0 von Lehfeld und Lentsch in Schöningen.
Versuche von J. Klein in Proskau. Milchztg. 1892, 21, 514.

Zahl der Versuche		Stündliche Leistung kg	Kurbelumdrehungen in der Minute	Temperatur der Milch °C.	Ausbeute an Rahm %	Ausbeute an Magermilch %	Fettgehalt der Vollmilch %	Fettgehalt der Magermilch %	Entrahmungsgrad %
5	Aeltere Maschine (A)	104,6	**60,3**	32,2	—	—	3,03	0,30	—
7	Neuere „ (B)	100,0	**50,8**	33,7	—	—	3,00	0,32	—
	Mittel der 12 Versuche A und B	103,56	—	—	17,1	82,94	3,01	0,31	91,1
5	Neuere Maschine (B)	90,1	50,36	—	15,62	84,97	3,07	0,31	91,3

[1]) Ber. d. Milchw. Versuchsstation Raden 1884, 50.

[2]) Milchztg. 1886, **15**, 269. Als Durchschnittswerthe ergaben sich für die Entrahmung mittelst dieser Centrifuge, Modell 1885, bei 30° C. in der Stunde:
bei 6013 Trommelumgängen i. d. Min. 319 kg Milch i. d. St. bis auf einen Fettgehalt der Magermilch von 0,38 % (Reihe 9);
bei 6181 Trommelumgängen 265 kg Milch bis auf einen Fettgehalt i. d. Magermilch von 0,28 % (10—12);
„ 6238 „ 226 „ „ „ „ „ „ „ „ „ „ 0,22 „ (14—16).

De Laval's Separatoren.

Nähere Bezeichnung der Versuche	Milch in der Stunde kg	Umdrehungen in der Minute	Wärme der Milch °C.	Vollmilch Spec. Gew.	Vollmilch Fett %	Magermilch Spec. Gew.	Magermilch Fett %	Entrahmungsgrad %
W. Fleischmann.[1]) Radener Molkerei:								
1. Mittel von 14 Bestimmungen	154,4	5360	26,2	—	—	—	0,253	—
2. Bei Minimum } der stündlich entrahmten Milchmenge	121	5382	28	—	—	—	0,234	—
3. Bei Maximum } der stündlich entrahmten Milchmenge	298	5336	24	—	—	—	0,324	—
4. Minimum des Fettgehaltes bei	128	5336	28	—	—	—	0,199	—
W. Fleischmann u. P. Vieth.[2]) Radener Molkerei, frisch gemolkene Milch.								
A. Ueber 6000 Touren der Trommel in der Minute:								
5. Ungekühlt, im Mittel von 5 Versuchen . .	121	6019	25	—	3,281	—	0,160	95,56
6. Auf 15° abgekühlt, Mittel von 3 Versuchen	113	6128	13	—	3,219	—	0,263	92,71
B. Weniger als 6000 Touren d. Trommel i. d. Min.								
7. Ungekühlt, Mittel von 13 Versuchen . .	107	5475	25	—	3,278	—	0,200	93,02
8. Auf 15° gekühlt, Mittel von 5 Versuchen .	110	5336	14	—	3,303	—	0,322	91,46
9. „ 6° „ „ „ 6 „	104	5359	6	—	3,197	—	0,558	84,87
10. „ 40° erwärmt, „ „ 2 „	99	5336	39	—	3,370	—	0,138	96,27
11.*) Abendm. d. vorig. Tages, Mittel v. 6 Vers.	125	5441	14	—	2,974	—	0,357	90,19
12.*) „ „ „ „ auf 31° erwärmt, Mittel von 6 Versuchen	118	5448	28	—	2,938	—	0,178	94,82
13. Transportirte Morgenmilch, Mittel v. 6 Vers.	101	5359	27	—	3,094	—	0,206	94,14
14. Frische Morgenmilch, bei ganz geöffnetem Zuflussrohr, Mittel von 6 Versuchen . .	167	5452	27	—	3,190	—	0,238	94,99
(Aufrahmung mit Eis bei 10 stünd. Dauer. Anfangstemperatur 27°, Endtemp. 2° . .	—	—	—	—	3,232	—	0,717	81,95)
W. Fleischmann.[3]) Separator-Trommel mit becherförmigem Einsatz:								
15. Mittel von 13 Bestimmungen	294	6029	26	—	ca. 3,3	1,0345	0,352	91,0
(16. Minimum des Fettgehaltes bei	320	6808	26,5	—	„ 3,3	1,0347	0,232	—)
(17. Maximum „ „ „	311	5888	25,5	—	„ 3,3	1,0343	0,417	—)
W. Fleischmann.[4])								
18. A. d. Molkerei Prützen, 1/6	—	—	—	1,0328	3,290	1,0362	0,350	—
19. „ „ „ Lalendorf, 21/6	—	—	35	—	—	1,0357	0,370	—
20. „ „ „ „ 21/6	—	—	25	—	—	1,0351	0,500	—
21. „ „ „ „ 19/12 (träge Milch)	—	—	—	—	—	1,0348	0,287	—
22. „ „ „ Niegleve, 6/12	—	—	—	1,0317	3,488	1,0350	0,360	—
23. „ „ „ Raden, Mittel v. 78 Proben	—	—	—	—	—	—	—	—
Im Laufe des Jahres 1883 bei regelrechtem Betriebe	—	—	—	—	—	1,0345	0,466	—
24. Maximum	—	—	—	—	—	—	0,933	—
25. Minimum	—	—	—	—	—	—	0,260	—

[1]) Ber. d. Milchw. Versuchsstation Raden 1880, 24.
[2]) Milchztg. 1880, **9**, 517.
[3]) Ber. d. Milchw. Versuchsstation Raden 1882, 20.
[4]) Ber. d. Milchw. Versuchsstation Raden 1883, 23, 44, 52.
*) Die Abendmilch blieb in Swartz'schen Satten die Nacht über sich selbst überlassen und wurde bei der Temperatur, die sie im Aufrahmungsraum angenommen (7—10°) und ohne vorherige Durchmischung in das Sammelgefäss gegeben.

Nähere Bezeichnung der Versuche	a Milch in der Stunde kg	b Umdrehungen in der Minute	c Wärme der Milch °C.	Vollmilch Spec. Gew.	Vollmilch Fett %	Magermilch Spec. Gew.	Magermilch Fett %	Entrahmungsgrad %
26. Im Mitttel v. 30 Bestimm. Febr. bis April 1883	316	6854	26	—	—	1,0345	0,331	—
27. Mittel, Raden	292	6500	30,7	—	3,265	1,0348	0,290	—
W. Fleischmann.[1])								
28. Mittel, Raden, 9.—15 November 1884 . .	295	6443	30	—	3,547	—	0,366	91,65
29. „ „ 21. Nov. bis 2. Dec. 1884 .	280	6417	30	—	3,562	—	0,342	92,25
30. a	300	6450	28	—	3,561	—	0,305	—
31. b entrahmte Milch a	165,7	6500	32	—	0,305	—	0,169	—
32. c „ „ b	155,7	6650	37	—	0,169	—	0,148	—
N. Engström.[2])								
33. Im Mittel von 8 Bestimmungen	—	—	—	—	—	—	0,25	—
N. J. Fjord u. Storch.[3])								
34. Im Mittel von 5 Bestimmungen	127,5	5350	—	—	—	—	0,18	—
35. „ „ „ 7 „	191,2	5350	—	—	—	—	0,31	—
De Laval's Separator, Modell 1883.								
W. Fleischmann u. J. Berendes.[4])								
1. 20° und darunter, Mittel von 29 Versuchen	325,0	6702	**13,9**	—	3,475	—	0,985	76,99
2. Ueber 20°, „ „ 71 „	313,25	6812	**28,8**	—	3,469	—	0,389	90,56
3. „ 145 Umdrehungen des Triebrades in der Minute (Mittel von 54 Versuchen) . .	312,4	über **6670**	27,1	—	3,460	—	0,366	91,13
4. Unter 145 Umdrehungen des Triebrades in der Minute (Mittel von 17 Versuchen) . .	317,5	unter **6670**	34,1	—	3,495	—	0,464	88,67
5. 40° C. Mai, Mittel von 4 Versuchen	329,9	6900	40	—	3,587	—	0,322	92,11
6. 40° C. August, „ „ 4 „	319,3	6693	40	—	3,455	—	0,411	90,07
7. 40° C. Septemb., „ „ 3 „	308,1	6532	40	—	3,607	—	0,442	89,21
8. 30° C. Juli, „ „ 5 „	307,8	6871	30	—	3,285	—	0,375	90,10
9. 30° C. August, „ „ 4 „	335,6	6587	30	—	3,421	—	0,467	89,03
10. 30° C. Septemb., „ „ 3 „	297,9	6532	30	—	3,588	—	0,501	87,64
11. 20° C. Juli, „ „ 4 „	313,6	6870	20	—	3,275	—	0,565	86,05
12. 20° C. August, „ „ 4 „	363,4	6693	20	—	3,383	—	0,632	86,12
13. 20° C. October, „ „ 3 „	297,3	6486	20	—	3,701	—	0,660	84,32
14. 10° C. August, „ „ 4 „	304,3	6870	10	—	3,484	—	1,046	73,83
15. 10° C. August, „ „ 4 „	347,7	6601	10	—	3,341	—	1,061	72,73
16. 10° C. October, „ „ 4 „	292,7	6633	10	—	3,495	—	1,293	68,51
17. 40° C. Mittel der Versuche u. No. 5—7 .	319,8	6725	**40**	—	3,544	—	0,387	90,58
18. 30° „ „ „ „ „ „ 8—10 .	321,2	6697	**30**	—	3,406	—	0,437	89,13

[1]) Ber. d. Milchw. Versuchsstation Raden 1884, 52. Mittel von je 7 Versuchen an 7 aufeinanderfolgenden Tagen mit dem Laval'schen Separator neuester Konstruktion. Die Entrahmung verlief ganz ohne Störung. Zu No. 30—32 ist zu bemerken, dass ein und dieselbe Milch dreimal hintereinander den Apparat durchlief.

[2]) Milchztg. 1879, **8**, 662.

[3]) Milchztg. 1883, **12**, 55. Der Fettgehalt der Magermilch betrug

	im Minimum	im Maximum
bei den Bestimmungen unter No. 34	0,13 %	0,22 %
„ „ „ „ „ 35	0,21 „	0,39 „

[4]) Landw. Versuchsstationen 1885, **31**, 367. Die Versuche, welche den Ergebnissen zu Grunde liegen, erstreckten sich fast über ein ganzes Jahr. Die Zahlen für den Fettgehalt von Voll- und Magermilch sind das Mittel von je zwei übereinstimmenden Ergebnissen.

	Nähere Bezeichnung der Versuche	Milch in der Stunde kg	Umdrehungen in der Minute	Wärme der Milch °C.	Vollmilch Spec. Gew.	Vollmilch Fett %	Magermilch Spec. Gew.	Magermilch Fett %	Entrahmungsgrad %
19.	20° C. Mittel der Vers. u. No. 11—13 . .	327,3	6702	**20**	—	3,431	—	0,615	85,60
20.	10° „ „ „ „ „ „ 14—16 . .	314,9	6702	**10**	—	3,440	—	1,133	71,72
21.	—	**386,5**	5000	25	—	—	—	0,740	—
22.	—	**341,6**	6343	25	—	—	—	0,423	—
23.	—	**303,3**	6522	25	—	—	—	0,336	—
24.	—	**262,3**	6163	25	—	—	—	0,309	—
25.	—	**220,8**	6457	25	—	—	—	0,280	—
26.	Morgenmilch, Mittel v. 3 Versuchen . . .	297,9	6532	30	—	3,588	—	0,501	87,64
27.	Transportirte Abendmilch, über Nacht in Eiswasser gestellt. Mittel v. 3 Vers.	290,9	6716	30	—	3,444	—	0,519	86,74

De Laval's Handseparatoren.

Handseparator mit liegender Trommel.

Versuche von W. Fleischmann und O. Neubert. Bericht über die Wirksamkeit der Versuchsmolkerei Kleinhof-Tapiau 1887/88. Danzig 1889, 70.

Zahl der Versuche		Stündliche Leistung kg	Kurbelumdrehungen in der Minute	Temperatur der Milch °C.	Ausbeute an Rahm %	Ausbeute an Magermilch %	Fettgehalt der Vollmilch %	Fettgehalt der Magermilch %	Entrahmungsgrad %
	Aeltere Konstruktion:								
15	Mittel	147,95	40 – 42	30,6	16,98	82,27	3,07	0,351	90,52
7	„	97,00	40	30,9	20,50	78,00	2,99	0,29	92,27
	Verbesserte Konstruktion:								
3	Mittel	180,45	40	29,3	23,17	75,57	3,06	0,40	89,87
10	„	167,65	40	30,8	19,23	80,07	3,04	0,38	90,00
4	„	142,85	40	31,0	9,50	90,30	3,20	0,39	89,01

Versuche von M. Schrodt und O. Henzold. Milchztg. 1887, 16, 258.

			Trommelumdrehg.						
16	Mittel	150,1	7304	30,6	23,20	76,20	3,098	0,226	94,40
16	Minimum der Leistung	138,9	6860	31,2	20,10	79,30	3,110	0,210	94,60
16	Maximum „ „	160,8	7158	32,6	23,60	76,40	3,030	0,230	94,19

Reducirt man die erhaltenen Resultate auf die angegebenen Bedingungen: 120 kg in der Stunde bei einer Geschwindigkeit von 7000 Umdrehungen in der Minute, so berechnet sich ein Fettgehalt der Magermilch von 0,197 % bei einer Temperatur von 30,6° C., d. i. ein Entrahmungsgrad von 95,13 %.

Der Separator stellt nur geringe Anforderungen an die Kräfte des Arbeitenden, so dass Verf. annehmen können, dass dieser Handseparator auch von Personen weibl. Geschlechtes bedient werden kann.

Versuche von Kirchner in Halle. Milchztg. 1887, 16, 470.

19	Mittel	148,6	6834	30,6	20,10	78,70	2,894	0,49	86,7
19	Minimum der Leistung	141,4	6905	31,0	18,60	80,00	2,77	0,41	88,2
19	Maximum „ „	156,8	7275	30,8	19,50	79,40	3,10	0,59	84,8

Wird die Zahl der Umdrehungen auf 7045 reducirt nach Fleischmann (vergl. unten S. 376 Anmerkung zu den Versuchen von M. Schrodt), so erhält man bei 148,6 kg stündlicher Leistung und 30,6° C. bei einem Fettgehalt der Vollmilch von 2,894 % und der Magermilch von 0,467 % einen Entrahmungsgrad von 87,3 %.

Zur einstündigen Inbetriebhaltung ist die Kraft eines kräftigen Mannes erforderlich.

Versuche von Eugling und Klenze. Milchztg. 1887, 16, 569.

Zahl der Versuche		Stündliche Leistung	Kurbelumdrehungen in der Minute	Temperatur der Milch	Ausbeute an		Fettgehalt der		Entrahmungsgrad
					Rahm	Magermilch	Vollmilch	Magermilch	
		Liter		°C.	%	%	%	%	%
15	Mittel	134	39	28,5	16,1	83,90	4,37	0,35	92,8
	Minimum der Leistung	105	36	25,0	12,8	87,20	3,81	0,40	90,8
	Maximum „ „	147	40	30,0	19,0	81,00	4,19	0,29	94,3

Die erforderliche Arbeitskraft war eine unerwartet geringe. Junge Leute von 18—20 Jahren drehten bis zu 2 Stunden, ohne sich dabei sichtlich anzustrengen.

Handseparator mit senkrecht stehender Trommel.

Versuche von M. Schrodt und O. Henzold. Milchztg. 1887, 16, 258.

		kg	Trommelumdrehg.						
20	Mittel	85,1	6090	29,9	18,49	80,88	3,324	0,426	89,55
	Minimum der Leistung	64,97	6000	30,1	15,90	84,10	3,06	0,46	87,35
	Maximum „ „	109,0	5910	29,4	21,47	77,43	3,52	0,55	87,73

Bezieht man die Mittelzahlen bei einer stündlichen Leistung von 80 kg Milch von 30° C. auf eine Geschwindigkeit von 6000 Umdrehungen in der Minute und nimmt man nach Fleischmann an, dass der procentige Fettgehalt der Magermilch im umgekehrten Verhältniss zum Quadrat der Messzahl der Trommelumgänge in der Minute steht, so berechnet sich ein Fettgehalt von 0,412 %, was einem Entrahmungsgrade von 89,89 % entspricht.

Nach den Versuchen waren die Ansprüche, welche der Betrieb des Separators an die Kräfte des Arbeitenden stellt, recht erheblich; es konnte die Arbeit bei einer Innehaltung von 40 Kurbelumdrehungen in der Minute von einer mittelkräftigen Person kaum länger als 1 Stunde geleistet werden.

Baby-Handseparator.

Versuche von Joh. Siedel. Milchztg. 1889, 18, 973.

			Kurbelumdrehg.						
8	Mittel	49,2	43,8	26,9	16,21	80,13	4,770	0,301	94,93
17	„	49,8	40,0	30,3	17,27	80,93	4,876	0,236	96,06
12	„	56,8	40,0	32,0	19,47	79,40	4,855	0,210	96,52

Versuche von W. Fleischmann und O. Neubert. Wirksamkeit der Versuchsmolkerei Kleinhof-Tapiau 1887/88. Danzig 1889, 70.

6	Mittel	59,2	40,0	30,3	17,92	80,00	3,17	0,39	89,83

Ueber sonstige Versuche mit de Laval's Handcentrifugen siehe

1. Rava: Kgl. Milchw. Versuchsstation Lodi. Milchztg. 1887, 16, 818.
2. W. Strecker: Journ. f. Landwirthschaft 1887, 35, 313—333.
3. C. Besana: Staz. sperim. agr. ital. 1888, 14, 435—437.

De Laval's Dampfturbinenseparator.

Versuche von W. Fleischmann und O. Neubert. Bericht über die Wirksamkeit der Versuchsmolkerei Kleinhof-Tapiau 1887/88. Danzig 1889, 74.

		kg	Trommelumdrehg.						
11	Mittel	345,5	6385	30,7	14,47	84,24	3,56	0,29	93,03
	Minimum des Fettgehaltes der Magermilch	300,0	6600	34,5	9,75	90,00	3,31	0,24	93,45
	Maximum des Fettgehaltes der Magermilch	324,3	6330	31,7	17,25	81,25	3,69	0,38	91,48

Zahl der Versuche		Stündliche Leistung kg	Trommel-umdrehungen in der Minute	Temperatur der Milch °C.	Ausbeute an Rahm %	Ausbeute an Magermilch %	Fettgehalt der Vollmilch %	Fettgehalt der Magermilch %	Entrahmungsgrad %
10	Mittel	**400**	6447	30,4	21,42	76,63	3,86	0,37	92,48
	Minimum des Fettgehaltes der Magermilch	375	6270	29,5	19,25	77,50	3,76	0,30	93,57
	Maximum des Fettgehaltes der Magermilch	400	6800	30,8	19,50	79,75	4,03	0,42	91,60

De Laval's Dampfseparator I vom Jahre 1887.

Versuche von J. Klein. Bericht über die Thätigkeit des milchw. Instituts Proskau 1888/89, 9.

Zahl der Versuche		Stündliche Leistung kg	Trommel-umdrehungen in der Minute	Temperatur der Milch °C.	Rahm : Magermilch	Fettgehalt der Vollmilch %	Fettgehalt der Magermilch %	Entrahmungsgrad %
6	Mittel	399,1	7200	31,1	1 : 4,87	3,35	0,17	95,78
5	"	459,6	6974	32,8	1 : 4,63	3,08	0,22	94,13
7	"	503,5	7070	34,9	1 : 4,76	3,27	0,22	94,44
4	"	544,8	7003	34,7	1 : 4,86	3,29	0,24	93,93

Alfa-Separatoren des Bergedorfer Eisenwerkes.

Handseparatoren.

1. Handseparator „Alfa-B.“

Versuche von C. Hittcher in Kleinhof-Tapiau. Milchztg. 1892, 21, 156.

Zahl der Versuche		Stündliche Leistung kg	Kurbelumdrehg.	Temperatur der Milch °C.	Ausbeute an Rahm %	Ausbeute an Magermilch %	Fettgehalt der Vollmilch %	Fettgehalt der Magermilch %	Entrahmungsgrad %
4	Mittel	248,7	40,0*)	**29,2**	15,16	84,05	3,225	0,254	—
	Schwankungen . . .	245—253	38,5—41,5	29,0—29,5	10,20-21,60	82,00-88,76	3,10—3,36	0,20—0,33	—
6	Mittel	247,1	40,3	**30,1**	14,70	84,04	3,070	0,250	—
	Schwankungen . . .	244—253	39,5—40,8	28,7—31,7	14,00-16,65	82,00-84,80	2,86—3,23	0,24—0,27	—
6	Mittel	255,2	40,4	**20,7**	16,03	83,15	3,279	0,317	—
	Schwankungen . . .	253—256	39,9—40,8	19,1—21,8	15,40-16,40	82,48-83,80	3,10—3,43	0,29—0,33	—
6	Mittel	254	40,2	**40,0**	15,52	83,52	3,211	0,190	—
	Schwankungen . . .	250—257	39,6—40,9	39,7—40,6	14,80-16,52	82,96-84,24	2,90—3,57	0,17—0,22	—
5	Mittel	144	40,0	**15,1**	15,67	83,93	3,035	0,211	—
	Schwankungen . . .	133—150	39,7—40,2	14,3—15,6	13,67-19,87	79,06-86,00	2,92—3,18	0,19—0,22	—

Versuche von Backhaus und Neumann. Milchztg. 1892, 21, 338.

Zahl der Versuche		Stündliche Leistung kg	Kurbelumdrehg.	Temperatur der Milch °C.	Ausbeute an Rahm %	Ausbeute an Magermilch %	Fettgehalt der Vollmilch %	Fettgehalt der Magermilch %	Entrahmungsgrad %
7	Mittel	239**)	41,34	30,5***)	14,32	84,82	3,489	0,220°)	—

Versuche von J. Klein in Proskau. Milchztg 1892, 21, 631.

Zahl der Versuche		Stündliche Leistung kg	Kurbelumdrehg.	Temperatur der Milch °C.	Ausbeute an Rahm %	Ausbeute an Magermilch %	Fettgehalt der Vollmilch %	Fettgehalt der Magermilch %	Entrahmungsgrad %
4	Mittel	247,5	40,5	**34,3**	15,17	85,26	3,06	0,21	94,17
3	"	257,2	40,3	**24,6**	15,91	84,48	3,19	0,257	93,85
4	"	268,7	40,8	**19,5**	16,25	84,00	3,10	0,37	90,61
4	"	309,5	40,45	**34,0**	16,42	83,09	3,13	0,258	93,11
2	"	318,7	41,4	**24,4**	15,50	85,25	3,07	0,36	90,07

Versuche von P. Vieth in Hameln. Milchztg. 1896, 25, 135.

Zahl der Versuche		Stündliche Leistung kg	Kurbelumdrehg.	Temperatur der Milch °C.	Ausbeute an Rahm %	Ausbeute an Magermilch %	Fettgehalt der Vollmilch %	Fettgehalt der Magermilch %	Entrahmungsgrad %
3	Mittel	363,3	42,5	35,5	—	—	3,09	0,133°°)	—
	Schwankungen . . .	360—368	37,5—45,0	27,2—34,8	—	—	3,00—3,21	0,11—0,15	—

*) 40 Kurbelumdrehungen entsprechen 5080 Trommelumdrehungen.
**) Mittel aus 6 Versuchen.
***) Die Milch wurde kuhwarm verarbeitet.
°) Mittel aus 4 Versuchen. Das Fett wurde in der Magermilch gewichtsanalytisch bestimmt.
°°) Nach Gerber bestimmt.

Versuche von E. Ramm. Milchztg. 1897, **26**, 52—54.

Zahl der Versuche		Stündliche Leistung kg	Kurbel-umdrehungen in der Minute	Temperatur der Milch °C.	Ausbeute an Rahm %	Ausbeute an Magermilch %	Fettgehalt der Vollmilch %	Fettgehalt der Magermilch %	Entrahmungsgrad %
	Mittel von 4 Versuchen	379	45	34	19,0	16,3	2,99	0,218	—
	Schwankungen . . .	nicht vorhanden			12,2—29,4	9,9—22,7	2,64—3,29	0,21—0,23	—
1	Ohne Erweiterung des Zulaufes	353	45	35	14,3	24,7	3,69	0,17	—
	Mit Erweiterung des Zulaufes	377	45	35	14,0	24,9	3,63	0,17	—
1	Ohne Erweiterung des Zulaufes	348	45	26	14,0	25,2	3,69	0,20	—
	Mit Erweiterung des Zulaufes	382	45	26	15,6	22,2	3,63	0,20	—
1	Ohne Erweiterung des Zulaufes	346	45	17	13,3	26,2	3,69	0,24	—
	Mit Erweiterung des Zulaufes	375	45	17	16,0	21,4	3,63	0,25	—

2. Alfa-Handseparator (mit liegender Welle).

Versuche von J. Klein in Proskau. Milchztg. 1892, **21**, 615.

Zahl der Versuche		Stündliche Leistung kg	Kurbel-umdrehungen in der Minute	Temperatur der Milch °C.	Ausbeute an Rahm %	Ausbeute an Magermilch %	Fettgehalt der Vollmilch %	Fettgehalt der Magermilch %	Entrahmungsgrad %
5	Mittel	251,92	40,88	33,0	14,71	—	3,30	0,18	95,35
4	„	268,45	40,75	24,6	15,37	—	3,30	0,22	94,36
5	„	267,32	41,3	20,1	16,20	—	3,44	0,28	93,18
6	„	274,1	41,03	15,7	17,51	—	3,32	0,39	90,31

Alfa-Handseparator K. (Friktionsantrieb mit liegender Welle).

Versuche in Kleinhof-Tapiau. Milchztg. 1894, **23**, 155.

Zahl der Versuche		Stündliche Leistung kg	Kurbel-umdrehungen in der Minute	Temperatur der Milch °C.	Ausbeute an Rahm %	Ausbeute an Magermilch %	Fettgehalt der Vollmilch %	Fettgehalt der Magermilch %	Entrahmungsgrad %
6	Mittel	258	40,2	29,5	15,30	83,44	3,43	0,289	—
	Minimum der Leistung	252	40,0	29,4	15,94	82,97	3,32	0,290	—
	Maximum „ „ / Minimum des Fettgehaltes der Magermilch	265	40,0	28,2	17,31	81,63	3,745	0,260	—
	Maximum des Fettgehaltes der Magermilch	258	42,0	29,8	11,51	86,46	3,220	0,315	—

3. Alfa-Baby-Separator.

Versuche von J. Klein in Proskau. Milchztg. 1891, **20**, 1001.

Zahl der Versuche		Stündliche Leistung kg	Kurbel-umdrehungen in der Minute	Temperatur der Milch °C.	Ausbeute an Rahm %	Ausbeute an Magermilch %	Fettgehalt der Vollmilch %	Fettgehalt der Magermilch %	Entrahmungsgrad %
5	Mittel	126,9	40,6	**34,1**	15,41	84,60	2,92	0,176	94,98
6	„	130,5	40,6	**25,4**	15,93	85,38	2,85	0,198	94,14
6	„	130,0	40,6	**20,3**	15,34	85,29	2,92	0,247	92,68
5	„	128,9	40,6	**15,3**	15,59	84,97	3,13	0,324	91,13

Der Kraftbedarf ist ein hoher. Die Centrifuge erfordert, wenigstens so lange sie noch nicht eingelaufen ist, eine erwachsene Person.

Versuche von Hittcher in Kleinhof-Tapiau. Milchztg. 1891, **20**, 152.

Zahl der Versuche		Stündliche Leistung kg	Kurbel-umdrehungen in der Minute	Temperatur der Milch °C.	Ausbeute an Rahm %	Ausbeute an Magermilch %	Fettgehalt der Vollmilch %	Fettgehalt der Magermilch %	Entrahmungsgrad %
6	Mittel	122,5	40,25	**29,54**	14,83	84,87	3,406	0,267	93,33
6	„	121,0	40,4	**14,35**	13,00	86,77	3,282	0,680	81,02
	Minimum der Leistung	115,5	40,0	**11,1**	7,84*)	92,16	3,275	1,180	66,78
	Maximum „ „	123,5	41,5	**13,0**	14,80	84,40	3,410	0,475	88,14

*) Ein Theil des überaus fettreichen Rahmes blieb als eine butterähnliche Masse im Inneren der Trommel und erschwerte während der zweiten Hälfte des Versuches das Austreten des Rahmes beträchtlich. Man muss annehmen, dass die mit fallender Temperatur zunehmende Zähflüssigkeit der Milch bei einem gewissen Wärmegrade so gross wird, dass der aus der Milch abgeschiedene, überaus konsistente Rahm nur noch unvollständig durch den schmalen Rahmschlitz auszutreten vermag und daher theilweise mit der Magermilch abfliesst.

4. Alfa-Kolibri-Handseparator.

Versuche von C. Hittcher in Kleinhof-Tapiau. Milchztg. 1896, 25, 249.

Zahl der Versuche		Stündliche Leistung kg	Zahl der Züge in der Minute	Temperatur der Milch °C.	Ausbeute an Rahm %	Ausbeute an Magermilch %	Fettgehalt der Vollmilch %	Fettgehalt der Magermilch %	Centrifugenschlamm in der Milch %
	a) Mit der Trommel No. 65468.								
6	Mittel I	74,5	62,8	**40,3**	19,19	80,20	3,28	0,175	0,067
6	„ II	74,3	62,1	**31,0**	16,19	83,10	3,19	0,253	0,060
2	„ III	73,7	60,9	**25,2**	14,89	83,26	3,52	0,510	0,028
6	„ IV	73,3	60,7	**20,9**	19,11	80,01	—	0,885	0,039
	b) Mit der Trommel No. 65492.								
5	Mittel V	75,9	61,3	**39,4**	18,67	80,49	3,07	0,234	0,079
4	„ VI	77,7	60,3	**30,2**	16,68	82,15	3,14	0,252	—
11	Mittel aus I und V	75,1	62,1	**39,9**	18,98	80,33	3,185	0,202	0,073
10	„ „ II „ VI	75,7	61,4	**30,7**	16,39	82,71	3,172	0,252	0,058

Alfa-Separatoren für Kraftbetrieb.

I. Alfa-Separator No. I.

7 Versuche von C. Hittcher in Kleinhof-Tapiau. Milchztg. 1894, 23, 155.

		Trommelumdrehg.						Entrahmungsgrad
Mittel	794	5600	30,0	18,00	81,60	3,064	0,169	—
Minimum der Leistung	775	5600	30,0	16,90	82,54	3,123	0,170	—
Maximum „ „	814	5600	30,0	15,02	84,82	2,950	0,185	—
Maximum } des Fettgehaltes der Magermilch								
Minimum } des Fettgehaltes der Magermilch	785	5600	30,0	17,52	81,99	3,110	0,160	—

Resultate in der Praxis. Molkerei Fulda-Lauterbach. Milchztg. 1891, 20, 523.

Mittel von 8 Tagen .	745	5350	30,0	—	—	—	0,14	—
Minimum der Leistung	557	5300	30,0	—	—	—	0,17	—
Maximum „ „	819	5350	30,0	—	—	—	0,12	—

II. Alfa-Separator No. II.

Versuche von C. Hittcher in Kleinhof-Tapiau. Milchztg. 1891, 20, 333.

6	Mittel	1590	5370	**30,2**	15,89	83,58	3,030	0,198	94,6
	Minimum der Leistung	1432	5350	28,7	19,29	80,54	3,200	0,175	95,6
	Maximum „ „	1607	5400	29,1	15,00	83,22	3,065	0,200	94,5
5	Mittel	1602	5551	**20,2**	15,30	84,54	3,148	0,290	92,2
	Minimum der Leistung	1582	5570	20,0	15,68	84,32	3,270	0,280	92,8
	Maximum „ „	1622	5525	20,6	15,22	84,78	3,160	0,300	92,0
6	Mittel	1540	5491	**10,0**	14,56	85,16	3,092	0,579	84,0
	Minimum der Leistung	1520	5450	10,0	14,75	85,25	3,160	0,615	83,4
	Maximum „ „	1555	5500	10,0	15,03	84,08	3,070	0,583	83,9

Balance-Centrifugen
der Holler'schen Karlshütte bei Rendsburg.

Balance-Handcentrifuge.

Versuche von J. Klein in Proskau. Milchztg. 1892, 21, 494.

Zahl der Versuche		Stündliche Leistung kg	Trommelumdrehungen in der Minute	Temperatur der Milch °C.	Ausbeute an Rahm %	Ausbeute an Magermilch %	Fettgehalt der Vollmilch %	Fettgehalt der Magermilch %	Entrahmungsgrad %
9	Mittel	203,6	4500	**34,2**	13,84	83,58	2,84	0,33	90,00
5	„	199,4	4520	**24,5**	14,03	82,18	3,09	0,414	88,5

Der Gang der Centrifuge ist ziemlich schwer. Um die Tourenzahl innehalten zu können, werden bei längerem Betrieb zwei erwachsene Personen sich viertelstündlich ablösen müssen.

Balance-Centrifugen für Kraftbetrieb.

Versuche von M. Schrodt. Milchztg. 1889, 18, 581.

Zahl der Versuche		Stündliche Leistung kg	Trommelumdrehungen in der Minute	Temperatur der Milch °C.	Ausbeute an Rahm %	Ausbeute an Magermilch %	Fettgehalt der Vollmilch %	Fettgehalt der Magermilch %	Entrahmungsgrad %
20	Mittel	**398,15**	6534	28,53	14,59	84,89	2,985	0,236	93,28
10	„	**452,7**	6500	28,47	15,09	84,55	2,968	0,262	92,54
20	„	**512,6**	6379	27,6	15,16	84,38	2,911	0,288	91,61
20	„	**568,6**	6506	27,67	15,24	84,18	2,987	0,320	90,97
4	„	**601,3**	6460	26,85	15,26	84,22	2,935	0,335	90,32

Versuche von J. Klein. Bericht über die Thätigkeit des milchw. Instituts zu Proskau. 1889/90. S. 23.

Zahl der Versuche		Stündliche Leistung kg	Trommelumdrehungen in der Minute	Temperatur der Milch °C.	Rahm zu Magermilch wie		Fettgehalt der Vollmilch %	Fettgehalt der Magermilch %	Entrahmungsgrad %
7	Mittel	**632,7**	6874	**33,7**	1 : 5,86		3.34	0,267	92,63
5	„	**472,6**	6986	**34,3**	1 : 5,80		3,17	0,198	94,52
3	„	**606,2**	6723	**27,1**	1 : 5,57		3,08	0,298	92,04
3	„	**520,8**	6847	**25,6**	1 : 5,80		3,18	0,243	93,46
3	„	**470,8**	6843	**26,7**	1 : 5,88		3,27	0,210	94,51

Versuche von C. Hittcher in Kleinhof-Tapiau. Milchztg. 1894, 23, 747.

I. Versuche mit der älteren Trommel mit Wellglätten.

Reihe A. Die Milch wurde unmittelbar vor dem Eintritte in die Centrifuge pasteurisirt.

Zahl der Versuche	Verarbeitete Milchmenge kg	Stündliche Leistung kg	Trommelumdrehungen in der Minute	Temperatur der Milch °C.	Ausbeute an Rahm	Ausbeute an Magermilch	Fettgehalt der Vollmilch %	Fettgehalt der Magermilch %	Entrahmungsgrad %
3	Mittel mehr als 1500	**1546**	7205	**69,5**	15,55	83,75	3,29	0,23	—
4	„ 1400—1500	**1444**	7231	**72,6**	16,20	83,10	3,30	0,225	—
3	„ 1074—1300	**1175**	7079	**70,0**	13,36	85,94	3,37	0,207	—

Reihe B. Die Milch wurde nicht pasteurisirt.

Zahl der Versuche	Verarbeitete Milchmenge kg	Stündliche Leistung kg	Trommelumdrehungen in der Minute	Temperatur der Milch °C.	Ausbeute an Rahm	Ausbeute an Magermilch	Fettgehalt der Vollmilch %	Fettgehalt der Magermilch %	Entrahmungsgrad %
3	Mittel 1296—1461	**1386**	7290	**35,7**	14,86	84,44	3,23	0,27	—
4	„ 1405—1669	**1516**	6756	**34,9**	12,99	86,31	3,49	0,457*)	—
3	„ Temp. 12,6-18,5°	**1234**	7357	**15,6**	17,09	82,21	3,33	0,436	—

II. Versuche mit einer neueren Trommel mit röhrenförmigen Einsätzen.

Die Milch wurde unmittelbar vor dem Eintritt in die Trommel pasteurisirt.

Zahl der Versuche	Verarbeitete Milchmenge kg	Stündliche Leistung kg	Trommelumdrehungen in der Minute	Temperatur der Milch °C.	Ausbeute an Rahm	Ausbeute an Magermilch	Fettgehalt der Vollmilch %	Fettgehalt der Magermilch %	Entrahmungsgrad %
2	Mittel mehr als 1500	**1611**	7080	**70,3**	18,71	80,59	3,31	0,21	—
3	„ weniger als 1400	**1299**	7124	**75,7**	19,76	79,54	3,26	0,167	—

*) Die Drehungsgeschwindigkeit der Trommel war zu gering.

Flensburger Patent-Centrifuge

des Flensburger Eisenwerkes (Reinhard u. Messmer), hervorgegangen aus der Flensburger Balance-Centrifuge.

Versuche von A. Klein. Milchztg. 1897, 26, 599—601 u. 665—666.

Zahl der Versuche	Nähere Bezeichnung der Centrifuge	Stündliche Leistung kg	Mittlere Tourenzahl	Temperatur der Milch °C.	Rahmertrag %	Fettgehalt der Vollmilch %	Fettgehalt der Magermilch %
	B-Centrifuge (Dampfbetrieb).						
19	Mittel	634	7550	34,1	15,2	2,93	0,252
	Schwankungen	483,1-748,2	6800—8200	28—33	12,11-20,28	2,65—3,40	0,173-0,312
	E-Centrifuge („Germania“) für Handbetrieb.		Kurbelumdrehg.				
17	Mittel	104,2	45,3	34,4	17,32	3,16	0,242
	Schwankungen	58,8—143,5	44,5—45,8	33,0—36,0	13,59-25,64	2,64—3,53	0,130-0,393

Versuche von H. Höft. Milchztg. 1894, 23, 465.

Zahl der Versuche	Nähere Bezeichnung der Centrifuge	Stündliche Leistung kg	Mittlere Tourenzahl	Temperatur der Milch °C.	Rahmertrag %	Fettgehalt der Vollmilch %	Fettgehalt der Magermilch %
	A-Centrifuge.						
8	Mittel	1088	6750	41,5	—	—	0,138
	Schwankungen	900—1250	6500—7000	40—45	—	—	0,11—0,17

Neue Milchcentrifuge, Patent Mélotte,

der Maschinenfabrik Josef Meys, Hennef a. d. S.

Versuche von E. Ramm. Milchztg. 1897, 26, 52—54.

Zahl der Versuche		Stündliche Leistung kg	Kurbelumdrehungen in der Minute	Temperatur der Milch °C.	Rahm der Vollmilch %	Rahm Fettgehalt %	Fettgehalt der Vollmilch %	Fettgehalt der Magermilch %
6	Mittel	373	45	34	13,6	23,8	3,39	0,23
	Schwankungen	353—379	nicht vorhanden		10,1—16,5	21,2—27,6	3,00—3,69	0,22—0,24
	Alte Trommel mit 11 Einsätzen, ohne erweitertes Zuflussrohr, je 2 Versuche	375	45	35	16,4	21,5	3,56	0,205
		345	45	26	15,7	21,6	3,56	0,24
		359	45	17	15,7	22,2	3,65	0,28
	Alte Trommel mit 11 Einsätzen, mit erweitertem Zuflussrohr, je 1 Versuch	375	45	35	12,9	28,1	3,80	0,21
		374	45	26	12,8	28,1	3,80	0,25
		371	45	17	13,2	26,8	3,80	0,30
3	Verbesserte Trommel mit 13 Einsätzen	362	45	35	18,7	19,0	3,73	0,147
1		355	45	26	16,9	21,8	3,82	0,18
1		362	45	17	17,2	21,0	3,82	0,24

Versuche von C. Hittcher in Kleinhof-Tapiau. Milchztg 1896, 25, 639.

Zahl der Versuche		Stündliche Leistung kg	Kurbelumdrehungen in der Minute	Temperatur der Milch °C.	Ausbeute an Rahm	Ausbeute an Magermilch	Fettgehalt der Vollmilch %	Fettgehalt der Magermilch %
30	Mittel	320,8	44,4	31,4	12,91	86,12	3,215	0,232
	Schwankungen	308,6-327,3	43,6—45,6	28,4—35,8	10,96-16,24	83,13-88,47	2,54—3,75	0,155-0,300

Zum Beweise dafür, dass die Milch verschiedener Herden unter gleichen Verhältnissen verschieden stark entrahmt wird, führte C. Hittcher folgende Versuche an:

A. Herde von Toussaint-Goldbach (35 Holländer Kühe).

Zahl der Versuche		Spec. Gewicht der Vollmilch	Spec. Gewicht der Magermilch	Stündliche Leistung kg	Kurbelumdrehungen in der Minute	Temperatur der Milch °C.	Ausbeute an Rahm %	Ausbeute an Magermilch %	Fettgehalt der Vollmilch %	Fettgehalt der Magermilch %
10	Mittel	1.0323	1,0358	322,9	44,1	31,2	13,35	85,73	3,386	0,271
	Minimum	1,0314	1,0352	308,6	43,6	23,3	12,65	83,98	3,21	0.245
	Maximum	1,0328	1,0363	327,3	45,0	32,5	14,72	87,00	3,61	0,300
	B. Herde von Lorenz-Zohphen (25 Kühe, grösstentheils Holländer, ein kleinerer Theil Kreuzungen von diesen mit rasselosem Vieh)									
9	Mittel	1,0314	1,0347	322,3	44,7	31,0	11,69	87,44	3,049	0,176
	Minimum	1,0306	1,0337	315,7	43,9	28,4	10,96	86,53	2,65	0,155
	Maximum	1,0326	1,0358	327,2	45,6	35,9	12,92	88,47	3,30	0,195
	Mit der Mélotte'schen Centrifuge fanden nach C. Hittcher (Milchztg. 1896, **25**, 656):				Trommelumdrehg.					
15	P. Vieth: Milchztg. 1895, **24**, 252			284,8	6435	34,1	—	—	3,484	0,258
12	Liebig: Molkereiztg. Berlin 1895, 231			308,0	6360	33,5	—	—	3,170	0,210
20	M. Kühn: Molkereiztg. Hildesheim 1896, 149			313,0	6885	ca. 35	—	—	3,120	0,237

Victoria-Handseparator

von Watson, Laidlow u. Co. in Glasgow; in Deutschland vertreten durch Dierks und Möllmann in Osnabrück.

Versuche von J. Klein. Milchztg. 1896, **25**, 624.

Zahl der Versuche		Stündliche Leistung kg	Kurbelumdrehungen in der Minute	Temperatur der Milch °C.	Rahmmenge %	Fettgehalt der Vollmilch %	Fettgehalt der Magermilch %	Entrahmungsgrad %
	Victoria-Handseparator.							
4	No. 0b Mittel	72,1	56,1	32,9	15,97	2,95	0,208	—
	No. 0b Schwankungen	70,2—73,2	55,6-56,6*)	32,5—33,3	13,61-16,78	2,32—3,44	0,197-0,220	—
4	No. 1b Mittel	105,7	52,4	32,7	15,94	3,07	0,223	—
	No. 1b Schwankungen	103,5-107,1	52,2—52,7	32,0—33,8	13,97-17,33	2,79—3,34	0,203-0,250	—
4	No. 2b Mittel	163,7	46,6	33,6	16,10	3,03	0,321	—
	No. 2b Schwankungen	162,1-164,9	45,8—47,1	32,9—34,2	15,22-16,53	2,745-3,265	0,297-0,337	—
3	No. 2b, Mittel (älter, aber gleich konstruirt)	133,1	45,8	33,8	16,76	3,10	0,248	—

Handcentrifuge „die Geräuschlose"

von O. Braun.

Versuche von J. Klein in Proskau. Milchztg. 1889, **18**, 594 und 1890, **19**, 874.

Zahl der Versuche		Stündliche Leistung kg	Trommelumdrehg.	Temperatur der Milch °C.	Rahmmenge %	Fettgehalt der Vollmilch %	Fettgehalt der Magermilch %	Entrahmungsgrad %
6	Mittel	109,1	4183	34,0	17,0	3,20	0,32	91,6
	Minimum der Leistung	79,83	4000	34—36	17,5	3,60	0,24	94,4
	Maximum „ „	132,09	4900	32,5—33,5	14,2	3,22	0,32	91,5
6	Mittel	122,4	4342	32,7	17,0	3,21	0,30	92,1
	Minimum der Leistung	80,0	3550	32,3	15,2	2.74	0,27	91,6
	Maximum „ „	161,6	4700	32,0	15,7	3,25	0,34	91,0

*) Uebersetzungsverhältniss des Räderwerkes 1:184,3.

„Helice“,
patentirte Milchcentrifuge der Aktiengesellschaft Morgards hammars. — Milchztg. 1897, 26, 555.

	System des Separators	Leistung in der Stunde kg	Tourenzahl	Temperatur der Milch °C.	Fettgehalt der Magermich %
Nach Versuchen vom Molkerei-Konsulenten John Larson	I	2600	5600	65	0,15
	II	1800	5500	65	0,14
	II	1450	5600—5800	30	0,13
Nach Versuchen d. chem. Stat. Oerebo	II	1536	—	—	0,15—0,17
	II	1512	—	—	0,16—0,16
Nach Versuchen d. chem. Stat. Vesteras	II	1500	5300—5350	61—64	0,14—0,18

Centrifugenmilch. Vergleichende Versuche mit verschiedenen Centrifugen.

Nähere Bezeichnung der Centrifuge	Im Mittel von Analysen	Milch in der Stunde Pfd.	Durchschnittliche Geschwindigkeit	Fettgehalt der Magermilch Durchschnitt %	Minimum %	Maximum %
N. J. Fjord u. Storch.[1])						
Gewöhnliche Ausrahmung April bis Juli 1882.						
Wärme der süssen Milch durchschnittlich 25° C.						
Kleine Burmeister	9	1290	2410	0,12	0,09	0,15
„	28	2435	2410	0,222	0,15	0,39
De Laval	5	1300	5350	0,18	0,13	0,22
„	7	2450	5350	0,31	0,21	0,39
Nielsen u. Petersen	10	1490	1490	0,11	0,08	0,13
„	14	2810	1490	0,18	0,16	0,20
Grosse Burmeister	4	1870	1950	0,15	0,11	0,17
„	8	2128	1950	0,27	0,21	0,39
September 1882.						
Kleine Burmeister	8	1290	2410	0,12	0,11	0,12
„	4	2435	2410	0,25	0,22	0,28
„	4	3580	2410	0,41	0,38	0,47
„	4	4720	2410	0,71	0,64	0,79
Grosse Burmeister	5	1780	1800	0,07	0,16	0,19
„	5	2158	1800	0,70	0,58	0,79

Sonstige Analysen über den Fettgehalt von Centrifugen-Magermilch.

1. A. Böggild: Molkereiztg. 1893, 50; Viertelj. Nahrungs- u. Genussm. 1893, 8, 361.

2. H. P. Armsby, Wm. H. Caldwell u. L. E. Reber: Prüfung von Milchcentrifugen. Pennsylvania State College Agric. Exper. Stat. 1894, Bull. No. 27. — Centrbl. Agric. Chem. 1895, 24, 842—844. Die Prüfungen beziehen sich auf: 1) De Laval's Alpha-Separator „Acme“, 2) De Laval's Alpha-Turbine, 3) the United States No. 3, 4) a Standard Russian separator.

3. Gieseler-Poppelsdorf: Welchen Handseparator sollen wir anschaffen? Der Landwirt 1892, No. 95. Centrbl. Agric. Chem. 1893, 22, 830—832. Gieseler hat die Resultate der bekannt gewordenen Versuche über die Leistungsfähigkeit der Handmilchcentrifugen in einer Tabelle zusammengestellt. Zum Schlusse kommt der Verfasser zu dem Resultate: Der Landwirth kann heute von den Handmilchschleudern verlangen, dass sie von dem in der Vollmilch enthaltenen Butterfett mindestens 94% in den Rahm überführen und dass dieser dabei nicht mehr als 16% der Vollmilch ausmacht.

[1]) Milchztg. 1883, 12, 55. Unter gewöhnlicher Ausrahmung verstehen Autoren eine Arbeitsweise, durch welche die Milch 2—3 Stunden nach dem Melken oder bei dem Wärmegrad, welchen sie dann hat, abgerahmt wird, ohne dass besondere Vorkehrungen zur Abkühlung oder gegen dieselbe getroffen werden, und bei welcher 18—20% Rahm entnommen werden.

Buttermilch.

Einige Buttermilchanalysen sind bereits oben (S. 308) im Kapitel „Butter" mitgetheilt worden.

No.	Nähere Bezeichnung	Zeit der Untersuchung	In der natürlichen Substanz: Wasser %	Stickstoff-Substanz %	Fett %	Milchzucker %	Salze %	In der Trocken-Substanz: Stickstoff-Substanz %	Fett %	Stickstoff in der Trocken-Substanz %	Analytiker
1	Ohne nähere Bezeichnung		89,67	3,41	1,58	5,34		33,01	15,30	5,28	*J. B. Boussingault* [1])
2	Ohne nähere Bezeichnung		90,80	3,82	0,24	5,14		41,52	2,61	6,64	*Quevenne* [1])
3	Aus Rahm nach Gussander'schem Verfahren (Butterfass Gussander)	1855	28,26	—	2,57	—		—	21,91	—	*A. Stöckhardt* [2])
4	Aus Rahm nach Gussander'schem Verfahren (Butterfass Gussander)	1857	90,83	—	1,21	—		—	13,20	—	*Ignatz Moser* [3])
5	Aus Rahm nach gewöhnlichem Verfahren (gusseiserne Satten)	„	91,26	—	1,00	—		—	11,44	—	*Ignatz Moser* [3])
6	Aus frischem, 24 stünd. Rahm, gewässert, Spülw.	1861	82,82	—	8,74	—	0,73	—	50,88	—	*Al. Müller und Eisenstuck* [4])
7	Aus gestandenem, 36 stündigem Rahm, gewässert, Spülw. . .	„	88,16	—	3,24	—	0,74	—	27,36	—	*Al. Müller und Eisenstuck* [4])
8	Rahmbutterung, Burchard's Butterf., unter Zusatz von Kühlwasser, a.[5])	1862	83,87	2,70	8,80	4,03	0,60	16,74	54,56	2,68	*Al. Müller und Eisenstuck* [5])
	„ „ b.	„	82,22	2,98	9,70	4,44	0,66	16,76	54,52	2,68	
9	Holmgren's „ a.	„	93,02	2,19	1,13	3,17	0,49	31,38	16,19	5,02	
	„ „ b.	„	89,55	3,28	1,69	4,75	0,63	31,39	16,17	5,02	
10	Gussander's „ a.	„	91,64	2,59	1,50	3,66	0,61	30,98	17,94	4,96	
	„ „ b.	„	89,34	3,30	1,91	4,67	0,78	30,96	18,92	4,96	
11	Milchbutterung, Burchard's Butterf., nicht gewässert	„	90,02	2,89	1,48	4,91	0,70	28,96	14,83	4,63	
12	Milchbutterung, Holmgren's „, nicht gewässert	„	89,79	2,93	1,55	5,15	0,58	28,70	15,18	4,59	
13	Aus schwach sauerem Rahm, Burchard's Butterfass, nicht gewässert	„	89,78	—	1,92	—	0,74	—	18,79	—	*Al. Müller und Eisenstuck* [6])
14	desgl., Holsteiner Butterfass, nicht gewässert	„	88,84	3,70	0,42	5,10	0,86	33,16	12,72	5,31	
15	desgl., Holsteiner Butterfass, stark gewässert, a.	„	95,61	1,59	0,66	1,77	0,37	36,22	15,03	5,79	
	desgl., b. ungewässert . . .	„	89,46	3,82	1,58	4,25	0,89	36,21	14,98	5,79	

[1]) E. Wolff's Landw. Fütterungslehre. Stuttgart 1881, 228.

[2]) Martiny, Die Milch II, 171. (Gussander, Neue schwedische Milchwirthschaft ohne Keller 1856, 19.) Nach Kleefütterung aus Milch mit 12—18 % Trocken-Substanz und 4,26 % Fett.

[3]) Ebendaselbst. (Arenstein's Allgem. Land- und Forstwirthsch.-Ztg. 1858, No. 39.)

[4]) Landw. Versuchsstationen 1867, **9**, 267. Der Rahm, bei 6 nahezu süss, bei 7 sauer, wurde in einem Gussander-schen Blechbutterfässchen verbuttert; auf 332,5 g Rahm kamen 40 g, bezw. bei 7 auf 310 g Rahm 40 g Spülwasser. Der Fettgehalt wurde theils durch Ausziehen des Abdampfrückstandes mittelst Aether, theils durch Behandlung der frischen Substanz (auch Buttermilch?) mit einem entsprechenden Gemenge von Alkohol und Aether, beide wasserfrei, nach Müller's ausgearbeiteter Methode bestimmt.

[5]) Ebendaselbst 1867, **9**, 285. Die Butterung von Rahm und Milch ergaben Produkte in nachstehenden Verhältnissen:

	Rahm bezw. Milch	unter Zusatz von Wasser	ergaben Butter	und Buttermilch
bei No. 8 . .	5339 g Rahm	472 g	400 g	5111 g
„ „ 9 . .	2081 „ „	1027 „	514 „	3094 „
„ „ 10 . .	672 „ „	144 „	149 „	667 „
„ „ 11 . .	13617 „ „	— „	378 „	13239 „
„ „ 12 . .	5498 „ „	— „	139 „	5104 „

Die Zusammensetzung der Buttermilch auf ungewässerte Buttermilch unter b) bei No. 8—10 wurde von uns berechnet.

[6]) Vergl. Anmerkung [1]) S. 385.

No.	Nähere Bezeichnung	Zeit der Untersuchung	In der natürlichen Substanz: Wasser %	Stickstoff-Substanz %	Fett %	Milchzucker %	Salze %	In der Trocken-Substanz: Stickstoff-Substanz %	Fett %	Stickstoff in der Trocken-Substanz %	Analytiker
16	Süsser Rahm, Holsteiner Butterfass, nicht gewässert . .	1862	88,04	4,09	2,08	4,99	0,80	34,20	17,39	5,47	*Al. Müller und Eisenstuck*[1])
17	desgl., Gussander's Butterfass, nicht gewässert	„	87,99	4,06	2,33	4,96	0,76	33,80	19,40	5,41	
18	Aus Rieseberga, schw. gewässert	„	89,47	3,37	1,39	5,00	0,77	32,00	13,20	5,12	
	Milchsäure % — desgl. 24 Stdn. später										
19	Oktbr. 3. — —	1866	92,00	—	—	—	—	—	—	—	*Robertson*[2])
20	„ 5. — —	„	93,00	—	—	—	—	—	—	—	
21	„ 7. 0,38 0,55	„	92,60	4,06	0,42	1,93	0,55	55,42	5,73	8,87	
22	„ 8. — —	„	92,40	—	—	—	—	—	—	—	
23	„ 10. 0,38 0,50	„	92,60	4,35	0,40	1,68	0,50	58,79	5,41	9,41	
24	„ 14. 0,33 0,44	„	91,00	4,07	0,13	3,71	0,75	45,22	1,44	7,24	
25	„ 17. 0,28 0,43	„	90,60	4,94	0,09	3,52	0,50	52,55	1,96	8,41	
26	„ 19. 0,38 0,44	„	91,60	3,91	0,47	2,78	0,80	46,55	5,60	7,45	
27	„ 21. 0,45 0,53	„	93,00	3,64	0,14	2,22	0,55	52,02	2,00	8,32	
28	April 28. 0,18 0,21	1867	93,30	4,04	0,09	1,97	0,45	60,30	1,34	9,65	
29	Mai 3. 0,17 0,30	„	91,60	5,08	0,09	2,35	0,64	60,53	1,07	9,68	
30	„ 4. 0,18 0,30	„	92,10	4,72	0,02	2,25	0,67	59,75	0,25	9,56	
31	„ 20. 0,09 0,27	„	92,00	5,03	0,17	2,22	0,44	62,88	2,13	10,06	
32	Aus Devonshire-Rahm . . .	1873	86,90	—	3,60	—	—	—	27,48	—	*A. H. Smee*[3])
33	„ Carsharton- „ . . .	„	86,40	—	4,00	—	—	—	29,41	—	
34	Aus 9 Liter Rahm und 2,675 kg Vorbruch, Molkerei der Alpen,	1877	88,86	4,88	1,23	4,21	0,81	43,81	11,04	7,01	*W. Eugling und v. Klenze*[4])
35		„	87,95	5,00	0,83	5,26	0,95	41,50	6,89	6,64	
36	Molkerei Stagelse (Dänemark)	„	90,46	2,94	0,66	—	0,75	30,82	6,92	4,93	*V. Storch*[5])
37	Dänische Molkerei	1878	89,63	3,15	1,21	—	0,82	30,38	11,67	4,86	
38	Aus Rahm gekühlt (Milch altmilchender Kühe)	„	89,53	4,48	1,07	4,13	0,79	42,79	10,22	6,85	*V. Storch*[6])
39	„ „ ungekühlt (Milch altmilchender Kühe)	„	87,41	4,20	3,63	4,00	0,76	33,36	28,83	5,34	
40	Aus Rahm gekühlt (Milch frischmilchender Kühe)	„	89,99	3,82	0,85	4,54	0,80	38,16	8,49	6,11	
41	„ „ ungekühlt (Milch frischmilchender Kühe)	„	86,17	3,66	5,04	4,35	0,78	26,46	36,41	4,23	
42	Aus Rahm nach Swartz'schem Verfahren, Mittel aus mehreren Analysen	„	90,42	—	1,91	—	—	—	19,94	—	*J. König*[7])

[1]) Landw. Versuchsstationen 1867, **4**, 295, 365 u. folg. Die Butterungsausbeute war folgende:

Rahm	unter Zusatz von Wasser	ergaben Butter	und Buttermilch
12,30 Pfd.	12,30 Pfd.	3,50 Pfd.	21,1 Pfd.

Als ideale Zusammensetzung der Buttermilch giebt Al. Müller folgende Zahlen (Landw. Versuchsstationen 1868, **5**, 182):

Wasser	Fett	Protein	Milchzucker	Salze	Trocken-Substanz
39,62 %	1,67 %	3,33 %	4,61 %	0,77 %	10,30 %

[2]) Weende'r Jahresber. 1866/67, 310.
[3]) Mitgetheilt von C. Petersen. Milchztg. 1873.
[4]) Milchztg. 1878, **7**.
[5]) Forschungen auf dem Gebiete der Viehhaltung, **4**, 179. Der Proteingehalt ist von uns aus dem angegebenen Stickstoffgehalte (0,47 bezw. 0,504 × 6,25) berechnet.
[6]) Milchztg. 1881, **10**, 606.
[7]) Original-Mittheilung.

No.	Nähere Bezeichnung	Zeit der Untersuchung	In der natürlichen Substanz: Wasser %	Stickstoff-Substanz %	Fett %	Milchzucker %	Salze %	In der Trocken-Substanz: Stickstoff-Substanz %	Fett %	Stickstoff in der Trocken-Substanz %	Analytiker
	Spec. Gew.										
43	Aus süssem Rahm . 1,0350	1876	90,20	4,36	0,76	3,84	0,73	44,49	7,76	7,12	*W. Fleischmann* [1]
44	„ „ „ . 1,0345	„	90,28	—	0,80	—	0,73	—	8,23	—	
45	Aus gesäuertem Rahm (ohne Spülwasser) bei 14,5° C. .	1882	91,26	3,25	0,47	3,94	0,74	36,96	5,38	5,83	*derselbe* [2]
46	Molkerei Raden (ohne Spülwasser)	1884	91,21	3,12	0,32	4,39	0,96	35,50	3,64	5,68	*derselbe* [3]
47	Dieselbe (mit 10% Spülwasser)	„	(92,09	2,70	0,29	3,96	0,87)	35,40	3,67	5,66	
48	Dieselbe (ohne Spülwasser) .	„	90,52	3,76	0,84	4,00	0,75	39,98	8,86	6,40	*derselbe* [4]
49	Molkerei Amhorst, Durchschn.	1885	92,00	2,65	0,20	4,55	0,60	33,13	2,50	5,30	*C. A. Goessmann* [5]
50	Mittel von 20 Proben . . .	1881	92,48	—	0,35	—	—	—	4,65	—	*Schnutz* [6]
51	„ „ 10 „ . . .	„	91,70	—	0,38	—	—	—	4,59	—	
52	„ „ 6 „ . . .	„	92,01	—	0,29	—	—	—	3,63	—	
53	Mittel von 5 Versuchen, süss. Rahm, Holstein. Butterfass .	1882	90,52	—	0,72	—	—	—	7,60	—	*M. Schmoeger* [7]
54	Mittel von 5 Versuchen, sauer, Schlesisches (dän.) Butterf.	„	91,17	—	0,46	—	—	—	5,21	—	
55	Mittlere Zusammensetzung nach Fleischmann		91,24	3,50	0,56	4,00	0,70	39,90	6,39	6,38	*W. Fleischmann* [8]
56	Aus Saul's Molkerei in Cassel	1884	91,38	3,70	0,65	3,53	0,74	42,92	7,54	6,87	*Th. Dietrich* [9]
Mittel	nicht gewässerter Buttermilch aus vorstehenden u. den S. 308*) aufgeführten Analysen	—	**90,09**	**3,91**	**1,02**	**4,24**	**0,74**	**39,46**	**10,27**	**6,31**	
Schwankungen		—	82,22-93,30	1,66-6,21	0,02-5,39	2,47-5,62	0,37-0,94	16,97-62,88	0,25-54,57	2,68-10,06	

[1]) Milchztg. 1876, **5**, 2205. Beide Proben waren von ranzigem Geruch, bitterem Geschmack und sauerer Reaktion.

[2]) Ber. der Milchw. Versuchsstation Raden 1882, 24. Der verbutterte Rahm stammt zum Theil vom Eisverfahren, zum Theil vom Centrifugenbetrieb. Die Dauer des Butterns im Holsteinischen Fass betrug 32 Minuten bei 125 Umgängen der Welle in der Minute und bei 14,5° Anfangs- und 16° C. Endtemperatur.

[3]) Ebendaselbst 1884, 29. Die Differenz aus dem Gewichte der nach Ritthausen bestimmten Proteinstoffe und des nach Lehmann ermittelten Käsestoffs ist als Eiweiss in Rechnung gebracht. Der Milchzuckergehalt wurde aus der Differenz berechnet.

[4]) Ebendaselbst 1884, 29. (Verlust bei der Analyse 0,092 %.)

[5]) Jahresber. der Agrik.-Chem. 1885. (Massach. Agr. Exper. Bull. No. 17.) Durchschnitt der Analysen vom 6. November 1884 bis 5. Februar 1885.

[6]) Milchztg. 1882, **11**, 102. (Veröffentlch. d. Kaiserl. Gesundheitsamtes vom 9. Jan. 1883.) Die Buttermilch enthielt:

		an Trocken-Substanz Maximum	an Trocken-Substanz Minimum	Fett Maximum	Fett Minimum
No. 50.	Aus der Genossenschaftsmolkerei Kiel . .	9,42	5,41	0,59	0,16 %
„ 51.	„ „ „ Itzehoe .	9,43	7,42	0,56	0,18 „
„ 52.	„ sonstigen Bezugsquellen	9,80	6,21	0,45	0,18 „

[7]) Milchw. Versuchsstation Proskau. Milchztg. 1880, **9**, 273. Die ursprüngliche Milch stammte von Holländer Kühen und enthielt im Durchschnitt 3,32 % Fett und 11,80 % Trocken-Substanz. Bei den Einzelversuchen wurde der Gehalt der Buttermilch wie folgt ermittelt:

	Fettgehalt					Trocken-Substanz				
Aus süssem Rahm . .	0,61	0,65	0,80	0,80	0,73	9,32	9,20	9,95	9,45	9,49 %
„ sauerem „ . .	0,32	0,55	0,60	0,46	0,38	8,57	8,78	9,44	8,92	8,42 „

[8]) Dessen: Das Molkereiwesen. Braunschweig 1875, 605.

[9]) Privat-Mittheilung.

*) Von den auf S. 308 aufgeführten Analysen sind die No. 351, 352, 359 und 362 nicht mit für die Mittelzahlberechnungen herangezogen.

Molken (Käsemilch, Quargserum).

W. Fleischmann unterscheidet von den Erzeugnissen, die man gewöhnlich unter dem Namen „Molken“ zusammenfasst:

Käsemilch, d. i. die Flüssigkeit, welche bei der Bereitung von Labkäsen zunächst zurückbleibt;

Molken, d. i. die Flüssigkeit, welche aus der Käsemilch gewonnen wird, nachdem aus derselben der Zigerkäse event. auch die Käsemilchbutter ausgeschieden wurde;

Quargserum ist Molke der Sauermilchkäserei. Zu unterscheiden von Molke im engeren Sinne wäre auch noch die medicinische oder Apotheker-Molke.

Käsemilch.

No.	Nähere Bezeichnung	Zeit der Untersuchung	In der natürlichen Substanz: Wasser %	Stickstoff-Substanz %	Fett %	Milchzucker %	Salze %	In der Trocken-Substanz: Stickstoff-Substanz %	Fett %	Stickstoff in der Trocken-Substanz %	Analytiker
1	Bei der Bereitung von Gloucester-Käse gewonnen: Abscheidung mittelst der Hand . . .	1860	92,60	0,96	0,55	5,08	0,81	12,97	7,43	2,08	A. Völcker [1])
2	Abscheidung mittelst der Centrifuge .	„	92,75	0,87	0,39	5,13	0,86	12,00	5,38	1,92	
3	Bei der Bereitung von Cheddar-Käse gewonnen: Vollmilchkäse a) 11. Aug.	„	93,25	0,91	0,26	4,70	0,88	13,48	3,85	2,16	
4	Vollmilchkäse b) 21. „	„	92,80	0,91	0,59	5,04	0,66	12,64	8,19	2,02	
5	Halbfetter Käse, aus gleich. Theilen Mager- und Vollmilch a) 13. „	„	92,85	0,93	0,29	5,03	0,90	13,01	4,06	2,08	
6	Halbfetter Käse, aus gleich. Theilen Mager- und Vollmilch b) 28. „	„	93,05	0,95	0,40	4,96	0,64	13,60	5,73	2,18	
7	Magerkäse aus Magermilch a) 15. „	„	93,15	0,91	0,14	5,06	0,74	13,29	2,04	2,13	
8	Magerkäse aus Magermilch b) 20. „	„	93,10	0,76	0,14	5,31	0,69	11,01	2,03	1,76	
9	Fettkäse aus Vollmilch und Rahm a) 15. „	„	92,95	1,20	0,65	4,55	0,65	17,02	9,22	2,72	
10	Fettkäse aus Vollmilch und Rahm b) 20. „	„	92,95	1,01	0,42	4,95	0,67	14,33	5,96	2,29	
11	Aus verschiedenen Käsereien, vermuthlich bei der Bereitung von Chester-, Gloucester- oder Cheddar-Käse erhalten: Aus Keevil's Apparat .	1861	92,65	0,81	0,68	5,28	0,58	11,02	9,25	1,76	
12	desgl.	„	92,95	1,43	0,49	4,49	0,64	20,28	6,95	3,24	
13	desgl.	„	92,95	1,01	0,29	5,08	0,67	14,33	4,11	2,29	
14	desgl.	„	93,15	1,06	0,55	4,66	0,59	15,47	8,03	2,48	
15	Bei Handbereitung gewonnen	„	92,95	0,81	0,24	5,27	0,73	11,49	3,40	1,84	
16	desgl.	„	93,30	1,01	0,31	4,68	0,70	15,07	4,63	3,41	
17	desgl.	„	93,35	0,91	0,25	5,00	0,49	13,68	3,76	2,19	
18	desgl.	„	92,70	0,96	0,31	5,31	0,72	13,15	4,25	2,10	
19	Bei Benutzung von Keevil's Apparat gewonnen: Zu Anf. abgel.	„	92,90	0,94	0,18	5,30	0,68	13,24	2,54	2,12	
20	10 Min. später	„	93,35	0,94	0,18	5,03	0,60	13,93	2,67	2,23	
21	noch 10 Min. später . .	„	93,55	0,94	0,03	4,82	0,66	14,57	0,47	2,33	

[1]) B. Martiny, Die Milch **2**, 243, 255 u. 280. (Journ. Roy. Agric. Soc. England 1862, **23**, 170 u. 185—22; 1861, 64—55.) An freier Milchsäure (welche in dem für Milchzucker angegebenen Gehalt nicht enthalten ist) enthielten die Proben:

No.	1	2	3	4	5	6	7	8	9	10	11	12	13	14	15	16	17	18	19	20	21
%	0,36	0,41	0,60	—	0,48	—	0,48	0,46	0,48	—	0,41	0,12	0,54	—	0,39	0,41	0,43	0,40	—	—	—

Die natürliche Milch enthielt:

		Wasser	Fett	Proteinst.	Milchzucker	Salze
Vollmilch zu Molke	1 u. 2	87,40	3,43	3,12	5,12	0,93 %
„ „ „	3	87,30	3,75	3,31	4,86	0,78 „
„ „ „	4	87,00	3,99	3,44	4,81	0,76 „
Vollmilch u. Magermilch zu Molke .	5	87,89	3,12	2,94	5,29	0,76 „
„ „ „ „ „ .	6	88,50	2,43	3,25	5,03	0,79 „
Magermilch zu Molke	7	89,00	1,93	3,01	5,28	0,78 „
„ „ „	8	89,10	2,31	3,50	4,32	0,77 „
Vollmilch und Rahm zu Molke . .	9	85,75	6,11	2,94	4,47	0,73 „
„ „ „ „ „ . .	10	86,73	4,81	2,69	5,01	0,76 „

No.	Nähere Bezeichnung	Zeit der Untersuchung	In der natürlichen Substanz: Wasser %	Stickstoff-Substanz %	Fett %	Milchzucker %	Salze %	In der Trocken-Substanz: Stickstoff-Substanz %	Fett %	Stickstoff in der Trocken-Substanz %	Analytiker
22	Limburger Käse, aus abgerahmter Milch	1867	91,40	0,82	1,05	6,12	0,61	9,53	12,21	1,52	*E. Peters*[1])
23	Bei der Bereitung von dänischen Exportkäsen: aus nach 12 Stunden abgerahmter Milch (Eisverfahren)	1876	93,69	0,87	0,20	—	0,53	13,99	3,17	2,24	*V. Storch*[2])
24	aus nach 36 Stunden abgerahmter Milch (Eisverfahren)	„	93,52	0,85	0,16	—	0,53	13,12	2,47	2,10	
25	aus nach 12 Stunden abgerahmter Milch (36 Stdn. gestand. Rahm, Eisverfahren)	„	93,79	0,74	0,26	4,17	0,54	11,92	4,19	1,91	
26	aus nach 12 Stunden abgerahmter Milch (Eisverfahren)	„	93,67	0,71	0,33	4,27	0,56	11,22	5,21	1,79	
27	aus nach 24 Stunden abgerahmter Milch (Eisverfahren)	1877	93,22	0,82	0,20	4,42	0,56	12,09	2,95	1,93	
28	aus süsser Milch	„	92,76	0,82	0,61	4,50	0,55	11,33	8,43	1,81	
29	„ „ Buttermilch	„	93,26	0,91	0,19	—	0,68	13,50	2,82	2,16	
30	Molke aus der Käsepresse 12-stündiger abger. M.	1876	93,68	0,85	0,50	—	0,51	13,45	7,91	2,15	
31	desgl. 36-stündig. abger. M.	„	93,38	0,89	0,39	—	0,50	13,44	5,89	2,15	
32	Bei der Bereitung von Parmesan-Käse in 100 ccm Molke	„	93,85	—	0,40	—	—	—	6,50	—	*A. Galimberti*[3])
33		„	94,12	—	0,45	—	—	—	7,65	—	
34		„	94,07	—	0,49	—	—	—	8,26	—	
35		„	93,37	—	0,57	—	—	—	8,60	—	
36		„	93,81	—	0,50	—	—	—	7,95	—	
37		„	93,29	—	0,58	—	—	—	8,64	—	
38	Von der sogen. Mager- oder Zieger-Käse-Bereitung	1875	94,27	0,78	0,07	3,69	0,59	15,13	1,36	2,42	*J. König*[4])
39	Backsteinkäse aus Magerm.: Nach Absetzen des Bruch. entnomm., Spec. Gew. 1,0274	1881	93,61	0,81	0,06	4,72	0,58	12,68	0,94	2,03	*W. Fleischmann*[5])
40	Aus den Formen abgelaufen, Spec. Gew. 1,0270	„	93,68	0,82	0,028	4,71	0,58	12,97	0,44	2,08	

[1]) Der Landwirth 1867, 376.

[2]) Forschungen auf dem Gebiete der Viehhaltung 1879, **4**, 216. Der Gesammt-Proteingehalt wurde aus dem angegebenen Stickstoffgehalt durch Multiplikation mit 6,25 von uns berechnet. Verf. bestimmte ausserdem den direkt fällbaren Käsestoff und das Molkenprotein (Proteinrest) nach Methoden, bezüglich deren wir auf die Originalmittheilung verweisen. Die Proben enthielten:

No.	23	24	25	26	27	28	29	30	41	
Stickstoff	0,139	0,136	0,119	0,113	0,132	0,132	0,145	0,136	0,142	%
Direkt gefällter Käsestoff	—	—	0,64	0,67	0,71	0,71	0,75	0,68	0,74	„
Rest (Molkenprotein)	—	—	0,60	0,40	0,89	0,84	—	—	—	„

Die Proben unter No. 30 und 31 entstammen denselben Verkäsungsversuchen wie die unter No. 23 und 24.

[3]) Milchztg. 1876, **5**, 2016. (Il Caseificio 1876, No. 4.)

[4]) Landw. Ztg. für Westfalen und Lippe 1875, 76.

[5]) Ber. d. Milchw. Versuchsstation Raden 1881, 37.

No.	Nähere Bezeichnung	Zeit der Untersuchung	In der natürlichen Substanz: Wasser %	Stickstoff-Substanz %	Fett %	Milchzucker %	Salze %	In der Trocken-Substanz: Stickstoff-Substanz %	Fett %	Stickstoff in der Trocken-Substanz %	Analytiker
41	Aus einer mitteldeutschen Molkerei I	1883	97,10	0,24	0,066	2,14	0,46	8,28	2,28	1,32	*W. Fleischmann* [1])
42	Aus einer mitteldeutschen Molkerei II	„	94,03	0,53	0,084	4,34	1,01	8,88	1,41	1,42	*W. Fleischmann* [1])
43	Aus einer holsteinschen Molkerei	„	94,60	0,70	0,18	3,76	0,72	12,96	3,33	2,07	*W. Fleischmann* [1])
44	Süsse Molken (Holsteinsche und Limburger Käse)	1882	93,79	0,40	0,06	5,11	0,64	6,44	0,97	1,03	*M. Schrodt und H. von Peter* [2])
45	Käsemilch von Radener Magerkäse $^{16}/_{10}$ 78	1878	93,06	1,07	0,127	5,10	0,58	15,42	1,83	2,47	*W. Fleischmann* [3])
46	Käsemilch von Radener Magerkäse $^{18}/_{10}$ 78	„	92,95	1,02	0,152	4,96	0,61	14,47	2,16	2,32	*W. Fleischmann* [3])
47	Käsemilch von der Herstellung camembertartiger Weichkäse .	1892	94,00	0,51	0,49	3,91	0,56	8,50	8,17	1,36	*R. Krüger* [4])
48	Mittel mehrerer Analysen*) . .	„	93,09	0,84	0,34	5,73		12,16	4,92	1,95	*L. L. van Slyke* [5])
49	desgl.*)	1893	93,04	0,84	0,38	5,75		12,07	5,46	1,93	*L. L. van Slyke* [5])
50	Molken von halbfetten Käsen	1896	93,13	—	0,20	—	0,62	—	2,91	—	*P. Vieth* [6])
51	Molken von halbfetten Käsen	„	93,02	—	0,40	—	0,59	—	5,73	—	*P. Vieth* [6])
52	Molken von halbfetten Käsen	„	93,13	—	0,20	—	0,59	—	2,91	—	*P. Vieth* [6])
53	Molken von Magerkäsen	„	93,50	—	0,00	—	0,59	—	0,00	—	*P. Vieth* [6])
54	Molken von Magerkäsen	„	93,20	—	0,10	—	0,55	—	1,47	—	*P. Vieth* [6])
55	Molken von Magerkäsen	„	93,21	—	0,05	—	0,60	—	0,74	—	*P. Vieth* [6])
	Mittel	—	**93,36**	**0,85**	**0,32**	**4,83**	**0,64**	**12,86**	**4,82**	**2,06**	
	Schwankungen	—	91,40-97,10	0,43-1,34	0,00—0,61	4,22-5,45	0,47-1,12	6,44—20,28	0,00-9,25	1,03-3,24	

Quargserum.

No.	Nähere Bezeichnung	Zeit der Untersuchung	Wasser %	Stickstoff-Substanz %	Fett %	Milchzucker %	Salze %	Trocken: Stickstoff-Substanz %	Fett %	Stickstoff in der Trocken-Substanz %	Analytiker
1	Molken	1868	93,58	1,05	0,12	4,45	0,80	16,35	1,87	2,62	*E. Heiden* [7])
2	„	1875	94,10	0,65	0,16	4,38	0,71	11,02	2,71	1,76	*R. Alberti* [8])
3	„	„	93,35	1,31	0,21	4,37	0,76	19,70	3,16	3,15	*R. Alberti* [8])
4	„	„	93,49	1,35	0,20	4,20	0,76	20,74	3,07	3,32	*R. Alberti* [8])
5	Quargserum $^{16}/_{10}$ 78	1878	93,48	1,04	0,083	4,42	0,82	15,96	1,27	2,55	*W. Fleischmann* [9])
6	„ $^{18}/_{10}$ 78	„	93,18	1,06	0,122	4,38	0,82	15,43	1,78	2,47	*W. Fleischmann* [9])
	Mittel	—	**93,52**	**1,07**	**0,15**	**4,48**	**0,78**	**16,53**	**2,31**	**2,65**	

[1]) Ber. d. Milchw. Versuchsstation Raden 1883, 34 u. 35. Zu No. 43 ist die Zusammensetzung durch „Milchsäure, Extraktstoffe und Verlust" = 0,038 % zu ergänzen.

[2]) Milchw. Versuchsstation Kiel. Milchztg. 1882, **11**, 427. (Landw. Wochenblatt für Schleswig-Holstein.)

[3]) W. Fleischmann, Das Molkereiwesen, Braunschweig 1875, 995. Die Proben waren am 16. u. 18. Okt. 1878 in der Gutsmeierei Raden bei der Bereitung von Radener Magerkäse gewonnen. Die Zusammensetzung der Probe ist zu ergänzen mit „Verlust" 0,0073 % bezw. 0,311 %. Das Gesammtprotein setzt sich zusammen aus:
Niederschlag durch Essigsäure bei Siedehitze No. 45 = 0,599 % und No. 46 = 0,592 %.
„ „ Gerbsäure „ „ „ 45 = 0,466 „ „ „ 46 = 0,426 „

[4]) Hildesheimer land- und forstwirthschaftliches Vereinsblatt 1892, No. 27 u. 28. Milchztg. 1892, **21**, 544.

[5]) N. Y. St. Station Bul. 1894, **65**, 25—158. Experim. Stat. Record 1894, **5**, 895.

[6]) Ber. des Milchw. Institutes Hameln 1896, 28.

[7]) Versuchsstation Pommritz. Bericht 1868/69, 27. Ueber die Bereitungsweise dieser Molken fehlen die Angaben.

[8]) Journ. f. Landwirthschaft 1876, 92. Ueber die Bereitungsweise dieser Molken fehlen die Angaben.

[9]) W. Fleischmann, Das Molkereiwesen, Braunschweig 1878, 995. Die Zusammensetzung ist zu ergänzen mit Verlust 0,169 bezw. 0,494 %. Das Gesammtprotein besteht aus:
Protein, Niederschlag durch Essigsäure bei Siedehitze No. 5 = 0,518 %, No. 6 = 0,474 %.
„ „ „ Gerbsäure „ „ „ 5 = 0,520 „ „ 6 = 0,588 „

*) Die Schwankungen waren in beiden Jahren folgende:

Wasser	Stickstoff-Substanz	Fett	Milchzucker + Salze
92,48—93,57 %	0,65—1,07 %	0,23—0,55 %	5,39—6,34 %

Molken.

No.	Nähere Bezeichnung	Zeit der Untersuchung	In der natürlichen Substanz: Wasser %	Stickstoff-Substanz %	Fett %	Milchzucker %	Salze %	In der Trocken-Substanz: Stickstoff-Substanz %	Fett %	Stickstoff in der Trocken-Substanz %	Analytiker
1	Schotten (scotta)*)	1875	93,35	0,53	0,026	5,36	0,57	7,97	0,39	1,28	*L. Manelli und G. Musso* [1])
2	"	"	93,97	0,58	0,042	4,86	0,59	9,62	0,70	1,54	
3	"	"	94,20	0,44	0,031	4,61	0,47	7,59	0,53	1,21	
4	"	"	93,77	0,48	0,035	4,99	0,51	7,70	0,56	1,23	
5	"	"	93,61	0,48	0,035	5,24	0,57	7,51	0,55	1,20	
6	"	"	94,60	0,59	0,038	4,72	0,47	10,93	0,70	1,25	
7	Halbfettkäserei (mit Vorbruch- und Ziger-Gewinnung) . . .	1877	93,55	0,27	0,10	5,85	0,23	4,19	1,55	0,67	*W. Eugling und von Klentze* [2])
8	Magerkäserei	"	93,92	0,34	0,08	5,34	0,32	5,59	1,32	0,89	
9	Fettkäserei (mit Vorbruch- und Ziger-Gewinnung)	1878	93,83	0,61	0,16	5,15	0,25	9,89	2,59	1,58	
10	Aus Milch von Allgäuer Kühen	"	93,60	1,18	0,15	4,45	0,62	18,44	2,35	2,95	*W. Fleischmann* [3])
11	Aus Kuhmilch (nach Valentiner)	"	93,26	1,08	0,12	5,10	0,41	16,02	1,78	2,56	
	Mittel	—	**93,79**	**0,60**	**0,07**	**5,10**	**0,44**	**9,59**	**1,18**	**1,53**	

Molken aus Ziegen- und Schafmilch.

No.	Nähere Bezeichnung	Zeit der Untersuchung	Wasser %	Stickstoff-Substanz %	Fett %	Milchzucker %	Salze %	Stickstoff-Substanz (Trocken) %	Fett (Trocken) %	Stickstoff in der Trocken-Substanz %	Analytiker
1	Aus Ziegenmilch von Landek .	—	93,91	0,40	0,038	5,03	0,62	6,48	0,62	1,04	*W. Fleischmann* [4])
2	" " " Kreuth .	—	93,77	0,58	0,030	4,99	0,67	5,83	0,32	0,93	
3	" " . . .	—	93,38	1,14	0,372	4,53	0,58	17,22	5,62	2,76	
4	" " " Kreuth .	—	93,88	0,62	0,021	4,77	0,70	10,23	0,35	1,64	
	Mittel	—	**93,81**	**0,62**	**0,11**	**4,88**	**0,58**	**9,94**	**1,73**	**1,59**	
	Aus Schafmilch	—	91,96	2,13	0,25	5,07	0,59	26,49	3,11	4,24	*W. Fleischmann* [4])

---

[1]) Milchztg. 1876, **5**, 1959. (Il Caseificio 15/1 1876.) An freier Milchsäure enthielten die Proben:

No.	1	2	3	4	5	6
	0,19	0,09	0,10	0,15	0,09	0,08 %

Die Molken (Schotten) stellten eine in's gelbliche spielende, leicht grünlich gefärbte Flüssigkeit dar, welche eine grössere oder geringere Menge Sahneflocken suspendirt enthielt. Wird der Schotten durch Filtriren von letzteren befreit, so ist derselbe völlig fettfrei.

[2]) Milchztg. 1878, **7**, 144, 156 und 1880, **9**, 598. Die Stickstoff-Substanz ist als Laktoprotein (durch Gerbsäure ausfällbar) bezeichnet.

[3]) Nach Pletzer, Bad Kreuth und seine Molkenkuren, München 1875, 60; in W. Fleischmann, Das Molkereiwesen 1888, 999.

[4]) Nach Valentiner (No. 3 u. 5), Drenkmann (No. 1) und Lehmann (No. 2 u. 4) mitgetheilt von W. Fleischmann in dessen: Das Molkereiwesen, Braunschweig 1875, 999, aus Pletzer, Bad Kreuth und seine Molkenkuren, München 1875, 60.

*) Schotten ist hier die Masse, welche von der Käsemilch nach Entnahme des „Vorbruchs", d. h. des sich beim Erwärmen und Zusatz von Säure ausscheidenden fetthaltigen Schaumes, übrig bleibt. Nach W. Fleischmann (Das Molkereiwesen 1878, 912) ist zwar unter „Schotten" Ziger zu verstehen, nach Art der Bereitung und nach der Zusammensetzung des untersuchten Materials aber ist dieses mit Molken im Fleischmann'schen Sinne übereinstimmend.

Kumys. (Milchwein.)

Der Kumys wird dadurch gewonnen, dass man Milch (meistens abgerahmte Milch) mit oder ohne Zusatz von Rohrzucker gähren lässt; er gehört somit zu den geistigen Getränken.

a. Aus Stutenmilch.

No.	Nähere Bezeichnung	Zeit der Untersuchung	Wasser %	Alkohol %	Milchsäure %	Milchzucker %	Stickstoff-Substanz %	Fett %	Asche %	Kohlensäure (frei und gebunden) %	Analytiker
1	Aus Stutenmilch	Anfang der 70ger Jahre	—	1,65	1,15	2,20	1,12	2,05	0,28	0,785	Stahlberg [1]
2	„ „		—	3,23	2,92	—	—	1,05	—	1,86	
3	„ „		94,92	—	—	—	1,28	1,40	—	—	J. Moser [2]
4	„ „ 1-tägiger. .	1877 (?)	93,71	1,23	0,48	1,80	—	1,18	—	0,540	J. Biel [3]
5	„ „ 2- „ . .	„	94,29	1,65	0,65	1,32	2,22	1,21	0,31	0,843	
6	„ „ 5- „ . .	„	93,71	1,55	0,65	1,49	2,66	1,18	0,39	0,808	
7	„ „	„	93,89	1,72	0,82	1,29	2,59	1,12	0,29	0,916	J. Biel [4]
8	„ „	„	94,48	1,75	0,73	1,25	2,93	1,29	0,31	0,924	
9	„ „	„	94,65	1,79	0,76	1,16	2,11	1,03	0,30	1,337	
10	„ „ 9-tägiger. .	„	95,28	1,97	0,71	0,78	1,82	1,12	0,29	0,859	
11	„ „	„	—	2,01	0,76	0,64	—	—	—	0,772	
12	„ „	„	—	2,02	0,83	0,61	—	—	—	1,159	
13	„ „	„	—	1,85	0,81	0,96	—	—	—	0,677	
14	„ „	„	—	1,56	0,63	1,37	—	—	—	0,905	
15	Aus einer Kumys-anstalt in Isamara: 1-stünd.	1883	—	0,88	0,18	2,89	1,92	1,18	0,36	0,133	W. Stange [5]
16	6- „ (4 Analysen)	„	—	1,86	0,39	1,89	2,25	1,89	0,45	0,384	
17	18- „ (4 „)	„	—	1,85	0,56	1,64	2,28	2,04	0,32	0,606	
18	24- „ (4 „)	„	—	2,23	0,56	0,68	2,37	1,99	0,40	0,597	
19	30- „ (2 „)	„	—	2,75	0,64	—	2,10	—	0,40	0,867	
20	4-tägiger (1 „)	„	—	2,70	0,67	—	—	—	0,38	1,327	
21	5- „ (2 „)	„	—	3,00	0,66	—	1,60	1,90	0,43	—	
22	Aus einer Kumys-anstalt an der Wolga: schwach	„	—	0,97	—	2,01	3,73*)	2,19	0,52	—	J. M. Potechin [6]
23		„	—	—	—	2,41	3,33*)	2,54	—	—	
24	mittel	„	—	1,38	—	1,55	2,93*)	2,20	—	—	
25		„	—	—	—	1,83	2,79*)	2,56	—	—	

[1]) Jahresber. f. Agrik.-Chem. 1870/72, **2**, 235 und 1873/74, **2**, 287.
[2]) 1. Ber. d. Landw. Versuchsstation Wien 1878, **32**.
[3]) v. Tymowski, Zur physiol. u. therapeutischen Bedeutung des Kumys etc. München 1877, 15.
[4]) J. Biel („Studien über die Eiweissstoffe des Kumys und des Kefir", St. Petersburg 1886) fand ferner im Kumys:

Kumys:	Milchsäure %	Milchzucker %	Kasein %	Albumin %	Acidalbumin %	Hemialbuminose %	Pepton %	Von 100 Eiweissstoffen: Kasein %	Albumin %	Acidalbumin %	Hemialbuminose %	Pepton %
Nicht aus derselben Milch 1-tägiger	0,607	0,907	0,940	0,512	0,076	0,420	0,088	46,17	25,14	3,73	20,64	4,31
2- „	0,700	0,825	0,860	0,506	0,108	0,490	0,105	41,57	24,45	5,22	23,69	5,07
3- „	0,800	0,756	0,688	0,523	0,168	0,426	0,130	35,56	27,00	8,70	22,01	6,72
Aus derselben Milch 1-tägiger	0,743	0,043	0,957	0,388	0,117	0,459	0,067	48,11	19,52	5,90	23,09	3,37
2- „	0,810	0,000	0,859	0,388	0,122	0,422	0,113	45,10	20,37	6,43	22,17	5,93
3- „	0,900	0,000	0,772	0,390	0,140	0,418	0,151	41,20	20,90	7,48	22,36	8,07

[5]) W. Stange, Der Steppenkumys 1883. Vergl. J. Biel, Studien über die Eiweissstoffe des Kumys und des Kefir, St. Petersburg 1886.
[6]) Journ. d. Gesellsch. Kasan'scher Aerzte 1883. Vergl. J. Biel, Studien etc., St. Petersburg 1886.

*) Vergl. Anmerkung *) S. 392.

No.	Nähere Bezeichnung	Zeit der Untersuchung	Wasser %	Alkohol %	Milchsäure %	Milchzucker %	Stickstoff-Substanz %	Fett %	Asche %	Kohlensäure (frei und gebunden) %	Analytiker
26	Aus einer Kumysanstalt an der Wolga; stark	1883	—	1,55	—	0,98	2,71*)	2,17	—	—	J. M. Fotechin[1])
27	Aus einer Kumysanstalt an der Wolga; stark	„	—	—	—	1,04	2,06*)	2,53	—	—	J. M. Fotechin[1])
28	Aus Stutenmilch, zweitägiger	„	—	1,65	1,15	2,20	1,12	2,05	—	—	Hartge[2])
29	Dargestellt**) am 13. Okt., aufgefüllt am 14. Okt. 1884: nach 1 Tag, 15. Okt., frischer Kumys	1884	90,99	2,47	0,64	2,21	2,25***)	1,08	0,36	—	P. Vieth[3])
30	Dargestellt**) am 13. Okt., aufgefüllt am 14. Okt. 1884: nach 8 Tagen, 22. Okt., mittlerer Kumys	„	91,95	2,70	1,16	0,69	2,00***)	1,13	0,37	—	P. Vieth[3])
31	Dargestellt**) am 13. Okt., aufgefüllt am 14. Okt. 1884: nach 23 Tagen, 6. Nov., alter Kumys	„	91,79	2,84	1,26	0,51	1,97***)	1,27	0,36	—	P. Vieth[3])
32	Dargestellt**) am 21. Okt., aufgefüllt am 22. Okt. 1884: nach 1 Tag, 23. Okt., frischer Kumys	„	91,87	3,29	0,96	0,39	1,99***)	1,17	0,33	—	P. Vieth[3])
33	Dargestellt**) am 21. Okt., aufgefüllt am 22. Okt. 1884: nach 8 Tagen, 30. Okt., mittlerer Kumys	„	92,38	3,26	1,03	0,09	1,76***)	1,14	0,34	—	P. Vieth[3])
34	Dargestellt**) am 21. Okt., aufgefüllt am 22. Okt. 1884: nach 21 Tagen, 13. Nov., alter Kumys	„	92,42	3,29	1,00	—	1,87***)	1,20	0,35	—	P. Vieth[3])
35	Dargestellt**) am 27. Okt., aufgefüllt am 28. Okt. 1884: nach 1 Tag, 29. Okt., frischer Kumys	„	91,42	2,25	0,70	2,30	1,75***)	1,22	0,36	—	P. Vieth[3])
36	Dargestellt**) am 27. Okt., aufgefüllt am 28. Okt. 1884: nach 8 Tagen, 6. Nov., mittlerer Kumys	„	92,04	2,84	1,06	0,73	1,89***)	1,10	0,34	—	P. Vieth[3])
37	Dargestellt**) am 27. Okt., aufgefüllt am 28. Okt. 1884: nach 22 Tagen, 19. Nov., alter Kumys	„	91,99	2,81	1,54	0,19	1,69***)	1,44	0,34	—	P. Vieth[3])
38	Aus kondensirter Stutenmilch, 10 Monate alt	„	89,13	1,17	1,78	5,13	1,63***)	0,80	0,36	—	P. Vieth[3])
39	Voller Kumys 1 Tag alt	1886	88,90	0,15	0,34	6,03	2,65***)	1,35	0,58	—	P. Vieth[3])
40	Voller Kumys 8 Tage „	„	90,35	0,94	0,96	3,10	2,72***)	1,36	0,57	—	P. Vieth[3])
41	Voller Kumys 22 „ „	„	90,57	1,04	1,40	2,18	2,85***)	1,38	0,58	—	P. Vieth[3])

[1]) Vergl. Anmerkung [4]) S. 391.
[2]) Mitgetheilt von M. Smitriew. Petersburg 1883. Deutsche med. Ztg. 1884, **5**, 50—51; Rep. anal. Chem. 1884, **4**, 77.
[3]) Landw. Versuchsstationen 1885, **31**, 363 und Milchztg. 1887, **16**, 121.
*) Die Stickstoff-Substanz zerfällt in:

	Kasein %	Albumin %	Parapepton %	Pepton %	Gesammt-Stickstoff-Substanz %
No. 22 . . .	2,92	0,49	0,27	0,048	3,73
„ 23 . . .	2,53	0,52	0,24	0,024	3,33
„ 24 . . .	2,23	0,22	0,27	0,217	2,93
„ 25 . . .	1,94	0,47	0,24	0,144	2,79
„ 26 . . .	1,73	0,33	0,23	0,422	2,71
„ 27 . . .	1,19	0,43	0,22	0,213	2,06

A. Dochmann giebt (Kumys, Wratsch 1882. Vergl. J. Biel, Studien etc.) in derselben Weise für die Eiweissstoffe des Kumys im Mittel von je 3 Analysen an:

	Kasein %	Albumin %	Parapepton %	Pepton %	Gesammt-Stickstoff-Substanz %
12-stündiger Kumys . . .	1,60	0,32	0,47	0,12	2,51
40- „ „ . . .	1,39	0,24	0,84	0,28	2,75
70- „ „ . . .	1,08	0,15	0,71	0,49	2,63

**) Zur Darstellung wurden 3 Theile Milch mit 1 Theil gut in Gährung befindlichem Kumys vermischt, 21 Stunden bei 20° C. stehen gelassen und dann auf Flaschen gefüllt, die mit Kork und Draht verschlossen wurden.

***) Die Stickstoff-Substanz zerfällt in:

No.	29 %	30 %	31 %	32 %	33 %	34 %	35 %	36 %	37 %	38 %	39 %	40 %	41 %	42 %	43 %	44 %
Kasein	0,83	0,81	1,01	0,80	0,85	0,79	0,67	0,88	0,69	1,00	2,01	1,96	1,88	1,46	1,40	1,30
Albumin	0,37	0,23	0,29	0,15	0,32	0,32	0,23	0,27	0,11	0,24	0,30	0,23	0,20	0,43	0,25	0,14
Laktoprotein + Pepton	1,05	0,96	0,67	1,04	0,59	0,76	0,85	0,74	0,89	0,39	0,34	0,53	0,77	0,48	0,76	0,97

No.	Nähere Bezeichnung	Zeit der Untersuchung	Wasser %	Alkohol %	Milchsäure %	Milchzucker %	Stickstoff-Substanz %	Fett %	Asche %	Kohlensäure (frei und gebunden) %	Analytiker
42	Mittlerer Kumys, 1 Tag alt . .	1886	87,55	0,29	0,68	6,80	2,37 *)	1,54	0,77	—	P. Vieth [1])
43	Mittlerer Kumys, 8 Tage „ . .	„	88,39	0,97	1,20	4,70	2,41 *)	1,56	0,77	—	P. Vieth [1])
44	Mittlerer Kumys, 22 „ „ . .	„	88,62	1,05	1,67	3,90	2,41 *)	1,58	0,77	—	P. Vieth [1])
45	Echter Kumys, 2 Tage alt . .	1892	—	—	1,15	2,20	1,12	2,05	0,28	0,758	R. Koch [2])
	Mittel	—	**(90,44 **))**	**1,91**	**0,91**	**1,77**	**2,24**	**1,46**	**0,42**	**0,857**	
	Schwankungen	—	87,55—95,28	0,15-3,29	0,34-2,92	0—6,80	1,12—3,73	0,80—2,56	0,28—0,77	0,133-1,860	

No.	Nähere Bezeichnung	Dauer der Gährung Stdn.	Spec. Gew. bei + 4° C.	Zeit der Untersuchung	Wasser %	Alkohol %	Milchsäure %	Milchzucker %	Kasein %	Albumin %	Laktoprotein und Pepton % — Acidalbumin	Laktoprotein und Pepton % — Hemialbumose	Stickstoff-Substanz im Ganzen %	Asche %	Freie Kohlensäure %	Analytiker
46	1 Tag alt ***)			1886	91,87	0,22	0,06	3,95	2,32	0,08	0,32		2,72	0,84	—	P. Vieth [3])
47	8 Tage „ ***)			„	92,26	0,45	0,31	3,08	2,17	0,07	0,48		2,72	0,85	—	P. Vieth [3])
48	22 „ „ ***)			„	92,52	0,57	0,56	2,45	2,03	0,07	0,62		2,73	0,84	—	P. Vieth [3])
49	Kumys, bereitet mit Hefe 1 : 4.	8	1,0276	1895	90,29	0,99	0,55	3,67	1,30	0,40	0,10	0,63	2,43	0,31	0,095	A. K. Allik [4])
50	Kumys, bereitet mit Hefe 1 : 4.	14	1,0260	„	90,66	1,24	0,71	2,99	1,16	0,40	0,13	0,65	2,34	0,31	0,248	A. K. Allik [4])
51	Kumys, bereitet mit Hefe 1 : 4.	36	1,0251	„	90,97	1,53	0,80	2,37	1,07	0,42	0,18	0,66	2,33	0,31	0,345	A. K. Allik [4])
52	Kumys, bereitet mit Hefe 1 : 4.	62	1,0250	„	90,99	1,99	0,85	1,43	1,01	0,41	0,18	0,66	2,26	0,31	0,569	A. K. Allik [4])
53	Kumys, bereitet mit Hefe 1 : 4.	84	1,0238	„	91,66	2,01	0,91	0,98	0,95	0,40	0,19	0,66	2,20	0,32	0,668	A. K. Allik [4])
54	Kumys, bereitet mit Hefe 1 : 10.	12	1,0271	„	90,61	0,60	0,47	3,83	1,19	0,42	0,10	0,59	2,30	0,29	0,022	A. K. Allik [4])
55	Kumys, bereitet mit Hefe 1 : 10.	36	1,0266	„	90,70	1,01	0,59	3,18	1,16	0,41	0,13	0,61	2,31	0,30	0,119	A. K. Allik [4])
56	Kumys, bereitet mit Hefe 1 : 10.	48	1,0265	„	90,83	1,35	0,79	2,50	1,05	0,40	0,16	0,63	2,24	0,30	0,396	A. K. Allik [4])
57	Kumys, bereitet mit Hefe 1 : 10.	12	1,0281	„	90,23	0,80	0,42	3,99	1,26	0,41	0,11	0,63	2,41	0,32	0,066	A. K. Allik [4])
58	Kumys, bereitet mit Hefe 1 : 10.	36	1,0276	„	90,35	1,24	0,79	3,24	1,19	0,43	0,12	0,65	2,39	0,32	0,259	A. K. Allik [4])
59	Kumys, bereitet mit Hefe 1 : 10.	48	1,0275	„	90,57	1,40	0,88	2,75	1,01	0,41	0,18	0,64	2,24	0,32	0,433	A. K. Allik [4])
60	Kumys, bereitet mit Hefe 1 : 10.	84	1,0260	„	90,70	1,59	0,89	2,57	1,03	0,40	0,18	0,66	2,27	0,32	0,589	A. K. Allik [4])
61	Kumys, bereitet mit Hefe 1 : 10.	96	1,0251	„	90,89	2,00	0,93	1,53	0,99	0,40	0,19	0,68	2,26	0,33	0,750	A. K. Allik [4])
		Tage														
62	Kumys, bereitet in Poguljanka in Kurland	4	1,0249	„	91,96	1,08	0,93	1,58	—	—	—	—	2,24	0,36	0,805	A. K. Allik [4])
63	Kumys, bereitet in Poguljanka in Kurland	4½	1,0240	„	91,54	1,97	1,40	1,06	—	—	—	—	2,14	0,36	0,902	A. K. Allik [4])
64	Kumys, bereitet in Poguljanka in Kurland	5	1,0246	„	92,54	1,95	1,26	0,93	—	—	—	—	2,10	0,34	0,906	A. K. Allik [4])
65	Kumys, bereitet in Poguljanka in Kurland	6	1,0241	„	92,78	2,09	1,44	0,73	—	—	—	—	1,92	0,33	—	A. K. Allik [4])
	Mittel (No. 46—65)			—	**91,22**	**1,30**	**0,78**	**2,44**	**1,31**	**0,33**	**0,15**	**0,52**	**2,33**	**0,40**	**0,448**	

[1]) Landw. Versuchsstationen 1885, **31**, 363 u. Milchztg. 1887, **16**, 121.
[2]) Molkereiztg. 1892, 38.
[3]) Milchztg. 1887, **16**, 121.
[4]) Inaugural-Dissertation Jurgew. 1895; Chem.-Ztg. 1895, **20**, 203.
Die Kumys waren ausschliesslich aus Stutenmilch hergestellt. Die Eiweisskörper wurden mit neutralem Ammoniumsulfat gefällt. Der Milchzucker wurde mit Fehling'scher Lösung titrirt, nachdem die Eiweissstoffe mit Phosphorwolframsäure ausgefällt waren. Pepton im Sinne Kühne's konnte nicht nachgewiesen werden.

*) Vergl. Anmerkung ***) S. 392.
**) Der mittlere Wassergehalt ist aus der Differenz berechnet.
***) No. 46 enthielt 0,34 %, No. 47 0,33 % und No. 48 0,33 % Fett. Der Wassergehalt ist von uns durch Subtraktion der Trocken-Substanz und des Alkoholgehaltes von 100 berechnet.

b. Kumys für Diabetiker.

No.	Nähere Bezeichnung	Zeit der Untersuchung	Wasser %	Alkohol %	Milchsäure %	Milchzucker %	Stickstoff-Substanz %	Fett %	Glycerin %	Asche %	Kohlensäure (frei und gebunden) %	Analytiker
1	1 Tag alt	1886	92,24	0,28	0,75	2,78	2,85 *)	0,51	—	0,59	—	P. Vieth [1])
2	8 Tage „	„	92,38	0,35	0,86	2,42	2,86 *)	0,52	—	0,61	—	
3	22 „ „	„	92,55	0,57	1,22	1,64	2,88 *)	0,51	—	0,61	—	

c. Molken-Kumys.

No.	Nähere Bezeichnung	Zeit der Untersuchung	Wasser %	Alkohol %	Milchsäure %	Milchzucker %	Stickstoff-Substanz %	Fett %	Glycerin %	Asche %	Kohlensäure (frei und gebunden) %	Analytiker
1	1 Tag alt	1886	89,74	0,30	0,60	7,48	0,98 *)	0,11	—	0,79	—	P. Vieth [1])
2	8 Tage „	„	90,63	1,03	0,91	5,52	0,99 *)	0,13	—	0,79	—	
3	22 „ „	„	91,07	1,38	1,26	4,34	1,01 *)	0,15	—	0,79	—	

d. Kumys aus Kuhmilch.

No.	Gew. des Kumys g	CO_2 l	CO_2 g	Zeit der Untersuchung	Wasser %	Alkohol %	Milchsäure %	Milchzucker %	Stickstoff-Substanz %	Fett %	Glycerin %	Asche %	Kohlensäure (frei und gebunden) %	Analytiker
1				1877?	88,80	2,25	0,70	3,89	2,02	0,85	0,14	0,41	0,66	Landowsky [2])
2				„	88,63	3,03	0,89	2,31	2,12	0,85	0,19	0,48	1,39	
3	747,42	2,543	5,009	1887	88,81	0,87	—	4,33	2,69	2,21	—	—	0,67	H. W. Wiley [3])
4	729,38	3,140	6,186	„	89,53	0,66	0,47	4,31	2,58	2,15	—	—	0,85	
5	768,58	3,179	6,269	„	89,15	0,69	0,51	4,33	3,02	2,07	—	—	0,82	
6	736,04	3,281	6,463	„	89,37	0,81	0,45	4,43	3,01	1,99	—	—	0,88	
7	746,19	3,579	6,850	„	89,97	0,86	0,48	4,43	2,64	1,67	—	—	0,91	
8	750,25	2,973	5,757	„	89,87	0,70	0,43	4,33	2,81	1,75	—	—	0,77	
9	738,84	3,204	6,313	„	89,01	0,73	0,49	4,48	2,89	2,44	—	—	0,85	
10	752,55	3,263	6,428	„	88,87	0,77	—	—	2,81	2,34	—	—	0,85	
11	Aus Kuhmilch unter Zusatz von Rohrzucker + Bierhefe nach 12-stündiger Gährung			„	83,36	1,12	0,17	6,39	3,70 *)	4,35	—	0,67	0,32	M. Schrodt [4])
	Mittel (ausschl. No. 11)			—	**89,20**	**1,14**	**0,55**	**4,09**	**2,66**	**1,83**	**0,16**	**0,43**	**0,86**	

e. Kumys von unbekannter Darstellung (wahrscheinlich aus abgerahmter Kuhmilch).

No.	Nähere Bezeichnung	Zeit der Untersuchung	Wasser %	Alkohol %	Milchsäure %	Milchzucker %	Stickstoff-Substanz %	Fett %	Glycerin %	Asche %	Kohlensäure (frei und gebunden) %	Analytiker
1	Aus Davos	1870 u. 1873	90,35	3,21	0,19	2,11	1,86	1,78	—	0,51	0,178	Suter-Naef [5])
2			89,06	3,62	2,56	2,37	2,09	2,00	—	0,74	1,99	
3	Unbekannt (wahrscheinlich aus abgerahmter Kuhmilch)	1876	88,73	0,38	0,42	6,33	3,54	0,61	—	0,37	0,36	Arth. Hill Hassall [6])
4		„	90,01	0,86	0,68	5,05	3,39	0,52	—	0,34	0,82	
5		„	91,51	1,28	1,15	3,02	3 83	0,51	—	0,39	1,23	
6		„	88,10	0,40	0,54	8,95	1,26	0,49	—	0,65	0,39	
7		„	(82,29)	0,49	0,37	2,34	4,41	0,19	(9,72)	0,68	0,47	
8		„	(83,16)	0,79	0,61	1,45	4,37	0,16	(9,58)	0,67	0,75	
9	desgl.	1872	95,30	—	—	—	1,74	1,69	—	—	—	J. Moser [7])
	Mittel	—	**(89,55**)**	**1,38**	**0,82**	**3,95**	**2,89**	**0,88**	—	**0,53**	**0,77**	

[1]) Milchztg. 1887, **16**, 121.
[2]) v. Tymowsky, Zur physiol. u. therap. Bedeutung des Kumys etc. München 1877, 15.
[3]) Foods and Foods adulterants. Bulletin No. 13. Washington 1887, 120.
[4]) Jahresber. d. Milchw. Versuchsstation Kiel für 1886/87, 9.
[5]) Jahresber. f. Agrik.-Chem. 1870/72, **3**, 235 und 1873/74, **2**, 287.
[6]) Dessen Food: Its Adulterations and the Methodes for their Detection. London 1876, 397.
[7]) Ber. d. Landw. Versuchsstation Wien 1878, **32**.

*) Die Stickstoff-Substanz zerfällt in:

	Kumys für Diabetiker 1 %	2 %	3 %	Molken-Kumys 1 %	2 %	3 %	Aus Kuhmilch 11 %
Kasein	2,19	2,13	2,05	0,15	0,14	0,11	3,04
Albumin	0,30	0,25	0,18	0,39	0,36	0,32	0,34
Laktoprotein + Pepton	0,36	0,48	0,65	0,44	0,49	0,58	0,32

**) Aus der Differenz angenommen.

Kefir (oder Kaphir).

Der Kefir unterscheidet sich dadurch vom Kumys, dass er aus Kuhmilch durch einen besonderen Gährungspilz (das Kefirferment) dargestellt wird.

No.	Nähere Bezeichnung	Zeit der Untersuchung	Wasser %	Alkohol %	Fett %	Milchzucker %	Milchsäure %	Kasein %	Albumin %	Hemialbuminose %	Pepton %	Gesammt-Stickstoff-Substanz*) %	Asche %	Analytiker
1	2-tägiger Kefir . .	?	—	0,80	2,00	2,00	0,90	—	—	—	—	3,80	—	*Tuschinsky*[1]
2	—	?	—	1,20	0,51	1,37	0,83	—	—	—	—	2,83	0,68	*Neusky und Rakosky*[1]
3	Aulkefir: 1-tägiger . . .	1885	—	0,16 **)	—	—	0,16	3,46	0,42	—	—	—	—	
4	Aulkefir: 1- „ . . .	„	—	—	—	3,46	0,90	3,26	0,80	—	—	—	—	
5	Aulkefir: 2- „ . . .	„	—	?	—	2,98	1,30	3,33	0,78	—	—	—	—	
6	Flaschenkefir: 1-tägiger . . .	„	—	0,32	—	3,84	1,35	2,57	0,75	—	0,023	—	—	*Ssadowenj*[1]
7	Flaschenkefir: 2- „ . . .	„	—	0,72	—	—	1,50	2,67	0,77	—	—	—	—	
8	Flaschenkefir: 3- „ . . .	„	—	1,22	—	1,54	1,35	2,57	0,77	—	0,022	—	—	
9	Flaschenkefir: 1- „ . . .	„	—	0,24	—	—	0,99	2,98	0,43	—	0,041	—	—	
10	Flaschenkefir: 2- „ . . .	„	—	0,56	—	2,11	1,26	—	—	—	—	—	—	
11	Flaschenkefir: 3- „ . . .	„	—	0,89	—	1,44	1,35	2,95	0,42	—	0,040	—	—	
12	Flaschenkefir: 5- „ . . .	„	—	0,81	—	1,44	1,44	2,89	0,43	—	0,039	—	—	
13	Flaschenkefir: 6- „ . . .	„	—	0,89	—	1,25	1,53	—	—	—	—	—	—	
14	Aus einer Anstalt entnommen: 1-tägig.	„	—	—	—	3,75	0,54	3,34	0,12	0,190	0,035 ***)	3,78	—	*J. Biel*[1]
15	Aus einer Anstalt entnommen: 2- „	„	—	—	—	3,22	0,56	2,87	0,03	0,282	0,046	3,34	—	
16	Aus einer Anstalt entnommen: 3- „	„	—	—	—	3,09	0,65	2,99	—	0,409	0,082	3,74	—	
17	Selbst angefertigt, aus roher Milch: 3- „	„	—	—	—	—	—	2,63	0,22	0,252	0,014	3,33	—	
18	Selbst angefertigt, aus roher Milch: 3- „	„	—	—	—	—	—	2,17	0,19	0,254	Spur	2,91	—	
19	Selbst angefertigt, aus roher Milch: 3- „	„	—	—	—	2,75	0,70	2,31	0,21	0,252	Spur	2,98	—	
20	Selbst angefertigt, aus gekochter Milch: 5- „	„	—	—	—	2,55	0,73	2,76	—	0,162	Spur	3,14	—	
21	Selbst angefertigt, aus gekochter Milch: 9- „	„	—	—	—	2,40	0,86	2,36	—	0,320	0,056 ***)	3,05	—	
22	Alter unbekannt . .	„	90,09	0,64	1,82	1,87	1,44	2,90	0,07	0,45		3,42	—	*P. Vieth*
23	Aus der Hj. Nyström in Gothenburg (aus gekochter Milch): 1-täg.	1886	88,26	0,70	3,35	2,78	0,81	2,98	0,28	0,046	0	3,31 [0])	0,79	*O. Hammarsten*[2]
24	Aus der Hj. Nyström in Gothenburg (aus gekochter Milch): 2- „	„	89,09	0,66	3,10	2,90	0,61	2,74	0,17	0,070	0	2,99	0,65	
25	Aus der Hj. Nyström in Gothenburg (aus gekochter Milch): 3- „	„	89,49	0,80	2,81	2,37	0,77	2,99	0,11	0,084	0	3,18	0,68	

[1]) Vergl. J. Biel, Studien über die Eiweissstoffe des Kumys und des Kefir, St. Petersburg 1886.
[2]) Milchztg. 1887, **16**, 121.
[3]) Vergl. Anmerkung [1]) S. 396.

*) Nach J. Biel (l. c.) fand Silwanow für die Stickstoff-Substanz des Kefir:

	1-täg. %	2-täg. %	3-täg. %	1-täg. %	2-täg. %	3-täg. %	1-täg. %	2-täg. %	3-täg. %	1-täg. %	2-täg. %	3-täg. %
1. Flaschenkefir aus ganzer Milch.												
Kasein . . .	2,43	2,33	1,93	2,49	2,29	2,01	2,39	2,26	1,98	2,41	2,28	1,95
Albumin . . .	0,19	0,06	0,02	0,20	0,08	0,00	0,21	0,12	0,04	0,20	0,07	0,01
Pepton . . .	0,09	0,14	0,38	0,12	0,18	0,36	0,10	0,16	0,32	0,10	0,19	0,39
2. Flaschenkefir aus gekochter Milch.												
Kasein . . .	2,09	1,97	1,89	2,11	2,02	1,90	2,06	1,95	1,81	—	—	—
Albumin . . .	0,02	0,00	0,00	0,02	0,00	0,00	0,02	0,003	0,00	—	—	—
Pepton . . .	0,12	0,23	0,42	0,11	0,27	0,40	0,13	0,28	0,43	—	—	—

**) Der Alkohol ist bei den Analysen von Ssadowenj in Graden Tralles angegeben und darnach von uns in Gewichtsprocent umgeändert.

***) J. Biel giebt ferner für Acidalbumin an:

No.	14	15	16	17	18	19	20	21
Acidalbumin . . .	0,095 %	0,107 %	0,250 %	0,218 %	0,297 %	0,213 %	0,217 %	0,318 %

[0]) Vergl. Anmerkung *) S. 396.

No.	Nähere Bezeichnung	Zeit der Untersuchung	Wasser %	Alkohol %	Fett %	Milchzucker %	Milchsäure %	Kasein %	Albumin %	Hemialbuminose %	Pepton %	Gesammt-Stickstoff-Substanz %	Asche %	Analytiker
26	Selbstdargestellter Flaschenkefir**) 2-tägiger	1886	—	0,23	3,62	3,70	0,67	2,57	0,43	0,07	0	3,07 *)	0,64	O. Hammarsten [1]
27	4- „	„	—	0,81	3,63	2,24	0,83	2,59	0,41	0,09	0	3,08	0,62	
28	6- „	„	—	1,10	3,63	1,67	0,90	2,56	0,39	0,12	0	3,07 *)	0,63	
29	Kefir aus Brünn . .	1890	88,38	0,82	2,88	3,38	1,00	—	—	—	—	4,80	0,48	J. Habermann[2]
	Spec. Gew.													
30	Kefir 3-tägig. 1,0116	1890	—	0,26	3,15	—	1,01	—	—	—	—	3,68	—	B. C. Niederstadt[3]
31	Kefir 2- „ 1,0277	„	—	0,22	3,91	—	0,99	—	—	—	—	3,54	—	
32	1-tägiger Kefir . . .	1891	—	—	2,33	—	0,85	—	—	—	—	—	—	derselbe[4]
33	Echter Kefir aus Dr. Rudecks echtem präparirtem Ferment in 100 ccm	1886	—	0,50	1,80	1,80	0,60	3,65	0,15	0,05	0,20	4,13	—	E. Rudeck[5]
	Mittel	—	88,86	0,84	2,76	2,52	0,98	2,80	0,38	0,18	0,03	3,39	0,65	

Kunstkefir (Pseudokefir).

No.	Nähere Bezeichnung	Zeit der Untersuchung	100 ccm enthalten g									Analytiker
			Alkohol	Fett	Milchzucker	Milchsäure	Kasein	Albumin	Hemialbumose	Laktosyntonid	Pepton	
1	Kogelmann'scher Pseudokefir***)	1886	0	1,10	0,90	1,85	3,50	0	0,90	0,40	Spur	E. Rudeck[6]
2	Pseudokefir⁰)	„	Spur	1,60	1,30	1,10	3,80	Spur	Spur	0	0	

[1] Upsala läkare förenings förhandlingar 1886, **21**. Separatabdruck 1—32. Centrbl. Agrik.-Chem. 1888, **17**, 413—417.
[2] Zeitschr. angew. Chem. 1890, 62.
[3] Zeitschr. angew. Chem. 1890, 304.
[4] Milchztg. 1891, **20**, 624.
[5] Milchztg. 1887, **16**, 223.
[6] Gesundheit 1886, No. 22; Milchztg. 1887, **16**, 223.

*) Die Untersuchungsmethoden, welche Hammarsten anwandte, waren folgende: Das Gesammteiweiss (Stickstoff-Substanz) wurde durch Fällung des mit Alkali möglichst neutralisirten Kefirs mit soviel Weingeist bestimmt, dass die Lösung 75—80 % wasserfreien Alkohol enthielt. Die Fällung wurde in bekannter Weise behandelt und aus dem Filtrate wurden Spuren von Eiweiss nach vorausgegangener Koncentration und Ausschütteln mit Aether mit Gerbsäure gefällt. Von dem Niederschlage wurden 67 % als Eiweiss berechnet. Das Kasein wurde bestimmt durch einfaches Verdünnen des Kefirs mit 15—20 Theilen Wasser, worauf der Niederschlag sich während 12—18 Stunden absetzte; derselbe wurde gesammelt, entfettet, getrocknet u. s. w. Das Laktalbumin wurde durch Kochen des Filtrates vom Kaseinniederschlage erhalten und nach den bekannten Regeln weiterbehandelt. Die Pepton-Substanzen (eigentliches Pepton und Propepton zusammen) wurden bestimmt, theils als Differenz zwischen Gesammteiweiss einerseits und der Summe von Kasein und Laktalbumin andererseits, theils auch nach Abscheidung des Laktalbumins durch Fällung mittelst Gerbsäure bei Gegenwart von etwas essigsaurem Natrium und freier Essigsäure. Bei Anwendung dieser Methoden sind die Werthe für Kasein eher zu klein als zu hoch, die Werthe für Pepton eher zu gross als zu klein. Wirkliches, durch Ammoniumsulfat nicht fällbares Pepton im Sinne Kühne's war nicht vorhanden.

**) Der selbsthergestellte Flaschenkefir wurde durch Mischen und Schütteln von 1 Theil fertigem Kefir mit 4 Theilen ungekochter Milch dargestellt.

***) Darstellung: $^1/_3$ saure und $^2/_3$ süsse Milch werden gemischt, öfters umgeschüttelt und in den Flaschen 3 Tage stehen gelassen. Das Produkt ist ein Getränk von intensiv saurem, widerlichem Geschmack.

⁰) Darstellung: Durch Einleiten von Kohlensäure in Milch. Der Geschmack ist unangenehm prickelnd; er gleicht dem einer Mischung von Selterswasser mit Milch. Der Pseudokefir scheidet sich schon nach 36 Stunden in Kasein und Molke.

Skyr.

Skyr, ein unter Wirkung von saurer Gährung und Lab aus Milch in Island hergestelltes Erzeugniss von steifer Syrupkonsistenz enthält nach C. Petersen (Vierteljahresschrift Nahrungs- und Genussmittel 1887, 2, 368):

Wasser	Stickstoff-Substanz	Fett	Milchsäure	Asche
81,07 %	11,09 %	3,28 %	2,69 %	1,74 %.

Die Asche besteht aus:

	Eisenoxyd (Fe_2O_3)	Kalk (CaO)	Magnesia (MgO)	Kali (K_2O)	Natron (Na_2O)	Phosphorsäure (P_2O_5)	Schwefels. (SO_3)	Kiesels. (SiO_2)	Chlor (Cl)
	0,12 %	13,12 %	2,19 %	15,43 %	16,73 %	30,33 %	6,83 %	0,55 %	19,00 %.
Die chlornatriumfreie Asche enthält hiernach:	0,17 %	19,10 %	3,18 %	22,46 %	0,20 %	44,15 %	9,94 %	0,80 %	—

Vegetabile Milch.

No.	Nähere Bezeichnung	Zeit der Untersuchung	Wasser %	Stickstoff-Substanz %	Fett %	Pflanzen-Dextrin %	Rohrzucker %	Asche %	Analytiker
1	Lahmanns vegetabile Milch von Hawel u. Veithen in Köln*)	1893	20,62	12,00	34,72	—	31,00	1,64	*A. Stützer* [1])
2		1896	24,44	7,50	24,60	1,30	41,80	0,68**)	*derselbe* [2])
3		„	27,17	10,68	24,60	—	28,73	1,41***)	*Ed. Späth* [3])

Citronensäuregehalt der Milch.

Nach Theodor Henkel (Landw. Versuchsstationen 1891, 39, 143—151) beträgt der Citronengehalt der Kuhmilch 1,0—1,4 g in 1 Liter, während Anton Scheibe (Landw. Versuchsstationen 1891, 39, 153—170) nach einer verbesserten Bestimmungsmethode in der Kuhmilch 1,7—2,0 g, in der Ziegenmilch 1,0—1,5 g und in der Frauenmilch 0,54 g in 1 Liter fand.

Zusammensetzung der Milchasche.

W. Fleischmann (Jahresbericht der milchw. Versuchsstation Raden für 1881, S. 37 und 1884 S. 35) untersuchte die Asche von Vollmilch (1881), Rahm, Butter und Buttermilch (1884) der Kühe der Radener Heerde und fand in der Asche:

---

[1]) Mitgetheilt von Fr. Hornef. Intern. klin. Rundsch. 1893, 1273; Centrbl. Agrik.-Chem. 1894, **23**, 305—306.

[2]) Mitgetheilt von H. Höck. Wiener med. Wochenschr. 1896, No. 11, 12, 13; Hyg. Rundschau 1896, **6**, 850—851; Chem. Centrbl. 1896, II, 903—904.

[3]) Pharm. Centrbl. 1896, **37**, 542; Chem. Centrbl. 1896, II, 675.

*) Lahmann's vegetabile Milch wird aus Mandeln und Nüssen unter Beigabe von Zucker hergestellt. Dieselbe giebt mit Magensaft versetzt ein sehr feinflockiges Gerinnsel, wobei der Unterschied des Pflanzenkaseins hervortritt. Sie ist der Haltbarkeit wegen in kondensirte Form gebracht und wird mit der siebenfachen Menge Wasser beim Gebrauch aufgelöst. Dazu hat Lahmann ein Nährsalz, das mit Fleischextrakt Aehnlichkeit hat, konstruirt mit 9,87 % Wasser, 56,54 % organ. Stoffen und 13,59 % Salzen nach Birnbaum. Diese 13,59 % Salze haben nach B. C. Niederstadt folgende Zusammensetzung:

	Kali (K_2O) %	Natron (Na_2O) %	Kalk (CaO) %	Magnesia (MgO) %	Eisenoxyd (Fe_2O_3) %	Phosphorsäure (P_2O_5) %	Schwefelsäure (SO_3) %	Kieselsäure (SiO_2) %	Chlor (Cl) %
Nährsalz der Milch	16,53	21,45	18,90	4,89	0,40	4,46	8,85	1,26	6,57
	24,06	6,05	23,17	2,63	0,44	27,98	1,26	0,06	13,45

**) Die Asche besteht aus 20,6 % K_2O, 4,0 % Na_2O, 35,8 % CaO, 0,55 % MgO, 0,68 % Fe_2O_3, 31,2 % P_2O_5, 6,07 % SO_3. Freie Säuren enthält das Präparat nicht.

***) Die Asche enthält Spuren Fe_2O_3, 0,222 % Al_2O_3, 0,300 % Alkalien (ber. als Na_2O), 0,368 % P_2O_5, 0,076 % SO_3, Spuren CaO und Cl. Die Reaktion der wässerigen Lösung ist sauer.

No.	Nähere Bezeichnung	Kalk (CaO) %	Magnesia (MgO) %	Eisenoxyd (Fe_2O_3) %	Kali (K_2O) %	Natron (Na_2O) %	Phosphorsäure (P_2O_5) %	Chlor (Cl) %	Schwefelsäure (SO_3) %
1	Milch (Reinasche)*)	22,57	2,84	0,31	23,54	11,44	27,68	15,01	—
2	Rahm	22,81	3,25	2,84	27,65	8,46	21,18	14,51	2,57
3	Magermilch	21,19	3,02	0,89	31,58	9,93	18,84	14,59	3,26
4	Butter	23,16	3,30	Spur	19,39	7,74	44,40	2,61	Spur
5	Buttermilch	19,82	3,58	Spur	24,65	11,59	30,03	13,34	Spur

Schrodt (Jahresbericht der milchw. Versuchsstation Kiel. Milchztg. 1887, 16, 676) untersuchte die Asche von käsiger Milch aus 2 holsteinischen Meiereien und fand:

No.	Nähere Bezeichnung	Kalk (CaO) %	Magnesia (MgO) %	Eisenoxyd (Fe_2O_3) %	Kali (K_2O) %	Natron (Na_2O) %	Phosphorsäure (P_2O_5) %	Chlor (Cl) %	Schwefelsäure (SO_3) %
1	Meierei I	21,87	2,59	Spur	25,73	14,15	23,75	11,79	3,02
2	„ II	25,45	1,09	Spur	24,29	7,95	30,31	10,64	2,86

Fr. Söldner (Landw. Versuchsstationen 1888, 35, 351—436; Milchztg. 1889, 18, 5) fand in 1 Liter Milch folgende Salzmengen:

Dicalciumphosphat	0,671 g	Monokaliumphosphat	1,156 g
Tricalciumphosphat	0,806 „	Dikaliumphosphat	0,835 „
Calciumcitrat	2,133 „	Kaliumcitrat	0,495 „
Calciumoxyd (an Kasein gebunden)	0,465 „	Chlorkalium	0,830 „
Dimagnesiumphosphat	0,336 „	Chlornatrium	0,962 „
Magnesiumcitrat	0,495 „		

Kindermehle.

Unter „Kindermehlen“ sind im allgemeinen Gemische von kondensirter Milch mit präparirten Cerealien- oder anderen Mehlen zu verstehen; einige der nachfolgenden Kindermehle bestehen indess aus einfach präparirten Mehlen (besonders Hafermehl). Vergl. auch unter „präparirte Mehle.“

A. Bisquit-Kindermehle.

No.	Nähere Bezeichnung	Zeit der Untersuchung	In der natürlichen Substanz: Wasser %	Stickstoff-Substanz %	Fett %	Stickstofffreie Extraktstoffe: in kalt. Wasser löslich %	Stickstofffreie Extraktstoffe: in kalt. Wasser unlös. %	Rohfaser %	Asche %	In der Trocken-Substanz: Stickstoff-Substanz %	lösliche Kohlenhydrate %	Stickstoff in der Trocken-Substanz %	Analytiker
1	I. Henri Nestlé in Vevey	1879	5,30	9,85	3,67	41,16	37,85	—	2,17	10,40	43,46	1,66	N. Gerber [1]) u. [2])
2		Juni 1879	5,78	9,96	4,49	45,00	32,75	0,50	1 52 **)	10,57	47,76	1,68	
3		1878	6,36	10,96	4,75	77,08		—	1,85	11,70	—	1,87	*Phys. Institut Leipzig* [1])
4		„	—	9,50	—	78,72		—	1,70	10,13	—	1,62	*Müller* [1])

[1]) Nach einer Zusammenstellung von N. Gerber: Milchztg. 1879, 8, 359.
[2]) Ferner: Forschungen auf dem Gebiete der Viehhaltung 1879, 7, 324.

*) Bei dieser Analyse ist die Kohlensäure und Schwefelsäure als beim Verbrennen entstanden abgezogen.
**) Es enthält:

	I No. 2	II No. 2	III No. 3 und 4	VI No. 1 und 2
Phosphor	0,39 %	0,43 %	0,33 und 0,35 %	0,38 % 0,36 %

No.	Nähere Bezeichnung	Zeit der Untersuchung	In der natürlichen Substanz: Wasser %	Stick-stoff-Substanz %	Fett %	Stickstofffreie Extraktstoffe in kalt. Wasser löslich %	Stickstofffreie Extraktstoffe in kalt. Wasser unlösl. %	Roh-faser %	Asche %	In der Trocken-Substanz: Stick-stoff-Substanz %	lösliche Kohlen-hydrate %	Stickstoff in der Trocken-Substanz %	Analytiker
5	I. Henri Nestlé in Vevey	1878	9,55	9,50	3,91	74,36*)		0,34	1,62 **)	10,50	—	1,68	*J. König und Krauch*[1])
6		1877	5,00	8,00	4,88	—	—	—	1,59	8,42	—	1,35	*A. v. Loesecke*[2])
7		1880	7,28	9,48	4,34	43,12	34,81	—	1,97	10,22	46,50	1,73	*H. Schmidt*[3])
8		1882	4,17	10,80 ***)	5,16	42,42	36,88 °)	—	1,47 °°)	11,27	44,26	1,80	*A. Stutzer*[4])
9		1886	5,34	11,46 °°°)	4,66	41,22	35,47	0,10	1,75 °°)	12,11	43,54	1,94	*A. Stutzer*[4])
10		1887	6,55	9,61	4,34	42,89	34,41	0,43	1,77	10,16	45,89	1,63	*Edg. Everhardt*[5])
11		1896	5,59	10,94	5,18	42,93 †)	32,71 †)	0,29	1,82 †)	11,59	45,47	1,85	*M. Blauberg*[6])
	I. Mittel	—	**6,01**	**9,94**	**4,53**	**42,75**	**34,70**	**0,32**	**1,75**	**10,64**	**45,48**	**1,70**	
1	II. Gerber & Co. in Thun	Sept. 1878	4,39	13,69	4,75	75,72		—	1,45	14,32	—	2,29	*v. Fellenberg*[7])
2		Juni 1879	5,52	12,33	4,42	44,32	31,56	0,50	††) 1,35	13,05	46,91	2,08	*N. Gerber*[8])
	II. Mittel	—	**4,96**	**13,01**	**4,58**	**44,58**	**32,93**	**0,50**	**1,40**	**13,69**	**46,91**	**2,19**	
1	III. Anglo-Swiss Co. in Cham	1878	5,84	10,33	5,02	43,51	33,55	—	1,74	10,97	46,21	1,75	*N. Gerber und P. Radenhausen*[7]) *u.*[8])
2		Jan. 1876	7,79	8,84	5,44	48,50	27,95	—	1,46	9,59	52,69	1,53	*N. Gerber und P. Radenhausen*[7]) *u.*[8])
3		Juli 1879	6,34	10,02	7,08	39,82	34,48	0,50	1,75 ††)	10,70	42,41	1,71	*N. Gerber und P. Radenhausen*[7]) *u.*[8])
4		Sept. 1879	6,40	12,33	6,76	49,26	23,06	0,50	1,69 ††)	13,17	52,63	2,10	*H. Schmidt*[3])
5		1880	5,99	14,63	5,43	54,98	16,30	—	2,67	15,56	57,87	2,57	*Edg. Everhardt*[9])
6		1887	6,50	11,20	6,00	46,00	28,00	0,38	1,92	11,98	49,19	1,92	
	III. Mittel	—	**6,48**	**11,23**	**5,96**	**47,01**	**26,95**	**0,50**	**1,87**	**11,99**	**50,26**	**1,92**	
1	IV. Giffey, Schill & Co. in Rohrbach (Baden)	1877	4,22	12,86	4,34	47,68	29,94	—	1,78	13,43	49,78	2,14	*N. Gerber*[7])
2		„	6,51	10,56	—	—	—	—	1,75	11,30	—	1,79	*A. v. Loesecke*[2])
	IV. Mittel	—	**5,37**	**11,71**	**4,29**	**47,11**	**29,75**	—	**1,77**	**12,37**	**49,78**	**1,98**	

[1]) Original-Mittheilung.
[2]) Arch. f. Pharmacie 1877, **I**, 415.
[3]) Hannover'sche Monatsschr. wider die Nahrungsfälscher 1888, 52.
[4]) Bericht über die I. allgem. deutsche Hygiene-Ausstellung, **I**, 216 und Pharm. Centralhalle 1886, **27**, 94.
[5]) The Texas State Geolog. and Scientific Association, 17. Mai 1887.
[6]) Archiv für Hygiene 1896, **27**, 119.
[7]) Nach einer Zusammenstellung von N. Gerber in Milchztg. 1879, **8**, 359.
[8]) Ferner: Forschungen auf dem Gebiete der Viehhaltung 1879, **7**, 324.
[9]) Read before the Texas State geolog. and scient. Association, 17. Mai 1887, 13.

*) Mit 5,31 % Milchzucker.

**) Darin 0,63 % Kali, 0,42 % Phosphorsäure und 0,22 % Kalk.

***) Von der Gesammt-Stickstoff-Substanz waren 9,90 % Eiweiss, 0,45 % lösliches Nichteiweiss und 0,45 unlösliche Stickstoff-Substanz.

°) Davon 33,40 % Stärkemehl.

°°) Es enthielt No. 8 = 0,411 %, No. 9 = 0,630 % Phosphorsäure, ferner No. 9 = 0,390 % Kalk.

°°°) Hiervon 11,09 % durch Magensaft leicht verdaulich.

†) Vergl. unten S. 408.

††) Vergl. Anmerkung **) S. 398.

No.	Nähere Bezeichnung	Zeit der Untersuchung	In der natürlichen Substanz: Wasser %	Stickstoff-Substanz %	Fett %	Stickstofffreie Extraktstoffe in kalt. Wasser löslich %	unlösl. %	Rohfaser %	Asche %	In der Trocken-Substanz: Stickstoff-Substanz %	lösliche Kohlenhydrate %	Stickstoff in der Trocken-Substanz %	Analytiker
1	V. Faust & Schuster in Göttingen	1877	6,29	10,71	5,03	48,62	27,59	—	1,76	11,43	51,89	1,82	*N. Gerber* [1])
2		„	6,63	10,96	4,75	39,12	36,69	—	1,85	11,72	41,89	1,87	*C. Flügge* [1])
3		„	6,00	11,46	3,39	—	—	—	1,79	12,19	—	1,94	*A. v. Loesecke* [2])
4		1880	7,20	10,92	4,52	44,22	31,11	—	2,03	11,77	47,65	1,88	*H. Schmidt* [3])
5		1882	6,59	9,94 *)	5,07	40,90	36,11 **)	—	2,17 ***)	10,64	42,71	1,70	*A. Stutzer* [4])
	V. Mittel	—	**6,54**	**10,79**	**4,55**	**43,21**	**32,99**	—	**1,92**	**11,55**	**46,23**	**1,85**	
	VI.												
1	Oettli-Vevey und Montreux: Tabletten-form . .	Juni 1879	7,72	9,21	4,93	42,60	33,19	0,50	1,85	9,98	47,25	1,60	*Gerber u. Radenhausen* [1])
2	Oettli-Vevey und Montreux: Mehlform	„	6,07	11,00	5,39	42,00	33,39	0,50	1,65	11,71	44,71	1,87	
	VI. Mittel	—	**6,89**	**10,11**	**5,16**	**42,30**	**33,29**	**0,50**	**1,75**	**10,85**	**45,89**	**1,74**	
	VII.												
1	Muffler's Kinder-mehl[0]) v. Muffler u. Co. in Freiburg	1893	6,97	14,19	5,14	29,90	40,82	0,48	2,50	15,25	32,14	2,44	*Versuchsstation Münster* [7])
2		1896	4,28	14,48	6,47	24,92 [00])	47,62 [00])	0,19	2,28 [00])	15,13	26,03	2,42	*M. Blauberg* [5])
	VII. Mittel	—	**5,63**	**14,34**	**5,80**	**27,41**	**44,22**	**0,34**	**2,39**	**15,19**	**29,09**	**2,43**	
	VIII.												
1	Kindermehl v. Henri Epprecht . . .	1896	10,51	15,19	10,47 [00])	60,80 [00])	Spur	Spur	3,01 [00])	16,97	67,94	2,72	*derselbe* [5])

B. Andere Kindermehle.

No.	Nähere Bezeichnung	Zeit der Untersuchung	Wasser %	Stickstoff-Substanz %	Fett %	löslich %	unlösl. %	Rohfaser %	Asche %	Stickstoff-Substanz %	lösliche Kohlenhydrate %	Stickstoff in der Trocken-Substanz %	Analytiker
1	IX. Kindernahrung (Kraftgries) von Th. Timpe in Magdeburg	1882	(6,11	7,81 [000])	2,93	—	—	—	0,95 †)	8,32	—	1,01)	*A. Stutzer* [6])
2		„	7,32	19,96 ††)	5,45	35,34	29,11	—	2,82 †)	21,54	38,13	3,45	
1	X. Kindermehl von Dr. W. Stelzer in Berlin	1884	9,06	8,50	3,81	49,37	26,73	0,28	2,25 †††)	9,35	54,29	1,50	*H. Weigmann* [7])
2		„	5,27	9,31	4,76	53,39	24,61	0,26	2,40 †††)	9,83	56,36	1,56	
3		„	6,56	13,00	3,95	51,52	20,39	—	2,58	13,91	55,13	2,22	
	X. Mittel	—	**6,96**	**10,27**	**4,17**	**51,43**	**24,49**	**0,27**	**2,41**	**11,03**	**55,26**	**1,76**	

[1]) Nach einer Zusammenstellung von N. Gerber in Milchztg. 1879, **8**, 359.
[2]) Arch. f. Pharmacie 1877, **I**, 415.
[3]) Hannover'sche Monatsschr. wider die Nahrungsfälscher 1880, 52.
[4]) Repertorium f. analyt. Chem. 1882, 163.
[5]) Archiv für Hygiene 1896, **27**, 119.
[6]) Repertorium f. analyt. Chem. 1882, 163 und Bericht über die Hygiene-Ausstellung 1882/83, Breslau 1884, 215.
[7]) Original-Mittheilung.
*) Von dem Gesammt-Stickstoff (1,59 %) waren 1,53 % als Protein-Stickstoff und 0,069 % als Nucleïn-Stickstoff vorhanden; das verdauliche Eiweiss ist zu 9,15 % angegeben.
**) Mit 33,62 % Stärke.
***) Mit 0,509 % Phosphorsäure.
[0]) Mit 23,70 % Zucker, 0,82 % Kalk, 0,56 % Phosphorsäure.
[00]) Vergl. unten S. 408.
[000]) Von dem Gesammt-Stickstoff (1,25 %) sind 1,09 % Protein-Stickstoff und 0,25 % Nucleïn-Stickstoff; das verdauliche Eiweiss ist zu 5,25 % angegeben.
†) In No. 1 von Timpe's Kindernahrung 0,467 %, in No. 2 = 0,715 % Phosphorsäure.
††) Hiervon 17,18 % Eiweiss, 1,39 % lösliches Nichteiweiss und 1,39 % unlösliche Stickstoff-Substanz.
†††) In No. 1 von Stelzer's Kindermehl 0,82 %, in No. 2 = 0,98 % Phosphorsäure.

No.	Nähere Bezeichnung	Zeit der Untersuchung	In der natürlichen Substanz: Wasser %	Stickstoff-Substanz %	Fett %	Stickstofffreie Extraktstoffe in kalt. Wasser löslich %	Stickstofffreie Extraktstoffe in kalt. Wasser unlösl. %	Rohfaser %	Asche %	In der Trocken-Substanz: Stickstoff-Substanz %	lösliche Kohlenhydrate %	Stickstoff in der Trocken-Substanz %	Analytiker
	XI.												
1	Kindermehl von C. Heinroth in Berlin	1885	5,37	9,94	5,37	68,21	8,94	0,58	1,59 *)	10,50	72,08	1,52	*C. Böhmer*[1]
2		„	5,88	9,87	5,88	62,93	12,88	0,72	1,84 *)	10,49	66,86	1,52	
	XI, Mittel	—	**5,63**	**9,91**	**5,63**	**65,57**	**10,89**	**0,65**	**1,72**	**10,50**	**69,47**	**1,52**	
	XII.												
1	Kindermehl von Stratmann & Meyer in Bielefeld	1887	6,27	11,56	8,69	36,40	34,62	0,71	1,75	12,33	38,83	1,97	*E. Fricke*[1]
2		1897	7,57	11,92	8,28	70,10		1,21	0,92	12,89	—	2,06	*Versuchsstation Münster*[1]
1	XIII. Kindernahrung von Ed. Löfflund in Stuttgart°)	1882	30,75	3,54 **)	—	63,83	—	—	1,88 ***)	5,11	92,17	0,82	*A. Stutzer*[2]
2		„	34,25	3,33	—	60,88	—	—	1,54 ***)	5,06	92,59	0,81	
3		1887	32,00	3,54	—	62,61	—	—	1,85	5,21	92,07	0,83	*Everhardt*[3]
4		1896	25,37	4,17	Spur	68,60 °°)	—	—	1,47 °°)	5,59	91,92	0,89	*M. Blauberg*[4]
	XIII, (No. 1—4) Mittel	—	**30,59**	**3,64**	Spur	**63,99**	—	—	**1,69**	**5,24**	**92,19**	**0,84**	
5	Kindermilch von demselben	1888	24,46	10,35	7,57	40,42	14,28	—	2,92 ***)	13,70	53,51	2,19	*M. Wesener*[1]
6		?	20,58	9,86 °°°)	12,22	55,10	—	—	2,24 °°°)	12,41	69,38	1,99	*Fr. Soxhlet*[1]
7	Peptonisirte Kindermilch von demselb.	?	20,39	10,13	8,46	57,53 °°)	—	—	3,05 °°)	12,71	72,27	2,03	*M. Blauberg*[4]
	XIV. Voltmer's Muttermilch	1896	22,10	13,26	9,08	51,52 °°)	—	—	4,04 °°)	17,02	66,14	2,72	
	XV.												
1	Nahrungsmittel in löslicher Form von P. Liebe in Dresden	1882	24,48	3,51 †)	—	70,65	—	—	1,36 ††)	4,65	93,55	0,74	*B. Stutzer*[2]
2		1896	22,34	6,47	Spur	68,80 °°)	—	—	1,71 °°)	8,33	88,59	1,33	*M. Blauberg*[4]

[1]) Original-Mittheilung.
[2]) Repertorium f. analyt. Chem. 1882, 165 und Bericht über die Hygiene-Ausstellung 1882/83. Breslau 1884. 217.
[3]) Read before the Texas State geolog. and scient. Association. 17. Mai 1887. 13.
[4]) Archiv für Hygiene 1896, **27**, 119.

*) In No. 1 von Heinroth's Kindermehl 0,61 %, in No. 2 = 0,64 % Phosphorsäure.

**) Die Stickstoff-Substanz bei XIII, No. 2 besteht aus 1,22 % Eiweiss, 0,39 % lösl. Nichteiweiss und 1,93 % unlösl. Stickstoff-Substanz; bei XIII, No. 4 aus 8,69 % Kasein und 0,50 % Albumin.

***) In der Asche bei XIII, No. 1 = 0,519 %, bei No. 2 = 0,514 % Phosphorsäure; bei XIII, No. 4 = 0,64 % Phosphorsäure, 0,43 % Kali, 0,26 % Kalk; bei XIII, No. 5 = 0,82 % Phosphorsäure, 0,55 % Kali und 0,64 % Kalk.

°) Löfflund's Kindernahrung wird nach den Angaben Stutzer's aus Weizenmehl und Gerstenmalz durch Ausziehen mit Wasser (unter Zusatz von Kali?) und Einengen des wässerigen Auszuges im Vakuum hergestellt.

°°) Vergl. unten S. 408.

°°°) Die Stickstoff-Substanz besteht aus 5,68 % Kasein und 4,18 % Albumosen + Pepton. Die Asche enthielt 0,70 % Phosphorsäure.

†) Mit 2,33 % Eiweiss, 0,66 % löslichem Nichteiweiss und 0,62 % unlöslicher Stickstoff-Substanz.

††) Mit 0,298 % Phosphorsäure.

No.	Nähere Bezeichnung	Zeit der Untersuchung	In der natürlichen Substanz: Wasser %	Stick-stoff-Substanz %	Fett %	Stickstofffreie Extraktstoffe in kalt. Wasser löslich %	unlösl. %	Roh-faser %	Asche %	In der Trocken-Substanz: Stick-stoff-Substanz %	lösliche Kohlen-hydrate %	Stickstoff in der Trocken-Substanz %	Analytiker
	XVI.												
1	Dr. Frerich's Kindermehl (Dr. F. Frerichs & Co. in Leipzig-Reudnitz	1878	—	16,80	—	53,02	21,50	—	2,00	18,13	57,21	2,90	*H. Hager* [1])
2		1879	7,32	14,88	4,26	71,09		—	2,45	16,06	—	2,57	*Fr. Soxhlet* [1])
3		1882	6,65	11,75 *)	8,20	28,71	44,41 **)	—	2,18 ***)	12,59	30,75	2,01	*A. Stutzer* [2])
4		?	5,30	9,26	5,60	77,40		—	2,44	9,78	—	1,57	*J. Skalweit* [2])
	XVI, (No. 2—3) Mittel	—	**6,42**	**11,96**	**6,02**	**28,76**	**44,48**	—	**2,36**	**12,81**	**30,75**	**2,05**	
	XVII.												
1°)	Kindermehl von Grob & Anderegg	?	9,28	17,20	6,07	13,02	53,20	—	1,19	18,96	14,35	3,03	*Ambühl* [3])
2°)		?	9,66	14,35	4,88	29,44	40,60	—	0,98	15,88	32,59	2,54	
	XVII, Mittel	—	**9,47**	**15,78**	**5,48**	**21,23**	**46,95**	—	**1,09**	**17,42**	**23,47**	**2,79**	
	XVIII. Kindermehl von A. Wahl in Neuwied .	1882	10,14	1,96 °°)	1,28	12,24	74,13 °°°)	—	0,33 †)	2,18	13,62	0,35	*A. Stutzer* [2])
	XIX.												
1	Kindermehl von R. Kufeke in Bergedorf	1886	10,13	12,33	2,92	25,74 ††)	46,63	—	2,25 ††)	13,72	28,64	2,19	*Pieper* [4])
2		1888	7,43	12,68	0,70	18,10 ††)	58,47	0.62	1,96 ††)	13,69	19,55	2,19	*Stood* [4])
3	Kufeke's Suppen-Kindermehl No. 1	?	11,55	14,04	3,31	15,62	52,90	—	2,28 †††)	15,87	17,43	2,54	*Pieper* [4])
4		1898	5,16	16,08	0,66	27,35 †*)	46,08 †**)	0,97	2,58	16,95	30,92	2,71	*Versuchsstation Münster* [4])
5		1896	7,60	11,17	0,88	30,50 †***)	48,01 †***)	0,19	2,07 †***)	12,04	32,87	1,93	*M. Blauberg* [5])
	XIX, Mittel	—	**8,37**	**13,24**	**1,69**	**23,71**	**50,17**	**0,59**	**2,23**	**14,45**	**25,88**	**2,31**	
	XX. Kindermehl von Uslar u. Polstorf . . .	1877	6,73	11,51	—	79,97		—	1,79	12,34	—	1,97	*A. v. Loesecke* [6])

[1]) Nach einer Zusammenstellung von N. Gerber. Milchztg. 1879, **8**, 359.
[2]) Bericht über die erste allgem. deutsche Hygiene-Ausstellung 1882, 216.
[3]) Vergl. die wichtigsten Geheimmittel und Specialitäten von Fl. Kratschmer. Leipzig u. Wien 1887. 137.
[4]) Original-Mittheilung.
[5]) Archiv für Hygiene 1896, **27**, 119.
[6]) Arch. f. Pharm. 1877, **I**, 415.

*) Hiervon waren bei XVI, No. 3 = 10,86 % reines Eiweiss, 0,56 % lösliches Nichteiweiss, 0,33 % unlösliche Stickstoff-Substanz.
**) Mit 41,07 % Stärke.
***) Mit 0,515 % Phosphorsäure.
°) Das Kindermehl No. 2 von Grob und Anderegg soll aus No. 1 durch Zumischen von 20 % Zucker hergestellt sein.
°°) Mit 1,88 % Eiweiss und 0,08 % unlöslicher Stickstoff-Substanz.
°°°) Mit 72,17 % Stärkemehl und 1,96 % sonstigen stickstofffreien Stoffen.
†) Mit 0,143 % Phosphorsäure.
††) Es wurde ferner gefunden:

		Invertzucker	Rohrzucker	Phosphorsäure	Kali	Kalk
Kufeke's Kindermehl	No. 1 . . .	13,74 %	12,00 %	0,69 %	1,06 %	— %
	„ 2 . . .	1,78 „	10,40 „	0,57 „	— „	0,11 „

†††) Die Asche von Kufeke's Suppenkindermehl enthielt 1,21 % Kali und 0,79 % Phosphorsäure.
†*) Mit 4,60 % Invertzucker, 18,00 % Dextrin.
†**) Als Stärke durch Aufschliessen im Dampftopf und Inversion bestimmt.
†***) Vergl. unten S. 408.

No.	Nähere Bezeichnung	Zeit der Untersuchung	In der natürlichen Substanz: Wasser %	Stick-stoff-Substanz %	Fett %	Stickstofffreie Extraktstoffe in kalt. Wasser löslich %	unlösl. %	Roh-faser %	Asche %	In der Trocken-Substanz: Stick-stoff-Substanz %	lösliche Kohlen-hydrate %	Stickstoff in der Trocken-Substanz %	Analytiker
	XXI.	Juli											
1	Dr. N. Gerber's	1879	7,24	18,77	5,76	41,21	23,04	1,00	2,98	20,24	44,42	3,23	*Gerber und Radenhausen* [1])
2	Lakto-Leguminose	1880	5,42	14,57	5,39	45,13	26,91	—	2,57	15,40	47,72	2,46	*H. Schmidt* [2])
	XXI, Mittel	—	**6,33**	**16,67**	**5,58**	**43,17**	**24,46**	**1,01**	**2,78**	**17,82**	**46,07**	**2,85**	
	XXII.												
1	Liebig's Kindersuppe	1877	40,44	8,41	0,82	48,61		—	1,71	14,12	—	2,26	*N. Gerber* [1])
2	dgl. in Extraktform *)	„	27,43	4,01	Spur	67,10		—	1,46	5,53	—	0,88	*A. v. Loesecke* [3])
1	XXIII. Rademann's Kindermehl **)	1888	5,78	12,93	5,29	15,58	55,72	0,95	3,75 **)	13,72	16,53	2,19	*M. Wesener* [4])
2		„	3,30	14,31	5,45	71,89		0,69	4,36 **)	14,89	—	2,38	*A. Stutzer* [4])
3		1896	7,67	15,10	6,00	18,54 ***)	47,89 ***)	0,56	3,69 ***)	16,36	20,08	2,62	*M. Blauberg* [5])
	XXIII, Mittel	—	**5,58**	**14,15**	**5,58**	**17,29**	**52,74**	**0,73**	**3,93**	**14,99**	**18,31**	**2,40**	
	XXIV. Wiener Kindermehl .	1888	3,18	11,38 °)	4,36	47,01	30,00	0,25	3,82 °)	11,75	48,55	1,88	*F. Strohmer* [4])
	XXV. Hampel's Kindernährmehl °°) . .	1896	7,13	8,66 °°)	3,99	12,57	59,14	0,54	1,61 °°)	9,32	13,54	1,49	*M. Mansfeld* [6])
	XXVI. Lehr's Kindermehl °°°)	1895	6,68	14,58	6,95	10,90	59,50	0,15	0,85 °°°)	15,62	11,68	2,50	*M. Mansfeld* [7])
	XXVII. Herzig's Kindermehl °°°)	„	1,40	9,91	4,08	43,56	33,33	0,11	1,67 °°°)	10,10	44,18	1,62	*M. Mansfeld* [7])
	XXVIII. Pfeifer's Kindermehl °°°)	„	9,55	10,62	5,23	28,51	43,10	0,25	0,89 °°°)	11,74	31,52	1,88	*M. Mansfeld* [7])

[1]) Nach einer Zusammenstellung von N. Gerber in Milchztg. 1879, **8**, 359.
[2]) Hannoversche Monatsschr. wider die Nahrungsfälscher 1880, 52.
[3]) Archiv für Pharm. 1877, **I**, 415.
[4]) Original-Mittheilung.
[5]) Archiv für Hygiene 1896, **27**, 119.
[6]) Zeitschr. Nahrungsmittel-Untersuchung, Hygiene, Waarenkunde 1896, **10**, 334. Vierteljahresschr. Nahrungs- u. Genussm. 1896, **II**, 584.
[7]) Zeitschr. Nahrungsmittel-Untersuchung, Hygiene, Waarenkunde 1895, **8**, 317.

*) Von Ferd. Scheller in Hildburghausen.
**) Rademann's Kindermehl wird aus zum Theil dextrinirtem Hafermehl unter Zusatz von Nährsalzen dargestellt; es enthielt:

	Phosphorsäure	Kalk		Phosphorsäure	Kalk
XXIII, No. 1 . .	1,23 %	1,03 %	No. 2 . .	2,20 %	1,04 %

***) Vergl. unten S. 408.

°) Von der Stickstoff-Substanz des Wiener Kindermehles waren 9,51 % reines Eiweiss; in der Asche 0,79 % Natriumbicarbonat und 2,49 % phosphorsaurer Kalk.

°°) Von der Stickstoff-Substanz waren 79,13 % verdauliches Eiweiss, 1,39 % lösliche Stickstoff-Verbindungen und 19,48 % Nucleïn. Das Präparat enthielt ferner 0,23 % Phosphorsäure. Die mikroskopische Untersuchung ergab die Gegenwart von Weizenmehl und zwar auch unveränderter Stärkekörner.

°°°) Mansfeld fand ferner im Kindermehl von

	Lehr	Herzig	Pfeifer
Phosphorsäure	0,46 %	0,35 %	0,31 %
Mikrosk. Befund . . .	Weizenmehl, unveränderte Stärke	Weizenmehl	Gerstenmehl, Stärke wenig verändert.

No.	Nähere Bezeichnung	Zeit der Untersuchung	In der natürlichen Substanz: Wasser %	Stick-stoff-Substanz %	Fett %	Stickstofffreie Extraktstoffe in kalt. Wasser löslich %	unlösl. %	Roh-faser %	Asche %	In der Trocken-Substanz: Stick-stoff-Substanz %	lösliche Kohlen-hydrate %	Stickstoff in der Trocken-Substanz %	Analytiker
	XXIX.												
1	Kindernahrung von Karl Ehrhorn in Harburg a. E.	1891	4,71	14,80	7,15	48,90 *)	20,75	0,31	3,38	15,53	51,23	2,48	Versuchsstation Münster [1])
2		1892	6,72	17,57	6,57	46,29 **)	19,58	0,67	2,60 ***)	18,84	49,61	3,01	
3		"	7,63	20,31	11,25	40,45	14,56	2.40	3,40	21,99	43,79	3,52	
	XXIX, Mittel	—	**6,35**	**17,60**	**8,32**	**45,15**	**18,32**	**1,13**	**3,13**	**18,79**	**48,21**	**3,00**	
	XXX.												
1	Kindernahrung von Gebr. Stollwerk in Köln a. Rh.	1893	6,03	15,66 °)	8,80	34,70	30,53	1,05	3,23 °)	16,66	36,93	2,67	
2		1895	5,36	13,91	6,39	55,06	14,06	1,05	4,23	14,70	58,18	2,35	
	XXXI. Kindermehl von G. Rogge in Lehe												
1		1894	5,75	13,85	5,09	38,10	34,53	0,75	1,93 °°)	14,69	40,43	2,35	
2		"	6,57	17,27	7,51	35,04	30,01	0,82	2,78 °°°)	18,48	37,50	2,96	
3		1895	5,51	11,98	4,33	39,80	34,96	1,20	2,22 †)	12,68	42,13	2,03	
4	„Ovat“ von demselb.	"	9,42	15,02	1,82	29,94	41,30	0,77	1,73 ††)	16,58	33,05	2,65	
	XXXI, Mittel	—	**6,81**	**14,55**	**4,69**	**35,67**	**35,22**	**0,89**	**2,17**	**15,61**	**38,28**	**2,50**	
	XXXII. Disqué's Albumin-Kindermehl . .	1895	5,55	22,51	5,16	24,22 †††)	41,10	0,39	1,07	23,83	25,64	3,81	
	XXXIII. Aichler's Kindermehl †*)	1893	11,95	11,74	1,27	12,27	60,30 †*)	1,05	1,42 †*)	13,33	13,94	1,83	M. Mansfeld [2])
	XXXIV. Punzmann's Kindermehl	1893	4,97	20,90 †**)	0,19	30,70	41,75 †**)	0,15	1,34 †**)	21,99	32,31	3,52	

[1]) Original-Mittheilung.
[2]) Zeitschr. Nahrungsmittel-Untersuchung, Hygiene u. Waarenkunde 1893, **7**, 376.

*) Mit 22,50 % Zucker.
**) Mit 23,88 % Zucker (direkt reduzirender = Invertzucker).
***) Mit 0,79 % Phosphorsäure.

°) Mit 14,07 % Reineiweiss, 12,77 % verdaul. Eiweiss, 1,03 % Phosphorsäure und 0,60 % Kalk.
°°) Mit 0,20 % Kalk und 0,43 % Phosphorsäure.
°°°) Mit 0,46 % Kalk und 0,73 % Phosphorsäure.

†) Mit 0,94 % Phosphorsäure.
††) Mit 0,12 % Kalk, 0,13 % Magnesia und 0,48 % Phosphorsäure.
†††) Mit 21,99 % Zucker (= Invertzucker).

†*) Das Kindermehl zeigte unveränderte Stärkekörner und zahlreiche Kleiebestandtheile; es enthielt 56,01 % unlösliche Kohlenhydrate, 4,29 % sonstige stickstofffreie Extraktstoffe und 0,64 % Phosphorsäure.

†**) Von der Stickstoff-Substanz, die durch Zusatz von Aleuronatmehl erhöht ist, waren 93,72 % verdaulich. Das Kindermehl enthielt ferner 33,50 % unlösliche Kohlenhydrate und 8,25 % sonstige stickstofffreie Extraktstoffe, sowie 0,18 % Phosphorsäure.

C. Ausländische Kindermehle.

No.	Nähere Bezeichnung	Zeit der Untersuchung	In der natürlichen Substanz: Wasser %	Stickstoff-Substanz %	Fett %	Stickstofffreie Extraktstoffe: in kalt. Wasser löslich %	unlösl. %	Rohfaser %	Asche %	In der Trocken-Substanz: Stickstoff-Substanz %	lösliche Kohlenhydrate %	Stickstoff in der Trocken-Substanz %	Analytiker
1	XXXV. Dr. Ridge-London, Patent food (grösstentheils Hafermehl)	1877	3,98	9,05	1,95	8,12	75,47	—	1,13	9,43	8,46	1,51	Gerber und Radenhausen[1])
2		Juni 1879	9,64	6,38	1,15	6,64	74,75	1,00	0,44 *)	7,06	7,35	1,13	
3		1887	6,30	10,60	1,00	6,60	74,70	0,28	0,52	11,31	7,04	1,81	Everhardt[2])
4		1886	8,31	8,76 **)	1,27	1,79	78,66	0,73	0,48 ***)	9,55	1,95	1,53	A. Stutzer[3])
	XXXV, Mittel	—	**7,06**	**8,70**	**1,38**	**5,79**	**75,75**	**0,68**	**0,64**	**9,34**	**6,20**	**1,49**	
1	XXXVI. Mellin's food	1886	7,76	8,34 °)	0,50	60,89	18,40	0,58	3,53 °°)	9,04	66,01	1,45	A. Stutzer[3])
2		1887	5,97	9,56	0,17	81,95			2,35	10,17	—	1,63	Everhardt[2])
3		1898	6,54	4,92	0,27	83,92 °°°)	1,71		2,64	5,27	89,79	0,84	Versuchsstation Münster[4])
4		1889	4,63	7,96	0,20	82,04	0,93	0,08	4,16	8,35	86,02	1,34	M. Mansfeld[5])
	XXXVI, Mittel	—	**6,15**	**7,81**	**0,29**	**75,65**	**6,93**		**3,17**	**8,21**	**80,61**	**1,31**	
1	XXXVII. Franco Swiss Co., Milk food	1886	3,26	12,88 †)	1,88	41,54	37,62	1,34	1,48 ††)	13,31	42,94	2,13	A. Stutzer[3])
2		1887	4,96	13,01	4,58	44,58	30,97	0,50	1,40	13,69	46,92	2,19	Everhardt[2])
	XXXVII, Mittel	—	**4,11**	**12,94**	**3,23**	**43,06**	**34,32**	**0,92**	**1,44**	**13,50**	**44,93**	**2,16**	
1	XXXVIII. Carnrick's soluble food†††)	1886	6,14	18,22 †*)	5,00	26,87	40,78	—	2,99 †**)	19,52	28,63	3,12	A. Stutzer[3])
2		1887	4,20	15,15	6,06	29,35	42,05	0,19	3,00	15,81	30,63	2,53	Everhardt[2])
	XXXVIII, Mittel	—	**5,17**	**16,69**	**5,53**	**28,11**	**41,32**	**0,18**	**3,00**	**17,67**	**29,63**	**2,83**	
1	XXXIX. Neave's farinaceous food	1886	3,63	14,20 †***)	1,66	3,60	73,56	(2,39)	0,90 *†)	14,74	3,73	2,36	A. Stutzer[3])
2		1887	5,10	14,70	—	—	—	(3,70)	1,20	15,49	—	2,48	Everhardt[2])
3		„	3,58	12,31	1,82	79,46		1,18	1,05 *††)	12,77	—	2,04	O. Schweissinger[6])
4		„	3,18	12,44	1,56	6,67	74,39	0,93	0,98	12,85	6,89	2,05	Bissinger[7])
5		„	5,88	12,35	1,77	3,89	84,80	0,58	1,33	13,12	4,13	2,10	R. Fresenius[7])
	XXXIX, Mittel	—	**4,27**	**13,20**	**1,70**	**4,71**	**73,38**	**0,89**	**1,09**	**13,79**	**4,92**	**2,20**	

[1]) Forschungen auf dem Gebiete der Viehhaltung 1879, **7**, 321.
[2]) Read before the Texas State geol. and scient Assoc. 17. Mai 1887. 13.
[3]) Pharm. Centrh. 1886, **27**, 95.
[4]) Original-Mittheilung.
[5]) Zeitschr. allgem. österr. Apoth.-Ver. 1897, **51**, 637. Vierteljahresschr. Nahrungs- u. Genussm. 1897, **12**, 441.
[6]) Pharm. Centrh. 1887, **28**, 245.
[7]) Nach einer Broschüre über Neave's Kindermehl.

*) Mit 0,16 % Phosphor.
**) Davon nach Stutzer's Methode verdaulich 7,97 %.
***) Mit 0,060 % Kalk und 0,260 % Phosphorsäure.
°) Davon nach Stutzer's Methode 7,38 % verdaulich.
°°) Mit 0,155 % Kalk und 0,583 % Phosphorsäure.
°°°) Mit 60,00 % Maltose und 15,44 % Dextrin.
†) Davon nach Stutzer's Methode 12,18 % verdaulich.
††) Mit 0,360 % Kalk und 0,515 % Phosphorsäure.
†††) Carnrick's soluble food soll nach d. Angaben Carnrick's durch Behandeln d. Milch mit Pankreas hergestellt sein.
†*) Davon nach Stutzer's Methode 16,45 % leicht verdaulich.
†**) Mit 0,645 % Kalk und 0,874 Phosphorsäure.
†***) Davon nach Stutzer's Methode 12,90 % verdaulich.
*†) Mit 0,117 % Kalk und 0,556 % Phosphorsäure.
*††) Mit 0,26 % Phosphorsäure.

No.	Nähere Bezeichnung	Zeit der Untersuchung	In der natürlichen Substanz							In der Trocken-Substanz		Stickstoff in der Trocken-Substanz	Analytiker
			Wasser	Stick-stoff-Substanz	Fett	Stickstofffreie Extraktstoffe in kalt. Wasser löslich	Stickstofffreie Extraktstoffe in kalt. Wasser unlösl.	Roh-faser	Asche	Stick-stoff-Substanz	lösliche Kohlen-hydrate		
			%	%	%	%	%	%	%	%	%	%	
	XXXX.												
1	Horlick's food	1886	5,75	11,30 *)	0,60	65,92	13,12	0,55	2,76 **)	11,99	69,94	1,92	A. Stutzer [1]
2		1887	4,40	8,04	0,08	86,20			1,28	8,41	—	1,35	Everhardt [2]
	XXXX, Mittel	—	**5,08**	**9,67**	**0,34**	**66,39**	**15,95**	**0,55**	**2,02**	**10,20**	**69,94**	**1,64**	
	XXXXI.												
1	Savory & Moore's food	1886	3,27	11,94 ***)	1,72	10,78	70,18	1,19	0,92 °)	12,34	11,14	1,97	A. Stutzer [1]
2		1887	8,24	9,63	0,40	44,83	36,36	0,44	0,89	10,51	48,91	1,70	Everhardt [2]
	XXXXI, Mittel	—	**5,81**	**10,79**	**1,06**	**28,27**	**50,84**	**0,82**	**0,91**	**11,43**	**30,03**	**1,84**	
	XXXXII. Benger's self digestive food	1886	11,29	10,43 °°)	1,10	9,90	65,72	0,60	0,96 °°°)	11,75	11,16	1,88	A. Stutzer [1]
	XXXXIII. Well's Richardson & Co. lactated food	„	6,52	9,05 †)	2,19	25,52	52,92	1,54	2,26 ††)	9,68	27,29	1,55	A. Stutzer [1]
	XXXXIV. Imperial Granum	1887	11,50	10,91	0,64	5,73	70,02	0,20	1,00	12,33	6,47	1,97	Everhardt [2]
	XXXXV.												
1	Robinson's Patent-Groats	1896	7,40	13,39	10,40	6,49 †††)	59,71 †††)	0,69	2,01 †††)	14,46	7,01	2,31	M. Blauberg [3]
2	Robinson's Patent-Burley	1887	10,10	5,13	0,97	4,11	77,76	1,93	1,93	5,71	4,55	0,91	Everhardt [2]
	XXXXVI.												
1	Baby Sup, No. 1	„	6,54	9,60	1,08	14,55	60,80	6,25	1,18	10,27	15,57	1,64	Everhardt [2]
2	desgl., No. 2	„	11,50	8,00	0,60	22,00	52,40	4,30	1,20	9,04	24,86	1,45	Everhardt [2]
	XXXXVII. Hawley's food	„	6,60	5,38	0,61	76,54	10,97	—	1,50	5,76	81,95	0,92	Everhardt [2]
	XXXXVIII. Keasby, Matthinson's food	„	28,40	0,20	—	70,50	—	—	0,90	0,28	—	0,04	Everhardt [2]

1) Pharm. Centrh. 1886, **27**, 95.
2) Read before the Texas State geolog. and scient. Association. 19. Mai 1887. 13.
3) Archiv für Hygiene 1896, **27**, 119.

*) Hiervon nach Stutzer's Methode durch künstlichen Magensaft 10,85 % verdaulich.
**) Mit 0,060 % Kalk und 0,921 % Phosphorsäure.
***) Mit 10,83 % durch Magensaft verdaulichem Eiweiss.
°) Mit 0,066 % Kalk und 0,468 % Phosphorsäure.
°°) Mit 8,93 % durch Magensaft verdaulichem Eiweiss.
°°°) Mit 0,054 % Kalk und 0,288 % Phosphorsäure.
†) Mit 8,35 % durch Magensaft verdaulichem Eiweiss.
††) Mit 0,390 % Kalk und 0,688 % Phosphorsäure.
†††) Vergl. unten S. 408.

No.	Nähere Bezeichnung	Zeit der Untersuchung	In der natürlichen Substanz: Wasser %	Stick-stoff-Substanz %	Fett %	Stickstofffreie Extraktstoffe in kalt. Wasser löslich %	unlösl. %	Roh-faser %	Asche %	In der Trocken-Substanz: Stick-stoff-Substanz %	lösliche Kohlen-hydrate %	Stickstoff in der Trocken-Substanz %	Analytiker
	XXXXIX. Lobb in London . .	Juni 1879	9,47	11,29	6,81	35,81	34,59	0,50	1,53 *)	12,47	39,55	1,99	*Gerber und Radenhausen* [1]
	L. Dr. Coffin in New-York	1877	8,29	17,15	1,59	35,12	34,82	—	3,02	18,70	38,29	2,99	*N. Gerber* [2]

D. Kinder-Zwieback.

No.	Nähere Bezeichnung	Zeit der Untersuchung	Wasser %	Stick-stoff-Substanz %	Fett %	löslich %	unlösl. %	Roh-faser %	Asche %	Stick-stoff-Substanz %	lösliche Kohlen-hydrate %	Stickstoff in der Trocken-Substanz %	Analytiker
	LI. Arrow-Root Kinder-Zwieback von H. Schmidt	1877	6,66	8,17	2,32	81,96		—	0,89	8,75	—	1,40	*A. v. Loesecke* [3]
	LII. desgl. von Huntley & Palmers	1882	6,53	7,36 **)	12,21	70,05	3,64	—	0,88 ***)	7,87	74,94	1,26	*A. Stutzer* [4]
	LIII. Kinder-Zwieback von Rademann in Forbach	1885	7,11	11,31	3,58	74,18		0,97	2,85 °)	12,17	—	1,95	*H. Weigmann* [5]
	LIV. Kinder-Zwieback von Fr. Coers-Massen, Westf.	1887	10,99	10,50	1,15	18,95	56,87	0,62	0,92 °°)	11,78	21,29	1,88	*Stood* [5]
1	LV. Milch-Zwieback von Ed. Löflund in Stuttgart	1888	4,58	13,44	5,81	69,61		0,73	5,83 °°°)	14,09	—	2,25	*M. Wesener* [5]
2		1896	5,65	12,87	6,49	31,75 †)	40,02 †)	0,30	2,79 †)	13,64	33,51	2,18	*M. Blauberg* [6]
	LVI. Schnessl's Kinder-Zwieback . . .	1895	9,02	19,62	3,21	31,69	39,00	0,23	1,78 ††)	21,56	34,83	3,45	*M. Mansfeld* [7]

Ueber einige sonstige Handelspräparate, welche als Kindernahrungsmittel ausgegeben und aus Mehl durch Digestion mit Malzaufguss (Diastase) etc. hergestellt werden, vergl. weiter unten unter „präparirte Mehle."

1) Forschungen auf dem Gebiete der Viehhaltung 1879, **7**, 324.
2) Nach einer Zusammenstellung von N. Gerber in Milchztg. 1879, **8**, 359.
3) Archiv für Pharm. 1887, **I**, 415.
4) Bericht über die erste allgem. deutsche Hygiene-Ausstellung 1882/83. Breslau 1884. 218.
5) Original-Mittheilung.
6) Archiv für Hygiene 1896, **27**, 119.
7) Zeitschr. Nahrungsmittel-Untersuchung., Hygiene u. Waarenkunde 1895, **8**, 317.

*) Mit 0,42 % Phosphor.
**) Davon 6,71 % Eiweiss und 0,65 % unlösliche Stickstoff-Substanz.
***) Mit 0,236 % Phosphorsäure.
°) Mit 0,75 % Kalk und 1,28 % Phosphorsäure.
°°) Mit 0,17 % Kalk und 0,23 % Phosphorsäure.
°°°) Mit 0,43 % Kalk und 2,07 % Phosphorsäure.
†) Vergl. unten S. 408.
††) Mit 0,29 % Phosphorsäure.

Anhang zu Kindermehle.

M. Blauberg (Archiv für Hygiene 1896, 27, 119) bestimmte in den von ihm untersuchten Kindermehlen ausser den in den vorstehenden Tabellen bereits angegebenen Bestandtheilen ferner:

No.	Bezeichnung der Kindermehle	Gesammt-Kohlenhydrate	Lösliche Kohlenhydrate		Wasserlösliche Stoffe		Mineralstoffe in verdünnter Salzsäure, löslich in % der Asche	Kalk (Ca O)	Magnesia (Mg O)	Kali (K_2O)	Natron (Na_2O)	Schwefelsäure (SO_3)	Phosphorsäure (P_2O_5)	Chlor (Cl)	Nährstoffverhältniss 1 :
			direkt reducirend (als Maltose)	nach der Inversion reducirend (als Invertzucker)	im Ganzen	Mineralstoffe									
		%	%	%	%	%	%	%	%	%	%	%	%	%	
1	Henri Nestlé's Kindermehl	75,64	6,75	34,52	44,70	1,51	98,90	0,258	0,011	0,600	0,106	0,072	0,312	0,175	8,08
2	Henri Epprecht's Kindermehl	60,41	28,84	34,13	62,88	2,04	98,86	0,676	0,053	0,418	0,291	0,045	0,513	0,235	5,69
3	Muffler's sterilisirte Kindernahrung	72,54	2,33	—	26,08	1,16	99,39	0,906	0,012	0,129	0,040	Spur	0,953	0,025	6,2
4	Löflund's Kindernahrung	68,60	58,73	—	74,63	—	91,63	0,023	0,080	0,475	0,053	0,025	0,491	0,045	18,9
5	Löflund's Kindermilch, peptonisirt	57,53	Milchzucker 38,00	19,53	79,61	—	97,90	0,373	0,104	0,622	0,586	0,105	0,863	0,396	6,7
6	Voltmer's Muttermilch	51,52	43,52	17,00	77,90	—	99,58	0,744	0,087	0,656	0,596	0,115	0,450	0,425	5,6
7	Liebe's Nahrungsmittel in löslicher Form	68,80	Maltose 60,89	—	77,66	—	91,10	0,054	0,007	0,674	0,021	0,164	0,379	0,087	10,8
8	R. Kufeke's Kindermehl	78,51	6,70	28,72	32,95	1,89	97,36	0,046	0,101	0,658	0,268	0,092	0,609	0,057	7,2
9	Rademann's Kindermehl	66,43	3,81	18,08	19,81	1,47	96,42	1,080	0,182	0,441	0,194	0,078	1,100	0,018	5,4
10	Robinson's Patent Groats	66,20	0,324	—	7,64	1,15	97,15	0,112	0,107	0,380	0,017	0,011	0,949	Spur	6,88
11	Löflund's Milchzwieback	71,77	22,19	10,77	33,35	1,60	98,66	0,612	0,057	0,365	0,436	0,058	0,721	0,146	6,8

Ueber die Herstellung und Eigenschaften der untersuchten Kindermehle berichtet M. Blauberg folgendes:

1. **Henri Nestlé's Kindermehl:** hellgelbes, trockenes und sehr feines Pulver, von angenehmem Bisquitgeruch. Mit Wasser verrieben giebt es einen Brei von süsslichem Geschmacke und alkalischer Reaktion (gegen Lakmus). Das Kindermehl wird hergestellt aus Schweizermilch, welche im luftleeren Raume bei 50° nicht übersteigender Temperatur verdunstet und mit der feingemahlenen Kruste eines nach einem besonderen Verfahren hergestellten, bei 115° gerösteten Weizenbrotes unter Zusatz von Zucker in einem bestimmten Verhältnisse gemischt wird.

2. **Henri Epprecht's Kindermehl:** hellgraues, grobes Pulver, Geruch angenehm bisquitartig, Geschmack sehr süss, aber nicht unangenehm. Reaktion neutral.

3. **Muffler's sterilisirte Kindernahrung:** hellgelbes, mehlartiges Präparat von sehr angenehmem Geruch und süsslichem Geschmack. Reaktion des wässerigen Auszuges neutral. Das Kindermehl wird hergestellt aus: 1. bestem Weizenmehl, welches zuvor mit Wasser gemengt und dann

bei höheren Hitzegraden dextrinirt wird, 2. Milch, 3. Eiern, 4. Milchzucker und 5. Hundhausen'schem Aleuronat.

4. Löflund's Kindernahrung und Liebe's Nahrungsmittel. Beide Präparate stellen einen zähen Extrakt zur Selbstbereitung der Liebig'schen Suppe für Säuglinge dar. Beide sind in ihren Eigenschaften sehr ähnlich. Liebe's Nahrungsmittel in löslicher Form erinnert in Eigenschaften und Geschmack sehr an Malzextrakt. Es wird hergestellt aus Weizenmehl und Malz unter Zusatz von doppelkohlensaurem Kali.

5. Löflund's peptonisirte Kindermilch: sehr dickflüssiger, brauner Extrakt. Giebt mit Wasser verdünnt eine milchähnliche, süsslich schmeckende Flüssigkeit von schwach alkalischer Reaktion. Zur Herstellung derselben wird beste Alpenmilch sterilisirt und peptonisirt und darauf mit gelöstem Weizenextrakte versetzt.

6. Voltmer's Muttermilch: Konsistenz und Farbe wie bei vorstehendem Präparate mit deutlichem Buttergeruche. Mit Wasser verdünnt giebt es eine milchige Flüssigkeit von deutlich alkalischer Reaktion. Zur Herstellung des Präparates wird aufgekochte Milch mit soviel Wasser, Zucker, Salzen und Sahne versetzt, bis die mittlere Zusammensetzung der Frauenmilch erreicht ist. Sodann wird behufs Erzielung eines feinflockigen Kasein-Gerinnsels mit Pankreas-Ferment erhitzt und die so erhaltene Milch in einem luftdicht verschlossenen Kessel ca. 1 Stunde bei 102—105 ^{0} weiter erhitzt und zuletzt im Vakuum eingedampft.

7. Liebe's Nahrungsmittel in löslicher Form. Vergl. unter No. 4.

8. R. Kufeke's Kindermehl: hellbraunes, äusserst feines Pulver von angenehmem Geruch und Geschmack. Der durch Anrühren mit Wasser hergestellte Brei reagirt stark alkalisch gegen Lakmus.

9. Rademann's Kindermehl: hellbraunes, sehr feines Pulver von recht angenehmem Geschmack. Der mit Wasser hergestellte Brei reagirt neutral. Zur Herstellung desselben wird Weizen unter 2 Atm. Druck im Wasserdampf gekocht, gedarrt, sorgfältigst von der Schale etc. gereinigt und gemahlen. Dieses Mehl wird unter Zusatz von phosphorsauren Salzen, Milchzucker etc. $^3/_4$ Stunden bei 250 ^{0} verbacken; die so gebackenen Kuchen werden in Würfel geschnitten bei 200 ^{0} geröstet und dann erst zu feinstem Pulver zermahlen.

10. Robinson's Patent Groats: grauweisses, zusammmengebackenes, nicht sehr feines, fast geruch- und geschmackloses Pulver. Reaktion des wässerigen Breies neutral. Herstellungsweise nicht bekannt.

11. Löflund's Milchzwieback: hellbraunes, recht feines sehr angenehm riechendes Pulver, von süsslichem, recht angenehmem Geschmack. Reaktion des wässerigen Breies schwach alkalisch (fast neutral). Zur Herstellung des Präparates wird peptonisirte Alpenmilch im Vakuum zu einer teigartigen Masse eingedickt, dann mit feinstem Weizenmehle zu einem Zwieback verbacken und feingemahlen.

Ueber die von M. Blauberg angewendeten analytischen Methoden ist folgendes zu bemerken:

1. Wasserbestimmung: durch 20—25 stündiges Trocknen (bis zur Gewichtskonstanz) im Wasserdampf-Trockenschranke. Bei den zähen Extrakten wurden 1,5—2,5 g in Normal-Weinschalen nach dem Verdünnen mit Wasser nach der Vorschrift für Wein getrocknet.
2. Die in kaltem Wasser löslichen Kohlenhydrate. Zur Bestimmung derselben wurden 2,5—3,0 g der entfetteten Substanz mit 250—300 ccm kaltem Wasser übergossen und unter häufigem Schütteln auf 3—4 Stunden bei Seite gestellt. Dann wurde rasch mit einer Wasserstrahlpumpe filtrirt, das Filtrat auf ein bestimmtes Volumen gebracht und dann auf dem Wasserbade etwa zur Hälfte eingedampft. Nachdem das Eingedampfte (bei etwaiger Flockenbildung nach dem Filtriren) wieder genau auf das ursprüngliche Volumen gebracht war, wurde ein Theil desselben direkt mit Fehling'scher Lösung behandelt,

ein anderer nach der Inversion mit Salzsäure. Ein aliquoter Theil wurde ferner eingedampft und gewogen („wasserlösliche Stoffe“ S. 408), darauf wurde der Rückstand verascht und die Asche gewogen; die Differenz ergiebt die „in kaltem Wasser löslichen Kohlenhydrate“.

Zur Bestimmung der Gesammtmenge der Kohlenhydrate wurden auf jedes g der entfetteten ursprünglichen Substanz 10 ccm Salzsäure (1,1) und 100 ccm Wasser gegeben und das Ganze 3 Stunden im kochenden Wasserbade am Rückflusskühler erhitzt.

Bei den übrigen Bestimmungen wurden die allgemein üblichen Methoden angewendet.

II.

Pflanzliche Nahrungs- und Genussmittel.

Cerealien.

I. Weizen.

1. Nacktweizen.

Triticum vulgare, Tr. turgidum, Tr. durum. — Wheat. — Blé.

Weizen aus nördlichen und östlichen Gegenden Deutschlands, sowie Mitteldeutschlands.

a. Winterweizen.

Aeltere Analysen:

1. A. Stöckhardt, E. Wolff's Grundlagen des Ackerbaues, Leipzig 1856, S. 841.
2. Alex. Müller und Mittenzwei, Amts- und Anzeigeblatt für Sachsen 1855, 38; auch Wilda's landwirthschaftliches Centralblatt 1855, 2, 201; Journ. f. Landwirthschaft 3, 190; Weende'r Jahresbericht 1855/56, 2, 15.
3. von Bibra, Die Getreidearten und das Brot, Nürnberg 1860. Analysen von 28 in Eldena und Poppelsdorf gebauten Weizensorten. Stickstoffgehalt, sowie specifisches Gewicht und Korngewicht schwankten in folgenden Grenzen:

Stickstoff %	Specifisches Gewicht	Gewicht von 20 Körnern g
1,57—2,92	1,34—1,54	0,70—1,49

4. Th. Siegert, Landwirthschaftliche Versuchsstationen 1861, 3, 128.
5. R. Heinrich, Annalen der Landwirthschaft in Preussen 1867, 50, 314.
6. R. Handtke, Chem. Ackersm. 1870, 16, 163.

No.	Nähere Bezeichnung	Zeit der Untersuchung	In der ursprünglichen Substanz: Wasser %	Stickstoff-Substanz %	Fett %	Stickstofffreie Extraktstoffe %	Rohfaser %	Asche %	In der Trocken-Substanz: Stickstoff-Substanz %	Stickstofffreie Extraktstoffe %	Stickstoff in der Trocken-Substanz %	Analytiker
1	Vom Folgengut bei Tharand	1868	11,82	10,91	1,44	72,97	1,33	1,51	12,37	82,78	1,98	*N. Nowacki* [1]
2	Halle a. d. S., II. Waare .	1869	13,26	8,94	1,85	71,60	2,81	1,54	10,31	82,54	1,65	*G. Wolffenstein* [2]
3	desgl., Weissweizen . . .	„	12,95	8,97	1,78	—	—	1,31	10,31	—	1,65	
4	desgl., III. Waare . . .	„	13,20	10,44	2,02	71,76	1,23	1,55	12,00	82,46	1,92	
5	desgl., I. Waare	„	13,35	9,08	2,01	72,39	1,68	1,49	10,50	83,52	1,68	

[1]) Chem. Ackersm. 1870, **16**, 160.

[2]) Zeitschr. f. d. gesammten Naturwissenschaften von Giebel und Heintz, **32**, 151. Die untersuchten Weizen enthielten:

	No. 2	3	4	5	
Stärkemehl	65,65	68,36	69,60	—	%
Zucker	—	—	1,16	—	„
Spec. Gewicht	1,4228	1,4009	1,4177	1,4140	
Gewicht v. je 100 Korn . .	3,73	3,11	3,54	3,80	„

No.	Nähere Bezeichnung		Zeit der Untersuchung	In der ursprünglichen Substanz: Wasser %	Stick-stoff-Substanz %	Fett %	Stickstoff-freie Extraktstoffe %	Roh-faser %	Asche %	In der Trocken-Substanz: Stick-stoff-Substanz %	Stickstoff-freie Extraktstoffe %	Stickstoff in der Trocken-Substanz %	Analytiker
6	Von Priesa bei Meissen in Sachsen	Hart, weich und übergehend	1872	16,77	11,82	—	—	—	—	14,37	—	2,30	*Ritthausen, Kreusler, Dittmar u. Pott*[1]
7	Aus Frankenstein in Schlesien		„	14,40	10,73	—	—	—	—	12,56	—	2,01	
8	Kujavischer Weizen aus Posen		„	16,01	12,07	—	—	—	—	14,37	—	2.30	
9	Von Brodersdorf bei Kiel		„	16,51	11,16	—	—	—	—	13,37	—	2,14	
10	Von Liebstadt i. Sachs.		„	14,11	8,75	—	—	—	—	10,19	—	1,63	
11	Blumenweizen von Schieritz in Sachsen		„	15,26	9,85	—	—	—	—	11,62	—	1,86	
12	Kaiserweizen von Proskau in Schlesien		„	14,68	10,29	—	—	—	—	12,06	—	1,93	
13	desgl.		„	15,06	11,73	—	—	—	—	13,81	—	2,21	
14	Kujavischer Kolbenweizen		1879	10,76	11,87	—	—	2,52	1,48	13,31	—	2,13	*E. Wollny*[2]
15	desgl.		„	10,98	11,45	—	—	2,21	1,46	12,86	—	2,06	
16	desgl.		„	11,13	11,82	—	—	2,33	0,48	13,30	—	2,13	
17	desgl.		„	10,59	11,92	—	—	2,68	1,49	13,33	—	2,13	
18	Hallet's Pedigree red, 1881-er Ernte		1880	16,44	10,80	1,66	67,22	2,38	1,50	12,93	80,53	2,07	*Fittbogen, Willfarth u. Schiller*[3]
19	Shiriff's square headed, 1881-er Ernte		„	16,16	10,40	1,62	67,58	2,39	1,85	12,41	80,60	1,99	
20	Neuseeländer Weissweizen, 1881-er Ernte		„	16,04	11,20	1,70	67,10	2,16	1,80	13,34	79,93	2,13	
21	Hallet's Pedigree red, 1882-er Ernte		„	15,00	12,46	1,52	67,37	1,95	1,70	14,65	79,27	2,34	
22	Shiriff's square headed, 1882-er Ernte		1882	15,00	10,04	1,68	69,74	1,89	1,65	11,81	82,05	1,89	
23	Neuseeländer Weissweizen, 1882-er Ernte		„	15,00	12,71	1,82	66,99	1,93	1,55	14,95	78,82	2,39	
24	Kessingland-Weizen, Thonschieferboden		„	15,00	9,90	1,90	69,20	2,10	1,90	11,64	82,43	1,86	
25	Märkischer Weizen		1880	15,00	9,40	2,70	69,00	2,00	1,90	11,05	81,19	1,77	*M. Märcker*[4]
26	desgl.		„	15,00	14,20	1,10	64,60	2,00	3,10	16,70	76,01	2,67	
27	Blumenweizen		„	15,00	8,20	1,60	70,90	2,40	1,90	9,64	83,43	1,54	
28	Golden drop		„	15,00	8,70	1,60	70,20	2,50	2,00	10,23	82,60	1,64	
29	Kessingland-Weizen		„	15,00	10,50	1,60	68,50	2,10	2,30	12,34	80,61	1,97	

[1]) H. Ritthausen, Die Eiweisskörper der Getreidearten etc. Bonn 1872, 10 u. 76.
Die Stickstoff-Bestimmung wurde mit völlig trocknem Material durch Verbrennen mit Natronkalk ausgeführt, der Stickstoff mittelst Platinchlorid und Wägung des aus dem Platinsalmiak erhaltenen Platins bestimmt.
Wir berechneten aus dem ermittelten Stickstoff-Gehalt die Stickstoff-Substanz durch Multiplikation mit 6,25. (Ritthausen benutzt hierzu den Faktor 6,0, da er für die Proteinstoffe des Weizens den Minimalgehalt an Stickstoff zu 16,66 % annimmt.)

[2]) Allgem. Hopfenztg. 1879, 71.

[3]) Privat-Mittheilung. Der Klebergehalt betrug bei No. 18 = 7,5 %, bei No. 19 = 9,2 %, bei No. 20 = 9,8 %. Mit der Klebermenge in gleichem Verhältniss stand das Backwerk; No. 20 lieferte den weissesten Kleber mit dem höchsten Stickstoff-Gehalt und das weisseste Brot.

[4]) Privat-Mittheilung.

No.	Nähere Bezeichnung	Zeit der Untersuchung	In der ursprünglichen Substanz: Wasser %	Stickstoff-Substanz %	Fett %	Stickstofffreie Extraktstoffe %	Rohfaser %	Asche %	In der Trocken-Substanz: Stickstoff-Substanz %	Stickstofffreie Extraktstoffe %	Stickstoff in der Trocken-Substanz %	Analytiker
30	Shiriff's square headed . .	1880	15,00	10,00	1,60	68,90	2,30	2,20	11,76	81,07	1,88	
31	Märkischer Weizen . . .	„	15,00	10,20	1,60	68,60	2,30	2,30	12,00	80,72	1,92	
32	Shiriff's square headed . .	„	15,00	11,10	1,40	67,90	2,20	2,40	13,05	79,89	2,09	
33	Brauner Elbweizen . . .	„	15,00	9,80	1,20	96,10	2,30	2,60	10,92	81,91	1,75	
34	Landweizen	„	15,00	10,00	1,30	68,30	2,20	3,20	11,76	80,36	1,88	
35	Gelber Landweizen . . .	„	15,00	10,00	1,40	69,40	2,20	2,00	11,76	81,65	1,88	
36	Probsteier Weizen . . .	„	15,00	10,60	1,40	68,40	2,50	2,10	12,47	80,47	2,00	
37	desgl.	„	15,00	8,30	1,40	71,30	2,20	1,80	9,76	83,88	1,55	
38	Kessingland-Weizen . . .	„	15,00	9,80	1,40	68,70	3,10	2,00	11,52	80,83	1,84	
39	Rivett's bearded-Rauhweizen	„	15,00	8,70	1,40	70,90	2,00	2,00	10,23	83,42	1,64	
40	Braunweizen	„	15,00	9,20	1,60	69,00	3,20	2,00	10,92	81,09	1,75	
41	desgl.	1882	15,00	8,60	1,40	69,90	2,90	2,20	10,11	82,24	1,62	*M. Märcker*[1]
42	Shiriff's square headed . .	„	15,00	12,10	1,40	67,10	2,50	1,90	14,23	78,95	2,28	
43	desgl.	„	15,00	8,90	1,60	70,50	2,20	1,80	10,47	82,94	1,68	
44	Spalding-Weizen	„	15,00	9,00	1,40	70,70	2,20	1,70	10,58	83,18	1,69	
45	Shiriff's square headed . .	„	15,00	9,30	1,40	70,10	2,30	1,90	10,94	82,48	1,75	
46	desgl.	„	15,00	8,90	1,50	70,60	2,20	1,80	10,47	83,06	1,68	
47	desgl.	„	15,00	8,70	1,40	69,70	2,60	2,60	10,23	82,00	1,64	
48	Mold's improved golden . .	„	15,00	9,00	1,50	70,40	2,20	1,90	10,58	82,84	1,69	
49	Hallet	„	15,00	7,80	1,40	72,00	2,00	1,80	9,17	84,71	1,47	
50	Griechischer Weizen . . .	„	15,00	9,90	1,40	68,90	2,30	2,50	11,64	81,07	1,86	
51	Rivett's bearded	„	15,00	7,60	1,30	69,30	2,00	1,70	8,94	85,18	1,43	
52	Juliweizen	„	15,00	8,90	1,70	70,70	2,30	1,40	10,47	83,10	1,68	
53	Spalding's prolific . . .	„	15,00	9,90	1,50	68,80	2,40	2,20	11,64	81,19	1,86	
54	Aus Holstein, länglich, gelbgrün	1869	14,09	10,38	1,99	69,65 *)	2,27	1,62	12.06	81,09	1,93	*Wolffenstein*[2]
	Mittel	—	**13,87** **)	**10,93**	**1,65**	**70,01**	**2,12** ***)	**1,92**	**12,62**	**80,81**	**2,02**	
	Schwankungen	— —	9,70—16,77	7,74—20,31	1,22-2,68	60,61-73,79	1,13-3,26	1,27-3,26	8,94—23,45	69,99—85,18	1,43-3,75	

b. Sommerweizen.

No.	Nähere Bezeichnung	Zeit der Untersuchung	Wasser %	Stickstoff-Substanz %	Fett %	Stickstofffreie Extraktstoffe %	Rohfaser %	Asche %	Trocken: Stickstoff-Substanz %	Trocken: Stickstofffreie Extraktstoffe %	Stickstoff in der Trocken-Substanz %	Analytiker
1	Aus Schafstädt b. Halle a. d. S.	1869	13,23	12,15	2,04	—	1,97	—	14,00	—	2,24	*Wolffenstein*[2]
2	Glatter Sommerweizen, kalkhaltiger Lehm	1880	15,00	10,90	1,60	66,80	2,50	3,20	12,82	78,60	2,05	
3	Weizen von humosem, tiefgründigem, kalkreichem Lehmboden	1882	15,00	8,90	1,60	70,00	2,20	2,30	10,47	82,86	1,68	*M. Märcker*[1]
4	desgl.	„	15,00	9,90	1,80	69,10	2,30	1,90	11,64	81,31	1,86	

[1]) Privat-Mittheilung.

[2]) Zeitschr. d. gesammten Naturwissensch. von Geibel u. Heintz, **32**, 151.

*) Mit 66,04 % Stärkemehl und 1,74 % Zucker.

**) Nach dem Mittel von 428 Analysen von Weizen aller Länder nach der III. Aufl. dieses Buches angenommen. Das Mittel für Wasser aus der Gesammtzahl der jetzt vorliegenden Analysen weicht nur unbedeutend von 13,37 % ab; das wirklich gefundene Mittel für Wasser ist 14,01.

***) Bei den Mittel- und Schwankungszahlen sind hier und bei den folgenden Tabellen auch die am Kopf der Tabellen aufgeführten „älteren Analysen" mitberücksichtigt.

No.	Nähere Bezeichnung	Zeit der Untersuchung	In der ursprünglichen Substanz: Wasser %	Stickstoff-Substanz %	Fett %	Stickstoff-freie Extraktstoffe %	Rohfaser %	Asche %	In der Trocken-Substanz: Stickstoff-Substanz %	Stickstoff-freie Extraktstoffe %	Stickstoff in der Trocken-Substanz %	Analytiker
5	Riesenweizen von humosem, tiefgründigem, kalkreichem Lehmboden	1882	15,00	15,20	1,60	63,40	2,00	2,80	17,58	74,90	2,81	*M. Märcker*[1]
6	desgl.	„	15,00	10,00	1,90	68,70	2,50	1,90	11,76	80,84	1,88	
7	desgl., brauner Weizen . .	„	15,00	11,10	1,50	66,80	2,00	2,60	13,05	79,78	2,09	
8	desgl.	„	15,00	10,50	1,40	69,00	2,30	1,80	12,34	81,19	1,97	
	Mittel	—	**13,37** *)	**11,23**	**2,03**	**68,61**	**2,26**	**2,52**	**12,96**	**79,18**	**2,07**	

Weizen aus dem südlichen und westlichen Deutschland.

a. Winterweizen.

Aeltere Analysen.

1. J. Boussingault, Die Landwirthschaft etc. 1, 292; 2, 170; 3, 200.
   J. Boussingault und Le Bel untersuchten (1836) auch eine Anzahl von Weizenproben auf ihren Gehalt an Mehl und Kleie, und bestimmten den Gehalt der Mehle an Stickstoff.
2. E. N. Horsford, Annalen der Chemie und Pharmacie 1846, 58, 166—212.
3. Fehling und Faist, Liebig u. Kopp, Jahresbericht 1853; Weende'r Jahresbericht 1853, 2, 7.

No.	Nähere Bezeichnung	Zeit der Untersuchung	Wasser %	Stickstoff-Substanz %	Fett %	Stickstoff-freie Extraktstoffe %	Rohfaser %	Asche %	Trocken: Stickstoff-Substanz %	Stickstoff-freie Extraktstoffe %	Stickstoff in der Trocken-Substanz %	Analytiker
1	Bayern, Schleissheim, Arnauten-Weizen, weich . .	1856	14,33	10,31	—	—	—	—	12,06	—	1,93	*W. Mayer*[2]
2	desgl., Mönchshofen, hart .	„	11,04	12,44	—	—	—	1,68	14,00	—	2,24	
3	desgl., nicht völlig reif . .	„	10,97	12,31	—	—	—	—	13,81	—	2,21	
4	desgl., Brennberg, mittelweich	„	13,39	10,87	—	—	—	2,04	12,56	—	2,01	
5	desgl., Litzendorf, „	„	13,68	11,75	—	—	—	—	13,62	—	2,18	
6	desgl., Geisfeld, „	„	13,83	12,50	—	—	—	—	14,50	—	2,32	

[1]) Privat-Mittheilung.

[2]) Ergebnisse agrikulturchem. Versuche. 1857, I, 1. Bodenbeschaffenheit der betreffenden Felder: Schleissheim in Oberbayern, Isargerölle im Untergrund, sonst Kalkboden mit sehr seichter Krume. Mönchshofen in Niederbayern, Lehm, Donaualluvium (Gegend von Straubing, berühmt wegen des vortrefflichen Getreides). Der Kraftzustand ist vortrefflich. Brennberg in der Oberpfalz, kalkhaltiger Lehm, Verwitterungsprodukt von Granit und Gneiss. Die Getreidearten wurden auf stark gedüngtem Lande in fünfjährigem Turnus mit nachstehender Fruchtfolge gebaut: 1. Weizen, Winterroggen, 2. Sommerroggen, Hafer, 3. Schmalsaat, 4. Gerste mit gesäetem Klee, 5. Klee. Geisfeld, Oberfranken, schwarzer Jura. Litzendorf, Oberfranken, brauner Jura. Triesdorf, Mittelfranken, sandiger Lehm und Lehm. Gelchsheim in Unterfranken, fetter Thon, Untergrund: Muschelkalk. Gedüngt mit 1½ Ctr. Guano p. bayr. Tagwerk. Martinshöhe, Rheinpfalz, bunter Vogesensandstein mit etwas Muschelkalk. Der Muschelkalk lagert über dem Vogesensandstein, hat sich aber nur auf den höchsten Punkten der Gegend erhalten. Fruchtfolge: 1. Brache, 2. Kohl (Winterraps), 3. Wintergetreide, 4. Kartoffeln, 5. Hafer oder Gerste, 6. Klee, 7. Hafer oder Wintergetreide. Die Brache wird mit 400 Ctr. Stallmist auf das Tagwerk gedüngt und ausserdem wird Knochenmehl, Asche, Gyps, gebrannter Kalk, Guano beigefügt, je nach Beschaffenheit der Felder.

Ueber die Beschaffenheit der Körner ist noch zu ergänzen:
No. 1 weich, gemischt mit sehr wenig mittelweichem und hartem Weizen;
No. 2 u. 3 (vor der vollen Reife geschnitten) hart mit wenig weichem und mittelweichem Weizen;
No. 4 mittelweich, mit ziemlich viel hartem und wenig weichem Weizen;
No. 8 fast rein, weisser Winterweizen, fast nur weiche Körner;
No. 9 hart mit mittelweichem und wenig weichem Weizen.

Verfasser unterscheidet:
harte Weizen mit länglichem, schmalem, glattem, glänzendem Korn, auf dem Querschnitt hornartig, halb durchscheinend, fest;
weiche Weizen mit rundlichem, dickem, viel hellerem, rauherem, mattem Korn, auf dem Querschnitt weich, ganz weiss, undurchsichtig, mehlreich.

Zur Wasserbestimmung wurden die Samen bei 100° getrocknet. Die Einäscherung geschah in der Muffel unter Anwendung von Barytlauge (nach Strecker); die Stickstoff-Bestimmungen wurden nach dem Verfahren von Varentrapp und Will ausgeführt. Der Weizen enthielt Phosphorsäure:

No.	1	2	3	4	5	6	7	8	9	10	
Im lufttrocknen Zustande	0,903	0,914	0,809	0,808	0,915	0,968	1,019	0,999	1,003	0,866	%
In der Trocken-Substanz	1,053	1,027	1,009	0,035	1,060	1,125	1,163	1,149	1,156	0,997	„

*) Vergl. Anmerkung **) und ***) auf Seite 415.

No.	Nähere Bezeichnung	Zeit der Untersuchung	In der ursprünglichen Substanz: Wasser %	Stick-stoff-Substanz %	Fett %	Stickstoff-freie Ex-traktstoffe %	Roh-faser %	Asche %	In der Trocken-Substanz: Stick-stoff-Substanz %	Stickstoff-freie Ex-traktstoffe %	Stickstoff in der Trocken-Substanz %	Analytiker
7	Bayern, Triesdorf, mittelweich	1856	12,43	12,62	—	—	—	—	14,44	—	2,31	W. Mayer[1])
8	desgl., weisser, weich . .	„	13,10	12,25	—	—	—	—	14,12	—	2,26	
9	desgl., Gelchsheim, hart .	„	13,16	12,50	—	—	—	1,77	14,44	—	2,31	
10	desgl., Martinshöhe, mittelweich	„	13,11	11,94	—	—	—	—	13,62	—	2,18	
11	desgl., Bogenhausen, ungedüngt	1858	14,26	12,37	—	—	—	1,85	14,44	—	2,31	derselbe[2])
12	desgl., mit Superphosphat gedüngt	„	14,12	12,87	—	—	—	1,82	15,00	—	2,40	
13	desgl., Weihenstephan, rother Kolbenweizen	„	11,22	15,20	1,95	—	—	—	17,12	—	2,74	v. Bibra[3])
14	desgl., St. Helena-Weizen .	„	14,00	13,22	1,76	—	—	1,75	15,37	—	2,46	
15	desgl., Sicilianischer Weizen	„	13,10	12,22	—	—	—	1,69	14,06	—	2,25	
16	desgl., Whittington-Weizen .	„	12,11	12,25	1,76	—	—	1,56	13,94	—	2,23	
17	desgl., Richmond's Riesenw.	„	8,00	9,77	1,88	—	—	1,74	10,62	—	1,70	
18	desgl., weisser Toucelle-W.	„	14,70	8,74	1,39	—	—	—	10,25	—	1,64	
19	desgl., Lichtenhof, Wunderw.	„	8,00	16,39	—	—	—	—	17,81	—	2,85	
20	desgl., aus Tunis	„	14,08	13,21	—	—	—	1,72	15,37	—	2,46	
21	desgl., Mumienweizen . .	„	12,08	13,09	1,78	—	—	1,76	15,00	—	2,40	
22	desgl., Trautskirchen . .	„	13,30	13,87	1,78	—	—	—	15,31	—	2,45	
23	desgl., Unterfranken . . .	„	8,90	12,94	—	—	—	—	14,19	—	2,27	
24	desgl., Würzburg	„	—	—	—	—	—	—	10,62	—	1,70	
25	desgl., Spiessheim . . .	„	—	—	—	—	—	—	10,19	—	1,63	
26	Württemberg, Hohenheim, Talavera-Weizen . . .	1857	—	—	—	—	—	—	10,25	—	1,64	E. Wolff[4])
27	desgl., Igelweizen	„	—	—	—	—	—	—	10,94	—	1,75	
28	desgl., Talavera-Weizen .	1859	—	—	—	—	—	—	12,50	—	2,00	
29	desgl., Frankensteiner Weizen	„	—	—	—	—	—	—	12,56	—	2,01	
30	desgl., Whittington-Weizen	„	—	—	—	—	—	—	13,69	—	2,19	

[1]) Vergl. Anmerkung [2]) S. 416.

[2]) W. Mayer, Ergebnisse agrikulturchem. Versuche. **2**, 154. Angebaut in Bogenhausen auf Lehmboden; dieser war seit 6 Jahren nicht gedüngt und hatte vorher Winterroggen, dann Klee und hierauf 3 mal Hafer getragen, war aber immer noch in ziemlichem Kraftzustand.

[3]) v. Bibra, Die Getreidearten und das Brot. Nürnberg, 1860. Die Weizen No. 13 bis 18 stammten aus Weihenstephan, von sandigem Thonboden. Zu denselben ist noch über Vorfrucht und Düngung zu bemerken:

	Vorfrucht	Düngung		Vorfrucht	Düngung
No. 13.	Sommerroggen	Stallmist	No. 17.	Mohn	Stallmist
No. 14.	Oelrettig	„	No. 18.	Bastardklee	„
No. 15.	Nepaul-Gerste	„	No. 19.	Gedüngte Wicken	„
No. 15.	Weberdistel	„	No. 20.	Plattererbsen	„

Die Weizen No. 19—21 stammten aus Lichtenhof bei Nürnberg von sterilem, aber stark mit Stalldünger gedüngtem Sandboden. Der Weizen aus Tunis war die dritte Generation von Originalsamen, der Mumiensamen war die vierte Generation von angeblich echtem, altem Mumienweizen. No. 22 stammte aus Trautskirchen. Von den Weizen wurde dass specifische Gewicht und ausserdem das Gewicht von je 20 Körnern bestimmt.

Winterweizen No.	13	14	15	16	17	18	19	20	21	22	23	24
Spec. Gew.	1,39	1,31	1,36	1,37	1,32	1,34	1,43	1,42	1,32	1,35	1,42	1,33
Gew. von 20 Körnern . . .	0,992	1,400	0,920	0,920	0,910	0,950	0,770	1,147	0,993	0,725	0,675	—

Sommerweizen No.	2	3	4	5	6	7	8
Spec. Gew.	1,43	1,43	—	1,38	1,35	1,50	1,30
Gew. von 20 Körnern . . .	0,640	0,575	—	0,700	0,688	0,700	0,630

[4]) Hohenheimer Mitthl. **5**, 161. Bei dem Talavera-Weizen 1857-er Ernte waren 48,3 % der Aehren brandig; die Ernte war am 29. Juli; die Reife des Frankensteiner und des Talavera-Weizen war 1859 am 27. Juli, die des Whittington-Weizen am 1. August. Beim Talavera-Weizen war die Hälfte der Aehren mit Staubbrand gefüllt, bei dem Whittington-Weizen weit über die Hälfte.

No.	Nähere Bezeichnung	Zeit der Untersuchung	In der ursprünglichen Substanz: Wasser %	Stickstoff-Substanz %	Fett %	Stickstofffreie Extraktstoffe %	Rohfaser %	Asche %	In der Trocken-Substanz: Stickstoff-Substanz %	Stickstofffreie Extraktstoffe %	Stickstoff in der Trocken-Substanz %	Analytiker
31	Rheinprovinz, Poppelsdorf, St. Helena-Weizen . . .	1858	12,07	15,28	—	—	2,81	2,12	17,37	77,02	2,78	*Hartstein u. Topp* [1])
32	desgl.	„	13,40	14,00	1,13	65,46	4,07	1,94	16,17	75,58	2,59	
33	desgl.	„	15,48	10,96	1,19	68,71	1,67	1,99	12,97	81,29	2,08	
34	desgl., Rheinischer Klingweizen, glasig . . .	1872	15,55	—	—	—	—	—	16,31	—	2,61	*Ritthausen u. Kreusler* [2])
35	desgl., Bismarck-W., 1871-er	„	14,37	—	—	—	—	—	15,69	—	2,51	
36	desgl., von der Ahr . . .	„	15,46	—	—	—	—	—	13,81	—	2,21	
37	desgl., Poppelsdorf, Kessingland-Weizen	„	17,14	—	—	—	—	—	12,62	—	2,02	
38	desgl., Hallet's genealogischer	„	15,53	—	—	—	—	—	12,00	—	1,92	
39	desgl., St. Helena-Weizen .	„	15,10	—	—	—	—	—	15,81	—	2,53	
40	desgl., Kaiserweizen . . .	1882	14,60	10,47	2,17	—	—	1,80	12,26	—	1,96	*A. Stutzer* [3])
41	Hessen, Rheinhessen, Alzey	1876	5,33	14,75	1,96	72,86	3,20	1,90	15,58	77,77	2,49	*P. Wagner* [4])
42	desgl., aus der Wetterau .	„	5,82	9,94	2,20	77,32	2,80	1,92	10,56	82,09	1,69	
	Mittel	—	**13,37** *)	**12,29**	**1,71**	**67,96**	**2,82** **)	**1,85**	**14,19**	**78,46**	**2,27**	
	Schwankungen	— —	5,33—17,14	8,83—15,43	1,01-2,25	65,47-70,11	1,71-4,07	1,04—2,71	10,19—21,94	(75,58) (82,09)	1,63—3,51	

b. Sommerweizen.

No.	Nähere Bezeichnung	Zeit der Untersuchung	Wasser %	Stickstoff-Substanz %	Fett %	Stickstofffreie Extraktstoffe %	Rohfaser %	Asche %	Trocken: Stickstoff-Substanz %	Stickstofffreie Extraktstoffe %	Stickstoff in der Trocken-Substanz %	Analytiker
1	Bayern, Schleissheim, hart.	1856	13,47	12,44	—	—	—	1,90	14,31	—	2,29	*W. Mayer* [5])
2	desgl., Weihenstephan . .	1858	12,02	13,14	1,94	—	—	—	14,94	—	2,39	*v. Bibra* [6])
3	desgl.	„	15,33	12,28	—	—	—	—	14,50	—	2,32	
4	desgl., Spiessheim . . .	„	13,42	11,20	—	—	—	—	12,94	—	2,07	
5	desgl., Lohr	„	—	—	—	—	—	—	12,75	—	2,04	
6	desgl.	„	—	—	—	—	—	—	10,87	—	1,74	
7	desgl., Schwebheim . . .	„	12,20	8,89	1,23	—	—	—	10,12	—	1,62	
8	desgl., Trautskirchen . .	„	16,00	8,14	—	—	—	—	9,69	—	1,55	
9	Rheinprovinz, Poppelsdorf, Saatweizen	1872	13,82	14,00	—	—	—	—	16,25	—	2,60	*Ritthausen, Kreusler, Pott u. Dittmar* [7])
10	A. dgl., dav. gebaut, ungedüngt	„	13,64	14,03	—	—	—	2,42	16,25	—	2,60	
11	B. dgl., Phosphorsäure-Düng.	„	13,50	15,27	—	—	—	2,08	17,65	—	2,82	
12	C. dgl., Stickstoff-Düngung .	„	13,70	18,55	—	—	—	2,10	21,50	—	3,44	
13	D. dgl., Stickstoff- u. Phosphorsäure-Düngung . .	„	13,60	19,54	—	—	—	2,44	22,62	—	3,62	

[1]) Preuss. Ann. d. Landw. 1861, 37. Die Zahlen bilden das Mittel von je 6 Analysen verschieden gedüngten bezw. ungedüngten Weizens.

[2]) H. Ritthausen, Die Eiweisskörper der Getreidearten etc. Bonn 1872, 10 u. 76. Vergl. Anmerkung zu Winterweizen aus dem nördl. u. östl. Deutschland. No. 6—13.

[3]) Landw. Jahrbücher 1882, II, 338. Mittel von 5 verschieden gedüngten Weizen.

[4]) Zeitschr. d. landw. Ver. d. Grossh. Hessen 1876, 159. Der Wetterauer Weizen liefert ein Mehl von wesentlich grösserer Backfähigkeit als der Alzeyer Weizen.

[5]) Vergl. Anmerkung [3]) S. 417.

[6]) Vergl. Anmerkung [3]) S. 417.

[7]) Vergl. Anmerkung [1]) S. 419.

*) Vergl. die Anmerkungen**) und ***) auf Seite 415; das wirkliche Mittel aus vorstehenden Zahlen beträgt 13,18 %.

**) Mittel aus No. 31, 32, 33, 41 u. 42.

No.	Nähere Bezeichnung	Zeit der Untersuchung	In der ursprünglichen Substanz: Wasser %	Stickstoff-Substanz %	Fett %	Stickstoff-freie Extraktstoffe %	Rohfaser %	Asche %	In der Trocken-Substanz: Stickstoff-Substanz %	Stickstoff-freie Extraktstoffe %	Stickstoff in der Trocken-Substanz %	Analytiker
14	Rheinprovinz, rheinischer	1872	16,16	16,35	—	—	—	—	19,50	—	3,12	*Ritthausen, Kreusler, Pott u. Dittmar*[1])
15	desgl., galizischer, 1870	„	13,21	17,36	—	—	—	—	20,00	—	3,20	
16	desgl., 1871	„	—	—	—	—	—	—	18,00	—	2,88	
17	desgl., gelbähriger Dinkel, 1870	„	13,27	16,04	—	—	—	—	18,50	—	2,96	
18	desgl., 1871	„	—	—	—	—	—	—	15,69	—	2,51	
19	desgl., Igel-Weizen, 1870	„	13,80	19,56	—	—	—	—	22,69	—	3,63	
20	desgl., 1871	„	—	—	—	—	—	—	18,44	—	2,95	
21	desgl., blauer Bartweiz., 1870	„	14,19	17,43	—	—	—	—	20,31	—	3,25	
22	desgl., 1871	„	—	—	—	—	—	—	19,69	—	3,15	
23	desgl., weisser Bartweiz., 1870	„	13,33	17,17	—	—	—	—	19,81	—	3,17	
24	desgl., 1871	„	—	—	—	—	—	—	17,25	—	2,76	
25	desgl., Igel-Weizen, 1870	„	13,76	15,90	—	—	—	—	18,44	—	2,95	
26	desgl., 1871	„	—	—	—	—	—	—	18,00	—	2,88	
27	desgl., ungedüngt	1874	—	—	—	—	—	—	19,00	—	3,04	*Kreusler u. Kern*[2])
28	desgl., Stickstoff-Düngung	„	—	—	—	—	—	—	20,19	—	3,23	
29	desgl., Phosphorsäure-Düng.	„	—	—	—	—	—	—	17,19	—	2,75	
30	desgl., Stickstoff- u. Phosphorsäure-Düngung	„	—	—	—	—	—	—	21,31	—	3,41	
	Mittel	—	**13,37** *)	**14,95**	**1,56**	**67,93**		**2,19**	**17,26**	—	**2,76**	

Weizen aus Oesterreich-Ungarn.

Winterweizen.

No.	Nähere Bezeichnung	Zeit der Untersuchung	Wasser %	Stickstoff-Substanz %	Fett %	Stickstoff-freie Extraktstoffe %	Rohfaser %	Asche %	Trocken: Stickstoff-Substanz %	Stickstoff-freie Extraktstoffe %	Stickstoff in der Trocken-Substanz %	Analytiker
1	Ungarn, Banat	—	14,50	13,40	1,10	—	—	—	15,67	—	2,51	*Peligot*[3])
2	Mähren, grosse Körner (kleiner Bartweizen)	1859	12,41	10,87	2,05	68,80	3,87	2,00	12,41	78,55	1,99	*C. W. Tod u. Wels*[4])
3	desgl., kleine Körner (kleiner Bartweizen)	„	11,05	16,44	2,85	63,81	3,68	2,17	18,48	71,74	2,96	
4	Ungarn, Altenburg, trockene Witterung, 1866	1866	12,28	16,36	2,08	64,73	2,75	1,80	18,62	73,83	2,98	*L. Lenz*[5])
5	desgl., nasse Witterung, 1870	1870	14,18	12,81	2,24	65,94	3,26	1,57	14,94	76,82	2,39	

[1]) Vergl. Anmerkung [3]) vorige Seite und Landw. Versuchsstationen 1873, **16**, 384. Der angewendete Saatweizen von No. 9—13 war eine in Poppelsdorf schon seit längerer Zeit angebaute Sorte, völlig glasig, hart und von dunkler Farbe; die Samen der daraus hervorgegangenen Weizen waren bei A. u. B. halbmehlige und übergehende, bei C. u. D. klein, glasig hart und dunkel wie die Saat.

[2]) Journ. f. Landw. 1876, **24**, 1; tiefgründiger, reicher Lehmboden.

[3]) Nach v. Bibra, Die Getreidearten etc. 1860, 138 u. 226. Mit 11,8 % unlösl. Kleber, 1,60 % lösl. Albumin, 5,4 % Gummi + Zucker und 65,6 % Stärke.

[4]) Mitth. d. K. K. Mähr.-Schles. Gesellsch. zur Beförderung des Ackerbaues 1859. Boden: ein ausser aller Dungkraft stehender, sandiger Lehmboden; die Zahlen bilden das Mittel von 7 verschieden gedüngten Winterweizen.

[5]) Landw. Versuchsstationen 1870, **12**, 344. An näheren Bestandtheilen wurden noch bestimmt (in % der lufttrocknen Substanz):

	Zucker und Gummi	Stärke
No. 4	8,06 %	56,66 %
„ 5	12,51 „	53,43 „

*) Nach dem Mittel von 428 Analysen von Weizen verschiedener Länder angenommen. Vergl. die Anmerkungen **) und ***) auf Seite 415; der wirkliche mittlere Wassergehalt nach vorstehenden Zahlen beträgt 13,80 %.

No.	Nähere Bezeichnung	Zeit der Untersuchung	In der ursprünglichen Substanz: Wasser %	Stick-stoff-Substanz %	Fett %	Stickstoff-freie Extraktstoffe %	Roh-faser %	Asche %	In der Trocken-Substanz: Stick-stoff-Substanz %	Stickstoff-freie Extraktstoffe %	Stickstoff in der Trocken-Substanz %	Analytiker
6	Ungarn, Theiss und Banat .	1870	10,51	13,99	—	—	—	1,51	15,64	—	2,50	O. Dempwolf[1])
7	desgl.	„	10,74	15,66	—	—	—	1,50	17,54	—	2,81	
8	Rostiger Weizen	1872	10,83	13,22	1,79	70,43	2,01	1,72	14,82	78,99	2,37	O. Kohlrausch[2])
9	Spec. Gew. 1,319 . . .	1877	9,94	10,81	—	—	5,53	—	12,00	—	1,92	
10	„ „ 1,369 . . .	„	11,50	10,38	—	—	3,33	—	11,73	—	1,88	
11	„ „ 1,329 . . .	„	10,58	10,06	—	—	4,67	—	11,85	—	1,90	
12	„ „ 1,304 . . .	1878	11,42	14,25	—	—	3,76	1,49	16,09	—	2,57	
13	„ „ 1,306 . . .	„	11,34	11,06	—	—	3,26	1,87	12,48	—	1,98	
14	„ „ 1,326 . . .	„	11,98	11,00	—	—	2,72	1,69	12,50	—	2,00	
15	„ „ 1,249 . . .	„	12,08	11,56	—	—	3,04	1,77	13,14	—	2,10	
16	„ „ 1,244 . . .	„	12,00	8,62	—	—	3,08	2,28	9,79	—	1,57	
17	Banat, glasig und weich .	1872	12,62	—	—	—	—	—	19,25	—	3,08	Ritthausen u. Kreusler[3])
18	Kezthely, glasig	„	13,78	—	—	—	—	—	16,06	—	2,57	
	Mittel	—	**13,37** *)	**12,66**	**1,99**	**66,84**	**3,39**	**1,75**	**14,61**	**77,16**	**2,34**	

Weizen aus Russland.

Aeltere Analysen:

1. Peligot in v. Bibra, Die Getreidearten etc., Nürnberg 1860, 138 und 226.
2. v. Bibra, daselbst.

No.	Nähere Bezeichnung	Zeit der Untersuchung	Wasser %	Stickstoff-Substanz %	Fett %	Stickstofffreie Extraktstoffe %	Rohfaser %	Asche %	Trocken: Stickstoff-Substanz %	Trocken: Stickstofffreie Extraktstoffe %	Stickstoff in der Trocken-Substanz %	Analytiker
	Europäisches Russland.											
1	Aus Orenburg, hart . . .	1865	12,86	23,14	1,77	—	—	—	26,56	—	4,25	N. Laskowsky[4])
2	„ Walucka, hart . . .	„	11,23	23,52	1,21	—	—	—	26,50	—	4,24	
3	„ Lebedjan, halbhart .	„	10,91	22,16	—	—	—	—	24,87	—	3,98	
4	„ Kupjansk, hart . . .	„	11,61	21,99	—	—	—	—	24,87	—	3,98	
5	„ Ischigrow, halbhart .	„	12,29	20,82	1,03	—	—	—	24,87	—	3,98	
6	„ Troizk, halbhart . .	„	10,62	22,07	1,36	—	—	—	24,69	—	3,95	
7	„ Peremyschl, halbhart .	„	11,44	21,08	—	—	—	—	23,81	—	3,81	
8	„ Kosaken, hart . . .	„	10,88	20,44	1,73	—	—	—	22,93	—	3,67	
9	„ Novousensk, hart . .	„	9,97	20,59	1,74	—	—	—	22,87	—	3,66	
10	„ Swenigorod, mehlig .	„	13,47	19,68	1,06	—	—	—	22,75	—	3,64	
11	„ Kotjelniki, mehlig . .	„	12,77	19,79	—	—	—	—	22,69	—	3,63	
12	„ Kamyschin, halbhart .	„	10,74	19,86	2,29	—	—	—	22,25	—	3,56	
13	„ Nowoioskol, hart . .	„	11,00	19,70	—	—	—	—	22,25	—	3,56	

[1]) Liebig's Ann. d. Chem. u. Pharm. 1869, **149**, 343. Der untersuchte Weizen No. 6 war aus Ungarn von einer Pester Mühle geliefert und war nach deren Angabe aus $^2/_3$ Theiss- und $^1/_3$ Banat-Weizen gemischt. Der Stärkegehalt ist zu 65,41 % angegeben, der für „Fett und Holzfaser" zu 8,225 %. Gefunden wurde für Holzfaser 7,144 %. Zucker konnte direkt nicht nachgewiesen werden.

No. 7 wird als eine ebendaher stammende Mehlprobe bezeichnet, „welche noch alle Kleie enthielt und deren Zusammensetzung fast völlig dem des ganzen Kornes gleicht". Stärke 64,475 %.

[2]) Versuchsstation d. Centralver. f. Rübenzuckerindustrie in d. österr.-ungar. Monarchie zu Wien. Privatmittheilung. Die Weizen enthielten (in % der lufttrocknen Substanz) Kleber:

No. 9	10	11	12	13	14	15	16
8,99	9,29	7,07	11,28	7,78	8,24	8,62	5,98

[3]) Vergl. Anmerkung [1]) S. 419.

[4]) Liebig's Ann. d. Chem. u. Pharm. 1865, **135**, 346.

*) Nach dem Mittel von 428 Analysen von Weizen verschiedener Länder angenommen. Vergl. die Anmerkungen **) und ***) auf Seite 415; der wirkliche mittlere Wassergehalt nach vorstehenden Zahlen beträgt 11,72 %.

No.	Nähere Bezeichnung	Zeit der Untersuchung	In der ursprünglichen Substanz: Wasser %	Stick-stoff-Substanz %	Fett %	Stickstoff-freie Ex-traktstoffe %	Roh-faser %	Asche %	In der Trocken-Substanz: Stick-stoff-Substanz %	Stickstoff-freie Ex-traktstoffe %	Stickstoff in der Trocken-Substanz %	Analytiker
14	Aus Nowosilek, halbhart .	1865	11,78	19,57	1,39	—	—	—	22,19	—	3,55	N. Laskowsky[1]
15	„ Michailowsk, halbhart	„	11,73	19,58	1,17	—	—	—	21,94	—	3.51	
16	„ Kotjelniki, halbhart .	„	12,56	18,31	—	—	—	—	20,94	—	3,35	
17	„ Theodosia, hart. . .	„	10,72	17,41	1,79	—	—	—	19,50	—	3,12	
18	desgl.	„	10,97	15,58	—	—	—	—	17,50	—	2,80	
19	Aus Troksk, mehlig . . .	„	12,36	10,68	1,95	—	—	—	12,19	—	1,95	
20	Mittel	„	11,52	19,79	1,55	—	—	—	22,37	—	3,58	
	Kaukasus.											
21	Gouv. Eriwan, hart . . .	„	10,10	24,16	—	—	—	—	27,88	—	4,30	
22	„ Nachitschewan, mehl.	„	12,53	18,64	1,54	—	—	—	21.31	—	3,41	
23	„ Imiretien, hart . .	„	10,49	18,74	1,76	—	—	—	20,94	—	3,35	
24	„ Tiflis, hart	„	11,55	14,99	—	—	—	—	16,37	—	2,62	
25	Mittel der kaukasisch. Weizen	„	11,16	15,08	1,75	—	—	—	21,37	—	3,42	
	Sibirien.											
26	Tobolsk, halbhart . . .	„	12,27	15,08	1,75	—	—	—	17,19	—	2,75	
27	Tobolsk, dem vorigen ähnlich	„	12,20	14,98	—	—	—	—	17,06	—	2,73	
28	Mittel der sibirischen Weizen	„	12,30	15,03	1,75	—	—	—	17,12	—	2,74	
29	Mittel der russischen Weizen No. 1—27	„	11,52	17,92	1,57	—	—	—	20,25	—	3,24	
30	Sommerw. a. Cherson, glasig	1872	13,11	16,67	—	—	—	—	19,19	—	6,07	H. Ritthausen[2]
31	Winterw., ebendaher, mehlig	„	12,90	13,66	—	—	—	—	15,69	—	2,51	
32	Sommerweizen aus Jekaterinoslaw, glasig . . .	„	11,81	18,79	—	—	—	—	21,31	—	3,41	
33	Mittel von 44 Analysen .	1888	11,92	18,25	1,57	64,82	2,23	1,71	19,63	—	3.14	Mich. Popow[3]
	Russischer Weizen, Mittel	—	**13,37** *)	**16,75**	**1,58**	**64,40**	**2,19**	**1,71**	**19,34**	—	**3,09**	

Weizen aus England.

No.	Nähere Bezeichnung	Zeit der Untersuchung	Wasser %	Stick-stoff-Substanz %	Fett %	Stickstoff-freie Ex-traktstoffe %	Roh-faser %	Asche %	Stick-stoff-Substanz %	Stickstoff-freie Ex-traktstoffe %	Stickstoff in der Trocken-Substanz %	Analytiker
1	Old red Lammes, 1845-1848, Mittel, 4-jähr. Anbau, 3 Anal.	—	15,20	12,03	—	—	—	1,66	14,19	—	2,27	J. B. Lawes und J. H. Gilbert[4]
2	Red Clustor, 1849—1852, Mittel, 4-jähr. Anbau, 4 Anal.	—	16,30	11,04	—	—	—	1,62	13,19	—	2,11	
3	Rostock, 1853 u. 1854, Mittel, 2-jähr. Anbau, 2 Analysen	—	12,10	12,36	—	—	—	1,83	14,06	—	2,25	
4	Ungedüngt, 1845—1854 .	—	17,10	11,03	—	—	—	1,72	13,31	—	2,13	
5	Ammoniaksalz-Düngung, 1845—1854	—	17,00	11,72	—	—	—	1,54	14,12	—	2,26	

[1]) Liebig's Ann. d. Chem. u. Pharm. 1865, **135**, 346.

[2]) H. Ritthausen, Die Eiweisskörper der Getreidearten etc. Bonn 1872, 10 u. 76. Die Weizen No. 30—32 waren direkt aus Russland bezogen.

[3]) Monit. scientif. 1888, 476; Zeitschr. angew. Chem. 1888, 476.

[4]) On some points in the composition of wheat-grain, its products etc. London 1857, 6. Der untersuchte Weizen war in den Jahren 1845—1854 aufeinanderfolgend in verschiedener Düngung auf demselben Felde gewachsen.

Die Zahlen für No. 4—6 sind das aus je 10 Analysen berechnete Mittel von Weizen, der alljährlich gleiche Düngung erhalten hatte.

*) Nach dem Mittel von 428 Analysen von Weizen aus verschiedenen Ländern angenommen. Vergl. die Anmerkungen **) und ***) auf Seite 415; der wirkliche mittlere Wassergehalt nach obigen Analysen beträgt 12,63 %.

No.	Nähere Bezeichnung	Zeit der Untersuchung	In der ursprünglichen Substanz: Wasser %	Stickstoff-Substanz %	Fett %	Stickstofffreie Extraktstoffe %	Rohfaser %	Asche %	In der Trocken-Substanz: Stickstoff-Substanz %	Stickstofffreie Extraktstoffe %	Stickstoff in der Trocken-Substanz %	Analytiker
6	Ammoniaksalz- und Mineralsalz-Düngung, 1845-1854	—	17,10	11,50	—	—	—	1,62	13,87	—	2,22	*J. B. Lawes u. J. H. Gilbert* [1])
7	Spalding, 1856-er Ernte	1858	—	—	—	—	—	—	11,25	—	1,80	*v. Bibra* [2])
8	Hunter's, 1856-er „	„	—	—	—	—	—	—	14,06	—	2,25	
9	Stammbaum-Weizen, 1870-er Ernte	1871	12,75	9,63	1,61	71,28	2,71	1,71	11,12	81,84	1,78	*W. Pillitz* [3])
10	Prinz Albert-Weizen, 1870-er Ernte	„	12,44	9,55	1,75	71,79	2,65	1,51	10,94	81,89	1,75	
11	Broviks rother Weizen, 1870-er Ernte	„	12,57	11,75	1,56	67,93	4,16	1,95	13,44	77,77	2,15	
12	Weisser flandrischer Sammtweizen	„	12,28	10,79	2,28	68,52	4,30	1,48	12,56	78,46	2,01	
13	Rheinischer Weizen	„	12,35	10,60	1,78	79,49	3,86	1,64	12,25	79,36	1,96	
14	Mold's weisser Winterweizen	1878	8,64	9,63	2,32	76,14	1,63	1,64	10,54	83,35	1,69	*P. Collier* [4])
15	Mold's rother Winterweizen	„	8,75	10,50	2,05	75,71	1,27	1,72	11,50	82,95	1,84	
	Mittel	—	**13,37** *)	**10,99**	**1,86**	**69,21**	**2,90**	**1,67**	**12,69**	**79,88**	**2,03**	

[1]) Vergl. Anmerkung [4]) S. 421.

[2]) v. Bibra, Die Getreidearten etc. Nürnberg 1860.

[3]) Zeitschr. f. analyt. Chemie 1872, II, 46. Die untersuchten Weizen waren englisches Produkt vom Jahre 1870. Die stickstoffhaltige Substanz ist vom Verf. zu 15,5 % Stickstoff-Gehalt angenommen; die Zahlen für die stickstoffhaltige Substanz sind von uns auf solche von 16,0 % Stickstoff-Gehalt umgerechnet worden und darnach die Menge der stickstofffreien Extraktstoffe abgeändert. Die ausführlichere Untersuchung ergab für den Weizen

		in Wasser lösliche Stoffe: Albumin	Zucker	Stickstofffreie Extraktstoffe	Salze	Dextrin	Stärke
Im luftrocknen Weizen	No. 9	0,29 %	1,39 %	3,59 %	0,71 %	1,53 %	64,58 %
	No. 10	0,33 „	1,36 „	3,94 „	0,91 „	1,99 „	64,36 „
	No. 11	0,84 „	0,93 „	0,71 „	1,42 „	4,60 „	61,27 „
	No. 12	1,66 „	0,53 „	1,64 „	1,38 „	4,02 „	62,22 „
	No. 13	1,38 „	0,51 „	3,27 „	1,44 „	1,62 „	63,10 „
In der Trocken-Substanz	No. 9	0,35 „	1,60 „	4,12 „	0,82 „	1,76 „	74,02 „
	No. 10	0,38 „	1,56 „	4,54 „	1,05 „	2,28 „	73,51 „
	No. 11	0,96 „	1,07 „	0,81 „	1,63 „	5,27 „	70,17 „
	No. 12	1,79 „	0,58 „	1,87 „	1,57 „	4,58 „	70,99 „
	No. 13	1,59 „	0,59 „	3,78 „	1,66 „	1,82 „	72,79 „

Wasser, Stickstoff, Fett und Asche wurden in üblicher Weise bestimmt; zur Stärkebestimmung wurde der gemahlene Weizen zunächst nach dem Princip der Real'schen Presse (durch den Druck einer Wassersäule) seiner in Wasser löslichen Stoffe beraubt, dann zunächst über Schwefelsäure unter der Luftpumpe und dann bei 100° getrocknet; davon wurden 1 bis 1,2 g mit 40 ccm gesäuertem Wasser (3—3,5 ccm Schwefelsäure von 1,16 spec. Gew. auf 1000 ccm Wasser) im zugeschmolzenen Rohre bei 140—145° 8 Stunden lang erhitzt. In erhaltener Lösung wurde die Stärke bezw. der Zucker mit Fehling'scher Lösung titrirt. In gleicher Weise wurden direkt im gemahlenen Weizen die in Zucker überführbaren Kohlenhydrate bestimmt (Stärke, Dextrin und Zucker), ferner der Zucker in der wässerigen Lösung. Die gefundenen Zuckermengen der Stärke und des Zuckers von denen der Gesammt-Kohlenhydrate abgezogen ergab die Dextrinmenge.

Als „Zellstoffe" wurden die bei der Stärke- bezw. Dextrin-Bestimmung verbleibenden ungelösten Zellstoffe und Hülsen, nachdem dieselben nacheinander mit Wasser, Alkohol und Aether gewaschen worden, getrocknet und gewogen.

[4]) Ann. Rep. of the Commissioner of Agriculture for 1878, 146. Washington. Die beiden Weizen waren in England gewachsen. (Analysen amerikanischer Weizen desselben Autors siehe bei „Weizen aus Nordamerika".) An näheren Bestandtheilen wurden noch ermittelt:

	In der ursprünglichen Substanz: Zucker	Gummi	Stärke	In Alkohol lösl. Eiweissstoffe	In der Trocken-Substanz: Zucker	Gummi	Stärke	In Alkohol lösl. Eiweisskörper
No. 14	3,12	3,38	69,64	1,07 %	3,41	3,70	76,24	1,17 %
No. 15	2,74	2,58	70,39	1,51 „	3,00	2,83	77,15	1,65 „

*) Nach dem Mittel von 428 Analysen von Weizen verschiedener Länder angenommen. Vergl. die Anmerkungen **) und ***) auf Seite 415; der wirkliche mittlere Wassergehalt nach vorstehenden Zahlen beträgt 13,41 %.

Weizen aus Schottland.

No.	Nähere Bezeichnung	Zeit der Untersuchung	In der ursprünglichen Substanz: Wasser %	Stick-stoff-Substanz %	Fett %	Stickstoff-freie Extraktstoffe %	Roh-faser %	Asche %	In der Trocken-Substanz: Stick-stoff-Substanz %	Stickstoff-freie Extraktstoffe %	Stickstoff in der Trocken-Substanz %	Analytiker
1	1 Hektoliter 79,9 kg schwer . . . . (1849 in der Nähe von Edinburg gebaut: No. 1–10)	1852	16,88	8,88	1,99	—	—	1,57	10,68	—	1,71	*Th. Anderson*[1])
2	Neuer schottischer, ½ Jahr alt. . .	1854	14,80	7,07	1,19	63,05	12,44	1,45	8,30	73,10	1,33	*Arch. Polson*[2])
3	Chevalier, weiss . .	1858	8,03	13,05	1,56	—	—	1,46	14,19	—	2,27	*v. Bibra*[3])
4	Chevalier, braun .	„	10,73	12,05	1,72	—	—	1,63	13,50	—	2,16	
5	Fenton-Weizen . .	„	12,00	11,61	—	—	—	—	13,19	—	2,11	
6	Hunter's-Weizen . .	„	9,09	11,54	1,88	—	—	—	12,69	—	2,03	
7	Early champion, weiss	„	10,10	10,39	—	—	—	—	11,56	—	1,85	
8	Fullard rother Weizen	„	9,09	10,51	2,05	—	—	1,56	11,56	—	1,85	
9	Yellow Danzig . .	„	11,00	9,96	1,87	—	—	—	11,19	—	1,79	
10	Golden Drop . . .	„	12,00	9,73	1,96	—	—	—	11,06	—	1,77	
11	Vipount-Weizen . (1852 in Haddingtonshire auf gutem Weizenboden gebaut: No. 11–16)	„	—	—	—	—	—	—	12,50	—	2,00	
12	Moos-Weizen . .	„	—	—	—	—	—	—	14,62	—	2,34	
13	Blutstropfen-Weizen	„	—	—	—	—	—	—	12,94	—	2,07	
14	Preisweiz. a. Oxford	„	—	—	—	—	—	—	12,69	—	2,03	
15	Gemein. Perlweizen	„	—	—	—	—	—	—	12,31	—	1,97	
16	Roth. Wunderweizen	„	—	—	—	—	—	—	12,31	—	1,97	
	Mittel	—	**13,37** *)	**10,58**	**1,73**	**72,77**		**1,55**	**12,21**	**84,00**	**1,95**	

Weizen aus Frankreich.

No.	Nähere Bezeichnung	Hektoliter-Gew. kg	Zeit der Untersuchung	Wasser %	Stick-stoff-Substanz %	Fett %	Stickstoff-freie Extraktstoffe %	Roh-faser %	Asche %	Trocken: Stick-stoff-Substanz %	Stickstoff-freie Extraktstoffe %	Stickstoff in der Trocken-Substanz %	Analytiker
1	Spalding-W., dünne Körner		1852	19,90	12,42	—	—	—	1,80	15,50	—	2,48	*Jul. Reiset*[4])
2	desgl., dicke Körner . . .		„	19,10	11,78	—	—	—	1,79	14,56	—	2,33	
3	Victoria-W., dünne Körner		„	16,80	12,69	—	—	—	1,81	15,25	—	2,44	
4	desgl., dicke Körner . . .		„	17,58	10,71	—	—	—	1,62	13,00	—	2,08	
5	Albert-Weizen, dünne Körner		„	18,34	13,22	—	—	—	1,72	16,19	—	2,59	
6	desgl., dicke Körner . . .		„	18,70	11,94	—	—	—	1,69	14,69	—	2,35	
7	I. geerntet 6. August . .		„	16,20	11,68	—	—	—	—	13,94	—	2,23	
8	II. geerntet 22. August . .		„	16,54	12,10	—	—	—	—	14,50	—	2,32	
9	Petagnelle noir (Ponlard) halbweich .	73,96	1851/52	14,10	9,17	—	—	—	1,83	10,68	—	1,71	
10	Weisser, weicher, engl. Weizen	76,74	„	14,47	10,05	—	—	—	1,61	11,75	—	1,88	

[1]) Trans. Highl. Soc. Juli 1851 bis März 1853. (Weende'r Jahresber. 1853, **2**, 8. Chem. Pharm. Centrbl. 1853, 331.) Die Stickstoff-Substanz ist von uns berechnet. Der Gehalt an Wasser (durch Austrocknen), an Oel (durch Ausziehen der getrockneten Substanz mit Aether) und Asche wurde direkt bestimmt. In der frischen Substanz sind vorhanden 1,42 % Stickstoff, 0,53 % Phosphate und 0,28 % Phosporsäure.

[2]) Journ. f. prakt. Chem. **66**, 320. In No. 2 ist ferner 6,2 % Gummi + Zucker und 66,9 % Stärke angegeben.

[3]) v. Bibra, Die Getreidearten und das Brot. Nürnberg 1860. In dem schottischen Weizen wurde ausserdem das spec. Gew. und das Gewicht von je 20 Körnern bestimmt:

No.	3	4	5	6	7	8	9	10	11	12	13	1	15	16
Gew. von je 20 Körnern	0,91	0,89	0,77	0,87	0,99	0,99	0,87	1,00	1,04	0,85	1,00	0,92	0,95	1,03
Spec. Gew.	1,43	1,38	1,48	1,34	1,40	1,38	1,39	1,43	1,39	1,40	1,46	1,52	1,39	1,40

[4]) Vergl. Anmerkung [1]) S. 424.

*) Nach dem Mittel von 428 Analysen von Weizen verschiedener Länder angenommen. Vergl. die Anmerkungen **) und ***) auf Seite 415; der wirkliche mittlere Wassergehalt nach vorstehenden Zahlen beträgt 11,37 %.

No.	Nähere Bezeichnung	Hektoliter-Gew. kg	Zeit der Untersuchung	In der ursprünglichen Substanz: Wasser %	Stickstoff-Substanz %	Fett %	Stickstofffreie Extraktstoffe %	Rohfaser %	Asche %	In der Trocken-Substanz: Stickstoff-Substanz %	Stickstofffreie Extraktstoffe %	Stickstoff in der Trocken-Substanz %	Analytiker
11	Weizen, geerntet zu Ecorche-boeuf 1850	74,88	$18\frac{51}{52}$	15,90	14,67	—	—	—	1,65	12,68	—	2,03	
12	Weizen v. Charmoise	77,42	„	14,97	9,93	—	—	—	1,78	11,68	—	1,87	
13	Engl. Weizen (3. Jahr nach d. Einführg)	79,16	„	15,64	10,38	—	—	—	1,62	12,31	—	1,97	
14	Barker's Weizen, 1851 eingeführt . . .	79,30	„	16,51	9,55	—	—	—	1,57	11,44	—	1,83	
15	Weisser russ. W. (in Neufchatel geerntet)	81,60	„	15,00	10,78	—	—	—	1,67	12,68	—	2,03	
16	Hérisson-(Somm.-)W., halbweich, 1851 .	79,56	„	13,48	15,43	—	—	—	1,88	17,93	—	2,87	
17	Richelle von Neapel, weisser Sommerw., 1851	80,11	„	14,13	11,97	—	—	—	1,81	13,94	—	2,23	
18	Victoria-Weizen (Sommerfrucht) . . .	74,54	„	15,49	12,94	—	—	—	1,70	15,31	—	2,45	
19	Spalding-Weizen, in Ecorche-boeuf gebaut, 1851 . . .	78,23	„	14,69	10,55	—	—	—	1,73	12,37	—	1,98	*Jul. Reiset*[1]
20	Victoria-Weizen, in Ecorche-boeuf gebaut, 1851 . . .	78,45	„	13,27	10,24	—	—	—	1,66	11,81	—	1,89	
21	Xeres-W., sehr hart	80,36	„	13,60	10,47	—	—	—	1,65	12,12	—	1,94	
22	Rother, russischer W. (7 Jahr nach der Einfuhr)	79,50	„	13,65	10,41	—	—	—	1,52	12,06	—	1,93	
23	Weizen a. Pont-Levoy	77,50	„	12,81	10,90	—	—	—	1,30	12,50	—	2,00	
24	Weizen von Sicilien, harte Sommerfrucht, 1851	80,30	„	14,25	11,79	—	—	—	1,81	13,75	—	2,20	
25	Nouette- oder Riesenweizen v. St. Helena	79,98	„	13,11	11,44	—	—	—	1,72	13,05	—	2,09	

[1]) Dingler's Polytechn. Journ. 1883, **129**, 298. (Aus Compt. rend. 1853, No. 20.) Von den Weizenproben No. 9—28 wurde auch mittelst des Regnault'schen Volumenometers das specifische Gewicht der Körner bestimmt; wir haben das specifische Gewicht nicht beigefügt, bemerken aber, dass die untersuchten Weizen nach ihrem verschiedenen specifischen Gewicht, mit dem des niedrigsten (1,290) beginnend und mit dem des höchsten specifischen Gewichts (1,407) schliessend, geordnet sind. Ueber die Weizen ist noch Folgendes bemerkt:

No. 9. Geerntet zu Varrières (Vilmorin).
No. 10. Geerntet zu Crespel (Strasse von Calais).
No. 11. Schlechte Ernte.
No. 12. Eingesandt von Herrn Malingié.
No. 13. Geerntet zu Avrigny (Picardie).
No. 14. Gesäet zu Ecorche-boeuf 1851.
No. 15. Eingesandt von Herrn Mabioe.
No. 16. Geerntet zu Bruyères bei Arpajon.
No. 17. Geerntet zu Vollerand (Seine und Oise).
No. 18. Aus der Umgegend von Pontoise.
No. 19. Untere Seine.
No. 20. Untere Seine.
No. 21. Geerntet zu Bruyères bei Arpajon.
No. 22. Geerntet zu Neufchâtel (untere Seine).
No. 23. Eingesandt von Herrn Malingié.
No. 24. Geerntet zu Varrières (Vilmorin).
No. 25. Geerntet zu Bruyères.
No. 27. Gesäet zu Ecorche-boeuf 1851.
No. 28. Geerntet zu Varrières (Seine und Oise).

Die Zahlen sind von uns aus den Angaben über Wassergehalt und über Stickstoff- und Aschegehalt der Trocken-Substanz berechnet.

No.	Nähere Bezeichnung	Zeit der Untersuchung	In der ursprünglichen Substanz: Wasser %	Stickstoff-Substanz %	Fett %	Stickstofffreie Extraktstoffe %	Rohfaser %	Asche %	In der Trocken-Substanz: Stickstoff-Substanz %	Stickstofffreie Extraktstoffe %	Stickstoff in der Trocken-Substanz %	Analytiker
	Hektoliter-Gew. kg											
26	Richelle-Weizen von Grignon, weich . 80,58	$18\frac{51}{52}$	14,11	10,68	—	—	—	1,61	12,44	—	1,99	Jul. Reiset[1])
27	Albert-W. (a. England 1851 eingeführt) . 81,53	„	16,11	11,27	—	—	—	1,79	13,43	—	2,15	
28	Poln. W. (sehr hart) 74,62	„	12,20	14,32	—	—	—	1,91	16,31	—	2,61	
29	Geerntet 22. August . . .	1851	—	—	—	—	—	—	14,94	—	2,39	Stöckhardt[2])
30	Poulard bleu conique . .	„	14,40	15,60	1,40	67,10	1,50	1,90	18,22	76,18	2,92	Peligot[3])
31	Midatin du Midi	„	13,60	16,00	1,10	66,20	1,40	1,70	18,51	76,63	2,96	
32	Weiss. niederländ. W., 1841	„	14,60	10,7	1,0	71,9	1,8	—	12,53	84,19	2,00	
33	Hunter-Weizen, 1843 . .	„	13,60	12,5	1,1	71,3	1,5	—	14,46	82,53	2,31	
34	Weisser Toucelle aus der Provence, 1842 . . .	„	14,60	9,9	1,3	—	—	—	11,59	—	1,85	
35	Odessa-Weizen aus Polen .	„	15,2	14,3	1,5	67,6	—	1,4	16,86	79,72	2,70	
36	Blé Hérisson, 1842 . . .	„	13,2	11,7	1,2	73,9	—	—	13,48	85,14	2,16	
37	Poulard roth, 1842 . . .	„	13,9	10,6	1,0	74,5	—	—	12,31	84,53	1,97	
38	Poulard bleu conique, sehr trocknes Jahr, 1846 . .	„	13,2	18,1	1,2	65,6	—	1,9	20,85	75,58	3,34	
39	Polnischer Weizen, 1844 .	„	13,2	21,5	1,5	61,9	—	1,9	24,77	71,71	3,96	
40	Ungar. W., 1845 (Lemat) .	„	14,5	13,4	1,1	71,0	—	—	15,67	83,04	2,51	
41	Aegyptischer Weizen . . .	„	13,5	20,6	1,1	64,8	—	—	23,81	74,92	3,81	
42	Spanischer Weizen . . .	„	15,2	10,7	1,8	70,9	—	1,4	12,62	83,61	2,02	
43	Taganrog-Weizen	„	14,8	13,6	1,9	65,8	2,3	1,6	15,97	77,02	2,56	
	I. Im Jahre 1848 in der Umgegend von Lille (Norden) geerntet.											
44	Spanischer Weizen, weich, weiss, gross	1848	16,5	12,06	1,56	66,57	1,80	1,51	14,45	79,71	2,31	Millon[4])
45	Engl. rother Weizen, weich, sehr in's Rothe gefärbt .	„	17,1	10,35	1,59	67,78	1,74	1,44	12,48	81,76	2,00	
46	Andererengl. roth. W., ebenso	„	—	12,05	—	—	—	—	—	—	—	

[1]) Vergl. Anmerkung [1]) S. 424.

[2]) Aus E. Wolff's Grundlagen des Ackerbaues. Leipzig 1856, 841.

[3]) Aus v. Bibra, Die Getreidearten etc. Nürnberg, 1860, 138 u. 226. An näheren Bestandtheilen wurden unterschieden und bestimmt:

No.	47	48	49	50	51	52	53	54	55	56	57	58	59	60	Mittel 61
In Wasser unlösliche Stickstoff-Substanz (Kleber)	13,8	14,4	8,3	10,5	8,1	12,7	10,0	8,7	16,7	19,8	11,8	19,1	8,9	12,2	12,8 %
In Wasser lösliche Stickstoff-Substanz (Albumin) . . .	1,8	1,6	2,4	2,0	1,8	1,6	1,7	1,9	1,4	1,7	1,6	1,5	1,8	1,4	1,8 „
Lösliche stickstofffreie Extraktstoffe (Gummi, Zucker) . .	7,2	6,4	9,2	10,5	8,1	6,3	6,8	7,8	5,9	6,8	5,4	6,0	7,3	7,9	7,2 „
Stärke	59,9	59,8	62,7	60,8	66,1	61,3	67,1	66,7	59,7	55,4	65,6	58,8	63,6	57,9	59,7 „

[4]) Weende'r Jahresber. 1854, **2**, 9 und v. Bibra, Die Getreidearten etc. Nürnberg 1860, 231. (Journ. f. prakt. Chem. **61**, 340. Chem. pharm. Centrbl. 1854, 110. Liebig u. Kopp, Jahresber. 1854, 789.) Zu den untersuchten Weizen wird noch Folgendes bemerkt: Zu No. 62: Der Samen war aus Spanien gekommen und seit 8 Jahren ohne Erneuerung gebaut; zu No. 63: der aus England bezogene Samen wurde seit 3 Jahren zu Fives gebaut; zu No. 66: die Samen waren von Castres Baillaud genommen; zu No. 67: ein Jahr vorher ebendaher bezogen; zu No. 68: Varietät des Weizens unter No. 63; zu No. 69: der Weizen reift nicht immer im Departement Lille; er wurde nur versuchsweise gebaut, hatte runzlige Hülsen und hornartigen Bruch; zu No. 70: dem blé blauzé ähnlich, aber von etwas hornartigem Bruche; zu No. 72: die Körner waren sehr in die Breite entwickelt, von mehligem Bruch, wenige Körner von halbhornartigem Bruch. An „trocknem Kleber" enthielten diese Weizen (in luftrocknem Zustande):

No.	44	45	46	47	48	49	50	51	52
	9,9	6,0	10,2	9,0	9,1	8,7	8,2	12,3	11,72 %

No.	Nähere Bezeichnung	Zeit der Untersuchung	In der ursprünglichen Substanz: Wasser %	Stick-stoff-Substanz %	Fett %	Stickstoff-freie Ex-traktstoffe %	Roh-faser %	Asche %	In der Trocken-Substanz: Stick-stoff-Substanz %	Stickstoff-freie Ex-traktstoffe %	Stickstoff in der Trocken-Substanz %	Analytiker
47	Bartweizen (blé barbu), weich, weiss	1848	17,1	11,08	1,41	66,95	1,93	1,53	13,26	80,86	2,12	Millon [1])
48	Blé blauzé, weich, weiss .	„	17,1	11,78	1,70	65,84	1,88	1,70	14,21	79,42	2,27	
49	desgl.	„	17,0	10,80	1,63	67,13	1,80	1,64	13,01	80,88	2,08	
50	Blé duvet, weich	„	17,1	10,23	1,80	67,69	1,71	1,47	12,34	81,66	1,97	
51	Blé de miracle (Wunderw.), etwas hornartig. . . .	„	17,7	13,02	1,47	64,44	2,00	1,37	15,82	78,30	2,53	
52	Weicher, weisser Weizen, feste Körner, etwas hornig	„	—	12,34	—	—	1,78	—	—	—	—	
53	Harter und weicher Weizen	1855	14,50	14,40	1,90	63,30	4,20	1,70	16,38	74,50	2,62	Poggiale [2])
	Französ. Weizen, Mittel	—	**13,37** *)	**12,64**	**1,41**	**68,92**	**2,00**	**1,66**	**14,59**	**79,56**	**2,33**	

Bei den vorstehenden Mittelzahlen für französischen Weizen sind die nachstehenden Analysen von Is. Pierre mit berücksichtigt.

Is. Pierre (Weende'r Jahresbericht 1855/56 **2**, 17; Ann. d'agric. franç. **6**, 87; Compt. rend. **41**, 47; Wilda's landw. Centrbl. 1855, **2**, 198) untersuchte 20 Weizensorten, die unter gleichen klimatischen und Bodenverhältnissen in der Normandie in demselben Jahre gebaut wurden, und fand darin 1,35—3,59 %, im Mittel 2,11 % Stickstoff, entsprechend 8,44—22,44 %, im Mittel 13,19 % Stickstoff-Substanz.

Weizen aus Dänemark.

No.	Nähere Bezeichnung	Zeit der Untersuchung	Wasser %	Stick-stoff-Substanz %	Fett %	Stickstoff-freie Ex-traktstoffe %	Roh-faser %	Asche %	Stick-stoff-Substanz % (Trocken)	Stickstoff-freie Ex-traktstoffe % (Trocken)	Stickstoff in der Trocken-Substanz %	Analytiker
1	Aus Quaaland	1869	13,22	8,51	3,60	71,59	2,57	0,51	9,81	82,48	1,57	G. Wolffenstein [3])
2	„ Fünen	„	13,93	10,46	1,87	70,33	1,80	1,61	12,12	81,75	1,94	
3	„ Seeland	„	14,69	8,84	1,78	—	—	1,83	10,38	—	1,66	
4	„ Jütland	„	14,50	9,35	2,03	—	—	1,38	10,94	—	1,75	
	Mittel von Proben											
5	Squarehead, Aussaat—	18 86/87	14,94	10,56	1,92	71,01		1,57	12,41	—	1,99	Emil Gottlieb [4])
6	Squarehead, Ernte 20	„	15,03	11,18	1,89	70,55		1,35	13,16	—	2,11	
7	Golden Drop, Aussaat 1	„	14,87	11,81	1,60	70,17		1,55	13,87	—	2,22	
8	Golden Drop, Ernte 18	„	14,96	12,01	1,73	69,88		1,42	14,12	—	2,26	
9	Kent, Aussaat 1	„	14,67	11,00	1,80	71,16		1,37	12,89	—	2,06	
10	Kent, Ernte 20	„	14,92	12,14	1,87	69,68		1,39	14,27	—	2,28	

[1]) Vergl. Anmerkung [4]) S. 425.

[2]) Weende'r Jahresber. 1855/56, **2**, 19. (N. J. Pharm. **30**, 180 u. 255.) Die Zahlen repräsentiren die mittlere Zusammensetzung von hartem und weichem Weizen. Der Gehalt an Holzfaser wurde bestimmt, indem zunächst die in Wasser und in Aether löslichen Stoffe des Weizens entfernt und im Rest dann durch Diastase die Stärke in Zucker übergeführt und vom Gewicht des Rückstandes die durch direkte Bestimmungen ermittelte Menge der in ihnen enthaltenen Stickstoff-Substanzen abgezogen wurde. Auf diese Weise bestimmte Poggiale noch in einigen Weizensorten die Holzfaser und fand:

Im weissen baltischen Weizen. . .	4,301 %	Im Bordeaux-Weizen	4,157 %
Im Blé Poulard	4,525 „	Im rothen amerikanischen Weizen	4,823 „
Im harten spanischen Weizen . .	3,687 „	Im weichen französischen Weizen	4,629 „
Im harten afrikanischen Weizen .	3,823 „		

[3]) Zeitschr. f. d. gesammten Naturw. von Geibel u. Heintz, **32**, 151. Die 4 untersuchten dänischen Weizen ergaben ferner:

	No. 1	2	3	4
Spec. Gew.	1,4069 „	1,4055 „	1,4019 „	1,3970 „
Gew. von je 100 Körnern . .	3,55 g	3,65 g	3,42 g	3,85 g
Stärke	63,65 %	65,76 %	63,54 %	— %
Zucker	— „	2,06 „	2,40 „	— „

[4]) Vergl. Anmerkung [1]) S. 427.

*) Nach dem Mittel von 428 Analysen von Weizen verschiedener Länder angenommen. Vergl. die Anmerkungen **) und ***) auf Seite 415; der wirkliche mittlere Wassergehalt nach vorstehenden Analysen beträgt 15,20 %.

No.	Nähere Bezeichnung		Zeit der Untersuchung	In der ursprünglichen Substanz: Wasser %	Stickstoff-Substanz %	Fett %	Stickstofffreie Extraktstoffe %	Rohfaser %	Asche %	In der Trocken-Substanz: Stickstoff-Substanz %	Stickstofffreie Extraktstoffe %	Stickstoff in der Trocken-Substanz %	Analytiker
		Mittel von Proben											
11	Mold's weisser Weizen	Aussaat 1	$18\frac{86}{87}$	14,86	11,37	1,76	70,49		1,52	13,35	—	2,14	Emil Gottlieb[1])
12		Ernte 18	„	14,96	11,75	1,79	70,18		1,32	13,82	—	2,21	
13	Mold's rother Weizen	Aussaat 1	„	14,68	11,31	1,59	70,96		1,46	13,26	—	2,12	
14		Ernte 19	„	15,18	12,19	1,62	69,67		1,34	14,34	—	2,30	
15	Kolben-Weizen,	Ernte 18	„	15,06	11,95	1,79	69,86		1,34	14,07	—	2,25	
16	Herefordshire	Aussaat 1	„	14,83	13,00	1,78	68,94		1,45	15,26	—	2,44	
17		Ernte 18	„	15,00	12,08	1,82	69,76		1,34	14,21	—	2,27	
18	Heller glasiger ostpreuss. Weizen	Aussaat 1	„	15,00	13,75	1,68	67,94		1,63	16,18	—	2,59	
19		Ernte 20	„	14,97	12,19	1,81	69,67		1,36	14,34	—	2,29	
20	Urtoba	Aussaat 1	„	15,10	8,44	1,85	73,04		1,57	9,94	—	1,59	
21		Ernte 8	„	14,91	11,93	1,82	69,93		1,41	14,02	—	2,24	
22	Browicks red	Aussaat 1	„	14,88	9,81	1,85	71,81		1,65	11,52	—	1,84	
23		Ernte 5	„	14,56	11,65	1,85	70,46		1,48	13,64	—	2,18	
24	Red profilic	Aussaat 1	„	14,54	11,94	1,56	70,44		1,52	13,97	—	2,24	
25		Ernte 2	„	15,07	12,00	1,73	69,81		1,39	14,13	—	2,26	

[1]) XI. Bericht vom landwirthschaftlichen Versuchslaboratorium zu Kopenhagen 1888, 1—43. Centrbl. Agrik.-Chem. 1889, **18**, 387—397.

Die Versuche wurden hauptsächlich auf dem Versuchsfelde zu Lyngby auf Seeland in den Jahren 1885/86 und 1886/87 ausgeführt. Zwischen Saatzeit und Saatmenge einerseits und Stickstoffgehalt der Ernte andererseits fand E. Gottlieb folgende Beziehungen:

Procentgehalt an Stickstoff, bezogen auf einen Weizen mit 15 % Wasser:

Bestellzeit 1886	1/9	9/9	17/9						25/9	5/10	Durchschnitt
Saatmenge: Scheffel (0,174 hl) auf Tonne Land (0,552 ha)	8	8	2	4	6	8	10	12	8	8	
Squarehead	1,80	1,55	1,80	1,72	1,70	1,70	1,68	1,67	1,81	1,90	1,73
Molds, weisser	1,65	1,58	1,82	1,74	1,73	1,73	1,75	1,70	1,74	1,75	1,72
Dänischer Kolben	1,62	1,61	1,84	1,73	1,72	1,68	1,69	1,71	1,82	1,91	1,73
Urtoba	1,74	1,58	1,86	1,76	1,72	1,67	1,68	1,70	1,95	1,90	1,74
Heller, glasiger ostpreussischer	1,82	1,67	1,93	1,84	1,82	1,86	1,90	1,91	1,92	1,95	1,86
Red profilic	1,68	1,67	2,02	1,83	1,78	1,73	1,76	1,71	1,78	1,91	1,79

Aus diesen Zahlen zieht Gottlieb den Schluss, dass der procentige Stickstoffgehalt des Weizens mit der späteren Bestellungszeit steigt, dagegen mit den grösseren Aussaatmengen abzunehmen scheint.

Die Zusammensetzung der geernteten Weizensorten schwankte innerhalb folgender Grenzen:

	Anzahl der Proben	Stickstoff %	Rohfett %	Asche %
Squarehead	20	1,34—2,37	1,75—2,00	1,20—1,50
Golden Drop	19	1,52—2,12	1,55—1,93	1,28—1,60
Kent	20	1,61—2,38	1,74—1,95	1,13—1,66
Molds, weisser	18	1,54—2,39	1,66—1,89	1,12—1,71
Molds, rother	19	1,54—2,42	1,53—1,76	1,09—1,53
Kolbenweizen	18	1,52—2,36	1,66—1,88	1,13—1,75
Herefordshire	18	1,59—2,32	1,68—1,92	1,12—1,58
Heller, glasiger, ostpreussischer	20	1,42—2,43	1,66—1,90	1,13—1,62
Urtoba	8	1,44—2,12	1,73—1,89	1,21—1,70
Browicks red	5	1,52—2,03	1,70—1,99	1,36—1,74
Red profilic	2	1,83—2,01	1,60—1,86	1,36—1,43
Chidham white	5	1,85—2,23	1,75—2,04	1,28—1,41
Alter dänischer, brauner	3	1,68—1,93	1,74—1,90	1,17—1,22

Ein konstantes Verhältniss zwischen den verschiedenen Bestandtheilen der Weizensorten ist nicht vorhanden. Sämmtliche Sorten der Saat waren dänischen Ursprungs.

Ueber den Klebergehalt und die Backversuche mit dem aus diesen Weizensorten gewonnenen Mehle vergl. den Anhang zu Weizenmehl.

No.	Nähere Bezeichnung	Zeit der Untersuchung	In der ursprünglichen Substanz: Wasser %	Stick-stoff-Substanz %	Fett %	Stickstoff-freie Extraktstoffe %	Roh-faser %	Asche %	In der Trocken-Substanz: Stick-stoff-Substanz %	Stickstoff-freie Extraktstoffe %	Stickstoff in der Trocken-Substanz %	Analytiker
	Mittel von Proben											
26	Chidham white, Aussaat 1	$18\frac{86}{87}$	14,66	11,37	1,86	70,48		1,63	13,32	—	2,13	Emil Gottlieb[1])
27	Chidham white, Ernte 5	„	15,16	12,75	1,84	68,92		1,33	15,03	—	2,40	
28	Alter dänischer brauner Weizen, Aussaat 1	„	13,96	11,25	1,75	71,52		1,52	13,07	—	2,09	
29	Alter dänischer brauner Weizen, Ernte 3	„	15,21	11,50	1,82	70,15		1,32	13,56	—	2,17	
	Mittel der Ernte	—	15,00	11,94	1,80	69,90		1,36	14,05	—	2,25	
	Gesammt-Mittel *)	—	**13,37** *)	**11,50**	**1,89**	**71,78**		**1,46**	**13,28**	—	**2,12**	

Weizen aus Spanien.

No.	Nähere Bezeichnung	Zeit der Untersuchung	Wasser %	Stickstoff-Substanz %	Fett %	Stickstofffreie Extraktstoffe %	Rohfaser %	Asche %	Trocken: Stickstoff-Substanz %	Trocken: Stickstofffreie Extraktstoffe %	Stickstoff in der Trocken-Substanz %	Analytiker
1	Von den Balearen, Mahon Minorca	1858	**) 13,37	20,89	2,30	—		—	24,12	—	3,86	v. Bibra[2])
2	desgl., Malorca Arta, glasig	„	13,37	13,26	2,34	—		1,84	15,31	—	2,45	
3	desgl., mehlig	„	13,37	12,00	—	—		—	13,87	—	2,22	
4	desgl., Malorca Alcuda . .	„	13,37	11,53	1,13	—		—	13,31	—	2,13	
5	desgl., Malorca Palma . .	„	13,37	10,01	2,07	—		1,73	11,56	—	1,85	
6	Von den Höhen von Barcelona	„	13,37	12,24	1,49	—		1,99	14,25	—	2,28	
7	„ der Ebene „ „	„	13,37	10,23	2,19	—		—	11,81	—	1,89	
8	„ dem Hochgebirge in Catalonien	„	13,37	12,01	—	—		—	13,87	—	2,22	
9	Von Andalusien, Sevilla .	„	13,37	9,74	1,93	—		1,63	11,25	—	1,80	
	Mittel	—	**13,37**	**12,45**	**1,92**	**70,46**		**1,80**	**14,37**	**81,33**	**2,30**	

Weizen aus Afrika.

No.	Nähere Bezeichnung	Zeit der Untersuchung	Wasser %	Stickstoff-Substanz %	Fett %	Stickstofffreie Extraktstoffe %	Rohfaser %	Asche %	Trocken: Stickstoff-Substanz %	Trocken: Stickstofffreie Extraktstoffe %	Stickstoff in der Trocken-Substanz %	Analytiker
	Umgegend von Algier und benachbarte Länder.											
1	Aus Cheragas	$18\frac{52}{53}$	13,70	11,15	1,88	69,77	1,70	1,80	12,92	80,84	2,07	Millon[3])
2	Aus Guyotville.	„	12,23	9,92	2,14	72,87	1,40	1,44	11,30	83,03	1,81	
3	desgl., ausgelesen, halbharte Körner	„	—	11,80	—	—	—	—	—	—	—	
4	desgl., vollkommen entwickelte Körner . . .	„	13,01	11,71	1,98	69,71	1,84	1,75	13,47	80,12	2,16	
5	desgl., unvollkommen entwickelte Körner . . .	„	13,19	11,93	1,88	69,12	2,18	1,70	13,74	79,62	2,20	
6	Aus Mitidja.	„	12,60	12,32	2,07	68,57	2,35	2,09	14,09	78,46	2,25	
7	desgl.	„	—	15,21	—	—	—	—	—	—	—	
8	Aus der Provinz Oran . .	„	12,01	13,38	2,03	69,01	1,80	1,77	15,20	78,44	2,43	

[1]) Vergl. Anmerkung [1]) S. 427.

[2]) v. Bibra, Die Getreidearten und das Brot. Nürnberg 1860. Die untersuchten Weizen aus Spanien ergaben ferner:

No.	1	2	3	4	5	6	7	8	9
Spec. Gew.	1,44	1,51	1,36	1,47	1,50	1,48	1,54	1,48	1,40
Gew. von je 20 Körnern .	0,95 g	0,91 g	1,02 g	0,84 g	0,79 g	0,77 g	0,65 g	0,83 g	0,92 g

Ueber die Bodenverhältnisse ist folgendes angegeben: No. 1 fetter Boden, No. 2 u. 3 schwarzer Boden I. Kl., No. 6 steiniger, bewässerter Lehmboden, No. 8 kalter Untergrund, No. 4 sandiger Boden II. Kl., No. 7 Lehm, Mergel I. Kl., No. 5 rother Boden I. Kl., No. 9 guter, bewässerter Thonboden.

[3]) Weende'r Jahresber. 1864, **2**, 9 und v. Bibra, Die Getreidearten etc. Nürnberg 1860.

*) Nach dem Mittel von 428 Analysen von Weizen verschiedener Länder angenommen. Vergl. die Anmerkungen **) und ***) auf Seite 415; das wirkliche Mittel aus vorstehenden Zahlen beträgt 14,80 %.

**) Nach dem allgemeinen Mittel angenommen.

No.	Nähere Bezeichnung	Zeit der Untersuchung	In der ursprünglichen Substanz: Wasser %	Stick-stoff-Substanz %	Fett %	Stickstoff-freie Extraktstoffe %	Roh-faser %	Asche %	In der Trocken-Substanz: Stick-stoff-Substanz %	Stickstoff-freie Extraktstoffe %	Stickstoff in der Trocken-Substanz %	Analytiker
9	Aus der Provinz Constantine	18 52/53	12,15	13,05	2,10	69,35	1,58	1,77	14,85	78,94	2,38	Millon [1])
10	„ Mitidja.	„	12,67	13,81	2,03	67,29	2,10	2,10	15,81	77,07	2,53	Millon [1])
11	„ Lagouot	„	—	12,69	—	—	—	—	—	—	—	Millon [1])
12	Hartweizen aus Algier . .	1872	13,00	11,80	—	—	—	—	13,56	—	2,17	Ritthausen [2])
	Weizen aus Aegypten.											
13	Rother ägyptischer, Béhéri	1858	12,17	10,34	2,30	65,44	7,86	1,89	11,78	74,51	1,88	Poggiale [3])
14	Von Luxor, bessere Sorte .	„	11,80	8,20	1,45	75,28	1,73	1,54	9,30	85,35	1,49	Houzeau [4])
15	desgl., geringere Sorte . .	„	11,10	9,59	1,49	75,54	1,67	1,61	10,79	83,84	1,73	Houzeau [4])
16	Aus Oberägypten . (Von der Ausstell. in London)	„	8,90	9,06	1,31	—	—	1,71	9,94	—	1,59	v. Bibra [5])
17	desgl. . . . . . (Von der Ausstell. in London)	„	—	—	—	—	—	—	8,87	—	1,42	v. Bibra [5])
18	desgl. . . . . . (Von der Ausstell. in London)	„	—	—	—	—	—	—	8,87	—	1,42	v. Bibra [5])
19	Aus e. alten Mumiensarge, echt . . (Von der Ausstell. in London)	„	7,41	8,39	—	—	—	—	9,06	—	1,45	v. Bibra [5])
20	desgl. . . . . . (Von der Ausstell. in London)	„	—	—	—	—	—	—	8,75	—	1,40	v. Bibra [5])
	Mittel	—	**13,37** *)	**11,18**	**1,83**	**70,04**	**1,82**	**1,76**	**12,90**	**80,86**	**2,06**	
	Schwankungen	—	7,41—13,70	7,68—16,24	1,12-2,27	64,54-73,93	1,38-(7,75)	1,34-2,42	8,87—18,75	74,51-85,35	1,42-3,00	

Bei diesen Mittel- und Schwankungszahlen sind die nachfolgenden Analysen von Payen und v. Bibra mitberücksichtigt.

Payen (Boussingault's Landwirthschaft 1, 291) fand in einem harten afrikanischen Weizen 3,00 % Stickstoff entsprechend 18,75 % Stickstoff-Substanz in der Trocken-Substanz.

v. Bibra (Die Getreidearten etc., Nürnberg 1860) untersuchte 13 Weizensorten aus der Provinz Oran, die auf der Pariser Ausstellung ausgestellt und besonders schön waren, mit folgendem Ergebnisse:

	In der Trocken-Substanz: Stickstoff %	Stickstoff-Substanz %	Specifisches Gewicht (10 Bestimmungen)	Gewicht von 20 Körnern (7 Bestimmungen) g
Mittel	2,20	13,75	1,38	1,10
Schwankungen . .	1,80—2,48	11,25—15,50	1,30—1,59	0,92—1,30

Weizen aus Asien (Indien).

No.	Nähere Bezeichnung	Zeit der Untersuchung	Wasser %	Stick-stoff-Substanz %	Fett %	Stickstoff-freie Extraktstoffe %	Roh-faser %	Asche %	Trocken: Stick-stoff-Substanz %	Stickstoff-freie Extraktstoffe %	Stickstoff in der Trocken-Substanz %	Analytiker
1	Trit. vulgare aus Paulasa mudrum, Maissúr, röthlich und glasig	1859	—	—	—	—	—	—	14,62	—	2,34	v. Bibra [6])
	100 Korn wogen											
2	Yellow piecy, hart 4,35 g	1866	13,00	12,99	2,12	68,64	1,80	1,45	14,93	78,90	2,39	Th. Dietrich u. O. Greitherr [7])
3	Hard red, hart . . 3,80 „	„	12,37	11,87	2,09	70,23	2,12	1,32	13,54	80,14	2,17	Th. Dietrich u. O. Greitherr [7])

[1]) Weende'r Jahresbericht 1864, **2**, 9 und v. Bibra, Die Getreidearten etc. Nürnberg 1860.

[2]) H. Ritthausen, Die Eiweisskörper der Getreidearten etc. Bonn 1872.

[3]) Compt. rend. **49**, 128.

[4]) Daselbst **68**, 453. Beide Proben, No. 14 u. 15, waren grösseren Vorräthen entnommen und stammten von ungedüngtem Boden; No. 14 war jedoch in einer grösseren Wirthschaft gebaut und gereinigt; No. 15 dagegen in einer kleinen Wirthschaft und nicht gereinigt.

[5]) v. Bibra, Die Getreidearten etc. Nürnberg 1860. Die ägyptischen Weizen ergaben ferner: bei No. 16 1,35, bei No. 18 1,37 und bei No. 19 1,59 spec. Gew.

[6]) v. Bibra, Die Getreidearten etc. Nürnberg 1860, 283. 20 Körner wogen 0,875 g.

[7]) Vergl. Anmerkung [1]) S. 430.

*) Nach dem Mittel von 428 Analysen von Weizen verschiedener Länder angenommen. Vergl. die Anmerkungen **) und ***) auf Seite 415; der wirkliche mittlere Wassergehalt beträgt **11,80 %**.

No.	Nähere Bezeichnung	100 Korn wogen	Zeit der Untersuchung	In der ursprünglichen Substanz: Wasser %	Stickstoff-Substanz %	Fett %	Stickstofffreie Extraktstoffe %	Rohfaser %	Asche %	In der Trocken-Substanz: Stickstoff-Substanz %	Stickstofffreie Extraktstoffe %	Stickstoff in der Trocken-Substanz %	Analytiker
4	Soft red, weich	3,65 g	1886	12,62	9,43	2,34	71,84	2,13	1,64	10,79	82,21	1,73	*Th. Dietrich u. O. Greitherr* [1])
5	Club I, weiss, weich	4,50 „	„	12,10	9,75	2,06	73,20	1,53	1,36	11,09	83,28	1,77	
6	Laskari, gelb, hart	4,20 „	„	12,60	11,36	2,06	70,27	2,32	1,39	13,00	80,40	2,08	
7	Soft white Kurrachee	3,30 „	„	12,00	9,61	2,23	72,57	1,94	1,65	10,92	82,47	1,75	
8	Soft red Kurrachee	3.20 „	„	13,27	10,74	1,80	71,01	1,75	1,43	12,38	81,88	1,98	
	Mittel, harte Körner		—	**12,66**	**12,07**	**2,09**	**69,71**	**2,08**	**1,39**	**13,82**	**79,82**	**2,21**	
	„ weiche Körner		—	**12,50**	**9,89**	**2,11**	**72,17**	**1,81**	**1,52**	**11,30**	**82,48**	**1,81**	
	„ der 8 Analysen		—	**13,37** **)	**10,99**	**2,08**	**70,19**	**1,92**	**1,45**	**12,66**	**81,05**	**2,03**	

Weizen aus Japan.

No.	Nähere Bezeichnung		Zeit der Untersuchung	Wasser %	Stickstoff-Substanz %	Fett %	Stickstofffreie Extraktstoffe %	Rohfaser %	Asche %	Tr.: Stickstoff-Substanz %	Tr.: Stickstofffreie Extraktstoffe %	Stickstoff in der Trocken-Substanz %	Analytiker
1	Tr. vulgare, jap. „Ko-mugi“		1885	12,38	16,44	1,63	65,21	2,90	1,44	18,76	74,43	3,00	*O. Kellner* [2])
2	„Soshiu“	Besonders zur Shoyubereitung geeignete Weizensorten *)	1886	12,58	12,35	1,82	69,48	2,85	1,54	14,13	79,48	2,26	*O. Kellner* [3])
3	„Funabashi“		„	13,53	12,74	1,73	67,66	2,90	1,64	14,73	78,25	2,36	
4	„Iwatsuki“		„	13,01	12,01	1,75	68,54	3,08	1,61	13,81	78,79	2,21	
	Mittel		—	**13,37** **)	**13,31**	**1,72**	**67,13**	**2,91**	**1,56**	**15,36**	**77,74**	**2,47**	

Weizen aus Australien.

No.	Nähere Bezeichnung	Zeit der Untersuchung	Wasser %	Stickstoff-Substanz %	Fett %	Stickstofffreie Extraktstoffe %	Rohfaser %	Asche %	Tr.: Stickstoff-Substanz %	Tr.: Stickstofffreie Extraktstoffe %	Stickstoff in der Trocken-Substanz %	Analytiker
1	No. 2	—	—	—	—	—	—	—	12,12	—	1,94	*Lawes und Gilbert* [4])
2	No. 3	—	—	—	—	—	—	—	14,87	—	2,38	
3	1851er Ernte	1858	12,20	8,78	1,40	—	—	—	10,00	—	1,60	*v. Bibra* [5])
4	—	—	—	—	—	—	—	—	9,94	—	1,59	
	Mittel	—	**13,37** **)	**10,16**	**1,39**	—	—	—	**11,73**	—	**1,88**	

[1]) Landw. Versuchsstationen 1888, **35**, 309. Die untersuchten Weizen sind diejenigen indischen Sorten, welche zur Zeit der Untersuchung hauptsächlich gehandelt wurden. Die Weizen unter No. 7—8 sind nach den Ausfuhrhäfen als Kurrachee-, die übrigen als Bombay-Weizen bezeichnet. An näheren Bestandtheilen wurden ferner ermittelt:

	No. 2	3	4	5	6	7	8
In den lufttrocknen Körnern:							
In Wasser lösliche Stickstoff-Substanz	3,18	1,81	2,62	2,00	5,25	4,12	2,81 %
In Wasser löslich: Zucker	7,63	4,20	4,68	5,98	5,96	4,51	6,18 „
In Wasser löslich: Dextrin	10,60	6,45	9,54	9,11	9,84	3,44	8,95 „
Stärke	50,41	61,92	56,05	58,10	56,04	63,06	55,10 „
In der Trocken-Substanz:							
In Wasser lösliche Stickstoff-Substanz	3,66	2,06	3,00	2,27	6,00	4,75	3,21 „
In Wasser löslich: Zucker	8,77	4,77	5,35	6,80	6,82	5,20	7,05 „
In Wasser löslich: Dextrin	12,19	7,33	10,92	10,36	11,26	3,97	10,21 „
Stärke	57,94	70,37	64,13	66,12	64,13	72,71	62,88 „
Aus dem selbst hergestellten schalenhaltigen Mehle wurde Kleber gewonnen (in % d. lufttr. Mehles):							
Kleber im frischen Zustande	42,00	24,6	24,5	27,35	—	32,30	39,96 %
Kleber, getrocknet	17,25	10,19	9,05	10,45	8,34	13,43	16.16 „
Aus dem bestimmten Stickstoffgehalt berechn.	10,76	6,70	6,78	7,20	6,78	8,83	3,74 „

[2]) Mitth. d. deutschen Gesellsch. für Natur- u. Völkerkunde Ostasiens, **4**, No. 35.

[3]) Mittheilung der deutschen Gesellschaft für Natur- und Völkerkunde Ostasiens, 1886, **4**, No. 35. Centrbl. Agrik.-Chem. 1887, **16**, 403.

[4]) Wolff's Grundlagen des Ackerbaues, 771.

[5]) v. Bibra, Die Getreidearten etc., Nürnberg 1860, 283. 20 Körner wogen 0,875 g.

*) O. Kellner fand ferner:

	No. 2 „Soshiu“	No. 3 „Funabashi“	No. 4 „Iwatsuki“
Gewicht von 1000 Körnern	40,04 g	35,80 g	32,76 g
Stärke	57,80 %	54,85 %	58,35 %

) Nach dem Mittel von 428 Analysen von Weizen verschiedener Länder angenommen. Vergl. die Anmerkungen **) und *) auf Seite 415. Das eigentliche Mittel aus den vorstehenden Zahlen beträgt für Weizen aus Asien 12,57 % und für Weizen aus Japan 12,88 %.

Weizen aus Nordamerika.

a. Winterweizen.

No.	Nähere Bezeichnung	Zeit der Untersuchung	In der natürlichen Substanz: Wasser %	Stick-stoff-Substanz %	Fett %	Stickstoff-freie Extraktstoffe %	Roh-faser %	Asche %	In der Trocken-Substanz: Stick-stoff-Substanz %	Stickstoff-freie Extraktstoffe %	Stickstoff in der Trocken-Substanz %	Analytiker
1	Michigan White, gereinigt	1877	12,75	11,64	1,26	70,96	1,83	1,56	13,34	81,33	2,13	*Atwater u. Warnecke*[1])
2	Missouri Red Fall, gereinigt	„	13,52	11,79	1,47	69,95	1,72	1,55	13,63	80,89	2,18	
3	Diehl, Mich.	„	9,64	12,38		76,26		1,72	13,69	—	2,19	*R. C. Kedzie*[2])
4	desgl.	„	12,18	13,78		72,22		1,82	15,63	—	2,50	
5	desgl.	„	12,68	11,81		73,74		1,77	13,54	—	2,17	
6	desgl.	„	10,25	11,88		76,37		1,50	13,24	—	2,12	
7	Soules	„	11,02	11,81		75,44		1,73	12,81	—	2,05	
8	Soules, British Columbia	„	8,51	12,25		77,61		1,63	13,39	—	2,14	
9	desgl.	„	11,22	11,88		74,81		2,09	13,34	—	2,13	
10	desgl.	„	10,07	13,45		74,59		1.89	14,96	—	2,39	
11	Lincoln, Mich.	„	13,38	11,90		73,16		1,56	13,78	—	2,20	
12	desgl.	„	10,78	11,38		76,09		1,75	12,76	—	2,04	
13	Fultz, Mich.	„	11,45	11,59		75,22		1,74	13,09	—	2,09	
14	desgl.	„	12,53	14,47		71,26		1,74	16,54	—	2,65	
15	Treadwell Mich.	„	12,69	12,50		78,10		1,71	14,31	—	2,29	
16	desgl.	„	9,94	11,69		76,57		1,80	12,99	—	2,08	
17	desgl.	„	10,00	11,88		76,36		1,76	13,20	—	2,11	
18	Buckeye or White Wabash	„	12,73	10,97		74,92		1,38	12,69	—	2,03	
19	Tappahannock, Mich.	„	11,21	13,56		73,46		1,77	15,27	—	2,44	
20	Lancaster	„	11,93	14,00		72,25		1,82	15,88	—	2,54	
21	Asiatic	„	11,11	12,25		74,94		1,70	13,78	—	2,20	
22	Gold Medal	„	10,55	11,15		76,57		1,73	12,47	—	2,00	
23	desgl.	„	10,12	13,06		74,82		2,00	14,51	—	2,32	
24	Egyptian red	„	11,48	11,19		75,64		1,69	12,64	—	2,02	
25	Clawson	„	12,29	11,88		74,19		1,64	13,54	—	2,17	
26	desgl.	„	11,30	10,94		76,02		1,74	12,33	—	1,97	
27	desgl.	„	12,29	11,16		74,76		1,79	12,72	—	2,04	
28	Clawson Mich.	„	10,36	11,81		76,19		1,64	13,21	—	2,11	
29	desgl.	„	11,19	12,06		74,99		1,76	13,59	—	2,17	
30	desgl.	„	11,09	12,38		74,89		1,64	13,93	—	2,23	
31	desgl.	„	11,08	12,25		75,18		1,49	13,78	—	2,20	
32	desgl.	„	10,43	12,69		75,18		1,70	14,17	—	2,27	
33	desgl.	„	10,31	12,25		75,84		1,60	13,66	—	2,19	
34	desgl.	„	13,00	11,37		73,84		1,79	13,07	—	2,09	
35	desgl., Oregon	„	12,99	10,50		74,74		1,77	12,07	—	1,93	
36	Weeks, Mich.	„	10,03	11,00		77,38		1,59	12,22	—	1,96	
37	Powers, Mich.	„	10,85	12,03		75,42		1,70	13,50	—	2,16	
38	Armstrong, Mich.	„	12,21	12,88		72,94		1,97	14,66	—	2,35	
39	Tuscan, Mich.	„	13,77	11,37		73,14		1,72	13,19	—	2,11	
40	Post, Mich.	„	10,27	11,25		76,90		1,58	12,54	—	2,01	
41	Senora Club, Oregon	„	10,91	10,63		77,00		1,46	11,93	—	1,91	

[1]) Report of work of the Agricultural Exper. Stat. Middletown, Connect. 1877—78, 25.
[2]) Ann. Report of the Connecticut Agric. Exper. Stat. for 1879, 137. (Rep. Mich. Bd. Ag. 1877, 350.)

No.	Nähere Bezeichnung	Zeit der Untersuchung	In der natürlichen Substanz: Wasser %	Stick-stoff-Substanz %	Fett %	Stickstoff-freie Extraktstoffe %	Roh-faser %	Asche %	In der Trocken-Substanz: Stick-stoff-Substanz %	Stickstoff-freie Extraktstoffe %	Stickstoff in der Trocken-Substanz %	Analytiker
42	Yellow Missouri	1878	7,69	11,59	2,11	75,17	1,53	1,91	12,56	81,42	2,01	P. Collier [1])
43	Swamp, gewachsen in Ohio	„	7,63	11,59	2,41	74,99	1,54	1,84	12,55	81,17	2,01	
44	Victor, gewachsen in Ontario, Canada	„	7,49	9,45	2,27	77,71	1,69	1,39	10,22	84,01	1,64	
45	Silver Chaff, gewachsen in Ontario, Canada . . .	„	8,93	9,89	2,44	75,41	1,75	1,58	10,86	82,81	1,74	
46	Foizy, gewachsen in Oregon	„	8,98	8,40	2,28	77,52	1,25	1,57	9,23	85,16	1,48	
47	Brazilian, gewachsen in „	„	9,29	9,45	1,99	76,33	1,17	1,77	10,42	84,15	1,67	
48	Polish, gewachs. in Maryland	„	10,08	12,43	2,67	71,59	1,56	1,67	13,82	79,62	2,21	
49	White, gewachsen in Oregon	„	9,52	8,58	1,69	77,11	1,53	1,57	9,47	85,24	1,52	
50	Minnesota No. 1	1872	12,34	13,06	—	—	2,03	1,59	14,90	—	2,38	Noyes [2])
51	desgl., No. 2	„	11,31	13,00	—	—	2,37	1,92	14,66	—	2.35	
52	desgl, No. 3	„	11,85	13,56	—	—	2,50	1,97	15,39	—	2,46	
53	Pensylvania, Mittel v. 6 verschieden gedüngten Weizen	„	12,93	11,16	1,93	69,24	2,55	2,16	12,82	79,55	2,05	Jordan [3])
	Canada, Ontaria. Gew. von 100 Körn. g											
54	Silver Chaff, gelb . 3,60	1879	11,05	9,80	2,28	73,27	1,70	1,90	11,02	82,37	1,76	Clifford Richardson [4])
55	Midge Proof, weiss. 2,96	„	11,60	9,80	2,04	73,43	1,68	1,45	11,08	83,07	1,77	
56	Arnold's Victor, gelb 2,97	„	10,90	11,55	2,14	72,23	1,58	1,60	12,96	81,07	2,07	
57	Vermont Cross. gelb, glasig 4,07	1881	10,87	10,69	2,04	72,13	2,52	1,75	11,99	80,93	1,92	
58	New-York, Landreth, weich 4,54	1882	11,43	10,85	2,02	71,85	1,75	2,10	12,25	81,12	1,96	

[1]) Ann. Rep. of the Commissioner of Agriculture Washington f. 1878, 147. An näheren Bestandtheilen wurden ferner gefunden in Procenten der lufttrocknen Körner:

	No. 42	43	44	45	46	47	48	49
Zucker	2,92	2,92	2,66	3,79	3,78	4,67	3,77	4,21
Gummi	2,02	3,26	1,88	2,54	3,77	2,51	1,93	2,66
Stärke (aus der Differenz)	70,23	68,81	73,17	69,08	69,97	60,15	65,89	70,24
Von den Eiweissstoffen in Alkohol löslich .	2,06	1,08	3,52	2,70	3,38	3,23	3,08	2,34

[2]) An Investigation of the composition of American Wheat and Corn. Clifford Richardson. Departement of Agriculture. Chemical Divison Bulletin No. I, 18.

[3]) Ebendaselbst. Mittel von Analysen 6 verschieden gedüngter Weizen, von uns berechnet.

[4]) Departement of Agriculture, Chemical Division. 1, 4 u. 9. An Investigation of the composition of american wheat and corn. 1., 2. u. 3. Bericht. Zu einzelnen der untersuchten Weizenproben ist noch Folgendes erwähnenswerth: No. 60 ist ein Kreuzungsprodukt von Champion Amber und Hughe's Prolific. No. 64—75 wurden auf der Eastern Experiment. Farm, West Grove, Penns. gebaut. No. 82 gilt als der beste Weizen in der Umgegend von Centre County, Penns. No. 91 stammte von No. 87, 1882er Ernte und war auf Maisboden unter Anwendung von vollständigem Handelsdünger gebaut worden. No. 88 stammte von demselben Weizen und war auf Brachland gebaut worden. No. 93 wuchs auf sandigem Lehm mit rothem Thon im Untergrund, ungedüngt. No. 102 u. 103 waren auf sehr leichtem, ungedüngtem Sandboden gewachsen. No. 105 wuchs auf schwerem, rothem Thonboden. No. 109 wuchs auf Lehm mit Thon im Untergrund, nicht gedüngt. No. 110 wuchs auf schwerem, ungedüngtem Boden, im 2. Jahre seiner Kultur. No. 115 wuchs auf schwerem, rothem, ungedüngtem Lehmboden, der im Jahre vorher Mais getragen hatte. No. 116 wuchs auf Sandboden mit Thon im Untergrund, der mit gut verrottetem Kompost aus Baumwollsamen und Kuhdünger gedüngt war. No. 139—155 wuchsen auf armem, ungedüngtem Sandboden. No. 156 wuchs auf einem grandigen, kiesigen Höhenboden, der im Vorjahr zu Baumwolle mit einem Kompost aus Phosphat, Stalldünger und Baumwollensaat gedüngt worden war. No. 157 war derselbe Weizen, auf lehmigem Tiefland, weniger schwer, gewachsen. No. 160—200 wuchsen auf der Ohio Agric. Experiment Station Farm Columbus. No. 201 wuchs auf schwerem Thonboden, ungedüngt. No. 202—222 stammen von Michigan Agric. College zu Lausing. Der Boden der Farm ist ein sandiger Lehmboden. No. 224 u. 225 wuchsen auf Kalksteinboden mit etwas Lehm und Sandmergel (? gravel). No. 234 auf schwerem Boden gewachsen. No. 236 wuchs auf dunklem, ungedüngtem Lehmboden von mittlerer Fruchtbarkeit; der Weizen war im 3. Jahre der Kultur. No. 245 wuchs auf flachem Thonboden, der im Vorjahre gedüngt war. No. 247 wuchs auf ungedüngtem Thonboden. No. 267 u. 268 wuchsen auf humosem, ungedüngtem Thonboden. No. 294 wuchs auf Sand, No. 295 auf grauem Kalkboden, Tiefland, ungedüngt. No. 206 wuchs auf ungedüngtem Lehmboden.

No.	Nähere Bezeichnung	Gew. von 100 Körn. g	Zeit der Untersuchung	In der ursprünglichen Substanz: Wasser %	Stick-stoff-Substanz %	Fett %	Stickstoff-freie Extraktstoffe %	Roh-faser %	Asche %	In der Trocken-Substanz: Stick-stoff-Substanz %	Stickstoff-freie Extraktstoffe %	Stickstoff in der Trocken-Substanz %	Analytiker
	Pennsylvania.												
59	Champion Amber (Hybrid), hart	3,28	1881	8,95	11,03	2,21	74,56	1,35	1,90	12,13	81,87	1,94	*Clifford Richardson*[1])
60	Lemon (Hybrid von Champion Amber und Hughes Prolific), gelb, hart	3,42	„	8,35	15,58	2,51	70,13	1,53	1,90	17,00	76,52	2,72	
61	Gold Medal, gelb, hart	3,08	„	8,60	9,80	2,37	76,05	1,38	1,80	10,72	83,21	1,72	
62	German Amber, hart	2,94	„	7,60	11,03	2,64	75,98	1,05	1,70	11,93	82,23	1,91	
63	Washington Glass, gelb, hart	3,74	„	8,45	12,08	2,23	73,44	1,75	2,05	13,19	80,22	2,09	
64	Swamp, roth, hart	4,06	1879	9,95	12,78	2,13	71,94	1,55	1,65	14,19	79,90	2,27	
65	Hedge's Prolific, roth, hart	3,10	„	10,00	10,68	1,77	75,07	1,33	1,15	11,87	83,40	1,90	

Von nachstehenden Weizen liegen eingehendere Analysen vor; diese Weizen waren auf dem reichen Boden von Colorado, auf der Versuchs-Farm des Colorado Agricultur-Collegs zu Fort Collins gewachsen; der Boden ist ein Alluvialboden, welcher von den benachbarten Kreideschiefern sehr reichlich Kalk erhalten hat. Die Weizen wurden unter Leitung von A. E. Blount nach sorgfältiger Auswahl, Hybridation und fortgesetzter Kultur angebaut.

No.		Im natürlichen Weizen: Frischer Kleber %	Trockner Kleber %	Zucker etc. %	Dextrin etc. %	Stärke etc. %	Albumin in 80%-igem Alkohol löslich %	unlöslich %
23	Sommerweizen, Hedge's Row	30,14	10,69	3,12	2,10	66,66	4,19	8,75
301	Winterw., Blount's Hybr. 18	32,22	10,74	3,32	1,94	67,23	3,57	9,37
302	„ „ „ 19	36,96	12,14	3,44	2,68	64,47	3,28	9,10
303	„ „ „ 20	35,22	11,74	3,64	2,66	63,32	3,71	8,54
304	„ Seed from New South Wales	28,31	10,64	4,22	3,03	64,68	5,05	7,57
305	„ El Dorado	25,06	9,49	3,28	1,82	66,83	3,83	7,92
306	„ Russian	32,41	12,13	3,70	2,20	63,96	3,81	10,68
307	„ Imperial Fife	39,47	14,23	4,04	2,06	61,95	5,96	9,98
308	„ Clawson	26,91	9,99	4,10	2,30	65,86	3,44	8,31
309	„ Doty	35,81	12,52	3,68	2,32	63,94	5,69	8,31
343	„ Oregon Club	28,92	10,06	3,10	1,50	67,86	4,34	7,91
346	„ Australian Club	25,23	8,91	3,30	1,92	68,28	3,01	8,18
348	„ Sonora	34,86	11,80	3,18	3,00	63,92	6,51	7,67
351	„ White Mexican	42,21	14,33	3,46	2,20	64,61	4,20	9,61
356	„ Rio Grande	35,01	12,34	2,86	2,58	65,53	3,19	11,50
359	„ Judkin	33,59	12,10	4,96	2,80	63,55	1,97	10,28
362	„ Lost Nation	29,52	11,23	3,52	2,40	64,01	1,64	11,29
365	„ Touzelle	33,25	10,90	3,24	1,88	65,05	4,01	9,49
370	„ Pringle's No. 6	34,78	11,83	3,52	2,20	65,85	5,25	7,88
372	„ „ „ 7	33,69	12,01	2,94	2,06	63,68	3,40	11,85
374	„ Centennial	23,80	9,22	3,06	2,10	67,67	4,26	7,80
376	„ Hedge's Row	34,01	12,11	2,80	2,02	66,68	4,66	8,96
379	„ Blount's Hybrid No. 10	42,22	14,44	4,12	2,22	61,10	4,30	9,60
384	„ „ „ „ 15	32,24	11,38	2,92	2,46	66,12	3,18	9,06
387	„ „ „ „ 16	52,92	11,19	3,38	1,90	67,24	4,26	7,49
390	„ „ „ „ 17	34,16	11,88	4,20	9,00	53,66	0,80	12,82
393	„ Fountain	35,15	11,93	2,86	2,32	64,36	3,53	10,29
395	„ White Chaff	32,44	11,37	4,80	2,00	62,88	4,89	9,11
397	„ Perfection	35,36	12,07	2,84	1,80	65,39	4,34	9,84
399	„ German Fife	38,33	14,45	2,02	1,50	63,42	4,24	10,82
401	„ Triticum	34,32	13,08	4,60	2,84	62,09	5,65	7,97
403	„ Durum Russian	37,54	13,51	4,28	3,00	61,30	6,48	8,77
405	„ Meekins	38,61	13,83	5,12	2,04	61,17	5,36	9,89
	Mittel	34,10	11,83	3,56	2,45	64,31	4,12	9,29
	Schwankungen	23,80—52,92	8,91—14,45	2,02—5,12	1,50—9,00	53,66—68,28	0,80—6,51	7,49—12,82

[1]) Vergl. Anmerkung [4]) vorige Seite.

No.	Nähere Bezeichnung	Gew. von 100 Körn. g	Zeit der Untersuchung	In der ursprünglichen Substanz: Wasser %	Stick-stoff-Substanz %	Fett %	Stickstoff-freie Ex-traktstoffe %	Roh-faser %	Asche %	In der Trocken-Substanz: Stick-stoff-Substanz %	Stickstoff-freie Ex-traktstoffe %	Stickstoff in der Trocken-Substanz %	Analytiker
66	Glick, roth, hart . .	3,96	1879	11,55	12,25	2,10	70,50	1,80	1,80	13,85	79,69	2,22	Clifford Richardson[1]
67	Champion Amber, roth, hart	3,21	„	9,90	11,20	2,41	72,74	1,90	1,85	12,43	80,73	1,99	
68	Medit. White Chaff, roth, hart	3,85	„	10,05	12,08	2,30	72,04	1,83	1,70	13,43	80,08	2,15	
69	Sandimika, gelb, hart .	2,08	„	11,30	12,60	2,15	71,05	1,60	1,30	14,20	80,11	2,27	
70	Fultz, hart	3,27	„	11,40	10,50	1,51	74,79	0,90	0,90	11,85	84,32	1,90	
71	Gold Dust, gelb, hart .	2,53	„	11,45	10,50	1,61	74,61	1,03	0,80	11,85	84,27	1,90	
72	Eureka, gelb, hart . .	3,24	„	10,50	11,55	2,14	72,86	1,60	1,35	12,90	81,41	2,06	
73	Washington, Glass, gelb, hart	3,60	„	10,40	11,55	1,90	73,87	1,23	1,05	12,89	82,45	2,06	
74	Clawson, gelb, hart. .	3,12	„	10,60	11,38	2,09	72,10	2,23	1,60	12,73	80,65	2,04	
75	Gold Medal, gelb, hart	2,58	„	11,45	10,68	1,39	74,60	0,98	0,90	12,06	84,24	1,93	
76	Mountain White, weiss, weich	2,71	1882	9,50	9,98	2,38	75,12	1,32	1,70	11,03	83,00	1,76	
77	Mediterranean, gelb, hart	4,06	„	8,85	11,55	2,25	74,45	1,25	1,65	12,67	81,68	2,03	
78	Fultz, gelb, hart. . .	3,02	„	9,55	9,45	2,30	75,20	1,70	1,80	10,45	83,14	1,67	
79	Fultz, roth, übergehend	3,47	1879	11,00	11,38	2,11	72,38	1,73	1,40	12,79	81,33	2,05	
80	Clawson, gelb, hart. .	4,29	„	11,35	11,20	1,90	71,90	1,75	1,90	12,62	81,13	2,02	
81	Hybrid, hart	2,99	1881	11,50	11,20	2,22	71,80	1,78	1,50	12,66	81,12	2,03	
82	Bukholder, Kalkboden, weiss, weich . . .	4,66	1883	10,74	10,15	1,93	73,53	1,69	1,93	11,38	82,51	1,82	
83	Pennsylvania Amber, Kalkbod., übergehend	3,64	„	10,72	11,38	1,91	72,06	1,95	1,98	12,62	80,90	2,02	
84	Fultz, Kalkboden, übergehend	3,88	„	11,45	13,65	1,46	69,61	1,86	1,97	15,41	78,62	2,47	
85	Martin's Amber, weiss, hart	—	„	11,30	13,13	—	—	—	2,03	14,80	—	2,37	
	Maryland.												
86	Rice, roth, hart . . .	3,59	1881	8,40	12,43	2,67	71,59	1,56	2,15	13,57	79,46	2,17	
87	Fultz, hart	3,20	1882	11,06	14,53	2,32	70,97	1,63	1,85	11,22	82,62	1,79	
88	Rice, roth, hart . . .	3,08	„	10,00	9,98	1,98	73,43	1,70	1,80	11,08	82,83	1,77	
89	Centennial Amber, gelb, übergehend	5,08	1879	11,05	12,08	2,11	71,03	1,68	2,05	13,58	79,86	2,17	
90	Midge Proof, gelb, weich	3,08	„	9,45	10,85	1,93	74,79	1,63	1,35	11,98	82,60	1,92	
91	Fultz, nach Mais, gedüngt, amber, hart .	3,69	1883	11,34	9,80	2,27	73,21	1,72	1,66	11,05	82,55	1,77	
92	Fultz, Brachland, amber, gedüngt	3,60	„	11,38	10,85	1,55	72,99	1,59	1,64	12,24	82,37	1,96	
93	White Mediterranean, weich	3,47	„	11,92	12,08	1,77	70,30	2,30	1,63	13,71	80,12	2,19	

[1]) Vergl. Anmerkung [4]) S. 432 u. 433.

No.	Nähere Bezeichnung	Gew. von 100 Körn. g	Zeit der Untersuchung	In der ursprünglichen Substanz: Wasser %	Stick-stoff-Substanz %	Fett %	Stickstoff-freie Ex-traktstoffe %	Roh-faser %	Asche %	In der Trocken-Substanz: Stick-stoff-Substanz %	Stickstoff-freie Ex-traktstoffe %	Stickstoff in der Trocken-Substanz %	Analytiker
	Virginia.												
94	Mc. Gehee's Red, hart	2,81	1881	8,80	13,65	2,49	72,53	1,48	1,05	14,96	79,54	2,39	*Clifford Richardson*[1])
95	Finlay, roth, hart . .	3,29	„	9,45	11,72	2,38	73,67	1,18	1,60	12,94	81,36	2,07	
96	Hybrid, roth, hart . .	3,65	1882	11,54	12,78	2,00	70,30	1,73	1,65	14,44	79,49	2,31	
97	Shenandoah 1, roth, hart	1,83	„	9,45	14,00	2,18	70,02	1,90	2,45	15,46	77,33	2,46	
98	desgl. 2, roth, hart. .	2,66	„	11,15	10,15	2,56	72,76	1,78	1,60	11,42	81,90	1,83	
99	desgl. 3, roth, hart. .	3,20	„	9,28	11,55	2,38	73,16	1,63	2,00	12,73	80,65	2,04	
100	Harrison, roth, hart .	3,71	1879	11,14	11,73	2,46	71,11	1,70	1,86	13,20	80,03	2,11	
101	Mc. Gehee's White, weich	3,50	1883	9,35	12,43	1,85	72,81	1,96	1,60	13,71	80,33	2,19	
102	Dallas, roth, übergehend	4,14	„	12,26	12,78	1,83	69,59	1,96	1,58	14,57	79,31	2,33	
103	Fultz-Clawson, übergehend	4,21	„	12,10	10,50	2,01	71,84	1,75	1,80	11,55	82,12	1,85	
104	Wysor	3,80	1881	9,25	12,60	2,16	72,71	1,73	1,55	13,89	80,11	2,22	
105	White Mediterranean, schwerer, roth. Thonboden	4,26	1883	7,73	11,03	—	—	—	2,32	11,96	—	1,91	
106	Fultz and Longberry .	—	„	9,62	12,78	—	—	—	1,93	14,13	—	2,26	
107	Osterey	3,56	„	9,22	12,60	—	—	—	2,50	13,89	—	2,22	
108	Red	3,46	„	9,33	11,20	—	—	—	2,15	12,35	—	1,98	
	West-Virginia.												
109	Early Amber	—	„	9,42	10,85	—	—	—	2,00	11,98	—	1,92	
110	Osterey	3,39	„	7,68	11,03	—	—	—	2,13	11,95	—	1,91	
	Georgia.												
111	Dallas, amber hard . .	4,02	1881	7,95	12,60	2,48	73,17	1,65	2,15	13,68	79,51	2,17	
112	Bennet hard	3,22	„	8,05	14,00	2,22	72,30	1,38	2,05	15,22	78,64	2,44	
113	Italian White hard . .	4,63	1882	11,22	9,45	2,68	73,47	1,48	1,70	10,64	82,76	1,70	
114	Purple Straw, roth, hart	4,51	„	10,49	10,15	2,12	73,46	1,48	2,30	11,33	82,08	1,81	
115	Red Mediterranean, roth, hart	2,89	1883	9,19	12,43	2,13	72,18	2,03	2,04	13,69	79,47	2,17	
116	desgl.	2,83	„	12,20	12,60	2,09	69,57	1,88	1,66	14,35	79,24	2,30	
	North-Carolina.												
117	Kivet, gelb, hart. . .	4,23	1882	11,70	11,03	2,22	71,22	2,28	1,55	12,50	80,64	2,00	
118	desgl.	3,63	„	11,65	8,93	2,11	73,86	1,65	1,80	10,11	83,61	1,62	
119	desgl.	4,39	„	10,15	12,25	2,15	72,52	1,43	1,50	13,63	80,72	2,18	
120	desgl.	3,38	„	10,90	9,98	2,32	73,18	2,12	1,50	11,20	82,14	1,79	
121	Rust Proof, roth, übergehend	4,30	„	10,40	10,33	2,39	72,46	2,87	1,55	11,53	80,87	1,84	
122	desgl.	4,03	„	10,60	10,15	2,33	72,63	2,84	1,45	11,36	81,23	1,82	
123	desgl.	4,63	„	9,30	9,28	2,25	75,42	1,95	1,80	10,24	83,14	1,64	

[1]) Vergl. Anmerkung [4]) S. 432 u. 433.

No.	Nähere Bezeichnung	Gew. von 100 Körn. g	Zeit der Untersuchung	In der ursprünglichen Substanz: Wasser %	Stick-stoff-Substanz %	Fett %	Stickstoff-freie Ex-traktstoffe %	Roh-faser %	Asche %	In der Trocken-Substanz: Stick-stoff-Substanz %	Stickstoff-freie Ex-traktstoffe %	Stickstoff in der Trocken-Substanz %	Analytiker
124	Baltimore, gelb, mittel	3,91	1882	9,55	9,98	2,28	75,05	1,54	1,60	11,04	82,97	1,77	*Clifford Richardson* ¹)
125	desgl.	3,43	„	9,85	11,20	2,32	74,08	1,10	1,45	12,42	82,07	1,99	
126	desgl.	3,92	„	9,65	9,10	2,25	76,35	1,00	1,65	10,07	84,50	1,61	
127	desgl.	3,30	„	9,20	10,15	2,06	75,14	1,60	1,85	11,18	82,75	1,79	
128	desgl.	4,15	„	9,70	11,38	2,16	73,48	1,63	1,65	12,60	81,38	2,02	
129	Purple Straw, roth, hart	3,24	„	9,40	10,15	2,47	74,58	1,70	1,70	11,21	82,30	1,79	
130	desgl.	2,78	„	10,55	11,90	2,42	72,12	1,66	1,35	13,30	80,62	2,13	
131	Davis, roth, hart	3,76	„	8,45	11,73	2,28	73,26	2,53	1,75	12,81	82,03	2,05	
132	desgl.	3,28	„	8,35	10,68	2,43	76,50	0,44	1,60	11,65	83,47	1,96	
133	desgl.	3,70	„	11,05	12,43	2,31	70,85	1,81	1,55	13,97	81,66	2,24	
134	Earnhardt, gelb, weich	3,95	„	10,92	9,98	2,10	74,07	1,63	1,30	11,21	83,14	1,79	
135	Golden Premium, gelb, weich	4,37	„	10,66	9,63	2,03	74,44	1,54	1,70	10,78	86,66	1,19	
136	Wintergreen, gelb, weich	3,57	„	9,40	9,45	2,34	76,17	1,44	1,20	10,43	84,08	1,67	
137	Hick's prolific, roth, hart	3,42	„	8,15	9,63	2,20	76,64	1,53	1,85	10,48	83,46	1,68	
138	White Australian, roth, mittel*)	3,65	1879	11,15	10,15	2,02	72,48	2,50	1,70	11,41	81,60	1,83	
	Alabama.												
139	Lancaster Red (bebart.) roth, mittel	3,93	1883	11,18	12,60	1,64	70,70	1,51	2,37	14,18	79,60	2,27	
140	Smooth Mediter., roth, mittel	3,96	„	10,42	11,38	2,30	72,28	1,61	2,01	12,70	80,69	2,03	
141	Tuscan Island (bebartet mit langen gelben Aehren), roth, mittel	4,06	„	10,52	10,85	2,69	72,40	1,51	2,03	12,13	80,90	1,94	
142	Rogers Red (kurze Aehren), roth, weich	2,01	„	9,36	10,85	2,50	73,24	1,88	2,17	12,08	80,63	1,93	
143	Dot, roth, mittel	3,71	„	10,21	10,85	2,37	72,85	1,54	2,18	12,09	81,12	1,93	
144	Clawson, blassgelb, hart	2,24	„	9,81	9,98	1,94	74,37	1,81	2,09	11,07	82,45	1,77	
145	Rice, roth, mittel	3,73	„	10,78	11,55	2,42	71,67	1,56	2,02	12,95	82,33	2,72	
146	Bill Dallas, blassgelb, hart	4,65	„	11,03	10,15	2,01	73,72	1,32	1,77	11,41	82,86	1,83	
147	Tennessee Amber, blassgelb, mittel	3,49	„	10,84	11,03	2,07	72,57	1,53	1,96	12,38	81,38	1,98	
148	Emporium, roth, mittel	2,79	„	11,62	11,90	2,04	70,93	1,60	1,91	13,46	80,26	2,15	
149	Lovell's New, blassgelb, mittel	2,18	„	11,57	9,80	2,28	72,42	1,74	2,19	11,08	81,89	1,77	
150	Washington Glass, weiss, mittel	2,17	„	10,84	9,80	2,42	73,02	1,80	2,12	11,00	81.88	1,76	
151	Eureka, blassgelb, mittel	2,68	„	11,43	11,38	2,09	71,49	1,65	1,96	12,85	82,72	2,06	
152	Purple Straw, roth, hart	2,82	„	12,12	12,78	2,40	68,99	1,77	1,94	14,54	78,51	2,33	

¹) Vergl. Anmerkung ⁴) S. 432 u. 433.

*) Die Bezeichnung „mittel" bedeutet hier und im Folgenden bei den Analysen von Cl. Richardson „mittelhart" bezw. „mittelweich".

No.	Nähere Bezeichnung	Gew. von 100 Körn. g	Zeit der Untersuchung	In der ursprünglichen Substanz: Wasser %	Stick-stoff-Substanz %	Fett %	Stickstoff-freie Ex-traktstoffe %	Roh-faser %	Asche %	In der Trocken-Substanz: Stick-stoff-Substanz %	Stickstoff-freie Ex-traktstoffe %	Stickstoff in der Trocken-Substanz %	Analytiker
153	Kilpatric Rust Proof, roth, hart	4,26	1883	12,36	12,25	2,13	69,89	1,49	1,88	13,98	79,74	2,24	Clifford Richardson[1]
154	Hughes Rust Proof, roth, hart	3,59	„	12,18	13,65	2,07	68,52	1,68	1,90	15,55	78,02	2,49	
155	Red Mediterr., roth, hart	4,08	„	9,68	12,25	2,22	72,29	1,55	2,01	13,56	80,04	2,17	
156	Dallas, gelb, hart . .	4,45	1882	9,29	11,20	—	—	—	1,79	12,34	—	1,97	
157	desgl.	4,28	1893	10,31	10,33	—	—	—	1,69	11,52	—	1,84	
	Ohio.												
158	Swamp	3,98	1878	7,63	11,59	2,41	74,99	1,54	1,84	12,55	81,18	2,01	
159	Michigan Amber, roth, hart	3,64	1883	11,30	11,73	1,40	71,80	1,78	1,99	13,22	80,85	2,12	
160	Royal Australian, weiss, weich	4,09	„	10,53	10,68	—	—	—	1,80	11,94	—	1,91	
161	Treadwell, blassgelb, mittel	3,41	„	11,16	11,73	—	—	—	1,97	13,21	—	2,11	
162	Champion Amber, blass-gelb, mittel	3,27	„	12,31	11,20	—	—	—	2,03	12,77	—	2,04	
163	Mc. Pherson, blassgelb, mittel	3,50	„	10,65	11,73	—	—	—	2,00	13,13	—	2,10	
164	Clawson, gelb, weich .	3,30	„	10,54	13,83	—	—	—	1,93	15,45	—	2,47	
165	Treadwell, bearded, gelb, weich	3,59	„	9,74	12,78	—	—	—	2,30	14,16	—	2,27	
166	Valley, blassgelb, mittel	3,25	„	12,49	11,90	—	—	—	1,55	13,60	—	2,18	
167	Pool, röth, hart . . .	3,50	„	10,60	12,08	—	—	—	1,90	13,52	—	2,16	
168	Landreth, weiss, weich	3,90	„	11,82	11,20	—	—	—	1,73	12,70	—	2,03	
169	Theiss, roth, hart . .	2,99	„	10,95	13,83	—	—	—	2,00	15,53	—	2,48	
170	Michigan Amber, hell-roth, hart	5,80	„	10,42	11,73	—	—	—	2,06	13,24	—	2,12	
171	Finley, blassgelb, mittel	3,59	„	10,00	14,00	—	—	—	1,96	15,55	—	2,49	
172	Zimmermann, blassgelb, mittel	3,33	„	11,39	13,13	—	—	—	2,04	14,82	—	2,37	
173	Golden Drop, blassgelb, mittel	3,55	„	11,86	12,08	—	—	—	1,74	13,71	—	2,19	
174	Rocky Mountains, blass-gelb, mittel	3,06	„	9,56	13,30	—	—	—	1,77	14,71	—	2,35	
175	Travis, hellgelb, weich	2,96	„	10,66	12,25	—	—	—	2,20	13,71	—	2,19	
176	Mc. Gehee's White, weiss, weich	3,22	„	10,68	12,60	—	—	—	1,75	14,11	—	2,26	
177	Withe Velvet, blassgelb, weich	2,78	„	10,60	11,90	—	—	—	2,06	13,32	—	2,13	
178	Russian, blassgelb, mittel	2,64	„	9,87	14,70	—	—	—	2,09	16,30	—	2,61	
179	Nigger, roth, hart . .	4,16	„	10,67	11,38	—	—	—	1,81	12,75	—	2,04	

[1]) Vergl. Anmerkung [4]) S. 432 u. 433.

No.	Nähere Bezeichnung	Gew. von 100 Körn. g	Zeit der Untersuchung	In der ursprünglichen Substanz: Wasser %	Stickstoff-Substanz %	Fett %	Stickstofffreie Extraktstoffe %	Rohfaser %	Asche %	In der Trocken-Substanz: Stickstoff-Substanz %	Stickstofffreie Extraktstoffe %	Stickstoff in der Trocken-Substanz %	Analytiker
180	Waney's Select, gelb, weich	2,66	1883	10,73	13,30	—	—	—	1,75	14,90	—	2,38	Clifford Richardson[1]
181	Bennet, gelb, weich	2,88	„	10,69	12,95	—	—	—	1,81	14,50	—	2,32	
182	Siver Chaff, gelb, weich	3,27	„	10,11	11,73	—	—	—	1,87	13,18	—	2,11	
183	Mc. Gehee's Red, blassgelb, mittel	3,29	„	9,76	14,35	—	—	—	1,87	15,90	—	2,54	
184	Lancaster, hellroth, hart	3,89	„	9,90	15,05	—	—	—	2,15	16,71	—	2,67	
185	Rogers, blassgelb, hart	3,11	„	9,48	13,48	—	—	—	1,65	14,90	—	2,38	
186	Red Fultz, roth, hart	3,29	„	11,32	13,30	—	—	—	2,05	15,00	—	2,40	
187	Tasmanian, roth, hart	3,58	„	10,60	13,65	—	—	—	2,05	15,17	—	2,43	
188	Michigan Bronce, roth, hart	4,09	„	10,58	10,68	—	—	—	1,89	11,94	—	1,91	
189	Golden Straw, blassgelb, mittel	3,76	„	10,30	13,48	—	—	—	2,00	15,03	—	2,40	
190	Velvet Chaff, roth, hart	3,98	„	10,16	15,23	—	—	—	2,10	16,95	—	2,71	
191	German Amber, roth, hart	3,76	„	9,75	14,70	—	—	—	2,02	16,29	—	2,61	
192	Democrat, weiss, weich	3,32	„	10,03	12,08	—	—	—	2,14	13,42	—	2,15	
193	York White Chaff, gelb, weich	3,10	„	11,45	12,08	—	—	—	1,90	13,64	—	2,18	
194	Rice, bernst.-gelb, mittel	3,39	„	11,36	14,18	—	—	—	2,09	16,00	—	2,56	
195	Mediterranean, bernsteingelb, hart	3,94	„	11,13	16,10	—	—	—	2,13	18,11	—	2,90	
196	Martin's Amber, weiss, hart	3,34	„	11,32	12,25	—	—	—	2,03	13,82	—	2,21	
197	Fultz, hellroth, hart	3,51	„	11,37	13,13	—	—	—	2,00	14,81	—	2,37	
198	Heighe's Prolific, hellroth, hart	3,38	„	10,05	13,48	—	—	—	1,79	14,99	—	2,40	
199	Grecian, gelb, mittel	3,31	„	10,95	11,20	—	—	—	1,86	12,58	—	2,01	
200	Egyptian, bernsteingelb, mittel	3,56	„	11,98	12,95	—	—	—	1,76	14,71	—	2,35	
201	Sandomirka, hellroth, hart	2,90	„	11,76	13,83	—	—	—	1,88	15,67	—	2,51	
	Indiana.												
202	Osterey, gelb, hart	2,77	„	10,16	10,85	1,51	73,41	2,02	2,05	12,08	81,71	1,93	
	Michigan.												
203	Silver Chaff, weiss, weich	4,20	1879	10,25	10,85	1,70	75,00	1,20	1,00	12,09	82,66	1,93	
204	Louisiana, weiss, mittel	3,74	„	10,30	10,50	2,07	73,73	1,80	1,60	11,71	82,86	1,87	
205	Jersey Red, roth, hart	3,98	„	9,05	11,73	2,17	73,17	2,18	1,70	12,90	80,86	2,06	
206	Powers, weiss, hart	3,61	„	9,70	10,50	1,79	75,91	1,05	1,05	11,62	82,83	1,78	

[1]) Vergl. Anmerkung [4]) S. 432 u. 433.

No.	Nähere Bezeichnung	Gew. von 100 Körn. g	Zeit der Untersuchung	In der ursprünglichen Substanz: Wasser %	Stick-stoff-Substanz %	Fett %	Stickstoff-freie Extraktstoffe %	Roh-faser %	Asche %	In der Trocken-Substanz: Stick-stoff-Substanz %	Stickstoff-freie Extraktstoffe %	Stickstoff in der Trocken-Substanz %	Analytiker
207	Dot, roth, hart . . .	4,54	1879	9,70	12,43	2,23	71,94	1,80	1,90	13,76	80,51	2,20	*Clifford Richardson*[1]
208	Michigan, Wick, weiss, mittel	3,93	„	9,65	10,68	2,09	73,88	2,05	1,65	11,82	82,05	1,89	
209	Schaeffer, gelb, mittel .	4,27	„	9,35	11,20	2,12	73,80	1,88	1,65	12,35	81,23	1,98	
210	Lancaster Red, roth, hart	4,63	„	11,25	12,95	2,21	69,96	1,83	1,80	14,59	78,83	2,33	
211	Velvet Chaff, gelb, hart	4,14	„	11,50	14,00	2,17	68,60	1,68	2,05	15,82	77,51	2,53	
212	Shumaker, bernsteingelb, hart	4,53	„	11,10	12,60	1,97	71,38	1,60	1,35	14,18	80,28	2,27	
213	Armstrong, gelb, hart	3,98	„	10,60	10,68	2,30	72,62	2,10	1,70	11,95	81,23	1,91	
214	Muskingum, roth, mittel	4,01	„	11,35	12,60	2,16	70,59	1,90	1,40	14,21	79,63	2,27	
215	Mediterranean, roth, mittel	4,90	„	10,90	15,23	1,98	69,41	1,23	1,25	17,10	77,90	2,74	
216	Red Russian, roth, weich	4,81	„	10,40	12,08	2,31	71,38	1,78	2,05	13,48	79,66	2,16	
217	Diehl, weiss, weich .	3,40	„	10,90	10,50	2,14	73,11	1,60	1,75	11,79	82,04	1,89	
218	Clawson, gelb, mittel .	4,10	„	11,40	10,68	2,20	72,12	1,95	1,65	12,06	81,40	1,93	
219	Jennings, weiss, weich	3,93	„	11,65	12,25	1,99	70,61	1,65	1,85	13,87	80,92	2,22	
220	Buckeye, gelb, weich .	4,10	„	11,55	12,43	1,89	70,73	1,95	1,45	14,01	80,03	2,24	
221	Trump, gelb, weich .	4,30	„	10,95	11,38	1,95	72,02	2,00	1,70	12,78	80,87	2,04	
222	Shumaker, bernsteingelb, hart	4,38	1882	10,05	9,13	2,45	74,01	2,28	2,08	10,15	82,28	1,62	
223	Clawson, gelb, mittel .	3,86	„	11,20	10,69	2,18	71,59	2,35	1,97	12,04	80,64	1,93	
	Kentucky.												
224	Fultz, roth, hart . .	3,67	„	10,55	11,90	2,30	71,87	1,98	1,40	13,30	80,35	2,13	
225	Rice, roth, hart . .	3,46	1883	10,53	14,53	1,99	69,55	1,61	1,79	16,24	77,74	2,60	
226	desgl.	3,64	„	10,96	14,00	1,94	69,89	1,69	1,52	15,72	78,49	2,52	
227	Fultz, bernsteingelb, hart	3,27	?	12,44	12,78	1,87	69,44	1,71	1,76	14,59	79,31	2,33	
228	Odessa, bst.-gelb, weich	3,15	?	10,68	11,90	1,64	71,75	2,27	1,76	13,32	80,33	2,13	
229	German Amber, bernsteingelb, mittel . .	3,54	?	9,86	14,18	1,79	69,95	2,44	1,78	15,73	77,60	2,52	
230	White, weiss, weich .	3,40	?	9,94	12,78	1,65	71,22	2,34	2,07	14,19	79,08	2,27	
231	Fultz, bernst.-gelb, mittel	3,50	?	11,68	13,13	1,80	69,26	2,25	1,88	14,86	78,42	2,38	
	Tennessee.												
232	Swamp, roth, hart . .	3,66	1881	7,10	16,63	2,08	70,24	1,85	2,10	17,89	75,62	2,86	
233	Tennessee Amber, bernsteingelb, hart . . .	3,20	1882	9,90	11,90	2,09	72,78	1,48	1,85	13,21	80,78	2,11	
234	Spark's Swamp, bernsteingelb, hart . . .	3,55	„	10,24	11,55	2,31	72,37	1,73	1,80	12,87	80,62	2,06	
235	Rice, roth, hart . . .	3,73	1883	9,91	9,98	2,15	74,40	2,24	2,04	10,99	82,93	1,76	
236	White Mediterranean, weiss, weich . . .	2,47	„	10,92	15,23	1,90	66,71	2,86	2,38	15,10	76,89	2,42	
237	desgl.	2,14	„	10,64	10,15	2,04	72,87	2,20	2,10	11,37	81,54	1,82	

[1]) Vergl. Anmerkung [4]) S. 432 u. 433.

No.	Nähere Bezeichnung	Gew. von 100 Körn. g	Zeit der Untersuchung	In der ursprünglichen Substanz: Wasser %	Stick-stoff-Substanz %	Fett %	Stickstoff-freie Ex-traktstoffe %	Roh-faser %	Asche %	In der Trocken-Substanz: Stick-stoff-Substanz %	Stickstoff-freie Ex-traktstoffe %	Stickstoff in der Trocken-Substanz %	Analytiker
238	Tennessee Amber, bernsteingelb, mittel . .	3,20	1883	9,90	11,90	2,09	72,78	1,48	1,85	13,21	80,78	2,11	Clifford Richardson[1]
239	desgl., gelb, weich . .	2,45	?	11,10	12,60	2,06	70,95	1,67	1,62	14,18	79,80	2,27	
240	Red, bernsteingelb, hart	2,57	?	11,85	10,85	2,00	71,57	1,83	1,90	12,30	81,20	1,93	
241	Bearded, bernsteingelb, weich	3,33	?	11,30	12,43	2,12	69,71	2,54	1,90	14,01	78,60	2,24	
242	Fultz, bernsteingelb, mittel	2,76	?	10,64	12,60	2,16	70,87	2,13	1,60	14,10	79,31	2,26	
243	desgl.	3,74	?	10,66	12,08	1,87	71,11	2,36	1,92	13,52	79,60	2,16	
244	California Gold Chaff, bernsteingelb, hart .	3,30	?	10,26	15,40	1,69	68,72	2,21	1,72	17,16	76,58	2,75	
245	Swamp, bernsteingelb, hart	3,99	1882	8,95	11,90	2,20	73,60	2,70	1,65	13,07	79,74	2,09	
246	Roth, weich	—	1883	10,92	12,25	—	—	—	2,32	13,76	—	2,20	
	Illinois.												
247	—	—	"	9,05	12,43	—	—	—	2,06	13,67	—	2,19	
	Arkansas.												
248	Mediterranean, roth, weich	—	"	9,56	12,95	—	—	—	2,52	14,32	—	2,30	
	Dakota.												
249	Castle Fife, hart . .	3,51	1882	10,98	10,68	2,11	72,20	1,83	2,20	11,99	81,11	1,92	
	Minnesota.												
250	Egyptian, gelb, hart .	3,83	?	10,44	13,30	1,77	70,99	1,55	1,95	14,86	79,25	2,38	
251	Scotch Fife, bernsteingelb, mittel	3,15	1882	10,62	10,85	2,08	72,24	2,31	1,90	12,14	80,82	1,94	
252	Red Fern, bernsteingelb, mittel	3,19	"	11,74	17,15	2,16	64,84	2,20	1,91	19,43	73,47	3,11	
253	Fife, gelb, weich . .	3,05	"	10,31	13,48	2,16	69,37	2,89	1,79	15,03	77,34	2,80	
254	Old Settlers, roth, mittel	3,36	"	10,10	12,43	1,83	72,26	1,81	1,57	13,82	80,39	2,21	
255	Red Fern, roth, mittel	3,24	"	10,08	12,25	2,19	72,09	1,96	1,43	13,62	80,17	2,18	
256	Fife, bernsteingelb, weich	3,12	"	11,34	11,55	2,02	71,77	1,82	1,50	13,03	80,94	2,08	
257	Golden Drop, bernsteingelb, weich	3,55	"	11,10	11,55	1,89	71,97	1,96	1,53	12,99	80,95	2,08	
258	White Fife, weiss, mittel	3,70	"	9,70	11,38	2,19	73,05	1,88	1,80	12,60	80,91	2,02	
	Missouri.												
259	Yellow, gelb, hart . .	3,10	1878	7,69	11,59	2,11	75,17	1,53	1,91	12,55	81,43	2,01	
260	Fultz, roth, hart . .	3,45	1879	10,28	10,50	2,28	72,86	2,28	1,80	11,70	81,21	1,87	
261	Shumaker, roth, hart .	3,35	"	8,64	12,44	2,33	72,11	2,49	1,99	13,62	78,93	2,18	
262	Zimmermann, roth, hart	3,87	"	9,18	11,38	2,35	72,51	2,57	2,01	12,53	79,84	2,00	
263	Clawson, bernsteingelb, hart	3,86	"	9,18	11,19	2,16	73,28	2,28	1,91	12,32	80,69	1,97	

[1] Vergl. Anmerkung [4] S. 432 u. 433.

No.	Nähere Bezeichnung	Gew. von 100 Körn. g	Zeit der Untersuchung	In der ursprünglichen Substanz: Wasser %	Stick-stoff-Substanz %	Fett %	Stickstoff-freie Extraktstoffe %	Roh-faser %	Asche %	In der Trocken-Substanz: Stick-stoff-Substanz %	Stickstoff-freie Extraktstoffe %	Stickstoff in der Trocken-Substanz %	Analytiker
264	Russian No. 2, gelb, hart	3,47	1879	8,43	11,00	2,23	73,53	2,72	2,09	12,01	80,20	1,92	Clifford Richardson[1]
265	Smooth Mediterr., bernsteingelb, hart . . .	3,58	„	9,45	11,75	1,80	72,43	2,68	1,89	12,97	79,99	2,08	
266	Silver Chaff, bernsteingelb, hart	3,49	„	10,99	11,19	2,42	70,89	2,29	2,22	12,57	79,65	2,01	
267	Osterey, hart	3,34	1882	11,48	11,43	2,36	70,95	1,88	1,90	12,93	80,12	2,07	
268	Rice, roth, hart . . .	—	1883	9,36	14,00	2,37	70,62	1,77	1,88	15,44	77,93	2,47	
269	Tennessee Amber, bernsteingelb, hart . . .	—	„	9,41	10,50	2,35	74,01	1,85	1,88	11,60	81,69	1,86	
	Kansas.												
270	Weiss, weich	3,42	?	11,58	10,85	1,98	71,87	2,01	1,72	12,27	81,17	1,96	
271	Roth, mittel	3,33	1883	11,77	11,20	2,07	71,15	1,97	1,84	12,69	80,65	2,03	
272	Weiss, weich	3,35	„	11,60	10,50	2,04	72,19	1,89	1,78	11,88	81,66	1,90	
273	Roth, hart	3,00	„	11,36	12,25	1,91	70,18	2,76	1,54	13,82	79,18	2,21	
274	Roth, mittel	3,33	„	11,57	11,03	2,02	72,29	1,62	1,47	12,47	81,36	2,00	
275	desgl.	3,41	„	12,38	10,50	1,83	71,96	1,75	1,58	11,98	82,13	1,92	
276	Bernsteingelb, mittel .	2,98	„	12,27	11,90	2,01	70,12	2,09	1,61	13,57	79,92	2,17	
277	Weiss, weich	3,39	„	12,10	10,85	1,96	71,73	1,66	1,70	12,35	81,60	1,98	
278	Bernsteingelb, mittel .	2,88	„	11,62	10,68	2,12	70,87	3,05	1,66	12,09	80,18	1,93	
279	Roth, mittel	2,96	„	11,76	11,73	1,83	71,15	2,03	1,50	13,29	80,64	2,13	
	Texas.												
280	Roth, mittel	2,61	„	10,64	12,43	2,39	70,23	2,39	1,92	13,91	78,60	2,23	
281	Roth, hart	2,66	„	9,70	12,95	2,56	71,14	1,99	1,66	14,34	77,39	2,29	
282	desgl.	2,71	„	9,26	14,35	1,94	70,19	2,08	2,18	15,81	77,36	2,53	
283	desgl.	2,83	„	9,36	13,65	2,15	70,95	2,25	1,64	15,06	78,27	2,41	
284	Bernsteingelb, hart . .	2,70	„	9,50	11,03	2,00	73,86	2,01	1,60	12,19	81,61	1,93	
285	Weiss, weich	3,94	„	9,55	13,65	1,89	71,13	1,89	1,94	15,10	78,57	2,42	
286	Bernsteingelb, weich .	2,41	„	9,66	14,18	1,86	69,68	2,19	2,43	15,70	77,13	2,51	
287	desgl., hart	2,63	„	10,26	13,65	1,96	70,37	1,90	1,86	15,21	78,42	2,43	
288	Roth, mittel	2,69	„	10,24	12,60	1,76	41,46	2,22	1,72	14,04	79,61	2.25	
289	Bernsteingelb, mittel .	2,61	„	10,00	14,00	1,92	70,55	2,01	1,52	15,55	78,40	2,49	
290	desgl., weich	2,71	„	9,62	14,00	1,72	70,79	2,19	1,68	15,48	78,34	2,48	
291	Nicaraguan, gelb, weich	3,13	„	10,00	14,70	1,83	69,55	2,20	1,72	16,32	77,30	2,61	
292	Weiss, weich	4,74	„	10,28	10,68	2,46	72,73	2,05	1,80	11,91	81,05	1,91	
293	Roth, weich	2,62	„	10,04	12,60	2,46	70,95	2,19	1,76	14,01	78,85	2,24	
294	Roth, mittel	2,56	„	10,00	12,60	2,83	70,78	2,03	1,76	14,00	78,64	2,24	
295	Red Mediterr., roth, hart	3,53	„	8,88	15,23	2,34	69,44	2,09	2,02	16,71	76,21	2,67	
296	desgl.	3,32	„	11,61	12,08	2,08	70,62	1,92	1,69	13,67	79,90	2,19	
297	White Mediterr., weiss, weich	3,70	„	12,05	13,48	1,59	68,95	1,91	2,02	15,33	78,39	2,45	
298	Nicaraguan, glasig, hart	—	1882	9,94	11,73	2,29	72,75	1,71	1,58	13,02	80,70	2,08	

[1]) Vergl. Anmerkung [4]) S. 432 u. 433.

No.	Nähere Bezeichnung	Gew. von 100 Körn. g	Zeit der Untersuchung	In der ursprünglichen Substanz: Wasser %	Stick-stoff-Substanz %	Fett %	Stickstoff-freie Extraktstoffe %	Roh-faser %	Asche %	In der Trocken-Substanz: Stick-stoff-Substanz %	Stickstoff-freie Extraktstoffe %	Stickstoff in der Trocken-Substanz %	Analytiker
	Provinces.												
299	Saskatchiwan, roth, hart	3,11	1883	8,85	15,58	—	—	—	1,92	17,11	—	2,74	*Clifford Richardson*[1]
300	Manitoba, roth, hart .	3,46	„	7,84	13,48	—	—	—	1,33	14,63	—	2,34	
	Colorado.												
301	Blount's Hybrid No. 18	—	1881	9,74	12,94	1,58	71,95	1,60	2,19	14,34	79,71	2,29	
302	desgl., No. 19 . . .	—	„	10,45	12,44	2,19	70,59	1,79	2,54	13,90	78,81	2,22	
303	desgl., No. 20, roth .	—	„	10,57	12,25	2,32	69,62	1,67	3,57	13,70	77,85	2,19	
304	New South Wales Seed, gelb, mittel	4,66	„	9,47	12,62	2,40	71,78	1,55	2,18	13,95	79,28	2,23	
305	El Dorado, gelb, hart .	4,70	„	10,55	11,75	2,43	71,93	1,10	2,24	13,14	80,41	2,10	
306	Russian, roth, weich .	4,13	„	9,55	14,49	2,62	69,86	1,49	1,99	16,03	77,22	2,56	
307	Imperial Fife, gelb, hart	4,15	„	9,48	15,94	2,31	68,00	1,63	2,64	17,61	75,12	2,82	
308	Clawson, gelb, weich .	4,57	„	10,14	11,75	2,31	72,26	1,60	1,94	13,08	80,41	2,09	
309	Doty, roth, weich . .	4,37	„	9,41	14,00	2,50	69,94	1,80	2,35	15,46	77,20	2,47	
310	Mc. Gehee's Red, roth, hart	4,16	1882	7,85	14,00	1,97	72,53	1,80	1,85	15,19	78,71	2,43	
311	Finley, roth, hart . .	4,13	„	9,30	12,60	2,36	72,16	1,73	1,85	13,90	79,55	2,22	
312	Champion Amber, bernsteingelb, hart . . .	4,35	„	8,20	11,90	2,47	73,68	1,55	2,21	12,96	80,25	2,07	
313	Dallas, roth, hart . .	4,67	„	10,05	14,53	2,46	69,38	1,73	1,85	16,16	77,12	2,59	
314	Bennet, roth, hart . .	3,98	„	7,85	13,65	2,58	71,67	2,05	2,20	14,81	77,78	2,37	
315	Lemon, roth, hart . .	4,33	„	8,45	12,43	2,14	73,25	1,68	2,05	13,57	80,01	2,17	
316	Gold Medal, roth, hart	4,38	„	9,25	12,25	2,26	72,71	1,73	1,80	13,50	80,12	2,16	
317	German Amber, bernsteingelb, mittel . .	4,03	„	8,80	12,43	2,42	72,80	1,75	1,80	13,62	79,82	2,18	
318	Rice, roth, hart . . .	4,10	„	8,50	14,18	2,39	70,86	1,97	2,10	15,50	77,44	2,48	
319	Washington Glass, roth, hart	4,45	„	8,60	11,55	2,41	74,31	1,18	1,95	12,64	81,30	2,02	
320	Swamp, roth, hart . .	4,42	„	10,15	14,35	2,29	69,31	1,85	2,05	15,97	77,13	2,56	
321	Wysor, roth, hart . .	4,61	„	8,55	12,60	2,20	72,27	2,13	2,25	13,77	79,07	2,20	
322	White Chili, gelb, weich	3,50	—	8,23	9,80	—	—	—	1,99	10,68	—	1,71	
323	Colorado Red Chaff, bernsteingelb, mittel .	3,48	—	9,16	9,80	—	—	—	2,01	10,79	—	1,73	
324	No. 6 El Dorado, gelb, hart	4,22	1883	9,53	9,80	—	—	—	1,95	10,83	—	1,73	
325	No. 8 Defiance, gelb, weich	3,77	„	9,79	10,68	—	—	—	1,74	11,84	—	1,89	
326	Blount's Hybrid No. 9	4,50	„	9,53	10,50	—	—	—	1,97	11,60	—	1,86	
327	Russian, roth, hart . .	3,81	„	8,15	12,25	—	—	—	2,07	13,34	—	2,13	
328	Blount's Hybrid No. 18, blassgelb, hart . . .	3,35	„	9,16	11,03	—	—	—	2,10	12,14	—	1,94	
329	desgl. No. 19, gelb, weich	3,44	„	9,47	9,98	—	—	—	1,96	11,03	—	1,76	

[1]) Vergl. Anmerkung [4]) S. 432 u. 433.

No.	Nähere Bezeichnung	Gew. von 100 Körn. g	Zeit der Untersuchung	In der ursprünglichen Substanz: Wasser %	Stickstoff-Substanz %	Fett %	Stickstofffreie Extraktstoffe %	Rohfaser %	Asche %	In der Trocken-Substanz: Stickstoff-Substanz %	Stickstofffreie Extraktstoffe %	Stickstoff in der Trocken-Substanz %	Analytiker
330	Blount's Hybrid No. 21, bernsteingelb, weich	3,54	1883	9,51	10,85	—	—	—	1,89	11,99	—	1,92	Clifford Richardson[1])
331	desgl. No. 23, gelb, weich	3,94	„	9,09	10,50	—	—	—	2,31	11,55	—	1,85	
332	desgl. No. 24, gelb, weich	3,00	„	9,58	9,80	—	—	—	2,07	10,84	—	1,73	
333	desgl. No. 25, gelb, mittel	3,87	„	9,30	10,85	—	—	—	2,14	11,97	—	1,92	
334	desgl. No. 27, gelb, mittel	2,64	„	9,46	8,93	—	—	—	1,98	9,86	—	1,58	
335	desgl. No. 29, gelb, hart	3,00	„	9,33	9,10	—	—	—	1,91	10,04	—	1,61	
336	desgl. No. 30, gelb, mittel	2,90	„	9,70	9,28	—	—	—	1,81	10,27	—	1,64	
337	desgl. No. 31, gelb, mittel	3,32	„	10,40	9,10	—	—	—	2,19	11,16	—	1,79	
338	desgl. No. 36, bernsteingelb, hart	3,22	„	9,08	10,68	—	—	—	2,00	11,74	—	1,88	
339	Prossoe, 3. Ernte, gelb, weich	4,28	„	8,85	13,30	—	—	—	2,38	14,59	—	2,33	
340	desgl.	4,65	1882	9,62	12,08	—	—	—	2,52	13,36	—	2,14	
341	Winnipeg Russian, 1. Ernte, bernsteingelb, mittel .	3,44	„	8,92	12,78	—	—	—	2,31	14,03	—	2,24	
342	desgl., 2. Ernte, bernsteingelb, weich . .	3,99	1883	9,68	12,25	—	—	—	2,14	13,56	—	2,17	
343	Oregon Club, gelb, weich	4,43	1881	9,59	12,25	2,19	72,46	1,60	1,91	13,55	80,55	2,17	
344	desgl.	3,71	1883	8,75	11,38	—	—	—	2,10	12,47	—	2,00	
345	desgl., bernsteingelb .	3,65	1884	6,93	11,20	2,13	75,58	2,18	1,98	12,03	81,21	1,92	
346	Australian, Hard, gelb, weich	5,51	1881	9,78	11,19	2,23	73,50	1,45	1,85	12,40	81,47	1,98	
347	desgl., bernsteingelb .	4,04	1884	7,46	11,73	1,95	74,76	2,05	2,05	12,68	80,77	2,03	
348	Sonora, gelb, weich .	4,74	1881	10,17	14,18	2,13	70,10	1,40	2,02	15,78	78,04	2,52	
349	desgl.	3,62	1883	9,12	12,78	—	—	—	1,96	14,06	—	2,25	
350	desgl.	3,83	1884	7,31	12,25	2,27	74,64	1,63	1,90	13,22	80,52	2,12	
351	White Mexican, gelb .	—	1881	9,91	13,81	1,89	70,27	1,52	2,60	15,33	78,99	2,45	
352	desgl.	4,44	1883	8,35	11,90	—	—	—	2,20	12,98	—	2,08	
353	desgl.	4,89	1884	7,27	11,55	1,94	75,69	1,50	2,05	12,45	81,63	1,99	
354	Improved Fife, bst.-gelb	3,78	1883	9,28	13,83	—	—	—	2,04	15,24	—	2,44	
355	desgl.	3,67	1884	8,72	14,18	2,24	71,18	1,90	1,87	15,52	77,89	2,48	
356	Rio Grande, roth, weich	5,91	1881	9,51	14,69	2,96	68,97	1,79	2,08	16,23	76,22	2,60	
357	desgl.	4,16	1883	8,89	12,35	—	—	—	2,03	14,23	—	2,28	
358	desgl., bernsteingelb .	4,74	1884	8,74	12,43	2,49	72,92	1,90	1,52	13,62	79,86	2,18	
359	Judkin, roth, hart . .	—	1881	9,75	12,25	2,42	71,31	1,70	2,57	13,57	79,02	2,17	
360	desgl., bernsteingelb .	3,76	1883	9,13	11,55	—	—	—	1,91	12,71	—	2,03	
361	desgl., dunkelbernsteingelb	3,92	1884	7,63	12,25	2,97	74,06	1,85	1,94	13,27	80,17	2,09	
362	Lost Nation, roth, mittel	3,85	1881	10,24	12,93	2,99	69,93	1,74	2,17	14,40	78.00	2,30	
363	desgl., bernsteingelb .	3,74	1883	9,93	11,55	—	—	—	1,87	12,82	—	2,05	
364	desgl.	4,15	1884	7,29	12,08	2,25	75,40	1,45	1,53	13,03	81,34	2,08	

[1]) Vergl. Anmerkung [4]) S. 432 u. 433.

No.	Nähere Bezeichnung	Gew. von 100 Körn. g	Zeit der Untersuchung	In der ursprünglichen Substanz: Wasser %	Stick-stoff-Substanz %	Fett %	Stickstoff-freie Ex-traktstoffe %	Roh-faser %	Asche %	In der Trocken-Substanz: Stick-stoff-Substanz %	Stickstoff-freie Ex-traktstoffe %	Stickstoff in der Trocken-Substanz %	Analytiker
365	Touzelle, gelb, mittel .	5,21	1881	10,23	13,50	2,35	70,17	1,65	2,10	15,05	78,15	2,41	*Clifford Richardson*[1])
366	desgl.	4,25	1883	10,73	13,30	—	—	—	2,12	14,90	—	2,38	
367	desgl., hellbernsteingelb	4,30	1884	6,98	14,18	1,94	73,63	1,48	1,79	15,24	79,16	2,44	
368	Australian, Club, gelb .	4,42	1893	8,97	11,03	—	—	—	1,97	12,12	—	1,92	
369	desgl., gemischt . . .	4,54	1884	7,16	11,55	1,98	76,97	1,18	1,16	12,44	82,91	1,99	
370	Pringles No. 6, gelb, mittel	5,15	1881	9,89	13,13	2,52	70,63	1,70	2,12	14,57	78,39	2,33	
371	desgl.	4,65	1883	9,30	13,65	—	—	—	2,08	15,06	—	2,41	
372	Pringles No. 7, bernsteingelb, hart . .	4,64	1881	9,89	15,25	2,20	68,65	1,78	2,23	16,93	76,17	2,71	
373	desgl., gelb	3,97	1883	9,15	12,08	—	—	—	2,05	13,30	—	2,11	
374	Centennial, gelb . . .	—	1881	9,96	12,06	2,00	72,83	1,10	2,35	13,35	80,62	2,14	
375	desgl., gelb	5,88	1883	8,60	11,55	—	—	—	2,10	12,64	—	2,02	
376	Hedge Row, white Chaff, gelb, mittel	4,07	1881	9,07	13,62	2,11	71,50	1,62	2,08	14,98	79,41	2,40	
377	desgl.	2,84	1883	9,16	11,73	—	—	—	2,02	12,91	—	2,07	
378	desgl., gelb	3,17	1884	5,95	9,98	2,43	78,85	1,29	1,50	10,61	83,85	1,70	
379	Hybrid No. 10, bernsteingelb, hart . .	—	1881	9,72	13,75	2,16	70,77	1,32	2,28	15,24	78,38	2,44	
380	desgl., gelb	5,02	1883	8,68	11,03	—	—	—	2,26	12,08	—	1,93	
381	desgl., bernsteingelb .	4,69	1884	9,57	9,45	1,78	78,60	1,85	1,75	10,45	83,59	1,67	
382	Hybrid No. 13, roth .	3,70	1883	10,27	10,68	—	—	—	2,10	11,90	—	1,90	
383	desgl., bernsteingelb .	3,17	1884	7,13	12,95	2,59	74,07	1,48	1,78	13,95	79,75	2,23	
384	Hybrid No. 15, roth, hart	—	1881	10,07	12,25	2,68	71,50	1,57	1,93	13,62	79,50	2,18	
385	desgl.	3,57	1883	8,87	11,73	—	—	—	2,03	12,87	—	2,06	
386	desgl., gelb	3,20	1884	8,19	12,08	2,32	74,23	1,43	1,75	13,16	80,84	2,11	
387	Hybrid No. 16, roth, mitt.	4,82	1881	9,53	11,75	2,54	72,52	1,62	2,04	12,98	80,17	2,08	
388	desgl., bernsteingelb .	5,04	1883	8,70	11,03	—	—	—	2,13	12,08	—	1,93	
389	desgl., gemischt . . .	4,11	1884	7,04	11,38	2,27	75,78	1,58	1,95	12,24	81,52	1,96	
390	Hybrid No. 17, bernsteingelb, hart . . .	5,14	1881	9,93	13,62	3,93	68,86	1,59	2,07	15,12	76,46	2,42	
391	desgl., roth	4,82	1883	8,90	14,35	—	—	—	2,23	15,76	—	2,52	
392	desgl.	4,74	1884	7,00	12,25	2,55	75,45	1,15	1,60	13,17	81,14	2,11	
393	Fountain, gelb, hart .	5,10	1881	10,58	13,62	2,15	69,63	1,32	2,70	15,23	77,87	2,44	
394	desgl.	4,19	1883	8,27	11,90	—	—	—	2,14	12,97	—	2,08	
395	White Chaff, roth, weich	4,21	1881	9,57	14,04	2,44	69,64	2,18	2,03	15,53	77,10	2,48	
396	desgl.	3,25	1883	7,95	12,08	—	—	—	2,05	13,12	—	2,10	
397	Perfection, gelb, hart .	5,54	1881	9,93	14,18	2,32	70,03	1,55	1,99	15,74	77,74	2,52	
398	desgl.	5,03	1883	10,29	12,95	—	—	—	2,08	14,44	—	2,31	
399	German Fife, roth, weich	5,27	1881	10,42	15,06	2,79	67,94	1,48	2,31	16,81	75,85	2,69	
400	desgl., bernsteingelb .	4,55	1883	10,05	12,60	—	—	—	2,28	14,01	—	2,24	

[1]) Vergl. Anmerkung [4]) S. 432 u. 433.

No.	Nähere Bezeichnung	Gew. von 100 Körn. g	Zeit der Untersuchung	In der ursprünglichen Substanz: Wasser %	Stick-stoff-Substanz %	Fett %	Stickstoff-freie Extraktstoffe %	Roh-faser %	Asche %	In der Trocken-Substanz: Stick-stoff-Substanz %	Stickstoff-freie Extraktstoffe %	Stickstoff in der Trocken-Substanz %	Analytiker
401	Triticum, gelb, hart .	5,75	1881	10,02	13,62	2,65	69,53	1,51	2,67	15,13	77,25	2,42	Clifford Richardson[1])
402	desgl.	4,86	1883	8,98	14,00	—	—	—	2,02	15,39	—	2,46	
403	Russian durum, bernsteingelb, hart . . .	5,92	1881	9,91	15,25	2,00	68,98	1,54	2,32	16,93	76,56	2,71	
404	desgl., gelb	4,76	1883	8,70	14,35	—	—	—	2,10	15,71	—	2,51	
405	Meckin's, roth, weich .	5,19	1881	9,38	15,15	2,97	68,38	1,59	2,53	16,73	75,44	2,68	
406	desgl.	4,41	1883	10,15	13,48	—	—	—	2,05	15,00	—	2,40	
407	Hybrid No. 26, gelb .	3,99	1883	9,40	14,38	—	—	—	2,20	15,88	—	2,54	
408	desgl., hellbernsteingelb	5 34	1884	8,12	12,08	2,01	74,39	1,45	1,95	13,14	80,97	2,10	
409	Hybrid No. 28, gelb .	3,83	1883	9,32	9,98	—	—	—	2,28	11,01	—	1,76	
410	desgl., dunkelgelb . .	4,68	1884	9,15	11,20	2,32	73,43	1,80	2,10	12,33	80,83	1,97	
411	Hybrid No. 33, gelb .	2,72	1883	10,15	8,93	—	—	—	1,87	9,94	—	1,59	
412	desgl., dunkelgelb . .	3,59	1884	8,00	9,80	2,31	76,30	1,75	1,84	10,65	82,94	1,70	
413	Hybrid No. 34, bst.-gelb	5,18	1883	8,82	12,60	—	—	—	2,43	13,82	—	2,21	
414	desgl., bst.-gelb, glasig	6,62	1884	8,42	12,08	1,99	73,31	1,95	2,25	13,19	80,05	2,11	
415	Hybrid No. 35, gelb .	3,06	1883	9,37	10,50	—	—	—	2,27	11,59	—	1,85	
416	desgl.	3,80	1884	7,53	10,50	2,42	76,57	1,48	1,50	11,35	82,81	1,82	
417	Hick's Prolific, bernsteingelb	2,88	1883	9,21	10,33	—	—	—	2,04	11,38	—	1,82	
418	desgl., roth	3,89	1884	6,88	12,78	2,10	75,04	1,75	1,45	13,73	80,57	2,20	
419	Geiger, gelb	4,06	1883	9,92	14,33	—	—	—	2,20	15,91	—	2,55	
420	desgl., bernsteingelb .	4,24	1884	6,23	13,13	2,25	74,81	1,58	2,00	14,00	79,79	2,24	
421	Hybrid No. 37, gelb .	3,56	1883	10,72	11,90	—	—	—	2,44	13,23	—	2,12	
422	desgl.	3,85	1884	6,08	12,20	2,58	75,26	1,78	2,05	12,99	81,18	2,08	
423	Brook's, bernsteingelb .	3,84	„	6,86	13,13	1,96	74,55	1,88	1,80	14,10	79,84	2,26	
424	Canada-Club, bst.-gelb .	3,76	„	7,85	12,43	2,14	74,11	1,60	1,87	13,49	80,42	2,16	
425	Golden-Globe, bst.-gelb	4,67	„	7,08	13,83	2,67	72,80	1,65	1,97	14,88	78,35	2,38	
426	China Tea, bernsteingelb	5,00	„	7,38	13,13	2,58	74,48	1,25	1,18	14,18	80,41	2,27	
427	Chili, gelb	4,44	„	6,55	11,38	2,02	77,16	1,28	1,61	12,18	82,57	1,90	
428	Egyptian Fife, gelb . .	4,84	„	6,98	12,43	2,11	75,64	1,23	1,61	13,36	81,32	2,14	
429	Saxon Fife, roth . .	3,69	„	6,51	14,35	2.38	73,98	1,50	1,28	15,35	79,12	2,46	
430	Dominion, roth u. gelb	4,11	„	6,26	13,30	2,22	74,84	1,63	1,75	14,19	79,83	2,27	
431	Prussian, dunkelbernsteingelb	3,61	„	7,01	10,15	1,22	76,61	2,10	1,91	10,91	83,47	1,75	
432	Pringle, hellbernst.-gelb	4,30	„	6,97	11,90	2,24	75,09	1,95	1,85	12,79	80,71	2,05	
433	Italian, roth und gelb	5,02	„	6,92	11,90	2,17	75,50	1,60	1,91	12,78	81,12	2,04	
434	Nox No. 1, gelb . .	3,98	„	6,35	11,55	2,08	77,07	1,33	1,62	12,34	82,29	1,97	
435	Andriola Amber, roth und bernsteingelb . .	3,79	„	8,07	14,18	2,61	71,64	1,60	1,90	15,43	77,92	2,47	
436	Red Clawson, dunkelbernsteingelb . . .	3,66	„	7,51	12,78	2,19	74,06	1,61	1,85	13,82	80,07	2,21	

[1]) Vergl. Anmerkung [4]) S. 432 u. 433.

No.	Nähere Bezeichnung	Gew. von 100 Körn. g	Zeit der Untersuchung	In der ursprünglichen Substanz: Wasser %	Stick-stoff-Substanz %	Fett %	Stickstoff-freie Extraktstoffe %	Roh-faser %	Asche %	In der Trocken-Substanz: Stick-stoff-Substanz %	Stickstoff-freie Extraktstoffe %	Stickstoff in der Trocken-Substanz %	Analytiker
437	Big Mary, dunkelgelb	4,71	1884	7,16	11,20	2,09	75,87	1,63	2,05	12,06	81,72	1,93	Clifford Richardson[1])
438	Casaca, roth	3,30	"	8,65	11,73	2,55	73,25	1,68	2,10	12,84	80,23	2,05	
439	Monmouth, hellroth	4,83	"	8,24	12,78	2,68	72,70	1,55	2,05	13,37	79,79	2,14	
440	Vermillion, roth	3,50	"	7,84	14,70	2,34	71,49	1,63	2,00	15,95	77,57	2,55	
441	Edenton Fife, roth	4,01	"	9,33	13,30	2,50	71,30	1,64	1,93	14,67	78,62	2,35	
442	Nox 2, gelb	4,17	"	7,52	11,38	2,16	75,34	1,30	2,30	12,30	81,66	1,97	
443	Nox 4, hellroth	4,67	"	8,13	11,90	2,51	74,51	1,30	1,65	12,95	81,11	2,07	
444	Nox 3, bernsteingelb, glasig und zusammengeschrumpft	5,50	"	8,43	14,53	2,80	70,79	1,40	2,05	15,87	77,30	2,52	
445	Nox 5, gelb	4,24	"	8,48	12,25	2,21	74,31	1,30	1,45	13,38	81,21	2,14	
446	Pringle No. 17, gelb	4,17	"	7,94	12,60	2,73	73,03	1,70	2,00	13,68	79,34	2,19	
447	Wales, hellgelb	5,07	"	7,74	10,85	1,97	76,39	1,55	1,50	11,76	82,79	1,88	
448	Northcotes Improved, gelb	3,57	"	7,66	10,50	1,34	75,62	1,93	1,95	11,37	82,98	1,82	
449	Northcotes Amber, hellroth	4,12	"	7,46	10,85	2,38	76,01	1,25	2,05	11,73	82,13	1,88	
450	Black Chaff, roth	3,42	"	8,28	11,20	2,03	75,54	1,35	1,60	12,21	82,37	1,95	
451	Hebron, gelb	3,50	"	7,69	14,00	1,90	72,96	1,35	2,10	15,16	79,05	2,43	
452	Nebraska, bernsteingelb	4,44	"	7,08	13,83	2,10	72,86	1,98	2,15	14,88	78,42	2,38	
453	White Nord Carolina, hellroth	4,40	"	6,90	13,13	2,52	74,20	1,75	1,50	14,10	79,70	2,26	
454	Kivet, tiefgelb	4,22	"	7,18	14,00	2,35	72,57	1,95	1,95	15,08	77,19	2,41	
455	Baltimore, hellroth	5,06	"	7,06	12,60	2,29	74,45	1,55	2,05	13,56	80,20	2,17	
456	Davis, hellroth	4,22	"	7,12	14,88	1,96	72,71	1,38	1,95	16,03	78,27	2,56	
457	Wintergreen, bst.-gelb	3,93	"	7,11	13,13	1,95	74,91	1,38	1,35	14,14	80,82	2,26	
458	Sea Island, roth	3,42	"	6,77	12,43	2,07	75,75	1,58	1,40	13,34	81,24	2,13	
459	Edenton, bernsteingelb	5,18	"	7,69	12,60	2,56	74,25	1,85	1,65	13,65	79,79	2,18	
460	Winnipeg Russian, hellroth	4,12	"	9,17	12,08	2,52	72,25	1,83	2,15	13,30	79,55	2,13	
461	Manitoba, roth	3,58	"	8,09	12,25	3,36	73,45	1,80	2,05	13,33	78,82	2,13	
462	Winnipeg, tiefgelb, glas.	5,56	"	7,39	14,18	2,84	71,81	1,78	2,00	15,31	77,54	2,45	
463	Hallet's Pedigree, gelb	3,88	"	8,31	12,08	2,63	—	1,95	—	13,18	—	2,11	
464	China No. 2, bst.-gelb	3,18	"	8,94	15,05	2,20	69,71	1,75	2,35	16,52	76,56	2,64	
465	Mo Turkey	4,00	"	—	12,25	—	—	1,32	—	—	—	—	
466	Mo Mediterranean, hellroth	4,48	"	8,68	14,00	2,21	71,21	1,75	2,15	15,33	77,98	2,45	
467	Scottish Fife, roth	3,44	"	8,13	14,00	2,50	71,67	1,80	1,90	15,23	78,13	2,44	
468	Rye, dunkel- u. hellroth	4,76	"	7,96	13,30	2,04	73,03	1,72	1,95	14,44	79,35	2,31	
469	Sandomirka, dunkelroth	4,06	"	7,54	12,95	2,36	73,25	1,90	2,00	14,01	80,22	2,24	
470	Hopetown, bernsteingelb	4,50	"	8,97	13,30	2,17	72,53	2,08	0,95	14,62	79,67	2,34	

[1]) Vergl. Anmerkung [4]) S. 432 u. 433.

No.	Nähere Bezeichnung	Gew. von 100 Körn. g	Zeit der Untersuchung	In der ursprünglichen Substanz: Wasser %	Stickstoff-Substanz %	Fett %	Stickstofffreie Extraktstoffe %	Rohfaser %	Asche %	In der Trocken-Substanz: Stickstoff-Substanz %	Stickstofffreie Extraktstoffe %	Stickstoff in der Trocken-Substanz %	Analytiker
	Oregon.												
471	Hudson Bay	4,25	1882	10,97	8,58	2,31	74,51	1,88	1,75	9,64	83,69	1,54	*Clifford Richardson* [1]
472	Velvet Chaff, weiss . .	5,14	„	10,92	8,05	1,80	75,60	1,68	1,95	9,44	84,52	1,51	
	Utah.												
473	Red Taos, gelb, weich, 1875-er Ernte . . .	4,08	1883	9,27	10,50	—	—	—	1,93	11,57	—	1,85	
474	Leran, gelb, weich, 1875-er Ernte . . .	3,70	„	9,07	9,80	—	—	—	2,53	10,78	—	1,72	
	New-Mexiko.												
475	Taos, gelb, weich, 1882-er Ernte	3,19	„	9,50	11,73	—	—	—	2,10	12,96	—	2,07	
476	German, gelb, 1875-er Ernte	3,96	„	9,10	9,28	—	—	—	1,77	10,21	—	1,63	
477	Propo, gelb, weich, 1875-er Ernte . . .	3,62	„	11,37	12,08	—	—	—	1,87	13,64	—	2,18	
478	Sonora, gelb, weich, 1875-er Ernte . . .	3,32	„	11,40	10,15	—	—	—	2,02	11,46	—	1,83	
479	Nonpareil, gelb, weich, 1875-er Ernte . . .	5,18	„	11,82	11,20	—	—	—	1,79	12,70	—	2,03	
480	Pride of Butte, gelb, weich, 1875-er Ernte	3,44	„	11,18	9,98	—	—	—	1,90	11,24	—	1,80	
481	Nonpareil, gelb, weich, 1875-er Ernte . . .	3,91	„	10,82	12,78	—	—	—	1,93	14,33	—	2,29	
482	White Chili, gelb, weich, 1875-er Ernte . . .	4,16	„	10,47	11,90	—	—	—	1,95	13,29	—	2,13	
483	White Australian, gelb, weich, 1875-er Ernte	5,04	„	10,38	9,10	—	—	—	2,02	10,54	—	1,69	
484	Jones, gelb, weich, 1875-er Ernte . . .	3,61	„	10,16	9,45	—	—	—	1,68	10,52	—	1,68	
485	Fultz, roth, hart, 1875-er Ernte	3,10	„	10,20	12,25	—	—	—	1,49	13,65	—	2,18	
486	White Colorado, gelb, weich, 1875-er Ernte	3,54	„	9,53	10,50	—	—	—	1,97	11,60	—	1,86	
	Washington Territory.												
487	Walla Walla, weiss, weich, 1883-er Ernte	2,58	„	10,13	7,70	—	—	—	1,95	8,57	—	1,37	
488	Tappahanock, gelb, glasig, 1871-er Ernte .	4,73	„	9,65	8,75	—	—	—	2,02	9,69	—	1,55	
	Weizenanalysen anderen Ursprungs als dem des Departement of Agriculture.												
489	White Winter, New-York . .		—	13,07	10,63	1,65	71,23	1,79	1,63	12,22	81,95	2,96	*Brewer* [2]
490	Red Winter, New-York . . .		—	13,30	13,60	1,59	68,08	1,73	1,70	15,69	78,52	2,51	

[1]) Vergl. Anmerkung [4]) S. 432 u. 433.

[2]) Vergl. Anmerkung [1]) S. 448.

No.	Nähere Bezeichnung	Zeit der Untersuchung	In der ursprünglichen Substanz: Wasser %	Stickstoff-Substanz %	Fett %	Stickstofffreie Extraktstoffe %	Rohfaser %	Asche %	In der Trocken-Substanz: Stickstoff-Substanz %	Stickstofffreie Extraktstoffe %	Stickstoff in der Trocken-Substanz %	Analytiker
491	From limestone land, New-Jersey	—	13,30	11,39	1,70	69,62	1,90	2,09	13,13	80,31	2,10	Brewer [1])
492	From gray rock, gravel soil, New-Jersey	—	13,67	12,50	1,74	68,34	1,93	1,82	14,48	79,17	2,32	Brewer [1])
493	No. 1, white winter, Michigan	—	12,89	11,06	1,56	70,74	1,90	1,85	12,70	81,21	2,03	Brewer [1])
494	Fultz, Wisconsin	—	12,34	11,09	1,62	71,30	1,76	1,89	12,65	81,33	2,02	Brewer [1])
495	Macaroni, California	1879	10,70	13,76	1,46	70,21	1,90	1,97	15,41	78,61	2,47	Brewer [1])
496	Macaroni, California	„	10,93	12,84	1,63	71,40	1,75	1,45	14,42	80,15	2,31	Brewer [1])
497	White Club, California	„	11,23	8,25	1,67	74,78	2,14	1,93	9,29	84,25	1,49	Brewer [1])
498	No. 1, San Francisco Produce Exchange California	„	11,03	9,69	1,77	73,58	2,15	1,78	10,86	82,74	1,74	Brewer [1])
499	Aus Neuschottland, Canada	1872	13,20	16,88	—	—	—	—	19,44	—	3,11	Ritthausen [2])
	Weizen aus Weiser (Idaho):											
500	Kleiner Bartweizen	1889	14,55	14,35	2,45	64,45	1,20	3,00	16,79	75,42	2,69	H. W. Wiley [3])
501	„ Weizen ohne Bart	„	12,59	11,20	2,25	70,26	1,40	2,30	12,81	80,39	2,05	H. W. Wiley [3])
502	„ rauher Weiz. „ „	„	14,04	12,51	2,00	63,39	1,48	2,58	14,54	73,74	2,33	H. W. Wiley [3])
503	Grosser Weizen „ „	„	12,85	12,34	2,25	69,09	1,16	2,31	14,16	79,28	2,27	H. W. Wiley [3])
504	Mittel mehrerer Analysen	1882/86	10,27	14,31	2,16	71,95	1,80	1,84	15,95	80,19	2,55	H. W. Wiley [4])
	Mittel der Analysen von Winterweizen aus Nordamerika	—	**13,37** *)	**11,61**	**2,07**	**69,46**	**1,70**	**1,79**	**13,40**	**80,15**	**2,14**	
	Schwankungen der Analysen von Winterweizen aus Nordamerika	—	(5,95-) 14,55	7,42—16,84	1,13-3,78	63,66-75,07	0,41-2,99	0,78—3,46	8,57—19,44	73,47—86,66	1,19—3,11	

b. Amerikanischer Sommerweizen.

No.	Nähere Bezeichnung	Zeit der Untersuchung	Wasser %	Stickstoff-Substanz %	Fett %	Stickstofffreie Extraktstoffe %	Rohfaser %	Asche %	Trocken: Stickstoff-Substanz %	Stickstofffreie Extraktstoffe %	Stickstoff in der Trocken-Substanz %	Analytiker
1	Canada, Ontario-Improved Fife	1878	8,50	14,70	2,56	71,15	1,62	1,47	16,07	77,75	2,64	P. Collier [5])
2	New-York-Champlain	„	8,79	15,40	2,55	69,72	1,49	2,05	16,89	76,43	2,70	P. Collier [5])
3	New-York-Defiance	„	8,12	14,00	2,49	71,78	2,04	1,57	15,23	78,13	2,44	P. Collier [5])
4	Oregon-Chili Club	„	7,90	8,14	2,33	78,66	1,41	1,56	8,83	85,42	1,41	P. Collier [5])
5	Oregon-Noah, Island	„	9,64	9,20	2,06	75,18	1,92	2,00	10,84	82,55	1,73	P. Collier [5])
6	Oregon-Red Chaff	1882	10,68	8,40	2,16	74,91	1,65	2,20	9,40	83,87	1,50	Clifford Richardson [6])
7	Georgia-Spring, hart	„	10,92	11,20	2,40	71,55	2,13	1,80	12,58	80,31	2,01	Clifford Richardson [6])

[1]) Nach Cliff. Richardson's second report: The composition of american wheat etc., 27. Tenth Census of the United States, Vol. III. Statistics of Agriculture, 414.

[2]) H. Ritthausen, Die Eiweissstoffe der Getreidearten. Bonn 1872.

[3]) Jahresbericht des „Departement of Agriculture" für das Jahr 1889, 190.

	No. 500	501	502	503
100 Körner wogen	3,160 g	3,360 g	3,405 g	3,000 g

[4]) Milchztg. 1892, **21**, 121.

[5]) Ann. Rep. of the Commissioner of Agriculture for 1878, 146. An näheren Bestandtheilen wurden ferner bestimmt:

	In Procenten der lufttrocknen Körner No. 1	2	3	4	5	In Procenten der trocknen Körner No. 1	2	3	4	5
Zucker	3,37	3,61	3,50	4,07	3,30	3,68	3,96	3,81	4,42	3,67
Gummi	2,46	2,12	2,27	4,45	2,14	2,69	2,32	2,47	4,83	2,37
Stärke	65,32	63,99	66,01	70,14	69,14	71,38	70,15	71,85	76,17	76,51
In Alkohol lösliches Eiweiss	4,69	4,45	4,10	2,73	2,74	5,13	4,88	4,46	2,96	3,03

[6]) Vergl. Anmerkung [1]) S. 449.

*) Nach dem Mittel von 428 Analysen von Weizen verschiedener Länder angenommen. Vergl. die Anmerkungen **) u. ***) auf S. 415; der wirkliche mittlere Wassergehalt der vorstehenden Analysen berechnet sich zu 9,95 %.

No.	Nähere Bezeichnung	Gew. v. 100 K. g	Zeit der Untersuchung	In der ursprünglichen Substanz: Wasser %	Stick-stoff-Substanz %	Fett %	Stickstoff-freie Extraktstoffe %	Roh-faser %	Asche %	In der Trocken-Substanz: Stick-stoff-Substanz %	Stickstoff-freie Extraktstoffe %	Stickstoff in der Trocken-Substanz %	Analytiker
8	Dakota: Scotch Fife, hart (Hard Spring wheat, 1883-er, Rothe, dicke, harte Körner)		1882	10,08	14,35	2,25	69,69	1,83	1,80	15,96	77,51	2,55	Clifford Richardson[1]
9	Dakota: Cass County . .		1883	8,89	16,10	—	—	—	1,89	17,78	—	2,84	
10	Dakota: desgl.		„	7,71	16,10	—	—	—	1,95	17,45	—	2,79	
11	Dakota: desgl.		„	7,67	14,53	—	—	—	2,10	15,74	—	2,52	
12	Dakota: desgl.		„	7,73	15,23	—	—	—	1,91	16,51	—	2,64	
13	Dakota: desgl.		„	8,48	17,33	—	—	—	1,76	18,94	—	3,03	
14	Dakota: desgl.		„	8,47	14,00	—	—	—	1,96	15,30	—	2,45	
15	Dakota: desgl.		„	8,56	14,35	—	—	—	2,07	15,73	—	2,52	
16	Dakota: La Moure County		„	8,07	16,28	—	—	—	1,99	17,71	—	2,83	
17	Dakota: desgl.		„	9,57	18,03	—	—	—	1,89	19,94	—	3,19	
18	Dakota: Pembina . . .		„	9,92	12,43	—	—	—	1,84	13,80	—	2,21	
19	Minnesota: Wheat, No. 1, rothe, dicke, harte Körner . .		„	9,56	14,18	—	—	—	1,91	15,68	—	2,51	
20	Minnesota: Polk County, Scotch Fife, rothe, mittelharte Körner		„	8,31	14,35	—	—	—	2,05	15,66	—	2,51	
21	Minnesota: desgl., rothe, dicke, harte Körner		„	8,05	13,83	—	—	—	1,93	15,03	—	2,40	
22	Minnesota: Hard Spring, Saatweizen rothe, feine, harte Körn.		„	8,11	15,23	—	—	—	1,76	16,57	—	2,65	
23	Colorado: Hedge Row, Red Chaff, hrt.		1881	9,17	12,94	2,09	71,88	1,33	2,59	13,65	79,74	2,18	
24	Colorado: — —		1883	9,18	12,95	—	—	—	2,19	14,26	—	2,28	
25	Colorado: Mediterranean Spring . .		1884	7,53	13,30	2,61	73,27	1,60	1,69	14,38	79,24	2,30	
26	Colorado: China Spring		„	6,39	14,00	2,49	74,24	1,65	1,23	14,95	79,32	2,39	
27	Colorado: Russian Spring		„	8,41	13,48	2,36	72,01	1,79	1,95	14,72	78,62	2,36	
28	Colorado: desgl.		1883	9,68	12,25	—	—	—	2,14	13,56	—	2,17	
29	Colorado: desgl.		1882	8,92	12,78	—	—	—	2,31	14,03	—	2,24	
30	Red Mediterranean, bernsteingelb, hart . . .	3,65	1883	9,50	13,65	—	—	—	2,10	15,08	—	2,41	
31	French Imperial, bernsteingelb, mittel . .	4,59	„	9,55	12,95	—	—	—	1,95	14,32	—	2,29	
32	Rust Proof, bernsteingelb, weich	4,96	„	10,25	12,43	—	—	—	2,10	13,85	—	2,22	
33	Purple Straw, bernsteingelb, weich	3,23	„	11,11	12,60	—	—	—	2,04	14,18	—	2,25	
34	Golden Premium gelb, mittel	3,82	„	9,44	11,38	—	—	—	2,17	12,56	—	2,01	
35	White Mediterranean, gelb, weich	4,18	„	9,69	11,20	—	—	—	2,19	12,40	—	1,98	
36	Amber-bearded, Maine . . .		1880	13,35	11,81	2,00	69,06	1,99	1,79	13,63	79,59	2,18	Brewer[2]
37	Red Mammoth, Wisconsin .		„	12,13	15,13	2,07	66,07	2,30	2,30	17,22	75,14	2,76	

[1]) An Investigation of the composition of american wheat etc. Depart. of Agriculture, Bureau of Chemistry. Bulletins No. 1, 4 u. 9.
Die Weizen No. 30—35 waren aus Winterweizen umgebildete Sommerweizen.

[2]) Vergl. Anmerkung [1]) S. 450.

No.	Nähere Bezeichnung		Zeit der Untersuchung	In der ursprünglichen Substanz: Wasser %	Stick-stoff-Substanz %	Fett %	Stickstoff-freie Extraktstoffe %	Roh-faser %	Asche %	In der Trocken-Substanz: Stick-stoff-Substanz %	Stickstoff-freie Extraktstoffe %	Stickstoff in der Trocken-Substanz %	Analytiker
38	Spring wheat, Minnesota . .		1880	11,13	14,00	—	—	—	1,95	15,75	—	2,52	Brewer [1])
39	Scotch Fife, Dakota		„	12,60	13,50	1,82	68,09	2,01	1,98	15,42	78,30	2,47	
40	desgl.		„	12,90	13,25	1,82	68,33	1,93	1,77	15,21	78,45	2,43	
	Amerikanischer Sommerweizen *)	Mittel	—	**13,37** **)	**12,92**	**2,15**	**67,98**	**1,72**	**1,86**	**14,92**	**78,46**	**2,39**	
		Schwankungen	—	(6,39)-13,35	7,65—17,27	1,81-2,44	65,09-74,00	1,26-2,30	1,13—2,47	8,83—19,94	75,14—85,42	1,41—3,19	

Zusammenstellung für die mittlere Zusammensetzung von amerikanischem Weizen (einschl. Sommerweizen).

		Zahl der Analysen										
1	Canada	6	18 79/80	9,74	10,87	—	—	—	1,56	12,04	—	1,93
2	Pennsylvania	33	„	10,73	11,44	—	—	—	1,70	12,81	—	2,05
3	Maryland	9	„	10,52	11,65	—	—	—	1,75	13,02	—	2,12
4	Virginia	15	„	9,98	12,10	—	—	—	1,84	13,44	—	2,15
5	West-Virginia	2	„	8,55	10,94	—	—	—	2,07	11,96	—	1,91
6	North-Carolina . . .	22	„	10,03	10,43	—	—	—	1,59	11,59	—	1,85
7	Georgia	7	„	10,00	11,78	—	—	—	1,96	13,09	—	2,09
8	Alabama	19	„	10,82	11,29	—	—	—	1,96	12,67	—	2,03
9	Ohio	44	„	10,68	12,83	—	—	—	1,94	14,37	—	2,30
10	Tennessee	15	„	10,24	12,50	—	—	—	1,92	13,93	—	2,23
11	Kentucky	8	„	10,83	13,15	—	—	—	1,75	14,74	—	2,36
12	Michigan	22	„	10,71	11,67	—	—	—	1,64	13,09	—	2,09
13	Missouri	12	„	9,80	11,56	—	—	—	1,92	12,82	—	2,05
14	Arkansas	1	„	9,56	12,95	—	—	—	2,52	14,32	—	2,30
15	Minnesota	13	„	9,96	13,19	—	—	—	1,77	14,65	—	2,35
16	Dakota	12	„	8,84	14,95	—	—	—	1,96	16,20	—	2,59
17	Manitoba	2	„	8,35	14,53	—	—	—	1,63	15,84	—	2,53
18	Kansas	10	„	11,80	11,15	—	—	—	1,64	12,64	—	2,02
19	Texas	19	„	10,03	13,14	—	—	—	1,81	14,60	—	2,02
20	Colorado	106	„	9,73	12,73	—	—	—	2,21	14,10	—	2,26
21	Utah.	2	„	9,17	10,15	—	—	—	2,23	11,17	—	1,79
22	New-Mexico	2	„	9,30	10,50	—	—	—	1,98	11,58	—	1,85
23	California	10	„	10,73	10,94	—	—	—	1,86	12,25	—	1,96
24	Oregon	8	„	9,74	8,60	—	—	—	1,84	9,53	—	1,52
25	Washington Territory .	2	„	9,89	8,23	—	—	—	1,98	9,14	—	1,46
26	Atlantic and Golf States***)	117	„	10,34	11,35	—	—	—	1,77	12,66	—	2,03

[1]) Aus Cliff. Richardson's second report: The composition of american wheat etc., 27. (Tenth Census of the United States, Vol. III, Statistics of Agriculture, 414.)

*) Stickstoff-, Wasser- und Aschengehalt No. 1—40, Fett-, Kohlenhydrate und Holzfasergehalt 16 Analysen.

) Nach dem Mittel von 428 Analysen von Weizen verschiedener Länder angenommen. Vergl. die Anmerkungen **) und *) auf Seite 415; der wirkliche mittlere Wassergehalt nach vorstehenden Zahlen berechnet sich zu 9,36 %.

***) Die Atlantic und Golf-Staaten umfassen die Staaten Canada bis Alabama einschliesslich.

No.	Nähere Bezeichnung	Zahl der Analysen	Zeit der Untersuchung	In der ursprünglichen Substanz: Wasser %	Stick-stoff-Substanz %	Fett %	Stickstoff-freie Extraktstoffe %	Roh-faser %	Asche %	In der Trocken-Substanz: Stick-stoff-Substanz %	Stickstoff-freie Extraktstoffe %	Stickstoff in der Trocken-Substanz %	Analytiker
27	Middle States[1]) . . .	91	$18\frac{79}{80}$	10,61	12,50	—	—	—	1,85	13,99	—	2,25	
28	Western States[1]) . . .	177	„	9,83	12,74	—	—	—	2,06	14,12	—	2,26	
29	Pacific States	20	„	10,25	9,73	—	—	—	1,87	10,83	—	1,73	
30	**United States and British America** .	**407**	„	**10,16**	**12,15**	—	—	—	**1,92**	**13,52**	—	**2,16**	
31	Colorado wheat, nach 6-jährigem Anbau . .	24	1884	7,15	12,44	2,24	74,83	1,64	1,70	13,40	80,59	2,14	
32	desgl., nach 5-jähr. Anbau	7	„	7,19	11,98	2,32	75,27	1,49	1,75	11,98	82,04	1,92	
33	desgl., nach 3-jähr. Anbau	19	„	8,11	12,05	2,34	73,90	1,59	2,01	13,11	80,43	2,10	
34	desgl., nach 2-jähr. Anbau	21	„	7,34	12,90	2,32	73,96	1,67	1,81	13,93	79,81	2,23	
35	desgl., nach 1-jähr. Anbau	7	„	8,37	13,77	2,25	71,90	1,83	1,88	15,02	78,48	2,40	
36	Colorado-Weizen . . .	—	1881	9,86	13,40	2,41	70,48	1,57	2,28	14,86	78,20	2,38	
37	desgl.	—	1882	8,80	13,04	2,38	72,03	1,76	1,99	14,29	78,99	2,29	
38	desgl.	—	1883	9,38	11,74	—	—	—	2,09	12,95	—	2,07	
39	desgl.	—	1884	7,54	12,53	2,29	74,19	1,64	1,81	13,56	80,23	2,17	

Weizen unter dem Einfluss der Düngung.

Winterweizen.

Aeltere Analysen:

Auf die im Jahre 1823 von S. Fr. Hermbstaedt ausgeführten Düngungsversuche (J. S. C. Schweigger's und Fr. W. Schweigger-Seidel's Journ. f. Chemie u. Physik 1826, 46, 278) kann hier nur verwiesen werden.

No.	Nähere Bezeichnung	Zeit der Untersuchung	Wasser %	Stick-stoff-Substanz %	Fett %	Stickstoff-freie Extraktstoffe %	Roh-faser %	Asche %	Trocken-Substanz: Stick-stoff-Substanz %	Stickstoff-freie Extraktstoffe %	Stickstoff in der Trocken-Substanz %	Analytiker
	Old-Lammas-Weizen.											
1	a. Ungedüngt	1845	18,8	11,57	—	—	—	1,57	14,25	—	2,28	*J. B. Lawes u. J. H. Gilbert*[2])
2	b. Ammoniaksalze allein . .	„	20,0	11,15	—	—	—	1,51	13,94	—	2,23	
3	c. Mineral- und Ammoniaksalze	„	19,1	—	—	—	—	1,61	—	—	—	
4	a. Ungedüngt	1846	16,0	11,08	—	—	—	1,71	13,19	—	2,11	
5	b. Ammoniaksalze allein . .	„	14,8	11,66	—	—	—	0,93	13,69	—	2,19	
6	c. Mineral- und Ammoniaksalze	„	15,9	11,35	—	—	—	1,61	13,50	—	2,16	
7	a. Ungedüngt	1847	—	—	—	—	—	—	13,50	—	2,16	
8	b. Ammoniaksalze allein . .	„	—	—	—	—	—	—	14,62	—	2,34	
9	c. Mineral- und Ammoniaksalze	„	—	—	—	—	—	—	15,00	—	2,40	
10	a. Ungedüngt	1848	—	—	—	—	—	—	14,62	—	2,34	
11	b. Ammoniaksalze allein . .	„	18,8	12,28	—	—	—	1,62	15,12	—	2,42	
12	c. Mineral- und Ammoniaksalze	„	19,6	12,11	—	—	—	1,62	15,06	—	2,41	

[1]) Die Middle-West-Staaten werden von dem Mississippi-Strom begrenzt; die Western States sind die Staaten westlich vom Mississippi einschliesslich Texas, Colorado, Kansas, Missouri und Minnesota.

[2]) On some points in the composition of wheat-grain, its products in the mill, and bread. London 1857. Vom Jahre 1844 an wurde ununterbrochen auf demselben Felde, einem ziemlich thonigen Lehmboden, Weizen gebaut. Jahr für Jahr wurde auf einem und demselben Platze derselbe Dünger gegeben. Ein Platz blieb stets ungedüngt; ein anderer erhielt nur Ammoniaksalze; der Weizen unter der Rubrik „Ammoniaksalze und Mineraldünger" entstammte verschiedenen Plätzen, von denen ein jeder dieselbe Menge Ammoniaksalze wie der Platz „Ammoniaksalze allein" erhielt, daneben eine mehr oder weniger vollständige Mischung von Mineralsalzen. Bis zum Jahre 1848 einschliesslich wurde Old Red Lammas-Weizen, von 1849—1852 einschliesslich Red Cluster-Weizen und dann Rostock-Weizen angebaut. Aus den Angaben des Gehalts der Körner an Trocken-Substanz, Asche und Stickstoff ist von uns die Zusammensetzung berechnet.

No.	Nähere Bezeichnung	Zeit der Untersuchung	In der ursprünglichen Substanz: Wasser %	Stick-stoff-Substanz %	Fett %	Stickstoff-freie Ex-traktstoffe %	Roh-faser %	Asche %	In der Trocken-Substanz: Stick-stoff-Substanz %	Stickstoff-freie Ex-traktstoffe %	Stickstoff in der Trocken-Substanz %	Analytiker
	Red Cluster-Weizen.											
13	a. Ungedüngt	1849	17,7	9,56	—	—	—	1,56	11,62	—	1,86	*J. B. Lawes u. J. H. Gilbert* [1]
14	b. Ammoniaksalze allein	„	17,3	10,08	—	—	—	1,41	12,19	—	1,95	
15	c. Mineral- und Ammoniaksalze	„	17,0	10,47	—	—	—	1,50	12,62	—	2,02	
16	a. Ungedüngt	1850	16,2	10,89	—	—	—	1,73	13,00	—	2,08	
17	b. Ammoniaksalze allein	„	15,7	11,22	—	—	—	1,60	13,31	—	2,13	
18	c. Mineral- und Ammoniaksalze	„	15,6	11,77	—	—	—	1,70	13,94	—	2,23	
19	a. Ungedüngt	1851	15,7	9,48	—	—	—	1,65	11,25	—	1,80	
20	b. Ammoniaksalze allein	„	15,5	11,36	—	—	—	1,54	13,44	—	2,15	
21	c. Mineral- und Ammoniaksalze	„	16,0	10,39	—	—	—	1,57	12,37	—	1,98	
22	a. Ungedüngt	1852	17,4	11,93	—	—	—	1,74	14,44	—	2,31	
23	b. Ammoniaksalze allein	„	16,3	12,97	—	—	—	1,60	15,50	—	2,48	
24	c. Mineral- und Ammoniaksalze	„	16,5	12,32	—	—	—	1,65	14,75	—	2,36	
	Rostock-Weizen.											
25	a. Ungedüngt	1853	19,9	11,61	—	—	—	2,02	14,50	—	2,32	
26	b. Ammoniaksalze allein	„	19,6	12,21	—	—	—	1,67	15,19	—	2,43	
27	c. Mineral- und Ammoniaksalze	„	19,1	11,63	—	—	—	1,72	14,37	—	2,30	
28	a. Ungedüngt	1854	15,3	10,64	—	—	—	1,70	12,56	—	2,01	
29	b. Ammoniaksalze allein	„	15,2	12,19	—	—	—	1,52	14,37	—	2,30	
30	c. Mineral- und Ammoniaksalze	„	14,9	11,28	—	—	—	1,61	13,25	—	2,12	
31	a. Ungedüngt (Mittel der 10 Jahre)	—	17,1	11,03	—	—	—	1,72	13,31	—	2,13	
32	b. Ammoniaksalze allein (Mittel der 10 Jahre)	—	17,0	11,72	—	—	—	1,54	14,12	—	2,26	
33	c. Mineral- und Ammoniaksalze (Mittel der 10 Jahre)	—	17,1	11,50	—	—	—	1,62	13,87	—	2,22	
	Kleiner Bartweizen.											
34	Kalksuperphosphat	1844	—	—	—	—	—	—	18,94	—	3,03	*dieselben* [2]
35	desgl. und Ammoniaksalze	„	—	—	—	—	—	—	16,56	—	2,65	
36	Liebig's Patentdünger	1846	—	—	—	—	—	—	11,31	—	1,81	
37	desgl. und Ammoniaksalze	„	—	—	—	—	—	—	10,56	—	1,69	
38	desgl. und Rapskuchen	„	—	—	—	—	—	—	11,81	—	1,89	
39	desgl., Rapskuchen und Ammoniaksalze	„	—	—	—	—	—	—	11,75	—	1,88	
40	Erschöpfter Boden, ungedüngt	„	—	—	—	—	—	—	12,19	—	1,95	
41	desgl. mit Ammoniaksalzen	„	—	—	—	—	—	—	12,56	—	2,91	
42	desgl. mit Rapskuchen	„	—	—	—	—	—	—	11,56	—	1,85	
43	desgl. mit Rapskuchen und Ammoniaksalzen	„	—	—	—	—	—	—	12,06	—	1,93	

[1] Vergl. Anmerkung [2] S. 451.

[2] Aus Wolff's Grundlagen des Ackerbaues, 771.

No.	Nähere Bezeichnung	Zeit der Untersuchung	In der ursprünglichen Substanz: Wasser %	Stickstoff-Substanz %	Fett %	Stickstofffreie Extraktstoffe %	Rohfaser %	Asche %	In der Trocken-Substanz: Stickstoff-Substanz %	Stickstofffreie Extraktstoffe %	Stickstoff in der Trocken-Substanz %	Analytiker
	Kleiner Bartweizen.											
	A. Die grösseren Körner, Vorderweizen.											
44	1. Peruguano	1859	12,75	11,81	1,82	67,59	4,02	2,01	13,53	77,47	2,16	*C. W. Tod u. A. Weis*[1]
45	2. Fledermaus-Guano . . .	„	12,03	9,75	2,04	70,30	3,98	1,90	11,09	79,91	1,77	
46	3. Oelkuchen	„	12,82	10,20	2,13	68,31	4,16	2,08	12,04	78,36	1,93	
47	4. Asche	„	12,65	10,62	1,90	68,94	3,74	2,15	12,16	78,92	1,95	
48	5. Oelkuchen und Asche . .	„	12,62	10,50	2,27	69,25	3,36	2,00	12,01	79,26	1,92	
49	6. Ungedüngt	„	11,84	11,87	2,07	68,66	3,78	1,88	13,46	77,77	2,15	
50	7. Ungedüngt	„	12,20	11,19	2,12	68,42	4,04	2,03	12,75	77,93	2,04	
51	Mittel der ungedüngten Parzellen	„	12,02	11,53	2,09	68,50	3,91	1,95	13,11	77,84	2,10	
52	Mittel der Parzellen 1—7 (No. 44—50)	„	12,41	10,87	2,05	68,80	3,87	2,00	12,41	78,55	1,99	

[1]) (Versuchsstation Raitz-Blanko.) Mitth. d. K. K. Mährisch-Schlesischen Gesellschaft zur Beförderung des Ackerbaues etc. 1859, 1. Boden: ausser aller Dungkraft stehender, sandiger Lehmboden, 8 Zoll tief bearbeitet. Die Parzellen hatten eine Grösse von 33⅓ Quadrat-Klaftern = $^1/_{48}$ Wiener Joch = 4,76 Are. Die Aussaat erfolgte Ende September 1858, nachdem die Düngemittel unmittelbar vorher mit einem mehrfachen Volumen Erde gemischt, gleichmässig ausgestreut und flach eingerecht worden waren. Der angewendete Peruguano enthielt 10,9 % Stickstoff und 18,6 % phosphorsaure Erden, der Fledermaus-Guano 7,7 % Stickstoff und 3,15 % Phosphorsäure, die Oelkuchen 3 % Stickstoff (?) und 3,4 % phosphorsaure Erden. Die für ein österreichisches Joch verwendeten Mengen von Dünger und erhaltenen Erträge waren nachstehende (in österr. Pfunden):

	Düngermenge	Ertrag: Körner	Ertrag: Stroh und Spreu
1. Peruguano	480 Pfd.	1728 Pfd.	2481 Pfd.
2. Fledermaus-Guano	960 „	1536 „	3153 „
3. Oelkuchen	1920 „	1440 „	3042 „
4. Asche	2380 „	1359 „	2961 „
5. Oelkuchen und Asche . .	{ 1440 „ / 228 „ }	1632 „	3600 „
6. Ungedüngt	— „	1344 „	2760 „

Das Verhältniss der geernteten gut entwickelten zu den unvollkommen entwickelten Körnern erhellt aus nachstehenden Zahlen:

	Guano	Flederm.-Guano	Oelkuchen	Asche	Oelkuch. u. Asche	Ungedüngt	Ungedüngt
Vorderkörner . .	65	67	54	34	55	28	31 %
Hinterkörner . .	35	33	46	66	45	71	69 „

Die ausführlichere Analyse ergab noch an näheren Bestandtheilen:

		Guano %	Fledermaus-Guano %	Oelkuchen %	Asche %	Oelkuchen u. Asche %	Ungedüngt %	Ungedüngt %	Mittel %
Vorderkörner	Kleber	8,42	7,22	7,56	7,80	8,64	8,92	8,53	9,16
	Albumin	3,54	2,66	3,10	2,97	1,97	4,11	2,72	3,01
	Stärke	64,47	65,81	63,72	65,06	66,23	64,35	65,48	65,02
	Stickstofffreie lösliche Stoffe	2,97	4,36	4,43	3,73	2,91	3,05	2,88	3,48
	Stickstoff	1,89	1,56	1,68	1,70	1,68	1,90	1,79	1,74
	Phosphorsäure	0,904	0,925	0,976	1,031	1,058	0,914	0,928	0,962
Hinterkörner	Kleber	12,65	13,32	12,04	12,63	12,42	13,54	12,02	12,66
	Albumin	2,91	2,40	2,21	3,41	2,85	2,78	2,47	2,71
	Stärke	61,83	61,59	62,69	61,28	64,03	60,75	62,28	62,12
	Stickstofffreie lösliche Stoffe	2,61	2,74	2,86	2,58	2,74	3,62	2,83	2,31
	Stickstoff	2,47	3,50	2,26	2,55	2,42	2,59	2,62	2,63
	Phosphorsäure	1,098	1,221	1,001	1,226	1,212	—	1,287	1,174

Wir berechneten in unserer Tabelle die Menge der stickstoffhaltigen Substanz nach dem angegebenen Stickstoff-Gehalt; im Original steht der Stickstoff-Gehalt zu dem angegebenen Gehalt an stickstoffhaltigen Substanzen in einem Verhältniss = 1 : 6,33 (doch nicht durchgehend richtig berechnet). Bezüglich der Methode ist zu erwähnen: Wasser wurde bei 110° bestimmt; Asche ist Rohasche; Albumin wurde durch Koagulation aus dem wässrigen Auszuge ausgeschieden und als solches gewogen. Die Gesammtmenge des Proteins wurde durch Multiplikation des Stickstoff-Gehaltes mit 6,33 bestimmt, Kleber = Gesammtprotein — Eiweiss; Fett ist Aetherextrakt. „Holzfaser“ wurde durch oft wiederholtes, abwechselndes Ausziehen der Substanz mit verdünnter Kalilauge und verdünnter Schwefelsäure erhalten. Der von Albumin befreite, wässrige Auszug wurde nach dem Eindampfen im Wasserbade gewogen und verascht; er ist nach Abzug der Aschenmenge als stickstofffreie lösliche Substanz (Dextrin) in Rechnung gebracht. Der Gehalt an Stärkemehl wurde aus der Differenz berechnet.

No.	Nähere Bezeichnung	Zeit der Untersuchung	In der ursprünglichen Substanz: Wasser %	Stick-stoff-Substanz %	Fett %	Stickstoff-freie Ex-traktstoffe %	Roh-faser %	Asche %	In der Trocken-Substanz: Stick-stoff-Substanz %	Stickstoff-freie Ex-traktstoffe %	Stickstoff in der Trocken-Substanz %	Analytiker
	B. Die kleineren Körner, Hinterweizen.											
53	1. Peruguano	1859	11,41	15,44	2,52	64,56	3,92	2,15	17,43	72,86	2,79	*C. W. Tod u. A. Wels*[1])
54	2. Fledermaus-Guano	„	11,25	21,87	2,89	58,18	3,64	2,17	24,65	65,55	3,94	
55	3. Oelkuchen	„	10,94	14,12	2,65	65,68	3,90	2,71	15,86	77,74	2,54	
56	4. Asche	„	12,30	15,94	1,82	63,56	3,51	2,27	18,17	73,17	2,91	
57	5. Oelkuchen und Asche	„	11,01	15,12	1,87	66,92	2,89	2,19	17,01	75,17	2,72	
58	6. Ungedüngt	„	11,52	16,19	1,75	64,50	3,92	2,12	18,29	72,90	2,93	
59	7. Ungedüngt	„	11,16	16,37	2,66	63,63	3,97	2,21	18,43	72,61	2,95	
60	Mittel der ungedüngten Parzellen	„	11,34	16,28	2.20	64,07	3.95	2,16	18,36	72,26	2,94	
61	Mittel der Parzellen 1—7 (No. 53—59)	„	11,05	16,44	2,85	63,81	3,68	2,17	18,48	71,74	2,96	
62	Ungedüngt (Mary's Goldweizen)	„	16,48	—	—	—	—	1,70	14,31	—	2,29	*Th. Siegert*[2])
63	Schwefelsaures Ammoniak	„	15,99	—	—	—	—	1,62	13,13	—	2,10	
64	Salpetersaurer Kalk	„	16,97	—	—	—	—	1,62	13,63	—	2,18	
65	Saurer phosphorsaurer Kalk	„	15,40	—	—	—	—	1,81	13,44	—	2,15	
66	desgl. und schwefelsaures Ammoniak	„	15,90	—	—	—	—	1,63	13,25	—	2,12	
67	Saurer phosphorsaurer Kalk und salpetersaurer Kalk	„	16,84	—	—	—	—	1,52	14,44	—	2,31	
68	Mittel	„	16,26	—	—	—	—	1,65	13,70	—	2,19	
	Englischer St. Helena-Weizen aus Poppelsdorf.											
	Gedüngt 1857 (Nachwirkung):											
69	Ungedüngt	1858	12,77	14,67		68,25	2,47	1,84	16,83	—	2,69	*Hartstein, Sopp u. Töpler*[3])
70	Kohlensaurer Kalk	„	12,16	15,01		67,61	3,23	1,99	17,09	—	2,73	
71	Kohlensaures Kali u. kohlensaurer Kalk	„	12,02	14,73		68,30	2,94	2,01	16,74	—	2,68	
72	Salpetersaurer Kalk und kohlensaurer Kalk	„	11,43	15,84		66,95	3,00	2,78	17,88	—	2,86	
73	Phosphorsaurer Kalk	„	12,14	14,91		69,02	2,06	1,87	16,97	—	1,32	
74	Salzgemisch	„	11,89	16,55		66,17	3,15	2,24	18,78	—	3,00	
75	Mittel	„	12,07	15,28		67,72	2,81	2,12	17,37	—	2,78	

[1]) Vergl. Anmerkung [1]) S. 453.

[2]) Landw. Versuchsstationen 1861, **3**, 128. Versuchsgarten zu Chemnitz, dessen Ackerkrume aus einem ziemlich schweren, aus Felsittuff entstandenen Thonboden besteht; die Fläche hatte vorher mehrere Jahre Kartoffeln ohne Düngung getragen. Die zu 17,3 qm abgetheilten Beete erhielten bezw. je 114 g Stickstoff und 152 g Phosphorsäure. Die Erträge waren folgende:

No.	62	63	64	65	66	67
Körner	2750	4750	2750	2500	4000	3000 g
Stroh und Spreu	8500	11750	7250	7350	12450	10350 „

Die Proteinstoffe wurden geschieden in unlösliche und lösliche und wurden davon gefunden:

No.	62	63	64	65	66	67	Mittel
Unlösliche stickstoffhaltige Substanz	10,12	9,19	9,13	8,94	9,06	9,81	9,37 %
Lösliche stickstoffhaltige Substanz	4,19	3,94	4,50	4,60	4,19	4,63	4,33 „

[3]) Vergl. Anmerkung [1]) S. 455.

No.	Nähere Bezeichnung	Zeit der Untersuchung	In der ursprünglichen Substanz: Wasser %	Stick-stoff-Substanz %	Fett %	Stickstoff-freie Extraktstoffe %	Roh-faser %	Asche %	In der Trocken-Substanz: Stick-stoff-Substanz %	Stickstoff-freie Extraktstoffe %	Stickstoff in der Trocken-Substanz %	Analytiker
76	Ungedüngt	1859	13,20	12,28	1,15	67,26	4,30	1,81	14,15	77,49	2,26	
77	Kohlensaurer Kalk . .	„	13,54	13,75	1,11	65,78	3,93	1,89	15,91	76,11	2,55	
78	Kohlensaures Kali und kohlensaurer Kalk .	„	13,31	13,13	1,20	66,46	4,02	1,88	15,15	76,66	2,42	
79	Salpetersaurer Kalk und kohlensaurer Kalk . (Frisch gedüngt)	„	13,61	14,36	1,14	64,85	4,19	1,85	16,60	75,10	2,66	
80	Phosphorsaurer Kalk .	„	12,90	14,12	1,14	65,58	3,94	2,32	16,21	75,30	2,59	
81	Salzgemisch	„	13,88	16,31	1,05	62,83	4,02	1,91	18,94	72,95	3,03	
82	Mittel	„	13,40	14,00	1,13	65,46	4,07	1,94	16,17	75,58	2,59	*Hartstein, Sopp u. Töpler*[1]
83	Ungedüngt	1860	14,92	10,05	1,18	70,04	1,84	1,97	11,81	82,33	1,89	
84	Kohlensaurer Kalk	„	15,30	10,48	1,14	69,22	1,57	2,29	12,38	81,81	1,98	
85	Kohlensaures Kali und kohlensaurer Kalk	„	14,70	11,25	1,30	69,11	1,48	2,16	13,19	81,03	2,11	
86	Salpetersaurer Kalk und kohlensaurer Kalk . . .	„	16,17	11,81	1,10	67,72	1,27	1,93	14,09	80,78	2,25	
87	Phosphorsaurer Kalk . . .	„	17,08	10,57	1,17	67,30	2,07	1,81	12,75	81,16	2,04	
88	Salzgemisch	„	14,68	11,62	1,25	68,87	1,81	1,77	13,82	80,52	2,21	
89	Mittel	„	15,48	10,96	1,19	68,71	1,67	1,99	12,97	81,29	2,08	
90	Wasserlösliche Phosphorsäure (Winterweizen)	1882	14,06	11,08	2,22	—	—	2,57	12,90	81,53	2,06	
91	Präcipitirtes Kalkphosphat .	„	14,53	10,35	2,16	—	—	1,05	12,11	83,13	1,94	*H. Werner u. A. Stutzer*[2]
92	Unlöslich gemachte Phosphorsäure	„	14,93	10,26	2,12	—	—	1,78	12,07	83,35	1,93	

[1]) Ann. d. Landw. in Preussen 1861, **37**, 163. Das untersuchte Material wurde bei Düngungsversuchen in Kästen gewonnen. Als Boden wurde der sandige Lehm des Rheinalluviums verwendet. Die Oberkrume des Landes wurde bis zu 2 Fuss Tiefe abgegraben und erst die darauf folgende Erdschicht nach sorgfältigem Mischen zur Füllung der Kästen benutzt. Der sandige Lehm bei 100° getrocknet enthielt:

Grössere Steine (Quarz, Grauwacke u. Thonschiefer) bis zu Erbsengrösse	0,53 %
Feinen Sand	63,24 „
Abschlämmbare Theile	33,79 „
Wasser und organische Bestandtheile	2,26 „
In Wasser lösliche Salze	0,18 „

Specifisches Gewicht des Bodens: 2,694, wasserhaltende Kraft 38,4 %. Die procentige Zusammensetzung des Bodens war folgende:

	Wasser u. organ. Substanz	Kohlensaurer Kalk	Quarz u. in Salzsäure unlösl. Silicate	SiO_2	F_2O_3	Al_2O_3	CaO	MgO	K_2O	Na_2O	P_2O_5
In den 63,24 % feinem Sand . . .	0,41	1,02	58,89	0,83	0,38	0,58	0,58	0,16	0,08	0,22	0,04
In den 33,79 % abschlämmb. Theilen	—	—	22,95	4,54	1,65	2,78	0,53	0,33	0,44	0,09	0,05

Der gleichmässig gemischte Boden wurde in Kästen von 6 Fuss Länge, 4 Fuss Breite und 3 Fuss Tiefe gebracht, welche in entsprechender Tiefe in die Erde eines freien Gartens eingelassen wurden. Die Düngung betrug bei Kasten II: 209,6 g kohlensauren Kalk, bei III: 86,6 g kohlensaures Kali und 209,6 g kohlensauren Kalk, bei IV: 75,2 g salpetersauren Kalk und 163,6 g kohlensauren Kalk, bei V: 216,5 g dreibasischen phosphorsauren Kalk, bei VI: 216,5 g dreibas. phosphorsauren Kalk, 86,6 g kohlensaures Kali und 75,2 g salpetersauren Kalk (Salzgemisch).

Die Erträge an Körnern und Stroh in den 3 Jahren waren folgende:

	1858 Körner g	1858 Stroh g	1859 Körner g	1859 Stroh g	1860 Körner g	1860 Stroh g
I.	64	638	354	3044	219,5	610,4
II.	57	650	408	3080	185,3	463,1
III.	54	673	437	3618	199,8	536,5
IV.	51	659	443	4357	315,5	944,7
V.	56	679	474	3571	218,1	538,2
VI.	25	565	387	3583	253,0	667,5

Die Kästen wurden im Jahre 1857 mit Gerste bestellt und war dazu wie bemerkt gedüngt worden. Nach Aberntung der Gerste folgte Winterweizen ohne frische Düngung. Die darauf folgende zweite Bestellung mit Winterweizen erhielt frische Düngung (in gleicher Weise wie vorher). Im Herbst 1859 wurde zum dritten Male mit Winterweizen bestellt.

[2]) Vergl. Anmerkung [1]) S. 456.

No.	Nähere Bezeichnung	Zeit der Untersuchung	In der ursprünglichen Substanz: Wasser %	Stick-stoff-Substanz %	Fett %	Stickstoff-freie Extraktstoffe %	Roh-faser %	Asche %	In der Trocken-Substanz: Stick-stoff-Substanz %	Stickstoff-freie Extraktstoffe %	Stickstoff in der Trocken-Substanz %	Analytiker
93	Phosphorit	1882	14,61	10,10	2,08	—	—	1,85	11,83	83,56	1,89	*H. Werner u. A. Stutzer*[1])
94	Ungedüngt	„	14,84	10,59	2,26	—	—	1,76	12,43	82,85	1,99	
95	40 kg Phosphorsäure, kein Stickstoff	„	15,00	8,80	1,70	70,60	2,50	1,40	10,35	83,26	1,66	*M. Märcker*[2])
96	40 kg Stickstoff und 40 kg Phosphorsäure: Chilisalpeter im Oktbr.	„	15,00	9,10	1,40	70,60	2,10	1,80	10,70	83,06	1,71	
97	desgl. im December .	„	15,00	8,70	1,40	70,50	2,30	2,10	10,23	82,95	1,64	
98	desgl. im Februar .	„	15,00	9,70	1,40	69,80	2,20	1,90	11,31	82,22	1,81	
99	desgl. im Mai . . .	„	15,00	9,30	1,50	70,40	2.20	1,60	10,94	82,85	1,75	
100	Schwefelsaures Ammoniak im Oktober .	„	15,00	9,40	1,50	70,50	2,00	1,60	11,05	82,98	1,77	
101	½ schwefelsaures Ammoniak im Herbst, ½ Chili im Frühjahr	„	15,00	8,40	1,60	71,10	2,10	1,80	9,88	83,67	1,58	
102	40 kg Stickstoff (Form?) im Herbst, keine Phosphorsäure	„	15,00	7,70	1,60	71,20	2,10	2,40	9,06	84,96	1,45	
103	Ungedüngt	„	15,00	9,30	1,40	70,10	2,30	1,90	10,94	82,48	1,75	
104	Ungedüngt	„	13,33	10,86	1,99	69,02	2,76	2,04	12,53	79,63	2,00	*Jordan*[3])
105	Phosphorsäure und Kali . .	„	13,04	10,50	1,97	69,85	2,65	1,99	12,08	80,31	1,93	
106	desgl. und 1-fach Stickstoff .	„	13,16	11,16	1,90	69,24	2,51	2,03	12,85	78,73	2,06	
107	desgl. und 2-fach Stickstoff .	„	13,06	11,69	1,90	67,90	2,47	2,98	13,44	78,10	2,15	
108	desgl. und 3-fach Stickstoff .	„	12,59	11,70	1,92	69,43	2,53	1,83	13,38	79,44	2,14	
109	Stalldünger	„	12,41	11,04	1,89	70,10	2,37	2,09	12,59	80,18	2,01	

Sommerweizen.

No.	Nähere Bezeichnung	Zeit der Untersuchung	Wasser %	Stick-stoff-Substanz %	Fett %	Stickstoff-freie Extraktstoffe %	Roh-faser %	Asche %	Trocken: Stick-stoff-Substanz %	Stickstoff-freie Extraktstoffe %	Stickstoff in der Trocken-Substanz %	Analytiker
1	Saatfrucht (Sommerweizen) .	1860	13,46	13,19	1,24	65,90	4,28	1,93	15,25	76,54	2,44	*Ph. R. Zöller*[4])
2	Ungedüngt	„	14,03	12,62	1,14	66,53	3,78	1,90	14,68	77,38	2,35	
3	Mit Guano gedüngt . . .	„	13,93	12,12	1,13	67,81	3,18	1,83	14,08	78,72	2,41	
4	Schwefelsaures Ammoniak .	„	13,92	12,87	1,28	66,67	3,38	1,88	14,95	77,45	2,39	
5	Schwefelsaures Ammoniak und Kochsalz	„	13,71	12,50	1,24	67,81	2,90	1,84	14,49	78,58	2,32	
6	Holzasche	„	13,93	12,37	1,25	66,88	3,68	1,89	14,37	77,70	2,30	

[1]) Versuchsstation Bonn. Landw. Jahrbücher 1882, II, 833. Der Weizen wuchs auf Boden, der bis zur Tiefe von 2 m aus Alluviallehm ohne grössere Gesteinstrümmer und dessen Untergrund aus durchlassendem Rheinkies bestand. 100 Feinerde enthielten 0,099 g Phosphorsäure und absorbirten 0,2368 g Phosphorsäure. Jede Parzelle, 50 m lang, 10 m breit, also 500 qm gross, empfing 5 kg Phosphorsäure in einer der oben angegebenen Formen. Der Versuch wurde zuerst (1880) mit Hafer und eingesäetem Klee begonnen. Nach Aberntung des Klee's wurde von neuem gedüngt und mit Kaiserweizen (20. Oktober 1881) besäet.

Von Stickstoff in den Körnern sind vorhanden (lufttrockne Substanz) in Form von:

No.	90	91	92	93	94
Verdaulichem Eiweiss .	1,521	1,417	1,430	1,299	1,456 %
Nucleïn	0,105	0,078	9,105	0,091	0,118 „
Amiden	0,148	0,161	0,108	0,226	0,121 „
Verdauliches Eiweiss . .	9,506	8,856	8,937	8,118	9,100 %

[2]) Privatmittheilung. Versuchsstation Halle.

[3]) Aus Clifford Richardson: „An Investigation of the composition of American Wheat and Corn. Departement of Agriculture. Chemical Division. Bulletin No. I.“ Die Menge der stickstofffreien Extraktstoffe ist dort bei No. 105 zu 69,35, bei No. 107 zu 68,90 und bei No. 108 zu 69,53 % angegeben; die Komponenten ergeben da aber 99,50, 101,00 und 100,10; wir korrigirten bei den stickstofffreien Extraktstoffen.

[4]) Vergl. Anmerkung [1]) S. 457.

No.	Nähere Bezeichnung	Zeit der Untersuchung	In der ursprünglichen Substanz: Wasser %	Stick-stoff-Substanz %	Fett %	Stickstoff-freie Extraktstoffe %	Roh-faser %	Asche %	In der Trocken-Substanz: Stick-stoff-Substanz %	Stickstoff-freie Extraktstoffe %	Stickstoff in der Trocken-Substanz %	Analytiker
7	Chilisalpeter	1860	13,92	12,44	1,40	67,45	3,01	1,78	14,46	78,34	2,31	*Ph. R. Zöller*[1])
8	Phosphorsaures Ammoniak und Kochsalz	„	13,90	12,31	1,17	67,71	3,11	1,80	14,79	78,15	2,37	
9	Guanisirtes Knochenmehl . .	„	13,95	12,44	1,38	67,21	3,20	1,82	14,46	78,11	2,31	
10	Ungedüngt	1859	16,24	12,53	—	—	—	1,91	14,94	—	2,39	*Th. Siegert*[2])
11	Schwefelsaures Ammoniak .	„	15,78	14,37	—	—	—	1,63	17,06	—	2,73	
12	Salpetersaurer Kalk . . .	„	15,88	14,77	—	—	—	1,61	17,56	—	2,81	
13	Saurer phosphorsaurer Kalk .	„	15,67	13,12	—	—	—	1,83	15,56	—	2,49	
14	Saurer phosphorsaurer Kalk u. schwefelsaures Ammoniak .	„	15,68	13,80	—	—	—	1,69	16,37	—	2,62	
15	desgl. und salpetersaurer Kalk	„	16,06	14,69	—	—	—	1,53	17,50	—	2,80	
16	Mittel	„	15,88	13,88	—	—	—	1,70	16,50	—	2,64	
	Parzelle											
17	A. Ungedüngt . . . 1	1872	13,42	15,04	—	—	—	2,56	17,37	—	2,78	*H. Ritthausen u. R. Pott*[3])
18	A. desgl. 7	„	13,59	14,26	—	—	—	2,35	16,50	—	2,64	
19	A. desgl. 12	„	13,91	12,86	—	—	—	2,34	14,94	—	2,39	
20	B. 4 kg Superphosphat 4	„	13,16	17,04	—	—	—	2,36	19,62	—	3,14	
21	B. 4 „ „ 8	„	13,80	14,92	—	—	—	2,11	17,31	—	2,77	
22	B. 6 „ „ 11	„	13,53	13,84	—	—	—	2,18	16,00	—	2,56	

[1]) Münchener Ergebnisse, **3**, 134. Boden: reicher Lehm in Bogenhausen; derselbe enthielt (an wichtigeren Stoffen) in Procenten der lufttrocknen Erde (in kalter Salzsäure löslich):

Kali	Natron	Kalk	Magnesia	Phosphorsäure	Schwefelsäure	Stickstoff
0,251	0,135	0,887	0,707	0,312	0,030	0,258

Das Feld hatte zwei Jahre vorher gedüngten Roggen, hierauf Hafer getragen. Die Jahreswitterung war der Entwicklung des Sommerweizens äusserst günstig und lagerte sich derselbe bald nach der Blüthe. Düngermengen für 240 Quadratfuss der Parzellen waren folgende: Guano 2 Pfd. 16 Loth, schwefelsaures Ammoniak 1 Pfd. 16 Loth, Kochsalz je 1 Pfd. 10 Loth, Chilisalpeter 2 Pfd., Holzasche 25 Pfd., phosphorsaures Ammoniak 1 Pfd. 16 Loth, guanisirtes Knochenmehl 5 Pfd.

Die gut gereinigten Körner wurden zerkleinert und davon bei 100° getrocknet.

Zur Bestimmung des Wassers wurde eine besondere Menge verwendet. Die Rohfaserbestimmung geschah nach Peligot's Vorschlag: Behandeln der verkleisterten Substanz mit Malzauszug bei 60—65° C. und Auskochen des ungelösten Rückstandes mit 3-procentiger Kalilauge während 15 Minuten; der Rückstand wurde ausgewaschen und alsdann ebenso mit 3-procentiger Salzsäure behandelt. Die Menge der sauren und alkalischen Flüssigkeit betrug auf ca. 5 g Substanz 40 ccm der Flüssigkeiten. Nach wiederholtem Auswaschen mit warmem Wasser, Alkohol und Aether wurde der Rückstand gesammelt und als Holzfaser gewogen, die nur noch wenig Asche, aber keine Stärke und keine stickstoffhaltige Substanz enthielt. Zur Bestimmung von Stärke (und Gummi) wurde die gepulverte Substanz zunächst zur Entfernung des grössten Theiles Kleber mit schwefelsäurehaltigem Weingeist behandelt und dann die Substanz zuerst mit Wasser erhitzt, dann 5—6 Stunden nach Zusatz von 12—18 Tropfen Schwefelsäure gekocht. Die Zuckerbestimmung geschah hiernach durch Titration mit Fehling'scher Kupferlösung.

[2]) Landw. Versuchsstationen 1861, **3**, 128. Versuchsgarten zu Chemnitz, dessen Ackerkrume aus einem ziemlich schweren, aus Felsittuff entstandenen Thonboden besteht; die Fläche hatte vorher mehrere Jahre Kartoffeln ohne Düngung getragen. Die zu 17,3 qm abgetheilten Beete enthielten bezw. je 114 g Stickstoff und 162 g Phosphorsäure.

Die Proteïnstoffe wurden geschieden in unlösliche und in lösliche und wurden davon gefunden:

No.	10	11	12	13	14	15	Mittel
Unlösliche stickstoffhaltige Substanz	11,00	13,00	13,25	11,62	12,63	13,63	12,52 %
Lösliche stickstoffhaltige Substanz .	3,94	4,06	4,31	3,94	3,75	3,87	3,98 „

[3]) Landw. Versuchsstationen 1873, **16**, 281. Das untersuchte Material war bei „Untersuchungen über den Einfluss einer an Stickstoff und Phosphorsäure reichen Düngung auf die Zusammensetzung der Samen von Sommerweizen" gewonnen worden.

Der Weizen der mit Stickstoff gedüngten Beete lagerte sich in Folge eines Regens schon nach dem Schossen.

Während der verwendete Saatweizen (siehe No. 308 der allgemeine Tabelle) ein völlig glasiger, harter und dunkler Weizen war, waren die von den ungedüngten Beeten geernteten Samen vorwiegend halbmehlige oder übergehende und hellfarbige Körner, gross und voll, mit glatten und glänzenden Oberflächen; auch die wenigen glasigen Körner zeigten die letztgenannten Eigenschaften.

Die Körner der Phosphorsäure-Düngung waren von gleicher Beschaffenheit, nur schwankten sie mehr in der Grösse; die Zahl der kleinen, vorwiegend glasigen Körner war dem Anschein nach gleich der der grossen.

Die Stickstoff-Düngung erzeugte nur kleine, jedoch nur gut ausgebildete, durchweg harte, glasige und dunkelfarbige Körner.

Die Mischdüngung erzeugte in der Hauptsache gleiche Körner wie die reine Stickstoff-Düngung, doch enthielten die Samen eine beträchtliche Anzahl verschrumpfter, unausgebildeter Körner.

No.	Nähere Bezeichnung	Zeit der Untersuchung	In der ursprünglichen Substanz: Wasser %	Stick-stoff-Substanz %	Fett %	Stickstoff-freie Extraktstoffe %	Rohfaser %	Asche %	In der Trocken-Substanz: Stick-stoff-Substanz %	Stickstoff-freie Extraktstoffe %	Stickstoff in der Trocken-Substanz %	Analytiker
	Parz.											
23	C. 2,5 kg schwefelsaures Ammoniak . . . 2	1872	13,94	18,50	—	—	—	1,97	21,50	—	3,44	H. Ritthausen u. R. Pott[1])
24	C. 3,0 kg salpetersaures Natron 5	„	13,71	18,28	—	—	—	1,57	21,19	—	3,39	
25	C. 1,25 kg schwefelsaures Ammoniak u. 2,0 kg Natronsalpeter . . 9	„	13,45	18,82	—	—	—	2,16	21,75	—	3,48	
26	D. 2,5 kg schwefelsaures Ammoniak u. 4 kg Superphosphat . 3	„	13,45	20,66	—	—	—	2,39	23,87	—	3,82	
27	D. 3,0 kg salpetersaures Natron und 4 kg Superphosphat . 6	„	13,71	18,12	—	—	—	2,36	21,00	—	3,36	
28	D. Wie Parz. 9 und 4 kg Superphosphat . 10	„	13,65	19,85	—	—	—	2,56	23,00	—	3,68	
29	A. Mittel von Ungedüngt . .	„	13,64	14,03	—	—	—	2,42	16,25	—	2,60	
30	B. Mittel von Phosphorsäuredüngung	„	13,50	15,17	—	—	—	2,08	17,65	—	2,82	
31	C. Mittel v. Stickstoffdüngung	„	13,70	18,55	—	—	—	2,11	21,50	—	3,44	
32	D. Mittel von Phosphorsäure- und Stickstoffdüngung . .	„	13,60	19,54	—	—	—	2,44	22,62	—	3,62	

Kreusler und Kern (Journ. f. Landwirthschaft 1876, 24, 1) berichten über im Jahre 1873/74 ausgeführte Düngungsversuche mit Ammoniaksalz und Superphosphat.

Das untersuchte Material wuchs auf tiefgründigem, reichem Lehmboden, der seit einer Reihe von Jahren ohne Düngung war und 1872 Erbsen, 1873 Hafer getragen hatte. Die Düngungsparzellen waren je 30 qm gross. Die Aussaat erfolgte 12 Stunden nach der Düngung am 9. April 1874.

Die Versuche wurden auf je 3 Parzellen ausgeführt. Es betrug der Stickstoff-Gehalt der Trocken-Substanz der Körner und der Körnerertrag:

Nähere Bezeichnung der Düngung	Stickstoff Parzelle I %	Stickstoff Parzelle II %	Stickstoff Parzelle III %	Stickstoff Mittel %	Stickstoff-Substanz Parzelle I %	Stickstoff-Substanz Parzelle II %	Stickstoff-Substanz Parzelle III %	Stickstoff-Substanz Mittel %	Körnerertrag aller 3 Parzellen kg
Ungedüngt	2,89	3,19	3,03	**3,04**	18,06	19,94	18,94	**19,00**	8,50
Gedüngt mit:									
1 kg schwefelsaurem Ammoniak	3,05	3,26	3,30	**3,20**	19,06	20,37	20,62	**20,00**	8,78
5 „ „ „	3,11	3,39	3,23	**3,25**	19,44	21,19	20,19	**20,31**	8,52
2 „ Superphosphat	2,60	2,83	2,83	**2,75**	16,25	17,69	17,69	**17,19**	8,40
2 „ „ + 1 kg schwefelsaurem Ammoniak	3,26	3,39	3,35	**3,33**	20,37	21,19	20,94	**20,81**	9,57
2 „ Superphosphat + 1 kg schwefelsaurem Ammoniak	3,36	3,48	3,41	**3,41**	21,00	21,75	21,31	**21,31**	9,07
8 „ Superphosphat + 5 kg schwefelsaurem Ammoniak	3,52	3,46	3,51	**3,50**	22,00	21,61	21,94	**21,87**	10,03

[1]) Vergl. Anmerkung [3]) S. 457.

Die geernteten Samen (die Vegetation hatte durch Witterungseinflüsse nicht gelitten, keine Lagerung) waren im Gegensatz zu dem Ritthausen'schen Ergebnisse No. 17—32 durchweg von gleichmässiger Beschaffenheit und zeigten in Bezug auf Farbe, Härte und Grösse keine merklichen Unterschiede.

Anbauversuche mit Sommerweizen-Spielarten

stellten M. Märcker und F. Heine (Magdeburger Zeitung 1888 u. 1889; vergl. auch Centrbl. Agrik.-Chem. 1889, 18, 755 u. 837) in Emersleben an.

Im Sommer 1887 wurden die Spielarten auf einem flachgründigen, thonigen, mit Flusskies durchsetztem Boden (V. u. VI. Kl.) angebaut, welcher getragen hatte und gedüngt war:

	Frucht	Düngung für den Morgen
1884:	Erbsen	100 Pfd. Guano-Superphosphat.
1885:	Winterweizen	160 Ctr. Stallmist + 150 Pfd. Knochenmehl.
1886:	Zuckerrüben	110 Pfd. Chilisalpeter + 170 Pfd. schwefels. Ammoniak + 160 Pfd. Doppel-Superphosphat.

Zu dem Sommerweizen wurde nur mit 66²/₃ Pfd. Chilisalpeter gedüngt.

Im Jahre 1888 wurden die Sommerweizen-Spielarten auf einem tiefgründigen Alluvialboden angebaut, dessen etwa 1,50 m mächtige humose Krume auf gutem, ziemlich thonigem Boden lagerte. Die Vorfrucht waren Zuckerrüben. An Dünger wurden 75 Pfd. Chilisalpeter auf den Morgen bei der Bestellung gegeben.

Die wesentlichsten Resultate dieser Versuche sind in folgender Tabelle enthalten:

Laufende No.	Bezeichnung der Spielart	Versuchsjahr	Körner					Mehl					Volumen von 100 g Gebäck	Aussehen und Beschaffenheit des aus dem Mehle gewonnenen Gebäckes
			Hektoliter-Gewicht (in Halle)	Zahl der Körner auf 10 g	Protein	mehlige	glasige	Protein	trockener Kleber	Kleber-Stickstoff vom Gesammt-Stickstoff	feuchter Kleber	Trocken-Substanz des feuchten Klebers		
			kg		%	%	%	%	%	%	%	%	cc	
1	Saskatschewan	1887	76,6	287	14,18	16	60	13,0	11,5	85,3	45,4	24,5	346	weiss und sehr locker
		1888	—	269	—	—	33	9,9	8,0	—	—	—	—	—
2	Challenge . .	1887	75,6	309	11,44	16	56	10,1	8,0	79,9	34,6	23,3	284	weiss und locker
3	Invincible . .	1887	76,0	259	12,38	16	60	10,8	8,8	80,7	37,2	23,5	328	weiss und sehr locker
		1888	—	231	—	—	8	8,7	6,7	—	—	—	—	—
4	Kurzbärtiger .	1887	75,7	319	13,95	12	72	12,6	10,7	85,3	47,1	22,8	369	gelblich weiss, sehr schön und locker
		1888	—	295	—	—	28	9,3	7,4	—	—	—	—	—
5	Emma . . .	1887	74,4	268	11,98	32	30	10,6	8,9	84,3	38,0	23,6	326	fast weiss und ziemlich locker
		1888	—	206	—	—	12	8,1	6,4	—	—	—	—	—
6	Australischer .	1887	76,9	281	11,39	14	38	10,8	8,5	77,3	32,9	25,5	319	weiss und sehr locker
		1888	—	279	—	—	13	8,9	7,0	—	—	—	—	—
7	Diamant . .	1887	75,7	302	12,87	2	96	11,4	9,9	86,4	40,7	24,1	374	weiss und sehr locker
		1888	—	269	—	—	46	9,9	7,4	—	—	—	—	—
8	Grüner Berg .	1887	75,4	280	14,22	28	56	12,5	10,5	84,2	43,0	24,5	314	fast weiss, ziemlich locker
		1888	—	249	—	—	30	9,6	7,7	—	—	—	—	—
9	Heine's Kolben	1887	76,4	295	13,97	10	72	12,5	10,9	86,7	44,2	24,5	355	weiss und sehr locker
		1888	—	258	—	—	41	9,5	7,9	—	—	—	—	—
10	Noë	1887	75,5	209	11,83	46	20	10,2	8,8	86,6	37,5	23,6	351	grau, aber locker
		1888	—	189	—	—	11	8,6	6,8	—	—	—	—	—
	Mittel	**1887**	**75,8**	**289**	**12,83**	**19**	**56**	**11,6**	**9,83**	**83,7**	**40,0**	**24,0**	**337**	
	„	**1888**	—	**249**	—	—	**25**	**9,17**	**7,26**	—	—	—	—	

Die im Jahre 1888 gleichzeitig mit Winterweizen angestellten Versuche ergaben im Vergleich mit den Sommerweizen-Versuchen folgende Resultate:

Bestandtheile und Eigenschaften	Winterweizen		Sommerweizen	
	Mittel	Schwankungen	Mittel	Schwankungen
Hektolitergewicht . . . . kg	74,8	73,1—76,3	75,4	74,1—78,2
Gewicht von 100 Körnern . . . . g	4,79	3,94—5,68	4,02	3,39—5,29
Glasige Körner . . . . %	9	—	53	—
Mehlige „ . . . . %	53	—	53	—
Protein . . . . %	8,61	7,75—9,38	9,31	8,13—10,06
Kleber, feucht . . . . %	24,7	20,1—28,2	26,4	22,9—30,9
desgl. trocken . . . . %	6,48	5,58—7,56	7,39	6,42—8,10
Kleber-Stickstoff vom Gesammt-Stickstoff . . %	78,9	—	82,7	—
Backfähigkeit in % vom Normal-Bäckermehl . .	98,7	79,7—109,1	93,8	84,0—102,4
Zur Herstellung eines Teiges gleicher Konsistenz ist erforderlich auf 100 Theile Mehl an Wasser	73,5	71—76	80,6	76—95

Von Winterweizen wurden 23 Spielarten angebaut auf einem humosen, milden, kalkreichen Lehmboden mit 60—70 cm Krume auf Lösslehm-Unterlage, welche auf Kies der „nordischen Drift" ruht. Der Boden befand sich durch langjährige starke Stallmist-Düngungen und überreichliche Zufuhr von Phosphorsäure in hohem Kraftzustande. Er hatte 1887 Kartoffeln getragen. Vor der Bestellung des Weizens wurden 25 Pfd. Ammoniaksalz und 33⅓ Pfd. Chilisalpeter für den Morgen gegeben und im Frühjahr wurde diese Gabe wiederholt.

Mittlere Zusammensetzung der Weizen verschiedener Länder, von Winter- und Sommerweizen, von hartem und mehligem Weizen etc.

No.	Nähere Bezeichnung	Zahl der Analysen	In der ursprünglichen Substanz						In der Trocken-Substanz					Stickstoff in der Trocken-Substanz
			Wasser %	Stickstoff-Substanz %	Fett %	Stickstofffreie Extraktstoffe %	Rohfaser %	Asche %	Stickstoff-Substanz %	Fett %	Stickstofffreie Extraktstoffe %	Rohfaser %	Asche %	%
	Weizen aus:													
1	Nördlichem, östlichem und mittlerem Deutschland,													
	a) Winterweizen . . .	90	13,37	10,93	1,65	70,01	2,12	1,92	12,62	1,90	80,81	2,45	2,22	2,02
	b) Sommerweizen . .	8	13,37	11,23	2,03	68,61	2,26	2,52	12,96	2,34	79,18	2,61	2,91	2,07
2	Südlichem und westlichem Deutschland,													
	a) Winterweizen . . .	52	13,37	12,29	1,71	67,96	2,82	1,85	14,19	1,97	78,46	3,25	2,13	2,27
	b) Sommerweizen . .	30	13,37	14,95	1,56	67,93		2,19	17,26	1,80	78,41		2,53	2,76
3	Oesterreich-Ungarn, Winterweizen	18	13,37	12,66	1,99	66,94	3,39	1,75	14,61	2,30	77,16	3,91	2,02	2,34
4	Russland, Sommerweizen .	39	13,37	17,65	1,58	65,74	—	1,66	19,33	1,82	76,93	—	1,92	3,09
5	England, Winterweizen (?)	22	13,37	10,99	1,86	69,21	2,90	1,67	12,69	2,15	79,88	3,35	1,93	2,03
6	Schottland, Winterweizen (?)	16	13,37	10,58	1,73	72,77		1,55	12,21	2,00	84,00		1,79	1,95
7	Frankreich (?)	70	13,37	13,16	1,60	67,59	2,62	1,66	15,19	1,85	78,01	3,03	1,92	2,43
8	Dänemark, Winterweizen .	29	13,37	11,50	1,89	71,78		1,46	13,28	2,18	82,85		1,69	2,12
9	Spanien, Sommerweizen (?)	9	13,37	12,45	1,92	70,46		1,80	14,37	2,22	81,33		2,08	2,30

No.	Nähere Bezeichnung	Zahl der Analysen	In der ursprünglichen Substanz: Wasser %	Stickstoff-Substanz %	Fett %	Stickstofffreie Extraktstoffe %	Rohfaser %	Asche %	In der Trocken-Substanz: Stickstoff-Substanz %	Fett %	Stickstofffreie Extraktstoffe %	Rohfaser %	Asche %	Stickstoff in der Trocken-Substanz %
10	Afrika	34	13,37	11,18	1,83	70,04	1,82	1,76	12,90	2,11	80,86	2,10	2,03	2,06
11	Asien (ohne Sibirien), Indien, Sommerweizen (?) . . .	8	13,37	10,97	2,08	70,31	1,92	1,45	12,66	2,40	81,05	2,22	1,67	2,03
12	Australien	4	13,37	10,16	1,39	—	—	—	11,73	1,60	—	—	—	1,88
13	Nordamerika,													
	a) Winterweizen . . .	504	13,37	11,60	2,07	69,47	1,70	1,79	13,39	2,39	80,19	1,96	2,07	2,14
	b) Sommerweizen . .	40	13,37	12,92	2,15	67,98	1,72	1,86	14,92	2,48	78,46	1,99	2,15	2,39
14	Gesammt-Mittel aller Länder (1—13)	**948**	**13,37**	**12,03**	**1,85**	**68,67**	**2,31**	**1,77**	**13,89**	**2,13**	**79,26**	**2,67**	**2,05**	**2,22**
15	Winterweizen	503	13,37	11,64	1,72	69,07	2,34	1,86	13,44	1,99	79,72	2,70	2,15	2,15
16	Sommerweizen	91	13,37	13,59	2,00	67,29	1,81	1,94	15,69	2,31	77,67	2,09	2,24	2,51
17	Harter, glasiger Weizen .	239	13,37	12,67	2,07	68,41	1,69	1,79	14,61	2,39	78,98	1,95	2,07	2,34
18	Weicher, mehliger Weizen	146	13,37	11,38	1,93	69,71	1,83	1,78	13,14	2,23	80,46	2,11	2,06	2,10
	Weizen von:													
19	schwerem Thonboden . .	26	13,37	11,04	1,72	69,69	2,17	2,01	12,74	1,99	80,44	2,51	2,32	2,04
20	schwerem Lehmboden . .	55	13,37	11,10	1,53	69,49	2,44	2,07	12,81	1,77	80,21	2,82	2,39	2,05
21	leichterem (sandigem) Lehmboden	63	13,37	12,79	1,44	67,80	2,51	2,09	14,19	1,66	78,84	2,90	2,41	2,27
22	Sandboden	25	13,37	12,70	2,00	68,36	1,81	1,76	14,66	2,31	78,91	2,09	2,03	2,35
23	Kalkboden	10	13,37	11,94	2,39	68,70	1,78	1,82	13,78	2,76	79,31	2,05	2,10	2,20

Zusammensetzung von grossen und kleinen Sommerweizenkörnern

theilt W. Gwallig (Landwirthsch. Jahrbücher 1894, 23, 837) nach Marek (Das Saatgut, S. 26) mit, nämlich:

Beschaffenheit der Körner	Wasser %	In der Trocken-Substanz: Stickstoff-Substanz %	Fett %	Sticktoff-freie Extraktstoffe %	Rohfaser %	Asche %
Grosse Körner	12,82	12,52	2,29	66,36	4,18	1,83
Kleine Körner	12,34	13,55	2,19	63,46	6,42	2,04

2. Spelzweizen.

Spelz.*)

(Dinkel, Schlegeldinkel, Schwabendinkel.) Triticum Spelta L. — Spelt. — Épautre.

No.	Nähere Bezeichnung	Zeit der Untersuchung	In der ursprünglichen Substanz: Wasser %	Stick-stoff-Substanz %	Fett %	Stickstoff-freie Ex-traktstoffe %	Roh-faser %	Asche %	In der Trocken-Substanz: Stick-stoff-Substanz %	Stickstoff-freie Ex-traktstoffe %	Stickstoff in der Trocken-Substanz %	Analytiker
1	„Schlegeldinkel" (mit den Hülsen) aus Hohenheim, 1850	1851	14,33	10,56		63,62	7,99	3,50	12,33	73,26	1,97	Fehling u. Faist [1])
2	desgl., 1851	„	15,25	11,09		60,84	9,59	3,23	13,08	72,92	2,09	
3	„Kernen" (enthülster Spelz) von Ochsenhausen, 1850 .	„	12,97	11,93		72,16	1,10	1,84	13,71	82,92	2,19	
4	desgl., 1851	„	14,33	14,96		67,33	1,58	1,80	17,46	78,60	2,79	
5	desgl. von Kirchberg, 1850 .	„	15,06	11,99		70,42	0,78	1,75	14,12	82,90	2,26	
6	desgl., 1851	„	14,86	12,06		70,07	1,20	1,81	14,16	82,30	2,27	
7	Winter-Spelz von Schleissheim	1856	13,88	9,75	—	—	—	—	11,31	—	1,81	W. Mayer [2])
8	desgl. von Illerfeld (mit den Spelzen)	„	12,56	14,44	—	—	—	—	16,50	—	2,64	
9	Rother Kolbenspelt aus Weihenstephan, mehlig . .	„	7,00	13,02	1,69	—	—	—	14,00	—	2,24	v. Bibra [3])
10	Weisser Kolbenspelt aus Weihenstephan, übergehend	„	8,07	13,22	1,66	—	—	—	14,37	—	2,30	
11	Spelt aus Mörlach, übergehend	„	13,10	9,39	1,49	—	—	1,48	10,81	—	1,73	
12	desgl., mehlig	„	—	—	—	—	—	—	10,62	—	1,70	
13	Spelt aus dem Ries, mehlig .	„	13,10	9,07	1,13	—	—	1,22	10,44	—	1,67	
14	Bengalischer Spelt aus Eldena, glasig	„	—	—	—	—	—	—	20,31	—	3,25	
15	Roth. Grannenspelt aus Eldena, glasig	„	—	—	—	—	—	—	13,75	—	2,20	
16	Weisser Spelt aus Eldena, glasig	„	—	—	—	—	—	—	11,87	—	1,90	

[1]) Liebig u. Kopp, Jahresber. 1853, 812. (Weende'r Jahresber. 1853, 2, 7.) Der Wassergehalt der frischen Körner, der Klebergehalt (aus dem Stickstoff-Gehalt berechnet), die Holzfaser (durch aufeinanderfolgendes Auslaugen mit verdünnter Säure und ebensolcher Kalilauge) und der Aschengehalt wurden „grösstentheils" direkt, der Stärkemehl- und Fettgehalt dagegen aus der Differenz bestimmt.

[2]) W. Mayer, Münchener Ergebnisse, I, 1. Boden in Schleissheim: Kalkboden mit sehr seichter Krume und Isargerölle im Untergrund.

[3]) v. Bibra, „Die Getreidearten und das Brot." Nürnberg, 1860. No. 9 u. 10 wuchsen in Weihenstephan auf sandigem Thonboden, frisch mit Stallmist gedüngt; No. 9 hatte Senf, No. 10 Puffbohnen als Vorfrucht. No. 11 u. 12 wuchsen ebenfalls auf frisch mit Stallmist gedüngtem sandigen Thonboden. No. 13 Thonboden gedüngt. No. 14—16 wuchsen in Eldena auf sandigem Lehm.

*) J. Boussingault (Die „Landwirthschaft„ etc. I, 289) untersuchte 2 Proben Spelt, wovon die eine als „Weizen von Barel, Trit. spelta rufa mutiva mit geringen kleinen Körnern" bezeichnet ist, welche letztere 78,1 % eines „grauen, rauhen" Mehles ergaben; das Mehl enthielt 3,85 % Stickstoff, entspr. 24,1 % stickstoffhaltiger Substanz; das Mehl der anderen als „grosser Spelt mit sehr grossen Körnern" bezeichneten Probe, welche letztere 73,1 % eines sehr „rauhen" Mehles ergaben, enthielt 3,53 % Stickstoff, entspr. 22,1 % stickstoffhaltiger Substanz.

No.	Nähere Bezeichnung	Zeit der Untersuchung	In der ursprünglichen Substanz: Wasser %	Stickstoff-Substanz %	Fett %	Stickstofffreie Extraktstoffe %	Rohfaser %	Asche %	In der Trocken-Substanz: Stickstoff-Substanz %	Stickstofffreie Extraktstoffe %	Stickstoff in der Trocken-Substanz %	Analytiker
17	„Spelz“, enthülst	1871	13,10	11,30	2,53	67,49	2,92	1,91	13,40	78,29	2,14	W. Pillitz [1])
18	„Dinkel“, enthülst	„	12,82	11,90	2,96	67,53	2,27	1,95	13,75	77,96	2,20	
	Mittel *)	—	**13,37** **)	**11,84**	**1,85**	**68,22**	**2,65**	**2,07**	**13,67**	**79,90**	**2,19**	

Emmer.***)

(Amelkorn, Gerstendinkel, Reisdinkel.) Triticum amyleum Scr. Amel-corn. — Épautre.

No.	Nähere Bezeichnung	Zeit der Untersuchung	Wasser %	Stickstoff-Substanz %	Fett %	Stickstofffreie Extraktstoffe %	Rohfaser %	Asche %	Trocken: Stickstoff-Substanz %	Stickstofffreie Extraktstoffe %	Stickstoff in der Trocken-Substanz %	Analytiker
1	Winter-Emmer von Schleissheim, mit Spelzen) . . .	1856	13,59	12,44	—	—	—	—	14,38	—	2,30	W. Mayer [2])
2	Sommer-Emmer von Schleissheim, mit Spelzen . . .	„	13,79	12,94	—	—	—	—	14,88	—	2,38	
3	Dichter, rother Emmer, Eldena, glasig	1858	—	—	—	—	—	—	14,69	—	2,35	v. Bibra [3])
4	Weisser Emmer, Eldena, glasig	„	—	—	—	—	—	—	12,75	—	2,04	
	Mittel	—	**13,37** °)	**12,28**	—	—	—	—	**14,18**	—	**2,27**	

Einkorn.°°)

(Pferdedinkel, Peterskorn, Blicken, Dinkel.) Triticum monococcum L. — One-grainet-wheat.

No.	Nähere Bezeichnung	Zeit der Untersuchung	Wasser %	Stickstoff-Substanz %	Fett %	Stickstofffreie Extraktstoffe %	Rohfaser %	Asche %	Trocken: Stickstoff-Substanz %	Stickstofffreie Extraktstoffe %	Stickstoff in der Trocken-Substanz %	Analytiker
1	Einkorn von Giessen . . .	1845	14,40	11,08	—	—	—	1,72	12,94	—	2,07	*Horsford* [4])
2	Rothes Einkorn, meist glasig	„	—	—	—	—	—	—	11,06	—	1,77	*v. Bibra* [5])

[1]) Zeitschr. f. analytische Chemie 1872, **11**, 46. Methode der Untersuchung siehe bei „Weizenkörner-Analysen“ desselben Autors Anm. [3]) S. 422. Die nähere Analyse ergab:

		Stärke %	Dextrin %	Zucker %	Extraktstoffe %	Unlösl. Albumin %	Lösliches Albumin %	Unlösl. Asche %	Lösliche Asche %
No. 17	Im ursprünglichen Zustande	61,72	2,12	1,06	2,59	9,03	2,27	0,52	1,39
	In der Trocken-Substanz .	71,60	2,46	1,23	3,00	10,77	2,63	0,60	1,61
No. 18	Im ursprünglichen Zustande	61,61	1,32	0,92	3,68	9,47	2,43	0,65	1,30
	In der Trocken-Substanz .	71,13	1,52	1,06	4,25	10,94	2,81	0,75	1,50

[2]) W. Mayer, Münchener Ergebnisse, **I**, 1. Boden: Kalkboden mit seichter Krume und Thongerölle im Untergrund.

[3]) v. Bibra, „Die Getreidearten und das Brot.“ Nürnberg, 1860. Boden: sandiger Lehm.

[4]) Ann. d. Chem. u. Pharm. 1846, **58**, 166.

[5]) v. Bibra, „Die Getreidearten und das Brot.“ Nürnberg, 1860. Das untersuchte Einkorn stammte von Eldena. Der Boden war ein lehmig-sandiger, guter Gerstenboden.

*) Für die Mittelwerthsberechnung der Stickstoff-Substanz, des Fettes und der Asche wurden sämmtliche Analysen, für die der Rohfaser nur No. 17 u. 18 berücksichtigt.

) Nach obigem Mittel der Haupttabelle bei Weizen angenommen. Vergl. die Anmerkungen **) und *) auf Seite 415; der wirkliche mittlere Wassergehalt beträgt nach vorstehenden Analysen 12,89 %.

***) Zenneck (Schweigger's Journ. f. Chem. u. Phys. 1823, **39**, 323) untersuchte eine Probe rothen Emmer („Trit. dicoccon“), der auf sandigem Lehmboden in Hohenheim gewachsen war; dieselbe wurde gröblich gemahlen und ohne gebeutelt worden zu sein, als schwärzliches Mehl der Untersuchung unterworfen. Die Analyse ergab 12,5 % Wasser, 13,0 % Kleber, 20,0 % Hülsen-Substanz, 58,8 % Stärke, 0,3 % Extraktivstoff, 0,2 % Seifenstoff und 0,3 % Schleim mit Eiweiss. Ausserdem wurden 7,1 % Asche gefunden.

°) Nach obigem Mittel der Haupttabelle bei Weizen angenommen. Vergl. die Anmerkungen **) und ***) auf Seite 415; der mittlere Wassergehalt nach obigen 2 Analysen beträgt 13,69 %.

°°) J. B. Boussingault (Die „Landwirthschaft“ etc. **I**, 289) untersuchte eine Probe „Tr. monococcum, kleiner Spelt“, deren Körner als „klein“ und deren Mehl als „glatt“ bezeichnet ist. Die Körner lieferten 79,2 % Mehl, welches 3,97 % Stickstoff, entsprechend 24,8 % stickstoffhaltiger Substanz, enthielt.
Zenneck (Schweigger's Journ. f. Chem. u. Phys. **43**, 487) untersuchte eine Probe Einkorn und fand im Mehl gebeutelt 15,34 % Kleber, 0,81 % Faser, 76,46 % Stärke, 0,19 % Eiweiss, 7,2 % Extrakt (in der Trocken-Substanz); Wasser im frischen Mehl 15,8 %; im Schrot ungebeutelt 15,0 % Kleber, 7,5 % Faser, 65,0 % Stärke, 1,4 % Eiweiss, 11,1 % Extrakt (in der Trocken-Substanz); Wasser im frischen Schrot 16,5 %, Asche im frischen Schrot 1,6 %.

II. Roggen.

Secale cereale. — Rye. — Seigle.

Winterroggen.

(Bei den mit * versehenen Analysen fehlt die Angabe, ob der untersuchte Roggen Winter- oder Sommerroggen war.)

Aeltere Analysen:

1. Herepath, Journ. Roy. Agric. Soc. England **14**, 2, 450 (Edw. F. Hemming's Tabelle).
2. Moleschott's Physiologie der Nahrungsmittel, 2, 107. Analysen von Payen und Fürstenberg.
3. J. B. Boussingault, Die Landwirthschaft etc. 2, 174 und 3, 200.
4. A. Stöckhard in Wolff's Grundlagen des Ackerbaues 1856, 853.
5. E. N. Horsford, Ann. Chem. Pharm. 1845, 58, 166.
6. Davy in v. Bibra, Die Getreidearten und das Brot, Nürnberg 1860.
7. Hermbstädt in Fresenius, Lehrbuch der Chemie für Landwirthe 1847, 289.
8. Fresenius, ebendaselbst.
9. Fraas (Weende'r Jahresbericht 1855/56, Bayer. landw. Centralbl.) fand in einem aus dem Jahre 1427 stammenden, eingemauert gefundenen Roggen 1,15 % Stickstoff bei 7,4 % Wassergehalt. Das Korn war braunroth geworden, roch erwärmt wie gebrannter Kaffee und gab an Wasser eine braune Humussubstanz ab.
10. W. Mayer (Ergebnisse der Versuchsstation München 1857, 1, 1) untersuchte Roggen von verschiedenen Bodenarten mit folgendem Ergebnisse:

No.	Herkunft und Bodenart	In der ursprünglichen Substanz			In der Trocken-Substanz	
		Wasser %	Stickstoff-Substanz %	Asche %	Stickstoff-Substanz %	Stickstoff %
1	Schleissheim; seichter Kalkboden . . .	13,61	11,93	1,92	13,81	2,21
2	Mönchshofen; Lehm, Donaualluvium . .	11,77	12,79	—	14,50	2,32
3	Illerfeld	13,59	12,75	—	14,75	2,36
4	Brennberg; kalkhaltiger Lehm	13,86	12,76	1,77	14,81	2,37
5	Litzendorf; brauner Jura	14,31	10,50	—	12,25	1,96
6	Geisfeld; schwarzer Jura	14,24	11,74	—	13,69	2,19
7	Tiefenellern; weisser Jura	14,19	11,69	—	13,62	2,18
8	Triesdorf; sandiger Lehm	13,74	10,30	1,79	11,94	1,91
9	Gelchsheim; fetter Thon	13,12	12,22	—	14,06	2,25
10	Gerhardsbrunn; bunter Vogesensandstein .	14,06	11,49	—	13,37	2,14

11. von Bibra (Die Getreidearten und das Brot, Nürnberg 1860, 294) untersuchte Roggenkörner und fand:

Roggen aus	Zahl der Proben	Specifisches Gewicht		In der Trocken-Substanz Stickstoff	
		Mittel	Schwankungen	Mittel %	Schwankungen %
Deutschland	15	1,45	1,33—1,55	2,12	1,43—3,64
England und Schottland . .	7	—	—	1,82	1,55—2,00
Schweden	2	—	—	1,99	1,90—2,07

No.	Nähere Bezeichnung	Zeit der Untersuchung	In der ursprünglichen Substanz: Wasser %	Stickstoff-Substanz %	Fett %	Stickstofffreie Extraktstoffe %	Rohfaser %	Asche %	In der Trocken-Substanz: Stickstoff-Substanz %	Stickstofffreie Extraktstoffe %	Stickstoff in der Trocken-Substanz %	Analytiker
1	Staudenroggen, 1850, Hohenheim	1851	14,04	13,61		67,53	2,84	1,98	15,83	—	2,53	Fehling u. Faist[1])
2	desgl., 1851, Hohenheim .	„	14,06	11,42		70,53	2,23	1,76	13,29	—	2,13	
3	Roggen, 1850, Ochsenhausen	„	12,62	10,76		73,14	1,82	1,66	12,32	—	1,97	
4	desgl, 1851, Ochsenhausen	„	14,07	11,34		71,83	1,07	1,69	13,20	—	2,11	
5	desgl., 1851, Kirchberg . .	„	14,70	11,80		69,81	1,99	1,70	13,83	—	2,21	
6	desgl., 1850, Ellwangen .	„	14,66	12,12		69,56	2,11	1,55	14,20	—	2,27	
7	desgl., 1851, Ellwangen .	„	14,49	12,06		69,08	1,99	2,58	10,40	—	1,66	
8	desgl. (geschroten) . . .	1853	16,50	(9,60)	2,10	61,10	(8,50)	3,30	11,50	71,85	1,84	E. Wolff[2])
9	Winterrogg., schwere Körner	1854	18,34	9,08	2,33	65,33	3,52	1,40	11,12	79,91	1,78	Al. Müller[3])
10	desgl., leichte Körner . .	„	16,46	10,06	2,81	64,23	4,64	1,80	12,04	77,00	1,93	
11	desgl., schwere Körner . .	1856	17,94	9,53		67,10	3,41	2,02	11,61	—	1,86	G. Wunder[4])
12	desgl, leichte Körner . .	„	17,49	10,00		66,14	4,22	2,15	12,12	—	1,96	
13	desgl, schwere Körner . .	„	16,95	8,96		70,67	2,04	1,38	10,79	—	1,73	
14	desgl., leichte Körner . .	„	17,55	9,67		68,72	2,57	1,49	11,73	—	1,88	
15	Roggen von 1855 . . .	„	15,53	8,79	1,99	65,53	(6,39)	1,77	10,41	77,09	1,68	Poggiale[5])
16	Holsteinischer Winterroggen, Mittel verschieden gedüngter Roggen	1859	18,68	11,65	—	—	—	1,69	14,33	—	2,29	Th. Siegert[6])
17	Gelbreife Körner, nicht nachgereift, geerntet 18. Juli .	1860	—	—	—	—	—	—	8,75	(73,30)	1,40	B. Lucanus[7])
18	desgl., nachgereift, geerntet 18. Juli	„	—	—	—	—	—	—	8,53	(74,73)	1,36	
19	desgl., bei gewöhnlicher Aufbewahrung, geerntet 18. Juli	„	—	—	—	—	—	—	9,53	(73,87)	1,52	
20	desgl., bei beschränkter Nachreife, geerntet 26. Juli .	„	—	—	—	—	—	—	9,11	(73,79)	1,46	
21	Völlig reife (überreife) Körner, ohne Nachreife .	„	—	—	—	—	—	—	8,39	(76,64)	1,34	
22	Völlig reife Körner, mit Nachreife, geerntet 26. Juli	„	—	—	—	—	—	—	9,47	(75,71)	1,52	

[1]) Liebig u. Kopp's Jahresber. 1851, 812. Der Wassergehalt der frischen Körner, der „Kleber"gehalt (aus dem Stickstoff-Gehalt berechnet), die Holzfaser (durch aufeinanderfolgendes Auslaugen mit verdünnter Säure und ebensolcher Kalilauge), der Aschengehalt wurden direkt, der Stärke- und Fettgehalt (den wir nicht anführen) aus der Differenz bestimmt.

[2]) Weende'r Jahresber. 1853, **2**, 9. Zeitschr. f. Deutsche Landwirthe 1853, 118. Die stickstoffhaltige Substanz wurde direkt bestimmt, nicht aus dem Stickstoff-Gehalt berechnet. Die stickstofffreien Extraktstoffe enthielten 56,7 % Stärke und 6,4 % Dextrin und Zucker. Die Summe der Bestandtheile ergiebt 101,1.

[3]) Amts- u. Anzeigebl. f. Sachsen 1855, 38. (Weende'r Jahresber. 1855/56, **2**, 15.) Die beiden Roggen waren auf demselben Felde gewachsen und nur durch Werfen in Körner von verschiedenem Scheffelgewicht getrennt worden.

	Gew. d. Hektol.	Körnerzahl d. Hektol.	Gew. v. 100 Körn.	Spec. Gew.	Volumen eines Korns
No. 9 . . .	72,5 kg	2 813 000	2,58 g	1,387	0,0186 ccm
No. 10 . . .	58,57 „	4 529 800	1,29 „	1,383	0,0093 „

[4]) Ebendaselbst 1857, April. Der Roggen No. 11 u. 12 stammte von einem anderen Standorte als der von A. Müller untersuchte (No. 9) und zwar vom Versuchsfelde der Chemnitzer Versuchsstation. No. 13 u. 14 stammen von Dittersdorf.

	No. 11	12	13	14
Gewicht von 1 Dresdener Scheffel	165,34 Pfd.	149,20 Pfd.	171 Pfd.	158 Pfd.
Zahl der Körner in 1 Dresdener Scheffel	2 550 000	4 272 000	—	—

[5]) Polytechn. Centrbl. 1858, 6. Weende'r Jahresber. 1855/56, **2**, 20. Rohfaser mit Malzaufguss erhalten (vergl. die Weizenanalysen von demselben Autor).

[6]) Landw. Versuchsstationen 1861, **3**, 128. (Vergl. „Roggen unter dem Einfluss der Düngung." S. 475, No. 1—7).

[7]) Ebendaselbst 1862, **4**, 147. Vergl. „Roggen in verschiedenen Reifeperioden." Der Roggen war zu Dahme (leichter Sandboden?) gewachsen.

No.	Nähere Bezeichnung	Zeit der Untersuchung	In der ursprünglichen Substanz: Wasser %	Stick-stoff-Substanz %	Fett %	Stickstoff-freie Ex-traktstoffe %	Roh-faser %	Asche %	In der Trocken-Substanz: Stick-stoff-Substanz %	Stickstoff-freie Ex-traktstoffe %	Stickstoff in der Trocken-Substanz %	Analytiker
23	Aus dem mittleren Schweden	1860	14,29	8,50	2,29	71,34	1,47	2,11	9,92	83,23	1,59	*C. M. Eisenstuck* [1])
24	Aus Schleissheim, Kalkboden	„	15,66	12,19	1,70	63,80	4,97	1,68	14,46	75,64	2,31	*R. H. Ph. Zöller* [2])
	Hektoliter-Gewicht											
25	Saatroggen I . 71,94 kg	1862	9,10	13,61	—	—	—	1,84	14,97	—	2,39	*C. Schmidt* [3])
26	desgl. II . . . 72,20 „	„	9,38	12,63	—	—	—	1,80	13,93	—	2,23	
27	Gebrauchsrogg. III 71,87 „	„	10,64	13,89	—	—	—	1,76	15,54	—	2,49	
28	*Aus Sachsen	1868	15,57	11,01	2,07	66,05	2,58	2,72	13,04	78,24	2,09	*J. Lehmann* [4])
29	*	1871	13,85	12,44	2,17	66,26	3,93	1,45	14,47	77,05	2,32	*W. Pillitz* [5])
30	*Aus Ungarisch-Altenburg, trocknes Jahr, 1866 . .	1870	12,70	15,94	2,26	64,41	2,40	1,60	18,25	74,58	2,92	*Leop. Lenz* [6])
31	desgl., nasses Jahr, 1870 .	„	13,85	15,35	2,01	64,59	2,39	1,80	17,81	75,00	2,85	
32	In Westfalen gebaut . .	1877	—	—	—	—	—	—	11,23	—	1,80	*J. König* [7])
33	Saatroggen	1872	15,40	11,47	1,96	67,24	1,92	1,77	13,60	79,70	2,18	*E. Heiden u. Fr. Voigt* [8])
34	Daraus auf schwerem Boden gezogener Roggen . . .	1873	13,68	8,94	2,26	71,54	1,71	1,87	10,35	82,87	1,66	
35	Saatroggen	1874	12,88	11,20	1,98	70,13	1,76	1,90	12,88	80,64	2,06	
36	Daraus auf schwerem Boden gezogener Roggen . . .	1875	12,86	10,83	1,91	70,83	1,70	1,87	12,43	81,28	1,99	
37	Saatroggen	1876	7,08	13,21	2,00	73,76	1,89	2,00	14,23	79,43	2,28	
38	Daraus auf schwerem Boden gezogener Roggen . . .	1877	12,80	12,51	1,92	69,14	1,82	1,81	14,35	79,29	2,30	
39	Aus Hannover, geschroten	1871	15,27	12,50	1,72	66,21	2,39	1,91	14,75	78,15	2,36	*U. Kreusler* [9])
40	Aus Hannover, Körner . .	„	15,03	—	—	—	2,53	1,75	—	—	—	

[1]) Landw. Versuchsstationen 1861, **3**, 241. Der Roggen ist auf einem zwar guten, aber ausgetragenen Boden, nach dem in früherer Zeit in Schweden ziemlich allgemeinen System der Zweifelderwirthschaft ohne allen Dünger gebaut worden. Die Rohfaser (Cellulose) wurde durch aufeinanderfolgendes Behandeln der Substanz mit 3 proc. Salzsäure, 3 proc. Natronlauge, Alkohol und Aether erhalten.

[2]) Ergebnisse der Versuchsstation München, **3**, 148. Von uns berechnetes Mittel der Analysen von 8 verschieden gedüngten Roggen. Vergl. „Winterroggen unter dem Einflusse der Düngung“ No. 8—16. Die Roggenkörner enthielten 61,6 % Stärke.

[3]) Livländische Jahrbücher der Landwirthschaft 1863, **16**, 129. Zu Turneshof in Livland 1862 geerntet. Die Zahlen beziehen sich auf (auf der „Riegendarre“) getrockneten, an freier Luft wieder „lufttrocken“ gewordenen Roggen. Der trockne, warme Herbst des Erntejahrs erklärt den durchschnittlich um 2—3 % unter dem Mittel bleibenden geringeren Wassergehalt. No. 25 u. 27 stammten von Binnenschlägen, No. 26 von Schafweideschlag (Aussenschlag) des Gutes. Der „Stärkemehlgehalt“ wurde ermittelt, indem 1 Thl. Substanz mit 50 Thl. einer 4 Volumenprocente Schwefelsäurehydrat enthaltenden Säure bis zum Aufhören der Jodreaktion behandelt und die erhaltene Lösung mit Kupferlösung titrirt wurde. (Die Zahlen für „Stärkemehl“ umfassen daher auch alle in Zucker überführbaren Bestandtheile. Der Ref.) Die Differenz von 100 einerseits und der Summe von Wasser, Albumin, Stärkemehl und Asche andererseits ist als „Cellulose“ etc. bezeichnet. Die Zahlen für Stärkemehl und Cellulose sind folgende:

	I.	II.	III.
Stärkemehl	63,19	63,42	63,56 %
Cellulose etc.	12,26	12,77	10,15 „

[4]) Amtsbl. f. d. landw. Vereine in Sachsen 1868, **17**, 18.

[5]) Zeitschr. analyt. Chem. 1872, **11**, 46. Methode der Untersuchung siehe oben bei Weizenanalysen desselben Autors. (S. 422, Anmerkung [3]). Die Summe der Bestandtheile der lufttrocknen Körner ergiebt 99,89 %. Die Körner enthielten:

	Stärke	Dextrin	Zucker	In Wasser lösl. Extraktstoffe	Lösliches Eiweiss	Lösliche Salze
Lufttrocken . . .	56,41	4,97	1,87	3,01	3,33	1,23 %
Wasserfrei	65,60	5,78	2,07	3,50	3,87	1,50 „

[6]) Landw. Versuchsstationen 1870, **12**, 344. Der untersuchte Roggen stammte von dem Landgute der landw. Lehranstalt zu Ungarisch-Altenburg. Die Witterung des Jahres 1866 war eine trockene, die im Jahre 1870 eine solche, „wie sie feuchten, nördlichen Klimaten zukommt“.

[7]) 1. Ber. der Versuchsstation Münster 1871/77, 140. Mittel von 3 Analysen verschieden gedüngten Roggens. Vergl. „Winterroggen unter dem Einflusse der Düngung“ No. 17—19.

[8]) Denkschrift der Versuchsstation Pommritz 1882. Näheres siehe unten bei gedüngtem Roggen S. 476, No. 20—33. Die Analysen von No. 34 u. 36 sind die von uns berechneten Mittel von je 6 Analysen verschieden gedüngten Roggens.

[9]) 1. Ber. der Versuchsstation Hildesheim. Celle 1873, 26.

No.	Nähere Bezeichnung	Zeit der Untersuchung	In der ursprünglichen Substanz: Wasser %	Stickstoff-Substanz %	Fett %	Stickstoff-freie Extraktstoffe %	Rohfaser %	Asche %	In der Trocken-Substanz: Stickstoff-Substanz %	Stickstoff-freie Extraktstoffe %	Stickstoff in der Trocken-Substanz %	Analytiker
41	*	1875	—	—	—	—	—	—	12,94	79,87	2,07	*H. Weiske* [1]
42	*	1878	16,00	11,80	2,00	63,10	4,20	2,90	14,04	75,13	2,25	*P. Wagner u. W. Rohn* [2]
43	Von Cassel	1880	15,61	8,43	1,63	70,08	1,71	2,54	9,99	83,04	1,60	*Th. Dietrich* [3]
44	*Roggen, geschroten . . .	1875	13,90	13,40	2,46	60,30	6,20	3,80	15,56	70,04	2,49	
45	*desgl.	„	13,18	14,13	3,02	61,50	4,65	3,52	16,28	70,82	2,60	
46	Pirnaer Roggen; Sandmergelboden	1880	15,00	9,9		70,2	2,0	2,9	11,64	—	1,86	
47	desgl.	„	15,00	9,4		71,9	1,7	2,0	11,05	—	1,77	
48	Staudenroggen; sandig-lehmiger Boden	„	15,00	11,1	1,7	67,1	2,0	3,1	13,05	78,95	2,09	
49	Vierländer Roggen; lehmiger Sand	„	15,00	9,7	1,3	69,5	2,1	2,4	11,41	81,77	1,83	
50	Liprechtröder Landroggen; lehmiger Sand, Bergland	„	15,00	9,9	1,4	69,2	2,0	2,5	11,64	81,42	1,86	
51	Landroggen, lehmiger Sand	„	15,00	9,0	1,4	70,7	2,0	1,9	10,58	83,19	1,69	
52	desgl; humoser Lehm . .	„	15,00	9,9	1,3	68,4	2,1	3,3	11,64	80,48	1,86	
53	desgl.; Sandboden . . .	„	15,00	10,9	1,6	67,5	2,0	3,0	12,82	79,42	2,05	
54	desgl.; Sandboden . . .	„	15,00	10,9	1,5	66,6	1,9	4,1	12,82	78,37	2,05	
55	desgl.; Sandboden . . .	„	15,00	11,2	1,4	66,9	2,2	3,3	13,17	78,71	2,11	*M. Märcker u. F. Holdefleiss* [4] (Nr. 44–64)
56	desgl.; schwerer Thonboden	1881	15,00	9,5	1,4	69,7	2,7	2,7	10,17	81,82	1,63	
57	Champagner-Roggen; mässig humos. Sandboden, Höhenlage	„	15,00	8,8	1,5	70,1	2,0	2,6	10,35	82,48	1,66	
58	Probsteier Roggen . . .	„	15,00	8,2	1,1	71,5	2,1	2,1	9,64	84,13	1,54	
59	Vierländer Roggen . . .	„	15,00	8,3	1,3	71,7	2,1	1,6	9,76	84,36	1,56	
60	Zeeländer; humoser, milder, kalkreicher Lehm . . .	„	15,00	8,5	1,6	70,6	2,0	2,3	10,00	83,07	1,60	
61	Probsteier Roggen; sandiger, humusarmer Lehm . .	„	15,00	8,5	1,4	71,6	2,0	1,5	10,00	84,24	1,60	
62	Landroggen; steiniger Muschelkalkboden . . .	„	15,00	8,6	1,3	71,1	2,0	2,0	10,11	83,66	1,62	
63	Champagner-Roggen; humoser Lehm	1882	15,00	7,3	1,2	70,1	2,5	3,9	8,58	82,47	1,37	
64	Johannisroggen; humusarmer Thon, Höhenlage .	„	15,00	8,4	1,3	70,4	2,5	2,4	9,88	82,83	1,58	
	Roggenanbauversuche in Ermersleben.*)											
65	Heine's Zeeländer . . .	1888	12,00	8,47	1,38	74,22	2,00	1,93	9,62	84,61	1,54	*M. Märcker u. Mitarbeiter* [5] (Nr. 65–66)
66	Schlanstedter	„	12,00	10,97	1,38	71,71	1,89	2,05	12,51	81,75	2,00	

[1]) Der Landwirth 1875, **11**, 219.
[2]) Privat-Mittheilung.
[3]) Privat-Mittheilung.
[4]) Zeitschr. d. landw. Centralv. d. Prov. Sachsen 1876, 243 und Privat-Mittheilung.
[5]) Mitgetheilt von M. Märcker nach Untersuchungen von Cluss, Dürr, von Dunker, Gerhardt, Gerlach, Schneider, Steffeck. Magdeburgische Zeitung 1889. Centrbl. Agrik.-Chem. 1889, **18**, 837—848.

*) Der Boden des Versuchsfeldes war ein humoser, kalkhaltiger Lehmboden auf Löslehmunterlage, normaler, milder Zuckerrübenboden, der im Jahre 1887 Kartoffeln mit 160 Ctr. Stallmist, 50 Pfd. Chilisalpeter und 50 Pfd. Doppelsuperphosphat getragen und im Herbst nur noch eine Düngung von 30 Pfd. schwefelsaurem Ammoniak und im Frühjahr noch 50 Pfd. Chilisalpeter erhalten hatte.

30*

No.	Nähere Bezeichnung	Zeit der Untersuchung	In der ursprünglichen Substanz: Wasser %	Stickstoff-Substanz %	Fett %	Stickstofffreie Extraktstoffe %	Rohfaser %	Asche %	In der Trocken-Substanz: Stickstoff-Substanz %	Stickstofffreie Extraktstoffe %	Stickstoff in der Trocken-Substanz %	Analytiker
67	Riesenstauden	1888	12,00	10,10	1,23	72,82	1,85	2,00	11,51	84,47	1,84	M. Märcker u. Mitarbeiter [1])
68	Chrestensen's Riesen	„	12,00	10,73	1,34	71,58	2,11	2,24	12,45	81,60	1,99	
69	Colossal Hybrid	„	12,00	11,80	1,39	70,40	1,97	2,44	13,45	80,26	2,25	
70	Grosskörniger	„	12,00	10,03	1,32	71,53	2,09	2,03	11,43	81,54	1,83	
71	Nordschleswiger	„	12,00	9,78	1,28	72,83	2,04	2,07	11,15	83,03	1,78	
72	Correns	„	12,00	10,67	1,29	72,19	1,94	1,91	12,16	82,30	1,95	
73	Westpreussischer Roggen*) Ernte 1887	1887	13,68	9,18	1,41	71,77	2,18	1,77	10,51	82,19	1,68	M. Fischer [2])
74	Westpreussischer Roggen*) Ernte 1888	1888	13,40	9,34	1,42	71,83	2,20	1,81	10,79	82,94	1,73	
75	Westpreussischer Roggen*) Ernte 1889	1889	13,85	10,13	1,51	70,82	2,00	1,69	11,76	82,21	1,88	
	Roggen aus dem Bezirk Minden i. Westfalen**).											
	I. Vom rechten Weserufer. Ernte 1888.											
76	Aus Egtrot	1888	7,89	13,19	1,58	69,37	5,48	2,49	14,32	75,31	2,29	A. Stood [3])
77	„ Bornholz	„	8,11	10,70	1,39	73,64	4,15	2,01	11,64	80,14	1,86	
78	„ Rottenhof	„	8,27	11,55	1,26	72,74	4,06	2,12	12,59	79,30	2,01	
79	„ Neesen	„	9,52	10,37	1,40	73,51	3,18	2,02	11,46	81,24	1,83	
80	„ Meissen	„	17,42	10,67	1,52	65,24	3,33	1,82	12,92	79,00	2,07	
81	„ Narmmen	„	16,48	10,70	1,39	66,84	2,80	1,79	12,81	80,03	2,05	
82	„ Edlerburg	„	16,89	10,70	1,47	66,10	3,01	1,83	12,88	79,53	2,06	
83	„ Lerbeck	„	16,73	10,21	1,44	66,93	2,91	1,78	12,26	80,38	1,96	
	Ernte 1889.											
84	Aus Rottenhof	1889	16,48	9,91	1,44	68,20	2,14	1,83	11,86	81,66	1,90	
85	„ Neesen	„	14,16	9,49	1,32	71,31	1,85	1,87	11,05	83,07	1,77	
86	„ Meissen	„	14,65	10,64	1,42	68,80	2,48	2,01	12,47	80,61	2,10	
87	„ Lerbeck	„	14,69	10,31	1,35	69,98	1,93	1,74	12,08	82,03	1,93	
88	„ Möllbergen	„	15,73	10,83	1,45	67,63	2,39	1,97	12,85	79,31	2,06	
89	„ Aminghausen	„	15,01	9,48	1,47	69,85	2,35	1,84	11,16	82,18	1,79	
	Roggen vom rechten Weserufer, Mittel	—	**13,72**	**10,58**	**1,42**	**69,34**	**3,00**	**1,94**	**12,26**	**80,27**	**1,96**	
	II. Vom linken Weserufer. Ernte 1888.											
90	Aus Südhemmern	1888	12,36	11,35	1,27	69,46	3,69	1,87	12,95	79,26	2,07	
91	desgl.	„	8,90	12,76	1,26	72,73	2,35	2,00	14,01	83,37	2,24	
92	„ Holzhausen	„	12,30	11,52	1,37	69,89	3,10	1,82	13,13	79,69	2,10	
93	„ Hartum	„	13,39	11,42	1,26	69,67	2,40	1,86	13,18	80,44	2,11	
94	„ Katenhausen	„	14,57	11,37	1,45	68,83	2,00	1,78	13,31	80,57	2,13	

[1]) Vergl. Anmerkung [5]) S. 467.
[2]) Vergl. Anmerkung [1]) S. 477.
[3]) Landw. Versuchsstationen 1891, **38**, 89—92.

*) M. Fischer bestimmte auch die verschiedenen Stickstoff-Verbindungen in diesen Roggenkörnern. Vergl. unten S. 478. — Bei diesen Roggenproben diente die Ernte des voraufgehenden Jahres als Saatgut für das folgende Jahr.
**) Vergl. Anmerkung *) S. 469.

No.	Nähere Bezeichnung	Zeit der Untersuchung	In der ursprünglichen Substanz: Wasser %	Stick-stoff-Substanz %	Fett %	Stickstoff-freie Extraktstoffe %	Roh-faser %	Asche %	In der Trocken-Substanz: Stick-stoff-Substanz %	Stickstoff-freie Extraktstoffe %	Stickstoff in der Trocken-Substanz %	Analytiker
95	Aus Stemmer	1888	12,14	12,45	1,37	69,54	2,45	2,05	14,17	79,15	2,27	A. *Stood* [1]) *)
96	desgl.	„	9,85	11,54	1,38	73,04	2,15	2,04	12,80	81,02	2,09	
97	„ Hahlen	„	13,84	11,78	1,41	68,88	2,21	1,88	13,67	79,94	2,19	
98	desgl.	„	14,10	11,48	1,30	68,95	2,48	1,69	13,37	80,26	2,14	
99	„ Nordhemmern . . .	„	10,73	13,06	1,28	70,62	2,43	1,88	14,63	79,11	2,34	
100	„ Wecking	„	10,45	12,74	1,41	71,05	2,27	2,08	14,23	79,34	2,28	

[1]) Landw. Versuchsstationen 1891, **38**, 89—92.

*) Der Roggen vom linken Weserufer gilt im Kreise Minden allgemein für minder backfähig, als der vom rechten Weserufer. Das Brot aus ersterem ist dunkelfarbig und hat durchweg einen hohen Feuchtigkeitsgehalt. Der Roggen selbst ist ebenfalls von dunkeler Farbe, ferner dickhülsig und rauhschalig. Aus diesem Grunde wird im Kreise Minden von den Bäckern der Roggen vom rechten Ufer, der die genannten Eigenschaften nicht besitzt, dem vom linken Weserufer für Backzwecke vorgezogen.

A. Stood fand ferner in der Trocken-Substanz:

Roggen vom rechten Weserufer.

Ernte 1888.

No.	Nähere Bezeichnung	Reineiweiss %	Dextrose %	Dextrin %	Stärke %	Sonstige stickstofffreie Extraktstoffe %
1	Aus Egtrot	13,06	3,21	3,08	54,87	14,16
2	„ Bornholz	10,83	3,26	4,10	55,29	17,48
3	„ Rottenhof . . .	12,01	2,34	4,08	54,24	18,64
4	„ Neesen	10,81	2,42	3,89	56,14	18,79
5	„ Meissen	11,48	1,97	5,06	57,11	14,87
6	„ Narmmen . . .	11,48	1,95	4,87	57,78	15,56
7	„ Edlerburg . . .	11,40	2,59	3,79	58,51	14,64
8	„ Lerbeck	11,69	2,39	3,95	58,38	15,66
	1888, Mittel	11,60	2,52	4,10	56,54	16,23

Ernte 1889.

No.	Nähere Bezeichnung	Reineiweiss %	Dextrose %	Dextrin %	Stärke %	Sonstige stickstofffreie Extraktstoffe %
1	Aus Aminghausen . .	10,22	2,44	3,95	61,51	14,28
2	„ Möllbergen . . .	11,92	2,61	3,25	62,04	12,35
3	„ Rottenhof . . .	10,51	3,38	3,45	62,64	12,21
4	„ Neesen	10,03	2,39	3,52	61,10	16,07
5	„ Meissen	11,77	2,53	4,19	56,87	17,03
6	„ Lerbeck	10,92	2,53	3,79	62,79	12,93
	1889, Mittel	10,89	2,65	3,69	61,15	14,14
	1888/89, Gesammtmittel	**11,25**	**2,59**	**3,90**	**58,85**	**15,17**

Roggen vom linken Weserufer.

Ernte 1888.

No.	Nähere Bezeichnung	Reineiweiss %	Dextrose %	Dextrin %	Stärke %	Sonstige stickstofffreie Extraktstoffe %
1	Aus Südhemmern . .	11,35	3,08	3,01	61,97	11,20
2	desgl.	12,50	1,10	5,22	60,26	13,27
3	„ Holzhausen . . .	12,15	1,50	4,54	68,88	5,79
4	„ Hartum	11,70	1,27	4,92	62,44	11,81
5	„ Katenhausen . .	12,21	1,73	4,40	66,18	8,26
6	„ Stemmer	13,49	1,74	3,55	60,87	12,99
7	desgl.	12,09	1,53	4,90	61,34	13,26
8	„ Hahlen	12,28	1,75	4,05	65,97	10,19
9	desgl.	12,62	1,30	5,24	60,57	13,15
10	„ Nordhemmern . .	13,09	1,85	4,08	59,19	13,99
11	„ Wecking	12,53	2,01	3,66	65,95	7,72
	1888, Mittel	12,37	1,71	4,32	63,03	10,78

Ernte 1889.

No.	Nähere Bezeichnung	Reineiweiss %	Dextrose %	Dextrin %	Stärke %	Sonstige stickstofffreie Extraktstoffe %
1	Aus Weddigenstein . .	11,64	1,30	4,82	57,89	16,27
2	„ Hille	11,56	1,95	4,04	55,18	18,77
3	„ Katenhausen . .	12,05	1,67	4,43	60,59	12,84
4	„ Meeslingen . . .	11,02	1,60	4,44	61,03	13,97
5	„ Hahlen	11,31	1,29	4,23	61,82	14,16
6	„ Holzhausen . . .	11,55	1,48	4,28	56,96	15,76
	1889, Mittel	13,22	1,55	4,37	59,24	15,29
	1888/89, Gesammtmittel	**12,80**	**1,63**	**4,35**	**61,15**	**12,96**

Hiernach liefert die chemische Analyse keinen nennenswerthen und keinen sicheren Anhaltspunkt für die Erklärung der obigen Unterschiede in der Backfähigkeit der Mehle. Vielleicht bedingt der grössere Gehalt des Roggens vom rechten Weserufer an Dextrose, der stets scharf hervortritt, eine bessere Säuerung bezw. Gährung des Teiges und dadurch eine grössere Lockerung des Brotes, während der gleichzeitig geringere Gehalt an Stickstoff-Substanz dem Austrocknen weniger Widerstand entgegensetzt wie beim Brot aus Roggen vom linken Weserufer.

No.	Nähere Bezeichnung	Zeit der Untersuchung	In der ursprünglichen Substanz: Wasser %	Stick-stoff-Substanz %	Fett %	Stickstoff-freie Ex-traktstoffe %	Roh-faser %	Asche %	In der Trocken-Substanz: Stick-stoff-Substanz %	Stickstoff-freie Ex-traktstoffe %	Stickstoff in der Trocken-Substanz %	Analytiker
	Ernte 1889.											
101	Aus Holzhausen	1889	15,86	11,60	1,29	67,71	1,94	1,60	13,79	80,47	2,21	*A. Stood* [1])
102	„ Weddigenstein . . .	„	14,78	10,93	1,32	69,42	2,45	2,10	12,83	81,46	2,05	
103	„ Hille	„	15,75	11,83	1,42	67,35	2,20	1,45	14,04	79,94	2,25	
104	„ Katenhausen	„	14,79	11,95	1,28	67,77	2,57	1,64	14,02	79,53	2,24	
105	„ Meeslingen	„	15,79	10,40	1,46	68,24	2,43	1,68	12,35	81,04	1,98	
106	„ Hahlen	„	15,51	10,35	1,36	68,86	2,26	1,66	12,26	81,50	1,96	
	Roggen vom linken Weser-ufer, Mittel	—	**13,24**	**11,63**	**1,35**	**69,52**	**2,43**	**1,83**	**13,41**	**80,36**	**2,15**	
107	Ohne nähere Bezeichnung .	1890	11,74	10,75	1,71	72,48	1,47	1,85	12,18	82,42	1,95	*S. Weinwurm* [2])
108	Deutscher Roggen . . .	1896	14,98	9,48 *)	—	—	—	—	11,15	—	1,78	*M. Fischer* [3])
109	Russischer Roggen . . .	„	11,04	13,13 *)	—	—	—	—	14,76	—	2,36	
110	desgl., Mittel von 15 Analysen	1888	12,78	13,15	1,72	68,25	1,80	1,90	15,08	78,25	2,41	*Mich. Popow* [4])
111	Ohne nähere Bezeichnung .	1896	12,20	8,46	1,36	72,05	4,17	1,76	9,64	83,20	1,54	*M. Falke* [5])
112	Aus Magdeburg	1897	10,69	10,55	1,33	69,30	6,32	1,81	11,81	77,65	1,89	*Plagge u. Lebbin* [6])
113	desgl.	„	10,94	10,06	1,34	70,09	5,82	1,75	11,30	78,70	1,81	
114	„ Müllrose	„	9,70	9,41	1,30	73,80	4.07	1,72	10,42	81,73	1,67	
115	„ Berlin	„	12,55	8,61	1,22	71,07	4,84	1,71	9,84	81,29	1,57	
116	„ Bruck an der Mur .	„	12,42	10,82	1,20	68,29	5,26	2,01	12,36	78,03	1,98	
117	Westfälischer Roggen . .	1889	17,64	10,50		67,94	2,30	1,62	12,75	+ Fett 82,49	2,04	*Schulte im Hofe* [7])
118	desgl.	„	17,07	11,56		70,81	2,06	1,87	13,44	81,36	2,15	
119	desgl.	„	15,04	12,15		69,00	2,09	1,84	14,30	81,22	2,29	
120	Königsberger Roggen . .	„	14,43	11,40		69,95	2,35	1,72	13,32	81,93	2,13	
121	Odessa- „ . .	„	13,13	12,19		70,84	2,07	1,77	14,03	81,56	2,24	

[1]) Vergl. Anmerkung [1]) u. *) S. 469.
[2]) Oesterr. ung. Zeitschr. f. Zuck.-Ind. u. Landw. 1890, **19**, 163.
[3]) Max Fischer, Deutscher und russischer Roggen. Halle. Otto Thiele. 1895.
[4]) Monit. scientif. 1888, 826. Zeitschr. angew. Chem. 1888, 476.
[5]) Max Falke, Ueber den Mahlprocess und die chemische Zusammensetzung der Mahlprodukte einer modernen Roggenkunstmühle. Inaugural-Dissertation. Bern 1896.
[6]) Plagge u. Lebbin, Untersuchungen über das Soldatenbrot. Veröffentl. aus dem Gebiete des Militär-Sanitätswesens, Heft 12. Berlin. Aug. Hirschwald. 1897.
[7]) Vergl. Anmerkung [1]) S. 471.

*) M. Fischer fand ferner an Stickstoff-Verbindungen:

Nähere Bezeichnung	In der Trocken-Substanz: Reineiweiss %	In Wasser bei 60° löslich: im Ganzen %	In Wasser bei 60° löslich: Albumin %	In 70 proc. Alkohol bei 40° löslich %	In 1 proc. Essigsäure bei 60° unlöslich %	In 1 proc. Soda bei 60° unlöslich %
Deutscher Roggen	1,541	0,695	0,128	1,160	0,945	0,516
Russischer Roggen	2,084	0,966	0,169	1,603	1,114	0,923
	In Procenten des Gesammt-Stickstoffs.					
Deutscher Roggen	86,38	52,47	7,17	65,02	52,97	28,92
Russischer Roggen	88,27	52,65	7,16	67,89	47,18	39,09

No.	Nähere Bezeichnung	Gew. v. 100 Körn. g	1 Bushel wiegt Pfd.	Zeit der Untersuchung	In der ursprünglichen Substanz: Wasser %	Stick-stoff-Substanz %	Fett %	Stickstoff-freie Extraktstoffe %	Roh-faser %	Asche %	In der Trocken-Substanz: Stick-stoff-Substanz %	Stickstoff-freie Extraktstoffe %	Stickstoff in der Trocken-Substanz %	Analytiker
												+ Fett		
122	Petersburger Roggen			1889	14,98	12,62	68,27		2,12	2,01	14,84	80,31	2,37	*Schulte im Hofe*[1])
123	Helenen- „			„	12,81	13,39	69,95		2,26	1,59	15,36	80,23	2,46	
124	Nicolajeff- „			„	13,46	13,75	65,69		2,26	1,84	15,89	79,39	2,54	
125	Tagan- „			„	13,72	15,00	67,16		2,34	1,87	17,38	77,85	2,78	
	Roggen aus Nordamerika. Winterroggen.											Stickstoff-freie Extraktstoffe		
126	Von Pennsylvanien (White Winter-Rye)			1878	8,68	12,07	2,07	73,91	1,40	1,87	13,22	80,93	2,12	*P. Collier*[2])
127	Mittel von 6 Analysen . . .			—	11,60	10,60	1,70	72,60	1,60	1,90	11,99	82,13	1,92	*E. H. Jenkins*[3])
	Vermont.													
128	Common New-England	2,10	62,3	1886	7,80	10,33	2,00	76,84	1,35	1,68	11,21	83,34	1,79	*Clifford Richardson*[4])
129	White Winter . .	2,40	64,1	„	8,07	11,55	2,12	75,03	1,38	1,85	12,57	81,61	2,01	
130	Winter	2,10	58,6	„	8,90	11,03	1,80	75,32	1,35	1,60	12,11	82,67	1,95	

[1]) Zeitschr. ges. Brauwesen 1889, **12**, 173—177.
Schulte im Hofe fand ferner in:

No.	117	118	119	120	121	122	123	124	125
Stärke	52,24	51,26	51,15	53,13	53,35	53,10	52,51	52,31	52,69 %
Kali (K_2O)	0,42	0,39	0,49	0,55	0,50	0,52	0,49	0,47	0,49 „
Phosphorsäure (P_2O_5)	0,81	0,79	0,73	0,64	0,56	0,71	0,57	0,64	0,57 „

Um zu erfahren, wie sich die Roggenproben in der Praxis für die Presshefenfabrikation eignen würden, wurden 20 g feingeschrotener Roggen in einem Becherglase mit 100 ccm Wasser und 0,05 g nach C. J. Lintner (Zeitschr. ges. Brauwesen 1888, **11**, 17) dargestellter Rohdiastase versetzt. Das Becherglas wurde in ein Dampfbad von 62,5° gestellt und unter öfterem Umrühren der Maische so lange stehen gelassen, bis eine herausgenommene, vollkommen erkaltete Probe mit Jodlösung keine Stärke-Reaktion mehr gab. Hierzu waren ca. 2½ Stunden erforderlich. Hierauf wurde die Maische schnell abgekühlt, der Inhalt des Becherglases mit Wasser auf genau 200 g ergänzt, durchgemischt und filtrirt. Die Berechnung der Extraktausbeute (nach Schultze-Ostermann) geschah wie bei Malz. Zur Bestimmung der Stärke wurden 25 ccm Würze nach Sachsse-Märcker invertirt und darin die Dextrose bestimmt und auf Stärke umgerechnet. Auf diese Weise ergab sich:

Nähere Bezeichnung des Roggens	Extrakt-ausbeute, auf wasser-freien Roggen bezogen %	Der wasserfreie Extrakt enthält: Maltose %	Dextrin %	Stickstoff-Substanz %	Kali %	Phosphor-säure %	Sonstige Bestandtheile %	Dextrin : Maltose = 1 :	In Procenten des Gesammtgehaltes des Roggens gehen in die Würze über: Stickstoff-Substanz %	Kali %	Phosphor-säure %
Westfälischer Roggen . .	87,05	56,26	19,47	5,31	0,56	0,80	17,60	2,9	35,92	96,08	70,41
desgl.	86,39	56,32	18,74	5,61	0,53	0,71	18,15	3,0	35,01	97,87	65,52
desgl.	82,94	54,58	20,91	6,17	0,64	0,65	17,21	2,6	30,10	91,38	62,79
Königsberger Roggen . .	81,27	64,15	15,63	5,52	0,73	0,51	13,46	4,1	34,53	92,20	64,06
Odessa-Roggen	80,54	63,13	16,42	6,23	0,67	0,49	13,06	3,8	35,78	96,50	60,93
Petersburger Roggen . .	82,80	62,04	16,70	5,49	0,72	0,67	14,28	3,7	30,59	98,36	66,26
Helenen- „ . .	81,26	63,04	14,39	6,79	0,68	0,54	14,56	4,3	35,93	98,21	67,69
Nicolajeff- „ . .	80,54	63,13	16,42	6,23	0,67	0,49	13,06	3,8	33,80	100,00	60,81
Tagan- „ . .	81,00	62,64	17,02	7,06	0,68	0,52	12,08	3,7	32,91	96,50	63,63
								Mittel	33,84	96,34	64,68

[2]) Ann. Report of the Commissioner of Agriculture for 1878, 146. An näheren Bestandtheilen sind noch genannt: Zucker 4,82 %, in Alkohol lösliche Eiweissstoffe 2,72 %, Gummi 4,40 %, Stärke (Differenz) 64,69 %.

[3]) Ann. rep. Connect. Agric. Exper. Stat. for 1884. Tafel von der Zusammensetzung amerikanischer Futterstoffe von E. H. Jenkins. Als Maximal- und Minimalgehalte der 6 Analysen sind angegeben:

	Trocken-Substanz	Protein	Fett	Stickstofffr. Extraktstoffe	Rohfaser
Minimum . . .	86,80	9,50	1,40	70,70	1,40 %
Maximum . . .	91,30	12,10	2,10	73,90	2,10 „

[4]) Vergl. Anmerkung [1]) S. 472.

No.	Nähere Bezeichnung	Gew. v. 100 Körn. g	1 Bushel wiegt Pfd.	Zeit der Untersuchung	In der ursprünglichen Substanz: Wasser %	Stickstoff-Substanz %	Fett %	Stickstofffreie Extraktstoffe %	Rohfaser %	Asche %	In der Trocken-Substanz: Stickstoff-Substanz %	Stickstofffreie Extraktstoffe %	Stickstoff in der Trocken-Substanz %	Analytiker
	Connecticut.													
131	Common-Roggen	2,41	—	1886	8,84	10,85	1,91	75,02	1,38	2,00	11,90	82,30	1,90	*Clifford Richardson*[1]
132	desgl.	1,99	60,2	„	7,74	10,50	2,09	75,72	1,75	2,20	11,38	82,07	1,82	
133	Common White-R.	2,38	61,5	„	9,17	10,25	1,74	75,55	1,32	1,97	11,29	83,17	1,81	
134	Winter	2,52	62,8	„	9,69	9,80	1,80	75,38	1,45	1,88	10,85	83,47	1,75	
	Rhode-Island.													
135	Winter	2,15	—	„	9,75	10,15	1,71	74,40	1,89	2,10	11,25	82,44	1,80	
	New-York.													
136	Winter	2,24	60,4	„	8,02	14,53	2,09	71,43	1,38	2,55	15,79	77,67	2,53	
137	desgl.	2,32	56,2	„	9,12	10,68	1,58	74,96	1,26	2,40	11,75	82,48	1,88	
138	Native	2,31	60,1	„	8,98	11,55	1,69	74,37	1,25	2,16	12,69	81,71	2,03	
139	White	2,16	62,6	„	8,93	9,45	2,10	76,42	1,33	1,77	10,38	83,93	1,66	
140	Common	2,06	63,1	„	7,35	11,38	2,13	75,37	1,61	2,16	12,28	81,35	1,96	
	Pennsylvania, New-Jersey.													
141	Common white	1,70	63,3	„	9,05	9,98	2,16	75,61	1,10	2,10	10,98	83,12	1,76	
142	Jersey	2,60	59,1	„	8,93	11,73	1,74	74,34	1,23	2,03	12,88	81,63	2,00	
143	White	2,42	59,3	1885	9,35	11,73	1,86	73,71	1,20	2,15	12,94	81,32	2,07	
144	Common	2,81	62,3	„	8,75	11,38	1,76	74,63	1,34	2,14	12,47	81,78	2,00	
145	Canada	2,59	63,5	„	9,35	11,20	1,92	74,31	1,52	1,70	12,35	81,97	1,98	
	Ohio.													
146	Common	2,79	61,6	„	9,81	10,50	1,79	74,00	1,35	2,55	11,64	82,04	1,86	
147	Black Fall	2,08	61,7	„	8,15	12,08	1,93	74,26	1,88	1,70	13,16	80,84	2,11	
	Illinois.													
148	?	1,91	60,4	„	9,57	10,33	2,16	74,59	1,42	1,93	11,47	82,44	1,84	
149	White	1,87	60,7	„	9,99	10,55	1,98	72,41	1,35	3,72	11,62	80,55	1,86	
150	Common Winter	1,72	61,7	„	8,85	10,15	2,09	76,01	1,10	1,80	11,13	83,40	1,78	
151	Common	1,41	57,8	„	7,62	12,96	2,06	72,68	1,95	2,73	14,02	78,69	2,24	
152	White Winter	2,10	60,0	„	8,85	10,85	1,85	75,05	1,25	2,15	11,90	82,34	1,90	
153	Common Black	1,82	58,7	„	8,73	13,13	1,86	71,33	1,58	3,37	14,39	78,15	2,30	
154	Winter	1,64	58,1	„	9,45	10,50	1,92	75,08	1,45	1,60	11,59	82,92	1,85	
155	desgl.	1,84	59,4	„	8,45	13,13	1,98	72,48	1,60	2,36	14,34	78,17	2,29	
156	Common white	1,67	60,1	„	9,18	11,20	1,70	75,15	1,15	1,62	12,33	82,75	1,97	

[1]) Depart. of Agriculture, Division of Chemistry. Bull. No. 9. Third Report on the chemical composition and physical properties of american cereals Wheat, Oats, Barley and Rye. Washington 1886, 52 u. 81. Von einigen der Roggen wurden noch nähere Bestandtheile bestimmt, und zwar (in lufttrockner Substanz):

No.	134	135	138	142	143	147	155	156	157	159	160	167	170	174	175	180
Zucker etc.	8,10	6,74	7,85	6,20	9,46	7,89	8,49	6,25	7,10	7,45	7,83	6,92	7,29	7,89	7,52	7,93
Dextrin etc.	4,76	4,36	5,19	6,02	4,44	4,14	4,38	5,56	5,00	4,46	4,80	4,54	5,32	4,44	4,20	4,50
Stärke	62,52	63,31	61,33	62,12	59,81	62,23	59,61	64,34	62,40	62,59	62,19	63,55	60,55	58,73	62,74	60,47
Albuminoide in 80 proc. Alkohol löslich	2,20	1,90	2,17	1,76	3,08	2,71	3,45	2,17	2,76	2,56	2,15	2,14	2,44	3,03	2,18	3,17
Albuminoide darin unlöslich	7,60	8,25	9,38	9,97	8,65	9,37	9,68	9,03	8,44	8,99	9,39	9,24	9,26	9,05	9,20	9,78

No.	Nähere Bezeichnung	Gew. v. 100 Körn. g	1 Bushel wiegt Pfd.	Zeit der Untersuchung	In der ursprünglichen Substanz: Wasser %	Stick-stoff-Substanz %	Fett %	Stickstoff-freie Extraktstoffe %	Roh-faser %	Asche %	In der Trocken-Substanz: Stick-stoff-Substanz %	Stickstoff-freie Extraktstoffe %	Stickstoff in der Trocken-Substanz %	Analytiker
	Wisconsin.													
157	Common	2,00	60,4	1885	8,65	11,20	1,86	74,50	1,47	2,32	12,26	81,56	1,96	*Clifford Richardson*[1]
158	. . . .	2,10	62,6	„	8,41	10,33	1,59	76,97	1,15	1,55	11,28	84,03	1,80	
159	?	1,69	60,6	„	8,80	11,55	1,84	74,50	1,35	1,96	12,66	81,69	2,53	
160	Black Winter . .	1,85	60,2	„	8,38	11,90	1,38	74,88	1,56	1,90	12,93	81,77	2,07	
161	White	2,70	61,6	„	10,00	10,85	1,69	74,13	1,38	1,95	12,05	82,37	1,93	
	Minnesota.													
162	. . . .	2,13	60,8	„	9,13	11,20	1,63	74,70	1,40	1,94	12,32	82,22	2,13	
163	Canada white . .	2,78	62,2	„	8,75	11,90	1,94	74,38	1,18	1,85	13,04	80,51	2,09	
164	?	1,90	—	„	7,25	12,43	2,46	73,51	1,95	2,40	13,40	79,26	2,14	
	Jowa.													
165	Common	1,59	60,2	„	7,69	10,68	2,16	75,81	1,68	1,98	11,57	82,13	1,85	
166	Summer Hill . .	1,30	58,2	„	8,50	11,38	2,48	73,32	1,53	2,80	12,44	80,52	1,99	
167	White Winter . .	2,10	60,2	„	8,32	11,38	1,93	75,01	1,28	2,08	12,42	81,80	1,99	
	Missourie.													
168	White	—	—	„	7,27	11,20	2,19	75,82	1,59	1,93	12,20	81,58	1,95	
	Nebraska.													
169	Common, mixed .	1,30	60,3	„	8,27	9,28	2,25	77,54	1,39	1,31	10,12	84,48	1,62	
	Maryland.													
170	?	2,17	62,0	„	9,70	11,73	1,93	73,16	1,38	2,10	12,99	81,02	2,08	
171	Early white . . .	2,57	59,9	„	9,64	10,85	1,65	74,63	1,43	1,80	12,01	82,59	1,92	
	Virginia.													
172	Winter	1,92	60,2	„	8,60	12,43	1,77	73,10	1,80	2,30	13,60	79,97	2,18	
	West-Virginia.													
173	Pennsylvania White	2,43	62,8	„	8,87	11,55	1,90	73,70	1,31	2,67	12,67	80,88	2,03	
174	White	2,06	59,4	„	8,35	12,08	1,75	73,60	1,54	2,68	13,18	80,31	2,11	
	North-Carolina.													
175	White	1,87	62,1	„	8,75	11,38	1,85	74,46	1,55	2,01	12,47	81,62	2,00	
176	desgl.	1,67	62,3	„	8,60	12,25	2,33	74,64	1,63	1,55	13,40	80,57	2,14	
	South-Carolina.													
177	Common	2,04	—	„	8,44	10,50	1,73	76,01	1,56	1,76	11,47	82,02	1,84	
	Kentucky.													
178	White	1,58	—	„	—	12,25	2,27	—	1,70	—	—	—	—	
179	Black	2,25	—	„	9,82	12,08	1,93	72,86	1,38	1,93	13,40	80,79	2,14	
	Georgia.													
180	Georgia	1,24	—	„	8,24	12,95	2,17	72,90	1,83	1,91	14,12	79,44	2,26	
	Colorado.													
181	. . . .	—	—	„	9,05	15,58	1,98	68,74	1,85	2,80	17,14	75,56	2,78	
182	. . . .	—	—	„	8,05	12,95	2,91	72,38	1,76	1,95	14,05	78,79	2,25	
183	. . . .	1,81	61,4	„	6,85	11,38	2,01	76,23	1,48	2,05	12,22	81,83	1,96	

[1]) Vergl. Anmerkung [1]) S. 472.

No.	Nähere Bezeichnung			Zeit der Untersuchung	In der ursprünglichen Substanz: Wasser %	Stickstoff-Substanz %	Fett %	Stickstoff-freie Extraktstoffe %	Rohfaser %	Asche %	In der Trocken-Substanz: Stickstoff-Substanz %	Stickstoff-freie Extraktstoffe %	Stickstoff in der Trocken-Substanz %	Analytiker
	Washington Territory.	Gew. v. 100 Körn. g	1 Bushel wiegt Pfd.											
184	Departement . .	3,45	—	1885	7,00	11,03	2,05	76,27	1,55	2,10	11,86	82,01	1,90	Clifford Richardson[1])
185	Kansas	—	—	"	11,60	12,60	2,22	70,49	1,49	1,60	14,25	79,74	2,28	
186	Berechnetes Mittel aus No. 128—185, R. a. Nordamerika	—	—	"	11,20	12,40	1,88	71,32	1,40	1,80	13,96	80,31	2,23	
187	United States, 57 Analysen . . .	2,07	60,9	"	8,67	11,32	1,94	74,52	1,46	2,09	12,40	81,59	1,98	
188	Staaten an der Atlantischen Küste, 25 Analysen . .	2,19	61,2	"	8,75	11,26	1,91	74,74	1,45	1,99	12,34	81,80	1,97	
189	Staaten an d. Pacific-Küste, 4 Analys.	—	—	"	7,74	12,73	2,24	73,40	1,66	2,23	13,80	79,55	2,21	
190	Nördl. Staaten, 43 Analysen . . .	2,07	60,8	"	8,73	11,10	1,92	74,74	1,43	2,08	12,17	81,88	1,95	
191	West-Staaten, 25 Analysen . . .	1,75	60,0	"	8,71	11,17	1,94	74,62	1,44	2,12	12,81	81,17	2,05	
192	Süd-Staat., 10 Anal.	1,98	61,2	"	8,80	11,68	1,90	74,01	1,54	2,07	12,80	81,16	2,05	
193	Amerikanischer Roggen, Mittel mehrerer Analysen			1882/6	8.67	11.32	1.94	74,52	1,46	2,09	12 39	81,59	1.98	H. W. Wiley[2])
				Anzahl d. Analysen										
	Mittel für Roggen aus Norddeutschland			83	13,37	10,79	1,48	69,62	2,57	2,17	12,46	81,08	1,99	
	desgl. aus Süddeutschland . .			36*)	13,37	12 04	1,98	67,97	2,73	1,91	13,88	78,49	2,22	
	Mittel für deutschen Roggen .			119	13,37	11,17	1,63	69,12	2,62	2,09	12,89	80,30	2,06	
	Mittel für amerikanischen Roggen			61	13,37	12,03	1,84	69,64	1,36	1,76	13,89	80,37	2,22	
	Gesammtmittel			185	**13,37** **)	**11,19**	**1,68**	**69,36**	**2,16**	**2,24**	**12,91**	**80,23**	**2,07**	
	Schwankungen***)			— —	6,85—18,68	7,27—15,81	1,19-3,01	60,68-73,30	1,04-6,24	1,24—4,18	8,39—18,25	70,04—84,61	1,34—2,92	

Sommerroggen.

No.	Nähere Bezeichnung	Spec. Gew.	Zeit der Untersuchung	Wasser %	Stickstoff-Substanz %	Fett %	Stickstoff-freie Extraktstoffe %	Rohfaser %	Asche %	Trocken: Stickstoff-Substanz %	Stickstoff-freie Extraktstoffe %	Stickstoff in der Trocken-Substanz %	Analytiker
1	Sommerroggen von Schleissheim, leichter Kalkboden . .		1856	14,16	15,45	—	—	—	—	18,00	—	2,88	W. Mayer[3])
2	Riesenroggen, Triesdorf, glasig	1,39	1858	—	—	—	—	—	—	16,87	—	2,70	v. Bibra[4])
3	desgl., Poppelsdorf, gemengt	—	"	—	—	—	—	—	—	16,75	—	2,68	

[1]) Vergl. Anmerkung [1]) S. 472.
[2]) Milchztg. 1892, **21**, 121.
[3]) Ergebnisse d. Versuchsstation München 1857, **I**, 1. Die Stickstoff-Substanz wurde von uns berechnet.
[4]) v. Bibra, „Die Getreidearten und das Brot". Nürnberg 1860, 294. Stickstoff-Substanz von uns berechnet.
*) Bei der Berechnung der Mittelzahlen für Roggen aus Süddeutschland sind auch die oben angeführten „Aelteren Analysen" eingeschlossen.
**) Nach dem mittleren Wassergehalt bei Weizen angenommen; der wirkliche mittlere Wassergehalt nach vorstehenden Analysen beträgt 12,93 %.
***) Die Schwankungszahlen für die einzelnen Bestandtheile ausser Wasser sind auf Roggen mit einem Wassergehalte von 13,37 % bezogen.

No.	Nähere Bezeichnung	Spec. Gew.	Zeit der Untersuchung	In der natürlichen Substanz: Wasser %	Stick-stoff-Substanz %	Fett %	Stickstoff-freie Extraktstoffe %	Roh-faser %	Asche %	In der Trocken-Substanz: Stick-stoff-Substanz %	Stickstoff-freie Extraktstoffe %	Stickstoff in der Trocken-Substanz %	Analytiker
4	Staudenroggen, Schwebheim, mehlig	1,38	1858	—	—	—	—	—	—	14,56	—	2,33	v. Bibra [1])
5	desgl., Triesdorf, gemengt	1,40	„	—	—	—	—	—	—	14,19	—	2,27	
6	Probsteiroggen, Triesdorf, gemengt	1,42	„	—	—	—	—	—	—	13,50	—	2,16	
7	desgl., Proskau, gemengt	1,40	„	—	—	—	—	—	—	12,50	—	2,00	
8	Aus Mecklenburg		1860	14,70	13,80		63,20	6,50	1,80	16,17	74,01	2,59	Wicke [2])
9	Russ. Sommerroggen, lettiger Sandboden		1870	12,90	17,34	2,54	62,46	2,66	2,10	18,91	72,71	3,03	Fr. Schwackhöfer [3])
10	Aus Wisconsin, Common		—	8,65	11,29	1,86	74,50	1,47	2,32	12,69	81,11	2,03	Clifford Richardson [4])
11	Aus Indiana, Spring		—	9,60	8,75	1,73	77,22	1,13	1,57	9,68	85,42	1,55	
	Mittel		—	**13,37** *)	**12,90**	**1,98**	**68,11**	**1,71**	**1,93**	**14,89**	**78,62**	**2,38**	

Winterroggen unter dem Einfluss der Düngung.

No.	Düngung.	Zeit der Untersuchung	Wasser %	Stickstoff-Substanz %	Fett %	Stickstofffreie Extraktstoffe %	Rohfaser %	Asche %	Trocken: Stickstoff-Substanz %	Trocken: Stickstofffreie Extraktstoffe %	Stickstoff in der Trocken-Substanz %	Analytiker
1	Ungedüngt	1860	19,43	11,38	—	—	—	1,71	14,13	—	2,26	Th. Siegert [5])
2	Schwefelsaures Ammoniak	„	19,17	11,52	—	—	—	1,69	14,25	—	2,28	
3	Salpetersaurer Kalk	„	20,80	12,03	—	—	—	1,61	15,19	—	2,43	
4	Saurer phosphorsaurer Kalk	„	18,51	11,25	—	—	—	1,69	13,81	—	2,21	
5	desgl. und schwefelsaures Ammoniak	„	18,11	12,19	—	—	—	1,70	14,88	—	2,38	
6	desgl. und salpetersaurer Kalk	„	16,07	11,54	—	—	—	1,72	13,75	—	2,20	
7	Mittel von No. 1—6	„	18,68	11,65	—	—	—	1,69	14,33	—	2,29	
8	Superphosphat, Glaubersalz und Kochsalz	„	15,83	12,19	1,74	64,20	4,35	1,69	14,48	76,27	2,32	R. H. Ph. Zöller [6])
9	desgl., schwefels. Ammoniak und Kochsalz	„	15,12	12,44	1,59	64,92	4,20	1,73	14,65	76,50	2,34	
10	Superphosphat, Chilisalpeter und Kochsalz	„	15,45	12,94	1,79	63,71	4,39	1,72	15,15	75,60	2,42	
11	desgl. und Kochsalz	„	15,84	12,23	1,80	63,86	4,57	1,70	14,53	75,88	2,32	
12	desgl. und Chilisalpeter	„	15,66	12,13	1,72	64,67	4,14	1,68	14,37	76,69	2,30	
13	desgl.	„	15,78	12,88	1,75	62,99	4,88	1,72	15,29	74,80	2,45	

[1]) Vergl. Anmerkung [4]) S. 474.

[2]) Wilda's landw. Centrbl. 1862, **2**, 371. (Journ. f. Landw. 1862, 215.) Unter stickstofffreien Extraktstoffen sind aufgeführt: Lignin, Kork, Cuticula, Schleim 10 %, Stärke 40,3 %, Zucker und Dextrin 12,9 %.

[3]) Landw. Versuchsstationen 1872, **15**, 105. Auf dem Lande der Ackerbauschule zu Eibenschütz in Mähren kultivirt, 2. Ernte. 1 Hektoliter wog 86 kg. Ertrag auf lettigem, ziemlich kräftigem Sandboden 11⅝-fach. Der Roggen besteht aus grossen schweren Körnern.

[4]) Vergl. Amerikanische Winterroggen No. 128. Der Roggen No. 10 stammte aus dem County Chippewa, Staat Wisconsin, der unter No. 11 aus dem County Elkhart, Staat Indiana.

	Gesäet	Geerntet	Gew. v. 100 Körn.	Gew. v. 1 Bushel
N . 10	1. April	1. August	2,00 g	60,4 Pfd.
No. 11	10. April	25. Juli	2,10 g	63,5 Pfd.

[5]) Landw. Versuchsstationen 1861, **3**, 128. Die Versuche wurden auf einem Stück Gartenland mit ziemlich schwerem, aus Felsittuff entstandenen Thonboden ausgeführt; die Fläche hatte vorher mehrere Jahre hintereinander Kartoffeln getragen, ohne jedoch gedüngt worden zu sein. Der im Herbst 1858 ausgesäete Roggen war Holsteiner Winterroggen. Die gedüngten Parzellen erhielten 114 g Stickstoff bezw. 152 g Phosphorsäure, bezw. beides zusammen.

[6]) Vergl. Anmerkung [1]) S. 476.

*) Nach obigem mittleren Wassergehalt bei Weizen angenommen; der wirkliche mittlere Wassergehalt nach vorstehenden 5 Analysen beträgt 12 %.

No.	Nähere Bezeichnung	Zeit der Untersuchung	In der ursprünglichen Substanz: Wasser %	Stick-stoff-Substanz %	Fett %	Stickstoff-freie Extraktstoffe %	Roh-faser %	Asche %	In der Trocken-Substanz: Stick-stoff-Substanz %	Stickstoff-freie Extraktstoffe %	Stickstoff in der Trocken-Substanz %	Analytiker
	Düngung.											
14	Phosphorit	1860	15,65	11,13	1,53	63,35	6,69	1,60	13,19	75,11	2,11	*R. H. Ph. Zöller* [1])
15	Ungedüngt	„	15,91	11,56	1,63	62,79	6,50	1,61	13,74	74,68	2,20	
16	Mittel	„	15,66	12,19	1,70	63,80	4,97	1,68	14,46	75,64	2,31	
17	Ammoniak - Superphosphat (Herbst)	1877	—	—	—	—	—	—	10,95	—	1,75	*J. König* [2])
18	Superphosphat (Herbst), Chilisalpeter (Frühjahr) .	„	—	—	—	—	—	—	11,76	—	1,88	
19	Ungedüngt	„	—	—	—	—	—	—	10,99	—	1,76	*E. Heiden und Fr. Voigt* [3])
20	Saatroggen	1873	15,40	11,47	1,96	67,24	1,92	1,77	13,60	79,70	2,18	
21	I. Ungedüngt	„	14,13	9,15	2,12	70,19	1,71	1,92	10,75	82,49	1,72	
22	II. Ungedüngt	„	12,79	9,13	2,31	71,38	1,67	1,84	10,58	82,68	1,69	
23	III. Aetzkalk	„	13,96	8,00	2,30	72,34	1,51	1,77	9,31	84,19	1,49	
24	IV. Schwefels. Ammoniak .	„	13,19	8,13	2,18	72,85	1,84	1,70	9,38	84,03	1,50	
25	V. Phosphorsaurer Kalk .	„	12,80	9,13	2,25	71,14	1,66	2,08	10,58	82,48	1,69	
26	VI. Schwefelsaures Kali .	„	15,14	9,73	2,32	67,94	1,82	1,83	11,63	81,23	1,86	
27	Saatroggen	1875	12,88	11,20	1,98	70,13	1,76	1,90	12,88	80,64	2,06	
28	I. Ungedüngt	„	13,00	10,51	1,90	71,14	1,54	1,86	12,09	81,81	1,93	
29	II. Ungedüngt	„	13,27	10,82	1,93	70,51	1,62	1,79	12,48	81,36	2,00	
30	III. Aetzkalk	„	12,42	10,74	1,92	71,37	1,69	1,82	12,27	81,53	1,96	
31	IV. Schwefels. Ammoniak .	„	12,78	10,82	1,92	70,74	1,82	1,89	12,41	81,14	1,99	
32	V. Phosphorsaurer Kalk .	„	12,81	10,74	1,92	70,74	1,75	2,00	12,33	81,17	1,97	
33	VI. Schwefelsaures Kali .	„	12,90	11,36	1,85	70,25	1,74	1,87	13,04	80,69	2,09	
34	Saatroggen	1877	7,08	13,21	2,00	73,76	1,89	2,00	14,23	79,43	2,32	
35	I. Ungedüngt	„	7,78	12,94	1,87	73,12	2,22	2,00	14,04	79,35	2,23	
36	II. Ungedüngt	„	14,00	13,05	1,93	67,37	1,78	1,82	15,19	78,38	2,43	
37	III. Aetzkalk	„	12,80	12,39	1,95	69,00	2,00	1,84	14,21	79,14	2,27	
38	IV. Schwefels. Ammoniak .	„	14,58	11,63	1,95	68,44	1,79	1,60	13,61	80,14	2,18	
39	V. Phosphorsaurer Kalk .	„	12,35	12,28	1,90	70,17	1,51	1,77	14,01	80,08	2,24	
40	VI. Schwefelsaures Kali .	„	15,52	12,76	1,90	66,65	1,61	1,82	12,05	78,66	2,41	

[1]) Ergebn. d. Versuchsstation München, **3**, 148. Die untersuchten Roggenkörner waren bei Düngungsversuchen, die 1858 zu Schleissheim auf armem Kalkboden ausgeführt worden waren, gewonnen. Auf 100 Thl. Boden kommen 39—48 Thl. Kalksteine. 100 Thl. lufttrockne Erde enthalten: Natron 0,010, Kali 0,116, Magnesia 0,570, kohlensauren Kalk 3,414, Eisenoxyd 4,482, Thonerde 3,498, Phosphorsäure 0,051, Schwefelsäure 0,020, lösliche Kieselerde 0,578, Wasser 5,040, organische Stoffe und Glühverlust 6,078, Thon und Sand 76,143, Stickstoff 0,1206 %.

Die Parzellen waren je 1/8 bayr. Tagewerk gross und erhielten bezw. gleiche Mengen Stickstoff, Phosphorsäure und Natron. Die Düngermengen für 1/8 Tagewerk sind aus Folgendem ersichtlich:

	No. 8	9	10	11	12	13	14	15
Düngung	Superphosphat 45 Pfd.	wie bei No. 8	wie bei No. 8	wie 8	wie 8	wie 8	Phosphorit 40 Pfd.	Ungedüngt
	Glaubersalz 58 Pfd.	Ammoniaksalz 24 Pfd.	Chilisalp. 31 Pfd.	—	wie No. 10	—	—	
	Kochsalz 10 1/2 Pfd.	wie bei No. 8	wie bei No. 8	wie 8	—	—	—	

Die Stickstoff-Substanz wurde von uns nach angegebenem Stickstoff-Gehalt berechnet.

Die Roggenkörner enthielten Stärkemehl:

No. 8	9	10	11	12	13	14	15	16
62,00	62,85	61,99	61,20	62,25	61,28	59,51	59,77	61,6 %

[2]) 1. Ber. d. Versuchsstation Münster 1871/77, 138. Eine gleichmässig beschaffene Fläche des Gutes Sudbrack bei Bielefeld wurde in Stücke von 12,5 Are getheilt und davon das eine im Herbst 1876 mit 50 kg Ammoniak-Superphosphat (5 % Stickstoff und 14 % Phosphorsäure), das andere zu gleicher Zeit mit 14 %-igem Superphosphat und im Frühjahr 1877 mit 16,5 kg Chilisalpeter gedüngt.

[3]) Denkschrift der Versuchsstation Pommritz 1862. Die Zahlen für die Trocken-Substanz beziehen sich auf wasser- und sandfreie Substanz. Die Zusammensetzung der lufttrocknen Körner ist noch durch einen geringen Sandgehalt zu ergänzen. Derselbe betrug bei

No. 20	21	22	23	24	25	26	27	28	29	30	31	32	33
0,24	0,78	0,88	0,12	0,11	0,94	1,22	0,15	0,045	0,055	0,03	0,035	0,04	0,043 %.

No.	Nähere Bezeichnung	Zeit der Untersuchung	In der ursprünglichen Substanz: Wasser %	Stick-stoff-Substanz %	Fett %	Stickstoff-freie Extraktstoffe %	Roh-faser %	Asche %	In der Trocken-Substanz: Stick-stoff-Substanz %	Stickstoff-freie Extraktstoffe %	Stickstoff in der Trocken-Substanz %	Analytiker
	Düngung.											
	Erstes Versuchsjahr.											
41	I. Stallmist	1886	14,51	10,03	1,48	70,30	1,88	1,80	11,75	82,23	1,88	
42	II. Mineralstoffe	„	15,51	9,22	1,44	70,23	1,86	1,74	10,94	83,12	1,75	
43	III. desgl. + Stickstoff	„	14,36	9,47	1,46	71,08	1,92	1,71	11,06	83,00	1,77	
44	IV. Stickstoff	„	15,42	10,03	1,45	69,51	1,92	1,67	11,88	82,18	1,90	
45	V. Ungedüngt	„	15,13	10,03	1,43	69,77	1,90	1,74	11,81	82,21	1,89	
	Zweites Versuchsjahr.											
46	I. Stallmist	1887	12,00	9,24	1,37	73,70	1,71	1,98	10,50	83,75	1,68	
47	II. Mineralstoffe	„	12,00	8,36	1,36	74,72	1,68	1,88	9,50	84,91	1,52	
48	III. desgl. + Stickstoff	„	12,15	8,60	1,33	74,21	1,79	1,92	9,81	84,47	1,57	
49	IV. Stickstoff	„	12,08	9,08	1,37	73,89	1,75	1,83	10,31	84,04	1,65	
50	V. Ungedüngt	„	12,08	8,44	1,37	74,37	1,86	1,88	9,63	84,59	1,54	
	Drittes Versuchsjahr.											
51	I. Stallmist	1888	12,47	11,30	1,59	71,01	1,85	1,78	12,94	81,13	2,07	*Max*
52	II. Mineralstoffe	„	12,40	10,57	1,57	71,78	1,84	1,84	12,06	81,94	1,93	*Fischer* [1]
53	III. desgl. + Stickstoff	„	12,39	11,30	1,47	71,27	1,82	1,75	12,88	81,35	2,06	
54	IV. Stickstoff	„	12,37	11,38	1,49	71,22	1,85	1,69	12,91	81,27	2,08	
55	V. Ungedüngt	„	12,41	11,14	1,55	71,33	1,84	1,73	12,44	81,44	2,03	
	Viertes Versuchsjahr.											
56	I. Stallmist	1889	12,39	12,22	1,53	70,17	1,87	1,82	13,94	80,09	2,23	
57	II. Mineralstoffe	„	12,37	11,57	1,49	70,93	1,81	1,83	13,19	80,94	2,11	
58	III. desgl. + Stickstoff	„	12,44	12,22	1,48	70,02	2,08	1,76	13,94	79,97	2,23	
59	IV. Stickstoff	„	12,39	11,41	1,62	70,77	2,09	1,72	13,00	80,78	2,08	
60	V. Ungedüngt	„	12,43	11,41	1,51	70,95	1,93	1,77	13,00	81,02	2,08	
	Fünftes Versuchsjahr.											
61	I. Stallmist	1890	13,74	10,68	1,46	70,18	2,14	1,80	12,38	81,36	1,98	
62	II. Mineralstoffe	„	14,11	9,87	1,38	70,74	2,12	1,78	11,50	82,36	1,84	

[1]) Max Fischer, Die wirthschaftlich werthvollen Bestandtheile, insbesondere die stickstoffhaltigen Verbindungen im Roggenkorn unter dem Einfluss der Düngungsweise etc. X. Bericht aus dem physiol. Laboratorium und der Versuchsanstalt des landw. Instituts der Universität Halle, 1892, 34.

Die bei den Versuchen angewendeten Düngermengen waren folgende für 1 ha:

I. Stallmistdüngung. Jährlich 12000 kg mit 50 kg Phosphorsäure, 70 kg Kali und 70 kg Stickstoff.

II. Mineralstoffe. Jährlich 56 kg lösl. Phosphorsäure in Form von Superphosphat; 90 kg Kali in Form von schwefelsauren Kali-Magnesia.

III. Mineralstoffe + Stickstoff. Dieselbe Düngung wie bei II. und ausserdem 20 kg Stickstoff in Form von schwefelsaurem Ammoniak im Herbst und 20 kg Stickstoff in Form von Chilisalpeter als Kopfdüngung im Frühjahr.

IV. Nur Stickstoff. Dieselbe Stickstoffdüngung wie bei III., aber ohne Mineralstoffe.

V. Ungedüngt.

Bezüglich der Erntemengen an Stroh, Spreu und Körnern muss auf das Original verwiesen werden, ebenso bezüglich der Witterungsverhältnisse.

Max Fischer berechnete ferner die übrigen Gehaltszahlen auch auf 86 % Trocken-Substanz, ferner die Mittelzahlen der Parzellen durch alle 5 Jahrgänge bei 86 % Trocken-Substanz und die Mittelzahlen der Jahrgänge bei 86 % Trocken-Substanz.

Die Roggenkörner entstammten den Roggenernten der Einfelderwirthschaft im statischen Versuch auf dem Versuchsfelde des landwirthschaftlichen Instituts der Universität Halle a. S. Die angewendeten analytischen Methoden waren die zur Zeit in agrikultur-chemischen Laboratorien üblichen.

No.	Nähere Bezeichnung	Zeit der Untersuchung	In der ursprünglichen Substanz: Wasser %	Stickstoff-Substanz %	Fett %	Stickstoff-freie Extraktstoffe %	Rohfaser %	Asche %	In der Trocken-Substanz: Stickstoff-Substanz %	Stickstoff-freie Extraktstoffe %	Stickstoff in der Trocken-Substanz %	Analytiker
63	III. Mineralstoffe + Stickstoff	1890	14,15	9,79	1,45	70,74	2,06	1,81	11,39	82,40	1,82	*Max Fischer*[1]
64	IV. Stickstoff	„	13,97	10,52	1,44	70,37	2,09	1,61	12,25	81,79	1,96	
64	V. Ungedüngt	„	14,20	11,25	1,41	69,33	1,99	1,82	13,13	80,80	2,10	

[1]) Max Fischer bestimmte in den von ihm untersuchten Roggenkörnern auch die verschiedenen **Stickstoff-Verbindungen** mit folgendem Ergebnisse.

A. Roggen vom Versuchsfelde in Halle.

Die zur Trennung der verschiedenen Stickstoff-Verbindungen angewendeten Methoden waren die zur Zeit üblichen (Reinprotein durch Fällung mit Kupferoxydhydrat nach Stutzer, verdauliches Protein theils nur mit Pepsin, theils durch Pepsin und Pankreas-Verdauung nach Stutzer.

Düngung	In der Trocken-Substanz: Gesammt-Stickstoff %	Reinprotein-Stickstoff %	Amid-Stickstoff %	Nuclein-Stickstoff %	Verdaulicher Reinprotein-Stickstoff %	In Procenten des Gesammt-Stickstoffs: Reinprotein-Stickstoff %	Amid-Stickstoff %	Nuclein-Stickstoff %	Verdaulicher Reinprotein-Stickstoff %
Erstes Versuchsjahr:									
I. Stallmist	1,878	1,636	0,242	0,123	1,512	87,09	12,92	6,57	80,52
II. Mineralstoffe	1,747	1,578	0,169	0,117	1,461	90,35	9,65	6,72	83,63
III. desgl. + Stickstoff	1,769	1,527	0,242	0,116	1,411	86,32	13,68	6,55	79,77
IV. Stickstoff	1,898	1,638	0,260	0,125	1,513	86,29	13,71	6,57	79,72
V. Ungedüngt	1,891	1,678	0,213	0,132	1,546	88,71	11,29	6,95	81,76
Zweites Versuchsjahr:									
I. Stallmist	1,680	1,453	0,227	0,126	1,327	86,49	13,51	7,52	78,97
II. Mineralstoffe	1,519	1,321	0,198	0,126	1,195	86,95	13,05	8,31	78,64
III. desgl. + Stickstoff	1,566	1,353	0,213	0,126	1,226	86,38	13,62	8,07	78,31
IV. Stickstoff	1,652	1,396	0,256	0,119	1,276	84,46	15,54	7,22	77,24
V. Ungedüngt	1,535	1,352	0,183	0,133	1,218	88,03	11,97	8,69	79,34
Drittes Versuchsjahr:									
I. Stallmist	2,066	1,743	0,323	0,141	1,602	84,39	15,61	6,84	77,55
II. Mineralstoffe	1,932	1,639	0,293	0,134	1,505	84,83	15,17	6,95	77,88
III. desgl. + Stickstoff	2,064	1,742	0,302	0,134	1,607	84,39	15,61	6,50	77,89
IV. Stickstoff	2,078	1,697	0,381	0,134	1,563	81,65	18,35	6,45	75,20
V. Ungedüngt	2,035	1,683	0,352	0,141	1,542	82,71	17,29	6,93	75,77
Viertes Versuchsjahr:									
I. Stallmist	2,231	1,906	0,325	0,134	1,773	85,43	14,57	5,99	79,44
II. Mineralstoffe	2,113	1,788	0,325	0,120	1,668	84,62	15,38	5,67	78,95
III. desgl. + Stickstoff	2,233	1,848	0,385	0,127	1,7213	82,78	17,22	5,68	77,10
IV. Stickstoff	2,083	1,685	0,398	0,127	1,558	80,85	19,15	6,08	74,77
V. Ungedüngt	2,084	1,744	0,340	0,134	1,611	83,69	16,31	6,41	77,27
Fünftes Versuchsjahr:									
I. Stallmist	1,981	1,696	0,285	0,122	1,574	85,61	14,39	6,15	79,46
II. Mineralstoffe	1,839	1,596	0,243	0,122	1,474	86,79	13,21	6,66	80,13
III. desgl. + Stickstoff	1,825	1,553	0,272	0,122	1,431	85,12	14,88	6,71	78,42
IV. Stickstoff	1,956	1,653	0,303	0,129	1,524	84,52	15,48	6,61	77,90
V. Ungedüngt	2,097	1,748	0,349	0,123	1,626	83,35	16,65	5,84	77,51
B. Westpreussischer Roggen.									
Ernte 1887	1,703	1,426	0,277	0,157	1,269	83,76	16,24	9,24	74,52
„ 1888	1,726	1,436	0,290	0,164	1,272	83,19	16,81	9,50	73,69
„ 1889	1,881	1,662	0,218	0,165	1,498	88,37	11,63	8,76	79,61

Anhang zu Roggen.

Max Fischer (Fühling's Landw. Zeitung 1898) stellte beim Roggen Untersuchungen an über die

Beziehungen zwischen Kornfarbe und Stickstoff-Substanz.

Es enthielten (nach den Analysen von Röttger und Fest) bei ein und demselben Roggen an Gesammtprotein:

Farbe der Körner	1895		1896		1897	
	Pirnaer %	Petkuser %	Pirnaer %	Petkuser %	Pirnaer %	Petkuser %
Gelbe Körner	8,94	8,38	8,75	7,38	9,31	8,06
Grüne „	12,89	11,47	10,44	8,56	9,94	9,25

Von den Petkuser-Roggenkörnern des Jahrganges 1896 enthielten ferner:

Farbe der Körner		Reineiweiss nach A. Stutzer %	Gluten-Kasein (in Wasser unlösliches Eiweiss) %	In 70-procentigem Alkohol unlösliche Stickstoff-Substanz %	In 1-procentiger Essigsäure unlösliches Gluten-Kasein %	In 1-procentiger Sodalösung unlösliches Gluten-Kasein %
I. Die Körner . .	grün	7,30	5,54	6,32	5,92	3,03
	gelb	6,38	5,19	5,77	5,09	2,83
II. Das aus diesen gebeutelte Mehl (60%)	grün	6,29	4,79	4,73	3,90	1,70
	gelb	5,44	4,49	4,53	4,14	1,46

Roggenanalysen mit Berücksichtigung des Korngewichtes

von Nothwang theilt W. Gwallig (Landw. Jahrbücher 1894, 23, 835) mit:

I. Leipziger Roggen.

No.	Korngewicht	Wasser %	In der Trocken-Substanz: Stickstoff-Substanz %	Aether-extrakt %	Stickstoff-freie Extrakt-stoffe %	Rohfaser*) %	Asche %
1	20—30 mg	10,43	14,37	1,67	79,43	2,27	2,24
2	30—40 „	9,34	15,50	1,57	78,70	1,90	2,31
3	40—50 „	9,24	15,97	1,47	78,50	1,81	2,24
4	50 mg und mehr	10,58	18,66	1,54	75,82	1,74	2,23
	II. Schlanstedter Roggen.						
5	20—30 mg	10,76	13,73	—	—	—	—
6	30—40 „	11,42	14,49	1,72	79,40	2,20	2,16
7	40—50 „	11,62	14,85	1,68	79,42	2,00	2,04

*) Diese Angaben beziehen sich auf stickstoff- und aschefreie Rohfaser.

Analysen von verdorbenem Roggen.

R. Thal (Pharm. Zeitschr. f. Russland 1894, 641; Vierteljahresschr. Nahrungs- u. Genussm. 1894, 9, 584) untersuchte eine Anzahl von im Jahre 1893 im Warschauer Militär-Elevator verdorbenen Roggenproben (No. I—VI), verglichen mit einer in Warschau gekauften guten, normalen Roggenprobe. Die Farbe der verdorbenen Roggenproben ging von hellbraun in braun und endlich in schwarz über. Die Proben sind nach dem Grade des Verdorbenseins geordnet, No. I war am wenigsten und No. VI am stärksten verdorben. Endlich wurden auch noch 2 aus dem verdorbenen Roggen hergestellten Brote untersucht. Es ergab sich:

No.	Benennung der Substanz	Wasser	In der Trocken-Substanz																	Wasser-Bindevermögen der natürlichen Substanz
			Stickstoff-Substanz	Aether-Extrakt	Stickstofffreie Extraktstoffe	Cellulose (einschl. Karamelin)	Asche	Lösliche Substanz (nach Dragendorf)			In Wasser lösliche Substanzen						In Wasser unlösliche Stickstoff-Substanz	Rein-Eiweiss (nach Stutzer)	Stärke	
								in Petroläther	in absol. Aether	in absol. Alkohol	Ammoniak	andere Stickstoff-Substanzen	Zucker	Dextrin	Säure (Milchsäure)	Asche				
		%	%	%	%	%	%	%	%	%	%	%	%	%	%	%	%	%	%	%
1	Roggen, normal	17,39	11,00	2,46	82,48	2,05	2,01	1,513	0,338	0,605	0,018	4,252	2,42	5,66	0,328	1,46	6,73	10,13	74,08	62,81
2	Roggen, verdorben, No. I	16,96	11,36	2,69	81,92	2,13	1,90	1,517	0,289	0,614	0,024	3,976	2,76	5,70	0,343	1,56	7,36	10,10	73,15	63,87
3	„ „ „ II	16,09	11,20	2,65	82,32	1,89	1,94	1,382	0,286	0,572	0,024	3,186	2,99	5,49	0,474	1,25	7,99	10,08	73,38	63,87
4	„ „ „ III	16,19	11,25	2,41	82,26	1,97	2,11	1,400	0,286	0,453	0,037	2,193	3,44	3,68	0,544	1,69	9,02	10,32	74,61	68,87
5	„ „ „ IV	16,30	10,81	2,40	82,63	2,24	1,92	1,254	0,346	0,525	0,037	1,646	3,73	3,33	0,572	1,88	9,13	10,32	74,99	68,20
6	„ „ „ V	15,40	10,69	2,80	82,01	2,50	2,00	1,252	0,543	0,449	0,044	1,362	4,25	5,33	1,204	1,85	9,28	9,68	71,23	68,49
7	„ „ „ VI	13,49	10,88	2,93	79,79	4,38	2,02	1,132	0,716	0,566	0,620	2,036	0,39	9,20	2,207	2,19	8,78	9,01	68,18	0
8	Brot aus Roggen No. II .	41,56	11,31	2,26	82,02	1,95	2,46	0,804	0,479	0,371	0,049	2,511	3,40	6,41	1,495	1,89	8,75	10,12	70,71	—
9	desgl. „ III .	43,12	11,18	2,28	82,39	1,91	2,24	0,808	0,546	0,385	0,063	1,721	3,67	7,61	1,439	1,37	9,40	10,32	69,67	—

Ueber die angewendeten Untersuchungsmethoden ist folgendes zu erwähnen:

1. Das Ammoniak wurde nach Schlösing bestimmt.
2. Zur Fettbestimmung nach Pollenske wurde die Substanz eine Zeit lang behufs Invertirung mit Salzsäure erhitzt, die Flüssigkeit dann neutralisirt und wiederholt mit Aether ausgeschüttelt, worauf die Aetherauszüge filtrirt, zur Trockne gebracht und nach einstündigem Trocknen bei 105^0 gewogen wurden.
3. Zur Bestimmung der Milchsäure wurde der alkoholische Auszug der Substanz mit $^1/_{10}$ Normallauge titrirt.
4. Der ungewöhnlich hohe Cellulosegehalt bei den beiden am stärksten verdorbenen Mehlen erklärt sich durch die Beimengung des schwarzen „Karamelins“, welches sich bei den hochgradig verdorbenen Proben aus dem Zucker gebildet haben soll.

III. Gerste.

Hordeum vulgare, Körnicke; H. sativum, Jess. — Orge — Barley.

Hauptvarietäten: Hordeum polystichum, Döll.; H. musicum, Atterb.; H. distichum, Lam.; H. deficiens, Stend. und H. rostratum, Atterb.

Bei den nachfolgenden Gersten-Analysen sind die mehr oder minder vollständigen Analysen in den ersten Tabellen zusammengefasst. Daran schliessen sich die Mittel- und Schwankungszahlen der zahlreichen für Brauereizwecke ausgeführten Gersten-Untersuchungen. Die Gesammt-Mittelzahlen, sowie die Mittelzahlen für Gerste aus den verschiedenen Ländern folgen am Schlusse (S. 509).

Gerste aus Nord- und Mitteldeutschland.

Aeltere Analysen:

1. H. Ritthausen, 4. Bericht der Versuchsstation Möckern (Agrikulturchemische Untersuchungen) 76.
2. G. Wunder, Amts- u. Anzeigeblatt des landw. Vereins für das Königr. Sachsen 1857, 33.
3. Alex. Müller, Journ. f. praktische Chemie 1861 u. Weende'r Jahresbericht 1855/56, 1, 180.
4. W. Stein, Chem. Centralbl. 1856, 753.
5. v. Bibra in „Die Getreidearten und das Brot", Nürnberg 1860, 313.
6. W. Hoffmeister, Landw. Jahrb. 1886, 15, 865.

No.	Nähere Bezeichnung	Zeit der Untersuchung	In der ursprünglichen Substanz: Wasser %	Stickstoff-Substanz %	Fett %	Stickstoff-freie Extraktstoffe %	Rohfaser %	Asche %	In der Trocken-Substanz: Stickstoff-Substanz %	Stickstoff-freie Extraktstoffe %	Stickstoff in der Trocken-Substanz %	Analytiker
1	Gegend von Leipzig . . .	1870	15,43	8,88	2,66	66,21	3,77	2,85	10,50	78,53	1,68	G. Kühn [1])
2	Lausitz	1863	16,90	9,57	1,81	60,46	7,50	3,36	11,99	72,77	1,92	Seyffert und Lehmann [2])
3	desgl.	„	14,51	10,83	2,11	61,38	8,17	3,00	12,67	71,79	2,03	
4	desgl.	„	11,34	12,72	2,85	61,25	7,49	4,35	14,35	69,08	2,30	
5	desgl.	1868	11,66	15,81	1,81	63,00	5,13	2,59	17,90	71,31	2,86	E. Heiden [3])
6	desgl.	1869	13,79	13,81	2,17	61,49	5,66	3,08	16,02	71,32	2,56	
7	desgl.	1870	14,44	10,53	2,83	66,13	3,59	2,53	12,31	77,22	1,97	
8	desgl.	1871	16,76	9,96	2,05	65,18	3,55	2,50	11,96	78,32	1,91	
9	desgl.	1872	14,43	13,63	2,33	61,18	4,97	3,46	15,93	71,70	2,55	
10	desgl.	„	15,17	10,69	2,27	62,16	6,05	3,66	12,60	73,27	2,02	
11	desgl.	„	16,51	10,86	3,08	63,20	3,52	2,83	13,00	75,75	2,08	
12	desgl.	„	21,59	10,20	2,89	59,35	3,31	2,66	13,01	75,70	2,09	
13	desgl.	„	14,70	14,00	2,75	62,27	4,09	2,19	16,41	73,01	2,63	
14	desgl.	„	14,87	13,97	2,74	62,15	4,08	2,19	16,41	73,01	2,63	
15	desgl.	„	17,56	13,53	2,66	60,18	3,95	2,12	16,41	73,00	2,63	
16	Calbe a. S. (Mittelzahlen) .	1880	15,00	8,13	1,44	67,36	4,29	3,78	9,56	79,25	1,53	M. Märcker [4])
17	Nedlitz (Mittelzahlen) . .	„	15,00	8,45	2,25	66,72	4,60	2,98	9,94	78,50	1,59	
18	Kochstedt	„	15,00	7,9	2,3	67,6	4,3	2,9	9,19	79,64	1,47	
19	Hohenberg	„	15,00	9,4	1,1	67,5	4,1	2,9	11,05	79,43	1,77	

[1]) Journ. f. Landw. 1874, **22**, 191.
[2]) Amtsbl. d. landw. Vereine Sachsens 1868, 14.
[3]) Privatmittheilung und Bericht über Schweinefütterungsversuche. Die Gersten waren sandhaltig und betrug die Menge der Reinasche bei

No. 9	10	11	12	13	14	15
2,46	2,57	2,02	1,90	1,67	1,67	1,62 %

[4]) Vergl. Anmerkung [1]) S. 482.

No.	Nähere Bezeichnung	Zeit der Untersuchung	In der ursprünglichen Substanz: Wasser %	Stickstoff-Substanz %	Fett %	Stickstofffreie Extraktstoffe %	Rohfaser %	Asche %	In der Trocken-Substanz: Stickstoff-Substanz %	Stickstofffreie Extraktstoffe %	Stickstoff in der Trocken-Substanz %	Analytiker
20	Heringen	1880	15,00	6,9	1,5	69,6	4,1	2,9	8,11	81,90	1,30	
21	Hohenziatz	„	15,00	8,2	1,9	67,1	4,7	8,1	9,64	73,07	1,54	
22	Klein-Costritz	„	15,00	10,0	1,0	65,8	4,7	3,5	11,76	77,41	1,88	
23	Fischbeck	„	15,00	8,8	1,4	67,2	3,9	3,7	10,35	79,06	1,66	
24	Schlansted	„	15,00	8,7	0,8	65,9	4,7	4,9	10,23	77,54	1,64	
25	desgl.	„	15,00	8,8	1,2	66,7	5,0	3,3	10,35	78,48	1,66	
26	desgl.	„	15,00	9,0	1,3	65,5	4,8	4,4	10,58	77,08	1,70	
27	Bindersleben	1881	15,00	8,4	1,3	68,2	4,0	3,1	9,88	80,24	1,58	
28	Torgau	„	15,00	8,9	2,0	65,2	5,4	3,5	10,47	76,71	1,68	
29	Rönnebeck	„	15,00	7,3	1,4	68,1	4,9	3,3	8,58	80,13	1,37	
30	Emersleben	„	15,00	8,8	1,6	65,1	4,8	4,7	10,35	76,60	1,70	*M. Märcker* [1]
31	Warchow	„	15,00	7,7	1,8	66,7	6,2	2,6	9,06	78,47	1,45	
32	Dietenborn	„	15,00	9,4	1,4	66,3	4,8	3,1	11,05	78,01	1,77	
33	Bründel	„	15,00	8,2	2,0	63,6	4,8	6,4	9,64	78,84	1,54	
34	Chevaliergerste	1882	15,00	9,5	1,4	66,2	4,9	3,0	11,17	77,89	1,79	
35	desgl.	„	15,00	6,7	1,3	67,9	5,4	3,7	7,88	79,89	1,26	
36	desgl.	„	15,00	8,4	1,6	68,2	3,9	2,9	9,88	80,24	1,58	
37	desgl.	„	15,00	8,8	1,6	66,7	4,9	3,0	10,35	78,48	1,70	
38	desgl.	„	15,00	8,8	1,4	67,5	4,7	2,6	10,35	79,41	1,70	
39	desgl.	„	15,00	8,8	1,6	66,6	4,6	3,4	10,35	78,36	1,70	
40	. . . .	—	9,51	10,75	1,88	69,33	5,56	2,97	12,43	76,19	1,99	
	Mittel No. 16—40	—	**14,78**	**8,22**	**1,54**	**67,07**	**4,72**	**3,67**	**9,65**	**78,43**	**1,54**	
41	Provinz Posen	1864	14,08	9,50	2,00	63,98	7,35	3,09	11,06	74,45	1,78	*E. Peters* [2]
42	Nackte zweizeilige Gerste aus Schlesien	1870	—	—	—	—	—	—	11,50	78,98	1,84	
43		1874	9,30	9,52	2,68	72,14	3,56	2,80	10,50	79,50	1,68	*H. Weiske* [3]
44		1881	—	—	—	—	—*)	—*)	12,25	77,95	1,96	
45	Holsteiner Gerste, 1893-er .	1893	14,40	13,00	1,58	64,15	4,79	2,08	14,40	74,40	2,30	*H. Trillich* [4]
46	Oldenburg, Butjadinger Gerste	1893	16,50	12,00	1,10	60,70	7,10	2,60	14,40	72,70	2,10	*Hesseland* [5]
47	Poppelsdorf, Mittel von 6 verschiedenen Gersten	1858	14,13	12,81	—	—	4,58	2,84	14,93	—	2,39	*Hartstein und Töpler* [6]
48		1860	16,28	10,16	1,43	62,37	6,48	3,28	12,13	74,68	1,54	
49	Saarbrücken, Pfalzgerste .	1865	12,08	11,20	—	—	4,78	2,14	12,73	—	2,04	*C. Karmrodt* [7]
50	Deutsch-Euern, Euerngerste	„	12,92	8,75	—	—	4,44	2,40	10,05	—	1,60	

[1]) Die angewendeten Düngermengen betrugen für 1 ha bei
No. 18: 33000 kg Stallmist und 200 kg Superphosphat.
No. 19: 200 kg Ammoniak-Superphosphat 9/9 und 50 kg Chilisalpeter.
No. 20: 300 kg Superphosphat.
No. 22: 24000 kg Stallmist.
No. 23: 30000 kg Stallmist.
No. 24—26: je 70000 kg Fabrikkompost, 400 kg Ammoniak-Superphosphat, 9/12.
No. 28: 200 kg Chilisalpeter.
No. 30: 28000 kg Stalldünger, 200 kg Superphosphat und 67 kg Chilisalpater.
No. 31: 67 kg Chilisalpeter.
No. 32: 200 kg Ammoniak-Superphosphat 9/9.
No. 33: 200 kg Chilisalpeter, 120 kg Superphosphat und 200 kg Kalimagnesia.

[2]) Annalen der Landwirthschaft 1867, **50**, 6.

[3]) Journ. f. Landwirthschaft 1874, **22**, 374 u. 1875, **23**, 307.

[4]) Privat-Mittheilung. Die Gerste enthielt in der Trocken-Substanz 74,4 % Stärke + Zucker und 0,93 % Phosphorsäure.

[5]) Deutsche Landw. Presse 1893, **20**, 518—519.

[6]) Preuss. Ann. d. Landw. 1861, 163.

[7]) Vergl. Anmerkung [1]) S. 483.

*) Die Rohfaser ist auf stickstoff- und aschefreie Rohfaser, die Asche auf kohle- und kohlensäurefreie Asche berechnet.

No.	Nähere Bezeichnung	Zeit der Untersuchung	In der ursprünglichen Substanz: Wasser %	Stick-stoff-Substanz %	Fett %	Stickstoff-freie Ex-traktstoffe %	Roh-faser %	Asche %	In der Trocken-Substanz: Stick-stoff-Substanz %	Stickstoff-freie Ex-traktstoffe %	Stickstoff in der Trocken-Substanz %	Analytiker
51	Bitburg, 1865-er, schwerer Thonboden	1865	12,60	11,64	—	—	4,98	2,48	13,32	—	2,13	C. Karmrodt[1])
52	Mötsch, 1865-er, sandiger Thonboden	„	12,20	12,86	—	—	5,50	2,52	14,65	—	2,34	
53	Helenberg, 1865-er, Kalkbod.	„	11,76	11,64	—	—	4,48	2,52	13,19	—	2,11	
54	desgl., 1864-er Kalkboden	„	12,10	11,37	—	—	4,35	2,36	12,94	—	2,07	
55	Wolsfild, 1865-er Alluvialbod.	„	12,06	12,07	—	—	4,27	2,50	13,72	—	2,20	
56	Meckel, 1865-er, Kalkboden	„	11,94	12,00	—	—	4,27	2,66	13,63	—	2,18	
57	Weende in Hannover . .	1869	—	—	—	—	—	—	11,63	—	1,86	Schulze und Märcker[2])
58	desgl.	1870	17,30	11,48	1,22	63,44	3,57	2,99	13,88	76,70	2,22	
59	Gegend von Bonn . . .	1874	9,46	15,43	—	—	—	—	17,04	—	2,72	Kreusler[3])
60	Gegend von Göttingen (?) .	1872	14,00	12,34	1,44	64,93	4,51	2,78	14,35	75,50	2,30	Fleischer[4])
61	Gegend von Cassel . . .	1880	16,03	10,81	1,84	63,17	4,27	2,68	12,87	76,66	2,06	Th. Dietrich[4])
	Mittel No. 41—61	—	**13,28**	**11,36**	**1,66**	**66,90**	**4,17**	**2,63**	**13,10**	**76,15**	**2,10**	

Gerste aus Süd- und Westdeutschland.

Aeltere Analysen:

1. W. Mayer, Ergebnisse der Versuchsstation München 1856, 1, 25. Die Untersuchung von 10 Proben bayerischer Gerste ergab 10,75—14,02 % Wasser und 1,83—2,20 % Stickstoff in der Trocken-Substanz.
2. v. Bibra in „Die Getreidearten und das Brot“, Nürnberg 1860, 313 fand in der Trocken-Substanz 1,55—2,40 % Stickstoff.
3. E. Wolff, Mittheilungen aus Hohenheim, Heft 5, S. 161.
4. Boussingault, Die Landwirthschaft in ihren Beziehungen zur Chemie, deutsch von Graeger, 1, 294 u. 3, 39.

Bayern. (Vergl. auch S. 493.)

No.	Nähere Bezeichnung	Zeit der Untersuchung	Wasser %	Stickstoff-Substanz %	Fett %	Stickstofffreie Extraktstoffe %	Rohfaser %	Asche %	Trocken: Stickstoff-Substanz %	Stickstofffreie Extraktstoffe %	Stickstoff in der Trocken-Substanz %	Analytiker
	Hordeum distichum.											
1	Bogenhausen, reicher Lehmboden	1857	13,25	10,75	2,04	63,46	7,89	2,51	12,39	73,27	1,98	Ph. Zöller[5])
2	Schleissheim, magerer Kalkboden	1858	13,30	11,44	2,00	62,21	8,11	2,54	13,19	72,27	2,11	
3	Weihenstephan, kräftiger Lehmboden	„	13,42	11,13	2,16	65,23	5,52	2,54	12,86	75,34	2,06	
4	Bogenhausen (Mittel von 6 Analysen)	„	13,64	11,43	1,83	60,88	9,63	2,59	13,24	70,49	2,12	
5	Schleissheim, 2 Analysen .	„	13,51	11,54	2,10	63,18	7,14	2,53	13,34	73,06	2,13	
6	Weihenstephan, 2 Analysen	„	13,50	10,50	2,30	65,25	5,93	2,52	12,14	75,43	1,94	
7	Vorzügliche Braugerste .	„	13,24	10,88	2,14	65,59	5,63	2,52	12,13	75,79	1,97	

[1]) Zeitschr. d. landw. Ver. f. Rheinpreussen 1866, 275; Weende'r Jahresber. 1866/67, 323.

	No. 49	50	51	52	53	54	55	56	
1 preuss. Scheffel wiegt . . .	64,0	66,5	65,0	63,6	69,7	71,0	65,0	65,7	Pfd.
100 Körner wiegen	4,475	5,011	4,295	4,088	4,587	4,930	4,699	4,528	g

[2]) Journ. f. Landw. 1870, **18**, 294 u. 1871, **19**, 101.
[3]) Ebendort 1876.
[4]) Original-Mittheilung.
[5]) Ergebnisse der Versuchsstation München 1859, **2**.

No.	Nähere Bezeichnung	Zeit der Untersuchung	In der ursprünglichen Substanz: Wasser %	Stickstoff-Substanz %	Fett %	Stickstofffreie Extraktstoffe %	Rohfaser %	Asche %	In der Trocken-Substanz: Stickstoff-Substanz %	Stickstofffreie Extraktstoffe %	Stickstoff in der Trocken-Substanz %	Analytiker
8	Jahrgang 1893	1893	12,35	8,77	1,75	70,60	4,03	2,50	10,00	80,20	1,60	H. Trillich [1])
9	desgl.	„	14,10	9,88	1,59	67,33	4,81	2,09	11,50	75,60	1,84	
10	desgl., niederbayerische Gerste	„	12,67	9,08	1,68	69,71	4,51	2,36	10,40	77,90	1,66	
11	desgl., fränkische	„	14,70	11,17	1,54	63,15	3,75	2,43	13,10	74,03	2,10	
12	desgl., pfälzische	„	14,00	10,92	1,69	66,87	4,39	2,13	12,70	77,75	2,03	
	Mittel No. 1—12	—	**13,47**	**10,60**	**1,90**	**66,64**	**5,95**	**2,44**	**12,25**	**74,68**	**1,96**	
	Württemberg. (Vergl. auch S. 497.)											
13	Hohenheim	1845	13,80	15,03	—	—	4,57	4,76	17,44	—	2,74	E. N. Horsford [2])
14	—	—	16,79	12,02	—	—	—	2,36	14,44	—	2,31	
15	H. distichum; Jerusalem-Gerste von Hohenheim, 1850-er	1851	13,97	13,53	—	—	2,22	2,43	15,73	—	2,51	Fehling und Faist [3])
16	H. distichum; Jerusalem-Gerste von Hohenheim, 1851-er	„	13,73	11,87	—	—	4,28	2,35	13,76	—	2,20	
17	Ochsenhausen	„	15,19	10,19	—	—	3,50	2,36	12,01	—	1,92	
18	Kirchberg	„	15,60	11,09	—	—	3,48	2,46	13,14	—	2,10	
19	Ellwangen	„	15,17	10,32	—	—	3,54	2,22	12,16	—	1,94	
20	desgl.	„	13,91	11,09	—	—	3,92	2,62	12,88	—	2,06	
21	Hohenheim, H. distichum .	1879	16,28	12,28	1,15	62,75	3,99	3,55	14,67	74,95	2,35	E. Wolff [4])
	Mittel No. 13—21	—	**14,94**	**11,93**	**1,15**	**65,15**	**3,69**	**3,14**	**14,03**	**74,95**	**2,24**	

Gerste aus Oesterreich-Ungarn und den Donau-Fürstenthümern. (Vergl. auch S. 498.)

No.	Nähere Bezeichnung	Zeit der Untersuchung	Wasser %	Stickstoff-Substanz %	Fett %	Stickstofffreie Extraktstoffe %	Rohfaser %	Asche %	Trocken: Stickstoff-Substanz %	Trocken: Stickstofffreie Extraktstoffe %	Stickstoff in der Trocken-Substanz %	Analytiker
1	Tabor, Probstei-Gerste . .	1885	12,34	11,25	1,98	66,11	6,12	2,20	11,25	77,00	1,80	F. Farsky [5])
2	desgl., Chevalier-Gerste .	„	10,24	10,58	1,86	69,27	5,28	2,77	11,79	77,17	1,89	
3	Böhmische Gerste, 1893-er	1893	12,40	10,51	1,59	68,57	4,56	2,37	12,00	77,30	1,92	H. Trillich [6])
4	Mährische Gerste, 1893-er .	„	13,20	9,98	1,50	66,98	4,08	2,26	11,50	78,30	1,84	
5	Gerste aus Ober-Oesterreich, 1893-er	„	13,93	8,69	1,62	68,31	5,07	2,38	10,10	78,50	1,62	
6	Ungarisch-Altenburg, 1866-er, trockenes Jahr	1867	13,34	12,93	2,47	65,45	4,04	1,77	14,92	75,53	2,39	L. Lenz [7])
7	desgl., 1870-er, feuchteres Jahr	1870	12,95	13,50	2,55	64,98	3,95	2,07	15,51	74,64	2,48	

[1]) Privat-Mittheilung. Die Trocken-Substanz enthielt:

bei No. 8	80,2 % Stärke + Zucker	und	0,95 %	Phosphorsäure.
„ „ 9	75,6 „ „ + „	„	1,11 „	„
„ „ 10	77,9 „ „ + „	„	1,08 „	„
„ „ 11	76,5 „ „ + „	„	0,88 „	„
„ „ 12	76,2 „ „ + „	„	0,97 „	„

[2]) Ann. Chem. Pharm. 1846, **58**, 166.

[3]) Liebig's und Kopp's Jahresber. 1853, 812. Die Rohfaser wurde durch aufeinanderfolgendes Behandeln der Substanz mit verdünnter Säure und Kalilauge bestimmt. Die Proben ergaben im wasserfreien Zustande:

	No. 15	16	17	18	19	20
Phosphorsäure .	1,13 %	0,86 %	0,95 %	1,07 %	1,13 %	1,07 %
Kieselsäure . .	0,54 „	0,66 „	0,86 „	0,79 „	0,54 „	0,69 „

[4]) Landw. Jahrb. 1880, **9**, 678 u. 1881, **10**, 569. Die Gerste enthielt 0,032 % Amid-Stickstoff oder 1,4 % des Gesammt-Stickstoffs.

[5]) Centrbl. Agrik.-Chem. 1886, **15**, 15.

[6]) Privat-Mittheilung. Die Trocken-Substanz enthielt ferner:

Böhmische Gerste	77,3 % Stärke + Zucker	und 1,00 %	Phosphorsäure,
Mährische Gerste	78,3 „ „ + „	„ 0,89 „	„
Oberösterreichische Gerste . .	78,5 „ „ + „	„ 0,80 „	„

[7]) Landw. Versuchsstationen 1870, **12**, 344. Die stickstofffreien Extraktstoffe bestanden aus:

No. 6: Trockenes Jahr . . . 57,56 % Stärke und 7,90 % Zucker + Gummi.

„ 7: Feuchteres Jahr . . . 56,08 „ „ „ 8,90 „ „ + „

No.	Nähere Bezeichnung	Zeit der Untersuchung	In der ursprünglichen Substanz: Wasser %	Stickstoff-Substanz %	Fett %	Stickstofffreie Extraktstoffe %	Rohfaser %	Asche %	In der Trocken-Substanz: Stickstoff-Substanz %	Stickstofffreie Extraktstoffe %	Stickstoff in der Trocken-Substanz %	Analytiker
8	Ungarische Gerste, 1893-er	1893	13,20	11,60	1,58	67,64	3,56	2,42	13,60	77,92	2,18	H. Trillich[1])
9	Slovakische „ „	„	12,90	9,84	1,69	68,86	4,40	2,31	11,30	78,06	1,81	
10	Wallachische „ „	„	12,31	10,70	1,40	68,47	5,09	2,03	12,20	78,08	1,95	
11	Rumänische „ „	„	12,70	12,20	1,69	66,46	4,37	2,58	14,00	76,13	2,24	
	Mittel No. 1—11	—	**12,68**	**10,97**	**1,81**	**67,75**	**4,50**	**2,29**	**12,56**	**77,15**	**2,01**	

Gerste aus Russland. (Vergl. auch S. 505.)

No.	Nähere Bezeichnung	Zeit der Untersuchung	Wasser %	Stickstoff-Substanz %	Fett %	Stickstofffreie Extraktstoffe %	Rohfaser %	Asche %	Trocken: Stickstoff-Substanz %	Stickstofffreie Extraktstoffe %	Stickstoff in der Trocken-Substanz %	Analytiker
1	Jahrgang 1893	1893	13,60	11,84	1,48	65,45	5,27	2,36	13,70	75,75	2,19	H. Trillich[2])
2	Asow-Gerste, 1892-er . .	„	12,90	15,40	1,20	63,30	4,80	2,40	17,70	72,60	2,83	Hesseland[3])
	Verschiffungsplatz:											
3	Taganrog	1895	12,66	13,62	2,50	64,25	4,37	2,60	15,59	72,75	2,49	B. Dyer[4])
4	Nikolajeff	„	12,90	11,93	2,66	65,95	4,13	2,43	13,70	75,72	2,19	
5	Sebastopol	„	12,26	13,25	2,80	64,26	4,10	2,73	15,11	73,24	2,42	
6	Kustentjie	„	11,40	12,12	2,23	66,62	5,10	3,53	13,68	75,19	2,19	
7	Marianopel	„	11,46	13,25	2,50	65,32	4,87	2,60	14,97	73,77	2,40	
8	Sulina	„	10,96	12,12	2,06	68,54	3,80	2,52	13,61	76,98	2,18	
9	Kilia	„	12,60	11,94	2,73	65,96	4,20	2,57	13,66	75,47	2,19	
10	Baltschick	„	13,03	11,18	2,83	65,76	4,60	2,60	12,74	75,61	2,02	
11	Galatz	„	13,20	12,19	2,86	65,05	4,10	2,60	14,04	74,94	2,25	
12	Berdiansk	„	12,70	11,50	2,53	66,17	4,60	2,50	13,17	75,80	2,11	
13	Teinringk	„	12,43	12,18	2,30	65,56	4,86	2,73	13,01	74,86	2,23	
14	Theodosea	„	13,06	12,62	2,33	65,07	4,46	2,46	14,52	74,84	2,32	
15	Ghenitschesk	„	12,20	11,69	2,43	66,82	4,20	2,66	13,31	76,10	2,13	
16	Odessa	„	12,50	12,43	2,33	65,67	4,47	2,60	14,21	75,05	2,28	
	Mittel No. 3—16	—	**12,38**	**12,29**	**2,51**	**65,78**	**4,46**	**2,58**	**14,03**	**75,07**	**2,24**	

Gerste aus England und Schottland. (Vergl. auch S. 505.)

Aeltere Analysen:

1. Thomson und Lawes, Journ. of the Royal Agric. Soc. of England 13, II, 449. Vergl. auch v. Bibra, „Die Getreidearten und das Brot", Nürnberg 1860, 301 u. 313.
2. Lawes und Gilbert, Composition of foods in relation to respiration etc. 1852 und Pig feeding von Lawes, London 1854, 42. Ferner: On the Grouth of barley by different manures, London 1858.
3. Th. Anderson, Transactions Highl Soc. 1851, 1853 und 1858, 289.
4. Polson, Chem. Gaz. 1855, 211.

[1]) Privat-Mittheilung. Die Gersten enthielten in der Trocken-Substanz:

No. 8	76,7 % Stärke + Zucker	und	1,00 % Phosphorsäure.
„ 9	78,2 „ „ + „	„	0,97 „ „
„ 10	76,4 „ „ + „	„	0,89 „ „
„ 11	74,6 „ „ + „	„	0,97 „ „

[2]) Privat-Mittheilung. Die russische Gerste enthielt in der Trocken-Substanz: 75,3 % Stärke + Zucker und 0,86 % Phosphorsäure.

[3]) Deutsche landw. Presse 1893, **20**, 518—519.

[4]) Deutsche landw. Presse 1895, **22**, 635; Centrbl. Agrik.-Chem. 1896, **25**, 12—13.

No.	Nähere Bezeichnung	Zeit der Untersuchung	In der ursprünglichen Substanz: Wasser %	Stickstoff-Substanz %	Fett %	Stickstofffreie Extraktstoffe %	Rohfaser %	Asche %	In der Trocken-Substanz: Stickstoff-Substanz %	Stickstofffreie Extraktstoffe %	Stickstoff in der Trocken-Substanz %	Analytiker
1	Beste Malzgerste, 1894-er Ernte I	1895	15,30	7,31	2,60	69,39	3,20	2,20	8,63	81,92	1,38	*B. Dyer*[1])
2	Beste Malzgerste, 1894-er Ernte II	"	16,37	9,03	2,35	66,34	3,33	2,40	10,80	79,32	1,73	
3	Beste Malzgerste, 1894-er Ernte III	"	16,23	8,50	2,50	66,87	3,23	2,67	10,15	79,83	1,62	
4	Beste Malzgerste, 1894-er Ernte IV	"	16,13	7,79	2,40	68,12	3,33	2,23	9,29	81,22	1,49	
5	Durch Regen während der Ernte beschädigte Gerste .	"	15,63	9,81	2,23	66,10	3,80	2,43	11,63	78,34	1,86	
	Mittel No. 1—5	—	**15,97**	**8,49**	**2,42**	**67,34**	**3,38**	**2,39**	**10,10**	**80,12**	**1,62**	

Gerste aus Frankreich. (Vergl. auch S. 505.)

No.	Nähere Bezeichnung	Zeit der Untersuchung	Wasser %	Stickstoff-Substanz %	Fett %	Stickstofffreie Extraktstoffe %	Rohfaser %	Asche %	Tr.: Stickstoff-Substanz %	Tr.: Stickstofffreie Extraktstoffe %	Stickstoff in der Trocken-Substanz %	Analytiker
1	Ohne nähere Bezeichnung .	1855	15,23	10,66	2,38	60,33	8,78	2,62	12,58	71,16	2,01	*Poggiale*[2])
2	desgl.	1875	11,40	8,31	2,65	66,93	5,98	4,73	9,38	75,53	1,50	*Grandeau*[3])

Gerste aus Afrika. (Vergl. auch S. 507.)

No.	Nähere Bezeichnung	Zeit der Untersuchung	Wasser %	Stickstoff-Substanz %	Fett %	Stickstofffreie Extraktstoffe %	Rohfaser %	Asche %	Tr.: Stickstoff-Substanz %	Tr.: Stickstofffreie Extraktstoffe %	Stickstoff in der Trocken-Substanz %	Analytiker
1	Nackte Gerste aus Afrika .	1873	10,77	8,76	1,81	74,70	2,03	1,93	9,82	83,71	1,57	*Petermann*[3])

Gerste aus Nordamerika.

No.	Nähere Bezeichnung	Zeit der Untersuchung	Wasser %	Stickstoff-Substanz %	Fett %	Stickstofffreie Extraktstoffe %	Rohfaser %	Asche %	Tr.: Stickstoff-Substanz %	Tr.: Stickstofffreie Extraktstoffe %	Stickstoff in der Trocken-Substanz %	Analytiker
1	Nepaul-Gerste aus Californien	1877	7,23	13,17	3,15	72,96	1,55	1,94	14,19	78,65	2,25	*Jenkins*[4])
2	Mittel von 9 Analysen . .	$18\frac{79}{83}$	11,10	12,40	1,80	69,30	2,90	2,50	13,95	77,95	2,23	
3	Montana-Gerste	1896	11,70	10,78	—	69,00	—	2,60 *)	12,22	78,14	1,96	[5])
4	Mittel zahlreicher Analysen	$18\frac{82}{86}$	6,53	11,33	2,68	72,77	3,80	2,89	12,12	77,85	1,94	*H. W. Wiley*[6])
	Vermont. (Hektolit.-Gewicht kg)											
5	Windsor, Four-rowed . 65,3	1885	6,70	14,00	2,90	70,28	3,90	2,22	15,01	75,32	2,40	*Clifford Richardson*[7])
6	Washington, Four-rowed 64,3	"	6,50	12,60	2,65	72,37	3,48	2,40	13,47	77,42	2,16	
7	Orleans, Common . . 65,5	"	6,55	12,08	2,75	71,57	4,15	2,90	12,93	76,59	2,07	
	Connecticut.											
8	Lichtfield, Two-rowed 66,3	"	6,50	10,15	2,33	75,14	2,89	2,99	10,85	80,39	1,74	
	New-York.											
9	— 68,1	"	6,86	11,73	2,76	72,85	3,40	2,40	13,59	77,22	2,17	
10	Allegany, Five-rowed . 64,3	"	6,77	11,38	2,77	73,41	3,55	2,12	12,22	78,73	1,96	
11	Ontario, Canada six-rowed, mehlig, weiss 66,3	"	5,90	11,03	2,58	74,14	3,05	2,70	11,71	79,45	1,87	
12	Otsego, Canada two-rowed 61,6	"	6,95	10,15	2,66	74,47	3,13	2,64	10,91	80,03	1,75	
13	Cayuga, Imperial, six-rowed 68,4	"	7,39	10,85	2,48	73,10	3,73	2,45	11,72	78,92	1,87	

[1]) Deutsche landw. Presse 1895, **22**, 635; Centrbl. Agrik.-Chem. 1896, **25**, 12—13.
[2]) Chem. Gaz. 1855, 211.
[3]) Privat-Mittheilung.
[4]) No. 2. Aus Dr. E. H. Jenkins Tabelle über die Zusammensetzung amerikanischer Futterstoffe in Ann. Rep. Connect. Agr. Experim. Station for 1883.
[5]) Wochenschr. f. Brauerei 1896, **13**, 569; Vierteljahresschr. Nahrungs- u. Genussm. 1896, **1**, 242.
[6]) Milchztg. 1892, **21**, 121.
[7]) Vergl. Anmerkung [1]) S. 487.
*) Mit 1,007 % Phosphorsäure.

No.	Nähere Bezeichnung	Hektolit.-Gewicht kg	Zeit der Untersuchung	In der ursprünglichen Substanz: Wasser %	Stickstoff-Substanz %	Fett %	Stickstofffreie Extraktstoffe %	Rohfaser %	Asche %	In der Trocken-Substanz: Stickstoff-Substanz %	Stickstofffreie Extraktstoffe %	Stickstoff in der Trocken-Substanz %	Analytiker
	Pennsylvania.												
14	Crawford, Nohama . .	63,0	1885	6,27	11,90	2,06	72,89	3,83	3,05	12,70	77,76	2,03	*Clifford Richardson*[1]
	Ohio.												
15	Butler, Early May (Wintergerste), braun . . .	67,3	"	6,85	10,68	3,53	71,84	3,80	3,30	11,47	77,12	1,84	
16	Wood, Fall (Wintergerste)	63,5	"	6,25	10,50	2,40	73,13	4,65	3,07	11,20	78,00	1,79	
17	Warren	65,6	"	6,81	10,15	2,58	72,91	4,00	3,55	10,89	78,25	1,74	
18	Butler, Common Fall (Wintergerste) . . .	63,8	"	6,80	9,80	2,06	73,92	4,32	3,10	10,52	79,30	1,68	

[1]) Third Report on the Chemical composition etc. of American Cereals. (Depart. of Agriculture, Division of Chemistry, Bulletin No. 9.) Washington 1886, 64. Die untersuchten Gersten stammen von denjenigen Länderstrichen der Vereinigten Staaten Nordamerikas, deren Landwirthschaft von Bedeutung ist. Die Canadischen Gersten 65—84 waren vom Bureau of Agriculture and Arts in Toronto gesammelt, aus 4 Bezirken des Landes, welche wie folgt erläutert werden: A nördlich vom centralen Theil des Erie-Sees; B nördlich vom nordwestlichen Theil des Ontario-Sees; C nördlich vom centralen Theil des Ontario-Sees; D nördlich vom nordöstlichen Theil des Ontario-Sees; begrenzt der Quinte-Bay. Der letztere Bezirk liefert die beste Gerste, deren Güte war jedoch im Jahre der Probenahme durch Regenwetter beeinträchtigt; die schönsten Körner lieferte in diesem Jahre der Bezirk B. Die untersuchten Gersten waren ihrer Beschaffenheit nach in 3 Gruppen gebracht, eine jede derselben ihrer Konsistenz (Mehligkeit) nach begutachtet. Darnach enthielten die Gersten der

	I. Gruppe					II. Gruppe					III. Gruppe				
	A	B	C	D	Mittel	A	B	C	D	Mittel	A	B	C	D	Mittel
Mehlige Körner . . .	16	—	40	12	17	36	16	12	24	22	36	16	—	20	18
Halbmehlige Körner .	32	48	28	36	36	40	36	36	40	38	28	44	40	32	36
Viertelmehlige Körner .	24	36	20	36	29	12	28	32	32	26	24	32	44	24	31
Wenig mehlige Körner	20	12	12	16	15	12	16	20	4	13	8	—	16	20	11
Glasige Körner . . .	8	4	—	—	3	—	4	—	—	1	4	8	—	4	4

In gleicher Weise wurden auch die übrigen Gersten No. 5—61 begutachtet und zwar wie folgt:

No.	5	6	7	8	9	10	11	12	13	14	15	16	17	18	19	20
Mehlige Körner . . .	—	40	—	12	—	—	16	20	8	8	16	36	40	40	16	—
Halbmehlige Körner .	16	36	20	24	—	36	28	40	24	36	40	36	44	32	36	32
Viertelmehlige Körner .	44	16	40	36	—	44	28	28	24	24	32	20	12	20	40	36
Wenig mehlige Körner	24	8	40	28	—	20	28	12	44	32	12	8	4	8	8	24
Glasige Körner . . .	16	—	—	—	—	—	—	—	—	—	—	—	—	—	—	8

No.	21	22	23	24	25	26	27	28	29	30	31	32	33	34	35	36
Mehlige Körner . . .	4	16	24	24	48	32	28	24	12	8	36	36	16	16	12	16
Halbmehlige Körner .	36	40	32	48	22	28	32	36	28	32	32	24	36	28	44	36
Viertelmehlige Körner .	44	28	28	28	16	20	32	24	24	40	32	24	28	28	32	36
Wenig mehlige Körner	16	16	16	—	14	20	8	16	36	20	—	16	12	20	12	12
Glasige Körner . . .	—	—	—	—	—	—	—	—	—	—	—	—	8	8	—	—

No.	37	38	39	40	41	42	43	44	45	46	47	48	49	50	51	52
Mehlige Körner . . .	24	40	12	28	16	20	8	8	12	4	8	16	20	16	16	40
Halbmehlige Körner .	44	36	44	36	36	36	20	32	28	28	40	32	36	52	36	28
Viertelmehlige Körner .	28	24	40	28	28	28	32	44	52	40	36	40	32	24	28	24
Wenig mehlige Körner	4	—	4	8	20	16	32	16	8	28	16	12	8	8	20	8
Glasige Körner . . .	—	—	—	—	—	—	8	—	—	—	—	—	14	—	—	—

No.	55	56	57	58	59	60	61	62	84	85	86	88	89	90
Mehlige Körner . . .	76	24	20	16	—	24	24	24	19	20	11	21	27	21
Halbmehlige Körner .	24	44	44	28	24	36	48	52	37	35	29	35	35	40
Viertelmehlige Körner .	28	28	28	36	40	40	20	24	29	29	32	30	26	29
Wenig mehlige Körner	4	8	8	20	36	—	8	—	13	15	26	13	11	10
Glasige Körner . . .	—	—	—	—	—	—	—	—	2	1	2	1	1	—

Von nachfolgenden Gersten wurden noch an näheren Bestandtheilen bestimmt:

No.	12	13	16	19	20	29	35	41	44	48	59	61
	%	%	%	%	%	%	%	%	%	%	%	%
Zucker etc.	6,01	6,93	6,21	7,12	8,73	7,71	5,97	5,82	8,30	7,21	5,38	7,44
Dextrin etc.	3,14	3,80	3,40	3,92	4,64	3,60	3,58	3,48	62,72	3,70	3,46	3,42
Stärke	65,52	62,37	63,52	60,29	56,36	60,46	64,24	62,98		61,32	66,72	63,88
Eisweissstoffe, löslich } in 80-procentig.	3,07	3,41	3,01	3,76	4,70	4,25	2,85	3,18	4,38	3,95	2,86	3,42
Eiweissstoffe, unlöslich } Alkohol	7,08	7,44	7,49	9,37	9,91	8,35	8,00	8,55	7,87	8,13	5,89	5,68

No.	Nähere Bezeichnung	Hektolit.-Gewicht kg	Zeit der Untersuchung	In der ursprünglichen Substanz: Wasser %	Stickstoff-Substanz %	Fett %	Stickstofffreie Extraktstoffe %	Rohfaser %	Asche %	In der Trocken-Substanz: Stickstoff-Substanz %	Stickstofffreie Extraktstoffe %	Stickstoff in der Trocken-Substanz %	Analytiker
	Michigan.												
19	Genesee, Four-rowed .	67,9	1885	6,44	13,13	2,70	71,33	3,43	2,97	14,04	76,23	2,25	
20	Livingston, Six-rowed .	61,6	„	6,37	14,70	2,73	69,73	3,88	2,59	15,70	74,47	2,51	
21	Saint Clair, Four-rowed .	71,0	„	6,73	12,95	2,90	71,83	3,03	2,56	13,88	77,12	2,22	
22	Shiawasee, Four-rowed .	67,1	„	5,27	11,90	2,71	73,36	3,71	3,05	12,57	77,43	2,01	
23	Cheboygan, Common .	73,4	„	6,55	9,63	2,55	75,45	3,07	2,75	10,30	80,79	1,65	
	Indiana.												
24	Shelby, Common . . .	66,5	„	5,99	11,38	3,54	71,19	4,40	3,50	12,11	75,82	1,86	
25	Spencer (nicht bekannt), Wintergerste	67,9	„	5,92	9,45	2,73	75,37	3,58	2,95	10,05	80,10	1,61	
	Illinois.												
26	Stephenson, Common .	63,0	„	6,06	12,60	2,61	70,88	4,51	3,34	13,42	75,44	2,15	
27	Ogle, Common spring .	62,3	„	6,18	11,38	2,59	72,55	4,14	3,16	12,13	78,33	1,94	
28	Mc Henry, Spring . .	65,0	„	6,72	12,95	2,81	72,15	2,64	2,73	13,88	77,35	2,22	
29	Lee, Common	65,3	„	6,52	12,60	2,66	71,77	3,37	3,08	13,48	76,77	2,16	
	Wisconsin.												
30	Chippew, Common . .	63,3	„	7,15	12,25	2,76	70,51	4,43	2,90	13,19	75,95	2,11	
31	Vernon	63,3	„	7,40	10,50	2,74	73,17	3,83	2,30	11,34	78,08	1,81	
32	La Fayette	60,6	„	6,60	10,85	2,65	72,03	4,27	3,60	11,62	77,11	1,86	
33	Fond du Lac, Scotch Pearl	66,7	„	7,70	10,50	2,50	72,77	3,78	2,75	11,37	75,85	1,82	
34	Dodge, Mensury . . .	66,7	„	6,40	13,13	2,49	70,88	3,95	3,15	14,02	75,74	2,24	*Clifford Richardson*[1)
	Minnesota.												
35	Dodge, Three-rowed . .	63,5	„	7,60	10,85	2,69	73,79	3,57	1,50	11,74	79,87	1,72	
36	Winona, Scotch . . .	66,0	„	6,20	9,45	3,07	73,88	4,40	3,00	10,07	78,77	1,61	
37	Dakota, Scotch . . .	63,5	„	6,30	9,28	2,76	74,72	4,43	2,51	9,90	79,75	1,58	
38	Blue Earth, Four-rowed	64,8	„	7,22	11,90	2,80	71,25	3,08	3,15	12,83	77,44	2,05	
39	Olmstedt, Scotch . . .	64,8	„	9,15	10,50	2,72	70,69	3,97	2,97	11,24	77,27	1,80	
	Jowa.												
40	Scott, Scotch	65,8	„	6,47	12,73	2,63	71,34	3,93	2,85	13,62	76,26	2,18	
41	Palo Alto, Four-rowed .	64,1	„	5,69	11,73	2,75	72,28	4,37	3,18	12,43	76,65	2,99	
42	Winneschieck, Common	68,5	„	6,24	11,38	2,83	72,68	3,90	2,97	12,04	77,61	1,93	
43	Fayette, Common . . .	69,1	„	6,67	14,35	2,65	69,19	3,81	3,33	15,37	74,14	2,46	
	Nebraska.												
44	Antelope, Com. six-rowed	66,5	„	7,58	12,25	2,70	71,12	3,35	3,00	13,25	76,92	2,12	
	Dakota.												
45	Stutsmann, Common . .	67,9	„	5,80	14,88	3,01	69,97	3,29	3,05	15,80	74,27	2,53	
46	Cass, Chevalier . . .	70,9	„	5,55	11,55	2,46	74,19	3,35	2,90	12,22	78,57	1,96	
47	Bon Homme, Four-rowed	66,3	„	5,75	13,48	2,94	71,02	3,68	3,13	14,30	75,56	2,29	
48	Traill	65,0	„	6,00	12,02	2,74	72,23	3,75	3,20	12,79	78,90	2,05	
49	Lawrence	—	„	5,95	13,13	2,68	71,34	4,25	2,65	13,96	75,85	2,23	

[1) Vergl. Anmerkung [1) S. 487.

No.	Nähere Bezeichnung	Hektolit.-Gewicht kg	Zeit der Untersuchung	In der ursprünglichen Substanz: Wasser %	Stick-stoff-Substanz %	Fett %	Stickstoff-freie Extraktstoffe %	Roh-faser %	Asche %	In der Trocken-Substanz: Stick-stoff-Substanz %	Stickstoff-freie Extraktstoffe %	Stickstoff in der Trocken-Substanz %	Analytiker
	Montana.												
50	Meagher, Com. two-rowed	73,3	1885	7,55	9,63	2,60	74,53	3,99	1,70	10,41	80,63	1,67	*Clifford Richardson*[1]
51	Gallatin, Two-rowed or England	72,8	„	6,60	10,33	2,52	74,20	3,35	3,00	11,06	79,44	1,77	
52	Deer Lodge, Two-rowed brewers	71,8	„	4,95	9,45	2,56	76,79	3,10	3,15	9,94	80,80	1,59	
	South-Carolina.												
53	Laurens, Four-rowed (Wintergerste) . . .	—	„	6,85	10,33	2,45	73,62	4,10	2,65	11,09	79,03	1,77	
	Kentucky.												
54	Jefferson, Canada (Wintergerste)	—	„	6,00	8,75	2,37	75,73	4,25	2,90	9,31	80,56	1,49	
	Utah.												
55	Wasatch, Two-rowed .	75,3	„	7,70	10,50	2,53	72,99	2,88	3,40	11,37	79,09	1,82	
	Arizona.												
56	Pinal, Common (Wintergerste)	66,5	„	6,26	9,63	2,63	74,30	4,28	2,90	10,28	78,25	1,64	
	Washington.												
57	Pierce, Black Nepaul .	82,3	„	5,95	12,25	2,98	70,97	4,35	3,50	13,03	76,46	2,08	
	Oregon.												
58	Baker, Chevalier, braun	74,9	„	6,27	11,90	2,06	72,89	3,83	3,05	12,72	77,74	2,04	
59	Linn	65,3	„	6,20	8,75	2,71	75,56	4,00	2,78	9,33	80,56	1,49	
	California.												
60	Contra Costa, Six-rowed	69,8	„	6,70	9,10	3,01	74,32	4,14	2,74	9,76	79,63	1,56	
61	Solano	68,9	„	4,53	9,10	2,72	74,74	4,48	4,43	9,53	78,28	1,52	
62	Monterey, Common . .	—	„	6,18	8,93	2,50	75,52	4,13	2,74	9,52	80,49	1,52	
63	Wyoming	—	„	6,70	11,55	2,52	74,03	3,00	2,20	12,38	79,34	1,98	
64	Colorada	—	„	8,15	13,30	2,87	68,99	3,92	2,77	14,47	75,14	2,16	
	Canada-Gersten.												
65	Erste Sorte, Bezirk A .	68,5	„	7,58	10,15	2,70	73,49	3,10	2,98	10,98	79,53	1,76	
66	desgl., Bezirk B . . .	70,1	„	8,35	9,45	2,69	73,23	3,55	2,73	10,31	79,91	1,65	
67	desgl., Bezirk C . . .	69,9	„	6,95	9,80	2,64	74,28	3,65	2,68	10,54	79,82	1,69	
68	desgl., Bezirk D . . .	65,9	„	8,35	9,28	2,67	73,13	3,69	2,88	10,12	79,80	1,62	
69	desgl., Durchschnitt . .	68,6	„	7,81	9,67	2,67	73,53	3,50	2,82	10,49	79,77	1,68	
70	Zweite Sorte, Bezirk A .	68,1	„	7,85	10,50	2,72	72,76	3,22	2,95	11,39	78,97	1,82	
71	desgl., Bezirk B . . .	68,4	„	7,03	10,15	2,80	73,46	3,76	2,80	10,92	79,01	1,75	
73	desgl., Bezirk C . . .	66,9	„	10,08	9,45	2,78	72,58	3,49	1,62	10,51	80,72	1,68	
73	desgl., Bezirk D . . .	66,9	„	8,43	9,80	2,63	72,55	3,41	3,18	10,69	79,26	1,71	
74	desgl., Durchschnitt . .	67,6	„	8,35	9,97	2,73	72,84	3,47	2,64	10,88	80,17	1,74	

[1]) Vergl. Anmerkung [1]) S. 487.

No.	Nähere Bezeichnung	Hektolit.-Gewicht kg	Zeit der Untersuchung	In der ursprünglichen Substanz: Wasser %	Stick-stoff-Substanz %	Fett %	Stickstoff-freie Extraktstoffe %	Roh-faser %	Asche %	In der Trocken-Substanz: Stick-stoff-Substanz %	Stickstoff-freie Extraktstoffe %	Stickstoff in der Trocken-Substanz %	Analytiker
75	Dritte Sorte, Bezirk A	65,5	1885	8,78	9,98	2,69	72,35	3,50	2,70	10,94	80,13	1,75	Clifford Richardson[1]
76	desgl., Bezirk B	68,5	„	6,75	10,15	2,72	73,87	3,68	2,83	10,88	79,20	1,74	
77	desgl., Bezirk C	65,5	„	8,13	9,98	2,67	72,82	3,35	3,05	10,86	79,18	1,74	
78	desgl., Bezirk D	67,9	„	7,93	9,33	2,74	73,47	3,35	3,18	10,13	79,80	1,62	
79	desgl., Durchschnitt	66,9	„	7,89	9,86	2,71	73,13	3,47	2,94	10,71	79,39	1,71	
80	Durchschnitt von Bezirk A	67,4	„	8,07	10,21	2,70	72,87	3,27	2,88	11,11	79,26	1,78	
81	desgl. von B	69,0	„	7,37	9,92	2,74	73,52	3,66	2,79	10,71	79,37	1,71	
82	desgl. von C	67,4	„	8,39	9,74	2,70	73,23	3,49	2,45	10,63	79,94	1,70	
83	desgl. von D	66,9	„	8,24	9,47	2,68	73,05	3,48	3,08	10,32	80,61	1,65	
84	desgl. der Canadischen Gersten	67,6	„	8,02	9,83	2,70	73,17	3,48	2,80	10,69	79,56	1,71	
85	desgl. der Gersten der Vereinigten Staaten, 60 Analysen		„	6,53	11,33	2,68	72,77	3,80	2,89	12,12	77,85	1,94	
86	Durchschnitt der Gersten der atlantischen Küstenstaaten, 10 Analysen		„	6,64	11,59	2,59	73,02	3,57	2,51	12,41	78,31	1,99	
87	desgl. der Nordstaaten, 48 Analys.		„	6,55	11,58	2,69	72,55	3,76	2,87	12,39	77,64	1,98	
88	desgl. der Weststaaten, 30 Analys.		„	6,66	11,52	2,73	72,26	3,87	2,96	12,34	77,43	1,97	
89	desgl. der Nordweststaaten, 8 Analysen		„	6,02	11,82	2,69	73,03	3,59	2,85	12,58	77,71	2,01	
90	desgl. der Pacific-Küstenstaaten, 10 Analysen		„	6,47	11,50	2,65	72,43	3,90	3,05	12,31	77,42	1,97	
	Nordamerikanische Gersten (No. 1—79)	Mittel	—	**6,95**	**10,96**	**2,69**	**72,91**	**3,61**	**2,88**	**11,78**	**78,21**	**1,78**	
		Schwankungen*)	—	4,53—14,06	8,66—14,70	2,02-3,79	68,99-75,18	1,67-4,96	1,62—4,64	9,31—15,80	74,14—80,80	1,49—2,53	

Sonstige Gerstenanalysen.

(Ohne Bezeichnung der Ursprungsländer.)

No.	Nähere Bezeichnung	hl-Gewicht kg	Zeit der Untersuchung	Wasser %	Stickstoff-Substanz %	Fett %	Stickstofffreie Extraktstoffe (Stärke) %	Rohfaser %	Asche %	Trocken: Stickstoff-Substanz %	Stickstofffreie Extraktstoffe (Stärke) %	Stickstoff in der Trocken-Substanz %	Analytiker
1	Golden Melon		1885	14,74	8,88	1,40	67,97	4,27	2,74	10,42	79,72	1,67	Chrestensen[2]
2	Anatolische Gersten (sechszeilige) Angora I	67,60	1884	11,53	—	—	—	—	3,40	10,94	69,70	—	Otto Reinke[3]
3	Angora II	68,50	„	11,37	—	—	—	—	4,20	11,51	67,70	—	
4	Eski-Chehir	66,70	„	11,64	—	—	—	—	2,54	12,49	68,00	—	
5	Ohne nähere Bezeichnung I		1886	12,25	13,29	2,16	66,51	3,51	2,38	15,17	75,66	2,43	E. Wolff und J. Mayer[4]
6	II		„	11,72	13,18	2,12	66,75	3,88	2,35	14,93	75,61	2,35	
7	III		„	9,77	13,22	2,17	68,63	4,01	2,47	14,66	75,78	2,35	
8	IV		„	11,96	12,33	2,10	67,41	3,88	2,32	14,01	76,45	2,24	

[1]) Vergl. Anmerkung [1]) S. 487.

[2]) Landw. Ztg. u. Anzeiger (Kassel) 1885, **7**, 91; Centrbl. Agrik.-Chem. 1887, **16**, 360.

[3]) Wochenschr. Brauerei 1894, **9**, 157; Chem.-Ztg. 1894, **18**, 44. Die Trocken-Substanz enthielt Phosphorsäure: No. 2 „Angora I" 0,735 %, No. 3 „Angora II" 0,717 %, No. 4 „Eski-Chehir" 0,718 %.

[4]) Landw. Jahrb. 1896, **25**, 175. Die Gersten wurden bei Gelegenheit von Fütterungsversuchen untersucht.

*) Die Schwankungszahlen mit Ausnahme derer für Wasser sind auf den mittleren Wassergehalt von 6,95 % bezogen.

Untersuchungen von Brau-Gersten.

Gerste aus Nord- und Mitteldeutschland.

No.	Jahrgang	Zahl der Proben	Nähere Bezeichnung		Gewicht von 100 Körnern g	Hektoliter-Gewicht kg	Glasige Körner %	Wasser %	In der Trocken-Substanz: Stickstoff-Substanz %	Stärke %	Asche %	Phosphorsäure %	Stickstoff %	Analytiker
			Preussen, Pommern, Posen.											
1	1876	9	Brandenburg, Preussen, Posen	Mittel	—	—	—	15,86	11,34	—	2,92	—	1,81	K. Reischauer u. L. Aubry¹)
				Schwankungen	—	—	—	12,96–17,44	9,58–13,21	—	2,38–4,06	—	1,53–2,11	
2	1879	4	Pommern, Posen	Mittel	—	—	—	16,30	11,10	—	2,74	—	1,78	
				Schwankungen	—	—	—	15,98–16,94	10,65–11,80	—	2,52–2,93	—	1,70–1,89	
3	1880	1	Eldena		—	—	—	16,29	11,67	—	—	—	1,77	
4	1892	5	Ost- u. West-Preussen	Mittel	4,44	—	—	13,07	12,31	—	2,73	0,61	1,97	Strassmann u. M. Levy²)
				Schwankungen	4,27–4,65	—	—	10,58–14,31	11,86–13,08	—	2,63–2,89	0,59–0,65	1,90–2,09	
5	„	2	Oderbruch .	Mittel	4,40	—	—	13,28	12,24	—	2,61	0,65	1,96	
				Schwankungen	4,30–4,50	—	—	12,24–14,32	12,13–12,34	—	2,58–2,64	0,63–0,67	1,94–1,97	
6	„	5	Posen . . .	Mittel	4,58	—	—	15,13	10,89	—	2,77	0,63	1,74	
				Schwankungen	4,44–4,68	—	—	14,12–16,12	10,12–11,29	—	2,54–2,96	0,60–0,66	1,62–1,81	
7	„	2	Kujavien . .	Mittel	—	—	—	13,95	12,55	—	2,83	0,66	2,01	
				Schwankungen	—	—	—	13,22–14,68	12,44–12,66	—	2,71–2,94	0,64–0,67	1,99–2,03	
8	1896	5	—	Mittel	4,55	70,0	—	14,42	10,18	—	—	—	1,63	F. Hoffmann³)
				Schwankungen	4,45–4,78	68,8–71,4	—	13,90–14,40	8,97–11,00	—	—	—	1,44–1,76	
			Provinz Sachsen und Thüringen.											
9	1876	1	Saale-Gerste		—	—	—	15,08	10,73	—	2,95	—	1,72	K. Reischauer u. L. Aubry¹)
10	1877	6	—	Mittel	—	—	—	13,57	11,01	—	2,66	—	1,76	
				Schwankungen	—	—	—	12,29–14,80	10,43–11,90	—	2,48–2,86	—	1,67–1,90	
11	1878	2	—	Mittel	—	—	—	16,48	10,21	—	2,83	—	1,63	
				Schwankungen	—	—	—	16,20–16,76	10,20–10,21	—	2,52–3,13	—	1,63–1,63	
12	1879	1	Chevalier-Gerste . .		—	69,25	—	16,03	11,60	—	—	—	1,86	
13	1880	2	—	Mittel	—	—	—	16,52	9,52	—	—	—	1,52	
				Schwankungen	—	—	—	16,18–16,86	8,84–10,20	—	—	—	1,41–1,63	
14	1885	34	Saale-Gerste,	Mittel	—	—	—	—	10,97	—	—	—	1,76	M. Märcker⁴)
15	„	34	Dänische Gerste	„	—	—	—	—	10,97	—	—	—	1,76	
16	„	34	Mährische Gerste	„	—	—	—	—	11,15	—	—	—	1,78	
17	„	34	Slovakische Gerste	„	—	—	—	—	10,84	—	—	—	1,73	
18	1886	24	Saale-Gerste	„	—	—	—	—	10,31	—	—	—	1,65	
19	„	24	Dänische Gerste	„	—	—	—	—	10,31	—	—	—	1,65	
20	„	24	Slovakische Gerste	„	—	—	—	—	10,28	—	—	—	1,64	
21	„	24	desgl. Landgerste	„	—	—	—	—	10,57	—	—	—	1,69	
22	„	24	v. Trotha'sche Chevalier-Gerste	Mittel	—	—	—	—	10,42	—	—	—	1,67	

¹) Zeitschr. ges. Brauw. 1881 u. 1883. 3. (1878/79), 4. (1879/80) u. 5. (1880/81) Jahresbericht der wissenschaftl. Station für Brauerei in München.
²) Chem.-Ztg. 1893, **17**, 469.
³) Wochenschr. Brauerei 1896, **13**, 966; Zeitschr. ges. Brauwesen 1896, **19**, 584.
⁴) Magdeburger Ztg. 1886 u. 1886. Sonderabdrucke.

No.	Jahrgang	Zahl der Proben	Nähere Bezeichnung		Gewicht von 100 Körnern	Hektoliter-Gewicht	Glasige Körner	Wasser	In der Trocken-Substanz: Stickstoff-Substanz	Stärke	Asche	Phosphorsäure	Stickstoff	Analytiker
					g	kg	%	%	%	%	%	%	%	
23	1892	1	Chevalier (Magdeburg)		4,48	70,9	—	14,15	10,54	—	—	—	1,69	L. Aubry, Fuchs, Jais u. Mederer [1])
24	"	1	Magdeburger Börde*)	I	4,64	70,1	—	14,30	9,93	—	—	—	1,59	
25	"	1		II	4,20	69,0	—	14,37	12,13	—	—	—	1,94	
26	"	1		III	4,42	68,7	—	15,04	10,31	—	—	—	1,65	
27	1895	6	Saalgerste	Mittel	—	—	—	14,23	10,31	63,3	—	—	1,65	A. Lang [2])
				Schwankungen	—	—	—	13,34-14,62	8,89—12,04	63,1—63,4	—	—	1,42—1,93	
28	1896	1	Saalgerste		—	66,5	—	17,20	13,43	—	—	—	2,14	L. Aubry [3])
29	"	1	desgl.		—	65,6	—	18,18	9,24	—	—	—	1,48	
30	1889	2	Thüringen	Mittel	4,39	64,4	9,40	14,99	11,34	—	2,83	0,89	1,89	E. Prior [4])
				Schwankungen	4,17—4,60	64,3—64,5	9,0—9,8	14,77-15,20	10,78-12,90	—	2,81—2,84	0,87—0,91	1,72—2,06	
31	1896	1	desgl.		—	70,1	—	17,01	10,50	—	—	—	1,68	L. Aubry [3])
			Schlesien.											
32	1876	1	—		—	—	—	14,89	11,70	—	3,10	—	1,87	K. Reischauer u. L. Aubry [5])
33	1879	1	—		—	—	—	16,04	10,42	—	2,83	—	1,66	
34	1892	2	—	Mittel	4,17	—	—	14,02	13,06	—	2,85	0,64	2,09	Strassmann u. M. Levy [6])
				Schwankungen	4,13—4,20	—	—	13,58-14,45	12,99-13,13	—	2,79—2,91	0,64—0,64	2,08—2,10	
35	1893	1	—		3,95	68,3	—	15,45	10,04	—	—	—	1,61	L. Aubry, Fuchs u. Mederer [7])
			Hessen.											
36	1876	3	—	Mittel	—	—	—	15,13	10,94	—	2,92	—	1,75	K. Reischauer u. L. Aubry [8])
				Schwankungen	—	—	—	14,77-15,62	10,56-11,64	—	2,84—5,04	—	1,69—1,82	
37	1877	5	—	Mittel	—	—	—	15,88	10,81	—	2,60	—	1,73	
				Schwankungen	—	—	—	14,29-16,74	9,40—11,85	—	2,45—2,71	—	1,50—1,90	
38	1878	5	—	Mittel	—	—	—	15,73	11,01	—	3,03	—	1,76	
				Schwankungen	—	—	—	15,12-16,82	8,54—12,21	—	2,78—3,30	—	1,36—1,95	
39	1879	5	—	Mittel	—	—	—	17,09	11,25	—	2,95	—	1,80	
				Schwankungen	—	—	—	16,54-18,07	10,14-11,95	—	2,84—3,13	—	1,62—1,92	
40	1880	5	—	Mittel	—	—	—	15,11	10,48	—	—	—	1,68	
				Schwankungen	—	—	—	14,14-17,50	8,84—11,45	—	—	—	1,41—1,83	
41	1889	1	Rheinhessen		4,42	65,1	7,0	16,64	11,02	—	2,78	1,02	1,76	E. Prior [8])
42	1892	20	Rheinhessen	Schwankungen	4,4—5,3	65,4—74,0	—	12,94-14,77	9,19—13,30	62,21-70,33	—	—	1,47—2,13	Erich [9])
43	1893	13	—	Mittel	4,82	70,6	—	14,35	12,21	67,27	—	—	1,95	L. Aubry, Fuchs, Jais u. Mederer [10])
				Schwankungen	4,57—5,20	69,0—71,4	—	13,70-15,47	10,12-14,44	63,75-70,00	—	—	1,62—2,31	

[1]) Zeitschr. ges. Brauwesen 1893, **16**, 373.
[2]) Zeitschr. ges. Brauwesen 1895, **18**, 333 u. 349.
[3]) Zeitschr. ges. Brauwesen 1896, **19**, 531 u. 681.
[4]) Bayerisches Brauer-Journal. Sonderabdruck.
[5]) Zeitschr. ges. Brauwesen 1881 u. 1883. 3. (1878/79), 4. (1879/80) u. 5. (1880/81) Jahresbericht der wissenschaftl. Station für Brauerei in München.
[6]) Chem.-Ztg. 1893, **17**, 469.
[7]) Zeitschr. ges. Brauwesen 1893, **16**, 341.
[8]) Bayerisches Brauer-Journal. Sonderabdruck.
[9]) Bierbrauer 1893, **24**, 32; Chem.-Ztg. 1893, **17**, Rep. 139.
[10]) Zeitschr. ges. Brauwesen 1893, **16**, 341 u. 373.

*) Diese 3 Gersten waren auf demselben Gute aus gleicher Aussaat unter verschiedenen Verhältnissen auf tiefgrundigem, schwarzem Boden mit Lehm-Untergrund gewachsen. Die Düngung betrug für den Morgen bei I u. III 50 kg 16-procentiger Superphosphat und 50 kg Chilisalpeter, bei II ausserdem noch 25 kg Chilisalpeter als Kopfdüngung.

No.	Jahrgang	Zahl der Proben	Nähere Bezeichnung		Gewicht von 100 Körnern g	Hektoliter-Gewicht kg	Glasige Körner %	Wasser %	In der Trocken-Substanz: Stickstoff-Substanz %	Stärke %	Asche %	Phosphorsäure %	Stickstoff %	Analytiker
44	1894	8	—	Mittel	4,37	—	—	13,62	10,25	69,76	—	1,02	1,64	L. Aubry [1])
				Schwankungen	4,17—4,75	—	—	12,81-14,79	9,12—11,41	67,83-71,36	—	1,00—1,10	1,46—1,83	
45	1895	13	—	Mittel	—	—	—	14,43	10,69	66,42	—	—	1,71	A. Lang [2])
				Schwankungen	—	—	—	13,41-16,33	9,72—13,36	61,40-72,90	—	—	1,56—2,14	
46	1894	4	—	Mittel	4,43	67,4	12,3	14,77	9,98	—	—	—	1,60	F. M. Kickelhayn [3])
				Schwankungen	4,32—4,60	66,7—68,4	4—17	14,42-15,44	9.68—10,31	—	—	—	1,55—1,65	
47	1896	1	Borken		—	68,3	—	16,79	10,41	—	—	—	1,67	L. Aubry [1])
48	„	1	desgl.		—	67,8	—	17,74	10,35	—	—	—	1,66	
49	1880	1	Rheinprovinz: Chevalier-Gerste . .		—	—	—	17,61	10,69	—	—	—	1,71	K. Reischauer u. L. Aubry [4])
50	1877	1	Braunschweig . .		—	—	—	15,33	9,03	—	2,64	—	1,45	
51	1880	3	desgl.	Mittel	—	—	—	16,81	10,52	—	2,52 (1)	—	1,68	
				Schwankungen	—	—	—	15,11-17,82	10,39-10,62	—	—	—	1,66—1,70	

Gerste aus Süd- und Westdeutschland.

A. Bayern.

No.	Jahrgang	Zahl der Proben	Nähere Bezeichnung		Gewicht von 100 Körnern g	Hektoliter-Gewicht kg	Glasige Körner %	Wasser %	In der Trocken-Substanz: Stickstoff-Substanz %	Stärke %	Asche %	Phosphorsäure %	Stickstoff %	Analytiker
1	1891	—	Grannenabwerfende G.		—	—	—	12,41	13,06	—	—	—	2,09	Ulsch [5]) *)
2	„	—	Chevalier-Gerste . .		—	—	—	11,91	11,68	—	—	—	1,87	
3	1893	1	Rieser-Gerste . . .		4,47	—	—	13,82	12,94	—	—	—	2,07	L. Aubry, Fuchs und Mederer [6])
4	„	1	Franken-Gerste . . .		5,17	71,4	—	14,55	11,62	—	—	—	1,94	
5	1893	48	Südbayerische Gerste	Mittel	4,49	67,0	16,2	15,93	12,30	—	—	—	1,97	F. M. Kickelhayn [3])
				Schwankungen	3,94—5,46	63,1—70,4	7—30	13,68-18,59	10,81-13,88	—	—	—	1,73—2,22	
6	1894	13	—	Mittel	4,25	—	—	15,43	11,00	68,97	—	—	1,76	L. Aubry [1])
				Schwankungen	3,74—5,11	—	—	14,01-16,71	10,38-12,21	68,21-69,94	—	—	1,66—1,96	
7	1895	40	—	Mittel	—	—	—	13,12	10,38	68,99	—	—	1,66	A. Lang [2])
				Schwankungen	—	—	—	12,46-17,33	9,06—10,40	66,90-72,47	—	—	1,45—2,21	
8	1896	14	—	Mittel	—	68,1	—	15,98	10,69	—	—	—	1,71	L. Aubry [1])
				Schwankungen	—	64,9—72,1	—	14,68-16,93	9,56—12,68	—	—	—	1,53—2,03	

Ober-Bayern.

No.	Jahrgang	Zahl der Proben	Nähere Bezeichnung		Gewicht von 100 Körnern g	Hektoliter-Gewicht kg	Glasige Körner %	Wasser %	In der Trocken-Substanz: Stickstoff-Substanz %	Stärke %	Asche %	Phosphorsäure %	Stickstoff %	Analytiker
9	1876	5	—	Mittel	—	—	—	14,50	10,16	—	2,72	0,86	1,63	K. Reischauer u. L. Aubry [4])
				Schwankungen	—	—	—	13,68-15,34	9,30—10,88	—	2,42—2,91	0,73—1,02	1,49—1,74	
10	1877	1	—		—	—	—	16,03	11,48	—	2,64	0,67	1,84	
11	1878	1	—		—	—	—	15,56	11,83	—	3,00	—	1,89	
12	1880	1	—		—	—	—	16,89	10,25	—	—	—	1,64	
13	1892	3	—	Mittel	—	—	—	14,70	12,68	67,62	—	0,97	2,03	J. Jais [7])
				Schwankungen	—	—	—	14,46-14,97	12,01-13,60	66,41-68,73	—	0,93—1,01	1,92—2,18	

[1]) Zeitschr. ges. Brauwesen 1894, **17**, 307 u. 347 und 1896, **19**, 681.

[2]) Zeitschr. ges. Brauwesen 1895, **18**, 333 u. 349 und 1896, **19**, 15.

[3]) Zeitschr. ges. Brauwesen 1894, **17**, 115 u. 895, **18**, 169.

[4]) Zeitschr. ges. Brauwesen 1881 u. 1883.

[5]) Zeitschr. ges. Brauwesen 1892, **15**, 71.

[6]) Zeitschr. ges. Brauwesen 1893, **16**, 341.

[7]) Zeitschr. ges. Brauwesen 1892, **15**, 425.

*) Beide Gersten wurden auf einem ziemlich stickstoffarmen, milden, kalkhaltigen, tiefgrundigen Lehmboden gebaut, der weder 1890 noch 1891 eine Düngung erfahren hatte. Die grannenabwerfende Gerste enthielt 70 %, die Chevalier-Gerste 50 % glasige Körner.

No.	Jahrgang	Zahl der Proben	Nähere Bezeichnung		Gewicht von 100 Körnern g	Hektoliter-Gewicht kg	Glasige Körner %	Wasser %	In der Trocken-Substanz: Stickstoff-Substanz %	Stärke %	Asche %	Phosphorsäure %	Stickstoff %	Analytiker
14	1893	14	—	Mittel	4,58	66,1	19,0	16,37	12,34	—	—	—	1,97	F. M. Kickelhayn [1]
				Schwankungen	4,14—5,24	63,7—68,4	9—30	15,26-18,59	11,13-13,88	—	—	—	1,78—2,22	
15	1894	15	—	Mittel	3,82	62,3	19,7	17,49	12,57	—	—	—	2,01	F. M. Kickelhayn [1]
				Schwankungen	3,22—5,09	57,6—67,7	6—40	16,03-19,27	11,25-14,00	—	—	—	1,80—2,24	
			Nieder-Bayern.											
16	1876	3	—	Mittel	—	—	—	15,37	9,98	—	2,87	—	1,60	K. Reischauer u. L. Aubry [2]
				Schwankungen	—	—	—	14,86-15,66	9,54—10,21	—	2,80—2,95	—	1,53—1,63	
17	1877	1	—		—	—	—	16,50	11,34	—	2,72	—	1,81	K. Reischauer u. L. Aubry [2]
18	1878	4	—	Mittel	—	—	—	15,53	11,16	—	2,76	—	1,79	K. Reischauer u. L. Aubry [2]
				Schwankungen	—	—	—	14,23-16,99	10,53-11,85	—	2,54——	—	1,68—1,89	
19	1880	2	—	Mittel	—	—	—	16,03	11,62	64,60 (1)	—	—	1,86	K. Reischauer u. L. Aubry [2]
				Schwankungen	—	—	—	15,97-16,09	11,48-11,75	—	—	—	1,84—1,88	
20	1889	1	Straubing		4,26	65,8	5,4	17,22	11,33	—	2,65	0,94	1,81	E. Prior [3]
21	1892	5	—	Mittel	—	—	—	14,84	12,33	66,10	—	1,04	1,97	J. Jais [4]
				Schwankungen	—	—	—	13,98-15,59	11,63-13,06	61,72-69,13	—	0,98—1,15	1,86—2,09	
22	1893	7	—	Mittel	—	—	—	10,81	11,25	67,00	2,52	1,00	1,80	J. Jais und J. Fuchs [5]
				Schwankungen	—	—	—	11,30-11,30	10,72-12,13	64,95-69,82	2,37—2,65	0,93—1,07	1,72—1,94	
23	„	21	—	Mittel	4,38	67,6	15,2	15,69	12,33	—	—	—	1,97	F. M. Kickelhayn [1]
				Schwankungen	3,94—4,82	64,7—70,2	7—27	14,08-17,80	10,88-13,88	—	—	—	1,74—2,22	
24	1894	21	—	Mittel	4,07	65,24	18,4	15,91	12,31	—	—	—	1,95	F. M. Kickelhayn [1]
				Schwankungen	3,46—4,55	62,00-68,00	9—36	14,01-18,27	10,38-14,81	—	—	—	1,66—2,37	
			Ober-Pfalz.											
25	1877	1	—		—	—	—	15,33	11,73	—	2,85	—	1,88	K. Reischauer u. L. Aubry [2]
26	1893	2	—	Mittel	4,95	70,2	—	14,27	13,04	66,12	—	—	2,09	L. Aubry, Fuchs, Jais u. Mederer [6]
				Schwankungen	4,75—5,15	69,7—70,6	—	14,03-14,51	11,41-14,66	63,41-68,83	—	—	1,83—2,35	
27	1889	5	—	Mittel	4,35	63,47	5,32	16,73	10,59	—	2,96	1,04	1,69	E. Prior [7]
				Schwankungen	4,00—4,79	61,5—64,6	3,2—8,8	15,33-17,95	9,08—11,44	—	2,86—3,29	0,96—1,15	1,45—1,83	
28	1895	4	—	Schwankungen	3,77—4,26	63,13-68,00	—	13,74-15,02	9,86—10,63	—	—	—	1,58—1,70	E. Prior [8]
			Ober-Franken.											
23	1876	1	—		—	—	—	13,54	9,91	—	2,86	—	1,59	K. Reischauer u. L. Aubry [2]
24	„	1	Kaiser-Gerste I . .		—	—	—	13,22	10,47	—	2,73	—	1,68	K. Reischauer u. L. Aubry [2]
25	1877	1	„ II . .		—	—	—	13,87	10,89	—	2,56	—	1,75	K. Reischauer u. L. Aubry [2]
26	„	1	Victoria-Gerste I . .		—	—	—	13,57	12,29	—	2,92	—	1,97	K. Reischauer u. L. Aubry [2]
27	„	1	„ II . .		—	—	—	13,34	12,10	—	3,01	—	1,94	K. Reischauer u. L. Aubry [2]
28	„	1	Probstei-Gerste . . .		—	—	—	13,37	11,89	—	2,79	—	1,90	K. Reischauer u. L. Aubry [2]
29	„	1	Chevalier-Gerste . .		—	—	—	13,45	11,60	—	2,96	—	1,86	K. Reischauer u. L. Aubry [2]

[1]) Zeitschr. ges. Brauwesen 1894, **17**, 115 u. 1895, **18**, 169 u. 173.
[2]) Zeitschr. ges. Brauwesen 1881 u. 1883. 3., 4. u. 5. Jahresbericht der wissenschaftl. Station für Brauerei in München.
[3]) Bayerisches Brauer-Journal. Sonderabdruck.
[4]) Zeitschr. ges. Brauwesen 1892, **15**, 425.
[5]) Zeitschr. ges. Brauwesen 1894, **17**, 163.
[6]) Zeitschr. ges. Brauwesen 1892, **16**, 373.
[7]) Bayerisch. Brauer-Journ. 1888. Sonderabdruck. Vergl. auch Bierbrauer 1887, 703; Zeitschr. angew. Chem. 1888, 83.
[8]) Bayerisches Brauer-Journal 1895, **5**, 505; Chem.-Ztg. 1896, **20**, Rep. 23.

No.	Jahrgang	Zahl der Proben	Nähere Bezeichnung	Gewicht von 100 Körnern g	Hektoliter-Gewicht kg	Glasige Körner %	Wasser %	In der Trocken-Substanz: Stickstoff-Substanz %	Stärke %	Asche %	Phosphorsäure %	Stickstoff %	Analytiker
36	1886	1	Bayreuth	4,77	70,06	33,8	14,15	10,19	—	2,69	1,12	1,63	E. Prior[1]
37	1887	8	— Mittel	4,20	69,10	32,0	13,79	11,00	—	3,02	0,96	1,76	
			Schwankungen	3,69—4,59	62,60-72,02	22,6—57,2	13,44-14,22	9,75—12,13	—	2,79—3,35	0,80—1,21	1,56—1,94	
38	1888	—	— Mittel	4,48	64,35	6,1	16,16	10,59	—	2,77	1,07	1,69	
39	1889	5	— Mittel	4,47	64,90	7,16	16,95	10,03	—	2,94	0,98	1,60	
			Schwankungen	4,22—4,81	63,8—66,6	3,0—9,2	14,49-17,96	8,08—11,55	—	2,76—3,18	0,78—1,13	1,29—1,85	
40	1895	5	— Schwankungen	4,10—4,56	66,05-71,00	—	13,15-14,77	9,29—10,23	—	—	—	1,49—1,64	E. Prior[2]
			Mittel-Franken.										
41	1886	1	—	4,19	69,5	18,0	14,62	9,56	—	2,68	1,00	1,53	E. Prior[3]
42	1887	6	— Mittel	4,37	66,85	30,3	14,08	11,31	—	2,89	0,92	1,81	
			Schwankungen	4,13—4,64	66,2—70,4	17,2—48,0	13,35-14,69	—	—	2,45—3,04	0,74—1,05	1,68—1,96	
43	1888	—	— Mittel	4,38	63,69	4,8	17,24	9,76	—	2,95	1,04	1,56	
44	1889	9	— Mittel	4,41	65,18	7,35	16,19	10,05	—	2,99	1,00	1,61	
			Schwankungen	3,80—5,00	61,0—70,0	5,0—11,8	14,04-17,52	8,12—11,39	—	2,73—3,29	0,85—1,14	1,30—1,82	
45	1892	2	— Mittel	—	—	—	14,29	11,42	68,14	—	1,07	1,83	J. Jais[4]
			Schwankungen	—	—	—	14,13-14,45	11,08-11,76	66,92-69,36	—	1,02—1,11	1,77—1,88	
46	1895	6	— Schwankungen	3,85—4,52	64,25-70,25	—	12,55-15,74	6,98—11,38	—	—	—	1,12—1,82	E. Prior[5]
			Unter-Franken.										
47	1876	13	— Mittel	—	—	—	14,60	9,99	—	2,86	—	1,60	K. Reischauer u. L. Aubry[6]
			Schwankungen	—	—	—	13,88-15,73	9,07—10,83	—	2,77—3,12	—	1,45—1,73	
48	1877	1	—	—	—	—	17,65	11,62	—	2,77	—	1,86	
49	1878	4	— Mittel	—	—	—	16,11	10,73	—	3,12	—	1,72	
			Schwankungen	—	—	—	14,70-17,43	9,26—11,60	—	2,62—3,18	—	1,48—1,85	
50	1879	1	—	—	69,50	—	16,25	10,96	—	—	—	1,75	
51	1886	3	— Mittel	4,28	69,31	25,0	14,37	10,25	—	3,44	1,04	1,64	E. Prior[3]
			Schwankungen	4,19—4,42	66,96-71,58	22,2—27,4	14,19-14,56	9,44—10,88	—	3,19—3,93	0,99—1,10	1,51—1,74	
52	1887	10	— Mittel	4,59	71,54	41,4	13,85	11,43	—	3,01	0,93	1,83	
			Schwankungen	4,25—4,77	69,5—73,5	24,2—53,8	12,64-14,69	10,50-13,94	—	2,59—3,63	0,73—1,04	1,68—2,23	
53	1888	—	— Mittel	4,53	64,97	5,5	16,04	10,07	—	3,04	0,97	1,61	
54	1889	15	— Mittel	4,51	66,99	8,74	14,37	10,58	—	2,98	0,96	1,69	
			Schwankungen	4,02—5,05	64,5—69,0	3,8—18,0	13,22-15,87	8,96—11,74	—	2,70—3,26	0,66—1,18	1,43—1,88	

[1]) Bayerisches Brauer-Journal 1888. Sonderabdruck. Vergl. auch Bierbrauer 1887, 703; Zeitschr. angew. Chem. 1888, 83.
[2]) Bayerisches Brauer-Journal 1895, **5**, 505; Chem.-Ztg. 1896, **20**, Rep. 23.
[3]) Bayerisches Brauer-Journal 1888. Sonderabdruck. Vergl. auch Bierbrauer 1887, 702; Zeitschr. angew. Chem. 1888, 83.
[4]) Zeitschr. ges. Brauwesen 1892, **15**, 425.
[5]) Bayerisches Brauer-Journal 1895, **5**, 505.
[6]) Zeitschr. ges. Brauwesen 1881 u. 1883. 3., 4. und 5. Jahresbericht der wissenschaftl. Station für Brauerei in München.

No.	Jahrgang	Zahl der Proben	Nähere Bezeichnung		Gewicht von 100 Körnern g	Hektoliter-Gewicht kg	Glasige Körner %	Wasser %	In der Trocken-Substanz: Stickstoff-Substanz %	Stärke %	Asche %	Phosphorsäure %	Stickstoff %	Analytiker
55	1892	1	—		—	—	—	13,79	10,22	70,08	—	0,98	1,64	*J. Jais* [1])
56	1895	10	—	Schwankungen	49,10- 49,13	68,75- 71,88	—	12,37- 15,90	8,38— 12,31	—	—	—	1,34— 1,97	*E. Prior* [2])

Schwaben und Neuburg.

No.	Jahrgang	Zahl der Proben	Nähere Bezeichnung		Gewicht von 100 Körnern g	Hektoliter-Gewicht kg	Glasige Körner %	Wasser %	Stickstoff-Substanz %	Stärke %	Asche %	Phosphorsäure %	Stickstoff %	Analytiker
57	1877	1	—		—	—	—	14,04	8,47	—	2,74	—	1,36	*K. Reischauer u. L. Aubry* [3])
58	1887	—	—	Mittel Schwankungen	4,32 3,98—4,75	68,68 67,1—70,9	52,1 46,0—58,0	13,89 13,33-14,31	10,62 8,25—11,00	— —	2,82 2,53—3,18	0,91 0,83—1,12	1,61 1,32—1,76	
59	1888	—	—		4,40	62,15	7,9	17,87	11,64	—	2,72	0,94	1,86	
60	1889	4	—	Mittel Schwankungen	4,25 4,07—4,38	63,55 61,5—65,8	7,40 4,6—9,8	16,68 15,80-17,23	10,26 9,57—10,94	— —	2,99 2,96—3,03	1,05 1,03—1,07	1,64 1,53—1,75	*E. Prior* [4])
61	1893	1	—		4,84	68,5	—	15,53	12,44	68,50	—	—	1,99	*L. Aubry, Fuchs, Jais und Mederer* [5])
62	1893	12	—	Mittel Schwankungen	4,57 4,13—5,46	66,6 63,1—68,3	14,5 8—19	15,83 13,68-17,00	12,26 10,81-13,13	— —	— —	— —	1,96 1,73—2,10	*F. M. Kickelhayn* [6])
63	1895	2	—	Mittel Schwankungen	4,35 4,28—4,32	65,50 64,80-66,20	— —	14,20 14,19-14,21	10,03 9,77—10,78	— —	— —	— —	1,60 1,56—1,72	*E. Prior*

Rhein-Pfalz.

No.	Jahrgang	Zahl der Proben	Nähere Bezeichnung		Gewicht von 100 Körnern g	Hektoliter-Gewicht kg	Glasige Körner %	Wasser %	Stickstoff-Substanz %	Stärke %	Asche %	Phosphorsäure %	Stickstoff %	Analytiker
64	1876	2	—	Mittel Schwankungen	— —	— —	— —	14,79 14,37-15,20	11,69 11,41-11,97	— —	2,94 2,87—3,02	— —	1,87 1,83—1,92	*K. Reischauer u. L. Aubry* [3])
65	1877	1	—		—	—	—	12,46	10,73	—	2,81	—	1,72	
66	1878	1	—		—	—	—	15,91	11,65	—	2,04	—	1,86	
67	1879	3	—	Mittel Schwankungen	— —	— —	— —	15,17 14,20-15,97	11,36 10,58-11,81	— —	2,92 2,82—3,00	— —	1,82 1,69—1,89	
68	1886	1	Oggersheim		4,48	67,72	30,6	13,80	10,19	—	2,90	1,02	1,63	*E. Prior* [4])
69	1889	7	—	Mittel Schwankungen	4,37 4,03—4,68	65,30 62,5—68,9	5,51 3,8—8,8	15,82 14,77-17,20	10,34 9,19—11,82	— —	2,91 2,54—3,14	1,06 1,00—1,24	1,66 1,47—1,89	
67	1895	2	—	Mittel Schwankungen	4,66 4,38—4,93	66,13 65,63-66,63	— —	13,13 13,05-13,20	10,11 10,06-10,15	— —	— —	— —	1,62 1,61—1,62	*E. Prior* [2])
71	1896	1	—		—	69,7	—	15,82	11,28	—	—	—	1,80	*L. Aubry* [7])

B. Württemberg.

No.	Jahrgang	Zahl der Proben	Nähere Bezeichnung		Gewicht von 100 Körnern g	Hektoliter-Gewicht kg	Glasige Körner %	Wasser %	Stickstoff-Substanz %	Stärke %	Asche %	Phosphorsäure %	Stickstoff %	Analytiker
72	1877	3	—	Mittel Schwankungen	— —	— —	— —	15,10 14,65-16,06	10,36 10,26-10,49	— —	— —	— —	1,66 1,64—1,68	*K. Reischauer u. L. Aubry* [3])

[1]) Zeitschr. ges. Brauwesen 1892, **15**, 425.
[2]) Zeitschr. ges. Brauwesen 1896, **19**, 15; Chem.-Ztg. 1896, **20**, Rep. 23.
[3]) Zeitschr. ges. Brauwesen 1881 u. 1883. 3., 4. und 5. Jahresbericht der wissenschaftl. Station für Brauerei in München.
[4]) Bayerisches Brauer-Journal 1888. Sonderabdruck. Vergl. auch Bierbrauer 1887, 702 und Zeitschr. angew. Chem. 1888, 83.
[5]) Zeitschr. ges. Brauwesen 1893, **16**, 373.
[6]) Zeitschr. ges. Brauwesen 1894, **17**, 115.
[7]) Zeitschr. ges. Brauwesen 1896, **19**, 681.

No.	Jahrgang	Zahl der Proben	Nähere Bezeichnung		Gewicht von 100 Körnern g	Hektoliter-Gewicht kg	Glasige Körner %	Wasser %	In der Trocken-Substanz: Stickstoff-Substanz %	Stärke %	Asche %	Phosphorsäure %	Stickstoff %	Analytiker
73	1887	2	—	Mittel	4,24	69,2	36,3	14,25	11,41	—	2,98	1,02	1,83	*E. Prior*[1])
				Schwankungen	4,08—4,40	68,7—69,6	24,0—48,6	14,15-14,35	11,32-11,50	—	2,84—3,11	1,00—1,03	1,81—1,84	
74	1893	2	—	Mittel	4,50	67,5	29	15,40	12,32	—	—	—	1,97	*F. M. Kiekelhayn*[2])
				Schwankungen	4,14—4,86	66,1—68,9	24—34	14,75-16,04	11,94-12,69	—	—	—	1,91—2,03	
75	1894	3	—	Mittel	4,11	64,1	16,3	16,84	12,06	—	—	—	1,93	
				Schwankungen	3,97—4,27	63,0—65,0	15—18	15,99-17,78	11,75-12,63	—	—	—	1,88—2,02	
76	1895	2	Tauber-Gerste	gelb .	—	—	—	14,21	10,42	—	—	—	1,67	*A. Lang*[3])
				weiss .	—	—	—	13,86	11,07	—	—	—	1,77	
77	1896	1	Heilbronn		—	—	—	16,14	11,46	—	—	—	1,83	*L. Aubry*[4])
78	„	1	Mergentheim . . .		—	69,7	—	16,79	10,80	—	—	—	1,73	

C. Baden.

No.	Jahrgang	Zahl der Proben	Nähere Bezeichnung		Gewicht von 100 Körnern g	Hektoliter-Gewicht kg	Glasige Körner %	Wasser %	Stickstoff-Substanz %	Stärke %	Asche %	Phosphorsäure %	Stickstoff %	Analytiker
79	1877	1	—		—	—	—	13,81	11,91	—	2,92	—	1,91	*K. Reischauer u. L. Aubry*[5])
80	1878	1	—		—	—	—	17,29	11,95	—	2,70	—	1,91	
81	1879	4	—	Mittel	—	—	—	16,05	10,34	—	2,89	—	1,65	
				Schwankungen	—	—	—	15,60-16,94	9,90—10,85	—	2,77—2,95	—	1,58—1,70	
82	1880	2	—	Mittel	—	—	—	17,97	12,96	—	—	—	2,07	
				Schwankungen	—	—	—	16,61-19,33	10,92-15,00	—	—	—	1,75—2,40	
83	1893	2	Breisgau . .	Mittel	4,50	70,4	—	11,15	11,13	—	—	—	1,78	*L. Aubry, Fuchs, Jais u. Mederer*[6])
				Schwankungen	4,46—4,55	69,9—70,9	—	9,58—12,72	9,56—12,69	—	—	—	1,53—2,03	
84	„	2	Rheinniederung	Mittel	4,83	69.7	—	—	10,51	68,23	—	—	1,68	
				Schwankungen	4,80—4,87	69,4—69,9	—	—	10,37-10,65	67,64-68,81	—	—	1,66—1,70	
85	1895	1	—		—	—	—	13,41	11,84	—	—	—	1,89	*A. Lang*[3])
86	1896	1	Rheinniederung . .		—	69,2	—	16,20	10,71	—	—	—	1,71	*L. Aubry*[4])
87	„	1	Haardt-Gebirge . .		—	66,9	—	15,57	9,67	—	—	—	1,55	

D. Elsass-Lothringen.

No.	Jahrgang	Zahl der Proben	Nähere Bezeichnung		Gewicht von 100 Körnern g	Hektoliter-Gewicht kg	Glasige Körner %	Wasser %	Stickstoff-Substanz %	Stärke %	Asche %	Phosphorsäure %	Stickstoff %	Analytiker
88	1876	4	—	Mittel	—	—	—	15,05	10,62	—	3,39	—	1,70	*K. Reischauer u. L. Aubry*[5])
				Schwankungen	—	—	—	13,24-16,16	9,61—11,41	—	2,49—5,32	—	1,54—1,83	
89	1877	3	—	Mittel	—	—	—	14,62	11,37	—	2,70	—	1,82	
				Schwankungen	—	—	—	13,46-16,30	11,02-11,92	—	2,51—2,89	—	1,79—1,91	
90	1878	10	Chevalier-Gerste	Mittel	—	—	—	14,92	11,62	—	2,89	—	1,86	
				Schwankungen	—	—	—	13,33-17,27	10,16-13,22	—	2,53—3,02	—	1,62—2,11	
91	1879	7	—	Mittel	—	—	—	16,70	11,26	—	2,92	—	1,80	
				Schwankungen	—	—	—	14,14-18,12	19,82-12,07	—	2,74—3,10	—	1,57—1,93	
92	„	5	Chevalier-Wintergerste*)	Mittel	—	—	—	12,90	11,40	—	—	—	1,82	
				Schwankungen	—	—	—	12,33-14,25	8,06—13,38	—	—	—	1,29—2,14	

[1]) Bierbrauer 1887, 702; Zeitschr. angew. Chem. 1888, 83.
[2]) Zeitschr. ges. Brauwesen 1894, **17**, 115 u. 1895, **18**, 169.
[3]) Zeitschr. ges. Brauwesen 1895, **18**, 333 u. 349; 1896, **19**, 15.
[4]) Zeitschr. ges. Brauwesen 1896, **19**, 529.
[5]) Zeitschr. ges. Brauwesen 1881 u. 1883. 3., 4. u. 5. Jahresbericht der wissenschaftl. Station für Brauerei in München.
[6]) Zeitschr. ges. Brauwesen 1893, **16**, 341.

*) In der Benennung dieser Gersten als Chevalier-Gerste und der Bezeichnung einiger derselben als Wintergerste in der erst 1887 veröffentlichten Erläuterung zu den 1881 veröffentlichten Analysen (Zeitschr. ges. Brauwesen 1887, No. 1) besteht insofern ein Widerspruch, als man unter Chevalier-Gerste nur Sommergerste versteht. (Vergl. A. Nowacki, Getreidebau 1886, 282.)

No.	Jahrgang	Zahl der Proben	Nähere Bezeichnung		Gewicht von 100 Körnern g	Hektoliter-Gewicht kg	Glasige Körner %	Wasser %	In der Trocken-Substanz: Stickstoff-Substanz %	Stärke %	Asche %	Phosphorsäure %	Stickstoff %	Analytiker
93	1879	3	Chevalier-Sommergerste	Mittel	—	—	—	14,41	10,79	—	—	—	1,73	K. Reischauer u. L. Aubry [1])
				Schwankungen	—	—	—	11,98-19,00	9,10—12,69	—	—	—	1,46—2,03	
94	1880	18	—*)	Mittel	—	—	—	15,03	10,25	65,37	—	—	1,64	
				Schwankungen	—	—	—	13,41-16,35	9,02—11,53	61,20-67,77	—	—	1,44—1,85	
95	1893	9	Elsässische Gerste	Mittel	4,56	68,4	—	13,53	11,64	67,01	—	—	1,86	L. Aubry, Fuchs, Jais u. Mederer [2])
				Schwankungen	4,33—4,83	66,9—70,4	—	12,56-16,20	9,26—13,75	62,71-70,83	—	—	1,48—2,20	
96	1894	10	desgl.	Mittel	4,30	—	—	13,68	10,56	68,79	—	—	1,69	L. Aubry [3])
				Schwankungen	4,17—4,42	—	—	13,23-14,76	9,35—11,41	67,83-69,96	—	—	1,53—1,83	
97	1895	11	desgl.	Mittel	—	—	—	13,74	10,69	70,16	—	—	1,71	A. Lang [4])
				Schwankungen	—	—	—	13,09-14,42	10,03-11,17	68,74-72,57	—	—	1,61—1,79	
98	1896	9	—	Mittel	—	67,6	—	15,62	9,88	—	—	—	1,58	L. Aubry [3])
				Schwankungen	—	66,1—69,7	—	14,60-16,52	9,44—11,08	—	—	—	1,51—1,77	
			Gerste aus Oesterreich-Ungarn und den Donau-Fürstenthümern.											
1	1893	13	—	Mittel	4,16	68,75	25	13,52	11,41	—	—	—	1,83	F. M. Kickelhayn [5])
				Schwankungen	3,97—4,44	66,9—70,6	12—39	12,85-14,42	9,81—13,00	—	—	—	1,57—2,08	
			Böhmen.											
2	1876	6	—	Mittel	—	—	—	15,45	8,94	—	2,94	—	1,43	K. Reischauer u. L. Aubry [1])
				Schwankungen	—	—	—	14,78-16,03	8,01—10,39	—	2,75—3,00	—	1,28—1,66	
3	1877	1	—		—	—	—	13,70	11,31	—	2,57	—	1,81	
4	1878	2	—	Mittel	—	—	—	14,48	8,23	—	2,54	—	1,32	
				Schwankungen	—	—	—	13,83-15,13	7,60—8,95	—	2,38—2,68	—	1,21—1,43	
5	1879	2	—	Mittel	—	—	—	15,22	10,49	—	2,71	—	1,68	
				Schwankungen	—	—	—	14,46-15,97	9,91—11,06	—	2,69—2,73	—	1,59—1,77	
6	1880	3	—	Mittel	—	—	—	14,31	8,73	—	—	—	1,40	
				Schwankungen	—	—	—	13,85-14,86	8,36—8,92	—	—	—	1,34—1,43	
7	18 84/86	4	Imperial-Gerste	Mittel	—	—	—	—	11,27	65,51	—	—	1,80	J. Hanamann [6])
				Schwankungen	—	—	—	—	9,50—12,04	66,66-69,19	—	—	1,52—1,93	
8	„	1	Pfauengerste . . .		—	—	—	—	12,56	67,42	—	—	2,01	
9	„	1	Probsteier		—	—	—	—	9,95	66,43	—	—	1,59	
10	„	6	Chevalier	Mittel	—	—	—	—	11,63	68,77	—	—	1,86	
				Schwankungen	—	—	—	—	8,55—14,35	64,86-73,96	—	—	1,37—2,30	
11	„	1	Austral		—	—	—	—	10,56	67,55	—	—	1,69	
12	„	1	Jerusalem-Gerste . .		—	—	—	—	12,64	65,60	—	—	2,02	
13	„	1	Annat.-Gerste . . .		—	—	—	—	14,18	65,52	—	—	2,27	

[1]) Zeitschr. ges. Brauwesen 1881 u. 1883. 3., 4. u. 5. Jahresbericht der wissenschaftl. Station für Brauerei in München.

[2]) Zeitschr. ges. Brauwesen 1893, **16**, 341 u. 373.

[3]) Zeitschr. ges. Brauwesen 1894, **17**, 307 u. 347; 1896, **19**, 529 u. 681.

[4]) Zeitschr. ges. Brauwesen 1895, **18**, 333 u. 349; 1896, **19**, 15.

[5]) Zeitschr. ges. Brauwesen 1894, **17**, 115.

[6]) Zeitschr. ges. Brauwesen 1887, **10**, 203—204.

*) In vier dieser Gersten wurde an Amid-Stickstoff in Procenten des Gesammt-Stickstoffs gefunden 3,69 bis 4,92 %, im Mittel 4,44 %.

No.	Jahrgang	Zahl der Proben	Nähere Bezeichnung		Gewicht von 100 Körnern	Hektoliter-Gewicht	Glasige Körner	Wasser	In der Trocken-Substanz					Analytiker
									Stickstoff-Substanz	Stärke	Asche	Phosphorsäure	Stickstoff	
					g	kg	%	%	%	%	%	%	%	
14	1884/86	5	Goldgerste	Mittel	—	—	—	—	11,53	66,63	—	—	1,84	J. Hanamann[1]
				Schwankungen	—	—	—	—	10,50-13,47	64,17-68,10	—	—	1,68—2,16	
15	"	1	Primadonna-Gerste .		—	—	—	—	10,96	67,09	—	—	1,75	
16	"	5	Oregon-Gerste	Mittel	—	—	—	—	12,74	67,17	—	—	2,04	
				Schwankungen	—	—	—	—	9,06—15,27	66,30-67,90	—	—	1,45—2,44	
17	"	1	Schottische Hochl.-Gerste	Mittel	—	—	—	—	13,84	67,30	—	—	2,21	
				Schwankungen	—	—	—	—	11,96-17,50	66,08-68,02	—	—	1,91—2,80	
18	"	1	Mährische Gerste . .		—	—	—	—	11,37	68,92	—	—	1,82	
19	"	1	Böhmische Gerste . .		—	—	—	—	14,25	68,02	—	—	2,28	
20	"	2	Schwedische Hochl.-Gerste	Mittel	—	—	—	—	11,53	68,74	—	—	1,84	
				Schwankungen	—	—	—	—	10,10-12,95	67,34-70,13	—	—	1,62—2,07	
21	"	2	Golden-Melon-Gerste	Mittel	—	—	—	—	13,38	64,76	—	—	2,14	
				Schwankungen	—	—	—	—	12,06-14,70	64,66-64,85	—	—	1,93—2,35	
22	1887	1	—		4,17	67,72	30,4	12,98	11,50	—	3,11	0,71	1,84	E. Prior[2]
23	1889	2	—	Mittel	4,05	67,0	8,6	15,17	9,47	—	2,78	0,89	1,52	
				Schwankungen	3,98—4,12	65,6—68,4	3,8—13,4	14,92-15,42	8,73—10,21	—	2,72—2,84	0,87—0,91	1,40—1,63	
24	1893	3	—	Mittel	4,03 (2)	70,6 (1)	—	13,08	9,10	—	—	—	1,46	L. Aubry, Fuchs, Jais u. Mederer[3]
				Schwankungen	4,03—4,03	—	—	12,53-13,90	8,41—9,64	—	—	—	1,35—1,54	
25	1895	11	—	Mittel	—	—	—	13,74	10,25	—	—	—	1,64	A. Lang[4]
				Schwankungen	—	—	—	13,02-15,56	8,63—12,80	—	—	—	1,38—2,05	
26	1894	5	—	Mittel	—	—	—	13,95	12,27	65,79	—	—	1,96	Franz Schwackhöfer[5]
				Schwankungen	—	—	—	12,48-14,49	11,00-13,25	63,64-68,92	—	—	1,76—2,12	
27	1895	5	—	Mittel	3,55	—	—	14,95	11,48	68,46	—	—	1,84	
				Schwankungen	3,24—3,91	—	—	14,02-15,56	10,19-12,88	62,96-70,52	—	—	1,63—2,06	
28	1896	6	—	Mittel	—	—	—	16,61	12,71	64,07	—	—	2,03	
				Schwankungen	—	—	—	15,96-77,00	11,25-14,62	63,78-64,36	—	—	1,80—2,34	
29	1897	7	—	Mittel	—	—	—	14,28	11,70	64,26	—	—	1,87	
				Schwankungen	—	—	—	13,33-15,34	10,50-13,00	61,48-67,22	—	—	1,68—2,08	

Mähren.

No.	Jahrgang	Zahl der Proben	Nähere Bezeichnung		Gewicht von 100 Körnern	Hektoliter-Gewicht	Glasige Körner	Wasser	Stickstoff-Substanz	Stärke	Asche	Phosphorsäure	Stickstoff	Analytiker
30	1875	1	Hanna-Gerste . . .		—	—	—	14,77	8,44	—	2,78	—	1,35	K. Reischauer u. L. Aubry[6]
31	1876	3	—	Mittel	—	—	—	15,11	9,42	—	2,79	—	1,51	
				Schwankungen	—	—	—	14,67-16,25	8,43—10,23	—	2,75—2,93	—	1,35—1,64	
32	1877	1	Hanna-Gerste . . .		—	—	—	14,07	10,49	—	2,51	—	1,68	
33	"	1	Mährische Gerste . .		—	—	—	14,90	10,94	—	2,66	—	1,75	

[1]) Zeitschr. ges. Brauwesen 1887, **10**, 203—204.
[2]) Bayerisches Brauer-Journal. Sonderabdruck. Vergl. auch Bierbrauer 1887, 702; Zeitschr. angew. Chem. 1888, 83.
[3]) Zeitschr. ges. Brauwesen 1893, **16**, 341 u. 373.
[4]) Zeitschr. ges. Brauwesen 1895, **18**, 333 u. 349; 1896, **19**, 15.
[5]) Mittheilung der österreichischen Versuchsstation für Brauerei und Mälzerei in Wien 1897, No. VIII; Jahresber. f. Agrik.-Chem. 1897, N. F. **20**, 476.
[6]) Zeitschr. ges. Brauwesen 1881 u. 1883. 3., 4. und 5. Jahresbericht der wissenschaftl. Station für Brauerei in München.

No.	Jahrgang	Zahl der Proben	Nähere Bezeichnung		Gewicht von 100 Körnern g	Hektoliter-Gewicht kg	Glasige Körner %	Wasser %	In der Trocken-Substanz: Stickstoff-Substanz %	Stärke %	Asche %	Phosphorsäure %	Stickstoff %	Analytiker
34	1878	1	Gelbe mährische Gerste		—	—	—	14,14	10,00	—	2,86	—	1,60	K. Reischauer u. L. Aubry[1]
35	„	1	Weisse mährische G.		—	—	—	13,01	9,19	—	2,82	—	1,47	
36	„	1	Mährische Gerste		—	—	—	—	10,55	—	—	—	1,69	
37	„	1	Hanna-Gerste		—	—	—	13,98	10,39	—	2,60	—	1,65	
38	„	4	—	Mittel	—	—	—	13,24	9,64	—	2,86	—	1,54	
				Schwankungen	—	—	—	12,55-15,36	9,11—10,06	—	2,79—2,95	—	1,36—1,61	
39	1880	2	Hanna-Gerste	Mittel	—	—	—	13,81	9,39	68,65 (1)	—	—	1,50	
				Schwankungen	—	—	—	13,77-13,85	9,26—9,51	—	—	—	1,48—1,52	
40	„	3	Gelbe mährische Gerste	Mittel	—	—	—	13,88	10,32	—	—	—	1,65	
				Schwankungen	—	—	—	13,66-14,13	10,00-10,48	—	—	—	1,60—1,68	
41	18 84/86	4	Bestehorn-Gerste	Mittel	—	—	—	—	9,29	—	—	—	1,49	J. Hanamann[2]
				Schwankungen	—	—	—	—	8,50—10,55	—	—	—	1,36—1,69	
42	„	9	Hanna-Gerste	Mittel	—	—	—	—	9,57	66,70	—	—	1,53	
				Schwankungen	—	—	—	—	9,00—10,37	65,71-68,02	—	—	1,44—1,66	
43	„	1	Pfauengerste	Mittel	—	—	—	—	8,81	67,52	—	—	1,41	
				Schwankungen	—	—	—	—	8,06—9,56	65,80-69,25	—	—	1,29—1,53	
44	„	2	Probsteier Gerste	Mittel	—	—	—	—	9,98	65,57	—	—	1,60	
				Schwankungen	—	—	—	—	9,75—10,21	65,27-65,86	—	—	1,56—1,63	
45	„	3	Annat.-Gerste	Mittel	—	—	—	—	9,64	66,67	—	—	1,54	
				Schwankungen	—	—	—	—	9,25—10,37	66,43-66,93	—	—	1,48—1,66	
46	„	2	Chevalier-Gerste	Mittel	—	—	—	—	9,81	66,39	—	—	1,57	
				Schwankungen	—	—	—	—	9,31—10,31	65,94-66,83	—	—	1,49—1,65	
47	1886	4	Hanna-Gerste	Mittel	4,49	76,2	14	12,22	8,56	—	—	—	1,37	F. Schindler, S. Adametz u. H. Fischer[3]
				Schwankungen	4,33—4,62	75,6—76,5	10—16	11,53-12,92	8,31—8,81	—	—	—	1,33—1,41	
48	„	6	Oregon	Mittel	4,50	72,5	15	12,15	9,14	—	—	—	1,46	
				Schwankungen	3,94—4,99	70,8—73,6	9—19	11,43-12,82	8,38—10,25	—	—	—	1,34—1,64	
49	„	2	Goldmelone	Mittel	4,73	72,9	7	12,25	8,81	—	—	—	1,41	
				Schwankungen	4,43—5,02	72,2—73,5	6—9	12,20-12,30	8,56—9,06	—	—	—	1,37—1,45	
50	„	2	Pfauengerste	Mittel	4,88	72,7	17	11,90	9,51	—	—	—	1,52	
				Schwankungen	4,80—4,95	71,8—73,6	14—20	11,80-12,00	8,88—10,13	—	—	—	1,42—1,62	
51	„	3	Chevalier-Gerste	Mittel	4,44	72,6	15	11,85	9,17	—	—	—	1,47	
				Schwankungen	4,16—4,93	71,8—73,6	12—20	11,56-12,36	8,44—9,81	—	—	—	1,35—1,57	
52	„	1	Mährische Gerste		4,41	71,8	18	11,92	10,06	—	—	—	1,61	
53	„	2	Schottische Gerste	Mittel	4,57	73,9	14	11,98	10,19	—	—	—	1,63	
				Schwankungen	4,53—4,60	73,4—74,4	13—16	11,95-12,00	9,94—10,44	—	—	—	1,59—1,67	
54	1889	1	—		4,11	66,9	6,0	15,59	10,14	—	2,81	1,01	1,62	E. Prior[4]

[1]) Zeitschr. ges. Brauwesen 1881 u. 1883. 3., 4. und 5. Jahresbericht der wissenschaftl. Station für Brauerei in München.

[2]) Zeitschr. ges. Brauwesen 1887, **10**, 203—204.

[3]) Mitgetheilt von A. Zoebl im Bericht an den Central-Ausschuss der K. K. Mährisch-Schlesischen Ackerbau-Gesellschaft 1889. Centrbl. Agrik.-Chem. 1889, **18**, 257—266. Die Gersten waren auf der 2. Mährischen Braugerste-Ausstellung in Brünn 1887 ausgestellt. Vergl. ferner Zeitschr. angew. Chem. 1889, 109.

[4]) Bayerisches Brauer-Journal. Sonderabdruck.

No.	Jahrgang	Zahl der Proben	Nähere Bezeichnung		Gewicht von 100 Körnern g	Hektoliter-Gewicht kg	Glasige Körner %	Wasser %	In der Trocken-Substanz: Stickstoff-Substanz %	Stärke %	Asche %	Phosphorsäure %	Stickstoff %	Analytiker
55	1892	2	—	Mittel	4,51	—	—	15,25	10,63	—	2,83	0,67	1,70	*Strassmann u. M. Levy*[1])
				Schwankungen	4,48—4,53	—	—	15,12-15,38	10,39-10,86	—	2,79—2,86	0,66—0,67	1,66—1,74	
			Anbauversuche.											
			a) Deutsche Gersten.											
56	1891	1	Heine's verbesserte Chevalier-G.	Aussaat	4,45	71,5	23	13,96	8,39	—	2,89	—	1,34	*A. Zöbl*[2])
		1		Ernte	4,14	66,4	42	11,62	11,56	—	2,94	—	1,85	
57	„	1	Richardson's Chevalier-G.	Aussaat	4,41	71,9	7	13,66	8,34	—	3,01	—	1,33	
		1		Ernte	4,22	67,2	40	10,96	11,69	—	2,79	—	1,87	
58	„	1	Goldene Melone	Aussaat	4,50	70,9	11	14,22	10,00	—	2,89	—	1,60	
		1		Ernte	4,18	66,8	40	10,89	11,00	—	2,95	—	1,76	
59	„	1	Webb's Bartlose	Aussaat	4,53	70,6	3	13,17	8,43	—	2,93	—	1,35	
		1		Ernte	4,53	65,3	28	11,33	12,50	—	3,00	—	2,00	
			b) Dänische Gersten.											
60	1891	1	Lerchenborg Chevalier	Aussaat	4,41	72,6	17	13,25	8,93	—	2,44	—	1,43	
		1		Ernte	4,12	66,7	41	12,29	12,06	—	3,00	—	1,93	
61	„	1	Hallet's Chevalier	Aussaat	4,39	71,3	15	14,02	8,02	—	2,91	—	1,28	
		1		Ernte	4,18	66,0	53	12,28	15,81	—	3,10	—	2,53	
62	„	1	Printice	Aussaat	4,37	71,8	29	12,95	8,90	—	2,58	—	1,42	
		1		Ernte	4,33	67,0	35	12,02	10,81	—	3,04	—	1,73	
			c) Mährische Gersten.											
63	1891	1	Hanna	Aussaat	4,10	71,7	24	11,20	8,83	—	2,84	—	1,41	
		1		Ernte	4,17	66,7	42	12,87	11,59	-	2,94	—	1,85	
64	„	1	Oregon	Aussaat	4,38	70,2	23	11,45	7,43	—	2,88	—	1,19	
		1		Ernte	4,28	67,9	40	12,61	11,19	—	3,05	—	1,79	
65	„	1	Primadonna	Aussaat	4,38	71,1	9	10,42	7,86	—	2,79	—	1,26	
		1		Ernte	4,02	65,8	49	13,08	11,25	—	3,07	—	1,80	
66	„	1	Goldene Melone	Aussaat	4,12	71,1	18	11,91	8,60	—	3,07	—	1,38	
		1		Ernte	4,24	66,9	36	12,91	11,88	—	3,01	—	1,91	
67	1891	6	—*)	Mittel	4 25	65,56	15,2	14,33	9,78	66,63	—	—	1,56	*Wichmann*[3])
				Schwankungen	3,57—4,09	63,3—68,3	7—20	12,91-15,11	9,06—10,50	65,50-67,56	—	—	1,45—1,68	
68	1893	4	—	Mittel	4,36 (3)	68,5	—	13,00	10,22	69,57 (2)	—	—	1,64	*L. Aubry, Fuchs, Jais u. Mederer*[4])
				Schwankungen	4,31—4,48	68,3—68,7	—	12,38-14,00	9,81—10,46	68,84-—	—	—	1,57—1,67	
69	1893	2	—	Mittel	—	—	—	11,55	10,33	70,35	2,24	0,85	1,66	*J. Jais und J. Fuchs*[5])
				Schwankungen	—	—	—	11,49-11,60	10,29-10,37	68,69-72,00	2,14—2,35	0,75—0,96	1,65—1,66	
70	1894	6	—	Mittel	4,35	—	—	13,05	9,31	70,64	—	0,96	1,49	*L. Aubry*[6])
				Schwankungen	4,21—4,42	—	—	12,62-13,40	8,99—9,59	69,44-71,33	—	0,89—1,02	1,44—1,53	
71	„	3	—	Mittel	4,26	69,4	26,3	12,92	9,71	—	—	—	1,55	*F. M. Kickelhayn*[7])
				Schwankungen	4,19—4,37	68,9—69,9	24—28	12,46-13,44	9,50—9,94	—	—	—	1,52—1,59	

[1]) Chem.-Ztg. 1893, **17**, 469.
[2]) Oesterr. Landwirthschaftliches Wochenblatt. 1892, No. 30—32. Sonderabdruck.
[3]) Mittheilungen der österr. Versuchsstation für Brauerei und Mälzerei in Wien 1892, **5**. Sonderabdruck.
[4]) Zeitschr. ges. Brauwesen 1893, **16**, 341 u. 373.
[5]) Zeitschr. ges. Brauwesen 1894, **17**, 163.
[6]) Zeitschr. ges. Brauwesen 1894, **17**, 307 u. 347; 1896, **19**, 529 u. 681.
[7]) Zeitschr. ges. Brauwesen 1895, **18**, 169.

*) Von dem Protein war in Wasser löslich 1,31—1,81 %, im Mittel 1,52 %.

No.	Jahrgang	Zahl der Proben	Nähere Bezeichnung		Gewicht von 100 Körnern g	Hektoliter-Gewicht kg	Glasige Körner %	Wasser %	In der Trocken-Substanz: Stickstoff-Substanz %	Stärke %	Asche %	Phosphorsäure %	Stickstoff %	Analytiker
72	1896	4	—	Mittel	—	68,6	—	14,82	9,44	—	—	—	1,51	L. Aubry [1])
				Schwankungen	—	67,8—70,1	—	13,88-15,45	9,21—10,14	—	—	—	1,47—1,62	
73	1893	8	—	Mittel	—	—	—	13,34	11,78	64,36	—	—	1,88	Fr. Schwackhöfer [2])
				Schwankungen	—	—	—	12,68-15,27	11,19-12,44	60,01-69,08	—	—	1,79—1,99	
74	1894	10	—	Mittel	—	—	—	12,98	11,24	67,49	—	—	1,79	
				Schwankungen	—	—	—	12,15-15,13	10,09-13,12	61,70-70,82	—	—	1,61—2,10	
75	1895	8	—	Mittel	—	—	—	14,04	11,04	65,14	—	—	1,76	
				Schwankungen	—	—	—	13,28-15,31	10,26-12,19	60,24-69,13	—	—	1,64—1,95	
76	1896	10	—	Mittel	—	—	—	15,27	10,79	65,51 (4)	—	—	1,73	
				Schwankungen	—	—	—	13,38-16,93	9,56—12,13	62,12-69,98	—	—	1,53—1,94	
77	1897	14	—	Mittel	—	—	—	14,06	10,24	65,16	—	—	1,64	
				Schwankungen	—	—	—	12,98-15,08	9,25—11,88	60,60-67,74	—	—	1,48—1,90	
78	1895	5	—	Mittel	—	—	—	13,35	10,13	—	—	—	1,62	A. Lang [3])
				Schwankungen	—	—	—	12,73-14,10	9,84—10,46	—	—	—	1,58—1,67	
			Oesterreichisch-Schlesien.											
79	18 84/86	1	Hallet's Pedigree . .		—	—	—	—	10,06	65,82	—	—	1,61	K. Reischauer u. L. Aubry [4])
80	"	3	Chevalier-Gerste	Mittel	—	—	—	—	9,23	67,39	—	—	1,48	
				Schwankungen	—	—	—	—	8,00—10,93	65,65-69,04	—	—	1,28—1,75	
			Steiermark.											
81	1876	3	—	Mittel	—	—	—	15,28	9,86	—	2,79	—	1,58	dieselben [4])
				Schwankungen	—	—	—	14,77-15,78	9,65—9,98	—	2,22—3,15	—	1,54—1,60	
82	1877	1	—		—	—	—	12,44	12,85	—	2,98	—	2,06	
			Ober-Oesterreich.											
83	1876	2	—	Mittel	—	—	—	14,59	10,61	—	2,81	—	1,70	dieselben [4])
				Schwankungen	—	—	—	14,17-15,01	10,61-10,61	—	2,80—2,81	—	1,70—1,70	
84	1895	1	—		—	—	—	13,34	11,86	—	—	—	1,90	A. Lang [3])
85	1896	1	—		—	68,2	—	14,87	11,15	—	—	—	1,79	L. Aubry [1])
			Nieder-Oesterreich.											
86	1877	1	—		—	—	—	14,82	12,23	—	2,37	—	1,96	K. Reischauer u. L. Aubry [4])
87	1878	2	—	Mittel	—	—	—	15,60	11,46	—	2,92	—	1,83	
				Schwankungen	—	—	—	14,97-16,22	11,04-11,87	—	2,83—3,00	—	1,76—1,90	
88	—	1	Pfauengerste . . .		—	—	—	—	9,18	67,52	—	—	1,47	
89	1891	4	—*)	Mittel	3,83	65,05	28,5	14,80	11,81	—	—	—	1,89	H. Wichmann [5])
				Schwankungen	3,61—4,29	62,3—70,2	9—40	13,54-16,31	9,94—13,56	61,11-65,93	—	—	1,59—2,17	

[1]) Zeitschr. ges. Brauwesen 1896, **19**, 529 und 681.
[2]) Mittheilungen der österreichischen Versuchsstation für Brauerei und Mälzerei in Wien 1897, **8**. Jahresber. f. Agrik.-Chem. 1897, N. F. **20**, 476.
[3]) Zeitschr. ges. Brauwesen 1895, **18**, 333 u. 349; 1896, **19**, 15.
[4]) Zeitschr. ges. Brauwesen 1881 u. 1883. 3., 4. und 5. Jahresbericht der wissenschaftl. Station für Brauerei in München.
[5]) Mittheilungen der österreichischen Versuchsstation für Brauerei und Mälzerei in Wien 1892, **5**. Sonderabdruck.
*) Die Trocken-Substanz enthielt 1,56—1,88 %, im Mittel 1,73 % lösliches „Protein".

No.	Jahrgang	Zahl der Proben	Nähere Bezeichnung		Gewicht von 100 Körnern	Hektoliter-Gewicht	Glasige Körner	Wasser	In der Trocken-Substanz					Analytiker
									Stickstoff-Substanz	Stärke	Asche	Phosphorsäure	Stickstoff	
					g	kg	%	%	%	%	%	%	%	
90	1893	1	—		4,41	—	—	11,75	11,07	—	—	—	1,77	*L. Aubry, Fuchs und Mederer* [1])
91	1893	2	—	Mittel	—	—	—	**13,90**	**12,60**	**61,94**	—	—	**2,02**	*Fr. Schwackhöfer* [2])
				Schwankungen	—	—	—	12,69-15,11	12,25-12,97	61,78-62,10	—	—	1,96—2,08	
92	1894	2	—	Mittel	—	—	—	**12,39**	**10,82**	**64,46**	—	—	**1,73**	
				Schwankungen	—	—	—	12,12-12,65	10,44-11,19	58,15-70,76	—	—	1,67—1,79	
93	1895	1	—		—	—	—	14,04	11,69	56,57	—	—	1,87	
94	1896	1	—		—	—	—	16,04	12,06	65,93	—	—	1,93	
95	1897	2	—	Mittel	—	—	—	**13,45**	**10,63**	**64,00**	—	—	**1,70**	
				Schwankungen	—	—	—	12,60-14,29	10,06-11,19	63,13-64,87	—	—	1,61—1,79	
							Ungarn.							
96	1876	5	—	Mittel	—	—	—	**15,05**	**9,77**	—	**2,77**	**0,98**	**1,56**	*K. Reischauer u. L. Aubry* [3])
				Schwankungen	—	—	—	14,19-16,08	8,43—10,86	—	2,63—2,83	0,92—1,05	1,35—1,74	
97	1877	16	—	Mittel	—	—	—	**14,66**	**11,15**	—	**2,70**	**0,80**	**1,76**	
				Schwankungen	—	—	—	12,22-19,15	9,44—13,09	—	2,47—3,05	0,55—1,17	1,51—2,09	
98	1878	5	—	Mittel	—	—	—	**15,43**	**11,06**	—	**2,79**	**0,99**	**1,77**	
				Schwankungen	—	—	—	15,03-15,67	10,63-11,42	—	2,51—2,89	0,89—1,20	1,71—1,82	
99	1879	3	—	Mittel	—	—	—	**15,26**	**10,03**	—	**2,88**	**1,03**	**1,60**	
				Schwankungen	—	—	—	13,59-16,11	9,55—10,76	—	2,85—2,90	0,96—1,10	1,53—1,72	
100	1880	3	—	Mittel	—	—	—	**13,84**	**9,47**	—	—	**1,07**	**1,52**	
				Schwankungen	—	—	—	12,95-15,37	9,55—10,76	—	—	0,95—1,16	1,47—1,55	
101	1884	2	—	Mittel	—	—	—	**13,32**	**10,18**	**66,14**	—	**1,14**	**1,63**	*L. Marx* [4])
				Schwankungen	—	—	—	12,45-14,19	9,60—10,75	62,74-69,53	—	1,08—1,20	1,54—1,72	
102	1877	2	Aus der Slowakei	Mittel	—	—	—	**13,32**	**11,64**	—	**2,59**	**0,79** (1)	**1,86**	*K. Reischauer u. L. Aubry* [3])
				Schwankungen	—	—	—	12,57-14,07	10,18-13,10	—	2,53—2,64	—	1,63—2,10	
103	1878	2	desgl.	Mittel	—	—	—	**15,34**	**10,77**	—	**2,97**	**0,97**	**1,72**	
				Schwankungen	—	—	—	15,24-15,43	10,72-10,81	—	2,77—3,17	0,89—1,05	1,71—1,73	
104	1879	2	—	Mittel	—	**63,47**	—	**15,59**	**11,14**	**53,49**	**2,70**	**1,02**	**1,79**	
				Schwankungen	—	63,23-63,70	—	15,01-16,16	11,03-11,25	53,45-53,55	2,50—2,90	1,02—1,03	1,77—1,80	
105	„	1	Annat.-Gerste . . .		—	—	—	—	10,75	66,17	—	—	1,72	
106	„	1	Chevalier-Gerste . .		—	—	—	—	10,87	63,90	—	—	1,87	
107	„	1	Oregon-Gerste . . .		—	—	—	—	10,43	66,74	—	—	1,67	
108	1887	1	—		3,93	67,56	38,6	13,24	10,69	—	2,67	0,63	1,71	*E. Prior* [5])
109	1896	10	—	Mittel	—	**68,7**	—	**15,92**	**10,19**	—	—	—	**1,63**	*L. Aubry* [6])
				Schwankungen	—	64,8—71,4	—	13,77-15,58	9,37—10,86	—	—	—	1,50—1,74	

[1]) Zeitschr. ges. Brauwesen 1893, **16**, 341.
[2]) Mittheil. der Versuchsstation für Brauerei u. Mälzerei in Wien 1897, **8**; Jahresber. f. Agrik.-Chem. 1897 [N. F.], **20**, 476.
[3]) Zeitschr. ges. Brauwesen 1881 u. 1883. 3., 4. und 5. Jahresbericht der wissenschaftl. Station für Brauerei in München.
[4]) Zeitschr. ges. Brauwesen 1885, **8**, 272.
[5]) Bayerisches Brauer-Journal. Sonderabdruck. Vergl. auch Der Bierbrauer 1887, 702; Zeitschr. angew. Chem. 1888, 83.
[6]) Zeitschr. ges. Brauwesen 1896, **19**, 529 u. 681.

No.	Jahrgang	Zahl der Proben	Nähere Bezeichnung		Gewicht von 100 Körnern g	Hektoliter-Gewicht kg	Glasige Körner %	Wasser %	In der Trocken-Substanz: Stickstoff-Substanz %	Stärke %	Asche %	Phosphorsäure %	Stickstoff %	Analytiker
110	1891	8	—*)	Mittel	3,46	63,3	27,0	13,59	10,95	63,10	—	—	1,75	H. Wichmann [1])
				Schwankungen	3,16—3,79	60,4—66,1	11—40	12,64-14,20	9,88—11,88	60,98-64,13	—	—	1,58—1,90	
111	1893	8	—	Mittel	4,20	69,3 (5)	—	13,00	9,34	69,93 (3)	—	—	1,49	L. Aubry, Fuchs, Jais u. Mederer [2])
				Schwankungen	4,09—4,31	68,0—70,6	—	12,30-13,56	8,63—9,65	69,05-71,16	—	—	1,38—1,54	
112	1893	2	—	Mittel	—	—	—	11,03	10,09	68,64 (1)	2,79 (1)	1,06 (1)	1,62	J. Jais und J. Fuchs [3])
				Schwankungen	—	—	—	10,05-12,00	10,05-10,13	—	—	—	1,61—1,64	
113	1894	14	—	Mittel	4,19	—	—	12,59	10,00	70,53	—	—	1,60	L. Aubry [4])
				Schwankungen	3,85—4,75	—	—	11,86-13,31	9,01—11,50	69,66-71,45	—	—	1,44—1,84	
114	1893	7	—	Mittel	—	—	—	12,61	11,50	66,67	—	—	1,84	Fr. Schwackhöfer [5])
				Schwankungen	—	—	—	11,97-13,52	10,41-13,13	62,27-69,48	—	—	1,67—2,10	
115	1894	7	—	Mittel	—	—	—	12,65	12,00	62,16	—	—	1,92	
				Schwankungen	—	—	—	12,27-13,89	10,87-13,13	60,82-63,68	—	—	1,74—2,10	
116	1895	7	—	Mittel	—	—	—	13,21	12,39	62,53	—	—	1,99	
				Schwankungen	—	—	—	12,08-14,76	11,69-12,81	59,05-67,57	—	—	1,87—2,05	
117	1896	6	—	Mittel	—	—	—	15,09	11,35	65,78 (1)	—	—	1,82	
				Schwankungen	—	—	—	14,18-15,69	9,63—12,06	—	—	—	1,54—1,93	
118	1897	7	—	Mittel	—	—	—	13,70	10,84	64,68	—	—	1,73	
				Schwankungen	—	—	—	13,15-14,32	10,19-11,44	62,06-67,70	—	—	1,63—1,83	
119	1894	12	—	Mittel	4,18	69,3	26,5	12,51	10,63	—	—	—	1,70	F. M. Kickelhayn [6])
				Schwankungen	3,60—4,98	64,4—73,7	14—51	11,37-13,79	9,38—13,13	—	—	—	1,49—2,10	
120	1887	1	Slovakische Gerste		4,06	68,34	38,0	13,85	9,94	—	3,11	0,81	1,59	E. Prior [7])
121	1894	2	desgl.	Mittel	—	—	—	12,81	9,74	—	—	—	1,56	L. Aubry [4])
				Schwankungen	—	—	—	12,48-13,14	9,28—10,15	—	—	—	1,49—1,63	
122	1895	4	desgl.	Mittel	—	—	—	13,30	10,56	70,13	—	—	1,69	A. Lang [8])
				Schwankungen	—	—	—	12,46-14,12	10,05-11,13	69,35-70,91	—	—	1,61—1,78	
123	1896	6	desgl.	Mittel	—	68,6	—	14,64	10,13	—	—	—	1,62	L. Aubry [4])
				Schwankungen	—	66,9—70,6	—	14,13-15,32	9,62—10,54	—	—	—	1,54—1,69	

Gerste aus den Donau-Fürstenthümern.

No.	Jahrgang	Zahl der Proben	Nähere Bezeichnung		Gewicht von 100 Körnern g	Hektoliter-Gewicht kg	Glasige Körner %	Wasser %	Stickstoff-Substanz %	Stärke %	Asche %	Phosphorsäure %	Stickstoff %	Analytiker
124	1884	3	—	Mittel	—	—	—	12,24	12,38	61,69	—	—	1,98	L. Marx [9])
				Schwankungen	—	—	—	10,96-12,88	12,01-12,69	61,65-61,75	—	—	1,92—2,03	
125	1895	1	Slavonien		—	—	—	12,75	11,14	—	—	—	1,78	A. Lang [8])
126	1889	1	Rumänien		3,43	68,0	3,0	12,28	12,69	—	2,67	0,90	2,03	E. Prior [10])
127	1895	1	desgl.		—	—	—	12,65	12,80	—	—	—	2,05	A. Lang [8])

[1]) Mittheilungen der österreichischen Versuchsstation für Brauerei und Mälzerei in Wien 1892, **5**. Sonderabdruck.
[2]) Zeitschr. ges. Brauwesen 1893, **16**, 341 u. 373.
[3]) Zeitschr. ges. Brauwesen 1894, **17**, 163.
[4]) Zeitschr. ges. Brauwes. 1894, **17**, 307 u. 347; 1896, **19**, 529.
[5]) Mittheilungen der österreichischen Versuchsstation für Brauerei und Mälzerei in Wien 1897, **8**. Jahresber. f. Agrik.-Chem. 1897 [N. F.], **20**, 476.
[6]) Zeitschr. ges. Brauwesen 1895, **18**, 169.
[7]) Bierbrauer 1887, 702; Zeitschr. angew. Chem. 1888, 83.
[8]) Zeitschr. ges. Brauwes. 1895, **18**, 333 u. 349; 1896, **19**, 15.
[9]) Zeitschr. ges. Brauwesen 1885, **8**, 272.
[10]) Bayerisches Brauer-Journal. Sonderabdruck. Vergl. auch Bierbrauer 1887, 702; Zeitschr. angew. Chem. 1888, 83.

*) Die Trocken-Substanz enthielt 1,31—1,89 %, im Mittel 1,81 % lösliches „Protein“.

No.	Jahrgang	Zahl der Proben	Nähere Bezeichnung		Gewicht von 100 Körnern g	Hektoliter-Gewicht kg	Glasige Körner %	Wasser %	In der Trocken-Substanz: Stickstoff-Substanz %	Stärke %	Asche %	Phosphorsäure %	Stickstoff %	Analytiker
128	1893	3	Slovenische Gerste	Mittel	—	—	—	11,65	10,00	68,90	2,66	0,97	1,60	*J. Jais und J. Fuchs*[1]
				Schwankungen	—	—	—	11,27-12,10	9,47—10,49	66,37-70,39	2,59—2,82	0,94—1,07	1,52—1,68	
129	1895	1	Siebenbürgen . . .		—	69,7	—	17,25	11,04	—	—	—	1,77	*L. Aubry*[2]

Gerste aus Russland.

No.	Jahrgang	Zahl der Proben	Nähere Bezeichnung		Gewicht von 100 Körnern g	Hektoliter-Gewicht kg	Glasige Körner %	Wasser %	Stickstoff-Substanz %	Stärke %	Asche %	Phosphorsäure %	Stickstoff %	Analytiker
1	1862	2	Nord-Russland	Mittel	—	—	—	11,09	12,07	—	2,38	—	1,93	*C. Schmid*[3]
				Schwankungen	—	—	—	10,70-11,48	11,82-12,31	—	2,33—2,43	—	1,89—1,97	
2	1876	3	"	Mittel	—	—	—	15,48	12,20	—	2,77	0,95	1,95	*K. Reischauer u. L. Aubry*[4]
				Schwankungen	—	—	—	14,45-17,33	12,09-12,40	—	2,67—2,88	0,89—1,00	1,93—1,98	
3	1880	4	"	Mittel	—	—	—	13,86	12,04	65,95	—	1,09	1,93	
				Schwankungen	—	—	—	13,35-15,33	11,45-13,09	64,10-66,72	—	0,92—1,25	1,83—2,09	
4	1876	3	Süd- u. West-Russland	Mittel	—	—	—	14,97	15,15	—	2,66	0,90	2,42	
				Schwankungen	—	—	—	14,24-15,57	13,21-16,18	—	2,53—2,83	0,85—0,93	2,11—2,60	
5	1884	4	"	Mittel	—	—	—	12,39	15,00	60,11	—	0,83	2,40	*L. Marx*[5]
				Schwankungen	—	—	—	11,71-13,39	13,87-16,39	58,15-62,70	—	0,69—0,91	2,22—2,62	
6	1885	1	Polnische Gerste . .		—	—	—	15,02	11,98	—	—	—	1,92	*Th. Senff*[6]
7	"	1	Grjasi-Zarizin-Gerste .		—	—	—	13,16	15,97	—	—	—	2,56	
8	1884	1	Saratow-Gerste . . .		—	—	—	13,97	12,54	—	—	—	2,01	
9	"	1	desgl.		—	—	—	13,20	15,55	—	—	—	2,49	
10	1885	1	Kiew-Gerste		—	—	—	15,34	16,01	—	—	—	2,56	
11	1892	1	Ostsee-Provinzen . .		—	—	—	12,39	13,46	—	2,79	0,62	2,15	*Strassmann u. Max Levy*[7]
12	"	1	Süd-Russland . . .		—	—	—	14,09	13,88	—	2,93	0,61	2,22	
13	1895	3	—	Mittel	—	—	—	12,64	13,00	—	—	—	2,08	*A. Lang*[8]
				Schwankungen	—	—	—	12,12-13,97	12,18-14,33	—	—	—	1,95—2,29	
14	1894	1	—		4,27	70,7	23	11,37	14,28	—	—	—	2,28	*F. M. Kickelhayn*[9]

Vergl. ferner W. E. Titschenko über den Stickstoffgehalt russischer Braugerste. Chem.-Ztg. 1893, **17**, 503.

Gerste aus England und Schottland.

No.	Jahrgang	Zahl der Proben	Nähere Bezeichnung		Gewicht von 100 Körnern g	Hektoliter-Gewicht kg	Glasige Körner %	Wasser %	Stickstoff-Substanz %	Stärke %	Asche %	Phosphorsäure %	Stickstoff %	Analytiker
1	1879	6	—	Mittel	—	—	—	15,91	11,15	—	—	—	1,78	*L. Aubry*[10]
				Schwankungen	—	—	—	14,70-16,75	10,15-11,72	—	—	—	1,62—1,88	
2	1880	2	—	Mittel	—	—	—	20,10	9,98	—	—	—	1,60	
				Schwankungen	—	—	—	19,49-20,70	9,45-10,40	—	—	—	1,51—1,66	
3	1894	1	—		5,09	70,4	14	10,91	12,50	—	—	—	2,00	*F. M. Kickelhayn*[9]

Gerste aus Frankreich.

No.	Jahrgang	Zahl der Proben	Nähere Bezeichnung		Gewicht von 100 Körnern g	Hektoliter-Gewicht kg	Glasige Körner %	Wasser %	Stickstoff-Substanz %	Stärke %	Asche %	Phosphorsäure %	Stickstoff %	Analytiker
1	1876	10	—	Mittel	—	—	—	15,50	11,66	—	2,81	0,86	1,87	*K. Reischauer u. L. Aubry*[2]
				Schwankungen	—	—	—	13,50-16,44	9,68—17,85	—	2,47—3,34	0,73—1,04	1,55—2,86	
2	1877	4	—	Mittel	—	—	—	14,76	11,11	—	2,80	0,93	1,78	
				Schwankungen	—	—	—	13,55-15,59	9,76—12,47	—	2,67—3,10	0,64—1,20	1,56—2,00	

[1]) Zeitschr. ges. Brauwesen 1894, **17**, 163.
[2]) Zeitschr. ges. Brauwes. 1896, **19**, 529.
[3]) Livl. Jahrbücher f. Landw. 1863, **16**, 129.
[4]) Zeitschr. ges. Brauwesen 1881 u. 1883. 3., 4. u. 5. Jahresbericht der wissenschaftl. Station für Brauerei in München.
[5]) Zeitschr. ges. Brauwesen 1885, **8**, 272.
[6]) Zeitschr. ges. Brauwesen 1886, **9**, 237. Mittheilung aus dem Laboratorium der Trochgorny-Brauerei in Moskau.
[7]) Chem.-Ztg. 1893, **17**, 469.
[8]) Zeitschr. ges. Brauwesen 1896, **19**, 15.
[9]) Zeitschr. ges. Brauwesen 1895, **18**, 169.
[10]) 4. Jahresbericht der wissenschaftl. Station für Brauerei in München für 1879/80, 5 und 5. Jahresbericht S. 11.

No.	Jahrgang	Zahl der Proben	Nähere Bezeichnung		Gewicht von 100 Körnern g	Hektoliter-Gewicht kg	Glasige Körner %	Wasser %	In der Trocken-Substanz: Stickstoff-Substanz %	Stärke %	Asche %	Phosphorsäure %	Stickstoff %	Analytiker
3	1878	6	—	Mittel	—	—	—	15,70 *)	10,91	—	2,84 *)	1,04	1,75	K. Reischauer u. L. Aubry [1])
				Schwankungen	—	—	—	13,76-16,61	10,28-11,31	—	2,58—3,34	0,72—1,33	1,64—1,81	
4	1879	7	—	Mittel	—	—	—	14,78	9,86	—	2,87	0,99	1,58	
				Schwankungen	—	—	—	12,00-17,06	8,50—11,00	—	2,52—3,00	0,85—1,09	1,36—1,76	
5	1880	14	—	Mittel	—	—	—	15,94	10,04	64,83 *)	—	0,97	1,61	
				Schwankungen	—	—	—	13,63-17,00	8,91—10,73	64,27-65,85	—	0,80—1,05	1,43—1,72	
6	1884	8	Gersten mit feinen Hülsen	Mittel	—	—	—	13,17	9,52	64.68	—	0,93	1,52	L. Marx [2])
				Schwankungen	—	—	—	11,25-14,57	8,41—10,81	63,48-65,42	—	0,78—1,11	1,35—1,72	
7	"	3	Gersten mit groben Hülsen	Mittel	—	—	—	12,54	10,87	61,84	—	0,69	1,74	
				Schwankungen	—	—	—	11,69-13,51	9,97—11,95	61,23-62,44	—	0,63—0,80	1,55—1,91	
8	1879	5	—	Mittel	—	—	—	15,17	9,74	—	2,98	—	1,56	L. Aubry [1])
				Schwankungen	—	—	—	13,04-17,29	8,50—10,37	—	2,96—2,99	—	1,36—1,66	
9	1893	9	—	Mittel	4,66	68,9	—	13,15	12,88	67,51	—	—	2,06	L. Aubry, Fuchs, Jais u. Mederer [3])
				Schwankungen	3,87—5,13	67,6—70,4	—	12,33-14,30	11,81-14,56	65,94-69,62	—	—	1,89—2,33	
10	1893	4	—	Mittel	—	—	—	11,11	11,94	67,77 (1)	2,34 (1)	—	1,91	J. Jais und J. Fuchs [4])
				Schwankungen	—	—	—	9,94—13,70	9,19—13,28	—	—	—	1,47—2,13	
11	1894	6	—	Mittel	4,51	—	—	13,93	11,00	—	—	—	1,76	L. Aubry [1])
				Schwankungen	3,97—4,84	—	—	12,89-15,00	9,59—12,00	—	—	—	1,53—1,92	
12	1895	12	—	Mittel	—	—	—	13,50	10,25	—	—	—	1,65	A. Lang [5])
				Schwankungen	—	—	—	12,67-14,33	9,43—12,18	—	—	—	1,51—1,77	
13	"	3	—	Mittel	—	72,0	—	14,48	10,31	—	—	—	1,65	L. Aubry [1])
				Schwankungen	—	70,0—74,8	—	14,31-14,72	9,44—10,80	—	—	—	1,51—1,73	
14	1884	1	Corsika		—	—	—	12,28	7,70	65,21	—	—	1,23	L. Aubry [1])

Gerste aus Schweden und Norwegen.

No.	Jahrgang	Zahl der Proben	Nähere Bezeichnung		Gewicht von 100 Körnern g	Hektoliter-Gewicht kg	Glasige Körner %	Wasser %	Stickstoff-Substanz %	Stärke %	Asche %	Phosphorsäure %	Stickstoff %	Analytiker
1	1876	7	—	Mittel	—	—	—	15,90	12,37	—	2,50	0,84	1,98	K. Reischauer u. L. Aubry [1])
				Schwankungen	—	—	—	13,55-16,19	9,92—16,23	—	2,12—3,10	0,69—1,05	1,59—2,60	
2	1877	1	—		—	—	—	18,31	10,03	—	2,63	0,77	1,61	
3	1878	6	—	Mittel	—	—	—	16,10	10,07	—	2,60	0,93	1,61	
				Schwankungen	—	—	—	15,63-16,39	9,37—10,88	—	2,43—2,72	0,72—1,09	1,50—1,73	
4	1880	8	—	Mittel	—	—	—	12,67	11,96	65,33	—	1,17	1,91	
				Schwankungen	—	—	—	11,76-14,56	10,21-12,62	64,77-66,03	—	0,85—1,39	1,63—2,02	
5	1885	11	Zweizeilige Gerste	Mittel	4,81	71,8	—	13,78	9,86	—	2,71	—	1,58	C. G. Zetterlund [6])
				Schwankungen	4,57—5,73	68,2—78,6	—	11,55-17,10	6,00—12,27	—	2,23—4,10	—	0,96—1,96	

[1]) Zeitschr. ges. Brauwesen 1881 u. 1883. 3. (1878/79), 4. (1879/80) und 5. (1880/81) Jahresbericht der landwirthschaftl. Station für Brauerei in München; ferner Zeitschr. ges. Brauwesen 1894, **17**, 347; 1896, **19**, 529 u. 681.

[2]) Zeitschr. ges. Brauwesen 1885, **8**, 272.

[3]) Zeitschr. ges. Brauwesen 1893, **16**, 341 u. 373.

*) Mittel und Schwankungen von 4 Proben.

[4]) Zeitschr. ges. Brauwesen 1894, **17**, 163.

[5]) Zeitschr. ges. Brauwes. 1895, **18**, 333 u. 349; 1896, **19**, 15.

[6]) Allg. Brauer- und Hopfenztg. 1887, **27**, No. 94—96; Centrbl. Agrik.-Chem. 1887, **16**, 561—565. Die Gersten waren auf dem 16. allgem. schwedischen landw. Kongresse in Stockholm und gelegentlich des 2. schwedischen Brauertages ausgestellt.

No.	Jahrgang	Zahl der Proben	Nähere Bezeichnung		Gewicht von 100 Körnern g	Hektoliter-Gewicht kg	Glasige Körner %	Wasser %	In der Trocken-Substanz: Stickstoff-Substanz %	Stärke %	Asche %	Phosphorsäure %	Stickstoff %	Analytiker
6	1892	8	Aus Schweden	Mittel	—	—	—	17,01	9,69	70,35	—	0,96	1,55	Station f. Brauerei München [1])
				Schwankungen	—	—	—	15,02-18,67	8,61—10,67	69,02-72,89	—	0,82—1,11	1,38—1,71	
7	1893	6	desgl.	Mittel	—	—	—	16,22	11,31	68,26	—	0,80	1,81	
				Schwankungen	—	—	—	15,66-17,15	10,76-12,55	67,70-70,01	—	0,66—0,97	1,72—2,01	

Gerste aus Dänemark.

No.	Jahrgang	Zahl der Proben	Nähere Bezeichnung		Gewicht von 100 Körnern g	Hektoliter-Gewicht kg	Glasige Körner %	Wasser %	Stickstoff-Substanz %	Stärke %	Asche %	Phosphorsäure %	Stickstoff %	Analytiker
1	1876	2	—	Mittel	—	—	—	15,74	10,38	—	2,72	—	1,66	K. Reischauer u. L. Aubry [2])
				Schwankungen	—	—	—	15,17-16,30	10,01-10,75	—	2,65—2,79	—	1,60—1,72	
2	1878	1	—		—	—	—	15,52	10,64	—	2,62	—	1,70	
3	1896	1	—		4,66	69,9	50	14,9	10,74	—	—	—	1,72	F. Hoffmann [3])

Gerste aus Spanien.

No.	Jahrgang	Zahl der Proben	Nähere Bezeichnung	Gewicht von 100 Körnern g	Hektoliter-Gewicht kg	Glasige Körner %	Wasser %	Stickstoff-Substanz %	Stärke %	Asche %	Phosphorsäure %	Stickstoff %	Analytiker
1	1858	—	Balearen, Mallorca Palma, mehlig . . .	—	—	—	10,33	14,06	—	1,93	—	2,25	v. Bibra [4])
2	1884	—	Sevilla, strohig . . .	—	—	—	11,51	9,09	60,91	—	1,10	1,45	L. Marx [5])
3	„	—	Pampelune, feineHülsen	—	—	—	13,84	8,30	61,94	—	0,80	1,33	
4	„	—	Las Campanos, grobe Hülsen	—	—	—	13,86	7,37	66,81	—	0,61	1,18	

Gerste aus der Türkei.

Europäische Türkei.

No.	Jahrgang	Zahl der Proben	Nähere Bezeichnung		Gewicht von 100 Körnern g	Hektoliter-Gewicht kg	Glasige Körner %	Wasser %	Stickstoff-Substanz %	Stärke %	Asche %	Phosphorsäure %	Stickstoff %	Analytiker
1	1884	12	Grobhülsig .	Mittel	—	—	—	12,83	10,40	62,96	—	0,85	1,63	L. Marx [5])
				Schwankungen	—	—	—	12,02-13,38	8,70—11,60	59,16-66,80	—	0,68—1,01	1,39—1,86	
2	1894	1	—		4,07	—	—	11,96	10,36	—	—	—	1,66	L. Aubry [6])

Gerste aus Asien.

No.	Jahrgang	Zahl der Proben	Nähere Bezeichnung		Gewicht von 100 Körnern g	Hektoliter-Gewicht kg	Glasige Körner %	Wasser %	Stickstoff-Substanz %	Stärke %	Asche %	Phosphorsäure %	Stickstoff %	Analytiker
			Asiatische Türkei.											
1	1884	4	Grobhülsig .	Mittel	—	—	—	11,63	10,07	63,15	—	0,87	1,61	L. Marx [5])
				Schwankungen	—	—	—	11,24-12,69	8,68—10,42	62,33-64,70	—	0,80—0,95	1,39—1,67	
2	„	3	Feinhülsig .	Mittel	—	—	—	12,52	10,47	63,73	—	0,87	1,68	
				Schwankungen	—	—	—	11,62-12,98	9,75—10,84	62,70-64,54	—	0,76—0,96	1,56—1,73	
3	„	1	Syrien, Tripolis, grobhülsig		—	—	—	12,51	9,22	67,12	—	0,71	1,48	
4	„	—	Cypern, grobhülsig .		—	—	—	11,90	9,71	61,92	—	0,90	1,55	
			Indien.											
5	„	—	Grobhülsig		—	—	—	11,47	8,99	64,03	—	0,82	1,44	

[1]) Zeitschr. ges. Brauwesen 1894, **17**, 69.
[2]) Zeitschr. ges. Brauwesen 1881 u. 1883. 3., 4. und 5. Jahresbericht der wissenschaftl. Station für Brauerei in München.
[3]) Wochenschr. Brauerei 1896, **13**, 966; Zeitschr. ges. Brauwesen 1896, **19**, 584.
[4]) v. Bibra, Die Getreidearten und das Brot. Nürnberg 1860, 313.
[5]) Revue de la Brasserie et Malterie No. 601; Zeitschr. ges. Brauwesen 1885, **8**, 272.
[6]) Zeitschr. ges. Brauwesen 1881 u. 1894, **17**, 347.

No.	Jahrgang	Zahl der Proben	Nähere Bezeichnung		Gewicht von 100 Körnern g	Hektoliter-Gewicht kg	Glasige Körner %	Wasser %	In der Trocken-Substanz: Stickstoff-Substanz %	Stärke %	Asche %	Phosphorsäure %	Stickstoff %	Analytiker
			Gerste aus Afrika.											
1	1858	1	Nackte Gerste . . .		—	—	—	12,00	15,62	—	—	—	2,50	*v. Bibra* [1])
2	1876	2	—	Mittel	—	—	—	14,67	11,46	—	2,73	0,78	1,84	*K. Reischauer u. L. Aubry* [2])
				Schwankungen	—	—	—	13,92-15,42	11,43-11,49	—	2,49—2,96	0,95—0,61	1,83—1,84	
3	1880	1	Algier, Chevalier-Gerste		—	—	—	15,63	11,95	—	—	—	1,91	*L. Aubry* [3])
4	1879	1	—		—	—	—	12,02	9,79	—	2,39	0,623	1,57	? [4])
5	1884	9	Grobhülsig .	Mittel	—	—	—	12,32	9,63	62,73	—	0,78	1,54	*L. Marx* [5])
				Schwankungen	—	—	—	10,92-13,29	8,20—10,60	60,73-65,52	—	0,59—0,98	1,31—1,70	
			Gerste aus Nordamerika.											
1	1877	1	Wisconsin		—	—	—	13,32	11,24	—	2,75	—	1,80	*L. Aubry* [6])
2	1883	12	—	Mittel	—	62,6	—	10,98	11,32	63,42	—	1,14	1,81	[7])
				Schwankungen	—	58,7—71,8	—	9,22—14,06	8,18—13,60	59,48-66,54	—	0,95—1,58	1,31—2,18	
			Gerste aus Südamerika.											
1	1884	3	—	Mittel	—	—	—	11,08	8,69	68,73	—	0,90	1,39	*L. Marx* [8])
				Schwankungen	—	—	—	10,83-11,22	8,00—9,24	67,09-70,34	—	0,72—1,08	1,28—1,49	
2	1894	3	Valparaiso etc.	Mittel	5,32	63,7	13,7	12,02	10,29	—	—	—	1,65	*F. M. Kickelhayn* [9])
				Schwankungen	4,70—5,26	62,5—64,4	11—17	11,06-12,80	9,94—10,81	—	—	—	1,59—1,73	
3	1896	1	Chile		4,43	—	—	13,30	11,52	—	—	—	1,84	*F. Hoffmann* [10])

Mittlere Zusammensetzung der Gerste verschiedener Länder.*)

No.	Nähere Bezeichnung	Zahl der Analysen	In der ursprünglichen Substanz: Wasser %	Stickstoff-Substanz %	Fett %	Stickstofffreie Extraktstoffe %	Rohfaser %	Asche %	In der Trocken-Substanz: Stickstoff-Substanz %	Stickstofffreie Extraktstoffe %	Stickstoff in der Trocken-Substanz %
1	Nord- und Mitteldeutschland	98	12,95	10,01	1,87	67,88	4,23	3,06	11,50	76,56	1,84
2	Süd- und Westdeutschland:										
	a) Bayern	78	12,95	10,08	1,91	66,52	5,99	2,45	11,58	74,68	1,85
	b) Württemberg	17	12,95	11,07	1,18	68,21	3,77	2,82	12,72	74,95	2,03
	c) Baden	9	12,95	9,77	—	—	—	2,84	11,22	—	1,80
	d) Elsass-Lothringen	11	12,95	9,51	—	—	—	2,98	10,92	—	1,75
3	Oesterreich-Ungarn:										
	a) Böhmen	31	12,95	9,93	1,78	67,63	5,24	2,47	11,41	77,16	1,83
	b) Mähren	61	12,95	9,03	1,50	69,97	4,09	2,46	10,37	78,30	1,66
	c) Ungarn	32	12,95	9,60	2,08	69,03	4,00	2,34	11,03	76,54	1,76

[1]) v. Bibra, Die Getreidearten und das Brot. Nürnberg 1860, 313.
[2]) Zeitschr. ges. Brauwesen 1881 und 1894, **17**, 347.
[3]) 5. Jahresbericht der wissenschaftl. Station für Brauerei in München für 1880/81, 9.
[4]) Mitgetheilt von L. Aubry. Vergl. die vorherg. Anm.
[5]) Revue de la Brasserie et Malterie No. 601. Zeitschr. ges. Brauwesen 1885, **8**, 272.
[6]) Zeitschr. ges. Brauwesen 1883. Sonderabdruck.
[7]) Wissenschaftl. Station für Brauwesen in New-York. Centrbl. Agrik.-Chem. 1884, **13**, 491.
[8]) Revue de la Brasserie et Malterie No. 691; Zeitschr. ges. Brauwesen 1885, **8**, 272.
[9]) Zeitschr. ges. Brauwesen 1895, **18**, 169.
[10]) Wochenschr. Brauerei 1896, **13**, 966; Zeitschr. ges. Brauwesen 1896, **19**, 584.

*) Der Wassergehalt 12,95 % ist das Mittel sämmtlicher 544 Analysen der vorstehenden Tabellen. Bei den Mittelwerthberechnungen sind die Mittelzahlen der Tabellen von S. 491 an als Einzelanalysen in Rechnung gezogen.

No.	Nähere Bezeichnung	Zahl der Analysen	In der ursprünglichen Substanz: Wasser %	Stick-stoff-Substanz %	Fett %	Stickstoff-freie Ex-traktstoffe %	Roh-faser %	Asche %	In der Trocken-Substanz: Stick-stoff-Substanz %	Stickstoff-freie Ex-traktstoffe %	Stickstoff in der Trocken-Substanz %
4	Donau-Fürstenthümer . . .	8	12,95	10,47	1,54	68,02	4,71	2,31	12,03	77,11	1,92
5	Russland	30	12,95	12,21	2,35	65,48	4,51	2,50	14,03	74,96	2,24
6	England und Schottland . .	8	12,95	9,16	2,51	69,40	3,50	2,48	10,52	80,12	1,68
7	Frankreich	16	12,95	9,24	2,53	65,14	7,41	2,73	10,61	73,35	1,70
8	Schweden und Norwegen . .	7	12,95	9,37	—	—	—	2,27	10,76	—	1,72
9	Dänemark	3	12,95	9,22	—	—	—	2,32	10,59	—	1,69
10	Spanien	4	12,95	8,45	—	—	—	1,68	9,71	—	1,55
11	Türkei	2	12,95	9,04	—	—	—	—	10,38	—	1,66
12	Asien	5	12,95	8,44	—	—	—	—	9,69	—	1,55
13	Afrika	6	12,95	9,91	1,77	71,27	1,98	2,12	11,38	83,71	1,82
14	Nordamerika	81	12,95	10,25	2,51	68,22	3,38	2,69	11,77	78,21	1,88
15	Südamerika	3	12,95	8,85	—	—	—	—	10,17	—	1,63
	Gerste aller Länder, Mittel	510	**12,95**	**9,68**	**1,96**	**68,51**	**4,40**	**2,50**	**11,12**	**77,14**	**1,78**

Gerste unter dem Einflusse der Düngung und Anbauversuche mit verschiedenen Gerstensorten.*)

No.	Düngung für den ha	Ammoniak-salz-Stickstoff kg	Lösl. Super-phosphat-Phosphor-säure kg	Wasser %	In der Trocken-Substanz: Stick-stoff %	Stick-stoff-Substanz %	Kali %	Phosphor-säure %	Analytiker
1	a) Ungedüngt . . .	—	—	9,52	2,31	14,44	0,65	1,22	*U. Kreusler und E. Kern* [1])
2	b) Ammoniaksalz . .	70	—	8,68	2,64	16,50	0,69	1,28	
3	c) desgl.	350	—	8,67	3,19	19,94	0,70	1,13	
4	d) Superphosphat . .	—	126	9,50	2,11	19,44	0,70	1,15	
5	e) Ammoniaksalz + Superphosphat	70	126	10,87	2,48	15,50	0,68	1,23	
6	f) Ammoniaksalz + Superphosphat	350	126	9,12	3,11	19,44	0,58	1,18	
7	g) Ammoniaksalz + Superphosphat	350	506	9,86	3,24	20,25	0,59	1,29	

[1]) Journal für Landwirthschaft 1876, **24**, 1. Feld in Poppelsdorf. Tiefgründiger, reicher Lehmboden, seit einer Reihe von Jahren ohne Düngung, mit Erbsen (1872) und Hafer (1873) als letzten Vorfrüchten. Zu dem Versuche (Einfluss stickstoffreicher und phosphorsäurereicher Düngung auf die Zusammensetzung der Getreidekörner) dienten Parzellen von je 30 qm Inhalt. Die Aussaat der Gerste erfolgte 12 Stunden nach der Düngung, April 1874. Die Ernteerträge lassen keine ausgesprochenen Beziehungen zu der Düngung erkennen. Die geernteten Samen waren durchweg von gleichmässiger Beschaffenheit und zeigten in Bezug auf Farbe, Härte und Grösse keinerlei merkliche Unterschiede. Die Beschaffenheit der Samen wird durch nachstehende relative Zahlen, die nur geringe Differenz zeigen, angegeben:

Düngung	a	b	c	d	e	f	g
Gewicht eines bestimmten Volumens .	106	102	100	108	106	103	102
Zahl der Samen in demselben	101	103	106	100	103	107	108

Die Angaben über Wassergehalt beziehen sich auf Material, das bei 90° vorgetrocknet, gemahlen und 36—48 Stunden in Schalen flach ausgebreitet der Luftfeuchtigkeit ausgesetzt worden war. Die Zahlen bilden das Mittel aus je 3 Parzellen.

*) Ueber den Einfluss der Düngung auf die Zusammensetzung der Gerste sind viele Versuche angestellt, nämlich von Polstorff in E. Wolff's Grundlagen des Ackerbaus 1856, von J. B. Lawes u. Gilbert in On the Growth of Barley by differents manures, London 1858, von Alex. Müller in Weende'r Jahresber. 1855/56, 180 u. 298, von Zöller u. Fraas in Ergebnisse landw. u. agrik.-chem. Versuche etc., München 2. Heft, von Hartstein u. Topler in Preuss. Ann. d. Landw. 1861, 163, von Andr. Aitken in Transactions of the Highland and Agric. Soc. of Scotland vol. 13, von W. Hoffmeister in Landw. Jahrbücher 1886, **15**, 865; ich nehme die Resultate dieser Versuche hier nicht mit auf, sondern verweise die, welche sich hierfür näher interessiren, auf das Werk: Zusammensetzung und Verdaulichkeit der Futtermittel von Th. Dietrich u. Verf. S. 479.

No.	Nähere Bezeichnung	Zeit der Untersuchung	In der ursprünglichen Substanz: Wasser %	Stick-stoff-Substanz %	Fett %	Stickstoff-freie Ex-traktstoffe %	Roh-faser %	Asche %	In der Trocken-Substanz: Stick-stoff-Substanz %	Stickstoff-freie Ex-traktstoffe %	Stickstoff in der Trocken-Substanz %	Analytiker
8	220 kg schwefelsaures Kalium für den ha	1877	16,32	10,74	—	—	—	2,40	12,84	—	2,054	C. Lintner [1]
9	293 kg Superphosphat für den ha	„	15,53	9,87	—	—	—	2,48	11,64	—	1,862	
10	220 kg Peruguano für den ha	„	16,93	10,43	—	—	—	2,38	12,55	—	2,008	
11	Ungedüngt	„	—	—	—	—	—	—	10,08	—	1,612	
12	Durchschnitt der 3 bezw. 4 Gersten	„	16,16	10,35	—	—	—	2,42	11,78	—	1,88	
13	220 kg schwefelsaures Kalium für den ha	1878	18,51	8,81	—	—	—	2,66	10,81	—	1,730	
14	293 kg Superphosphat für den ha	„	16,89	8,39	—	—	—	2,45	10,09	—	1,615	
15	220 kg Peruguano für den ha	„	17,06	9,20	—	—	—	2,80	11,09	—	1,775	
16	Ungedüngt	„	16,57	8,13	—	—	—	2,45	9,74	—	1,558	
17	Durchschnitt der 4 Analysen	„	17,26	8,63	—	—	—	2,59	10,43	—	1,67	
	Calbe a. d. Saale, Provinz Sachsen. Düngung für den ha:											
18	I. 300 kg, $^{2}/_{5}$ Chili, $^{2}/_{5}$ aufgeschl. Guano, $^{1}/_{5}$ Baker-Guano-Superphosphat	1880	15,00	6,5	1,5	70,7	3,4	2,9	7,64	83,19	1,22	M. Märcker [2]
19	II. 300 kg roh. Peruguano	„	15,00	6,5	1,4	69,5	4,0	3,6	7,64	81,78	1,22	
20	III. 200 kg Chilisalpeter	„	15,00	7,1	1,3	69,6	3,7	3,3	8,35	81,89	1,34	
21	IV. 300 kg aufgeschloss. Peruguano	„	15,00	6,5	1,4	70,6	3,7	2,8	7,64	83,07	1,22	
21	V. 200 kg Gemenge wie bei I.	„	15,00	7,0	1,4	68,6	4,2	3,8	8,23	80,71	1,32	
23	VI. 300 kg, $^{2}/_{5}$ Chili, $^{3}/_{5}$ aufgeschl. Guano	„	15,00	7,3	1,4	68,2	4,2	3,9	8,58	80,24	1,37	
24	VII 600 kg aufgeschl. Peruguano	„	15,00	11,2	1,6	62,8	4,6	4,8	13,17	73,90	2,11	
25	VIII. 300 kg Chili und 200 kg Baker-Guano-Superphosphat	„	15,00	9,6	1,6	63,4	6,0	4,4	11,29	74,60	1,81	
26	IX. 600 kg roh. Peruguano und 200 kg Superphosphat	„	15,00	9,8	1,2	65,1	4,6	4,3	11,52	76,60	1,84	
27	X. 600 kg, $^{2}/_{5}$ Chili, $^{2}/_{5}$ aufgeschl. Peruguano, $^{1}/_{5}$ Baker-Guano-Superphosphat	„	15,00	9,8	1,6	65,1	4,5	4,0	11,52	76,61	1,84	
28	Mittel	„	15,00	8,13	1,44	67,36	4,29	3,78	9,56	79,37	1,53	

[1] Centrbl. Agrik. Chem. 1878, **7**, 225 u. 1879, **8**, 18. Der Gehalt an Stickstoff-Substanz und Asche in der lufttrocknen Substanz von uns berechnet; ebenso der Gehalt an Stickstoff-Substanz in der Trocken-Substanz, da die in citirter Quelle nicht genau der üblichen Rechnung entspricht.

[2] Versuchsstation Halle. Privat-Mittheilung.

No.	Nähere Bezeichnung	Zeit der Untersuchung	In der ursprünglichen Substanz: Wasser %	Stickstoff-Substanz %	Fett %	Stickstofffreie Extraktstoffe %	Rohfaser %	Asche %	In der Trocken-Substanz: Stickstoff-Substanz %	Stickstofffreie Extraktstoffe %	Stickstoff in der Trocken-Substanz %	Analytiker
29	Nedlitz, Pr. Sachsen: Ungedüngt	1880	15,00	8,3	1,6	67,0	4,5	3,6	9,76	78,84	1,56	M. Märcker[1]
30	133 kg Chili	„	15,00	8,9	2,7	66,1	4,8	2,5	10,47	77,77	1,68	
31	133 kg Chili und 200 kg Superphosphat	„	15,00	8,4	2,5	66,6	4,6	2,9	9,88	78,36	1,58	
32	133 kg Chili und 125 kg präcipit. Kalkphosphat	„	15,00	8,2	2,2	67,2	4,5	2,9	9,64	79,07	1,54	
33	Mittel	„	15,00	8,45	2,25	66,72	4,60	2,98	9,94	78,50	1,59	
34	Chevalier-Gerste, humoser Lehmboden: Ungedüngt	1882	15,00	10,6	1,8	65,2	4,8	2,6	11,84	77,34	1,89	
35	Mit Kainit gedüngt	„	15,00	10,5	1,2	65,1	4,7	3,5	12,35	77,77	1,98	
36	Mit Kainit, Superphosphat und Chili gedüngt	„	15,00	8,2	1,5	67,4	5,3	2,6	9,64	79,31	1,54	
37	Mit Melasseschlamm gedüngt	„	15,00	8,6	1,3	67,2	4,8	3,1	10,11	79,07	1,62	
38	Ungedüngt	1881	20,68	7,47	1,74	64,38	3,85	1,88	9,42	81,17	1,51	Emmerling[2]
39	Mit Chilisalpeter gedüngt	„	21,43	8,57	1,75	62,79	3,65	1,81	10,91	79,91	1,75	
						Stärke				Stärke		
40	Chevalier-Gerste: I. Ungedüngt	1888	12,52	10,55	—	64,80	—	2,51	12,06	—	1,93	Krandauer[3]
41	II. 2,6 Ctr. Chilisalpeter + 2,5 Ctr. Guano-Superphosphat	„	12,14	10,40	—	65,64	—	2,44	11,93	—	1,91	
42	III. 2,6 Ctr. Chilisalpeter + 7,8 Ctr. Guano-Superphosphat	„	12,37	10,06	—	68,30	—	2,35	11,50	—	1,84	
43	Franken-Gerste: I. Ungedüngt	„	12,08	9,37	—	64,06	—	2,58	10,68	—	1,71	
44	II. 2,6 Ctr. Chilisalpeter + 2,5 Ctr. Guano-Superphosphat	„	12,67	9,18	—	65,88	—	2,59	10,50	—	1,68	
45	III. 2,6 Ctr. Chilisalpeter + 7,8 Ctr. Guano-Superphosphat	„	12,46	9,18	—	64,68	—	2,49	10,43	—	1,67	
46	Hallet-Gerste: I. Ungedüngt	„	12,49	10,06	—	66,18	—	2,53	11,50	—	1,84	
47	II. 2,6 Ctr. Chilisalpeter + 2,5 Ctr. Guano-Superphosphat	„	12,71	11,12	—	65,15	—	2,67	12,69	—	2,03	
48	III. 2,6 Ctr. Chilisalpeter + 7,8 Ctr. Guano-Superphosphat	„	12,57	9,87	—	65,46	—	2,52	11,31	—	1,81	

[1]) Versuchsstation Halle. Privat-Mittheilung.

[2]) Von M. Märcker in der Magdeburger Zeitung 1881, No. 439 mitgetheilt. Auf die eine Fläche von 1 a Grösse wurden 2 kg Chilisalpeter gegeben.

[3]) Zeitschr. ges. Brauwesen 1888, II, 133—137.
Verf. fand ferner in der ursprünglichen Substanz:

	No. 40	41	42	43	44	45	46	47	48
Phosphorsäure %	1,00	0,85	0,93	0,97	0,95	0,92	1,01	0,99	0,91.

Die Versuche wurden auf kalkhaltigem Lehmboden (Muschelkalk) ausgeführt.
Durch die angewandte Düngung hat eine wesentliche Steigerung des Stickstoffgehaltes der Gerste nicht stattgefunden. Wahrscheinlich war infolge des trocknen Sommers der Chilisalpeter nicht zur Wirkung gekommen.

No.	Nähere Bezeichnung	Zeit der Untersuchung	Innere Beschaffenheit der Körner glasig %	halbglasig %	mehlig %	Hektoliter-Gewicht	Wasser %	In der Trocken-Substanz Stickstoff %	Stickstoff-Substanz %	Analytiker
	Landgerste:					100 Körn. wiegen g				
1	Nach Rüben ohne Düngung	1891	48	42	10	4,2	—	1,97	12,32	C. Kraus[1])
2	Nach Rüben } 2 Ctr. Chilisalpeter für 1 ha	„	87	11	2	4,8	—	2,24	13,98	
3	Nach Winterweizen*) } 2 Ctr. Chilisalpeter für 1 ha	„	98	2	—	4,5	—	2,37	14,83	

M. Märcker (Magdeburgische Zeitung 1885, No. 443 und 455 und 1886 No. 513, 527 und 537) fand bei verschiedener Stickstoff-Düngung folgende Stickstoffgehalte und Hektoliter-Gewichte:

No.	Gerstensorte	Düngung auf den ha	Hektoliter-Gewicht kg	Stickstoff in der Trocken-Substanz Mittel %	Schwankungen %
	1885.				
1	Saale-Gerste	100 kg Chilisalpeter	67,2	10,81	7,5—12,20
2	„	200 „ „	67,0	11,15	7,9—11,60
3	Dänische Gerste . . .	100 „ „	67,2	10,71	7,7—10,9
4	„ . . .	200 „ „	66,8	11,24	8,1—12,5
5	Mährische Gerste . . .	100 „ „	67,8	10,80	8,2—10,8
6	„ . . .	200 „ „	67,5	11,50	8,4—12,2
7	Slowakische Gerste . .	100 „ „	67,3	10,49	7,5—13,2
8	„ . . .	200 „ „	66,7	11,20	7,9—13,2
	1886.				
9	v. Trotha'sche Gerste .	100 „ „	67,9	10,44	7,1—11,4
10	„ . .	100 „ Ammoniaksalz	68,0	10,38	7,3—10,7
11	Saale-Gerste	100 „ Chilisalpeter	68,1	10,30	7,1—11,5
12	„	100 „ Ammoniaksalz	68,2	10,33	7,6—11,3
13	Dänische Gerste . . .	100 „ Chilisalpeter	67,8	10,35	7,1—10,6
14	„	100 „ Ammoniaksalz	68,1	10,27	7,0—10,7
15	Slowakische Gerste . .	100 „ Chilisalpeter	68,0	10,32	7,2—11,1
16	„ . . .	100 „ Ammoniaksalz	68,2	10,24	7,1—11,1
17	Slowakische Landgerste .	100 „ Chilisalpeter	67,1	10,68	7,7—11,4
18	„ .	100 „ Ammoniaksalz	67,0	10,45	7,5—10,8

Die vorstehenden Düngungsversuche wurden in der Provinz Sachsen im Jahre 1885 auf 19 verschiedenen Gütern ausgeführt. Die Gehalte an Stickstoff sind die Mittelzahlen von 17 bezw. 16 Proben.

Im Jahre 1886 wurden die Gersten auf 12 verschiedenen Gütern der Provinz Sachsen angebaut. Zu bemerken ist, dass sich sämmtliche Maxima auf ein und dasselbe Gut — Rossia —, und die Minima auf ein und dasselbe Gut — Schlanstedt — beziehen.

[1]) Zeitschr. ges. Brauwesen 1892, 15, 105.

*) Der nach Klee gesäete Winterweizen musste im Frühjahr umgeackert werden, worauf Gerste gebaut wurde.

A. Emmerling (Zeitschr. ges. Brauwesen 1888, 11, 233 und 1889, 12, 135) und A. Emmerling und G. Loges (daselbst 1890, 13, 461) stellten Anbauversuche mit verschiedenen Braugersten an und kamen zu folgenden Ergebnissen:

Bezeichnung der Gersten			Wasser	Stickstoff-Substanz *)	Innere Beschaffenheit der Körner			1000 Körner wiegen	Hektoliter-Gewicht	Keimfähigkeit
					glasig	mehlig	halbmehlig			
			%	%	%	%	%	g	kg	%
Fehmarn'sche Gerste, sechszeilig	1887	Saatgerste . .	—	(9,60)	15	10	75	38,38	68,0	—
		Ernte Mittel	**)	9,92	17	11	72	38,87	66,9	97—98
		Ernte Schwankungen	—	8,77—11,26	5—29	4—24	55—79	35,27—43,15	64,5—69,3	91—100
	1889	Saatgerste . .	18,44	(10,06)	6	44	50	—	—	—
		Ernte Mittel	16,46	10,36	2,8	54,2	43,0	—	—	—
		Ernte Schwankungen	12,84-19,78	9,19—12,29	0—11	34—79	19—66	—	—	—
Probsteier Gerste, zweizeilig	1887	Saatgerste . .	—	(10,02)	21	13	66	51,99	67,5	—
		Ernte Mittel	**)	9,84	23	8	69	46,66	69,5	96
		Ernte Schwankungen	—	8,23—14,19	11—43	2—23	55—84	42,30—49,13	64,0—74,4	88—100
Original Schottische Gerste, zweizeilig	1887	Saatgerste . .	—	(8,91)	18	7	75	45,83	73,9	—
		Ernte Mittel	**)	9,08	21	9	70	46,50	69,2	95
		Ernte Schwankungen	—	8,21—10,40	12—41	2—36	49—80	42,86—50,10	67,1—72,1	89—99
	1889	Saatgerste . .	15,74	9,83	4	67	29	—	—	—
		Ernte Mittel	16,70	9,66	6,2	60,9	33,7	—	—	—
		Ernte Schwankungen	13,00-21,48	8,64—11,19	0—27	39—73	9—60	—	—	—
Dänische Chevalier-Gerste, zweizeilig	1887	Saatgerste . .	—	(9,15)	12	13	75	52,29	70,3	—
		Ernte Mittel	**)	9,42	21	10	69	46,23	68,4	94—95
		Ernte Schwankungen	—	8,23—11,26	7—38	2—43	50—80	43,47—48,95	64,2—71,5	90—99
	1889	Saatgerste . .	18,48	(9,89)	10	56	34	—	—	—
		Ernte Mittel	16,70	9,92	6,5	61,8	31,7	—	—	—
		Ernte Schwankungen	12,92-19,84	8,42—11,91	0—27	38—81	9—62	—	—	—
Gänsefurther Gerste, zweizeilig Nachzucht von Chevalier-Gerste	1887	Saatgerste . .	—	(8,13)	8	30	62	44,62	70,5	—
		Ernte Mittel	**)	9,72	18	12	70	45,56	68,5	96—97
		Ernte Schwankungen	—	8,01—12,63	6—40	2—28	57—84	42,75—50,80	64,9—71,8	92—100

Die Anbauversuche wurden 1887 auf 14, 1888 auf 7 und 1889 auf 24 Gütern angestellt. Im Jahre 1888 wurde nur die innere Beschaffenheit der Körner festgestellt. Es kann von einer Wiedergabe dieser Zahlen abgesehen werden. A. Emmerling ordnete auch die Ergebnisse nach der Qualität der Gersten und fand in dieser Beziehung, dass die besten Sorten den niedrigsten Stickstoff- und Wassergehalt hatten, ebenso die wenigsten glasigen Körner. Bei denselben Gersten ist der Stickstoffgehalt abhängig von der relativen Zahl der glasigen Körner.

*) Die eingeklammerten Zahlen beziehen sich auf natürliche Gerste, die übrigen auf Gerste mit dem mittleren Wassergehalte von 13,5 %.

**) Der Wassergehalt aller Proben schwankte im Jahre 1887 von 10,5—18,5 % und betrug im Mittel 13,1 %. Im Jahre 1889 betrug er im Mittel 16,6 %.

Otto Pitsch (Deutsche landw. Presse 1891, 18, 153—154) stellte in Wageningen Anbau- und Düngungsversuche mit zwei Sorten Sommergersten mit folgendem Ergebnisse an:

No.	Düngung auf den ha	Sorte A.						Sorte B.					
		Hektoliter-Gewicht	In der Trocken-Substanz					Hektoliter-Gewicht	In der Trocken-Substanz				
			Stick-stoff-Substanz	Fett	Stickstoff-freie Ex-traktstoffe	Roh-faser	Asche		Stick-stoff-Substanz	Fett	Stickstoff-freie Ex-traktstoffe	Roh-faser	Asche
		kg	%	%	%	%	%	kg	%	%	%	%	%
1	Ungedüngt	62,0	11,84	1,75	77,65	5,24	3,52	67,0	12,25	2,74	76,50	5,15	3,36
2	{ 25 kg Chilisalpeter-Stickstoff 60 „ Superphosphat-Phosphorsäure }	65,0	12,50	1,91	77,12	4,94	3,53	64,0	13,90	2,44	76,58	4,56	3,52
3	60 „ desgl.	65,0	12,03	2,03	77,87	4,43	3,64	66,0	13,77	2,35	75,61	5,42	3,45
4	wie No. 2	65,0	12,33	2,08	77,50	4,81	3,28	66,0	12,97	2,04	76,93	4,76	3,31

Die beiden Gerstensorten wurden auf einem schweren, sehr fruchtbaren Thonboden in Wageningen angebaut. Die Vorfrucht der Chevalier-Gerste war Pferdezahnmais, die der Stammgerste Runkelrüben. Das Superphosphat und die Hälfte des Chilisalpeters wurden vor der Aussaat der Gerste ausgestreut und eingeeggt. Die zweite Hälfte des Chilisalpeters wurde im Mai als Kopfdüngung gegeben.

Fr. Krantz (Landw. Jahrb. 1896, 25, 963—1006) stellte in Döbeln i. S. Anbauversuche mit verschiedenen Braugersten im Königreich Sachsen mit folgenden Ergebnissen an:

No.	Anbauort	Versuchsjahr 1894							Versuchsjahr 1895						
		Gewicht von 100 Körnern	Hektoliter-Gewicht	Glasige Körner	Wasser	In der Trocken-Substanz			Gewicht von 100 Körnern	Hektoliter-Gewicht	Glasige Körner	Wasser	In der Trocken-Substanz		
						Stick-stoff	Stick-stoff-Substanz	Stärke					Stick-stoff	Stick-stoff-Substanz	Stärke
		g	kg	%	%	%	%	%	g	kg	%	%	%	%	%
	I. Saale-Gerste (Nachzucht der Chevalier-Gerste).														
1	Stockhausen	3,59	68,20	19	15,62	1,72	10,75	67,32	4,46	69,27	15	12,29	1,55	9,69	68,64
2	Obersteinbach . . .	4,27	71,20	22	14,67	1,80	11,25	68,44	4,33	70,06	17	13,57	1,62	10,13	66,30
3	Lüttewitz	4,16	69,32	26	15,07	1,85	11,56	67,67	4,86	69,32	19	13,85	1,54	9,63	68,79
4	Ottewig	4,17	69,20	21	15,20	1,95	12,19	67,77	4,62	74,67	21	13,55	1,63	10,19	68,56
5	Zschäschütz	4,42	64,00	19	16,94	2,02	12,63	66,54	4,59	67,00	25	13,20	2,05	12,81	64,60
6	Zschackwitz	4,17	70,00	23	15,24	2,08	13,00	64,81	4,83	65,87	16	14,16	1,71	10,69	66,95
7	Versuchsfeld Döbeln .	3,95	66,25	26	15,50	2,21	13,81	65,56	4,91	69,46	25	13,49	2,03	12,69	63,96
8	Rittmitz	—	64,00	—	—	—	—	—	4,52	70,40	17	13,21	1,66	10,38	67,14
	II. Bayerische Gerste (sogenannte Riesgerste).														
1	Ziegra	3,92	68,92	24	15,81	1,67	10,44	68,81	4,01	67,73	23	12,90	1,61	10,06	67,43
2	Stockhausen	3,85	67,26	27	16,71	1,81	11,31	67,48	4,59	67,40	16	12,97	1,77	11,06	66,72
3	Obersteinbach . . .	4,42	70,32	26	14,73	1,85	11,56	69,27	—	—	—	—	—	—	—
4	Zschackwitz	4,78	68,06	27	15,55	2,01	12,56	66,31	4,52	65,73	22	13,17	1,74	10,88	67,49
5	Zschäschütz	4,01	65,52	12	16,84	2,07	12,94	67,58	4,69	68,06	27	12,71	1,96	12,25	66,07
6	Rittmitz	3,70	65,72	11	15,61	2,07	12,94	63,99	4,96	69,72	30	12,87	1,89	11,81	66,49
7	Versuchsfeld Döbeln .	4,12	64,72	26	15,93	2,21	13,81	65,34	4,95	67,66	24	13,51	1,98	12,38	64,44
	III. Bestehorn's Diamant-Gerste (Nachzucht der Chevalier-Gerste).														
1	Stockhausen	3,73	66,40	19	16,12	1,76	11,00	64,06	4,51	70,12	20	12,58	1,80	11,25	65,20
2	Lüttewitz	—	—	—	—	—	—	—	4,46	69,20	30	11,99	1,75	10,94	67,34
3	Rittmitz	—	—	—	—	—	—	—	4,23	70,12	27	12,49	1,77	11,06	65,48
	IV. Mährische (Hanna-) Gerste.														
1	Zschackwitz	3,72	67,40	24	14,71	2,18	13,63	65,19	4,57	66,53	17	12,91	1,70	10,63	67,83

Sämmtliche Anbauversuche wurden nach Zuckerrüben als Vorfrucht angestellt, mit Ausnahme des Versuches in Ziegra 1894, woselbst Kartoffeln die Vorfrucht waren. Die Düngung war folgende:

	Chilisalpeter	(Ammoniak-) Superphosphat	Chilisalpeter	(Ammoniak-) Superphosphat
Stockhausen	90,3 kg	—	90,3 kg	—
Obersteinbach	90,3 „	—	134,0 „	187,0 kg (16,4%)
Lüttewitz	50,0 „	250 kg (5/15)	50,0 „	250,0 „ (5/15)
Ottewig	90,3 „	90,3 „ „	90,3 „	90,3 „ „
Zschäschütz	90,3 „	—	90,3 „	—
Zschackwitz	150,0 „	200 kg „	50,0 „	200,0 „ „
Versuchsfeld Döbeln	150,0 „	200 „ (18)	82,5 „	120,3 „ (18)
Rittmitz	—	—	—	361,4 „ „

Schultz stellte Düngungsversuche zu Gerste mit Kainit an. Die Untersuchung der geernteten Körner in der Landwirthschaftlichen Versuchsstation in Münster i. W. lieferte folgendes Ergebniss (Originalmittheilung):

Versuchsanstell.	Düngung auf den ha	Wasser %	In der Trocken-Substanz: Stickstoff-Substanz %	Fett %	Stickstoff-freie Extraktstoffe %	Rohfaser %	Asche %	Kali %	Phosphorsäure %	Wasser %	In der Trocken-Substanz: Stickstoff-Substanz %	Fett %	Stickstoff-freie Extraktstoffe %	Rohfaser %	Asche %	Kali %	Phosphorsäure %
		I. Heine's Chevalier-Gerste								II. Probsteier Chevalier-Gerste							
L	600 kg Kainit und 300 kg Superphosphat (16%)	14,06	12,12	1,93	77,68	4,91	3,36	0,52	1,09	13,94	12,46	1,85	77,49	4,64	3,56	0,79	1,20
S		14,87	11,88	2,08	79,13	4,65	3,26	0,69	1,19	13,53	11,07	2,16	77,88	5,26	3,63	0,76	1,17
W		12,84	10,68	2,06	79,39	4,70	3,17	0,55	1,19	14,67	12,30	2,09	78,92	5,60	2,89	0,55	1,09
L	300 kg Superphosphat (16%)	13,96	12,19	1,77	77,21	5.46	3,37	0,51	1,09	14,10	11,92	1,91	78,24	4,68	3,25	0,73	1,14
S		13,56	12,32	2,10	76,38	5,67	3,53	0,50	1,22	13,87	11,60	2,06	78,73	5,44	3,57	0,58	1,17
W		14,66	11,59	2,09	79,69	4,82	2,81	0,49	1,19	15,20	12,19	2,14	77,64	5,29	2,74	0,46	1,15

v. Liebenberg fand (Mittheilungen des Vereins zur Förderung des landw. Versuchswesens in Oesterreich. Wien 1887, 26 und 1888, 30—48) bei vergleichenden Anbauversuchen mit verschiedenen Gerstensorten die Zusammensetzung und physikalischen Eigenschaften derselben wie folgt:

Eigenschaften und Bestandtheile der Gersten	Hanna-Gerste 1886	Hanna-Gerste 1887	Chevalier-Gerste 1886	Chevalier-Gerste 1887	Imperial-Gerste 1886	Schottische Gerste 1887
Gewicht von 100 Körnern in g	3,538	4,488	3,837	4,467	4,091	4,703
Hektolitergewicht kg	64,3	69,46	63,3	69,36	63,0	68,60
Spelzenantheil %	14,30	15,50	16,00	13,80	14,30	13,10
Grösse der Körner: grosse %	27,75	49,40	20,8	66,40	62,1	83,60
Grösse der Körner: mittlere %	63,05	40,80	65,6	29,20	36,2	12,80
Grösse der Körner: kleine %	9,20	9,80	13,6	4,40	1,70	3,60
Beschaffenheit des Endosperms: mehlig %	42	14	14	18	55	20
Beschaffenheit des Endosperms: übergehend %	55	76	62	13	33	65
Beschaffenheit des Endosperms: glasig %	3	10	24	9	12	15
Stickstoff-Substanz: im Ganzen %	9,05	9,00	11,89	9,22	11,85	9,90
Stickstoff-Substanz: in Wasser unlöslich %	7,33	—	10,53	—	9,94	—
Stickstoff-Substanz: in Wasser löslich: koagulirbar %	0,69	—	0,97	—	0,28	—
Stickstoff-Substanz: in Wasser löslich: nicht koagulirbar %	1,03	—	0,39	—	1,63	—

Eigenschaften und Bestandtheile der Gersten	Hanna-Gerste 1886	Hanna-Gerste 1887	Chevalier-Gerste 1886	Chevalier-Gerste 1887	Imperial-Gerste 1886	Schottische Gerste 1887
Rohfett %	3,12	—	3,02	—	2,42	75,45
Extraktgehalt der Trocken-Substanz %	81,73	76,11	78,83	75,95	81,20	—
Stickstoff-freie Extraktstoffe: Maltose %	1,68	—	2,23	—	2,30	—
Dextrin %	2,68	—	1,75	—	1,36	—
Stärke %	72,03	—	69,85	—	70,43	—
andere stickstofffreie Extraktstoffe %	4,88	—	4,41	—	5,17	—
Rohfaser %	3,69	—	3,73	—	3,39	—
Säure (Milchsäure) %	0,32	—	0,23	—	0,20	—
Reinasche: Kali %	0,59	—	0,50	—	0,55	—
Phosphorsäure %	1,01	—	1,06	—	1,11	—
andere Mineralstoffe %	1,27	—	1,63	—	1,42	—
Wassergehalt der natürlichen Gerste %	13,80	10,75	13,88	—	13,82	11,26

Für das Gewicht von 100 Körnern, für den Gehalt an Spelzen, an Extrakt und Stickstoff-Substanz wurden für die Ernten folgende Schwankungen gefunden:

	Gewicht von 100 Körnern g 1886	Gewicht von 100 Körnern g 1887	Gehalt an Spelzen % 1886	Extraktausbeute der Trocken-Substanz % 1886	Extraktausbeute der Trocken-Substanz % 1887	Stickstoff-Substanz % 1886
Einheimische Gerste	3,49—4,65	3,39—4,45	12,2—18,8	66,11—74,75	67,2—76,5	8,85—12,34
Hanna- „	3,09—4,35	3,38—4,52	12,2—18,7	68,34—75,17	66,6—77,1	8,38—12,24
Imperial- „	3,437—4,72	—	12,2—20,0	66,16—74,15	—	8,60—12,93
Chevalier- „	3,575—4,51	3,36—4,57	12,8—18,6	66,28—76,38	66,4—76,1	8,62—13,27
Schottische „	—	3,55—4,30	—	—	67,0—73,8	—

Einfluss der Saatzeit auf den Eiweissgehalt der Gerste.

Ueber den Einfluss der Saatzeit auf den Eiweissgehalt der Gerste stellte Etienne Jentys (Bull. de l'Acad. des Sciences de Cracovie 1892; Centralbl. Agric. Chem. 1892, **21**, 825—827) in Dublany Versuche mit Imperial-Gerste an mit folgendem Ergebnisse:

Saatzeit	Düngung für den ha	**Wasser** %	**Stickstoff** in der Trocken-Substanz %	Saatzeit	Düngung für den ha	**Wasser** %	**Stickstoff** in der Trocken-Substanz %
1888.				1890.			
6. April	ungedüngt	14,44	11,70	5. April	100 kg Salpeter	11,71	12,88
5. Mai	ungedüngt	15,06	13,49	23. „	desgl.	13,26	14,32
1889.				5. „	desgl. + 200 kg Superphosphat	11,75	14,08
27. April	desgl.	14,25	16,63	23. „	desgl. + 200 kg Superphosphat	13,44	14,15
7. Mai	desgl.	14,78	18,26	1891.			
27. April	100 kg Salpeter + 100 kg Superphosphat	14,33	17,56	14. April	ungedüngt	14,27	14,70
				25. „	desgl.	14,46	16,98
7. Mai	desgl.	14,50	18,62	14. „	700 kg gelöscht. Kalk	14,53	16,18
1890.				25. „	700 kg gelöscht. Kalk	14,99	18,32
5. April	ungedüngt	11,82	12,11				
23. „	desgl.	14,65	16,00				

Aus den Versuchen geht hervor, dass schon eine kleine Verzögerung in der Saatzeit einen wesentlichen Einfluss auf den Eiweissgehalt der Gerste ausübt.

Zusammensetzung mehliger und glasiger Gerstenkörner

nach L. Just und H. Heine (Landw. Versuchsstationen 1889, 36, 269).

No.	Nähere Bezeichnung	Beschaffenheit der Körner	Gewicht von 100 Körnern g	Spec. Gewicht	Wassergehalt %	In der Trocken-Substanz: Stickstoff %	Reinasche %	Keimfähigkeit in 5 Tagen
	In Baden angebaute Gersten:							
1	Schwedische Chevalier-Gerste aus Hügelheim . . .	mehlig	5,415	1,221	14,61	1,521	2,852	95
		glasig	4,838	1,268	14,70	1,893	2,988	97
2	Schwedische Chevalier-Gerste „ Hohenwettersbach	mehlig	4,918	1,183	14,19	1,252	2,853	95
		glasig	4,750	1,241	14,52	1,601	2,854	97
3	Schwedische Chevalier-Gerste „ Königsbach . . .	mehlig	5,068	1,151	16,24	1,673	2,936	95
		glasig	4,741	1,228	16,28	1,924	2,942	97
4	Saale-Gerste aus Buckenberg	mehlig	4,964	1,229	12,16	1,762	2,990	97
		glasig	4,552	1,276	12,33	2,065	3,009	96
5	Riesgerste	mehlig	5,009	1,220	12,12	1,450	2,753	95
		glasig	4,391	1,275	12,44	1,802	3,000	99
6	Badische Landgerste aus Hügelheim	mehlig	4,957	1,225	12,35	1,594	2,693	99
		glasig	4,775	1,268	12,59	1,978	2,752	99
7	Badische Landgerste „ Stockbrunn	mehlig	4,769	1,209	11,55	1,481	2,661	89
		glasig	4,492	1,267	11,68	1,592	2,779	96

Es sind demnach die glasigen Körner specifisch schwerer als die mehligen, während das absolute Gewicht der glasigen Körner geringer ist, als das der mehligen. Wenn auch die glasigen Körner bei derselben Sorte stets einen höheren Stickstoffgehalt und auch einen etwas höheren Aschengehalt haben als die mehligen, so ist doch bei verschiedenen Sorten ein direkter Schluss aus dem Mehligkeitsgrade weder auf das specifische Gewicht, noch auf den Aschengehalt noch auf den Stickstoffgehalt und die Keimfähigkeit zu ziehen.

Indem man aus vorstehenden Tabellen die unter verschiedenen Bodenverhältnissen gewachsenen Gerstenkörner, die Gerstenkörner verschiedener Schwere sowie von verschiedenem Hektolitergewicht zusammenstellt, erhält man folgende Zahlen:

No.	Nähere Bezeichnung	Anzahl der Analysen	In der ursprünglichen Substanz: Wasser %	Stickstoff-Substanz %	Fett %	Stickstofffreie Extraktstoffe %	Rohfaser %	Asche %	In der Trocken-Substanz: Stickstoff-Substanz %	Stickstofffreie Extraktstoffe %	Stickstoff in der Trocken-Substanz %
	a. Gerstenkörner auf verschiedenem Boden*) gewachsen.										
1	Sand- und Kiesboden	6	14,05	9,57	(65,35)		(8,51)	2,52	11,14	(76,03)	1,78
2	Lehmiger Sandboden	4	14,05	11,15	1,55	65,57	5,01	2,67	12,97	76,29	2,08
3	Sandiger Lehm, leichter Lehmboden	9	14,05	9,79	1,44	65,21	6,67	2,84	11,39	75,99	1,83
4	Thoniger Lehm, schwerer Lehmboden	17	14,05	10,49	1,87	64,56	6,48	2,55	12,21	75,11	1,95
5	Thonboden	18	14,05	11,56	2,54	63,59	4,61	3,63	13,45	74,98	2,15
6	Kalkboden	9	14,05	10,91	2,04	65,42	5,23	2,45	12,66	76,03	2,03

*) Diese Mittelzahlen lassen keine allgemeine Schlüsse für die einzelnen Bodenarten zu; denn die Gersten sind nicht in denselben Jahren, unter denselben Düngungs- und klimatischen Verhältnissen gewachsen; auch kamen ohne Zweifel verschiedenartige Spielarten zum Anbau, durch welche Umstände die Verschiedenheit der Zusammensetzung auch zum Theil mitbedingt sein kann.

No.	Nähere Bezeichnung		Anzahl der Analysen	In der ursprünglichen Substanz: Wasser %	Stick-stoff-Substanz %	Fett %	Stickstoff-freie Extraktstoffe %	Roh-faser %	Asche %	In der Trocken-Substanz: Stick-stoff-Substanz %	Stickstoff-freie Extraktstoffe %	Stickstoff in der Trocken-Substanz %	Analytiker
	b. Gerstenkörner von verschiedener Grösse und Schwere:*)												
		Gew. von 100 Körn.											
1	Grosse Körner . .	5,29 g	13	14,05	10,93	—	—	—	2,27	12,72	—	2,04	
2	Mittlere „ . .	4,04 „	„	14,05	12,22	—	—	—	2,11	14,22	—	2,28	
3	Kleine „ . .	2,77 „	„	14,05	11,10	—	—	—	2,34	12,91	—	2,07	
	c. Gerstenkörner von verschiedenem Hektoliter-Gewicht).**												
		Hektoliter-Gewicht											
1	Leichteste Gerste .	61,90	—	16,32	11,43	1,44	63,20	5,53	2,08	13,66	75,53	2,19	
2	Schwerste „ .	72,68	—	16,50	10,00	1,36	66,26	3,60	2,28	11,98	79,35	1,92	

Ausgewachsene Gerste im Vergleich zu gut geernteter Gerste.

No.	Nähere Bezeichnung	Zeit der Untersuchung	Wasser %	Stick-stoff-Substanz %	Fett %	Stickstoff-freie Extraktstoffe %	Roh-faser %	Asche %	Trocken: Stick-stoff-Substanz %	Stickstoff-freie Extraktstoffe %	Stickstoff in der Trocken-Substanz %	Analytiker
1	Ausgewachsene Gerste . . .	1880	8,57	11,69	1,65	69.49	5,44	3,16	12,79	75,99	2,05	*M. Märcker u. Lauenstein*[1])
2	Normale Gerste	„	9,51	10,75	1,88	69,33	5,56	2,97	11,88	76,62	1,90	
3	Beregnete Probsteier-G., im Anfange des Auswachsens	1885	14,76	11,45	1,67	64,00	5,72	2,40	13,43	75,08	1,832	*Fr. Farsky*[2])
4	Nicht beregnete Probsteier-G.	„	12,34	11,25	1,98	66,11	6,12	2,20	12,83	75,42	1,80	
5	Chevalier-Gerste, gesund .	„	10,24	10,58	1,86	69,27	5,28	2,77	11,79	77,17	1,886	
6	desgl., beregnet nach 1 Tag	„	10,56	10,09	1,88	68,95	5,13	2,79	11,95	77,74	1,912	
7	desgl., beregnet nach 5 Tagen	„	11,28	9,93	1,76	68,80	5,34	2,89	11,19	77,55	1,790	
8	desgl., verbrüht (?)	„	13,75	10,71	1,64	66,24	5,09	2,57	12,19	77,03	1,950	
9	desgl., ausgewachsen . . .	„	37,16	7,95	1,01	47,98	3,94	1,96	12,65	76,35	2,024	

[1]) Magdeburger Ztg. 1880, No. 479. Beide Proben stammen von ein und demselben Felde, das zur Hälfte ohne Regen abgeerntet werden konnte, während die Ernte der anderen Hälfte stark beregnet wurde, so dass die Gerstenkörner zum Auswachsen kamen. An Kohlenhydraten enthielten die Gersten in Procenten der Trocken-Substanz:

	Stärke unlöslich	Stärke löslich	Dextrin	Maltose
Ausgewachsen . . .	52,34	1,17	2,44	14,70 %
Normal	62,02	1,76	2,14	3,12 „

Vom Stickstoff waren vorhanden in Form von:

	Amiden	Ammoniak	löslichem Eiweiss	unlösl. Eiweiss
Ausgewachsen . . .	22,2	2,2	1,8	72,8 %
Normal	1,5	2,5	4,6	91,5 „

[2]) 5. Ber. d. Versuchsstation Tabor 1886. Centrbl. f. Agrik.-Chem. 1886, **15**. In Procenten der Trocken-Substanz enthielten die Gersten:

	No. 3	No. 4
Kali	0,46 %	0,47 %
Phosphorsäure	0,82 „	0,79 „

In Procenten des Gesammt-Stickstoffs enthielten die Gersten:

	No. 3	4	5	6	7	8	9
Stickstoff in Form von Salpetersäure	Spur	0,08	—	—	—	—	— %
Stickstoff in Form von Ammoniak	0,54	0,57	0,58	0,60	0,58	0,60	0,72 „
Stickstoff in Form von Amiden	20,00	1,50	1,63	3,26	4,32	21,12	24,32 „
Stickstoff in Form von löslichem Eiweiss . .	2,77	4,52	5,01	4,77	5,25	3,08	3,53 „
Stickstoff in Form von unlöslichem Eiweiss .	76,69	93,33	92,78	91,37	89,85	75,20	71,43 „

An in Wasser löslichen Stoffen in Procenten der Trocken-Substanz wurden gefunden:

Dextrin	1,05	2,12	2,45	2,28	2,05	1,67	2,92 %
Zucker (Dextrose und Maltose)	6,59	1,56	0,50	0,82	3,49	10,12	8,47 „
Andere lösliche Stoffe	6,35	4,72	5,42	5,50	5,28	4,42	5,32 „
Milchsäure	—	—	0,246	0,327	0,411	0,462	0,704 %.

*) Diese Mittelzahlen ergeben sich aus einer Untersuchung von W. Hoffmeister (Landw. Jahrbücher 1886, **15**, 865). Die einzelnen, zu der Untersuchung verwendeten Gersten waren unter verschiedenen Düngungs-Verhältnissen etc. gewachsen, indess die einzelnen Proben gleichmässig in grosse, mittlere und kleine sortirt, so dass die Mittelzahlen miteinander vergleichbar sind.

) Nach van den Berghe. Rev. intern. falsif. 1892, **6, 21—23; Chem. Centrbl. 1892, II, 877. Es wurde ferner ermittelt:

Leichteste Gerste . . . . . 6,62 % Wachs u. Farbstoff und 0,86 % Phosphorsäure.
Schwerste Gerste . . . . . 9,26 „ „ „ „ „ 1,21 „ „

Geschälte Gerste.

No.	Nähere Bezeichnung	Zeit der Untersuchung	In der ursprünglichen Substanz: Wasser %	Stick-stoff-Substanz %	Fett %	Stickstoff-freie Extraktstoffe %	Roh-faser %	Asche %	In der Trocken-Substanz: Stick-stoff-Substanz %	Stickstoff-freie Extraktstoffe %	Stickstoff in der Trocken-Substanz %	Analytiker
1	Aus dem Staate New-York	1885	6,88	12,60	2,20	75,22	1,22	1,88	13,53	80,79	2,16	Clifford Richardson[1])
2	desgl.	"	6,25	10,50	2,60	76,27	1,98	2,40	11,20	81,36	1,79	
3	Aus dem Staate Michigan .	"	5,55	11,38	2,84	76,14	1,74	2,35	12,04	80,63	1,93	
4	Aus dem Staate Indiana .	"	6,55	13,30	2,30	73,77	1,88	2,20	14,23	78,95	2,28	
5	Aus dem Staate Minnesota	"	5,60	11,55	2,55	76,91	1,19	2,20	12,23	81,48	1,96	
6	desgl.	"	6,00	11,38	2,76	76,35	1,41	2,10	12,11	81,23	1,94	
7	Aus dem Staate Jowa . .	"	6,41	11,38	3,12	74,67	2,27	2,15	12,15	79,80	1,94	
8	desgl.	"	6,35	12,25	2,65	75,52	1,25	1,98	13,08	80,24	2,09	
9	desgl.	"	6,25	12,25	2,76	75,19	1,40	2,15	13,07	80,21	2,09	
10	Aus dem Staate Missouri .	"	7,50	12,25	2,81	73,95	1,47	2,02	13,24	79,95	2,12	
11	Aus dem Staate Nevada .	"	7,20	9,80	2,77	75,93	1,92	2,38	10,56	81,81	1,69	
12	desgl.	"	2,87	9,63	2,47	81,31	1,73	1,99	9,92	83,71	1,59	
13	Aus dem Staate California.	"	5,80	11,73	2,61	76,03	1,23	2,60	12,46	80,70	1,99	
14	desgl.	"	6,85	12,60	2,61	74,49	1,40	2,05	13,57	79,90	2,17	
15	Aus dem Staate Colorado .	"	7,78	14,00	2,86	71,16	1,90	2,30	15,18	77,17	2,43	
	Geschälte Gersten, Mittel No. 1—15	—	**6,26**	**11,77**	**2,66**	**74,53**	**1,60**	**2,18**	**12,56**	**80,56**	**2,01**	

Sonstige Gerstenanalysen.

1. L. Aubry, 1888-er Braugersten. Zeitschr. ges. Brauwesen 1887, 10, 121; Vierteljahresschr. Nahrungs- u. Genussm. 1887, 2, 277.
2. Gronow, über den Proteingehalt 1889-er, meist deutscher Gersten. Wochenschr. Brauerei 1889, 6, 983 u. 1049; Vierteljahresschr. Nahrungs- u. Genussm. 1889, 3, 494.
3. M. F. Proksch, Zusammensetzung 1892/93-er Braugersten. Bericht der Versuchsstation für Brau-Industrie in Böhmen 1894, 5, 15; Chem.-Ztg. 1894, 18, Rep. 184.
4. F. Wohltmann, Anbau-Versuche mit Gerste. Landwirth 1895, 616; Jahresber. f. Agrik.-Chem. 1895, N. F., 18, 267—268.

IV. Hafer.

Avena sativa L. — Avoine — Oats.

Aeltere Analysen.

1. J. B. Boussingault, in dessen „Die Landwirthschaft in ihren Beziehungen zur Chemie etc.", deutsch von Graeger, 2. Aufl, 1851, 1, 294 und 2, 39 u. 200.
2. Johnston, in Moleschott's Physiologie der Nahrungsmittel, 2, 110.
3. E. N. Horsford, Ann. Chem. Pharm. 1846, 58, 166—222.
4. J. B. Lawes, Agric. Chemistry. Sheep feeding and Manure, London 1849, 13; aus Journ. R. Agric. Soc. England 1849, 1, 10.
5. John Pitkin Norton, in v. Bibra: „Die Getreidearten und das Brot", Nürnberg 1862, 319.

[1]) 3. Rep. Chemic. Compos. of Americ. Cereals (Bullet. No. 8), Washington 1886, 4. Von einigen dieser Gersten wurde der Gehalt an Korn und Schale (Nulls) ermittelt und zwar wie folgt:

	No. 1	3	4	5	6	7	8	9	11	12	13	Mittel
Korn . . .	84,96	84,01	83,78	84,47	86,28	83,70	84,25	85,72	84,93	87,45	83,06	84,78 %
Schale . . .	15,04	15,99	16,22	15,53	13,72	16,30	15,75	14,28	15,07	12,55	16,94	15,22 "

6. Payen, in Moleschott's Physiologie der Nahrungsmittel.
7. Th. Anderson, Trans. Highl. Soc. Juli 1851 — März 1853, 512.
8. A. Völker, daselbst 542.
9. E. Wolff, Zeitschr. f. deutsche Landwirthe 1853, 118.
10. Fehling u. Faist, Liebig u. Kopp's Jahresber. 1853, 812.
11. Ad. Stöckhardt, in E. Wolff's Grundlagen des Ackerbaues 1856, 864 und Chem. Ackersmann 1856, 179.
12. W. Mayer, 1. Bericht der Versuchsstation München 1857, 1.
13. E. Wolff, Mittheilungen aus Hohenheim, 5, 161—346.

No.	Nähere Bezeichnung	Hektolit.-Gewicht kg	Zeit der Untersuchung	In der ursprünglichen Substanz: Wasser %	Stickstoff-Substanz %	Fett %	Stickstofffreie Extraktstoffe %	Rohfaser %	Asche %	In der Trocken-Substanz: Stickstoff-Substanz %	Stickstofffreie Extraktstoffe %	Stickstoff in der Trocken-Substanz %	Analytiker
1	Weisshafer, schwerer	59,12	1854	14,70	9,00	6,56	58,54	8,46	2,74	10,55	68,83	1,69	Alex. Müller [1])
2	desgl., mittlerer . .	51,16	„	14,67	8,76	6,37	57,89	9,60	2,71	10,27	67,83	1,64	
3	desgl., leichter . .	43,21	„	14,64	8,52	6,18	57,24	10,74	2,68	9,99	67,04	1,60	
4	Aus der Grafschaft Schaumburg . .	—	1860	13,74	13,77	4,45	51,45	13,02	3,70	15,96	59,50	2,55	Th. Dietrich [2])
5	Aus Schlesien . .	—	1861	16,58	17,18	—	—	—	4,42	20,50	—	3,28	P. Bretschneider [3])
6	Aus Livland . . .	48,48	1862	11,23	9,32	—	—	—	2,86	10,50	—	1,68	C. Schmidt [4])
7	desgl.	44,64	„	10,71	10,89	—	—	—	3,44	12,19	—	1,95	
8	Aus Sachsen		1864	13,95	8,56	5,37	61,69	7,16	3,27	9,94	71,68	1,59	J. Lehmann [5])
9	desgl.		1865	12,86	11,34	6,11	57,66	9,10	2,93	13,00	66,18	2,08	
10	desgl.		1863	13,23	10,40	6,16	58,11	8,81	3,29	12,00	66,96	1,92	V. Hofmeister [6])
11	desgl.		1864	15,48	9,72	5,85	57,31	9,03	2,61	11,50	67,81	1,84	
12	desgl., sogen. „grauschaliger"		„	15,67	9,21	6,34	53,75	12,31	2,72	10,94	63,71	1,75	
13	Aus Schlesien		1868	13,00	9,64	5,74	55,58	12,76	3,28	11,06	63,91	1,77	F. Krocker u. H. Weiske [7])
14	Aus Ungarn, 1866-er Ernte, trockne Witterung . .		1866	7,67	13,41	5,58	54,74	16,10	2,50	14,50	59,31	2,32	L. Lenz [8])
15	desgl., 1870-er Ernte, feuchte Witterung		1870	8,09	14,38	7,09	56,64	10,29	3,51	15,63	61,64	2,50	

[1]) Amts- u. Anzeigebl. f. d. landw. Ver. im Königr. Sachsen 1855, 38. Der schwere und leichte Hafer war durch Wurfen geschieden; der „mittlere" ist das berechnete Mittel der beiden anderen Hafer.
An näheren Bestandtheilen wurden ferner bestimmt:

Zucker und Dextrin . .	2,40	2,46	2,53 %	in der lufttrocknen Substanz.
Stärke	56,14	55,43	54,71 „	

Weitere Bestimmungen ergaben:

	Körnerzahl, 1 hl	Gewicht von 100 Körnern	Specifisches Gewicht	Volumen eines Kornes
No. 1	1939136	3,05 g	1,39	0,021 ccm
No. 3	1544650	2,79 g	1,39	0,010 ccm

[2]) Landw. Anzeiger f. Kurhessen 1860, 54.
[3]) Mitthl. d. landw. Centralver. f. Schlesien 1859.
[4]) Livländer Jahrb. d. Landw. 1863, **16**, 136. Weitere Bemerkungen siehe unter Roggenanalysen desselben Autors S. 466, Anmerkung 3. Die nähere Analyse ergab für

	lufttrockenen Hafer I.	lufttrockenen Hafer II.	wasserfreien Hafer I.	wasserfreien Hafer II.
Stärke	50,51	49,45 %	56,89	55,39 %
Cellulose	26,08	25,51 „	29,38	28,57 „

[5]) Amtsbl. f. d. landw. Ver. Sachsens 1865, 59 und 1868, 17.
[6]) Landw. Versuchsstationen 1864, **6**, 190; 1865, **7**, 413 und 1866, **8**, 111.
[7]) Ann. d. Landw. in Preussen 1869, **54**, 49. Die Rohfaser ist stickstofffrei, die Asche frei von Kohle und Kohlensäure angegeben.
[8]) Landw. Versuchsstationen 1870, **12**, 345. „Die Witterung im Jahre 1870 war eine solche, wie sie feuchten, nördlichen Klimaten zukommt." Auf den Feldern der landwirthschaftlichen Akademie Ungar.-Altenburg gewachsen. An Zucker und Gummi enthielten die beiden Haferproben im lufttrockenen Zustande: No. 14 = 7,89 %; No. 15 = 5,91 %.

No.	Nähere Bezeichnung	Zeit der Untersuchung	In der ursprünglichen Substanz: Wasser %	Stick-stoff-Substanz %	Fett %	Stickstoff-freie Extraktstoffe %	Roh-faser %	Asche %	In der Trocken-Substanz: Stick-stoff-Substanz %	Stickstoff-freie Extraktstoffe %	Stickstoff in der Trocken-Substanz %	Analytiker
16	Hafer aus Sachsen: Granitverwitterungsboden	1868	10,47	12,81	5,52	55,58	10,48	5,14	14,31	62,08	2,29	E. Heiden[1])
17	desgl., längere Zeit in Kultur	1872	8,68	13,53	4,42	60,65	9,40	3,32	14,82	66,41	2,37	
18	Saathafer	1869	10,76	14,69	4,59	53,70	12,26	3,64	16,65	60,85	2,66	
19	Aus vorigem gezogen, Mittel verschieden gedüngten Hafers	„	10,44	10,23	5,30	56,46	14,73	2,84	11,42	63,15	1,83	
20	Saathafer	1870	6,26	11,52	6,84	60,67	10,87	3,84	12,49	65,79	2,00	
21	Aus vorigem gezogen, Mittel verschieden gedüngten Hafers	„	9,80	9,87	5,19	59,18	12,87	3,09	10,94	65,61	1,75	
22	Saathafer	1871	11,05	10,46	6,04	58,74	10,47	3,24	11,77	66,12	1,88	
23	Aus vorigem gezogen, Mittel verschieden gedüngten Hafers	„	12,10	8,54	5,41	56,28	13,98	3,69	9,72	64,00	1,56	
24	—	„	13,61	12,26	4,20	(50,16	16,21)	3,56	14,36	(57,57)	2,297	W. Pillitz[2])
25	Aus Schlesien	1873	12,70	9,44	5,54	60,00	9,35	2,97	10,81	68,73	1,73	H. Weiske[3])
26	desgl.	1875	—	—	—	—	—	—	12,19	67,18	1,95	
27	desgl.	„	—	—	—	—	—	—	11,37	66,64	1,82	
28	desgl.	1883	14,00	9,03	7,60	59,28	7,49	2,60	10,50	68,93	1,68	
29	Aus Bayern	1879	9,12	15,50	5,22	56,19	11,48	2,49	17,06	62,13	2,73	E. Wollny[4])
30	desgl.	„	9,34	15,75	5,35	54,22	12,90	2,44	17,38	59,80	2,78	
31	desgl.	„	9,41	13,66	5,78	54,14	14,48	2,53	15,06	59,78	2,41	
32	Aus Nieder-Hessen	„	13,55	11,21	4,91	57,86	8,61	3,86	12,97	66,92	2,08	Th. Dietrich[5])
33	Schrot	1870	—	—	—	—	—	—	9,25	63,41	1,48	E. Schulze u. M. Märcker[6])
34	Württemberg, Hohenheim	1871	15,33	12,28	4,26	53,25	10,75	4,13	14,50	62,89	2,32	E. Wolff, M. Fleischer u. J. Skalweit[7])
35	desgl., Hohenheim	1872	—	—	—	—	—	—	14,84	62,12	2,373	
36	desgl., Hohenheim, 1875-er Ernte, Sommer	1875	12,00	11,71	5,92	56,88	9,72	3,77	13,31	64,63	2,13	E. Wolff, C. Kreuzhage u. O. Kellner[8])
37	desgl., Hohenheim, 1875-er Ernte, Winter	„	12,80	11,44	5,47	56,42	10,22	3,65	13,12	64,70	2,10	
38	desgl., Hohenheim	1876	17,80	11,69	4,95	50,33	10,83	4,40	14,22	61,24	2,28	
39	desgl., Hohenheim	„	15,17	10,41	4,27	57,10	9,42	3,63	12,27	67,31	1,96	

[1]) No. 16 Amtsbl. d. landw. Ver. Sachsens 1870, 8. No. 17 u. f. Privatmitthl. und „Denkschrift" von E. Heiden. Die Mittel wurden von uns berechnet. Die Zusammensetzung der wasserhaltigen Substanz bezieht sich auf sandhaltige, die der Trocken-Substanz auf sandfreie Substanz.

[2]) Zeitschr. analyt. Chem. 1872, **11**, 46. Zur Bestimmung der Rohfaser wurde ein von dem Weende'r abweichendes Verfahren angewendet. (Siehe näheres bei Weizenanalysen desselben Autors S. 422, Anmerkung 3.) Der Stickstoff-Gehalt des Proteins ist vom Autor zu 15,5 % angenommen, wir berechneten die Stickstoff-Substanz mit 16 % Stickstoff-Gehalt. Die ausführlichere Analyse ergab:

	Stärke	Dextrin	Zucker	in Wasser lösl. Eiweiss	in Wasser lösl. Asche	Extraktivstoffe
Natürliche Substanz	45,78	1,25	0,32	2,30	1,23	1,42 %
Wasserfreie Substanz	53,62	1,46	0,27	2,69	1,44	1,66 „

[3]) Journ. f. Landw. 1874, **22**, 150; 1876, **24**, 271 und 1884, **32**, 338. Die Rohfaser ist stickstofffrei, die Asche frei von Kohle und Kohlensäure. No. 26: D. Landwirth 1875, 219.

[4]) Allgem. Hopfenzeitung 1879, 711.

[5]) Landw. Zeitschr. u. Anzeig. f. d. Regierungsbezirk Kassel 1879, 379.

[6]) Journ. f. Landw. 1870, **18**, 294.

[7]) Landw. Jahrb. 1873, **2**, 225 u. 268. Die Zusammensetzung der ursprünglichen Substanz ist von uns berechnet. Die Rohfaser ist stickstofffrei.

[8]) Landw. Jahrb. 1879, **7**, I. Supplem., 32 u. 74.

No.	Nähere Bezeichnung	Zeit der Untersuchung	In der ursprünglichen Substanz: Wasser %	Stick-stoff-Substanz %	Fett %	Stickstoff-freie Ex-traktstoffe %	Roh-faser %	Asche %	In der Trocken-Substanz: Stick-stoff-Substanz %	Stickstoff-freie Ex-traktstoffe %	Stickstoff in der Trocken-Substanz %	Analytiker
40	Württemberg, Sommer	1879	15,10	10,50	5,33	54,65	11,29	3,13	12,37	64,36	1,98	E. Wolff und C. Kreuzhage[1]
41	desgl., Winter	1881	13,48	12,16	4,62	54,95	10,09	3,70	14,03	63,54	2,24	
42	desgl., Sommer	1879	13,57	11,44	4,63	53,14	11,71	5,51	13,24	61,47	2,12	
43	desgl., Winter	1884	13,00	10,17	4,53	55,34	13,63	3,33	11,69	63,60	1,87	
44	desgl., Winter	„	13,00	9,18	6,44	57,17	11,02	3,19	10,56	65,69	1,69	dieselben[2]
45	desgl., Frühjahr	1882	13,00	12,51	4,66	55,36	11,05	3,42	14,38	63,53	2,30	
46	desgl., Winter	„	13,00	10,18	4,78	58,51	9,78	3,75	11,71	66,35	1,87	
47	desgl.	$18\frac{76}{77}$	13,00	11,50	5,66	56,25	9,90	3,69	13,22	64,67	2,12	
48	Auf Niederungsmoor gewachsen	1879	—	—	—	—	—	—	14,44	—	2,31	M. Fleischer[3]
49		„	—	—	—	—	—	—	15,13	—	2,42	
50	Gelber Hafer	1883	13,00	12,46	4,07	57,11	9,54	3,82	14,32	65,64	2,29	J. König[4]
51	Weisser Hafer	„	13,00	12,06	3,96	57,13	10,32	3,53	13,86	65,65	2,22	
52	Russischer Hafer	„	13,00	11,67	4,08	55,85	10,76	4,64	13,42	64,18	2,15	
53	—	1880	18,46	8,25	4,85	56,96	9,24	2,14	10,11	69,99	1,62	R. Wagner[5]
54	Probsteier Hafer, Mittel verschieden gedüngten Hafers	1881	10,33	11,40	5,41	—	—	3,53	12,71	—	2,03	H. Werner u. A. Stutzer[6]
	Hafer, gewonnen bei vergleichenden Anbauversuchen:											
55	Weisser tatarischer Fahnenhafer, Saatgut 1883	1884	15,00	11,1	4,8	57,8	8,5	2,8	13,05	68,02	2,09	M. Märcker[7]
56	Weisser tatarischer Fahnenhafer, Ernte 1884	„	15 00	10,1	4,7	57,3	9,9	3,0	11,88	67,42	1,90	
57	Lüneburger Kley, Saatgut 1883	„	15,00	12,3	4,4	56,5	8,9	2,9	14,64	66,31	2,34	
58	Lüneburger Kley, Ernte 1884	„	15,00	9,8	4,3	59,0	9,2	2,7	11,52	69,42	1,84	
59	Schwarzer Californ. prolific, Saatgut 1883	„	15,00	9,7	5,2	56,9	10,2	3,0	11,41	66,94	1,83	
60	Schwarzer Californ. prolific, Ernte 1884	„	15,00	9,8	5,4	56,6	10,2	3,0	11,52	66,60	1,84	
61	Probsteier Original, Saatgut 1883	„	15,00	10,7	4,3	57,0	9,9	3,1	12,58	67,07	2,01	
62	Probsteier Original, Ernte 1884	„	15,00	9,3	4,6	58,8	9,5	2,8	10,94	69,19	1,75	
63	Hopetoun, Saatgut 1883	„	15,00	11,3	4,7	58,1	8,4	2,5	13,29	68,36	2,13	
64	Hopetoun, Ernte 1884	„	15,00	11,2	4,7	57,0	9,8	2,3	13,17	67,08	2,11	
65	Australischer, Saatgut 1883	„	15,00	10,1	5,0	58,4	8,9	2,6	11,88	68,71	1,90	
66	Australischer, Ernte 1884	„	15,00	10,2	5,1	58,1	9,3	1,3	12,00	69,53	1,92	
67	Dänischer, Saatgut 1883	„	15,00	13,0	4,2	55,1	9,9	2,8	15,29	64,84	2,45	
68	Dänischer, Ernte 1884	„	15,00	8,5	4,3	60,2	9,5	2,5	10,00	70,83	1,60	

[1] Landw. Jahrb. 1880, **9**, 666; 1881, **10**, 563 u. 885; 1884, **13**, 246 u. 255. Hafer No. 41 enthielt Stickstoff als Nichtprotein 0,214 in Procenten der Trocken-Substanz. (12,74 % Protein und 1,29 % Amide etc.)

[2] Grundlagen für die rationelle Fütterung des Pferdes. Berlin 1885, 44. Unter Asche ist bei den Hohenheimer Analysen Reinasche ohne Sand zu verstehen.

[3] Aus E. Wolff's Aschen-Analysen, 2. Theil, 1880, 13. Beide Hafer sind von Drömling. No. 48 ist auf noch niemals, No. 49 auf seit 6 Jahren nicht gedüngtem Niederungsmoor gewachsen.

[4] 3. Ber. der Versuchsstation Münster 1884.

[5] Landw. Versuchsstationen 1880, **25**, 208. Gesammt-Stickstoff-Gehalt 1,32 %, davon in Form von Protein 1,17 % (7,31 % Protein) und 0,15 % Amid-Stickstoff (= 0,71 % Amid). Letztere nach der Tannin-Methode des Autors ermittelt.

[6] Landw. Jahrb. 1882, **11**, 833. Mittel von Analysen verschieden gedüngten Hafers. Der Hafer enthielt in Procenten der lufttrocknen Substanz verdauliches Eiweiss 10,22 %, Stickstoff in Form von Nuclein 0,156 %, Stickstoff in Form von Amiden 0,033 %.

[7] Zeitschr. d. landw. Ver. f. d. Prov. Sachsen 1885, 3. Heft. Das Hektoliter-Gewicht betrug:

bei No. 56	58	60	62	64	66	68	70	72	73
50	52	47	51	54	56	52	50	60	52 kg.

No.	Nähere Bezeichnung	Zeit der Untersuchung	In der ursprünglichen Substanz: Wasser %	Stickstoff-Substanz %	Fett %	Stickstofffreie Extraktstoffe %	Rohfaser %	Asche %	In der Trocken-Substanz: Stickstoff-Substanz %	Stickstofffreie Extraktstoffe %	Stickstoff in der Trocken-Substanz %	Analytiker
69	Hallet's canadischer, Saatgut 1883	1884	15,00	11,5	4,7	56,5	9,3	3,0	13,52	66,48	2,16	M. Märcker[1])
70	Hallet's canadischer, Ernte 1884	„	15,00	11,7	4,6	57,6	9,0	2,1	13,76	67,78	2,20	
71	Kylbergs pedigree, Schwedisch. Saatgut 1883	„	15,00	3,2	4,1	53,3	11,3	3,1	15,52	62,72	2,48	
72	Kylbergs pedigree, Schwedisch. Ernte 1884	„	15,00	9,5	4,5	55,6	12,8	2,6	11,17	65,41	1,79	
73	Beseler's Anderbecker, Anbau, 1884	„	15,00	8,7	4,3	58,7	10,5	2,8	10,23	69,07	1,64	
	Hafer aus der Prov. Sachsen:											
74	Dünnsaat, 12 Analysen . .	„	15,00	9,47	3,65	58,50	10,10	3,20	11,14	68,93	1,78	derselbe[2])
75	Stärkere Aussaat, 6 Analysen	1882	15,00	9,05	3,65	59,23	9,90	3,17	10,64	69,70	1,70	
76	Dünnsaat, 9 Analysen . .	1883	15,00	11,20	3,55	58,23	9,30	2,72	13,17	68,52	2,11	
77	Stärkere Aussaat, 9 Analysen	„	15,00	10,64	3,70	58,30	9,60	2,76	12,51	68,60	2,00	
78	Beseler's Anderbecker, 1882-er	1882	15,00	9,20	3,7	58,9	10,0	3,2	10,82	69,31	1,73	derselbe[3])
79	desgl., 1883-er	1883	15,00	11,0	3,5	58,4	9,4	2,7	12,94	68,71	2,07	
80	desgl., 1884-er	1884	15,00	8,6	4,4	59,0	10,0	3,0	10,11	69,43	1,62	
81	Triumphhafer (v. Metz u. Co. bezogen), 1885-er Ernte .	1885	15,00	11,42	4,24	55,42	11,15	2,77	13,42	65,24	2,15	Jul. Kühn u. Schwab[4])
82	Weisser canadischer Rispenhafer, 1885-er Ernte . .	„	15,00	11,94	4,78	55,19	10,54	2,55	14,04	64,93	2,25	
83	Triumphhafer (v. Platz u. Sohn bezogen), 1885-er Ernte .	„	15,00	12,50	4,13	53,24	12,41	2,72	14,70	62,65	2,35	
84	Beseler's Anderbecker, 1885-er	„	15,00	9,74	4,25	58,19	9,87	2,95	11,45	68,47	1,83	
85	Hafer (von Dietrich-Schwaneberg), 1885-er	„	15,00	9,84	4,07	58,24	9,95	2,90	11,57	68,53	1,85	
86	Weisser gemeiner Rispenhafer (Landhafer) . . .	„	15,00	9,24	4,19	58,00	10,27	3,30	10,87	68,24	1,74	
87	Brauner tatarischer Fahnenhafer, begrannt, 1885-er .	„	15,00	11,16	4,11	55,50	11,17	3,06	13,12	65,31	2,10	
88	Landhafer, Sandboden . .	1880	15,00	8,1	—	62,5	10,6	3,8	9,53	73,53	1,52	M. Märcker[2])
89	Lehmiger Sand, Landhafer, ungedüngt	„	15,00	9,9	3,7	56,5	10,8	4,1	11,64	66,49	1,86	
90	desgl., 200 kg Chilisalpeter	„	15,00	10,8	4,2	57,2	9,7	3,1	12,70	67,30	2,03	
91	desgl., 200 kg Chilisalpeter und 200 kg Superphosphat	„	15,00	10,7	3,8	56,0	10,7	3,8	12,58	65,90	2,01	

[1]) Vergl. Anmerkung [7]) S. 522.

[2]) Privat-Mittheilung.

[3]) Berechnete Mittel aus den Analysen gedüngten Hafers und von Hafer unter dem Einfluss verschiedener Aussaatstärke und Drillweite.

[4]) Zeitschr. d. landw. Centralver. f. d. Prov. Sachsen 1886, 124. Der Boden des Versuchsfeldes ist Diluviallehm und enthält 2,4 % Perlsand und Kies, 2,17 % gröberen und 62,06 % feinen Sand. Die 33,37 % betragenden abschlämmbaren Theile zeigten unter dem Mikroskop einen reichen Gehalt an feinstem Quarzstaub, welcher gegen $^2/_3$ des Bestandes ausmachte. Der Glühverlust (Humusgehalt) betrug 3,54 %, der Gehalt an kohlensaurem Kalk 0,9 %. Der Untergrund besteht aus Diluvialmergel. Das Land hatte 1884 Futterrüben getragen, zu welchen für 1 ha 1000 Ctr. sehr guter Stalldünger, 2,22 Ctr. Superphosphat und 4,44 Ctr. Chilisalpeter verwendet wurden. Zu Hafer wurde nicht gedüngt; derselbe wurde zu 60 kg für 1 ha in Entfernungen von 23,5 cm gedrillt. Die angebauten Hafervarietäten gehörten, mit einer Ausnahme, zu Avena sativa patula mutica Alef., der Fahnenhafer gehörte zu Avena sativa orientalis pugna Alef.

	No. 81	82	83	84	85	86	87
Hektoliter-Gewicht	48	$52^3/_4$	48	45	$46^1/_8$	$44^3/_4$	$44^1/_2$ kg.

No.	Nähere Bezeichnung	Zeit der Untersuchung	In der ursprünglichen Substanz						In der Trocken-Substanz		Stickstoff in der Trocken-Substanz	Analytiker
			Wasser %	Stick-stoff-Substanz %	Fett %	Stickstoff-freie Extraktstoffe %	Roh-faser %	Asche %	Stick-stoff-Substanz %	Stickstoff-freie Extraktstoffe %	%	
92	Landhafer, lehmiger Sand, 200 kg Chilisalpet. u. 125 kg Präcipitat	1880	15,00	11,8	3,9	53,8	12,1	3,4	13,88	63,30	2,22	M. Märcker[1]
93	Probsteier Hafer, humoser Thonboden	„	15,00	8,4	3,1	58,5	11,2	3,8	9,88	68,83	1,58	
94	Landhafer, lehmiger Sand, gemergelt	„	15,00	9,1	3,5	57,3	11,4	3,7	10,70	67,02	1,71	
95	Landhafer, Moorboden . . .	„	15,00	12,0	4,4	53,3	11,5	3 8	14,11	62,73	2,26	
96	Hoppetounhafer, Lehmboden, Höhenlage	„	15,00	7,8	4,5	61,2	9,4	3,1	9,17	70,84	1,47	
97	Frühhafer, flachgründiger, sandiger Lehm	„	15,00	10,5	2,7	56,6	11,5	3,7	12,35	66,60	1,98	
98	Landhafer, gemergelter, leichter Sandboden	„	15,00	10,6	4,5	57,4	8,8	3,7	12,47	67,54	2,00	
99	desgl.	„	15,00	10,1	10,3	56,2	4,3	4,1	11,88	66,13	1,90	
100	desgl.	„	15,00	10,0	5,3	56,0	10,8	2,9	11,76	65,90	1,88	
101	desgl.	„	15,00	10,0	3,1	59,4	9,3	3,2	11,76	69,89	1,88	
102	desgl.	„	15,00	10,3	3,8	47,3	10,6	3,0	12,11	67,42	1,94	
103	desgl.	„	15,00	10,8	4,1	56,8	9,9	3,4	12,70	66,84	2,03	
104	desgl.	„	15,00	10,1	3,8	54,9	12,2	4,0	11,88	64,60	1,90	
105	desgl.	„	15,00	9,5	4,2	58,6	10,5	2,7	11,17	68,36	1,79	
106	desgl.	„	15,00	8,8	3,7	56,9	11,9	2,7	10,35	68,03	1,66	
107	desgl.	„	15,00	10,4	3,4	60,5	8,1	2,6	12,23	71,18	1,96	
108	desgl.	„	15,00	9,2	3,8	58,4	10,6	3,0	10,82	68,71	1,73	
109	desgl.	„	15,00	10,8	3,9	56,7	10,4	3,2	12,70	66,72	2,03	
110	desgl.	„	15,00	8,4	4,0	60,8	8,7	3,1	9,88	71,54	1,58	
111	desgl.	„	15,00	7,7	4,4	59,4	10,5	3,0	9,06	69,81	1,61	
112	desgl.	„	15,00	7,3	3,8	60,0	10,9	3,0	8,58	70,60	1,37	
113	desgl.	„	15,00	7,9	3,8	59,7	11,0	2,6	9,29	70,24	1,49	
114	Sommerhafer, kalkhaltiger Lehm, Höhenlage	„	15,00	9,3	3,9	57,2	11,2	3,4	10,94	67,30	1,75	
115	Landhafer, humoser Lehm . .	„	15,00	9,8	3,3	57,2	10,4	4,3	11,52	67,31	1,84	
116	desgl., Sandboden	„	15,00	11,5	4,6	52,8	12,3	3,8	13,52	62,14	2,16	
117	Weisser Landhafer, Elbkleyboden	„	15,00	9,0	3,9	59,0	8,9	4,2	10,58	69,42	1,69	
118	Probsteier Hafer, humoser, thoniger Lehm	1881	15,00	7,1	3,7	59,3	11,2	3,7	8,35	69,78	1,34	
119	Gelber Landhafer, humoser Sandboden, Höhenlage	„	15,00	11,1	4,9	56,5	9,4	3,1	13,05	66,49	2,09	
120	Landhafer, Moorboden . . .	„	15,00	9,3	5,2	55,7	11,7	3,1	10,94	65,53	1,75	
121	Unbekannten Ursprungs . . .	„	15,00	8,5	3,9	59,1	10,5	3,0	10,00	69,53	1,60	
122	desgl.	„	15,00	8,5	3,6	59,9	9,5	3,5	10,00	70,48	1,68	
123	Beseler's verbessert. Anderbecker, milder humoser Lehm . . .	„	15,00	10,9	3,3	57,9	7,6	3,3	12,82	70,48	2,05	
124	desgl.	„	15,00	9,3	3,4	59,8	9,3	3,2	10,94	70,36	1,75	

[1]) Privat-Mittheilung.

No.	Nähere Bezeichnung	Zeit der Untersuchung	In der ursprünglichen Substanz: Wasser %	Stick-stoff-Substanz %	Fett %	Stickstoff-freie Extraktstoffe %	Roh-faser %	Asche %	In der Trocken-Substanz: Stick-stoff-Substanz %	Stickstoff-freie Extraktstoffe %	Stickstoff in der Trocken-Substanz %	Analytiker
125	Deutscher gelber Herbsthafer, auf strengem Muschelkalkboden, Höhenlage	1881	15,00	8,2	3,4	54,8	12,2	6,4	9,64	64,48	1,54	M. Märcker[1]
126	Milder Lehmboden, Landhafer .	„	15,00	10,4	4,5	51,4	10,7	8,0	12,23	60,59	1,96	
127	Landhafer, 2 Ctr. Kainit . .	1882	15,00	9,4	4,5	55,6	11,0	4,5	11,05	65,43	1,77	
128	desgl., 5 Ctr. Kalk auf den Morgen	„	15,00	10,3	4,3	53,9	11,6	4,9	12,11	63,63	1,94	
129	desgl., ungedüngt	„	15,00	10,4	4,8	56,2	10,6	2,9	11,05	67,43	1,77	
130	desgl., 2 Ctr. Kainit	„	15,00	9,9	4,5	56,0	10,5	4,1	11,64	65,90	1,86	
131	Augusthafer, humoser Lehmboden, mit Kainit gedüngt .	„	15,00	9,8	3,8	56,1	12,1	3,2	11,52	66,02	1,84	
132	desgl., humoser Lehmboden, ohne Kainit-Düngung . . .	„	15,00	9,3	4,6	56,1	11,8	3,2	10,94	66,01	1,75	
133	Schwarzer Kylberg Pedigree .	1886	15,00	10,0	4,1	55,3	12,0	3,6	11,76	65,08	1,88	Behrend[2]
134	Amerikanischer Milton . . .	„	15,00	8,7	4,0	58,4	10,6	3,3	10,23	68,72	1,64	
135	Weisser canadischer Riesenhafer	„	15,00	12,6	4,4	51,7	13,2	3,1	14,82	60,84	2,37	
136	Hallet's schwarzer tatarischer Fahnenhafer	„	15,00	12,0	3,3	54,7	11,6	3,4	14,11	64,37	2,26	
137	Russischer Tobit	„	15,00	9,1	4,2	55,2	13,4	3,1	10,70	64,95	1,71	
138	Weisser Kylberg Pedigree . .	„	15,00	10,5	4,8	54,0	12,6	3,1	12,35	63,54	1,98	
139	Triumphhafer	„	15,00	12,3	4,9	51,2	13,2	3,4	14,46	60,26	2,31	
140	Weisser canadischer Riesenhafer	„	15,00	9.5	4,2	55,9	12,6	2,8	11,17	65,78	1,79	
141	Original-Probsteihafer . . .	„	15,00	8,4	4,6	58,2	10,7	3,1	9,88	64,48	1,58	
142	Original-Ungarischer Hafer . .	„	15,00	10,0	4,7	55,5	11,5	3,3	11,76	65,31	1,88	
143	Hallet's gelber Fahnenhafer .	„	15,00	11,0	4,0	53,5	13,0	3,5	12,94	62,95	2,07	
144	Von Piber (Steiermark) . . .	1870	13,86	14,74	5,72	50,35	11,72	3,61	17,12	58,44	2,74	J. Moser und Mitarbeiter[3]
145	Von Radautz (Bukowina) . .	„	13,67	13,61	6,35	50,95	12,15	3,25	15,75	59,07	2,52	
146	Von Lipizza	„	12,36	13,47	7,11	53,07	10,28	3,70	15,37	60,57	2,46	
147	Von Kladrub (Böhmen) . . .	„	11,79	12,93	6,86	53,93	11,40	3,08	14,69	61,11	2,35	
148	Von Kisbér	„	11,70	13,96	6,71	53,31	11,11	3,21	15,81	60,36	2,53	
149	Von Mezöhegyes (Ungarn) . .	„	11,27	18,51	6,18	51,02	9,81	3,22	20,87	57,48	3,34	
150	Von Satoristye (Ungarn) . .	„	13,13	15,56	5,89	47,96	13,39	3,88	17,94	55,40	2,87	
151	Von Tapolvár (Ungarn) . . .	„	11,58	10,10	6,25	56,24	10,96	4,84	11,44	63,62	1,83	
152	Aus den k. k. Hofstallungen .	„	14,42	13,86	6,81	49,71	11,36	3,83	16,19	58,32	2,59	
153	Aus der k. k. Militär-Verpflegungsverwaltung	„	13,64	14,09	6,64	51,84	10,20	3,60	16,19	60,14	2,59	

[1]) Privat-Mittheilung.

[2]) Centrbl. f. Agrik.-Chem. 1887, **16**, 420. Die untersuchten Haferproben wurden bei vergleichenden Anbauversuchen auf den Versuchsfeldern der Akademie Hohenheim erhalten.

[3]) (No. 144 Tauber; No. 145—148 u. 150—152 Schwackhöfer; No. 149 Moser und 153 Moser u. Schwackhöfer.) Landw. Versuchsstationen 1871, **14**, 117. Die untersuchten Haferproben sind den renommirtesten Gestüten von Oesterreich-Ungarn entnommen; die Hafer sind als Durchschnittsproben angegeben worden. Die Asche ist Reinasche. Die Hafer enthielten:

	No. 144	145	146	147	148	149	150	151	152
Phosphorsäure .	0,749	0,913	0,900	0,683	0,680	0,740	0,701	0,745	0,892 %
Kali	0,378	0,497	0,580	0,567	0,558	0,517	0,703	0,587	0,575 „

No.	Nähere Bezeichnung	Zeit der Untersuchung	In der ursprünglichen Substanz: Wasser %	Stickstoff-Substanz %	Fett %	Stickstofffreie Extraktstoffe %	Rohfaser %	Asche %	In der Trocken-Substanz: Stickstoff-Substanz %	Stickstofffreie Extraktstoffe %	Stickstoff in der Trocken-Substanz %	Analytiker
154	Berghafer aus Salzburg: Lungauer Hafer aus Mauterndorf, ca. 1100 m über Meereshöhe	1881	13,00	13,61	5,39	55,76	9,49	2,75	15,62	64,03	2,50	J. Moser und Mitarbeiter [1]
155	Pongauer Eggarthafer aus Werfen	"	13,00	11,73	5,95	57,37	9,69	2,26	13,50	65,90	2,16	
156	Pongauer Späthafer	"	13,00	11,47	6,11	56,62	10,21	2,59	13,12	65,14	2,10	
157	SibirischerHafer a. Radstadt	"	13,00	9,35	4,21	58,35	12,64	2,45	10,69	67,13	1,71	
158	Australischer Hafer aus St. Johann	"	13,00	13,62	4,15	56,24	10,52	2,47	15,62	64,68	2,50	
159	Flachgrauer Hafer aus Seekirchen, Moorboden, ca. 580 m über Meereshöhe	"	13,00	10,80	7,15	54,85	11,19	3,01	12,44	63,02	1,99	
160	Berghafer a. Oberösterreich, aus d. Umgebung des Altersee's, ca. 360 m über Meereshöhe: dort heimischerHafer	"	13,00	10,51	5,06	58,44	9,66	3,33	12,06	67,20	1,93	
161	schwarzschalig	"	13,00	10,77	3,77	58,55	11,03	2,88	12,37	67,32	1,93	
162	degenerirt. Probsteier	"	13,00	9,18	4,41	56,53	13,67	3,21	10,56	66,97	1,69	
163	schwarzschalig	"	13,00	9,27	4,62	58,24	12,20	2,67	10,62	66,98	1,70	
164	Gemisch von weissem u. schwarzem Hafer	"	13,00	8,76	4,81	61,60	8,81	3,02	10,06	70,82	1,61	
165	von d. Traunufer, ca. 360 m über Meereshöhe, einheimischer Hafer	"	13,00	10,09	5,33	56.26	12,55	2,77	11,56	64,72	1,85	
166	Berghafer aus Munkácz, ungar. Karpathenregion, weisser	"	13,00	8,26	7,08	55,50	12,82	3,34	9,50	63,80	1,52	
167	desgl., schwarzer	"	13,00	9,05	5,43	57,42	11,32	3,78	11,06	65,35	1,77	

[1] Landw. Versuchsstationen 1882, **27**, 209. (No. 154, 159, 166, 167, 171, 172 L. Meyer; No. 155, 168 Wolfbauer; No. 156, 160—164, 169, 170 u. 175 Böcker; No. 157 u. 158 E. Meissl; No. 165 Kramer; No. 173 u. 174 von Schmied.) Die untersuchten Hafer stammen sämmtlich von der 1881-er Ernte und waren landläufige Marktwaare, durchgehends Rispenhafer. Die Sorten folgen nach der Höhe ihres Standortes mit dem höchsten beginnend. No. 154—158 sind aus der Ausfuhrwirthschaft, No. 159 aus einer Feldwirthschaft, No. 165 aus dem Hügellande am rechtem Ufer der Traun (Berg Ritzlhof). Die Witterung des Jahres 1881 war der Entwickelung des Hafers nicht günstig, auch der Bergung der Ernte nicht und zwar am wenigsten in den Gebirgsländern. Ueber die Beschaffenheit des Hafers sind noch nachstehende Angaben gemacht und noch an näheren Bestandtheilen ermittelt:

No.	154	155	156	157	158	159	160	161	162	163	164	165	166
Reinheit in %	98,08	99,52	96,49	96,67	96,00	98,91	94,47	97,58	98,87	99,47	99,05	98,52	98,43
Keimfähigkeit in %	77	86	68	88	86	80	69	75	81	87	94	82	92
Gew. v. 100 Körnern in g	3,35	2,83	2,55	3,08	3,27	2,42	2,73	2,24	2,70	2,58	2,63	3,21	2,47
Hektolitergewicht in kg	47,88	48,67	45,25	52,33	55,04	45,04	47,13	44,32	43,09	49,94	46,80	47,29	42,74
Stärke	53,13	52,51	52,18	54,01	51,28	50,98	55,15	55,12	52,90	56,06	59,28	51,91	52,92
Zucker und Dextrin	2,64	4,86	4,14	4,34	4,96	3,87	3,29	3,43	3,63	2,18	2,32	4,35	2,58
Reinasche	2,23	1,91	1,78	1,87	2,02	2,51	2,31	1,73	2,01	1,71	2,30	2,02	1,86
Phosphorsäure	0,76	0,79	0,80	0,65	0,89	1,05	0,97	0,88	0,81	0,83	0,85	0,89	0,81
Kali	0,34	0,49	0,49	0,35	0,32	0,49	0,25	0,45	0,20	0,29	0,33	0,38	0,49

No.	167	168	169	170	171	172	173	174	175	176	177	178
Reinheit in %	99,38	99,44	98,43	98,61	97,06	99,62	97,80	98,40	99,36	—	—	—
Keimfähigkeit in %	93	81	88	90	96	94	92	94	93	—	—	—
Gewicht von 100 Körnern in g	2,20	2,28	2,10	2,32	2,10	2,22	2,19	2,58	2,59	—	—	—
Hektolitergewicht in kg	42,23	46,16	43,65	40,28	44,31	45,18	43,78	49,65	46,86	—	—	—
Stärke	54,72	53,77	56,24	57,09	52,27	57,35	61,53	53,88	53,65	53,72	54,74	54,46
Zucker und Dextrin	2,70	5,19	3,78	2,99	5,27	2,47	2,04	2,18	4,10	3,54	3,50	3,53
Reinasche	2,54	2,32	2,27	1,60	2,88	2,33	2,38	2,51	2,62	2,06	2,36	2,17
Phosphorsäure	0,83	0,79	0,87	0,67	0,84	0,97	0,98	0,96	0,81	0,90	0,86	0,88
Kali	0,57	0,51	0,31	0,25	0,55	0,50	0,45	0,52	0,55	0,39	0,45	0,41

No.	Nähere Bezeichnung	Zeit der Untersuchung	In der ursprünglichen Substanz: Wasser %	Stick-stoff-Substanz %	Fett %	Stickstoff-freie Extraktstoffe %	Roh-faser %	Asche %	In der Trocken-Substanz: Stick-stoff-Substanz %	Stickstoff-freie Extraktstoffe %	Stickstoff in der Trocken-Substanz %	Analytiker
168	Landhafer aus Ungarn: Sárvár, Raabthal . . .	1881	13,00	8,98	6,88	58,96	8,98	3,20	11,00	67,09	1,76	J. Moser und Mitarbeiter[1])
169	Plattensee, Keszthely: einheimischer Hafer .	„	13,00	8,43	5,91	60,02	9,54	3,10	9,69	69,00	1,55	
170	Ligovo-Hafer . . .	„	13,00	6,21	5,66	60,08	12,51	2,50	7,19	69,07	1,15	
171	Milton-Hafer . . .	„	13,00	10,82	6,13	58,64	8,76	3,65	12,44	66,26	1,99	
172	einheimischer Hafer .	„	13,00	8,44	5,69	59,92	9,78	3,27	9,69	70,77	1,55	
173	Banat, Theissebene: einheimischer Hafer .	„	13,00	6,55	5,79	63,47	7,99	3,10	7,56	73,05	1,21	
174	desgl.	„	13,00	11,20	5,50	56,06	10,45	3,79	12,88	64,44	2,06	
175	desgl.	„	13,00	9,63	6,23	57,75	10,21	3,18	11,06	66,40	1,77	
176	Berghafer, Mittel (No. 154—167)	„	13,00	10,46	5,25	57,26	11,13	2,90	12,02	65,83	1,92	
177	Landhafer, Mittel (No. 168—175)	„	13,00	8,78	5,97	59,24	9,78	3,23	10,09	68,30	1,61	
178	Gesammtmittel (No. 154—175)	„	13,00	9,85	5,51	57,99	10,64	3,02	11,32	66,65	1,81	
	Hektoliter-Gewicht kg											
179	Compagnie des omnibus 32,0	1875	13,30	11,24	4,25	54,72	13,70	2,79	12,96	63,12	2,07	L. Grandeau[2])
180	Vosges 35,2	„	11,30	9,42	5,02	60,99	9,45	3,82	10,62	68,72	1,70	
181	Mélange Dobelle . . 37,0	„	12,91	10,55	3,92	57,48	12,06	3,08	12,07	66,05	1,93	
182	Vosges 38,4	„	12,24	9,88	2,77	62,02	9,99	4,10	11,25	69,56	1,80	
183	Haute Marne . . . 38,5	„	12,10	8,75	2,90	64,29	8,44	3,52	9,96	73,13	1,59	
184	desgl. 38,8	„	13,98	10,06	2,81	52,99	14,70	5,46	11,70	61,58	1,87	
185	desgl. 40,0	1874	12,85	9,81	4,18	56,06	14,89	3,21	11,12	63,55	1,78	
186	Bourgogne (couleur) . 41,2	1875	11,00	10,06	5,90	60,58	8,72	3,74	11,31	68,06	1,81	
187	Haute Saône 42,5	„	13,70	9,37	3,15	55,32	13,85	4,61	10,86	64,17	1,74	
188	Beauce 42,7	„	11,90	10,12	3,70	56,47	11,67	6,14	11,49	64,09	1,84	
189	Bourgogne 42,8	„	11,26	8,63	5,68	58,42	9,94	6,07	9,73	68,83	1,56	
190	Brie (grise-noire) . . 43,0	„	10,10	7,75	2,97	64,65	10,39	4,14	8,62	71,93	1,38	
191	Beauce (grise-noire) . 43,0	„	11,40	9,38	3,55	64,34	6,73	4,60	10,59	72,61	1,69	
192	Mortières (Envir. d. Paris) 43,0	1874	12,13	9,53	4,29	60,71	10,32	3,02	10,85	69,08	1,81	
193	Russie (blanche) . . 43,5	1875	10,00	8,13	5,50	63,55	9,67	3,15	9,03	70,62	1,44	
194	Avoine grise 44,0	„	14,01	10,66	3,75	55,98	12,80	2,80	12,40	65,09	1,98	
195	Avoine blanche . . . 44,0	„	12,75	9,59	6,73	56,88	11,56	2,49	10,99	65,20	1,76	
196	Russie 44,0	„	11,60	11,00	3,82	61,44	9,72	2,42	12,44	69,51	1,99	
197	Irlande (noire) . . . 44,0	1874	12,00	10,38	6,21	57,95	10,82	2,64	11,89	65,59	1,90	

[1]) Vergl. Anmerkung [1]) S. 526.

[2]) Journ. d'agric. prat. und Compt. rend. des travaux du Congrès international des directeurs des Stations agronomiques. Paris 1881, 219, 244 und Privatmittheilung. Die Hafer stammten aus den Jahren 1874 und 1875 und waren von der Compagnie générale des voitures de Paris angekauft.

Höchster und niedrigster Gehalt aus den Analysen unter No. 304 u. 305 werden wie folgt angegeben:

		In der ursprünglichen Substanz: Wasser	Stickstoff-Substanz	Rohfett	Stickstoff-freie Extraktstoffe	Rohfaser	Asche	In der Trocken-Substanz: Stickstoff-Substanz	Rohfett	Stickstoff-freie Extraktstoffe	Rohfaser	Asche	Stickstoff in der Trocken-Substanz
Aus 54 Analysen, 1875—1879	Maxima	15,50	12,43	7,13	64,65	14,89	6,14	14,76	8,43	76,48	17,61	7,26	2,36
	Minima	8,50	7,12	2,77	48,60	6,73	2,06	7,78	3,03	53,12	7,35	2,25	1,34
Aus 120 Analysen, 1875—1880	Maxima	19,00	12,43	8,05	66,86	14,89	6,14	15,35	9,94	82,59	18,39	7,58	2,46
	Minima	8,50	7,12	2,77	48,60	5,12	2,06	7,78	3,03	53,12	5,60	2,25	1,24

No.	Nähere Bezeichnung	Hektoliter-Gewicht kg	Zeit der Untersuchung	In der ursprünglichen Substanz: Wasser %	Stick-stoff-Substanz %	Fett %	Stickstoff-freie Extraktstoffe %	Roh-faser %	Asche %	In der Trocken-Substanz: Stick-stoff-Substanz %	Stickstoff-freie Extraktstoffe %	Stickstoff in der Trocken-Substanz %	Analytiker
198	Brie (noire)	44,0	1875	13,00	9,81	6,44	57,23	10,18	3,34	11,27	65,79	1,80	L. Grandeau[1]
199	Centre (printemps)	44,2	„	10,80	9,94	4,46	61,99	8,79	4,02	11,14	69,00	1,78	
200	Normandie (rouge)	44,2	„	11,86	10,44	4,78	58,51	11.68	2,73	11,85	66,36	1,90	
201	Bourgogne	44,5	„	10,00	8,52	6,30	60,08	12,11	2,99	9,47	66,76	1,52	
202	Champagne	45,0	„	11,85	10,05	4,95	58,29	11,63	3,23	11,40	66,14	1,82	
203	Vendée	45,0	„	14,00	9,09	5,29	58,33	10,11	3,18	10,58	67,81	1,69	
204	Russie	45,5	„	10,81	11,25	5,02	57,27	11,50	4,15	12,61	64,22	2,02	
205	Champagne	45,8	„	12,24	9,06	4,35	60,87	9,24	4,04	10,31	69,62	1,65	
206	Beauce (Chartres)	45,9	1874	12,00	10,56	4,31	81,86	8,10	3,17	12,09	70,08	1,93	
207	Bretagne	46,0	1875	12,78	10,25	3,77	56,78	13,64	2,78	11,76	65,08	1,88	
208	Beauce normande	46,0	„	13,70	10,42	5,43	55,99	11,39	3,07	12,08	64,87	1,93	
209	Chartres	46,0	„	13,88	10,68	5,34	55,62	11,47	3,07	12,40	64,56	1,98	
210	Beauce (Malesherbes)	46,0	„	13,46	10,49	5,02	54,72	13,10	3,11	12,13	63,33	1,94	
211	Beauce (Orléans)	46,2	„	11,74	10,50	5,40	59,80	9,70	3,34	11,90	67,21	1,90	
212	Centre	46,2	„	11,20	7,93	5,36	51,63	20,16	3,73	8,93	58,13	1,43	
213	Beauce (Chartres)	46,5	„	12,70	9,95	7,33	55,63	11,39	3,09	11,19	63,84	1,79	
214	Beauce grise	46,5	„	11,90	9,07	3,57	60,01	11,14	4,31	10,29	68,13	1,65	
215	Beauce (Angerville)	47,0	„	12,70	9,11	4,06	57,68	12,87	3,58	10,43	66,08	1,67	
216	Beauce (Étampes)	47,0	„	13,65	9,25	4,45	56,72	12,82	3,11	10,71	65,69	1,71	
217	Érreux (rouge)	47,0	„	11,50	8,37	5,22	60,05	11,63	3,20	9,45	67,90	1,51	
218	Beauce (Corbeil)	47,0	„	14,15	10,89	4,11	56,42	11,29	3,14	12,69	65,71	2,03	
219	Caux (Bretagne)	47,4	„	11,70	10,25	3,74	61,88	9,71	2,70	11,61	70,09	1,86	
220	Bretagne (noire)	47,7	„	13,00	7,25	5,88	61,36	9,87	2,64	8,33	70,57	1,33	
221	Bretagne (grise-noire)	48,0	„	11,40	8,38	5,01	60,73	11,21	3,27	9,46	68,53	1,51	
222	Blanche Suède	48,0	„	10,10	8,01	3,59	61,56	12,41	3,33	8,91	69,60	1,43	
223	Centre grise	48,0	„	12,00	9,38	3,70	65,74	9,95	3,40	10,66	69,98	1,71	
224	desgl.	49,0	„	14,82	10,37	3,78	48,68	19,46	2,79	12,17	57,05	1,95	
225	Bretagne (pauvrette)	50,0	„	13,00	10,00	4.43	62,95	7,53	2,09	11,49	72,37	1,84	
226	Centre	50,5	„	12,36	9,88	3,77	61,32	9,86	2,81	11,27	69,87	1,80	
227	Noire Suède	50,5	1874	12,00	9,75	5,19	62,51	7,74	2,81	11,07	71,05	1,78	
228	desgl.	51,0	1875	9,45	10,58	4,91	58,41	13,76	2,89	11,68	64,52	1,87	
229	Grise Poitou	51,1	1874	11,00	9,44	6,50	61,04	9,35	2,67	10,61	68,57	1,70	
230	—		1875	14,99	8,25	7,41	58,91	8,50	1,94	9,70	69,31	1,55	
231	—		„	12,20	10,88	6,53	54,05	13,39	2,95	12,39	61,56	1,98	
232	—		„	10,45	12,11	5.28	58,17	10,61	3,38	13,53	64,94	2,16	
233	—		„	11,40	12,43	4,45	57,25	11,42	3,05	14,03	64,62	2,24	
234	—		„	10,35	10,86	3,26	60,80	11,52	3,21	12,10	67,86	1,92	
235	—		„	10,50	10,59	2,47	62,92	10,29	3,22	11,83	70,32	1,89	
236	—		„	11,50	10,09	2,12	61,96	11,06	3,27	11,40	70,00	1,82	
237	—		„	9,80	11,18	2,35	63,09	10,92	2,66	12,40	69,93	1,99	
238	—		„	10,66	10,05	4,72	57,67	13,94	2,96	11,25	64,56	1,80	

[1]) Vergl. Anmerkung [2]) S. 527.

No.	Nähere Bezeichnung	Zeit der Untersuchung	In der ursprünglichen Substanz: Wasser %	Stick-stoff-Substanz %	Fett %	Stickstoff-freie Extraktstoffe %	Roh-faser %	Asche %	In der Trocken-Substanz: Stick-stoff-Substanz %	Stickstoff-freie Extraktstoffe %	Stickstoff in der Trocken-Substanz %	Analytiker
239	Ohne nähere Bezeichnung	1875	10,50	11,62	4,74	58,43	11,72	2,99	12,98	65,30	2,08	L. Grandeau [1]
240		„	12,00	11,88	4,50	56,22	12,32	3,18	13,50	63,78	2,16	
241		„	10,20	9,20	5,03	58,00	14,05	3,52	10,25	64,58	1,64	
242		„	14,40	7,12	3,25	62,21	10,27	2,75	8,32	72,67	1,33	
243		„	15,50	7,58	3,59	60,12	10,14	3,07	8,97	71,15	1,44	
244		„	14,40	8,06	3,24	61,05	10,49	2,76	9,41	71,34	1,51	
245		„	12,29	9,00	3,54	61,43	11,40	2,34	10,27	73,01	1,64	
246		„	11,65	11,93	3,29	57,99	11,74	3,40	13,53	65,57	2,16	
247		„	11,18	12,43	2,96	56,45	13,36	3,62	14,00	63,53	2,24	
248		„	10,44	9,62	4,28	61,16	11,24	3,26	10,75	68,15	1,72	
249		„	11,70	9,93	4,80	56,77	13,46	3,34	11,25	64,28	1,80	
250		„	11,59	11,44	3,83	58,33	11,40	3,41	12,94	65,98	2,07	
251		„	11,86	10,43	3,90	57,11	13,62	3,08	11,84	64,77	1,89	
252		„	10,50	8,44	2,95	60,99	13,05	4,07	9,43	68,14	1,51	
253		„	8,50	8,40	3,30	65,16	11,44	3,20	9,18	71,21	1,47	
254		„	11,00	9,90	2,32	61,56	11,53	3,69	11,13	69,15	1,76	
255		„	12,00	8,44	3,63	60,34	12,14	3,45	9,59	68,58	1,52	
256		„	12,80	9,06	3,31	61,34	10,77	2,72	10,39	70,34	1,66	
257		„	12,50	10,19	3,76	60,71	10,63	2,21	11,65	69,37	1,86	
258		„	14,40	7,88	4,96	63,15	10,41	2,70	9,20	69,70	1,47	
259		„	11,65	8,55	5,65	60,02	11,04	3,09	9,70	67,87	1,55	
260		„	11,50	7,61	4,62	61,71	10,49	4,07	8,60	69,73	1,38	
261		„	11,80	8,06	5,13	61,74	9,92	3,35	9,14	69,99	1,48	
262		„	11,30	7,63	5,32	61,76	9,97	4,02	8,60	69,63	1,38	
263		„	14,00	7,40	4,23	61,71	9,46	3,20	8,61	71,75	1,38	
264		„	13,30	8,86	4,04	60,27	10,06	3,47	10,22	69,52	1,64	
265		„	13,30	8,39	5,29	59,19	10,62	3,21	9,71	68,25	1,55	
266		„	11,45	8,57	4,11	61,70	10,27	3,90	9,68	69,69	1,55	
267		„	12,30	8,96	4,51	61,20	9,87	3,16	10,21	69,80	1,64	
268		„	12,00	8,52	5,14	60,63	10,12	3,59	9,68	68,89	1,55	
269		„	12,50	8,00	5,32	60,97	9,80	3,41	9,14	69,68	1,46	
270		„	12,45	12,24	4,73	57,93	9,50	3,15	12,97	67,20	2,08	
271		„	12,59	9,39	5,51	59,40	9,70	3,41	10,74	67,96	1,72	
272		„	12,00	10,41	5,81	56,79	14,44	3,55	11,83	61,14	1,89	
273		„	11,50	11,42	4,41	59,96	9,65	3,36	12,90	67,42	2,06	
274		„	12,33	9,90	5,08	59,01	9,77	3,91	11,29	67,32	1,81	
275		„	10,90	11,02	5,00	60,20	9,85	3,03	12,36	67,58	1,98	
276		„	11,30	11,45	4,74	56,08	12,42	4,01	12,90	63,24	2,06	
277		„	11,60	10,81	4,68	58,85	10,70	3,36	12,23	66,46	1,97	
278		„	11,80	10,32	4,53	59,74	10,14	3,47	11,70	67,70	1,87	
279		„	12,09	10,00	4,60	59,44	10,56	3,40	11,38	67,50	1,82	
280	De Lorraine . . ungereinigt a	1880	14,55	9,64	7,52	56,08	8,46	3,75	11,28	65,63	1,80	
	gereinigt b	„	15,30	8,76	5,93	60,22	6,90	2,89	10,35	70,09	1,66	

[1]) Vergl. Anmerkung [2]) S. 527.

No.	Nähere Bezeichnung		Zeit der Untersuchung	In der ursprünglichen Substanz: Wasser %	Stick-stoff-Substanz %	Fett %	Stickstoff-freie Ex-traktstoffe %	Roh-faser %	Asche %	In der Trocken-Substanz: Stick-stoff-Substanz %	Stickstoff-freie Ex-traktstoffe %	Stickstoff in der Trocken-Substanz %	Ana-lytiker
281	Des Vosges . .	ungereinigt a	1880	15,10	9,93	5,68	57,92	8,57	7,80	11,70	62,32	1,87	L. Grandeau[1]
		gereinigt b	„	16,55	9,75	5,84	57,18	8,26	2,42	11,68	68,52	1,87	
282	De Beauce (rouge de la Loupe)	ungereinigt a	„	13,10	10,07	5,90	58,98	8,86	3,09	11,59	67,86	1,85	
		gereinigt b	„	14,60	8,84	6,08	60,17	7,21	3,10	10,35	70,46	1,66	
283	Macotte de Picardie	ungereinigt a	„	13,90	10,42	3,96	62,64	5,12	3,96	12,10	72,76	1,94	
		gereinigt b	„	12,95	8,66	4,87	62,60	7,74	3,12	9,95	72,08	1,59	
284	De Brie . . .	ungereinigt a	„	13,35	8,60	5,37	61,81	7,15	3,72	9,92	71,34	1,59	
		gereinigt b	„	16,05	8,35	5,03	59,10	8,18	3,29	9,94	70,41	1,59	
285	De Champagne .	ungereinigt a	„	12,80	9,74	5,75	61,53	7,71	2,47	11,17	63,56	1,79	
		gereinigt b	„	12,02	8,75	4,92	63,91	7,70	2,70	9,95	72,64	1,59	
286	De Bourgogne .	ungereinigt a	„	12,80	9,80	5,23	61,50	7,71	2,96	11,24	70,52	1,80	
		gereinigt b	„	14,75	9,31	5,29	62,59	7,06	4,00	10,92	69,90	1,75	
287	De Champagne .	ungereinigt a	„	12,30	8,44	5,78	60,94	9,47	3,07	9,62	69,49	1,55	
		gereinigt b	„	16,40	8,49	4,85	59,01	8,19	3,06	10,11	70,73	1,72	
288	De Bretagne, schwarz	ungereinigt a	„	15,60	9,96	5,40	57,60	7,68	3,76	11,80	68,24	1,89	
		gereinigt b	„	16,30	9,26	5,85	58,96	7,32	2,31	11,07	70,43	1,79	
289	De Beauce . .	ungereinigt a	„	12,50	9,42	5,60	61,84	7,39	3,25	10,77	70,67	1,72	
		gereinigt b	„	14,00	8,30	5,50	60,36	7,74	4,04	9,65	70,25	1,56	
290	De Bourgogne .	ungereinigt a	„	12,50	9,24	4,81	62,99	7,35	3,11	10,56	71,99	1,69	
		gereinigt b	„	13,90	9,25	5,16	61,03	6,45	4,21	10,63	71,19	1,70	
291	De Brie . . .	ungereinigt a	„	11,40	11,37	6,55	61,35	6,11	3,22	12,83	69,24	2,05	
		gereinigt b	„	13,90	8,21	6,45	62,72	6,45	2,27	9,43	73,14	1,51	
292	De Normandie .	ungereinigt a	„	13,30	10,40	6,33	60,06	6,67	3,24	11,99	69,28	1,90	
		gereinigt b	„	15,50	8,18	5,83	61,23	5,91	3,35	9,68	72,47	1,55	
293	De Brie . . .	ungereinigt a	„	12,10	9,83	5,71	62,22	6,59	3,55	11,19	70,77	1,79	
		gereinigt b	„	11,50	10,08	6,37	62,09	7,21	2,75	11,39	70,25	1,82	
294	De Beauce . .	ungereinigt a	„	13,55	10,47	5,36	57,87	7,69	5,06	12,11	66,94	1,94	
		gereinigt b	„	15,55	9,78	5,91	57,96	8,40	2,40	11,58	68,63	1,85	
295	De Bretagne, grise	ungereinigt a	„	15,20	9,22	6,27	57,72	7,84	3,75	10,87	68,07	1,74	
		gereinigt b	„	16,05	8,35	5,03	59,10	8,18	3,29	9,94	71,51	1,59	
296	De Berry . .	ungereinigt a	„	13,30	9,06	6,64	59,42	7,89	3,69	10,45	68,54	1,67	
		gereinigt b	„	15,38	8,15	6,00	57,33	9,85	3,29	9,63	67,75	1,54	
297	De la Haute-Saône	ungereinigt a	„	13,80	9,27	4,74	59,31	9,00	3,88	10,75	68,81	1,72	
		gereinigt b	„	15,75	7,77	4,55	61,94	8,38	1,61	9,22	73,52	1,48	
298	Du Limousin, grise	ungereinigt a	„	13,02	8,37	6,61	58,45	9,78	3,77	9,70	66,93	1,55	
		gereinigt b	„	11,15	8,47	8,44	59,52	9,28	3,14	9,53	67,00	1,52	
299	—	ungereinigt a	„	15,60	9,26	5,94	57,74	8,56	2,90	10,97	68,41	1,76	
		gereinigt b	„	15,00	9,07	4,33	58,75	8,58	4,27	10,67	69,13	1,71	
300	De Beauce . .	ungereinigt a	„	12,80	9,48	5,58	61,65	7,06	3,43	10,87	70,70	1,74	
		gereinigt b	„	14,00	8,29	5,84	62,91	7,31	1,65	9,64	73,15	1,54	
301	De la Vendée .	ungereinigt a	„	14,50	8,24	6,32	58,93	7,48	4,53	9,64	68,92	1,54	
		gereinigt b	„	13,75	9,73	5,69	58,96	9,56	2,31	11,28	68,37	1,80	

[1]) Vergl. Anmerkung [2]) S. 527.

No.	Nähere Bezeichnung	Zeit der Untersuchung	In der ursprünglichen Substanz: Wasser %	Stickstoff-Substanz %	Fett %	Stickstofffreie Extraktstoffe %	Rohfaser %	Asche %	In der Trocken-Substanz: Stickstoff-Substanz %	Stickstofffreie Extraktstoffe %	Stickstoff in der Trocken-Substanz %	Analytiker
302	Mittel der Analysen von rohem Hafer a	1880	13,52	9,56	5,32	59,98	7,73	3,49	11,05	69,83	1,77	L. Grandeau [1])
303	Mittel der Analysen von gereinigtem Hafer b . . .	„	13,43	8,81	5,62	60,36	7,81	2,97	10,30	70,53	1,65	
304	Mittel von 54 Analysen aus den Jahren 1875—1879	„	12,01	9,80	4,58	59,09	11,20	3,32	11,13	67,18	1,76	
305	Mittel von 120 Analysen aus den Jahren 1875—1880 .	„	13,93	9,37	5,74	59,27	8,44	3,25	10,77	69,20	1,72	
306	Aus Thessalien	„	12,17	11,36	5,65	56,45	11,64	2,73	12,94	64,25	2,07	A. Petermann u. Warsage [2])
307	Aus Macedonien	„	12,18	10,33	5,54	59,01	10,92	2,02	11,65	67,30	1,88	
308	Aus Italien, Weisshafer . .	1877	16,33	18,35	3,52	40,95	16,33	4,62	21,88	48,90	3,50	A. Pasqualini [3])
309	Aus Illinois (?), Weisshafer, Qualität I	1878	11,23	11,54	5,06	57,08	12,18	2,91	13,01	64,28	2,08	W. O. Atwater und C. D. Woods [4])
310	Sehr armer schwerer Lehmb.	„	12,36	8,00	4,70	59,02	12,89	3,03	9,13	67,34	1,46	
311	In Norwegen gewachs. Hafer	1882	—	8,68	5,27	—	—	—	—	—	—	Werenskiold [5])
312	desgl.	„	—	8,35	4,95	—	—	—	—	—	—	
313	Aus Niederhessen . . .	1887	9,43	9,00	7,31	61,75	9,48	3,03	9,94	68,17	1,59	O. Greiltherr [5])
314	Mittel von 20 Analysen, von amerikanischem Hafer .	1883	10,56	11,41	4,97	61,10	9,01	2,95	12,76	68,31	2,04	Brewer [6])
315	Ohne nähere Bezeichnung	1889	14,82	10,00	5,63	56,61	9,95	2,99	11,74	66,46	1,88	N. Zuntz u. C. Lehmann [7])
316	Ohne nähere Bezeichnung	„	14,46	9,02	5,44	59,10	9,43	2,55	10,55	69,09	1,69	
317	Gewöhnlicher finnländischer schwarzer Hafer, Mittel von 15 Analysen	1888	8,63	9,77	4,40	—	—	—	10,62	—	3,70	J. Cygnaeus [8])
318	Schwarzer finnländ. Plymhafer, Mittel v. 6 Analysen	„	8,01	10,14	4,46	—	—	—	11,03	—	1,76	
319	Hafer aus Kapland: Stellenbosch-Hafer .	1889	10,44	15,06	5,81	44,15	21,30	3,24	16,82	49,30	2,69	Ch. F. Juritz [9])
320	Hafer aus Kapland: Worcester- „ .	„	8,01	8,44	6,26	55,09	18,49	3,71	9,17	59,89	1,47	
321	Hafer aus Kapland: Port Alfred- „ .	„	7,77	15,70	1,85	56,86	14,02	3,80	17,02	61,65	2,72	
322	Hafer aus Kapland: Port Elizabeth- „ .	„	9,24	—	2,91	—	27,33	3,74	—	—	—	

[1]) Vergl. Anmerkung [2]) S. 527.

[2]) Original-Mittheilung. Die Hafer waren direkt vom Orte ihres Anbaues an die Autoren gelangt.

[3]) Annali della Stazione Agraria di Forli 1877, **6**, 48. An näheren Bestandtheilen wurden ferner bestimmt: Stärke 30,08, Zucker 2,61, andere stickstofffreie Extraktstoffe 8,03, in Wasser lösliche organ. Substanz 10,31, in Wasser lösliche Mineralstoffe 2,10, Stickstoff in Form in Wasser löslicher Stoffe 0,501, in Alkohol lösliche Substanzen 9,84 %.

[4]) Report of Work of the Agric. Exper. Stat. Middletown, Connect. 1877—78, 27.

[5]) Privat-Mittheilung.

[6]) Mitgetheilt von Cl. Richardson. Departement of Agric. Div. of chemistry. Washington 1886, Bulletin No. 8, 44.

[7]) Landw. Jahrb. 1889, **18**, 147 u. 150.

[8]) Centrbl. Agric. Chem. 1890, **19**, 420. Die Haferproben haben infolge Trocknens in Schuppen einen verhältnissmässig niedrigen Wassergehalt.

[9]) Charles F. Juritz: The Chemical Constitution of some Colonial fudder-Plants & woods 1892, 17 u. ff. Juritz bestimmte ferner:

	No. 319	320	321	322
Gewicht von 100 Körner	5,10 g	4,48 g	1,03 g	2,17 g
Zucker	0,51 %	1,21 %	0,77 %	—
Stärke	43,64 „	42,36 „	56,19 „	—

Die kohlensäurefreie Asche enthielt in Procenten der Asche:

	Eisenoxyd	Kalk	Magnesia	Kali	Natron	Phosphorsäure	Schwefelsäure	Chlor	Kieselsäure
No. 319 . .	2,79	1,33	2,07	—	—	8,83	1,62	0,84	57,66 %
No. 320 . .	0,34	4,49	3,61	31,26	2,65	10,93	1,20	2,06	43,46 „
No. 321 . .	1,63	6,06	3,76	—	—	Spur	0,67	1,32	36,96 „
No. 322 . .	1,80	5,40	3,30	—	—	8,29	4,31	2,79	55,15 „

No.	Nähere Bezeichnung	Zeit der Untersuchung	In der ursprünglichen Substanz: Wasser %	Stickstoff-Substanz %	Fett %	Stickstofffreie Extraktstoffe %	Rohfaser %	Asche %	In der Trocken-Substanz: Stickstoff-Substanz %	Stickstofffreie Extraktstoffe %	Stickstoff in der Trocken-Substanz %	Analytiker
	In Connecticut gewachsen — Mittel von:											
323	7 Analysen .	1888	10,94	9,32	5,29	61,55	9,95	2,95	10,46	69,11	1,69	E. H. Jenkins[1])
324	25 „ .	„	10,94	11,38	4,81	60,05	9,85	2,97	12,78	67,43	2,04	
325	Gemischter Hafer	„	11,59	14,25	5,11	58,12	7,78	3,15	16,12	65,74	2,58	
326	Weisser „	„	11,28	12,43	5,24	57,69	9,77	3,59	14,01	65,02	2,24	
327	Ohne nähere Bezeichnung .	1894	12,40	10,40	5,20	57,80	11,20	3,00	11,87	65,98	1,90	L. Grandeau[2])
328	„ „ „ .	„	12,40	8,71	6,43	59,01	10,66	2,79	9,94	67,37	1,59	S. Gabriel und H. Weiske[3])
329	„ „ „ .	„	4,60	10,68	5,64	64,29	11,73	3,06	11,19	66,99	1,79	H. Weiske[3])
330	Ohne nähere Bezeichnung; die Proben wurden analysirt bei Gelegenheit von Fütterungsversuchen 1	1895	12,38	11,49	4,67	58,82	9,31	3,33	13,11	67,44	2,10	E. Wolff, C. Kreuzhage und Sieglin[4])
331	2	„	14,46	11,96	4,89	55,07	10,03	3,59	13,98	64,38	2,24	
332	3	„	13,10	10,27	5,11	57,72	10,37	3,43	14,12	64,12	2,26	
333	4	„	13,61	11,35	5,29	63,06	9,80	2,89	13,14	66,05	2,10	
334	5	„	15,41	11,71	4,47	55,21	10,11	3,09	13,84	65,27	2,21	
335	6	„	11,95	10,92	5,08	61,06	9,91	3,08	12,40	66,96	1,98	
336	7	„	11,62	11,06	5,21	58,95	10,07	3,09	12,51	66,70	2,00	
337	8	„	12,46	10,91	5,10	58,51	9,96	3,06	12,46	66,83	1,99	
338	9	„	12,67	10,96	5,09	58,28	9,94	3,06	12,55	66,74	2,01	
339	10	„	11,20	15,75	4,56	54,41	10,91	3,17	17,74	61,27	2,84	
340	11	„	11,93	15,77	4,58	53,53	10,97	3,22	17,91	60,77	2,87	
341	12	„	13,83	10,70	5,33	56,02	10,93	3,19	12,42	65,03	1,99	
342	13	„	12,14	10,44	5,39	58,49	10,44	3,10	11,88	66,57	1,90	
343	Schwerer Hafer No. 1 . .	1892	14,70	10,10	4,70	58,00	9,80	2,70	11,80	67,95	1,89	R. Heinrich[5])
344	„ „ „ 2 . .	„	11,10	9,20	5,00	62,00	10,30	2,40	10,40	69,70	1,66	
345	Leichter „ „ 1 . .	„	13,80	9,20	5,50	56,80	11,30	3,40	11,70	65,80	1,87	
346	„ „ „ 2 . .	„	10,80	9,40	4,70	58,70	13,60	2,80	10,50	65,80	1,68	
347	Aus Frankreich	1896	14,14	10,49	60,69		11,77	2,91	12,23	+Fett 70,67	1,96	P. Gay[6])
	Mittel*)	—	**12,81**	**10,25**	**5,27**	**59,68**	**9,97**	**3,02**	**11,75**	**68,44**	**1,88**	
	Schwankungen**)	—	4,60—18,46	6,27—18,20	1,75-12,12	42,98-64,10	4,41—26,25	1,67-8,20	7,19—20,87	49,30—73,52	1,15—3,34	

[1]) Ann. Rep. of the Connecticut Agric. Experim. Station für 1888, **2**, 92. E. H. Jenkins fand für die Proben folgende Schwankungen:

	Wasser	Protein	Rohfett	Stickstofffreie Extraktstoffe	Rohfaser
No. 323 . .	9,3—13,5	8,0—10,1	4,7—5,8	59,0—63,2	8,9—12,9 %
No. 324 . .	8,9—13,5	8,0—14,4	3,4—5,8	50,8—66,9	1,5 (?)—19,4 „

[2]) Journ. d'agricult. prat. 1894, **I**, 265.

[3]) Landw. Versuchsstationen 1894, **45**, 314 u. 230.

[4]) Landw. Jahrb. 1895, **24**, 131.

[5]) Annalen des Mecklenb. patr. Ver. 1892, 47; Jahresbericht Agrik.-Chem. 1892, **35**, 445.

[6]) Ann. agronom. 1896, **22**, 145; Centrbl. Agrik.-Chem. 1896, **25**, 729.

*) Die Mittelzahlen für Wasser sind aus den vorstehenden 233 Analysen berechnet, bei denen nicht die vorhandenen Zahlen der übrigen Bestandtheile auf angenommene Wassergehalte (13,00 und 15 %) berechnet sind. Im Uebrigen sind die Mittelzahlen aus 331 der obigen Analysen berechnet.

**) Die Schwankungszahlen für die einzelnen Bestandtheile ausser dem Wasser sind auf Hafer mit 12,81 % Wasser umgerechnet.

Zusammensetzung des Hafers aus verschiedenen Ländern.

Durch Zusammenstellung der in vorstehender Tabelle enthaltenen Analysen nach Ländern erhält man folgende Mittelzahlen:*)

No.	Nähere Bezeichnung	Anzahl der Analysen	In der ursprünglichen Substanz						In der Trocken-Substanz		Stickstoff in der Trocken-Substanz
			Wasser %	Stick-stoff-Substanz %	Fett %	Stickstoff-freie Extraktstoffe %	Roh-faser %	Asche %	Stick-stoff-Substanz %	Stickstoff-freie Extraktstoffe %	%
1	Mittel- und Norddeutschland	109	12,81*)	10,17	4,55	58,76	10,43	3,28	11,66	67,01	1,87
2	Süd- und Westdeutschland	42	12,81*)	11,43	5,25	56,12	11,02	3,37	13,17	65,00	2,11
3	Oesterreich-Ungarn	34	12,81*)	11,34	5,82	55,88	10,94	3,21	12,98	63,73	2,08
4	Frankreich	122	12,81*)	9,41	5,81	60,08	8,60	3,29	10,79	68,51	1,73
5	Amerika	7	12,81*)	10,87	4,50	59,95	9,12	2,75	12,47	68,76	2,00

Hafer unter dem Einfluss des Bodens:**)

Hierfür ergiebt sich in derselben Weise aus der obigen allgemeinen Tabelle im Mittel für:

No.	Nähere Bezeichnung	Anzahl der Analysen	Wasser %	Stick-stoff-Substanz %	Fett %	Stickstoff-freie Extraktstoffe %	Roh-faser %	Asche %	Stick-stoff-Substanz %	Stickstoff-freie Extraktstoffe %	Stickstoff in der Trocken-Substanz %
1	Thonboden	10	12,11	8,99	4,75	58,57	11,97	3,61	10,23	66,63	1,64
2	Schwerer Lehmboden, humos und warm	33	12,11	10,11	4,41	59,56	10,58	3,22	11,50	67,77	1,84
3	Leichter, sandiger Lehmboden	5	12,11	10,31	3,48	58,52	11,72	3,86	11,73	66,58	1,88
4	Sandboden	20	12,11	10,04	4,56	59,57	10,38	3,34	11,42	67,78	1,83

Hafer unter dem Einfluss der Düngung, der Aussaatstärke und Drillweite.

Hierüber sind umfangreiche Versuche von E. Heiden (Denkschrift der Versuchsstation Pommritz 1882) und von M. Märcker (Zeitschr. d. landw. Centr.-Vereins d. Prov. Sachsen 1883 u. 1884) angestellt; die Ergebnisse dieser Versuche haben bei Hafer für die Zwecke dieses Werkes keine wesentliche Bedeutung, weshalb ich die Interessirenden auf das von Th. Dietrich und dem Verf. herausgegebene Werk: „Die Zusammensetzung und Verdaulichkeit der Futtermittel“ verweise.

Zusammensetzung verschiedener Hafersorten.

1. Vergleichende Anbauversuche mit verschiedenen Hafersorten wurden von O. Beseler und M. Märcker (Magdeburgische Zeitung vom 5., 12. und 19. Mai 1887; Centrbl. Agrik.-Chem. 1887, 16, 467) und von F. Heine und M. Märcker (Magdeburgische Zeitung vom 25. und 30. Mai 1888; Centrbl. Agrik.-Chem. 1888, 17, 697) angestellt, von diesen mögen die letzteren Versuchsergebnisse hier Aufnahme finden:

*) Nach dem Mittel der Haupttabelle angenommen, das wirkliche Mittel beträgt bei No. 1: 13,03 %, No. 2: 13,20 %, No. 3: 12,62 %, No. 4: 13,92 %, No. 5: 11,27 %.

**) Diese Zahlen sind nicht direkt miteinander vergleichbar, weil die Hafersorten, welche den Analysen zu Grunde liegen, aus verschiedenen Jahren stammen oder unter verschiedenen Düngungsverhältnissen bezw. sonstigen abweichenden Verhältnissen gewachsen sind, wodurch die Verschiedenheiten ebenfalls zum Theil bedingt sein können.

Laufende Nummer	Bezeichnung der Sorten	Ertrag pro Hektar kg	Zusammensetzung der Körner, auf 88 % Trocken-Substanz berechnet: Stickstoff-Substanz	Rohfaser	Rohfett	Mineralstoffe	Stickstofffreie Extraktstoffe	Hektolitergewicht kg	10 g enthalten Körner	100 Theile Körner enthalten Hülsen %	Von 100 Theilen Stickstoff-Substanz sind enthalten in den Hülsen	Dicke der Samenschale mm	Querdurchmesser des Korns mm	Längsdurchmesser des Korns mm	Von 100 Theilen Stickstoff-Substanz sind verdaulich
1	Bestehorn's Ueberfluss	4207	11,1	10,7	4,5	3,0	58,7	47,9	323	26,2	4,0	0,1545	2,60	12,90	85,44
2	Heine's ertragreichster	4129	10,6	11,0	4,9	3,0	58,5	50,4	305	25,8	4,2	0,1958	2,95	11,50	85,62
3	Jumbs'	4009	12,5	16,8	5,0	3,3	50,4	35,0	294	39,5	7,5	0,1781	2,90	13,40	86,07
4	Bestehorn's amélioré .	3978	11,5	10,2	4,8	3,0	58,5	48,4	353	26,5	5,1	0,1734	2,70	12,35	87,16
5	Danebrog	3911	11,9	10,8	4,6	2,8	57,9	48,0	303	26,4	4,1	0,1628	2,50	11,90	90,91
6	Verb. dänischer . .	3903	11,5	11,7	4,5	3,1	57,2	49,0	320	26,8	3,8	0,1711	2,60	13,10	85,81
7	Welinder's schwedisch.	3798	9,9	10,3	4,9	3,2	59,7	51,0	304	26,1	4,4	0,2029	2,70	11,75	83,27
8	Nubischer	3747	12,5	12,4	4,9	3,3	55,3	46,1	358	29,9	5,8	0,1722	2,90	12,20	86,55
9	Belgischer gelber . .	3747	12,4	11,5	4,7	2,9	56,5	47,3	320	26,1	4,7	0,1781	2,75	12,40	87,50
10	Beseler's	3737	11,2	10,2	4,5	3,0	59,1	49,4	303	25,6	4,4	0,1699	2,60	12,00	85,60
11	Gothenburger Canada	3467	13,4	12,5	4,4	2,5	55,2	54,9	324	28,5	5,8	0,1899	2,75	10,65	86,39
12	Hooper's Paragon . .	3345	12,5	11,8	4,7	2,7	56,3	52,7	318	27,6	2,7	0,1699	2,60	11,80	88,40
13	Canadischer Prolific .	3318	13,8	12,8	4,0	2,6	54,8	54,6	320	29,1	3,2	0,2006	2,80	11,15	87,80
14	Canad. Fahnenhafer .	3284	13,4	11,1	5,1	3,1	55,3	43,5	356	23,7	4,5	0,1663	2,60	13,30	86,93
15	Willkommen . . .	3281	13,3	13,3	4,5	2,6	54,3	56,0	317	28,6	3,3	0,1852	2,85	10,50	87,53
16	Race-horse-white . .	3165	13,8	13,0	4,5	2,7	54,0	56,1	356	28,9	2,8	0,1793	2,85	10,40	84,69
	Mittel	**3689**	**12,2**	**11,9**	**4,6**	**2,9**	**56,4**	**49,4**	**323**	**27,2**	**4,4**	**0,1781**	**2,73**	**11,96**	**86,64**

2. **Anbauversuche mit verschiedenen Hafersorten** wurden ferner von der **Deutschen Landwirthschafts-Gesellschaft** (Centrbl. Agrik.-Chem. 1890, 19, 606) angestellt. Die Saatwaaren wurden von Liebscher, die 1889-er Ernten von A. Stutzer untersucht. Die Ergebnisse sind folgende:

No.	Bezeichnung der Sorten			Zahl der Versuchsansteller	Gewicht von 100 Körnern g	Hektoliter-Gewicht kg	Wasser %	Stickstoff %	Stickstoff-Substanz %
1	Leutewitzer Gelbhafer	Saatgut . . .		—	3,28	—	12,51	1,31	8,19
		Ernte	Mittel	12	2,75	45,09	11,46	1,62	10,13
			Schwankungen	12	2,17—4,28	40,35—48,40	10,05—13,73	1,42—2,06	8,94—12,88
2	Beseler's Anderbecker Hafer	Saatgut . . .		—	4,12	—	13,10	1,67	10,44
		Ernte	Mittel	9	3,17	45,68	12,12	1,66	10,38
			Schwankungen	9	2,71—3,82	39,38—49,99	9,51—14,39	1,42—1,79	8,88—11,19
3	Canadischer Fahnenhafer	Saatgut . . .		—	3,31	—	12,74	1,84	11,50
		Ernte	Mittel	6	2,54	44,63	10,80	1,72	10,75
			Schwankungen	6	1,98—2,91	39,31—49,71	9,89—12,23	1,50—2,06	9,38—12,88
4	Probsteier Hafer	Saatzeit . . .		—	3,50	—	12,60	1,40	8,75
		Ernte	Mittel	5	3,12	45,89	11,50	1,82	11,38
			Schwankungen	5	2,91—3,32	43,86—47,02	10,36—12,23	1,66—2,12	10,38—13,25

No.	Bezeichnung der Sorten			Zahl der Versuchsansteller	Gewicht von 100 Körnern g	Hektoliter-Gewicht kg	Wasser %	Stickstoff %	Stickstoff-Substanz %
5	Hallet's Kanadischer	Saatgut . . .		—	3,14	—	13,66	1,61	10,06
		Ernte	Mittel	8	2,77	48,53	11,81	1,78	11,13
			Schwankungen	8	2,51—3,06	43,86—51,91	9,96—13,59	1,62—2,10	10,13—13,13
6	Heine's ertragreichster Hafer	Saatgut . . .		—	4,55	—	13,39	1,99	12,44
		Ernte	Mittel	9	3,09	46,20	11,86	1,69	10,56
			Schwankungen	9	2,43—3,43	44,02—48,73	9,02—13,86	1,35—2,03	8,44—12,69
7	Göttinger Hafer	Saatgut . . .		—	4,00	—	13,66	1,76	11,00
		Ernte	Mittel	6	2,99	45,32	11,59	1,67	10,31
			Schwankungen	6	2,73—3,30	39,25—49,58	10,43—12,61	1,47—1,82	9,19—11,38

Zusammensetzung grosser und kleiner Körner desselben Hafers.

No.	Nähere Bezeichnung	Korngrösse	100 Körner wiegen g	Zeit der Untersuchung	In der ursprünglichen Substanz: Wasser %	Stickstoff-Substanz %	Fett %	Stickstofffreie Extraktstoffe %	Rohfaser %	Asche %	In der Trocken-Substanz: Stickstoff-Substanz %	Stickstofffreie Extraktstoffe %	Stickstoff in der Trocken-Substanz %	Analytiker
1	Beseler's Hafer	gross	4,12	1892	14,00	10,18	4,73	57,98	9,93	3,20	11,84	67,42	1,89	Mitrakew [1]
		klein	2,01	„	14,00	11,60	5,42	57,51	8,78	2,68	13,49	66,87	2,16	
2	Duppauer Hafer	gross	3,86	„	14,00	9,70	5,09	56,62	11,36	3,23	11,28	65,84	1,80	
		klein	1,83	„	14,00	12,48	5,99	55,77	9,06	2,68	14,51	67,17	2,32	
3	Bestehorn's Hafer	gross	3,77	„	14,00	11,89	4,99	56,00	9,99	3,13	13,82	65,12	2,21	
		klein	1,86	„	14,00	13,72	5,55	55,73	8,61	2,39	15,95	64,80	2,55	
4	Leutewitzer Hafer	gross	3,67	„	14,00	11,23	5,16	57,09	9,28	3,24	13,06	66,39	2,09	
		klein	1,85	„	14,00	12,64	6,25	56,08	8,24	2,79	14,70	65,21	2,35	

Sonstige Haferanalysen.

1. A. Stutzer, Journ. f. Landw. 1880, 28, 440. Aus dem Original ist nicht ersichtlich, ob der ermittelte Stickstoffgehalt von 10,96 % bei No. I und von 9,72 % bei No. II sich auf lufttrockene oder wasserfreie Substanz bezieht. Von dem in den untersuchten Haferkörnern enthaltenen Stickstoff-Verbindungen sind durch Kupferoxydhydrat fällbar bezw. nicht fällbar und von den fällbaren durch Magensaft verdaulich bezw. nicht verdaulich:

	nicht fällbar	fällbar, verdaulich	fällbar, unverdaulich
Hafer I	9,1 %	78,2 %	12,7 %
Hafer II	4,1 „	84,1 „	11,8 „

Hafer II bestand durchschnittlich aus grösseren und besser ausgebildeten Körnern als Hafer I.

2. J. Fittbogen, Landw. Jahrb. 1873, 3, 353.
3. W. Hoffmeister, Landw. Jahrb. 1886, 15, 277. 26 Proben von ostpreussischem Landhafer enthielten 6,74—9,56, im Mittel 7,90 % Stickstoff-Substanz. 100 Körner wogen im Maximum

[1]) Mitrakew, „Ueber den Einfluss der Grösse auf die Zusammensetzung der Haferkörner". Leipzig 1892. Hugo Voigt. S. 30—31. Mitgetheilt von W. Gwallig. Landw. Jahrb. 1894, 23, 861.

4,06 g (bei 27,2 % Schalen und 8,81 % Stickstoff-Substanz), im Minimum 2,44 g (bei 34,7 % Schalen und 6,74 % Stickstoff-Substanz).

4. Versuchsstation Münster (Landw. Zeitg. für Westfalen u. Lippe 1887, 44, 33—34; Centrbl. Agrik.-Chem. 1887, 16, 574).

5. Balland (Compt. rend. 1897, 125, 579—581; Chem. Centrbl. 1897, II, 1081) fand in den Jahren 1893—1897 folgende Schwankungszahlen für französischen Hafer: Wasser 9,80—17,00 %, Stickstoff-Substanz 7,10—14,13 %, Fett 2,89—6,82 %, stickstofffreie Extraktstoffe 56,95—64,32 %; Cellulose 7,02—12,24 %, Asche 1,88—6,90 %. Mittleres Gewicht von 100 Körnern 1,80—4,32 g.

6. v. Liebenberg (Centrbl. Agrik.-Chem. 1889, 18, 708) über Anbau verschiedener Hafersorten.

7. F. Wohltmann, Anbauversuche mit Hafer. Landwirth 1896, 1; Jahresbericht f. Agrik.-Chem. 1896, 19, 356.

8. C. D. Woods und H. B. Gibson (Experim. Station Rec. 1892, 3, 378; Jahresbericht f. Agrik.-Chem. 1892, 35, 445) berichten über Haferzusammensetzung bei verschiedener Düngung.

Geschälter Hafer, amerikanischer.

No.	Nähere Bezeichnung	Geschältes Korn in % des ganzen Hafers	Zeit der Untersuchung	In der ursprünglichen Substanz: Wasser %	Stick-stoff-Substanz %	Fett %	Stickstoff-freie Ex-traktstoffe %	Roh-faser %	Asche %	In der Trocken-Substanz: Stick-stoff-Substanz %	Stickstoff-freie Ex-traktstoffe %	Stickstoff in der Trocken-Substanz %	Analytiker
	Maine.												
1	Common Bush	69,54	1864	7,20	13,65	9,03	66,65	1,67	1,80	14,71	71,82	2,35	*Clifford Richardson*[1]
2	English	69,65	"	7,26	13,65	8,54	66,41	1,85	2,29	14,71	71,62	2,35	
3	White Canada	71,68	"	7,10	15,23	8,08	66,15	1,80	1,64	16,39	71,22	2,62	
	New-Hampshire.												
4	Native	—	"	7,20	15,75	8,41	65,11	1,40	2,13	16,98	70,58	2,72	
5	Russian	70,88	"	7,02	14,88	8,46	66,10	1,23	2,31	16,00	71,11	2,56	
6	Common White	72,20	"	6,95	16,45	8,21	64,61	1,33	2,45	17,68	69,43	2,83	
	Vermont.												
7	Common White	71,01	1884	7,60	14,70	8,65	65,76	1,20	2,09	16,31	70,77	2,61	
8	White Schoenen	70,98	"	7,00	18,20	8,12	63,16	1,46	2,06	19,57	67,93	3,13	
9	White Probsteier	71,39	"	6,15	14,70	8,30	67,85	1,30	1,70	15,67	72,28	2,51	
10	White Australian	64,72	"	6,58	14,88	7,15	67,81	1,42	2,26	15,92	72,49	2,55	
	Connecticut.												
11	Common White	69,25	"	6,24	14,88	7,54	67,56	1,48	2,30	15,88	72,04	2,54	
12	desgl.	65,70	"	6,52	12,25	8,23	69,27	1,53	2,20	13,11	73,39	2,10	
13	desgl.	72,18	"	7,62	12,60	8,72	67,46	1,35	2,25	13,63	73,04	2,18	
14	White Russian	62,63	"	5,77	14,53	7,74	67,99	1,51	2,46	15,42	72,16	2,47	
	Rhode Island.												
15	Rust Proof	—	"	7,52	12,08	8,71	68,66	1,01	2,02	13,06	74,79	2,09	

[1]) Third Report on the Chemical Composition and Physical Properties of American Cereals. Department of Agriculture, Division of Chemistry. Bulletin No. 9, 27. Betreffend die Haferschalen (hulls of oats) beschränken wir uns auf Mittheilung des aus 100 einzelnen Analysen gezogenen Mittels, wonach die Haferschalen enthalten: 5,22 % Wasser, 2,48 % Protein, 17,88 % Rohfaser und 5,59 % Asche. Als wahrscheinliches Mittel der Zusammensetzung des ganzen Korns amerikanischen Hafers auf Grund seiner Analysen giebt Verfasser folgende Zahlen:

	Wasser	Stickstoff-Substanz	Rohfett	Kohlenhydrate	Rohfaser	Asche
Wasserhaltig	6,42	10,76	6,64	66,67	6,33	3,18 %
Wasserfrei	—	11,50	7,10	71,24	6,76	3,40 "

No.	Nähere Bezeichnung	Geschältes Korn in % des ganzen Hafers	Zeit der Untersuchung	In der ursprünglichen Substanz: Wasser %	Stick-stoff-Substanz %	Fett %	Stickstoff-freie Extraktstoffe %	Roh-faser %	Asche %	In der Trocken-Substanz: Stick-stoff-Substanz %	Stickstoff-freie Extraktstoffe %	Stickstoff in der Trocken-Substanz %	Analytiker
	New-York.												
16	Common White . .	66,70	1884	7,33	11,90	8,13	69,07	1,48	2,09	12,84	74,53	2,05	*Clifford Richardson*[1])
17	Western	73,83	„	7,20	14,35	7,15	67,56	1,22	2,15	15,47	73,18	2,48	
18	Common White . .	—	„	7,50	14,35	8,46	66,01	1,48	2,20	15,51	71,36	2,48	
19	Native	68,20	„	7,46	15,75	8,01	64,81	1,54	2,43	17,03	70,02	2,72	
20	Probsteier	73,50	„	7,20	15,75	7,13	66,24	1,31	2,37	16,99	71,36	2,72	
21	Marrowfat	71,49	„	7,58	12,95	7,79	67,50	1,89	2,23	14,01	73,11	2,24	
22	Common	70,82	„	9,24	13,13	9,63	64,88	1,19	1,93	14,47	71,48	2,32	
23	—	73,24	„	7,28	13,48	8,52	67,74	1,20	1,78	14,53	73,14	2,33	
24	Mold Ennobled . . .	70,20	„	6,34	18,03	6,98	65,02	1,60	2,03	19,26	69,41	3,08	
	New-Jersey.												
25	Branch White . . .	75,10	„	7,26	15,05	6,86	67,18	1,31	2,34	16,22	72,45	2,60	
26	Jersey	70,40	„	7,57	15,58	7,42	65,93	1,26	2,24	16,86	71,33	2,70	
	Pennsylvania.												
27	Mixed	69,65	„	6,73	17,88	8,41	62,91	1,43	2,64	19,17	67,45	3,07	
28	White Russian . . .	69,04	„	6,86	14,18	8,08	67,82	0,98	2,08	15,98	72,06	2,55	
29	Departement Seed . .	71,34	„	7,88	13,65	7,90	67,02	1,25	2,30	14,82	72,74	2,37	
30	Common	64,18	„	6,92	15,75	7,62	65,67	1,64	2,40	16,92	70,57	2,71	
	Ohio.												
31	Spranly	73,33	„	7,04	15,26	7,75	66,29	1,23	2,43	16,42	71,31	2,63	
32	—	74,95	„	7,00	17,50	8,01	64,11	1,46	1,92	18,81	68,95	3,01	
33	Welcome	60,83	„	6,78	19,44	7,40	63,21	1,10	2,07	20,86	67,80	3,32	
34	Yellow Ohio . . .	72,07	„	6,45	17,15	8,67	64,80	0,97	1,96	18,38	69,36	2,93	
35	White German . .	74,62	„	6,76	16,10	8,67	64,56	1,26	2,65	17,26	69,26	2,76	
36	Common White . .	69,08	„	6,83	14,18	8,85	66,84	1,18	2,12	15,22	71,74	2,44	
37	desgl.	73,54	„	6,77	14,53	8,88	66,37	1,25	2,20	15,59	72,18	2,49	
38	desgl.	73,31	„	6,71	15,23	8,34	66,13	1,19	2,40	16,31	75,92	2,60	
39	—	71,25	„	6,55	15,40	8,33	66,19	1,03	2,50	16,48	70,39	2,64	
	Michigan.												
40	White Russian . . .	74,30	„	7,95	14,88	8,42	65,55	1,10	2,10	16,04	71,43	2,56	
41	desgl.	72,16	„	6,67	16,28	7,42	65,43	1,26	2,94	17,44	69,91	2,59	
42	—	72,41	„	6,89	13,83	7,40	68,15	1,16	2,57	14,85	73,19	2,38	
43	Early Probsteier . .	70,91	„	7,44	13,48	7,48	68,31	1,23	2,06	14,56	73,81	2,33	
44	Michigan White . .	72,47	„	7,10	14,18	7,52	67,69	1,18	2,33	15,26	72,87	2,44	
45	Common White . .	71,62	„	6,60	11,38	8,17	70,50	1,23	2,12	12,19	73,47	1,95	
	Indiana.												
46	Russian White . . .	70,69	„	8,15	15,40	7,40	66,25	1,15	1,65	16,77	72,12	2,68	
47	Common	73,40	„	7,29	16,10	8,23	65,09	1,16	2,13	17,37	70,20	2,78	
48	Common White . .	71,92	„	8,72	14,35	7,83	65,72	1,40	1,98	15,71	72,02	2,51	

[1]) Vergl. Anmerkung [1]) S. 536.

No.	Nähere Bezeichnung	Geschältes Korn in % des ganzen Hafers	Zeit der Untersuchung	In der ursprünglichen Substanz: Wasser %	Stickstoff-Substanz %	Fett %	Stickstofffreie Extraktstoffe %	Rohfaser %	Asche %	In der Trocken-Substanz: Stickstoff-Substanz %	Stickstofffreie Extraktstoffe %	Stickstoff in der Trocken-Substanz %	Analytiker
	Illinois.												
49	Common Black . .	74,75	1884	6,18	14,18	7,22	68,38	1,38	2,66	15,18	72,20	2,43	Clifford Richardson[1]
50	—	66,58	„	5,88	14,00	7,59	68,82	1,55	2,16	14,87	73,13	2,38	
51	Schoenen	69,53	„	7,00	13,83	7,09	67,89	1,55	2,64	14,87	73,00	2,38	
52	Common White . .	72,74	„	5,41	14,88	8,12	67,95	1,40	2,24	15,73	71,84	2,52	
53	White Russian . . .	70,97	„	6,29	15,23	8,09	66,53	1,80	2,06	16,25	71,00	2,60	
54	Black	75,85	„	5,28	15,75	7,23	67,27	1,98	2,49	16,63	71,02	2,66	
55	Common Mixed . .	70,46	„	6,11	14,00	7,70	68,34	1,43	2,42	14,91	72,79	2,39	
56	Norway (and a little white)	74,97	„	6,60	14,35	7,85	67,62	1,43	2,15	15,37	72,49	2,46	
57	desgl.	72,32	„	6,92	15,05	7,82	66,41	1,43	2,37	16,16	71,35	2,58	
	Wisconsin.												
58	White Surprise . .	70,53	„	6,82	13,83	7,35	68,14	1,56	2,30	14,84	73,13	2,37	
59	—	68,99	„	7,84	11,90	7,82	68,90	1,26	2,28	12,91	74,77	2,07	
60	German	70,03	„	6,86	12,60	7,55	69,58	1,39	2,02	13,53	74,71	2,16	
61	White German . .	73,25	„	7,12	14,53	7,32	67,83	1,75	1,45	15,65	73,03	2,50	
62	White Somerset . .	71,05	„	7,72	13,48	7,21	67,82	1,48	2,25	14,60	73,55	2,34	
	Minnesota.												
63	Fine Yellows . . .	69,27	„	6,69	12,25	8,24	69,36	1,30	2,15	13,12	74,37	2,10	
64	Common White . .	73,50	„	7,15	14,18	8,70	66,35	1,17	2,45	15,27	71,26	2,44	
65	White Dutch . . .	72,62	„	7,63	12,60	7,30	69,11	1,01	2,35	13,65	74,80	2,18	
66	Common White . .	73,00	„	6,88	15,40	7,90	66,26	1,33	2,23	16,54	71,15	2,65	
67	White Russian . . .	72,62	„	8,07	12,60	7,97	68,09	1,09	2,18	13,71	75,06	2,19	
68	Minn. White and Black	72,40	„	7,07	13,83	7,73	67,52	1,47	2,38	14,88	72,66	2,38	
69	desgl.	72,91	„	6,95	13,48	7,88	67,75	1,84	2,10	14,48	72,82	2,32	
70	White German . .	69,60	„	6,82	10,68	7,61	71,22	1,29	2,38	11,46	76,44	1,83	
71	Common White . .	71,90	„	7,15	12,25	7,90	69,32	1,19	2,19	13,19	74,67	2,11	
	Jowa.												
72	Common	67,31	„	6,46	17,68	6,94	65,50	1,50	1,92	18,90	70,03	3,02	
73	German	73,43	„	6,40	13,30	7,75	69,44	1,04	2,07	14,20	74,20	2,27	
74	White Russian . . .	74,78	„	7,38	14,18	9,60	65,15	1,08	2,61	15,31	70,33	2,45	
75	desgl.	71,87	„	6,56	13,13	7,88	68,66	1,71	2,06	14,05	73,49	2,25	
76	Schoenen	70,07	„	7,66	14,88	7,96	67,06	1,60	0,84	16,16	72,58	2,59	
77	Norway Spring . .	72,34	„	7,98	14,88	7,93	65,20	1,69	2,32	16,17	70,85	2,59	
78	—	—	„	6,65	15,40	8,07	66,06	1,47	2,35	16,49	70,78	2,64	
	Missouri.												
79	Black	71,45	„	6,81	13,30	8,95	67,42	1,45	2,07	14,27	72,35	2,28	
80	White	68,60	„	7,58	14,18	8,34	66,33	1,50	2,07	15,34	71,78	2,45	
81	Yellow	69,28	„	6,95	19,25	7,77	62,86	1,57	1,60	20,62	67,67	3,30	

[1]) Vergl. Anmerkung [1]) S. 536.

No.	Nähere Bezeichnung	Geschältes Korn in % des ganzen Hafers	Zeit der Untersuchung	In der ursprünglichen Substanz: Wasser %	Stickstoff-Substanz %	Fett %	Stickstofffreie Extraktstoffe %	Rohfaser %	Asche %	In der Trocken-Substanz: Stickstoff-Substanz %	Stickstofffreie Extraktstoffe %	Stickstoff in der Trocken-Substanz %	Analytiker
	Nebraska.												
82	Yellow Russian . .	73,20	1884	8,03	14,88	6,91	66,81	1,35	2,02	16,57	72,25	2,65	*Clifford Richardson* [1]
83	Black and white . .	68,30	„	6,90	14,00	8,32	66,72	1,85	2,21	15,04	71,66	2,41	
84	desgl.	68,79	„	7,32	14,00	8,72	66,39	1,33	2,24	15,11	71,62	2,42	
	Dakota.												
85	Wisconsin White . .	67,90	„	6,12	13,30	8,27	68,67	1,37	2,27	14,16	73,15	2,27	
86	White Russian . . .	72,39	„	6,38	14,00	8,12	67,86	1,35	2,29	14,95	73,49	2,39	
87	White Australian . .	62,20	„	5,90	17,50	7,00	66,11	1,03	2,46	18,60	70,26	2,98	
88	Russian	73,16	„	6,54	14,18	7,94	68,16	1,10	2,08	15,17	73,12	2,43	
89	White	55,37	„	8,75	11,90	9,47	66,17	1,56	2,15	13,04	72,51	2,09	
	Montana.												
90	Minnesota	70,10	„	7,10	14,00	8,79	66,39	1,54	2,18	15,06	71,47	2,41	
91	Common White . .	69,15	„	7,10	11,73	9,72	67,87	1,32	2,26	12,62	73,07	2,02	
92	White Russian . . .	72,36	„	11,13	12,25	9,03	64,42	1,02	2,15	13,78	72,49	2,20	
	Maryland.												
93	—	71,70	„	6,32	15,75	8,48	65,59	1,55	2,31	16,81	70,03	2,69	
94	White Russian . . .	71,36	„	7,70	14,00	7,35	67,19	1,36	2,40	15,16	72,81	2,43	
	Delaware.												
95	Common White . .	69,59	„	5,94	16,60	7,75	66,09	1,35	2,27	17,65	70,26	2,82	
	Virginia.												
96	Winter	72,40	„	6,73	13,65	9,39	66,76	1,42	2,45	14,62	71,18	2,66	
97	Welcome	59,00	„	6,43	16,45	7,25	66,20	1,14	2,53	17,59	70,96	2,87	
98	Winter	64,29	„	6,13	14,88	8,58	66,55	1,51	2,35	15,85	70,90	2,54	
99	Centennial	—	„	7,24	16,98	6,50	64,58	1,90	2,80	18,30	69,62	2,93	
	West-Virginia.												
100	Common White . .	71,26	„	6,45	16,10	8,65	64,94	1,54	2,32	17,21	69,40	2,75	
101	Canada White . . .	67,59	„	7,10	16,45	7,34	65,63	1,34	2,14	17,71	70,65	2,83	
102	White Russian . . .	64,48	„	6,45	18,73	7,42	63,84	1,37	2,19	20,02	68,25	3,20	
103	Canada White . . .	62,60	„	6,57	17,68	6,62	65,03	1,60	2,50	18,92	69,61	3,03	
	North-Carolina.												
104	Black Prolific . . .	70,50	„	7,78	9,10	7,32	71,91	1,87	2,02	9,86	77,99	1,58	
105	Rust Proof	70,30	„	6,34	14,88	8,68	66,00	1,54	2,56	15,97	70,40	2,56	
106	Red Rust Proof . .	68,70	„	6,82	13,65	8,64	67,59	1,11	2,19	14,65	72,54	2,34	
107	Early Rust Proof . .	70,44	„	6,77	13,30	6,92	69,18	2,00	1,83	14,27	74,19	2,28	
108	Winter	73,34	„	6,77	12,95	9,77	67,08	1,63	1,80	13,90	71,94	2,22	
109	Red Rust Proof . .	68,95	„	6,58	13,65	8,26	67,31	1,62	1,98	14,61	73,22	2,34	
	South-Carolina.												
110	Red Rust Proof . .	69,95	„	6,16	13,48	8,65	68,50	1,03	2,18	14,26	73,11	2,28	
111	desgl.	67,25	„	6,94	12,25	9,51	68,40	1,14	1,76	13,16	72,92	2,11	
112	desgl.	68,65	„	7,90	13,13	7,15	69,04	0,92	1,86	13,24	76,75	2,12	
113	desgl.	68,72	„	7,08	13,65	8,13	68,20	1,01	1,93	14,69	73,39	2,35	

[1]) Vergl. Anmerkung [1]) S. 536.

No.	Nähere Bezeichnung	Geschältes Korn in % des ganzen Hafers	Zeit der Untersuchung	In der ursprünglichen Substanz: Wasser %	Stick-stoff-Substanz %	Fett %	Stickstoff-freie Extraktstoffe %	Roh-faser %	Asche %	In der Trocken-Substanz: Stick-stoff-Substanz %	Stickstoff-freie Extraktstoffe %	Stickstoff in der Trocken-Substanz %	Analytiker
114	Red Rust Proof . .	68,48	1884	6,62	13,65	9,55	67,31	1,13	1,74	14,32	72,38	2,29	Clifford Richardson[1]
115	desgl.	71,20	„	7,02	13,30	8,59	68,15	0,88	2,06	14,30	73,31	2,29	
116	desgl.	73,33	„	7,40	13,48	7,97	68,09	0,90	2,16	14,69	73,32	2,35	
117	desgl.	68,61	„	7,40	12,43	8,31	67,90	0,96	3,00	13,55	73,07	2,17	
	Kentucky.												
118	Norway	72,70	„	8,03	15,75	7,36	65,22	1,62	2,02	17,12	70,92	2,90	
119	Black	71,49	„	7,25	14,00	9,39	65,33	2,08	1,95	15,09	70,45	2,41	
120	Red	68,51	„	6,72	14,35	6,90	68,41	1,19	2,43	15,37	74,37	2,46	
121	Michigan White . .	67,27	„	7,37	16,10	7,55	64,92	2,06	2,00	17,39	70,08	2,75	
	Tennessee.												
122	—	68,24	„	6,80	15,75	7,59	66,13	1,53	2,20	16,90	70,96	2,70	
123	Winter	68,75	„	6,66	13,13	8,03	68,36	1,34	1,88	14,06	73,69	2,25	
124	Rust Proof	67,66	„	6,81	14,35	7,07	67,63	1,40	2,74	15,41	72,56	2,47	
125	Gaines Winter . . .	57,01	„	6,96	13,30	9,07	67,21	1,42	2,04	14,28	72,26	2,28	
	Georgia.												
126	North-Carolina . . .	70,95	„	6,14	12,95	8,44	68,12	1,28	3,07	13,79	72,59	2,21	
127	Hurnicutt	68,88	„	7,24	13,48	8,93	67,45	1,12	1,78	14,53	72,71	2,33	
128	Rust Proof	71,18	„	4,88	14,88	8,92	68,17	0,92	2,23	15,64	71,68	2,49	
129	Virginia	73,52	„	7,28	15,93	7,72	65,92	1,22	1,93	17,17	71,15	2,75	
130	Tennessee	65,17	„	6,57	14,18	8,64	67,23	1,36	2,02	15,17	71,98	2,43	
131	Rust Proof or Horn Oat	67,78	„	4,85	14,18	8,03	69,28	1,81	1,85	14,90	72,82	2,38	
132	Red Rust Proof . .	62,47	„	5,82	12,78	7,26	70,40	1,44	2,30	13,57	74,74	2,17	
133	Rust Proof	67,13	„	6,40	14,70	10,38	64,61	1,66	2,25	15,71	69,01	2,51	
	Florida.												
134	Red Rust Proof . .	68,61	„	5,83	13,48	7,68	68,93	1,56	2,52	14,32	73,18	2,20	
135	Major Briton . . .	71,69	„	6,09	16,10	8,32	66,50	1,39	1,60	17,15	70,81	2,74	
136	Horn Rust Proof . .	69,40	„	6,32	14,53	7,68	68,32	0,90	2,25	15,50	72,95	2,48	
137	Texas Rust Proof . .	67,85	„	5,93	12,95	8,25	68,93	1,56	2,38	13,77	73,27	2,20	
138	Early Egyptian . .	—	„	5,99	13,83	10,51	66,57	1,45	1,65	14,72	70,80	2,36	
	Alabama.												
139	Red Rust Proof . .	—	„	5,11	14,70	8,20	68,65	1,04	2,30	15,49	72,34	2,48	
140	desgl.	68,34	„	6,59	15,23	8,98	66,20	1,20	1,80	16,30	71,42	2,61	
141	Brewington Rust Proof	66,48	„	6,28	15,23	8,95	66,92	1,07	1,55	16,25	71,42	2,60	
142	Imp. Red Rust Proof .	69,39	„	7,24	13,48	7,89	68,29	1,00	2,10	14,43	73,72	2,31	
143	Rust Proof	68,47	„	6,78	14,00	8,08	67,68	1,52	1,94	15,02	72,60	2,40	
	Mississippi.												
144	Red	69,50	„	7,53	13,13	7,67	68,49	1,21	1,97	14,19	74,08	2,27	
145	Red Rust Proof . .	67,80	„	7,13	14,00	7,61	67,99	1,13	2,14	15,08	73,20	2,41	
146	desgl.	73,69	„	8,10	14,70	8,06	66,16	1,29	1,69	15,99	72,00	2,56	
147	desgl.	74,60	„	7,05	14,18	7,81	67,32	1,54	2,10	15,26	72,52	2,44	
148	desgl.	67,00	„	7,21	14,00	8,15	67,46	1,23	1,95	15,09	72,70	2,41	

[1]) Vergl. Anmerkung [1]) S. 536.

No.	Nähere Bezeichnung	Geschältes Korn in % des ganzen Hafers	Zeit der Untersuchung	In der ursprünglichen Substanz: Wasser %	Stickstoff-Substanz %	Fett %	Stickstofffreie Extraktstoffe %	Rohfaser %	Asche %	In der Trocken-Substanz: Stickstoff-Substanz %	Stickstofffreie Extraktstoffe %	Stickstoff in der Trocken-Substanz %	Analytiker
	Louisiana.												
149	Rust Proof	69,34	1884	9,50	14,00	8,18	64,99	1,13	2,20	15,47	71,81	2,48	Clifford Richardson[1]
150	Red Rust Proof . .	68,19	„	8,00	13,30	7,83	67,72	1,05	2,10	14,46	72,61	2,31	
151	desgl.	72,16	„	6,85	14,53	8,25	66,93	1,34	2,10	15,61	71,83	2,50	
	Arkansas.												
152	Red Rust Proof . .	—	„	4,67	13,83	8,12	69,35	1,93	2,10	14,54	72,72	2,33	
153	Arkansas Red . . .	64,10	„	6,94	15,75	7,71	65,83	1,63	2,14	16,93	70,73	2,71	
	Texas.												
154	White Cluster . . .	70,18	„	7,08	13,30	8,09	68,07	1,12	1,74	14,31	73,91	2,29	
155	Georgia Red Rust Proof	71,79	„	6,92	12,95	11,26	65,24	1,55	2,08	20,35	63,67	3,26	
156	Red Rust Proof . .	73,51	„	8,57	15,75	9,06	62,82	1,65	2,15	17,21	68,74	2,75	
157	desgl.	69,78	„	6,70	14,35	8,80	67,26	1,03	1,86	15,38	72,10	2,46	
158	Southern Rust Proof .	70,74	„	7,14	13,13	8,75	67,58	1,14	2,26	14,14	72,78	2,26	
159	Red Rust Proof . .	71,22	„	6,80	13,48	8,08	68,62	1,20	1,82	14,46	73,63	2,31	
160	desgl.	72,78	„	6,95	13,30	8,19	68,63	0,83	2,10	14,28	73,77	2,28	
161	desgl.	72,49	„	7,10	14,18	7,45	67,81	1,16	2,30	15,66	72,60	2,51	
	Colorado.												
162	Welcome	69,76	„	4,80	18,03	7,27	66,82	1,00	2,08	18,93	70,19	3,03	
163	Russian White fr. Dep.	69,32	„	5,08	13,13	8,67	68,98	1,14	2,40	13,84	73,39	2,21	
164	White Russian . . .	70,31	„	6,56	16,63	7,67	65,75	1,10	2,29	17,79	70,37	2,85	
165	—	—	„	7,20	13,13	7,59	68,46	1,17	2,45	14,15	73,87	2,26	
	Utah.												
166	White Somerset . .	61,17	„	6,05	12,08	8,17	69,71	1,62	2,37	12,84	74,24	2,05	
167	—	—	„	7,30	12,78	8,81	66,89	1,82	2,40	13,58	72,37	2,17	
	Nevada.												
168	Poland	66,01	„	6,80	13,83	9,72	66,21	1,17	2,27	14,84	71,03	2,37	
	New-Mexico.												
169	White and Black . .	73,21	„	6,61	13,48	9,89	66,02	1,88	2,12	14,44	70,69	2,31	
170	White	—	„	7,05	13,13	9,43	66,30	1,59	2,50	14,13	70,33	2,26	
	Washington Territory.												
171	Washington	72,91	„	7,08	9,63	7,99	71,56	1,95	1,79	10,36	77,02	1,66	
172	Gray Winter . . .	79,28	„	6,55	11,90	10,57	68,36	1,07	1,55	12,73	73,16	2,04	
	Oregon.												
173	White Russian . . .	73,09	„	6,72	11,90	8,89	68,73	1,48	2,28	11,91	74,54	1,91	
174	Hopkin	59,15	„	7,01	13,83	7,87	66,80	2,07	2,42	14,87	71,84	2,38	
	California.												
175	White Oats	—	„	7,95	13,13	8,83	66,33	1,83	1,93	14,26	72,06	2,28	
176	—	—	„	7,22	11,73	9,67	67,94	1,86	1,58	12,64	73,23	2,02	
177	Egyptian	—	„	6,58	9,63	10,10	70,02	1,88	1,79	10,31	74,94	1,65	

[1]) Vergl. Anmerkung [1]) S. 536.

No.	Nähere Bezeichnung	Zeit der Untersuchung	In der ursprünglichen Substanz: Wasser %	Stick-stoff-Substanz %	Fett %	Stickstoff-freie Ex-traktstoffe %	Roh-faser %	Asche %	In der Trocken-Substanz: Stick-stoff-Substanz %	Stickstoff-freie Ex-traktstoffe %	Stickstoff in der Trocken-Substanz %	Analytiker
178	Common White	1884	6,52	14,18	9,11	66,35	1,70	2,14	15,17	70,97	2,43	*Clifford Richardson*[1])
179	Fielder	„	7,12	12,08	9,32	68,86	1,27	1,35	13,00	74,15	2,08	
180	Kansas	„	8,76	15,58	7,15	—	—	2,55	17,08	—	2,73	
181	desgl.	„	8,87	14,35	5,79	—	—	2,60	15,74	—	2,53	
182	desgl.	„	8,37	16,63	8,14	—	—	2,75	18,14	—	2,90	
183	Tennessee-Winterhafer	„	9,03	15,75	9,42	—	—	2,09	17,31	—	2,77	
184	Florida	„	9,07	13,83	9,43	—	—	2,45	15,21	—	2,43	
185	Importirter Hafer, 1885, Welcome-Oats	„	9,60	14,35	8,83	—	—	2,40	15,87	—	2,55	
186	desgl., Clydedale-Oats	„	—	—	9,02	—	—	—	—	—	—	
187	New-Zealand, 1884	„	10,18	11,55	8,91	—	—	2,32	12,84	—	2,05	

Mittlere Zusammensetzung geschälten amerikanischen Hafers.

No.	Nähere Bezeichnung	Zahl der Analys.	Wasser %	Stick-stoff-Substanz %	Fett %	Stickstoff-freie Ex-traktstoffe %	Roh-faser %	Asche %	Stick-stoff-Substanz %	Stickstoff-freie Ex-traktstoffe %	Stickstoff in der Trocken-Substanz %	Analytiker
188	Vereinigte Staaten	179	12,79*)	13,46	7,62	62,83	1,29	2,01	15,37	72,10	2,46	*Clifford Richardson*[1])
189	Atlantische Küsten-Staaten	64	12,79	13,37	7,69	62,84	1,28	2,03	15,34	72,04	2,45	
190	Nördliche Staaten	92	12,79	13,96	7,52	62,40	1,28	2,05	16,01	71,53	2,56	
191	West-Staaten	54	12,79	13,58	7,41	62,89	1,28	2,05	15,58	72,10	2,59	
192	Süd-Staaten	69	12,79	13,37	7,70	62,89	1,27	1,98	15,33	72,01	2,45	
193	Nordwest-Staaten	8	12,79	12,82	8,04	63,05	1,20	2,10	14,70	72,29	2,35	
194	Pacific-Staaten	18	12.79	12,16	8,29	63,37	1,43	1,96	13,95	72,65	2,33	
	Deutscher, von der äusseren Samenschale befreiter Hafer ergab im Mittel	17	12,79	13,22	5,49	62,42	4,11	1,97	15,17	71,56	2,43	*W. Hoffmeister*[2])

V. Mais.

Zea Mais L. — Maize. Indian Corn, Maize.

Allgemeine Tabelle. Mais von verschiedener Herkunft.

Aeltere Analysen.

1. E. N. Horsford, Ann. Chem. Pharm. 1846, **58**, 166.
2. Payen, E. Wolff's Grundlagen des Ackerbaues 1856.
3. J. B. Boussingault, Die Landwirthschaft in ihren Beziehungen zur Chemie etc. Deutsch von Graeger, Halle 1854, **3**, 41.
4. Stöckhardt, Chem. Ackersm. 1856, 197.
5. Gorham, Schweigger's Journ. f. Chemie u. Physik **32**, 488.
6. Bartolomeo Bizio, Journ. f. Chemie u. Physik **37**, 377.
7. von Bibra, Die Getreidearten und das Brot, Nürnberg 1860, 359.

[1]) Vergl. Anmerkung [1]) S. 536.
[2]) Landw. Jahrb. 1886, **15**, 288.
*) Nach der Haupttabelle angenommen; das wirklich gefundene Mittel beträgt für No. 188 = 6,83 %, No. 189 = 6,84 %, No. 190 = 7,07 %, No. 191 = 6,98 %, No. 192 = 6,79 %, No. 193 = 7,38 % und No. 194 = 6,71 %.

No.	Nähere Bezeichnung	Zeit der Untersuchung	In der ursprünglichen Substanz: Wasser %	Stick-stoff-Substanz %	Fett %	Stickstoff-freie Extraktstoffe %	Roh-faser %	Asche %	In der Trocken-Substanz: Stick-stoff-Substanz %	Stickstoff-freie Extraktstoffe %	Stickstoff in der Trocken-Substanz %	Analytiker
1	Ohne nähere Bezeichnung	1852	13,16	9,12	3,46	72,53		1,73	10,51	83,51	1,68	*Th. Anderson*[1])
2	Ohne nähere Bezeichnung	1855	10,58	8,87	9,16	63,28	4,88	3,23	9,92	70,77	1,59	*H. Hellriegel*[2])
3	Gelber Herbstmais a. Corsika, 1854-er Ernte	„	13,47	9,90	6,68	64,54	3,97	1,44	11,44	74,58	1,83	*Poggiale*[3])
4	Flacher, weisser, amerikanischer Mais	„	11,80	8,91	4,32	73,21		1,76	10,10	65,50	1,62	*Arch. Polson*[4])
5	Flacher, gelber, amerik. Mais	„	11,50	8,76	4,69	73,46		1,59	9,90	63,20	1,58	*Arch. Polson*[4])
6	Runder, gelber, amerik. Mais	„	13,20	8,85	4,43	71,96		1,56	10,20	67,00	1,63	*Arch. Polson*[4])
7	Runder, gelber, aus Galacz .	„	11,80	9,08	4,50	72,86		1,76	10,30	60,10	1,65	*Arch. Polson*[4])
8	Aus Canada	„	12,80	11,12	5,00	67,65		1,43	12,75	77,58	2,04	*Ign. Moser*[5])
9	Gelber, Umgebung von Frankfurt a. M. gebaut . . .	1859	13,46	9,85	5,11	68,42	1,58	1,58	11,38	79,06	1,82	*R. Fresenius*[6])
10	In mässig gutem Boden gewachsen	1860	13,50	12,60	6,29	63,55	2,47	1,59	14,56	73,47	2,33	*A. v. Planta*[7])
11	Zucker-Pferdezahnmais, in Baden gebaut	„	9,75	9,51	7,76	63,24	6,27	3,47	10,54	70,07	1,69	*J. Nessler und E. Muth*[8])
12	Weisser Pferdezahnmais, in Baden gebaut	„	10,36	8,97	5,60	66,70	4,81	3,57	10,00	74,41	1,60	*J. Nessler und E. Muth*[8])
13	Pfälzer, gelber, in Bad. gebaut	„	9,74	7,96	5,29	67,30	5,63	4,09	8,82	74,55	1,41	*J. Nessler und E. Muth*[8])
14	Weisser, Oberländer, in Baden gebaut	„	9,16	5,82	5,60	70,57	5,94	2,91	6,41	77,68	1,03	*J. Nessler und E. Muth*[8])
15	—	1871	13,89	10,18	4,36	66,26	4,19	1,48	12,11	76,34	1,94	*W. Pillitz*[9])
16	Ungarischer Mais . . .	1868	14,58	11,88	3,97	63,75	4,20	1,62	13,91	75,62	2,23	*E. Heiden, Fritsche, Fr. Voigt, Th. Wetzke, A. Wolf und Güntz*[10])
17	Vermuthlich ungarisch. Mais	1870	14,30	11,01	4,40	65,65	2,40	2,24	12,85	76,61	2,06	*E. Heiden, Fritsche, Fr. Voigt, Th. Wetzke, A. Wolf und Güntz*[10])
18	desgl.	1871	15,03	11,81	3,87	66,12	1,50	1,67	13,90	77,82	2,22	*E. Heiden, Fritsche, Fr. Voigt, Th. Wetzke, A. Wolf und Güntz*[10])
19	desgl.	„	15,94	11,25	4,39	64,08	2,04	2,30	13,38	76,23	2,14	*E. Heiden, Fritsche, Fr. Voigt, Th. Wetzke, A. Wolf und Güntz*[10])
20	desgl.	„	12,20	11,73	4,83	67,84	1,58	1,84	13,36	77,27	2,14	*E. Heiden, Fritsche, Fr. Voigt, Th. Wetzke, A. Wolf und Güntz*[10])
21	desgl.	1872	13,80	11,16	4,30	66,23	1,72	2,79	12,94	76,83	2,07	*E. Heiden, Fritsche, Fr. Voigt, Th. Wetzke, A. Wolf und Güntz*[10])
22	—	1874	18,53	11,11	4,35	62,73	1,88	1,53	13,62	76,95	2,18	*E. Heiden, Fritsche, Fr. Voigt, Th. Wetzke, A. Wolf und Güntz*[10])

[1]) Transact. Highl. Soc. Juli 1851 bis März 1853. 456. Im lufttrocknen Zustande enthielt der Mais 0,71 % Phosphate und 0,14 % Phosphorsäure.

[2]) Chem. Ackersm. 1855, 248. Der Mais wog pro sächsischen Scheffel 170 Pfund. Zucker und Dextrin 5,28 %.

[3]) Weende'r Jahresber. 1855/56, 19 (a. N. J. Pharm. **30**, 180).

[4]) Ebendaselbst 19 (a. d. Chem. Gaz. 1855, 211). Für Gummi + Zucker und Stärke in der Trocken-Substanz werden angegeben:

	No. 4	5	6	7
Stärke	62,2	60,4	63,5	56,8 %
Gummi und Dextrin . .	3,3	2,8	3,5	3,3 „

[5]) Ebendaselbst 22. (Arenstein's landw. u. forstw. Ztg.) 1,24 % Zucker, 66,41 % Stärke und Gummi.

[6]) Landw. Versuchsstationen 1859, **I**, 179. Die Form der Körner war oval bis rund; das durchschnittliche Gewicht eines Kornes betrug 0,4 g. Die „Cellulose" wurde nach dem Peligot'schen Verfahren (Journ. f. prakt. Chem. **50**, 263) bestimmt. Zucker wurde nicht gefunden, dagegen 2,33 % Dextrin. Die Stickstoff-Substanz wurde von uns berechnet.

[7]) Ann. d. Chem. u. Pharm. **115**, 332. Der Gehalt an Zucker und Dextrin betrug 5,6 %.

[8]) Versuchsstation Karlsruhe. Deren Bericht 1870, 58. Die Maissorten waren unter gleichen Verhältnissen im Garten angebaut. Die stickstofffreien Extraktstoffe enthielten

	No. 11	12	13	14
Stärke	54,25	58,83	62,61	67,00 %
Als Zucker bestimmbare Körper .	4,77	7,24	—	Spuren.

[9]) Zeitschr. f. analyt. Chem. 1872, **II**, 46. Der Autor giebt 10,58 % Protein an, indem er 15,5 % Stickstoff im Protein annimmt. Wir berechneten den Gehalt an Stickstoff-Substanz mit dem Faktor 6,25 %. Stärke direkt bestimmt: 62,69 %, ausserdem an Kohlenhydraten: 0,76 % Dextrin, 1,38 % Zucker, ferner 1,43 % Extraktivstoffe. In Wasser löslich waren 1,87 % Protein und 1,15 % Asche (in lufttrockner Substanz). Zur Bestimmung der „Zellstoffe" wurde die Substanz zunächst in zugeschmolzenen Röhren mit verdünnter Schwefelsäure bei 140° erhitzt, der Rückstand mit Wasser, Alkohol und Aether ausgewaschen, nach dem Wägen die Aschenmenge bestimmt und in Abzug gebracht.

[10]) Mittheil. d. Versuchsstation Pommritz: Beiträge zur Ernährung des Schweines, 1876, 1. Heft, 17 u. f., 1877, 2. Heft, 41 u. f. Die Maissorten enthielten Sand (in der Asche):

No. 16	17	18	19	20	21	22	23	24	25	
0,52	0,45	0,46	0,66	0,27	0,18	0,30	0,23	0,07	0,08 %	der lufttrocknen Substanz.

No.	Nähere Bezeichnung	Zeit der Untersuchung	In der ursprünglichen Substanz: Wasser %	Stickstoff-Substanz %	Fett %	Stickstofffreie Extraktstoffe %	Rohfaser %	Asche %	In der Trocken-Substanz: Stickstoff-Substanz %	Stickstofffreie Extraktstoffe %	Stickstoff in der Trocken-Substanz %	Analytiker
23	Vermuthlich ungarisch. Mais	1874	17,69	9,51	4,30	65,34	1,60	1,56	11,55	79,39	1,85	*E. Heiden etc.*[1])
24	desgl.	"	14,53	11,43	4,35	66,42	1,87	1,40	13,37	77,71	2,14	
25	desgl.	"	21,20	9,87	4,10	62,43	0,99	1,41	12,52	79,22	2,00	
26	Amerikanischer	"	10,75	8,92	4,37	72,97	1,74	1,25	9,99	81,76	1,60	*L. Grandeau*[2])
27	—	"	11,10	7,25	—	—	—	—	8,16	—	1,31	
28	Aus dem Departement Landes	"	9,80	9,03	4,73	72,39	2,61	1,44	10,31	79,95	1,65	
29	Türkischer Mais	"	9,85	9,19	4,39	73,09	2,12	1,36	10,91	80,56	1,75	
30	Bourgogner Mais	"	11,20	9,14	4,50	69,04	3,33	2,79	10,29	77,75	1,65	
31	Ungarischer Mais . . .	1875	7,40	9,02	3,64	75,53	2,45	1,76	9,74	81,78	1,56	
32	Ohne nähere Bezeichnung	"	14,13	9,25	3,67	69,14	2,49	1,32	10,78	80,50	1,72	
33		"	12,20	8,56	3,00	71,36	3,60	1,28	9,75	81,27	1,56	
34		"	12,00	9,95	1,76	71,77	5,34	1,18	11,30	79,29	1,81	
35		"	12,30	9,43	3,53	70,72	2,90	1,02	10,75	80,76	1,72	
36		"	12,30	8,99	3,15	71,88	2,59	1,09	10,25	81,97	1,64	
37		"	12,60	8,81	4,11	69,15	3,93	1,40	10,08	79,12	1,77	
38		"	11,00	8,94	5,25	69,83	3,38	1,60	10,05	78,45	1,61	
39		"	11,00	8,51	4,63	70,96	3,78	1,12	9,57	79,72	1,53	
40		"	13,00	10,63	3,83	67,74	3,09	1,71	12,21	77,88	1,95	
41		"	12,00	8,88	3,52	72,00	2,29	1,37	10,09	81,75	1,61	
42		"	11,40	9,88	3,81	70,59	2,97	1,35	11,15	80,74	1,78	
43		"	11,62	6,18	2,39	71,50	6,16	2,12	7,00	80,92	1,12	
44		"	12,60	8,46	3,15	66,75	6,51	2,53	9,67	76,39	1,55	
45	Mittel von 38 Analysen aus dem Jahre 1879 . . .	1879	12,41	9,39	4,07	70,20	2,60	1,33	10,75	80,13	1,72	*derselbe*[3])
46	Mittel von 38 Analysen aus dem Jahre 1880 . . .	1880	13,00	9,06	3,85	71,10	1,69	1,30	10,41	81,74	1,67	
47	Ohne nähere Bezeichnung	1872	15,40	11,03	4,05	66,61	1,47	1,44	13,03	78,74	2,08	*E. Wolff und S. Kreuzhage*[4])
48		1878	13,00	11,61	4,14	68,25	1,52	1,48	13,34	78,45	2,13	*E. Wolff*[5])
49		1874	4,68	11,50	4,08	76,04	2,54	1,16	12,07	79,77	1,93	*W. Hoffmeister*[6])
50	Amerikanischer Mais . .	1875	10,10	10,30	2,90	—	3,50	—	11,45	—	1,83	*W. Henneberg*[7])
51	—	"	9,30	10,40	3,70	73,70	2,90	—	11,47	81,25	1,84	
52	Amerikanischer Mais . .	1878	17,42	8,33	3,82	67,11	2,10	1,22	10,09	81,27	1,61	
53	Donau-Mais	1879	15,53	10,70	4,13	66,36	1,96	1,32	12,67	78,56	2,02	
54	Amerikan. Pferdezahnmais .	1875	14,01	8,90	3,75	70,79	1,33	1,22	10,35	82,32	1,66	*J. König und C. Brimmer*[8])
55	Ungarischer Mais . . .	"	13,22	7,81	3,61	72,69	1,37	1,30	9,00	83,76	1,44	
56	desgl.	"	16,65	9,67	3,86	67,20	1,37	1,25	11,60	80,63	1,86	
57	desgl.	"	11,60	9,93	4,06	70,25	2,49	1,67	11,23	79,47	1,80	*E. Wildt*[9])

[1]) Vergl. Anmerkung [10]) S. 543.
[2]) Landw. Versuchsstation Nancy. Privat-Mittheilung.
[3]) Compt. rend. d. travaux du Congrès international d. Directeurs des stations agronomiques p. L. Grandeau. Paris 1881, 227 u. 285.
[4]) Landw. Jahrb. 1872, **1**, 557.
[5]) E. Wolff, Grundlagen f. d. rationelle Fütterung des Pferdes, 1885, 48.
[6]) Versuchsstation Insterburg. Privat-Mittheilung.
[7]) Versuchsstation Göttingen. Privat-Mittheilung und Landw. Jahrb. 1880, **9**, 810.
[8]) Versuchsstation Münster. I. Bericht 1871/79, 39. Landw. Jahrb. 1876, **5**, 661. 100 Körner dieses Maises wogen 49,54 g.
[9]) Landw. Versuchsstation Posen. Privat-Mittheilung.

No.	Nähere Bezeichnung	Zeit der Untersuchung	In der ursprünglichen Substanz: Wasser %	Stick-stoff-Substanz %	Fett %	Stickstoff-freie Ex-traktstoffe %	Roh-faser %	Asche %	In der Trocken-Substanz: Stick-stoff-Substanz %	Stickstoff-freie Ex-traktstoffe %	Stickstoff in der Trocken-Substanz %	Analytiker
58	Amerikanischer Mais . .	1875	19,70	9,70	3,80	64,10	1,60	1,10	12,08	79,82	1,93	*F. Holdefleiss*[1])
59	—	1877	14,22	9,75	3,56	68,83	1,90	1,74	11,37	80,23	1,78	*W. Th. Osswald*[2])
60	Gelber amerikanischer Mais	1876	13,00	9,68	4,96	—	—	1,04	11,13	—	1,78	*G. Flourens*[3])
61	Weisser (in Frankreich) einheimischer Mais . . .	„	13,00	8,16	8,70	—	—	1,04	9,38	—	1,50	
62	Amerikanischer Mais . .	1877	20,82	8,53	3,34	64,49	1,68	1,14	10,77	81,45	1,72	*P. Wagner u. W. Rohn*[4])
63	desgl.	„	20,40	8,75	2,90	65,29	1,44	1,22	11,00	82,00	1,76	
64	desgl.	„	14,00	9,19	4,50	68,52	2,50	1,29	10,68	79,68	1,71	
65	Ungarischer Mais	„	13,55	10,94	4,00	67,36	2,80	1,35	12,66	77,91	2,03	
66	desgl.	1878	13,20	10,30	4,50	68,10	2,70	1,20	11,87	78,46	1,90	
67	Cinquantino	„	14,54	7,87	4,53	70,81	1,44	0,81	9,22	82,84	1,48	*Schwackhöfer*[5])
68	Ungarischer Mais	„	20,64	7,80	5,63	63,18	1,50	1,25	9,63	80,03	1,54	
69	Pferdezahnmais, weisser .	„	13,53	6,25	4,87	72,46	1,84	1,05	7,22	83,81	1,16	
70	Ungarischer Mais	„	17,80	6,90	4,70	64,00	5,50	1,10	8,40	77,85	1,34	*Heidepriem*[6])
71	Amerikanischer Mais . .	„	13,02	8,29	4,29	71,34	1,81	1,25	9,53	82,02	1,52	*Petermann, Mercier und Molinaris*[7])
72	Vom schwarzen Meere . .	„	12,46	9,12	4,36	71,14	1,50	1,42	10,42	81,27	1,67	
73	Amerikanischer Mais . .	1879	17,94	8,51	4,69	66,80	1,24	0,82	10,37	81,40	1,66	
74	Ohne nähere Bezeichnung	„	18,63	9,12	4,57	59,23	7,23	1,22	11,20	72,80	1,79	*G. Kühn und E. Kern*[8])
75		„	16,88	8,50	4,02	67,34	2,07	1,19	10,20	81,10	1,63	
76	Grosser weisser Tyroler Mais,											
77	in Böhmen gewachsen .	—	13,00	10,30	3,93	66,50	4,58	1,69	11,84	76,43	1,89	*J. Hanamann*[9])
	Ohne nähere Bezeichnung	1879	12,98	8,77	4,08	71,23	1,68	1,26	10,08	81,85	1,61	*C. Weigelt*[10])
78		„	12,72	9,47	4,41	70,76	1,39	1,25	10,85	81,08	1,74	
79		„	14,76	8,65	4,23	69,94	1,30	1,12	10,15	82,06	1,62	
80	Italienischer Mais	1877	16,81	8,01	4,12	62,58	6,48	2,00	9,63	75,23	1,54	*Alex. Pasqualini*[11])

[1]) Zeitschr. d. Landw. Centr.-Ver. f. d. Prov. Sachsen 1876, 243.

[2]) Ebendaselbst 1878, 13. Zwei andere gleichzeitig untersuchte Proben Maiskörner enthielten:
1. 8,56 % Eiweissstoffe und 3,58 % Fett,
2. 4,56 % Fett und 65,85 % stickstofffreie Extraktstoffe.

[3]) Centrbl. f. Agrik.-Chem. 1877, **6**, 96. (Annal. agronom. 1876, **2**, 182.) Der bei 120° getrocknete Mais enthielt ferner:

	Stärke	Dextrin	Traubenzucker	verschiedene org. Stoffe u. gebund. Wasser	in Wasser lösl. Stoffe
No. 60 . . .	65,50	2,43	3,30	9,95	8,50 %
No. 61 . . .	65,20	0,90	2,20	10,75	7,20 „

[4]) Versuchsstation Darmstadt. Privat-Mittheilung.

[5]) Original-Mittheilung a. d. technologischen Laboratorium d. k. k. Hochschule f. Bodenkultur in Wien. Die Maiskörner enthielten

	in Wasser lösliches koagulirbares Protein	desgl. nicht koagulirbar	unlösliches Protein	Stärke	Dextrin	Zucker
No. 67	0,99	0,58	6,30	47,38	2,67	1,43 %
No. 68	0,75	0,09	6,96	44,73	3,62	0,96 „
No. 69	0,63	0,27	5,35	?	4,03	1,06 „

[6]) Landw. Jahrb. 1880, **9**, 810. Im Original berechnen sich die Bestandtheile zusammen auf 100,8; wir kürzten diesen Ueberschuss von den stickstofffreien Extraktstoffen.

[7]) Versuchsstation Gembloux. Original-Mittheilung.

[8]) Versuchsstation Möckern. Original-Mittheilung.

[9]) Lehrb. d. Bierbrauerei von C. Lintner. Braunschweig 1875, 356. Der Mais enthielt Albumin 0,33 %, in Wasser lösliche, nicht koagulirbare Proteinstoffe 1,33 %, Fibrin 2,46 %, unlösliche Proteinkörper 7,67 %, Stärkemehl 72,55 %, Dextrin 3,04 %, Extraktstoffe 0,84 %, Hülsenstoffe 5,27 %.

[10]) Landw. Jahrb. 1880, **9**, 810.

[11]) Ann. Staz. Agr. Forli 1877, **6**, 48. Der Mais enthielt in der lufttrocknen Substanz 54,31 % Stärke, 2,82 % Zucker, 5 % andere stickstofffreie Stoffe und 0,008 % Stickstoff in Form von Ammoniak.

No.	Nähere Bezeichnung	Zeit der Untersuchung	In der ursprünglichen Substanz: Wasser %	Stickstoff-Substanz %	Fett %	Stickstofffreie Extraktstoffe %	Roh-faser %	Asche %	In der Trocken-Substanz: Stickstoff-Substanz %	Stickstofffreie Extraktstoffe %	Stickstoff in der Trocken-Substanz %	Analytiker
81	Ohne nähere Bezeichnung	1879	13,46	10,32	3,93	69,59	1,42	1,28	11,93	80,41	1,91	J. Fittbogen u. Förster [1])
82	Ohne nähere Bezeichnung	„	13,05	9,13	3,94	70,60	1,83	1,45	10,50	81,20	1,68	J. Fittbogen u. Förster [1])
83	Ohne nähere Bezeichnung	„	13,40	9,53	3,89	69,75	1,93	1,50	11,03	80,52	1,76	J. Fittbogen u. Förster [1])
84	Ohne nähere Bezeichnung	1880	15,10	8,66	3,52	69,73	1,61	1,38	10,20	82,13	1,63	E. Kern u. Wattenberg [2])
85	Badischer Frühmais, in Poppelsdorf gebaut . .	„	8,91	11,58	4,25	71,76	1,80	1,70	12,71	78,77	2,034	R. Hornberger u. E. v. Raumer [3])
86	Aus Ungarn	„	22,20	6,75	3,51	64,97	1,26	1,31	8,67	83,52	1,39	F. Soxhlet [4])
87	Aus Amerika	„	13,53	7,38	2,95	73,04	1,81	1,29	8,53	84,49	1,36	F. Soxhlet [4])
88	Aus dem Banat	„	14,97	8,97	3,46	69,83	1,53	1,24	10,55	82,12	1,69	F. Soxhlet [4])
89	Aus Serbien	„	16,45	10,06	5,05	65,83	1,34	1,27	12,04	78,80	1,93	F. Soxhlet [4])
90	Aus der Walachei . . .	„	14,48	7,88	3,38	71,79	1,14	1,33	9,21	83,96	1,47	F. Soxhlet [4])
91	Aus Ungarn	„	22,18	8,31	3,17	63,69	1,33	1,32	10,68	81,84	1,71	F. Soxhlet [4])
92	Aus Amerika	„	13,59	9,20	4,00	67,64	3,64	1,90	10,74	77,82	1,72	Heinrich [5])
93	desgl.	1881	—	9,81	3,96	—	—	—	—	—	—	Heinrich [5])
94	Gelber Mais, früher badischer	1880	13,00	7,88	4,72	71,47	1,39	1,27	9,06	82,45	1,45	E. Flechsig [6])
95	desgl., kanadisch. aus Ungarn	„	13,00	8,26	5,22	70,78	1,37	1,37	9,50	81,35	1,52	E. Flechsig [6])
96	desgl., türkischer, 40-tägiger	„	13,00	8,43	5,12	70,75	1,29	1,51	9,69	81,22	1,55	E. Flechsig [6])
97	desgl., Jaune hâtif d'Antonia	„	13,00	10,99	4,69	68,94	1,26	1,12	12,63	79,23	2,02	E. Flechsig [6])
98	desgl., früher amerikanischer Bernsteinmais	„	13,00	7,99	5,00	71,47	1,31	1,23	9,19	82,13	1,47	E. Flechsig [6])
99	Gelber Mais, Cinquantino .	„	13,00	8,59	4,80	70,70	1,62	1,29	9,88	81,26	1,58	E. Flechsig [6])
100	Weisser Mais, steirischer .	„	13,00	9,05	4,63	70,64	1,37	1,31	10,40	81,65	1,68	E. Flechsig [6])
101	desgl., ungarischer . . .	„	13,00	8,59	5,40	70,29	1,30	1,42	9,88	80,78	1,58	E. Flechsig [6])
102	desgl., Improved King Philip	„	13,00	7,79	4,72	71,75	1,40	1,34	8,95	82,47	1,43	E. Flechsig [6])
103	desgl., Blanc hâtif des Landes	„	13,00	7,83	5,41	71,13	1,24	1,39	9,00	81,75	1,44	E. Flechsig [6])
104	desgl., Sucre ridé	„	13,00	9,79	7,30	66,08	2,00	1,83	11,25	75,96	1,80	E. Flechsig [6])
105	Rother Hühnermais . . .	„	13,00	9,62	5,05	70,02	1,07	1,24	11,06	80,48	1,77	E. Flechsig [6])
106	desgl., Papageienmais . .	„	13,00	7,56	5,12	71,68	1,47	1,17	8,69	82,39	1,39	E. Flechsig [6])
107	desgl., bunter Augustmais .	„	13,00	8,27	4,37	71,83	1,28	1,25	9,50	82,67	1,52	E. Flechsig [6])
108	Weisser Mais, Tirol 1882-er	1883	12,41	11,32	4,69	70,48		1,08	12,93	80,48	2,07	K. Portele [7])
109	Ungar. Cinquantino, 1882-er	„	14,22	14,23	4,91	65,02		1,62	16,59	75,80	2,66	K. Portele [7])
110	desgl., 1881-er	„	14,00	10,93	4,46	68,99		1,62	12,67	80,26	2,03	K. Portele [7])

[1]) Versuchsstation Dahme. Privat-Mittheilung.

[2]) Journ. f. Landw. 1880, **28**, 307.

[3]) Landw. Jahrb. 1882, **11**, 371, 471. Der Gehalt an Eiweiss war 9,91 % in der lufttrocknen und 10,88 % in der trocknen Substanz.

[4]) K. Bayerische landw. Central-Versuchsstation. Original-Mittheilung.

[5]) Bericht der Landw. Versuchsstation Rostock. 1882, 75.

[6]) Landw. Versuchsstationen 1886, **32**, 179. Diese Maissorten wurden 1880 im Proskauer Versuchsfelde unter gleichen Witterungs-, Düngungs- und Bodenverhältnissen angebaut. (Für Richtigkeit der Namen wie für die Reinheit der Sorten steht der Autor nicht ein.)

[7]) Landw. Versuchsstationen 1886, **32**, 241. In den Maisproben wurde auch der Stärkegehalt nach Ueberführen derselben in Zucker mittelst Fehling'scher Lösung bestimmt und darnach in der lufttrocknen Substanz gefunden:

No.	108	109	110	111	112	113	114	115	116	117
Stärke	57,92	53,91	58,24	60,49	58,47	59,24	59,68	36,72	59,47	57,43
No.	118	119	120	121	122	123	124			
Stärke	61,24	61,03	60,21	59,01	62,34	(64,26	62,13 in der Trocken-Substanz).			

Zucker konnte der Autor in keiner der untersuchten Proben nachweisen.

No.	Nähere Bezeichnung	Zeit der Untersuchung	In der ursprünglichen Substanz: Wasser %	Stickstoff-Substanz %	Fett %	Stickstofffreie Extraktstoffe %	Rohfaser %	Asche %	In der Trocken-Substanz: Stickstoff-Substanz %	Stickstofffreie Extraktstoffe %	Stickstoff in der Trocken-Substanz %	Analytiker
111	Ungarischer Cinquantino, alt	1883	13,20	10,12	4,83	70,37		1,48	11,67	81,07	1,87	K. Portele[1])
112	Selice Mantovano, I. Qual., 1882-er	"	13,20	11,68	5,09	68,86		1,17	13,46	79,51	2,15	
113	desgl., II. Qual., 1882-er .	"	13,71	11,50	4,63	68,92		1,24	13,33	79,86	2,13	
114	Früher weisser Paduaner, 1882-er	"	13,50	11,34	4,45	69,14		1,57	13,11	79,94	2,10	
115	Amerikanischer Pferdezahnmais, 1882-er	"	13,63	9,62	5,32	70,10		1,13	11,14	81,39	1,78	
116	Gelber, ungar. Mais, 1882-er	"	13,43	9,50	4,75	70,75		1,57	10,97	81,73	1,76	
117	Italien. Cinquantino, 1882-er	"	13,50	12,56	4,50	68,09		1,35	14,52	78,73	2,32	
118	Italien. Pignoletto, 1882-er	"	13,68	12,81	4,74	67,45		1,32	14,83	78,15	2,37	
119	Szecler Mais, 1882-er . .	"	12,95	9,50	5,69	70,28		1,58	10,92	80,72	1,75	
120	Burpells Mammuth-Corn .	"	12,48	11,18	5,05	69,67		1,62	12,78	79,60	2,04	
121	Landreth Carly Summer, 1882-er	"	14,50	11,68	4,98	67,44		1,40	13,67	78,86	2,19	
122	King Philip, braun, alt . .	"	11,15	11,04	4,47	72,03		1,31	12,46	81,01	1,99	
123	Gelber, grosskörniger Mais, St. Michele, 1883-er . .	"	13,00	14,36	4,37	66,74		1,53	16,51	—	2,64	
124	Weisser Mais, St. Michele, 1883-er	"	13,00	11,79	5,07	69,00		1,14	13,56	—	2,17	
125	In Jagem gewachsen (Tomorokoschi)	"	19,27	12,29	4,10	61,46	2,02	0,86	15,22	76,13	2,43	O. Kellner[2])
126	Mais aus Kamerun . . .	1886	9,00	8,13	5,46	75,15	1,04	1,20	8,94	82,60	1,43	B. Schulze[3])
127	desgl. aus Brasilien . . .	1876	12,41	8,75	4,78	70,05	1,99	2,02	9,99	79,97	1,60	Emmerling u. R. Wagner[4])
128	Mais alter Ernte 1887	1888	14,64	9,30	3,95	69,57	1,42	1,12	10,90	81,50	1,74	E.H. Jenkins[5])
129	Mais alter Ernte 1887	"	13,09	9,40	4,11	70,67	1,53	1,20	10,82	81,31	1,73	
130	Mais neuer Ernte 1888	"	20,00	8,06	3,77	65,38	1,54	1,25	10,07	81,73	1,61	
131	Mais neuer Ernte 1888	"	19,73	8,68	4,05	64,87	1,61	1,06	10,68	79,82	1,71	
132	Mais neuer Ernte 1888	"	20,30	8,40	3,62	65,20	1,38	1,10	10,54	81,81	1,69	
133	Mittel zahlreicher Analysen	—	10,40	10,46 *)	5,20	70,69	2,08	1,52	11,67	78,90	1,87	H. W. Wiley[6])
134	Amerikanischer Mais, Mittel von 16 Proben . . .	1889	11,70	8,58	1,69	75,80	1,71	0,52	9,72	85,84	1,56	R. Wahl und M. Henius[7])
135	Amerikanischer Mais . .	1893	12,50	9,80	4,90	65,67	1,53	1,62	11,20	75,05	1,79	R. Wahl[8])

[1]) Vergl. Anmerkung [7]) S. 546.

[2]) Japan. Chemic. Anal. Tokio 1884, 14. Der Mais enthielt 73,72 % Stärke und 2,41 % andere stickstofffreie Extraktstoffe, ferner 0,332 % Stickstoff in Form von Amiden in der Trocken-Substanz.

[3]) Der Landwirth 1886, **22**, 543. Der untersuchte Mais war ein Korn von länglicher Form, sehr hellgelber Farbe, ziemlich gross und hatte ein durchschnittliches Gewicht von 20,9 g für 200 Körner.

[4]) Zusammenstellung von Analysen von Futtermitteln. Versuchsstation Kiel 1877.

[5]) Annual Rep. of the Connecticut Agric. Exper. Station für 1888, **2**, 150 (1889); Jahresber. Agrik.-Chem. 1889, **32**, 415.

[6]) Milchztg. 1892, **21**, 121; Chem. Centrbl. 1892, I, 595.

[7]) Der Braumeister 1889, **2**, 388; Viertelj. Nahrungs- u. Genussm. 1889, **4**, 344.

[8]) Zeitschr. ges. Brauwesen 1893, **16**, 439.

*) Der Gehalt an Stickstoff-Substanz schwankte zwischen 7,00 und 14,65 %.

No.	Nähere Bezeichnung	Zeit der Untersuchung	In der ursprünglichen Substanz: Wasser %	Stick-stoff-Substanz %	Fett %	Stickstoff-freie Extraktstoffe %	Roh-faser %	Asche %	In der Trocken-Substanz: Stick-stoff-Substanz %	Stickstoff-freie Extraktstoffe %	Stickstoff in der Trocken-Substanz %	Analytiker
136	Weisser Pferdezahnmais	1891	12,20	8,19	4,28	74,21		1,12	9,33	—	1,49	Plagge und Lebbin [1])
137	Pferdezahnmais *)	1893	6,49	12,25	4,15	72,89	2,23	1,99	13,10	77,98	2,10	W. Bersch [2])
138	Ohne nähere Bezeichnung	1890	12,59	9,48	4,06	71,42	1,29	1,16	10,85	82,20	1,74	E. Wolff [3])
139	desgl.	„	13,59	9,12	3,87	70,74	1,62	1,06	10,55	81,87	1,69	E. Wolff [3])
140	Ohne nähere Bezeichnung bei Gelegenheit von Fütterungsversuchen untersucht 1	1895	13,06	10,83	3,90	69,27	1,56	1,38	12,46	79,67	2,09	E. Wolff, C. Kreuzhage u. Sieglin [4])
141	2	„	14,00	9,15	4,50	71,38	1,51	1,46	10,64	80,67	1,70	
142	3	„	11,99	11,16	4,07	70,03	1,39	1,36	12,68	79,57	2,03	
143	4	„	11,49	9,90	4,66	71,18	1,15	1,62	11,19	80,41	1,79	
144	5	„	15,49	9,32	3,64	68,55	2,16	0,84	11,03	81,13	1,76	
	Anbauversuche zu Debreczin in Ungarn 1893.											
145	Nanarobello-Mais	1893	10,89	9,41	7,49	70,74		1,47	10,55	79,41	1,69	Victor Vedrödi [5])
146	Mauthner, 6-Wöchner-Mais	„	9,81	8,99	12,50	67,22		1,48	9,69	74,84	1,55	
147	Pignoletto-Mais	„	10,34	12,05	8,70	67,57		1,34	13,43	75,35	2,15	
148	Széklyer Mais	„	14,94	10,34	7,47	66,07		1,22	12,15	77,64	2,30	
149	Cinquantino-Mais	„	10,48	9,27	6,44	72,30		1,51	10,35	80,78	1,66	
150	King Philip-Mais	„	8,09	11,42	8,97	70,07		1,45	12,42	76,26	1,99	
151	Canadaer Mais	„	5,43	9,91	6,59	76,65		1,42	10,47	81,07	1,68	
152	Gelber Pferdezahnmais	„	9,34	8,62	6,57	74,04		1,43	9,50	81,69	1,52	
153	Pennsylvaner Mais	„	8,52	9,31	8,91	71,81		1,44	10,17	78,53	1,63	
154	Ungarischer Mais	„	9,02	8,96	7,12	73,60		1,30	9,87	80,92	1,60	
	Mittel	—	**13,32**	**9,58**	**5,09**	**67,89**	**2,65**	**1,47**	**11,05**	**78,32**	**1,77**	
	Schwankungen **)	—	4,68—21,20	5,57—14,38	1,66-12,01	52,09-73,78	0,99-7,59	0,51—3,92	6,41—16,59	60,10—85,14	1,03—2,65	

In Italien gebauter Mais.

No.	Nähere Bezeichnung	Zeit der Untersuchung	Wasser %	Stickstoff-Substanz %	Fett %	Stickstoff-freie Extraktstoffe %	Rohfaser %	Asche %	Trocken-Substanz: Stickstoff-Substanz %	Stickstoff-freie Extraktstoffe %	Stickstoff in der Trocken-Substanz %	Analytiker
	Gemeinde Coriano.											
1	Ernte 1880 (Nr. 1–11), Ernte 1881 (Nr. 12): Sämmtliche 12 Proben waren italien. Frühmais; die Maiskolben trocken von strohgelber Farbe u. verschiedener Grösse. Einige derselben waren von einem Wurm angefressen, jedoch zeigte sich weder Geruch noch Geschmack nach Schimmel; auch mikroskop. konnten keine Pilze nachgewiesen werden.	1883	15,48	11,05	3,89	64,34	2,79	2,45	13,07	76,13	2,09	Al. Pasqualini [6])
2		„	14,28	10,67	3,54	65,37	3,85	2,29	12,45	76,16	1,99	
3		„	15,43	11,56	4,00	63,82	2,76	2,43	13,66	75,48	2,19	
4		„	15,89	11,19	3,43	64,40	3,05	2,64	13,30	75,85	2,13	
5		„	14,95	11,10	4,01	63,30	3,54	3,00	13,05	74,54	2,09	
6		„	15,35	11,65	3,48	64,14	3,15	2,23	13,76	75,78	2,20	
7		„	14,84	11,38	3,65	64,16	3,15	2,82	13,36	75,34	2,14	
8		„	14,32	10,98	3,03	65,61	3,15	2,81	12,81	76,69	2,05	
9		„	15,10	10,80	3,99	64,34	3,62	2,15	12,72	75,79	2,04	
10		„	15,19	11,19	3,62	64,87	2,95	2,18	13,19	76,49	2,11	
11		„	14,81	11,10	3,29	68,50	0,15	2,15	13,03	78,83	2,08	
12		„	14,37	10,86	3,14	66,25	3,35	2,03	12,68	77,37	2,03	

[1]) Veröffentlichungen auf dem Gebiete des Militär-Sanitätswesens. Berlin 1897, **12**, 189.
[2]) Oesterr.-ung. Zeitschr. f. Zucker-Ind. u. Landw. 1893. Sonderabdruck.
[3]) Landw. Jahrb. 1890, **19**, 801 u. 825.
[4]) Landw. Jahrb. 1895, **24**, 131.
[5]) Chem.-Ztg. 1895, **19**, 350.
[6]) Vergl. Anmerkung [1]) S. 549.
*) Der Pferdezahnmais enthielt 11,56 % Reineiweiss (nach Stutzer), 65,87 % Stärke und 7,02 % Zucker, Dextrin etc. Die Asche ist Reinasche.
**) Die Schwankungszahlen mit Ausnahme derer für Wasser sind auf den mittleren Wassergehalt (13,32) bezogen.

No.	Nähere Bezeichnung	Zeit der Untersuchung	In der natürlichen Substanz: Wasser %	Stick-stoff-Substanz %	Fett %	Stickstoff-freie Extraktstoffe %	Rohfaser %	Asche %	In der Trocken-Substanz: Stick-stoff-Substanz %	Stickstoff-freie Extraktstoffe %	Stickstoff in der Trocken-Substanz %	Analytiker
	Gemeinde Clementi.											
13	Ohne nähere Bezeichnung	1883	12,47	10,68	3,83	67,73	3,19	2,10	12,20	78,86	1,95	Al. Pasqualini [1])
14	Ohne nähere Bezeichnung	„	12,53	10,79	2,93	67,82	3,41	2,52	12,33	77,54	1,97	
15	Maiz delle Lande, angebaut 1882 zu Grotter bei Forli	„	12,60	9,10	3,66	70,69	2,58	1,37	10,41	80,88	1,67	
16	desgl., angebaut 1882 auf dem Versuchsfelde bei Forli .	„	14,00	9,66	3,42	69,55	2,33	1,04	11,23	80,87	1,73	
17	desgl., angebaut 1882 zu Forlimpopoli	„	12,86	11,05	4,11	69,14	1,93	0,91	12,69	79,33	2,03	
18	Mais, 1881-er Ernte, Stallmistdüngung	„	4,70	9,72	3,50	78,24	1,98	0,86	10,20	82,85	1,63	
19	desgl., Superphosphatdüng.	„	6,75	10,34	3,55	77,09	1,67	0,60	11,08	82,68	1,76	
20	Gelber Mais, von der Basis des Kolbens	„	13,60	8,52	4,76	68,88	2,74	1,50	9,86	79,72	1,58	
21	desgl., von d. Mitte d. Kolbens	„	10,60	11,02	6,15	67,25	3,44	1,58	12,33	75,17	1,97	
22	desgl., von der Spitze des Kolbens	„	10,38	8,24	5,15	71,27	3,56	1,50	9,20	79,61	1,47	
23	Pflanzen frei (ohne Bedeckung) gewachsen . .	„	11,70	8,31	4,70	70,74	2,95	1,60	9,42	80,10	1,51	F. Sestini u. A. Funaro [2])
24	desgl. mit weissem Vorhange umgeben	„	12,80	5,34	3,30	73,81	2,95	1,80	6,12	84,65	0,98	
25	„Weisser" Mais	1890	12,03	9,60	6,30	68,33	2,34	1,40	10,91	77,67	1,75	Alessandro Pasqualini [3])
26	Achtreihiger Mais, grosse Körner	„	12,48	8,88	6,40	69,32	1,67	1,25	10,15	79,20	1,62	

[1]) Ann. Staz. Agrar. Forli 1883, **12**, 53, 67, 105 und 1885, **14**, 37. An näheren Bestandtheilen wurden ferner bestimmt und für die lufttrockene Substanz gefunden:

No.	1	2	3	4	5	6	7	8	9	10	11
Zucker	1,45	1,56	1,10	1,83	1,66	1,56	1,76	2,36	2,61	2,00	1,70
Dextrin und Gummi . .	0,64	0,38	0,35	0,39	0,39	0,42	0,29	0,48	0,23	0,13	0,34
Stärke (Differenz) . . .	61,76	63,01	61,92	61,74	60,81	61,70	61,68	62,34	61,08	62,32	66,04

No.	12	13	14	15	16	17	18	19	20	21	22
Zucker	1,80	1,66	2,00	2,06	3,14	3,24	3,67	2,98	2,80	3,29	3,60
Dextrin und Gummi . . (15–17: nicht bestimmte Subst. u. Verlust)	0,32	0,29	0,34	5,22	4,87	5,84	2,28	2,15	2,13	2,36	3,00
Stärke (Differenz) . . . (15–17: direkt bestimmt)	63,73	65,37	65,05	63,05	61,16	59,63	67,97	69,91	63,61	61,12	64,45
Wasserlösliche Stickstoff-Substanz	—	—	—	—	—	—	—	—	1,37	1,25	1,52

Die Stickstoff-Substanz ist vom Autor durch Multiplikation des Stickstoffgehaltes mit 6,5 berechnet; wir haben die Zahlen für den Faktor 6,25 umgerechnet und darnach die stickstofffreien Extraktstoffe entsprechend abgeändert.

[2]) Landw. Versuchsstationen 1884, **30**, 106. Der Mais wurde am 31. Mai in Reihen gesäet. Ein Beet wurde mit weissem, appretirtem Baumwolltuch zum Abhalten der Sonnenstrahlen (Nachahmung bedeckten Himmels) überdeckt. Die Summe der Temperaturen betrugen (bis 14. September):

	Luft	Erde
Bei unbedecktem Beet	2462,9°	2299,8°
Bei bedecktem Beet	„ 2336,1°	„ 2163,3°

Die untersuchten Samen wurden am 15. September geerntet und an der Sonne getrocknet.

[3]) Staz. sperim. agr. Ital. 1890, **19**, 503. A. Pasqualini fand ferner:

	Gewicht von 100 Körnern	Glykose	Dextrin + Gummi	lösliche Stickstoff-Substanz	In der Asche: Kali (K_2O)	Phosphorsäure (P_2O_5)
Weisser Mais	38,64 g	4,17 %	3,46 %	—	30,22 %	26,12 %
Achtreihiger Mais (grosse Körner)	38,36 g	1,48 „	3,45 „	—	36,03 „	25,87 „
„ „ (kleine „)	34,46 g	1,64 „	2,70 „	—	32,75 „	26,76 „
Amerikanischer Mais	25,37 (?) g	2,04 „	2,23 „	0,23 %	24,84 „	42,20 „
Frühreifer Mais	—	2,48 „	—	—	—	—

Die Aschenangaben beziehen sich auf kohlensäurefreie Asche.

No.	Nähere Bezeichnung	Zeit der Untersuchung	In der ursprünglichen Substanz: Wasser %	Stick-stoff-Substanz %	Fett %	Stickstoff-freie Extraktstoffe %	Roh-faser %	Asche %	In der Trocken-Substanz: Stick-stoff-Substanz %	Stickstoff-freie Extraktstoffe %	Stickstoff in der Trocken-Substanz %	Analytiker
27	Achtreihiger Mais, kleine Körner	1890	11,81	9,28	6,37	70,10	3,94	1,50	10,52	79,49	1,68	Alessandro Pasqualini[1])
28	Amerikanischer Mais, 1884 in Forli gebaut . . .	„	10,60	8,70	5,90	68,46	4,20	2,94	9,73	76,58	1,56	
29	Frühreifer Mais von Lande	„	13,15	10,33	3,73	68,40	3,28	1,11	11,89	78,87	1,90	
30	Maisstauden, geköpft . .	1892	11,62	8,43	4,68	70,63	1,60	3,04	9,54	79,92	1,53	P. Maissen[2])
31	„ nicht geköpft .	„	12,90	8,02	4,69	70,02	1,45	2,92	9,21	80,41	1,47	
32	Kalder Paduaner	„	16,10	9,20	4,10	67,60	1,60	1,40	10,97	80,57	1,76	E. Pott[3])
33	Paduaner Gyertyan . . .	„	15,50	10,90	4,30	65,40	2,40	1,40	12,90	77,40	2,06	
34	Pignoletto von Ujmajor . .	„	15,90	9,30	4,30	67,10	2,40	1,00	11,06	79,79	1,77	
	Mittel	—	**13,32** *)	**9,97**	**4,12**	**68,04**	**2,69**	**1,86**	**11,50**	**78,49**	**1,84**	

In Amerika gebauter Mais.

1. Flint Corn.

No.	Nähere Bezeichnung	Zeit der Untersuchung	Wasser %	Stickstoff-Substanz %	Fett %	Stickstofffreie Extraktstoffe %	Rohfaser %	Asche %	Trocken: Stickstoff-Substanz %	Trocken: Stickstofffreie Extraktstoffe %	Stickstoff in der Trocken-Substanz %	Analytiker
1	Norfolk White, Carge, 16-reih.	1878	11,17	10,88	4,70	70,04	1,90	1,31	12,25	78,84	1,96	S. W. Johnson[4])
2	Vermont White, Cap. 1877	„	10,86	11,06	4,29	71,22	1,04	1,53	12,41	79,89	1,99	
3	Rowley, 1877	„	11,00	11,63	4,83	70,15	0,78	1,61	13,06	78,83	2,09	
4	Western yellow, etwas unrein	„	13,93	8,82	3,92	70,48	1,59	1,25	10,25	81,89	1,64	W. O. Atwater[5])
5	Southern White	„	13,82	8,80	4,02	71,07	0,88	1,32	10,31	82,47	1,65	
6	Yellow or Canada, 8-reihig, sehr armer, schwerer Lehmboden	„	15,10	10,01	5,31	66,99	1,24	1,36	11,56	78,90	1,85	
7	Carly Dutton, 12-reihig, ziemlich schmale Körner . .	1879	8,08	9,62	5,64	72,62	2,52	1,52	10,46	78,98	1,67	derselbe[6])
8	Common Yellow or Canada, 8-reihig	„	10,52	9,72	4,42	71,63	2,40	1,31	10,86	80,06	1,74	
9	King Philip or Rhode Island, 8-reihig	„	9,79	11,87	4,45	70,08	2,21	1,60	13,16	77,69	2,11	
10	Smut nose, Michigan . .	1878	12,90	11,81	4,94	66,81	2,00	1,54	13,55	76,63	2,17	R. C. Kedzie[7])
11	desgl.	„	13,26	11,51	5,14	66,11	2,49	1,49	13,27	76,21	2,12	
12	8-reihig, Flint Michigan .	„	13,45	12,00	4,83	66,03	2,26	1,43	13,86	76,30	2,22	
13	Sanford Michigan . . .	„	13,37	10,69	5,06	67,41	2,10	1,37	12,34	77,82	1,97	
14	Comptoires Early, in Pennsylvanien gewonnen . .	„	6,59	9,90	5,30	74,48	2,09	1,64	10,59	79,74	1,69	P. Collier[8])

[1]) Vergl. Anmerkung [1]) S. 549.
[2]) Mitgetheilt von G. Cugini. Staz. sperim. agr. Ital. 1892, **23**, 561.
[3]) Centrbl. Agrik.-Chem. 1892, **35**, 447.
[4]) Ann. Rep. Connect. Agric. Exp. Stat. für 1877, 57. Desgl. für 1879, 134.
[5]) N. Rep. of work Agric. Experim. Stat. Middletown, Conn. 1877/78, 29. No. 4 enthielt ungesunde Körner, Bruchstücke von dem Kolben und andere Verunreinigungen; No. 5 sehr rein; No. 6 gut, reine Sorte d. New-England Eight — rowed Yellow Corn. Auf mit Hühnermist gedüngtem Boden gewachsen.
[6]) Amer. Journ. Srims. et Arts. 1879, 352. (Rep. Connect. Ag. Exp. Stat. 1879, 134.)
[7]) Res. of analys. Michig. St. Agr. College. Originalmittheilung. (Rep. Michig. Pod. Ag. 1878, 409. Rep. Connect. Ag. Exp. St. 1879, 134.) Die stickstofffreien Extraktstoffe bestanden aus:

	No. 10	11	12	13
Stärke	59,98 %	61,35 %	57,47 %	63,50 %
Zucker	3,78 „	2,47 „	2,40 „	2,70 „
Gummi	3,05 „	2,29 „	6,16 „	1,21 „

[8]) Vergl. Anmerkung [1]) S. 551.
*) Nach der Haupttabelle angenommen; das wirkliche Mittel beträgt 13,15 %.

No.	Nähere Bezeichnung	Zeit der Untersuchung	In der ursprünglichen Substanz: Wasser %	Stick-stoff-Substanz %	Fett %	Stickstoff-freie Ex-traktstoffe %	Roh-faser %	Asche %	In der Trocken-Substanz: Stick-stoff-Substanz %	Stickstoff-freie Ex-traktstoffe %	Stickstoff in der Trocken-Substanz %	Analytiker
15	Adams, in New Hampshire gewonnen	1878	8,61	10,50	4,83	73,30	1,19	1,57	11,48	80,22	1,84	P. Collier [1])
16	Canada, desgl.	„	8,27	11,36	5,60	71,79	1,26	1,72	12,36	78,29	1,98	
17	Vermont, in Vermont gewonn.	„	8,64	10,14	5,63	72,76	1,38	1,45	11,10	79,63	1,78	
18	Small, 12-reihig, in New-Hampshire gewonnen . .	„	11,48	10,50	6,03	69,56	1,09	1,34	11,87	78,58	1,90	
19	State Fair Premium gewonnen	„	10,19	10,82	5,29	70,86	1,06	1,78	12,05	78,90	1,93	
20	Large Premium gewonnen	„	10,00	11,36	5,52	70,57	1,09	1,46	12,63	78,40	2,02	
21	Bord of Agriculture gewonnen	„	11,09	11,55	4,68	70,55	0,82	1,31	12,99	79,38	2,08	
22	King Philip gewonnen . .	„	10,23	12,08	7,05	67,79	1,01	1,84	13,47	75,50	2,16	
23	Pop Corn, White . . .	„	8,61	13,13	5,63	68,68	2,32	1,63	14,37	75,15	2,30	
24	Improved Prolific, Tennesse	„	7,58	9,29	5,09	74,16	2,65	1,23	10,05	80,24	1,61	
25	White Mexican, in Mexiko gew.	„	8,65	10,15	4,90	72,79	1,64	1,87	11,11	79,70	1,78	
26	Oregon White, in Oregon gew.	„	9,25	7,88	7,08	73,07	1,26	1,46	8,68	89,52	1 39	
27	Small 8 rowed, in New-Hampshire gewonnen . . .	„	11,05	13,65	4,48	67,63	1,30	1,57	15,35	76,03	2,42	
28	Misce genation, white a. blue, in New-Hampshire gew. .	„	9,92	11,72	5,33	70,35	1,05	1,63	13,01	78,09	2,08	
29	Pitet knot, in New-Hampshire gewonnen	„	11,24	11,20	5,26	69,74	1,04	1,52	12,62	78,58	2,18	
30	Torn Thump Pop, yellow, in New-Hampshire gewonnen	„	9,05	12,60	5,89	69,53	1,33	1,60	13,85	76,46	2,22	
31	Old Fashioned Yellow . .	„	10,58	9,81	4,68	72,11	1,39	1,43	10,99	80,63	1,76	S. W. Johnson [2])
32	New-Engld. „Golden“, 8-reih.	„	12,51	10,25	4,94	69,37	1,35	1,58	11,73	79,27	1,88	S. P. Sharpless [3])
33	White Flint, Massachusetts	„	10,22	9,22	3,40	74,24	1,47	1,44	10,27	82,70	1,64	
34	Red Flint, Massachusetts .	„	11,95	12,06	3,40	69,47	2,02	1,10	13,70	78,90	2,19	
35	Western Yellow, Kansas .	„	11,34	8,81	4,60	72,90	1,28	1,07	9,94	82,22	1,57	
36	desgl., Illinois	„	13,61	9,19	3,62	69,10	3,13	1,35	10,64	79,99	1,70	
37	White Corn, Maryland . .	1879	13,00	9,28	5,31	69,85	1,39	1,17	10,67	80,22	1,71	P. Collier [4])
38	Yellow Corn, Pennsylvanien	„	13,00	9,46	4,93	69,70	1,64	1,27	10,88	80,10	1,74	

[1]) Rep. U. S. Dept. Agr. Washington 1878, 148, 149. No. 14—21 gelbe Körner. Besonders bestimmt wurden: in Alkohol lösliche und unlösliche Eiweissstoffe, Zucker, Gummi und Stärke (Differenz):

No.	14	15	16	17	18	19	20	21	22	23
	%	%	%	%	%	%	%	%	%	%
Eiweissstoffe in Alkohol löslich (Zeïn)	4,48	6,49	6,20	6,25	5,66	5,26	6,11	6,88	7,77	6,36
Eiweissstoffe in Alkohol unlöslich .	5,42	4,01	5,16	3,89	4,84	5,56	5,25	4,67	4,31	6,77
Zucker	2,06	2,25	2,52	1,47	2,04	2,87	2,35	1,69	2,35	2,58
Gummi	2,77	1,50	1,68	2,15	1,80	1,37	1,80	2,14	3,18	2,16
Stärke	69,65	69,55	67,59	69,14	65,72	66,62	66,42	66,72	62,26	63,94

No.	24	25	26	27	28	29	30
	%	%	%	%	%	%	%
Eiweissstoffe in Alkohol löslich (Zeïn) . .	3,65	5,31	2,91	7,86	6,46	5,81	7,80
Eiweissstoffe in Alkohol unlöslich	5,64	4,84	4,97	5,79	5,26	5,49	4,80
Zucker	1,98	2,13	2,47	1,94	1,95	2,72	2,20
Gummi	2,70	1,83	2,55	2,74	2,16	2,20	3,00
Stärke	69,48	68,83	68,05	62,95	66,24	64,82	64,31

[2]) Ann. Rep. Connect. Agric. Exper. Stat. 1879, 88 (134).

[3]) Rep. Agric. Exper. Stat. Middletown, Conn. 1877—78, 153 (korrig. nach Dep. of Agricult. Washington. Bulletin No. 466).

[4]) Originalmittheilung. Die nähere Analyse ergab:

	In Alkohol lösliche Eiweissverb., Zeïn	In Alkohol unlösliche Eiweissverb., Albumin	Gummi	Zucker	Stärke
No. 37	1,58	9,08	1,06	2,66	76,50 %
No. 38	2,71	8,71	1,35	1,21	77,54 „

No.	Nähere Bezeichnung	Gew. v. 100 Körn.	Zeit der Untersuchung	In der ursprünglichen Substanz: Wasser %	Stickstoff-Substanz %	Fett %	Stickstofffreie Extraktstoffe %	Rohfaser %	Asche %	In der Trocken-Substanz: Stickstoff-Substanz %	Stickstofffreie Extraktstoffe %	Stickstoff in der Trocken-Substanz %	Analytiker
39	High-mixed, 1879-er Ernte, Marktwaare		1880	20,68	7,83	3,70	64,95	1,65	1,19	9,87	81,88	1,58	*S. W. Johnson*[1] (No. 39–44)
40	New western corn, 1879-er, Marktwaare		„	20,22	8,54	3,55	64,86	1,67	1,16	10,71	81,40	1,71	
41	High mixed, frische Ernte von Westerncorn, Marktwaare		„	16,41	8,57	3,85	68,16	1,76	1,25	10,25	81,55	1,64	
42	King Philip, 8-reihig . .		„	15,97	10,31	4,50	66,50	1,37	1,35	12,27	79,13	1,96	
43	Common yellow Corn, 8-reihig		„	15,77	10,00	4,44	67,06	1,47	1,26	11,87	80,62	1,90	
44	White Flint Corn, 8-reihig		„	16,82	8,94	3,89	67,84	1,32	1,19	10,75	81,55	1,72	
45	Pennsylvania, White Prolific		—	8,96	8,05	5,82	74,49	1,25	1,43	8,84	81,83	1,41	*Clifford Richardson*[2] (No. 45–69)
46	desgl., Pride of North, yellow	30,61	1882	8,60	10,15	4,65	73,10	2,25	1,25	11,10	79,98	1,78	
47	Missouri, Tuscarora, White	35,58	„	7,70	11,38	5,34	71,65	2,08	1,85	12,32	77,65	1,97	
48	desgl., White Flint	34,96	„	7,60	11,90	4,93	71,52	2,50	1,55	12,88	77,40	2,06	
49	desgl., Pennsylvania yellow	30,67	„	8,25	9,98	4,05	74,27	1,90	1,55	10,88	80,95	1,74	
50	desgl., Early Canada yellow	37,08	„	8,70	10,68	4,67	72,50	2,00	1,45	11,69	79,42	1,87	
51	Colorado, Blount's Prolific	34,12	„	10,50	9,80	5,66	70,19	2,35	1,50	10,95	78,43	1,75	
52	Washington City, Yakima City . . .	27,90	„	10,30	8,40	5,73	71,19	2,88	1,50	9,37	79,36	1,50	
53	Mexiko, Mexican, blue	—	„	8,97	10,21	5,25	72,35	1,80	1,42	11,22	79,47	1,80	
54	Mexican No. 9, verschiedenfarbig .	23,60	„	8,35	7,00	7,13	73,74	2,03	1,75	7,64	80,36	1,22	
55	desgl.	40,73	„	7,95	8,40	5,53	74,62	2,20	1,30	9,13	81,06	1,46	
56	New-York, yellow Flint . .		1883	—	9,80	—	—	—	1,41	—	—	—	
57	desgl.		„	—	12,43	—	—	—	1,54	—	—	—	
58	desgl.		„	—	9,28	—	—	—	1,21	—	—	—	
59	desgl.		„	—	9,10	—	—	—	1,45	—	—	—	
60	desgl.		„	—	9,45	—	—	—	1,24	—	—	—	
61	desgl.		„	—	10,85	—	—	—	1,50	—	—	—	
62	desgl.		„	—	10,68	—	—	—	1,51	—	—	—	
63	desgl.		„	—	10,85	—	—	—	1,50	—	—	—	
64	desgl.		„	—	12,43	—	—	—	1,47	—	—	—	
65	Minnesota, yellow Flint . .		„	—	11,03	—	—	—	1,74	—	—	—	
66	desgl.		„	—	9,80	—	—	—	1,61	—	—	—	
67	desgl., red Flint		„	—	9,10	—	—	—	1,49	—	—	—	
68	Dakota mixed Flint . . .		„	—	10,85	—	—	—	1,35	—	—	—	
69	California white Flint . .		„	—	11,73	—	—	—	1,70	—	—	—	

[1]) Ann. Rep. Connect. Agr. Exper. Stat. 1880, 81.

[2]) Departement of Agriculture, Chemical Division, Bulletin No. 1, Washington 1883, 60 und Bulletin No. 4, Washington 1884, 64.

No.	Nähere Bezeichnung	Zeit der Untersuchung	In der ursprünglichen Substanz: Wasser %	Stickstoff-Substanz %	Fett %	Stickstofffreie Extraktstoffe %	Rohfaser %	Asche %	In der Trocken-Substanz: Stickstoff-Substanz %	Stickstofffreie Extraktstoffe %	Stickstoff in der Trocken-Substanz %	Analytiker
70	Massachusetts, Waushakum	1883	13,05	10,69	4,06	69,80	1,11	1,29	12,29	80,28	1,97	[1]) u. [2])
71	desgl., Wheeler's Prolific .	„	12,69	12,06	4,58	67,46	1,82	1,39	13,82	77,25	2,21	
72	desgl., Plack	„	12,12	12,12	4,75	66,91	2,46	1,64	13,79	76,13	2,21	
73	desgl., Tip	„	8,86	12,85	5,26	68,93	2,53	1,57	14,10	75,63	2,26	
74	desgl., Canada	„	13,44	12,02	4,56	66,31	2,40	1,27	13,88	76,62	2,22	
75	Canada, Dutton White Popcorn	„	14,36	10,33	5,00	66,51	2,38	1,42	12,07	77,65	1,93	
76	Connecticut, King Philip .	1876	11,84	9,69	4,92	71,09	1,22	1,24	10,99	80,64	1,76	
77	New-York White a yellow Pop-corn	1879	12,55	10,34	4,18	70,49	1,16	1,28	11,83	80,60	1,89	
78	South Carolina, Southern White	„	9,86	12,47	4,48	69,78	2,03	1,37	13,83	77,43	2,21	
79	Canada, Snub Corn . . .	1884	16,66	8,94	4,04	68,55	0,78	1,03	10,73	82,26	1,72	*W. Johnson u. E. H. Jenkins*[3])
80	desgl., Yellow Corn . . .	„	16,50	9,87	4,82	66,58	0,91	1,32	11,81	79,75	1,89	
81	Mittel von 71 Analysen .	1888	11,18	10,57	4,97	70,18	1,64	1,44	11,90	79,13	1,90	*E.H. Jenkins*[4])
82	Aus New-England, 36 Analys.	„	12,23	10,91	4,91	69,16	2,37	1,42	12,43	78,80	1,99	
	Mittel	—	**13,32** *)	**10,18**	**4,78**	**68,64**	**1,68**	**1,40**	**11,75**	**79,19**	**1,88**	

2. Dent Corn.

No.	Nähere Bezeichnung	Zeit der Untersuchung	Wasser %	Stickstoff-Substanz %	Fett %	Stickstofffreie Extraktstoffe %	Rohfaser %	Asche %	Trocken: Stickstoff-Substanz %	Stickstofffreie Extraktstoffe %	Stickstoff in der Trocken-Substanz %	Analytiker
1	Ohio Dent 1877, Conn. .	1878	10,78	10,06	5,14	71,30	1,35	1,37	11,27	79,92	1,80	*S.W. Johnson*[5])
2	Yellow Dent 1877, Michig.	„	12,74	11,75	4,63	66,98	2,49	1,41	13,47	76,75	2,16	*R. C. Kedzie*[6])
3	desgl.	„	11,66	11,48	5,07	67,80	2,48	1,51	12,99	76,75	2,08	
4	White Dent 1877, Michig.	„	13,73	11,52	4,63	66,26	2,26	1,60	13,35	76,81	2,14	
5	Hackberry Dent 1877, Michig.	„	12,47	9,88	4,77	69,11	2,30	1,47	11,29	78,84	1,81	
6	Strawberry Roan 1877, Mich.	„	14,05	10,31	4,59	67,63	2,03	1,39	12,00	78,68	1,92	
7	White Oil Corn, Indiana .	„	11,29	10,50	4,87	70,16	1,90	1,28	11,84	79,10	1,89	
8	Pony Dent	„	13,42	11,25	4,83	66,94	2,16	1,40	12,99	77,32	2,08	
9	desgl.	„	13,29	10,63	5,03	67,53	2,21	1,31	12,26	77,88	1,96	
10	White Dent, N-Carolina .	„	6,74	11,03	5,18	74,09	1,53	1,43	11,82	79,47	1,89	*P. Collier*[5])
11	Mexican White Dent, Mexiko	„	11,14	10,67	6,28	68,87	1,59	1,45	11,99	77,51	1,92	
12	White Prolific, Pennsylvanien	„	8,96	8,05	5,82	74,49	1,25	1,43	8,84	81,82	1,41	

[1]) No. 70, 76, 77. United States Census. Mitgetheilt von Cl. Richardson. Vergl. Anmerkung [2]) S. 552.

[2]) No. 71—75, 78. Massachusett's Report. 1879. Mitgetheilt von Cl. Richardson. Vergl. Anmerkung [2]) S. 552.

[3]) Ann. Rep. Connect. Agric. Exp. Stat. 1884, 106.

[4]) Annual Report of the Connecticut Agric. Experiment Station für 1888, **2**, 92 (1889). Jahresber. Agrik.-Chem. 1889, **32**, 416. Jenkins beobachtete folgende Schwankungszahlen:

	Wasser %	Stickstoff-Substanz %	Rohfett %	Stickstofffreie Extraktstoffe %	Rohfaser %
No. 81 . . .	6,6—19,6	7,0—13,7	3,4—7,1	65,0—74,6	0,7—2,8
No. 82 . . .	8,3—19,6	7,9—13,7	3,4—7,1	65,1—77,0	0,8—2,5

[5]) Rep. Connect. Agr. Exper. Stat. 1877, 57 und 1879, 134.

[6]) Rep. Michig. St. Agr. Colleg. 1878, 408—409 und 1879, 134.

	No. 2	3	4	5	6	7	8	9
Stärke . . .	59,47	62,00	58,05	61,81	62,92	62,94	59,25	60,11 %
Zucker . . .	2,64	2,84	3,04	3,59	2,53	3,00	2,31	2,37 „
Gummi . . .	4,87	2,96	5,17	3,71	2,18	4,22	5,38	5,05 „

[7]) Rep. M. S. Dep. Agric. Washington 1878, 148 (Rep. Connect. Agr. Exp. Stat. 1879, 134).

	No. 10	11	12
Eiweiss, in Alkohol löslich, Zeïn	4,83	4,97	4,17 %
Eiweiss, in Alkohol unlöslich	6,20	5,70	3,88 „
Zucker	2,75	2,00	1,95 „
Gummi	1,75	2,80	1,73 „
Stärke	69,59	64,07	70,81 „

*) Nach der Haupttabelle angenommen; das wirkliche Mittel beträgt 10,07 %.

No.	Nähere Bezeichnung	Zeit der Untersuchung	In der ursprünglichen Substanz: Wasser %	Stick-stoff-Substanz %	Fett %	Stickstoff-freie Extraktstoffe %	Roh-faser %	Asche %	In der Trocken-Substanz: Stick-stoff-Substanz %	Stickstoff-freie Extraktstoffe %	Stickstoff in der Trocken-Substanz %	Analytiker
13	Coe's Prolific, 1878, Connect.	1878	9,55	10,13	3,98	72,70	2,19	1,45	11,21	80,36	1,79	*S. W. Johnson* [1] (Nr. 13–20)
14	Benton, 1878, Connect. . .	„	10,70	9,97	5,00	71,40	1,36	1,57	11,18	79,94	1,79	
15	Scioto, 1878, Connecticut .	„	10,43	9,25	4,01	72,98	1,80	1,53	10,31	81,49	1,65	
16	White Ohio, 1878, Connect.	„	9,70	11,28	4,20	71,30	1,73	1,79	12,50	78,95	2,00	
17	Wisconsin, 1878, Connect.	„	9,72	11,60	4,89	70,17	2,06	1,56	12,85	77,72	2,06	
18	White Prolific, 1878, Connect.	„	10,14	9,19	4,28	73,38	1,34	1,67	10,23	81,66	1,64	
19	Extra Early Adams, 1878, Connecticut	„	10,94	10,81	4,81	70,21	1,48	1,75	12,14	78,83	1,94	
20	Early Sciolo Corn . . .	1880	15,24	8,31	3,80	69,78	1,59	1,28	9,81	82,32	1,57	
21	Pennsylvania, Chester County Mammoth yellow . . . . (Gew. von 100 Körn.) 44,15	$18\frac{83}{84}$	7,80	8,75	4,82	74,90	2,33	1,40	9,49	81,23	1,52	*Clifford Richardson* [2] (Nr. 21–40)
22	desgl., Field Corn red 37,20	„	7,85	7,53	5,49	75,73	1,95	1,45	8,17	82,18	1,31	
23	Kentucky, Willis, white 32,46	„	7,70	9,80	5,33	73,47	2,20	1,50	10,61	79,61	1,70	
24	Missouri, Proctor's Bread, white . . 30,84	„	7,90	9,63	4,65	74,12	2,05	1,65	10,46	80,47	1,67	
25	desgl., Long John, white 41,69	„	8,05	11,03	4,87	72,22	2,08	1,75	12,00	78,54	1,92	
26	desgl., Saint Charles, white 34,18	„	8,20	8,23	6,29	72,43	3,10	1,75	8,96	78,90	1,43	
27	desgl., Snow Flake, white 52,68	„	7,80	9,63	4,34	74,83	1,75	1,65	10,45	81,15	1,67	
28	desgl., Ragan's White, white 39,67	„	8,25	11,03	6,14	70,18	2,60	1,80	12,02	76,50	1,92	
29	desgl., Peabody, white 32,32	„	7,95	9,98	7,49	69,93	2,60	2,05	10,84	75,98	1,73	
30	desgl., Badeau, white 37,01	„	8,45	10,85	5,82	69,85	2,93	2,10	11,85	76,30	1,90	
31	desgl., Blount's Prolific, white . . . 38,75	„	8,05	12,25	5,33	70,34	1,98	2,05	13,33	76,49	2,13	
32	desgl., Thompson's, white 43,66	„	8,30	12,60	4,94	69,78	2,58	1,80	13,74	76,10	2,20	
33	desgl., Ragan's Yellow 42,65	„	8,50	9,63	4,85	73,44	2,13	1,45	10,53	80,26	1,68	
34	desgl., Chester County, Yellow 33,60	„	8,05	10,85	6,31	70,69	2,65	1,45	11,80	78,87	1,89	
35	desgl., Golden Yellow 35,34	„	8,30	10,50	5,38	72,79	1,43	1,60	11,46	79,36	1,83	
36	desgl., Pale, yellow . 44,25	„	8,25	9,98	4,05	74,27	1,90	1,55	10,88	80,95	1,76	
37	Missouri, Golden Dent 35,34	„	8,55	9,80	5,16	72,29	2,55	1,65	10,71	79,06	1,71	
38	desgl., Chester County, Mammoth, yellow . 39,81	„	7,60	10,33	6,93	70,34	2,95	1,85	11,18	76,13	1,79	
39	desgl., New-Madrid, yellow 32,03	„	7,40	10,68	5,81	71,96	2,65	1,50	11,47	77,78	1,84	
40	desgl., Early Yellow, yellow 39,62	„	7,90	8,93	5,43	73,41	2,58	1,75	9,70	79,16	1,55	

[1] Ann. Rep. Connect. Agr. Exper. St. 1879, 88 bezw. 136. 1880, **20**, 81.
[2] Depart. of Agricult. Chemic. Divis., Bull. No. 1, Washington 1883, 60 und Bull. No. 4, Washington 1884, 64.

No.	Nähere Bezeichnung	Gew. von 100 Körn.	Zeit der Untersuchung	In der ursprünglichen Substanz: Wasser %	Stick-stoff-Substanz %	Fett %	Stickstoff-freie Extraktstoffe %	Roh-faser %	Asche %	In der Trocken-Substanz: Stick-stoff-Substanz %	Stickstoff-freie Extraktstoffe %	Stickstoff in der Trocken-Substanz %	Analytiker
41	desgl., Evans, yellow	40,96	1883/84	9,05	8,93	4,73	73,24	2,55	1,50	9,82	80,32	1,57	Clifford Richardson [1])
42	dgl., Gold Dust, yellow	43,26	"	8,75	11,55	4,95	70,92	2,28	1,55	12,66	77,71	2,03	
43	desgl., Bloody Butscher, red. . . .	37,77	"	8,70	9,98	4,78	72,61	2,23	1,70	10,87	79,60	1,74	
44	desgl., Long Yellow	38,06	"	8,80	9,98	4 88	73,04	2,00	1,30	10,94	80,10	1,75	
45	desgl., Jersey Red .	45,87	"	8,30	10,85	4,39	72,26	2,45	1,75	11,84	78,79	1,89	
46	Kansas, Yellow Dent	34,44	"	11,24	10,50	5,11	68,82	2,04	1,69	11,91	78,17	1,79	
47	desgl., Stripedred a. yellow Dent . .	32,21	"	12,10	10,15	4,66	69,09	2,40	1,60	11,55	78,60	1.85	
48	desgl., Dark red Dent	32,15	"	12,26	10,33	4,47	68,93	2,65	1,36	11,78	78,28	1,88	
49	desgl., White Dent .	35,80	"	12,06	10,15	5,69	68,44	2,10	1,56	11,54	77,83	1,85	
50	desgl., Yellow Dent .	28,35	"	11,40	9,10	4,77	71,72	1,71	1,30	10,27	80,94	1,64	
51	desgl., White Dent .	36,69	"	12,00	10,68	4,49	69,34	2,05	1,44	12,13	78,80	1,94	
52	Texas, Wild Goose .	43,80	"	8,40	10,33	4,91	72,71	2,20	1,45	11.28	79,38	1,80	
53	desgl., White a. yellow Dent Cross . . .	31,36	"	10,10	10,33	5,33	68,96	3,84	1,44	11,49	76,71	1,84	
54	desgl., White Dent .	40,93	"	9,70	11,03	5,10	69,25	3,22	1,70	12,21	76,70	1,95	
55	desgl., Red a. yellow Cross Dent . . .	38,52	"	10,00	9,98	5,42	71,38	1,82	1,40	10,99	79,41	1,77	
56	desgl., Yellow a white Dent	38,46	"	10,36	10,68	5,29	70,02	2,61	1,04	11,92	78,11	1,91	
57	desgl., Red Dent . .	40,25	"	10,44	10,15	5,62	69,67	2,68	1,44	11,34	77,78	1,81	
58	desgl., White Red a. yellow Dent . .	36,37	"	10,52	9,80	5,20	68,07	4,81	1,60	10,94	76,09	1,75	
59	desgl., White Dent .	40,88	"	10,84	10,50	5,57	69,12	2,41	1,56	11,78	77,50	1,88	
60	desgl.	40,44	"	10,60	10,85	5,32	67,74	4,17	1,32	12,14	75,75	1,94	
61	desgl., Yellow, red a. white Dent . . .	38,86	"	10,42	10,15	5,48	70,49	2,06	1,40	11,34	78,68	1,81	
62	desgl., White Dent .	39,99	"	10,20	10,68	5,26	69,92	2,31	1,63	11,90	76,73	1,90	
63	desgl. Red a. white D.	31,55	"	10,14	10,33	4,97	70,78	2,40	1,38	11,50	78,76	1,84	
64	desgl., Yellow, red a. white Dent . . .	39,66	"	10,90	10,33	5,75	69,06	2,66	1,30	11,59	77,58	1,85	
65	desgl., Yellow white a. red. Dent . .	38,53	"	10,05	10,68	5,36	70,19	2,23	1,49	11,88	78,02	1,90	
66	desgl.	39,58	"	10,49	9,80	5,58	69,65	2,96	1,52	10,95	77,81	1,75	
67	Texas, Yellow a. white Dent	39,20	"	9,27	10,15	6,11	70,95	2,14	1,38	11,19	78,20	1,77	
68	desgl., White Dent .	36,15	"	10,50	10,68	5,51	69,34	2.55	1,42	11,93	77,48	1,91	
69	desgl., Yellow Dent .	32,40	"	11,98	11,13	5,15	67,79	2,73	1,32	12,53	77,02	2,00	
70	desgl., Yellow red a. white Dent . . .	38,87	"	12,13	10,33	6,57	66,69	2,91	1,37	11,74	75,91	1,88	
71	desgl., White Dent .	30,90	"	11,82	10,15	5,46	68,63	2,76	1,18	11,51	77,83	1,84	

[1]) Vergl. Anmerkung [2]) Seite 554.

No.	Nähere Bezeichnung	Zeit der Untersuchung	In der ursprünglichen Substanz: Wasser %	Stickstoff-Substanz %	Fett %	Stickstofffreie Extraktstoffe %	Rohfaser %	Asche %	In der Trocken-Substanz: Stickstoff-Substanz %	Stickstofffreie Extraktstoffe %	Stickstoff in der Trocken-Substanz %	Analytiker
72	Massachus. Early Southern	18 83/84	12,97	11,54	4,83	66,62	2,41	1,64	13,26	76,54	2,12	Clifford Richardson [1])
73	Illinois, Western White	"	10,77	11,46	4,23	69,72	2,47	1,35	12,85	78,23	2,06	
74	desgl., Western Yellow	"	11,90	10,89	4,46	68,39	2,95	1,41	12,36	77,63	1,98	
75	Minnesota, Yellow Dent	1879	12,14	9,50	4,25	70,86	1,62	1,63	10,81	80,66	1,75	[2])
76	California, Yellow Dent	"	11,42	11,31	5,18	69,16	1,56	1,37	12,77	78,07	2,04	
77	Mittel von 80 Analysen	1888	10,09	10,33	5,10	70,66	2,28	1,54	11,58	79,18	1,85	E. H. Jenkins [3])
78	Aus New-England, 12 Analys.	"	10,76	10,12	4,43	71,39	1,78	1,52	11,34	80,00	1,81	
	Mittel	—	**13,32** *)	**9,36**	**4,95**	**68,70**	**2,20**	**1,47**	**11,50**	**78,55**	**1,84**	

3. „Western Corn".

No.	Nähere Bezeichnung	Zeit	Wasser	Stickstoff-Substanz	Fett	Stickstofffreie Extraktstoffe	Rohfaser	Asche	Stickstoff-Substanz	Stickstofffreie Extraktstoffe	Stickstoff	Analytiker
1	Mittel von 3 Analysen	1888	9,10	8,30	3,70	66,00	1,75	1,20	9,13	72,61	1,46	E. H. Jenkins [3])

4. Sweet Corn (Sugar Corn).

No.	Nähere Bezeichnung	Zeit	Wasser	Stickstoff-Substanz	Fett	Stickstofffreie Extraktstoffe	Rohfaser	Asche	Stickstoff-Substanz	Stickstofffreie Extraktstoffe	Stickstoff	Analytiker
1	Immature Sweet, Connect., geerntet 9. Aug. 1877	1878	10,12	14,50	7,92	62,70	2,57	2,19	16,14	69,75	2,58	S. W. Johnson [4])
2	desgl., geerntet 25. Aug. 1877	"	10,09	15,31	8,22	61,78	2,52	2,08	17,02	68,73	2,72	
3	Full grown Sweet, Connect., geerntet 25. Sept. 1877	"	9,45	14,38	9,13	63,05	1,93	2,06	15,88	69,64	2,54	
4	Stowell's Ewer green Swet, 12- u. 16-reihig Connect.	1870	10,86	11,10	7,66	65,86	2,63	1,89	12,45	73,89	1,99	W. O. Atwater [5])
5	desgl., aus New-England	1878	5,98	11,91	8,00	69,53	2,66	1,92	12,67	73,95	2,03	P. Collier [6])
6	Egyptian, aus Maryland	"	7,54	11,55	7,80	69,17	2,02	1,92	12,58	74,73	2,01	
7	Red River, aus Minnesota	"	9,13	11,73	9,31	66,48	1,46	1,89	12,92	73,17	2,07	
8	Golden Sugar, aus Massachusetts	"	6,27	14,35	9,17	66,70	1,58	1,93	15,31	71,16	2,45	
9	Marbleheard Mammoth, aus Massachusetts	"	6,47	12,78	9,00	67,95	1,88	1,92	13,67	72,64	2,19	
10	Prolific	1879	10,38	10,33	7,65	67,73	2,04	1,87	11,49	75,68	1,84	
11	Proctors, aus Massachusetts	"	10,13	12,08	7,95	66,17	1,75	1,92	13,44	73,63	2,15	
12	Mexican Blue, aus Mexiko	"	8,97	10,21	5,25	72,35	1,80	1,42	11,22	79,47	1,80	

[1]) Massachusett's Report, mitgetheilt von Cl. Richardson.
[2]) United states Census, mitgetheilt von Cl. Richardson.
[3]) Ann. Report of the Connecticut Agricultural Experim. Station für 1888, 1889, **2**, 92; Jahresber. Agr.-Chem. 1889, **32**, 417. Jenkins beobachtete folgende Schwankungszahlen:

	Wasser %	Stickstoff-Substanz %	Rohfett %	Stickstofffreie Extraktstoffe %	Rohfaser %
No. 77: Dent Maize	6,3—14,1	7,5—12,1	3,8—6,9	66,2—75,7	1,2—4,8
No. 78: desgl.	8,8—15,2	8,3—11,6	3,8—5,1	66,6—74,2	1,3—2,4
No. 1: Western Corn	6,4—20,7	7,8— 8,6	3,6—3,9	64,9—68,2	1,7—1,8

[4]) Ann. Rep. Connect. Agric. Exper. Stat. 1878, 66; 1879, 136. Wie aus den Erntetagen ersichtlich, wurde ein und derselbe Mais in 3 Stufen der Entwickelung untersucht.
[5]) Daselbst 1879, 136. (Ann. Journ. Sci. a. Arts 1869, 352.)
[6]) Ann. Rep. of the Commiss. of Agric. 1878 (Washington, rep. of the chemist), 148.

	No. 5	6	7	8	9	10	11	12		15	16
Eiweiss, in Alkohol löslich (Zeïn)	5,02	5,76	5,91	8,51	6,67	4,98	6,53	6,33		5,25	5,95
Eiweiss, in Alkohol unlöslich	6,89	5,79	5,82	5,84	6,11	5,35	5,55	3,88		10,45	7,75
Zucker	4,80	6,34	5,49	6,22	5,84	5,77	6,77	1,72		1,65	1,60
Gummi	18,65	22,50	20,69	14,50	22,65	19,50	17,76	2,05	Dextrin	5,15	5,20
Stärke (Differenz)	46,08	40,33	40,30	45,98	39,46	42,46	44,64	68,58		49,85	50,56

*) Nach der Haupttabelle angenommen; das wirkliche Mittel beträgt 10,15.

No.	Nähere Bezeichnung	Zeit der Untersuchung	In der ursprünglichen Substanz: Wasser %	Stickstoff-Substanz %	Fett %	Stickstofffreie Extraktstoffe %	Rohfaser %	Asche %	In der Trocken-Substanz: Stickstoff-Substanz %	Stickstofffreie Extraktstoffe %	Stickstoff in der Trocken-Substanz %	Analytiker
13	Mammoth Sweet, 1878, aus Connecticut	1879	9,43	12,32	7,48	66,09	2,75	1,93	13,60	72,97	2,18	*S. W. Johnson* [1])
14	Burr's Sweet	„	10,70	11,70	7,80	62,70	4,90	2,20	13,10	70,21	2,10	*S.P. Sharpless* [2])
15	Sugar Corn (Washington)	„	6,40	15,70	7,30	62,80	6,33	1,47	16,77	67,10	2,68	*P. Collier* [3])
16	desgl., aus Ohio	„	10,00	13,70	6,00	64,61	4,24	1,45	15,22	71,79	2,44	
17	Pennsylvania, Black Sugar.	1882	8,50	11,38	8,88	65,81	3,53	1,90	12,44	71,91	1,99	*Clifford Richardson* [4])
18	desgl., Darling's Sugar . .	„	7,80	10,50	9,08	67,64	3,03	1,95	11,39	73,35	1,82	
19	desgl., Egyptian	„	7,40	11,73	8,08	68,01	3,08	1,70	12,67	72,43	2,03	
20	desgl., Stowell's Evergreen	„	7,00	11,73	11,89	62,45	4,58	2,35	12,61	67,23	2,02	
21	Stowell's Evergreen . . .	„	7,85	9,45	7,83	69,12	3,50	2,25	10,25	75,01	1,64	
22	Roslyn Hybrid	„	7,85	9,98	8,77	66,41	5,24	1,75	10,77	72,12	1,72	
23	Early Minnesota	„	9,50	10,58	9,12	65,56	3,14	2,10	11,69	72,44	1,87	
24	Egyptian.	„	8,10	9,98	7,96	68,05	3,76	2,15	11,26	72,26	1,80	
25	Sugar Corn, Kansas . . .	„	10,76	10,33	8,06	65,85	3,10	1,90	11,58	73,77	1,85	
26	Massachusetts, Blue Texas	1879	7,74	13,86	8,70	65,54	2,56	1,60	15,02	71,04	2,40	[5])
27	desgl., Crosby	„	10,50	11,60	6,91	66,75	2,47	1,77	12,96	74,58	2,07	
28	Mittel von 30 Analysen .	1888	8,96	11,33	7,68	67,48	2,69	1,86	12,44	74,21	1,99	*E. H. Jenkins* [6])
	Mittel	—	**13,32** *)	**11,40**	**7,77**	**62,85**	**2,85**	**1,81**	**13,16**	**72,50**	**2,11**	

Maiskörner, nach Qualität gesondert:

No.	Nähere Bezeichnung		Zeit der Untersuchung	Wasser %	Stickstoff-Substanz %	Fett %	Stickstofffreie Extraktstoffe %	Rohfaser %	Asche %	Trocken: Stickstoff-Substanz %	Stickstofffreie Extraktstoffe %	Stickstoff in der Trocken-Substanz %	Analytiker
1	Evergreen Stowell's	Bestes Drittel .	1878	6,11	12,08	8,59	72,98	2,25	1,99	12,87	73,46	2,06	*P. Collier* [7])
2		GeringstesDrittel	„	5,85	11,74	7,41	70,07	3,07	1,86	12,47	74,42	2,00	
3		Ganze Proben .	„	5,98	11,91	8,00	69,53	2,66	1,92	12,67	73,96	2,04	
4	Improved Prolific	Bestes Drittel .	„	8,09	9,58	4,99	73,49	2,72	1,23	10,42	79,85	1,67	
5		GeringstesDrittel	„	7,07	8,99	5,18	74,94	2,59	1,23	9,67	80,64	1,55	
6		Ganze Proben .	„	7,58	9,29	5,09	74,16	2,65	1,23	10,05	80,24	1,62	
7	Compton's Early	Bestes Drittel .	„	6,48	10,07	5,02	74,65	2,01	1,77	10,76	79,23	1,72	
8		GeringstesDrittel	„	6,70	9,72	5,59	74,31	2,17	1,51	10,42	79,84	1,67	
9		Ganze Proben .	„	6,59	9,90	5,30	74,43	2,09	1,69	10,60	79,68	1,70	

[1]) Ann. Rep. Connect. Agr. Exp. St. 1879, 88 u. 136.
[2]) Rep. Agric. Exper. Stat. Middletown, Conn. 1877—78, 153.
[3]) Originalmittheilung. Nähere Analyse s. u. No. 5—12 S. 556 Anm. 6.
[4]) Departem. of Agricult. Chem. Divis. Bull. No. 1, Washington 1883, 65 und Bull. No. 4, 66.
[5]) Massachusett's Rep. 179. Ebendaselbst mitgetheilt.
[6]) Annual Report of the Connecticut Agric. Experiment Station für 1888, 1888, **2**, 92; Jahresber. Agrik.-Chem. 1889, **32**. 416. Jenkins fand ferner folgende Schwankungszahlen: 6,0—11,0 % Wasser, 8,8—15,3 % Stickstoff-Substanz, 3,8—11,9 % Rohfett, 61,8—74,2 % stickstofffreie Extraktstoffe und 1,5—5,2 % Rohfaser.
[7]) Ann. Rep. of the Commissioner of Agriculture f. 1878, 124 u. 148. Die nähere Analyse dieser Maisproben ergab:

	No. 1	2	3	4	5	6	7	8	9
Zucker	4,50	5,09	4,80	1,80	2,17	1,98	1,95	2,16	2,06 %
Stärke	47,25	44,91	46,08	68,69	70,27	69,48	69,95	69,35	69,65 „
Gummi oder Dextrin . . .	17,23	20,07	18,65	2,90	2,50	2,70	2,75	2,80	2,77 „
Albumine	7,39	6,38	6,89	5,44	5,84	5,64	5,32	5,51	5,42 „
Zeïn	4,69	5,36	5,02	4,14	3,15	3,65	4,75	4,21	4,48 „

Die eine Analyse bezieht sich bei den 3 Maissorten auf das (schwerste) beste Drittel, (Best one third), die andere auf das (leichteste) ärmste Drittel (Poorest one third). Das Gewicht der beiden (äussersten) Drittel war bei gleichem Volumen nahe übereinstimmend, aber die Zahlen der leichten und schweren Körner verhielt sich in einer bestimmten Gewichtsmenge bei den 3 Sorten wie folgt zueinander: 100:67, 100:67 und 100:80.
*) Nach der Haupttabelle angenommen; das wirkliche Mittel beträgt 8,71 %.

Charles Wood[1]) fand für „gutes", d. h. aus völlig ausgewachsenen Aehren gewonnenes Flint-Corn und für „armes" d. h. aus weichen und kleinen Aehren gewonnenes Flint-Corn im Mittel von 9 in den Jahren 1889 und 1890 angestellten Versuchen folgende Zusammensetzung für die Trocken-Substanz:

	Stickstoff-Substanz	Rohfett	Stickstofffreie Extraktstoffe	Rohfaser	Asche
„Gutes" Flint-Corn . .	10,99 %	5,40 %	80,52 %	1,60 %	1,49 %
„Armes" „ . .	12,50 „	4,97 „	79,14 „	1,68 „	1,71 „

Zusammensetzung von Schalen, Keimen und Mehlkernen desselben Maiskornes.

1. Balland (Compt. rend. 1896, 122, 1004—1006; Chem. Centrbl. 1896, I, 1281—1282) giebt für Schalen, Keime und Mehlkerne desselben Maiskornes folgende Zusammensetzung an:

Bezeichnung der Theile des Kornes	In dem ganzen Korne sind enthalten	Wasser	In der Trocken-Substanz				
			Stickstoff-Substanz	Fett	Stickstoff-freie Extraktstoffe	Rohfaser	Asche
	%	%	%	%	%	%	%
Schalen	12,40	9,80	8,21	2,33	76,65	11,27	1,54
Keime	13,50	7,20	15,33	39,86	34,95	1,99	7,87
Mehlkern	74,10	12,10	8,54	1,08	89,30	0,40	0,68

2. Plagge und Lebbin (Veröffentlichungen auf dem Gebiete des Militär-Sanitätswesens, Heft 12, S. 190—192, Berlin 1897) haben Untersuchungen über die einzelnen Theile des Kornes angestellt bei grossem, gelbem, ungarischem Mais und grossem, amerikanischem Pferdezahnmais.

Je 150 Körner (53 bezw. 56 g) wurden mit Hülfe eines scharfen Messers mit der Hand möglichst ohne Verlust in ihre einzelnen Bestandtheile zerlegt, nämlich in die ziemlich leicht abtrennbare Schale, den fettreichen Keimling und den Mehlkern; von letzterem wurde ein Theil für sich untersucht und der Rest weiter mit dem Messer in den hornigen und den eigentlich mehligen Theil zerlegt. Die so gewonnenen Theile wurden gewogen und mit folgendem Ergebnisse untersucht:

I. Die einzelnen Theile des Kornes enthalten:

Bezeichnung der Theile des Kornes	In dem ganzen Korne sind enthalten	Wasser	In der Trocken-Substanz			
			Stickstoff-Substanz	Fett	Stickstoff-freie Extraktstoffe einschl. Rohfaser	Asche
	%	%	%	%	%	%
A. Weisser amerikanischer Pferdezahnmais:						
Ganzes Korn	—	11,38	8,09	5,79	84,61	1,51
Schalen	9,35	8,66	8,32	7,24	82,81	1,63
Keime	11,78	6,70	13,75	29,36	46,99	7,23
Mehlkern, ganz	78,87	18,59	7,17	1,12	91,48	0,23
„ horniger Theil allein	49,79	12,16	8,04	0,64	91,11	0,21
„ mehliger „ „	29,08	9,68	6,46	0,93	92,27	0,34

[1]) 3. Annual Rep. of the Storrs School Agricultural Experiment Station, Storrs Conn. 1890, 26—28; Centrbl. Agrik.-Chem. 1891, **20**, 557.

Bezeichnung der Theile des Kornes	In dem ganzen Korne sind enthalten	Wasser	In der Trocken-Substanz			
			Stickstoff-Substanz	Fett	Stickstoff-freie Extraktstoffe einschl. Rohfaser	Asche
	%	%	%	%	%	%
B. Grosser, gelber, ungarischer Mais:						
Ganzes Korn	—	11,33	8,86	3,57	85,94	1,63
Schalen	7,93	10,10	9,28	3,52	85,41	1,79
Keime	13,83	9,27	15,81	22,29	53,71	8,19
Mehlkern, ganz	78,24	17,65	8,09	0,34	91,22	0,35
„ horniger Theil allein	57,48	13,97	9,68	0,52	89,49	0,31
„ mehliger „ „	20,76	11,61	6,46	1,35	91,81	0,38

Anmerkung. Dass der bei dem ganzen Mehlkorn gefundene Wassergehalt höher ist, als der Wassergehalt seiner Theile, erklären Verfasser durch den Wasserverlust bei der Trennung der Theile. — Auch die Zahlen des Fettgehaltes in der Trocken-Substanz des ganzen Mehlkernes stehen bei beiden Analysen in Widerspruch mit einander.

II. Die einzelnen Nährstoffe vertheilen sich in Procenten der Gesammtnährstoffe auf die einzelnen Theile des Kornes wie folgt:

Bezeichnung der Theile des Kornes	In dem ganzen Korne sind enthalten	Wasser	Stickstoff-Substanz	Fett	Stickstoff-freie Extraktstoffe	Rohfaser	Asche
	%	%	%	%	%	%	%
A. Weisser amerikanischer Pferdezahnmais:							
Schalen	9,35	7,74	9,16	11,80	9,20		11,80
Keime	11,78	7,54	19,61	75,37	6,81		71,20
Mehlkern, horniger Theil	49,79	57,83	48,48	6,94	52,77		8,74
„ mehliger „	29,08	26,89	22,75	5,89	31,22		8,26
B. Grosser, gelber, ungarischer Mais:							
Schalen	7,93	6,32	7,49	7,08	8,00		9,27
Keime	13,83	10,83	22,24	78,22	8,77		73,94
Mehlkern, horniger Theil	57,48	63,81	56,62	7,59	60,73		11,63
„ mehliger „	20,76	19,04	13,65	7,11	22,50		5,16

Ueber die Zusammensetzung von amerikanischem Süssmais in verschiedenem Reifezustande berichten J. H. Washburn und B. Tollens (Journ. f. Landwirthschaft 1889, 37, 503).

Die Süssmaisproben stammten von demselben Acker und wurden am 9., 23. 30. August und 1. September in Bridgewater Mass. gesammelt und vor dem Versand getrocknet.

Die Untersuchung ergab in der Trocken-Substanz:

Reifezustand	Stickstoff-Substanz	Fett	Glykose (Dextrose?)	Rohrzucker (+ Dextrin)	Stärke	Rohfaser	Asche	Gummi und Verlust
	%	%	%	%	%	%	%	%
I. Ganz jung (3/8)	21,36	3,51	0,92	3,65	63,37	3,27	1,89	4,97
II. Unreif (23/8)	15,35	6,05	3,14	6,04	54,47	3,61	2,69	8,82
III. „ (30/8)	14,14	7,05	3,39	5,69	51,27	4,36	3,39	10,50
IV. Vollkommen reif (1/9)	12,94	8,98	9,03	7,81	20,28	11,96	5,65	20,40

Im Badischen Mais fanden die Verfasser 4,55 % Fett, nur Spuren von Glykose und 1,78 % Rohrzucker (+ Dextrin).

Untersuchungsmethoden: Die Zuckerarten wurden durch Auskochen des fettfreien Pulvers mit 72 % Alkohol unter Zusatz von wenig Magnesia ausgezogen. Die Stärke wurde durch Diastase in Lösung gebracht.

Die Körner der Probe I waren flach und kaum ausgebildet und liessen sich nicht vollständig von dem Samenträger trennen. Die Proben II u. III waren grösser und ebenso wie die reife Probe IV runzelig zusammengetrocknet, wie dies bei dem Süssmais gewöhnlich ist.

Sonstige Analysen.

1. E. H. Jenkins, W. A. Henry, F. W. Woll und F. G. Short: Ueber den Mais als Trockenfutter und als Sauerfutter. Annual Report of the Connecticut Exper. Station for 1887, 123—125; Centralbl. Agrik.-Chem. 1889, 18, 231—237.
2. W. H. Breal (6. Anual Rep. of the Board of Control of the State Agric. Exp. Stat. at Amherst, Mass. 1888, 225; Jahresbericht Agrik.-Chem. 1889, 32, 415) fand bei 21 Maisproben in der Trocken-Substanz:

	Stickstoff-Substanz	Rohfett	Stickstofffreie Extraktstoffe	Rohfaser
	%	%	%	%
Mittel	12,75	5,62	77,85	2,42
Schwankungen . .	8,80—15,02	4,25—9,43	71,06—82,64	1,86—3,88

3. O. Reinke (Zeitschr. Spiritus-Ind. 1892, 15, 104; Viertelj. Nahrungs- u. Genussm. 1892, 7, 332) untersuchte Mais der 1891-er Ernte und fand in:

Pferdezahnmais .	13,75—18,53 % Wasser und	61,69—63,30 %	Stärke
Europäischem Mais	14,28—21,05 „ „ „	54,72—63,80 „	„
Mischung . . .	16,52—18,21 „ „ „	61,00—62,40 „	„

4. Julius Szilágyi (Chem.-Ztg. 1892, 16, 863) fand bei Untersuchung von 22 ungarischen Maisproben 12,20—23,03 %, im Mittel 15,40 % Wasser und 53,07—64,76 %, im Mittel 60,05 % Stärke. Szilágyi macht ferner Angaben über den Wassergehalt des Neumaises in den einzelnen Monaten nach der Ernte.
5. H. Jenkins (Connecticut Agric. Experim. Stat. 1891, 145; Jahresbericht Agrik.-Chem. 1892, 35, 447.) Analysen von 4 Maiskörnern, mit abnorm hohem Wassergehalt von 20,25—49,07 %.
6. H. H. Harrington (Experim. Stat. Rec. 1892, 4, 175; Jahresber. Agrik.-Chem. 1892, 35, 447) untersuchte den aus ein und demselben Saatkorn in drei verschiedenen Staaten gewachsenen Mais und fand in der Trocken-Substanz:

Bezeichnung der Maisproben	Stickstoff-Substanz %	Rohfett %	Stickstoff-freie Extraktstoffe %	Rohfaser %	Asche %
Saatkorn in Wiskonsin gewachsen	11,29	4,76	80,15	2,41	1,39
Ernte in Connecticut	9,07	5,59	81,52	2,29	1,53
„ „ New-York	12,24	4,62	78,76	2,67	1,71
„ „ Georgia	11,60	5,43	80,12	1,83	1,02

7. Balland (Compt. rend. 1896, 122, 1004—1006; Chem. Centralbl. 1896, I, 1281—1282), giebt für französischen und ausländischen Mais folgende Schwankungszahlen an:

		Wasser	Stickstoff-Substanz	Fett	Stickstofffreie Extraktstoffe	Rohfaser	Asche
		%	%	%	%	%	%
Französischer Mais	Minimum	12,20	8,10	4,26	68,66	1,38	0,94
	Maximum	14,40	9,67	5,50	71,32	2,04	1,68
Ausländischer „	Minimum	10,00	8,90	3,35	68,76	1,38	0,92
	Maximum	12,90	11,10	5,00	72,84	2,26	1,46

Der Zuckergehalt schwankt zwischen 0,75—1,25 %, der Säuregehalt zwischen 0,047—0,060 %.

8. Plagge und Lebbin (Veröffentl. auf dem Gebiete des Militär-Sanitätswesens, Berlin, Heft 12, S. 189, Berlin 1897) fanden in der Trocken-Substanz für:

	Stickstoff-Substanz	Rohfett	Stickstofffreie Extraktstoffe (+ Rohfaser)	Asche
	%	%	%	%
Weissen amerikanischen Mais . . .	8,94	4,42	85,64	1,00
Gelben Mais	8,75	4,50	84,99	1,73

VI. Reis.

Oryza sativa L. Oryza sativa usitatissima Kcke. Reis. — Rice. — Riz.

Nicht enthülster Reis.

No.	Nähere Bezeichnung	Zeit der Untersuchung	In der ursprünglichen Substanz: Wasser %	Stick-stoff-Substanz %	Fett %	Stickstoff-freie Ex-traktstoffe %	Roh-faser %	Asche %	In der Trocken-Substanz: Stick-stoff-Substanz %	Stickstoff-freie Ex-traktstoffe %	Stickstoff in der Trocken-Substanz %	Analytiker
1	Ohne nähere Bezeichnung	1876	14,42	6,93	2,41	61,18	9,73	5,33	8,09	71,52	1,29	*L. Grandeau*[1])
2		1881	9,55	5,87	1,84	72,75	5,80	4,19	6,49	80,43	1,04	*C. de Leeuw*[2])
3		—	—	—	—	—	—	—	7,50	86,90	1,20	*Wagner*[3])
4	Gewöhnlicher Reis aus Japan, Mittel von 10 Analysen	1884	12,58	6,13	2,00	74,10	4,00	1,19	7,00	84,76	1,12	*O. Kellner*[4])
	Mittel	—	**12,18**	**6,38**	**2,08**	**69,28**	**6,51**	**3,57**	**7,27**	**81,40**	**1,16**	

Enthülster Reis.

Aeltere Analysen.

1. Braconnot. Nach Boussingault's „Die Landwirthschaft in ihren Beziehungen zur Chemie etc." Deutsch von Gräger. 1, 300. (Ann. Chim. et Phys. 4, 383.)
2. Payen. Ebendaselbst. (Traité de Chimie 5, 58.)
3. J. B. Boussingault. Ebendaselbst 3, 41 u. 200.
4. R. Fresenius, Lehrbuch der Chemie. Braunschweig 1847.
5. Arch. Polson. Weende'r Jahresber. 1855/56, II, 19. (Chem. Gaz. 1855, 211; Journ. f. prakt. Chem. 66, 320.)
6. Poggiale. Ebendaselbst 20. (N. J. Pharmacie 30, 180.)
7. E. N. Horsford. Ann. Chem. u. Pharm. 1846, 58, 166 u. 212.
8. von Bibra, „Die Getreidearten und das Brot". Nürnberg 1860, 342.

No.	Nähere Bezeichnung	Zeit der Untersuchung	Wasser %	Stickstoff-Substanz %	Fett %	Stickstofffreie Extraktstoffe %	Rohfaser %	Asche %	Trocken: Stickstoff-Substanz %	Trocken: Stickstofffreie Extraktstoffe %	Stickstoff in der Trockensubstanz %	Analytiker
1	Käuflicher Reis	1871	12,54	8,38	1,76	75,47	0,67	1,18	9,58	86,30	1,53	*J. König*[5])
2	desgl.	1872	12,51	8,86	0,78	76,25	0,76	0,84	10,12	87,14	1,62	*W. Pillitz*[6])
3	desgl.	1876	14,41	6,94	0,51	77,61	0,08	0,45	8,11	90,68	1,30	*J. König und Brimmer*[7])
4	desgl.	„	(12,58)	6,12	0,68	76,89	(2,22)	1,59	6,99	87,82	1,44	*Hanamann*[8])
5	desgl.	„	12,62	7,67	0,72	77,17	1,13	0,69	8,67	88,43	1,39	*Grandeau*[1])
6	desgl.	1877	12,89	6,65	0,97	78,47	0,24	0,78	7,55	90,19	1,21	*A. Petermann*[1])
7	desgl.	„	12,01	7,88	0,78	78,65	0,58	0,58	8,95	88,84	1,44	
8	desgl.	„	11,13	9,30	1,82	76,41	0,28	0,28	10,46	86,85	1,67	

[1]) Privatmittheilung.
[2]) Laboratoire agricole de Hasselt. Bull. No. 2. In Procenten der lufttrocknen Substanz enthielt der Reis 57,43 % Stärke.
[3]) Nach L. von Wagner's „Die Stärkefabrikation". Braunschweig 1876, 315. Analytiker nicht angegeben.
[4]) Landw. Versuchsstationen 1884, **30**, 44.
[5]) Landw. Ztg. f. Westfalen u. Lippe 1871, 402.
[6]) Zeitschr. f. analytische Chemie 1872, **11**, 46. Die Analyse ergab an näheren Bestandtheilen:

	Stärke	Dextrin	Zucker	Extraktivstoffe	lösl. Albumin
In der wasserhaltigen Substanz	74,88	1,11	Spur	0,11	0,41 %
In der wasserfreien Substanz	84,41	1,27	Spur	0,12	0,46 „

Im Original ist die Stickstoff-Substanz mit einem Stickstoff-Gehalt von 15,5 % angenommen; wir berechneten solche zu 16 % Stickstoff-Gehalt.
[7]) Zeitschr. f. Biologie 1876, 497.
[8]) Fühling's landw. Ztg. 1876. An näheren Bestandtheilen enthielt der Reis: Albumin 0,24 %, Dextrin 2,63 %, Stärke 85,19 %.

No.	Nähere Bezeichnung	Zeit der Untersuchung	In der ursprünglichen Substanz: Wasser %	Stick-stoff-Substanz %	Fett %	Stickstoff-freie Extraktstoffe %	Roh-faser %	Asche %	In der Trocken-Substanz: Stick-stoff-Substanz %	Stickstoff-freie Extraktstoffe %	Stickstoff in der Trocken-Substanz %	Analytiker
9	Käuflicher Reis	1877	13,05	9,31	0,65	76,28	0,61	0,61	10,71	86,54	1,71	A. Petermann[1])
10	desgl.	„	13,51	8,97	1,98	72,01	(1,63)	1,90	10,37	83,26	1,66	
11	desgl.	„	13,16	8,97	2,00	72,17	(1,83)	1,87	10,33	83,11	1,65	
12	desgl.	„	13,34	7,06	0,27	75,25	1,20	2,88	8,15	86,84	1,46	J. König[2])
13	desgl.	1883	13,00	5,92	0,40	80,16	0,10	0,42	6,81	92,13	1,09	E. Meisl, F. Stromer u. N. v. Lorenz[3])
14	Italienischer Kochreis . .	„	15,28	7,56	0,88	75,60	0,15	0,53	8,92	89,23	1,43	
15	Käuflicher Kochreis . . .	1881	15,00	7,00	0,21	Stärke (74,80	2,43)	0,56	8,24	(88,00)	1,32	F. Soxhlet und Th. Henkel[4])
16	Ohne nähere Bezeichnung .	1877	—	—	—	—	—	—	7,50	—	1,20	G. Flourens[5])
	Japanischer Reis.					Stickstofffreie Extraktstoffe						
17	Ohne nähere Bezeichnung .	1879	13,09	5,86	0,28	80,23 *)	0,11	0,43	6,74	92,08	1,09	H. Semler[6])
18	Gewöhnl. Sumpfreis (Uruchi)	1884	14,20	8,44	2,28	65,09	1,24	(8,75)	9,84	88,03	1,57	O. Kellner[7])
19	Bergreis (Okabo)	„	12,77	9,83	2,24	72,62	(1,41)	1,13	11,27	83,25	1,80	
20	Bergreis, Japan, Mittel von 2 Analysen	„	(12,58)	7,65	2,25	74,77	(1,72)	1,03	8,75	85,53	1,40	
	Satsuma-Reis:											
21	Volle Düngung**) . . .	1890	15,33	9,16	2,35	71,31	0,95	0,90	10,82	84,22	1,73	O. Kellner, S. Uchiyama u. T. Yamada[8])
22	Ohne Kali**)	„	14,99	8,89	2,15	72,01	0,94	1,02	10,46	84,71	1,67	
23	Ohne Stickstoff . . .	„	15,25	8,14	1,97	72,61	0,84	1,19	9,60	85,67	1,54	
24	Ohne Phosphorsäure . .	„	15,37	10,84	2,04	70,19	0,85	0,71	12,81	82,93	2,05	
	Ursprungsort											Gewicht von 100 Körnern
25	Sekitori . . . . Ise	1891	13,20	9,12	2,58	72,74	1,14	1,22	10,51	83,80	1,68	19,02 — O. Kellner u. M. Nagaoka[9])
26	desgl. . . . . „	„	13,24	9,65	2,09	72,60	0,84	1,26	11,12	83,69	1,76	19,25
27	desgl. . . . . Mino	„	12,96	9,05	2,10	73,73	0,80	1,36	10,40	84,71	1,68	18,69

[1]) Privatmittheilung.
[2]) Versuchsstation Münster. Bericht derselben 1871—77, 29.
[3]) Zeitschr. f. Biologie 1883, **19**, 83, 88 u. 99.
[4]) Zeitschr. d. landw. Vereins in Bayern 1881. Die Stärke wurde direkt bestimmt nach der Märcker'schen Methode, die Rohfaser wurde aus der Differenz berechnet.
[5]) Centrbl. f. Agrikultur-Chemie 1877, **16**, 96. (Ann. agronom. 1876, **2**, 182.) Die direkte Stärkebestimmung ergab 87,20 %.
[6]) Mitgetheilt von O. Burchard. Landw. Versuchsstationen 1897, **48**, 111; nach Report of the com. of Agriculture U. S. A. 1879, 102.
[7]) Chem. Analys. of a collection of agricultur. specimens from the Laboratory of the imperial college of Agriculture Komaba, Tokio, Japan, S. 13 und Landw. Versuchsstationen 1884, **30**, 44. Die Analyse ergab an näheren Bestandtheilen:

		Stärke	Zucker und Dextrin	Eiweiss-Stickstoff	Nichteiweiss-Stickstoff d. Kupferhydroxyd	Nichteiweiss-Stickstoff d. Phosphorwolframs.
In % der trocknen Substanz	No. 18	77,86 %	10,17 %	1,441 %	0,130 %	0,047 %
	No. 19	77,34 „	5,91 „	1,34 „	0,460 „	—

Asche frei von Kohle und Kohlensäure. — Die Analysen unter No. 18 u. 19 gelten für die enthülsten, aber nicht polirten, geweissten Körner von rohem, japanischem Reis.
[8]) Landw. Versuchsstationen 1892, **41**, 295.
[9]) Vergl. Anmerkung [1]) S. 563.

*) Die stickstofffreien Extraktstoffe enthielten 77,45 % Stärke und 1,85 % Gummi.
**) Die Aschenzahlen in der Haupttabelle bedeuten Reinasche. Es wurde ferner gefunden:

	In der Trocken-Substanz: Eiweiss-Stickstoff	In 100 Theilen Asche (Reinasche): Eisenoxyd	Kalk	Kali	Phosphorsäure	Kieselsäure	Chlor
Volle Düngung	1,683 %	0,71 %	2,50 %	24,75 %	50,03 %	5,36 %	2,61 %
Ohne Kali	1,673 „	0,42 „	1,77 „	22,11 „	48,38 „	4,36 „	2,20 „
Ohne Stickstoff	1,536 „	0,54 „	1,44 „	28,63 „	53,13 „	3,74 „	1,26 „
Ohne Phosphorsäure . .	2,050 „	0,59 „	2,49 „	26,10 „	40,51 „	4,44 „	2,95 „

No.	Nähere Bezeichnung	Ursprungsort	Zeit der Untersuchung	In der ursprünglichen Substanz: Wasser %	Stickstoff-Substanz %	Fett %	Stickstofffreie Extraktstoffe %	Rohfaser %	Asche %	In der Trocken-Substanz: Stickstoff-Substanz %	Stickstofffreie Extraktstoffe %	Stickstoff in der Trocken-Substanz %	Analytiker: Gewicht von 100 Körnern	Analytiker
28	Kokurabozu	Higo	1891	13,50	8,14	2,02	74,23	0,96	1,15	9,41	85,81	1,51	24,12	*O. Kellner und M. Nagaoka*[1])
29	San-ryu-ichi-sun	Owari	„	13,50	8,36	2,14	73,62	1,14	1,24	9,66	85,12	1,55	27,00	
30	Omase	Higo	„	13,70	7,80	1,98	74,48	0,78	1,26	9,04	86,31	1,45	25,26	
31	Ishi shiro	Etchyu	„	14,04	8,46	2,20	72,92	1,10	1,28	9,84	84,83	1,57	22,41	
32	Wakazakura	Ugo	„	13,43	8,58	2,26	73,64	0,88	1,31	9,91	84,94	1,59	23,01	
33	Ikezoko	Mino	„	14,27	9,57	1,93	71,94	0,94	1,35	11,16	83,90	1,79	22,03	
34	Mischung von 578 Reissorten Japans		„	13,54	8,75	2,18	73,29	0,97	1,27*)	10,12	84,79	1,62	—	
35	Korea-Reis		„	13,93	7,91	2,14	73,18	1,33	1,51	9,19	85,03	1,47	—	
36	Siam-Reis		„	12,64	8,74	2,21	74,08	1,07	1,26	10,01	84,79	1,60	—	
37	Anam-Reis		„	12,75	7,63	2,16	74,64	1,33	1,49	8,75	85,53	1,40	—	
38	Sekitori, gute Sorte	geschält	1889	13,70	8,54	2,04	73,60	0,96	1,32	9,90	85,28	1,58		*O. Kellner, S. Tsujiaka u. M. Soito*[2])
39	Sekitori, gute Sorte	gebleicht	„	14,27	7,66	0,58	73,37	2,66	1,23	8,94	85,59	1,44		
40	Hongoku, geringe Sorte	geschält	„	13,57	5,57	1,32	74,60	3,16	1,44	6,44	86,31	1,03		
41	Hongoku, geringe Sorte	gebleicht	„	14,13	5,56	0,55	74,35	3,96	1,32	6,47	86,58	1,04		
				In der Trocken-Substanz										
42	Mino-Reis	unbearbeitet	„	—	—	3,14	—	1,39	1,52	9,40	84,55	1,50		*O. Kellner*[3])
43	Mino-Reis	gebleicht	„	—	—	1,46	—	0,56	0,71	8,25	89,02	1,32		
44	Echiu-Reis	unbearbeitet	„	—	—	2,43	—	1,83	1,83	7,98	86,72	1,28		
45	Echiu-Reis	gebleicht	„	—	—	0,95	—	0,46	0,46	6,59	91,35	1,05		
				In der ursprünglichen Substanz					Reinasche					
46	Spielart Takratoku		1891	—	—	2,16	—	1,24	1,47	9,25	85,82	1,48		*O. Kellner*[3])
47	„ Schiratama		„	—	—	2,66	—	1,45	1,02	9,84	85,03	1,57		
48	„ Shiuriki		„	—	—	2,84	—	2,21	1,18	10,42	83,35	1,67		
49	„ Shiushyu		„	—	—	2,68	—	1,93	1,30	10,94	83,15	1,75		
	Japanischer Reis, Mittel		—	11,11	8,47	1,92	76,01	1,01	1,48	9,53	85,66	1,52		
									Asche					
50	Persischer Bruchreis		1890	10,80	11,21	0,75	74,65 **)	0,81	1,78	12,57	83,69	2,01		*J. Berger*[4])
51	Aegyptischer Bruchreis		„	11,84	6,70	80,70***)			1,16	7,60	91,54	1,22		

[1]) College of Agriculture of the imperial University. Tokyo 1893. Bull. 12. Verf. fanden ferner:

	No. 25	26	27	28	29	30	31	32	33	34
Amid-Stickstoff a) in der Trocken-Substanz %	0,086	0,167	0,168	0,108	0,108	0,129	0,169	0,084	0,087	0,122
Amid-Stickstoff b) in % des Gesammtstickstoffs	5,1	9,5	10,0	7,1	7,0	8,9	10,7	5,3	4,9	7,4

[2]) Imperial College of Agriculture and Dendrology Komaba, Tokyo, Japan 1889. Bull. No. 5, 2. Jahresber. Agrik.-Chem. 1889, **32**, 417.

[3]) Imperial Univ. College of Agric. Bull. No. 9. Tokyo Komaba Japan 1891. Jahresber. Agrik.-Chem. 1891, **14**, 448. O. Kellner fand ferner:

	Takratoku	Schiratama	Shiuriki	Shiushyu
Eiweiss-Stickstoff	1,397 %	1,442 %	1,500 %	1,514 %
Nicht-Eiweiss-Stickstoff	0,084 „	0,132 „	0,167 „	0,246 „

[4]) Chem.-Ztg. 1890, **14**, 1440.

*) Die procentige Zusammensetzung der Asche war folgende:

Eisenoxyd (Fe_2O_3)	Kalk (CaO)	Magnesia (MgO)	Kali (K_2O)	Natron (Na_2O)	Phosphorsäure (P_2O_5)	Schwefelsäure (SO_3)	Kieselsäure (SiO_2)	Chlor (Cl)
1,63	2,93	12,60	22,47	4,55	48,31	0,23	6,53	0,91

**) Mit 1,45 % Gummi und Zucker.

***) Mit 78,30 % Stärke.

No.	Nähere Bezeichnung	Zeit der Untersuchung	In der ursprünglichen Substanz: Wasser %	Stickstoff-Substanz %	Fett %	Stickstofffreie Extraktstoffe %	Rohfaser %	Asche %	In der Trocken-Substanz: Stickstoff-Substanz %	Stickstofffreie Extraktstoffe %	Stickstoff in der Trocken-Substanz %	Analytiker
	Ostindischer Reis.											
52	Käuflicher, sog. Indischer	1883	13,13	6,81	0,82	78,76 *)	0,09	0,39	7,85	90,66	1,26	*E. Meissl, F. Strohmer u. N. v. Lorenz* [1])
53	Ostindischer Bruchreis	1890	12,10	8,95	0,42	77,11 **)	0,32	1,10	10,18	87,72	1,63	*J. Berger* [2])
54	desgl.	„	13,20	8,79	0,71	75,10 **)	0,40	1,80	10,13	86,52	1,62	*J. Berger* [2])
55	desgl.	„	13,23	6,87	0,31	78,39 **)	0,36	0,80	7,92	90,34	1,27	*J. Berger* [2])
56	Patna-Reis	1879	12,85	7,80	0,32	78,61 ***)	0,14	0,35	8,95	90,20	1,43	[3])
57	Basseïn-Reis	„	11,45	7,35	0,39	80,28 ***)	0,19	0,34	8,30	90,66	1,33	[3])
58	Ostindisch. Reis, frischer: weisse Körner	1896	13,00	8,86	2,55	73,49	0,95	1,15	10,19	84,47	1,63	*Balland* [4])
59	Ostindisch. Reis, frischer: rothe „	„	13,10	8,38	2,35	73,87	1,20	1,10	9,64	85,01	1,54	*Balland* [4])
60	Ostindisch. Reis, frischer: gelbe „	„	13,20	7,98	0,80	75,80	1,10	1,12	9,19	87,33	1,47	*Balland* [4])
61	desgl., aber über 100 Jahr alt, aus Hue: weisse „	„	13,60	8,90	0,40	74,90	0,80	1,40	10,30	86,69	1,65	*Balland* [4])
62	desgl., aber über 100 Jahr alt, aus Hue: rothe „	„	13,40	8,58	0,50	75,12	0,80	1,60	9,91	86,74	1,59	*Balland* [4])
63	Pegu-Reis	1896	13,50	7,41	0,40	78,10		0,59	8,57	—	1,37	*Watson* [5])
64	Bombay-Reis	„	13,00	7,44	0,70	77,63		1,23	8,55	—	1,37	*Watson* [5])
65	Broach-Reis	„	13,10	7,12	0,49	78,70		0,66	8,19	—	1,31	*Watson* [5])
66	Bareilly-Reis	„	12,80	8,24	0,64	77,80		0,52	9,45	—	1.51	*Watson* [5])
67	Pulut Moulmein	„	12.90	7,24	0,60	78,56		0,70	8,31	—	1,33	*Watson* [5])
	Ostindischer Reis, Mittel	—	12,99	7,92	0,78	76,80	0,58	0,93	9,10	87,85	1,46	
68	Russischer Reis	1890	12,70	7,94	0,40	77,02 °)	0,44	1,45	9,10	88,23	1,46	*J. Berger* [6])
	Amerikanischer Reis.											
69	Mittel aus 10 Analysen, Amerika	1884	12,40	7,40	0,40	79,20	0,20	0,40	8,44	90,41	1,35	*Jenkins* [7])
70	Reis, Amerika	1886	11,15	7,70	0,86	78,59	0,80	0,90	8,66	88,45	0,39	*Richardson* [8])
71	Karolina, „Gold seed“	1879	12,93	8,55	0,27	77,70 °°)	0,17	0,38	9,82	89,24	1,57	*H. Semler* [9])

[1]) Zeitschr. f. Biologie 1883, **19**, 88.

[2]) Chem.-Ztg. 1890, **14**, 1440.

[3]) Mitgetheilt von O. Burchard. Landw. Versuchsstationen 1897, **48**, 111; nach Report of the com. of agriculture U. S. A. 1879, 102.

[4]) Compt. rend. 1896, **122**, 817—818. Der Säuregehalt war im frischen Reise (0,054) und in dem über 100 Jahre alten (0,047) nahezu derselbe. Auch das Gewicht der alten und frischen Körner war dasselbe. Die rothen Körner des alten Reises hatten eine schwarze Farbe angenommen.

[5]) Mitgetheilt in Alwin Oppel: „Der Reis“. Bremen 1890.

[6]) Chem.-Ztg. 1890, **14**, 1440.

[7]) Tafel über die Zusammensetzung amerikanischer Futterstoffe von E. H. Jenkins in Ann. Rep. Connecticut Agric. Exper. Stat. 1884, 116. Die Schwankungen im Gehalte der untersuchten 10 Reisproben sind daselbst wie folgt angegeben in Procenten der lufttrocknen Substanz

	Trocken-Substanz	Protein	Fett	Stickstofffreie Extraktstoffe	Rohfaser
Maximum	88,60	8,60	0,60	80,60	0,40 %
Minimum	86,00	5,90	0,30	77,50	0,10 „

[8]) U. S. Departement of Agriculture, Washington. Privatmittheilung.

[9]) Mitgetheilt von O. Burchard. Landw. Versuchsstationen 1897, **48**, 111; nach Rep. of the com. of Agriculture U. S. A. 1879, 102.

*) Die direkte Bestimmung ergab 80,05 % Stärke.

**) Davon waren Gummi und Zucker bei No. 53: 0,86 %, bei No. 54: 1,20 % und bei No. 55: 0,95 %.

***) Die stickstofffreien Extraktstoffe bestanden aus:

Patna-Reis: 76,71 % Stärke und 1,36 % Gummi.
Basseïn-Reis: 78,29 „ „ „ 1,27 „ „

°) Mit 1,21 % Gummi und Zucker.

°°) Vergl. Anmerkung *) S. 565.

No.	Nähere Bezeichnung	Zeit der Untersuchung	In der ursprünglichen Substanz: Wasser %	Stick-stoff-Substanz %	Fett %	Stickstoff-freie Extraktstoffe %	Roh-faser %	Asche %	In der Trocken-Substanz: Stick-stoff-Substanz %	Stickstoff-freie Extraktstoffe %	Stickstoff in der Trocken-Substanz %	Analytiker
72	Karolina, „White seed“ .	1879	13,31	8,31	0,30	77,61 *)	0,13	0,34	9,59	89,51	1,53	H. Semler[1])
73	Louisiana, „White seed“ .	„	11,38	8,40	0,62	78,93 *)	0,19	0,48	9,48	89,07	1,52	
74	„ „Honduras“ . .	„	12,16	6,67	0,27	80,08 *)	0,19	0,33	7,59	91,39	1,21	
75	„ „Volunteer“ . .	„	11,80	7,26	0,30	80,11 *)	0.19	0,34	8,23	90,83	1,32	
	Amerikanischer Reis, Mittel	—	12,16	7,76	0,43	78,87	0,27	0,51	8,83	89,84	1,41	
	Enthülster Reis Gesammtmittel	—	**13,17**	**8,13**	**1,29**	**75,50**	**0,88**	**1,03**	**9,36**	**86,89**	**1,50**	
	Enthülster Reis Schwankungen	—	10,80-15,37	5,85—11,12	0,22-2,58	72,01-80,00	0,08-4,00	0,27—2,89	6,74—12,81	82,93—92,13	1,03—2,05	
	Klebreis. Oryza sativa glutinosa Loureiro.											
1	Gloutinous rice (Mochigome)	1884	14,88	10,48	2,03	70,83	0,86	0,92	12,25	82,83	1,962	O. Kellner[2])
2	Klebreis, geschält	„	13,28	7,71	0,59	77.16	0,66	0,60	8,89	88,98	1,42	U. Kreusler[3])
3	Glutinoser Reis, Japan, Mittel von 3 Analysen . . .	„	(13,88)	5,02	2,96	72,28	4,48	1,38	5,87	83,89	0,94	O. Kellner[2])
	Mittel	—	**13,88**	**6,67**	**2,35**	**72,97**	**2,99**	**1,14**	**7,75**	**84,73**	**1,24**	
	Gekochter Reis.											
	Aus Japan.											
1	Sekitori, sehr gute Qualität	1889	65,00	2,77	0,03	29,90	1,04	0,50	7,92	85,41	1,27	O. Kellner, S. Tsujiaka und M. Soito[4])
2	Hongoku, geringere . . .	„	65,00	2,69	0,03	30,13	1,05	0,54	7,69	86,09	1,23	

Balland (Compt. rend. 1895, **121**, 561—564) giebt für den nach Frankreich eingeführten Reis folgende Schwankungszahlen an:

Bezeichnung des Reises	1000 Körner wiegen g	Wasser %	Stickstoff-Substanz %	Fett %	Stickstofffreie Extraktstoffe %	Rohfaser %	Asche %
Arracan-Reis . .	13,4—22,3	11,80—14,20	5,55—7,50	0,25—0,65	78,41—81,03	0,18—0,39	0,14—0,54
Carolina-Reis . .	20,4—21,6	13,10—15,20	7,10—8,82	0,30—0,45	75,60—78,52	0,19—0,28	0,40—0,46
Indischer Reis . .	17,0—18,3	11,70—14,00	6,14—7,01	0,15—0,45	78,60—80,27	0,21—0,31	0,34—0,44
Japanischer Reis .	18,3—23,3	12,30—15,30	5,50—6,98	0,25—0,50	77,64—80,49	0,21—0,36	0,28—0,46
Javanischer Reis .	20,0—22,8	12,20—14,80	6,67—6,86	0,35—0,55	77,30—79,56	0,24—0,34	0,48—0,58
Piemont-Reis . .	23,4—23,7	13,00—16,00	7,21—7,70	0,35—0,45	75,77—78,21	0,20—0,23	0,40—0,44
Saïgun- oder Cochinchina-Reis .	10,5—17,4	10,20—15,00	6,98—8,38	0,30—0,75	76,96—81,35	0,20—0,42	0,28—0,56

Der Säuregehalt schwankt zwischen 0,032 und 0,062 %, der Zuckergehalt zwischen 0,15 und 0,50 %.

[1]) Vergl. Anmerkung [9]) S. 564.

[2]) Siehe No. 18 von Oryza sativa. Reis unter No. 1 enthielt in Procenten der wasserfreien Substanz 76,02 % Stärke, 6,81 % Rohrzucker, Glukose und Dextrin und von durch Phosphorwolframsäure nicht fällbarem Amid-Stickstoff 0,055 %.

[3]) Landw. Jahrb. 1884, **13**, 767. In Procenten der Trocken-Substanz enthielt der Reis 8,65 % Zucker, 3,35 % Dextrin und 67,98 % Stärke.

[4]) Imperial College of Agriculture and Dendrology Komaba, Tokyo, Japan 1889, Bull. No. 5, 2. Jahresber. Agrik.-Chem. 1889, **32**, 417.

*) Die stickstofffreien Extraktstoffe enthielten:

	Karolina „Gold seed“	Karolina „White seed“	Lousiana „White seed“	Lousiana „Honduras“	Lousiana „Volunteer“
Stärke	75,40	75,47	77,16	78,17	78,27 %
Gummi . . .	1,57	1,57	1,05	1,44	1,07 „

Durch die Bearbeitung, welche der Reis erfährt, verliert er nicht unwesentlich an Nährwerth. Balland fand für Saïgun-Reis in den verschiedenen Stadien der Fabrikation folgende Zusammensetzung:

Nähere Bezeichnung	Wasser %	Stickstoff-Substanz %	Rohfett %	Stickstoff-freie Extraktstoffe %	Rohfaser %	Asche %
Roher Reis	13,10	8,24	2,15	73,65	1,34	1,52
Mit der Hand geschält	11,00	9,05	2,80	64,93	1,12	1,10
Mit der Maschine geschält . . .	13.00	7,82	0,60	77,74	0,28	0,56
Geschält und bearbeitet	12,90	7,82	0,40	78,20	0,24	0,44
Geschält, bearbeitet und glasirt .	13 30	7,65	0,30	78,18	0,21	0,36

VII. Hirse.

Grosse Kolben- oder Borstenhirse. Samen von Panicum italicum L. (Setaria italica Beauvais). Italienischer oder Kolben-Fennich, Hornikorn, Millet d'Italie.

No.	Nähere Bezeichnung	Zeit der Untersuchung	In der ursprünglichen Substanz: Wasser %	Stickstoff-Substanz %	Fett %	Stickstoff-freie Extraktstoffe %	Rohfaser %	Asche %	In der Trocken-Substanz: Stickstoff-Substanz %	Stickstoff-freie Extraktstoffe %	Stickstoff in der Trocken-Substanz %	Analytiker
1	Geschält, „Awa"	1884	12,04	7,40	3,87	74,21	1,37	1,11	8,43	84,37	1,35	*O. Kellner* [1])
2	Hornikorn, geschält, aus Südrussland	1894	10,74	13,93	1,87	67,49	3,67	2,30	15,66	75,61	2,51	*J. E. Tikanadse* [2])
3	Ungeschält, in Japan gewachs.	1884	13,05	13,04	3,03	57,42	10,41	3,05	14,99	66,00	2,50	*Nagai u. Murai* [3])

Kleine Kolbenhirse, Mohar, auch deutsche, ungarische oder amerikanische Hirse genannt. Samen von Panicum germanicum Rth. (Setaria germanica).

Nicht geschälte Körner.

No.	Nähere Bezeichnung	Zeit der Untersuchung	Wasser %	Stickstoff-Substanz %	Fett %	Stickstoff-freie Extraktstoffe %	Rohfaser %	Asche %	Stickstoff-Substanz % (Trocken-S.)	Stickstoff-freie Extraktstoffe % (Trocken-S.)	Stickstoff in der Trocken-Substanz %	Analytiker
1*)	Ungeschälte Hirse . . .	1896	9,40	11,56	3,29	62,87	10,00	2,88	12,76	69,39	2,04	*W. Bersch* [4])
2*)	Dieselbe gereinigt (geputzt)	„	12,10	13,06	2,53	57,12	12,91	2,28	14,86	64,98	2,38	
3*)	Futterhirse, kleine und beschädigte Körner d. Vorigen	„	11,31	9.87	3,55	58.25	14.23	2,79	11,13	65,69	1,78	
	Mittel	—	**8,60**	**11,81**	**3,12**	**61,44**	**12,38**	**2,65**	**12,92**	**66,69**	**2,07**	

[1]) Japan. Chemical Analyses of Agricultural Specimens from the Laboratory of the Imperial College of Agriculture Komaba, Tokio, Japan. 1884. Die Hirse enthielt in der Trocken-Substanz 1,24 % Eiweiss-Stickstoff.

[2]) Pharm. Zeitschr. Russland **33**, 596; Vierteljahresschr. Nahrungs- und Genussmittel 1894, **9**, 594.

[3]) Japan. International Health Exhibitation. London 1884. A. Descriptive Cataloge etc. S. 2. Die Analysen Panicum italicum No. 2 und Panicum Crus corvi sind von den Verfassern den Tabellen für Japanische Nahrungsmittel und Getränke entnommen.

[4]) Landw. Versuchsstationen 1896, **46**, 103—116.

*) W. Bersch fand ferner:

	Nicht geschälte Körner No. 1	2	3	Geschälte Körner No. 4	5	6	7
Stärke	62,56	56,70	57,66	72,62	72,67	72,56	74,40 %
Gesammt-Stickstoff	1,85	2,09	1,58	2,09	1,95	1,95	1,84 „
Protein-Stickstoff	1,83	2,05	1,52	1,76	1,94	1,87	1,81 „
Amid-Stickstoff	0,02	0,04	0,06	0,33 (?)	0,01	0,08	0,03 „
Verdaulicher Protein-Stickstoff	1,39	1,23	1,01	1,35	1,54	1,38	1,30 „
„ „ in % des Gesammt-Stickstoffs	75,13	58,85	63,92	64,59	78,97	70,76	70,65 „
Nucleïn-Stickstoff	0,44	0,82	0,51	0,41	0,40	0,49	0,51 „
Verseifungszahl des Aetherextraktes . .	216	217	220	213	214	214	214
Jodzahl „ „ . .	60	61	65	56	59	59	61

No.	Nähere Bezeichnung	Zeit der Untersuchung	In der ursprünglichen Substanz: Wasser %	Stick-stoff-Substanz %	Fett %	Stickstoff-freie Extraktstoffe %	Roh-faser %	Asche %	In der Trocken-Substanz: Stick-stoff-Substanz %	Stickstoff-freie Extraktstoffe %	Stickstoff in der Trocken-Substanz %	Analytiker
	Geschälte Körner.											
4	Geschälte Körner nach der Grösse geordnet I	1896	9,77	13,06	2,84	72,99	0,46	0,88	14,47	80,89	2,32	W. Bersch[1])
5	II	„	9,88	12,19	2,94	73,39	0,60	1,00	14,64	81,10	2,34	
6	III	„	9,40	12,20	3,13	73,12	0,88	1,07	13,46	80,71	2,16	
7	IV	„	9,16	11,40	2,81	75,14	0,23	1,26	12,55	82,72	2,01	
	Mittel	—	**9,55**	**12,46**	**2,68**	**73,72**	**0,54**	**1,05**	**13,78**	**87,36**	**2,20**	
	Panicum Crus corvi-Hirse.											
1	In Japan gewachsen, dort „Hiya“ genannt	1884	13,23	9,14	0,98	3,01	0,83	72,80	10,52	83,84	1,68	Nagai und Murai[2])
	Gemeine Hirse oder Rispenhirse. Samen von Panicum miliaceum L. — Panick-corn, Millet, Hirse. — Millet.											
	Nicht geschälte Körner.											
1	In Ungarn kultivirt . . .	1860	13,15	10,70	3,67	57,10	13,06	2,32	12,32	65,63	1,972	J. Moser[3])
2	Ohne nähere Bezeichnung .	—	11,74	10,97	4,15	—	—	3,61	12,44	78,77	1,99	H. Ritthausen[4])
3	In Japan kultivirt, „Kibi“ .	1884	10,80	10,27	4,34	66,19	4,16	4,24	12,41	73,32	1,98	O. Kellner[5])
4	desgl.	„	11,43	10,48	4,39	64,91	4,45	4,34	11,83	73,30	1,89	
5	Ungequetscht (?)	1883	13,19	9,56	3,83	57,06	12,51	3.85	11,01	65,72	1,76	A. Völcker[6])
6	In Japan gewachsen . . .	1884	14,70	10,89	2,95	60,95	5,96	4,55	12,76	71,48	2,04	Nagai und Murai[7])
	Mittel	—	**12,50**	**10,61**	**3,89**	**61,11**	**8,07**	**3,82**	**12,13**	**69.84**	**1,94**	
	Geschälte Körner.											
1	Ohne nähere Bezeichnung .	1846	14.00	20,60	3,00	57,80	2,40	2,20	11,49	79,67	1,84	J. B. Boussingault[8])
2	Käufliche Hirse	1858	12,22	9,88	7,43	—	—	—	11,25	—	1,80	v. Bibra[9])
3	Käufliche Hirse aus Franken	„	—	—	—	—	—	—	8,88	—	1,42	
4	desgl.	„	—	—	—	—	—	—	9,88	—	1,58	
5	Ohne nähere Bezeichnung .	1871	12,90	14,81	4,17	62,80	3,73	1,59	17,00	72,11	2,72	W. Pillitz[10])

[1]) Vergl. Anmerkung [3]) S. 566.
[2]) Vergl. Anmerkung [3]) unter Panicum italicum.
[3]) Allgem. land- u. forstwirthschaftl. Zeitung 1861, 8; Landw. Versuchsstationen 1862, **4**, 193. Das Verhältniss von Schale zum Korn war wie 1 : 4.
[4]) Landw. Versuchsstationen 1877, **20**, 410. Aus der Mittheilung der Untersuchung ist nicht zu erkennen, ob die untersuchte Hirse ungeschält oder geschält war. Der Umstand, dass dieselbe als Schweinefutter diente, lässt vermuthen, dass dieselbe ungeschält war.
[5]) Mitthl. der deutschen Gesellschaft für Natur- u. Völkerkunde Ostasiens, Sonderabdruck aus Band 4, No. 35. Die Hirse No. 3 enthielt in der Trocken-Substanz 1,92 % Eiweiss-Stickstoff.
[6]) J. Roy. Agric. Soc. England, **19**, I, 237. Centrbl. f. Agrikultur-Chemie 1883, **2**, 710. In unserer Quelle ist diese Hirse als ungequetscht bezeichnet im Vergleich zu gequetschter (siehe No. 9); wir vermuthen aus dem Unterschied der beiden Analysen, dass die eine Hirse geschält, die andere ungeschält untersucht wurde.
[7]) Japan. Intern. Health Exhibitation London 1884. A. Descriptive Cataloge etc. S. 2.
[8]) No. 1. J. B. Boussingault. Dessen: „Die Landwirthschaft in ihren Beziehungen zur Chemie etc.“ **3**, 200.
[9]) No. 2—4. von Bibra. Dessen: „Die Getreidearten und das Brot.“ Nürnberg 1860, 350. Bei No. 1 wurden an näheren Bestandtheilen ermittelt: Albumin 0,87 %, Pflanzenleim 3,40 %, Kasein 0,50 %, in Wasser und Alkohol unlösliche Stickstoff-Substanz 5,50 %, Gummi 9,13 %, Zucker 1,80 %. Eine Aschenbestimmung wurde nicht ausgeführt. Derselbe Analytiker untersuchte noch eine abessinische Hirse, welche als Panicum spec. bezeichnet war, auf ihren Stickstoffgehalt und fand denselben äusserst gering, nämlich zu 0,37 % = 2,31 % Stickstoff-Substanz. Das spec. Gewicht der Samen unter No. 2 und 3 betrug 1,25 bezw. 1,23.
[10]) Zeitschr. f. analyt. Chem. 1872, **11**, 62. Die nähere Analyse ergab:

	Stärke	Dextrin	Zucker	Extraktivstoffe	In Wasser lösliches Albumin	In Wasser lösliche Asche
In der lufttrocknen Substanz .	60,27	1,12	0,45	0,45	1,18	1,03 %
In der wasserfreien Substanz .	69,20	1,29	0,52	0,52	1,36	1,18 „

Ueber die analytische Methode siehe die Angaben bei Weizenanalysen desselben Autors S. 422 Anm. 3.

No.	Nähere Bezeichnung	Zeit der Untersuchung	In der ursprünglichen Substanz: Wasser %	Stick-stoff-Substanz %	Fett %	Stickstoff-freie Extraktstoffe %	Roh-faser %	Asche %	In der Trocken-Substanz: Stick-stoff-Substanz %	Stickstoff-freie Extraktstoffe %	Stickstoff in der Trocken-Substanz %	Analytiker
6	Ohne nähere Bezeichnung	1876	13,20	8,45	3,66	65,59	(5,16)	3,84	9,73	75,69	1,56	*G. Grandeau*[1])
7	Ohne nähere Bezeichnung	1878	12,01	12,25	3,31	64,26	(4,65)	3,52	13,92	72,94	2,23	*J. König und C. Krauch*[2])
8	Ohne nähere Bezeichnung	"	7,57	11,31	4,28	74,10	1,27	1,47	12,24	80,17	1,96	*A. Petermann*[1])
9	Gequetscht (?)	1883	12,85	11,25	3,91	60,25	(7,73)	4,01	12,90	69,15	2,06	*A. Völcker*[3])
	Mittel	—	**11,79**	**10,51**	**4,26**	**68,16**	**2,48** *)	**2,80**	**11,92**	**77,27**	**1,94**	
	Klebhirse, japanische Klebhirse. Panicum miliaceum var. Bretschneideri Kcke.											
1	Geschälte Körner	1887	9,04	11,82	3,89	74,09	0,14	0,92	12,99	81,57	2,08	*Beutell und Dafert*[4])
	Mohrhirse. Sorghum halapense Pers. Samen.											
1	Ohne nähere Bezeichnung .	1882	11,09	8,45	2,77	37,33	32,27	8,09	9,50	41,98	1,52	*B. Schulze*[5])
	Mohrhirse. Sorghum tataricum. Dari.											
1	Dari, syrischer	1881	9,97	9,88	3,52	72,22	1,33	2,78	10,98	80,54	1,76	*C. de Leeuw*[6])
2	Dari, ägyptischer	"	10,05	7,05	6,11	74,20	0,97	1,62	8,00	82,13	1,28	*C. de Leeuw*[6])
3	Dari	1884	10,39	8,88	3,49	72,49	2,11	2,64	9,91	80,90	1,59	*Fr. Soxhlet*[7])
4	desgl.	1885	12,25	10,54	2,78	70,22	1,79	2,42	12,01	80,02	1,92	*Fr. Farsky*[8])
5	desgl.	1883	12,55	10,31	2,93	70,43	1,63	2,15	11,78	80,55	1,88	*A. Völcker*[9])
6	Ohne nähere Bezeichnung .	"	11,31	10,06	4,02	68,10	3,65	2,86	11,94	76,20	1,91	*A. Völcker*[9])
	Mittel	—	**11,09**	**9,77**	**3,82**	**70,98**	**1,92**	**2,42**	**10,77**	**80,05**	**1,72**	
	Zucker-Mohrhirse. Sorghum saccharatum Pers.											
1	Chinese sugar sorghum . .	1859	—	8,56	—	—	—	—	10,19	—	1,63	*J. Pierre*[10])
2	desgl.	"	—	—	3,13	—	—	—	—	—	—	*H. Mangon*[11])
3	Ohne nähere Bezeichnung .	"	14,19	9,81	3,32	—	—	2,97	11,43	81,24	1,83	*A. Cossa*[12])
4	Zuckerhirse	1878	7,57	11,31	4,28	74,10	1,27	1,47	12,24	80,17	1,96	*A. Petermann u. Molinari*[13])
5	Early Amber	"	10,57	9,98	4,60	72,56	1,48	1,81	11,17	79,99	1,79	*P. Collier*[14])
6	Chinese	"	9,93	9,54	3,95	73,59	1,52	1,47	10,59	81,71	1,69	*P. Collier*[14])
7	Early Amber, Minnesota .	1881	15,04	8,13	3,51	69,65	1,94	1,73	9,57	81,98	1,53	*S. W. Johnson*[15])
8	Aus West-Cornwall . . .	"	16,76	7,69	3,36	66,81	3,21	2,17	9,23	80,30	1,48	*S. W. Johnson*[15])

[1]) Privatmittheilung.
[2]) Originalmittheilung.
[3]) Centrbl. f. Agrik.-Chem. 1883, **12**, 710. Vergl. ungeschälte Hirse No. 5.
[4]) Chem.-Ztg. 1887, **11**, 136. Der untersuchte Samen war im Versuchsgarten zu Poppelsdorf gezogen worden. In Procenten der Trocken-Substanz enthielt die Klebhirse 0,25 % Dextrin, 5,13 % Traubenzucker, in Wasser von 15° C. lösliche Stoffe 9,31 %.
[5]) Jahresber. f. Agrikultur-Chem. 1882, **26**, 389.
[6]) Bulletin No. 2 Laboratoire agricole de Hasselt. No. 2 enthielt 72,9 % Stärke.
[7]) Privatmittheilung. In der ursprünglichen Substanz waren 66,44 % Stärke.
[8]) 5. Ber. der landw.-chem. Versuchsstation Tabor 1886, 16.
[9]) Centrbl. f. Agrik.-Chem. 1883, **12**, 711 und Ann. de la science agron. par L. Grandeau, 1885, **I**, 101.
[10]) Ann. d. Chim. et de Phys. 1859, **56**, 44.
[11]) Ebendaselbst.
[12]) Chem. News 1872, **26**, 289.
[13]) Privatmittheilung.
[14]) Spec. Rep. No. 33. Dep. of Agric. Washington, Juli bis December 1880. An näheren Bestandtheilen wurden noch bestimmt:

	Zucker	Gummi	Stärke, Farbstoff u. s. w.	In Alkohol lösl. Eiweiss	In Alkohol unlösl. Substanz	
No. 5 . .	1,91	1,10	68,55	7,34	2,64 %	in der lufttrocknen Substanz
No. 6 . .	2,70	0,72	70,17	6,90	2,64 "	in der lufttrocknen Substanz

[15]) Rep. Connect. Agric. Exper. Stat. 1881, 82.
*) Mittel für Holzfaser aus No. 1, 5 und 8.

No.	Nähere Bezeichnung	Zeit der Untersuchung	In der ursprünglichen Substanz: Wasser %	Stick-stoff-Substanz %	Fett %	Stickstoff-freie Extraktstoffe %	Roh-faser %	Asche %	In der Trocken-Substanz: Stick-stoff-Substanz %	Stickstoff-freie Extraktstoffe %	Stickstoff in der Trocken-Substanz %	Analytiker
9	„Rozoku“, geschält . . .	1884	12,37	10,81	5,41	62,14	4,66	4,16	12,34	70,91	1,97	*O. Kellner*[1])
10	Sorghum seed, Mittel von 9 Analysen	„	12,52	8,88	3,65	71,27	1,88	1,80	10,15	81,47	1,94	*E. H. Jenkins*[2])
	„Sorgo ambraceo“, enthülst. a. 2. Ernte. 3. Septbr. 1882.											
11	Aus selbst geerntetem Samen, in Reihen	1883	8,76	9,84	3,15	72,99	3,33	1,93	10,78	80,01	1,72	*A. Pasqualini*[3])
12	Aus selbst geerntetem Samen, breitwürfig	„	11,06	9,16	2,04	73,24	2,45	2,05	10,30	75,66	1,65	
13	Originalsaat, in Reihen	„	8,28	10,77	2,19	73,99	3,27	1,50	11,74	80,67	1,88	
14	Originalsaat, breitwürfig	„	11,10	9,30	2,61	72,17	3,17	1,65	10,46	81,19	1,67	
	b. 3. Ernte, 22. Septbr. 1882.											
15	Aus selbst geerntetem Samen, in Reihen	„	14,74	8,06	3,51	69,02	3,17	1,50	9,13	81,60	1,46	
16	Aus selbst geerntetem Samen, breitwürfig	„	12,91	9,06	3,60	69,24	3,64	1,55	10,40	79,51	1,66	
17	Originalsaat, in Reihen	„	13,30	8,94	3,30	70,16	2,53	1,77	10,31	80,93	1,65	
18	Originalsaat, breitwürfig	„	14,20	7,88	4,20	69,31	3,03	1,38	9,19	80,77	1,47	
	c. 4. Ernte, 8. Oktober 1882.											
19	Aus selbst geerntetem Samen, in Reihen	„	13,25	8,85	3,56	69,34	3,50	1,50	10,20	79,93	1,63	
20	Aus selbst geerntetem Samen, breitwürfig	„	13,56	8,93	3,04	69,10	3,83	1,54	10,33	79,94	1,65	
21	Originalsaat, in Reihen	„	13,34	9,69	3,15	68,87	3,40	1,55	11,18	79,49	1,77	
22	Originalsaat, breitwürfig	„	13,26	9,75	3,54	68,62	3,33	1,50	11,24	79,10	1,80	
	Erste Ernte, 1883.											
23	Sorgo ambraceo, a. Originalsaat, gedüngt	1884	16,65	9,36	3,05	66,34	3,32	1,28	11,23	79,59	1,80	*derselbe*[4])
24	Sorgo ambraceo, aus selbstgeerntetem Samen, gedüngt	„	19,54	10,14	2,06	64,96	2,10	1,20	12,60	80,74	2,02	
25	Sorgo hybrid, gedüngt . .	„	18,23	9,53	1,95	66,56	2,03	1,70	11,66	81,40	1,87	
26	Sorgo liberian, gedüngt . .	„	19,49	9,32	1,77	65,12	2,35	1,95	11,58	80,90	1,85	
27	Sorgo ambraceo, aus Originalsamen, ungedüngt . .	„	18,24	8,95	3,00	66,13	2,24	1,44	11,07	80,67	1,77	

[1]) Chem. Anal. Imperial College Agric. Komaba, Tokio 1884, 14. (Auch Mitthl. d. Deutsch. Gesellsch. f. Natur- und Völkerkunde Ostasiens. Sonderabdruck aus Bd. 4, No. 35.) Die Probe enthielt in Procenten der Trocken-Substanz 54,49 % Stärke und 16,42 % andere Kohlenhydrate, ferner 1,73 % Eiweiss-Stickstoff, entsprechend 10,81 % Eiweiss.

[2]) Tafel über die Zusammensetzung amerikanischer Futtermittel, von E. H. Jenkins in Ann. Rep. Connect. Agric. Exper. Stat. 1884, 116. Die Zahlen für höchsten und niedrigsten Gehalt (der ursprünglichen Substanz) sind folgende:

	Trocken-Substanz	Protein	Fett	Stickstofffreie Extraktstoffe	Rohfaser
Maximum	90,72	11,25	4,60	73,59	3,21 %
Minimum	83,24	7,67	2,12	66,81	1,48 „

In diesem Mittel der 9 Analysen sind die unter No. 5—8 mit eingeschlossen, die anderen 5 Analysen vermochten wir in der uns zur Verfügung stehenden Litteratur nicht aufzufinden.

[3]) Ann. Staz. Agrar. Forli 1883, **12**, 101. Der angebaute Samen, Early Amber, stammte aus Minnesota, Nord-Amerika, und wurde zu Forlimpopuli angebaut, theils in Reihen (seminato a file), theils breitwürfig (seminato a pizziichi) ausgesäet. Die Körnerernte fand zu 3 verschiedenen Zeitpunkten statt. Im Original ist der Stickstoff-Gehalt der Stickstoff-Substanz zu 15,5 % angenommen, wir berechneten solche zu 16 % Stickstoff und änderten dementsprechend die Zahl für die Summe der stickstofffreien Extraktstoffe ab. Ausser den nachstehend aufgeführten näheren Bestandtheilen ist noch eine Zahl für „nicht bestimmbare Materie und Verlust“ angegeben, welche wir den stickstofffreien Extraktstoffen zurechneten. Die Samen enthielten in Procenten der lufttrocknen Substanz:

	No. 11	12	13	14	15	16	17	18	19	20	21	22
Zucker	2,93	1,73	2,75	2,55	1,63	2,21	2,01	1,98	1,13	1,16	1,09	1,09 %
Dextrin und Gummi . .	2,22	2,81	2,91	2,24	2,04	2,41	2,64	2,54	2,46	1,98	2,33	2,30 „
Stärke	66,38	65,94	65,89	65,80	64,12	64,31	63,99	63,53	65,30	64,50	65,15	65,65 „

[4]) Vergl. Anmerkung [1]) S. 570.

No.	Nähere Bezeichnung	Zeit der Untersuchung	In der ursprünglichen Substanz: Wasser %	Stickstoff-Substanz %	Fett %	Stickstoff-freie Extraktstoffe %	Rohfaser %	Asche %	In der Trocken-Substanz: Stickstoff-Substanz %	Stickstoff-freie Extraktstoffe %	Stickstoff in der Trocken-Substanz %	Analytiker
28	Sorgo ambraceo, aus selbst geerntetem Samen, ungedüngt	1884	17,44	9,56	3,16	67,07	1,42	1,35	11,58	81,24	1,85	Al. Pasqualini [1]
29	Sorgo hybrid, ungedüngt .	„	19,22	9,22	2,85	65,02	1,85	1,64	11,41	80,74	1,83	
30	Sorgo liberian, ungedüngt .	„	19,39	8,71	3,02	66,04	1,55	1,29	10,81	81,92	1,73	
	Zweite Ernte, 1883.											
31	Sorgo ambraceo, aus Originalsamen, gedüngt . . .	„	19,35	9,00	3,04	63,87	2,49	2,25	11,15	79,20	1,70	
32	desgl., aus selbst geerntetem Samen, gedüngt . . .	„	18,64	9,83	3,01	65,30	2,05	1,17	12,08	80,26	1,93	
33	Sorgo hybrid, gedüngt . .	„	19,66	9,05	1,99	66,15	1,52	1,63	11,27	82,23	1,81	
34	Sorgo liberian, gedüngt . .	„	19,89	7,85	2,85	66,27	1,85	1,29	9,80	82,72	1,57	
35	Sorgo ambraceo, aus Originalsamen, ungedüngt . . .	„	17,34	9,08	2,93	67,18	1,95	1,52	10,99	81,07	1,77	
36	desgl., aus selbst geerntetem Samen, ungedüngt . . .	„	18,27	9,69	1,81	66,26	2,35	1,62	11,86	81,06	1,90	
37	Sorgo hybrid, ungedüngt .	„	18,46	9,11	2,00	66,68	2,42	1,33	11,17	81,78	1,79	
38	Sorgo liberian, ungedüngt .	„	19,48	8,77	2,48	65,50	2,31	1,46	10,89	81,35	1,74	
39	Mittel von 48 Zuckerhirse- (Sorghum)- Varietäten, mit Hülse	1889	9,74	11,50	4,48 *)	69,14	3,06	2 08	12,74	76,60	2,04	H. W. Wiley [2]
40	Mittel von 48 Zuckerhirse- (Sorghum)- Varietäten, enthülst	„	9,59	11,71	3,85 *)	71,26	1,89	1,70	12,95	78,82	2,07	
41	Mittel von 24 Proben mit Hülse	„	9,93	10,54	4,33 *)	69,98	3,17	2,05	11,70	77,70	1,87	
42	dieselben, enthülst . . .	„	9,63	11.39	3,70 *)	71,76	1,83	1,69	12,61	79,41	2,02	
43	Sorgo ambrato**)	1890	12,31	9,48	3,16	70,20 **)	3,23	1,62	10,81	80,05	1,73	Al. Pasqualini [3]
	Mittel	—	**14.58**	**9,44**	**3,18**	**68,55**	**2,54**	**1,71**	**11,05**	**80,15**	**1,77**	
	Schwankungen	—	7,59—19,89	7,80—11,06	1,88-5,28	60,65-70,66	1,17-4,54	1,23—4,06	9,13—12,95	70,91—82,72	1,46—2,07	

[1]) Ann. Staz. Agrar. Forli 1884, **13**, 79. Die Samen waren bei vergleichsweisem Anbau verschiedener Sorten Sorghum zu Crocetta gewonnen worden. Der Boden daselbst enthielt an mechanischen Gemengtheilen (Nöbel'scher Schlämmapparat): groben Sand 8,6 %, feineren Sand 20,4 %, feinen Sand 25,4 %, Thon (Differenz) 45,6 %; ferner an in Salpetersäure löslichen Stoffen:

Eisenoxyd	Thonerde	Kalk	Magnesia	Kali	Natron	Schwefelsäure	Phosphorsäure	Kieselsäure
11,27	1,75	7,34	0,26	0,39	0,05	0,73	0,05	0,10 %

Der Boden enthielt 8,6 % Kohlensäure; Kalk und Magnesia waren als Karbonate vorhanden. An näheren Bestandtheilen enthielten die Samen ferner:

No.	23	24	25	26	27	28	29	30	31	32	33	34	35	36	37	38
Zucker .	2,23	2,05	3,12	2,94	1,04	2,14	2,05	2,19	2,95	1,45	2,36	2,64	2,35	1,15	2,05	1,95 %
Dextrin .	1,29	1,42	1,23	1,23	1,23	1,32	1,10	0,95	1,05	1,13	1,25	1,35	1,55	1,36	1,16	1,24 „
Stärke .	63,34	60,45	61,35	60,24	63,31	63,14	61,33	62,62	63,35	62,05	62,35	61,62	62,69	62,35	62,49	61,82 „

Die für Verlust angegebenen Zahlen wurden von uns den stickstofffreien Extraktstoffen zugerechnet. Die Asche ist als frei von Kohlensäure angegeben.

[2]) Nach einem Vortrage gehalten vor der Society for the Promotion of Agricultural Science at its Tenth Annual Meeting zu Toronto in Canada, August 1889, Seite 11; Centrbl. Agrik.-Chem. 1890, **19**, 678.

[3]) Staz. sperim. agr. Ital. 1890, **19**, 503.

*) Diese Zahlen bedeuten (Petroleum-Spiritusextrakt + Aetherextrakt). H. W. Wiley fand:

	Petroleum-Spiritusextrakt	Aetherextrakt	Absol. Alkoholextrakt	80-proc. Alkoholextrakt
No. 39. Mit Hülse . . .	3,85 %	0,63 %	2,46 %	2,94 %
No. 40. Enthülst . . .	3,35 „	0,50 „	1,41 „	1,96 „
No. 41. Mit Hülse . . .	3,72 „	0,61 „	2,44 „	2,91 „
No. 42. Enthülst . . .	3,16 „	0,54 „	1,46 „	1,78 „

**) 100 Körner wiegen 2,252 g. Verf. fand ferner 2,408 % Dextrin und Gummi und 1,852 g Zucker. Die Asche ist als frei von Kohlensäure angegeben.

Gemeine Mohrhirse. Sorghum vulgare. — Guineakorn, Negerkorn, Dhurra, Sirk, Besenkraut, Sorgohirse. — Grand millet. — Indian millet. Broom-Corn.

No.	Nähere Bezeichnung	Zeit der Untersuchung	In der ursprünglichen Substanz: Wasser %	Stick-stoff-Substanz %	Fett %	Stickstoff-freie Extraktstoffe %	Roh-faser %	Asche %	In der Trocken-Substanz: Stick-stoff-Substanz %	Stickstoff-freie Extraktstoffe %	Stickstoff in der Trocken-Substanz %	Analytiker
1	Mohrhirse (Holcus sorghum)	1846	13,20	10,60	6,10	61,60	5,10	3,40	11,59	71,58	1,85	*Boussingault*[1])
2	Guinea-Korn, aus West-Indien	—	—	7,43	—	—	—	—	—	—	—	*Sheir und Johnston*[2])
3	AegyptischeHirse, ungeschält	1855	8,00	—	—	—	—	—	10,90	55,10	1,74	*Polson*[3])
4	Dhurra aus Abessinien, ungeschält	1858	11,95	8,38	3,90	—	—	1,86	9,56	—	1,53	*v. Bibra*[4])
5	„Joar“ aus Ostindien, ungeschält	„	—	7,32	—	—	—	—	8,30	—	1,32	*v. Bibra*[4])
6	Dhurra	1872	13,21	9,25	3,13	—	—	1,95	10,66	—	1,71	*A. Cossa*[5])
7	desgl.	1876	12,32	7,75	2,37	73,06	3,20	1,30	8,84	83,33	1,41	*A. Völcker*[6])
8	desgl.	„	12,02	7,19	3,80	71,82	3,50	1,67	8,18	81,62	0,31	*A. Völcker*[6])
9	Seeds of Broom-Corn, mit röthlicher Schale . . .	„	11,20	6,97	3,32	69,82	6,67	2,02	7,84	78,63	1,25	*F. H. Storer*[7])
10	desgl.	„	11,93	7,56	3,25	68,14	6,57	2,55	8,63	77,39	1,40	*F. H. Storer*[7])
11	„Durra“	1881	10,69	10,96	3,88	68,99	2,66	2,82	12,28	77,23	1,96	*M. C. de Leeuw*[8])
12	„Doura“ (brown), Mittel von 3 Analysen	1884	11,00	10,30	4,20	69,90	1,50	1,60	11,58	80,21	1,85	*Jenkins*[9])
13	„Dura“*)	1890	14,20	10,04 *)	6,67	64,96 *)	2,43	1,70	11,70	75,71	1,87	*Alex. Pasqualini*[10])
14	„Durra“ aus Ungarn . .	1891	19,87	10,43 **)	3,83	62,58	2,12	1,17	13,02	78,10	2,08	*Cserháti*[11])
15	Sorgohirse-Körner . . .	1893	10,59	9,56	4,18	81,43	1,86	2,97	10,69	91,07	1,71	*E. Sell*[12])
	Mittel	—	**12,32**	**9,00**	**4,05**	**68,99**	**3,56**	**2,08**	**10,27**	**77,27**	**1,64**	

[1]) J. D. Boussingault, „Die Landwirthschaft in ihren Beziehungen zur Chemie etc.“, **3**, 200 %.

[2]) Watt's Dictionary of Chemistry. 2. Supplem. 814.

[3]) Weende'r Jahresber. 1855/56, 19. Die Gesammtmenge der angegebenen Bestandtheile beträgt 98,9.

[4]) von Bibra, „Die Getreidearten und das Brot.“ Nürnberg 1860, 346. Zu den Körnern unter No. 4 bemerkt der Autor: Die gelblich gefärbten Körner sind oben rund, unten spitz zulaufend und von der Grösse einer kleinen Erbse. 20 Körner wogen im Mittel zweier Wägungen 1,302 g. An näheren Bestandtheilen wurden bestimmt: Leim und Kasein 4,58 %, in Wasser und Alkohol unlösliche Stickstoff-Substanz 4,06 %, Gummi 3,82 %, Zucker 1,46 %, Stärke und Schalen 70,23 %. Zu No. 5: Die untersuchten Körner stammten von Paulasa mùdrum, Maissûr. Gewachsen 2400 englische Fuss über dem Meere. Die Körner waren bedeutend kleiner als jene der abessinischen; 20 Körner wogen 0,56 g.

[5]) Chemical News 1872, **26**, 289.

[6]) Journ. Roy. Agric. Soc. England 1876, **12**, 297.

[7]) Bull. Bussey Institution Boston (Harvard University) 1877, **2**, II, 99. Die Hirse unter No. 9 stammte aus einer Samenhandlung in Boston, die Körner waren voll und fest und viel besser in dieser Beziehung als die andere Probe unter No. 10, welche aus einer Samenhandlung in Hartford, Connecticut, Frühjahr 1876, stammte. Die Körner dieser Probe waren vorzüglich rein, aber nicht so gross als die der vorigen Probe.

[8]) Laboratoire agricole de Hasselt. Bull. No. 2. Die Probe enthielt 64,75 % Stärke.

[9]) Tafel über die Zusammensetzung amerikanischer Futterstoffe von E. H. Jenkins in Ann. Rep. Connect. Agric. Exper. Stat. 1884, 116. Der Gehalt an Trocken-Substanz wird im Maximum zu 92,4 %, im Minimum zu 87,3 %, der Gehalt an Protein im Maximum zu 11,5 %, im Minimum zu 9,00 % angegeben.

[10]) Staz. sperim. agr. Ital. 1890, **19**, 503.

[11]) Wiener landw. Ztg. 1892, 260; Centrbl. Agrik.-Chem. 1892, **21**, 676.

[12]) Arb. Kaiserl. Ges.-Amtes 1893, **8**, 608.

*) 100 Körner wiegen 2,616 g. Verf. fand ferner 5,486 g Dextrin und Gummi und 1,886 g Zucker. Die Asche ist als frei von Kohlensäure angegeben; sie enthielt 11,914 % Phosphorsäure (P_2O_5).

**) Von der Stickstoff-Substanz waren 83,62 % verdaulich.

Sonstige Analysen.

1. E. H. Jenkins. (Ann. Rep. of the Connecticut Agricultural Experiment Station für 1888, 2, 151; Jahresbericht für Agrik. Chem. 1889, 32, 415) fand für 9 Hirseproben folgende Mittel und Schwankungszahlen:

	Wasser	Stickstoff-Substanz	Rohfett	Stickstofffreie Extraktstoffe	Rohfaser	Asche
Mittel . .	12,52	8,88	3,65	71,26	1,88	1,80
Schwankungen	9,3—16,8	7,6—11,2	2,1—4,6	68,6—73,6	1,4—3,2	—

2. J. Campbell Brown (Analyst 1887, 12, 89; Vierteljahresschrift Nahrungs-Genussm. 1887, 2, 223) untersuchte ferner 2 Proben von Dhurra-Korn (Sorghum vulgare, Mohrhirse), welches in England zur Verfälschung des Pfeffers dient und fand auf Trocken-Substanz berechnet:

	Asche	In Salzsäure von 10 % löslich	Stärke	Eiweiss- u. sonstige in Alkali lösliche Stoffe	Rohfaser	Alkohol-Extrakt	Aether-Extrakt	Stickstoff
	%	%	%	%	%	%	%	%
1 Probe .	1,31	90,70	75,20	6,71	2,56	10,36	10,10	1,82
2. Probe .	1,69	87,80	73,00	7,96	4,19	7,96	7,30	1,79

VIII. Buchweizen.

Der Buchweizen gehört nicht zu den Cerealien oder Halmfrüchten, sondern zu den Polygonaceen. Da aber aus ihm vielerorts Mehl, welches als ein beliebtes Nahrungsmittel gilt, gewonnen wird, so kann er zu den Getreidearten im weiteren Sinne gerechnet werden und mag daher hier seinen Platz finden.

Gemeiner Buchweizen. Haidekorn. Polygonum fagopyrum L.

Ungeschält.

No.	Nähere Bezeichnung	Zeit der Untersuchung	In der ursprünglichen Substanz: Wasser %	Stickstoff-Substanz %	Fett %	Stickstofffreie Extraktstoffe %	Rohfaser %	Asche %	In der Trocken-Substanz: Stickstoff-Substanz %	Stickstofffreie Extraktstoffe %	Stickstoff in der Trocken-Substanz %	Analytiker
1	In Schottland gewachsen .	1851	14,69	9,69	2,69	71,31		1,62	11,36	—	1,82	*Th. Anderson*[1])
2	Ohne nähere Bezeichnung .	1852	13,00	13,10	3,90	64,00	3,50	2,50	15,05	73,28	2,41	*J. B. Boussingault*[2])
3	Ganze Körner	1857	—	13,31	3,22	—	—	—	—	—	—	*J. Pierre*[3])
4	Im Garten gezogen . . .	1862	11,60	12,71	—	—	—	2,10	14,38	—	2,30	*F. Nobbe und Th. Siegert*[4])
5	Schottischer	1871	10,57	10,69		61,10	14,96	2,68	11,95	—	1,91	*E. Wildt*[5])
6	Gewöhnlicher	„	9,57	10,75		61,39	15,55	2,74	11,89	—	1,90	*E. Wildt*[5])
7	Ohne nähere Bezeichnung	1874	14,60	9,87	3,07	54,12	15,88	2,46	11,56	63,34	1,85	*L. Grandeau*[6])
8	Ohne nähere Bezeichnung	„	16,60	11,88	2,40	52,98	13,72	2,43	14,24	63,52	2,26	*L. Grandeau*[6])
9	Ohne nähere Bezeichnung	„	17,80	11,18	1,84	54,80	12,25	2,43	13,61	66,34	2,18	*L. Grandeau*[6])
10	Ohne nähere Bezeichnung	„	16,41	10,83	2,14	53,60	14,08	2,94	12,95	64,33	2,07	*L. Grandeau*[6])
11	Ohne nähere Bezeichnung	„	16,75	10,78	2,16	54,74	13,74	1,83	12,95	65,76	2,07	*L. Grandeau*[6])
12	Ohne nähere Bezeichnung	„	16,41	14,42	1,96	52,66	12,54	2,01	17,25	63,01	2,76	*L. Grandeau*[6])
13	Ohne nähere Bezeichnung	„	14,80	10,48	2,21	57,29	12,94	2,28	12,30	67,44	1,97	*L. Grandeau*[6])

[1]) Transact. Highl. Soc. Juli 1851. March. 1853, 456. Der Buchweizen enthielt im lufttrocknen Zustande 1,55 % Stickstoff, 0,91 % Kalk und Magnesiumphosphat und Spuren von an Alkalien gebundener Phosphorsäure.

[2]) Dessen: Die Landwirthschaft in ihren Beziehungen zur Chemie etc. Deutsch von N. Gräger. Halle 1854, 3, 200.

[3]) Weende'r Jahresber. 1857, II, 41. (Recherches analytiques sur le sarrasin considéré comme substance alimentaire.)

[4]) Landw. Versuchsstationen 1863, 5, 116.

[5]) Wochenbl. d. Ann. d. Landw. in Preussen 1871, 310.

[6]) Privatmittheilung.

No.	Nähere Bezeichnung	Zeit der Untersuchung	In der ursprünglichen Substanz: Wasser %	Stick-stoff-Substanz %	Fett %	Stickstoff-freie Extraktstoffe %	Roh-faser %	Asche %	In der Trocken-Substanz: Stick-stoff-Substanz %	Stickstoff-freie Extraktstoffe %	Stickstoff in der Trocken-Substanz %	Analytiker
14	Ohne nähere Bezeichnung .	1874	13,00	11,42	2,88	58,23	12,02	2,45	13,13	66,91	2,10	*H. Weiske*[1])
15	„Saggina nera“*)	1890	12,15	10,38 *)	3,45	65,48 *)	5,10	3,44	11,80	74,54	1,89	*Alex. Pasqualini*[2])
16	„Saggina rossa o da granata“*)	„	11,80	10,81 *)	3,40	66,58 *)	5,20	2,21	15,25	75,49	1,96	*Alex. Pasqualini*[2])
17	Mittel von 8 Analysen**) .	1888	12,60	10,00	2,25	64,50	8,70	2,00	11,44	73,80	1,83	*E. H. Jenkins*[3])
	Mittel	—	**13,27**	**11,41**	**2,68**	**58,79**	**11,44**	**2,38**	**13,19**	**68,15**	**2,11**	

Geschält.

No.	Nähere Bezeichnung	Zeit der Untersuchung	Wasser %	Stickstoff-Substanz %	Fett %	Stickstofffreie Extraktstoffe %	Rohfaser %	Asche %	Trocken: Stickstoff-Substanz %	Stickstofffreie Extraktstoffe %	Stickstoff in der Trocken-Substanz %	Analytiker
1	Von den äusseren Hülsen befreit	1871	12,72	10,22	2,53	71,24	1,79	1,50	11,71	81,67	1,87	*W. Pillitz*[4])
2	Ohne nähere Bezeichnung .	1881	12,63	10,19	1,28	72,15	1,51	2,24	11,66	82,62	1,86	*C. de Leeuw*[5])
	Mittel	—	**12,68**	**10,21**	**1,90**	**71,70**	**1,65**	**1,86**	**11,69**	**82,14**	**1,87**	

Sonstige Analysen.

1. Jenneck ermittelte im Buchweizenkorn (nach Moleschott's Physiologie der Nahrungsmittel. 2, 117) auf den mittleren Gehalt an festen Bestandtheilen zurückgeführt: Kleber 8,988%, lösliches Eiweiss 0,197%, Stärke 44,896%, Zellstoff 23,126%, Dextrin 2,404%, Zucker 2,635%, Extraktstoffe 2,206%, Harz 0,309%, Salze 0,584%.
2. Ilienkoff: (Liebig's Annalen 1865, 136, 160.) — Nur Stickstoffbestimmungen!
3. Balland (Compt. rend. 1897, 125, 797; Centrbl. Agrik.-Chem. 1898, 27, 214) fand bei Buchweizen folgende Schwankungen der Bestandtheile in der Trocken-Substanz:

Wasser %	Stickstoff-Substanz %	Fett %	Stickstofffreie Extraktstoffe %	Rohfaser %	Asche %
13,00—15,20	9,44—11,48	1,98—2,82	58,90—63,35	8,60—10,56	1,50—2,46

4. A. Wicke und H. Weiske, Landw. Vers.-Stat. 1896, 46, 371) fanden in der Trocken-Substanz des ungeschälten Buchweizens 14,44% Stickstoff-Substanz, 3,26% Aetherextrakt, 69,57% stickstofffreie Extraktstoffe, 10,28% Rohfaser und 2,45% Asche.

Tatarischer Buchweizen. Polygonum tataricum L.

No.	Nähere Bezeichnung	Zeit der Untersuchung	Wasser %	Stickstoff-Substanz %	Fett + Stickstofffreie Extraktstoffe %	Rohfaser %	Asche %	Trocken: Stickstoff-Substanz %	Stickstofffreie Extraktstoffe %	Stickstoff in der Trocken-Substanz %	Analytiker
1	Von Hohenheim	1846	14,19	8,37	56,03	19,44	1,97	9,75	—	1,56	*E. N. Horsford*[6])
2	Ohne nähere Bezeichnung .	1871	10,62	11,19	53,58	20,01	4,60	12,52	—	2,00	*E. Wildt*[7])
	Mittel	—	**12,42**	**9,76**	**54,80**	**19,73**	**3,29**	**11,14**	—	**1,78**	

[1]) Der Landwirth 1875, **11**, 219.

[2]) Staz. sperim. agr. Ital. 1890, **19**, 503.

[3]) Ann. Rep. of the Connecticut Agric. Experiment Station für 1888, **2**, 92. Jahresber. f. Agrik.-Chem. 1889, **32**, 412.

[4]) Zeitschr. f. analyt. Chemie 1872, **11**, 46. Der Buchweizen enthielt 67,82% Stärke in der lufttrocknen und 77,64% Stärke in der trocknen Substanz. Von der Asche waren 0,96 bezw. 1,09% in Wasser löslich. Von den Albuminaten waren 6,47 bezw. 7,40% in Wasser unlöslich, 4,08 bezw. 4,67% löslich in Wasser. Den Stickstoff-Gehalt der Albuminate nahm der Autor zu 15,5% an, wir berechneten solche zu 16%. An Extraktivstoffen fand Autor 3,20 bezw. 3,65%.

[5]) Bull. No. 2. 1881. Laboratoire agricole de Hasselt. Der Buchweizen enthielt 63,81% Stärke in der lufttrocknen Substanz.

[6]) Annalen der Chemie u. Pharmacie 1846, **58**, 166. Kroker bestimmte den Stärkegehalt in den Körnern zu 44,17%.

[7]) Wochenbl. d. Ann. d. Landw. in Preussen 1871, 310.

*) Pasqualini macht ausserdem noch folgende Angaben:

	Gewicht von 100 Körnern	Durchmesser der Körner	Dextrin + Gummi	Zucker
Saggina nera	2,647 g	3,30 mm	4,750%	1,425%
„ rossa o da granata	2,113 „	3,53 „	4,250 „	1,670 „

**) Die Schwankungen für die einzelnen Bestandtheile betrugen:

Wasser	Stickstoff-Substanz	Fett	Stickstofffreie Extraktstoffe	Rohfaser
10,9—14,9%	8,6—11,1%	2,2—2,4%	62,6—65,4%	7,8—9,4%

Leguminosen.

Erbsen.

Pisum sativum L.

Aeltere Analysen.

1. J. B. Boussingault in dessen „Die Landwirthschaft und ihre Beziehungen zur Chemie“ 1, 309; 2, 175; 3, 200.
2. Moleschott's Physiologie der Nahrungsmittel, Giessen 1859, 2, 118.
3. E. N. Horsford, Ann. Chem. Pharm. 1846, 58, 166.
4. Thom. Way, Ward und Eggar, Journ. R. Agric. Soc. England 9, I. 147 und 10, II. 495.
5. Thom. Anderson, Trans. Highl. Soc. Scotland 1851 März bis 1853 Juli.
6. W. Mayer, Ergebnisse agrik.-chem. Versuche der Vers.-Stat. München 1857, 1, 1.
7. W. Knop und R. Arendt, 5. Bericht der Vers.-Stat. Möckern, Leipzig 1857, 83.
8. H. Grouven, dessen Vorträge über Agrikultur-Chemie, 2. Aufl., Köln 1862, 349.

No.	Nähere Bezeichnung	Zeit der Untersuchung	In der ursprünglichen Substanz						In der Trocken-Substanz		Stickstoff in der Trocken-Substanz	Analytiker
			Wasser %	Stick-stoff-Substanz %	Fett %	Stickstoff-freie Extraktstoffe %	Rohfaser %	Asche %	Stick-stoff-Substanz %	Stickstoff-freie Extraktstoffe %	%	
1	Grüne Erbsen aus Brandenburg*)	1861	14,30	23,15	3,56	50,05	6,04	2,90	27,02	58,40	4,32	H. Hellriegel [1])
2	Weisse Erbsen aus Brandenburg*)	„	14,30	21,87	2,06	51,64	7,33	2,80	25,50	60,28	4,08	H. Hellriegel [1])
3	Aus dem mittleren Schweden **)	„	15,03	24,38	1,51	—	4,30	2,78	28,70	61,19	4,59	C. M. Eisenstuck [2])
4	Saaterbsen, hl-Gewicht 81,21 kg***)	1862	12,12	24,32	—	—	—	2,10	27,68	—	4,43	C. Schmidt [3])
5	Gebrauchserbsen, 80,47 kg***)	„	11,56	24,26	—	—	—	2,05	27,44	—	4,39	C. Schmidt [3])
6	Ohne nähere Bezeichnung	„	13,86	20,64	2,12	52,53 [0])	8,12	2,73	23,96	60,98	3,83	E. Peters [4])
7	Felderbsen	„	14,10	23,40	2,00	48,00	10,00	2,50	27,24	55,90	4,36	A. Völcker [5])
8	Ohne nähere Bezeichnung	1865	16,64	23,07	2,28	49,35	5,66	3,00	27,69	59,19	4,43	V. Hofmeister [6])
9	Ohne nähere Bezeichnung	„	13,20	21,52	3,07	54,50	4,29	3,42	24,81	62,77	3,97	J. Lehmann u. Joh. Seyffert [7])
10	Ohne nähere Bezeichnung	„	14,18	21,60	2,96	51,17	6,90	3,19	25,19	60,60	4,03	E. Peters [8])

[1]) 4. u. 5. Jahresber. d. Vers.-Stat. Dahme 1862, 34.
[2]) Landw. Vers.-Stat. 1861, 3, 237.
[3]) Livländer Jahrb. d. Landw. 1863, 16, 137.
[4]) Ann. d. Landw. in Preussen 1862, 2, 278.
[5]) Hoffmann's Jahresber. 1865, 8, 314. (Farmer's magaz. 1865, 527.)
[6]) Landw. Vers.-Stat. 1866, 8, 352.
[7]) Amtsbl. f. d. landw. Ver. Sachsens 1865, 59.
[8]) Ann. d. Landw. in Preussen 1867, 25, II, 6.

*) Die grüne Erbse (No. 1) war als Saatgut im Jahre 1859 nach Heinsdorf bei Dahme bezogen und mit der dort heimischen gelben Erbse (No. 2) vergleichend auf leichtem, aber in gutem Düngungszustande befindlichem Boden unter ganz gleichen Verhältnissen angebaut worden.

**) Im mittleren Schweden auf zwar gutem, aber ausgetragenem und ungedüngtem Boden gewachsen. Die „Cellulose“ wurde durch Einwirkung von 3%-iger Salzsäure und 3%-iger Natronlauge auf die Substanz gewonnen.

***) Die beiden Erbsen wuchsen auf einem und demselben Felde, „lehmhaltigem“ Boden. Näheres siehe unter Roggen-Analysen desselben Autors S. 466, Anmerkung [3]). Die Analyse ergab ausserdem:

	Lufttrocken No. 4	Lufttrocken 5	Wasserfrei No. 4	Wasserfrei 5
Stärke	50,61	50,02	57,59	56,56%
Cellulose	10,85	12,11	12,35	13,69 „

[0]) In Procenten der lufttrockenen Substanz enthielt die Erbse: Stärke 37,0%, Traubenzucker 2,0%, andere stickstofffreie Extraktstoffe 9,0%.

No.	Nähere Bezeichnung	Zeit der Untersuchung	In der ursprünglichen Substanz: Wasser %	Stickstoff-Substanz %	Fett %	Stickstoff-freie Extraktstoffe %	Rohfaser %	Asche %	In der Trocken-Substanz: Stickstoff-Substanz %	Stickstoff-freie Extraktstoffe %	Stickstoff in der Trocken-Substanz %	Analytiker
11	Gemeine Erbse	1866	16,43	22,08	1,86	52,66	5,21	1,76	26,44	62,98	4,23	*V. Hofmeister u. R. Brandes*[1]
12	Preussische graue Erbse*) .	1867	13,98	24,19	0,64	54,79	4,22	2,18	28,13	63,70	4,50	*M. Siewert*[2]
13	Ohne nähere Bezeichnung**)	1868	14,33	20,31	1,41	55,96	5,23	2,76	23,69	65,34	3,79	*E. Heiden*[3]
14	"	1871	14,56	23,00	1,62	52,55	5,48	2,79	26,94	61,49	4,31	"
15	"	"	16,05	23,58	1,56	48,98	5,62	3,21	28,13	59,49	4,50	"
16	"	"	16,28	22,31	1,98	50,23	5,90	3,30	26,63	60,03	4,26	"
17	"	"	22,12	25,67	2,13	41,90	5,42	2,76	32,94	53,83	5,27	"
18	"	"	14,22	24,63	1,44	51,25	5,57	2,89	28,69	59,77	4,59	"
19	"	1872	15,19	24,35	1,42	50,67	5,51	2,86	28,69	59,80	4,59	"
20	"	"	16,38	24,01	1,40	49,97	5,43	2,81	28,69	59,79	4,59	"
21	"	1875	15,46	26,12	1,70	45,94	7,83	2,95	30,88	54,36	4,94	"
22	"	"	16,20	25,89	1,68	45,54	7,76	2,93	30,88	54,36	4,94	"
23	Ohne nähere Bezeichnung***)	1870	13,56	23,88	1,96	50,90	6,17	3,53	27,63	62,70	3,80	*R. Sachsse*[4]
24	desgl.	1871	14,93	22,81	1,56	56,30	2,20	2,20	26,81	66,18	4,29	*C. Kreuzhage*[5]
25	Aus Cherson, Südrussland .	1872	12,80	23,98	2,33	54,86	3,60	2,43	27,50	62,91	4,40	*R. Pott*[6]
26	Ohne nähere Bezeichnung .	1873	13,00	24,85	1,58	52,32	5,43	2,82	28,56	60,15	4,57	*G. Kühn*[7]
27	Grosse Körner derselben Sorte	1875	12,12	22,84	3,58	54,84	4,09	2,53	25,99	62,41	4,16	*G. Marek*[8]
28	Kleine Körner derselben Sorte	"	10,42	24,58	3,48	52,88	6,36	2,58	27,43	58,76	4,39	"
29	Ohne nähere Bezeichnung .	"	17,53	21,86	1,47	50,14	6,25	2,75	26,50	60,80	4,24	*E. Wildt, Tschaplowitz u. Hornberger*[9]
30	Gute, leichtbrechende°) . .	1872	15,41	19,35	2,79	54,64	5,53	2,28	22,87	64,60	3,66	*Emmerling u. H. Hagemann*[10]
31	Schwerbrechende°) . . .	"	15,25	23,35	2,46	49,92	6,59	2,43	27,55	58,90	4,41	"
32	Ohne nähere Bezeichnung	1877	16,97	22,00	1,24	52,35	4,78	2,66	26,50	63,02	4,24	*J. König und C. Krauch*[11]
33	"	"	13,12	21,44	0,98	56,91	5,06	2,49	24,69	65,49	3,95	"
34	"	"	13,96	18,31	1,14	59,38	4,48	2,73	21,25	69,05	3,40	"
35	"	"	12,39	24,18	0,74	54,57	4,97	3,15	27,63	62,27	4,42	"
36	"	"	13,76	20,50	0,74	58,09	4,14	2,77	23,81	67,33	3,81	"

1) Landw. Vers.-Stat. 1869, **12**, 9.
2) Ztschr. d. landw. Centralv. f. d. Prov. Sachsen 1868, **15**, 103.
3) Ber. d. Vers.-Stat. Pommritz 1868/69. 1876 u. 1877, 27 und Original-Mittheilung.
4) Habilitationsschrift. Leipzig, 1872.
5) Landw. Jahrb. 1872, **I**, 353.
6) Landw. Vers.-Stat. 1872, **15** 214.
7) Sächs. landw. Ztg. 1875, 156.
8) Landw. Vers.-Stat. 1876, **19**, 42.
9) Landw. Jahrb. 1877, **6**, 180.
10) Zusammenstellung von Analysen von Futtermitteln 1871—1877. Kiel, 1877.
11) Original-Mittheilung.

*) Die Stickstoff-Substanz ist von uns berechnet. Die Erbsen wurden 1867 zu Königsborn im Gemenge mit Bohnen und etwas Wicken unter Umständen gebaut, die für die Bohnen so ungünstig waren, dass sie in Körnern und Stroh nur einen sehr geringen Antheil der Ernte ausmachten. In Procenten der lufttrocknen Substanz enthielt die Erbse 2,14 % Zucker. Der botanische Name dieser Erbse ist nach Alefeld Pisum sativum borussicum, zur Varietätengruppe Pisum sativum glaucospermum gehörend.

**) Die Aschen waren sandhaltig und betrug die sandfreie Asche:

bei No.	13	14	15	16	17	18	19	20	21	22
	2,18	2,64	2,98	3,25	2,46	2,79	2,76	2,72	2,63	2,61 %.

***) Die Erbsen enthielten in Procenten der Trocken-Substanz 6,5 % Dextrin und 42,44 % Stärke. Zu der Reinasche sind 1,21 % der Trocken-Substanz organisch gebundener Schwefel hinzugerechnet worden.

°) Die lufttrockenen Erbsen enthielten:

	Eisenoxyd (Fe_2O_3)	Kalk (CaO)	Magnesia (MgO)	Kali (K_2O)	Natron (Na_2O)	Phosphorsäure (P_2O_5)
No. 30	0,030 %	0,086 %	0,168 %	0,968 %	0,122 %	0,356 %
No. 31	0,052 "	0,162 "	0,263 "	0,722 "	0,130 "	0,298 "

No.	Nähere Bezeichnung	Zeit der Untersuchung	In der ursprünglichen Substanz: Wasser %	Stick-stoff-Substanz %	Fett %	Stickstoff-freie Ex-traktstoffe %	Roh-faser %	Asche %	In der Trocken-Substanz: Stick-stoff-Substanz %	Stickstoff-freie Ex-traktstoffe %	Stickstoff in der Trocken-Substanz %	Analytiker
37	Mittel von Analysen verschieden gedüngter Erbsen*)	1880	16,77	22,91	—	—	—	—	27,54	—	4,41	*E. Wein*[1])
38	Schrot**)	„	11,38	21,66	1,77	55,80	6,92	2,47	24,44	62,96	3,91	*H. Weiske*[2])
39	Ohne nähere Bezeichnung***)	„	13,90	25,73	1,37	50,22	5,69	3,09	29,88	58,33	4,78	*C. Kreuzhage*[3])
40	Afrikanische Erbsen . . .	1881	6,50	23,40	6,00	57,85	3,25	3,00	25,04	61,85	4,01	*R. Heinrich*[4])
41	Ohne nähere Bezeichnung	„	15,00	18,90	1,40	55,80	6,00	2,90	22,23	65,65	3,56	*M. Märcker*[5])
42	Ohne nähere Bezeichnung	„	15,00	19,40	1,40	53,30	7,70	3,20	22,81	62,72	3,65	*M. Märcker*[5])
43	Ohne nähere Bezeichnung	1882	15,00	21,00	0,80	54,40	6,20	2,60	24,70	64,01	3,95	*M. Märcker*[5])
44	Saaterbsen	1876	13,60	22,91	1,53	54,83	4,62	2,51	26,52	63,46	4,24	*E. Heiden und Th. Wetzke*[6])
45	Mittel von 6 Analysen verschieden gedüngter Erbsen	„	11,32	25,28	1,53	54,50	4,67	2,70	28,51	61,45	4,56	*E. Heiden und Th. Wetzke*[6])
46	Weisse Erbse	1882	16,00	23,30	1,70	50,20	6,20	2,60	27,73	59,78	4,44	*Troschke*[7])
47	Graue Felderbse	„	16,70	22,70	1,80	47,80	7,20	3,80	27,24	57,40	4,36	*Troschke*[7])
	Gewicht von 100 Körnern											
48	Victoria-Erbse . . 43,1 g	1877	11,84	27,75	52,59		4,83	2,99	31,47	—	5,04	*E. Wollny*[8])
49	desgl. . . . . 33,4 g	„	11,65	26,66	53,86		4,94	2,89	30,18	—	4,83	*E. Wollny*[8])
50	desgl. . . . . 28,0 g	„	11,59	26,78	53,78		5,07	2,78	30,29	—	4,85	*E. Wollny*[8])
51	desgl. . . . . 23,6 g	„	11,14	24,47	56,33		5,30	2,76	27,53	—	4,40	*E. Wollny*[8])
52	desgl. . . . . 19,5 g	„	11,33	25,94	54,66		5,25	2,82	29,26	—	4,68	*E. Wollny*[8])
53	desgl. . . . . 14,5 g	„	11,08	28,10	51,79		6,17	2,86	31,61	—	5,06	*E. Wollny*[8])
54	Champion of England . .	1892	12,07	28,03	1,82	50,81	4,10	3,17	31,88	57,32	5,10	*C. D. Woods*[9])
55	East Hartford early . . .	„	13,74	25,07	1,10	54,34	2,67	2,98	29,06	63,12	4,65	*C. D. Woods*[9])
56	Indische Erbsen	1895	11,66	25,06	1,87	51,51	6,97	2,93	28,26	58,31	4.52	*J. Hughes*[10])
	Mittel	—	**13,80**	**23,35**	**1,88**	**52,65**	**5,57**	**2,75**	**27,09**	**66,67**	**4,33**	
	Schwankungen	—	6,50—22,12	18,32-28,39	0.64-5,53	46,38-60,10	2,22-10,03	1,86—3,93	21,25—32,94	53,83—69,60	3,40—5,27	

(Bei No. 48–53 umfasst der Wert Fett und stickstofffreie Extraktstoffe zusammen.)

Geschälte Erbsen.

No.	Nähere Bezeichnung	Zeit der Untersuchung	Wasser %	Stickstoff-Substanz %	Fett %	Stickstofffreie Extraktstoffe %	Rohfaser %	Asche %	Trocken: Stickstoff-Substanz %	Trocken: Stickstofffreie Extraktstoffe %	Stickstoff in der Trocken-Substanz %	Analytiker
1	Grüne Erbsen	1855	12,73	21,67	1,92	57,65	3,22	2,80	24,82	66,01	3,97	*Poggiale*[11])

[1]) Zeitschr. d. landw. Ver. in Bayern 1880, 257.
[2]) Landw. Jahrb. 1880, **9**, 205 u. Journ. f. Landw. 1879, **27**, 323.
[3]) Landw. Jahrb. 1881, **10**, 594.
[4]) Bericht der Vers.-Stat. Rostock. Wismar, 1882, 75.
[5]) Original-Mittheilung.
[6]) Denkschrift der Vers.-Stat. Pommritz 1882.
[7]) Centrbl. Agrik.-Chem. 1883, **12**, 490.
[8]) Journ. Landw. 1877, **25**, 133.
[9]) Experim. Stat. Rec. 1892, **3**, 375; Jahresb. Agrik.-Chem. 1892, **35**, 448.
[10]) Analyst 1895, **20**, 169—173; Chem. Centrbl. 1895, II, 689.
[11]) Weende'r Jahresbericht 1855/56, **2**, 20; N. Journ. Pharm. **30**, 180.

*) Humoser Kalkboden. Vergl. die Analysen von „Erbsen unter dem Einflusse der Düngung". S. 578.

**) Die Erbse enthielt in Procenten der Trocken-Substanz 0,21 % Schwefel.

***) Die Erbsen enthielten 4,780 % Gesammt-Stickstoff, 0,543 % Nichteiweiss-Stickstoff, 4,237 % Eiweiss-Stickstoff, entsprechend 26,48 % Eiweiss.

Zusammensetzung der Erbsenkörner von verschiedener Grösse.

W. A. Gwallig (Landw. Jahrb. 1894, 23, 835) untersuchte die grossen und kleinen Körner derselben Ernte von Erbsen, sowie von schottischen und Fetteröder Pferdebohnen. Die Ergebnisse der Erbsen-Untersuchung sind folgende:

Nähere Bezeichnung		Mittleres Korngewicht g	Wasser %	In der Trocken-Substanz: Stickstoff-Substanz %	Fett %	Stickstofffreie Extraktstoffe %	Rohfaser*) %	Asche %
A. Victoria-Erbsen.								
Saatgut	Grosse Körner (0,4—0,6 g)	0,451	12,57	26,59	1,12	64,49	4,11	3,69
	Kleine „ (0,15—0,30 g)	0,285	12,25	23,36	1,00	67,19	4,92	3,53
Nachzucht:								
a) Mit löslicher Phosphorsäure gedüngt	Grosse Körner	0,478	12,75	24,93**)	1,23	66,04	4,44	3,35
	Kleine „	0,237	14,70	21,76**)	0,95	68,43	5,41	3,46
b) Nicht gedüngt	Grosse „	0,507	13,90	26,83	0,92	65,22	3,83	3,21
	Kleine „	0,238	13,50	22,12	0,89	68,61	5,09	3,30
c) Mit Schafdünger gedüngt	Grosse „	0,513	16,00	27,16	1,14	63,03	5,53	3,14
	Kleine „	0,253	15,50	24,86	1,20	64,30	6,21	3,43
Bei der Nachzucht betrug das Gewicht der grossen Körner 0,4—0,6 g, das der kleinen Körner 0,15 bis 0,30 g.								
B. Kleine weisse Erbsen.								
Saatgut	Grosse Körner (0,2—0,4 g)	0,291	11,90	26,12	1,03	63,83	5,63	3,38
	Kleine „ (0,075—0,150 g)	0,123	12,25	24,56	1,01	64,61	6,84	2,99
Nachzucht:								
a) Mit löslicher Phosphorsäure gedüngt	Grosse Körner	0,276	14,00	25,56**)	0,99	64,68	5,32	3,46
	Kleine „	0,110	13,00	25,01**)	0,99	63,28	6,77	3,95
b) Nicht gedüngt	Grosse „	0,298	14,30	29,39	0,89	62,48	4,02	3,22
	Kleine „	0,112	14,00	29,69	0,77	60,78	4,93	3,84
c) Mit Schafdünger gedüngt	Grosse „	0,300	12,90	26,78	0,96	64,53	4,64	3,10
	Kleine „	0,120	12,30	26,31	0,85	64,17	5,29	3,38
Bei der Nachzucht betrug das Gewicht der grossen Körner 0,2—0,4 g, das der kleinen Körner 0,075 bis 0,150 g.								

*) Die Rohfaser-Zahlen bedeuten stickstoff- und aschefreie Rohfaser. Die Rohfaser wurde auf gewogenem Filter gesammelt.

**) Von der Gesammt-Stickstoff-Substanz wurde an Reineiweiss gefunden:

	Grosse Körner	Kleine Körner
Victoria-Erbsen	95,56 %;	97,93 %.
Kleine weisse Erbsen	90,90 „	92,18 „

Erbsen unter dem Einflusse der Düngung.

No.	Nähere Bezeichnung	Zeit der Untersuchung	In der ursprünglichen Substanz: Wasser %	Stick-stoff-Substanz %	Fett %	Stickstoff-freie Ex-traktstoffe %	Roh-faser %	Asche %	In der Trocken-Substanz: Stick-stoff-Substanz %	Stickstoff-freie Ex-traktstoffe %	Stickstoff in der Trocken-Substanz %	Analytiker
1	Ungedüngt*)	1878	13,63	18,81	—	—	—	2,95	21,78	—	3,48	E. Wein[1])
2	Gedüngt*)	„	13,73	23,10	—	—	—	2,97	26,77	—	4,28	
3**)	Ungedüngt	1880	16,15	22,06	—	—	—	—	26,32	—	4,21	E. Wein[2])
4**)	Wasserlösliche Phosphorsäure (Superphosphat)	„	19,82	23,94	—	—	—	—	29,85	—	4,78	
5**)	Neutralisirter phosphorsaurer Kalk	„	11,86	24,31	—	—	—	—	27,59	—	4,41	
6**)	Basisch phosphorsaurer Kalk	„	15,95	21,81	—	—	—	—	25,89	—	4,14	
7**)	Phosphorsaure Thonerde	„	17,35	22,38	—	—	—	—	27,08	—	4,33	
8**)	Phosphorsaures Eisenoxyd	„	16,28	22,75	—	—	—	—	27,16	—	4,35	
9**)	Freie Phosphorsäure	„	19,96	23,13	—	—	—	—	28,99	—	4,64	
10	Mittel (No. 3 — No. 9)	„	16,77	22,91	—	—	—	—	27,51	—	4,40	
11	Aussaat-Erbsen	1876	13,60	22,91	1,53	54,83	4,62	2,51	26,52	63,46	4,24	E. Heiden und Th. Wetzke[3])
12	1876-er Ernte: 1. Ungedüngt	„	11,23	23,52	1,58	56,90	4,45	2,32	26,50	64,11	4,24	
13	2. Ungedüngt	„	12,09	25,39	1,39	53,98	4,63	2,52	28,89	61,42	4,62	
14	3. Aetzkalk	„	11,68	25,78	1,55	53,09	5,07	2,83	29,20	60,14	4,67	
15	4. Schwefelsaurer Ammoniak	„	12,08	25,90	1,48	52,66	4,70	3,18	29,47	59,92	4,72	
16	5. Phosphors. Kalk	„	11,46	25,96	1,65	52,48	5,27	3,18	29,33	59,29	4,69	
17	6. Schwefelsaur. Kali	„	9,37	25,09	1,52	57,81	3,89	2,32	27,68	63,79	4,43	
18	1. Ungedüngt	1883	11,15	20,53	—	—	—	—	23,12	—	3,70	P. Wagner[4])
19	2. Stickstoff	„	12,04	24,36	—	—	—	—	27,65	—	4,42	
20	3. Kali (200 kg)	„	12,17	22,94	—	—	—	—	26,12	—	4,18	
21	4. Phosphorsäure (150 kg)	„	11,97	24,03	—	—	—	—	27,31	—	4,37	
22	5. Stickstoff u. Kali (200 kg)	„	12,08	22,50	—	—	—	—	25,60	—	4,10	
23	6. Phosphorsäure (150 kg) und Kali (100 kg)	„	11,57	21,08	—	—	—	—	23,84	—	3,81	
24	7. Phosphorsäure (150 kg), Kali (200 kg) u. Stickstoff	„	12,28	22,40	—	—	—	—	25,53	—	4,08	

[1]) Hoffmann's Jahresber. 1878, 440.
[2]) Zeitschr. d. landw. Ver. in Bayern 1880, 257.
[3]) Denkschrift der Vers.-Stat. Pommritz 1882.
[4]) Landw. Jahrb. 1883, 12, 643. Bei des Autors Arbeiten „Beiträge zur Ausbildung der Düngungslehre" kamen auch Düngungsversuche zu Erbsen zur Ausführung, bei welchen das untersuchte Material gewonnen wurde. Die Versuche wurden in cylindrischen Zinkgefässen von 50 cm Höhe und 25 cm Durchmesser ausgeführt, die mit gut gemischtem Boden angefüllt waren. In jeden Cylinder wurden 24 Erbsen, je 2 in 12 Löcher, gepflanzt. Die Erbsen waren sorgfältig ausgelesene Felderbsen. Ausser der Düngung waren die Vegetationsverhältnisse thunlichst die gleichen. Die Düngung bestand für den Hektar berechnet, da wo Stickstoff gegeben wurde, aus je 50 kg Stickstoff in Form von salpetersaurem Natrium, da, wo Kali gegeben wurde, aus je 200 kg Kali in Form von Chlorkalium, nur bei Parcelle 6 wurde nur halb so viel gegeben und bei 8 wurde dasselbe (200 kg) als phosphorsaures Kalium gegeben. Mit Ausnahme dieses letzteren Gefässes wurde die Phosphorsäure in Form von wasserlöslicher Phosphorsäure als Knochenaschesuperphosphat gegeben; nur diejenigen Gefässe, bei denen es oben besonders bemerkt ist, erhielten citratlösliche Phosphorsäure als gefälltes Calciumphosphat. Die Gabe von 750 kg schwefelsaurem Calcium bei Gefäss 16 entspricht derjenigen Menge Calciumsulfat, welche bei Versuch 12 in der angewendeten Menge Superphosphat enthalten ist. Die Erde, welche zu den Versuchen diente, stammte von einem Acker, der als Sandboden des Buntsandsteingebietes auf der Bodenkarte verzeichnet ist. Die Bodenfläche eines jeden Gefässes war 461 qcm; je 6 Gefässe stellen eine Versuchs-Nummer dar.

*) Auf sterilem Kalkkiesboden in Kästen von 1 qm Flächenraum gebaut; 1 Kasten blieb ungedüngt, der andere erhielt eine Düngung von 80 g Phosphat (mit 12 g wasserlöslicher und 3 g unlöslicher Phosphorsäure) und 2 g Stickstoff. Jeder der Kästen wurde mit 150 Erbsen von je 0,13 g Gewicht besäet. Die Ernte am 1. October lieferte auf der ungedüngten Fläche 264 und auf der gedüngten 613 g Körner.

**) Auf humosem Kalkboden gewachsen. Auf den qm wurde gedüngt mit 10 g Phosphorsäure in verschiedener Form.

No.	Nähere Bezeichnung	Zeit der Untersuchung	In der ursprünglichen Substanz: Wasser %	Stick-stoff-Substanz %	Fett %	Stickstoff-freie Extraktstoffe %	Roh-faser %	Asche %	In der Trocken-Substanz: Stick-stoff-Substanz %	Stickstoff-freie Extraktstoffe %	Stickstoff in der Trocken-Substanz %	Analytiker
25	8. Phosphorsaures Kalium, Stickstoff	1883	12,28	19,65	—	—	—	—	22,41	—	3,59	P. Wagner[1]
26	9. Stickstoff	"	12,41	24,09	—	—	—	—	27,52	—	4,40	
27	10. 150 kg wasserlösl. Phosphorsäure und Stickstoff	"	12,70	20,80	—	—	—	—	23,83	—	3,81	
28	11. 150 kg citratlösl. Phosphorsäure und Stickstoff	"	11,80	22,12	—	—	—	—	25,08	—	4,01	
29	12. 300 kg wasserlösl. Phosphorsäure und Stickstoff	"	12,22	20,20	—	—	—	—	22,99	—	3,68	
30	13. 300 kg citratlösl. Phosphorsäure und Stickstoff	"	12,88	21,95	—	—	—	—	25,06	—	4,01	
31	14. 450 kg wasserlösl. Phosphorsäure und Stickstoff	"	12,32	19,88	—	—	—	—	22,67	—	3,63	
32	15. 450 kg citratlösl. Phosphorsäure und Stickstoff	"	11,97	19,00	—	—	—	—	21,59	—	3,45	
33	16. 750 kg schwefelsaures Calcium	"	12,27	19,60	—	—	—	—	22,22	—	3,56	

Pisum arvense. Sanderbse. Peluschke.

No.	Nähere Bezeichnung	Zeit der Untersuchung	Wasser %	Stickstoff-Substanz %	Fett %	Stickstofffreie Extraktstoffe %	Rohfaser %	Asche %	Trocken-Substanz: Stickstoff-Substanz %	Stickstofffreie Extraktstoffe %	Stickstoff in der Trocken-Substanz %	Analytiker
1	Auf leichtem (Well)-Sand gewachsen, Mecklenburg	1882	16,20	21,4	1,8	49,5	7,0	4,1	25,53	59,08	4,08	Troschke[2]
2	Aus Gross-Warbelin, Mecklenburg	"	16,80	21,8	1,5	51,8	5,8	2,3	26,18	62,29	4,19	
3	Aus Meln, Mecklenburg	"	14,70	23,3	1,4	52,1	6,0	2,5	27,31	61,09	4,37	
4	„Rothe Sanderbsen"*)	1887	15,38	22,24	1,15	51,96	5,31	3,09	26,26	62,47	4,20	R. Waage[3]
5	Peluschke*)	"	15,89	22,02	1,13	52,50	5,35	3,11	26,18	63,43	4,19	
	Mittel	—	**15,79**	**22,14**	**1,39**	**51,93**	**5,73**	**3,02**	**26,29**	**61,67**	**4,21**	

Sonstige Erbsen-Analysen.

1. H. Ritthausen, Fühling's neue landw. Zeitg. 1873, 511.
2. A. von Asbóth, Rep. anal. Chem. 1887, 7, 307; Jahresber. Agrik.-Chem. 1887, 30, 423.
3. F. Lehmann, Journ. Landw. 1889, 37, 268.
4. S. Gabriel, Journ. Landw. 1889, 37, 175.
5. Balland (Compt. rend. 1897, 125, 119; Chem. Centrbl. 1897, II, 499) fand folgende Schwankungszahlen:

Mittleres Gewicht von 100 Körnern g	Wasser %	Stickstoff-Substanz %	Fett %	Stickstofffreie Extraktstoffe %	Rohfaser %	Asche %
15,46—50,50	10,60—14,20	18,88—23,48	1,22—1,40	56,21—61,10	2,90—5,52	2,26—3,50

[1]) Vergl. Anmerkung [4]) S. 578.
[2]) Wochenschr. d. Pomm. ökonom. Gesellschaft 1883, 33.
[3]) Wiener landw. Ztg. 1887, 287; Centrbl. Agrik.-Chem. 1887, 16, 394.

*) In Procenten der lufttrocknen Substanz enthielten die Samen:

	Rein-Eiweiss	Davon verdaulich	Lösliches Legumin
No. 4	19,63 %	94,90 %	11,42 %
No. 5	21,09 „	88,00 „	10,89 „

Ackerbohne.

Vicia Faba L. Feldbohne, Ackerbohne, Pferdebohne, Puffbohne.

Aeltere Analysen.

1. J. B. Boussingault, dessen „Die Landwirthschaft in ihren Beziehungen zur Chemie etc." 3, 45 u. 200.
2. Moleschott's Physiologie der Nahrungsmittel, Giessen 1859, 2, 122.
3. E. N. Horsford, Ann. Chem. Pharm. 1846, 58, 166.
4. Thom. Way, Ward und Eggar, Journ. Roy. Agr. Soc. England. 9, I, 150 und 10, II, 495.
5. J. B. Lawes, ebendaselbst 1853, 14, II, 498 u. Agricult. Chemistry. Pig Feeding, by J. B. Lawes, London 1854.
6. Thom. Anderson, Transact. Highl. u. Agric. Soc. 1851—1853.
7. Thom. Anderson, Wolff's Grundlagen des Ackerbau's, Leipzig 1856, 941.
8. Poggiale, Weende'r Jahresber. 1855/56, 20. (N. f. Pharm. 30, 180.)
9. Arch. Polson, ebendaselbst 1855/56, 19. (Chem. Gaz. 1855, 211; Journ. f. prakt. Chemie 66, 320.)
10. Corenwinder u. Dufau, ebendaselbst 1855/56, 21; Ann. d'agricult. franc. 6, 330.
11. H. Scheven, Mitth. aus Waldau, I, 7.

No.	Nähere Bezeichnung	Zeit der Untersuchung	In der ursprünglichen Substanz						In der Trocken-Substanz		Stickstoff in der Trocken-Substanz	Analytiker
			Wasser %	Stick-stoff-Substanz %	Fett %	Stickstoff-freie Extraktstoffe %	Roh-faser %	Asche %	Stick-stoff-Substanz %	Stickstoff-freie Extraktstoffe %	%	
1	Mazagan aus Schleissheim, seichter Kalkboden . .	1856	12,49	27,69	—	—	—	—	31,63	—	5,06	W. Mayer[1])
2	desgl., aus Pöttmes (Ober-Bayern)	„	11,84	26,56	—	—	—	—	30,12	—	4,82	W. Mayer[1])
3	Gute Lehmerde, „Thonboden"	1858	14,35	26,12	—	—	5,85	3,19	30,50	—	4,88	W. Knop und H. Ritter[2])
4	Dieselbe mit Kreide gemischt, „Kalkboden"	„	14,35	26,82	—	—	8,03	3,25	31,31	—	5,01	W. Knop und H. Ritter[2])
5	Dieselbe mit Gyps gemischt, „Kalkboden"	„	14,35	29,76	—	—	6,44	3,25	34,75	—	5,56	W. Knop und H. Ritter[2])
6	Todter Sand mit Lehmerde gemischt, „Sandboden" .	„	14,35	29,87	—	—	6,24	2,98	34,88	—	5,58	W. Knop und H. Ritter[2])
7	Ohne nähere Bezeichnung*)	1865	14,80	23,30	2,00	46,50	10,00	3,40	27,35	54,57	4,38	Aug. Völcker[3])
8	Pferdebohnen, grosse Körner, Spec. Gew. 1,249 . . .	1874	13,00	24,23	2,28	49,74	8,11	2,64	27,84	57,19	4,45	G. Marek[4])
9	desgl., kleine Körner, Spec. Gew. 1,275	„	12,75	25,41	2,01	45,43	11,57	2,83	29,12	52,08	4,66	G. Marek[4])
10	desgl., aus Italien**) . . .	1877	15,31	22,43	2,58	42,46	12,64	4,58	26,49	50,10	4,24	A. Pasqualini[5])

[1]) Ergebnisse agrikulturchem. Versuche I, 26. München, 1857.
[2]) Landw. Vers.-Stat. 1859, I, 3 u 17. In Kästen, die mit oben bemerkten Bodenmischungen gefüllt waren, gezogen. Die Böden wurden mit etwas Guano gedüngt.
[3]) Hoffmann's Jahresber. 1865, 314. (Farmers magazine 1865, 328.)
[4]) Landw. Vers.-Stat. 1876, 19, 40.
[5]) Ann. Staz. Agrar. Forli 1877, 6, 48.

*) An näheren Bestandtheilen wurden ferner ermittelt, in Procenten der lufttrocknen Substanz: Stärke 36,00 %, Traubenzucker 2,00 %, Pectinstoffe 4,00 % und Gummi 4,50 %.

**) An näheren Bestandtheilen wurden ferner ermittelt, in Procenten der lufttrocknen Substanz: Stärke 33,62 %, Zucker 1,30 %, sonstige stickstofffreie Extraktstoffe; ausserdem sind an Verlust angegeben 0,42 %, an in Wasser löslichen Stoffen 10,33 %, davon Salze 1,85 %, Stickstoff 0,334 %, Stickstoff als Ammoniak 0,023 %.

No.	Nähere Bezeichnung	Zeit der Untersuchung	In der ursprünglichen Substanz: Wasser %	Stick-stoff-Substanz %	Fett %	Stickstoff-freie Extraktstoffe %	Roh-faser %	Asche %	In der Trocken-Substanz: Stick-stoff-Substanz %	Stickstoff-freie Extraktstoffe %	Stickstoff in der Trocken-Substanz %	Analytiker
11	Pferdebohnen aus Zwätzen*)	1877	14,35	26,63	1,11	46,08	8,39	3,25	31,10	53,80	4,90	R. Pott[1])
12	Aus der vorigen, auf ungedüngtem Boden gezogen*)	„	14,35	20,21	3,25	50,62	8,65	2,74	23,60	59,10	3,70	R. Pott[1])
13	Aus Italien, Mittel von Analysen verschieden gedüngter Bohnen	„	7,87	29,93	—	—	—	3,58	32,47	—	5,20	L. Rudolfi[2])
14	Ohne nähere Bezeichnung	1878	15,30	27,81	3,12	40,37	8,80	4,60	32,84	47,66	5,25	L. Grandeau[3])
15	Ohne nähere Bezeichnung	„	13,26	24,43	1,35	52,85	5,72	3,19	28,17	59,99	4,51	L. Grandeau[3])
16	Ohne nähere Bezeichnung	„	12,82	18,31	1,18	59,46	5,01	3,22	21,00	68,21	3,36	L. Grandeau[3])
17	Ohne nähere Bezeichnung	„	9,18	25,27	1,09	52,70	8,63	3,18	27,82	57,98	4,45	L. Grandeau[3])
18	Ohne nähere Bezeichnung	„	13,75	25,51	1,16	49,51	6,12	3,35	29,57	57,42	4,73	L. Grandeau[3])
19	Ohne nähere Bezeichnung	„	9,50	22,56	0,96	55,99	8,28	2,71	24,93	61,87	3,99	L. Grandeau[3])
20	Mittel verschiedener Analysen, 1879-er Ernte	1879	12,65	22,63	1,50	51,11	8,62	3,43	25,91	58,50	4,15	L. Grandeau[4])
21	desgl., 1880-er Ernte . .	1880	15,55	21,47	1,43	51,68	5 82	4,05	25,40	61,23	4,06	L. Grandeau[4])
22	Ohne nähere Bezeichnung .	1878	14,00	28,65	1,41	45,86	6,87	3,20	33,31	53,33	5,33	E. Wolff, C. Kreuzhage u. O. Kellner[5])
23	Von tadelloser Beschaffenheit	1879	14,35	27,99	1,35	45,27	7,50	3,00	32,68 **)	52,85	5,23	O. Kellner[6])
24	Vom Stuttgarter Markt . .	1880	16,55	26,29	1,51	44,27	8,79	2,59	30,90	53,66	4,94	E. Wolff[7])
25	Pferdebohnen aus dem Elsass	„	14,99	25,09	1,23	49,54	6,40	2,75	29,51	58,28	4,72	C. Weigelt[8])
26	desgl.	„	14,59	26,22	1,09	49,45	6.24	2,41	30,70	57,90	4,91	C. Weigelt[8])
27	desgl.	„	17,85	23,36	1,20	48,33	6,27	2,99	28,43	58,84	4,55	C. Weigelt[8])
28	Ohne nähere Bezeichnung .	1882	10,48	22,72	1,85	57,55	3,58	3,82	25,38	64,29	4,06	H. Weiske, M. Schrodt u. M. C. de Leeuw[9])
29	Pferdebohnen	„	15,00	26,30	1,40	47,10	8,10	2,10	30 93	55,42	4,95	M. Märcker[10])
30	desgl.	„	15,00	22,00	0,80	51,00	8,10	3,00	25,87	60,13	4,14	M. Märcker[10])
31	Mittleres Korngewicht: Pferdebohnen . 0,709 g	1882	10,07	29,97	48,66		8,57	2,73	33,33	—	5,33	E. Wollny[11])
32	desgl. . . . 0,374 g	„	10,41	28,88	48,16		9,95	2,60	32,23	—	5,16	E. Wollny[11])
33	desgl. . . . 0,260 g	„	10,06	30,37	44,56		12,47	2,54	33,77	—	5,40	E. Wollny[11])
34	Pferdebohnen	1885	10,28	26,94	9,96	41,71	7,28	3,83	30,03	56,48	4,80	C. A. Goessmann[12])

[1]) Landw. Vers.-Stat. 1880, **25**, 57.
[2]) L'Agricultura Italiana 1879, 173; Oesterr. landw. Wochenbl. 1879, **5**, 526; Centrbl. Agrik.-Chem. 1880, **9**, 153. Der Boden war seit 2 Jahren nicht gedüngt, aber von guter Beschaffenheit.
[3]) Original-Mittheilung.
[4]) Compt. rend. d. travaux du Congrès international. Paris, 1881, 255.
[5]) Landw. Jahrb. 1879, **8**, Suppl. I, 78 u. 120.
[6]) Landw. Jahrb. 1881, **10**, 854.
[7]) Ebendaselbst.
[8]) Ebendaselbst.
[9]) Journ. f. Landwirthsch. 1882, **30**, 404. Rohfaser ist stickstofffrei, Asche kohle- und kohlensäurefrei. Wassergehalt und Zusammensetzung der lufttrocknen Substanz sind von uns nach den Angaben S. 406 unserer Quelle berechnet.
[10]) Privat-Mittheilung.
[11]) Journ. f. Landw. 1877, **25**, 75, 133.
[12]) Massachusett's State Agr. Exp. Stat. Bull. No. 14, 1885; Hoffmann's Jahresber. 1885, 408.

*) Das Saatgut war 1867 auf dem Zwätzener Versuchsfelde geerntet. Das Feld, auf welchem die 1878-er Ernte gewonnen wurde, trug 1875 Leindotter, 1876 Mais, beide ohne Dünger, 1877 Runkelrüben mit Stalldünger. Angegebener Stickstoff-Gehalt und Gehalt an Stickstoff-Substanz stimmen nicht überein.

**) In Procenten der Trocken-Substanz wurden 0,444 % Nichteiweiss-Stickstoff gefunden.

No.	Nähere Bezeichnung	Zeit der Untersuchung	In der ursprünglichen Substanz: Wasser %	Stickstoff-Substanz %	Fett %	Stickstofffreie Extraktstoffe %	Rohfaser %	Asche %	In der Trocken-Substanz: Stickstoff-Substanz %	Stickstofffreie Extraktstoffe %	Stickstoff in der Trocken-Substanz %	Analytiker
35	Ackerbohnen	1883	13,00	25,11	1,48	50,21	7,18	3,02	28,86	57,71	4,62	E. Wolff u. C. Kreuzhage[1])
36	desgl.	„	13,00	27,31	2,11	53,57	7,66	3,49	31,40	53,37	5,02	
37	desgl.	18 82/83	12,17	28,45	1,57	46,33	8,35	3,13	32,39	52,75	5,18	E. Wolff u. C. Kreuzhage[2])
38	desgl.	18 85/86	19,94	23,39	1,39	44,05	8,53	2,70	29,22	55,22	4,68	
39	desgl.	„	18,43	24,07	1,41	44,64	8,70	2,75	29,51	54,73	4,72	
40	desgl.	1893	19,32	26,57	1,14	45,16	4,87	2,94	32,93	55,98	5,27	E. Wolff u. J. Eisenlohr[3])
41	desgl.	„	18,14	26,57	1,11	45,31	5,93	2,94	32,46	55,34	5,19	
42	desgl.	„	19,01	25,49	1,17	44,91	6,53	2,89	31,47	55,47	5,04	
43	desgl.	1895	13,98	27,04	1,14	47,72	7,27	2,85	31,44	55,47	5,03	E. Wolff, C. Kreuzhage u. Sieglin[4])
44	desgl.	„	16,81	25,60	1,16	46,41	7,03	2,99	30,77	55,80	4,92	
45	desgl.	„	17,16	27,48	1,24	45,09	6,06	2,97	33,17	54,44	5,31	
46	desgl.	„	12,41	24,02	1,25	52,48	5,58	4,06	27,65	59,92	4,42	
47	desgl. . . . . Februar	1896	14,82	25,77	1,12	48,50	6,96	2,73	30,25	56,94	4,84	E. Wolff u. J. Mayer[5])
48	desgl. . . . . März	„	14,36	25,52	1,04	49,41	6,84	2,83	29,80	57,70	4,77	
49	desgl. . . . . April	„	12,81	25,18	1,10	51,02	7,06	2,83	28,88	58,51	4,62	
50	desgl. . . . . . Mai	„	14,22	25,52	1,04	49,49	6,97	2,76	29,75	57,69	4,76	
	Mittel	—	**14,00**	**25,68**	**1,68**	**47,29**	**8,25**	**3,10**	**29,86**	**56,80**	**4,78**	
	Schwankungen	—	7,87—19,94	18,06-29,80	0,81-9,55	40,99-58,66	5,19-12,84	2,12—4,67	21,00-34,88	47,66-68,21	3,36—5,58	

Sonstige Ackerbohnen-Analysen.

E. Flechsig, Landw. Vers.-Stat. 1886, 32, 182. Die Analysen beziehen sich nur auf den Stickstoffgehalt in der Trocken-Substanz.

Zusammensetzung der Pferdebohnenkörner von verschiedener Grösse.

W. A. Gwallig (Landw. Jahrb. 1894, 23, 835) untersuchte die grossen und kleinen Körner derselben Ernte schottischer und Fetteröder Pferdebohnen mit folgendem mittleren Ergebnisse:

Nähere Bezeichnung	Mittleres Korngewicht g	Wasser %	In der Trocken-Substanz: Stickstoff-Substanz %	Fett %	Stickstofffreie Extraktstoffe %	Rohfaser*) %	Asche %
A. Schottische Pferdebohnen.							
Saatgut { Grosse Körner (1,3—1,8 g)	1,434	86,00	32,52	1,67	54,73	7,58	3,49
Saatgut { Kleine „ (0,5—1,0 g)	0,748	86,00	30,39	1,47	56,98	7,84	3,31
Nachzucht:							
a) Mit löslicher Phosphorsäure gedüngt { Grosse Körner . .	1,197	13,70	35,50**)	1,12	52,67	7,50	3,22
a) Mit löslicher Phosphorsäure gedüngt { Kleine „ . .	0,577	13,20	31,30**)	0,99	55,42	8,95	3,34

[1]) Grundlagen für die rationelle Fütterung der Pferde. Berlin, 1885, 101 u. 112.
[2]) Landw. Jahrb. 1890, **19**, 804, 830.
[3]) Landw. Jahrb. 1893, **22**, 622.
[4]) Landw. Jahrb. 1895, **24**, 205.
[5]) Landw. Jahrb. 1896, **25**, 175.

*) Die Zahlen für den Rohfaser-Gehalt bedeuten stickstoff- und aschefreie Rohfaser. Dieselbe wurde auf gewogenem Filter gesammelt.

**) Von der Gesammt-Stickstoff-Substanz wurde an Reineiweiss gefunden

	Grosse Körner	Kleine Körner
Schottische Pferdebohnen	93,80 %	95,17 %
Fetteröder Pferdebohnen	94,46 „	95,48 „

Nähere Bezeichnung		Mittleres Korngewicht g	Wasser %	In der Trocken-Substanz: Stickstoff-Substanz %	Fett %	Stickstoff-freie Extraktstoffe %	Rohfaser*) %	Asche %
b) Nicht gedüngt . . .	Grosse Körner . .	1,179	14,90	34,38	1,02	54,31	6,92	3,37
	Kleine „ . .	0,551	14,20	29,38	0,93	61,12	8,58	3,41
c) Mit Schafdünger gedüngt	Grosse „ . .	1,150	13,45	34,56	0,86	54,31	7,11	3,16
	Kleine „ . .	0,590	13,76	30,57	0,74	55,67	9,93	3,10
Bei der Nachzucht betrug das Gewicht der grossen Körner 1,00—1,60 g, das der kleinen 0,35—0,70 g.								
B. Fetteröder Pferdebohnen.								
Saatgut	Grosse Körner (0,6—0,8 g)	0,669	14,20	33,32	1,22	53,06	8,93	3,47
	Kleine „ (0,25—0,4 g)	0,345	14,00	30,01	1,31	55,75	9,18	3,75
Nachzucht:								
a) Mit löslicher Phosphorsäure gedüngt	Grosse Körner . .	0,708	13,40	33,75**)	0,79	54,19	7,86	3,42
	Kleine „ . .	0,325	13,20	29,99**)	0,78	55,64	10,16	3,43
b) Nicht gedüngt . . .	Grosse „ . .	0,719	13,95	32,32	0,93	56,26	7,36	3,14
	Kleine „ . .	0,321	15,40	30,06	0,82	56,54	9,18	3,41
c) Mit Schafdünger gedüngt	Grosse „ . .	0,917	15,35	33,17	1,11	54,83	7,79	3,10
	Kleine „ . .	0,323	14,41	30,37	1,16	56,55	8,83	3,18
Bei der Nachzucht betrug das Gewicht der grossen Körner 0,50—1,00 g, das der kleinen 0,20—0,40 g.								

Zusammensetzung der Bohne (Vicia faba major) in den verschiedenen Reifestadien.

Diese ermittelte A. Emmerling (Landw. Vers.-Stat. 1887, 34, 1) gelegentlich seiner im Jahre 1879 angestellten Untersuchungen über die Beziehungen der Amido-Verbindungen zum Eiweiss. Er fand für die zu den bezeichneten Zeiten geernteten Samen:

Bestandtheile		28. Juli	7. August	18. August	1. Septbr.	9. Oktober
Gewicht der Früchte	g	0,18—5,00	1,05	1,59	2,32	1,05
Wasser	%	85,66	81,88	74,01	62,88	15,95
In der Trocken-Substanz:						
Gesammt-Stickstoff	%	6,651	5,099	8,770	4,382	4,434
In Kaliwasser lösliche Bestandtheile . .	„	55,2	40,3	26,9	30,8	34,4
darin: Gesammt-Stickstoff	„	3,787	3,232	2,735	2,880	2,460
Legumin- „	„	0,646	1,080	1,574	2,411	—
Albumin- „	„	0	0	0,022	0,020	—
Nichteiweiss- „	„	3,141	2,152	1,139	0,449	—
In Weingeist lösliche Bestandtheile . .	„	55,2	—	20,36	—	10,16
darin: Gesammt-Stickstoff	„	1,717	1,625	0,797	—	0,1652
Ammoniak- „	„	0,364	0,148	0,078	—	0,0041
Amidosäure- „	„	0,844	0,887	0,342	—	0,0453
abspaltbare Amidogruppen-St. .	„	0,053	0,225	0,153	—	0,0547
Carbamidgruppen-Stickstoff . .	„	0,456	0,365	0,224	—	0,0611
Gesammt-Schwefel	„	0,306	—	0,178	0,239	0,270
Organischer Schwefel	„	—	—	—	0,239	0,243

Die Bohnen wurden im Jahre 1879 im Garten der Versuchsstation Kiel gezogen. Bezüglich der Untersuchungsverfahren sowie der Schlussfolgerungen muss auf die Quelle verwiesen werden.

*) u. **) Vergl. Anmerkung *) u. **) Seite 582.

No.	Nähere Bezeichnung	Zeit der Untersuchung	In der ursprünglichen Substanz: Wasser %	Stickstoff-Substanz %	Fett %	Stickstofffreie Extraktstoffe %	Rohfaser %	Asche %	In der Trocken-Substanz: Stickstoff-Substanz %	Stickstofffreie Extraktstoffe %	Stickstoff in der Trocken-Substanz %	Analytiker
	Ackerbohnen unter dem Einflusse der Düngung.											
1*)	Ungedüngt	1878	7,14	26,72	—	—	—	3,29	28,78	—	4,60	*L. Rudolfi*[1])
2*)	100 kg Stickstoff (in Ammoniaksalzen)	„	8,94	32,88	—	—	—	3,35	36,10	—	5,78	
3*)	65 kg Stickstoff und 50 kg Phosphorsäure in Kalk-Superphosphat	„	7,30	31,35	—	—	—	3,80	33,79	—	5,25	
4*)	200 kg Phosphorsäure in Kalkphosphat	„	8,10	28,77	—	—	—	3,72	31,30	—	5,01	
	Puffbohne. Canavalia incurva. („Natamame.“)											
1	In Japan gewachsen**) . .	—	15,28	21,65	1,48	46,53	11,47	3,59	25,55	54,91	4,09	*O. Kellner*[2])

Schminkbohne.

Phaseolus vulgaris L. Veits- oder Vitsbohne.

No.	Nähere Bezeichnung	Zeit der Untersuchung	Wasser %	Stickstoff-Substanz %	Fett %	Stickstofffreie Extraktstoffe %	Rohfaser %	Asche %	Trocken: Stickstoff-Substanz %	Trocken: Stickstofffreie Extraktstoffe %	Stickstoff in der Trocken-Substanz %	Analytiker
1	Tischbohnen aus Wien . .	1845	13,41	24,19	55,27***)		3,34	3,79	27,94	—	4,47	*E. N. Horsford*[3])
2	Schminkbohnen a. d. Elsass	1846	12,50	31,90	2,00	47,70	2,90	3,00	36,46	54,51	5,83	*J. B. Boussingault*[4])
3	Gartenbohnen	„	16,00	24,40	1,50	51,50	3,00	3,60	29,00	61,36	4,74	
4	Weisse Bohnen	„	15,00	26,90	3,00	48,80	2,80	3,50	31,96	56,99	5,11	
5	Schminkbohne, Kidney-Beans	1852	13,00	19,75	1,22	62,27		3,56	22,69	—	3,63	*Thom. Anderson*[5])
6	Weisse Bohnen	„	19,27	22,75	2,75	45,43	6,24⁰)	3,56	30,46	53,99	4,87	*Poggiale*[6])
7	Aus Jekaterinoslaw . . .	1872	11,65	24,30	2,46	53,36	3,71	4,52	27,50	61,54	4,40	*R. Pott*[7])
8	Weisse Schminkbohnen . .	1877	8,33	22,56	1,06	45,40	4,34	4,09	24,61	65,04	4,29	*J. König und C. Krauch*[8])
9	desgl.	„	10,94	20,06	1,73	59,43	3,95	3,89	22,53	66,72	3,60	
10	Buschbohnen, weisse Eier-, schwerer Boden . . .	1885	—	—	—	—	—	—	26,19	—	4,19	*E. Flechsig*[9])
11	desgl., gelbe Prinzess-, schwerer Boden	„	—	—	—	—	—	—	23,13	—	3,70	
12	desgl., weisse röm. Jungfer-, schwerer Boden . . .	„	—	—	—	—	—	—	24,75	—	3,96	

[1]) L'Agricoltura Italiana 1879, 173; Oesterr. landw. Wochenbl. 1879, 526; Centrbl. Agrik.-Chem. 1880, **19**, 153.
[2]) Mitthl. d. Deutschen Gesellschaft f. Natur- u. Völkerkunde Ostasiens. Sonderabdruck aus **4**, No. 35.
[3]) Annal. Chem. Pharm. 1846, **58**, 166.
[4]) J. B. Boussingault, Die Landwirthschaft in ihren Beziehungen zur Chemie etc. **3**, 45 u. 201.
[5]) Trans. Highl. Soc. Juli 1851 bis März 1853. 511.
[6]) Weende'r Jahresber. 1855/56, **2**, 20.
[7]) Landw. Vers.-Stat. 1872, **15**, 214.
[8]) Original-Mittheilung.
[9]) Landw. Vers.-Stat. 1886, **32**, 182. Die untersuchten Bohnen waren auf dem Proskauer Versuchsfelde unter gleichen Boden-, Düngungs- und Witterungsverhältnissen angebaut worden.

*) Zur Düngung der Parcelle unter No. 4 ist zu bemerken, dass nur die Hälfte der Phosphorsäure sich in einem leicht löslichen Zustande befand. Der Boden der Versuchsfläche war von guter Beschaffenheit und seit 2 Jahren nicht gedüngt. Die Ernte für 1 ha betrug:

	No. 1	2	3	4	
An Körnern	1575	1524	2204	2860	kg
An Stroh	2000	2244	2700	2757	„
Hektoliter-Gewicht der Körner	78,75	60,00	71,99	89,37	„

**) Dieser als „Puffbohne“ vom Autor benannte Samen enthielt in Procenten der Trocken-Substanz 3,05 % Eiweiss-Stickstoff = 19,06 % Eiweiss und 44,84 % Stärke.

***) In denselben Bohnen fand F. Krocker (Ann. Chem.-Pharm. 1846, **58**, 212) in Procenten der Trocken-Substanz 37,75 % Stärke.

⁰) Die Rohfaser ist durch Behandlung der Substanz mit Malzaufguss bestimmt.

No.	Nähere Bezeichnung	Zeit der Untersuchung	In der ursprünglichen Substanz: Wasser %	Stickstoff-Substanz %	Fett %	Stickstofffreie Extraktstoffe %	Rohfaser %	Asche %	In der Trocken-Substanz: Stickstoff-Substanz %	Stickstofffreie Extraktstoffe %	Stickstoff in der Trocken-Substanz %	Analytiker
13	Buschbohnen, schwarze Neger-, leichter Boden	1885	—	—	—	—	—	—	24,50	—	3,92	E. Flechsig [1])
14	desgl., lange aschgraue	„	—	—	—	—	—	—	25,56	—	4,09	
15	„Lima“, Best one-third	1878	9,01	21,88	1,60	60,59	3,97	2,95	24,15	66,49	3,86	P. Collier [2])
16	desgl., Poorest one-third	„	9,61	20,48	1,50	52,01	3,81	2,79	22,65	68,39	3,62	
17	„Golden Wax“, Best third	„	7,23	25,46	—	—	—	3,89	27,45	—	4,39	
18	desgl., Poorest third	„	8,02	26,95	—	—	—	3,95	29,29	—	4,69	
19	Dwarf German Wax, Best third	„	6,57	24,06	—	—	—	4,38	25,77	—	4,12	
20	desgl., Poorest third	„	8,00	24,50	—	—	—	4.36	26,63	—	4,23	
	Schminkbohne, Mittel	—	**11,24**	**23,66**	**1,96**	**55,60**	**3,88**	**3,66**	**26,66**	**62,64**	**4,29**	

Sonstige Schminkbohnen-Analysen.

Balland (Compt. rend. 1896, 123, 551; 1897, 125, 119—121; 1898, 127, 532; Centrbl. Agrik.-Chem. 1897, 26, 780; Chem. Centrbl. 1897, II, 499 und 1898, II, 106) fand für Bohnen folgende Schwankungszahlen:

Mittleres Gewicht von 100 Körnern g	Wasser %	Stickstoff-Substanz %	Fett %	Stickstofffreie Extraktstoffe %	Rohfaser %	Asche %
20,0—134,60	10,00—20,40	13,81—25,16	0,98—2,46	52,91—60,98	2,46—4,62	2,38—4,20

Für 9 verschiedene Bohnensorten aus Artois, Bourgogne, Bresse, Lothringen, Vendée, südlichem Frankreich, Königsberg, Aegypten, Algier und Tunis fand er folgende Zahlen:

Ganze Bohnen.						
17—240	10,60—15,30	20,87—26,51	0,80—1,50	50,89—58,03	5,24—7,86	2,06—3,26
Dieselben Bohnen mit der Hand geschält.						
—	10,20—12,60	24,56—30,06	1,05—1,50	52,23—59,46	1,02—1,70	2,00—2,90
Schalen.						
—	9,80—11,80	3,14—4,45	0,12—0,90	34,56—45,77	49,70—35,90	2,10—2,60

Für die im Jahre 1897 untersuchten Bohnen aus Frankreich fand Balland folgende Schwankungszahlen:

Für die natürliche Substanz.						
23,80—98,70	9,00—14,40	17,02—22,70	1,10—1,90	52,22—62,56	2,15—6,65	2,25—6,65
Für die Trocken-Substanz.						
—	—	19,61—25,80	1,26—2,16	61,00—71,52	2,50—7,57	2,61—7,77

[1]) Vergl. Anmerkung [3]) Seite 584.

[2]) Ann. Rep. of the Commissioner of Agriculture for 1878. Washington 1879, 125. Die Analysen beziehen sich auf das schwerste und leichteste Drittel einer und derselben Probe. Die Zahl der leichten und der schweren Körner in einer bestimmten Gewichtsmenge verhielt sich wie 100 zu

Lima	Golden Wax	Dwarf German Wax
69	74	67

In Procenten der lufttrocknen Substanz enthielten die Bohnen, „Lima“:

	Zucker	Stärke	Gummi u. Dextrin	Lösl. Eiweiss	Legumin
No. 15	3,74	47,35	9,50	0,75	21,13 %
No. 16	3,56	48,95	9,30	0,67	19,81 „

No.	Nähere Bezeichnung		Zeit der Untersuchung	In der ursprünglichen Substanz: Wasser %	Stick-stoff-Substanz %	Fett %	Stickstoff-freie Ex-traktstoffe %	Roh-faser %	Asche %	In der Trocken-Substanz: Stick-stoff-Substanz %	Stickstoff-freie Ex-traktstoffe %	Stickstoff in der Trocken-Substanz %	Analytiker
	Phaseolus radiatus.												
1	Phaseolus radiatus . .	In Japan gewachsen, dort Azuki genannt	1883	12,20	18,30	1,42	59,43	6,05	2,60	20,84	67,69	3,33	*O. Kellner*[1])
2	desgl., breite Sorte . .		„	13,10	18,55	0,89	55,72	8,80	2,94	21,33	64,14	3,41	*K. Nagai u. J. Murai*[2])
3	desgl., schmale Sorte . .		„	13,30	18,92	0,89	55,28	9,05	2,58	21,91	63,66	3,51	
	Mittel		—	**12,87**	**18,61**	**1,06**	**56,79**	**7,97**	**2,70**	**21,36**	**65,17**	**3,42**	

Linse.*)

Ervum Lens L.

No.	Nähere Bezeichnung	Zeit der Untersuchung	Wasser %	Stick-stoff-Substanz %	Fett %	Stickstoff-freie Ex-traktstoffe %	Roh-faser %	Asche %	Trocken-Substanz: Stick-stoff-Substanz %	Stickstoff-freie Ex-traktstoffe %	Stickstoff in der Trocken-Substanz %	Analytiker
1	In Bechelbronn gewachsen .	1848	12,50	25,00	2,50	55,70	2,10	2,20	28,58	63,65	4,57	*J. B. Boussingault*[3])
2	Aus Wien**)	1845	13,01	25,94	—	—	—	2,26	29,81	—	4,77	*E. N. Horsford*[4])
3	Ohne nähere Bezeichnung	1852	12,70	28,25	2,23	51,95		4,87	32,37	—	5,18	*J. B. Lawes u. J. H. Gilbert*[5])
4		„	13,38	28,50	2,21	50,93		4,98	32,87	—	5,26	
5		„	10,58	28,38	2,25	55,81		2,98	31,75	—	5,08	
6		„	10,03	26,13	1,35	57,62		4,87	29,06	—	4,65	
7	Grosse Linsen, Schottland .	„	12,51	23,88	1,78	59,15		2,68	27,29	—	4,37	*Th. Anderson*[6])
8	Linsen aus dem Auslande .	„	12,31	24,19	1,51	59,20		2,79	27,60	—	4,42	
9	Ohne nähere Bezeichnung .	1855	15,40	29,06	1,48	43,96	7,74	2,36	34,34	51,97	5,49	*Poggiale*[7])
10	Linsen aus Cherson, Südrussland	1872	11,77	23,71	2,35	56,24	3,49	2,44	26,88	63,73	4,30	*P. Pott*[8])
11	Linsen aus Jekaterinoslaw, Südrüssland	„	11,77	26,43	2,28	54,08	3,27	2,77	29,75	60,88	4,76	
12	Tischlinsen	1877	13,41	24,31	1,18	54,86	3,92	2,32	28,08	63,35	4,49	*J. König u. C. Krauch*[9])
13	desgl.	„	10,49	23,34	1,04	59,07	3,77	2,29	26,06	66,01	4,17	
14	Linsenmehl***)	1874	13,36	25,82	2,59	52,95	2,90	2,56	29,80	60,91	4,77	*E. Heiden*[9])
	Mittel	—	**12,33**	**25,94**	**1,93**	**52,84**	**3,92**	**3,04**	**29,59**	**60,27**	**4,74**	

[1]) Mitthl. der Deutschen Gesellsch. f. Natur- u. Völkerkunde Ostasiens. Bd. IV. No. 35. In Procenten der Trocken-Substanz enthielt dieser Samen: Eiweiss-Stickstoff 3,06 = 19,12 % Eiweiss, 65,38 % Stärkemehl.

[2]) Japan. Intern. Health Exhibitation. London, 1884. A. Descriptive Catalogue S. 3.

[3]) J. B. Boussingault, „Die Landwirthschaft in ihren Beziehungen zur Chemie etc." **3**, 45.

[4]) Ann. d. Chem. u. Pharm. 1846, **58**, 166 bezw. 212.

[5]) On the Composition of foods in relation to Respiration and the Feeding of Animals; Rep. British Association for the Advancement of Science for 1852. London, 1853, 7.

[6]) Transact. Highl. Soc. Juli 1851 — März 1853, 511. Die Stickstoff-Substanz ist nach dem für lufttrockne Substanz angegebenen Stickstoff-Gehalt (3,82 bezw. 3,87 %) von uns berechnet.

[7]) N. J. Pharm. **30**, 180; Polyt. Centrbl. 1858, **6**; Weende'r Jahresber. d. Agrik.-Chem. 1855/56, 20.

[8]) Landw. Vers.-Stat. 1872, **15**, 214. Die Stickstoff-Substanz ist von uns nach angegebenem Stickstoff-Gehalt berechnet.

[9]) Original-Mittheilung.

*) Ueber Linsen bemerkt Boussingault in seinem Buch „Die Landwirthschaft etc." 1, 309, dass eine noch ziemlich unvollkommene Analyse über die Zusammensetzung der Linse zu folgendem Resultate zu führen scheine:

Legumin	Stärke	Fett	Traubenzucker?	Holzfaser, Pektinsäure	Gummi	Salze	Wasser u. Verlust
22,0	40,0	2,5	1,5	12,0	7,0	2,5	12,5 %

Moleschott führt in seiner Physiologie der Nahrungsmittel **2**, 123 folgende Analysen der Linsen auf:

	Legumin	Eiweiss	Zellstoff	Stärke	Dextrin	Zucker	Fett	Salze	Wasser
Einhof .	32,84	1,01	45,37 (Zellstoff u. Stärke)		5,27	2,75	—	0,51	— (wasserfrei ?)
Payen . .	25,2 (Legumin u. Eiweiss)		2,4	56,0 (Stärke, Dextrin u. Zucker)			2,6	2,3	11,5

**) Krocker ermittelte in derselben Probe den Gehalt an Stärke zu 39,85 %, auf Trocken-Substanz bezogen. Die Stickstoff-Substanz ist von uns aus dem angegebenen Stickstoff-Gehalt in üblicher Weise berechnet.

***) Das Mehl enthielt, auf lufttrockne Substanz bezogen, 0,18 % Sand.

Balland (Compt. rend. 1897, 125, 119—121; Chem. Centrbl. 1897, II, 499) fand für die Zusammensetzung der Linsen folgende Schwankungszahlen:

Mittleres Gewicht von 100 Körnern	Wasser	Stickstoff-Substanz	Fett	Stickstofffreie Extraktstoffe	Rohfaser	Asche
2,49—6,56 g	11,70—13,50 %	20,32—24,24 %	0,58—1,45 %	56,07—62,45 %	2,96—3,56 %	1,99—2,66 %

Linsenwicke. Ervum monanthos L. Wicklinse, polnische Linse, einblüthige Erve.

No.	Nähere Bezeichnung	Zeit der Untersuchung	In der ursprünglichen Substanz: Wasser %	Stickstoff-Substanz %	Fett %	Stickstofffreie Extraktstoffe %	Rohfaser %	Asche %	In der Trocken-Substanz: Stickstoff-Substanz %	Stickstofffreie Extraktstoffe %	Stickstoff in der Trocken-Substanz %	Analytiker
1	„Sogenannte Futterlinsen" aus Russland	1875	16,70	19,81	1,60	48,47	10,91	2,51	23,77	58,21	3,80	*W. Hoffmeister* [1]
2	Ohne nähere Bezeichnung	1879	11,17	22,75	0,97	57,53	4,87	2,71	25,62	64,76	4,10	*R. Ulbricht u. v. Koritsánsky* [1]
	Mittel	—	**13,94**	**21,26**	**1,30**	**52,90**	**7,99**	**2,61**	**24,70**	**61,47**	**3,95**	
	Ervenlinse. Ervum Ervilia L. Französische Erve, knotenfrüchtige Erve.											
1	Ohne nähere Bezeichnung .	1879	12,21	16,21	1,44	64,09	3,76	2,99	18,47	73,00	2,96	*R. Ulbricht u. v. Koritsánsky* [2]
2	Französische Ernte . . .	„	9,92	18,44	1,22	63,55	4,46	2,41	20,47	70,75	3,78	
	Mittel	—	**11,07**	**17,31**	**1,33**	**63,83**	**4,10**	**2,36**	**19,47**	**71,76**	**3,37**	
	Kichererbse. Cicer Arictinum L.											
1	Ohne nähere Bezeichnung .	1854	15,18	21,78	5,32	50,82	4,17	2,73	25,68	58,91	4,11	*Poggiale* [3]
2	Weisse „Cece bianco" *) .	1877	14,39	17,95	4,52	48,84	9,78	4,52	20,97	57,05	3,36	*A. Pasqualini* [4]
3	Gelbe Kicher, C. phys. Rchb.	1882	14,85	12,42	6,70	60,82	2,50	2,91	14,58	71,19	2,33	*J. Moser* [5]
				In der Trocken-Substanz								
4	Aus Italien **)	1891	—	26,19 **)	5,23	63,58 **)	1,71	3,29 **)	26,19	63,58	4,19	*N. Passerini* [6]
	Mittel	—	**14,81**	**18,62**	**5,25**	**55,60**	**4,47**	**3,25**	**21,86**	**62,68**	**3,50**	
	Platterbse. Lathyrus sativus L.											
1	Weisse	1869	12,31	23,63	—	57,32	4,32	2,19	26,94	65,57	4,31	*M. Siewert* [7]
2	„Cicerchia" ***)	1877	15,82	21,35	3,22	41,35	14,65	3,61	25,36	49,12	4,06	*Pasqualini* [8]
3	Platterbse aus Cherson . .	1872	11,01	27,14	1,88	53,04	3,87	3,06	30,50	59,60	4,88	*R. Iott* [9]
4	desgl. aus Jekaterinoslaw .	„	11,80	24,31	1,98	56,43	3,11	2,37	27,56	63,97	4,41	
5	Ohne nähere Bezeichnung .	1895	11,20	28,29	1,70	49,32	6,73	2,76	31,86	55,54	5,10	*J. Hughes* [10]
	Mittel	—	**12,43**	**24,90**	**2,20**	**51,13**	**6,54**	**2,80**	**28,44**	**59,76**	**4,55**	

[1] Original-Mittheilung.
[2] (Ungar.-Altenburg.) Original-Mittheilung.
[3] Weende'r Jahresber. 1855/56, **2**, 19.
[4] Annal. Staz. Agrar. pro 1877, 48.
[5] Bericht der Vers.-Stat. Wien für die Jahre 1882 u. 1883.
[6] Staz. sperim. Agr. Ital. 1891, **21**, 20—30; Centrbl. Agrik.-Chem. 1892, **21**, 276—277.
[7] Zeitschr. d. Prov. Sachsen 1869, 170.
[8] Ann. Staz. Agrar. 1877, 48.
[9] Landw. Vers.-Stat. 1872, **15**, 217.
[10] Analyst 1895, **20**, 169—173; Chem. Centrbl. 1895, II, 689.

*) In Procenten der lufttrocknen Substanz enthielt der Samen 35,62 % Stärke, 3,82 % Zucker und 9,39 % andere stickstofffreie Extraktstoffe, ferner in Wasser lösliche Stoffe 14,89 %, davon Salze 2,00 %, Stickstoff 0,215 %, Stickstoff in Ammoniakform 0,011 %.

**) N. Passerini fand ferner in der Trocken-Substanz: Verdauliche Stickstoff-Substanz 23,23 %, Stärke 52,50 %, Zucker 3,65 %, Peptone 7,42 %, Reinasche 3,29 %.

Die procentige Zusammensetzung der Reinasche war folgende:

Eisenoxyd (Fe_2O_3)	Kalk (CaO)	Magnesia (MgO)	Kali (K_2O)	Natron (Na_2O)	Phosphorsäure (P_2O_5)	Schwefelsäure (SO_3)	Kieselsäure (SiO_2)	Chlor (Cl)
2,42	4,45	19,98	24,60	1,29	39,56	3,38	0,71	2,85 %

***) In Procenten der lufttrocknen Substanz enthielten die Samen Stärke 29,47 %, Zucker 2,83 %, andere stickstofffreie Extraktstoffe 8,42 %; in Wasser lösliche Substanz 13,43 %, davon Salze 1,41 %, Stickstoff 0,148 %, Stickstoff in Ammoniakform 0,009 %.

Lupinen.

Gelbe Lupine.*) Lupinus luteus L. Wolfsbohne.

No.	Nähere Bezeichnung	Zeit der Untersuchung	In der ursprünglichen Substanz: Wasser %	Stickstoff-Substanz %	Fett %	Stickstofffreie Extraktstoffe %	Rohfaser %	Asche %	In der Trocken-Substanz: Stickstoff-Substanz %	Stickstofffreie Extraktstoffe %	Stickstoff in der Trocken-Substanz %	Analytiker
1	Ohne nähere Bezeichnung .	1854	14,32	35,72	6,33	27,09	12,74	3,80	41,69	31,62	6,67	*Eichhorn*[1])
2	„Lupine"	1855	10,18	38,35	7,85	26,24	14,55	2,83	42,68	29,24	6,83	*Poggiale*[2])
3	Ohne nähere Bezeichnung .	„	14,71	33,81	—	—	17,53	4,04	39,64	—	6,34	*H. Ritthausen u. Scheven*[3])
4	Aus Pommern	1859	12,20	28,30	5,00	36,40	14,10	4,00	32,18	41,55	5,15	*R. Handke*[4])
5	Ohne nähere Bezeichnung	1862	12,70	32,69	—	—	15,50	4,44	37,50	—	6,00	*H. Hellriegel u. Lucanus*[5])
6	Ohne nähere Bezeichnung	1866	19,90	49,08	4,83	—	—	3,38	61,27	—	9,80	*A. Beyer*[6])
7	Ohne nähere Bezeichnung	1868	9,45	39,18	4,06	32,28	11,45	3,58	43,25	35,68	6,92	*M. Siewert*[7])
8*)	Ohne nähere Bezeichnung	1869	13,82	37,25	5,34	25,11	14,72	3,76	43,21	29,04	6,91	*Th. Dietrich u. J. König*[8])

[1]) Ann. d. Landw. in Preussen **23**, 272. Unter den stickstofffreien Extraktstoffen fand Autor insbesondere Dextrin, Gummi, Pflanzenschleim und einen eigenthümlichen Bitterstoff.

[2]) N. J. Pharm. **30**, 180, 255; Weende'r Jahresber. 1855/56, **2**, 20.

[3]) 5. Ber. 1857, 4.

[4]) Chem. Ackersm. 1860, 48. 100 Stück Samen wogen 12 g.

[5]) Landw. Vers.-Stat. 1865, **7**, 389.

[6]) Landw. Vers.-Stat. 1867, **9**, 173. Die Lupinen enthielten in Procenten der Trocken-Substanz 10,61 % Zucker und Bitterstoff, 6,92 % Gummi und 10 96 % Zellstoff, Stärke, Pektinkörper, in Wasser lösliche Eiweisskörper 10,91 %.

[7]) Zeitschr. d. landw. Centralver. d. Prov. Sachsen 1868, **25**, 313. Der Autor unterscheidet „nutzbare" und „unverwerthbare" Cellulose aus Hülsen (Samenschale) und Cotyledonen. Die nutzbare Cellulose der Cotyledonen ist in der Weise bestimmt, dass die mit siedendem Wasser erschöpfte Substanz mit 1 %-iger Schwefelsäure gekocht und in der erhaltenen Lösung der Zuckergehalt bestimmt wurde. Aus dem Zuckergehalte berechnete der Autor die äquivalente Cellulosemenge. Unter solcher Cellulose ist jedenfalls nicht nur Cellulose, sondern auch andere in Zucker überführbare stickstofffreie Extraktstoffe zu verstehen. Die Lupinen enthielten im lufttrocknen Zustande unverwerthbare Cellulose: aus den Hülsen 10,36 %, aus den Cotyledonen 1,09 %; nutzbare Cellulose: aus den Hülsen 6,45 %, aus den Cotyledonen 6,84 %; ferner Rohrzucker (in Wasser lösl. Zucker) 2,35 %, Bitterstoff 0,60 %, Gummi und Pektinstoffe 15,90 %. Die Summe der Bestandtheile beträgt 99,86. Das an 100 fehlende ergänzten wir oben bei den stickstofffreien Extraktstoffen.

[8]) Landw. Anz. f. d. Rgbz. Cassel 1870, 8.

*) Hier sind auch solche Analysen aufgenommen, bei denen die Art der untersuchten Lupine nicht angegeben, sondern allgemein als Lupine bezeichnet wurde. Unter den Analysen von Lupinenkörnern, welche wir nicht in die Tabelle aufnehmen können, sind nachstehende, zum Theil unvollkommene, die wir dem Weende'r Jahresber. 1854, **2**, 12 entnehmen. Der Stickstoff-Gehalt und der dem entsprechende Gehalt an Rohstickstoff-Substanz sowie der an Pflanzenfaser der wasserfreien gelben Lupinensamen wurde gefunden von

	Stickstoff	Rohstickstoff-Substanz	Pflanzenfaser
Gropp (Isterbies). (Zeitschr. d. landw. Ver. Hessen-Darmstadt 1854, 450)	9,3 %	58,1 %	25,6 %
Stöckhardt (Zeitschr. f. Deutsche Landwirthe 1854, 97)	4,5—5,6 %	22,1—35,0 %	21,5 %

Ueber die Form und Verdaulichkeit der in den Lupinenkörnern enthaltenen Stickstoffverbindungen macht A. Stutzer (Magdeburger Zeitung vom 26. Januar 1887) nachstehende Mittheilung. Die untersuchten Lupinen enthielten:

	In % d. Trocken-Substanz	In % d. Gesammt-Stickstoffs
Gesammt-Stickstoff	7,839 %	—
Stickstoff in Form von Nicht-Eiweiss	0,565 „	7,2 %
„ in Verbindungen durch Pepsinflüssigkeit löslich . .	7,073 „	90,3 „
„ in Verbindungen durch Pankreasflüssigkeit löslich .	0,135 „	1,7 „
„ in unverdaulichen Verbindungen	0,066 „	0,8 „

E. Schulze und W. Umlauft (Landw. Jahrb. 1876, **5**, 841) fanden in der Trocken-Substanz von der Samenschale befreiter Lupinen:

Unlöslich in Wasser 68,68 %	Konglutin	40,32 %	mit 7,33 % Stickstoff
	Fett	7,35 „	
	Rohfaser aschenfrei	3,24 „	
	Stickstofffreie Stoffe unbekannter Art	16,44 „	
	Mineralstoffe	0,93 „	
Löslich in Wasser 31,32 %	Albumin	1,50 „	mit 0,24 % Stickstoff
	Konglutin	3,25 „	mit 0,59 % Stickstoff
	Dextrinartige stickstofffreie Extraktstoffe	10,02 „	
	Citronensäure (und Apfelsäure)	1,92 „	
	Alkaloïde, Amide und unbestimmbare Stoffe . . .	11,66 „	mit 1,30 % Stickstoff
	Mineralstoffe	2,97 „	
			9,46 % Stickstoff
	Gesammtgehalt an Eiweissstoffen	45,07 %	mit 8,16 % Stickstoff

Aus den Untersuchungen Ritthausen's hat sich ergeben, dass der hauptsächlichste Stickstoff-Bestandtheil der Lupinensamen das Konglutin ist, welches 18,4 % Stickstoff enthält. 1 Theil Stickstoff entspricht 5,5 Theilen Konglutin.

No.	Nähere Bezeichnung	Zeit der Untersuchung	In der ursprünglichen Substanz: Wasser %	Stick-stoff-Substanz %	Fett %	Stickstoff-freie Ex-traktstoffe %	Roh-faser %	Asche %	In der Trocken-Substanz: Stick-stoff-Substanz %	Stickstoff-freie Ex-traktstoffe %	Stickstoff in der Trocken-Substanz %	Analytiker
9	Ohne nähere Bezeichnung .	1869	10,07	43,35	3,87	25,85	13,33	3,53	48,30	28,80	7,73	F. Heidepriem u. W. Jani [1])
10	Alluvialboden, 1873-er Ernte	1873	12,00	40 04	—	—	12,79	3,84	45,49	—	7,28	F. Stohmann [2])
11	desgl., 1874-er Ernte . .	1874	12,00	39,50	—	—	12,01	3,67	44,87	—	7,18	
12	Ohne nähere Bezeichnung .	1878	19,07	36,22	3,85	20,92	13,60	6,34	44,77	27,12	7,16	W. Henneberg [3])
13	„Lupinenschrot"	„	12,12	40,19	5,00	23,60	14,92	4,17	45,74	26,84	7,32	[4])
14	desgl.	„	—	39,20	—	—	—	—	—	—	—	R. Heinrich [5])
15	Ohne nähere Bezeichnung	1879	12,89	39,02	5,43	24,09	14,76	3,81	44,80	27,61	7,17	Wein [6])
16	Ohne nähere Bezeichnung	„	14,75	38,42	4,86	22,55	15,42	4,00	45,07	27,45	7,37	W. Henneberg [3])
17	Ohne nähere Bezeichnung	„	17,02	39,19	4,00	22,48	13,41	3,90	47,20	27,10	7,55	Kühn [4])
18 *)	Vollreife aus Pommern . .	„	13,31	37,04	5,08	25,68	14,51	4,38	42,73	29,62	6,84	O. Kellner [7])
19 *)	Saatlupinen aus der Mark Brandenburg	„	13,76	40,04	4,67	24,95	13,36	3,22	46,43	28,93	7,43	
20	Ohne nähere Bezeichnung	„	—	—	—	—	—	—	42,69	—	6,83	
21	Ohne nähere Bezeichnung	1883	—	—	—	—	—	—	39,80	—	6.37	E. Wildt [8])
22 **)	Ohne nähere Bezeichnung	„	18,06	35,08	—	—	—	3,81	42,80	—	6,85	Bochmann [9])
23	Gut ausgereift	1879	17,23	36,23	5,14	27,96	10,49	2,97	43,77	33,78	7,00	C. E. Schulz [10])
24 ***)	1880-er Ernte	1881	15,00	39,21	5,35	26,17	11,06	3,21	46,13	29,74	7,38	E. Flechsig [11])
25 ***)	Gelbblühende Lupine, weisssamige Abart, 1880-er Ernte	„	15,00	39,85	5,51	24,80	11,34	3,50	46,88	28,48	7,50	
26 °)	1883-er Ernte	1884	15,00	41,59	5,51	—	—	—	48,94	—	7,83	E. Flechsig u. E. Hiller [12])
27 °)	Gelbblühende, weiss, 1883-er Ernte	„	15,00	40,11	5,76	—	—	—	47,19	—	7,55	

[1]) Landw. Vers.-Stat. 1873, **16**, 5.
[2]) Mitthl. d. Landw. Instituts der Universität Leipzig 1875, 1 u. 86. Der Wassergehalt ist vom Autor willkürlich angenommen worden.
[3]) Landw. Jahrb. 1880, **9**, 811.
[4]) Original-Mittheilung.
[5]) Bericht der Vers.-Stat. Rostock 1875/81. Wismar 1882.
[6]) Landw. Vers.-Stat. 1880, **26**, 192. Zur Untersuchung gelangten zur Saat ausgesuchte, annähernd gleich grosse und schwere Samen, von denen 100 Stück 14,2 g wogen.
[7]) Landw. Jahrb. 1880, **9**, 979 u. 1881, **10**, 849.
[8]) Landw. Centrbl. f. Posen 1883, **11**, 267; Centrbl. Agrik.-Chem. 1884, **13**, 675.
[9]) Ebendaselbst 1880, 436.
[10]) Landw. Jahrb. 1879, **8**, 42. Mehrere Monate alte, gut ausgereifte, gesunde Samen.
[11]) Landw. Vers.-Stat. 1884, **30**, 445.
[12]) Landw. Vers.-Stat. 1884, **31**, 339 u. 1885, **32**, 179.

*) No. 18 waren vollreife gelbe Lupinen aus Pommern. Die Körner dieser Sorte waren flach und wogen 1000 Stück davon 134,0 g. Dieselben enthielten 0,51 % Nichtprotein-Stickstoff und 1,33 % Alkaloïde (auf die Trocken-Substanz bezogen). No. 19 waren von der Kgl. Domäne Dahme in der Provinz Brandenburg bezogen worden. 1000 Körner wogen 195,94 g im lufttrocknen Zustande.

**) Die Lupinen enthielten in der lufttrocknen Substanz 0,626 % Alkaloïd.

***) Diese Lupinen wuchsen auf dem Versuchsfelde zu Proskau mit anderen Lupinenarten (siehe diese) unter gleichen Boden-, Witterungs- und Düngungsverhältnissen. Die unter dem Namen „weisssamige gelbblühende" Lupine No. 25 ist ein Bastard von Lup. luteus mit einer oder mehreren unbekannten Arten; doch ist nur ein sehr geringer Theil der Körner weiss, der bei weitem grösste ist schwarz gesprenkelt. Von dem Aetherextrakt der Körner ist die Menge der darin enthaltenen Alkaloïde, wie sie von Täuber (Landw. Vers.-Stat. 1883, **29**, 451) bestimmt worden ist, abgezogen. Nach dieser Bestimmung enthalten diese beide Lupinen:

	Gesammt-Alkaloïd	Flüssiges Alkaloïd	Festes Alkaloïd	300 Stück Samen wogen
No. 24 . . .	0,81 %	0,39 %	0,42 %	43,02 g
No. 25 . . .	0,70 „	0,29 „	0,41 „	46,40 „

°) Die untersuchten Samen sind aus vorigem hervorgegangen, waren aber auf etwas schwerem Boden gewachsen. Die in diesem Material enthaltene Menge Alkaloïd wurde von E. Hiller wie folgt ermittelt:

	Gesammt-Alkaloïd	Flüssiges Alkaloïd	Festes Alkaloïd
No. 26	0,56 %	0,32 %	0,33 %
No. 27	0,55 „	0,32 „	0,23 „

No.	Nähere Bezeichnung	Zeit der Untersuchung	In der ursprünglichen Substanz: Wasser %	Stick-stoff-Substanz %	Fett %	Stickstoff-freie Extraktstoffe %	Roh-faser %	Asche %	In der Trocken-Substanz: Stick-stoff-Substanz %	Stickstoff-freie Extraktstoffe %	Stickstoff in der Trocken-Substanz %	Analytiker
28	Lupinen, gelbe	1880	15,00	36,8	3,7	26,1	14,9	3,5	43,28	30,73	6,92	
29	desgl.	„	15,00	35,9	5,1	29,0	11,3	3,7	42,22	34,14	6,76	
30	desgl.	„	15,00	37,3	4,4	31,9	7,7	3,7	43,86	37,56	7,02	
31	desgl.	„	15,00	27,7	5,3	40,8	8,3	2,9	32,68	47,92	5,23	
32	desgl.	„	15,00	34,4	4,7	30,1	12,3	3,5	40,05	35,84	6,41	
33	desgl.	„	15,00	35,5	4,7	29,1	12,0	3,7	41,75	34,26	6,68	
34	desgl.	„	15,00	38,1	4,4	23,8	15,2	3,5	44,66	28,17	7,15	
35	desgl.	1882	15,00	41,3	2,9	18,9	17,8	4,1	48,57	22,28	7,77	*M. Märcker* [1]
36	desgl.	„	15,00	42,0	2,0	19,8	17,5	3,7	49,39	23,33	7,90	
37	desgl.	„	15,00	40,6	1,8	20,0	18,5	4,1	47,75	23,55	7,64	
38	desgl.	„	15,00	40,4	2,2	20,6	18,0	3,8	46,51	25,26	7,44	
39	desgl.	„	15,00	41,9	2,3	20,2	16,7	3,9	49,27	23,80	7,89	
40	desgl.	„	15,00	40,0	2,0	21,3	17,8	3,9	47,04	25,09	7,53	
41	desgl.	„	15,00	39,9	2,3	21,2	18,4	3,2	46,92	24,98	7,51	
42	desgl.	„	15,00	42,4	2,1	17,8	17,8	4,9	49,86	20,98	7,98	
43	desgl.	1896	12,16	37,44 *)	1,34	29,21	15,94	3,81	42,62	33,53	6,82	*L. Steiner, W. Lenz u. G. Baumert* [2]
44	desgl., weisssamige Abart .	„	12,29	36,18 *)	1,65	29,45	16,55	3,88	41,25	33,58	6,60	
45	Lupinen, gelbe	1892	20,52	35,29	4,37	22,46	14,21	3,15	44,40	28,26	7,10	
46	desgl.	„	20,00	34,91	3,79	24,73	13,30	3,27	43,64	30,91	6,98	
47	desgl.	„	14,55	38,26	4,40	24,17	15,15	3,47	44,77	28,29	7,16	*B. Schulze* [3]
48	desgl.	„	21,60	34,50	4,80	21,59	13,81	3,70	44,01	27,54	7,04	
49	Gewöhnliche Lupine . . .	1890	12,95	37,76	4,35	26,52	14,62	3,79	43,38	30,47	6,94	*S. Gabriel* [4]
50	Lupinen, gelbe **) . . .	1893	14,00	35,91	4,13	28,77	13,14	3,96	41,75	33,45	6,68	*Holdefleiss u. Loges* [5]
51	desgl.	„	13,30	36,20	4,99	28,01	13,80	3,80	41,75	32,30	6,68	*S. Gabriel* [6]
52	desgl. ***)	1895	16,00	37,67	3,91	24,22 ***)	14,14	3,45	44,84	28,59	7,17	*B. Schulze* [7]
	Mittel	—	**14,71**	**37,79**	**4,25**	**25,48**	**14,23**	**3,54**	**44 31**	**29,88**	**7,09**	
	Schwankungen	—	9,45—21,60	27,45-52,26 0)	1,30-5,35	17,89-40,87	7,73—18,57	2,69-4,92	32,18—61,27	20,98—47,92	5,15—9,80	

1) Original-Mittheilung.
2) Berichte aus d. physiol. Labor. u. d. Versuchs-Anstalt des Landw. Inst. Halle **12**, 1; Centrbl. Agrik.-Chem. 1896, **25**, 165.
3) Landwirth 1892, **35**, 203 u. 209; Jahresber. Agrik.-Chem. 1892, **35**, 451.
4) Journ. f. Landw. 1890, **38**, 74.
5) Deutsche landw. Presse 1893, **22**, 825.
6) Landwirth 1893, **41**, 245.
7) Landwirth 1895, **43**, 175.

*) Verff. geben für die gelbe Lupine 30,94 % Konglutin (Reineiweiss-Stickstoff × 5,35) und 1,34 % Rohamide (Amid-Stickstoff × 6,25) und für die weisssamige Abart 29,56 % Konglutin und 1,65 % Rohamid an. Die obigen Zahlen sind durch Multiplikation des Konglutin-Stickstoffs mit 6,25 und Addition der Rohamide erhalten.

**) Die Lupine enthielt 0,75 % Alkaloïde.

***) Ausser den obigen Bestandtheilen wurden gefunden 0,61 % Alkaloïde.

0) Zieht man vom Gesammt-Stickstoff-Gehalt 8 % für Nicht-Eiweiss ab und berechnet den Stickstoff-Rest auf Konglutin (1 Stickstoff = 5,5 Konglutin), so würde der mittlere Gehalt der Lupinenkörner an Reineiweiss (Konglutin, Eiweiss etc.) in der Trocken-Substanz ca. 35,89 % betragen.

Gelbe Lupine. Nicht reife Körner.

No.	Nähere Bezeichnung	Zeit der Untersuchung	In der ursprünglichen Substanz: Wasser %	Stick-stoff-Substanz %	Fett %	Stickstoff-freie Ex-traktstoffe %	Roh-faser %	Asche %	In der Trocken-Substanz: Stick-stoff-Substanz %	Stickstoff-freie Ex-traktstoffe %	Stickstoff in der Trocken-Substanz %	Analytiker
1*)	Halbreif	1869	10,80	36,76	2,75	28,87	16,50	3,95	41,21	33,78	6,56	*M. Siewert* [1])
2	Unreif	1881	—	43,75 **)	5,25	—	—	—	—	—	—	*R. Heinrich* [2])
3 ***)	Halbreif	1869	9,30	19,75	1,80	48,36	16,99	3,80	21,78	53,30	3,48	*M. Siewert* [3])
4⁰)	Halbreif aus Posen . . .	1879	13,30	27,01	4,52	38,81	13,76	2,60	31,15	44,76	5,53	*O. Kellner* [4])

Blaue Lupine. Lupinus angustifolius L.

No.	Nähere Bezeichnung	Zeit der Untersuchung	Wasser %	Stick-stoff-Substanz %	Fett %	Stickstoff-freie Ex-traktstoffe %	Roh-faser %	Asche %	Trocken: Stick-stoff-Substanz %	Trocken: Stickstoff-freie Ex-traktstoffe %	Stickstoff in der Trocken-Substanz %	Analytiker
1	Ohne nähere Bezeichnung	1854	14,95	32,50	7,05	30,86	11,23	3,41	38,22	36,28	6,12	*Eichhorn* [5])
2	Ohne nähere Bezeichnung	1859	13,20	22,00	5,60	46,80	12,20	3,20	25,34	50,47	4,06	*R. Handke* [6])
3⁰⁰)	Aus Hundisburg	1868	16,19	21,66	4,90	44,44	10,23	2,58	25,84	52,23	4,13	*M. Siewert* [7])
4⁰⁰)	Aus Seehausen	„	16,32	21,75	5,60	43,61	10,17	2,55	25,99	52,12	4,16	*M. Siewert* [7])
5	Alluvialboden, 1873-er Ernte	1873	12,00	31,73	39,11		12,90	4,26	25,43	—	5,67	*F. Stohmann* [8])
6	desgl., 1874-er Ernte . .	1874	12,00	32,12	40,83		12,40	2,65	36,87	--	5,90	*F. Stohmann* [8])
7	Vollreife aus Galizien ⁰⁰⁰) .	1879	12,03	26,94	6,19	41,76	10,57	2,51	30,63	47,46	4,90	*O. Kellner* [9])
8†)	1880-er Ernte	1880	13,81	30,98	6,41	34,92	11,49	2,39	35,94	40,26	5,76	*E. Flechsig, E. Täuber u. E. Hiller* [10])
9†)	desgl.	„	13,81	31,29	6,65	35,26	10,59	2,39	36.31	40,61	5,81	*E. Flechsig, E. Täuber u. E. Hiller* [10])
10†)	1883-er Ernte	1883	13.81	34,37	6,01	—	—	—	39,88	—	6,38	*E. Flechsig, E. Täuber u. E. Hiller* [10])

[1]) Zeitschr. d. landw. Ver. f. d. Prov. Sachsen 1870, 75.
[2]) Bericht d. Vers.-Stat. Rostock 1875/81. Wismar, 1882.
[3]) Hoffmann's Jahresber. 1870/72, **3**, 13.
[4]) Landw. Jahrb. 1880, **9**, 979.
[5]) Ann. d. Landw. in Preussen 1854, **23**, 272.
[6]) Chem. Ackersm. 1860, 48. Bei 100° C. getrocknete Körner ergaben 21 % Samenschalen. 100 Stück Samen wogen 18 g. 1 kg Körner enthielt 5400 Stück Körner.
[7]) Zeitschr. d. landw. Centralver. f. d. Prov. Sachsen 1869, 75.
[8]) Mitthl. d. landw. Instituts der Universität Leipzig 1875, 86. Der Wassergehalt ist vom Autor angenommen.
[9]) Landw. Jahrb. 1880, **9**, 979.
[10]) Landw. Vers.-Stat. 1884, **30**, 447; 1885, **31**, 339 u. 1886, **32**, 180.

*) Die Körner enthielten im lufttrocknen Zustande 0,35 % Alkaloïd.
**) Die Samen enthielten 1,54 % Nichtprotein-Stickstoff; es bleiben somit 34,15 % Rein-Eiweiss.
***) Alkaloïd 0,63 % der lufttrocknen Substanz.

⁰) Verschieden grosse, meist runzlige, eingedrückte Körner von ganz stark bitterem Geschmack, 1000 Körner wogen 123,4 g. In Procenten der Trocken-Substanz enthielten die Körner 0,503 % Nichtprotein-Stickstoff und 1,83 % Alkaloïd.

⁰⁰) Die Lupinen unter No. 3 stammten aus Hundisburg, die unter No. 4 aus Seehausen in der Altmark. Die Körner liessen sich trennen und enthielten:

	Wasser	Samenschale	Cotyledonen
No. 3	16,19	20,10	20,85 %
No. 4	16,32	19,59	64,09 „

Der Autor unterscheidet „nutzbare" und unverwerthbare Cellulose aus Hülsen (Samenschale) und Cotyledonen (vergl. gelbe Lupine No. 7), und fand an diesen wie an anderen näheren Bestandtheilen in Procenten der lufttrocknen Substanz:

	Nicht verwerthbare Cellulose aus Hülsen	Desgl. aus Cotyledonen	Verwerthbare aus Hülsen	Desgl. aus Cotyledonen
No. 3	9,27	0,96	7,00	20,85 %
No. 4	9,30	0,87	6,85	19,63 „

	Rohrzucker	Bitterstoff	Gummi u. Pectinstoffe
No. 3	1,65	0,46	13,69 %
No. 4	1,81	0,54	13,93 „

⁰⁰⁰) Kugelrunde, grosse Körner. 1000 Stück wogen 209,7 g. Dieselben enthielten in Procenten der Trocken-Substanz: Gesammt-Stickstoff 5,310 %, Nichtprotein-Stickstoff 0,41 %, Alkaloïd 0,84 %.

†) Die Lupinen unter 8, 9 und 12 waren auf dem Versuchsfelde in Proskau mit anderen Lupinenarten unter ganz gleichen Boden-, Witterungs- und Düngungsverhältnissen gebaut worden, die Lupinen 10, 11 und 13 stammten von diesen und waren ebenfalls dort, jedoch auf etwas schwererem Boden gewachsen. In Procenten der Trocken-Substanz enthielten dieselben an Alkaloïden:

	No. 8	9	10	11	12	13
Gesammt-Alkaloid . .	0,25	0,29	0,21	0,21	0,37	0,23
Flüssiges Alkaloïd . .	0,03	0,05	0,014	0,024	0,02	0,029
Festes Alkaloïd . . .	0,22	0,24	0,196	0,186	0,25	0,200
	E. Täuber		E. Hiller		E. Täuber	E. Hiller.

Der Wassergehalt bei diesen Analysen ist nach dem mittleren Wassergehalt der Analysen No. 1—7 angenommen.

No.	Nähere Bezeichnung	Zeit der Untersuchung	In der ursprünglichen Substanz: Wasser %	Stickstoff-Substanz %	Fett %	Stickstofffreie Extraktstoffe %	Rohfaser %	Asche %	In der Trocken-Substanz: Stickstoff-Substanz %	Stickstofffreie Extraktstoffe %	Stickstoff in der Trocken-Substanz %	Analytiker
11 *)	1883-er Ernte	1883	13,81	33,99	5,71	—	—	—	39,44	—	6,31	E. Flechsig. E. Täuber u. E. Hiller 1)
12 *)	Weisssamige, blaublühende Abart, 1880-er Ernte . .	1880	13,81	32,70	7,22	33,47	10,43	2,37	37,94	38,48	6,07	
13 *)	desgl., 1883-er „ . .	1883	13,81	32,26	6,21	—	—	—	37,43	—	5,99	
14	Ohne nähere Bezeichnung .	1891	9,90	32,81	5,98	48,38		2,93	36,41	—	5,83	F. Holdefleiss 2)
15	Blaue Lupine	1896	11,90	29,66 **)	4,00	35,12	15,30	3,02	33,67	39,86	5,39	L. Steiner, W. Lenz und G. Baumert 3)
16	desgl., weisssamige . . .	„	12,48	30,08 **)	3,99	35,37	14,71	3,37	34,25	40,41	5,48	
17	Ohne nähere Bezeichnung .	1892	22,87	29,56	4,74	30,89	9,21	2,73	38,32	40,05	6,13	B. Schulze 4)
18	Blaue Lupine ***)	1893	18,90	29,11	3,94	32,76	12,42	2,87	35,90	40,39	5,74	Holdefleiss u. Loges 5)
	Mittel	—	**14,28**	**29,74**	**5,31**	**35,55**	**12,20**	**2,92**	**34,69**	**41,47**	**5,55**	

Weisse Lupine. Lupinus albus L. (Weissblühend.)

No.	Nähere Bezeichnung	Zeit der Untersuchung	Wasser %	Stickstoff-Substanz %	Fett %	Stickstofffreie Extraktstoffe %	Rohfaser %	Asche %	Trocken: Stickstoff-Substanz %	Stickstofffreie Extraktstoffe %	Stickstoff in der Trocken-Substanz %	Analytiker
1	Ohne nähere Bezeichnung .	1854	13,25	33,06	8,85	32,96	8,91	2,97	38,12	37,99	6,10	Eichhorn 6)
2	desgl. 0)	1859	11,30	24,00	—	—	13,00	3,10	27,05	—	4,33	R. Handke 7)
3	desgl.	„	23,15	25,62	4,87	26,04	16,03	4,29	33,33	33,89	5,33	K. Karmrodt 8)
4	1880-er Ernte 00)	1883	15,84	31,40	10,95	30,75	8,59	2,47	37,31	36,02	5,97	E. Flechsig 9)
5	Dicksamige, weissblühende Lupinen, 1880-er Ernte 00)	„	15,84	30,46	6,28	34,54	10,56	2,32	36,19	40,76	5,79	
6	1883-er Ernte 000)	1884	15,84	33,71	11,14	—	—	—	40,06	—	6,41	E. Flechsig 10)
7	1883-er Ernte, dicksamige Varietät 000)	„	15,84	33,50	5,87	—	—	—	39,81	—	6,37	
8	Weisse Lupine	1880	15,00	25,2	4,9	38,6	13,2	3,1	29,64	45,43	4,74	M. Märcker 11)
9	desgl.	„	15,00	28,6	3,8	36,8	12,4	2,4	33,63	43,33	5,38	

1) Vergl. Anmerkung 10) Seite 591.
2) Journ. Landw. 1890, **38**, 335.
3) Berichte a. d. physiol. Labor. u. d. Versuchs-Anstalt des Landw. Inst. Halle **12**, 1; Centrbl. Agrik.-Chem. 1896, **25**, 165.
4) Landwirth 1892, **34**, 203; Jahrb. Agrik.-Chem. 1892, **35**, 452.
5) Deutsche landw. Presse 1893, **20**, 825.
6) Ann. d. Landw. in Preussen 1854, **23**, 272.
7) Chem. Ackersm. 1860, 48; Wilda's landw. Centrbl. 1860, **I**, 146; Weende'r Jahresber. 1857/60, **2**, 45.
8) Landw. Zeitschr. f. Rheinpreussen 1860, 368.
9) Landw. Vers.-Stat. 1884, **30**, 445.
10) Ebendaselbst 1885, **32**, 336.
11) Original-Mittheilung.

*) Vergl. Anmerkung †) Seite 591.

**) Verff. geben für die blaue Lupine 24,46 % Konglutin (Reineiweiss-Stickstoff × 5,35) und 1,04 % Rohamide (Amid-Stickstoff × 6,25) und für die weisssamige Abart 23,95 % Konglutin und 2,06 % Rohamid an. Die obigen Zahlen sind durch Multiplikation des Konglutin-Stickstoffs mit 6,25 % und Addition der Rohamide erhalten.

***) Alkaloidgehalt 0,81 %.

0) Der bei 100° getrocknete Samen ergab 23 % Samenschale; 1 Pfd. (500 g) enthielt 2000 Stück Körner.

00) Die Lupinen waren auf dem Versuchsfelde zu Proskau mit anderen Lupinenarten unter gleichen Boden-, Witterungs- und Düngungsverhältnissen angebaut worden. Dieselben enthielten nach Bestimmung von Täuber:

	Gesammt-Alkaloïd	Flüssiges Alkaloïd	Festes Alkaloïd
No. 4	0,51 %	0,08 %	0,43 %
No. 5	0,27 „	0,02 „	0,25 „

Die dicksamige Varietät (unter No. 5) hat in Bezug auf das Aussehen ihrer Körner keine Aehnlichkeit mit denen der vorigen Nummer. Sie sind eirund und ungefähr von der Grösse der Körner der gelben Lupine. 300 Körner wiegen von No. 4 = 153 g, von No. 5 = 57,68 g. Die Menge der Alkaloïde ist vom Aether-Extrakt abgezogen worden.

000) Die Samen waren aus vorigen, auf etwas schwererem Boden, gezogen. An Alkaloïd enthielten dieselben nach Bestimmungen von E. Hiller:

	Gesammt-Alkaloïd	Flüssiges Alkaloïd	Festes Alkaloïd
No. 6	0,45 %	0,025 %	0,425 %
No. 7	0,27 „	0,017 „	0,253 „

Bei den Analysen No. 4—7 ist der Wassergehalt nach dem mittleren Wassergehalt der anderen Analysen angenommen.

No.	Nähere Bezeichnung	Zeit der Untersuchung	In der ursprünglichen Substanz: Wasser %	Stickstoff-Substanz %	Fett %	Stickstofffreie Extraktstoffe %	Rohfaser %	Asche %	In der Trocken-Substanz: Stickstoff-Substanz %	Stickstofffreie Extraktstoffe %	Stickstoff in der Trocken-Substanz %	Analytiker
10	Weisse Lupine	1887	16,52	22,41	5,42	39,96	12,71	2,98	26,85	47,86	4,30	*R. Waage*[1])
11	desgl.*)	1893	16,50	28,81	4,34	36,24	11,27	2,84	34,50	43,40	5,52	*Holdefleiss u. Loges*[2])
	Mittel	—	**15,90**	**28,78**	**6,79**	**33,65**	**11,92**	**2,96**	**34,23**	**40,01**	**5,48**	
	Gemeine Garten-Lupine. Lupinus hirsutus L. Auch Haarige Lupine genannt (roth- oder blaublühend).											
1	Aus Pommern, 1859-er E.**)	1859	11,75	33,01	8,65	30,27	13,62	2,70	37,30	34,41	5,97	*R. Handke*[3])
2	Aus Proskau, 1880-er Ernte	1883	11,75 ***)	24,54	7,50	39,71	14,04	2,46	27,81	44,99	4,45	*E. Flechsig*[4])
3	Auf schwerem Boden gewachsen, 1883-er Ernte⁰) .	1884	11,75 ***)	26,03	7,80	—	—	—	29,50	—	4,72	*E. Flechsig*[4])
	Mittel	—	**11,75**	**27,83**	**7,99**	**36,01**	**13,83**	**2,59**	**31,54**	**40,81**	**5,05**	
	Ausdauernde Lupine. Lupinus perennis L.											
1	Ohne nähere Bezeichnung .	1879	11,75 ***)	38,66	12,11	35,04	9,44	3,00	43,81	28,37	7,01	*H. Weiske*[5])
2	Perennirende Lupine (Lup. polyphyllus)⁰⁰)	1883	11,75 ***)	38,16	11,17	35,87	9,68	3,37	43,25	39,31	6,92	*E. Flechsig*[6])
	Mittel	—	**11,75**	**38,41**	**11,64**	**35,36**	**9,56**	**3,18**	**43,53**	**28,83**	**6,97**	
	Cruikshank's Lupine. Lupinus Cruikshanksii Hooc. Auch prächtige, veränderliche Lupine genannt.											
1	In Proskau 1880 gewachsen ⁰⁰⁰)	1883	11,75 ***)	41,59	13,97	23,54	5,93	3,22	47,13	25,66	7,54	*E. Flechsig*[6])
	Leinblättrige Lupine. Lupinus linifolius Roth.											
1	In Proskau gewachs., 1880-er Ernte†)	1883	11,75 ***)	31,65	7,02	35,95	11,22	2,41	35,56	41,05	5,69	*E. Flechsig*[6])
2	In Proskau auf schwererem Boden gewachs., 1883-er E. ††)	1884	11,75 ***)	35,25	6,19	—	—	—	39,94	—	6,39	*E. Flechsig*[7])
	Mittel	—	**11,75**	**33,45**	**6,61**	**34,56**	**11,22**	**2,41**	**37,75**	**39,33**	**6,04**	

[1]) Centrbl. Agrik.-Chem. 1887, **16**, 394. Die Lupinen enthielten im lufttrocknen Zustande: 20,84 % Reineiweiss, davon verdaulich (künstl. Verdauungsflüssigkeit) 95,63 %, lösliches Legumin 12,84 % und in der Asche 0,09 % Sand.
[2]) Deutsche landw. Presse 1893, **20**, 825.
[3]) Wilda's landw. Centrbl. 1860, **I**, 146; Weende'r Jahresber. 1857/60, **2**, 45.
[4]) Landw. Vers.-Stat. 1884, **30**, 447 u. 1885, **32**, 180.
[5]) Milchztg. 1880, **9**, 139; Hoffmann's Jahresber. 1880, **23**, 406.
[6]) Landw. Vers.-Stat. 1884, **30**, 447; vergl. auch daselbst 1883, **29**, 451 u. 1885, **31**, 337.
[7]) Landw. Vers.-Stat. 1886, **32**, 180.
*) Der Alkaloïd-Gehalt betrug 0,78 %.
**) Der bei 100° getrocknete Samen enthielt 19,6 % Samenschale. 500 g enthielten 800 Stück Samen.
***) Bei diesen Analysen ist der Wassergehalt zu Grunde gelegt, welcher bei Analyse No. 1 unter Lupinus hirsutus gefunden wurde.
⁰) Von dem Aether-Extrakt der Lupinenkörner ist die Menge der darin enthaltenen Alkaloïde abgezogen worden. Dieselbe betrug nach Täuber an festem Alkaloïd 0,02 %. Flüssiges Alkaloïd war nicht vorhanden. In den Körnern der 1883-er Ernte, welche aus denen der 1880-er Ernte gezogen worden waren, fand E. Hiller 0,04 % festes Alkaloïd. 300 Stück Körner von No. 2 wogen 172 g.
⁰⁰) Die mit L. polyphyllus, perennirende Lupine, bezeichnete Art dürfte mit L. perennis identisch oder nahe verwandt sein, wie auch die Zusammensetzung des Samens zeigt; wir haben sie deshalb mit dieser zusammengestellt. Die Körner enthielten nach Täuber 0,48 % Gesammt-Alkaloïd, davon 0,08 % flüssiges und 0,40 % festes Alkaloïd. 300 Körner wogen 7,15 g. Die Alkaloïdmenge wurde, wie auch bei den folgenden Analysen desselben Autors, vom Aether-Extrakt abgezogen.
⁰⁰⁰) Vergl. die Analysen desselben Autors von gelber Lupine. Nach E. Täuber enthielten die Körner 1,0 % Gesammt-Alkaloïd, davon 0,45 % flüssiges und 0,55 % festes Alkaloïd.
†) Die Körner enthielten 0,32 % Gesammt-Alkaloïd, davon 0,02 % flüssiges und 0,30 % festes Alkaloïd. 300 Körner wogen 65,12 g.
††) Diese Samen sind aus dem vorigen gezogen. Nach E. Hiller enthielten dieselben 0,24 % Gesammt-Alkaloïd, davon 0,027 % flüssiges und 0,0213 % festes Alkaloïd.

Sicilianische oder ägyptische Lupine. Lupinus Termis Forsk.

No.	Nähere Bezeichnung	Zeit der Untersuchung	In der ursprünglichen Substanz: Wasser %	Stick-stoff-Substanz %	Fett %	Stickstoff-freie Ex-traktstoffe %	Roh-faser %	Asche %	In der Trocken-Substanz: Stick-stoff-Substanz %	Stickstoff-freie Ex-traktstoffe %	Stickstoff in der Trocken-Substanz %	Analytiker
1	In Proskau gewachs., 1880-er Ernte *)	1883	11,75 ***)	33,04	11,06	33,86	8,26	2,09	37,44	37,91	5,99	*E. Flechsig* [1])
2	desgl., 1883-er Ernte **)	1884	11,75 ***)	33,59	10,67	—	—	—	38,06	—	6,09	*E. Flechsig* [2])
	Mittel	—	**11,75**	**33,32**	**10,87**	**33,71**	**8,26**	**2,09**	**37,75**	**38,21**	**6,04**	

Schwarze Lupine.

No.	Nähere Bezeichnung	Zeit der Untersuchung	Wasser %	Stick-stoff-Substanz %	Fett %	Stickstoff-freie Ex-traktstoffe %	Roh-faser %	Asche %	Stick-stoff-Substanz %	Stickstoff-freie Ex-traktstoffe %	Stickstoff in der Trocken-Substanz %	Analytiker
1	Schwarze Lupine	1894	13,30	43,50 ⁰)	5,58	30,56	15,91	4,45	50,17	35,25	8,03	*Wolff* [3])
2	desgl.	1896	13,69	37,30 ⁰⁰)	4,54	27,03	13,71	3,73	43,22	31,32	6,92	*L. Steiner, W. Lenz und G. Baumert* [4])
3	desgl. ⁰⁰⁰)	1895	15,90	35,75	3,66	26,36 ⁰⁰⁰)	13,90	3,50	42,52	31,34	6,80	*B. Schulze* [5])
	Mittel	—	**14,30**	**38,82**	**4,59**	**23,89**	**14,51**	**3,89**	**45,30**	**27,88**	**7,25**	

Anhang zu Lupine.

1. M. Merlis (Landw. Vers. Stat. 1897, 48, 419—454) untersuchte die **entschälten Samen** von Lupinus angustifolius L. eingehend und fand in der Trocken-Substanz:

Eiweissstoffe	36,18 %	Lupeose	11,34 %
Nucleïn und andere unverdauliche Stickstoff-Verbindungen	0,88 „	Unlösliche stickstofffreie Extraktstoffe (Hemicellulose)	27,85 „
Alkaloïde	0,31 „	Cellulose	1,57 „
Glyceride und freie Fettsäuren	7,48 „	Asche	3,51 „
Lecithin	2,19 „	Unbestimmbare Stoffe	8,49 „
Cholesterin	0,20 „		

2. Der **Alkaloïdgehalt** ist nach Täuber (Landw. Vers.-Stat. 1883, 29, 451) bei den verschiedenen Lupinen-Sorten folgender:

Lupinus Cruckshanksii	1,00 %	Lupinus linifolius	0,32 %
„ luteus	0,81 „	„ caeruleus	0,29 „
„ „ (weisssamig)	0,70 „	„ albus (dicksamig)	0,27 „
„ albus	0,51 „	„ angustifolius	0,25 „
„ polyphyllus	0,48 „	„ hirsutus	0,02 „
„ termis	0,39 „	Schwarze Lupine	0,15 „
„ caeruleus (weisssamig)	0,37 „		

[1]) Landw. Vers.-Stat. 1884, **30**, 447.
[2]) Landw. Vers.-Stat. 1886, **32**, 180.
[3]) Mitgetheilt von S. Gabriel nach Wolff's Mittelzahlen. Milchztg. 1894, **23**, 475.
[4]) Berichte aus d. physiol. Labor. u. der Versuchsanstalt des Landw. Inst. Halle **12**, 1; Centrbl. Agrik.-Chem. 1896, **25**, 165.
[5]) Landwirth 1895, **43**, 175.

*) Die Körner enthielten nach Täuber 0,39 % Gesammt-Alkaloïd, davon 0,03 % flüssiges und 0,36 % festes Alkaloïd.
**) Die Körner enthielten nach Hiller 0,35 % Gesammt-Alkaloïd, davon 0,032 % flüssiges und 0,318 % festes Alkaloïd. Beide Körnerernten wurden in Proskau erhalten. No. 2 wurde aus No. 1 gewonnen, wuchs aber auf etwas schwererem Boden. 300 Körner von No. 1 wogen 107,02 g.
***) Vergl. Anmerkung ***) Seite 593.
⁰) Verdauliche Stickstoff-Substanz 41,50 % in der Trocken-Substanz.
⁰⁰) Verff. fanden 28,99 % Konglutin (Reineiweiss-Stickstoff × 5,35) und 3,38 % Rohamid. Die obige Zahl ist durch Multiplikation des Konglutin-Stickstoffs mit 6,25 und Addition der Rohamide erhalten.
⁰⁰⁰) Verf. fand ausser obigen Bestandtheilen 0,93 % Alkaloïde.

3. Zusammensetzung von natürlichen und entbitterten gelben Lupinen.

H. Weiske (Landw. Vers.-Stat. 1894, **43**, 451) entbitterte die Lupinenkörner durch einstündiges Kochen mit Wasser und darauffolgendes Behandeln mit kaltem, fliessendem Wasser; er fand für die ursprünglichen und entbitterten Lupinen in der Trocken-Substanz:

Nähere Bezeichnung		Stickstoff-Substanz %	Fett %	Stickstoff-freie Extraktstoffe %	Rohfaser %	Asche %
Ursprüngliche Lupinen	Ganze Körner	43,44	5,24	29,33	18,35	3,64
	Geschälte Körner . . .	58,31	6,39	29,07	2,14	4,09
	Schalen	4,88	0,80	31,73	60,28	2,31
Entbitterte Lupinen	Ganze Körner	48,19	5,76	21,18	22,29	2,58
	Geschälte Körner . . .	70,19	8,54	15,62	3,02	2,36
	Schalen	6,13	0,80	29,93	60,87	2,27

Ueber die Zusammensetzung der aus entbitterten Lupinen hergestellten Mehle vergl. unter Kapitel „Mehl" S. 638.

Sojabohne.

Rauhhaarige Sojabohne. Soja hispida Mönch.

No.	Nähere Bezeichnung	Zeit der Untersuchung	In der ursprünglichen Substanz: Wasser %	Stickstoff-Substanz %	Fett %	Stickstoff-freie Extraktstoffe %	Rohfaser %	Asche %	In der Trocken-Substanz: Stickstoff-Substanz %	Fett %	Stickstoff in der Trocken-Substanz %	Analytiker
	I. Soja hispida platycarpa var. melanosperma Harz, flachgründige, schwarze, längliche Sojabohne.											
1	Aus dem Institut Agronomique, Paris	1879	12,88	35,00	13,60	29,92	4,40	4,20	27,70	15,16	4,43	*E. Wein*[1])
2	Aus München, Ernte 1879 .	„	12,55	36,56	14,68	—	—	4,68	41,83	16,79	6,69	
3	„Lange schwarze" . . .	„	12,70	35,80	14,20	28,50	4,40	4.40	41,09	16,27	6,57	*Edw. Kinch*[2])
	Mittel	—	**12,71**	**32,18**	**14,03**	**31,97**	**4,40**	**4,71**	**36,87**	**16,07**	**5,90**	
	IIa. Soja hispida tumida var. pallida Harz, gedunsenfrüchtige, gelbe Sojabohne.											
1	Ohne nähere Bezeichnung .	1861	10,55	38,06	20,28	19,26	5,11	6,74	42,55	22,67	6,81	*Th. Anderson*[3])
2	Chinesische Oelbohne, gelblich weiss*)	1872	6,69	38,54	20,53	24,61	5,13	4,50	41,31	22,01	6,61	*Senff*[4])
3	Originalsamen aus der Mongolei**)	1876	7,84	32,15	17,10	32,91	4,58	5,42	34,88	18,55	5,58	*Fr. Schwackhöfer u. Joh. Stua*[5])
4	Samen der ersten Nachzucht, 1875-er Ernte	„	9,36	32,07	17,59	31,59	4,48	4,91	35,37	19,40	5,66	

[1]) Journ. f. Landw. 1881, **29**, Ergänzungsheft 10. Auf humosem Kalkboden gewachsen.
[2]) Centrbl. Agrik.-Chem. 1882, **11**, 753. (Nach einem Separatabzug aus?)
[3]) Chem. Centrbl. 1861, **1**, 174.
[4]) Chem. Ackersm. 1872, 122.
[5]) Original-Mittheilung a. d. technolog. Laborat. d. k. k. Hochschule f. Bodenkultur in Wien und Landw. Vers.-Stat. 1877, **20**, 247; mitgetheilt von F. Haberlandt. Die Originalsamen wurden der Wiener Weltausstellung 1874 entnommen und im Garten der Hochschule für Bodenkultur angebaut. Die reproducirten Samen waren grösser und schwerer als die Originalsamen. Das absolute und specifische Gewicht betrug:

	No. 3 Original	No. 4 1. Nachzucht	No. 5 2. Nachzucht	No. 6 Original	No. 7 1. Nachzucht	No. 8 2. Nachzucht
Absolutes Gewicht von 1000 Körnern	81,5	126,0	163,6	92,5	148	143 g
Specifisches Gewicht	1,172	1,241	—	1,190	1,246	—
Hektoliter-Gewicht	67,4	72,0	74,92	68,0	72,5	75,08 kg

*) Bohnenförmiger Oelsamen aus China. Die Beschreibung der Samen passt, wie die Zusammensetzung, auf die gelbe Sojabohne.
**) Die Samen waren eiförmig und hatten etwa die Grösse und Farbe kleiner Erbsen; sie waren aus Hongkong bezogen.

No.	Nähere Bezeichnung	Zeit der Untersuchung	In der ursprünglichen Substanz: Wasser %	Stickstoff-Substanz %	Fett %	Stickstofffreie Extraktstoffe %	Rohfaser %	Asche %	In der Trocken-Substanz: Stickstoff-Substanz %	Fett %	Stickstoff in der Trocken-Substanz %	Analytiker
5	Samen der zweiten Nachzucht, 1876-er Ernte	1876	7,89	32,58	17,49	—	—	—	35,46	19,00	5,67	Fr. Schwackhöfer u. Joh. Stua[1])
6	Originalsamen aus China .	„	7,96	31,26	16,21	34,59	4,75	5,23	33,94	17,60	5,43	
7	Samen der ersten Nachzucht, 1875-er Ernte	„	8,62	34,81	18,53	28,84	4,37	4,83	38,08	20,27	6,09	
8	Samen der zweiten Nachzucht, 1876-er Ernte	„	7,89	34,97	18,39	—	—	—	37,97	19,97	6,08	
9	Samen aus No. 6 in Mähren angebaut, 1876-er Ernte*)	„	—	40,19	16,99	—	—	—	—	—	—	K. Zulkowski[2])
10	In Tirol gebaut, 1877-er Ernte	1877	8,15	36,81	17,62	27,21	4,79	5,42	40,09	19,19	6,41	E. Mach u. K. Portele[3])
11	In Ungar.-Altenburg gebaut, gelb,**) 1878-er Ernte . .	1878	9,54	26,13	15,65	38,95	4,67	5,06	28,87	17,29	4,62	R. Ulbricht u. von Kosutany[4])
12	desgl.	1879	15,20	28,63	16,21	—	—	—	33,75	19,11	5,40	
13	desgl.	„	13,69	25,94	17,94	—	—	—	30,06	20,79	4,81	
14	In Posen gebaut, lichtgelbe, frühreifende Saat . . .	„	9,89	32,72	17,03	29,33	6,35	4,68	36,31	18,90	5,81	E. Wildt[5])
15	Ohne nähere Bezeichnung .	„	—	35,87	18,25	—	—	—	—	—	—	Schröder und Napagedl[6])
16	Auf Diluvialboden gewachsen	„	15,20	28,63	16,21	30,84	4,38	4,74	33,76	19,11	5,40	Blaskovics[7])
17	Auf Alluvialboden gewachsen	„	13,50	25,94	17,94	33,16	4,45	8,82	30,00	20,74	4,80	
18	1878-er Ernte	„	7,07	34,50	18,27	—	—	5,81	37,12	19,65	5,93	E. Wein[8])
19	1879-er Ernte	„	11,54	35,12	17,89	—	—	4,61	39,70	20,22	6,35	
20	Aus Proskau, 1878-er E.***)	„	9,89	39,14	17,78	24,38	3,87	4,94	43,44	19,73	6,95	H. Weiske, B. Demel u. B. Schulze[9])
21	Aus Schimnitz, 1878-er Ernte***)	„	9,89	38,19	17,17	25,52	4,66	4,57	42,38	19,05	6,78	
22	Aus München, 1878-er Ernte	„	7,07	34,50	18,27	34,35		5,81	37,12	19,66	5,94	E. Wein[10])
23	desgl., 1879-er Ernte[0]) . .	„	11,54	35,12	17,89	30,84		4,61	39,69	20,22	6,35	E. Wein[11])

[1]) Vergl. Anmerkung [5]) S. 595.
[2]) Mitgetheilt von F. Haberlandt.
[3]) Original-Mittheilung; auch Centrbl. Agrik.-Chem. 1878, **7**, 601.
[4]) Original-Mittheilung.
[5]) Original-Mittheilung u. Centrbl. Agrik.-Chem. 1878, **7**, 608. Ungünstige Witterungseinflüsse schädigten die Ausbildung der Samen und mussten dieselben im Zimmer nachreifen; sie blieben klein, 1000 Körner wogen nur 81,2 g. Die Bohne wuchs in ausgeruhtem Gartenboden.
[6]) Journ. f. Landw. 1881, **29**, Ergänzungsheft. Mitgetheilt von E. Wein.
[7]) Ebendaselbst.
[8]) Journ. f. Landw. 1881, **29**, Ergänzungsheft.
[9]) Journ. f. Landw. 1879, **27**, 511.
[10]) Journ. f. Landw. 1881, Ergänzungsheft.
[11]) Zeitschr. d. landw. Ver. in Bayern 1880, 731; Hoffmann's Jahresber. 1880, **23**, 405.

*) Die Samen waren Nachzucht der im Wiener Versuchsgarten aus Samen No. 7 gezogenen Samen. Dieselben wuchsen in tiefrajoltem, mächtigem Gartengrund mit vorherrschend sandigem Lehmboden in kräftigem Düngerzustand.

**) Die Saat für die untersuchten Bohnen stammte aus dem Botanischen Garten Wien's (Haberlandt) und wurde in St. Michele in einem lehmigen, frisch gedüngten, noch etwas rohen Boden ausgesäet. Am 1. Oktober waren die Samen völlig reif. Die geernteten Samen hatten ein spec. Gewicht von 1,279; 100 Körner wogen 124,07 g; 1 Liter wog 760,99 g. Die Ernte konnte erst am 18. Oktober vorgenommen werden, die Samen waren daher überreif.

***) In Proskau wuchsen die betr. Pflanzen auf einem trocknen, humusarmen, grobkörnigen Kiesboden, der seit ca. 20 Jahren einer mit Obstbäumen bepflanzten Trift angehört hatte und im März 1878 umgegraben worden war. Dagegen stammten die Schimnitzer Samen von einer Fläche des Oderalluviums, welche in Bezug auf Mischung, Tiefe und Kultur einen Boden von bester Beschaffenheit darstellte.

[0]) Die Sojabohne wurde 1879 auf humosem Kalkboden gebaut.

No.	Nähere Bezeichnung	Zeit der Untersuchung	In der ursprünglichen Substanz: Wasser %	Stick-stoff-Substanz %	Fett %	Stickstoff-freie Extraktstoffe %	Roh-faser %	Asche %	In der Trocken-Substanz: Stick-stoff-Substanz %	Fett %	Stickstoff in der Trocken-Substanz %	Analytiker
24	Blasse aus China . . .	1881	9,00	32,00	18,00	32,00	4,00	5,00	35,17	19,78	5,63	*Edw. Kinch*[1])
25	Gelbe aus Deutschland*) .	„	9,50	34,50	18,00	28,50	4,50	5,00	38,12	19,89	6,10	
26	Weisse Soja-bohne aus Massachusetts	1889	17,38	27,56	18,09	28,44	4,42	4,31	33,36	34,18	5,34	*C. A. Goessmann*[2])
27	Weisse Soja-bohne „ New-York .	„	5,85	33,88	17,34	32,84	4,85	5,24	35,98	34,88	5,76	
28	Weisse Soja-bohne aus Java .	1896	11,70	37,62	16,97	24,03	4,58	5,10	42,60	27,21	6,82	*H. C. Prinsen-Geerligs*[3])
29	Weisse Soja-bohne „ China .	„	11,40	43,50	11,80	23,10	5,12	5,08	49,10	26,18	7,86	
	Mittel	—	**10,14**	**33,74**	**19,15**	**27,09**	**4,68**	**5,24**	**37,55**	**21,31**	**6,01**	

IIb. Soja hispida tumida var. castanea Harz, gedunsenfrüchtige, braune Sojabohne.

No.	Nähere Bezeichnung	Zeit der Untersuchung	Wasser %	Stick-stoff-Substanz %	Fett %	Stickstoff-freie Extraktstoffe %	Roh-faser %	Asche %	Stick-stoff-Substanz % (Trocken-Substanz)	Fett % (Trocken-Substanz)	Stickstoff in der Trocken-Substanz %	Analytiker
1	Originalsamen aus China .	1876	7,46	33,26	17,45	31,78	5,31	4,46	35,95	18,86	5,75	*Fr. Schwackhöfer u. Joh. Stua*[4])
2	Erste Nachzucht, 1875-er Ernte	„	9,78	33,17	18,42	29,62	4,02	4,99	36,75	20,41	5,88	
3	Zweite Nachzucht, 1876-er Ernte	„	8,68	32,47	18,05	—	—	—	35,54	19,76	5,69	
4	Samen aus No. 2, in Mähren gebaut, 1876-er Ernte**) .	„	—	44,93	16,68	—	—	—	—	—	—	*K. Zulkowski*[5])
5	Braune Soja, in Tirol gebaut, 1877-er Ernte***) . . .	1877	9,45	31,72	17,45	31,87	4,39	5,12	35,02	19,26	5,60	*E. Mach u. K. Portele*[6])
6	In Ungar.-Altenburg gebaut, roth, 1878-er Ernte . .	1878	9,00	27,88	17,30	34,83	5,36	5,63	30,64	19,01	4,90	*R. Ulbricht u. von Kosutany*[6])
7	desgl.	„	9,48	29,44	18,34	32,14	5,19	5,41	32,53	20,27	5,20	
8	In München gebaut, 1878-er Ernte[0])	1879	7,94	35,19	18,31	29,21	4,54	4 81	38,22	19,88	6,12	*E. Wein*[7])
9	desgl., 1879-er Ernte[0]) . .	„	12,17	34,37	18,16	26,17	4,54	4,59	39,15	20,68	6,26	
10	Ohne nähere Bezeichnung .	„	—	36,12	17,50	—	—	—	—	—	—	*Schröder*[8])

1) Centrbl. Agrik.-Chem. 1882, **11**, 753. (Nach einem Sonderabzuge.)

2) Massachusetts state agric. Experim. Stat. Bull. No. 32, 1889, 10—12; Centrbl. Agrik.-Chem. 1889, **18**, 719.

3) Chem. Ztg. 1896, **20**, 67.

4) Original-Mittheilung a. d. technolog. Laboratorium der k. k. Hochschule f. Bodenkultur in Wien und Landw. Vers.-Stat. 1877, **20**, 247; mitgetheilt von F. Haberlandt. Die Originalsamen wurden der Wiener Weltausstellung 1874 entnommen und im Garten der Hochschule für Bodenkultur angebaut. Die nachgezogenen Samen waren grösser und schwerer als die Originalsamen. Das absosute und specifische Gewicht betrug:

	Original	1. Reprod.	2. Reprod.
Absolutes Gewicht v. 1000 Körnern	105,0	154,5	141,8 g
Specifisches Gewicht	1,204	1,233	1,244
Hektoliter-Gewicht	68,2	70,1	74,19 kg

5) Landw. Vers.-Stat. 1877, **20**, 263; mitgetheilt von F. Haberlandt.

6) Original-Mittheilung.

7) Journ. f. Landw. 1881, **29**; Ergänzungsheft S. 11.

8) Ebendaselbst.

*) Daselbst ist mitgetheilt, dass nach Untersuchungen von Levallois die Sojabohne in ihren löslichen Kohlenhydraten ca. 10% einer der Mellitose ähnlichen Zuckerart enthält. Die Stickstoff-Bestandtheile sind fast ausschliesslich eiweissartig, es sind nur 1% derselben als Peptone und 1—2% als Amide gefunden worden.

**) Die Samen waren Nachzucht der im Wiener Versuchsgarten aus Samen No. 2 gezogenen Samen. Dieselben wuchsen in tiefrajoltem, mächtigem Gartengrund mit vorherrschend sandigem Lehmboden in kräftigem Düngerzustand.

***) Die untersuchten Samen wuchsen in St. Michele in einem lehmigen, frischgedüngten, noch etwas rauhen Boden; die Saat stammte aus dem botanischen Garten der k. k. Hochschule f. Bodenkultur in Wien. Das specifische Gewicht der Samen war 1,247; 100 Körner wogen 179,08 g; 1 Liter davon 755,94 g.

0) Die Bohnen wuchsen auf humosem Kalkboden.

No.	Nähere Bezeichnung	Zeit der Untersuchung	In der ursprünglichen Substanz: Wasser %	Stick-stoff-Substanz %	Fett %	Stickstoff-freie Ex-traktstoffe %	Roh-faser %	Asche %	In der Trocken-Substanz: Stick-stoff-Substanz %	Fett %	Stickstoff in der Trocken-Substanz %	Analytiker
11	In Proskau angebaut, 1878-er Ernte*)	1879	9,25 **)	33,47	19,02	28,95	4,85	4,46	36,88	20,96	5,90	H. Weiske, B. Demel u. B. Schulze[1])
12	In Schimnitz angebaut, 1878-er Ernte*) . . .	„	9,25 **)	35,62	18,36	27,00	5,05	4,72	39,25	20,23	6,28	
13	„Braune“	1882	9,30	35,10	17,50	28,60	4,50	4,70	38,72	19,30	6,20	Edw. Kinch[2])
	Mittel	—	**9,25**	**32,90**	**18,03**	**30,17**	**4,76**	**4,89**	**36,25**	**19,87**	**5,80**	

IIc. Soja hispida tumida var. atrosperma Harz, schwarze, runde Sojabohne.

No.	Nähere Bezeichnung	Zeit der Untersuchung	Wasser %	Stick-stoff-Substanz %	Fett %	Stickstoff-freie Ex-traktstoffe %	Roh-faser %	Asche %	Stick-stoff-Substanz %	Fett %	Stickstoff in der Trocken-Substanz %	Analytiker
1	Chinesische Oelbohne, schwarze***)	1872	7,14	38,04	16,88	27,79	5,53	4,62	40,97	18,18	6,56	Senff[3])
2	Schwarze Soja, in Tirol angebaut, 1877-er Ernte⁰) .	1877	9,91	31,25	18,12	31,68	4,22	4,82	34,69	20,11	5,55	E. Mach u. K. Portele[4])
3	1879-er Ernte	1879	12,59	34,62	16,19	—	—	4,72	39,60	18,52	6,34	E. Wein[5])
4	In München angebaut, 1879-er Ernte⁰⁰) . . .	1880	15,29	32,96	17,15	—	—	4,75	38,89	20,24	6,22	E. Wein[6])
5	„Runde, schwarze“ . . .	1882	11,20	33,00	17,20	29,70	4,20	4,70	37,16	19,37	5,95	Edw. Kinch[2])
	Mittel	—	**11,23**	**33,97**	**17,11**	**28,41**	**4,55**	**4,73**	**38,26**	**19,28**	**6,12**	

Analysen von Sojabohnen, deren botanische Abstammung nicht näher bezeichnet ist.

No.	Nähere Bezeichnung	Zeit der Untersuchung	Wasser %	Stick-stoff-Substanz %	Fett %	Stickstoff-freie Ex-traktstoffe %	Roh-faser %	Asche %	Stick-stoff-Substanz %	Fett %	Stickstoff in der Trocken-Substanz %	Analytiker
1	Ausgesäete Bohnen⁰⁰⁰) . .	1877	14,00	34,36	16,91	—	—	—	39,96	19,67	6,39	C. Caplan[7])
2	Geerntete Bohnen⁰⁰⁰) . . .	„	14,00	32,32	16,76	26,56	5,57	4,79	33,54	19,51	5,69	
3	In Tirol heimische Bohne, genannt „Kaffeebohne“†) .	1877	10,00	37,00	17,81	25,00	4,96	5,23	41,11	19,69	6,58	E. Mach u. K. Portele[4])

[1]) Journ. f. Landw. 1879, **27**, 511.
[2]) Centrbl. Agrik.-Chem. 1882, **II**, 753.
[3]) Chem. Ackersm. 1872.
[4]) Original-Mittheilung.
[5]) Journ. f. Landw. 1881, **29**; Ergänzungsheft S. 11.
[6]) Zeitschr. des landw. Ver. in Bayern 1880, 731; Hoffmann's Jahresber. 1880, **23**, 405.
[7]) Oesterr. landw. Wochenbl. 1878, **4**, 26; Centrbl. Agrik.-Chem. 1878, **7**, 599.

*) In Proskau wuchsen die betr. Pflanzen auf einem trocknen, humusarmen, grobkörnigen Kiesboden, der seit ca. 20 Jahren einer mit Obstbäumen bepflanzten Trift angehört hatte und im März 1878 umgegraben worden war. Dagegen stammten die Schimnitzer Samen von einer Parcelle des Oderalluviums, welche in Bezug auf Mischung, Tiefe und Kultur einen Boden von bester Beschaffenheit darstellte.

**) Dieser Wassergehalt ist nach dem mittleren Wassergehalt der anderen Analysen angenommen.

***) Die Samen waren bedeutend kleiner als gelbe Sojakörner, glänzend schwarz und von etwas gedrückt eiförmiger Form; sie waren aus Hongkong bezogen.

⁰) Die untersuchten Samen wuchsen in St. Michele in einem lehmigen, frischgedüngten, etwas rohen Boden. Die Saat stammte aus dem botanischen Garten der k. k. Hochschule f. Bodenkultur. Das spec. Gewicht der Körner war 1,265; 100 Körner wogen 106,18 g; 1 Liter davon 755,08 g. Die Samen waren bei der Ernte noch weich, zum Theil unreif, welche letzteren zusammenschrumpften. Die Ernte war am 18. Oktober.

⁰⁰) Die Bohnen wurden 1879 auf humosem Kalkboden angebaut.

⁰⁰⁰) Die geernteten Samen unter No. 2 waren im botanischen Garten aus Samen No. 1 gezogen worden. Der Wassergehalt ist willkürlich angenommen worden.

†) Die Samen hatten ein spec. Gewicht von 1,274, 100 Körner wogen 193,06 g, 1 Liter davon 748,68 g. Nach Mach ist diese Sojabohne seit lange in Tirol heimisch und bekannt; sie wird als Surrogat für Kaffee als „Kaffeebohne“ angebaut.

No.	Nähere Bezeichnung	Zeit der Untersuchung	In der ursprünglichen Substanz: Wasser %	Stick-stoff-Substanz %	Fett %	Stickstoff-freie Extraktstoffe %	Roh-faser %	Asche %	In der Trocken-Substanz: Stick-stoff Substanz %	Fett %	Stickstoff in der Trocken-Substanz %	Analytiker
4	Ohne nähere Bezeichnung .	1878	12,30	31,00	16,30	29,20	5,70	4,60	35,34	18,58	5,65	*P. Wagner u. W. Rohn*[1])
5	Aus China*)	1879	9,00	35,50	16,40	22,59	11,65	4,86	39,01	18,02	6,24	*H. Pellet*[2])
6	Aus Ungarn (Pressburg)*) .	„	10,16	27,75	16,60	28,97	11,65	4,87	30,89	18,48	4,94	*H. Pellet*[2])
7	Aus Frankreich (Étampes)*)	„	9,74	31,75	14,12	27,59	11,65	5,15	35,18	15,64	5,63	*H. Pellet*[2])
8	Ohne nähere Bezeichnung**)	1880	12,88	35,00	13,60	29,92	4,40	4,20	40,18	15,61	6,43	*E. A. Carrière*[3])
9	Aus Japan	1882	11,30	37,80	20,90	24,00	2,20	3,80	42,60	25,55	6,82	*Edw. Kinch*[4])
10	Aus Indien	„	12,00	36,00	18,00	29,10		4,90	40,90	20,45	6,54	*Edw. Kinch*[4])
11	Zusammensetzung in runden Zahlen***)	„	10,00	37,50	20,00	22,50	5,00	5,00	41,66	22,20	6,67	*E. Meissl und F. Böcker*[5])
12	Aus Japan (Daidzu)⁰) . .	„	11,92	37,51	18,02	24,87	3,99	3,69	42,59	20,46	6,82	*O. Kellner*[6])
13	desgl.⁰)	„	11,90	37,70	18,11	25,04	3,93	3,32	42,79	20,56	6,85	*O. Kellner*[6])
14	desgl.⁰⁰)	„	12,87	37,62	18,11	24,52	3,53	3,35	43,18	20,78	6,91	*O. Kellner*[6])
15	desgl.⁰⁰⁰)	„	10,30	39,75	11,98	28,59	5,43	3,95	44,31	13,36	7,09	*O. Kellner*[7])
16	In Japan gewachsen . .	1885	11,88	34,66 ⁰⁰⁰)	17,06	27,84	4,76	3,80	39 33	19,36	5,54	*O. Kellner u. K. Ogasawara*[8])
17	In Amerika gewachsen, im Mittel von 3 Analysen†) .	1886	8,59	36,22	17,92	28,66	4.24	4.37	39,62	19,60	6,34	*E.H. Jenkins*[9])
	Mittel	—	**11,34**	**35,11**	**16,98**	**26,18**	**5,88**	**4,51**	**39.60**	**19,15**	**6,34**	

[1]) Original-Mittheilung.
[2]) Compt. rend. **90**, 1177; Hoffmann's Jahresber. 1880, **23**, 177.
[3]) Journ. d'agric. prat. 1880, **I**, 482; Hoffmann's Jahresber. 1880, **23**, 405.
[4]) Centrbl. Agrik.-Chem. 1882, **II**, 753.
[5]) Sitzungsber. Akad. d. Wissensch. Wien. I. 1883. 1; Hoffmann's Jahresber. 1883, **26**, 305.
[6]) Japan. Chem. Analyses of agric. Experim. from the Laboratory of the Imperial College of Agric. Komaba, Tokio.
[7]) Mitthl. d. Deutschen Gesellschaft f. Natur- u. Völkerkunde Ostasiens **4**, 208.
[8]) Landw. Vers.-Stat. 1886, **32**, 87.
[9]) Composition of American Feeding Stuffs in Ann. Rep. Connect. Agric. Exper. Stat. for 1886.

*) Die Samen enthielten im lufttrocknen Zustande:

	Gesammt-Stickstoff	Kohlenhydrate	Ammoniak	Stickstoff in Form von Ammoniak	Stickstoff in Form von koagulirbaren Substanzen	In kochendem Wasser u. in Essigsäure unlösl. Substanz
No. 5 . .	5,91 %	3,21 %	0,290 %	0,230 %	5,68 %	67,1 %
No. 6 . .	4,72 „	3,21 „	0,274 „	0.255 „	4,44 „	68,4 „
No. 7 . .	5,44 „	3,21 „	0,304 „	0,250 „	5,08 „	65,8 „

Der oben angegebene Gehalt an Stickstoff-Substanz entspricht dem Gesammt-Stickstoff nach Abzug des Ammoniak-Stickstoffs.

**) Der Autor bestimmte den Gesammtgehalt an Stärke, Dextrin und Zucker zu 19,40 %.

***) Die Sojabohnen enthalten nach den Untersuchungen dieser Autoren in runden Zahlen:

Lösl. Kasein	Albumin	Unlösl. Kasein	Fett	Cholesterin, Lecithin, Harz u. Wachs	Dextrin	Stärke	Zucker, Amidkörper u. dergl.
30	0,5	7	18	2	10	5 %	kleine Mengen

Bezüglich der Untersuchungsmethoden verweisen wir auf das Original, bezw. unsere Quelle.

⁰) Die 3 verschiedenen Sorten werden in Japan hauptsächlich zur Bereitung von Shoyu verwendet. Dieselben enthielten Stickstoff in Form von Amiden 0,920 %, 0,897 % u. 0,882 %, bestimmt durch Fällen mit Kupferoxydhydrat. 1000 Körner wogen bezw. 171,6, 148,0 und 107,8 g.

⁰⁰) Der Eiweiss-Stickstoff betrug 6,04 % der Trocken-Substanz, der Gehalt an Eiweiss demnach 37,75 %.

⁰⁰⁰) Der Gehalt an Eiweiss-Stickstoff in der Trocken-Substanz betrug 5,514 % = Eiweiss 34,46 %.

†) Als Schwankungszahlen für die Bestandtheile der 3 untersuchten Proben (deren Einzel-Analysen wir nicht finden konnten) werden daselbst angegeben:

	Trocken-Substanz	Stickstoff-Substanz	Fett	Stickstofffreie Extraktstoffe	Rohfaser
Maximum . .	93,9 %	38,8 %	19,0 %	30,5 %	5,0 %
Minimum . .	89,9 „	34,6 „	16,8 „	26,2 „	3,6 „

Sojabohnen unter dem Einfluss der Düngung.

No.	Nähere Bezeichnung	Zeit der Untersuchung	In der ursprünglichen Substanz: Wasser %	Stickstoff-Substanz %	Fett %	Stickstofffreie Extraktstoffe %	Rohfaser %	Asche %	In der Trocken-Substanz: Stickstoff-Substanz %	Fett %	Stickstoff in der Trocken-Substanz %	Analytiker
1	Ungedüngt*)	1879	11,04	32,69	—	—	—	—	36,74	—	5,88	E. Wein[1])
2	Mit Chilisalpeter gedüngt*)	„	11,09	35,31	—	—	—	—	39,71	—	6,35	
3	Mit schwefelsaur. Ammoniak gedüngt*)	„	11,06	40,79	—	—	—	—	45,86	—	7,34	

Körner von Dolichos-Arten. Fasel-Heilbohne, Reisbohne. Cow-Pea.

No.	Nähere Bezeichnung	Zeit der Untersuchung	Wasser %	Stickstoff-Substanz %	Fett %	Stickstofffreie Extraktstoffe %	Rohfaser %	Asche %	Trocken-Substanz: Stickstoff-Substanz %	Fett %	Stickstoff in der Trocken-Substanz %	Analytiker
1	Dolichos	1846	14,50	20,30	1,93	54,60	5,00	3,70	23,75	2,26	3,80	J. B. Boussingault[2])
2	Black Cow Pea (Dolichos) .	1879	20,85	20,08	1,28	50,51	4,34	2,94	25,37	1,62	4,06	A. R. Ledoux[3])
3	Yellow Cow Pea (Dolichos)	„	19,20	23,02	1,37	48,07	5,03	3,31	28,50	1,68	4,56	
4	Mittel von 5 Analysen**) .	—	14,79	20,77	1,43	55,75	4,06	3,20	24,38	1,68	3,90	E. H. Jenkins[4])
5	Dol. uniflorus, „Hatasasage“***) . . . (In Japan gewachsen)	1883	12,90	37,83	17,23	20,53	7,51	4,00	43,43	19,78	6,95	O. Kellner, Z. Sasaki, J. Sawano, T. Yoshü u. K. Makino[5])
6	Dol. cultratus, „Sengokumame“***) . . . (In Japan gewachsen)	„	14,61	37,46	20,23	19,77	3,93	4,00	43,87	23,69	7,02	
7	Dol. umbellatus f. volubilis, „Sasage“***) . (In Japan gewachsen)	„	12,05	22,56	1,78	52,26	7,00	4,35	25,66	2,02	4,11	
8	Dol. umbellatus sem. alb. u. nigr., „Yakkosasage“***) . . . (In Japan gewachsen)	„	15,21	21,76	3,18	57,32	1,17	1,36	25,66	3,75	4,11	
	Mittel unter Ausschluss von No. 5 und 6	—	**16,10**	**21,44**	**1,82**	**53,11**	**4,41**	**3,12**	**25,55**	**2,17**	**4,09**	

[1]) Journ. f. Landw. 1881, **29**; Ergänzungsheft 34.
[2]) J. B. Boussingault, „Die Landwirthschaft in ihren Beziehungen zur Chemie etc.“ **3**, 200.
[3]) Rep. N. C. Agric. Exper. Stat. 1879, 112; Ann. Rep. Connect. Agric. Exper. Stat. 1879, 140.
[4]) Ebendaselbst 1885, 21.
[5]) Mittheilungen der Deutschen Gesellschaft für Natur- und Völkerkunde Ostasiens. Sonderabdruck aus **4**, No. 35.

*) Auf humusreichem Kalksandboden erhielten 3 je 4 qm grosse Parzellen je 120 g eines Phosphoritdüngers mit 27 % „assimilirbarer“ Phosphorsäure, welche theils in wasserlöslicher, theils in Form sogen. „zurückgegangener“ Phosphorsäure vorhanden war. Die übrige Düngung sowie das Ernteergebniss ist aus Nachstehendem ersichtlich:

Düngung	Ernte an lufttrocknen Körnern	Ernte an Trocken-Substanz (in Körnern)	Ernte an Stickstoff-Substanz in den Körnern
I. Kein Stickstoff	381,3 g	339,20 g	124,64 g
II. 20 g Chilisalpeter-Stickstoff . . .	1185,2 „	1053,76 „	418,49 „
III. 20 g Ammoniaksalz-Stickstoff . .	944,6 „	840,13 „	385,32 „

Aus vorstehenden Zahlen wurde von uns der oben angegebene procentige Gehalt der geernteten Samen berechnet.

**) In diesem Mittel sind jedenfalls die Analysen unter 2 und 3 einbegriffen. Als höchster und niedrigster Gehalt an näheren Bestandtheilen werden angegeben:

	Trocken-Substanz	Stickstoff-Substanz	Fett	Stickstofffreie-Extraktstoffe	Rohfaser
Maximum . . .	89,99 %	23,02 %	1,60 %	61,99 %	5,03 %
Minimum . . .	79,20 „	19,30 „	1,30 „	48,10 „	3,37 „

***) Der Gehalt an Eiweiss-Stickstoff bezw. Eiweiss betrug in Procenten der Trocken-Substanz bei

	No. 5	6	7	8
Eiweiss-Stickstoff . . .	6,72	6,64	3,72	3,79 %
Eiweiss	42,90	41,50	23,25	23,69 „

Anhang zu Leguminosen.

Eingehende Analysen über die Zusammensetzung einzelner Leguminosensamen

veröffentlichen E. Schulze, E. Steiger u. W. Maxwell (Landw. Vers.-Stat. 1891, 39, 269—326). Sie fanden für die Trocken-Substanz:

Bestandtheile	Gelbe Lupine (Lupinus luteus) Geschälter Samen A	Gelbe Lupine Geschälter Samen B	Gelbe Lupine Samenschale	Gelbe Lupine Ganzer Samen aus dem Verhältniss 74% Samen 26% Schalen berechnet	Wicke (Vicia sativa)	Erbse (Pisum sativum)	Ackerbohne (Vicia faba)
Eiweissstoffe	44,48	52,30	3,81	36,79	25,46	21,50	22,81
Nucleïn (und Plostin)	0,80	0,40	0,88	0,67	2,33	1,14	1,91
Alkaloïde	1,46	—	—	1,08	—	—	—
Lecithin	2,11	2,16	—	1,58	1,22	1,21	0,81
Cholesterin	0,17	0,18	—	0,13	0,06	0,06	0,04
Glyceride und freie Fettsäuren	6,63	5,83	—	4,61	0,91	1,87	1,26
Andere in Aether lösliche Stoffe (Lupeol etc.)	—	—	0,79	0,21	—	—	—
Lösliche organische Säuren	2,09	2,21	—	1,59	0,50	0,73	0,88
β-Galaktan	6,57	10,20	—	7,63	—	—	—
Paragalaktan	10,39	8,76	17,91	11,73	—	—	—
Rohrzucker und Galaktan	—	—	—	—	4,85	6,22	4,23
Lösliche stickstofffreie Extraktstoffe	—	—	5,47	—	—	—	—
Stärke	—	—	—	—	36,30	40,49	42,66
Rohfaser	5,21	5,83	54,34	18,21	4,89	6,03	7,15
Asche	4,35	4,27	1,73	3,64	2,90	3,46	2,92
Unbestimmbare Stoffe etc.	15,73	6,40	15,07	12,13	21,60	17,29	15,33

Bei den drei zuletzt aufgeführten Proben wurde die Stickstoff-Substanz durch Multiplikation mit 6,00 aus dem Stickstoff berechnet. Bezüglich der angewendeten Verfahren und der sonstigen noch qualitativ ermittelten Bestandtheile sei auf das Original verwiesen.

Anhang zu Cerealien und Leguminosen.

I. Pentosangehalt der Cerealien und Leguminosen.

A. Stift (Oesterr. ungar. Zeitschr. Zucker-Ind. u. Landw. 1895, 24, 290; Chem. Ztg. 1895, 19, Rep. 165) fand in Pferdebohnen 3,43 und 3,02% Pentosane.

J. König (Landw. Vers.-Stat. 1897, 48, 81) fand an Pentosanen in:

Roggen	mit 14,87% Wasser	8,90%	Pentosane
Erbsen	„ 14,09 „ „	3,62 „	„
Kartoffeln (lufttrocken)		2,12 „	„

B. Tollens und H. Glaubitz (Journ. f. Landw. 1897, 45, 97) fanden für verschiedene Cerealien folgende Pentosangehalte:

	Wasser	Pentosane
Göttinger Roggen	14,67%	11,10%
Square head-Weizen	16,17 „	8,75 „
Pfauen-Gerste	12,40 „	7,97 „
Göttinger Hafer	11,34 „	14,22 „
Amerikanischer Mais	17,72 „	5,83 „

2. Lecithingehalt der Cerealien und Leguminosen.

Töpler (Pflüger's Arch. f. Physiol. 15, 278; Jahresber. Agrik.-Chem. 1861—62, S. 57) fand in Procenten des Fettes:

	Engl. Weizen	Helena-Weizen	Roggen	Gerste	Hafer
Phosphor . . .	0,25 %	0,28 %	0,31 %	0,28 %	0,44 %
Lecithin . . .	6,51 „	7,29 „	8,07 „	7,29 „	11,49 „

	Erbsen	Pferdebohnen	Winterlinsen	Wicken	Lupinen	Rosskastanien
Phosphor . .	1,17 %	0,72 %	0,39 %	0,50 %	0,29 %	0,30 %
Lecithin . . .	30,46 „	18,75 „	10,15 „	13,02 „	7,55 „	7,81 „

H. Jacobson (Zeitschr. physiol. Chem. 1889, 13, 32) fand in Procenten des Fettes:

	Bohnen	Wicken	Erbsen	Lupinen
Phosphor . . .	2,47 %	0,80 %	1,93 %	1,92 %
Lecithin . . .	64,04 „	20,83 „	50,25 „	50,00 „

E. Schulze u. E. Steiger (Zeitschr. physiol. Chem. 1889, 13, 365) fanden in Procenten der Samen-Trocken-Substanz an Phosphor im ätherisch-alkoholischen Extrakt und an daraus berechnetem Lecithin:

	Weizen	Roggen	Gerste	Lein
Phosphor	0,025 %	0,022 %	0,028 %	0,034 %
Lecithin	0,65 „	0,57 „	0,74 „	0,88 „

	Gelbe Lupine I	Gelbe Lupine II	Wicke	Bohne (Faba vulgaris)	Sojabohne (Soja hispida)
Phosphor . .	0,060 %	0,061 %	0,047 %	0,031 %	0,063 %
Lecithin . .	1,55 „	1,59 „	1,22 „	0,81 „	1,64 „

3. Stickstoff-Substanz- und Aschengehalt von Cerealien und Leguminosen in nassen und trockenen Jahren.

Hierüber stellte Wohltmann (Landw. Thierzucht 1890, 10, 462; Centrbl. Agrik.-Chem. 1890, 19, 763—766) Versuche im Landwirthschaftlichen Institut zu Halle in den Jahren 1885—87 an, von denen das Jahr 1886 ein ausgesprochen nasses war.

Die tägliche Regenmenge betrug im Mittel:

	Mai	Juni	Juli	Gesammtmittel Mai—Juli
1885	1,06 mm	2,86 mm	1,69 mm	1,86 mm
1886	3,09 „	2,19 „	2,79 „	2,66 „
1887	2,05 „	1,15 „	1,96 „	1,73 „

Der procentige Stickstoff-Substanz- und Aschengehalt der Körner war folgender:

Getreideart und Düngung		Stickstoff-Substanz			Asche		
		1885	1886	1887	1885	1886	1887
Weizen	ungedüngt	11,86	12,66	10,79	1,70	1,95	1,90
	mit Phosphorsäure gedüngt	11,83	12,55	11,62	1,75	1,93	1,92
	„ Kali „	11,49	12,88	11,42	1,76	2,02	1,87
	im Mittel	11,73	12,70	11,28	1,74	1,97	1,90
	mit Stickstoff gedüngt . .	14,43	12,25	14,56	1,70	1,70	1,67
Gerste	ungedüngt	9,19	7,88	8,38	2,41	2,99	2,54
	mit Phosphorsäure gedüngt	8,16	7,53	8,38	2,40	2,82	2,58
	„ Kali „	8,88	7,44	9,11	2,48	2,84	2,45
	im Mittel	8,74	7,62	8,62	2,43	2,88	2,52
	mit Stickstoff gedüngt . .	10,81	8,07	10,37	2,33	2,43	2,12

Getreideart und Düngung		Stickstoff-Substanz 1885	1886	1887	Asche 1885	1886	1887
Hafer	ungedüngt	9,41	9,98	9,96	3,37	4,40	3.33
	mit Phosphorsäure gedüngt	9,61	9,64	10,89	3,33	3,90	3,42
	„ Kali „	10,11	9,64	10,16	3.33	4,09	3,09
	im Mittel	9,41	9,75	10,34	3,34	4,13	3,28
	mit Stickstoff gedüngt . .	11,58	9,09	11,42	3.16	3,19	2,74
Erbsen	ungedüngt	20,29	20,32	18,02	3,22	3,38	3,27
	mit Phosphorsäure gedüngt	20,71	19,84	18,96	3,28	3,36	3,09
	„ Kali „	20,38	21,52	20,22	3,33	3,37	3,07
	im Mittel	20,46	20,56	19,06	3,28	3,37	3,12
	mit Stickstoff gedüngt . .	23,13	22,75	20,85	3,17	3,55	3,03

4. Ueber die Zusammensetzung der Cerealienkörner in verschiedenem Reifezustande berichten G. H. Failyer und J. T. Willard (Experim. Stat. Rec. 1892, 4, 175; Jahresber. Agrik.-Chem. 1892, 35, 444). Bezüglich der Ergebnisse dieser Untersuchungen muss auf die Quelle verwiesen werden.

Oelsamen.

Wenn von den ölgebenden Samen auch nur einzelne direkt als Nahrungsmittel dienen, so werden doch deren Oele entweder als Nahrungsmittel oder zur Verfälschung anderer Oele verwendet. Aus dem Grunde erscheint die Aufnahme der wichtigsten Oelsamen hier zweckmässig.

Lein. Linum usitatissimum L. Linseed. — Linette.

No.	Nähere Bezeichnung		Zeit der Untersuchung	In der ursprünglichen Substanz: Wasser %	Stickstoff-Substanz %	Fett %	Stickstoff-freie Extraktstoffe %	Rohfaser %	Asche %	In der Trocken-Substanz: Stickstoff-Substanz %	Fett %	Stickstoff in der Trocken-Substanz %	Analytiker
1	Leinsaat No. 1*)		1848	9,44	23,00	—	—	—	4,28	25,44	—	4,07	J. B. Lawes u. J. H. Gilbert[1])
2	desgl. No. 2*)		„	8,46	25,31	—	—	—	4,08	27,75	—	4,44	
3	Riga'er Leinsaat, ausgelesen . .	1 Bushel wog 52½ Pfd.	„	9,45	22,50	34,70	28,10		5,25	24,84	38,31	3,97	J. Th. Way, Ogston, Ward u. F. Eggar[2])
4	Memeler Leinsaat	56 „	„	8,74	20,81	36,00	30,89		3,56	22,81	39,46	3,65	
5	Vom schwarzen Meer . . .	53¼ „	„	10,12	20,68	38,42	25,14		5,64	23,02	42,76	3,68	
6	Englische Saat, 1847-er E. .	Frei von	„	12,33	28,75	36,66	19,58		2,68	33,80	41,83	5,41	
7	desgl. . . .	Schmutz	„	11,00	26,75	32,77	26,18		3,30	30,07	36,83	4,81	
8	desgl. . . .	u. fremden	„	10,58	26,56	33,50	25,28		4,08	29,69	37,45	4,75	
9	desgl., 1848-er Ernte . .	Samen	„	8,57	26,81	38,11	22,48		4,03	29,33	41,69	4,69	
10	Ohne nähere Bezeichnung .		„	14,20	23,69	—	—		6,94	27,62	—	4,42	Thomson[3])

[1]) Journ. R. Agric. Soc. England 1849, 10, II, 299. Auch in On the composition of foods in relation to respiration and the feeding of animals. London, 1853. Report of the British Association for the advancement of Science for 1852.

[2]) Ebendaselbst. 489.

[3]) Aus Henning's Analysen-Tabelle. Ebendaselbst. 1852, 13, II, 449.

*) Die Stickstoff-Substanz ist von uns berechnet.

No.	Nähere Bezeichnung	Zeit der Untersuchung	In der ursprünglichen Substanz: Wasser %	Stick-stoff-Substanz %	Fett %	Stickstoff-freie Extraktstoffe %	Roh-faser %	Asche %	In der Trocken-Substanz: Stick-stoff-Substanz %	Fett %	Stickstoff in der Trocken-Substanz %	Analytiker
11	Ohne nähere Bezeichnung .	1848	7,11	19,31	38,00	32,29		3,39	20,80	40,93	3,33	*A. Payen*[1])
12	desgl.	1856	8,81	23,44	31,80	31,07		4,88	25,71	34,88	4,11	*Th. Anderson*[2])
13	desgl.	1853	7,50	24,44	34,00	30,73		3,33	26,42	36,75	4,23	*Th. Anderson*[3])
14	desgl.	—	12,30	20,50	39,00	19,00	(3,20)	6,00	23,37	44,46	3,74	*J. B. Boussingault*[4])
15	Kalkhaltiger Lehmboden*) .	1860	9,40	24,48	26,18	35,54		6,40	27,03	28,90	4,48	*Rob. Hoffmann*[5])
16	Im mittleren Schweden angebaut**)	„	9,28	22,44	35,56	25,23	4,16	3,33	24,73	39,19	3,96	*C. M. Eisenstuck*[6])
17	Roh gedroschen, in Turneshof (Livland) angebaut, 1 hl wiegt 68,41 kg . .	1862	8,22	26,04	35,94	26,19		3,61	28,37	39,16	4,54	*C. Schmidt*[7])
18	Saatgut, Riga'er Tonnenlein***)	„	7,96	21,61	37,11	29,65		3,67	23,48	40,32	3,76	*P. Bretschneider u. Küllenberg*[8])
19	Ernte davon***)	„	9,42	23,11	35,34	28,09		4,04	25,50	39,02	4,08	
20	Saatgut, voll und braun***) .	„	8,04	20,83	36,05	31,49		3,59	22,65	39,20	3,62	
21	Ernte davon***)	„	9,33	20,20	34,83	31,60		4,04	22,28	38,41	3,55	
22	Saatgut, schön braun, glänzend***)	„	7,20	21,08	36,76	30,73		4,23	22,72	39,61	3,64	
23	Ernte davon***)	„	9,49	22,97	33,60	29,34		4,60	25,38	37,12	4,06	
24	Ohne nähere Bezeichnung .	1865	6,85	23,36	29,55	—	—	—	25,09	31,74	4,01	*O. Lehmann*[9])
25	desgl.	1868	12,00	21,87	30,71	25,99	6,16	3,27	24,84	34,87	3,97	*F. Krocker*[10])
26	desgl.	1870	9,50	23,76	32,97	24,55	4,74	4,48	26,25	36,43	4,20	*M. Fleischer*[11])
27	desgl.⁰)	„	9,29	20,26	31,94	28,69	5,58	4,24	22,33	35,20	3,57	*Th. Dietrich u. J. König*[12])
28	Winterlein	—	8,65	22,10	35,20	38,90		3,15	24,20	38,54	3,87	*C. Schädler*[13])
29	Sommerlein	—	7,80	24,00	31,60	33,40		3,20	26,04	34,29	4,17	
30	Ohne nähere Bezeichnung .	1875	9,23	23,09	35,90	21,79	5,16	4,83	25,44	39,55	4,07	*H. Weiske*[14])

[1]) Journ. Pharm. **16**, 278.
[2]) Transact. Highl. Soc. Jan. 1857, 493; Wilda's landw. Centralbl. 1857, **I**, 161; Weende'r Jahresber. 1857 bis 1861, **2**, 44.
[3]) Trans. Highl. Soc. 1853, 508; Weende'r Jahresber. 1857—61, **2**, 44.
[4]) J. B. Boussingault, Die Landwirthschaft in ihren Beziehungen zur Chemie etc. **3**, 202.
[5]) Landw. Vers.-Stat. 1863, **5**, 191.
[6]) Landw. Vers.-Stat. 1861, **3**, 237.
[7]) Livl. Jahrb. d. Landwirthsch. 1863, **16**, 137.
[8]) Mitth. d. landw. Centralver. f. Schlesien 1865, **14**, 84; 6. Ber. d. Vers.-Stat. Ida-Marienhütte.
[9]) Chem. Ackersm. 1866, **12**, 241.
[10]) Ann. d. Landwirthsch. in Preussen 1869, **54**.
[11]) Journ. f. Landw. 1871, **19**, 422.
[12]) Original-Mittheilung.
[13]) C. Schädler, Technologie der Fette. Berlin, 1883, 496.
[14]) Der Landwirth 1875, **II**, 219.

*) Der untersuchte Leinsamen wurde im Vergleich mit anderen Oelsaaten 1860 auf einem und demselben Felde zu Zittolib in Böhmen auf einem mit Stallmist gedüngten kalkhaltigen Lehmboden mit Lettenuntergrund angebaut. Vorfrucht war Winterweizen mit Dung. Die Saat war Drillsaat von 6 Zoll. Der Lein hatte ein spec. Gewicht von 1,000, das absolute Gewicht von 100 Samen war 0,400 g.

**) Die Ermittelung des Gehalts an „Cellulose" geschah durch aufeinanderfolgende Behandlung mit 3%iger Salzsäure, 3%iger Natronlauge, beinahe absolutem Alkohol und Aether in gelinder Wäme; die Substanz war vor dieser Behandlung mit Aether extrahirt.

***) Der Lein hatte Hafer als Vorfrucht. Die Aussaat erfolgte am 28. April. Als Düngung wurden 200 Pfd. Stassfurter Abraumsalz pro Morgen mit dem letzten Abeggen untergebracht. Die 3 Saatlein-Proben waren von verschiedener Herkunft. Der Boden ist ein mit thonigen Theilen (13%) vermischter Silicatsand.

⁰) Von den stickstofffreien Extraktstoffen waren in Zucker überführbar (auf Zucker berechnet) 11,88% der lufttrocknen Substanz. Von den Stickstoff-Substanzen waren 12,06% in Wasser löslich. In Wasser lösliche Stoffe überhaupt waren 32,51% vorhanden.

No.	Nähere Bezeichnung	Zeit der Untersuchung	In der ursprünglichen Substanz: Wasser %	Stick-stoff-Substanz %	Fett %	Stickstoff-freie Ex-traktstoffe %	Roh-faser %	Asche %	In der Trocken-Substanz: Stick-stoff-Substanz %	Fett %	Stickstoff in der Trocken-Substanz %	Analytiker
31	Ohne nähere Bezeichnung	1880	9,00	17,25	22,44	—	—	—	18,96	24,66	3,03	Fr. H. Werenskiold [1]
32	desgl.	„	10,18	17,56	31,25	—	—	—	19,54	34,78	3,13	
33	desgl.	„	8,68	17,68	32,48	—	—	—	19,36	35,57	3,10	
34	desgl.	„	8,08	16,99	29,30	—	—	—	18,49	31,88	2,96	
	Spec. Gew.											
35	Grosse Körner . . 1,154	1874	8,82	22,07	60,00		4,78	4,13	24,21	—	3,87	Marek [2]
36	Kleine „ . . 1,101	„	8,62	22,94	57,44		6,72	4,28	25,10	—	4,02	
37	Aus Bombay	1873	8,01	21,81	38,21	20,85	8,36	2,76	23,72	41,57	3,80	Aug. Völcker [3]
38	„ Morshauski	„	10,01	25,60	30,81	21,51	8,30	3,77	28.44	34,23	4,55	
39	Vom schwarzen Meere	„	10,40	26,62	30,78	17,30	11,40	2,50	29,71	34,35	4,75	
40	Aus Riga	„	10,64	22,19	31,19	22,71	9,38	3,89	24,83	34,90	3,97	
41	„ St. Petersburg	„	9,61	20,19	35,32	24,71	5,91	4,26	22,33	39,06	3,57	
42	„ Alexandria	„	5,47	19,31	35,73	26,22	8,70	4,57	20,43	37,80	3,27	
43	Ohne nähere Bezeichnung	1875	7,70	25,21	34,36	23,10	4,97	4,66	27,31	37,23	4,37	E. Wolff, M. Fleischer u. J. Skalweit [4]
44	desgl.	„	8,81	28,53	33,93	19,32	4,36	5,05	31,29	37,21	5,01	E. Wolff, C. Kreuzhage u. O. Kellner [5]
45	desgl.*)	1879	11,00	20,13	33,08	20,70	7,23	7,86	22,61	37,17	3,62	dieselben [6]
46	Aus St. Petersburg	„	—	23,60	34,90	—	—	—	—	—	—	Ad. Mayer [7]
47	„ Calcutta	„	—	17,50	40,60	—	—	—	—	—	—	
48	„ Archangel	„	—	20,10	35,10	—	—	—	—	—	—	
49	„ Bombay	„	—	18,10	39,60	—	—	—	—	—	—	
50	„ Taganrog	„	—	25.20	37,20	—	—	—	—	—	—	
51	Ohne nähere Bezeichnung	1883	9,23	18,93	35,89	22,99	8,84	4,92	20,85	39,54	3,34	E. Wolff u. C. Kreuzhage [8]
52	Mittel von 17 Analysen**)	1872 bis 1878	9,20	—	35,2	—	—	—	—	38,76	—	Th. Behrmann [9]
53	Mittel von 2 Analysen	„	—	—	34,2	—	—	—	—	—	—	Thoms [10]
54	Ohne nähere Bezeichnung	18 82/83	7,42	22,27	34,09	24,18	5,96	6,08	24,06	36,82	3,85	C. Kreuzhage [11]
55	Aus Königsberg	1892	8,29	22,71	36,47	27,99		4,54	24,76	39,66	3,96	E. Haselhoff [12]
56	„ Mecklenburg	„	6,88	23,54	34,98	30,79		3,81	25,28	37,56	4,04	
57	„ Nordrussland	„	7,23	25,10	35,49	27,90		4,28	27,06	38,15	4,33	
58	„ Südrussland	„	6,59	26,55	35,33	28,23		3,30	28,42	37,82	4,55	

[1]) Original-Mittheilung.
[2]) Marek, Das Saatgut und dessen Einfluss auf Menge und Güte der Ernte.
[3]) Journ. R. Agric. Soc. England 1873, **1**, 9.
[4]) Landw. Jahrbücher 1873, **2**, 221.
[5]) Ebendaselbst. 1876, **5**, 513.
[6]) Ebendaselbst. 1881, **10**, 559.
[7]) Milchzeitung 1880, **19**, 285.
[8]) Grundlagen für die rationelle Fütterung des Pferdes. Berlin, 1885, 112.
[9]) Aus dem Laboratorium der Riga'er Cementfabrik und Oelmühle C. Ch. Schmidt in Riga. Privat-Mittheilung.
[10]) Privat-Mittheilung.
[11]) Landw. Jahresber. 1890, **19**, 807.
[12]) Landw. Vers.-Stat. 1892, **41**, 58.

*) In Procenten der Trocken-Substanz enthielt der Samen 0,200 % Amid-Stickstoff = 5,5 % des Gesammt Stickstoff und 21,36 % Eiweiss.

**) Von uns berechnetes Mittel. Es wurden bei den 17 Proben gefunden:

	Wasser	Fett
Maximum	13,18 %	38,25 %
Minimum	5,47 „	31,72 „

No.	Nähere Bezeichnung	Zeit der Untersuchung	In der ursprünglichen Substanz: Wasser %	Stick-stoff-Substanz %	Fett %	Stickstoff-freie Extraktstoffe %	Roh-faser %	Asche %	In der Trocken-Substanz: Stick-stoff-Substanz %	Fett %	Stickstoff in der Trocken-Substanz %	Analytiker
59	Aus Südamerika	1892	6,31	23,03	39,47	27,86		3,33	24,47	42,13	3,92	E. Haselhoff[1])
60	„ Ostindien	„	7,09	24,75	37,28	27,61		3,27	26,64	40,12	4,26	
61	Ohne nähere Bezeichnung .	1896	9,48	24,78	25,14	27,95	7,59	5,05	27,38	27,77	4,18	A. Wicke u. H. Weiske[2])
	Mittel	—	**8,96**	**22,77**	**34,38**	**22,86**	**6,78**	**4,25**	**25,01**	**37,76**	**4,00**	
	Schwankungen*)	—	5,47—14,20	16,83-30,77	22,45-40,48	17,58-28,80	4,18-11,59 *)	2,54-8,04	18,49—33,80	24,66—44,46	2,96—5,21	

Raps. Brassica Napus oleifera. Br. campestris. Rapssaat, Kohlsaat. — Rape-seed. Cole-seed. Colsat. — Colza. Navette.

No.	Nähere Bezeichnung	Zeit der Untersuchung	Wasser %	Stick-stoff-Substanz %	Fett %	Stickstoff-freie Extraktstoffe %	Roh-faser %	Asche %	Stick-stoff-Substanz (Trocken) %	Fett (Trocken) %	Stickstoff in der Trocken-Substanz %	Analytiker
1	Ohne nähere Bezeichnung .	—	11,00	17,40	50,00	12,40	5,30	3,90	19,56	56,20	3,13	J. B. Boussingault[3])
2	Dwarf-rape	1848	6,44	26,31	37,84	26,10		3,31	28,13	40,45	4,50	Th. Way[4])
3	Englischer Rapssamen . .	1856	7,12	21,50	36,81	28,73	6,86	8,97	23,16	39,64	3,71	Th. Anderson[5])
4	Winterraps	1860	8,50	19,23	35,20	33,07		4,00	20,32	38,47	3,25	Rob. Hoffmann[6])
5	Sommerraps**)	„	4,50	20,11	48,40	23,49		3,50	21,06	50,67	3,37	
6	Winterraps***)	1856	7,28	16,78	43,67	22,30	6,64	3,43	18,10	47,10	2,90	H. Hellriegel[7])
7	Winterraps, Mittel aus 11 Anlysen	1862	6,77	17,94	42,87	—	—	—	19,25	45,89	3,08	P. Bretschneider und O. Küllenberg[8])
8	Winterraps von Laasan in Schlesien	„	7,45	18,62	44,09	—	—	—	20,11	47,62	3,22	
9	Ohne nähere Bezeichnung .	„	8,40	—	47,80	—	—	—	—	51,98	—	J. Nessler u. H. Körner[9])
10	desgl.°)	1865	8,08	19,78	46,00	14,96	8,26	2,92	21,52	50,05	3,44	G. Fleury[10])
11	desgl.°°)	1870	7,89	20,14	41,90	20,58	5,41	4,08	21,91	45,16	3,51	Th. Dietrich u. J. König[11])
12	Sommerraps aus Schlesien .	—	9,40	13,75	35,00	37,73		4,12	15,18	38,64	2,43	C. Schädler[12])
13	Winterraps, frische Saat, aus Pommern	—	9,10	15,62	36,80	33,68		4,80	17,18	40,48	2,73	

[1]) Landw. Vers.-Stat. 1892, **41**, 58.
[2]) Zeitschr. physiol. Chem. 1896, **22**, 137; Jahresber. Agrik.-Chem. 1896, **39**, 458.
[3]) J. B. Boussingault, Die Landwirthschaft etc. **3**, 202.
[4]) Journ. R. Agric. Soc. Engl. **10**, II, 494. Die Stickstoff-Substanz ist von uns aus angegebenem Stickstoff-Gehalt berechnet.
[5]) Trans. Highl. Soc. Jan. 1857, 493; Wilda's landw. Centralbl. 1857, **1**, 161; Weende'r Jahresb. 1857—61, **2**, 44.
[6]) Landw. Vers.-Stat. 1863, **5**, 189.
[7]) Chem. Ackersm. 1861, 94.
[8]) Mittheilungen d. landw. Centralver. f. Schlesien 1863, **14**, 63.
[9]) Ber. d. Vers.-Stat. Karlsruhe 1870, 58.
[10]) Ann. d. Chim. u. d. Phys, [4], **4**, 38.
[11]) Original-Mittheilung.
[12]) C. Schädler, Technologie der Fette. Berlin, 1883, 423.

*) Die Schwankungszahlen mit Ausnahme derer für Wasser selbst sind auf den mittleren Wassergehalt von 8,96 % bezogen. Das Mittel für Rohfaser ist erst von No. 16 an berechnet.

**) Die untersuchten Rapssamen wurden im Vergleich mit anderen Oelsaaten 1860 auf einem und demselben Felde zu Zittolib in Böhmen auf einem mit Stalldünger gedüngten, kalkhaltigen Lehmboden mit Lettenuntergrund angebaut. Vorfrucht war gedüngter Winterweizen. Die Saat war 6zöllige Drillsaat. Das specifische Gewicht war bei Winterraps 1,150, bei Sommerraps 1,000. Das absolute Gewicht von 100 Samen war bei Winterraps 0,360 g. Die Stickstoff-Substanz ist von uns berechnet.

***) Der Autor bestimmte in der lufttrocknen Substanz: Zucker, Bitterstoffe etc. 7,7 %, Gallertstoffe 16,2 %, lösliche Stickstoff-Substanz 5,2 % und unlösliche Stickstoff-Substanz 12,9 %.

°) Autor fand an Zucker, Dextrin und Gummi etc. (nicht Stärke) 7,232 % und 7,721 % nicht bestimmbare stickstofffreie Substanzen.

°°) In Procenten der lufttrocknen Substanz enthielten die Samen 19,28 % in Wasser lösliche Stoffe, davon 7,74 % Stickstoff-Substanz. Von den stickstofffreien Stoffen waren in Zucker überführbar 8,33 %.

No.	Nähere Bezeichnung	Zeit der Untersuchung	In der ursprünglichen Substanz: Wasser %	Stick-stoff-Substanz %	Fett %	Stickstoff-freie Extraktstoffe %	Roh-faser %	Asche %	In der Trocken-Substanz: Stick-stoff-Substanz %	Fett %	Stickstoff in der Trocken-Substanz %	Analytiker
14	Winterraps, 2jähr. Saat, aus Schlesien	—	5,25	26,25	39,25	24,89		4,36	27,69	41,41	4,43	C. Schädler[1])
15	Brass. compestris L., Colza-Maine-Loire	—	4,25	22,30	33,22	36,06		4,17	23,28	35,68	3,72	C. Schädler[1])
16	desgl., Belgische Colza	—	2,96	21,24	38,90	33,40		3,50	21,88	40,07	3,50	C. Schädler[1])
17	desgl., Elsässer Colza	—	10,00	18,20	43,00	53,90		4,90	20,22	47,73	3,24	C. Schädler[1])
18	Ohne nähere Bezeichnung	1878	11,69	19,04	40,68	—	—	—	21,55	46,05	3,45	M. Fleischer u. Kennepohl[2])
19	desgl.*)	1880	7,12	22,87	39,90	—	—	—	25,34	44,24	4,05	Fr. H. Werenskiold[3])
	Gewicht eines Kornes											
20	Holl. Raps I**) 5,54 mg	1876	5,62	17,59	49,51	16,87	6,51	3,90	18,63	52,43	2,98	E. Wollny[4])
21	desgl. II 4,29 „	„	5,69	17,37	49,03	17,38	6,69	3,84	18,41	51,97	2,95	E. Wollny[4])
22	desgl. III 3,36 „	„	5,92	18,97	46,67	18,00	6,43	4,01	20,17	49,61	3,27	E. Wollny[4])
23	Mittel (17 bezw. 11 Analys.)***)	—	7,10	—	42,8	—	—	—	—	46,05	—	Th. Behrmann[5])
	Mittel	—	**7,28**	**19,55**	**42,23**	**20,78**	**5,95**	**4,21**	**21,08**	**48,55**	**3,37**	

Indische Rapsarten.

No.	Nähere Bezeichnung	Zeit der Untersuchung	Wasser %	Stick-stoff-Substanz %	Fett %	Stickstoff-freie Extraktstoffe %	Roh-faser %	Asche %	Stick-stoff-Substanz % (Trocken-S.)	Fett % (Trocken-S.)	Stickstoff in der Trocken-Substanz %	Analytiker
1	Brassica indica; Napus oleifera annua, weisser Senf, sog. Gelbsaat	1887	6,10	22,63	44,19	19,31	4,17	3,60	24,10	47,06	3,86	H. Steffeck[6])
2°)	Brassica glauca Roxb., gelber indischer Raps	1894	6,10	23,28	42,80	10,16	14,26	3,40	24,80	45,58	3,97	Fr. Werenskiold[7])
3°)	Brassica glauca Roxb., gelber indischer Raps	„	5,14	22,00	44,44	10,05	14,72	3,65	23,19	46,85	3,71	Fr. Werenskiold[7])
4°)	Brassica ramosa Roxb.	„	6,14	22,44	39,05	21,02	6,80	4,55	23,91	41,60	3,83	Fr. Werenskiold[7])
5°)	Brassica dichotoma Roxb.	„	5,74	21,00	41,23	13,08	12,52	6,43	22,27	43,74	3,56	Fr. Werenskiold[7])
6°)	Sinapis juncea L.	„	6,16	24,63	35,51	20,38	8.00	5,32	26,24	37,83	4,20	Fr. Werenskiold[7])
	Mittel	—	**5,90**	**22,67**	**41,20**	**15,66**	**10,08**	**4,49**	**24,09**	**43,78**	**3,95**	

[1]) C. Schädler, Technologie der Fette. Berlin 1883, 423.
[2]) Original-Mittheilung.
[3]) Landbrugskemiker Werenskiolds Beretning 1881.
[4]) Journ. f. Landwirthschaft 1877, **25**, 75.
[5]) Aus dem Laboratorium der Riga'er Cementfabrik und Oelmühle C. Ch. Schmidt in Riga. Privat-Mittheilung.
[6]) Landw. Vers.-Stat. 1887, **33**, 411—415.
[7]) Tidskrift for det norske Landbrug 1815, **2**, 145; Centrbl. Agrik.-Chem. 1895, **24**, 135 und 602.

*) Zwei andere Rapssamen-Proben enthielten 37,24 bezw. 36,54% Fett.
**) In 100 g sind enthalten Stück Samen bei I 18020, bei II 23280, bei III 29720.
***) Von uns berechnetes Mittel. In den Proben wurden gefunden:

	Wasser	Fett
Maximum	9,2%	47,0%
Minimum	5,1 „	36,1 „

°) Fr. Werenskiold fand ferner:

	Reineiweiss in der Stickstoff-Substanz	Lecithin (nach Schulze u. Frankfurt)	Senföl (nach Schlicht)	Rohrzucker
No. 2 Brassica glauca	71,30%	1,20%	0,45%	—
„ 3 „ „	84,36 „	3,75 „	0,51 „	0,79%
„ 4 „ ramosa	84,42 „	3,45 „	0,39 „	0,80 „
„ 5 „ dichotoma	89,00 „	2,76 „	0,22 „	0,92 „
„ 6 Sinapis juncea	87,58 „	2,04 „	0,58 „	1,00 „

Rübsen. Brassica Rapa oleifera. D. C. — Oelrübe, Rübsaat.

No.	Nähere Bezeichnung	Zeit der Untersuchung	In der ursprünglichen Substanz: Wasser %	Stick-stoff-Substanz %	Fett %	Stickstoff-freie Extraktstoffe %	Rohfaser %	Asche %	In der Trocken-Substanz: Stick-stoff-Substanz %	Fett %	Stickstoff in der Trocken-Substanz %	Analytiker
1	Ohne nähere Bezeichnung .	1857	9,50	23,64	41,36	11,92	10,14	3,44	26,12	45,70	4,18	*W. Knop, Arendt u. Ritter* [1])
2	Awehl*)	1860	6,50	12,62	40,20	37,08		3,50	13,50	43,01	2,16	*Rob. Hoffmann* [2])
3	Biewitz*)	„	7,00	11,37	41,80	35,28		4,75	12,22	44,94	1,96	
4	Sommerrübsen aus Schlesien	—	10,15	15,06	—	—	—	3,40	16,73	—	2,68	*C. Schädler* [3])
5	Winterrübsen, frische Saat, aus Schlesien	—	8,90	15,62	—	—	—	3,26	17,15	—	2,74	
6	desgl., ältere Saat, aus Ungarn	—	4,35	19,44	—	—	—	3,90	20,31	—	3,25	
7	Ohne nähere Bezeichnung .	1880	7,38	24,66	24,90	—	—	—	27,61	26,87	4,42	*Fr. H. Werenskiold* [4])
8	desgl.	„	6,92	24,00	27,16	—	—	—	25,78	29,17	4,12	
9	desgl.	„	7,82	24,08	29,73	—	—	—	26,13	32,26	4,18	
10	desgl.	„	9,88	24,00	22,01	—	—	—	26,64	25,43	4,26	
11	desgl.	„	5,93	—	38,48	—	—	—	—	40,87	—	
12	desgl.	„	8,52	22,16	28,60	—	—	—	24,20	31,23	3,78	
13	desgl.	„	7,66	—	36,28	—	—	—	—	37,69	—	
14	Sommerrübsen, grosse Körner**) Korngewicht 2,27 mg	1874	9,09	23,34	55,26		8,34	3,97	25,67	—	4,11	*Marek* [5])
15	desgl., kleine Körn.**) 2,03 „	„	9,10	24,43	52.32		9,90	4,25	26,87	—	4,30	
16	Im Mittel von 22 Analysen***)	18 74/76	7,1	—	41,0	—	—	—	—	44,12	—	*Th. Behrmann* [6])
	Mittel	—	**7,86**	**20,48**	**33,53**	**24,41**	**9,91**	**3,81**	**22,23**	**36,39**	**3,55**	

Weisser Senf, Sinapis alba L. und **Schwarzer Senf,** Sinapis nigra L.

Ueber die Zusammensetzung dieser beiden als Gewürz dienenden Oelsamen vergl. unter „Gewürze."

Rettig. Raphanus sativus oleiferus. Chinesischer Oelrettig. Gartenrettig.

No.	Nähere Bezeichnung	Zeit	Wasser	Stickstoff-Substanz	Fett	Stickstofffreie Extraktstoffe	Rohfaser	Asche	Stickstoff-Substanz (Trocken)	Fett (Trocken)	Stickstoff	Analytiker
1	Kalkhaltiger Lehmboden°) .	1860	7,50	18,36	30,20	40,34		3,50	19,85	32,65	3,18	*Rob. Hoffmann* [2])
2	Ohne nähere Bezeichnung°°)	—	7,85	24,37	46,13	18,10		3,65	26,44	50,05	4,23	*C. Schädler* [3])

[1]) Landw. Vers.-Stat. 1859, **1**, 170.
[2]) Landw. Vers.-Stat. 1863, **5**, 191.
[3]) C. Schädler, Technologie der Fette. Berlin, 1883, 422.
[4]) Original-Mittheilung.
[5]) Marek: Das Saatgut und dessen Einfluss auf Menge und Güte der Ernte. Wien, 1875.
[6]) Aus dem Laboratorium der Riga'er Cementfabrik und Oelmühle C. Ch. Schmidt in Riga. Privat-Mittheilung.

*) Die untersuchten Samen waren im Vergleich mit anderen Oelsaaten 1860 auf einem und demselben Felde zu Zittolib in Böhmen auf einem mit Stallmist gedüngten, kalkhaltigen Lehmboden mit Lettenuntergrund angebaut worden, Die Samen hatten:

	Awehl	Biewitz
Specifisches Gewicht	1,000	0,937
100 Samen wogen	0,200 g	0,240 g

**) Das spec. Gewicht der Samen war bei den grossen Körnern 1,125, bei den kleinen 1,108.

***) Es wurden in den untersuchten Proben gefunden:

	Wasser	Fett
Maximum	9,3 %	46,67 %
Minimum	5,9 „	30,28 „

°) Der untersuchte Samen wurde im Vergleich mit anderen Oelsaaten 1860 auf einem und demselben Felde zu Zittolib in Böhmen auf mit Stallmist gedüngtem, kalkhaltigem Lehmboden angebaut. Spec. Gewicht der Samen 1,005. 100 Samen wogen 1,280 g. Die Stickstoff-Substanz ist von uns berechnet.

°°) Der Gehalt der luftrocknen Substanz an Stickstoff ist zu 3,90 %, der an Stickstoff-Substanz zu 27,80 % angegeben.

Mohn. Samen von Papaver somniferum L.*) — Poppy. — Pavot. Oeiliette.

No.	Nähere Bezeichnung	Zeit der Untersuchung	In der ursprünglichen Substanz: Wasser %	Stick-stoff-Substanz %	Fett %	Stickstoff-freie Extraktstoffe %	Roh-faser %	Asche %	In der Trocken-Substanz: Stick-stoff-Substanz %	Fett %	Stickstoff in der Trocken-Substanz %	Analytiker
1	Ohne nähere Bezeichnung .	—	14,70	17,50	41,00	13,70	6,10	7,00	20,51	48,05	3,28	*J. B. Boussingault*[1])
2	desgl.**)	1863	8,00	15,74	48,40	20,91		7,75	17,11	52,61	2,74	*Rob. Hoffmann*[2])
3	desgl.***)	1870	7,89	23,12	40,07	17,91	4,77	7,89	25,09	43,48	4,01	*Th. Dietrich u. J. König*[3])
4	Weisser Mohn	—	8,85	16,89	55,62	15,22		3,42	18,53	61,02	2,96	*C. Schädler*[4])
5	Schwarzer Mohn, blauer .	—	9,50	17,50	51,36	19,64		4,00	19,34	56,75	3,09	*C. Schädler*[4])
6	Weisse Bombay-Saat[0]) . .	1886	5,19	22,06	23,45	36,14	5,54	7,62	23,27	24,74	3,72	*Th. Dietrich, A. Hesse u. O. Greitherr*[5])
7	Smyrna-Saat, weisse und blaue[0])	„	6,26	20,06	30,76	21,79	6,16	13,97	21,40	32,82	3,42	*Th. Dietrich, A. Hesse u. O. Greitherr*[5])
8	Salonik-Saat, weisse[0]) . .	„	5,83	21,31	38,59	21,63	5,44	7,20	22,63	40,98	3,62	*Th. Dietrich, A. Hesse u. O. Greitherr*[5])
9	Deutsche Saat, graublaue[0]) .	„	7,10	21,81	36,45	22,48	5,48	6,68	23,47	39,22	3,76	*Th. Dietrich, A. Hesse u. O. Greitherr*[5])
	Mittel	—	**8,15**	**19,53**	**40,79**	**18,72**	**5,58**	**7,23**	**21,26**	**44,41**	**3,40**	

Hanf. Cannabis sativa L.[00]) — Hemp-seed. — Chènevis.

No.	Nähere Bezeichnung	Zeit der Untersuchung	Wasser %	Stick-stoff-Substanz %	Fett %	Stickstoff-freie Extraktstoffe %	Roh-faser %	Asche %	Trocken: Stick-stoff-Substanz %	Fett %	Stickstoff in der Trocken-Substanz %	Analytiker
1	Ohne nähere Bezeichnung .	—	12,20	16,30	33,60	23,60	12,10	2,20	18,57	38,27	2,97	*J. B. Boussingault*[1])
2	Aus Rumänien[000]) . . .	1870	8,17	21,78	32,37	15,30	17,58	4,70	23,72	35,20	3,80	*Th. Dietrich u. J. König*[3])
3	Ohne nähere Bezeichnung .	„	6,47	22,25	31,84	33,07		6,37	23,79	34,04	3,81	*Th. Anderson*[6])
4	Deutscher Hanfsamen . .	„	8,65	15,95	33,60	38,35		3,45	17,47	36,79	2,80	*C. Schädler*[4])
5	Russischer Hanfsamen . .	„	9,13	15,00	31,42	39,95		4,50	16,50	34,56	2,64	*C. Schädler*[4])
	Mittel	—	**8,92**	**18,23**	**32,58**	**21,06**	**14,97**	**4,24**	**20,01**	**35,77**	**3,20**	

S. Frankfurt (Landw. Vers.-Stat. 1894, 43, 145) fand in der Trocken-Substanz des Hanfsamens 18,63% Eiweissstoffe, 3,36% Nucleïn etc., 0,88% Lecithin, 30,92% Glyceride, 0,07% Cholesterin, 2,59% Rohrzucker und sonstige lösliche Kohlenhydrate, 26,33% Rohfaser, 11,02% Pentosane, 0,68% organische Säuren und 5,51% Asche.

1) J. R. Boussingault, Die Landwirthschaft in ihren Beziehungen zur Chemie etc. **3**, 202.
2) Landw. Vers.-Stat. 1863, **5**, 191.
3) Original-Mittheilung.
4) C. Schädler, Technologie der Fette. Berlin, 1883, 519 und 537.
5) Landw. Ztg. u. Anzeig. f. d. Regbz. Cassel 1886, 654.
6) Journ. Highl. Soc. New Ser. No. 50; Arch. Pharm. [2], **78**, 211.

*) Sacc fand im Samen des weissen Mohns (Moleschott's Physiologie der Nahrungsmittel **2**, 129):

Eiweissartige Stoffe	Zellstoff	Pectinkörper	Fett	Fett mit Farbstoff u. flücht. Stoffen verunreinigt	Flüchtige Stoffe	Salze	Wasser
9,94	4,66	18,28	35,48	7,47	2,78	5,39	15,99%

**) Der untersuchte Samen wurde im Vergleich mit anderen Oelsaaten 1860 auf einem und demselben Felde zu Zittolib in Böhmen auf einem mit Stallmist gedüngten, kalkhaltigen Lehmboden mit Lettenuntergrund angebaut. Vorfrucht war Winterweizen mit Dung. Der Mohnsamen hatte ein spec. Gewicht von 0,713 g. 100 Samen wogen 0,050 g. Die Stickstoff-Substanz ist von uns aus dem angegebenen Stickstoff-Gehalt, 2,518%, berechnet. In der Original-Mittheilung ist der Gehalt an Stickstoff-Substanz zu 13,938%, entsprechend 2,21% Stickstoff, angegeben.

***) In Procenten der lufttrocknen Substanz enthielt der Samen 19,70% in Wasser lösliche Stoffe, davon 13,12% Stickstoff-Substanz. Von den stickstofffreien Stoffen waren 5,99% in Zucker überführbar (auf Zucker berechnet).

0) Die untersuchten Samen stellten Handelswaare dar und waren dem Lager der Oelmühle zu Hattersheim entnommen.

00) Buchholtz fand in den trocknen Samen (Archiv d. Pharm. [2], **78**, 211):

Eiweiss	Zellstoff	Dextrin	Zucker	Fett	Harz	Extraktivstoff
24,7	38,3	5,0	1,6	19,1	1,6	9,0%

000) Die Samen waren den Autoren von dem Kgl. landw. Museum in Berlin überlassen. In Procenten der lufttrocknen Substanz enthielten die Samen: In Wasser lösliche Stickstoff-Substanz 3,61%, in Zucker überführbare Stoffe 5,06% und in Wasser lösliche Stoffe überhaupt 12,36%.

Madie. Madia sativa Mol. Oelmadie, Saatmadie.

No.	Nähere Bezeichnung	Zeit der Untersuchung	In der ursprünglichen Substanz: Wasser %	Stick-stoff-Substanz %	Fett %	Stickstoff-freie Extraktstoffe %	Roh-faser %	Asche %	In der Trocken-Substanz: Stick-stoff-Substanz %	Fett %	Stickstoff in der Trocken-Substanz %	Analytiker
1	Ohne nähere Bezeichnung .	—	8,40	22,90	41,00	5,00	18,00	4,70	25,01	44,77	4,00	*J. B. Boussingault*[1])
2	desgl.	1856	6,32	18,41	36,55	34,59		4,13	19,64	39,00	3,14	*Th. Anderson*[2])
3	desgl.	1870	7,73	16,28	37,32	17,41	17,13	4,13	17,65	40,45	2,82	*Th. Dietrich u. J. König*[3])
4	desgl.	—	7.40	19,80	38,82	29,78		4,20	21,38	41,93	3,42	*C. Schädler*[4])
	Mittel	—	**7,46**	**19,36**	**38,44**	**12,78**	**17,69**	**4,27**	**20,92**	**41,54**	**3,35**	

Leindotter. Camelina sativa L.

No.	Nähere Bezeichnung	Zeit der Untersuchung	Wasser %	Stick-stoff-Substanz %	Fett %	Stickstoff-freie Extraktstoffe %	Roh-faser %	Asche %	Trocken-Substanz: Stick-stoff-Substanz %	Fett %	Stickstoff in der Trocken-Substanz %	Analytiker
1	Ohne nähere Bezeichnung .	1856	5,75	28,31	28,18	12,16	9,05	11,55	30,04	29,90	4,81	*Th. Anderson*[5])
2	desgl.*)	1860	10,00	18,36	31,80	35,34		4,50	20,39	35,33	3,26	*Rob. Hoffmann*[6])
3	desgl.	—	7,50	25,30	29,50	31,28		6,42	27,35	31,89	4,38	*C. Schädler*[7])
	Mittel	—	**7,75**	**23,92**	**29,86**	**21,68**	**8,86**	**7,93**	**25,93**	**32,37**	**4,15**	

Sonnenblumensamen. Helianthus annuus L. — Sunflower Seed.

No.	Nähere Bezeichnung	Zeit der Untersuchung	Wasser %	Stick-stoff-Substanz %	Fett %	Stickstoff-freie Extraktstoffe %	Roh-faser %	Asche %	Trocken-Substanz: Stick-stoff-Substanz %	Fett %	Stickstoff in der Trocken-Substanz %	Analytiker
1	Sunflower Seed	1852	10,70	12,50	20,98	53,18		2,64	14,00	23.49	2,24	*Th. Anderson*[8])
2	Ohne nähere Bezeichnung**)	1856	6,19	13,29	34,74	13,95	28,48	3,35	14,17	37,03	2,26	*Rob. Hoffmann*[9])
3	„Kerne"**)	1860	3,25	17,49	38,40	35,86		5,00	18,08	39,71	2,89	*Rob. Hoffmann*[9])
4	Deutsche (Garten-) Samen .	—	9,62	14,12	33,48	39,90		2,86	15,62	37,03	2,50	*C. Schädler*[7])
5	Russische Samen	—	7,80	13,80	34,25	40,59		3,56	14,97	37,16	2,40	*C. Schädler*[7])
			In der Trocken-Substanz									
6	Ganze Samen	1893	—	15,98	36,60	19,39	24,30	3,13	15,98	36,60	2,56	*Th. Kosutany*[10])
			In der natürlichen Substanz									
7	Enthülste Samen	„	14,70	24,95	49,62	4,18	3,28	3,27	29,25	58,24	4,68	*Th. Kosutany*[10])
8	Hülsen	„	9,02	5,16	5,17	23,92	54,95	1,78	5,67	5,68	0,91	*Th. Kosutany*[10])
9	Mammoth Russian, Kerne .	„	6,90	29,36	43,92	13,02	2,64	4,16	31,54	47,17	5,05	*R. W. Kilgore*[11])
10	Black Giant, Kerne . . .	„	6,85	31,57	41,75	15,90	2.50	1,40	33,89	44,82	5,42	*R. W. Kilgore*[11])
	Mittel: Ganzer Samen (No. 1, 2, 4, 5, 6)	—	**8,58**	**13,67**	**31,32**	**18,03**	**25,35**	**3,05**	**14,95**	**34,26**	**2.39**	
	Mittel: Kerne (No. 3, 7, 9, 10)	—	**6,70**	**26,28**	**44,31**	**16,44**	**2,81**	**3,46**	**28,17**	**47,49**	**4,51**	

S. Frankfurt (Landw. Vers.-Stat. 1894, 43, 145) fand in der Trocken-Substanz des Sonnenblumensamens 13,50% Eiweissstoffe, 0,51% Nucleïn, 0,23% Lecithin, 30,19% Rohfett, 2,13% Rohrzucker und andere Kohlenhydrate, 2,74% Pentosane, 31,14% Rohfaser und 2,86% Asche.

[1]) J. B. Boussingault, Die Landwirthschaft etc. 3, 202.
[2]) Trans. Highl. Soc. Tim. 1857, 493; Wilda's landw. Centralbl. 1857, I, 161; Weende'r Jahresber. 1857/61, **2**, 44.
[3]) Original-Mittheilung. In der lufttrocknen Substanz waren enthalten 15,01% in Wasser lösliche Stoffe, mit 5,33% Stickstoff-Substanz und 4,71% in Zucker überführbare Substanzen.
[4]) C. Schädler, Technologie der Fette. Berlin, 1883, 529.
[5]) Transact. Highl. Soc. Juli 1860, 376.
[6]) Landw. Vers.-Stat. 1863, **5**, 189.
[7]) C. Schädler, Technologie der Fette. Berlin, 1883, 512 und 526.
[8]) Trans. Highl. Soc. 1851/53. 511 und 1860, 376.
[9]) Landw. Vers.-Stat. 1863, **5**, 191.
[10]) Landw. Vers.-Stat. 1893, **43**, 254.
[11]) Experim. Stat. Rec. 1893, 65; Jahresber. Agrik.-Chem. 1893, **36**, 318.

*) Der untersuchte Samen wurde im Vergleich mit anderen Oelsaaten 1860 auf einem und demselben Felde zu Zittolib in Böhmen auf einem mit Stallmist gedüngten, kalkhaltigen Lehmboden mit Lettenuntergrund angebaut. Spec. Gewicht des Samens 1,058. 100 Samen wogen 4,00 g. Die Stickstoff-Substanz ist von uns berechnet.

**) Der Anbau erfolgte gleichzeitig und auf demselben Boden mit den Leindotter-Versuchen. Vergl. Anmerkung *). Das spec. Gewicht der Körner war 1,000. 100 Stück wogen 3,000 g, 100 Stück mit der Samenschale 5,76 g. Die Stickstoff-Substanz ist von uns berechnet.

Wallnuss. Juglans regia L.

No.	Nähere Bezeichnung	Zeit der Untersuchung	In der ursprünglichen Substanz: Wasser %	Stick-stoff-Substanz %	Fett %	Stickstoff-freie Extraktstoffe %	Roh-faser %	Asche %	In der Trocken-Substanz: Stick-stoff-Substanz %	Fett %	Stickstoff in der Trocken-Substanz %	Analytiker
1	Ohne nähere Bezeichnung	—	8,50	16,30	55,80	16,10	1,70	1,60	17,82	60,99	2,85	*J. B. Boussingault*[1]
2	desgl.	1883	10,85	14,10	48,65	24,10 (Extraktstoffe + Rohfaser)		2,30	15,82	54,59	2,53	*C. Schädler*[2]
3	Aus Westfalen	1878	5,04	15,55	63,77	4,16	9,59	1,89	16,37	67,15	2,62	*J. König u. C. Krauch*[3]
4	desgl.	„	4,32	17,19	61,95	11,62	2,75	2,17	17,96	64,74	2,87	*J. König u. C. Krauch*[3]
	Frische Nusskerne:*)							*)				
5	„California Soft-Shell" aus Santa Ana	1895	22,22	11,38	52,55	10,55	2,14	1,16	14,62	67,56	2,34	*G. E. Colby*[4]
6	„California Soft-Shell" „ Pasadena	„	25,00	13,12	46,12	12,46	2,25	1,05	17,50	61,50	2,80	*G. E. Colby*[4]
7	„California Soft-Shell" „ Amador Stat.	„	26,90	15,31	45,76	8,46	2,38	1,18	20,94	62,61	3,35	*G. E. Colby*[4]
8	„California Soft-Shell" „ Carpinteria	„	24,33	11,33	51,87	10,37	1,16	0,94	14,93	68,65	3,39	*G. E. Colby*[4]
9	„Bijon" aus Amador	„	20,00	15,04	52,83	9,57	1,20	1,36	18,84	66,04	3,01	*G. E. Colby*[4]
10	„California Black" aus Amador	„	22,72	19,78	43,32	11,36	1 46	1,36	25,56	56,06	4,09	*G. E. Colby*[4]
Mittel	Frische Wallnusskerne	—	**23,53**	**13,80**	**48,17**	**10,69**	**2,45**	**1,36**	**18,04**	**62,99**	**3,09**	
Mittel	Trockene „	—	**7,18**	**16,74**	**58,47**	**12,99**	**2,97**	**1,65**				

Haselnuss. Corylus Avellana L.

No.	Nähere Bezeichnung	Zeit der Untersuchung	Wasser %	Stick-stoff-Substanz %	Fett %	Stickstoff-freie Extraktstoffe %	Roh-faser %	Asche %	Trocken: Stick-stoff-Substanz %	Fett %	Stickstoff in der Trocken-Substanz %	Analytiker
1	Ohne nähere Bezeichnung	1883	10,45	19,00	58,82	8,63 (Extraktstoffe + Rohfaser)		3,10	21,22	65,70	3,40	*C. Schädler*[2]
2	Sogen. Lambertsnuss	1878	3,77	15,62	66,47	4,03	3,28	1,83	16,23	69,07	2,60	*J. König u. C. Krauch*[3]
	Mittel	—	**7,11**	**17,41**	**62,60**	**7,22**	**3,17**	**2,49**	**18,73**	**67,39**	**3,00**	

Süsse Mandeln. Amygdalus communis L.

No.	Nähere Bezeichnung	Zeit der Untersuchung	Wasser %	Stick-stoff-Substanz %	Fett %	Stickstoff-freie Extraktstoffe %	Roh-faser %	Asche %	Trocken: Stick-stoff-Substanz %	Fett %	Stickstoff in der Trocken-Substanz %	Analytiker
1	Ohne nähere Bezeichnung**)	1865	6,49	23,24	54,09	8,53	4,69	3,06	24,95	57,82	3,99	*G. Fleury*[5]
2	desgl.	1878	4,29	25,12	53,28	6,00	8,45	2,86	26,25	55,67	4,26	*J. König u. C. Krauch*[3]
3	Frische einjährige Mandeln	—	9,53	22,50	51,42	13,69 (Extraktstoffe + Rohfaser)		2,86	24,86	50,82	3,98	*C. Schädler*[2]
4	Aeltere einjährige Mandeln	—	3,76	23,00	53,30	16,24 (Extraktstoffe + Rohfaser)		3,70	23,90	55,38	3,82	*C. Schädler*[2]
	Amerikanische Mandelkerne:***)							***)				
5	„Ixl" aus Davisville	1895	4,00	19,13	57,94	13,73	3,20	2,00	19,93	60,35	3,19	*G. E. Colby*[4]
6	„Ixl" „ Suisun	„	9,52	22,63	50,67	12,17	2,94	2,07	25,00	56,50	4,00	*G. E. Colby*[4]
7	„Ixl" „ Skyland	„	42,30	11,70	36,41	6,17	2,22	1,20	20,31	63,12	3,25	*G. E. Colby*[4]

[1]) J. B. Boussingault, Die Landwirthschaft etc. **3**, 202.
[2]) C. Schädler, Technologie der Fette. Berlin, 1883, 541 und 373.
[3]) Original-Mittheilung.
[4]) Partial Rep. of. Work of the Agric. Exp. Stations of University of California. 1898, 142.
[5]) Ann. Chim. Phys. [4] **4**, 38.

*) Colby fand für die Reinasche der Wallnusskerne folgende procentige Zusammensetzung:

Eisenoxyd und Thonerde	Manganoxydul	Kalk	Magnesia	Kali	Natron	Phosphorsäure	Schwefelsäure	Kieselsäure	Chlor
($Fe_2O_3 + Al_2O_3$)	(MnO)	(CaO)	(MgO)	(K_2O)	(Na_2O)	(P_2O_5)	(SO_3)	(SiO_2)	(Cl)
3,23 %	0,35 %	5,57 %	16,60 %	12,69 %	0,96 %	57,83 %	1,31 %	0,75 %	0,70 %

**) Fleury fand in frischen Samen: Zucker, Gummi, Dextrin etc. (keine Stärke) 6,29 %, nicht bestimmbare Substanzen 2,427 %.

***) Colby fand für die Reinasche der Mandelkerne folgende Zusammensetzung:

Eisenoxyd und Thonerde	Manganoxydul	Kalk	Magnesia	Kali	Natron	Phosphorsäure	Schwefelsäure	Kieselsäure	Chlor
$Fe_2O_3 + Al_2O_3$	(MnO)	(CaO)	(MgO)	(K_2O)	(Na_2O	(P_2O_5)	(SO_3)	(SiO_2)	(Cl)
0,78 %	0,28 %	14,53 %	18,31 %	10,96 %	1,85 %	48,13 %	4,64 %	0,24 %	0,27 %

No.	Nähere Bezeichnung	Zeit der Untersuchung	In der ursprünglichen Substanz: Wasser %	Stickstoff-Substanz %	Fett %	Stickstofffreie Extraktstoffe %	Rohfaser %	Asche %	In der Trocken-Substanz: Stickstoff-Substanz %	Fett %	Stickstoff in der Trocken-Substanz %	Analytiker
8	„King Soft-Shell“ (aus Toothill, Exp. Stat. Amador, County)	1895	23,33	14,27	45,43	11,47	4,02	1,48	18,62	56,31	2,98	G. E. Colby[1])
9	„Paper Shell“ . (aus Toothill, Exp. Stat. Amador, County)	„	28,57	15,14	42,54	9,99	2,14	1,62	21,19	59,56	3,39	
10	„Marie Du Prey“ (aus Toothill, Exp. Stat. Amador, County)	„	25,00	13,13	46,88	11,85	1,87	1,27	17,50	62,50	2,80	
11	Drake's Seedling“ (aus Toothill, Exp. Stat. Amador, County)	„	30,00	15,09	38,51	12,74	2,17	1,49	21,56	55,00	3,45	
12	Nonpareil . . . (aus Toothill, Exp. Stat. Amador, County)	„	28,33	14,74	39,42	14,11	2,07	1,33	20,56	55,00	3,29	
13	Nonpareil aus Suisun . .	„	15,00	22,63	49,09	9,35	2,16	1,77	26,62	57,75	4,26	
14	Ne plus ultra aus Suisun .	„	17,00	21,43	42,54	14,38	2,49	2,16	25,81	51,25	4,13	
15	Languedoc aus Santa Paula	„	40,00	15,23	32,40	9,08	1,84	1,45	25,37	54,00	4,06	
Mittel	Frische Mandeln .	—	**27,72**	**16,50**	**41,00**	**10,65**	**2,81**	**1,77**	**22,83**	**56,71**	**3,65**	
	Trockene „	—	**6,27**	**21,40**	**53,16**	**13,22**	**3,65**	**2,30**				

J. Stern (Chem.-Ztg. 1892, **16**, 47) fand in den Mandeln:

In der natürlichen Substanz: Wasser	Fett	Alkoholextrakt	Traubenzucker	In der Trocken-Substanz: Fett	Alkoholextrakt
4,47—5,92 %	51,70—59,87 %	53,84—59,59 %	Spur — 0,1 %	54,42—63,48 %	57,00—62,60 %

Bucheln. Bucheckern. Fagus sylvatica L.

No.	Nähere Bezeichnung	Zeit der Untersuchung	Wasser %	Stickstoff-Substanz %	Fett %	Stickstofffreie Extraktstoffe %	Rohfaser %	Asche %	Trocken: Stickstoff-Substanz %	Trocken: Fett %	Stickstoff in der Trocken-Substanz %	Analytiker
1	Frische Bucheln (?) . . .	1846	30,00	—	18,70	—	41,00	4,00	—	26,72	—	J. B. Boussingault[2])
2	Buchelkerne (?)	„	31,90	8,50	26,50	3,40	27,00	3,60	12,48	38,90	2,00	
3	Bucheckern mit Samen*) .	1870	4,74	14,34	23,08	32,27	21,99	3,58	15,06	24,23	2,41	Th. Dietrich u. J. König[3])
4	Geschälte Bucheckern . .	—	10,50	24,00	21,26	40,12		4,12	26,81	23,75	4,29	C. Schädler[4])
5	Bucheckern: Kerne (66,81 %)	1889	9,09	21,67	42,49	19,17	3,72	3,86	23,83	46,74	3,81	J. König[5])
6	Bucheckern: Schalen (33,19 %)	„	15,25	3,39	1,53	35,04	42,08	2,71	4,00	1,81	0,64	
7	Bucheckern: ganze Frucht .	„	11,13	15,59	28,89	24,46	16,45	3,48	17,54	32,51	2,81	
Mittel	Ungeschälte Bucheln (No. 3 u. 7)	—	**7,94**	**15,00**	**26,12**	**28,19**	**19,22**	**3,53**	**16,30**	**28,37**	**2,62**	
	Geschälte „ No. 4 u. 5)	—	**9,80**	**22,84**	**31,80**	**27,88**	**3,69**	**3,99**	**25,32**	**35,25**	**4,05**	

Sesam. Sesamum indicum und orientale. L.

No.	Nähere Bezeichnung	Zeit der Untersuchung	Wasser %	Stickstoff-Substanz %	Fett %	Stickstofffreie Extraktstoffe %	Rohfaser %	Asche %	Trocken: Stickstoff-Substanz %	Trocken: Fett %	Stickstoff in der Trocken-Substanz %	Analytiker
1	Ohne nähere Bezeichnung .	—	4,54	18,87	37,02	19,13	11,71	8,73	19,78	38,80	3,16	Th. Anderson[6])
2	Sesamum indicum DC., gelber Samen**)	1865	4,25	20,62	56,33	12,80		6,00	21,53	58,81	3,44	F. W. Flückiger[7])
3	Schwarzer Samen***) . .	1870	6,62	16,37	46,02	14,16	10,95	5,88	17,53	49,29	2,80	Th. Dietrich u. J. König[3])
4	Weisser Samen***) . . .	„	6,09	18,76	49,31	15,35	5,15	5,44	19,98	52,52	3,20	
5	Levantische braune Samen .	—	5,90	21,19	55,63	19,76		7,52	22,52	59,13	3,60	C. Schädler[4])
6	Indische gelbliche Samen .	—	7,06	22,25	50,84	13,00		6,85	23,94	54,70	3,83	

[1]) Vergl. Anmerkung [4]) S. 611.
[2]) J. B. Boussingault, Die Landwirthschaft etc. **3**, 202.
[3]) Original-Mittheilung.
[4]) C. Schädler, Technologie der Fette. Berlin, 1883, 445 und 475.
[5]) Landw. Zeitschr. f. Westfalen u. Lippe. 1889, **46**, 38.
[6]) Transact. Highl. Soc. Juli 1860, 376.
[7]) Schweizerische Wochenschrift für Pharmacie 1866. No. 37.

*) In Procenten der lufttrocknen Substanz enthielt dieselbe 25,10 % in Wasser lösliche Stoffe, dabei 5,99 % Stickstoff, ferner an Zucker unter den stickstofffreien Extraktstoffen (in Zucker überführbar) 6,99 %.
**) Flückiger fand in lufttrocknen, schwarzen Samen 8 % Asche.
***) Von den Stickstoff-Substanzen waren in Procenten der lufttrocknen Substanz bei No. 3 = 4,69 %, bei No. 4 = 4,89 % löslich; löslich in Wasser überhaupt waren bei No. 3 = 10,69 %, bei No. 4 = 12,85 %.

No.	Nähere Bezeichnung	Zeit der Untersuchung	In der ursprünglichen Substanz: Wasser %	Stickstoff-Substanz %	Fett %	Stickstofffreie Extraktstoffe %	Rohfaser %	Asche %	In der Trocken-Substanz: Stickstoff-Substanz %	Fett %	Stickstoff in der Trocken-Substanz %	Analytiker
7	Gelbe Jaffa . . (Handelswaare aus dem Lager der Oelmühle zu Hattersheim)	1886	4,71	20,06	46,60	21,23	3,39	4,01	21,04	49,54	3,37	Th. Dietrich, A. Hesse und O. Greitherr [1])
8	Kurache'r . .	„	4,52	22,56	41,44	20,08	4,75	6,65	23,62	46,49	3,78	
9	Bombay, weisse	„	5,12	19,56	38,59	21,14	7,69	7,80	20,62	40,67	3,30	
10	Bombay, gemischte, 25 % schwarze . .	„	5,46	21,56	35,13	28,76	2,36	6,73	23,46	38,22	3,76	
11	desgl., 35 % schwarze . .	„	5,90	21,62	36,35	19,58	8,08	8,47	22,98	38,64	3,68	
12	Japanische Saat, „Goma“ *)	„	5,85	19,58	49,11	21,95	11,19	3,42	20,80	52,16	3,33	O. Kellner [2])
	Mittel	—	**5,50**	**20,30**	**45,60**	**14,98**	**7,15**	**6,47**	**21,48**	**48,25**	**3,44**	

Candlenuss. Bankulnuss. Aleurites triloba Forst.

Die Bankulnüsse werden von den Molukken gegessen; sie sind wohlschmeckend und liefern ein hellgelbes, wohlschmeckendes Oel.

No.	Nähere Bezeichnung	Zeit der Untersuchung	Wasser %	Stickstoff-Substanz %	Fett %	Stickstofffreie Extraktstoffe %	Rohfaser %	Asche %	Trocken: Stickstoff-Substanz %	Trocken: Fett %	Stickstoff in der Trocken-Substanz %	Analytiker
1	Ohne nähere Bezeichnung .	1872	5,25	—	62,97	—	—	2,79	—	66,43	—	G. Nallino [3])
2	Indische	—	5,15	23,00	59,82	8,53		3,50	24,24	63,05	3,88	C. Schädler [4])
3	Tahitische	—	5,00	22,50	62,15	7,00		3,35	23,69	65,44	3,79	
4	Ohne nähere Bezeichnung**)	1879	9,10	17,41	61 50	5,88	2,74	3,37	19,15	67,65	3,06	P. Carles [5])
5	desgl.	—	5,00	22,65	62,17	6,83		3.35	23.79	65,47	3.81	Corenwinder [6])
	Mittel	—	**5,90**	**21,38**	**61,74**	**4,88**	**2,83**	**3,27**	**22,72**	**65,61**	**3,64**	

Ricinus. Ricinus communis L.

No.	Nähere Bezeichnung	Zeit der Untersuchung	Wasser %	Stickstoff-Substanz %	Fett %	Stickstofffreie Extraktstoffe %	Rohfaser %	Asche %	Trocken: Stickstoff-Substanz %	Trocken: Fett %	Stickstoff in der Trocken-Substanz %	Analytiker
1	Ohne nähere Bezeichnung***)	1875	6,18	20,20	46,60	5,93	17,99	3,10	21,53	49,68	3,44	G. Fleury [7])
2	Seeds of Castor Plant, from Texas⁰)	1879	4,40	(3,79)	46,95	16,46	25,50	2,90	(3,96)	49,11	0,63	P. Collier [8])
3	Italienische Samen⁰⁰) . . .	—	8,00	20,50	52,62	15,95		2,93	22,28	57,20	3,56	Schädler [9])
4	Indische Samen⁰⁰) . . .	—	7,26	19,26	55,23	14,85		3,40	20,76	59,54	3,32	
5	Ganzer Samen	1886	6,46	15,30	51,35	5,07	18,51	3,01	16,36	54,90	2,62	H. Weigmann u. v. Peter [10])
6	Innerer Kern (75 %) . .	„	6,46	19,24	66,03	2,91	2,47	2,89	20,57	70,59	3,29	
7	Aeussere Schale (25 %) . .	„	6,46	5,79	3,22	9.15	71,10	4,28	6,19	3,44	0,99	
	Ricinus, Mittel v. No. 1 u. 5	—	**6,46**	**18,78**	**51,37**	**1,50**	**18,10**	**3,10**	**20,23**	**55,33**	**3,23**	

[1]) Landw. Ztg. u. Anzeig. f. d. Rgbz. Cassel 1886, 654.

[2]) Mitthl. a. d. Agrikulturchem. Laboratorium d. K. land- und forstw. Institus zu Tokio. Mitthl. d. Deutschen Gesellschaft f. Natur- u. Völkerkunde Ostasiens. Sonderabdruck aus **4**, No. 35.

[3]) Ber. Deutsch. chem. Gesellsch. 1872, **5**, 731.

[4]) C. Schädler, Technologie der Fette. Berlin, 1883, 488.

[5]) Journ. Pharm. u. Chem. 1879, **30**, 163.

[6]) Rep. d. Pharm. **31**, 515; Hoffmann's Jahresber. 1875/76, 205.

[7]) Ann. Chim. Phys. [4], **4**, 38.

[8]) Briefliche Mittheilung.

[9]) C. Schädler, Technologie der Fette. Berlin, 1883, 392.

[10]) Original-Mittheilung.

*) In Procenten der Trocken-Substanz enthielten die Samen 3,18 % Eiweiss-Stickstoff = 19,88 % Eiweiss.

**) In Procenten der lufttrocknen Substanz enthielten die Samen 4,08 % Rohrzucker, 1,80 % stärkeartige Substanz, 1,18 % Kali, 1,69 % Phosphorsäure.

***) Fleury fand in den frischen Samen: 2,21 % Zucker, Dextrin, Gummi u. s. w. (keine Stärke), und 3,72 % nicht bestimmbare Substanzen.

⁰) In Procenten der lufttrocknen Substanz enthielten die Samen 8,88 % Stärke und 6,35 % Gummi, Zucker und Dextrin.

⁰⁰) In Procenten der lufttrocknen Substanz enthielten die Samen 2,12 % bezw. 2,25 % Zucker.

Purgirkörner. Euphorbia Lathyris L. Kreuzblättrige Wolfsmilch.

No.	Nähere Bezeichnung	Zeit der Untersuchung	In der ursprünglichen Substanz: Wasser %	Stick-stoff-Substanz %	Fett %	Stickstoff-freie Extraktstoffe %	Roh-faser %	Asche %	In der Trocken-Substanz: Stick-stoff-Substanz %	Fett %	Stickstoff in der Trocken-Substanz %	Analytiker
1	Ohne nähere Bezeichnung*)	1865	5,61	19,35	40,29	6,47	25,23	3,05	20,49	42,77	3,28	*G. Fleury* [1])
2	desgl.	1867	—	—	46,00	—	—	—	—	—	—	*E. Muth* [2])
3	desgl.	1883	5,80	18,20	33,25	38,75		4,00	19,32	35,30	3,09	*C. Schädler* [3])
	Mittel	—	**5,71**	**18,77**	**36,81**	**9,95**	**25,23**	**3,53**	**19,91**	**39,04**	**3,19**	

Palmkerne. Elais guiniensis L.

No.	Nähere Bezeichnung	Zeit der Untersuchung	Wasser %	Stick-stoff-Substanz %	Fett %	Stickstoff-freie Extraktstoffe %	Roh-faser %	Asche %	Trocken: Stick-stoff-Substanz %	Fett %	Stickstoff in der Trocken-Substanz %	Analytiker
1	Ohne nähere Bezeichnung**)	1870	9,14	8,79	48,07	26,76	5,44	1,80	9,68	52.93	1,55	*Th. Dietrich u. J. König* [4])
2	desgl.***)	„	9,14	7,95	48,87	30,45	6,53	1,86	8,82	53,81	1,41	*dieselben* [5])
3	Lagos-Palmkerne***) . .	„	6,13	8,03	49,51	28,08	5,52	1,82	9,50	52,73	1,52	*dieselben* [5])
4	Von Sherbro	—	9,45	8,60	45,40	35,75		1,80	9,49	50,12	1,52	*C. Schädler* [3])
5	Von Quittall	—	8,40	7,90	46,85	35,30		1,55	8,63	51,16	1,38	*C. Schädler* [3])
6	Von Old Calabar . . .	—	8,15	8,20	53,80	28,20		1,65	8,93	58,59	1,43	*C. Schädler* [3])
	Mittel	—	**8,40**	**8,41**	**48,75**	**26,87**	**5,82**	**1,75**	**9,18**	**53,22**	**1,47**	

Weitere Untersuchungsergebnisse über den Fettgehalt der Palmkerne verschiedener Herkunft siehe unten S. 617.

Erdnuss. Arachis hypogaea L. — Erdeichel. Ground-nut, Earth-nut, Pea-nut. Arachide.

Enthülst.

No.	Nähere Bezeichnung	Zeit der Untersuchung	Wasser %	Stick-stoff-Substanz %	Fett %	Stickstoff-freie Extraktstoffe %	Roh-faser %	Asche %	Trocken: Stick-stoff-Substanz %	Fett %	Stickstoff in der Trocken-Substanz %	Analytiker
1	Enthülst?	1856	6,24	28,25	41,23	7,16	13,87	3,25	30,14	43,99	4,82	*Th. Anderson* [6])
2	Ohne nähere Bezeichnung [0])	1870	6,77	23,66	51,51	13,29	2,14	2,63	25,39	55,27	4,06	*Th. Dietrich u. J. König* [4])
3	Frische Samen	—	7,37	27,25	37,84	25,11		2,43	29,43	40,87	4,71	*C. Schädler* [7])
4	Aeltere Samen	—	2,75	27,85	41,63	25,27		2,50	28,71	42,80	4,59	*C. Schädler* [7])
5	„Peanuts", geschält, Mittel von 2 Analysen . . .	—	6,50	28,30	46,40	1,80	13,90	3,30	30,28	49,65	4,84	*E. H. Jenkins* [8])
6	Bombay-Erdnüsse . . (Handelswaare der Oelmühle zu Hattenheim)	1886	7,71	31,12	46,56	9,39	2,16	3,06	33,73	50,47	5,40	*Th. Dietrich, A. Hesse u. O. Greitherr* [9])
7	Congo-Erdnüsse . . (Handelswaare der Oelmühle zu Hattenheim)	„	5,01	26,62	50,22	14,09	1,47	2,59	28,33	52,88	4,53	*Th. Dietrich, A. Hesse u. O. Greitherr* [9])
8	Rufisque-Erdnüsse . . (Handelswaare der Oelmühle zu Hattenheim)	„	4,59	28,37	50,08	13,37	1,18	2,41	29,73	52,48	4,76	*Th. Dietrich, A. Hesse u. O. Greitherr* [9])

[1]) Ann. Chim. et Phys. [4], **4**, 38.
[2]) Badisch. Wochenblatt; Centrbl. f. d. gesammte Landeskultur 1867, 376.
[3]) C. Schädler, Technologie der Fette. Berlin, 1883, 619.
[4]) Original-Mittheilung.
[5]) Anz. d. landw. Centralver. f. d. Rgbz. Cassel 1870, 10.
[6]) Trans. Highl. Soc. Juli 1856.
[7]) C. Schädler, Technologie der Fette. Berlin, 1883, 363.
[8]) Nach E. H. Jenkins Tabelle der Zusammensetzung amerikanischer Futterstoffe. Ann. Rep. Connecticut Agrar. Exp. Stat. f. 1883.
[9]) Landw. Ztg. u. Anz. f. d. Rgbz. Cassel 1886, 654.

*) Fleury fand in den frischen Samen 4,085 % Gummi, Zucker, Dextrin etc. (keine Stärke) und 2,386 % nicht bestimmbare Substanzen.

**) In Procenten der lufttrocknen Substanz enthielten die Kerne 1,63 % lösliche Stickstoff-Substanz, 4,13 % in Zucker überführbare Substanz (als Zucker berechnet) und im Ganzen, 9,20 % in Wasser lösliche Substanz.

***) Die Kerne enthielten in Procenten der lufttrocknen Substanz:

	In Wasser lösl. Stoffe	Lösl. Stickstoff-Substanz	In Zucker überführbare Stoffe (als Stärke berechnet)
No. 5 . . .	8,25 %	1,41 %	3,28 %
No. 6 . . .	10,25 „	1,65 „	3,77 „

[0]) In Procenten der lufttrocknen Substanz enthielten die Nüsse 19,01 % wasserlösl. Stoffe, davon 11,06 % Stickstoff-Substanz und 7,76 % in Zucker überführbare Stoffe (als Zucker berechnet).

No.	Nähere Bezeichnung	Zeit der Untersuchung	In der ursprünglichen Substanz: Wasser %	Stickstoff-Substanz %	Fett %	Stickstofffreie Extraktstoffe %	Rohfaser %	Asche %	In der Trocken-Substanz: Stickstoff-Substanz %	Fett %	Stickstoff in der Trocken-Substanz %	Analytiker
9	Japanische Erdnüsse, Nankin-mame	—	15,61	27,56	46,03	5,05	4,12	1,63	32,66	54,54	5,23	O. Kellner 1)
10	Aus Tennesse, Ernte 1888	1888	3,87	27,54	47,44	16,56	2,28	2,31	28,65	49,35	4,58	L. P. Brown 2)
11	Aus Tennesse, Ernte 1889	1889	4,86	25,75	46,24	18,36	2,40	2,39	27,07	48,60	4,33	
12	Spanische Erdnuss . . .	1891	13,15	27,95	35,77	17,73	3,04	2,36	32,18	41,17	5,15	H. C. White 3)
13	Georgia-Erdnuss	„	12,85	26,57	37,59	19,04	2,05	1,90	30,49	43,13	4,88	
			In der Trocken-Substanz									
14	Ohne nähere Bezeichnung .	1888	—	25,69	51,40	17,55	3,04	2,32	25,69	51,40	4,11	Pfeiffer und Lehmann 4)
	Enthülste Erdnuss, Mittel	—	**7,48**	**27,52**	**44,49**	**15,65**	**2,37** *)	**2,49**	**29,75**	**48,09**	**4,76**	

Nigersamen. Guizotia oleifera DC. (Ramtilla oleifera DC.)

No.	Nähere Bezeichnung	Zeit der Untersuchung	Wasser %	Stickstoff-Substanz %	Fett %	Stickstofffreie Extraktstoffe %	Rohfaser %	Asche %	Trocken: Stickstoff-Substanz %	Fett %	Stickstoff in der Trocken-Substanz %	Analytiker
1	Ohne nähere Bezeichnung .	1856	7,02	19,37	43,22	12,37	14,33	3.48	20,84	46,50	3,33	Th. Anderson 5)
2	desgl.	—	6,42	19,45	42,89	27,63		3,61	20,79	45,85	3,33	C. Schädler 6)
	Mittel	—	**6,72**	**19,42**	**43,08**	**12,86**	**14,38**	**3,54**	**20,82**	**46,18**	**3,33**	

Baumwollesamen. Samen verschiedener Gossypium-Arten.

Nicht entschält.

No.	Nähere Bezeichnung	Zeit der Untersuchung	Wasser %	Stickstoff-Substanz %	Fett %	Stickstofffreie Extraktstoffe %	Rohfaser %	Asche %	Trocken: Stickstoff-Substanz %	Fett %	Stickstoff in der Trocken-Substanz %	Analytiker
1	Schale theilweise entfernt .	1865	8,86	22,73	29,34	7,58	24,69	6,78	24,93	32,19	3,99	A. Völcker 7)
2	Ohne nähere Bezeichnung**)	1870	9,34	13,62	17,71	36,70	19,74	2,89	15,02	19,53	2,40	Th. Dietrich u. J. König 8)
3	desgl.**)	„	10,28	—	19,49	—	—	—	—	21,73	—	
4	Aus Thessalien	1879	10,17	15,44	17,08	32,45	21,13	3,73	17,18	19,01	2,75	A. Petermann u. Wassage 8)
5	Amerikanischer, ganz von Baumwolle umzogen . .	1884	9,24	16,88	14,86	28,12	27,60	4,30	18,60	16,38	2,98	J. Cosack 9)
6	Aegyptischer, theilweise von Baumwolle umzogen . .	„	10,78	19,50	24,76	20,63	20,13	4,18	21,86	27,76	3,50	
7	Aegyptischer, v. Wolle befreit	„	11,42	19,94	25,34	20,08	18,93	4,29	22,51	28,61	3,60	
8	Ohne nähere Bezeichnung***)	„	8,00	29,70	10,40	11,80	32,40	8,00	31,68	11,30	5,07	Sacc 10)
9	Aus Amerika	1886	7,72	15,72	18,56	29,09	25,73	3,16	17,03	20,11	2,72	E. H. Jenkins 11)
10	desgl.	1892	7,04	19,16	22,53	24,56	23,43	3,28	20,61	23,26	3,30	J. B. McBride 12)
	Mittel	—	**9,29**	**19,09**	**19 95**	**23,41**	**23,75**	**4,51**	**21,05**	**21,99**	**3,37**	

1) Mitthl. a. d. Agrikulturchem. Laboratorium d. K. land- u. forstw. Instituts zu Tokio. Mitthl. der Deutschen Gesellschaft f. Natur- u. Völkerkunde Ostasiens. **4**, No. 35.

2) Bull. 2 der Landw. Vers.-Stat. Tennessee 1891, **4**, 55—73. Experim. Stat. Rec. 1891, **3**, 42—44; Centrbl. Agrik.-Chem. 1892, **21**, 165—167. Die Asche der Erdnusskerne enthält: 4,11 % Kalk, 1,83 % Magnesia, 39,85 % Kali, 2,85 % Natron, 38,90 % Phosphorsäure, 10,40 % Schwefelsäure und 0,20 % Kieselsäure.

3) Experim. Stat. Rec. 1891, **3**, 146.

4) Journ. Landw. 1886, **24**, 379; Jahresber. Agrik.-Chem. 1888, **31**, 405.

5) Trans. Highl. Soc. Juli 1860.

6) C. Schädler, Technologie der Fette. Berlin, 1883, 522.

7) Journ. Roy. Agric. Soc. England 1866.

8) Original-Mittheilung.

9) Landw. Ztg. f. Westfalen u. Lippe 1884, 185.

10) Compt. rend. **99**, 1160; Hoffmann's Jahresber. d. Agrik.-Chem. 1885, 365.

11) Annual Rep. Connecticut Experim. Stat. 1886, 94; Jahresber. Agrik.-Chem. 1887, **30**, 423.

12) Experim. Stat. Rec. 1892, **3**, 542; Jahresber. Agrik.-Chem. 1892, **35**, 449.

*) Mittel für Rohfaser aus No. 2 u. No. 6—14.

**) In Procenten der lufttrocknen Substanz enthielten die Samen unter No. 2:

In Wasser lösl. Stoffe	Lösl. Stickstoff-Subst.	In Zucker überführbare Stoffe (Zucker)
16,54 %	3,89 %	13,09 %

***) In Procenten der lufttrocknen Substanz enthielten die Samen:

Casein	Dextrin	Zucker	Fibrin	Holziges Perisperm	Stärke	Grüngelbes Oel	Gelbes Wachs
6,0	0,2	2,0	23,7	32,4	9,6	9,6	0,8 %

No.	Nähere Bezeichnung	Zeit der Untersuchung	In der ursprünglichen Substanz: Wasser %	Stickstoff-Substanz %	Fett %	Stickstofffreie Extraktstoffe %	Rohfaser %	Asche %	In der Trocken-Substanz: Stickstoff-Substanz %	Fett %	Stickstoff in der Trocken-Substanz %	Analytiker
						Entschält.						
1	Ohne nähere Bezeichnung	1856	6,57	31,86	31,28	14,82	7,30	8,91	34,09	15,86	5,45	Th. Anderson[1])
2	Aegyptische Samen	1870	7,54	27,20	23,95	32,71		8,60	29,43	25,91	4,71	C. Schädler[2])
3	Amerikanische Samen	1870	8,12	28,12	20,58	33,74		9,44	30,59	22,39	4,89	
4	Aegyptische Baumwollesamen, enthülst	1884	7,90	29,40	37,84	17,96	1,90	5,00	31,93	41,09	5,11	Stewert[3])
5	Aus Amerika, mit der Hand geschält	1892	6,27	31,21	39,00	20,82	4,67	4.30	33,30	41,60	5,33	J. B. McBride[4])
	Mittel	—	**7,28**	**29,55**	**27,23**	**24,07**	**4,62**	**7,25**	**31,87**	**29,37**	**5,10**	

Kokosnuss. Samenschale von Cocos nucifera L.

No.	Nähere Bezeichnung	Zeit der Untersuchung	Wasser %	Stickstoff-Substanz %	Fett %	Stickstofffreie Extraktstoffe %	Rohfaser %	Asche %	Trocken: Stickstoff-Substanz %	Fett %	Stickstoff in der Trocken-Substanz %	Analytiker
1	Ohne nähere Bezeichnung	1872	5,80	—	67,85	—	—	1,55	—	72,06	—	G. Nallino[5])
2	desgl. *)	1870	4,85	7,37	64,48	26,45	4,10	2,75	7,75	67,77	1,24	Th. Dietrich u. J. König[6])
3	Indische Copra	—	6,15	9,16	68,75	14,49		1,45	9,64	73,29	1,54	C. Schädler[7])
4	Afrikanische Copra	—	6,45	10,20	66,80	15,05		1,50	10,90	71,41	1,74	
5	Frisch	1875	46,64	5,49	35,93	8,06	2,91	0,97	10,31	67,33	1,65	J. König u. Fr. Hammerbacher[8])
	Mittel	—	**5,81**	**8,88**	**67,00**	**12,44**	**4,06**	**1,81**	**9,43**	**71,13**	**1,51**	

Ueber die Zusammensetzung der Kokosmilch siehe unten S. 618.

Paranuss. Bertholletia excelsa Humb.

No.	Nähere Bezeichnung	Zeit der Untersuchung	Wasser %	Stickstoff-Substanz %	Fett %	Stickstofffreie Extraktstoffe %	Rohfaser %	Asche %	Trocken: Stickstoff-Substanz %	Fett %	Stickstoff in der Trocken-Substanz %	Analytiker
1	Entschält	1880	7,50	15,20	65,45	7,62		4,23	16,43	70,75	2,63	C. Schädler[9])
2	desgl.	1885	4,37	15,75	69,84	2,32	3,27	3,55	16,47	73.03	2,63	J. König[6])
	Mittel	—	**5,94**	**15,48**	**67,65**	**3,83**	**3,21**	**3,89**	**16,45**	**71,89**	**2,63**	

Cedernuss. **) Pinus Cembra L. Sibirische Ceder.

No.	Nähere Bezeichnung	Zeit der Untersuchung	Wasser %	Stickstoff-Substanz %	Fett %	Stickstofffreie Extraktstoffe %	Rohfaser %	Asche %	Trocken: Stickstoff-Substanz %	Fett %	Stickstoff in der Trocken-Substanz %	Analytiker
1	Ohne nähere Bezeichnung	1890	9,00	6,00	56,00	4,30	—	2,60	6,59	61,53	1,05	Ed. Lehmann[10])

Kürbissamen. Cucurbita Pepo L.

No.	Nähere Bezeichnung	Zeit der Untersuchung	Wasser %	In der Trocken-Substanz: Stickstoff-Substanz %	Fett %	Stickstofffreie Extraktstoffe %	Rohfaser %	Asche %	Trocken: Stickstoff-Substanz %	Fett %	Stickstoff in der Trocken-Substanz %	Analytiker
1	Gelber Schweinekürbis aus Magyar Ovar, Kerne	1893	—	35,90	51,15	6,65	1,70	4,60	35,90	51,15	5,74	Th. Kosutany[11])
2	Gewöhnlicher Kürbis, Samen	„	—	30,31	38,45	9,21	18,10	3,42	30,31	38,45	4,85	
3	Gewöhnlicher Kürbis, Kerne	„	—	36,06	51,53	7,17	1,63	4,61	36,06	51,53	5,77	
4	Kerne	„	—	36,25	51.60	5,65	1,90	4,60	36.25	51,60	5,80	
	Kürbissamenkerne, Mittel für Trocken-Substanz	—	—	—	—	**6,49**	**1,74**	**4,61**	**36,07**	**51,43**	**5,77**	

[1]) Trans. Highl. Soc. Juli 1860, 376.
[2]) C. Schädler, Technologie der Fette. Berlin, 1883, 406.
[3]) Landw. Vers.-Stat. 1884, **30**, 145.
[4]) Experim. Stat. Rec. 1892, **3**, 542; Jahresb. Agrik.-Chem. 1892, **35**, 449.
[5]) Ber. Deutsch. chem. Gesellsch. 1872, **5**, 731.
[6]) Original-Mittheilung.
[7]) C. Schädler, Technologie der Fette. Berlin, 1883, 626.
[8]) Landw. Vers.-Stat. 1875, **18**, 472.
[9]) C. Schädler, Technologie der Fette. Berlin, 1883, 414.
[10]) Pharm. Zeitschr. Russland 1890, **29**, 257—264 u. 273—278; Chem. Centrbl. 1890, I, 1070.
[11]) Mitgetheilt von R. Ulbricht. Landw. Vers.-Stat. 1893, **43**, 267.

*) In Procenten der lufttrocknen Substanz enthielt dieselbe: In Wasser lösliche Stickstoff-Substanz 2,27 %, Zucker (zuckerbildende Substanz) 9,25 %, in Wasser lösliche Stoffe überhaupt 15,16 %.

**) Die Cedernüsse werden in Sibirien und Ostrussland vielfach als Nahrungs- u. Genussmittel gebraucht. Die Asche enthält: 17,4 % Kalk, 5,13 % Magnesia, 24,16 % Kali, 9,35 % Natron, 0,682 % Eisenoxyd, 33,11 % Phosphorsäure, 0,31 % Kieselsäure, 0,981 % Schwefelsäure, 6,2 % Kohlensäure und Spuren Chlor.

Oelsaaten verschiedener Abstammung.

No.	Nähere Bezeichnung	Zeit der Untersuchung	In der ursprünglichen Substanz: Wasser %	Stick-stoff-Substanz %	Fett %	Stickstoff-freie Extraktstoffe %	Roh-faser %	Asche %	In der Trocken-Substanz: Stick-stoff-Substanz %	Fett %	Stickstoff in der Trocken-Substanz %	Analytiker
1	Lamellaria resp. Lallemantia iberica, „Gundschide“ *)	1877	7,50	24,85	27,34	20,39	15,02	4,90	26,87	29,56	4,30	*E. Wildt* [1])
2	Perylla ocymoides, „Egoma“ **)	1880	5,41	21,52	43,42	11,33	13,88	4,44	22,76	45,80	3,64	*O. Kellner* [2])
3	Torreya nucifera, geschält, „Kaya“**)	„	4,96	7,31	68,07	12,64	5,27	1,75	7,69	72,62	1,23	*O. Kellner* [2])
4	Camellia japonica, „Tsubaki“ **)	„	3,01	8,80	70,01	12,96	3,36	1,86	9,07	72,18	2,26	*O. Kellner* [2])
5	Dracocephalum aristatum Bertol. (Lallemantia iberica Fisch u. Mey) aus Süd-Russland	1887	8,90	21,67 ***)	30,53	15,82	19,47	3,61 ***)	23,79	33,52	3,81	*L. Richter* [3])

Anhang zu Oelsamen.

Fettgehalt der Palmkerne.

H. Nördlinger (Zeitschr. angew. Chem. 1895, 19) fand für Palmkerne verschiedener Herkunft folgende Fettgehalte:

	Herkunft	Fett		Herkunft	Fett
1.	Sierra Leone mit Banana	48,6 %	12.	Togo-Gebiet (Franz. Besitzung)	49,3 %
2.	Insel Sherbro (Engl. Besitzung)	46,7 „	13.	Lagos (Engl. Besitzung)	50,4 „
3.	Liberia	49,4 „	14.	Benin desgl.	49,8 „
4.	Grand Bassa in Liberia	50,2 „	15.	Niger desgl.	50,5 „
5.	Half Jack (Franz. Besitzung)	50,8 „	16.	Brasis desgl.	52,5 „
6.	Appolonia (Engl. Besitzung)	47,2 „	17.	Calabar desgl.	50,9 „
7.	Dixcove desgl.	48,4 „	18.	Bonny desgl.	51,0 „
8.	Cap Coast-Castle desgl.	50,2 „	19.	Opobo desgl.	52,3 „
9.	Winnebah desgl.	46,1 „	20.	Kamerun (Deutsche Besitzung)	49,0 „
10.	Quitta desgl.	48,4 „	21.	Congo-Staat	47,4 „
11.	Togo-Gebiet desgl.	52,1 „	22.	Loanda (Portug. Besitzung)	50,9 „

---

[1]) Original-Mittheilung.

[2]) Mitthl. a. d. Agrikulturchem. Laboratorium d. K. land- u. forstw. Institute zu Tokio. Mitthl. d. Deutschen Gesellsch. f. Natur- u. Völkerkunde Ostasiens. Sonderabdruck aus **4**, 35.

[3]) Landw. Vers.-Stat. 1887, **33**, 455.

*) Eine in der persischen Abtheilung der Wiener Weltausstellung unter dem Namen „Gundschide siah“ ausgestellte, bei uns leicht reifende Sommerölsaat (Labiate). Die Pflanze wird in einer später veröffentlichten Mittheilung (Centrbl. f. Agrik.-Chem. 1879, **8**, 292) nicht Lamellaria, sondern „Lallemantia iberica Fisch. u. Mey“ genannt, welche letztere Bezeichnung die richtige sein dürfte.

**) In Procenten der Trocken-Substanz enthielten die Samen unter No. 3 u. 4 = 3,40 bezw. 1,17 % Eiweiss-Stickstoff, entsprechend 21,25 u. 7,31 % Eiweiss.

***) Verf. fand in der natürlichen Substanz 20,39 % Reineiweiss und für die kohlensäurefreie Reinasche folgende Zusammensetzung:

Eisenoxyd (Fe_2O_3)	Kalk (CaO)	Magnesia (MgO)	Kali (K_2O)	Natron (Na_2O)	Phosphorsäure (P_2O_5)	Schwefelsäure (SO_3)	Kieselsäure (SiO_2)	Chlor (Cl)
2,63 %	9,94 %	10,72 %	44,32 %	0,99 %	26,73 %	3,53 %	0,97 %	0,17 %

Fettgehalt von Aprikosen-, Kirschen-, Pflaumen- und Pfirsichsamen.

C. Micko (Zeitschr. Nahrungsm.-Unters., Hygiene Waarenk. 1893, 7, 169) fand hierfür folgende Zahlen:

Bezeichnung des Samens	Wasser	Fett in der		Spec. Gewicht des Oeles
		natürlichen Substanz	Trocken-Substanz	
	%	%	%	
Aprikosensamen	6,48	39,00	41,70	0,9211
Kirschensamen	4,75	35,82	37,61	0,9285
Pflaumensamen	4,99	42,25	44,47	0,9195
Pfirsichsamen	6,33	44,85	47,88	0,9215

Kokosnussmilch. Flüssiger Inhalt der Samenschale der Kokosnuss.

No.	Nähere Bezeichnung	Zeit der Untersuchung	Menge g	Spec. Gewicht bei 15,5°	Wasser %	Stickstoff-Substanz %	Fett %	Glukose %	Rohrzucker %	Asche %	Analytiker
1	Aus reifem Samen . . .	1875	151,9	1,0442	91,50	0,460	0,070	—	—	1,190	*Fr. Hammerbacher*[1]
2	desgl.	1891	109,6	1,0440	91,23	0,291	0,145	Spur	4,42	1,060	*L. van Slyke*[2] (Nr. 2–8)
	Mittel	—	**130,8**	**1,0441**	**91,37**	**0,376**	**0,108**	Spur	**4,42**	**1,125**	
3	Aus unreifem Samen 1	1891	230,5	1,0246	94,37	0,120	0,084	4,58	Spur	0,575	
4	Aus unreifem Samen 2	„	378,6	1,0230	94,48	0,126	0,100	3,83	„	0,635	
5	Aus unreifem Samen 3	„	347,0	1,0223	94,59	0,114	0,138	3,45	„	0,675	
6	Aus unreifem Samen 4	„	383,7	1,0230	94,89	0,205	0,131	4,06	„	0,611	
7	Aus unreifem Samen 5	„	350,0	1,0221	95,27	0,140	0,145	4,36	„	0,658	
8	Aus unreifem Samen 6	„	330,0	1,0215	96,43	0,095	0,120	3,56	„	0,602	
	Mittel	—	**338,7**	**1,0228**	**95,00**	**0,133**	**0,120**	**3,97**	Spur	**0,626**	

Mandelmilch-Extrakt.

Schweissinger (Chem. Centrbl. 1889, II, 156) fand für Mandelmilch-Extrakt folgende Zusammensetzung:

Wasser	Stickstoff-Substanz	Fett	Zucker	Sonstige stickstoff-freie Extraktstoffe	Mineralstoffe
35,58%	2,92%	7,45%	49,89%	3,82%	0,34%

[1]) Landw. Vers.-Stat. 1875, **18**, 472.

[2]) Chem. Centrbl. 1891, I, 595; Centrbl. Agrik.-Chem. 1891, **20**, 499. Das Wasser wurde durch Trocknen bei 60° bestimmt.

Sonstige Körner und Samen,

welche nur eine beschränkte Verwendung als Nahrungsmittel finden.

Quinoasamen. Chenopodium Quinoa L. Mehlschmergel. Kleiner Reis von Peru.

No.	Nähere Bezeichnung	Zeit der Untersuchung	In der ursprünglichen Substanz						In der Trocken-Substanz		Stickstoff in der Trocken-Substanz	Analytiker
			Wasser %	Stick-stoff-Substanz %	Fett %	Stickstoff-freie Extraktstoffe %	Roh-faser %	Asche %	Stick-stoff-Substanz %	Stickstoff-freie Extraktstoffe %	%	
1	Quinoa blanc	1848	15,00	15,00	4,50	61,50	1,50	2,50	17,64	72,37	2,82	*J. B. Boussingault*[1])
2	Ohne nähere Bezeichnung*)	1851	16,01	19,18	4,81	47,78	7,99	4,23	22,86	56,82	3,66	*A. Völcker*[2])

Rosskastanie. Samen von Aesculus Hippocastanum L.**)

No.	Nähere Bezeichnung	Zeit der Untersuchung	Wasser %	Stick-stoff-Substanz %	Fett %	Stickstoff-freie Extraktstoffe %	Roh-faser %	Asche %	Stick-stoff-Substanz % (Trocken-Substanz)	Stickstoff-freie Extraktstoffe % (Trocken-Substanz)	Stickstoff in der Trocken-Substanz %	Analytiker
1	Rosskastanienmehl . . .	1858	—	7,13	—	—	—	—	—	—	—	*R. Hoffmann*[3])
2	desgl.	„	13,37	7,22	—	—	—	—	8,33	—	1,33	*Mulder*[4])
3	Ohne nähere Bezeichnung .	„	48,06	3,13	—	—	—	1,66	6,03	—	0,96	*Payen*[5])
4	Kastanien, ungeschält . .	1871	18,79	6,91	3,21	65,34	4,00	1,75	8,51	80,47	1,36	*J. König*[6])
5	Garten in Lobositz, Lössmergel, kalkreich***) . .	1885	9,78	7,88	6,38	73,79		2,17	8,73	—	1,40	*J. Hanamann*[7])
6	Agezd bei Lobositz, reiner Basaltboden, kalk- und kalireich***)	„	10,18	7,88	6,00	73,65		2,29	8,77	—	1,40	
7	Priesen bei Lobositz, reiner Basaltboden, kalk- und kalireich***)	„	9,60	7,88	7,07	72,94		2,51	8,72	—	1,40	
8	Kronhaus, Plänerkalkboden***)	„	10,27	7,00	5,08	75,42		2,23	7,80	—	1,25	
9	Werder b. Lobositz, Alluvium der Elbe, kalireich***) .	„	9,65	6,56	6,67	74,95		2,17	7,31	—	1,17	
10	Wittingau, kalkarmer Tertiärboden***)	„	7,08	8,75	5,27	76,39		2,51	9,42	—	1,51	
11	Lufttrocken, geschroten . .	1866	13,50	5,71	3,46	74,47	1,30	1,56	6,60	71,20	1,06	*A. Stöckhardt*[8])
12	Kerne aus der Umgegend von Breslau	1887	8,37	7,16	6,62	73,04	2,57	2,24	7,81	79,72	1,25	*G. Gottwaldt*[9])

[1]) J. B. Boussingault, Die Landwirthschaft etc. **3**, 200.
[2]) Chem. pharm. Centrbl. 1851, 43. (Chim. Gaz. 1851.)
[3]) Böhm's Centrbl. 1858, 377; Weende'r Jahresber. 1857/61, **2**, 85.
[4]) Wilda's Centrbl. 1858, **2**, 404. Ebendaselbst.
[5]) Journ. Pharm. **16**, 279.
[6]) Landw. Ztg. f. Westfalen u. Lippe 1872, 101.
[7]) Fühling's landw. Ztg. 1885, 8; Centrbl. f. Agrik.-Chem. 1885, **14**, 263.
[8]) Chem. Ackersm. 1866, 167.
[9]) Journ. Landw. 1888, **36**, 339.

*) An näheren Bestandtheilen enthielt die untersuchte Probe:

	Stärke	Zucker und Extraktivstoffe	Gummi	Casein und Eiweiss	In Wasser unlösl. Stickstoff-Subst.
In der lufttrocknen Substanz .	38,72	5,12	3,94	7,47	11,71 %
In der Trocken-Substanz . . .	46,10	6,10	4,60	8,91	13,95 „

) Nach Hermstädt — soll wohl heissen Hermbstädt — (Weende'r Jahresber. 1857, **2, 84) enthält die Rosskastanie 17 % Eiweiss, 35 % Stärke und 20 % mehlartige Faser. — Nach Jaquelin enthalten Rosskastanien ca. 28 % Stärke, 11 % Cellulose und Pectin, 0,1 % Fett, 4 % Harz u. Oel, 1,35 % Asche, 12 % Dextrin, 1,6 % Zucker und 42 % Wasser. Centrbl. Agrik.-Chem. 1879, **8**, 952.

***) Die ungeschälten Kastanien wurden mittelst eines Messers in feine Scheiben geschnitten und an der Luft getrocknet.

No.	Nähere Bezeichnung	Zeit der Untersuchung	In der ursprünglichen Substanz: Wasser %	Stickstoff-Substanz %	Fett %	Stickstofffreie Extraktstoffe %	Rohfaser %	Asche %	In der Trocken-Substanz: Stickstoff-Substanz %	Stickstofffreie Extraktstoffe %	Stickstoff in der Trocken-Substanz %	Analytiker
13	Ganze Frucht, ungeschält*)	1890	45,96	4,07	3,04	42,60	3,00	1,33	7,53	78,83	1,20	*Niederhäuser*[1])
14	„ „ geschält*) .	„	46,88	4,38	3,49	42,38	1,49	1,38	8,25	79,80	1,32	
	Lufttrockne Rosskastanie (No. 4—12) Mittel . . .	—	**10,80**	**7,31**	**5,53**	**81,25**	**2,95**	**2,16**	**8,19**	**91,09**	**1,31**	
	Kastanien. Früchte von Castanea vesca Gaertn.											
	Nicht entschält.											
1	Italienische, von Como**) .	—	—	3,57	0,87	—	4,09	1,62	—	—	—	*Albini*[2])
2	desgl., von Val Fravaglio**)	—	—	4,53	0,59	—	—	1,54	—	—	—	
3	desgl., von Verona**) . .	—	—	—	0,87	—	—	—	—	—	—	
4	desgl., von Valtinella **). .	—	—	4,25	1,00	—	3,16	—	—	—	—	
5	desgl., nähere Herkunft unbekannt**)	—	—	—	—	—	—	1,44	—	—	—	
6	Ohne nähere Bezeichnung .	—	54,21	3,31	—	—	—	1,85	7,22	—	1,16	*Payen*[3])
7	Essbare Kastanien***) . .	1867	48,75	3,26	1,75	—	—	—	6,90	—	1,10	*E. Dieterich*[4])
8	Von gesundem Baume⁰) . .	1871	27,90	4,31	3,74	51,79	10,00	2,26	5,98	71,85	0,96	*G. Antonielli*[5])
9	Von krankem Baume⁰) . .	„	28,41	3,69	2,77	53.46	9,32	2,35	5,15	74,68	0,82	
	Mittel (No. 6—9)	—	**39,82**	**3,80**	**2,49**	**43,71**	**8,09**	**2,09**	**6,31**	**72,61**	**1,01**	
	Entschält.											
1⁰⁰)	Maronen (mit 85,5 % Kernen)	1873	7,34	13,37	2,42	71,16	2,78	2,93	14,50	76,73	2,32	*J. Nessler und von Fellenberg*[6])
2⁰⁰)	Frühkastanien (mit 82,0 % Kernen)	„	7,34⁰⁰⁰)	14,59	2,42	69,04	3,36	3,25	15,75	74,50	2,52	
3⁰⁰)	Spätkastanien (mit 84,8 % Kernen)	„	7,34	11,77	2,33	72,05	3,09	3,42	12,70	77,76	2,03	
4	Getrocknete, ganze Kastanien aus der Schweiz†) . . .	1887	4,91	8,06	3,51	78,15	2,40	2,97	8,48	82,19	1,36	*H. Weigmann u. E. Fricke*[7])

[1]) Centrbl. Agrik.-Chem. 1890, **19**, 494.
[2]) Moleschott's Physiologie der Nahrungsmittel.
[3]) Journ. Pharmac. **16**, 279.
[4]) Hoffmann's Jahresber. 1867, **10**, 67; Chem. Centrbl. 1867, 277.
[5]) La Stazione agraria di Modena. Bull. No. 1. Modena, 1871, 54.
[6]) Wochenbl. d. landw. Ver. Baden 1873, 94.
[7]) Original-Mittheilung.

*) Niederhäuser fand von der Stickstoff-Substanz der Trocken-Substanz der geschälten Kastanien 7,37 % verdaulich. Die Samenschale enthielt 41,22 % Wasser und in der Trocken-Substanz 4,20 % Stickstoff-Substanz, 1,19 % Rohfett, 74,35 % stickstofffreie Extraktstoffe, 18,46 % Rohfaser und 1,80 % Reinasche.

**) An weiteren näheren Bestandtheilen enthielten diese Kastanien:

	Eiweiss, unlösl. %	Eiweissart. Stoffe %	Stärke %	Dextrin %	Zucker %
No. 1	1,02	2,55	18,25	11,34	8,63
No. 2	—	4,53	11,39	—	8,52
No. 3	—	—	—	11,10	—
No. 4	—	4,25	11,31	—	—
No. 5	0,50	—	—	—	—

***) Als nähere Bestandtheile führt E. Dieterich für die lufttrockne Substanz noch folgende an: Zucker 0,415 %, Stärke 29,92 %, Zellgewebe nebst Gummi, Harz, Bitterstoff, eisengrünender Gerbstoff, Aepfel-, Citronen- und Milchsäure 15,905 %. Der Aetherextrakt ist als ein nicht trocknendes, fettes Oel bezeichnet.

⁰) Bei No. 8 kamen auf 8,91 g Frucht 1,39 g Schalen; bei No. 9 auf 8,70 g Frucht 1,20 g Schalen. Die Kastanien enthielten ferner in Procenten der frischen Substanz:

	No. 8	No. 9
Zucker	5,20	5,22
Stärke und Dextrin . . .	46,42	47,93

⁰⁰) In Procenten der Trocken-Substanz enthielten diese Kastanien folgende Mengen in Zucker überführbarer Stoffe (als Zucker berechnet): No. 1 = 60,34 %, No. 2 = 60,44 % und No. 3 = 59,96 %.

⁰⁰⁰) Der Wassergehalt ist nach dem Mittel von No. 4 u. 5 angenommen.

†) Es ergaben sich ferner für die wasserhaltige Substanz:
Fertig gebildeter Zucker u. Dextrin 7,91 %, Stärke 43,17 % u. sonstige stickstofffreie Extraktstoffe 27,07 %

No.	Nähere Bezeichnung	Zeit der Untersuchung	In der ursprünglichen Substanz: Wasser %	Stickstoff-Substanz %	Fett %	Stickstofffreie Extraktstoffe %	Rohfaser %	Asche %	In der Trocken-Substanz: Stickstoff-Substanz %	Stickstofffreie Extraktstoffe %	Stickstoff in der Trocken-Substanz %	Analytiker
5*)	Aus Spanien, 5 Jahre gelagert	1891	8,44	8,80	6,51	71,15	2,33	2,77	9,61	77,70	1,54	W. Frear, W. S. Sweetser u. J. A. Fries[1])
6*)	„ „ trocken . . .	„	7,27	11,10	8,92	67,41	2,45	2,85	10,96	73,75	1,75	
7*)	„Paragon“ aus Marietta, Pa. von 4-jährigen Bäumen; 1890-er Ernte	„	8,57	10,16	8,88	67,10	2,63	2,66	12,14	72,30	1,94	
8*)	„Numbo“ aus Morrisvilla, Pa., breit, frisch; von europäischer Art stammend .	„	47,73	5,53	5,99	37,24	1,95	1,56	10,58	71,04	1,69	
9*)	„Moon“, sehr süss, frisch; 1890-er Ernte; von amerikanischer Art stammend .	„	48,61	5,52	5,65	36,98	1,67	1,57	10,74	71,95	1,72	
10*)	„Solebury“, breit, süss, frisch; 1890-er Ernte; von europäischer Art stammend .	„	34,45	6,24	7,65	47,70	2,31	1,65	9,51	72,80	1,52	
11*)	Einheimische wilde Kastanie, 1890-er Ernte: frisch .	„	44,88	6,74	9,05	45,91	1,98	1,44	12,23	65,03	1,96	
12*)	Einheimische wilde Kastanie, 1890-er Ernte: trocken .	„	6,25	11,44	15,08	62,02	2,66	2,55	12,20	66,16	1,96	
13	Italienische, in Amerika gewachsen, frisch: aus Amador Station . .	1895	53,76	6,62	2,03	35,45	1,39	**) 0,75	14,31	76,72	2,29	G. E. Colby[2])
14	Italienische, in Amerika gewachsen, frisch: aus Santa Paula . .	„	52,72	4,12	1,96	38,85	1,52	**) 0,83	8,70	82,19	1,47	
Mittel	Frische Kastanien (No. 8-11, 13, 14)	—	**47,03**	**6,14**	**4,12**	**39,67**	**1,61**	**1,43**	**11,60**	**74,34**	**1,86**	
	Lufttrock. „ (No. 1—7, 12)	—	**7,22**	**10,76**	**7,22**	**69,29**	**2,84**	**2,67**				

Ueber die Zusammensetzung des Kastanienmehles siehe unter „Mehle“ S. 638.

Eicheln. Früchte von verschiedenen Quercus-Arten.

Ungeschält.

No.	Nähere Bezeichnung	Zeit der Untersuchung	Wasser %	Stickstoff-Substanz %	Fett %	Stickstofffreie Extraktstoffe %	Rohfaser %	Asche %	Tr.: Stickstoff-Substanz %	Tr.: Stickstofffreie Extraktstoffe %	Stickstoff in der Trocken-Substanz %	Analytiker
1	Ohne nähere Bezeichnung .	1848	56,00	2,00	2,30	34,20	4,50	1,00	4,54	77,74	0,73	J. B. Boussingault[3])
2	desgl.	1863	41,47	2,59	2,08	33,38	19,41	1,07	4,23	61,99	0,71	Th. Dietrich[4])
3	desgl.	1868	54,60	2,09	1,52	36,49	4,26	1,04	4,60	80,37	0,74	Th. Dietrich[5])
4	desgl.	„	26,00	4,50	3,40	53,60	10,50	2,00	6,08	72,24	0,97	Ed. Peters[6])
5	Halbtrocken	1875	36,08	4,09	3,26	49,29	6,14	1,14	6,40	77,02	1,02	E. Wolff u. C. Kreuzhage[7])

1) Rep. of the Pennsylvania State College für 1891. II. Th. Agric. Exp. Stat. 173.
2) Partial Rep. of Work of the Agric. Exp. Stat. of the University of California. 1898, 142.
3) J. B. Boussingault, Die Landwirthschaft in ihren Beziehungen zur Chemie etc. **3**, 200.
4) Landw. Anz. f. Kurhessen 1863, 22.
5) Anz. d. landw. Centralver. f. d. Rgbz. Cassel 1868, 179.
6) Der Landwirth 1868, 362.
7) Württembergisches Wochenbl. f. Landwirthschaft 1882, 230.

*) W. Frear und seine Mitarbeiter fanden ferner in der Trocken-Substanz:

	No. 5	6	7	8	9	10	11	12
Reineiweiss	8,38	10,91	9,28	8,68	9,63	8,07	11,84	10,53 %
Glukose	5,17	9,13	12,63	6,76	6,71	13,78	14,06	3,50 „
Dextrin	17,45	11,05	8,23	14,40	14,74	15,02	7,63	12,01 „
Stärke	24,24	32,15	23,87	20,49	33,95	34,27	16,81	50,65 „
Sonstige stickstofffreie Extraktstoffe	30,84	19,97	29,02	29,39	16,55	9,73	26,53	

**) Verf. fand für die Reinasche folgende Zusammensetzung:

Eisenoxyd + Thonerde ($Fe_2O_3 + Al_2O_3$)	Manganoxydul (MnO)	Kalk (CaO)	Magnesia (MgO)	Kali (K_2O)	Natron (Na_2O)	Phosphorsäure (P_2O_5)	Schwefelsäure (SO_3)	Kieselsäure (SiO_2)	Chlor (Cl)
0,41	0,16	4,63	8,05	48,67	1,20	23,55	12,81	0,18	0,34 %

No.	Nähere Bezeichnung	Zeit der Untersuchung	In der ursprünglichen Substanz: Wasser %	Stick-stoff-Substanz %	Fett %	Stickstoff-freie Extraktstoffe %	Roh-faser %	Asche %	In der Trocken-Substanz: Stick-stoff-Substanz %	Stickstoff-freie Extraktstoffe %	Stickstoff in der Trocken-Substanz %	Analytiker
6	An der Luft oberflächlich getrocknet	1879	43,52	3,67	2,58	43,35	5,89	0,99	6,50	76,75	1,04	*H. Weiske, G. Kennepohl u. B. Schulze* [1]
7	Querc. Robur L. fructus Ghiande*)	1873	21,25	12,25	2,47	45,22	14,00	1,81	15,56	61,27	2,49	*Al. Pasqualini* [2]
8	Querc. Robur L. Ghiande (gedörrt?)**)	1877	15,38	6,89	3,99	53,22	15,94	4,58	8,14	62,89	1,30	*Al. Pasqualini* [3]
9	Querc. pedunculata, frische ganze Eicheln***) . . .	1880	37,77	3,26	3,08	46,83	8,03	1,03	5,23	75,26	0,84	*Heinr. Czubata* [4]
10	Querc. Cerris, frische ganze Eicheln***)	„	39,12	2,41	5,67	45,27	6,37	1,16	3,96	74,35	0,63	*Heinr. Czubata* [4]
	Mittel	—	**37,12**	**4,11**	**3,05**	**45,27**	**8,95**	**1,50**	**6,54**	**72,00**	**1,05**	

Eicheln, entschält, frisch.[0]

No.	Nähere Bezeichnung	Zeit der Untersuchung	Wasser %	Stick-stoff-Substanz %	Fett %	Stickstoff-freie Extraktstoffe %	Roh-faser %	Asche %	Trocken: Stick-stoff-Substanz %	Stickstoff-freie Extraktstoffe %	Stickstoff in der Trocken-Substanz %	Analytiker
1	Stieleiche, Querc. Robur L.[00]	1856	32,03	4,19	4,00	50,28	6,50	3,00	6,16	73,99	0,99	*J. Moser* [5]
2	Traubeneiche, Querc. sessiliflora Salisb.[00]	„	24,06	7,17	5,45	53,72	6,50	3,10	9,44	70,74	1,51	*J. Moser* [5]
3	„Eicheln"	1858	—	7,30	—	—	—	—	—	—	—	*Vlanderen* [6]
4	„Kerne"	1863	50,15	3,13	2,52	40,36	2,55	1,29	6,28	80,95	1,00	*Th. Dietrich* [7]
5	„Acorns"[000], Kerne . . .	1868	40,88	4,39	2,64	46,74	3,94	1,41	7,42	79,08	1,19	*A. Völcker* [8]
6	Frisch	1877	37,66	5,58	2,92	47,12	5,24	1,48	8,95	75,60	1,43	*A. Petermann* [9]
7	An der Luft getrocknet .	„	22,83	6,91	3,61	58,43	6,49	1,73	8,96	75,71	1,43	*A. Petermann* [9]

[1]) Journ. f. Landwirthsch. 1880, **28**, 125. Die Rohfaser ist stickstoff- und aschefrei, die Asche kohle- u. kohlensäure.
[2]) Ann. Staz. Agrar. Forli 1873, 6.
[3]) Ebendaselbst 1877, 49.
[4]) Centrbl. f. d. gesammte Forstwesen 1880, **6**, 56; Centrbl. Agrik.-Chem. 1880, **9**, 327.
[5]) Arenstein's land- u. forstw. Ztg. 1856, 380; Weende'r Jahresber. 1855/56, **2**, 21.
[6]) Donder's u. Berlin's Archiv für die Holländischen Beiträge zur Natur- und Heilkunde **I**, 415; Hoffmann's Jahresber. 1858/59, **I**, 68.
[7]) Landw. Anz. f. Kurhessen 1863, 22.
[8]) Journ. Roy. Agric. Soc. England 1868, **4**, 388.
[9]) Original-Mittheilung, auch Bull. Stat. Agric. Gembloux No. 16.

*) Die Eicheln enthielten in Procenten der lufttrocknen Substanz 31,47 % Stärke, 6,10 % Zucker und 7,64 % andere stickstofffreie Extraktstoffe.

**) In Procenten der lufttrocknen Substanz enthielten die Eicheln 32,64 % Stärke, 7,39 % Zucker und 12,42 % andere stickstofffreie Extraktstoffe, ferner 21,63 % in Wasser lösliche Stoffe, davon 2,87 % Salze, 0,077 % Stickstoff.

***) Die Bestandtheile der Eicheln vertheilen sich auf die Theile der Eicheln in folgender Weise:

		Stickstoff-Substanz	Fett	Stickstofffr. Extraktstoffe	Rohfaser	Asche
Qu. pedunculata	Kerne . . .	4,53 %	4,53 %	63,33 %	1,46 %	1,25 %
	Samenhülle .	0,70 „	0,43 „	11,93 „	11,44 „	0,41 „
Qu. Cerris	Kerne . . .	3,74 „	9,02 „	62,57 „	1,96 „	1,54 „
	Samenhülle .	0,72 „	0,30 „	11,78 „	8,50 „	0,37 „

[0]) Braconnot (Liebig u. Kopp's Jahresber. d. Chemie 1849, **2**, 485; Ann. chim. phys. [3], **27**, 392) fand in den geschälten Eicheln (von Quercus racemosa und sessiliflora) 31,80 % Wasser, 36,94 % Stärke, 1,90 % Lignin, 15,82 % Legumin mit Tannin, 5,0 % Extraktivstoffe, 7,00 % unkrystallisirbaren Zucker, 3,27 % fettes Oel, 0,38 % Kali, 0,19 % schwefelsaures Kali, 0,01 % Chlorkalium, 0,05 % phosphorsaures Kali, 0,27 % phosphorsauren Kalk (Summe dieser Bestandtheile 102,63) Spuren von Kieselerde und Eisenoxyd, unbestimmte Mengen von Citronensäure und Milchzucker oder eine diesem nahestehende Zuckerart.

[00]) Die Eicheln der Traubeneiche waren zur Zeit der Untersuchung in nicht ganz frischem Zustande. Die Schalen derselben betrugen 18,18 % der lufttrocknen Substanz.

[000]) Die Eicheln enthielten 13,90 % Schalen und 86,10 % Kerne. Die Analyse bezieht sich auf letztere.

No.	Nähere Bezeichnung	Zeit der Untersuchung	In der ursprünglichen Substanz: Wasser %	Stickstoff-Substanz %	Fett %	Stickstofffreie Extraktstoffe %	Rohfaser %	Asche %	In der Trocken-Substanz: Stickstoff-Substanz %	Stickstofffreie Extraktstoffe %	Stickstoff in der Trocken-Substanz %	Analytiker
8	Querc. pedunculata*) . .	1880	—	—	—	—	—	—	6,03	83,19	0,96	*H. Czubata*[1]
9	Querc. Cerris*)	„	—	—	—	—	—	—	4,14	79,71	0,66	
	Mittel	—	**34,90**	**4,67**	**4,03**	**50,36**	**4,17**	**1,87**	**7,17**	**77,37**	**1,15**	
	Entschält, gedörrt.											
1	Ohne nähere Bezeichnung .	1848	20,00	5,00	4,30	64,50	4,60	1,60	6,25	80,62	1,00	*J. B. Boussingault*[2]
2	desgl.	1868	11,40	5,45	3,99	71,98	5,08	2,90	6,15	80,34	0,98	*Th. Dietrich*[3]
3	desgl.	„	14,30	5,80	3,60	69,90	4,80	1,60	6,77	81,56	1,08	*E. Peters*[4]
4	Nach Abzug von 16,6 % Schale	1863	15,80	5,03	4,35	67,15	5,84	1,83	5,98	79,74	0,96	*G. Kühn*[5]
5	Lufttrocken	—	13,50	8,91	4,84	74,78	3,98	1,99	10,30	63,30	1,65	*A. Stöckhardt*[6]
	Mittel	—	**15,00**	**6,02**	**4,22**	**67,92**	**4,87**	**1,97**	**7,09**	**79,89**	**1,13**	

Unkrautsamen.

Im Anschlusse an die in den vorstehenden Abschnitten behandelten Cerealien, Leguminosen etc. mögen hier auch die Analysen einiger häufig in denselben vorkommender Unkrautsamen Aufnahme finden, von denen einige auch hier und da in Hungerjahren zur Brotbereitung gedient haben.

No.	Nähere Bezeichnung	Zeit der Untersuchung	In der ursprünglichen Substanz: Wasser %	Stickstoff-Substanz %	Fett %	Stickstofffreie Extraktstoffe %	Rohfaser %	Asche %	In der Trocken-Substanz: Stickstoff-Substanz %	Stickstofffreie Extraktstoffe %	Stickstoff in der Trocken-Substanz %	Analytiker
	Spergel. Spergula maxima L.											
1	Aus Oesterreich	1890	10,10	13,94	10,23	59,15	6,24	(0,26)	18,90	68,13	3,02	*W. Loebe*[7]
2	Aus Dänemark, wild wachsend	1897	12,15	13,06	9,56	53,60	8,63	3,00	14,86	61,01	2,38	*B. Bøggild*[8]
	Kornrade. Agrostemma Githago L.											
1	Ohne nähere Bezeichnung .	1874	13,18	16,41	5,45	46,57	6,33	(12,06)	18,90	53,54	3,02	*R. Ulbricht und L. Ordody*[9]
2	desgl.	„	12,04	14,69	5,21	57,76	6,76	4,54	16,70	64,53	2,67	*R. Ulbricht und J. Potasy*[9]

[1]) Centrbl. f. d. ges. Forstw. 1880, 56; Centrbl. Agrik.-Chem. 1880, **9**, 327.
[2]) J. B. Boussingault, Die Landwirthschaft in ihren Beziehungen zur Chemie etc. **3**, 200.
[3]) Anz. d. landw. Centralver. f. d. Rgbz. Cassel 1868, 186.
[4]) Der Landwirth 1868, 362.
[5]) Journ. f. Landwirthsch. 1863, 240.
[6]) Chem. Ackersm. 1866, 167. Unter den 63,3 % stickstofffreien Extraktstoffen befinden sich 9,3 % Gerbstoff.
[7]) Oesterr. landw. Wochenbl. 1890, 22; Jahresber. Agrik.-Chem. 1890, **33**, 443.
[8]) Ugeskrift for Landmaend 1897; Centrbl. Agrik.-Chem. 1897, **26**, 347.
[9]) Original-Mittheilung.

*) Die Kerne (geschälte Eicheln) haben folgende nähere Zusammensetzung (in Procenten der Trocken-Substanz):

	In Wasser lösliche Bestandtheile: Zucker	Dextrin	Stickstoff-Substanz, nicht koagulirbar	Sonstige organ. Stoffe	Asche	In Wasser unlösliche Bestandtheile: Asche	Stickstoff-Substanz	Stärke	Sonstige organ. Stoffe
Qu. pedunculata	3,31	—	1,21	11,82	2,70	0,10	4,82	64,48	5,01
Qu. Cerris . .	6,81	4,72	0,62	7,97	1,99	0,20	3,52	58,54	1,60

No.	Nähere Bezeichnung	Zeit der Untersuchung	In der ursprünglichen Substanz: Wasser %	Stick-stoff-Substanz %	Fett %	Stickstoff-freie Ex-traktstoffe %	Roh-faser %	Asche %	In der Trocken-Substanz: Stick-stoff-Substanz %	Stickstoff-freie Ex-traktstoffe %	Stickstoff in der Trocken-Substanz %	Analytiker
3	Ohne nähere Bezeichnung .	1882	11,69	15,25	3,33	61,11	5,70	2,92	17,26	69,21	2,76	*J. Moser*[1])
4	desgl.	1889	11,50	14,46	7,09	54,43 *)	8,23	3,97	16,34	61,50	2,61	*K. B. Lehmann u. Mori*[2])
5	Kornradesamen-Schrot . .	1891	15,14	11,21	5,50	60,99	3,86	3,40	13,21	71,87	2,11	*Ulbricht und Sauermann*[3])
	Mittel	—	**12,71**	**14,35**	**5,32**	**57,73**	**6,18**	**3,71**	**16,44**	**66,14**	**2,63**	

Wegerich. Plantago lanceolata L.

No.	Nähere Bezeichnung	Zeit der Untersuchung	Wasser %	Stickstoff-Substanz %	Fett %	Stickstofffreie Extraktstoffe %	Rohfaser %	Asche %	Trocken: Stickstoff-Substanz %	Trocken: Stickstofffreie Extraktstoffe %	Stickstoff in der Trocken-Substanz %	Analytiker
1	Samen vom Jahre 1877 .	1878	11,66	16,75	9,00	33,07	26,12	3,40	18,86	37,53	3,02	*Holdefleiss*[4])
2	desgl. „ „ 1878 .	„	11,50	16,31	8,11	40,46	20,92	2,70	18,43	45,62	2,05	

Ackermelde, Weisser Gänsefuss. Chenopodium album L.

No.	Nähere Bezeichnung	Zeit der Untersuchung	Wasser %	Stickstoff-Substanz %	Fett %	Stickstofffreie Extraktstoffe %	Rohfaser %	Asche %	Trocken: Stickstoff-Substanz %	Trocken: Stickstofffreie Extraktstoffe %	Stickstoff in der Trocken-Substanz %	Analytiker
1	Aus dem Gouvernement Tulsk, Probe 1	—	17,04	15,75	5,88	37,70	17,58	6,05	19,01	45,44	3,05	*Kapustin*[5])
2	„ 2	—	10,66	13,88	6,28	47,42	16,52	5,24	15,54	53,08	2,49	*Erismann*[5])
3	„ 3	—	10,92	17,60	6,93	38,52	21,45	4,58	19,76	43,24	3,16	?[5])
4	Samen	1893	10,33	13,94 **)	6,97	39,30	25,68	3,88	15,55	43,81	2,49	*G. Baumert und K. Halpern*[6])
5	Hülle (wird mitvermahlen) .	„	7,45	12,25 **)	2,86	39,66	17,39	19,85	13,24	42,85	2,12	
	Mittel (No. 1—4)	—	**12,22**	**15,29**	**6,51**	**40,73**	**20,31**	**4,94**	**17,42**	**46,40**	**2,79**	

Feld-Pfennigkraut. Thlaspi arvense L.

No.	Nähere Bezeichnung	Zeit der Untersuchung	Wasser %	Stickstoff-Substanz %	Fett %	Stickstofffreie Extraktstoffe %	Rohfaser %	Asche %	Trocken: Stickstoff-Substanz %	Trocken: Stickstofffreie Extraktstoffe %	Stickstoff in der Trocken-Substanz %	Analytiker
1	Aus der Umgegend von Christiania***)	1895	7,58	22,28 0)	34,75	7,72	22,85	5,00	24,11	24,76	3,86	*Fr. Werenskiold*[7])

Hederich. Raphanus Raphanistrum L.

No.	Nähere Bezeichnung	Zeit der Untersuchung	Wasser %	Stickstoff-Substanz %	Fett %	Stickstofffreie Extraktstoffe %	Rohfaser %	Asche %	Trocken: Stickstoff-Substanz %	Trocken: Stickstofffreie Extraktstoffe %	Stickstoff in der Trocken-Substanz %	Analytiker
1	Ohne nähere Bezeichnung 00)	1890	7,12	23,60	25,56	22,17	10,13	11,42	25,42	27.53	4,07	*Holdefleiss*[8])

[1]) Bericht der Versuchsstation Wien für 1882/83, S. 3.
[2]) Arch. Hyg. 1889, **9**, 257.
[3]) Landwirth 1891, **38**, 318; Jahresber. Agrik.-Chem. 1891, **34**, 449.
[4]) Deutsche landw. Presse 1879, 273.
[5]) Mitgetheilt von F. Baumert u. K. Halpern. Vergl. Anmerkung [6]).
[6]) Arch. Pharm. 1893, **231**, 641—644; Chem. Centrbl. 1894, I, 293.
[7]) Tidskrift for det Norske Landbrug 1895, **2**, 145; Centrbl. Agrik.-Chem. 1895, **24**, 601.
[8]) Fühling's Landw. Ztg. 1890, **39**, 793; Jahresber. Agrik.-Chem. 1890, **33**, 444.

*) Davon sind 6,6 % Saponin.

**) Die Samen enthielten 12,56 %, die Hülle 9,91 % Reineiweiss.

***) Nach der Methode von Schlicht wurden 0,836 % Knoblauchöl gefunden, ferner fand Verf. 1,60 % Licithin (nach Schulze) und 1,84 % Rohrzucker.

0) Von der Stickstoff-Substanz bestanden 87,67 % aus Eiweissstickstoff.

00) Holdefleiss fand ferner 18,88 % verdauliche Stickstoff-Substanz, 23,00 % verdauliches Fett und 18,62 % verdauliche stickstofffreie Extraktstoffe.

Mehle.

Natürliche Mehle.

Weizenmehl.

1. Feinstes Weizenmehl.

No.	Nähere Bezeichnung	Zeit der Untersuchung	In der ursprünglichen Substanz: Wasser %	Stick-stoff-Substanz %	Fett %	Stickstoff-freie Extraktstoffe %	Roh-faser %	Asche %	In der Trocken-Substanz: Stick-stoff-Substanz %	Stickstoff-freie Extraktstoffe %	Stickstoff in der Trocken-Substanz %	Analytiker
1*)	Feinstes Weizenmehl . .	1860	15,54	8,00	1,07	—	—	—	10,00	—	1,52	v. Bibra [1])
2*)	desgl.	„	14,44	10,58	1,17	—	—	—	12,38	—	1,98	v. Bibra [1])
						Stärke				Stärke		
3	Auszugmehl No. 0 aus Pest	1868	10,08	10,30	—	(72,14)	—	0,38	12,56	(80,23)	2,01	O. Dempwolf [2])
4	desgl. „ 1 aus Pest	„	10,62	11,57	—	(71,02)	—	0,42	12,94	(79,46)	2,07	O. Dempwolf [2])
5	desgl. „ 2 aus Pest	„	10,49	11,68	—	(68,82)	—	0,45	13,06	(76,88)	2,09	O. Dempwolf [2])
						Stickstofffreie Extraktstoffe				Stickstofffreie Extraktstoffe		
6	Weizenmehl „ 0 aus Münster	1877	14,64	8,06	1,24	74,11	0,35	0,60	9,44	86,82	1,51	J. König u. C. Krauch [3])
7	desgl. „ 0 aus Münster	„	14,84	9,00	0,96	74,27	0,31	0,62	10,56	87,21	1,69	J. König u. C. Krauch [3])
8	desgl. No. 0**) aus Münster	1879	14,76	9,44	0,54	74,38	0,37	0,51	11,13	87,26	1,78	G. Laube u. v. Wodzinsky [4])
9	desgl. „ 0 aus Münster	„	15,19	9,87	0,44	73,54	0,47	0,49	11,63	86,71	1,86	G. Laube u. v. Wodzinsky [4])
10	desgl. No. 1 aus Amerika .	1880	12,79	12,31	1,19	73,14	0,07	0,50	13,13	83,87	2,26	S. W. Johnson [5])
11	desgl. „ 0 aus Münster .	1883	15,49	9,81 ***)	—	—	—	—	11,61	—	1,86	J. Cosack [3])
12	Weizenmehl aus Amerika: Winterweizenmehl, Mittel aus 6 Anal.	1886	12,96	8,56	1,19	76,59	0,17	0,53	9,83	87,88	1,57	E. H. Jenkins [6])
13	Weizenmehl aus Amerika: Sommerweizenmehl, Mittel aus 6 Anal.	„	12,32	10,68	1,11	75,00	0,22	0,64	12,18	85,54	1,95	E. H. Jenkins [6])
14	Weizenmehl aus Amerika: Mittel aus 25 Analysen von verschiedenen Mehlen .	„	12,56	11,28	1,20	74,13	0,27	0,56	12,90	84,77	2,06	E. H. Jenkins [6])
15	Aus Middletown, U. S. Amerika	1891	14,27	11,41	1,22	72,67		0,43	13,31	—	2,13	W. O. Atwater u. Chas D. Woods [7])
16	Aus Middletown, U. S. Amerika	„	11,83	13,45	1,25	72,97		0,50	15,25	—	2,44	W. O. Atwater u. Chas D. Woods [7])
17	Weizenmehl, amerikanisches, Mittel vieler Analysen [0]) .	1885	11,60	11,10	1,10	75,40	0,20	0,60	13,01	88,37	2,08	W. O. Atwater [8])
18	desgl., 22 Analysen . . .	1894	12,50	11,00	1,10	74,90		0,50	12,57	85,60	2,01	derselbe [9])

[1]) v. Bibra, Die Getreidearten und das Brot 1861, 193.
[2]) Ann. Chem. Pharm. 1869, **144**, 343; Jahresber. Agrik.-Chem. 1868/69, 748.
[3]) Original-Mittheilung.
[4]) Landw. Ztg. f. Westf. u. Lippe 1879, No. 45.
[5]) Ann. Report of Connecticut Agric. Exper. Stat. 1880, 85.
[6]) Ann. Report of Connecticut Exper. Stat. 1886, 95; Jahresber. Agrik.-Chem. 1887, **30**, 437.
[7]) Storrs School, Agric. Exper. Stat. 4. Jahresber. 1891, 74.
[8]) Contributions to the knowledge of the Chem. Compos. of american food-fishes. Washington, 1885, 494.
[9]) U. S. Dep. of Agric. Bull. **23**. Washington 1894.

*) Es enthielt:

	No. 1	No. 2
Zucker	2,33 %	2,31 %
Gummi	0,25 „	5,82 „

**) Nach einem neuen Mahlverfahren gewonnen, wobei das Mehl nicht zwischen Steinen zermahlen, sondern zwischen Walzen gequetscht und dann zwischen Desintegratoren zerkleinert wird.

***) Hiervon waren 7,68 % Reineiweiss, mit künstlichem Magensaft 9,26 % verdaulich und 0,55 % unverdaulich.

[0]) Die Minima und Maxima für amerikanisches Weizenmehl werden wie folgt angegeben:

	Wasser	Stickstoff-Substanz	Fett	Stickstofffreie Extraktstoffe	Rohfaser	Asche
Minimum . . .	8,3 %	8,6 %	0,6 %	68,3 %	0,1 %	0,3 %
Maximum . . .	13,5 „	13,6 „	2,0 „	78,5 „	1,2 „	1,5 „

No.	Nähere Bezeichnung	Zeit der Untersuchung	In der ursprünglichen Substanz: Wasser %	Stickstoff-Substanz %	Fett %	Stickstofffreie Extraktstoffe %	Rohfaser %	Asche %	In der Trocken-Substanz: Stickstoff-Substanz %	Stickstofffreie Extraktstoffe %	Stickstoff in der Trocken-Substanz %	Analytiker
19	Ohne nähere Bezeichnung	1893	13,21	11,83	1,22	73,09	0,23	0,43	13,63	84,21	2,28	*Eug. Sell*[1])
20	Französisches Kommissbrotmehl (70% Ausbeute; erste Mahlung)*)	1896	12,50	11,08	1,25	74,21	0,32	0,64	12,67	84,81	2,03	*Balland*[2])
21	desgl. (80% Ausbeute; ganze Mahlung)*)	„	12,20	11,25	1,40	74,13	0,34	0,68	12,81	84,32	2,05	*Balland*[2])
22	Mit 30% Kleie-Auszug (Militair-Zwiebackmehl)	1890	8,92	9,76	0,34	79,50	0,88	0,60	10,72	87,28	1,72	*Plagge und Lebbin*[3])
23	Mit 30% Kleie-Auszug (Militair-Zwiebackmehl)	1892 April	12,72	9,64	2,97	74,09		0,58	11,05	—	1,77	*Plagge und Lebbin*[3])
24	Weizenmehl 000	?	12,44	9,55	0,96	76,45 **)	0,18	0,42	10,92	87,30	1,74	*C. Kornauth*[4])
25	Aus Sommerweizen von Minnesota	1896	9,44	13,28	0,91	75,66	0,24	0,47	14,66	77,66	2,35	*Winthrop u. E. Stone*[5])
26	Aus Winterweizen v. Indiana	„	9,92	12,37	1,04	76,15	0,21	0,31	13,73	84,54	2,20	*Winthrop u. E. Stone*[5])
	Mittel	—	**12 63**	**10,68**	**1,13**	**74,69**	**0.30**	**0,52**	**12,22**	**85,49**	**1,96**	
	Schwankungen	—	8,92—15,54	8,25—13,32	0,33-1,40	63,11-77,21	0,07-0,84	0,30—0,68	9,44—15,25	72,23—88,37	1,51—2,44	

2. Gröberes Weizenmehl.

No.	Nähere Bezeichnung	Zeit der Untersuchung	Wasser %	Stickstoff-Substanz %	Fett %	Stickstofffreie Extraktstoffe %	Rohfaser %	Asche %	Trocken: Stickstoff-Substanz %	Trocken: Stickstofffreie Extraktstoffe %	Stickstoff in der Trocken-Substanz %	Analytiker
1	Weizenmehl No. 2 aus Wien	1846	13,65	11,69	—	—	—	0,57	13,25	—	2,12	*Horsford*[6])
2	desgl. „ 3 aus Wien	„	13,73	19,17	—	—	—	0,97	21,50	—	3,44	*Horsford*[6])
3	Aus französischem Weizen	?	10,0	(11,0) ***)	—	Stärke (71,5)	—	—	—	Stärke (79,44)	—	*Vauquelin*[7])
4	Aus hartem Odessaweizen	?	12,0	(14,6)	—	(56,5)	(2,3)	—	—	(64,20)	—	*Vauquelin*[7])
5	Aus leichtem Odessaweizen	?	10,0	(12,0)	—	(62,0)	(1,2)	—	—	(67,78)	—	*Vauquelin*[7])
6	Von Pariser Bäckern	?	10,0	(10,2) ***)	—	(72,8)	—	—	—	(80,09)	—	*Vauquelin*[7])
7	Aus besserem Weizen von Luxor	?	13,00	7,81	1,14	—	—	1,30	8,88		1,42	*A. Houzeau*[8])
8	Aus schlechterem Weizen von Luxor	?	12,55	8,00	1,18	—	—	1,85	8,88	—	1,42	*A. Houzeau*[8])
9[0])	Grobmehl	1860	14,25	12,78	1,26	—	—	—	14,88	—	2,38	*v. Bibra*[9])
10[0])	Speltmehl vom Ries	„	14,38	10,12	1,32	—	—	—	11,88	—	1,90	*v. Bibra*[9])
11[0])	desgl. aus Mittelfranken	„	14,42	9,37	1,40	—	—	—	10,94	—	1,75	*v. Bibra*[9])
12	Auszugsmehl No. 3	1867	10,14	11,92	—	(68,39)	—	0,48	13,25	(76,11)	2,12	*O. Dempwolf*[10])

[1]) Arch. Hyg. 1894, **17**, 626.
[2]) Compt. rend. 1896, **122**, 1496; Chem. Centrbl. 1896, II, 506.
[3]) Veröffentlichungen aus dem Gebiete des Militär-Sanitätswesens 1897, **12**, 188.
[4]) Oesterr. Landw. Centrbl. **I**, Sonderabdruck.
[5]) U. S. Dep. of Agric. Bull. 34. Washington 1896.
[6]) Ann. d. Chem. u. Pharm. 1846, **58**, 166.
[7]) Journ. de Pharm. **8**, 353.
[8]) Compt. rend. **68**, 453.
[9]) v. Bibra, Getreidearten und das Brot 1861, 193.
[10]) Vergl. Anmerkung [1]) S. 627.

*) Vergl. hierzu die Zusammensetzung der zugehörigen Mehle des ersten und zweiten Griesganges unter „Gröberes Weizenmehl" No. 30 und No. 31 S. 627.
**) Mit 74,92% Stärke.
***) Als Kleber bezeichnet, der durch Auswaschen bestimmt ist.
[0]) Es enthielt:

	No. 9	No. 10	No 11
Zucker	2,35%	1,41%	1,75%
Gummi	6,50 „	2,48 „	3,20 „

No.	Nähere Bezeichnung	Zeit der Untersuchung	In der ursprünglichen Substanz: Wasser %	Stickstoff-Substanz %	Fett %	Stickstofffreie Extraktstoffe %	Rohfaser %	Asche %	In der Trocken-Substanz: Stickstoff-Substanz %	Stickstofffreie Extraktstoffe %	Stickstoff in der Trocken-Substanz %	Analytiker
						Stärke				Stärke		
13	Semmelmehle . . .	1867	10,42	12,38	—	(67,30)	—	0,58	13,81	(75,13)	2,21	O. Dempwolf[1])
14	Semmelmehle . . .	„	10,54	13,61	—	(67,17)	—	0,61	15,19	(75,08)	2,43	O. Dempwolf[1])
15	Brotmehle	„	10,75	14,55	—	(65,63)	—	0,76	16,31	(73,54)	2,61	O. Dempwolf[1])
16	Brotmehle	„	10,67	15,57	—	(61,77)	—	1,18	17,44	(62,15)	2,79	O. Dempwolf[1])
17	Schwarzmehl	„	9,53	14,53	—	(61,03)	—	1,55	16,06	(67,46)	2,57	O. Dempwolf[1])
18	Weizenmehl No. 1 Aus England	1858	14,50	8,72	—	—	—	0,61	10,19	—	1,63	Lawes und Gilbert[2])
19	desgl. „ 2 Aus England	„	14,40	9,04	—	—	—	0,63	10,56	—	1,69	Lawes und Gilbert[2])
20	desgl. „ 3 Aus England	„	15,00	9,46	—	—	—	0,69	11,13	—	1,78	Lawes und Gilbert[2])
						Stickstofffreie Extraktstoffe				Stickstofffreie Extraktstoffe		
21	desgl. „ 2 Aus Münster i. W.	1876	14,13	11,12	1,62	71,13	1,19	0,81	12,94	82,83	2,07	J. König und Kellermann[3])
22	desgl. „ 3 Aus Münster i. W.	„	15,40	12,00	1,23	68,95	1,08	1,34	14,19	81,50	2,27	J. König und C. Krauch[4])
23	desgl. „ 1 Aus Münster i. W.	1877	14,94	10,43	1,04	71,56	0,43	0,60	12,25	84,13	1,96	J. König und C. Krauch[4])
24	desgl. „ 2 Aus Münster i. W.	„	13,47	10,50	1,63	72,97	0,58	0,85	12,13	84,33	1,94	J. König und C. Krauch[4])
25	desgl. „ 1 . . .	1879	13,11	12,63	1,98	70,00	0,95	1,33	14,56	80,56	2,33	G. Laube und v. Wodzinsky[5])
26	desgl. „ 1 . . .	„	13,89	12,56	1,24	69,99	1,26	1,06	14,56	81,28	2,33	G. Laube und v. Wodzinsky[5])
27	desgl. „ 2 . . .	1880	12,89	14,12	2,01	—	1,22	1,44	16,21	—	2,59	Johnson[6])
28	desgl. „ 1 . . .	1883	15,08	11,43 *)	—	—	—	—	13,45	—	2,15	J. Cosack[4])
29	desgl. „ 2 . . .	„	14,66	9,66 *)	—	—	—	—	11,32	—	1,81	J. Cosack[4])
30	Mahlung nach vorheriger Ausbeute von 70 % Feinmehl**): Erster Griesgang, 6 % Ausbeute .	1896	12,30	11,96	2,60	71,39	0,57	1,18	13,84	81,40	2,21	Balland[7])
31	Mahlung nach vorheriger Ausbeute von 70 % Feinmehl**): Zweiter Griesgang, 4 % Ausbeute .	„	12,30	13,43	3,25	68,67	0,99	1,46	15,31	78,30	2,45	Balland[7])
32	Mehl mit 8 % Kleieauszug .	1891	10,06	9,91	1,81	76,92		1,30	11,00	—	1,76	Plagge und Lebbin[8])
33	Mehl mit 5 % Kleieauszug .	1891	12,40	9,96	1,75	—	—	1,25	11,37	—	1,82	Plagge und Lebbin[8])
34	desgl.	1892	9,38	11,27	1,08	4,46		1,63	12,43	—	1,99	Plagge und Lebbin[8])
35	Aus Belgien, Mittel***) von 33 Mehlen	1898	12,31	10,24	1,06	75,99		0,40	11,68	—	1,87	E. Lecocq[9])
	Mittel	—	**12,58**	**11,60**	**1,59**	**73,39**	**0,92**	**1,02**	**13,27**	**86,24**	**2,12**	
	Schwankungen	—	9,38—15,40	6,83—15,25	1,04-3,24	68,45-73,72	0,45-1,28	0,40-1,85	8,88—17,44	78,30—84,33	1,42—2,79	

[1]) Ann. Chem. Pharm. 1869, **144**, 343; Jahresber. f. Agrik.-Chem. 1868/69, **11/12**, 748.
[2]) Chem. Society 1858, **10**, 31.
[3]) Zeitschr. f. Biologie 1876, **12**, 497.
[4]) Original-Mittheilung.
[5]) Landw. Ztg. f. Westf. u. Lippe 1879, No. 45.
[6]) Ann. Report of Connecticut Agric. Exper. Stat. 1880, 85.
[7]) Compt. rend. 1896, **122**, 1496; Chem. Centrbl. 1896, II, 506.
[8]) Veröffentl. aus d. Gebiete des Militär-Sanitätswesens 1897, **12**, 188.
[9]) Bull. assoc. belge chim. 1898, **11**, 316; Zeitschr. Nahrungs- u. Genussmittel 1898, **1**, 346.

*) Von der Stickstoff-Substanz war:

	Weizenmehl No. 28	No. 29	Griesmehl No. 4
Reineiweiss	8,94 %	7,68 %	7,63 %
Nichteiweiss	2,99 „	2,02 „	1,24 „
Verdauliche Stickstoff-Substanz (mit künstlichem Magensaft)	10,99 „	9,22 „	8,43 „

**) Ueber die Zusammensetzung des Mehles der ersten Mahlung sowie des Gesammtmehles. Vergl. oben No. 20 und No. 21 S. 626.

***) Die Schwankungen betrugen: Wasser 10,15—14,32 %, Stickstoff-Substanz 8,72—12,17 %, Fett 0,83—1,56 % Asche 0,15—0,52 %.

No.	Nähere Bezeichnung	Zeit der Untersuchung	In der ursprünglichen Substanz: Wasser %	Stickstoff-Substanz %	Fett %	Stickstofffreie Extraktstoffe %	Rohfaser %	Asche %	In der Trocken-Substanz: Stickstoff-Substanz %	Stickstofffreie Extraktstoffe %	Stickstoff in der Trocken-Substanz %	Analytiker
	3. Weizenmehl aus ganzem Korn („Graham-Weizenmehl").											
1	Aus Amerika (Mittel von 3 Analysen	1885	13,00	11,70	1,70	69,90	1,90	1,80	13,46	80,39	2,15	*W. O. Atwater*[1])
	4. Weizen-Griesmehl.											
						Stärke				Stärke		
1	Kochgries	1868	11,05	11,61	—	(69,98)	—	0,39	13,06	(78,67)	2,09	*O. Dempwolf*[2])
2	Kochgries	„	11,54	10,36	—	(69,53)	—	0,39	11,69	(78,60)	1,87	*O. Dempwolf*[2])
						Stickstofffreie Extraktstoffe						
3	Griesmehl	1876	14,97	9,31	0,37	74,41	0,21	0,73	10,94	87,51	1,75	*König u. Hammerbacher*[3])
4	desgl.	1883	16,24	8,87 *)	—	—	—	—	10,59	—	1,69	*J. Cosack*[4])
5	desgl. aus Holland	—	11,45	7,06	1,27	—	—	0,28	7,97	—	1,28	*van Hamel Roos*[5])
	Mittel	—	**13,05**	**9,43**	**0,94**	**75,92**	**0,21**	**0,40**	**10,85**	**87,31**	**1,74**	

5. Sitos.

Das Sitos wird in Italien dargestellt, indem man das Korn von sardinischem Hartweizen (Triticum durum) der Länge nach in zwei gleiche Theile spaltet und dasselbe dann einem besonderen Enthülsungsverfahren unterwirft, bei dem es von seinen umgebenden Hülsen fast vollständig befreit wird.

No.	Nähere Bezeichnung	Zeit der Untersuchung	Wasser %	Stickstoff-Substanz %	Fett %	Stickstofffreie Extraktstoffe %	Rohfaser %	Asche %	Trocken: Stickstoff-Substanz %	Stickstofffreie Extraktstoffe %	Stickstoff in der Trocken-Substanz %	Analytiker
1	Sitos billato von H. C. Knorr in Heilbronn	1890	11,58	13,00 **)	0,60	73,67	0,25	1,90	14,70	83,32	2,35	*A. Stift*[6])
2	Aus Italien	1898	14,00	11,67	0,61	72,60		1,12	13,57	—	2,17	*E. Cappelletti*[7])
	Mittel	—	**12,79**	**12,33**	**0,61**	**72,51**	**0,25**	**1,51**	**14,14**	**83,14**	**2,26**	

Weitere Analysen von Weizenmehlen vergl. den Anhang zu Cerealien und Mehlen S. 656.

6. Zusammensetzung alter Weizenmehle.

Balland und **V. Planchon** (Analyst 1891, **16**, 132; Chem. Centrbl. 1891, II, 396) untersuchten altes Mehl im Vergleich mit frischem Mehle und fanden:

Bezeichnung des Mehles	Wasser %	Kleber: ursprünglich %	Kleber: nach 24stündigem Liegen in Wasser %	Fett %	Asche %	Säure %
Altes Mehl	13,70	29,6	18,0	0,78	1,10	0,147
desgl.	13,82	36,4	27,2	0,94	0,32	0,069
desgl.	13,92	38,8	26,4	0,84	0,34	0,074
Frisches Mehl	13,16	38,8	34,8	1,22	0,36	0,039
desgl.	13,20	36,0	32,4	1,74	0,76	0,049
desgl.	13,96	36,0	31,2	0,76	0,38	0,049

Am grössten ist der Unterschied der alten und frischen Mehle im Gehalte an Kleber, nachdem derselbe 24 Stunden im Wasser gelegen hatte.

[1]) Contributions to the knowledge of the Chem. Compos. etc. of american food-fishes Washington 1885, 494.
[2]) Jahresber. f. Agrik.-Chemie 1868/69, 749; Ann. Chem. Pharm. 1869, **144**, 343.
[3]) Zeitschr. f. Biologie 1876. **12**, 497.
[4]) Original-Mittheilung.
[5]) Maandblad tegen de Vervalsching van Levensmiddelen etc. 1887/88, No. 1. Die Probe enthielt 5,70% in Wasser lösliche Stoffe.
[6]) Zeitschr. Nahrungsm.-Unters., Hygiene u. Waarenk. 1890, **4**, 217.
[7]) Zeitschr. Nahrungs- u. Genussmittel 1898, **1**, 384.

*) Vergl. Anmerkung *) S. 627.
**) Mit 10,69% Reineiweiss und 90,38% Verdaulichkeit der Stickstoff-Substanz.

Roggenmehl.

Aeltere Analysen.

Analysen von Einhoff, Greif und Boussingault theilt von Bibra in seinem Werke: „Die Getreidearten und das Brot“ (Nürnberg 1861, S. 286 und 290) mit.

No.	Nähere Bezeichnung	Zeit der Untersuchung	In der ursprünglichen Substanz: Wasser %	Stick-stoff-Substanz %	Fett %	Stickstoff-freie Extraktstoffe %	Roh-faser %	Asche %	In der Trocken-Substanz: Stick-stoff-Substanz %	Stickstoff-freie Extraktstoffe %	Stickstoff in der Trocken-Substanz %	Analytiker
						Stärke						
1	Roggenmehl aus Wien . .	1846	13,78	10.34	—	(52,51)	—	1,15	11,69	—	1,87	Horsford und Krocker[1])
2	desgl. aus Hohenheim . .	„	14,68	15,78	—	(46,48)	—	0,92	18,31	—	2,93	
3	desgl. von Schilfroggen . .	„	13,94	14,94	—	(39,60)	—	2,09	17,38	—	2,78	
4	desgl. von Staudenroggen .	„	13,82	13,31	—	(40,86)	—	2,04	15,44	—	2,47	
5*)	desgl. aus Mittelfranken .	1860	14,60	11,37	1,80	—	—	—	13,31	—	2,13	v. Bibra[1])
6*)	desgl. „ „ .	„	14,53	12,94	2,51	—	—	—	15,13	—	2,42	
7*)	desgl. aus Unterfranken .	„	14,40	12,31	2,38	—	—	—	13,38	—	2,30	
8	Aus schwer. Korn } fein	1856	13,62	8,06	—	—	0,96	0,94	9,81	—	1,49	G. Wunder[2])
9	„ leichtem „ } fein	„	14.12	8,19	—	—	1,19	1,12	11,31	—	1,41	
10	„ schwer. Korn } Schwarzmehl	„	11,40	11,88	—	—	1,76	1,56	13,44	—	2,15	
11	„ leichtem „ } Schwarzmehl	„	11,03	12,44	—	—	2,46	1,86	14,00	—	2,24	
						Stickst.-freie Extraktst.						
12	Feines Roggenmehl . . .	1877	13,38	9,06	1,42	74,53	0,63	0,98	10,43	86,04	1,67	J. König und Fr. Hammerbacher[3])
13	Grobes „ . . .	„	15,02	9,19	1,63	69,86	2,62	1,69	10,81	82,21	1,73	
14	Feines Roggenmehl No. 1 .	1893	12,06	11,48	1,27	74,27	0,21	0,71	13,06	84,45	2,09	Eug. Sell[4])
15	desgl. „ 2 .	„	11,00	9,06	1,24	77,77	0,18	0,74	10,19	87,38	1,63	
16	desgl. „ 3 .	„	11,74	9,60	1,21	76,86	0,24	0,74	10,88	87,08	1,74	
17	Roggenmehl**) No. 0 der Kunstmühle von Schütt in Berlin	1894	12,46	4,21	0,53	82,37	0	0,43	4,81	96,10	0,77	M. Falke[5])
18	Roggenmehl**) „ I der Kunstmühle von Schütt in Berlin	„	12,64	6,56	0,89	78,80	0,12	0,99	7,51	90,18	1,20	
19	Roggenmehl**) „ Ib der Kunstmühle von Schütt in Berlin	„	12,47	7,88	1,06	76,71	0,60	1,28	9,00	89,65	1,44	
20	Roggenmehl**) „ II der Kunstmühle von Schütt in Berlin	„	14,17	9,85	1,68	71.15	1,34	1,81	11,48	82,89	1,84	
21	Roggenmehl**) „ III der Kunstmühle von Schütt in Berlin	„	12,08	11,16	1,78	68,69	1,83	2,14	12,69	80,77	2,03	
22	Roggenmehl No. 0 der Borsigmühle	„	12,78	5,34	0,47	80,90	0	0,51	6,12	92,75	0,95	
23	desgl. No. 00 (Kronenmehl) der Berliner Brotfabrik .	„	12,33	4,41	0,57	82,20	0	0,49	5,03	93,76	0,81	
24	desgl. No. 0 der Berliner Dampfmühlen	„	14,22	4,69	0,38	80,26	0	0,45	5,47	93,56	0,88	

[1]) v. Bibra, Die Getreidearten und das Brot. Nürnberg 1861, 286 u. 200.
[2]) Amtsbl. d. landw. Vereine Sachsens 1857, 36.
[3]) Zeitschr. f. Biologie 1876, **12**, 497.
[4]) Arbeiten Kaiserl. Gesundh. 1893, **8**, 608.
[5]) Arch. f. Hygiene 1897, **28**, 49. Auch mitgetheilt von Plagge u. Lebbin, vergl. Anmerkung [1]) S. 630.

*) Es enthielt Roggenmehl:

	No. 5	6	7
Zucker	3,47	3,03	2,50 %
Gummi	4,10	6,32	7,26 „

**) Der zur Herstellung dieser Mehle verwendete Roggen enthielt:

	Wasser %	In der Trocken-Substanz: Stickstoff-Substanz %	Fett %	Stickstofffreie Extraktstoffe %	Rohfaser %	Mineralstoffe %
Gereinigter Roggen . .	12,20	9,64	1,55	82,06	4,75	2,00
Gespitzter Roggen . . .	12,44	9,24	1,34	84,07	3,46	1,89
Gequetschter Roggen .	12,29	8,51	1,32	86,57	1,94	1,67
Abfall beim Spitzen . .	11,66	16,18	3,44	73,03	6,85	0,50
„ „ Quetschen .	11,54	11,38	1,46	66,84	10,55	9,78

No.	Nähere Bezeichnung	Zeit der Untersuchung	In der ursprünglichen Substanz: Wasser %	Stick-stoff-Substanz %	Fett %	Stickstoff-freie Extraktstoffe %	Roh-faser %	Asche %	In der Trocken-Substanz: Stick-stoff-Substanz %	Stickstoff-freie Extraktstoffe %	Stickstoff in der Trocken-Substanz %	Analytiker
25	Prima Handelsroggenmehl .	18 92/94	11,09	7,58	0,90	79,70		0,73	8,53	—	1,36	*Plagge und Lebbin*[1])
26	Roggenmehl aus Amerika (Mittel von 4 Analysen .	1894	13,10	6,70	0,80	78,7		0,70	7,71	—	1,24	*W. O. Atwater*[2])
27	Roggenmehl a. Massachusetts	1887	12,62	9,99	3,73	69,98	2,32	1,36	11,43	80,08	1,83	*Vers.-Stat. Massachusetts*[3])
28	„Weisses Roggenmehl" *) .	1893	13,28	10,79	1,23	73,06	1,03	0,61	12,44	84,27	1,99	*A. Stift*[4])
29	Roggenmehl No. 3 *) . . .	„	11,68	18,19	4,35	60,29	2,60	2,89	20,61	68,33	3,30	
30	Preussische Kommissbrotmehle mit 15% Kleieauszug aus: Berlin . .	?	10,70	8,59	1,08	78,25		1,38	9,62	—	1,54	*Plagge und Lebbin*[1])
31	desgl. . .	1893 Juni	9,41	7,33	0,99	77,13	4,10	1,04	8,09	85,14	1,29	
32	Magdeburg	Juli	11,13	7,88	1,49	74,76	3,72	1,02	8,86	84,12	1,42	
33	Berlin . .	Juli	9,66	7,98	0,60	77,46	3,24	1,06	8,83	85,75	1,41	
34	Roggenmehl mit 25% Kleieauszug aus Berlin . . .	1894 Aug.	8,90	7,89	1,34	80,98		0,89	8,75	—	1,40	
35	Mehl aus ausgewachsenem Roggen	1893	11,00	9,84	1.55	75.52	0,77	1,33	11,06	84.85	1,77	*Eug. Sell*[5])
	Mittel (ohne No. 35)	—	**12,58**	**9,62**	**1,44**	**73,84**	**1,35**	**1,17**	**11,00**	**84,46**	**1,76**	
	Schwankungen	—	8,90—15,02	4,20—16,01	0,38-4,31	70,01-84,01	0—3,95	0,43-2,86	4,81—18,31	80,08-96,10	0,77—2,93	

Weitere Analysen von Roggenmehl vergl. den Anhang zu Cerealien und Mehlen S. 656.

Sächsische Kunstroggenmehle und daraus gebackene Brote zeigten nach R. Hefelmann (Zeitschr. öffentl. Chem. 1897, 3, 42—53) folgende procentigen Gehalte an Wasser und Stickstoff:

Roggenmehle aus Kunstmühlen.

A. Von Bäckern bezogen:

		aus Meerane				aus Dresden		
		No. 0	0	0/I	0/I	0	0/Ia	0/Ib
In der natürlichen Substanz	Wasser . .	12,3	11,2	12,4	13,7	11,5	11,1	11,5
	Stickstoff .	1,16	1,32	1,19	1,15	1,23	1,16	1,39
	Eiweiss . .	7,25	8,22	7,44	7,19	7,72	7,25	8,69
In der Trocken-Substanz	Stickstoff .	1,32	1,48	1,36	1,33	1,39	1,30	1,57
	Eiweiss . .	8 28	9,25	8,49	8,31	8,69	8,13	9,81

B. Von Kunstmühlen in Dresden bezogen:

		Mehle No. 0				Mehle No. 0/I				Mehl No. I	Mehle No. II	
In der natürlichen Substanz	Wasser	12,10	11,80	10,90	13,10	11,30	9,80	11,30	12,80	11,2	10,70	12,50
	Stickstoff	1,17	1,27	1,30	1,07	1,63	1,41	1,33	1,83	2,15	2,21	2,21
	Eiweiss .	7,31	7,93	8,13	6,71	10,19	8,81	8,31	11,44	13,43	13,81	13,81
In der Trocken-Substanz	Stickstoff	1,33	1,44	1,46	1,24	1,83	1,55	1,50	2,10	2,42	2,48	2,53
	Eiweiss .	8,31	9,00	9,12	7,75	11,44	9,69	9,37	13,13	15,17	15,48	15,81

[1]) Veröffentlichung aus dem Gebiete des Militär-Sanitätswesens 1897, **12**, 187, 193 u. 206.
[2]) U. S. Dep. Agric. Bull. No. 123.
[3]) Bull. No. 28 1887, Massach. State Agricult. Exper. Stat. 1—10; Centralbl. Agrik.-Chem. 1888, **17**, 493.
[4]) Oesterr.-Ung. Zeitschr. Zucker-Ind. u. Landw. 1893, Separatabdruck.
[5]) Arbeiten Kaiserl. Gesundh. 1893, **8**, 608.

*) A. Stift fand ferner in der natürlichen Substanz:
Weisses Roggenmehl: 17,81% Reineiweiss und 54,10% Stärke
Roggenmehl No. 3: 8,21 „ „ „ 62,60 „ „

Roggenbrote aus Kunstmehlen.

I. Von Bäckern bezogen:

		aus Meerane I	aus Meerane I	aus Meerane II	aus Meerane II	aus Dresden A I	aus Dresden A II	aus Dresden A III	aus Dresden B	aus Dresden C
In der natürlichen Substanz	Wasser .	43,76	43,79	43,91	45,43	45,02	42,67	46,16	43,80	43,34
	Stickstoff .	0,72	0,77	0,75	0,74	0,69	0,73	0,82	0,75	0,90
	Eiweiss .	4,50	4,81	4,69	4,61	4,31	4,56	5,13	4,69	5,63
In der Trocken-Substanz	Stickstoff .	1,27	1,37	1,34	1,35	1,25	1,26	1,53	1,33	1,59
	Eiweiss .	7,94	8,56	8,38	8,44	7,81	7,88	9,56	8,31	9,94

II. Von Brotfabriken in Dresden bezogen:

		D I	D II	D III	E I	E II	E III
In der natürlichen Substanz	Wasser	43,78	45,09	45,91	43,91	44,25	44,25
	Stickstoff . . .	0,86	1,01	1,25	0,90	1,08	1,04
	Eiweiss . . .	5,40	6,33	7,81	5,60	6,75	6,50
In der Trocken-Substanz	Stickstoff . . .	1,54	1,85	2,40	1,59	1,86	1,81
	Eiweiss	9,62	11,54	15,00	9,94	11,63	11,31

Die Bäcker B und C führten nur eine Sorte Brot. Die römischen Zahlen bedeuten Qualitäts-Nummern.

Gerstenmehl.

No.	Nähere Bezeichnung	Zeit der Untersuchung	In der ursprünglichen Substanz: Wasser %	Stickstoff-Substanz %	Fett %	Stickstoff-freie Extraktstoffe %	Rohfaser %	Asche %	In der Trocken-Substanz: Stickstoff-Substanz %	Stickstoff-freie Extraktstoffe %	Stickstoff in der Trocken-Substanz %	Analytiker
1*)	Aus Nürnberg	1860	14,01	13,93	2,23	—	—	—	16,19	—	2,59	v. Bibra [1])
2*)	„ Cassel	„	15,00	12,57	2,17	—	—	—	14,81	—	2,37	
3	Gerstengries aus Münster .	1877	16,16	8,75	0,73	73,79	0,11	0,46	10,43	88,01	1,67	C. Krauch [2])
4	desgl.	1878	14,14	8,31	0,81	75,19	0,83	0,72	9,69	87,57	1,55	
5	Gerstenmehl 1. Sorte . .	1875	(22,85)	12,18	1,73	59,85	0,41	2,98 **)	15,79	77,59	2,52	E. Heiden [2])
6	Gerstenmehl 2. „ . .	„	12,88	19,16	5,33	56,15	2,63	3.85 **)	21,99	64,45	3,52	
7	Gerstenmehl 3. „ . .	„	14,79	14,63	3,86	62,63	1,53	2,39 **)	17,17	73,50	2,75	
8	Gerstenmehl	1893	10,38	16,80	3,44	66,62	0,65	2,02	18,75	74,34	3,00	Eug. Sell [3])
9	Aus Amerika, Mittel von 3 Analysen	1886	15,10	11,80	1,70	70.90	0,10	0,50	13,90	83,51	2,22	E. H. Jenkins [4])
	Mittel	—	**14,06**	**12,29**	**2,44**	**68,47** ***)	**0,89**	**1,85**	**15,43**	**79,67**	**2,47**	

Graupen.

No.	Nähere Bezeichnung	Zeit der Untersuchung	Wasser %	Stickstoff-Substanz %	Fett %	Stickstoff-freie Extraktstoffe %	Rohfaser %	Asche %	Stickstoff-Substanz %	Stickstoff-freie Extraktstoffe %	Stickstoff in der Trocken-Substanz %	Analytiker
1	Graupen	1876	12,82	7,25	1,15	76,19	1,36	1,23	8,31	87,39	1,33	König u. Hammerbacher [5])
2	Perlgraupen aus Amerika .	1895	11,80	8,40	0,70	78,10		1,00	9,52	—	1,52	W. O. Atwater [6])
	Mittel	—	**12,31**	**7,82**	**0,93**	**76,46**	**1,36**	**1,12**	**8,92**	**88,45**	**1,43**	

[1]) v. Bibra, Die Getreidearten und das Brot. Nürnberg 1861, 305.
[2]) Original-Mittheilung.
[3]) Arbeiten Kaiserl. Gesundh. 1893, **8**, 608.
[4]) Annual. Rep. Connecticut Agric. Exper. Stat. 1896, 95; Jahresber. Agrik.-Chem. 1887, **30**, 432 u. 433.
[5]) Zeitschr. f. Biologie 1876, **12**, 497.
[6]) U. S. Depart. of Agric. 1895, Bull. **21**, 33.

*) Es enthielt

	Gerstenmehl No. 1	No. 2
Zucker	3,04	3,20 %
Gummi	6,33	6,74 „

**) Mit bei No. 5: 0,34 %, bei No. 6: 0,34 % und bei No. 7: 0,17 % Sand in der lufttrocknen Substanz.

***) Unter Zugrundelegung vorstehender zwei Zucker- und Gummi-Bestimmungen zerfallen die stickstofffreien Extraktstoffe in:

Zucker	Gummi	Stärke
3,11	6,52	61,59 %

Hafermehl (Hafergrütze).

No.	Nähere Bezeichnung	Zeit der Untersuchung	In der ursprünglichen Substanz: Wasser %	Stick-stoff-Substanz %	Fett %	Stickstoff-freie Ex-traktstoffe %	Roh-faser %	Asche %	In der Trocken-Substanz: Stick-stoff-Substanz %	Stickstoff-freie Ex-traktstoffe %	Stickstoff in der Trocken-Substanz %	Analytiker
1*)	Vom Spessart . . .	1860	11,70	18,87	5,67	—	—	—	21,38	—	3,42	v. Bibra[1])
2*)	Vom Spessart . . .	„	12,33	15,48	6,83	—	—	—	17,63	—	2,82	v. Bibra[1])
3	Hafermehl	1880	10,49	12,50	5,26	66,77	2,29	2,69	13,94	74,62	2,23	Emmerling[2])
4	Hafergrütze	1876	13,16	12,00	5,34	64,40	2,71	1,99	13,81	74,62	2,21	J. König, Brimmer und C. Krauch[3])
5	desgl.	„	6,43	15,37	5,19	—	1,81	2,59	16,44	—	2,63	J. König, Brimmer und C. Krauch[3])
6	desgl.	1878	7,69	13,62	5,60	—	2,83	2,54	14,75	—	2,36	J. König, Brimmer und C. Krauch[3])
7	Ohne nähere Bezeichnung .	?	8,70	11,7	7,5	64,4	(7,6)	1,5	12,81	70,52	2,05	Dujardin-Beaumetz[4])
8	desgl.	1883	4,53	13,82	—	—	—	—	14,48	—	2,32	J. König und Cosack[2])
9	desgl.	1877	9,79	9,13	7,17	70,33	1,69	1,89	10,12	77,96	1,62	J. König und Cosack[2])
10	desgl.	1874	13,65	11,10	3,51	69,29	0,79	1,76	12,02	75,08	1,92	E. Heiden[2])
11	Amerikanisches Hafermehl, Mittel mehrerer Analysen .	1885	7,70	15,10	7,10	67,20	0,90	2,00	16,35	72,78	2,62	W.O.Atwater[5])
12	desgl., Mittel von 6 Analysen	1886	7,85	14,66	7,06	65,57	0,86	2,00	15,91	71,16	2,55	E.H. Jenkins[6])
13	Hafermehl	1893	8,62	13,30	5,86	68,63	1,53	2,12	14,56	75,10	2,23	Eug. Sell[7])
14	Hafermehl aus Middletown .	1891	6,71	16,32	7,12	67,96		1,89	17,50	—	2,80	W. O. Atwater u. Chas. D. Woods[8])
15	desgl.	„	6,99	16,04	7,28	67,78		1,91	17,25	—	2,76	W. O. Atwater u. Chas. D. Woods[8])
	Mittel	—	**9,09**	**13,87**	**6,18**	**67,06** **)	**1,71**	**2,07**	**15,26**	**73,77**	**2,44**	

Maismehl.

No.	Nähere Bezeichnung	Zeit der Untersuchung	Wasser %	Stick-stoff-Substanz %	Fett %	Stickstoff-freie Ex-traktstoffe %	Roh-faser %	Asche %	Stick-stoff-Substanz % (Trocken)	Stickstoff-freie Ex-traktstoffe % (Trocken)	Stickstoff in der Trocken-Substanz %	Analytiker
1	Ohne nähere Bezeichnung .	1860	10,60	14,00	3,80	70,68⁰)		0,86	15,56	—	2,49	J. Stepf[9])
2	Indian corn meal	1852	10,30	10,75	5,10	72,38		1,37	12,00	—	1,92	Lawes und Gilbert[10])
3	desgl.	„	10,11	12,19	5,59	70,83		1,28	13,56	—	2,17	Lawes und Gilbert[10])
4	Maize Meal, New England corn	1877	12,91	8,69	3,51	71,93	1,79	1,17	9,97	82,60	1,59	S. W. Johnson[11])
5	desgl., Yellow flint . . .	„	20,67	7,81	3,07	66,35	0,93	1,17	9,85	83,63	1,58	S. W. Johnson[11])
6	desgl., Western corn . .	„	21,67	7,38	2,50	65,88	1,41	1,16	9,42	84,11	1,51	S. W. Johnson[11])
7	desgl., Oldwestern corn, eine Woche alt	1880	14,56	9,12	4,05	68,89	2,16	1,22	10,67	80,64	1,71	S. W. Johnson[11])
8	desgl., Old New-York corn, frisch	„	15,32	8,63	3,98	68,77	1,83	1,47	10,19	81,21	1,63	S. W. Johnson[11])

[1]) v. Bibra, Die Getreidearten und das Brot. Nürnberg 1861, 334.
[2]) Original-Mittheilung.
[3]) Zeitschr. f. Biologie 1876, **12**, 497. No. 6 Original-Mittheilung.
[4]) Dingler's polytechn. Journ. **210**, 477.
[5]) Contributions to the knowledge of the chem. compos. etc. of americ. food-fishes. Washington 1885, 494.
[6]) Annual Rep. Connecticut Agric. Experim. Stat. 1886, 95; Jahresber. Agrik.-Chem. 1887, **30**, 432 u. 433.
[8]) Arbeiten Kaiserl. Gesundh. 1893, **8**, 608.
[7]) Storrs School Agric. Exper. Stat. 4. Jahresber. 1891, 74.
[9]) v. Bibra, Die Getreidearten und das Brot. Nürnberg, 1861, 350.
[10]) Journ. of the Roy. Agric. Soc. of England 1853, **14**, II, 498.
[11]) Report Connect. Agric. Exper. Stat. 1877, 56 u. 1880, 81.

*) Es enthielt Hafermehl:

	No. 1	2
Zucker	2,19	2,24 %
Gummi	2,55	3,08 „

**) Unter Zugrundelegung vorstehender zwei Zucker- und Gummi-Bestimmungen zerfallen die Stickstofffreien Extraktstoffe im Mittel in:

Zucker	Gummi	Stärke
2,26	3,08	59,39 %

⁰) Mit 3,71 % Zucker und 3,05 % Gummi und Dextrin.

No.	Nähere Bezeichnung	Zeit der Untersuchung	In der ursprünglichen Substanz: Wasser %	Stick-stoff-Substanz %	Fett %	Stickstoff-freie Extraktstoffe %	Roh-faser %	Asche %	In der Trocken-Substanz: Stick-stoff-Substanz %	Stickstoff-freie Extraktstoffe %	Stickstoff in der Trocken-Substanz %	Analytiker
9	Corn Meal	1880	15,01	8,60	1,88	71,20	1,56	1,75	10,12	83,77	1,62	*A. Völker*[1])
10	desgl.	1885	12,04	10,19	4,37	70,14	1,88	1,38	11,59	80,53	1,85	
11	desgl.	„	13,12	10,00	4,50	69,21	1,75	1,42	11,51	79,67	1,84	*S. W. Johnson u. Jenkins*[2])
12	desgl.	„	13,29	9,81	4,56	68,20	2,71	1,43	11,31	78,66	1,81	
13	desgl.	„	14,24	9,50	2,63	70,80	1,28	1,55	11,08	82,55	1,77	
14	desgl., Mittel aus 49 Analysen	1886	15,19	9,20	3,85	68,39	1,89	1,48	10,85	80,64	1,74	*E.H. Jenkins*[3])
15	Aus Amerika	„	15,14	10,66	3,65	67,09	1,99	1,47	12,56	79,06	2,01	*Henry*[4])
16	Corn flour	1892	11,73	7,55	3,26	74,50	2,22	0,74	8,55	84,40	1,37	
17	Pearl meal	„	12,08	6,87	2,57	74,96	2,90	0,62	7,81	85,26	1,25	*Vers.-Stat. Münster*[5])
18	Maismehl	1893	13,88	9,70	1,60	73,33 *)	0,70	0,79	11,26	85,15	1,80	
19	Gelbes Maismehl aus nichtentkeimtem Mais . . .	„	10,30	11,43	4,09	71,72	1,00	1,45	12,75	79,96	2,04	*Eug. Sell*[6])
20	Weisses Maismehl . . .	„	11,92	8,26	1,37	77,13	0,18	1,15	9,38	87,57	1,50	
21	Maismehl vom Proviantamt Mainz **)	1892	9,55	7,48	0,77	81,66		0,54	8,16	—	1,31	
22	desgl. aus Magdeburg . .	1891 Decbr.	12,22	9,79	3,98	72,50		1,51	11,13	—	1,78	*Plagge und Lebbin*[7])
23	desgl. aus Mainz	„	10,40	9,51	3,93	74,14		2,02	10,61	—	1,70	
24	desgl. aus Fürstenwalde . .	„	10,66	9,47	4,17	74,22		1,48	10,64	—	1,70	
25 ***)	Sheppard's Maismehl, gelb, aus Pferdezahnmais⁰) . .	1893	9,70	12,70	1,19	75,51	0,35	0,55	14,10	80,62	2,25	
26 ***)	desgl., weiss, aus afrikanischem Mais	„	11,20	15,84	1,40	71,17	0,20	0,19	17,84	80,15	2,85	*A. Stift*[8])
27 ***)	Ungarisches Polentamehl .	„	11,69	11,26	4,05	70,48	1,21	1,31	12,75	79,81	2,04	
28 ***)	Gewöhnliches Maismehl . .	„	13,52	12,69	3,28	68,42	1,24	0,85	14,70	79,21	2,35	
29	Amerikanisches Maismehl .	—	15,00	9,20	3,80	70,60		1,40	10,82	—	1,73	*W.O. Atwater*[9])
30	Amerikanische Maismehle: Marke „Best" .	1898	12,66	6,94	1,21	78,67	0,63	0,52	7,94	90,07	1,27	
31	Amerikanische Maismehle: „ „Topeka"	„	12,05	8,50	1,76	76,86	1,17	0,83	9,66	87,39	1,55	*H.W. Wiley*[10])
32	Amerikanische Maismehle: „ „Decatur"	„	13 01	5,94	1,02	79,56	0.80	0,47	6,83	91,46	1,09	
	Mittel	—	**12,99**	**9,62**	**3,14**	**71,70**	**1,41**	**1,14**	**11,06**	**82,44**	**1,77**	

[1]) Journ. of the Roy. Agric. Soc. of England 1880, **I**, 144.
[2]) Report Connect. Agric. Exper. Stat. 1885, 40.
[3]) Ann. Rep. Connect. Exper. Stat. 1886, 95; Jahresber. Agrik.-Chem. 1887, **30**, 434.
[4]) 4. Ann. Rep. Agric. Exper. Stat. Wisconsin 1886; Jahresber. Agrik.-Chem. 1888, **31**, 413.
[5]) Original-Mittheilung.
[6]) Arbeiten Kaiserl. Gesundh. 1893, **8**, 608.
[7]) Veröffentl. aus dem Gebiete des Militär-Sanitätswesens 1897, **12**, 189.
[8]) Oesterr.-Ungar. Zeitschr. f. Zucker-Ind. u. Landwirthschaft 1893, **22**, Sonderabdruck.
[9]) U. S. Dep. of Agric. 1894, Bull. 23.
[10]) Zeitschr. landw. Versuchsw. Oesterr. 1898, **I**, 329.

*) Mit 1,46% Dextrose und 1,79% Dextrin.
**) Aus gebrochenen und vom Keimling befreitem Mais, der in der Trocken-Substanz 8,30% Stickstoff-Substanz, 1,22% Fett und 0,50% Asche enthielt.
***) A. Stift fand ferner in der natürlichen Substanz:

No. 25 . . .	12,13%	Reineiweiss	55,97%	Stärke	83,20%	Verdaulichen Stickstoff
„ 26 . . .	15,34 „	„	60,17 „	„	83,30 „	„ „
„ 27 . . .	10,88 „	„	64,80 „	„	76,12 „	„ „
„ 28 . . .	11,93 „	„	62,40 „	„	77,10 „	„ „

⁰) Der Pferdezahnmais aus dem das Mehl hergestellt wurde, enthielt 6,49% Wasser, 12,25% Stickstoff-Substanz, 11,56% Reineiweiss, 4,15% Fett, 65,87% Stärke, 7,02% Dextrin, Zucker etc., 2,23% Rohfaser, 1,99% Asche.

No.	Nähere Bezeichnung	Zeit der Untersuchung	In der ursprünglichen Substanz: Wasser %	Stickstoff-Substanz %	Fett %	Stickstofffreie Extraktstoffe %	Rohfaser %	Asche %	In der Trocken-Substanz: Stickstoff-Substanz %	Stickstofffreie Extraktstoffe %	Stickstoff in der Trocken-Substanz %	Analytiker
	Maisgries.											
1	Weisser Maisgries . . .	1893	12,13	8,57	1,36	76,46	0,35	1,13	9,79	87,01	1,57	Eug. Sell[1]) (1–2)
2	Gelber Maisgries	„	11,53	10,29	1,88	75,54	0,21	0,54	11,63	85,39	1,86	
3	Maisschrot „Zea", aus weissem Pferdezahnmais, von Hirschfeld in Wien . .	1891	12,00	7,53	0,44	79,54 (+ Rohfaser)		0,49	8,56	90,39 (+ Rohfaser)	1,37	Plagge und Lebbin[2]) (3–6)
4	Amerikanisches Maisschrot .	1891 Decbr.	11,10	7,81	0,92	79,74		0,43	8,78	89,81	1,40	
5	Maisgries, sog. Maismalz, der Sheppard's Corn malting Comp. in London . . .	1893 April	7,40	9,21	0,89	81,96		0,94	9,95	88,11	1,59	
6	desgl. in Fäden	„	7,80	8,68	0,50	82,34		0,68	9,41	89,31	1,51	
7	„Zea"-Maisgries mit wenig Weizengries	1892	15,26	9,63	1,39	66,15	0,53	0,57	11,48	Stickstfr. Extraktst. 78,06	1,84	M. Mansfeld[3])
	Mittel	—	**11,03**	**8,84**	**1,05**	**78,04**	**0,36**	**0,68**	**9,94**	**87,71**	**1,59**	

Sonstige Maismehl-Analysen.

1. C. A. Goessmann (4. Annual Rep. Massachusetts Experim. Stat. 1886, 20; Jahresber. Agrik.-Chem. 1887, 30, 434) fand in der Trocken-Substanz von „Corn meal" 11,43 % Stickstoff-Substanz, 4,27 % Fett, 80,08 % stickstofffreie Extraktstoffe, 2,66 % Rohfaser und 1,56 % Asche. Vergl. ferner Jahresber. Agrik.-Chem. 1888, 31, 412.

Hirsenmehle.

No.	Nähere Bezeichnung	Zeit der Untersuchung	Wasser %	Stickstoff-Substanz %	Fett %	Stickstofffreie Extraktstoffe %	Rohfaser %	Asche %	Trocken: Stickstoff-Substanz %	Stickstofffreie Extraktstoffe %	Stickstoff in der Trocken-Substanz %	Analytiker
1	Hirsemehl	1860	10,30	9,81	8,80	71,88*) (Extraktstoffe + Rohfaser + Asche)			10,94	—	1,75	v. Bibra[4])
2	Darimehl (Andropogon sorghum)	1883	13,14	7,75	3,30	68,45	4,72	2,64	8,92	78,79	1,43	A. Völker[5])
3	desgl. aus Geldern**) . .	1892	13,30	8,16	2,72	69,42 ***)	4,50	1,90	9,41	80,07	1,51	Vers.-Stat. Münster[6])
4	Sorghohirsenmehl	1893	10,30	7,40	3,79	74,42	0,85	3,24	8,25	82,96	1,32	Eug. Sell[1])
5	Sorghummehl°) . . .	1886	14,40	7,61	3,41	72,56	1,24	0,78	8,89	84,65	1,42	O. Kellner[7])
6	Sorghummehl aus Amerika	„	13,16	8,25	3,85	71,27	1,88	1,59	9,50	81,96	1,52	E. H. Jenkins[8])
	Mittel	—	**12,43**	**8,15**	**4,31**	**70,42**	**2,64**	**2,05**	**9,31**	**80,42**	**1,49**	

---

[1]) Arbeiten Kaiserl. Gesundh. 1893, **8**, 608.
[2]) Veröffentl. aus dem Gebiete des Militär-Sanitätswesens 1897, **12**, 189.
[3]) Zeitschr. angew. Chem. 1892, 732.
[4]) v. Bibra, Die Getreidearten und das Brot. Nürnberg, 1861, 356.
[5]) Ann. de la science agron. von L. Grandeau 1887, **I**, 65.
[6]) Original-Mittheilung.
[7]) Mittheilungen der Deutschen Gesellschaft für Natur- und Völkerkunde Ostasiens 1886, **4**, No. 35; Centralbl. Agrik.-Chem. 1887, **16**, 403.
[8]) Ann. Rep. Connect. Agric. Exper. Stat. 1886, 95; Jahresber. Agrik.-Chem. 1887, **30**, 436.

*) Darin 1,30 % Zucker und 10,60 % Gummi + Dextrin.
**) Ueber die Zusammensetzung des aus dem Mehle gebackenem Brotes siehe unten.
***) Mit 0,02 % Dextrin und 0,15 % Zucker.
°) Das Mehl hat einen adstringierenden Geschmack und eine rothe Farbe; es ist zur Brotbereitung nicht brauchbar.

Buchweizenmehl.

(Ueber geschälten Buchweizen vergl. auch S. 573.)

No.	Nähere Bezeichnung	Zeit der Untersuchung	In der ursprünglichen Substanz: Wasser %	Stick-stoff-Substanz %	Fett %	Stickstoff-freie Extraktstoffe %	Roh-faser %	Asche %	In der Trocken-Substanz: Stick-stoff-Substanz %	Stickstoff-freie Extraktstoffe %	Stickstoff in der Trocken-Substanz %	Analytiker
1	Friesisches Buchweizenmehl	1868	15,39	9,96	1,98	59,84	(11,75)	1,08	11,75	70,72	1,88	J. W. Gunning[1])
2	Französisches "	"	15,29	9,16	1,96	61,36	(11,29)	0,94	11,31	72,44	1,73	
3	Holstein'sches "	"	15,17	8,63	1,63	65,12	(8,63)	0,82	10,18	76,77	1,63	
4	Ohne nähere Bezeichnung .	1846	15,12	(5,78)	—	—	—	0,93	6,81	—	1,09	Horsford u. Krocker[2])
5*)	Buchweizengries aus Nürnberg	1860	12,75	(2,56)?	0,94	—	—	—	(2,94)	—	0,47	v. Bibra[3])
6*)		"	13,75	(3,45)?	1,30	—	—	—	(2,63)	—	0,42	
7	Buchweizenmehl	1876	13,84	9,44	3,32	70,44	0,89	2,07	10,94	81,75	1,75	J. König, C. Brimmer u. C. Krauch[3])
8	Buchweizengrütze	"	14,50	9,31	2,02	72,38	0,50	1,29	10,88	84,65	1,74	
9	Buchweizenmehl	"	14,20	8,18	1,34	74,82	0,40	1,06	9,56	87,20	1,53	
10**)	Geschälter Buchweizen . .	1872	12,72	10,22	2,53	70,91	1,79	1,50	11,69	81,24	1,87	W. Pillitz[4])
11	Buchweizenmehl	1883	16,40	8,75 ***)	—	—	—	—	10,47	—	1,68	J. Cosack[5])
	Aus Amerika Mittel von 4 Analysen:											
12	Buchweizenmehl, „flour" .	1885	14,60	6,90	1,40	76,10		1,00	(8,08)	—	(1,29)	W. O. Atwater[6])
13	desgl., „farina"	"	11,20	(3,30)	0,30	84,70	0,10	0,40	(3,72)	95,37	(0,60)	
14	Buchweizengrütze . . .	"	10,60	(4,80)	0,60	83,10	0,30	0,60	(5,37)	92,99	(0,86)	
15	Feinmehl, ebendaher (Mittel von 3 Analysen) . . .	"	13,52	6,48	1,33	77,34	0,28	1,05	7,49	89,29	1,20	E. H. Jenkins[7])
16	Geschälter Buchweizen . .	1881	12,63	10,19	1,28	72,15	1,51	2,24	11,64	82,61	1,86	C. de Leeuw[8])
17	Buchweizenmehl	1893	12,20	6,26	1,12	78,98	0,76	0,68	7,13	89,96	1,14	Eug. Sell[9])
18	desgl.	1892	15,18	5,63	0,83	76,94	0,50	0,92	6,60	90,70	1,06	E. H. Jenkins[10])
	Mittel	—	**13,84**	**8,28**	**1,49**	**74,58**	**0,70**	**1,11**	**9,61**	**86,56**	**1,44**	

[1]) Landw. Vers.-Stat. 1868, **10**, 188.
[2]) v. Bibra, Die Getreidearten und das Brot. Nürnberg, 1861, 362 u. 363.
[3]) Zeitschr. Biologie 1876, **12**, 497.
[4]) Zeitschr. analyt. Chem. 1872, **11**, 46.
[5]) Original-Mittheilung.
[6]) Contributions to the knowledge of the chem. Compos. etc. of americ. food-fishes. Washington 1885, 494 und U. S. Dep. of Agric. Bull. 1895, 33.
[7]) Ann. Rep. Connect. Agric. Exper. Stat. 1885, 21.
[8]) Laboratorium agric. de Hasselt. Bull. No. 2 1881. No. 16 enthielt 63,81 % Stärke.
[9]) Arbeiten Kaiserl. Gesundh. 1893, **8**, 608.
[10]) Connect. Agric. Exper. Stat. Rep. for 1892; 1893, 150; Jahresber. Agrik.-Chem. 1893, **36**, 319.

*) Es enthielt:

	No. 5	6
Zucker	0,91 %	1,20 %
Gummi	2,85 "	2,08 "

**) Das Mehl enthielt:

Stärke	In Wasser löslich: Albumin	Asche	Stickstofffreie Stoffe
67,82 %	4,08 %	0,90 %	3,20 %

***) Von der Stickstoff-Substanz war:

Reineiweiss	Nichteiweiss	Durch künstlichen Magensaft verdaulich	unverdaulich
7,81 %	0,94 %	8,06 %	0,69 %

Bohnenmehl.

(Die Mehle sind theilweise zubereitete Bohnenmehle.)

No.	Nähere Bezeichnung	Zeit der Untersuchung	In der ursprünglichen Substanz: Wasser %	Stick-stoff-Substanz %	Fett %	Stickstoff-freie Extraktstoffe %	Roh-faser %	Asche %	In der Trocken-Substanz: Stick-stoff-Substanz %	Stickstoff-freie Extraktstoffe %	Stickstoff in der Trocken-Substanz %	Analytiker
1	Ohne nähere Bezeichnung .	1879	13,48	26,56	1,55	55,13		3,28	30,69	—	4,91	*G. Heppe*[1])
2	Bohnenmehle von C. H. Knorr in Heilbronn	1882	9,01	22,62 *)	2,82	62,63 **)		2,92	24,86	—	3,98	*A. Stutzer*[2])
3		1881	8,70	18,80	2,00	66,50 ***)		3,20 ***)	20,59	—	3,29	*Chem. Centralstelle in Stuttgart*[3])
4		1882	11,37	22,63	2,11	58,73 ***)	1,53	3,63 ***)	25,53	66,24	4,08	*v. d. Becke u. Cosack*[3])
5		1887	8,51	24,38 °)	2,37	—	—	3,40	26,65	—	4,26	*F. Strohmer u. A. Stift*[4])
6	Gekochtes Bohnenmehl von demselben	1888	9,29	24,06	1,74	59,33	1,69	3,89	26,52	65,41	4,24	*W. Kisch*[3])
7	Feinstes Bohnen-Semmelmehl von Jul. Maggi u. Co. in Kemptthal	„	11,53	23,25	2,35	57,87	1,83	3,17	26,28	65,41	4,20	*M. Wesener*[3])
8	Von der deutschen Armee-Konservenfabrik Ansbach .	1894	12,66	23,34	2,19	56,35 °°)	2,07	3,39	26,72	64,52	4,28	*Vers.-Stat. Münster*[3])
	Mittel	—	**10,57**	**23,23**	**2,14**	**58,92**	**1,78**	**3,36**	**25,98**	**65,88**	**4,15**	

Erbsenmehl.

(Die Mehle sind theilweise zubereitete Erbsenmehle.)

No.	Nähere Bezeichnung	Zeit der Untersuchung	Wasser %	Stickstoff-Substanz %	Fett %	Stickstoff-freie Extraktstoffe %	Rohfaser %	Asche %	Trocken: Stickstoff-Substanz %	Stickstoff-freie Extraktstoffe %	Stickstoff in der Trocken-Substanz %	Analytiker
1	Ohne nähere Bezeichnung	?	16,8	25,10	—	—		3,20	30,17	—	4,83	*C. Voit*[5])
2		?	12,4	26,50	—	—		2,90	30,26	—	4,84	
3	Erbsenmehle von C. H. Knorr in Heilbronn aus grünen Erbsen	1881	10,30	20,00	2,75	61,75***)		2,80 ***)	22,30	—	3,47	*Chem. Centralstelle in Stuttgart*[3])
4		1882	9,74	26,44	1,72	57,87 ***)	1,53	2,70 ***)	29,30	64,12	4,69	*v. d. Becke u. u. Cosack*[3])
5		1883	11,83	23,13	1,79	58,89 ***)	1,43	2,93 ***)	26,23	64,98	4,20	
6		1887	7,87	27,46 °)	1,98	—	—	2,75	29,81	—	4,77	*F. Strohmer u. A. Stift*[4])
7		1888	10,87	26,19	1,90	56,64	1,23	3,17	29,38	63,55	4,70	*W. Kisch*[3])
8		1890	10,48	26,44 °°°)	1,41	57,89	1,11	2,67	29,62	64,67	4,72	*A. Stift*[6])
9		1892	10,22	30,10	1,01	48,56		2,48 †)	33,53	54,09	5,36	*C. Schierholtz*[7])

[1]) C. A. Meinert, Armee- u. Volksernährung. Berlin, 1880, I, 191.
[2]) Bericht über die erste allgem. deutsche Hygiene-Ausstellung 1882/83. Breslau, 1885, 217.
[3]) Original-Mittheilung.
[4]) Mittheil. d. chem. techn. Vers.-Stat. d. Centr.-Ver. f. Rübenzucker-Indust. in Oesterr.-Ungarn. Wien, 1888. Heft VIII.
[5]) C. Voit, Anhaltspunkte zur Beurtheilung des eisernen Bestandes. S. 9.
[6]) Zeitschr. Nahrungsm.-Unters., Hygiene und Waarenk. 1890, **4**, 217.
[7]) Zeitschr. Nahrungsm.-Unters., Hygiene und Waarenk. 1892, **6**, 258.

*) Mit 20,58 % Eiweiss, 0,82 % löslichem Nichteiweiss und 1,22 % unlöslicher Stickstoff-Substanz.
**) Mit 5,52 % Zucker + Dextrin und 46,69 % Stärke.
***) Es enthielt:

	Bohnenmehl No. 3	4	Erbsenmehl No. 3	4	5
In Wasser lösliche Stoffe . . .	16,80	17,34	15,90	14,17	15,56 %
Phosphorsäure in der Asche . .	0,95	0,91	1,30	1,02	1,10 „

°) Hiervon waren:

	Bei Bohnenmehl No. 5	Erbsenmehl No. 6	Linsenmehl No. 5
Eiweiss	21,50	23,44	23,81 %
Nichteiweissartige Stickstoff-Substanz	2,88	4,02	5,05 „
Von 100 Stickstoff-Substanz nach Stutzer verdaulich	94,41	95,76	91,26 %

°°) Mit 4,12 % Dextrin und keinem Zucker.
°°°) Mit 22,44 % Reineiweiss u. 95,27 % Verdaulichkeit der Stickstoff-Substanz.

†) Die Asche enthielt 4,34 % Kalk, 9,00 % Magnesia, 44,30 % Kali, 3,65 % Natron, 33,10 % Phosphorsäure, 4,10 % Schwefelsäure und 1,40 % Kieselsäure.

No.	Nähere Bezeichnung	Zeit der Untersuchung	In der ursprünglichen Substanz: Wasser %	Stick-stoff-Substanz %	Fett %	Stickstoff-freie Extraktstoffe %	Roh-faser %	Asche %	In der Trocken-Substanz: Stick-stoff-Substanz %	Stickstoff-freie Extraktstoffe %	Stickstoff in der Trocken-Substanz %	Analytiker
10	Feinstes Erbsen-Semmelmehl von Jul. Maggi u. Co. in Kemptthal	1888	11,51	26,81	2,07	55,87	1,13	2,64	30,18	63,13	4,83	*M. Wesener*[1]
11	Gekochtes gelbes Erbsenmehl von demselben	1889	9,58	28,31 *)	1,78	56,48	1,20	2,65	31,31	62,46	5,01	*Fr. Strohmer u. A. Stift*[2]
12	Erbsenmehl der Hohenlohe'schen Präservenfabrik Gerabronn, roh . .	1892	13,04	21,11 **)	1,60	60,37 **)	1,15	2,73	24,38	69,44	3,88	*Vers.-Stat. Münster*[1]
13	Erbsenmehl der Hohenlohe'schen Präservenfabrik Gerabronn, zubereitet	„	11,43	28,61 **)	1,57	54,79 **)	0,78	2,82	32,30	61,86	5,17	*Vers.-Stat. Münster*[1]
14	Von der deutschen Armee-Konservenfabrik Ansbach .	1894	11,91	25,00	1,77	57,06 ***)	1,80	2,46	28,38	64,77	4,54	*Vers.-Stat. Münster*[1]
	Mittel	—	**11,28**	**25,72**	**1,78**	**57,18**	**1,26**	**2,78**	**29,00**	**64,45**	**4,64**	

Linsenmehl.

(Die Mehle sind theilweise zubereitete Linsenmehle.)

No.	Nähere Bezeichnung	Zeit der Untersuchung	Wasser %	Stickstoff-Substanz %	Fett %	Stickstofffreie Extraktstoffe %	Rohfaser %	Asche %	Trocken: Stickstoff-Substanz %	Trocken: Stickstofffreie Extraktstoffe %	Stickstoff in der Trocken-Substanz %	Analytiker
1	Ohne nähere Bezeichnung .	1879	13,25	22,71	0,84	60,77		2,42	26,18	—	4,19	*G. Heppe*[3]
2	Von C. H. Knorr in Heilbronn	1881	8,80	23,92	2,00	60,55 ⁰)		2,80 ⁰)	26,22	—	4,20	*Chem. Centralstelle in Stuttgart*[1]
3	Von C. H. Knorr in Heilbronn	1882	9,40	24,81	1,82	59,26	2,03	2,68 ⁰)	27,39	65,42	4,38	*v. d. Becke u. Cosack*[1]
4	Ohne nähere Bezeichnung .	1874	13,36	25,82	2,59	52,95	2,90	2,56	29,80	61,10	4,77	*E. Heiden*[4]
5	Von C. H. Knorr in Heilbronn	1887	9,03	28,86 ⁰⁰)	1,94	—	—	2,44	31,72	—	5,07	*F. Strohmer u A. Stift*[5]
6	Von C. H. Knorr in Heilbronn	1888	10,53	26,62	1,82	57,11	1,11	2,81	29,75	63,83	4,76	*W. Kisch*[1]
7	Von der deutschen Armee-Konservenfabrik Ansbach .	1894	12,35	27,37	2,00	53,59 ⁰⁰⁰)	2,35	2,34	31,23	61,14	5,00	*Vers.-Stat. Münster*[1]
	Mittel	—	**10,96**	**25,71**	**1,86**	**56,79**	**2,10**	**2,58**	**28,88**	**63,78**	**4,62**	

---

[1]) Original-Mittheilung.

[2]) Oesterr.-Ungar. Zeitschr. Zucker-Ind. u. Landwirthschaft 1889, **18**; Zeitschr. angew. Chem. 1889, 531.

[3]) C. A. Meinert, Armee- und Volksernährung. Berlin, 1880, I. Thl., 191.

[4]) Original-Mittheilung der Vers.-Stat. Pommritz.

[5]) Mittheil. d. chem. techn. Vers.-Stat. d. Centr.-Ver. f. Rübenzucker-Industrie in Oesterr.-Ungarn. Wien, 1888. Heft VIII.

*) Von der Stickstoff-Substanz waren 24,31 % Reineiweiss und 94,90 % verdaulich.

**) Es wurde ferner gefunden:

	Verdauliche Stickstoff-Substanz	Verdauliche Stärke + Zucker
Rohes Erbsenmehl	77,12	46,73 %
Zubereitetes Erbsenmehl . .	80,39	49,27 „

***) Mit 4,48 % Dextrin und keinem Zucker.

⁰) Es enthält:

	Linsenmehl No. 2	3
In Wasser lösliche Stoffe	14,50	16,15
Phosphorsäure in der Asche	1,10	1,05

⁰⁰) Vergl. Anmerkung ⁰) S. 636.

⁰⁰⁰) Mit 3,76 % Dextrin und Spuren Zucker.

Sojabohnenmehl.

No.	Nähere Bezeichnung	Zeit der Untersuchung	In der ursprünglichen Substanz: Wasser %	Stickstoff-Substanz %	Fett %	Stickstofffreie Extraktstoffe %	Rohfaser %	Asche %	In der Trocken-Substanz: Stickstoff-Substanz %	Stickstofffreie Extraktstoffe %	Stickstoff in der Trocken-Substanz %	Analytiker
1	Von C. H. Knorr in Heilbronn	1882	10,23	25,69	18,83	38,12 *)	2,75	4,36 *)	28,62	42,47	4,58	*v. d. Becke u. Cosack*[1])
2	Entöltes Sojabohnenmehl von Timpe in Magdeburg . .	1896	11,64	51,61	0,51	29,12 **)	2,10	5,02	58,41	32,96	9,35	*Vers.-Stat. Münster*[1])

Lupinenmehl.

No.	Nähere Bezeichnung	Zeit der Untersuchung	Wasser %	Stickstoff-Substanz %	Fett %	Stickstofffreie Extraktstoffe %	Rohfaser %	Asche %	Trocken: Stickstoff-Substanz %	Stickstofffreie Extraktstoffe %	Stickstoff in der Trocken-Substanz %	Analytiker
	Aus entbitterten gelben Lupinen: ***)											
1	Staubfeines Mehl (42,82 % Ausbeute)	1894	12,49	49,25	—	—	—	—	56,25	—	9,00	*H. Weiske*[2])
2	Gröberes Mehl (42,60 % Ausbeute)	„	10,73	41,31	—	—	—	—	46,25	—	7,40	*H. Weiske*[2])
3	Kleie (11,76 % Ausbeute) .	„	10,09	12,44	—	—	—	—	13,81	—	2,21	*H. Weiske*[2])
	Mittel (No. 1 und 2)	—	**11,61**	**45,30**	—	—	—	—	**51,25**	—	**8,20**	

Haselnussmehl.

No.	Nähere Bezeichnung	Zeit der Untersuchung	Wasser %	Stickstoff-Substanz %	Fett %	Stickstofffreie Extraktstoffe %	Rohfaser %	Asche %	Trocken: Stickstoff-Substanz %	Stickstofffreie Extraktstoffe %	Stickstoff in der Trocken-Substanz %	Analytiker
1	Ohne nähere Bezeichnung .	1897	2,76	11,72	65,57	17,77		2,18	12,05	—	1,93	*Plagge und Lebbin*[3])

Bananenmehl.

No.	Nähere Bezeichnung	Zeit der Untersuchung	Wasser %	Stickstoff-Substanz %	Fett %	Stickstofffreie Extraktstoffe %	Rohfaser %	Asche %	Trocken: Stickstoff-Substanz %	Stickstofffreie Extraktstoffe %	Stickstoff in der Trocken-Substanz %	Analytiker
1	Aus Venezuela	1879	14,90	2,90	0,50	77,90 °)	1,60	2,20	3,41	91,54	0,55	*Marcano und Müntz*[4])
2	Von Th. Timpe in Magdeburg	1896	16,23	4,41	1,54	72,58 °°)	2,42	2,82	5,26	86,52	0,84	*Vers.-Stat. Münster*[1])
3	Aus Central-Amerika . .	1899	5,60	3,13	1,73	82,39 °°°)	1,22	5,93	3,32	87,30	0,53	*A. Petermann*[5])
4	Aus New-York	1892	11,44	5,25	0,36	78,80 †)	1,11	3,04	5,93	88,98	0,95	*W. H. Wiley*[6])
	Mittel	—	**12,04**	**3,94**	**1,03**	**77,90**	**1,59**	**3,50**	**4,48**	**88,56**	**0,72**	

[1]) Original-Mittheilung.
[2]) Landw. Vers.-Stat. 1894, **43**, 451.
[3]) Veröffentlichungen auf dem Gebiete des Militär-Sanitätswesens 1897, **12**, 193.
[4]) Jahresber. Agrik.-Chem. 1879, **22**, 104.
[5]) Bull. assoc. belge Chim. 1899, **12**, 147; Zeitschr. Nahrungs- u. Genussmittel 1899, **2**, 876.
[6]) Rep. of the secretary of agriculture per 1892, 123; Washington 1893.

*) Es enthält:

	Sojabohnenmehl No. 1
In Wasser lösliche Stoffe	21,29 %
Phosphorsäure in der Asche	0,98 „

**) Mit 4,61 % Zucker (Dextrose) und 3,06 % Pentosanen.

***) Die Lupinen wurden durch einstündiges Kochen mit Wasser und darauffolgendes Behandeln mit kaltem fliessendem Wasser vollständig entbittert. Der Geschmack der entbitterten Körner war nusskernartig und nicht bitter. Sie wurden nach dem Trocken gemahlen. Ueber die Zusammensetzung des aus dem staubfeinen Mehle hergestellten Brotes siehe unter „Brot“.

°) Das Mehl wurde durch Trocknen und Pulvern der vor der Reife gepflückten Frucht erhalten. Ueber die Zusammensetzung der Banane selbst siehe unter „Früchte“. Die stickstofffreien Extrakt-Stoffe bestanden aus 1,52 % Rohrzucker, 3,30 % Invertzucker und 66,10 % Stärke.

°°) Mit 5,58 % Zucker und 0,51 % Dextrin.

°°°) Mit 7,19 % Dextrose, 3,34 % Dextrin und 45,76 % Stärke.

†) Mit 1,18 % reduzierendem Zucker, 0,08 % Rohrzucker, 59,35 % Stärke. Das Mehl enthielt 5,94 % in 80 %-igem Alkohol lösliche und 5,33 % in kaltem Wasser lösliche Bestandtheile.

Kastanienmehl.

No.	Nähere Bezeichnung	Zeit der Untersuchung	In der ursprünglichen Substanz: Wasser %	Stick-stoff-Substanz %	Fett %	Stickstoff-freie Extraktstoffe %	Rohfaser %	Asche %	In der Trocken-Substanz: Stick-stoff-Substanz %	Stickstoff-freie Extraktstoffe %	Stickstoff in der Trocken-Substanz %	Analytiker
1	Gekochtes, weisses Kastanienmehl von C. H. Knorr in Heilbronn	1887	9,76	6,00	3,82	74,80 *)	3,30	2,32	6,64	82,91	1,06	*H. Weigmann u. E. Fricke*[1])
2		1890	8,66	7,62 **)	2,98	76,74	1,59	2,41	8,34	84,02	1,33	*A. Stift*[2])
	Mittel	—	**9,21**	**6,80**	**3,40**	**75,77**	**2,45**	**2,37**	**7,49**	**83,47**	**1,20**	

Eichelmehl.

No.	Nähere Bezeichnung	Zeit der Untersuchung	Wasser %	Stick-stoff-Substanz %	Fett %	Stickstoff-freie Extraktstoffe %	Rohfaser %	Asche %	Stick-stoff-Substanz %	Stickstoff-freie Extraktstoffe %	Stickstoff in der Trocken-Substanz %	Analytiker
1	Aus nicht entschälten, gedörrten Eicheln	1858	13,78	7,28	4,00	62,10	12,20	2,20	6,07	72,45	0,97	*Mulder*[3])

Staubmehle.

Balland (Compt. rend. 1896, **123**, 325; Centrbl. Agrik.-Chem. 1897, **26**, 353) untersuchte einige der „Staubmehle", welche in der Bäckerei zum Bestreuen des Teiges beim Umwenden oder Einbringen desselben in den Backofen verwendet werden. Es sind dies nicht nur geringwerthige Weizen-, Mais- oder Kartoffelmehle, sondern auch Präparate wie gepulvertes Holz oder Corossus-Mehl, ein weisses sandiges Pulver, das aus den Abfällen bei der Bearbeitung von sog. „vegetabilischem Elfenbein" gewonnen wird.

Die Ergebnisse der Untersuchung waren folgende:

Bezeichnung der Mehle	Wasser %	Stickstoff-Substanz %	Fett %	Stickstoff-freie Extraktstoffe und verzuckerbare Cellulose %	Nicht verzuckerbare Cellulose %	Asche %
Maismehl	10,40	9,92	4,10	66,43	6,95	2,20
Weizenmehl	10,20	14,81	4,50	61,79	4,80	3,90
Kartoffelmehl I	12,40	4,70	0,40	70,35	10,15	2,00
„ II	12,50	2,52	0,20	79,98	3,60	1,20
Corossusmehl	10,40	4,02	0,15	79,18	5,05	1,20
Holzpulver I	9,80	1,17	0,95	41,88	45,30	0,90
„ II	8,70	1,17	0,40	53,78	34,25	1,70

[1]) Original-Mittheilung.
[2]) Zeitschr. Nahrungsm.-Unters., Hygiene u. Waarenk. 1890, **4**, 217.
[3]) Wilda's Landw. Centralbl. 1858, **2**, 404; Weende'r Jahresber. 1858, **2**, 85.

*) Mit 10,96 % Zucker und Dextrin und 34,17 % Stärke.
**) Mit 5,19 % Reineiweiss und 81,44 % Verdaulichkeit der Stickstoff-Substanz.

Zubereitete Mehle einschliesslich der Teigwaaren.

Nudeln.

No.	Nähere Bezeichnung	Zeit der Untersuchung	In der ursprünglichen Substanz: Wasser %	Stick-stoff-Substanz %	Fett %	Stickstoff-freie Extraktstoffe %	Roh-faser %	Asche %	In der Trocken-Substanz: Stick-stoff-Substanz %	Stickstoff-freie Extraktstoffe %	Stickstoff in der Trocken-Substanz %	Analytiker
1	Ohne nähere Bezeichnung .	1854	9,90	9,69	—	—	—	0,98	10,69	—	1,71	*J. Dean* [1])
2	Sternform	1875	14,01	8,69	0,32	76,49	—	0,49	10,13	88,95	1,62	*J. König* und *B. Farwick* [2])
3	Stengelform	„	15,86	8,19	0,29	75,06	—	0,60	9,75	89,21	1,56	
4	Ohne nähere Bezeichnung .	?	12,50	9,50	0,30	76,40	—	1,30	10,25	87,31	1,74	*Boussingault* [3])
5	Maccaroni*) aus Japan	1884	73,48	2,95	0,21	22,54	—	0,82	11,12	85,00	1,78	*Nagai* und *Murai* [4])
6	Vermicelli*) aus Japan	„	14,05	11,15	0,86	67,47	—	6,51	12,97	78,47	2,08	
7	Maccaroni	1895	11,60	10,98	0,45	76,54	0,28	0,64	12,42	86,58	1,99	*Balland* [5])
8	desgl.	1896	12,10	12,10	0,85	70,27	0,33	0,25	13,77	79,94	2,20	
9	desgl.	1897	12,00	10,89	0,65	75,70	0,26	0,50	12,38	86,02	1,98	
10	Nudeln	„	11,90	11,58	0,60	75,21	0,26	0,45	13,14	85,37	2,10	
11	Fadennudeln	1896	10,90	11,74	0,50	75,74	0,38	0,74	13,18	85,01	2,11	
12	desgl.	1897	10,00	12,51	0,80	75,51	0,28	0,90	13,90	83,90	2,22	
13	Italienische Nudeln . . .	1896	12,20	12,12	0,35	74,61	0,18	0,54	13,80	84,98	2,21	
14	desgl.	1897	10,40	12,51	0,80	75,23	0,30	0,76	13,96	83,96	2,23	
15	Körnernudelgries	1895	9,20	13,50	0,85	75,45	0,50	0,50	14,87	83,09	2,38	
16	desgl.	1896	9,20	10,42	0,55	78,63	0,45	0,75	11,48	86,60	1,84	
17	desgl.	„	10,50	12,74	1,00	74,61	0,50	0,65	14,23	83,36	2,28	
18	desgl.	1897	10,50	11,96	0,60	75,79	0,50	0,65	13,36	84,68	2,14	
19	Reisnudeln	1898	10,80	7,34	0,30	80,96	0,40	0,20	8,23	90,77	1,32	
20	Maisnudeln von H. Loewenfeld, Wien**) .	1893	11,61	9,80	1,12	75.56 ***)	1,25	0,66	11,09	85,48	1,77	*Vers.-Stat. Münster* [6])
	Mittel (ausser No. 5)	—	**11,89**	**10,88**	**0,62**	**75,55**	**0,42**	**0,64**	**12,35**	**85,74**	**1,98**	

A. Juckenack (Zeitschr. Nahrungs- u. Genussmittel 1900, 3, 1—17) untersuchte eine grosse Zahl von Nudeln auf ihren Wasser-, Stickstoff-, Lecithin- und Aschengehalt mit folgendem Ergebnisse:

a. Selbstangefertigte Nudeln.

Zusammensetzung der Nudeln		In der Trocken-Substanz: Stickstoff-Substanz %	Gesammt-Phosphorsäure %	Lecithin-Phosphorsäure %	Asche %
Auf 1 Pfd. Weizenmehl zugesetzt	1 Ei	11,58	0,268	0,0547	—
	3 Eier . . .	15,00	0,355	0,0926	—
	6 Eier . . .	16,75	0,449	0,1699	—
	10 Eier . . .	18,74	0,574	0,2634	—

[1]) Value of different kinds of prepared vegetable food. Cambridge 1854, 18.
[2]) Zeitschr. Biologie 1876, **12**, 497.
[3]) Arch. Pharm. **207**, 473.
[4]) Japan. Intern. Heaath Exhibitation London, 1884. A. Descriptive Catalogue.
[5]) Journ. Pharm. Chim. 1899 [6], **7**, 328; Zeitschr. Nahrungs- und Genussmittel 1898, **I**, 507.
[6]) Original-Mittheilung.
*) Sowohl Macaroni wie Vermicelli werden in Japan durch Kneten und Verarbeiten von Weizenmehl mit Wasser und Salz hergestellt. Es ergaben:

	Zucker	Dextrin
Maccaroni	0,73 %	—
Vermicelli	2,36 „	1,46 %

**) Die Zusammensetzung des zugehörigen Mehles siehe S. 633 oben unter Maismehl.
***) Mit 0,98 % Dextrose und 2,74 % Dextrin.

b. Nudeln des Handels.

No.	Wassernudeln: Wasser %	Stickstoff-Substanz %	Gesammt-Phosphorsäure %	Lecithin-Phosphorsäure %	Asche %	No.	Eiernudeln: Wasser %	Stickstoff-Substanz %	Gesammt-Phosphorsäure %	Lecithin-Phosphorsäure %	Asche %
1	11,14	11,94	0,214	0,0226	0,435	1	10,68	14,50	0,359	0,0771	10,68
2	11,69	9,75	0,289	0,0251	0,586	2	10,79	14,20	0,389	0,0895	10,79
3	9,82	12,63	0,198	0,0242	0,440	3	11,22	16,85	0,456	0,1506	11,22
4	9,99	10,70	0,213	0,0211	0,489	4	10,29	18,95	0,603	0,2334	10,29
5	12,10	11,74	0,220	0,0209	0,460	5	10,88	13,90	0,325	0,0826	10,88
6	11,31	12,04	0,244	0,0215	0,480	6	11,06	14,58	0,313	0,0604	11,06
7	10,14	14,16	0,470	0,0248	0,930	7	10,90	12,55	0,293	0,0986	10,90
8	10,22	8,78	0,257	—	—	8	13,42	15,38	0,401	0,1387	13,42
9	10,98	12,56	0,235	—	0,265	9	11,45	19,20	0,537	0,2271	11,45
10	10,40	10,75	0,259	—	0,626	10	9,95	14,65	0,360	0,1101	9,95
11	10,79	13,45	0,252	—	—	11	11,65	14,60	0,375	0,1206	11,65
12	10,34	10,14	0,276	0,0221	0,545	12	10,90	12,55	0,293	0,0654	10,90
Mittel	**10,74**	**11,54**	**0,261**	**0,0228**	**0,526**	—	**11,11**	**15,16**	**0,392**	**0,1212**	**11,19**

Polenta.

Die Polenta, eine in Italien gebräuchliche Speise besteht aus einem Brei von Maisgrütze, zu dem geronnene Milch gegossen wird. Nach dem Erkalten wird der Brei steif und kann in Stücke geschnitten und in Butter gebacken werden.

D. Tivoli (Gazz. Chim. Ital. 1898, 28, I, 64; Zeitschr. Nahrungs- u. Genussmittel 1898, 1, 505) untersuchte Polenta aus gutem und verdorbenem Maismehl mit folgendem Ergebnisse für die Trocken-Substanz:

No.	Nähere Bezeichnung	Gesammt-Stickstoff %	Löslicher Stickstoff %	Säure (ccm $^1/_{10}$ N-Natronlauge)	Aether-extrakt %	Reduktions-vermögen ccm Fehling'scher Lösung	Asche %	Chlornatrium in der Asche %	Wässeriger Extrakt %	In Wasser lösliche Asche %
1	Polenta aus verdorbenem Mehle a	1,628	0,123	165,0	0,871	53,76	2,307	0,785	19,04	2,096
2	Polenta aus verdorbenem Mehle b	1,715	0,110	126,2	1,500	200,00	4,208	2,427	15,92	3,804
3	Polenta aus gutem Mehle .	1,866	0,101	42,25	3,180	80,8	5,187	3,504	11,20	4,790
4	desgl. Mittel mehrerer Analysen	1,840	0,107	66,70	3,260	95,2	5,182	3,562	12,20	4,550
5	Maismehl (zum Vergleiche) .	1,950	0,125	61,25	4,780	555,55	1,567	—	13,28	1,200

Hafermehl, zubereitet, einschliesslich Hafergrütze.

No.	Nähere Bezeichnung	Zeit der Untersuchung	In der ursprünglichen Substanz: Wasser %	Stick-stoff-Substanz %	Fett %	Stickstoff-freie Extraktstoffe %	Roh-faser %	Asche %	In der Trocken-Substanz: Stick-stoff-Substanz %	Stickstoff-freie Extraktstoffe %	Stickstoff in der Trocken-Substanz %	Analytiker
1*)	Aus der internationalen Konservenfabrik Berlin . . .	1880	9,1	9,8	5,2	70,5		(5,4)	10,78	—	1,72	*E. Jacobsen*[1])
2	Ohne nähere Bezeichnung .	„	8,7	11,17	7,50	71,6		1,50	12,23	—	1,96	*E. Jacobsen*[1])

[1]) C. A. Meinert, Armee- und Volksernährung. Berlin, 1880, I. Th., 195 u. 457.

*) Das Mehl wurde in Oberschlesien zur Zeit des Nothstandes 1880 in den Schulküchen und Suppenanstalten verwendet.

No.	Nähere Bezeichnung	Zeit der Untersuchung	In der ursprünglichen Substanz: Wasser %	Stick-stoff-Substanz %	Fett %	Stickstoff-freie Extraktstoffe %	Roh-faser %	Asche %	In der Trocken-Substanz: Stick-stoff-Substanz %	Stickstoff-freie Extraktstoffe %	Stickstoff in der Trocken-Substanz %	Analytiker
3	Präparirtes Hafermehl von W. H. Weibezahn in Fischbeck	1879	8,23	9,50	6,21	73,37	1,40	1,29	10,36	79,97	1,66	*J. König* [1]
4*)		1882	10,32	10,63 **)	7,10	71,00 **)		0,95 **)	11,85	—	1,86	*A. Stutzer* [2]
5		1896	7,37	11,69	8,35	71,12 ***)	0,29	1,02 ***)	12,62	76,78	2,02	*M. Blauberg* [3]
6	Desgl. von C. H. Knorr in Heilbronn	1882	10,61	10,75	5,73	71,48		1,42 **)	12,03	—	1,92	*A. Stutzer* [2]
7		„	9,17	11,21 **)	8,62	68,16 **)		2,82 **)	12,34	—	1,97	
8		1881	8,70	14,63	5,70	67,87		1,35	16,02	—	2,56	*Chem. Centralstelle in Stuttgart* [1]
9		1882	9,76	12,38	6,99	68,80	0,59	1,48	13,42	76,23	2,15	*v. d. Becke, Cosack und Stood* [1]
10		1887	9,52	11,56	6,96	70,07	0,73	1,16	12,77	77,43	2,04	
11		1896	9,12	13,71	8,67	66,71 ***)	0,22	1,74 ***)	15,09	73,29	2,41	*M. Blauberg* [3]
12		1892	8,01	16,60	6,93	67,21		1,25 °)	18,05	—	2,89	*C. Schierholz* [4]
13	Hafergrütze von demselben	„	8,14	15,60	6,88	67,54		1,84 °)	16,98	—	2,72	
14	„Hornby", aus Amerika, „steam cooked oatmeal"	1894	10,73	16,30	6,71	64,44 °°)	0,86	1,82	18,26	72,19	2,92	? [5]

[1]) Original-Mittheilung.
[2]) Repertorium f. analyt. Chem. 1882, 163 u. Bericht über die Hygiene-Ausstellung 1882/83. Breslau, 1885, 215.
[3]) Archiv f. Hygiene 1896, **27**, 119.
[4]) Zeitschr. Nahrungsm.-Unters. Hygiene und Waarenk. 1892, **6**, 258.
[5]) Zeitschr. Nahrungsm.-Unters. Hygiene und Waarenk. 1894, **8**, 195.

*) Bei dieser Probe waren in Wasser lösliche Substanzen: 1,14 % Zucker, 2,48 % Dextrin + Gummi, 1,05 % Albumin und 0,79 % Salze.

**) Die Stickstoff-Substanz und stickstofffreien Extraktstoffe bestehen aus;

	Stickstoff-Substanz: Gesammtmenge %	Eiweiss %	Lösliches Nichteiweiss %	Unlösliche Stickstoff-Substanz %	Stickstofffreie Extraktstoffe: Zucker u. Dextrin etc. %	Stärke %	Sonstige stickstofffreie Stoffe %	Phosphorsäure (P_2O_5) in der Asche %
Hafermehl No. 4	10,63	9,12	1,44	0,07	—	69,29	3,22	0,586
„ „ 6	10,75	9,87	0,82	0,06	—	—	—	0,673
„ „ 7	11,21	9,98	—	1,23	2,71	64,52	2,35	0,680
Hafermaltose No. 1	9,98	8,81	0,61	0,56	5,09	64,70	0,82	0,493
„ „ 2	—	—	—	—	51,18	21,91		—
„ „ 3	—	—	—	—	24,33	42,72		—
„ „ 5	—	—	—	—	41,98	25,65		—

***) M. Blauberg fand ferner in den von ihm untersuchten Mehlen:

	Gesammte stickstofffreie Extraktstoffe %	Stickstofffreie Extraktstoffe in kaltem Wasser: löslich %	unlöslich %	Lösliche stickstofffreie Extraktstoffe: direkt reducirend (Maltose) %	nach der Inversion reducirend (Invertzucker) %
1. Weibezahn's präp. Hafermehl	71,12	2,64	68,48	—	—
2. Knorr's Hafermehl	66,71	4,47	62,24	0,99	2,33
3. Frey's Krafthafermehl	46,60	4,71	41,89	—	—
4. Knorr's Reismehl	77,25	1,35	75,90	1,40	—

	Extrakt: im Ganzen %	Mineralstoffe %	Kalk (CaO) %	Magnesia (MgO) %	Kali (K_2O) %	Natron (Na_2O) %	Schwefelsäure (SO_3) %	Phosphorsäure (P_2O_5) %	Chlor (Cl) %
1.	3,28	0,64	0,024	0,046	0,139	0,044	0,002	0,183	0,016
2.	5,47	0,995	0,025	0,123	0,313	0,096	Spur	0,643	0,086
3.	5,60	0,89	0,095	0,115	0,182	0,055	0,023	0,245	0,047
4.	1,82	0,47	0,011	0,029	0,084	0,041	Spur	0,134	0,010

Ueber die von M. Blauberg angewendeten Untersuchungsmethoden vergl. unter Kindermehle S. 409.

°) Die Asche enthielt:

	Kalk	Magnesia	Kali	Natron	Phosphorsäure	Schwefelsäure	Kieselsäure
No. 12	7,56	8,48	35,80	Spur	46,14	0	2,24 %
„ 13	6,91	11,40	27,65	„	52,35	0	1,74 „

°°) Davon waren in kaltem Wasser löslich 3,75 %.

No.	Nähere Bezeichnung	Zeit der Untersuchung	In der ursprünglichen Substanz: Wasser %	Stick-stoff-Substanz %	Fett %	Stickstoff-freie Extraktstoffe %	Roh-faser %	Asche %	In der Trocken-Substanz: Stick-stoff-Substanz %	Stickstoff freie Extraktstoffe %	Stickstoff in der Trocken-Substanz %	Analytiker
15	Quäker Oats*)	1897	11,00	15,25 *)	6,89	64,51 *)	0,69	1,66	17,13	72,48	2,74	*S. Weinwurm*[1])
16	desgl.**)	1900	13,59	14,94	6,81	61,33	1,53	1,80	17,29	70,97	2,76	*Vers.-Stat. Münster*[2])
17	Hohenlohe'sche Haferflocken **)	„	13,47	14,94	7,09	61,09	1,57	1,84	17,15	70,60	2,74	*Vers.-Stat. Münster*[2])
18	Hafergrütze**) der Rosiny-Mühle in Witten a. Rh.	„	9,43	16,39	5,94	64,26	1,47	2,51	18,29	70,95	2,89	*Vers.-Stat. Münster*[2])
19	Gewalzte Haferkerne**) der Rosiny-Mühle in Witten a. Rh.	„	11,17	16,78	6,20	61,87	1,44	2,54	18,78	69,65	3,00	*Vers.-Stat. Münster*[2])
20	Hafermehl der Biskuitfabrik Drammen in Norwegen***)	1898	7,29	14,44	5,35	69,39 ***)	1,85	1,68	15,58	74,85	2,49	*E. Bödtker*[3])
21	Frey's Krafthafermehl . .	1896	11,39	34,08	6,53	46,60 °)	0,27	1,32 °)	38,46	52,59	6,15	*M. Blauberg*[4])
	Mittel	—	**9,75**	**14,42**	**6,78**	**66,41**	**0,99**	**1,65**	**15,98**	**73,58**	**2,56**	

Hafermaltose bezw. lösliches Hafermehl.

No.	Nähere Bezeichnung	Zeit der Untersuchung	Wasser %	Stick-stoff-Substanz %	Fett %	Stickstoff-freie Extraktstoffe %	Roh-faser %	Asche %	Stick-stoff-Substanz %	Stickstoff freie Extraktstoffe %	Stickstoff in der Trocken-Substanz %	Analytiker
1	Lösliches Hafermehl von H. Timpe-Magdeburg . .	1882	12,38	9,98 °°)	4,95	70,61 °°)		2,08 °°)	11,39	—	1,82	*A. Stutzer*[5])
2	Hafermaltose	1883	8,96	10,31	5,81	73,49 °°)		1,43	11,32	—	1,81	*J. Cosack*[2])
3	desgl.	„	10,36	13,81	7,12	67,05 °°)		1,66	15,41	—	2,47	*J. Cosack*[2])
4	Gebhardt's Hafermalzmehl .	1885	13,10	8,50	3,18	72,76 °°°)	1,23	1,23	9,78	83,75	1,56	*E. Geissler*[6])
5	Hafermaltose von Straetmann u. Meyer in Bielefeld . .	1887	10,22	14,06	6,16	67,63 °°)	0,75	1,18	15,66	75,34	2,51	*E. Fricke*[2])
6	Präparirtes Hafermehl der Biskuitfabrik Drammen in Norwegen†)	1898	8,03	16,54	7,82	62,80 °)	2,44	2,37	17,98	68,28	2,98	*E. Bödtker*[3])
	Mittel	—	**10,51**	**12,16**	**5,84**	**68,36**	**1,47**	**1,66**	**13,59**	**76,30**	**2,17**	

[1]) Zeitschr. Nahrungsm.-Unters. Hygiene und Waarenk. 1897, **11**, 25.
[2]) Original-Mittheilung.
[3]) Nach brieflicher Mittheilung.
[4]) Archiv für Hygiene 1896, **27**, 119.
[5]) Repertorium f. analyt. Chem. 1882, 163 und Bericht über d. Hygiene Ausstellung 1882/83; Breslau 1885, 215.
[6]) Pharm. Centralhalle, 1885, **26**, 524.

*) Es wurden ferner gefunden: Verdauliches Eiweiss 12,70 %, Nucleïn 1,73 %, Amide, 0,82 %, Phosphorsäure 0,93 %, Kalk 0,16 %, in Wasser lösliche Stoffe 5,76, lösliche stickstofffreie Extraktstoffe 4,33 %.

**) Es wurden ferner gefunden:

Nähere Bezeichnung	In kaltem Wasser löslich: Organische Stoffe %	Zucker + Dextrin %	Mineralstoffe %	In der Gesammtasche: Kalk (CaO) %	Magnesia (MgO) %	Kali (K_2O) %	Natron (Na_2O) %	Phosphorsäure (P_2O_5) %	Chlor (Cl) %
Quäker oats	3,29	1,58	0,56	0,08	0,23	0,21	0,16	0,95	0,05
Hohenlohe'sche Haferflocken . . .	3,56	1,65	0,47	0,07	0,28	0,21	0,13	1,05	0,05
Hafergrütze . . . der Rosiny-Mühle	3,05	1,99	0,46	0,28	0,25	0,40	0,18	1,37	0,16
Gewalzte Haferkerne der Rosiny-Mühle	2,95	1,65	0,53	0,26	0,25	0,49	0,17	1,30	0,21

***) E. Bödtker fand ferner: 2,66 % Traubenzucker, 1,09 % Dextrin, 0,61 % Phosphorsäure, 0,29 % Kalk, 0,39 % Kali, 0,31 % Magnesia und 0,03 % Eisenoxyd.

°) Vergl. die Anmerkung ***) unter Hafermehl S. 642.

°°) Vergl. Anmerkung **) S. 642.

°°°) Hiervon sofort löslich: 17,48 %, nach 2-stündiger Digestion: 70,80 %.

†) E. Bödtker fand ferner: 32,80 % Maltose, 14,85 % Dextrin, 15,07 % Stärke (direkt bestimmt), 0,55 % Kieselsäure und 0,98 % Phosphorsäure.

Reismehl, zubereitet.

No.	Nähere Bezeichnung	Zeit der Untersuchung	In der ursprünglichen Substanz: Wasser %	Stick-stoff-Substanz %	Fett %	Stickstoff-freie Ex-traktstoffe %	Roh-faser %	Asche %	In der Trocken-Substanz: Stick-stoff-Substanz %	Stickstoff-freie Ex-traktstoffe %	Stickstoff in der Trocken-Substanz %	Analytiker
1	Reismehl von C. H. Knorr in Heilbronn	1882	12,59	5,56	0,96	79,94 *)	0,10	0,77	6,36	91,45	1,02	*v. d. Becke u. Cosack* [1])
2		1888	13,05	8,25	0,37	77,68	0,26	0,39	9,49	89,34	1,52	*W. Kisch* [1])
3		1890	10,49	8,00 **)	0,18	80,95	0,04	0,34	8,94	90,44	1,43	*A. Stift* [2])
4		1896	13,02	7,75	1,25	77,25 ***)	Spur	0,82	8,91	79,66	1,43	*M. Blauberg* [3])
	Mittel	—	**12,29**	**7,39**	**0,69**	**78,95**	**0,10**	**0,58**	**8,42**	**90,01**	**1,34**	

Gerstenmehl, zubereitet.

No.	Nähere Bezeichnung	Zeit der Untersuchung	Wasser %	Stick-stoff-Substanz %	Fett %	Stickstoff-freie Ex-traktstoffe %	Roh-faser %	Asche %	Stick-stoff-Substanz %	Stickstoff-freie Ex-traktstoffe %	Stickstoff in der Trocken-Substanz %	Analytiker
1	Gerstenschleimmehl von C. H. Knorr in Heilbronn	1882	12,01	8,31	2,07	74,88 °)	1,12	1,61	9,44	85,10	1,51	*v. d. Becke u. Cosack* [1])
2		1887	10,98	7,56	0,79	79,60 °°)	0,45	0,76	8,49	89,39	1,36	
3		„	9,82	8,03 °°°)	1,27	—	—	1,85	8,94	—	1,43	*F. Strohmer u. A. Stift* [4])
4	„Sano", präparirtes Gerstenmehl der Sano-Gesellschaft in Berlin	1898	13,72	12,46	1,62	68,92 †)	1,43	1,85	14,44	79,88	2,31	*Aufrecht* [5])
	Mittel	—	**14,13**	**8,87**	**1,44**	**73,02**	**1,00**	**1,54**	**10,33**	**85,04**	**1,65**	

Grünkernmehle (von unreifem Spelz).

No.	Nähere Bezeichnung	Zeit der Untersuchung	Wasser %	Stick-stoff-Substanz %	Fett %	Stickstoff-freie Ex-traktstoffe %	Roh-faser %	Asche %	Stick-stoff-Substanz %	Stickstoff-freie Ex-traktstoffe %	Stickstoff in der Trocken-Substanz %	Analytiker
	Grünkern-Extrakt.											
1	Von C. H. Knorr in Heilbronn	1882	11,09	8,93	1,85	76,28 ††)	0,57	1,28 †††)	10,06	85,79	1,61	*v. d. Becke u. Cosack* [1])
2		1887	6,53	8,98 °°°)	1,62	65,80	0,50	16,19	9,48	70,40	1,52	*F. Strohmer u. A. Stift* [4])
	Grünkern-Suppe.											
	Von demselben	1887	9,53	10,41 °°°)	3,28	72,94	1,80	1,68	11,51	80,62	1,85	

[1]) Original-Mittheilung.
[2]) Zeitschr. Nahrungsm.-Unters., Hygiene und Waarenk. 1890, **4**, 217.
[3]) Archiv für Hygiene 1896, **27**, 119.
[4]) Bericht über die Thätigkeit der chem.-techn. Vers.-Stat. f. Rübenzucker-Industrie in Oesterreich-Ungarn für 1887/88. Wien 1888, 11.
[5]) Pharm. Ztg. 1898, **43**, 410; Zeitschr. Nahrungs- u. Genussmittel 1899, **2**, 158.

*) Mit 2,07 % in Wasser löslichen Stoffen.
**) A. Stift fand 8,00 % Reineiweiss und 85,93 % Verdaulichkeit.
***) Vergl. die Anmerkung ***) unter Hafermehl S. 642.

°) Mit 6,48 % in Wasser löslichen Stoffen.
°°) Mit 3,35 % in Wasser löslichen Stoffen.
°°°) Für die Stickstoff-Substanz wurde ferner gefunden:

	Gerstenschleimmehl	Grünkern-Extrakt	Grünkernsuppe
Eiweiss	7,81 %	6,31 %	8,56 %
Nichteiweissartige Stickstoff-Substanz	0,22 „	2,67 „	1,85 „
Von der Stickstoff-Substanz waren (nach Stutzer) verdaulich	90,42 „	92,07 „	86,54 „

†) Davon 4,07 % lösliche stickstofffreie Extraktstoffe.
††) Mit 16,01 % in Wasser löslichen Stoffen.
†††) Mit 0,54 % Phosphorsäure.

Julienne.

No.	Nähere Bezeichnung	Zeit der Untersuchung	In der ursprünglichen Substanz: Wasser %	Stickstoff-Substanz %	Fett %	Stickstofffreie Extraktstoffe %	Rohfaser %	Asche %	In der Trocken-Substanz: Stickstoff-Substanz %	Stickstofffreie Extraktstoffe %	Stickstoff in der Trocken-Substanz %	Analytiker
	Tapioca-Julienne (Reis mit Suppenkräutern).											
1	Von C. H. Knorr in Heilbronn	1882	12,33	5,31	0,73	78,49 *)	1,72	1,47 **)	6,06	89,47	0,97	*v. d. Becke u. Cosack* [1])
2		1887	11,50	3,56 ***)	0,69	80,09	1,90	1,60	(0,44)	90,38	(0,97)	*F. Strohmer u. A. Stift* [2])
	Julienne, feine Mischung. Von demselben . . .	„	7,33	11,16 ***)	1,79	73,00	1,20	5,35	12,04	78,77	1,92	
	Erbsen-Julienne. Von der Hohenlohe'schen Präservenfabrik in Gerabronn	1893	8,01	25,64	1,68	59,45	2,05	3,17	27,87	64,63	4,46	*Vers.-Stat. Münster* [1])

Eiergerstel.

Nähere Bezeichnung	Zeit der Untersuchung	Wasser %	Stickstoff-Substanz %	Fett %	Stickstofffreie Extraktstoffe %	Rohfaser %	Asche %	Trocken: Stickstoff-Substanz %	Trocken: Stickstofffreie Extraktstoffe %	Stickstoff in der Trocken-Substanz %	Analytiker
Von C. H. Knorr in Heilbronn	1887	11,16	12,22 ***)	1,96	72,56	0,60	0,57	13,60	81,34	2,16	*F. Strohmer u. A Stift* [2])

Leguminosenmehle, zubereitete.

(Malto-Leguminose etc.)

Nähere Bezeichnung	Zeit der Untersuchung	Wasser %	Stickstoff-Substanz %	Fett %	Stickstofffreie Extraktstoffe löslich %	Stickstofffreie Extraktstoffe unlösl. %	Rohfaser %	Asche %	Trocken: Stickstoff-Substanz %	Trocken: Stickstofffreie Extraktstoffe löslich %	Stickstoff in der Trocken-Substanz %	Analytiker
Liebig's Malto-Legumin .	1879	9,42	20,47	1,34	16,25	49,41	—	3,01	22,60	17,95	3,61	*N. Gerber* [3])
Malto-Leguminose von Starker und Pobuda in Stuttgart	1882	8,01	21,93 0)	1,72	5,44	59,85 0)	—	3,06 0)	23,84	5,91	3,81	*A. Stutzer* [4])
Lösliche Leguminose von H. Timpe in Magdeburg	1882	14,96	21,18 0)	1,87	14,55	44,21 0)	—	3,23 0)	24,91	17,11	3,99	

[1]) Original-Mittheilung.

[2]) Bericht über die Thätigkeit d. chem.-techn. Vers.-Stat. d. Vereins f. Rübenzucker-Industrie in Oesterreich-Ungarn für 1887/88, Wien, 1888, 11.

[3]) Nach einer Zusammenstellung von N. Gerber in Milchztg. 1887, **16**, 359,

[4]) Repertorium f. analyt. Chemie 1882, 164 u. Bericht über d. Hygiene-Ausstellung 1882/83. Breslau, 1885, 217.

*) Mit 29,37 % in Wasser löslichen Stoffen.

**) Mit 0,36 % Phosphorsäure.

***) Für die Stickstoff-Substanz wurde gefunden:

	Tapioca-Julienne	Julienne, feine Mischung	Eiergerstel
Eiweiss	(0,24 %)	6,63 %	8,56 %
Nichteiweissartige Stickstoff-Substanz	(0,15 „)	4,83 „	3,66 „
Von der Stickstoff-Substanz waren (nach Stutzer) verdaulich	(36,73 „)	92,99 „	87,29 „

0) Hierin wurden noch an näheren Bestandtheilen bestimmt:

	Stickstoff-Substanz: Gesammtmenge %	Eiweiss %	Lösliches Nichteiweiss %	Unlösliche Stickstoff-Substanz %	Stärke %	Phosphorsäure in der Asche %
Malto-Legum. von Starker und Pobuda	21,93	18,81	1,89	1,23	54,17	0,923
Lösl. Legum. von Timpe	21,18	18,12	2,25	0,81	39,73	0,751
Revalescierre von Du Barry	23,56	19,96	0,81	2,78	48,21	0,911
Sparsuppenmehl von Knorr	23,00	20,97	0,87	1,16	42,30	0,729
Leguminose-Mischung I von Knorr . .	27,81	22,22	3,81	1,78	44,31	0,689

No.	Nähere Bezeichnung	Zeit der Untersuchung	In der ursprünglichen Substanz: Wasser %	Stick-stoff-Substanz %	Fett %	Stickstofffr. Extraktstoffe: löslich %	unlöslich %	Roh-faser %	Asche %	In der Trocken-Substanz: Stick-stoff-Substanz %	Stickstoff-freie Extraktstoffe %	Stickstoff in der Trocken-Substanz %	Analytiker
	Biskuit-Leguminose von H. Timpe in Magdeburg	1896	18,71	23,20	1,80	5,23 *)	46,90	0,70	3,46	28,54	löslich 6,43	4,57	*Vers.-Stat. Münster* [1])
	Leguminosen-Malzmehl v. O. Gebhard in Meissen	1885	12,00	19,32	1,50	31,60	31,76	1.80	2,02 **)	21,95	35,90	3,51	*Geissler* [2])
	Revalescierre ***) von Du Barry in London .	1882	10,56	23,56 °)	1,55	9,80	52,22 °)	—	2,31 °)	26,34	10,96	4,21	*A. Stutzer* [3])
	Sparsuppenmehl von C. H. Knorr in Heilbronn	„	10,54	23,00 °)	2,20	12,86	48,98 °)	—	2.42 °)	25,71	14,38	4,11	*A. Stutzer* [3])
	Leguminose-Mischung I. °°)												
1	Von C. H. Knorr in Heilbronn	„	8,76	27,81 °)	2,22	8,41	50.13 °)	—	2,67 °)	30,48	9,22	4,88	*A. Stutzer* [3])
2	Von C. H. Knorr in Heilbronn	1888	11,68	26,43	1,68	56,45		0,88	2,88	29,92	—	4.79	*W. Kisch* [1])
3	desgl. von Hartenstein u. Co. in Chemnitz	1882	10,63	23,58 °°°)	2,17	6,25	55,05 °°°)	—	2,32 °°°)	26,36	6,99	4,22	*A. Stutzer* [4])
4	desgl. von Hartenstein u. Co. in Chemnitz	1883	12,91	24,12	1,35	57,24		0,73	4,36	27,42	—	4,39	*J. König* [1])
	Mischung I, Mittel	—	**10,99**	**25,49**	**1,85**	**7,21**	**50,58**	**0,82**	**3,06**	**28,63**	**8,11**	**4,59**	
	Mischung II.												
1	Von demselben . . .	1882	11,92	22,26 °°°)	1,72	10,93	51,37 °°°)	—	1,80 °°°)	25,27	12,41	4,04	*A. Stutzer* [4])
2	desgl. von C. H. Knorr in Heilbronn	1888	11,38	18,50	2,07	64,80		0.98	2,27	20,87	—	3,34	*W. Kisch* [1])
3	desgl. von C. H. Knorr in Heilbronn	1890	10,17	16,67 †)	2.18	68,37		0,71	1,90	18,56	—	2,97	*A. Stift* [5])
	Mischung II, Mittel	—	**11,16**	**19,16**	**1,99**	**10,93**	**53,92**	**0,85**	**1,99**	**21,57**	**12,41**	**3,45**	
	Mischung III.												
1	Von Hartenstein u. Co. in Chemnitz	1882	12,47	17,13	1,38	10,97	56,48	—	1,57	19,56	12,53	3,13	*A. Stutzer* [4])
2	Von Hartenstein u. Co. in Chemnitz	1883	13,55	20,50	1,44	61,84		0,68	1,99	23,72	—	3.79	*J. König* [1])
3	desgl. von C. H. Knorr in Heilbronn	1887	10,17	14,31	1,41	11,22	61,56	0,75	1,58	15,93	11,38	2,55	*J. König* [1])
4	desgl. von C. H. Knorr in Heilbronn	1888	11.33	19,37	1,13	65,35		0,68	2,14	21,84	—	3,49	*W. Kisch* [1])
	Mischung III, Mittel	—	**11,88**	**17,83**	**1,34**	**10,54**	**55,89**	**0,70**	**1,82**	**20,24**	**11,96**	**3,28**	

[1]) Original-Mittheilung.
[2]) Pharm. Centralhalle 1885, **26**, 393.
[3]) Repertorium f. analyt. Chem. 1882, 164 u. Bericht über die Hygiene-Ausstellung 1882/83. Breslau 1885, 217.
[4]) Bericht über die 1. allgemeine deutsche Hygiene-Ausstellung 1882/83. Breslau, 1885, 217.
[5]) Zeitschr. Nahrungsm.-Unters., Hygiene u. Waarenk. 1890, **4**, 217.

*) Mit 2,57 % Zucker (Dextrose).
**) Mit 0,6 % Phosphorsäure.
***) Die Revalescierre, welche ohne Zweifel vorwiegend aus Leguminosenmehl besteht, soll ein Heilmittel sein gegen 70—80 verschiedene Krankheiten!?
°) Vergl. Anmerkung °) Seite 645.
°°) Die Hartenstein'schen und Knorr'schen Leguminosen-Mischungen bestehen aus Gemischen von feinsten Leguminosenmehlen mit Getreidemehlen; die 3 Sorten unterscheiden sich durch einen steigenden Gehalt von Getreidemehl.
°°°) Hierin wurden noch an näheren Bestandtheilen bestimmt:

	Stickstoff-Substanz: Gesammtmenge %	Eiweiss %	Lösliches Nicht-eiweiss %	Unlösliche Stickstoff-Substanz %	Stärke %	Phosphorsäure in der Asche %
Hartenstein's Leguminose I. No. 3 . .	23,58	20,01	2,69	0,88	50,71	0,765
„ „ II. No. 1 . .	22,26	18,64	3,05	0,57	48,21	0,813
„ „ III. No. 1 . .	17,13	14,61	1,96	0,56	50,17	0,653

†) A. Stift fand ferner 14,25 % Reineiweiss und von der Stickstoff-Substanz 92,52 % verdaulich.

No.	Nähere Bezeichnung	Zeit der Untersuchung	In der ursprünglichen Substanz: Wasser %	Stickstoff-Substanz %	Fett %	Stickstofffreie Extraktstoffe %	Rohfaser %	Asche %	In der Trocken-Substanz: Stickstoff-Substanz %	Stickstofffreie Extraktstoffe %	Stickstoff in der Trocken-Substanz %	Analytiker
	Kraftsuppenmehl von Ferd. Scheller in Hildburghausen	1877	6,66	20,26	1,88	68,11		3,09	22,02	—	3,52	v. Loesecke[1])
	Suppentafeln v. Dr. Naumann in Plauen	1879	11,41	21,00	3,05	53,17		11,37	23,71	—	3,79	G. Heppe[2])
	Sog. „Kraft und Stoff", von der deutschen Warte für öffentliche Gesundheitspflege in Eisenach	1877	10,00	21,04	1,55	64,22		3,19	23,38	—	3,74	v. Loesecke[1])
	Leguminose von Gebrüder Stollwerk-Köln	1895	6,98	23,41	1,79	57,90 *)	4,38	5,54	25,27	62,24	4,04	Vers.-Stat. Münster[3])
	Leguminose-Maggi**) (Von Jul. Maggi u. Co. in Kempthal (Schweiz))									Fett		
1	Marke A	18 95/97	12,87	23,21	1,76	59,27		2,89 ***)	25,65	2,02	4,10	E. Schumacher-Kopp[4])
2	desgl. B	„	12,40	17,21	1,63	67,33		1,43	19,64	1,86	3,14	
3	desgl. C	„	12,76	19,42	1,51	63,69		2,60	22,26	1,73	3,56	
4	desgl. AA	„	9,27	30,50	6,44	49,50		3,60	33,61	7,10	5,38	
5	desgl. BB	„	12,24	27,19	6,20	50,92		3,45	30,97	7,06	4,96	
6	desgl. CC	„	10,92	19,25	4,21	63,17		2,45	21,62	4,73	3,46	
7	desgl. AAA . . .	„	12,00	28,60	14,60	39,58		5,22	32,49	16,59	5,20	
8	desgl. BBB . . .	„	11,10	27,41	14,23	43,85		3,41	30,84	16,01	4,93	
9	desgl. CCC . . .	„	11,40	20,21	12,63	53,33		2,48 ***)	22,82	14,26	3,65	
10	desgl. A, mager . .	1888	11,46	25,87	2,00	55,95	1,05	3,67	29,22	2,26	4,67	
11	desgl. AA, fett . .	„	10,65	29,66	6,54	47,46	1,60	4,09	33,19	7,32	5,31	M. Wesener[3])
12	desgl. CC, fett . .	„	11,06	20,75	6,15	58,26	0,91	2,87	23,33	6,91	3,73	
13	desgl., mager . . .	„	11,52	20,25	2,04	61,95	1,23	3,01	22.88	2,31	3,66	
14	desgl., fett . .	„	10,80	23,68	6,96	52,83	1,81	3,92	26,55	7,80	4,25	
	Grünerbsen-Kräutersuppe .	1889	14,43	10,44 °)	7,49	51,88	1,50	14,56	12,20	8,75	1,95	Fr. Strohmer u. A. Stift[5]
	Grünerbsen mit Grünzeug .	„	9,87	25,25 °)	1,64	58,66	1,70	2,88	28,01	1,82	4,48	
	Golderbsen mit Reis . . .	„	11,19	17,31 °)	1,01	68,16	0,76	1,57	19,49	1,14	3,12	
	Bohnen mit Gerste . . .	„	10,55	18,50 °)	7,22	59,84	1,43	2,46	20,68	8,07	3,21	

[1]) Archiv f. Pharm. 1877, I, 415.
[2]) C. A. Meinert, Armee- und Volksernährung. I. Thl. Berlin, 1880, 415.
[3]) Original-Mittheilung.
[4]) Chem. Ztg. 1885, 9, 487 u. 1887, II, 1395.
[5]) Oesterr.-Ungar. Zeitschr., Zucker-Ind. u. Landwirthschaft 1889, 18; Zeitschr. angew. Chem. 1889, 531.

*) Mit 13,72 % löslichen stickstofffreien Extraktstoffen.

**) Unter diesem Namen werden in der Schweiz aus Leguminosen und kleberreichen Getreidesorten Volksnahrungsmittel hergestellt, welche den verschiedenen Ansprüchen in Hinsicht auf Nährkraft, Geschmack, Schnelligkeit der Zubereitung und billigen Preis entsprechen sollen. Durch ein besonderes Zubereitungsverfahren soll nicht nur die Stärke theilweise in Dextrin und Zucker übergeführt, sondern auch das Eiweiss löslich erhalten werden. Das Fett in den fettreichen Marken wird denselben nicht durch Zusatz irgend welcher thierischer oder fremdartiger pflanzlicher Fette verliehen, sondern lediglich durch die Beimengung sehr fettreicher Bohnenarten (Sojabohne).

***) In der Asche war Phosphorsäure

Leguminose-Maggi No.	1	2	3	4	5	6	7	8	9
Phosphorsäure	1,40 %	2,42 %	1,32 %	1,40 %	1,45 %	1,39 %	1,47 %	1,55 %	1,42 %

°) Von der Stickstoff-Substanz sind

	Reineiweiss %	Verdaulich %
Grünerbsen-Kräutersuppe	9,35	84,55
Grünerbsen mit Grünzeug	21,69	95,17
Golderbsen mit Reis	14,50	92,27
Bohnen mit Gerste	16,56	90,51

Erdnussmehl.

No.	Nähere Bezeichnung	Zeit der Untersuchung	In der ursprünglichen Substanz: Wasser %	Stick-stoff-Substanz %	Fett %	Stickstoff-freie Ex-traktstoffe %	Roh-faser %	Asche %	In der Trocken-Substanz: Stick-stoff-Substanz %	Stickstoff-freie Ex-traktstoffe %	Stickstoff in der Trocken-Substanz %	Analytiker
1	Präparirtes Erdnussmehl	1892	5,03	48,29	21,91	17,52 *)	3,41	3,84	50,85	18,45	8,14	*Vers.-Stat. Münster*[1])
2	desgl.	1893	7,77	49,98	6,90	25,36	2,42	7,57	54,19	27,50	8,67	*Eug. Sell*[2])
3	Erdnussmehle von Nördlinger in Bockenheim	1892	7,96	47,38	17,08	16,27	7,33	3,98	51,48	17,66	8,23	*H. Spindler*[3])
4	"	"	8,59	45,75	—	—	—	—	50,05	—	8,01	"
5	"	"	5,63	46,12	16,83	23,90	3,74	3,78	48,87	25,23	7,82	"
6	"	"	6,51	53,13	9,77	22,48	3,91	4,20	56,83	24,04	9,09	"
7	Erdnussmehl von Nördlinger	"	7,06	41,05	16,59	31,46		3,84	44,14	+Rohfaser (33,86)	7,06	*Plagge und Lebbin*[4])
8	desgl., besser enthülst .	"	3,70	45,18	20,31	27,00		3,81	46,92	(28,03)	7,51	"
9	Erdnussmehl	1893	7,77	54,19	7,48	27,50	2,62	8,21	58,76	29,82	9,40	*Eug. Sell*[2])
	Mittel	—	**6,67**	**48,92**	**14,61**	**22,99**	**3,91**	**4,90**	**51,34**	**24,57**	**8,21**	

Erdnussgrütze.

No.	Nähere Bezeichnung	Zeit der Untersuchung	Wasser %	Stick-stoff-Substanz %	Fett %	Stickstoff-freie Ex-traktstoffe %	Roh-faser %	Asche %	Trocken: Stick-stoff-Substanz %	Stickstoff-freie Ex-traktstoffe %	Stickstoff in der Trocken-Substanz %	Analytiker
1	Erdnussgrütze	1892	6,54	47,26	19,37	19,06	3,90	3,87	50,57	20,39	8,09	*H. Nördlinger*[5])
2	desgl., gedörrt . . .	"	6,18	47,41	19,74	22,78		3,89	50,54	24,26	8,09	*Plagge und Lebbin*[4])
3	desgl.	"	4,94	48,01	21,27	22,26		3,52	50,54	23,26	8,09	"
4	desgl. von H. Nördlinger in Bockenheim . . .	1893	7,38	47,12	9,63	31,79		4,18	50,88	—	8,14	*Vers.-Stat. Münster*[1])
	Mittel	—	**6,26**	**47,46**	**17,50**	**21,03**	**3,90**	**3,87**	**50,63**	**22,41**	**8,10**	

Aleuronatmehle, Klebermehle.

No.	Nähere Bezeichnung	Zeit der Untersuchung	Wasser %	Stick-stoff-Substanz %	Fett %	Stickstoff-freie Ex-traktstoffe %	Roh-faser %	Asche %	Trocken: Stick-stoff-Substanz %	Stickstoff-freie Ex-traktstoffe %	Stickstoff in der Trocken-Substanz %	Analytiker
1	Ohne nähere Bezeichnung	?	5,93	80,94 **)	1,24	11,02 ***)	0,06	0,81	86,00	11,76	13,76	*C. Kornauth*[6])
2	Aleuronat	?	10,96	73,57	0,24	14,53		0,70	82,60	+Rohfaser (16,32)	13,22	*Constantinidi*[7])
3	desgl. aus der Garnisonbäckerei Berlin . . .	1891 Dez.	11,00	69,07	0,97	17,68		1,28	77,60	(19,87)	12,42	*Plagge und Lebbin*[8])
4	desgl. von R. Hundhausen in Hamm i. W. bezogen	?	8,11	73,92	0,82	16,30		0,85	80,84	(17,73)	12,93	"
5	desgl., 80% gestäubt .	$18\frac{93}{94}$	9,58	79,12	1,68	8,13		1,49	87,50	(8,99)	14,00	"
6	desgl., 80% gemahlen .	"	8,44	80,12	0,89	9,42		1,13	87,50	(10,29)	14,00	"
7	desgl., 50% gestäubt .	"	8,64	44,57	1,07	44,76		0,96	48,76	(49,03)	7,80	"
8	desgl., 50% gemahlen .	"	7,58	43,47	0,63	47,52		0,80	47,03	(51,42)	7,52	"

[1]) Original-Mittheilung.
[2]) Arbeiten Kaiserl. Gesundh. 1893, **8**, 608.
[3]) Zeitschr. angew. Chem. 1892, 607.
[4]) Veröffentlichungen auf dem Gebiete des Militär-Sanitätswesens 1897, **12**, 194.
[5]) Zeitschr. angew. Chem. 1892, 689.
[6]) Oesterr. landw. Centralbl. **I.** Sonderabdruck.
[7]) Mitgetheilt von Plagge und Lebbin. Vergl. Anmerkung [8]).
[8]) Veröffentlichungen auf dem Gebiete des Militär-Sanitätswesens 1897, **12**, 193.

*) Mit 7,84% Zucker + Dextrin.
**) Die Stickstoff-Substanz bestand in einer anderen Probe mit 12,91% Stickstoff aus 96,94% Pflanzenkaseïn 1,34% Albuminen, 1,05% Hemialbumosen und 0,67% Pepton.
***) Mit 5,70% Stärke.

No.	Nähere Bezeichnung	Zeit der Untersuchung	In der ursprünglichen Substanz: Wasser %	Stickstoff-Substanz %	Fett %	Stickstofffreie Extraktstoffe %	Rohfaser %	Asche %	In der Trocken-Substanz: Stickstoff-Substanz %	Stickstofffreie Extraktstoffe %	Stickstoff in der Trocken-Substanz %	Analytiker
9	Aleuronat, vom Kriegsministerium erhalten	—	7,22	65,97	1,39	24,35 (+ Rohfaser)		1,07	71,10	+Rohfaser (26,25)	11,38	Plagge und Lebbin [1])
10	desgl.	1892 Dez.	8,25	74,46	1,38	14,83 (+ Rohfaser)		1,08	80,94	(16,37)	12,95	Plagge und Lebbin [1])
11	Aleuronat	1892	10,85	79,30	—	Stärke 9,12	—	—	88,83	Stärke 10,23	15,99	M. Mansfeld [2])
12	Aleuronat von R. Hundhausen in Hamm i. W.	1896	10,16	86,35	2,29	—	0,33	0,99	96,13	—	15,44	Vers.-Stat. Münster [3])
13	Aleuronat-Hafergrütze von demselben	„	12,34	25,52	4,92	55,99	0,40	0,83	29,11	Stickstofffreie Extraktstoffe 63,87	4,36	Vers.-Stat. Münster [3])
14	Klebermehl von Fesca-Berlin, nach dem Martin'schen Verfahren gewonnen	?	7,95	81,69	10,36				88,75	11,25	14,20	[4])
15	Nuritasmehl	1892	10,19	87,64 *)	0,79	—	—	2,06	97,65	—	15,62	M. Mansfeld [2])
16	Chicagoer Mais-Klebermehl (Chicago gluten meal), gebaut in Springfeld	1886	9,15	29,88	6,11	52,62	1,46	0,78	32,89	—	5,27	E H. Jenkins [5])
17	desgl.	„	8,95	28,04	6,84	54,04	1,44	0,69	30,81	59,37	4,93	C. A. Goessmann [6])
18	desgl.	„	8,83	27,75	7,47	51,73	0,70	0,64	31,43	58,59	5,23	C. A. Goessmann [6])
	Mittel: kleberreiches Mehl (No. 1—6, 9—12, 14, 15)	—	**9,05**	**77,72**	**1,17**	**10,71**	**0,20**	**1,15**	**85,45**	**11,78**	**13,67**	

Sonstige zubereitete Mehle.

Nähere Bezeichnung	Zeit der Untersuchung	Wasser %	Stickstoff-Substanz %	Fett %	Stickstofffreie Extraktstoffe %	Rohfaser %	Asche %	Trocken: Stickstoff-Substanz %	Trocken: Stickstofffreie Extraktstoffe %	Stickstoff in der Trocken-Substanz %	Analytiker
Disqué's Albumin-Kraftsuppenmehl von J. Lenk in Chemnitz	1895	9,03	28,51	0,66	58,81 **)	0,53	2,46	31,33	0,73	5,01	Vers.-Stat. Münster [3])
Hygiama***) aus Dr. med. Theinhardt's Nährmittelfabrik in Cannstadt	1898	4,13	22,82	6,65	63,30 °)	0,64	2,46 ***)	23,80	55,07	3,81	[7])
Mutase von Weiler-ter-meer in Uerdingen°°)	1899	9,85	58,27	0,62	21,60	0	9,66	64,41	—	10,31	Aufrecht [8])

[1]) Veröffentl. auf dem Gebiete des Militär-Sanitätswesens 1897, **12**, 193.
[2]) Zeitschr. angew. Chem. 1892, 732.
[3]) Original-Mittheilung.
[4]) Mitgetheilt von Plagge und Lebbin u. Veröffentl. auf dem Gebiete des Militär-Sanitätswesens 1897, **12**, 48.
[5]) Ann. Rep. Connect. Experim. Stat. 1886, 96; Jahresber. Agrik.-Chem. 1887, **30**, 432.
[6]) 4. Ann. Rep. Massachusett's State Agric. Experim. Stat. 1887, Bull. **27**, 14 u. 1887, Bull. **28**, 1.
[7]) Analyse des Laboratoriums der Kgl. Württembergischen Centralstelle für Handel und Gewerbe; mitgetheilt von Freudenberg: Reichs-Medizinal-Anzeiger 1898, **23**, 457.
[8]) Pharm. Ztg. 1899, **44**, 100; Zeitschr. Nahrungs- u. Genussmittel 1899, **2**, 588.

*) Die Stickstoff-Substanz bestand aus 56,65 % verdaulichem Eiweiss, 43,24 % Amiden und 0,12 % Nucleïn.
**) Mit 2,26 % Zucker u. 1,99 % Dextrin.
***) Hygiama ist ein hellbraunes fein zerriebenes, in Folge geringen Zusatzes von Kakao nach diesem schmeckendes Pulver, das mit Milch oder Wasser durch Kochen zu einem angenehm schmeckenden Getränke zubereitet wird. Hygiama enthält ferner 1,075 % Phosphorsäure entsprechend 1,64 % Calciumphosphat. Hundeshagen und Philip fanden für die Trocken-Substanz des mit Milch hergestellten Hygiama-Getränkes folgende Zusammensetzung:

Verdaul. Eiweiss (+ Theobromin)	Unverdaul. Eiweiss	Fett	Lösliche stickstofffreie	Unlösliche Extraktstoffe	Rohfaser	Asche	Phosphorsäure
26,82 %	1,18 %	24,69 %	38,58 %	4,33 %	0,21 %	5,19 %	1,19 %

°) Mit 52,80 % löslichen stickstofffreien Extraktstoffen.
°°) Mutase ist ein aus Pflanzenstoffen hergestelltes diätetisches Präparat. Aufrecht fand ferner: 2,496 % Kalk, 0,358 % Eisenoxyd und 2,496 % Phosphorsäure. Von der Stickstoff-Substanz sind 98 % verdaulich; die stickstofffreien Extraktstoffe sind frei von Stärke und Cellulose.

No.	Nähere Bezeichnung	Zeit der Untersuchung	In der ursprünglichen Substanz: Wasser %	Stick-stoff-Substanz %	Fett %	Stickstofffr. Extraktstoffe: löslich %	unlöslich %	Roh-faser %	Asche %	In der Trocken-Substanz: Stick-stoff-Substanz %	Stickstoff-freie Ex-traktstoffe %	Stickstoff in der Trocken-Substanz %	Analytiker
	Dextrinmehle:										löslich		
1	Sambuc's Dextrinmehl .	1877	6,39	10,12	0,88	52,42	29,93	—	1,04	10,81	56,00	1,73	*N. Gerber*[1])
2	Ohne nähere Bezeichnung	"	6,53	10,59	0,62	63,50	17,75	—	1,01	11,33	67,93	1,81	*Piecard*[1])
	Mittel	—	6,46	10,36	0,75	57,96	23,84	—	1,03	11,07	61,97	1,77	
											Gesammt-menge		
	Liebig's Backmehl*)	1878	13,82	8,81	0,44	74,55		0,50	1,88	10,25	86,51	1,64	*C. Krauch*[2])
	Liebig's Pudding-pulver:**)												
1	Vanille-Pudding . . .	1878	12,59	1,81	3,01	78,45		3.63	0,50	2,06	89,75	0,33	*J. König und C. Krauch*[2])
2	Ohne nähere Bezeichnung	"	13,35	2,37	3,73	79,32		0,44	0,79	2,75	91,31	0,44	
	Mittel	—	12,97	2,09	3,37	78,93		2,04	0,64	2,40	90,53	0,38	

Mehl-Extrakte.

No.	Nähere Bezeichnung	Zeit der Untersuchung	Wasser %	Stickstoff-Substanz %	Fett %	Stickstofffreie Extraktstoffe: löslich: Zucker %	Dextrin %	unlöslich %	Asche %	In der Trocken-Substanz: Stick-stoff-Substanz %	Stickstoff-freie Ex-traktstoffe %	Stickstoff in der Trocken-Substanz %	Analytiker
1	Gerstenmehl- od. Malzextrakt . (von Gehe u. Co. in Dresden)	1881	2,02	7,02	0,22	32,02	56,00	0,42	1,64 ***)	7,13	89,74	1,14	*E. Geissler*[3])
2	Weizenmehl-Extrakt . . (von Gehe u. Co. in Dresden)	"	4,06	6,35	0,20	25,06	60,06	0,61	2,10 ***)	6,75	78,31	1,08	*E. Geissler*[3])
3	Leguminosen-Extrakt . . (von Gehe u. Co. in Dresden)	"	1,95	13,45	0,30	28,08	47,05	2,00	5,30 ***)	13,69	76,62	2,19	*E. Geissler*[3])
	Malzextrakt von:												
4	Ed. Löfflund, in Stuttgart	1882	25,58	3,60 °)	—	69,76			1,06	4,84	93,76	0,77	*A. Stutzer*[4])
5	M. Koch u. Co. " "	"	33,11	2,50 °)	—	63,46			0,93	3,74	94,87	0,60	*A. Stutzer*[4])
6	Aus Klebreis (in Japan zubereitet)	1884	15,36	0,78	0,05	47,92 °°)	36,09	—	0,24	0,93	99,22	0,15	*Nagai und Murai*[5])
7	Aus Klebreis (in Japan zubereitet)	"	16,77	0,94	0,05	53,19	28,96	—	0,41	1,13	98,66	0,18	*Nagai und Murai*[5])
8	Aus gewöhnlichem Reis . (in Japan zubereitet)	"	17,42	1,63	0,07	56,46	24,69	—	0,53	1,92	98,27	0,31	*Nagai und Murai*[5])
9	Aus Klebreis . (in Japan zubereitet)	"	13,31	1,76	0,04	49,08	35,97	—	0,22	2,03	98,03	0,32	*Nagai und Murai*[5])
10	Aus gewöhnlichem Reis . (in Japan zubereitet)	"	17,41	1,51	0,06	59,77 °°)	21,91	—	0,37	1,83	99,04	0,29	*Nagai und Murai*[5])

[1]) Nach einer Zusammenstellung von N. Gerber in Milchztg. 1879, **8**, 359.
[2]) Original-Mittheilung.
[3]) Repertorium f. analyt. Chemie 1881, **I**, 150.
[4]) Bericht über die Hygiene-Ausstellung 1882/83, Breslau, 1885, 217.
[5]) Japan. Internat. Health Exhibitation. London, 1884. A. Descriptive Catalogue etc. S. 24.

*) Durch Vermischen von Mehl mit Natriumbicarbonat und Calciummonophosphat hergestellt. Die Probe ergab 0,49 % Kohlensäure.

**) Gemische von Stärke mit Gewürzen.

***) Darin:

	No. 1	2	3	4	5
Phosphorsäure . .	0,55 %	0,81 %	0,88 %	0,512 %	0,350 %

°) Die Stickstoff-Substanz zerfällt in:

	Eiweiss	Pepton	Lösliches Nichteiweiss
Malzextrakt von Löfflund . . .	0,77 %	0,65 %	2,18 %
" " Koch & Co. . .	1,67 "	0,39 "	0,44 "

°°) In den von Nagai u. Murai untersuchten Mehlextrakten ist der Zucker als „Maltose“ aufgeführt.

No.	Nähere Bezeichnung	Zeit der Untersuchung	In der ursprünglichen Substanz: Wasser %	Stickstoff-Substanz %	Fett %	Stickstoff-freie Extraktstoffe %	Rohfaser %	Asche %	In der Trocken-Substanz: Stickstoff-Substanz %	Stickstoff-freie Extraktstoffe %	Stickstoff in der Trocken-Substanz %	Analytiker
11 *)	Malzextrakt . . } von Ed. Löfflund	1885	25,4	3,63 *)	—	72,10	—	1,00	4,87	96,61	0,78	Ch. Girard [1])
12 *)	desgl. mit Pepsin } von Ed. Löfflund	„	23,7	3,33	—	73,80	—	1,10	4,37	96,75	0,70	Ch. Girard [1])
13 *)	desgl. von Liebe	„	23,8	3,63 *)	—	74,10	—	1,10	4,76	97,22	0,76	Ch. Girard [1])

Sojabohnen-Erzeugnisse.

1. Miso (vegetabilischer Käse).

Miso wird aus 2 Theilen Sojabohnen und 1 Theil Koji (Koji ist mit Eurotium oryza inficirter Reis, wie er zur Bereitung von Sake dient; Zusammensetzung siehe unten S. 653) unter Kochsalzzusatz hergestellt, wobei die Mischung entweder nur 4—6 Tage bei höherer Temperatur der Wirkung der Bakterien überlassen wird (siro-miso), oder 8—15 Monate lang bei gewöhnlicher Temperatur der „Reifungsprocess" sich vollzieht (sendai-miso). Miso wird entweder roh oder in Form von Suppe gegessen. (Nach O. Loew, Forschungsberichte über Lebensmittel etc. 1895, 2, 71.)

No.	Nähere Bezeichnung	Zeit der Untersuchung	Wasser %	Stickstoff-Substanz %	Fett %	Stickstoff-freie Extraktstoffe %	Rohfaser %	Asche %	Trocken-Substanz: Stickstoff-Substanz %	Stickstoff-freie Extraktstoffe %	Stickstoff in der Trocken-Substanz %	Analytiker
1	Weisser Miso	1882	50,70	5,7	24,40		12,60	6,60	20,32	—	1,87	Edw. Kinch [2])
2	Rother Miso	„	50,40	10,08	18,77 **)		8,25	12,50	11,56	—	3,25	Edw. Kinch [2])
3 ***)	Aus Japan	1895	59,27	10,18	5,10	14,63	1,99	7,78	24,99	35,92	4,00	O. Kellner [3])
4 ***)	desgl.	„	48,45	12,48	5,26	17,81	1,79	11,93	24,21	34,55	3,87	O. Kellner [3])
5 ***)	desgl.	„	50,36	13,93	5,52	13,60	2,46	13,06	28,07	27,39	4,49	O. Kellner [3])
6 ***)	desgl., Sendai-miso . . .	„	50,16	14,29	6,46	13,12	2,31	12,48	28,67	26,32	4,59	O. Kellner [3])
7 ***)	desgl.	„	53,51	14,34	7,87	6,02	2,68	15,62	30,84	12,95	4,93	O. Kellner [3])
8	„Miso" von Jul. Maggi u. Co. in Kempthal	1888	12,53	26,43	13,91	19,54	1,41	26,18	30,21	22,34	4,83	W. Kisch [4])
	Japanischer Miso (No. 1-7) Mittel	—	**51,83**	**11,60**	**6,04**	**14,62**	**4,58**	**11,33**	**24,09**	**30,35**	**3,85**	

[1]) Documents sur les falsifications etc. Laboratoire Municipal. Paris, 1885, 232.

[2]) Centralbl. Agrik.-Chem. 1882, **11**, 753 und Nagai und Murai: Japan International Health Exhibitation. London 1884, 18.

[3]) Chem. Ztg. 1895, **19**, 120—121.

[4]) Original-Mittheilung.

*) Die Stickstoffverbindungen und die sacharificirenden Eigenschaften etc. bei No. 11—13 waren folgende:

	Phosphorsäure	Gesammt-Stickstoff	Eiweiss-Stickstoff		oder Eiweiss	Pepton-Stickstoff		oder Pepton	Amid-Stickstoff	100 Thle. verzuckern Stärke
No. 11	0,32 %	0,58 %	0,19 %	=	1,19 %	0,05 %	=	0,32 %	0,34 %	13,4 Thle.
No. 12	0,48 „	0,53 „	0,15 „	=	0,94 „	0,06 „	=	0,38 „	0,32 „	9,9 „
No. 13	0,46 „	0,58 „	0,14 „	=	0,88 „	0,08 „	=	0,52 „	0,35 „	2,4 „

**) Mit 0,61 % Zucker.

***) O. Kellner fand ferner:

	Glukose %	Gesammtmenge des Kaltwasserauszuges %	Alkohol %
No. 3	8,32	22,13	0,95
„ 4	11,63	34,25	1,92
„ 5	8,52	32,30	1,07
„ 6	10,40	32,28	1,18
„ 7	4,38	28,47	—

Der Sendai-Miso (No. 6) enthielt ausserdem 2,71 % Stärke, 10,48 % Kochsalz, 0,02 % flüchtige Säuren (Essigsäure), 0,14 % nicht flüchtige Säure (Milchsäure) und 0,07 % Ammoniak.

Bei den 5 Proben schwankten die Gehalte an flüchtiger Säure (Essigsäure) von 0,02—0,05 % und die an nicht flüchtiger Säure (Milchsäure) von 0,14—0,27 %; von der Stickstoff-Substanz bestanden 27,5—42,5 % aus Nicht-Eiweissstoffen.

2. Tao-tjiung (Bohnenbrei).

Tao-tjiung hat viel Aehnlichkeit mit dem Miso der Japaner und wird auch in ähnlicher Weise durch Kochen der entschälten weissen Varietät, Rösten mit Reis- und Klebreismehl in einer eisernen Schale, Gährung in mit Hibiscus-Blättern ausgelegten Körben und Einlegen in Salzlösung hergestellt.

No.	Nähere Bezeichnung	Zeit der Untersuchung	In der ursprünglichen Substanz: Wasser %	Stickstoff-Substanz %	Fett %	Stickstofffreie Extraktstoffe %	Rohfaser %	Asche %	In der Trocken-Substanz: Stickstoff-Substanz %	Fett %	Stickstoff in der Trocken-Substanz %	Analytiker
1	Aus Java	1896	62,86	12,67 *)	1,21	10,00 *)	3,78	*)	34,11	3,26	5,46	*H. C. Prinsen-Geerligs*[1]

3. Tofu (Tao-hu oder Bohnenkäse).

Tofu wird bereitet durch Zermahlen gequollener Sojabohnen und Ausziehen derselben mit Wasser, worauf die colirte Flüssigkeit**) mit der koncentrirten Mutterlauge von der Seesalzgewinnung vermischt wird. Hierbei scheiden sich die Proteïnstoffe aus, welche abgepresst und in Tafelform in den Handel gebracht werden.

No.	Nähere Bezeichnung	Zeit der Untersuchung	Wasser %	Stickstoff-Substanz %	Fett %	Stickstofffreie Extraktstoffe %	Rohfaser %	Asche %	Trocken-Substanz: Stickstoff-Substanz %	Fett %	Stickstoff in der Trocken-Substanz %	Analytiker
1	Frischer Tofu	1882	89,00	5,00	3,40	2,10	0	0,50	45,45	30,91	7,27	*Edw. Kinch*[2]
2	Gefrorener Tofu	„	18,70	48,50	28,50	2,60	0	1,70	59,65	35,05	9,54	*Edw. Kinch*[2]
3	Tao-hu aus weisser Soja hispida	1896	76,15	13,15	7,09	1,40	0	2,21 ***)	55,36	29,72	8,86	*H. C. Prinsen-Geerligs*[1]
4	Frischer Tofu	1895	89,29	4,87	4,35		0	0,48	45,47	—	7,28	*O. Kellner*[3]
5	Gefrorener Tofu (kori-dofu)	„	15,32	41,42	23.65	15,05	1,48	3,08	48,91	17,77	7,83	*M. Inouye*[4]
	Frischer Tofu, Mittel	—	**84,81**	**7,41**	**5,25**	**1,25**	**0**	**1,08**	**48,76**	**8.23**	**7,80**	
	Gefrorener „ „	—	**17,01**	**45,05**	**26,08**	**7,99**	**1,48**	**2,39**	**54,28**	**9,06**	**8,68**	

4. Yuba.

Yuba ist die Haut, welche beim Verdampfen der koncentrirten wässerigen Milch aus der Sojabohne auf der Oberfläche sich bildet nnd gleichfalls als Nahrungsmittel dient. Vergl. Anmerkung **).

No.	Nähere Bezeichnung	Zeit der Untersuchung	Wasser %	Stickstoff-Substanz %	Fett %	Stickstofffreie Extraktstoffe %	Rohfaser %	Asche %	Trocken-Substanz: Stickstoff-Substanz %	Fett %	Stickstoff in der Trocken-Substanz %	Analytiker
1	Ohne nähere Bezeichnung .	1895	21,85	42,60	24,62	7,65	—	2,82	54,51	31,50	8,72	*M. Jnouye*[4]

5. Natto (Pflanzenkäse).

Natto ist eine Käseart, welche aus der Sojabohne ohne Zusatz von Koji bereitet wird. Die Bohnen werden zunächst 5 Stunden gekocht und darauf wird die noch heisse Masse in kleinen Portionen in Stroh eingewickelt; die gut zugebundenen Paekete werden in einen Keller gebracht, in dem ein Feuer angezündet wird und in dem die Hitze 24 Stunden einwirkt.

Nach K. Yabe (Chem. Centrbl. 1894, II, 1049—1050) ist die Vertheilung des Stickstoffs auf die einzelnen Verbindungen folgende:

	Gesammt-Stickstoff	Protein-Stickstoff	Pepton-Stickstoff	Amid-Stickstoff
Sojabohne . .	7,355 %	6,899 %	0,328 %	0,128 %
Nattokäse . .	7,542 „	4,033 „	1,617 „	1,892 „

[1]) Chem. Ztg. 1896, **20**, 67—69.

[2]) Centralbl. Agrik.-Chem. 1882, **II**, 753 und Nagai u. Murai: Japan, International Health Exhibitation. London, 1884, 18.

[3]) Mitgetheilt von M. Inouye. Vergl. Anmerkung [4]).

[4]) College of Agriculture 1895, Bull. **2**, 208; Chem. Centralbl. 1896, I, 127.

*) Verfasser fand ferner 6,93 % in Wasser lösliches Eiweiss, 10,00 % durch Salzsäure invertirbare stickstofffreie Extraktstoffe, von denen 8,74 % in Wasser löslich waren, und 0,97 % Chlornatrium.

**) Die Untersuchung der milchigen Flüssigkeit ergab: Spec. Gew. bei 30°: 1,0194, Trockensubstanz 6,9 %, Eiweiss 3,13 %, Fett 1,89 % und Asche 0,51 %.

***) Mit 0,97 % Chlornatrium.

Shoyu, Shoya oder Soja-Sauce.

Die aus den Sojabohnen dargestellte Soja-Sauce ist bereits oben S. 97 behandelt worden. Hier mögen noch folgende Ergänzungen ihre Stelle finden.

Shoyu der Bremer Shoyu-Co. enthielt nach Ant. Belohubek (Archiv zemědělsky Prag; Zeitschr. ges. Brauw. 1889, 12, 433—437):

Wasser	67,832 %	Alkohol	1,602 %
Organische Stoffe	15,910 „	Freie flüchtige Säure (Essigsäure)	0,110 „
Eiweissstoffe	1,058 „	Freie nicht flüchtige Säure (Milchsäure)	0,655 „
Peptone	3,115 „	Mineralstoffe	16,263 „
Sonstige Stickstoffverbindungen	3,035 „	Chlornatrium (NaCl)	13,195 „
Rohfett	0,609 „	Kali (K_2O)	1,678 „
Zucker (Dextrose)	2,467 „	Phosphorsäure (P_2O_5)	0,326 „
Dextrin u. sonstige stickstofffr. Extraktstoffe	4,966 „		

Nach O. Kellner (Chem.-Ztg. 1895, 19, 120) enthält die fertige Soja-Sauce in 100 ccm:

Trocken-Substanz	Organische Substanz	Asche	Stickstoff	Freie Säure (Essigsäure)
28,75—31,92 g	13,63—16,47 g	15,08—15,45 g	0,72—1,45 g	0,53—0,65 g

Koji.

Die Zusammensetzung des fertigen Koji im Vergleich mit den gedämpften Reis- und Gersten-Erzeugnissen, aus denen sich dasselbe bildet, ist nach O. Kellner, Y. Mori und M. Nagaoka (Zeitschr. physiol. Chem. 1890, 14, 297) folgende:

Nähere Bezeichnung	Reis		Gerste	
	Gedämpfter Reis mit Sporen %	Koji %	Gedämpfte Gerste mit Sporen %	Koji %
Wasser	39,16	31,77	49,01	42,74
In der Trocken-Substanz:				
Roh-Stickstoff	7,81	8,97	10,79	12,92
Aetherextrakt	2,23	7,21	1,19	4,74
Rohfaser	1,05	1,60	1,52	4,53
Stärke, Dextrin etc. (Differenz)	87,97	70,97	84,63	64,62
Maltose	—	6,05	—	11,03
Glukose	Spur	4,07	0,68	0,22
Asche	0,94	1,13	1,19	1,94
Gesammt-Stickstoff	1,249	1,436	1,726	2,067
Eiweiss-Stickstoff	1,227	1,246	1,621	1,768
Nicht-Eiweiss-Stickstoff	0,022	0,190	0,105	0,299
In kaltem Wasser lösliche Stoffe	3,63	38,52	6,50	37,92
Ammoniak	—	0,020	—	0,024
Flüchtige Säure (Essigsäure)	—	0,079	—	0,003
Nicht flüchtige Säure (Milchsäure)	—	0,351	—	0,516
Alkohol	—	0	—	Spur

Stärkemehle.

Weizenstärke.

No.	Nähere Bezeichnung	Zeit der Untersuchung	In der ursprünglichen Substanz: Wasser %	Stickstoff-Substanz %	Fett %	Stickstofffreie Extraktstoffe %	Rohfaser %	Asche %	In der Trocken-Substanz: Stickstoff-Substanz %	Stickstofffreie Extraktstoffe %	Stickstoff in der Trocken-Substanz %	Analytiker
1	Weizenstärke	1854	11,30	1,12		87,05		0,53	1,25	98,01	0,20	*J. Dean* [1])
2	desgl.	1878	15,60	2,47	0,13	81,10	0,33	0,37 *)	2,93	94,96	0,47	? [2])
3	Weizenpuder von H. C. Knorr in Heilbronn	1890	10,52	1,44 **)	0,17	86,79	Spur	1,08	1,61	96,98	0,26	*A. Stift* [3])
4	Weizenstärke	1895	16,10	0,34	0,27	83,10		0,19	0,40	—	0,06	*M. Dennstedt und F. Voigtländer* [4])
5	desgl.	1896	14,31	0,31		85,25		0,13	0,36	—	0,06	*J. König* [5])
	Mittel	—	**13,94**	**1,13**	**0,19**	**74,11**	**0,17**	**0,46**	**1,31**	**86,11**	**0,21**	

Maisstärke (Maizena, Mondamin).

No.	Nähere Bezeichnung	Zeit der Untersuchung	Wasser %	Stickstoff-Substanz %	Fett %	Stickstofffreie Extraktstoffe %	Rohfaser %	Asche %	Trocken: Stickstoff-Substanz %	Stickstofffreie Extraktstoffe %	Stickstoff in der Trocken-Substanz %	Analytiker
1	Maisstärke	1854	16,00	0,69		82,93		0,33	0,81	98,73	0,13	*J. Dean* [1])
2	desgl.	„	11,90	2,37		85,30		0,43	2,69	96,84	0,43	*J. Dean* [1])
3	Maizena	„	14,32	0,47		84,94		0,27	0,56	99,14	0,09	*C. Krauch* [6])
4	desgl.	1893	14,28	1,60	0,04	83,04	0	0,76	1,87	96,87	0,30	*W. Bersch* [7])
5	Maismehl von C. H. Knorr in Heilbronn	1890	11,61	2,44 ***)	0,16	85,58	0,02	0,19	2,77	96,82	0,44	*A. Stift* [3])
6	Maisstärke	1896	12,91	0,44		86,43		0,22	0,50	—	0,08	*J. König* [5])
7	Mondamin [0])	1880	11,97	0,48	Spur	87,22	Spur	0,32	0,55	99,08	0,09	*Stood* [6])
8	desgl.	1893	13,50	1,10	0	84,72	0	0,40	1,27	97,94	0,74	*W. Bersch* [7])
	Mittel	—	**13,81**	**1,20**	**0,01**	**85,11**	Spur	**0,37**	**1,38**	**98,19**	**0,22**	

Reisstärke.

No.	Nähere Bezeichnung	Zeit der Untersuchung	Wasser %	Stickstoff-Substanz %	Fett %	Stickstofffreie Extraktstoffe %	Rohfaser %	Asche %	Trocken: Stickstoff-Substanz %	Stickstofffreie Extraktstoffe %	Stickstoff in der Trocken-Substanz %	Analytiker
1	Reisstärke	1896	13,71	0,81		85,18		0,30	0,94	—	0,15	*J. König* [5])

Sagostärke.

No.	Nähere Bezeichnung	Zeit der Untersuchung	Wasser %	Stickstoff-Substanz %	Fett %	Stickstofffreie Extraktstoffe %	Rohfaser %	Asche %	Trocken: Stickstoff-Substanz %	Stickstofffreie Extraktstoffe %	Stickstoff in der Trocken-Substanz %	Analytiker
1	Sago	1854	12,80	0,81		86,11		0,19	0,94	98,75	0,15	*J. Dean* [1])
2	desgl.	1876	13,00	Spur		86,50		0,50	1,25	99,43	0,20	*J. König* [8])
3	Weisses Sagomehl . . .	?	16,14	3,75		79,88		0,22	4,50	95,25	0,72	*P. J. Maier* [9])
4	Rothes „ . . .	„	18,83	2,57		78,06		0,53	3,19	96,17	0,51	*P. J. Maier* [9])
5	Blaues „ . . .	„	18,47	2,45		78,16		0,94	3,00	95,99	0,48	*P. J. Maier* [9])
	Mittel	—	**15,85**	**2,16**		**81,78**		**0,48**	**2,57**	**97,18**	**0,41**	

[1]) Value of different kinds of prepared vegetable food (America) 1854.
[2]) Nach einer Privat-Mittheilung von Th. Dietrich-Marburg.
[3]) Zeitschr. Nahrungsmittel-Unters., Hygiene und Waarenk. 1890, **4**, 217.
[4]) Forschungsberichte über Lebensmittel etc. 1895, **2**, 173.
[5]) Landw. Vers.-Stat. 1897, **48**, 98.
[6]) Original-Mittheilung.
[7]) Oesterr.-Ungar. Zeitschr. für Zucker-Industrie 1893, Separatabdruck.
[8]) Zeitschr. Biologie 1876, **12**, 497.
[9]) Neues Jahrbuch für Pharmacie **31**, 229.

*) Die Asche enthielt Reinasche 0,19 % und Sand 0,18 %.
**) A. Stift fand 1,12 % Reineiweiss und 52,17 % der Stickstoff-Substanz verdaulich.
***) A. Stift fand 2,00 % Reineiweiss und 71,79 % der Stickstoff-Substanz verdaulieh.
[0]) Dieses mit grosser Reklame zu den verschiedenen Zwecken auch als Kindernahrungsmittel angepriesene Mondamin ist nichts wie reine Maisstärke.

Arrowroot, Tapioca.

No.	Nähere Bezeichnung	Zeit der Untersuchung	In der ursprünglichen Substanz: Wasser %	Stick-stoff-Substanz %	Fett %	Stickstoff-freie Ex-traktstoffe %	Roh-faser %	Asche %	In der Trocken-Substanz: Stick-stoff-Substanz %	Stickstoff-freie Ex-traktstoffe %	Stickstoff in der Trocken-Substanz %	Analytiker
1	Arrowroot	1854	16,50	0,88		82,41		0,21	1,06	98,70	0,17	*J. Dean*[1])
2	desgl.	?	15,75	1,75	0,10	81,16 *)	0,05	0,19	2,08	97,52	0,33	*F. Voigt*[2])
3	Tapioca	1854	13,30	0,63		85,95		0,12	0,75	99,13	0,12	*J. Dean*[1])
4	desgl.	?	15,56	0,38		84,05		0,39	0,44	99,54	0,07	*C. Krauch*[3])
5	Tapioca natural (Conassé fin)	1890	11,37	1,06 **)	0,18	87,21	0,09	0,09	1,20	98,39	0,19	*Fr. Strohmer u. A. Stift*[4])
6	Ausländische Tapioca . .	1897	12,80	Spur	0,20	86,88	0,08	0,04	Spur	99,63	Spur	*Balland*[5])
7	Tapioca, französische, aus Kartoffelmehl	„	16.00	0,45	0,15	82,95	0	0,45	0,54	98 75	0,09	
	Mittel	—	**14,47**	**0,74**	**0,16**	**84,36**	**0,06**	**0,21**	**0,87**	**98,63**	**0,15**	

Kartoffelstärke.

No.	Nähere Bezeichnung	Zeit der Untersuchung	Wasser %	Stick-stoff-Substanz %	Fett %	Stickstoff-freie Ex-traktstoffe %	Roh-faser %	Asche %	Trocken: Stick-stoff-Substanz %	Stickstoff-freie Ex-traktstoffe %	Stickstoff in der Trocken-Substanz %	Analytiker
1	Deutsche Kartoffelstärke .	1880	17,03	0,51 ***)		82,04		0,42	0,63	99,88	0,10	*B. C. Niederstadt*[3])
2	Französische „ .	„	16,07	0.63 ***)		82,92		0,38	0,69	98,80	0,11	
3	Kartoffelstärke	1875	18,91	0,15	0,06	80,46	0,14	0,34 °)	0,18	99,05	0,03	? [2])
4	desgl.	1874	19,78	0,42	0,06	79,27	0,14	0,33	0,52	98,03	0,08	
5	desgl.	1875	22,42	1,19	0,02	76,07	0,03	0,27	1,53	96,00	0 24	
6	desgl.	„	21,15	1,22	0,02	77,31	0,03	0,27	1,55	98,05	0,25	
7	desgl.	1888	15,17	—	—	—	0,02	0,62	—	—	—	*A. L. Winton*[6])
8	desgl.	1896	16,84	0,63		82,34		0,19	0,76	—	0,12	*J. König*[7])
9	Russisches Kartoffelmehl .	1886	13,34	1,68 °°)		84,03		0,95	1,94	96,96	0,31	*B. C. Niederstadt*[3])
10	desgl.	„	16,50	0,59		82,04		0,87	0,29	98,25	0,11	
11	desgl.	„	17,11	1,88		79,33		1,68	2.25	95,71	0,36	
12	desgl.	„	20,33	0,66		78,44		0,57	0,81	98,46	0,13	
13	desgl.°°)	„	18,62	0.32 °°)		80,30		0,76	0,38	98,67	0,06	
14	Doppeltraffinirtes Kartoffelmehl v. Knorr in Heilbronn	1890	15,44	1,50 °°°)	0,07	82,14	Spur	0,29	1,77	97,38	0,28	*Fr. Strohmer u. A. Stift*[4])
	Mittel	—	**17,76**	**0,88**	**0,05**	**80,68**	**0,06**	**0,57**	**1,02**	**98,13**	**0,16**	

---

[1]) Value of different kinds of prepared vegetable food Cambridge (America) 1854.
[2]) Nach einer Privatmittheilung von Th. Dietrich-Marburg.
[3]) Original-Mittheilung.
[4]) Zeitschr. Nahrungsm.-Unters., Hygiene und Waarenk. 1890, **4**, 217.
[5]) Journ. Pharm. Chim. 1898, [6], **7**, 328; Zeitschr. Nahrungs- und Genussmittel 1898, **1**, 507.
[6]) Zeitschr. angew. Chem. 1888, 273.
[7]) Landw. Vers.-Stat. 1897, **48**, 98.

*) Mit 80% reiner Stärke.
**) Verff. fanden ferner 0,81% Reineiweiss und 35,29% der Stickstoff-Substanz verdaulich.
***) Einschliesslich Faserstoffe.
°) In der Asche:

	No. 15	16	17	18
Reinasche	0,15%	0,15%	0,16%	0,16%
Sand	0,19 „	0,18 „	0,11 „	0,11 „

°°) Einschliesslich Spuren von Faserstoff. Das Mehl enthielt Spuren von Butter- und Milchsäure.
°°°) Verff. fanden ferner 1,44% Reineiweiss und 41,67% der Stickstoff-Substanz verdaulich.

Kassavemehl.

Mehl der Wurzeln der süssen Kassave (Jatropha manihot oder Aïpi).

No.	Nähere Bezeichnung	Zeit der Untersuchung	In der ursprünglichen Substanz: Wasser %	Stick-stoff-Substanz %	Fett %	Stickstoff-freie Ex-traktstoffe %	Roh-faser %	Asche %	In der Trocken-Substanz: Stick-stoff-Substanz %	Stickstoff-freie Ex-traktstoffe %	Stickstoff in der Trocken-Substanz %	Analytiker
1	Aus Florida*)	1889	10,56	1,31	1,50	81,81	2,96	1,86	1,46	91,47	0,23	*H. W. Wiley* [1]
2	desgl.*)	„	11,86	1,31	0,86	80,69	4,15	1,13	1,49	91,55	0,24	
	Mittel	—	**11,21**	**1,31**	**1,18**	**81,24**	**3,56**	**1,50**	**1,48**	**91,51**	**0,24**	

Sonstige Stärke-Analysen:

K. Kresling und J. Mörbitz: Vergleichende Untersuchung von 5 Stärkeproben aus England und Russland. Die Art der Stärke ist nicht angegeben. — Pharm. Ztg. f. Russland 1894, 33, 708—712; Chem. Centrbl. 1895, I, 70.

Anhang zu Cerealien und Mehlen.

Ueber die Vertheilung der einzelnen Bestandtheile des Roggen- und Weizenkornes auf die verschiedenen Mahlprodukte.

Untersuchungen von S. Weinwurm.

(Oesterr.-Ungar. Zeitschr. f. Zucker-Industrie und Landwirthschaft 1890, 19, Sonderabdruck).

Ueber diesen Gegenstand hat Verf. eingehende Versuche angestellt, indem er neben der üblichen Zusammensetzung der Mahlprodukte (aus einer Mühle in Simmering bei Wien) auch die Verdaulichkeit**) derselben bestimmte. Die Ergebnisse sind im Mittel dreier Sorten folgende:

I. Weizen. a. Zusammensetzung.

Bezeichnung der Mehle etc.	Ausbeute %	Wasser %	Zusammensetzung der Trocken-Substanz: Stickstoff-Substanz %	Amide %	Fett %	Stickstoff-freie Extraktstoffe %	Rohfaser %	Asche %
Ursprüngliches Weizenkorn	—	13,37	10,69	2,93	1,98	80,41	1,90	2,09
Weizenmehl No. 0 . . .	6	12,56	8,38	3,06	0,83	87,26	Spuren	0,47
„ „ 1 . . .	14	12,54	8,32	3,06	0,92	87,20	„	0,50
„ „ 2 . . .	6	12,48	8,87	2,95	0,97	86,69	„	0,52
„ „ 3 . . .	4	12,50	8,94	2,89	1,05	86,57	„	0,55
„ „ 4 . . .	5	12,50	8,75	3,17	1,10	86,45	„	0,53
„ „ 5 . . .	6	12,48	8,94	3,00	1,15	86,36	„	0,55
„ „ 6 . . .	4	12,39	9,38	3,00	1,17	85,87	0,02	0,56
„ „ 7 . . .	12	12,35	9,82	3,06	1,28	85,01	0,09	0,74
„ „ 8 . . .	6	12,41	10,06	3,22	1,30	84,55	0,06	0,81
„ „ 8½ . .	5	12,40	12,56	2,72	1,91	81,52	0,08	1,21
„ „ 8¾ . .	5	11,72	14,34	3,00	3,51	75,90	1,02	2,23
„ „ 9 . . .	3	10,64	15,02	2,55	4,02	74,20	1,55	2,66
Feine Weizen-Dunstkleie .	16	11,35	13,50	3,06	4,54	63,64	8,71	6,55
Weizen-Mittelkleie . . .	2	11,55	13,38	2,72	3,96	63,97	9,08	6,89
Grobe Weizenkleie . . .	2	12,37	13,44	3,17	3,46	62,13	9,79	8,01

¹) Agricultural Science 2, No. 10; Centralbl. Agrik.-Chem. 1889, 18, 572.

*) H. W. Wiley fand ferner:

	Glukoside, Alkaloide, organische Säuren (in Aether löslich)	Amide, Zucker, Harz (in Alkohol löslich)	Dextrin, Gummi (Differenz)	Stärke
No. 1 . . .	0,64 %	13,69 %	2,85 %	64,63 %
„ 2 . . .	0,43 „	4,50 „	5,63 „	70,13 „

**) Die Verdaulichkeit der Stickstoff-Substanz wurde künstlich durch Pepsin- und Pankreaslösung (nach Stutzer), die der stickstofffreien Extraktstoffe durch Behandeln mit Diastaselösung bestimmt; letztere Zahlen sind aber nur relativ richtig, sie geben keinen Anhaltspunkt für die wirkliche Verdaulichkeitsgrösse beim Menschen oder Thier. Statt des Protein-Stickstoffs nach Stutzer hat Weinwurm den Amid-Stickstoff bestimmt und aus diesem und dem Gesammt-Stickstoff den Protein-Stickstoff berechnet. Die Amid-Verbindungen wurden durch Multiplikation mit 5,5 aus dem Amid-Stickstoff berechnet, da Asparagin, Glutamin und Pflanzenleim 18 % Stickstoff enthalten.

b. Verdaulichkeit.

Bezeichnung der Mehle etc.	In der Trocken-Substanz									
	Gesammt-Stickstoff	Stickstoff				Stickstoff-Substanz		Stickstofffreie Extraktstoffe		Gesammte verdauliche organische Substanz
		als Proteïn	als Amid	verdaulicher	unverdaulicher	verdauliche	unverdauliche	verdauliche	unverdauliche	
	%	%	%	%	%	%	%	%	%	%
Ursprüngliches Weizenkorn	2,24	1,71	0,53	2,09	0,15	13,06	0,94	73,99	9,26	87,05
Weizenmehl No. 0 . . .	1,89	1,34	0,55	1,83	0,06	11,44	0,38	87,24	0,47	98,68
" " 1 . . .	1,88	1,33	0,55	1,82	0,06	11,38	0,38	87,18	0,56	98,56
" " 2 . . .	1,95	1,42	0,53	1,88	0,07	11,75	0,44	86,72	0,57	98,47
" " 3 . . .	1,95	1,43	0,52	1,89	0,06	11,81	0,38	86,58	0,73	98,39
" " 4 . . .	1,97	1,42	0,57	1,92	0,05	12,00	0,31	86,27	0,89	98,27
" " 5 . . .	1,97	1,43	0,54	1,91	0,06	11,94	0,38	86,20	0,93	98,14
" " 6 . . .	2,04	1,50	0,54	1,94	0,10	12,13	0,63	85,47	1,21	97,60
" " 7 . . .	2,12	1,57	0,55	2,04	0,08	12,75	0,50	84,35	1,66	97,10
" " 8 . . .	2,19	1,61	0,58	2,09	0,10	13,06	0,63	83,62	1,88	96,68
" " 8½ . .	2,50	2,01	0,49	2,42	0,08	15,12	0,50	80,49	2,68	95,61
" " 8¾ . .	2,85	2,31	0,54	2,74	0,11	17,13	0,69	75,23	4,72	92,36
" " 9 . . .	2,86	2,40	0,46	2,67	0,19	16,68	1,19	71,68	7,79	88,36
Feine Weizen-Dunstkleie .	2,71	2,16	0,55	2,33	0,38	14,57	2,38	40,76	35,74	55,33
Weizen-Mittelkleie . . .	2,63	2,14	0,49	2,08	0,55	13,00	3,44	33,69	42,98	46,69
Grobe Weizenkleie . . .	2,72	2,15	0,57	2,15	0,57	13,43	3,56	31,54	43,46	44,97

Von 100 Theilen Stickstoff sind somit vorhanden als:

	Proteïn-Stickstoff	Amid-Stickstoff	verdaulicher Stickstoff	unverdaulicher Stickstoff
Weizenkorn	76,3%	23,7%	93,3%	6,7%
Weizenmehl No. 0, 1 und 2 . .	71,4 "	28,6 "	96,6 "	3,3 "
" " 3, 4, 5 . . .	72,6 "	27,4 "	97,1 "	2,9 "
" " 6, 7, 8 . . .	73,7 "	26,3 "	95,6 "	4,4 "
" " 8½, 8¾, 9 .	81,8 "	18,2 "	95,4 "	4,5 "
Weizenkleie	80,0 "	29,0 "	81,3 "	18,7 "

Von den Bestandtheilen des Weizens — wenn jeder Bestandtheil im Korn = 100 gesetzt wird — entfallen unter Berücksichtigung der in der Fabrik erhaltenen Ausbeute auf die einzelnen Mahlprodukte folgende procentigen Mengen:

Bezeichnung der Mehle etc.	Gesammtmenge der Bestandtheile							Verdaulichkeit der Bestandtheile					
	Gesammt-Stickstoff-Substanz	Proteïn	Amide	Fett	Stickstofffreie Extraktstoffe	Rohfaser	Asche	Gesammte verdauliche organische Substanz	Gesammte unverdauliche organische Substanz	Verdauliche Stickstoff-Substanz	Unverdauliche Stickstoff-Substanz	Verdauliche stickstofffreie Extraktstoffe	Unverdauliche stickstofffreie Extraktstoffe
Weizenmehl No. 0 . .	5,1	4,7	6,2	2,5	6,5	Spuren	1,4	6,8	0,5	5,3	2,4	7,1	0,3
" " 1 . .	11,8	10,9	14,5	6,5	15,2	"	3,4	15,9	1,3	12,2	5,6	16,5	0,9
" " 2 . .	5,2	5,0	6,0	2,9	6,5	"	1,5	6,8	0,6	5,4	2,8	7,0	0,4
" " 3 . .	3,5	3,4	3,9	2,3	4,3	"	1,0	4,5	0,8	3,6	1,6	4,7	0,3
" " 4 . .	4,4	4,2	5,4	2,5	5,4	"	1,3	5,6	0,7	4,6	1,7	5,8	0,5
" " 5 . .	5,3	5,0	6,1	3,5	6,4	"	1,6	6,8	0,8	5,5	2,4	6,9	0,6
" " 6 . .	3,6	3,5	4,1	2,4	4,3	"	1,1	4,5	0,7	3,7	2,9	4,6	0,5
" " 7 . .	11,4	11,0	12,5	7,8	12,7	0,6	4,3	13,4	2,5	11,7	6,4	13,7	2,2
" " 8 . .	5,9	5,7	6,6	3,9	6,3	0,2	2,3	6,7	1,5	6,0	4,0	6,8	1,2
" " 8½ .	5,6	5,9	4,6	4,8	5,1	0,2	2,9	5,5	1,6	5,8	2,7	5,4	1,5
" " 8¾ .	6,4	6,8	5,1	8,9	4,7	2,3	5,3	5,3	2,7	6,6	3,7	5,1	2,6
" " 9 . .	3,8	4,2	2,7	6,1	2,8	2,5	3,8	3,0	2,5	5,8	3,8	2,9	2,5
Feine Weizen-Dunstkleie	19,6	20,2	16,6	36,7	12,7	73,4	50,1	10,2	59,8	17,8	40,5	8,8	61,8
Weizen-Mittelkleie . .	2,4	2,5	1,9	4,0	1,6	9,6	6,6	1,1	9,1	2,0	7,3	0,9	9,3
Grobe Weizenkleie . .	2,4	2,5	2,2	3,5	1,5	10,3	7,8	1,0	9,2	2,1	7,6	0,9	9,4

II. Roggen.

a. Zusammensetzung.

Bezeichnung der Mehle etc.	Ausbeute	Wasser-gehalt	In der Trocken-Substanz					
			Proteïn	Amide	Fett	Stickstoff-freie Extraktstoffe	Rohfaser	Asche
	%	%	%	%	%	%	%	%
Ursprüngliches Roggenkorn	—	11,74	9,38	2,50	1,94	82,42	1,66	2,10
Extraroggenmehl . . .	5,0	13,38	3,81	1,67	0,45	93,46	0,09	0,52
Weissroggenmehl . . .	58,0	13,04	6,13	2,72	1,14	88,80	0,41	0,80
Schwarzroggenmehl . . .	8,0	12,32	12,87	3,77	2,65	77,23	1,37	2,11
Roggenkleie	27,0	10,90	13,25	4,19	3,72	69,06	4,80	4,98

b. Verdaulichkeit

Bezeichnung der Mehle etc.	In der Trocken-Substanz									
	Gesammt-Stickstoff	Stickstoff				Stickstoff-Substanz		Stickstofffreie Extraktstoffe		Gesammte verdauliche organische Substanz
		als Proteïn	als Amide	verdaulicher	unverdaulicher	verdauliche	unverdauliche	verdauliche	unverdauliche	
	%	%	%	%	%	%	%	%	%	%
Ursprüngliches Roggenkorn	1,95	1,40	0,55	1,74	0,21	10,88	1,30	74,72	11,00	85,60
Extraroggenmehl . . .	0,91	0,61	0,30	0,86	0,05	5,37	0,31	90,42	3,38	95,79
Weissroggenmehl . . .	1,47	0,98	0,49	1,40	0,07	8,87	0,43	86,02	3,88	94,89
Schwarzroggenmehl . . .	2,74	2,06	0,68	2,50	0,24	15,62	1,50	72,77	8,00	88,39
Roggenkleie	2,87	2,12	0,75	2,36	0,51	14,75	3,19	48,65	28,43	63,40

Von 100 Theilen Stickstoff sind somit vorhanden als:

	Proteïn-Stickstoff	Amid-Stickstoff	verdaulicher Stickstoff	unverdaulicher Stickstoff
Ursprüngliches Roggenkorn . .	71.8%	28,2%	8,02%	10,8%
Extraroggenmehl	67,0 „	33,0 „	94,5 „	5,5 „
Weissroggenmehl	66,7 „	33,3 „	95,2 „	4,8 „
Schwarzroggenmehl	75,2 „	24,8 „	91,3 „	8,7 „
Roggenkleie	73,9 „	26,1 „	82,2 „	17,8 „

Von den Bestandtheilen des Roggens — wenn jeder Bestandtheil im Korn = 100 gesetzt wird — entfallen unter Berücksichtigung der in der Fabrik erhaltenen Ausbeute auf die einzelnen Mahlprodukte folgende procentigen Mengen:

Bezeichnung der Mehle etc.	Gesammtmenge der Bestandtheile							Verdaulichkeit der Bestandtheile					
	Gesammt-Stickstoff-Substanz	Proteïn	Amide	Fett	Stickstofffreie Extraktstoffe	Rohfaser	Asche	Gesammte verdauliche Substanz	Gesammte unverdauliche Substanz	Verdauliche Stickstoff-Substanz	Unverdauliche Stickstoff-Substanz	Verdauliche stickstofffreie Extraktstoffe	Unverdauliche stickstofffreie Extraktstoffe
Extraroggenmehl . .	2,3	2,1	2,7	1,2	5,7	0,3	1,2	5,6	1,5	2,5	1,2	6,1	1,5
Weissroggenmehl . .	43,7	40,6	51,7	34,1	62,5	14,3	22,1	64,3	20,3	46,7	19,4	66,8	20,8
Schwarzroggenmehl .	11,2	11,8	9,9	10,9	7,5	6,6	8,0	8,3	6,2	11,5	9,2	7,8	5,8
Roggenkleie	39,7	40,9	36,8	51,8	22,6	78,1	64,0	20,0	69,4	36,6	65,6	17,6	69,8

Schäl- und Mahlversuche mit Roggen und Weizen.

I. Versuche von Plagge und Lebbin.

Veröffentlichungen aus dem Gebiete des Militär-Sanitätswesens 1897, 12, 206 ff.

Die Verfasser stellten im Auftrage der preussischen Militär-Verwaltung umfangreiche Schäl- und Mahlversuche mit Roggen und Weizen nach verschiedenen Systemen an zwecks etwaiger Verbesserung des Soldatenbrotes, und untersuchten sowohl die Rohstoffe, wie Mehle und Brote. Die Rohfaser wurde nach der Methode von Lebbin (Arch. Hyg. 1897, 28, 212); im Uebrigen waren die analytischen Methoden die üblichen. Die Ergebnisse dieser Versuche mögen hier im Zusammenhange wiedergegeben werden.

I. Schälversuche mit der Schälmaschine von Nagel und Kaempf in Hamburg.

(Proviantamt Magdeburg.)

Die Untersuchung der Rohstoffe, Mehle, Abfälle und Brote ergab:

No.	Nähere Bezeichnung	In der natürlichen Substanz						In der Trocken-Substanz				
		Wasser %	Stick-stoff-Substanz %	Fett %	Stickstoff-freie Ex-traktstoffe %	Rohfaser %	Asche %	Stick-stoff-Substanz %	Fett %	Stickstoff-freie Ex-traktstoffe %	Rohfaser %	Asche %
	Roggen.											
1	Roggen, Probe 1, Aufschüttgut	10,69	10,55	1,33	69,30	6,32	1,81	11,81	1,49	77,65	7,02	2,03
2	desgl. geschält (Schälzeit 3¼ Minute)	10,76	10,06	1,16	72,49	3,79	1,74	11,27	1,30	81,01	4,47	1,95
3	Roggen, Probe 2, Aufschüttgut	10,94	10,06	1,34	70,09	5,82	1,75	11,30	1,50	78,70	6,53	1,97
4	desgl. geschält (Schälzeit 3¼ Minute)	10,77	9,96	1,14	72,37	4,07	1,69	11,16	1,28	81,11	4,56	1,89
5	Roggenschälkleie (3¼ Minute Schälzeit)	8,43	10,91	1,92	33,48	33,97	11,29	11,92	2,10	36,56	37,10	12,32
6	Roggenmahlkleie, die nicht durch die Cylinder ging	8,66	13,09	3,22	56,13	12,21	6,69	14,33	3,52	61,46	13,37	7,32
7	Gewöhnliches Roggenmehl, Gang 1—10 gemischt	8,95	9,63	1,28	73,54	4,90	1,70	10,56	1,40	80,77	5,38	1,87
8	Roggenkunstmehl, desgl.	8,94	8,75	1,09	78,21	1,86	1,15	9,61	1,20	85,89	2,04	1,26
	Weizen.											
9	Weizen, Aufschüttgut	9,81	11,64	1,11	70,50	5,00	1,94	12,91	1,23	78,17	5,54	2,15
10	desgl., 3¼ Minute geschält	10,86	11,02	1,05	71,47	3,87	1,73	12,36	1,18	80,18	4,34	1,94
11	Gewöhnliches Weizenmehl, Gang 1—4 gemischt	9,56	11,59	1,84	71,22	3,96	1,83	12,81	2,02	78,76	4,38	2,02
12	Weizenkunstmehl, Gang 1—10 gemischt	9,80	10,72	0,44	76,01	2,09	0,94	11,88	0,49	84,27	2,32	1,04
13	Weizenschälkleie	8,83	10,87	2,01	41,67	31,13	5,49	11,92	2,20	45,70	34,15	6,03
14	Weizenmahlkleie, die nicht durch den Cylinder ging	9,78	14,99	4,01	46,02	17,45	7,75	16,62	4,45	50,47	19,38	8,58

Die Zusammensetzung der Brote aus Mehlen von geschältem Roggen und Weizen war folgende:

No.	Nähere Bezeichnung bezw. Bestandtheile des Brotes	In der natürlichen Substanz						In der Trocken-Substanz				
		Wasser %	Stick-stoff-Substanz %	Fett %	Stickstoff-freie Ex-traktstoffe + Rohfaser %	Asche %	Chlor-natrium %	Stick-stoff-Substanz %	Fett %	Stickstoff-freie Ex-traktstoffe + Rohfaser %	Asche %	Chlor-natrium %
1	⅔ Roggenmehl (15 %*)); ⅓ Roggenkunstmehl	42,86	6,56	0,22	49,07	1,29	0,12	11,48	0,39	86,88	2,25	0,21
2	½ Roggenmehl (15 %); ½ Roggenkunstmehl	40,90	6,40	0,26	51,19	1,25	0,15	10,83	0,44	86,62	2,11	0,26
3	Nur Kunstroggenmehl	39,10	6,19	0,19	53,17	1,35	0,28	10,17	0,31	87,30	2,22	0,47
4	Nur Roggenmehl (15 %)	42,34	6,62	0,20	49,24	1,60	0,20	11,48	0,34	85,41	2,77	0,35
5	⅔ Roggenmehl (15 %); ⅓ Weizenkunstmehl	38,17	7,30	0,12	52,90	1,51	0,25	11,81	0,20	85,55	2,44	0,40
6	⅓ Weizenmehl (5 %); ⅔ Roggenkunstmehl	37,67	7,16	0,24	53,16	1,77	0,31	11,48	0,39	85,29	2,84	0,49
7	⅓ Weizenmehl; ⅔ Roggenmehl (15 %)	39,00	7,20	0,28	51,65	1,87	0,48	11,81	0,46	84,67	3,06	0,79
8	⅓ Weizenkunstmehl; ⅔ Roggenkunstmehl	38,14	7,24	0,18	53,08	1,36	0,29	11,70	0,29	85,81	2,20	0,47
9	¼ Weizenkunstmehl; ¾ Roggenkunstmehl	40,29	6,79	0,18	51,22	1,52	0,45	11,37	0,30	85,79	2,54	0,75
10	⅓ Weizenmehl (5 %); ⅔ Roggenmehl (15 %); (derzeitiges Soldatenbrot)	36,30	7,31	0,17	55,01	1,21	0,15	11,48	0,27	86,35	2,90	0,23

II. Schälversuche von A. Schmidt in Müllrose.

No.	Nähere Bezeichnung bezw. Bestandtheile des Mehles	In der natürlichen Substanz						In der Trocken-Substanz				
		Wasser %	Stick-stoff-Substanz %	Fett %	Stickstoff-freie Ex-traktstoffe %	Rohfaser %	Asche %	Stick-stoff-Substanz %	Fett %	Stickstoff-freie Ex-traktstoffe %	Rohfaser %	Asche %
1	Roggen, ungeschält	9,70	9,41	1,30	73,80	4,07	1,72	10,42	1,44	81,73	4,51	1,90
2	„ geschält	9,87	9,19	1,24	74,80	3,38	1,52	10,19	1,37	83,00	3,75	1,69
3	Roggenkeime	8,34	27,78	7,76	44,96	6,59	4,57	30,31	8,47	49,05	7,19	4,98
4	Roggenschälmehl	5,68	15,09	3,69	59,74	12,83	2,94	15,99	3,91	63,38	13,60	3,12
5	Roggenmehl I, aus geschältem Korn	7,20	7,66	0,61	82,54	1,29	0,70	8,25	0,66	88,95	1,39	0,75
6	„ II, „ „ „	9,44	15,31	2,20	59,48	9,52	4,05	16,90	2,43	65,69	10,51	4,47
7	Weizenmehl I, „ „ „	9,50	11,38	0,92	76,13	1,06	1,01	12,57	1,02	84,12	1,17	1,12
8	„ II, „ „ „	9,38	14,11	2,48	58,66	11,38	3,99	15,57	2,74	64,73	12,56	4,40
9	Roggenmehl (15 %) aus ungeschältem Korn (zum Vergleiche)	9,66	7,98	0,60	77,46	3,24	1,06	8,83	0,66	85,75	3,59	1,17
10	Weizenmehl (5 %) aus ungeschältem Korn (zum Vergleiche)	9,38	11,27	1,08	72,18	4,46	1,63	12,43	1,19	79,66	4,92	1,80

*) Die Procentzahlen in den Klammern hinter den Mehlen bedeuten die Menge des Kleieauszuges.

Die Zusammensetzung der Brote aus Berliner, Magdeburger und Müllroser Mehlen war folgende:

Bei der Herstellung dieser Brote war der erforderliche Sauerteig fehlerhafter Weise nicht aus dem zugehörigen Mehle hergestellt, sondern es war der Sauerteig des damals üblichen Brotteiges ($^1/_3$ Weizenmehl, $^2/_3$ Roggenmehl grob vermahlen von ungeschältem Korn) und zwar wurden verwendet 6 kg Sauerteig auf 12 kg Mehl.

No.	Nähere Bezeichnung bezw. Bestandtheile des Brotes	In der natürlichen Substanz						In der Trocken-Substanz				
		Wasser %	Stick-stoff-Substanz %	Fett %	Stickstoff-freie Ex-traktstoffe + Rohfaser %	Asche %	Chlor-natrium %	Stick-stoff-Substanz %	Fett %	Stickstoff-freie Ex-traktstoffe + Rohfaser %	Asche %	Chlor-natrium %
	a) Vom Proviantamt Magdeburg.											
1	$^2/_3$ gewöhnl. Roggenmehl; $^1/_3$ Weizenkunstmehl	36,55	7,23	0,31	54,20	1,71	0,37	11,40	0,49	85,41	2,70	0,59
2	$^2/_3$ gewöhnl. Roggenmehl; $^1/_3$ gewöhnl. Weizenmehl	38,35	7,21	0,28	52,62	1,53	0,29	11,70	0,45	85,37	2,48	0,47
3	$^2/_3$ Roggenkunstmehl; $^1/_3$ gewöhnl. Weizenmehl	37,68	7,22	0,32	53,37	1,41	0,21	11,59	0,52	85,63	2,26	0,33
4	$^2/_3$ Roggenkunstmehl; $^1/_3$ Weizenkunstmehl	36,30	6,97	0,28	55,02	1,43	0,24	10,94	0,44	86,37	2,25	0,37
5	$^2/_3$ gewöhnl. Roggenmehl; $^1/_3$ Roggenkunstmehl	38,17	6,63	0,28	53,51	1,41	0,26	10,72	0,45	86,55	2,28	0,42
6	$^1/_3$ gewöhnl. Roggenmehl; $^2/_3$ Roggenkunstmehl	38,18	7,10	0,27	53,00	1,45	0,26	11,48	0,43	85,74	2,35	0,42
	b) Von A. Schmidt in Müllrose.											
7	$^2/_3$ grobes Roggenmehl; $^1/_3$ feines Weizenmehl	39,80	8,56	0,49	49,03	2,12	0,24	14,22	0,82	81,44	3,52	0,40
8	$^2/_3$ grobes Roggenmehl; $^1/_3$ grobes Weizenmehl	40,43	9,31	0,60	47,03	2,63	0,24	15,64	1,01	78,93	4,42	0,40
9	$^2/_3$ feines Roggenmehl; $^1/_3$ grobes Weizenmehl	38,03	7,05	0,40	52,80	1,72	0,23	11,37	0,64	85,22	2,77	0,37
10	$^2/_3$ feines Roggenmehl; $^1/_3$ feines Weizenmehl	34,14	6,77	0,15	57,75	1,21	0,24	10,28	0,23	87,65	1,84	0,36
11	$^2/_3$ grobes Roggenmehl; $^1/_3$ feines Roggenmehl	39,99	8,14	0,52	49,17	2,18	0,24	13,56	0,87	81,93	3,64	0,40
12	$^1/_3$ grobes Roggenmehl; $^2/_3$ feines Roggenmehl	37,85	7,41	0,37	52,79	1,58	0,22	11,92	0,59	84,95	2,54	0,35
	c) Von Magdeburg.											
13	Gewöhnliches Roggenmehl	38,83	6,62	0,29	52,72	1,54	0,23	10,83	0,47	86,19	2,51	0,37
14	Roggenkunstmehl	38,53	6,86	0,29	52,87	1,45	0,29	11,19	0,47	86,01	2,36	0,47
	Brote, welche mit Sauer aus eigenem Teig bereitet waren.											
15	Reines Roggenmehl (15 %) von Berlin	37,08	5,99	0,23	55,29	1,41	0,21	9,52	0,36	87,88	2,24	0,33
16	Roggenkunstmehl aus geschältem Korn von Magdeburg	36,87	6,42	0,26	55,03	1,42	0,21	10,17	0,41	87,17	2,25	0,33
17	Gewöhnliches Roggenmehl aus geschältem Korn von Magdeburg	38,12	6,36	0,32	55,31	1,89	0,23	10,28	0,52	86,14	3,06	0,37

No.	Nähere Bezeichnung bezw. Bestandtheile des Mehles	In der natürlichen Substanz						In der Trocken-Substanz				
		Wasser %	Stick-stoff-Substanz %	Fett %	Stickstoff-freie Ex-traktstoffe %	Rohfaser %	Asche %	Stick-stoff-Substanz %	Fett %	Stickstoff-freie Ex-traktstoffe %	Rohfaser %	Asche %
	III. Roggenmehl in getrennten Mahlgängen aus ungeschältem Korn in gewöhnlicher Weise mit 15% Kleieauszug und grobes Sieben (Sieb No. 17—18) gewonnen. (Proviantamt Magdeburg.)											
1	1. Mahlgang mit 51% Ausbeute .	11,22	7,00	1,06	77,79	2,25	0,68	7,88	1,19	87,63	2,53	0,77
2	2. „ „ 24 „ „ .	11,75	7,55	1,22	76,04	2,74	0,70	8,55	1,38	86,17	3,11	0,79
3	3. „ „ 8 „ „ .	11,65	14,66	3,78	52,27	14,06	2,58	16,59	4,28	60,29	15,92	2,92
4	Mischmehl aus den Mehlen der drei Mahlgänge (vorschriftsmässig hergestelltes Mehl) . .	11,13	7,88	1,49	74,76	3,72	1,02	8,86	1,68	84,12	4,19	1,15
	IV. Schäl-, Mahl- und Brotproben vom Proviantamt Berlin. (Mehle mit der Schälmaschine von Nagel und Kaemp in Hamburg gewonnen.)											
1	Ungeschälter Roggen	12,55	8,61	1,22	71,07	4,84	1,71	9,84	1,39	81,29	5,53	1,95
2	Geschälter „	12,33	8,06	0,95	73,52	3,49	1,65	9,19	1,08	83,75	4,10	1,88
3	Roggenschälabfall, 2½% des Mahlgutes	10,16	14,53	4,33	36,46	29,79	4,73	16,17	4,82	40,59	33,16	5,26
4	Mehl aus geschältem Roggen, etwa 90% Ausbeute	11,53	7,74	1,17	76,15	2,02	1,39	8,75	1,32	86,08	2,28	1,57
5	Gewöhnliches, vorschriftsmässig hergestelltes Roggenmehl mit 15% Kleieauszug	9,41	7,33	0,99	77,13	4,10	1,04	8,09	1,09	85,14	4,53	1,15
6	Mahlkleie bei Mehlen aus geschältem Roggen, 15% Kleieauszug	8,70	13,38	2,91	54,58	13,81	6,62	14,65	3,19	59,78	15,13	7,25
7	Roggenkleie bei vorschriftsmässig hergestelltem Mehle	8,74	13,77	2,30	56,73	12,76	5,70	15,09	2,52	62,16	13,98	6,25
					+ Rohfaser	Asche	Chlornatrium			+ Rohfaser	Asche	Chlornatrium
8	Brot aus geschältem Roggen . .	28,22	6,91	0,37	62,98	1,52	0,35	9,63	0,52	87,73	2,12	0,49
9	„ „ ungeschältem „ . .	37,94	6,31	0,50	53,65	1,60	0,55	10,17	0,80	86,43	2,60	0,89

V. Schäl- und Mahlproben nach dem Verfahren von V. Till in Bruck a. d. Mur.

a) Zusammengehörige Reihe von Schäl- und Mahlprodukten desselben Roggens von Till geliefert.

No.	Nähere Bezeichnung bezw. Bestandtheile des Mehles	In der natürlichen Substanz						In der Trocken-Substanz				
		Wasser %	Stick-stoff-Substanz %	Fett %	Stickstoff-freie Ex-traktstoffe %	Rohfaser %	Asche %	Stick-stoff-Substanz %	Fett %	Stickstoff-freie Ex-traktstoffe %	Rohfaser %	Asche %
1	Roggen, Rohwaare	12,42	10,82	1,20	68,29	5,26	2,01	12,36	1,37	78,03	6,01	2,23
2	desgl., geschält	12,30	10,75	0,98	70,86	3,51	1,60	12,26	1,12	80,52	4,00	2,10
3	desgl., tief geschält, so dass die Kleberschicht mit entfernt ist .	11,20	8,70	0,67	76,14	1,90	1,39	9,80	0,75	85,75	2,14	1,56

No.	Nähere Bezeichnung bezw. Bestandtheile des Mehles	In der natürlichen Substanz						In der Trocken-Substanz				
		Wasser %	Stickstoff-Substanz %	Fett %	Stickstofffreie Extraktstoffe %	Rohfaser %	Asche %	Stickstoff-Substanz %	Fett %	Stickstofffreie Extraktstoffe %	Rohfaser %	Asche %
4	Schälkleie, ca. 8%	10,30	12,56	3,63	37,02	32,36	4,13	14,00	4,05	41,27	36,08	4,60
5	Geschälter Roggen No. 2, grob gebrochen	11,90	10,60	1,44	70,30	3,87	1,89	12,03	1,63	79,80	4,39	2,15
6	Roggenschrot nach der ersten Riffelwalze, unsortirt	11,76	10,62	1,47	70,22	3,97	1,96	12,03	1,67	79,58	4,50	2,22
7	desgl. nach der zweiten Riffelwalze	12,12	13,65	1,95	64,22	5,65	2,41	15,53	2,22	73,08	6,43	2,74
8	Roggenmehl bester Qualität . .	12,06	6,25	0,48	79,90	0,84	0,47	7,11	0,55	90,85	0,95	0,54
9	Roggenmehl aus No. 2; 77—78% Ausbeute	11,46	7,46	0,72	77,26	2,37	0,73	8,42	0,81	87,27	2,68	0,82
10	Mahlkleie, nach No. 9 verbleibend	11,14	15,94	2,46	55,72	9,10	5,64	17,94	2,77	62,70	10,24	6,35
11	Roggenmehl, 5% Ausbeute nach No. 9, also von 77—82% . .	10,90	16,23	2,30	55,74	10,95	3,88	18,22	2,58	62,56	12,29	4,35
12	Mahlkleie, nach No. 11 verbleibend	10,09	16,91	3,14	50,55	12,76	6,55	18,81	3,49	56,22	14,19	7,29
13	Roggenmehl aus No. 2 mit 82% Ausbeute	10,80	8,20	0,93	76,43	2,64	1,00	9,19	1,04	85,69	2,96	1,12
14	Mahlkleie, mit Wasser ausgelaugt	11,36	10,66	1,70	60,35	12,71	3,22	12,03	1,92	68,08	14,34	3,63
	b) An das Berliner Proviantamt gelieferte Produkte und die daraus erbackenen Brote.											
1	Mehl aus Roggen, der von Till schwach geschält und in Berlin vermahlen wurde . . .	9,80	11,05	1,55	74,08	2,16	1,36	12,25	1,72	82,12	2,40	1,51
2	desgl. aus stark geschältem Korn	9,80	9,87	1,53	75,80	1,84	1,16	10,94	1,70	84,03	2,04	1,29
3	Mehl aus in Berlin schwach geschältem Roggen	9,78	8,49	1,58	75,91	2,77	1,47	9,41	1,75	84,13	3,08	1,63
4	Roggenkörner von Till schwach geschält	11,40	10,76	1,24	71,40	3,48	1,72	12,14	1,40	80,70	3,93	1,83
5	desgl., stark geschält	7,40	10,03	1,14	77,73	2,06	1,64	10,83	1,23	83,95	2,22	1,77
6	desgl., sehr stark (graupenartig) geschält	6,26	8,67	0,93	80,71	2,03	1,40	9,25	0,99	86,10	2,17	1,49
7	Roggen im Proviantamt Berlin geschält	13,52	8,23	1,31	71,24	4,19	1,51	9,52	1,51	82,37	4,85	1,75
					+ Rohfaser	Asche	Chlornatrium			+ Rohfaser	Asche	Chlornatrium
8	Brot aus Mehl No. 1	37,03	6,74	0,25	54,48	1,50	0,32	10,72	0,40	86,50	2,38	0,51
9	„ „ „ „ 2	37,91	5,71	0,23	54,81	1,34	0,29	9,19	0,37	88,28	2,16	0,47
10	„ „ „ „ 3	39,88	5,13	0,19	53,34	1,46	0,51	8,53	0,32	88,72	2,43	0,85

VI. Mahlproben von geschältem und ungeschältem (gespitztem) Roggen in einzelnen Mahlgängen. (Proviantamt Berlin.)

A. Feine Vermahlung im Feinheitsgrade der Kunstmühle: (32—34 Fäden auf 1 cm.)

a) **Nicht geschält** (nur wie sonst üblich gespitzt). 6 Doppel-Mahlgänge.

Ausbeute: 1.—3. Gang 73,5 %, 4.—6. „ 10,5 % — im Ganzen 84 %; Mahlkleie 10,94 %, Spitzabfall und Spreu 1,74 %, Verlust 3,32 %.

No.	Nähere Bezeichnung	In der natürlichen Substanz: Wasser %	Stick-stoff-Substanz %	Fett %	Stickstoff-freie Extraktstoffe + Rohfaser %	Asche %	In der Trocken-Substanz: Stick-stoff-Substanz %	Fett %	Stickstoff-freie Extraktstoffe + Rohfaser %	Asche %
1	Erster Mahlgang	10,84	6,83	0,72	81,02	0,59	7,66	0,81	90,87	0,66
2a	Zweiter „ Gries	10,63	9,58	1,69	77,05	1,05	10,72	1,89	86,22	1,17
2b	Zweiter „ Schalen	10,50	12,04	2,26	73,31	1,90	13,45	2,52	81,91	2,12
3	Dritter „	10,50	13,02	2,24	72,27	1,97	14,55	2,50	80,75	2,20
4	Vierter „	10,00	13,98	2,84	70,85	2,33	15,53	3,15	78,73	2,59
5	Fünfter „	8,40	13,43	2,61	72,72	2,84	14,66	2,85	79,38	3,11
6	Sechster „	8,93	14,44	3,50	70,16	2,97	15,86	3,84	77,04	3,26
7	Mischmehl, 1.—3. Gang	10,93	7,99	0,88	79,22	0,98	8,97	0,99	88,94	1,10
8	„ 4.—6. „	8,89	13,36	2,37	73,13	2,25	14,66	2,60	80,27	2,47

b) **Geschält.** 6 Doppel-Mahlgänge.

Ausbeute: 1.—3. Gang 75 %, 4.—6. „ 9 % — im Ganzen 84 %; Mahlkleie 10,5 %, Schälkleie 2,5 %, Verlust 3 %.

No.	Nähere Bezeichnung	Wasser %	Stickstoff-Substanz %	Fett %	Stickstofffreie Extraktstoffe + Rohfaser %	Asche %	Stickstoff-Substanz % (Trocken)	Fett % (Trocken)	Stickstofffreie Extraktstoffe + Rohfaser % (Trocken)	Asche % (Trocken)
1	Erster Mahlgang	9,30	6,45	0,49	83,25	0,51	7,11	0,54	91,79	0,56
2a	Zweiter „ Gries	9,63	10,09	1,35	77,73	1,21	11,16	1,49	86,01	1,34
2b	Zweiter „ Schalen	8,46	12,61	1,59	75,53	1,80	13,78	1,74	82,51	1,97
3	Dritter „	8,43	14,28	1,14	74,20	1,96	15,59	1,24	81,03	2,14
4	Vierter „	9,07	13,98	3,13	71,08	2,75	15,37	3,44	78,17	3,02
5a	Fünfter „ Gries	9,09	14,22	1,86	72,46	2,36	15,64	2,05	79,71	2,60
5b	Fünfter „ Schalen	8,56	14,68	2,53	71,43	2,80	16,05	2,77	78,12	3,06
6	Sechster „	8,37	15,24	2,68	70,58	3,13	16,63	2,92	77,15	3,42
7	Mischmehl, 1.—3. Gang	9,83	7,59	1,00	80,54	1,04	8,42	1,11	89,32	1,15
8	„ 4.—6. „	8,67	13,78	2,37	72,49	2,69	15,09	2,60	79,17	2,94

B. Vergleich zwischen geschältem Roggen mit 15 % Kleieauszug und ungeschältem, gespitztem Roggen mit 25 % Kleieauszug.

a) **Geschälter Roggen**

mit genau 15 % Kleieauszug (11,83 % Mahlkleie und 3,17 % Schälkleie). 3 Mahlgänge; gewöhnliches Kommissbrotmehlsieb. Vermahlen in Tagesbetrieben vom 19.—25. Juni 1894.

No.	Nähere Bezeichnung	Wasser %	Stickstoff-Substanz %	Fett %	Stickstofffreie Extraktstoffe + Rohfaser %	Asche %	Stickstoff-Substanz % (Trocken)	Fett % (Trocken)	Stickstofffreie Extraktstoffe + Rohfaser % (Trocken)	Asche % (Trocken)
1	Erster Mahlgang	10,20	6,29	0,79	82,03	0,69	7,00	0,88	91,35	0,77
2a	Zweiter „ Gries	10,54	11,45	1,82	74,92	1,27	12,80	2,04	83,74	1,42
2b	Zweiter „ Schalen	9,84	12,23	2,56	73,72	1,65	13,56	2,84	81,77	1,83
3	Dritter „	9,21	14,90	2,88	70,20	2,82	16,41	3,17	77,31	3,11
4	Mischmehl aus dem 1.—3. Gange	9,45	8,52	1,24	79,71	1,08	9,41	1,37	88,03	1,19

b) **Ungeschälter, gespitzter Roggen**

mit 25 % Kleieauszug (23,7 % Mahlkleie und 1,3 % Spitzkleie). 3 Mahlgänge; feines Kunstmühlensieb mit 32—34 Fäden auf 1 cm. Vermahlen in Tagesbetrieben vom 13.—18. August 1894.

No.	Nähere Bezeichnung	In der natürlichen Substanz					In der Trocken-Substanz			
		Wasser %	Stick-stoff-Substanz %	Fett %	Stickstoff-freie Ex-traktstoffe + Rohfaser %	Asche %	Stick-stoff-Substanz %	Fett %	Stickstoff-freie Ex-traktstoffe + Rohfaser %	Asche %
1	Erster Mahlgang	11,10	5,83	0,60	81,85	0,62	6,56	0,62	92,12	0,70
2a	Zweiter „ Gries	10,74	8,03	0,75	79,45	1,03	9,08	0,84	88,93	1,15
2b	Zweiter „ Schalen	8,34	12,43	1,55	75,99	1,69	13,56	1,69	82,91	1,84
3	Dritter „	10,34	11,96	1,79	74,31	1,60	13,34	2,00	82,87	1,79
4	Mischmehl aus dem 1.—3. Gange	8,90	7,89	1,34	80,98	0,89	8,75	1,47	88,80	0,98

II. Untersuchungen über die Zusammensetzung von ungeschältem und geschältem Roggen sowie von den daraus hergestellten Mehlen und Broten

wurden bereits im Jahre 1893 an der Versuchsstation Münster i. W. im Auftrage des Preussischen Kriegsministeriums ausgeführt. (Original-Mittheilung.)

Die Ergebnisse waren folgende:

No.	Bezeichnung der Proben	In der natürlichen Substanz						In der Trocken-Substauz				
		Wasser %	Stick-stoff-Substanz %	Fett %	Stickstoff-freie Ex-traktstoffe %	Rohfaser %	Asche %	Stick-stoff-Substanz %	Fett %	Stickstoff-freie Ex-traktstoffe %	Rohfaser %	Asche %
1	Ungeschälter Roggen	14,22	9,05	1,61	70,76	2,74	1,62	10,55	1,88	82,49	3,19	1,89
2	Derselbe Roggen geschält	14,13	8,86	1,37	71,83	2,29	1,52	10,30	1,59	83,68	2,66	1,77
3	Schälabgang	12,54	16,67	4,88	51,06	10,25	4,60	19,05	5,58	58,39	11,72	5,26
4	Mehl aus geschältem Roggen	13,74	8,96	1,41	72,56	1,97	1,36	10,39	1,64	84,10	2,29	1,58
5	Mahlabgang aus No. 4	12,32	14,60	3,53	54,29	8,80	6,46	16,64	3,82	62,15	10,03	7,36
6	Vorschriftsmässig hergestelltes Roggenmehl	14,14	8,30	1,32	73,30	1,92	1,02	9,67	1,54	85,36	2,24	1,19
7	Kleie zu No. 6	12,55	15,49	2,64	57,10	6,65	5,57	17,72	3,02	65,28	7,61	6,37
8	Brot aus Mehl von geschältem Roggen (No. 4)	36,60	8,49	0,48	51,13	1,79	1,51	13,39	0,76	80,65	2,82	2,38
9	Brot aus vorschriftsmässig hergestelltem Roggenmehl (No. 6)	36,23	7,66	0,41	51,71	2,20	1,79	12,01	0,64	81,09	3,45	2,81

Das Brot No. 8 aus Mehl von geschältem Roggen enthielt 1,99 % Zucker (Dextrose) und 2,92 % Dextrin, das Brot No. 9 aus vorschriftsmässig hergestelltem Roggenmehl 1,90 % Zucker und 3,89 % Dextrin.

Gehalt des Weizens und Weizenmehles an Kleber und die Beziehungen des Kleber-Gehaltes zur Backfähigkeit der Mehle.

I. Untersuchungen über den Gehalt des Weizens und Weizenmehles an Kleber.

H. Ritthausen, Die Eiweisskörper der Getreidearten etc. Bonn 1872. S. 12.

No.	Bezeichnung des Weizens	Beschaffenheit	Körner Gehalt an		Mehl Gehalt an					Kleber Gehalt an		Mehl Gehalt an			
								Kleber				Kleber-Stickstoff		Stickstoff i. ander. Verb.	
			Wasser %	Stickstoff in der Trocken-Substanz %	Wasser %	Stickstoff in der Trocken-Substanz %	Proteïn-Substanz ber. in der Trocken-Substanz %	trocken %	frisch %	Trocken-Substanz %	Stickstoff in der Trocken-Substanz %	in 100 Thl. trockn. Mehl %	in % des Gesammt-Stickstoffs %	in 100 Thl. trockn. Mehl %	in % des Gesammt-Stickstoffs %
1	Sommer-Weizen aus Südrussland, Gouv. Jekaterinoslaw	Glasig, hart, hornartig. Bruch	11,81	3,41	12,54	3,27	19,62	19,70	55,00	31,35	13,73	2,67	81,7	0,60	18,3
2	desgl., Gouv. Cherson	Wie No. 1 und mehlig (weich)	13,11	3,07	13,10	2,84	17,04	16,00	42,70	32,56	14,02	2,24	78,9	0,60	21,1
3	Winter-W. aus Südrussland, Gouv. Cherson	Halbhart und mehlig (weich)	12,90	2,51	13,41	2,53	15,18	14,14	38,96	31,44	13,07	1,85	73,1	0,68	26,9
4	Rheinischer Sommer-Weizen, Vers.-Feld zu Poppelsdorf, Ernte 1869	Glasig, hart, hornartiger Bruch	16,16	3,12	15,90	3,38	20,28	19,21	47,65	33,91	13,75	2,66	79,7	0,72	21,3
	No. 5—12. Sommer-W., im ökonom. botanischen Garten Poppelsdorf kultivirt 1870.														
5	Galizischer Sommer-W., Triticum vulgare	desgl.	13,21	3,20	14,47	3,36	20,16	20,16	53,94	31,97	14,70	2,96	88,1	0,40	11,9
6	Gelbähriger Sommer-Dinkel-Weizen, Triticum vulgare	desgl.	13,27	2,96	14,33	2,80	16,80	17,95	45,66	33,70	12,87	2,34	82,5	0,49	17,5
7	Weiss- u. gelbähriger Sommer-Igel-Weizen, Triticum boeoticum	desgl.	13,80	3,63	13,43	3,66	21,96	20,74	67,19	26,74	14,93	3,09	84,5	0,57	15,5
8	Blauähriger Sommer-Bart-W., Trit. vulg.	desgl.	14,19	3,25	13,84	3,56	21,36	21,35	63,15	29,12	14,40	3,07	86,3	0,49	13,7
9	Weisser gemeiner Bart-Weizen, Trit. vulg.	desgl.	13,33	3,17	14,09	3,14	18,84	19,09	51,12	32,10	13,24	2,52	80,3	0,62	19,7
10	Victoria-Weizen, Triticum vulgare	desgl.	14,33	3,44	14,51	3,81	22,86	21,27	56,08	32,61	13,94	2,97	78,0	0,84	22,0
11	Braunsamiger Sommer-Igel-W., Trit. vulg.	desgl.	13,76	2,95	13,96	2,75	16,50	17,00	45,82	31,91	12,54	2,13	77,5	0,62	22,5
12	Fern-Weizen, Triticum vulgare	desgl.	13,87	3,11	14,00	3,53	21,18	19,83	54,62	31,23	13,80	2,74	77,7	0,79	22,3
13	Hart-Weizen aus Algier	desgl.	13,00	2,17	13,00	2,15	12,90	12,64	30,96	35,64	12,93	1,63	75,4	0,52	24,6
14	Weizen aus dem Banat	desgl. und etwas mehlig	12,62	3,08	13,81	3,07	18,42	16,87	42,80	34,00	14,08	2,38	77,6	0,69	22,4
15	Weizen aus Neuschottland	desgl.	13,20	3,11	13,93	3,30	19,80	19,16	45,97	35,82	13,22	2,53	76,7	0,77	23,3

16	Sommer-Weizen, Vers.-Feld, 1871	desgl.	15,88	2,62	15,44	2,80	16,80	16,17	38,63	34,36	13,88	2,24	80,0	0,56	20,0
17	Rheinischer Kling-Weizen, Vers.-Feld 1871	desgl.	15,55	2,61	15,42	2,51	15,06	15,56	38,27	34,38	13,45	2,09	83,5	0,42	16,5
18	Ungarischer Weizen von Kezthely	desgl.	13,78	2,57	14,35	2,64	15,84	13,85	35,48	33,43	15,25	2,11	80,0	0,53	20,9
19	Ungarischer Sommer-W., Vers.-Feld 1871	desgl.	14,81	2,50	15,28	2,43	14,58	14,80	37,67	33,29	13,56	2,01	82,7	0,42	17,3
20	Winter-Weizen von Priesa bei Meissen in Sachsen	Hart, weich und übergehend	16,77	2,30	16,24	1,93	11,58	12,45	29,95	34,82	13,33	1,66	86,0	0,27	14,0
21	Bismarck-Weizen, Vers.-Feld 1871	desgl.	14,37	2,51	15,31	2,66	15,96	14,88	37,62	33,49	14,04	2,09	78,6	0,57	21,4
22	Frankensteiner Weizen von Frankenstein in Schlesien	desgl.	14,40	2,01	15,07	1,75	10,50	11,27	25,50	34,55	12,74	1,44	82,3	0,31	17,7
23	Kujawischer Weizen von Kopelnik, Posen	desgl.	16,01	2,30	15,94	2,04	12,24	12,33	29,88	34,71	12,97	1,55	76,0	0,49	24,0
24	Kaiser-Weizen von Proskau, Schlesien	desgl. a.	14,68	1,93	15,52	1,68	10,08	8,52	20,34	35,42	13,95	1,19	70,9	0,49	29,1
		b.	15,06	2,21	15,36	2,05	12,30	12,33	30,07	34,72	12,94	1,60	78,1	0,45	21,9
25	Winter-Weizen von der Aar	desgl.	15,46	2,21	15,64	1,94	11,64	11,10	26,71	35,04	14,76	1,64	84,6	0,30	15,4
26	Winter-Weizen von Brodersdorf bei Kiel	desgl.	16,51	2,14	16,24	2,03	12,18	12,13	29,55	34,38	13,87	1,68	82,8	0,35	17,2
27	Rother engl. Weizen, Trit. turgidum, ökonom.-botan. Garten zu Poppelsdorf	Halbhart, übergehend	—	—	15,41	2,68	16,08	13,07	30,16	36,67	13,73	1,79	66,8	0,89	33,2
28	Winter-Weizen von Liebstadt in Sachsen	Weich mit etwas übergehend	14,11	1,63	13,91	1,62	9,72	9,54	22,55	36,43	12,77	1,22	75,3	0,40	24,7
29	Kessingland-Weizen, Vers.-Feld 1871, a. mit Regenwasser ausgewaschen	desgl.	17,14	2,03	16,91	1,71	10,26	8,36	18,99	37,00	14,15	1,18	69,0	0,53	31,0
	b. mit Gipslösung und hartem Wasser ausgewaschen	Hart, weich und übergehend	17,14	2,01	16,91	1,71	10,26	9,15	23,04	34,04	13,80	1,26	73,1	0,46	26,9
30	Hallet's genealogischer Weizen, Vers.-Feld 1871, a. mit Regenwasser ausgewaschen	desgl.	15,53	1,92	15,83	1,78	10,68	10,41	24,11	36,41	12,84	1,34	75,3	0,44	24,7
	b. mit Gipslösung und hartem Wasser ausgewaschen	desgl.	15,53	1,92	15,83	1,78	10,68	9,42	23,46	33,82	13,60	1,28	72,0	0,50	28,0
31	Blumen-Weizen von Schieritz bei Meissen a. mit Regenwasser ausgewaschen	desgl.	15,26	1,86	15,11	1,60	9,60	9,11	20,38	37,94	14,01	1,28	83,1	0,26	16,9
	b mit Gipslösung und hartem Wasser ausgewaschen	desgl.	15,26	1,86	15,11	1,60	9,60	9,11	22,89	33,79	13,03	1,19	77,4	0,35	22,6
32	St. Helena-Weizen, Vers.-Feld 1871, seit einer Reihe v. Jahren ohne Dünger gebaut	desgl.	15,10	2,53	15,43	2,40	14,40	10,64	29,38	32,86	13,84	1,61	67,1	0,79	32,9
33	Speltmehl von Hohenheim, Württemberg	desgl.	—	—	13,90	2,98	17,98	15,46	38,60	34,48	13,90	2,15	72,2	0.83	27,8
		Mittel	**14,60**	**2,57**	**14,82**	**2,53**	**15,16**	**14,45**	**37,30**	**31,11**	**13,67**	**1,98**	**78,0**	**0.54**	**2,19**
		Schwankungen	11,81-17,14	1,63-3,63	12,54-16,91	1,60-3,81	9,60—22,86	8,36—21,35	18,99-67,19	26,74-37,94	12,54-15,25	1,18-3,09	66,68-88,1	0,26-0,89	11,9—33,2

2. Untersuchungen über die Beziehungen zwischen Klebergehalt und Backfähigkeit der Weizenmehle.

1. E. Gottlieb (XI. Bericht vom landwirthschaftlichen Versuchslaboratorium zu Kopenhagen 1888, 1—43; Centralbl. Agrik.-Chem. 1889, 18, 387—397) stellte gelegentlich der dänischen Weizenanbauversuche Untersuchungen an über den Klebergehalt und die Backfähigkeit dänischer Mehle. Die unter Gottlieb's Leitung von dem Bäcker Lichtenberg in Kopenhagen vorgenommenen Backversuche hatten nach den Versuchsgütern geordnet im Mittel folgendes Ergebniss:

Weizen von	Backfähigkeit	Kleber %	Stickstoff %	Weizen von	Backfähigkeit	Kleber %	Stickstoff %
Ravnholt	1,6	29,4	1,57	Gjorslev	1,9	37,2	1,81
Gjeddesdal	1,6	33,3	1,67	Frisenfeld u. Gjedsergaard	2,1	46,4	2,13
Christianssoede	1,65	34,2	1,77	Brattingsborg	2,5	37,6	1,78
Nislevgaard	1,7	35,4	1,76	Förslev	2,6	63,7	1,80
Lungholm	1,9	34,8	1,74	Rodstenseje	2,7	41,8	1,96

Die Backfähigkeit wurde nach dem äusseren und inneren Aussehen und der Porösität beurtheilt. Es bedeutet 1 = vorzügliche Qualität, 2 = hell und gut, 3 = gut, 4 = etwas dunkel und weniger gut, 5 = dunkel, 6 = dunkel und schwer. Aus den Backversuchen geht hervor, dass die Backfähigkeit durchaus nicht im Verhältniss zum Klebergehalte oder dem Gehalte an Stickstoffsubstanz steht. Der hohe Klebergehalt ist oft für die Erzeugung eines hellen leichten Brotes nachtheilig. Innerhalb gewisser Grenzen giebt jedoch der Klebergehalt dem Brote den passenden Elasticitätsgrad. Für gewöhnlich genügt aber der Klebergehalt des Weizenmehles mehr als hinreichend diesem Zwecke.

2. Heinrich und W. Meyer (Landw. Annalen des mecklenburgischen patriotischen Vereins 1890, 89; Centralbl. Agrik.-Chem. 1890, 19, 342—343) stellten gleichfalls Versuche an über den Klebergehalt und die Backfähigkeit verschiedener Weizensorten.

Nähere Bezeichnung	Stickstoff-Gehalt im Weizen %	Weizenmehl			Produkt aus Klebergehalt (trocken) und Volumvermehrung %
		Klebergehalt		Volumvermehrung beim Backen bei 200° C. %	
		frisch %	trocken %		
A. Winterweizen.					
1. Weisskörniger Weizen.					
Frankensteiner Originalsaat	1,61	28,0	10,1	5,0	50,5
Aus Sandonier im Kr. Sandonia im Gouv. Radom	1,70	30,2	9,7	4,4	42,7
Zeeländer, Originalsaat	1,83	23,5	11,6	5,9	68,4
Koströmer aus dem Gouv. Kostroma	1,50	17,4	6,3	6,0	37,8
Nordstrand, Originalsaat von den Nordsee-Inseln an der Schleswig'schen Küste	1,58	24,9	8,9	5,8	51,6
2. Gelber und rothkörniger Weizen.					
Clever, Hochland, Original	1,62	26,6	10,4	5,5	67,2
Shireff's Squarehead, dänische Saat	1,84	41,8	15,0	5,8	87,0
„ „ inländische Saat . . .	1,64	31,4	10,7	6,2	66,3
Schwedischer von 58—59° nördl. Breite . . .	1,51	25,4	9,2	6,5	61,8
Juli-Weizen aus Anhalt	1,81	34,3	11,7	6,2	72,5

Nähere Bezeichnung	Stickstoff-Gehalt im Weizen	Weizenmehl			Produkt aus Klebergehalt (trocken) und Volumvermehrung
		Klebergehalt		Volumvermehrung beim Backen bei 200° C.	
		frisch	trocken		
	%	%	%	%	%
Bestehorn's Dividenden-Weizen	1,87	39,6	13,6	4,7	63,9
„ Modell	1,78	33,0	11,5	4,1	47,2
Akklimatisierter schottischer Weizen aus Mecklenburg	1,60	28,3	8,9	5,0	44,5
B. Sommerweizen.					
Galizischer	1,85	36,2	13,4	5,3	71,0
Green Mountain, Prov. Sachsen	1,46	16,9	6,4	2,4	15,4
Saumure „ „	1,55	25,6	8,4	2,1	17,6

Nach diesen Zahlen steigt und fällt der Klebergehalt im Allgemeinen mit dem Stickstoffgehalt. Ein konstantes Verhältniss zwischen Backfähigkeit und Klebergehalt ist nicht bemerkbar. Vergleichbare Zahlen für die Brauchbarkeit verschiedener Weizensorten für Backzwecke erhält man durch Multiplikation des Klebergehalts mit der beim Backen eintretenden Volumvermehrung des Klebers.

3. E. Gatellier und L. L. Hote (Compt. rend. 1889, **108**, 859; Zeitschr. ges. Brauwesen 1889, **12**, 246) stellten im Jahre 1882/83 Versuche an über den Einfluss der vorhergegangenen Ernten und der Düngergaben auf den Klebergehalt des Weizens. Es enthielt das Mehl von:

Viktoria-Weizen nach Zuckerrüben . . .	9,06% Kleber	(N × 6,25)
„ „ nach Hafer, welcher auf Luzern gebaut war	10,06 „ „	„
Viktoria-Weizen nach Hopfenklee (Medicago lupulina) bei einer Düngung von 600 Ctr. Mist auf 1 ha	10,50 „ „	„

Der Boden war Sandboden mit Kiesunterlage. Die Versuche über den Einfluss der Düngergaben bei Weizen nach Zuckerrüben ergaben folgendes:

Düngung auf 1 ha	Verhältniss von Stickstoff : Phosphorsäure im Dünger =	Kleber im	
		Weizen %	Mehle %
I. 100 kg Schwefels. Ammoniak, 300 kg Superphosphat	4 : 9	12,56	10,43
II. 200 „ „ „ 300 „ „	8 : 9	12,68	11,87
III. 300 „ „ „ 300 „ „	12 : 9	13,75	12,75
IV. 300 „ „ „ 600 „ „	6 : 9	12,75	11,31

4. Aimé Girard (Compt. rend. 1897, **124**, 876—882; Chem. Centrbl. 1897, I, 1246—1248) untersuchte eingehend vier französische Weizenproben und die aus diesen Proben mit Hülfe einer kleinen Laboratoriumsmühle hergestellten Mehle mit folgendem Ergebnisse:

	Weizen aus: Bordeaux	Altkirch	Flandern	St. Laud
Mittleres Gewicht des Kornes . .	0,051 g	0,038 g	0,041 g	0,050 g
Wassergehalt des Weizenkornes . .	14,99%	14,50%	15,12%	14,94%
Zusammensetzung des Kornes: Kern	85,98 „	84,69 „	83,04 „	84,72 „
Keim	1,50 „	1,41 „	1,35 „	1,16 „
Hülse	12,52 „	13,90 „	15,61 „	14,12 „

Die aus diesen Weizen gewonnenen Mehle (70% Auszug) hatten folgende Zusammensetzung:

	Bordeaux	Altkirch	Flandern	St. Laud
Wasser	15,42%	14,92%	15,58%	14,74%
In Wasser lösliche Stoffe: Im Ganzen	3,12 „	3,29 „	4,00 „	3,56 „
und zwar:				
Glukose	0,21%	0,16%	0,20%	0,09%
Saccharose	0,86 „	1,20 „	1,70 „	0,98 „
Stickstoffhaltige Verbindungen etc.	1,10 „	1,02 „	1,02 „	1,28 „
Galaktin etc.	0,52 „	0,56 „	0,78 „	0,99 „
Mineralstoffe	0,36 „	0,32 „	0,30 „	0,22 „
In Wasser unlösliche Stoffe: Im Ganzen	80,17%	80,35%	79,94%	80,94%
und zwar:				
Kleber	7,45%	8,04%	8,32%	8,14%
Stärke	71,22 „	70,93 „	69,88 „	71,22 „
Fette	1,07 „	0,84 „	1,12 „	0,95 „
Zellen, Trümmer . . .	0,23 „	0,25 „	0,22 „	0,23 „
Mineralstoffe	0,20 „	0,29 „	0,40 „	0,40 „
Säure (= H_2SO_4)	0,009%	0,006%	0,009%	0,011%
Glutenin : Gliadin . . . = 25 :	87	70	62	72

In der alkoholischen Fällung des wässerigen Auszuges findet sich kein Dextrin, sondern das Galaktin (Milchzuckergummi).

Zur Fettbestimmung wurde mit Benzol ausgezogen.

Girard stellte eine wässerige Stärkelösung dar, auf deren Oberfläche die zerrissenen Kernzellen und Keimtrümmer sich absetzten, welche durch Abzählen oder Wägen bestimmt werden können. Beim Stehen bis zum anderen Tage scheidet sich die Stärke vollkommen aus. Sie wird abgesaugt und erst bei 50°, dann bei 100—105° getrocknet.

5. W. Johannsen (Zeitschr. ges. Brauwesen 1888, 11, 437) fand dass 40 g Mehl mit 30 g Wasser geknetet an Kleber ergaben:

Nähere Bezeichnung	Frischen Kleber g	Wassergehalt des frischen Klebers %	Trockenen Kleber g	Stickstoff im trockenen Kleber %	Menge des Stickstoffs mg
a) beim sofortigen Auswaschen	8,0	61,6	3,07	13,13	403
b) beim Auswaschen nach einer Stunde	10,6	62,7	3,95	13,39	530

Backwaaren.

Weizenbrot (Weissbrot).

No.	Nähere Bezeichnung	Zeit der Untersuchung	In der ursprünglichen Substanz: Wasser %	Stick-stoff-Substanz %	Fett %	Zucker %	Sonstige stickstfr. Extrakst. %	Roh-faser %	Asche %	In der Trocken-Substanz: Stick-stoff-Substanz %	Stickstoff-freie Ex-traktstoffe %	Stickstoff in der Trocken-Substanz %	Analytiker
1 *)	Weisses Weizenbrot . .	Aus früherer Zeit	47,90	5,53 *)	—	—	—	—	0,97	10,06	—	1,61	Oppel [1])
2 *)	Weckenbrot		44,18	5,48 *)	—	—	—	—	1,05	9,81	—	1,57	
3	Gewöhnliches Pariser Brot		41,21	7,75	—	—	—	—	0,84	13,19	—	2,11	A. Fayen [2])
4	Weissbrot		36,50	7,00	0,20	—	—	—	1,00	11,00	—	1,76	Boussingault
5	Halbweissbrot		36,00	6,50	0,20	—	—	—	1,00	10,19	—	1,63	
6	desgl. aus München 1. .	1873	—	—	—	—	—	—	—	13,63	—	2,18	v. Kleist [3])
7	„ „ „ 2. .	„	—	—	—	—	—	—	—	12,38	—	1,98	
8	„ „ „ 3. .	„	—	—	—	—	—	—	—	12,69	—	2,03	
9	Brot aus Hannover . .	„	37,57	5,87	—	—	—	—	1,40	9,38	—	1,50	Alberti [4])
10	Wasserweck, Krume (aus Nürnberg)	1861	40,60	6,50	1,00	2,48	49,21 **)	—	—	10,94	87,02	1,75	v. Bibra [5])
11	„ Rinde	„	(13,00)	9,25	0,61	3,61	73,24 **)	—	—	10,63	88,33	1,70	
12	„ von 81 g	„	45,50	4,81	1,00	1,70	46,82 **)	—	—	8,81	89,03	1,41	
13	„ von 79,5 g	„	42,20	6,34	0,90	1,60	48,75 **)	—	—	10,94	87,11	1,75	
14	„ von 81 g	„	45,10	5,31	0,84	2,30	46,29 **)	—	—	9,69	88,51	1,55	
15	Weizenbrot (aus Städten in der Umgegend von Nürnberg)	„	42,70	6,47	—	2,15	—	—	—	11,31	—	1,81	
16	„	„	46,30	5,76	—	1,61	—	—	—	10,69	—	1,71	
17	„	„	43,80	5,93	—	1,45	—	—	—	10,56	—	1,69	
18	„	„	40,90	5,73	—	2,29	—	—	—	9,69	—	1,55	
19	„	„	42,20	5,21	—	0,82	—	—	—	9,00	—	1,44	
20	Semmel aus München .	„	40,30	7,49	—	—	—	—	1,36	12,56	—	2,01	Meyer [6])
21	Semmel . . (aus Münster)	1876	26,39	8,62	0,60	62,98		0,41	1,00	11,69	85,56	1,87	J. König und Kellermann [7])
22	Gröberes Weizenbrot . (aus Münster)	„	38,06	6,20	0,37	53,16		0,90	1,31	10,00	85,82	1,60	
23	Semmel . . (desgl.)	1878	29,52	8,69	0,21	3,77	56,29	0,35	1,17	12,31	85,22	1,97	Krauch [8])
24	Gröberes Weizenbrot . (desgl.)	„	35,95	7,58	0,10	4,47	50,47	0,33	1,20	11,81	85,77	1,89	
25	Milchbrot	1877	28,08	7,28	0,93	—	—	—	0,57	10,12	—	1,62	L. v. Loesecke [9])
26	Semmel	„	31,85	(2,76)	0,12	—	—	—	0,53	(4,06)	—	(0,65)	
27	Bosnisches Weizenbrot .	1881	53,72	6,59	0,32	2,03	34,97	0,78	1,59	14,25	80,00	2,28	Fr. Strohmer [8])

[1]) Dingler's polytechn. Journ. 120, 398.
[2]) Journ. de Pharm. 16, 279.
[3]) Zeitschr. d. landw. Vereins f. Baiern 1873.
[4]) Hannov. land.- u. forstw. Vereinsbl. 1873.
[5]) v. Bibra, Die Getreidearten und das Brot. Nürnberg, 1861, 446—461.
[6]) Zeitschr. f. Biologie 1871, 7, 1.
[7]) Zeitschr. f. Biologie 1876, 12, 497.
[8]) Original-Mittheilung.
[9]) Arch. f. Pharm. 1877, 1, 415.

*) Verf. giebt für No. 1 = 5,73 %, No. 2 = 5,69 % Kleber an.

**) Der Stärkegehalt betrug:

No. 10	No. 11	No. 12	No. 13	No. 14
40,32	59,24	39,52	42,55	38,93 %

Der Rest besteht aus Gummi, Dextrin etc.

No.	Nähere Bezeichnung	Zeit der Untersuchung	In der ursprünglichen Substanz: Wasser %	Stickstoff-Substanz %	Fett %	Zucker %	Sonstige stickstofffr. Extraktst. %	Rohfaser %	Asche %	In der Trocken-Substanz: Stickstoff-Substanz %	Stickstofffreie Extraktstoffe %	Stickstoff in der Trocken-Substanz %	Analytiker
28	Weissbrot	1882	30,38	7,65 *)	0,28	4,32	45,89		1,48	10,99	—	1,76	A. Stutzer[1])
29	Feinstes Brot aus Pavia	1887	40,72	7,18	—	—	—	—	1,12	12,13	—	1,94	Torquato-Gigli[2])
30	Mittelfeines Brot aus Pavia	"	35,80	7,81	—	—	—	—	1,43	12,13	—	1,94	
31	Dunkeles Brot aus Pavia	"	43,64	7,95	—	—	—	—	1,24	14,06	—	2,26	
32	Weizenbrot aus verschiedenen Gegenden Russlands (Mittel mehrerer Proben) aus feinstem Mehle	1888	28,09	10,40	1,46	2,29	56,57	0,19	1,00	14,52	81,85	2,34	Mich. Popow[3])
33	desgl. aus feinstem Mehle	"	34,69	10,68	0,32	0,38	52,26	0,26	1,41	16,52	80,63	2,66	
34	desgl. a. gewöhnlichem Mehle .	"	39,01	12,65	0,50	1,92	43,43	0,93	1,56	20,75	74,35	3,32	
35	Gewöhnlich. Pariser Brot	1896	—	6,50	0,50	—	—	—	1,00	—	—	—	Laumonier[4])
36	Weissbrot aus Amsterdam von G. A. Nering Bögel .	1894	43,26	9,10	1,05	43,03**)		1,67	1,89	16,05	75,85	2,57	Chr. Jürgensen[5])
37	Weissbrot aus Amsterdam von Grecter u. Groen	"	40,22	9,20	0,89	48,12**)			1,57	15,39	—	2,46	
38	Weizenbrot aus München	1893	37,84	9,35	—	—	—	—	1,79	15,04	—	2,41	W. Prausnitz[6])
39	Aus Mehl mit 30 % Kleieauszug	"	37,45	7,32	0,30	53,94			0,89 ***)	11,70	—	1,87	Plagge und Lebbin[7])
40	Englisches Weissbrot[0]) .	1899	39,10	8,25	0,21	51,61		0,24	0,59	13,54	84,74	2,17	O. Rosenheim u. Ph. Schidrowitz[8])
41	Aus Frankreich 7 Tage alt	1898	32,00	7,11	0,19	59,98		0,19	0,53	10,46	88,21	1,67	Balland[9])
42	Aus Frankreich 5 " "	"	31,10	7,63	0,26	59,80		0,46	0,75	11,07	86,79	1,77	
43	Aus Frankreich 5 " "	"	31,20	7,71	0,25	59,83		0,37	0,64	11,21	86,96	1,79	
44	Bäckerei-Brot aus Middleton U. S. Amerika	1891	31,19	9,16	1,56	57,27			0,84	13,31	—	2,13	W. O. Atwater und Chas. D. Woods[10])
45	Bäckerei-Brot aus Middleton U. S. Amerika	"	32,86	8,60	2,38	55,21			0,95	12,81	—	2,05	
46	Bäckerei-Brot aus Middleton U. S. Amerika	"	33,50	9,02	1,17	55,34			0,97	13,56	—	2,17	
47	Bäckerei-Brot aus Middleton U. S. Amerika	"	32,28	8,67	2,47	55,30			1,28	12,81	—	2,05	
48	Hausbrot aus Middleton U. S. Amerika	"	31,58	8,73	0,58	58,53			0,58	12,75	—	2,04	
Mittel	Feineres Weizenbrot[00])		**33,66**	**6,81**	**0,54**	**2,01**	**55,79**	**0,31**	**0,88**	**10,27**	**84,10**	**1,64**	
Mittel	Gröberes Weizenbrot[000])		**37,27**	**8,44**	**0,91**	**3,19**	**47,80**	**1,12**	**1,27**	**13,46**	**76,20**	**2,15**	

[1]) Repertorium f. analyt. Chemie 1882, 165.

[2]) Giornale della reale Soc. Ital. d'Igiene. **9**, No. 3—4.

[3]) Monit. scientif. 1888, 826; Zeitschr. angew. Chemie 1888, 476. In Russland wird nur im Südosten, im Süden und in den Städten Weizenbrot gegessen, im übrigen Russland meistens Roggenbrot; das Weizenbrot wird mit Presshefe dargestellt; es ist wie der russische Weizen sehr reich an Stickstoff-Substanz. Popow führt für obige 3 Weizenbrotsorten folgenden Säure-Gehalt (welche Säure?) auf: No. 32: 0,16 %, No. 33: 0,20 %, No. 34: 0,65 % Säure.

[4]) Bull. gen. de Théra peutique 1896, **130**, 319; Chem. Ztg. 1896, **20**, 193.

[5]) Rev. intern. des fals.; Zeitschr. Nahrungsmittel-Unters., Hygiene und Waarenk. 1894, **8**, 174.

[6]) Arch. Hyg. 1893, **17**, 626.

[7]) Veröffentl. aus dem Gebiete des Militär-Sanitätswesens 1897, **12**, 188.

[8]) Zeitschr. Nahrungs- und Genussmittel 1899, **2**, 876.

[9]) Journ. Pharm. Chim 1898, [6], **8**, 538—540; Zeitschr. Nahrungs- und Genussmittel 1899, **2**, 588

[10]) 4. Ann. Rep. Storrs School Agric. Exper. Stat. 1891, 74.

*) Die Stickstoff-Substanz besteht aus 7,20 % Eiweiss, 0,17 % löslichem Nichteiweiss und 0,28 % unlöslicher Stickstoff-Substanz.

**) Von den stickstofffreien Extraktstoffen waren in kaltem Wasser löslich bei No. 36: 8,39 % und bei No. 37: 5,49 %.

***) Mit 0,18 % Chlornatrium.

[0]) Verff. fanden ferner: 7,34 % Reineiweiss, 0,61 % lösliche Stickstoff-Verbindungen, 1,19 % Maltose, 0,84 % Dextrin, 0,16 % Phosphorsäure, 0,19 % freie Säure (Milchsäure) 4,73 % lösliche Substanz.

[00]) Mittel aus No. 1, 2, 4, 9, 12—21, 23, 25, 26, 29, 32, 33 40—43.

[000]) Mittel aus No. 3, 5, 22, 24, 27, 28, 30, 31, 34, 36, 37, 38, 44—48.

Weizen-Ganzbrot (Graham-Brot).

No.	Nähere Bezeichnung	Zeit der Untersuchung	In der ursprünglichen Substanz: Wasser %	Stickstoff-Substanz %	Fett %	Zucker %	Sonstige stickstfr. Extraktst. %	Rohfaser %	Asche %	In der Trocken-Substanz: Stickstoff-Substanz %	Stickstoff-freie Extraktstoffe %	Stickstoff in der Trocken-Substanz %	Analytiker
1	Graham-Brot	1896	—	11,00	1,20	—	—	—	1,50	—	—	—	*Laumonier* [1])
2*)	Gewöhnliches Weizen-Ganzbrot	1899	40,18	7,87	0,63	48,38		1,06	1,88	13,16	80,88	2,11	*O. Rosenheim und Ph. Schidrowitz* [2])
3*)	Patent- . . Weizen-Ganzbrot	„	48,83	6,94	0,34	41,91		0,86	1,12	13,56	81,93	2,17	
4	Graham-Brot a. Amerika	1891	34,24	9,50	—	53,33			1,57	14,50	—	2,32	*W. O. Atwater u. Chas. D. Woods* [3])
	Mittel	—	**41,08**	**8,10**	**0,72**	**47,56**		**1,02**	**1,52**	**13,74**	**80,72**	**2,20**	

Weizen-Zwieback (Schiffszwieback, Weizenhartbrot).

No.	Nähere Bezeichnung	Zeit der Untersuchung	Wasser %	Stickstoff-Substanz %	Fett %	Zucker %	Sonstige stickstfr. Extraktst. %	Gummi + Dextrin %	Asche %	Stickstoff-Substanz (Trocken-Substanz) %	Stickstoff-freie Extraktstoffe %	Stickstoff in der Trocken-Substanz %		Analytiker
1	Aus Andalusien**) . .	1860	14,00	9,06	1,20	2,00	69,05	4,40	—	10,56	—	1,69		*v. Bibra* [4])
2	„ Madrid**) . . .	„	15,00	6,62	0,99	1,25	71,85	4,05	—	7,81	—	1,25		
3	„ Burgos	„	11,66	5,45	1,80	1,20	75,39	4,30	—	6,19	—	0,99		
4	„ Petersburg . . .	„	14,00	9,72	0,90	2,50	60,89	11,32	—	11,19	—	1,79		
5	desgl.***)	„	14,17	11,87	1,90	0,65	58,20	12,50	—	13,81	—	2,21		
6	Aus der Schweiz . .	„	13,33	9,11	0,30	2,60	69,12	5,25	—	10,50	—	1,68		
7	„ Zürich	„	14,20	5,63	0,51	2,50	69,64	7,33	—	6,56	—	1,05		
8	„ Hamburg . . .	„	11,42	9,13	0,73	1,90	72,67	3,85	—	10,38	—	1,66		
9	Feiner Weizen-Zwieback	1878	1,18	13,31	3,18	7,12	73,96	0,25	1,00	13,50	82,05	2,16		*J. König und C. Krauch* [5])
								Rohfaser						
10	Aus Münster	1880	11,75	10,31	0,51	75,30		0,60	1,53	11,68	—	1,87		*J. König* [5])
11	Schiffszwieback (Weizenhartbrot	—	6,00	14,30	1,10	76,70			1,20	15,21	—	2,43		? [6])
12	Schiffskakes aus Weizenmehl	1892	10,98	10,97	0,73	1,09	74,95 [0])	0,45	0,83	12,32	84,20	1,97		*J. König* [7])
13	Zwieback aus Weizenmehl	„	10,84	11,24	0,82	1,42	73,19 [0])	0,60	0,89	12,61	82,09	2,02		
													Chlornatrium in der natürlichen Substanz %	
14	Armee-Feldzwieback aus Weizenmehl mit 30 % Kleieauszug.	„	2,70	10,36	2,62	81,24			3,05	10,65	—	1,70	—	*Plagge und Lebbin* [8])
15	Armee-Feldzwieback; Auf 1 kg Mehl kommen 10 g Kochsalz, 2,67 % Kümmel und 15 g Hefe.	„	6,40	9,01	0,37	81,69			2,53	9,63	—	1,54	1,60	
16	Armee-Feldzwieback; Auf 1 kg Mehl kommen 10 g Kochsalz, 2,67 % Kümmel und 15 g Hefe.	1895	9,40	9,71	0,19	78,45			2,25	10,72	—	1,72	0,95	

[1]) Bull. gen. de Therap. 1896, **130**, 319; Chem. Ztg. 1896, **20**. 143.
[2]) Zeitschr. Nahrungs- und Genussmittel 1899, **2**, 876.
[3]) Storrs School Exper. Stat. 4. Bericht 1891, 74.
[4]) v. Bibra, Die Getreidearten und das Brot. Nürnberg 1861, 446.
[5]) Original-Mittheilung.
[6]) Nach dem Schiffsverpflegungsreglement. Mitgetheilt von Plagge und Lebbin a. a. O. 200.
[7]) Bericht über die Dauerwaaren auf der Ausstellung der Deutschen Landw. Gesellschaft in Bremen 1892. Jahresber. d. Deutsch. Landw. Gesellschaft 1892, 233.
[8]) Veröffentl. aus dem Gebiete des Militär-Sanitätswesens 1897, **12**, 199.

*) Verff. fanden ferner:

	Reineiweiss	Lösl. Stickstoffverbindungen	Maltose	Dextrin	Milchsäure	Phosphorsäure	Lösliche Substanz
Gewöhnliches Ganzbrot	7,86 %	0,73 %	1,77 %	0,71 %	0,29 %	0,51 %	7,54 %
Patent-Ganzbrot	5,52 „	0,68 „	0,62 „	0,52 „	0,38 „	0,43 „	10,00 „

**) Bei dem Weizenbrot aus Andalusien und Madrid lässt v. Bibra es dahin gestellt, ob dem Weizenmehl etwas Maismehl zugesetzt ist.

***) Der hohe Stickstoffgehalt bei dieser Sorte Zwieback rührt nach v. Bibra vielleicht von einem Milch-Zusatz her.

[0]) Der Gehalt an Dextrin betrug bei No. 12: 3,14 % und bei No. 13: 3,76 %.

No.	Nähere Bezeichnung	Zeit der Untersuchung	In der ursprünglichen Substanz: Wasser %	Stick-stoff-Substanz %	Fett %	Zucker %	Sonstige stickstfr. Extraktst. %	Roh-faser %	Asche %	In der Trocken-Substanz: Stick-stoff-Substanz %	Stickstoff-freie Extraktstoffe %	Stickstoff in der Trocken-Substanz %	Analytiker
17	Soda-Zwieback . (aus Amerika)	1891	8,01	10,29	9,35		70,52		1,83	11,19	—	1,79	W. O. Atwater und Chas. D. Woods[1])
18	Boston- „ . (aus Amerika)	„	8,25	10,73	9,87		68,75		2,40	11,69	—	1,87	
19	Schiffs- „ . (aus Amerika)	„	7,90	12,38	4,38		74,27		1,07	13,44	—	2,15	
20	Auster- „ . (aus Amerika)	„	3,82	11,31	4,80		77,53		2,54	11,75	—	1,88	
21	Gewöhnlicher Röstzwieback aus Berlin .	18 91/92	5,40	8,31	7,29		77,90		1,01	8,79	—	1,41	Lott[2])
	Mittel	—	9,54	9.91	2,55	2,20	73,55	0,55	1,70	10,96	83,74	1,75	

Weizen-Kakes (Biskuits).

No.	Nähere Bezeichnung	Zeit	Wasser	Stickstoff-Substanz	Fett	Zucker	Sonstige stickstfr. Extraktst.	Rohfaser	Asche	Stickstoff-Substanz	Stickstofffreie Extraktstoffe	Stickstoff	Analytiker
1	Kabin (aus Hamburg)	1875	9,7	11,4	0,6	—	77,0	—	1,3	12,56	—	2,01	C. E. Thiel[4])
2	Kakes (aus Hamburg)	„	9,6	11,0	4,6	—	73,3	—	1,5	12,13	—	1,94	
3	Biskuits	1877	10,07	11,93	7,47	36,38	32,29	0,75	1,14	13,25	40,45	2,12	J. König und C. Krauch[3])
4	Englische Biskuits . .	„	7,45	7,18	9,28	17,02	58,08	0,16	0,83	7,75	19,47	1,24	
5	Englische Albert-Kakes	18 91/92	3,50	7,60	10,80		76,52		1,58	7,44	—	1,19	Lott[2])

Graham-Zwieback.

No.	Nähere Bezeichnung	Zeit	Wasser	Stickstoff-Substanz	Fett	Zucker	Sonstige stickstfr. Extraktst.	Rohfaser	Asche	Stickstoff-Substanz	Stickstofffreie Extraktstoffe	Stickstoff	Analytiker
1	Aus Middleton . . .	1891	5,02	9,79	13,54		69,71		1,94	10,31	—	1,65	W. O. Atwater und Chas. D. Woods[1])

Roggenbrot.

No.	Nähere Bezeichnung	Zeit	Wasser	Stickstoff-Substanz	Fett	Zucker	Sonstige stickstfr. Extraktst.	Rohfaser	Asche	Stickstoff-Substanz	Stickstofffreie Extraktstoffe	Stickstoff	Analytiker
1	Roggenbrot	?	48,57	5,30	—	—	—	—	1,78	10,31	—	1,65	Oppel[5])
2	Krume (Roggenbrot aus Nürnberg)	1860	46,44	8,89	0,57	1,40	42,41 *)	—	—	16,63	—	2,66	v. Bibra[6])
3	Rinde (Roggenbrot aus Nürnberg)	„	(12,45	12,34	0,55	4,23	(69,48) *)	—	—	(14,13)	—	(2,26)	
4	1 Tag alt (Aus der Umgegend von Nürnberg)	„	43,00	4,38	0,83	1,20	50,45 *)	—	—	7,69	—	1,23	
5	desgl. (Aus der Umgegend von Nürnberg)	„	47,50	4,13	0,70	2,85	44,69 *)	—	—	7,88	—	1,26	
6	3 Tage alt, aus Unterfranken	„	47,00	3,49	0,78	5,70	42,92 *)	—	—	6,56	—	1,05	
7	Aus Dörfern in der Umgegend von Nürnberg	„	47,3	5,86	—	1,58	—	—	—	11,13	—	1,78	
8	Aus Dörfern in der Umgegend von Nürnberg	„	47,0	4,71	—	1,23	—	—	—	8,88	—	1,42	
9	Aus Dörfern in der Umgegend von Nürnberg	„	42,7	4,58	—	1,74	—	—	—	8,00	—	1,28	
10	Roggenbrot aus Makow	1873	25,66	9,68	—	—	—	—	—	13,00	—	2,08	v. Kleist[7])

[1]) 4. Ann. Rep. Storrs School Agric. Exper. Stat. 1891, 74.
[2]) Mitgetheilt von Plagge und Lebbin: Veröffentlichungen aus dem Gebiete des Militär-Sanitätswesens. 1897, **12**, 199.
[3]) Original-Mittheilung.
[4]) K. Birnbaum, Das Brotbacken. 1878, 139.
[5]) Dingler's Polytechn. Journ. **120**, 398.
[6]) v. Bibra, Die Getreidearten und das Brot. Nürnberg, 1861, 436—468.
[7]) Jahresber. f. Agrik. Chemie 1873/74, **2**, 225.

*) Der Stärkegehalt betrug:

	No. 2	No. 3	No. 4	No. 5	No. 6
Stärke	34,16 %	53,48 %	41,05 %	37,59 %	32,82 %

Der Rest besteht aus Zucker, Dextrin etc.

**) Die Brote waren nur theilweise frisch.

No.	Nähere Bezeichnung	Zeit der Untersuchung	In der ursprünglichen Substanz: Wasser %	Stick-stoff-Substanz %	Fett %	Zucker %	Sonstige stickstfr. Extraktst. %	Roh-faser %	Asche %	In der Trocken-Substanz: Stick-stoff-Substanz %	Stickstoff-freie Extraktstoffe %	Stickstoff in der Trocken-Substanz %	Analytiker
11	Roggenbrot aus Makow, weiss	1873	22,90	7,32	—	—	—	—	—	9,50	—	1,52	v. *Kleist*[1])
12	desgl. von der Hanna, Mähren	„	28,42	3,94	—	—	—	—	—	5,50	—	0,88	v. *Kleist*[1])
13	desgl. aus dem Gebirge	„	28,24	5,04	—	—	—	—	—	7,00	—	1,12	v. *Kleist*[1])
14	desgl. aus Emsdorf	„	29,27	8,04	—	—	—	—	—	11,44	—	1,83	v. *Kleist*[1])
15	desgl. aus St. Genois	„	21,30	5,95	—	—	—	—	—	7,56	—	1,21	v. *Kleist*[1])
16	desgl. aus Pommern	„	21,00 *)	6,07	—	—	—	—	—	7,69	—	1,23	v. *Kleist*[1])
17	Hosford-Liebig-sches**) Roggenbrot (aus München)	1871	45,4	6,82	—	—	—	—	3,08	12,52	—	2,00	*G. Meyer*[2])
18	Gewöhnliches Roggenbrot (aus München)	„	46,3	9,22	—	—	—	—	2,21	17,19	—	2,75	*G. Meyer*[2])
19	Roggenbrot aus Münster	1876	37,22	6,12	0,30	—	55,18	0,32	0,86	9,80	87,88	1,56	*König und Brimmer*[3])
20	desgl. aus Münster	„	35,49	7,51	0,12	4,55	51,13	0,29	0,91	11,63	86,31	1,86	*J. König und C. Krauch*[4])
21	Sogenanntes Paderbörner Brot***) aus Münster	„	38,32	7,20	0,10	2,62	50,36	0,39	1,01	11,69	85,89	1,87	*J. König und C. Krauch*[4])
22	Süsslichsaures Roggenbrot***)	1881	29,81	7,76	0,39	1,61	58,36	0,97	1,10	11,06	85,44	1,77	*F. Strohmer*[4])
23	Wiener Roggenbrot	„	31,93	8,30	0,33	1,46	55,11	0,97	1,90	12,19	83,11	1,95	*F. Strohmer*[4])
24	Rheinisches Schwarzbrot	1882	41,32	5,97 °)	1,16	6,64	43,68		1,23	10,17	—	1,62	*A. Stutzer*[5])
							Stärke						
25	Aus Holland, ob aus Roggenmehl ist nicht bestimmt angegeben°°)	1887	37,07	5,29	4,70	—	33,30	—	—	8,41	52,91	1,35	*van Hamel Roos*[6])
26	desgl.	„	38,10	4,24	5,53	—	38,11	—	—	6,85	61,55	1,10	*van Hamel Roos*[6])
27	desgl.	„	37,05	8,25	3,37	(7,51)	41,82	0,89	1,11	13,10	76,41	2,10	*van Hamel Roos*[6])
28	desgl.	„	35,70	5,94	2,60	(8,64)	45,21	0,74	1,17	9,24	70,30	1,48	*van Hamel Roos*[6])
							Stickstofffreie Extraktstoffe						
29	Aus Russland, Mittel mehrerer Proben°°°), aus Städten	1888	43,20	8,09	0,50	1,09	44,40	1,22	1,50	14,31	80,09	2,29	*M. Popow*[7])
30	Aus Russland, Mittel mehrerer Proben°°°), vom Lande	„	36,00	7,66	0,67	1,49	50,94	1,64	1,60	12,75	81,93	2,04	*M. Popow*[7])

[1]) Jahresber. f. Agrik.-Chem. 1873/74, **2**, 225.
[2]) Zeitschr. f. Biologie 1871, **7**, 1.
[3]) Zeitschr. f. Biologie 1876, **12**, 497.
[4]) Original-Mittheilung.
[5]) Repertorium f. analyt. Chemie 1882, 265.
[6]) Maandblad tegen de Vervalsching van Levensmiddelen etc. 1887/88. No. 1 und 2.
[7]) Monit. scientif. 1888, 826; Zeitschr. f. angew. Chemie 1888, 476.

*) Die Brote waren nur theilweise frisch.
**) Dieses Brot wird bekanntlich statt durch Hefe durch Kohlensäure gelockert, die sich aus dem zugesetzten Gemisch von doppelt kohlensaurem Natrium und saurem phosphors. Calcium entwickelt.
***) No. 21 aus 1/3 gesäuertem und 2/3 ungesäuertem Teig, No. 22 in üblicher Weise aus demselben Mehl hergestellt.
°) Die Stickstoff-Substanz besteht aus 4,20% Eiweiss, 0,79% löslichem Nichteiweiss und 0,98% unlöslicher Stickstoff-Substanz.
°°) Die Brotsorten enthielten:

	No. 25	26	27	28
In Wasser lösliche Stoffe	6,92%	8,25%	5,61%	7,40%

°°°) Das Roggenbrot wird in Russland mit Hülfe von altem Sauerteig bereitet. Zur Herstellung von Brot mit Hopfenhefe lässt man 200 g Hopfen mit 12 l Wasser kochen, bis die Hälfte verdampft ist; nach dem Filtriren fügt man 1—15 kg Weizenmehl hinzu, bringt die Mischung in ein glasirtes Gefäss und lässt 2 Tage bei 30° stehen; die entstandene Hefe ist Saccharomyces minor und ist ausserordentlich wirksam. Popow giebt für obige 2 Roggenbrote folgenden Gehalt an Säure (welche?) an:

	No. 29	30
Säure	0,62%	1,01%

No.	Nähere Bezeichnung	Zeit der Untersuchung	In der ursprünglichen Substanz: Wasser %	Stickstoff-Substanz %	Fett %	Zucker %	Sonstige stickstofffr. Extraktst. %	Rohfaser %	Asche %	In der Trocken-Substanz: Stickstoff-Substanz %	Stickstofffreie Extraktstoffe %	Stickstoff in der Trocken-Substanz %	Analytiker
31	Aus Oesterreich*)	1892	30,96	6,86	0,10	60,40			1,68	9,94	84,35	1,59	*M. Mansfeld*[1])
32	„ Hessen**)	$18\frac{90}{92}$	36,60	6,08	0,18	55,48		0,51	0,86	9,85	87,51	1,58	*Th. Dietrich*[2])
33	„ München	1893	39,66	10,38	—	—	—	—	2,02	17,20	—	2,75	*W. Prausnitz*[3])
34	„ „weissem" Roggenmehl***)	„	40,54	7,43	0,94	7,80 (+ Dextrin etc.)	41,73 (Stärke)	0,69	0,87	12,44	83,38	2,99	*A. Stift*[4])
35	„ Roggenmehl No.3***)	„	38,69	12,06	2,10	8,45	34,73	1,62	2,36	19,70	70,54	3,15	*A. Stift*[4])
36	„ Amerika	1895	29,97	8,44	0,50	59,73			1,36	12,06	—	1,93	*W. O. Atwater und Chas. D. Woods*[5])
37	Aus Frankreich: Helles Roggenbrot aus Murat	1898	40,00	4,05	0,29	54,50		0,44	0,72	6,75	90,82	1,08	*Balland*[6])
38	Aus Frankreich: Roggenbrot aus Bains bei Redon	„	28,60	5,81	0,24	62,38		0,64	2,33	8,18	87,93	1,31	*Balland*[6])
39	Aus Frankreich: Schwarzbrot aus Riom	„	35,30	6,26	0,44	56,00		0,83	1,17	9.67	86,55	1,55	*Balland*[6])
	Mittel	—	**39,70** ⁰)	**6,43**	**1,14**	**2,51**	**47,93**	**0,80**	**1,49**	**10,67**	**82,65**	**1,71**	

Soldatenbrote (Kommissbrote).⁰⁰)

No.	Nähere Bezeichnung	Zeit der Untersuchung	Wasser %	Stickstoff-Substanz %	Fett %	Zucker %	Sonstige stickstofffr. Extraktst. %	Rohfaser %	Asche %	Stickstoff-Substanz %	Stickstofffreie Extraktstoffe %	Stickstoff in der Trocken-Substanz %	Analytiker
1	Preussisches Soldatenbrot (Roggenbrot)	1879	36,71	7,47	0,45	3,05	46,36	1,51	1,46	11,81	78,07	1,89	*J. König*[7])
2	Deutsches Kommissbrot aus Elsass-Lothringen	1898	37,00	6,19	0,35	52,57		2,43	1,46	9,80	—	1,57	*Balland*[8])
3	Neues Soldatenbrot⁰⁰⁰)	1892	36,71	8,20	0,45	52,74		0,79	1,11	12,96	—	2,07	*M. Holz*[9])
4	Versuchsbrot aus geschältem Korn mit 25 % Kleieauszug	1894 Aug.	36,93	5,80	0,11	56,18			0,98	9,19	—	1,47	*Plagge und Lebbin*[10])

[1]) Zeitschr. angew. Chem. 1892, 732.
[2]) Bericht der Agrik.-Chem. Vers.-Stat. Marburg 1890—1892; Zeitschr. Nahrungsmittel-Untersuchung, Hygiene u. Waarenk. 1894, **8**, 77.
[3]) Arch. Hyg. 1893, **17**, 626.
[4]) Oesterr.-Ung. Zeitschr. Zucker-Ind. u. Landw. 1893. Sonderabdruck.
[5]) Storrs School Exper. Stat. 4. Jahresber. 1891, 74.
[6]) Journ. Pharm. Chim. 1898 [6], **8**, 538—540; Zeitschr. Nahrungs- und Genussmittel 1899, **2**, 588.
[7]) Original-Mittheilung.
[8]) Journ. Pharm. Chim. 1898 [6], **8**, 538; Zeitschr. Nahrungs- und Genussmittel 1899, **2**, 588.
[9]) Apoth.-Ztg. 1892, **7**, 42; Zeitschr. Nahrungsmittel-Untersuchung Hygiene, Waarenk. 1892, **6**, 34.
[10]) Veröffentl. aus dem Gebiete des Militär-Sanitätswesens 1897, **12**, 187 und 207.

*) Das Brot enthielt ferner in der Trocken-Substanz 0,694 % Milchsäure, 8,216 % verdauliches Eiweiss und 0,662 % Amidokörper.

**) Das Brot enthielt 5,51 % Reineiweiss und 0,29 % Sand. Von der Stickstoff-Substanz waren 83,8 % verdaulich.

***) Vergl. auch unter Maisbrote S. 683.

⁰) Bei der Berechnung des Mittelwerthes für den Wassergehalt sind die Analysen von v. Kleist für die halbfrischen Brote nicht mit berücksichtigt.

⁰⁰) Poggiale hat nach v. Bibra, Die Getreidearten und das Brot 1861, 401 das Kommissbrot aus verschiedenen Ländern auf Stickstoff-Gehalt untersucht mit folgendem Ergebnisse (auf Trocken-Substanz berechnet):

Kommissbrot aus	Paris	Baden	Piemont	Belgien	Holland	Württemberg	Oesterreich	Spanien	Bayern	Preussen
Stickstoff	2,26	2,24	2,19	2,08	2,07	2,06	1,58	1,57	1,32	1,12 %
Stickstoff-Substanz	14,12	14,00	13,69	10,00	12,94	12,87	9,37	9,81	8,25	7,00 „

Es ist jedoch aus den Angaben nicht ersichtlich, aus welchen Mehlen die Brote dargestellt wurden.

⁰⁰⁰) Aus 2 Theilen Roggenmehl mit 15 % Kleie-Auszug und 1 Theil Weizenmehl mit 8 % Kleie-Auszug.

No.	Nähere Bezeichnung		Zeit der Untersuchung	In der ursprünglichen Substanz: Wasser %	Stick-stoff-Substanz %	Fett %	Zucker %	Sonstige stickstfr. Extraktst. %	Roh-faser %	Asche %	In der Trocken-Substanz: Stick-stoff-Substanz %	Stickstoff-freie Extraktstoffe + Rohfaser %	Stickstoff in der Trocken-Substanz —	Analytiker
5	Preussische Soldatenbrote aus Roggenmehl mit 15% Kleie-auszug*)	November . .	1890	46,42	5,62	0,35		45,83		1,78 *)	10,48	85,54	1,68	Plagge und Lebbin[1])
6		Juni . . .	1891	34,30	7,39	0,07		56,58		1,66	11,25	86,12	1,91	
7		December . .	„	42,88	4,88	0,17		50,73		1,34	8,54	88,82	1,37	
8		September .	1892	37,08	5,99	0,23		55,29		1,41	9,52	87,88	1,52	
9		November . .	„	38,78	6,09	0,77		50,87	1,59	1,90	9,95	85,70	1,59	
10		Juni . . .	1893	37,94	6,31	0,50		53,65		1,60	10,17	86,43	1,63	
11		August . .	„	38,78	5,63	0,78		52,92		1,89	9,19	83,86	1,47	
12		„ . .	„	39,04	5,83	0,48		53,04		1,57	9,57	87,08	1,53	
13		Juli . . .	1894	37,41	5,23	0,22		55,31		1,33	8,42	89,08	1,44	
14		August . .	„	38,24	6,01	0,36		54,11		1,28	9,73	87,62	1,56	
15	Preussisches Soldatenbrot aus ⅓ Weizenmehl (mit 5% Auszug) und		„	36,30	7,31	0,17		55,01		1,21	11,48	86,35	1,84	
16	⅔ Roggenmehl (mit 15% Auszug		„	38,28	6,34	0,20		53,54		1,64	10,28	86,73	1,64	
17	Bayerisches Soldatenbrot aus München . . .		1893	40,20	6,26	—	—	—	—	1,78	10,45	—	1,67	W. Prausnitz[2])
18	Französ. Kommissbrot .		?	41,07	7.62	—	—	—	—	0,83	12,94	—	2,07	Payen[3])
	Mittel für preussisches Kommisbrot (No. 1, u. 5-14)		—	**38,88**	**6,04**	**0,40**	**3,05**	**48,85**	**1,55**	**1,57**	**9,88**	**84,91**	**1,58**	

Pumpernickel (bezw. Brot aus ganzem Roggenkorn).

No.	Nähere Bezeichnung	Zeit der Untersuchung	Wasser %	Stickstoff-Substanz %	Fett %	Zucker %	Sonstige stickstfr. Extraktst. %	Rohfaser %	Asche %	Stickstoff-Substanz (Trocken) %	Stickstofffreie Extraktstoffe + Rohfaser %	Stickstoff in der Trockensubstanz	Analytiker
1 **)	Aus Westfalen . . .	1860	(9,16) ***)	(6,50)	(3,90)	(4,50)	—	—	—	7,13	—	1,14	v. Bibra[4])
2	Aus der Umgegend von Oldenburg	1871	44,10	7,75	—	—	—	—	1,08	13,88	—	2,22	G. Meyer[5])
3	Ohne nähere Bezeichnung	1873	(11,68)	(6,38)	—	—	—	—	—	(7,25)	—	(1,16)	v. Kleist[6])
4	Aus Münster i. W. . .	1877	43,26	6,12	0,93	46,63		1,17	1,89	10,88	—	1,74	J. König und C. Krauch[7])
5	desgl.	„	42,90	8,90	2,09	3,28	39,74	1,79	1,29	15,76	75,32	2,49	
6	Aus Westfalen . . .	18 91/92	38,63	5,57	0,87		53,61		1,32	9,08	87,36	1,45	Plagge und Lebbin[8])

[1]) Veröffentl. aus dem Gebiete des Militär-Sanitätswesens 1897, **12**, 187 u. 207.
[2]) Arch. Hyg. 1893, **17**, 626.
[3]) Journ. de Pharm. **16**, 279.
[4]) v. Bibra, Die Getreidearten und das Brot etc. 1861, 436—468.
[5]) Zeitschr. f. Biologie 1871, **7**, 1.
[6]) Jahresber. f. Agrik.-Chemie 1873/74, **2**, 225.
[7]) Original-Mittheilung.
[8]) Veröffentl. aus dem Gebiete des Militär-Sanitätswesens 1897, **12**, 197.

*) Die Brote enthielten an Chlornatrium in Procenten der natürlichen Substanz:

No.	5	6	7	8	9	10	11	12	13	14	15	16
	0,48	0,59	0,51	0,21	0,33	0,55	0,32	0,22	0,23	0,15	0,15	0,68%

**) Verf. fand ausserdem 13,20% Dextrin mit etwas Stärke (?).
***) Diese Zahlen gelten für das lufttrockne Brot und sind daher nicht mit zur Mittelwerthberechnung herangezogen

No.	Nähere Bezeichnung	Zeit der Untersuchung	In der ursprünglichen Substanz: Wasser %	Stick-stoff-Substanz %	Fett %	Zucker %	Sonstige stickstfr. Extraktst. %	Roh-faser %	Asche %	In der Trocken-Substanz: Stick-stoff-Substanz %	Stickstoff-freie Extraktstoffe %	Stickstoff in der Trocken-Substanz %	Analytiker
						In kaltem Wasser löslich	Stärke						
7	Aus Holland*)	1887	41,61	6,87	5,28	5,32	36,91	2,35	1,66	11,76	63,23	1,88	van Hamel Roos [1])
8	Aus Holland*)	„	35,55	6,31	2,71	13,91	37,21	2,67	1,64	9,79	57,75	1,09	van Hamel Roos [1])
9	Schwarzbrote aus Amsterdam*) von G. A. Nering, Bögel	1894	42,37	9,16	1,63	7,67	34,71	2,17	2,29	15,90	60,23	2,44	Chr. Jürgensen [2])
10	Schwarzbrote aus Amsterdam*) von Bruder Pool	„	40,49	8,25	1,81	7.36	36,56	3.27	2,26	13,86	61,10	2.22	Chr. Jürgensen [2])
						Zucker							
	Deutscher Pumpernickel Mittel)**	—	**42,22**	**7,16**	**1,30**	**3,28**	**43,16**	**1,48**	**1,40**	**12,40**	**80,37**	**1,98**	

Roggen-Zwieback (Hartbrot, Plätzchen).

No.	Nähere Bezeichnung	Zeit der Untersuchung	Wasser %	Stick-stoff-Substanz %	Fett %	Zucker %	Stickstofffreie Extraktstoffe %	Gummi + Dextrin etc. %	Asche %	Stick-stoff-Substanz %	Stickstoff-freie Extraktstoffe %	Stickstoff in der Trocken-Substanz %	Analytiker
1	Aus Schweden . . .	1859	7,4	6,04	—	—	—	—	1,93	6,50	—	1,04	Th. Dietrich [3])
2	„ Bremen	„	14,00	11,56	1,17	6,05	56,34	10,50	—	13,44	—	2,15	v. Bibra [3]
3	„ Stockholm . . .	„	14,17	9,14	0,80	1,60	67,19	6,81	—	10,63	—	1,70	v. Bibra [3]
4	„ „ (grober Roggenkuchen) . . .	„	11,00	7,23	0,60	3,55	67,94	9,45	—	8,63	—	1,30	v. Bibra [3]
5	Aus Upsala (feines Roggenbrot)	„	10,00	9,16	1,20	2,20	65,45	11,70	—	10,19	—	1,63	v. Bibra [3]
6	Aus Darlekarlien (feines Roggenbrot)	„	13.33	9,06	0,70	5,50	46,61	24,50	—	10,44	—	1,67	v. Bibra [3]
								Roh-faser					
7	Ohne nähere Bezeichnung	1879	11,46	13,0	1,26	2,81	64,38	4,74	2,38	14,69	75,89	2,35	J. König und C. Krauch [4])
8	Roggenhartbrot aus gesiebtem Mehle . . .	1892	10,68	9,31	0,47	2,62	74,11 ***)	1,64	1,17	10,42	82,94	1,67	J. König [5])
9	Roggenhartbrot aus Schrotmehl	„	9,54	13,61	1,34	1,59	69,13 ***)	3,10	1,72	15,05	76,42	2,40	J. König [5])
10	Früherer Schiffszwieback (Roggenhartbrot) . .	—	12,30	13,10	1,10	71,60			1,20	14,94	82,44	2,39	? [6])

[1]) Maandblad tegen de Vervalsching van Levensmiddelen etc. 1887/88. No. 2.
[2]) Rev. intern. fals.: Zeitschr. Nahrungsm., Hygiene, Waarenk. 1894, **8**, 174.
[3]) v. Bibra, Die Getreidearten und das Brot etc. 1861, 436—468.
[4]) Landw. Ztg. f. Westfalen und Lippe 1879, 438.
[5]) Bericht über die Wanderausstellung der Deutschen Landw. Gesellschaft in Bremen; Jahrbuch der Deutsch. Landw. Gesellschaft 1892, 233.
[6]) Nach dem Schiffsverpflegungsreglement. Jetzt nicht mehr in Gebrauch. Mitgetheilt von Plagge und Lebbin in den Veröffentl. aus dem Gebiete des Militär-Sanitätswesens 1897, **12**, 200.

*) Diese Brotsorten sind wohl nicht gleich dem westfälischen Pumpernickel, müssen aber wegen des hohen Rohfasergehaltes wohl dieser Sorte Brot aus thunlichst ganzem Korn zugerechnet werden.

**) Bei der Mittelwerthsberechnung sind nur die Analysen No. 2, 4, 5 und 6 berücksichtigt.

***) Der Gehalt an Dextrin betrug bei No. 8: 8,14 %, bei No. 9: 3,98 %.

No.	Nähere Bezeichnung	Zeit der Untersuchung	In der ursprünglichen Substanz: Wasser %	Stickstoff-Substanz %	Fett %	Zucker %	Sonstige stickstfr. Extraktst. %	Rohfaser %	Asche %	In der Trocken-Substanz: Stickstoff-Substanz %	Stickstofffreie Extraktstoffe %	Stickstoff in der Trocken-Substanz %	Analytiker
11	Roggenplätzchen für das russische Militär nach Iskerski*)	1895	13,10	10,86	2,00	70,21		1,78	2,05	12,50	—	2,00	*R. Thal*[1])
				In der Trocken-Substanz	Säure		Dextrin + Stärke						
	Aus:												
12	Brest-Litowsk . (Russland)	1893	—	12,75	1,18	2,36	78,51	3,54	—	12,75	—	2,04	*R. Thal*[2])
13	Nowogeorgiewsk . (Russland)	„	—	16,48	0,66	3,07	73,32	3,75	—	16,48	—	2,64	*R. Thal*[2])
14	Warschau . . . (Russland)	„	—	14,94	0,86	4,62	73,03	3,97	—	14,94	—	2,39	*R. Thal*[2])
	Mittel	—	**11,54**	**10,85**	**1,06** (Fett)	**3,42**	**68,37**	**3,02**	**1,74**	**12,26**	**81,15**	**1,96**	

Brote aus Mischungen von Roggen- und Weizenmehl.

No.	Nähere Bezeichnung	Zeit der Untersuchung	Wasser %	Stickstoff-Substanz %	Fett %	Zucker %	Sonstige stickstfr. Extraktst. %	Rohfaser %	Asche %	Stickstoff-Substanz (Trocken) %	Stickstofffreie Extraktstoffe %	Stickstoff in der Trocken-Substanz %	Analytiker
1	Aus München . . .	1893	41,99	10,01	—	—	—	—	2,18	17,26	—	2,76	*W. Prausnitz*[3])
2	BayerischesKommissbrot aus München . . .	„	40,20	6,26	—	—	—	—	1,78	10,58	—	1,69	*W. Prausnitz*[3])
3	$^2/_3$ Roggenmehl mit 15% Kleieauszug, $^1/_3$ Weizenmehl mit 5% Kleieauszug	1891 Decb.	39,18	6,18	0,39	—	—	—	0,80 **)	10,16	—	1,63	*Plagge und Lebbin*[4])
4	desgl.	1892 Decb.	35,84	7,86	0,28	—	—	—	1,25 **)	12,25	—	1,96	*Plagge und Lebbin*[4])
5	desgl.	Aug.	36,30	7,31	0,17	—	—	—	1,06 **)	11,48	—	1,83	*Plagge und Lebbin*[4])
6	desgl.	Sept.	38,28	6,34	0,20	—	—	—	0,96 **)	10,28	—	1,64	*Plagge und Lebbin*[4])
7	desgl., aber Weizenmehl mit 8% Kleieauszug .	1891 Decb.	41,08	5,93	0,34	—	—	—	0,82 **)	10,06	—	1,61	*Plagge und Lebbin*[4])
8	Brot aus halb Weizen No. 4 und halb Roggen No. 1 mit Hefe gebacken	1892	38,37	8,87	—	—	—	0,43	2,18	14,56	—	2,33	*W. Prausnitz und A. Menikanti*[5])
9	desgl. mit Sauerteig gebacken . . .	„	38,10	9,32	—	—	—	0,47	1,87	15,06	—	2,41	*W. Prausnitz und A. Menikanti*[5])
10	Brot aus $^2/_3$ Weizen-, $^1/_3$ Roggenmehl aus Frankreich	1898	35,30	6,26	0,44	56,00		0,83	1,17	9,67	86,55	1,55	*Balland*[6])
	Mittel	—	**38,46**	**7,47**	**0,30**	**51,78**		**0,58**	**1,41**	**12,14**	**84,14**	**1,94**	

[1]) Pharm. Zeitschr. f. Russland 1895, **34**, 17 u. 33; Vierteljahresschr. Nahrungs- und Genussmittel 1895, **10**, 111.
[2]) Zeitschr. Nahrungsm.-Unters., Hygiene und Waarenk. 1893, **7**, 371.
[3]) Arch. Hyg. 1893, **17**, 626.
[4]) Veröffentl. aus dem Gebiete des Militär-Sanitätswesens 1897, **12**, 188.
[5]) Zeitschr. f. Biologie 1894, **30**, 328.
[6]) Journ. Pharm. Chim. 1898 [6], **8**, 5,38; Zeitschr. Nahrungs- und Genussmittel 1899, **2**, 588.

*) Ein Pud und 21 Pfund gewöhnliches Roggenmehl wurden mit $2^1/_2$ Pfund Sauerteig und Wasser, in dem etwas Salz gelöst war, 45 Minuten lang gemischt und dann 2—3 Stunden der Ruhe überlassen. Darauf wurde nach und nach dieselbe Menge Mehl hinzugesetzt, das Ganze ungefähr eine Stunde lang geknetet und der Gährung überlassen. Dann wurde der Teig mittels einer Teigrolle ausgerollt und mit Hülfe einer Eisenform ausgestochen, einige Zeit der Nachgährung überlassen und dann in den Ofen gebracht. Darauf wurden dieselben an Schnüre gereiht und zum Trocknen aufgehängt. Dieselben hatten 1,745% Säure (Milchsäure) und den Geschmack von frischem Brot.

**) Die Brote enthielten an Chlornatrium in Procenten der natürlichen Substanz:
No. 3: 0,54 No. 4: 0,22 No. 5: 0,15 No. 6: 0,68 No. 7: 0,53%

Zwieback aus Mischungen von Roggen- und Weizenmehl.

No.	Nähere Bezeichnung	Zeit der Untersuchung	In der ursprünglichen Substanz: Wasser %	Stickstoff-Substanz %	Fett %	Zucker %	Sonstige stickstfr. Extraktst. %	Rohfaser %	Asche %	In der Trocken-Substanz: Stickstoff-Substanz %	Stickstofffreie Extraktstoffe %	Stickstoff in der Trocken-Substanz %	Analytiker
			In der Trocken-Substanz		Säure		Dextrin + Stärke						
1	Roggenmehl mit 12 % Weizenmehl	1893	—	15,45	0,86	1,65	75,48	3,47	—	15,45	77,13	2,47	R. Thal[1])
2	desgl. mit 25 % Weizenm.	„	—	16 36	0,89	1,79	75,13	3,15	—	16,36	76,92	2,62	R. Thal[1])
			In der ursprünglichen Substanz		Fett								
3	Plätzchen aus Ssursha (Gemenge aus Roggen- und Weizenmehl) nach Iskerski für die russische Armee*) . . .	1895	12,14	14,28	2,07	66,66		2,00	2,85	16,25	75,87	2,60	R. Thal[2])

Haferbrot (Haferzwieback).

No.	Nähere Bezeichnung	Zeit der Untersuchung	Wasser %	Stickstoff-Substanz %	Fett %	Zucker %	Sonstige stickstfr. Extraktst. %	Rohfaser %	Asche %	Trocken: Stickstoff-Substanz %	Stickstofffreie Extraktstoffe %	Stickstoff in der Trocken-Substanz %	Analytiker
1	Aus Schweden, ohne Hefe und Salz gebacken .	1858	10,80	6,69	—	—	Stärke 69,84 **)	(9,4)	2,50	7,50	—	1,20	Dietrich[3])
2	Aus dem Spessart . .	1860	8,66	8,63	10,00	2,60	(65,59)	—	—	9,44	—	1,51	v. Bibra[3])
3	Aus Jusznyn (Galizien)	—	11,03	9,62	—	—	—	—	—	10,81	—	1,73	v. Kleist[4])
4	„ Zavoya (Galizien)	1873	22,85	4,97	—	—	—	—	—	6,44	—	1,03	v. Kleist[4])
5	Hafer-Zwieback . . .	1879	11,87	12,06	2,60	5,83	58,58	5,35	3,71	13,69	73,09	2,19	J. König[5])
6	desgl. aus Amerika . .	1891	4,90	10,41	13,70	69,59			1,40	10,94	—	1,75	W. O. Atwater und Chas. D. Woods[6])
7	Hafer-Kakes von W. C. H. Weibezahn in Fischbeck A.	1884	4,04	8,38	12,98	18,29	54,67	0,72	0,92 ***)	8,73	19,00	1,40	H. Weigmann[5])
8	Hafer-Kakes von W. C. H. Weibezahn in Fischbeck B.	„	5,70	8,19	12,70	17,40	53,64	1,19	1,18 ***)	8,68	18,44	1,39	H. Weigmann[5])
	Mittel	—	**9,98**	**8,58**	**10,40**	**11,03**	**55,65**	**2,42**	**1,94**	**9,53**	**73,41**	**1,52**	

Gerstenbrot (Gerstenzwieback).

No.	Nähere Bezeichnung	Zeit der Untersuchung	Wasser %	Stickstoff-Substanz %	Fett %	Zucker %	Stickst.-freie Extraktst. %	Rohfaser %	Asche %	Trocken: Stickstoff-Substanz %	Stickstofffreie Extraktstoffe %	Stickstoff in der Trocken-Substanz %	Analytiker
1	Aus Niederbayern . .	1860	11,78	5,44	0,50	3,90	73,35	(4,85)	—	6,19	—	0,99	v. Bibra[7])
2	Norra-Angermanland Dünnbrot (Gerstenmehl + Wasser)	„	13,00	6,38	1,30	4,00	68,72	(6,40)	—	7,31	—	1,77	v. Bibra[7])
3	Gerste-Zwieback[0]) . .	1879	12,55	16,18	1.47	6,09	55,63	4.29	3.79	18,50	70,58	2,96	J. König[5])
	Mittel	—	**12,44**	**9,33**	**1,09**	**4,66**	**64,40**	**4,29**	**3,79**	**10,67**	**80,71**	**1,71**	

[1]) Zeitschr. Nahrungsm.-Unters., Hygiene und Waarenk. 1893, **7**, 371.
[2]) Pharm. Zeitschr. f. Russland 1895, **34**, 17 u. 33; Vierteljahresschr. Nahrungs- u. Genussmittel 1895, **10**, 111.
[3]) v. Bibra, Die Getreidearten und das Brot etc. 1861, 437 u. 462.
[4]) Zeitschr. f. Biologie 1871, **7**, 1.
[5]) Original-Mittheilung.
[6]) Storrs School, Agric. Exper. Stat. 4. Jahresber. 1891, 74.
[7]) v. Bibra, Die Getreidearten und das Brot 1861, 462 u. 467.

*) Ueber die Herstellung siehe unten unter Roggenzwieback S. 679; der Säuregehalt betrug 1,135 % Milchsäure.
**) Mit 65,59 % Stärke.
***) In der Asche des Hafer-Kakes A befanden sich 0,45 % und in der der Probe B 0,55 % Phosphorsäure.

[0]) Vermuthlich von einer Schiffs- oder Armee-Verproviantirung.

Maisbrote.

No.	Nähere Bezeichnung	Zeit der Untersuchung	In der ursprünglichen Substanz: Wasser %	Stick-stoff-Substanz %	Fett %	Stickstoff-freie Ex-traktstoffe %	Roh-faser %	Asche %	In der Trocken-Substanz: Stick-stoff-Substanz %	Stickstoff-freie Ex-traktstoffe %	Stickstoff in der Trocken-Substanz %	Analytiker
1	Maisbrot aus Frankreich*) . .	1898	42,80	5,69	2,15	46,39	1,94	1,03	9,95	81,10	1,59	*Balland* [1])
	Maisbrote aus Serbien:											
2	Gekochter Mais, reif	1899	57,48	4,97	1,76	33,97	1,15	0,67 **)	11,69	79,89	1,87	*A. Zega* und *R. Majstorovic* [2])
3	Gerösteter Mais	„	6,36	11,19	4,59	76,09	2,32	2,32 **)	11,95	81,26	1,91	
4	Gewöhnliches, in der Asche gebackenes Maisbrot: Rinde	„	21,29	8,57	1,89	64,18	1,83	2,24 **)	10,89	81,54	1,74	
5	Gewöhnliches, in der Asche gebackenes Maisbrot: Krume	„	51,49	5,33	1,30	39,39	0,94	1,55 **)	10,99	81,20	1,76	
6	Gewöhnliches, in irdenen Schalen gebackenes Maisbrot: Rinde	„	17,51	8,60	3,23	66,92	1,36	2,38 **)	10,41	81,08	1,67	
7	Gewöhnliches, in irdenen Schalen gebackenes Maisbrot: Krume	„	44,85	4,63	1,68	46,41	0,83	1,60 **)	8,39	84,15	1,34	
8	Saures Maisbrot, in irdenen Schalen gebacken: Rinde	„	22,19	7,56	1,91	64,51	1,74	2,09 **)	9,72	82,91	1,56	
9	Saures Maisbrot, in irdenen Schalen gebacken: Krume	„	55,30	4,35	0,90	37,42	0,69	1.34 **)	9,73	83,71	1,56	
10	Saures Maisbrot, im Ofen gebacken: Rinde	„	26,60	8,40	1,87	60,00	1,26	1,87 **)	11,44	81,74	1,83	
11	Saures Maisbrot, im Ofen gebacken: Krume	„	55,42	4,56	0,88	37,29	0,68	1,17 **)	10,23	84,10	1,64	
12	Maisbrot mit Gemüseblättern (Hungerbrot): Rinde	„	10,14	11,13	3,99	68,62	2,13	3,99 **)	12,39	76,25	1,98	
13	Maisbrot mit Gemüseblättern (Hungerbrot): Krume	„	57,35	5,69	1,44	32,03	1,02	2,47 **)	13,34	75,10	2,13	
14	Maiskuchen mit Fett . . .	„	32,46	4,76	19,41	40,82	0,87	1,68 **)	7,09	60,44	1,13	
15	„ ohne „ . . .	„	59,19	3,70	0,97	33,75	0,72	1,67 **)	9,07	82,70	1,45	
16	Projara	„	53,52	9,12	14,82	18,85	0,31	3,38 **)	12,62	40,53	3,14	

[1]) Journ. Pharm. Chim. 1898 [6], **8**, 538; Zeitschr. Nahrungs- und Genussmittel 1899, **2**, 588.

[2]) Chem. Ztg. 1899, **23**, 544; Zeitschr. Nahrungs- und Genussmittel 1899, **2**, 871.

*) Ueber die Art der Bereitung der Nahrungsmittel aus Mais in Serbien berichten die Verfasser Folgendes: Die einfachste Art, wie der Mais genossen wird, ist der gekochte und geröstete Mais, wozu besonders grüne, noch weiche Maiskörner genommen werden. Werden die Körner des reifen Maises auf einem Drahtsieb über offenem Feuer geröstet, dann springen dieselben auf und nehmen blumkohlartige, leichte, luftige Formen an, wobei sie ihr Volumen um das 5- bis 10-fache vergrössern. Die gerösteten Körner heissen „Kokize".

Die Verarbeitung des Maismehles zu Brot geschieht von den ärmeren Leuten in der einfachsten Weise durch Erhitzen des mit Wasser angemachten Teiges nach dem Bedecken mit Krautblättern in heisser Asche. Vermögendere bedienen sich hierbei grosser flacher irdener Schalen, welche als Backofen dienen. Bei der Herstellung von saurem Maisbrot kommt ein Gemisch von Maismehl und Weizenmehl (15—20 %) und etwas Sauerteig in Anwendung. Bei Missernten und in Hungerjahren wird von den ärmeren Leuten ein Hungerbrot, bestehend aus etwa gleichen Theilen Maismehl und abgekochten Gemüseblättern, genossen. Maiskuchen oder sogenanntes städtisches Maisbrot mit und ohne Butterzusatz wird durch Backen im Bratofen in grossen flachen Blechformen erhalten. Bei Zusatz von Eiern und Käse oder auch von Schichten von in Milch abgekochtem Spinat wird die sogenannte Projara, süsses Maisbrot, erhalten. Durch Kochen von Maismehl mit Salzwasser, sowie durch Erhitzen desselben mit Butter in der Pfanne werden verschiedene Maisspeisen hergestellt.

**) Die Verfasser fanden in der Asche an Phosphorsäure folgenden Gehalt:

	No. 2	3	8	9	10	11	12	13	14	15	16
Phosphorsäure .	0,23	0,73	0,48	0,27	0,47	0,25	0,72	0,35	0,87	0,33	0,55 %

Brote aus Mischungen von Maismehl mit Weizen- und Roggenmehlen.

No.	Nähere Bezeichnung	Zeit der Untersuchung	In der ursprünglichen Substanz: Wasser %	Stick-stoff-Substanz %	Fett %	Stickstoff-freie Ex-traktstoffe %	Roh-faser %	Asche %	In der Trocken-Substanz: Stick-stoff-Substanz %	Stickstoff-freie Ex-traktstoffe %	Stickstoff in der Trocken-Substanz %	Analytiker
	I. Brote aus Roggenmehl mit 15 % Kleieauszug (R.) und Maismehl (M.).									+ Rohfaser		Chlornatrium in der natürlichen Substanz %
1	2/3 R., 1/3 M. aus Magdeburg, vorher gebrüht	$18\frac{91}{92}$	41,48	6,07	0,44	50,56		1,45	10,38	86,39	1,66	0,67
2	desgl., M. aus Mainz, nicht gebrüht	„	41,70	6,24	0,41	50,07		1,58	10,71	85,81	1,71	0,67
3	desgl., M. aus Fürstenwalde, nicht gebrüht	„	40,68	5,95	0,42	51,46		1,49	10.03	86,75	1,60	0,68
	Mittel (No. 1—3)	—	41,29	6,09	0,42	50,69		1,51	10,37	86,25	1,66	0,67 (No. 1—3: *Plagge u. Lebbin*[1])
	II. Brote aus Roggenmehl mit 15 % Kleieauszug (R.), Weizenmehl mit 5 % Kleieauszug (W.) und Maismehl. (M.)											
4	1/3 R., 1/3 W., 1/3 M., M. aus Magdeburg, gebrüht . .	$18\frac{91}{92}$	39,52	6,73	0,50	51,55		1,70	11,13	85,23	1,78	0,70
5	desgl., M. aus Mainz, nicht gebrüht	„	40,02	6,60	0,50	51,20		1,68	11,00	85,37	1,76	0,69
6	desgl., M. aus Fürstenwalde, nicht gebrüht . . .	„	39,80	6,27	0,51	51,92		1,54	10,41	86.35	1,66	0,69
	Mittel (No. 4—6)	—	39,75	6,54	0,50	51,57		1,64	10,85	85,65	1,74	0,69
7	1/4 R., 1/4 W., 1/2 M., amerikanisches	$18\frac{91}{92}$	38,16	6,39	0,30	53,47		1,68	10,34	85,45	1,65	0,93
8	Wie 7, aber M. gebrüht .	„	37,56	6,72	0,32	53,68		1,72	10,76	86,97	1,72	0,94 (No. 4—8: *Plagge u. Lebbin*[1])
	III. Brote wie unter II., aber aus Weizenmehl (W.) mit 8 % Kleieauszug.											
9	2/3 Mischmehl (aus 2/3 R. und 1/3 W.) und 1/3 M. . . .	$18\frac{91}{92}$	38,00	6,78	0,18	53,51		1,53	10,94	86,30	1,75	0,41
10	3/4 Mischmehl wie bei No. 9 und 1/4 M.	„	38,10	6,50	0,19	53,64		1,37	10,50	86,65	1,68	0,41
11	4/5 Mischmehl wie bei No. 9 und 1/5 M.	„	38,10	6,36	0,24	53,93		1,57	10,28	87,12	1,64	0,41 (No. 9—11: *Plagge u. Lebbin*[1])
IV.	1/4 Maismalz (Gries), 3/4 Weizenzwiebacksmehl mit 30 % Auszug, 1 % Salz und 1,9 % Hefezusatz . . .	$18\frac{91}{92}$	39,34	7,03	0,46	51,65		1,20	11,59	85,78	1,79	0,32
V.	1/4 Maismalz (Fäden), 3/4 W. mit 5 % Auszug, Salz und Hefe wie bei IV. . . .	„	35,59	7,82	0,22	54,69		1,68	12,14	84,93	1,94	0,37
VI.	1/4 Maismalz (Gries), 1/2 Weizenzwiebacksmehl mit 30 % Auszug, 1/4 W. mit 5 % Auszug; Salz und Hefe wie IV.	„	37,35	7,00	0,53	53,65		1,47	11,16	85,65	1,79	0,39
VII.	Wie VI., aber Maismalz (Fäden)	„	36,26	7,40	0,19	54,68		1,47	11,16	86,24	1,79	0,34 (IV.—VII.: *Plagge u. Lebbin*[1])

[1]) Veröffentl. aus dem Gebiete des Militär-Sanitätswesens 1897, **12**, 195.

Brote aus Mischungen von Maismehl und Roggenmehl.*)

No.	Nähere Bezeichnung	Zeit der Untersuchung	In der ursprünglichen Substanz: Wasser %	Stickstoff-Substanz %	Fett %	Stickstofffreie Extraktstoffe %	Rohfaser %	Asche %	In der Trocken-Substanz: Stickstoff-Substanz %	Stickstofffreie Extraktstoffe %	Stickstoff in der Trocken-Substanz %	Analytiker
1	Reines Roggenmehl No. 3	1893	38,68	12,06	2,10	43,18	1,62	2,36	19,70	70,54	3,15	A. Stift [1]
2	3/4 Roggenmehl No. 3 und 1/4 Sheppard's gelbes Maismehl . .	"	35,88	12,83	1,52	45,71	1,85	2,21	20,08	71,38	3,21	
3	3/4 Roggenmehl No. 3 und 1/4 Sheppard's weisses Maismehl . .	"	38,75	13,89	1,60	43,29	1,67	1,80	22,69	69,12	3.63	
4	3/4 Roggenmehl No. 3 und 1/4 Gewöhnliches Maismehl . .	"	40,90	11.54	1,05	43.07	1,47	1,97	19.36	71,62	3,10	
	Mittel (No. 2—4)	—	38,31	12,78	1,39	43,90	1,63	1,99	20,71	71,16	3,31	
5	Weisses Roggenmehl . .	"	40,54	7,43	0,94	49,53	0,69	0,87	12,44	83,38	1,99	
6	3/4 Weisses Roggenmehl und 1/4 Sheppard's gelbes Maismehl . .	"	40,32	7,74	0,82	49,87	0,48	0,77	12,96	83,56	2,07	
7	3/4 Weisses Roggenmehl und 1/4 Sheppard's weisses Maismehl . .	"	40,99	7,44	0,88	49,32	0,53	0,84	12,60	83,59	2,02	
8	3/4 Weisses Roggenmehl und 1/4 Gewöhnliches Maismehl . .	"	40,00	7,37	1,62	49,10	0,78	1,13	12,25	81,87	1,96	
	Mittel (No. 6—8)	—	40,44	7,50	1,11	49,44	0,60	0,91	12,60	83,01	2,02	

Kleber-(Aleuronat-) Brote.**)

No.	Nähere Bezeichnung	Zeit der Untersuchung	Wasser %	Stickstoff-Substanz %	Fett %	Stickstofffreie Extraktstoffe + Rohfaser %	Asche %	In der Trocken-Substanz: Stickstoff-Substanz %	Stickstofffreie Extraktstoffe + Rohfaser %	Stickstoff in der Trocken-Substanz %	Analytiker
1[0]	Von P. Ossion-Paris . .	1879	9,60	57,62	1,61	29,71	1,46	63,69	32,86	10,19	K. Birnbaum [2]
2[0]	Kleberbrot	"	8,47	76,37	2,00	10,53	2,63	85,69	11,50	13,55	
3[0]	desgl. mit 10% Mehl .	"	8.40	74,50	1,80	12,70	2,60	81,31	13,86	13,01	
4[0]	desgl. mit 10% Kleie .	"	8,73	73,44	2,92	12,81	2,10	80,44	14,03	12,87	
5[0]	Kleber-Mandelbrot . .	"	7,20	57,31	19,06	12,67	3,76	61,75	13,65	9,88	
6[0]	Kleber-Inulinbrot . . .	"	8,75	58,31	2,55	27,24	3,15	63,88	29,85	10,22	
	Mittel (No. 1—6)	—	8,53	66,19	4,99	17,67	2,62	72,80	19,32	11,65	

[1]) Oesterr.-Ungar. Zeitschr. Zucker-Ind. und Landw. 1893, **22**. Sonderabdruck.

[2]) Dingler's Polytechn. Journ. 1879, **233**, 322.

*) Die Zusammensetzung der Mehle siehe oben S. 633, No. 25, 26 und 28; A. Stift fand ferner im natürlichen Brot:

	No. 1 %	2 %	3 %	4 %	5 %	6 %	7 %	8 %
Reineiweiss . .	9,94	10,06	12,64	9,03	5,60	6,62	6,05	6,53
Stärke	34,73	33,78	33,12	37,07	41,73	40,34	40,43	42,15
Chlornatrium .	0,68	0,64	0,59	0,67	0,46	0,43	0,51	0,40
Sand	0,12	0,05	0,03	0,18	0,02	0,03	0,04	0,09

**) Das Kleberbrot wird ebenso wie die Kleber-Biskuits wegen des geringen Gehaltes an Kohlenhydraten vorwiegend für Diabetiker empfohlen; den bei No. 5 verwendeten Mandeln ist der Zucker entzogen; das Inulin (No. 6), aus Cichorien dargestellt, soll nach Dragendorff bei Diabetes-Kranken nicht in Zucker übergehen.

[0]) Diese Kleberbrote gehören nach ihrem niedrigen Wassergehalt eigentlich zu den Aleuronatzwiebacks bezw. Kakes, sie mögen jedoch als ältere Analysen hier ihren Platz erhalten.

No.	Nähere Bezeichnung	Zeit der Untersuchung	In der ursprünglichen Substanz: Wasser %	Stick-stoff-Substanz %	Fett %	Stickstoff-freie Extraktstoffe %	Roh-faser %	Asche %	In der Trocken-Substanz: Stick-stoff-Substanz %	Stickstoff-freie Extraktstoffe %	Stickstoff in der Trocken-Substanz %	Chlornatrium in der natürlichen Substanz %	Analytiker
	Aleuronatbrote von J. Hundhausen in Hamm i. W.												
7	Auf 1 Thl. Weizenmehl kommt*) frischer Kleber: die 3fache Menge	1889	27,49	15,69	0,21	53,58**)	0,98	2,05	21,65	73,86	3,46		W. Kisch und E. Haselhoff[1])
8	„ 4 „ „	„	40,69	16,05	0,18	40,53	0,91	1,64	27,06	68,33	4,33		W. Kisch und E. Haselhoff[1])
9	„ 5 „ „	„	46,02	16,88	0,16	34,89	0,60	1,45	31,28	64,63	5,00		W. Kisch und E. Haselhoff[1])
10	„ 6 „ „	„	45,73	17,80	0,16	34,33	0,55	1,43	32,80	63,26	5,25		W. Kisch und E. Haselhoff[1])
11	„ 7 „ „	„	48,02	18,86	0,15	31,19	0,44	1,34	36,28	60,00	5,80		W. Kisch und E. Haselhoff[1])
						(Stickstofffreie Extraktstoffe + Rohfaser)				+ Rohfaser			
12	470 g Roggenmehl (15 %) 70 „ Aleuronat . ***)	18 91/92	37,10	13,86	0,07	47,21		1,76	21,94	75,14	3,51	0,63	Plagge und Lebbin[2])
13	desgl., Dauerbrot . .	„	40,50	11,32	0,08	46.28		1,82	19,19	77,60	3,07	0,59	Plagge und Lebbin[2])
14	Wie No. 12, aber Roggenmehl (25 %) . . .	„	35,70	12,58	0,08	49,86		1,78	19,56	77,53	3,13	0,64	Plagge und Lebbin[2])
15	desgl., Dauerbrot . .	„	35,10	11,86	0,11	51,07		1,86	18,28	78,68	2,92	0,65	Plagge und Lebbin[2])
16	505 g Roggenmehl (15 %) 35 „ Aleuronat . . .	„	37,00	9,75	0,08	51,41		1,76	15,48	81,59	2,48	0,63	Plagge und Lebbin[2])
17	desgl., Dauerbrot . .	„	37,67	9,62	0,12	50,81		1,78	15,44	81,49	2,47	0,62	Plagge und Lebbin[2])
18	Wie No. 16, aber Roggenmehl (25 %) . . .	„	38,40	9,09	0,09	50,58		1,84	14,75	82,12	2,36	0,62	Plagge und Lebbin[2])
19	desgl., Dauerbrot . .	„	37,17	10,21	0,12	50,53		1,97	16,25	80,41	2,60	0,63	Plagge und Lebbin[2])
20	470 g Weizenmehl (30 %) mit Roggenmehl (25 %), 70 g Aleuronat . . .	„	34,30	13,26	0,09	50 30		2,05	20,19	76,56	3,23	0,66	Plagge und Lebbin[2])
21	desgl., Dauerbrot . .	„	34,62	13,25	0,10	50.25		1,78	20,26	76,85	3,24	0,65	Plagge und Lebbin[2])
22	505 g Mischmehl wie bei No. 20 u. 35 g Aleuronat	„	35,30	8,94	0,08	53,80		1,88	13,81	83,15	2,21	0,65	Plagge und Lebbin[2])
23	desgl., Dauerbrot . .	„	33,64	9,88	0,08	54,46		1,94	14,89	82,05	2,38	0,66	Plagge und Lebbin[2])
24	470 g Weizenmehl (30 %) 70 g Aleuronat . . .	„	32,30	10,79	0,07	55,03		1,81	15,94	81,27	2,55	0,68	Plagge und Lebbin[2])
25	desgl., Dauerbrot . .	„	31,76	11,44	0,07	54,89		1,84	16,76	80,43	2,68	0,68	Plagge und Lebbin[2])
26	505 g Weizenmehl (30 %) 35 g Aleuronat . . .	„	28,50	10,73	0,07	58,86		1,84	15,00	82,34	2,40	0,73	Plagge und Lebbin[2])
27	desgl., Dauerbrot . .	„	31,20	9,98	0,08	56,91		1,83	15,96	81,26	2,55	0,69	Plagge und Lebbin[2])
28	9 kg Mischmehl aus 2/3 Roggenmehl (15 %) und 1/3 Weizenmehl (5 %), 3 kg Sauerteig aus demselb. Mehle, 1,5 kg Aleuronat; 115 g Chlornatrium, 4,615 kg Wasser .	„	33,07	11,99	0,18	47,16		1,60	19,69	77,39	3,15	0,40	Plagge und Lebbin[2])

[1]) Original-Mittheilung.
[2]) Veröffentl. aus dem Gebiete des Militär-Sanitätswesens 1897, **12**, 196.
*) Die Lockerheit der Brote nimmt mit dem Klebergehalte zu.
**) Mit 5,47 % Zucker (Dextrose) und 1,16 % Dextrin.
***) Die in Klammer hinter den Mehlen stehenden Zahlen bedeuten den Kleinauszug der Mehle.

No.	Nähere Bezeichnung	Zeit der Untersuchung	In der ursprünglichen Substanz: Wasser %	Stickstoff-Substanz %	Fett %	Zucker + Dextrin %	Sonstige stickstofffr. Extraktst. %	Rohfaser %	Asche %	In der Trocken-Substanz: Stickstoff-Substanz %	Stickstofffreie Extraktstoffe %	Stickstoff in der Trocken-Substanz %	Analytiker
29	85 kg Mischmehl wie bei No. 28; 45 kg Sauerteig, 15 kg Aleuronat, 1,2 kg Chlornatrium, 45 kg Wasser . . .	1891/92	32,92	11,47	0,25	52,62			1,74	18,59	78,45	2,97	Chlornatr. i. d. natürl. Substanz % 0,40; *Plagge u. Lebbin*[1])
30	Kleberbrot von T. Günther in Frankfurt a. M. .	1892	33,68	17,23	0,45	7,95 *)	37,68	0,66	2,35	25,98	68,80	3,96	*Vers.-Stat. Münster*[2])
31	Von Bäcker Schelte in Münster	1894	38,78	18,25	0,55	3,04 *)	37,20	0,86	1,32	29,81	65,73	4,77	*Vers.-Stat. Münster*[2])
32	Von Bäcker Fritz in Wien	?	35,54	15,62	0,83	7,26 **)	39,35	0,15	1,25	24,22	72,31	3,88	*Grubert*[3])
Mittel	Kleberbrote mit hohem Klebergehalt (No. 1—6)	—	**8,53**	**66,19**	**4,99**	**17,67**			**2,62**	**72,80**	**19,32**	**11,65**	
Mittel	Kleberbrote mit geringerem Klebergehalt (No. 7—11 und 30—32)	—	**39,62**	**17,29**	**0,34**	**5,73**	**34,78**	**0,64**	**1,60**	**28,64**	**67,09**	**4,58**	

Aleuronat-Zwieback.

No.	Nähere Bezeichnung	Zeit der Untersuchung	Wasser %	Stickstoff-Substanz %	Fett %	Zucker + Dextrin %	Sonstige stickstofffr. Extraktst. %	Rohfaser %	Asche %	Stickstoff-Substanz %	Stickstofffreie Extraktstoffe %	Stickstoff in der Trocken-Substanz %	Analytiker
1	Armeefeldzwieback mit 15 % Aleuronat und 10 % Zuckerzusatz .	1892	10,96	20,45	0,46	67,15			0,98	22,97	+ Rohfaser 76,41	3,68	*Plagge und Lebbin*[1])
2	Brotkonserve mit Zusatz von „Nuritas"-Mehl***)	„	10,47	19,79 ***)	0,10	68,66			0,98	22,11	—	3,54	*M. Mansfeld*[4])

Aleuronat-Kakes (Biskuits).

No.	Nähere Bezeichnung	Zeit der Untersuchung	Wasser %	Stickstoff-Substanz %	Fett %	Zucker + Dextrin %	Sonstige stickstofffr. Extraktst. %	Rohfaser %	Asche %	Stickstoff-Substanz %	Stickstofffreie Extraktstoffe %	Stickstoff in der Trocken-Substanz %	Analytiker
1	Biskuit (rund) aus Paris	1877	9,1	44,9	3,6	40,2			2,2	49,38	44,22	7,90	*v. Loesecke*[5])
2	desgl., gespalten aus Paris	—	10,7	22,9	3,1	61,9			1,4	19,31	69,31	3,09	*J. Boussingault*[6])
3	Kleber-Maccaroni aus Paris	—	12,2	21,3	1,0	64,7			0,8	24,31	73,76	3,89	*J. Boussingault*[6])
											Stickstofffreie Extraktstoffe		
4	Von J. Hundhausen in Hamm i. W. . . .	1891	3,40	20,07 °)	9,44	64,72		1,23	1,14	20,67	67,00	3,31	*Vers.-Stat. Münster*[2])
5	desgl. (Biskuits) . . .	1894	6,56	24,84	11,20	Zucker 9,04	43,16	0,46	4,74	26,58	55,86	4,25	*Vers.-Stat. Münster*[2])
6	Von D. Kirche in Düsseldorf	1895	4,98	16,97	13,67	Zucker + Dextrin 19,03 °°)	42,80	1,62	0,93	17,86	65,07	2,86	*Vers.-Stat. Münster*[2])
7	Von Stratmann und Meyer in Bielefeld, frisch	1896	2,95	23,85	7,30	Zucker 3,59	61,24	0,58	2,52	24,58	66,80	3,94	*Vers.-Stat. Münster*[2])
8	Von Stratmann und Meyer in Bielefeld, alt .	„	7,13	24,40	5,84	3,08	58,38	0,58	1,59	26,26	66,18	4,20	*Vers.-Stat. Münster*[2])
9	desgl.	„	8,53	20,44	20,19	3,16	46,06	0,81	0,81	22,35	50,25	3,58	*Vers.-Stat. Münster*[2])

[1]) Veröffentl. aus dem Gebiete des Militär-Sanitätswesens 1897, **12**, 199.
[2]) Original-Mittheilung.
[3]) Mitgetheilt von C. Kornauth, Oesterr. Centralbl. **I**, Sonderabdruck.
[4]) Zeitschr. angew. Chemie 1892, 732. | [5]) Arch. Pharm. 1877, **215**, 415. | [6]) Arch. Pharm. 1869, **207**, 473.
*) No. 36 mit 5,93 %, No. 37 mit 1,26 % Zucker (Dextrose).
**) Mit 1,80 % Dextrose, 1,03 % Rohrzucker und 4,43 % Dextrin.
***) Die Stickstoff-Substanz bestand aus 93,89 % verdaulichem Eiweiss, 4,15 % Amiden u. 1,96 % Nucleïn. Der entsprechende ohne Zusatz von Nuritasmehl hergestellte Zwieback enthielt: 11,09 % Wasser, 12,91 % Stickstoff-Substanz, 0,12 % Fett und 0,79 % Asche. Die Stickstoff-Substanz bestand aus 94,22 % verdaulichem Eiweiss, 2,02 % Amiden und 3,76 % Nucleïn.
°) Von der Stickstoff-Substanz waren 87,14 % verdaulich. | °°) Der Zuckergehalt betrug bei No. 6: 5,79 %.

No.	Nähere Bezeichnung	Zeit der Untersuchung	In der ursprünglichen Substanz: Wasser %	Stick-stoff-Substanz %	Fett %	Zucker + Dextrin %	Sonstige stickstfr. Extraktst. %	Roh-faser %	Asche %	In d. Trocken-Substanz: Stick-stoff-Substanz %	Stickstoff-freie Extraktstoffe %	Stickstoff in der Trocken-Substanz %	Analytiker
10	Von F. Günther in Frankfurt a. M.	1892	5,11	14,89	9,26	26,81 *)	42,75	0,35	0,83	15,69	45,00	2,51	*Vers.-Stat. Münster* [1])
11		„	4,50	17,84	7,87	22,93 *)	44,34	0,92	1,60	18,58	46,43	2,97	
12		„	4,47	15,26	8,65	70,12			1,50	15,97	—	2,56	*Plagge und Lebbin* [2])
13	Von Schelle in Braunschweig	„	4,90	19,90	10,77	63.17			1,26	20,93	—	3,35	
	Mittel	—	**6,50**	**22,86**	**8,61**	**22,92**	**36,63**	**0,84**	**1,64**	**23,27**	**63,69**	**3,72**	

Albumin-Kraftbrot.

No.	Nähere Bezeichnung	Zeit der Untersuchung	Wasser %	Stickstoff-Substanz %	Fett %	Zucker + Dextrin %	Sonstige stickstfr. Extraktst. %	Rohfaser %	Asche %	Stickstoff-Substanz %	Stickstofffreie Extraktstoffe %	Stickstoff in der Trocken-Substanz %	Analytiker
1	Disqué's Albumin-Kraftbrot von Joh. Lenk in Chemnitz	1892	32,28	19,37	0,41	4,46 **)	41.00	1,02	1,46	28,60	60 54	4,58	*Vers.-Stat. Münster* [1])
2		1894	31,25	9,55	0,45	8,50 **)	45,57	2,73	1,95	13,89	66,29	2,22	
3		1895	30,28	21,87	0,22	3,72 **)	41,25	0,40	2,26	31,37	59,17	5,02	
4		1896	32,18	15,99	0,34	3,35 **)	47.48	0,33	0,33	23,58	70,01	3,77	
	Mittel	—	**31,50**	**16 69**	**0,36**	**5,01**	**43.82**	**1,12**	**1,50**	**24,36**	**71,28**	**3,90**	

Albumin-Kraftzwieback (Kakes, Biskuits).

No.	Nähere Bezeichnung	Zeit der Untersuchung	Wasser %	Stickstoff-Substanz %	Fett %	Zucker + Dextrin %	Sonstige stickstfr. Extraktst. %	Rohfaser %	Asche %	Stickstoff-Substanz %	Stickstofffreie Extraktstoffe %	Stickstoff in der Trocken-Substanz %	Analytiker
1	Disqué's Albumin-Kraftzwieback von Joh. Lenk in Chemnitz	1894	10,84	19,15	6,65	15,63 ***)	44,12	0,62	2,99	21,48	49,50	3,44	*Vers.-Stat. Münster* [1])
2		1895	9,83	18,93	7,01	16.27 ***)	46,47	0,48	1,01	20,99	51,54	3,36	
3		1896	8,40	18,98	8,41	13,45 ***)	49,50	0,63	0,63	20.72	54,04	3,32	
4		1894	8,69	15,53	8,29	Rohr-zucker 14,40	51,89	0,26	0,94	17,01	56,72	2,72	
5		1895	5,65	15,42	8,89	15,55	51,89 ⁰)	0,29	0,85	16,34	55,00	2,61	
	Mittel	—	**8 68**	**17,63**	**7,85**	**15,12**	**48,98**	**0,46**	**1,28**	**19,31**	**70,19**	**3,09**	

Erdnussbrote.

No.	Nähere Bezeichnung	Zeit der Untersuchung	Wasser %	Stickstoff-Substanz %	Fett %	Zucker + Dextrin %	Sonstige stickstfr. Extraktst. %	Rohfaser %	Asche %	Stickstoff-Substanz %	Stickstofffreie Extraktstoffe %	Stickstoff in der Trocken-Substanz %	Chlornatr. i. d. natürl. Substanz %	Analytiker
	Brote von Otto Rademann in Bockenheim bei Frankfurt a. M.													
1	Aus reinem Erdnussmehl⁰⁰)	1891	25,37	33,38	11,33	5,11 ⁰⁰⁰)	14,34	6,91	3,56	44,74	19,21	7,16	—	*Vers.-St. Münster* [1])
2		18 91/92	28,00	30,31	14,97	21,68			4,11	42,10	31,44 †)	6,74	0,93	*Plagge u. Lebbin* [2])
3	Aus 1 Theil des Erdnussmehles und 3 Theilen Roggenmehl	1891	36,33	15,24	2,02	5,47 ⁰⁰⁰)	37,27	2,87	1,80	23,94	58,54	3,83	—	*Vers.-St. Münster* [1])
4		18 91/92	38,98	13,06	2,20	43,57			2,19	21,38	71,41 †)	3,42	0,81	*Plagge u. Lebbin* [2])

[1]) Original-Mittheilung.
[2]) Veröffentl. aus dem Gebiete des Militär-Sanitätswesens 1897, **12**, 198, 199.
*) Der Zuckergehalt betrug bei No. 10: 23,44 %, bei No. 11: 18,78 %.
**) Davon Zucker (Dextrose): No. 1: 3,27 %, No. 2: 3,10 %, No. 3: 1,86 %, No. 4: 0,95 %.
***) Davon Zucker (Dextrose): No. 1: 10,43 %, No. 2: 14,18 %, No. 3: 2,93 %.
⁰) Mit 1,46 % Dextrin.
⁰⁰) Das Erdnussmehl ist ein Abfallprodukt der Erdnussöl-Gewinnung.
⁰⁰⁰) Mit bei No. 1: 3,40 %, No. 3: 4,38 % Zucker.
†) Einschliesslich Rohfaser.

No.	Nähere Bezeichnung	Zeit der Untersuchung	In der ursprünglichen Substanz: Wasser %	Stick-stoff-Substanz %	Fett %	Zucker + Dextrin %	Sonstige stickstfr. Extraktst. %	Roh-faser %	Asche %	In d. Trocken-Substanz: Stick-stoff-Substanz %	Stickstoff-freie Extraktstoffe %	Stickstoff in der Trocken-Substanz %	Chlornatr. i. d. natürl. Substanz %	Analytiker
	Brote von Otto Rademann in Bockenheim bei Frankfurt a. M.													
5	Aus 1 Theil des Erdnussmehles und 3 Theilen Weizenmehl	1891	31,38	16,51	2,63	6,44 *)	38,39	2,62	2,03	24,06	55,95	3,85	—	Vers.-St. Münster¹)
6	(desgl.)	18 91/92	34,20	14,81	2,51	46,13			2,35	22,50	69,93 **)	3,60	0,84	Plagge u. Lebbin²)
7	Reines Proteïnbrot . .	1892	20,32	37,19	11,98	22,71		4,12	3,68	46,67	28,50	7,47		H. Spindler³)
8	Aus 1 Th. Proteïnmehl u. 3 Thln. Weizenmehl .	"	30,28	14,31	2,57	48,73		2,52	1,95	20,52	69,38	3,28		H. Spindler³)
9	desgl., aber Roggenmehl anstatt Weizenmehl .	"	25,92	14,56	1,99	52,56		3,13	1,84	19,65	70,95	3,14		H. Spindler³)
10	desgl., aber Stärkemehl anstatt Weizenmehl .	"	29,38	7,69	2,25	58,66		0,78	1,24	10,89	83,07	1,74		H. Spindler³)
11	Aus 12,5 % Proteïnmehl, 37,5 % Stärkemehl und 50 % Weizenmehl . .	"	14,89	9,53	1,26	69,72		3,16	1,44	11,20	81,92	1,79		H. Spindler³)
12	desgl., aber Roggenmehl anstatt Weizenmehl .	"	18,62	7,76	0,90	68,10		3,20	1,42	9,54	83,68	1,53		H. Spindler³)
	Proteïnbrote von Frank u. Cie in Bockenheim bei Frankfurt a. M.													
13 ***)	Proteïn-Roggenbrot . .	1892	32,04	23,66	6,23	7,04 ⁰)	25,95	2,27	2,81	34,81	48,56	5,57		Vers.-Stat. Münster¹)
14 ***)	Proteïn-Weizenbrot . .	"	31,94	23,39	6,27	7,04 ⁰)	26,46	2,23	2,67	34,37	49,27	5,50		Vers.-Stat. Münster¹)
	Reines Erdnussbrot, Mittel (No. 1, 2 u. 7)	—	**24,56**	**33,56**	**12,76**	**5,17**	**14,65**	**5,52**	**3,78**	**44,48**	**26,27**	**7,12**		

Erdnuss-Kakes.

No.	Nähere Bezeichnung	Zeit der Untersuchung	Wasser %	Stick-stoff-Substanz %	Fett %	Zucker + Dextrin %	Sonstige stickstfr. Extraktst. %	Roh-faser %	Asche %	Stick-stoff-Substanz (Trocken) %	Stickstoff-freie Extraktstoffe %	Stickstoff in der Trocken-Substanz %	Analytiker
1	Von Frank u. Cie in Bockenheim b. Frankf.	1892	6,35	32,17	19,11	23,46 ⁰⁰)	14,07	3,10	2,74	34,32	39,06	5,49	Vers.-Stat. Münster¹)
2	Proteïn-(Erdnuss-) Kakes	"	6,01	32,93	25,15	28,40		4,79	2,72	35,04	30,22	5,61	H. Spindler³)
3	Proteïn-(Erdnuss-) Kakes	"	4,15	32,66	20,33	36,54		3,45	2,87	34,07	38,12	5,45	H. Spindler³)
4	Aus reinem Erdnussmehl	18 92/94	4,70	28,75	24,25	39,52			2,76	30,17	—	4,83	Lott²)
						Zucker	Stärke						
5	Rademann's Erdnuss-biskuits	1893	1,85	34,84	21,51	24,64	9,00	—	2,73	35,49	—	5,68	Vers.-Stat. Münster¹)
6	Diabetiker-Biskuits . .	"	2,85	44,11	29,75	7,08 ⁰⁰⁰)	10,02	—	3,50	45,40	—	7,26	Vers.-Stat. Münster¹)
7	Diabetiker-Chokolade-Biskuits	"	1,84	44,89	27,60	6,23 ⁰⁰⁰)	11,82	—	3,83	45,73	—	7,32	Vers.-Stat. Münster¹)
8	Kakes aus 65 % Proteïnmehl und 35 % Fleisch	1892	6,96	34,18	20,53	—	—	—	—	36,74	—	5,88	H. Spindler³)
	Mittel (ausser No. 8)	—	**3,96**	**35,70**	**25,38**	**28,17**		**3,77**	**3,02**	**37,17**	**29,30**	**5,95**	

¹) Original-Mittheilung.
²) Veröffentl. aus dem Gebiete des Militär-Sanitätswesens 1897, **12**, 198 ff.
³) Zeitschr. angew. Chem. 1892, 607.
*) No. 5 mit 5,39 % Zucker.
**) Einschliesslich Rohfaser.

***) Die Zusammensetzung des dazugehörigen Proteïnmehles siehe oben unter Erdnussmehle S. 648.
⁰) Mit bei No. 13: 2,18 %, No. 14: 2,21 % Zucker.
⁰⁰) Mit 1,64 % Zucker.
⁰⁰⁰) No. 6 enthält 0,178 %, No. 7: 0,265 % Saccharin.

Erdnuss-Zwieback.

No.	Nähere Bezeichnung	Zeit der Untersuchung	In der ursprünglichen Substanz: Wasser %	Stickstoff-Substanz %	Fett %	Zucker + Dextrin %	Sonstige stickstofffr. Extraktst. %	Rohfaser %	Asche %	In der Trocken-Substanz: Stickstoff-Substanz %	Stickstofffreie Extraktstoffe %	Stickstoff in der Trocken-Substanz %	Analytiker
1	Armeefeldzwieback . .	1893	3,10	23,20	8,03	0	34,20	—	3,03	23,94	—	3,83	*Vers.-Stat. Münster* [1])
2	desgl. mit 15% Erdnussgrütze	1892	5,34	16,88	1,20	74,23			2,35	17,83	78,42 *)	2,85	*Flagge und Lebbin* [2])

Haselnussbrote.

No.	Nähere Bezeichnung		Zeit der Untersuchung	Wasser %	Stickstoff-Substanz %	Fett %	Stickstofffreie Extraktstoffe %	Asche %	Trocken-Substanz: Stickstoff-Substanz %	Stickstofffreie Extraktstoffe %	Stickstoff %	Chlornatr. i. d. natürl. Subst. %	Analytiker
1	Brot aus $^2/_3$ Roggenmehl (15%)**) und $^1/_3$ Weizenmehl (5%)	mit 10% Haselnussmehlzusatz	$18\frac{91}{92}$	34,90	7,34	2,36	58,10	1,30	11,27	83,10 *)	1,80	0,18	*Flagge und Lebbin* [2])
2	desgl. aus $^2/_3$ Roggenkunstmehl und $^1/_3$ gewöhnlichem, aufgebrüht. Roggenmehl		„	33,20	7,60	2,00	55,28	1,92	11,37	82,76 *)	1,82	0,59	
3	Mischmehl wie No. 1, durch Sieben in $^2/_3$ Mehl und $^1/_3$ Rückstand geschieden, letzterer gebrüht .		„	30,80	7,80	4,61	55,23	1,56	11,27	79,81 *)	1,80	0,41	
4	desgl.		„	29,50	7,32	3,64	58,26	1,28	10,39	82,82	1,66	0,33	

Brote aus Mischungen von Roggenmehl und Ersatzstoffen für dasselbe.

Eugen Sell (Arbeiten Kaiserl. Gesundh. 1893, 8, 608) stellte zahlreiche Backversuche an mit Broten aus Roggenmehl und verschiedenen Ersatzstoffen für dasselbe.

Die Zusammensetzung der zu diesen Versuchen verwendeten Mehle war folgende:

No.	Nähere Bezeichnung der Mehle	Wasser %	In der Trocken-Substanz: Stickstoff-Substanz %	Fett %	Stickstofffreie Extraktstoffe %	Rohfaser %	Mineralstoffe %
1	Roggenmehl I	12,06	13,06	1,44	84,45	0,24	0,81
2	„ II	11,00	10,19	1,40	87,38	0,20	0,83
3	„ III	11,74	10,88	1,37	87,08	0,27	0,84
4	Mehl aus ausgewachsenem Roggen	11,00	11,06	1,74	84,85	0,86	1,49
5	Weizenmehl	13,21	13,63	1,40	84,21	0,27	0,49
6	Weisses Maismehl	11,92	9,38	1,55	87,57	0,20	1,30
7	Weisser Maisgries	12,13	9,75	1,55	87,01	0,40	1,29
8	Gelbes Maismehl aus nicht entkeimtem Mais . .	10,30	12,75	4,56	79,96	1,11	1,62
9	Gelber Maisgries	11,53	11,63	2,13	85,39	0,24	0,61
10	Hafermehl	8,62	14,56	6,40	75,10	1,68	2,32
11	Gerstenmehl	10,38	18,75	3,84	74,34	0,72	2,26
12	Sorghohirse (Körner)	10,59	9,56	4,18	81,43	1,86	2,97
13	Sorghohirse (Mehl)	10,30	8,25	4,23	82,96	0,95	3,61
14	Buchweizenmehl	12,20	7,13	1,28	89,96	0,86	0,77
15	Erdnussmehl	7,77	54,19	7,48	27,50	2,62	8,21

[1]) Original-Mittheilung.
[2]) Veröffentl. aus dem Gebiete des Militär-Sanitätswesens 1897, 12, 199 ff.
*) Einschliesslich Rohfaser.
**) Die in Klammern hinter den Mehlen stehenden Zahlen bedeuten den Kleieauszug der Mehle.

Die Zusammensetzung der aus vorstehenden Mehlen gebackenen Brote war folgende:

No.	Bezeichnung der Ersatzstoffe für das Roggenmehl	Zusammensetzung des Mehles: Roggenmehl		Ersatzstoff	Wasser	In der Trocken-Substanz: Stickstoff-Substanz	Fett	Stickstofffreie Extraktstoffe	Rohfaser	Asche	100 Theile des Mehlgemenges gaben: Teigmasse	Brot	Backverlust	Volumen d. Brotes: 1 g nimmt den Raum ein von
		No.	%	%	%	%	%	%	%	%				ccm
1	Reines Roggenmehl	I	100	0	36,00	11,69	1,36	84,29	0,34	2,32	157,5	142,5	9,5	2,120
2	Weizenmehl	I	50	50	37,80	14,38	1,24	81,61	0,30	2,47	157,5	142,8	9,3	2,353
3	Weisses Maismehl	I	50	50	36,17	10,50	1,34	85,34	0,33	2,49	153,3	134,4	12,4	1,570
4	desgl.	I	$66^2/_3$	$33^1/_3$	37,30	11,19	1,40	84,10	0,33	2,98	155,0	137,0	11,5	1,744
5	desgl.	I	75	25	37,98	11,50	1,38	83,79	0,36	2,97	153,3	136,0	11,2	1,865
6	Weisser Maisgries	I	50	50	33,45	10,81	1,24	84,99	0,32	2,64	150,0	135,0	10,0	1,531
7	desgl.	I	$66^2/_3$	$33^1/_3$	35,22	11,44	1,27	84,24	0,33	2,72	150,0	134,9	10.0	1,733
8	desgl.	I	75	25	34,79	11,81	1,27	83,91	0,34	2,67	150,0	133,8	10,8	1,800
9	desgl., angequollen	I	50	50	39,01	10,81	1,24	84,99	0,32	2,64	162,5	143,9	11,5	1,570
10	desgl.	I	$66^2/_3$	$33^1/_3$	38,73	11,44	1,27	84,24	0,33	2,72	162,5	143,7	11,6	1,820
11	desgl.	I	75	25	37,83	11,81	1,27	83,91	0,34	2,67	162,5	145,6	10,4	1,900
12	a) Weisses Maismehl und b) Weizenmehl	I I	50	25 25	36,72	11,38	1,21	84,43	0,29	2,68	165,0	144,5	12,4	2,100
13	a) Weisses Maismehl und b) Weizenmehl	I I	25	50 25	34,98	10,50	1,32	85,40	0,34	2,44	162,5	140,8	13,3	1,650
14	Gelber Maisgries, angequollen	I	$66^2/_3$	$33^1/_3$	34,48	11,81	2,13	82,89	0,31	2,86	163,5	142,5	12,8	1,776
15	Mehl aus gelbem, nicht entkeimtem Mais	II	60	40	34,40	10,56	2,54	83,09	0,62	2,59	144,0	130,0	10,0	1,500
16	desgl.	II	75	25	34,60	10,19	2,00	84,85	0,49	2,47	148,0	134,0	9,0	1,800
17	Hafermehl	I	$66^2/_3$	$33^1/_3$	40,74	12,75	3,82	79,30	0,85	3,28	160,0	140,6	12,1	1,832
18	desgl.	I	75	25	39,14	12,56	3,39	80,38	0,73	2,94	160,0	142,6	10,9	1,940
19	Gerstenmehl	I	$66^2/_3$	$33^1/_3$	40,24	13,94	1,82	80,97	0,60	2,67	160,0	143,0	10,6	1,897
20	desgl.	I	75	25	40,10	13,56	1,71	81,66	0,50	2,57	160,5	145,6	9,6	2,000
21	Sorghohirsenmehl	—	0	100	36.40	8,26	4.20	81,44	1,05	5,05	157,0	135,0	14,3	1,250
22	desgl.	II	50	50	34,76	9,06	2,82	83,71	0,64	3,77	150,0	133,0	11,3	1,706
23	desgl.	II	$66^2/_3$	$33^1/_3$	35,60	9,12	2,31	84,93	0,44	3,20	150,0	133,0	11,3	1,847
24	desgl.	II	75	25	35,60	9,25	2,01	85,36	0,39	2,99	150,0	133,0	11,3	1,883
25	Buchweizenmehl	II	$66^2/_3$	$33^1/_3$	36,40	8,38	1,16	87,00	0,72	2,54	150,0	133,0	11,3	1,748
26	desgl.	II	75	25	36,50	8,69	1,21	86,88	0,53	2,69	150,0	133,8	10,8	1,824
27	Erdnussmehl	II	50	50	40,00	34,44	4,42	55,57	2,36	6,21	158,8	149,4	5,9	1,030
28	desgl.	II	$66^2/_3$	$33^1/_3$	37,76	24,13	3,38	66,06	1,62	1,81	153,1	138,1	9,8	1,250
29	desgl.	III	75	25	36,80	20,44	2,83	71,03	1,26	4,44	153,1	138,1	9,8	1,410
30	$41^2/_3$ Theile rohe Kartoffeln, $3^1/_2$ Theile Erdnussmehl, 55 Roggenmehl	—	55	45	34,60	12,00	1,37	82,33	0,87	3,43	101,0	90,3	10,7	1,570

Sonstige Brotsorten.

No.	Nähere Bezeichnung	Zeit der Untersuchung	In der ursprünglichen Substanz: Wasser %	Stick-stoff-Substanz %	Fett %	Zucker + Dextrin %	Sonstige stickstfr. Extraktst. %	Roh-faser %	Asche %	In der Trocken-Substanz: Stick-stoff-Substanz %	Stickstoff-freie Ex-traktstoffe %	Stickstoff in der Trocken-Substanz %	Analytiker
	Dari-Brot.												
1	Aus 1/3 Dari-*) und 2/3 Roggenmehl . .	1892	37,43	7,53	1,78	7,04 **)	41,60	1,94	2,68	12,03	77,74	1,92	*Vers.-Stat. Münster* ¹)
2	Aus 1/2 Dari-*) und 1/2 Roggenmehl . .	„	39,42	7,15	2,84	5,80 **)	41,01	1,81	1,97	11,80	77,27	1,89	
	Caprivi-Brot.												
3	Aus 60 Thln. Roggen-, 40 Thln. Weizen- und 10 Thln. Maismehl mit 15 % Kleieauszug . .	1892	33,27	9,44	2,67	9,17 **)	42,73	1,63	1,09	14,14	77,78	2,26	*Vers.-Stat. Münster* ¹)
	Kleie-Brote.										+ Rohfaser		Chlornatr. i. d. ursprüngl. Substanz %
1	Fromm's Kleiebrot, 1/2 Roggen, 1/2 Weizen	$18\frac{91}{92}$	35,04	5,95	0,85	55,98			2,18	9,15	86,18	1,47	—
2	desgl., 2/3 Roggen, 1/3 Weizen	„	36,34	5,81	0,67	55,12			2,06	9,13	86,87	1,46	—
3	Lampe's Kleiebrot . .	„	42,23	5,65	0,20	50,77			1,15	9,78	87,88	1,56	0,12
4	Bernegau's Kleiebrot aus 100 Thln. Handelsroggenmehl u. 15 Thln. Kleie	„	23,75	7,35	1,73	65,34			1,84	9,63	85,69	1,54	0,57
5	Brot aus feinvermahlener Handelskleie . . .	„	43,00	8,73	1,49	43,16			3,62	15,31	75,73	2,45	1,00
6	desgl.	„	41,46	9,58	1,43	44,46			3,07	14,66	77,65	2,35	0,51 *Plagge und Lebbin* ²)
	Mittel	—	**36,97**	**7,11**	**1,06**	**52,54**			**2,32**	**11,28**	**83,33**	**1,80**	**0,44**
	Sonstige Brote.										+ Rohfaser		
1	Brot aus Mischmehl von 2/3 Roggenmehl (15 %***) und 1/3 Weizenmehl (5 %***) und 10 % Kartoffelstärke	$18\frac{91}{92}$	38,07	7,05	0,20	53,19			1,49	11,38	85,89	1,82	0,63
2	desgl. 15 % Kartoffelstärke	„	35,56	6,95	0,22	55,93			1,34	10,79	86,79	1,73	0,66
3	desgl. 20 % Kartoffelstärke	„	39,61	6,11	0,16	52,95			1,17	10,11	87,68	1,62	0,45 *Plagge und Lebbin* ²)

¹) Original-Mittheilung.
²) Veröffentl. aus dem Gebiete des Militär-Sanitätswesens 1897, **12**, 197.

*) Ueber die Zusammensetzung des Darimehles, aus dem die Brote hergestellt wurden siehe oben S. 634 unter Hirsenmehle.
**) Mit Zucker (Dextrose) No. 1: 5,05 %, No. 2: 3,78 %, No. 3: 6,78 %.
***) Diese Zahlen bezeichnen die Menge des Kleie-Auszuges der betreffenden Mehle.

No.	Nähere Bezeichnung	Zeit der Untersuchung	In der ursprünglichen Substanz: Wasser %	Stickstoff-Substanz %	Fett %	Zucker + Dextrin %	Sonstige stickstfr. Extraktst. %	Rohfaser %	Asche %	In der Trocken-Substanz: Stickstoff-Substanz %	Stickstofffreie Extraktstoffe %	Stickstoff in der Trocken-Substanz %	Chlornatr. i. d. ursprüngl. Substanz %	Analytiker
4	Brot aus 8 Thln. Roggenmehl und 1 Thl. Bohnenmehl*)	18 90/92	37,36	8,31	0,35	52,00		0,82	0,89	13,26	83,02	2,12	—	*Th. Dietrich*[1])
5	Degener's Kraftbrot, aus Cerealien- und Leguminosenmehl	1892	30,75	11,27	0 28	14,49 **)	38,90	1,57	2,74	16,27	77,11	2,60	—	*Vers.-St. Münster*[2])
6	Degener's Kraftbrot, aus Cerealien- und Leguminosenmehl eingeteigt mit Braunschweiger Mumme	18 91/92	22,99	11,23	0,35		62,19		3,24	14,59	—	2,33	0,36	*Plagge u. Lebbin*[3])
7	Brot aus Weizenmehl und Milchpulver aus Melle	1893	32,79	17,70	6,61	Zucker 8,88	29,85		4,17	26,35	44,41	4,22	—	*Vers.-St. Münster*[2])
8	Wächter's Leichtnährbrot von B. Plester in Münster i. W. . . .	1894	36,23	9,11	0,30	4,20 **)	47,90	1,23	1,03 ***)	14,29	75,11	2,29		*Vers.-Stat. Münster*[5])
9	Disqué's verbessertes Schrotbrot von Joh. Lenk in Chemnitz	1895	34,29	8,26	0,26	5,52 **)	48,46	1,33	1,88	12,57	73,75	2,01		*Vers.-Stat. Münster*[5])
10	Disqué's verbessertes Schrotbrot von Joh. Lenk in Chemnitz	1896	29,35	6,36	0,72	2,71 **)	57,34	1,20	2,32	9,00	81,16	1,44		*Vers.-Stat. Münster*[5])
11	Steinmetz-Brote von Arthur Gebhard in Herrenmühle bei Sagan: Kraftbrot[0]) .	1897	38,51	7,41	0,34	11,89 **)	38,40	1,25	1,43	12,06	81,80	1,93		*Vers.-Stat. Münster*[5])
12	Steinmetz-Brote von Arthur Gebhard in Herrenmühle bei Sagan: Weizendiätbrot[0]) .	„	35,23	8,98	0,34	12,64 **)	39,43	1,13	1,52	13,87	80,38	2,22		*Vers.-Stat. Münster*[5])
13	Asiatisches Brot aus der „chinesischen Bohne"[00])	1894	32,70	16,16	32,36	2,76	10,79 [00])	1,88	3,53 [00])	24,01	20,13	3,84		*A. M. Vilon*[4])
14	desgl. von Ledeuil in Baune	„	45,00	20,17	9,35		24,62		0,86	36,67	—	5,87		*A. M. Vilon*[4])
15	Peptonbrot	—	39,41	7,64 [000])	0,37	19,80	28,99	0,76	4,03 †)	12,69	80,52	2,03		*L. Mayer*[5])

H. Weiske (Landw. Vers.-Stat. 1894, **43**, 451) stellte Versuche an mit Broten aus Roggenmehl, entbittertem Lupinenmehl und Kartoffelstärke. Ueber die Zusammensetzung der Lupinen-

[1]) Bericht der landw. Versuchsstation Marburg für 1890—1892; Zeitschr. Nahrungsm., Hygiene und Waarenkunde 1894, **8**, 77.
[2]) Original-Mittheilung.
[3]) Veröffentl. aus dem Gebiete des Militär-Sanitätswesens 1897, **12**, 197.
[4]) Chem Centralbl. 1894, II, 162 und Zeitschr. Nahrungsm., Hygiene und Waarenk. 1894, **8**, 174.
[5]) Jahresber. Agrik.-Chem. 1881, [NF], **4**, 426.

*) Das Brot enthielt ferner 8,04 % Reineiweiss und 0,27 % Sand. Von der Stickstoff-Substanz waren 86,5 % verdaulich.
**) Mit Zucker (Dextrose) No. 5: 3,42 %, No. 8: 2,10 %, No. 9: 2,92 %, No. 10: 0,56 %, No. 11: 2,80 %, No. 12: 2,63 %.
***) Mit 0,19 % Kalk und 0,32 % Phosphorsäure.
[0]) Das Kraftbrot enthielt 0,77 %, das Weizendiätbrot 0,73 % Milchsäure.
[00]) Von der Stickstoff-Substanz waren 15,01 % verdaulich. Das Brot enthielt ferner 8,71 % Stärke und 0,73 % Phosphorsäure.
[000]) Davon waren 2,73 % Pepton.
†) Mit 1,15 % Sand.

körner und Mehle vergl. oben S. 595 und S. 638. Die aus den Mehlgemischen hergestellten Brote hatten folgende Zusammensetzung:

Zusammensetzung des zur Herstellung des Brotes verwendeten Mehles			Wasser %	In der Trocken-Substanz: Stickstoff-Substanz %	Fett %	Stickstofffreie Extraktstoffe %	Rohfaser %	Asche %
Reines Roggenmehl			37,33	9,25	0,14	89,28	0,12	1,21
Roggenmehl	Kartoffelstärke	Lupinenmehl						
2 Theile	3 Theile	1 Theil	41,05	11,94	0,35	86,18	0,11	1,42
3 „	2 „	1 „	35,45	13,81	0,43	83,60	0,11	2,05
5 „	—	1 „	35,89	16,06	0,38	81,51	0,11	1,94
1 „	1 „	1 „	42,08	18,88	0,70	78,65	0,22	1,55
2 „	—	1 „	41,68	21,69	0,65	75,63	0,22	1,81

Infolge der gelben Farbe des Lupinenmehles hatten die Lupinenbrote eine mehr oder minder stark hervortretende gelbliche Färbung.

Hungersnothbrote.

No.	Nähere Bezeichnung	Zeit der Untersuchung	In der ursprünglichen Substanz: Wasser %	Stickstoff-Substanz %	Fett %	Zucker %	Sonstige stickstfr. Extraktst. %	Rohfaser %	Asche %	In der Trocken-Substanz: Stickstoff-Substanz %	Stickstofffreie Extraktstoffe %	Stickstoff in der Trocken-Substanz %	Analytiker
1	Russisches Hungersnothbrot aus Chenopodium murale	1893	9,76	11,79	3,79	36,52		15,06	23,08	13,07	40,47	2,09	*Virchow und Salkowski* [1])
2	Hungersnothbrot aus dem Tulsker Gouvernement*)	?	49,74	15,79	2,40	Säure (= Essigsäure) 1,524	13,27	12,10	*) 5,18	31,42	27,23	5,03	*Erismann* [2])
3	desgl.	1894	4,18	15,13 **)	3,27	51,19		12,28	13,95	15,79	53,42	2,53	*K. Halpern* [2])
4	Kroatisches Hungersnothbrot***) . . .	1882	35,73	7,39	0,41	Zucker 1,58	46,33	9,05	1,09	11,49	72,08	1,84	*G. Janecek* [3])
5	Landesübliches Kukuruzbrot (frisch)***) . .	„	53,63	5,86	1,36	0,70	34,35	3,91	0,89	12,64	74,08	2,02	
	Russische Hungersnothbrote:												
6	Aus Spreu von Roggen, Hafer und Buchweizen nebst rothem Gras .	$18\frac{91}{92}$	—	In der Trocken-Substanz: 10,25	0,94	36,55		32,05	20,21	10,25	36,55	1,64	*R. Rouma* [3])

[1]) Virchow's Archiv 1892, **130**, 529; Chem. Centralbl. 1893, I, 168.

[2]) Mitgetheilt von K. Halpern in den Berichten des physiol. Labor. und der Versuchsanstalt des Landw. Instituts Halle a. S. 1894, **II**, 66.

[3]) Zeitschr. Nahrunsgm.-Unters., Hygiene, Waarenk. 1893, **7**, 168.

*) Das Brot war hergestellt aus 75 % Chenopodium und 25 % eines Gemisches aus Roggenkleie und Polygonum convolvulus. Dasselbe hatte eine schwarze Farbe, zerfiel sehr leicht und fühlte sich feucht an; es besass einen säuerlichen, widerlichen, bitteren Geschmack und knirschte zwischen den Zähnen. Von der Asche waren 1,556 % in Wasser löslich und 1,100 % Sand.

**) Von der Stickstoff-Substanz waren 14,04 % Reineiweiss.

***) Das nach 10-tägiger Aufbewahrung untersuchte Hungersnothbrot bestand aus Roggen, Maismehl und in Wasser aufgeweichtem Buchenholzmehle. Janecek fand ferner:

	Zucker + Dextrin	Sonstige stickstofffreie Extraktstoffe: wasserlöslich	unlöslich	Säure (Milchsäure)	Chlornatrium	Sand + Thon
Hungersnothbrot .	4,50 %	5,76 %	31,50 %	2,34 %	0,41 %	0,24 %
Kukuruzbrot . .	4,66 „	4,40 „	24,10 „	Spuren	0,43 „	0,06 „

No.	Nähere Bezeichnung	Zeit der Untersuchung	In der Trocken-Substanz: Wasser %	Stick-stoff-Substanz %	Fett %	Zucker %	Sonstige stickstfr. Extraktst. %	Roh-faser %	Asche %	In der Trocken-Substanz: Stick-stoff-Substanz %	Stickstoff-freie Extraktstoffe %	Stickstoff in der Trocken-Substanz %	Analytiker
7	Aus Chenopodium viride	18 91/92	—	11,30	3,89		42,95	25,72	16,14	11,30	42,95	1,81	
8	Aus Roggenmehl, Chenopodium u. Kartoffeln	„	—	15,35	2,27		58,31	16,46	7,61	15,35	58,31	2,46	
9	Aus Roggenmehl, Chenopodium u. rothem Gras	„	—	13,75	1,10		45,59	26,31	13,25	13,75	45,59	2,20	*R. Rouma* [1])
10	Aus 1/8 Roggenmehl, 3/4 Chenopodium, 1/8 Kartoffeln . .	„	—	15,30	2,18		46,89	27,34	8,09	15,30	46,89	2,45	
11	Gewöhnliches russisches Bauernbrot	„	—	12,75	1,12		78,86	2,71	2,63	12,75	78,86	2,04	
	Hungersnothbrote aus Samara.		In der ursprünglichen Substanz										
12	Bauernbrot aus Samara .	1899	5,86	17,31	2,00		27,55	44,12	3,16	18,39	29,26	2,94	
13	Mehl von Bauern aus Bugulma	„	6,54	9,78	3,80		68,35	10,23	1,30	10,47	73,13	1,68	*Vers.-Stat. Münster* [2])
14	desgl., bestehend aus Atriplex hortensis . . .	„	6,46	17,28	5,88		53,41	15,02	1,95	18,47	57,10	2,96	

Schwedische Brotsorten.

No.	Nähere Bezeichnung	Zeit der Untersuchung	Wasser %	Stick-stoff-Substanz %	Fett %	Zucker %	Sonstige stickstfr. Extraktst. %	Roh-faser %	Asche %	In der Trocken-Substanz: Stick-stoff-Substanz %	Stickstoff-freie Extraktstoffe %	Stickstoff in der Trocken-Substanz %	Analytiker
1	Hafer-Roggenbrot, 2 Hafer + 1 Roggen .		9,4	6,77	—	—	—	6,7	3,33	7,50	—	1,20	
2	Roggen-Blutbrot . . .		11.8	9,58	—	—	—	2,50	2,57	10,88	—	1,74	
3	Rindenbrot*)		6,8	5,77	—	—	—	17,3	7,17	6,19	—	0,99	*Dietrich* [3])
4	Strohbrot**)		10,1	4,98	—	—	—	23,4	8,83	5,56	—	0,89	
5	Sauerampferbrot***) . .		7,8	5,25	—	—	—	22,2	6,66	5,69	—	0,91	
6	Knochenmehlbrot⁰) . .		8,0	11,16	—	—	—	9,4	28,33	12,13	—	1,94	
							Stärke	Dextrin etc.					
7	Speisebrot der Arbeiter in Stockholm . . .	In den 50-er Jahren	12.00	10,05	1,60	3,10	65,41	6,92	—	11,44	—	1,83	
8	Feines Brot aus Gerste, Weizen, Roggen (Norra-Angermanland) . . .		10,83	9,13	2,90	3,70	60,94	12,20	—	10,31	—	1,65	
9	Gewöhnliches, kleiehaltiges Brot, ebendaher .		11,50	7,19	0,70	2,50	64,26	13,62	—	8,13	—	1,30	
10	Gewöhnl. Brot aus Gerste und Roggen, ebendaher		11,65	6,78	2,10	3,00	61,85	14,40	—	7,69	—	1,23	
11	Knochenbrot		12,00	10,06	1,40	5,50	61,86	11,75	—	11,44	—	1,83	*v. Bibra* [3])
12	desgl.		10,00	10,97	—	—	—	8,66?	—	12,19	—	1,95	
13	Rindenbrot⁰⁰) aus Norra-Angermanland) . . .		13,00	4,35	6,30	4,50	—	6,20	—	5,00	—	0,80	
14	Rindenbrot von Elfdahl (Darlekarlien) . . .		12,00	4,53	—	—	—	7,23?	—	5,13	—	0,82	
15	Hungersnothbrot⁰⁰⁰) . .		13,33	9,14	—	—	—	3,43	—	10,56	—	1,69	

[1]) Zeitschr. Nahrungsmittel-Unters., Hygiene, Waarenk. 1893, **7**, 163.
[2]) Original-Mittheilung.
[3]) v. Bibra, Die Getreidearten und das Brot 1861, 436 und 463—472.

*) Kiefer-Rinde und Mehl.
**) Stroh (Hafer und Gerste-Aehren) und etwas Mehl.
***) Sommerampfersamen mit Waldkräutern, Hefe und Salz.

⁰) Knochenmehl und Hafermehl.
⁰⁰) Föhrenrinde und Roggen.
⁰⁰⁰) Aus Stroh und Rinde.

Armee-Fleischzwieback und Ersatzzwiebacke für denselben mit Aleuronat, Erdnussgrütze, Haselnussmehl etc.

Nach Untersuchungen von Lott; mitgetheilt von Plagge und Lebbin (Veröffentlichungen aus dem Gebiete des Militär-Sanitätswesens 1897, 12, 199—203).

No.	Nähere Bezeichnung	In der ursprünglichen Substanz: Wasser %	Stickstoff-Substanz %	Fett %	Stickstofffreie Extraktst. + Rohfaser %	Asche %	Chlornatrium %	In der Trocken-Substanz: Stickstoff-Substanz %	Stickstofffreie Extraktst. + Rohfaser %	Stickstoff in der Trocken-Substanz %
1	Vorschriftsmässiger Armee-Fleischzwieback*)	2,74	24,89	5,37	64,69	2,31	0,69	25,59	66,51	4,09
2	Aleuronat-Kraftzwieback**)	7,10	21,49	2,81	66,57	2,03	0,46	23,19	71,59	3,61
3	Militär-Schrotzwieback von Fromm in Dresden, No. 1	4,80	19,99	12,92	59,64	2,65	—	21,00	62,66	3,36
4	desgl., No. 2	5,50	16,87	9,06	65,67	2,90	—	17,85	69,45	2,86
5	Dr. Jervell's Milch-Albuminatzwieback der Fabrik Heureka in Schweden	8,04	22,99	7,62	57,37	3,98	1,03	25,00	62,38	4,00
	Versuchszwieback mit Erdnussgrütze.									
6	Kraftzwieback; 1/3 des Fleisches durch Erdnussgrütze ersetzt***)	7,03	21,66	6,84	59,72	2,75	0,55	23,30	66,41	3,73
7	2/3 desgl.°)	7,55	20,32	7,83	61,84	2,46	0,38	21,98	66,88	3,52
8	das ganze Fleisch durch Erdnussgrütze ersetzt°°)	2,75	18,83	5,29	70,74	2,39	0,38	19,36	72,73	3,10
9	wie No. 6 } aber mit gedörrter statt gerösteter Erdnussgrütze	8,12	22,51	7,97	59,16	2,24	0,64	24,50	64,39	3,92
10	wie No. 7 } aber mit gedörrter statt gerösteter Erdnussgrütze	6,18	23,81	9,01	57,52	2,48	0,77	25,38	61,24	4,06
11	wie No. 8 } aber mit gedörrter statt gerösteter Erdnussgrütze	7,37	17,49	3,12	69,68	2,34	0,47	18,88	75,44	3,02
	Versuchszwieback mit Haselnussmehl.°°°)									
12	1/3 W.-Mehl, 2/3 W.-Kunstmehl aus Magdeburg (mit 10 % Haselnussmehl)	5,86	11,01	5,08	76,27	1,78	0,37	11,70	81,01	1,87
13	desgl. aus Berlin (mit 10 % Haselnussmehl)	6,88	9,98	5,52	74,88	2,74	0,98	10,72	80,41	1,72
14	1/3 W.-Mehl (5 %)°°°), 2/3 R.-Mehl (15 %) (mit 10 % Haselnussmehl)	7,64	10,50	3,60	76,47	1,79	0,34	11,38	82,78	1,82
15	2/3 W.-Kunstmehl, 1/3 Roggen-Kunstmehl (mit 10 % Haselnussmehl)	6,86	10,69	3,22	76,68	2,55	0,93	11,48	82,32	1,84
16	1/2 W.-Mehl, 1/2 R.-Mehl (mit 10 % Haselnussmehl)	7,52	11,13	5,49	73,12	2,74	0,92	12,03	79,07	1,92

*) Zu 100 kg Zwieback sind erforderlich: 80,830 kg Weizenmehl, 88,580 kg gehacktes, fett- und sehnenfreies Fleisch, 5,540 kg Speckfett, 1,120 kg Salz, 0,120 kg Kümmel, 2,210 kg Hefe, 8,880 kg Wasser.

**) 1/3 des Fleisches von No. 1 ist durch Aleuronat ersetzt. Der Zwieback besteht aus 140 kg Weizenzwiebacksmehl, 25 kg Aleuronat, 50 kg gehacktem Rindfleisch, 36 kg Wasser, 5 kg Speckfett, 2,5 kg Hefe, 2,0 kg Salz, 0,8 kg Kümmel.

***) Zu 2 kg Zwieback sind erforderlich: 1,181 kg Fleisch, 0,197 kg geröstete Erdnussgrütze, 0,111 kg Speckfett, 22,5 g Salz, 2,5 g Kümmel, 44 g Hefe, 0,5 g Wasser und 1,617 kg Weizenzwiebacksmehl.

°) Zu 2 kg Zwieback sind erforderlich: 0,591 kg Fleisch, 0,394 kg geröstete Erdnussgrütze, sonst wie No. 6. Vergleiche Anmerkung ***).

°°) Zu 2 kg Zwieback sind erforderlich: 1,200 kg Weizenzwiebacksmehl, 0,400 kg geröstete Erdnussgrütze, 0,120 kg Zucker, 0.500 kg Wasser, 15 g Salz.

°°°) Ausser den nachstehend angegebenen Bestandtheilen waren zur Darstellung Salz und Hefe verwendet. Die Buchstaben W und R bedeuten Roggen und Weizen. Die hinter den Mehlen eingeklammerten Procentzahlen z. B. (5 %) bedeuten den Kleieauszug der betr. Mehle.

No.	Nähere Bezeichnung		In der ursprünglichen Substanz: Wasser %	Stickstoff-Substanz %	Fett %	Stickstofffreie Extraktst. + Rohfaser %	Asche %	Chlornatrium %	In der Trocken-Substanz: Stickstoff-Substanz %	Stickstofffreie Extraktst. + Rohfaser %	Stickstoff in der Trocken-Substanz %
17	Wie No. 12; 100 g Hefe mit 500 g Wasser und dem Kunstmehl angestellt, W.-Mehl gebrüht	Mit 10 % Haselnussmehl	6,90	11,63	5,19	73,51	2,77	0,88	12,49	78,97	2,00
18	90 % W.-Kunstmehl aus Berlin		6,43	12,48	5,10	73,77	2,22	0,81	13,34	78,84	2,13
19	desgl., aber mit Magermilch statt Wasser		6,73	13,37	3,99	73,79	2,12	0,75	14,34	79,11	2,29
20	2/3 W.-Kunstmehl, 1/3 gewöhnliches W.-Mehl		6,95	11,94	5,42	73,74	1,95	0,41	12,83	79,25	2,05
21	desgl., aber mit Magermilch statt Wasser		6,57	13,06	5,43	72,30	2,64	0,50	13,98	77,38	2,24
22	80 % Mischmehl wie bei No. 21, 10 % Roggenschrot		6,45	12,28	5,47	73,36	2,44	0,57	13,13	78,41	2,10
23	desgl., aber mit Magermilch statt Wasser		7,70	13,13	3,07	73,27	2,83	0,78	14,22	79,38	2,28
24	Wie No. 22, aber mit Ingwerzusatz		6,92	12,02	2,65	76,37	2,04	0,44	12,91	82,06	2,07
25	Wie No. 23, aber mit Ingwerzusatz		7,00	13,02	2,47	75,34	2,17	0,50	14,00	81,00	2,24
26	Mehl wie bei No. 12, aber mit Magermilch statt Wasser	mit 15 % Haselnussmehl	6,00	12,33	9,68	68,96	3,03	0,94	13,12	73,36	2,10
27	85 % W.-Kunstmehl		5,80	12,37	7,69	71,66	2,48	0,70	13,13	76,08	2,10
28	desgl., aber mit Magermilch statt Wasser		6,34	12,91	8,58	69,69	2,48	0.69	13,78	74,41	2,20
29	Wie No. 27, aber ohne Hefe		5.80	11,95	8,42	71,13	2,70	0.92	12,69	75,61	2,03
30	Dauerzwieback von Fromm in Dresden*)		8,02	16,95	5,80	66,62	2,84	0,89	18,38	72,25	2,94
31	Opulenta von demselben*)		7,79	17,50	7,53	63,07	3,88	2,11	19,03	68,56	3,04
32	Bernegau's Feldzwieback**)		6,82	9,37	5,01	77,55	1,25	0,21	10,06	83,21	1,61
33	Armee-Konservenbrot***) von Flörken in Mayen		16,00	10,19	4,48	60,28	9,05	6,88	12,13	71,77	1,94
34	Armee-Gemüsezwieback 0) von demselben		14,50	12,88	3,98	60,50	8,14	7,00	15,06	70,77	2,41
35	Repas concentré von J. N. Knorpp in Paris		4,38	27,30	2,02	56,39	9,91	4,49	28,55	58,98	4,57
36	Koncentrirte Nahrung von Altgelt in Crefeld (Milch, Mehl, Zucker, Salz und Kakao enthaltend) 00) I		6,90	16,23	11,18	60,60	5,09	2,57	17,43	65,09	2,79
37	desgl. II		4,40	16,34	10,80	64,47	3,99	—	17,19	67,44	2,75
38	Wie No. 36, aber mit Zusatz von gepulvertem Rindfleisch vor dem Backen		3,50	17,07	10,74	63,77	4,92	—	17,69	66,08	2,83
39	Wie No. 36, aber mit präparirtem Puder-Kakao anstatt Kakaobutter		4.40	16,73	9,09	65,14	4,64	—	17,50	68,14	2,80

*) Bestandtheile unbekannt; No. 30 angeblich 1 Jahr alt.

**) Auf 100 kg Weizenmehl kommen 10 kg Erbsen-, Bohnen- oder Kartoffelmehl, 1,5 kg Hefe oder 0,175 kg Hirschhornsalz, 4 kg flüssiges Zwiebacksfett (Gewürzte Mischung aus 700 Thln. Rinderfett und 300 Thln. Schweineschmalz) und 25 kg Dextrosaccharatextrakt (Lösung von Dextrin und Glucose [Stärkesyrup? Verf.].)

***) Angeblich im Vacuum mit frischem Gemüse hergestellt.

0) Aus feinstem Carne-pura-Fleischextrakt, Leguminosen und Cerealienmehl sowie Trockengemüsen hergestellt.

00) Die Milch wurde eingedickt und mit dem Mehle etc. verbacken. Das Backwerk wurde getrocknet, gepulvert und mit der Kakaobutter hydraulisch zusammengepresst.

Sonstige Zwiebacke.

No.	Nähere Bezeichnung	Zeit der Untersuchung	In der ursprünglichen Substanz: Wasser %	Stickstoff-Substanz %	Fett %	Stickstofffreie Extraktstoffe %	Rohfaser %	Asche %	In der Trocken-Substanz: Stickstoff-Substanz %	Stickstofffreie Extraktstoffe %	Stickstoff in der Trocken-Substanz %	Analytiker
1	1/4 Mehl und 3/4 Milchpulver	1893	8,84	14,04	1,18	71,35	2,09	2,50	15,40	78,27	2,46	*Vers.-Stat. Münster* [1])
2	Gesundheitszwieback . . .	1897	7,47	11,04	4,62	76,01 *)	0,09	0,77	11,93	82,15	1,91	*M. Mansfeld* [2])
3	Zwieback	„	11,55	10,72	3,46	70,90 *)	0,13	3,24	12,12	80,16	1,94	*M. Mansfeld* [2])

Zuckerbäckerei-Waaren.

No.	Nähere Bezeichnung	Zeit der Untersuchung	In der ursprünglichen Substanz: Wasser %	Stickstoff-Substanz %	Fett %	Zucker %	Sonstige stickstofffr. Extraktst. %	Rohfaser %	Asche %	In der Trocken-Substanz: Stickstoff-Substanz %	Zucker %	Stickstoff in der Trocken-Substanz %	Analytiker
	Honigkuchen.												
1	Lebkuchen	1877	7,27	3,98	3,57	36,47	46,63	0,66	1,51	4,25	39,33	0,68	*J. König und C. Krauch* [1])
2	Pfeffernüsse**) . . .	1879	5,01	6,81	0,63	44,86	40,29	0,42	1,98	7,19	47,12	1,15	*J. König und C. Krauch* [1])
3	Lippstädter Schützenkuchen***)	1897	17,19	6,45	0,68	29,93 ***)	42,36	1,55	1,84	7,79	36,14	1,25	*Vers.-Stat. Münster* [1])
4	Dicker Honigkuchen .	1892	14,64	6,30	2,75	35,72 [0])	38,79	0,51	1,29	7,38	41,87	1,18	*J. König* [3])
5	Halbdicker Honigkuchen	„	13,77	6,61	2,08	34,93 [0])	40,89	0,40	1,32	7,67	40,51	1,23	*J. König* [3])
6	Kleine Krinolinkuchen (mit Zuckerzusatz und Ueberguss)	„	10,39	6,90	0,85	38,91 [0])	41,50	0,41	1,04	7,70	43,42	1,23	*J. König* [3])
7	Holländischer Honigkuchen, gefüllter[00]) .	„	16,16	7,43	4,89	36,98 [0])	32,02	1,33	1,19	8,86	44,11	1,42	*J. König* [3])
8	Pumpernickel-Kakes[00]) .	„	7,03	6,77	3,39	40,19 [0])	41,03	0,93	0,66	7,28	43,23	1,16	*J. König* [3])

[1]) Original-Mittheilung.
[2]) Zeitschr. allgem. österr. Apoth.-Verein 1897, **51**, 637; Vierteljahresschr. Nahrungs- und Genussm. 1897, **12**, 441.
[3]) Bericht über die Dauerwaaren auf der Ausstellung der Deutschen Landw. Gesellschaft in Bremen 1892. Jahrbuch d. Deutsch. Landw. Gesellschaft 1892, 233.

*) M. Mausfeld fand ferner:
No. 2 Gesundheitszwieback . 14,42 % lösl. stickstofff. Extraktstoffe (Zucker) und 52,80 % unlösl. stickstofff. Extraktstoffe.
No. 3 Zwieback . . . . . 22,78 „ „ „ „ „ „ 45,24 „ „ „ „

**) Aus Mehl, Zucker und Honig hergestellt mit 24,73 % Traubenzucker.

***) Aus Weizenmehl, Honig und Gewürz hergestellt mit 27,04 % Invertzucker und 2,89 % Rohrzucker.

[0]) Von dem Zucker war:

	No. 4	No. 5	No. 6	No. 7	No. 8
Rohrzucker . . .	17,40 %	14,63 %	29,43 %	17,10 %	24,19 %

[00]) Die gefüllten sog. holländischen Honigkuchen werden hergestellt mit Zusatz von Honig, Zucker, Succade und Mandeln. Die Pumpernickel-Kakes bestehen aus Haidehonig, Zucker, Mehl, Mandeln und Gewürz.

Anhang zu Brot.

Wasser-, Asche- und Säuregehalt des Brotes.

1. Ueber den Wasser- und Aschengehalt der in Breslau in den städtischen Anstalten verzehrten Brote stellte B. Fischer umfangreiche Untersuchungen an (Jahresbericht des chemischen Untersuchungsamtes der Stadt Breslau, April 1889/90 S. 8; 1890/91 S. 23; 1891/92 S. 6 und 7; 1892/93 S. 17 und 1893/94 S. 23), deren Ergebniss folgendes war:

Nähere Bezeichnung		Rinde in Procenten des Brotes	Wasser			Asche		
			in der Rinde	in der Krume	in dem ganzen Brote	in der Rinde	in der Krume	in dem ganzen Brote
		%	%	%	%	%	%	%
Graubrot (Roggenbrot)								
25 Proben 1889/90	Mittel	27,6	23,63	44,18	38,76	0,88	0,60	0,67
	Schwankungen	20,0—36,0	19,16—25,47	41,89—49,10	33,79—44,88	0,52—2,07	0,38—0,98	0,42—1,08
24 „ 1890/91	Mittel	25,2	21,83	43,40	38,40	0,80	0,60	0,65
	Schwankungen	17,0—39,0	19,50—24,11	38,77—48,11	34,15—43,82	0,56—1,42	0,41—1,20	0,43—1,25
30 „ 1891/92	Mittel	20,9	20,80	43,80	38,63	0,93	0,67	0,74
	Schwankungen	15,0—26,0	17,15—24,62	40,50—50,27	34,96—45,29	0,62—1,65	0,42—1,21	0,47—1,41
27 „ 1892/93	Mittel	18,8	20,01	42,70	38,17	0,96	0,69	0,74
	Schwankungen	14,0—27,0	16,28—24,92	36,98—47,37	34,14—41,84	0,56—1,52	0,39—1,15	0,43—1,24
38 „ 1893/94	Mittel	17,7	—	—	38,5	—	—	0,67
	Schwankungen	12,4—24,0	—	—	35,1—41,8	—	—	0,40—1,10
Schwarzbrot								
3 Proben 1889/90	Mittel	29,7	26,33	49,82	43,59	1,91	1,39	1,53
	Schwankungen	28,0—31,0	25,43—26,97	48,15—51,38	43,18—43,92	1,83—2,03	1,29—1,47	1,54—1,60
4 „ 1890/91	Mittel	21,5	23,08	47,54	42,67	1,83	1,28	1,39
	Schwankungen	19,0—23,0	21,53—24,72	46,47—49,45	41,28—44,48	1,65—2,06	1,20—1,42	1,28—1,55
3 „ 1891/92	Mittel	14,3	21,47	47,97	44,03	1,73	1,18	1,26
	Schwankungen	12,0—16,0	19,05—23,29	46,52—48,94	43,66—44,29	1,60—1,94	1,16—1,24	1,21—1,33
2 „ 1892/93	Mittel	16,0	20,29	46,59	40 96	2,07	1,42	1,57
	Schwankungen	13,0—19,0	19,59—20,98	45,97—47,21	40,62—41,30	1,90—2,24	1,28—1,55	1,39—1,75
4 (3) „ 1893/94	Mittel	(3) 16,1	—	—	40,30	—	—	1,30
	Schwankungen	13,3—17,6	—	—	38,7—41,4	—	—	1,1—1,5
Semmel		Gewicht d. Semmel g						
6 Proben 1889/90	Mittel	79	—	—	28,52	—	—	1,33
	Schwankungen	74—84	—	—	22,98—33,06	—	—	0,99—1,62
4 „ 1890/91	Mittel	78,8	—	—	29,98	—	—	1,37
	Schwankungen	73—89	—	—	27,59—32,26	—	—	0,99—1,63
7 „ 1891/92	Mittel	73,7	—	—	29,02	—	—	1,38
	Schwankungen	68—82	—	—	26,89—31,17	—	—	1,18—1,66
4 „ 1892/93	Mittel	81,8	—	—	30,60	—	—	1,46
	Schwankungen	68—96	—	—	29,28—32,86	—	—	0,94—1,54
10 „ 1893/94	Mittel	—	—	—	31,2	—	—	1,3
	Schwankungen	—	—	—	27,9—33,7	—	—	1,0—1,6

Für die nicht vollständig ausgebackenen Graubrote unter den vorstehenden wurden folgende Zahlen gefunden:

Nähere Bezeichnung		Rinde in Procenten des Brotes	Wasser			Asche		
			in der Rinde	in der Krume	in dem ganzen Brote	in der Rinde	in der Krume	in dem ganzen Brote
		%	%	%	%	%	%	%
Nicht vollständig ausgebackene Graubrote aus dem Jahre	1889 . . .	27	21,78	44,81	39,75	0,57	0,43	0,48
	1890 . . .	39	22,99	47,69	37,75	1,14	0,82	0,95
	1890 . . .	17	26,99	46,95	43,82	0,70	0,54	0,55
	1891 . . .	19	23,89	48,11	43,37	1,22	0,88	0,93
	1891 . . .	17	24,16	47,47	42,25	1,11	0,78	0,85
	1891 . . .	23	22,22	46,69	40,98	0,90	0,64	0,70
	1891 . . .	19	23,83	50,27	45,29	1,29	0,95	1,04
	1892 . . .	20	21,25	44,71	39,45	0,89	0,63	0,69
	1892 . . .	15	24,15	45,67	41,03	1,18	0,86	0,95
	1892 . . .	15	22,34	43,49	38,43	1,08	0,54	0,60
	1892 . . .	16	21,17	43,75	38,65	0,74	0,49	0,52
	1892 . . .	16	18,44	42,41	39,06	1,48	1,14	1,19

Anmerkung. Bei den vorstehenden Untersuchungen wurde zunächst das Gesammtgewicht der Brote festgestellt, dann ein Theil abgetrennt und von diesem das Gewicht von Rinde und Krume festgestellt. Die Wasser-Bestimmung in Rinde und Krume wurde durch Trocknen bei 110° bis zum gleichbleibenden Gewichte ausgeführt; der hierbei erhaltene Rückstand wurde zur Aschenbestimmung verwendet.

2. B. Kohlmann (Apoth.-Ztg. 1894; Zeitschr. angew. Chem. 1895, 118) fand für den Wasser-, Asche- und Säuregehalt von 15 Roggenbroten aus Leipzig (?) folgende Zahlen:

Nähere Bezeichnung	Rinde in Procenten des Brotes	Wasser			Mineralstoffe			Säure (Milchsäure) in der Rinde
		in der Rinde	in der Krume	in dem ganzen Brote	in der Rinde	in der Krume	in dem ganzen Brote	
	%	%	%	%	%	%	%	%
Mittel	27,30	19,00	46,58	39,23	0,67	0,502	0,545	0,444
Schwankungen	20,89—35,33	15,84—22,83	43,54—49,56	36,33—42,21	0,51—0,83	0,415—0,564	0,434—0,636	0,371—0,502

3. M. Holz (Apoth.-Ztg. 1895, 10, 294; Vierteljahreschr. Nahrungs- und Genussmittel 1895, 10, 264) fand für das in Metz verbrauchte Brot im Mittel für:

Roggenbrot	22,28	21,10	46,48	40,74	1,76	1,30	1,39	0,74
Brot aus ⅔ Roggen- und ⅓ Weizenmehl . . .	23,64	18,24	42,40	36,70	1,56	1,10	1,21	0,61
Weizenbrot, ringförmig .	28,49	14,73	42,07	34,25	1,32	0,78	0,96	0,41
desgl., kreisrund . . .	22,88	16,82	43,81	37,64	1,29	0,83	0,93	0,41

4. M. Mansfeld, Analysen von 5 Broten aus Weizen- und Roggenmehl (Zeitschr. Nahrungsmittel-Untersuchungen, Hygiene und Waarenk. 1895, 8, 317). Der procentige Wasser- und Säuregehalt betrug:

	No. 1	2	3	4	5
Wasser	35,06	35,30	40,30	35,90	35,20
Säure (Milchsäure) .	0,33	0,37	0,51	0,35	0,27

Milch- und Wasserbrote.

Ueber die Zusammensetzung von Broten, welche aus demselben Mehle jedoch theils unter Verwendung von Wasser theils unter Verwendung von (Mager-) Milch hergestellt worden sind, liegen folgende Untersuchungen vor:

1. G. Sartori (Annuario della Reg. Staz. Sperim. di caseificio in Lodi 1888; Milchztg. 1889, 18, 364) stellte Brot aus den gleichen Mengen Mehl und Hefe (24 kg) theils mit 7 kg Wasser theils mit 7 kg Centrifugenmilch (welche enthielt: 90,30% Wasser, 3,96% Protein, 0,32% Fett, 4,64% Milchzucker und 0,80% Mineralstoffe) her. Es wurden auf diese Weise 28 kg Wasserbrot und 28,7 kg Milchbrot erhalten von folgender procentiger Zusammensetzung:

Nähere Bezeichnung	In der natürlichen Substanz								In der Trocken-Substanz	
	Wasser	Stickstoff-Substanz	Fett	Glykose + Dextrin	Sonstige stickstofffreie Extraktstoffe	Rohfaser	Asche	Phosphorsäure	Stickstoff-Substanz	Stickstofffreie Extraktstoffe
Wasserbrot	32,59	8,75	0,86	5,76	47,05	3,84	1,15	0,46	12,97	78,33
Milchbrot	31,29	9,73	0,96	6,11	46,77	3,78	1,36	0,62	14,16	76,96

2. M. Weibull (Tidskrift för Landmann 1892, No. 9; Milchztg. 1892, 21, 420) stellte gleichfalls vergleichende Versuche über die Zusammensetzung von Milch- und Wasserbroten aus demselben Roggenmehle an und erhielt aus:

1 kg Mehl und 625 g Wasser 1,352 kg Wasserbrot zum Preise von 26,0 Pfg. für 1 kg
1 „ „ „ 642 g Milch 1,388 „ Milchbrot „ „ „ 26,7 „ „ 1 „

bei einem Preise von 3 Pfg. für 1 kg Magermilch und 33 Pfg. für 1 kg Roggenmehl.

Die procentige Zusammensetzung von Milch, Mehl und den Broten war folgende:

Nähere Bezeichnung	In der natürlichen Substanz										In der Trocken-Substanz	
	Wasser	Stickstoff-Substanz Gesammtmenge	Stickstoff-Substanz verdaulich	Fett	Zucker	Dextrin + Gummi	Stärke	Rohfaser	Asche	Phosphorsäure	Stickstoff-Substanz	Stickstofffreie Extraktstoffe
Milch	91,35	3,32	3,32	0,18	4,40	0	0	0	0,75	0,25	38,38	50,86
Roggenmehl . . .	9,88	8,13	8,00	1,33		80,16		0,69	0,85	0,21	9,02	88,95
Wasserbrot	38,33	6,31	5,99	0,48	1,99	8,04	43,74	0,53	0,58	0,18	10,23	87,19
Milchbrot	38,82	7,33	7,06	0,67	4,37	7,46	39,96	0,56	0,83	0,29	11,54	84,65

Brote aus geschältem (dekorticirtem) Korn.

A. Verfahren von D. Uhlhorn jr. in Grevenbroich.

Ueber dieses Verfahren liegen Versuche vor von H. Wicke (Arch. Hyg. 1890, 11, 335—364). Nach diesem Verfahren wird der gereinigte Roggen mit 3% Wasser befeuchtet, um die Holzfaserhülle zu erweichen; alsdann geht der Roggen durch den die Holzfaser ablösenden ersten Schälgang. Die Faser wird durch Aspiratoren abgeblasen und darauf wird das Korn gemahlen. Es ergeben sich bei diesem Verfahren 5% Kleieabfall und Schalen.

H. Wicke fand für Brot aus geschältem und ungeschältem Roggen, sowie für den Schälabfall folgende procentige Zusammensetzung für die Trocken-Substanz und Verdaulichkeit:

Nähere Bezeichnung	In der Trocken-Substanz					Es sind verdaulich			
	Stickstoff-Substanz	Fett	Stickstofffreie Extraktstoffe	Rohfaser	Asche	Trocken-Substanz	Stickstoff-Substanz	Fett	Stickstofffreie Extraktstoffe
Brot aus ungeschältem Roggen .	12,19	1,23	82,70	1,60	2.27	79,1	67,0	57,0	87,3
„ „ geschältem „ .	11,43	1,05	84,08	1,10	2.34	83,6	74,3	78,8	86,5
Schälabfall	10,31	1,79	73,90	8,80	5,19	—	—	—	—

B. Verfahren von St. Steinmetz in Leipzig-Gohlis.

Nach dem Verfahren von Steinmetz wird die äusserste Schicht des Getreidekornes, die Fruchthaut (etwa 3%) entfernt. Die übrigen Theile des Kornes soll man gleichmässig fein zermahlen können, wodurch, wie Steinmetz angiebt, 95% des Kornes für die Ernährung des Menschen nutzbar gemacht werden können.

W. Prausnitz und G. Menikanti (Zeitschr. f. Biologie 1894, **30**, 328) untersuchten einige nach diesem Verfahren mit Hefe hergestellte Brote mit folgendem Ergebnisse:

No.	Nähere Bezeichnung	Wasser	In der Trocken-Substanz			Es sind verdaulich			
		%	Stickstoff-Substanz %	Rohfaser %	Asche %	Trocken-Substanz %	Stickstoff-Substanz %	Rohfaser %	Asche %
1	Brot aus dekorticirtem Roggen mit Hefe gebacken	64,73	16,88	1,27	3,30	89,62	70,79	49,4	56,41
2	Brot aus nicht dekorticirtem Roggen mit Hefe gebacken R	63,05	13,81	1,32	2,79	90,11	69,77	40,26	53,45
	N	63,32	12,50	1,33	3,52	89,39	68,88	36,10	66,39
3	Brot aus dekorticirtem Weizen mit Hefe gebacken	64,08	14,81	1,04	3,22	95,14	86,65	44,59	78,62
4	Brot aus nicht dekorticirtem Weizen mit Hefe gebacken	64,02	14,75	1,40	3,22	93,26	83,07	53,00	73,62

Balland (Compt. rend. 1895, **120**, 638—640; Centrbl. Agrik. Chem. 1895, **24**, 859) untersuchte das nach dem Verfahren von Steinmetz dekorticirte Korn, das daraus bereitete Mehl und den Schälabfall mit folgendem Ergebnisse:

Nähere Bezeichnung	Wasser %	Stickstoff-Substanz %	Fett %	Stickstoff-freie Extraktstoffe %	Rohfaser %	Asche %
Dekorticirtes Korn	14,00	10,13	1.65	72,08	0,84	1,30
Daraus bereitetes Mehl	15,40	10,13	1,70	70,85	0,82	1,10
Abfälle der Dekorticirung	9,80	3,69	0,40	63,01	21,20	1,90

Die Abfälle der Dekorticirung sind vollständig frei von Stärke. Der Säuregrad betrug beim dekorticirten Korne 0,038%, beim Mehle 0,093%.

Weitere Analysen von Broten aus geschältem und ungeschältem Korn vergl. im Anhang zu Cerealien und Mehlen S. 661, 663 und 665.

Brote aus den Getreidekörnern ohne Mehlbereitung hergestellt.

(Patent Gelinck.)

Nach dem Verfahren von Ingenieur Berndt in Berlin wird das volle Korn mit all seinen Bestandtheilen, nachdem es gereinigt und geweicht ist, durch Walzen und Quetschen ohne vorherige Vermahlung unmittelbar zu Teig verarbeitet.

Bischoff (Zeitschr. Nahrungsm.-Untersuchung, Hygiene und Waarenk. 1893, **7**, 337; Vierteljahresschr. Nahrungs- und Genussm. 1893, **8**, 422) fand für die nach dem Berndt'schen Verfahren hergestellten Brote folgende procentige Zusammensetzung:

Bezeichnung des Brotes	Wasser	Stickstoff-Substanz	Fett	Stickstoff-freie Extraktstoffe	Rohfaser	Asche	Chlornatrium
Weizenbrot . . . } nach Gelinck's	50,96	9,89	0,36	35,99	1,21	1,55	—
Roggenbrot . . . } Verfahren	51,57	12,03	0,47	34,18	0,82	0,95	—
Ungeschältes Roggenbrot	49,79	11,81	0,57	35,14	1,62	1,00	—

Plagge und Lebbin (Veröffentl. aus dem Gebiete des Militär-Sanitätswesens 1897, 12, 197) fanden für nach dem Gelinck'schen Verfahren gebackenes Brot:

Bezeichnung des Brotes	Wasser	Stickstoff-Substanz	Fett	Stickstofffreie Extraktstoffe und Rohfaser	Asche	Chlornatrium
Roggenbrot nach Gelinck's-Verfahren	32,59	7,28	0,89	57,60	1,64	0,26
desgl.	41,39	7,00	0,94	48,95	1,71	0,37

K. B. Lehmann (Arch. Hyg 1894, 21, 247) stellte gleichfalls Untersuchungen über die Zusammensetzung des nach dem Gelinck'schen Verfahren hergestellten Brotes an und fand:

Bezeichnung des Brotes	Wasser	In der Trocken-Substanz			Säure, N.-Natronlauge für 100 g Brot
		Stickstoff	Rohfaser	Asche	
	%	%	%	%	ccm
Gelinck'sches Brot aus ungeschältem Roggen („Russisches Soldatenbrot") .	49,6	3,15	2,03	2,81	20,3
desgl. aus geschältem Roggen	54,8	2,21	1,27	1,85	13,0

Brote nach dem Verfahren von Souvant gebacken.

Nach diesem Verfahren wird statt des Wassers ein frischbereiteter wässeriger Auszug aus Kleie verwendet, der durch Digestion von 30 g Kleie mit 1 l Wasser während 45 Minuten und nachfolgendes Abseien durch ein feines Sieb erhalten wird; durch Anwendung dieses auf 40° erwärmten Auszuges soll man 15% Brot mehr erhalten können, als nach dem gewöhnlichen Verfahren, und ausserdem ein an Nährstoffen reicheres Brot erhalten.

Barillé (Rep. de Pharmacie 1891, 47, 206; Centrbl. Agrik.-Chem. 1891, 20, 561; Vierteljahresschr. Nahrungs- und Genussm. 1891, 6, 342) fand für den genau nach der Souvant'schen Vorschrift hergestellten Kleieauszug folgende Zusammensetzung (g für 1 l):

Trocken-Substanz	Stickstoff-Substanz	Fett	Glykose	Dextrin	Stärke	Rohfaser	Asche	Phosphorsäure
8,6750	2,2770	0,6100	1,4634	1,2990	0,8320	0,9310	1,0500	0,2180

Nach dem Souvant'schen Verfahren hergestelltes Brot hatte im Vergleich mit dem nach dem gewöhnlichen Verfahren hergestellten Brote folgende procentige Zusammensetzung:

Nähere Bezeichnung	In der ursprünglichen Substanz				In der Trocken-Substanz		
	Wasser	Stickstoff-Substanz	Säure (H_2SO_4)	Mineralstoffe	Stickstoff-Substanz	Säure (H_2SO_4)	Mineralstoffe
Souvant'sches Verfahren . . .	46,15	14,78	0,393	2,13	27,45	0,730	3,96
Gewöhnliches Verfahren	38,68	14,51	0,363	1,95	23,66	0,592	3,18

Stickstofffreie Extraktstoffe der Weizen- und Maiskörner sowie der aus denselben hergestellten Mehle und Brote.

W. E. Stone (Journ. Amer. Chem. Soc. 1997, 19, 183—167; Chem Centrbl. 1897, I, 951) bestimmte in verschiedenen Weizen, Weizenmehlen, Broten, Mais u. s. w. die Kohlenhydrate und fand:

Nähere Bezeichnung	Rohrzucker %	Invertzucker %	Dextrin %	Lösliche Stärke %	Normale Stärke %	Pentosane %	Rohfaser %
Weizen I	0,52	0,08	0,27	0	30,94	4,54	2,68
„ II	0,72	0	0,41	0	30,36	4,37	2,51
Weizenmehl I	0,18	0	0,90	0	46,19	0	0,25
„ II	0,20	0	1,06	0	34,04	0	0,25
Brot aus ganzem Weizen I	0,05	0,32	0,68	1,37	27,93	4,16	2,70
„ „ „ „ II	0,06	0,37	0,23	2,36	27,68	4,34	2,02
„ „ Weizenmehl I	0,01	0,10	0,27	1,99	34,70	0	0,34
„ „ „ II	0,15	0,38	0,91	1,74	31,99	0	0,17
Mais	9.27	0	0,32	0	42,50	5,14	1,99
Corn cake aus Mais	0,16	0,19	0	2,80	40,37	3,54	2,22
Zuckerrübe	8,38	0,07	0,35	0	0	4,89	1,00

Untersuchungsverfahren: Durch siedenden Alkohol werden die Zucker entzogen; durch kaltes Wasser wird dem Rückstande Dextrin und lösliche Stärke entzogen; durch Diastase oder Malzaufguss wird alsdann die Stärke entfernt. Die im Rückstande enthaltenen Gummi, Pentosane, Hemicellulosen etc. werden durch siedende 1%-ige Salzsäure in lösliche reduzirende Zucker verwandelt. Der Rückstand wird mit siedender $1^1/_4$%-iger Natronlauge behandelt und auf Rohfaser verarbeitet. Die lösliche Stärke wird durch Aetzbaryt gefällt und so von Dextrin getrennt.

Brote aus verdorbenem Mehle.

C. P. Kowalkowsky (Chem. Ztg. 1890, 14, Rep. 191) liess aus verdorbenem Mehl, welches durch Vermischen mit gutem Mehl „verbessert“ war, Brote backen. Dieselben hatten folgende Zusammensetzung:

Das Backmehl enthielt verschimmeltes Mehl %	Wasser %	Gesammt-Stickstoff %	Albumin-Stickstoff %	Stärke %	Mineralstoffe %
100	50,64	1,344	0,512	40,69	2,88
50	49,66	1,375	0,550	41,82	2,62
33,3	49,22	1,744	0,989	40,14	2,78
25	49,65	1,383	0,853	40,22	2,16
20	49,00	1,503	1,055	40,53	2,38

Sämmtliche Brote hatten ein schlechtes Aussehen, dicke Kruste und eine an Messer und Fingern anklebende Krume. Es konnte eine beträchtliche Menge Ptomaïn nachgewiesen werden, ohne dass dessen Natur näher zu bestimmen war.

Vergl. auch die Analysen von Brot aus verdorbenem Roggen von R. Thal oben S. 480.

Brote unter dem Einflusse des Schimmelns.

Th. Dietrich und A. Hebebrand (Bericht über die 11. Versammlung der Freien Vereinigung bayer. Vertr. angew. Chemie in Regensburg 1892; Landw. Vers.-Stat. 1893, 42, 421; Hygienische Rundschau 1892, 2, 1057) stellten über die Veränderungen, welche die Brote beim Schimmeln erleiden, folgende Versuche an.

1. Ein Stück frisches Roggenbrot wurde in drei Theile geschnitten, wovon der eine alsbald auf seinen Gehalt von Proteïn, Fett und Mineralstoffen untersucht wurde; die beiden anderen Theile wurde mässig befeuchtet, mit den Sporen des Schimmels auf Brot (in der Hauptsache Penicillium glaucum und etwas Mucor mucedo) bestäubt, alsdann unter Glasglocken gebracht, so dass sich das bestäubte Brot in einer mässig feuchten Atmosphäre mit behindertem Luftzutritt befand. Das Pilzwachsthum trat nach wenigen Tagen ein. Nach 7 Tagen wurde der eine, nach 14 Tagen

der dritte Theil in gleicher Weise wie das frische Brot untersucht. Das Ergebniss der Untersuchung war folgendes für die Trocken-Substanz:

Frisches Brot	11,29 % Proteïn,	0,20 % Fett,	1,53 % Mineralstoffe.
Dasselbe 7 Tage geschimmelt	12,90 „ „	0,84 „ „	1,73 „ „
„ 14 „ „	14,55 „ „	0,83 „ „	1,90 „ „ .

2. Bei einem zweiten Versuche wurde ein etwas stärker bestäubtes Brot bei unbehindertem Luftzutritt 14 Tage lang der Schimmelwucherung überlassen. Das Pilzwachsthum war ein sehr üppiges. Da eine abgewogene Menge Brot verwendet wurde, konnten die Verluste der Menge nach festgestellt werden. Es waren durch das Schimmeln verbraucht 50,96 % der Trocken-Substanz des frischen Brotes. In derselben Weise wurde ein dritter Versuch ausgeführt, doch wurde das Brot nur mässig infizirt, so das durch die Schimmelbildung nur 22,22 % der Trocken-Substanz des frischen Brotes verbraucht wurden.

Die Ergebnisse der Analysen bei diesen beiden Versuchen waren auf frisches Brot und auf Trocken-Substanz berechnet folgende:

Nähere Bezeichnung		Wasser %	Roh-proteïn %	Rein-eiweiss %	Amide etc. %	Fett %	Stickstofffr. Extraktstoffe %	Roh-faser %	Mineral-stoffe %
Zweiter Versuch.									
Reines Brot	frisch . .	35,28	7,68	7,18	0,50	0,12	55,54	0,27	1,11
	trocken .	—	11,87	11,09	0,78	0,19	85,81	0,41	1,72
Verschimmeltes Brot	frisch . .	35,28	7,56	6,14	1,42	0,88	20,98	1,03	1,28
	trocken .	—	23,83	19,35	4,48	2,80	66,09	3,24	4,04
Dritter Versuch.									
Reines Brot	frisch . .	41,58	7,36	6,99	0,37	0,15	49,72	0,33	0,86
	trocken .	—	12,60	11,97	0,63	0,26	85,10	0,56	1,48
Verschimmeltes Brot	frisch . .	41,58	7,10	5,47	1,63	0,35	36,46	0,67	0,86
	trocken .	—	15,62	12,04	3,58	0,77	80,24	1,48	1,89

3. Bei einem vierten Versuche wurde zum Bestäuben des sterilisirten Brotes ein Reinkultur von Penicillium glaucum verwendet. In 3 Wochen wurden durch das Schimmeln 31,4 % der frischen Brot-Trocken-Substanz verbraucht.

Die procentige Zusammensetzung des frischen und des verschimmelten Brotes war folgende:

Nähere Bezeichnung		Wasser %	Ge-sammt-Proteïn %	Rein-eiweiss %	Wasser-lösliches Proteïn %	Fett %	Maltose %	Dextrin %	Stärke %	Roh-faser %	Rein-asche %
Reines Brot	frisch .	40,43	7,11	6,95	1,14	0,15	0,92	4,78	45,72	0,03	0,86
	trocken	—	11,92	11,67	1,92	0,28	1,54	8,02	76,75	0,05	1,44
Verschimmeltes Brot	frisch .	40,43	7,00	6,10	2,10	0,86	0,20	4,85	25,98	1,01	0,99
	trocken	—	17,13	14,92	5,15	2,11	0,50	11,86	63,52	2,47	2,41

Aus diesen Versuchen geht hervor, dass das Schimmeln des Brotes unter einem grossen Verluste an Kohlenhydraten verläuft und dadurch ein an Proteïn und den anderen Bestandtheilen procentig reicherer Rückstand verbleibt. Verschimmeltes Brot muss deshalb stets proteïnreicher und reicher an den anderen Bestandtheilen (ausschliesslich der Kohlenhydrate) sein als das frische Brot, aus dem es hervorgegangen ist.

Eugen Welte (Arch. Hyg. 1895, 24, 84) stellte gleichfalls über das Verschimmeln des Brotes Versuche an mit Penicillium glaucum, Aspergillus nidulans und Mucor stolonifer und kam dabei zu ähnlichen Ergebnissen, wie Th. Dietrich und A. Hebebrand.

Wurzelgewächse.

Kartoffeln.

Knollen von Solanum tuberosum L. — Pomme de terre. — Potato.

Aeltere Analysen.

1. J. B. Boussingault in seinem Werke: Die Landwirthschaft in ihren Beziehungen zur Chemie etc. 1, 253; 2, 163 und 3, 21. Daselbst auch Analysen von Vauquelin.
2. Henri, ebendaselbst; nach Berzelius: Lehrbuch der Chemie.
3. Payen, ebendaselbst 1, 255 und in Moleschott's Physiologie der Nahrungsmittel 1859, 2, 150.
4. Girardin, Cours d'agriculture Le Cte. de Gasparin, 3. Aufl., 4, 9.
5. Proust, ebendaselbst.
6. Einhof, Moleschott's Physiologie der Nahrungsmittel 1859, 2, 150.
7. Lampadius, ebendaselbst.
8. Michaelis, ebendaselbst.
9. Fromberg, Journ. R. Agric. Soc. Engl. 1852, 30, 449.
10. G. Philipps, ebendaselbst.
11. E. N. Horsford und Krocker, Ann. Chem. Pharm. 1846, 58, 166.
12. R. Fresenius in seinem „Lehrbuch der Chemie für Landwirthe u. s. w." 1847, 310.
13. L. Häcker, Weende'r Jahresbericht 1853, 2, 26; Wilda's Landw. Centrbl. 1, 383; auch in Wolff's Grundlagen des Ackerbaues 1856, 913.

No.	Nähere Bezeichnung	Zeit der Untersuchung	In der ursprünglichen Substanz						In der Trocken-Substanz		Stickstoff in der Trocken-Substanz	Analytiker
			Wasser %	Stick-stoff-Substanz %	Fett %	Stickstoff-freie Extraktstoffe %	Roh-faser %	Asche %	Stick-stoff-Substanz %	Stickstoff-freie Extraktstoffe %	%	
1	Blassrothe Zwiebelkartoffel, 1850-er Ernte*)	1851	76,94	0,66	0,15	19,90	1,32	1,03	2,86	86,31	0,46	E. Wolff[1])
2	desgl., 1851-er Ernte	1852	77,69	2,81		17,30	1,07	1,13	12,59	77,55	2,01	
3	Weissenfelser weisse Kartoffel	1854	75,77	2,37		20,13	0,38	1,35	9,78	83,08	1,56	H. Ritthausen[2])
4	Mecklenburger weisse Kartoffel	„	78,30	1,85		18,46	0,31	1,08	8,52	84,97	1,36	
5	Gelbfleischige Zwiebel-Kartoffel, kleine Knollen	„	73,81	0,99		21,46	2,73	1,01	3,78	81,94	0,60	H. Hellriegel[2])
6	desgl., grosse Knollen	„	71,28	1,43		23,87	2,44	0,98	4,98	83,11	0,80	
7	Rothe Zwiebelkartoffel, gelbfleischige	1856	71,52	1,72		24,79	0,89	1,08	6,03	87,06	0,96	H. Scheven[3])
8	Weissfleischige Zwiebel-Kartoffel	„	72,32	2,24		23,14	0,97	1,33	8,00	83,69	1,28	

[1]) Weende'r Jahresber. 1853, 2; Ztschr. f. Deutsch. Landw. 1852, 119; Wolff's Grundlagen des Ackerbaues 1856, 913.

[2]) Ebendaselbst.

[3]) Ztschr. d. landw. Centralv. d. Prov. Sachsen 1857, 60.

*) Die nähere Analyse ergab für No. 1 ferner: Stärke 17,15 %, Zucker 3,20 %, Dextrin, Pectin 0,14 %, Pectinsäure 0,44 %, Albumin 0,49 %, Casein 0,04 %, Fibrin 0,13 %. Eine Stickstoff-Bestimmung scheint nicht ausgeführt worden zu sein. Die Kartoffel wurde im April und Mai 1851 untersucht. Diese Kartoffeln No. 1 und 2 waren seit 7—8 Jahren in Möckern bei Leipzig angebaut worden, hatten aber in schwerem und nassem Boden ihre ursprüngliche Güte und Ertragsfähigkeit schon seit einigen Jahren ziemlich verloren.

No.	Nähere Bezeichnung	Zeit der Untersuchung	In der ursprünglichen Substanz: Wasser %	Stick-stoff-Substanz %	Fett %	Stickstoff-freie Ex-traktstoffe %	Roh-faser %	Asche %	In der Trocken-Substanz: Stick-stoff-Substanz %	Stickstoff-freie Ex-traktstoffe %	Stickstoff in der Trocken-Substanz %	Analytiker
9	Mineralische Düngung (Mittel von 7 Analysen) . . .	1856	76,40	2,17	0,29	19,15	0,99	1,00	9,19	81,15	1,47	
10	Stickstoffreiche Düngung (Mittel von 7 Analysen) .	„	75,20	3,60	0,31	18,96	1,03	0,90	14,52	76,45	2,32	
11	Mittel von 19 Analysen . .	„	76,00	2,80	0,30	18,94	1,01	0,95	11,67	78,91	1,87	*H. Grouven*[1])
12	Frische, weisse Kartoffeln, ungedüngt	1860	74,95	2,11	0,07	20,09	1,90	0,88	8,42	80,21	1,35	
13	desgl., gedüngt	„	78,01	3,19	0,05	16,46	1,24	1,05	14,51	74,84	2,32	
14	Weisse Kartoffel	1852	74,95	2,49	—	—	—	—	9,94	—	1,59	
15	Rothe Kartoffel*) . . .	„	68,94	2,38	—	—	—	—	7,66	—	1,23	*C. Schmidt*[2])
16	Aus Alt-Kusthof*) . . .	1862	76,32	1,16	—	—	—	0,78	4,90	—	0,78	
17	Heiligenstädter Kartoffel .	1864	75,02	1,10	21,35		1,58	0,95	4,40	85,48	0,70	
18	Sächsische rothe Zwiebelkartoffel, ungedüngt . .	1859	75,00	4,00	19,19		0,99	0,82	17,59	75,14	2,81	
19	desgl., gedüngt (Mittel aus 7 Analysen vergleichend gedüngter Kartoffeln) . .	„	75,00	3,81	19,36		0,90	0,93	15,24	77,44	2,44	*P. Bretschneider u. Metzdorf*[3])
20	Ohne nähere Bezeichnung .	„	74,50	2,23	0,20	21,32	0,85	1,10	8,75	82,83	1,40	*F. Crusius*[4])
21	Zwiebelkartoffel	1860	70,70	2,01	0,80	23,00	2,39	1,10	6,86	78,50	1,10	*Rob. Hoffmann*[5])
22	Ohne nähere Bezeichnung	1857	74,60	—	—	—	—	—	9,38	—	1,50	*Em. Wolff*[6])
23**)		1855	75,50	0,9	—	—	2,4	—	3,67	—	0,59	
24**)		„	73,00	0,8	—	—	2,9	—	2,96	—	0,47	*C. Schulz-Fleeth*[7])
25**)		„	79,00	0,7	—	—	1,8	—	3,33	—	0,53	
26	Aus dem mittleren Schweden***)	1860	75,74	1,68	20,67		0,64	1,27	6,92	85,21	1,11	*C. M. Eisenstuck*[8])
27	Ohne nähere Bezeichnung .	1855	74,95	2,21	19,70		1,51	1,63	8,82	78,64	1,25	*G. Herth*[9])

[1]) H. Grouven, „Vorträge über Agrikultur-Chemie“. 2. Aufl. 1862, 355 u. 495 (z. Thl. entnommen aus d. Ann. d. Landw. 1865, **2**, 60). An näheren Bestandtheilen wurden ferner bestimmt:

	No. 9	10	11	12	13
Stärke	14,91	15,58	15,24	17,33	13,40
Schleim, Dextrin	2,34	1,29	1,81	—	—
Zucker	0,15	0,11	0,13	—	—
Extraktivstoffe .	1,70	1,99	1,83	—	—
Albumin . . .	—	—	—	0,47	0,89

	No. 12	13
Kasein	0,038	0,034
Pflanzenleim . .	0,29	0,25
Pflanzenfibrin .	1,31	2,02
Gummi u. Pektin	0,76	1,56
Organische Säuren	2,00	1,50

[2]) Livländer Jahresber. f. Landwirthsch. 1852, 121; Wilda's landw. Centralbl. 1853, **1**, 96 und 1863, **16**, 139 und 1864, **17**, 184.

[3]) 4. Ber. d. Vers.-Stat. Ida-Marienhütte.

[4]) Landw. Vers.-Stat. 1859, **1**, 101.

[5]) Jahresber. d. Agrikultur-Chemie. 1861/62, **4**, 52.

[6]) Mittheilungen aus Hohenheim. **5**, 161.

[7]) C. Schulz-Fleeth, „Der rationelle Ackerbau“. Berlin, 1856.

[8]) Landw. Vers.-Stat. 1861, **3**, 237.

[9]) Weende'r Jahresber. 1855/56, 81.

*) No. 15 war zu Turneshof in Livland im trocknen Sommer 1862 gebaut; No. 16 war auf Alt-Kusthof, südlich von Dorpat im nassen Sommer 1864 gebaut; sie enthielt 1,27 % Aepfelsäure, 20,08 % Stärke, letzteres aus dem spec. Gewicht der Kartoffel berechnet.

**) Für die Zusammensetzung der Kartoffel wurde ferner angegeben:

	No. 23	24	25
Stärke	17,7 %	20,9 %	15,7 %
Dextrin und Asche . . .	2,8 „	2,6 „	3,3 „

***) Die Ermittelung der „Cellulose“ geschah durch aufeinanderfolgende Behandlung mit dreiprocentiger Natronlauge, Alkohol und Aether.

No.	Nähere Bezeichnung	Zeit der Untersuchung	In der ursprünglichen Substanz: Wasser %	Stick-stoff-Substanz %	Fett %	Stickstoff-freie Extraktstoffe %	Roh-faser %	Asche %	In der Trocken-Substanz: Stick-stoff-Substanz %	Stickstoff-freie Extraktstoffe %	Stickstoff in der Trocken-Substanz %	Analytiker
28	Im December untersucht	1865	77,23	1,97	0,18	18,90	0,53	1,19	8,65	83,00	1,38	*V. Hofmeister*[1])
29	Andere Sorte, im Mai untersucht	„	68,29	2,40	0,28	26,57	0,90	1,56	7,57	83,79	1,21	
30	Ohne nähere Bezeichnung	„	70,00	2,28	0,24	25,23	0,85	1,40	7,60	84,10	1,22	
31	Zwiebelkartoffel	„	68,03	3,27	—	—	—	1,12	10,21	—	1,63	*Fr. Nobbe*[2])
32	Heiligenstädter	„	74,66	2,06	—	—	—	1,07	8,13	—	1,30	
33	Heiligenstädter, Voigtland	„	76,14	1,57	—	Stärke 19,41	—	1,00	6,58	Stärke 81,35	1,05	
34	desgl., Friesen	„	75,10	1,90	—	19,89	—	1,49	7,63	79,88	1,22	
35	desgl., Pfaffengrün	„	72,19	1,62	—	24,01	—	1,14	5,83	86,34	0,93	
36	desgl., Neutaubenheim	„	72,38	1,50	—	22,42	—	1,43	5,43	81,18	0,87	
37	desgl., Mosel	„	78,71	1,36	—	17,68	—	1,29	6,38	82,95	1,02	
38	Heiligenstädter, Mittel von 20 Analysen	1866	75,05	2,02	—	19,14	—	1,13	8,10	76,71	1,30	
39	Zwiebelkartoffel, Voigtland	1865	73,64	1,71	—	22,54	—	1,18	6,49	85,52	1,04	
40	desgl., wilde rothe, Voigtland	„	76,65	1,80	—	18,23	—	1,07	7,71	78,08	1,23	
41	desgl., rothe	„	72,21	1,84	—	24,75	—	1,43	6,62	89,05	1,06	
42	desgl., rothe, späte, Neutaubenheim	„	72,72	2,10	—	22,30	—	1,30	7,70	81,76	1,23	
43	Victoria, Voigtland	„	67,65	1,58	—	17,99	—	1,12	6,77	77,05	1,08	
44	Grosse weisse	„	78,12	1,82	—	16,58	—	1,01	8,32	75,77	1,33	
45	Lerchenkartoffel	„	66,92	2,79	—	24,99	—	1,24	8,43	75,54	1,35	
46	Frühe rothe Senftenberger	„	75,03	1,64	—	19,17	—	1,27	6,57	76,78	1,05	
47	Ordinär rothe Futterkartoffel	„	75,28	2,06	—	18,23	—	1,15	8,33	73,74	1,33	
48*)	Heiligenstädter aus Giessenstein, ungedüngt	1866	71,20	—	—	21,1	—	—	7,38	73,26	1,18	*A. Stöckhardt*[3])
49*)	desgl. aus Döhlen, ungedüngt	„	70,60	—	—	21,6	—	—	8,00	73,46	1,28	
50*)	desgl. aus Sayda, ungedüngt	„	72,00	—	—	20,4	—	—	7,56	72,85	1,21	
51*)	desgl. aus Bräunsdorf, ungedüngt	„	68,00	—	—	24,2	—	—	7,13	75,63	1,14	
52*)	desgl. aus Olbernhau, ungedüngt	„	68,40	—	—	23,7	—	—	7,31	75,01	1,17	
53*)	desgl. aus Friedebach, ungedüngt	„	71,20	—	—	21,1	—	—	9,31	73,74	1,49	
54*)	Zwiebelkartoffel aus Tharand, ungedüngt	„	68,70	—	—	23,5	—	—	10,50	75,08	1,68	

[1]) Landw. Vers.-Stat. 1866, **8**, 352 u. 1868 **10**, 281.
[2]) Sächs. Amtsbl. 1867, 11.
[3]) Chem. Ackerm. 1867, **13**, 52.

*) Die im Jahre 1865 an oben genannten Orten aus direkt bezogenem Heiligenstädter Saatgut angebauten Knollen dienten zu einem Anbauversuche, der von Osc. Lehmann auf dem akademischen Gute bei Tharand auf schwerem, flachgründigem Thonschieferboden ausgeführt wurde. Der oben angegebene Gehalt an Trocken-Substanz bezw. Wasser und Stärke wurde aus dem spec. Gew. der Knollen berechnet.

No.	Nähere Bezeichnung	Zeit der Untersuchung	In der ursprünglichen Substanz: Wasser %	Stickstoff-Substanz %	Fett %	Stickstofffreie Extraktstoffe %	Rohfaser %	Asche %	In der Trocken-Substanz: Stickstoff-Substanz %	Stickstofffreie Extraktstoffe %	Stickstoff in der Trocken-Substanz %	Analytiker
55	Gemisch zweier Sorten, zu verschiedener Zeit untersucht	$18\frac{64}{65}$	72,90	2,49	0,09	22,90	0,67	0,95	9,18	84,51	1,47	F. Stohmann[1])
56	"	"	76,40	2,52	0,11	19,36	0,75	0,86	10,68	82,04	1,71	"
57	"	"	77,08	1,97	0,08	19,21	0,72	0,94	8,63	83,80	1,38	"
58	Ohne nähere Bezeichnung	1865	75,00	2,40	0,20	20,00	1,40	1,00	9,60	80,00	1,54	E. Peters[2])
59	Dalmahoys (zu Woolmet auf schwerem Kalkboden gewachsen)	1863	74,44	0,81		23,69		1,06	3,31	—	0,53	Thom. Anderson[3])
60	Regents (zu Woolmet auf schwerem Kalkboden gewachsen)	"	75,33	0,87		22,74		1,06	3,56	—	0,57	"
61	Dalmahoys (zu Dargaval auf Moorboden gewachsen)	"	80,11	1,50		17,86		0,53	8,13	—	1,30	"
62	Regents (zu Dargaval auf Moorboden gewachsen)	"	78,97	1,43		18,95		0,65	6,75	—	1,08	"
63	Flukes (zu Dargaval auf gedüngtem Moorboden gewachsen)	"	79,18	1,62		18,44		0,66	8,00	—	1,28	"
64	Skerry Reds (zu Dargaval auf gedüngtem Moorboden gewachsen)	"	78,79	1,81		18,69		0,71	8,69	—	1,39	"
65	White Rocks (zu Dargaval auf gedüngtem Moorboden gewachsen)	"	77,91	1,68		19,41		1,00	7,69	—	1,23	"
66	Orkney Reds (zu Dargaval auf gedüngtem Moorboden gewachsen)	"	79,45	1,75		18,25		0,55	8,69	—	1,39	"
67	White Rocks, gedüngt (auf leichtem Sandboden gewachsen)	"	74,22	1,62		23,06		1,10	6,31	—	1,01	"
68	Flukes, gedüngt (auf leichtem Sandboden gewachsen)	"	76,77	1,56		19,41		1,16	7,31	—	1,17	"
69	Skerry Blues, gedüngt (auf leichtem Sandboden gewachsen)	"	73,22	2,00		23,69		1,09	7,50	—	1,20	"
70	Orkney Reds, gedüngt (auf leichtem Sandboden gewachsen)	"	74,38	1,81		22,68		1,12	7,25	—	1,16	"
71	Regents, ungedüngt (auf leichtem Sandboden gewachsen)	"	71,75	2,00		25,12		1,13	7,19	—	1,15	"
72	Dalmahoys, ungedüngt (auf leichtem Sandboden gewachsen)	"	74,85	1,68		22,62		0,85	6,94	—	1,11	"
73	Hecklingkartoffel, 1865-er Ernte, untersucht Februar	1866	75,00	1,76	0,10	21,12	1,02	1,00	7,04	84,88	1,13	J. Nessler, Brigel und E. Muth[4])
74	Runkelkartoffel, Haut roth, Fleisch weiss	"	73,92	2,37	0,11	21,70	0,91	0,99	9,09	83,20	1,45	"
75	Sächsische Zwiebelkartoffel, innen gelb	"	73,31	2,07	0,09	22,64	0,86	1,01	7,76	84,90	1,24	"
76	1869-er Ernte, untersucht November	$18\frac{69}{70}$	81,68	2,03	0,08	14,68	0,52	0,83	11,06	81,07	1,77	E. Wolff[5])
77	Ohne nähere Bezeichnung	$18\frac{70}{71}$	75,41	2,07	0,07	21,07	0,50	0,88	8,40	85,70	1,34	E. Wolff[6])
78	1869-er Ernte, im Juni untersucht	1870	71,24	2,20	0,34	23,63	1,26	1,33	7,65	82,17	1,23	V. Hofmeister[7])
79	Ohne nähere Bezeichnung	1864	74,39	1,87	0,27	21,92	0,43	1,12	7,30	85,60	1,17	J. Lehmann u. Joh. Seyferts[8])
80	desgl.	1866	74,19	1,93	0,13	22,00	0,57	1,18	7,48	85,24	1,20	V. Hofmeister u. R. Brandis[9])
81	desgl.	"	74,15	1,64	0,24	21,89	0,76	1,32	6,54	84,48	1,03	"
82	desgl.	1868	73,30	2,69	0,08	21,90	0,63	1,40	10,07	82,03	1,61	E. Heiden[10])
83	Mit Stallmist gedüngt	1870	71,10	2,80	—	23,60	1,42	0,88	10,33	81,68	1,65	"
84	desgl.	1871	68,64	2,73	0,12	26,37	1,00	1,14	8,71	84,08	1,39	"
85	Ungedüngt, Mittel zweier Parcellen	1869	71,53	3,07	0,11	23,78	0,61	0,90	10,78	80,06	1,72	"

[1]) Journ. f. Landwirthsch. 1867, **15**, 160.
[2]) Preuss. Ann. der Landw. 1867, **50**, 6.
[3]) Transact. Highl. Soc. New Ser. Juli 1862 bis März 1865, 293. Die Kartoffeln waren auf ungedüngtem Boden gewachsen.
[4]) Ber. der Vers.-Stat. Karlsruhe 1870, 56.
[5]) Programm der Vers.-Stat. Hohenheim 1870, 92; ferner: Die Ernährung der landw. Nutzthiere 1876, 158.
[6]) Landw. Vers.-Stat. 1871, **14**, 406; Landw. Jahrb. 1872, **I**, 540.
[7]) Landw. Vers.-Stat. 1873, **16**, 126.
[8]) Amtsbl. f. d. landw. Ver. in Sachsen 1865, **16**, 59.
[9]) Landw. Vers.-Stat. 1870, **12**, 9.
[10]) Amtsbl. f. d. landw. Ver. in Sachsen 1870, **18**, 8 u. 1872, **20**, 60 und Privat-Mittheilung.

No.	Nähere Bezeichnung	Zeit der Untersuchung	In der ursprünglichen Substanz: Wasser %	Stickstoff-Substanz %	Fett %	Stickstofffreie Extraktstoffe %	Rohfaser %	Asche %	In der Trocken-Substanz: Stickstoff-Substanz %	Stickstofffreie Extraktstoffe %	Stickstoff in der Trocken-Substanz %	Analytiker
86	Riesen-Marmont-Kartoffel*)	1872	71,60	1,62	—	—	—	—	5,70	—	0,91	*P. Wagner*[1])
87	Ohne nähere Bezeichnung	1874	71,90	2,23	0,01	23,73	0,68	1,45	7,94	84,43	1,27	*G. Kühn*[2])
88	desgl.	1871	73,88	2,56	0,15	21,49	0,74	1,18	9,81	82,30	1,57	*H. Weiske u. E. Wildt*[3])
89	Frühe Rosenkartoffel	„	75,80	1,15	0,15	18,28	0,27	0,80	4,75	90,20	0,76	*Birner*[4])
90	Späte Rosenkartoffel	„	73,86	2,08	0,20	20,22	0,34	0,86	7,96	86,58	1,27	
91	1869-er, im Monat Juni untersucht	1870	71,24	2,20	0,34	23,63	1,26	1,33	7,65	82,17	1,22	*V. Hofmeister*[5])
92	Ohne nähere Bezeichnung	„	75,48	2,33	0,09	20,09	0,63	1,38	9,70	81,73	1,58	*J. König und B. Farwick*[6])
93	desgl.	„	75,21	1,82	0,09	20,99	0,80	1,09	7,34	84,67	1,17	
94 **)	Weisse Sieberhäuser, Saatknollen, im Frühjahr	1875	75,65	1,44	0,08	21,11	0,61	1,11	5,92	86,70	0,95	*J. König und C. Brimmer*[7])
95 **)	desgl., von No. 94 gezogene Knollen	„	76,74	2,18	0,07	19,52	0,60	0,89	9,38	83,89	1,50	
96	Gedämpfte Kartoffel, Mittel aus 6 Analysen	„	72,45	2,10	0,15	21,70	0,59	1,20	7,63	85,33	1,22	*E. Heiden, Voigt, Wetzke, v. Gruber, Güntz, Bochmann*[8])
97	desgl.	„	74,32	2,08	0,15	21,53	0,59	1,19	8,10	84,39	1,30	
98	desgl.	„	71,16	2,82	0,17	23,55	0,81	1,33	9,78	82,21	1,56	
99	Ohne nähere Bezeichnung	„	73,30	3,69	0,08	21,90	0,63	1,30	13,82	79,25	2,21	
100	desgl.	1869/70	70,64	3,61	0,15	23,34	0,64	1,48	12,30	79,97	1,97	
101	Eingesumpfte Kartoffel	„	72,80	2,86	0,19	21,90	0,63	1,56	10,51	80,75	1,68	
102	Ohne nähere Bezeichnung	1870	74,08	2,04	0,04	21,76	0,65	1,41	7,87	84,03	1,26	
103	desgl.	1873	71,00	3,01	0,12	24,23	0,57	1,06	10,38	83,59	1,66	
104	desgl.	1871	70,88	2,32	0,09	24,11	1,07	1,47	7,97	83,00	1,28	
105	desgl.	1872	72,08	2,90	0,12	23,32	0,55	1,01	10,37	83,61	1,66	
106	1874-er Ernte, im April untersucht	1875	74,75	2,25	0,09	21,11	0,84	0,96	8,92	83,62	1,43	*E. Wildt*[9])
107	Ohne nähere Bezeichnung***)	1873	74,75	2,06	0,08	21,49	0,57	1,05	8,14	85,11	1,30	*E. Wolff, Kreuzhage, Kellner und G. Dittmann*[10])
108	desgl.	„	76,90	2,69	0,08	18,58	0,82	0,93	11,63	80,45	1,86	
109	desgl.	„	80,44	2,86	0,15	15,21	0,59	0,75	14,64	77,76	2,34	
110	desgl.	„	79,47	2,60	0,10	16,66	0,39	0,78	12,65	81,12	2,02	
111	desgl.	„	76,26	2,83	0,15	19,22	0,63	0,91	11,91	80,98	1,91	
112	desgl.	„	75,50	2,92	0,11	19,60	0,98	0,89	11,90	80,02	1,90	*E. Wolff und O. Kellner*[11])
113	Aus München	1872	79,81	2,42	0,22	15,70	0,69	1,16	11,99	77,75	1,92	*J. Lehmann*[12])

[1]) Ber. d. Vers.-Stat. Darmstadt 1874, 44.
[2]) Sächs. landw. Ztschr. 1875, 156.
[3]) Zeitschr. f. Biologie 1874, **10**, 6.
[4]) Wochenschr. d. Pomm. ökonom. Gesellsch. 1873, 3.
[5]) Landw. Vers.-Stat. 1873, **16**, 126.
[6]) Original-Mittheilung.
[7]) Landw. Jahrbücher 1876, **5**, 661.
[8]) Beiträge zur Ernährung des Schweins. Leipzig und Hannover 1877, 129.
[9]) Landw. Jahrb. 1877, **6**, 180.
[10]) Landw. Jahrb. 1879, **8**, Supplem. 156, 201.
[11]) Landw. Jahrb. 1884, **13** 215.
[12]) Oekonomische Fortschritte 1872, 220.

*) Zur Untersuchung dienten 3 Knollen und zwar von 210, 153 und 104 g. An reiner Stärke wurde gefunden 22,8 %.

**) Die unter No. 95 angeführten Knollen wurden im Garten der Vers.-Stat. Münster in mittelschwerem, sandigem Lehmboden, der in mittelmässigem Düngungszustand war, angebaut.

***) Die Trocken-Substanz der Kartoffeln enthielt 7,13 % reines Proteïn und 4,77 % Amide etc.

No.	Nähere Bezeichnung	Zeit der Untersuchung	In der ursprünglichen Substanz: Wasser %	Stickstoff-Substanz %	Fett %	Stickstofffreie Extraktstoffe %	Rohfaser %	Asche %	In der Trocken-Substanz: Stickstoff-Substanz %	Stickstofffreie Extraktstoffe %	Stickstoff in der Trocken-Substanz %	Analytiker
114 *)	Sächsische Zwiebel, 140 Stück wiegen 10 kg	1876	75,30	1,69	0,20	20,90	1,04	0,87	6,84	84,62	1,09	F. Schwackhöfer, J. Stua u. Dehaglio [1])
115 *)	Märkische Zwiebel, 66 Stück wiegen 10 kg, Winter . .	„	73,00	2,18	0,10	22,80	1,00	0,92	8,07	84,45	1,29	
116 *)	Schlesische Zwiebel, 100 Stck. wiegen 10 kg, Winter .	„	75,05	2,16	0,08	20,50	1,04	1,17	8,66	82,16	1,39	
117 *)	Victoria, Winter	„	77,34	1,62	0,05	19,34	0,80	0,85	7,15	85,35	1,14	
118 *)	Early rose, Winter . . .	„	84,90	0,50	0,04	12,81	0,95	0,80	3,31	82,55	0,53	
119	Gemenge verschiedener Sort.	„	80,20	1,45	—	—	—	—	7,32	—	1,17	
120	Gemenge von No. 114—116	„	74,07	1,55	0,05	22,04	1,05	1,24	5,98	85,00	0,96	
121	Frisch nach der Ernte**)	1878	75,03	2,35	0,36	20,92	0,34	1,00	9,41	83,78	1,51	F. Schwackhöfer [1])
122	Frisch nach der Ernte**)	„	75,88	1,79	0,43	20,80	0,35	0,75	7,42	86,24	1,19	
123	Kartoffel nach Stallmistdüngung	1869	74,08	2,04	0,04	21,76	0,65	1,43	7,87	83,95	1,26	E. Heiden [2])
124	Rohe Kartoffeln	„	73,65	2,77	0,19	21,22	0,61	1,56	10,51	84,33	1,68	
125	Dieselben gedämpft . . .	„	71,08	3,56	0,15	22,99	0,65	1,59	12,31	79,42	1,97	
126	Ohne nähere Bezeichnung .	„	70,75	3,49	0,23	22,81	0,70	1,54	11,93	79,62	1,91	
127	desgl.	„	70,89	3,41	0,22	23,15	0,83	1,50	11,71	79,53	1,87	
128	desgl.	1875	73,71	2,14	0,15	22,05	0,60	1,35	8,14	83,88	1,30	
129	desgl.	„	73,74	2,13	0,15	22,03	0,60	1,35	8,11	83,90	1,30	
130	desgl.	„	72,28	2,25	0,16	23,24	0,64	1,43	8,23	83,62	1,32	
131	desgl.	„	76,01	1,95	0,14	20,12	0,55	1,23	8,13	83,67	1,30	
132	desgl.	„	74,86	2,04	0,15	21,08	0,58	1,29	8,12	83,84	1,30	
133	desgl.	„	75,36	2,00	0,14	20,68	0,56	1,26	8,12	83,93	1,30	
134	Nach Stallmistdüngung . .	1870	71,16	2,56	0,04	24,53	0,52	1,19	8,88	85,05	1,42	
135	desgl., nach Gülich's Methode gepflügt	1871	72,67	2,69	0,06	22,47	0,84	1,28	9,85	82,18	1,58	
136	desgl. (vergl. No. 84) . .	„	68,64	2,73	0,12	23,36	1,00	1,14	8,71	84,08	1,39	
137	Frische Kartoffeln***) . .	1880	76,94	2,26	0,12	19,26	0,68	0,73	9,80	83,56	1,57	Förster [2])
138	Aus Ostpreussen, im Juni untersucht	1878	69,44	2,01	0,09	26,44	1,07	0,94	6,58	86,55	1,05	V. Hofmeister [2])

[1]) Technisch-chemisches Laborat. d. k. k. Hochschule f. Bodenkultur in Wien; Privat-Mittheilung.
[2]) Privat-Mittheilung.

*) Je 30 Stück Knollen wurden einzeln auf ihr spec. Gewicht geprüft und gefunden:

			No. 114	115	116	117	118
Spec. Gewicht		Maximum	1,1200	1,118	1,107	1,099	1,079
		Minimum	1,0699	1,078	1,081	1,055	1,038
Trocken-Substanz	aus dem spec. Gewicht berechnet	Maximum	23,05	22,61	20,22	18,56	15,24
		Minimum	14,36	15,12	15,50	—	—
Stärke		Maximum	28,23	27,75	25,11	23,26	19,30
		Minimum	18,02	19,14	19,63	—	—

**) Bei der Analyse der näheren Bestandtheile wurden unterschieden:

		No. 121		No. 122	
Proteïn, löslich . . .		1,64	koagulirbar . . 0,56 %	1,79	0,66 %
			nicht koagulirbar 1,08 „		1,13 „
„ unlöslich . .		0,71 %		0,00 %	
Stärke		16,72 „		17,00 „	
Zucker		0,07 „		0,13 „	
Mineralstoffe	löslich	0,64 „		—	
	unlösl.	0,36 „		—	

***) Spec. Gewicht 1,091.

No.	Nähere Bezeichnung	Zeit der Untersuchung	In der ursprünglichen Substanz: Wasser %	Stick-stoff-Substanz %	Fett %	Stickstoff-freie Ex-traktstoffe %	Roh-faser %	Asche %	In der Trocken-Substanz: Stick-stoff-Substanz %	Stickstoff-freie Ex-traktstoffe %	Stickstoff in der Trocken-Substanz %	Analytiker
139	White Star	1884	78,01	2,19	0,08	18,39	0,33	1,00	9,96	83,63	1,59	*Vers.-Stat. Connecticut* [1])
140	Ohne nähere Bezeichnung .	„	79,69	1,14	0,12	17,75	0,28	1,02	5,61	87,40	0,90	*Vers.-Stat. Connecticut* [2])
141	desgl.	„	77,61	1,32	0,14	19,69	0,48	0,76	5,90	87,94	0,94	
142	Mittel zweier ungedüngter Parcellen	1869	71,53	3,06	0,12	23,78	0,61	0,90	10,75	83,53	1,70	*E. Heiden* [3])
143	Saatknollen	1878	69,68	2,08	0,17	26,39	0,61	1,07	6,86	87,04	1,10	
144	Aus No. 143 gezogene Kartoffel, Mittel von zwei ungedüngten Parcellen . .	„	73,78	1,41	0,13	22,98	0,62	1,08	5,48	87,54	0,88	
145	Ungedüngt	1885	74,65	2,23	0,12	21,65	0,57	0,78	8,80	85,40	1,41	
146	Gedüngt, Mittel von zwei Parcellen	„	75,02	2,22	0,15	21,11	0,64	0,86	8,89	84,49	1,42	
147	Saatknollen, Farinosakartoffel (Mittel von je zwei Analysen)	1876	68,63	2,56	0,07	26,82	0,67	1,25	8,19	85,50	1,31	*U. Kreusler* [4])
148	Aus vorigen erwachsen . . (Mittel von je zwei Analysen)	„	77,83	2,70	0,06	17,88	0,54	0,99	12,26	80,56	1,962	
149	Sächsische Zwiebel, gemergelter leichter Sandboden .	1880	78,5	1,9	—	Stärke 15,7	—	0,8	8,84	Stärke 73,02	1,41	*M. Märcker* [5])
150	desgl.	„	79,5	2,1	—	14,7	—	0,9	10,24	71,71	1,64	
151	desgl.	„	78,3	2,1	—	16,0	—	0,9	9,68	73,73	1,55	
152	desgl.	„	77,6	2,0	—	16,6	—	0,9	8,93	74,10	1,43	
153	desgl.	„	76,9	2,1	—	17,3	—	0,9	9,08	72,82	1,45	
154	desgl.	„	77,6	2,2	—	16,6	—	0,9	9,82	74,10	1,57	

[1]) The Connect. Agric. Exper. Stat., Ann. Rep. f. 1884, 107.
[2]) Ebendaselbst, Tabelle 115.
[3]) Denkschrift d. Vers.-Stat. Pomm. 1883 und Privat-Mittheilung.
[4]) Landw. Jahrb. 1886, **15**, 309.

		In der frischen Substanz No. 147 %	148 %	In der Trocken-Substanz No. 147 %	148 %
Im Rohproteïn	Salpeter-Stickstoff	Spur	0,001	0,003	0,006
	Amid-Stickstoff	0,064	0,128	0,205	0,584
	Sonstiger Stickstoff	0,048	0,025	0,155	0,111
	Nichtproteïn-Stickstoff	0,112	0,154	0,363	0,701
	Proteïn-Stickstoff	0,298	0,278	0,948	1,262
	Gesammt-Stickstoff	0,410	0,432	1,311	1,963
	Wirkliche Proteïnstoffe	1,858	1,746	5,926	7,885
	Salpetersäure (N_2O_5)	0,003	0,005	0,009	0,022
In den stickstofffreien Extraktstoffen	Stärke	23,894	15,871	76,178	71,490
	Glykose	0,000	0,000	0,000	0,000
	Dextrin etc.	0,494	0,000	1,572	0,000
	Sonstige Extraktstoffe	2,431	2,007	7,745	9,075
Im frischen wässerigen Auszug	Koagulirtes Eiweiss	1,281	0,925	4,083	4,192
	Stickstoff im koagulirtem Eiweiss	0,205	0,148	0,653	0,671
	Stickstoff im Eiweissfiltrat . . .	0,112	0,154	0,363	0,700
	Stickstoff im Ganzen	0,317	0,302	1,016	1,371
	Rohproteïn	1,988	1,888	6,347	8,566
	Stickstofffreie Substanzen . . .	1,749	1,077	5,569	4,861
	Organische Substanz	3,737	2,965	11,916	13,327
	Reinasche	0,997	0,954	3,179	4,336
	Trocken-Substanz	4,734	3,919	15,095	17,663

[5]) Privat-Mittheilung.

No.	Nähere Bezeichnung	Zeit der Untersuchung	In der ursprünglichen Substanz: Wasser %	Stickstoff-Substanz %	Fett %	Stärke %	Rohfaser %	Asche %	In der Trocken-Substanz: Stickstoff-Substanz %	Stärke %	Stickstoff in der Trocken-Substanz %	Analytiker
155	Sächsische Zwiebel, gemergelter leichter Sandboden	1880	79,2	2,2	—	15,0	—	0,8	10,58	72,12	1,69	M. Märcker[1]
156	desgl.	"	78,3	2,2	—	15,9	—	0,8	10,14	73,27	1,62	
157	desgl.	"	77,3	2,2	—	16,9	—	0,8	9,69	74,44	1,55	
158	desgl.	"	76,3	2,2	—	17,9	—	0,8	9,28	75,52	1,48	
159	desgl.	"	80,0	1,7	—	14,2	—	1,1	8,50	71,00	1,36	
160	desgl.	"	78,9	1,7	—	15,3	—	0,7	8,06	72,51	1,29	
161	Humoser Lehmboden: Alkohol	"	74,8	1,8	—	19,4	—	0,9	7,14	76,98	1,14	
162	The farmers blush	"	76,8	1,7	—	17,4	—	0,8	7,33	74,99	1,17	
163	Paulsen No. 13	"	78,7	1,8	—	15,5	—	0,9	8,94	76,96	1,43	
164	Early Goodrich	"	79,8	2,5	—	14,4	—	0,7	12,38	71,28	1,98	
165	Richters Schneerose	"	78,1	1,8	—	16,1	—	0,9	8,22	73,51	1,32	
166	Poligonos	"	75,8	—	—	18,4	—	1,0	—	76,03	—	
167	Gesundheit	"	75,2	—	—	19,0	—	0,9	—	76,61	—	
168	Neue Lippische	"	76,2	1,3	—	18,0	—	1,0	5,46	75,64	0,87	
169	Frühe blaue	"	75,3	—	—	18,9	—	0,9	—	76,53	—	
170	Dumbar regent	"	73,8	1,4	—	20,4	—	0,9	4,94	77,87	0,79	
171	Alkohol, violette	"	75,1	1,5	—	19,1	—	1,1	6,02	76,71	0,96	
172	Fürstenwalder	"	73,0	1,5	—	21,2	—	0,9	5,56	78,52	0,89	
173	Paulsen No. 1	"	74,1	1,7	—	20,1	—	1,1	6,56	77,61	1,05	
174	Sieberhäuser	"	76,2	1,9	—	18,0	—	1,1	7,98	75,64	1,28	
175	Achilles	"	73,6	2,0	—	20,6	—	1,1	7,58	78,03	1,21	
176	Champion	"	75,8	2,1	—	18,4	—	1,0	8,68	76,03	1,39	
177	Gelbe Rose	"	73,7	1,9	—	21,5	—	1,2	6,96	78,75	1,11	
178	Garnet Chili	"	73,5	2,1	—	21,2	—	1,1	7,78	78,52	1,25	
179	Eos	"	74,9	1,9	—	19,3	—	1,0	7,57	76,89	1,21	
180	Blanka	"	75,6	1,9	—	18,6	—	1,0	7,79	76,22	1,25	
181	Paulsen No. 56	"	75,0	—	—	19,2	—	1,3	—	76,80	—	
182	Aurora	"	74,9	—	—	19,3	—	1,1	—	76,89	—	
183	Richters Imperator	"	75,8	1,8	—	18,4	—	0,9	7,44	76,03	1,19	
184	Dabersche	"	76,4	1,8	—	17,8	—	1,2	7,63	75,40	1,22	
185	Griesenhagen	"	74,6	2,1	—	19,6	—	1,0	8,27	77,17	1,32	
186	Trophime	"	74,7	2,1	—	13,5	—	1,0	8,30	53,37	1,33	
187	Bresécs prolific	"	79,4	2,0	—	14,8	—	0,8	9,71	71,84	1,55	
188	Paulsen No. 75	"	72,7	1,9	—	21,5	—	1,1	6,96	78,75	1,11	
189	Chardon	"	80,6	2,1	—	13,6	—	1,0	10,83	71,11	1,73	
190	Gelbfleischige sächs. Zwiebel, humoser Sandboden	"	77,3	1,9	—	16,9	—	1,3	8,37	74,44	1,34	
191	desgl., Boden weniger gut als voriger	"	78,2	2,4	—	16,0	—	1,2	11,01	73,39	1,76	
192	Sächs. Zwiebel, Sandboden	"	80,0	1,6	—	14,3	—	1,0	8,00	71,50	1,28	
193	desgl.	"	79,9	1,7	—	14,3	—	1,0	8,46	71,14	1,35	
194	desgl.	"	81,0	1,7	—	13,2	—	1,1	8,95	69,47	1,43	
195	desgl.	"	82,0	2,0	—	12,2	—	1,1	11,11	67,78	1,78	

[1]) Privat-Mittheilung.

No.	Nähere Bezeichnung	Zeit der Untersuchung	In der ursprünglichen Substanz: Wasser %	Stick-stoff-Substanz %	Fett %	Stickstoff-freie Ex-traktstoffe %	Roh-faser %	Asche %	In der Trocken-Substanz: Stick-stoff-Substanz %	Stickstoff-freie Ex-traktstoffe %	Stickstoff in der Trocken-Substanz %	Analytiker
						Stärke				Stärke		
196	Sächsische Zwiebel, Sandboden	1880	81,6	1,7	—	12,6	—	1,1	9,24	68,48	1,48	M. Märcker[1]
197	Gelbfleischige Zwiebel, humoser Sandboden, in kräftiger Kultur	1881	75,5	1,3	—	18,7	—	1,3	5,32	76,52	0,85	
198	desgl., weniger guter Sandboden	"	74,8	1,4	—	19,4	—	1,3	5,56	77,00	0,89	
199	Sächs. Zwiebel, weissfleischig, sandiger Lehm	"	71,9	1,8	—	22,3	—	1,1	6,41	79,37	1,03	
200	Unbekannt, schwerer Thonboden	"	78,4	1,7	—	15,8	—	1,02	7,73	73,15	1,24	
201	Halbgute weisse Kartoffel, humoser Lehm	1882	78,4	2,09	—	15,8	—	1,30	9,68	73,15	1,55	
202	desgl.	"	78,87	1,80	—	15,1	—	1.34	8,52	71,47	1,36	
203	Zwiebelkartoffel, ohne Kainit, humoser Lehmboden . .	"	74,54	2,12	—	19,4	—	1,30	8,33	76,20	1,33	
204	desgl., mit Kainit, humoser Lehmboden	"	76,62	1,66	—	17,9	—	1,70	7,10	76,56	1,14	
205	Champion, humoser Lehmboden	"	73,95	1,89	—	19,7	—	1,94	7,26	75,63	1,16	
	Spec. Gew.					Stickstofffreie Extraktstoffe		*)		Stickstofffreie Extraktstoffe		
206	Richter's Imperator . 1,107	1892	74,15	1,24		21,16	2,14	1,31	4,79	—	0,77	A. Pasqualini und V. Racah[2]
207	Chardon 1,090	"	77,02	1,42		19,02	1,61	0,93	6,19	—	0,99	
208	Magnum bonum . . 1,104	"	76,28	1,22		19,60	1,85	1,05	5,14	—	0,82	
209	Extra Early Vermouth 1,109	"	70,87	1,11		24,46	2,32	1,24	3,81	—	0,61	
210	Early Rose . . . 1,145	"	69,90	0,84		26,51	1,47	1,28	2,77	—	0,44	
211	Dei Monti del Laris . 1,096	"	70,49	1,35		24,71	2,23	1,22	4,57	—	0,73	
212	Nana tonda quarantina 1,042	"	71,48	0,92		24,93	1,43	1,24	3,23	—	0,52	
213	Van der Weer . . 1,084	"	77,78	1,57		18,01	1,66	0,98	7,07	—	1,13	
214	Saucisse blanche . . 1,117	"	72,20	1,02		24,13	1,35	1,30	3,67	—	0,59	
215	Red skinned fluor ball 1,111	"	71,93	1,01		23,80	2,13	1,13	3,60	—	0,58	
216	Di Zelanda . . . 1,102	"	77,29	1,12		16,83	3,16	1,10	4,93	—	0,79	
								**)				
217	Richter's Imperator . 1,094	1893	74,41	1,31		21,11**)	1,99	1,29	5,12	82,49	0,82	A. Pasqualini und A. Sintoni[3]
218	Chardon 1,092	"	75,11	1,33		20,84	1,71	1,01	5,34	83,72	0,85	
219	Extra Early Vermouth 1,106	"	73,25	1,09		23,18	1,31	1,17	4,08	86,65	0,65	

[1]) Privat-Mittheilung.
[2]) Staz. sperim. Agr. Ital. 1892, **22**, 244.
[3]) Staz. sperim. Agr. Ital. 1893, **25**, 119.

*) Die Asche enthielt;

	No. 206	207	208	209	210	211	212	213	214	215	216
	%	%	%	%	%	%	%	%	%	%	%
Kali (K_2O)	59,45	47,32	51,41	49,70	53,35	52,22	55,45	49,83	53,25	52,17	47,31
Phosphorsäure (P_2O_5) .	14,35	19,46	14,33	16,45	13,84	17,33	16,27	18,23	13,47	14,64	21,33

**) Vergl. Anmerkung *) S. 713.

No.	Nähere Bezeichnung	Spec. Gew.	Zeit der Untersuchung	In der ursprünglichen Substanz: Wasser %	Stickstoff-Substanz %	Fett %	Stickstoff-freie Extraktstoffe %	Rohfaser %	Asche %	In der Trocken-Substanz: Stickstoff-Substanz %	Stickstoff-freie Extraktstoffe %	Stickstoff in der Trocken-Substanz %	Analytiker
220	Nana tonda quarantina	1,107	1893	71,45	1,03	24,74*)		1,57	1,21	3,61	86,65	0,58	A. Pasqualini und A. Sintoni[1])
221	Van der Weer . .	1,085	„	73,71	1,26	22,37		1,66	1,00	4,79	85,09	0,77	
222	Precoce Pisana . .	1,101	„	76,17	1,11	20,00		1,44	1,28	4,65	83,78	0,75	
223	Comune locale . .	1,104	„	76,39	1,03	19,64		1,64	1,30	4,36	83,61	0,70	
224	Richter's Imperator .	1,094	1894	74,41	1,31	21,11		1,99	1,29	5,12	82,49	0,82	A. Pasqualini und A. Sintoni[2])
225	Chardon	1,092	„	75,11	1,09	20,86		1,71	1,01	4,38	83,81	0,70	
226	Extra Early Vermouth	1,106	„	73,25	1,33	23,18		1,31	1,17	4,97	86,65	0,80	
227	Nana tonda quarantina	1,107	„	71,45	1,03	24,74		1,57	1,21	3,61	86,65	0,58	
228	Regina di Polders .	1,097	„	77,38	1,13	19,21		1,05	1,24	4,99	84,92	0,80	
229	Gigante bleu . . .	1,107	„	74,12	1,01	22,40		1,32	1,15	3,90	86,55	0,62	
230	Gigante senzapari .	1,094	„	75,24	1,21	21,31		1,32	1,03	4,89	82,34	0,78	
231	In Amerika gebaut, Mittel von 6 Analysen . . .		1886	78,47	2,12	0,10	17,88	0,54	0,89	9,85	83,05	1,58	E. H. Jenkins[3])
232	In Amerika gebaut**) . .		„	75,90	2,62	0,13	19,98	0,55	0,82	10,87	82,91	1,74	W. H. Jordan[4])
233	In Amerika angebaut: „Polaris" . .		1887	80,20	2,13	0,12	16,15	0,38	1,02	10,74	81,56	1,72	C. A. Goessman[5])
234	In Amerika angebaut: „Beauty of Hebron" .		„	80,73	1,85	0,11	15,68	0,64	1,00	9,58	81,36	1,54	
235	In Amerika angebaut: desgl. . . .		„	81,53	1,81	0,10	14,82	0,59	1,16	9,73	80,26	1,56	
236	desgl., Mittel von 12 Analysen		1894	78,90	2,10	0,10	17,90		1,00	9,95	—	1,59	W. O. Atwater[6])
	Schwankungen		—	75,4—82,2	1,1-3,0	0—0,10	14,3—21,2		0,8-1,2	—	—	—	
237	„Paulus Simson" von W. Paulsen in Nassengrund		1897	74,12	2,29	0,19	21,18	1,11	1,14	8,73	81,84	1,40	Vers.-Stat. Münster[7])
238	„Gloria" . von W. Paulsen in Nassengrund		„	76,25	1,78	0,16	20,00	0,84	0,97	7,52	84,21	1,20	
239	„Hammerstein" . von W. Paulsen in Nassengrund		„	74,21	2,54	0,17	20,92	1,05	1,11	9,88	81,12	1,58	
	Mittel		—	**74,93**	**1,99**	**0,15**	**20,86**	**0,98**	**1,09**	**7,98**	**83,21**	**1,27**	
	Schwankungen		—	68,03-84,90	0,69—3,67	0,04-0,96	19,49-23,06	0,28-3,48	0,53—1,87	2,77—14,64	77,75—90,20	0,44—2,34	

[1]) Staz. sperim. Agr. Ital. 1893, **25**, 119.
[2]) Staz. sperim. Agr. Ital. 1894, **27**, 33.
[3]) Ann. Rep. Connect. Agric. Experim. Stat. 1886, 93; Jahresber. Agrik.-Chem. 1887, **30**, 421.
[4]) Ann. Rep. Maine Agric. Experim. Stat. 1886/87, 68; Jahresber. Agrik.-Chem. 1887, **30**, 421.
[5]) 7. Ann. Rep. Agric. Experm. Stat. Amherst 1889, 185; Jahresber. Agrik.-Chem. 1889, **32**, 438.
[6]) U. St. Dep. Agric. Farmer's Bull. No. 23 S. 27, Washington 1894.
[7]) Original-Mittheilung.

*) Verff. bestimmten ferner die Stärke direkt (nach Stutzer) u. fanden hierfür u. für die Asche:

No.	217	218	219	220	221	222	223
	%	%	%	%	%	%	%
Stärke	21,33	20,90	22,11	22,05	20,09	21,93	22,22
In der Asche: Kali (K_2O)	59,22	50,31	50,11	54,45	49,18	49,87	51,31
Phosphorsäure (P_2O_5) . .	16,83	18,27	16,21	15,29	17,99	14,83	15,21

**) Ueber die Zusammensetzung derselben Kartoffel nach dem Dämpfen siehe unten S. 714.

Gekochte (gedämpfte) Kartoffeln.

No.	Nähere Bezeichnung	Zeit der Untersuchung	In der ursprünglichen Substanz						In der Trocken-Substanz		Stickstoff in der Trocken-Substanz	Analytiker
			Wasser %	Stick-stoff-Substanz %	Fett %	Stickstoff-freie Ex-traktstoffe %	Roh-faser %	Asche %	Stick-stoff-Substanz %	Stickstoff-freie Ex-traktstoffe %	%	
1	Gedämpfte Kartoffeln . .	1869	72,98	2,82	0,15	21,92	0,82	1,31	10,44	81,12	1,67	*E. Heiden*[1]
2	desgl. *)	„	71,08	3,56	0,15	22,99	0,65	1,59	12,31	79,42	1,97	*E. Heiden*[1]
3	Vergl. No. 232, gedämpft .	1886	75,37	2,63	0,07	20,37	0,68	0,88	10,68	82,70	1,71	*W. H. Jordan*[2]
4	Gekochte Daber'sche**) . .	1887	74,86	2,20	21,16		0,57	1,11	8,75	—	1,40	*M. Sievert*[3]
	Mittel	—	**73,59**	**2,79**	**0,12**	**21,60**	**0,68**	**1,22**	**10,55**	**81,79**	**1,69**	

Kartoffeln unter dem Einflusse der Düngung.

Aus den zahlreichen Versuchen über den Einfluss der Düngung auf die Zusammensetzung der Kartoffel seien hier nur einige neuere hervorgehoben und verweisen wir bezüglich der sonstigen vielen Versuche auf das Werk von Th. Dietrich und J. König über die Zusammensetzung der Futtermittel.

No.	Nähere Bezeichnung	Zeit der Untersuchung	Wasser %	Stickstoff-Substanz %	Fett %	Stickstofffreie Extraktstoffe %	Rohfaser %	Asche %	Trocken: Stickstoff-Substanz %	Trocken: Stickstofffreie Extraktstoffe %	Stickstoff in der Trocken-Substanz %	Analytiker
1	Ungedüngt	1882	75,20	1,77	—	21,53	0,35	1,13	7,12	86,88	1,14	*M. Märcker, Gräger und Vibrans*[4]
2	1 Ctr. Chilisalpeter u. wasserlösliche Phosphorsäure .	„	76,50	1,79	—	20,20	0,38	1,16	7,63	85,97	1,22	
3	2 Ctr. Chilisalpeter u. wasserlösliche Phosphorsäure .	„	77,50	2,05	—	21,06	0,29	1,10	9,13	84,67	1,52	
4	3 Ctr. Chilisalpeter u. wasserlösliche Phosphorsäure .	„	79,10	2,36	—	16,93	0,44	1,17	11,30	81,00	1,81	
5	Ungedüngt a	1869	72,10	3,12	0,09	23,23	0,59	0,87	11,18	83,27	1,76	*E. Heiden, L. Brunner, C. Schumann und O. von Gruber*[5]
6	Ungedüngt b	„	70,96	3,01	0,14	24,32	0,63	0,94	10,37	83,74	1,66	
7	Superphosphat	„	73,27	2,38	0,14	22,68	0,54	0,99	8,90	84,86	1,42	
8	Holzasche	„	71,97	2,62	0,10	23,66	0,60	1,05	9,35	84,40	1,50	
9	Peruguano	„	72,69	2,68	0,14	23,05	0,65	0,79	9,81	85,50	1,57	
10	Schwefelsaures Ammoniak .	„	74,03	3,33	0,10	20,13	0,77	0,64	12,83	81,34	2,08	
11	Knochenmehl	„	73,51	2,74	0,12	22,17	0,62	0,94	10,34	83,32	1,65	
12	Schwefelsaures Kali . . .	„	72,49	2,49	0,07	23,36	0,58	1,01	9,04	84,93	1,45	
13	Stallmist	„	73 93	2,49	0,05	22,52	0,52	1,03	9,36	84,62	1,50	

[1]) Privat-Mittheilung.
[2]) Ann. Rep. Maine Agric. Experim. Stat. 1886/87, 68; Jahresber. Agrik.-Chem. 1887, **30**, 421.
[3]) Fühling's Landw. Ztg. 1887, **36**, 114; Jahresber. Agrik.-Chem. 1887, **30**, 421.
[4]) Centralbl. Agrik.-Chem. 1883, **12**, 365. Auf einem sandigen Lehmboden mit Lehmuntergrund wurden von 4 je ½ Morgen grossen Parcellen 3 gleichmässig mit 20 Pfd. wasserlöslichen Phosphorsäure und wechselnden Mengen Chilisalpeter gedüngt; eine Parcelle blieb ungedüngt. Das Feld hatte im Vorjahre Gerste mit Klee getragen, welche letzterer wegen Mäusefrass umgepflügt werden musste, und wurde 1882 mit „Alkohol-Kartoffel" bestellt.

Auf 1 Morgen	Ungedüngt	1 Ctr.	2 Ctr.	3 Ctr. Chilisalpeter
Ertrag an Knollen	112,0 Ctr.	128,0 Ctr.	124,5 Ctr.	139,0 Ctr.
Ertrag an Stärke	21,58 „	23,18 „	20,74 „	18,43 „
Trocken-Substanz in Procenten	24,8 %	23,5 %	22,5 %	20,9 %
An näheren Bestandtheilen wurden ferner bestimmt (in der Trocken-Substanz):				
Eiweiss	5,94 %	6,56 %	7,06 %	7,06 %
Amide (als Asparagin) . .	1,18 „	1,07 „	2,07 „	4,24 „
Stärke	77,51 „	77,07 „	73,95 „	63,64 „
Sonstige stickstofffreie Extraktstoffe	9,37 „	8,80 „	10,72 „	17,36 „

[5]) Vergl. Anmerkung [1]) S. 715.

*) Die Zusammensetzung der ungedämpften Kartoffeln siehe oben S. 709 No. 124.
**) Spec. Gew. 1,0979; Zucker 0,41 %, Stärke 18,99 % und 1,76 % Fett und Extraktstoffe.

No.	Nähere Bezeichnung	Zeit der Untersuchung	In der ursprünglichen Substanz: Wasser %	Stickstoff-Substanz %	Fett %	Stickstofffreie Extraktstoffe %	Rohfaser %	Asche %	In der Trocken-Substanz: Stickstoff-Substanz %	Stickstofffreie Extraktstoffe %	Stickstoff in der Trocken-Substanz %	Analytiker
14	Stallmist und Superphosphat	1869	72,77	2,35	0,18	23,31	0,41	0,98	8,63	85,61	1,38	E. Heiden, L. Brunner, C. Schumann u. O. v. Gruber [1])
15	Stallmist und Knochenmehl	„	73,33	2,50	0,18	22,40	0,78	0,81	9,38	83,97	1,50	
16	Stallmist und Peruguano .	„	73,52	2,75	0,11	22,12	0,52	0,98	10,38	83,54	1,66	
17	Stallmist und schwefelsaures Kali	„	74,05	2,36	0,13	21,78	0,57	1,11	9,07	83,97	1,45	
18	Knochenmehl und schwefelsaures Kali	„	71,41	2,69	0,19	24,24	0,49	0,98	9,41	84,79	1,51	
19	Knochenmehl und Holzasche	„	71,31	3,05	0,19	23,91	0,53	1,01	10,63	83,34	1,70	
20	Peruguano und schwefelsaures Kali	„	71,96	2,87	0,11	23,41	0,68	0,97	10,23	83,50	1,64	
21	Ausgesetzte Knollen . . .	1878	69,68	2,08	0,17	26,39	0,61	1,07	6,86	87,12	1,10	E. Heiden und E. Güntz [2])
22*)	I. Ungedüngt a . . .	„	74,33	1,30	0,18	22,48	0,64	1,07	5,06	87,72	0,81	
23*)	II. Ungedüngt b, Boden mehrfach bearbeitet .	„	73,24	1,52	0,08	23,47	0,61	1,08	5,73	87,81	0,92	
24*)	III. Aetzkalk	„	70,69	1,59	0,17	25,84	0,71	1,00	5,45	88,27	0,87	
25*)	IV. Schwefelsaures Ammoniak	„	74,89	1,84	0,13	21,84	0,53	0,77	7,36	86,96	1,18	

[1]) Analysen durch Privat-Mittheilung, Düng- und Bodenverhältnisse, Amtsblatt f. d. landw. Vers. Sachsens 1870, 18, 95. Das Feld, Granitverwitterungsboden, hatte 1863 Kartoffeln, mit Stallmist gedüngt, 1864 Gerste, mit 11 Scheffel Kalk für den sächs. Acker gedüngt. 1865/66 Rothklee, 1867 Winterweizen, mit 6 Ctr. Knochenmehl für den Acker gedüngt und 1868 Winterroggen, mit 4 Ctr. Knochenmehl für den Acker und desselben Jahres im Herbst noch Grünfuttergemenge getragen. 1869 folgten Kartoffeln, wozu der Boden in landesüblicher Weise vorbereitet war. Die Versuchsparcellen waren je 9 Ruthen breit und 40 Ruthen lang. Ueber Düngermenge, Ertrag an Knollen für den Acker und deren aus dem spec. Gewicht ermittelten procentigen Stärkegehalt giebt nachstehende Uebersicht Auskunft:

Düngung und deren Gehalt an	Stickstoff Pfd.	Phosphorsäure Pfd.	Kali Pfd.	Ertrag an Knollen Pfd.	Zucker %	Dextrin %	Stärke %	Sonstigen stickstofffreien Extraktstoffen %
Ungedüngt, Mittel von 4 Parcellen	—	—	—	14950	0,27	0,64	19,95	2,38
Ungedüngt	—	—	—	—	0,90	1,36	20,35	1,72
600 Pfd. Superphosphat	—	108,7	—	17400	0,22	1,32	18,77	3,38
1000 „ Holzasche	—	18,5	39,5	17730	0,60	0,48	18,12	4,48
400 „ Peruguano	61,5	56,4	—	18255	0,24	0,20	18,94	3,68
200 „ Schwefels. Ammoniak .	40,3	—	—	16657	0,72	1,19	16,03	3,19
300 „ Knochenmehl	14,5	62,8	—	18052	0,72	0,90	19,21	1,25
200 „ Schwefelsaures Kali . .	—	—	102,6	19560	0,75	0,86	19,63	2,13
37702 „ Stallmist	26,0	167,9	312,3	19942	0,13	0,25	19,53	2,61
34832 „ Stallmist und 150 „ Superphosphat . . .	236,9	177,2	—	20730	0,21	0,29	18,79	4,03
34875 „ Stallmist und 200 „ Peruguano . . .	271,3	178,1	—	21067	—	0,21	19,61	2,30
36232 „ Stallmist und 100 „ Schwefels. Kali . . .	25,0	155,8	341,2	20760	0,23	0,20	19,28	2,07
39037 „ Stallmist und 300 „ Knochenmehl . . .	283,9	230,7	312,3	19995	0,11	0,49	19,69	3,96
300 „ Knochenmehl und 150 „ Schwefels. Kali . .	14,5	62,8	77,0	18296	0,21	0,29	17,76	4,16
300 „ Knochenmehl und 500 „ Holzasche . .	14,5	72,1	19,8	17838	0,17	0,85	20,32	2,59
150 „ Peruguano und 150 „ Schwefels. Kali . . .	23,1	21,1	70,0	19876	0,32	1,05	17,63	4,41

Die Witterung des Jahres war für die Entwicklung der Kartoffeln ungünstig. Die Ernte der 4 ungedüngten Parcellen war wenig übereinstimmend (Schwankungen: 16845 und 12690 Pfd.) was auf ungleichmässige Beschaffenheit des Bodens der Parcellen schliessen lässt. In der Aschenmenge der frischen Knollen ist eine kleine Menge Sand 0,11—0,01% eingeschlossen.

[2]) Denkschrift der Vers.-Stat. Pomm. 1882. Hannover, 1883, 109.

*) Vergl. Anmerkung *) S. 716.

No.	Nähere Bezeichnung	Zeit der Untersuchung	In der ursprünglichen Substanz: Wasser %	Stickstoff-Substanz %	Fett %	Stickstofffreie Extraktstoffe %	Rohfaser %	Asche %	In der Trocken-Substanz: Stickstoff-Substanz %	Stickstofffreie Extraktstoffe %	Stickstoff in der Trocken-Substanz %	Analytiker
26*)	V. Phosphorsaurer Kalk	1878	73,15	1,52	0,11	23,45	0,61	1,15	5,67	87,48	0,91	*E. Heiden und E. Güntz* [1])
27*)	VI. Schwefelsaures Kali	„	74,11	1,28	0,08	22,70	0,65	1,18	4,96	87,74	0,79	
28	Ungedüngt	1885	74,65	2,23	0,12	21,65	0,57	0,78	8,80	85,60	1,25	*E. Heiden und O. Töpelmann* [2])
29	Mit Superphosphatgyps konservirter Mist	„	73,95	1,93	0,17	22,34	0,70	0,88	7,42	85,86	1,19	
30	Die Bestandtheile des vorigen in künstlichen Düngemitteln	„	76,06	2,51	0,12	19,89	0,58	0,84	10,48	83,09	1,65	
	Parcelle — Düngung für die Parcelle von 50 □m — Spec. Gew.											
31	I. 50 kg Mist und 1,68 kg Chlorkalium — 1,080	1890	71,66	1,54		23,65	2,00	1,15 **)	5,46	83,48	0,87	*Al. Pasqualini u. V. Racah* [3])
32	II. 3,42 kg Chilisalpeter — 1,113	„	76,68	1,66		18,64	1,90	1,14	7,12	79,93	1,14	
33	III. 2,40 kg schwefelsaures Ammon. — 1,033	„	75,48	1,36		20,30	1,80	1,05	5,55	82,79	0,89	
34	IV. Ohne Mist — 1,097	„	79,75	1,45		15,05	2,40	1,35	7,16	74,32	1,14	

[1]) Vergl. Anmerkung [2]) S. 715.

[2]) Privat-Mittheilung. An näheren Bestandtheilen wurden ferner bestimmt:

	Eiweiss	Zucker	Dextrin	Stärke	Sonstige stickstofffreie Extraktstoffe
No. 28	0,454	Spur	1,580	16,116	3,957 %
No. 29	0,384	„	1,615	16,582	4,141 „
No. 30	0,467	„	1,373	14,904	3,625 „

[3]) Staz. Sperim. Agr. Ital. 1891, **20**, 145—158.

*) Die Kartoffeln wurden in schwerem Thonboden, Verwitterungsprodukt des Granits, gebaut, der in ausgegrabene Parcellen eingefüllt und verschieden behandelt und gedüngt worden war. Die Ernte an Knollen betrug für die sächs. Quadratruthe:

	I	II	III	IV	V	VI	Setzkartoffeln
Knollen kg	1112,7	1318,7	1870,2	4656,7	2203,6	1783,5	—

Die Analyse der Knollen erstreckte sich auf die vorhandenen verschiedenen Formen des Stickstoffs und die näheren Bestandtheile der stickstofffreien Stoffe, ferner auf die Ermittelung des Sand- und Thongehalts.

	In der ursprünglichen Substanz						
	%	%	%	%	%	%	%
Eiweissstoffe	0,861	0,990	0,982	1,113	0,916	0,801	1,502
a. Stickstoff in Form von nicht eiweissartigen durch Phosphorwolframsäure fällbaren Stoffen	0,003	0,001	0,017	0,006	0,010	0,008	0,005
b. Stickstoff in Form von nicht eiweissartigen durch gen. Reagens nicht fällbaren Stoffen	0,067	0,074	0,081	0,111	0,076	0,069	0,069
Ammoniak	0,000	0,013	0,000	0,000	0,014	0,000	0,022
Zucker	Spur	0,000	0,000	Spur	0,000	0,000	1,220
Dextrin	0,330	0,333	0,354	0,331	0,344	0,318	2,150
Stärke	19,350	20,487	22,360	19,107	20,093	19,678	19,618
Sand und Thon	0,044	0,055	00,40	0,014	0,037	0,026	00,22
	In der sandfreien Trocken-Substanz						
Eiweissstoffe	3,361	3,709	3,356	4,433	3,417	3,098	4,958
a. Stickstoff in Form von nicht eiweissartigen durch Phosphorwolframsäure fällbaren Stoffen	0,012	0,003	0,059	0,023	0,037	0,030	0,018
b. Stickstoff in Form von nicht eiweissartigen durch gen. Reagens nicht fällbaren Stoffen	0,260	0,278	0,276	0,444	0,282	0,268	0,227
Ammoniak	0,000	0,050	0,000	0,000	0,052	0,000	0,072
Zucker	Spur	0,000	0,000	Spur	0,000	0,000	4,027
Dextrin	1,288	1,247	1,209	1,319	1,283	1,230	7,096
Stärke	76,213	76,715	76,394	76,133	74,939	76,093	64,751

Bezüglich der Untersuchungsmethoden sei auf die Original-Abhandlung verwiesen.

**) Der procentige Gehalt der Asche an Phosphorsäure betrug:

	Parzelle I	II	III	IV	V	VI	VII	VIII
Phosphorsäure (P_2O_5)	13,54	14,52	13,25	18,81	16,33	17,64	18,92	14,81 %.

No.	Nähere Bezeichnung			Zeit der Untersuchung	In der ursprünglichen Substanz						In der Trocken-Substanz		Stickstoff in der Trocken-Substanz	Analytiker
					Wasser %	Stick-stoff-Substanz %	Fett %	Stickstoff-freie Ex-traktstoffe %	Roh-faser %	Asche %	Stick-stoff-Substanz %	Stickstoff-freie Ex-traktstoffe %	%	
	Parcelle	Düngung für die Parcelle von 50 □m	Spec. Gew.											
35	V.	1,8 kg Calciumperphosphat	1,003	1890	76,06	1,33		20,55	1,00	1,07	5,55	85,84	0,89	Al. Pasqualini u. V. Racah[1]
36	VI.	4,08 kg Tricalciumphosphat	1,091	„	79,71	1,24		15,53	2,40	1,12	6,11	76,54	0,98	
37	VII.	3,42 kg Chilisalpeter, 1,80 kg Calciumperphosphat	1,088	„	76,59	0,88		18,69	2,80	1,05	3,76	79,83	0,60	
38	VIII.	Nur Stallmist	1,099	„	78,29	0,48		18,81	1,40	1,02	2,21	86,64	0,35	

Kartoffeln unter dem Einflusse des Lagerns im Keller während des Winters,

bezw. von Wärme, Licht und Luftfeuchtigkeit.

No.	Nähere Bezeichnung	Zeit der Untersuchung	In der ursprünglichen Substanz						In der Trocken-Substanz					Stickstoff in der Trocken-Substanz	Analytiker
			Wasser %	Stickst.-Substanz %	Stärke %	Sonstige stickstfr. Extraktst. %	Roh-faser %	Asche %	Stick-stoff-Substanz %	Stärke %	Sonstige stickstfr. Extraktst. %	Roh-faser %	Asche %	%	
1	Rothe Zwiebelkartoffel am 21. Febr.	1857	72,40	1,67	—	+ Fett —	—	—	5,99	—	+ Fett —	—	—	0,96	Scheven[2]
2	desgl. am 23. Febr.	„	71,10	1,55	—	—	—	—	5,63	—	—	—	—	0,90	
3	desgl. am 10. März	„	71,28	2,06	16,27	—	—	—	7,16	56,65	—	—	—	1,13	
4	desgl. am 28. März	„	71,50	1,63	17,12	7,83	0,90	1,02	5,63	60,07	27,56	3,16	3,58	0,90	
5	desgl. am 2. April	„	71,31	1,69	16,26	8,72	0,88	1,14	5,81	56,67	31,48	3,07	3,97	0,93	
6	Mittel	„	71,52	1,72	16,55	8,24	0,89	1,08	6,00	58,11	28,95	3,12	3,82	0,96	
	Art der Aufbewahrung:				Stärke am 17/12.	Stärke am 27/2.	Stärke am 7/6.			Stärke am 17/12.	Stärke am 27/2.	Stärke am 7/6.			
7*)	Hell, trocken, kühl	1865	69,25	2,69	18,00	22,77	21,89	1,28	7,85	58,54	74,05	71,19	4,16	1,26	Fr. Nobbe und Kleckl[3]
8*)	Hell, trocken, warm	„	52,49	8,01	21,18	19,19	29,40	2,71	16,86	44,58	40,39	61,89	5,70	2,70	
9*)	Hell, feucht, kühl	„	73,26	1,21	22,77	20,25	18,50	1,14	4,53	85,16	75,74	69,19	4,26	0,72	
10*)	Hell, feucht, warm	„	53,87	5,70	22,48	22,53	27,69	2,47	12,36	48,74	48,85	60,03	5,35	1,98	
11*)	Dunkel, trocken, kühl	„	68,78	2,39	20,85	22,46	19,30	1,81	7,66	66,78	71,94	61,82	5,80	1,23	
12*)	Dunkel, trock., warm	„	49,60	5,19	19,89	19,60	34,06	2,92	10,10	39,46	38,89	67,58	3,93	1,62	
13*)	Dunkel, feucht, kühl	„	75,02	1,43	23,38	18,92	17,43	1,19	5,72	93,59	75,74	69,77	4,76	0,92	
14*)	Dunkel, feucht, warm	„	47,78	3,11	26,49	24,99	38,22	2,50	5,96	50,76	47,86	73,19	4,79	0,95	

[1]) Vergl. Anmerkung [3]) und **) S. 716.
[2]) Zeitschr. f. d. Prov. Sachsen 1857. 136.
[3]) Landw. Vers.-Stat. 1865, **7**, 451.

*) Je 2 mittelgrosse (sächsische Zwiebel-) Kartoffeln von bestimmtem Gewicht und Stärkegehalt wurden theils im zerstreuten Tageslicht des Laboratoriums, theils am Boden eines dunklen Wandschrankes unter Glasglocken aufbewahrt, welche letztere jedoch den Zutritt der Luft nicht ganz ausschlossen. Zur Herstellung von feuchter und trockner Luft wurde unter die Glasglocken ein Gefäss mit Wasser, bezw. mit koncentrirter Schwefelsäure gestellt. Unter warmer Temperatur ist eine solche von 15—30° C., unter kühler Temperatur eine solche von 10—22° C. zu verstehen. Der Versuch

Ueber den Gewichtsverlust und einige morphologische Veränderuungen der Kartoffelknollen bei der Aufbewahrung im Keller stellte auch E. Wollny Versuche an (Forschungen auf dem Gebiete der Agrikultur-Physik 1891, **14**, 286—302), bei denen er namentlich den Gewichtsverlust und den Stärkegehalt berücksichtigte.

H. Müller-Thurgau macht über die Zusammensetzung süsser Kartoffeln und solcher, die durch Aufbewahren bei 25—26° C. ihre Süsse wieder verloren hatten, folgende Angaben (Landw. Jahrb. 1882, **11**, 751):

	In den süssen Kartoffeln	In den nicht mehr süssen Kartoffeln
Direkt reducirender Zucker	2,758 %	0,664 %
Nach der Inversion reducirender Zucker	1,244 „	0,544 „
Gesammt-Stickstoff	0,3259 „	0,3262 „
Stickstoff der unlöslichen Eiweissstoffe	0,0276 „	0,0521 „
Stickstoff der löslichen Verbindungen	0,2960 „	0,2754 „
Stickstoff der löslichen Eiweissstoffe	0,1010 „	0,0930 „

Schwackhöfer giebt über die Unterschiede in der Zusammensetzung frischer und gefrorener Kartoffeln nachstehende Zusammenstellung (Jahresber. f. Agrik.-Chem. 1881, **24**, 382):

	In 100 Theilen Trocken-Substanz					
	I.		II.		III.	
	Frisch	Gefroren	Frisch	Gefroren	Frisch	Gefroren
Lösliche Bestandtheile im Ganzen	15,22	20,03	16,01	18,49	13,15	14,36
Davon Zucker	0,27	0,42	0,53	0,66	0,71	1,71
Dextrin	—	—	—	—	0,55	0,85
Proteïn, koagulirbar	2,26	2,04	2,78	1,92	3,43	2,76
Proteïn, nicht koagulirbar	4,32	4,69	4,68	5,34	1,62	0,99
Unlösliche Bestandtheile im Ganzen	84,78	79,97	83,99	81,51	86,85	85,64
Davon Stärke	66,94	58,17	70,52	61,57	75,52	72,32
Proteïn	2,86	2,69	—	—	2,26	3,45
Stärkewerth	67,18	58,55	71,00	62,16	76,71	74,71

Sog. „**wilde Kartoffel**",*) wahrscheinlich Solanum tuberosum.

No.	Nähere Bezeichnung	Zeit der Untersuchung	In der ursprünglichen Substanz: Wasser %	Stickstoff-Substanz %	Fett %	Stickstofffreie Extraktstoffe %	Rohfaser %	Asche %	In der Trocken-Substanz: Stickstoff-Substanz %	Stickstofffreie Extraktstoffe %	Stickstoff in der Trocken-Substanz %	Analytiker
1	Aus Paraguay, Knollen	1887	76,40	1,06	0,24	20,25	1,02	1,03	4,49	85,80	0,72	*Nobbe, E. Schmid, L. Hiltner und L. Richter*[1])
2	Aus Paraguay, Rhizome	„	91,01	0,48	0,10	5,38	1,94	1,02	5,34	59,84	0,85	

begann am 12. December 1864 und wurde am 7. Juni 1865 beendet. Die Verluste, welche die Kartoffeln an Gewicht etc. erlitten, erhellen aus nachfolgenden Angaben:

	No. 7	8	9	10	11	12	13	14
Verlust im Ganzen	34,05 %	57,25 %	20,15 %	57,65 %	34,45 %	63,25 %	13,35 %	62,1 %

Am Schlusse des Versuchs enthielt die ursprüngliche Substanz noch:

	7 %	8 %	9 %	10 %	11 %	12 %	13 %	14 %
Proteïn	1,587	1,658	1,321	1,499	1,540	1,337	1,512	1,209
Stärke	15,8	12,5	14,8	11,5	12,6	12,7	15,1	14,4
Asche	0,84	1,16	0,91	1,03	1,18	1,09	1,02	0,95
Von der ursprüngl. Stärkemenge	87,8	59,0	65,0	50,8	60,4	63,9	64,6	54,4

Zu letzterer Zahlenreihe ist zu bemerken, dass bei No. 7 und 8 der Stärkegehalt nur bei einer Knolle bestimmt worden war; ferner dass der Stärkegehalt zu Anfang des Versuchs aus dem spec. Gewicht der Knollen, zu Ende des Versuchs jedoch auf chemischem Wege ermittelt worden war.

[1]) Landw. Vers.-Stat. 1887, **33**, 447.

*) Die steinharten Saatknollen (von 3,01—6,27 g Gewicht mit 10,19—12,97 % Wasser) zu dem Material für obige Analysen stammte aus Asuncion in Paraguay (25° 30′ s. Br. und 40° w. L. Ferro), wo die wilde Kartoffeln während der Winterzeit auf ungebautem Lande und an Hecken und Zäunen wild wächst. Sie keimt im März—April und reifen Frucht wie Knollen in den Monaten Mai—August. Das Material zu obigen Analysen wurde aus der Saatknolle in Tharand in einem mit Gartenerde gefüllten Holzkasten gewonnen. Die erzielten Knollen hatten ein specifisches Gewicht von 1,0949 (= 22,9 % Trocken-Substanz und 17,1 % Stärke); gekocht erwiesen sich die wilden Kartoffeln sehr stark schleimig-glasig und vollständig ungeniessbar. Ausser obigen Bestandtheilen wurde noch bestimmt und gefunden:

	Reines Eiweiss	Solanin	Stärke	Zucker	Dextrin
Wilde Kartoffeln, Knollen	0,61 %	0,32 %	16,48 %	—	0,64 %
„ „ Rhizome	0,34 „	0,09 „	2,31 „	0,50 %	—

Cetewayo-Kartoffel — Solanum tuberosum Cetewayo — Zulu-König-Kartoffel.

Diese Kartoffel wird hie und da angepflanzt und als Salat benutzt. Beim Kochen nimmt sie eine violette Färbung an und in Berührung mit Essig wird sie roth. Ihr Geschmack ist angenehm, die aus ihr dargestellte Stärke ist weiss.

Alexander von Asbóth (Chem. Ztg. 1893, 17, 725—726) fand für die Cetewayo-Kartoffel folgende procentige Zusammensetzung:

Nähere Bezeichnung	Wasser	Gesammt-Eiweiss	In Wasser lösliches Proteïn	Asparagin	Fett	Stärke	Dextrin	Sonstige stickstoff-freie Extraktstoffe	Rohfaser (Differenz)	Asche
Ursprüngliche Kartoffel	72,66	1,16	0,29	1,02	0,16	16,77	0,60	3,11	2,84	1,68
Bei 110° getrocknete Kartoffel . .	72,66	6,48	1,05	3,73	0,59	61,35	2,20	11,41	8,17	6,07

Hiernach ist die Cetewayo-Kartoffel eine annähernd gleiche Zusammensetzung wie die gewöhnliche Kartoffel.

Sonstige Kartoffel-Analysen.

1. A. Petermann fand in 310 Kartoffelsorten Belgiens 9,8—24,0 %, im Mittel 15,2 % Stärke. Bull. de la Stat. Agron. Gembloux No. 46, 1—27; Chem. Centrbl. 1890, I, 774.
2. R. Heinrich: a) Analysen bei Anbauversuchen. Trocken-Substanz und Stärkebestimmungen aus dem specifischen Gewicht. 2. Bericht der Landw. Vers.-Stat. Rostock 1894, 177—183. b) Versuche über die Gewichtsverminderungen, welche die Kartoffeln in einem Jahre bei dem Liegen im Keller erleiden. Daselbst 229.
3. Woll, Failyer und Willard, Experim. Stat. Rec. 1892, 4, 173, 175; Centrbl. Agrik.-Chem. 1894, 23, 282. Analyse der Rothen Bermuda-Kartoffel.
4. Balland, Compt. rend. 1897, 125, 429—431; Centrbl. Agrik.-Chem. 1898, 27, 464, fand für die Zusammensetzung französischer Kartoffeln folgende Schwankungszahlen:

Nähere Bezeichnung	Wasser %	Stickstoff-Substanz %	Fett %	Stickstoff-freie Extraktstoffe %	Rohfaser %	Asche %
Ursprüngliche Substanz	66,10—80,66	1,43—2,81	0,04—0,14	15,58—29,85	0,37—0,68	0,44—1,18
Trocken-Substanz	—	5,98—13,24	0,18—0,56	80,28—89,78	1,40—3,06	1,66—4,38

Aus 16 weiteren Analysen über den Wasser- und Stickstoffgehalt geht hervor, dass zwischen dem Wasser- und Stickstoffgehalt der Kartoffel keine Beziehungen erkennbar sind.

Anhang zu Kartoffeln.

In der Zusammenstellung der Futtermittel-Analysen von Th. Dietrich und J. König finden sich ferner Tabellen über die Zusammensetzung der Kartoffeln unter dem Einfluss „der Kulturmethode", „der Entlaubung", „der Grösse", „des Bodens" etc. Diese Tabellen mögen hier fehlen und sei auf obige Quelle verwiesen. Dagegen mögen aus letzterer noch folgende Angaben über die Zusammensetzung der Kartoffeln nebst den neueren diesbezüglichen Untersuchungen auch hier aufgenommen werden.

I. Gehalt der Kartoffeln an Stickstoff-Substanz.

Ueber den Eiweissgehalt und den Gehalt an nicht-eiweissartigen stickstoffhaltigen Stoffen der Kartoffeln liegen noch eine Reihe von Untersuchungen vor, von welchen die nachstehenden hier aufgeführt werden mögen.

1. E. Schulze und J. Barbieri (Landw. Vers.-Stat. 1878, 21, 63), sowie E. Schulze und E. Eugster (Landw. Vers.-Stat. 1882, 27, 357) fanden:

Kartoffelsorte	Trocken-Substanz der Knollen %	Stickstoffgehalt frische Knollen %	Stickstoffgehalt Trocken-Substanz %	Vom Gesammt-Stickstoff fallen auf Eiweissstoffe %	Vom Gesammt-Stickstoff fallen auf Nicht-Eiweiss-Substanz %
Bodensprenger I	23,2	0,349	1,504	60,7	39,3
Bodensprenger II	24,5	0,340	1,388	59,7	40,3
Frühe Rosen-Kartoffel . . .	25,5	0,291	1,141	47,4	52,6
König der Frühen	23,8	0,336	1,412	48,2	51,8
Biskuit-Kartoffel	33,6	0,360	1,526	65,2	35,0
Bodensprenger	—	0,292	—	65,4	34,6
Rosen-Kartoffel	—	0,237	—	43,9	56,1
König der Frühen	—	0,287	—	48,4	51,6
Biskuit-Kartoffel	—	0,294	—	57,5	42,2

Unter den Nicht-Eiweiss-Verbindungen fand E. Schulze: Peptone, Xanthin-Körper, Asparagin, Leucin und Tyrosin.

2. O. Kellner theilt über die Stickstoff-Verbindungen in der Kartoffelknolle Folgendes mit (Landw. Jahrb. 1879, 8, I. Supplement, 243):

No.	Kartoffelsorten	Trocken-Substanz %	In der Trocken-Substanz Gesammt-Stickstoff %	In der Trocken-Substanz Amid-Stickstoff %	In der Trocken-Substanz Eiweiss-Stickstoff %	Proteïn-Stickstoff in Procenten des Gesammt-Stickstoffs
1	Peach Blow	19,15	2,906	1,540	1,366	43,9
2	Van der Veer	19,16	1,555	0,762	0,793	51,0
3	Frühe Füllhorn	19,24	2,195	1,076	1,119	50,9
4	Weisse Futter	19,82	1,680	0,908	0,772	46,0
5	Dunkelgelbe Futter	19,88	2,250	1,045	1,205	53,6
6	Weisse Nieren	21,14	1,686	0,721	0,965	57,4
7	Hellgelbe Futter	23,81	1,382	0,577	0,805	58,3
8	Rohan	21,85	1,686	0,721	0,965	57,2
9	Erste vom nassen Grunde . .	24,35	1,722	0,718	1,004	58,3
	Mittel für No. 1—5	**19,45**	**2,117**	**1,066**	**1,051**	**49,1**
	„ „ „ 6—9	**22,29**	**1,619**	**0,684**	**0,935**	**57,7**

Die Kartoffeln waren zum Theil (No. 1 und 2) auf rigoltem, früher mit Gemüse bebautem Boden, zum Theil (No. 3—9) auf einer Parcelle gezogen worden, die früher den Zwecken einer Baumschule gedient hatte. Sämmtliche Sorten waren den Winter über in Tonnen eingemiethet gewesen und gelangten erst im April zur Analyse. Die untersuchten Knollen zeichnen sich sämmtlich durch niedrigen Gehalt an Trocken-Substanz und zumeist durch einen hohen Stickstoff-Gehalt aus, was sich nach Ansicht des Autors aus der Beschaffenheit des betr. Bodens (in Hohenheim) erklärt, welcher für die Kartoffelkultur sehr wenig geeignet ist.

A. Morgen (Deutsche landw. Presse 1879, 533) hat 40 verschiedene Kartoffelsorten analysirt. Von 100 Gewichtstheilen Gesammt-Stickstoff fielen auf:

	Eiweissstoffe	Amide
Mittel	55,88	38,52 %
Schwankungen . . .	43,20—64,64	30,34—51,66 %

II. Einfluss verschiedener Verhältnisse auf den Gehalt an Stärke und Trocken-Substanz etc.

Kaum bei einem zweiten Nahrungsmittel schwankt die Zusammensetzung in so weiten Grenzen wie bei der Kartoffelknolle. Der Gehalt derselben an Trocken-Substanz, als Ausdruck der Güte der Knollen angenommen, schwankt in Grenzen von 16—33 % (also um 100 %), so dass Kartoffeln nicht ungewöhnlich sind, deren Werth doppelt so hoch ist als der einer anderen und die vom Mittelwerthe um 33% differiren.

Die Qualität der Kartoffeln ist abhängig von der Sorte, von den Boden-, Witterungs- und Düngungsverhältnissen. Die vorliegenden zahlreichen Analysen der Kartoffeln bringen diese verschiedenen Einflüsse auf die Zusammensetzung, auf die Qualität nicht in genügender Weise zur Anschauung. Mehr als diese gewähren einige derjenigen Untersuchungen einen Einblick in dieser Beziehung, bei welchen man sich auf die Bestimmung des specifischen Gewichts und Berechnung der Trocken-Substanz und Stärkegehaltes beschränkte. Wir bringen deshalb als Ergänzung der vorstehenden Analysen die Ergebnisse einiger dieser Untersuchungen, welche uns zu dem Zwecke geeignet erscheinen.

Schwankungen des Gehalts der Kartoffeln an Trocken-Substanz und Stärke:

I. Bei unter gleichen Boden-, Düngungs- und Witterungsverhältnissen vergleichend angebauten Sorten, gruppirt nach Form und Farbe.

A. Einfluss des Sortencharakters auf Gehalt der Kartoffeln an Trocken-Substanz und Stärke.

Bezeichnung der Sorte	1866 Im Mittel von Sorten	1866 Trocken-Substanz %	1866 Stärke %	1867 Im Mittel von Sorten	1867 Trocken-Substanz %	1867 Stärke %
*) 1. Gelbschalige Sorten: a) runde	29	24,0	16,4	28	25,4	17,8
b) lange	16	23,3	15,7	18	24,2	16,6
überhaupt	45	23,7	16,1	46	24,9	17,3
2. Rothschalige Sorten: a) runde	9	25,2	17,6	10	25,2	17,5
b) lange	12	24,9	17,3	11	26,1	18,4
überhaupt	21	25,0	17,4	21	25,7	18,0
3. Buntschalige: roth und gelbe	10	22,5	14,9	8	25,7	18,0
4. Buntschalige: blau und gelbe	6	24,2	16,6	5	24,4	16,8
5. Blauschalige: a) runde	3	20,0	12,5	3	23,2	15,6
b) lange	2	25,4	17,8	2	24,3	16,7
6. Mäuse- (Nieren-) Kartoffel a) gelbe	9	23,0	15,4	8	24,5	16,9
b)	5	22,3	14,8	5	23,9	16,3
Die Kartoffeln im Durchschnitt	106	23,7	16,0	98	25,0	17,4
Schwankungen	—	ca. 16,0—32,86	ca. 9—20,8	—	21,8—30,7	14,1—22,9

Aeussere Beschaffenheit der Knollen	Zahl der analysirten Sorten (auf 100 berechnet)	Unter je 100 analysirten Sorten befanden sich Sorten mit einem Stärkegehalt von 13%	14%	15%	16%	17%	18%	19%	20%	21%	22%	Mittlerer Gehalt an Trocken-Substanz %	Mittlerer Stärkegehalt %
**) 1. Gesammtform der Knollen:													
rund	44	0	0	0	18	29	23	14	2	5	0	25,4	17,78
länglich	19	5	5	21	16	12	10	16	5	0	0	25,4	17,77
2. Farbe der Rinde:													
röthlich	63	0	3	6	14	17	22	21	6	8	2	25,5	17,86
gelb	41	2	0	15	19	29	18	10	5	2	0	24,7	17,00
3. Farbe des Fleisches:													
weiss	24	0	0	12	12	12	28	20	0	8	4	25,5	17,88
hellgelb	39	0	3	8	11	32	27	8	0	11	0	25,0	17,33

*) Th. Dietrich, Landw. Zeitschr. f. Kurhessen 1767, 169 u. 1868, 195.
) F. Nobbe, Landw. Vers.-Stat. 1864, **6, 413.
} Aus dem specifischen Gewicht nach der Tabelle von Balling berechnet.

Aeussere Beschaffenheit der Knollen	Zahl der analysirten Sorten (auf 100 berechnet)	Unter je 100 analysirten Sorten befanden sich Sorten mit einem Stärkegehalt von										Mittlerer Gehalt an Trocken-Substanz	Mittlerer Stärkegehalt
		13 %	14 %	15 %	16 %	17 %	18 %	19 %	20 %	21 %	22 %	%	%
gelb	59	4	4	7	29	16	14	17	7	2	0	24,7	17,08
hochgelb	15	0	0	27	0	13	7	33	20	0	0	25,5	17,80
gelb überhaupt	111	2	3	10	19	23	7	16	6	4	0	25,0	17,32
röthlich	2	0	0	0	0	0	0	50	0	0	50	28,2	20,50
4. Beschaffenheit der Rinde:													
derb (fest)	45	0	2	7	16	13	20	27	4	7	4	25,7	18,00
fein (zart)	60	3	5	10	17	27	20	12	3	3	0	24,7	17,01
glatt	17	6	0	12	24	24	12	6	18	0	0	24,7	17,06
rauh	20	0	0	15	25	25	20	10	5	5	0	24,8	17,19
borkig	9	0	11	0	22	11	22	22	0	11	0	25,2	17,56
klüftig	6	0	0	0	0	20	20	40	0	40	0	26,9	19,17
5. Beschaffenheit des Fleisches:													
derb (fest)	41	0	0	5	17	12	22	22	7	10	5	25,7	18,03
fein (weich)	49	0	4	16	16	26	14	16	6	0	0	24,7	17,04
6. Entwicklung der Augen:													
tiefliegend	48	0	0	8	14	27	18	20	2	6	2	25,4	17,71
flachliegend	24	4	0	12	25	25	21	4	4	4	0	24,5	16,96
7. Entwicklung der Blattkissen:													
gewölbt	37	0	0	5	8	33	22	22	8	3	0	25,5	17,83
flach	34	6	6	9	21	18	21	12	3	3	3	24,7	17,00
mässig gewölbt	59	0	4	10	18	20	22	15	2	7	2	25,0	17,44
8. Beschaffenheit des Schaumes:													
fest (dicht)	64	0	0	2	12	22	24	25	9	3	3	25,8	18,14
wässerig	52	2	8	22	24	20	12	10	2	4	0	24,2	16,56
mässig fest	17	6	0	6	12	31	25	12	0	6	0	24,9	17,25

No. der Sorten	Bezeichnung der Sorten	Trocken-Substanz %	Stärke %	No. der Sorten	Bezeichnung der Sorten	Trocken-Substanz %	Stärke %
*) 1	Brownell's Beauty, v. Gröling	19,99	15,77	9	Frühe weisse Rosen, v. Gröling	21,12	16,71
11	Lapstone Kidney, v. Gröling	21,32	16,88	18	desgl.	22,37	17,78
21	Paterson's blaue Nieren, v. Gröling	22,59	17,77	5	Späte Rosen	20,54	16,22
25	Heiligenstädter, v. Gröling	22,81	18,16	59	Weisse Rosen, Haage u. Schmidt	29,19	23,92
31	Weisse Speisekartoffel, Halle	23,48	18,76	42	Weisse sächsische Zwiebel	25,35	20,43
37	Biskuit, v. Gröling	24,17	19,37	48	desgl.	26,59	21,52
41	Rothe Zwiebel	25,11	20,22	53	desgl.	27,75	22,61
50	Snowflake, v. Gröling	27,27	22,18	55	desgl.	28,47	23,27
54	Poachblow, v. Gröling	27,99	22,83	58	desgl.	28,95	23,70
61	Daber'sche, v. Gröling	29,43	24,13	60	desgl.	29,15	23,92
71	Daber'sche Salzmünde	34,88	28,80	70	desgl.	33,98	28,09
72	Weissfleischige Zwiebel, v. Gröling	35,68	29,39	72	desgl.	35,68	29,39
3	Frühe weisse Rosen	19,99	15,77		Mittel (42—72)	**29,6**	**24,3**

*) Holdefleiss, Landw. Jahrbücher 1877, **6**, Supplement, 107. Nach direkten Bestimmungen und darnach eingerichteter Tabelle.

B. Schwankungen im Gehalt der Kartoffeln in verschiedenen Jahren.

Bezeichnung der Sorten	Bei 12-jährigem Anbau				Mittlerer Stärkegehalt
	Stärke		Stärke		
	Minimum	Jahr	Maximum	Jahr	%
*) a) Runde gelbe:					
Lammer's Sechswochenkartoffel	14,2	1864	17,7	1856	16,5
Gelbe frühe Johanniskartoffel	12,0	1858	23,5	1856	18,6
Fars	14,0	1865	24,7	1863	19,0
Englische Spargelkartoffel	13,0	1865	21,5	1855	18,0
Gelbe frühe Jakobikartoffel	13,7	1855	20,4	1856	17,2
Holländische Zuckerkartoffel	11,7	1865	21,3	1863	17,0
Neue schottische Kartoffel	13,0	1865	20,0	1862	16,5
Englische mehlige Roastbeefkartoffel	11,3	1861	21,0	1856 u. 1863	17,5
Feinste volltragende	14,0	1865	21,7	1856	18,0
Pygmene	13,2	1859	22,5	1863	16,7
Neunwochen	11,7	1855	19,7	1862	17,0
Early prolific	14,0	1855	21,6	1856	17,7
Feine neue Everlasting	10,5	1860	22,2	1863	16,5
Braunschweiger Zucker	13,7	1860	21,0	1863	17,0
Späte Lumptzer	13,5	1860	20,6	1856 u. 1862	16,8
Rodland	11,7	1865	19,5	1856	16,2
Eier	13,2	1855	23,5	1863	17,2
Aus den Intermedos	11,6	1860	20,1	1856	15,2
Von Elsner's Sämling	15,2	1866	20,7	1862	18,5
Ganz frühe englische Zuckerkartoffel	11,0	1860	21,0	1863	15,0
Albert's neue Maikartoffel	13,3	1860	22,2	1863	16,7
Frühe Cockney von 1838	11,7	1865	20,5	1861	16,7
Knecht's Intermedos	11,7	1865	22,2	1863	17,2
Aus der Pfalz	11,7	1865	19,7	1861	16,7
Ashleaved Kidney	7,6	1859	20,2	1863	15,2
Runde Sechswochen	13,7	1857	21,0	3mal	17,5
Harburger vortreffliche	13,0	1858	21,2	1856	17,3
Arakacha	13,0	1865	22,0	1856	18,7
Guhrauer	14,0	1864	22,2	1863	17,6
Weisse Rosen	13,0	1865	21,2	1863	16,7
Frühe London	10,5	1859	19,5	1855	15,2
Frühe Trauben	14,0	1865	21,0	1863	17,7
Montevideo	11,0	1859	18,5	1856	14,2
Reinhard's frühe	13,0	1865 u. 1866	19,7	1856	16,7
Weisse Peruaner	13,0	1865	23,0	1863	16,0
Belle de Calais	10,7	1861	22,2	1863	16,0
Frühe englische Treibkartoffel	13,0	1865	21,0	1863	17,8
Echte englische	11,7	1865	20,7	1862	17,0
b) Lange gelbe:					
Familienkartoffel	12,3	1859	20,5	1857	16,7

*) Von Blomeyer zusammengestellt. Landw. Jahrbücher 1873, **2**, 178. (Ergebnisse über die wichtigsten Arbeiten auf dem Versuchsfelde zu Proskau.) Ueber den Charakter der Witterung während der Vegetationszeit in den 12 Jahren des Anbaues sind Angaben leider nicht gemacht. Die Maximal- und Minimalzahlen wurden von uns zusammengestellt. Die Zahlen des „Mittleren Stärkegehalts" auf Seite 724 wurden von uns berechnet.

Bezeichnung der Sorten	Bei 12-jährigem Anbau				Mittlerer Stärkegehalt
	Stärke		Stärke		
	Minimum	Jahr	Maximum	Jahr	%
c) **Runde rothe:**					
Early toll american	11,6	1865	19,5	1857	17,8
Frühe rothe Aschersiebener	12,4	1861	20,7	1862	17,2
Englische Rosett-Kidney	8,7	1859 u. 1860	22,2	1863	16,3
Zwiebelkartoffel	11,0	1860	20,4	1862	16,5
Dochnahl's Neunwochen	16,5	1861	20,7	1862	19,7
Frühe Hasler	10,6	1865	18,7	1866	15,2
Späte rothe Aschersiebener	13,5	1865	21,8	1856	17,0
Dänische rothe runde	12,7	1859	22,5	1856	18,0
Pomme de terre de Berlin	13,7	1858	22,0	1857	17,3
Märkische	10,5	1858	21,0	1863	16,5
Schwaben	11,7	1858	22,5	1862	17,7
Rothe Yams	12,7	1859	23,5	1863	17,8
d) **Lange rothe:**					
Runkelrüben	13,0	1865	17,7	1861	16,4
e) **Runde blaue:**					
Oschard	13,2	1865	21,0	1863	17,0
Schwarze aus Algier	13,7	1855	22,2	1856	22,2
Blaugraue preussische	12,0	1860	23,5	1862	17,2
Ulmer blaue	13,7	1855	21,2	1863	17,1
Liverpool	11,2	1865	22,5	1862	17,8
Frühe blaue von Richter	8,0	1859 u. 1860	21,0	1863	16,5
Biskuit von Proskau	15,2	4 mal	21,0	1862	16,7
f) **Bunte:**					
Bunte Rocks	13,1	1865	21,0	1856 u. 1863	17,5
Wengiersky'sche Joget	11,5	1859	21,0	1862	17,5
g) **Nierenförmige:**					
Algierische Nieren	11,7	1865	18,7	3 mal	16,2
Corcilleren	12,0	1860	25,5	1857	17,0
Frühe Cantalouge	11,0	1860	20,4	1862	16,3

Mittlerer Stärkegehalt verschiedener (vorstehender) Kartoffelsorten bei vergleichsweisem Anbau in 12 aufeinanderfolgenden Jahren*):

Im Mittel von 63 Sorten . . .	1855: 16,0 %	Im Mittel von 78 Sorten . . .	1861: 15,9 %
„ „ „ 72 „ . . .	1856: 18,8 „	„ „ „ 99 „ . . .	1862: 19,4 „
„ „ „ 72 „ . . .	1857: 18,0 „	„ „ „ 99 „ . . .	1863: 19,3 „
„ „ „ 76 „ . . .	1858: 16,0 „	„ „ „ 115 „ . . .	1864: 17,2 „
„ „ „ 76 „ . . .	1858: 15,0 „	„ „ „ 120 „ . . .	1865: 14,4 „
„ „ „ 77 „ . . .	1860: 14,7 „	„ „ „ 138 „ . . .	1866: 17,1 „

*) Vergl. Anmerkung *) S. 723.

C. Einfluss der Lufttemperatur (der Wärmesumme) auf den Gehalt der Kartoffel an Stärke.
Th. Dietrich, Landw. Ztg. für Kurhessen 1868, 195.

Jahr	Wärmesumme	Stärkegehalt a.	Stärkegehalt b.
1865	2171 °C.	19,0%	—
1867	1912 °C.	18,5 „	17,4%
1866	1224 °C.	17,4 „	16,0 „

Die Wärmesumme wurde gefunden durch Multiplikation der mittleren Tagestemperatur während der Vegetationszeit mit der Anzahl der Tage, welche die Vegetation der Kartoffeln dauerte.

Die Zahlen unter a. beziehen sich auf den Durchschnittsgehalt von 24 Sorten, welche die 3 Jahre hindurch in dem Garten der Vers.-Stat. Altmorschen angebaut worden waren, die unter b. auf den Durchschnitt von 98, bezw. 106 Sorten, welche im zweiten und dritten Jahre gebaut wurden.

D. Einfluss des Bodens und der Höhenlage eines Feldes auf den Stärkegehalt der Kartoffel (Anbau desselben Saatgutes auf verschiedenen Gütern).
H. Grouven, Jahresber. der Agrikulturchemie 1868 und 1869, 11 und 12, 416.

Ort des Anbaues	Geognostischer Charakter des Bodens	Uebliche Bezeichnung des Bodens	Höhe über dem Meere ca.	Stärke-gehalt %
Benkendorf bei Halle . .	Muschelkalk	Leichter humoser Boden	200 Fuss	26,7
Kriechen bei Liegnitz . .	Diluvialsand	Reiner Sandboden, flachgründig	?	25,4
Aderstedt bei Halberstadt .	?	Bruchboden, auf weissem Klay	?	23,8
Muschten b. Frankfurt a. O.	Alluvium	In alter Kultur stehender sandiger Lehm	280	22,3
Costeletz bei Kollin . . .	Zechstein	Mergelboden	1350	21,5
Parey bei Genthin . . .	Alluvium (Flusssand)	Sandboden mit Lehmunterlage	100	21,2
Markleeberg bei Leipzig .	Diluvium	Tiefgründiger sandiger Lehm	400	19,8
Tost bei Sarnau	Kalkstein	Milder Lehm mit Kalksteingerölle im Untergrund	900	19,4
Klamin bei Danzig . . .	Diluvium	Milder Lehm mit durchlassendem Untergrund	50	17,4

Die angewendete Kartoffelsorte war die „sächsische Zwiebel“. Die für die Saat an sämmtlichen Orten benutzte Kartoffel war gemeinschaftlich bezogen worden.

E. Einfluss abnormer Entwickelung der Kartoffel (des „Durchwachsens“) auf die Qualität derselben.
J. Kühn, Jahresber. der Agrikulturchemie 1868 und 1869, 11 und 12, 212.

	Trocken-Substanz normal	Trocken-Substanz anormal	Stärke normal	Stärke anormal
Rothe Benkendorfer	32,1%	31,6%	24,6%	24,1%
Erdbeer-Rothauge	27,2 „	27,4 „	19,5 „	19,9 „
Gelbfleischige Zwiebel	29,6 „	29,9 „	21,9 „	22,2 „
Weisse Tannzapfen	29,0 „	27,9 „	21.3 „	20,3 „
Blaue Horn	27,6 „	27,9 „	20,0 „	20,3 „
Tosca	29,0 „	27,4 „	21,3 „	19,6 „
Friedrich Wilhelm	29,7 „	29,4 „	22.0 „	21,6 „
Lange rothe Tannzapfen . . .	29,0 „	28,1 „	21,3 „	20,7 „
Frühe rothe Fürstenwalder . .	32,4 „	31,3 „	24,8 „	23,9 „
Späte Oscherslebener	27,6 „	27,9 „	20,0 „	20.3 „
Grüne oder Heiligenstädter . .	23,3 „	25,3 „	15,9 „	17,8 „
Mittel	**29,4%**	**27,9%**	**21,6%**	**20,3%**

Als „durchwachsene“ Kartoffeln sind hier solche im Lande frisch gezogene Knollen zu verstehen, aus welchen durch abnorme Witterungsverhältnisse bereits wieder neue Knollen ausgewachsen sind, und durch welche Erscheinung die Knolle bereits im Jahre ihrer Erzeugung (scheinbar) zur Mutterknolle wird. Nach vorstehenden Zahlen ist die Differenz im Gehalte normal und anormal entwickelter Knollen unbedeutend, aus welchem Umstande der Autor den Schluss zieht, dass die Ausbildung der jungen Knollen (zweite Generation) nicht auf Kosten der Knollen erster Generation erfolgt sein kann.

III. Zusammensetzung gekeimter und nicht gekeimter Kartoffeln.

A. Prunnet (Compt. rend. 1892, 114, 1079—1081; Chem. Centrbl. 1892, I, 949) fand für gekeimte und nicht gekeimte Knollen am Knospen- und am Nabelende folgende Zusammensetzung:

Bestandtheile		Nicht gekeimte Knollen		Gekeimte Knollen	
		Knospen-ende %	Nabel-ende %	Knospen-ende %	Nabel-ende %
In der natürlichen Substanz	Wasser	73,50	75,95	73,60	77,40
	Gesammt-Stickstoff	0,348	0,325	0,374	0,302
	Stickstofffreie Extraktstoffe	22,43	20,52	23,21	19,07
	Organische Säuren	0,198	0,186	0,207	0,178
	Mineralstoffe	1,329	1,063	1,460	1,012
Eiweiss-Stickstoff in % des Gesammt-Stickstoffs		61,21	60,04	41,76	53,43
Von den Eiweissstoffen löslich		68,45	64,02	83,07	69,33
In Procenten der Mineralstoffe	Kalk (CaO)	1,95	1,97	1,88	1,93
	Magnesia (MgO)	3,25	3,12	3,24	2,97
	Kali (K_2O)	63,28	57,35	62,37	52,49
	Phosphorsäure (P_2O_5)	17,32	16,06	17,27	15,14

IV. Zusammensetzung der Kartoffel in verschiedenen Reifestadien.

Hierüber stellte A. Girard (Compt. rend. 1889, 108, 602; Chem. Ztg. 1889, 13, Rep. 104) Versuche mit 200 gleichen Knollen an, indem er während der Entwickelung der Kartoffel 6 mal erntete und zwar mit folgendem Ergebnisse:

Bestandtheile		3. Juli 1888	4. August 1888	28. August 1888	20. Septbr. 1888	10. Oktober 1888	25. Oktober 1888
Mittleres Gewicht der Knollen	kg	0,031	0,719	1,270	1,530	1,770	1,553
Wasser	%	85,22	80,79	78,16	75,94	80,22	77,05
Lösliche Stoffe	„	4,72	3,87	3,34	4,60	4,67	4,60
Rohrzucker	„	1,48	1,12	0,64	0,27	0,10	0,02
Reducirender Zucker	„	0,67	0	0	0	0	0
Stickstoffhaltige Stoffe	„	1,36	0,91	1,19	2,06	1,99	1,98
Andere organische Stoffe	„	0,35	0,72	0,13	0,96	1,19	1,14
Mineralstoffe	„	0,86	1,14	1,38	1,31	1,39	1,46
Unlösliche Stoffe	„	10,06	15,22	17,55	19,47	15,33	18,29
Stärke	„	8,40	13,92	15,67	17,44	13,70	16,38
Rohfaser	„	1,40	1,23	1,60	1,60	1,31	1,66
Stickstoffhaltige Faser	„	—	0,08	0,19	0,32	0,19	0,19
Mineralstoffe	„	—	0,08	0,09	0,09	0,13	0,06

Die plötzliche Zunahme des Knollengewichtes vom 20. Sept. bis 10. Okt. und die Abnahme des Stärkegehaltes ist die Folge zahlreicher Niederschläge, deren Menge in 20 Tagen 54 mm betrug.

V. Zusammensetzung der verschiedenen Theile derselben Kartoffel.

H. Coudon und L. Bussard (Compt. rend. 1897, 125, 43; Centrbl. Agrik.-Chem. 1898, 27, 131) fanden, dass die Schnittfläche einer reifen Kartoffelknolle drei verschiedene Schichten erkennen lässt, deren Zusammensetzung für zwei Kartoffelsorten wie folgt gefunden wurde:

Kartoffelsorte:		Wasser %	Stickstoff-Substanz %	Stärke %
Lesquin	Aeusserste Schicht . . .	72,60	1,90	20,66
	Mittlere „ . . .	74,14	2,21	19,61
	Innere „ . . .	79,13	2,45	14,44
Czarin	Aeusserste Schicht . . .	72,92	1,84	22,45
	Mittlere „ . . .	78,87	2,16	15,64
	Innere „ . . .	84,48	2,17	10,50

VI. Zusammensetzung von Saft und Mark derselben Kartoffel.

J. H. Gilbert (Agric. Students Gazette 4, II, 45 Seiten; Centrbl. Agrik.-Chem. 1889, 18, 823) in Rothamsted berichtet über 12-jährige Anbauversuche mit Kartoffeln. Von den Ergebnissen seien hier die folgenden mitgetheilt:

1. Die Stickstoff-Verbindungen in der Kartoffel, im Mark und im Safte.

Art der Düngung	Vom Gesammt-Stickstoff der Knollen sind in Procenten vorhanden			
	als Eiweiss			als Amide
	im Mark %	im Safte %	zusammen %	%
Ungedüngt	15,8	48,7	64,5	35,5
Superphosphat	9,1	57,6	66,7	33,3
Gemischter Mineraldünger	14,4	57,5	71,9	28,1
Ammonsalze	12,3	45,1	57,4	42,6
Natriumnitrat	11,0	40,8	51,8	48,2
Ammonsalze und gemischter Mineraldünger . . .	16,1	47,6	63,7	36,3
Natriumnitrat und gemischter Mineraldünger . .	17,1	46,9	64,0	36,0
Stallmist	22,0	45,9	67,9	32,1
Stallmist und Superphosphat	19,5	49,8	69,3	30,7
Stallmist, Superphosphat und Natriumnitrat . . .	12,6	46,5	59,1	40,9
Mittel	**15,0**	**48,6**	**63,6**	**36,4**

2. Vertheilung der Bestandtheile in den frischen Knollen.

Nachstehende Tabelle stellt die mittlere Zusammensetzung der Kartoffelknolle dar, wie sie sich nach den chemischen Analysen der auf 10 Parcellen in den Jahren 1876—1878 in Rothamsted, sowie aus anderen Ergebnissen Rothamsteder und fremder Versuche abschätzen lässt.

Bestandtheile	In den Knollen %	Im Marke %	Im Safte %	In Procenten der Bestandtheile enthält	
				das Mark %	der Saft %
Trocken-Substanz	24,6	20,9	3,7	85,00	15,00
Stickstoff	0,250	0,040	0,210	15,00	85,00
Reinasche	0,970	0,140	0,830	15,00	85,00
Eisenoxyd und Thonerde	0,004	0	0,004	0	0,41

Bestandtheile	In den Knollen %	Im Marke %	Im Safte %	In Procenten der Bestandtheile enthält das Mark %	der Saft %
Kalk	0,018	0,002	0,016	0,21	1,63
Magnesia	0,035	0,002	0,033	0,21	3,36
Kali	0,538	0,088	0,470	9,43	47,90
Natron	0,006	bis 0,001	0,007	bis 0,11	0,71
Phosphorsäure	0,123	0,040	0,083	4,29	8,46
Schwefelsäure	0,064	0	0,064	0	6,52
Chlor	0,057	0	0,057	0	5,81
Kohlensäure	0,116	0,004	0,112	0,43	11,42
Kieselsäure	0,006	0,005	0,001	0,54	0,10

Aus diesen Verhältnissen lässt sich eine allgemeine Schlussfolgerung für die zweckmässigste Zubereitung der Kartoffeln als Nahrungsmittel ziehen. Da nämlich 80—85 % des Gesammt-Stickstoffes im Safte sich befinden, auch darin ungefähr ebensoviel von den Mineralstoffen, da $^2/_3$ des Eiweiss-Stickstoffes und der Phosphorsäure und 80—85 % des Kalis sich befinden, so ist es vortheilhaft, die Kartoffeln in ihrer Schale zu kochen und nicht im geschälten Zustande, in welchem sie ausgelaugt werden und einen Theil ihres Nährwerthes verlieren.

VII. Zusammensetzung grosser und kleiner, sowie kranker Kartoffeln.

J. H. Gilbert (siehe den vorstehenden Abschnitt VI) berichtet auch über die Zusammensetzung der grossen gutausgebildeten, der kleinen unvollkommen entwickelten und der kranken Kartoffeln. Die Zusammensetzung der Kartoffeln von 10 Parcellen war in den Jahren 1876—78 folgende:

Bezeichnung	Trocken-Substanz %			In der Trocken-Substanz: Stickstoff %			Mineralstoffe %			Zucker im Safte %		
	1876	1877	1878	1876	1877	1878	1876	1877	1878	1876	1877	1878
Grosse Knollen	22,52	26,95	24,20	4,16	3,88	4,06	1,147	0,953	0,963	0,50	0,39	—
Kleine „	21,65	25,15	22,74	4,35	4,16	4,71	1,266	—	—	0,61	0,63	—
Kranke „	19,35	22,63	20,02	5,11	4,88	5,39	1,486	—	—	—	—	—

Die durchschnittliche Zusammensetzung des weissen und des schwarzen Theiles der kranken Kartoffeln war folgende:

Bestandtheile	1876 Weisser Theil %	1876 Schwarzer Theil %	1877 Weisser Theil %	1877 Schwarzer Theil %	1878 Weisser Theil %	1878 Schwarzer Theil %
Mineralstoffe im Safte	1,986	1,432	1,488	1,511	1,050	1,059
Stickstoff „ „	0,281	0,172	0,232	0,135	0,213	0,100
Zucker im Safte (durch Polarisation)	1,307	0,078	1,13	0,49	2,69	0,65
Gesammt-Glykose im Safte	—	—	1,839	0,445	3,635	1,766
Stickstoff im Mark	0,352	1,613	—	—	—	—
Mineralstoffe „ „	1,01	1,99	0,843	1,370	—	—

Topinambur.*)

Knolle von Helianthus tuberosus L., Erdbirne, Erdapfel, Grundbirne, Erd-Artischoke. — Jerusalem-Artischoke. — Topinambour, Poire de terre.

No.	Nähere Bezeichnung	Zeit der Untersuchung	In der ursprünglichen Substanz: Wasser %	Stick-stoff-Substanz %	Fett %	Stickstoff-freie Extraktstoffe %	Rohfaser %	Asche %	In der Trocken-Substanz: Stick-stoff-Substanz %	Stickstoff-freie Extraktstoffe %	Stickstoff in der Trocken-Substanz %	Analytiker
1	Ohne nähere Bezeichnung .	—	77,05	0,99	0,09	22,65	1,22	—	4,31	89,98	0,69	*Braconnot*[1])
2	desgl.	—	76,04	3,12	0,20	17,85	1,50	1,29	13,02	74,51	2,08	*Payen, Poinsot u. Fery*[2])
3	desgl.	—	79,20	2,04	—	17,53	—	1,23	9,81	84,25	1,57	*J. B. Boussingault*[3])
4	desgl.	—	79,20	2,10	0,30	16,10	1,20	1,10	10,10	77,40	1,62	
5	desgl.	1855	76,68	3,45	—	15,19	3,30	1,38	14,79	65,14	2,37	*G. Herth*[4])
6	Rothe Knollen	1858	81,50	1,78	—	15,39	1,33	(1,22)	9,71	78,38	1,55	*C. Schulz-Fleeth*[5])
7	Weisse Knollen	„	79,30	1,81	—	17,65	1,23	(1,15)	8,77	79,73	1,40	
8	Ohne nähere Bezeichnung .	1859	80,30	1,82	0,10	16,18	0,80	0,80	9,24	82,13	1,48	*Krocker*[6])
9	desgl.	1860	83,46	1,32	0,09	13,75	0,51	0,87	7,98	78,24	1,28	

[1]) Boussingault, Die Landwirthschaft in ihren Beziehungen zur Chemie etc. Deutsch von Gräger, 1851, 260. Ausserdem ist eine Analyse von demselben Autor in Moleschott's Physiologie der Nahrungsmittel 1859, **2**, 156 mitgetheilt, die von obiger etwas abweicht. Die näheren Bestandtheile werden wie folgt mitgetheilt:

Boussingault:

Unkrystallisirbarer Zucker	14,80 %	Kalk, Kali mit Phosphorsäure verbunden	0,20 %
Inulin	3,00 „	Schwefelsaures Kali	0,12 „
Gummi	1,22 „	Chlorkalium	0,08 „
Albumin	0.99 „	Aepfelsaure u. weinsaure Kalk- und Kalisalze . .	0,05 „
Fett	0,09 „	Rohfaser	1,22 „
Citronensaure Kalk- und Kalisalze	1,15 „	Kieselsäure	0,03 „

Moleschott:

Dextrin	1,08 %	Schwefelsaures Kali	0,12 %
Fett	0,06 „	Phosphorsaure Erden	0,14 „
Cerin	0,03 „	Chlorkalium	0,08 „
Weinsaurer Kalk	0,01 „	Kieselsäure	0,02 „
Aepfelsaures Kali	0,03 „	Wasser	77,21 „
Citronensaures Kali	1,07 „	Eiweiss	—
Citronensaurer Kalk	0,08 „	Zucker	14,80 „
Phosphorsaures Kali	0,06 „	Inulin	3,00 „

[2]) Moleschott's Physiologie der Nahrungsmittel 1859, **2**, 157. Als nähere Bestandtheile wurden noch gefunden: Eiweiss, dem noch zwei andere Stickstoff-Substanzen beigemengt waren, 3,12 %, Zucker 14,70 %, Inulin 1,86 %, Pektin 0,37 %, Pektinsäure 0,92 %, Zellstoff 1,50 %, phosphorsaures Kali 0,366 %, schwefelsaures Kali 0,144 %, kohlensaures Kali 0,115 %, kohlensaurer Kalk 0,053 %, kohlensaure Magnesia 0,025 %, phosphorsaure Erden 0,0434 %, Thonerde 0,019 %, Chlorkalium 0,108 %, Kieselsäure 0,026 %. Siehe auch Boussingault, dessen „Die Landw. etc." **3**, 25; Dingler's Polytechn. Journ. **117**.

[3]) J. B. Boussingault, Die Landw. in ihren Beziehungen zur Chemie etc. **2**, 176 u. **3**, 200.

[4]) Wilda's Centralbl. 1855, **1**, 290; Weende'r Jahresber. 1855/56, 37. Der Stickstoff-Gehalt der frischen Knollen ist zu 0,552 % angegeben und darnach von uns die Menge der Stickstoff-Substanz berechnet; da letztere nicht mit der angegebenen übereinstimmt, musste demzufolge auch die Menge der stickstofffreien Extraktstoffe korrigirt werden.

[5]) Lüdersdorff's Annal. d. Landw. **34**, 7; Weende'r Jahresbericht 1857—1861, 71. Die Bestandtheile ergeben ohne die Asche 100.

[6]) Ann. d. Landw. in Preussen. Wochenbl. 1861, 424. Die Knollen waren in Proskau auf Parcellen von einigen Quadratruthen in den Jahren 1859 und 1860 gebaut worden. Die stickstofffreien Extraktstoffe bestanden aus:

	No. 8	No. 9
Zuckergebender Substanz als Inulin berechnet	13,88 %	11,86 %
Pektin, Gummi etc.	2,30 „	1,89 „

Die Abweichungen im Gehalt an Trocken-Substanz erklärt der Autor aus den verschiedenen Witterungsverhältnissen der beiden Jahre, 1859 fiel in den Monaten Juni, Juli, August 6,78″ Pariser und 1860 in den gleichen Monaten 12,31″ P. Regen. Die Knollen wurden im zeitigen Frühjahr aus dem Boden genommen.

*) Auch in den Knollen des Topinamburs ist nur ein Theil des vorhandenen Stickstoffes in Form von Eiweiss vorhanden wie O. Kellner (Landw. Jahrbücher 1879, **8**, I. Supplem. 252) nachgewiesen hat. Eine Probe von Topinamburknollen, welche im März 1879 aus der Erde genommen worden waren, wurde in grosse und kleine Knollen, zu 63,0 und 25,7 g Gewicht sortirt, welche getrennt zur Untersuchung gelangten. Es wurde gefunden:

	Trocken-Substanz	Gesammt-Stickstoff in der Trocken-Substanz	Vom Gesammt-Stickstoff Eiweiss-Stickstoff
In den grossen Knollen	18,13 %	1,372 %	57,6 %
In den kleinen Knollen	20,87 „	1,038 „	57,7 „

No.	Nähere Bezeichnung	Zeit der Untersuchung	In der ursprünglichen Substanz: Wasser %	Stickstoff-Substanz %	Fett %	Stickstofffreie Extraktstoffe %	Rohfaser %	Asche %	In der Trocken-Substanz: Stickstoff-Substanz %	Stickstofffreie Extraktstoffe %	Stickstoff in der Trocken-Substanz %	Analytiker
10	Im Jahre 1859 gebaut, im März 1860 geerntet*) . .	1860	78,78	3,02	—	14,98	1,30	0,82	14,24	75,76	2,28	*Krocker*[1])
11	Gelbe, süssschmeckende*) Knollen	1859	81,57	2,90	0,37	13,33	0,90	0,93	15,74	72,32	2,52	
	Spec. Gew.											
12	Rothe, grosse Knoll.**) 1,030	1860	80,68	2,24	—	14,00	2,03	1,05	11,59	72,47	1,85	*J. Nessler*[2])
13	Rothe, kleine „ **) 1,044	„	79,55	2,25	—	14,77	2,43	1,00	11,00	72,23	1,76	
14	Gelbe, grosse „ **) 1,037	„	79,04	2,02	—	16,04	1,55	1,34	9,64	76,57	1,54	
15	Gelbe, kleine „ **) 1,045	„	80,49	2,26	—	13,95	2,23	1,07	11,58	71,51	1,85	
16	Gelbe Knollen	1868	82,14	1,37	0,21	—	—	—	7,62	—	1,22	*J. Nessler u. Brigel*[2])
17	Rothe Knollen	„	84 24	1,09	0,17	—	—	—	6,92	—	1,11	
18	Ohne nähere Bezeichnung***)	1877	71,64	3,63	0,42	19,86	1,03	3,42	12,80	70,03	2,05	*Al. Pasqualini*[3])
19	Weisse Knollen,[0]) November	1878	79,09	1,90	(1,38)	15,88	0,62	1,13	9,06	76,01	1,45	*F. Schwackhöfer und L. Jahne*[4])
20	Röthliche Knollen,[0]) desgl.	„	78,05	1,64	(1,38)	16,88	0,97	1,08	7,47	76,90	1,20	
21	Ohne nähere Bezeichnung .	1870	79,88	2,54	0,16	14,94	1,01	1,47	12,62	74,25	2,02	*Leop. Lenz*[5])
22	Grosse Knollen, durchschnittliches Gewicht 63 g . .	1878	81,87	0,70	—	—	—	—	8,57	—	1,37	*O. Kellner*[6])
23	Kleine Knollen, durchschnittliches Gewicht 26 g . .	„	79,13	1,35	—	—	—	—	6,49	—	1,04	
24	Vom Versuchsfelde von de Sébille in Belgien	1887	75,04	1,31 [00])	0,26	22,40 [00])		0,99	5,44	—	0,87	*A. Petermann, Masson u. Graftian*[7])
25		„	78,61	1,38	0,22	18,64		1,15	6,44	—	1,03	
26		„	76,96	1,50	0,12	20,30		1,12	6,50	—	1,04	
27		„	78,37	1,56	0,11	18,84		1,12	7,25	—	1,16	
28		1882	79,43	1,44	0,17	17,57		1,39	7,00	—	1,12	
29		„	76,65	1,25	0,19	20,74		1,17	5,38	—	0,86	
30		„	78,08	1,25	0,20	19,41		1,06	5,69	—	0,91	
31		„	77,66	1,38	0,14	19,84		0,92	6,13	—	0,98	
32		„	78,36	1,06	0,18	19,52		0,94	4,88	—	0,78	

[1]) Mitgetheilt von E. Wollny; Landw. Jahrb. 1873, **2**, 186.
[2]) Bericht der Vers.-Stat. Karlsruhe 1870, 58.
[3]) Ann. Staz. Agrar. Forli 1977, **6**, 49.
[4]) Privatmitthl. aus d. technol. Laboratorium d. k. k. Hochschule für Bodenkultur.
[5]) Landw. Vers.-Stat. 1870. **12**, 344.
[6]) Landw. Jahrb. 1879, **8**, I. Supplem. 252.
[7]) Ann. de la Science agron. par L. Grandeau 1887, **I**, 266.

*) Die Knollen wurden wie vorige in Proskau auf kleineren Flächen gebaut. Obwohl die Analysen mit denen unter 8 und 9 wenig übereinstimmen, so hat es doch den Anschein, als wenn sie sich auf das gleiche Material bezögen, da sie in den gleichen Jahren, auf gleicher Fläche und mit demselben Erntegewicht kultivirt wurden, wenigstens No. 8 und 10. Bei No. 11 bestanden die stickstofffreien Extraktstoffe aus 10,65 % Traubenzucker und 2,63 % Pektin u. Inulin.

**) Als Zucker war in den Proben vorhanden bei No. 12: 4,30 %, No. 13: 5,20 %, No. 14: 5,20 % und No. 15: 4,52 %. Die Knollen waren im Februar aus der Erde genommen worden.

***) Als nähere Bestandtheile werden ferner noch angegeben: stickstofffreie Extraktstoffe 8,46 %, Stärke 10,22 %, Zucker 1,10 %. In Wasser lösliche Substanz 14,65 % mit 12,70 % organischen Stoffen.

[0]) In der Trocken-Substanz enthielten die Knollen No. 19 = 2,67 % und No. 20 = 2,58 % Zucker.

[00]) In den Proben No. 24—32 wurden ferner bestimmt:

	No. 24	25	26	27	28	29	30	31	32
Rein-Eiweiss	0,94 %	0,69 %	0,75 %	0,88 %	0,88 %	0,81 %	0,81 %	0,69 %	0,69 %
In Zucker überführbare Stoffe	15,85 „	13,69 „	16,37 „	14,62 „	13,45 „	15,46 „	13,09 „	12,72 „	13,70 „

Letztere wurden durch Behandeln der Substanz in dem Soxhlet'schen Apparat unter Anwendung von 2 Atmosphären Druck ermittelt.

No.	Nähere Bezeichnung	Zeit der Untersuchung	In der ursprünglichen Substanz						In der Trocken-Substanz		Stickstoff in der Trocken-Substanz	Analytiker
			Wasser %	Stick-stoff-Substanz %	Fett %	Stickstoff-freie Extraktstoffe %	Roh-faser %	Asche %	Stick-stoff-Substanz %	Stickstoff-freie Extraktstoffe %	%	
33	Weisse Knollen	1887	80,98	1,76 *)	0,13	15,47	0,67	0,99	9,20	80,92	1,47	*Ulbricht* und *Niederhäuser* [1])
34	Rothe „	„	81,35	1,70 *)	0,12	15,20	0,72	0,91	9,12	81,50	1,46	
35	Gewöhnlicher Topinambur .	1898	79,52	1,21	0,13	17,40	0,76	0,96	5,91	84,96	0,95	*G. Lechartier* [2])
36	Kartoffel- „ .	„	79,69	1,31	0,14	16,90	0,74	0,97	6,45	83,21	1,03	
37	Gelber „ .	„	78,83	1,29	0,15	18.00	0,78	1,04	6,09	85,02	0,97	
	Mittel	—	**79,12**	**1,89**	**0,18**	**16,40**	**1,25**	**1,16**	**9,04**	**78,54**	**1,45**	
	Schwankungen	—	71,64-84,24	0,90—3,29	0,11-0,44	13,60-18,79	0,64 2,98	0,85—2,52	4,31—15,74	65,14—89,98	0,69—2,52	

Mineralstoffe des Topinamburs bei verschiedener Düngung.

G. Lechartier (Compt. rend. 1891, **113**, 423—427; Chem. Centrbl. 1891, II, 948) fand in der Trocken-Substanz der Knollen bei verschiedener Düngung folgende Mineralbestandtheile:

Düngung:	Ernte von 1 ha kg	Kalk (Ca O) %	Magnesia (Mg O) %	Kali (K_2O) %	Phosphorsäure (P_2O_5) %	Kieselsäure (SiO_2) %
Ohne Düngung	14312	2,04	1,31	14,11	5,25	2,44
Phosphorsäure-Düngung	13559	1,72	1,47	18,73	5,26	2,38
Chlorkalium-Düngung	26508	1,98	1,39	22,11	4,67	3,13
Chlorkalium + Phosphorsäure-Düngung	27978	2,07	1,39	21,62	5,88	2,29

Bataten.

Dioscorea Batatas Decaisne (D. japonica Thumb.). — Chinesische Yamswurzel, Igname. — Sweet Potato.

No.	Nähere Bezeichnung	Zeit der Untersuchung	In der ursprünglichen Substanz						In der Trocken-Substanz		Stickstoff in der Trocken-Substanz	Analytiker
			Wasser %	Stick-stoff-Substanz %	Fett %	Stickstoff-freie Extraktstoffe %	Roh-faser %	Asche %	Stick-stoff-Substanz %	Stickstoff-freie Extraktstoffe %	%	
1	„Igname de Chine" **) . .	1854	79,3	1,5	—	17,1	1,0	1,1	7,25	82,61	1,16	*Fremy* [3])
2	„D. japonica", aus Algerien	—	77,05	2,54	0,30	16,76	1,45	1,90	11,06	74,51	1,77	*Payen* [4])
3	Ohne nähere Bezeichnung .	—	70,4	—	—	—	—	—	—	—	—	*Pepin* [4])
4	„D. japonica", aus dem Garten des Museums (Paris) . .	—	82,6	2,4	0,4	13,1	0,4	1,30	13,79	74,14	2,21	*Boussingault* [4])

[1]) Landbote 1888, **9**, 931; Centralbl. Agrik.-Chem. 1890, **19**, 414.
[2]) Ann. Soc. Agronom. 1898, [2], **4**, I, 121—154; Zeitschr. Nahrungs- und Genussmittel 1899, **2**, 517.
[3]) Ann. d'agricult. Franc. Juli—Decbr. 1854, 319; Weende'r Jahresber. 1854, 1, 264.
[4]) Diese Analysen werden von Fremy an bezeichneter Stelle zum Vergleich angeführt. Die Analysen unterscheiden bezgl. der stickstofffreien Stoffe:

No.	1	2	3	4
Stärke	16,0	16,76	18,3	13,1
Fett, Zucker etc. .	1,1	0,30	—	0,4

*) Die Stickstoff-Verbindungen bestanden aus:

	Rohproteïn	Reineiweiss	Amido-Verbindungen	Verdaulichem Rohproteïn	Verdaulichem Reineiweiss	Es sind verdaulich von Rohproteïn	Es sind verdaulich von Reineiweiss
Weisse Knollen .	1,76 %	0,89 %	0,87 %	1,63 %	0,76 %	92,6 %	85,4 %
Rothe „ .	1,70 „	0,96 „	0,74 „	1,56 „	0,82 „	91,8 „	85,4 „

**) Die untersuchten Knollen wurden von Decaisne 1854 im botanischen Garten zu Paris angebaut und am 6. November geerntet.

No.	Nähere Bezeichnung	Zeit der Untersuchung	In der ursprünglichen Substanz: Wasser %	Stickstoff-Substanz %	Fett %	Stickstofffreie Extraktstoffe %	Rohfaser %	Asche %	In der Trocken-Substanz: Stickstoff-Substanz %	Stickstofffreie Extraktstoffe %	Stickstoff in der Trocken-Substanz %	Analytiker
5	„Convolvul. Batatas"	—	73,10	0,92	1,12	16,60	6,79	1,40 *)	3,42	61,98	0,55	Henry [1])
6	desgl., aus der Umgegend von Paris	—	79,64	1,10	0,25	14,22	0,54	3,25	5,40	74,76	0,86	Henry [1])
7	desgl., aus dem südlichen Frankreich	—	67,50	1,50	0,30	26,25	0,45	2,90	4,62	84,66	0,74	Henry [1])
8	„D. japonica" (Naga-imo), Japan	1883	80,74	2,26	0,16	15,31	0,84	0,69	11,74	79,46	1,88	O. Kellner [2])
9	„Yam", Gewicht 2708 g	1878	71,23	2,06	0,25	25,24	0,75	0,67	7,11	87,13	1,14	S. W. Johnson [3])
10	Conv. Batat. Sweet Potato, „Nanse mond Improved"	„	73,39	1,28	0,28	23,00	0,98	1,07	4,81	86,44	0,77	S. W. Johnson [3])
11	Conv. Batat. Sweet Potato	1877	65,96	0,45	0,30	29,72	2,50	1,07	1,32	87,31	0,21	T. Antisell [3])
12	Im botanischen Garten zu Bonn gewachsen	1856	83,00	1,13	0,32	13,75	0,70	1,10	6,65	80,90	1,06	H. Grouven [4])
13	Aus vorigem Saatgut gezogen	1857	76,50	4,61	0,21	15,56	1,57	1,55	19,61	66,22	3,15	H. Grouven [4])
14	In England gebaut, „Batate"	1871	69,64	1,34	0,48	26,28	1,12	1,14	4,41	86,60	0,71	C. Neubauer u. J. Oeconomides [5])
15	desgl.	„	71,53	0,72	0,54	24,89	1,27	1,05	2,51	87,45	0,40	C. Neubauer u. J. Oeconomides [5])
16	desgl.	„	71,77	0,71	0,44	24,85	1,21	1,02	2,51	88,01	0,40	C. Neubauer u. J. Oeconomides [5])
17	desgl.	„	67,33	1,51	0,44	28,11	1,43	1,18	4,63	86,04	0,74	C. Neubauer u. J. Oeconomides [5])
18	Von den Azoren	1876	86,45	0,39	—	12,12	0,49	0,55	2,88	89,44	0,46	Corenwinder [6])
19	Von Malaga	„	69,10	1,20	—	27,06	1,32	1,32	3,88	87,58	0,62	Corenwinder [6])
20	In Südamerika gebaut, „Moniato"	1883	67,00	0,56	—	21,42	(10,02)	1,00	1,70	64,91	0,27	Sacc [7])
21	In Südamerika gebaut, „Rothe Batate"	„	68,19	0,64	—	13,34	17,83		2,01	41,93	0,32	Sacc [7])

[1]) Aus Moleschott's Physiologie der Nahrungsmittel 1859, **2**, 152. Als nähere Bestandtheile sind angegeben:

	No. 5	6	7
Stärke	13,30	9,42	16,05 %
Zucker	2,30	3,50	10,20 „
Pektinsäure	—	1,30	—

[2]) Japan. Chem. Analyses. Tokio, 1884, 21. Von den stickstofffreien Extraktstoffen waren (in der Trocken-Substanz) 22,13 % Stärke. Stickstoff in Amidform etc. bestimmt durch Ausfällen mit Phosphorwolframsäure: 0,675 %.

[3]) No. 9. Rep. Connect. Agric. Experim. Stat. 1878, **16**, No. 10. Americ. Journ. Scien. u. Arts. 1877, 197. (Beide Analysen aus Ann. Rep. Connect. Agric. Experim. Stat. 1879, 158.) An näheren Bestandtheilen wurden bestimmt 1,08 % Gummi, 6,86 % Traubenzucker und 15,06 % Stärke (aus der Differenz).

[4]) Zeitschr. d. landw. Ver. f. Rheinpreussen 1857, 173. Die Yamsknolle No. 12 war $1^1/_2$ Fuss lang, 1 Zoll dick, mit weissem Fleisch, die von No. 13, welche in düngerreichem Gartenboden gewachsen, 2 Fuss lang. An näheren Bestandtheilen wurden unterschieden:

	No. 12	13
Stärke	8,00	3,04
Schleim und Pektin	1,92	0,31
Extraktivstoffe	3,11	2,89
Zucker	0,72	0,32

[5]) Mitgetheilt von H. W. Dahlen. Landw. Jahrb. 1875, **4**, 625. An näheren Bestandtheilen wurden unterschieden (im frischen Zustande):

	No. 14	15	16	17
Traubenzucker	3,47	2,10	2,50	0,44 %
Stärke und Dextrin	21,02	20,18	19,57	23,01 „
Sonstige stickstofffreie Extraktstoffe	1,79	2,61	2,78	4,66 „

Die Knollen hatten vermuthlich bei dem Transport von England nach Wiesbaden etwas an Wasser verloren.

[6]) Ann. agron. 1876, **2**, 429.

[7]) Centralbl. Agrik.-Chem. 1883, **12**, 337. An näheren Bestandtheilen wurden ferner bestimmt:

	Traubenzucker	Gummi	Pektinsäure	Stärke
No. 20	4,00	1,15	1,27	15,00 %
No. 21	0,33	—	—	13,01 „

*) Säuren und Salze.

No.	Nähere Bezeichnung	Zeit der Untersuchung	In der ursprünglichen Substanz: Wasser %	Stick-stoff-Substanz %	Fett %	Stickstoff-freie Ex-traktstoffe %	Roh-faser %	Asche %	In der Trocken-Substanz: Stick-stoff-Substanz %	Stickstoff-freie Ex-traktstoffe %	Stickstoff in der Trocken-Substanz %	Analytiker
22	In Japan gebaut	1884	76,19	2,81	0,12	17,91 *)	1,79	1,17	11,80	75,22	1,89	*K. Nagai und J. Murai*[1]
23	In Amerika gebaut, Mittel aus 3 Analysen . . .	1886	70,28	0,98	0,32	26,13	1,36	0,93	3,29	87,92	0,53	*E. H. Jenkins*[2]
24	New-Jersey	1891	66,54	1,57	0,60	29,30	0,89	1,07	4,69	87,57	0,76	
25	Georgia Yam	„	65,03	2,49	1,32	29,34	0,79	1,01	7,12	84,16	1,14	
26	Pumpkin „	„	67,83	1,95	0,75	27,40	0,98	1,07	6,06	85,17	0,97	
27	Vineless	„	63,54	1,35	0,64	32,42	0,85	1,16	3,70	88,92	0.59	
28	Delaware	„	69,45	2,08	1,28	25,24	0,70	1,22	6,88	82,62	1,10	
29	Spanish Yam	„	60,85	1,75	1,06	34,29	1,02	1,02	4,47	87,58	0,72	
30	Barbadoes	„	62,33	1,51	0,54	33,65	0,86	1,09	4,01	89,86	0,64	*H. A. Morgan u. B. B. Ross*[3]
31	Southern Queen	„	63,29	1,62	0,57	32,59	0,86	1,04	4,41	88,78	0,71	
32	Norton	„	61,42	1,71	0,71	33,97	1,09	1,08	4,44	88,19	0,71	
33	Shanghai or California . .	„	65,18	1,69	0,97	30,15	0,95	1,04	4,86	86,59	0,76	
34	Red Nansemond	„	63,46	1,47	0,73	32,04	0,98	1,30	4,02	87,96	0,64	
35	Sugar	„	58,46	1,71	0,63	37,12	0,95	1,10	4,11	89,36	0,66	
36	Peabody	„	66,06	1,41	0,62	30,07	0,73	1,09	4,16	88,60	0,67	
37	Dog River	„	67,00	1,00	0,73	28,90	1,05	1,21	3,33	87,57	0,53	
38	Early Jersey	„	71,26	1,90	0,29	23,99	1,38	1,18	6,60	74,36	1,06	
39	Southern Queen	„	70,40	1,49	0,30	25,07	1,52	1,22	5,03	76,27	0,80	
40	Georgia Yam	„	72,32	1,03	0,27	24,37	1,11	0,90	3,73	78,96	0,60	*H. C. White*[4]
41	Pumpkin „	„	73,26	1,26	0,22	23,32	1,10	0,88	4,72	77,76	0,76	
42	Poplar Root	„	71,60	1,16	0,30	24,96	1,03	0,95	4,08	80,22	0,65	
43	Southern Queen	„	69,77	1,77	0,28	26,23	0,86	1,09	5,88	86,73	0,94	*C. H. Failyer und J. T. Willard*[5]
44	Red Bermuda	„	71,22	1,89	0,20	24,84	0,74	1,11	6,58	86,30	1,05	
45	Süsse Kartoffel, 6 Analysen: Mittel	1894	71,11	1,50	0,40	26,00		1,00	5,19	—	0,83	*W. O. Atwater*[6]
	Süsse Kartoffel, 6 Analysen: Schwankungen	„	66,0—74,5	0,5—3,6	0,3—0,6	18,6—32,2		0,7—1,3	—	—	—	
	Mittel	—	**71,66**	**1,57**	**0,50**	**24,13**	**0,97**	**1,19**	**5,55**	**85,15**	**0,89**	
	Schwankungen	—	58,48-86,45	0,37—5,56	0,14-1,19	11,89-25,47	0,39-8,62	0,66—4,53	1,32—19,61	41,93—89,86	0,21—3,15	

Dioscorea alata L. — Yamswurzel, Igname.

No.	Nähere Bezeichnung	Zeit	Wasser	Stickstoff-Substanz	Fett	Stickstofffreie Extraktstoffe	Rohfaser	Asche	Stickstoff-Substanz (Trocken)	Stickstofffreie Extraktstoffe (Trocken)	Stickstoff	Analytiker
1	Ohne nähere Bezeichnung .	1847	79,64	1,93	—	17,33 **)	—	1,10	9,48	85,12	1,52	*A. Payen*[7]

Dioscorea japonica bulbifera.

No.	Nähere Bezeichnung	Zeit	Wasser	Stickstoff-Substanz	Fett	Stickstofffreie Extraktstoffe	Rohfaser	Asche	Stickstoff-Substanz (Trocken)	Stickstofffreie Extraktstoffe (Trocken)	Stickstoff	Analytiker
1	Aus Japan („Kaschiu-imo“)	1885	81,10	0,95	1,73	15,28	0,73	0,21	5,02	82,22	0,82	*O. Kellner*[8]

[1]) Japan. International Health Exhibitation. London, 1881. A. Descriptive Catalogue etc. S. 4.
[2]) Ann. Rep. Connect. Agric. Experim. Stat. 1886, 93; Jahresber. Agrik.-Chem. 1887, **30**, 423.
[3]) Experim. Stat. Rec. 1892, **3**, 698; Jahresber. Agrik.-Chem. 1892, **35**, 443.
[4]) Experim. Stat. Rec. 1892, **3**, 146; Jahresber. Agrik.-Chem. 1892, **35**, 443.
[5]) Experim. Stat. Rec. 1892, **4**, 175; Jahresber. Agrik.-Chem. 1892, **35**, 444.
[6]) N. S. Dep. Agric. Farmer's Bull. No. 23, S. 27, Washington 1894.
[7]) Compt. rend. 1847, **25**, 182.
[8]) Mittheil. d. Deutschen Gesellsch. f. Natur- und Völkerkunde 1886, **4**, No. 35.

*) Darin 14,80 % Stärke.
**) Darin 4,79 % Rohrzucker und 18 % Lävulose.

Dioscorea edulis. — Batatas edulis (Sweet potatoe nach O. Kellner).

No.	Nähere Bezeichnung	Zeit der Untersuchung	In der ursprünglichen Substanz: Wasser %	Stick-stoff-Substanz %	Fett %	Stickstoff-freie Extraktstoffe %	Roh-faser %	Asche %	In der Trocken-Substanz: Stick-stoff-Substanz %	Stickstoff-freie Extraktstoffe %	Stickstoff in der Trocken-Substanz %	Analytiker
1	Aus Ober-Italien*) . . .	1874	60,72	4,49	0,35	32,45	1,09	0,90	11,42	82,62	1,83	*J. Moser*[1]
2	(Satsuma-imo in Japan), späte Varietät, weissfleischig**) .	1883	64,27	1,47	1,07	31,58	0,98	0,63	4,12	88,39	0,66	*O. Kellner*[2]
3	desgl., gelbfleischig**) . .	„	65,56	1,86	0,37	30,19	1,23	0,79	5,40	87,77	0,87	*O. Kellner*[2]
4	desgl., frühe Varietät, weissfleischig**)	„	75,01	1,42	0,29	20,32	0,94	2,02	5,70	81,27	0,91	*O. Kellner*[2]
5	Gross u. weiss***) ebenfalls in Japan gewachs.	1884	74,50	1,02	0,29	21,71	1,39	1,09	4,00	85,13	0,64	*R. Nagi und J. Murai*[3]
6	Roth***) . . . ebenfalls in Japan gewachs.	„	75,20	0,92	0.26	20,95	1,32	1,35	3,71	84,47	0,59	*R. Nagi und J. Murai*[3]
7	Roth und süss***) ebenfalls in Japan gewachs.	„	69,10	0,82	0,39	24,25	4,37	1,07	2,65	78,48	0,42	*R. Nagi und J. Murai*[3]
	Mittel	—	**69,19**	**1,71**	**0,43**	**25,93**	**1,62**	**1,12**	**5,55**	**84,16**	**0,89**	

W. E. Stone gewann aus der Süsskartoffel (Batatas edulis) 2,10 bezw. 1,44 % Rohrzucker. — Ber. deutsch. chem. Ges. 1890, 23, 1406.

Dioscorea sativa.[0])

No.	Nähere Bezeichnung	Zeit der Untersuchung	Wasser %	Stick-stoff-Substanz %	Fett %	Stickstoff-freie Extraktstoffe %	Roh-faser %	Asche %	Trocken: Stick-stoff-Substanz %	Stickstoff-freie Extraktstoffe %	Stickstoff in der Trocken-Substanz %	Analytiker
1	Ohne nähere Bezeichnung .	—	67,58	—	—	25,86	6,51	—	—	79,91	—	*Sauersen*[4])

Dioscorea species.

No.	Nähere Bezeichnung	Zeit der Untersuchung	Wasser %	Stick-stoff-Substanz %	Fett %	Stickstoff-freie Extraktstoffe %	Roh-faser %	Asche %	Trocken: Stick-stoff-Substanz %	Stickstoff-freie Extraktstoffe %	Stickstoff in der Trocken-Substanz %	Analytiker
1	In Japan gewachsen („Tsuku-imo")	1884	80,32	2,90	0,11	[0]) 14,66	0,75	1,27	14,73	74,49	2,35	*K. Nagai und J. Murai*[3])

[1]) Landw. Vers.-Stat. 1877, **20**, 113.
[2]) Japan. Chemic. Analys. f. Labor. Imper. Coll. of Agric. Komaba. Tokio, 1884, 22.
[3]) Japan. International Health Exhibitation. London, 1884, A. Descriptive Catalogue etc. S. 4.
[4]) Moleschott's Physiologie d. Nahrungsmittel. **2**, 153. Stärke 22,66 %, Zucker 0,26 %, Pektin 2,94 %.

*) Der Autor erklärt ausdrücklich, dass die Species, deren Knollen untersucht, nicht mit Convolv. Batatas (gewöhnliche Batate und Diosc. sativa oder alata, welche die Yamswurzel liefern, zu verwechseln sei. Als interessantes Vorkommniss wurde die Anwesenheit von Kautschukkörpern neben Fett und einem Harz von nicht bitterem, aber auch nicht angenehmem Geschmack konstatirt. Die Knollen waren beim Beginn der Untersuchung bereits stark welk, so dass der Wassergehalt nicht dem der frischen Knollen entspricht. Die sämmtlichen Bestimmungen, mit Ausnahme der des Pektins, sind „direkt ausgeführt" worden. An näheren Bestandtheilen wurden unterschieden:

	Aether-extrakt	Alkohol u. Schwefel-kohlenstoff-Extrakt	Rohr-zucker	Lävulose	Stärke	Pektin u. Extraktivstoffe
Im frischen Zustande . .	0,348	0,265	4,79	0,18	25,19	2,03
Im trocknen Zustande . .	1,56		12,20	0,46	64,12	5,18

**) In der Trocken-Substanz sind nach ausführlicherer Analyse ferner enthalten:

	No. 2	3	4
Stärke	78,59	67,77	—
Dextrin	5,07	14,99	—
Glukose	1,14	Spuren	—
Andere stickstofffreie Substanzen .	3,54	4,97	—
Stickstoff in Amiden etc.	0,202	—	0,304

Die Asche ist frei von Kohle und Kohlensäure.

***) In den untersuchten Sorten No. 5—7 Batatas edulis waren enthalten (in der frischen Substanz):

	No. 5	6	7	Dioscorea species
Stärke . . .	14,70 %	14,20 %	12,30 %	12,20 %
Zucker . .	5,19 „	5,82 „	8,42 „	0,85 „

[0]) Ueber den Stärkegehalt der Knollen dieser und anderer Species der Dioscorea sind ebendaselbst noch folgende Angaben gemacht:

	Shier %	Harris %
Dioscorea edulis . . .	16,31	10,47
Dioscorea sativa . . .	24,47	—
Dioscorea von Barbados	18,75	—
Dioscorea bulbifera . .	—	10,47

	Shier %
Dioscorea aculeata	17,03
Dioscorea triphylla	16,07
desgl.	15,63
desgl.	14,83

Japanknollen.

Stachys Sieboldi Miqu. (Stachys tuberifera Naud.).*) — Japanischer Knollen-Ziest. — Crosnes du Japon.

Die neue Gemüsepflanze, welche aus Japan stammt und zur Familie der Labiaten gehört, wird neuerdings in Europa vielfach angebaut. Die Pflanze ist behaart, gedeiht in jedem Boden und giebt ein feines Gemüse, dessen Geschmack an den von Artischocke, Spargel und Skorzoneren erinnert.

No.	Nähere Bezeichnung	Zeit der Untersuchung	In der ursprünglichen Substanz: Wasser %	Stickstoff-Substanz %	Fett %	Stickstoff-freie Extraktstoffe %	Rohfaser %	Asche %	In der Trocken-Substanz: Stickstoff-Substanz %	Stickstoff-freie Extraktstoffe %	Stickstoff in der Trocken-Substanz %	Analytiker
1	Aus Japan	1888	78,33	3.17 **)	0,18	16.57 **)	0,73	1,02	14,39 **)	76,71	2,27	*A. v. Planta* [1])
2	Ohne nähere Bezeichnung .	1889	78,05	4,31 ***)	0,16	15,52 ***)	0,73	1,23 ***)	19,67 ***)	70,71	3,15	*Fr. Strohmer u A. Stift* [2])
3	desgl.	1890	80,10	2,54 °)	0,04	15,46	0,70	1,16 °)	12,80	77,63	2,05	*R. Heinrich* [3])
4	desgl.	„	80,40	2,51 °°)	0,04	16,86	(0,07)	1,15	12,83	86,03	2,05	*C. Simonis* [4])
5	desgl.	„	78,83	1,50	0,18	18,24 °°°)	0,73	1,02	6,68	84,42	1,07	*J. J. Wagner* [5])
6	Aus Oletzko	1891	75,99	2,48	0,14	19,97		1,42	10,32	—	1,65	? [6])
	Mittel	—	**78,62**	**2,73**	**0,12**	**16,63**	**0,73**	**1,17**	**12,78**	**77,78**	**2,05**	

Jatropha Manihot L. Manihot utilissima (Manioc.). — Süsse Kassave (Manihot Aipi).

No.	Nähere Bezeichnung	Zeit der Untersuchung	Wasser %	Stickstoff-Substanz %	Fett %	Stickstoff-freie Extraktstoffe %	Rohfaser %	Asche %	Stickstoff-Substanz %	Stickstoff-freie Extraktstoffe %	Stickstoff in der Trocken-Substanz %	Analytiker
1	Var. Yuca dulce, ganze Knolle†)	1856	63,21	—	—	—	—	—	—	—	—	*Payen* [7])
2	desgl., entschälte Knolle†) .	„	67,65	1,17	0,40	28,63	1,50	0,65	3,62	88,49	0,58	*Payen* [7])
3	Manihot Aipi, süsse Kassave: Geschälte Wurzel .	1894	61,30	0,64	0,17	36,50	0,88	0,51	1,65	94,31	0,26	*Ewell und Wiley* [8])
4	Manihot Aipi, süsse Kassave: Wurzelschale	„	61,30	2,29	0,66	29,90	3,83	2,02	5,92	77,26	0,95	*Ewell und Wiley* [8])

[1]) Landw. Vers.-Stat. 1888, **35**, 473.
[2]) Oesterr.-Ungar. Zeitschr. Zucker,-Ind. u. Landw. 1891, **20**, 1—4.
[3]) 2. Bericht der landw. Vers.-Stat. Rostock 1894, 224; vergl. auch Centralbl. Agrik.-Chem. 1890, **19**, 286.
[4]) Pharm. Ztg. 1890, **35**, 151; Chem. Ztg. 1890, **14**, 87.
[5]) Pharm. Journ. Elsass-Lothr. 1890, **17**, 64; Chem. Ztg. 1890, **14**, 87.
[6]) Georgine 1891, **59**, 8; Jahresber. Agrik.-Chem. 1891, **34**, 316.
[7]) Compt. rend. **44**, 407, Journ. f. prakt. Chem. **71**, 175; Wilda's landw. Centralbl. 1857, **I**, 328.
[8]) Amer. Chem. Journ. 1894, **15**; Centralbl. Agrik.-Chem. 1894, **23**, 843.

*) Nach Th. F. Hanausek (Forschungsberichte über Lebensmittel etc. 1894, **I**, 72 ist St. Sieboldi, nicht St. tuberifera der richtige Name.

**) Die Knollen enthalten, wie alle Wurzelgewächse viel Amid-Stickstoff. v. Planta fand für die Trocken-Substanz an Stickstoff in Form von Eiweissstoffen 0,91 %, Amiden 1,23 % und Nucleïn (unlöslich in Magensaft) 0,13 %, entsprechend Eiweissstoffen 6,68 % und Amiden 7,71 % oder in der natürlichen Substanz: 1,50 % Reineiweiss und 1,67 % Amide.

Stärke ist in den Knollen nicht vorhanden, dagegen ein dextrinhaltiges Kohlenhydrat, wahrscheinlich Galaktan in grosser Menge; die durch Kochen mit verdünnter Salzsäure in Zucker (Dextrose) überführbaren Stoffe betrugen für die Trocken-Substanz 49,38 %, welche als Galaktose berechnet 52,84 % entsprechen. Das Galaktan lieferte mit Salpetersäure Schleimsäure.

***) Vom Stickstoff sind vorhanden als Eiweiss 19,01 %, Nucleïn 8,13 %, Ammoniak 7,84 %, Amid-Saureamide 42,96 %, Amidosäuren 16,26 %, in nicht näher bestimmter Form 5,80 %. Die Kohlenhydrate bestanden aus 13,92 % Stachyose in der natürlichen Substanz. Die Asche enthielt 0,03 % Sand, 0,57 % Kali und 22 % Phospborsaure

°) Die natürliche Substanz enthielt ferner 1,03 % Reineiweiss und in der Asche 0,12 % Sand
°°) Mit 0,96 % Reineiweiss.
°°°) Mit 1,67 % Stärke.

†) Bei No. 1 wurden direkt durch Zerreiben und Durchsieben erhalten: Starke 21,00 %, durch Schwefelsäure zu Dextrin und Traubenzucker überführbare Stärke 6,05 %, 7,70 % in Wasser lösliche Substanzen 1.59 %, Faser, Pektose, Pektinsäure, Kieselsäure, fettige Stoffe.

Bei No. 2 wurden an näheren Bestandtheilen unterschieden 23,10 % Stärke, 5,52 % zuckerige, gummose und der gleichen Stoffe, 1,50 % Faserstoff, Pektose und Pektinsäure, 0,40 % fette Stoffe und atherische Olle,

Die frischen Wurzeln der in Florida als Futterpflanze gebauten süssen Kassave enthalten nach H. W. Wiley (Agriculturae science 2, No. 12; Centrbl. Agrik.-Chem. 1889, 18, 572) nach sorgsamer Entfernung der Schale in der Trocken-Substanz:

Eiweiss	Fett (Petroläther-extrakt)	Glukoside, Alkaloïde, org. Säuren (in Aether löslich)	Amide, Zucker, Harz (in Alkohol löslich)	Stärke	Rohfaser	Asche
3,47 %	1,27 %	0,74 %	17,43 %	71,85 %	4,03 %	1,94 %

Polymnia edulis. — Erdbirne. — Poire de terre Cochet.

No.	Nähere Bezeichnung	Zeit der Untersuchung	In der ursprünglichen Substanz: Wasser %	Stickstoff-Substanz %	Fett %	Stickstofffreie Extraktstoffe %	Rohfaser %	Asche %	In der Trocken-Substanz: Stickstoff-Substanz %	Stickstofffreie Extraktstoffe %	Stickstoff in der Trocken-Substanz %	Analytiker
1	Im Garten der Akklimatisations-Gesellschaft in Paris gebaut	1867	86,00	9,65 *)				4,35	—	—	—	*Boutmy* [1])

Colocassia antiquorum. — Zuckerkartoffel. **)

No.	Nähere Bezeichnung	Zeit der Untersuchung	Wasser %	Stickstoff-Substanz %	Fett %	Stickstofffreie Extraktstoffe %	Rohfaser %	Asche %	Tr.-S.: Stickstoff-Substanz %	Tr.-S.: Stickstofffreie Extraktstoffe %	Stickstoff in der Trocken-Substanz %	Analytiker
1	In Japan gewachsen, dort „Sato-imo" genannt	1884	85,20	1,43	0,08	12,30 ***)	0,99		9,73	—	1,55	*K. Nagai und J. Murai* [2])
2		„	80,65	2,09	0,17	15,54	0,70	0,85	10,81	80,24	1,73	*O. Kellner* [3])
3		„	81,71	1,81	0,19	14,80	0,70	0,79	9,96	80,77	1,60	
	Mittel	—	**82,52**	**1,78**	**0,14**	**14,04**	**0,64**	**0,88**	**10,16**	**80,51**	**1,63**	

Colocassia species.

No.	Nähere Bezeichnung	Zeit der Untersuchung	Wasser %	Stickstoff-Substanz %	Fett %	Stickstofffreie Extraktstoffe %	Rohfaser %	Asche %	Tr.-S.: Stickstoff-Substanz %	Tr.-S.: Stickstofffreie Extraktstoffe %	Stickstoff in der Trocken-Substanz %	Analytiker
1	In Japan gewachsen, „Tonoimo" genannt	1884	68,80	2,84	0,29	25,64 ***)	1,15	1,28	9,10	81,39	1,45	*K. Nagai und J. Murai* [2])

Lilium triginum. — Lilie.

No.	Nähere Bezeichnung	Zeit der Untersuchung	Wasser %	Stickstoff-Substanz %	Fett %	Stickstofffreie Extraktstoffe %	Rohfaser %	Asche %	Tr.-S.: Stickstoff-Substanz %	Tr.-S.: Stickstofffreie Extraktstoffe %	Stickstoff in der Trocken-Substanz %	Analytiker
1	In Japan gewachsen, „Onijurigt" genannt	1884	71,46	4,51	0,24	21,60	1,04	1,15	15,79	75,70	2,53 °)	*O. Kellner* [3])

[1]) Journ. d'agricult. prat. 1868, I, 263; Weende'r Jahresber. 1867/68, 539.

[2]) Japan. Intern. Health Exhibitation. London, 1884. A. Descriptive Catalogue, 3—6.

[3]) Mittheil. d. Deutschen Gesellsch. f. Natur- u. Völkerkunde Ostasien, 5, No. 35.

*) Glukose 2,80 %, krystallisirbarer Zucker 6,85 %.

**) Die Zuckerkartoffel hat, wie O. Kellner bemerkt, keineswegs einen sehr süssen Geschmack; sie dient wie die folgenden Wurzelgewächse in Japan als menschliches Nahrungsmittel. Die meisten dieser Wurzelgewächse werden feldmässig angebaut und wie die Bambusschösslinge gedüngt.

***) In den stickstofffreien Extraktstoffen wurde gefunden:

	Coloc. antiquorum No. 1	Coloc. species.	Lilium species	Bam. puerula No. 1	No. 2
Stärke	10,40 %	18,00 %	19,10 %	1,37 %	1,23 %
Zucker	0,12 „	4,48 „	0,63 „	1,93 „	0,50 „

°) Davon waren 0,77 % Eiweiss-Stickstoff.

Sonstige stärkehaltige Wurzelgewächse.

Chaerophyllum bulbosum L. — Kerbelrübe.

No.	Nähere Bezeichnung	Zeit der Untersuchung	In der ursprünglichen Substanz: Wasser %	Stick-stoff-Substanz %	Fett %	Stickstoff-freie Extraktstoffe %	Roh-faser %	Asche %	In der Trocken-Substanz: Stick-stoff-Substanz %	Stickstoff-freie Extraktstoffe %	Stickstoff in der Trocken-Substanz %	Analytiker
1	In Frankreich angebaut*) .	—	63,62	2,60	0,35	30,45	1,48	1,50	7,14	83,71	1,14	*A. Payen*[1])
2	In Baden angebaut**) . .	1854	68,44	4,61	0,20	24,78	0,52	1,45	14,61	78,51	2,34	*C. Herth*[2])
3	In Lübbenau (Hinterlausitz) angebaut***)	1883	63,97	4,17	0,40	28,52	0,83	2,11	11,95	79,15	1,91	*J. König*[3])
	Mittel	—	**65,34**	**3,89**	**0,32**	**27,83**	**0,94**	**1,68**	**11,23**	**80,46**	**1,80**	

Chaerophyllum Prescotii. — Sibirische Kerbelrübe.

No.	Nähere Bezeichnung	Zeit der Untersuchung	Wasser %	Stick-stoff-Substanz %	Fett %	Stickstoff-freie Extraktstoffe %	Roh-faser %	Asche %	Stick-stoff-Substanz % (Trocken)	Stickstoff-freie Extraktstoffe % (Trocken)	Stickstoff in der Trocken-Substanz %	Analytiker
1	In Eldena angebaut . . .	1854	76,00	3,20	0,60	—	—	0,90	13,33	—	2,13	*Trommer*[4])

Sium Sisarum L. — Zuckerwurzel.

No.	Nähere Bezeichnung	Zeit der Untersuchung	Wasser %	Stick-stoff-Substanz %	Fett %	Stickstoff-freie Extraktstoffe %	Roh-faser %	Asche %	Stick-stoff-Substanz % (Trocken)	Stickstoff-freie Extraktstoffe % (Trocken)	Stickstoff in der Trocken-Substanz %	Analytiker
1	Ohne nähere Bezeichnung°)	1861	72,51	2,87	0,34	19,69	2,11	2,48	10,44	71,62	1,67	*A. Payen*[5])
2	Ninsi°°)	—	62,41	2,09	—	27,59	7,91		5,56	73,40	0,89	*Sacc*[6])

Apios tuberosa Mönch. — Virginische Knollenwicke, Amerikanische Erdnuss.

No.	Nähere Bezeichnung	Zeit der Untersuchung	Wasser %	Stick-stoff-Substanz %	Fett %	Stickstoff-freie Extraktstoffe %	Roh-faser %	Asche %	Stick-stoff-Substanz % (Trocken)	Stickstoff-freie Extraktstoffe % (Trocken)	Stickstoff in der Trocken-Substanz %	Analytiker
1	Ohne nähere Bezeichnung .	—	57,6	4,5	0,8	33,35	1,30	2,25	10,62	79,11	1,70	*A. Payen*[7])

Boussingaultia baselloïdes H. B.

No.	Nähere Bezeichnung	Zeit der Untersuchung	Wasser %	Stick-stoff-Substanz %	Fett %	Stickstoff-freie Extraktstoffe %	Roh-faser %	Asche %	Stick-stoff-Substanz % (Trocken)	Stickstoff-freie Extraktstoffe % (Trocken)	Stickstoff in der Trocken-Substanz %	Analytiker
1	Ohne nähere Bezeichnung .	—	85,1	2,3	0,27	10,53	0,4	1,4	15,44	70,67	2,47	*J. B. Boussingault*[8])

Lilium species.

No.	Nähere Bezeichnung	Zeit der Untersuchung	Wasser %	Stick-stoff-Substanz %	Fett %	Stickstoff-freie Extraktstoffe %	Roh-faser %	Asche %	Stick-stoff-Substanz % (Trocken)	Stickstoff-freie Extraktstoffe % (Trocken)	Stickstoff in der Trocken-Substanz %	Analytiker
1	In Japan gewachsen, „Yuri" genannt	1884	69,63	3,40	0,11	24,09*)		1,35	11,19	—	1,79	*K. Nagai und J. Murai*[9])

[1]) Compt. rend. **43**, 769; Weende'r Jahresber. 1855/56, 38.
[2]) Ebendaselbst, nach Wilda's landw. Centralbl. 1855, **2**, 133.
[3]) Original-Mittheilung. Von dem Rohproteïn (4,17 %), waren 2,92 % reines Proteïn; von den 28,52 % stickstofffreien Extraktstoffen waren 20,99 % Stärke.
[4]) Eldena'er Archiv 1865, 275; Weende'r Jahresber. 1855/56, **2**, 38.
[5]) Ann. d'agricul. prat. 1861, [5], **17**, 513.
[6]) Wilda's landw. Centralbl. 1856, **2**, 359; Weende'r Jahresber. 1855/56, **2**, 38.
[7]) Compt. rend. **18**, 189; Wilda's landw. Centralbl. 1854, **1**, 321; Weende'r Jahresber. 1854, **2**, 20.
[8]) J. B. Boussingault, Die Landwirthschaft in ihren Beziehungen zur Chemie etc. **3**, 200.
[9]) Japan. Intern. Health. Exhibitation. London 1884, A. Descriptive Catalogue, 3—6.

*) Ferner wurden noch bestimmt: Stärke und verwandte Stoffe 28,634 %, Rohrzucker 1,200 %, Pektin 0,622 %. Nach dem specifischen Gewicht gesondert zeigten die Wurzeln nachstehenden verschiedenen Gehalt an Wasser und Trocken-Substanz:

	Wasser	Trocken-Substanz
Leichteste Wurzel	63,04 %	36,96 %
Weniger leicht, kaum auf dem Wasser schwimmend	58,55 „	41,45 „
Weniger leicht, langsam im Wasser sinkend . . .	59,28 „	42,72 „
Schwerste Wurzel	55,16 „	44,84 „

**) Nach ausführlicherer Untersuchung enthielt die Rübe: Stärke 18,73 %, Gummi 4,05 %, Zucker 2,00 %.

***) Nach ausführlicherer Untersuchung enthielt die (ertragreiche, äusserst wohlschmeckende, zarte, goldgelbe, weissfleischige) Wurzel 17,3 % Stärke, 2,0 % Pektin und Pflanzenfaser.

°) Nach ausführlicherer Analyse enthielt die Wurzel:

Pektose und Pektinsäure	2,200 %	Rohrzucker	4,500 %
Gummi, Dextrin und Schleim . .	8,814 „	Stärke	4,060 „

Der Stickstoff-Gehalt ist zu 0,459 % angegeben, darnach ist von uns die Menge der Stickstoff-Substanz berechnet worden, während diese im Original zu 2,983 % angegeben ist.

°°) Nach ausführlicherer Analyse enthält die Wurzel 18,09 % Stärke, 6,60 % Rohrzucker, 1,00 % Pektin, 0,53 % Gummi, 1,37 % lösliche Salze. Die Wurzel wird in China „Ninsi" genannt.

Arctium lappa. — Distel.

No.	Nähere Bezeichnung	Zeit der Untersuchung	In der ursprünglichen Substanz: Wasser %	Stick-stoff-Substanz %	Fett %	Stickstoff-freie Extraktstoffe %	Roh-faser %	Asche %	In der Trocken-Substanz: Stick-stoff-Substanz %	Stickstoff-freie Extraktstoffe %	Stickstoff in der Trocken-Substanz %	Analytiker
1	In Japan gewachsen, „Gobo" genannt	1884	73,93	3,22	0,13	19,95	1,95	0,82	12,34	76,54	1,97	O. *Kellner*[1])
2		„	73,68	3,77	0,22	18,86	2,53	0,94	14,33	71,63	2,29	
	Mittel	—	**73,81**	**3,49**	**0,18**	**19,40**	**2,24**	**0,88**	**13,34**	**74,09**	**2,13**	

Conophollus Konjak.*)

No.	Nähere Bezeichnung	Zeit der Untersuchung	Wasser %	Stick-stoff-Substanz %	Fett %	Stickstoff-freie Extraktstoffe %	Roh-faser %	Asche %	Stick-stoff-Substanz %	Stickstoff-freie Extraktstoffe %	Stickstoff in der Trocken-Substanz %	Analytiker
1	In Japan gewachsen, „Konyaku" genannt	1884	91,76	1,03	0,08	6,47	0,30	0,36	12,50	78,49	**) 2,00	O. *Kellner*[1])

Bambusa puerula. — Bambusschösslinge.

No.	Nähere Bezeichnung	Zeit der Untersuchung	Wasser %	Stick-stoff-Substanz %	Fett %	Stickstoff-freie Extraktstoffe %	Roh-faser %	Asche %	Stick-stoff-Substanz %	Stickstoff-freie Extraktstoffe %	Stickstoff in der Trocken-Substanz %	Analytiker
1	In Japan gewachsen: Mosadake . .	1884	90,21	3,28	0,13	4,47 ***)	0,90	1,01	33,50	45,66	5,36	K. *Nagai* und J. *Murai*[2])
2	Madake . .	„	91,79	2,59	0,11	3,31 ***)	1,10	1,10	31,55	40,31	5,05 **)	
3	„Takenoko" genannt; geschält . .	„	91,37	2,17	0,21	4,46	1,00	0,79	25,12	51,57	4,04	O. *Kellner*[1])
	Mittel aus No. 2 u. 3	—	**91,58**	**2,38**	**0,16**	**3,88**	**1,05**	**0,95**	**28,33**	**45,94**	**4,55**	

Nelumbo nucifera. — Lotus.

No.	Nähere Bezeichnung	Zeit der Untersuchung	Wasser %	Stick-stoff-Substanz %	Fett %	Stickstoff-freie Extraktstoffe %	Roh-faser %	Asche %	Stick-stoff-Substanz %	Stickstoff-freie Extraktstoffe %	Stickstoff in der Trocken-Substanz %	Analytiker
1	In Japan gewachsen, „Hasu" genannt	1884	85,84	1,09	0,20	11,14	1,02	0,71	7,75	78,59	1,24°)	O. *Kellner*[1])

Sagittaria sagittifolia. — Pfeilkraut.

No.	Nähere Bezeichnung	Zeit der Untersuchung	Wasser %	Stick-stoff-Substanz %	Fett %	Stickstoff-freie Extraktstoffe %	Roh-faser %	Asche %	Stick-stoff-Substanz %	Stickstoff-freie Extraktstoffe %	Stickstoff in der Trocken-Substanz %	Analytiker
1	In Japan gewachsen, „Kuwai" genannt	1884	66,86	7,05	0,55	22,93	1,18	1,43	21,26	69,21	3,42°)	O. *Kellner*[1])

Solanum melongea L. — Eierkartoffeln.

No.	Nähere Bezeichnung	Zeit der Untersuchung	Wasser %	Stick-stoff-Substanz %	Fett %	Stickstoff-freie Extraktstoffe %	Roh-faser %	Asche %	Stick-stoff-Substanz %	Stickstoff-freie Extraktstoffe %	Stickstoff in der Trocken-Substanz %	Analytiker
1	In Japan gewachsen, „Nasubi" genannt (Frucht)	1884	93,47	0,76	0,13	4,11	1,14	0,39	11,64	62,81	1,86°)	O. *Kellner*[1])
2		„	93,99	0,99	0,06	3,13	1,41	0,42	16,47	52,08	2,63	K. *Nagai* und J. *Murai*[2])
3	Aus Serbien	1898	92,27	1,51	0,08	4,52	0,89	0,70	19,83	58,47	3,17	A. *Zega*[3])
	Mittel	—	**93,24**	**1,08**	**0,09**	**3,94**	**1,15**	**0,50**	**15,98**	**57,79**	**2,55**	

Peucedanum Canbyi C. u. R. „Chúcklusa."

Die Knollen von Peucedanum Canbyi von den Sponkane-Indianern „Chúcklusa" genannt, wächst in den Staaten Washington und Oregon und ist von den 10 knollentragenden Peucedanum-Arten Nord-Amerikas das beste Nahrungsmittel.

---

[1]) Mittheil. d. deutschen Gesellsch. f. Natur- u. Völkerkunde Ostasiens, **4**, No. 35.
[2]) Japan. International Health Exhibitation. London 1884. A. Descriptive Catalogue, 3—6.
[3]) Chem. Ztg. 1898, **22**, 975.

*) Conophollus Kounyaku dient in Japan zur Bereitung einer gelatinösen, zähen Speise; die Knollen werden zu dem Zwecke geschält, zerschnitten, getrocknet, zu Pulver zerrieben, mit heissem Wasser zu einem steifen Teig angerührt, welcher mit Kalkmilch oder dem in Wasser löslichen Theile von Holzasche versetzt, bei weiterem Erwärmen zu einer zähen Masse gesteht, aus der man noch einen Theil der Lauge durch Pressen entfernt.

**) Von dem Gesammt-Stickstoff der Trocken-Substanz waren Eiweiss-Stickstoff:

	Conophollus Konjak	Bambusa puerula
Gesammt-Stickstoff	2,00 %	4,04 %
Eiweiss-Stickstoff	0,42 „	1,22 „

***) Vergl. Anmerkung ***) S. 736.

°) Von dem Gesammt-Stickstoff der Trocken-Substanz waren Eiweiss-Stickstoff:

	Nelumbo nucifera	Sagittaria sagittifolia	Solanum melongea
Gesammt-Stickstoff	1,24 %	3,42 %	1,86 %
Eiweiss-Stickstoff	0,83 „	2,78 „	1,40 „

Die rundlichen, 2—3 cm dicken Knollen haben einen mehligen Körper, schmecken vorzüglich aromatisch und werden roh oder geröstet und auch mit Mehl verbacken gegessen. Henry Trimble (Amer. Journ. Pharm. 1890, **62**, 281; Chem. Ztg. 1890, **14**, Rep. 229) fand folgende Zusammensetzung der Knolle:

Wasser	7,90 %	Glukose	1,24 %	Stärke	17,02 %
Stickstoff-Substanz .	3,25 „	Rohrzucker	10,66 „	Rohfaser und	
Fett und Wachs . .	2,12 „	Schleim	15,34 „	Unbestimmtes . .	35,30 „
Harzartige Stoffe . .	2,57 „	Dextrin	0,40 „	Asche	4,20 „

Peucedanum Eurycarpum.

Die Knollen werden von den Indianern Nord-Amerikas geröstet und dann gemahlen und zu einem kuchenartigen Gebäck verarbeitet. Henry Trimble fand für die Knollen (Amer. Journ. Pharm. 1889, **61**, 556; Chem. Ztg. 1890, **14**, Rep. 11) folgende Zusammensetzung:

Wasser	10,30 %	Dextrose	3,66 %	Stärke	35,06 %
Stickstoff-Substanz .	9,63 „	Rohrzucker	1,80 „	Asche	5,06 „
Harz etc.	2,68 „	Gummi	3,61 „	Rohfaser und	
Wachs	2,45 „			Unbestimmtes . .	25,73 „

Carum Gairdneri. Benth u. Hook. „Yamp."

Der Yamp, die knollige Wurzel der obengenannten Umbellifere, wächst im nordamerikanischen Felsengebirge von Oregon bis Südkalifornien. Die Wurzel wird von den Indianern wegen ihres guten Geschmackes als Nährmittel hochgeschätzt und sowohl roh wie gekocht gegessen. Die Wurzel enthält nach Henry Trimble (Amer. Journ. Pharm. 1891, **63**, 525; Chem. Ztg. 1891, **15**, Rep. 344):

Wasser	14,66 %	Rohrzucker	10,98 %
Schleim und Eiweissstoffe . . .	29,20 „	Pararabin	2,75 „
Fett, Wachs und Gummi . . .	1,03 „	Stärke	5,35 „
In Aether lösliches Harz . . .	0,53 „	Asche	3,62 „
Glykose	5,32 „	Unlösliches und Unbestimmtes . .	26,56 „

Cichorium Intibus L. — Echte Cichorie. — Gemeine Wegwarte. — Chicorée. — Chicory.

Ueber die Zusammensetzung der gerösteten Cichorie siehe unter „Kaffee".

No.	Nähere Bezeichnung	Zeit der Untersuchung	In der ursprünglichen Substanz: Wasser %	Stick-stoff-Substanz %	Fett %	Zucker %	Stickstoff-freie Ex-traktstoffe %	Roh-faser %	Asche %	In der Trocken-Substanz: Stick-stoff-Substanz %	Stickstoff-freie Ex-traktstoffe %	Stickstoff in der Trocken-Substanz %	Analytiker
	Frische Cichorien.												
1	Ohne nähere Bezeichnung	1866	78,01	0,92	0,33	19,21		0,88	0,65	4,18	87,34	0,67	*H. Schulze*[1])
2	desgl.	1858	72,07	—	—	6,17	—	—	—	—	—	—	*v. Bibra*[2])
3	desgl.	1876	77,00	—	0,60	1,10	—	—	0,80	—	—	—	*Hasall*[3])
4	desgl.*)	1899	79,20	1,15	0,11	0,60	16,80	1,29	1,11	5,53	80,77	0,88	*J. Wolff*[4])
	Mittel	—	**78,76**	**1,03**	**0,35**	**2,62**	**15,30**	**1,09**	**0,85**	**4,86**	**84,37**	**0,78**	
	Getrocknete Cichorien.												
1	Ohne nähere Bezeichnung	1876	15,00	—	1,90	10,50 **)	—	—	3,00	—	—	—	*Hasall*[3])
2	desgl.	1878	6,89	6,56	0,41	22,20	52,59	6,36	4,99	7,04	56,48	1,13	*C. Krauch*[5])

[1]) Landw. Vers.-Stat. 1866, **9**, 203.
[2]) Der Kaffee und seine Surrogate 1858, 75.
[3]) Food, its adulteration and the Methods for their Detection. London, 1876, 174 u. 175.
[4]) Anal. Chim. analyt. 1899, **4**, 157—162 und 187—193.
[5]) Ber. Deutsch. Chem. Ges. 1878, **11**, 277. Siehe auch unter „Kaffee".
*) Wolff fand ferner 0,60 % reduzirenden Zucker, 13—15 % Inulin und 17,12 % Extraktivstoffe.
**) Hasall giebt in seinem Werke für getrocknete natürliche Cichorien 22,76, 30,49, 35,23 u. 35,02 % Zucker an.

Runkelrübe.

Beta vulgaris L. Dickwurz, Mangold. — Garden-beet. — Bette commune.

Aeltere Analysen.

1. J. B. Boussingault in seinem Werke „Die Landwirthschaft in ihren Beziehungen zur Chemie etc.“ Deutsch von Graeger 2, 173; 3, 200.
2. J. B. Lawes, Journ. R. Agric. Soc. England 1849, 10, II 323 und Agric. Chem. Sheep feeding and manure 1849, 1, 50.
3. Fromberg in Wolff's „Grundlagen des Ackerbaues“ 1856, 925.
4. Th. Anderson, Trans. Highl. Soc. March 1854, 274; 1860, 306. Juli 369 und 1868/69 [4], 2, 66.
5. Bobierre, Weende'r Jahresbericht 1853, 2, 29.
6. Frerichs in J. Moleschott's Physiologie der Nahrungsmittel. Giessen 1859, 2, 161.
7. E. Wolff in seinem Werke „Grundlagen des Ackerbaues“ 1856, 924 und Möckern'scher Bericht 24, 1.
8. H. Ritthausen in Wolff's „Grundlagen des Ackerbaues“ 3. Aufl., 922 und Amts- und Anzeigeblatt 1857, 73; ferner Möckern'sche Berichte 1854, 22.
9. H. Hellriegel, Chem. Ackersm. 1856, 299.
10. H. Hellriegel und H. Gaudich, Amts- und Anzgbl. für das Kgr. Sachsen 1857, 22; Chem. Ackersm. 1857, 210.
11. A. Völker, Journ. R. Agric. Soc. England 21, 97.
12. Töpler, Hoffmann's Jahresbericht 1860/61, 3, 237.
13. B. Corenwinder, Compt. rend. 60, 154, Hoffmann's Jahresbericht 1865, 8, 106.

No.	Nähere Bezeichnung	Gewicht der Rübe kg	Zeit der Untersuchung	In der ursprünglichen Substanz: Wasser %	Stickstoff-Substanz %	Fett %	Stickstofffreie Extraktstoffe %	Rohfaser %	Asche %	In der Trocken-Substanz: Stickstoff-Substanz %	Stickstofffreie Extraktstoffe %	Stickstoff in der Trocken-Substanz %	Analytiker
1*)	Oberndörfer, gelbe	0,500	1859	85,05	1,28	0,09	11,91	0,90	0,77	8,56	79,70	1,37	Th. Dietrich[1]
2*)	Steiger'sche (Leutewitzer) Rübe	1,115	„	88,45	1,69	0,08	7,85	1,03	0,90	14,63	71,97	2,34	
3*)	Koppe's Futter-Zuckerrunkel	0,880	„	83,95	0,92	0,11	12,31	1,81	0,90	5,73	76,59	0,92	
4*)	Koppe's Futter-Zuckerrunkel	0,500	„	82,29	0,88	0,10	14,24	1,54	0,95	4,97	80,41	0,79	
5*)	Koppe's Futter-Zuckerrunkel	0,185	„	81,88	0,81	0,09	15,02	1,30	0,90	4,47	82,90	0,72	
6	Mittel von No. 1—5		„	83,17	0,90	0,10	13,24	1,67	0,92	5,35	78,67	0,86	
7	Rothe Rübe	0,550	„	78,40	1,50	16,70		1,70	1,70	6,95	77,31	1,11	
8	Gelbe Rübe	0,400	„	75,40	1,95	18,00		2,20	2,45	7,93	73,17	1,27	
9	Gelbe runde	0,925	„	86,00	1,17	11,05		0,73	1,05	8,36	78,93	1,34	
10	Rothe runde	0,825	„	86,70	1,16	10,02		1,05	1,07	8,72	75,34	1,40	
11	Rothe lange	1,140	„	84,20	1,14	12,32		1,21	1,13	7,34	77,85	1,17	

[1]) Landw. Anz. f. Kurhessen 1859/60, **44**, 35.

*) Die Rüben No. 1—5 waren vergleichend in Heidau, auf lehmigem Sandboden, angebaut worden. Der Samen der „Leutewitzer“ war direkt von Leutewitz (Steiger), der Samen der Koppe'schen „Futter-“ und „Zucker-Runkelrübe“ von Hohenheim bezogen worden. Der Samen der Oberndörfer war in Heidau selbst gebaut worden. Die Rüben wurden durch Verpflanzen von jungen Pflanzen gezogen.

An näheren Bestandtheilen wurden noch ermittelt:

	No. 1	2	3	4	5
Traubenzucker	1,08 %	0,23 %	—	—	—
Rohrzucker	9,48 „	5,44 „	10,56 %	11,04 %	12,58 %
Pektinstoffe	1,35 „	2,18 „	1,70 „	3,25 „	2,51 „

Die bei den Rüben unter No. 8—11 angegebenen Gewichte sind die Mittel des Gewichts von je 3 zur Untersuchung gelangten Rüben.

No.	Nähere Bezeichnung	Zeit der Untersuchung	In der ursprünglichen Substanz: Wasser %	Stick-stoff-Substanz %	Fett %	Stickstoff-freie Ex-traktstoffe %	Roh-faser %	Asche %	In der Trocken-Substanz: Stick-stoff-Substanz %	Stickstoff-freie Ex-traktstoffe %	Stickstoff in der Trocken-Substanz %	Analytiker
12	Oberndörfer	1857	88,94	1,66		7,32	0,91	1,17	15,01	66,18	2,40	R. Ulbricht[1]
13	Futterrunkelrübe	„	87,68	1,12		9,74	0,84	0,62	9,12	79,02	1,46	W. Henneberg[2]
14	Futterrunkelrübe, 6. Oktober geerntet, 1307 g . . .	1855	90,02	0,69		—	—	0,97	6,94	—	1,11	E. Wolff[3]
15	Rüben auf Lehmboden gewachsen*)	1858	87,14	2,37		7,29	1,29	1,91	18,43	56,69	2,95	W. Knop und Ritter[4]
16	Auf Lehmboden mit $1^1/_2$ Ctr. Gyps gedüngt*) . . .	„	89,04	2,29		6,13	0,88	1,66	20,89	55,80	3,34	W. Knop und Ritter[4]
17	Auf Lehmboden mit $1^1/_2$ Ctr. Schlämmkreide gedüngt*)	„	88,66	2,38		6,64	0,90	1,42	20,98	58,56	3,37	W. Knop und Ritter[4]
18	Auf sehr unfruchtbarem Sand gewachsen*)	„	90,74	1,91		4,34	1,38	1,63	20,64	47,87	3,30	W. Knop und Ritter[4]
19	Mittel von 2 Analysen . .	1855	86.68	1,23		9,35 **)	1,75	0,99	9,23	70,10	1,48	W. Knop und Arendt[5]
20	Ohne nähere Bezeichnung .	„	82,70	1,80		13,40	0,80	1,30	10,40	77,48	1,66	F. Crusius[6]
21	Zwei Jahre alt, gesund***) .	„	92,25	1,13		4,08	1,18	1,36	14,57	52,67	2,32	A. Völcker[7]
22	Ohne nähere Bezeichnung .	„	86,53	1,64	—	—	3,40	—	12,18	—	1,95	Trommer[8]
23	desgl.	1854	86,45	2,57	—	0)	2,53 0)	1,35	18,97	52,39	3,04	Herth[9]
24	Runkelrüben	1859	85,40	1,47	—	9,70	2,00	0,84	10,07	70,48	1,61	W. Knop[10]
25	Albert's grösste neue Riesenrübe . . . (Mittleres Gewicht kg) 2,40	1861	88,66	1,44	0,20		8,67	1,04	12,70	76,37	2,03	C. Karmrodt[11]
26	Pohl's gelbe Riesenrübe 2,20	„	88,53	1,51	0,23		8,86	0,88	13,16	77,17	2,11	C. Karmrodt[11]
27	Leutewitzer, gelbe . 2,33	„	89,62	1,45	0,18		7,63	1,12	13,97	73,51	2,24	C. Karmrodt[11]
28	Runde gelbe Wiener Tellerrübe . . . 1,34	„	85,92	1,72	0,22		11,12	1,02	12,23	78,96	1,96	C. Karmrodt[11]
29	Runde rothe Klumpers 1,26	„	83,30	1,89	0,55		13,37	0,88	11,34	80,44	1,81	C. Karmrodt[11]
30	Oberndörfer, echte . 2,45	„	88,52	1,41	0,20		8,92	0,95	12,28	77,70	1,96	C. Karmrodt[11]
31	Runde rothe Wiener Tellerrübe . . . 2,03	„	87,26	1,51	0,22		9,83	1,18	11,85	77,16	1,90	C. Karmrodt[11]
32	Metz No. 1 2,31	„	89,51	1,20	0,19		7,93	1,16	11,44	75,69	1,83	C. Karmrodt[11]

[1]) Lüdersdorff's Ann. d. Landw. **33**, 154.
[2]) Journ. f. Landw. 1859, **7**, 324.
[3]) Mittheil. aus Hohenheim, **5**, 161.
[4]) Amts- u. Anzgbl. f. d. landw. Ver. i. Königr. Sachsen 1859, 6.
[5]) Möckern'sche Ber. **5**, 82.
[6]) Zeitschr. f. Deutsche Landw. 1856, 50.
[7]) Journ. Roy. Agr. Soc. Engl. **20**, 131; Hoffmann's Jahresber. d. Agrik.-Chem. 1859/60, **2**, 74.
[8]) Weende'r Jahresber. 1853, **2**, 29. Mittel von 3 Analysen verschieden gedüngter Rüben.
[9]) Ebendas. 1855/56, **2**, 32; aus Wilda's landw. Centralbl. 1855, **I**, 290 u. Bad. Korrespondenzblatt 1855, 37.
[10]) Amts- u. Anzbl. f. d. landw. Ver. i. Königr. Sachsen 1859, 66.
[11]) Vergl. Anmerkung [1]) S. 742.

*) Die Rüben wurden in Kästen von 2 Ellen Breite, 3 Ellen Länge und 1 Elle 2 Zoll Tiefe gebaut. Der Boden wurde mit wenig Guano gedüngt.
**) Mit 4,95 % Zucker.
***) An näheren Bestandtheilen wurden noch ermittelt:

	Lösliche Proteïnstoffe	Unlösliche Proteïnstoffe	Zucker, Gummi, Pektin	Lösliche Salze
In der frischen Rübe	0,97 %	0,16 %	4,08 %	1,23 %
In der Trocken-Substanz	12,51 „	2,06 „	52,67 „	15,87 „

0) Unter Rohfaser ist „Pflanzenfaser und Pektin“ zu verstehen; die Rübe enthielt ferner 7,20 % Zucker.

No.	Nähere Bezeichnung	Mittleres Gewicht kg	Zeit der Untersuchung	In der ursprünglichen Substanz: Wasser %	Stickstoff-Substanz %	Fett %	Stickstofffreie Extraktstoffe %	Rohfaser %	Asche %	In der Trocken-Substanz: Stickstoff-Substanz %	Stickstofffreie Extraktstoffe %	Stickstoff in der Trocken-Substanz %	Analytiker
33	Metz No. 3	2,80	1861	89,40	1,06	0,19	8,31		1,04	10,00	78,40	1,60	
34	Runde gelbe Klumpers	1,60	"	85,81	1,30	0,23	11,70		0,95	9,16	82,53	1,47	
35	Lange gelbe, aus der Erde wachsend . .	1,12	"	84,90	1,65	0,31	11,43		1,71	10,93	75,70	1,73	
36	Rothe Flaschenrübe .	0,70	"	84,42	1,43	0,26	12,18		1,71	9,18	78,18	1,45	
37	Gelbe Flaschenrübe .	1,31	"	87,15	1,09	0,22	10,42		1,12	8,48	81,09	1,34	
38	Halblange gelbe Rübe	1,16	"	86,93	1,14	0,29	10,58		1,06	8,74	80,91	1,40	*C. Karmrodt*[1])
39	Lange weisse auf der Erde wachsend . .	1,60	"	85,99	1,59	0,21	11,23		0,97	11,35	80,23	1,82	
40	Rothe Riesenpfahlrübe	2,12	"	88,62	1,09	0,26	8,77		1,25	9,58	77,09	1,53	
41	Lange rothe auf der Erde wachsend . .	1,69	"	87,26	1,23	0,29	10,02		1,21	9,65	78,57	1,54	
42	Halblange dicke rothe	1,32	"	85,95	1,35	0,24	11,22		1,24	9,61	79,85	1,54	
43	Orange globe Mangold, schwerer Thonboden . .		1865	90,05	1,33	—	—	—	1,21	13,37	—	2,14	*A. Völcker*[2])
44	Futter-Runkelrüben . . .		1864	87,81	1,19	9,57		0,92	0,71	9,75	76,88	1,57	*W. Henneberg*[3])
45	desgl.*)		1863	87,85	0,84	0,19	9,03	1,15	0,94	6,91	74,31	1,11	*F. Stohmann*[4])
46	desgl.		"	89,10	1,10	1,10	7,90	1,00	0,80	10,09	72,49	1,61	*W. Henneberg*[5])
47	Runkeln		1866	88,42	1,78	0,06	8,74	1,05	0,95	15,37	68,56	2,46	*E. Wolff*[6])
48	Ohne nähere Bezeichnung .		"	84,13	1,61	0,12	12,17	1,17	0,80	10,14	76,69	1,62	*J. Moser und Lenz*[7])
49	desgl.		"	87,90	1,10	0,10	9,10	0,85	0,95	9,09	75,21	1,45	*E. Peters*[8])
50	Mittel aus 3 Analysen . .		"	87,52	1,02	0,20	8,63	1,38	1,25	8,17	69,15	1,31	*Fritsche*[9])
51	Gelbe Futter-Runkelrüben von 1865, 12. April 1866		"	87,22	0,79	—	—	—	1,02	6,18	—	0,99	
52	desgl. von 1865, 11. Juli 1866		"	89,75	0,75	—	—	—	0,88	7,31	—	1,17	
53	desgl. von 1866, vor der Reife geerntet, 25. Juli 1866 .		"	91,70	0,73	—	—	—	0,67	8,81	—	1,41	*H. Schultze u. E. Schulze*[10])
54	desgl., 27. Juli 1866 . .		"	91,79	1,12	—	—	—	0,83	13,62	—	2,18	
55	Oberndörfer Rübe, 1865-er Ernte, untersucht November		1865	87,07	1,47	0,17	9,56	0,93	0,86	11,37	73,48	1,82	*J. Nessler und E. Muth*[11])
56	desgl., untersucht Februar .		1866	89,85	0,95	—	7,44	0,90	—	9,36	81,77	1,50	

[1]) Zeitschr. d. landw. Ver. f. Rheinpreussen 1863, 160. Die Stickstoff-Substanz wurde aus dem Stickstoffgehalt durch Multiplikation mit 6,25 erhalten. Der nachstehende Zuckergehalt wurde durch Polarisation ermittelt:

	No. 25	26	27	28	29	30	31	32	33
Zucker . .	6,50	7,07	5,89	8,05	10,23	6,24	6,97	4,51	6,30 %
	No. 34	35	36	37	38	39	40	41	42
Zucker . .	8,89	9,47	9,55	7,87	8,34	8,60	5,34	8,66	9,41 %

[2]) Journ. Roy. Agric. Soc. 1866, 210. Mittel aus 9 Analysen verschieden gedüngter Rüben.

[3]) W. Henneberg, G. Kühn, L. Aronstein und H. Schultze. Journ. f. Landw. 1865, **13**, 349.

[4]) Journ. f. Landw. 1865, **13**, Anhang S. 1.

[5]) Ebendaselbst, 1866, **14**, 331. Der Fettgehalt wurde nicht direkt bestimmt, sondern wie früher gefunden angenommen.

[6]) Landw. Vers.-Stat. 1868, **10**, 86.

[7]) Wiener allgem. land- und forstw. Ztg. 1867, 999; Weende'r Jahresber. 1867/68, 539.

[8]) Ann. d. Landw. in Preussen 1867, **50**, 6.

[9]) Jahresber. d. Vers.-Stat. Pomm. 1867/68, 27. Mittel aus 3 Analysen.

[10]) Landw. Vers.-Stat. 1867, **9**, 434. Die Rüben unter No. 51 und 52 stammten vom Klostergute Weende.

[11]) Deren Bericht 1870, 56. Als „Zucker bestimmbare Körper" wurden 7,50 bezw. 6,01 % gefunden.

*) Der wässerige Auszug der Trocken-Substanz enthielt 7,69 % Stickstoff-Substanz und 74,93 % stickstofffreie Extraktstoffe.

No.	Nähere Bezeichnung	Zeit der Untersuchung	In der ursprünglichen Substanz: Wasser %	Stickstoff-Substanz %	Fett %	Stickstofffreie Extraktstoffe %	Rohfaser %	Asche %	In der Trocken-Substanz: Stickstoff-Substanz %	Stickstofffreie Extraktstoffe %	Stickstoff in der Trocken-Substanz %	Analytiker
57	Oberndörfer, 1868-er Ernte, 14 Pfd. schwer	1868	91,31	1,98	—	—*)	0,86	—	22,79	—	3,65	J. Nessler und C. Weigelt[1])
58	desgl., 4 Pfd. schwer . .	„	89,75	1,75	—	—*)	0,79	—	17,07	—	2,73	
59	Oberndörfer**)	1871	89,48	0,94	0,08	7,83	0,74	0,94	8,94	74,46	1,43	E. Schulze[2])
60	Vilmorin-Futterrübe**) . .	„	89,49	1,21	0,07	7,19	0,77	1,27	11,54	68,49	1,85	
61	Ohne nähere Bezeichnung .	1869	86,71	2,12	0,22	7,94	1,16	1,85	15,95	59,74	2,55	E. Heiden und Fritsche[3])
62	Olivenförmige	1870	84,65	1,50	0,14	10,81	1,32	1,58	9,77	70,37	1,56	
63	Auf Lehmboden gewachsen	1868	87,52	1,02	0,20	8,63	1,38	1,25	8,17	69,51	1,31	
64	desgl.	1869	88,20	1,59	0,14	7,42	1,31	1,33	13,76	62,68	2,20	
65	Goldwalze	1878	88,84	1,94	0,31	6,46	1,34	1,11	17,38	57,88	2,78	
66	In Pommritz gewachsen .	1869	87,51	2,14	0,22	8,01	1,17	0,95	17,13	64,13	2,74	E. Heiden[4])
67	desgl., im Frühjahr untersucht	„	89,17	1,47	0,06	7,62	0,76	0,92	13,60	70,35	2,18	E. Wolff und C. Kreuzhage[5])
68	Futterrüben, flaschenförmig, Ende November untersucht	1872	84,83	0,93	0,06	12,48	0,93	0,75	6,16	82,32	0,99	U. Kreussler u. R. Alberti[6])
69	desgl., lang, Ende November untersucht	„	82,36	1,07	0,09	13,83	1,60	1,05	6,08	78,40	0,97	
70	desgl.	„	89,73	0.92	0,18	6,86	1,30	1,01	8,87	67,11	1,42	R. Alberti[7])
71	Ohne nähere Bezeichnung .	1871	84,34	0,82 ***)	0,11	13,02	0,90	0,81	5,22 ***)	83,18	0,90	H. Weiske[8])
72	Oberndörfer Rübe	„	91,45	0,69	0,17	6,33	0,56	0,80	8,25	73,87	1,32	J. König[9])
73	Runkelrüben	1881	89,85	0,94	0,06	7,48	0,79	0,88	9,26	73,70	1,50	
74	desgl.	„	89,10	0,96	0 06	8,35	0,70	0,83	6,11	79,31	0,98	
75	desgl.	„	89,77	1,23	0,07	7,04	0,77	1,12	12,02	68,82	1,92	
76	desgl.	1880	88,63	0,93	0,05	8,73 °)	0,75	0,91	8,18	76,78	1,29	
77	„Buchner'sche Futterrüben"	1871	87,32	1,22	0,13	9,66	0,94	0,73	9,62	76,20	1,54	R. Emmerling[10])
78	Rothe Oberndörfer . . .	„	85,99	1,51	0,17	10,11	1,05	1,17	10,78	72,17	1,72	
79	Runde gelbe Oberndörfer .	1875	91,18	0,82	0,07	6,14	0,86	0,93	9,30	69,62	1,49	

[1]) Deren Bericht 1870, 56.
[2]) Bericht d. Vers.-Stat. Darmstadt 1874. 38.
[3]) Privat-Mittheilung. Die Rüben enthielten in der Asche:

	No. 61	62	63
Sand . .	0,94	0,01	0,29 %

[4]) Kleine Mittheil. d. Vers.-Stat. Pomm. im Jahre 1872. Zucker 5,77 %
[5]) Die landw.-chem. Vers.-Stat. Hohenheim von E. Wolff. Ein Programm. Berlin, 1871, 77.
[6]) 1. Ber. d. Vers.-Stat. Hildesheim, S. 29.
[7]) 2. Ber. d. Vers.-Stat. Hildesheim, S. 26.
[8]) Journ. f. Landw. 1876, **24**, 265.
[9]) Landw. Ztg. f. Westfalen u. Lippe 1871, 369; 3. Ber. der landw. Vers.-Stat. Münster 1881/83, 11; u. Landw. Ztg. f. Westfalen 1881, 38.
[10]) Zusammenstellung von Analysen von Futtermitteln in den Jahren 1871—77. Kiel, 1877.

*) Als „Zucker bestimmbare Körper" 3,38 bezw. 6,15 %.

**) Das Feld, auf welchem die beiden Rübensorten gewachsen waren, hatte im Vorjahre Weizen, und vor diesem Wicken getragen, zu welchen letzteren starke Pfuhldüngung und ausserdem 4 Ctr. Kalisuperphosphat auf den Morgen gegeben worden waren. Es wurde ferner in der Rübe gefunden:

	Kaliumnitrat in der frischen Rübe	Kaliumnitrat in der Trocken-Substanz	Trocken-Substanz: Kleine Rübe	Mittlere Rübe	Grosse Rübe	Im Mitttel
No. 59 Oberndörfer	0,160 %	1,52 %	11,09 %	10,45 %	9,09 %	10,52 %
No. 60 Vilmorin	0,453 „	4,31 „	11,39 „	11,53 „	8,60 „	10,51 „

***) Nach Abzug des in Form von Salpetersäure vorhandenen Stickstoffs.

°) Darin 5,94 % Zucker.

No.	Nähere Bezeichnung	Zeit der Untersuchung	In der ursprünglichen Substanz: Wasser %	Stick-stoff-Substanz %	Fett %	Stickstoff-freie Extraktstoffe %	Roh-faser %	Asche %	In der Trocken-Substanz: Stick-stoff-Substanz %	Stickstoff-freie Extraktstoffe %	Stickstoff in der Trocken-Substanz %	Analytiker
80	Leutewitzer Runkelrübe . .	1875	89,83	1,06	0.06	7,09	0,85	1,11	10,41	69,75	1,67	
81	Rothe Runkelrübe . . .	1876	91,17	1,28	0,10	5,31	0,79	1,35	14,50	60,13	2,32	*R. Emmerling*[1])
82	Gelbe Runkelrübe	„	89,26	1,04	0,14	7,37	1,03	1,16	9,68	68,63	1,55	
83	Oberndörfer Futterrüben, mild. Lehmboden*) . .	1880	88,49	1,00	0,03	8,71	0,87	0,90	8,69	75,67	1,39	*W. Fleischmann*[2])
84	In Schweden (Alnarp) gewachsen	1876	89,86	0,50	—	7,37	1,24	1,03	4,93	72,68	0,79	*E. W. Olbers*[3])
85	Runkelrübe, birnförmig . .	1877	88,40	—	—	—	0,90	1,00	—	—	—	*Ad. Mayer*[3])
86	desgl., rothe Landrübe . .	„	86,20	—	—	—	0,80	1,00	—	—	—	
87	Futterrüben, 1877-er, April untersucht**)	1878	90,68	1,64	0,07	6,04	0,49	1,08	17,60	64,80	2,82	*Ph. du Roi*[3])
88	desgl., 1878-er, Oktober untersucht**)	„	86,04	1,34	0,15	10,53	0,82	1,13	9,60	75,37	1,54	
89	Runkelrübe	„	87,77	0,85	0,06	9,13	1,06	1,13	6,95	74,65	1,11	
90	Futterrunkeln, 1874-er Ernte, Anfang Januar	1875	88,02	1,06	0,04	9,12	0 68	1,08	8,85	76,13	1,42	*J. Fittbogen u. Förster*[3])
91	desgl., Ende Februar . .	„	88,15	1,19	0,02	8,86	0,63	1,15	10,04	74,77	1,61	
	Gewicht kg											
92	Zucker-Futterrunkel 0,932	1878	83,42	1,34		13,35 ***)	0,86	1,03	8,08	80,52	1,29	
93	desgl. 1,080	„	84,07	1,45		14,67 ***)	0,95	0,86	9,10	79,54	1,46	*Kohlrausch*[3])
94	desgl. 1,245	„	89,57	1,29		7,50 ***)	0,67	0,97	12,37	71,91	1,98	
95	Riesenpfahlrübe, roth, Okt.	1879	90,43	1,24	0,11	7,01	0,60	0,61	12,96	73,25	2,07	*Fr. Schwackhöfer*[4])
96	Mammuthrübe, weiss, Oktober	„	88,88	2,03	0,16	7,35	0,82	0,76	18,26	66,10	2,92	
97	Runkelrüben[0])	18 71/73	88,33	0,87	0,05	9,22	0,81	0,72	7,44	79,05	1,19	
98	desgl.[0])	„	88,28	0,72	0,10	9,28	0,90	0,72	6,13	79,24	0,98	*G. Kühn*[5])
99	desgl.[0])	„	88,56	0,91	0,06	9,20	0,69	0,58	7,94	80,42	1,27	
100	Futterrüben	1876	86,54	1,11	0,06	10,53	0,90	0,86	8,25	78,22	1,32	*A. Pagel*[6])
101	desgl.	„	91,75	1,21	0,13	5,18	0,84	0,89	14,68	62,77	2,35	
102	desgl.	„	88,65	1,29	0,17	7,94	0,90	1,05	11,37	69,95	1,82	
103	Oberndörfer, aus Kernsaat gezogen	1875	89,00	1,50	—	—	—	1,20	13,64	—	2,18	
104	desgl., aus Pflanzen gezogen	„	92,30	1,25	—	—	—	1,14	16,34	—	2,60	*P. Wagner*[7])
105	Rothe Riesen-Flaschenrübe, aus Kernsaat gezogen . .	„	87,90	1,25	—	—	—	1,36	10,33	—	1,65	
106	desgl., aus Pflanzen gezogen	„	91,00	1,25	—	—	—	1,13	13,39	—	2,14	

[1]) Zusammenstellung von Analysen von Futtermitteln in den Jahren 1871—77. Kiel, 1877.
[2]) Ber. d. milchwirthschaftl. Vers.-Stat. Raden 1881, 19.
[3]) Privat-Mittheilung.
[4]) Privat-Mittheilung des techn. Laboratoriums d. k. k. Hochschule für Bodenkultur in Wien.
[5]) Journ. f. Landw. 1874, **22**, 295.
[6]) Zeitschr. d. Central-Ver. d. Prov. Sachsen 1877, 91.
[7]) Fühling's landw. Ztg. 1876, 641; Hoffmann's Jahresber. 1875/76, **18/19**, II, 9.

*) Die Rüben waren in Lalendorf angebaut worden; der Ertrag war sehr reichlich, die Qualität gut.
**) Auf kräftigem, tiefgründigem Lehmboden gewachsen, mit Kuhmist gedüngt.
***) Die Rüben enthielten Zucker: No. 92: 9,27, No. 93: 9,64 und No. 94: 4,79 %.
[0]) Der Wassergehalt der Rüben schwankte beträchtlich in den verfütterten, wiederholt untersuchten Rüben.

No.	Nähere Bezeichnung	Zeit der Untersuchung	In der ursprünglichen Substanz: Wasser %	Stick-stoff-Substanz %	Fett %	Stickstoff-freie Ex-traktstoffe %	Roh-faser %	Asche %	In der Trocken-Substanz: Stick-stoff-Substanz %	Stickstoff-freie Ex-traktstoffe %	Stickstoff in der Trocken-Substanz %	Analytiker
107	Vilmorins, gelbe eiförmige, aus Kernsaat gezogen . .	1875	89,30	1,43	—	—	—	1,22	13,36	—	2,14	P. Wagner[1])
108	desgl., aus Pflanzen gezogen	„	92,10	1,31	—	—	—	1,24	16,58	—	2,65	
109	Grosse rothe, 1875-er Ernte, Februar, März*) . . .	1866	87,67	0,52	0,15	10,01	0,71	0,94	4,19	81,13	0,67	W. Henneberg, E. Kern und F. Meineke[2])
110	Kleine gelbe, 1875-er Ernte, April*)	„	86,83	0,51	0,14	10,46	0,90	1,16	3,88	79,50	0,62	
111	Feldrüben	„	87,38	1,07	0,17	9,36	1,02	1,00	8,45	74,25	1,35	V. Hofmeister[3])
112	Grosse rothe, 1876-er Ernte	1876	86,76	0,53	0,12	10,80	0,76	1,03	4,00	81,50	0,64	W. Henneberg, E. Kern und F. Meineke[4])
113	Kleine gelbe, 1876-er Ernte, April, Mai	1877	86,88	0,48	0,15	10,61	1,00	0,88	3,69	80,83	0,59	
114	Rothe Riesenflasche, November . . . . (1878-er Ernte)	1878	90,96	0,88		6,25	0,94	0,97	9,73	69,14	1,56	E. Mach und C. Portele[5]) **)
115	Gelbe Riesenflasche .	„	88,76	0,98		8,46	0,89	0,91	8,72	75,26	1.40	
116	Rothe Riesenpfahlrübe	„	90,91	1,28		6,16	0,76	0,89	14,08	67,77	2,25	
117	Gelbe Riesenpfahlrübe	„	89,09	1,03		8,15	0,70	1,03	9,45	74,68	1,51	
118	Imperial-Runkelrübe .	„	84,96	1,53		11,64	1,12	0,75	10,17	77,39	1,63	
119	Mammuth-Runkelrübe	„	91,79	0,63		5,88	0,76	0,94	7,67	71,62	1,23	
120	Gelbe Oberndörfer . .	„	89,39	1,15		7,64	0,79	1,03	10,84	72,00	1,73	
121	Rothe Oberndörfer .	„	90,19	1,75		6,57	0,64	0,85	17,84	66,98	2,85	
122	Dicker rother Klumpen	„	90,80	1,28		5,22	1,51	1,19	13,91	56,74	2,23	
123	Gelber Riesenklumpen	„	90,07	1,17		7,34	0,74	0,68	11,78	73,92	1,88	
124	Futterrübe	1875	83,70	0,72	0,14	13,25	0,94	1,30	4,42	80,97	0,71	R. Heinrich[6]) ***)
125	desgl.	„	91,40	0,76	—	—	—	0,83	8,84	—	1,41	
126	desgl.	1876	89,20	0,82	0,54	7,18	1,70	0,56	7,59	66,48	1,21	
127	Gelbe Oberndörfer . . .	1877	87,29	1,12	0,06	9,73	0,91	0,89	8,81	76,57	1,41	
128	desgl.	„	85,63	0,82	0,04	11,79	0,79	0,95	5,71	81,90	0,91	
129	desgl.	1878	85,96	1,12	0,06	11,09	0,94	0,82	7,98	79,05	1,28	
130	Rothe englische Futterrübe	„	85,55	1,09	0,06	11,65	0,70	0,92	7,48	80,89	1,18	
131	Amerikanische yellow globe	„	84,96	1,64	0,06	11,62	0,98	0,94	10,90	75,94	1,74	
132	Futterrübe	1879	88,65	1,21	0,06	—	—	—	10,66	—	1,71	
133	desgl.	„	86,85	0,78	0,06	—	—	—	5,93	—	0,95	

[1]) Fühling's landw. Ztg. 1876, 641; Hoffmann's Jahresber. 1875/76, **18/19**, II, 9.
[2]) Journ. f. Landw. 1877, **25**, 449.
[3]) Landw. Vers.-Stat. 1869, **11**, 241.
[4]) Journ. f. Landw. 1878, **26**, 549.
[5]) Privat-Mittheilung.
[6]) Bericht der Vers.-Stat. Rostock. Wismar, 1892, 76.

*) Die rothe Rübe stammte vom Versuchsfelde, die gelbe vom Klostergute Weende. Bei der Analyse der Rüben wurde im allgemeinen nach den üblichen Untersuchungsmethoden verfahren; der unten angegebene Eiweissgehalt ist aus dem Stickstoff-Gehalte der Marksubstanz und dem Eiweiss-Stickstoff des Rübensaftes berechnet; er beträgt bei No. 109: 4,206 %, bei No. 110: 3,894 %.

**) Die Rübensorten wurden vergleichsweise im Versuchsfeld der Station auf Lehmboden gezogen. Die Rüben enthielten ferner:

	No. 114	115	116	117	118	119	120	121	122	123
Zucker in der Rübe	5,57	6,95	4,81	5,44	10,73	5,39	5,74	4,20	4,88	5,57 %
Zucker im Saft	5,91	9,60	6,38	9,41	13,45	7,15	7,87	5,00	5,69	9,07 „

***) Rübe No. 125 enthielt 0,1 % Sand, No. 127 enthielt 7,5 % und No. 128: 10,0 % Zucker. Für die Rüben unter No. 139—149 ist der Stickstoff-Gehalt der frischen Rübe angegeben, mit dem Bemerken, dass die Rüben mehr oder weniger Salpeter enthielten.

No.	Nähere Bezeichnung	Zeit der Untersuchung	In der ursprünglichen Substanz: Wasser %	Stick-stoff-Substanz %	Fett %	Stickstoff-freie Ex-traktstoffe %	Roh-faser %	Asche %	In der Trocken-Substanz: Stick-stoff-Substanz %	Stickstoff-freie Ex-traktstoffe %	Stickstoff in der Trocken-Substanz %	Analytiker
134	Pfahlförmige gelbe Riesenrunkel	1880	88,40	1,56	—	—	—	—	13,45	—	2,15	R. Heinrich[1]) *)
135	Rothe französische Runkel .	"	87,55	1,75	—	—	—	—	14,06	—	2,25	
136	Gelbe französische Runkel .	"	88,20	1,81	—	—	—	—	15,34	—	2,45	
137	Flaschenförmige gelbe Riesen	"	87,10	1,75	—	—	—	—	13,57	—	2,17	
138	Vilmorin	"	85,00	3,00	—	—	—	—	20,00	—	3,20	
139	Pfahlförmige rothe Riesen .	"	88,90	1,75	—	—	—	—	15,77	—	2,52	
140	Flaschenförmige rothe Riesen	"	88,80	1,75	—	—	—	—	15,63	—	2,50	
141	Pohl's gelbe Riesen . . .	"	89,80	1,81	—	—	—	—	17,75	—	2,84	
142	Englische rothe Riesen . .	"	87,90	1,19	—	—	—	—	9,83	—	1,57	
143	Rothe Oberndörfer . . .	"	89,70	2,12	—	—	—	—	20,58	—	3,30	
144	Rothe Leutewitzer . . .	"	88,63	1,87	—	—	—	—	16,45	—	2.63	
145	Rothe Klumpen	"	87,84	1,87	—	—	—	—	15,38	—	2,46	
146	Gelbe Leutewitzer . . .	"	88,70	1,75	—	—	—	—	15,49	—	2,48	
147	Gelbe Oberndörfer . . .	"	85,65	1,81	—	—	—	—	12,61	—	2,02	
148	Gelbe Taus-Riesen . . .	"	89,30	1,37	—	—	—	—	12,80	—	2,05	
149	Imperial	"	87,15	1,87	—	—	—	—	14,55	—	2,33	
150	Breite gelbe Rübe . . .	1881	80,27	1,14	0,21	14,92	2,21	1,26	5,78	75,57	0,97	
151	Futterrübe	"	81,23	0,98	0,19	15,13	1,50	0,96	5,22	80,67	0,84	
152	Runkelrüben	1871	89,17	1,47	0,06	7,62	0,76	0,92	13,60	70,35	2,18	E. Wolff und C. Kreuzhage[2])
153	desgl., Februar-März . .	1872	90,76	1,16	0,07	6,37	0,70	0,94	12,60	67,08	2,02	
154	desgl., März-April . . .	"	89,16	1,14	0,10	7,50	1,17	0,93	10,55	71,75	1,69	
155	Futterrüben**)	18 70/77	85,28	1,72	0,13	11,09	0,94	0,83	11,68	75,41	1,85	J. Moser[3])
156	desgl., rothe**)	"	87,36	1,64	0,19	8,97	0,83	1,01	12,97	70,97	2,08	
157	desgl., gelbe**)	"	88,48	1,66	0,22	8,02	0,79	0,83	14,41	69,61	2,31	
158	Mangolds, Mittel v. 3 Analys.	1879	92,04	1,70	0,20	4,19	0,82	1,05	21,36	52,64	3,42	Conn. Stat.[4])
159	Runkelrübe	"	86,04	1,33	0,15	10,53	0,82	1,13	9,53	75,44	1,52	W. Kirchner[5])
160	Rothe Riesenpfahl-Runkel, Rübenboden***)	"	87,68	1,25	9,19		0,87	1,01	10,15	74,59	1,62	P. Behrend u. A. Morgen[6])
161	desgl., Sandboden***) . .	"	85,91	1,15	11,39		0,74	0,81	8,16	80,84	1,31	
162	Gelbe olivenförmige Runkel, Rübenboden***)	"	86,96	1,25	9,78		0,86	1,15	9,59	74,99	1,53	
163	desgl., Sandboden***) . .	"	82,06	1,02	15,03		1,05	0,84	5,69	83,78	0,91	

[1]) u. *) Vergl. Anmerkung [6]) u. ***) Seite 745.

[2]) Landw. Jahresber. 1879, **8**, I. Suppl. 124 u. 132. Die Runkelrübe No. 153 war in einem üppigen noch dazu mit Blut gedüngtem Gartenboden gewachsen, sehr gross und wässerig, sonst aber gut ausgebildet. Die Runkelrübe No. 154 stammte von einem kräftigen, frisch gedüngten Ackerboden.

[3]) 1. Ber. d. Vers.-Stat. Wien 1870/77. Tabelle S. XXVI.

[4]) Ann. Rep. Connect. Agricult. Experim. Stat. 1883; Table of the composition of american feeding stuffs. 92.

[5]) Jahresber. d. Agrik.-Chem. 1879, **22**, 342.

[6]) Zeitschr. d. landw. Centralver. d. Prov. Sachsen 1873, 49.

**) Das Durchschnittsgewicht der untersuchten rothen Rüben betrug 2116 g, das der gelben 1434 g. Die Asche enthielt: No. 155: 0,06 %, No. 156: 0,03 %, No. 157: 0,02 % Sand.

***) Von 100 Theilen Stickstoff sind in der Rübe:

	Nichteiweiss-Stickstoff Rübenboden	Nichteiweiss-Stickstoff Sandboden	Eiweiss im Saft Rübenb.	Eiweiss im Saft Sandb.	Mark Rübenb.	Mark Sandb.	Zucker Rübenb.	Zucker Sandb.
Riesenpfahl-Runkel . . .	60,5	62	27,8	23,2	2,88	2,60	8,35	10,46 %
Olivenförmige Runkel . .	54,5	37,4	33,5	30,9	3,07	3,65	8,39	13,90 "

No.	Nähere Bezeichnung	Zeit der Untersuchung	In der ursprünglichen Substanz: Wasser %	Stick-stoff-Substanz %	Fett %	Stickstoff-freie Extraktstoffe %	Roh-faser %	Asche %	In der Trocken-Substanz: Stick-stoff-Substanz %	Stickstoff-freie Extraktstoffe %	Stickstoff in der Trocken-Substanz %	Analytiker
164	Ohne nähere Bezeichnung	1880	88,66	1,35	0,08	8,08	0,74	1,09	11,91	71,24	1,91	M. Schrodt u. von Peter [1])
165	desgl.	„	86,92	(0 57) *)	0,17	10,71	0,63	1,00	4,37	81,88	0,70	E. Kern und A. Wattenberg [2])
166	desgl.	„	87,02	(0,56) *)	0,18	10,86	0,47	0,91	4,28	83,67	0,68	E. Kern und A. Wattenberg [2])
167	desgl.**)	„	88,63	(0,93) *)	0,05	8,73	0,91	0,75	8,18	76,78	1,29	J. König [3])
168	Mammouth***)	„	—	0,96	—	7,74	—	—	—	—	—	A. Dudouy [4])
169	Preis von Berkshire***)	„	—	1,02	—	10,06	—	—	—	—	—	A. Dudouy [4])
170	Golden Tankard***)	„	—	1,17	—	9,05	—	—	—	—	—	A. Dudouy [4])
171	Ohne nähere Bezeichnung	„	91,29	0,85	—	4,98	0,87	2,01 °)	9,76	57,17	1,56	Th. Dietrich [5])
	Gewicht kg											
172	Leutewitzer . . . 1,57	1881	87,50	1,56	0,06	9,05 °°)	0,89	0,94	12,50	72,34	2,00	v. Oppenau [6])
173	Oberndörfer . . . 1,32	„	87,50	1,72	0,09	8,64 °°)	0,99	1,06	13,80	68,97	2,21	v. Oppenau [6])
174	Champion of yellow globe 1,92	„	87,50	2,19	0,09	8,14 °°)	0,95	1,13	17,54	65,12	2,81	v. Oppenau [6])
175	Ohne nähere Bezeichnung	1882	90,08	1,22	0,12	6,84	0,72	1,02	12,30	68,95	1,95	M. Schrodt u. H. Hansen [7])
176	Golden Tankard°°°)	1884	86,80	1,10	0,08	10,32	0,80	0,90	8,33	78,94	1,33	Ad. Mayer [8])
177	Oberndörfer°°°)	„	89,00	1,20	0,14	7,56	1,00	1,10	10,91	68,73	1,75	Ad. Mayer [8])
178	Giant long red°°°)	„	88,00	1,10	0,21	8,19	1,30	1,20	9,17	68,25	1,47	Ad. Mayer [8])
179	Giant yellow°°°)	„	86,60	1,30	0,17	9,63	1,20	1,10	9,70	71,86	1,55	Ad. Mayer [8])
180	Yellow globe°°°)	„	87,70	1,70	0,15	7,85	1,20	1,40	13,82	63,82	2,21	Ad. Mayer [8])
181	Mammouth°°°)	„	91,90	1,20	0,15	4,15	1,00	1,60	14,82	51,23	2,37	Ad. Mayer [8])
182	Runkelrüben, humoser Lehmboden, Stalldünger	1880	87,4	0,91		—		0,97	7,22	—	1,16	M. Märcker [7])
183	Ohne nähere Bezeichnung	„	83,5	1,1		14,3		1,1	6,67	—	1,07	M. Märcker [7])
184	desgl.	„	89,9	0,7		8,4		1,0	6,93	—	1,11	M. Märcker [7])
185	Runkelrüben, humoser Lehm, Stalldünger	„	88,2	0,7		—		1,05	5,93	—	0,95	M. Märcker [7])

[1]) Milchztg. 1880, **19**, 641. Nach Stutzer's Methode wurden 0,87 % Reineiweiss gefunden.
[2]) Journ. f. Landw. 1880, **25**, 307.
[3]) Landw. Ztg. f. Westfalen u. Lippe 1880, 38.
[4]) Journ. d'agric. prat. 1880, 440.
[5]) Privat-Mittheilung.
[6]) Jahresber. Agrik.-Chem. 1882, **25**, 392.
[7]) Landw. Wochenbl. f. Schleswig-Holstein 1883, 456; Jahresber. Agrik.-Chem. 1883, **26**, 364.
[8]) Centralbl. f. Agrik.-Chem. 1884, **13**, 538.

*) Die obigen Zahlen für Stickstoff-Substanz bedeuten Reineiweiss.

**) Die Rüben waren auf stark verunkrautetem Boden V.—VII. Kl. bei 300 m Meereshöhe gewachsen; der Ertrag war unter Mittel. Die Rüben enthielten 5,49 % Zucker.

***) Der Samen zu diesen Rüben wurde 1877 aus England eingeführt, 1878 mit Erfolg gezogen und 1879 nochmals in demselben Boden, sandigem Lehm (kalireiches Alluvium) angebaut und dazu der ha mit 400 kg schwefelsaurem Ammoniak, 800 kg Superphosphat und 200 kg Gyps, entsprechend 80 kg Stickstoff, 112 kg Phosphorsäure und 59 kg Kalk gedüngt. Die Rüben enthielten:

	No. 168	169	170
Glukose	0,68	0,19	0,33 %
Rohrzucker . .	5,88	8,20	6,20 „

°) Die Rüben waren sehr sandig.

°°) Die Rüben enthielten No. 172: 50,50, No. 173: 46,26 und No. 174: 45,96 % Rohrzucker in der Trocken-Substanz.

°°°) Die Rüben wurden zu Wageningen (Holland) auf gutem Lehmboden angebaut. Der Gehalt an Rohrzucker war: No. 176: 7,7 %, No. 177: 6,8 %, No. 178: 6,8 %, No. 179: 7,8 %, No. 180: 5,8 %, No. 181: 2,7 %. No. 233 „Golden Tankard“ ist dem Namen nach eine Brassica Rapa. Die untersuchten Rüben haben jedoch einen für diese letztere Futterrübenart seltenen Trocken-Substanz-Gehalt.

No.	Nähere Bezeichnung	Zeit der Untersuchung	In der ursprünglichen Substanz: Wasser %	Stickstoff-Substanz %	Fett %	Stickstofffreie Extraktstoffe %	Rohfaser %	Asche %	In der Trocken-Substanz: Stickstoff-Substanz %	Stickstofffreie Extraktstoffe %	Stickstoff in der Trocken-Substanz %	Analytiker
186	Oberndörfer, humoser Lehm, Stalldünger	1882	87,93	1,04		9,97		1,06	8,62	—	1,38	M. Märcker[1])
187	Pfahlrübe, humoser Lehm, Stalldünger	„	88,28	1,3		9,60		1,09	11,09	—	1,77	
188	Dobiats verbesserte, humoser Lehm, Stalldünger	„	87,88	0,79		10,27		1,06	6,52	—	1,04	
189	Oberndörfer, humoser Lehm, Stalldünger	„	88,23	0,76		10,01		1,00	5,46	—	0,87	
190	Rothe Mammouthrübe, humoser Sand	„	89,13	1,16		8,40		1,31	10,67	—	1,71	
191	Ohne nähere Bezeichnung	„	85,9	1,0		12,4		0,9	7,09	—	1,13	
192	desgl.	„	90,70	1,3		7,3		0,7	13,98	—	2,24	
193	desgl.	„	83,8	1,5		7,9		0,8	14,71	—	2,35	
194	Futter-Zuckerrunkel	1866	80,00	1,76	0,07	15,88	0,90	1,39	8,80	79,40	1,41	Th. Dietrich[2])
195	Runkelrüben	1873	86,36	1,32		10,19	1,18	0,95	9,68	74,71	1,55	Th. Dietrich[3])
196	desgl.	1875	90,68	1,22		6,61	0,66	0,83	13,09	70,98	2,09	
197	desgl.	„	88,35	1,14		8,71	0,76	1,04	9,79	74,73	1,57	
198	desgl.	1880	91,29	0,85		4,98	0,87	2,01	9,76	57,17	1,56	
199	Lange gelbe, vom Klostergute Weende*)	1871	93,81	0,63	—	—	—	—	6,19	—	0,99	E. Schulze[4]) *)
200		„	92,69	0,61	—	—	—	—	7,31	—	1,17	
201		„	90,30	0,67	—	—	—	—	6,91	—	1,11	
202	Lange gelbe, unreif, vom Garten der Versuchsstation	„	91,72	0,73	—	—	—	—	8,81	—	1,41	
203	desgl., vom Garten der Versuchsstation	„	90,75	1,01	—	—	—	—	11,13	—	1,78	
204	Lange gelbe, von Gestorf bei Hannover	„	91,00	0,55	—	—	—	—	6,13	—	0,98	
205	Rothe runde Klumpers, von Gestorf bei Hannover	„	88,42	0,63	—	—	—	—	5,44	—	0,87	
206	Oberndörfer, von Wintersheim in Hessen	„	89,49	0,94	—	—	—	—	8,94	—	1,43	
207	Vilmorin, von Wintersheim in Hessen	„	89,60	1,21	—	—	—	—	11,54	—	1,85	
208	Grosse rothe	1877	86,76	1,75 **)	—	—	—	—	13,22	—	2,69	E. Kern u. H. Wattenberg[5])
209	Kleine gelbe	„	86,88	2,21 **)	—	—	—	—	16,81	—	2,12	

[1]) Privat-Mittheilung.
[2]) Landw. Anzeig. f. Kurhessen 1866, 41.
[3]) Landw. Zeitschr. u. Anz. f. d. Rgbz. Kassel 1873, 219; 1875. 451; und Privat-Mittheilung.
[4]) Landw. Vers.-Stat. 1872, **15**, 170.
[5]) Journ. f. Landw. 1878, **26**, 618.

*) Die Futterrüben No. 199—201 sind auf kalkhaltigem Lehmboden in starker Düngung gewachsen; No. 202 und 203 wuchsen auf einem kalkreichen, in hohem Düngungszustande befindlichen Boden, No. 204 und 206 stammten von einem kalkhaltigen Lehmboden und war zu denselben mit viel Mistjauche und 4 Ctr. Kalisuperphosphat für den hess. Morgen gedüngt worden. Die Rüben enthielten ausser der oben angegebenen stickstoffhaltigen organischen Substanz noch Salpetersäure wie folgt:

	No. 199 %	200 %	201 %	202 %	203 %	204 %	205 %	206 %	207 %
In der frischen Rübe	0,048	0,064	0,078	0,212	0,285	0,074	0,043	0,085	0,242
In der Trocken-Substanz	0,47	0,77	0,80	2,56	3,19	0,82	0,37	0,81	2,30
Gesammt-Stickstoff × 6,25 in der Trocken-Substanz	6,95	8,56	8,19	12,96	16,19	7,44	6,04	10,25	15,26

**) Von dem Gesammt-Stickstoff gehörten Eiweissverbindungen nur 23,5 bezw. 28 % an, so dass sich der wirkliche Eiweissgehalt bei No. 208 auf 3,97, bei No. 209 auf 3,70 % der Trocken-Substanz berechnet.

No.	Nähere Bezeichnung	Zeit der Untersuchung	In der ursprünglichen Substanz: Wasser %	Stickstoff-Substanz %	Fett %	Stickstofffreie Extraktstoffe %	Rohfaser %	Asche %	In der Trocken-Substanz: Stickstoff-Substanz %	Stickstofffreie Extraktstoffe %	Stickstoff in der Trocken-Substanz %	Analytiker
210	Oberndörfer, schwerer Thonboden*)	1877	84,20	1,68	—	—	—	—	10,63	—	1,70	*O. Kellner* [1])
211	Gelbe Flaschen . . .	1887	85,47	0,93	0,04	11,45	0,94	1,17	6,39	78,83	1,02	*M. Märcker u. W. Hage* [2])
212	Rothe Klumpen	„	87,37	0,82	0,04	9,79	0,78	1,20	6,49	77,58	1,04	
213	Golden Tankard	„	83,37	1,06	0,05	13,37	0,97	1,18	6,40	80,41	1,02	
214	Mammouth	„	83,50	0,96	0,04	13,33	0,98	1,19	5,80	80,79	0,93	
215	Gelbe Klumpen	„	82,70	1,09	0,04	14,07	0,92	1,18	6,29	81,33	1,00	
216	Mangold Yellow Globe .	?	88,27	1,41	0,08	7,59	0,86	1,79	12,84	71,52	2,05	*Vers.-Stat. Massachusetts* [3])
217	Mangold Giant long red	„	86,92	1,02	0,12	9,60	1,25	1,09	7,83	83 38	1,25	
218	Mangold Yellow Ovoid .	„	87,66	1,28	0,12	8,96	0,89	1,09	10,45	70,32	1,67	
219	Mangoldwurzeln	„	91,32	1,52	0,16	5,00	0,84	1,16	17,51	57,60	2,80	
220	Eckendorfer, gelbe . . .	1887	93,27	1,00	0,05	4,04	0,65	0,99	14,88	59,97	2,38	*J. König* [4])
221	„ rothe . . .	„	92,39	1,23	0,06	4,45	0,85	1,02	16,12	58,37	2,58	
222	Futterrübe aus dem südlichen Norwegen	1894	85,07	1,10	0,09	— **)	0,99	—	7,39	—	1,18	*Werenskiold* [5])
223	Tankard	„	86,00	1,79	0,16	19,51	0,65	0,89	12,79	139,29	2,05	*Paul Gay* [6])
224	Mangold, in Amerika angebaut, Mittel von 5 Analysen	1886	91,76	1,53	0,15	4,67	0,86	1,03	18,57	56,67	2,97	*E. H. Jenkins* [7])
225	Runkelrübe***)	1887	87,34	0,92	0,13	10,04	0,83	0,74	7,27	79,30	1,16	*Stutzer und Werner* [8])
226	Ohne nähere Bezeichnung .	1887	89,60	1,10	7,58		1,00	0,72	10,58	—	1,69	*Völker* [9])
227	Futterrüben, Mittel von 2 Analysen	1891	86,77	0,93 [0])	0,10	10,59	0,83	0,78	7,03	80,05	1,12	*A. Stutzer* [10])
228	Oberndörfer, runde, gelbe .	„	84,44	0,97	0,08	12,28	1,12	1,11	6,23	78,92	1,00	*Vers.-Stat. Eldena* [11])
229	Leutewitzer, „ „ .	„	88,13	0,93	0,06	9,13	0,86	0,89	7,83	76,91	1,25	
230	Mammouth, lange, goldgelbe	„	87,12	0,86	0,09	10,15	0,85	0,93	6,68	78,80	1,07	
231	Walzen, goldgelbe . . .	„	86,02	1,18	0,09	10,61	1,02	1,08	8,44	75,89	1,35	

[1]) Landw. Jahresber. 1879, **8**, I. Suppl. 251.
[2]) Magdeb. Ztg. 1888, No. 71; Centralbl. Agrik.-Chem. 1888, **17**, 323. Der Boden des Versuchsfeldes war tiefgründiger schwarzer Lehm; die Vorfrucht war Hafer. Zu den Futterrüben wurde im Frühjahre 1887 mit 30—33000 kg. Stalldünger und 400 kg Chilisalpeter und 200 kg aufgeschütteten Baker guano (mit ca. 20% Phosphorsäure) auf den ha gedüngt.
[3]) Rep. III und Bull. 29 der Massachusetts Experim. Stat.; Centralbl. Agrik.-Chem. 1889, **18**, 38.
[4]) Landw. Ztg. f. Westfalen u. Lippe 1888, 45 und 83. An Reineiweiss waren vorhanden in Procenten des Stickstoffs bei der gelben Rübe 38,94% und bei der rothen Rübe 33,9%.
[5]) Bericht der Kontrollstation Christiania für 1894; Centralbl. Agrik.-Chem. 1895, **24**. 783.
[6]) Ann. Agronom. 1894, **20**, 200; Centralbl. Agrik.-Chem. 1895, **24**, 242.
[7]) Ann. Rep. Connect. Agric. Experim. Stat. 1886, 93; Jahresber. Agrik.-Chem. 1887, **30**, 421.
[8]) Landw. Jahresber. 1887, **16**, 819.
[9]) Milch-Ztg. 1887, **16**, 185.
[10]) Landw. Vers.-Stat. 1891, **38**, 447.
[11]) Landwirth 1891, **27**, 588.

*) Die untersuchte Rübe war auf der Hohenheimer Gutswirthschaft, auf schwerem mit Stallmist gedüngtem Thonboden gewachsen. Von dem Gesammt-Stickstoff waren nur 61,2% als Eiweissverbindungen vorhanden, so dass sich der Gehalt an diesen auf 6,58% der Trocken-Substanz berechnet.

**) Die Rübe enthielt in der Trocken-Substanz 60,88% Rohrzucker.

***) Die Rüben enthielten ferner 0,40% Amide und 0,20% verdauliches Eiweiss.

[0]) Von 100 Theilen Stickstoff waren Nichtproteïn 56,3%, Eiweiss 27,8% und unverdaulich 15,9%.

No.	Nähere Bezeichnung	Parcelle	Zeit der Untersuchung	In der ursprünglichen Substanz: Wasser %	Stick-stoff-Substanz %	Fett %	Stickstoff-freie Extraktstoffe %	Roh-faser %	Asche %	In der Trocken-Substanz: Stick-stoff-Substanz %	Stickstoff-freie Extraktstoffe %	Stickstoff in der Trocken-Substanz %	Reinprotein	Analytiker
232	Golden Tankard*)	1	1890	89,28	0,93	0,13	8,07*)	0,62	0,92	9,15	75,36	1,46		O. Pitsch[1]
233		2	„	88,66	0,92	0,17	8,79*)	0,48	0,93	8,15	77,50	1,30		
234		3	„	88,30	1,01	0,14	8,89*)	0,64	1,02	8,66	75,98	1,38		
235		4	„	88,20	0,91	0,15	9,15*)	0,65	0,94	7,75	77,52	1,24		
236	Berkshire*)	1	„	88,56	0,82	0,05	9,04*)	0,58	0,97	7,19	78,95	1,15		
237		2	„	88,30	0,80	0,05	9,32*)	0,57	0,96	6,84	79,64	1,09		
238		3	„	87,88	0,83	0,05	9,58*)	0,65	1,01	6,83	79,03	1,09		
239		4	„	88,09	0,89	0,08	9,20*)	0,70	1,04	7,44	77,29	1,19		
240	Futter-Zuckerrübe*)	1	„	86,45	1,44	0,06	10,37*)	0,50	1,18	10,60	76,51	1,70		
241		2	„	85,50	1,25	0,09	11,20*)	0,74	1,22	8,61	77,28	1,38		
242		3	„	83,80	1,65	0,09	12,34*)	0,83	1,30	10,10	74,20	1,62		
243		4	„	86,70	1,20	0,07	10,25*)	0,67	1,11	9,00	77,13	1,44		
244	Runkelrübe		1894	89,12	1,42 **)	0,03	7,29	0,82	1,32 **)	13,09	67,35	2,09		Ramm[2]
245	desgl.		1895	89,48	1,67 ***)	0,39	5,95	0,70	1,81 ***)	15,87	55,61	2,54		O. Hagemann, Seyfert und Ephraim[3]
									Reinasche				Reinproteïn	
246	desgl.		1897	90,76	0,96	0,35	5,73	0,62	1,07	10,39	62,01	1,66	1,00	O. Hagemann[4]
247	desgl.		„	90,78	1,03	0,34	5,34	0,67	1,14	11,17	57,92	1,79	0,68	
248	desgl.		„	91,10	1,20	0,30	4,77	0,60	1,33	13,48	53,59	2,16	0,72	
249	desgl.		„	91,00	0,93	0,31	5,48	0,54	0,89	10,33	60,89	1,65	0,75	
250	desgl.		„	89,69	1,21	0,32	6,39	0,59	1,24	11,73	61,98	1,88	0,56	
251	desgl.		„	90,05	1,04	0,30	5,87	0,53	1,28	10,45	58,99	1,67	0,73	
252	desgl.		„	89,65	1,25	0,31	6,51	0,66	1,17	12,08	62,89	1,93	0,60	
253	desgl.		„	90,96	1,28	0,05	4,83	1,13	1,13	14,16	53,43	2,27	0,80	
254	desgl.		„	89,25	1,21	0,05	6,36	1,43	1,04	11,26	59,16	1,80	0,77	
255	desgl.		„	88,05	1,28	0,05	7,84	1,18	1,17	10,71	65,52	1,71	0,65	
256	desgl.		„	86,58	1,26	0,03	10,41	0,78	0,94	9,39	77,58	1,50	0,55	O. Kellner[5]
257	desgl.		„	89,03	1,10 °)	0,07	7,84	0,82	1,15	10,03	71,56	1,60		Chomsky[6]
258	Futterrübe		1895	83,80	0,89	0,20	13,63	0,52	0,96	5,43	83,11	0,87		Fr. Werenskiold[7]
259	desgl. (Mittel von 10 Proben)		1896	85,70	1,23	0,17	11,02 °°)	0,90	0,99	8,60	77,06	1,38		

[1]) Landw. Presse 1891, **18**, 249.
[2]) Landw. Jahrb. 1894, **23**, 812.
[3]) Landw. Jahrb. 1895, **24**, 297.
[4]) Landw. Jahrb. 1897, **26**, 555.
[5]) Landw. Vers.-Stat. 1897, **49**, 401.
[6]) Ber. physiol. Labor. Versuchsanstalt Halle a. S. 1898, **13**, 1.
[7]) Aarsberetning a. d. offentl. Foranstaltinger til Landbrugets Fremme. Kristiania 1896; Centralbl. Agrik.-Chem. 1898, **27**, 276.

*) Der Zuckergehalt in der natürlichen Substanz betrug:

	Golden Tankard 1	2	3	4	Berkshire 1	2	3	4	Futter-Zuckerrübe 1	2	3	4
Zucker	6,28 %	7,12 %	6,68 %	7,80 %	7,89 %	7,24 %	7,40 %	6,87 %	7,49 %	8,16 %	8,67 %	8,36 %

**) Die Rübe enthielt ferner in der Trocken-Substanz 1,593 % Amidstickstoff und 1,882 % verdaulichen Stickstoff sowie 2,10 % Sand.
***) Verff. fanden ferner 1,00 % Reinproteïn und 0,593 % Sand.
°) Mit 0,45 % Reineiweiss, 0,39 % Amiden und 0,26 % Nitraten.
°°) Mit 8,68 % Zucker.

No.	Nähere Bezeichnung	Zeit der Untersuchung	In der ursprünglichen Substanz: Wasser %	Stickstoff-Substanz %	Fett %	Stickstofffreie Extraktstoffe %	Rohfaser %	Asche %	In der Trocken-Substanz: Stickstoff-Substanz %	Stickstofffreie Extraktstoffe %	Stickstoff in der Trocken-Substanz %	Analytiker
260	Lange rothe Erfurter Pfahlrunkel, von nicht-entlaubten Pflanzen 1	1879	87,60	1,20	0,11	9,45	0,97	0,67	9,70	76,13	1,55	*J. Fittbogen* und *R. Schiller*[1])
261	Lange rothe Erfurter Pfahlrunkel, von nicht-entlaubten Pflanzen 2	„	88,10	0,98	0,12	8,90	1,24	0,67	8,21	74,77	1,31	
262	Lange rothe Erfurter Pfahlrunkel, von nicht-entlaubten Pflanzen 3	„	88,90	1,04	0,10	8,17	1,19	0,61	9,34	73,56	1,49	
263	Lange rothe Erfurter Pfahlrunkel, von Pflanzen, die entlaubt wurden am 16./7.	„	87,50	1,42	0,07	9,12	1,05	0,84 *)	11,35 *)	72,99	1,80	
264	Lange rothe Erfurter Pfahlrunkel, von Pflanzen, die entlaubt wurden am 13./8.	„	88,30	0,97	0,06	8,98	1,00	0,69 *)	8,26 *)	76,79	1,32	
265	Lange rothe Erfurter Pfahlrunkel, von Pflanzen, die entlaubt wurden am 10./9.	„	90,10	1,00	0,07	7,18	1,11	0,54 *)	10,17 *)	72,48	1,63	
266	Eckendorfer	1893	91,31	2,40	0,06	4,43	1,02	0,78	27,64	48,28	4,42	*Versuchs-Station Münster*[2])
267	Ohne nähere Bezeichnung .	—	94,34	1,66	0,08	2,44	1,01	1,47	29,27	29,43 + Fett	4,68	
268	Rothe Eckendorfer . . .	1893	88,78	1,08	—	—	0,90	0,95	9,62	—	1,54	
269	Gelbe „ . . .	„	91,04	1,41	—	—	0,69	0,94	15,72	—	2,52	
270	Eckendorfer	„	89,31	1,91	—	—	0,98	0,86	11,09	—	1,77	
271	Gelbe Eckendorfer . . .	„	91,60	1,16	5,78		0,62	0,84	13,79	67,37	2,21	
272	„ „ . . .	„	88,71	1,30	8,16		0,77	1,06	11,55	72,22	1,85	
273	Rothe „ . . .	„	88,18	1,23	8,81		0,84	1,04	10,41	73,73	1,67	
274	Gelbe „ . . .	1894	88,93	0,80	8,54		0,81	0,92	7,25	77,25	1,16	
275	Rothe „ . . .	„	90,31	0,86	7,08		0,72	1,03	8,89	72,92	1,42	
276	Gelbe „ . . .	„	90,20	0,93	7,09		0,79	0,99	9,51	71,23	1,52	
277	Weisse „ . . .	„	89,20	0,82	8,19		0,84	0,95	7,61	75,83	1,22	
278	Gelbe „ . . .	1895	92,98	1,27	4,09		0,53	1,13	18,06	58,23	2,89	
279	Rothe „ . . .	„	92,38	1,31	4,32		0,72	1,27	17,18	56,68	2,75	
280	Weisse „ . . .	„	92,57	1,43	4,17		0,67	1,16	19,22	56,11	3,08	
281	Eckendorfer, von derselben Rübe: oberes Drittel	1894	86,52	2,31	9,20		1,04	0,93	17,11	68,26	2,74	
282	Eckendorfer, von derselben Rübe: mittleres „	„	88,71	1,21	8,44		0,73	0,91	10,75	74,68	1,72	
283	Eckendorfer, von derselben Rübe: unteres „	„	87,45	1,27	9,54		0,86	0,88	10,11	75,99	1,62	
284	Gelbe Eckendorfer: grosse Rübe	1895	90,62	1,06	6,73		0,73	0,86	11,23	71,82	1,80	
285	Gelbe Eckendorfer: mittlere „	„	90,15	0,89	7,31		0,77	0,88	8,03	75,17	1,28	
286	Gelbe Eckendorfer: kleine „	„	89,19	0,80	8,45		0,76	0,80	7,42	78,12	1,19	

[1]) Landw. Jahrbücher 1887, **16**, 770.

[2]) Original-Mittheilung.

*) Verff. fanden ferner in der Trocken-Substanz bezw. in Procenten der Asche:

Bezeichnung der Rüben	Reineiweiss %	Eisenoxyd u. Thonerde (Fe_2O_3 u. Al_2O_3) %	Kalk (Ca O) %	Magnesia (Mg O) %	Kali (K_2O) %	Natron (Na_2O) %	Phosphorsäure (P_2O_5) %	Schwefelsäure (SO_3) %	Kieselsäure (SiO_2) %	Chlor (Cl) %
No. 260 . .	6,45	0,66	8,55	5,05	42,13	13,86	14,84	11,94	3,13	0,90
No. 261 . .	5,81	1,90	7,68	5,04	37,74	15,83	17,00	11,19	4,65	0,75
No. 262 . .	6,58	1,26	8,46	4,98	41,59	13,59	14,53	11,75	3,58	0,89
No. 263 . .	5,95	0,92	6,74	4,44	46,60	8,40	14,02	13,89	3,57	1,27
No. 264 . .	5,34	0,73	6,49	4,96	33,37	18,32	15,76	10,84	5,72	0,81
No. 265 . .	6,86	0,93	9,12	2,54	41,43	1,64	19,36	15,98	7,39	0,93

No.	Nähere Bezeichnung	Zeit der Untersuchung	In der ursprünglichen Substanz: Wasser %	Stickstoff-Substanz %	Fett %	Stickstofffreie Extraktstoffe %	Rohfaser %	Asche %	In der Trocken-Substanz: Stickstoff-Substanz %	Stickstofffreie Extraktstoffe + Fett %	Stickstoff in der Trocken-Substanz %	Analytiker
287	Rothe Mammouth . . .	1893	86,81	1,05		10,33	0,87	0,94	7,98	77,29	1,28	
288	Kuhhorn	„	86,16	1,32		10,24	1,11	1,17	9,53	73,99	1,52	
289	Gelbe Walzen	„	87,81	0,91		9,59	0,79	0,90	7,46	78,66	1,19	
290	Gelbe Riesen	„	86,27	0,94		10,82	1,00	0,97	6,83	78,87	1,09	
291	Gelbe Eckendorfer . . .	„	89,86	0,96		7,48	0,71	0,99	9,42	73,82	1,51	
292	Rothe „ . . .	„	89,55	0,79		7,97	0,71	0,98	7,57	76,19	1,21	
293	Gelbe Oberndörfer . . .	„	87,55	0,90		9,86	0,85	0,84	7,21	77,82	1,15	
294	Runde Klumpen . . .	„	85,30	1,38		11,53	0,86	0,93	9,42	78,39	1,51	
295	Gelbe Leutewitzer . . .	„	87,79	0,96		9,64	0,75	0,86	7,84	78,94	1,25	
296	Rothe Mammouth . . .	„	86,53	1,05		10,58	0,93	0,91	7,77	78,45	1,24	
297	Kuhhorn	„	85,27	1,27		11,27	1,06	1,13	8,63	76,59	1,38	
298	Gelbe Walzen	„	88,66	1,06		8,64	0,72	0,92	9,38	75,88	1,50	
299	Gelbe Riesen	„	86,69	1,36		10,10	0,88	0,97	10,25	75,90	1,64	
300	Gelbe Eckendorfer . . .	„	88,71	0,86		8,83	0,72	0,88	7,62	78,17	1,22	
301	Rothe „ . . .	„	89,44	0,85		8,09	0,74	0,88	7,88	76,74	1,26	
302	Weisse „ . . .	„	89,27	0,84		8,30	0,73	0,86	7,84	77,27	1,25	
303	Gelbe Oberndörfer . . .	„	87,89	0,97		9,44	0,89	0,81	8,01	77,84	1,28	
304	Runde Klumpen	„	86,68	1,35		10,18	0,85	0,94	10,13	76,43	1,62	
305	Gelbe Leutewitzer . . .	„	86,32	1,15		10,73	0,89	0,91	8,39	78,49	1,34	
306	Gelbe Eckendorfer . . .	1894	90,00	1,18		6,87	0,95	1,00	11,82	68,70	1,89	
307	Rothe „ . . .	„	85,55	0,98		7,63	1,07	0,76	9,41	73,01	1,51	*Versuchs-Station Münster*[1]
308	Leutewitzer	„	89,41	1,32		7,41	0,87	0,99	12,49	70,00	2,00	
309	Rothe Riesen	„	88,79	1,49		7,77	0,83	1,12	13,27	69,34	2,12	
310	Gelbe Eckendorfer . . .	„	88,45	0,84		8,21	1,09	1,21	7,31	74,39	1,17	
311	Runde Leutewitzer . . .	„	87,64	1,20		9,12	1,03	1,01	9,73	73,49	1,56	
312	Rothe Riesen	„	86,31	1,13		10,44	1,19	0,93	8,27	76,27	1,32	
313	Gelbe Oberndörfer . . .	1895	89,49	1,06		7,45	0,97	1,03	10,06	70,93	1,61	
314	Rothe „ . . .	„	88,97	0,90		8,30	0,82	1,01	8,16	75,29	1,31	
315	Verbesserte flaschenförmige Riesen, gelbe	„	89,36	0,94		7,81	0,90	0,99	8,88	73,39	1,42	
316	Verbesserte flaschenförmige Riesen, rothe	„	87,58	0,96		9,83	0,77	0,86	7,69	79,26	1,23	
317	Olivenförmige Riesen, gelbe	„	86,75	0,96		10,48	0,86	0,95	7,28	79,03	1,16	
318	Olivenförmige Riesen, rothe	„	86,94	1,13		10,10	0,92	0,91	8,65	77,40	1,38	
319	Lange Riesen, gelbe	„	86,60	1,28		10,11	1,11	0,90	9,55	75,44	1,53	
320	Lange Riesen, rothe	„	86,79	0,88		10,39	1,02	0,92	6,63	78,70	1,06	
321	Halblange rothe Riesen . .	„	86,66	1,18		9,72	1,58	0,86	8,83	72,88	1,41	
322	Rothe Mammouth . . .	„	88,77	0,95		8,13	1,40	0,75	8,42	72,46	1,35	
323	Champion orange globe .	„	87,25	0,95		10,02	0,91	0,87	7,42	78,62	1,19	
324	Neue, verbesserte, halblange rothe Riesen	„	87,31	1,10		8,96	1,53	1,10	9,44	69,80	1,51	
325	Golden Tankard	„	87,21	0,89		10,20	0,83	0,87	6,95	79,81	1,11	
326	Rothe Eckendorfer . . .	„	90,32	0,79		7,17	0,77	0,95	8,19	74,13	1,31	
327	„ „ . . .	„	88,29	1,03		8,74	0,84	1,10	8,78	74,66	1,40	

[1]) Original-Mittheilung.

No.	Nähere Bezeichnung	Zeit der Untersuchung	In der ursprünglichen Substanz: Wasser %	Stick-stoff-Substanz %	Fett %	Stickstoff-freie Ex-traktstoffe %	Roh-faser %	Asche %	In der Trocken-Substanz: Stick-stoff-Substanz %	Stickstoff-freie Ex-traktstoffe %	Stickstoff in der Trocken-Substanz %	Analytiker
328	Gelbe Eckendorfer . . .	1895	89,02	1,09		8,05	0,79	1,05	9,90	73,31	1,58	Versuchs-Station Münster [1])
329	„ „ . . .	„	90,25	0,97		7,04	0,76	0,98	8,98	73,15	1,44	
330	„ „ . . .	„	89,70	1,02		7,25	0,88	1,15	9,90	70,36	1,58	
331	Weisse „ . . .	„	88,88	0,87		8,35	0,86	1,04	7,85	75,10	1,26	
	Mittel	—	**88,00**	**1,26**	**0,13**	**8,63**	**0,89** *)	**1,04**	**10,49**	**71,92**	**1,68**	
	Schwankungen **)	—	75,40-94,34	0,47—3,65	0,02-0,45	5,74—10,01	0,39-2,14	0,59—2,77	3,88—22,79	47,87—83,38	0,62—3,65	

Von der Mittheilung der sonstigen zahlreichen Untersuchungen über den Einfluss der Düngung, den Einfluss der Grösse etc. auf die Zusammensetzung der Runkel- und Zuckerrüben muss hier Abstand genommen werden, zumal sowohl die Runkelrübe wie die Zuckerrübe selbst ja nicht zur menschlichen Nahrung dienen.

Bezüglich dieser Untersuchungen sei verwiesen auf das Werk über die Zusammensetzung der Futtermittel von Th. Dietrich und J. König, 2. Aufl., Berlin 1891. J. Springer.

Die Litteratur über die neueren diesbezüglichen Analysen ist, soweit letztere nicht in der obigen Tabelle Aufnahme gefunden haben, in der nachfolgenden Tabelle zusammengestellt.

Sonstige Runkelrüben-Analysen.

1. Strebel, Ueber den Kulturwerth von Futterrunkelsorten. — Fühling's Landw. Ztg. 1890, 30, 799—803; Centrbl. Agrik.-Chem. 1891, 20, 401—405.
2. J. P. Roberts, Cornell Univ. Agric. Experim. Stat. 1890, 25, 161; Jahresber. Agrik.-Chem. 1891, 34, 448.
3. P. P. Dehérain, Anbau-Versuche in Grignon. — Annales agronomiques 1892, 380; Centrbl. Agrik.-Chem. 1893, 22, 403—407 und Annales agronomiqnes 1898, 24, 49—83; Centrbl. Agrik.-Chem. 1898, 27, 466—486.
4. F. Albert, Ber. Deutsch. Landw. Ges. 1892, 221.
5. Ramm, Landw. Jahrb. 1892, 21, 149.
6. Kochs und Ramm, Landw. Jahrb. 1892, 21, 811.
7. Stellwaag und Ris, Analysen verschiedener Runkelrüben-Varietäten. — Zeitschr. des landw. Vereins in Bayern 1894, 285; Centrbl. Agrik.-Chem. 1895, 24, 350.
8. Werenskiold, Aarsberetning om de offentlige Foremstaltinger til Landbrugets Fremme in Norge 1893; Centrbl. Agrik.-Chem. 1894, 23, 843.

Anhang zu Runkelrüben.

Emil Gottlieb (Landbrugets Kulturplanter, Kopenhagen 1877, 6—26; Centrbl. Agrik.-Chem. 1888, 17, 371) fand für verschiedene Futterrüben die nachfolgenden Zahlen, von denen namentlich die Angaben über Salpetersäure und Ammoniak Beachtung verdienen.

[1]) Original-Mittheilung.

*) Das Mittel für den Rohfasergehalt ist aus den Analysen von No. 44 an berechnet.

**) Die Schwankungszahlen in der natürlichen Substanz sind, mit Ausnahme der für den Wassergehalt selbst, auf den mittleren Wassergehalt (88,00 %) bezogen.

No.	Bezeichnung der Rübe		100 Rüben wiegen kg	Spec. Gewicht der Rüben	Wasser %	Eiweisskörper %	Salpetersäure (N_2O_5) %	Ammoniak (NH_3) %	Zucker %	Rohfaser %	Asche: kohlensäurefreie %	Asche: wasserlösliche %
1	Elvetham	englisch	155	1,025	86,17	0,485	0,115	0,020	9,17	0,91	0,90	0,71
2		dänisch	164	1,018	87,86	0,432	0,127	0,018	6,91	0,98	0,95	0,79
3	Mammouth	dänisch	156	1,019	87,96	0,413	0,120	0,012	7,70	0,92	0,89	0,75
4		englisch	157	1,027	87,32	0,444	0,123	0,016	7,22	0,97	0,84	0,68
5	Rot Oliven	deutsch	172	1,014	87,32	0,480	0,109	0,016	8,03	0,86	0,91	0,76
6		dänisch	175	1,015	87,48	0,465	0,135	0,026	8,09	0,83	0,90	0,74
7	Barres	dänisch	194—206	1,021	89,61	0,393	0,192	0,015	6,55	0,72	0,81	0,69
8		französisch . . .	186	1,018	88,60	0,460	0,111	0,014	6,44	0,79	0,91	0,77
9	Eckendorfer	deutsch	206	1,006	90,21	0,390	0,187	0,016	5,68	0,70	0,89	0,77
10		Schleswig (roth) .	170	1,013	90,92	0,425	0,178	0,012	5,35	0,71	0,98	0,88
11		Broag., weissgelb .	170	1,013	90,06	0,390	0,148	0,014	5,93	0,71	0,78	0,68
12	Oberndorfer	deutsch, gelb . .	185	1,017	88,50	0,610	0,140	0,023	6,96	0,88	0,97	0,81
13		dänisch	186	1,018	89,41	0,478	0,163	0,024	6,99	0,85	0,90	0,71
14	Wroxton	englisch	131	1,010	86,84	0,535	0,133	0,037	7,75	0,87	0,94	0,72
15		dänisch	149	1,012	87,36	0,511	0,140	0,031	8,08	0,76	0,91	0,75
		Mittel	—	**1,016**	**88,38**	**0,46**	**0,14**	**0,02**	**7,12**	**0,83**	**0,90**	**0,75**

O. Pitsch (Landw. Vers.-Stat. 1892, 21, 471; Centrbl. Agrik.-Chem. 1893, 22, 105—107; Deutsche Landw. Presse 1893, 20, 992; Centrbl. Agrik.-Chem. 1894, 23, 828—829) fand bei Anbauversuchen auf dem Versuchsfelde (Thonboden) der Reichs-Landbauschule zu Wageningen im Jahre 1890 und 1892 für die Trocken-Substanz folgende Zusammensetzung für die Rüben:

No.		Rübenart	Wasser %	In der Trocken-Substanz: Rohprotein %	Reineiweiss %	Verdauliches Reineiweiss %	Salpetersäure %	Rohfett %	Zucker %	Sonstige stickstofffreie Extraktstoffe %	Rohfaser %	Asche %
		1890.										
1	Parcelle 1	Jaune globe à petites feuilles	87,76	7,69	3,56	2,63	1,27	0,48	58,73	20,38	6,67	8,12
2		Golden Tankard	86,82	8,75	4,06	3,13	0,31	0,58	60,17	16,98	6,33	7,36
3		Futter-Zuckerrübe . . .	87,18	7,50	4,00	2,88	0,77	0,70	64,82	13,79	6,70	7,74
4	Parcelle 2	Jaune globe à petites feuilles	87,34	7,63	3,69	2,88	0,69	0,47	51,66	15,19	7,07	7,99
5		Jaune ovoire des Barres .	87,66	7,75	3,94	3,13	0,46	0,42	61,42	14,95	7,31	8,15
6		Knauer's Imperial . . .	81,53	6,25	3,94	3,06	0,44	0,55	58,69	20,36	8,41	5,74
		1892.										
7		Golden Tankard	—	7,62	4,31	—	0,58	0,54	60,12	14,88	6,80	9,12
8		Leutewitzer	—	6,31	4,19	—	0,31	0,37	71,72	5,43	7,06	9,11
9		Erfurter Modell	—	7,56	4,12	—	0,66	0,38	47,92	28,55	6,35	9,24
10		Rothe englische	—	6,50	3,50	—	0,50	0,49	60,87	15,64	6,86	9,64
11		Jaune ovoire des Barres . . .	—	6,87	4,06	—	0,46	0,37	57,01	18,09	7,38	10,28
12		Knauer's Imperial	—	5,31	3,12	—	0,50	0,65	62,52	20,63	5,94	4,95
13		Lange gelbe	—	6,19	3,37	—	0,66	0,35	61,47	15,50	7,30	9,20

Zuckerrübe.

Beta vulgaris L. Betterave — Beet root.

Aeltere Analysen.

1. Rollière, Weende'r Jahresbericht 1853, 2, 29.
2. Payen, ebendaselbst.
3. H. Ritthausen, Weende'r Jahresbericht 1855/56, 2, 32.
4. A. Stöckhardt, Wolff's Grundlagen des Ackerbaues, 3. Aufl., 926 und Chem. Ackersm. 1856, 242.
5. E. Wolff, ebendaselbst 931.
6. H. Ritthausen, Möckern'scher Bericht 5, 4.
7. C. W. Tod, Mittheil. d. k. k. mährisch-schlesischen Gesellschaft für Ackerbau 1859, 185.
8. Rohde und Trommer, Weende'r Jahresbericht 1855/56, 116.
9. P. Bretschneider und O. Küllenberg, Mittheil. d. landw. Centralvereins f. Schlesien, 10. Heft, 48 und 4. Bericht der Vers.-Stat. Ida-Marienhütte, 36.
10. Corbeiler, Weende'r Jahresbericht 1855/56.
11. W. K. Sullivan, Weende'r Jahresbericht 1853, 2, 27.

No.	Nähere Bezeichnung	Gewicht der Rübe g	Zeit der Untersuchung	In der ursprünglichen Substanz: Wasser %	Stickstoff-Substanz %	Fett %	Zucker %	Sonstige stickstofffr. Extraktst. %	Rohfaser %	Asche %	In der Trocken-Substanz: Stickstoff-Substanz %	Zucker %	Stickstoff in der Trocken-Substanz %	Analytiker
1	Schlesische	1060	1853	81,77	0,84	—	11,21	3,86	1,36	0,94	4,64	61,17	0,74	H. Ritthausen [1]
2	desgl.	522	„	82,07	0,83	—	11,31	3,69	1,26	0,84	4,62	63,11	0,74	
3	desgl.	243	„	79,53	0,90	—	12,07	5,09	1,23	0,88	4,42	58,98	0,71	
4	Rüben mittlerer Grösse*)	850	1855	82,72	0,54	—	12,70	—	—	0,66	3,11	73,50	0,50	A. Stöckhardt [2]
5		650	„	79,92	0,66	—	13,33	—	—	0,60	3,26	66,36	0,52	
6		360	„	79,56	0,71	—	12,36	—	—	0,84	3,49	60,48	0,56	
7		650	„	82,62	0,59	—	12,78	—	—	0,64	3,42	73,53	0,55	
8		570	„	80,00	0,68	—	13,38	—	—	0,74	3,40	66,88	0,54	
9		720	„	82,66	0,93	—	12,35	—	—	0,79	5,37	71,20	0,86	
10		720	„	84,50	0,67	—	10,42	—	—	0,67	4,32	67,20	0,69	
11		570	„	80,40	0,94	—	11,85	—	—	0,92	4,78	60,46	0,76	
12		750	1853	80,76	1,20	—	10,77	—	—	1,10	6,25	56,00	1,00	
13		750	„	82,02	1,21	—	8,49	—	—	1,03	6,76	47,20	1,08	
14		900	„	81,80	1,16	—	10,15	—	—	1,12	6,41	55,80	1,03	
15		900	„	82,70	1,14	—	8,30	—	—	1,17	6,61	48,00	1,06	
16	Rüben von über mittlerer Grösse*)	1050	„	83,00	0,96	—	10,72	—	—	0,94	5,63	63,04	0,90	
17		1750	„	82,09	1,14	—	9,25	—	—	1,15	6,39	51,00	1,02	
18		1900	„	84,54	1,06	—	8,45	—	—	0,93	6,83	54,02	1,08	
19		2500	„	86,50	0,86	—	4,40	—	—	1,01	6,36	32,60	1,02	
20		2600	„	88,00	0,82	—	3,35	—	—	1,39	6,82	27,90	1,09	
21	Durchschnitt der Rüb. mittlerer Grösse	660	„	81,64	0,87	—	11,42	—	—	0,86	4,76	62,22	0,76	
22	desgl., über mittlerer Grösse	1960	„	84,83	0,97	—	6,93	—	—	1,14	6,41	45,71	1,03	

[1]) Weende'r Jahresber. 1855/56, 2, 32.
[2]) Wolff's Grundlagen d. Ackerbaues. 3. Aufl. 926.
*) Die Rüben waren nicht an gleichem Orte, sondern No. 9—11 in Lockwitz bei Dresden, No. 12 und 14 in Groningen, No. 13 und 16 in Schlanstädt, alle anderen in Tharand gebaut, zu No. 9—13 war nicht, zu allen übrigen Rüben war frisch mit Stallmist, zu No. 7 und 8 mit Guano gedüngt worden.

No.	Nähere Bezeichnung	Zeit der Untersuchung	In der ursprünglichen Substanz: Wasser %	Stick-stoff-Substanz %	Fett %	Zucker %	Sonstige stickstfr. Extraktst. %	Roh-faser %	Asche %	In der Trocken-Substanz: Stick-stoff-Substanz %	Zucker %	Stickstoff in der Trocken-Substanz %	Analytiker
23	Mittel aus 10 Analysen gedüngter Rüben	1857	82,42	2,25	—	10,93	—	—	0,74	12,81	62,16	2,05	*H. Ritthausen und P. Bretschneider* [1])
24	Ungedüngt	1861	82,16	1,04	—	10,24	—	—	0,77	5,83	57,40	0,93	*P. Bretschneider und O. Küllenberg* [2])
25	Starke Stallmistdüngung	„	82,34	1,32	—	10,75	—	—	0,83	7,48	60,88	1,20	
26	Mit Stassfurter Abraumsalz gedüngt, Mittel von 7 Analysen	„	81,48	0,96	—	13,04	—	—	0,77	5,08	70,42	0,81	
27	Mit Chilisalpeter gedüngt, Mittel von 10 Analysen	„	81,29	1,18	—	13,00	—	—	0,73	6,30	69,40	1,01	
28	Mit Kalkphosphat gedüngt, Mittel v. 10 Anal.	„	81,09	1,01	—	13,70	—	—	0,78	5,34	72,45	0,85	
29	Mit Baker-Guano gedüngt, Mittel von 9 Analysen	„	80,92	1,04	—	12,11	—	—	0,73	5,45	63,47	0,87	
30	Mit Gemischen voriger gedüngt, Mittel v. 4 Anal.	„	81,15	1,01	—	12,33	—	—	0,75	5,42	66,15	0,87	
											Stickst.-freie Extraktst.		
31	Weit gepflanzt } gelbe, von demselben Felde	1856	84,30	0,89	—	—	—	—	1,10	5,88	—	0,94	*H. Hellriegel und Gaudich* [3])
32	Eng gepflanzt } gelbe, von demselben Felde	„	80,95	0,80	—	—	—	—	0,95	4,13	—	0,66	
33	Armer lehmiger Sandboden	1859	77,83	0,80	—	—	—	—	0,64	3,61	—	0,58	*C. Karmrodt* [4])
34	Thoniger bindiger Boden	1860	75,20	2,20		19,23		2,07	1,30	8,87	77,54	1,42	*R. Hoffmann* [5])
35	Gesunde Rübe, $1^3/_4$ Pfd. schwer, kräftiger guter Rübenboden	„	75,20	0,91		21,68		1,40	0,80	3,67	87,47	0,59	
36	Hochwüchsige Rüben, mittleres Gewicht 720 g, Oktober*)	1861	86,10	1,48		10,49		1,16	0,77	10,64	75,43	1,70	*Fr. Nobbe u. Th. Siegert* [6])
37	Breitwüchsige Rüben, mittleres Gewicht 774 g, Oktober*)	„	86,09	1,66		10,35		1,03	0,86	11,96	74,38	1,91	
38	Am 16. Oktober geerntet	1858	82,19	2,28	—	11,90	1,85	1,10	0,68	12,84	76,91	2,05	*P. Bretschneider* [7])
39	Imperial-Zuckerrübe, 1,89 kg**)	1861	83,57	0,86	0,20	10,51	3,92	—	0,94	5,23	87,83	0,84	*C. Karmrod* [8])
40	Weisse schlesische Zuckerrübe, 1,05 kg**)	„	80,73	1,52	0,22	13,64	2,63	—	0,26	7,90	89,61	1,27	

[1]) Mittheil. d. landw. Centralver. f. Schlesien 1858, **9**, 120.
[2]) Mittheil. d. landw. Centralver. f. Schlesien 1862, **13**, 24; 5. Ber. d. Vers.-Stat. Ida-Marienhütte.
[3]) Chem. Ackersm. 1857, 210.
[4]) Zeitschr. f. d. Rheinprov. 1860, 352.
[5]) Landw. Vers.-Stat. 1860, **4**, 203 und Centralbl. für die gesammte Landeskultur in Böhmen 1861, 15.
[6]) Landw. Vers.-Stat. 1860, **4**, 238.
[7]) 3. Ber. d. Vers.-Stat. Ida-Marienhütte.
[8]) Zeitschr. d. landw. Ver. f. Rheinpreussen 1863, 160.

*) Die Rüben wuchsen im landw. Versuchsgarten zu Chemnitz. Zur Cellulosebestimmung wurde getrocknete und gepulverte Substanz wiederholt mit lauwarmem Wasser ausgezogen, dann aufeinanderfolgend mit 3%-iger Kalilauge (60 ccm auf 5—6 g trockne Substanz) und 3%-iger Salzsäure je 15 Minuten lang in der Kochhitze behandelt, ausgewaschen etc.

**) Das betr. Feld war mit 308 Pfund Knochenkohle-Superphosphat und 102,9 Pfd. schwefelsaurem Ammonium für den Morgen gedüngt worden.

No.	Nähere Bezeichnung	Zeit der Untersuchung	In der ursprünglichen Substanz: Wasser %	Stick-stoff-Substanz %	Fett %	Zucker %	Sonstige stickstfr. Extraktst. %	Roh-faser %	Asche %	In der Trocken-Substanz: Stick-stoff-Substanz %	Stickstoff-freie Ex-traktstoffe %	Stickstoff in der Trocken-Substanz %	Analytiker
41	Aus Steffeshausen, auf Schiffelland gebaut	1860	84,00	1,32	—	6,20	—	—	1,22	8,25	—	1,32	C. Karmrodt [1])
42	Aus Wiesenbach, auf Schiffelland gebaut	„	79,60	1,13	—	10,75	—	—	1,04	5,54	—	0,89	
43	Ohne nähere Bezeichnung	1864	80,60	1,28	—	16,10		1,14	0,90	6,65	82,90	1,06	H. Grouven [2])
44	desgl.	1863	81,92	0,84	—	14,84		1,31	0,89	4,65	83,18	0,74	E. Wolff [3])
45	Gewöhnliche Zuckerrübe	1871	83,01	0,83	0,08	14,43		0,95	0,70	4,88	84,89	0,78	E. Schulze [4])
46	Ohne nähere Bezeichnung	„	80,10	0,99	0,14	16,53		1,13	1,11	4,98	83,07	0,80	K. Müller und M. Fleischer [5])
47	Von ziemlich normaler Beschaffenheit*) . .	18 72/73	83,00	1,18	0,07	14,00		1,00	0,75	6,92	82,08	1,11	E. Wolff, C. Kreuzhage und O. Kellner [6])
48	Von normaler Beschaffenheit*)	18 73/74	83,40	0,80	0,08	14,10		0,88	0,74	4,79	84,96	0,77	
49	Imperial, November . .	1878	84,96	1,53	—	10,73	+ Fett 0,91	1,12	0,75	10,17	—	1,63	E. Mach und C. Portele [7])
50	Toupé Blanche choisie .	1865	89,34	2,06	—	5,22	0,21	1,72	1,45	19,32	50,94	3,06	A. Völcker [8]) **)
51	Blanche commune . .	„	89,42	1,50	—	5,90	0,08	1,70	1,40	13,18	57,52	2,11	
52	Rose ordinaire . . .	„	90,63	1,75	—	3,94	0,80	1,60	1,28	18,68	50,58	2,99	
53	Toupé Rose choisie . .	„	90,47	2,01	—	3,54	0,78	1,77	1,43	21,09	45,34	3,37	
54	Weisse schlesische, 11 Pfd. 6 Unz. schwer .	1868	92,58	1,40	—	2,22	0,47	1,73	1,60	18,87	36,25	3,02	
55	desgl., $6^1/_2$ Pfd. schwer .	„	88,13	2,16	—	4,88	0,38	2,74	1,71	18,20	44,31	2,91	
56	Schlesische, rothschalige, Sandbod., 1 Pfd. 8 Unz.	„	88,21	2,12		4,91		3,07	1,69	17,99	41,60	2,88	
57	desgl., weiss, $14^1/_2$ Unz.	„	86,02	2,86		5,84		3,59	1,69	20,46	41,77	3,27	
58	desgl., rothschalige, stark gedüngt, 2 Pfd. $2^1/_2$ Unz.	„	87,32	2,63		4,90		3,21	1,94	20,74	38,05	3,32	
59	desgl., weiss, 2 Pfd. $5^1/_2$ Unz.	„	89,62	2.38		3,55		2,54	1,91	22,99	34,14	3,68	
60	desgl., roth, ungedüngt, 2 Pfd. 6 Unz. . . .	„	85,63	1,60		8,61		2,87	1,29	11,13	59,92	1,78	

[1]) Zeitschr. d. landw. Ver. f. Rheinpreussen 1863, 160.
[2]) Weende'r Jahresber. 1865/66, 254.
[3]) Möckern'scher Bericht 2.
[4]) Ber. d. Vers.-Stat. Darmstadt 1847, 38. Die Rüben stammten von Wintersheim in Hessen. Das betr. Feld hatte im Vorjahre Roggen getragen, zu welchem mit 4 Ctr. Kalisuperphosphat und 1 Ctr. aufgeschlossenem Peruguano pro Morgen gedüngt worden war. Der Trocken-Substanz-Gehalt der Rüben war bei kleineren Rüben 17,25%, bei mittelgrossen 16,60%, bei grösseren 17,11%. Der Asche ist 0,024, bezw. 0,14% salpetersaures Kalium zugerechnet worden. Der Gehalt an Zucker betrug 11,38, bezw. 67,0%.
[5]) Journ. f. Landw. 1873, **21**, 98.
[6]) Landw. Jahresb. 1879, **8**, I. Supplem. 132 und 156.
[7]) Bei No. 48 Privatmittheilung.
[8]) Journ. Roy. Agric. Soc. England 1869, 357.

*) Bei No. 47 war der Gehalt an Trocken-Substanz bei Proben vom:

18.—22. December . . . 17,74
6.—11. Januar 16,67
17.—22. Januar 16,70
} im Mittel 17,0%.

Die Rübe enthielt ferner auf Trocken-Substanz bezogen 0,32% Salpetersäure. Die Asche ist Reinasche und Sand. Bei No. 49 schwankte der Trocken-Substanz-Gehalt in sehr engen Grenzen vom 1. December 1873 bis 16. Januar 1874 von 16,45 bis 16,78%. Wir nahmen das Mittel zur Berechnung der Zusammensetzung der frischen Rübe an.

**) Die Rüben unter No. 50—53 waren auf ziemlich steifem Boden aus französischem Samen in England gebaut worden. Die Rüben unter No. 64 u. 65 waren mit Londoner Sewage gedüngt worden. Die Rüben unter No. 68—129 waren im Jahre 1868 in verschiedenen Gegenden Englands gebaut. Der Zucker wurde mittelst Kupferlösung bestimmt.

No.	Nähere Bezeichnung	Gewicht der Rübe g	Zeit der Untersuchung	In der ursprünglichen Substanz: Wasser %	Stickstoff-Substanz %	Fett %	Zucker %	Sonstige stickstfr. Extraktst. %	Rohfaser %	Asche %	In der Trocken-Substanz: Stickstoff-Substanz %	Stickstoff-freie Extraktstoffe %	Stickstoff in der Trocken-Substanz %	Analytiker
61	Schlesische, weiss, Moorboden, 2 Pfd. 3 Unz. . .		1868	86,47	2,12		7,23		2,65	1,53	15,83	52,97	2,53	A. Völcker [1]
62	desgl., roth, 1 Pfd. 4 Unz. .		„	86,71	2,76		6,19		2,58	1,76	20,77	46,58	3,32	
63	desgl., weiss, 1 Pfd. 6 Unz.		„	88,10	2,74		4,24		2,86	2,06	23,02	35,64	3,68	
64	desgl., roth, gedüngt, 2 Pfd. $2^1/_4$ Unz.		„	80,79	0,88	—	13,19	+ Fett 0,91	3,32	0,91	4,58	73,40	0,75	
65	desgl., weiss, gedüngt, 4 Pfd. 1 Unz.		„	87,94	1,26	—	6,05	0,48	3,08	1,19	10,45	54,14	1,67	
66	desgl., dunkelroth, in Holland gebaut, 2 Pfd. $10^3/_4$ Unz. .		„	82,79	1,12	—	10,56	0,45	4,07	1,01	6,49	63,99	1,04	
67	desgl., blassroth, 1 Pfd. $13^1/_4$ Unz.		„	85,67	1,91	—	7,42	0,33	3,40	1,27	13,33	54,08	2,13	
68	Dünn, weiss . . .	0,57	„	78,97	1,97	—	12,65	0,72	4,69	1,10	9,39	63,58	1,502	
69	Rother Kopf, birnenförmig	1,08	„	79,18	1,66	—	12,84	0,80	4,56	0,96	8,00	65,50	1,280	
70	Weiss, birnenförmig .	0,67	„	80,41	1,46	—	12,49	0,73	3,99	0,92	7,50	67,46	1,200	
71	Rother Kopf, röthliche Schale	0,33	„	80,67	2,55	—	9,26	0,97	5,28	1,27	13,23	53,89	2,116	
72	Grüner Kopf . . .	0,71	„	81,06	1,76	—	11,49	0,82	3,83	1,04	10,01	64,28	1,489	
73	Weiss, dünn . . .	0,45	„	81,15	1,86	—	11,58	0,52	3,90	0,99	9,88	64,17	1,581	
74	Weiss, grüner Kopf .	0,68	„	81,32	1,36	—	11,33	0,65	4,31	1,03	7,29	64,13	1,166	
75	desgl.	0,84	„	81,42	1,68	—	10,59	0,69	4,34	1,28	9,75	60,00	1,448	
76	Weiss	1,40	„	81,56	1,50	—	12,18	0,57	3,28	0,91	9,39	67,89	1,302	
77	Rother Kopf . . .	1,30	„	81,61	1,06	—	11,72	0,63	3,86	1,12	5,68	67,24	0,909	
78	Dünn, roth	0,59	„	81,76	2,13	—	10,55	0,75	3,77	1,09	11,69	61,66	1,870	
79	Rother Kopf . . .	0,66	„	81,76	1,27	—	11,12	0,74	4,09	1,02	6,99	65,00	1,118	
80	Orangefarbige Schale	0,81	„	81,86	2,37	—	8,78	0,76	4,79	1,44	13,09	62,56	2,095	
81	Dick, weiss	1,13	„	81,87	1,56	—	11,99	0,58	3,02	0,98	8,61	69,32	1,378	
82	Rother Kopf, lösliche Schale	1,13	„	82,01	1,93	—	11,14	0,82	3,12	0,98	10,77	66,44	1,723	
83	Weiss	1,29	„	82,17	1,47	—	11,24	0,84	3,26	1,02	8,28	67,71	1,324	
84	Weiss, birnenförmig .	0,75	„	82,24	1,81	—	11,13	0,58	3,35	0,89	10,21	65,92	1,633	
85	desgl.	0,95	„	82,27	1,08	—	11,14	0,74	3,73	1,04	6,10	66,99	0,976	
86	Roth	1,16	„	82,35	1,55	—	11,09	0,52	3,25	1,24	8,78	65,78	1,405	
87	Grüner Kopf . . .	1,25	„	82,41	1,41	—	11,21	0,68	3,31	0,98	8,06	67,55	1,290	
88	Rother Kopf . . .	0,93	„	82,59	2,26	—	9,10	0,70	4,15	1,19	12,99	56,33	2,079	
89	Röthlich, dünn . .	0,64	„	82,65	1.60	—	9,62	0,84	4,11	1,18	9,26	60,25	1,481	
90	Roth, lang	0,80	„	82.70	1,23	—	10,72	0,68	3,60	1,07	7,12	65,89	1,139	
91	Rother Kopf, rosarothe Schale	1,03	„	82,72	1,44	—	10,94	0,45	3,38	1,07	8,36	65,89	1,338	
92	Roth	0,48	„	82,76	1,37	—	9,97	0,72	4,01	1,17	7,98	61,97	1,276	

[1]) Vergl. Anmerkung [8]) u. **) S. 757.

No.	Nähere Bezeichnung		Zeit der Untersuchung	In der ursprünglichen Substanz							In d. Trocken-Substanz		Stickstoff in der Trocken-Substanz	Analytiker
				Wasser %	Stick-stoff-Substanz %	Fett %	Zucker %	Sonstige stickstfr. Extraktst. %	Roh-faser %	Asche %	Stick-stoff-Substanz %	Stickstoff-freie Ex-traktstoffe %	%	
		Gewicht der Rübe g						+Fett						
93	Weiss, grüner Kopf .	0,82	1868	82,76	1,66	—	10,91	0,52	3,08	1,07	9,64	66,29	1,543	A. Völcker[1]
94	Roth, birnenförmig .	0,96	"	82,94	1,61	—	10,17	0,65	3,38	1,25	9,49	63,37	1,518	
95	Grüner Kopf . . .	1,05	"	83,00	2,23	—	9,42	0,82	3,18	1,35	13,75	59,61	2,100	
96	Weiss, birnenförmig .	0,68	"	83,03	1,71	—	9,31	0,60	4,31	1,04	10,13	58,34	1,620	
97	Weiss, grüner Kopf .	1,25	"	83,11	1,25	—	10,51	0,63	3,43	1,07	7,40	65,95	1,184	
98	Grüner Kopf . . .	1,20	"	83,25	2,66	—	8,20	0,60	3,90	1,39	15,89	52,53	2,543	
99	Weiss, birnenförmig .	1,25	"	83,34	2,12	—	9,74	0,52	3,04	1,24	12,76	61,55	2,041	
100	Rosa	1,49	"	83,36	1,41	—	10,46	0,83	2,88	1,06	8,53	67,79	1,364	
101	Lange rothe . . .	0,91	"	83,43	1,53	—	10,04	0,50	3,49	1,01	9,24	63,60	1,478	
102	Weiss	1,33	"	83,93	1,76	—	9,31	0,63	3,21	1,16	11,01	61,79	1,761	
103	Rosa	1,20	"	83,96	1,27	—	9,69	0,75	3,12	1,21	7,95	65,04	1,272	
104	Dünn, weiss . . .	0,45	"	84,32	1,28	—	9,42	0,48	3,51	0,99	8,21	63,09	1,314	
105	Grüner Kopf . . .	1,42	"	84,38	1,24	—	9,50	0,76	3,05	1,07	7,96	65,66	1,274	
106	Rother Kopf . . .	0,74	"	84,53	2,06	—	7,78	0,70	3,59	1,34	13,38	54,75	2,140	
107	Weiss	1,25	"	84,67	1,95	—	7,27	0,83	3,99	1,29	12,72	52,84	2,035	
108	desgl.	1,30	"	84,73	1,91	—	8,39	0,52	3,20	1,25	12,56	58,23	2,010	
109	Roth, dünn, spindelförmig	0,34	"	84,79	2,05	—	6,82	0,71	4,13	1,50	13,52	49,47	2,163	
110	Weiss, grüner Kopf .	0,37	"	84,86	2,12	—	6,11	0,74	4,48	1,69	14,04	45,21	2,246	
111	Lang, roth	1,36	"	85,06	1,28	—	8,96	0,43	3,08	1,19	8,58	62,81	1,372	
112	Roth	0,71	"	85,07	2,41	—	6,32	0,56	4,11	1,53	16,16	46,05	2,585	
113	desgl.	0,49	"	85,21	0,93	—	8,65	0,44	3,53	1,24	4,78	62,97	0,764	
114	Dick, weiss	0,91	"	85,22	1,51	—	7,46	0,55	4,11	1,15	10,28	54,34	1,644	
115	Roth	0,82	"	85,23	1,70	—	8,86	0,47	2,92	0,82	11,56	63,10	1,850	
116	Weiss, grüner Kopf .	2,44	"	85,27	1,75	—	8,04	0,74	2,99	1,21	11,93	59,56	1,908	
117	Roth	?	"	85,37	0,97	—	9,19	0,45	2,93	1,09	6,66	66,00	1,066	
118	Rother Kopf . . .	0,93	"	85,48	2,01	—	7,03	0,54	3,59	1,35	13,82	52,16	2,211	
119	Weiss	1,49	"	86,02	1,40	—	8,43	0,31	2,65	1,19	10,00	62,53	1,600	
120	Roth	1,32	"	86,18	0,84	—	8,45	0,44	2,73	1,36	6,11	64,30	0,977	
121	desgl.	1,22	"	86,39	2,13	—	5,52	0,75	3,79	1,42	17,18	44,55	2,748	
122	Weiss	1,02	"	86,71	2,13	—	6,67	0,50	3,13	0,86	16,04	53,94	2,566	
123	desgl.	?	"	86,82	1,10	—	7,04	0,50	3,17	1,37	8,34	57,22	1,335	
124	Rother Kopf, roth .	0,93	"	87,66	1,43	—	6,48	0,62	2,69	1,12	11,65	57,47	1.864	
125	Rother Kopf, röthlich	1,78	"	87,75	2,37	—	5,08	0,42	2,85	1,53	19,39	44,86	3,102	
126	Weiss, sehr dick . .	3,00	"	88,13	2,16	—	4,82	0,44	2,74	1,71	18,27	44,24	2,923	
127	Roth	0,96	"	89,44	1,26	—	5,46	0,48	2,21	1,15	12,01	56,17	1,922	
128	Weiss	0,96	"	90,36	1,58	—	3,62	0,46	2,75	1,23	16,41	42,30	2,625	
129	Weiss, sehr dick . .	5,16	"	92,58	1,40	—	2,22	0,47	1,73	1,60	18,95	36,17	3,032	
130	In England gebaut, spec. Gew. 1,077		1870	78,30	0,85	—	13,15	6,37	0,65	0,68	3,92	89,95	0,63	A. H. Church[2]

[1]) Vergl. Anmerkung [8]) u. **) S. 757.
[2]) Transact. Highl. Soc. 1872 [4], **4**, 85.

No.	Nähere Bezeichnung	Zeit der Untersuchung	In der ursprünglichen Substanz: Wasser %	Stick-stoff-Substanz %	Fett %	Zucker %	Sonstige stickstfr. Extraktst. %	Roh-faser %	Asche %	In der Trocken-Substanz: Stick-stoff-Substanz %	Stickstoff-freie Ex-traktstoffe %	Stickstoff in der Trocken-Substanz %	Analytiker
131	Ohne nähere Bezeichnung	1884	84,42	1,69	0,08	11,75		0,93	1,13	10,85	75,42	1,74	*E. H. Jenkins* [1])
132	desgl.	1880	83,90	1,81	—	—	—	—	—	11,24	—	1,80	*R. Heinrich* [2])
133	Imperial	„	87,15	1,87	—	—	—	—	—	14,55	—	2,33	
134	Kleine Wanzlebener 1876-er Ernte . . .	1877	84,66	1,33	—	8,60	3,10	1,03	1,28	8,66	76,29	1,39	*Th. Dietrich* [3])
135	Januar	1871	83,69	1,29	0,07	13,49		0,91	0,55	7,94	82,65	1,27	*U. Kreusler* [4])
136	Von Wintersheim in Hessen	„	83,00	0,83	—	—	—	—	—	4,88	—	0,78	*E. Schulze* [5])
137	Von Gestrof in Hannover	„	85,52	1,24	—	—	—	—	—	8,56	—	1,37	
									Rein-asche				
138 *)	Düngung: Kompostdüngung im Winter und am 4. Mai für den ha 23,14 kg Chilisalpeter-Stickstoff, ferner 0,97 % Stickstoff u. 27,08 kg lösl. Phosphorsäure in Form von Knochenmehl-Superphosphat; Dünger in 40 hl Wasser gelöst	1890	77,91	1,54	—	17,36	—	—	1,55	6,97	—	1,12	*Fr. Strohmer* [6])
139 *)	desgl.; Dünger in 40 hl Wasser gelöst	„	78,79	1,03	—	16,60	—	—	1,31	4,85	—	0,78	
140 *)	desgl.; Dünger in 40 hl Wasser gelöst	„	76,48	1,04	—	16,90	—	—	1,76	4,42	—	0,71	
141 *)	desgl.; Dünger trocken gestreut	„	80,18	0,77	—	15,00	—	—	1,69	3,88	—	0,62	
142 *)	desgl.; Dünger trocken gestreut	„	79,15	0,86	—	16,20	—	—	1,08	4,14	—	0,66	
143 *)	desgl.; Dünger trocken gestreut	„	76,05	1,40	—	16,70	—	—	1,94	5,84	—	0,93	
144 *)	Ungedüngt	„	77,52	1,13	—	15,90	—	—	1,13	5,03	—	0,80	
145 *)	Ungedüngt	„	76,81	2,01	—	16,90	—	—	1,24	8,67	—	1,39	

[1]) Ann. Rep. Connect. Agric. Experim. Stat. 1884, 107.
[2]) Ber. d. Vers.-Stat. Rostock 1875/81, 76.
[3]) Landw. Zeitschr. und Anzeig. f. d. Rgbz. Cassel 1877, 49.
[4]) 1. Ber. d. Vers.-Stat. Hildesheim 1873, 28. Der Sandgehalt der frischen Rübe betrug 0,04 %, der der Trocken-Substanz 0,22 %.
[5]) Landw. Vers.-Stat. 1872, **15**, 170. No. 136 stammte von einem kalkhaltigen Lehmboden, der mit 4 Ctr. Kali-Superphosphat und 1 Ctr. aufgeschl. Perúguano gedüngt worden war. No. 137 war als Futterrübe in starker Düngung gebaut. Ausser der oben angegebenen Stickstoff-Substanz war in den Rüben noch Salpetersäure vorhanden und zwar in der frischen Rübe bei No. 136: 0,013 %, bei No. 137: 0,158 %; in der Trocken-Substanz bei No. 136: 0,076 %, bei No. 137: 1,09 %.
[6]) Oesterr.-Ungar. Zeitschr. Zucker-Ind. u. Landw. 1890; Centrbl. Agrik.-Chem. 1890, **19**, 483—486.

*) Fr. Strohmer fand ausserdem:

	Art der Düngung	Mittleres Gewicht der untersuchten Rübe g	In der frischen Rübe: Mark %	Gesammt-Stickstoff %	Eiweiss-Stickstoff %	Amid-Stickstoff %	Im Safte: Zucker %	Nicht-zucker %
No. 138	mit flüssigem Dünger gedüngt	800	6,71	0,247	0,166	0,081	19,17	2,23
„ 139		662	6,09	0,165	0,052	0,113	17,98	2,82
„ 140		700	6,21	0,166	0,154	0,012	19,17	1,53
„ 141	mit festem Dünger gedüngt	887	5,96	0,123	0,075	0,048	17,20	2,40
„ 142		762	5,87	0,137	0,057	0,080	17,79	1,91
„ 143		612	6,39	0,224	0,135	0,089	18,16	1,64
„ 144	ungedüngt	787	5,93	0,181	0,120	0,061	16,99	2,41
„ 145		587	5,24	0,321	0,102	0,219	18,69	2,51

Der Dünger wurde unter Anwendung des von Bertel'schen kombinirten Düngerstreuers und Rammformers für trockenen und flüssigen Dünger gegeben.

Der Zucker wurde durch Alkohol-Extraktion bestimmt.

No.	Nähere Bezeichnung		Zeit der Untersuchung	In der ursprünglichen Substanz: Wasser %	Stick-stoff-Substanz %	Fett %	Zucker %	Sonstige stickstfr. Extraktst. %	Roh-faser %	Asche %	In der Trocken-Substanz: Stick-stoff-Substanz %	Stickstoff-freie Ex-traktstoffe %	Stickstoff in der Trocken-Substanz %	Analytiker
146	Wohanka's Zucker-reiche	1	1891	78,19	2,28*)	0,14	16,87*)		1,20	1,32*)	10,42	77,35	1,67	*F. Strohmer, H. Briem und A. Stift*[1])
147	"	2	"	77,03	1,49*)	0,11	19,16*)		1,34	0,87*)	6,49	83,41	1,04	"
148	Vilmorin's Früh-reife	1	"	83,14	2,49*)	0,13	12,00*)		1,08	1,16*)	14,76	71,17	2,36	"
149	"	2	"	85,39	1,69*)	0,15	10,83*)		0,96	0,98*)	11,56	74,12	1,85	"
150	Verbesserte Vilmorin .		1894	81,00	2,35	0,19	14,63		1,00	0,83	12,37	77,00	1,98	*Paul Gay*[2])
151	In Amerika gebaut; Mittel von 7 Analysen . .		1886	76,97	2,01	0,08	19,12		0,88	0,94	8,73	83,02	1,40	*E. H. Jenkins*[3])
152	Wohanka's Ertragreiche	I	1895	78,77	0,97	0,02	14,33	3,66	1,17	1,18**)	4,62	85,64	0,74	*F. Strohmer, H. Briem und A. Stift*[4])
153	"	II	"	74,84	1,42	0,03	16,41	4,64	1,45	1,19**)	5,69	84,49	0,91	"
154	"	III	"	77,51	1,78	0,04	13,48	4,60	1,29	1,30**)	8,00	81,26	1,28	"
155	"	IV	"	76,52	1,38	0,04	15,04	3,94	1,38	1,70**)	5,98	82,28	0,96	"
156	"	V	"	76,58	1,33	0,03	15,69	3,24	1,57	1,56**)	5,78	82,13	0,92	"
157	"	VI	"	76,98	1,52	0,05	14,91	4,51	1,11	0,92**)	6,62	84,66	1,07	"
Zuckerrüben (No. 1—49 u. 130—157)	Mittel		—	**81,34**	**1,24**	**0,10**	**12,25**	**2,92**	**1,16**	**0,99**	**6,67**	**81,30**	**1,07**	
	Schwankungen		—	74,84-88,00	0,54—2,49	0,02-0,22	3,35—17,36	1,85—6,37	0,65-2,07	0,26-1,94	3,11—14,76	71,17—89,61	0,50—2,36	

Bezüglich der Untersuchungen über den **Einfluss der Düngung** etc. auf die Zusammensetzung der Zuckerrüben vergleiche die Bemerkung am Schluss der Tabellen auf S. 753.

Sonstige Zuckerrüben-Analysen.

Bei den meisten dieser Analysen ist nur Trocken-Substanz, Zucker und Asche bestimmt.

1. A. Nowočzek, Organ d. Centr.-Ver. f. Rübenzucker-Industrie 1886, **24**, 1; Centrbl. Agrik.-Chem. 1887, **16**, 633; ferner „Bericht über die Resultate der im Jahre 1890 durchgeführten vergleichenden Kulturversuche mit verschiedenen Rübenvarietäten", Kaaden 1891; Centrbl. Agrik.-Chem. 1892, **21**, 249—250
2. C. A. Goessmann, 4. Annual Rep Amherst Agric. Experim. Stat. 1886, 21; Jahresber. Agrik.-Chem. 1887, **30**, 423; ferner Massachusetts State Experim. Stat. Bull. 29, 5; Jahresber. Agrik.-Chem. 1888, **31**, 403.

[1]) Oesterr.-Ungar. Zeitschr. Zucker-Ind. u. Landw. 1892, **21**, 244; Centrbl. Agrik.-Chem. 1893, **22**, 473—477.
[2]) Ann. agronom. 1892, **20**, 200; Centrbl. Agrik.-Chem. 1895, **24**, 242—243.
[3]) Ann. Rep. Connect. Agric. Experim. Stat. 1886, 92; Jahresber. Agrik.-Chem. 1887, **30**, 423.
[4]) Oesterr.-Ungar. Zeitschr. Zucker-Ind. u. Landw. 1895, **24**, Heft 5, Sonderabdruck.

*) Verff. fanden ferner:

	Reineiweiss	Sand	Phosphorsäure in der Reinasche	Zucker in der sandfreien Trocken-Substanz
No. 146	0,99 %	0,30 %	10,05 %	55,79 %
„ 147	1,20 „	0,22 „	17,53 „	65,23 „
„ 148	0,75 „	0,12 „	7,72 „	54,96 „
„ 149	0,54 „	0,10 „	7,71 „	56,51 „

Nachdem die nicht analysirten Rübenhälften im zweiten Jahre Samen getragen hatten, zeigten sie einen höheren Trocken-Substanz-Gehalt, aber eine wesentliche Abnahme an Zucker.

**) Verff. fanden ferner:

	I.	II.	III.	IV.	V.	VI.
Sand	0,34 %	0,22 %	0,24 %	0,41 %	0,37 %	0,08 %
Phosphorsäure in der Reinasche . . .	6,64 „	3,44 „	6,36 „	8,03 „	6,23 „	9,60 „
Kali „ „ „	19,19 „	30,69 „	24,34 „	18,55 „	24,70 „	41,06 „

3. Fr. Strohmer und Kohlrausch, Analysen bei Vegetationsversuchen. — Oesterr.-Ungar. Zeitschr. Zucker-Ind. u. Landw. 1889, 18, Heft II; Centrbl. Agrik.-Chem. 1890, 19, 322.

4. J. P. Roberts, Cornell Univ. Agric. Experim. Stat. 1890, 25, 161; Jahresber. Agrik.-Chem. 1891, 34, 449.

5. P. P. Dehérain, Anbauversuche in Grignon. — Annales agronom. 1892, 380; Centrbl. Agrik.-Chem. 1893, 22, 403—407.

6. Woll, G. H. Failyer und J. T. Willard, Experim. Stat. Record 1892, 4, 173 u. 175; Jahresber. Agrik.-Chem. 1892, 35, 443; Centrbl. Agrik.-Chem. 1894, 23, 282.

Mohrrübe.

Daucus Carota L. Gemeine Möhre, Mohrrübe, gelbe Rübe, gelbe Wurzeln.
Common Carrot. — Carrotte.

No.	Nähere Bezeichnung	Gewicht der Rübe g	Zeit der Untersuchung	In der ursprünglichen Substanz: Wasser %	Stickstoff-Substanz %	Fett %	Zucker %	Sonstige stickstfr. Extraktst. %	Rohfaser %	Asche %	In der Trocken-Substanz: Stickstoff-Substanz %	Stickstofffreie Extraktstoffe %	Stickstoff in der Trocken-Substanz %	Analytiker
1	Grosse Varietät . . .		—	85,00	1,50	0,40	8,35		3,00	1,75	10,00	55,66	1,60	*Johnston*[1])
2	Mohrrüben . . .		—	87,60	1,88	0,30	9,02		0,70	0,60	15,16	71,93	2,43	*J. B. Boussingault*[2])
3	Weisse Carrotte . . .		—	86,00	1,50	0,17	10,90		0,80	0,60	10,71	78,38	1,71	
4	Aus Dorpat, von gut gedüngtem Gartenboden .		1853	86,97	2,23	—	7,19 *)	—	—	—	17,10	—	2,74	*C. Schmidt*[3])
5	desgl., von schwarzem Ackerboden . . .		„	86,45	1,94	—	7,81 *)	—	—	—	14,32	—	2,29	
6	desgl., von Sandboden		„	86,81	1,34	—	8,07 *)	—	—	—	10,16	—	1,63	
7	Gelbe Rüben aus Giessen		„	83,28	1,54	—	—	—	—	0,671	9,21	—	1,47	*Horsford*[4])
8	Altringham-Möhre, gelblichweiss .	518	„	87,59	0,53	—	—	—	—	0,87	4,27	—	0,68	*Hörle*[4])
9	desgl., rothgelb .	277	„	89,92	0,67	—	—	—	—	1,23	6,65	—	1,06	
10	desgl., gelblichweiss	131	„	81,10	0,91	—	—	—	—	1,68	4,81	—	0,77	
11	Riesenmöhre, weisse, grünköpfige, aus Hohenheim . .	316	1852	82,40	1,58		11,84		3,07	1,11	8,98	+ Fett 67,32	1,28	*E. Wolff*[4])
12	desgl., gelbe, aus Möckern . . .	143	„	83,86	1,37		10,24		3,24	1,29	8,49	63,44	1,36	
13	desgl., von magerem Kalkboden . .	—	1851	88,26	0,60				—	0,74	5,11	—	0,82	*A. Völcker*[4])
14	Weisse belgische Möhre . .	—	1852	88,72	0,61				—	0,70	5,41	—	0,87	
15	Ohne nähere Bezeichnung	520	„	85,40	0,71				—	1,27	4,86	—	0,78	*H. Hellriegel*[5])
16	Ohne nähere Bezeichnung	100	„	79,20	1,00		15,30		2,25	2,25	4,81	73,55	0,77	

[1]) Moleschott's Physiologie der Nahrungsmittel 1859, **2**, 156.
[2]) J. B. Boussingault, Die Landwirthschaft in ihren Beziehungen zur Chemie etc., **3**, 200.
[3]) Ann. Chem. u. Pharm. 1852, **83**, 335.
[4]) Wolff's Grundlagen des Ackerbaues, 3. Aufl., 1856, 938.
[5]) Chem. Ackersm. 1856, 229.
*) Rohrzucker. Derselbe wurde sowohl durch Vergährung als durch Kupferlösung bestimmt.

No.	Nähere Bezeichnung	Gewicht der Rübe g	Zeit der Untersuchung	In der ursprünglichen Substanz: Wasser %	Stickstoff-Substanz %	Fett %	Zucker %	Sonstige stickstfr. Extraktst. %	Rohfaser %	Asche %	In der Trocken-Substanz: Stickstoff-Substanz %	Stickstofffreie Extraktstoffe %	Stickstoff in der Trocken-Substanz %	Analytiker
17	Röthliche Hohenheimer*) . . .	418	1854	87,78	0,88	—	—	—	1,23	0,91	7,25	— z. Th. + Fett	1,16	*H. Ritthausen*[1]
18	desgl.*)	143	„	86,37	1,10	—	—	—	1,35	0,81	7,93	—	1,27	
19	desgl.*)	56	„	84,48	0,79	—	—	—	1,60	0,99	5,13	—	0,82	
20	Gelbe belgische*) .	219	„	87,60	1,03	—	—	—	1,53	1,07	8,34	—	1,35	
21	Weisse belgische*)	259	„	87,90	0,74	—	—	—	1,41	0,89	6,13	—	0,98	
22	Riesenmöhre . .	325	1859	85,30	0,66		11,90		1,03	1,11	4,49	81,95	0,72	*Th. Dietrich*[2])
23	desgl.	795	1860	88,64	0,62	0,24	4,04	4,21	1,30	0,95	5,27	73,56	1,82	*Th. Dietrich*[3])
24	desgl.	350	„	86,04	0,69	0,26	5,31	4,62	2,00	1,08	4,94	71,13	0,79	
25	desgl.	150	„	86,91	0,58	0,24	7,03	2,47	1,79	0,98	4,43	72,48	0,71	
26	desgl., Mittel**) .	—	„	87,72	0,64	0,24	4,73	4,13	1,55	0,99	5,21	72,16	0,83	
27	Riesenmöhre***) .	250	1860	84,00	1,25	0,24	9,10 ***)	2,93	1,28	1,20	7,81	75,19	1,25	*Th. Dietrich*[4])
28	Grünköpfige rothfleisch. Möhre***)	300	„	84,14	1,24	0,29	9,55 ***)	2,01	1,58	1,19	7,82	72,90	1,25	
29	Grünköpfige gelbfleisch. Möhre***)	200	„	80,54	1,46	0,23	12,08 ***)	2,33 + Fett	2,01	1,35	7,50	74,05	1,20	
30	Saalfelder Möhre .	—	1859	86,45	2,18	—	7,15	0,85	2,36	1,01	16,09	59,04	2,57	*J. Nessler*[5])
31	Riesenmöhre, grünköpfige . . .	—	„	88,05	1,56	—	5,34	0,82 0)	2,78	1,45	13,05	51,55	2,09	
32	Grünköpfige weisse Möhre . . .	—	1854	86,00	0,90	—	7,20	—	00)	1,00	6,43	—	1,03	*Rohde und Trommer*[6])
33	Weisse belgische Kalkboden . .	—	1852	87,34	0,67	0,20	6,54	0,93	3,47	0,85	5,27	59,03	0,84	*Aug. Völcker*[7])

[1]) Weende'r Jahresber. 1855/56; Chem. Centrbl. 1857, 14.
[2]) Landw. Anzeiger für Kurhessen 1859, 45.
[3]) Ebendaselbst 1860, 35.
[4]) Ebendaselbst 1860, 38.
[5]) Ber. d. Vers.-Stat. Karlsruhe 1870, 58.
[6]) Weende'r Jahresber. 1855/56, **2**, 117. (Eldena'er Archiv 1855, 240.)
[7]) Journ. Roy. Agr. Soc. of England 1852, **14**, II, 385. Auf der Farm d. R. Agr. Coll. auf kalkhaltigem, ziemlich flachgründigem und steinigem Boden gewachsen. An näheren Bestandtheilen wurden ermittelt:

	Ursprüngliche Substanz %	Trocken-Substanz %
Wasser	87,338	—
Cellulose	3,471	27,412
Asche in der Faser	0,145	1,145
Unlösliche Stickstoff-Substanz	0,169	1,334
Lösliches Kaseïn	0,498	3,934
Gummi und Pektin	0,885	6,989
In Alkohol unlösliche Salze .	0,293	2,314
Zucker	6,544	51,682
In Alkohol lösliche Salze . .	0,409	3,230
Ammoniak als Salze . . .	0,008	0,063
Fett	0,203	1,604

*) Die Möhren waren 1854 in Möckern gebaut.

**) Die Mittelzahlen (No. 26) sind berechnet unter der Annahme, dass 100 Gew. Erntemasse nicht aus gleichen Gewichtstheilen der grossen, mittleren und kleinen Möhren, sondern aus gleichen Antheilstheilen derselben gebildet sind.

***) Die Möhrensorten waren vergleichsweise auf einem Felde gebaut. An näheren Bestandtheilen wurden ermittelt:

	No. 27	28	29
Traubenzucker . . .	4,94 %	2,95 %	8,09 %
Rohrzucker	4,16 „	6,60 „	3,99 „
Pektinstoffe	2,93 „	2,01 „	2,33 „

0) Mit 0,22 % Stärke und 0,60 % Pektin und Gummi.

00) Ausser obigen Zahlen ist noch angegeben: Holzfaser und Pektin 4,2 %. Die angegebenen Bestandtheile stimmen auf 100,1.

No.	Nähere Bezeichnung	Gewicht der Rübe g	Zeit der Untersuchung	In der ursprünglichen Substanz: Wasser %	Stick-stoff-Substanz %	Fett %	Zucker %	Sonstige stickstfr. Extraktst. %	Roh-faser %	Asche %	In der Trocken-Substanz: Stick-stoff-Substanz %	Stickstoff-freie Ex-traktstoffe %	Stickstoff in der Trocken-Substanz %	Analytiker
34	Mittel von 7 Analys. (gedüngte Möhre)	400	1859	89,18	0,85	—	—	—	—	0,67	7,86	—	1,26	*P. Bretschneider und Küllenberg* [1]
35	Weisse grünköpfige, stark gedüngt, 10. Oktober . .	—	„	89,24	0,73		8,18		1,20	0,65	6,78	76,02	1,85	
36	Rothe Mohrrübe .	—	1852	86,63	—	—	—	—	—	—	—	—	—	*Will. K. Sullivan* [2]
37	Weisse belgische .	—	„	87,01	—	—	—	—	—	—	—	—	—	
38	Weisse Riesenmöhre	500	„	88,25	1,72	—	3,62 *)	—	—	—	14,64	—	2,34	*H. Ritthausen* [3]
39	Rothe Riesenmöhre	500	„	88,70	1,88	—	5,51 *)	—	—	—	16,64	—	2,66	
40	Gelbe Möhren von 1865, 25. Mai		1866	82,18	2,48 **)	—	—	—	—	1,12	13,94	—	2,23	*H. Schulze und E. Schulze* [4]
41	Weisse grünköpf. Riesenmöhre		—	84,57	2,12	—	5,10	—	—	—	13,73	—	2,03	*Fühling* [5]
42	Orangegelbe grünköpfige Riesenmöhre . . .		—	86,41	1,26	—	5,10	—	—	—	9,29	—	1,49	
43	Altringham-Möhre . .		—	84,04	1,81	—	8,26	—	—	—	11,34	—	1,82	
44	Weisse grünköpf. Möhre, mittleres Gewicht 600 g		—	88,20	1,73	—	—	—	—	—	14,65	—	2,34	*v. d. Goltz und Funk* [5]
45	Rothe Möhre, mittleres Gewicht 600 g . . .		—	88,70	1,88	—	—	—	—	—	16,62	—	2,66	
46	„Gelbe Riesenmöhre", Lehmboden		1878	84,90	0,60	—	8,94	+ Fett 2,62	1,71	1,23	3,97	76,55	0,64	*E. Mach und C. Portele* [6]
47	„Grünköpfige Riesenmöhre", Lehmboden .		„	89,06	0,70	—	4,84	3,55	1,10	0,75	6,40	76,68	1,02	
48	Saalfelder dicke Futtermöhre, Lehmboden .		„	85,97	2,11	—	3,98	5,57	1,28	1,09	15,04	68,07	2,41	
49	Grünköpfige Möhren, grandiger Lehmboden .		1880	89,80	1,06	0,10	7,00		1,07	0,97	10,39	68,63	1,66	*W. Fleischmann* [7]
50	Möhren		1881	89,71	1,26 ***)	0,14	6,94		1,09	0,86	12,23	67,48	1,80	*E. Wolff und O. Kellner* [8]
51	In Amerika gebaut . .		—	88,82	0,97	0,65	7,39		0,86	1,31	8,68	66,60	1,39	*E. H. Jenkins* [9]
52	desgl.		—	87,85	1,35	0,71	6,86		2,32	0,91	11,11	56,47	1,78	

[1] 4. Ber. d. Vers.-Stat. Ida-Marienhütte, 74 u. 95.
[2] Farmer's Magaz. Juli—Decbr. 1853, 127; Weende'r Jahresber 1853, **2**, 27.
[3] Land- u. forstw. Ztg. f. d. Prov. Preussen **3**, 28.
[4] Landw. Vers.-Stat. 1867, **9**, 433.
[5] Aus H. Werner's Handbuch des Futterbaues, Berlin 1875, 729.
[6] Privat-Mittheilung.
[7] Ber. d. milchwirthschaftl. Vers.-Stat. Raden für 1881. Ertrag sehr reichlich, Qualität gut.
[8] Landw. Jahrb. 1884, **13**, 245.
[9] E. H. Jenkins, Tabelle über die Zusammensetzung amerikanischer Futtermittel in Ann. Rep. Connect. Agricult. Experim. Stat. 1883.

*) Weisse mit 0,86% Rohrzucker u. 2,76% Traubenzucker, rothe mit 1,59% Rohrzucker u. 3,92% Traubenzucker.

**) Ausser angegebener Stickstoff-Substanz enthielt die Möhre 0,27% (auf Trocken-Substanz bezogen) Salpetersäure.

***) Die Stickstoff-Substanz der Trocken-Substanz bestand aus 6,72% Proteïn und 5,51% Amiden etc. Unter Zurechnung der letzteren betrugen demnach die stickstofffreien Extraktstoffe 72,99%. Unter Asche ist hier Reinasche und Sand zu verstehen.

No.	Nähere Bezeichnung	Zeit der Untersuchung	In der ursprünglichen Substanz: Wasser %	Stickstoff-Substanz %	Fett %	Zucker %	Sonstige stickstfr. Extraktst. %	Rohfaser %	Asche %	In der Trocken-Substanz: Stickstoff-Substanz %	Stickstofffreie Extraktstoffe %	Stickstoff in der Trocken-Substanz %	Analytiker
53	In Amerika gebaut, Mittel von 5 Analysen . .	1886	87,96	1,22	0,46	7,86		1,45	1,05	10,13	65,28	1,62	*E. H. Jenkins*[1])
54	In Japan gebaut . . .	—	86,78	1,81 *)	0,45	9,33		0,54	1,09	13,66	69,87	2,17	*O. Kellner*[2])
55	Mohrrübe**)	1887	90,02	0,89	0,19	—		1,07	1,12 **)	8,90	67,27	1,42	*Vers.-Stat. Massachusetts*[3])
56	In Amerika gebaut . .	„	90,02	0,89	0,19	6,71		1,08	1,12	8,90	67,24	1,42	*C. A. Goessmann*[4])
57	Vogesische Möhre, kurz und gedrungen . . .	1891	87,60	1,37	0,34	8,58		1,02	1,09	11,05	70,32	1,77	*Vers.-Stat. Danzig*[5])
58	Englische Riesenmöhren, lang	„	88,62	0,97	0,42	8,27		1,01	0,71	8,52	72,67	1,36	
59	Riesenmöhre: grosse Möhren	1890	87,32	0,48 ***)	0,16	4,91	5,40	0,99	0,74	3,79	81,31	0,61	*Baessler*[6])
60	Riesenmöhre: kleine Möhren	„	88,90	0,67 ***)	0,19	3,36	5,18	0,98	0,72	6,03	76,94	0,96	
61	Gelbe Möhre	1894	87,41	0,74	0,29	6,68 0)	2,87	1,01	0,99	5,93	75,86	0,95	*F. Werenskiold*[7])
62	Weisse Möhre . . .	„	87,81	0,79	0,23	6,40 0)	2,64	1,12	1,01	6,51	74,18	1,04	
63	Möhren (Mittel v. 8 Prob.)	1895	88,54	0,61	0,29	9,01		0,81	0,74	5,34	78,73	0,85	*Fr. Werenskiold*[8])
64	desgl. (Mittel v. 14 Proben)	1896	88,24	0,97	0,23	8,81		1,06	0,80	8,25	74,92	1,32	
65	Carrots, 8 Analysen: Mittel	1894	88,60	1,10	0,40	5,52	3,38		1,00	9,65	—	1,54	*W. O. Atwater*[9])
	Carrots, 8 Analysen: Schwankungen	—	86,5—91,1	0,8—2,0	0,2—0,7	—	6,0—12,7		0,6—1,3	—	—	—	
	Mittel	—	**86,77**	**1,18**	**0,29**	**6,42**	**2,64**	**1,67**	**1,03**	**8,92**	**68,48**	**1,43**	

Werenskiold (Berichte über die Wirksamkeit der agrikulturchemischen Kontrollstation in Christiania in den Jahren 1893 und 1894; Centrbl. Agrik.-Chem. 1894, **23**, 843 und 1895, **24**, 783) fand für Mohrrüben aus dem Süden Norwegens folgende Schwankungszahlen:

Jahr	Zahl der Proben	Wasser %	In der Trocken-Substanz: Stickstoff-Substanz %	Fett %	Rohrzucker %	Traubenzucker %	Rohfaser %	Eiweiss-Stickstoff in Procenten des Gesammt-Stickstoffs
1893	9	83,73—89,72	5,47—12,19	—	10,76—34,61	13,37—45,33	—	—
1894	8	85,59—89,22	—	1,41—2,69	18,55—36,09	13,12—35,64	7,70—9,73	28,14—88,18

[1]) Ann. Rep. Connect. Agric. Experim. Stat. 1886, 93; Jahresber. Agrik.-Chem. 1887, **30**, 421.
[2]) Mittheil. d. Deutschen Gesellsch. f. Natur- u. Völkerkunde **4**, 35.
[3]) Massach. State Agricult. Experim. Stat. 1887, Bull. No. 28, S. 1—10.
[4]) Massach. Agricult. Experim. Stat. 1887, Bull. No. 26, 9; Jahresber. Agrik.-Chem. 1887, **30**, 422.
[5]) Westpreuss. landw. Mittheil. 1891, **14**, 70; Centrbl. Agrik.-Chem. 1891, **20**, 497.
[6]) Wochenschr. pommersch. ökonom. Gesellsch. 1890, 48; Centrbl. Agrik.-Chem. 1890, **19**, 494.
[7]) Chem. Ztg. 1895, **19**, 1273.
[8]) Aarsberetning a. d. offentl. Foranstaltinger til Landbrugets Fremme. Kristiania 1896; Centrbl. Agrik.-Chem. 1898, **27**, 388.
[9]) U. S. Dep. Agric. Farmer's Bull. **23**, 27, Washington 1894.

*) Vom Gesammt-Stickstoff der Trocken-Substanz (2,17 %) waren 0,93 % Eiweiss-Stickstoff.

**) Der Trocken-Substanz-Gehalt der Mohrrüben schwankte von 9—12 %; grössere Rüben haben oft einen geringeren Trocken-Substanz-Gehalt als gleichreife kleinere Rüben. Die Mohrrüben enthielten in der natürlichen Substanz:

Eisenoxyd	Kalk	Magnesia	Kali	Natron	Phosphorsäure
0,01 %	0,07 %	0,02 %	0,54 %	0,11 %	0,10 %

***) Verf. fand in den

	Gesammt-Stickstoff	Reineiweiss-Stickstoff	Vom Stickstoff verdaulich	Stärke
kleinen Möhren	0,077 %	0,058 %	95,3 %	0,92 %
grossen „	0,107 „	0,083 „	98,6 „	0,87 „

0) Mit folgendem Gehalt an Zucker:

	In der natürlichen Substanz: Rohrzucker	Traubenzucker	In der Trocken-Substanz: Rohrzucker	Traubenzucker
Gelbe Rübe	4,247 %	2,431 %	33,74 %	19,31 %
Weisse „	2,337 „	4,067 „	19,17 „	33,36 „

Kohlrübe.

Brassica Napus esculenta.

Kohlrübe, Steckrübe, Unterkohlrabi, Krautrübe, Rutabaga, Wrucke. — Swedish turnip, Swedes. — Chou rutabaga, Chou-rave, Navet de Suède.

No.	Nähere Bezeichnung	Spec. Gew.	Zeit der Untersuchung	In der ursprünglichen Substanz: Wasser %	Stick-stoff-Substanz %	Fett %	Stickstoff-freie Ex-traktstoffe %	Roh-faser %	Asche %	In der Trocken-Substanz: Stick-stoff-Substanz %	Stickstoff-freie Ex-traktstoffe %	Stickstoff in der Trocken-Substanz %	Analytiker
1	„Turnips"		—	86,10	1,60	0,15	10,85	0,40	0,90	11,51	78,06	1,84	J. Boussingault [1]
2	„Gelbe Rüben"		—	85,00	1,90	0,20	11,5	0,5	0,9	12,67	76,67	2,03	J. Boussingault [1]
3	„Rutabaga"		—	91,00	1,10	0,05	7,0	0,3	0,6	12,22	77,22	1,96	J. Boussingault [1]
4	Schwedische Turnips . .		1852	87,97	—	—	—	—	—	—	—	—	Will. K. Sullivan [2]
5	Green top white, Thonboden	0,841	1855	94,56	0,63	2,51		1,73	0,57	11,59	46,13	1,85	Th. Anderson [3] *)
6	desgl., leichter Boden	0,894	„	94,00	0,44	3,09		1,82	0,65	7,33	51,51	1,17	Th. Anderson [3] *)
7	Purple top yellow, Mittelboden . . .	0,866	„	94,52	0,62	2,58		1,79	0,49	11,31	47,09	1,81	Th. Anderson [3] *)
8	desgl., Thonboden .	0,904	„	93,29	1,11	3,01		1,92	0,67	16,54	44,86	2,65	Th. Anderson [3] *)
9	Green top yellow, Thonboden . . .	0,952	„	92,45	0,69	4,43		*) (2,02)	0,41	9,14	58,68	1,46	Th. Anderson [3] *)
10	Ohne näh. Bezeichn.	0,937	„	92.57	0,87	3,45		(2,39)	0,72	11,71	46,43	1,87	Th. Anderson [3] *)
11	Schwed., Mittelboden	1,015	„	92,32	0,69	4,39		(1,88)	0,72	8,98	57,40	1,44	Th. Anderson [3] *)
12	Ohne näh. Bezeichn.	0,911	„	92,69	0,54	3,78		(2,51)	0,43	7,39	51,70	1,18	Th. Anderson [3] *)
13	Purple top	0,861	„	93,29	0,62	3,11		(2,49)	0,49	9,24	46,35	1,48	Th. Anderson [3] *)
14	Green top, Thonboden	0,933	„	95,54	0,65	1,51		(1,82)	0,48	14,57	33,86	2,33	Th. Anderson [3] *)
15	desgl., leichter Boden	0,884	„	91,15	0,96	4,71		(2,54)	0,61	10,85	53,56	1,74	Th. Anderson [3] *)
16	Schwed., Thonboden	1,010	„	90,87	1,23	4,19		(3,17)	0,54	13,47	45,90	2,16	Th. Anderson [3] *)
17	desgl.	1,015	„	91,01	0,77	5,25		(2,47)	0,50	8,56	58,41	1,37	Th. Anderson [3] *)
18	Tweeddale purple top	0,954	„	90,54	1,11	4,82		(2,61)	0,92	11,72	51,00	1,87	Th. Anderson [3] *)
19	desgl.	0,941	„	91,54	1,03	3,89		(2,71)	0,83	12,17	45,99	1,95	Th. Anderson [3] *)
20	desgl.	0,807	„	90,74	0,76	4,05		(3,70)	0,75	8,21	43,73	1,31	Th. Anderson [3] *)
21	desgl.	0,850	„	92,60	0,75	2,67		(3,21)	0,77	10,14	36,07	1,62	Th. Anderson [3] *)
22	desgl.	0,866	„	92,58	1,03	3,59		(3,12)	0,68	13,88	34,91	2,22	Th. Anderson [3] *)
23	desgl.	0,782	„	93,13	0,50	2,82		(2,83)	0,72	7,28	41,05	1,16	Th. Anderson [3] *)
		Gewicht der Rüben											
24	Kohlrüben**) . .	3,40 kg	„	89,80	0,84	—		—	0,75	8,24	—	1,32	H. Hellriegel [4]
25	desgl.**) . . .	0,50 „	„	87,70	1,44	—		—	0,90	11,71	—	1,87	H. Hellriegel [4]

[1] J. Boussingault, Die Landwirthschaft in ihren Beziehungen zur Chemie etc. 3, 200.
[2] Weende'r Jahresber. 1853, 2, 27. Mittel einer grossen Zahl von Analysen.
[3] Transact. Highl. Soc. Jan. 1856, 195.
[4] Chem. Ackersm. 1856, 238.

*) Die Rüben waren von Lord Tweeddale angebaut, der dadurch die besten Rüben zu erzielen suchte, dass er fortgesetzt jedesmal die specifisch schwersten Rüben zur Saat auswählte. Von den Rüben sind die No. 5—17 im Herbste untersucht, die übrigen, nachdem sie den Winter hindurch aufbewahrt worden waren. Im Original sind die Analysen nach folgendem Schema aufgeführt:

Faser			Saft			Asche im Ganzen
Pektinsäure u. Holzfaser	Proteïnkörper	Asche	Wasser	Proteïnkörper	Zucker u. Gummi	

Obige Zahlen für Rohfaser umfassen also auch Pektinkörper. Es ist fraglich, ob nicht einige der untersuchten Rüben der Brassica Rapa angehören.

**) Vergl. Anmerkung *) S. 767.

No.	Nähere Bezeichnung	Gewicht der Rüben	Zeit der Untersuchung	In der ursprünglichen Substanz: Wasser %	Stick-stoff-Substanz %	Fett %	Stickstoff-freie Ex-traktstoffe %	Roh-faser %	Asche %	In der Trocken-Substanz: Stick-stoff-Substanz %	Stickstoff-freie Ex-traktstoffe %	Stickstoff in der Trocken-Substanz %	Analytiker
26	„Kohlrüben“*)	0,42 kg	1855	84,70	1,69		—	—	1,07	11,05	—	1,77	H. Hellriegel[1])
27	desgl.*)	3,40 „	„	88,60	0,76		8,80	1,09	0,75	6,64	77,29	1,06	H. Hellriegel[1])
28	desgl.*)	0,55 „	„	87,50	0,83		—	—	0,79	6,64	—	1,06	H. Hellriegel[1])
29	desgl.*)	1,27 „	„	89,70	0,68		—	—	0,61	6,60	—	1,06	H. Hellriegel[1])
30	desgl.*)	0,58 „	„	85,70	1,23		—	—	0,96	8,60	—	1,38	H. Hellriegel[1])
31	desgl., weit gepflanzt, stark gedüngt		1856	89,56	1,04		—	—	0,97	9,44	—	1,51	H. Hellriegel und H. Gaudich[2])
32	desgl., eng gepflanzt, stark gedüngt		„	90,25	1,13		—	—	0,82	11,62	—	1,86	H. Hellriegel und H. Gaudich[2])
33	desgl., stark mit Stallmist und Jauche gedüngt**)	3,75 kg	„	89,48	1,23		—	—	0,82	11,63	—	1,86	H. Ritthausen[3])
34	„Kohlrabi“, green top⁰)		1857	86,02	2,36	0,23	8,98	1,23	1,18	16,85	64,38	2,70	A. Völcker[4])
35	desgl., purple top⁰)		„	89,00	2,27	0,18	6,38	1,11	1,06	20,68	58,03	3,31	A. Völcker[4])
36	desgl. (Köpfe?)		„	86,74	2,75		8,62	0,77	1,12	20,74	65,00	3,31	Th. Anderson[5])
37	desgl., böhmische, ca. 8 kg schwer		1858	90,99	1,44 ***)		4,65	0,82	2,10	15,98	51,58	2,55 ***)	W. Knop[6])
38	Swedish Turnips, vom Felde, December 1847		1848	89,42	1,64	—	—	—	0,58	15,56	—	2,49	J. B. Lawes u. J. H. Gilbert[7])
39	desgl., eingemietet Novbr. 1847, untersucht Februar 1848		„	87,88	0,94	—	—	—	0,63	7,81	—	1,25	J. B. Lawes u. J. H. Gilbert[7])
40	desgl., eingemietet Novbr. 1847, untersucht Februar 1848		„	90,19	1,44	—	—	—	0,61	14,75	—	2,36	J. B. Lawes u. J. H. Gilbert[7])
41	desgl., eingemietet Novbr. 1847, untersucht Februar 1848		„	89,68	1,88	—	—	—	0,61	16,31	—	2,61	J. B. Lawes u. J. H. Gilbert[7])
42	desgl., eingemietet Novbr. 1847, untersucht Februar 1848		„	89,12	1,12	—	—	—	0,50	10,37	—	1,66	J. B. Lawes u. J. H. Gilbert[7])
43	desgl., eingemietet Novbr. 1847, untersucht Februar 1848		„	89,30	1,75	—	—	—	0,58	16,44	—	2,63	J. B. Lawes u. J. H. Gilbert[7])
44	desgl., eingemietet Novbr. 1847, untersucht Februar 1848		„	87,40	1,69	—	—	—	0,76	13,81	—	2,21	J. B. Lawes u. J. H. Gilbert[7])
45	desgl., eingemietet Novbr. 1847, untersucht Februar 1848		„	89,11	1,44	—	—	—	0,52	13,44	—	2,15	J. B. Lawes u. J. H. Gilbert[7])
46	desgl., eingemietet Novbr. 1847, untersucht Februar 1848		„	88,12	1,56	—	—	—	0,62	13,37	—	2,14	J. B. Lawes u. J. H. Gilbert[7])
47	Norfolk White Turnips, mineralische Düngung		„	90,63	0,91	—	—	—	0,63	9,75	—	1,56	J. B. Lawes u. J. H. Gilbert[7])

[1]) Chem. Ackersm. 1856, 238.
[2]) Amts-Anzeigebl. f. d. Königr. Sachsen 1857, 22.
[3]) Ebendaselbst 73.
[4]) Journ. Roy. Agric. Soc. Engl. **21**, 93.
[5]) Journ. Roy. Agric. Soc. Engl. **20**, 523.
[6]) Amtsbl. f. d. landw. Ver. Sachsens 1858, 95.
[7]) On the Composition of foods in relation to respiration and the feeding of animals. (From the report of the British association for the advancement of Science for 1852.) London 1853, 5.

*) Die Analysen beziehen sich z. Thl. auf Rüben von 6—7 Pfd. Gewicht, die anderen Analysen auf Rüben von 1—2½ Pfd. Dieselben waren sämmtlich gut gedüngt und alle gesund.
**) An Zucker enthielt die frische Rübe 3,95 %, auf Trocken-Substanz berechnet 37,48 %.
***) Von dem gefundenen Stickstoff schien ein geringer Theil als Ammoniak vorhanden zu sein.

⁰) Die nähere Untersuchung ergab:

	green top	purple top
Lösliche Proteïnstoffe	2,056	2,006
Unlösliche Proteïnstoffe	0,300	0,269
Gummi, Zucker, Pektin	6,007	4,486
Lösliche Faser und unlösliche Pektinstoffe	2,993	1,896
Holzige Faser	1,230	1,106
In Wasser lösliche Salze	0,970	0,919
Unlösliche Mineralstoffe	0,197	0,139
In Wasser lösliche Stoffe	9,260	7,588
In Wasser unlösliche Stoffe	4,720	3,410

No.	Nähere Bezeichnung	Zeit der Untersuchung	In der ursprünglichen Substanz: Wasser %	Stick-stoff-Substanz %	Fett %	Stickstoff-freie Ex-traktstoffe %	Roh-faser %	Asche %	In der Trocken-Substanz: Stick-stoff-Substanz %	Stickstoff-freie Ex-traktstoffe %	Stickstoff in der Trocken-Substanz %	Analytiker
48	Norfolk White Turnips, Mineraldünger u. Ammoniaksalz	1848	91,58	1,09	—	—	—	0,63	13,00	—	2,08	
49	desgl., Mineraldünger und Rapskuchen	"	92,22	1,14	—	—	—	0,64	14,75	—	2,36	*J. B. Lawes u. J. H. Gilbert*[1]
50	desgl., Mineraldünger, Rapskuchen u. Ammoniaksalze	"	92,12	1,57	—	—	—	0,70	20,00	—	3,20	
51	Swedes, beim Einmieten, November 1850	1850	92,54	0,85	0,13	3,36	2,65	0,57	11,39	43,61	1,82	
52	desgl., dieselben aus der Miete, Februar 1851 . .	1851	93,00	0,53	0,09	3,47	2,35	0,56	7,57	49,57	1,21	
53	Schwedischer Turnips, zu Warwick, günstiges Klima, gewachsen	1855	93,39	0,75	—	—	—	0,50	11,35	—	1,82	*Th. Anderson*[2]
54	desgl., zu Argyll, feuchtkaltes Klima, gewachsen . . .	"	95,22	0,44	—	—	—	0,50	9,21	—	1,47	
55	Gelber Turnips, zu Warwick gewachsen*)	"	94,11	0,62	—	—	—	0,70	10,43	—	1,67	
56	desgl., zu Argyll gewachsen	"	95,35	0,50	—	—	—	0,72	10,75	—	1,72	
57	White globe Turnip, Mittel von 25 Analysen, gedüngt	1852	92,45	1,49	0,19	3,03	2,14	0,70	19,74	40,13	3,16	
58	desgl., guter Boden, Mittel von 3 Analysen	"	92,16	1,28	0,15	3,61	1,94	0,86	16,74	45,61	2,68	
59	desgl., mittelguter Boden, Mittel von 4 Analysen .	"	90,98	1,24	0,22	4,54	2,35	0,67	13,75	41,33	2,20	
60	Purple top Yellows, guter Boden, Mittel von 3 Analys.	"	91,14	1,25	0,14	4,60	2,27	0,60	14,01	52,51	2,24	
61	Green top Globes, Stalldünger, roher Boden . .	"	92,20	2,48	0,31	1,55	2,70	0,76	31,80	19,87	5,09	*Th. Anderson*[3]
62	Swedes, gedüngt, Mittel von 2 Analysen, roher Boden .	"	90,03	2,54	0,26	6,54		0,63	25,48	65,59	4,08	
63	desgl., gedüngt, Mittel von 2 Anal., mittelguter Boden	"	93,13	0,74	2,21		3,24	0,68	10,77	33,17	1,72	
64	Yellow Turnips, Mittel von 7 Analysen verschieden gedüngter Rüben	"	92,89	0,78	—	—	—	0,61	10,97	—	1,76	
65	Swedes	1867	90,85	0,81	—	—	—	0,69	8,39	—	1,34	*Th. Anderson*[4]
66	Kohlrabi*)	"	86,02	2,35	0,23	9,00	1,23	1,17	16,81	64,37	2,69	*A. Völcker*[5]
67	Kohlrüben*)	"	87,05	3,13	0,65	3,95	3,56	1,66	24,17	30,50	3,87	

[1]) Vergl. Anmerkung [7]) Seite 767.
[2]) Transact. Highl. Soc. Juli 1851 bis März 1853, 46, und Oktober 1856, 418.
[3]) Ebendaselbst Juli 1851 bis März 1853, 46. Berechnete Mittel aus Düngungsversuchen.
[4]) Ebendaselbst 1868/69, **2**, 66; Weende'r Jahresber. 1867/68, 540.
[5]) Weende'r Jahresber. 1867/68, 540.

*) Die gelbe Turnips gehört möglicherweise der Brassica rapa an und bringen wir dort die Analysen nochmals.
**) Bei No. 67 fehlt die Angabe über den Aschengehalt; die Differenz der angeführten Bestandtheile von 100 ergiebt 1,66, welche wir für Asche angesetzt haben. Die nähere Analyse ergab:

	Lösl. Eiweissstoffe	Lösl. Mineralstoffe	Gummi	Zucker
No. 66	2,056	0,970	—	—
No. 67	1,640	—	1,729	2,218

Bei No. 66 ist das in verdünnten Säuren und Alkalien Lösliche als „Zucker und verdauliche Holzfaser" bezeichnet.

No.	Nähere Bezeichnung	Zeit der Untersuchung	In der ursprünglichen Substanz: Wasser %	Stickstoff-Substanz %	Fett %	Stickstoff-freie Extraktstoffe %	Rohfaser %	Asche %	In der Trocken-Substanz: Stickstoff-Substanz %	Stickstoff-freie Extraktstoffe %	Stickstoff in der Trocken-Substanz %	Analytiker
68	1865-er, nach starker Mistdüngung gewachsen*) . .	1866	92,19	0,64	—	—	—	0,39	8,49	—	1,31	*H. Schultze u. E. Schulze* [1])
69	Winterkohlrabi	„	89,51	1,51	0,31	—	—	—	14,39	—	2,30	*J. Nessler und C. Weigelt* [2])
70	Gelbe Turnips, Mittel von 11 Analysen	1864	89,80	0,95	—	—	—	0,77	9,37	—	1,50	*Th. Anderson* [3])
71	Spec. Gewicht 1,033 . . .	1876	87,70	1,69	—	8,91	1,00	0,70	13,77	72,41	2,20	*A. Völcker* [4]) **)
72	„ „ 1,013 . . .	„	86,30	1,63	—	10,15	1,16	0,76	11,90	74,08	1,90	
73	„ „ 1,022 . . .	„	87,90	1,93	—	8,45	1,08	0,65	15,87	69,82	2,55	
74	„ „ 1,017 . . .	„	85,65	1,74	—	10,68	1,26	0,66	12,15	74,47	1,94	
75	Ohne nähere Bezeichnung .	„	89,00	1,06	—	8,25	1,07	0,61	9,65	75,03	1,55	
76	Spec. Gewicht 1,012 . . .	„	87,35	1,71	—	9,16	1,16	0,61	13,49	72,46	2,13	
77	„ „ 1,016 . . .	„	82,22	2,08	—	12,46	1,31	0,93	12,40	74,23	1,98	
78	Ohne nähere Bezeichnung .	„	84,04	2,48	—	11,06	1,24	0,77	15,90	70,93	2,54	
79	Spec. Gewicht 1,014 . . .	„	85,50	1,50	—	10,66	1,42	0,92	10,34	73,54	1,66	
80	Ohne nähere Bezeichnung .	„	87,65	1,55	—	9,06	1,08	0,66	12,55	73,38	2,01	
81	Spec. Gewicht 1,003 . . .	„	87,40	2,25	—	7,46	1,29	0,60	17,90	67,07	2,87	
82	„ „ 1,039 . . .	„	84,15	1,88	—	11,68	1,52	0,76	11,90	73,66	1,91	
83	Mittel	„	86,35	1,79	—	9,93	1,22	0,71	13,13	72,74	2,10	
84	Ohne nähere Bezeichnung .	1877	90,68	1,64	0,07	6,04	0,49	1,08	17,60	64,80	2,82	*F. W. Kirchner* [5])
85	Flaschen-Wroke-Rübe . .	1874	89,16	0,73	0,15	7,87	1,44	0,65	6,73	72,61	1,08	*Emmerling* [6])
86	Rothgrauhäutige Steckrübe .	„	89,43	0,79	0,17	7,63	1,27	0,71	7,47	72,18	1,20	
87	Chou-rave grand vert***) .	1879	89,00	1,87	—	7,15	1,18	0,80	17,00	65,00	2,72	*A. Dudouy* [7])
88	Englische Futterkohlrabi°) .	1884	87,18	1,77	0,09	8,42	1,60	0,94	13,84	65,69	2,21	*M. Märcker* [8])
89	Turnips, sehr stark gedüngt°°)	1872	90,77	1,17	0,17	5,62	1,21	1,06	12,66	57,03	2,03	*E. Wolff* [9])

[1]) Landw. Vers.-Stat. 1867, **9**, 434.
[2]) Bericht der Vers.-Stat. Karlsruhe 1870, 57.
[3]) Transact. Highl. Soc. Juli 1863 bis März 1865, 499. Berechnetes Mittel aus 11 Analysen verschieden gedüngter Turnips.
[4]) Journ. Roy. Agric. Soc. Engl., 1877, [2], **13**, 157.
[5]) Milchztg. 1878, **7**, 466.
[6]) Zusammenstellung von Analysen von Futtermitteln in den Jahren 1871—77, Kiel 1877.
[7]) Journ. d'agric. prat. 1880, **I**, 440; Jahresber. d. Agrik.-Chem. 1880, **23**, 410.
[8]) Magdeburger Ztg. 1884, No. 555; Centrbl. f. Agrik.-Chem. 1885, **14**, 281.
[9]) Landw. Jahrb. 1879, **8**, I. Supplem., 182.

*) Die untersuchten Rüben stammten von der 1865 auf Domäne Wasserleben erhaltenen Ernte. Dieselben enthielten am 19. April 1866 = 8,83 %, am 9. Mai 1866 = 7,81 % Trocken-Substanz. Von letzterer gelten die gemachten Bestimmungen. Ausser dem angegebenen Gehalt an organischem Stickstoff-Verbindungen enthielt die Trocken-Substanz noch 0,15 % Salpetersäure.

**) Die untersuchten Rüben stammten von einem Felde, die Untersuchung derselben sollte die Schwankungen darthun, welche die Zusammensetzung einer und derselben Rübensorte unter gleichen Boden- und Witterungsverhältnissen erfährt. Die nähere Analyse ergab ferner für die frischen Rüben:

	No. 71	72	73	74	75	76	77	78	79	80	81	82
Stickstoff-Substanz in Wasser löslich . . .	1,49	1,41	1,68	1,52	0,85	1,54	1,71	2,08	1,21	1,24	2,02	1,47 %
Mineralstoffe in Wasser löslich	0,59	0,63	0,54	0,54	0,51	0,51	0,81	0,65	0,77	0,55	0,46	0,62 „
Zucker, Gummi	6,69	7,81	6,47	8,15	6,17	6,78	9,67	8,13	8,95	7,24	5,05	8,71 „
Pektin und verdauliche Cellulose	2,21	2,34	1,98	2,54	2,08	2,40	2,78	2,94	1,71	1,83	2,41	2,97 „

Die Mittelzahlen unter No. 83 wurden von uns berechnet.

***) Der Samen zu dieser Rübe wurde 1877 aus England eingeführt, 1878 mit Erfolg angebaut und 1879 nochmals in demselben Boden (sandiger Lehm, kalireiches Alluvium) und bei Düngung mit Ammoniak-Superphosphat angebaut.

°) Die untersuchte Rübe war auf leichtem Boden in Schafdung- und Chilisalpeter-Düngung gewachsen und hatte 266 Ctr. Ertrag für den Morgen gegeben.

°°) Die Rüben-Trockensubstanz enthielt infolge sehr starker Düngung eine ungewöhnlich grosse Menge Salpetersäure, 3,89 %, welche mit ihrem Stickstoff-Gehalt bei der Berechnung des Rohproteïns in Abzug kam. Die Turnipsrüben waren (mit Latrinendünger) gleichsam überdüngt und infolgedessen zum Theil krankhaft ausgebildet; bei beträchtlichem Umfang und Gewicht hatten sie im Innern oft Höhlungen und das Fleisch war ziemlich hartfaserig.

No.	Nähere Bezeichnung	Zeit der Untersuchung	In der ursprünglichen Substanz: Wasser %	Stick-stoff-Substanz %	Fett %	Stickstoff-freie Extraktstoffe %	Roh-faser %	Asche %	In der Trocken-Substanz: Stick-stoff-Substanz %	Stickstoff-freie Extraktstoffe %	Stickstoff in der Trocken-Substanz %	Analytiker
90	1646 g schwer	1871	87,19	1,06	0,10	10,07	1,04	0,54	8,27	78,61	1,32	*J. Fittbogen*[1])
91	Ohne nähere Bezeichnung*)	1877	89,08	1,93	0,07	5,73	2,35	0,84	17,67	52,48	2,83	*J. Fittbogen u. J. Förster*[2])
92	desgl.	„	88,88	—	—	—	—	—	9,63	74,09	1,54	
93	„Gelbe Wrucken" . . .	1880	91,11	1,09	—	—	—	—	12,26	—	1,96	*Klien*[3])
94	„Weisse Wrucken" . . .	„	88,66	1,40	—	—	—	—	12,35	—	1,98	
95	Aus Münster	1876	91,87	0,79	0,08	5,88	0,84	0,54	9,69	72,36	1,55	*J. König und Farwick*[4])
96	Mitte Oktober aus dem Boden genommen, mittleres Gew. 500 g **)	„	89,39	1,55	0,08	6,79	1,33	0,86	14,60	64,00	2,33	*H. W. Dahlen*[5])
97	Rothgrauhäutige Riesen . .	1891	89,98	1,20	0,18	6,53	1,46	0,72	11,97	65,07	1,92	*Vers.-Stat. Eldena*[6])
98	Weissfleischige Riesen . .	„	90,16	1,25	0,12	6,39	1,37	0,71	12,81	64,94	2,05	
99	Weisse pommersche Kannen	„	90,02	1,20	0,14	6,78	1,11	0,75	12,02	67,93	1,92	
100	Erdkohlrabi	1894	89,57	0,83	0,22	7,82 ***)	0,97	0,59	7,98	74,91	1,28	*F. Werenskiold*[7])
101	Kohlrüben (Mittel v. 7 Prob.)	1895	87,93	0,87	0,44	9,01	1,04	0,71	7,23	74,65	1,16	*F. Werenskiold*[8])
102	desgl. „ „ 12 „	1896	89,08	1,23	0,23	7,71 °)	1,22	0,60	11,26	70,60	1,80	
103	Gelbe Rübe°°)	1895	87,98	0,63 °°)	0,11	9,24 °°)	1,19	0,85	5,24	76,87	0,84	*A. Stift*[9])
	Mittel	—	**88,88**	**1,39**	**0,18**	**7,37**	**1,44**	**0,74**	**12,46**	**66,28**	**2,09**	
	Schwankungen	—	82,22-95,87	0,44—3,13	0,05-0,65	5,62—12,46	0,49-2,35	0,36-2,10	5,24—31,81	52,48—78,61	0,84—5,09	

Sonstige Kohlrüben-Analysen.

1. Rohde, Weende'r Jahresbericht 1853, 1, 152.
2. Franz Lehmann und J. H. Vogel, Journ. Landw. 1890, 38, 166.

Werenskiold (Berichte über die Wirksamkeit der agrikulturchemischen Kontrollstation in Christiania in den Jahren 1893 und 1894; Centrbl. Agrik.-Chem. 1894, 23, 843 und 1895, 24, 783) fand für Kohlrüben aus dem Süden Norwegens folgende Schwankungszahlen:

Jahr	Zahl der Proben	Wasser %	In der Trocken-Substanz: Stickstoff-Substanz %	Fett %	Rohrzucker %	Trauben-zucker %	Rohfaser %	Eiweiss-Stickstoff in Procenten des Gesammt-Stickstoffs
1893	15	85,88—89,78	6,19—13,80	—	8,07—44,40	4,22—57,93	—	—
1894	8	85,56—89,92	5,71—11,05	0,59—3,49	9,09—13,04	42,08—60,72	7,81—10,76	29,98—50,00

1) Landw. Jahrb. 1872, 1, 628.
2) Privat-Mittheilung.
3) Bericht d. Vers.-Stat. Königsberg 1881.
4) Zeitschr. f. Biologie 1876, 12, 497.
5) Landw. Jahrb. 1875, 4, 613.
6) Landwirth 1891, 27, 588.
7) Chem.-Ztg. 1895, 19, 1273.
8) Aarsberetning a. d. offentl. Foranstaltinger til Landbrugets Fremme. Kristiania 1896; Centrbl. Agrik.-Chem. 1898, 27, 276.
9) Oesterr.-Ungar. Zeitschr. Zucker-Ind. u. Landw. 1895, 24, Sonderabdruck; Zeitschr. angew. Chem. 1895, 393.

*) Bei der Analyse der Rübe No. 91 ergeben die Komponenten 111,15 — wir korrigirten bei den stickstofffreien Extraktstoffen.
**) Die Rüben enthielten 18,60 % bezw. 1,97 % Traubenzucker.
***) Mit 1,14 % Rohrzucker und 5,16 % Traubenzucker.
°) Mit 5,71 % Zucker.
°°) A. Stift fand ferner: 0,42 % Reineiweiss, 0,21 % Amide, 5,10 % Rohrzucker, 0,90 % Invertzucker, 1,66 % Stärke, 0,99 % Pentosane und 0,01 % Sand.

Wasserrübe.

Brassica Rapa rapifera Metzger*) (Br. Rapa esculenta Koch).
Weisse Rübe, Wasserrübe, Brachrübe, Stoppelrübe, Saatrübe, Steckrübe, Turnips. — Turnip. — Rave, Chou-Turneps, Chou de Laponie.

No.	Nähere Bezeichnung	Zeit der Untersuchung	In der ursprünglichen Substanz: Wasser %	Stickstoff-Substanz %	Fett %	Stickstofffreie Extraktstoffe %	Rohfaser %	Asche %	In der Trocken-Substanz: Stickstoff-Substanz %	Stickstofffreie Extraktstoffe %	Stickstoff in der Trocken-Substanz %	Analytiker
1	Stoppelrübe	—	92,50	0,79	0,20	5,64	(0,30)	0,57	10,50	75,25	1,68	J. B. Boussingault[1])
2	Greystone Turnip, auf Lehmboden gewachsen, ca. 15 Pfd. schwer	1865	93,84	0,56	0,26	(2,99)	1,73	0,63	9,08	(48,53)	1,45	Th. Anderson[2])
3	desgl., auf Sandboden gewachsen, ca. 15 Pfd. schwer	„	94,12	0,74	0,34	(2,32)	1,96	0,53	12,58	(39,45)	2,01	Th. Anderson[2])
4	Stoppelrüben, 792 g schwer	„	93,32	1,29	0,20	—	—	—	19,31	—	3,09	J. Nessler und Briegel[3])
5	desgl., klein, 405 g das Stück	1868	90,57	1,86	0,23	—	—	—	19,72	—	3,16	J. Nessler und Briegel[3])
6	Brassica Rapa depressa Dec.	1861	91,10	2,34	—	—	—	0,82	26,32	—	4,21	G. Wunder[4])
7	White Pomeranian globe .	1868	90,99	1,14	—	—	—	—	12,69	—	2,03	J. J. Fühling[5])
8	Dale's hybrid	„	89,55	1,32	—	—	—	—	12,68	—	2,03	J. J. Fühling[5])
9	Yellow Tankard	„	89,32	1,58	—	—	—	—	14,87	—	2,37	J. J. Fühling[5])
10	White red-top Tankard . .	„	90,99	1,10	—	—	—	—	12,23	—	1,95	J. J. Fühling[5])
11	White green-top Tankard .	„	88,44	1,76	—	—	—	—	15,20	—	2,43	J. J. Fühling[5])
12	Weisse lange rothköpf. Ackerrübe von St. Nicolas . .	„	87,12	1,80	—	—	—	—	14,00	—	2,24	J. J. Fühling[5])
13	Weisse runde Wasserrübe von St. Nocolas	„	89,23	1,50	—	—	—	—	14,00	—	2,24	J. J. Fühling[5])
14	White green-top globe . .	„	91.64	1,09	—	—	—	—	13,13	—	2,10	J. J. Fühling[5])
15	Green-top yellow Bullock .	„	89,66	1,31	—	—	—	—	12,61	—	2,02	J. J. Fühling[5])
16	Woolton's hybrid	„	90,10	1,38	—	—	—	—	14,00	—	2,24	J. J. Fühling[5])
17	White globe	„	89,92	1,18	—	—	—	—	11,80	—	1,89	J. J. Fühling[5])
18	Norfolk White Turnip: Gewöhnl. und mineralische Düngung	1848	90,63	0,91	—	—	—	0,63	9,75	—	1,56	J. B. Lawes u. J. H. Gilbert[6])
19	Norfolk White Turnip: desgl. und Ammonsalze	„	91,58	1,09	—	—	—	0,63	13,00	—	2,08	J. B. Lawes u. J. H. Gilbert[6])
20	Norfolk White Turnip: desgl. u. Rapskuchen	„	92,22	1,14	—	—	—	0,64	14,75	—	2,36	J. B. Lawes u. J. H. Gilbert[6])
21	Norfolk White Turnip: desgl., Ammonsalz und Rapskuchen	„	92,12	1,58	—	—	—	0,70	20,00	—	3,20	J. B. Lawes u. J. H. Gilbert[6])

*) Brassica Rapa rapifera: Brassica Rapa, weisse Rüben, enthalten nach Stammer a) und Herapath b) (Moleschott's Physiolog. d. Nahrungsmittel):

	Wasser	Organische Substanz	Asche
a)	93,31	6,23	0,46 %
b)	91,26	8,09	0,65 „

[1]) J. B. Boussingault, Die Landwirthschaft in ihren Beziehungen zur Chemie etc. **3**, 200.

[2]) Journ. Agric. and the Transact. 1865, 488. Von den Stickstoff-Verbindungen waren in Wasser löslich 0,36 bezw. 0,56 %. Unter Rohfaser sind hier unlösliche Stoffe, hauptsächlich Holzfaser, zu verstehen.

[3]) Bericht d. Vers.-Stat. Karlsruhe 1870, 56.

[4]) Landw. Vers.-Stat. 1861, **3**, 19.

[5]) Neue Landw. Ztg. 1869, 4. Die Sorten wurden unter gleichen Verhältnissen bei Entfernungen von 47 cm und 26 cm angebaut. Von uns aus den Angaben über Ertrag an Rüben, Trocken-Substanz und Proteïn berechnet. Geerntet wurden für den ha in kg:

No.	7	8	9	10	11	12	13	14	15	16	17
Frische Rüben	78624	66826	58968	53029	42568	55029	47170	54366	53029	42226	40618,5
Darin Trocken-Substanz	7082,4	6982,9	6296,6	4781,4	4923,7	7086,3	5050,5	4543,5	5481,5	4377,7	4096,9
Darin Proteïn	898,9	885,3	936,0	585,0	748,8	992,6	707,8	596,7	694,2	612,3	485,6

[6]) Composition of foods in relation to respiration and the feeding of animals, London 1853, 36. Auch in Sheep feeding and manure. Agricultural Chemistry **I**, 1849. Aus den Angaben über Gehalt an Trocken-Substanz, Asche und Stickstoff abgeleitet.

No.	Nähere Bezeichnung	Zeit der Untersuchung	In der ursprünglichen Substanz: Wasser %	Stickstoff-Substanz %	Fett %	Stickstofffreie Extraktstoffe %	Rohfaser %	Asche %	In der Trocken-Substanz: Stickstoff-Substanz %	Stickstofffreie Extraktstoffe %	Stickstoff in der Trocken-Substanz %	Analytiker
22	Stoppelrüben (mit Blättern)	1858	89,17	1,55	—	—	—	1,36	14,31	—	2,29	*C. Karmrodt*[1]
23	Durchschnitts-Analysen aus früheren Untersuchungen	1853	92,11	1,27	—	—	—	0,78	16,10	—	2,58	*Th. Anderson*[2] (No. 23—25)
24	Gelbe Turnips zu Warwick (günstiges Klima) . . .	1855	94,11	0,62	—	—	—	0,70	10,53	—	1,68	
25	desgl., zu Argyll (ungünstiges Klima)	"	95,35	0,50	—	—	—	0,72	10,78	—	1,72	
26	Steckrüben, nach starker Mistdüngung*)	1866	92,19	0,62	—	—	—	0,40	7,94	—	1,27	*H. Schultze* u. *E. Schulze*[3]
27	Weisse grünköpfige Kugel**)	1871	92,33	1,01	—	—	—	0,62	13,22	—	2,12	*E. Schulze*[4] (No. 27—32)
28	Orangegelbe grünköpfige Jelly**)	"	90,14	1,20	—	—	—	0,74	12,17	—	1,90	
29	Gelbe grünköpfige Lawrencekirk**)	"	90,86	0,84	—	—	—	0,66	9,15	—	1,46	
30	Ovale Pomeranian**) . .	"	92,28	0,64	—	—	—	0,61	8,28	—	1,32	
31	Lange dicke weisse**) . .	"	91,64	0,73	—	—	—	0,72	8,73	—	1,40	
32	Englische Futterrübe . .	"	92,14	1,06		4,58	1,26	0,96	13,50	58,13	2,16	
33	Rothe Pfahl-Turnips . . .	1880	87,80	1,44	—	—	—	—	11,80	—	1,89	*R. Heinrich*[5] (No. 33—36)
34	Gelbe Horn-Turnips . . .	"	90,48	1,25	—	—	—	—	13,12	—	2,11	
35	Rothe Horn-Turnips . . .	"	91,05	1,19	—	—	—	—	13,30	—	2,13	
36	Gelbe Pfahl-Turnips . . .	"	89,40	1,31	—	—	—	—	12,36	—	1,98	
37	Turnips	"	87,70	1,10	—	—	—	0,90	8,94	—	1,43	*M. Märcker*[6] (No. 37—38)
38	desgl., nach Stalldünger, sandiger Höhenboden . . .	"	85,40	1,10	—	—	—	1,00	7,53	—	1,20	
39	desgl. von Alnarp in Schweden	1873	87,13	1,86		10,09	0,98	0,94	14,45	70,64	2,31	*E. W. Olbers*[6] (No. 39—41)
40	desgl., gelbe	1875	88,40	1,01		7,62	1,94	1,03	8,69	65,75	1,39	
41	desgl., rothe	1876	89,28	1,25		7,17	1,29	1,01	11,66	66,88	1,87	
42	„Wasserrübe", Lehmbod.***)	1878	93,16	0,85		4,43	1,05	0,51	12,43	64,76	1,99	*E. Mach*[6]
43	Weisse	1874	89,22	1,58	0,21	6,31	1,47	1,21	14,66	58,53	2,35	*J. König*[7] (No. 43—44)
44	Gelbe	1874	89,01	1,75	0,22	6,88	1,19	0,95	15,92	62,61	2,55	
45	Golden Tankard°)	1884	86,80	1,10	0,08	10,32	0,80	0,90	8,33	78,18	1,33	*A. Mayer*[8]

[1]) Zeitschr. f. Rheinpreussen 1858, 293.
[2]) Transact. Highl. Soc. March 1854, 274. No. 24 u. 25; Zeitschr. f. Rheinpreussen Oktober 1856, 418.
[3]) Landw. Vers.-Stat. 1867, **9**, 242.
[4]) Bericht der Vers.-Stat. Darmstadt 1874, 35.
[5]) Bericht der Vers.-Stat. Rostock 1875/81. Wismar 1882, 76.
[6]) Privat-Mittheilung.
[7]) 1. Bericht der Vers.-Stat. Münster i. W. 1871/77, 39.
[8]) Centrbl. Agrik.-Chem. 1884, **13**, 538.

*) Die Steckrüben stammten vom Gute Wasserleben und waren im Jahre 1865 angebaut worden; die Untersuchung fand im Mai 1866 statt. Ausser oben angegebenem Stickstoff enthielt die Rüben-Trockensubstanz noch 0,04 % Stickstoff in Form von Salpetersäure.

**) Die untersuchten Rüben stammten theils vom Gute Virnheim, theils vom Gute Gernsheim. Erstere (No. 27—31) waren als Stoppelrüben nach Wintergerste gebaut und hatten einen Ertrag von 640—720 Ctr. pro ha gegeben. Die untersuchten Exemplare waren 4—5 Pfd. schwer. In den Mineralstoffen der Trocken-Substanz war

	No. 27	28	29	30	31
Salpetersaures Kalium . . .	0,39	0,49	0,19	0,11	0,71 %.

Rüben No. 32 waren nur $1^1/_4$—$1^1/_2$ Pfd. schwer, hatten trotz günstiger Anbauverhältnisse höchstens den halben Ertrag gegeben wie Runkelrüben. Die Trocken-Substanz enthielt, den Mineralstoffen zugerechnet, 1,22 % salpetersaures Kalium.

***) Der Zuckergehalt der Rübe betrug 0,21 %, der des Saftes 0,23 %.

°) Zu Wageningen (Holland) auf gutem Lehmboden und im Vergleich mit Runkelrübensorten (siehe No. 176—181, S. 747) angebaut. Ertrag pro ha 74000 kg, Zuckergehalt 7,7 %.

No.	Nähere Bezeichnung	Zeit der Untersuchung	In der ursprünglichen Substanz: Wasser %	Stick-stoff-Substanz %	Fett %	Stickstoff-freie Ex-traktstoffe %	Roh-faser %	Asche %	In der Trocken-Substanz: Stick-stoff-Substanz %	Stickstoff-freie Ex-traktstoffe %	Stickstoff in der Trocken-Substanz %	Analytiker
46	Ende August einem Acker entnommen	1876	91,01	1,24	0,05	6,08	0,98	0,64	13,82	67,61	2,21	H. W. Dahlen[1])
47	Turnips (Kabura) in Japan gewachsen*)	1883	93,06	1,46	0,07	3,83	0,93	0,65	21,00	55,17	3,36	Osc. Kellner[2])
48	Weisse grünköpfige (von Virnheim in Hessen (vgl. auch No. 27 u. 31))	1871	92,36	1,01	—	—	—	—	13,22	—	2,12	E. Schulze[3])
49**)	Orangegelbe grünköpfige . . . (von Virnheim in Hessen)	"	90,14	1,20	—	—	—	—	12,17	—	1,95	E. Schulze[3])
50**)	Gelbe grünköpfige (von Virnheim in Hessen)	"	90,82	0,84	—	—	—	—	9,15	—	1,46	E. Schulze[3])
51**)	Ovale grünköpfige (von Virnheim in Hessen)	"	92,27	0,64	—	—	—	—	8,28	—	1,32	E. Schulze[3])
52**)	Lange weisse . . (von Virnheim in Hessen)	"	91,64	0,73	—	—	—	—	8,73	—	1,40	E. Schulze[3])
53**)	Gelbe von Northeim . . .	"	92,14	1,05	—	—	—	—	13,35	—	2,14	E. Schulze[3])
54	Turnips, gelbfleischig . .	1894	90,20	0,74	0,20	7,03 ***)	1,09	0,74	7,62	71,72	1,22	F. Werenskiold[4])
55	" weissfleischig . .	"	91,13	0,70	0,23	6,30 ***)	0,94	0,69	7,92	71,03	1,27	F. Werenskiold[4])
56	Turnips, gelbfleischig, Mittel von 25 Proben	1895	91,38	0,80	0,29	5,95	0,89	0,68	9,32	69,05	1,49	F. Werenskiold[5])
57	Turnips, gelbfleischig, Mittel von 22 Proben	1896	91,12	0,81	0,20	6,91 °)	1,08	0,74	9,18	78,23	1,47	F. Werenskiold[5])
58	Turnips, weissfleischig, Mittel von 6 Proben	1895	91,80	0,63	0,32	5,70	0,88	0,67	7,63	69,48	1,22	F. Werenskiold[5])
59	Turnips, weissfleischig, Mittel von 9 Proben	1896	92,80	0,88	0,17	4,42 °)	0,98	0,63	12,22	61,39	1,96	F. Werenskiold[5])
60	Fosterton hybrid Turnips aus Pumpherston	1882	91,30	0,67 °°)	— °°)	—	0,93	0,50	7,70 °°)	75,70	1,23	J. H. Gilbert[6])
61	Fosterton hybrid Turnips aus Harelaw . .	"	92,60	0,55 °°)	— °°)	—	0,87	0,47	7,50 °°)	74,40	1,20	J. H. Gilbert[6])
62	Aberdeen Yellow Turnips in Carbeth gebaut, Mittel von 27 Proben	?	91,09	0,54 °°)	—	— °°)	1,02	0,67	6,06 °°)	68,17 °°)	0,97	J. H. Gilbert[6])

[1]) Landw. Jahrb. 1875, **4**, 613.
[2]) Chem. Anal. College of Agricult. Komaba, Tokio, Japan, 1884, 21.
[3]) Landw. Vers.-Stat. 1872, **15**, 170.
[4]) Chem.-Ztg. 1895, **19**, 1273.
[5]) Aarsberetning a. d. offentl. Foranstaltinger til Landbrugets Fremme. Kristiania 1896; Centrbl. Agric. Chem. 1898, **27**, 276.
[6]) Agricultural students Gazette **3**, Theil V, 50 Seiten; Centrbl. Agrik.-Chem. 1889, **18**, 29.

*) Stickstoff in Amiden etc. (bestimmt durch Fällung der Eiweissstoffe mit Phosphorwolframsäure) 1,473 %, Gesammt-Stickstoff 3,361 %, Eiweiss-Stickstoff 1,888 % = 11,8 % Eiweiss in der Trocken-Substanz.

**) Die untersuchten Rüben stammten von einem humosen, künstlich mit Sand gemischten Lehmboden und sind als Stoppelrüben gezogen. Ausser der angegebenen stickstoffhaltigen organischen Substanz enthielten die Rüben noch Stickstoff in Form von Salpetersäure und zwar:

	No. 48	49	50	51	52	53
Salpeter-Stickstoff in der frischen Rübe	0,016	0,026	0,009	0,004	0,032	0,051 %
Salpeter-Stickstoff in der Trocken-Substanz . . .	0,21	0,26	0,10	0,058	0,38	0,65 "
Stickstoff-Substanz in der Trocken-Substanz	13,56	12,60	9,31	8,37	9,35	14,41 "

***) Die stickstofffreien Extraktstoffe enthielten:

	In der natürlichen Substanz: Rohrzucker	Traubenzucker	In der Trocken-Substanz: Rohrzucker	Traubenzucker
Turnips mit gelbem Fleisch . . .	0,993 %	4,367 %	10,13 %	44,36 %
" " weissem " . . .	0,838 "	3,963 "	9,45 "	44,68 "

°) Verf. fand in der gelbfleischigen Turnips 5,10 % und in der weissfleischigen 3,34 % Zucker.

°°) Von der Gesammt-Stickstoff-Substanz waren vorhanden als Reineiweiss:
No. 60: 84,1 %, No. 62: 47,3 %, No. 63: 47,64 %.
Ferner enthielt No. 62: 52,94 % und No. 63: 53,40 % Zucker in der Trocken-Substanz.

No.	Nähere Bezeichnung	Zeit der Untersuchung	In der ursprünglichen Substanz: Wasser %	Stick-stoff-Substanz %	Fett %	Stickstoff-freie Extraktstoffe %	Roh-faser %	Asche %	In der Trocken-Substanz: Stick-stoff-Substanz %	Stickstoff-freie Extraktstoffe %	Stickstoff in der Trocken-Substanz %	Analytiker
63	Gewöhnliche Turnips aus Neuseeland, Mittel von 11 Proben	$18\frac{84}{85}$	90,86	0,37 *)	0,27	— *)	0,90	0,69	4,01 *)	75,68 *)	0,59 *)	*J. H. Gilbert* [1])
64	Turnips, Rutbaga	?	87,08	1,09	0,06	9,10	1,16	1,51	8,40	70,51	1,34	*E. H. Jenkins* [2])
65	„ „	„	87,82	1,31	0,22	8,17	1,38	1,10	10,75	67,13	1,72	*Vers.-Stat. Massachusetts* [3])
66	„ Southern Prize	„	91,77	0,80	0,14	5,81	0,83	0,65	9,67	70,62	1,55	
67	„ gelbe	„	87,20	1,38	0,18	8,81	1,40	1,03	10,81	65,68	1,73	
68	„ Ruta-baya	1889	91,75	0,85	0,10	5,14	1,08	0,98	11,46	**62,27**	1,83	*Tetermann* [4])
69	Aus Amerika 7 Analysen: Mittel	1894	89,40	1,20	0,20	8,20		1,00	11,32	—	1,81	*W. O. Atwater* [5])
	Schwankungen	„	87,1—92,4	0,8—1,4	0,1—0,3	5,0—10,5		0,4—0,7	—	—	—	
70	Steckrübe	1893	88,67	1,19	8,65		0,83	0,66	10,50	—	1,68	? [6])
71	desgl. Grosse Rüben	1895	90,78	1,43	5,76		1,16	0,87	15,46	—	2,47	*Vers.-Stat. Münster* [7])
72	desgl. Kleine „	„	90,19	1,54	6,18		1,21	0,88	15.67	—	2,51	
	Mittel	—	**90,67**	**1,12**	**0,24**	**6,06**	**1,11**	**0,76**	**12,01**	**64,88**	**1,92**	
	Schwankungen	—	85,40-95,35	0,37—2,34	0,05-0,34	3,83—10,08	0,80-1,96	0,40—1,51	4,01—26,32	55,17—78,23	0,59—4,21	

Sonstige Analysen.

1. Rohde: Weende'r Jahresbericht 1853, 1, 152.

2. Werenskiold (Berichte über die Wirksamkeit der agrikulturchemischen Kontrollstation in Christiania in den Jahren 1893 und 1894; Centrbl. Agrik.-Chem. 1894, **23**, 843 und 1895, **24**, 783 fand für Turnips aus dem Süden Norwegens folgende Schwankungszahlen:

Jahr	Zahl der Proben	Wasser %	In der Trocken-Substanz: Stickstoff-Substanz %	Fett %	Rohrzucker %	Trauben-zucker %	Rohfaser %	Eiweiss-Stickstoff in Procenten des Gesammt-Stickstoffs
			Gelbfleischige Turnips.					
1893	37	86,80—93,05	6,47—15,56	—	1,29—16,58	28,10—52,82	—	—
1894	30	87,67—92,00	4,67—12,24	1,11—4,26	5,94—17,38	28,89—53,05	9,00—13,35	16,52—51,80
			Weissfleischige Turnips.					
1893	8	89,76—92,22	6,40—15,90	—	4,12—15,55	34,15—52,31	—	—
1894	8	90,04—92,32	5,00—10,60	1,60—4,50	6,99—11,30	38,98—50,95	9,50—11,75	7,69—68,06

Anhang zu Wurzelgewächsen.

Gehalt der Wurzelgewächse an Stickstoff-Substanz.

Ueber den Eiweissgehalt und den Gehalt an nicht-eiweissartigen stickstoffhaltigen Verbindungen der Wurzelgewächse sind noch folgende Angaben zu machen:

O. Hesse[8]) fand im Rübensaft beim Kochen mit Kalilauge a. = 0,0099%, b. = 0,0014% Ammoniak (NH_3).

[1]) Vergl. Anmerkung [6]) S. 773.
[2]) Aus Jenkins: Tabellen amerikanischer Futtermittel, Mittelzahlen von 6 Analysen.
[3]) Rep. 3 und Bull. 29. Der Boden war ein Lehmboden gedüngt mit Knochenmehl und Chlorkalium.
[4]) Bull. état. agron. Gembloux 1889, No. 45, 44; Centrbl. Agrik.-Chem. 1890, **19**, 430.
[5]) U.-S. Dep. Agric. Farmer's Bull. **23**, 27. Washington 1894.
[6]) Deutsche landw. Presse 1893, **20**, 365.
[7]) Original-Mittheilung.
[8]) Journ. für prakt. Chemie **73**, 113.

*) Vergl. Anmerkung [00]) S. 773.

Hugo Schultze und Ernst Schulze[1]) bestimmten den Gehalt an Salpetersäure nachstehender Wurzelgewächse, sämmtlich nach der Schlösing'schen Methode.

Bezeichnung der Wurzelgewächse		In der frischen Substanz		In der Trocken-Substanz		Gesammt-Stickstoff-Substanz in der Trocken-Substanz
		Salpetersäure %	Proteïn %	Salpetersäure %	Proteïn %	%
Futterrunkelrüben.						
1. Lange gelbe Rübe . .	vom Klostergute Weende	0,048	0,63	0,47	6,19	6,95
2. " " " . .		0,064	0,61	0,77	7,31	8,56
3. " " " . .		0,078	0,67	0,80	6,91	8,19
4. " " " (unreif)	aus dem Garten der Versuchsstation	0,212	0,73	2,56	8,81	12,96
5. " " " . .		0,285	1,01	3,13	11,13	16,19
6. " " " . .	von Gestorf bei Hannover	0,074	0,55	0,82	6,13	7,44
7. Rothe runde Klumpers		0,043	0,63	0,37	5,44	6,04
8. Oberndörfer	von Wintersheim in Hessen	0,085	1,94	0,81	8,94	10,25
9. Vilmorin		0,242	1,21	2,30	11,54	15,26
Zuckerrüben.						
10. Zuckerrübe von Wintersheim in Hessen .		0,013	0,83	0,076	4,88	5,01
11. Zuckerrübe von Gestorf bei Hannover . .		0,158	1,24	1,09	8,56	10,31
Englische Futterrübe (Weissrüben) Brassica Rapa rapifera.						
12. Weisse grünköpfige .	von Viernheim in Hessen	0,016	1,01	0,21	13,22	13,56
13. Orangegelbe " .		0,026	1,20	0,26	12,17	12,60
14. Gelbe " .		0,009	0,84	0,10	9,15	9,31
15. Ovale " .		0,004	0,64	0,058	8,28	8,37
16. Lange weisse " .		0,032	0,73	0,38	8,73	9,35
17. Gelbe von Northeim		0,051	1,05	0,65	13,35	14,41

Die Futterrüben No. 1—3 sind auf kalkhaltigem Lehmboden in starker Düngung gewachsen. No. 4 und 5 wuchsen auf einem kalkreichen, in hohem Düngungszustande befindlichen Boden. No. 8, 9 und 10 stammten von einem kalkhaltigen Lehmboden, No. 8 und 9 waren mit viel Mistjauche und mit 4 Ctr. Kali-Superphosphat für den hess. Morgen, No. 10 ebenfalls mit Kali-Superphosphat und 1 Ctr. aufgeschlossenem Guano gedüngt. No. 11 war als Futterrübe in starker Düngung gebaut. No. 12—16 stammten von einem humosen, künstlich mit Sand gemischten Lehmboden und sind als Stoppelrüben gezogen.

Im Mittel von 8 Bestimmungen wurden in dem durch Bleiessig von Eiweiss befreiten Saft 0,0158% (0,0089 bis 0,0223%) Ammoniak (NH_3) gefunden.

E. Schulze u. A. Urich[2]) führten eine Untersuchung über die stickstoffhaltigen Bestandtheile der Futterrüben (dicke, gelbe Runkel aus der Umgegend von Zürich, A. auf leichtem Boden bei Gülledüngung, B. auf mit Stallmist gedüngtem Kiesboden gewachsen) aus mit nachstehendem Ergebniss für die frische Rüben-Substanz:

	Gesammt-Stickstoff	Stickstoff in Form von unlösl. Eiweiss	Stickstoff in Form von lösl. Eiweiss	Stickstoff in Amidform*)	Salpetersäure-Stickstoff	Ammoniak-Stickstoff
A. 1 . .	0,2390	0,0158	0,0358	0,0857	0,1053	0,0050
A. 2 . .	0,2286	0,0146	0,0380	0,0777	0,0691	0,0081
B. 1 . .	0,1495	0,0125	0,0442	0,0488	0,0409	0,0043
B. 2 . .	0,1363	0,0112	0,0294	0,0623	0,0129	0,0050

[1]) Landw. Vers.-Stat. 1867, **9**, 434 u. 1872, **15**, 170.
[2]) Landw. Vers.-Stat. 1875, **18**, 296.

*) Vorwiegend in Form von Glutamin (Amidobrenzweinsäure-Amid).

Von 100 Theilen des Gesammt-Stickstoffs waren vorhanden:

	Stickstoff in Form von				
	unlöslichem Eiweiss	löslichem Eiweiss	Amiden	Salpetersäure	Ammoniak
A. 1	6,61	14,98	35,86	44,06	2,09
A. 2	6,39	16,62	33,99	30,23	3,54
B. 1	8,36	29,56	32,64	27,36	2,88
B. 2	8,22	21,57	45,71	9,46	3,67

Aspagarin fand sich unter den Amiden nicht vor, dagegen wurde in den Rüben A Betaïn (Trimethyl-Glycocoll) gefunden und zwar in Procenten des frischen Saftes:

	Stickstoff in Form von Betaïn	Betaïn ($C_5H_{11}NO_2$)
1.	0,0172%	0,099%
2.	0,0213 „	0,178 „

In einer darauf folgenden Arbeit[1]) wurden theils in denselben Rüben, theils in Rüben vom Jahre 1875 nachstehende Stickstoff-Verbindungen bestimmt:

	Rüben von 1874				Rüben von 1875			
Lösliche Eiweissstoffe	0,2306%	mit	0,0369%	Stickstoff	0,1413%	mit	0,0226%	Stickstoff
Unlösliche Eiweissstoffe	0,0950 „	„	0,0152 „	„	0,1023 „	„	0,0164 „	„
Glutamin (und Asparagin)	0,4066 „	„	0,0780 „	„	0,4425 „	„	0,0847 „	„
Betaïn	0,1359 „	„	0,0161 „	„	0,0226 „	„	0,0027 „	„
Salpetersäure	0,3363 „	„	0,0872 „	„	0,2483 „	„	0,0644 „	„
Ammoniak	0,0080 „	„	0,0066 „	„	0,0085 „	„	0,0071 „	„

C. Scheibler[2]) fand in reifen Zuckerrüben durchschnittlich 0,10%, in unreifen bis zu 0,25% Betaïn.

E. Kern und H. Wattenberg[3]) erhielten bei der Untersuchung zweier Sorten Futterrunkeln und O. Kellner[4]) bei der gelben Oberndörfer, die auf dem schweren, mit Stallmist gedüngten Thonboden der Hohenheimer Gutswirthschaft gewachsen waren, folgende Resultate:

	Trocken-Substanz	In der Trocken-Substanz Eiweiss-Stickstoff	Nichteiweiss-Stickstoff	Vom Gesammt-Stickstoff war Eiweiss-Stickstoff
Grosse rothe	13,24	0,635	2,054	23,5%
Kleine gelbe	13,12	0,592	1,523	28,0 „
Oberndörfer	15,80	1,053	0,6513	61,2 „

In gleicher Richtung untersuchte O. Kellner[4]) verschiedene Wurzelgewächse, welche zum Theil von den bei Lichterfelde gelegenen Rieselfeldern, zum Theil von Hohenheim (schwerer Thonboden, der Rübenkultur sehr ungünstig) gewachsen waren. Erstere hatten nur wenig Spüljauche erhalten und waren nicht grösser (im Maximum 3 kg pro Stück) als die Hohenheimer Rüben. In der Trocken-Substanz wurde gefunden:

	Gesammt-Stickstoff %	Nichtproteïn-Stickstoff (ohne Salpetersäure-Stickstoff) %	Salpetersäure %
Futterrunkeln aus Lichterfelde	3,13	1,39	3,15
Futterrunkeln aus Hohenheim (ungedüngt)	2,42	1,25	0,42
Speiserüben aus Lichterfelde	2,14	0,72	0,68
Pferdemöhren aus Lichterfelde	2,33	1,02	0,82
Pferdemöhren aus Hohenheim	1,83	0,56	0,49
Kohlrüben aus Lichterfelde	2,40	0,97	0,37
Kohlrüben aus Hohenheim	2,89	1,13	Spur
Stoppelrüben (nach Roggen) aus Hohenheim (milder lehmiger Sand)	2,58	1,15	0,18
Oberndörfer Rübe	—	0,904	1,40

1) Landw. Vers.-Stat. 1877, **20**, 213.
2) Ber. deutsch. chem. Ges. 1870, **3**, 155.
3) Journ. f. Landw. 1878, **26**, 619.
4) Landw. Jahrb. 1879, **8**, I. Supplem. 251 u. 1881, **10**, 854 und Centrbl. Agrik.-Chem. 1881, **10**, 540.

P. Behrend und A. Morgen (Zeitschr. d. landw. Central-Ver. Sachsen 1879, 49; vergl. No. 160—163 der Analysen von Runkelrüben) untersuchten in gleicher Richtung Rüben und zogen dabei Rüben von Sandboden und solche von Rübenboden in Vergleich:

	Rothe Riesenpfahlrübe auf Rübenboden	Rothe Riesenpfahlrübe auf Sandboden	Gelbe olivenförmige Rübe auf Rübenboden	Gelbe olivenförmige Rübe auf Sandboden
	%	%	%	%
Gesammt-Stickstoff	0,200	0,184	0,200	0,163
Davon unlöslich im Mark	0,030	0,012	0,036	0,043
„ löslich im Saft	0,170	0,172	0,164	0,120
Vom Saft-Stickstoff war:				
vorhanden in Form von Eiweiss	0,049	0,058	0,055	0,050
vorhanden in Form von Amiden	0,095	0,078	0,087	0,066
vorhanden in Form von Ammoniak, Salpetersäure etc.	0,032	0,012	0,022	—
Wirkliches Eiweiss in der ganzen Rübe	0,491	0,438	0,569	0,638
Von 100 Gesammt-Stickstoff waren:				
In Eiweiss gebunden	39,5	38,0	45,5	62,2
Nicht in Eiweiss gebunden	60,5	62,0	54,5	37,4

Gemüse.

Wurzelgewächse.

Einige der hier aufgeführten Gemüse sind nur besondere Varietäten der im vorhergehenden Abschnitte aufgeführten Wurzelgewächse. Da aber die Wurzelgewächse des vorhergehenden Abschnittes mehr im Grossen auf dem Felde angebaut werden und auch als Viehfutter dienen, die nachfolgenden dagegen als Gartengewächse nur im Kleinen und ausschliesslich als menschliche Nahrungsmittel gezogen werden, so mögen sie hier unter den „Gemüsen" Platz finden.

Rothrübe. — Beta vulgaris conditiva. — Rothe Beete.

No.	Nähere Bezeichnung	Zeit der Untersuchung	In der ursprünglichen Substanz: Wasser	Stick-stoff-Substanz	Fett	Zucker	Sonstige stickstfr. Extraktst.	Roh-faser	Asche	In der Trocken-Substanz: Stick-stoff-Substanz	Stickstoff-freie Ex-traktstoffe	Stickstoff in der Trocken-Substanz	Analytiker
			%	%	%	%	%	%	%	%	%	%	
1*)	Anfang August geerntet	1884	87,07	1,37	0,03	0,54	9,02	1,05	0,92	10,63	73,94	1,70	*W. Dahlen*[1]
2	„Rothe Beete", Mittel von 2 Analysen	1886	88,57	1,60	0,18		7.40	1,12	1,08	14,00	—	2,24	*E. H. Jenkins*[2]
3	Rothe Beete 9 Analysen: Mittel	—	88,50	1,50	0,10		8,80		1,10	13,05	—	2,09	*W. O. Atwater*[3]
	Rothe Beete 9 Analysen: Schwankungen	—	85,5—92,2	1,1—1,8	0,1—0,3		4,5—13,0		0,7—1,6	—	—	—	
	Mittel	—	**88,05**	**1,50**	**0,10**	**0,50**	**7,88**	**1,07**	**1,00**	**12,56**	**65,94**	**2,01**	

[1]) Landw. Jahrb. 1874, **3**, 321 u. 723 u. 1875, **4**, 613.

[2]) Annual Rep. Connecticut Agric. Experim. Stat. 1886, 92; Jahresb. Agrik. Chem. 1887, **30**, 422.

[3]) U.-S. Dep. Agric. Bull. 21, 1895, 31.

*) Es enthielt:

	Phosphorsäure	Schwefel organisch gebunden
Rothrübe No. 1	0,090 %	0,008 %